Chemie

10., aktualisierte Auflage

Liste der Elemente mit ihren Symbolen und Atommassen

Element	Symbol	Ordnungszahl	rel. Atommasse	Element	Symbol	Ordnungszahl	rel. Atommasse	Element	Symbol	Ordnungszahl	rel. Atommasse
Actinium	Ac	89	227,03	Holmium	Ho	67	164,9032	Rubidium	Rb	37	85,4678
Aluminium	Al	13	26,981538	Indium	In	49	114,818	Ruthenium	Ru	44	101,07
Americium	Am	95	243,06[1]	Iod	I	53	126,90447	Rutherfordium	Rf	104	261,11[1]
Antimon	Sb	51	121,760	Iridium	Ir	77	192,217	Quecksilber	Hg	80	200,59
Argon	Ar	18	39,948	Kalium	K	19	39,0983	Samarium	Sm	62	150,36
Arsen	As	33	74,92160	Kobalt	Co	27	58,933200	Sauerstoff	O	8	15,9994
Astat	At	85	209,99[1]	Kohlenstoff	C	6	12,0107	Scandium	Sc	21	44,95910
Barium	Ba	56	137,327	Krypton	Kr	36	83,80	Schwefel	S	16	32,065
Berkelium	Bk	97	247,07[1]	Kupfer	Cu	29	63,546	Seaborgium	Sg	106	266[1]
Beryllium	Be	4	9,012182	Lanthan	La	57	138,9055	Selen	Se	34	78,96
Blei	Pb	82	207,2	Lawrencium	Lr	103	262,110	Silber	Ag	47	107,8682
Bohrium	Bh	107	264,12[1]	Lithium	Li	3	6,941	Silizium	Si	14	28,0855
Bor	B	5	10,811	Lutetium	Lu	71	174,97	Stickstoff	N	7	14,0067
Brom	Br	35	79,904	Magnesium	Mg	12	24,3050	Strontium	Sr	38	87,62
Cadmium	Cd	48	112,411	Mangan	Mn	25	54,938049	Tantal	Ta	73	180,9479
Calcium	Ca	20	40,078	Meitnerium	Mt	109	268,14[1]	Technetium	Tc	43	98[1]
Californium	Cf	98	251,08[1]	Mendelevium	Md	101	258,10[1]	Tellur	Te	52	127,60
Cäsium	Cs	55	132,90545	Molybdän	Mo	42	95,94	Terbium	Tb	65	158,92534
Cer	Ce	58	140,116	Natrium	Na	11	22,989770	Thallium	Tl	81	204,3833
Chlor	Cl	17	35,453	Neodym	Nd	60	144,24	Thorium	Th	90	232,0381
Chrom	Cr	24	51,9961	Neon	Ne	10	20,1797	Thulium	Tm	69	168,93421
Curium	Cm	96	247,07[1]	Neptunium	Np	93	237,05[1]	Titan	Ti	22	47,867
Darmstadtium	Ds	110	271,15[1]	Nickel	Ni	28	58,6934	Uran	U	92	238,02891
Dubnium	Db	105	262,11[1]	Niob	Nb	41	92,90638	Vanadium	V	23	50,9415
Dysprosium	Dy	66	162,50	Nobelium	No	102	259,10[1]	Wasserstoff	H	1	1,00794
Einsteinium	Es	99	252,08[1]	Osmium	Os	76	190,23	Wismut	Bi	83	208,98038
Eisen	Fe	26	55,845	Palladium	Pd	46	106,42	Wolfram	W	74	183,84
Erbium	Er	68	167,259	Phosphor	P	15	30,973761	Xenon	Xe	54	131,293
Europium	Eu	63	151,964	Platin	Pt	78	195,078	Ytterbium	Yb	70	173,04
Fermium	Fm	100	257,10[1]	Plutonium	Pu	94	244,06[1]	Yttrium	Y	39	88,90585
Fluor	F	9	18,9984032	Polonium	Po	84	208,98[1]	Zink	Zn	30	65,39
Francium	Fr	87	223,02[1]	Praseodym	Pr	59	140,90765	Zinn	Sn	50	118,710
Gadolinium	Gd	64	157,25	Promethium	Pm	61	145[1]	Zirkon	Zr	40	91,224
Gallium	Ga	31	69,723	Protactinium	Pa	91	231,03588	*[2]		112	277[1]
Germanium	Ge	32	72,64	Radium	Ra	88	226,03[1]	*[2]		113	284[1]
Gold	Au	79	196,96655	Radon	Rn	86	222,02[1]	*[2]		114	289[1]
Hafnium	Hf	72	178,49	Rhenium	Re	75	186,207	*[2]		115	288[1]
Hassium	Hs	108	269,13[1]	Rhodium	Rh	45	102,90550	*[2]		116	292[1]
Helium	He	2	4,002602	Roentgenium	Rg	111	272,15[1]				

[1] Masse des stabilsten oder wichtigsten Isotops.
[2] Die Namen der Elemente 112 ff. wurden bisher noch nicht festgelegt.

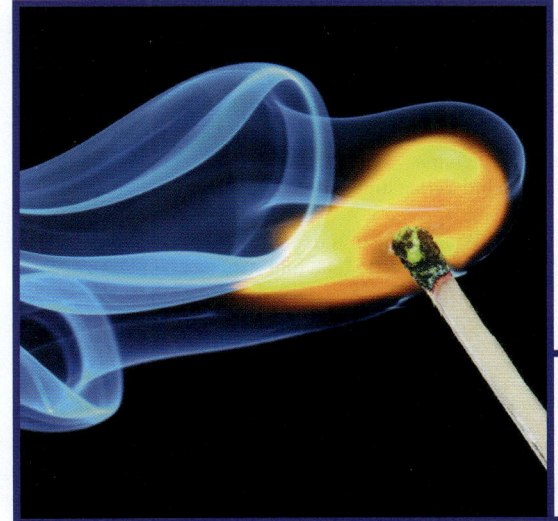

Theodore L. Brown
H. Eugene LeMay
Bruce E. Bursten

Chemie
Studieren kompakt

10., aktualisierte Auflage

Deutsche Bearbeitung von
Christian Robl und Wolfgang Weigand

PEARSON

Higher Education
München • Harlow • Amsterdam • Madrid • Boston
San Francisco • Don Mills • Mexico City • Sydney
a part of Pearson plc worldwide

Bibliografische Information der Deutschen Nationalbibliothek
Die Deutsche Nationalbibliothek verzeichnet diese Publikation in der Deutschen Nationalbibliografie;
detaillierte bibliografische Daten sind im Internet über http://dnb.d-nb.de abrufbar.

Die Informationen in diesem Buch werden ohne Rücksicht auf einen eventuellen Patentschutz veröffentlicht.
Warennamen werden ohne Gewährleistung der freien Verwendbarkeit benutzt.
Bei der Zusammenstellung von Texten und Abbildungen wurde mit größter Sorgfalt vorgegangen.
Trotzdem können Fehler nicht ausgeschlossen werden.
Verlag, Herausgeber und Autoren können für fehlerhafte Angaben und deren Folgen weder eine
juristische Verantwortung noch irgendeine Haftung übernehmen.
Für Verbesserungsvorschläge und Hinweise auf Fehler sind Verlag und Autoren dankbar.

Alle Rechte vorbehalten, auch die der fotomechanischen Wiedergabe und der Speicherung in elektronischen
Medien. Die gewerbliche Nutzung der in diesem Produkt gezeigten Modelle und Arbeiten ist nicht zulässig.
Fast alle Produktbezeichnungen und weitere Stichworte und sonstige Angaben, die in diesem Buch
verwendet werden, sind als eingetragene Marken geschützt. Da es nicht möglich ist, in allen Fällen
zeitnah zu ermitteln, ob ein Markenschutz besteht, wird das ®-Symbol in diesem Buch nicht verwendet.

Es konnten nicht alle Rechteinhaber von Abbildungen ermittelt werden. Sollte dem Verlag gegenüber der
Nachweis der Rechtsinhaberschaft geführt werden, wird das branchenübliche Honorar nachträglich gezahlt.

Authorized translation from the English language edition, entitled CHEMISTRY: THE CENTRAL SCIENCE,
10th Edition by BROWN, THEODORE L., published by Pearson Education, Inc., publishing as Prentice Hall,
Copyright © 2006 by Pearson Education, Inc.

All rights reserved. No part of this book may be reproduced or transmitted in any form or by any means,
electronic or mechanical, including photocopying, recording or by any information storage retrieval system,
without permission from Pearson Education, Inc.

GERMAN language edition published by PEARSON EDUCATION DEUTSCHLAND GMBH, Copyright © 2011.

10 9 8 7 6 5 4 3

18 17 16 15

ISBN 978-3-86894-122-7

© 2011 by Pearson Deutschland GmbH
Lilienthalstraße 2, 85399 Hallbergmoos, Germany
Alle Rechte vorbehalten
www.pearson.de
A part of Pearson plc worldwide

Lektorat:	Andra Riemhofer
	Alice Kachnij
Fachlektorat:	Prof. Dr. Christian Robl / Prof. Dr. Wolfgang Weigand,
	Friedrich-Schiller-Universität Jena
Korrektorat:	Martin Asbach, München
Übersetzung:	FRANK Sprachen + Technik GmbH, Niederkassel
Einbandgestaltung:	Thomas Arlt, tarlt@adesso21.net
Titelbild:	© Andrey Armyagov, Shutterstock Images LLC, New York, NY 10004, USA
Herstellung:	Martha Kürzl-Harrison, mkuerzl@pearson.de
Satz:	PTP-Berlin Protago-T$_E$X-Production GmbH, Germany (www.ptp-berlin.com)
Druck und Weiterverarbeitung:	DZS-Grafik d.o.o., Ljubljana

Printed in Slovenia

Inhaltsübersicht

Vorwort		XV
Kapitel 1	Einführung: Stoffe und Maßeinheiten	1
Kapitel 2	Atome, Moleküle und Ionen	37
Kapitel 3	Stöchiometrie: Das Rechnen mit chemischen Formeln und Gleichungen	77
Kapitel 4	Reaktionen in Wasser und Stöchiometrie in Lösungen	117
Kapitel 5	Thermochemie	161
Kapitel 6	Die elektronische Struktur der Atome	207
Kapitel 7	Periodische Eigenschaften der Elemente	251
Kapitel 8	Grundlegende Konzepte der chemischen Bindung	289
Kapitel 9	Molekülstruktur und Bindungstheorien	329
Kapitel 10	Gase	379
Kapitel 11	Intermolekulare Kräfte, Flüssigkeiten und Festkörper	421
Kapitel 12	Moderne Werkstoffe	463
Kapitel 13	Eigenschaften von Lösungen	503
Kapitel 14	Chemische Kinetik	545
Kapitel 15	Chemisches Gleichgewicht	597
Kapitel 16	Säure-Base-Gleichgewichte	635
Kapitel 17	Weitere Aspekte von Gleichgewichten in wässriger Lösung	685
Kapitel 18	Umweltchemie	733
Kapitel 19	Chemische Thermodynamik	769
Kapitel 20	Elektrochemie	809
Kapitel 21	Chemie der Nichtmetalle	861
Kapitel 22	Chemie von Koordinationsverbindungen	919
Anhang		957

Bonus-Kapitel

A	**Nuklearchemie**	1
B	**Metalle und Metallurgie**	35
C	**Die Chemie des Lebens:** **Organische Chemie und Biochemie**	71

Inhaltsverzeichnis

Kapitel 1   Einführung: Stoffe und Maßeinheiten   1

1.1   Das Studium der Chemie   3
1.2   Einteilung von Stoffen   7
1.3   Eigenschaften von Stoffen   13
1.4   Maßeinheiten   17
1.5   Messunsicherheiten   24
1.6   Dimensionsanalyse   30

Kapitel 2   Atome, Moleküle und Ionen   37

2.1   Die Atomtheorie   39
2.2   Die Entdeckung der Atomstruktur   41
2.3   Die moderne Sichtweise der Atomstruktur   45
2.4   Atomgewicht   49
2.5   Das Periodensystem der Elemente   51
2.6   Moleküle und molekulare Verbindungen   55
2.7   Ionen und ionische Verbindungen   58
2.8   Namen anorganischer Verbindungen   63
2.9   Einfache organische Verbindungen   71

Kapitel 3   Stöchiometrie: Das Rechnen mit chemischen Formeln und Gleichungen   77

3.1   Chemische Gleichungen   79
3.2   Häufig vorkommende chemische Reaktionsmuster   84
3.3   Formelgewicht   88
3.4   Die Avogadrokonstante und das Mol   91
3.5   Bestimmung der empirischen Formel aus Analysen   97
3.6   Quantitative Informationen aus ausgeglichenen Gleichungen 102
3.7   Limitierende Reaktanten 107

Kapitel 4   Reaktionen in Wasser und Stöchiometrie in Lösungen   117

4.1   Allgemeine Eigenschaften wässriger Lösungen 119
4.2   Fällungsreaktionen 123
4.3   Säure-Base-Reaktionen 129
4.4   Redoxreaktionen 137
4.5   Konzentrationen von Lösungen 145
4.6   Stöchiometrie und chemische Analyse 151

Kapitel 5 Thermochemie 161

- 5.1 Die Natur der Energie 163
- 5.2 Der Erste Hauptsatz der Thermodynamik 168
- 5.3 Enthalpie 173
- 5.4 Reaktionsenthalpien 177
- 5.5 Kalorimetrie 180
- 5.6 Der Hess'sche Satz 186
- 5.7 Bildungsenthalpien 190
- 5.8 Nahrungsmittel und Brennstoffe 195

Kapitel 6 Die elektronische Struktur der Atome 207

- 6.1 Die Wellennatur des Lichts 209
- 6.2 Gequantelte Energien und Photonen 213
- 6.3 Linienspektren und das Bohr'sche Atommodell 216
- 6.4 Das wellenartige Verhalten von Materie 221
- 6.5 Quantenmechanik und Atomorbitale 224
- 6.6 Darstellung von Orbitalen 228
- 6.7 Mehr-Elektronen-Atome 233
- 6.8 Elektronenkonfigurationen 235
- 6.9 Elektronenkonfigurationen und das Periodensystem 241

Kapitel 7 Periodische Eigenschaften der Elemente 251

- 7.1 Entwicklung des Periodensystems 253
- 7.2 Effektive Kernladung 255
- 7.3 Größen von Atomen und Ionen 258
- 7.4 Ionisierungsenergie 264
- 7.5 Elektronenaffinitäten 269
- 7.6 Metalle, Nichtmetalle und Halbmetalle 271
- 7.7 Gruppentendenzen der unedlen Metalle 276
- 7.8 Gruppentendenzen ausgewählter Nichtmetalle 281

Kapitel 8 Grundlegende Konzepte der chemischen Bindung 289

- 8.1 Chemische Bindungen, Lewis-Symbole und die Oktettregel 291
- 8.2 Ionenbindung 293
- 8.3 Kovalente Bindung 299
- 8.4 Bindungspolarität und Elektronegativität 302
- 8.5 Lewis-Strukturformeln zeichnen 308
- 8.6 Resonanzstrukturformeln 313
- 8.7 Ausnahmen von der Oktettregel 316
- 8.8 Stärken von kovalenten Bindungen 319

Kapitel 9 Molekülstruktur und Bindungstheorien — 329

- 9.1 Molekülformen — 331
- 9.2 Das VSEPR-Modell — 334
- 9.3 Molekülform und Molekülpolarität — 343
- 9.4 Kovalente Bindung und Orbitalüberlappung — 346
- 9.5 Hybridorbitale — 348
- 9.6 Mehrfachbindungen — 354
- 9.7 Molekülorbitale — 361
- 9.8 Zweiatomige Moleküle der zweiten Reihe — 364

Kapitel 10 Gase — 379

- 10.1 Eigenschaften von Gasen — 381
- 10.2 Druck — 382
- 10.3 Die Gasgesetze — 387
- 10.4 Die ideale Gasgleichung — 391
- 10.5 Weitere Anwendungen der idealen Gasgleichung — 396
- 10.6 Gasmischungen und Partialdrücke — 400
- 10.7 Die kinetische Gastheorie — 404
- 10.8 Molekulare Effusion und Diffusion — 408
- 10.9 Reale Gase: Abweichungen vom Idealverhalten — 412

Kapitel 11 Intermolekulare Kräfte, Flüssigkeiten und Festkörper — 421

- 11.1 Ein molekularer Vergleich von Gasen, Flüssigkeiten und Festkörpern — 423
- 11.2 Intermolekulare Kräfte — 425
- 11.3 Eigenschaften von Flüssigkeiten — 435
- 11.4 Phasenübergänge — 436
- 11.5 Dampfdruck — 442
- 11.6 Phasendiagramme — 446
- 11.7 Strukturen von Festkörpern — 448
- 11.8 Bindung in Festkörpern — 454

Kapitel 12 Moderne Werkstoffe — 463

- 12.1 Stoffklassen — 465
- 12.2 Werkstoffe für Konstruktionszwecke — 472
- 12.3 Medizinische Materialien — 482
- 12.4 Elektronikwerkstoffe — 487
- 12.5 Optische Werkstoffe — 490
- 12.6 Werkstoffe für die Nanotechnologie — 495

Kapitel 13 Eigenschaften von Lösungen — 503

- 13.1 Der Lösungsvorgang 505
- 13.2 Gesättigte Lösungen und Löslichkeit 511
- 13.3 Was beeinflusst die Löslichkeit? 513
- 13.4 Möglichkeiten zum Angeben von Konzentrationen 520
- 13.5 Kolligative Eigenschaften 525
- 13.6 Kolloide 536

Kapitel 14 Chemische Kinetik — 545

- 14.1 Faktoren, die die Reaktionsgeschwindigkeit beeinflussen 547
- 14.2 Reaktionsgeschwindigkeiten 548
- 14.3 Konzentration und Reaktionsgeschwindigkeit 555
- 14.4 Die Änderung der Konzentration mit der Zeit 561
- 14.5 Temperatur und Reaktionsgeschwindigkeit 567
- 14.6 Reaktionsmechanismen 575
- 14.7 Katalyse 583

Kapitel 15 Chemisches Gleichgewicht — 597

- 15.1 Der Begriff des Gleichgewichts 599
- 15.2 Die Gleichgewichtskonstante 601
- 15.3 Interpretation von und Arbeit mit Gleichgewichtskonstanten 607
- 15.4 Heterogene Gleichgewichte 611
- 15.5 Berechnung von Gleichgewichtskonstanten 614
- 15.6 Anwendungen von Gleichgewichtskonstanten 616
- 15.7 Das Prinzip von Le Châtelier 621

Kapitel 16 Säure-Base-Gleichgewichte — 635

- 16.1 Säuren und Basen: Eine kurze Wiederholung 637
- 16.2 Brønsted–Lowry-Säuren und Basen 638
- 16.3 Die Autodissoziation von Wasser 644
- 16.4 Die pH-Skala 646
- 16.5 Starke Säuren und Basen 651
- 16.6 Schwache Säuren 653
- 16.7 Schwache Basen 663
- 16.8 Die Beziehung zwischen K_S und K_B 666
- 16.9 Säure-Base-Eigenschaften von Salzlösungen 668
- 16.10 Säure-Base-Verhalten und chemische Struktur 672
- 16.11 Lewis-Säuren und -Basen 676

Kapitel 17 Weitere Aspekte von Gleichgewichten in wässriger Lösung — **685**

17.1	Der Einfluss gleicher Ionen	687
17.2	Gepufferte Lösungen	690
17.3	Säure-Base-Titrationen	698
17.4	Fällungsgleichgewichte	707
17.5	Faktoren, die die Löslichkeit beeinflussen	712
17.6	Ausfällen und Trennen von Ionen	722
17.7	Qualitative Analyse von Metallelementen	725

Kapitel 18 Umweltchemie — **733**

18.1	Die Erdatmosphäre	735
18.2	Die äußeren Bereiche der Erdatmosphäre	738
18.3	Ozon in der oberen Erdatmosphäre	741
18.4	Chemie der Troposphäre	745
18.5	Die Weltmeere	753
18.6	Süßwasser	757
18.7	Grüne Chemie	760

Kapitel 19 Chemische Thermodynamik — **769**

19.1	Spontane Prozesse	771
19.2	Entropie und der Zweite Hauptsatz der Thermodynamik	776
19.3	Die molekulare Betrachtung der Entropie	780
19.4	Entropieänderungen bei chemischen Reaktionen	789
19.5	Freie Enthalpie	791
19.6	Freie Enthalpie und Temperatur	796
19.7	Freie Enthalpie und die Gleichgewichtskonstante	799

Kapitel 20 Elektrochemie — **809**

20.1	Oxidationszahlen	811
20.2	Das Ausgleichen von Redoxgleichungen	813
20.3	Galvanische Zellen	819
20.4	Die EMK einer galvanischen Zelle unter Standardbedingungen	824
20.5	Freie Enthalpie und Redoxreaktionen	833
20.6	Die EMK einer galvanischen Zelle unter Nichtstandardbedingungen	837
20.7	Batterien, Akkumulatoren und Brennstoffzellen	843
20.8	Korrosion	847
20.9	Elektrolyse	850

Kapitel 21 Chemie der Nichtmetalle — 861

21.1	Allgemeine Begriffe: Periodische Tendenzen und chemische Reaktionen	863
21.2	Wasserstoff	867
21.3	Gruppe 8A: Die Edelgase	872
21.4	Gruppe 7A: Die Halogene	874
21.5	Sauerstoff	881
21.6	Die übrigen Elemente der Gruppe 6A: S, Se, Te und Po	886
21.7	Stickstoff	891
21.8	Die übrigen Elemente der Gruppe 5A: P, As, Sb und Bi	897
21.9	Kohlenstoff	903
21.10	Die übrigen Elemente der Gruppe 4A: Si, Ge, Sn und Pb	908
21.11	Bor	913

Kapitel 22 Chemie von Koordinationsverbindungen — 919

22.1	Metallkomplexe	921
22.2	Liganden mit mehr als einem Donoratom	927
22.3	Nomenklatur der Koordinationschemie	933
22.4	Isomerie	935
22.5	Farbe und Magnetismus	941
22.6	Kristallfeldtheorie	943

Anhang — 957

A	Mathematische Operationen	958
B	Eigenschaften von Wasser	965
C	Thermodynamische Größen ausgewählter Substanzen bei 298,15 K (25 °C)	966
D	Gleichgewichtskonstanten in wässriger Lösung	968
E	Normalpotenziale bei 25 °C	971
F	Lösungen zu den Übungsbeispielen	972
G	Antworten auf Fragen zu „Denken Sie einmal nach"	977
H	Glossar	986
I	Index	1001
	Bildnachweis	1009

Dozenten und besonders interessierte Studenten finden auf der Companion-Website zum Buch www.pearson-studium.de die folgenden drei kostenfreien Bonus-Kapitel. Am schnellsten gelangen Sie dort zur Buchseite, wenn Sie in das Feld „Schnellsuche" die Buchnummer 4122 eingeben.

A Nuklearchemie 1

- Radioaktivität 3
- Kernstabilität 7
- Kerntransmutationen 10
- Radioaktive Zerfallsraten 13
- Nachweis und Messung von Radioaktivität 19
- Energieumsatz bei Kernreaktionen 20
- Kernspaltung 24
- Kernfusion 29
- Biologische Auswirkungen der Strahlung 30

B Metalle und Metallurgie 39

- Vorkommen und Verteilung von Metallen 41
- Pyrometallurgie 43
- Hydrometallurgie 48
- Elektrometallurgie 49
- Metallbindung 53
- Legierungen 56
- Übergangsmetalle 59
- Chemie ausgewählter Übergangsmetalle 64

C Die Chemie des Lebens: Organische Chemie und Biochemie ... 71

- Eigenschaften organischer Moleküle 73
- Einführung in die Kohlenwasserstoffe 76
- Alkane 77
- Ungesättigte Kohlenwasserstoffe 85
- Funktionelle Gruppen: Alkohole und Ether 93
- Verbindungen mit einer Carbonylgruppe 97
- Chiralität in der organischen Chemie 102
- Einführung in die Biochemie 103
- Proteine 104
- Kohlenhydrate 110
- Nukleinsäuren 114

Vorwort zur amerikanischen Ausgabe

Vor Ihnen liegt die deutsche Übersetzung der 10. Auflage des Lehrbuchs *Chemistry. The Central Science*, das sich in den USA in dieser sowie den vorigen Auflagen bei Dozenten und Studierenden gleichermaßen großer Beliebtheit erfreut. Es wurde geschrieben, um Ihnen die moderne Chemie in ihrer ganzen Breite und in einfacher, verständlicher Form nahe zu bringen. Das Buch ist weltweit seit Jahren für seine klare Ausdrucksweise, seine Anschaulichkeit und Aktualität, seine guten Übungsaufgaben, seine Konsistenz bei der Abdeckung der behandelten Themenbereiche und seine ausgezeichnete visuelle Unterstützung der Inhalte berühmt und wir hoffen, dass es mit diesen Stärken auch die Studierenden im deutschsprachigen Raum überzeugen kann.

Das Studium der Chemie erfordert von Ihnen sowohl das Erlernen vieler neuer Konzepte als auch die Entwicklung von analytischen Fähigkeiten. Dieses Buch soll Ihnen in erster Linie ein nützliches Hilfsmittel sein, das Ihnen zeigt, wie Sie in beiden Bereichen erfolgreich sind. Die Autoren haben sich bemüht, so deutlich und interessant zu schreiben und den Stoff so klar und anschaulich aufzubereiten, dass Sie die häufig komplexen und abstrakten Zusammenhänge in der Chemie rasch auffassen und ihre Funktion sowie ihren Nutzen einordnen können. Ziel des Buches ist es, bei Studierenden die gleiche Begeisterung zu wecken, die Wissenschaftler bei der Entdeckung neuer Zusammenhänge und der Weiterentwicklung unseres Verständnisses der Welt erfüllt. Dies wird durch ein durchdachtes didaktisches Konzept unterstützt, das den Lesern nur ein geringes Maß an Vorkenntnissen abverlangt und weiter unten im Abschnitt „Didaktik" näher erläutert wird.

Organisation und Inhalte

Die ersten fünf Kapitel sind der makroskopischen, phänomenologischen Sichtweise der Chemie gewidmet. Die in diesen Kapiteln behandelten Konzepte – wie die Nomenklatur, die Stöchiometrie und die Thermochemie – schaffen die notwendige Basis, um viele der in der allgemeinen Chemie durchgeführten Laborexperimente verstehen zu können. Wir halten eine frühe Einführung in das Gebiet der Thermochemie für wünschenswert, weil ein Großteil unseres Verständnisses chemischer Prozesse auf der Betrachtung von Energieänderungen beruht. Die Thermochemie spielt auch bei der Diskussion von Bindungsenthalpien eine wichtige Rolle. Wie im gesamten vorliegenden Lehrbuch wurde auch hier der Schwerpunkt eher auf die Vermittlung eines konzeptionellen Verständnisses gelegt anstatt eine Reihe von Gleichungen aufzustellen, in die Studenten anschließend Zahlen einsetzen können.

In den auf die Einführung in die allgemeine Chemie folgenden Kapiteln (Kapitel 6–9) werden elektronische Strukturen und Bindungen behandelt. In den sich anschließenden Kapiteln liegt das Hauptaugenmerk wieder mehr auf der Struktur von Materie: den Zuständen von Materie (Kapitel 10 und 11) und Lösungen (Kapitel 13). In diesem Teil des Buches ist ein gesamtes Kapitel der angewandten Chemie moderner Werkstoffe gewidmet (Kapitel 12), das auf dem Verständnis der chemischen Bindung und der intermolekularen Wechselwirkungen aufbaut. Die folgenden Kapitel befassen sich mit den Faktoren, die die Geschwindigkeit und den Umfang chemischer Reaktionen bestimmen: Kinetik (Kapitel 14), Gleichgewichte (Kapitel 15–17), Thermodynamik (Kapitel 19) und Elektrochemie (Kapitel 20). In diesem Abschnitt des Buches findet sich auch ein Kapitel zur Umweltchemie (Kapitel 18), in dem die in den vorherigen Kapiteln behandelten Konzepte auf Themen der Atmosphäre und Hydrosphäre angewandt werden. Die letzten Kapitel befassen sich dann mit der Chemie der Nichtmetalle und der Chemie von Koordinationsverbindungen. Zur Nuklearchemie, zur Chemie der Metalle und der organischen Chemie und der Biochemie stehen drei Bonus-Kapitel auf www.pearson-studium.de zum Abruf. Diese Kapitel bauen nicht aufeinander auf und können daher in beliebiger Reihenfolge behandelt werden.

Die Abfolge der Themenbereiche entspricht gängigen Vorstellungen. Die Kapitel sind so konzipiert und mit zahlreichen Querverweisen versehen worden, dass sie ohne besondere Mühe auch in anderer Reihenfolge bearbeitet werden können. Dies wird durch den ausführlichen Index und das unfangreiche Glossar zusätzlich erleichtert.

Im gesamten Verlauf des Buches werden Studierende anhand von in den Textfluss eingefügten Beispielen anschaulich in die Chemie eingeführt. Sie finden in allen Kapiteln sachbezogene und relevante Beispiele „wirklicher" Chemie, die die jeweils behandelten Prinzipien und Anwendungen veranschaulichen.

So holen Sie das Meiste aus dem Buch heraus

Dieses Buch folgt einem ausgefeilten und abgestimmten didaktischen Konzept, dessen zahlreiche Hilfsmittel Ihnen das Verständnis der Chemie erleichtern und Ihre konzeptionellen und praktischen Fähigkeiten zur Lösung von Problemen fördern sollen. Im Folgenden finden Sie eine kurze Erläuterung der einzelnen Elemente dieses Konzepts:

Farbabbildungen: Eine abstrakte Wissenschaft wie die Chemie ist mehr als andere auf eine erfolgreiche Visualisierung angewiesen. Farbe ist hierbei weitaus mehr als nur optischer Schmuck – Sie werden feststellen, dass Ihnen die zahlreichen farbigen Fotos, mehrperspektivischen Grafiken und dreidimensionalen Molekülmodelle ein Verständnis chemischer Prozesse wesentlich erleichtern, da Sie die chemischen Strukturen so besser voneinander unterscheiden können.

Lernhilfe-Kästen: Weiterführende Informationen und Anregungen zur selbstständigen Beschäftigung mit Fragen der Chemie sind in Kästen gesondert hervorgehoben. Hiervon gibt es vier Kategorien: Die Kästen *Chemie und Leben* sowie *Chemie im Einsatz* stellen biologische und industrielle Anwendungen der Chemie vor, die zeigen, welch großen Einfluss die Chemie auf unseren Alltag hat und wie dieses Fachgebiet mit unserem Leben zusammenhängt. Die Kästen *Näher hingeschaut* gehen auf Einzelaspekte der im jeweiligen Kapitel behandelten Inhalte genauer ein und stellen besonders interessante Aspekte detailliert dar. Die Kästen *Strategien in der Chemie* schließlich leiten Sie gezielt bei der Lösung von Problemen an und helfen Ihnen, eine eigene chemische Denkweise zu entwickeln.

Zusammenfassungen: Jedes Kapitel beginnt unter der Überschrift *Was uns erwartet* mit einer Übersicht über die wichtigsten Lernziele. Am Kapitelende finden Sie dann den Abschnitt *Zusammenfassung und Schlüsselbegriffe*, in dem noch einmal diejenigen Inhalte des Kapitels genannt werden, die Sie nach der Lektüre gelernt und verstanden haben sollten.

Aufgaben: Nur durch kontinuierliches Üben werden Sie die Chemie so verstehen können, dass Sie Ihr Wissen in strukturierter Form zur Verfügung haben und auch auf Ihnen bisher unbekannte Aspekte des Fachs anwenden können. Um dies zu unterstützen, wurde eine Vielzahl unterschiedlicher Aufgaben entwickelt. Im laufenden Text finden Sie in der Randspalte immer wieder *Denken Sie einmal nach*-Kästen. Diese kurzen und zielgerichteten Fragen geben Ihnen Gelegenheit, Ihr Textverständnis unmittelbar zu überprüfen. Denken Sie einmal ernsthaft über eine Lösung nach, bevor Sie Ihre Antwort mit den im Anhang angegebenen Antworten vergleichen. Über den Text verteilt finden Sie zudem eine Vielzahl von *Übungsbeispielen*, die in orangenen Kästen abgesetzt sind. Dies sind Aufgaben zu den behandelten Inhalten, deren Lösung Ihnen nach einem gleichbleibenden Schema (Analyse – Vorgehen – Lösungsweg – Überprüfung) vorgerechnet wird. Nach jedem Übungsbeispiel dient eine Übungsaufgabe dazu, die gewonnenen Fähigkeiten selbstständig zu vertiefen.

Anhang: Im Anhang des Buchs finden Sie wichtige mathematische Formeln und Datentabellen, auf die im Verlauf des Buchs immer wieder Bezug genommen wird. Ferner können Sie hier die Lösungen zu ausgewählten Aufgaben sowie wichtige Begriffe in Glossar und Index nachschlagen.

Danksagung

Das Erscheinen des Buchs ist nur durch die harte Arbeit vieler verschiedener Menschen möglich geworden. Einen großen Beitrag dazu haben die vielen Kollegen geleistet, die ihre Kenntnisse eingebracht, Verbesserungsvorschläge gemacht oder Rohfassungen von Texten überarbeitet haben.

Gutachter der 10. amerikanischen Auflage

S.K. Airee, *University of Tennessee, Martin*
Patricia Amateis, *Virginia Polytechnic Institute and State University*
Sandra Anderson, *University of Wisconsin, Parkside*
Socorro Arteaga, *El Paso Community College*
Rosemary Bartoszek-Loza, *The Ohio State University*
Amy Beilstein, *Centre College*
Victor Berner, *New Mexico Junior College*
Narayan Bhat, *University of Texas, Pan American*
Salah M. Blaih, *Kent State University, Trumbull*
Leon Borowski, *Diablo Valley College*
Simon Bott, *University of Houston*
Karen Brewer, *Virginia Polytechnic Institute and State University*
Carmela Byrnes, *Texas A&M University (grad student)*
Kim Calvo, *University of Akron*
Elaine Carter, *Los Angeles City College*
Robert Carter, *University of Massachusetts, Boston*
Ann Cartwright, *San Jacinto Central College*
David Cedeno, *Illinois State University*
Paul Chirik, *Cornell University*
Beverly Clement, *Blinn College*
John Collins, *Broward Community College*
Enriqueta Cortez, *Southern Texas Community College*
Nancy De Luca, *University of Massachusetts, Lowell North Campus*
Daniel Domin, *Tennessee State University*
James Donaldson, *University of Toronto*
Bill Donovan, *University of Akron*
Ronald Duchovic, *Indiana University-Purdue University at Fort Wayne*
Joseph Ellison, *United States Military Academy*
James Farrar, *University of Rochester*
Gregory Ferrence, *Illinois State University*
Jennifer Firestine, *Lindenwood University*
Michelle Fossum, *Laney College*
David Frank, *California State University, Fresno*
Cheryl Frech, *University of Central Oklahoma*
Ewa Fredette, *Moraine Valley College*
Kenneth French, *Blinn College*
Karen Frindell, *Santa Rosa Junior College*
Paul Gilletti, *Mesa Community College*
Eric Goll Brookdale, *Community College*
James Gordon, *Central Methodist College*
John Hagadorn, *University of Colorado, Boulder*
Daniel Haworth, *Marquette University*
Inna Hefley, *Blinn College*
David Henderson, *Trinity College*
Paul Higgs, *Barry University*
Carl Hoeger, *University of California, San Diego*
Deborah Hokien, *Marywood University*
Janet Johannessen, *County College of Morris*
Milton Johnston, *University of South Florida*
Andrew Jones, *Southern Alberta Institute of Technology*
Booker Juma, *Fayetteville State University*
Ismail Kady, *East Tennessee State University*

Steven Keller, *University of Missouri, Columbia*
David Kort, *George Mason University*
William R. Lammela, *Nazareth College*
Robley Light, *Florida State University*
Patrick Lloyd, *Kingsborough Community College*
Encarnacion Lopez, *Miami Dade College, Wolfson*
Marcus T. McEllistrem, *University of Wisconsin, Eau Claire*
Craig McLauchlan, *Illinois State University*
Larry Manno, *Triton College*
Pam Marks, *Arizona State University*
Albert H. Martin, *Moravian College*
Przemyslaw Maslak, *Pennsylvania State University, University Park*
Armin Mayr, *El Paso Community College*
Joseph Merola, *Virginia Polytechnic Institute and State University*
Stephen Mezyk, *California State University, Long Beach*
Shelley Minteer, *St. Louis University*
Tracy Morkin, *Emory University*
Kathy Nabona, *Austin Community College*
Al Nichols, *Jacksonville State University*
Mark Ott, *Jackson Community College*
Sandra Patrick, *Malaspina University College*
Tammi Pavelec, *Lindenwood University*
Albert Payton, *Broward Community College*
Gita Perkins, *Estrella Mountain Community College*
John Pfeffer, *Highline Community College*
Lou Pignolet, *University of Minnesota*
Bernard Powell, *University of Texas, San Antonio*
Jeffrey Rahn, *Eastern Washington University*
Steve Rathbone, *Blinn College*
Scott Reeve, *Arkansas State University*
John Reissner, *University of North Carolina, Pembroke*
Thomas Ridgway, *University of Cincinnati*
Lenore Rodicio, *Miami Dade College, Wolfson*
Amy Rogers, *College of Charleston*
Jimmy Rogers, *University of Texas at Arlington*
Steven Rowley, *Middlesex Community College*
Theodore Sakano, *Rockland Community College*
Mark Schraf, *West Virginia University*
Paula Secondo, *Western Connecticut State University*
Vince Sollimo, *Burlington Community College*
David Soriano, *University of Pittsburgh, Bradford*
Michael Tubergen, *Kent State University*
James Tyrell, *Southern Illinois University*
Michael Van Stipdonk, *Wichita State University*
Philip Verhalen, *Panola College*
Ann Verner, *University of Toronto at Scarborough*
Edward Vickner, *Gloucester County Community College*
John Vincent, *University of Alabama, Tuscaloosa*
Tony Wallner, *Barry University*
Lichang Wang, *Southern Illinois University*
Thomas R. Webb, *Auburn University*
Paul Wenthold, *Purdue University*
Thao Yang, *University of Wisconsin, Eau Claire*

Wissenschaftliche Prüfung der 10. amerikanischen Auflage

Richard Langley, *Stephen F. Austin State University*
Arthur Low, *Tarleton State University*

Stephen Mezyk, *California State University, Long Beach*
Kathy Thrush, *Villanova University*

Über die Autoren

THEODORE L. BROWN hat 1956 an der *Michigan State University* promoviert. Nach seiner Promotion wurde er Mitglied des Fachbereichs für Chemie an der *University of Illinois*, Urbana-Champaign, an der er heute emeritierter Professor für Chemie ist. Professor Brown war Research Fellow der *Alfred P. Sloan Foundation* und wurde mit einem Guggenheim-Forschungsstipendium ausgezeichnet. 1972 wurde ihm der *American Chemical Society Award for Research in Inorganic Chemistry* und 1993 der *American Chemical Society Award for Distinguished Service in the Advancement of Inorganic Chemistry* verliehen.

H. EUGENE LEMAY, JR. hat seinen Abschluss in Chemie an der *Pacific Lutheran University* (Washington) erworben und 1966 an der *University of Illinois* (Urbana) promoviert. Anschließend wurde er Mitglied des Fachbereichs für Chemie an der *University of Nevada*, Reno, an der er heute emiritierter Professor für Chemie ist. Professor LeMay ist ein beliebter und erfolgreicher Lehrer, der in seinen mehr als 35 Jahren Lehrtätigkeit an der Universität Tausende Studenten unterrichtet hat. Er ist für die Verständlichkeit seiner Vorlesungen sowie für seinen Sinn für Humor bekannt und wurde mit mehreren Preisen für seine Lehrtätigkeit ausgezeichnet, darunter der *University Distinguished Teacher of the Year Award* (1991) und der erste vom *State of Nevada Board of Regents* vergebene *Regents' Teaching Award* (1997).

BRUCE E. BURSTEN hat 1978 an der *University of Wisconsin* in Chemie promoviert. Nach zwei Jahren als National Science Foundation Postdoctoral Fellow an der *Texas A&M University* wurde er Mitglied des Fachbereichs für Chemie an der *Ohio State University*, an der er heute als Distinguished University Professor tätig ist. Er wurde 1982 und 1996 mit dem *University Distinguished Teaching Award*, 1984 mit dem *Arts and Sciences Student Council Outstanding Teaching Award* und 1990 mit dem *Distinguished Scholar Award* ausgezeichnet. Neben seiner Lehrtätigkeit beschäftigt sich Professor Bursten in seiner Forschung mit Verbindungen von Übergangsmetallen und Actiniden.

Mitwirkende Autorin

CATHERINE J. MURPHY hat 1990 an der *University of Wisconsin* in Chemie promoviert. Von 1990 bis 1993 war sie als National Science Foundation and National Institutes of Health Postdoctoral Fellow am *California Institute of Technology* tätig. 1993 wurde Sie Mitglied der Fakultät der *University of South Carolina*, Columbia, an der sie heute als Guy F. Lipscomb Professor für Chemie tätig ist. In ihrer Forschung beschäftigt sie sich mit der Synthese und den optischen Eigenschaften von anorganischen Nanomaterialien und der lokalen Struktur und Dynamik der DNS-Doppelhelix.

Vorwort zur deutschen Ausgabe

Dieses Buch entwickelt eine eigene Charakteristik, die sich dadurch auszeichnet, dass von den Leserinnen und Lesern **wenig Vorkenntnisse erwartet** werden. Es werden Themenbereiche erörtert, die bei traditioneller Vorgehensweise meist nur durch die Verwendung verschiedener Lehrbücher erfasst werden können. Die Leserschaft erhält einen breiten Einblick in die allgemeine Chemie und ihre Grundlagen. Bei der deutschen Bearbeitung wurde versucht, den Charakter des Originals soweit wie möglich zu erhalten, ohne auf eine Adaption an die hierzulande vertrauten Gepflogenheiten zu verzichten. Die Begriffe und Gesetzmäßigkeiten werden schrittweise entwickelt und durch zahlreiche Übungsbeispiele und Hinweise auf die praktische Bedeutung in der modernen Technik, im Alltag oder bei den chemischen Abläufen in Lebewesen illustriert. So wird deutlich, dass ein Leben ohne „Chemie" letztlich ein Widerspruch in sich wäre und eine Lebensweise ohne die heutigen Errungenschaften der Chemie in Technik und Fortschritt nur unter sehr kärglichen und ärmlichen Bedingungen zu vollziehen wäre, die aus vergangenen Jahrhunderten sehr gut bekannt sind. Wenn es gelingt mit Hilfe dieses Buches die Chemie nicht nur als Fachwissenschaft, sondern auch in dem vorstehend genannten Zusammenhang zu begreifen, so ist ein wichtiges Anliegen erfüllt.

Zusatzmaterialien im Web:

 Ausführliche Zusatzmaterialien zu diesem Buch sind im Internet unter *www.pearson-studium.de* erhältlich. **Dozenten** finden hier alle Abbildungen aus dem Buch elektronisch zum Download. Für **Studierende** werden Multiple Choice Tests, Animationen, drei Bonus-Kapitel und Videosequenzen angeboten.

Wenn für spezifische Inhalte Zusatzmaterialien zur Verfügung stehen, so wird darauf in der Randspalte durch ein Logo hingewiesen.

 Molekülmodelle

Über die Bearbeiter der deutschen Ausgabe

CHRISTIAN ROBL hat an der *Ludwig-Maximilians-Universität* in München Chemie studiert und im Jahr 1981 sein Diplom erhalten. 1984 erfolgte die Promotion, 1988 die Habilitation für Anorganische Chemie. Seit 1993 ist er Professor für Anorganische Chemie an der *Friedrich-Schiller-Universität* Jena. Verschiedene Forschungsaufenthalte führten ihn an das *Institut Laue-Langevin* in Grenoble, an das *Hahn-Meitner-Institut* in Berlin und an das *Los Alamos National Laboratory* (USA). Seine Forschungsinteressen beziehen sich besonders auf Probleme des festen Zustandes, auf Koordinationspolymere, Polyoxometallate sowie Röntgen- und Neutronenbeugung.

WOLFGANG WEIGAND hat ebenfalls an der *Ludwig-Maximilians-Universität* in München Chemie studiert. Nach dem Diplom im Jahre 1983 wurde er 1986 promoviert. Daran schloss sich ein Postdoktoranden-Aufenthalt an der *ETH Zürich* an. Die Habilitation im Fach Anorganische Chemie folgte im Jahre 1994. 1997 erhielt er einen Ruf auf eine Professur für Anorganischen Chemie an der *Friedrich-Schiller-Universität* Jena. Seine Forschungsinteressen sind das koordinationschemische Verhalten von Schwefelliganden, die Synthese von metallhaltigen Flüssigkristallen sowie präbiotische Fragestellungen. Im Jahre 2004 wurde er mit dem Thüringer Forschungspreis für Grundlagenforschung ausgezeichnet.

Einführung: Stoffe und Maßeinheiten

1.1 Das Studium der Chemie 3
1.2 Einteilung von Stoffen 7
1.3 Eigenschaften von Stoffen 13
1.4 Maßeinheiten 17
1.5 Messunsicherheiten 24
1.6 Dimensionsanalyse 30
Zusammenfassung und Schlüsselbegriffe 35
Veranschaulichung von Konzepten 36

ÜBERBLICK

1

Was uns erwartet

- Zum Einstieg beginnen wir mit einem kurzen Überblick darüber, was Chemie überhaupt bedeutet, und warum es wichtig ist, sich intensiver mit diesem Fachgebiet zu beschäftigen (*Abschnitt 1.1*).

- Als Nächstes gehen wir näher auf einige grundsätzliche Methoden ein, Stoffe zu klassifizieren und zwischen *Reinstoffen* und *Gemischen* zu unterscheiden. Wir werden dabei erfahren, dass Reinstoffe in zwei grundsätzlich verschiedene Stoffklassen unterteilt werden können: *Elemente und Verbindungen* (*Abschnitt 1.2*).

- Anschließend beschäftigen wir uns mit verschiedenen Eigenschaften von Stoffen, mit deren Hilfe wir sie charakterisieren, identifizieren und voneinander trennen können (*Abschnitt 1.3*).

- Viele dieser Eigenschaften können durch quantitative Messungen erfasst werden. Ein Messergebnis besteht dabei immer aus einer Zahl und einer Einheit. Für wissenschaftliche Messungen werden ausschließlich Einheiten des dezimalen *metrischen Systems verwendet* (*Abschnitt 1.4*).

- Die Messunsicherheiten, die mit jeder quantitativen Messung bzw. jeder Berechnung daraus einhergehen, werden durch die Anzahl der *signifikanten Stellen* ausgedrückt, die bei der Darstellung einer Zahl angegeben werden (*Abschnitt 1.5*).

- Die Einheiten werden genauso wie die Zahlen in die Berechnungen mit einbezogen. Wenn für das Ergebnis die richtigen Einheiten erhalten werden, ist dies ein wichtiger Hinweis darauf, dass die Berechnungen korrekt durchgeführt worden sind (*Abschnitt 1.6*).

Haben Sie sich je gefragt, warum Eis schmilzt oder Wasser verdunstet? Warum die Blätter im Herbst eine andere Farbe bekommen oder wie in Batterien Elektrizität erzeugt wird? Warum im Kühlschrank Lebensmittel langsamer verderben oder wie der menschliche Körper Nahrung verwertet? Die Chemie bietet Ihnen auf diese und viele andere Fragen eine Antwort. **Chemie** ist die Lehre von den Eigenschaften und Umwandlungen von Stoffen. Einer der interessantesten Aspekte des Studiums der Chemie ist ihre Anwendbarkeit auf viele Bereiche unseres Lebens, von alltäglichen Vorgängen wie dem Anzünden eines Streichholzes bis hin zu anspruchsvolleren Bereichen wie der Arzneimittelentwicklung in der Krebsforschung. Die chemischen Gesetze sind dabei sowohl in den Weiten unserer Galaxie als auch in unseren Körpern und unserer unmittelbaren Umgebung gültig.

Sie sind am Anfang Ihrer Reise in die Welt der Chemie. In gewissem Sinne ist dieses Buch dabei Ihr Wegweiser und wir hoffen, dass die Lektüre für Sie unterhaltsam und lehrreich sein wird. Denken Sie beim Lesen daran, dass die beschriebenen chemischen Gesetze und Konzepte kein Selbstzweck sind, sondern Hilfsmittel, die es Ihnen erlauben, ein besseres Verständnis für Ihre Umwelt zu entwickeln. Im ersten Kapitel werden die Grundlagen für Ihr weiteres Studium geschaffen: Sie erhalten einen Überblick über die verschiedenen Bereiche der Chemie und lernen einige der grundlegenden Konzepte von Materie und wissenschaftlichen Messungen kennen. Die Liste auf der linken Seite mit der Bezeichnung „Was uns erwartet" verschafft Ihnen einen kurzen Überblick über die Themen, die in diesem Kapitel behandelt werden.

Das Studium der Chemie 1.1

Bevor Sie sich in unbekanntes Gebiet wagen, sollten Sie sich darüber informieren, was vor Ihnen liegt. Chemie mag für Sie ein gänzlich unbekanntes Thema sein. In diesem Fall ist es sicher von Nutzen, wenn wir Ihnen kurz eine Vorstellung davon geben, was Sie auf den folgenden Seiten erwartet. Eventuell fragen Sie sich sogar, warum Sie sich überhaupt mit Chemie beschäftigen sollen.

Die atomare und molekulare Sichtweise der Chemie

Chemie beschäftigt sich mit dem Studium der Eigenschaften und des Verhaltens von Materie. **Materie** ist alles Stoffliche, aus dem unser Universum aufgebaut ist, also alles, was eine Masse hat und einen Raum einnimmt. Eine **Eigenschaft** ist ein Merkmal eines Stoffes, mit dessen Hilfe wir verschiedene Arten von Materie erkennen und unterscheiden können. Dieses Buch, Ihr Körper, die Sachen, die Sie tragen, und die Luft, die Sie atmen, sind alles Beispiele für Materie. Nicht alle Arten von Materie sind jedoch so allgegenwärtig und vertraut. In unzähligen wissenschaftlichen Experimenten wurde nachgewiesen, dass die unglaubliche Vielfalt der Materie auf unserer Erde nur aus etwa 100 grundlegenden Substanzen, den **Elementen** besteht. In den folgenden Kapiteln werden wir die Zusammenhänge zwischen den Eigenschaften von Materie und ihrer Zusammensetzung, d. h. den Elementen, aus denen sie besteht, näher kennen lernen.

Mit Hilfe der Chemie können wir die Eigenschaften auf der Ebene der **Atome**, ihren fast unendlich kleinen Bausteinen, erklären. Wir werden erkennen, dass jedes Element aus einzigartigen Atomen aufgebaut ist und dass die Eigenschaften von Materie nicht

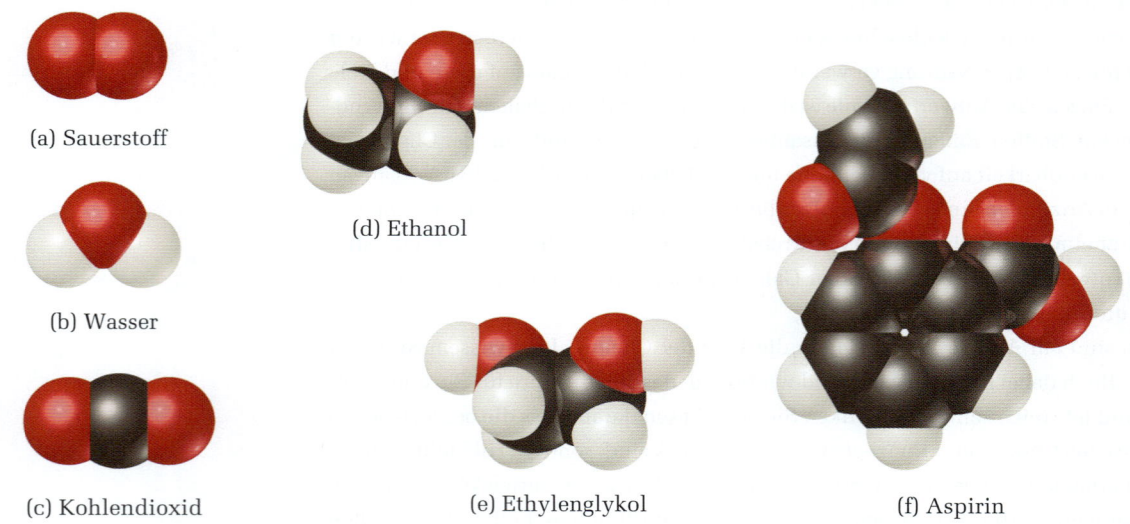

(a) Sauerstoff
(b) Wasser
(c) Kohlendioxid
(d) Ethanol
(e) Ethylenglykol
(f) Aspirin

Abbildung 1.1: Molekülmodelle. Die weißen, dunkelgrauen und roten Kugeln stehen für Atome der Elemente Wasserstoff, Kohlenstoff und Sauerstoff.

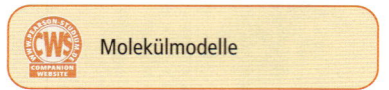

nur von der Art der Atome, aus denen sie besteht (ihrer *Zusammensetzung*), sondern auch von der räumlichen Anordnung dieser Atome (ihrer *Struktur*) abhängen.

Zwei oder mehrere Atome können sich zu **Molekülen** mit definiertem Aufbau verbinden. Moleküle werden in diesem Buch durch farbige Kugeln dargestellt, mit deren Hilfe die Anordnungen und Verbindungen der Atome, aus denen sie aufgebaut sind, repräsentiert werden (▶ Abbildung 1.1). Dabei werden verschiedene Elemente durch die Verwendung jeweils anderer Farben unterschieden. Vergleichen Sie z. B. die Moleküle Ethanol und Ethylenglykol in Abbildung 1.1. Beachten Sie, dass sich diese beiden Moleküle in ihrer Zusammensetzung ein wenig unterscheiden. Ethanol enthält nur eine rote Kugel, die für ein Sauerstoffatom steht, Ethylenglykol dagegen zwei.

Selbst nur geringe Unterschiede in der Zusammensetzung oder Struktur von Molekülen können dazu führen, dass diese völlig verschiedene Eigenschaften besitzen. Ethanol bzw. Ethylalkohol ist der Alkohol, der uns aus Getränken wie Bier und Wein vertraut ist. Ethylenglykol hingegen ist zähflüssig und wird als Frostschutzmittel für Autos verwendet. Die Eigenschaften dieser beiden Substanzen unterscheiden sich in vielerlei Hinsicht, einschließlich der Temperaturen, bei denen sie erstarren oder verdampfen. Eine der Herausforderungen, mit denen sich Chemiker beschäftigen, besteht darin, durch Anpassung der Zusammensetzung und Struktur von Molekülen die Eigenschaften von Stoffen gezielt zu verändern, also neue Substanzen mit veränderten Eigenschaften herzustellen.

Jede Änderung der sichtbaren Welt – vom Sieden von Wasser bis zu den Vorgängen in unseren Körpern bei der Bekämpfung von Viren und Bakterien – hat ihre Ursache in der Welt der Atome und Moleküle. Wenn wir uns mit dem Studium der Chemie beschäftigen, sehen wir die Welt aus zwei verschiedenen Blickwinkeln, dem *makroskopischen* für Objekte gewöhnlicher Größe (*makro* = groß) und dem *submikroskopischen* für Atome und Moleküle. Wir machen Beobachtungen in der makroskopischen Welt, d. h. im Labor und in unserer alltäglichen Umgebung. Um diese jedoch zu verstehen, ist es notwendig, eine Vorstellung davon zu entwickeln, wie sich Atome auf submikroskopischer Ebene verhalten. Chemie ist die Wissenschaft, die sich damit beschäftigt, die Eigenschaften und das Verhalten von Stoffen auf der Grundlage des Verhaltens von Atomen und Molekülen zu erklären.

> **DENKEN SIE EINMAL NACH**
>
> (a) Wie viele Elemente gibt es ungefähr?
> (b) Wie heißen die submikroskopischen Teilchen, aus denen Materie besteht?

Warum Chemie studieren?

Durch das Studium der Chemie erhalten Sie ein umfassendes Verständnis der Vorgänge in unserer Welt. Chemie ist eine stark anwendungsbezogene Wissenschaft, die einen großen Einfluss auf unser Alltagsleben hat, und steckt in der Tat hinter vielen Angelegenheiten öffentlichen Interesses, wie z. B. dem medizinischen Fortschritt, dem Erhalt natürlicher Ressourcen, dem Naturschutz und der Befriedigung unserer Grundbedürfnisse wie Nahrung, Kleidung und Unterkunft. Mit Hilfe der Chemie haben wir Arzneimittel gefunden, die unsere Gesundheit fördern und unser Leben verlängern. Chemische Düngemittel und Pestizide führen zu einer höheren Lebensmittelproduktion. Mit der Entwicklung von Kunststoffen stehen uns Materialien zur Verfügung, die aus vielen Bereichen unseres Lebens nicht mehr wegzudenken sind. Leider gibt es auch Chemikalien, die uns und unserer Umwelt Schaden zufügen können. Es liegt in unserem eigenen Interesse als verantwortliche Bürger und Verbraucher, die weit reichenden negativen wie auch positiven Auswirkungen zu verstehen, die Chemikalien auf unser Leben haben können. Nur so können wir ihre Einsatzmöglichkeiten besser beurteilen.

Viele von Ihnen studieren Chemie jedoch nicht nur aus persönlichem Interesse oder um besser informierte Verbraucher und Bürger zu werden, sondern weil es ein wesentlicher Bestandteil Ihres Lehrplans ist. Sie studieren vielleicht Biologie, eine Ingenieurwissenschaft, Landwirtschaft, Geologie oder auch ein ganz anderes Fachgebiet. Was verbindet so viele verschiedene Gebiete mit Chemie? Die Antwort auf diese Frage ist, dass Chemie aufgrund ihrer Natur die *zentrale Wissenschaft* ist, die für ein grundlegenderes Verständnis anderer Wissenschafts- und Technologiebereiche von zentraler Bedeutung ist. So kommen etwa bei Betrachtung der materiellen Welt grundlegende Fragen darüber auf, wie die uns umgebenden Stoffe aufgebaut sind. Woraus setzen sie sich zusammen und was sind ihre Eigenschaften? Wie beeinflussen sie uns und unsere Umwelt? Wie, warum und wann verändern sich ihre Eigenschaften? Diese Fragen betreffen High-Tech-Computerbausteine ebenso wie alternde Farbpigmente eines Gemäldes der Renaissance oder die DNS, den Träger der genetischen Information unserer Körper (▶ Abbildung 1.2).

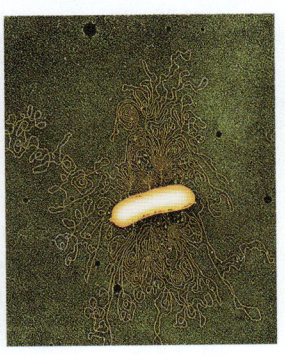

(a) (b) (c)

Abbildung 1.2: Mit Hilfe der Chemie lassen sich Materialien besser verstehen. (a) Mikroskopische Abbildung eines EPROMs (*Erasable Programmable Read-Only Memory* – ein Silizium-Mikrochip). (b) Renaissance-Gemälde, *„Junges Mädchen, in einem Buch lesend"* von Vittore Carpaccio (1472–1526). (c) Ein langer Strang DNS, der aus der beschädigten Zellwand eines Bakteriums ausgetreten ist.

Chemie im Einsatz — Chemie und die chemische Industrie

Nur wenigen Menschen sind die Größe und die Bedeutung der chemischen Industrie bewusst. So beträgt der weltweite Umsatz von in den USA hergestellten Chemikalien und verwandten Produkten z. B. jährlich mehr als 450 Mrd. US-Dollar. Die chemische Industrie beschäftigt mehr als 10 % aller Wissenschaftler und Ingenieure und leistet einen wesentlichen Beitrag zur Wirtschaftskraft der Vereinigten Staaten.

Jedes Jahr werden riesige Mengen Chemikalien produziert, die als Ausgangsmaterialien für die Herstellung von Metallen, Kunststoffen, Düngemitteln, Arzneimitteln, Treibstoffen, Farben, Klebstoffen, Pestiziden, synthetischen Fasern, Mikroprozessoren sowie vielen anderen Produkten dienen. In Tabelle 1.1 sind die in den USA am häufigsten produzierten Chemikalien aufgeführt. Wir werden auf viele dieser Substanzen später noch genauer eingehen.

Chemiker werden auf vielen verschiedenen Positionen in der Industrie, in Behörden und in der Wissenschaft eingesetzt. In der chemischen Industrie arbeiten sie im Labor und forschen in Experimenten nach neuen Produkten (Forschung und Entwicklung), führen Analysen durch (Qualitätskontrolle) oder stehen Kunden bei der Anwendung der Produkte zur Seite (Vertrieb und Service). Chemiker mit langjähriger Arbeitserfahrung können in Führungspositionen als Manager oder Unternehmensleiter arbeiten. Auch in anderen Berufszweigen wie der Lehre, in medizinischen Bereichen, der biomedizinischen Forschung, IT-Berufen, der Umwelttechnik, dem technischen Verkauf, in staatlichen Aufsichtsbehörden und im Patentrecht sind Chemiker mit ihrer Ausbildung gut aufgehoben.

Abbildung 1.3: Haushaltschemikalien. Viele gängige Supermarktprodukte haben sehr einfache chemische Zusammensetzungen.

Tabelle 1.1
Top Ten der 2003 von der chemischen Industrie produzierten Chemikalien*

Rang	Chemikalie	Chemische Formel	Produktion 2003 (Mrd. Pfund)	Wichtigste Einsatzzwecke
1	Schwefelsäure	H_2SO_4	82	Düngemittel, chemische Produktion
2	Stickstoff	N_2	75	Düngemittel
3	Sauerstoff	O_2	61	Stahl, Schweißen
4	Ethylen	C_2H_4	51	Kunststoff, Frostschutz
5	Calciumoxid	CaO	38	Papier, Zement, Stahl
6	Propylen	C_3H_6	31	Kunststoff
7	Ammoniak	NH_3	24	Düngemittel
8	Chlor	Cl_2	24	Bleichmittel, Plastik, Wasserreinigung
9	Phosphorsäure	H_3PO_4	24	Düngemittel
10	Natriumhydroxid	$NaOH$	19	Aluminiumproduktion, Seife

* Daten überwiegend aus *Chemical and Engineering News*, 5. Juli 2004, S. 51, 54.

Wenn Sie Chemie studieren, lernen Sie eine anschauliche Sprache und leistungsfähige Konzepte, die zum besseren Verständnis von Materie entwickelt worden sind. Die Sprache der Chemie ist eine universelle Sprache in der Wissenschaft, die auch in vielen anderen Fachbereichen Anwendung findet. Darüber hinaus verschafft Ihnen das Verständnis des Verhaltens von Atomen und Molekülen tiefere Einblicke in andere Bereiche der modernen Wissenschaft, Technologie und Ingenieurwissenschaft. Aus diesem Grund wird Chemie mit großer Wahrscheinlichkeit einen wichtigen Platz in Ihrer Zukunft einnehmen. Sie werden besser auf die Zukunft vorbereitet sein, wenn Sie Ihr Verständnis für chemische Prinzipien erweitern. Es ist unser Ziel, Ihnen dieses Verständnis zu vermitteln.

Einteilung von Stoffen 1.2

Wir beginnen unser Studium der Chemie mit einigen grundlegenden Verfahren, Stoffe in verschiedene Kategorien einzuteilen und zu beschreiben. Zwei Hauptkriterien dabei sind ihr physikalischer Zustand (gasförmig, flüssig oder fest) und ihre Zusammensetzung (Element, Verbindung oder Gemisch).

Zustände von Stoffen

Ein Stoff kann als Gas, als Flüssigkeit oder als Festkörper vorliegen. Diese drei physikalischen Zustände werden **Aggregatzustände** genannt. Stoffe in verschiedenen Aggregatzuständen unterscheiden sich in einigen beobachtbaren Eigenschaften. Ein **Gas** hat weder eine definierte Ausdehnung noch eine definierte Form, sondern es nimmt die Ausdehnung und Form des umgebenden Gefäßes an. Es kann auf ein kleineres Volumen komprimiert werden oder sich auf ein größeres Volumen ausdehnen. Eine **Flüssigkeit** besitzt ein definiertes, nicht vom Behälter abhängiges Volumen, hat aber keine bestimmte Form: Sie nimmt die Form des Behälters an, in dem sie sich befindet. Ein **Festkörper** hat sowohl eine definierte Form als auch eine definierte Ausdehnung. Weder Flüssigkeiten noch Festkörper können wesentlich komprimiert werden.

Die Eigenschaften der Aggregatzustände lassen sich auf molekularer Ebene erklären (▶ Abbildung 1.4). In einem Gas sind die Moleküle weit voneinander entfernt

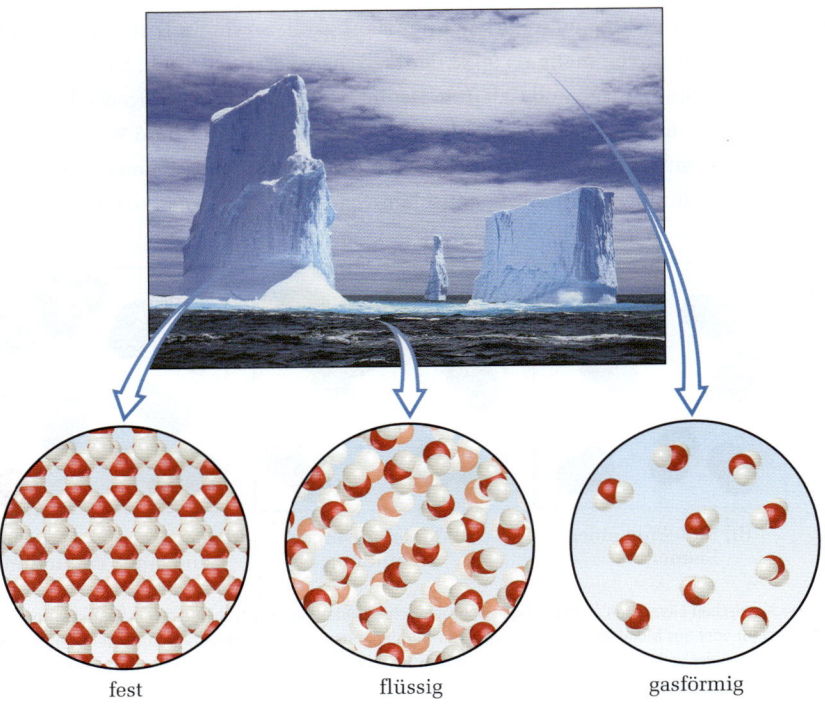

Abbildung 1.4: Die drei Aggregatzustände von Wasser – Wasserdampf, flüssiges Wasser und Eis. In diesem Foto ist der flüssige und der feste Zustand von Wasser zu sehen. Wasserdampf können wir nicht sehen. Wenn wir Nebel oder Wolken betrachten, sehen wir kleine Tröpfchen flüssigen Wassers, die in der Atmosphäre verteilt sind. Die molekulare Sichtweise lässt erkennen, dass die Moleküle im Festkörper eine geordnetere Struktur haben als in der Flüssigkeit. Die Moleküle im Gas sind viel weiter voneinander entfernt als in der Flüssigkeit oder im Festkörper.

und bewegen sich mit großen Geschwindigkeiten. Es kommt zu wiederholten Stößen untereinander und mit der Gefäßwand. In einer Flüssigkeit befinden sich die Moleküle viel näher aneinander, bewegen sich aber trotzdem noch schnell und haben keine feste Position. Aus diesem Grund sind Flüssigkeiten formunbeständig und können gegossen werden. In einem Festkörper sind die Moleküle normalerweise regelmäßig angeordnet und fest aneinander gebunden. Sie schwingen nur wenig um eine ansonsten feste Position.

Reinstoffe

Die meisten Stoffe, die uns im täglichen Leben begegnen, z. B. die Luft, die wir atmen (ein Gas), Treibstoff für Autos (eine Flüssigkeit) oder der Bürgersteig, auf dem wir gehen (ein Festkörper), sind chemisch nicht rein. Man kann diese Stoffe jedoch in verschiedene Reinstoffe zerlegen bzw. trennen. Ein **Reinstoff** (oft einfach als *Substanz* bezeichnet) besitzt definierte Eigenschaften und seine Zusammensetzung hängt nicht von der jeweiligen Probe ab. Wasser und herkömmliches Speisesalz (Natriumchlorid), die Hauptbestandteile von Meerwasser, sind Beispiele für Reinstoffe.

Reinstoffe können entweder Elemente oder Verbindungen sein. **Elemente** können nicht weiter in einfachere Substanzen getrennt werden. Auf molekularer Ebene besteht jedes Element nur aus einer Art von Atomen (▶ Abbildung 1.5 a und b). **Verbindungen** sind Substanzen, die aus zwei oder mehreren Elementen aufgebaut sind, sie enthalten also zwei oder mehrere verschiedene Arten von Atomen (▶ Abbildung 1.5 c). Wasser ist z. B. eine Verbindung, die aus den zwei Elementen Wasserstoff und Sauerstoff besteht. In ▶ Abbildung 1.5 d ist ein Gemisch aus Substanzen dargestellt. **Gemische** sind Zusammensetzungen von zwei oder mehreren Substanzen, in denen jede Substanz ihre eigene chemische Identität beibehält.

Elemente

Zurzeit sind 116 verschiedene Elemente bekannt. Wie in ▶ Abbildung 1.6 zu sehen ist, variieren diese Elemente stark in ihrer Häufigkeit. So sind z. B. nur fünf Elemente für den Aufbau von mehr als 90 % der Erdkruste verantwortlich: Sauerstoff, Silizium, Aluminium, Eisen und Calcium. Der menschliche Körper hingegen besteht zu mehr als 90 % aus nur drei Elementen (Sauerstoff, Kohlenstoff und Wasserstoff).

Einige der am häufigsten vorkommenden Elemente sind zusammen mit ihren chemischen Abkürzungen – bzw. chemischen *Symbolen* – in Tabelle 1.2 aufgeführt.

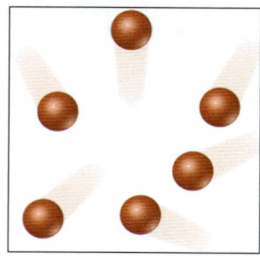
(a) Atome eines Elements

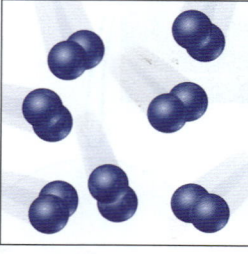
(b) Moleküle eines Elements

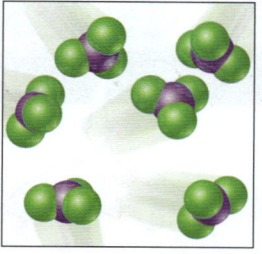
(c) Moleküle einer Verbindung

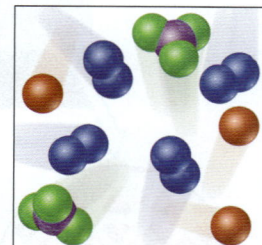
(d) Gemisch aus Elementen und einer Verbindung

Abbildung 1.5: Molekularer Vergleich zwischen Elementen, Verbindungen und Gemischen. Jedes Element enthält eine einzigartige Atomsorte. Elemente können aus einzelnen Atomen (a) oder aus Molekülen (b) aufgebaut sein. Verbindungen enthalten die Atome von zwei oder mehr verschiedenen Elementen, die chemisch miteinander verbunden sind (c). Ein Gemisch enthält die jeweiligen Einheiten seiner Bestandteile. Das Gemisch in Abbildung (d) besteht aus Atomen und Molekülen.

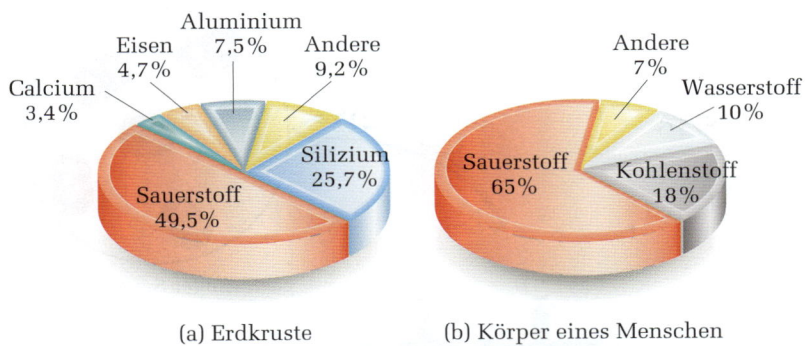

Abbildung 1.6: Relative Häufigkeiten der Elemente. Elemente in Massenprozent (a) in der Erdkruste (einschließlich Ozeane und Atmosphäre) und (b) im menschlichen Körper.

Eine Liste aller bekannten Elemente und ihrer Symbole finden Sie im vorderen Einband des Buches. Die Tabelle, in der die Symbole aller Elemente in Kästchen dargestellt sind, heißt *Periodensystem der Elemente*. Im Periodensystem der Elemente sind miteinander verwandte Elemente so angeordnet, dass sie sich in der gleichen Spalte befinden. Wir werden auf dieses für die Chemie wichtige Instrument in Abschnitt 2.5 näher eingehen.

Die chemischen Symbole bestehen aus einem oder zwei Buchstaben, wobei der erste Buchstabe groß geschrieben wird. Die Symbole stehen bisweilen für den deutschen Namen des Elements, häufig werden sie stattdessen aber auch vom entsprechenden Namen in einer anderen Sprache abgeleitet (letzte Spalte in Tabelle 1.2).

Tabelle 1.2

Häufig vorkommende Elemente und ihre Symbole

Kohlenstoff	C	Aluminium	Al	Kupfer	Cu
Fluor	F	Brom	Br	Eisen	Fe
Wasserstoff	H	Calcium	Ca	Blei	Pb
Iod	I	Chlor	Cl	Quecksilber	Hg
Stickstoff	N	Helium	He	Kalium	K
Sauerstoff	O	Lithium	Li	Silber	Ag
Phosphor	P	Magnesium	Mg	Natrium	Na
Schwefel	S	Silizium	Si	Zinn	Sn

? DENKEN SIE EINMAL NACH

Welches ist das in der Erdkruste und im menschlichen Körper am häufigsten vorkommende Element? Welches Symbol hat dieses Element?

Verbindungen

Die meisten Elemente können mit anderen Elementen Verbindungen eingehen. Die beiden Elemente Wasserstoff und Sauerstoff bilden z. B. die Verbindung Wasser, wenn Wasserstoff in Sauerstoff verbrannt wird. Umgekehrt kann Wasser in seine Bestandteile Wasserstoff und Sauerstoff gespalten werden, wenn, wie in ▶ Abbildung 1.7 gezeigt, ein elektrischer Strom durch Wasser geleitet wird. Reines Wasser besteht unabhängig von seiner Herkunft aus Massenanteilen von 11 % Wasserstoff und 89 %

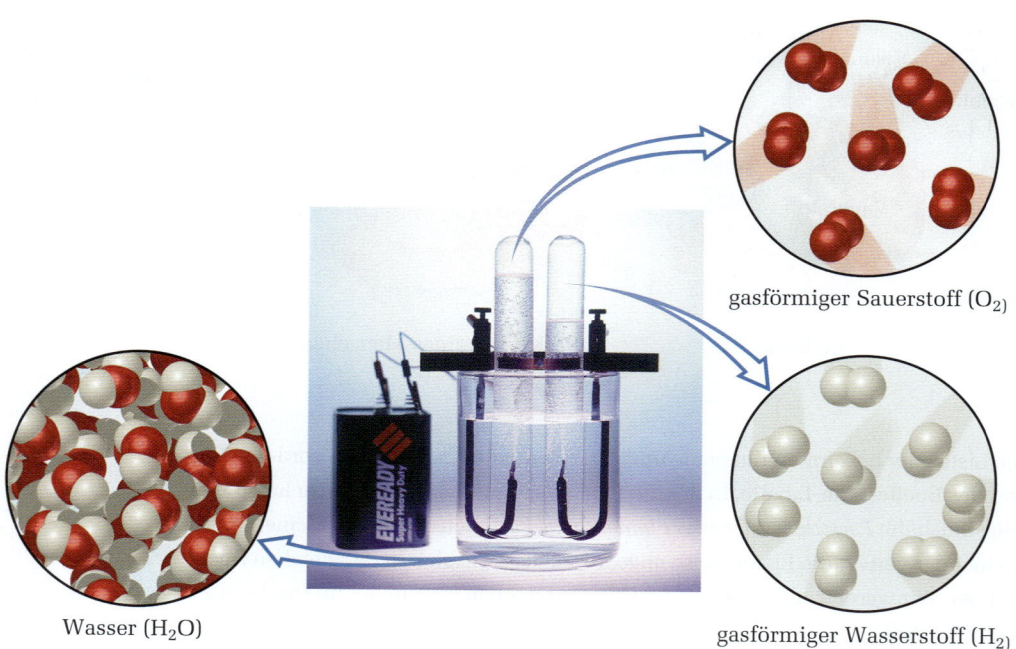

Abbildung 1.7: Elektrolyse von Wasser. Wenn ein elektrischer Gleichstrom durch Wasser geleitet wird, wird es in seine Elemente aufgespalten. Der dabei entstehende Wasserstoff, der im rechten Reagenzglas aufgefangen wird, nimmt das doppelte Volumen ein wie der ebenfalls entstehende Sauerstoff im linken Reagenzglas.

Sauerstoff. Die makroskopische Zusammensetzung entspricht der molekularen Zusammensetzung, die aus zwei Wasserstoff- und einem Sauerstoffatom besteht:

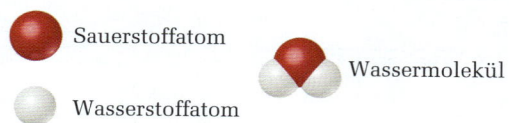

Die Elemente Wasserstoff und Sauerstoff kommen unter natürlichen Bedingungen als zweiatomige Moleküle vor:

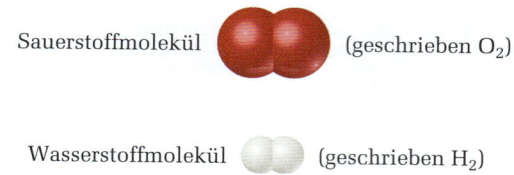

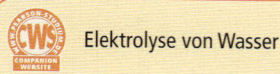

Wie in Tabelle 1.3 deutlich wird, unterscheiden sich die Eigenschaften von Wasser völlig von denen der Elemente, aus denen es aufgebaut ist. Wasserstoff, Sauerstoff und Wasser sind jeweils eigene Substanzen, eine Konsequenz aus der Verschiedenheit ihrer entsprechenden Moleküle.

Die Beobachtung, dass die elementare Zusammensetzung einer reinen Verbindung immer gleich bleibt, wird als **Gesetz der konstanten Proportionen** bezeichnet. Es wurde erstmals um 1800 vom französischen Chemiker Joseph Louis Proust (1754–

1.2 Einteilung von Stoffen

Tabelle 1.3
Vergleich von Wasser, Wasserstoff und Sauerstoff

	Wasser	Wasserstoff	Sauerstoff
Zustand*	flüssig	gasförmig	gasförmig
Normaler Siedepunkt	100 °C	−253 °C	−183 °C
Dichte*	1,00 g/ml	0,084 g/l	1,33 g/l
Brennbar	nein	ja	nein

* Bei Zimmertemperatur und Atmosphärendruck (siehe Abschnitt 10.2).

1826) aufgestellt. Obwohl dieses Gesetz seit mehr als 200 Jahren bekannt ist, hält sich bei einigen Menschen die Ansicht, dass es zwischen im Labor hergestellten und in der Natur vorkommenden chemischen Verbindungen einen grundlegenden Unterschied gebe. Eine reine Verbindung hat jedoch unabhängig von ihrer Herkunft immer die gleiche Zusammensetzung. Chemiker wie auch die Natur arbeiten mit den gleichen Elementen und unterliegen den gleichen Naturgesetzen. Wenn sich zwei Stoffe in der Zusammensetzung und in ihren Eigenschaften unterscheiden, bedeutet das, dass sie entweder aus verschiedenen Verbindungen zusammengesetzt oder unterschiedlich rein sind. Manchmal kommt es jedoch vor, dass ein reiner Feststoff in mehreren kristallinen Formen auftreten kann, die unterschiedliche Eigenschaften besitzen.

> **? DENKEN SIE EINMAL NACH**
>
> Wasserstoff, Sauerstoff und Wasser bestehen aus Molekülen. Durch welche Eigenschaft seiner Moleküle wird Wasser zur Verbindung?

Gemische

Die meisten Stoffe, denen wir täglich begegnen, sind Gemische verschiedener Substanzen. Jede Substanz eines Gemisches behält ihre eigene chemische Identität und damit auch ihre eigenen Eigenschaften. Während reine Substanzen eine festgelegte Zusammensetzung haben, kann die Zusammensetzung einer Mischung variieren. Eine Tasse gesüßter Kaffee z. B. kann viel oder wenig Zucker enthalten. Die Substanzen, aus denen sich ein Gemisch (z. B. Zucker und Wasser) zusammensetzt, werden *Bestandteile* des Gemisches genannt.

Einige Gemische ähneln sich ganz und gar nicht in ihrer Zusammensetzung, ihren Eigenschaften oder ihrem Erscheinungsbild. Jede Probe Stein oder Holz z. B. unterscheidet sich im Hinblick auf ihre Struktur und ihr Erscheinungsbild wesentlich von anderen Proben desselben Materials. Solche Gemische bezeichnet man als *heterogen* (▶ Abbildung 1.8 a). Gemische mit einheitlichen Eigenschaften bezeichnet man dagegen als *homogen*. Luft ist ein homogenes Gemisch der gasförmigen Substanzen Stickstoff, Sauerstoff und kleine Anteile weiterer Gase. Der Stickstoff in Luft hat die gleichen

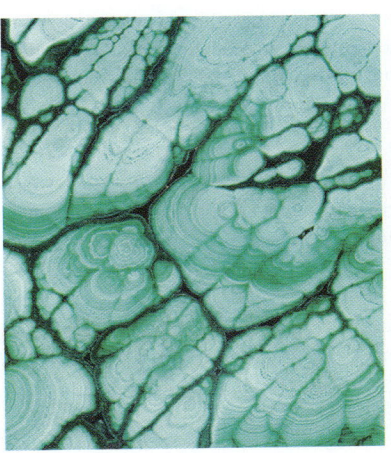
(a)

(b)

Abbildung 1.8: Gemische. (a) Viele häufig vorkommende Materialien (z. B. Gesteine) sind heterogen. Abgebildet ist eine Nahaufnahme von *Malachit*, einem Kupfermineral. (b) Homogene Gemische werden Lösungen genannt. Viele Stoffe, einschließlich des blauen Festkörpers auf diesem Foto (Kupfersulfat), bilden mit Wasser Lösungen.

1 Einführung: Stoffe und Maßeinheiten

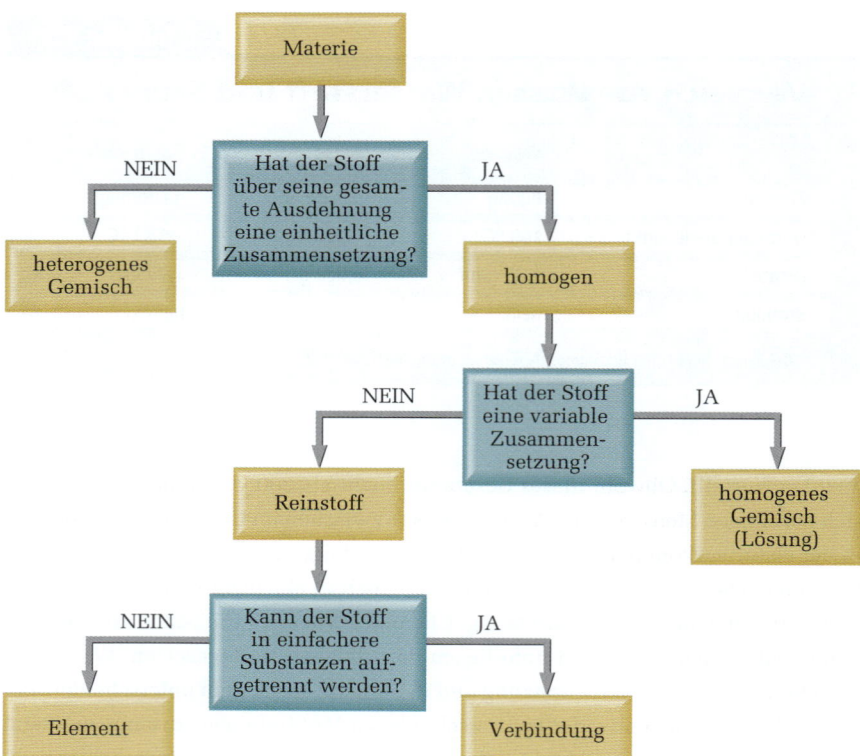

Abbildung 1.9: Einteilung von Stoffen. Stoffe werden in der Chemie in Elemente und Verbindungen unterteilt.

Eigenschaften wie reiner Stickstoff, weil sowohl der Reinstoff als auch das Gemisch die gleiche Art Stickstoffmoleküle enthält. Salz, Zucker und viele andere Substanzen können in Wasser gelöst werden und bilden auf diese Weise homogene Gemische (▶ Abbildung 1.8 b). Homogene Gemische werden auch **Lösungen** genannt. In ▶ Abbildung 1.9 wird die Einteilung von Stoffen in Elemente, Verbindungen und Gemische zusammengefasst.

ÜBUNGSBEISPIEL 1.1 — Differenzierung zwischen Elementen, Verbindungen und Gemischen

Das für die Schmuckherstellung verwendete „Weißgold" besteht aus zwei Elementen, Gold und Palladium. Zwei verschiedene Proben Weißgolds unterscheiden sich hinsichtlich ihres entsprechenden Gold- und Palladiumanteils. Beide haben über ihre gesamte Ausdehnung eine einheitliche Zusammensetzung. Führen Sie mit diesen Informationen mit Hilfe des Flussdiagramms in Abbildung 1.9 eine Klassifizierung von Weißgold durch.

Lösung
Weil das Material einheitliche Eigenschaften über die gesamte Ausdehnung besitzt, ist es homogen. Die Zusammensetzung ist variabel, es kann sich deswegen nicht um eine Verbindung handeln. Weißgold ist also ein homogenes Gemisch. Man kann sagen, dass Gold und Palladium eine feste Lösung miteinander bilden.

ÜBUNGSAUFGABE

Aspirin hat unabhängig von seiner Herkunft Massenanteile von 60,0 % Kohlenstoff, 4,5 % Wasserstoff und 35,5 % Sauerstoff. Charakterisieren und klassifizieren Sie Aspirin mit Hilfe des Flussdiagramms in Abbildung 1.9.

Antwort: Bei Aspirin handelt es sich um eine Verbindung, weil es eine konstante Zusammensetzung besitzt und in mehrere Elemente zerlegt werden kann.

Eigenschaften von Stoffen 1.3

Jede Substanz hat für sie typische Eigenschaften. Die in Tabelle 1.3 aufgelisteten Eigenschaften erlauben uns z. B. Wasserstoff, Sauerstoff und Wasser voneinander zu unterscheiden. Eigenschaften eines Stoffes können entweder physikalischer oder chemischer Natur sein. **Physikalische Eigenschaften** können gemessen werden, ohne die Identität oder die Zusammensetzung eines Stoffes zu verändern. Dabei handelt es sich u. a. um die Farbe, den Geruch, die Dichte, den Schmelzpunkt, den Siedepunkt und die Härte eines Stoffes. **Chemische Eigenschaften** beschreiben, auf welche Weise sich ein Stoff verändern bzw. *reagieren* kann, um andere Stoffe zu bilden. Eine typische chemische Eigenschaft eines Stoffes ist z. B. seine Entflammbarkeit, also die Fähigkeit, bei Anwesenheit von Sauerstoff zu brennen.

Einige Eigenschaften – wie die Temperatur, der Schmelzpunkt und die Dichte – sind unabhängig von der Menge der untersuchten Probe. Diese Eigenschaften werden **intensive Eigenschaften** genannt und sind in der Chemie besonders hilfreich, weil viele von ihnen verwendet werden können, um Substanzen zu *identifizieren*. **Extensive Eigenschaften** von Stoffen, z. B. die Masse und das Volumen, sind von der Größe der Probe abhängig. Sie beziehen sich auf die vorliegende *Menge* einer Substanz.

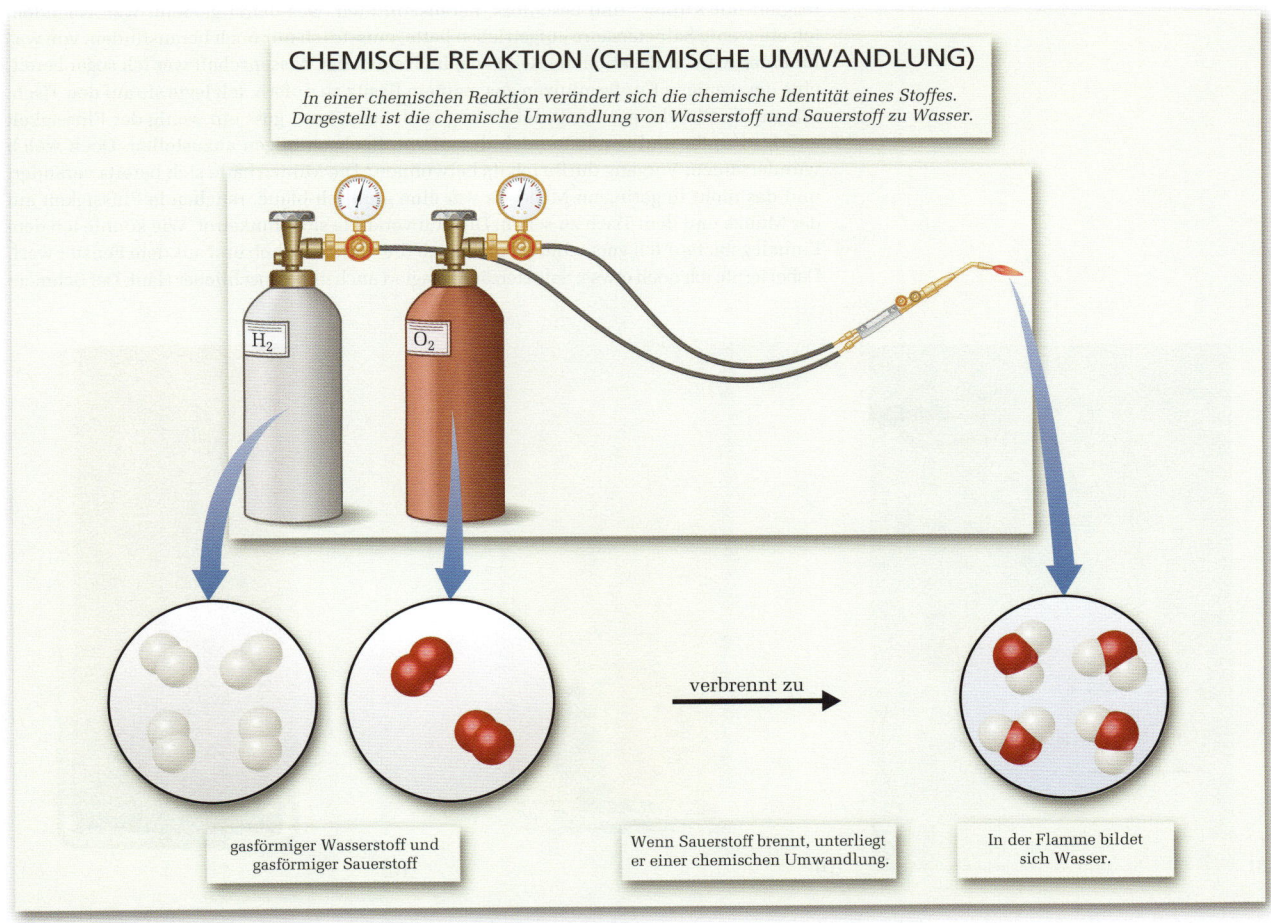

Abbildung 1.10: Eine chemische Reaktion.

Physikalische und chemische Umwandlungen

Genauso wie ihre Eigenschaften können Veränderungen, denen Substanzen unterliegen, in physikalische oder chemische Umwandlungen unterteilt werden. Bei **physikalischen Umwandlungen** eines Stoffes ändert sich seine physikalische Erscheinungsform, nicht jedoch seine Zusammensetzung. Das Verdampfen von Wasser ist eine solche physikalische Umwandlung. Wenn Wasser verdampft, geht es vom flüssigen in den gasförmigen Zustand über, besteht aber, wie zuvor in Abbildung 1.4 dargestellt, nach der Umwandlung immer noch aus denselben Wassermolekülen. Alle **Zustandsänderungen** (z. B. von flüssig zu gasförmig oder von flüssig zu fest) sind physikalische Umwandlungen.

> Zustandsänderungen

Bei **chemischen Umwandlungen** (oder **chemischen Reaktionen**) wird eine Substanz in eine chemisch unterschiedliche Substanz umgewandelt. Die Verbrennung von Wasserstoff in Luft ist z. B. eine chemische Umwandlung, bei der aus Wasserstoff und Sauerstoff Wasser entsteht. Die molekulare Sichtweise dieses Prozesses ist in ▶ Abbildung 1.10 dargestellt.

Chemische Umwandlungen können dramatisch verlaufen. Im folgenden Abschnitt beschreibt Ira Remsen, der Autor eines berühmten 1901 veröffentlichten Chemiebuches, seine ersten Erfahrungen mit chemischen Reaktionen. Die von ihm beobachtete Reaktion ist in ▶ Abbildung 1.11 dargestellt.

> Während des Lesens eines Lehrbuchs der Chemie stieß ich auf den Satz „Salpetersäure reagiert mit Kupfer" und beschloss, herauszufinden, was damit gemeint war. Nachdem ich ein wenig Salpetersäure aufgetrieben hatte, musste ich nur noch herausfinden, von was für einer Art von Reaktion die Rede war. Im Namen der Wissenschaft war ich sogar bereit, eine der wenigen Kupfermünzen aus meinem Besitz zu opfern. Ich legte sie auf den Tisch, öffnete die Flasche mit der Bezeichnung „Salpetersäure", goss ein wenig der Flüssigkeit auf das Kupfer und bereitete mich darauf vor, Beobachtungen anzustellen. Doch welch wundersamem Vorgang durfte ich da beiwohnen? Die Münze hatte sich bereits verändert und das nicht in geringem Maße. Es war eine grünlich-blaue, rauchende Flüssigkeit auf der Münze und dem Tisch zu sehen. Die Luft verfärbte sich dunkelrot. Wie konnte ich dem Einhalt gebieten? Ich versuchte es, indem ich die Münze aufhob und aus dem Fenster warf. Dabei lernte ich noch etwas: Salpetersäure reagiert auch mit menschlicher Haut. Der Schmerz

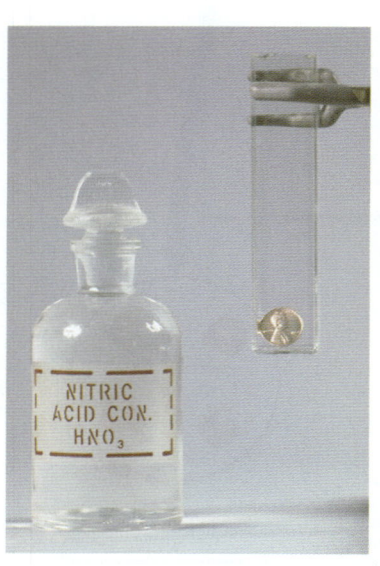
(a)

(b)

(c)

Abbildung 1.11: Die chemische Reaktion zwischen einer Kupfermünze und Salpetersäure. Das gelöste Kupfer bildet eine blaugrüne Lösung; das entstehende rötlich-braune Gas ist Stickstoffdioxid.

führte zu einem neuen, ungeplanten Experiment. Ich wischte meine Finger an meiner Hose ab und musste feststellen, dass Salpetersäure auch mit Textilien reagiert. Das war das eindrucksvollste Experiment, das ich je durchgeführt habe. Ich erzähle noch heute mit Begeisterung davon. Es war wie eine Offenbarung für mich. Die einzige Art und Weise, solch bemerkenswerte Reaktionen kennen zu lernen, besteht darin, selber im Labor zu experimentieren und die Wirkungen mit eigenen Augen zu beobachten.

Trennung von Gemischen

Dadurch, dass jeder Bestandteil eines Gemisches seine eigenen Eigenschaften behält, kann man ein Gemisch in seine Bestandteile zerlegen. Wir machen uns dabei die unterschiedlichen Eigenschaften der einzelnen Bestandteile zu Nutze. Ein heterogenes Gemisch aus Eisen- und Goldspänen kann z. B. anhand der Farbe in Eisen und Gold getrennt werden. Eine andere, weniger aufwändige Möglichkeit bestünde darin, einen Magneten zu verwenden, um die Eisenspäne anzuziehen und auf diese Weise von den Goldspänen zu trennen. Wir könnten uns aber auch einen wichtigen chemischen Unterschied zwischen diesen beiden Metallen zu Nutze machen: Eisen wird von vielen Säuren aufgelöst, Gold dagegen nicht. Wenn wir das Gemisch also in die richtige Säure geben, würde sich das Eisen auflösen und das Gold zurückbleiben. Wir könnten das Gemisch anschließend durch *Filtration* trennen, eine Methode, die in ▶ Abbildung 1.12 beschrieben wird. Schließlich müssten wir mit Hilfe von weiteren chemischen Reaktionen, die wir später noch kennen lernen werden, das gelöste Eisen wieder in Metall umwandeln.

Eine wichtige Methode der Trennung der Bestandteile eines homogenen Gemisches ist die *Destillation*, eine Trennungsmethode, die auf der unterschiedlichen Neigung von Substanzen beruht, Gase zu bilden. Wenn wir z. B. eine Lösung von Wasser und Kochsalz erhitzen, verdampft das Wasser, wird also gasförmig, und das Kochsalz bleibt zurück. Das gasförmige Wasser kann an den Wänden eines Kühlers wieder verflüssigt werden. Eine Apparatur mit diesem Zweck ist in ▶ Abbildung 1.13 dargestellt.

> **? DENKEN SIE EINMAL NACH**
>
> Welche der folgenden Umwandlungen ist physikalischer und welche ist chemischer Natur? Begründen Sie Ihre Antwort. (a) Pflanzen wandeln Kohlendioxid und Wasser in Zucker um. (b) In der Luft vorhandener Wasserdampf wird an kalten Tagen zu Tau.

(a)

(b)

Abbildung 1.12: Trennung durch Filtration. Ein Gemisch eines Festkörpers und einer Flüssigkeit wird durch ein poröses Medium (in diesem Fall ein Filterpapier) gegossen. Die Flüssigkeit dringt durch das Papier, während der Festkörper auf dem Papier hängen bleibt.

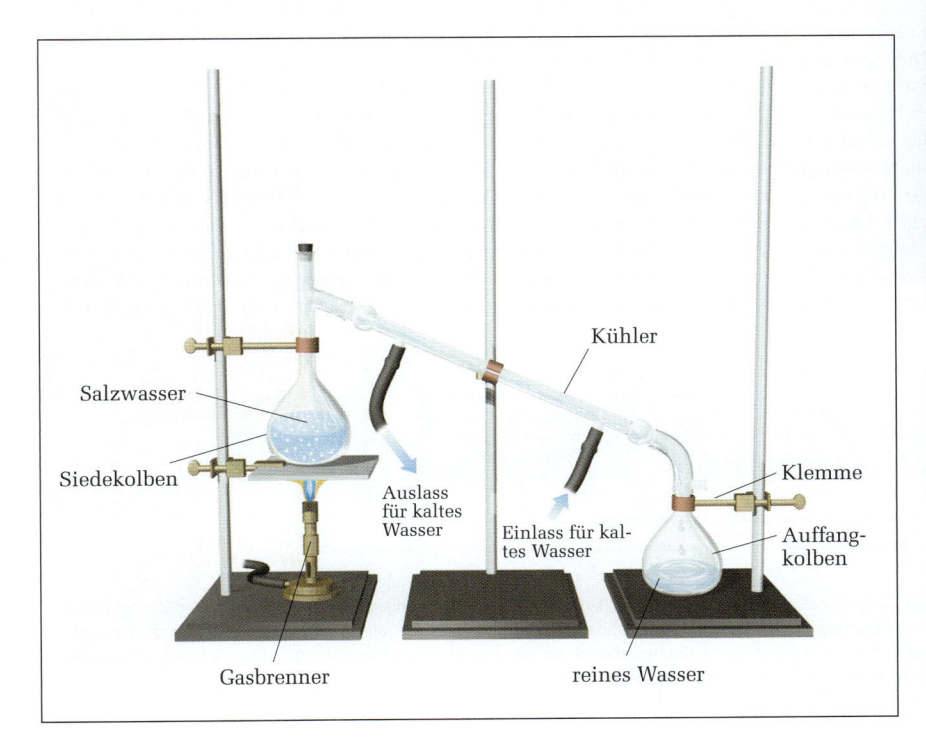

Abbildung 1.13: Destillation. Eine einfache Vorrichtung zur Trennung einer Natriumchloridlösung (Salzwasser) in ihre Bestandteile. Beim Kochen der Lösung verdampft das Wasser, das anschließend wieder kondensiert und in einem Kolben aufgefangen wird. Wenn alles Wasser verdampft ist, bleibt im Siedekolben reines Natriumchlorid zurück.

Abbildung 1.14: Mit Hilfe der Papierchromatographie kann Tinte in ihre Bestandteile getrennt werden. (a) Das Wasser beginnt, am Papier aufzusteigen. (b) Das Wasser bewegt sich am Tintenfleck vorbei und löst die verschiedenen Bestandteile der Tinte mit unterschiedlicher Geschwindigkeit auf. (c) Die Tinte wurde vom Wasser in ihre Bestandteile getrennt.

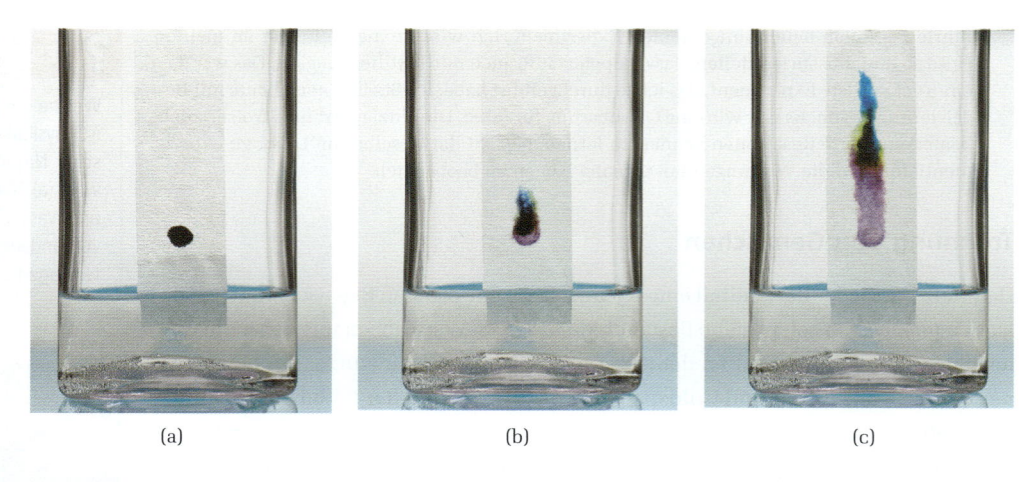

(a) (b) (c)

Näher hingeschaut — Die wissenschaftliche Methodik

Obwohl zwei Wissenschaftler ein Problem selten auf genau die gleiche Weise angehen, gibt es Arbeitsweisen, an die man sich in der Wissenschaft halten sollte. Diese Arbeitsweisen werden **wissenschaftliche Methodik** genannt. Ein Überblick darüber ist in ▶ Abbildung 1.15 dargestellt. Zunächst werden durch Beobachtungen und in Experimenten *Daten* gesammelt. Die Ansammlung von Informationen ist jedoch nicht das eigentliche Ziel. Dieses besteht darin, ein Muster oder Regelmäßigkeiten in den Beobachtungen zu erkennen und zu verstehen, worauf diese beruhen.

Im Verlauf der Experimente kann es sein, dass wir Muster erkennen, die uns zu *vorläufigen Schlüssen* bzw. **Hypothesen** führen und zu weiteren Experimenten Anlass geben. Irgendwann können wir vielleicht eine große Anzahl Beobachtungen zu einer einzigen Aussage oder Gleichung bzw. zu einem wissenschaftlichen Gesetz zusammenfassen. *Ein* **wissenschaftliches Gesetz** *ist eine präzise verbale Aussage oder mathematische Gleichung, die eine signifikante Anzahl von Beobachtungen und Erfahrungen zusammenfasst.* Wir neigen zu der Annahme, dass Naturgesetze grundlegende Regeln sind, denen sich die Natur unterordnet. Es ist jedoch nicht die Materie, die den Naturgesetzen gehorcht, sondern die Naturgesetze sind vielmehr eine Beschreibung des Verhaltens von Materie.

Zu verschiedenen Zeitpunkten unseres Lernfortschritts werden uns vielleicht Erklärungen in den Sinn kommen, warum sich die Natur auf die eine oder andere Weise verhält. Wenn eine Hypothese ausreichend allgemeingültig ist und dauerhaft Beobachtungen zuverlässig vorherzusagen vermag, wird sie Theorie genannt. *Eine* **Theorie** *ist eine Erklärung für die allgemeinen Ursachen eines bestimmten Phänomens, die durch signifikante Nachweise und Fakten bestätigt wird.* Einsteins Relativitätstheorie z. B. hat das Verständnis von Raum und Zeit grundlegend revolutioniert. Sie ist jedoch mehr als eine reine Hypothese, weil mit ihrer Hilfe Ergebnisse wissenschaftlicher Experimente vorausgesagt werden konnten. Als diese Experimente durchgeführt wurden, stimmten ihre Ergebnisse mit den Vorhersagen der Relativitätstheorie überein, konnten mit früheren Theorien jedoch nicht erklärt werden. Die Gültigkeit der Theorie wurde bestätigt, jedoch nicht bewiesen. Es ist prinzipiell unmöglich, die Richtigkeit einer Theorie vollständig zu beweisen.

Im Verlauf des Buches werden wir nur selten die Gelegenheit haben, die Zweifel und Konflikte, die Auseinandersetzungen zwischen Persönlichkeiten und die manchmal tief greifenden Veränderungen des Weltbilds zu erörtern, die zu unseren heutigen wissenschaftlichen Erkenntnissen geführt haben. Wir sollten uns vor Augen halten, dass, nur weil wir wissenschaftliche Ergebnisse so schön in Lehrbüchern zusammenfassen können, das keineswegs bedeutet, dass der diesen Ergebnissen vorausgegangene wissenschaftliche Fortschritt ebenfalls so reibungslos, sicher und vorhersagbar verlief. Einige der Ansichten, die in diesem Lehrbuch dargestellt werden, sind im Verlaufe mehrerer Jahrhunderte und von einer Vielzahl von Wissenschaftlern entwickelt worden. Wir sehen unser Bild von der Welt durch die Augen vieler Wissenschaftler, die vor uns gelebt und gewirkt haben. Machen Sie sich dieses Bild zu Nutzen. Gebrauchen Sie während Ihres Studiums Ihre Vorstellungskraft. Scheuen Sie sich nicht, Ihnen gewagt vorkommende Fragen zu stellen. Sie werden fasziniert sein von dem, was sie entdecken!

Beobachtungen und Experimente → Auffinden von Mustern, Tendenzen und Gesetzen → Formulieren und Überprüfen von Hypothesen → Theorie

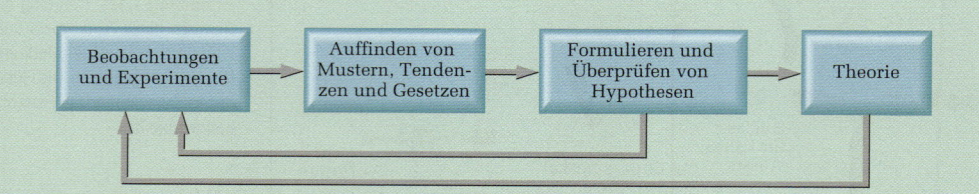

Abbildung 1.15: Die wissenschaftliche Methodik. Bei der wissenschaftlichen Methodik handelt es sich um einen allgemeinen Ansatz zur Problemlösung. Dieser umfasst Beobachtungen, das Suchen nach in den Beobachtungen auftretenden Gesetzmäßigkeiten, die Formulierung von Hypothesen zur Erklärung der Beobachtungen und das Überprüfen dieser Hypothesen anhand weiterer Experimente. Die Hypothesen, die den Überprüfungen standhalten und sich für die Erklärung und Voraussage des Verhaltens der Natur als nützlich erweisen, werden als Theorien bekannt.

Auch die unterschiedliche Neigung von Substanzen, an Oberflächen verschiedener Festkörper wie z. B. Papier und Stärke zu haften, kann ausgenutzt werden, um Gemische zu trennen. Auf diesem Prinzip beruht die *Chromatographie* (wörtlich übersetzt „das Farbenschreiben"), eine Technik, die schöne und eindrucksvolle Ergebnisse liefern kann. Ein Beispiel einer chromatographischen Trennung der Bestandteile von Tinte ist in ▶ Abbildung 1.14 dargestellt.

> Chromatographie

Maßeinheiten 1.4

Viele Eigenschaften von Stoffen sind *quantitativ*, d. h. sie werden mit Hilfe von Zahlen ausgedrückt. Wenn eine Zahl eine gemessene Größe repräsentiert, muss immer auch eine Einheit mit angegeben werden. Es ist sinnlos, von einer Länge eines Stiftes von 17,5 zu sprechen. Erst, indem die Zahl mit einer Einheit versehen wird, 17,5 Zentimeter (cm), wird aus ihr eine Länge. In wissenschaftlichen Messungen werden Größen in Einheiten des **metrischen Systems** angegeben. Das metrische System wird in den meisten Ländern der Welt als Maßsystem verwendet (▶ Abbildung 1.16).

SI-Einheiten

In einer 1960 getroffenen internationalen Vereinbarung wurde eine bestimmte Auswahl metrischer Einheiten für die Verwendung bei wissenschaftlichen Messungen festgelegt. Diese bevorzugten Einheiten werden **SI-Einheiten** genannt, nach dem französischen *Système International d'Unités*. Dieses System besteht aus sieben *Basiseinheiten*, aus denen alle anderen Einheiten abgeleitet werden können. In Tabelle 1.4 sind diese Basiseinheiten und ihre Symbole aufgeführt. In diesem Kapitel werden wir uns mit den Basiseinheiten für Länge, Masse und Temperatur beschäftigen.

Abbildung 1.16: Metrische Einheiten. Metrische Angaben werden auch in den Vereinigten Staaten immer gebräuchlicher, wie beispielsweise an der Volumenangabe auf dieser 1l-Flasche deutlich wird.

Tabelle 1.4

SI-Basiseinheiten

Physikalische Größe	Name der Einheit	Abkürzung
Masse	Kilogramm	kg
Länge	Meter	m
Zeit	Sekunde	s*
Temperatur	Kelvin	K
Stoffmenge	Mol	mol
Elektrische Stromstärke	Ampere	A
Lichtintensität	Candela	cd

* Häufig wird auch die Abkürzung Sek. verwendet.

Im metrischen System werden Präfixe verwendet, um Zehnerpotenzen der entsprechenden Einheit auszudrücken. Das Präfix *milli-* steht z. B. für einen 10^{-3} Bruchteil einer Einheit: Ein Milligramm (mg) sind 10^{-3} g, ein Millimeter (mm) sind 10^{-3} m und so weiter. In Tabelle 1.5 sind einige der in der Chemie häufig verwendeten Präfixe aufgeführt. Für die Verwendung von SI-Einheiten und die Lösung von Aufgaben in

Tabelle 1.5

Ausgewählte Präfixe des metrischen Systems

Präfix	Abkürzung	Bedeutung	Beispiel
Giga	G	10^9	1 Gigameter (Gm) = 1×10^9 m
Mega	M	10^6	1 Megameter (Mm) = 1×10^6 m
Kilo	k	10^3	1 Kilometer (km) = 1×10^3 m
Dezi	d	10^{-1}	1 Dezimeter (dm) = 0,1 m
Zenti	c	10^{-2}	1 Zentimeter (cm) = 0,01 m
Milli	m	10^{-3}	1 Millimeter (mm) = 0,001 m
Mikro	μ*	10^{-6}	1 Mikrometer (μm) = 1×10^{-6} m
Nano	n	10^{-9}	1 Nanometer (nm) = 1×10^{-9} m
Piko	p	10^{-12}	1 Pikometer (pm) = 1×10^{-12} m
Femto	f	10^{-15}	1 Femtometer (fm) = 1×10^{-15} m

* Es handelt sich um den griechischen Buchstaben mu (ausgesprochen „mü").

> **? DENKEN SIE EINMAL NACH**
>
> Welche der folgenden Massen ist die kleinste: 1 mg, 1 μg oder 1 pg?

diesem Buch sollten Sie sich mit der exponentiellen Schreibweise von Zahlen vertraut machen. Falls Sie diese noch nicht sicher beherrschen oder sich über Ihre Kenntnisse unsicher sind, finden Sie im Anhang A.1 eine Erläuterung dieser Schreibweise.

Auch wenn Einheiten, die nicht zum SI-System gehören, nach und nach nicht mehr verwendet werden, gibt es einige Ausnahmen, deren entsprechende SI-Einheit sich noch nicht vollständig durchgesetzt hat. Sobald in den folgenden Kapiteln erstmals von einer nicht zum SI-System gehörenden Einheit die Rede ist, wird die entsprechende SI-Einheit zusätzlich mit angegeben.

Länge und Masse

Die SI-Basiseinheit für die **Länge** ist das Meter (m). Die **Masse*** steht für die Menge des Materials, aus dem ein Gegenstand besteht. Die SI-Basiseinheit für die Masse ist das Kilogramm (kg). Das kg ist als Basiseinheit ein Sonderfall, weil statt des Worts *Gramm* allein das Präfix *kilo-* verwendet wird. Wir erhalten andere Einheiten für die Masse, indem wir das Wort *Gramm* mit anderen Präfixen kombinieren.

Temperatur

Die **Temperatur** steht für die Hitze oder Kälte eines Körpers. Sie ist eine physikalische Eigenschaft, die die Richtung des Wärmeflusses festlegt. Wärme fließt immer spontan von einem Körper mit höherer Temperatur zu einem Körper mit niedrigerer Temperatur. Aus diesem Grund spüren wir die Hitze, wenn wir einen heißen Gegenstand anfassen, und wir erkennen, dass der Gegenstand eine höhere Temperatur hat als unsere Hand.

---

* Masse und Gewicht bedeuten nicht das Gleiche, werden jedoch oft miteinander verwechselt. Das Gewicht eines Gegenstands beschreibt die Kraft, die seine Masse auf ihn aufgrund der Schwerkraft ausübt. Im Weltraum, in dem kaum Schwerkräfte herrschen, kann ein Astronaut zwar gewichtslos, aber niemals masselos sein. Die Masse, die ein Astronaut im Weltall hat, ist ohne relativistische Effekte die gleiche wie auf der Erde.

ÜBUNGSBEISPIEL 1.2 — Verwendung von metrischen Präfixen

Wie heißen die Einheiten, die **(a)** 10^{-9} Gramm, **(b)** 10^{-6} Sekunden, **(c)** 10^{-3} Meter entsprechen?

Lösung: In allen Fällen finden wir die Präfixe der entsprechenden Zehnerpotenzen in Tabelle 1.5: **(a)** Nanogramm, ng, **(b)** Mikrosekunde, µs **(c)** Millimeter, mm.

ÜBUNGSAUFGABE

(a) Welcher Bruchteil einer Sekunde entspricht einer Pikosekunde, ps? **(b)** Drücken Sie das Messergebnis $6{,}0 \times 10^3$ m aus, indem Sie statt der exponentiellen Schreibweise ein Präfix verwenden. **(c)** Verwenden Sie die exponentielle Schreibweise, um 3,76 mg in Gramm auszudrücken.

Antworten: (a) 10^{-12} Sekunden; (b) 6,0 km; (c) $3{,}76 \times 10^{-3}$ g.

Die in der Wissenschaft üblicherweise verwendeten Temperaturskalen sind die Celsius- und die Kelvin-Skala. Die **Celsius-Skala** wird in den meisten Ländern als die im Alltag übliche Temperaturskala verwendet (▶ Abbildung 1.17). Sie basierte ursprünglich auf den Festlegungen von 0 °C für den Schmelzpunkt und 100 °C für den Siedepunkt von Wasser auf Meereshöhe (▶ Abbildung 1.18).

Die **Kelvin-Skala** ist die SI-Temperaturskala und das Kelvin (K) ist die SI-Einheit für die Temperatur. Historisch basierte die Kelvin-Skala auf bestimmten Eigenschaften von Gasen; auf ihren Ursprung wird in Kapitel 10 näher eingegangen. Auf der Kelvin-Skala entspricht null der niedrigsten Temperatur, −273,15 °C, die auch als *absoluter Nullpunkt* bezeichnet wird. Die Celsius- und Kelvin-Skala besitzen die gleiche Einheitengröße – d. h., ein Kelvin entspricht einem Grad Celsius. Zwischen den beiden Skalen gilt die folgende Beziehung:

$$K = {}^\circ C + 273{,}15 \qquad (1.1)$$

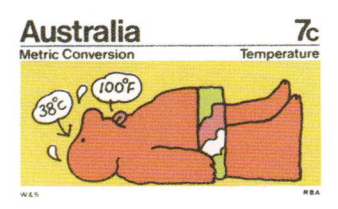

Abbildung 1.17: Australische Briefmarke. In vielen Ländern wird wie auf dieser Briefmarke im täglichen Leben die Celsius-Temperaturskala verwendet.

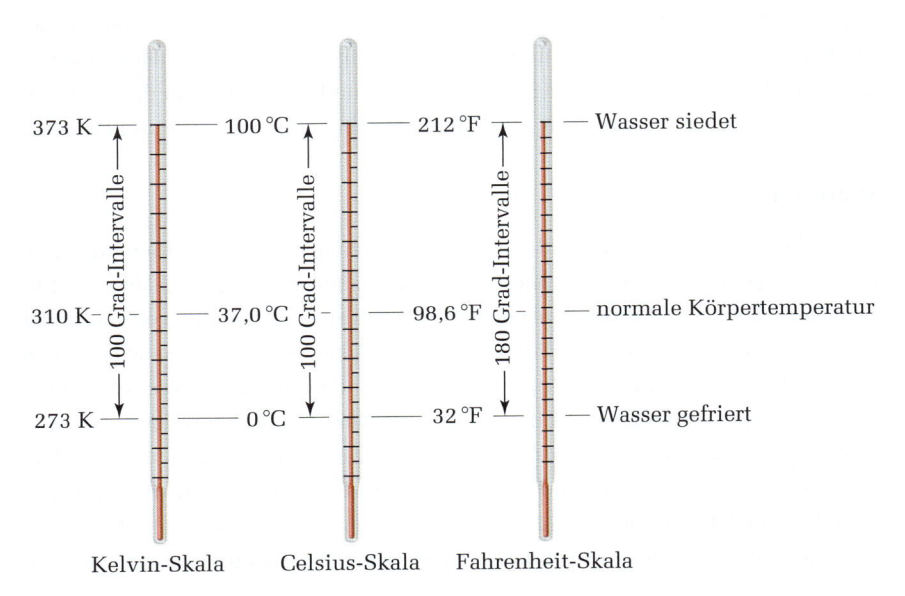

Abbildung 1.18: Vergleich der Kelvin-, Celsius- und Fahrenheit-Temperaturskalen. Auf jeder Skala sind der Schmelz- und Siedepunkt von Wasser sowie die normale menschliche Körpertemperatur eingezeichnet.

ÜBUNGSBEISPIEL 1.3 — Umrechnung von Temperatureinheiten

Wenn in der Wettervorhersage von einer Tageshöchsttemperatur von 31 °C gesprochen wird, wie hoch ist die vorhergesagte Temperatur **(a)** in K, **(b)** in °F?

Lösung:

(a) Durch Einsetzen in ▶ Gleichung 1.1 erhalten wir K = 31 + 273 = 304 K
(b) Durch Einsetzen in ▶ Gleichung 1.2 erhalten wir °F = $\frac{9}{5}$(31) + 32 = 56 + 32 = 88 °F

ÜBUNGSAUFGABE

Ethylenglykol, der Hauptbestandteil von Frostschutzmittel, gefriert bei −11,5 °C. Wie hoch ist der Gefrierpunkt **(a)** in K, **(b)** in °F?

Antwort: (a) 261,7 K; **(b)** 11,3 °F.

Der Schmelzpunkt von Wasser, 0 °C, entspricht 273,15 K (Abbildung 1.18). Beachten Sie, dass bei Angaben von Temperaturen in Kelvin kein Gradzeichen (°) verwendet wird.

Die gebräuchliche Temperaturskala in den Vereinigten Staaten ist die *Fahrenheit-Skala*, die in wissenschaftlichen Studien üblicherweise nicht verwendet wird. Auf der Fahrenheit-Skala gefriert Wasser bei 32 °F und siedet bei 212 °F. Zwischen der Fahrenheit- und der Celsius-Skala gilt die folgende Beziehung:

$$°C = \frac{5}{9}(°F - 32) \quad \text{oder} \quad °F = \frac{9}{5}(°C) + 32 \tag{1.2}$$

Ableitung von SI-Einheiten

Aus den in Tabelle 1.4 angegebenen SI-Basiseinheiten können Einheiten für andere Größen abgeleitet werden. Zu diesem Zweck verwenden wir die Definitionsgleichung der Größe und setzen die entsprechenden Basiseinheiten ein. Geschwindigkeit wird z. B. als Verhältnis von zurückgelegter Strecke zu abgelaufener Zeit definiert. Die SI-Einheit für die Geschwindigkeit ergibt sich deshalb aus der SI-Einheit für die Strecke (Länge) geteilt durch die SI-Einheit für Zeit, also m/s, was ausgesprochen „Meter pro Sekunde" heißt. Uns werden im Verlauf der folgenden Kapitel viele abgeleitete Einheiten begegnen, z. B. für die Kraft, den Druck und die Energie. In diesem Kapitel beschäftigen wir uns mit den abgeleiteten Einheiten für Volumen und Dichte.

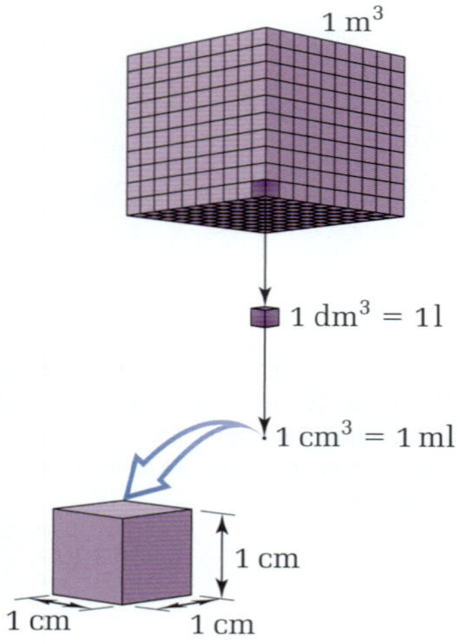

Volumen

Das *Volumen* eines Würfels wird durch seine Seitenlänge bestimmt (Seitenlänge³). Die SI-Einheit des Volumens ist also gleich der SI-Einheit der Länge hoch drei. Ein Kubikmeter, oder m³, ist das Volumen eines Würfels mit einer Seitenlänge von 1 m. In der Chemie werden häufig kleinere Einheiten wie Kubikzentimeter, cm³ (manchmal auch ccm geschrieben), verwendet. Eine weitere in der Chemie häufig verwendete Einheit für das Volumen ist der *Liter* (l). Ein Liter entspricht einem Kubikdezimeter, dm³, und ist ein etwas größeres Volumen als ein Quart. Der Liter ist die erste von uns betrachtete metrische Einheit, die *keine* SI-Einheit ist. Ein Liter besteht aus 1000 Millilitern (ml) (▶ Abbildung 1.19) und ein Milliliter entspricht einem Kubikzentimeter: 1 ml = 1 cm³. Die Ausdrücke *Milliliter* und *Kubikzentimeter* stehen für ein und dasselbe Volumen.

Abbildung 1.19: Umrechnungen von Volumenangaben. Das von einem Würfel mit 1 m Seitenlänge eingenommene Volumen beträgt ein Kubikmeter, 1 m³ (oben). Ein Kubikmeter enthält 1000 dm³ (Mitte). Ein Liter hat dasselbe Volumen wie ein Kubikdezimeter, 1 l = 1 dm³. Ein Kubikdezimeter enthält 1000 Kubikzentimeter, 1 dm³ = 1000 cm³. Ein Kubikzentimeter entspricht einem Milliliter, 1 cm³ = 1 ml (unten).

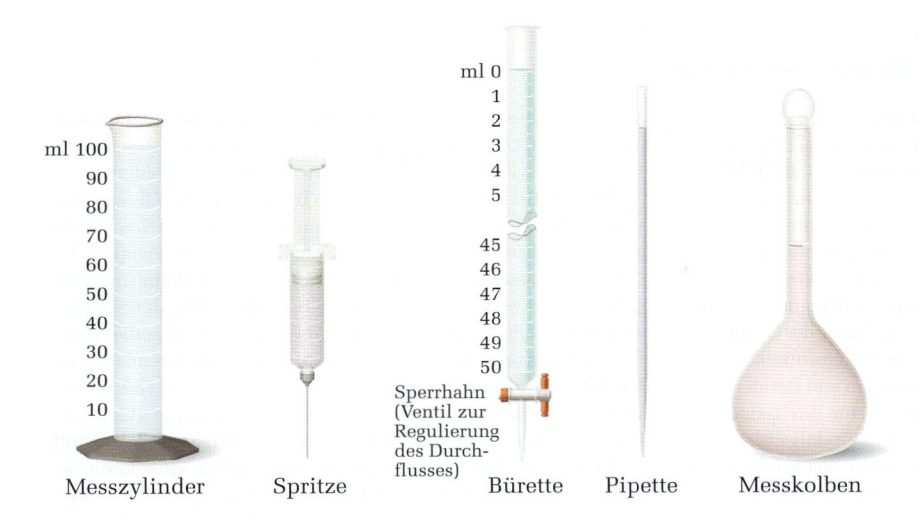

Abbildung 1.20: Häufig verwendete volumetrische Glasgeräte. Messzylinder, Spritzen und Büretten werden im Labor häufig verwendet, um variable Volumina einer Flüssigkeit abzumessen; mit Hilfe von Pipetten lassen sich festgelegte Flüssigkeitsvolumina abmessen. Der bis zur Markierung aufgefüllte Messkolben enthält ein bestimmtes Volumen einer Flüssigkeit.

Die in der Chemie am häufigsten zur Volumenmessung eingesetzten Geräte sind in ▶ Abbildung 1.20 dargestellt. Mit Hilfe von Spritzen, Büretten und Pipetten lassen sich Flüssigkeiten präziser messen als mit Messzylindern. Messkolben werden zur Abmessung eines bestimmten Volumens einer Flüssigkeit verwendet.

Dichte

Die **Dichte** ist eine Stoffeigenschaft, die häufig zur Charakterisierung von Substanzen herangezogen wird. Sie ist definiert als die Masse pro Volumen des Stoffes:

$$\text{Dichte} = \frac{\text{Masse}}{\text{Volumen}} \tag{1.3}$$

Die Dichten von Festkörpern und Flüssigkeiten werden für gewöhnlich in der Einheit Gramm pro Kubikzentimeter (g/cm^3) bzw. Gramm pro Milliliter ausgedrückt (g/ml). Die Dichten einiger häufig vorkommender Stoffe sind in Tabelle 1.6 aufgeführt. Es ist kein Zufall, dass die Dichte von Wasser gleich 1,00 g/ml ist; das Gramm wurde ursprünglich als die Masse von 1 ml Wasser bei einer bestimmten Temperatur definiert. Das Volumen der meisten Substanzen ändert sich bei einer Erwärmung oder Abkühlung der Substanz, so dass Dichten temperaturabhängig sind. Bei der Angabe einer Dichte sollte also die Bezugstemperatur mit angegeben werden. Wenn keine Temperatur angegeben ist, gehen wir normalerweise von einer Temperatur von 25 °C aus, die nahe bei der Zimmertemperatur liegt.

Die Begriffe *Dichte* und *Gewicht* werden manchmal verwechselt. Wenn jemand sagt, Eisen wiege mehr als Luft, ist normalerweise gemeint, dass Eisen eine höhere Dichte als Luft hat. 1 kg Luft hat die gleiche Masse wie 1 kg Eisen, Eisen nimmt aber ein kleineres Volumen ein und hat deswegen eine höhere Dichte. Wenn sich zwei nicht mischbare Flüssigkeiten im selben Behälter befinden, wird sich die Flüssigkeit mit der geringeren Dichte über der Flüssigkeit mit der höheren Dichte anordnen.

Tabelle 1.6

Dichten ausgewählter Substanzen bei 25 °C

Substanz	Dichte (g/cm^3)
Luft	0,001
Balsaholz	0,16
Ethanol	0,79
Wasser	1,00
Ethylenglykol	1,09
Speisezucker	1,59
Speisesalz	2,16
Eisen	7,9
Gold	19,32

Chemie im Einsatz ■ Chemie in den Nachrichten

Chemie ist ein sehr lebendiger und aktiver Bereich der Wissenschaft. Aufgrund ihrer zentralen Rolle in unserem Leben finden sich fast jeden Tag chemierelevante Themen in den Nachrichten. Manchmal geht es dabei um spektakuläre Durchbrüche im Bereich der Forschung nach neuen Medikamenten, Materialien und Prozessen. Häufig wird auch über Themen berichtet, die die Umwelt oder die öffentliche Sicherheit betreffen. Wir hoffen, dass das Wissen und die Fähigkeiten, die Sie sich durch das Studium der Chemie aneignen, Ihnen zu einem besseren Verständnis des Einflusses der Chemie auf Ihr Leben verhelfen werden. Die erworbenen Kenntnisse werden Ihnen ermöglichen, an öffentlichen Diskussionen und Debatten über chemierelevante Themen teilzunehmen, die für Ihre Gemeinde, Ihr Land und die ganze Welt von Belang sind. Im folgenden Textabschnitt haben wir für Sie beispielhaft einige Nachrichten jüngeren Datums ausgewählt, in denen Chemie eine Rolle spielt.

„Neuer Treibstoff für eine kleine Revolution"

Die Serienreife elektrisch betriebener Autos ist durch Probleme, eine geeignete Energiequelle zu finden, um Jahre verzögert worden. Zu akzeptablen Preisen verfügbare Batterien sind zu schwer und haben nur eine sehr begrenzte Reichweite, bevor sie neu aufgeladen werden müssen. Die Brennstoffzelle, eine elektrische Vorrichtung, die es möglich macht, aus Brennstoffen ohne Umwege elektrische Energie zu gewinnen, stellt eine Alternative zur Batterie dar. Experimentelle Fahrzeuge, die mit Brennstoffzellen betrieben werden (z. B. das in ▶ Abbildung 1.21 dargestellte Auto) sind immer häufiger auf den Seiten von Zeitschriften und Zeitungen zu finden. Damit wird die Hoffnung zum Ausdruck gebracht, dass solche Fahrzeuge eines Tages ein im Alltag einsetzbares Transportmittel werden könnten.

Die Entwicklung von Brennstoffzellen für Transportmittel hat dazu geführt, dass ihr Einsatz auch in anderen Bereichen vorstellbar wird. Ein vielversprechendes Einsatzfeld scheint dabei die Stromversorgung von kleinen elektronischen Geräten wie Mobiltelefonen oder Notebooks zu sein. Der Leistungsbedarf wird mit der Entwicklung von immer kleineren, schnelleren und leistungsfähigeren Geräten immer größer. Selbst die besten Batterien stoßen angesichts des Bedarfs an leichten und tragbaren Stromquellen mit Kapazitäten für einen ausgedehnten Zeitraum schnell an ihre Grenzen. Vielen Menschen ist schon einmal während eines Telefongesprächs der Akku ausgegangen. Oder sie mussten zusätzliche Akkus mit sich herumtragen bzw. während einer Reise ihre Geräte neu aufladen.

In einer Brennstoffzelle wird der Treibstoff je nach Bedarf verwendet. Sobald der Treibstoff verbraucht ist, kann die Brennstoffzelle neu aufgefüllt und damit neue Energie gewonnen werden. Im Gegensatz dazu handelt es sich bei Batterien und Akkus um abgeschlossene Systeme. Sobald also die in ihnen stattfindenden chemischen Reaktionen abgelaufen sind, muss der Anwender die Akkus neu aufladen oder neue Batterien erwerben. Kleine Brennstoffzellen für tragbare elektronische Geräte hätten etwa die Größe konventioneller Batterien, jedoch ein wesentlich geringeres Gewicht. Bisher waren erfolgreiche Brennstoffzellen immer auf Wasserstoff als Brennstoff angewiesen. Einer der Schlüssel zu einer kommerziellen Entwicklung kleiner Zellen besteht darin, praktikable Systeme zu entwickeln, die einen Brennstoff, der Wasserstoff gebunden enthält (wie etwa Methanol), in den von der Zelle benötigten Wasserstoff umwandeln können.

„Auf der Suche nach neuen Materialien in der Zahntechnik"

Die von Zahnärzten verwendeten Materialien unterliegen einer rasanten Entwicklung. So hat die Forschung neue und bessere Methoden entwickelt, Füllmaterialien an den Zahn zu binden. Ebenso wurden die Haltbarkeit und das Erscheinungsbild von Materialien zur Wiederherstellung und zum Schutz von Zähnen verbessert und neue Verfahren gefunden, mit denen der Zahnverfall verringert werden kann.

In der Entwicklung befinden sich z. B. neue Materialien, die sich nicht darauf beschränken, durch den Verfall der Zähne und die Bohrungen des Zahnarztes entstandene Löcher im Zahn zu füllen, sondern die biologisch aktiv sind und den Zahn zu einer Selbstheilung anregen. Diese neuen Materialien enthalten amorphes Calciumphosphat, das Calcium und Phosphat in geeignetem Maße an die Zahnstrukturen abgibt, so dass das im Zahn natürlich vorhandene Material nachgebildet werden kann. Dieses Material bietet sich nicht für größere Fehlstellen an, weil es weniger hart ist als konventionelle Füllmaterialien. Es ist jedoch für Füllungen von kleineren Löchern und zur Versiegelung von Vertiefungen und Rissen in Zähnen, in denen sich Nahrungsmittel ansammeln und zu einer Schädigung führen können, gut geeignet.

„Nanotechnologie: Zwischen Hype und Hoffnung"

In den letzten 15 Jahren ist es zu einer schieren Explosion von relativ preiswerten Apparaturen und Techniken gekommen, mit deren Hilfe die Untersuchung und Manipulation von Materialien im Bereich von Nanometern möglich ist. Diese Fähigkeiten haben Anlass zu optimistischen Vorhersagen über zukünftige Nanotechnologien gegeben, mit deren Hilfe Maschinen und Roboter in der Größenordnung von Molekülen Materie mit atomarer Präzision bearbeiten könnten. Viele Wissenschaftler glauben, dass solche futuristischen Visionen nicht mehr als eine große Übertreibung sind. Andere hingegen zeigen sich davon überzeugt, dass diese realisiert werden könnten.

Materialien im Nanobereich haben chemische und physikalische Eigenschaften, die sich von den makroskopischen Eigenschaften derselben Materialien unterscheiden. Aus Kohlenstoff lassen sich z. B. röhrenförmige Strukturen bilden (▶ Abbildung 1.22). Die

Abbildung 1.21: Schnittzeichnung eines mit Brennstoffzellen betriebenen Autos.

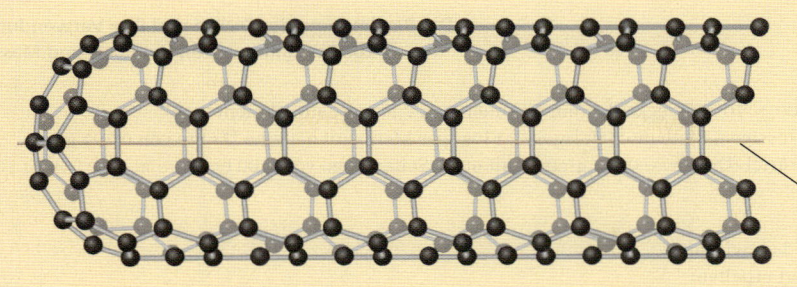

Abbildung 1.22: Abschnitt einer Kohlenstoffnanoröhre. Jeder Schnittpunkt des Netzwerks steht für ein Kohlenstoffatom, das chemisch mit drei weiteren Kohlenstoffatomen verbunden ist.

Achse der Nanoröhre

se Röhren, die Nanoröhren genannt werden, sind wie ein zylindrisches Drahtnetz mit Wabenstruktur aufgebaut. Perfekt geformte Nanoröhren leiten wie ein Metall elektrischen Strom.

Wissenschaftler haben herausgefunden, dass die elektrischen und optischen Eigenschaften bestimmter Teilchen im Nanobereich durch eine Änderung der Teilchengröße und -form beeinflusst werden können. Diese Teilchen sind daher für Anwendungen in verschiedenen elektronischen Geräten von Interesse. Wissenschaftlern im *T. J. Watson Research Center* von IBM ist es z. B. gelungen, in einer einzelnen Nanoröhre durch Bestrahlung von Licht einen elektrischen Strom zu erzeugen. Das Ziel der Wissenschaftler besteht darin, optoelektronische Miniaturgeräte zu entwickeln und dabei neue Methoden zu verwenden, Licht und elektrischen Strom zu kontrollieren. Obwohl die kommerzielle Ausbeutung solcher Anwendungen noch in weiter Ferne liegt, ist mit ihnen die Hoffnung verbunden, nicht nur die Größe elektronischer Geräte und vieler anderer Produkte, sondern auch die Herstellungsprozesse dramatisch verändern zu können. Die im Labor von IBM gewonnenen Erkenntnisse lassen erahnen, dass solche Geräte aus einfacheren und kleineren Komponenten wie einzelnen Molekülen und anderen Nanostrukturen bestehen könnten. Diese Herangehensweise ist dabei der Art und Weise der Natur ähnlich, komplexe biologische Strukturen aufzubauen.

„Sind Sie mit Quecksilber belastet?"

Die Kontrollbehörde für Arznei- und Nahrungsmittel und die Umweltschutzagentur der USA (FDA und EPA) haben vor kurzem eine gemeinsame Erklärung zum Verzehr von Fischen und Schalentieren herausgegeben, die sich an Menschen richtet, für die der Verzehr von Nahrungsmitteln mit hohem Quecksilberanteil ein hohes Risiko darstellt (schwangere Frauen, stillende Mütter und kleine Kinder). In der Erklärung wird diesen Menschen empfohlen, auf den Verzehr von Hai, Schwertfisch, Königsmakrelen und Ziegelbarsch zu verzichten sowie den Verzehr anderer Fische einzuschränken. Die Empfehlung wird mit der Tatsache begründet, dass in nahezu allen Fischen zumindest Spuren von Methylquecksilber (▶ Abbildung 1.23), einer biologisch aktiven Form von Quecksilber, auftreten.

In der Atmosphäre sind kleine Mengen Quecksilberdampf vorhanden, die sowohl aus natürlichen Quellen als auch aus Schadstoffemissionen stammen. In den Vereinigten Staaten sind Kohlekraftwerke die größte unregulierte, nicht natürliche Quecksilberquelle. Quecksilber wird in der Atmosphäre in einfache quecksilberhaltige Verbindungen umgewandelt und gelangt über das Regenwasser wieder auf die Erdoberfläche. Anschließend werden die Quecksilberverbindungen durch Wasserbakterien in Methylquecksilber umgewandelt. Diese Verbindung kann teilweise von Plankton aufgenommen werden, das seinerseits wiederum Fischen als Nahrung dient. Diese Fische werden anschließend von größeren Fischen gefressen. Die daraus resultierende Anreicherung von Quecksilber in der Nahrungskette kann zu Quecksilberkonzentrationen in Fischen führen, die eine Million Mal höher sind als die Konzentration im umgebenden Wasser.

Nach dem Verzehr von Fisch wird das Methylquecksilber von unserem Magen-Darm-Trakt aufgenommen und verteilt sich anschließend im Körper. Methylquecksilber führt zu schwersten Schädigungen des Gehirns und des zentralen Nervensystems. Nervenzellen sterben ab, was wiederum neurologische Ausfallerscheinungen zur Folge hat. Akute Symptome einer Quecksilbervergiftung sind Taubheitsgefühle sowie Sprach- und Orientierungsprobleme. Erwachsene Menschen sind glücklicherweise in der Lage, täglich 1 % des in ihren Körpern befindlichen Methylquecksilbers über verschiedene Mechanismen abzubauen. Diese Mechanismen sind bei Kindern jedoch noch nicht vollständig entwickelt, so dass eine Quecksilbervergiftung bei dieser Bevölkerungsgruppe zu potenziell höheren Schädigungen führen kann.

„Neue Elemente"

Wissenschaftler am *Joint Institute for Nuclear Research* (JINR) im russischen Dubna haben im Februar 2004 berichtet, im Rahmen der von ihnen durchgeführten Forschungsarbeiten zwei neue Elemente entdeckt zu haben. Die Wissenschaftler am JINR und ihre Kollegen vom *Lawrence Livermore National Laboratory* in Kalifornien beschreiben in ihrem Bericht die Herstellung von 4 Atomen eines neuen superschweren Elements (Element 115). Diese seien durch den Beschuss von Atomen des Elements Americium (Element 95) mit hochenergetischen Calciumatomen in einem Teilchenbeschleuniger entstanden.

Die Atome des Elements 115 haben eine Lebensdauer von lediglich 90 Millisekunden (90 ms), bevor sie in ein weiteres neues Element (Element 113) zerfallen. Element 113 ist ebenfalls instabil und hat eine Lebensdauer von etwas über einer Sekunde. Obwohl diese Zeiten kurz erscheinen mögen, sind sie doch im Vergleich mit anderen instabilen Kernen vergleichbarer Masse relativ lang. Die Lebenszeit eines Kerns vor seinem Zerfall ist ein Maß für seine Stabilität. Theoretisch lässt sich voraussagen, dass Elemente in der Nachbarschaft um das Element 114 im Periodensystem stabiler sein sollten als andere schwere Kerne. Wissenschaftler mahnen jedoch an, dass vor einer vollständigen Anerkennung der gefundenen Ergebnisse diese von weiteren Forschungsgruppen bestätigt werden sollten.

Methylquecksilber – CH_3Hg^+

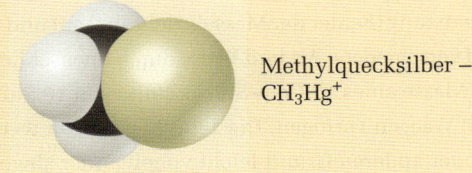

Abbildung 1.23: Molekülmodell von Methylquecksilber.

ÜBUNGSBEISPIEL 1.4

Die Bestimmung der Dichte und ihre Verwendung zur Bestimmung von Volumen und Masse

(a) Welche Dichte hat Quecksilber, wenn $1{,}00 \times 10^2$ g Quecksilber ein Volumen von 7,36 cm^3 einnehmen?
(b) Berechnen Sie das Volumen von 65,0 g flüssigem Methanol (Holzgeist). Flüssiges Methanol hat eine Dichte von 0,791 g/ml.
(c) Welche Masse (in Gramm) hat ein Goldwürfel (Dichte = 19,32 g/cm^3) mit einer Seitenlänge von 2,00 cm?

Lösung

(a) Masse und Volumen sind angegeben, so dass wir mit Hilfe von ▶ Gleichung 1.3 folgenden Wert erhalten:

(b) Wir lösen Gleichung 1.3 nach dem Volumen auf und erhalten mit den angegebenen Werten für Masse und Dichte

$$\text{Volumen} = \frac{\text{Masse}}{\text{Dichte}} = \frac{65{,}0\ \text{g}}{0{,}791\ \text{g/ml}} = 82{,}2\ \text{ml}$$

(c) Wir berechnen die Masse mit Hilfe des Volumens des Würfels und seiner Dichte. Das Volumen eines Würfels ist gleich der dritten Potenz seiner Länge:

$$\text{Volumen} = (2{,}00\ \text{cm})^3 = (2{,}00)^3\ \text{cm}^3 = 8{,}00\ \text{cm}^3$$

Wenn wir Gleichung 1.3 nach der Masse auflösen und das Volumen und die Dichte des Würfels einsetzen, erhalten wir

$$\text{Masse} = \text{Volumen} \times \text{Dichte} = (8{,}00\ \text{cm}^3)(19{,}32\ \text{g/cm}^3) = 155\ \text{g}$$

ÜBUNGSAUFGABE

(a) Berechnen Sie die Dichte von 374,5 g Kupfer, wenn diese Masse ein Volumen von 41,8 cm^3 einnimmt.
(b) Ein Student benötigt für ein Experiment 15,0 g Ethanol. Wie viele Milliliter Ethanol muss er abmessen, wenn die Dichte von Ethanol 0,789 g/ml beträgt?
(c) Welche Masse (in Gramm) haben 25,0 ml Quecksilber (Dichte = 13,6 g/ml)?

Antworten: (a) 8,96 g/cm^3; (b) 19,0 ml; (c) 340 g.

Messunsicherheiten 1.5

Beim wissenschaftlichen Arbeiten gibt es zwei Arten von Zahlen: *genaue Zahlen* (deren Werte genau bekannt sind) und *ungenaue Zahlen* (Zahlen, die mit einer Unsicherheit behaftet sind). Die meisten genauen Zahlen, denen wir im Verlauf des Textes begegnen werden, haben einen bestimmten Wert. Ein Dutzend Eier besteht z. B. genau aus 12 Eiern, ein Kilogramm aus 1000 g und ein Zoll entspricht genau 2,54 cm. Die Zahl 1 bei der Angabe von Umrechnungsfaktoren wie 1 m = 100 cm oder 1 kg = 2,2046 lb ist ebenfalls eine genaue Zahl. Genaue Zahlen ergeben sich auch beim Zählen von Objekten. Wir können z. B. die exakte Anzahl Murmeln in einem Gefäß oder die exakte Zahl Schüler in einem Klassenzimmer zählen.

Zahlen, die in Messungen bestimmt werden, sind immer *ungenau*. Jedes Messgerät weist eine inhärente Begrenzung (Fehler der Messeinrichtung) auf und auch Menschen führen Messungen auf verschiedene Art und Weise durch (menschliche Fehler). Nehmen Sie einmal an, die Masse eines 10-Cent-Stücks sollte von 10 Studenten bestimmt werden, die über 10 Waagen verfügen. Die zehn Messungen werden wahrscheinlich aus dem einen oder anderen Grund leicht voneinander abweichen. Die Waagen könnten eventuell leicht unterschiedlich kalibriert sein oder die Studenten könnten die Waagen auf leicht unterschiedliche Art und Weise ablesen. Merken Sie

1.5 Messunsicherheiten

sich deshalb: *Messgrößen sind immer mit Unsicherheiten behaftet.* Auch das Zählen von sehr großen Zahlen ist normalerweise mit einem gewissen Fehler verbunden. Denken Sie zum Beispiel daran, welche Schwierigkeiten damit verbunden sind, präzise Volkszählungen oder Wahlen durchzuführen.

> **? DENKEN SIE EINMAL NACH**
>
> Welche der folgenden Angaben ist ungenau: (a) die Anzahl der Menschen in einem Klassenzimmer, (b) die Masse eines 1-Cent-Stücks, (c) die Anzahl Gramm in einem Kilogramm?

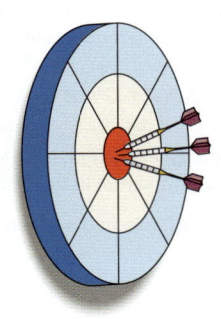

Präzision und Genauigkeit

Bei der Betrachtung von Messunsicherheiten ist häufig von den Begriffen Präzision und Genauigkeit die Rede. Die **Präzision** ist ein Maß dafür, wie gut verschiedene Messungen miteinander übereinstimmen. Mit Hilfe der **Genauigkeit** wird ausgedrückt, wie nah einzelne Messungen am korrekten oder „wahren" Wert liegen. Anhand der in ▶ Abbildung 1.24 dargestellten Analogie zu einem Dartspiel wird der Unterschied dieser beiden Begriffe deutlich.

Im Labor führen wir häufig viele verschiedene „Versuche" desselben Experiments durch. Wir gewinnen Vertrauen in die Genauigkeit unserer Messungen, wenn wir stets nahezu den gleichen Wert erhalten. Die Abbildung 1.24 sollte uns jedoch bewusst machen, dass auch präzise Messungen ungenau sein können. Wenn eine sehr empfindliche Waage z. B. schlecht kalibriert ist, werden die mit dieser Waage gemessenen Werte stets entweder zu hoch oder zu niedrig sein. Die Messungen sind ungenau, obwohl sie sehr präzise sind.

Signifikante Stellen

Nehmen Sie an, Sie wollen die Masse eines 10-Cent-Stücks mit einer Waage bestimmen, die auf 0,0001 g genau misst. Sie könnten die Masse als 2,2405 ± 0,0001 g angeben. Mit Hilfe dieser Schreibweise ± (sprich: plusminus) lässt sich die Messunsicherheit der Messung ausdrücken. In vielen wissenschaftlichen Arbeiten wird die ± Angabe der Messunsicherheit jedoch weggelassen. Es wird stattdessen davon ausgegangen, dass die letzte angegebene Stelle der gemessenen Größe mit einer Unsicherheit behaftet ist. Das bedeutet, dass *gemessene Größen grundsätzlich so angegeben werden, dass nur die letzte Stelle mit einer Unsicherheit behaftet ist.*

In ▶ Abbildung 1.25 ist ein Thermometer dargestellt, auf dem die Temperatur anhand von Skalenmarkierungen mit Hilfe einer Flüssigkeitssäule abgelesen werden

gute Genauigkeit
gute Präzision

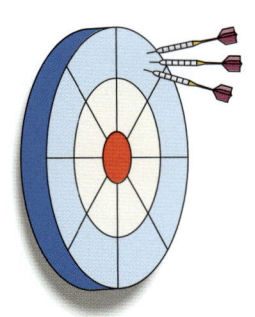

schlechte Genauigkeit
gute Präzision

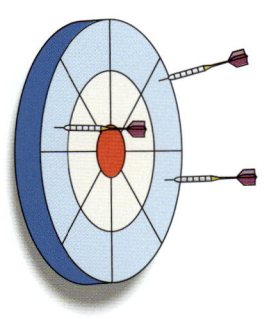

schlechte Genauigkeit
schlechte Präzision

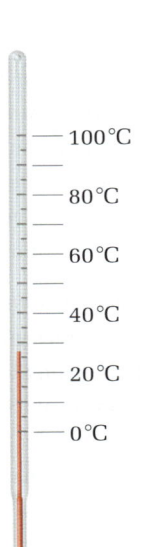

Abbildung 1.25: Signifikante Stellen von Messwerten. Das Thermometer weist alle 5 °C eine Markierung auf. Die Temperatur liegt zwischen 25 °C und 30 °C und beträgt ungefähr 27 °C. Die zwei signifikanten Stellen der Messung schließen die zweite Stelle ein, die durch eine Abschätzung der Position der Flüssigkeitssäule zwischen den beiden Skalenmarkierungen bestimmt wird.

Abbildung 1.24: Präzision und Genauigkeit. Durch die Verteilung der Dart-Pfeile auf der Scheibe wird der Unterschied zwischen Genauigkeit und Präzision deutlich.

ÜBUNGSBEISPIEL 1.5

Der Zusammenhang zwischen den signifikanten Stellen und der Messunsicherheit einer Messung

Welcher Unterschied besteht zwischen den zwei gemessenen Größen 4,0 g und 4,00 g?

Lösung

Viele Menschen würden behaupten, dass zwischen den beiden Größen kein Unterschied bestehe. Wissenschaftler dagegen würden die Anzahl der angegebenen signifikanten Stellen bemerken. Der Wert 4,0 hat zwei signifikante Stellen, während der Wert 4,00 drei signifikante Stellen hat. Dieser Unterschied unterstellt, dass die erste Messung mit einer größeren Messunsicherheit behaftet ist. Eine Masse von 4,0 g gibt an, dass die Messunsicherheit innerhalb der ersten Dezimalstelle der Messung liegt. Die Masse kann also zwischen 3,9 und 4,1 g liegen, was wir mit 4,0 ± 0,1 g ausdrücken können. Eine Massenangabe von 4,00 g unterstellt, dass die Unsicherheit innerhalb der zweiten Dezimalstelle liegt. Die Masse kann also zwischen 3,99 und 4,01 g liegen, was wir als 4,00 ± 0,01 g schreiben können. Ohne weitere Informationen können wir keine Aussage darüber treffen, ob sich die Unsicherheit der beiden Messungen auf die Präzision oder die Genauigkeit der Messung bezieht.

ÜBUNGSAUFGABE

Eine Waage habe eine Präzision von ± 0,001 g. Eine Probe mit einer Masse von ungefähr 25 g soll mit dieser Waage gewogen werden. Wie viele signifikante Stellen sollten bei der Messung angegeben werden?

Antwort: Fünf, wie in der Messung 24,995 g.

---

kann. Wir können die bestimmten Stellen der Messgröße von der Skala ablesen und die unbestimmten Stellen abschätzen. Anhand der Skalenmarkierung des Thermometers erkennen wir, dass die Flüssigkeit sich zwischen den Markierungen 25 °C und 30 °C befindet. Wir können abschätzen, dass die Temperatur ungefähr 27 °C beträgt, wobei die zweite Stelle unserer Messung mit einer gewissen Unsicherheit behaftet ist.

Alle angegebenen Stellen einer Messgröße, einschließlich der unsicheren Stelle, werden **signifikante Stellen** genannt. Eine gemessene Masse, die mit 2,2 g angegeben wird, hat zwei signifikante Stellen, während eine Masse, die mit 2,2405 g angegeben wird, fünf signifikante Stellen hat. Je größer die Anzahl der signifikanten Stellen ist, desto größer ist die mit der Messung verbundene Sicherheit. Wenn mehrere Messungen derselben Größe vorgenommen werden, kann ein Durchschnittswert berechnet und die Anzahl der signifikanten Stellen mit Hilfe statistischer Methoden ermittelt werden.

Um die Anzahl der signifikanten Stellen einer angegebenen Messung zu ermitteln, lesen Sie die Zahl von links nach rechts und zählen die Ziffern, wobei Sie mit der ersten Ziffer beginnen, die von null verschieden ist. *Bei allen richtig angegebenen Messungen sind alle von null verschiedenen Stellen signifikant.* Nullen können jedoch entweder Teil des gemessenen Werts sein oder lediglich zur Angabe des Dezimalkommas dienen. Aus diesem Grund können angegebene Nullen signifikant sein oder nicht, je nach dem, an welcher Stelle sie in der Zahl vorkommen. Die folgenden Regeln beschreiben, an welchen Stellen Nullen vorkommen können:

1 Nullen, die *sich zwischen von null verschiedenen Stellen befinden,* sind immer signifikant – 1005 kg (vier signifikante Stellen); 1,03 cm (drei signifikante Stellen).

2 Nullen, die *am Beginn einer Zahl stehen,* sind nie signifikant. Sie zeigen lediglich die Position des Dezimalkommas an – 0,02 g (eine signifikante Stelle), 0,0026 cm (zwei signifikante Stellen).

3 Nullen, die *am Ende einer Zahl stehen*, sind signifikant, wenn die Zahl ein Dezimalkomma aufweist – 0,0200 g (drei signifikante Stellen); 3,0 cm (zwei signifikante Stellen).

Ein Problem gibt es bei Zahlen, die mit Nullen enden, in denen aber kein Dezimalkomma vorkommt. In solchen Fällen geht man normalerweise davon aus, dass die Nullen nicht signifikant sind. Die exponentielle Schreibweise (Anhang A) kann verwendet werden, um eindeutig anzugeben, ob Nullen am Ende einer Zahl signifikant sind oder nicht. Eine Masse von 10300 g kann z. B. je nach Messung in exponentieller Schreibweise mit drei, vier oder fünf signifikanten Stellen geschrieben werden:

$1{,}03 \times 10^4$ g (drei signifikante Stellen)
$1{,}030 \times 10^4$ g (vier signifikante Stellen)
$1{,}0300 \times 10^4$ g (fünf signifikante Stellen)

Bei diesen Zahlen sind alle rechts neben dem Dezimalkomma stehenden Nullen signifikant (Regeln 1 und 3). (Der Exponent trägt nicht zur Anzahl der signifikanten Stellen bei.)

Signifikante Stellen in Berechnungen

Wenn mit gemessenen Größen Berechnungen angestellt werden, wird *die Messunsicherheit der berechneten Größe durch die Messung mit der höchsten Messunsicherheit bestimmt. Aus dieser ergeben sich auch die signifikanten Stellen des endgültigen Ergebnisses.* Für das Endergebnis sollte nur eine unsichere Stelle angegeben werden. Um signifikante Stellen durch Berechnungen hindurch verfolgen zu können, verwenden wir zwei verschiedene Regeln, eine für die Multiplikation und Division und eine weitere für die Addition und Subtraktion.

1 Bei der *Multiplikation und Division* von gemessenen Größen gilt, dass das Ergebnis die gleiche Anzahl signifikanter Stellen hat wie die Messung mit den wenigsten signifikanten Stellen. Sollte das Ergebnis mehr als die korrekte Anzahl signifikanter Stellen aufweisen, muss es gerundet werden. Die Fläche eines Rechtecks, dessen gemessene Seitenlängen 6,221 cm und 5,2 cm betragen, sollte mit 32 cm² angegeben werden, selbst wenn bei der Berechnung mit einem Taschenrechner ein Produkt angezeigt wird, das weitere Stellen hat:

Fläche = (6,221 cm) (5,2 cm) = 32,3492 cm² ⇒ gerundet 32 cm²

ÜBUNGSBEISPIEL 1.6 — Bestimmen Sie die Anzahl der signifikanten Stellen einer Messung

Wie viele signifikante Stellen haben die folgenden Zahlen (gehen Sie davon aus, dass es sich bei den Zahlen um Messgrößen handelt):
(a) 4,003; **(b)** $6{,}023 \times 10^{23}$; **(c)** 5000?

Lösung

(a) Vier. Die angegebenen Nullen sind signifikant.

(b) Vier. Der Exponent trägt nicht zur Anzahl der signifikanten Stellen bei.

(c) Eine. Wir gehen davon aus, dass die Nullen nicht signifikant sind, wenn kein Dezimalkomma angegeben ist. Wenn die Zahl weitere signifikante Stellen hat, sollte ein Dezimalkomma angegeben werden oder die Zahl in exponentieller Schreibweise geschrieben werden. Die Zahl 5000 hat also vier signifikante Stellen, während $5{,}00 \times 10^3$ drei signifikante Stellen hat.

ÜBUNGSAUFGABE

Wie viele signifikante Stellen haben die folgenden Messgrößen: **(a)** 3,549 g; **(b)** $2{,}3 \times 10^4$ cm; **(c)** 0,00134 m³?

Antworten: (a) vier, **(b)** zwei, **(c)** drei.

Wir runden auf zwei signifikante Stellen, weil die ungenauste Zahl – 5,2 cm – zwei signifikante Stellen hat.

2 Bei der *Addition und Subtraktion* von Messgrößen gilt, dass das Ergebnis die gleiche Anzahl Dezimalstellen hat wie die Messgröße mit den wenigsten Dezimalstellen. Betrachten Sie das folgende Beispiel, in dem die unsicheren Stellen farbig dargestellt sind:

Diese Zahl beschränkt die Anzahl der signifikanten Stellen des Ergebnisses ⟶

20,42	← zwei Dezimalstellen
1,322	← drei Dezimalstellen
83,1	← eine Dezimalstelle
104,842	← auf 104,8 runden (eine Dezimalstelle)

Wir geben das Ergebnis mit 104,8 an, weil 83,1 nur eine Dezimalstelle hat.

Beachten Sie, dass bei der Multiplikation und Division die signifikanten Stellen und bei der Addition und Subtraktion die Dezimalstellen gezählt werden. Bei der Bestimmung des Endergebnisses einer berechneten Größe werden exakte Zahlen so behandelt, als hätten sie unendlich viele signifikante Stellen. Diese Regel trifft auf viele Definitionen von Einheiten zu. Bei der Angabe, ein Fuß bestehe aus 12 Zoll, ist die Zahl 12 exakt und wir brauchen uns über die Anzahl der signifikanten Stellen keine Gedanken zu machen.

Beim *Runden von Zahlen* betrachten Sie die am weitesten links stehende Ziffer, die noch wegfallen soll:

Wenn diese Ziffer kleiner als 5 ist, bleibt die vorstehende Ziffer unverändert. Wenn 7,248 auf zwei signifikante Stellen gerundet wird, ergibt sich also die Zahl 7,2.

Wenn diese Ziffer gleich 5 oder größer ist, wird die vorstehende Ziffer um 1 erhöht. Wenn 4,735 also auf drei signifikante Stellen gerundet wird, erhält man 4,74, beim Runden von 2,376 auf zwei signifikante Stellen erhält man 2,4.*

Behalten Sie, wenn eine Berechnung in zwei oder mehr Schritten durchgeführt wird, beim Notieren von Zwischenergebnissen zumindest eine zusätzliche Stelle hinter der letzten signifikanten Stelle für Endergebnisse bei. Durch diese Vorgehensweise wird sichergestellt, dass das Endergebnis nicht durch akkumulierte Rundungsfehler beeinträchtigt wird. Wenn Sie einen Taschenrechner verwenden, können Sie die Zahlen nacheinander eingeben und nur das Endergebnis runden. Akkumulierte Rundungsfehler können bei den im Text angegebenen Rechenaufgaben die Ursache von geringfügigen Unterschieden zwischen Ihren Ergebnissen und den angegebenen Lösungen sein.

---

* Ihr Dozent wird Ihnen eventuell eine leichte Abwandlung dieser Regel erklären. Diese gilt für den Fall, dass die am weitesten links stehende zu entfernende Ziffer exakt gleich 5 ist und auf diese Ziffer keine weiteren von null verschiedenen Stellen mehr folgen. Eine gängige Vorgehensweise besteht darin, die vorstehende Ziffer aufzurunden, wenn sich dadurch eine gerade Ziffer ergeben würde, und im anderen Fall abzurunden. 4,7350 würde also zu 4,74 gerundet und 4,7450 ebenfalls.

ÜBUNGSBEISPIEL 1.7 — Bestimmen Sie die Anzahl der signifikanten Stellen einer berechneten Größe

Die Breite, Länge und Höhe einer kleinen Schachtel betragen 15,5 cm, 27,3 cm und 5,4 cm. Berechnen Sie das Volumen der Schachtel und geben Sie bei Ihrer Antwort die korrekte Anzahl signifikanter Stellen an.

Lösung

Das Volumen der Schachtel ist durch das Produkt ihrer Breite, Länge und Höhe gegeben. Das Produkt darf nur so viele signifikante Stellen aufweisen wie der Faktor mit der geringsten Anzahl signifikanter Stellen. Die Anzahl der signifikanten Stellen wird in diesem Fall von der Höhe bestimmt (zwei signifikante Stellen):

$$\text{Volume} = \text{Breite} \times \text{Länge} \times \text{Höhe}$$
$$= (15{,}5 \text{ cm})(27{,}3 \text{ cm})(5{,}4 \text{ cm}) = 2285{,}01 \text{ cm}^3 \Rightarrow 2{,}3 \times 10^3 \text{ cm}^3$$

Bei der Verwendung eines Taschenrechners wird ein Ergebnis von 2285,01 angezeigt, das wir auf zwei signifikante Stellen runden müssen. Weil die sich dadurch ergebende Zahl 2300 ist, wird diese am besten in exponentieller Schreibweise angegeben, $2{,}3 \times 10^3$, um eindeutig zu kennzeichnen, dass zwei signifikante Stellen angegeben werden.

ÜBUNGSAUFGABE

Ein Sprinter benötigt für 100,00 m 10,5 s. Berechnen Sie die Durchschnittsgeschwindigkeit des Sprinters in Meter pro Sekunde und geben Sie dabei die korrekte Anzahl signifikanter Stellen an.

Antwort: 9,52 m/s (3 signifikante Stellen).

ÜBUNGSBEISPIEL 1.8 — Bestimmen Sie die Anzahl der signifikanten Stellen einer berechneten Größe

Ein Gas befindet sich bei 25 °C in einen Behälter mit einem Volumen von $1{,}05 \times 10^3 \text{ cm}^3$. Behälter und Gas haben zusammen eine Masse von 837,6 g. Der Behälter hat ohne Gas eine Masse von 836,2 g. Wie groß ist die Dichte des Gases bei 25 °C?

Lösung

Um die Dichte zu berechnen, benötigen wir sowohl die Masse als auch das Volumen des Gases. Die Masse des Gases ergibt sich aus der Differenz der Masse von Gas und Behälter und der Masse des leeren Behälters.

$$(837{,}6 - 836{,}2) \text{ g} = 1{,}4 \text{ g}$$

Bei der Subtraktion von zwei Zahlen ermitteln wir die Anzahl der signifikanten Stellen des Ergebnisses, indem wir die Dezimalstellen der beiden Größen betrachten. In diesem Fall hat jede Größe eine Dezimalstelle. Die Masse des Gases beträgt also 1,4 g und hat eine Dezimalstelle.

Mit Hilfe des in der Frage angegebenen Volumens, $1{,}05 \times 10^3 \text{ cm}^3$, und der Definition der Dichte erhalten wir:

$$\text{Dichte} = \frac{\text{Masse}}{\text{Volumen}} = \frac{1{,}4 \text{ g}}{1{,}05 \times 10^3 \text{ cm}^3}$$
$$= 1{,}3 \times 10^{-3} \text{ g/cm}^3 = 0{,}0013 \text{ g/cm}^3$$

Bei der Division von Zahlen bestimmen wir die Anzahl der signifikanten Stellen des Ergebnisses, indem wir die Anzahl der signifikanten Stellen der einzelnen Größen betrachten. Das Ergebnis hat zwei signifikante Stellen, weil die kleinste Anzahl der signifikanten Stellen des Verhältnisses zwei ist.

ÜBUNGSAUFGABE

Mit wie vielen signifikanten Stellen müsste man in Übungsbeispiel 1.8 die Masse des Behälters messen (mit und ohne Gas), um die Dichte mit drei signifikanten Stellen angeben zu können?

Antwort: Fünf (damit die Differenz der beiden Massen drei signifikante Stellen hat, müssen die Massen des gefüllten und des leeren Behälters mit zwei Dezimalstellen gemessen werden).

Dimensionsanalyse 1.6

Wir werden im Folgenden bei der Lösung von Aufgaben durchgehend einen Ansatz verfolgen, der **Dimensionsanalyse** genannt wird. Bei der Dimensionsanalyse werden Einheiten in die Berechnungen mit einbezogen. Einheiten werden miteinander multipliziert, dividiert oder „gekürzt". Mit Hilfe der Dimensionsanalyse können wir sicherstellen, dass die Lösungen zu Aufgaben die richtigen Einheiten haben. Zudem bietet sie uns einen systematischen Ansatz, viele numerische Probleme zu lösen und unsere Lösungen auf Fehler zu untersuchen.

Der Schlüssel für eine Anwendung der Dimensionsanalyse liegt in der korrekten Verwendung von Umrechnungsfaktoren, um Einheiten ineinander umzuwandeln. **Umrechnungsfaktoren** sind Brüche, deren Zähler und Nenner die gleiche Größe in verschiedenen Einheiten ausdrücken. 2,54 cm und 1 Zoll sind z. B. die gleiche Länge 2,54 cm = 1 Zoll. Mit Hilfe dieser Beziehung können wir zwei Umrechnungsfaktoren aufstellen:

$$\frac{2{,}54\ \text{cm}}{1\ \text{Zoll}} \quad \text{und} \quad \frac{1\ \text{Zoll}}{2{,}54\ \text{cm}}$$

Wir verwenden den ersten dieser Faktoren, um Zoll in Zentimeter umzurechnen. So ist z. B. die Länge eines 8,5 Zoll langen Objektes in Zentimetern gegeben durch

$$\text{Anzahl der Zentimeter} = (8{,}50\ \cancel{\text{Zoll}}) \frac{2{,}54\ \text{cm}}{1\ \cancel{\text{Zoll}}} = 21{,}6\ \text{cm}$$

(gewünschter Wert; Ausgangswert)

Die Einheit Zoll im Nenner des Umrechnungsfaktors kann mit der Einheit Zoll im Ausgangswert (8,50 *Zoll*) gekürzt werden. Die Einheit Zentimeter im Zähler des Umrechnungsfaktors wird zur Einheit des Endergebnisses. Weil der Zähler und der Nenner des Umrechnungsfaktors gleich groß sind, entspricht die Multiplikation mit einem Umrechnungsfaktor einer Multiplikation mit 1, ändert also den eigentlichen Wert der Größe nicht. Die Länge 8,50 Zoll ist gleich der Länge 21,6 cm.

Im Allgemeinen beginnen wir jede Umrechnung durch ein Betrachten der Einheiten der Ausgangsdaten und der gewünschten Einheit des Endergebnisses. Im Folgenden fragen wir uns, welche Umrechnungsfaktoren uns zur Verfügung stehen, um von den Einheiten der Ausgangsdaten zu den gewünschten Einheiten zu gelangen. Wenn wir eine Größe mit einem Umrechnungsfaktor multiplizieren, werden die Einheiten wie folgt multipliziert und dividiert:

$$\cancel{\text{gegebene Einheit}} \times \frac{\text{gewünschte Einheit}}{\cancel{\text{gegebene Einheit}}} = \text{gewünschte Einheit}$$

Wenn eine Berechnung nicht die gewünschten Einheiten ergibt, muss irgendwo in der Rechnung ein Fehler sein. Eine sorgfältige Betrachtung der Einheiten deckt häufig die Fehlerquelle auf.

> **❓ DENKEN SIE EINMAL NACH**
>
> Wie können wir bestimmen, wie viele Stellen eines Umrechnungsfaktors wir verwenden müssen (z. B. bei dem Umrechnungsfaktor zwischen Pfund und Gramm in Übungsbeispiel 1.9)?

ÜBUNGSBEISPIEL 1.9 — Umrechnung von Einheiten

Wenn eine Frau 115 lb wiegt, wie groß ist dann ihre Masse in Gramm? Verwenden Sie die im Einband angegebenen Beziehungen zwischen den Einheiten.

Lösung

Wir wollen lb in g umrechnen, suchen also nach einer Beziehung zwischen diesen beiden Masseneinheiten. Aus dem hinteren Einband entnehmen wir, dass 1 lb = 453,6 g. Um Pfund zu kürzen und Gramm stehen zu lassen, schreiben wir den Umrechnungsfaktor so auf, dass Gramm im Zähler steht und Pfund im Nenner:

$$\text{Masse in Gramm} = (115 \text{ lb})\left(\frac{453{,}6 \text{ g}}{1 \text{ lb}}\right) = 5{,}22 \times 10^4 \text{ g}$$

Das Ergebnis darf nur drei signifikante Stellen enthalten. Diese Anzahl entspricht der Anzahl der signifikanten Stellen des Ausgangswerts 115 lb. Die durchgeführte Umrechnung ist am Seitenrand dargestellt.

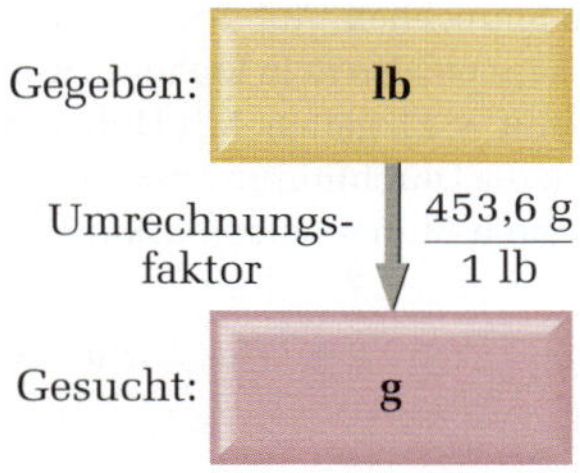

ÜBUNGSAUFGABE

Ermitteln Sie mit Hilfe eines im Einband angegebenen Umrechnungsfaktors die Länge eines 500,0-Meilen-Autorennens in Kilometern.

Antwort: 804,7 km.

Strategien in der Chemie — Abschätzen von Antworten

Einer meiner Freunde hat einmal zynisch bemerkt, dass man mit Hilfe eines Taschenrechners nur schneller zur falschen Lösung kommt. Was er meinte, war, dass ohne die korrekte Strategie zur Problemlösung und die Eingabe der richtigen Zahlen auch ein Taschenrechner nicht zur richtigen Lösung führt. Wenn Sie jedoch lernen, die Antwort *abzuschätzen*, können Sie einschätzen, ob das Ergebnis, das Sie erhalten, sinnvoll ist.

Die Idee dahinter ist, mit Hilfe von gerundeten Zahlen, für die Sie keinen Taschenrechner benötigen, eine grobe Berechnung anzustellen. Dieser Ansatz liefert Ihnen zwar nicht die exakte Lösung, gibt Ihnen aber anhand einer groben Schätzung eine ungefähre Vorstellung von der zu erwartenden Größenordnung. Durch das Arbeiten mit Einheiten in der Dimensionsanalyse und durch das Abschätzen von Antworten sind wir in der Lage zu überprüfen, ob unsere Ergebnisse sinnvoll sind.

Die Verwendung von zwei oder mehreren Umrechnungsfaktoren

Für die Lösung eines Problems ist häufig die Verwendung von mehreren Umrechnungsfaktoren nötig. Lassen Sie uns z. B. die Länge eines 8,00 m langen Stabes in Zoll umrechnen. In der Tabelle im Inneneinband ist keine Beziehung zwischen Metern und Zoll angegeben. Dort steht jedoch die Beziehung zwischen Zentimetern und Zoll (1 Zoll = 2,54 cm). Wir kennen die metrischen Präfixe und wissen daher, dass 1 cm = 10^{-2} m. Wir können also die Umrechnung schrittweise durchführen. Wir rechnen dazu zunächst Meter in Zentimeter und anschließend Zentimeter in Zoll um, so wie es am Seitenrand dargestellt ist.

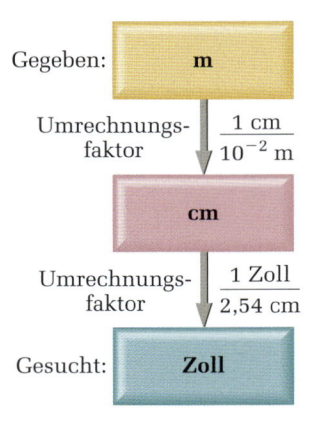

Mit dem Ausgangswert (8,00 m) und den beiden Umrechnungsfaktoren erhalten wir 315 Zoll

$$\text{Anzahl in Zoll} = (8{,}00 \text{ m})\left(\frac{100 \text{ cm}}{1 \text{ m}}\right)\left(\frac{1 \text{ Zoll}}{2{,}54 \text{ cm}}\right)$$

ÜBUNGSBEISPIEL 1.10 Umrechnung von Einheiten mit zwei oder mehreren Umrechnungsfaktoren

Die Durchschnittsgeschwindigkeit eines Stickstoffmoleküls in Luft beträgt bei 25 °C 515 m/s. Rechnen Sie diese Geschwindigkeit in Meilen pro Stunde um.

Lösung

Um die Ausgangseinheit (m/s) in die gewünschte Einheit (Meilen/h) umzurechnen, müssen wir Meter in Meilen und Sekunden in Stunden umrechnen. Auf den Einbandseiten finden wir die Beziehung 1 Meile = 1,6093 km. Außerdem wissen wir, dass 1 km = 10^3 m ist. Wir können also m in km und anschließend km in Meilen umrechnen. Wir wissen, dass für die Zeit die Beziehungen 60 s = 1 min und 60 min = 1 h gelten. Mit Hilfe dieser Beziehungen können wir Sekunden in Minuten und Minuten in Stunden umrechnen.

Durch die Durchführung der Umrechnung der Länge und der Zeit können wir eine lange Gleichung aufstellen, in der sich die nicht gewünschten Einheiten herauskürzen:

$$\text{Geschwindigkeit in Meilen/h} = \left(515 \frac{m}{s}\right)\left(\frac{1 \text{ km}}{10^3 \text{ m}}\right)\left(\frac{1 \text{ Meile}}{1{,}6093 \text{ km}}\right)\left(\frac{60 \text{ s}}{1 \text{ min}}\right)\left(\frac{60 \text{ min}}{1 \text{ h}}\right)$$

$$= 1{,}15 \times 10^3 \text{ Meilen/h}$$

Unsere Antwort hat die gewünschte Einheit. Wir können unsere Berechnung überprüfen, indem wir auf die im „Strategie"-Kasten beschriebene Weise vorgehen. Die angegebene Geschwindigkeit beträgt ungefähr 500 m/s. Durch Teilen durch 1000 rechnen wir m in km um und erhalten das Zwischenergebnis 0,5 km/s. 1 Meile entspricht ungefähr 1,6 km, wir erhalten also eine Geschwindigkeit von 0,5/1,6 = 0,3 Meilen/s. Wenn wir mit 60 multiplizieren, erhalten wir 0,3 × 60 = 20 Meilen/min und bei einem erneuten Multiplizieren mit 60 erhalten wir 20 × 60 = 1200 Meilen/h. Die ungefähre Lösung (etwa 1200 Meilen/h) und die genaue Lösung (1150 Meilen/h) liegen nahe aneinander, so dass die Lösung sinnvoll erscheint. Die genaue Lösung hat wie der Ausgangswert (in m/s) drei signifikante Stellen.

ÜBUNGSAUFGABE

Ein Auto hat eine Reichweite von 28 Meilen pro Gallone Treibstoff. Wie viele Kilometer fährt das Auto pro Liter Treibstoff?

Antwort: 12 km/l.

Mit Hilfe des ersten Umrechnungsfaktors lässt sich die Einheit Meter kürzen und die Länge in Zentimeter umrechnen. Wir schreiben also Meter in den Nenner und Zentimeter in den Zähler. Den zweiten Umrechnungsfaktor verwenden wir, um die Einheit Zentimeter zu kürzen. Wir schreiben also Zentimeter in den Nenner und Zoll, die gewünschte Einheit, in den Zähler.

Umrechnungen von Einheiten, die ein Volumen enthalten

Mit Hilfe der bisher betrachteten Umrechnungsfaktoren konnten wir Einheiten einer Messgröße in andere Einheiten derselben Messgröße umrechnen, also z. B. eine Länge in eine Länge. Es gibt jedoch auch Umrechnungsfaktoren, mit denen wir eine Messgröße in eine andere Größe umrechnen können. Die Dichte einer Substanz kann z. B. als Umrechnungsfaktor zwischen der Masse und dem Volumen betrachtet werden. Nehmen Sie an, wir wollen wissen, welche Masse in Gramm zwei Kubikzoll (2,00 Zoll^3) Gold haben. Die Dichte von Gold beträgt 19,3 g/cm^3 und wir erhalten daraus die beiden Umrechnungsfaktoren:

$$\frac{19{,}3 \text{ g}}{1 \text{ cm}^3} \quad \text{und} \quad \frac{1 \text{ cm}^3}{19{,}3 \text{ g}}$$

Weil die gewünschte Lösung in Gramm angegeben werden soll, benötigen wir den ersten dieser beiden Faktoren, in dem die Einheit Gramm im Zähler steht. Um diesen

Faktor verwenden zu können, müssen wir jedoch zunächst Kubikzoll in Kubikzentimeter umrechnen. Die Beziehung zwischen Zoll³ und cm³ ist nicht im Einband zu finden. Dort ist nur die Beziehung zwischen Zoll und Zentimeter angegeben: 1 Zoll = 2,54 cm (exakt). Indem wir die dritte Potenz beider Seiten dieser Gleichung bilden, erhalten wir (1 Zoll)³ = (2,54 cm)³ und können den gewünschten Umrechnungsfaktor angeben:

$$\frac{(2{,}54 \text{ cm})^3}{(1 \text{ Zoll})^3} = \frac{(2{,}54)^3 \text{ cm}^3}{(1)^3 \text{ Zoll}^3} = \frac{16{,}39 \text{ cm}^3}{1 \text{ Zoll}^3}$$

Beachten Sie, dass bei der Potenzrechnung sowohl Zahlen als auch Einheiten berücksichtigt werden müssen. Außerdem gilt, dass wir, weil 2,54 eine exakte Zahl ist, so viele Stellen des Umrechnungsfaktors beibehalten können (2,54³), wie benötigt werden. Wir haben vier Stellen angegeben, eine Stelle mehr als die signifikanten Stellen der angegebenen Dichte (19,3 g/cm³). Wir können nun mit Hilfe des Umrechnungsfaktors die Aufgabe lösen:

$$\text{Gewicht in Gramm} = (2{,}00 \text{ Zoll}^3)\left(\frac{16{,}39 \text{ cm}^3}{1 \text{ Zoll}^3}\right)\left(\frac{19{,}3 \text{ g}}{1 \text{ cm}^3}\right) = 633 \text{ g}$$

Die Vorgehensweise ist unten als Diagramm dargestellt. Das Endergebnis wird mit drei signifikanten Stellen angegeben. Diese Anzahl entspricht der Anzahl der signifikanten Stellen von 2,00 und 19,3.

ÜBUNGSBEISPIEL 1.11 — Umrechnung von Volumeneinheiten

Die Ozeane der Welt enthalten etwa $1{,}36 \times 10^9$ km³ Wasser. Rechnen Sie dieses Volumen in Liter um.

Lösung

In dieser Aufgabe müssen wir km³ in l umrechnen. Im Einband finden wir die Beziehung 1 l = 10^{-3} m³, es ist jedoch keine Beziehung angegeben, in der km³ vorkommt. Wir wissen jedoch, dass 1 km = 10^3 m ist und können diese Beziehung zwischen zwei Längen verwenden, um den gewünschten Umrechnungsfaktor für das Volumen zu bestimmen:

$$\left(\frac{10^3 \text{ m}}{1 \text{ km}}\right)^3 = \frac{10^9 \text{ m}^3}{1 \text{ km}^3}$$

Wenn wir also km³ in m³ in l umrechnen, erhalten wir

$$\text{Volumen in Liter} = (1{,}36 \times 10^9 \text{ km}^3)\left(\frac{10^9 \text{ m}^3}{1 \text{ km}^3}\right)\left(\frac{1 \text{ l}}{10^{-3} \text{ m}^3}\right) = 1{,}36 \times 10^{21} \text{ l}$$

ÜBUNGSAUFGABE

Wie groß ist das Volumen eines Objekts mit einem Volumen von 5,0 ft³ in Kubikmetern?

Antwort: 0,14 m³.

ÜBUNGSBEISPIEL 1.12 — Umrechnungen mit Hilfe der Dichte

Welche Masse in Gramm haben 1,00 Gallonen Wasser? Die Dichte von Wasser beträgt 1,00 g/ml.

Lösung

Vor dem Lösen dieser Aufgabe beachten wir die folgenden Punkte:

1. Der Ausgangswert der Aufgabe ist 1,00 Gallonen Wasser (bekannte Größe) und wir wollen mit Hilfe dieser Größe die Masse in Gramm berechnen (unbekannte Größe).

2. Wir können dazu die folgenden Umrechnungsfaktoren verwenden, die entweder angegeben, allgemein bekannt oder im Einband des Buches zu finden sind:

$$\frac{1{,}00 \text{ g Wasser}}{1 \text{ ml Wasser}} \quad \frac{1 \text{ l}}{1000 \text{ ml}} \quad \frac{1 \text{ l}}{1{,}057 \text{ qt}} \quad \frac{1 \text{ Gallonen}}{4 \text{ qt}}$$

Der erste Umrechnungsfaktor ist wie angegeben zu verwenden (mit der Einheit Gramm im Zähler), um das gewünschte Ergebnis zu erhalten. Vom letzten Umrechnungsfaktor müssen wir den Kehrwert bilden, damit sich die Einheit Gallonen herauskürzt:

$$\text{Masse in Gramm} = (1{,}00 \text{ Gallonen})\left(\frac{4 \text{ qt}}{1 \text{ Gallonen}}\right)\left(\frac{1 \text{ l}}{1{,}057 \text{ qt}}\right)\left(\frac{1000 \text{ ml}}{1 \text{ l}}\right)\left(\frac{1{,}00 \text{ g}}{1 \text{ ml}}\right)$$

$$= 3{,}78 \times 10^3 \text{ g Wasser}$$

Die Einheit unseres Endergebnisses entspricht der gewünschten Einheit. Auch die korrekte Anzahl der signifikanten Stellen wurde bei der Angabe des Ergebnisses berücksichtigt. Wir können unsere Berechnung durch eine Abschätzung des Werts überprüfen. Dazu runden wir 1,057 auf 1. Wenn wir die Zahlen berücksichtigen, die ungleich 1 sind, erhalten wir den Schätzwert $4 \times 1000 = 4000$ g. Dieser stimmt gut mit dem genauen Wert überein.

ÜBUNGSAUFGABE

Die Dichte von Benzol beträgt 0,879 g/ml. Berechnen Sie die Masse von 1,00 qt Benzol in Gramm.

Antwort: 832 g.

Strategien in der Chemie — Die Bedeutung der Praxis

Wenn Sie einmal ein Musikinstrument gespielt oder sich stark im Sport engagiert haben, wissen Sie, dass der Schlüssel zum Erfolg in regelmäßigem Üben und in der Disziplin liegt. Sie können nicht lernen, Klavier zu spielen, indem Sie lediglich Musik hören, ebenso wenig, wie Sie Basketball spielen lernen, wenn Sie sich nur Spiele im Fernsehen anschauen. Das Gleiche gilt für die Chemie: Sie können Chemie nicht erlernen, indem Sie nur Ihrem Dozenten beim chemischen Arbeiten zusehen. Das alleinige Lesen dieses Buches, der Besuch von Vorlesungen und das wiederholte Durchlesen von Mitschriften werden nicht ausreichend sein, um im Examen bestehen zu können. Ihre Aufgabe besteht nicht darin zu verstehen, wie eine andere Person die Chemie einsetzt, sondern darin, sie selbst anwenden zu können. Dazu ist regelmäßige Übung nötig und wie bei allen Aufgaben, die Sie regelmäßig durchführen, ist ein gehöriges Maß an Selbstdisziplin erforderlich, bis die Anwendung der Chemie für Sie zu einer Gewohnheit geworden ist.

In allen Kapiteln des Buches finden Sie Übungsbeispiele mit einem dazugehörigen detaillierten Lösungsweg. Nach jedem Übungsbeispiel wird eine Übungsaufgabe gestellt. Bei diesen Übungsaufgaben ist nur das jeweilige Ergebnis angegeben. Es ist wichtig, dass Sie diese Aufgaben als Lernhilfen verstehen. Die Aufgaben am Ende des Kapitels enthalten weitere Fragen, die Ihnen das Verständnis des im Kapitel behandelten Stoffs erleichtern sollen. Dabei bedeuten blaue Zahlen, dass die Lösungen dieser Aufgaben im hinteren Teil des Buches angegeben sind. Zur Vorbereitung auf Ihre Prüfung empfehlen wir das Übungsbuch Chemie zu diesem Lehrbuch. Eine Wiederholung der grundlegenden Mathematik finden Sie im Anhang A.

Sie sollten, um einen erfolgreichen Verlauf Ihres Chemiekurses zu gewährleisten, als Minimalanforderung mindestens die im Text angegebenen Aufgaben sowie die Hausaufgaben, die Ihr Dozent Ihnen stellt, bearbeiten. Nur, wenn Sie alle zum Thema gestellten Aufgaben bearbeiten, werden Sie die gesamte Bandbreite an Schwierigkeitsgraden und Themenbereichen abdecken können, deren Lösung Ihr Dozent von Ihnen im Examen erwartet. Es gibt keinen Ersatz für das nachhaltige und manchmal vielleicht langwierige Bemühen, Aufgaben eigenständig zu lösen. Wenn Sie jedoch mit einer Aufgabe einmal nicht weiterkommen sollten, zögern Sie nicht, bei Ihrem Dozenten, einem wissenschaftlichen Mitarbeiter, einem Tutor oder bei einem Mitstudenten Hilfe zu suchen. Sich unverhältnismäßig lange mit einer Aufgabe zu befassen, ist nur selten effektiv, es sei denn, Sie wissen, dass diese Aufgabe eine besondere Herausforderung darstellt und daher ein umfangreiches Nachdenken und besondere Anstrengungen erfordert.

Zusammenfassung und Schlüsselbegriffe

Einführung und Abschnitt 1.1 **Chemie** ist die Lehre der Zusammensetzung, Struktur sowie der Eigenschaften und Umwandlungen von **Materie**. Die Zusammensetzung von Materie hängt mit den **Elementen** zusammen, die in ihr enthalten sind. Die Struktur von Materie hängt von der Art und Weise ab, wie die **Atome** dieser Elemente angeordnet sind. Eine **Eigenschaft** ist ein Merkmal, das einer Probe Materie ihre einzigartige Identität verleiht. Ein **Molekül** ist eine Einheit, die aus zwei oder mehr Atomen zusammengesetzt ist, wobei diese auf eine bestimmte **Art** verbunden sind.

Abschnitt 1.2 Materie tritt in drei physikalischen Zuständen auf, als **Gas**, **Flüssigkeit** oder **Festkörper**. Diese Zustände werden als **Aggregatzustände** bezeichnet. Es gibt zwei Arten von **Reinstoffen**: **Elemente** und **Verbindungen**. Jedes Element besteht aus einer einzigen Atomart und wird durch ein chemisches Symbol beschrieben, das aus einem oder zwei Buchstaben besteht, wobei der erste Buchstabe groß geschrieben wird. Verbindungen bestehen aus zwei oder mehr Elementen, die chemisch verbunden sind. Das **Gesetz der konstanten Proportionen** besagt, dass die relative elementare Zusammensetzung einer reinen Verbindung immer gleich ist. Meistens tritt Materie als Gemisch verschiedener Stoffe auf. **Gemische** haben eine variable Zusammensetzung und können entweder homogen oder heterogen sein; homogene Gemische werden **Lösungen** genannt.

Abschnitt 1.3 Jede Substanz hat einzigartige **physikalische und chemische Eigenschaften**, die zur Identifizierung der Substanz herangezogen werden können. Während einer **physikalischen Umwandlung** wird die Zusammensetzung der Substanz nicht verändert. **Änderungen des Aggregatzustands** sind physikalische Änderungen. Bei **chemischen Umwandlungen** (oder **chemischen Reaktionen**) wird eine Substanz in eine chemisch unterschiedliche Substanz umgewandelt. **Intensive Eigenschaften** sind nicht von der Menge der untersuchten Materie abhängig und können deshalb zur Identifizierung von Substanzen verwendet werden. **Extensive Eigenschaften** beziehen sich auf die vorliegende Menge einer Substanz. Unterschiede der physikalischen und chemischen Eigenschaften werden ausgenutzt, um Substanzen zu trennen.

Die **wissenschaftliche Methodik** ist ein dynamischer Prozess, mit dessen Hilfe Fragen zur physikalischen Welt beantwortet werden. Beobachtungen und Experimente führen zu **wissenschaftlichen Gesetzen**, allgemeinen Regeln, mit denen das Verhalten der Natur zusammengefasst wird. Beobachtungen führen zudem zu vorläufigen Schlüssen bzw. zu **Hypothesen**. Wenn eine Hypothese getestet und verfeinert wird, führt dies eventuell zur Formulierung einer **Theorie**.

Abschnitt 1.4 Messungen werden in der Chemie mit Hilfe des **metrischen Systems** durchgeführt. Dabei kommt den **SI-Einheiten** eine besondere Bedeutung zu. Diese Einheiten basieren auf dem Meter, dem Kilogramm und der Sekunde als Basiseinheiten für die Länge, die **Masse** und die Zeit. Im metrischen System werden Präfixe verwendet, um dezimale Bruchteile oder Vielfache von Basiseinheiten ausdrücken zu können. Die SI-Temperaturskala ist die **Kelvinskala**. Auch die **Celsiusskala** wird häufig für Temperaturmessungen verwendet. Die **Dichte** ist eine weitere wichtige Eigenschaft. Sie ist definiert als die durch das Volumen geteilte Masse.

Abschnitt 1.5 Jeder Messwert ist mit einer gewissen Unsicherheit behaftet. Die **Präzision** einer Messung drückt aus, wie nah verschiedene Messungen einer Größe aneinander liegen. Die **Genauigkeit** einer Messung beschreibt, wie gut eine Messung mit dem akzeptierten oder „wahren" Wert übereinstimmt. Die **signifikanten Stellen** einer gemessenen Größe beinhalten eine abgeschätzte Stelle, die letzte angegebene Stelle des Messwerts. Die signifikanten Stellen geben das Ausmaß der Unsicherheit der Messung an. Es gibt bestimmte Regeln, um für eine Berechnung, die mit Messgrößen durchgeführt wird, die korrekte Anzahl signifikanter Stellen zu bestimmen.

Abschnitt 1.6 Mit Hilfe der **Dimensionsanalyse** sind wir in der Lage, Einheiten durch die Rechnung hindurch zu verfolgen. Die Einheiten werden wie algebraische Größen miteinander multipliziert, dividiert oder „gekürzt". Die richtige Einheit des Endergebnisses ist ein wichtiger Hinweis darauf, dass die Berechnung korrekt durchgeführt wurde. Für die Umrechnung von Einheiten und bei der Lösung vieler anderer Aufgaben können **Umrechnungsfaktoren** verwendet werden. Diese Faktoren sind Verhältnisse, die aus Beziehungen zwischen zwei äquivalenten Größen gebildet werden.

1 Einführung: Stoffe und Maßeinheiten

Veranschaulichung von Konzepten

Die Aufgaben dieses Abschnitts dienen weniger der Anwendung von Formeln und dem Durchführen von Berechnungen, sondern sollen Ihnen helfen, Ihr Verständnis der wichtigsten eingeführten Konzepte zu überprüfen. Bei den Aufgaben mit blauen Nummern finden Sie die Lösungen im hinteren Teil des Buches.

1.1 Welche der folgenden Abbildungen stellt (a) ein reines Element, (b) ein Gemisch zweier Elemente, (c) eine reine Verbindung, (d) ein Gemisch aus einem Element und einer Verbindung dar? Zu einer Beschreibung können mehrere Bilder passen.

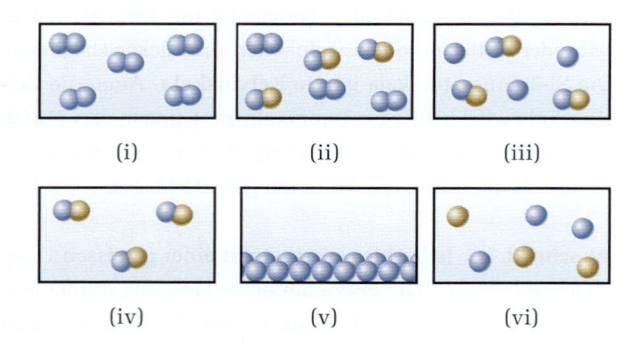

1.2 Ist im folgenden Diagramm eine chemische oder physikalische Umwandlung dargestellt? Begründen Sie Ihre Antwort.

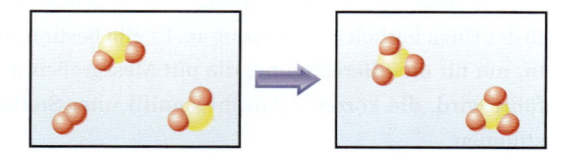

1.3 Wird durch die folgenden Messwerte eine Länge, eine Fläche, ein Volumen, eine Masse, eine Dichte, eine Zeit oder eine Temperatur ausgedrückt: (a) 5 ns, (b) 5,5 kg/m^3, (c) 0,88 pm, (d) 540 km^2, (e) 173 K, (f) 2 mm^2, (g) 23 °C.

1.4 Mit Hilfe der dargestellten Dartscheiben werden Fehlerarten veranschaulicht, die bei mehrfach durchgeführten Messungen häufig auftreten. Der Mittelpunkt repräsentiert den „wahren Wert" und die Dart-Pfeile die experimentellen Messungen. Durch welche Scheibe werden die nachfolgend beschriebenen Fälle am besten veranschaulicht: (a) genaue und präzise Messung; (b) präzise, aber ungenaue Messung; (c) unpräzise Messung mit einem genauen Durchschnittswert?

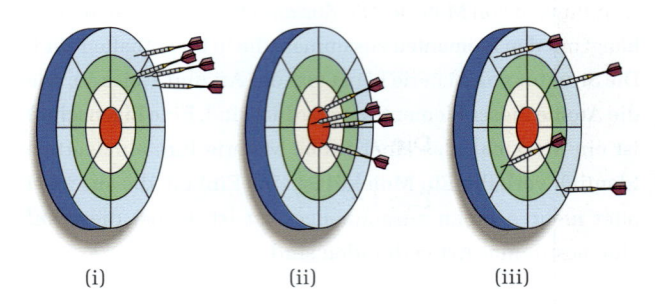

1.5 (a) Wie lang ist der in der folgenden Abbildung dargestellte Bleistift, wenn sich die Skala auf Zentimeter bezieht? Wie viele signifikante Stellen hat diese Messung? (b) Es ist ein Ofenthermometer mit einer runden Skala in Fahrenheit abgebildet. Welche Temperatur wird auf der Skala angezeigt? Wie viele signifikante Stellen hat diese Messung?

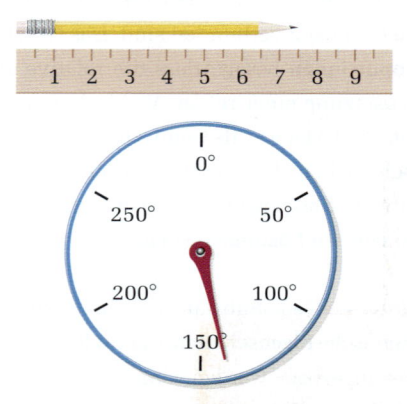

1.6 Was stimmt nicht an der folgenden Behauptung? Vor zwanzig Jahren wurde festgestellt, dass der Gegenstand 1900 Jahre alt ist. Heute muss er also 1920 Jahre alt sein.

1.7 Anhand welcher Kriterien entscheiden Sie, welcher Teil des Umrechnungsfaktors bei der Umrechnung von Einheiten im Zähler stehen muss und welcher im Nenner?

1.8 Zeichnen Sie ein logisches Diagramm, in dem beschrieben wird, in welchen Schritten Sie bei der Umrechnung von Meilen pro Stunde in Kilometer pro Sekunde vorgehen würden. Schreiben Sie wie auf Seite 33 für jeden Schritt den Umrechnungsfaktor auf.

Atome, Moleküle und Ionen

2

2.1	Die Atomtheorie	39
2.2	Die Entdeckung der Atomstruktur	41
2.3	Die moderne Sichtweise der Atomstruktur	45
2.4	Atomgewicht	49
2.5	Das Periodensystem der Elemente	51
2.6	Moleküle und molekulare Verbindungen	55
2.7	Ionen und ionische Verbindungen	58
Chemie und Leben		
	Lebensnotwendige Elemente	62
2.8	Namen anorganischer Verbindungen	63
2.9	Einfache organische Verbindungen	71
	Zusammenfassung und Schlüsselbegriffe	74
	Veranschaulichung von Konzepten	75

ÜBERBLICK

Was uns erwartet

- Wir beginnen mit einer kurzen Einführung in die Welt der *Atome* – der kleinsten Teilchen, aus denen Materie besteht (*Abschnitt 2.1*).

- Als Nächstes schauen wir uns einige Schlüsselexperimente genauer an, die zur Entdeckung des *Elektrons* und schließlich zum *Kernmodell des Atoms* geführt haben (*Abschnitt 2.2*).

- Anschließend betrachten wir die moderne Theorie der Atomstruktur und werden dabei die Begriffe *Ordnungszahl*, *Massenzahl* und *Isotop* einführen (*Abschnitt 2.3*).

- Wir werden uns mit dem Konzept von *Atommassen* befassen und verstehen, wie diese mit den Massen einzelner Atome zusammenhängen (*Abschnitt 2.4*).

- Unsere Betrachtungen werden uns dabei zu einer Anordnung der Elemente führen, die *Periodensystem der Elemente* genannt wird. In diesem System werden Elemente nach ihrer Ordnungszahl sortiert und in Gruppen chemisch ähnlicher Elemente zusammengefasst (*Abschnitt 2.5*).

- Unser Verständnis der Atome erlaubt es uns, Zusammensetzungen von Atomen zu betrachten, die *Moleküle* genannt werden. In diesem Abschnitt lernen wir, wie Moleküle und ihre Zusammensetzungen durch *empirische Formeln* und *Molekülformeln* repräsentiert werden können (*Abschnitt 2.6*).

- Wir werden erfahren, dass Atome durch die Aufnahme oder die Abgabe von Elektronen *Ionen* bilden können. Wir werden lernen, wie wir das Periodensystem der Elemente verwenden können, um die Ladungen von Ionen und die empirischen Formeln *ionischer Verbindungen* vorherzusagen (*Abschnitt 2.7*).

- Im nächsten Abschnitt werden wir ein System kennen lernen, mit dem man Substanzen systematisch benennen kann. Wir werden erfahren, wie wir dieses System, das *Nomenklatur* genannt wird, auf anorganische Verbindungen anwenden können (*Abschnitt 2.8*).

- Am Schluss des Kapitels werden wir uns schließlich mit einigen grundlegenden Konzepten der *organischen Chemie*, der Chemie des Elements Kohlenstoff, beschäftigen (*Abschnitt 2.9*).

Schauen Sie sich einmal um. Betrachten Sie die große Vielfalt an Farben, Strukturen und anderen Eigenschaften der Materialien, die Sie umgeben – die verschiedenen Farben in einem Garten, die Strukturen der Stoffe, aus denen Ihre Kleidung besteht, die Löslichkeit von Zucker in einem Becher Kaffee oder die Transparenz einer Fensterscheibe. Unsere Welt besteht aus Materialien mit verblüffender und schier unendlicher Vielfalt.

Wir können Eigenschaften auf verschiedene Art und Weise klassifizieren, wie können wir diese jedoch verstehen oder erklären? Warum sind Diamanten durchsichtig und hart, während Salz spröde ist und sich in Wasser löst? Warum brennt Papier, während mit Wasser Feuer gelöscht werden kann? Der Schlüssel zum Verständnis der physikalischen und chemischen Eigenschaften von Materie liegt in der Struktur und dem Verhalten von Atomen.

Erstaunlicherweise ist die Vielfalt der uns umgebenden Eigenschaften das Ergebnis der Kombination von lediglich etwa 100 verschiedenen Elementen, also von nur etwa 100 verschiedenen Atomarten.

Auf gewisse Weise lassen sich die Atome mit den 26 Buchstaben des Alphabets vergleichen, aus denen die ungeheuer große Anzahl der Wörter unserer Sprache zusammengesetzt ist. Wie sind die Atome jedoch miteinander verbunden?

Welche Regeln gelten dabei? In welcher Beziehung stehen die Eigenschaften eines Stoffes zu den Atomarten, aus denen er besteht? Woraus besteht ein Atom und wie unterscheiden sich die Atome verschiedener Elemente voneinander? Glücklicherweise stehen uns heute viele experimentelle Techniken zur Verfügung, mit deren Hilfe wir Atome untersuchen und uns ein umfassenderes Bild verschaffen können. In diesem Kapitel werden wir beginnen, die faszinierende Welt der Atome zu erkunden, die uns durch solche Experimente zugänglich wird. Wir werden die Struktur des Atoms untersuchen und kurz darauf eingehen, wie Moleküle und Ionen gebildet werden. Mit den so erworbenen Kenntnissen steht uns ein Basiswissen zur Verfügung, mit dessen Hilfe wir in den folgenden Kapiteln tiefer in die Welt der Chemie eindringen können.

Die Atomtheorie 2.1

Schon zu frühesten Zeiten haben Philosophen sich überlegt, aus welchen Bausteinen die Welt besteht. Demokrit (460–370 v. Chr.) und andere frühere griechische Philosophen hatten die Vorstellung, dass die Welt aus kleinen unteilbaren Teilchen zusammengesetzt ist, die sie *atomos* nannten, was „das Unteilbare" heißt. Später prägten Platon und Aristoteles die Vorstellung, dass es keine nicht mehr weiter teilbaren Teilchen geben könnte. Die „atomare" Sicht der Materie wurde über mehrere Jahrhunderte lang verdrängt und die westliche Kultur von der Philosophie Aristoteles beherrscht.

Die Vorstellung von Atomen kam im Europa des 17. Jahrhunderts erneut auf, als Wissenschaftler versuchten, die Eigenschaften von Gasen zu erklären. Luft ist aus einem unsichtbaren Stoff zusammengesetzt, der sich in ständiger Bewegung befindet. Wir können z. B. die Bewegung von Wind spüren. Es liegt nahe, zur Erklärung dieser vertrauten Effekte an kleine unsichtbare Teilchen zu denken. Diese atomare Vorstellung wurde vom berühmtesten Wissenschaftler dieser Zeit, Isaac Newton (1642–1727), unterstützt. Die Vorstellung von Atomen als unsichtbare Teilchen, aus denen Luft besteht, unterscheidet sich jedoch von der Vorstellung von Atomen als grundlegende Bausteine der Elemente.

2 Atome, Moleküle und Ionen

Als Chemiker damit begannen, die Mengen der Elemente zu messen, die miteinander zu neuen Stoffen reagierten, legten sie damit den Grundstein für die Atomtheorie. In dieser Theorie wird das Konzept von Elementen mit dem von Atomen verbunden. Die Theorie wurde 1803–1807 mit den Arbeiten John Daltons (▶ Abbildung 2.1), einem Lehrer an einer englischen Schule, begründet. Daltons Atomtheorie stützt sich auf die folgenden Postulate:

1. Jedes Element besteht aus sehr kleinen Teilchen, die Atome genannt werden.
2. Alle Atome eines Elements haben die gleiche Masse und die gleichen Eigenschaften. Die Atome eines bestimmten Elements unterscheiden sich jedoch von denen aller anderen Elemente.
3. Atome eines Elements werden in chemischen Reaktionen nicht in die Atome eines anderen Elements umgewandelt. Atome werden in chemischen Reaktionen weder neu geschaffen noch zerstört.
4. Verbindungen entstehen, wenn Atome verschiedener Elemente miteinander kombiniert werden. Eine bestimmte Verbindung besteht immer aus der gleichen relativen Anzahl derselben Atomsorten.

Abbildung 2.1: John Dalton (1766–1844). Dalton war der Sohn eines armen englischen Webers. Im Alter von 12 Jahren begann er zu unterrichten. Er verbrachte die meisten Jahre seines Lebens in Manchester, wo er sowohl am Gymnasium als auch an der Hochschule unterrichtete. Sein lebenslanges Interesse an der Meteorologie führte ihn zum Studium der Gase, von dort zur Chemie und schließlich zur Atomtheorie.

Gemäß der Atomtheorie Daltons bilden **Atome** die kleinsten Teilchen eines Elements, in denen die chemische Identität des Elements bewahrt bleibt (siehe Abschnitt 1.1) Die Postulate der Theorie Daltons sagen aus, dass ein Element nur aus einer Atomsorte besteht, während eine Verbindung Atome verschiedener Elemente enthält.

Mit Hilfe der Theorie Daltons ließen sich einige einfache Gesetze chemischer Verbindungen erklären, die zu seiner Zeit bekannt waren. Eins dieser Gesetze war das *Gesetz der konstanten Proportionen*: Die relative Anzahl und die vorhandenen Atomsorten sind in einer bestimmten Verbindung immer gleich (siehe Abschnitt 1.2). Dieses Gesetz bildet die Basis für das vierte Postulat Daltons. Ein weiteres fundamentales Gesetz war das *Gesetz der Erhaltung der Masse* (oder *Gesetz der Erhaltung der Materie*): Die Masse der nach einer chemischen Reaktion vorhandenen Stoffe ist gleich der Masse der Stoffe, die vor der Reaktion vorhanden waren. Dieses Gesetz bildet die Basis für das dritte Postulat. Dalton nahm an, dass die Atome ihre Identität beibehalten. Atome, die eine chemische Reaktion eingehen, werden lediglich neu angeordnet und bilden neue chemische Kombinationen.

Gesetz der konstanten Proportionen

? DENKEN SIE EINMAL NACH

Eine Verbindung aus Kohlenstoff und Sauerstoff enthält 1,333 g Sauerstoff pro Gramm Kohlenstoff, eine zweite Verbindung enthält 2,666 g Sauerstoff pro Gramm Kohlenstoff. (a) Welches chemische Gesetz verbirgt sich hinter diesen Daten? (b) Wenn die erste Verbindung gleich viele Sauerstoff- wie Kohlenstoffatome enthält, welche Aussage können wir dann über die Zusammensetzung der zweiten Verbindung treffen?

Eine gute Theorie sollte nicht nur bereits bekannte Tatsachen erklären, sondern auch neue Tatsachen voraussagen können. Dalton konnte mit Hilfe seiner Theorie das *Gesetz der multiplen Proportionen* vorhersagen: Wenn aus zwei Elementen A und B mehr als eine Verbindung entstehen kann, ist das Verhältnis der verschiedenen Massen von B, die mit einer bestimmten Masse von A reagieren können, ein kleiner ganzzahliger Wert. Wir können uns dieses Gesetz verdeutlichen, indem wir die Stoffe Wasser und Wasserstoffperoxid betrachten, die beide aus den Elementen Wasserstoff und Sauerstoff aufgebaut sind. Bei der Bildung von Wasser reagieren 8,0 g Sauerstoff mit 1,0 g Wasserstoff. Bei der Bildung von Wasserstoffperoxid reagieren dagegen 16,0 g Sauerstoff mit 1,0 g Wasserstoff. Das Verhältnis der beiden pro Gramm Wasserstoff eingesetzten Sauerstoffmassen ist also gleich 2:1. Mit Hilfe der Atomtheorie schließen wir daraus, dass Wasserstoffperoxid zweimal so viele Sauerstoffatome pro Wasserstoffatom enthält wie Wasser.

Die Entdeckung der Atomstruktur 2.2

Dalton leitete seine Vorstellungen von der Welt der Atome aus chemischen Beobachtungen ab, die er in der makroskopischen Welt des Labors machte. Weder er selbst noch die Wissenschaftler, die ihm im Jahrhundert nach der Veröffentlichung seiner Arbeiten folgten, verfügten über einen unmittelbaren Beweis für die Existenz von Atomen. Heute jedoch stehen uns leistungsstarke Instrumente zur Verfügung, mit deren Hilfe wir die Eigenschaften einzelner Atome messen und sogar Bilder von Atomen aufnehmen können (▶ Abbildung 2.2).

Als Wissenschaftler begannen, Methoden für eine detailliertere Untersuchung der Natur der Materie, also der vermeintlich unteilbaren Atome zu entwickeln, offenbarte sich ihnen eine noch komplexere Struktur: Wir wissen heute, dass Atome aus noch kleineren **subatomaren Teilchen** zusammengesetzt sind. Wir werden, bevor wir uns einen Überblick über das heute gültige Modell der Atomstruktur verschaffen, kurz auf einige wesentliche Entdeckungen eingehen, die zu diesem Modell geführt haben. Dabei werden wir erfahren, dass Atome zum Teil aus elektrisch geladenen Teilchen aufgebaut sind, von denen die einen positive (+) und die anderen negative (–) Ladung haben. Denken Sie beim Erlernen unseres heute gültigen Atommodells daran, dass geladene Teilchen dem folgenden Gesetz gehorchen: *Teilchen mit gleichen Ladungen stoßen sich ab, Teilchen mit entgegengesetzten Ladungen ziehen sich dagegen an.*

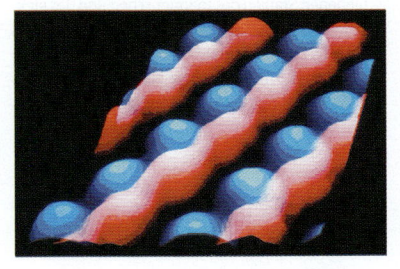

Abbildung 2.2: Bild der Oberfläche des Halbleiters GaAs (Galliumarsenid). Dieses Bild wurde mit einer Technik aufgenommen, die Rastertunnelmikroskopie genannt wird. Die Atome wurden mit Hilfe eines Computerprogramms farbig dargestellt, um die Galliumatome (blaue Kugeln) von den Arsenatomen (rote Kugeln) unterscheiden zu können.

Kathodenstrahlen und Elektronen

In der Mitte des 19. Jahrhunderts begannen Wissenschaftler damit, in teilevakuierten Röhren (Röhren, aus denen nahezu alle Luft gepumpt wurde, ▶ Abbildung 2.3) elektrische Entladungen zu untersuchen. Mit Hilfe einer angelegten Hochspannung wurde dazu innerhalb der Röhre Strahlung erzeugt. Diese Strahlung wird **Kathodenstrahlung** genannt, weil sie ihren Ursprung in der negativen Elektrode (der Kathode) hat. Obwohl die Strahlen selbst nicht zu sehen sind, kann ihr Weg nachvollzogen werden, indem bestimmte Materialien (einschließlich Gase) zur *Fluoreszenz* (d. h. zur Lichtemission) angeregt werden. Fernsehbildröhren sind Kathodenstrahlröhren; ein Fernsehbild kommt durch die Fluoreszenz des Fernsehbildschirms zustande.

Die Natur der Kathodenstrahlen war unter Wissenschaftlern zunächst umstritten. Es war nicht eindeutig, ob die Strahlen aus einem unsichtbaren Strom aus Teilchen oder einer neuen Form von Strahlung bestanden. Experimente haben gezeigt, dass Kathodenstrahlen durch elektrische und magnetische Felder abgelenkt werden konnten. Diese Beobachtung stimmte mit dem Bild eines Stroms von Teilchen mit negativer elektrischer Ladung überein (▶ Abbildung 2.3 c). Der britische Wissenschaftler

Abbildung 2.3: Kathodenstrahlröhre. (a) In einer Kathodenstrahlröhre bewegen sich die Elektronen von der negativen Elektrode (Kathode) zur positiven Elektrode (Anode). (b) Foto einer Kathodenstrahlröhre mit einem fluoreszierenden Schirm, mit dem der Weg des Kathodenstrahls nachvollzogen werden kann. (c) Der Weg des Kathodenstrahls wird durch einen Magneten abgelenkt.

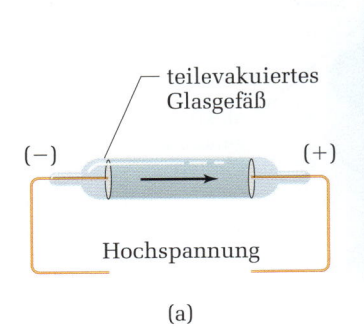

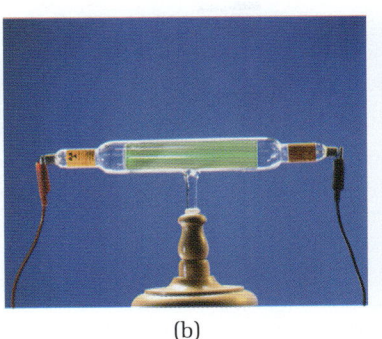

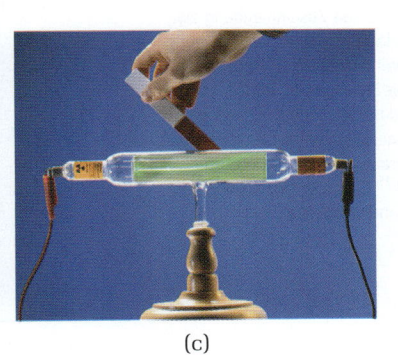

(a) teilevakuiertes Glasgefäß, Hochspannung

(b)

(c)

Abbildung 2.4: Kathodenstrahlröhre mit senkrecht zueinander stehendem magnetischen und elektrischen Feld. Die Kathodenstrahlen (Elektronen) entstehen an der negativen Platte auf der linken Seite und werden zur positiven Platte hin beschleunigt. Diese Platte hat in der Mitte eine Aussparung, die von einem Strahl aus Elektronen passiert wird, der anschließend von einem magnetischen und einem elektrischen Feld abgelenkt wird. Die drei dargestellten Wege ergeben sich aus verschiedenen Stärken des magnetischen und des elektrischen Felds. Das Ladung-zu-Masse-Verhältnis des Elektrons kann bestimmt werden, indem die Auswirkungen des magnetischen und elektrischen Felds auf die Richtung des Strahls untersucht werden.

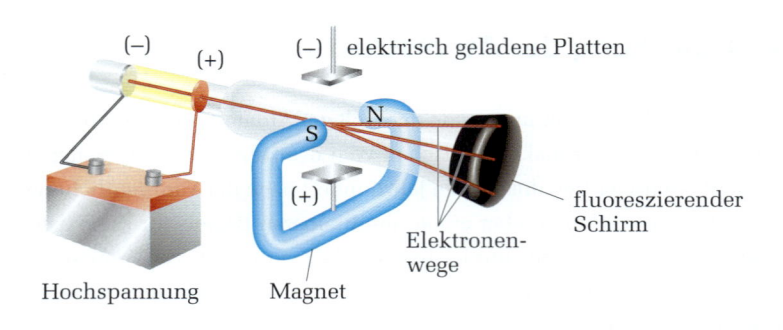

Millikans Öltröpfchenexperiment

J. J. Thomson beobachtete viele Eigenschaften der Strahlen. Er stellte unter anderem fest, dass die Strahlen sich bei verschiedenen Kathodenmaterialien nicht unterscheiden. In einer 1897 erschienenen Veröffentlichung sind seine Beobachtungen zusammengefasst. Thomson kam zu dem Ergebnis, dass es sich bei den Kathodenstrahlen um einen Strom negativ geladener Teilchen handeln musste. Die Veröffentlichung Thomsons wird allgemein als „Entdeckung" des Teilchens angesehen, das später als *Elektron* bekannt wurde.

Thomson konstruierte für seine Experimente eine Kathodenstrahlröhre, die an einer Seite mit einem fluoreszierenden Schirm versehen war (▶ Abbildung 2.4). Mit Hilfe dieser Vorrichtung konnte er die Effekte elektrischer und magnetischer Felder, die auf den durch eine kleine Öffnung in der positiv geladenen Elektrode austretenden Elektronenstrom wirkten, quantitativ messen. Diese Messungen erlaubten ihm, einen Wert für das Verhältnis der elektrischen Ladung des Elektrons zu seiner Masse von $1{,}76 \times 10^8$ Coulomb* pro Gramm zu berechnen.

Mit Hilfe des Ladung-zu-Masse-Verhältnisses des Elektrons war es anschließend möglich, sobald man entweder die Ladung oder die Masse des Elektrons in einem weiteren Experiment messen konnte, den Wert der jeweils anderen Größe abzuleiten. 1909 gelang es Robert Millikan (1868–1953) von der Universität Chicago, die Ladung eines Elektrons in einer Reihe von Versuchen zu messen, die in ▶ Abbildung 2.5 be-

Abbildung 2.5: Millikans Öltröpfchenexperiment. Darstellung der Vorrichtung, die Millikan zur Messung der Elektronenladung verwendet hat. Millikan ließ kleine Öltröpfchen, die zusätzliche Elektronen aufgenommen hatten, zwischen zwei elektrisch geladenen Platten absinken. Er beobachtete die Tröpfchen und untersuchte den Zusammenhang zwischen der an den Platten anliegenden Spannung und der Sinkgeschwindigkeit. Mit Hilfe dieser Daten berechnete er die Ladungen der Tröpfchen. Sein Experiment zeigte, dass die Ladungen immer ganzzahlige Vielfache einer bestimmten Ladung waren. Millikan schloss daraus, dass es sich bei dieser Ladung ($1{,}602 \times 10^{-19}$ C) um die Ladung eines einzelnen Elektrons handeln musste.

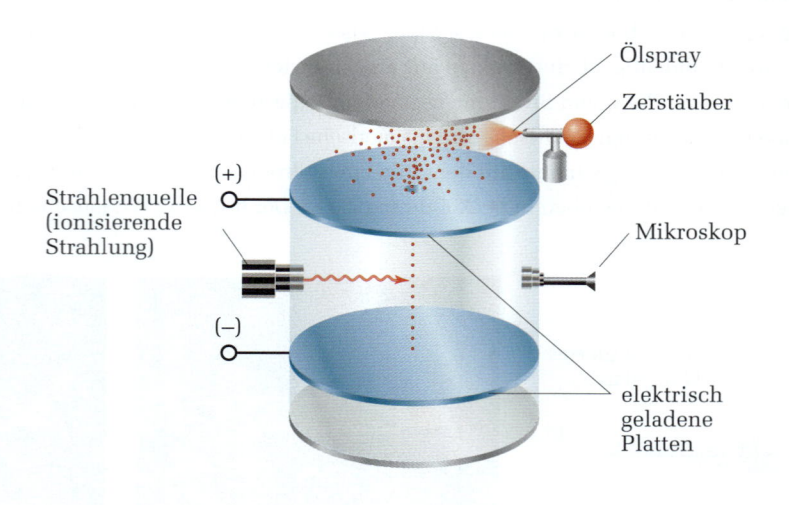

* Coulomb – SI-Maßeinheit für die elektrische Ladung.

schrieben sind. Er war anschließend mit Hilfe des experimentellen Werts für die Ladung $1{,}60 \times 10^{-19}$ C sowie des Ladung-zu-Masse-Verhältnisses Thomsons $1{,}76 \times 10^{8}$ C/g in der Lage, die Masse des Elektrons zu berechnen.

$$\text{Elektronenmasse} = \frac{1{,}60 \times 10^{-19}\ \text{C}}{1{,}76 \times 10^{8}\ \text{C/g}} = 9{,}10 \times 10^{-28}\ \text{g}$$

Dieses Ergebnis stimmt gut mit dem heute akzeptierten Wert der Elektronenmasse $9{,}10938 \times 10^{-28}$ g überein. Die Masse des Elektrons ist etwa 2000-mal kleiner als die Masse von Wasserstoff, dem leichtesten Atom.

Radioaktivität

Als der französische Wissenschaftler Henri Becquerel (1852–1908) 1896 eine Uran-Verbindung untersuchte, entdeckte er, dass diese spontan Strahlung hoher Energie emittierte. Diese spontane Emission von Strahlung wird **Radioaktivität** genannt. Auf seinen Vorschlag hin begannen Marie Curie (▶ Abbildung 2.6) und ihr Ehemann Pierre Experimente mit dem Ziel, die radioaktiven Bestandteile der Verbindung zu isolieren.

Eine weitere Untersuchung der Natur der Radioaktivität, die hauptsächlich von dem britischen Wissenschaftler Ernest Rutherford (▶ Abbildung 2.7) durchgeführt wurde, offenbarte drei verschiedene Strahlungsarten: alpha (α), beta (β) und gamma (γ)-Strahlung. Jede Strahlungsart verhielt sich, wie in ▶ Abbildung 2.8 gezeigt, in einem elektrischen Feld anders. α- und β-Strahlung wurden – wenn auch in entgegengesetzte Richtungen – durch ein elektrisches Feld abgelenkt, während γ-Strahlung von diesem nicht beeinflusst wurde.

Rutherford zeigte, dass sowohl α- als auch β-Strahlung aus sich schnell bewegenden Teilchen bestanden, die α- und β-Teilchen genannt wurden. β-Teilchen sind tatsächlich Elektronen mit hoher Geschwindigkeit und können als radioaktives Äquivalent zur Kathodenstrahlung betrachtet werden. Sie werden also von einer positiv geladenen Platte angezogen. α-Teilchen haben eine positive Ladung und werden daher von einer negativen Platte angezogen. In Einheiten, die der Ladung eines Elektrons entsprechen, haben β-Teilchen eine Ladung von 1– und α-Teilchen eine Ladung von 2+. α-Teilchen sind mit einer etwa 7300-mal größeren Masse erheblich schwerer als ein Elektron. γ-Strahlung ist hochenergetische Strahlung, die der Röntgenstrahlung ähnlich ist. Sie besteht nicht aus Teilchen und trägt keine Ladung.

Der Aufbau des Atoms

Aufgrund der sich verdichtenden Hinweise, dass Atome aus kleineren Teilchen aufgebaut sind, richtete sich die Aufmerksamkeit darauf, wie diese Teilchen im Atom angeordnet waren. Am Beginn des 20. Jahrhunderts vermutete Thomson, dass die

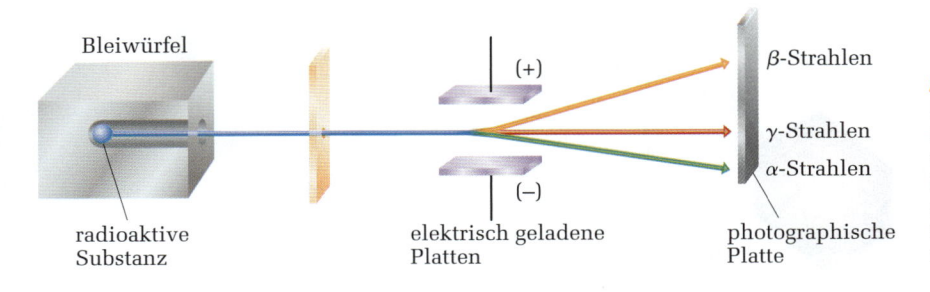

Abbildung 2.6: Marie Sklodowska Curie (1867–1934). Als M. Curie ihre Doktorarbeit einreichte, wurde diese als größte Einzelleistung im Rahmen einer Doktorarbeit in der Geschichte der Wissenschaft angesehen. Unter anderem wurden die bis dahin unbekannten Elemente Polonium und Radium entdeckt. Henri Becquerel, M. Curie und ihrem Ehemann Pierre wurde 1903 gemeinsam der Nobelpreis für Physik verliehen. 1911 erhielt M. Curie ihren zweiten Nobelpreis, dieses Mal für Chemie.

Abbildung 2.7: Ernest Rutherford (1871–1937). Rutherford, den Einstein den „zweiten Newton" nannte, wurde in Neuseeland geboren. 1895 wurde ihm als erstem Überseestudenten eine Stelle im Cavendish Laboratory an der Cambridge University in England angeboten, wo er in der Arbeitsgruppe von J. J. Thomson arbeitete. 1898 wechselte er an die McGill University in Montreal. In seiner Zeit an der McGill University führte Rutherford seine Forschungen zur Radioaktivität durch, für die ihm 1908 der Nobelpreis für Chemie verliehen wurde. Rutherford kehrte 1907 nach England zurück und wurde Professor an der Manchester University, an der er 1910 seine berühmten α-Teilchen-Streuexperimente durchführte, die schließlich zum nuklearen Atommodell führten. 1992 wurde er von seinem Heimatland Neuseeland geehrt, indem er zusammen mit seiner Nobelpreismedaille auf der neuseeländischen $100-Banknote abgebildet wurde.

Abbildung 2.8: Verhalten von α-, β- und γ-Strahlen in einem elektrischen Feld. α-Strahlen bestehen aus positiv geladenen Teilchen und werden deshalb von der negativ geladenen Platte angezogen. β-Strahlen bestehen aus negativ geladenen Teilchen und werden deshalb von der positiv geladenen Platte angezogen. γ-Strahlen, die keine Ladung haben, werden vom elektrischen Feld nicht beeinflusst.

Elektronen aufgrund ihres relativ geringen Masseanteils am Atom wahrscheinlich auch nur einen relativ geringen Raumanteil einnehmen würden. Er machte den in ▶ Abbildung 2.9 dargestellten Vorschlag, dass das Atom aus einer einheitlichen positiven Materiekugel bestehe, in die die Elektronen eingebettet seien. Dieses so genannte „Plumpudding"-Modell, das seinen Namen von einem traditionellen englischen Dessert hat, hielt sich jedoch nur kurze Zeit.

1910 führten Rutherford und seine Mitarbeiter ein Experiment durch, das das Modell Thomsons widerlegen sollte. Rutherford untersuchte die Winkel, unter denen α-Teilchen abgelenkt bzw. gestreut wurden, wenn sie eine wenige Tausend Atomschichten dicke Goldfolie durchquerten (▶ Abbildung 2.10). Er und seine Mitarbeiter stellten fest, dass fast alle α-Teilchen die Folie ungehindert durchquerten, ohne abgelenkt zu werden. Ein kleiner Prozentsatz der α-Teilchen wurde leicht (in der Größenordnung von 1 Grad) abgelenkt. Diese Beobachtungen stimmten mit dem „Plumpudding"-Modell Thomsons überein. Nur aus Gründen der Vollständigkeit beauftragte Rutherford Ernest Marsden, einen im Labor arbeitenden Studenten im Grundstudium, damit, nach Hinweisen für Streuung unter großen Winkeln zu suchen. Zur Überraschung aller Beteiligten wurde auch unter diesen Winkeln Streuung beobachtet. Einige Teilchen wurden sogar in die Richtung, aus der sie stammten, zurückgestreut. Die Erklärung für diese Ergebnisse war nicht sofort ersichtlich, die Beobachtungen widersprachen jedoch eindeutig dem „Plumpudding"-Modell Thomsons.

1911 war Rutherford in der Lage, die gemachten Beobachtungen zu erklären. Er machte den Vorschlag, dass sich der Großteil der Masse und die gesamte positive Ladung der Goldatome der Folie in einer kleinen, extrem dichten Region befinden sollten, die er den Kern des Atoms nannte. Er nahm ferner an, dass der Großteil des Gesamtvolumens eines Atoms aus leerem Raum bestünde. In diesem Raum sollten sich die Elektronen um den Kern herum bewegen. Im α-Streuungsexperiment durchquerten die meisten α-Teilchen die Folie ungehindert, weil sie auf keinen der winzig kleinen Kerne der Goldatome stießen. Sie durchquerten einfach den leeren Raum,

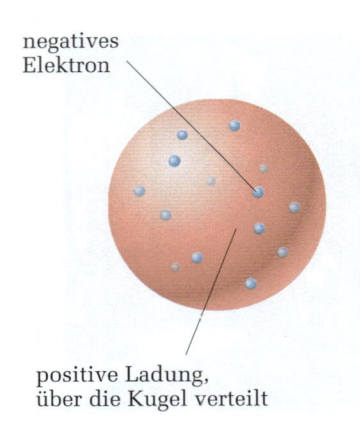

Abbildung 2.9: J. J. Thomsons „Plumpudding"-Modell des Atoms. Thomson nahm an, dass die kleinen Elektronen wie Rosinen in einem Pudding oder Kerne in einer Wassermelone im Atom eingebettet seien. Ernest Rutherford hat später gezeigt, dass dieses Modell falsch sein musste.

Rutherfords Experiment

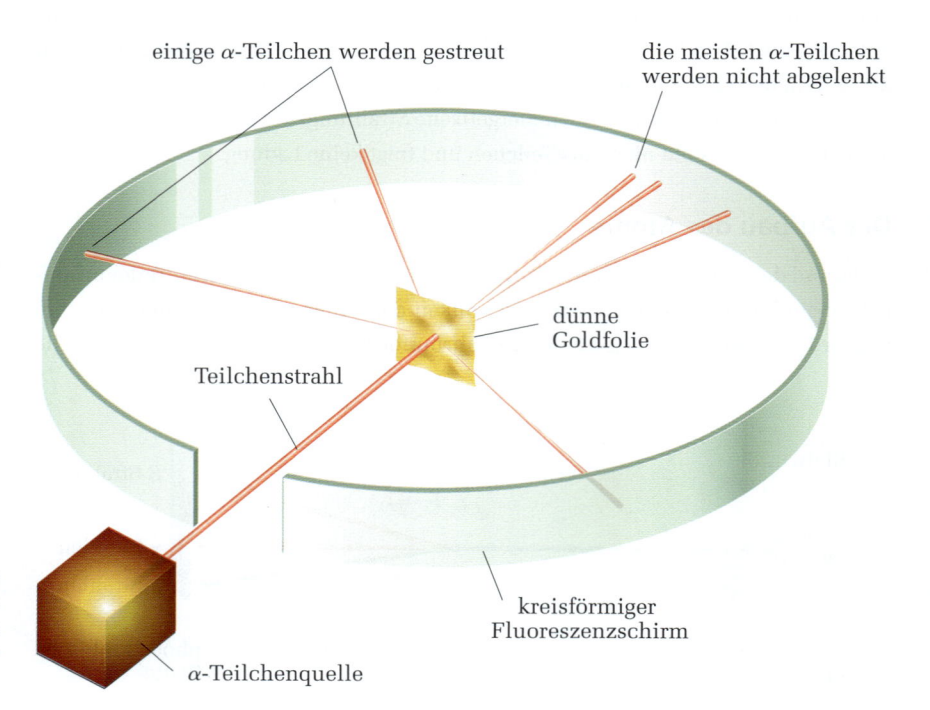

Abbildung 2.10: Rutherfords Experiment zur Streuung von α-Teilchen. Die roten Linien stellen die α-Teilchenwege dar. Die meisten α-Teilchen durchqueren die Goldfolie ungehindert, einige werden jedoch gestreut.

aus dem die Atome der Goldfolie hauptsächlich bestanden. Gelegentlich kam ein α-Teilchen jedoch nahe genug an einen Goldkern heran. Die Abstoßung zwischen dem stark positiv geladenen Goldkern und dem α-Teilchen reichte aus, um das weniger massehaltige α-Teilchen abzulenken (▶ Abbildung 2.11).

Nachfolgende experimentelle Untersuchungen haben zu der Entdeckung geführt, dass sich im Kern sowohl positive Teilchen *(Protonen)* als auch neutrale Teilchen *(Neutronen)* befinden. Protonen wurden 1919 von Rutherford und Neutronen 1932 vom britischen Wissenschaftler James Chadwick (1891–1972) entdeckt. Wir werden diese Teilchen im Abschnitt 2.3 noch genauer betrachten.

Die moderne Sichtweise der Atomstruktur 2.3

Seit der Zeit Rutherfords haben Physiker die Zusammensetzung von Atomkernen genau untersucht. Im Verlauf dieser Untersuchungen ist die Liste der Teilchen, aus denen Atomkerne bestehen, immer länger geworden und die Zahl der entdeckten Teilchen wächst bis heute weiter an. Als Chemiker genügt uns jedoch eine sehr einfache Sichtweise des Atoms, weil nur drei subatomare Teilchen – das **Proton**, das **Neutron** und das **Elektron** – einen Einfluss auf das chemische Verhalten der Atome haben.

Die Ladung eines Elektrons beträgt $-1{,}602 \times 10^{-19}$ C und die eines Protons $+1{,}602 \times 10^{-19}$ C. Die Größe $1{,}602 \times 10^{-19}$ C wird **Elektronenladung** genannt. Ladungen atomarer und subatomarer Teilchen werden aus Gründen der Einfachheit für gewöhnlich nicht in Coulomb, sondern als Vielfache dieser Ladung angegeben. Die Ladungen des Elektrons und des Protons betragen also 1– und 1+. Neutronen haben keine Ladung und verhalten sich daher elektrisch neutral (von diesem Verhalten stammt auch ihr Name). *Jedes Atom besitzt gleich viele Elektronen wie Protonen, Atome haben also insgesamt keine elektrische Ladung.*

Protonen und Neutronen befinden sich zusammen im Kern des Atoms, der wie in der Vorstellung Rutherfords äußerst klein ist. Der Großteil des Volumens eines Atoms besteht aus dem Raum, in dem sich die Elektronen befinden. Die Elektronen werden von den Protonen durch die Kraft angezogen, die zwischen Teilchen mit entgegengesetzter Ladung herrscht. In späteren Kapiteln werden wir erfahren, dass sich aus der Stärke der anziehenden Kräfte zwischen den Elektronen und den Kernen viele Unterschiede zwischen den Elementen erklären lassen.

Atome haben extrem kleine Massen. Die Masse des schwersten bekannten Atoms hat z. B. eine Größenordnung von 4×10^{-22} g. Weil es sehr mühselig wäre, solch kleine Massen in Gramm auszudrücken, verwenden wir stattdessen die Atommasseneinheit **ame***. Ein ame ist gleich $1{,}66054 \times 10^{-24}$ g. Die Massen von Protonen und Neutronen sind nahezu gleich, beide sind erheblich größer als die Masse des Elektrons: Ein Proton hat eine Masse von 1,0073 ame, ein Neutron von 1,0087 ame und ein Elektron von $5{,}486 \times 10^{-4}$ ame. Die Masse eines Protons ist 1836-mal größer als die Masse eines Elektrons, so dass der Großteil der Masse eines Atoms sich im Kern befindet. In Tabelle 2.1 sind die Ladungen und Massen der subatomaren Teilchen zusammengefasst. Wir werden uns im Abschnitt 2.4 noch näher mit Atommassen beschäftigen.

> **❓ DENKEN SIE EINMAL NACH**
>
> Was passiert mit den meisten α-Teilchen, die im Experiment Rutherfords auf die Goldfolie treffen? Warum verhalten sich die α-Teilchen auf diese Weise?

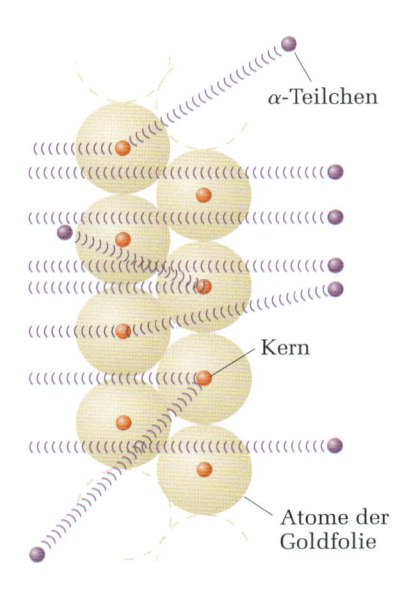

Abbildung 2.11: Rutherfords Modell zur Erklärung des Streuverhaltens von α-Teilchen. Die Goldfolie hat eine Dicke von einigen Tausend Atomschichten. Weil das Volumen hauptsächlich aus leerem Raum besteht, durchqueren die meisten α-Teilchen die Folie ungehindert. Wenn ein α-Teilchen jedoch sehr nah an einen Goldkern gelangt, wird es abgestoßen und vom ursprünglichen Weg abgelenkt.

> **❓ DENKEN SIE EINMAL NACH**
>
> (a) Wenn ein Atom 15 Protonen hat, wie viele Elektronen hat es dann? (b) An welcher Stelle im Atom befinden sich die Protonen?

---

* Im SI-System wird für die Atommasseneinheit die Abkürzung u benutzt. Wir verwenden jedoch die gebräuchlichere Bezeichnung ame.

2 Atome, Moleküle und Ionen

Tabelle 2.1

Vergleich der Eigenschaften von Protonen, Neutronen und Elektronen

Teilchen	Ladung	Masse (ame)
Proton	positiv (1+)	1,0073
Neutron	keine (neutral)	1,0087
Elektron	negativ (1−)	$5,486 \times 10^{-4}$

Atome sind außerdem extrem klein. Die meisten Atome haben Durchmesser zwischen 1×10^{-10} m und 5×10^{-10} m bzw. 100–500 pm. Eine für Längen in atomaren Dimensionen praktische Einheit ist die Einheit Ångström (Å), die allerdings keine SI-Einheit ist. Ein Ångström ist gleich 10^{-10} m. Atome haben also Durchmesser in der Größenordnung von 1–5 Å. Der Durchmesser eines Chloratoms beträgt z. B. 200 pm bzw. 2,0 Å. Sowohl Pikometer als auch Ångström werden häufig für die Angabe von Atom- und Molekülgrößen verwendet.

Der Durchmesser eines Atomkerns hat eine Größenordnung von 10^{-4} Å, was nur einem kleinen Teil des Durchmessers des gesamten Atoms entspricht. Sie können sich die relativen Größen von Atom und Kern zueinander verdeutlichen, indem Sie sich das Atom als großes Fußballstadion vorstellen. In diesem Fußballstadion hätte der Kern die Größe einer kleinen Murmel. Weil sich im Kern der Hauptanteil der Masse des Atoms in einem sehr kleinen Volumen befindet, hat dieser eine unglaublich große Dichte, die in der Größenordnung von 10^{13}–10^{14} g/cm³ liegt. Eine Streichholzschachtel, die mit einem Material einer solchen Dichte gefüllt wäre, hätte ein Gewicht von mehr als 2,5 Mrd. Tonnen! Astrophysiker gehen davon aus, dass das Innere eines kollabierten Sterns eine ähnliche Dichte erreichen könnte.

ÜBUNGSBEISPIEL 2.1 — Die Größe eines Atoms

Ein US-Cent hat einen Durchmesser von 19 mm. Der Durchmesser eines Silberatoms beträgt dagegen nur 2,88 Å. Wie viele Silberatome würden auf einer Münze Platz finden, wenn man diese entlang des Durchmessers aneinanderreihen würde?

Lösung

Die Unbekannte ist die Anzahl der Silberatome (Ag). Wir verwenden die Beziehung 1 Ag Atom = 2,88 Å als Umrechnungsfaktor, der die Anzahl der Atome und die Länge miteinander verbindet. Wir können also vom Durchmesser der Münze ausgehen und rechnen diese Größe zunächst in Ångström um. Anschließend verwenden wir den Durchmesser des Silberatoms, um die berechnete Länge in die Anzahl der Ag-Atome umzurechnen:

$$\text{Ag Atome} = (19 \text{ mm}) \left(\frac{10^{-3} \text{ m}}{1 \text{ mm}} \right) \left(\frac{1 \text{ Å}}{10^{-10} \text{ m}} \right) \left(\frac{1 \text{ Ag Atom}}{2,88 \text{ Å}} \right) = 6,6 \times 10^{7} \text{ Ag Atome}$$

Auf dem Durchmesser einer Münze hätten also 66 Millionen Silberatome nebeneinander Platz!

ÜBUNGSAUFGABE

Der Durchmesser eines Kohlenstoffatoms beträgt 1,54 Å. **(a)** Rechnen Sie den Durchmesser in Pikometer um. **(b)** Wie viele Kohlenstoffatome hätten auf der Breite eines 0,20 mm dicken Bleistiftstriches nebeneinander Platz?

Antwort: **(a)** 154 pm, **(b)** $1,3 \times 10^{6}$ C-Atome.

2.3 Die moderne Sichtweise der Atomstruktur

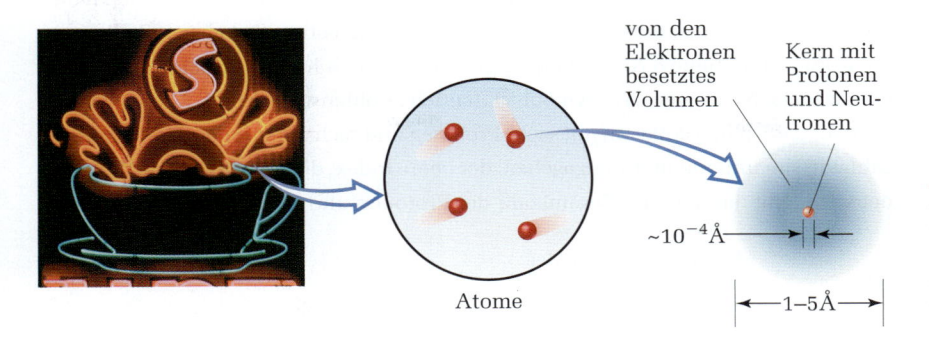

Abbildung 2.12: Die Struktur des Atoms. Fast die gesamte Masse eines Atoms befindet sich im Atomkern, der aus Protonen und Neutronen besteht. Der Rest des Atoms besteht aus leerem Raum, in dem sich die leichten, negativ geladenen Elektronen aufhalten.

In ▶Abbildung 2.12 ist eine Veranschaulichung eines Atoms dargestellt, in der die oben beschriebenen Eigenschaften enthalten sind. Die Elektronen, die den größten Teil des Volumens des Atoms einnehmen, spielen bei chemischen Reaktionen die größte Rolle. Wir werden in späteren Kapiteln bei der Betrachtung der Energien und räumlichen Anordnungen der Elektronen noch näher darauf eingehen, warum die Region, die die Elektronen enthält, als diffuse Wolke dargestellt wird.

Näher hingeschaut ■ Die Grundkräfte der Natur

In der Natur sind vier Grundkräfte bzw. vier Wechselwirkungen bekannt: die Gravitationskraft, die elektromagnetische Kraft, die starke Kernkraft und die schwache Kernkraft. *Gravitationskräfte* sind anziehende Kräfte, die zwischen allen Objekten wirken und deren Stärke proportional zur Masse der Objekte ist. Die Gravitationskräfte zwischen Atomen und subatomaren Teilchen sind so klein, dass sie für die Chemie keine Rolle spielen.

Elektromagnetische Kräfte sind anziehende und abstoßende Kräfte, die zwischen Objekten wirken, die entweder elektrisch geladen oder magnetisch sind. Elektrische und magnetische Kräfte sind eng verwandt. Elektrische Kräfte sind für das Verständnis des chemischen Verhaltens von Atomen von elementarer Bedeutung. Die Größe der elektrischen Kraft zwischen zwei geladenen Teilchen ist durch das *Coulomb-Gesetz* gegeben: $F = kQ_1Q_2/d^2$, wobei Q_1 und Q_2 die Ladungen der beiden Teilchen sind. d ist der Abstand zwischen den Mittelpunkten der Teilchen und k eine Konstante, die von den Einheiten von Q und d abhängt. Eine negative Kraft bedeutet, dass die Teilchen sich anziehen, während ein positiver Wert für eine Abstoßung steht.

Mit Ausnahme der Kerne der Wasserstoffatome enthalten alle Atomkerne mindestens zwei Protonen. Weil gleiche Ladungen sich abstoßen, müsste die elektrische Abstoßung innerhalb der Kerne eigentlich dazu führen, dass die Protonen im Kern auseinander fliegen. Dies wird von einer Kraft verhindert, die stärker als die elektrische Kraft ist, und *starke Kernkraft* genannt wird. Diese Kraft wirkt zwischen subatomaren Teilchen wie z. B. im Atomkern. Auf geringe Entfernungen ist die starke Kernkraft stärker als die elektrische Kraft, der Kern wird also zusammengehalten. Die *schwache Kernkraft* ist schwächer als die elektrische Kraft, jedoch stärker als die Gravitationskraft. Wir wissen nur von ihrer Existenz, weil sie sich bei bestimmten Arten von Radioaktivität zeigt.

Ordnungszahlen, Massenzahlen und Isotope

Wodurch unterscheidet sich ein Atom eines Elements von einem Atom eines anderen Elements? Wodurch unterscheidet sich z. B. ein Kohlenstoffatom von einem Sauerstoffatom? Der bedeutende Unterschied dieser Atome liegt in ihrer subatomaren Zusammensetzung: Die Atome jedes Elements haben eine charakteristische Anzahl Protonen. Die Anzahl der Protonen im Kern eines Atoms eines bestimmten Elements wird als **Ordnungszahl** dieses Elements bezeichnet. Weil ein Atom insgesamt keine Ladung hat, muss die Anzahl Elektronen der Anzahl Protonen entsprechen. Alle Kohlenstoffatome haben z. B. sechs Protonen und sechs Elektronen, während alle Sauerstoffatome acht Protonen und acht Elektronen haben. Kohlenstoff hat also die Ordnungszahl 6, während Sauerstoff die Ordnungszahl 8 hat. Die Ordnungszahlen der Elemente sind zusammen mit ihren Namen und Symbolen im vorderen Einband des Buches aufgeführt.

Atome desselben Elements können eine unterschiedliche Anzahl Neutronen haben und sich deshalb auch hinsichtlich ihrer Masse unterscheiden. So haben z. B. die meisten Kohlenstoffatome 6 Neutronen, es gibt jedoch auch Kohlenstoffatome mit mehr oder weniger Neutronen. Das Symbol $^{12}_{6}C$ (sprich „Kohlenstoff zwölf", Kohlenstoff-12) steht für das Kohlenstoffatom mit sechs Protonen und sechs Neutronen. Die Ordnungszahl wird im unteren Index angegeben, der obere Index, der als **Massenzahl** bezeichnet wird, gibt dagegen die Gesamtzahl der Protonen und Neutronen des Atoms an:

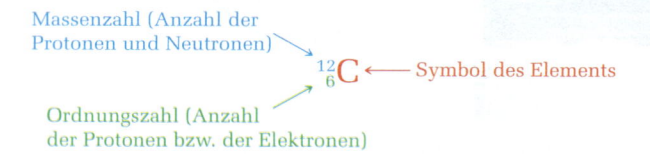

Massenzahl (Anzahl der Protonen und Neutronen) → $^{12}_{6}C$ ← Symbol des Elements
Ordnungszahl (Anzahl der Protonen bzw. der Elektronen)

Weil alle Atome eines bestimmten Elements die gleiche Ordnungszahl haben, ist der untere Index redundant und wird oft weggelassen. Das Symbol für Kohlenstoff-12 kann also einfach als ^{12}C geschrieben werden. Als weiteres Beispiel für diese Schreibweise seien Atome mit sechs Protonen und acht Neutronen genannt. Diese Atome haben eine Massenzahl von 14, das Symbol $^{14}_{6}C$ oder ^{14}C und werden Kohlenstoff-14 genannt.

ÜBUNGSBEISPIEL 2.2

Bestimmung der Anzahl der subatomaren Teilchen eines Atoms

Wie viele Protonen, Neutronen und Elektronen hat **(a)** ein Atom ^{197}Au; **(b)** ein Atom Strontium-90?

Lösung

(a) Der obere Index 197 ist die Massenzahl, also die Summe aus der Anzahl der Protonen und der Anzahl der Neutronen. Gemäß der Liste der Elemente im vorderen Einband hat Gold die Ordnungszahl 79. Ein Goldatom ^{197}Au hat also 79 Protonen, 79 Elektronen und 197 − 79 = 118 Neutronen. **(b)** Die Ordnungszahl von Strontium (aufgeführt im vorderen Einband) ist 38. Alle Atome dieses Elements haben also 38 Protonen und 38 Elektronen. Das Isotop Strontium-90 hat 90 − 38 = 52 Neutronen.

ÜBUNGSAUFGABE

Wie viele Protonen, Neutronen und Elektronen hat **(a)** ein Atom ^{138}Ba; **(b)** ein Atom Phosphor-31?

Antwort: **(a)** 56 Protonen, 56 Elektronen und 82 Neutronen; **(b)** 15 Protonen, 15 Elektronen und 16 Neutronen.

ÜBUNGSBEISPIEL 2.3

Atomsymbole

Magnesium hat drei Isotope mit den Massenzahlen 24, 25 und 26. **(a)** Geben Sie die vollständigen chemischen Symbole (mit oberem und unterem Index) dieser Isotope an. **(b)** Wie viele Neutronen haben die Atome dieser Isotope jeweils?

Lösung

(a) Magnesium hat die Ordnungszahl 12. Alle Magnesiumatome enthalten also 12 Protonen und 12 Elektronen. Die drei Isotope haben deshalb die Symbole $^{24}_{12}Mg$, $^{25}_{12}Mg$, und $^{26}_{12}Mg$. **(b)** Die Anzahl der Neutronen in jedem Isotop ergibt sich aus der Massenzahl minus der Anzahl der Protonen. Die Anzahl der Neutronen in den jeweiligen Atomen der Isotope ist daher gleich 12, 13 und 14.

ÜBUNGSAUFGABE

Wie lautet das vollständige chemische Symbol eines Atoms, das aus 82 Protonen, 82 Elektronen und 126 Neutronen besteht?

Antwort: $^{208}_{82}Pb$.

Tabelle 2.2

Einige Isotope des Elements Kohlenstoff*

Symbol	Anzahl der Protonen	Anzahl der Elektronen	Anzahl der Neutronen
^{11}C	6	6	5
^{12}C	6	6	6
^{13}C	6	6	7
^{14}C	6	6	8

* Fast 99 % des natürlich vorkommenden Kohlenstoffs bestehen aus ^{12}C.

Atome mit gleicher Ordnungszahl, aber unterschiedlicher Massenzahl (d. h. mit der gleichen Anzahl Protonen, aber einer unterschiedlichen Anzahl Neutronen) werden **Isotope** eines Elements genannt. In Tabelle 2.2 sind einige Kohlenstoffisotope aufgelistet. Wir werden die Schreibweise mit oberem Index im Allgemeinen nur verwenden, wenn wir uns auf ein bestimmtes Isotop eines Elements beziehen.

2.4 Atomgewicht

Atome sind kleine Materieeinheiten, haben also eine bestimmte Masse. In diesem Abschnitt betrachten wir die für Atome verwendete Massenskala und führen das Konzept des *Atomgewichts* ein. In Abschnitt 3.3 erweitern wir dieses Konzept und zeigen, wie mit Hilfe von Atomgewichten die Massen von Verbindungen und *Molekulargewichte* bestimmt werden können.

Die Atommassenskala

Obwohl Wissenschaftler des neunzehnten Jahrhunderts noch nichts über subatomare Teilchen wussten, war ihnen doch bekannt, dass Atome verschiedener Elemente verschiedene Massen haben. Sie haben z. B. festgestellt, dass 100,0 g Wasser 11,1 g Wasserstoff und 88,9 g Sauerstoff enthalten. Das bedeutet, dass Wasser auf die Masse bezogen 88,9/11,1 = 8-mal mehr Sauerstoff als Wasserstoff enthält. Als Wissenschaftler herausfanden, dass Wasser pro Sauerstoffatom zwei Wasserstoffatome enthält, konnten sie daraus ableiten, dass ein Sauerstoffatom eine $2 \times 8 = 16$-mal größere Masse haben musste als ein Wasserstoffatom. Wasserstoff, dem leichtesten Atom, wurde willkürlich eine relative Masse von 1 (ohne Einheit) zugeordnet und die Atommassen der anderen Elemente wurden relativ zu dieser Masse bestimmt. Sauerstoff wurde also eine Atommasse von 16 zugeordnet.

Heute sind wir in der Lage, die Massen einzelner Atome mit hoher Genauigkeit zu bestimmen. Wir wissen z. B., dass das ^{1}H Atom eine Masse von $1,6735 \times 10^{-24}$ g und das ^{16}O-Atom eine Masse von $2,6560 \times 10^{-23}$ g hat. Wie wir in Abschnitt 2.3 festgestellt haben, ist es praktisch, bei der Angabe solch kleiner Massen die Atommasseneinheit *ame* zu verwenden:

$$1 \text{ ame} = 1,66054 \times 10^{-24} \text{ g und } 1 \text{ g} = 6,02214 \times 10^{23} \text{ ame}$$

Die Atommasseneinheit wird heute dadurch definiert, dass man dem Kohlenstoffisotop ^{12}C eine Masse von exakt 12 ame zuordnet. In dieser Einheit hat das ^{1}H Atom eine Masse von 1,0078 ame und das ^{16}O Atom eine Masse von 15,9994 ame.

Durchschnittliche Atommassen

Die meisten Elemente kommen in der Natur als Gemische verschiedener Isotope vor. Wir können mit Hilfe der Massen der verschiedenen Isotope und ihrer relativen Häufigkeiten die *durchschnittliche Atommasse* eines Elements bestimmen. Natürlich vorkommender Kohlenstoff besteht z. B. aus 98,93 % ^{12}C und 1,07 % ^{13}C. Die Massen

---

Näher hingeschaut ■ Das Massenspektrometer

Massenspektrometer (▶ Abbildung 2.13) bieten die direkteste und genaueste Möglichkeit, Atom- und Molekulargewichte zu bestimmen. Am Punkt A wird eine gasförmige Probe in die Apparatur eingeleitet und am Punkt B mit einem Strahl hochenergetischer Elektronen beschossen. Durch Kollisionen zwischen den Elektronen und den Atomen oder Molekülen des Gases entstehen positiv geladene Teilchen, von denen die meisten eine Ladung von 1+ haben. Diese Teilchen werden in Richtung eines negativ geladenen Netzgitters beschleunigt (C). Nachdem sie das Gitter passiert haben, treffen die Teilchen auf zwei Spalten, die nur einen schmalen Strahl aus Teilchen passieren lassen. Dieser Strahl wird anschließend durch ein Magnetfeld geleitet, in dem die Teilchen abgelenkt werden, so wie bewegte Elektronen von einem magnetischen Feld abgelenkt werden (Abbildung 2.4). Bei Teilchen mit derselben Ladung hängt das Ausmaß der Ablenkung von der Masse ab – je massereicher das Teilchen ist, desto weniger wird es abgelenkt. Die Teilchen werden nach ihrer Masse getrennt. Das magnetische Feld und die Beschleunigungsspannung am negativ geladenen Gitter können so verändert werden, dass jeweils Teilchen unterschiedlicher Masse auf den Empfänger des Instruments treffen.

Die gegen die Atommasse der Teilchen aufgetragene Intensität des Empfängersignals wird *Massenspektrum* genannt. Das in ▶ Abbildung 2.14 dargestellte Massenspektrum von Chloratomen offenbart die Präsenz zweier Isotope. Aus dem Massenspektrum lassen sich sowohl die Massen der am Empfänger auftreffenden geladenen Teilchen als auch ihre relativen Häufigkeiten bestimmen. Die Häufigkeiten ergeben sich dabei aus den Signalintensitäten. Mit Hilfe der Atommassen und der Häufigkeiten der Isotope können wir, wie in Übungsbeispiel 2.4 gezeigt, das Atomgewicht eines Elements berechnen.

Massenspektrometer werden heute umfangreich eingesetzt, um die Zusammensetzungen chemischer Verbindungen aufzuklären und Stoffgemische zu analysieren. Jedes Molekül, das Elektronen verliert, zerfällt und bildet eine Reihe positiv geladener Fragmente. Im Massenspektrometer werden die Massen dieser Fragmente bestimmt. Anhand des so entstehenden chemischen „Fingerabdrucks" des Moleküls lassen sich Rückschlüsse darüber ziehen, wie die Atome im Ursprungsmolekül verbunden waren. Chemikern ist es also mit Hilfe dieser Technik möglich, die Molekülstruktur einer neu synthetisierten Verbindung zu bestimmen oder z. B. einen Umweltschadstoff zu identifizieren.

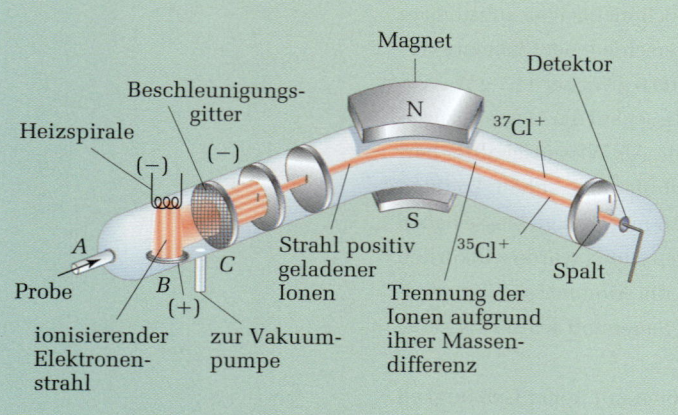

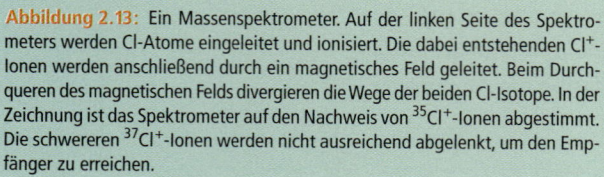

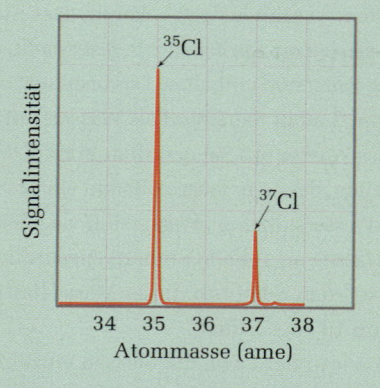

Abbildung 2.13: Ein Massenspektrometer. Auf der linken Seite des Spektrometers werden Cl-Atome eingeleitet und ionisiert. Die dabei entstehenden Cl$^+$-Ionen werden anschließend durch ein magnetisches Feld geleitet. Beim Durchqueren des magnetischen Felds divergieren die Wege der beiden Cl-Isotope. In der Zeichnung ist das Spektrometer auf den Nachweis von ^{35}Cl$^+$-Ionen abgestimmt. Die schwereren ^{37}Cl$^+$-Ionen werden nicht ausreichend abgelenkt, um den Empfänger zu erreichen.

Abbildung 2.14: Massenspektrum von atomarem Chlor. Die prozentualen Häufigkeiten der ^{35}Cl und ^{37}Cl-Isotope von Chlor lassen sich in den relativen Signalintensitäten der Strahlen ablesen, die den Empfänger des Massenspektrometers erreichen.

dieser Isotope sind 12 ame (exakt) und 13,00335 ame. Wir berechnen die mittlere Atommasse von Kohlenstoff aus den Anteilen und Massen der beiden Isotope:

$$(0{,}9893)(12\ \text{ame}) + (0{,}0107)(13{,}00335\ \text{ame}) = 12{,}01\ \text{ame}$$

Die mittlere Atommasse eines Elements (ausgedrückt in Atommasseneinheiten) wird auch als **Atomgewicht** bezeichnet. Obwohl der Ausdruck *durchschnittliche Atommasse* genauer ist, wird der Begriff *Atomgewicht* häufiger verwendet. Die Atomgewichte der Elemente sind sowohl im Periodensystem als auch in der Liste der Elemente im Inneneinband des Buches angegeben.

> **? DENKEN SIE EINMAL NACH**
>
> Ein bestimmtes Chromatom hat eine Masse von 52,94 ame, während das Atomgewicht von Chrom 51,99 ame ist. Erklären Sie den Unterschied zwischen diesen beiden Massen.

ÜBUNGSBEISPIEL 2.4   Berechnen Sie das Atomgewicht des Elements aus der Häufigkeit der Isotope

Natürlich vorkommendes Chlor besteht aus 75,78 % ^{35}Cl mit einer Atommasse von 34,969 ame und aus 24,22 % ^{37}Cl mit einer Atommasse von 36,966 ame. Berechnen Sie die durchschnittliche Masse (d. h. das Atomgewicht) von Chlor.

Lösung

Die durchschnittliche Atommasse erhält man, indem man die Häufigkeit jedes Isotops mit seiner Atommasse multipliziert und die erhaltenen Produkte summiert. Wegen 75,78 % = 0,7578 und 24,22 % = 0,2422 erhalten wir

$$\text{Mittlere Atommasse} = (0{,}7578)(34{,}969\ \text{ame}) + (0{,}2422)(36{,}966\ \text{ame})$$
$$= 26{,}50\ \text{ame} + 8{,}953\ \text{ame} = 35{,}45\ \text{ame}$$

Diese Antwort ist sinnvoll: Die mittlere Atommasse von Cl liegt zwischen den Massen der beiden Isotope und näher am Wert des häufiger vorkommenden Isotops ^{35}Cl.

ÜBUNGSAUFGABE

In der Natur kommen drei verschiedene Siliziumisotope vor: ^{28}Si (92,23 %) mit einer Atommasse von 27,97693 ame; ^{29}Si (4,68 %) mit einer Atommasse von 28,97649 ame und ^{30}Si (3,09 %) mit einer Atommasse von 29,97377 ame. Berechnen Sie das Atomgewicht von Silizium.

Antwort: 28,09 ame.

Das Periodensystem der Elemente   2.5

Daltons Atomtheorie leitete während des frühen 19. Jahrhunderts eine Phase zunehmend experimentell orientierter chemischer Forschung ein. Mit der Zunahme chemischer Experimente und der Erweiterung der Liste bekannter Elemente wurde versucht, regelmäßige Muster chemischen Verhaltens zu erkennen. Diese Bemühungen mündeten 1869 in die Entwicklung des Periodensystems der Elemente. Wir werden uns in späteren Kapiteln noch sehr intensiv mit dem Periodensystem auseinander setzen. Das Periodensystem ist jedoch so wichtig und nützlich, dass sie sich schon jetzt damit vertraut machen sollten. Sie werden schnell feststellen, dass das *Periodensystem das bedeutendste Hilfsmittel für Chemiker ist, um chemische Sachverhalte einzuordnen und zu systematisieren.*

Einige Elemente weisen untereinander sehr starke Ähnlichkeiten auf. Die Elemente Lithium (Li), Natrium (Na) und Kalium (K) sind z. B. weiche, sehr reaktive Metalle und die Elemente Helium (He), Neon (Ne) und Argon (Ar) äußerst reaktionsträge Gase. Wenn die Elemente in der Reihenfolge ihrer Ordnungszahlen angeordnet werden,

2 Atome, Moleküle und Ionen

zeigen ihre chemischen und physikalischen Eigenschaften ein sich wiederholendes bzw. periodisches Muster. Die weichen, reaktiven Metalle Lithium, Natrium und Kalium folgen jeweils, wie in ▶ Abbildung 2.15 zu sehen ist, unmittelbar einem der reaktionsträgen Gase Helium, Neon und Argon.

Die Anordnung der Elemente in der Reihenfolge ihrer Ordnungszahlen und mit untereinander stehenden Elementen ähnlicher Eigenschaften ist als **Periodensystem** der Elemente bekannt. Das Periodensystem der Elemente ist in ▶ Abbildung 2.16 sowie im vorderen Einband des Buches abgebildet. Für jedes Element im Periodensystem sind die Ordnungszahl und das chemische Symbol angegeben. Häufig wird wie im folgenden Eintrag für Kalium auch das Atomgewicht angegeben:

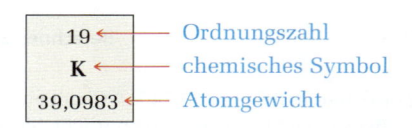

```
19        ← Ordnungszahl
K         ← chemisches Symbol
39,0983   ← Atomgewicht
```

Vielleicht werden Sie leichte Abweichungen der Periodensysteme aus verschiedenen Quellen oder zwischen dem hier dargestellten Periodensystem und dem in ihrem Vorlesungssaal feststellen. Diese Abweichungen betreffen immer nur die Einbeziehung bestimmter weiterer Informationen zu den Elementen, es gibt jedoch keine grundlegenden Unterschiede im Aufbau des Systems.

Die waagerechten Zeilen des Periodensystems werden **Perioden** genannt. Die erste Periode besteht aus nur zwei Elementen, Wasserstoff (H) und Helium (He). Die zweite und dritte Periode, die jeweils mit Lithium (Li) und Natrium (Na) beginnen, bestehen aus je 8 Elementen. Die vierte und fünfte Periode enthalten 18 Elemente. Die sechste Periode hat 32 Elemente. Aus Platzgründen werden 14 dieser Elemente (mit den Ordnungszahlen 57–70) jedoch unterhalb des eigentlichen Periodensystems dargestellt. Die siebte und letzte Periode ist unvollständig, hat jedoch auch 14 Elemente, die in einer Zeile unterhalb des Periodensystems dargestellt sind.

Die senkrechten Spalten des Periodensystems werden **Gruppen** genannt. Die Art und Weise, wie diese Gruppen bezeichnet werden, ist etwas willkürlich. Es gibt drei verschiedene häufig verwendete Bezeichnungssysteme. Zwei dieser Systeme sind in der ▶ Abbildung 2.16 aufgeführt. Die oberen Bezeichnungen, die die Buchstaben A und B enthalten, werden häufig in Nordamerika verwendet. Diese Bezeichnungen enthalten öfter römische als arabische Ziffern. Die Gruppe 7A wird z. B. oft mit VIIA bezeichnet. In Europa werden ähnliche Bezeichnungen verwendet. Die Spalten werden von 1A bis 8A und im Folgenden von 1B bis 8B nummeriert. In diesem System hat die Gruppe mit Fluor (F) also die Bezeichnung 7B (VIIB) anstelle von 7A. In einem Versuch, diese Verwechslungen zu vermeiden, hat die IUPAC (*International Union of Pure and Applied Chemistry*) eine Vereinbarung vorgeschlagen, in der die Gruppen von 1 bis 18 ohne die Bezeichnungen A und B nummeriert werden. Die-

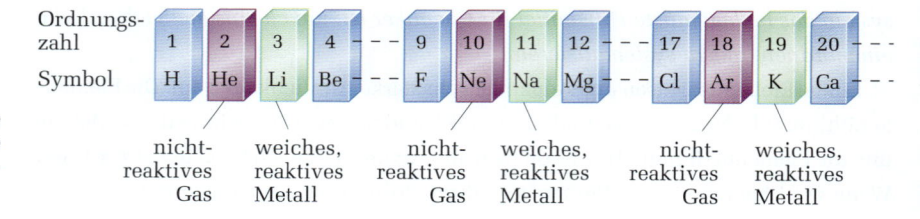

Ordnungszahl	1	2	3	4	—	9	10	11	12	—	17	18	19	20	—
Symbol	H	He	Li	Be	—	F	Ne	Na	Mg	—	Cl	Ar	K	Ca	—

nicht-reaktives Gas — weiches, reaktives Metall — nicht-reaktives Gas — weiches, reaktives Metall — nicht-reaktives Gas — weiches, reaktives Metall

Abbildung 2.15: Die Anordnung der Elemente nach ihrer Ordnungszahl enthüllt eine periodische Abfolge ihrer Eigenschaften. Diese periodische Abfolge bildet die Grundlage des Periodensystems.

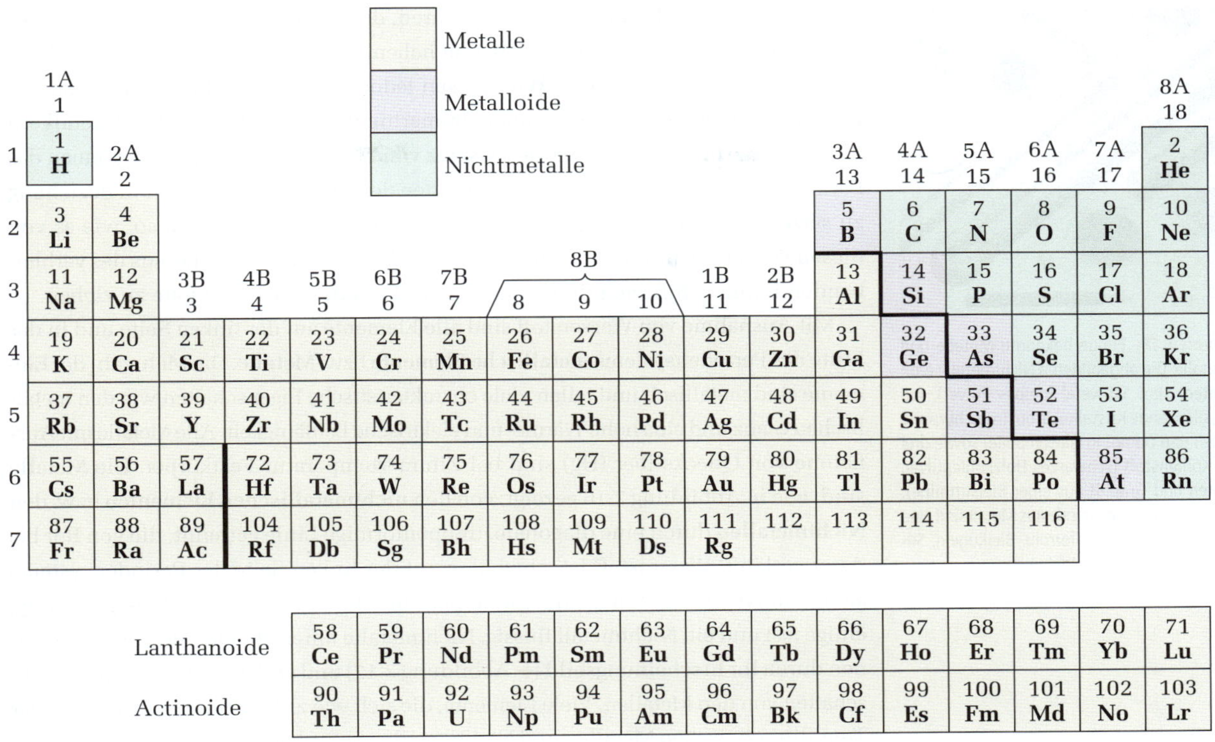

2.5 Das Periodensystem der Elemente

Abbildung 2.16: Periodensystem der Elemente. Es werden verschiedene Farben verwendet, um die Einteilung der Elemente in Metalle, Metalloide und Nichtmetalle zu verdeutlichen.

ses System entspricht dem unteren Bezeichnungssystem in der Abbildung 2.16. Wir werden in diesem Buch jedoch die traditionellen nordamerikanischen Bezeichnungen mit arabischen Ziffern verwenden.

Elemente, die zur selben Gruppe gehören, zeigen oft Ähnlichkeiten bezüglich ihrer physikalischen und chemischen Eigenschaften. Die „Münzmetalle" Kupfer (Cu), Silber (Ag) und Gold (Au) gehören z. B. alle zur Gruppe 1B. Wie ihr Name schon sagt, werden diese Münzmetalle in der ganzen Welt zur Herstellung von Münzen verwendet. Auch viele andere Gruppen des Periodensystems haben Namen. Einige dieser Namen sind in Tabelle 2.3 aufgeführt.

Tabelle 2.3

Namen einiger Gruppen des Periodensystems der Elemente

Gruppe	Name	Elemente
1A	Alkalimetalle	Li, Na, K, Rb, Cs, Fr
2A	Erdalkalimetalle	Be, Mg, Ca, Sr, Ba, Ra
6A	Chalkogene	O, S, Se, Te, Po
7A	Halogene	F, Cl, Br, I, At
8A	Edelgase	He, Ne, Ar, Kr, Xe, Rn

2 Atome, Moleküle und Ionen

Abbildung 2.17: Einige bekannte Metalle und Nichtmetalle. Die abgebildeten Nichtmetalle (von links unten) sind Schwefel (gelbes Pulver), Iod (dunkle, glänzende Kristalle), Brom (rötlichbraune Flüssigkeit und Dampf in Glasampulle) sowie drei Proben Kohlenstoff (schwarzes Holzkohlepulver, Diamanten und Graphit aus einer Bleistiftmine). Die abgebildeten Gegenstände aus Metall sind eine Aluminiumzange, ein Kupferrohr, Bleikugeln, Silbermünzen und einige Goldklumpen.

Wir werden in den Kapiteln 6 und 7 erfahren, dass Elemente derselben Gruppe des Periodensystems ähnliche Eigenschaften haben, weil in ihnen die äußeren Elektronen ähnlich angeordnet sind. Wir müssen jedoch nicht bis dahin warten, um das Periodensystem einsetzen zu können. Immerhin wurde das System von Chemikern erfunden, die noch nichts über die Existenz von Elektronen wussten! Wir können das Periodensystem verwenden, um das Verhalten der Elemente zueinander in Beziehung zu setzen und chemische Sachverhalte besser behalten zu können, so, wie es von diesen Wissenschaftlern gedacht war. Sie werden es während des Lesens des verbleibenden Kapitels hilfreich finden, häufig das Periodensystem zu Rate zu ziehen.

Mit Ausnahme von Wasserstoff sind alle Elemente auf der linken Seite und in der Mitte des Periodensystems **metallische Elemente** bzw. **Metalle**. Die Mehrzahl der Elemente sind metallisch und teilen viele charakteristische Eigenschaften wie den metallischen Glanz und eine hohe Wärme- und elektrische Leitfähigkeit. Alle Metalle mit Ausnahme von Quecksilber (Hg) sind bei Zimmertemperatur Festkörper. Die Metalle sind, wie in Abbildung 2.16 gezeigt, von den **nichtmetallischen Elementen** bzw. den **Nichtmetallen** durch eine diagonale, treppenförmige Linie getrennt, die von Bor bis Astat verläuft. Wasserstoff ist, obwohl er auf der linken Seite des Periodensystems steht, ein Nichtmetall. Bei Zimmertemperatur sind einige Nichtmetalle gasförmig, einige fest und ein Nichtmetall flüssig. Nichtmetalle unterscheiden sich im Allgemeinen durch ihr Erscheinungsbild (▶Abbildung 2.17) und andere physikalische Eigenschaften von den Metallen. Viele Elemente, die sich wie z. B. Antimon (Sb) entlang der Trennlinie zwischen Metallen und Nichtmetallen befinden, haben Eigenschaften, die nicht eindeutig den von Metallen oder Nichtmetallen zugeordnet werden können. Diese Elemente werden häufig als **Metalloide** bezeichnet.

Näher hingeschaut ■ Glenn Seaborg und Seaborgium

Bis 1940 endete das Periodensystem mit Uran, dem Element Nummer 92. Seit dieser Zeit hat kein Wissenschaftler einen größeren Beitrag zur Erweiterung des Periodensystems geleistet als Glenn Seaborg. Seaborg (▶Abbildung 2.18) wurde 1937 Mitglied der chemischen Fakultät der University of California in Berkeley. 1940 gelang es ihm und seinen Kollegen Edwin McMillan, Arthur Wahl und Joseph Kennedy, Plutonium (Pu) als Produkt einer Reaktion von Uran mit Neutronen zu isolieren. Wir werden außerdem erfahren, welche Schlüsselrolle Plutonium in nuklearen Spaltreaktionen hat, der Art von Reaktionen, die in Kernkraftwerken und Atombomben ablaufen.

Während der Zeit von 1944 bis 1958 haben Seaborg und seine Mitarbeiter zudem verschiedene Produkte nuklearer Reaktionen als die Elemente 95 bis 102 identifiziert. Diese Elemente sind radioaktiv, kommen nicht natürlich vor und können nur in nuklearen Reaktionen synthetisiert werden. Für ihre Arbeiten, die zur Entdeckung der Elemente hinter Uran (der Transuranelemente) führten, wurde McMillan und Seaborg 1951 ein gemeinsamer Nobelpreis für Chemie verliehen.

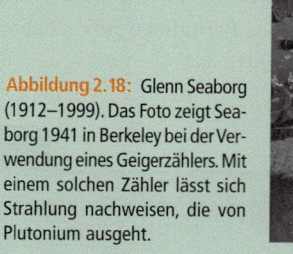

Seaborg war 1961 bis 1971 Vorsitzender der US-Atomenergiekommission (heute: *Department of Energy*). In dieser Position spielte er eine wichtige Rolle bei der Vereinbarung von internationalen Abkommen zur Begrenzung von Atomwaffentests. Nach seiner Rückkehr nach Berkeley war er Mitglied der Arbeitsgruppe, die 1974 das Element 106 entdeckte. Diese Entdeckung wurde 1993 von einer anderen Arbeitsgruppe in Berkeley bestätigt. Die *American Chemical Society* schlug daraufhin 1994 vor, das Element 106 zu Ehren des großen Beitrags Seaborgs zur Entdeckung neuer Elemente „Seaborgium" (mit dem Symbol Sg) zu benennen. Nach einigen Jahren, in denen darüber diskutiert wurde, ob ein Element nach einer lebenden Person benannt werden sollte, wurde der Name Seaborgium 1997 offiziell von der IUPAC übernommen. Damit wurde Seaborg der erste Mensch, nach dem zu Lebzeiten ein Element benannt wurde.

Abbildung 2.18: Glenn Seaborg (1912–1999). Das Foto zeigt Seaborg 1941 in Berkeley bei der Verwendung eines Geigerzählers. Mit einem solchen Zähler lässt sich Strahlung nachweisen, die von Plutonium ausgeht.

ÜBUNGSBEISPIEL 2.5 — Die Verwendung des Periodensystems

Welche beiden der folgenden Elemente sollten bezüglich ihrer chemischen und physikalischen Eigenschaften die größten Ähnlichkeiten zueinander haben: B, Ca, F, He, Mg, P?

Lösung

Elemente derselben Gruppe des Periodensystems weisen wahrscheinlich bezüglich ihrer chemischen und physikalischen Eigenschaften die größten Ähnlichkeiten zueinander auf. Wir erwarten deshalb, dass Ca und Mg sich am ähnlichsten sind, weil sie zur gleichen Gruppe des Periodensystems gehören (2A, Erdalkalimetalle).

ÜBUNGSAUFGABE

Suchen Sie Na (Natrium) und Br (Brom) im Periodensystem. Geben Sie die Ordnungszahlen der beiden Elemente an. Handelt es sich bei den Elementen um Metalle, Metalloide oder Nichtmetalle?

Antwort: Na, Ordnungszahl 11, ist ein Metall; Br, Ordnungszahl 35, ist ein Nichtmetall.

> **? DENKEN SIE EINMAL NACH**
>
> Chlor ist ein Halogen. Suchen Sie dieses Element im Periodensystem. (a) Welches Symbol hat das Element? (b) In welcher Periode und in welcher Gruppe befindet sich das Element? (c) Welche Ordnungszahl hat es? (d) Ist Chlor ein Metall oder ein Nichtmetall?

2.6 Moleküle und molekulare Verbindungen

Das Atom ist die kleinste mögliche Einheit eines Elements. In der Natur kommen jedoch normalerweise nur die Edelgase als einzelne Atome vor. Materie besteht überwiegend aus Molekülen oder Ionen, die aus Atomen aufgebaut sind. Wir werden uns im folgenden Abschnitt mit Molekülen und in Abschnitt 2.7 mit Ionen befassen.

Ein **Molekül** ist ein Verbund aus mindestens zwei Atomen, die eng aneinander gebunden sind. Das sich daraus ergebene „Paket" aus Atomen verhält sich in vielerlei Hinsicht als eigene, isolierte Einheit, so wie ein aus mehreren Teilen bestehendes Fernsehgerät als eigenständige Einheit betrachtet werden kann. Wir werden uns mit den Kräften, die die Atome zusammenhalten (den chemischen Bindungen), in den Kapiteln 8 und 9 noch näher beschäftigen.

Moleküle und chemische Formeln

Viele Elemente kommen in der Natur in molekularer Form vor, d. h. dass zwei oder mehr Atome des gleichen Typs aneinander gebunden sind. Der in der Luft vorhandene Sauerstoff besteht z. B. aus Molekülen, die zwei Sauerstoffatome enthalten. Wir drücken diese molekulare Form von Sauerstoff durch die **chemische Formel** O_2 aus (sprich „O zwei"). Der tiefgestellte Index der Formel verrät uns, dass in jedem Molekül zwei Sauerstoffatome vorhanden sind. Ein Molekül, das aus zwei Atomen besteht, wird **diatomares Molekül** genannt. Sauerstoff existiert noch in einer weiteren Molekülform, die als *Ozon* bekannt ist. Ozonmoleküle bestehen aus drei Sauerstoffatomen und haben die chemische Formel O_3. Obwohl sowohl „normaler" Sauerstoff (O_2) als auch Ozon nur aus Sauerstoffatomen bestehen, haben sie doch sehr unterschiedliche chemische und physikalische Eigenschaften. So ist z. B. O_2 überlebenswichtig, O_3 dagegen giftig. O_2 ist geruchlos, während O_3 einen scharfen, stechenden Geruch hat.

Die Elemente Wasserstoff, Sauerstoff, Stickstoff und die Halogene kommen normalerweise als zweiatomige Moleküle vor. Ihre Positionen im Periodensystem sind in ▶ Abbildung 2.19 dargestellt. Wenn wir über die Substanz Wasserstoff sprechen,

Abbildung 2.19: Zweiatomige Moleküle. Sieben Elemente liegen bei Zimmertemperatur als zweiatomige Moleküle vor.

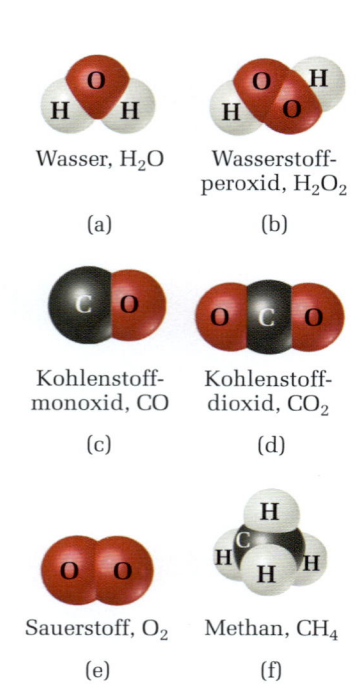

Abbildung 2.20: Molekülmodelle einiger einfacher Moleküle. Beachten Sie, wie die chemischen Formeln dieser Substanzen ihren Zusammensetzungen entsprechen.

(a) Wasser, H_2O
(b) Wasserstoffperoxid, H_2O_2
(c) Kohlenstoffmonoxid, CO
(d) Kohlenstoffdioxid, CO_2
(e) Sauerstoff, O_2
(f) Methan, CH_4

ist damit H_2 gemeint, außer wenn explizit etwas anderes angegeben ist. Genauso meinen wir, wenn wir von Sauerstoff, Stickstoff oder einem der Halogene sprechen, die Moleküle O_2, N_2, F_2, Cl_2, Br_2 oder I_2. Die Eigenschaften von Sauerstoff und Wasserstoff, die in Tabelle 1.3 aufgeführt sind, sind also die von O_2 und H_2. Andere, weniger häufige Formen dieser Elemente haben völlig andere Eigenschaften.

Verbindungen, die aus Molekülen bestehen, werden **molekulare Verbindungen** genannt und enthalten mehr als eine Atomsorte. Ein Molekül Wasser besteht z. B. aus zwei Wasserstoffatomen und einem Sauerstoffatom. Es wird daher durch die chemische Formel H_2O repräsentiert. Das Fehlen eines Indexes am O bedeutet, dass das Wassermolekül nur ein O enthält. Eine weitere Verbindung, die aus denselben Elementen (mit unterschiedlichen Anteilen) besteht, ist Wasserstoffperoxid H_2O_2. Die Eigenschaften von Wasserstoffperoxid unterscheiden sich wesentlich von denen des Wassers.

In ▶ Abbildung 2.20 sind verschiedene häufig vorkommende Moleküle aufgelistet. Beachten Sie, dass die Zusammensetzung einer Verbindung durch ihre chemische Formel definiert wird. Achten Sie ebenfalls darauf, dass die hier aufgeführten Substanzen nur aus nichtmetallischen Elementen bestehen. *Die meisten molekularen Substanzen, denen wir begegnen werden, bestehen nur aus Nichtmetallen.*

Molekülformeln und empirische Formeln

Chemische Formeln, aus denen die Anzahl und die Art der Atome in einem Molekül ersichtlich sind, werden **Molekülformeln** genannt. (Die in der Abbildung 2.20 dargestellten Formeln sind Molekülformeln.) Chemische Formeln, aus denen lediglich die relative Anzahl der verschiedenen Atome zueinander ersichtlich ist, werden **empirische Formeln** genannt. Die Indizes in einer empirischen Formel stellen immer die kleinsten ganzzahligen Werte dar, mit denen die Verhältnisse der einzelnen Atome zueinander ausgedrückt werden können. Die Molekülformel von Wasserstoffperoxid ist z. B. H_2O_2, während die empirische Formel der Verbindung HO lautet. Die Molekülformel von Ethylen lautet C_2H_4 und die empirische Formel CH_2. Bei vielen Substanzen stimmen Molekülformel und empirische Formel überein, so wie es z. B. bei Wasser, H_2O, der Fall ist.

Molekülformeln enthalten mehr Informationen über ein Molekül als empirische Formeln. Wenn uns die Molekülformel einer Verbindung bekannt ist, können wir daraus die empirische Formel ableiten. Umgekehrt ist dies nicht möglich. Wenn wir die empirische Formel einer Substanz kennen, können wir daraus ohne weitere Informationen nicht die Molekülformel ableiten. Warum beschäftigen sich Chemiker also überhaupt mit empirischen Formeln? Wie wir in Kapitel 3 erfahren werden, erhalten wir durch bestimmte, häufig eingesetzte Analysemethoden von Substanzen

2.6 Moleküle und molekulare Verbindungen

> **ÜBUNGSBEISPIEL 2.6** **Empirische Formeln und Molekülformeln**
>
> Bestimmen Sie die empirischen Formeln der folgenden Moleküle:
>
> (a) Glukose, eine Substanz, die auch als Blutzucker oder Dextrose bekannt ist und die Molekülformel $C_6H_{12}O_6$ hat.
> (b) Distickstoffmonoxid, eine Substanz, die als Anästhetikum dient, häufig Lachgas genannt wird und die Molekülformel N_2O hat.
>
> **Lösung**
>
> (a) Die Indizes einer empirischen Formel sind die kleinsten ganzzahligen Zahlen, mit denen sich das Verhältnis der Atome zueinander ausdrücken lässt. Man erhält die kleinsten Zahlen, indem man die Indizes durch den größten gemeinsamen Teiler teilt, in diesem Fall also durch 6. Die sich ergebende empirische Formel für Glukose ist also CH_2O.
> (b) Weil die Indizes bereits die kleinsten ganzzahligen Zahlen sind, mit denen das Verhältnis ausgedrückt werden kann, entspricht die empirische Formel für Distickstoffmonoxid der Molekülformel N_2O.
>
> **ÜBUNGSAUFGABE**
>
> Geben Sie die empirische Formel der Substanz Diboran an, deren Molekülformel B_2H_6 ist.
>
> **Antwort:** BH_3.

nur die empirische Formel. Sobald wir jedoch die empirische Formel kennen, können wir mit Hilfe weiterer Experimente zusätzliche Informationen gewinnen, mit Hilfe derer wir die Molekülformel aus der empirischen Formel ableiten können. Außerdem gibt es Substanzen, die wie die häufigsten Formen elementaren Kohlenstoffs nicht als isolierte Moleküle auftreten. Für diese Substanzen müssen uns empirische Formeln genügen. Daher werden alle gängigen Formen elementaren Kohlenstoffs durch das chemische Symbol des Elements C dargestellt.

Die graphische Darstellung von Molekülen

Die Molekülformel einer Substanz gibt die Zusammensetzung der Substanz an. Sie zeigt jedoch nicht, wie die Atome im Molekül angeordnet sind. Anhand der **Strukturformel** einer Substanz lässt sich erkennen, wie die Atome innerhalb des Moleküls verbunden sind. Die Strukturformeln für Wasser, Wasserstoffperoxid und Methan (CH_4) sehen z. B. folgendermaßen aus:

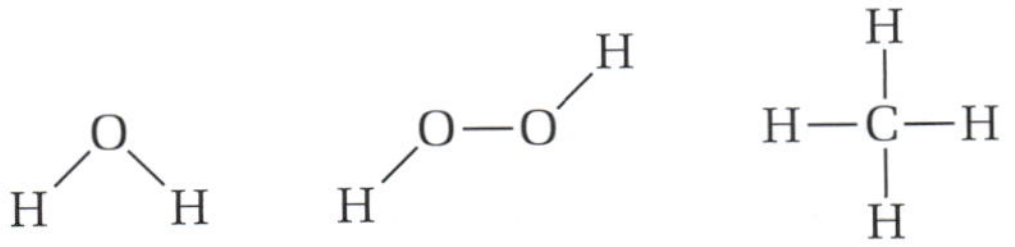

Wasser Wasserstoffperoxid Methan

Atome werden durch ihre chemischen Symbole repräsentiert, während Bindungen, die die Atome zusammenhalten, durch Linien dargestellt werden.

Eine Strukturformel gibt normalerweise nicht die wirkliche Gestalt des Moleküls, also die Winkel, unter denen die Atome verbunden sind, wieder. Eine Strukturformel kann jedoch als perspektivische Zeichnung dargestellt werden und so einen Eindruck der dreidimensionalen Form des Moleküls vermitteln (wie z. B. in ▶ Abbildung 2.21).

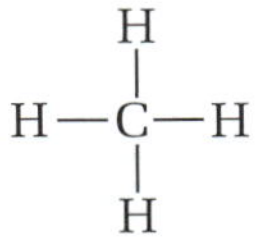

Strukturformel

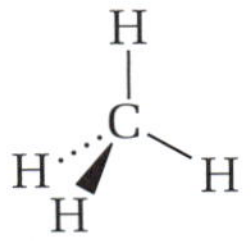

perspektivische Zeichnung

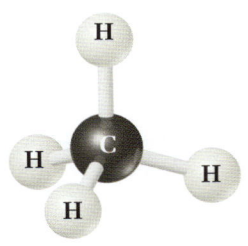

Kugel-Stab-Modell

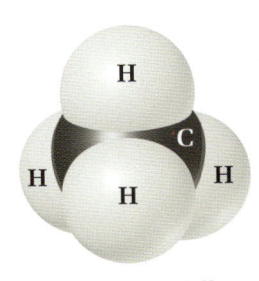

Kalottenmodell

Abbildung 2.21: Verschiedene Darstellungen des Moleküls Methan. Mit Hilfe von Strukturformeln, perspektivischen Zeichnungen, Kugel-Stab-Modellen und Kalottenmodellen können wir uns eine Vorstellung davon machen, wie Atome in Molekülen miteinander verbunden sind. In perspektivischen Zeichnungen stehen einfache Linien für Bindungen in der Papierebene, fettgedruckte Keile für Bindungen, die aus der Papierebene herausragen, und gestrichelte Linien für Bindungen hinter der Papierebene.

2 Atome, Moleküle und Ionen

> **? DENKEN SIE EINMAL NACH**
>
> Die Strukturformel der Substanz Ethan sieht folgendermaßen aus:
>
> ```
>       H   H
>       |   |
>   H — C — C — H
>       |   |
>       H   H
> ```
>
> (a) Welche Molekülformel hat Ethan?
> (b) Welche empirische Formel hat Ethan?
> (c) In welchem Molekülmodell wären die Winkel zwischen den Atomen am deutlichsten zu erkennen?

Wissenschaftler nutzen zudem verschiedene Modelle, um Moleküle bildhaft darzustellen. In *Kugel-Stab-Modellen* werden Atome als Kugeln und Bindungen als Stäbe dargestellt. Dieses Modell hat den Vorteil, dass die Winkel zwischen den Atomen im Molekül korrekt dargestellt werden (Abbildung 2.21). Atome können dabei durch Kugeln repräsentiert werden, die entweder alle gleich groß sind oder den relativen Größen der Atome entsprechen. Manchmal werden die chemischen Symbole der Elemente über die Kugeln geschrieben, oft werden die Atome jedoch einfach durch die Farbe der Kugeln voneinander unterschieden.

In einem *Kalottenmodell* wird dargestellt, wie das Molekül aussehen würde, wenn man die Atome maßstabsgetreu vergrößern würde. Diese Modelle zeigen die relative Größe der Atome zueinander an. Die Winkel zwischen Atomen sind jedoch oft schwieriger zu erkennen als in Kugel-Stab-Modellen. Wie in Kugel-Stab-Modellen werden die Atome durch ihre Farbe unterschieden, können jedoch auch mit den Symbolen der Elemente bezeichnet sein.

2.7 Ionen und ionische Verbindungen

Der Kern eines Atoms wird von chemischen Reaktionen nicht beeinflusst, Atome können jedoch relativ einfach Elektronen aufnehmen oder abgeben. Wenn ein neutrales Atom ein Elektron aufnimmt oder abgibt, entsteht ein geladenes Teilchen, das **Ion** genannt wird. Ein Ion mit positiver Ladung wird **Kation** und ein negatives Ion **Anion** genannt.

Um zu verstehen, wie Ionen gebildet werden, betrachten Sie das Natriumatom, das 11 Protonen und 11 Elektronen hat. Dieses Atom verliert relativ leicht ein Elektron. Das sich ergebende Kation hat 11 Protonen und 10 Elektronen, also eine Nettoladung von 1+.

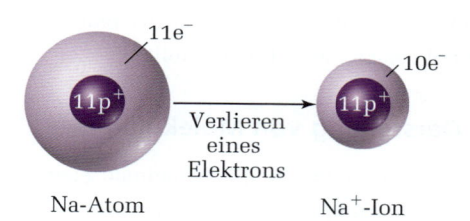

$11e^-$, $11p^+$ Na-Atom → Verlieren eines Elektrons → $10e^-$, $11p^+$ Na^+-Ion

Die Nettoladung eines Ions wird durch einen hochgestellten Index dargestellt. Die Indizes +, 2+ und 3+ stehen z. B. für die Nettoladungen, die durch die Abgabe von einem, zwei oder drei Elektronen entstehen. Die Indizes −, 2− und 3− stehen für Nettoladungen, die durch die Aufnahme von einem, zwei oder drei Elektronen entstehen. Chlor, das 17 Protonen und 17 Elektronen hat, kann z. B. in chemischen Reaktionen ein Elektron aufnehmen und so das folgende Cl^--Ion bilden:

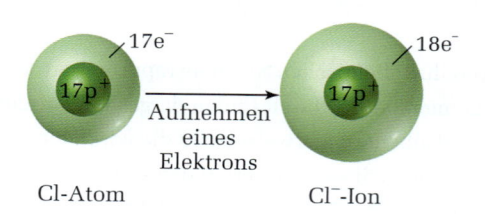

$17e^-$, $17p^+$ Cl-Atom → Aufnehmen eines Elektrons → $18e^-$, $17p^+$ Cl^--Ion

ÜBUNGSBEISPIEL 2.7 — Chemische Symbole von Ionen

Geben Sie für die folgenden Ionen die chemischen Symbole (einschließlich der Massenzahl) an:

(a) Das Ion mit 22 Protonen, 26 Neutronen und 19 Elektronen.
(b) Das Ion des Elements Schwefel, das 16 Neutronen und 18 Elektronen hat.

Lösung

(a) Die Anzahl der Protonen (22) ist gleich der Ordnungszahl des Elements, d. h. es handelt sich um das Element Titan (Ti). Die Massenzahl dieses Isotops ist 22 + 26 = 48 (die Summe aus Protonen und Neutronen). Weil das Ion drei Protonen mehr besitzt als es Elektronen hat, ergibt sich eine Nettoladung von 3+. Das Symbol des Ions ist also $^{48}\text{Ti}^{3+}$.

(b) Wir entnehmen dem Periodensystem oder einer Liste der Elemente, dass Schwefel (S) die Ordnungszahl 16 hat. Jedes Atom oder Ion Schwefel muss also 16 Protonen haben. In der Aufgabe steht, dass das Ion 16 Neutronen hat, d. h. die Massenzahl des Ions ist 16 + 16 = 32. Weil das Ion 16 Protonen und 18 Elektronen hat, ist seine Nettoladung 2−. Daraus ergibt sich das folgende Symbol für das Ion: $^{32}\text{S}^{2-}$.

Im Allgemeinen legen wir unser Hauptaugenmerk auf die Nettoladungen der Ionen und vernachlässigen ihre Massenzahlen, es sei denn, dass besondere Umstände die Angabe eines bestimmten Isotops erforderlich machen.

ÜBUNGSAUFGABE

Wie viele Protonen und Elektronen hat das Se^{2-}-Ion?

Antwort: 34 Protonen und 36 Elektronen.

Im Allgemeinen neigen Metallatome dazu, durch Abgabe von Elektronen Kationen zu bilden, während Nichtmetallatome dazu neigen, durch Aufnahme von Elektronen Anionen zu bilden.

Neben einfachen Ionen wie z. B. Na^+ und Cl^- gibt es mehratomige Ionen wie NO_3^- (Nitrat) und SO_4^{2-} (Sulfat). Die beiden letztgenannten Ionen bestehen aus Atomen, die in einem Molekül verbunden sind. Das Molekül hat jedoch eine positive oder negative Ladung. Wir werden in Abschnitt 2.8 weitere Beispiele mehratomiger Ionen kennen lernen.

Es ist wichtig, sich zu verdeutlichen, dass die chemischen Eigenschaften von Ionen sich sehr von den chemischen Eigenschaften der Atome, von denen sie abgeleitet werden, unterscheiden. Der Unterschied ist wie der zwischen Dr. Jekyll und Mr. Hyde: Obwohl ein Atom und das aus diesem Atom gebildete Ion fast identisch sind (plus oder minus ein paar Elektronen), unterscheidet sich das Verhalten des Ions grundlegend von dem des Atoms.

Vorhersage von Ionenladungen

Viele Atome nehmen so viele Elektronen auf oder geben so viele Elektronen ab, dass sie als Ion die gleiche Anzahl Elektronen haben wie das Edelgas, das ihnen im Periodensystem am nächsten steht. Die Edelgase sind chemisch sehr reaktionsträge und gehen sehr wenige Verbindungen ein. Wir könnten schlussfolgern, dass sich dieses Verhalten aus einer sehr stabilen Elektronenkonfiguration ergibt. Nahestehende Elemente können diese stabile Konfiguration erreichen, indem sie Elektronen aufnehmen oder abgeben. Wenn ein Atom Natrium z. B. ein Elektron abgibt, hat es dieselbe Anzahl Elektronen wie ein neutrales Atom Neon (Ordnungszahl 10). Auf ähnliche Weise kann Chlor ein Elektron aufnehmen und hat damit 18 Elektronen. Dies entspricht der Anzahl der Elektronen von Argon (Ordnungszahl 18). Wir werden die-

2 Atome, Moleküle und Ionen

ÜBUNGSBEISPIEL 2.8 — Vorhersage von Ionenladungen

Welche Ladungen würden Sie für die stabilsten Ionen von Barium und Sauerstoff erwarten?

Lösung

Wir nehmen an, dass diese Elemente Ionen bilden, die die gleiche Anzahl Elektronen wie die nächststehenden Edelgase haben. Wir entnehmen dem Periodensystem, dass Barium die Ordnungszahl 56 hat. Das nächststehende Edelgas ist Xenon und hat die Ordnungszahl 54. Barium kann eine stabile Elektronenkonfiguration mit 54 Elektronen erreichen, indem es zwei Elektronen abgibt und ein Ba^{2+}-Kation bildet.

Sauerstoff hat die Ordnungszahl 8. Das nächststehende Edelgas ist Neon mit der Ordnungszahl 10. Sauerstoff kann diese stabile Elektronenkonfiguration erreichen, indem es zwei Elektronen aufnimmt und ein O^{2-}-Anion bildet.

ÜBUNGSAUFGABE

Welche Ladungen würden Sie für die stabilsten Ionen von Aluminium und Fluor erwarten?

Antwort: 3+ und 1–.

---

se einfache Beobachtung bis zum Kapitel 8, in dem wir uns mit chemischen Bindungen beschäftigen, zur Erklärung der Entstehung von Ionen heranziehen.

Das Periodensystem ist sehr hilfreich, um sich Ionenladungen zu merken. Dies gilt insbesondere für die Elemente der beiden äußeren Seiten des Periodensystems. Wie in ▶ Abbildung 2.22 zu sehen ist, hängen die Ladungen dieser Ionen auf einfache Weise mit ihren Positionen im Periodensystem zusammen. Auf der linken Seite des Periodensystems bilden die Elemente der Gruppe 1A (die Alkalimetalle) z. B. 1+-Ionen und die Elemente der Gruppe 2A (die Erdalkalimetalle) 2+-Ionen. Auf der anderen Seite des Periodensystems bilden die Elemente der Gruppe 7A (die Halogene) 1–-Ionen und die Elemente der Gruppe 6A 2–-Ionen. Wie wir später feststellen werden, folgen viele der anderen Gruppen nicht solch einfachen Regeln.

Ionische Verbindungen

Ein großer Teil chemischer Umsetzungen schließt den Transfer von Elektronen von einer Substanz auf eine andere ein. Wie wir bereits festgestellt haben, werden beim Transfer von einem oder mehr Elektronen von einem neutralen Atom auf ein ande-

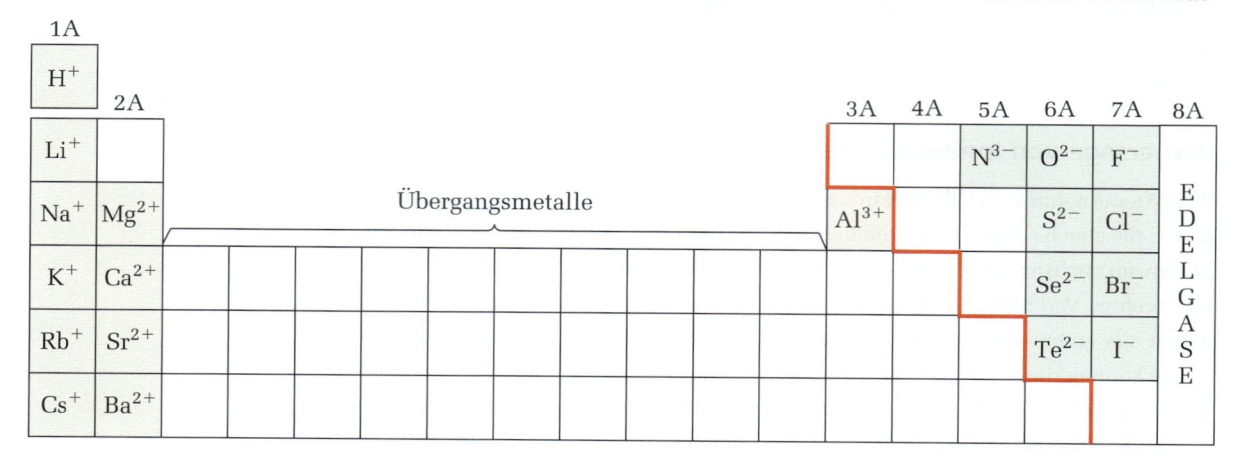

1A	2A	Übergangsmetalle	3A	4A	5A	6A	7A	8A
H^+								E
Li^+						N^{3-}	O^{2-}	F^-
Na^+	Mg^{2+}		Al^{3+}			S^{2-}	Cl^-	D
K^+	Ca^{2+}					Se^{2-}	Br^-	E L G A S E
Rb^+	Sr^{2+}					Te^{2-}	I^-	
Cs^+	Ba^{2+}							

Abbildung 2.22: Ladungen einiger Ionen. Beachten Sie, dass die treppenförmige Linie, die die Metalle von den Nichtmetallen trennt, auch Kationen von Anionen trennt.

Abbildung 2.23: Die Bildung einer ionischen Verbindung. (a) Durch die Übertragung eines Elektrons von einem neutralen Na-Atom auf ein neutrales Cl-Atom werden ein Na$^+$-Ion und ein Cl$^-$-Ion gebildet. (b) Anordnung der Ionen in festem Natriumchlorid (NaCl). (c) Natriumchloridkristalle.

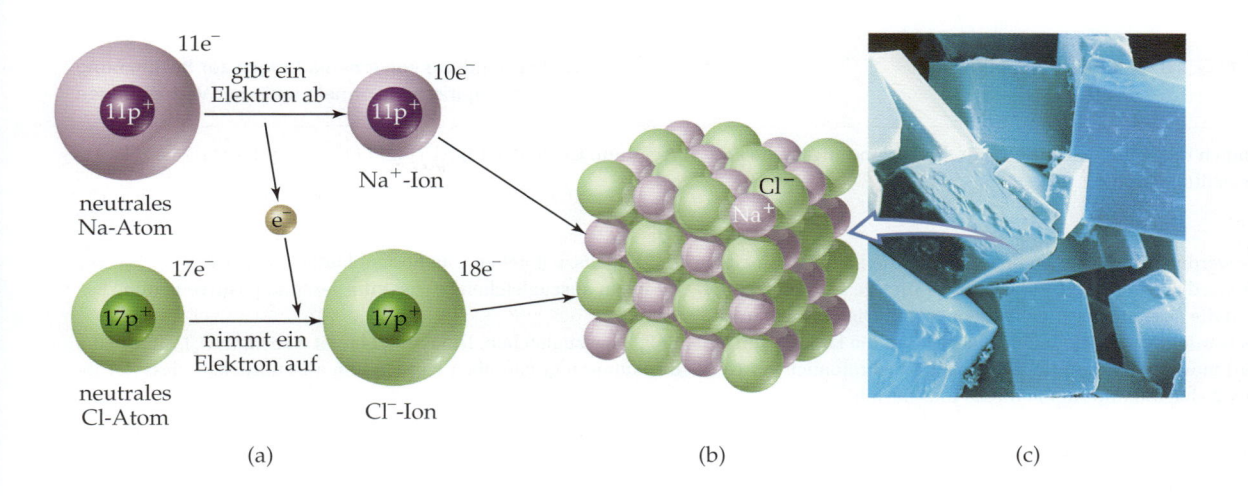

res Ionen gebildet. Wie in ▶ Abbildung 2.23 zu sehen ist, findet bei der Reaktion von elementarem Natrium mit elementarem Chlor ein Elektronentransfer vom neutralen Natriumatom auf das neutrale Chloratom statt. Dabei werden ein Na$^+$-Ion und ein Cl$^-$-Ion gebildet. Weil sich Teilchen mit gegenseitigen Ladungen anziehen, gehen die Na$^+$- und die Cl$^-$-Ionen eine Bindung ein und bilden die Verbindung Natriumchlorid (NaCl). Natriumchlorid, das uns besser als einfaches Kochsalz bekannt ist, ist ein Beispiel für eine ionische Verbindung, eine Verbindung, die sowohl positiv als auch negativ geladene Ionen enthält.

Ob eine Verbindung ionisch ist (aus Ionen besteht) oder molekular aufgebaut ist, können wir oft an ihrer Zusammensetzung erkennen. Im Allgemeinen sind Kationen Metallionen, während Anionen Nichtmetallionen sind. Daraus folgt, dass *ionische Verbindungen im Allgemeinen Kombinationen von Metallen und Nichtmetallen sind* (wie NaCl). Dagegen *bestehen molekulare Verbindungen im Allgemeinen nur aus Nichtmetallen*, wie z. B. H$_2$O.

Die Ionen in ionischen Verbindungen sind in dreidimensionalen Strukturen angeordnet. Die Anordnung der Na$^+$- und Cl$^-$-Ionen in NaCl ist in Abbildung 2.23 gezeigt. Weil es kein einzelnes Molekül NaCl gibt, können wir für diese Substanz nur eine empirische Formel aufstellen. Dies gilt für die meisten ionischen Verbindungen.

Wir können die empirische Formel einer ionischen Verbindung einfach aufstellen, wenn uns die Ladungen der Ionen, aus denen die Verbindung besteht, bekannt sind.

ÜBUNGSBEISPIEL 2.9 — Unterscheidung zwischen ionischen und molekularen Verbindungen

Welche der folgenden Verbindungen sollten ionisch aufgebaut sein: N$_2$O, Na$_2$O, CaCl$_2$, SF$_4$?

Lösung

Wir erwarten, dass Na$_2$O und CaCl$_2$ ionische Verbindungen sind, weil sie aus einem Metall und einem Nichtmetall aufgebaut sind. Die beiden anderen Verbindungen sind vollständig aus Nichtmetallen aufgebaut, sollten also molekulare Verbindungen sein (und sind es auch).

ÜBUNGSAUFGABE

Welche der folgenden Verbindungen sind molekular aufgebaut: CBr$_4$, FeS, P$_4$O$_6$, PbF$_2$?

Antwort: CBr$_4$ und P$_4$O$_6$.

ÜBUNGSBEISPIEL 2.10 — Die Verwendung von Ionenladungen zur Bestimmung von empirischen Formeln ionischer Verbindungen

Wie lauten die empirischen Formeln der Verbindungen, die aus (a) Al^{3+}- und Cl^--Ionen, (b) Al^{3+}- und O^{2-}-Ionen, (c) Mg^{2+}- und NO_3^--Ionen gebildet werden?

Lösung

(a) Es werden drei Cl^--Ionen benötigt, um die Ladung von einem Al^{3+}-Ion auszugleichen. Die Formel lautet also $AlCl_3$.
(b) Es werden zwei Al^{3+}-Ionen benötigt, um die Ladung von drei O^{2-}-Ionen auszugleichen (so dass die gesamte positive Ladung 6+, und die gesamte negative Ladung 6− ist). Die Formel lautet also Al_2O_3.
(c) Es werden zwei NO_3^--Ionen benötigt, um die Ladung von einem Mg^{2+} auszugleichen. Die Formel lautet also $Mg(NO_3)_2$. In diesem Fall muss die Formel für das gesamte mehratomige Ion NO_3^- in Klammern geschrieben werden, um auszudrücken, dass der Index 2 sich auf alle Atome dieses Ions bezieht.

ÜBUNGSAUFGABE

Wie lauten die empirischen Formeln der aus den folgenden Ionen gebildeten Verbindungen: (a) Na^+ und PO_4^{3-}, (b) Zn^{2+} und SO_4^{2-}, (c) Fe^{3+} und CO_3^{2-}?

Answers: (a) Na_3PO_4, (b) $ZnSO_4$, (c) $Fe_2(CO_3)_3$.

Chemie und Leben — Lebensnotwendige Elemente

▶ Abbildung 2.24 zeigt die Elemente, die für die Entstehung und Erhaltung von Leben benötigt werden. Mehr als 97 % der Masse der meisten Organismen besteht aus nur sechs Elementen – Sauerstoff, Kohlenstoff, Wasserstoff, Stickstoff, Phosphor und Schwefel. Die am häufigsten in lebenden Organismen vorkommende Verbindung ist Wasser (H_2O), aus dem mindestens 70 % der Masse der meisten Zellen besteht. Kohlenstoff ist das (bezüglich der Masse) am meisten vertretene Element in den festen Zellbestandteilen. Kohlenstoffatome kommen in der immens großen Anzahl organischer Moleküle vor. In diesen Molekülen kann Kohlenstoff an andere Kohlenstoffatome oder an Atome anderer Elemente (hauptsächlich H, O, N, P und S) gebunden sein. Alle Proteine enthalten z. B. die folgende Atomgruppe, die wiederholt innerhalb der Moleküle auftritt:

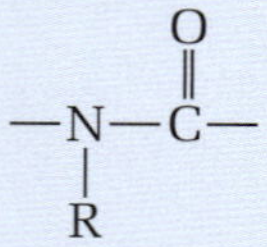

$$-\underset{|}{\underset{R}{N}}-\overset{\overset{O}{\|}}{C}-$$

(R ist entweder ein H-Atom oder eine Atomkombination wie CH_3)

Des Weiteren wurden in verschiedenen lebendigen Organismen 23 andere Elemente gefunden. Fünf dieser Elemente sind Ionen, die von allen lebenden Organismen benötigt werden: Ca^{2+}, Cl^-, Mg^{2+}, K^+ und Na^+. Calciumionen werden z. B. für die Bildung von Knochen und die Übertragung von Signalen im Nervensystem wie das Auslösen der Kontraktion der Herzmuskeln (und damit für den Herzschlag) benötigt. Viele andere Elemente werden nur in sehr kleinen Mengen benötigt und deshalb *Spurenelemente* genannt. So müssen dem menschlichen Körper z. B. Spuren von Kupfer mit der Nahrung zugeführt werden, um die Synthese von Hämoglobin zu ermöglichen.

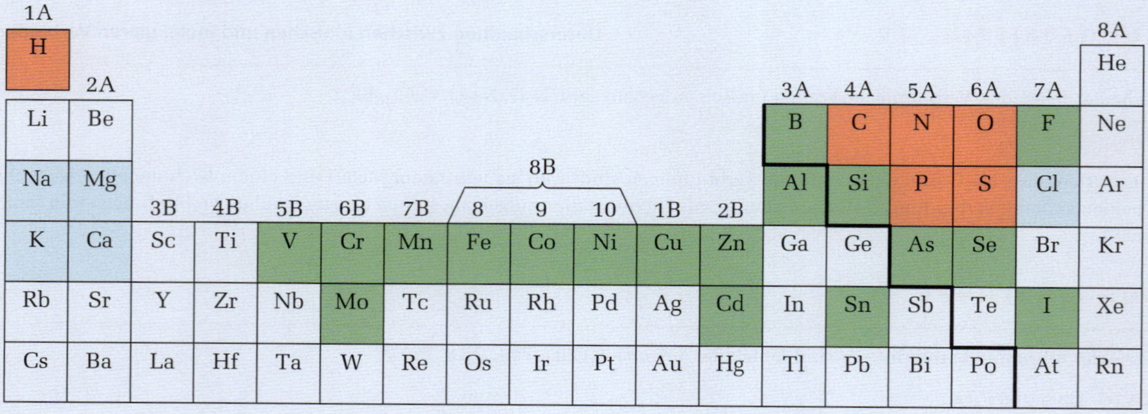

Abbildung 2.24: Biologisch essentielle Elemente. Lebensnotwendige Elemente sind farbig dargestellt. Die sechs am häufigsten in lebenden Organismen vorkommenden Elemente sind rot dargestellt (Wasserstoff, Kohlenstoff, Stickstoff, Sauerstoff, Phosphor und Schwefel). Die fünf bezüglich ihrer Häufigkeit folgenden Elemente sind blau dargestellt. Elemente, die nur in Spuren benötigt werden, sind grün dargestellt.

1A	2A	3B	4B	5B	6B	7B	8	8B 9	10	1B	2B	3A	4A	5A	6A	7A	8A
H																	He
Li	Be											B	C	N	O	F	Ne
Na	Mg											Al	Si	P	S	Cl	Ar
K	Ca	Sc	Ti	V	Cr	Mn	Fe	Co	Ni	Cu	Zn	Ga	Ge	As	Se	Br	Kr
Rb	Sr	Y	Zr	Nb	Mo	Tc	Ru	Rh	Pd	Ag	Cd	In	Sn	Sb	Te	I	Xe
Cs	Ba	La	Hf	Ta	W	Re	Os	Ir	Pt	Au	Hg	Tl	Pb	Bi	Po	At	Rn

Chemische Verbindungen sind immer elektrisch neutral. Die Ionen in einer ionischen Verbindung bilden also immer solche Verhältnisse, dass die gesamte positive Ladung der gesamten negativen Ladung entspricht. Es kommt also ein Na$^+$ auf ein Cl$^-$ (so dass NaCl entsteht) und ein Ba^{2+} auf zwei Cl$^-$ (so dass BaCl$_2$ entsteht) und so weiter.

Wenn Sie diese beiden und weitere Beispiele betrachten, werden Sie feststellen, dass bei gleichen Ladungen von Kation und Anion der Index beider Ionen gleich 1 ist. Wenn die Ladungen nicht gleich groß sind, entspricht die Ladung eines Ions (ohne Vorzeichen) dem Index des anderen Ions. So ist z. B. die aus Mg (das Mg^{2+}-Ionen bildet) und N (das N^{3-}-Ionen bildet) gebildete Verbindung Mg$_3$N$_2$.

$$\text{Mg}^{2-} \quad \text{N}^{3-} \longrightarrow \text{Mg}_3\text{N}_2$$

> **? DENKEN SIE EINMAL NACH**
>
> Warum schreiben wir für die Formel der Verbindung, die aus Ca^{2+} und O^{2-} gebildet wird, nicht Ca$_2$O$_2$?

Strategien in der Chemie — Erkennen von Mustern

Es hat einmal jemand behauptet, das Trinken aus der Wissensquelle eines Chemiekurses sei wie das Trinken aus einem Hydranten. Die Geschwindigkeit, mit der Sie Informationen aufnehmen müssen, kann manchmal wirklich überwältigend erscheinen. Anders gesagt, werden wir in den Fluten der Tatsachen untergehen, wenn wir in den Informationen kein allgemeines Muster erkennen. Der Wert der Mustererkennung und des Lernens von Regeln und Verallgemeinerungen besteht darin, dass die Muster, Regeln und Verallgemeinerungen uns davon befreien, viele einzelne Tatsachen lernen (und behalten) zu müssen. Die Muster, Regeln und Verallgemeinerungen verknüpfen Konzepte miteinander, so dass wir nicht Gefahr laufen, uns in Details zu verlieren.

Viele Studenten haben Schwierigkeiten mit dem Fach Chemie, weil sie nicht erkennen, wie Themen zusammenhängen und Konzepte miteinander verknüpft sind. Sie behandeln daher jedes Konzept und jedes Problem als Einzelfall, anstatt es als ein Beispiel oder als Anwendung einer allgemeinen Regel, eines allgemeinen Vorgangs oder einer allgemeinen Beziehung anzusehen. Sie können diese Falle umgehen, indem Sie sich den folgenden Grundsatz merken: Versuchen Sie, die Struktur des Themas, das Sie gerade erlernen, zu erkennen. Richten Sie Ihre Aufmerksamkeit auf die Trends und Regeln, die angegeben werden, um eine große Menge an Informationen zusammenzufassen. Erinnern Sie sich z. B. daran, wie wir mit Hilfe der atomaren Strukturen die Existenz von Isotopen verstehen können (Tabelle 2.2) und wie das Periodensystem uns (Abbildung 2.22) bei der Bestimmung von Ionenladungen hilft. Vielleicht überraschen Sie sich selbst, wenn Sie Muster erkennen, die wir bisher nicht einmal explizit genannt haben. Sie haben vielleicht sogar bemerkt, dass es in chemischen Formeln bestimmte Trends gibt. Wenn wir uns vom Element 11 (Na) ausgehend durch das Periodensystem bewegen, erkennen wir, dass die mit F gebildeten Verbindungen die folgenden Zusammensetzungen haben: NaF, MgF$_2$ und AlF$_3$. Wird dieser Trend fortgesetzt? Gibt es die Verbindungen SiF$_4$, PF$_5$ und SF$_6$? Diese Verbindungen existieren wirklich. Wenn Sie Trends wie diese mit Hilfe der wenigen bisher erlernten Zusammenhänge erkannt haben, sind Sie auf der Höhe des bisher behandelten Wissensstandes und auf die Themen, die wir in späteren Kapiteln behandeln werden, gut vorbereitet.

Namen anorganischer Verbindungen 2.8

Um Informationen über eine bestimmte Substanz zu erhalten, ist es wichtig, die chemische Formel und den Namen der Substanz zu kennen. Die Namen und Formeln von Verbindungen gehören zum unentbehrlichen Vokabular der Chemie. Das zur Benennung von Substanzen verwendete System wird **chemische Nomenklatur** genannt. Dieser Name leitet sich aus den lateinischen Wörtern *nomen* (Name) und *calare* (benennen) ab.

Heute sind mehr als 19 Millionen chemische Substanzen bekannt. Es käme einem heillosen Unterfangen gleich, all diesen Substanzen eigene Namen ohne Regeln geben zu wollen. Viele wichtige Substanzen, die bereits seit langem bekannt sind, wie z. B. Wasser (H$_2$O) und Ammoniak (NH$_3$), haben individuelle, traditionelle Namen (so genannte Trivialnamen). Die meisten Substanzen werden jedoch nach systematischen Regeln benannt, die zu einem informativen und eindeutigen Namen jeder Substanz führen, der auf der Zusammensetzung der Substanz beruht.

Die Regeln der chemischen Nomenklatur basieren auf der Unterteilung von Substanzen in verschiedene Kategorien. Die Hauptunterteilung wird dabei zwischen organischen und anorganischen Verbindungen vorgenommen. *Organische Verbindungen* enthalten Kohlenstoff, meist in Verbindung mit Wasserstoff, Sauerstoff, Stickstoff oder Schwefel. Alle anderen Verbindungen sind *anorganische Verbindungen*. Früher wurden organische Verbindungen Pflanzen und Tieren und anorganische Verbindungen dem nichtlebendigen Teil unserer Welt zugeordnet. Obwohl diese Unterscheidung zwischen lebender und nichtlebendiger Materie in der Nomenklatur nicht länger vorgenommen wird, so ist die Klassifizierung zwischen organischer und anorganischer Materie doch noch immer hilfreich. In diesem Abschnitt werden wir die grundlegenden Regeln zur Benennung anorganischer Verbindungen betrachten und in Abschnitt 2.9 die Namen einiger einfacher organischer Verbindungen einführen. Wir werden die anorganischen Verbindungen in drei Kategorien unterteilen: ionische Verbindungen, molekulare Verbindungen und Säuren.

Namen und Formeln ionischer Verbindungen

Erinnern Sie sich daran, dass wir in Abschnitt 2.7 festgestellt haben, dass ionische Verbindungen normalerweise aus Kombinationen von Metallionen mit Nichtmetallionen bestehen. Die Metalle bilden die positiven Ionen, während die Nichtmetalle die negativen Ionen bilden. Wir werden damit beginnen, die positiven Ionen zu benennen, und uns anschließend den negativen Ionen widmen. Danach werden wir lernen, wie die Namen der Ionen zusammengesetzt werden, um die vollständige ionische Verbindung zu bezeichnen.

1. Positive Ionen (Kationen)

(a) *Kationen, die aus Metallionen gebildet werden, haben den gleichen Namen wie das Metall selbst:*

Na^+ Natriumion Zn^{2+} Zinkion Al^{3+} Aluminiumion

Ionen, die aus einem einzelnen Atom gebildet werden, heißen *einatomige Ionen*.

(b) *Wenn ein Metall mehrere verschiedene Kationen bilden kann, wird die positive Ladung durch eine römische Zahl angegeben, die in Klammern hinter den Namen des Metalls geschrieben wird:*

Fe^{2+} Eisen(II)-Ion Cu^+ Kupfer(I)-Ion
Fe^{3+} Eisen(III)-Ion Cu^{2+} Kupfer(II)-Ion

Ionen desselben Elements mit unterschiedlichen Ladungen haben unterschiedliche Eigenschaften wie z. B. unterschiedliche Farben (▶ Abbildung 2.25).

Die meisten Metalle, die mehr als ein Kation bilden können, sind *Übergangsmetalle*. Übergangsmetalle sind Elemente, die im mittleren Teil (von Gruppe 3B bis Gruppe 2B) des Periodensystems stehen. Die Ladungen dieser Ionen werden durch römische Zahlen angegeben. Metalle aus den Gruppen 1A (Na^+, K^+ und Rb^+), 2A (Mg^{2+}, Ca^{2+}, Sr^{2+} und Ba^{2+}), Al^{3+} (Gruppe 3A) und die beiden Übergangsmetallionen Ag^+ (Gruppe 1B) und Zn^{2+} (Gruppe 2B) bilden nur ein Kation. Bei diesen Namen werden die Ladungen nicht explizit angegeben. Wenn Sie jedoch Zweifel haben, ob ein Metallion mehr als ein Kation bilden kann, verwenden Sie eine römische Zahl, um die Ladung anzuzeigen. Dies ist niemals falsch, auch wenn es unnötig sein kann.

Abbildung 2.25: Ionen desselben Elements mit unterschiedlichen Ladungen haben unterschiedliche Eigenschaften. Verbindungen, die Ionen desselben Elements mit unterschiedlicher Ladung enthalten, können sich bezüglich ihres Erscheinungsbilds und ihrer Eigenschaften erheblich voneinander unterscheiden. Beide dargestellten Substanzen sind Komplexverbindungen von Eisen, die K^+- und CN^--Ionen enthalten. Bei der linken Verbindung handelt es sich um Kaliumhexacyanoferrat(II), in dem ein Fe(II)-Ion von CN^--Ionen umgeben ist. Bei der rechten Verbindung handelt es sich um Kaliumhexacyanoferrat(III), in dem ein Fe(III)-Ion von CN^--Ionen umgeben ist. Beide Substanzen werden zu Färbezwecken eingesetzt.

(c) *Kationen, die aus nichtmetallischen Atomen gebildet werden, haben Namen, die auf -ium enden.*

NH_4^+ Ammon*ium*ion H_3O^+ Hydron*ium*ion

Diese beiden Ionen sind die einzigen Ionen dieser Art, die uns in den folgenden Kapiteln häufiger begegnen werden. Beide Ionen sind mehratomig. Die überwiegende Mehrzahl der Kationen sind monoatomare metallische Ionen.

In Tabelle 2.4 sind die Namen und Formeln einiger häufig vorkommender Kationen aufgeführt. Diese Ionen sind ebenfalls in einer Tabelle häufig vorkommender Ionen im hinteren Einband des Buches zu finden. Die auf der linken Seite der Tabelle 2.4 aufgeführten Ionen sind einatomige Ionen, die nur eine Ladung haben können. Die auf der rechen Seite aufgeführten Ionen sind entweder mehratomige Kationen oder Kationen mit variablen Ladungen. Das Hg_2^{2+}-Ion stellt einen Sonderfall dar, weil es sich um ein Metallion handelt, das nicht einatomig ist. Es heißt Quecksilber(I)-Ion, weil man es sich als zwei zusammenhängende Hg^+-Ionen vorstellen kann. Die Kationen, denen wir am häufigsten begegnen werden, sind fett gedruckt. Diese Ionen sollten Sie sich als Erstes merken.

> **? DENKEN SIE EINMAL NACH**
>
> Warum wird der Name von CrO mit einer römischen Zahl (Chrom(II)oxid) geschrieben, während im Namen von CaO (Calciumoxid) keine römische Zahl vorkommt?

2. Negative Ionen (Anionen)

(a) *Einatomige Anionen tragen die Endung -id:*

H^- Hydr*id* O^{2-} Ox*id* N^{3-} Nitr*id*

Auch einige einfache mehratomige Anionen haben Namen, die auf *-id* enden:

OH^- Hydrox*id* CN^- Cyan*id* O_2^{2-} Perox*id*

Tabelle 2.4

Wichtige Kationen*

Ladung	Formel	Name	Formel	Name
1+	**H^+**	**Wasserstoffion**	**NH_4^+**	**Ammoniumion**
	Li^+	Lithiumion	Cu^+	Kupfer(I)-ion
	Na^+	**Natriumion**		
	K^+	**Kaliumion**		
	Cs^+	Cäsiumion		
	Ag^+	**Silberion**		
2+	**Mg^{2+}**	**Magnesiumion**	Co^{2+}	Kobalt(II)-ion
	Ca^{2+}	**Calciumion**	**Cu^{2+}**	**Kupfer(II)-ion**
	Sr^{2+}	Strontiumion	**Fe^{2+}**	**Eisen(II)-ion**
	Ba^{2+}	Bariumion	Mn^{2+}	Mangan(II)-ion
	Zn^{2+}	**Zinkion**	Hg_2^{2+}	Quecksilber(I)-ion
	Cd^{2+}	Cadmiumion	**Hg^{2+}**	**Quecksilber(II)-ion**
			Ni^{2+}	Nickel(II)-ion
			Pb^{2+}	**Blei(II)-ion**
			Sn^{2+}	Zinn(II)-ion
3+	**Al^{3+}**	**Aluminiumion**	Cr^{3+}	Chrom(III)-ion
			Fe^{3+}	**Eisen(III)-ion**

*Die am häufigsten vorkommenden Ionen sind fett gedruckt.

2 Atome, Moleküle und Ionen

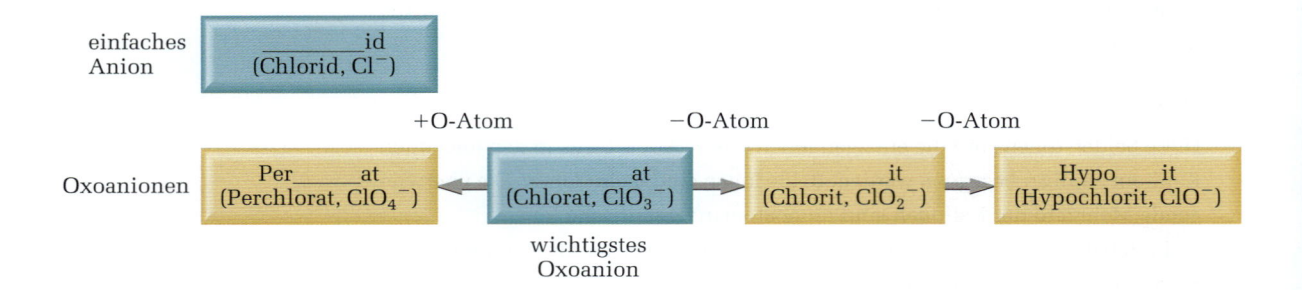

```
einfaches          ___id
 Anion        (Chlorid, Cl⁻)

              +O-Atom        −O-Atom         −O-Atom
              
Oxoanionen   Per___at    ___at          ___it         Hypo___it
          (Perchlorat,  (Chlorat,    (Chlorit,      (Hypochlorit,
            ClO₄⁻)       ClO₃⁻)       ClO₂⁻)            ClO⁻)
                        wichtigstes
                         Oxoanion
```

Abbildung 2.26: Benennung von Anionen. In die Lücke wird der Stamm des Namens (wie z. B. „Chlor" bei Chlor) eingesetzt.

(b) *Mehratomige Anionen, die Sauerstoff enthalten, haben Namen, die auf -at oder -it enden.* Diese Anionen werden **Oxoanionen** genannt. Die Endung *-at* wird dabei für das wichtigste Oxoanion eines Elements verwendet. Die Endung *-it* wird für das Oxoanion verwendet, das dieselbe Ladung, jedoch ein O-Atom weniger als das wichtigste Oxoanion hat:

NO_3^- Nitr**at** SO_4^{2-} Sulf**at**

NO_2^- Nitr**it** SO_3^{2-} Sulf**it**

Wenn es wie bei den Halogenen vier Oxoanionen eines Elements gibt, werden Präfixe verwendet. Das Präfix *per-* zeigt an, dass das Ion ein O-Atom mehr enthält als das auf *-at* endende Oxoanion; das Präfix *hypo-* bedeutet, dass das Ion ein O-Atom weniger enthält als das auf *-it* endende Oxoanion:

ClO_4^- **Per**chlor**at** (ein O-Atom mehr als Chlorat)
ClO_3^- **Chlorat**
ClO_2^- Chlor**it** (ein O-Atom weniger als Chlorat)
ClO^- **Hypo**chlor**it** (ein O-Atom weniger als Chlorit)

Eine Zusammenfassung dieser Regeln finden Sie in ▶ Abbildung 2.26.

> **? DENKEN SIE EINMAL NACH**
>
> Welche Informationen sind in den Endungen *-id*, *-at* und *-it* im Namen eines Anions enthalten?

Studenten fällt es oft schwer, sich die Anzahl der Sauerstoffatome und die Ladungen der verschiedenen Oxoanionen zu merken. In ▶ Abbildung 2.27 sind die Oxoanionen von C, N, P, S und Cl mit der maximalen Anzahl an O-Atomen aufgeführt. Es gibt ein regelmäßiges Muster, mit dessen Hilfe Sie sich diese Formeln merken können. Beachten Sie, dass die Oxoanionen von C und N, die sich in der zweiten Periode des Periodensystems befinden, jeweils nur drei O-Atome haben, während die Oxoanionen von P, S und Cl, die sich in der dritten Periode befinden, jeweils vier O-Atome haben. Wenn wir unten rechts in der Abbildung mit Cl beginnen, erkennen wir, dass die Ladungen von rechts nach links zunehmen, von 1− bei Cl (ClO_4^-) zu 3− bei P (PO_4^{3-}). In der zweiten Periode nehmen die Ladungen ebenfalls von rechts nach links zu, von 1− bei N (NO_3^-) zu 2− bei C (CO_3^{2-}). Alle in der Abbildung 2.27 dargestellten Anionen enden auf *-at*. Das ClO_4^--Ion hat zusätzlich das Präfix *per-*. Wenn Sie die in Abbildung 2.26 zusammengefassten Regeln sowie die Namen und Formeln

> **? DENKEN SIE EINMAL NACH**
>
> Geben Sie die Formeln des Borat- und des Silikations an. Gehen Sie davon aus, dass diese Ionen jeweils ein einzelnes B- bzw. Si-Atom enthalten und sich entsprechend der in Abbildung 2.27 dargestellten Oxoanionen derselben Gruppe verhalten.

Abbildung 2.27: Die wichtigsten Oxoanionen. Der Aufbau und die Ladung des jeweils wichtigsten Oxoanions eines Elements sind von der Position des Elements im Periodensystem abhängig.

	4A	5A	6A	7A
2	CO_3^{2-} **Carbonat**	NO_3^- **Nitrat**		
3		PO_4^{3-} **Phosphat**	SO_4^{2-} **Sulfat**	ClO_4^- **Perchlorat**

der fünf Oxoanionen aus Abbildung 2.27 kennen, können Sie die Namen der anderen Oxoanionen dieser Elemente ableiten.

ÜBUNGSBEISPIEL 2.11 — Ableitung der Formel eines Oxoanions aus seinem Namen

Geben Sie ausgehend von der Formel des Sulfations die Formeln **(a)** des Selenations und **(b)** des Selenitions an. Schwefel und Selen gehören zur Gruppe 6A und bilden analoge Oxoanionen.

Lösung

(a) Das Sulfation ist SO_4^{2-}. Das analoge Selenation lautet daher SeO_4^{2-}.

(b) Durch die Endung *-it* wird angezeigt, dass es sich um ein Oxoanion mit derselben Ladung, jedoch einem O-Atom weniger als das entsprechende Oxoanion mit der Endung *-at* handelt. Die Formel für das Selenition lautet also SeO_3^{2-}.

ÜBUNGSAUFGABE

Die Formel des Bromations entspricht der Formel des Chlorations. Geben Sie die Formeln des Hypobromit- und des Perbromations an.

Antwort: BrO^- und BrO_4^-.

(c) *Anionen, die durch Hinzufügen von Wasserstoff zu einem Oxoanion abgeleitet werden, werden benannt, indem dem Wort die Präfixe Hydrogen oder Dihydrogen hinzugefügt werden:*

CO_3^{2-}	Carbonat	PO_4^{3-}	Phosphat
HCO_3^-	**Hydrogen**carbonat	$H_2PO_4^-$	**Dihydrogen**phosphat

Beachten Sie, dass jedes H^+ die negative Ladung des ursprünglichen Anions um eins erniedrigt. Bei einer älteren Namensgebung dieser Ionen wird das Präfix *Bi-* verwendet. Das HCO^{3-}-Ion wird deshalb auch als Bicarbonat und das HSO_4^--Ion manchmal als Bisulfat bezeichnet.

Die Namen und Formeln häufig vorkommender Anionen sind in Tabelle 2.5 sowie im hinteren Einband des Buches aufgeführt. Die auf *-id* endenden Anionen stehen auf der linken Seite der Tabelle 2.5 und die auf *-at* endenden Anionen auf der rechten Seite. Die wichtigsten Ionen sind fett gedruckt. Diese Ionen sollten Sie sich als Erstes merken. Die Formeln der Ionen, deren Namen auf *-it* enden, können von den auf *-at* endenden Ionen durch Entfernen eines O-Atoms abgeleitet werden. Beachten Sie die Lage der monoatomaren Ionen im Periodensystem. Die Ionen der Gruppe 7A sind immer einfach negativ 1– geladen (F^-, Cl^-, Br^- und I^-) und die der Gruppe 6A immer zweifach negativ 2– geladen (O^{2-} und S^{2-}).

3. **Ionische Verbindungen**

Die Namen ionischer Verbindungen ergeben sich aus dem Namen des Kations, gefolgt vom Namen des Anions:

$CaCl_2$	Calciumchlorid
$Al(NO_3)_3$	Aluminiumnitrat
$Cu(ClO_4)_2$	Kupfer(II)perchlorat

In den chemischen Formeln von Aluminiumnitrat und Kupfer(II)perchlorat werden Klammern mit dem entsprechenden Index verwendet, weil diese Verbindungen zwei oder mehr mehratomige Ionen enthalten.

Tabelle 2.5

Wichtige Anionen*

Ladung	Formel	Name	Formel	Name
1−	H^-	Hydrid	$C_2H_3O_2^-$	Acetat
	F^-	**Fluorid**	ClO_3^-	Chlorat
	Cl^-	**Chlorid**	ClO_4^-	Perchlorat
	Br^-	**Bromid**	NO_3^-	**Nitrat**
	I^-	**Iodid**	MnO_4^-	Permanganat
	CN^-	Cyanid		
	OH^-	**Hydroxid**		
2−	O^{2-}	**Oxid**	CO_3^{2-}	**Carbonat**
	O_2^{2-}	Peroxid	CrO_4^{2-}	Chromat
	S^{2-}	**Sulfid**	$Cr_2O_7^{2-}$	Dichromat
			SO_4^{2-}	**Sulfat**
3−	N^{3-}	Nitrid	PO_4^{3-}	**Phosphat**

* Die am häufigsten vorkommenden Ionen sind fett gedruckt.

ÜBUNGSBEISPIEL 2.12 — Bestimmung der Namen ionischer Verbindungen mit Hilfe ihrer Formeln

Bestimmen Sie die Namen der folgenden Verbindungen: **(a)** K_2SO_4, **(b)** $Ba(OH)_2$, **(c)** $FeCl_3$.

Lösung

Alle Verbindungen sind ionisch und werden nach den bereits behandelten Nomenklaturregeln benannt. Bei der Benennung ionischer Verbindungen ist es wichtig, mehratomige Ionen zu erkennen und die Ladungen von Kationen mit variabler Ladung zu bestimmen.

(a) Das Kation in dieser Verbindung ist K^+ und das Anion ist SO_4^{2-}. (Wenn Sie gedacht haben, dass die Verbindung aus S^{2-}- und O^{2-}-Ionen besteht, haben Sie das mehratomige Sulfation nicht erkannt.) Wir erhalten den Namen der Verbindung, indem wir die Namen der Ionen miteinander verbinden: Kaliumsulfat.

(b) In diesem Fall besteht die Verbindung aus Ba^{2+}- und OH^--Ionen. Ba^{2+} ist das Bariumion und OH^- ist das Hydroxidion. Die Verbindung heißt daher Bariumhydroxid.

(c) Bei dieser Verbindung müssen Sie die Ladung von Fe bestimmen, weil ein Eisenatom mehr als ein Kation bilden kann. Die Verbindung enthält drei Cl^--Ionen, d.h. das Kation muss ein Fe^{3+}- bzw. Eisen(III)-Ion sein. Das Cl^--Ion ist das Chloridion. Die Verbindung heißt also Eisen(III)chlorid.

ÜBUNGSAUFGABE

Bestimmen Sie die Namen der folgenden Verbindungen: **(a)** NH_4Br, **(b)** Cr_2O_3, **(c)** $Co(NO_3)_2$.

Antwort: **(a)** Ammoniumbromid, **(b)** Chrom(III)oxid, **(c)** Cobalt(II)nitrat.

Namen und Formeln von Säuren

Säuren sind eine wichtige Klasse von Verbindungen, die Wasserstoff enthalten. Für sie gelten eigene Nomenklaturregeln. Für unsere momentanen Zwecke soll eine Säure eine Substanz sein, dessen Moleküle beim Lösen in Wasser Wasserstoffionen (H^+) abgeben. Bei der Angabe der chemischen Formel einer Säure schreiben wir H als erstes Element auf (z. B. in HCl und H_2SO_4).

2.8 Namen anorganischer Verbindungen

> **ÜBUNGSBEISPIEL 2.13** — Bestimmung der Formeln ionischer Verbindungen mit Hilfe ihrer Namen
>
> Bestimmen Sie die chemischen Formeln der folgenden Verbindungen: **(a)** Kaliumsulfid, **(b)** Calciumhydrogencarbonat, **(c)** Nickel(II)-perchlorat.
>
> **Lösung**
>
> Sie gelangen vom Namen zur chemischen Formel, indem Sie die Ladungen der Ionen ermitteln, um anschließend die Indizes bestimmen zu können.
>
> **(a)** Die Formel für das Kaliumion ist K^+ und die für das Sulfidion ist S^{2-}. Weil ionische Verbindungen elektrisch neutral sind, werden zwei Ionen benötigt, um die Ladung von einem S^{2-}-Ion auszugleichen. Die empirische Formel der Verbindung lautet also K_2S.
> **(b)** Die Formel für das Calciumion ist Ca^{2+} und die für das Carbonation CO_3^{2-}. Die Formel des Hydrogencarbonats lautet also HCO_3^-. Es werden zwei HCO_3^--Ionen benötigt, um die positive Ladung von Ca^{2+} auszugleichen. Die Formel der Verbindung lautet also $Ca(HCO_3)_2$. **(c)** Die Formel für das Nickel(II)-Ion ist Ni^{2+} und die Formel des Perchlorations ist ClO_4^-. Es werden zwei ClO_4^--Ionen benötigt, um die Ladung eines Ni^{2+}-Ions auszugleichen. Die Formel der Verbindung lautet also $Ni(ClO_4)_2$.
>
> **ÜBUNGSAUFGABE**
>
> Geben Sie die chemischen Formeln für **(a)** Magnesiumsulfat, **(b)** Silbersulfid, **(c)** Blei(II)nitrat an.
>
> **Antwort:** **(a)** $MgSO_4$, **(b)** Ag_2S, **(c)** $Pb(NO_3)_2$.

Wir können eine Säure als Anion betrachten, das mit genügend H^+-Ionen verbunden ist, um die Ladung des Anions zu neutralisieren (auszugleichen). Das SO_4^{2-}-Ion benötigt daher zwei H^+-Ionen und bildet H_2SO_4. Der Name einer Säure ist, wie in ▶ Abbildung 2.28 zusammengefasst wird, mit dem Namen des Anions verwandt.

1. *Elementwasserstoffsäuren:*

Anion	Entsprechende Säure
Cl^- (Chlor**id**)	HCl (Chlor**wasserstoff**säure)
S^{2-} (Sulf**id**)	H_2S (Schwefel**wasserstoff**säure)

2. *Elementsauerstoffsäuren:* Säuren, die auf *-at* endende Anionen enthalten, werden benannt, indem an den Namen des zu Grunde liegenden Elements die Endung *-säure* angehängt wird. Säuren, die auf *-it* endende Anionen enthalten, werden be-

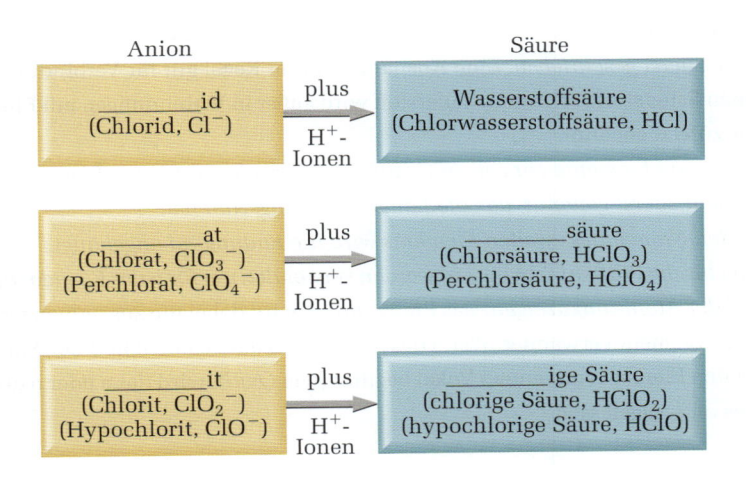

Abbildung 2.28: Namen von Anionen und Säuren. Der Name einer Säure kann aus dem Namen des entsprechenden Anions abgeleitet werden. Die Präfixe *Per-* und *Hypo-* des Anions werden bei der Benennung der Säure beibehalten.

> **ÜBUNGSBEISPIEL 2.14** Namen und Formeln von Säuren
>
> Bestimmen Sie die Namen der folgenden Säuren: **(a)** HCN, **(b)** HNO_3, **(c)** H_2SO_4, **(d)** H_2SO_3.
>
> **Lösung**
>
> **(a)** Beim CN^--Anion, aus dem diese Säure abgeleitet wird, handelt es sich um das Cyanidion. Weil dieses Ion auf *-id* endet, wird der Säure die Endung *-wasserstoffsäure* angehängt: Cyanwasserstoffsäure. Nur wässrige Lösungen von HCN werden als Cyanwasserstoffsäure bezeichnet: Die reine Verbindung, die unter Normbedingungen ein Gas ist, wird Wasserstoffcyanid genannt. Sowohl Cyanwasserstoffsäure als auch Wasserstoffcyanid sind *extrem giftig*.
> **(b)** Salpetersäure.
> **(c)** Weil SO_4^{2-} das zu Grunde liegende Element Schwefel ist, handelt es sich um Schwefelsäure H_2SO_4.
> **(d)** Weil SO_3^{2-} die Formel für das Sulfition ist, ist H_2SO_3 schweflige Säure (dem Wortstamm des zu Grunde liegenden Elements wird die Endung *-ige* angehängt).
>
> **ÜBUNGSAUFGABE**
>
> Geben Sie die chemischen Formeln für **(a)** Bromwasserstoffsäure und **(b)** Kohlensäure an.
>
> **Antwort: (a)** HBr, **(b)** H_2CO_3.

nannt, indem an den Wortstamm des zu Grunde liegenden Elements die Endung *-ige* sowie das Wort Säure angehängt wird. Präfixe im Namen des Anions werden im Namen der Säure beibehalten. Diese Regeln führen z. B. zu folgenden Sauerstoffsäuren von Chlor:

Anion	Entsprechende Säure
ClO_4^- (Perchlor**at**)	$HClO_4$ (Perchlorsäure)
ClO_3^- (Chlor**at**)	$HClO_3$ (Chlorsäure)
ClO_2^- (Chlor**it**)	$HClO_2$ (Chlor**ige** Säure)
ClO^- (Hypochlor**it**)	$HClO$ (Hypochlor**ige** Säure)

Namen und Formeln binärer molekularer Verbindungen

Die Vorgehensweise bei der Benennung binärer Moleküle (Moleküle mit zwei Elementen) ist der der Benennung ionischer Verbindungen ähnlich:

1. *Der Name des Elements, das im Periodensystem weiter links steht, wird normalerweise zuerst geschrieben*. Eine Ausnahme dieser Regel gilt für Verbindungen, in denen Sauerstoff vorkommt. Sauerstoff wird außer in Verbindungen mit Fluor immer zuletzt genannt.
2. *Wenn zwei Elemente zur selben Gruppe des Periodensystems gehören, wird das Element zuerst genannt, das die höhere Ordnungszahl hat.*
3. *An den Namen des zweiten Elements wird die Endung -id angehängt.*
4. *Griechische Präfixe* (Tabelle 2.6) *werden verwendet, um für jedes Element die Anzahl der Atome anzuzeigen.* Das Präfix *mono-* wird dabei nie zusammen mit dem ersten Element verwendet. Wenn des Präfix auf *a* oder *o* endet und der Name des zweiten Elements mit einem Vokal beginnt (wie *Oxid*), wird das a oder o des Präfixes oft weggelassen.

Tabelle 2.6

Präfixe, die zur Benennung binärer Verbindungen aus Nichtmetallen verwendet werden

Präfix	Bedeutung
Mono-	1
Di-	2
Tri-	3
Tetra-	4
Penta-	5
Hexa-	6
Hepta-	7
Octa-	8
Nona-	9
Deca-	10

> **ÜBUNGSBEISPIEL 2.15**   Namen und Formeln binärer molekularer Verbindungen
>
> Bestimmen Sie die Namen der folgenden Verbindungen: **(a)** SO_2, **(b)** PCl_5, **(c)** N_2O_3.
>
> **Lösung**
>
> Die Verbindungen bestehen vollständig aus Nichtmetallen, so dass sie wahrscheinlich molekular und nicht ionisch aufgebaut sind. Wir verwenden die Präfixe der Tabelle 2.6 und erhalten die Namen **(a)** Schwefeldioxid, **(b)** Phosporpentachlorid und **(c)** Distickstofftrioxid.
>
> **ÜBUNGSAUFGABE**
>
> Geben Sie die chemischen Formeln für **(a)** Siliziumtetrabromid und **(b)** Dischwefeldichlorid an.
>
> **Antwort: (a)** $SiBr_4$, **(b)** S_2Cl_2.

In den folgenden Beispielen werden diese Regeln verdeutlicht:

Cl_2O Dichlormonoxid NF_3 Stickstofftrifluorid

N_2O_4 Distickstofftetroxid P_4S_{10} Tetraphosphordecasulfid

Es ist wichtig, sich klar zu machen, dass die Formeln der meisten molekularen Substanzen nicht wie die Formeln ionischer Verbindungen abgeleitet werden können. Aus diesem Grund verwenden wir bei der Benennung molekularer Verbindungen Präfixe, aus denen ihre Zusammensetzung ausdrücklich hervorgeht. Molekulare Verbindungen, die Wasserstoff und ein weiteres Element enthalten, stellen jedoch eine wichtige Ausnahme dar.

Diese Verbindungen können so behandelt werden, als ob sie neutrale Substanzen aus H^+-Ionen und Anionen wären. Sie können deshalb voraussagen, dass die Substanz mit dem Namen Wasserstoffchlorid die Formel HCl hat und ein H^+ enthält, um die Ladung von einem Cl^- auszugleichen. Der Name Wasserstoffchlorid wird nur für den Reinstoff verwendet, wässrige Lösungen von HCl werden Chlorwasserstoffsäure oder Salzsäure genannt. Ähnliches gilt für Wasserstoffsulfid (Schwefelwasserstoff), dessen Formel H_2S ist, weil zwei H^+ benötigt werden, um die Ladung von S^{2-} auszugleichen.

Einfache organische Verbindungen   2.9

Die **organische Chemie** untersucht Verbindungen von Kohlenstoff und Verbindungen, die Kohlenstoff und Wasserstoff, oft in Verbindung mit Sauerstoff, Stickstoff und anderen Elementen enthalten, werden organische Verbindungen genannt.

Sie werden im Verlauf der noch folgenden Kapitel einer ganzen Reihe organischer Verbindungen begegnen. Viele dieser Verbindungen haben praktische Anwendungen oder sind für die Chemie biologischer Systeme bedeutend. An dieser Stelle geben wir nur eine sehr kurze Einführung in einige der einfachsten organischen Verbindungen. Diese Einführung dient dem Zweck, Ihnen einen ersten Eindruck zu verschaffen, wie diese Moleküle aufgebaut sind und wie sie benannt werden.

Alkane

Verbindungen, die nur Kohlenstoff und Wasserstoff enthalten, werden Kohlenwasserstoffe genannt. Die einfachste Klasse der Kohlenwasserstoffe besteht aus Molekülen, in denen jedes Kohlenstoffatom an vier weitere Atome gebunden ist. Diese Verbindungen werden Alkane genannt. Die drei einfachsten Alkane, die ein, zwei oder drei Kohlenstoffatome enthalten, sind Methan (CH_4), Ethan (C_2H_6) und Propan (C_3H_8). Die Strukturformeln dieser drei Alkane sehen folgendermaßen aus:

Molekülmodelle

Meth**an** Eth**an** Prop**an**

Man erhält längere Alkane, indem man dem „Skelett" des Moleküls weitere Kohlenstoffatome hinzufügt.

Obwohl Kohlenwasserstoffe binäre molekulare Verbindungen sind, werden sie nicht wie die anorganischen binären Verbindungen aus Abschnitt 2.8 benannt. Stattdessen hat jedes Alkan einen Namen, der auf *-an* endet. Bei Alkanen mit fünf oder mehr Kohlenstoffatomen werden die Namen von Präfixen wie denen in Tabelle 2.6 abgeleitet. Ein Alkan mit acht Kohlenstoffatomen wird z. B. *Oktan* (C_8H_{18}) genannt. Der Name entsteht aus der Kombination des Präfixes *octa-* und der Endung *-an* für Alkane.

Alkanderivate

Wir erhalten andere Klassen organischer Verbindungen, indem wir die Wasserstoffatome der Alkane durch *funktionelle Gruppen* ersetzen. Funktionelle Gruppen sind besondere Gruppen von Atomen. Man erhält z. B. einen **Alkohol**, indem man das H-Atom eines Alkans durch eine OH-Gruppe ersetzt. Der Name des Alkohols wird abgeleitet, indem man an den Namen des entsprechenden Alkans die Endung *-ol* anhängt:

Methan**ol** Ethan**ol** 1-Propan**ol**

Alkohole haben Eigenschaften, die sich sehr von den Eigenschaften der zu Grunde liegenden Alkane unterscheiden. Bei Methan, Ethan und Propan handelt es sich z. B. unter Standardbedingungen um farblose Gase, während Methanol, Ethanol und Propanol farblose Flüssigkeiten sind. Wir werden in Kapitel 11 die Gründe für diese unterschiedlichen Eigenschaften untersuchen.

Das Präfix „1" im Namen 1-Propanol zeigt an, dass der Austausch von H mit OH an einem „äußeren" Kohlenstoffatom und nicht am „mittleren" Kohlenstoffatom vorgenommen wurde. Eine andere Verbindung, die 2-Propanol (auch als Isopropanol, Isopropylalkohol bekannt) genannt wird, erhält man, wenn ein H-Atom am mittleren Kohlenstoffatom durch eine funktionelle OH-Gruppe ersetzt wird.

2.9 Einfache organische Verbindungen

1-Propanol   2-Propanol

In ▶ Abbildung 2.29 sind Kugel-Stab-Modelle dieser beiden Moleküle dargestellt.

Die Vielfalt der organischen Chemie ist größtenteils darauf zurückzuführen, dass organische Verbindungen lange Kohlenstoff-Kohlenstoff-Ketten bilden können. Die Reihe der Alkane, die mit Methan, Ethan und Propan beginnt, und die Reihe der Alkohole, die mit Methanol, Ethanol und Propanol beginnt, können prinzipiell beliebig weit fortgesetzt werden.

Die Eigenschaften von Alkanen und Alkoholen ändern sich mit zunehmender Kettenlänge. Oktane, also Alkane mit acht Kohlenstoffatomen, sind unter Standardbedingungen flüssig. Wenn wir die Alkanreihe auf Moleküle mit zehntausenden Kohlenstoffatomen erweitern, erhalten wir *Polyethylen*, eine feste Substanz, die zur Herstellung von vielen Tausend Kunststoffprodukten wie Plastiktüten, Nahrungsbehälter und Laborutensilien verwendet wird.

(a)

(b)

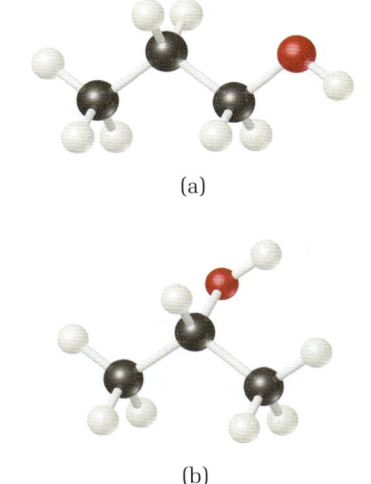

Abbildung 2.29: Zwei Formen von Propanol (C_3H_7OH) (a) 1-Propanol, in dem sich die OH-Gruppe an einem endständigen Kohlenstoffatom befindet, und (b) 2-Propanol, in dem sich die OH-Gruppe am mittleren Kohlenstoffatom befindet.

ÜBUNGSBEISPIEL 2.16 — Struktur- und Molekülformeln von Kohlenwasserstoffen

Betrachten Sie das Alkan *Pentan*. **(a)** Geben Sie die Strukturformel von Pentan an. Gehen Sie dabei davon aus, dass die Kohlenstoffatome geradlinig angeordnet sind. **(b)** Welche Molekülformel hat Pentan?

Lösung

(a) Alkane enthalten nur Kohlenstoff und Wasserstoff und jedes Kohlenstoffatom ist mit vier weiteren Atomen verbunden. Aus dem Namen Pentan, der das Präfix *penta-* (fünf) enthält (Tabelle 2.6) leiten wir ab, dass Pentan fünf Kohlenstoffatome enthält, die zu einer Kette verbunden sind. Wir erhalten die folgende Strukturformel, indem wir den Kohlenstoffatomen so viele Wasserstoffatome hinzufügen, dass diese jeweils vier Bindungen eingehen:

Diese Form von Pentan wird oft n-Pentan genannt. Dabei steht das *n-* für „normal", d.h. alle fünf Kohlenstoffatome sind in der Strukturformel geradlinig angeordnet.

(b) Nachdem wir die Strukturformel aufgeschrieben haben, erhalten wir die Molekülformel, indem wir die vorhandenen Atome zählen. n-Pentan hat also die Formel C_5H_{12}.

ÜBUNGSAUFGABE

Butan ist das Alkan mit vier Kohlenstoffatomen. **(a)** Welche Molekülformel hat Butan? **(b)** Welchen Namen und welche Molekülformel hat ein Alkohol, der von Butan abgeleitet wird?

Antwort: **(a)** C_4H_{10}, **(b)** Butanol $C_4H_{10}O$ oder C_4H_9OH.

Zusammenfassung und Schlüsselbegriffe

Abschnitte 2.1 und 2.2 **Atome** sind die grundlegenden Bausteine der Materie. Sie sind die kleinsten Einheiten eines Elements, die mit anderen Elementen verbunden werden können. Atome bestehen aus noch kleineren Teilchen, den **subatomaren Teilchen**. Einige dieser subatomaren Teilchen sind geladen und verhalten sich wie normale geladene Teilchen: Teilchen mit gleichnamigen Ladungen stoßen sich ab, während Teilchen mit ungleichnamigen Ladungen sich anziehen. Wir haben einige der wichtigsten Experimente betrachtet, die zur Entdeckung und Charakterisierung subatomarer Teilchen geführt haben. Die Experimente Thomsons zum Verhalten von **Kathodenstrahlen** in magnetischen und elektrischen Feldern haben zur Entdeckung des Elektrons geführt und die Messung des Ladung-zu-Masse-Verhältnisses ermöglicht. Im Öltröpfchenexperiment Millikans wurde die Ladung des Elektrons bestimmt. Becquerels Entdeckung der Radioaktivität, der spontanen Emission von Strahlung durch Atome, hat weitere Hinweise darauf geliefert, dass das Atom eine Unterstruktur besitzt. Rutherfords Untersuchungen zum Streuverhalten von α-Teilchen an dünnen Metallfolien haben gezeigt, dass das Atom einen dichten, positiv geladenen **Kern** besitzt.

Abschnitt 2.3 Atome haben einen Kern, der aus **Protonen** und **Neutronen** besteht. **Elektronen** bewegen sich in dem Raum, der den Kern umgibt. Die Größe der Ladung eines Elektrons, $1{,}602 \times 10^{-19}$ C, wird **Elektronenladung** genannt. Die Ladung von Teilchen wird normalerweise in Vielfachen dieser Ladung ausgedrückt. Ein Elektron hat also eine Ladung von 1– und ein Proton eine Ladung von 1+. Atommassen werden normalerweise in **Atommasseneinheiten** (1 ame = $1{,}66054 \times 10^{-24}$ g) ausgedrückt. Die Dimensionen von Atomen werden oft in der Einheit **Ångström** beschrieben (1 Å = 10^{-10} m).

Elemente können durch ihre **Ordnungszahl** klassifiziert werden, die der Anzahl der Protonen im Kern eines Atoms entspricht. Alle Atome eines bestimmten Elements haben dieselbe Ordnungszahl. Die **Massenzahl** eines Atoms ist die Summe aus der Anzahl der Protonen und Neutronen. Atome desselben Elements, die eine unterschiedliche Massenzahl haben, heißen **Isotope**.

Abschnitt 2.4 Die Atommassenskala wird definiert, indem einem ^{12}C-Atom eine Masse von exakt 12 ame zugewiesen wird. Das **Atomgewicht** (die durchschnittliche Atommasse) eines Elements kann aus den relativen Häufigkeiten und Massen der Isotope des Elements berechnet werden. Das Massenspektrometer stellt die direkteste und genaueste Methode dar, Atom- und Molekulargewichte experimentell zu bestimmen.

Abschnitt 2.5 Im **Periodensystem der Elemente** werden die Elemente mit steigender Ordnungszahl angeordnet, wobei Elemente mit ähnlichen Eigenschaften in senkrechten Spalten stehen. Die Elemente einer Spalte werden als **Gruppe** bezeichnet. Die Elemente einer Zeile werden als Periode bezeichnet. Die **metallischen Elemente (Metalle)**, die die Mehrzahl der Elemente ausmachen, sind hauptsächlich auf der linken Seite und in der Mitte des Periodensystems zu finden, während im rechten oberen Bereich die **nichtmetallischen Elemente (Nichtmetalle)** angesiedelt sind. Viele Elemente, die sich an der Grenze zwischen den Metallen und den Nichtmetallen befinden, sind **Metalloide**.

Abschnitt 2.6 Atome können sich zu **Molekülen** vereinigen. Verbindungen, die aus Molekülen bestehen (molekulare Verbindungen), enthalten normalerweise nur nichtmetallische Elemente. Ein Molekül, das aus zwei Atomen besteht, wird **diatomares Molekül** genannt. Die Zusammensetzung einer Substanz ist durch ihre **chemische Formel** bestimmt. Eine molekulare Substanz kann durch ihre **empirische Formel** repräsentiert werden, die das zahlenmäßige Verhältnis der Atomsorten untereinander angibt. Sie wird jedoch normalerweise durch ihre **Molekülformel** repräsentiert, aus der die tatsächliche Anzahl der einzelnen Atome in einem Molekül hervorgeht. **Strukturformeln** zeigen die Art und Weise, wie Atome in einem Molekül verbunden sind. Zur Darstellung von Molekülen werden oft Kugel-Stab-Modelle und Kalottenmodelle verwendet.

Abschnitt 2.7 Atome können Elektronen aufnehmen oder abgeben und bilden dabei geladene Teilchen, die **Ionen** genannt werden. Metalle neigen dazu, Elektronen abzugeben und positiv geladene Ionen (**Kationen**) zu bilden. Nichtmetalle hingegen neigen dazu, Elektronen aufzunehmen und negativ geladene Ionen (**Anionen**) zu bilden. Weil **ionische Verbindungen** elektrisch neutral sind und sowohl Kationen als auch Anionen enthalten, enthalten Sie normalerweise sowohl metallische als auch nichtmetallische Elemente. Atome, die wie in einem Molekül miteinander verbunden sind, aber eine Nettoladung haben, werden **mehratomige Ionen** genannt. Für ionische Verbindungen werden empirische Formeln verwendet, die einfach aus den Ladungen der Ionen abgeleitet werden können. Die gesamte positive Ladung der Kationen in einer ionischen Verbindung ist gleich der gesamten negativen Ladung der Anionen.

Abschnitt 2.8 Die Regeln, die bei der Benennung chemischer Verbindungen verwendet werden, werden **chemische Nomenklatur** genannt. Wir haben die systematischen Regeln betrachtet, die für die Benennung von drei Klassen anorganischer Substanzen gelten: für ionische Verbindungen, Säuren und binäre molekulare Verbindungen. Bei der Benennung einer ionischen Verbindung wird erst das Kation und anschließend das Anion benannt. Kationen, die aus Metallionen gebildet werden, haben den gleichen Namen wie das Metall selbst. Wenn das Metall Kationen mit unterschiedlichen Ladungen bilden kann, wird die Ladung in römischen Zahlen angegeben. Einatomige Anionen haben Namen, die auf *-id* enden. Mehratomige Anionen, die Sauerstoff enthalten (**Oxoanionen**), haben Namen, die auf *-at* oder *-it* enden.

Abschnitt 2.9 Die organische Chemie beschäftigt sich mit der Untersuchung von Kohlenstoffverbindungen. Die einfachste Klasse organischer Moleküle sind die **Kohlenwasserstoffe**, die nur aus Kohlenstoff und Wasserstoff bestehen. Kohlenwasserstoffe, in denen jedes Kohlenstoffatom mit vier weiteren Atomen verbunden ist, werden **Alkane** genannt. Alkane haben Namen, die auf *-an* enden, wie z. B. Methan und Ethan. Andere organische Verbindungen erhält man, wenn ein H-Atom eines Kohlenwasserstoffs durch eine funktionelle Gruppe ersetzt wird. Ein **Alkohol** ist z. B. eine Verbindung, in der ein H-Atom eines Kohlenwasserstoffs durch eine funktionelle OH-Gruppe ersetzt wurde. Alkohole haben Namen, die auf *-ol* enden, wie z. B. Methanol und Ethanol.

Veranschaulichung von Konzepten

2.1 Ein geladenes Teilchen bewegt sich zwischen zwei elektrisch geladenen Platten (s. Abbildung).

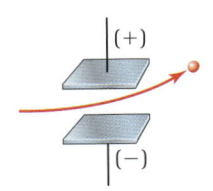

(a) Warum ist der Weg des geladenen Teilchens gebogen? **(b)** Welches Vorzeichen hat die elektrische Ladung des Teilchens? **(c)** Würde sich die Biegung bei einer Erhöhung der Ladung der Platten erhöhen, erniedrigen oder gleich bleiben? **(d)** Würde sich die Biegung bei einer Erhöhung der Masse und gleich bleibender Geschwindigkeit des Teilchens erhöhen, erniedrigen oder gleich bleiben? (*Abschnitt 2.2*)

2.2 Vier der Felder des folgenden Periodensystems sind farbig dargestellt. Bei welchen Feldern handelt es sich um Metalle und bei welchen Feldern um Nichtmetalle? Welches Feld ist ein Erdalkalimetall? Welches ist ein Edelgas? (*Abschnitt 2.5*)

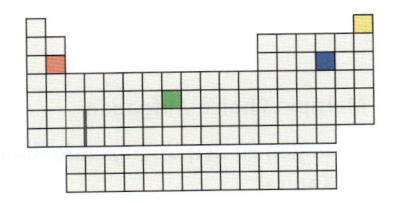

2.3 Ist in der folgenden Abbildung ein neutrales Atom oder ein Ion dargestellt? Geben Sie das vollständige chemische Symbol einschließlich Massenzahl, Ordnungszahl und Nettoladung (falls vorhanden) an (*Abschnitte 2.3 und 2.7*).

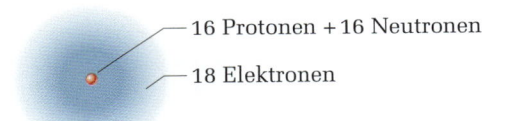

16 Protonen + 16 Neutronen

18 Elektronen

2.4 Welches der folgenden Diagramme stellt wahrscheinlich eine ionische Verbindung und welches eine molekulare Verbindung dar? Begründen Sie Ihre Antwort (*Abschnitte 2.6 und 2.7*).

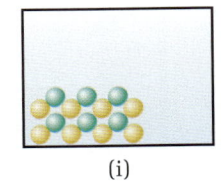

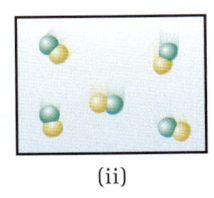

(i) (ii)

2 Atome, Moleküle und Ionen

2.5 Bestimmen Sie die chemische Formel der folgende Verbindung: Ist die Verbindung ionisch oder molekular aufgebaut? Benennen Sie die Verbindung (*Abschnitte 2.6* und *2.8*).

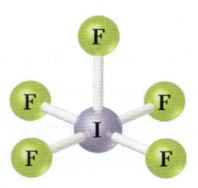

2.6 Im folgenden Diagramm ist eine ionische Verbindung dargestellt. Die Kationen werden durch rote Kugeln und die Anionen durch blaue Kugeln repräsentiert. Welche der folgenden Formeln stimmt mit dem Diagramm überein: KBr, K_2SO_4, $Ca(NO_3)_2$, $Fe_2(SO_4)_3$? Benennen Sie die Verbindung (*Abschnitte 2.7* und *2.8*).

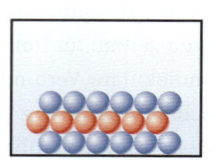

Übungsaufgaben mit ausführlichen Lösungshinweisen

Multiple Choice-Aufgaben
Lösungen zu den Übungsaufgaben im Kapitel

Stöchiometrie: Das Rechnen mit chemischen Formeln und Gleichungen

3.1 Chemische Gleichungen 79

3.2 Häufig vorkommende chemische Reaktionsmuster 84

3.3 Formelgewicht 88

3.4 Die Avogadrokonstante und das Mol 91

3.5 Bestimmung der empirischen Formel aus Analysen 97

3.6 Quantitative Informationen aus ausgeglichenen Gleichungen 102

3.7 Limitierende Reaktanten 107

Zusammenfassung und Schlüsselbegriffe 113

Veranschaulichung von Konzepten 114

3 Stöchiometrie: Das Rechnen mit chemischen Formeln und Gleichungen

Was uns erwartet

- Wir beginnen mit der Überlegung, wie wir chemische Reaktionen mit Hilfe von Gleichungen, die chemische Formeln enthalten, beschreiben können (*Abschnitt 3.1*).

- Anschließend werden wir einige einfache Reaktionsarten betrachten: *Bildungsreaktionen, Zerfallsreaktionen* und *Verbrennungsreaktionen* (*Abschnitt 3.2*).

- Wir werden chemische Formeln verwenden, um eine Beziehung zwischen der Masse einer Substanz und der Anzahl der in ihr enthaltenen Atome, Moleküle oder Ionen aufzustellen. Diese Beziehung wird uns zum wichtigen Konzept der Stoffmenge in Mol führen. Ein Mol ist definiert als $6,022 \times 10^{23}$ Objekte (Atome, Moleküle, Ionen oder andere Objekte) (*Abschnitte 3.3* und *3.4*).

- Wir werden das Konzept der Stoffmenge in Mol anwenden, um aus den Massen der einzelnen Elemente einer bestimmten Menge einer Verbindung die chemische Formel zu ermitteln (*Abschnitt 3.5*).

- Die in chemischen Formeln und Gleichungen enthaltenen quantitativen Informationen werden wir verwenden, um mit Hilfe des Konzepts der Stoffmenge die Mengen der Ausgangsstoffe und Endprodukte chemischer Reaktionen zu berechnen (*Abschnitt 3.6*).

- Eine besondere Situation tritt ein, wenn einer der Reaktanten vor den anderen verbraucht wird und die Reaktion deshalb zum Stillstand kommt. In diesem Fall bleibt ein Teil des überschüssigen Reaktanten zurück (*Abschnitt 3.7*).

Die Untersuchung von chemischen Umwandlungen stellt den Kernbereich der Chemie dar. Einige chemische Umwandlungen sind relativ einfach, andere dagegen recht komplex. Einige haben einen dramatischen Verlauf, andere verlaufen eher langsam oder fast unbemerkt. Auch in diesem Moment, in dem Sie dieses Kapitel lesen, finden in Ihrem Körper chemische Umwandlungen statt. Die chemischen Umwandlungen, die in Ihren Augen und Ihrem Gehirn ablaufen, ermöglichen es Ihnen z. B., diesen Text zu lesen und über seinen Inhalt nachzudenken.

In diesem Kapitel werden wir einige wichtige Aspekte chemischer Umwandlungen betrachten. Wir werden unser Hauptaugenmerk dabei sowohl auf die Verwendung chemischer Formeln zur Beschreibung von Reaktionen als auch auf die quantitativen Informationen über die Mengen der beteiligten Stoffe, die aus diesen entnommen werden können, richten. Das Gebiet der Chemie, das sich mit den Mengen der eingesetzten und gebildeten Stoffe chemischer Reaktionen beschäftigt, wird **Stöchiometrie** genannt. Der Name stammt von den griechischen Wörtern *stoicheion* („Element") und *metron* („messen"). Die Stöchiometrie ist ein wichtiges Werkzeug der Chemie. Mit ihrer Hilfe können wir z. B. die Konzentration von Ozon in der Atmosphäre messen, die potenzielle Ausbeute einer Goldmine berechnen oder verschiedene Reaktionswege zur Umwandlung von Kohle in gasförmige Treibstoffe miteinander vergleichen.

Die Stöchiometrie basiert auf dem Konzept von Atommassen (siehe Abschnitt 2.4), chemischen Formeln und dem Gesetz der Erhaltung der Masse (siehe Abschnitt 2.1). Der französische Adlige und Wissenschaftler Antoine Lavoisier (▶ Abbildung 3.1) hat dieses wichtige chemische Gesetz am Ende des 18. Jahrhunderts entdeckt. In einer 1789 erschienenen Veröffentlichung Lavoisiers findet sich eine eloquente Formulierung dieses Gesetzes: „Es kann als unbestreitbare Tatsache festgehalten werden, dass in künstlichen und natürlichen Vorgängen nichts erschaffen wird. Vor wie nach dem Experiment liegt dieselbe Materie vor. Dieses Prinzip begründet die gesamte Kunst chemischer Experimente." Mit der Entwicklung der Atomtheorie Daltons wurde die Grundlage dieses Gesetzes für Chemiker verständlich: *Atome werden in chemischen Reaktionen weder erschaffen noch zerstört.* In den in einer Reaktion stattfindenden Umwandlungen werden die Atome lediglich neu angeordnet. Vor wie nach der Reaktion sind die gleichen Atome vorhanden.

Abbildung 3.1: Antoine Lavoisier (1734–1794). Lavoisier hat viele wichtige Studien zu Verbrennungsreaktionen durchgeführt. Unglücklicherweise wurde seine Laufbahn von der Französischen Revolution beendet. Lavoisier war Mitglied des französischen Adels und Steuereintreiber und wurde 1794 in den letzten Monaten der Herrschaft des Terrors auf der Guillotine hingerichtet. Heute wird er angesichts seiner sorgfältig durchgeführten Experimente und quantitativen Messungen als einer der Begründer der modernen Chemie angesehen.

Chemische Gleichungen 3.1

Chemische Reaktionen können durch **chemische Gleichungen** präzise beschrieben werden. Wenn Wasserstoff (H_2) verbrennt, reagiert er z. B. mit dem Sauerstoff (O_2) der Luft und bildet Wasser (H_2O) (Foto am Beginn des Kapitels). Wir können für diese Reaktion die folgende chemische Gleichung aufstellen:

$$2\,H_2 + O_2 \longrightarrow 2\,H_2O \tag{3.1}$$

Die Bildung von Wasser

Dabei steht das Zeichen + für „und" und der Pfeil für „reagieren zu". Die chemischen Formeln auf der linken Seite des Pfeils sind die Ausgangssubstanzen und werden **Reaktanten** genannt. Die chemischen Formeln auf der rechten Seite des Pfeils sind die Substanzen, die bei der Reaktion entstehen, und werden **Produkte** genannt. Die Zahlen, die vor diesen Formeln stehen, werden *Koeffizienten* genannt. Wie in algebraischen Gleichungen wird dabei die Zahl 1 normalerweise nicht angegeben. Die Koeffizienten geben die relative Anzahl der an der Reaktion beteiligten Moleküle an.

Weil Atome während einer Reaktion weder erschaffen noch zerstört werden, muss die Anzahl der einzelnen Atome auf der linken und der rechten Seite der Gleichung gleich sein. Wenn diese Bedingung erfüllt ist, ist die Gleichung *ausgeglichen*. Auf der rechten Seite der ▶ Gleichung 3.1 stehen z. B. zwei Moleküle H_2O, von denen jedes aus zwei Atomen Wasserstoff und einem Atom Sauerstoff besteht. $2 H_2O$ (sprich: „zwei Moleküle Wasser") enthalten $2 \times 2 H = 4$ H-Atome und $2 \times 1 = 2$ O-Atome. Beachten Sie, dass man die Anzahl der Atome erhält, indem man den Koeffizienten mit dem Index des entsprechenden Atoms aus der chemischen Formel multipliziert. Die Gleichung ist ausgeglichen, weil auf beiden Seiten der Gleichung vier H-Atome und zwei O-Atome stehen. Wir können die ausgeglichene Gleichung mit Hilfe der folgenden Molekülmodelle darstellen, durch die deutlich wird, dass die Anzahl der einzelnen Atome auf beiden Seiten der Gleichung gleich ist.

> **? DENKEN SIE EINMAL NACH**
>
> Wie viele Atome Mg, O und H sind in $3 Mg(OH)_2$ vorhanden?

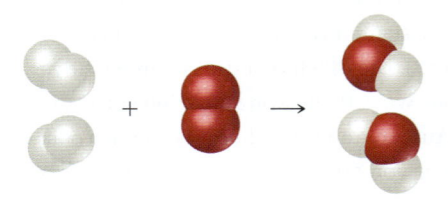

Ausgleichen von Gleichungen

Wenn uns die Formeln der Reaktanten und Produkte einer Reaktion bekannt sind, können wir zunächst eine unausgeglichene Reaktionsgleichung aufstellen. Wir gleichen diese Gleichung anschließend aus, indem wir die Koeffizienten der einzelnen Stoffe so wählen, dass auf beiden Seiten der Gleichung die Anzahl der Atome gleich ist. Dabei sollten in den meisten Fällen die kleinsten ganzzahligen Koeffizienten gewählt werden, mit denen die Erfüllung dieser Bedingung möglich ist.

Beim Ausgleichen von Gleichungen ist es wichtig, zwischen einem Koeffizienten vor einer chemischen Formel und den Indizes der Formel zu unterscheiden (▶ Abbildung 3.2). Beachten Sie, dass sich durch eine Änderung der Indizes der Formel – z. B. von H_2O zu H_2O_2 – die Identität der Chemikalie verändert. Die Substanz H_2O_2, Wasserstoffperoxid, unterscheidet sich wesentlich von der Substanz H_2O, Wasser. *Beim Ausgleichen einer Gleichung dürfen niemals die Indizes der chemischen Formeln verändert werden.* Durch das Hinzufügen eines Koeffizienten wird dagegen nur die *Menge* der Substanz und nicht ihre *Identität* verändert. $2 H_2O$ heißt also zwei Moleküle Wasser, $3 H_2O$ heißt drei Moleküle Wasser, usw.

Abbildung 3.2: Unterschied zwischen dem Index einer chemischen Formel und dem vor der chemischen Formel stehenden Koeffizienten. Beachten Sie, dass das Hinzufügen des Koeffizienten 2 vor eine Formel (Zeile 2) andere Auswirkungen auf die Zusammensetzung hat als das Hinzufügen des Indexes 2 zur Formel (Zeile 3). Man erhält die Anzahl der Atome eines Elements, indem man den Koeffizienten mit dem jeweiligen Index des Elements multipliziert.

Chemisches Symbol	Bedeutung	Zusammensetzung
H_2O	Ein Wassermolekül:	Zwei H-Atome und ein O-Atom
$2 H_2O$	Zwei Wassermoleküle:	Vier H-Atome und zwei O-Atome
H_2O_2	Ein Wasserstoffperoxidmolekül:	Zwei H-Atome und zwei O-Atome

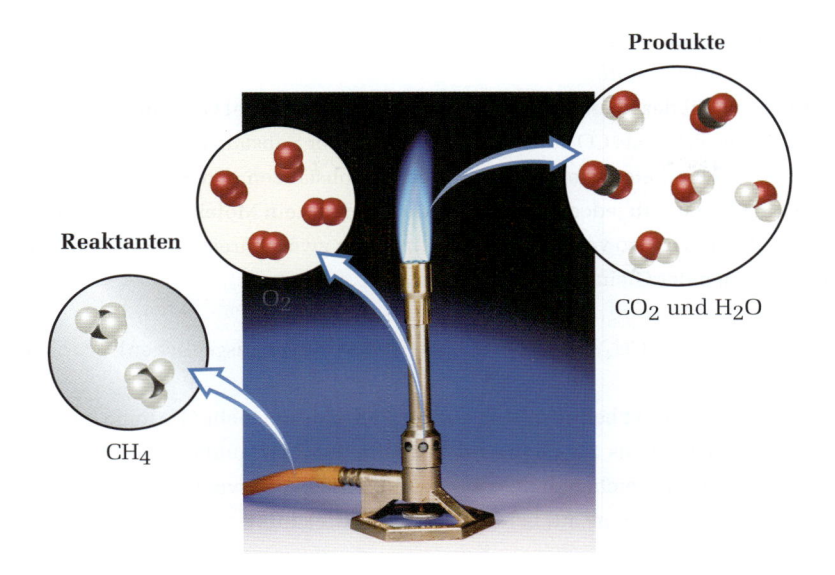

Abbildung 3.3: Methan reagiert mit Sauerstoff in einem Bunsenbrenner unter Bildung einer Flamme. In dieser Reaktion sind das in Erdgas enthaltene Methan (CH_4) und der Sauerstoff (O_2) aus der Luft die Reaktanten und Kohlendioxid (CO_2) und Wasser (H_2O) die Produkte der Reaktion.

Betrachten Sie, um sich die Vorgehensweise beim Ausgleichen von Gleichungen zu verdeutlichen, die in der ▶ Abbildung 3.3 dargestellte Verbrennung von Methan (CH_4), dem Hauptbestandteil von Erdgas, an Luft. Bei dieser Reaktion entstehen gasförmiges Kohlendioxid (CO_2) und Wasser (H_2O). Beide Produkte enthalten Sauerstoffatome, die aus der Luft stammen. O_2 ist also ein Reaktant und die unausgeglichene Gleichung lautet

$$CH_4 + O_2 \longrightarrow CO_2 + H_2O \quad \text{(unausgeglichen)} \tag{3.2}$$

Es bietet sich normalerweise an, zunächst die Elemente auszugleichen, die auf beiden Seiten der Gleichung in den wenigsten Formeln vorkommen. In unserem Beispiel kommen C und H nur in einem Reaktanten und jeweils in einem Produkt vor.

Wir konzentrieren uns also auf CH_4 und betrachten zunächst Kohlenstoff und anschließend Wasserstoff.

Ein Molekül des Reaktanten CH_4 enthält dieselbe Anzahl C-Atome (eins) wie ein Molekül des Produkts CO_2. Die Koeffizienten dieser Substanzen *müssen* also gleich sein. Wir wählen als ersten Schritt für beide Substanzen den Koeffizienten 1. Ein Molekül CH_4 enthält jedoch mehr H-Atome (vier) als ein Molekül des Produkts H_2O (zwei). Wenn wir also vor H_2O den Koeffizienten zwei schreiben, befinden sich auf beiden Seiten der Gleichung vier H-Atome:

$$CH_4 + O_2 \longrightarrow CO_2 + 2\,H_2O \qquad \text{(unausgeglichen)} \qquad (3.3)$$

Zu diesem Zeitpunkt befinden sich auf der Produktseite mehr O-Atome (vier – zwei aus CO_2 und zwei aus $2\,H_2O$) als auf der Seite der Reaktanten (zwei). Wir können die Gleichung ausgleichen, indem wir den Koeffizienten 2 vor O_2 schreiben, so dass die Anzahl der O-Atome auf beiden Seiten der Gleichung gleich ist:

$$CH_4 + 2\,O_2 \longrightarrow CO_2 + 2\,H_2O \qquad \text{(ausgeglichen)} \qquad (3.4)$$

Die molekulare Sichtweise der ausgeglichenen Gleichung ist in ▶ Abbildung 3.4 dargestellt. Wir erkennen, dass sich auf beiden Seiten des Pfeils ein C-, vier H- und vier O-Atome befinden, die Gleichung also ausgeglichen ist.

Wir haben die ▶ Gleichung 3.4 im Wesentlichen durch Versuch und Irrtum ermittelt. Die Anzahl der Atome wurde nacheinander ausgeglichen und die entsprechenden Koeffizienten angepasst. Diese Vorgehensweise führt in den meisten Fällen zum Erfolg.

Angabe der Aggregatzustände von Reaktanten und Produkten

Zur Angabe der physikalischen Zustände der Reaktanten und Produkte werden den Formeln in ausgeglichenen Reaktionsgleichungen oft zusätzliche Informationen hinzugefügt. Dabei werden die Symbole (*g*), (*l*), (*s*) und (*aq*) für Gase, Flüssigkeiten, Festkörper und wässrige Lösungen verwendet. Gleichung 3.4 kann also folgendermaßen geschrieben werden:

$$CH_4(g) + 2\,O_2(g) \longrightarrow CO_2(g) + 2\,H_2O(g) \qquad (3.5)$$

Manchmal werden auch die Bedingungen (wie Temperatur oder Druck), unter denen eine Reaktion stattfindet, oberhalb oder unterhalb des Reaktionspfeils angegeben. Das Symbol Δ (der große griechische Buchstabe Delta) wird häufig verwendet, um die Reaktionswärme anzugeben.

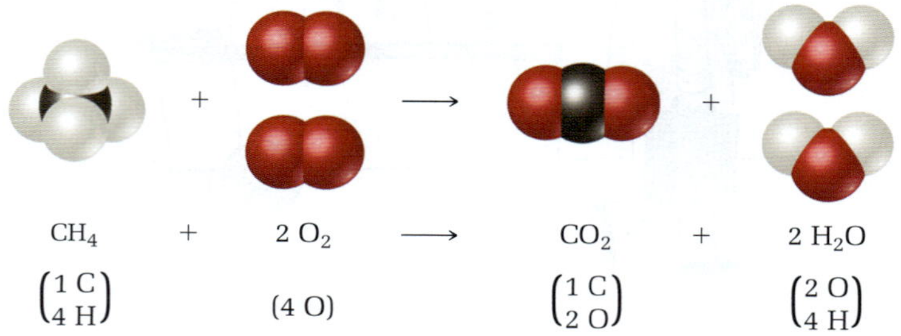

Abbildung 3.4: Ausgeglichene chemische Gleichung der Verbrennung von CH_4. Aus den Zeichnungen der beteiligten Moleküle wird ersichtlich, dass vor und nach der Reaktion die gleichen Atome vorhanden sind.

ÜBUNGSBEISPIEL 3.1

Chemische Gleichungen verstehen und ausgleichen

In der folgenden Abbildung ist eine chemische Reaktion dargestellt. Die roten Kugeln stehen für Sauerstoff- und die blauen Kugeln für Stickstoffatome. **(a)** Geben Sie die chemischen Formeln der Reaktanten und Produkte an. **(b)** Geben Sie eine ausgeglichene Gleichung dieser Reaktion an. **(c)** Entspricht die Abbildung dem Gesetz der Erhaltung der Masse?

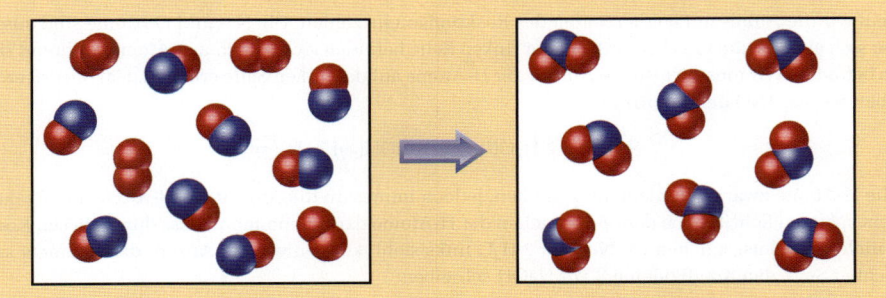

Lösung

(a) Im linken Bild, das die Reaktanten enthält, befinden sich zwei verschiedene Moleküle. Ein Molekül besteht aus zwei Sauerstoffatomen (O_2) und das andere (NO) aus einem Stickstoff- und einem Sauerstoffatom. Im rechten Bild, das die Produkte enthält, befinden sich nur Moleküle, die aus einem Stickstoff- und zwei Sauerstoffatomen (NO_2) bestehen.

(b) Die unausgeglichene chemische Gleichung lautet

$$O_2 + NO \longrightarrow NO_2 \quad \text{(unausgeglichen)}$$

In dieser Gleichung befinden sich drei O-Atome auf der linken Seite und zwei O-Atome auf der reichten Seite des Pfeils. Wir können die Anzahl der O-Atome erhöhen, indem wir auf der Produktseite den Koeffizienten 2 hinzufügen:

$$O_2 + NO \longrightarrow 2\,NO_2 \quad \text{(unausgeglichen)}$$

Jetzt befinden sich auf der rechten Seite zwei N- und vier O-Atome. Durch den Koeffizienten 2 vor NO können wir sowohl die N- als auch die O-Atome ausgleichen:

$$O_2 + 2\,NO \longrightarrow 2\,NO_2 \quad \text{(ausgeglichen)}$$

(c) Im linken Bild (Reaktanten) befinden sich vier O_2-Moleküle und acht NO-Moleküle. Auf ein O_2 kommen also zwei NO, so wie von der ausgeglichenen Reaktionsgleichung erfordert. Im rechten Bild (Produkte) befinden sich acht Moleküle NO_2. Die Anzahl der NO_2-Moleküle entspricht der Anzahl der NO-Moleküle auf der linken Seite, so wie es die ausgeglichene Reaktionsgleichung verlangt. Ein Zählen der Atome ergibt, dass sich auf der linken Seite acht N-Atome befinden, die in den acht NO-Molekülen gebunden sind. Im linken Bild befinden sich zudem $4 \times 2 = 8$ O-Atome in den O_2-Molekülen und acht O-Atome in den NO-Molekülen, so dass insgesamt 16 O-Atome vorhanden sind. Auf der rechten Seite befinden sich acht N-Atome und $8 \times 2 = 16$ O-Atome in den acht NO_2-Molekülen. Die Darstellung ist im Einklang mit dem Gesetz der Erhaltung der Masse, weil sich auf beiden Seiten gleich viele N- und O-Atome befinden.

ÜBUNGSAUFGABE

Wie viele NH_3-Moleküle müssten sich auf der rechten Seite der folgenden Reaktionsgleichung befinden, um das Gesetz der Erhaltung der Masse zu erfüllen (weiße Kugeln = H-Atome)?

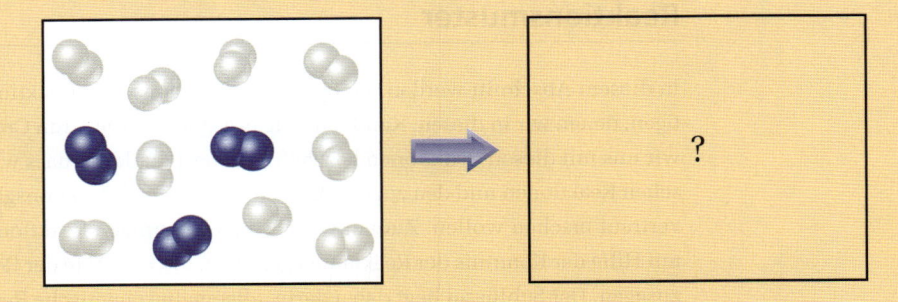

Antwort: Sechs NH_3-Moleküle.

ÜBUNGSBEISPIEL 3.2 — Ausgleichen chemischer Gleichungen

Gleichen Sie die folgende Gleichung aus:

$$\text{Na}(s) + \text{H}_2\text{O}(l) \longrightarrow \text{NaOH}(aq) + \text{H}_2(g)$$

Lösung

Wir beginnen, indem wir die Atome auf beiden Seiten des Reaktionspfeils zählen. Die Na- und O-Atome sind ausgeglichen (auf beiden Seiten befinden sich ein Na- und ein O-Atom), auf der linken Seite befinden sich jedoch 2 H-Atome, während sich auf der rechten Seite drei H-Atome befinden. Wir müssen also die Anzahl der H-Atome auf der linken Seite erhöhen. Um dies zu erreichen und H auszugleichen, schreiben wir vor H$_2$O den Koeffizienten 2.

$$\text{Na}(s) + 2\,\text{H}_2\text{O}(l) \longrightarrow \text{NaOH}(aq) + \text{H}_2(g)$$

Damit haben wir die H-Atome zwar noch nicht ausgeglichen, jedoch immerhin die Anzahl der H-Atome der Reaktanten erhöht. Wir werden uns in einem späteren Schritt nach dem Ausgleichen der H-Atome darum kümmern, dass durch diesen Koeffizienten die Anzahl der O-Atome nicht mehr ausgeglichen ist. Nun, da 2 H$_2$O links steht, können wir die Anzahl der H-Atome ausgleichen, indem wir jetzt auf der rechten Seite den Koeffizienten 2 vor NaOH schreiben:

$$\text{Na}(s) + 2\,\text{H}_2\text{O}(l) \longrightarrow 2\,\text{NaOH}(aq) + \text{H}_2(g)$$

Durch diesen Schritt wird zufälligerweise auch die Anzahl der O-Atome wieder ausgeglichen, jetzt stimmt aber die Anzahl der Na-Atome auf beiden Seiten nicht mehr überein. Auf der linken Seite befindet sich ein Na-, auf der rechten Seite befinden sich dagegen zwei Na-Atome. Um Na wieder auszugleichen, schreiben wir auf der Seite der Reaktanten vor Na den Koeffizienten 2:

$$2\,\text{Na}(s) + 2\,\text{H}_2\text{O}(l) \longrightarrow 2\,\text{NaOH}(aq) + \text{H}_2(g)$$

Zum Schluss überprüfen wir die Anzahl der Atome jedes Elements und stellen fest, dass sich auf beiden Seiten der Gleichung zwei Na-, vier H- und zwei O-Atome befinden. Die Gleichung ist also ausgeglichen.

Anmerkung: Beachten Sie, dass wir beim Ausgleichen dieser Gleichung zwischen der linken und rechten Seite hin und her gesprungen sind und dabei zunächst einen Koeffizienten vor H$_2$O, dann vor NaOH und schließlich vor Na geschrieben haben. Diese Vorgehensweise des Schreibens von Koeffizienten zunächst auf einer und anschließend auf der anderen Seite der Gleichung ist beim Ausgleichen von Reaktionsgleichungen häufig erforderlich, um schließlich alle Atome ausgleichen zu können.

ÜBUNGSAUFGABE

Gleichen Sie die folgenden Reaktionsgleichungen aus, indem Sie die fehlenden Koeffizienten ermitteln:

(a) _Fe(s) + _O$_2$(g) ⟶ _Fe$_2$O$_3$(s)
(b) _C$_2$H$_4$(g) + _O$_2$(g) ⟶ _CO$_2$(g) + _H$_2$O(g)
(c) _Al(s) + _HCl(aq) ⟶ _AlCl$_3$(aq) + _H$_2$(g)

Antwort: **(a)** 4, 3, 2; **(b)** 1, 3, 2, 2; **(c)** 2, 6, 2, 3.

Häufig vorkommende chemische Reaktionsmuster 3.2

In diesem Abschnitt werden wir uns mit drei chemischen Reaktionstypen beschäftigen, denen wir in diesem Kapitel häufig begegnen werden. Ein Grund dafür, warum wir uns mit diesen Reaktionen beschäftigen, besteht darin, dass wir uns mit chemischen Reaktionen und den zugehörigen ausgeglichenen Reaktionsgleichungen besser vertraut machen wollen. Zudem wird es uns bei einigen Reaktionen eventuell nur mit Hilfe der Kenntnis der Reaktanten gelingen, die Produkte der Reaktionen vorherzusagen. Der Schlüssel liegt dabei darin, allgemeine chemische Reaktionsmuster zu erkennen, die bei einer bestimmten Kombination von Reaktanten immer wieder auftreten. Durch das Erkennen von Mustern des chemischen Verhaltens einer Substanzklasse erhalten Sie ein viel umfassenderes Verständnis chemischer Reaktionen als durch das bloße Lernen einer großen Anzahl einzelner Reaktionen.

Bildungs- und Zerfallsreaktionen

In Tabelle 3.1 sind zwei Reaktionsarten zusammengefasst: Bildungs- und Zerfallsreaktionen. In **Bildungsreaktionen** reagieren mindestens zwei Substanzen zu einem Produkt. Es gibt viele Beispiele solcher Reaktionen, wobei insbesondere Reaktionen zu nennen sind, in denen aus zwei Elementen eine Verbindung entsteht. Das Metall Magnesium verbrennt z. B. mit blendend heller Flamme an Luft zu Magnesiumoxid (▶ Abbildung 3.5):

$$2\,Mg(s) + O_2(g) \longrightarrow 2\,MgO(s) \tag{3.6}$$

Diese Reaktion wird verwendet, um helle Flammen für Leuchtsignale zu erzeugen.

Bei einer Bildungsreaktion zwischen einem Metall und einem Nichtmetall bildet sich wie in ▶ Gleichung 3.6 ein ionischer Festkörper. Erinnern Sie sich daran, dass die Formel einer ionischen Verbindung mit Hilfe der Ladungen der beteiligten Ionen bestimmt werden kann. Bei der Reaktion von Magnesium mit Sauerstoff gibt Magnesium Elektronen ab und bildet das Magnesiumion Mg^{2+}. Sauerstoff nimmt hingegen Elektronen auf und bildet das Sauerstoffion O^{2-}. Das Produkt der Reaktion ist also MgO. Sie sollten in der Lage sein zu erkennen, in welchen Fällen eine Reaktion eine Bildungsreaktion ist, und die Produkte der Reaktionen zwischen Metallen und Nichtmetallen vorherzusagen.

In einer **Zerfallsreaktion** bildet eine Substanz mindestens zwei andere Substanzen. Viele Verbindungen unterliegen beim Erhitzen Zerfallsreaktionen. Viele Metallcarbonate zerfallen unter Hitzeeinfluss zu Metalloxiden und Kohlendioxid:

$$CaCO_3(s) \longrightarrow CaO(s) + CO_2(g) \tag{3.7}$$

Der Zerfall von $CaCO_3$ ist ein wichtiger industrieller Vorgang. In diesem Prozess werden Kalkstein und Muschelschalen, also $CaCO_3$, verwendet, aus denen durch Erhitzen CaO gewonnen wird, eine Substanz die als Branntkalk bekannt ist. In den USA

> **? DENKEN SIE EINMAL NACH**
>
> Welche chemische Formel hat das Produkt einer Bildungsreaktion zwischen Na und S?

> Reaktionen mit Sauerstoff

Tabelle 3.1

Bildungs- und Zerfallsreaktionen

Bildungsreaktionen

$A + B \longrightarrow C$	Zwei Reaktanten werden zu einem einzigen Produkt kombiniert. Viele Verbindungen werden auf diese Weise aus ihren Elementen gebildet.
$C(s) + O_2(g) \longrightarrow CO_2(g)$	
$N_2(g) + 3\,H_2(g) \longrightarrow 2\,NH_3(g)$	
$CaO(s) + H_2O(l) \longrightarrow Ca(OH)_2(s)$	

Zerfallsreaktionen

$C \longrightarrow A + B$	Ein einzelner Reaktant zerfällt in mindestens zwei Substanzen. Viele Verbindungen reagieren auf diese Weise, wenn sie erhitzt werden.
$2\,KClO_3(s) \longrightarrow 2\,KCl(s) + 3\,O_2(g)$	
$PbCO_3(s) \longrightarrow PbO(s) + CO_2(g)$	
$Cu(OH)_2(s) \longrightarrow CuO(s) + H_2O(l)$	

BILDUNGSREAKTION
In Bildungsreaktionen reagieren mindestens zwei Substanzen zu einem Produkt.

$$2\,Mg(s) \quad + \quad O_2(g) \quad \longrightarrow \quad 2\,MgO(s)$$

Der Streifen Magnesiummetall ist vom Sauerstoff der Luft umgeben. Bei der Verbrennung entsteht eine intensiv leuchtende Flamme.

Bei der Verbrennung von Magnesium reagieren die Mg-Atome mit den O_2-Molekülen der Luft zu Magnesiumoxid (MgO), einem ionischen Festkörper.

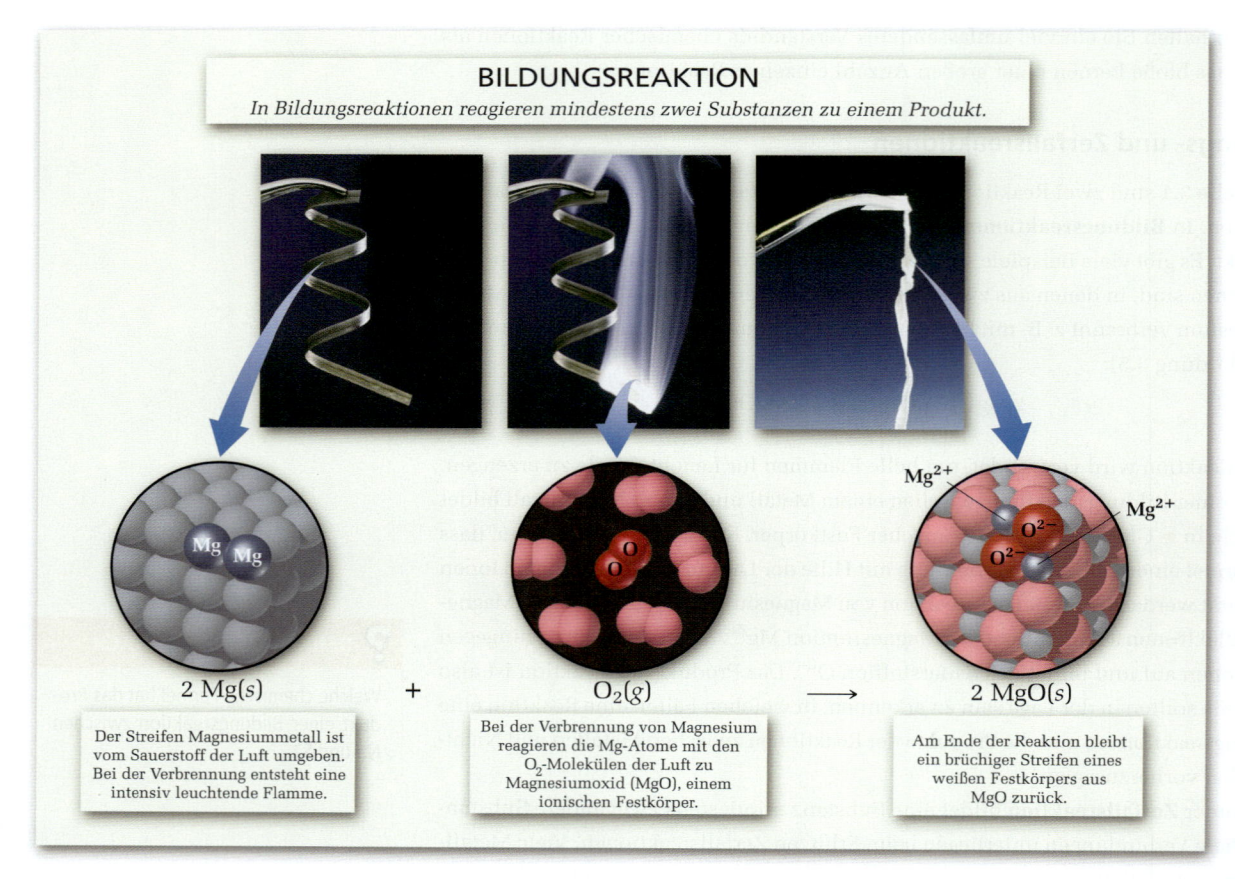

Am Ende der Reaktion bleibt ein brüchiger Streifen eines weißen Festkörpers aus MgO zurück.

Abbildung 3.5: Verbrennung von Magnesium an Luft.

ÜBUNGSBEISPIEL 3.3 — Aufstellen von ausgeglichenen Reaktionsgleichungen bei Bildungs- und Zerfallsreaktionen

Schreiben Sie die ausgeglichenen Gleichungen der folgenden Reaktionen auf: **(a)** Die Bildungsreaktion zwischen dem Metall Lithium und Fluorgas. **(b)** Die Zerfallsreaktion von festem Bariumcarbonat unter Hitzeeinfluss. Dabei werden zwei Produkte gebildet: ein Festkörper und ein Gas.

Lösung

(a) Lithium hat das chemische Symbol Li. Alle Metalle mit Ausnahme von Quecksilber sind bei Zimmertemperatur Festkörper. Fluor kommt als zweiatomiges Molekül vor (siehe Abbildung 2.19). Die Reaktanten sind also Li(s) und $F_2(g)$. Das Produkt wird aus einem Metall und einem Nichtmetall gebildet, es sollte also ein ionischer Festkörper entstehen. Lithiumionen haben die Ladung 1+, Li^+-Fluoridionen hingegen die Ladung 1−, F^-. Die chemische Formel des Produkts lautet also LiF. Die ausgeglichene chemische Gleichung lautet:

$$2\,Li(s) + F_2(g) \longrightarrow 2\,LiF(s)$$

(b) Die chemische Formel von Bariumcarbonat lautet $BaCO_3$. Wie zuvor beschrieben, zerfallen beim Erhitzen viele Metallcarbonate in Metalloxide und Kohlendioxid. In ▶ Gleichung 3.7 zerfällt z. B. $CaCO_3$ in CaO und CO_2. $BaCO_3$ sollte also in BaO und CO_2 zerfallen. Sowohl Barium als auch Calcium gehören zur Gruppe 2A des Periodensystems, sollten also auf ähnliche Weise reagieren:

$$BaCO_3(s) \longrightarrow BaO(s) + CO_2(g)$$

ÜBUNGSAUFGABE

Geben Sie die ausgeglichenen chemischen Gleichungen der folgenden Reaktionen an:
(a) Festes Quecksilber(II)sulfid zerfällt beim Erhitzen in seine elementaren Bestandteile.
(b) Die Oberfläche eines Metallstücks aus Aluminium geht eine Reaktion mit Luftsauerstoff ein.

Antwort: (a) $HgS(s) \longrightarrow Hg(l) + S(s)$; **(b)** $4\,Al(s) + 3\,O_2(g) \longrightarrow 2\,Al_2O_3(s)$.

werden jährlich ca. 2×10^{10} kg (20 Mill. Tonnen) CaO verbraucht, ein Großteil davon für die Glasherstellung, die Gewinnung von Eisen aus Eisenerz und die Herstellung von Mörtel zur Verarbeitung von Ziegelsteinen.

Der Zerfall von Natriumazid (NaN_3) führt zur schnellen Freisetzung von $N_2(g)$. Diese Reaktion wird z. B. zum Auslösen von Airbags in Autos eingesetzt (▶ Abbildung 3.6):

$$2\,NaN_3(s) \longrightarrow 2\,Na(s) + 3\,N_2(g) \qquad (3.8)$$

Das System ist so konstruiert, dass bei einem Stoß eine Zündkapsel entzündet wird. Dies wiederum hat den explosionsartigen Zerfall von NaN_3 zur Folge. Aus einer kleinen Menge NaN_3 (ungefähr 100 g) entsteht dabei eine große Menge Gas (ungefähr 50 l). Wir werden uns in Abschnitt 10.5 noch genauer mit den in chemischen Reaktionen entstehenden Gasvolumina auseinander setzen.

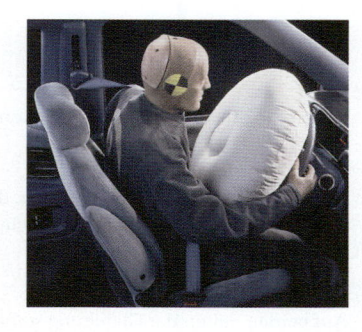

Abbildung 3.6: Airbag eines Autos. Der Zerfall von Natriumazid, $NaN_3(s)$, wird zum Aufblasen von Airbags verwendet. NaN_3 zerfällt nach der Zündung schnell unter Bildung von gasförmigem Stickstoff, $N_2(g)$, der den Airbag füllt.

Verbrennung an Luft

Verbrennungsreaktionen sind schnell ablaufende Reaktionen, bei denen in der Regel eine Flamme entsteht. Die Mehrzahl der Verbrennungsreaktionen, die wir beobachten, laufen mit O_2 aus der Luft ab. ▶ Gleichung 3.5 und Übungsaufgabe 3.1b sind Beispiele für eine allgemeine Reaktionsklasse, in der Kohlenwasserstoffe (Verbindungen, die wie CH_4 oder C_2H_4 nur Kohlenstoff und Wasserstoff enthalten) verbrannt werden (siehe Abschnitt 2.9).

Wenn Kohlenwasserstoffe an Luft verbrannt werden, reagieren sie mit O_2 zu CO_2 und H_2O*. Die Anzahl der für die Reaktion benötigten O_2-Moleküle und die Anzahl der in der Reaktion gebildeten CO_2- und H_2O-Moleküle hängen von der Zusammensetzung des Kohlenwasserstoffs ab, der als Treibstoff der Reaktion dient. Die Verbrennung von Propan (C_3H_8), einem Gas, das zum Kochen und Heizen verwendet wird, kann z. B. durch die folgende Gleichung beschrieben werden:

$$C_3H_8(g) + 5\,O_2(g) \longrightarrow 3\,CO_2(g) + 4\,H_2O(g) \qquad (3.9)$$

Der Aggregatzustand des Wassers, $H_2O(g)$ oder $H_2O(l)$, hängt von den Bedingungen ab, unter denen die Reaktion stattfindet. Bei hohen Temperaturen und Normaldruck bildet sich gasförmiges Wasser $H_2O(g)$. Die bei der Verbrennung von Propan entstehende Flamme ist in ▶ Abbildung 3.7 gezeigt.

Bei der Verbrennung von Kohlenwasserstoffderivaten, wie z. B. CH_3OH, werden ebenfalls CO_2 und H_2O gebildet. Durch die einfache Regel, dass Kohlenwasserstoffe und verwandte Sauerstoffderivate von Kohlenwasserstoffen bei der Verbrennung an Luft CO_2 und H_2O bilden, wird das Verhalten von ungefähr 3 Millionen Verbindungen zusammengefasst. Viele Substanzen, die unser Körper als Energiequelle nutzt (wie z. B. Glukose ($C_6H_{12}O_6$)), unterliegen in unserem Körper ähnlichen Reaktionen mit O_2, in denen CO_2 und H_2O gebildet werden. Im Körper finden diese Reaktionen jedoch schrittweise statt und laufen bei Körpertemperatur ab. Sie werden daher nicht als Verbrennungsreaktionen, sondern als *Oxidationsreaktionen* bezeichnet.

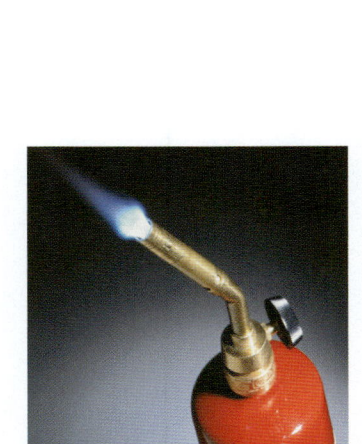

Abbildung 3.7: An Luft verbrennendes Propan. Das flüssige Propan, C_3H_8, verdampft und vermischt sich beim Austreten aus der Düse mit Luft. Bei der Verbrennungsreaktion von C_3H_8 und O_2 entsteht eine blaue Flamme.

---

* Bei einem Mangel an O_2 wird neben CO_2 auch Kohlenmonoxid (CO) gebildet. Eine solche Reaktion wird *unvollständige* Verbrennung genannt. Wenn die vorhandene Menge O_2 sehr gering ist, entstehen kleine Kohlenstoffteilchen, die wir als Ruß kennen. Bei einer *vollständigen* Verbrennung entstehen nur CO_2 und H_2O. Wenn nichts anderes angegeben ist, bezeichnen wir mit dem Wort *Verbrennung* immer eine *vollständige Verbrennung*.

ÜBUNGSBEISPIEL 3.4   Aufstellen von ausgeglichenen Reaktionsgleichungen bei Verbrennungsreaktionen

Geben Sie die ausgeglichene Reaktionsgleichung der Verbrennung von Methanol $CH_3OH(l)$ an Luft an.

Lösung

Bei der Verbrennung einer Substanz, die nur C, H und O enthält, reagiert diese Substanz mit dem $O_2(g)$ der Luft zu $CO_2(g)$ und $H_2O(g)$. Die unausgeglichene Reaktionsgleichung lautet daher

$$CH_3OH(l) + O_2(g) \longrightarrow CO_2(g) + H_2O(g)$$

Auf beiden Seiten der Gleichung steht ein C-Atom, d.h. die Anzahl der C-Atome ist ausgeglichen. Weil CH_3OH vier H-Atome enthält, schreiben wir vor H_2O den Koeffizienten 2 und gleichen damit die Anzahl der H-Atome aus:

$$CH_3OH(l) + O_2(g) \longrightarrow CO_2(g) + 2\,H_2O(g)$$

Dadurch sind zwar die H-Atome ausgeglichen, auf der Produktseite befinden sich jetzt jedoch vier O-Atome. Weil sich auf der Seite der Reaktanten lediglich 3 O-Atome befinden (eins in CH_3OH und zwei in O_2), ist die Gleichung noch nicht vollständig ausgeglichen. Wir können die Anzahl der O-Atome ausgleichen, indem wir den Bruch $\frac{3}{2}$ als Koeffizient vor O_2 schreiben und so auf der Seite der Reaktanten ebenfalls vier O-Atome erhalten:

$$CH_3OH(l) + \tfrac{3}{2}O_2(g) \longrightarrow CO_2(g) + 2\,H_2O(g)$$

Obwohl die Gleichung jetzt ausgeglichen ist, entspricht ihre Form aufgrund des in ihr enthaltenen Bruchs noch nicht der üblichen Schreibweise. Wir können den Bruch entfernen, indem wir beide Seiten der Gleichung mit 2 multiplizieren, und erhalten die folgende ausgeglichene Gleichung:

$$2\,CH_3OH(l) + 3\,O_2(g) \longrightarrow 2\,CO_2(g) + 4\,H_2O(g)$$

ÜBUNGSAUFGABE

Geben Sie die ausgeglichene Reaktionsgleichung der Verbrennung von Ethanol, $C_2H_5OH(l)$, an Luft an.

Antwort: $C_2H_5OH(l) + 3\,O_2(g) \longrightarrow 2\,CO_2(g) + 3\,H_2O(g)$.

Formelgewicht 3.3

Sowohl chemische Formeln als auch chemische Gleichungen enthalten *quantitative* Informationen. Durch die in Formeln angegebenen Indizes und die Koeffizienten chemischer Gleichungen werden genaue Stoffmengen angegeben. Die Formel H_2O zeigt an, dass ein Molekül dieser Substanz genau zwei Atome Wasserstoff und ein Atom Sauerstoff enthält.

Auf ähnliche Weise geben die Koeffizienten in ausgeglichenen chemischen Gleichungen das Verhältnis der Reaktanten und Produkte zueinander an. Wie hängt die Anzahl der Atome oder Moleküle jedoch von den Größen ab, die wir bei der Arbeit im Labor messen können? Obwohl wir die Atome und Moleküle nicht unmittelbar zählen können, ist es möglich, ihre Anzahl zu bestimmen, wenn uns ihre Massen bekannt sind. Bevor wir uns also weiter mit den quantitativen Aspekten chemischer Formeln und Gleichungen beschäftigen, werden wir im folgenden Abschnitt die Massen von Atomen und Molekülen genauer untersuchen.

Formel- und Molekulargewichte

Das **Formelgewicht** einer Substanz ergibt sich aus der Summe der Atomgewichte der in der chemischen Formel enthaltenen Atome. Aus den in einem Periodensystem enthaltenen Atommassen können wir z. B. entnehmen, dass das Formelgewicht von Schwefelsäure (H_2SO_4) gleich 98,1 ame ist*:

$$\text{FG von } H_2SO_4 = 2(\text{AG von H}) + (\text{AG von S}) + 4(\text{AG von O})$$

$$= 2(1{,}0 \text{ ame}) + 32{,}1 \text{ ame} + 4(16{,}0 \text{ ame})$$

$$= 98{,}1 \text{ ame}$$

Zur Vereinfachung haben wir bei der Berechnung alle Atomgewichte auf die erste Nachkommastelle gerundet. Wir werden Atomgewichte in den meisten behandelten Aufgaben auf diese Weise runden.

Wenn die chemische Formel nur aus dem chemischen Symbol eines Elements besteht (wie z. B. Na), entspricht das Formelgewicht dem Atomgewicht des Elements. Wenn es sich um eine chemische Formel eines Moleküls handelt, wird das Formelgewicht auch **Molekulargewicht** genannt. Das Molekulargewicht von Glukose ($C_6H_{12}O_6$) ist z. B. gleich:

$$\text{MG von } C_6H_{12}O_6 = 6(12{,}0 \text{ ame}) + 12(1{,}0 \text{ ame}) + 6(16{,}0 \text{ ame}) = 180{,}0 \text{ ame}$$

Weil ionische Substanzen wie NaCl als dreidimensionaler Verbund aus Ionen vorliegen (Abbildung 2.23), ist es unpassend, von Molekülen zu sprechen. Wir sprechen in diesen Fällen stattdessen von *Formeleinheiten*, die der chemischen Formel der Substanz entsprechen. Die Formeleinheit von NaCl besteht aus einem Na^+-Ion und einem Cl^--Ion. Das Formelgewicht von NaCl ist gleich der Masse einer Formeleinheit:

$$\text{FG von NaCl} = 23{,}0 \text{ ame} + 35{,}5 \text{ ame} = 58{,}5 \text{ ame}$$

ÜBUNGSBEISPIEL 3.5 — Berechnung von Formelgewichten

Berechnen Sie die Formelgewichte von **(a)** Saccharose, $C_{12}H_{22}O_{11}$ (Rohrzucker) und **(b)** Calciumnitrat, $Ca(NO_3)_2$.

Lösung

(a) Durch Summieren der Atomgewichte der in Saccharose enthaltenen Atome erhalten wir ein Formelgewicht von 342,0 ame:

```
12 C-Atome = 12(12,0 ame) =  44,0 ame
22 H-Atome = 22(1,0 ame)  =  22,0 ame
11 O-Atome = 11(16,0 ame) = 176,0 ame
                            342,0 ame
```

(b) Wenn eine chemische Formel Klammern enthält, bezieht sich der Index außerhalb der Klammer auf alle Atome, die innerhalb der Klammern stehen. Wir erhalten also für $Ca(NO_3)_2$ das folgende Formelgewicht:

```
1 Ca-Atom  = 1(40,1 ame) =  40,1 ame
2 N-Atome  = 2(14,0 ame) =  28,0 ame
6 O-Atome  = 6(16,0 ame) =  96,0 ame
                           164,1 ame
```

ÜBUNGSAUFGABE

Berechnen Sie die Formelgewichte von **(a)** $Al(OH)_3$ und **(b)** CH_3OH.

Antwort: (a) 78,0 ame; **(b)** 32,0 ame.

---

* Die Abkürzung AG steht für Atomgewicht, FG für Formelgewicht und MG für Molekulargewicht.

Berechnung der prozentualen Zusammensetzung mit Hilfe von Formeln

Manchmal ist es notwendig, die *prozentuale Zusammensetzung* einer Verbindung (d. h. die Massenanteile der einzelnen Elemente einer Substanz) zu ermitteln. Um z. B. die Reinheit einer Verbindung zu überprüfen, können wir die berechnete prozentuale Zusammensetzung einer Substanz mit experimentell ermittelten Werten vergleichen. Die Berechnung der prozentualen Zusammensetzung ist recht einfach, wenn die chemische Formel der Substanz bekannt ist. Der prozentuale Anteil eines Elements ergibt sich aus dem Formelgewicht der Substanz, dem Atomgewicht des betrachteten Elements und der Anzahl der Atome dieses Elements in der chemischen Formel:

$$\% \text{ Element} = \frac{(\text{Anzahl der Atome dieses Elements})(\text{Atomgewicht des Elements})}{\text{Formelgewicht der Verbindung}} \times 100\% \qquad (3.10)$$

ÜBUNGSBEISPIEL 3.6 — Berechnung der prozentualen Zusammensetzung

Berechnen Sie die prozentualen Massenanteile von Kohlenstoff, Wasserstoff und Sauerstoff in $C_{12}H_{22}O_{11}$.

Lösung

Wir wollen diese Frage mit Hilfe der im Artikel „Strategien in der Chemie: Problemlösungen" angegebenen Lösungsschritte beantworten.

Analyse: Es ist eine chemische Formel angegeben $C_{12}H_{22}O_{11}$, aus der wir die prozentualen Massenanteile der elementaren Bestandteile (C, H und O) berechnen sollen.

Vorgehen: Wir können ▶ Gleichung 3.10 verwenden und die Atomgewichte der einzelnen elementaren Bestandteile aus dem Periodensystem entnehmen. Mit Hilfe der Atomgewichte können wir zunächst das Formelgewicht der Verbindung berechnen. In Übungsbeispiel 3.5 wurde das Formelgewicht der Substanz $C_{12}H_{22}O_{11}$ (342,0 ame) bereits berechnet. Anschließend führen wir für jedes Element die Berechnung jeweils separat durch.

Lösung: Durch Einsetzen in Gleichung 3.10 erhalten wir

$$\%C = \frac{(12)(12,0 \text{ ame})}{342,0 \text{ ame}} \times 100\% = 42,1\%$$

$$\%H = \frac{(22)(1,0 \text{ ame})}{342,0 \text{ ame}} \times 100\% = 6,4\%$$

$$\%O = \frac{(11)(16,0 \text{ ame})}{342,0 \text{ ame}} \times 100\% = 51,5\%$$

Überprüfung: Die prozentualen Anteile der einzelnen Elemente müssen zusammen 100 % ergeben. Dies ist bei unserer Berechnung der Fall. Um für die prozentuale Zusammensetzung mehr signifikante Stellen angeben zu können, hätten wir für unsere Atomgewichte mehr signifikante Stellen verwenden müssen. Wir sind jedoch der zuvor angegeben Richtlinie gefolgt, Atomgewichte auf eine Nachkommastelle zu runden.

ÜBUNGSAUFGABE

Berechnen Sie den prozentualen Massenanteil von Stickstoff in $Ca(NO_3)_2$.

Antwort: 17,1 %.

Die Avogadrokonstante und das Mol   3.4

Selbst die kleinsten Proben, mit denen wir im Labor arbeiten, bestehen aus einer ungeheuer großen Anzahl an Atomen, Ionen oder Molekülen. Ein Teelöffel Wasser (ungefähr 5 ml) enthält z. B. 2×10^{23} Wassermoleküle, eine Zahl, die unsere Vorstellungskraft übersteigt. Aus diesem Grund haben Chemiker eine Zähleinheit entwickelt, mit der solch große Zahlen einfacher beschrieben werden können.

Wir verwenden im täglichen Leben Zähleinheiten wie z. B. das Dutzend (12 Stück), um eine größere Anzahl von Objekten zu beschreiben. In der Chemie wurde zur Beschreibung einer großen Anzahl von Atomen, Ionen oder Molekülen, wie sie in einer normalen Probe auftreten, die Einheit Mol eingeführt.* Ein Mol ist die Stoffmenge, die so viele Objekte (Atome, Moleküle oder beliebige andere Objekte) enthält, wie Atome in genau 12 g des reinen Kohlenstoffisotops ^{12}C vorhanden sind. Wissenschaftler haben in Experimenten ermittelt, dass diese Anzahl gleich $6{,}0221421 \times 10^{23}$ ist. Diese Zahl wird zu Ehren von Amedeo Avogadro (1776–1856), einem italienischen Wissenschaftler, **Avogadrokonstante** genannt. Für die meisten Zwecke werden wir die Avogadrokonstante auf $6{,}02 \times 10^{23}$ oder $6{,}022 \times 10^{23}$ runden.

Ein Mol Atome, ein Mol Moleküle oder ein Mol anderer Objekte enthält eine Anzahl an Objekten, die der Avogadrokonstante entspricht:

$$1 \text{ mol } ^{12}C\text{-Atome} = 6{,}02 \times 10^{23} \; ^{12}C\text{-Atome}$$
$$1 \text{ mol } H_2O\text{-Moleküle} = 6{,}02 \times 10^{23} \; H_2O\text{-Moleküle}$$
$$1 \text{ mol } NO_3^-\text{-Ionen} = 6{,}02 \times 10^{23} \; NO_3^-\text{-Ionen}$$

Die Avogadrokonstanate ist so groß, dass es schwer fällt, sich eine Vorstellung von ihrer Dimension zu machen. Wenn man $6{,}02 \times 10^{23}$ Murmeln über die gesamte Erd-

---

Strategien in der Chemie   ■ Problemlösungen

Der Schlüssel zum Erfolg bei der Lösung von Problemen liegt in der Übung. Sie werden bei Problemlösungen die folgende Vorgehensweise hilfreich finden:

Schritt 1: *Analysieren Sie die Aufgabe.* Lesen Sie sich die Aufgabenstellung genau durch. Welche Informationen sind in ihr enthalten? Fertigen Sie Skizzen oder Diagramme an, mit deren Hilfe Sie das Problem bildhaft darstellen können. Schreiben Sie sowohl die angegebenen Daten als auch die gewünschte Größe (die Unbekannte) auf.

Schritt 2: *Entwickeln Sie Ihr Vorgehen bei der Problemlösung.* Betrachten Sie die möglichen Wege, um von den angegebenen Informationen zur Unbekannten zu gelangen. Durch welche Gesetze bzw. Gleichungen sind die angegebenen Daten mit den unbekannten Daten verknüpft? Berücksichtigen Sie, dass benötigte Daten womöglich nicht explizit angegeben sind. Es wird vielleicht die Kenntnis von bestimmten Größen (wie die Avogadrokonstante, die wir später betrachten werden) vorausgesetzt. Einige Größen (wie Atomge-

wichte) können Sie auch in Tabellen nachschlagen. Ihr Vorgehen bei der Problemlösung kann entweder aus einem einzigen Schritt oder einer Abfolge von Schritten (mit Zwischenergebnissen) bestehen.

Schritt 3: *Lösen Sie die Aufgabe.* Verwenden Sie die angegebenen Informationen und die entsprechenden Gleichungen und Beziehungen zwischen den Größen, um die Unbekannte zu ermitteln. Die Dimensionsanalyse (Abschnitt 1.6) ist dabei ein sehr wichtiges Hilfsmittel zur Lösung einer Vielzahl von Aufgaben. Achten Sie insbesondere auf die richtige Anzahl signifikanter Stellen und die korrekte Angabe von Vorzeichen und Einheiten.

Schritt 4: *Überprüfen Sie Ihre Lösung.* Lesen Sie sich die Aufgabenstellung erneut durch und vergewissern Sie sich, dass Sie alle in der Aufgabe gefragten Lösungen gefunden haben. Ist Ihre Antwort plausibel? Ist Ihre Lösung eine viel zu große oder zu kleine Zahl oder entspricht die Größenordnung Ihren Erwartungen? Hat sie die richtigen Einheiten und die korrekte Anzahl signifikanter Stellen?

---

* Der Ausdruck *Mol* stammt vom lateinischen Wort *moles*, das so viel bedeutet wie „eine Masse". Das Wort Molekül ist die diminuitive Form des Begriffes und bedeutet „eine kleine Masse"

ÜBUNGSBEISPIEL 3.7 — Abschätzen der Anzahl an Atomen

Ordnen Sie, ohne einen Taschenrechner zu verwenden, die folgenden Proben nach der Anzahl der in ihnen enthaltenen Kohlenstoffatome: 12 g ^{12}C, 1 mol C_2H_2, 9×10^{23} Moleküle von CO_2.

Lösung

Analyse: Die Mengen der verschiedenen Substanzen sind in Gramm, Mol und Anzahl der Moleküle angegeben. Wir sollen die Proben nach der Anzahl der in ihnen enthaltenen C-Atome ordnen.

Vorgehen: Um die Anzahl der C-Atome der Proben zu bestimmen, müssen wir g ^{12}C, 1 mol C_2H_2 und CO_2-Moleküle in die Anzahl der C-Atome umrechnen. Zu diesem Zweck verwenden wir die Definition eines Mols und die Avogadrokonstante.

Lösung: Ein Mol ist definiert als die Stoffmenge, die so viele Einheiten des Stoffs enthält wie C-Atome in 12 g von ^{12}C enthalten sind. 12 g von ^{12}C enthalten daher 1 mol C-Atome (also $6{,}02 \times 10^{23}$ C-Atome). In 1 mol C_2H_2 sind 6×10^{23} C_2H_2-Moleküle. Weil in jedem C_2H_2-Molekül zwei C-Atome enthalten sind, enthält diese Probe 12×10^{23} C-Atome. Weil jedes CO_2-Molekül ein C-Atom enthält, enthält die Probe von CO_2 9×10^{23} C-Atome. Die Reihenfolge lautet also 12 g ^{12}C (6×10^{23} C-Atome) < 9×10^{23} CO_2-Moleküle (9×10^{23} C-Atome) < 1 mol C_2H_2 (12×10^{23} C-Atome).

Überprüfung: Wir können unser Ergebnis überprüfen, indem wir die Mol C-Atome in den einzelnen Proben berechnen, weil diese Zahl zur Anzahl der Atome proportional ist. 12 g von ^{12}C enthalten ein Mol C-Atome; 1 mol enthält von C_2H_2 2 mol C-Atome und 9×10^{23} Moleküle von CO_2 enthalten 1,5 mol C-Atome. Wir erhalten also die gleiche Reihenfolge wie oben: 12 g ^{12}C (1 mol C) < 9×10^{23} CO_2-Moleküle (1,5 mol C) < 1 mol C_2H_2 (2 mol C).

ÜBUNGSAUFGABE

Ordnen Sie, ohne einen Taschenrechner zu verwenden, die folgenden Proben nach der Anzahl der in ihnen enthaltenen Sauerstoffatome: 1 mol H_2O, 1 mol CO_2, 3×10^{23} Moleküle O_3.

Antwort: 1 mol H_2O (6×10^{23} O-Atome) < 3×10^{23} O_3-Moleküle (9×10^{23} O-Atome) < 1 mol CO_2 (12×10^{23} O-Atome).

ÜBUNGSBEISPIEL 3.8 — Umrechnen der Stoffmenge in Mol in die Anzahl der Atome

Berechnen Sie die Anzahl der H-Atome in 0,350 mol von $C_6H_{12}O_6$.

Lösung

Analyse: Es sind die Menge einer Substanz (0,350 mol) und ihre chemische Formel $C_6H_{12}O_6$ angegeben. Die Unbekannte ist die Anzahl der H-Atome in der Probe.

Vorgehen: Wir können mit Hilfe der Avogadrokonstante die Stoffmenge in Mol $C_6H_{12}O_6$ in die Anzahl der Moleküle von $C_6H_{12}O_6$ umrechnen. Wenn uns die Anzahl der Moleküle $C_6H_{12}O_6$ bekannt ist, machen wir von der chemischen Formel Gebrauch, die uns verrät, dass jedes Molekül $C_6H_{12}O_6$ 12 H-Atome enthält. Wir rechnen also die Stoffmenge von $C_6H_{12}O_6$ in Mol in Moleküle $C_6H_{12}O_6$ um und bestimmen anschließend aus der Anzahl der Moleküle die Anzahl der H-Atome $C_6H_{12}O_6$:

$$C_6H_{12}O_6\text{-Mol} \longrightarrow C_6H_{12}O_6\text{-Moleküle} \longrightarrow \text{H-Atome}$$

Lösung:

$$\text{H--Atome} = (0{,}350 \text{ mol } C_6H_{12}O_6)\left(\frac{6{,}02 \times 10^{23} \text{ Moleküle } C_6H_{12}O_6}{1 \text{ mol } C_6H_{12}O_6}\right)\left(\frac{12 \text{ H--Atome}}{1 \text{ Molekül } C_6H_{12}O_6}\right) = 2{,}53 \times 10^{24} \text{ H--Atome}$$

Überprüfung: Der Betrag entspricht unseren Erwartungen: Es handelt sich um eine große Zahl in der Größenordnung der Avogadrokonstante. Wir können auch die folgende Abschätzung machen: Durch Multiplikation von $0{,}35 \times 6 \times 10^{23}$ erhalten wir ungefähr 2×10^{23} Moleküle. Wenn wir dieses Ergebnis mit 12 multiplizieren, erhalten wir $24 \times 10^{23} = 2{,}4 \times 10^{24}$ H-Atome. Dieses Ergebnis stimmt mit der vorherigen, detaillierteren Berechnung überein. Es wurde nach der Anzahl der H-Atome gefragt, die Einheit unserer Antwort ist also richtig. Die Ausgangsdaten haben drei signifikante Stellen, wir geben unsere Antwort also mit drei signifikanten Stellen an.

ÜBUNGSAUFGABE

Wie viele Sauerstoffatome sind in **(a)** 0,25 mol $Ca(NO_3)_2$ und **(b)** 1,50 mol Natriumcarbonat enthalten?

Antwort: (a) 9×10^{23}, **(b)** $2{,}71 \times 10^{24}$.

oberfläche verteilen würde, würde sich eine Schicht von ungefähr 5 km Dicke ergeben. Wenn man eine der Avogadrokonstante entsprechende Anzahl Centstücke nebeneinander legen würde, könnte man mit diesen die Erde 300 Billionen Mal (3×10^{14}) umspannen.

Molare Masse

Ein Dutzend ist immer die gleiche Anzahl (12), egal, ob es sich um ein Dutzend Eier oder ein Dutzend Elefanten handelt. Ein Dutzend Eier hat jedoch selbstverständlich eine andere Masse als ein Dutzend Elefanten. Genauso ist ein Mol immer die *gleiche Anzahl* ($6,02 \times 10^{23}$), Proben von einem Mol verschiedener Substanzen haben jedoch *verschiedene Massen*. Vergleichen Sie z. B. 1 mol von ^{12}C mit 1 mol von ^{24}Mg. Ein einzelnes ^{12}C-Atom hat eine Masse von 12 ame, während ein einzelnes ^{24}Mg Atom die doppelte Masse, also 24 ame (zwei signifikante Stellen) hat. Weil ein Mol immer aus derselben Anzahl an Teilchen besteht, muss ein Mol von ^{24}Mg die doppelte Masse haben wie ein Mol von ^{12}C. Ein Mol von ^{12}C hat (per Definition) eine Masse von 12 g. Ein Mol von ^{24}Mg hat daher eine Masse von 24 g. In diesem Beispiel wird eine allgemeine Regel deutlich, die die Masse eines Atoms mit der Masse von 1 mol (der Avogadrokonstante) dieser Atome verbindet: *Die Masse eines einzelnen Atoms eines Elements (in ame) entspricht zahlenmäßig der Masse (in Gramm) von 1 mol dieses Elements.* Diese Aussage ist unabhängig vom Element immer richtig:

1 Atom von ^{12}C hat eine Masse von 12 ame $\Rightarrow$ 1 mol ^{12}C hat eine Masse von 12 g
1 Atom von Cl hat ein Atomgewicht von 35,5 ame $\Rightarrow$
1 mol Cl hat eine Masse von 35,5 g

1 Atom von Au hat ein Atomgewicht von 197 ame $\Rightarrow$
1 mol Au hat eine Masse von 197 g

Beachten Sie, dass wir bei der genauen Betrachtung eines bestimmten Isotops eines Elements die exakte Masse dieses Isotops und nicht nur die Massenzahl verwenden. Ansonsten verwenden wir das Atomgewicht (die durchschnittliche Atommasse) des Elements.

Bei anderen Substanzklassen gilt zwischen dem Formelgewicht (in ame) und der Masse (in Gramm) eines Mols der Substanz die gleiche Beziehung:

1 H_2O-Molekül hat eine Masse von 18,0 ame $\Rightarrow$ 1 mol H_2O hat eine Masse von 18,0 g
1 NO_3^--Ion hat eine Masse von 62,0 ame $\Rightarrow$ 1 mol NO_3^- hat eine Masse von 62,0 g
1 NaCl-Einheit hat eine Masse von 58,5 ame $\Rightarrow$ 1 mol NaCl hat eine Masse von 58,5 g

Aus ▶ Abbildung 3.8 wird die Beziehung zwischen der Masse eines einzelnen Moleküls H_2O und eines Mols von H_2O ersichtlich.

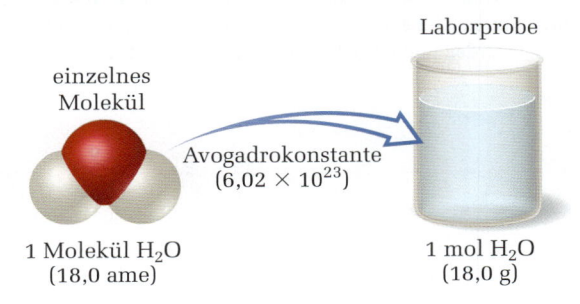

Abbildung 3.8: Vergleich der Masse von 1 Molekül H_2O und 1 mol H_2O. Beachten Sie, dass die Massen die gleichen numerischen Beträge, aufgrund ihres großen Massenunterschieds aber unterschiedliche Einheiten aufweisen (18,0 ame gegenüber 18,0 g).

Tabelle 3.2

Stoffmengen

Substanzname	Formel	Formelgewicht (ame)	Molare Masse (g/mol)	Anzahl und Art der in einem Mol vorhandenen Teilchen
Atomarer Stickstoff	N	14,0	14,0	$6,022 \times 10^{23}$ N-Atome
Molekularer Stickstoff	N_2	28,0	28,0	$6,022 \times 10^{23}$ N_2-Moleküle
				$2(6,022 \times 10^{23})$ N-Atome
Silber	Ag	107,9	107,9	$6,022 \times 10^{23}$ Ag-Atome
Silberionen	Ag^+	107,9*	107,9	$6,022 \times 10^{23}$ Ag^+-Ionen
				$6,022 \times 10^{23}$ $BaCl_2$-Einheiten
Bariumchlorid	$BaCl_2$	208,2	208,2	$6,022 \times 10^{23}$ Ba^{2+}-Ionen
				$2(6,022 \times 10^{23})$ Cl^--Ionen

* Erinnern Sie sich daran, dass die Masse des Elektrons vernachlässigt werden kann und Ionen und Atome daher im Wesentlichen die gleiche Masse haben.

Die Masse in Gramm eines Mols einer Substanz (d. h. die Masse in Gramm pro Mol) wird die **molare Masse** dieser Substanz genannt. *Die molare Masse (in g/mol) einer Substanz ist numerisch immer gleich dem Formelgewicht der Substanz (in ame).* Die Substanz NaCl hat z. B. ein Formelgewicht von 58,5 ame und eine molare Masse von 58,5 g/mol. In Tabelle 3.2 sind weitere Beispiele zu Berechnungen mit der Ein-

ÜBUNGSBEISPIEL 3.9 — Berechnung der molaren Masse

Welche Masse in Gramm hat 1,000 mol Glukose, $C_6H_{12}O_6$?

Lösung

Analyse: Es ist die chemische Formel angegeben und wir sollen daraus die molare Masse berechnen.

Vorgehen: Die molare Masse einer Substanz lässt sich berechnen, indem die Atomgewichte der atomaren Bestandteile zusammenaddiert werden.

Lösung:

$$
\begin{aligned}
6\ \text{C-Atome} &= 6(12{,}0\ \text{ame}) = 72{,}0\ \text{ame} \\
12\ \text{H-Atome} &= 12(1{,}0\ \text{ame}) = 12{,}0\ \text{ame} \\
6\ \text{O-Atome} &= 6(16{,}0\ \text{ame}) = \underline{96{,}0\ \text{ame}} \\
&\phantom{= 6(16{,}0\ \text{ame}) =} 180{,}0\ \text{ame}
\end{aligned}
$$

Glukose hat ein Formelgewicht von 180,0 ame. Ein Mol dieser Substanz hat eine Masse von 180,0 g, die Substanz $C_6H_{12}O_6$ hat also eine molare Masse von 180,0 g/mol.

Überprüfung: Die Größenordnung unserer Antwort erscheint plausibel und g/mol ist die richtige Einheit zur Angabe der molaren Masse.

Anmerkung: Glukose wird manchmal Dextrose genannt. Auch als Blutzucker bekannt, kommt Glukose vielfach in der Natur vor (z. B. in Honig und Früchten). Andere Zuckerarten werden vor ihrer Nutzung im Körper als Energiequellen im Magen oder in der Leber in Glukose umgewandelt. Glukose kann direkt im Körper verwertet werden und wird deshalb Patienten, die dringend Zucker benötigen, oft intravenös verabreicht.

ÜBUNGSAUFGABE

Berechnen Sie die molare Masse von $Ca(NO_3)_2$.

Antwort: 164,1 g/mol.

heit Mol und in ▶ Abbildung 3.9 je ein Mol einiger gebräuchlicher Substanzen dargestellt.

Die Einträge für N und N_2 in Tabelle 3.2 machen deutlich, dass es wichtig ist, bei der Angabe einer Stoffmenge in Mol die chemische Form einer Substanz exakt zu benennen. Nehmen Sie einmal an, es wird angegeben, dass in einer bestimmten Reaktion 1 mol Stickstoff entsteht. Sie könnten daraus schlussfolgern, dass damit 1 mol Stickstoffatome gemeint sind (14,0 g). Wenn nichts anderes angegeben ist, sind jedoch wahrscheinlich 1 mol Stickstoffmoleküle gemeint N_2 (28,0 g), weil N_2 die übliche chemische Form des Elements ist. Um solche Missverständnisse zu vermeiden, sollte die chemische Form der Substanz explizit angegeben werden. Durch die Angabe der chemischen Formel N_2 werden derartige Missverständnisse vermieden.

Umrechnung zwischen Massen und Stoffmengen

Häufig ist es notwendig, Massen in Stoffmengen und Stoffmengen in Massen umzurechnen. Diese Berechnungen können, wie in den Übungsbeispielen 3.10 und 3.11 gezeigt wird, mit Hilfe der Dimensionsanalyse einfach durchgeführt werden.

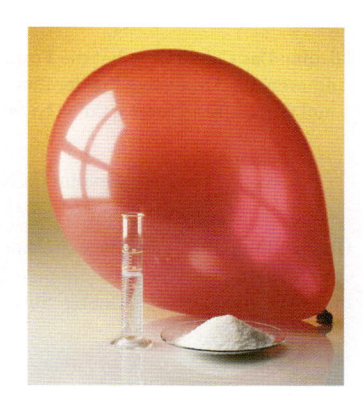

Abbildung 3.9: Ein Mol eines Festkörpers, einer Flüssigkeit und eines Gases. Ein Mol des Festkörpers NaCl hat eine Masse von 58,45 g. Ein Mol H_2O, der Flüssigkeit, hat eine Masse von 18,0 g und nimmt ein Volumen von 18,0 ml ein. Ein Mol des Gases O_2 hat eine Masse von 32,0 g und füllt einen Luftballon, dessen Durchmesser 35 cm beträgt.

ÜBUNGSBEISPIEL 3.10 — Umrechnung von Gramm in Mol

Wie viel Mol enthält Glukose ($C_6H_{12}O_6$) in 5,380 g von $C_6H_{12}O_6$?

Lösung

Analyse: Es sind die Masse einer Substanz und ihre chemische Formel angegeben. Wir sollen daraus die Stoffmenge berechnen.

Vorgehen: Die molare Masse einer Substanz liefert uns den Umrechnungsfaktor zwischen Gramm und Mol. Die molare Masse von $C_6H_{12}O_6$ ist 180,0 g/mol (Übungsbeispiel 3.9).

Lösung: Mit Hilfe der Beziehung 1 mol $C_6H_{12}O_6$ = 180,0 g $C_6H_{12}O_6$ stellen wir den geeigneten Umrechnungsfaktor auf und erhalten

$$\text{Mol } C_6H_{12}O_6 = (5{,}380 \text{ g } C_6H_{12}O_6)\left(\frac{1 \text{ mol } C_6H_{12}O_6}{180{,}0 \text{ g } C_6H_{12}O_6}\right) = 0{,}02989 \text{ mol } C_6H_{12}O_6$$

Überprüfung: 5,380 g ist weniger als die molare Masse, es ist daher plausibel, dass wir als Antwort weniger als ein Mol erhalten. Die Einheit unserer Antwort (Mol) ist korrekt. Die Ausgangsdaten haben vier signifikante Stellen, wir geben unsere Antwort also mit vier signifikanten Stellen an.

ÜBUNGSAUFGABE

Wie viele Mol Natriumhydrogencarbonat ($NaHCO_3$) sind in 508 g $NaHCO_3$ enthalten?

Antwort: 6,05 mol $NaHCO_3$.

ÜBUNGSBEISPIEL 3.11 — Umrechnung von Mol in Gramm

Berechnen Sie die Masse (in Gramm) von 0,433 mol Calciumnitrat.

Lösung

Analyse: Es sind die Stoffmenge und der Name einer Substanz angegeben. Wir sollen daraus die Masse berechnen.

Vorgehen: Um Mol in Gramm umzurechnen, benötigen wir die molare Masse, die wir mit der chemischen Formel und den Atomgewichten berechnen können.

Lösung: Das Calciumion hat die Formel Ca^{2+} und das Nitration die Formel NO$_3^-$. Calciumnitrat hat also die Formel Ca(NO$_3$)$_2$. Durch Addieren der Atomgewichte der Elemente in der Verbindung erhalten wir ein Formelgewicht von 164,1 ame. Mit Hilfe der Beziehung 1 mol Ca(NO$_3$)$_2$ = 164,1 g Ca(NO$_3$)$_2$ stellen wir den geeigneten Umrechnungsfaktor auf und erhalten

$$\text{Gramm Ca(NO}_3)_2 = (0{,}433 \text{ mol Ca(NO}_3)_2) \left(\frac{164{,}1 \text{ g Ca(NO}_3)_2}{1 \text{ mol Ca(NO}_3)_2} \right) = 71{,}1 \text{ g Ca(NO}_3)_2$$

Überprüfung: Die angegebene Stoffmenge ist kleiner als 1 mol. Wir sollten also eine Masse erhalten, die geringer als die molare Masse von 164,1 g ist. Wenn wir die Berechnung mit gerundeten Zahlen durchführen, erhalten wir 0,5 × 150 = 75 g. Die Größenordnung unserer Antwort ist also richtig. Sowohl die Einheit (g) als auch die Anzahl der signifikanten Stellen (3) sind korrekt.

ÜBUNGSAUFGABE

Welche Masse in Gramm haben **(a)** 6,33 mol von NaHCO$_3$ und **(b)** 3,0 × 10^{-5} mol von Schwefelsäure?

Antwort: (a) 532 g, **(b)** 2,9 × 10^{-3} g.

Umrechnung von Massen und Teilchenzahlen

Mit Hilfe des Konzepts der Stoffmenge steht uns eine Beziehung zwischen der Masse und der Anzahl der Teilchen zur Verfügung. Um zu verdeutlichen, wie wir die Masse in die Anzahl der Teilchen umrechnen können, lassen Sie uns berechnen, wie viele Kupferatome sich in einem antiken Kupferpfennig befinden. Ein solcher Pfennig wiegt ungefähr 3 g und wir nehmen an, dass er zu 100 % aus Kupfer besteht.

$$\text{Cu–Atome} = (3 \text{ g Cu}) \left(\frac{1 \text{ mol Cu}}{63{,}5 \text{ g Cu}} \right) \left(\frac{6{,}02 \times 10^{23} \text{ Cu–Atome}}{1 \text{ mol Cu}} \right)$$

$$= 3 \times 10^{22} \text{ Cu–Atome}$$

Beachten Sie, wie wir die Anzahl der Atome mit Hilfe der Dimensionsanalyse (siehe Abschnitt 1.6) einfach aus der Masse berechnen können. Wir verwenden dabei die molare Masse und die Avogadrokonstante als Umrechnungsfaktoren für die Umrechnungen Gramm ⟶ Mol ⟶ Atome. Beachten Sie, dass unsere Antwort eine sehr große Zahl ist. Immer wenn Sie die Anzahl der Atome, Moleküle oder Ionen einer gewöhnlichen Probe einer Substanz berechnen, sollten Sie eine sehr große Zahl als Antwort erwarten. Die Stoffmenge einer Probe in Mol ist dagegen normalerweise viel kleiner (oft kleiner als 1). In ▶ Abbildung 3.10 ist die allgemeine Vorgehensweise für die Umrechnung zwischen der Masse und der Anzahl der Formeleinheiten (Atome, Moleküle, Ionen oder einer anderen Einheit, die durch die Formel repräsentiert wird) zusammengefasst.

| Gramm | ⟵ Verwendung der molaren Masse ⟶ | Mol | ⟵ Verwendung der Avogadrokonstante ⟶ | Formeleinheiten |

Abbildung 3.10: Vorgehensweise bei der Umrechnung der Masse und der Anzahl der Formeleinheiten einer Substanz. Die Stoffmenge einer Substanz spielt bei der Berechnung eine zentrale Rolle. Das Stoffmengenkonzept kann daher als Verknüpfung der Masse einer Substanz in Gramm mit der Anzahl der Formeleinheiten angesehen werden.

ÜBUNGSBEISPIEL 3.12 — Berechnung der Anzahl der Moleküle und der Anzahl der Atome aus der Masse

(a) Wie viele Glukosemoleküle befinden sich in 5,23 g $C_6H_{12}O_6$?
(b) Wie viele Sauerstoffatome befinden sich in der Probe?

Lösung

Analyse: Es sind die Masse und die chemische Formel angegeben. Wir sollen (a) die Anzahl der Moleküle und (b) die Anzahl der O-Atome in der Probe berechnen.

(a) Vorgehen: Um die Anzahl der Moleküle in einer bestimmten Menge einer Substanz zu berechnen, gehen wir wie in Abbildung 3.10 vor. Wir rechnen zunächst 5,23 g $C_6H_{12}O_6$ in Mol um und können mit Hilfe dieser Zahl die Anzahl der Moleküle $C_6H_{12}O_6$ bestimmen. Für die erste Umrechnung verwenden wir die molare Masse von $C_6H_{12}O_6$: 1 mol $C_6H_{12}O_6$ = 180,0 g $C_6H_{12}O_6$, für die zweite Umrechnung die Avogadrokonstante.

Lösung: Moleküle $C_6H_{12}O_6$

$$= (5{,}23 \text{ g } C_6H_{12}O_6)\left(\frac{1 \text{ mol } C_6H_{12}O_6}{180{,}0 \text{ g } C_6H_{12}O_6}\right)\left(\frac{6{,}022 \times 10^{23} \text{ Moleküle } C_6H_{12}O_6}{1 \text{ mol } C_6H_{12}O_6}\right)$$

$$= 1{,}75 \times 10^{22} \text{ Moleküle } C_6H_{12}O_6$$

Überprüfung: Der Betrag unserer Antwort entspricht unseren Erwartungen. Weil die Ausgangsmasse weniger als einem Mol entspricht, sollte unsere Antwort weniger als $6{,}02 \times 10^{23}$ Moleküle betragen. Wir können die Größenordnung unserer Antwort abschätzen: $5/200 = 2{,}5 \times 10^{-2}$ mol; $2{,}5 \times 10^{-2} \times 6 \times 10^{23} = 15 \times 10^{21} = 1{,}5 \times 10^{22}$ Moleküle. Die Einheit (Moleküle) unserer Antwort und die signifikanten Stellen (drei) sind korrekt.

(b) Vorgehen: Um die Anzahl der O-Atome zu berechnen, berücksichtigen wir, dass sich in einem Molekül von $C_6H_{12}O_6$ sechs O-Atome befinden. Wir können also die Anzahl der O-Atome berechnen, indem wir die Anzahl der Moleküle $C_6H_{12}O_6$ mit dem Faktor (6 Atome O/ 1 Molekül $C_6H_{12}O_6$) multiplizieren.

Lösung:

$$\text{Atome O} = (1{,}75 \times 10^{22} \text{ Moleküle } C_6H_{12}O_6)\left(\frac{6 \text{ Atome O}}{1 \text{ Moleküle } C_6H_{12}O_6}\right)$$

$$= 1{,}05 \times 10^{23} \text{ Atome O}$$

Überprüfung: Die Anzahl ist sechs Mal größer als die Antwort zu Teil (a). Die Anzahl der signifikanten Stellen (drei) und die Einheit (Sauerstoffatome) der Antwort sind korrekt.

ÜBUNGSAUFGABE

(a) Wie viele Salpetersäuremoleküle befinden sich in 4,20 g von HNO_3?
(b) Wie viele Sauerstoffatome befinden sich in der Probe?

Antwort: (a) $4{,}01 \times 10^{22}$ Moleküle HNO_3; (b) $1{,}20 \times 10^{23}$ O-Atome.

Bestimmung der empirischen Formel aus Analysen 3.5

Wie wir in Abschnitt 2.6 erfahren haben, ist in der empirischen Formel einer Substanz die relative Anzahl der Atome der einzelnen Elemente angegeben. Die empirische Formel H_2O gibt z. B. an, dass Wasser zwei H-Atome pro O-Atom enthält. Dieses Verhältnis ist auch auf der molaren Ebene gültig. 1 mol von H_2O enthält 2 mol H-Atome und 1 mol O-Atome. Wir können umgekehrt aus dem Molverhältnis der Elemente einer Verbindung die Indizes der empirischen Formel der Verbindung berechnen. Mit Hilfe des Konzepts der Stoffmenge ist es uns also wie in den folgenden Beispielen möglich, die empirische Formel einer chemischen Substanz zu bestimmen.

Molekülmodelle

3 Stöchiometrie: Das Rechnen mit chemischen Formeln und Gleichungen

gegeben: Massen-% der Elemente → Annahme einer 100 g-Probe → Massen der Elemente → molare Masse verwenden → Stoffmengen der Elemente → Molverhältnis berechnen → **gesucht:** empirische Formel

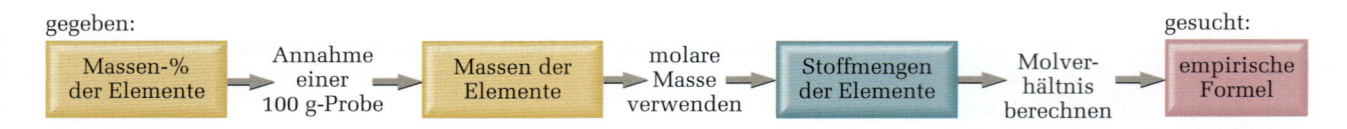

Abbildung 3.11: Vorgehensweise bei der Berechnung einer empirischen Formel aus der prozentualen Zusammensetzung. Der zentrale Bestandteil der Berechnung besteht in der Bestimmung der Stoffmengen der in der Verbindung enthaltenen Elemente.

Quecksilber und Chlor reagieren zu einer Verbindung, die aus 73,9 Massen-% Quecksilber und 26,1 Massen-% Chlor besteht. Eine Probe von 100,0 g des Festkörpers würde also 73,9 g Quecksilber (Hg) und 26,1 g Chlor (Cl) enthalten. (Für die Lösung von Aufgaben dieses Typs kann eine beliebige Probengröße verwendet werden, wir werden jedoch im Allgemeinen Proben von 100,0 g verwenden, um die Berechnung der Masse aus der Prozentzahl zu vereinfachen.) Wir erhalten die molaren Massen der Elemente aus den Atomgewichten und können damit die Stoffmengen der beiden Elemente der Probe berechnen:

$$(73{,}9 \text{ g Hg}) \left(\frac{1 \text{ mol Hg}}{200{,}6 \text{ g Hg}} \right) = 0{,}368 \text{ mol Hg}$$

$$(26{,}1 \text{ g Cl}) \left(\frac{1 \text{ mol Cl}}{35{,}5 \text{ g Cl}} \right) = 0{,}735 \text{ mol Cl}$$

Wenn wir die größere Zahl (0,735 mol) durch die kleinere (0,368 mol) teilen, erhalten wir ein Cl:Hg-Molverhältnis von 1,99 : 1:

$$\frac{\text{Mol von Cl}}{\text{Mol von Hg}} = \frac{0{,}735 \text{ mol Cl}}{0{,}368 \text{ mol Hg}} = \frac{1{,}99 \text{ mol Cl}}{1 \text{ mol Hg}}$$

Aufgrund von experimentellen Fehlern erhalten wir eventuell keine genauen ganzzahligen Werte für das Molverhältnis. Die Zahl 1,99 liegt sehr nahe bei 2, so dass wir mit großer Sicherheit davon ausgehen können, dass die empirische Formel der Verbindung $HgCl_2$ lautet. Es handelt sich um die empirische Formel, weil die Indizes die kleinsten ganzzahligen Werte sind, mit denen das Verhältnis der in der Verbindung vorhandenen Atome zueinander ausgedrückt werden kann (siehe Abschnitt 2.6). Die allgemeine Vorgehensweise zur Bestimmung von empirischen Formeln ist in ▶ Abbildung 3.11 dargestellt.

ÜBUNGSBEISPIEL 3.13   **Berechnung einer empirischen Formel**

Ascorbinsäure (Vitamin C) hat Massenanteile von 40,92 % C, 4,58 % H und 54,50 % O. Welche empirische Formel hat Ascorbinsäure?

Lösung

Analyse: Wir sollen aus den Massenanteilen der Elemente die empirische Formel einer Verbindung berechnen.

Vorgehen: Die Vorgehensweise zur Ermittlung einer empirischen Formel umfasst drei Schritte, die in Abbildung 3.11 zusammengefasst sind.

Lösung: Wir nehmen *zunächst* aus Gründen der Einfachheit an, dass genau 100 g des Materials vorliegen (wir könnten jedoch auch jede andere Masse verwenden). In 100 g Ascorbinsäure sind 40,92 g C, 4,58 g H und 54,50 g O enthalten.

Anschließend berechnen wir die Stoffmengen der jeweiligen Elemente:

$$\text{Mol C} = (40{,}92 \text{ g C}) \left(\frac{1 \text{ mol C}}{12{,}01 \text{ g C}} \right) = 3{,}407 \text{ mol C}$$

$$\text{Mol H} = (4{,}58 \text{ g H}) \left(\frac{1 \text{ mol H}}{1{,}008 \text{ g H}} \right) = 4{,}54 \text{ mol H}$$

$$\text{Mol O} = (54{,}50 \text{ g O}) \left(\frac{1 \text{ mol O}}{16{,}00 \text{ g O}} \right) = 3{,}406 \text{ mol O}$$

Zum Schluss bestimmen wir das einfachste ganzzahlige Molverhältnis, indem wir die Stoffmengen durch die kleinste Stoffmenge (3,406 mol) teilen:

$$\text{C}: \frac{3{,}407}{3{,}406} = 1{,}000 \qquad \text{H}: \frac{4{,}54}{3{,}406} = 1{,}33 \qquad \text{O}: \frac{3{,}406}{3{,}406} = 1{,}000$$

Das Verhältnis von H ist zu weit von 1 entfernt, als dass wir die Differenz mit experimentellen Fehlern erklären könnten. Es liegt vielmehr ziemlich nahe bei $1\frac{1}{3}$. Wir könnten das Verhältnis also mit 3 multiplizieren und würden auf diese Weise ganze Zahlen erhalten:

$$\text{C}:\text{H}:\text{O} = 3(1:1{,}33:1) = 3:4:3$$

Das ganzzahlige Molverhältnis gibt uns die Indizes der empirischen Formel an: $C_3H_4O_3$

Überprüfung: Eine gewisse Sicherheit ergibt sich daraus, dass wir bei unseren Berechnungen relativ kleine ganzzahlige Werte erhalten. Ansonsten lässt sich unsere Antwort nur schwer überprüfen.

ÜBUNGSAUFGABE

Eine Probe von 5,325 g Methylbenzoat, einer Verbindung, die zur Herstellung von Parfüms verwendet wird, enthält 3,758 g Kohlenstoff, 0,316 g Wasserstoff und 1,251 g Sauerstoff. Welche empirische Formel hat die Substanz?

Antwort: C_4H_4O.

Bestimmung der Molekülformel aus der empirischen Formel

Aus der prozentualen Zusammensetzung einer Substanz erhalten wir stets die empirische Formel. Wir können die Molekülformel aus der empirischen Formel bestimmen, wenn uns das Molekulargewicht bzw. die molare Masse der Verbindung bekannt ist. *Die Indizes der Molekülformel einer Substanz sind stets ganzzahlige Vielfache der entsprechenden Indizes ihrer empirischen Formel* (siehe Abschnitt 2.6). Wir können den Faktor zwischen den beiden Indizes bestimmen, indem wir das empirische Formelgewicht mit dem Molekulargewicht vergleichen:

$$\text{ganzzahliger Faktor} = \frac{\text{Molekulargewicht}}{\text{empirisches Formelgewicht}} \qquad (3.11)$$

In Übungsbeispiel 3.13 haben wir für Ascorbinsäure die empirische Formel $C_3H_4O_3$ bestimmt, aus der sich ein empirisches Formelgewicht von $3(12{,}0 \text{ ame}) \times 4(1{,}0 \text{ ame}) + 3(16{,}0 \text{ ame}) = 88{,}0$ ame ergibt. Das experimentell bestimmte Formelgewicht ist 176 ame. Das Molekulargewicht ist 2-mal so groß wie das empirische Formelgewicht (176/88,0 = 2,00). Die Molekülformel muss also 2-mal so viele Atome jedes Elements enthalten wie die empirische Formel. Um die Molekülformel $C_6H_8O_6$ zu erhalten, multiplizieren wir also die Indizes der empirischen Formel mit 2:

3 Stöchiometrie: Das Rechnen mit chemischen Formeln und Gleichungen

ÜBUNGSBEISPIEL 3.14 — Bestimmung einer Molekülformel

Mesitylen, ein Kohlenwasserstoff, der in kleinen Mengen in Erdöl vorkommt, hat die empirische Formel C_3H_4. Das experimentell ermittelte Molekulargewicht dieser Substanz ist 121 ame. Welche Molekülformel hat Mesitylen?

Lösung

Analyse: Es sind die empirische Formel und das Molekulargewicht einer Substanz angegeben. Wir sollen daraus die Molekülformel bestimmen.

Vorgehen: Die Indizes der Molekülformel einer Substanz sind ganzzahlige Vielfache der Indizes ihrer empirischen Formel. Um den entsprechenden ganzzahligen Faktor zu bestimmen, vergleichen wir das Molekulargewicht mit dem Formelgewicht der empirischen Formel.

Lösung: Wir berechnen zunächst das Formelgewicht der empirischen Formel C_3H_4.

$$3(12{,}0 \text{ ame}) + 4(1{,}0 \text{ ame}) = 40{,}0 \text{ ame}$$

Anschließend teilen wir das Molekulargewicht durch das empirische Formelgewicht und erhalten so den Faktor, mit dem wir die Indizes von C_3H_4 multiplizieren müssen.

$$\frac{\text{Molekulargewicht}}{\text{empirisches Formelgewicht}} = \frac{121}{40{,}0} = 3{,}02$$

Nur ganzzahlige Verhältnisse sind physikalisch sinnvoll, weil wir es mit ganzen Atomen zu tun haben. Das Ergebnis 3,02 lässt sich in diesem Fall auf kleinere Fehler bei der Bestimmung des Molekulargewichts zurückführen. Wir multiplizieren also die Indizes der empirischen Formel mit 3 und erhalten so die Molekülformel: C_9H_{12}.

Überprüfung: Wir können dem Ergebnis vertrauen, weil der Quotient aus Molekulargewicht und Formelgewicht nahezu eine ganze Zahl ist.

ÜBUNGSAUFGABE

Ethylenglykol, eine Substanz, die in Frostschutzmitteln verwendet wird, besteht aus 38,7 Massen-% C, 9,7 Massen-% H und 51,6 Massen-% O. Die molare Masse der Substanz beträgt 62,1 g/mol.

(a) Welche empirische Formel hat Ethylenglykol? (b) Welche Molekülformel hat die Substanz?

Antwort: (a) CH_3O, (b) $C_2H_6O_2$.

Verbrennungsanalyse

Die empirische Formel einer Verbindung basiert auf Experimenten, in denen die Stoffmengen der einzelnen Elemente einer Probe der Verbindung bestimmt werden. Wir verwenden daher auch das Wort „empirisch", was so viel wie „basierend auf Beobachtungen und Experimenten" bedeutet. Chemiker haben eine Reihe von experimentellen Techniken entwickelt, mit deren Hilfe sich empirische Formeln bestimmen lassen. Eine dieser Techniken ist die Verbrennungsanalyse, die vielfach für Verbindungen eingesetzt wird, die hauptsächlich aus Kohlenstoff und Wasserstoff bestehen.

Bei der vollständigen Verbrennung einer Verbindung, die Kohlenstoff und Wasserstoff enthält, in einer der ▶ Abbildung 3.12 entsprechenden Vorrichtung wird der in der Verbindung enthaltene Kohlenstoff in CO_2 und der enthaltene Wasserstoff in H_2O umgewandelt (siehe Abschnitt 3.2). Die entstehenden Mengen von CO_2 und H_2O wer-

Abbildung 3.12: Vorrichtung zur Bestimmung der prozentualen Anteile von Kohlenstoff und Wasserstoff in einer Verbindung. Die Verbindung wird zu CO_2 und H_2O verbrannt. Das Kupferoxid dient dazu, Restspuren von Kohlenstoff und Kohlenmonoxid zu Kohlendioxid sowie Wasserstoff zu Wasser zu oxidieren.

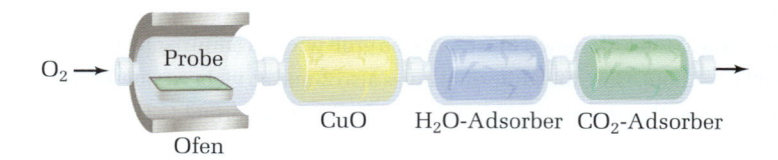

3.5 Bestimmung der empirischen Formel aus Analysen

den bestimmt, indem man die Massenzunahme in den CO_2- und H_2O-Adsorbern misst. Mit Hilfe der Massen von CO_2 und H_2O können wir die Stoffmengen von C und H in der Ausgangsverbindung berechnen und so die empirische Formel bestimmen. Wenn die Verbindung noch ein drittes Element enthält, können wir seine Masse berechnen, indem wir die Massen von C und H von der Masse der Ausgangssubstanz abziehen. In Übungsbeispiel 3.15 wird gezeigt, wie die empirische Formel einer Substanz bestimmt werden kann, die aus C, H und O besteht.

> **? DENKEN SIE EINMAL NACH**
>
> Wie können Sie die Tatsache erklären, dass sich in Übungsbeispiel 3.15 anstelle des ganzzahligen Verhältnisses C:H:O (3:8:1) das Verhältnis 2,98:7,91:1,00 ergibt?

ÜBUNGSBEISPIEL 3.15 — Bestimmung der empirischen Formel mittels Verbrennungsanalyse

Isopropylalkohol besteht aus den Elementen C, H und O. Bei der Verbrennung von 0,255 g Isopropylalkohol entstehen 0,561 g CO_2 und 0,306 g H_2O. Bestimmen Sie die empirische Formel von Isopropylalkohol.

Lösung

Analyse: In der Aufgabe ist angegeben, dass Isopropylalkohol nur C-, H- und O-Atome enthält. Ferner sind die Mengen an CO_2 und H_2O angegeben, die bei der Verbrennung einer bestimmten Menge des Alkohols entstehen. Wir sollen mit Hilfe dieser Informationen die empirische Formel von Isopropylalkohol bestimmen. Zu diesem Zweck müssen wir die Stoffmengen von C, H und O in der Probe ermitteln.

Vorgehen: Wir berechnen mit Hilfe des Stoffmengenkonzepts die in der CO_2-Menge enthaltene Masse Kohlenstoff und die in der H_2O-Menge enthaltene Masse Wasserstoff. Diese Mengen an C und H entsprechen den Mengen, die vor der Verbrennung im Isopropylalkohol vorhanden waren. Die in der Verbindung enthaltene Masse Sauerstoff ist gleich der Masse des Isopropylalkohols minus der Summe der Massen von C und H. Wenn uns die Massen von C, H und O in der Probe bekannt sind, können wir wie in Übungsbeispiel 3.13 fortfahren: Wir berechnen die Stoffmengen der Elemente, bestimmen ihr Verhältnis zueinander und erhalten so die Indizes der empirischen Formel.

Lösung: Um die Masse von C zu bestimmen, rechnen wir zunächst die Masse von CO_2 in die Stoffmenge um (1 mol CO_2 = 44,0 g CO_2). Weil in jedem CO_2 Molekül genau 1 C-Atom vorhanden ist, entspricht die Stoffmenge der CO_2-Moleküle der Stoffmenge der C-Atome. Wir können also die Stoffmenge von CO_2 in die Stoffmenge von C umrechnen. Mit Hilfe der molaren Masse von C (1 mol C = 12,0 g C) rechnen wir schließlich die Stoffmenge von C in die Masse um. Wenn wir diese drei Umrechnungen zusammenfassen, erhalten wir:

$$\text{Gramm C} = (0{,}561 \text{ g } CO_2)\left(\frac{1 \text{ mol } CO_2}{44{,}0 \text{ g } CO_2}\right)\left(\frac{1 \text{ mol C}}{1 \text{ mol } CO_2}\right)\left(\frac{12{,}0 \text{ g C}}{1 \text{ mol C}}\right) = 0{,}153 \text{ g C}$$

Bei der Berechnung der Masse von H gehen wir auf ähnliche Weise vor. Wir achten dabei darauf, dass sich in einem H_2O-Molekül zwei H-Atome befinden:

$$\text{Gramm H} = (0{,}306 \text{ g } H_2O)\left(\frac{1 \text{ mol } H_2O}{18{,}0 \text{ g } H_2O}\right)\left(\frac{2 \text{ mol H}}{1 \text{ mol } H_2O}\right)\left(\frac{1{,}01 \text{ g H}}{1 \text{ mol H}}\right) = 0{,}0343 \text{ g H}$$

Die Gesamtmasse der Probe von 0,255 g ist gleich der Summe der Massen von C, H und O. Wir können also die Masse von wie folgt berechnen:

$$\text{Masse von O} = \text{Masse der Probe} - (\text{Masse von C} + \text{Masse von H})$$
$$= 0{,}255 \text{ g} - (0{,}153 \text{ g} + 0{,}0343 \text{ g}) = 0{,}068 \text{ g O}$$

Anschließend berechnen wir die in der Probe enthaltenen Stoffmengen von C, H und O:

$$\text{Mol C} = (0{,}153 \text{ g C})\left(\frac{1 \text{ mol C}}{12{,}0 \text{ g C}}\right) = 0{,}0128 \text{ mol C}$$

$$\text{Mol H} = (0{,}0343 \text{ g H})\left(\frac{1 \text{ mol H}}{1{,}01 \text{ g H}}\right) = 0{,}0340 \text{ mol H}$$

$$\text{Mol O} = (0{,}068 \text{ g O})\left(\frac{1 \text{ mol O}}{16{,}0 \text{ g O}}\right) = 0{,}0043 \text{ mol O}$$

Wir erhalten die empirische Formel, indem wir die Stoffmengen der einzelnen Elemente zueinander ins Verhältnis setzen. Dazu teilen wir die Stoffmengen der Elemente durch die kleinste ermittelte Stoffmenge, also durch 0,0043 und erhalten das Stoffmengenverhältnis. Das Stoffmengenverhältnis von C:H:O erreicht somit 2,98:7,91:1,00. Die ersten beiden Zahlen liegen nahe an den ganzen Zahlen 3 und 8, so dass sich die empirische Formel C_3H_8O ergibt.

Überprüfung: Die Indizes sind erwartungsgemäß relativ kleine ganze Zahlen.

ÜBUNGSAUFGABE

(a) Capronsäure, die für den unangenehmen Geruch getragener Socken verantwortlich ist, besteht aus C-, H- und O-Atomen. Bei der Verbrennung einer Probe von 0,225 g dieser Verbindung entstehen 0,512 g CO_2 und 0,209 g H_2O. Welche empirische Formel hat Capronsäure?

(b) Capronsäure hat eine molare Masse von 116 g/mol. Welche Molekülformel hat die Verbindung?

Antworten: (a) C_3H_6O, (b) $C_6H_{12}O_2$.

3.6 Quantitative Informationen aus ausgeglichenen Gleichungen

Die Koeffizienten einer chemischen Gleichung geben die relative Anzahl der an der Reaktion beteiligten Moleküle an. Mit Hilfe des Stoffmengenkonzepts können wir aus diesen Informationen die Massen der Substanzen gewinnen. Betrachten Sie die folgende ausgeglichene Gleichung:

$$2\ H_2(g) + O_2(g) \longrightarrow 2\ H_2O(l) \tag{3.12}$$

Die Koeffizienten geben an, dass je zwei H_2-Moleküle mit einem O_2-Molekül zu zwei H_2O-Molekülen reagieren. Das Verhältnis der Stoffmengen entspricht der relativen Anzahl der Moleküle:

$2\ H_2(g)$	+	$O_2(g)$	$\longrightarrow$	$2\ H_2O(l)$
2 Moleküle		1 Molekül		2 Moleküle
$2(6{,}02 \times 10^{23})$ Moleküle		$1(6{,}02 \times 10^{23})$ Moleküle		$2(6{,}02 \times 10^{23})$ Moleküle
2 mol		1 mol		2 mol

Wir können diese Beobachtung für alle ausgeglichenen chemischen Reaktionen verallgemeinern: *Die Koeffizienten einer ausgeglichenen chemischen Reaktion geben sowohl die relative Anzahl der an einer Reaktion beteiligten Moleküle (oder Formeleinheiten) als auch das Verhältnis der Stoffmengen an.* In Tabelle 3.3 ist dieses Ergebnis zusammengefasst. Aus der Tabelle wird auch der Zusammenhang mit dem Gesetz der Erhaltung der Masse deutlich. Achten Sie darauf, dass die Gesamtmasse der Re-

Tabelle 3.3

Informationen aus einer ausgeglichenen Reaktionsgleichung

Gleichung:	$2\ H_2(g)$	+	$O_2(g)$	$\longrightarrow$	$2\ H_2O(l)$
Moleküle:	2 Moleküle H_2	+	1 Molekül O_2	$\longrightarrow$	2 Moleküle H_2O
Masse (ame):	4,0 ame H_2	+	32,0 ame O_2	$\longrightarrow$	36,0 ame H_2O
Stoffmenge (mol):	2 mol H_2	+	1 mol O_2	$\longrightarrow$	2 mol H_2O
Masse (g):	4,0 g H_2	+	32,0 g O_2	$\longrightarrow$	36,0 g H_2O

aktanten (4,0 g + 32,0 g) der Gesamtmasse der Produkte (36,0 g) entspricht. (Die Umwandlung von Materie in Energie gemäß $E = mc^2$ ist hier unwägbar klein und darf unberücksichtigt bleiben.)

Die in den Koeffizienten der ▶ Gleichung 3.12 angegebenen Größen 2 mol H_2, 1 mol O_2 und 2 mol H_2O werden *stöchiometrische Verhältniszahlen* genannt. Die Beziehungen zwischen diesen Größen können wie folgt ausgedrückt werden:

$$2 \text{ mol } H_2 \mathrel{\hat{=}} 1 \text{ mol } O_2 \mathrel{\hat{=}} 2 \text{ mol } H_2O$$

wobei das Symbol $\mathrel{\hat{=}}$ für „entspricht stöchiometrisch" steht. Mit anderen Worten zeigt ▶ Gleichung 3.12, dass aus 2 mol H_2 und 1 mol O_2 2 mol H_2O gebildet werden. Wir können diese stöchiometrischen Beziehungen verwenden, um die Mengen der Reaktanten und Produkte einer chemischen Reaktion miteinander ins Verhältnis zu setzen. So können wir z. B. die Stoffmenge an H_2O berechnen, die bei der Reaktion von 1,57 mol von O_2 entsteht:

$$\text{Mol } H_2O = (1{,}57 \text{ mol } O_2)\left(\frac{2 \text{ mol } H_2O}{1 \text{ mol } O_2}\right) = 3{,}14 \text{ mol } H_2O$$

> **? DENKEN SIE EINMAL NACH**
>
> Wenn 1,57 mol O_2 mit H_2 reagiert und dabei H_2O entsteht, wie viele Mole von H_2 werden verbraucht?

Betrachten Sie als weiteres Beispiel die Verbrennung von Butan, C_4H_{10}, das für Einwegfeuerzeuge verwendet wird:

$$2\ C_4H_{10}(l) + 13\ O_2(g) \longrightarrow 8\ CO_2(g) + 10\ H_2O(g) \qquad (3.13)$$

Wir wollen die Masse von CO_2 berechnen, die bei der Verbrennung von 1,00 g C_4H_{10} entsteht. Die Koeffizienten aus ▶ Gleichung 3.13 verraten uns, wie die Menge des verbrauchten C_4H_{10} und die Menge des gebildeten CO_2 zusammenhängen: 2 mol $C_4H_{10} \mathrel{\hat{=}} 8$ mol CO_2. Wir müssen jedoch zunächst mit Hilfe der molaren Masse C_4H_{10} die angegebene Masse von C_4H_{10} in die Stoffmenge von C_4H_{10} umrechnen. Mit Hilfe der Beziehung 1 mol $C_4H_{10} = 58{,}0$ g C_4H_{10} erhalten wir:

$$\text{Mol } C_4H_{10} = (1{,}00 \text{ g } C_4H_{10})\left(\frac{1 \text{ mol } C_4H_{10}}{58{,}0 \text{ g } C_4H_{10}}\right)$$

$$= 1{,}72 \times 10^{-2} \text{ mol } C_4H_{10}$$

Wir verwenden den stöchiometrischen Faktor der ausgeglichenen Gleichung (2 mol $C_4H_{10} \mathrel{\hat{=}} 8$ mol CO_2), um die Stoffmenge von CO_2 zu berechnen:

$$\text{Mol } CO_2 = (1{,}72 \times 10^{-2} \text{ mol } C_4H_{10})\left(\frac{8 \text{ mol } CO_2}{2 \text{ mol } C_4H_{10}}\right)$$

$$= 6{,}88 \times 10^{-2} \text{ mol } CO_2$$

Mit Hilfe der molaren Masse von CO_2 können wir schließlich die Masse von CO_2 in Gramm berechnen (1 mol $CO_2 = 44{,}0$ g CO_2):

$$\text{Gramm } CO_2 = (6{,}88 \times 10^{-2} \text{ mol } CO_2)\left(\frac{44{,}0 \text{ g } CO_2}{1 \text{ mol } CO_2}\right)$$

$$= 3{,}03 \text{ g } CO_2$$

Die Umrechnungsfolge lautet also:

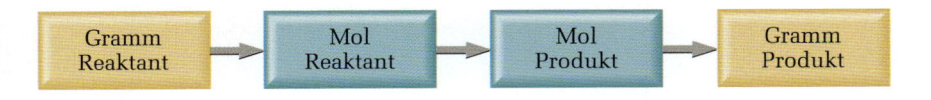

Gramm Reaktant → Mol Reaktant → Mol Produkt → Gramm Produkt

ÜBUNGSBEISPIEL 3.16 — Berechnung von Reaktant- und Produktmengen

Wie viel Gramm Wasser entstehen bei der Oxidation von 1,00 g Glukose $C_6H_{12}O_6$?

$$C_6H_{12}O_6(s) + 6\,O_2(g) \longrightarrow 6\,CO_2(g) + 6\,H_2O(l)$$

Lösung

Analyse: Es ist die Masse eines Reaktanten angegeben. Wir sollen daraus mit Hilfe einer Reaktionsgleichung die Masse eines Produkts berechnen.

Vorgehen: Wie in ▶ Abbildung 3.13 gezeigt, gehen wir in drei Schritten vor. Wir rechnen zunächst die angegebene Masse von $C_6H_{12}O_6$ in Mol um. Anschließend verwenden wir die ausgeglichene Gleichung, um das Verhältnis der Stoffmengen von $C_6H_{12}O_6$ und H_2O zu bestimmen (1 mol $C_6H_{12}O_6 \triangleq$ 6 mol H_2O). Zum Schluss der Berechnung müssen wir schließlich die erhaltene Stoffmenge von H_2O wieder in Gramm umrechnen.

Lösung: Wir verwenden zunächst die molare Masse von $C_6H_{12}O_6$, um die Masse von $C_6H_{12}O_6$ in die Stoffmenge von $C_6H_{12}O_6$ umzurechnen:

$$\text{Mol }C_6H_{12}O_6 = (1{,}00\text{ g }C_6H_{12}O_6)\left(\frac{1\text{ mol }C_6H_{12}O_6}{180{,}0\text{ g }C_6H_{12}O_6}\right)$$

Anschließend rechnen wir mit Hilfe der ausgeglichenen Reaktionsgleichung die Stoffmenge von $C_6H_{12}O_6$ in die Stoffmenge von H_2O um:

$$\text{Mol }H_2O = (1{,}00\text{ g }C_6H_{12}O_6)\left(\frac{1\text{ mol }C_6H_{12}O_6}{180{,}0\text{ g }C_6H_{12}O_6}\right)\left(\frac{6\text{ mol }H_2O}{1\text{ mol }C_6H_{12}O_6}\right)$$

Wir verwenden schließlich die molare Masse von H_2O, um die Stoffmenge von H_2O in die Masse von H_2O umzurechnen:

$$\text{Gramm }H_2O = (1{,}00\text{ g }C_6H_{12}O_6)\left(\frac{1\text{ mol }C_6H_{12}O_6}{180{,}0\text{ g }C_6H_{12}O_6}\right)\left(\frac{6\text{ mol }H_2O}{1\text{ mol }C_6H_{12}O_6}\right)\left(\frac{18{,}0\text{ g }H_2O}{1\text{ mol }H_2O}\right) = 0{,}600\text{ g }H_2O$$

Diese Schritte können analog zu ▶ Abbildung 3.13 in einem Diagramm zusammengefasst werden:

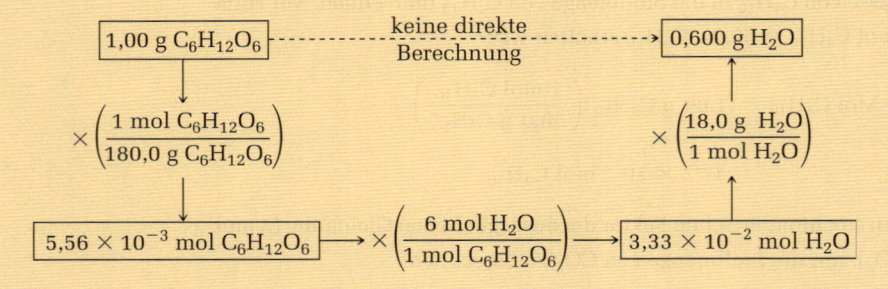

```
1,00 g C6H12O6 ----keine direkte Berechnung----> 0,600 g H2O
      |                                              ↑
      × (1 mol C6H12O6 / 180,0 g C6H12O6)            × (18,0 g H2O / 1 mol H2O)
      ↓                                              |
5,56 × 10⁻³ mol C6H12O6 --× (6 mol H2O / 1 mol C6H12O6)--> 3,33 × 10⁻² mol H2O
```

Überprüfung: Eine Abschätzung der Antwort (18/180 = 0,1 und 0,1 × 6 = 0,6) stimmt mit der exakten Berechnung überein. Die Einheit (Gramm H_2O) ist korrekt. Die Ausgangsdaten sind mit drei signifikanten Stellen angegeben. In der Antwort sollten also ebenfalls drei signifikante Stellen angegeben werden.

Anmerkung: Ein durchschnittlicher Mensch nimmt täglich 2 l Wasser auf und scheidet 2,4 l Wasser aus. Die Differenz zwischen 2 l und 2,4 l ergibt sich aus der Bildung von Wasser beim Metabolismus der aufgenommenen Nahrungsmittel (wie z. B. der Oxidation von Glukose). *Metabolismus* ist ein allgemeiner Ausdruck zur Beschreibung der chemischen Vorgänge, die in einem lebenden Tier oder einer lebenden Pflanze auftreten. Die Wüstenratte (Kängururatte) nimmt gar kein Wasser auf und überlebt vollständig mit Hilfe von metabolisiertem Wasser.

ÜBUNGSAUFGABE

Um kleine Mengen von O_2 im Labor herzustellen, wird häufig die Zerfallsreaktion von $KClO_3$ verwendet: $2\,KClO_3 \longrightarrow 2\,KCl(s) + 3\,O_2(g)$. Wie viel Gramm O_2 erhält man aus 4,50 g von $KClO_3$?

Antwort: 1,77 g.

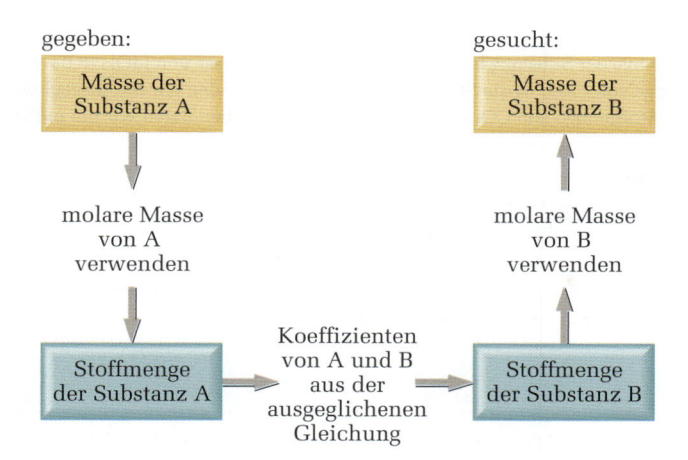

Abbildung 3.13: Prozedur zur Berechnung der Reaktant- und Produktmengen einer Reaktion. Die Masse eines in einer Reaktion verbrauchten Reaktanten oder gebildeten Produkts kann mit Hilfe der Masse eines der anderen Reaktanten oder eines Produkts berechnet werden. Beachten Sie, wie die molaren Massen und die Koeffizienten der ausgeglichenen Reaktionsgleichung in die Berechnung einfließen.

Wir können die einzelnen Schritte in einer einzigen Gleichung zusammenfassen:

$$\text{Gramm CO}_2 = (1{,}00 \text{ g C}_4\text{H}_{10}) \left(\frac{1 \text{ mol C}_4\text{H}_{10}}{58{,}0 \text{ g C}_4\text{H}_{10}} \right) \left(\frac{8 \text{ mol CO}_2}{2 \text{ mol C}_4\text{H}_{10}} \right) \left(\frac{44{,}0 \text{ g CO}_2}{1 \text{ mol CO}_2} \right)$$

$$= 3{,}03 \text{ g CO}_2$$

Auf ähnliche Weise können wir die Mengen von O_2 und H_2O berechnen, die in dieser Reaktion verbraucht bzw. gebildet werden. Um z. B. die Menge des verbrauchten O_2 zu berechnen, verwenden wir wiederum die Koeffizienten der ausgeglichenen Reaktionsgleichung und erhalten daraus den entsprechenden stöchiometrischen Faktor:

2 mol C_4H_{10} ≙ 13 mol O_2

$$\text{Gramm O}_2 = (1{,}00 \text{ g C}_4\text{H}_{10}) \left(\frac{1 \text{ mol C}_4\text{H}_{10}}{58{,}0 \text{ g C}_4\text{H}_{10}} \right) \left(\frac{13 \text{ mol O}_2}{2 \text{ mol C}_4\text{H}_{10}} \right) \left(\frac{32{,}0 \text{ g O}_2}{1 \text{ mol O}_2} \right)$$

$$= 3{,}59 \text{ g O}_2$$

In ▶ Abbildung 3.13 ist die allgemeine Vorgehensweise bei der Berechnung der in chemischen Reaktionen verbrauchten oder gebildeten Substanzmengen zusammengefasst. Wir erhalten das Verhältnis der Stoffmengen der an der Reaktion beteiligten Reaktanten und Produkte aus der ausgeglichenen chemischen Gleichung.

ÜBUNGSBEISPIEL 3.17 **Berechnung von Reaktant- und Produktmengen**

In Raumfahrzeugen wird festes Lithiumhydroxid verwendet, um ausgeatmetes Kohlendioxid aus der Luft zu entfernen. Lithiumhydroxid reagiert dabei mit gasförmigem Kohlendioxid zu festem Lithiumcarbonat und flüssigem Wasser. Wie viel Gramm Kohlendioxid werden von 1,00 g Lithiumhydroxid absorbiert?

Lösung

Analyse: Es ist eine verbale Beschreibung einer Reaktion angegeben. Wir sollen berechnen, wie viel Gramm eines Reaktanten mit 1,00 g eines anderen Reaktanten reagieren.

Vorgehen: Wir stellen mit Hilfe der verbalen Beschreibung der Reaktion eine ausgeglichene Reaktionsgleichung auf:

$$2 \text{ LiOH}(s) + \text{CO}_2(g) \longrightarrow \text{Li}_2\text{CO}_3(s) + \text{H}_2\text{O}(l)$$

Wir sollen mit Hilfe der Masse von LiOH die Masse von CO_2 berechnen. Wir können diese Aufgabe lösen, indem wir die folgenden Umrechnungen durchführen:

Gramm LiOH ⟶ Mol LiOH ⟶ Mol CO_2 ⟶ Gramm CO_2

Für die Umrechnung der Masse von LiOH in die Stoffmenge der Substanz benötigen wir die molare Masse von LiOH (6,94 + 16,00 + 1,01 = 23,95 g/mol). Für die Umrechnung der Stoffmenge von LiOH in die Stoffmenge von CO_2 verwenden wir die ausgeglichene chemische Gleichung: 2 mol LiOH ≙ 1 mol CO_2. Um die Stoffmenge von CO_2 in Gramm umzurechnen, benötigen wir die molare Masse von CO_2: 12,01 + 2(16,00) = 44,01 g/mol.

Lösung:

$$(1{,}00 \text{ g LiOH}) \left(\frac{1 \text{ mol LiOH}}{23{,}95 \text{ g LiOH}} \right) \left(\frac{1 \text{ mol } CO_2}{2 \text{ mol LiOH}} \right) \left(\frac{44{,}01 \text{ g } CO_2}{1 \text{ mol } CO_2} \right) = 0{,}919 \text{ g } CO_2$$

Überprüfung: Beachten Sie, dass 23,95 ≈ 24 × 2 = 48 und 44/48 etwas kleiner als 1 sind. Die Größenordnung der Antwort ist daher plausibel. Auch die Anzahl der signifikanten Stellen und die Einheit der Antwort sind korrekt.

ÜBUNGSAUFGABE

Propan C_3H_8 ist ein Brennstoff, der häufig zum Kochen und zur Beheizung von Wohnungen verwendet wird. Welche Masse von O_2 wird bei der Verbrennung von 1,00 g Propan verbraucht?

Antwort: 3,64 g.

Chemie im Einsatz — CO_2 und der Treibhauseffekt

Kohle und Öl liefern uns die Energie, die wir zur Erzeugung von Elektrizität und für unsere Industrie benötigen. Diese Treibstoffe bestehen hauptsächlich aus Kohlenwasserstoffen und anderen Substanzen, die Kohlenstoff enthalten. Wie wir bereits festgestellt haben, entstehen bei der Verbrennung von 1,00 g von C_4H_{10} 3,03 g CO_2. Bei der Verbrennung von einer Gallone (3,78 l) Benzin (Dichte = 0,70 g/ml und die ungefähre Zusammensetzung von C_8H_{18}) entstehen ungefähr 8 kg CO_2. Über die Verbrennung derartiger Treibstoffe werden jährlich ungefähr 20 Mrd. Tonnen CO_2 in die Atmosphäre freigesetzt.

Der Großteil dieser Menge wird von den Weltmeeren aufgenommen oder von Pflanzen für die Photosynthese verwendet. Nichtsdestotrotz wird zurzeit viel mehr CO_2 erzeugt als gebunden. Chemiker haben seit 1958 die Konzentration von CO_2 in der Atmosphäre aufgezeichnet. Durch die Analyse von in antarktischem und grönländischem Eis eingeschlossenen Luftbläschen ist es möglich, die atmosphärische Konzentration von CO_2 bis zu 160.000 Jahre zurückzuverfolgen. In derartigen Messungen wurde festgestellt, dass die Konzentration von CO_2 seit der letzten Eiszeit vor ungefähr 10.000 Jahren bis vor kurzem nahezu konstant geblieben ist. Dies hat sich mit der vor ca. 300 Jahren einsetzenden industriellen Revolution geändert. Seit dieser Zeit hat die Konzentration von CO_2 um ungefähr 25 % zugenommen (▶ Abbildung 3.14).

Obwohl CO_2 nur einen geringen Bestandteil der Atmosphäre ausmacht, spielt es bei der Rückhaltung von Wärme eine große Rolle und verhält sich dabei ähnlich wie das Glas eines Treibhauses. Aus diesem Grund werden CO_2 und andere wärmeabsorbierende Gase häufig als Treibhausgase und der von diesen Gasen verursachte Effekt als *Treibhauseffekt* bezeichnet. Die Mehrzahl der Wissenschaftler, die sich mit der Atmosphäre beschäftigen, ist davon überzeugt, dass die Anreicherung von CO_2 und anderen wärmeabsorbierenden Gasen in der Atmosphäre zu einer Änderung des Klimas unseres Planeten führt. Es wird jedoch eingeräumt, dass die Faktoren, die unser Klima beeinflussen, komplex und nur unvollständig verstanden sind.

Wir werden uns in Kapitel 18 näher mit dem Treibhauseffekt beschäftigen.

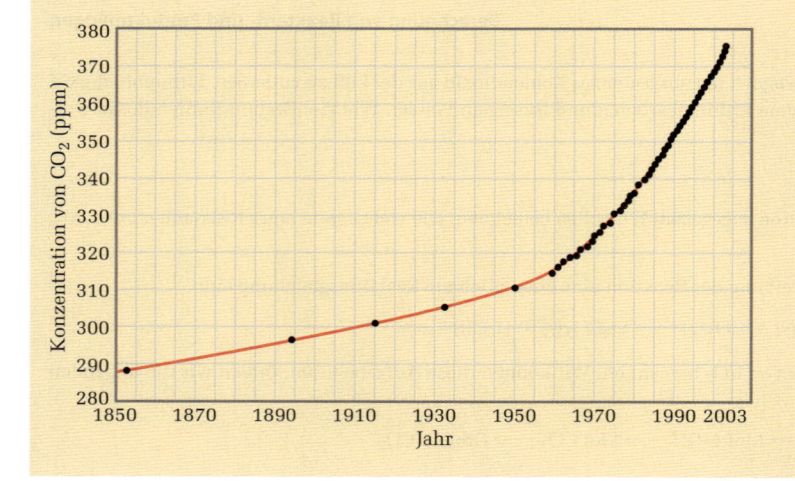

Abbildung 3.14: Steigende Konzentration von CO_2 in der Atmosphäre. Die weltweite Konzentration von CO_2 hat in den letzten 150 Jahren von 290 ppm auf über 370 ppm zugenommen. Die Konzentration in ppm gibt die Anzahl der Moleküle von CO_2 an, die in einer Million (10^6) Luftmoleküle vorhanden sind. Daten vor 1958 wurden durch Analysen von in Gletschereis eingeschlossenen Luftbläschen gewonnen.

Limitierende Reaktanten   3.7

Nehmen Sie an, Sie wollen mehrere belegte Brote zubereiten und verwenden dafür jeweils eine Scheibe Käse und zwei Scheiben Brot, Bt = Brot, K = Käse und Bt$_2$K = Käsebrot. Wenn wir die Abkürzungen verwenden, kann das Rezept zur Zubereitung eines belegten Brotes wie eine chemische Gleichung aufgestellt werden:

$$2\,\text{Bt} + \text{K} \longrightarrow \text{Bt}_2\text{K}$$

Wenn Sie 10 Scheiben Brot und 7 Scheiben Käse haben, können Sie nur 5 belegte Brote zubereiten, bevor Ihnen das Brot ausgeht. Es bleiben 2 Scheiben Käse übrig. Die Anzahl der belegten Brote wird von der Anzahl des vorhandenen Brots begrenzt.

Eine analoge Situation tritt in chemischen Reaktionen auf, wenn einer der Reaktanten vor den anderen verbraucht wird. Die Reaktion kommt zum Erliegen, wenn einer der Reaktanten vollständig verbraucht ist. Von den anderen Reaktanten bleibt ein Überschuss zurück. Nehmen Sie z. B. an, es liegt eine Mischung von 10 mol H$_2$ und 7 mol O$_2$ vor, die zu Wasser reagieren:

$$2\,\text{H}_2(g) + \text{O}_2(g) \longrightarrow 2\,\text{H}_2\text{O}(g)$$

Aus der Beziehung 2 mol H$_2 \mathrel{\widehat{=}}$ 1 mol O$_2$ ergibt sich die Stoffmenge von O$_2$, die für die Reaktion mit H$_2$ benötigt wird:

$$\text{Mol O}_2 = (10\ \cancel{\text{mol H}_2})\left(\frac{1\ \text{mol O}_2}{2\ \cancel{\text{mol H}_2}}\right) = 5\ \text{mol O}_2$$

Zu Beginn der Reaktion liegen 7 mol O$_2$ vor, so dass 7 mol O$_2$ − 5 mol O$_2$ = 2 mol O$_2$ übrig bleiben, wenn das gesamte H$_2$ verbraucht ist. Das betrachtete Beispiel ist in ▶ Abbildung 3.15 auf molekularer Ebene dargestellt.

Der Reaktant, der in einer Reaktion vollständig verbraucht wird, wird entweder **limitierender Reaktant** oder *limitierendes Reagenz* genannt, weil er die Menge des gebildeten Produkts begrenzt bzw. limitiert. Die anderen Reaktanten werden manchmal mit *Überschussreaktanten* oder *Überschussreagenzien* bezeichnet. In unserem Beispiel ist der limitierende Reaktant H$_2$. Wenn also das gesamte H$_2$ verbraucht ist, kommt die Reaktion zum Stillstand. O$_2$ ist ein Überschussreaktant und nach dem Erliegen der Reaktion bleibt ein Teil des O$_2$ zurück.

Es gibt keine Einschränkungen für die Ausgangsmengen der Reaktanten einer Reaktion. Viele Reaktionen werden mit einem Überschuss eines Reaktanten durchge-

vor der Reaktion   nach der Reaktion

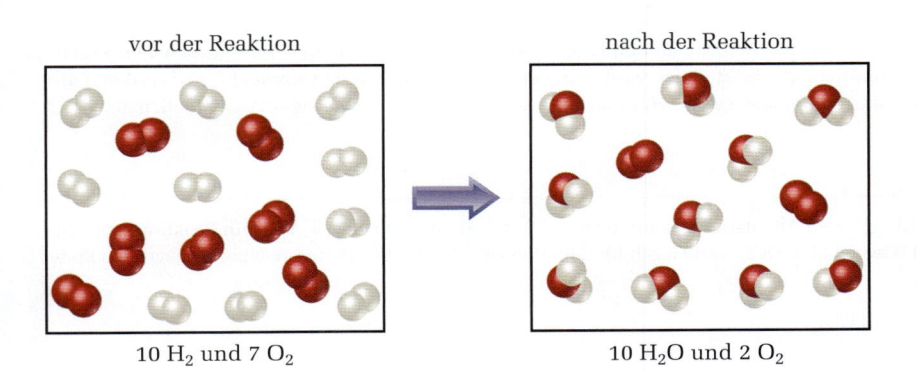

10 H$_2$ und 7 O$_2$ 10 H$_2$O und 2 O$_2$

Abbildung 3.15: Beispiel eines limitierenden Reaktanten. H$_2$ wird vollständig in der Reaktion verbraucht und ist daher der limitierende Reaktant. Weil am Beginn der Reaktion mehr als die stöchiometrische Menge an O$_2$ vorhanden war, bleibt ein Teil am Ende der Reaktion zurück. Die Menge des gebildeten H$_2$O hängt direkt von der Menge des verbrauchten H$_2$ ab.

führt. Die Mengen der verbrauchten Reaktanten und der gebildeten Produkte sind jedoch von der Menge des limitierenden Reaktanten abhängig. Bei der Verbrennung an freier Luft ist Sauerstoff reichlich vorhanden und daher ein Überschussreaktant. Eventuell sind Sie schon einmal mit dem Auto liegen geblieben, weil Sie keinen Treibstoff mehr hatten. Das Auto bleibt stehen, weil Ihnen der limitierende Reaktant der Verbrennungsreaktion (der Treibstoff) ausgegangen ist.

ÜBUNGSBEISPIEL 3.18 — Berechnung der von einem limitierenden Reaktanten gebildeten Produktmenge

Der wichtigste kommerzielle Vorgang, um N_2 aus der Luft in stickstoffhaltige Verbindungen umzuwandeln, basiert auf der Reaktion von N_2 und H_2 zu Ammoniak (NH_3):

$$N_2(g) + 3\,H_2(g) \longrightarrow 2\,NH_3(g)$$

Wie viel Mol NH_3 können aus 3,0 mol N_2 und 6,0 mol H_2 gebildet werden?

Lösung

Analyse: Wir sollen mit Hilfe der angegebenen Stoffmengen der Reaktanten N_2 und H_2 einer Reaktion die Stoffmenge des Produkts (NH_3) berechnen. Es handelt sich also um eine Aufgabe mit einem limitierenden Reaktanten.

Vorgehen: Wenn wir annehmen, dass ein Reaktant vollständig verbraucht wird, können wir berechnen, welche Menge des zweiten Reaktanten in der Reaktion benötigt wird. Durch einen Vergleich der berechneten Größe mit der verfügbaren Menge bestimmen wir, welcher Reaktant limitierend ist. Wir fahren unter Verwendung der Stoffmenge des limitierenden Reaktanten mit der Berechnung fort.

Lösung: Die Stoffmenge an H_2, die zum vollständigen Verbrauch von 3,0 mol N_2 benötigt wird, ist

$$\text{Mol } H_2 = (3{,}0\ \cancel{\text{mol } N_2}) \left(\frac{3\ \text{mol } H_2}{1\ \cancel{\text{mol } N_2}} \right) = 9{,}0\ \text{mol } H_2$$

Es sind nur 6,0 mol H_2 vorhanden, so dass das gesamte H_2 verbraucht wird, bevor uns das N_2 ausgeht. H_2 ist also der limitierende Reaktant. Wir verwenden die Stoffmenge des limitierenden Reaktanten H_2, um die Stoffmenge des gebildeten NH_3 zu berechnen:

$$\text{Mol } NH_3 = (6{,}0\ \cancel{\text{mol } H_2}) \left(\frac{2\ \text{mol } NH_3}{3\ \cancel{\text{mol } H_2}} \right) = 4{,}0\ \text{mol } NH_3$$

Anmerkung: Dieses Beispiel ist in der Tabelle zusammengefasst:

	$N_2(g)$	+	$3\,H_2(g)$	⟶	$2\,NH_3(g)$
Ausgangsgrößen	3,0 mol		6,0 mol		0 mol
Änderungen (Reaktion)	−2,0 mol		−6,0 mol		+4,0 mol
Endgrößen	1,0 mol		0 mol		4,0 mol

Beachten Sie, dass wir nicht nur die Stoffmenge des gebildeten NH_3, sondern auch die Stoffmengen der Reaktanten berechnen können, die nach der Reaktion zurückbleiben. Beachten Sie außerdem, dass trotz der größeren Stoffmenge von H_2 gegenüber N_2 zu Beginn der Reaktion aufgrund des größeren Koeffizienten in der ausgeglichenen Reaktionsgleichung der limitierende Reaktant H_2 ist.

Überprüfung: In der Tabelle stimmt das Verhältnis von Reaktanten und Produkten mit den Koeffizienten der ausgeglichenen Reaktionsgleichung 1:3:2 überein. Weil H_2 der limitierende Reaktant ist, wird er in der Reaktion vollständig verbraucht, so dass 0 mol übrig bleiben. Weil 2,0 mol H_2 zwei signifikante Stellen hat, geben wir in unserer Antwort ebenfalls zwei signifikante Stellen an.

ÜBUNGSAUFGABE

Betrachten Sie die Reaktion $2\,Al(s) + 3\,Cl_2(g) \longrightarrow 2\,AlCl_3(s)$. Ein Gemisch von 1,50 mol Al und 3,00 mol Cl_2 wird zur Reaktion gebracht. **(a)** Welcher Reaktant ist limitierend? **(b)** Wie viel Mol $AlCl_3$ werden gebildet? **(c)** Wie viel Mol des Überschussreaktanten liegen am Ende der Reaktion noch vor?

Antworten: (a) Al; **(b)** 1,50 mol; **(c)** 0,75 mol Cl_2.

ÜBUNGSBEISPIEL 3.19 — Berechnung der von einem limitierenden Reaktanten gebildeten Produktmenge

Betrachten Sie die folgende Reaktion:

$$2\ Na_3PO_4(aq) + 3\ Ba(NO_3)_2(aq) \longrightarrow Ba_3(PO_4)_2(s) + 6\ NaNO_3(aq)$$

Nehmen Sie an, eine Lösung, die 3,50 g Na_3PO_4 enthält, wird mit einer Lösung gemischt, die 6,40 g $Ba(NO_3)_2$ enthält. Wie viel Gramm $Ba_3(PO_4)_2$ können in der Reaktion gebildet werden?

Lösung

Analyse: Wir sollen mit Hilfe der Mengen zweier Reaktanten die Menge des Produkts berechnen. Es handelt sich also um eine Aufgabe mit einem limitierenden Reaktanten.

Vorgehen: Zunächst müssen wir herausfinden, welcher Reaktant limitierend ist. Dazu berechnen wir die Stoffmengen der einzelnen Reaktanten und vergleichen ihr Verhältnis mit dem der ausgeglichenen Reaktionsgleichung. Wir verwenden anschließend die Menge des limitierenden Reaktanten, um die Masse des gebildeten $Ba_3(PO_4)_2$ zu berechnen.

Lösung: Aus der ausgeglichenen Reaktionsgleichung erhalten wir die folgenden stöchiometrischen Beziehungen:

$$2\ mol\ Na_3PO_4 \mathrel{\hat{=}} 3\ mol\ Ba(NO_3)_2 \mathrel{\hat{=}} 1\ mol\ Ba_3(PO_4)_2$$

Mit Hilfe der molaren Massen der einzelnen Reaktanten können wir ihre Stoffmengen berechnen:

$$\text{Mol } Na_3PO_4 = (3{,}50\ \cancel{g\ Na_3PO_4}) \left(\frac{1\ mol\ Na_3PO_4}{164\ \cancel{g\ Na_3PO_4}} \right) = 0{,}0213\ mol\ Na_3PO_4$$

$$\text{Mol } Ba(NO_3)_2 = (6{,}40\ \cancel{g\ Ba(NO_3)_2}) \left(\frac{1\ mol\ Ba(NO_3)_2}{261\ \cancel{g\ Ba(NO_3)_2}} \right) = 0{,}0245\ mol\ Ba(NO_3)_2$$

Die Stoffmenge von $Ba(NO_3)_2$ ist also etwas größer als die Stoffmenge von Na_3PO_4. Die Koeffizienten in der ausgeglichenen Reaktionsgleichung zeigen jedoch an, dass in der Reaktion pro 2 mol Na_3PO_4 3 mol $Ba(NO_3)_2$ benötigt werden. Es werden 1,5-mal mehr Mol $Ba(NO_3)_2$ als Mol Na_3PO_4 benötigt. Es liegt also zu wenig $Ba(NO_3)_2$ vor, um das Na_3PO_4 zu verbrauchen, und $Ba(NO_3)_2$ ist der limitierende Reaktant. Wir verwenden daher die Stoffmenge von $Ba(NO_3)_2$, um die Menge des gebildeten Produkts zu berechnen. Wir können diese Berechnung mit der Masse von $Ba(NO_3)_2$ beginnen, können uns jedoch einen Schritt ersparen, indem wir mit der zuvor bereits berechneten Stoffmenge von $Ba(NO_3)_2$ beginnen:

$$\text{Gramm } Ba_3(PO_4)_2 = (0{,}0245\ \cancel{mol\ Ba(NO_3)_2}) \left(\frac{1\ \cancel{mol\ Ba_3(PO_4)_2}}{3\ \cancel{mol\ Ba(NO_3)_2}} \right) \left(\frac{602\ g\ Ba_3(PO_4)_2}{1\ \cancel{mol\ Ba_3(PO_4)_2}} \right) = 4{,}92\ g\ Ba_3(PO_4)_2$$

Überprüfung: Der Betrag unserer Antwort scheint plausibel zu sein: Wenn wir mit den beiden rechts stehenden Umrechnungsfaktoren beginnen, erhalten wir 600/3 = 200; 200 × 0,025 = 5. Die Einheit ist korrekt und die Anzahl der signifikanten Stellen (drei) entspricht der Anzahl der signifikanten Stellen in der Menge von $Ba(NO_3)_2$.

Anmerkung: Mit Hilfe der Menge des limitierenden Reaktanten $Ba(NO_3)_2$ können auch die Mengen des gebildeten $NaNO_3$ (4,16 g) und des verbrauchten Na_3PO_4 (2,67 g) berechnet werden. Die Masse des überschüssigen Reaktanten Na_3PO_4 ist gleich der Ausgangsmasse abzüglich der in der Reaktion verbrauchten Masse, 3,50 g − 2,67 g = 0,82 g.

ÜBUNGSAUFGABE

Ein Streifen Zinkmetall mit einer Masse von 2,00 g wird in eine wässrige Lösung von 2,50 g Silbernitrat gegeben. Es findet die folgende Reaktion statt:

$$Zn(s) + 2\ AgNO_3(aq) \longrightarrow 2\ Ag(s) + Zn(NO_3)_2(aq)$$

(a) Welcher Reaktant ist limitierend?
(b) Wie viel Gramm Ag werden gebildet?
(c) Wie viel Gramm $Zn(NO_3)_2$ werden gebildet?
(d) Wie viel Gramm des Überschussreaktanten liegen am Ende der Reaktion noch vor?

Antwort: (a) $AgNO_3$; (b) 1,59 g; (c) 1,39 g; (d) 1,52 g Zn.

Limitierende Reaktanten

Lassen Sie uns vor dem Abschluss des Themas die Daten unseres Beispiels in tabellarischer Form zusammenfassen:

	$2\,H_2(g)$	$+$	$O_2(g)$	$\longrightarrow$	$2\,H_2O(g)$
Ausgangsmengen	10 mol		7 mol		0 mol
Änderungen (Reaktion)	−10 mol		−5 mol		+10 mol
Endmengen	0 mol		2 mol		10 mol

Die Ausgangsmengen der Reaktanten sind die Mengen, die beim Start der Reaktion vorliegen (10 mol H_2 und 7 mol O_2). In der zweiten Zeile der Tabelle (Änderungen) sind die Mengen der Reaktanten, die verbraucht werden, und die Menge des Produkts, das gebildet wird, aufgeführt. Diese Mengen werden von der Menge des limitierenden Reaktanten begrenzt und hängen von den Koeffizienten der ausgeglichenen Reaktionsgleichung ab. Das Stoffmengenverhältnis $H_2:O_2:H_2O = 10:5:10$ entspricht dem Verhältnis der Koeffizienten der ausgeglichenen Reaktionsgleichung, $2:1:2$. Die Änderungen sind bei den Reaktanten negativ, weil diese während der Reaktion verbraucht werden, bei den Produkten dagegen positiv, weil diese während der Reaktion gebildet werden. Die Mengen in der dritten Zeile der Tabelle (Endmengen) hängen schließlich von den Ausgangsmengen und den während der Reaktion auftretenden Änderungen ab. Wir erhalten diese Einträge, indem wir die Einträge der Ausgangsmengen und Änderungen jeder Spalte addieren. Am Ende der Reaktion ist der limitierende Reaktant (H_2) vollständig verbraucht. Es bleiben nur 2 mol O_2 und 10 mol H_2O übrig.

Theoretische Ausbeute

Die Menge des Produkts, die rechnerisch gebildet werden sollte, wenn der limitierende Reaktant vollständig verbraucht wird, wird **theoretische Ausbeute** genannt. Die tatsächlich in einer Reaktion gebildete Produktmenge wird *tatsächliche Ausbeute* genannt. Die tatsächliche Ausbeute ist fast immer geringer (und kann nie größer sein) als die theoretische Ausbeute. Der Unterschied zwischen diesen beiden Größen kann viele Ursachen haben. Ein Teil der Reaktanten kann z. B. nicht oder auf eine Weise reagieren, die von der gewünschten Reaktion abweicht (Nebenreaktionen). Zudem ist es nicht immer möglich, aus dem Reaktionsgemisch das gesamte Produkt zu gewinnen. Die prozentuale Ausbeute gibt das Verhältnis zwischen der tatsächlichen und der theoretischen (berechneten) Ausbeute an:

$$\text{prozentuale Ausbeute} = \frac{\text{tatsächliche Ausbeute}}{\text{theoretische Ausbeute}} \times 100\% \qquad (3.14)$$

Im in Übungsbeispiel 3.19 beschriebenen Experiment haben wir z. B. berechnet, dass bei der Mischung von 3,50 g Na_3PO_4 mit 6,40 g $Ba(NO_3)_2$ 4,92 g $Ba_3(PO_4)_2$ gebildet werden sollten. 4,92 g ist also die theoretische Ausbeute $Ba_3(PO_4)_2$ der Reaktion. Wenn die tatsächliche Ausbeute 4,70 g sein sollte, wäre die prozentuale Ausbeute gleich

$$\frac{4{,}70\text{ g}}{4{,}92\text{ g}} \times 100\% = 95{,}5\%$$

ÜBUNGSBEISPIEL 3.20 — Berechnung der theoretischen und der prozentualen Ausbeute einer Reaktion

Adipinsäure $C_6H_{10}O_4$ wird für die Herstellung von Nylon verwendet. Die Säure wird kommerziell in einer gesteuerten Reaktion von Cyclohexan (C_6H_{12}) mit O_2 hergestellt:

$$2\ C_6H_{12}(l) + 5\ O_2(g) \longrightarrow 2\ C_6H_{10}O_4(l) + 2\ H_2O(g)$$

(a) Nehmen Sie an, dass Sie die Reaktion mit 25,0 g Cyclohexan beginnen und Cyclohexan der limitierende Reaktant ist. Wie hoch ist die theoretische Ausbeute an Adipinsäure?

(b) Wie hoch ist die prozentuale Ausbeute, wenn Sie in Ihrer Reaktion 33,5 g Adipinsäure erhalten?

Lösung

Analyse: Es sind die chemische Gleichung und die Menge des limitierenden Reaktanten (25,0 g C_6H_{12}) angegeben. Wir sollen zunächst die theoretische Ausbeute des Produkts ($C_6H_{10}O_4$) und anschließend die prozentuale Ausbeute berechnen, wenn wir tatsächlich nur 33,5 g der Substanz erhalten.

Vorgehen:

(a) Wir können die theoretische Ausbeute, die gleich der rechnerisch ermittelten Menge der in der Reaktion gebildeten Adipinsäure ist, mit Hilfe der folgenden Umrechnungen berechnen:

$$\text{g } C_6H_{12} \longrightarrow \text{mol } C_6H_{12} \longrightarrow \text{mol } C_6H_{10}O_4 \longrightarrow \text{g } C_6H_{10}O_4$$

(b) Wir erhalten die prozentuale Ausbeute, indem wir die tatsächliche Ausbeute (33,5 g) mit der theoretischen Ausbeute vergleichen (▶ Gleichung 3.14).

Lösung:

(a)

$$\text{Gramm } C_6H_{10}O_4 = (25{,}0\ \text{g } C_6H_{12}) \left(\frac{1\ \text{mol } C_6H_{12}}{84{,}0\ \text{g } C_6H_{12}} \right) \times \left(\frac{2\ \text{mol } C_6H_{10}O_4}{2\ \text{mol } C_6H_{12}} \right) \left(\frac{146{,}0\ \text{g } C_6H_{10}O_4}{1\ \text{mol } C_6H_{10}O_4} \right) = 43{,}5\ \text{g } C_6H_{10}O_4$$

(b)

$$\text{Prozentuale Ausbeute} = \frac{\text{tatsächliche Ausbeute}}{\text{theoretische Ausbeute}} \times 100\% = \frac{33{,}5\ \text{g}}{43{,}5\ \text{g}} \times 100\% = 77{,}0\%$$

Überprüfung: Die Größenordnung, die Einheit und die Anzahl der signifikanten Stellen unserer Antwort zu Teil (a) sind korrekt. Die Antwort zu Teil (b) ist erwartungsgemäß kleiner als 100%.

ÜBUNGSAUFGABE

Stellen Sie sich vor, Sie wollen einen Prozess verbessern, in dem aus Eisenerz, das Fe_2O_3 enthält, Eisen gewonnen wird. Als Testexperiment führen Sie die folgende Reaktion in kleinem Maßstab durch:

$$Fe_2O_3(s) + 3\ CO(g) \longrightarrow 2\ Fe(s) + 3\ CO_2(g)$$

(a) Wenn Sie mit 150 g Fe_2O_3 limitierendem Reaktant beginnen, wie groß ist dann die theoretische Ausbeute an Fe?

(b) Wie groß wäre die prozentuale Ausbeute, wenn Ihre tatsächliche Ausbeute an Fe 87,9 g wäre?

Antwort: **(a)** 105 g Fe; **(b)** 83,7%.

Strategien in der Chemie — Prüfungsstrategien

Die beste Art und Weise, sich auf eine Prüfung vorzubereiten, besteht darin, gewissenhaft zu lernen und die im Kurs behandelten Aufgaben sorgfältig zu bearbeiten. Jegliche Unklarheiten und Unsicherheiten sollten Sie mit Hilfe Ihres Dozenten ausräumen. Beachten Sie dazu auch die im Vorwort des Buches gegebenen Ratschläge für das Studium der Chemie. Im Folgenden finden Sie einige allgemeine Hinweise, die Sie in Prüfungen beachten sollten. Je nach Art Ihres Kurses wird Ihre Prüfung aus verschiedenen Fragetypen bestehen. Wir werden die am häufigsten vorkommenden Fragetypen betrachten und uns überlegen, wie Sie diese am besten bearbeiten sollten.

1. Multiple-Choice-Fragen

In Kursen mit vielen Teilnehmern werden als Prüfungsinstrument oft Multiple-Choice-Fragen eingesetzt. Ihnen wird eine Aufgabe gestellt und Sie sollen aus vier oder fünf möglichen Antworten die richtige auswählen. Zunächst sollten Sie sich bewusst machen, dass der Dozent die Frage so stellt, dass auf den ersten Blick alle Antwortmöglichkeiten richtig erscheinen. Es wäre nicht sehr sinnvoll, Antwortmöglichkeiten anzugeben, die Sie ohne große Kenntnis des zu Grunde liegenden Konzepts ausschließen könnten. Sie sollten sich daher nicht davon verleiten lassen, eine Antwort auszuwählen, nur weil sie Ihnen auf den ersten Blick richtig erscheint.

Wenn eine Multiple-Choice-Frage eine Berechnung beinhaltet, führen Sie diese Berechnung durch, überprüfen Sie kurz Ihre Arbeit und vergleichen Sie erst dann Ihre Antwort mit den angegebenen Antwortmöglichkeiten. Wenn Ihre Antwort mit einer der Antwortmöglichkeiten übereinstimmt, haben Sie wahrscheinlich die richtige Antwort gefunden. Denken Sie jedoch daran, dass Ihr Dozent die am häufigsten gemachten Fehler bei der Bearbeitung der Aufgabe berücksichtigt und wahrscheinlich Antwortmöglichkeiten angegeben hat, die sich aus diesen Fehlern ergeben würden. Überprüfen Sie daher immer Ihre Problemlösungsstrategie und verwenden Sie die Dimensionsanalyse, um zur richtigen Antwort mit den richtigen Einheiten zu gelangen.

Bei Multiple-Choice-Fragen, in denen keine Berechnung vorkommt, besteht die mögliche Vorgehensweise darin, zunächst alle Antwortmöglichkeiten auszuschließen, die mit Sicherheit falsch sind. Die Begründungen, die Sie für den Ausschluss der falschen Möglichkeiten verwendet haben, helfen Ihnen vielleicht auch dabei, die richtige Antwort auszuwählen.

2. Berechnungen, bei denen Sie den Lösungsweg mit angeben müssen

Ihr Dozent könnte Ihnen eine Rechenaufgabe stellen, bei der Sie den Lösungsweg mit angeben müssen. Bei Fragen dieser Art erhalten Sie, je nachdem, ob der Dozent Ihren Lösungsweg nachvollziehen kann, eventuell auch dann einen Teil der Punkte, wenn die gefundene Lösung selbst nicht korrekt ist. Es ist daher wichtig, so sorgfältig und übersichtlich zu arbeiten, wie es angesichts des Prüfungsdrucks möglich ist.

Bei Fragen dieser Art ist es hilfreich, sich zunächst kurz die Richtung zu überlegen, die Sie für die Lösung der Aufgabe einschlagen werden. Sie sollten Ihre Gedanken vielleicht sogar schriftlich festhalten oder ein Diagramm zeichnen, aus dem Ihr Lösungsansatz hervorgeht. Führen Sie anschließend Ihre Berechnungen so sorgfältig wie möglich durch. Geben Sie bei jeder Zahl die Einheiten an und verwenden Sie so oft wie möglich die Dimensionsanalyse, um zu zeigen, wie sich Einheiten aus der Berechnung herauskürzen.

3. Fragen, bei denen Zeichnungen angefertigt werden müssen

Manchmal müssen Sie bei der Beantwortung einer Prüfungsfrage eine chemische Struktur, ein Diagramm zur chemischen Bindung oder eine Abbildung anfertigen, in der ein chemischer Vorgang grafisch dargestellt wird. Wir werden Fragen dieser Art im späteren Verlauf des Kurses behandeln. Es ist jedoch hilfreich, diese schon jetzt anzusprechen. Sie sollten sich diese Ratschläge vor jeder Prüfung ins Gedächtnis rufen und für alle Prüfungen verinnerlichen. Beschriften Sie Ihre angefertigten Zeichnungen so vollständig und umfassend wie möglich.

4. Andere Fragetypen

Andere Fragetypen, die Ihnen begegnen könnten, sind Ja-Nein-Fragen und Fragen, in denen Sie aus einer Liste möglicher Antworten diejenigen auswählen sollen, die einem bestimmten Kriterium entsprechen. Studenten beantworten solche Art Fragen oft falsch, weil sie unter Zeitdruck die Frage missverstehen. Wie auch immer die Frage aussieht, werden Sie sich zunächst über die folgenden Punkte klar: Welches Wissen wird in der Frage geprüft? Welches Stoffgebiet sollte ich beherrschen, um diese Frage beantworten zu können?

Verwenden Sie schließlich nicht zu viel Zeit mit einer Frage, bei der Sie keinen sinnvollen Lösungsansatz erkennen können. Machen Sie sich eine Markierung und fahren Sie mit der nächsten Frage fort. Wenn Ihnen genügend Zeit bleibt, können Sie am Schluss der Prüfung zu unbeantworteten Fragen zurückkehren. Wenn Sie sich jedoch zu lange mit einer Frage beschäftigen, zu denen Ihnen nichts einfällt, verlieren Sie Zeit, die Ihnen am Ende der Prüfung fehlen könnte.

Zusammenfassung und Schlüsselbegriffe

Einführung und Abschnitt 3.1 Das Studium der quantitativen Beziehungen zwischen chemischen Formeln und chemischen Gleichungen wird **Stöchiometrie** genannt. Ein wichtiges Konzept in der Stöchiometrie ist das Gesetz der Erhaltung der Masse. Dieses Gesetz sagt aus, dass die Gesamtmasse der Produkte einer chemischen Reaktion gleich der Gesamtmasse der Reaktanten ist. Vor einer chemischen Reaktion liegen die gleichen Atome vor wie nach der Reaktion. In einer ausgeglichenen **chemischen Gleichung** befinden sich auf beiden Seiten der Gleichung die gleichen Atome. Gleichungen werden ausgeglichen, indem vor die chemischen Formeln der **Reaktanten** und **Produkte** einer Reaktion Koeffizienten geschrieben werden. Die Indizes der chemischen Formeln werden *nicht* verändert.

Abschnitt 3.2 In diesem Kapitel werden u. a. die folgenden Reaktionstypen behandelt: (1) **Bildungsreaktionen**, bei denen zwei Reaktanten zu einem Produkt reagieren, (2) **Zerfallsreaktionen**, bei denen aus einem einzigen Reaktant mehrere Produkte entstehen und (3) **Verbrennungsreaktionen** mit Sauerstoff, bei denen ein Kohlenwasserstoff oder verwandte Verbindungen mit O_2 zu CO_2 und H_2O reagieren.

Abschnitt 3.3 Wir können mit Hilfe von Atomgewichten aus chemischen Formeln und ausgeglichenen chemischen Reaktionsgleichungen eine Vielzahl an quantitativen Informationen bestimmen. Das **Formelgewicht** einer Substanz ergibt sich aus der Summe der Atomgewichte der in ihr enthaltenen Atome. Wenn die Formel eine Molekülformel ist, wird das Formelgewicht auch **Molekulargewicht** genannt. Atom- und Formelgewichte können verwendet werden, um die elementare Zusammensetzung einer Verbindung zu bestimmen.

Abschnitt 3.4 Ein **Mol** einer Substanz ist gleich der Anzahl der Formeleinheiten der Substanz, die der **Avogadrokonstante** ($6,02 \times 10^{23}$) entspricht. Die Masse eines Mols Atome, Moleküle oder Ionen (die **molare Masse**) ist gleich dem numerischen Formelgewicht der Substanz mit der Einheit Gramm. Wenn die Masse eines Moleküls H_2O z. B. 18 ame ist, ist die Masse von 1 mol H_2O 18 g. Die molare Masse von H_2O ist also gleich 18 g/mol.

Abschnitt 3.5 Die empirische Formel einer Substanz kann aus der prozentualen Zusammensetzung bestimmt werden, indem man die Stoffmengen der einzelnen Atome in 100 g der Substanz bestimmt. Wenn die Substanz aus Molekülen besteht und das Molekulargewicht bekannt ist, kann aus der empirischen Formel die Molekülformel bestimmt werden.

Abschnitt 3.6 und 3.7 Mit Hilfe des Stoffmengenkonzepts lassen sich die relativen Mengen der an einer chemischen Reaktion beteiligten Reaktanten und Produkte berechnen. Die Koeffizienten einer ausgeglichenen Gleichung geben das Verhältnis der Stoffmengen der Reaktanten und Produkte zueinander an. Um die Masse eines Produkts aus der Masse eines Reaktanten zu berechnen, müssen wir daher zunächst die Masse des Reaktanten in die Stoffmenge des Reaktanten umrechnen. Wir verwenden anschließend die Koeffizienten der ausgeglichenen Reaktionsgleichung, um die Stoffmenge des Reaktanten in die Stoffmenge des Produkts umzurechnen. Im letzten Schritt rechnen wir schließlich die Stoffmenge des Produkts in die Masse des Produkts um.

Ein **limitierender Reaktant** wird in einer Reaktion vollständig verbraucht. Sobald er verbraucht ist, kommt die Reaktion zum Erliegen, so dass die Menge des gebildeten Produkts von diesem Stoff begrenzt wird. Die **theoretische Ausbeute** einer Reaktion ist die Produktmenge, die man rechnerisch erhält, wenn der gesamte limitierende Reaktant verbraucht worden ist. Die tatsächliche Ausbeute einer Reaktion ist immer geringer als die theoretische Ausbeute. Mit der **prozentualen Ausbeute** wird das Verhältnis von tatsächlicher zu theoretischer Ausbeute angegeben.

3 Stöchiometrie: Das Rechnen mit chemischen Formeln und Gleichungen

Veranschaulichung von Konzepten

3.1 Im folgenden Diagramm ist die Reaktion zwischen einem Reaktanten A (blaue Kugeln) und einem Reaktanten B (rote Kugeln) dargestellt:

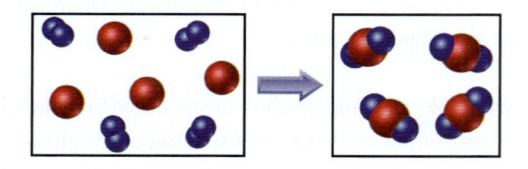

Welche Reaktionsgleichung ergibt sich aus dem Diagramm? (*Abschnitt 3.1*)

(a) $A_2 + B \longrightarrow A_2B$; (b) $A_2 + 4B \longrightarrow 2AB_2$;
(c) $2A + B_4 \longrightarrow 2AB_2$; (d) $A + B_2 \longrightarrow AB_2$

3.2 Unter geeigneten Bedingungen reagieren H_2 und CO in einer Bildungsreaktion zu CH_3OH. In der unten stehenden Zeichnung ist eine Probe H_2 abgebildet. Fertigen Sie eine entsprechende Zeichnung für CO an, so dass dieses vollständig mit dem dargestellten H_2 reagieren würde. Wie haben Sie die Anzahl der CO-Moleküle in Ihrer Zeichnung bestimmt? (*Abschnitt 3.2*)

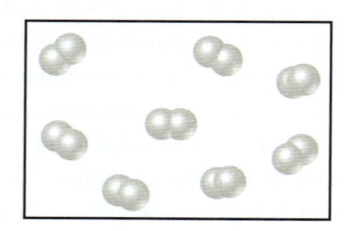

3.3 Im folgenden Diagramm sind mehrere Elemente dargestellt, die aus einer Zerfallsreaktion hervorgegangen sind. **(a)** Wie ist die empirische Formel der ursprünglichen Verbindung, wenn Sie annehmen, dass die blauen Kugeln für N-Atome und die roten Kugeln für O-Atome stehen? **(b)** Sind Sie in der Lage, ein Diagramm zu zeichnen, in dem die Moleküle der ursprünglichen Verbindung dargestellt sind? Warum oder warum nicht? (*Abschnitt 3.2*)

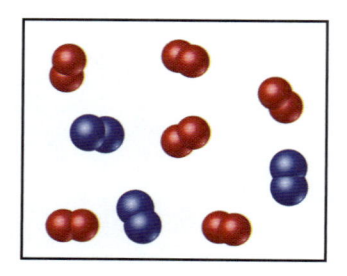

3.4 Im folgenden Diagramm sind CO_2- und H_2O-Moleküle dargestellt, die bei der vollständigen Verbrennung eines bestimmten Kohlenwasserstoffs entstehen. Welche empirische Formel hat dieser Kohlenwasserstoff? (*Abschnitt 3.2*)

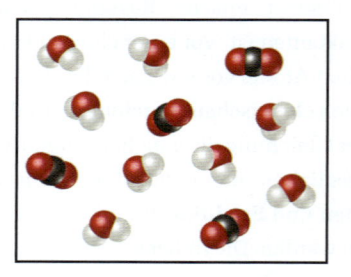

3.5 Im Molekülmodell unten ist Glycin dargestellt, eine Aminosäure, die in Organismen zur Synthese von Proteinen benötigt wird. **(a)** Geben Sie die Molekülformel von Glycin an. **(b)** Bestimmen Sie die Molekülmasse. **(c)** Berechnen Sie den prozentualen Massenanteil von Stickstoff in Glycin (*Abschnitte 3.3 und 3.5*).

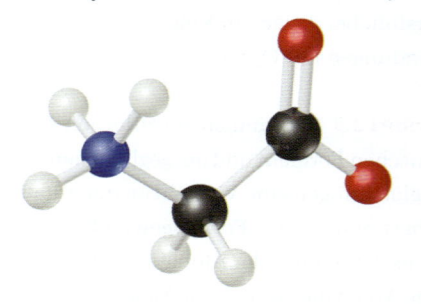

3.6 Im folgenden Diagramm ist eine Hochtemperaturreaktion zwischen CH_4 und H_2O dargestellt. Wie viel Mol der beiden Produkte erhält man, wenn man von 4,0 mol CH_4 ausgeht? (*Abschnitt 3.6*)

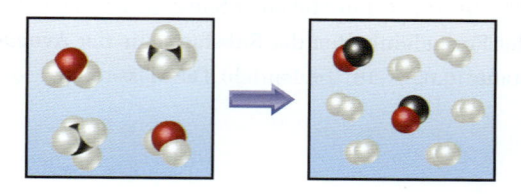

3.7 Stickstoff (N_2) und Wasserstoff (H_2) reagieren zu Ammoniak (NH_3). Betrachten Sie das im folgenden Diagramm dargestellte Gemisch aus N_2 und H_2. Die blauen Kugeln stehen für N-Atome und die weißen für H-Atome. Zeichnen Sie das Produktgemisch. Nehmen Sie dabei an, dass die Reaktion vollständig abläuft. Wie sind

Sie auf Ihre Darstellung gekommen? Welcher Reaktant ist in diesem Fall limitierend? (*Abschnitt 3.7*)

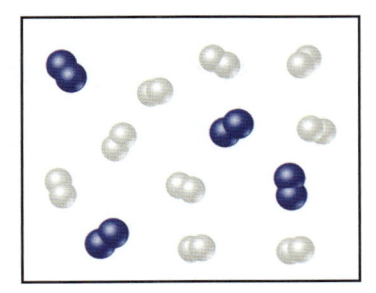

3.8 Stickstoffmonoxid und Sauerstoff reagieren zu Stickstoffdioxid. Betrachten Sie das im folgenden Diagramm dargestellte Gemisch aus NO und O_2. Die blauen Kugeln stehen für N-Atome und die roten Kugeln für O-Atome.

(a) Zeichnen Sie das Produktgemisch. Nehmen Sie dabei an, dass die Reaktion vollständig abläuft. Welcher Reaktant ist in diesem Fall limitierend? **(b)** Wie viele NO_2-Moleküle würden Sie als Produkt darstellen, wenn die Reaktion eine prozentuale Ausbeute von 75 % hätte? (*Abschnitt 3.7*)

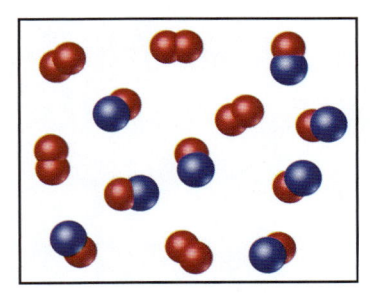

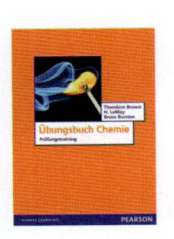

Übungsaufgaben
mit ausführlichen Lösungshinweisen

Multiple Choice-Aufgaben
Lösungen zu den Übungsaufgaben
im Kapitel

Reaktionen in Wasser und Stöchiometrie in Lösungen

4

- 4.1 Allgemeine Eigenschaften wässriger Lösungen 119
- 4.2 Fällungsreaktionen 123
- 4.3 Säure-Base-Reaktionen 129
- 4.4 Redoxreaktionen 137
- 4.5 Konzentrationen von Lösungen 145

Chemie und Leben
- Das Trinken von zu viel Wasser kann tödlich sein 149
- 4.6 Stöchiometrie und chemische Analyse 151
- Zusammenfassung und Schlüsselbegriffe 157
- Veranschaulichung von Konzepten 158

ÜBERBLICK

Was uns erwartet

■ Wir beginnen damit, die Natur von in Wasser gelösten Substanzen zu untersuchen, und schauen uns an, ob diese Substanzen in Wasser als Ionen, Moleküle oder als Gemisch aus Ionen und Molekülen vorliegen. Diese Informationen benötigen wir, um zu verstehen, wie Substanzen in wässrigen Lösungen reagieren (*Abschnitt 4.1*).

In wässrigen Lösungen gibt es drei grundsätzlich verschiedene Reaktionsarten:

■ In *Fällungsreaktionen* entsteht aus löslichen Reaktanten ein unlösliches Produkt (*Abschnitt 4.2*).

■ In *Säure-Base-Reaktionen* werden zwischen Reaktanten H^+-Ionen übertragen (*Abschnitt 4.3*).

■ In *Reduktions-Oxidations-Reaktionen* werden zwischen Reaktanten Elektronen übertragen (*Abschnitt 4.4*).

■ Reaktionen zwischen Ionen können durch *ionische Gleichungen* beschrieben werden. Aus diesen ist z. B. ersichtlich, wie Ionen miteinander zu einem Niederschlag reagieren oder wie sie aus der Lösung entfernt oder auf eine andere Weise modifiziert werden (*Abschnitt 4.2*).

■ Nach der Untersuchung der Eigenschaften der wichtigsten chemischen Reaktionsarten und ihrer Beschreibung werden wir uns damit befassen, wie *Konzentrationen* von Lösungen ausgedrückt werden können (*Abschnitt 4.5*).

■ Wir schließen das Kapitel mit einer Untersuchung der Frage ab, wie mit Hilfe der Stöchiometrie die Stoffmengen bzw. Konzentrationen verschiedener Substanzen ermittelt werden können (*Abschnitt 4.6*).

Die Weltmeere bedecken etwa zwei Drittel der Oberfläche der Erde. Die Verbindung Wasser hat bei der Entwicklung der Erde eine Schlüsselrolle gespielt. Das Leben selbst ist mit großer Sicherheit im Wasser entstanden und anhand der Abhängigkeit aller Lebensformen von Wasser konnten viele biologische Strukturen aufgeklärt werden. Unser Körper besteht zu etwa 60 Massen-% aus Wasser. Wir werden im Verlauf des Kapitels erfahren, dass Wasser viele ungewöhnliche Eigenschaften aufweist, die für die Erhaltung des Lebens auf der Erde von grundlegender Wichtigkeit sind.

Auf den ersten Blick scheint es zwischen dem Wasser der Weltmeere und dem aus Seen oder dem Wasserhahn in der Küche keinen großen Unterschied zu geben. Schon ein Schluck dieses Wassers lässt uns jedoch einen wichtigen Unterschied erkennen. Wasser hat die außergewöhnliche Fähigkeit, viele verschiedene Substanzen zu lösen. In der Natur vorkommendes Wasser enthält – egal, ob es sich um Trinkwasser aus der Leitung, um klares Gebirgsquellwasser oder um Meerwasser handelt – eine Vielzahl verschiedener gelöster Substanzen. Lösungen, in denen Wasser das Lösungsmittel ist, werden **wässrige Lösungen** genannt. Meerwasser unterscheidet sich von so genanntem „Süßwasser" hinsichtlich seiner viel höheren Konzentration gelöster ionischer Substanzen.

Abbildung 4.1: Tropfsteinhöhle. Beim Lösen von CO_2 in Wasser entsteht eine leicht saure Lösung. Tropfsteinhöhlen bilden sich durch die Fähigkeit dieser sauren Lösung, das im Kalkstein enthaltene $CaCO_3$ zu lösen.

Wasser ist das Reaktionsmedium der meisten chemischen Reaktionen, die in uns und um uns herum stattfinden. Im Blut gelöste Nährstoffe gelangen zu unseren Zellen, wo sie Reaktionen eingehen, die uns am Leben erhalten. Autoteile rosten, wenn sie in Kontakt mit wässrigen Lösungen gelangen, die verschiedene gelöste Substanzen enthalten. Die Löslichkeit von Kohlendioxid in Wasser ($CO_2(aq)$) ermöglicht die Entstehung spektakulärer unterirdischer Tropfsteinhöhlen (▶ Abbildung 4.1).

$$CaCO_3(s) + H_2O(l) + CO_2(aq) \longrightarrow Ca(HCO_3)_2(aq) \qquad (4.1)$$

In Kapitel 3 haben wir einige einfache chemische Reaktionsarten und ihre Beschreibung durch chemische Reaktionsgleichungen kennen gelernt. In diesem Kapitel werden wir mit der Untersuchung chemischer Reaktionen fortfahren und unser Hauptaugenmerk dabei auf wässrige Lösungen richten. Ein großer Teil wichtiger chemischer Reaktionen findet in wässrigen Lösungen statt. Es ist daher wichtig, die Fachwörter und Konzepte zu erlernen, die zum Verständnis und zur Beschreibung dieser Vorgänge notwendig sind. Zudem werden wir die in Kapitel 3 eingeführten Konzepte der Stöchiometrie erweitern und lernen, wie die Konzentrationen von Lösungen ausgedrückt und verwendet werden können.

Allgemeine Eigenschaften wässriger Lösungen 4.1

Unter einer *Lösung* versteht man ein homogenes Gemisch von mindestens zwei Substanzen (siehe Abschnitt 1.2). Die Substanz, die in der größeren Menge vorliegt, wird dabei normalerweise als **Lösungsmittel** bezeichnet. Die anderen Substanzen in der Lösung sind im Lösungsmittel **gelöste Substanzen**. Wenn z. B. eine kleine Menge Natriumchlorid (NaCl) in einer großen Menge Wasser gelöst wird, ist Wasser das Lösungsmittel und Natriumchlorid ist die in diesem Lösungsmittel gelöste Substanz.

Elektrolytische Eigenschaften

Stellen Sie sich vor, Sie stellen zwei wässrige Lösungen her, indem Sie einen Teelöffel Kochsalz (Natriumchlorid) und einen Teelöffel Rohrzucker in je einer Tasse Wasser auflösen. Beide Lösungen sind durchsichtig und farblos. Wie unterscheiden sie sich? Ein Unterschied, der vielleicht nicht unmittelbar ersichtlich ist, besteht in ihrer elektrischen Leitfähigkeit. Die Salzlösung ist ein guter elektrischer Leiter, die Zuckerlösung hingegen nicht.

Wir können die Leitfähigkeit einer Lösung z. B. mit Hilfe der Vorrichtung aus ▶ Abbildung 4.2 ermitteln. Um die Glühbirne zum Leuchten zu bringen, muss zwischen den in der Lösung eingetauchten Elektroden ein elektrischer Strom fließen. Obwohl Wasser selbst ein schlechter elektrischer Leiter ist, sorgt die Anwesenheit von Ionen dafür, dass wässrige Lösungen gute Leiter werden. Die Ionen transportieren die elektrische Ladung von einer Elektrode zur anderen und schließen damit den elektrischen Stromkreis. Die Leitfähigkeit der NaCl-Lösung deutet daher auf die Anwesenheit, die fehlende Leitfähigkeit der Saccharoselösung hingegen auf die Abwesenheit von Ionen hin. Wenn NaCl in Wasser gelöst wird, enthält die Lösung Na^+ und Cl^--Ionen, die jeweils von Wassermolekülen umgeben sind. Wenn Saccharose ($C_{12}H_{22}O_{11}$) in Wasser gelöst wird, enthält die Lösung lediglich neutrale Saccharosemoleküle, die von Wassermolekülen umgeben sind.

Elektrolyte und Nichtelektrolyte

ELEKTROLYTISCHE EIGENSCHAFTEN
Eine Methode, zwei wässrige Lösungen zu unterscheiden, besteht in der Messung ihrer elektrischen Leitfähigkeiten. Die Leitfähigkeit einer Lösung hängt von der Anzahl der in ihr gelösten Ionen ab. Eine Lösung eines Elektrolyten enthält Ionen, die als Ladungsträger dienen und die Glühbirne zum Leuchten bringen.

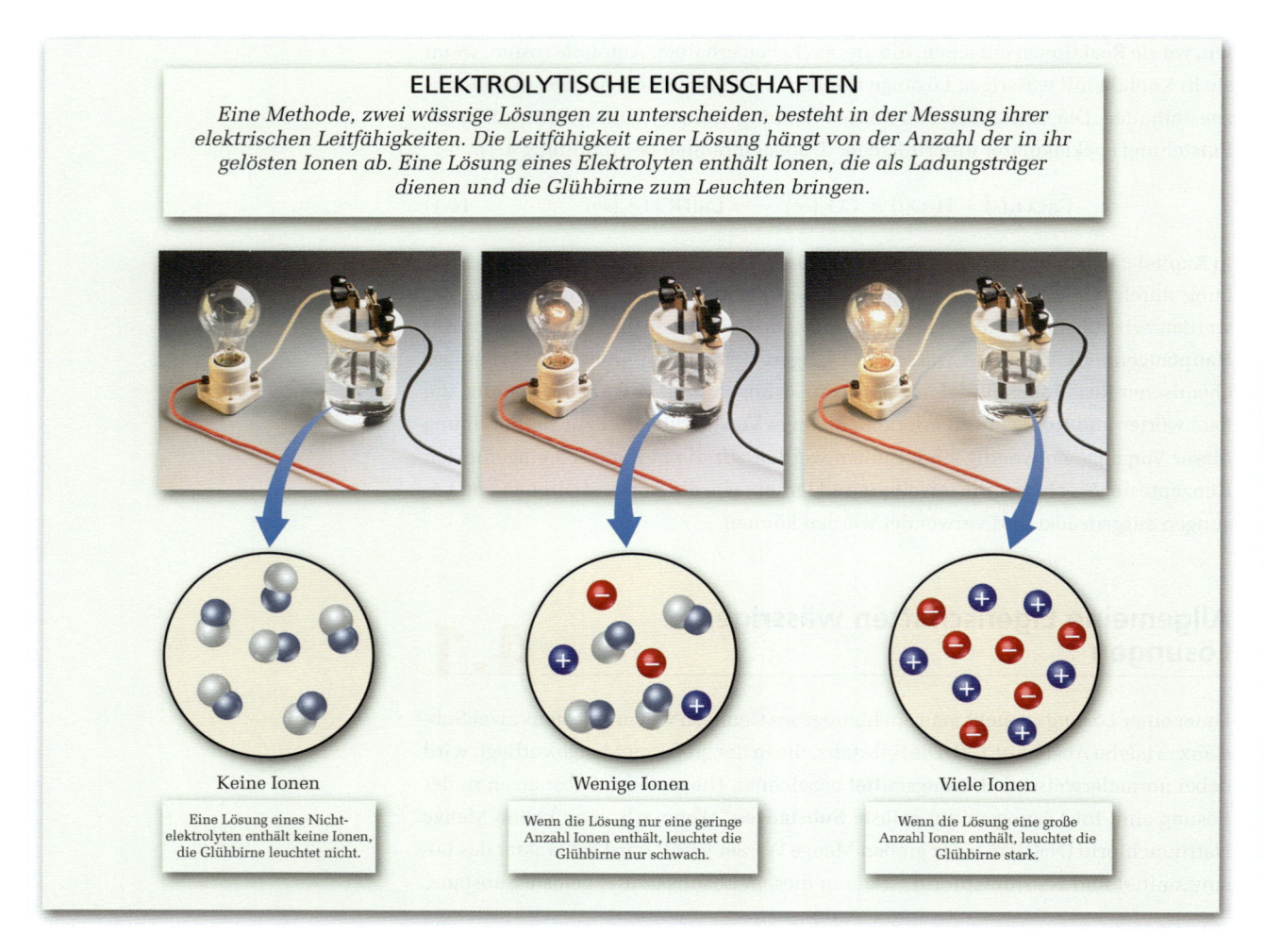

Keine Ionen
Eine Lösung eines Nichtelektrolyten enthält keine Ionen, die Glühbirne leuchtet nicht.

Wenige Ionen
Wenn die Lösung nur eine geringe Anzahl Ionen enthält, leuchtet die Glühbirne nur schwach.

Viele Ionen
Wenn die Lösung eine große Anzahl Ionen enthält, leuchtet die Glühbirne stark.

Abbildung 4.2: Messung der Ionenkonzentration mit Hilfe der Leitfähigkeit.

Eine Substanz, die wie NaCl in wässrigen Lösungen Ionen bildet, wird **Elektrolyt** genannt. Eine Substanz dagegen, die wie $C_{12}H_{22}O_{11}$ in Lösungen keine Ionen bildet, wird **Nichtelektrolyt** genannt. Der Unterschied zwischen NaCl und $C_{12}H_{22}O_{11}$ ergibt sich größtenteils aus der Tatsache, dass NaCl ionisch, $C_{12}H_{22}O_{11}$ dagegen molekular aufgebaut ist.

Ionische Verbindungen in Wasser

Erinnern Sie sich daran, dass wir in Abschnitt 2.7 und Abbildung 2.23 festgestellt haben, dass festes NaCl aus einer geordneten Anordnung von Na^+ und Cl^--Ionen besteht. Wenn NaCl in Wasser gelöst wird, werden die Ionen aus ihrer Festkörperstruktur gelöst und verteilen sich, wie in ▶ Abbildung 4.3a auf der nächsten Seite gezeigt, gleichmäßig im Lösungsmittel. Der ionische Festkörper *dissoziiert* beim Auflösen in seine ionischen Bestandteile.

Wasser ist ein sehr gutes Lösungsmittel für ionische Verbindungen. Obwohl Wasser ein elektrisch neutrales Molekül ist, ist ein Teil des Moleküls (das O-Atom) elektronenreich und weist daher eine negative Partialladung auf, die im nebenstehenden Modell durch das Zeichen $\delta-$ kenntlich gemacht wird. Der andere Teil (die H-Atome) weist eine positive Partialladung auf, die durch $\delta+$ kenntlich gemacht wird. Positive Ionen (Kationen) werden vom negativen Teil von H_2O und negative Ionen (Anionen) vom positiven Teil angezogen.

Bei der Auflösung einer ionischen Verbindung werden die Ionen wie in Abbildung 4.3a von H_2O-Molekülen umgeben. Man sagt, die Ionen werden solvatisiert. Durch diese **Solvatation** werden die Ionen in der Lösung stabilisiert und eine Rekombination der Kationen und Anionen verhindert. Weil die Ionen und ihre Hüllen aus umgebenden Wassermolekülen sich frei bewegen können, verteilen sie sich gleichmäßig in der Lösung.

Wir können normalerweise die Art der in einer Lösung vorliegenden Ionen einer ionischen Verbindung anhand des chemischen Namens der Substanz vorhersagen. Natriumsulfat (Na_2SO_4) dissoziiert z.B. in Natrium- und Sulfationen (Na^+ und SO_4^{2-}). Um die Formen, in denen ionische Verbindungen in wässrigen Lösungen vorliegen, vorhersagen zu können, ist es nötig, dass Sie sich die Formeln und Ladungen der häufig vorkommenden Ionen merken (Tabelle 2.4 und 2.5).

> **? DENKEN SIE EINMAL NACH**
>
> Welche Ionen liegen in einer Lösung von (a) KCN und (b) $NaClO_4$ vor?

Molekulare Verbindungen in Wasser

Wenn eine molekulare Verbindung in Wasser gelöst wird, besteht die Lösung normalerweise aus intakten Molekülen, die in der Lösung verteilt vorliegen. Aus diesem Grund sind die meisten molekularen Verbindungen Nichtelektrolyte. Rohrzucker (Saccharose) ist, wie wir bereits festgestellt haben, ein Beispiel eines Nichtelektrolyts. Ein weiteres Beispiel stellt eine Lösung von Methanol (CH_3OH) in Wasser dar, die vollständig aus im Wasser verteilten CH_3OH-Molekülen besteht (▶ Abbildung 4.3 b).

Es gibt jedoch einige molekulare Substanzen, deren wässrige Lösungen Ionen enthalten. Bei den wichtigsten dieser Substanzen handelt es sich um Säuren. Wenn z.B. $HCl(g)$ in Wasser gelöst wird, bildet sich Chlorwasserstoffsäure (Salzsäure), die *ionisiert*, also in $H^+(aq)$ und $Cl^-(aq)$-Ionen dissoziiert.

> Lösen von NaCl in Wasser

Starke und schwache Elektrolyte

Es gibt zwei Kategorien Elektrolyte, starke und schwache, die sich hinsichtlich ihrer elektrischen Leitfähigkeit unterscheiden. **Starke Elektrolyte** liegen in Lösung vollständig oder nahezu vollständig als Ionen vor. Bei fast allen löslichen ionischen

> Starke und schwache Elektrolyte

4 Reaktionen in Wasser und Stöchiometrie in Lösungen

(a)

(b)

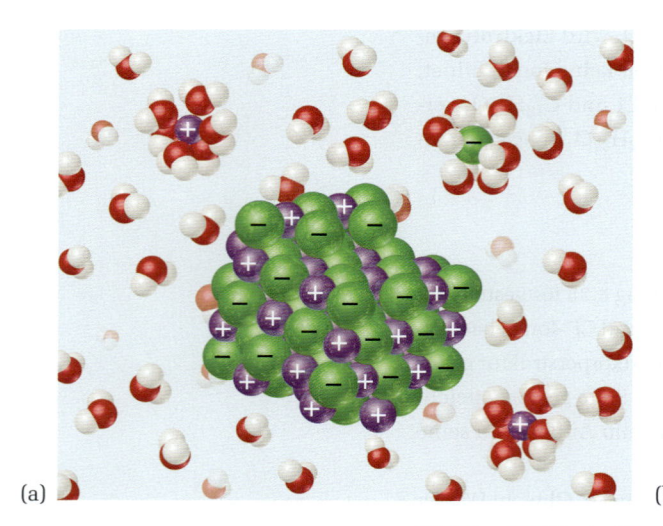

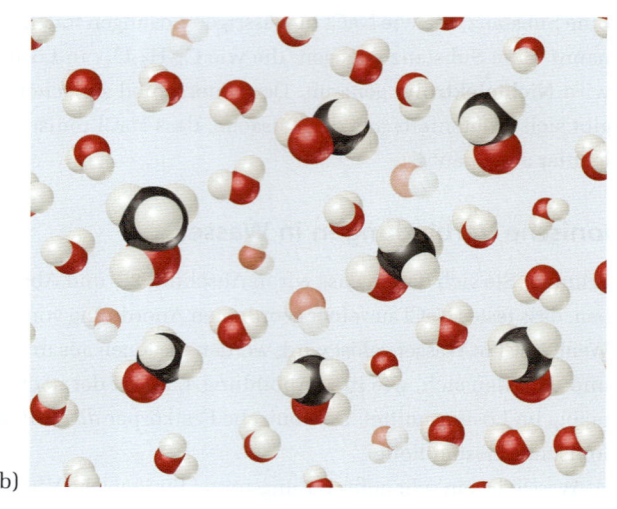

Abbildung 4.3: Wässrige Lösungen. (a) Beim Lösen einer ionischen Verbindung in Wasser trennen, umgeben und verteilen die H$_2$O-Moleküle die Ionen in der Flüssigkeit. (b) Methanol (CH$_3$OH), eine molekulare Verbindung, löst sich, ohne dabei Ionen zu bilden. Die Methanolmoleküle sind an den schwarzen Kugeln zu erkennen, die für Kohlenstoffatome stehen. In beiden Bildern wurden nur wenige Wassermoleküle gezeichnet, um die gelösten Teilchen besser erkennen zu können.

Verbindungen (wie z. B. NaCl) und einigen molekularen Verbindungen (wie z. B. HCl) handelt es sich um starke Elektrolyte. **Schwache Elektrolyte** liegen in Lösung überwiegend als Moleküle vor und nur ein kleiner Anteil ist in Ionen dissoziert. In einer Essigsäurelösung (CH$_3$COOH) liegt z. B. der überwiegende Teil der Verbindung als CH$_3$COOH -Moleküle vor. Nur ein kleiner Teil (etwa 1 %) des CH$_3$COOH ist in H$^+$(aq) und CH$_3$COO$^-$(aq)-Ionen dissoziert.

Wir müssen jedoch sorgfältig zwischen der Löslichkeit eines Elektrolyts und seiner Stärke unterscheiden. CH$_3$COOH ist z. B. sehr gut in Wasser löslich, jedoch ein schwacher Elektrolyt. Ba(OH)$_2$ ist dagegen wenig löslich, die Menge der Substanz jedoch, die sich löst, dissoziert nahezu vollständig, es handelt sich also um einen starken Elektrolyten.

Wenn ein schwacher Elektrolyt wie Essigsäure in Lösung dissoziert, können wir die folgende Reaktionsgleichung aufstellen:

$$CH_3COOH(aq) \rightleftharpoons H^+(aq) + CH_3COO^-(aq) \qquad (4.2)$$

Der Doppelpfeil macht deutlich, dass ein chemisches Gleichgewicht vorliegt. Es gibt zu jeder Zeit CH$_3$COOH-Moleküle, die zu H$^+$ und CH$_3$COO$^-$ ionisiert werden, während es gleichzeitig H$^+$ und CH$_3$COO$^-$-Ionen gibt, die zu CH$_3$COOH rekombinieren. Die Bilanz zwischen diesen beiden gegenläufigen Prozessen bestimmt die relative Anzahl der vorliegenden Ionen und neutralen Moleküle. Diese Bilanz führt zu einem **chemischen Gleichgewicht**, das bei jedem schwachen Elektrolyten unterschiedlich ist. Chemische Gleichgewichte sind von außerordentlicher Wichtigkeit und wir werden uns in den Kapiteln 15–17 näher mit ihnen auseinander setzen.

Chemiker verwenden zur Darstellung der Ionisierung eines schwachen Elektrolyten einen Doppelpfeil, zur Darstellung der Ionisierung eines starken Elektrolyten dagegen einen einfachen Pfeil. Weil es sich bei HCl um einen starken Elektrolyten handelt, schreiben wir die Gleichung für die Ionisierung von HCl wie folgt:

$$HCl(aq) \longrightarrow H^+(aq) + Cl^-(aq) \qquad (4.3)$$

> **? DENKEN SIE EINMAL NACH**
>
> Bei welcher der beiden folgenden Lösungen leuchtet die in Abbildung 4.2 gezeigte Glühbirne heller: CH$_3$OH oder MgBr$_2$?

ÜBUNGSBEISPIEL 4.1 Relative Anzahl der Anionen und Kationen und chemische Formeln

Im Diagramm rechts unten ist eine wässrige Lösung einer der folgenden Verbindungen dargestellt: $MgCl_2$, KCl oder K_2SO_4. Welcher Verbindung entspricht das Diagramm am ehesten?

Lösung

Analyse: Wir sollen die im Diagramm dargestellten geladenen Kugeln den in Lösung vorliegenden Ionen einer ionischen Substanz zuordnen.

Vorgehen: Wir untersuchen die angegebenen ionischen Substanzen und ermitteln die relative Anzahl und die Ladungen der Ionen, die sie enthalten. Anschließend ordnen wir diese geladenen ionischen Teilchen denen im Diagramm zu.

Lösung: Im Diagramm sind 2-mal so viel Kationen wie Anionen dargestellt, dies entspricht der Verbindung K_2SO_4.

Überprüfung: Beachten Sie, dass die Gesamtladung im Diagramm gleich null ist, wie es die Elektroneutralität erfordert.

ÜBUNGSAUFGABE

Nehmen Sie an, Sie sollten Diagramme (wie das auf der rechten Seite) von wässrigen Lösungen der folgenden ionischen Verbindungen zeichnen. Wie viele Anionen würden die Diagramme enthalten, wenn jeweils sechs Kationen vorlägen? **(a)** $NiSO_4$, **(b)** $Ca(NO_3)_2$, **(c)** Na_3PO_4, **(d)** $Al_2(SO_4)_3$.

Antworten: (a) 6; **(b)** 12; **(c)** 2; **(d)** 9.

Die Abwesenheit des rückwärts gerichteten Pfeils macht deutlich, dass die H^+ und Cl^--Ionen praktisch keinerlei Neigung dazu haben, in Wasser zu HCl-Molekülen zu rekombinieren.

In den folgenden Abschnitten werden wir uns näher damit befassen, wie wir anhand der Zusammensetzung einer Verbindung vorhersagen können, ob es sich um einen starken Elektrolyten, einen schwachen Elektrolyten oder um einen Nichtelektrolyten handelt. Im Moment genügt es uns festzuhalten, dass *lösliche ionische Verbindungen starke Elektrolyte* sind. Wir können ionische Verbindungen daran erkennen, dass sie aus Metallen und Nichtmetallen aufgebaut sind (wie z. B. NaCl, $FeSO_4$ und $Al(NO_3)_3$) oder das Ammoniumion (NH_4^+) enthalten (wie z. B. NH_4Br und $(NH_4)_2CO_3$).

Fällungsreaktionen 4.2

In ▶ Abbildung 4.4 ist das Mischen von zwei klaren Lösungen dargestellt. Eine Lösung enthält Bleinitrat ($Pb(NO_3)_2$), die andere Kaliumiodid (KI). Bei der Reaktion zwischen diesen beiden Lösungen entsteht ein unlösliches gelbes Produkt. Reaktionen, in denen ein unlösliches Produkt entsteht, werden **Fällungsreaktionen** genannt. In einer solchen Reaktion entsteht ein **Niederschlag**, der aus einem unlöslichen Festkörper besteht. In Abbildung 4.4 besteht der Niederschlag aus Bleiiodid (PbI_2), einer Verbindung, die in Wasser schlecht löslich ist:

$$Pb(NO_3)_2(aq) + 2\,KI(aq) \longrightarrow PbI_2(s) + 2\,KNO_3(aq) \quad (4.4)$$

Das andere Produkt der Reaktion, Kaliumnitrat, verbleibt in Lösung. Fällungsreaktionen finden statt, wenn bestimmte gegensätzlich geladene Ionen sich so stark anziehen, dass sie einen unlöslichen ionischen Festkörper bilden. Um zu beurteilen, ob bestimmte Ionenkombinationen unlösliche Verbindungen bilden, wollen wir uns zunächst einige Faustregeln zur Löslichkeit häufig auftretender ionischer Substanzen anschauen.

Fällungsreaktionen

4 Reaktionen in Wasser und Stöchiometrie in Lösungen

FÄLLUNGSREAKTION

Reaktionen, in denen ein unlösliches Produkt entsteht, werden Fällungsreaktionen genannt.

$2\,KI(aq)$ + $Pb(NO_3)_2(aq)$ ⟶ $PbI_2(s) + 2\,KNO_3(aq)$

Bei Zugabe einer farblosen Kaliumiodidlösung (KI) zu einer farblosen Bleinitratlösung entsteht ein gelber Niederschlag aus Bleiiodid (PbI_2), der sich langsam am Boden des Becherglases absetzt.

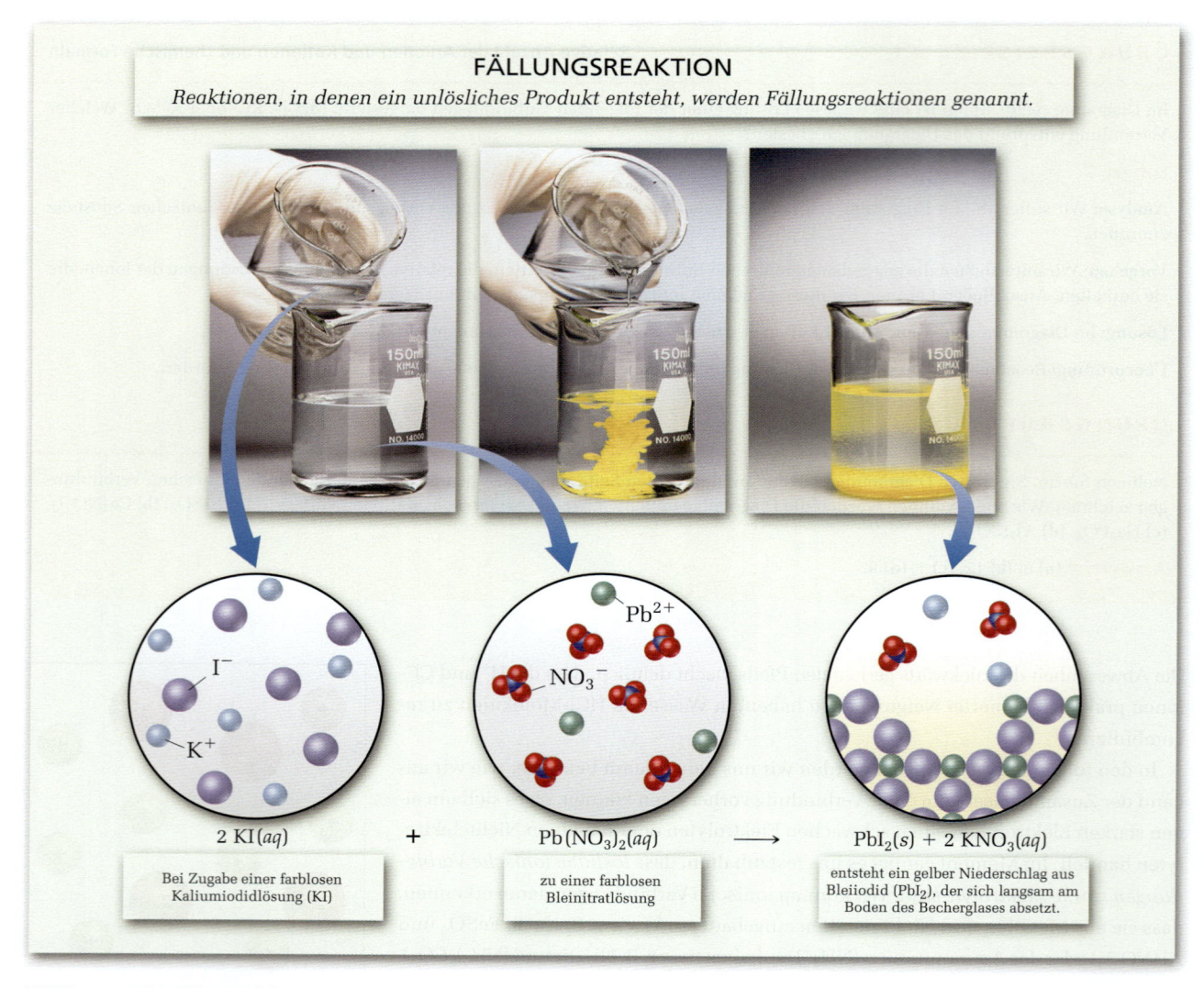

Abbildung 4.4: Eine Fällungsreaktion.

Faustregeln zur Löslichkeit ionischer Verbindungen

Die **Löslichkeit** einer Substanz bei einer bestimmten Temperatur ist definiert als die Menge der Substanz, die bei dieser Temperatur in einer bestimmten Menge Lösungsmittel gelöst werden kann. So lassen sich z. B. in einem Liter Wasser bei 25 °C nur $1{,}2 \times 10^{-3}$ mol PbI_2 lösen. Wir werden bei unseren Untersuchungen alle Substanzen mit einer Löslichkeit, die geringer als 0,01 mol/l ist, als *unlöslich* betrachten. In diesen Fällen ist die zwischen den gegensätzlich geladenen Ionen im Festkörper bestehende Anziehung so stark, dass die Wassermoleküle nicht in der Lage sind, die einzelnen Ionen zu trennen. Die Substanz liegt also größtenteils ungelöst vor.

Unglücklicherweise gibt es keine einfachen physikalischen Eigenschaften (wie etwa die Ionenladung), anhand derer man die Löslichkeit einer bestimmten ionischen Verbindung vorhersagen könnte. Aus experimentellen Beobachtungen wurden jedoch einige Anhaltspunkte und Regeln zur Vorhersage der Löslichkeit ionischer Verbindungen abgeleitet. Experimente haben z. B. gezeigt, dass alle gewöhnlichen ionischen Verbindungen, die das Nitration (NO_3^-) enthalten, in Wasser löslich sind. In

4.2 Fällungsreaktionen

Tabelle 4.1
Faustregeln zur Löslichkeit gängiger ionischer Verbindungen in Wasser

Lösliche Ionenverbindungen		Wichtige Ausnahmen
Verbindungen mit	NO_3^-	keine
	CH_3COO^-	keine
	Cl^-	Verbindungen mit Ag^+, Hg_2^{2+} und Pb^{2+}
	Br^-	Verbindungen mit Ag^+, Hg_2^{2+} und Pb^{2+}
	I^-	Verbindungen mit Ag^+, Hg_2^{2+} und Pb^{2+}
	SO_4^{2-}	Verbindungen mit Sr^{2+}, Ba^{2+}, Hg_2^{2+} und Pb^{2+}
Unlösliche Ionenverbindungen		**Wichtige Ausnahmen**
Verbindungen mit	S^{2-}	Verbindungen mit NH_4^+, den Alkalimetallkationen und Ca^{2+}, Sr^{2+} und Ba^{2+}
	CO_3^{2-}	Verbindungen mit NH_4^+ und den Alkalimetallkationen
	PO_4^{3-}	Verbindungen mit NH_4^+ und den Alkalimetallkationen
	OH^-	Verbindungen mit den Alkalimetallkationen und NH_4^+, Ca^{2+}, Sr^{2+} und Ba^{2+}

Tabelle 4.1 sind einige Löslichkeitsregeln für häufig vorkommende ionische Verbindungen zusammengefasst. Die Tabelle ist nach den Anionen der Verbindung geordnet, sie enthält jedoch auch viele wichtige Aussagen über Kationen. Beachten Sie, dass *alle gewöhnlichen ionischen Verbindungen der Alkalimetallionen (Gruppe 1A des Periodensystems) und des Ammoniumions (NH_4^+) in Wasser löslich sind*.

ÜBUNGSBEISPIEL 4.2
Verwendung der Löslichkeitsregeln

Sind die folgenden ionischen Verbindungen in Wasser löslich oder unlöslich? **(a)** Natriumcarbonat (Na_2CO_3), **(b)** Bleisulfat ($PbSO_4$).

Lösung

Analyse: Es sind die Namen und Formeln von zwei ionischen Verbindungen angegeben. Wir sollen entscheiden, ob diese in Wasser löslich sind oder nicht.

Vorgehen: Wir verwenden zur Beantwortung der Frage die Tabelle 4.1. Wir müssen unsere Aufmerksamkeit also auf das Anion der jeweiligen Verbindung richten, weil die Tabelle nach Anionen geordnet ist.

Lösung:
(a) Gemäß Tabelle 4.1 sind die meisten Carbonate unlöslich, Carbonate der Alkalimetallkationen (wie das Natriumion) stellen jedoch eine Ausnahme von dieser Regel dar und sind löslich. Na_2CO_3 ist also in Wasser löslich.
(b) In Tabelle 4.1 wird aufgeführt, dass fast alle Sulfate wasserlöslich sind, das Sulfat von Pb^{2+} jedoch eine Ausnahme darstellt. $PbSO_4$ ist also unlöslich in Wasser.

ÜBUNGSAUFGABE

Sind die folgenden ionischen Verbindungen in Wasser löslich oder unlöslich? **(a)** Kobalt(II)hydroxid, **(b)** Bariumnitrat, **(c)** Ammoniumphosphat.

Antworten: (a) unlöslich, **(b)** löslich, **(c)** löslich.

Um vorherzusagen, ob sich beim Mischen von zwei wässrigen Lösungen zweier starker Elektrolyte ein Niederschlag bildet, müssen wir (1) feststellen, welche Ionen in den Lösungen vorhanden sind, (2) alle möglichen Kombinationen von Anionen und Kationen berücksichtigen und (3) aus Tabelle 4.1 entnehmen, ob irgendeine der Kombinationen unlöslich ist. Bildet sich z. B. ein Niederschlag, wenn Lösungen von $Mg(NO_3)_2$ und $NaOH$ gemischt werden? Sowohl $Mg(NO_3)_2$ als auch $NaOH$ sind lösliche ionische Verbindungen und starke Elektrolyte. Beim Mischen von $Mg(NO_3)_2(aq)$ und $NaOH(aq)$ entsteht zunächst eine Lösung mit den Ionen Mg^{2+}, NO_3^-, Na^+ und OH^-. Bildet eins dieser Kationen mit einem der Anionen eine unlösliche Verbindung? Abgesehen von Wechselwirkungen zwischen den jeweiligen Reaktanten selbst sind zwischen Mg^{2+} und OH^- sowie zwischen Na^+ und NO_3^- Wechselwirkungen möglich. Aus Tabelle 4.1 entnehmen wir, dass Hydroxide im Allgemeinen unlöslich sind. Weil Mg^{2+} keine Ausnahme darstellt, ist $Mg(OH)_2$ unlöslich und bildet daher einen Niederschlag. $NaNO_3$ ist dagegen löslich, Na^+ und NO_3^- verbleiben also in Lösung. Die ausgeglichene Gleichung der Fällungsreaktion lautet

$$Mg(NO_3)_2(aq) + 2\,NaOH(aq) \longrightarrow Mg(OH)_2(s) + 2\,NaNO_3(aq) \qquad (4.5)$$

Austauschreaktionen (Metathesereaktionen)

Beachten Sie, dass in ▶ Gleichung 4.5 die Kationen der beiden Reaktanten ihre Anionen austauschen – Mg^{2+} gehört nach der Reaktion zu OH^-, während Na^+ zu NO_3^- gehört. Die chemischen Formeln der Produkte basieren auf den Ladungen der Ionen – zur Bildung einer neutralen Verbindung mit Mg^{2+} werden zwei OH^--Ionen benötigt, während zur Bildung einer neutralen Verbindung mit Na^+ ein NO_3^--Ion benötigt wird (siehe Abschnitt 2.7). Die Gleichung kann erst ausgeglichen werden, nachdem die chemischen Formeln der Produkte bestimmt worden sind.

Reaktionen, in denen die positiven und negativen Ionen ihre jeweiligen Partner tauschen, verhalten sich gemäß der folgenden allgemeinen Gleichung:

$$AX + BY \longrightarrow AY + BX \qquad (4.6)$$

Beispiel: $\qquad AgNO_3(aq) + KCl(aq) \longrightarrow AgCl(s) + KNO_3(aq)$

Derartige Reaktionen werden **Austauschreaktionen** oder **Metathesereaktionen** genannt (nach dem griechischen Wort für „umwandeln"). Fällungsreaktionen folgen genau wie viele Säure-Base-Reaktionen (siehe Abschnitt 4.3) diesem Reaktionsmuster.

Um eine Metathesereaktion zu vervollständigen und auszugleichen, gehen Sie wie folgt vor:

1 Bestimmen Sie mit Hilfe der chemischen Formeln der Reaktanten, welche Ionen vorliegen.

2 Schreiben Sie die chemischen Formeln der Produkte auf, indem Sie das Kation eines Reaktanten mit dem Anion des jeweils anderen Reaktanten kombinieren. Bestimmen Sie aus den Ladungen der Ionen die Indizes der chemischen Formeln.

3 Gleichen Sie zum Schluss die Gleichung aus.

ÜBUNGSBEISPIEL 4.3 — Aufstellen einer Metathesereaktionsgleichung

(a) Bestimmen Sie die Verbindung, die beim Mischen von Lösungen von $BaCl_2$ und K_2SO_4 einen Niederschlag bildet.
(b) Geben Sie die ausgeglichene chemische Reaktionsgleichung an.

Lösung

Analyse: Es sind zwei ionische Reaktanten angegeben. Wir sollen bestimmen, welches unlösliche Produkt aus diesen gebildet wird.

Vorgehen: Zunächst müssen wir die in den Reaktanten vorhandenen Ionen bestimmen und die Anionen der beiden Kationen vertauschen. Sobald wir die chemischen Formeln der Produkte kennen, können wir aus Tabelle 4.1 entnehmen, welches Produkt in Wasser unlöslich ist, und die chemische Gleichung der Reaktion aufstellen.

Lösung:
(a) Die Reaktanten enthalten Ba^{2+}, Cl^-, K^+ und SO_4^{2-}-Ionen. Wenn wir die Anionen vertauschen, erhalten wir die Verbindungen $BaSO_4$ und KCl. Gemäß Tabelle 4.1 sind die meisten Verbindungen mit SO_4^{2-} löslich, die Verbindung mit Ba^{2+} jedoch nicht. $BaSO_4$ ist also unlöslich und fällt aus der Lösung aus. KCl ist dagegen löslich.
(b) Aus Teil (a) kennen wir die chemischen Formeln der Produkte: $BaSO_4$ und KCl. Die ausgeglichene chemische Gleichung mit Angabe der Phasen lautet:

$$BaCl_2(aq) + K_2SO_4(aq) \longrightarrow BaSO_4(s) + 2\ KCl(aq)$$

ÜBUNGSAUFGABE

(a) Welche Verbindung fällt beim Mischen von Lösungen von $Fe_2(SO_4)_3$ und LiOH aus? (b) Geben Sie eine ausgeglichene Gleichung dieser Reaktion an. (c) Bildet sich ein Niederschlag, wenn Lösungen von $Ba(NO_3)_2$ und KOH vermischt werden?

Antworten:
(a) $Fe(OH)_3$, (b) $Fe_2(SO_4)_3(aq) + 6\ LiOH(aq) \longrightarrow 2\ Fe(OH)_3(s) + 3\ Li_2SO_4(aq)$,
(c) nein (beide möglichen Produkte sind wasserlöslich).

Ionische Gleichungen

Beim Aufstellen von chemischen Reaktionsgleichungen in wässrigen Lösungen ist es oft hilfreich, explizit anzugeben, ob die gelösten Substanzen überwiegend als Ionen oder als Moleküle vorliegen. Lassen Sie uns die zuvor in Abbildung 4.4 dargestellte Fällungsreaktion zwischen $Pb(NO_3)_2$ und 2 KI noch einmal genauer betrachten:

$$Pb(NO_3)_2(aq) + 2\ KI(aq) \longrightarrow PbI_2(s) + 2\ KNO_3(aq)$$

Eine auf diese Weise geschriebene Gleichung, die die vollständigen chemischen Formeln der Reaktanten und Produkte enthält, wird **Molekulargleichung** genannt. Sie enthält die chemischen Formeln der Reaktanten und Produkte, ohne ihren ionischen Charakter anzugeben. Weil $Pb(NO_3)_2$, KI und KNO_3 lösliche ionische Verbindungen und deshalb starke Elektrolyte sind, können wir die in Lösung vorliegenden Ionen explizit angeben und die chemische Gleichung folgendermaßen schreiben:

$$Pb^{2+}(aq) + 2\ NO_3^-(aq) + 2\ K^+(aq) + 2\ I^-(aq) \longrightarrow PbI_2(s) + 2\ K^+(aq) + 2\ NO_3^-(aq) \quad (4.7)$$

Eine auf diese Weise aufgestellte Gleichung, die sämtliche starke Elektrolyte als Ionen enthält, wird **vollständige Ionengleichung** genannt.

Beachten Sie, dass $K^+(aq)$ und $NO_3^-(aq)$ auf beiden Seiten der ▶Gleichung 4.7 auftauchen. Ionen, die in einer vollständigen Ionengleichung auf beiden Seiten der Gleichung in identischer Form auftauchen, werden **Zuschauerionen** genannt. Sie sind zwar vorhanden, spielen jedoch für die Reaktion keine Rolle. Wenn Zuschauerionen in der Reaktionsgleichung weggelassen werden (bzw. wie algebraische Größen herausgekürzt werden), ergibt sich die **Nettoionengleichung**.

$$Pb^{2+}(aq) + 2\,I^-(aq) \longrightarrow PbI_2(s) \tag{4.8}$$

Eine Nettoionengleichung enthält nur die Ionen und Moleküle, die unmittelbar an der Reaktion beteiligt sind. Ladungen bleiben in Reaktionen erhalten, so dass die Summe der Ionenladungen auf beiden Seiten der ausgeglichenen Nettoionengleichung gleich sein muss. In diesem Fall ergeben die Ladung des Kations (2+) und die zwei Ladungen der Anionen (1−) zusammen null, die Ladung eines elektrisch neutralen Produkts. *Wenn alle Ionen einer vollständigen Ionengleichung Zuschauerionen sind, findet keine Reaktion statt.*

ÜBUNGSBEISPIEL 4.4   **Aufstellen einer Nettoionengleichung**

Stellen Sie die Nettoionengleichung für die Fällungsreaktion auf, die beim Mischen von Lösungen von Calciumchlorid und Natriumcarbonat auftritt.

Lösung

Analyse: Es sind die Namen der in einer Lösung vorhandenen Reaktanten angegeben, und wir sollen mit diesen Informationen eine Nettoionengleichung einer Fällungsreaktion aufstellen.

Vorgehen: Wir müssen zunächst die chemischen Formeln der Reaktanten und Produkte bestimmen und herausfinden, welches Produkt unlöslich ist. Anschließend stellen wir die Molekulargleichung auf und gleichen diese aus. Im nächsten Schritt schreiben wir alle löslichen starken Elektrolyte als in Ionen dissoziiert auf und erhalten eine vollständige Ionengleichung. Um schließlich die Nettoionengleichung zu erhalten, entfernen wir die Zuschauerionen.

Lösung: Calciumchlorid besteht aus Calciumionen (Ca^{2+}) und Chloridionen (Cl^-), eine wässrige Lösung der Substanz ist also $CaCl_2(aq)$. Natriumcarbonat besteht aus Na^+-Ionen und CO_3^{2-}-Ionen, eine wässrige Lösung der Verbindung ist also $Na_2CO_3(aq)$. In der Molekulargleichung einer Fällungsreaktion werden die Anionen der Reaktionspartner vertauscht. Aus Ca^{2+} und CO_3^{2-} wird also $CaCO_3$ und aus Na^+ und Cl^- wird NaCl. Gemäß den Löslichkeitsregeln aus Tabelle 4.1 ist $CaCO_3$ unlöslich, NaCl dagegen löslich. Die ausgeglichene Molekulargleichung lautet

$$CaCl_2(aq) + Na_2CO_3(aq) \longrightarrow CaCO_3(s) + 2\,NaCl(aq)$$

In einer vollständigen Ionengleichung werden *ausschließlich* gelöste starke Elektrolyte (wie z. B. lösliche ionische Verbindungen) als getrennte Ionen geschrieben. Die Bezeichnung (aq) erinnert uns daran, dass $CaCl_2$, $NaCO_3$ und NaCl als wässrige Lösung vorliegen. Es handelt sich zudem um starke Elektrolyte. $CaCO_3$ ist eine ionische Verbindung, jedoch nicht löslich. Formeln unlöslicher Verbindungen können wir nicht in ihre ionischen Bestandteile aufteilen. Die vollständige Ionengleichung lautet also

$$Ca^{2+}(aq) + 2\,Cl^-(aq) + 2\,Na^+(aq) + CO_3^{2-}(aq) \longrightarrow CaCO_3(s) + 2\,Na^+(aq) + 2\,Cl^-(aq)$$

Cl^- und Na^+ sind Zuschauerionen. Wenn wir diese entfernen, erhalten wir die folgende Nettoionengleichung:

$$Ca^{2+}(aq) + CO_3^{2-}(aq) \longrightarrow CaCO_3(s)$$

Überprüfung: Wir können unser Ergebnis überprüfen, indem wir kontrollieren, ob sowohl die Elemente als auch die elektrischen Ladungen ausgeglichen sind. Auf beiden Seiten befinden sich ein Ca, ein C und drei O. Die Nettoladung ist auf beiden Seiten gleich 0.

Anmerkung: Wenn in einer ionischen Gleichung kein Ion aus der Lösung entfernt oder irgendwie verändert wird, liegen nur Zuschauerionen vor und es findet keine Reaktion statt.

ÜBUNGSAUFGABE

Geben Sie die Nettoionengleichung der Fällungsreaktion an, die beim Mischen von wässrigen Silbernitrat- und Kaliumphosphatlösungen stattfindet.

Antwort: $3\,Ag^+(aq) + PO_4^{3-}(aq) \longrightarrow Ag_3PO_4(s)$.

Nettoionengleichungen werden häufig verwendet, um die Ähnlichkeiten zwischen einer Vielzahl von Reaktionen, an denen Elektrolyte beteiligt sind, zu verdeutlichen. ▶Gleichung 4.8 repräsentiert z. B. die wesentlichen Eigenschaften einer Fällungsreaktion zwischen einem starken Elektrolyten, der Pb^{2+} enthält, und einem weiteren starken Elektrolyten, der I^- enthält. Die $Pb^{2+}(aq)$ und $I^-(aq)$-Ionen bilden zusammen die Verbindung PbI_2, die als Niederschlag ausfällt. Die Nettoionengleichung verdeutlicht also, dass die gleiche Nettoreaktion auch mit anderen Reaktanten stattfinden kann. Wässrige Lösungen von KI und MgI_2 weisen viele chemische Gemeinsamkeiten auf, weil beide Lösungen I^--Ionen enthalten. Aus der vollständigen Gleichung sind wiederum die tatsächlich an der Reaktion teilnehmenden Reaktanten ersichtlich.

Wir können die Vorgehensweise zum Aufstellen von Nettoionengleichungen in folgende Schritte zusammenfassen:

1 Geben Sie die ausgeglichene Molekulargleichung der Reaktion an.
2 Schreiben Sie die Gleichung neu auf und führen Sie dabei Ionen explizit auf, die entstehen, wenn alle löslichen starken Elektrolyte in ihre ionischen Bestandteile dissoziieren. *Nur starke Elektrolyte, die in wässriger Lösung gelöst vorliegen, werden in ionischer Form geschrieben.*
3 Identifizieren Sie Zuschauerionen und kürzen Sie diese heraus.

Säure-Base-Reaktionen 4.3

Viele Säuren und Basen werden in der Industrie und im Haushalt verwendet (▶Abbildung 4.5), bei einigen handelt es sich auch um wichtige Bestandteile biologischer Flüssigkeiten. Chlorwasserstoffsäure (Salzsäure) ist z. B. nicht nur eine wichtige Industriechemikalie, sondern auch der Hauptbestandteil der Verdauungssäfte im Magen. Säuren und Basen sind außerdem wichtige Elektrolyte.

Abbildung 4.5: Haushaltssäuren (links) und -basen (rechts).

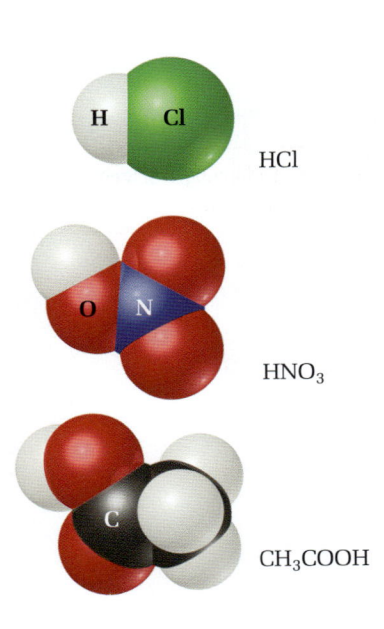

Säuren

Säuren sind Substanzen, die in wässrigen Lösungen unter Bildung von Wasserstoffionen ionisieren, also zu einer Erhöhung der Konzentration von $H^+(aq)$-Ionen führen. Ein Wasserstoffatom besteht aus einem Proton und einem Elektron, H^+ ist also ein einfaches Proton. Säuren werden daher oft als Protonendonoren bezeichnet. In der nebenstehenden Abbildung sind die Molekülmodelle von drei wichtigen Säuren (HCl, HNO_3 und CH_3COOH) dargestellt.

Protonen werden wie andere Kationen (siehe Abbildung 4.3a) von umgebenden Wassermolekülen solvatisiert. Wir werden in Kapitel 16.2 noch genauer auf das Verhalten von Protonen in Wasser eingehen. Wenn wir chemische Gleichungen mit in Wasser gelösten Protonen aufstellen, schreiben wir diese einfach als $H^+(aq)$.

Bei der Ionisierung von Molekülen verschiedener Säuren kann eine unterschiedliche Anzahl an H^+-Ionen entstehen. Sowohl HCl als auch HNO_3 sind *einbasige* Säuren, d. h., pro Säuremolekül entsteht ein H^+. Schwefelsäure (H_2SO_4) ist dagegen eine *zweibasige* Säure und aus einem Säuremolekül bilden sich zwei H^+. Die Ionisierung von H_2SO_4 und anderen zweibasigen Säuren findet in zwei Schritten statt:

$$H_2SO_4(aq) \longrightarrow H^+(aq) + HSO_4^-(aq) \qquad (4.9)$$

HCl

HNO_3

CH_3COOH

$$HSO_4^-(aq) \rightleftharpoons H^+(aq) + SO_4^{2-}(aq) \qquad (4.10)$$

Obwohl es sich bei H_2SO_4 um einen starken Elektrolyten handelt, verläuft nur die erste Ionisierung praktisch vollständig. Wässrige Schwefelsäurelösungen enthalten also ein Gemisch aus $H^+(aq)$, $HSO_4^-(aq)$ und $SO_4^{2-}(aq)$.

Basen

Basen sind Substanzen, die H^+-Ionen aufnehmen. Beim Lösen von Basen in Wasser bilden sich Hydroxidionen (OH^-). Ionische Hydroxidverbindungen wie NaOH, KOH und $Ca(OH)_2$ stellen die gebräuchlichsten Basen dar. Beim Lösen in Wasser dissoziieren sie in ihre ionischen Bestandteile und erhöhen die OH^--Konzentration in der Lösung.

Auch Verbindungen, die keine OH^--Ionen enthalten, können als Basen wirken. Ammoniak (NH_3) ist z. B. eine gebräuchliche Base. In Wasser nimmt es ein H^+-Ion eines Wassermoleküls auf und bildet auf diese Weise ein OH^--Ion (▶ Abbildung 4.6):

$$NH_3(aq) + H_2O(l) \rightleftharpoons NH_4^+(aq) + OH^-(aq) \qquad (4.11)$$

Nur ein kleiner Teil (etwa 1 %) des NH_3 bildet NH_4^+ und OH^--Ionen, eine wässrige Ammoniaklösung ist also ein schwacher Elektrolyt.

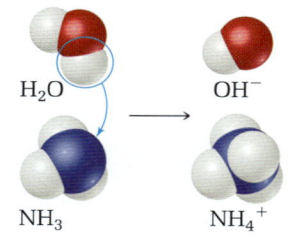

Abbildung 4.6: Übertragung eines Wasserstoffions. Ein H_2O-Molekül dient als Protonendonor (Säure), NH_3 als Protonenakzeptor (Base). Nur ein Teil des NH_3 reagiert mit H_2O; NH_3 ist eine schwache Base.

Starke und schwache Säuren und Basen

Säuren und Basen, die starke Elektrolyte sind (in Lösung praktisch vollständig ionisiert vorliegen), werden **starke Säuren** und **starke Basen** genannt. Säuren und Basen, die schwache Elektrolyte sind (nur teilweise ionisiert vorliegen), werden **schwache Säuren** und **schwache Basen** genannt. Starke Säuren sind reaktiver als schwache Säuren, wenn die Reaktivität nur von der Konzentration von $H^+(aq)$ abhängt. Die Reaktivität einer Säure kann jedoch sowohl vom Anion als auch von $H^+(aq)$ abhängen. Fluorwasserstoffsäure (Flusssäure) (HF) ist z. B. eine schwache Säure (in wässrigen Lösungen nur teilweise ionisiert), ist jedoch sehr reaktiv und greift viele Substanzen (einschließlich Glas) aggressiv an. Diese Reaktivität ist eine Folge der kombinierten Wirkung von $H^+(aq)$ und $F^-(aq)$.

Einführung in Säuren und Basen

Tabelle 4.2
Gängige starke Säuren und Basen

Starke Säuren	Starke Basen
Chlorwasserstoffsäure (HCl)	Metallhydroxide der Gruppe 1A (LiOH, NaOH, KOH, RbOH, CsOH)
Bromwasserstoffsäure (HBr)	schwere Metallhydroxide der Gruppe 2A ($Ca(OH)_2$, $Sr(OH)_2$, $Ba(OH)_2$)
Iodwasserstoffsäure (HI)	
Chlorsäure ($HClO_3$)	
Perchlorsäure ($HClO_4$)	
Salpetersäure (HNO_3)	
Schwefelsäure (H_2SO_4)	

In Tabelle 4.2 sind einige häufig vorkommende starke Säuren und Basen aufgeführt. Diese Substanzen sollten Sie im Gedächtnis behalten. Beachten Sie bei der Betrachtung dieser Tabelle, dass einige der gebräuchlichsten Säuren wie z. B. HCl, HNO_3 und H_2SO_4 starke Säuren sind. Drei der aufgeführten starken Säuren sind Wasserstoffverbindungen der Familie der Halogene. HF ist jedoch eine schwache Säure. Die Liste der starken Säuren ist sehr kurz, denn die meisten Säuren sind schwache Säuren. Die einzigen gebräuchlichen starken Basen sind die Hydroxide von Li^+, Na^+, K^+, Rb^+ und Cs^+ (der Alkalimetalle der Gruppe 1A) und die Hydroxide von Ca^{2+}, Sr^{2+} und Ba^{2+} (der schweren Erdalkalimetalle der Gruppe 2A). Bei diesen Verbindungen handelt es sich um lösliche Metallhydroxide. Die meisten anderen Metallhydroxide sind in Wasser unlöslich. NH_3 ist die gebräuchlichste schwache Base und reagiert mit Wasser unter Bildung von OH^--Ionen (▶ Gleichung 4.11).

> **DENKEN SIE EINMAL NACH**
>
> Welche der folgenden Verbindungen sind starke Säuren? H_2SO_3, HBr, CH_3COOH?

ÜBUNGSBEISPIEL 4.5

Vergleich von Säurestärken

In den folgenden Diagrammen sind die wässrigen Lösungen von drei Säuren (HX, HY und HZ) dargestellt. Die Wassermoleküle wurden aus Gründen der Übersichtlichkeit weggelassen. Ordnen Sie die Säuren nach ihrer Stärke.

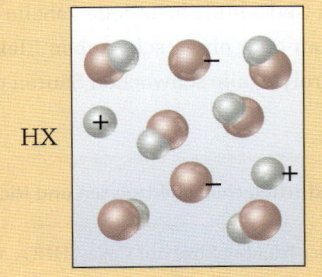

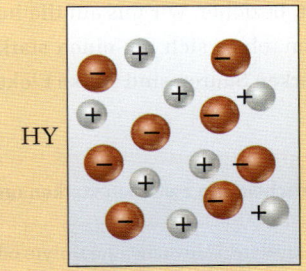

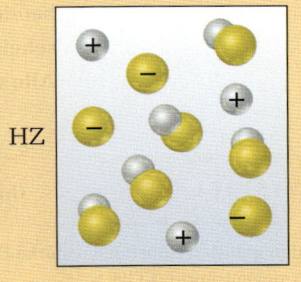

Lösung

Analyse: Wir sollen, ausgehend von schematischen Zeichnungen ihrer Lösungen, drei Säuren nach ihrer Stärke ordnen.

Vorgehen: Wir können aus der Zeichnung die relative Anzahl der vorhandenen ungeladenen molekularen Teilchen entnehmen. Die stärkste Säure ist diejenige, bei der in Lösung die meisten H^+-Ionen und die wenigsten nicht dissoziierten Moleküle vorliegen. Die schwächste Säure ist diejenige, bei der die größte Anzahl nicht dissoziierter Moleküle vorliegt.

Lösung: Die Reihenfolge lautet HY > HZ > HX. HY ist eine starke Säure, weil sie vollständig ionisiert ist (es liegen keine HY-Moleküle in Lösung vor), währen sowohl HX als auch HZ schwache Säuren sind, deren Lösungen aus einer Mischung aus Molekülen und Ionen bestehen. HZ ist die stärkere Säure, weil sie mehr H^+-Ionen und weniger undissoziierte Säuremoleküle als HX enthält.

ÜBUNGSAUFGABE

Stellen Sie sich ein Diagramm vor, in dem zehn Na^+-Ionen und zehn OH^--Ionen dargestellt sind. Wenn man diese Lösung mit der zuvor dargestellten Lösung von HY mischen würde, wie würde das Diagramm der Lösung nach einer möglichen Reaktion aussehen? H^+-Ionen reagieren mit OH^--Ionen zu H_2O.

Antwort: Das sich ergebende Diagramm würde zehn Na^+-Ionen, zwei OH^--Ionen, acht Y^--Ionen und acht H_2O-Moleküle enthalten.

Unterscheidung zwischen starken und schwachen Elektrolyten

Wenn wir die starken Säuren und Basen aus Tabelle 4.2 berücksichtigen und uns vor Augen halten, dass NH_3 eine schwache Base ist, können wir daraus die Elektrolytstärke einer großen Anzahl wasserlöslicher Substanzen ableiten. In Tabelle 4.3 sind unsere Beobachtungen zu Elektrolyten zusammengefasst. Um eine lösliche Substanz als starken Elektrolyt, schwachen Elektrolyt oder Nichtelektrolyt einzuordnen, arbeiten wir uns in der Tabelle einfach von links oben nach rechts unten

Tabelle 4.3

Zusammenfassung des elektrolytischen Verhaltens von gängigen löslichen ionischen und molekularen Verbindungen

	Starke Elektrolyte	Schwache Elektrolyte	Nichtelektrolyte
ionisch	alle	keine	keine
molekular	starke Säuren (siehe Tabelle 4.2)	schwache Säuren (H …) schwache Basen (NH_3)	alle anderen Verbindungen

vor. Wir fragen uns zunächst, ob die Substanz ionisch oder molekular aufgebaut ist. Wenn sie ionisch ist, handelt es sich um einen starken Elektrolyt, weil wir aus der zweiten Spalte der Tabelle 4.3 entnehmen können, dass alle ionischen Verbindungen starke Elektrolyte sind. Wenn die Substanz molekular aufgebaut ist, fragen wir uns, ob es sich um eine Säure oder eine Base handelt. Wenn es sich um eine Säure handelt, beziehen wir uns auf die im Gedächtnis behaltene Tabelle 4.2, um zu entscheiden, ob es sich um einen starken oder einen schwachen Elektrolyt handelt: Alle starken Säuren sind starke Elektrolyte, alle schwachen Säuren dagegen schwa-

---

ÜBUNGSBEISPIEL 4.6 — Unterscheidung zwischen starken und schwachen Elektrolyten und Nichtelektrolyten

Sind die folgenden gelösten Substanzen starke Elektrolyte, schwache Elektrolyte oder Nichtelektrolyte? $CaCl_2$, HNO_3, C_2H_5OH (Ethanol), HCOOH (Ameisensäure), KOH.

Lösung

Analyse: Es sind verschiedene chemische Formeln angegeben. Wir sollen entscheiden, ob es sich bei den aufgeführten Substanzen um starke Elektrolyte, schwache Elektrolyte oder Nichtelektrolyte handelt.

Vorgehen: Wir beziehen uns zur Lösung der Aufgabe auf Tabelle 4.3. Anhand der Zusammensetzung einer Substanz können wir entscheiden, ob diese ionisch oder molekular aufgebaut ist. Wie wir in Abschnitt 2.7 festgestellt haben, sind die meisten ionischen Verbindungen, die uns in diesem Buch begegnen, aus einem Metall und einem Nichtmetall, die meisten molekularen Verbindungen dagegen nur aus Nichtmetallen aufgebaut.

Lösung: Zwei der angegebenen Verbindungen sind ionisch: $CaCl_2$ und KOH. Aus Tabelle 2.3 entnehmen wir, dass alle ionischen Verbindungen starke Elektrolyte sind, wir klassifizieren diese Verbindungen daher als starke Elektrolyte. Die drei verbleibenden Verbindungen sind molekular. Bei HNO_3 und HCOOH handelt es sich um Säuren. Aus Tabelle 4.2 entnehmen wir, dass Salpetersäure (HNO_3) eine gebräuchliche starke Säure und daher ein starker Elektrolyt ist. Weil es sich bei den meisten Säuren um schwache Säuren handelt, nehmen wir an, dass HCOOH ebenfalls eine schwache Säure (ein schwacher Elektrolyt) ist. Diese Annahme ist korrekt. Die verbleibende molekulare Verbindung (C_2H_5OH) ist weder eine Säure noch eine Base, es handelt sich also um einen Nichtelektrolyt.

Anmerkung: C_2H_5OH enthält zwar eine OH-Gruppe, es handelt sich jedoch nicht um ein Metallhydroxid, also auch nicht um eine Base. Die Verbindung ist ein Alkohol, eine Klasse organischer Verbindungen, die C—OH-Bindungen aufweisen (siehe Abschnitt 2.9).

ÜBUNGSAUFGABE

Stellen Sie sich Lösungen vor, in denen je 0,1 mol der folgenden Verbindungen in 1 l Wasser gelöst sind: $Ca(NO_3)_2$ (Calciumnitrat), $C_6H_{12}O_6$ (Glukose), $NaCH_3COO$ (Natriumacetat) und CH_3COOH (Essigsäure). Ordnen Sie die Lösungen nach ihrer elektrischen Leitfähigkeit. Nehmen Sie dabei an, dass die Leitfähigkeit proportional zur Anzahl der Ionen in der Lösung ist.

Antwort:

$C_6H_{12}O_6$ (Nichtelektrolyt) < CH_3COOH (schwacher Elektrolyt, liegt hauptsächlich in molekularer Form und nicht ionisch vor) < $NaCH_3COO$ (starker Elektrolyt, der in zwei Ionen, Na^+ und CH_3COO^-, dissoziiert) < $Ca(NO_3)_2$ (starker Elektrolyt, der in drei Ionen, Ca^{2+} und 2 NO_3^-, dissoziiert).

che Elektrolyte. Wenn eine Säure in Tabelle 4.2 nicht aufgeführt ist, handelt es sich wahrscheinlich um eine schwache Säure und damit auch um einen schwachen Elektrolyten. H_3PO_4, H_2SO_3 und C_6H_5COOH sind z. B. in Tabelle 4.2 nicht aufgeführt und schwache Säuren. Wenn die Substanz eine Base ist, beziehen wir uns wiederum auf Tabelle 4.2 und überprüfen, ob sie in der Liste der starken Basen aufgeführt ist. NH_3 ist die einzige in diesem Kapitel betrachtete molekulare Base und, wie wir aus Tabelle 4.3 entnehmen können, in wässriger Lösung ein schwacher Elektrolyt. Es gibt von NH_3 abgeleitete Verbindungen, die Amine genannt werden, und ebenfalls molekulare Basen sind. Wir werden Amine jedoch erst in Kapitel 16 behandeln. Bei allen in diesem Kapitel behandelten molekularen Substanzen, die keine Säuren und nicht NH_3 sind, handelt es sich wahrscheinlich um Nichtelektrolyte.

Neutralisationsreaktionen und Salze

Die Eigenschaften saurer Lösungen unterscheiden sich wesentlich von den Eigenschaften basischer Lösungen. Säuren haben einen sauren, Basen dagegen einen bitteren Geschmack.* Säuren und Basen können die Farbe von Farbstoffen auf unterschiedliche Art und Weise beeinflussen (▶ Abbildung 4.7). Der Farbstoff Lackmus ist z. B. in Säuren rot und in Basen blau. Saure und basische Lösungen haben zudem viele verschiedene chemische Eigenschaften, die wir im Verlauf dieses Kapitels und in späteren Kapiteln noch genauer untersuchen werden.

Beim Mischen einer sauren mit einer basischen Lösung findet eine **Neutralisationsreaktion** statt. Die Produkte einer solchen Reaktion besitzen weder die charakteristischen Eigenschaften der sauren Lösung noch die der basischen Lösung. Wenn z. B. Chlorwasserstoffsäure (Salzsäure) mit einer Natriumhydroxidlösung vermischt wird, findet die folgende Reaktion statt:

$$HCl(aq) + NaOH(aq) \longrightarrow H_2O(l) + NaCl(aq)$$
$$\text{(Säure)} \quad \text{(Base)} \quad \text{(Wasser)} \quad \text{(Salz)} \quad (4.12)$$

Abbildung 4.7: Der Säure-Base-Indikator Bromthymolblau. Der Indikator ist in basischen Lösungen blau und in sauren Lösungen gelb. Der linke Kolben zeigt Bromthymolblau in Anwesenheit einer Base (eine wässrige Ammoniaklösung). Der rechte Kolben zeigt den Indikator in Anwesenheit von Salzsäure (HCl).

Die Produkte der Reaktion sind Wasser und Kochsalz (NaCl). Mit dem Ausdruck **Salz** ist in Analogie zu dieser Reaktion eine ionische Verbindung gemeint, deren Kation aus einer Base (z. B. Na^+ aus NaOH) und deren Anion aus einer Säure (z. B. Cl^- aus HCl) stammt. Im Allgemeinen *bilden sich bei einer Neutralisationsreaktion zwischen einer Säure und einem Metallhydroxid Wasser und ein Salz.*

Bei HCl, NaOH und NaCl handelt es sich um lösliche starke Elektrolyte, die vollständige Ionengleichung lautet daher

$$H^+(aq) + Cl^-(aq) + Na^+(aq) + OH^-(aq) \longrightarrow H_2O(l) + Na^+(aq) + Cl^-(aq) \quad (4.13)$$

Die Nettoionengleichung lautet

$$H^+(aq) + OH^-(aq) \longrightarrow H_2O(l) \quad (4.14)$$

In ▶ Gleichung 4.14 ist das wesentliche Merkmal jeder Neutralisationsreaktion zwischen einer starken Säure und einer starken Base zusammengefasst: $H^+(aq)$ und $OH^-(aq)$-Ionen reagieren zu H_2O.

---

* Die Geschmacksprobe chemischer Lösungen stellt keine gute chemische Praxis dar und wird ausdrücklich nicht empfohlen. Wir kennen jedoch den typisch sauren Geschmack von Säuren wie Ascorbinsäure (Vitamin C), Acetylsalizylsäure (Aspirin) und Zitronensäure (in Zitrusfrüchten). Seifen sind basische Substanzen und haben den charakteristischen bitteren Geschmack von Basen.

4 Reaktionen in Wasser und Stöchiometrie in Lösungen

(a) (b) (c)

Abbildung 4.8: Reaktion von Mg(OH)$_2$(s) mit einer Säure. (a) Magnesiamilch ist eine Suspension von Magnesiumhydroxid (Mg(OH)$_2$(s)) in Wasser. (b) Bei Zugabe von Chlorwasserstoffsäure (HCl(aq)) beginnt sich das Magnesiumhydroxid zu lösen. (c) Die resultierende klare Lösung enthält gemäß Gleichung 4.15 lösliches MgCl$_2$(aq).

In ▶Abbildung 4.8 ist die Reaktion zwischen Chlorwasserstoffsäure und der in Wasser unlöslichen Base Mg(OH)$_2$ dargestellt. Im Verlauf der Neutralisationsreaktion wird die milchigweiße Suspension von Mg(OH)$_2$ (Magnesiamilch) klar:

Molekulargleichung: $Mg(OH)_2(s) + 2\ HCl(aq) \longrightarrow MgCl_2(aq) + 2\ H_2O(l)$ (4.15)

Nettoionengleichung: $Mg(OH)_2(s) + 2\ H^+(aq) \longrightarrow Mg^{2+}(aq) + 2\ H_2O(l)$ (4.16)

Beachten Sie, dass die OH$^-$-Ionen (die in dieser Reaktion als fester Reaktant vorliegen) und die H$^+$-Ionen zu H$_2$O reagieren. Bei Neutralisationsreaktionen vertauschen die Ionen ihre Partner, es handelt sich dabei daher gleichzeitig auch um Metathesereaktionen.

CWS Auflösung von Mg(OH)$_2$ in Säure

ÜBUNGSBEISPIEL 4.7 — Aufstellen von chemischen Gleichungen von Neutralisationsreaktionen

(a) Stellen Sie eine ausgeglichene Molekulargleichung der Reaktion zwischen wässrigen Lösungen von Essigsäure (CH$_3$COOH) und Bariumhydroxid (Ba(OH)$_2$) auf. **(b)** Wie lautet die Nettoionengleichung der Reaktion?

Lösung

Analyse: Es sind die chemischen Formeln einer Säure und einer Base angegeben. Wir sollen zunächst eine ausgeglichene Molekulargleichung und anschließend eine Nettoionengleichung der zwischen diesen Substanzen auftretenden Neutralisationsreaktion aufstellen.

Vorgehen: Wie in ▶Gleichung 4.12 und im darauf folgenden kursiv geschriebenen Satz festgestellt, bilden sich bei Neutralisationsreaktionen H$_2$O und ein Salz. Die Zusammensetzung des Salzes ergibt sich aus dem Kation der Base und dem Anion der Säure.

Lösung: (a) Das Salz besteht aus dem Kation der Base (Ba^{2+}) und dem Anion der Säure (CH$_3$COO$^-$). Die Formel des Salzes lautet also Ba(CH$_3$COO)$_2$. Gemäß den Löslichkeitsregeln aus Tabelle 4.1 ist Ba(CH$_3$COO)$_2$ löslich. Die unausgeglichene Molekulargleichung der Neutralisationsreaktion lautet

$$CH_3COOH(aq) + Ba(OH)_2(aq) \longrightarrow H_2O(l) + Ba(CH_3COO)_2(aq)$$

Um diese Molekulargleichung auszugleichen, benötigen wir zwei Moleküle CH$_3$COOH für die beiden CH$_3$COO$^-$-Ionen. Damit stehen auch zwei H$^+$-Ionen zur Verfügung, die mit den beiden OH$^-$-Ionen der Base reagieren können. Die ausgeglichene Molekulargleichung lautet

$$2\ CH_3COOH(aq) + Ba(OH)_2(aq) \longrightarrow 2\ H_2O(l) + Ba(CH_3COO)_2(aq)$$

(b) Um die Nettoionengleichung aufzustellen, müssen wir zunächst bestimmen, ob die Verbindungen in wässriger Lösung starke Elektrolyte sind. CH$_3$COOH ist ein schwacher Elektrolyt (schwache Säure), Ba(OH)$_2$ ist ein starker Elektrolyt und Ba(CH$_3$COO)$_2$ ist ebenfalls ein starker Elektrolyt (ionische Verbindung). Die vollständige Ionengleichung lautet also

$$2\ CH_3COOH(aq) + Ba^{2+}(aq) + 2\ OH^-(aq) \longrightarrow 2\ H_2O(l) + Ba^{2+}(aq) + 2\ CH_3COO^-(aq)$$

Nach dem Entfernen der Zuschauerionen erhalten wir

$$2\ CH_3COOH(aq) + 2\ OH^-(aq) \longrightarrow 2\ H_2O(l) + 2\ CH_3COO^-(aq)$$

Durch Herauskürzen der Koeffizienten ergibt sich die Nettoionengleichung:

$$CH_3COOH(aq) + OH^-(aq) \longrightarrow H_2O(l) + CH_3COO^-(aq)$$

Überprüfung: Wir können überprüfen, ob die Molekulargleichung korrekt ausgeglichen ist, indem wir die Anzahl der Atome auf beiden Seiten des Reaktionspfeils zählen. (Auf beiden Seiten befinden sich zehn H, sechs O, vier C und ein Ba.) Es ist jedoch oft einfacher, anstelle der Atome die Atomgruppen zu zählen: Auf beiden Seiten befinden sich zwei CH_3COO-Gruppen sowie ein Ba, vier zusätzliche H-Atome und zwei zusätzliche O-Atome. Die Nettoionengleichung ist richtig, weil sich auf beiden Seiten der Gleichung die gleichen Elemente und die gleiche Nettoladung befinden.

ÜBUNGSAUFGABE

(a) Stellen Sie die ausgeglichene Molekulargleichung der Reaktion von Kohlensäure (H_2CO_3) mit Kaliumhydroxid (KOH) auf. **(b)** Wie lautet die Nettoionengleichung der Reaktion?

Antworten:

(a) $H_2CO_3(aq) + 2\ KOH(aq) \longrightarrow 2\ H_2O(l) + K_2CO_3(aq)$, **(b)** $H_2CO_3(aq) + 2\ OH^-(aq) \longrightarrow 2\ H_2O(l) + CO_3^{2-}(aq)$. H_2CO_3 ist eine schwache Säure und damit ein schwacher Elektrolyt, während KOH, eine starke Base, und K_2CO_3, eine ionische Verbindung, starke Elektrolyte sind.

Säure-Base-Reaktionen mit Gasentwicklung

Neben OH^- gibt es viele weitere Basen, die mit H^+ zu molekularen Verbindungen reagieren. Zwei dieser Basen, die Ihnen im Labor begegnen könnten, sind das Sulfidion und das Carbonation. Beide Anionen reagieren mit Säuren zu Gasen, die in Wasser nur schlecht löslich sind. Schwefelwasserstoff (H_2S), eine Substanz, die für den üblen Geruch fauler Eier verantwortlich ist, bildet sich, wenn eine Säure wie HCl(aq) mit einem Metallsulfid wie Na_2S reagiert.

Molekulargleichung: $\quad 2\ HCl(aq) + Na_2S(aq) \longrightarrow H_2S(g) + 2\ NaCl(aq)$ (4.17)

Nettoionengleichung: $\quad 2\ H^+(aq) + S^{2-}(aq) \longrightarrow H_2S(g)$ (4.18)

Carbonate und Hydrogencarbonate reagieren mit Säuren zu gasförmigem CO_2. Bei der Reaktion von CO_3^{2-}- oder HCO_3^- mit einer Säure entsteht zunächst Kohlensäure (H_2CO_3). Wenn z. B. Chlorwasserstoffsäure mit Natriumhydrogencarbonat in Kontakt kommt, findet die folgende Reaktion statt:

$$HCl(aq) + NaHCO_3(aq) \longrightarrow NaCl(aq) + H_2CO_3(aq) \quad (4.19)$$

Kohlensäure ist instabil; wenn sie in ausreichender Konzentration in Lösung vorliegt, zerfällt sie zu H_2O und CO_2, das als Gas aus der Lösung entweicht.

$$H_2CO_3(aq) \longrightarrow H_2O(l) + CO_2(g) \quad (4.20)$$

Beim Zerfall von H_2CO_3 entstehen, wie in ▶ Abbildung 4.9 gezeigt, Bläschen aus gasförmigem CO_2. Die Gesamtreaktion kann durch die folgenden Gleichungen zusammengefasst werden:

Molekulargleichung:

$$HCl(aq) + NaHCO_3(aq) \longrightarrow NaCl(aq) + H_2O(l) + CO_2(g) \quad (4.21)$$

Nettoionengleichung:

$$H^+(aq) + HCO_3^-(aq) \longrightarrow H_2O(l) + CO_2(g) \quad (4.22)$$

Abbildung 4.9: Carbonate reagieren mit Säuren unter Bildung von gasförmigem Kohlendioxid. Dargestellt ist die Reaktion von $NaHCO_3$ (weißer Festkörper) mit Chlorwasserstoffsäure; die Bläschen enthalten CO_2.

4 Reaktionen in Wasser und Stöchiometrie in Lösungen

> **? DENKEN SIE EINMAL NACH**
>
> Geben Sie aufgrund von Analogien zu den zuvor behandelten Beispielen an, welches Gas entsteht, wenn Na_2SO_3 mit $HCl\,(aq)$ reagiert.

Sowohl $NaHCO_3$ als auch Na_2CO_3 werden zur Neutralisation verschütteter Säuren verwendet. Dabei wird solange Hydrogencarbonat bzw. Carbonat auf die Säure gegeben, bis keine Bläschen aus $CO_2(g)$ mehr entstehen. Natriumhydrogencarbonat wird manchmal als Mittel gegen Magensäure verwendet, um Magenbeschwerden zu lindern. In diesem Fall reagiert HCO_3^- mit Magensäure zu $CO_2(g)$. Die Bläschen, die entstehen, wenn eine Alka-Seltzer-Tablette in Wasser gegeben wird, werden durch die Reaktion von Natriumhydrogencarbonat mit Zitronensäure verursacht.

Chemie im Einsatz — Antacida

Im Magen werden Säuren abgesondert, um aufgenommene Nahrungsmittel zu verdauen. Diese Säuren, die unter anderem aus Chlorwasserstoffsäure bestehen, enthalten etwa 0,1 mol H^+ pro Liter Flüssigkeit. Sowohl Magen als auch Verdauungstrakt werden normalerweise durch eine Schleimhaut vor den zersetzenden Eigenschaften der Magensäure geschützt. Manchmal weist diese Schleimhaut jedoch Beschädigungen auf, und die Säure kann das darunter liegende Gewebe angreifen, was zu schmerzhaften Schädigungen führt. Diese Beschädigungen, die Geschwüre heißen, können durch die übermäßige Absonderung von Säuren oder durch eine Schwäche der Schleimhaut verursacht werden. Neuere Studien haben jedoch Hinweise darauf geliefert, dass viele Geschwüre eine Folge bakterieller Infektionen sind. Zwischen 10% und 20% aller Amerikaner leiden zumindest einmal in ihrem Leben an derartigen Magengeschwüren. Viele weitere leiden an gelegentlichen Magenverstimmungen oder an Sodbrennen, Symptome, die durch das Eindringen von Magensäure in die Speiseröhre verursacht werden.

Wir können überschüssige Magensäure auf zwei einfache Arten behandeln: (1) durch Entfernen der überschüssigen Säure oder (2) durch Herabsetzen der Säureproduktion. Substanzen, die überschüssige Säure entfernen, werden Säureneutralisatoren und Substanzen, die die Produktion der Säure herabsetzen, Säureinhibitoren genannt.

Säureneutralisatoren sind einfache Basen, die die Magensäure neutralisieren. Ihre Fähigkeit, Säuren zu neutralisieren, ergibt sich aus den in ihnen enthaltenen Hydroxid-, Carbonat- oder Hydrogencarbonationen. In Tabelle 4.4 sind die aktiven Bestandteile einiger Säureneutralisatoren aufgeführt.

Die neuere Generation von Medikamenten gegen Magensäure (wie z. B. Tagamet und Zantac) besteht aus Säureinhibitoren. Diese Medikamente beeinflussen die säurebildenden Zellen im Magengewebe. Auch solche Medikamente sind inzwischen rezeptfrei erhältlich.

Abbildung 4.10: Medikamente gegen überschüssige Magensäure wirken im Magen säureneutralisierend.

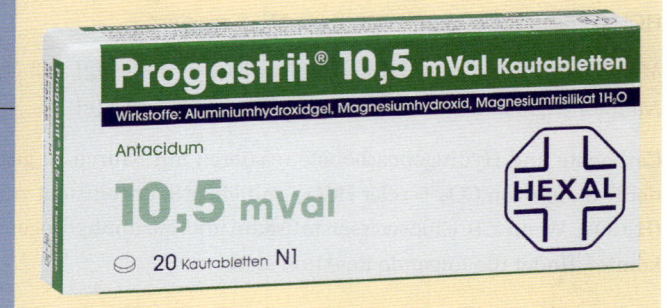

Tabelle 4.4 — Häufig verwendete Medikamente zur Neutralisation von Magensäure

Kommerzieller Name	Säureneutralisierender Wirkstoff
Alka-Seltzer®	$NaHCO_3$
Amphojel®	$Al(OH)_3$
Di-Gel®	$Mg(OH)_2$ und $CaCO_3$
Magnesiamilch	$Mg(OH)_2$
Maalox®	$Mg(OH)_2$ und $Al(OH)_3$
Mylanta®	$Mg(OH)_2$ und $Al(OH)_3$
Rolaids®	$NaAl(OH)_2CO_3$
Tums®	$CaCO_3$

Redoxreaktionen 4.4

In Fällungsreaktionen reagieren Kationen und Anionen zu unlöslichen ionischen Verbindungen. In Neutralisationsreaktionen reagieren H^+-Ionen und OH^--Ionen zu H_2O-Molekülen. Im Folgenden wollen wir eine dritte Reaktionsart betrachten, in der zwischen den Reaktanten Elektronen ausgetauscht werden. Derartige Reaktion werden **Reduktions-Oxidations-Reaktionen** bzw. *Redoxreaktionen* genannt.

> Redoxreaktionen

Oxidation und Reduktion

Die Korrosion von Eisen (Rosten) und anderer Metalle wie z. B. die Korrosion der Anschlüsse einer Autobatterie sind uns vertraute Vorgänge. Das, was wir als *Korrosion* bezeichnen, ist die Umwandlung eines Metalls in eine Metallverbindung, die mittels einer Reaktion zwischen dem Metall und einer Substanz in seiner Umgebung stattfindet. Rost (▶ Abbildung 4.11) entsteht z. B. durch die Reaktion von Sauerstoff mit Eisen unter Anwesenheit von Wasser.

Wenn ein Metall korrodiert, gibt es Elektronen ab und bildet Kationen. Calcium wird z. B. von Säuren aggressiv angegriffen und bildet dabei Calciumionen:

$$Ca(s) + 2\,H^+(aq) \longrightarrow Ca^{2+}(aq) + H_2(g) \qquad (4.23)$$

Wenn ein Atom, Ion oder Molekül nach einer Reaktion positiver geladen ist (also Elektronen abgegeben hat), ist es oxidiert worden. *Die Abgabe von Elektronen durch eine Substanz wird als* **Oxidation** *bezeichnet.* In ▶ Gleichung 4.23 wird Ca, das keine Nettoladung aufweist, also zu Ca^{2+} oxidiert.

Der Ausdruck Oxidation stammt daher, dass die ersten Reaktionen dieser Art, die eingehend untersucht worden sind, Reaktionen mit Sauerstoff waren. Viele Metalle reagieren unmittelbar mit dem O_2 der Luft zu Metalloxiden. Bei diesen Reaktionen gibt das Metall Elektronen an den Sauerstoff ab. Es bildet sich eine ionische Verbindung aus dem Metall- und dem Sauerstoffion. Wenn Calciummetall z. B. Luft ausgesetzt wird, läuft die glänzende metallische Oberfläche aufgrund der Bildung von CaO an:

$$2\,Ca(s) + O_2(g) \longrightarrow 2\,CaO(s) \qquad (4.24)$$

Abbildung 4.11: Korrosion von Eisen. Die Korrosion von Eisen wird durch den chemischen Angriff von Sauerstoff und Wasser auf die ungeschützte Metalloberfläche verursacht. Korrosion wird durch Salzwasser verstärkt.

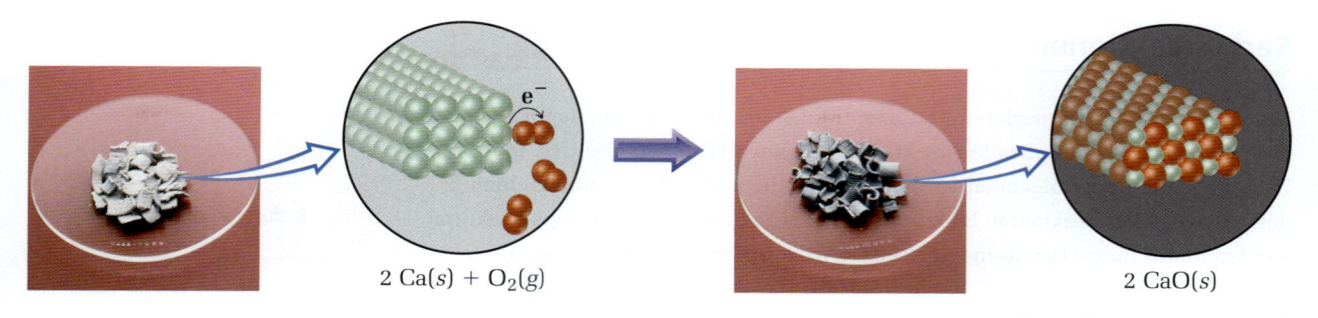

Abbildung 4.12: Oxidation von metallischem Calcium durch molekularen Sauerstoff. Während der Oxidation werden Elektronen vom Metall auf O$_2$ übertragen, was schließlich zur Bildung von CaO führt.

$2\,Ca(s) + O_2(g)$

$2\,CaO(s)$

Bei der in ▶ Gleichung 4.24 beschriebenen Oxidation von Ca wird der Sauerstoff vom neutralen O$_2$ in zwei O^{2-}-Ionen umgewandelt (▶ Abbildung 4.12). Wenn ein Atom, Ion oder Molekül nach einer Reaktion negativer geladen ist (also Elektronen aufgenommen hat), ist es *reduziert* worden. *Die Aufnahme von Elektronen durch eine Substanz wird als* **Reduktion** *bezeichnet.* Wenn ein Reaktant Elektronen abgibt, müssen diese von einem anderen Reaktanten aufgenommen werden. Die Oxidation einer Substanz findet also immer gleichzeitig mit der Reduktion einer anderen Substanz statt, so dass Elektronen zwischen den Reaktanten übertragen werden.

Reduktion von CuO

Substanz wird **oxidiert** (gibt Elektronen ab)

Substanz wird **reduziert** (nimmt Elektronen auf)

Oxidationszahlen

Um eine Redoxreaktion erkennen zu können, benötigen wir eine Art Buchhaltungssystem, anhand dessen wir nachvollziehen können, welche Substanzen bei einer Reaktion reduziert werden (also Elektronen aufnehmen) und welche Substanzen oxidiert werden (also Elektronen abgeben). Zu diesem Zweck wurden Oxidationszahlen (oder *Oxidationszustände*) eingeführt. Jedem Atom eines neutralen Moleküls oder eines geladenen Teilchens wird eine **Oxidationszahl** zugeordnet. Diese Oxidationszahl entspricht bei einem einatomigen Teilchen der tatsächlichen Ladung des Teilchens und bei mehratomigen Teilchen einer hypothetischen Ladung, die den einzelnen Atomen zugewiesen wird. Dabei wird angenommen, dass Elektronen *vollständig* zu jeweils einem Atom gehören. Bei einer Redoxreaktion ändern sich die Oxidationszahlen einiger Atome. Eine Oxidation findet statt, wenn die Oxidationszahl während der Reaktion erhöht wird, während eine Reduktion einer Erniedrigung der Oxidationszahl entspricht.

Bei der Zuweisung von Oxidationszahlen gelten die folgenden Regeln:

1 *Ein Atom in* **elementarer Form** *hat immer die Oxidationszahl null.* Beide H-Atome im Molekül H$_2$ haben also die Oxidationszahl 0 und alle P-Atome im Molekül P$_4$ haben ebenfalls die Oxidationszahl 0.

2 *Bei einem* **einatomigen Ion** *entspricht die Oxidationszahl der Ladung des Ions.* K$^+$ hat also die Oxidationszahl +1, S^{2-} die Oxidationszahl −2, usw. Die Alkalimetallionen (Gruppe 1A) haben immer eine Ladung von 1+, also immer die Oxidationszahl +1. In Verbindungen haben Erdalkalimetalle (Gruppe 2A) immer die Oxidationszahl +2 und Aluminium (Gruppe 3A) nomalerweise die Oxidationszahl +3. Bei Oxidationszahlen schreiben wir das Vorzeichen immer vor die Zahl, um diese von tatsächlichen Elektronenladungen zu unterscheiden, bei denen wir die Zahl als erstes schreiben.

3 *Nichtmetalle* haben normalerweise negative Oxidationszahlen, obwohl es einige Ausnahmen gibt:
  (a) *Die Oxidationszahl von **Sauerstoff** ist normalerweise −2*, dies gilt sowohl für ionische als auch für molekulare Verbindungen des Atoms. Die wichtigste Ausnahme stellen Peroxidverbindungen dar, die ein O_2^{2-}-Ion enthalten. In diesen Verbindungen haben beide Sauerstoffatome die Oxidationszahl −1.
  (b) *Die Oxidationszahl von **Wasserstoff** ist +1, wenn er an Nichtmetalle gebunden ist, und −1, wenn er an Metalle gebunden ist.*
  (c) *Die Oxidationszahl von **Fluor** ist in allen Verbindungen −1.* Die anderen **Halogene** haben in den meisten binären Verbindungen ebenfalls die Oxidationszahl −1. Wenn sie jedoch wie in Oxoanionen mit Sauerstoff verbunden sind, haben sie positive Oxidationszahlen.

4 *Die Summe der Oxidationszahlen* aller Atome ist in einer neutralen Verbindung gleich null. Die Summe der Oxidationszahlen eines mehratomigen Ions ist gleich der Ladung des Ions. Im Hydroniumion (H_3O^+) ist z. B. die Oxidationszahl der Wasserstoffatome +1 und die des Sauerstoffatoms −2. Die Summe der Oxidationszahlen ist also $3(+1) + (−2) = +1$, entspricht also der Nettoladung des Ions. Diese Regel ist sehr hilfreich, wenn Sie die Oxidationszahl eines bestimmten Atoms einer Verbindung oder eines Ions bestimmen wollen und Ihnen die Oxidationszahlen der anderen Atome bekannt sind (siehe Übungsbeispiel 4.8).

> **? DENKEN SIE EINMAL NACH**
>
> (a) Welches Edelgas hat die gleiche Anzahl Elektronen wie das Fluoridion? (b) Welche Oxidationszahl hat das Element?

ÜBUNGSBEISPIEL 4.8 **Bestimmung von Oxidationszahlen**

Bestimmen Sie die Oxidationszahl von Schwefel in den folgenden Verbindungen: **(a)** H_2S, **(b)** S_8, **(c)** SCl_2, **(d)** Na_2SO_3, **(e)** SO_4^{2-}.

Lösung

Analyse: Wir sollen die Oxidationszahl von Schwefel in zwei molekularen Substanzen, in elementarer Form und in zwei ionischen Substanzen bestimmen.

Vorgehen: In allen Verbindungen ist die Summe der Oxidationszahlen aller Atome gleich der Ladung des Teilchens. Wir werden außerdem die oben stehenden Regeln zur Zuweisung von Oxidationszahlen verwenden.

Lösung:
(a) Wasserstoff hat, wenn es mit einem Nichtmetall verbunden ist, die Oxidationszahl +1 (Regel 3b). Weil das Molekül H_2S neutral ist, muss die Summe der Oxidationszahlen null sein (Regel 4). Wenn x die Oxidationszahl von S ist, gilt $2(+1) + x = 0$. S hat also die Oxidationszahl −2.
(b) Bei S_8 handelt es sich um eine elementare Form von Schwefel, die Oxidationszahl von S ist also 0 (Regel 1).
(c) Weil es sich um eine binäre Verbindung handelt, sollte Chlor die Oxidationszahl −1 haben (Regel 3c). Die Summe der Oxidationszahlen muss null sein (Regel 4). Wenn x die Oxidationszahl von S ist, gilt $x + 2(−1) = 0$. S muss also die Oxidationszahl +2 haben.
(d) Natrium, ein Alkalimetall, hat in Verbindungen immer die Oxidationszahl +1 (Regel 2). Sauerstoff hat normalerweise die Oxidationszahl −2 (Regel 3a). Wenn x die Oxidationszahl von S ist, gilt $2(+1) + x + 3(−2) = 0$. S muss also in dieser Verbindung die Oxidationszahl +4 haben.
(e) Die Oxidationszahl von O ist −2 (Regel 3a). Die Summe der Oxidationszahlen ist gleich −2, der Ladung des SO_4^{2-}-Ions (Regel 4). Wir können also die Gleichung $x + 4(−2) = −2$ aufstellen. Aus dieser Beziehung leiten wir ab, dass die Oxidationszahl von S in diesem Ion +6 ist.

Anmerkung: Anhand dieser Beispiele wird deutlich, dass die Oxidationszahl eines Elements von der Verbindung abhängt, in der es auftritt. Die Oxidationszahl von Schwefel kann, wie in diesen Beispielen gezeigt wurde, von −2 bis +6 variieren.

ÜBUNGSAUFGABE

Welche Oxidationszahl haben die fettgedruckten Elemente der folgenden Verbindungen?
(a) $\mathbf{P}_2O_5$, **(b)** Na**H**, **(c)** $\mathbf{Cr}_2O_7^{2-}$, **(d)** **Sn**Br$_4$, **(e)** Ba$\mathbf{O}_2$.

Antworten: (a) +5; **(b)** −1; **(c)** +6; **(d)** +4; **(e)** −1.

Oxidation von Metallen durch Säuren und Salze

Es gibt viele Arten von Redoxreaktionen. Bei Verbrennungsreaktionen handelt es sich z. B. um Redoxreaktionen, weil in ihnen elementarer Sauerstoff in Sauerstoffverbindungen umgewandelt wird (siehe Abschnitt 3.2). In diesem Kapitel betrachten wir Redoxreaktionen zwischen Metallen und Säuren oder Salzen. In Kapitel 20 werden wir uns mit komplexeren Redoxreaktionen beschäftigen.

Reaktionen eines Metalls mit einer Säure oder einem Metallsalz laufen im Allgemeinen nach dem folgenden Muster ab:

$$A + BX \longrightarrow AX + B \quad (4.25)$$

Beispiele:

$$Zn(s) + 2\,HBr(aq) \longrightarrow ZnBr_2(aq) + H_2(g)$$

$$Mn(s) + Pb(NO_3)_2(aq) \longrightarrow Mn(NO_3)_2(aq) + Pb(s)$$

> Redoxreaktionen von Zinn und Zink

Diese Reaktionen werden **Verdrängungsreaktionen** genannt, weil in ihnen das sich in Lösung befindende Ion durch die Oxidation eines Elements verdrängt bzw. ersetzt wird.

Viele Metalle unterliegen, wenn sie mit Säuren in Kontakt kommen, Verdrängungsreaktionen, bei denen Salze und gasförmiger Wasserstoff entstehen. Magnesium reagiert z. B. mit Chlorwasserstoffsäure zu Magnesiumchlorid und gasförmigem Wasserstoff (▶ Abbildung 4.13). Um zu verdeutlichen, dass eine Oxidation und eine Reduktion stattgefunden haben, sind unter der chemischen Gleichung dieser Reaktion die Oxidationszahlen der einzelnen Atome angegeben:

$$Mg(s) + 2\,HCl(aq) \longrightarrow MgCl_2(aq) + H_2(g) \quad (4.26)$$

$$0 \qquad +1\ -1 \qquad +2\ -1 \qquad 0$$

Beachten Sie, dass sich die Oxidationszahl von Mg von 0 auf +2 verändert hat. Die Zunahme der Oxidationszahl zeigt an, dass das Atom Elektronen abgegeben hat und daher oxidiert wurde. Die Oxidationszahl des H^+-Ions der Säure hat von +1 auf 0 abgenommen. Dieses Ion hat also Elektronen aufgenommen und wurde daher reduziert. Die Oxidationszahl des Cl^--Ions bleibt mit −1 unverändert, es handelt sich also um ein Zuschauerion. Die Nettoionengleichung lautet

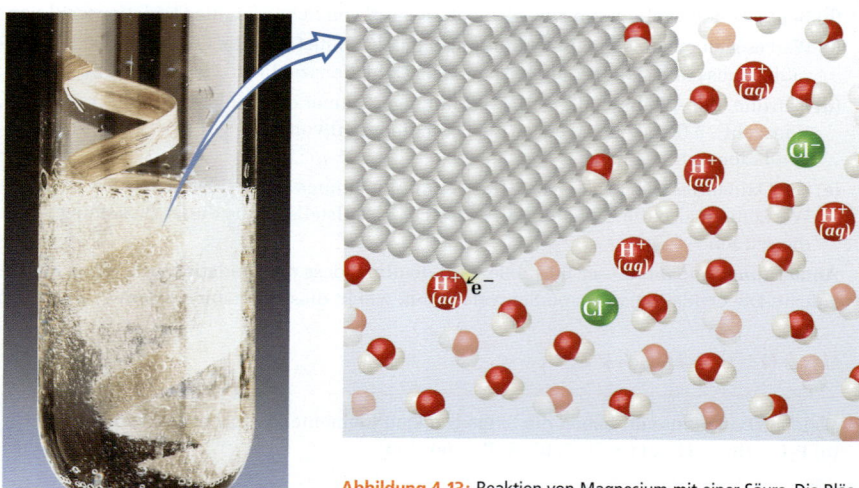

Abbildung 4.13: Reaktion von Magnesium mit einer Säure. Die Bläschen entstehen durch die Bildung von gasförmigem Wasserstoff.

4.4 Redoxreaktionen

ÜBUNGSBEISPIEL 4.9 — Aufstellen von Molekulargleichungen und Nettoionengleichungen von Redoxreaktionen

Stellen Sie die ausgeglichene Molekulargleichung und die Nettoionengleichung der Reaktion von Aluminium mit Bromwasserstoffsäure auf.

Lösung

Analyse: Wir sollen zwei Gleichungen – die Molekulargleichung und die Nettoionengleichung – der Redoxreaktion zwischen einem Metall und einer Säure aufstellen.

Vorgehen: Unedle Metalle reagieren mit Säuren zu Salzen und gasförmigem H_2. Zum Aufstellen der ausgeglichenen Gleichungen müssen wir die chemischen Formeln der beiden Reaktanten und die Formel des Salzes bestimmen. Das Salz besteht dabei aus dem Kation, das aus dem Metall gebildet wird, und dem Anion der Säure.

Lösung: Die Formeln der angegebenen Reaktanten sind Al und HBr. Aus Al wird das Kation Al^{3+} gebildet. Das Anion von Bromwasserstoffsäure ist Br^-. Das in der Reaktion gebildete Salz ist also $AlBr_3$. Wenn wir mit den Reaktanten und Produkten eine Reaktionsgleichung aufstellen und diese anschließend ausgleichen, erhalten wir die *Molekulargleichung*:

$$2\,Al(s) + 6\,HBr(aq) \longrightarrow 2\,AlBr_3(aq) + 3\,H_2(g)$$

Sowohl HBr als auch $AlBr_3$ sind lösliche starke Elektrolyte. Die vollständige Ionengleichung lautet also

$$2\,Al(s) + 6\,H^+(aq) + 6\,Br^-(aq) \longrightarrow 2\,Al^{3+}(aq) + 6\,Br^-(aq) + 3\,H_2(g)$$

Br^- ist ein Zuschauerion, die Nettoionengleichung lautet also

$$2\,Al(s) + 6\,H^+(aq) \longrightarrow 2\,Al^{3+}(aq) + 3\,H_2(g)$$

Anmerkung: In dieser Reaktion wird Aluminium oxidiert, weil seine Oxidationszahl von 0 im Metall auf +3 im Kation zunimmt. H^+ wird reduziert, weil seine Oxidationszahl von +1 in der Säure auf 0 in H_2 abnimmt.

ÜBUNGSAUFGABE

(a) Stellen Sie die ausgeglichene Molekulargleichung und die Nettoionengleichung der Reaktion zwischen Magnesium und Kobalt(II)sulfat auf. (b) Welcher Stoff wird in der Reaktion oxidiert und welcher reduziert?

Antworten:

(a) $Mg(s) + CoSO_4(aq) \longrightarrow MgSO_4(aq) + Co(s)$, $Mg(s) + Co^{2+}(aq) \longrightarrow Mg^{2+}(aq) + Co(s)$.
(b) Mg wird oxidiert und Co^{2+} reduziert.

$$Mg(s) + 2\,H^+(aq) \longrightarrow Mg^{2+}(aq) + H_2(g) \qquad (4.27)$$

Metalle können auch von wässrigen Lösungen verschiedener Salze oxidiert werden. Metallisches Eisen wird z. B. von einer wässrigen Lösung von Ni^{2+} wie $Ni(NO_3)_2$ oxidiert:

Molekulargleichung: $\quad Fe(s) + Ni(NO_3)_2(aq) \longrightarrow Fe(NO_3)_2(aq) + Ni(s) \qquad (4.28)$

Nettoionengleichung: $\quad Fe(s) + Ni^{2+}(aq) \longrightarrow Fe^{2+}(aq) + Ni(s) \qquad (4.29)$

Die Oxidation von Fe zu Fe^{2+} findet in dieser Reaktion gleichzeitig mit der Reduktion von Ni^{2+} zu Ni statt. Merken Sie sich: *Immer wenn eine Substanz oxidiert wird, muss eine andere Substanz reduziert werden.*

Spannungsreihe der Metalle

Lässt sich vorhersagen, ob ein bestimmtes Metall von einer Säure oder einem bestimmten Salz oxidiert wird? Diese Frage ist sowohl von praktischer Bedeutung als auch von chemischem Interesse. Nach ▶ Gleichung 4.28 wäre es z. B. nicht zu empfehlen, eine Nickelnitratlösung in einem Behälter aus Eisen aufzubewahren, weil die Lösung den

Tabelle 4.5

Spannungsreihe der Metalle in wässriger Lösung

Metall	Oxidationsreaktion				
Lithium	Li(s)	⟶	Li$^+$(aq)	+	e$^-$
Kalium	K(s)	⟶	K$^+$(aq)	+	e$^-$
Barium	Ba(s)	⟶	Ba^{2+}(aq)	+	2e$^-$
Calcium	Ca(s)	⟶	Ca^{2+}(aq)	+	2e$^-$
Natrium	Na(s)	⟶	Na$^+$(aq)	+	e$^-$
Magnesium	Mg(s)	⟶	Mg^{2+}(aq)	+	2e$^-$
Aluminium	Al(s)	⟶	Al^{3+}(aq)	+	3e$^-$
Mangan	Mn(s)	⟶	Mn^{2+}(aq)	+	2e$^-$
Zink	Zn(s)	⟶	Zn^{2+}(aq)	+	2e$^-$
Chrom	Cr(s)	⟶	Cr^{3+}(aq)	+	3e$^-$
Eisen	Fe(s)	⟶	Fe^{2+}(aq)	+	2e$^-$
Kobalt	Co(s)	⟶	Co^{2+}(aq)	+	2e$^-$
Nickel	Ni(s)	⟶	Ni^{2+}(aq)	+	2e$^-$
Zinn	Sn(s)	⟶	Sn^{2+}(aq)	+	2e$^-$
Blei	Pb(s)	⟶	Pb^{2+}(aq)	+	2e$^-$
Wasserstoff	H$_2$(g)	⟶	2 H$^+$(aq)	+	2e$^-$
Kupfer	Cu(s)	⟶	Cu^{2+}(aq)	+	2e$^-$
Silber	Ag(s)	⟶	Ag$^+$(aq)	+	e$^-$
Quecksilber	Hg(l)	⟶	Hg^{2+}(aq)	+	2e$^-$
Platin	Pt(s)	⟶	Pt^{2+}(aq)	+	2e$^-$
Gold	Au(s)	⟶	Au^{3+}(aq)	+	3e$^-$

Neigung zur Oxidation nimmt zu ↑

Behälter auflösen würde. Wenn ein Metall oxidiert wird, scheint es aufgrund der Reaktion zu verschiedenen Verbindungen aufgefressen zu werden. Starke Oxidationen können daher z. B. zum Versagen von metallischen Maschinenteilen oder Metallkonstruktionen führen. Metalle unterscheiden sich hinsichtlich ihrer Neigung, oxidiert zu werden. Zn wird z. B. von einer wässrigen Cu^{2+}-Lösung oxidiert, Ag dagegen nicht. Zn gibt also Elektronen leichter ab als Ag, d. h. Zn kann einfacher oxidiert werden als Ag.

Wenn man Metalle hinsichtlich ihrer Neigung, oxidiert zu werden, anordnet, erhält man die **Spannungsreihe** der Metalle. In Tabelle 4.5 ist die Spannungsreihe der gebräuchlichsten Metalle in wässriger Lösung angegeben. In der Tabelle ist zusätzlich Wasserstoff aufgeführt. Die Metalle am oberen Ende der Tabelle wie die Alkalimetalle und die Erdalkalimetalle sind die am leichtesten oxidierbaren Metalle. Diese Metalle reagieren am einfachsten zu Verbindungen und werden *elektropositive Metalle* genannt. Die Metalle am unteren Ende der Spannungsreihe wie die Übergangselemente der Gruppen 8B und 1B sind sehr stabil und gehen weniger leicht Verbindungen ein. Diese Metalle, die auch zur Herstellung von Münzen und Schmuck verwendet werden, werden aufgrund ihrer geringen Reaktivität *Edelmetalle* genannt.

Mit Hilfe der Spannungsreihe lässt sich das Ergebnis von Reaktionen zwischen Metallen und Metallsalzen oder Säuren vorhersagen. Jedes Metall der Liste kann

> **? DENKEN SIE EINMAL NACH**
>
> Welches Ion kann leichter reduziert werden, Mg^{2+}(aq) oder Ni^{2+}(aq)?

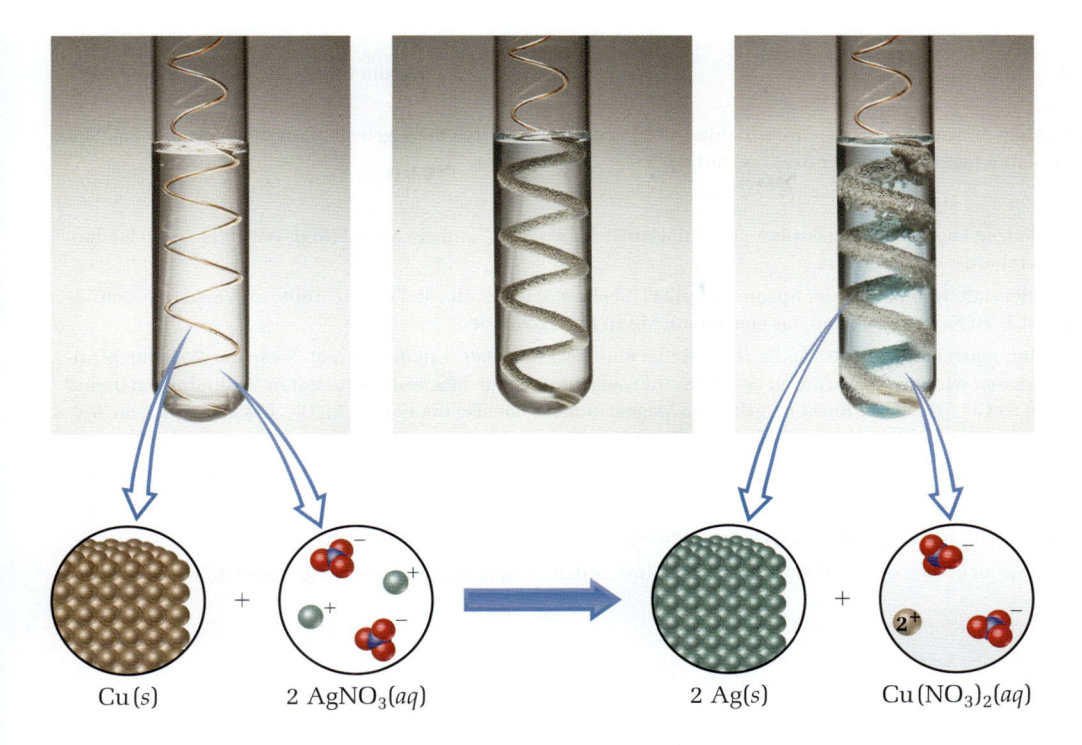

Abbildung 4.14: Reaktion von Kupfer mit Silberionen. Wenn metallisches Kupfer in eine Silbernitratlösung getaucht wird, findet eine Redoxreaktion statt, in der metallisches Silber und eine blaue Kupfer(II)nitratlösung entstehen.

von den Ionen der darunter stehenden Elemente oxidiert werden. Kupfer befindet sich in der Spannungsreihe z. B. oberhalb von Silber. Metallisches Kupfer wird also von Silberionen oxidiert (▶ Abbildung 4.14):

$$Cu(s) + 2\,Ag^+(aq) \longrightarrow Cu^{2+}(aq) + 2\,Ag(s) \tag{4.30}$$

Die Oxidation von Kupfer zu Kupferionen findet gleichzeitig mit der Reduktion von Silberionen zu Silber statt. In Abbildung 4.14 ist auf der Oberfläche des Kupferdrahtes deutlich metallisches Silber zu erkennen. Kupfer(II)nitrat hat in Lösung eine blaue Farbe, die am deutlichsten ganz rechts in der Abbildung zu erkennen ist.

Nur die Metalle, die in der Spannungsreihe oberhalb von Wasserstoff stehen, reagieren mit Säuren zu H_2. Ni reagiert z. B. mit HCl(aq) zu H_2:

$$Ni(s) + 2\,HCl(aq) \longrightarrow NiCl_2(aq) + H_2(g) \tag{4.31}$$

Weil Elemente, die in der Spannungsreihe unterhalb von Wasserstoff stehen, nicht von H^+ oxidiert werden, reagiert Cu nicht mit HCl(aq). Interessanterweise reagiert Cu jedoch mit Salpetersäure (wie in Abbildung 1.11 gezeigt wurde). Bei dieser Reaktion wird Cu jedoch nicht einfach von den H^+-Ionen der Säure oxidiert. Das Metall wird vielmehr von den Nitrationen der Säure zu Cu^{2+} oxidiert, eine Reaktion, bei der braunes Stickstoffdioxid ($NO_2(g)$) entsteht:

$$Cu(s) + 4\,HNO_3(aq) \longrightarrow Cu(NO_3)_2(aq) + 2\,H_2O(l) + 2\,NO_2(g) \tag{4.32}$$

Welche Substanz wird bei der Oxidation von Kupfer in ▶ Gleichung 4.32 reduziert? In diesem Fall entsteht das NO_2 aus der Reduktion von NO_3^-. Wir werden Reaktionen dieser Art in Kapitel 20 noch genauer betrachten.

CWS Bildung von Silber

ÜBUNGSBEISPIEL 4.10

Warum finden Redoxreaktionen statt?

Wird metallisches Magnesium von einer wässrigen Eisen(II)chloridlösung oxidiert? Stellen Sie gegebenenfalls die ausgeglichene Molekulargleichung und die Nettoionengleichung der Reaktion auf.

Lösung

Analyse: Es sind zwei Substanzen angegeben – eine wässrige Lösung eines Salzes $FeCl_2$ und ein Metall (Mg). Wir sollen entscheiden, ob diese beiden Substanzen miteinander reagieren.

Vorgehen: Eine Reaktion findet statt, wenn Mg in der Spannungsreihe (Tabelle 4.5) oberhalb von Fe steht. Sollte eine Reaktion stattfinden, wird das Fe^{2+}-Ion in $FeCl_2$ zu Fe reduziert und das elementare Mg zu Mg^{2+} oxidiert.

Lösung: Weil Mg in der Spannungsreihe oberhalb von Fe steht, findet eine Reaktion statt. Um die Formel des in der Reaktion gebildeten Salzes aufzustellen, müssen wir uns die Ladungen der Ionen ins Gedächtnis rufen. Magnesium kommt in Verbindungen immer als Mg^{2+} vor. Das Chloridion ist Cl^-. Das in der Reaktion gebildete Magnesiumsalz hat also die Formel $MgCl_2$. Die ausgeglichene Molekulargleichung lautet also: $Mg(s) + FeCl_2(aq) \longrightarrow MgCl_2(aq) + Fe(s)$.

$FeCl_2$ und $MgCl_2$ sind lösliche starke Elektrolyte und können in ionischer Form geschrieben werden. Cl^- ist ein Zuschauerion der Reaktion. Die Nettoionengleichung lautet also: $Mg(s) + Fe^{2+}(aq) \longrightarrow Mg^{2+}(aq) + Fe(s)$.

Aus der Nettoionengleichung wird deutlich, dass in dieser Reaktion Mg oxidiert und Fe^{2+} reduziert wird.

Überprüfung: Vergewissern Sie sich, dass die Nettoionengleichung hinsichtlich Ladung und Masse ausgeglichen ist.

ÜBUNGSAUFGABE

Welche der folgenden Metalle werden von $Pb(NO_3)_2$ oxidiert: Zn, Cu, Fe?

Antwort: Zn und Fe.

Näher hingeschaut — Die Faszination des Goldes

Gold ist bereits seit den frühesten Aufzeichnungen der Menschheit bekannt. Im Verlauf der Geschichte haben Menschen Gold verehrt, für Gold gekämpft und sind sogar für Gold gestorben.

Die physikalischen und chemischen Eigenschaften von Gold machen es zu einem besonderen Metall. Die ihm eigene Schönheit und Seltenheit machen es zudem sehr wertvoll. Gold ist weich und kann leicht zu kunstvollen Objekten, Schmuck und Münzen verarbeitet werden. Hinzu kommt, dass Gold eins der am wenigsten reaktiven Metalle ist (Tabelle 4.5). Es oxidiert nicht an Luft und reagiert nicht mit Wasser. Es ist gegenüber Basen und fast allen Säuren unempfindlich. Gold ist daher in der Natur meistens als reines Element und nicht in Verbindungen mit Sauerstoff oder anderen Elementen zu finden, der Grund dafür, warum es so früh entdeckt wurde.

Viele der früheren Untersuchungen der Reaktionen von Gold stammen aus der Zeit der Alchemie, in der Menschen versuchten, billige Metalle wie z. B. Blei in Gold umzuwandeln. Alchemisten haben entdeckt, dass Gold in einem 3 : 1-Gemisch aus konzentrierter Salzsäure und Salpetersäure, das aqua regia („Königswasser") genannt wird, aufgelöst werden kann. Die Wirkung der Salpetersäure auf Gold ist mit der Wirkung der Säure auf Kupfer (▶ Gleichung 4.32) vergleichbar. In der Reaktion wird das Metall nicht von H^+, sondern vom Nitration zu Au^{3+} oxidiert. Die Cl^--Ionen bilden mit Au^{3+} sehr stabile $AuCl_4^-$-Ionen. Die Nettoionengleichung der Reaktion von Gold mit Königswasser lautet

$$Au(s) + NO_3^-(aq) + 4\,H^+(aq) + 4\,Cl^-(aq) \longrightarrow AuCl_4^-(aq) + 2\,H_2O(l) + NO(g)$$

Sämtliches Gold, das jemals abgebaut worden ist, passt in einen Würfel mit 19 m Seitenlänge. Dieses Gold hat eine Masse von etwa $1,1 \times 10^8$ kg. Mehr als 90 % dieser Menge wurde seit dem Beginn des kalifornischen „Goldrauschs" produziert. Die weltweite Goldproduktion beträgt etwa $1,8 \times 10^6$ kg pro Jahr. Im Vergleich dazu werden jährlich z. B. mehr als $1,5 \times 10^{10}$ kg Aluminium produziert. Gold wird hauptsächlich für die Herstellung von Schmuckstücken (73 %), Münzen (10 %) und elektronischen Geräten (9 %) verwendet. Seine Verwendung in der Elektronik ist seiner ausgezeichneten Leitfähigkeit und Korrosionsbeständigkeit zu verdanken. Gold wird z. B. für die Beschichtung von Kontakten in elektrischen Schaltern, Relais und Steckverbindungen verwendet. Ein typisches Tastentelefon etwa enthält 33 vergoldete Kontakte. In Computern und anderen mikroelektronischen Geräten wird Gold verwendet, um elektronische Komponenten mit dünnen Golddrähtchen zu verbinden. Wegen seiner Korrosionsbeständigkeit gegenüber Säuren und anderen Substanzen im Speichel ist Gold ein ausgezeichnet geeignetes Material für die Anfertigung von Zahnkronen und -füllungen. Diese Verwendung macht etwa 3 % des jährlichen Goldverbrauchs aus. Weil das reine Metall jedoch für die Zahntechnik zu weich ist, wird es mit weiteren Metallen legiert.

Abbildung 4.15: Portrait des Pharaos Tutenchamun (1346–1337 v. Chr.) aus Gold und Edelsteinen. Dieses wertvolle Objekt entstammt dem inneren Sarg des Grabmals von Tutenchamun.

> ### Strategien in der Chemie ■ Analyse chemischer Reaktionen
>
> In diesem Kapitel haben Sie eine große Zahl chemischer Reaktionen kennen gelernt. Studenten haben bei dieser Art Lernstoff immer wieder Schwierigkeiten, ein „Gefühl" dafür zu entwickeln, welche Reaktionen zwischen chemischen Stoffen ablaufen. Sie werden vielleicht erstaunt sein, mit welcher Leichtigkeit Ihr Professor oder Tutor die Ergebnisse einer chemischen Reaktion ermittelt. Ein Ziel dieses Lehrbuches besteht darin, Ihnen die Vorhersage der Ergebnisse chemischer Reaktionen zu erleichtern. Der Schlüssel bei der Ausbildung dieser „chemischen Intuition" liegt darin, Reaktionen in Kategorien einteilen zu können.
>
> Es gibt so viele einzelne Reaktionen, dass Sie sich diese unmöglich alle merken können. Wesentlich aussichtsreicher ist der Ansatz, Muster zu erkennen, um so Reaktionen in allgemeine Kategorien wie Metathese- oder Redoxreaktionen einteilen zu können. Wenn Sie der Aufgabe gegenüberstehen, das Ergebnis einer chemischen Reaktion vorherzusagen, sollten Sie sich die folgenden Fragen stellen:
>
> – Wie lauten die Reaktanten der Reaktion?
> – Handelt es sich um Elektrolyte oder Nichtelektrolyte?
> – Handelt es sich um Säuren oder Basen?
> – Wenn es sich um Elektrolyte handelt, entsteht durch eine Metathese ein Niederschlag oder Wasser oder ein Gas?
> – Wenn keine Metathese stattfinden kann, können die Reaktanten dann vielleicht in einer Redoxreaktion miteinander reagieren?
>
> Für eine solche Reaktion müssen sowohl ein Reaktant, der oxidiert werden kann, als auch ein Reaktant, der reduziert werden kann, vorliegen.
>
> Wenn Sie sich derartige Fragen stellen, können Sie eventuell vorhersagen, was während der Reaktion passieren könnte. Sie werden dabei vielleicht nicht immer hundertprozentig richtig liegen, wenn Sie aber sorgfältig nachdenken, werden Sie wahrscheinlich zumindest nicht allzu weit daneben liegen. Sie werden im Laufe der Zeit immer mehr Erfahrung im Umgang mit chemischen Reaktionen sammeln und auch Reaktanten berücksichtigen, die wie Wasser aus der Lösung oder Sauerstoff aus der Luft vielleicht nicht sofort offensichtlich sind.
>
> Eins der großartigsten Hilfsmittel, die uns in der Chemie zur Verfügung stehen, ist das Experiment. Bei der Durchführung eines Experiments, in dem zwei Lösungen gemischt werden, können Sie Beobachtungen anstellen, anhand derer Sie die ablaufenden Vorgänge besser verstehen können. Es ist z. B. nicht annähernd so aufregend, die Tabelle 4.1 zu verwenden, um das Ausfällen eines Niederschlags vorherzusagen, wie das Experiment tatsächlich durchzuführen und die Bildung eines Niederschlags zu beobachten (siehe Abbildung 4.4). Ein aufmerksames Beobachten des praktischen Teils Ihres Kurses wird es Ihnen erheblich erleichtern, den behandelten Stoff besser zu beherrschen.

Konzentrationen von Lösungen 4.5

Das Verhalten einer Lösung hängt oft nicht nur von der Natur der gelösten Stoffe, sondern auch von den Konzentrationen dieser Stoffe ab. Wissenschaftler verwenden den Ausdruck **Konzentration**, um damit die Menge des gelösten Stoffes auszudrücken, der sich in einer bestimmten Menge Lösungsmittel oder einer bestimmten Menge Lösung befindet. Je größer die Menge des in einer bestimmten Menge Lösungsmittel gelösten Stoffes ist, desto höher ist die Konzentration der Lösung. In der Chemie ist es oft notwendig, die Konzentration einer Lösung quantitativ anzugeben.

Molarität (= Stoffmengenkonzentration)

Die **Molarität** (Symbol M) gibt die Konzentration einer Lösung in Mol eines gelösten Stoffes in einem Liter der Lösung an:

$$\text{Molarität} = \frac{\text{Stoffmenge des gelösten Stoffes in Mol}}{\text{Volumen der Lösung in Liter}} \quad (4.33)$$

Eine 1,00-molare Lösung (geschrieben: 1,00 M) enthält in einem Liter der Lösung 1,00 mol des gelösten Stoffes. In ▶ Abbildung 4.16 wird die Herstellung von 250,0 ml einer 1,00 M $CuSO_4$-Lösung gezeigt. Dazu wird ein Messkolben verwendet, der für die Abmessung von genau 250,0 ml Flüssigkeit kalibriert ist. Zunächst werden 0,250 mol (39,9 g) $CuSO_4$ abgemessen und in den Messkolben gegeben. Anschließend wird etwas Wasser hinzugegeben, um das Salz aufzulösen. Die entstehende Lösung wird bis auf ein Volumen von 250,0 ml verdünnt. Die Molarität der Lösung beträgt (0,250 mol $CuSO_4$)/(0,250 l Lösung) = 1,00 M.

> Auflösung von $KMnO_4$

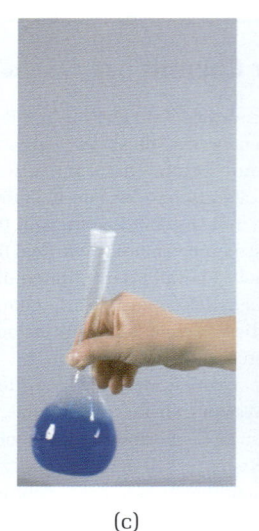

4 Reaktionen in Wasser und Stöchiometrie in Lösungen

(a) (b) (c) (d)

Herstellen von Lösungen

Abbildung 4.16: Herstellung von 0,250 l einer 1,00 M CuSO₄-Lösung. (a) Wiegen Sie 0,250 mol (39,9 g) CuSO₄ (Formelgewicht = 159,6 ame) ab. (b) Geben Sie das CuSO₄ in einen 250 ml-Messkolben und fügen Sie eine kleine Menge Wasser hinzu. (c) Lösen Sie die Substanz durch Schwenken des Kolbens im Wasser. (d) Füllen Sie den Kolben bis zur Kalibrierungsmarke mit Wasser auf. Schütteln Sie anschließend den mit einem Stopfen versehenen Kolben, um die Lösung vollständig zu durchmischen.

ÜBUNGSBEISPIEL 4.11

Berechnung der Molarität

Berechnen Sie die Molarität einer Lösung, die aus 23,4 g Natriumsulfat (Na_2SO_4) hergestellt wird, zu dem so viel Wasser gegeben wird, dass sich 125 ml Lösung ergeben.

Lösung

Analyse: Es sind die Masse des gelösten Stoffes (23,4 g), seine chemische Formel (Na_2SO_4) und das Volumen der Lösung (125 ml) angegeben. Wir sollen daraus die Molarität der Lösung berechnen.

Vorgehen: Wir verwenden ▶ Gleichung 4.33, um die Molarität zu berechnen. Dazu müssen wir zunächst die Masse des gelösten Stoffes in Mol und das Volumen der Lösung von Milliliter in Liter umrechnen.

Lösung: Wir bestimmen die Stoffmenge von Na_2SO_4 mit Hilfe der molaren Masse:

$$\text{Mol } Na_2SO_4 = (23,4 \text{ g } Na_2SO_4)\left(\frac{1 \text{ mol } Na_2SO_4}{142 \text{ g } Na_2SO_4}\right) = 0,165 \text{ mol } Na_2SO_4$$

Das Volumen der Lösung können wir wie folgt in Liter umrechnen:

$$(125 \text{ ml})\left(\frac{1 \text{ l}}{1000 \text{ ml}}\right) = 0,125 \text{ l}$$

Die Molarität ist also:

$$\text{Molarität} = \frac{0,165 \text{ mol } Na_2SO_4}{0,125 \text{ l Lösung}} = 1,32 \frac{\text{mol } Na_2SO_4}{\text{l Lösung}} = 1,32 \text{ M}$$

Überprüfung: Der Zähler des Bruchs ist nur etwas größer als der Nenner, es ist also plausibel, dass die Antwort leicht über 1 M liegt. Die Einheit (mol/l) ist für die Angabe einer Molarität korrekt und die Anzahl von drei signifikanten Stellen entspricht der Anzahl der signifikanten Stellen der Ausgangswerte.

ÜBUNGSAUFGABE

Berechnen Sie die Molarität einer Lösung, die aus 5,00 g Glukose ($C_6H_{12}O_6$) hergestellt wird, zu der so viel Wasser gegeben wird, dass sich genau 100 ml Lösung ergeben.

Antwort: 0,278 M.

Angabe von Elektrolytkonzentrationen

Beim Auflösen einer ionischen Verbindung hängen die Konzentrationen der in Lösung gehenden Ionen von der chemischen Formel der Verbindung ab. Die Konzentration einer 1,0 M Lösung von NaCl ist z.B. 1,0 M bezüglich der Na^+-Ionen und 1,0 M bezüglich der Cl^--Ionen. Die Konzentration einer 1,0 M Na_2SO_4-Lösung ist dagegen 2,0 M bezüglich der Na^+-Ionen und 1,0 M bezüglich der SO_4^{2-}-Ionen. Die Konzentration einer Elektrolytlösung kann also entweder in Bezug auf die für die Herstellung der Lösung verwendete Verbindung (1,0 M Na_2SO_4) oder in Bezug auf die Ionen, die in der Lösung vorliegen, angegeben werden (2,0 M Na^+ und 1,0 M SO_4^{2-}).

ÜBUNGSBEISPIEL 4.12 **Berechnung von molaren Ionenkonzentrationen**

In welchen molaren Konzentrationen liegen die Ionen einer 0,025 M wässrigen Calciumnitratlösung vor?

Lösung

Analyse: Es ist die Konzentration der ionischen Verbindung, aus der die Lösung hergestellt wurde, angegeben. Wir sollen die Konzentrationen der Ionen in der Lösung bestimmen.

Vorgehen: Wir verwenden die Indizes der chemischen Formel der Verbindung, um die relativen Konzentrationen der Ionen zu bestimmen.

Lösung: Calciumnitrat besteht aus Calciumionen (Ca^{2+}) und Nitrationen (NO_3^-), seine chemische Formel lautet $Ca(NO_3)_2$. Weil pro Ca^{2+}-Ion in der Verbindung zwei NO_3^--Ionen vorliegen, dissoziiert 1 mol $Ca(NO_3)_2$ in 1 mol Ca^{2+} und 2 mol NO_3^-. Eine 0,025 M $Ca(NO_3)_2$-Lösung hat also eine Konzentration von 0,025 M bezüglich Ca^{2+} und 2 × 0,025 M = 0,050 M bezüglich NO_3^-.

Überprüfung: Die Konzentration der NO_3^--Ionen ist doppelt so hoch wie die der Ca^{2+}-Ionen, so wie es der Index 2 hinter NO_3^- in der chemischen Formel von $Ca(NO_3)_2$ erwarten lässt.

ÜBUNGSAUFGABE

Welche molare K^+-Ionenkonzentration hat eine 0,015 M Kaliumcarbonatlösung?

Antwort: 0,030 M K^+.

Umrechnung von Molarität, Stoffmenge und Volumen

Die Definition der Molarität (▶ Gleichung 4.33) enthält drei Größen – die Molarität (in M), die Stoffmenge der gelösten Substanz (in Mol) und das Volumen der Lösung (in Liter). Wenn uns zwei dieser Größen bekannt sind, können wir die dritte Größe berechnen. Wenn wir z.B. die Molarität einer Lösung kennen, können wir die Stoffmenge eines gelösten Stoffes in einem bestimmten Volumen berechnen. Bei der Molarität handelt es sich also um den Umrechnungsfaktor zwischen dem Volumen einer Lösung und der Stoffmenge des gelösten Stoffes. Die Berechnung der Stoffmenge von HNO_3 in 2,0 l einer 0,200 M HNO_3-Lösung lässt die Umrechnung vom Volumen in die Stoffmenge deutlich werden:

$$\text{Mol } HNO_3 = (2,0 \text{ l } \cancel{\text{Lösung}}) \left(\frac{0,200 \text{ mol } HNO_3}{1 \text{ l } \cancel{\text{Lösung}}} \right) = 0,40 \text{ mol } HNO_3$$

Wir können in dieser Umrechnung die Dimensionsanalyse anwenden, wenn wir für die Molarität die Einheit mol/l des gelösten Stoffes verwenden. Um die Stoffmenge zu erhalten, müssen wir also das Volumen mit der Molarität multiplizieren:

$$\text{Mol} = \text{Liter} \times \text{Molarität} = + \cancel{\text{Liter}} \times \text{Mol}/\cancel{\text{Liter}}$$

ÜBUNGSBEISPIEL 4.13 — Berechnung der Masse eines gelösten Stoffes mit Hilfe der Molarität

Wie viel Gramm Na_2SO_4 werden zur Herstellung von 0,350 l einer 0,500 M Na_2SO_4-Lösung benötigt?

Lösung

Analyse: Es sind das Volumen der Lösung (0,350 l), ihre Konzentration (0,500 M) und der gelöste Stoff (Na_2SO_4) angegeben. Wir sollen daraus die Masse des gelösten Stoffes in der Lösung berechnen.

Vorgehen: Wir können mit Hilfe der Definition der Molarität (siehe Gleichung 4.33) die Stoffmenge des gelösten Stoffes berechnen, die wir anschließend mit Hilfe seiner molaren Masse in die Masse umrechnen können.

$$M_{Na_2SO_4} = \frac{\text{Mol } Na_2SO_4}{\text{Liter der Lösung}}$$

Lösung: Für die Berechnung der Stoffmenge Na_2SO_4 mit Hilfe der Molarität und des Volumens der Lösung stellen wir die folgende Gleichung auf:

$$M_{Na_2SO_4} = \frac{\text{Mol } Na_2SO_4}{\text{Liter der Lösung}}$$

$$\text{Mol } Na_2SO_4 = \text{Liter der Lösung} \times M_{Na_2SO_4} = (0{,}350 \text{ l Lösung})\left(\frac{0{,}500 \text{ mol } Na_2SO_4}{1 \text{ l Lösung}}\right) = 0{,}175 \text{ mol } Na_2SO_4$$

Weil ein Mol Na_2SO_4 142 g wiegt, ergibt sich die folgende Masse von Na_2SO_4:

$$\text{Gramm } Na_2SO_4 = (0{,}175 \text{ mol } Na_2SO_4)\left(\frac{142 \text{ g } Na_2SO_4}{1 \text{ mol } Na_2SO_4}\right) = 24{,}9 \text{ g } Na_2SO_4$$

Überprüfung: Die Größenordnung der Antwort, die Einheiten und die Anzahl der signifikanten Stellen sind plausibel.

ÜBUNGSAUFGABE

(a) Wie viel Gramm Na_2SO_4 befinden sich in 15 ml einer 0,50 M Na_2SO_4-Lösung? **(b)** Wie viel Milliliter einer 0,50 M Na_2SO_4-Lösung werden benötigt, um 0,038 mol dieses Salzes abzumessen?

Antworten: **(a)** 1,1 g; **(b)** 76 ml.

Um die Umrechnung von der Stoffmenge in das Volumen zu verdeutlichen, wollen wir berechnen, wie viel Liter einer 0,30 M HNO_3-Lösung 2,0 mol HNO_3 enthalten.

$$\text{Liter der Lösung} = (2{,}0 \text{ mol } HNO_3)\left(\frac{1 \text{ l Lösung}}{0{,}30 \text{ mol } HNO_3}\right) = 6{,}7 \text{ l Lösung}$$

In diesem Fall benötigen wir für die Umrechnung den Kehrwert der Molarität:

$$\text{Liter} = \text{Mol} \times 1/M = \text{Mol} \times \text{Liter}/\text{Mol}$$

Verdünnung

Lösungen zur Verwendung im Labor werden oft in konzentrierter Form käuflich erworben bzw. hergestellt (*Stammlösungen*). Chlorwasserstoffsäure (Salzsäure) ist z. B. als 12 M Lösung (konzentrierte HCl) erhältlich. Man erhält Lösungen mit niedrigerer Konzentration, indem man der konzentrierten Lösung Wasser hinzufügt, ein Vorgang, der **Verdünnung** genannt wird.*

---

* Bei der Verdünnung einer konzentrierten Säure oder Base sollte die Säure oder Base zunächst zu Wasser hinzugefügt werden und anschließend durch das Hinzufügen von weiterem Wasser weiter verdünnt werden. Wenn Wasser zu einer konzentrierten Säure oder Base gegeben wird, kann dies aufgrund der großen Hitzeentwicklung dazu führen, dass Flüssigkeit aus dem Gefäß spritzt.

4.5 Konzentrationen von Lösungen

Wir veranschaulichen die Herstellung einer verdünnten Lösung aus einer konzentrierten Lösung, indem wir uns vorstellen, dass wir durch Verdünnen einer 1,00 M $CuSO_4$-Stammlösung 250,0 ml (also 0,250 l) einer 0,100 M $CuSO_4$-Lösung herstellen wollen. Wenn zur Verdünnung einer Lösung Lösungsmittel hinzugefügt wird, bleibt die Stoffmenge des gelösten Stoffes in der Lösung gleich.

$$\text{Mol des gelösten Stoffes vor der Verdünnung}$$
$$= \text{Mol des gelösten Stoffes nach der Verdünnung} \quad (4.34)$$

Wir können also, weil uns sowohl das Volumen als auch die Konzentration der verdünnten Lösung bekannt sind, die Stoffmenge $CuSO_4$ berechnen, die sie enthält.

$$\text{Mol } CuSO_4 \text{ in verdünnter Lösung} = (0,250 \text{ l Lösung})\left(0,100 \frac{\text{mol } CuSO_4}{\text{l Lösung}}\right)$$
$$= 0,0250 \text{ mol } CuSO_4$$

Anschließend können wir das Volumen der konzentrierten Lösung berechnen, das wir benötigen, um 0,0250 mol $CuSO_4$ zu erhalten:

$$\text{Liter der konzentrierten Lösung} = (0,0250 \text{ mol } CuSO_4)\left(\frac{1 \text{ l Lösung}}{1,00 \text{ mol } CuSO_4}\right)$$
$$= 0,0250 \text{ l}$$

Verdünnte Lösungen

Chemie und Leben — Das Trinken von zu viel Wasser kann tödlich sein

Lange Zeit wurde die Ansicht vertreten, dass die Dehydratation für Menschen, die sich intensiv körperlich betätigen, eine potenzielle Bedrohung darstellt. Sportler wurden daher dazu angehalten, bei der Ausübung ihres Sports viel Wasser zu sich zu nehmen. Der Trend zu einer umfassenden Hydratation hat sich auch auf die übrige Gesellschaft übertragen; man kann immer wieder Menschen beobachten, die ständig eine Wasserflasche mit sich herumtragen und pflichtbewusst immer für eine gute Hydratation ihrer Körper sorgen.

Es hat sich jedoch herausgestellt, dass unter bestimmten Umständen ein Zuviel an Wasser gefährlicher sein kann als ein Zuwenig. Die Aufnahme von überschüssigem Wasser kann zu *Hyponatriämie* führen, einem Zustand, bei dem die Natriumkonzentration im Blut zu niedrig ist. Im vergangenen Jahrzehnt sind mindestens vier Marathonläufer an Traumata gestorben, die mit Hyponatriämie in Verbindung standen. Viele weitere sind schwer erkrankt. Die Läuferin Hillary Bellamy, die mit dem Marine-Corps-Marathon 2003 ihren ersten Marathon absolvierte, ist z. B. bei Kilometer 36 zusammengebrochen und am folgenden Tag verstorben. Laut der Aussage eines behandelnden Arztes ist ihr Tod durch eine Gehirnschwellung verursacht worden, die auf Hyponatriämie zurückgeführt wurde. Diese Hyponatriämie wiederum hatte ihre Ursache im übermäßigen Trinken von Wasser vor und während des Rennens.

Die normale Natriumkonzentration im Blut beträgt 135 bis 145 mM. Wenn diese Konzentration auf 125 mM abfällt, hat das zunächst Schwindelgefühle und Verwirrung zur Folge. Eine Konzentration unter 120 mM kann lebensgefährlich sein. Eine niedrige Natriumkonzentration im Blut verursacht ein Anschwellen von Gehirngewebe. Lebensbedrohlich niedrige Konzentrationen werden erreicht, wenn ein Marathonläufer oder ein anderer aktiver Sportler Salz ausschwitzt und gleichzeitig übermäßig viel salzfreies Wasser zu sich nimmt, um den Flüssigkeitsverlust auszugleichen.

Frauen sind von diesem Zustand eher betroffen als Männer, weil sie eine andere physische Konstitution und andere Metabolismusmuster haben. Durch die Einnahme eines Sportlergetränks wie Gatorade, das Elektrolyte enthält, kann dem Zustand der Hyponatriämie vorgebeugt werden (▶ Abbildung 4.17).

Entgegen der allgemein vertretenen Ansicht stellt die Überhydratation viel eher als die Dehydratation eine lebensbedrohliche Situation dar, obwohl auch die Dehydratation bei hohen Temperaturen zu einem Hitzeschlag beitragen kann. Sportler verlieren während eines umfangreichen Trainings oft mehrere Kilogramm Gewicht in Form von Wasser, ohne dass es dadurch zu bleibenden Nebeneffekten kommt. Als Amby Burfoot z. B. 1968 den Boston-Marathon gewann, nahm sein Körpergewicht während des Laufs von 62,5 auf 58,5 kg, also um 6,5 % ab. Gewichtsverluste in dieser Größenordnung sind typisch für Spitzenmarathonläufer, die unglaubliche Mengen an Wärme und Schweiß produzieren und es sich nicht erlauben können, zum Trinken ihr Tempo zu verlangsamen.

Abbildung 4.17: Wasserstationen. Um eine Überhydratation zu vermeiden, wurde die Anzahl der Wasserstationen bei vielen Marathonläufen reduziert.

4 Reaktionen in Wasser und Stöchiometrie in Lösungen

Abbildung 4.18: Herstellung von 250 ml einer 0,100 M CuSO$_4$-Lösung durch Verdünnen einer 1,00 M Stammlösung. (a) Messen Sie mit Hilfe einer Pipette 25,0 ml der 1,00 M Stammlösung ab. (b) Geben Sie die abgemessene Lösung in einen 250 ml-Messkolben. (c) Füllen Sie den Kolben bis zu einem Volumen von 250 ml mit Wasser auf.

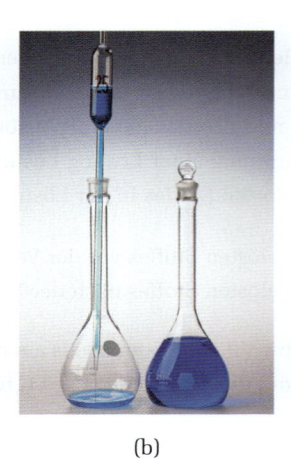

(a)   (b)   (c)

ÜBUNGSBEISPIEL 4.14 — Herstellung einer Lösung durch Verdünnung

Wie viel Milliliter 3,0 M H$_2$SO$_4$ benötigt man, um 450 ml einer 0,1 M H$_2$SO$_4$-Lösung herzustellen?

Lösung

Analyse: Wir sollen eine konzentrierte Lösung verdünnen. Es sind die Molarität der konzentrierten Lösung (3,0 M) und das Volumen und die Molarität einer verdünnten Lösung desselben Stoffes (450 ml einer 0,10 M Lösung) angegeben. Wir sollen das Volumen der konzentrierten Lösung berechnen, das zur Herstellung der verdünnten Lösung benötigt wird.

Vorgehen: Wir können die Stoffmenge des gelösten Stoffes (H$_2$SO$_4$) in der verdünnten Lösung und mit Hilfe dieser Größe anschließend das Volumen der konzentrierten Lösung, in dem diese Stoffmenge enthalten ist, berechnen. Alternativ können wir direkt ▶ Gleichung 4.35 anwenden. Wir werden im Folgenden beide Methoden vergleichen.

Lösung: Berechnung der Stoffmenge von H$_2$SO$_4$ in der verdünnten Lösung:

$$\text{Mol H}_2\text{SO}_4 \text{ in der verdünnten Lösung} = (0{,}450 \text{ l Lösung})\left(\frac{0{,}10 \text{ mol H}_2\text{SO}_4}{1 \text{ l Lösung}}\right) = 0{,}045 \text{ mol H}_2\text{SO}_4$$

Berechnung des Volumens der konzentrierten Lösung, das 0,045 Mol H$_2$SO$_4$ enthält:

$$\text{Liter der konzentrierten Lösung} = (0{,}045 \text{ mol H}_2\text{SO}_4)\left(\frac{1 \text{ l Lösung}}{3{,}0 \text{ mol H}_2\text{SO}_4}\right) = 0{,}015 \text{ l Lösung}$$

Wenn wir Liter in Milliliter umrechnen, erhalten wir das Ergebnis 15 ml.
Bei Anwendung von Gleichung 4.35 erhalten wir das gleiche Ergebnis:

$$(3{,}0 \; M)(V_{\text{Konz}}) = (0{,}10 \; M)(450 \text{ ml})$$

$$V_{\text{Konz}} = \frac{(0{,}10 \; M)(450 \text{ ml})}{3{,}0 \; M} = 15 \text{ ml}$$

Wir erkennen in beiden Fällen, dass wir bei einer Verdünnung von 15 ml einer 3,0 M H$_2$SO$_4$-Lösung auf ein Gesamtvolumen von 450 ml die gewünschte 0,10 M Lösung erhalten.

Überprüfung: Das berechnete Volumen scheint plausibel zu sein, weil ein kleines Volumen einer konzentrierten Lösung benötigt wird, um ein großes Volumen einer verdünnten Lösung herzustellen.

ÜBUNGSAUFGABE

(a) Welches Volumen einer 2,50 M Blei(II)nitratlösung enthält 0,0500 mol Pb^{2+}? **(b)** Wie viel Milliliter einer 5,0 M K$_2$Cr$_2$O$_7$-Lösung müssen verdünnt werden, um 250 ml einer 0,10 M Lösung herzustellen? **(c)** Welche Konzentration hat eine Lösung, die man bei Verdünnung von 10,0 ml einer 10,0 M NaOH-Stammlösung auf 250 ml erhält?

Antworten: (a) 0,0200 l = 20,0 ml; **(b)** 5,0 ml; **(c)** 0,40 M.

Wir führen also die Verdünnung durch, indem wir mit Hilfe einer Pipette 0,0250 l (also 25,0 ml) der konzentrierten Lösung in einen 250 ml-Messkolben geben, der anschließend, wie in ▶ Abbildung 4.18 gezeigt, auf ein Endvolumen von 250,0 ml aufgefüllt wird. Beachten Sie, dass die verdünnte Lösung eine weniger intensive Farbe hat als die konzentrierte Lösung.

In der Laborpraxis werden solche Berechnungen oft schnell anhand einer einfachen Gleichung durchgeführt, die man leicht ableiten kann, wenn man sich merkt, dass die Stoffmengen in beiden Lösungen gleich sind und sich aus der Gleichung Stoffmenge = Molarität × Volumen ergeben:

$$\text{Mol in konzentrierter Lösung} = \text{Mol in verdünnter Lösung}$$

$$M_{\text{Konz}} \times V_{\text{Konz}} = M_{\text{Verd}} \times V_{\text{Verd}} \quad (4.35)$$

Die Molarität der konzentrierten Stammlösung (M_{Konz}) ist immer größer als die Molarität der verdünnten Lösung (M_{Verd}). Weil das Volumen der Lösung bei der Verdünnung zunimmt, ist V_{Verd} also immer größer als V_{Konz}. Obwohl in ▶ Gleichung 4.35 mit Litern gerechnet wird, kann jede beliebige Volumeneinheit verwendet werden, solange diese auf beiden Seiten der Gleichung gleich ist. Die oben durchgeführte Berechnung der Konzentration einer $CuSO_4$-Lösung lässt sich also z. B. auch folgendermaßen durchführen:

$$(1{,}00\ M)(V_{\text{Konz}}) = (0{,}100\ M)(250\ \text{ml})$$

Wenn wir nach V_{Konz} auflösen, erhalten wir wie zuvor $V_{\text{Konz}} = 25{,}0$ ml.

> **? DENKEN SIE EINMAL NACH**
>
> Wie verändert sich die Molarität einer 0,50 M KBr-Lösung, wenn so viel Wasser hinzugefügt wird, dass sich das Volumen der Lösung verdoppelt?

Stöchiometrie und chemische Analyse 4.6

Stellen Sie sich vor, Sie sollen die Konzentrationen mehrerer Ionen in einer Seewasserprobe bestimmen. Obwohl für solche Analysen mittlerweile viele instrumentelle Methoden zur Verfügung stehen, werden neben diesen auch weiterhin die in diesem Kapitel vorgestellten chemischen Reaktionen verwendet. In Kapitel 3 haben wir erfahren, dass Sie mit Hilfe der chemischen Reaktion und der Menge eines verbrauchten Reaktanten die Mengen der anderen Reaktanten und Produkte berechnen können. In diesem Abschnitt werden wir uns kurz mit derartigen Analysen von Lösungen beschäftigen.

Erinnern Sie sich daran, dass sich aus den Koeffizienten einer ausgeglichenen Gleichung das Verhältnis der Stoffmengen der Reaktanten und Produkte ergibt (siehe Abschnitt 3.6). Um diese Informationen nutzen zu können, müssen wir zunächst die Mengen der an einer Reaktion beteiligten Substanzen in Mol umrechnen. Wenn wie in Kapitel 3 die Massen der Substanzen bekannt sind, können wir diese Umrechnung mit Hilfe der molaren Masse durchführen. Wenn wir es dagegen mit Lösungen bekannter Molarität zu tun haben, können wir die Stoffmenge mit Hilfe der Molarität und des Volumens berechnen (Mol des gelösten Stoffes $= M \times l$). In ▶ Abbildung 4.19 ist diese Vorgehensweise zusammengefasst.

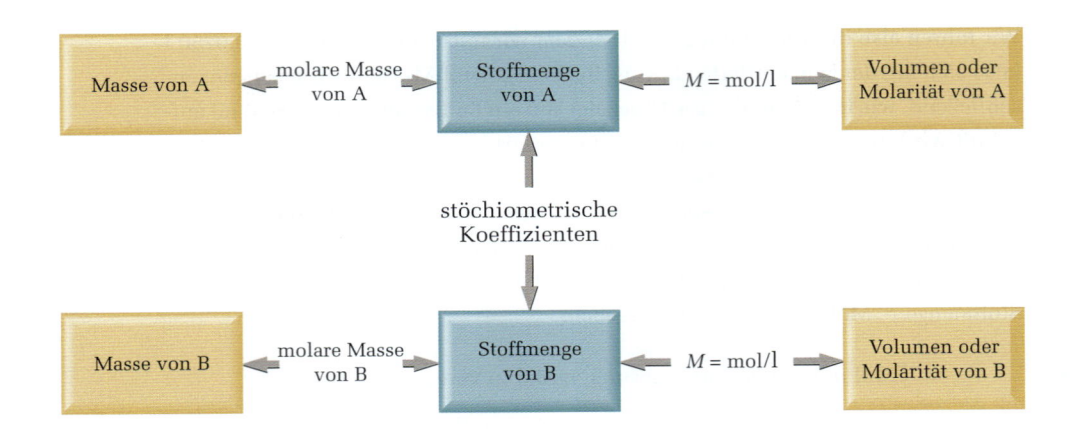

Abbildung 4.19: Vorgehensweise zur Problemlösung. Schematische Darstellung der Vorgehensweise zur Lösung von stöchiometrischen Problemen, die im Labor gemessene Massen, Lösungskonzentrationen (Molaritäten) oder Volumina betreffen.

ÜBUNGSBEISPIEL 4.15 — Verwendung von Massen in einer Neutralisationsreaktion

Wie viel Gramm Ca(OH)$_2$ werden zur Neutralisation von 25 ml einer 0,100 M HNO$_3$-Lösung benötigt?

Lösung

Analyse: Bei den Reaktanten handelt es sich um eine Säure (HNO$_3$) und eine Base (Ca(OH)$_2$). Es sind das Volumen und die Molarität angegeben und wir sollen berechnen, welche Masse Ca(OH)$_2$ benötigt wird, um die gegebene Menge HNO$_3$ zu neutralisieren.

Vorgehen: Wir können mit Hilfe der Molarität und des Volumens der HNO$_3$-Lösung die Stoffmenge von HNO$_3$ berechnen. Anschließend verwenden wir die ausgeglichene Gleichung, um aus der Stoffmenge von HNO$_3$ die Stoffmenge von Ca(OH)$_2$ zu bestimmen. Zum Schluss können wir schließlich die Stoffmenge von Ca(OH)$_2$ in die Masse umrechnen. Diese Schritte lassen sich wie folgt zusammenfassen:

$$l_{HNO_3} \times M_{HNO_3} \Rightarrow \text{mol HNO}_3 \Rightarrow \text{mol Ca(OH)}_2 \Rightarrow \text{g Ca(OH)}_2$$

Lösung: Aus dem Produkt der molaren Konzentration einer Lösung und ihrem Volumen in Litern erhalten wir die Stoffmenge des gelösten Stoffes:

$$\text{Mol HNO}_3 = l_{HNO_3} \times M_{HNO_3} = (0{,}0250\ l)\left(0{,}100\ \frac{\text{mol HNO}_3}{l}\right) = 2{,}50 \times 10^{-3}\ \text{mol HNO}_3$$

Weil es sich um eine Säure-Base-Neutralisationsreaktion handelt, reagieren HNO$_3$ und Ca(OH)$_2$ zu H$_2$O und einem Salz mit den Bestandteilen Ca^{2+} und NO$_3^-$.

$$2\ \text{HNO}_3(aq) + \text{Ca(OH)}_2(s) \longrightarrow 2\ \text{H}_2\text{O}(l) + \text{Ca(NO}_3)_2(aq)$$

Daher gilt: 2 mol HNO$_3 \triangleq$ 1 mol Ca(OH)$_2$. Wir erhalten also:

$$\text{Gramm Ca(OH)}_2 = (2{,}50 \times 10^{-3}\ \text{mol HNO}_3)\left(\frac{1\ \text{mol Ca(OH)}_2}{2\ \text{mol HNO}_3}\right)\left(\frac{74{,}1\ \text{g Ca(OH)}_2}{1\ \text{mol Ca(OH)}_2}\right) = 0{,}0926\ \text{g Ca(OH)}_2$$

Überprüfung: Die Größenordnung der Antwort ist plausibel. Ein kleines Volumen einer verdünnten Säure kann mit einer kleinen Menge Base neutralisiert werden.

ÜBUNGSAUFGABE

(a) Wie viel Gramm NaOH werden zur Neutralisation von 20 ml einer 0,150 M H$_2$SO$_4$-Lösung benötigt? **(b)** Wie viel Liter einer 0,500 M HCl(aq)-Lösung werden benötigt, um mit 0,100 mol Pb(NO$_3$)$_2$(aq) vollständig zu einem Niederschlag aus PbCl$_2$(s) zu reagieren?

Antworten: (a) 0,240 g; **(b)** 0,400 l.

Titration

Um die Konzentration eines bestimmten gelösten Stoffes in einer Lösung zu ermitteln, verwenden Chemiker häufig die Methode der **Titration**, bei der die Konzentration der unbekannten Lösung mit Hilfe einer Reagenzlösung bekannter Konzentration, einer so genannten **Standardlösung**, bestimmt wird. Titrationen können mit Säure-Base-, Fällungs- oder Redoxreaktionen durchgeführt werden. Nehmen Sie an, wir hätten eine HCl-Lösung unbekannter Konzentration und eine NaOH-Lösung mit einer bekannten Konzentration von 0,100 M. Um die Konzentration der HCl-Lösung zu bestimmen, messen wir ein bestimmtes Volumen dieser Lösung ab, beispielsweise 20,00 ml. Anschließend fügen wir zu dieser Lösung langsam die NaOH-Standardlösung hinzu, bis die Neutralisationsreaktion zwischen HCl und NaOH vollständig abgelaufen ist. Der Punkt, an dem stöchiometrisch äquivalente Mengen miteinander reagiert haben, wird als **Äquivalenzpunkt** der Titration bezeichnet.

Wenn wir eine unbekannte Lösung mit Hilfe einer Standardlösung titrieren möchten, müssen wir auf irgendeine Weise feststellen können, wann der Äquivalenzpunkt der Titration erreicht ist. In Säure-Base-Titrationen verwenden wir zu diesem Zweck Farbstoffe, die als **Säure-Base-Indikatoren** dienen. Der Farbstoff Phenolphthalein ist z. B. in sauren Lösungen farblos, in basischen Lösungen dagegen violett. Wenn wir Phenolphthalein zu einer unbekannten Säurelösung hinzufügen, wird die Lösung, wie in ▶ Abbildung 4.20 a gezeigt, farblos sein. Wir können anschließend mit Hilfe einer Bürette Standardbase hinzufügen, bis die Lösung, wie in Abbildung 4.20 b gezeigt, von farblos auf violett umschlägt. Anhand dieses Farbumschlags ist ersichtlich, dass die Säure neutralisiert worden ist und der Tropfen Base, der für den Farbumschlag verantwortlich war, keine Säure zur Reaktion mehr vorfindet. Die Lösung wird daher basisch und der Farbstoff violett. Der Farbumschlag zeigt den *Endpunkt* der Titration an, der normalerweise sehr nah am Äquivalenzpunkt liegt. Bei einer Titration sollte darauf geachtet werden, Indikatoren zu wählen, deren Endpunkte mit den Äquivalenzpunkten der Titration übereinstimmen. Wir werden uns mit diesem Zusammenhang in Kapitel 17 noch ausführlicher beschäftigen. Der gesamte beschriebene Titrationsvorgang ist in ▶ Abbildung 4.21 zusammengefasst.

Titration

? DENKEN SIE EINMAL NACH

25,00 ml einer 0,100 M HBr-Lösung werden mit einer 0,200 M NaOH-Lösung titriert. Wie viel ml der NaOH-Lösung werden benötigt, um den Äquivalenzpunkt zu erreichen?

Abbildung 4.20: Änderung der Farbe einer Lösung mit dem Indikator Phenolphthalein bei Zugabe einer Base. Vor dem Endpunkt ist die Lösung farblos (a). Kurz vor dem Endpunkt wird die Lösung an der Eintropfstelle der Base blassviolett (b). Am Endpunkt ist die gesamte Lösung nach dem Durchmischen blassviolett. Wenn noch mehr Base hinzugefügt wird, nimmt die Intensität der violetten Farbe zu (c).

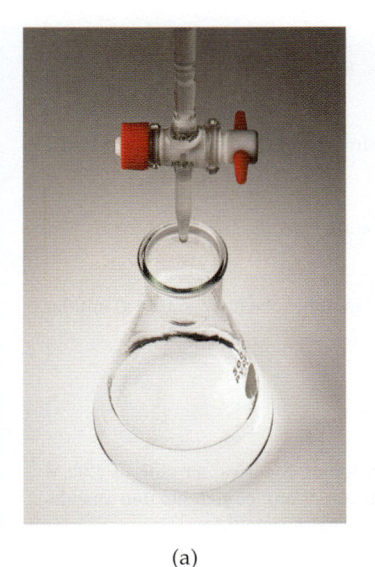

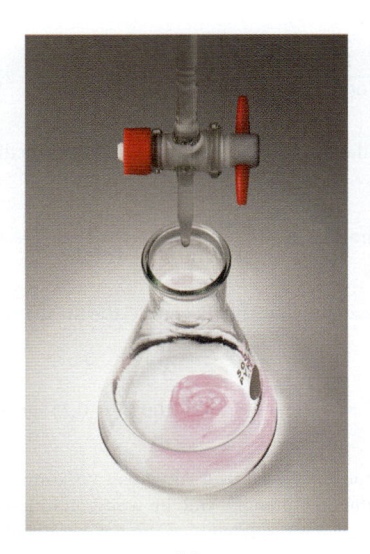

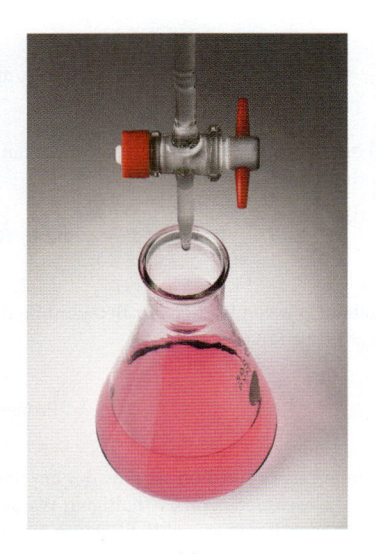

(a)   (b)   (c)

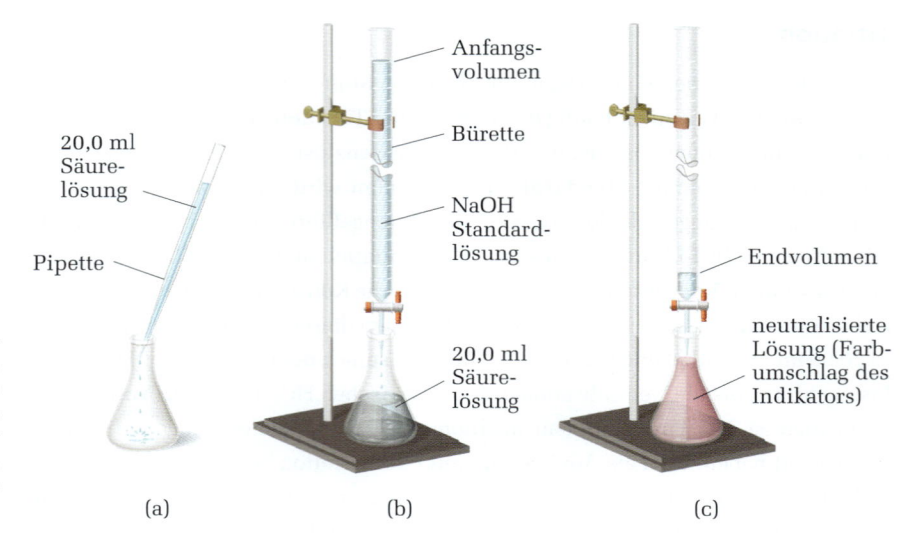

Abbildung 4.21: Vorgehensweise bei der Titration einer Säure mit einer NaOH-Standardlösung. (a) In einen Kolben wird ein bekanntes Volumen der Säure gegeben. (b) Zu dieser Lösung wird ein Säure-Base-Indikator und anschließend aus einer Bürette eine NaOH-Standardlösung hinzugegeben. (c) Der Äquivalenzpunkt ist anhand des Farbumschlags des Indikators zu erkennen.

ÜBUNGSBEISPIEL 4.16 — Bestimmung der Stoffmenge mittels Titration

Die Menge an Cl⁻ in einer Probe der städtischen Wasserversorgung wird bestimmt, indem die Probe mit Ag⁺ titriert wird. Die Reaktion, die während der Titration abläuft, lautet

$$Ag^+(aq) + Cl^-(aq) \longrightarrow AgCl(s)$$

Der Endpunkt der Titration ist anhand des Farbumschlags eines speziellen Indikatortyps zu erkennen. **(a)** Wie viel Gramm Chlorid befinden sich in einer Wasserprobe, wenn 20,2 ml einer 0,100 M Ag⁺-Lösung benötigt werden, um mit dem Chlorid der Probe vollständig zu reagieren? **(b)** Wie hoch ist der prozentuale Massenanteil von Cl⁻ in der Probe, wenn ihre Masse 10,0 g beträgt?

Lösung

Analyse: Es sind das Volumen (20,2 ml) und die Molarität (0,100 M) einer Ag⁺-Lösung sowie die chemische Gleichung der Reaktion dieses Ions mit Cl⁻ angegeben. Wir sollen zunächst die Masse von Cl⁻ und anschließend den prozentualen Massenanteil von Cl⁻ in der Probe berechnen.

(a) Vorgehen: Wir beginnen damit, das Volumen und die Molarität von Ag⁺ zu verwenden, um die Stoffmenge von Ag⁺ zu berechnen, die bei der Titration verbraucht wird. Wir können anschließend mit Hilfe der ausgeglichenen Gleichung die Stoffmenge von Cl⁻ in der Probe und aus diesem Wert schließlich die Masse von Cl⁻ berechnen.

Lösung:
$$\text{Mol Ag}^+ = (20{,}2 \text{ ml Lösung})\left(\frac{1 \text{ l Lösung}}{1000 \text{ ml Lösung}}\right)\left(0{,}100 \frac{\text{mol Ag}^+}{\text{l Lösung}}\right) = 2{,}02 \times 10^{-3} \text{ mol Ag}^+$$

Anhand der ausgeglichenen Gleichung erkennen wir, dass 1 mol Ag⁺ ≙ 1 mol Cl⁻. Mit Hilfe dieser Information und der molaren Masse von Cl erhalten wir

$$\text{Gramm Cl}^- = (2{,}02 \times 10^{-3} \text{ mol Ag}^+)\left(\frac{1 \text{ mol Cl}^-}{1 \text{ mol Ag}^+}\right)\left(\frac{35{,}5 \text{ g Cl}^-}{1 \text{ mol Cl}^-}\right) = 7{,}17 \times 10^{-2} \text{ g Cl}^-$$

(b) Vorgehen: Wir vergleichen zur Berechnung des prozentualen Anteils von Cl⁻ die Masse von Cl⁻ in der Probe ($7{,}17 \times 10^{-2}$ g) mit der Masse der Probe (10,0 g).

Lösung:
$$\text{Prozent Cl}^- = \frac{7{,}17 \times 10^{-2} \text{ g}}{10{,}0 \text{ g}} \times 100\% = 0{,}717\% \text{ Cl}^-$$

Anmerkung: Das Chloridion ist eins der am häufigsten in Wasser und Abwasser vorkommenden Ionen. Meerwasser enthält 1,92 % Cl⁻. Der Salzgeschmack von Cl⁻-haltigem Wasser ist davon abhängig, welche weiteren Ionen vorliegen. Wenn es sich bei den ansonsten vorliegenden Ionen ausschließlich um Na⁺ handelt, ist ein salziger Geschmack bereits ab 0,03 % Cl⁻ feststellbar.

ÜBUNGSAUFGABE

Eine Probe eines Eisenerzes wird in Säure gelöst, wobei das Eisen in Fe^{2+} umgewandelt wird. Diese Probe wird anschließend mit 47,20 ml einer 0,02240 M MnO_4^--Lösung titriert. Die ablaufende Redoxreaktion hat die folgende Gleichung:

$$MnO_4^-(aq) + 5\ Fe^{2+}(aq) + 8\ H^+(aq) \longrightarrow Mn^{2+}(aq) + 5\ Fe^{3+}(aq) + 4\ H_2O(l)$$

(a) Wie viel Mol MnO_4^- wurden zur Lösung hinzugefügt? **(b)** Wie viel Mol Fe^{2+} waren zuvor in der Probe enthalten? **(c)** Wie viel Gramm Eisen waren in der Probe enthalten? **(d)** Wie hoch ist der prozentuale Massenanteil von Eisen in der Probe, wenn diese ein Gewicht von 0,8890 g hat?

Antwort: **(a)** $1{,}057 \times 10^{-3}$ mol MnO_4^-; **(b)** $5{,}286 \times 10^{-3}$ mol Fe^{2+}; **(c)** 0,2952 g; **(d)** 33,21 %.

ÜBUNGSBEISPIEL 4.17 — Bestimmung der Konzentration einer Lösung mittels Säure-Base-Titration

Eine kommerzielle Methode zum Schälen von Kartoffeln besteht darin, diese kurz in eine NaOH-Lösung einzutauchen und anschließend die Schale abzusprühen. Die Konzentration der verwendeten NaOH-Lösung liegt normalerweise im Bereich von 3 bis 6 M und wird in regelmäßigen Abständen bestimmt. In einer solchen Analyse werden 45,7 ml einer 0,500 M H_2SO_4-Lösung benötigt, um eine Probe von 20,0 ml der NaOH-Lösung zu neutralisieren. Welche Konzentration hat die NaOH-Lösung?

Lösung

Analyse: Es sind das Volumen (45,7 ml) und die Molarität (0,500 M) einer H_2SO_4-Lösung angegeben, die vollständig mit einer Probe von 20,0 ml einer NaOH-Lösung reagiert. Wir sollen die Molarität der NaOH-Lösung berechnen.

Vorgehen: Wir können mit Hilfe der Molarität und des Volumens von H_2SO_4 die Stoffmenge dieser Substanz berechnen. Anschließend können wir anhand dieser Größe und der ausgeglichenen Reaktionsgleichung die Stoffmenge von NaOH berechnen. Zum Schluss verwenden wir schließlich die Stoffmenge von NaOH und das Volumen der NaOH-Lösung, um die Molarität der Lösung zu berechnen.

Lösung: Die Stoffmenge von H_2SO_4 ergibt sich aus dem Produkt aus Volumen und Molarität der Lösung:

$$\text{Mol } H_2SO_4 = (45{,}7\ \text{ml Lösung})\left(\frac{1\ \text{l Lösung}}{1000\ \text{ml Lösung}}\right)\left(0{,}500\ \frac{\text{mol } H_2SO_4}{\text{l Lösung}}\right) = 2{,}28 \times 10^{-2}\ \text{mol } H_2SO_4$$

Säuren reagieren mit Metallhydroxiden zu Wasser und einem Salz. Die ausgeglichene Gleichung der Neutralisationsreaktion lautet daher

$$H_2SO_4(aq) + 2\ NaOH(aq) \longrightarrow 2\ H_2O(l) + Na_2SO_4(aq)$$

Gemäß der ausgeglichenen Gleichung entspricht 1 mol $H_2SO_4 \mathrel{\widehat{=}} 2$ mol NaOH. Wir erhalten also:

$$\text{Mol NaOH} = (2{,}28 \times 10^{-2}\ \text{mol } H_2SO_4)\left(\frac{2\ \text{mol NaOH}}{1\ \text{mol } H_2SO_4}\right) = 4{,}56 \times 10^{-2}\ \text{mol NaOH}$$

Mit Hilfe der Stoffmenge von NaOH in 20,0 ml Lösung können wir die Molarität dieser Lösung berechnen:

$$\text{Molarität NaOH} = \frac{\text{mol NaOH}}{\text{l Lösung}} = \left(\frac{4{,}56 \times 10^{-2}\ \text{mol NaOH}}{20{,}0\ \text{ml Lösung}}\right)\left(\frac{1000\ \text{ml Lösung}}{1\ \text{l Lösung}}\right) = 2{,}28\ \frac{\text{mol NaOH}}{\text{l Lösung}} = 2{,}28\ M$$

ÜBUNGSAUFGABE

Welche Molarität hat eine NaOH-Lösung, von der 48,0 ml benötigt werden, um 35,0 ml 0,144 M H_2SO_4 zu neutralisieren?

Antwort: 0,210 M.

ÜBERGREIFENDE BEISPIELAUFGABE

Verknüpfen von Konzepten

Hinweis: Für die Bearbeitung von integrierten Beispielen werden sowohl Kenntnisse aus diesem Kapitel als auch in früheren Kapiteln erworbene Kenntnisse benötigt.

Eine Probe von 70,5 mg Kaliumphosphat wird zu 15,0 ml einer 0,050 M Silbernitratlösung gegeben. Es fällt ein Niederschlag aus. **(a)** Geben Sie die Molekulargleichung der Reaktion an. **(b)** Welcher Reaktant ist in der Reaktion limitierend? **(c)** Berechnen Sie die theoretische Ausbeute des gebildeten Niederschlags in Gramm.

Lösung

(a) Sowohl Kaliumphosphat als auch Silbernitrat sind ionische Verbindungen. Kaliumphosphat enthält die Ionen K^+ und PO_4^{3-}, die chemische Formel lautet also K_3PO_4. Silbernitrat enthält die Ionen Ag^+ und NO_3^-, die chemische Formel lautet also $AgNO_3$. Weil es sich bei beiden Reaktanten um starke Elektrolyte handelt, enthält die Lösung vor der Reaktion die Ionen K^+, PO_4^{3-}, Ag^+ und NO_3^-. Gemäß den Löslichkeitsregeln der Tabelle 4.1 bilden Ag^+ und PO_4^{3-} eine unlösliche Verbindung, so dass Ag_3PO_4 aus der Lösung ausfällt. K^+ und NO_3^- verbleiben dagegen in der Lösung, weil KNO_3 in Wasser löslich ist. Die ausgeglichene Molekulargleichung der Reaktion lautet daher

$$K_3PO_4(aq) + 3\ AgNO_3(aq) \longrightarrow Ag_3PO_4(s) + 3\ KNO_3(aq)$$

(b) Um den limitierenden Reaktanten zu bestimmen, müssen wir zunächst die Stoffmengen der einzelnen Reaktanten ermitteln (siehe Abschnitt 3.7) Die Stoffmenge von K_3PO_4 können wir mit Hilfe der molaren Masse als Umrechnungsfaktor aus der Masse der Probe berechnen (siehe Abschnitt 3.4). Die molare Masse von K_3PO_4 beträgt $3(39,1) + 31,0 + 4(16,0) = 212,3$ g/mol. Wenn wir Milligramm in Gramm und anschließend in Mol umrechnen, erhalten wir

$$(70,5\ \text{mg K}_3\text{PO}_4)\left(\frac{10^{-3}\ \text{g K}_3\text{PO}_4}{1\ \text{mg K}_3\text{PO}_4}\right)\left(\frac{1\ \text{mol K}_3\text{PO}_4}{212,3\ \text{g K}_3\text{PO}_4}\right) = 3,32 \times 10^{-4}\ \text{mol K}_3\text{PO}_4$$

Wir bestimmen die Stoffmenge von $AgNO_3$ mit Hilfe des Volumens und der Molarität der Lösung (siehe Abschnitt 4.5). Wenn wir Milliliter in Liter und anschließend in Mol umrechnen, erhalten wir

$$(15,0\ \text{ml})\left(\frac{10^{-3}\ \text{l}}{1\ \text{ml}}\right)\left(\frac{0,050\ \text{mol AgNO}_3}{\text{l}}\right) = 7,5 \times 10^{-4}\ \text{mol AgNO}_3$$

Wenn wir die Mengen der beiden Reaktanten vergleichen $(7,5 \times 10^{-4})/(3,32 \times 10^{-4})$, stellen wir fest, dass bezogen auf die Stoffmenge 2,3 mal mehr $AgNO_3$ als K_3PO_4 vorliegt. Gemäß der ausgeglichenen Gleichung werden pro Mol K_3PO_4 jedoch 3 mol $AgNO_3$ benötigt. Es liegt also zu wenig $AgNO_3$ vor, um das K_3PO_4 zu verbrauchen, $AgNO_3$ ist also der limitierende Reaktant.

(c) Der Niederschlag besteht aus Ag_3PO_4, dessen molare Masse $3(107,9) + 31,0 + 4(16,0) = 418,7$ g/mol beträgt. Wir verwenden die Stoffmenge des limitierenden Reaktanten, um die Masse von Ag_3PO_4 zu berechnen, das in der Reaktion gebildet wird (theoretische Ausbeute), und nehmen dabei die Umrechnungen $AgNO_3 \Rightarrow$ mol $Ag_3PO_4 \Rightarrow$ g Ag_3PO_4 vor. Mit Hilfe der Koeffizienten der ausgeglichenen Gleichung können wir die Stoffmenge von $AgNO_3$ in die Stoffmenge von Ag_3PO_4 und anhand der molaren Masse von Ag_3PO_4 die Stoffmenge dieser Substanz wiederum in Gramm umrechnen.

$$(7,5 \times 10^{-4}\ \text{mol AgNO}_3)\left(\frac{1\ \text{mol Ag}_3\text{PO}_4}{3\ \text{mol AgNO}_3}\right)\left(\frac{418,7\ \text{g Ag}_3\text{PO}_4}{1\ \text{mol Ag}_3\text{NO}_4}\right) = 0,10\ \text{g Ag}_3\text{PO}_4$$

Die Antwort hat lediglich zwei signifikante Stellen, weil die Menge von $AgNO_3$ nur mit zwei signifikanten Stellen angegeben ist.

Zusammenfassung und Schlüsselbegriffe

Einführung und Abschnitt 4.1 Lösungen, in denen Wasser das Lösungsmittel ist, werden **wässrige Lösungen** genannt. Der Bestandteil der Lösung, der in der größeren Menge vorliegt, wird **Lösungsmittel** genannt. Die anderen Bestandteile sind die gelösten **Substanzen**.

Substanzen, deren wässrige Lösungen Ionen enthalten, werden **Elektrolyte** genannt. Substanzen, deren Lösung keine Ionen enthalten, sind **Nichtelektrolyte**. Elektrolyte, die in Lösung vollständig ionisch vorliegen, sind **starke Elektrolyte,** während Elektrolyte, die teilweise als Ionen und teilweise als Moleküle vorliegen, **schwache Elektrolyte** sind. Ionische Verbindungen dissoziieren beim Lösen in Ionen und sind starke Elektrolyte. Die Löslichkeit von ionischen Substanzen wird durch **Solvatation** ermöglicht, der Wechselwirkung von Ionen mit polaren Lösungsmittelmolekülen. Die meisten molekularen Verbindungen sind Nichtelektrolyte, obwohl unter diesen Verbindungen einige schwache und einige wenige starke Elektrolyte zu finden sind. Für die Beschreibung der Dissoziation eines schwachen Elektrolyts in Lösung wird ein Doppelpfeil verwendet. Durch diesen wird ausgedrückt, dass die vorwärts und rückwärts gerichteten Reaktionen zu einem **chemischen Gleichgewicht** führen.

Abschnitt 4.2 Fällungsreaktionen sind Reaktionen, in denen ein unlösliches Produkt gebildet wird, das **Niederschlag** genannt wird. Anhand von Löslichkeitsregeln lässt sich abschätzen, ob eine ionische Verbindung in Wasser löslich ist oder nicht. (Die Löslichkeit einer Substanz ist die Menge der Substanz, die sich in einer bestimmten Menge des Lösungsmittels löst.) Reaktionen wie Fällungsreaktionen, bei denen Kationen und Anionen ihre jeweiligen Partner tauschen, werden **Austausch-** oder **Metathesereaktionen** genannt.

In chemischen Gleichungen kann deutlich gemacht werden, ob gelöste Substanzen in der Lösung hauptsächlich als Ionen oder als Moleküle vorliegen. Eine chemische Gleichung, die die vollständigen chemischen Formeln sämtlicher Reaktanten und Produkte enthält, wird **Molekulargleichung** genannt. Eine **vollständige** Ionengleichung enthält die entsprechenden ionischen Bestandteile aller gelösten starken Elektrolyte. In einer **Nettoionengleichung** werden Ionen, die bei der Reaktion nicht verändert werden (**Zuschauerionen**), weggelassen.

Abschnitt 4.3 Säuren und Basen sind wichtige Elektrolyte. **Säuren** sind Protonendonoren, d. h. sie erhöhen in wässrigen Lösungen, zu denen sie hinzugefügt werden, die Konzentration von $H^+(aq)$. **Basen** sind Protonenakzeptoren, d. h. sie erhöhen in wässrigen Lösungen die Konzentration von $OH^-(aq)$. Säuren und Basen, die starke Elektrolyte sind, werden als **starke Säuren** und **starke Basen** bezeichnet. Säuren und Basen, die schwache Elektrolyte sind, werden als **schwache Säuren** und **schwache Basen** bezeichnet. Wenn Lösungen von Säuren und Basen vermischt werden, findet eine **Neutralisationsreaktion** statt. Bei einer Neutralisationsreaktion zwischen einer Säure und einem Metallhydroxid entstehen Wasser und ein **Salz**. Bei Säure-Base-Reaktionen können auch Gase als Produkt entstehen. Bei der Reaktion eines Sulfids mit einer Säure entsteht $H_2S(g)$ und bei der Reaktion eines Carbonats mit einer Säure $CO_2(g)$.

Abschnitt 4.4 Oxidation ist die Abgabe, **Reduktion** dagegen die Aufnahme von Elektronen durch eine Substanz. Mit Hilfe von **Oxidationszahlen**, die Atomen anhand von bestimmten Regeln zugewiesen werden, können wir die Übergänge von Elektronen bei chemischen Reaktionen nachvollziehen. Bei der Oxidation eines Elements erhöht sich dessen Oxidationszahl, während die Reduktion eine Erniedrigung der Oxidationszahl eines Elements zur Folge hat. Eine Oxidation tritt stets gemeinsam mit einer Reduktion auf. Die Kombination beider gemeinsam auftretenden Reaktionen wird **Reduktions-Oxidations-Reaktion** bzw. **Redoxreaktion** genannt.

Viele Metalle werden von O_2, Säuren und Salzen oxidiert. Die Redoxreaktionen zwischen Metallen und Säuren und zwischen Metallen und Salzen werden als **Verdrängungsreaktionen** bezeichnet. Als Produkte von Verdrängungsreaktionen ergeben sich immer ein Element (H_2 oder ein Metall) und ein Salz. Durch einen Vergleich solcher Reaktionen können wir Metalle anhand ihrer Neigung, oxidiert zu werden, ordnen. Dabei ergibt sich die **Spannungsreihe** der Metalle. Ein Metall dieser Reihe kann von allen Ionen der unter dem jeweiligen Metall angeordneten Metalle (bzw. H^+) oxidiert werden.

Abschnitt 4.5 Die Zusammensetzung einer Lösung gibt die relativen Mengen des Lösungsmittels und der gelösten Stoffe an, die in dieser enthalten sind. Die **Konzentration** einer Substanz in einer Lösung wird häufig mit Hilfe der Molarität ausgedrückt. Die **Molarität** einer Lösung ist gleich der Stoffmenge des gelösten Stoffes (in Mol) pro Liter der Lösung. Mit Hilfe der Molarität können das Volumen der Lösung und die Stoffmenge des gelösten Stoffes ineinander umgerechnet werden. Lösungen mit einer bekannten Molarität erhält man entweder durch Abwägen des zu lösenden Stoffes und anschließendes Verdünnen auf ein bekanntes Volumen oder durch **Verdünnung** einer konzentrierten Lösung bekannter Konzentration (einer Stammlösung). Durch das Hinzufügen von Lösungsmittel zur Lösung (Verdünnung) nimmt die Konzentration des gelösten Stoffes ab, ohne dass die Stoffmenge des gelösten Stoffes in der Lösung verändert wird ($M_{Konz} \times V_{Konz} = M_{Verd} \times V_{Verd}$).

Abschnitt 4.6 Bei einer **Titration** wird eine Lösung bekannter Konzentration (eine **Standardlösung**) mit einer Lösung unbekannter Konzentration kombiniert, um auf diese Weise die unbekannte Konzentration oder die Menge des gelösten Stoffes in der unbekannten Lösung zu ermitteln. Der Punkt der Titration, an dem stöchiometrisch äquivalente Mengen der Reaktanten vorliegen, wird als **Äquivalenzpunkt** bezeichnet. Mit Hilfe eines **Indikators** kann der Endpunkt der Titration angezeigt werden, der sich nah am Äquivalenzpunkt befindet.

Veranschaulichung von Konzepten

4.1 Welche der folgenden schematischen Zeichnungen stellt eine Lösung von Li_2SO_4 in Wasser (Wassermoleküle sind nicht abgebildet) am besten dar? (*Abschnitt 4.1*)

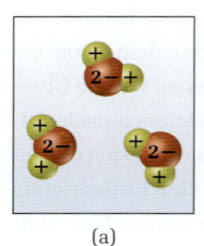

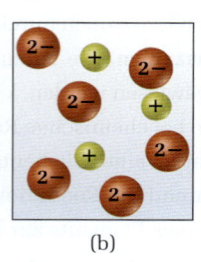

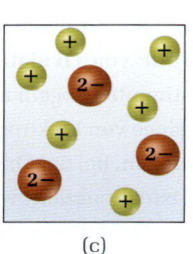

4.2 Sowohl Methanol (CH_3OH) als auch Chlorwasserstoff (HCl) sind molekulare Substanzen, eine wässrige Lösung von Methanol leitet jedoch im Gegensatz zu einer wässrigen Lösung von HCl keinen elektrischen Strom. Erklären Sie diesen Unterschied (Abschnitt 4.1).

4.3 In den drei unten stehenden Diagrammen sind wässrige Lösungen der drei unterschiedlichen Substanzen AX, AY und AZ dargestellt. Geben Sie an, ob es sich bei den Substanzen um starke Elektrolyte, schwache Elektrolyte oder Nichtelektrolyte handelt (*Abschnitt 4.1*).

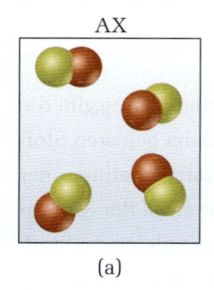

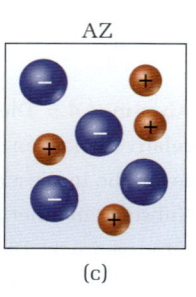

4.4 Eine 0,1 M Essigsäurelösung (CH_3COOH) bringt die Glühbirne der in Abbildung 4.2 dargestellten Vorrichtung in etwa so stark zum Glühen wie eine 0,001 M HBr-Lösung. Wie erklären Sie sich diese Tatsache? (Abschnitt 4.1)

4.5 Vor Ihnen liegen drei weiße Festkörper A, B und C. Bei den Substanzen handelt es sich um Glukose (einen Zucker), NaOH und AgBr. Der Festkörper A löst sich in Wasser und bildet eine elektrisch leitende Lösung. B ist in Wasser unlöslich. C löst sich in Wasser und bildet eine nicht leitende Lösung. Um welche Substanzen handelt es sich bei A, B und C? (*Abschnitt 4.2*)

4.6 Wir haben festgestellt, dass Ionen in wässrigen Lösungen durch die Anziehungskräfte zwischen Ionen und Wassermolekülen stabilisiert werden können. Warum bilden sich also bei bestimmten Ionenkombinationen Niederschläge? (*Abschnitt 4.2*)

4.7 Welche der folgenden Ionen sind in einer Fällungsreaktion *immer* Zuschauerionen? **(a)** Cl^-, **(b)** NO_3^-, **(c)** NH_4^+, **(d)** S^{2-}, **(e)** SO_4^{2-}? Geben Sie eine kurze Erklärung an (*Abschnitt 4.2*).

4.8 Von zwei Flaschen mit den Substanzen $Mg(NO_3)_2$ und $Pb(NO_3)_2$ sind die Etiketten abgefallen. Ihnen steht eine Flasche mit verdünnter H_2SO_4 zur Verfügung. Wie können Sie mit Hilfe dieser Substanz und einer Probe aus den jeweiligen Flaschen feststellen, welche Flasche welche Substanz enthält? (*Abschnitt 4.2*)

4.9 Welche der folgenden chemischen Gleichungen wird durch die unten stehende Zeichnung schematisch dargestellt? (*Abschnitt 4.2*)

(a) $BaCl_2(aq) + Na_2(SO)_4(aq) \longrightarrow BaSO_4(s) + 2\ NaCl(aq)$;

(b) $SrCO_3(s) + 2\ HBr(aq) \longrightarrow$
$SrBr_2(aq) + H_2O(l) + CO_2(g)$;

(c) $2\ NaOH(aq) + CdCl_2(aq) \longrightarrow$
$Cd(OH)_2(s) + 2\ NaCl(aq)$.

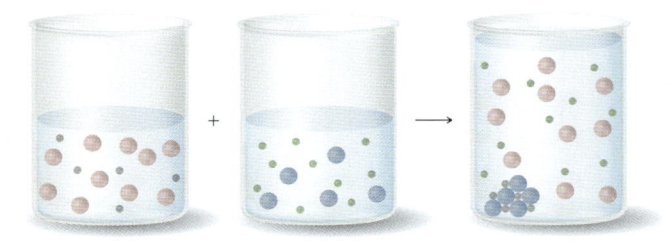

4.10 Welche der drei rechts schematisch dargestellten Lösungen entspricht jeweils dem Ergebnis der folgenden Reaktionen? Wassermoleküle sind aus Gründen der Übersichtlichkeit nicht dargestellt (*Abschnitt 4.3*).

(a) $Ag_2O(s) + 2\ HCl(aq) \longrightarrow 2\ AgCl(s) + H_2O(l)$;

(b) $NaOH(aq) + HCl(aq) \longrightarrow NaCl(aq) + H_2O(l)$;

(c) $AgNO_3(aq) + KCl(aq) \longrightarrow AgCl(s) + KCl(aq)$.

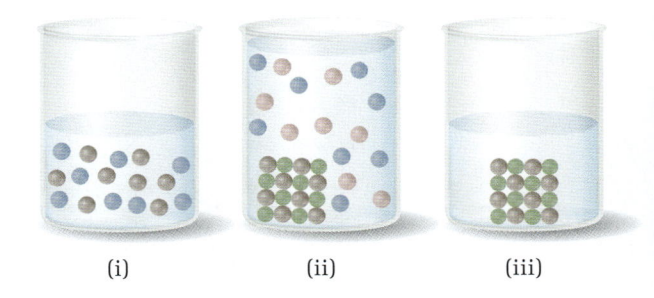

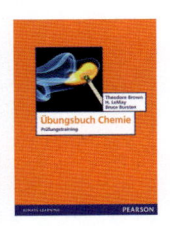

(i)   (ii)   (iii)

**Übungsaufgaben
mit ausführlichen Lösungshinweisen**

Multiple Choice-Aufgaben

**Lösungen zu den Übungsaufgaben
im Kapitel**

Thermochemie

5.1 Die Natur der Energie 163

5.2 Der Erste Hauptsatz der Thermodynamik 168

5.3 Enthalpie 173

5.4 Reaktionsenthalpien 177

5.5 Kalorimetrie 180

5.6 Der Hess'sche Satz 186

Chemie und Leben
Die Regulierung der menschlichen Körpertemperatur 187

5.7 Bildungsenthalpien 190

5.8 Nahrungsmittel und Brennstoffe 195

Zusammenfassung und Schlüsselbegriffe 203

Veranschaulichung von Konzepten 205

5 Thermochemie

Was uns erwartet

- Wir werden uns mit der Natur von *Energie* und den Formen, die diese annehmen kann, beschäftigen. Dabei werden wir uns insbesondere mit den beiden Energieformen *kinetische Energie* und *potenzielle Energie* befassen. Wir werden die Einheiten untersuchen, in denen Energie gemessen wird, und erkennen, dass Energie verwendet werden kann, um *Arbeit* zu verrichten und *Wärme* zu übertragen. Um Energieänderungen zu untersuchen, werden wir in unseren Betrachtungen einen Teil des Universums abgrenzen, den wir System nennen. Alles, was nicht zum System gehört, nennen wir *Umgebung* (Abschnitt 5.1).

- Im darauf folgenden Abschnitt werden wir den Ersten Hauptsatz der *Thermodynamik* untersuchen: Energie kann weder erschaffen noch zerstört werden, es ist jedoch möglich, sie von einer Form in eine andere Form umzuwandeln und zwischen Systemen und deren Umgebungen zu übertragen (Abschnitt 5.2).

- Die Energie, die sich in einem System befindet, wird *innere Energie* des Systems genannt. Bei der inneren Energie U handelt es sich um eine *Zustandsgröße*, weil ihr Wert nur vom momentanen Zustand bzw. der momentanen Beschaffenheit des Systems abhängt und nicht davon, auf welche Weise es in diesen Zustand gelangt ist (Abschnitt 5.2).

- Eine verwandte Zustandsgröße, die *Enthalpie H*, ist ebenfalls nützlich, weil die Änderung der Enthalpie ΔH die Wärmemenge beschreibt, die ein System in einem unter konstantem Druck stattfindenden Vorgang hinzugewinnt oder verliert (Abschnitte 5.3 und 5.4).

- Wir werden uns im Weiteren mit der Kalorimetrie beschäftigen, einer Technik zum Messen von Wärmeübergängen in chemischen Prozessen. (Abschnitt 5.5)

- Anschließend werden wir untersuchen, auf welche Weise wir Standardwerte von Enthalpieänderungen in chemischen Reaktionen festlegen können und wie wir diese verwenden können, um in Reaktionen auftretende Enthalpieänderungen (ΔH_r) zu berechnen (Abschnitte 5.6 und 5.7).

- Wir werden uns am Schluss des Kapitels mit Nahrungsmitteln und Treibstoffen als Energiequellen beschäftigen und auf einige mit diesen verbundene gesundheitliche und soziale Probleme eingehen (Abschnitt 5.8).

Die Existenz der modernen Gesellschaft beruht auf der Nutzung von Energie. Wir benötigen Energie zum Betrieb unserer Maschinen und Geräte, zum Antrieb unserer Fahrzeuge, zum Heizen im Winter und zum Betrieb der Klimaanlage im Sommer. Nicht nur für die moderne Gesellschaft ist Energie jedoch unverzichtbar. Sie ist vielmehr ein lebensnotwendiger Bestandteil jeder Lebensform. Pflanzen benötigen Sonnenenergie zur Photosynthese, ohne die ihr Wachstum nicht möglich wäre. Die Pflanzen sind wiederum die Grundlage der Nahrungsmittel, aus denen wir Menschen Energie gewinnen, die wir benötigen, um uns zu bewegen und unsere Körpertemperatur und Körperfunktionen aufrechtzuerhalten. Was genau ist jedoch Energie und welche Prinzipien gelten bei ihren Umwandlungen und Übertragungen wie z. B. der Energieübertragung von der Sonne auf die Pflanzen und von dort auf die Tiere?

In diesem Kapitel beginnen wir, Energie und ihre Umwandlungen näher zu untersuchen. Wir werden dabei teilweise von der Tatsache motiviert, dass chemische Reaktionen immer mit Energieumsatz einhergehen. Manchmal verwenden wir chemische Reaktionen explizit dafür, Energie zu gewinnen, z. B. wenn wir fossile Brennstoffe verbrennen (Kohle, Öl, Benzin oder Erdgas). Energie ist also auch ein sehr chemisches Thema. Nahezu sämtliche Energie, von der wir abhängen, wird aus chemischen Reaktionen gewonnen, z. B. aus der Verbrennung von fossilen Brennstoffen, dem Entladen von Batterien oder der metabolischen Verwertung unserer Nahrungsmittel. Wenn wir uns also ernsthaft mit Chemie auseinander setzen wollen, müssen wir auch die Energieumwandlungen verstehen, die mit chemischen Reaktionen einhergehen.

Die Lehre der Energie und ihrer Umwandlungen wird als **Thermodynamik** bezeichnet (Griechisch: *thérme*-, „Wärme"; *dy'namis*, „Kraft"). Dieses Fachgebiet entstand im Verlauf der industriellen Revolution, als Wissenschaftler und Ingenieure die Beziehungen zwischen Wärme, Arbeit und dem Energiegehalt von Brennstoffen untersuchten, um die Leistungsfähigkeit von Dampfmaschinen zu optimieren. Heute ist die Thermodynamik ein unverzichtbarer Bestandteil aller Bereiche der Wissenschaft und Technik. In diesem Kapitel werden wir uns mit dem Aspekt der Thermodynamik beschäftigen, in dem die Beziehungen zwischen chemischen Reaktionen und den damit verbundenen Energieänderungen, bei denen Wärme ausgetauscht wird, untersucht werden. Dieser Teil der Thermodynamik wird **Thermochemie** genannt. In Kapitel 19 werden wir auf weitere Aspekte der Thermodynamik eingehen.

(a)

(b)

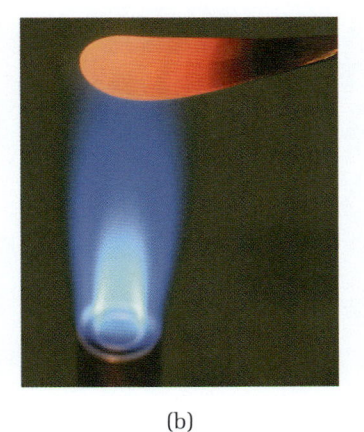

Abbildung 5.1: Arbeit und Wärme. Energie kann verwendet werden, um zwei grundlegende Aufgaben auszuführen: (a) Arbeit ist Energie, die verwendet wird, um ein massehaltiges Objekt zu bewegen. (b) Wärme ist Energie, die verwendet wird, um die Temperatur eines Objekts zu erhöhen.

Die Natur der Energie 5.1

Obwohl wir eine allgemeine Vorstellung davon haben, was Energie bedeutet, ist es nicht leicht, sich dem Konzept der Energie auf präzise Weise zu nähern. Energie kann allgemein als *das Vermögen zur Verrichtung von Arbeit oder zur Übertragung von Wärme* definiert werden. Diese Definition erfordert von uns ein Verständnis der Konzepte Arbeit und Wärme. Wir können uns **Arbeit** als *Energie* vorstellen, *die zum Bewegen eines massehaltigen Objekts eingesetzt wird*, und **Wärme** als *Energie, die zur Erhöhung der Temperatur eines Objekts dient* (▶ Abbildung 5.1). Wir wollen im Folgenden näher auf diese Konzepte eingehen, um uns eine genauere Vorstellung machen zu können. Wir beginnen mit der Frage, in welcher Form Energie in Materie vorliegt und wie sie von einem Materiestück auf ein anderes übertragen werden kann.

Kinetische und potenzielle Energie

Jedes Objekt, egal, ob es sich z. B. um einen Tennisball oder ein Molekül handelt, kann **kinetische Energie**, d. h. *Bewegungsenergie* besitzen. Der Betrag der kinetischen Energie E_k eines Objekts hängt von seiner Masse m und seiner Geschwindigkeit v ab:

$$E_{\text{kin}} = \tfrac{1}{2}mv^2 \tag{5.1}$$

Aus ▶ Gleichung 5.1 wird deutlich, dass die kinetische Energie mit der Geschwindigkeit eines Objekts zunimmt. Ein Auto, das sich mit einer Geschwindigkeit von 90 km/h bewegt, hat z. B. eine höhere kinetische Energie als das gleiche Auto, das sich mit 60 km/h bewegt. Bei gleicher Geschwindigkeit nimmt die kinetische Energie mit steigender Masse zu. Ein großer Geländewagen, der sich mit 90 km/h bewegt, hat also eine höhere kinetische Energie als ein Kleinwagen mit der gleichen Geschwindigkeit. Atome und Moleküle haben eine Masse und sind in Bewegung. Sie besitzen daher kinetische Energie.

Ein Objekt kann auch eine andere Energieform besitzen, die **potenzielle Energie** genannt wird. Diese Energie ist von der *Position* eines Objekts relativ zu anderen Objekten abhängig. Potenzielle Energie entsteht, wenn auf ein Objekt eine Kraft wirkt. Eine **Kraft** ist jede Art Stoßen oder Ziehen, die auf ein Objekt ausgeübt wird. Die uns vertrauteste Kraft ist die Erdanziehung. Denken Sie z. B. an eine Radfahrerin, die sich, wie in ▶ Abbildung 5.2 gezeigt, oben auf einem Hügel befindet. Auf sie und ihr Fahrrad wirkt die Erdanziehung, eine Kraft, die in Richtung des Mittelpunkts der Erde wirkt. Oben auf dem Hügel haben die Radfahrerin und ihr Fahrrad eine bestimmte potenzielle Energie, die sich aus der Höhe ergibt. Die potenzielle Energie E_{pot} wird durch die Gleichung $E_{\text{pot}} = mgh$ ausgedrückt, in der m die Masse des betrachteten Objekts (in diesem Fall die Radfahrerin und ihr Fahrrad), h die Höhe des Objekts relativ zu einer bestimmten Bezugshöhe und g die Gravitationskonstante (9,81 m/s²) ist. Sobald sie sich in Bewegung befindet, nimmt die Geschwindigkeit der Radfahrerin bei der Abfahrt ins Tal zu, ohne dass sie sich dafür anstrengen muss. Ihre potenzielle Energie nimmt dabei ab, die Energie verschwindet jedoch nicht einfach. Sie wird in andere Energieformen, hauptsächlich kinetische Energie, umgewandelt. Die Radfahrerin ist ein anschauliches Beispiel dafür, dass Energieformen ineinander umgewandelt werden können.

Die Gravitationskraft spielt hauptsächlich bei großen Objekten wie der Radfahrerin und der Erde eine wichtige Rolle. Chemie befasst sich jedoch überwiegend mit extrem kleinen Objekten, mit Atomen und Molekülen, so dass Gravitationskräfte bei der Wechselwirkung zwischen diesen submikroskopischen Teilchen vernachlässigt werden können. Wichtiger sind die Kräfte, die aufgrund von elektrischen Ladungen

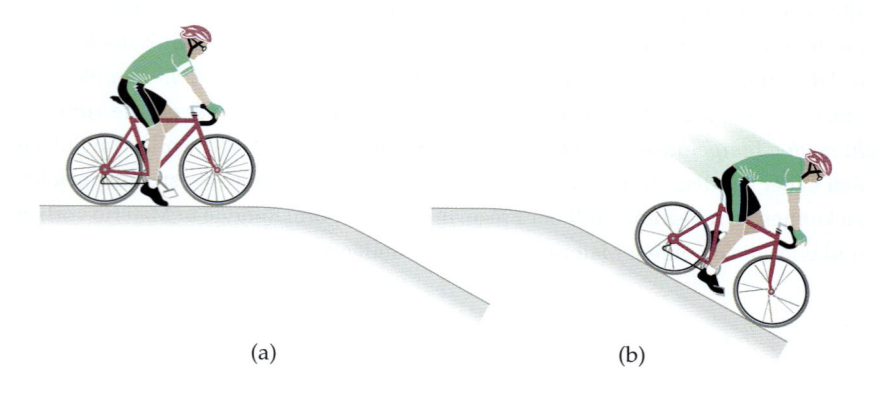

(a)   (b)

Abbildung 5.2: Potenzielle und kinetische Energie. (a) Ein Fahrrad auf dem Gipfel eines Hügels hat eine in Bezug auf das Tal hohe potenzielle Energie. (b) Bei der Abfahrt in das Tal wird die potenzielle Energie in kinetische Energie umgewandelt.

wirken. Eine der in der Chemie wichtigsten Formen potenzieller Energie ist die *elektrostatische potenzielle Energie*, die durch die Wechselwirkungen zwischen geladenen Teilchen entsteht. Die elektrostatische potenzielle Energie E_{el} ist proportional zu den elektrischen Ladungen von zwei Objekten Q_1 und Q_2 und umgekehrt proportional zur Entfernung zwischen diesen:

$$E_{el} = \frac{\kappa Q_1 Q_2}{s} \quad (5.2)$$

Dabei ist κ eine einfache Proportionalitätskonstante ($8{,}99 \times 10^9$ J·m/C^2). C steht für Coulomb, einer Einheit der elektrischen Ladung (siehe Abschnitt 2.2) und J für Joule, einer Einheit der Energie, die wir im Verlauf des Kapitels noch kennen lernen werden. Wenn wir uns mit Objekten auf molekularer Ebene beschäftigen, sind die elektrischen Ladungen Q_1 und Q_2 typischerweise in der Größenordnung der Elektronenladung ($1{,}60 \times 10^{-19}$ C). Wenn Q_1 und Q_2 das gleiche Vorzeichen haben (z. B. beide positiv sind), stoßen sich die beiden Ladungen ab und E_{el} ist positiv. Wenn die Ladungen entgegengesetzte Vorzeichen haben, ziehen sie sich an und E_{el} ist negativ. Je niedriger die Energie eines Systems ist, desto stabiler ist es. Je stärker also entgegengesetzte Ladungen aufeinander wirken, desto stabiler ist das System.

Ein Ziel der Chemie besteht darin, die Energieänderungen, die wir in der makroskopischen Welt beobachten können, auf die kinetische oder potenzielle Energie von Substanzen auf atomarer oder molekularer Ebene zurückzuführen. Viele Substanzen, wie z. B. Treibstoffe, setzen bei einer Reaktion Energie frei. Die *chemische Energie* dieser Substanzen ergibt sich aus der potenziellen Energie, die in der Anordnung der Atome in der Substanz gespeichert ist. Ebenso werden wir feststellen, dass die Energie, die eine Substanz aufgrund ihrer Temperatur besitzt (ihre *thermische Energie*), sich auf die kinetische Energie der Moleküle in der Substanz zurückführen lässt.

> **? DENKEN SIE EINMAL NACH**
>
> Wie lauten die Ausdrücke für die Energie, die ein Objekt (a) aufgrund seiner Bewegung und (b) aufgrund seiner Position besitzt? Wie lauten die Ausdrücke für die Energieänderungen, die (c) mit einer Änderung der Temperatur und (d) mit der Bewegung eines Objekts einhergehen?

Energieeinheiten

Die SI-Einheit der Energie ist das **Joule** (J), zu Ehren des britischen Wissenschaftlers James Joule (1818–1889), der sich in seinen Forschungen mit der Untersuchung von Arbeit und Wärme beschäftigt hat: J = 1 kg·m^2/s^2. Eine Masse von 2 kg hat bei einer Geschwindigkeit von 1 m/s eine kinetische Energie von 1 J:

$$E_{kin} = \tfrac{1}{2} m v^2 = \tfrac{1}{2}(2\ \text{kg})(1\ \text{m/s})^2 = 1\ \text{kg·m}^2/\text{s}^2 = 1\ \text{J}$$

Ein Joule ist keine große Energiemenge, wir werden daher bei der Betrachtung von Energien, die mit chemischen Reaktionen verbunden sind, oft die Einheit *Kilojoule* (kJ) verwenden.

Traditionell wurden Energieänderungen, die mit chemischen Reaktionen einhergehen, in Kalorien ausgedrückt, einer Nicht-SI-Einheit, die in der Chemie, Biologie und Biochemie immer noch häufig verwendet wird. Eine **Kalorie** (cal) wurde ursprünglich als die Energiemenge definiert, die zum Erwärmen von 1 g Wasser von 14,5 °C auf 15,5 °C benötigt wird. Heute wird sie über das Joule definiert:

$$1\ \text{cal} = 4{,}1868\ \text{J (exakt)}$$

System und Umgebung

Bei der Untersuchung von Energieänderungen müssen wir unsere Aufmerksamkeit auf einen begrenzten und genau definierten Teil des Universums richten, in dem wir auftretende Energieänderungen verfolgen können. Der Teil des Universums, den wir

5 Thermochemie

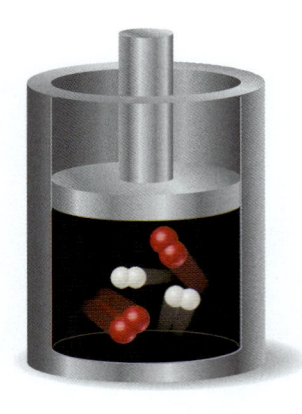

Abbildung 5.3: Ein geschlossenes System und seine Umgebung. Gasförmiger Wasserstoff und Sauerstoff sind in einen Zylinder mit einem beweglichen Kolben eingeschlossen. Wenn wir nur an den Eigenschaften dieser Gase interessiert sind, definieren wir die Gase als System und den Zylinder und den Kolben als Teil der Umgebung. Es handelt sich um ein geschlossenes System, weil es Energie (in Form von Wärme und Arbeit), aber keine Materie mit der Umgebung austauschen kann.

in unsere Untersuchungen einschließen, wird **System** genannt. Der Rest des Universums ist die **Umgebung**. Wenn wir uns im Labor mit der mit einer chemischen Reaktion verbundenen Energieänderung beschäftigen, besteht das System meist aus den Reaktanten und Produkten. Der Behälter, in dem die Reaktion stattfindet, und alles, was sich außerhalb von diesem befindet, ist die Umgebung. Zu den Systemen, die wir am einfachsten untersuchen können, gehören *geschlossene Systeme*. Ein geschlossenes System kann mit der Umgebung Energie, jedoch keine Materie austauschen. Betrachten Sie z. B. eine Mischung aus gasförmigem Wasserstoff (H_2) und Sauerstoff (O_2) in einem Zylinder (▶ Abbildung 5.3). Das System besteht in diesem Fall nur aus Wasserstoff und Sauerstoff. Der Zylinder, der Kolben und alles, was sich außerhalb befindet (einschließlich uns selbst), gehören zur Umgebung. Wenn Wasserstoff und Sauerstoff zu Wasser reagieren, wird Energie freigesetzt:

$$2\,H_2(g) + O_2(g) \longrightarrow 2\,H_2O(g) + \text{Energie}$$

Obwohl sich die chemische Form der Wasserstoff- und Sauerstoffatome im System während der Reaktion verändert, bleibt die Masse des Systems konstant. Es wird keine Materie zwischen dem System und der Umgebung ausgetauscht. Das System tauscht jedoch Energie mit seiner Umgebung in Form von *Arbeit* und *Wärme* aus. Wir werden uns in den folgenden Abschnitten damit beschäftigen, wie wir diese Größen messen können.

Übertragung von Energie: Arbeit und Wärme

In Abbildung 5.1 sind die beiden Formen dargestellt, in denen Energieübertragungen im täglichen Leben auftreten – Arbeit und Wärme. In Abbildung 5.1 a wird Energie von einem Tennisschläger auf einen Ball übertragen, wobei sich Richtung und Geschwindigkeit der Bewegung des Balls verändern. In Abbildung 5.1 b wird Energie in Form von Wärme übertragen. Energie kann zwischen Systemen und der Umgebung also in zwei Formen übertragen werden, als Arbeit und als Wärme.

Energie, mit der ein Objekt gegen eine Kraft bewegt wird, wird *Arbeit* genannt. Wir können also Arbeit (W) als Energie definieren, die übertragen wird, wenn ein Objekt von einer Kraft bewegt wird. Der Betrag der Arbeit ist gleich dem Produkt aus der Kraft (F) und dem Weg (s), den das Objekt zurücklegt:

$$W = F \times s \qquad (5.3)$$

Wir verrichten z. B. Arbeit, wenn wir ein Objekt gegen die Kraft der Erdanziehung anheben oder wenn wir Objekte mit zwei gleichnamigen Ladungen aufeinander zu bewegen. Wenn wir das Objekt als das System definieren, können wir – als Teil der Umgebung – Arbeit auf dieses System ausüben, also Energie auf das System übertragen.

Die andere Form, Energie zu übertragen, ist Wärme. *Wärme* ist die Energie, die von einem wärmeren Objekt auf ein kälteres Objekt übertragen wird. Wir können diese Vorstellung auch auf etwas abstraktere, nichtsdestotrotz jedoch nützliche Weise ausdrücken: Wärme ist Energie, die zwischen einem System und seiner Umgebung aufgrund des Temperaturunterschieds übertragen wird. Bei einer Verbrennungsreaktion wie der in ▶ Abbildung 5.1 b dargestellten Verbrennung von Erdgas wird z. B. die in den Molekülen des Brennstoffs gespeicherte chemische Energie freigesetzt (siehe Abschnitt 3.2). Wenn wir die an der Reaktion beteiligten Stoffe als System und alles andere als Umgebung definieren, stellen wir fest, dass die Temperatur des Systems

ÜBUNGSBEISPIEL 5.1 — Beschreibung und Berechnung von Energieübertragungen

Ein Bowlingspieler hebt eine 5,4 kg schwere Bowlingkugel vom Boden auf eine Höhe von 1,6 m und lässt sie anschließend wieder auf die Erde fallen. **(a)** Wie verändert sich die potenzielle Energie der Bowlingkugel beim Aufheben vom Boden? **(b)** Welche Arbeit in J wird zum Heben der Kugel benötigt? **(c)** Beim Fallen erhöht sich die kinetische Energie der Kugel. Welche Geschwindigkeit hat die Kugel beim Auftreffen auf den Boden, wenn wir davon ausgehen, dass sämtliche Arbeit aus Teil (b) in kinetische Energie umgewandelt wird? Hinweis: Die Erdanziehungskraft beträgt $F = m \times g$, wobei m die Masse des Objekts und g die Gravitationskonstante ($g = 9{,}8 \text{ m/s}^2$) ist.

Lösung

Analyse: Wir müssen die potenzielle Energie der Bowlingkugel zu ihrer Position relativ zum Boden in Beziehung setzen. Anschließend müssen wir eine Beziehung zwischen der Arbeit und der Änderung der potenziellen Energie der Kugel aufstellen. Zum Schluss müssen wir die Änderung der potenziellen Energie beim Fallenlassen der Kugel mit der von ihr aufgenommenen kinetischen Energie in Beziehung setzen.

Vorgehen: Mit Hilfe von ▶Gleichung 5.3 können wir die beim Heben der Kugel verrichtete Arbeit berechnen: $W = F \times s$. Anschließend berechnen wir mit Hilfe von ▶Gleichung 5.1 die kinetische Energie der Kugel beim Auftreffen auf den Boden sowie, ausgehend von diesem Wert, ihre Geschwindigkeit v.

Lösung:
(a) Die Bowlingkugel wird auf eine höhere Position angehoben, ihre potenzielle Energie nimmt also zu.
(b) Die Kugel hat eine Masse von 5,4 kg und legt einen Weg von 1,6 m zurück. Wir verwenden ▶Gleichung 5.3 und die Beziehung $F = m \times g$, um die Arbeit zu berechnen, die beim Anheben der Kugel verrichtet wird:

$$W = F \times s = m \times g \times s = (5{,}4 \text{ kg})(9{,}8 \text{ m/s}^2)(1{,}6 \text{ m}) = 85 \text{ kg} \cdot \text{m}^2/\text{s}^2 = 85 \text{ J}$$

Der Bowlingspieler hat beim Heben der Kugel auf eine Höhe von 1,6 m also eine Arbeit von 85 J verrichtet.

(c) Beim Fallenlassen wird die potenzielle Energie der Kugel in kinetische Energie umgewandelt. Wir nehmen an, dass die kinetische Energie der Kugel im Moment unmittelbar vor dem Auftreffen auf die Erde gleich der in Teil (b) verrichteten Arbeit (85 J) ist:

$$E_{\text{kin}} = \tfrac{1}{2} m v^2 = 85 \text{ J} = 85 \text{ kg} \cdot \text{m}^2/\text{s}^2$$

Wir lösen die Gleichung nach v auf und erhalten

$$v^2 = \left(\frac{2 E_{\text{kin}}}{m}\right) = \left(\frac{2(85 \text{ kg m}^2/\text{s}^2)}{5{,}4 \text{ kg}}\right) = 31{,}5 \text{ m}^2/\text{s}^2$$

$$v = \sqrt{31{,}5 \text{ m}^2/\text{s}^2} = 5{,}6 \text{ m/s}$$

Überprüfung: In Teil (b) muss Arbeit verrichtet werden, um die potenzielle Energie der Kugel zu erhöhen. Dies entspricht unserer Erfahrung. Die in Teil (b) und (c) erhaltenen Einheiten sind korrekt. Die Arbeit ist in J und die Geschwindigkeit in m/s angegeben. In Teil (c) haben wir die Zwischenrechnung (Wurzelberechnung) mit einer zusätzlichen Stelle durchgeführt, wir geben das Endergebnis jedoch nur mit der korrekten Anzahl von zwei signifikanten Stellen an.

Anmerkung: 1 m/s entspricht 3,6 km/h, die Bowlingkugel trifft also mit einer Geschwindigkeit von ungefähr 20 km/h auf die Erde auf.

ÜBUNGSAUFGABE

Welche kinetische Energie (in J) haben **(a)** ein Ar-Atom mit einer Geschwindigkeit von 650 m/s und **(b)** ein Mol Ar-Atome mit einer Geschwindigkeit von 650 m/s? (Hinweis: 1 ame = $1{,}66 \times 10^{-27}$ kg)

Antwort: (a) $1{,}4 \times 10^{-20}$ J; **(b)** $8{,}4 \times 10^{3}$ J.

---

aufgrund der freigesetzten Energie zunächst ansteigt. Energie wird anschließend in Form von Wärme vom wärmeren System auf die kältere Umgebung übertragen.

Wir wollen diesen Abschnitt mit einem weiteren Beispiel einer Energieübertragung abschließen, in dem einige der bisher betrachteten Konzepte veranschaulicht werden. Stellen Sie sich eine Kugel aus Lehm vor, die wir als System definieren. Wenn wir die Kugel anheben, um sie, wie in ▶Abbildung 5.4 a gezeigt, auf eine Mauer zu legen, verrichten wir Arbeit gegen die Kraft der Erdanziehung. Durch das Verrichten von Arbeit an der Kugel übertragen wir Energie auf die Kugel, die deren potenzielle Energie erhöht, weil sie sich anschließend in einer höheren Lage befindet. Wenn die Kugel von der Mauer rollt (▶ Abbildung 5.4 b), wird ihre potenzielle Energie in kinetische Energie umgewandelt. Beim Auftreffen auf den Boden schließlich (▶ Abbildung 5.4 c) nimmt ihre Bewegung abrupt ab und ihre kinetische Energie geht auf null zurück. Ein Teil der kinetischen Energie wird verbraucht, um die Kugel zu verformen, der Rest wird beim Zusammenstoß mit dem Boden in Form von Wärme an die Umgebung abgegeben. In Abschnitt 5.2 werden wir uns damit beschäftigen, die zwischen einem System und seiner Umgebung in Form von Arbeit und Wärme auftretenden Energieübertragungen quantitativ zu verfolgen.

5.2 Der Erste Hauptsatz der Thermodynamik

Wir haben festgestellt, dass die potenzielle Energie eines Systems in kinetische Energie umgewandelt werden kann und umgekehrt. Ebenso haben wir erkannt, dass ein System in Form von Arbeit und Wärme Energie mit seiner Umgebung austauschen kann. Energie kann von einer Form in eine andere umgewandelt und von einem Ort an einen anderen übertragen werden. Sämtliche genannten Vorgänge unterliegen dabei einer der wichtigsten Beobachtungen der Wissenschaft: Energie kann weder erschaffen noch zerstört werden. Diese universelle Tatsache wird **Erster Hauptsatz der Thermodynamik** genannt und lässt sich in einer einfachen Aussage zusammenfassen: *Energie bleibt erhalten*. Sämtliche Energie, die von einem System abgegeben wird, muss von seiner Umgebung aufgenommen werden und umgekehrt. Um den Ersten Hauptsatz quantitativ anwenden zu können, müssen wir jedoch zunächst die Energie eines Systems genauer definieren.

Innere Energie

Die **innere Energie** eines Systems ist die Summe *aller* kinetischen und potenziellen Energien sämtlicher Bestandteile des Systems. Im in Abbildung 5.3 dargestellten System beinhaltet die innere Energie z. B. die Bewegungen der H_2- und O_2-Moleküle durch den Raum ebenso wie ihre Rotationen und internen Schwingungen. Ebenfalls eingeschlossen sind die Energien der Kerne und Elektronen aller Atome. Wir stellen die innere Energie mit dem Symbol U dar. Normalerweise ist uns der absolute Wert von U nicht bekannt. Wir interessieren uns jedoch meist für ΔU (sprich „Delta U"),* die Änderung von U, die mit einer Änderung im System einhergeht.

Stellen Sie sich vor, wir beginnen unser Experiment mit einem System, das die anfängliche innere Energie U_{Anfang} aufweist. Dieses System wird anschließend einer Änderung unterworfen, bei der Arbeit verrichtet oder Wärme übertragen wird. Nach der Änderung ist die innere Energie des Systems gleich U_{Ende}. Wir definieren die Änderung der inneren Energie ΔU als Differenz zwischen U_{Ende} und U_{Anfang}:

$$\Delta U = U_{\text{Ende}} - U_{\text{Anfang}} \tag{5.4}$$

Es ist nicht notwendig, die wirklichen Werte von U_{Ende} und U_{Anfang} zu kennen. Zur Anwendung des Ersten Hauptsatzes der Thermodynamik benötigen wir lediglich den Wert von ΔU.

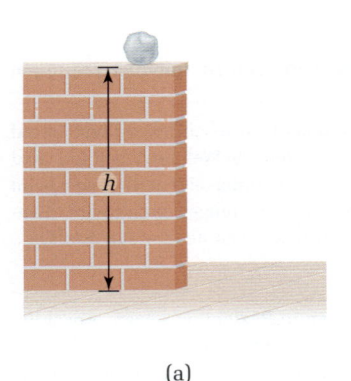

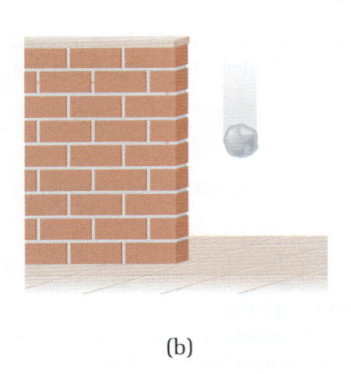

Abbildung 5.4: Veranschaulichung von Energieumwandlungen anhand einer Lehmkugel. (a) Oben auf der Mauer hat die Kugel aufgrund der Erdanziehungskraft eine potenzielle Energie. (b) Wenn die Kugel herunterfällt, wird ihre potenzielle Energie in kinetische Energie umgewandelt. (c) Beim Auftreffen auf die Erde wird ein Teil der kinetischen Energie zur Verformung der Kugel genutzt, der Rest wird als Wärme an die Umgebung abgegeben.

---

* Das Symbol Δ wird häufig verwendet, um eine *Änderung* zu beschreiben. Eine Änderung der Höhe h wird also beispielsweise durch Δh ausgedrückt.

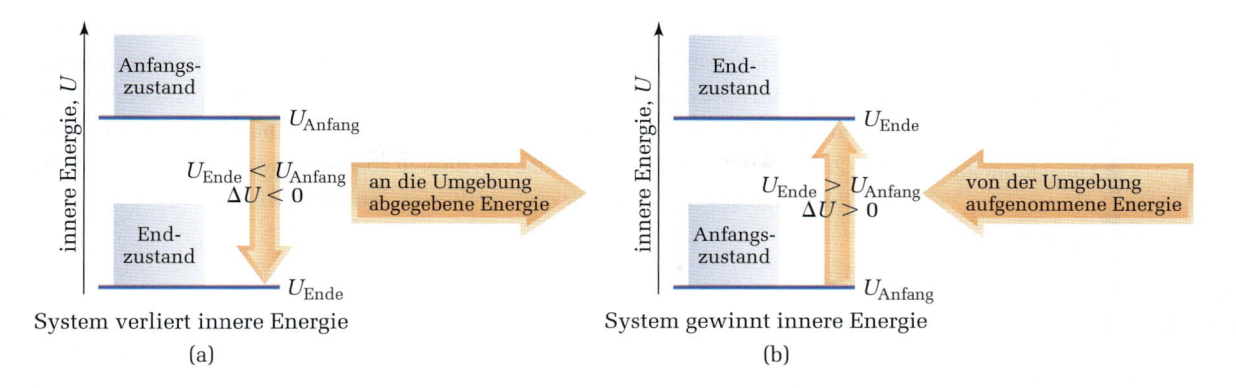

Abbildung 5.5: Änderungen der inneren Energie. (a) Wenn ein System Energie verliert, wird diese Energie an die Umgebung abgegeben. Die Abnahme der Energie wird durch einen Pfeil dargestellt, der zwischen dem Anfangs- und dem Endzustand des Systems nach unten gerichtet ist. In diesem Fall ist die Energieänderung des Systems ($\Delta U = U_{Ende} - U_{Anfang}$) negativ. (b) Wenn ein System Energie gewinnt, wird diese Energie aus der Umgebung aufgenommen. In diesem Fall wird die Zunahme von Energie durch einen Pfeil dargestellt, der zwischen dem Anfangs- und dem Endzustand des Systems nach oben gerichtet ist. Die Energieänderung des Systems ist positiv. Beachten Sie, dass in beiden Fällen der senkrechte Pfeil am Anfangszustand beginnt und in Richtung Endzustand zeigt.

Thermodynamische Größen wie ΔU bestehen aus drei Teilen: einer Zahl und einer Einheit, die zusammen den Betrag der Änderung festlegen, und einem Vorzeichen, das die Richtung der Änderung angibt. Wir erhalten einen *positiven* Wert für ΔU, wenn $U_{Ende} > U_{Anfang}$ ist. In diesem Fall hat das System Energie aus der Umgebung aufgenommen. Wir erhalten dagegen einen *negativen* Wert für ΔU, wenn $U_{Ende} < U_{Anfang}$ ist. In diesem Fall hat das System Energie an die Umgebung abgegeben. Beachten Sie, dass wir Energieübergänge aus der Sichtweise des Systems und nicht aus der Sichtweise der Umgebung betrachten. Wir müssen uns jedoch stets vor Augen halten, dass eine Änderung der Energie des Systems immer mit einer umgekehrten Änderung der Energie der Umgebung einhergeht. Die beschriebenen Eigenschaften von Energieübergängen sind in ▶ Abbildung 5.5 zusammengefasst.

In einer chemischen Reaktion bezieht sich der Anfangszustand des Systems auf die Reaktanten, der Endzustand dagegen auf die Produkte. Wenn aus Wasserstoff und Sauerstoff bei einer bestimmten Temperatur Wasser gebildet wird, gibt das System Energie in Form von Wärme an die Umgebung ab. Der Verlust von Wärme führt dazu, dass die innere Energie der Produkte (des Endzustands) geringer ist als die der Reaktanten (des Anfangszustands), ΔU bei diesem Vorgang also negativ ist. Im *Energiediagramm* in ▶ Abbildung 5.6 ist daher für die innere Energie einer Mischung aus H_2 und O_2 ein größerer Wert angegeben als für die innere Energie von H_2O.

Die Beziehung zwischen ΔU und Wärme und Arbeit

Wie wir in Abschnitt 5.1 festgestellt haben, kann ein System Energie in Form von Wärme und Arbeit mit seiner Umgebung austauschen. Wenn ein System Wärme aufnimmt bzw. abgibt oder wenn Arbeit am System bzw. von diesem verrichtet wird, ändert sich die innere Energie des Systems. Wir können uns die innere Energie als Energiekonto des Systems vorstellen, auf das Ein- und Auszahlungen in Form von Wärme oder Arbeit gemacht werden können. Einzahlungen erhöhen dabei die Energie des Systems (positives ΔU), Auszahlungen dagegen erniedrigen die Energie des Systems (negatives ΔU).

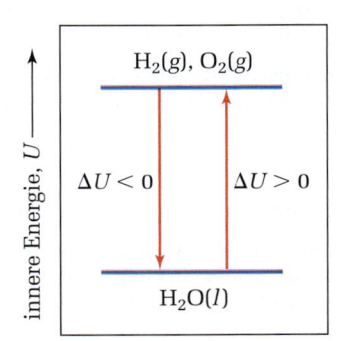

Abbildung 5.6: Energiediagramm der Übergänge zwischen $H_2(g)$, $O_2(g)$ und H_2O. Ein System, das aus $H_2(g)$ und $O_2(g)$ besteht, besitzt eine höhere innere Energie als ein System, das aus $H_2O(l)$ besteht. Das System verliert beim Übergang von H_2 und O_2 zu H_2O Energie ($\Delta U < 0$). Es gewinnt Energie ($\Delta U > 0$), wenn H_2O in H_2 und O_2 zersetzt wird.

5 Thermochemie

Wir können anhand dieser Vorstellung einen sehr wichtigen algebraischen Ausdruck des Ersten Hauptsatzes der Thermodynamik ableiten. Wenn ein System einem chemischen oder physikalischen Prozess unterliegt, ergeben sich Betrag und Vorzeichen der mit dem Prozess verbundenen Änderung der inneren Energie ΔU aus der Wärme Q, die dem System zugefügt oder von diesem abgegeben wird, plus der Arbeit W, die dem System verrichtet oder die von diesem verrichtet wird.

$$\Delta U = Q + W \tag{5.5}$$

Wenn einem System Wärme zugefügt wird oder Arbeit an einem System geleistet wird, nimmt seine innere Energie zu. Wenn also Wärme aus der Umgebung auf das System übertragen wird, hat Q einen positiven Wert. Das Hinzufügen von Wärme zu einem System entspricht einer Einzahlung auf das Energiekonto des Systems – die Gesamtenergie nimmt zu. Ebenso hat W einen positiven Wert, wenn von der Umgebung Arbeit am System verrichtet wird (▶ Abbildung 5.7). Auch hierbei handelt es sich um eine Einzahlung auf das Energiekonto, die zu einer Zunahme der inneren Energie des Systems führt. Im Gegensatz dazu haben sowohl die Abgabe von Wärme durch das System an die Umgebung als auch die Arbeit, die vom System an der Umgebung verrichtet wird, negative Werte, d. h. sie führen zu einer Verringerung der inneren Energie des Systems. Es handelt sich um Auszahlungen aus dem Energiekonto, die die Gesamtenergie erniedrigen. In Tabelle 5.1 sind die Vorzeichenkonventionen für Q, W und ΔU zusammengefasst. Beachten Sie, dass Energie, die dem System als Wärme oder Arbeit zugefügt wird, ein positives Vorzeichen hat.

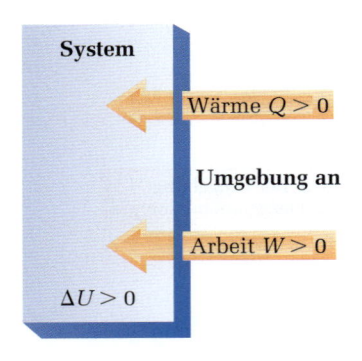

Abbildung 5.7: Vorzeichenkonventionen für Wärme und Arbeit. Die von einem System aufgenommene Wärme Q und die an einem System verrichtete Arbeit W sind positive Größen. In beiden Fällen wird die innere Energie U des Systems erhöht, so dass ΔU, das gleich $Q + W$ ist, ebenfalls eine positive Größe ist.

ÜBUNGSBEISPIEL 5.2 — Zusammenhang zwischen Wärme und Arbeit und der Änderung der inneren Energie

Die beiden Gase A(g) und B(g) sind in einem Zylinder mit Kolben (ähnlich der ▶ Abbildung 5.3) eingeschlossen. A und B reagieren zu einem festen Produkt: A(g) + B(g) ⟶ C(s). Während der Reaktion gibt das System 1150 J Wärme an die Umgebung ab. Der Kolben bewegt dabei nach unten. Das Volumen verringert sich unter dem konstanten Druck der Atmosphäre und die Umgebung verrichtet 480 J Arbeit am System. Wie ändert sich während der Reaktion die innere Energie des Systems?

Lösung

Analyse: Wir sollen anhand von angegeben Informationen über Q und W den Wert von ΔU bestimmen.

Vorgehen: Zunächst bestimmen wir die Vorzeichen von Q und W (Tabelle 5.1). Anschließend verwenden wir ▶ Gleichung 5.5 ($\Delta U = Q + W$), um ΔU zu berechnen.

Lösung: Aus dem System wird Wärme an die Umgebung abgegeben und Arbeit wird von der Umgebung am System geleistet, Q ist also negativ und W positiv: $Q = -1150$ J und $W = 480$ kJ. Daher ist ΔU gleich

$$\Delta U = Q + W = (-1150 \text{ J}) + (480 \text{ J}) = -670 \text{ J}$$

Der negative Wert von ΔU bedeutet, dass eine Gesamtmenge von 670 J Energie vom System an die Umgebung abgegeben worden ist.

Anmerkung: Sie können sich diese Änderung als Abnahme des Energiekontostands des Systems um 670 J vorstellen (daher das negative Vorzeichen). 1150 J werden in Form von Wärme ausgezahlt, während 480 J in Form von Arbeit eingezahlt werden. Beachten Sie, dass bei der Verringerung des Volumens der Gase die Umgebung Arbeit am System verrichtet, die zu einer Einzahlung von Energie führt.

ÜBUNGSAUFGABE

Berechnen Sie die Änderung der inneren Energie des Systems für einen Prozess, bei dem das System 140 J Wärme aus der Umgebung aufnimmt und 85 J Arbeit an der Umgebung leistet.

Antwort: +55 J.

Tabelle 5.1

Vorzeichenkonventionen für Q, W und ΔU

Für Q	+	bedeutet, das System nimmt Wärme auf	−	bedeutet, das System gibt Wärme ab
Für W	+	bedeutet, Arbeit wird am System verrichtet	−	bedeutet, Arbeit wird vom System verrichtet
Für ΔU	+	bedeutet eine Nettoenergieaufnahme des Systems	−	bedeutet eine Nettoenergieabgabe des Systems

Endotherme und exotherme Prozesse

Ein Prozess, bei dem ein System Wärme aufnimmt, wird **endothermer** Prozess genannt. Das Präfix *endo-* bedeutet „in ... hinein". Während eines endothermen Prozesses wie z. B. dem Schmelzen von Eis fließt Wärme aus der Umgebung *in* das System. Wenn wir als Teil der Umgebung einen Behälter berühren, in dem Eis schmilzt, fühlt sich der Behälter kalt an, weil Wärme von unserer Hand in den Behälter fließt.

Ein Prozess, bei dem ein System Wärme abgibt, wird **exotherm** genannt. Das Präfix *exo-* bedeutet „aus ... hinaus". Während eines exothermen Prozesses wie der Verbrennung von Benzin fließt Wärme *aus* dem System in die Umgebung. In ▶ Abbildung 5.8 sind zwei Beispiele chemischer Reaktionen dargestellt. Eine der Reaktionen ist endotherm, die andere dagegen hochgradig exotherm. Bei dem in ▶ Abbildung 5.8 a dargestellten endothermen Prozess nimmt die Temperatur im Becherglas ab. In diesem Fall besteht das System aus den chemischen Reaktanten und Produkten. Das Lösungsmittel, in dem diese gelöst sind, gehört dagegen zur Umgebung. Während der chemischen Umsetzung der Reaktanten in die Produkte fließt Wärme vom Lösungsmittel (aus der Umgebung) in das System. Die Temperatur der Lösung nimmt also ab.

CWS Thermit

Zustandsgrößen

Obwohl es normalerweise keine Möglichkeit gibt, den exakten Wert der inneren Energie U eines Systems zu ermitteln, hat diese dennoch bei bestimmten Bedingungen einen genau definierten Wert. Die Bedingungen, die die innere Energie eines Systems beeinflussen, schließen die Temperatur und den Druck ein. Außerdem ist die

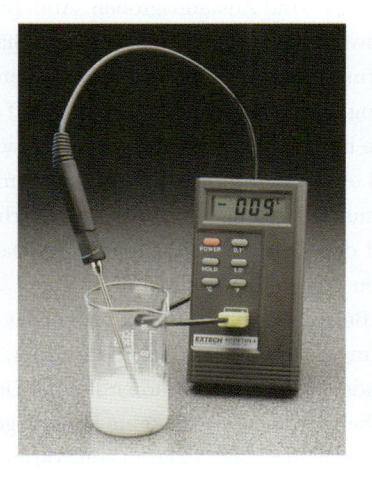

(a) (b)

Abbildung 5.8: Beispiele einer endothermen und einer exothermen Reaktion. (a) Wenn Ammoniumthiocyanat und Bariumhydroxidoctahydrat bei Zimmertemperatur vermischt werden, findet eine endotherme Reaktion statt:

$2\,NH_4SCN(s) + Ba(OH)_2 \cdot 8\,H_2O(s) \longrightarrow Ba(SCN)_2(aq) + 2\,NH_3(aq) + 10\,H_2O(l)$

Aufgrund des endothermen Charakters der Reaktion nimmt die Temperatur von etwa 20 °C auf −9 °C ab. (b) Die Reaktion von pulverförmigem Aluminium mit Fe_2O_3 (Thermitreaktion) ist hochgradig exotherm. Die Reaktion verläuft heftig unter Bildung von Al_2O_3 und flüssigem Eisen:

$2\,Al(s) + Fe_2O_3(s) \longrightarrow Al_2O_3(s) + 2\,Fe(l)$

Abbildung 5.9: Die innere Energie U ist eine Zustandsgröße. U hängt nur vom momentanen Zustand des Systems ab, nicht jedoch vom Weg, auf dem dieser Zustand erreicht worden ist. Die innere Energie von 50 g Wasser bei 25 °C ist immer gleich. Es spielt keine Rolle, ob das Wasser von einer höheren Temperatur auf 25 °C abgekühlt oder von einer niedrigeren Temperatur auf 25 °C erwärmt worden ist.

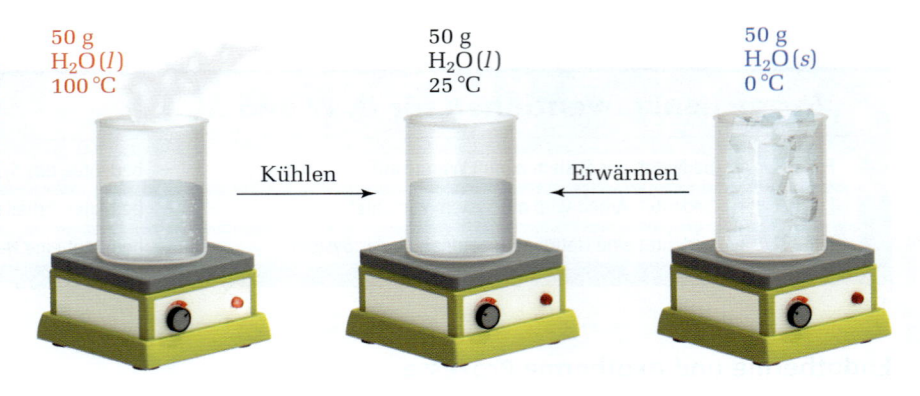

innere Gesamtenergie eines Systems als extensive Eigenschaft proportional zur Materiemenge, aus der das System besteht (siehe Abschnitt 1.3).

Nehmen Sie an, unser System besteht wie in ▶ Abbildung 5.9 aus 50 g Wasser bei 25 °C. Wir könnten zu einem System in diesem Zustand gelangen, indem wir 50 g Wasser mit einer Temperatur von 100 °C abkühlen oder indem wir 50 g Eis schmelzen und das geschmolzene Wasser anschließend auf 25 °C erwärmen. Die innere Energie des Wassers bei 25 °C ist in beiden Fällen identisch. Die innere Energie ist ein Beispiel für eine **Zustandsgröße**, eine Eigenschaft eines Systems, die durch die Bedingungen oder den Zustand (hinsichtlich Temperatur, Druck, Ort und so weiter) des Systems bestimmt wird. *Der Wert einer Zustandsgröße hängt nur vom gegenwärtigen Zustand des Systems ab, nicht dagegen vom Weg, auf dem dieser Zustand erreicht wurde.* Weil es sich bei U um eine Zustandsgröße handelt, hängt ΔU nur vom Anfangs- und Endzustand des Systems ab, nicht jedoch davon, auf welche Weise der Übergang stattfindet.

Die folgende Analogie wird Ihnen vielleicht dabei helfen, den Unterschied zwischen Größen, die Zustandsgrößen sind, und solchen, die keine sind, zu erkennen. Nehmen Sie an, Sie fahren von Chicago nach Denver. Chicago liegt 180 m ü. NN, Denver dagegen 1610 m ü. NN. Der Höhenunterschied beträgt unabhängig vom Reiseweg 1430 m. Die Entfernung jedoch, die Sie zurücklegen, hängt vom gewählten Reiseweg ab. Die Höhe ist analog zu einer Zustandsgröße, weil ihre Änderung unabhängig vom Weg ist. Die zurückgelegte Entfernung ist dagegen keine Zustandsgröße.

Einige thermodynamische Größen wie z. B. U sind Zustandsgrößen. Andere wie z. B. Q und W sind keine Zustandsgrößen. Obwohl $\Delta U = Q + W$ nicht davon abhängt, auf welche Weise die entsprechende Änderung stattfindet, hängen die Wärmemenge und die Arbeit, die während der Änderung erzeugt werden, vom Weg ab, auf dem die Änderung durchgeführt wird, ganz wie bei der Wahl des Reisewegs zwischen Chicago und Denver. Wenn sich jedoch bei einer Änderung des Wegs, auf dem ein System von einem Anfangs- in einen Endzustand gelangt, der Wert von Q erhöht, wird der Wert von W gleichzeitig um exakt den gleichen Betrag erniedrigt. Daraus ergibt sich, dass der Wert von ΔU auf beiden Wegen identisch ist.

Wir können dieses Prinzip anhand eines Beispiels verdeutlichen, in dem das System aus einer Batterie besteht. In ▶ Abbildung 5.10 betrachten wir zwei Arten, eine Batterie bei konstanter Temperatur zu entladen. Wenn die Batterie mit einer Drahtspule kurzgeschlossen wird, wird keine Arbeit verrichtet, weil keine Materie gegen eine Kraft bewegt wird. Die gesamte Energie der Batterie geht in Form von Wärme verloren. Die Drahtspule wird wärmer und gibt Wärme an die Luft in der Umgebung ab.

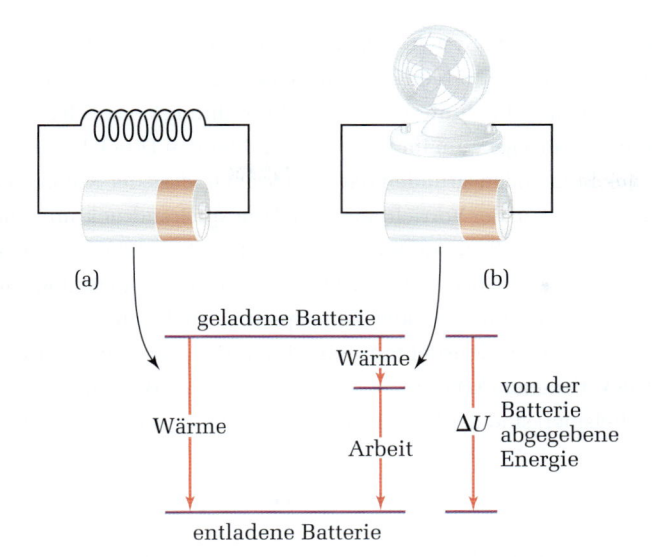

Abbildung 5.10: Die innere Energie ist eine Zustandsgröße, Wärme und Arbeit sind dagegen keine Zustandsgrößen. Die Wärme- und Arbeitsmengen, die zwischen dem System und der Umgebung übertragen werden, hängen vom Weg ab, auf dem das System von einem Zustand in einen anderen gelangt. (a) Eine kurzgeschlossene Batterie gibt Energie an die Umgebung nur in Form von Wärme ab; sie verrichtet keine Arbeit. (b) Eine Batterie, die an einem Motor entladen wird, gibt Energie in Form von Arbeit (zum Antrieb des Ventilators) und in Form von Wärme ab. Die in diesem Fall abgegebene Wärmemenge ist jedoch wesentlich kleiner als im Fall (a). Der Wert von ΔU ist in beiden Prozessen gleich, obwohl die Werte von Q und W sich unterscheiden.

Wenn die Batterie dagegen eingesetzt wird, um einen Motor anzutreiben, wird bei der Entladung der Batterie Arbeit verrichtet. Gleichzeitig wird auch Wärme frei, jedoch nicht so viel wie beim Kurzschließen der Batterie. Die Beträge von Q und W sind in beiden Fällen unterschiedlich groß. Wenn der Anfangs- und der Endzustand der Batterie in beiden Fällen identisch ist, muss auch $\Delta U = Q + W$ in beiden Fällen gleich groß sein, weil es sich bei U um eine Zustandsgröße handelt. ΔU ist also nur vom Anfangs- und Endzustand des Systems abhängig, unabhängig davon, ob die Energie als Wärme oder Arbeit übertragen worden ist.

> **? DENKEN SIE EINMAL NACH**
>
> Inwiefern handelt es sich beim Kontostand Ihres Girokontos um eine Zustandsgröße?

Enthalpie 5.3

Die chemischen und physikalischen Vorgänge, die in unserer Umgebung stattfinden, wie z. B. die Photosynthese in den Blättern einer Pflanze, das Verdunsten von Wasser in einem See oder die Reaktion in einem offenen Becherglas im Labor, finden bei nahezu konstantem atmosphärischem Druck statt. Diese Prozesse können mit einer Aufnahme oder Abgabe von Wärme oder mit Arbeit verbunden sein, die vom System oder am System verrichtet wird. Weil der Wärmefluss unter diesen Größen am einfachsten gemessen werden kann, werden wir uns zunächst auf diesen Aspekt von Reaktionen konzentrieren. Nichtsdestotrotz müssen wir auch jede Form von Arbeit berücksichtigen, die mit einem Prozess verbunden ist.

Meistens besteht die einzige Arbeit, die von an offener Atmosphäre stattfindenden chemischen oder physikalischen Vorgängen geleistet wird, in der mechanischen Arbeit, die mit einer Änderung des Volumens des Systems einhergeht. Betrachten Sie z. B. die Reaktion von metallischem Zink mit einer Salzsäurelösung:

$$\text{Zn}(s) + 2\,\text{H}^+(aq) \longrightarrow \text{Zn}^{2+}(aq) + \text{H}_2(g) \quad (5.6)$$

Wenn wir diese Reaktion im Laborabzug in einem offenen Becherglas durchführen, können wir die Entstehung von gasförmigem Wasserstoff beobachten. Es ist jedoch nicht sofort offensichtlich, dass dabei Arbeit verrichtet wird. Der sich bildende gasförmige Wasserstoff dehnt sich gegen den vorhandenen Druck der Atmosphäre aus,

> **CWS** Arbeit bei der Ausdehnung von Gas

5 Thermochemie

ein Vorgang, bei dem vom System Arbeit geleistet werden muss. Dies ist offensichtlicher, wenn wir wie in ▶ Abbildung 5.11 die Reaktion in einem geschlossenen System bei konstantem Druck durchführen. In dieser Vorrichtung kann sich der Kolben nach oben oder unten bewegen, um im Reaktionsbehälter den Druck konstant zu halten. Wenn wir aus Einfachheitsgründen davon ausgehen, dass der Kolben masselos ist, entspricht der Druck in der Vorrichtung dem Atmosphärendruck außerhalb der Vorrichtung. Während der Reaktion wird H_2-Gas gebildet und der Kolben angehoben. Das Gas innerhalb des Kolbens verrichtet also Arbeit an der Umgebung, indem es den Kolben gegen den auf ihm lastenden Atmosphärendruck anhebt.

Die Arbeit, die mit der Ausdehnung oder Komprimierung eines Gases verbunden ist, wird **Druck-Volumen-Arbeit** (bzw. pV-Arbeit) genannt. Bei konstantem Druck (wie in unserem Beispiel) sind das Vorzeichen und der Betrag der Druck-Volumen-Arbeit gegeben durch

$$W = -p\Delta V \tag{5.7}$$

wobei p der Druck und ΔV die Änderung des Volumens des Systems ($\Delta V = V_{Ende} - V_{Anfang}$) ist. Das negative Vorzeichen in ▶ Gleichung 5.7 ergibt sich aus den Vorzeichenkonventionen der Tabelle 5.1. Wenn sich das Volumen ausdehnt, ist ΔV eine positive und w eine negative Größe. Energie verlässt also das System in Form von Arbeit, was bedeutet, dass Arbeit vom System *an* der Umgebung verrichtet wird. Wenn ein Gas komprimiert wird, ist ΔV eine negative Größe (das Volumen nimmt ab), W also eine positive Größe. Das bedeutet, dass Energie in Form von Arbeit in das System eingebracht, Arbeit also von der Umgebung am System verrichtet wird. Wir werden uns im Kasten „Näher hingeschaut" noch genauer mit der Druck-Volumen-Arbeit beschäftigen. Das Einzige, was Sie sich im Moment jedoch auf jeden Fall merken sollten, ist Gleichung 5.7, die für unter konstantem Druck ablaufende Prozesse gilt. Die Eigenschaften von Gasen werden in Kapitel 10 detaillierter behandelt.

Die thermodynamische Funktion der **Enthalpie** (vom griechischen Wort *enthalpein*, das „sich erwärmen" bedeutet) betrachtet den Wärmefluss in Prozessen, die bei konstantem Druck ablaufen und in denen außer pV-Arbeit keine weitere Arbeit geleistet wird. Die Enthalpie, für die das Symbol H verwendet wird, ist gleich der Summe aus innerer Energie und dem Produkt aus Druck und Volumen des Systems:

$$H = U + pV \tag{5.8}$$

Bei der Enthalpie handelt es sich um eine Zustandsgröße, weil innere Energie, Druck und Volumen Zustandsgrößen sind.

Wenn bei konstantem Druck eine Änderung auftritt, ist die Änderung der Enthalpie, ΔH, durch die folgende Beziehung gegeben:

$$\Delta H = \Delta(U + pV) = \Delta U + p\Delta V \tag{5.9}$$

Das heißt, die Enthalpieänderung ist gleich der Summe der Änderung der inneren Energie und dem Produkt aus dem konstanten Druck und der Änderung des Volumens. Wir gewinnen einen weiteren Einblick in die Natur von Enthalpieänderungen, wenn wir uns daran erinnern, dass $\Delta U = Q + W$ (▶ Gleichung 5.5) ist und dass die mit der Ausdehnung oder Komprimierung eines Gases verbundene Arbeit $W = -p\Delta V$ ist. Wenn wir in ▶ Gleichung 5.9 $-W$ für $p\Delta V$ und $Q + W$ für ΔU einsetzen, erhalten wir

$$\Delta H = \Delta U + p\Delta V = (Q_p + W) - W = Q_p \tag{5.10}$$

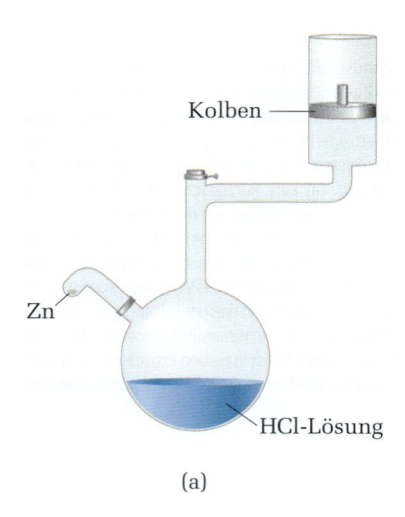

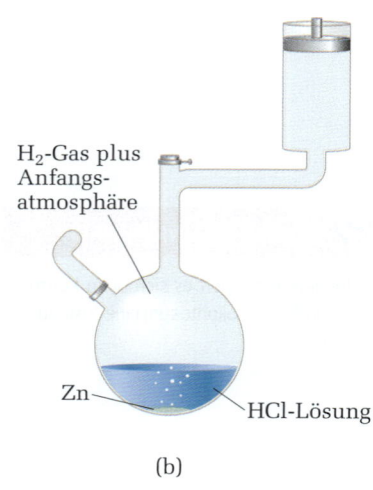

Abbildung 5.11: System, das Arbeit an der Umgebung verrichtet. (a) Vorrichtung zur Untersuchung der Reaktion von metallischem Zink mit Chlorwasserstoffsäure bei konstantem Druck. Der Kolben kann sich frei im Zylinder bewegen und gewährleistet auf diese Weise innerhalb der Vorrichtung einen konstanten Druck, der dem Druck der Atmosphäre entspricht. Achten Sie auf die Zinkkugeln im L-förmigen Glasrohr auf der linken Seite. Wenn das Glasrohr gedreht wird, fallen die Kugeln in das Reaktionsgefäß und die Reaktion setzt ein. (b) Bei Zugabe von Zink zu einer sauren Lösung entsteht gasförmiger Wasserstoff. Der Wasserstoff verrichtet Arbeit an der Umgebung und hebt den Kolben gegen den atmosphärischen Druck an, so dass innerhalb des Reaktionsgefäßes der Druck konstant bleibt.

> **? DENKEN SIE EINMAL NACH**
>
> Welchen Vorteil hat es, für die Beschreibung von Energieänderungen von Reaktionen anstelle der inneren Energie die Enthalpie zu verwenden?

wobei der Index p bei der Wärme Q deutlich macht, dass es sich um Änderungen bei konstantem Druck handelt. *Die Änderung der Enthalpie ist gleich der bei konstantem Druck aufgenommenen oder abgegebenen Wärme.* Weil es sich bei Q_p um eine Größe handelt, die wir entweder messen oder leicht berechnen können und weil sehr viele uns interessierende physikalische und chemische Vorgänge bei konstantem Druck stattfinden, ist die Enthalpie eine erheblich praktischere Funktion als die innere Energie. Bei den meisten Reaktionen ist der Unterschied zwischen ΔH und ΔU aufgrund des kleinen $p\Delta V$ ebenfalls klein.

Wenn ΔH positiv ist (also wenn Q_p positiv ist), nimmt das System Wärme aus der Umgebung auf (Tabelle 5.1), es handelt sich also um einen endothermen Prozess. Wenn ΔH negativ ist, gibt das System Wärme an die Umgebung ab, es handelt sich also um einen exothermen Prozess. Diese beiden Fälle sind in ▶ Abbildung 5.12 schematisch dargestellt. Weil es sich bei H um eine Zustandsgröße handelt, hängt ΔH (also Q_p) nur vom Anfangs- und Endzustand des Systems ab, nicht jedoch davon, auf welche Weise die Änderung stattfindet. Auf den ersten Blick scheint diese Aussage im Widerspruch zu unseren Überlegungen aus Abschnitt 5.2 zu stehen, in dem wir zu dem Schluss gekommen sind, dass Q keine Zustandsgröße ist. Dieser scheinbare Widerspruch löst sich jedoch auf, wenn man bedenkt, dass die Beziehung zwischen ΔH und der Wärme (Q_p) nur unter der Bedingung gilt, dass nur pV-Arbeit geleistet wird und der Druck konstant ist.

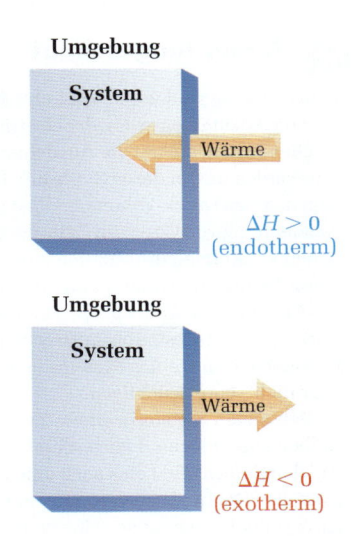

Abbildung 5.12: Endotherme und exotherme Prozesse. (a) Wenn das System Wärme aufnimmt (endothermer Prozess), ist ΔH positiv ($\Delta H > 0$). (b) Wenn das Sytem Wärme abgibt (exothermer Prozess), ist ΔH negativ ($\Delta H < 0$).

ÜBUNGSBEISPIEL 5.3 — Bestimmung des Vorzeichens von ΔH

Geben Sie das Vorzeichen der Enthalpieänderung ΔH der folgenden bei atmosphärischem Druck ausgeführten Prozesse an. Sind die Prozesse endotherm oder exotherm? **(a)** Schmelzen eines Eisblocks und **(b)** vollständige Verbrennung von 1 g Butan (C_4H_{10}) in Sauerstoff zu CO_2 und H_2O.

Lösung

Analyse: Wir sollen bestimmen, ob bei den aufgeführten Prozessen ΔH positiv oder negativ ist. Weil die Prozesse bei konstantem Druck stattfinden, ist die Enthalpieänderung der Prozesse gleich der Menge der aufgenommenen oder abgegebenen Wärme ($\Delta H = Q_p$).

Vorgehen: Wir müssen bestimmen, ob in den Prozessen Wärme aufgenommen oder abgegeben wird. Prozesse, in denen Wärme aufgenommen wird, sind endotherm und haben ein positives Vorzeichen von ΔH. Prozesse, in denen Wärme abgegeben wird, sind exotherm und haben ein negatives Vorzeichen von ΔH.

Lösung: In (a) besteht das System aus dem Wasser des Eisblocks. Der Eisblock nimmt beim Schmelzen aus der Umgebung Wärme auf, ΔH ist also positiv und der Prozess ist endotherm. In (b) besteht das System aus 1g Butan und dem Sauerstoff, der zur Verbrennung benötigt wird. Bei der Verbrennung von Butan mit Sauerstoff wird Wärme frei, ΔH ist also negativ und der Prozess exotherm.

ÜBUNGSAUFGABE

Nehmen Sie an, wir würden 1 g Butan und genügend Sauerstoff zur vollständigen Verbrennung in einem Zylinder ähnlich dem aus ▶ Abbildung 5.13 einschließen. Der Zylinder soll perfekt isoliert sein, es kann also keine Wärme in die Umgebung austreten. Die Verbrennung von Butan zu Kohlendioxid und Wasserdampf wird durch einen Funken ausgelöst. Wenn wir diese Vorrichtung zum Messen der Enthalpieänderung der Reaktion verwenden würden, würde dann der Kolben aufsteigen, absteigen oder an der gleichen Stelle verbleiben?

Antwort: Der Kolben bewegt sich, um im Zylinder einen konstanten Druck aufrechtzuerhalten. Die Produkte enthalten, wie anhand der ausgeglichenen Reaktionsgleichung ersichtlich ist, eine höhere Zahl an Gasmolekülen als die Reaktanten.

$$2\ C_4H_{10}(g) + 13\ O_2(g) \longrightarrow 8\ CO_2(g) + 10\ H_2O(g)$$

Der Kolben würde sich also nach oben bewegen, um Platz für die zusätzlichen Gasmoleküle zu schaffen. Zudem wird Wärme freigegeben, was zu einem weiteren Anstieg des Kolbens führt, um die durch den Temperaturanstieg bedingte Ausdehnung der Gase auszugleichen.

Näher hingeschaut ■ Energie, Enthalpie und *pV*-Arbeit

In der Chemie sind wir hauptsächlich an zwei verschiedenen Arten von Arbeit interessiert, der elektrischen Arbeit und der mechanischen Arbeit, die mit der Ausdehnung von Gasen verbunden ist. Wir werden uns an dieser Stelle mit der mechanischen Arbeit, der so genannten Druck-Volumen-Arbeit (*pV*-Arbeit) beschäftigen. Die Ausdehnung von Gasen im Zylinder eines Automotors leistet *pV*-Arbeit am Kolben, die letztlich zum Antrieb der Räder führt. Die Ausdehnung von Gasen in einem offenen Reaktionsgefäß leistet *pV*-Arbeit an der Atmosphäre. Diese Arbeit hat keine ersichtliche Wirkung, nichtsdestotrotz müssen wir bei einer Untersuchung der Energieänderung eines Systems jede Art von Arbeit, ob nützlich oder nicht, berücksichtigen.

Betrachten Sie ein in einem Zylinder mit einem beweglichen Kolben einer Fläche A eingeschlossenes Gas (▶ Abbildung 5.13). Auf den Kolben wirkt eine nach unten gerichtete Kraft F. Der *Druck* p auf dem Gas ist gleich der Kraft pro Fläche: $p = F/A$. Wir nehmen an, dass der Kolben gewichtslos ist und nur der *Atmosphärendruck*, der aufgrund des Gewichts der Atmosphäre der Erde entsteht und den wir als konstant annehmen wollen, auf dem Kolben lastet.

Nehmen Sie an, das Gas im Zylinder dehnt sich aus, so dass der Kolben den Weg Δh zurücklegt. Aus ▶ Gleichung 5.3 wissen wir, dass der Betrag der vom System geleisteten Arbeit gleich der zurückgelegten Entfernung multipliziert mit der auf dem Kolben lastenden Kraft ist:

$$\text{Betrag der Arbeit} = \text{Kraft} \times \text{Weg} = F \times \Delta h \quad (5.11)$$

Wir können die Gleichung der Definition des Drucks $p = F/A$ umstellen zu $F = p \times A$. Außerdem ist die Volumenänderung ΔV, die sich aus der Bewegung des Kolbens ergibt, gleich dem Produkt der Fläche des Kolbens und dem zurückgelegten Weg: $\Delta V = A \times \Delta h$.

Wenn wir dies in ▶ Gleichung 5.11 einsetzen, erhalten wir

$$\text{Betrag der Arbeit} = F \times \Delta h = p \times A \times \Delta h = p \times \Delta V$$

Die Arbeit ist eine negative Größe, weil das System (das eingeschlossene Gas) Arbeit an der Umgebung leistet:

$$W = -p\Delta V \quad (5.12)$$

Wenn es sich bei der *pV*-Arbeit um die einzige verrichtete Arbeit handelt, können wir ▶ Gleichung 5.12 in ▶ Gleichung 5.5 einsetzen und erhalten

$$\Delta U = Q + W = Q - p\Delta V \quad (5.13)$$

Wenn eine Reaktion in einem Behälter mit konstantem Volumen ($\Delta V = 0$) durchgeführt wird, entspricht die übertragene Wärme der Änderung der inneren Energie:

$$\Delta U = Q_V \text{ (konstantes Volumen)} \quad (5.14)$$

Der Index V zeigt an, dass das Volumen konstant ist.

Die meisten Reaktionen werden unter konstantem Druck durchgeführt. In diesem Fall wird ▶ Gleichung 5.13 zu

$$\Delta U = Q_p - p\Delta V \quad \text{oder}$$
$$Q_p = \Delta U + p\Delta V \quad \text{(konstanter Druck)} \quad (5.15)$$

Wir erkennen aus ▶ Gleichung 5.9, dass es sich bei der rechten Seite der ▶ Gleichung 5.15 um die Enthalpieänderung bei konstantem Druck handelt. Daher ist $\Delta H = Q_p$, wie wir bereits zuvor in ▶ Gleichung 5.10 erkannt haben.

Wenn wir die Ergebnisse zusammenfassen, beschreibt die Änderung der inneren Energie die bei konstantem Volumen aufgenommene oder abgegebene Wärme, während die Änderung der Enthalpie für die bei konstantem Druck aufgenommene oder abgegebene Wärme steht. Der Unterschied zwischen ΔU und ΔH besteht in der *pV*-Arbeit ($-p\Delta V$), die vom oder am System geleistet wird, wenn der Prozess bei konstantem Druck ausgeführt wird. Die Volumenänderung bei vielen Reaktionen ist nahezu null, wodurch $p\Delta V$ und damit auch die Differenz zwischen ΔU und ΔH klein wird. Es ist im Allgemeinen ausreichend, ΔH für die Messung der Energieänderung der meisten chemischen Prozesse zu verwenden.

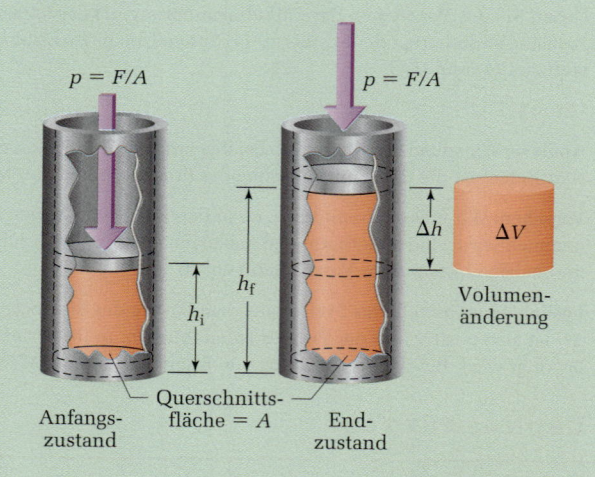

Abbildung 5.13: *pV*-Arbeit. Ein sich nach oben bewegender Kolben dehnt das Volumen des Systems gegen einen äußeren Druck p aus und verrichtet Arbeit an der Umgebung. Die vom System an der Umgebung verrichtete Arbeitsmenge beträgt $W = -p\Delta V$.

Reaktionsenthalpien 5.4

Weil $\Delta H = H_{\text{Ende}} - H_{\text{Anfang}}$ ist, ist die Enthalpieänderung einer chemischen Reaktion gleich der Enthalpie der Produkte abzüglich der Enthalpie der Reaktanten:

$$\Delta H = H_{\text{Produkte}} - H_{\text{Reaktanten}} \tag{5.16}$$

Die Enthalpieänderung, die mit einer Reaktion verbunden ist, wird **Reaktionsenthalpie** oder auch *Reaktionswärme* genannt und manchmal mit dem Symbol ΔH_r ausgedrückt, wobei „r" eine gebräuchliche Abkürzung für „Reaktion" ist.

In ▶ Abbildung 5.14 ist die Verbrennung von Wasserstoff gezeigt. Wenn die Reaktion kontrolliert ausgeführt wird, so dass 2 mol $H_2(g)$ bei konstantem Druck zu 2 mol $H_2O(g)$ reagieren, werden vom System 483,6 kJ Wärme an die Umgebung abgegeben. Wir können diese Information wie folgt zusammenfassen:

$$2\,H_2(g) + O_2(g) \longrightarrow 2\,H_2O(g) \qquad \Delta H = -483{,}6\,\text{kJ} \tag{5.17}$$

ΔH ist negativ, die Reaktion ist also exotherm. Beachten Sie, dass ΔH hinter der ausgeglichenen Gleichung angegeben wird, ohne die Mengen der beteiligten Stoffe explizit zu nennen. In diesem Fall stehen die Koeffizienten der ausgeglichenen Gleichung für die Molanzahl der Reaktanten und Produkte, auf die sich die angegebene Enthalpieänderung bezieht. Ausgeglichene chemische Gleichungen, in denen die mit der Reaktion verbundene Enthalpieänderung auf diese Weise angegeben wird, werden *thermochemische Gleichungen* genannt.

Die mit einer Reaktion verbundene Enthalpieänderung kann auch in einem Enthalpiediagramm dargestellt werden, wie es z. B. in ▶ Abbildung 5.14 c dargestellt ist. Die Verbrennung von $H_2(g)$ ist exotherm, die Enthalpie der Produkte der Reaktion ist daher niedriger als die Enthalpie der Reaktanten. Die Enthalpie des Systems ist nach der Reaktion niedriger, weil Energie in Form von Wärme an die Umgebung abgegeben worden ist.

Die Reaktion von Wasserstoff mit Sauerstoff ist hochgradig exotherm (ΔH ist negativ und hat einen hohen Betrag) und läuft, einmal begonnen, schnell ab. Sie kann,

> **? DENKEN SIE EINMAL NACH**
>
> Welche Informationen enthalten die Koeffizienten einer thermochemischen Gleichung?

> **Bildung von Wasser**

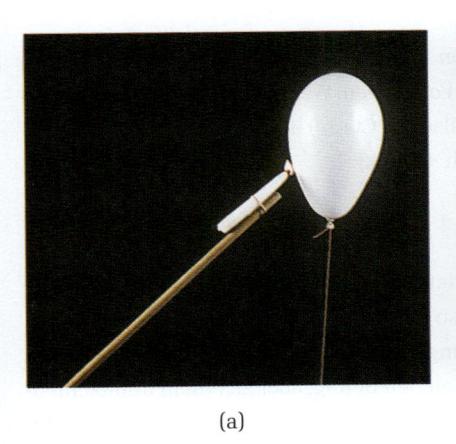

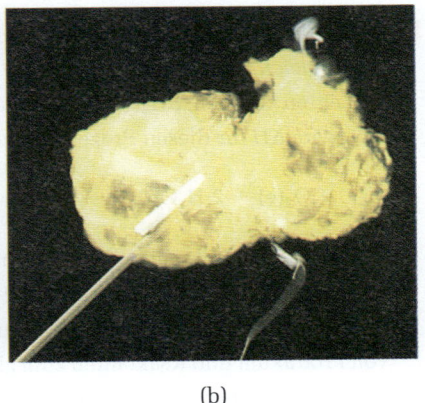

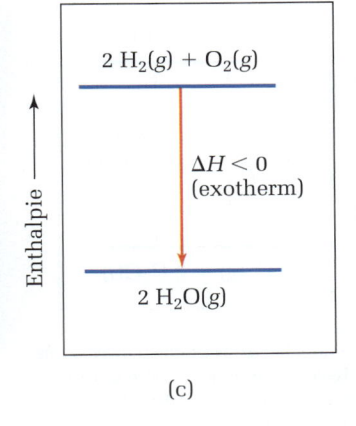

Abbildung 5.14: Exotherme Reaktion von Wasserstoff mit Sauerstoff. (a) Eine Kerze wird neben einen Ballon gehalten, der mit einem Gemisch aus gasförmigem Wasserstoff und gasförmigem Sauerstoff gefüllt ist. (b) $H_2(g)$ entzündet sich und reagiert mit $O_2(g)$ zu $H_2O(g)$. Bei der Explosion entsteht ein Feuerball. Das System gibt Wärme an die Umgebung ab. (c) Das Enthalpiediagramm der Reaktion zeigt ihren exothermen Charakter.

Abbildung 5.15: Brand des mit Wasserstoff gefüllten Luftschiffs *Hindenburg*. Diese Aufnahme ist nur 22 Sekunden nach der ersten Explosion entstanden. Der tragische Unfall, der am 6. Mai 1937 in Lakehurst, New Jersey, stattgefunden hat, führte zur Einstellung der Nutzung von Wasserstoff als Auftriebsgas in Luftschiffen. Moderne Luftschiffe enthalten Helium, das eine etwas schwächere Auftriebskraft als Wasserstoff hat, jedoch nicht brennbar ist.

wie uns die verheerenden Katastrophen des deutschen Luftschiffs *Hindenburg* 1937 (▶Abbildung 5.15) und des Spaceshuttles *Challenger* 1986 vor Augen führen, auch mit explosiver Gewalt verlaufen.

Die folgenden Regeln sind bei der Verwendung von thermochemischen Gleichungen und Enthalpiediagrammen hilfreich:

1 *Enthalpie ist eine extensive Eigenschaft.* Der Betrag von ΔH ist daher direkt proportional zur Menge des im Prozess verbrauchten Reaktanten. Bei der Verbrennung von 1 mol Methan zu Kohlendioxid und flüssigem Wasser bei konstantem Druck werden z.B. 890 kJ Wärme frei:

$$CH_4(g) + 2\,O_2(g) \longrightarrow CO_2(g) + 2\,H_2O(l) \qquad \Delta H = -890 \text{ kJ} \qquad (5.18)$$

Weil bei der Verbrennung von 1 mol CH_4 mit 2 mol O_2 890 kJ Wärme entstehen, entsteht bei der Verbrennung von 2 mol CH_4 mit 4 mol O_2 die doppelte Wärmemenge (1780 kJ).

2 *Die Enthalpieänderung einer Reaktion ΔH ist für die Umkehrreaktion betragsmäßig gleich, hat aber das umgekehrte Vorzeichen.* Wenn wir die ▶Gleichung 5.18 umkehren könnten, $CH_4(g)$ und $O_2(g)$ also aus $CO_2(g)$ und $H_2O(l)$ gewinnen könnten, wäre ΔH für diesen Prozess gleich +890 kJ:

$$CO_2(g) + 2\,H_2O(l) \longrightarrow CH_4(g) + 2\,O_2(g) \qquad \Delta H = 890 \text{ kJ} \qquad (5.19)$$

Wenn wir eine Reaktion umkehren, vertauschen wir Produkte und Reaktanten, die Reaktanten einer Reaktion werden also zu den Produkten der Umkehrreaktion und umgekehrt. Anhand von ▶Gleichung 5.16 erkennen wir, dass das Vertauschen von Produkten und Reaktanten zum gleichen Betrag, aber zu einem unterschiedlichen Vorzeichen von ΔH_r führt. Diese Beziehung ist in ▶Abbildung 5.16 für die ▶Gleichungen 5.18 und 5.19 schematisch dargestellt.

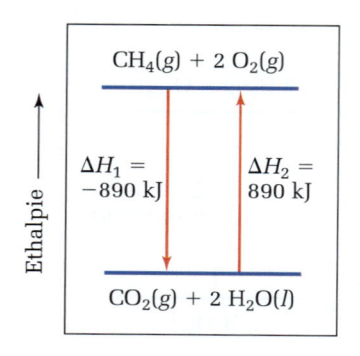

Abbildung 5.16: ΔH einer Umkehrreaktion. Bei der Umkehrung einer Reaktion ändert sich das Vorzeichen, aber nicht der Betrag der Enthalpieänderung: $\Delta H_2 = -\Delta H_1$.

ÜBUNGSBEISPIEL 5.4

Beziehung zwischen ΔH und den Reaktant- und Produktmengen

Wie viel Wärme wird frei, wenn 4,50 g gasförmiges Methan in einem System mit konstantem Druck verbrannt werden? Verwenden Sie die in ▶ Gleichung 5.18 angegebenen Informationen.

Lösung

Analyse: Unser Ziel ist es, mit Hilfe einer thermochemischen Gleichung die Wärme zu berechnen, die frei wird, wenn eine bestimmte Menge gasförmigen Methans verbrannt wird. Nach ▶ Gleichung 5.18 werden bei der Verbrennung von 1 mol CH_4 bei konstantem Druck 890 kJ Wärme frei ($\Delta H = -890$ kJ).

Vorgehen: ▶ Gleichung 5.18 liefert uns einen stöchiometrischen Umrechnungsfaktor: 1 mol $CH_4 \mathrel{\widehat{=}} -890$ kJ. Wir können also die Stoffmenge von CH_4 in eine in kJ angegebene Energie umrechnen. Zunächst müssen wir jedoch die Masse von CH_4 in die Stoffmenge von CH_4 umrechnen. Die Umrechnungssequenz ist also Gramm CH_4 (angegeben) → mol CH_4 → kJ (unbekannte Größe).

Lösung: Wenn wir die Atomgewichte von C und 4 H zusammenrechnen, erhalten wir die Beziehung 1 mol CH_4 = 16,0 g CH_4. Wir können also mit den geeigneten Umrechnungsfaktoren die Masse von CH_4 in die Stoffmenge von CH_4 und anschließend in die Energie umrechnen:

$$\text{Wärme} = (4{,}50 \text{ g } CH_4)\left(\frac{1 \text{ mol } CH_4}{16{,}0 \text{ g } CH_4}\right)\left(\frac{-890 \text{ kJ}}{1 \text{ mol } CH_4}\right) = -250 \text{ kJ}$$

Das negative Vorzeichen zeigt an, dass 250 kJ Wärme vom System an die Umgebung abgegeben werden.

ÜBUNGSAUFGABE

Wasserstoffperoxid zerfällt in der folgenden Reaktion zu Wasser und Sauerstoff:

$$2 \text{ H}_2\text{O}_2(l) \longrightarrow 2 \text{ H}_2\text{O}(l) + \text{O}_2(g) \qquad \Delta H = -196 \text{ kJ}$$

Berechnen Sie den Wert von Q für einen Zerfall von 5,00 g $H_2O_2(l)$ bei konstantem Druck.

Antwort: −14,4 kJ.

---

[3] *Die Enthalpieänderung einer Reaktion hängt vom Zustand der Reaktanten und Produkte ab.* Wenn es sich beim Produkt der Verbrennung von Methan (▶ Gleichung 5.18) um gasförmiges H_2O anstelle von flüssigem H_2O handeln würde, wäre ΔH_r −802 kJ und nicht −890 kJ. Es stünde weniger Wärme zur Verfügung, die an die Umgebung abgegeben werden könnte, weil die Enthalpie von $H_2O(g)$ größer ist als die von $H_2O(l)$. Sie können sich diesen Prozess verdeutlichen, indem Sie sich vorstellen, dass bei der Reaktion zunächst flüssiges Wasser entsteht. Das flüssige Wasser muss nach der Reaktion in Wasserdampf umgewandelt werden. Die Umwandlung von 2 mol $H_2O(l)$ in 2 mol $H_2O(g)$ ist ein endothermer Prozess, bei dem 88 kJ Wärme aufgenommen werden:

$$2 \text{ H}_2\text{O}(l) \longrightarrow 2 \text{ H}_2\text{O}(g) \qquad \Delta H = +88 \text{ kJ} \qquad (5.20)$$

Es ist also wichtig, in thermochemischen Gleichungen die Zustände der Reaktanten und Produkte anzugeben. Sofern nichts anderes angegeben ist, gehen wir außerdem normalerweise davon aus, dass Reaktanten und Produkte bei der gleichen Temperatur (25 °C) vorliegen.

Es gibt zahlreiche Situationen, in denen uns die mit einem chemischen Prozess verbundene Enthalpieänderung interessiert. Wie wir in den folgenden Abschnitten feststellen werden, kann ΔH direkt in Experimenten bestimmt oder unter Verwendung des Ersten Hauptsatzes der Thermodynamik aus bekannten Enthalpieänderungen anderer Reaktionen berechnet werden.

Kalorimetrie 5.5

Der Wert von ΔH kann experimentell bestimmt werden, indem man den mit einer Reaktion bei konstantem Druck verbundenen Wärmefluss misst. Wir können den Betrag des Wärmeflusses bestimmen, indem wir die Temperaturänderung messen, die durch den Wärmefluss verursacht wird. Die Messung des Wärmeflusses wird **Kalorimetrie** und eine Vorrichtung, die zum Messen des Wärmeflusses verwendet wird, **Kalorimeter** genannt.

Wärmekapazität und spezifische Wärme

Je mehr Wärme ein Objekt aufnimmt, desto heißer wird es. Wenn Substanzen erwärmt werden, verändert sich ihre Temperatur. Der Betrag der durch eine bestimmte Wärmemenge erreichten Temperaturänderung variiert jedoch von Substanz zu Substanz. Die von einem Objekt bei einer Aufnahme einer bestimmten Wärmemenge erfahrene Temperaturänderung ergibt sich aus seiner **Wärmekapazität** C.

Die Wärmekapazität eines Objekts ist die Wärmemenge, die benötigt wird, um seine Temperatur um 1 K (bzw. 1 °C) zu erhöhen. Je höher die Wärmekapazität eines Objekts ist, desto mehr Wärme wird benötigt, um einen bestimmten Temperaturanstieg zu erreichen.

Strategien in der Chemie ■ Enthalpie als Orientierungshilfe

Wenn Sie einen Stein in der Luft halten und anschließend loslassen, wird er aufgrund der Gravitationskraft in Richtung Erde fallen. Ein Prozess, der wie das Fallen eines Steins thermodynamisch begünstigt ist, wird spontaner Prozess genannt. Ein *spontaner* Prozess kann entweder schnell oder langsam ablaufen. In der Thermodynamik spielt die Geschwindigkeit eines Prozesses keine Rolle.

Viele chemische Prozesse sind ebenfalls thermodynamisch begünstigt bzw. verlaufen spontan. Mit „spontan" meinen wir jedoch nicht, dass die Reaktion ohne jegliches Eingreifen abläuft. Das kann der Fall sein, oft wird jedoch etwas Energie benötigt, um einen Prozess anzustoßen. Die Enthalpieänderung einer Reaktion gibt uns einen Hinweis darauf, ob diese spontan verlaufen wird. Die Verbrennung von $H_2(g)$ und $O_2(g)$ ist z. B. ein hochgradig exothermer Prozess:

$$H_2(g) + \tfrac{1}{2} O_2(g) \longrightarrow H_2O(g) \qquad \Delta H = -242 \text{ kJ}$$

Gasförmiger Wasserstoff und Sauerstoff können unbeschränkt lange zusammen aufbewahrt werden, ohne dass es zu einer feststellbaren Reaktion kommt (▶ Abbildung 5.14 a). Sobald die Reaktion jedoch begonnen hat, wird Energie rasch vom System (den Reaktanten) an die Umgebung abgegeben. Im Verlauf der Reaktion werden große Wärmemengen frei, die die Temperatur der Reaktanten und Produkte wesentlich erhöht. Anschließend gibt das System Enthalpie durch die Übertragung von Wärme an die Umgebung ab. Erinnern Sie sich daran, dass der Erste Hauptsatz der Thermodynamik besagt, dass die Gesamtenergie des Systems und der Umgebung sich nicht ändert; Energie bleibt erhalten.

Die Spontaneität einer Reaktion wird jedoch nicht ausschließlich von der Enthalpie bestimmt. Die Enthalpie ist also kein sicherer Hinweis darauf, ob eine Reaktion abläuft oder nicht. Das Schmelzen von Eis ist z. B. ein endothermer Prozess:

$$H_2O(s) \longrightarrow H_2O(l) \qquad \Delta H = +6{,}01 \text{ kJ}$$

Obwohl dieser Prozess endotherm ist, läuft er bei Temperaturen oberhalb des Gefrierpunkts von Wasser (0 °C) spontan ab. Der Umkehrprozess, das Gefrieren von Wasser zu Eis, ist bei Temperaturen unterhalb von 0 °C spontan. Wir wissen also, dass Eis bei Raumtemperatur schmilzt und Wasser in einem Eisschrank bei z. B. −20 °C gefriert. Beide Prozesse verlaufen unter verschiedenen Bedingungen spontan, obwohl es sich um Umkehrprozesse handelt. In Kapitel 19 werden wir uns genauer mit der Spontaneität von Prozessen beschäftigen. Wir werden erkennen, warum ein Prozess bei einer bestimmten Temperatur spontan verläuft, bei einer anderen dagegen nicht, so wie es bei der Umwandlung von Wasser in Eis der Fall ist.

Trotz dieser komplizierten weiteren Einflüsse spielen Enthalpieänderungen bei der Betrachtung von Reaktionen eine wichtige Rolle. Als allgemeine Beobachtung können wir festhalten, dass bei einer großen Enthalpieänderung diese der dominierende Faktor dafür ist, ob eine Reaktion spontan verläuft. Reaktionen also, in denen ΔH *groß* und *negativ* ist, neigen dazu, spontan zu verlaufen. Reaktionen hingegen, in denen ΔH *groß* und *positiv* ist, neigen dazu, in der Umkehrrichtung spontan zu verlaufen. Es gibt mehrere Methoden, die Enthalpie einer Reaktion abzuschätzen. Mit Hilfe dieser Abschätzungen lässt sich vorhersagen, ob eine Reaktion wahrscheinlich thermodynamisch begünstigt sein wird oder nicht.

Bei einem Reinstoff bezieht sich die angegebene Wärmekapazität normalerweise auf eine bestimmte Menge des Stoffes. Die Wärmekapazität eines Mols einer Substanz wird **molare Wärmekapazität** (C_{molar}) genannt. Die Wärmekapazität eines Gramms einer Substanz wird *spezifische Wärmekapazität* oder einfach **spezifische Wärme** genannt (▶ Abbildung 5.17). Die spezifische Wärme C einer Substanz lässt sich experimentell bestimmen, indem man die Temperaturänderung ΔT einer bekannten Masse m dieser Substanz misst, der diese unterliegt, wenn sie eine bestimmte Wärmemenge Q aufnimmt oder abgibt:

$$\text{Spezifische Wärme} = \frac{(\text{übertragene Wärmemenge})}{(\text{Masse der Substanz in Gramm}) \times (\text{Temperaturänderung})} \quad (5.21)$$

$$C = \frac{Q}{m \times \Delta T}$$

Für einen Anstieg der Temperatur von 50,0 g Wasser um 1,00 K werden z. B. 209 J benötigt. Die spezifische Wärme von Wasser beträgt also

$$C = \frac{209 \text{ J}}{(50,0 \text{ g})(1,00 \text{ K})} = 4,18 \frac{\text{J}}{\text{g} \cdot \text{K}}$$

Eine Temperaturänderung in Kelvin entspricht betragsmäßig einer Temperaturänderung in Grad Celsius: ΔT in K = ΔT in °C (siehe Abschnitt 1.4). Wenn die Probe Wärme aufnimmt (positives Q), steigt die Temperatur der Probe an (positives ΔT). Wenn wir ▶ Gleichung 5.21 umstellen, erhalten wir

$$Q = C \times m \times \Delta T \quad (5.22)$$

Wir können die Wärmemenge berechnen, die eine Substanz aufnimmt oder abgibt, wenn uns ihre spezifische Wärme, die Masse und die Temperaturänderung bekannt sind.

Sie finden die spezifischen Wärmen verschiedener Substanzen in Tabelle 5.2. Beachten Sie, dass die spezifische Wärme flüssigen Wassers größer ist als die aller anderen angegebenen Substanzen. Sie ist z. B. 5-mal größer als die spezifische Wärme von Aluminium. Die hohe spezifische Wärme von Wasser hat einen Einfluss auf das Klima der Erde, weil sie die Temperatur der Ozeane relativ unempfindlich gegenüber Änderungen macht. Sie trägt ebenso dazu bei, unsere Körpertemperatur konstant zu halten, wie wir im Kasten „Chemie und Leben" im Verlauf des Kapitels erfahren werden.

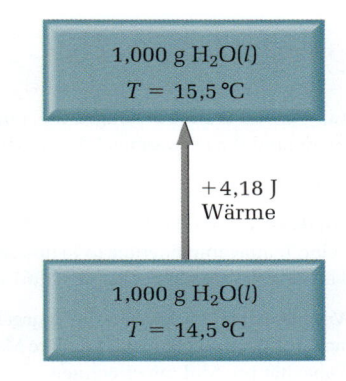

Abbildung 5.17: Spezifische Wärme von Wasser. Die spezifische Wärme gibt an, welche Wärmemenge zu einem Gramm einer Substanz hinzugefügt werden muss, um ihre Temperatur um 1 K (bzw. 1 °C) zu erhöhen. Spezifische Wärmen können geringfügig temperaturabhängig sein, für präzise Messungen wird also die Bezugstemperatur angegeben. Die spezifische Wärme von $H_2O(l)$ bei 14,5 °C beträgt 4,18 J/g·K. Bei Zugabe einer Wärmemenge von 4,18 J zu 1 g flüssigem Wasser dieser Temperatur steigt die Temperatur auf 15,5 °C an. Diese Wärmemenge definiert die Kalorie: 1 cal = 4,18 J.

Tabelle 5.2

Spezifische Wärmen einiger Substanzen bei 298 K

Elemente		Verbindungen	
Substanz	Spezifische Wärme (J/g·K)	Substanz	Spezifische Wärme (J/g·K)
$N_2(g)$	1,04	$H_2O(l)$	4,18
Al(s)	0,90	$CH_4(g)$	2,20
Fe(s)	0,45	$CO_2(g)$	0,84
Hg(l)	0,14	$CaCO_3(s)$	0,82

ÜBUNGSBEISPIEL 5.5 — Die Beziehung zwischen Wärme, Temperaturänderung und Wärmekapazität

(a) Wie viel Wärme benötigen Sie, um 250 g Wasser (ungefähr eine Tasse) von 22 °C (ungefähr Zimmertemperatur) auf 98 °C (nahe am Siedepunkt) zu erwärmen? Die spezifische Wärme von Wasser beträgt 4,18 J/g·K. **(b)** Welche molare Wärmekapazität hat Wasser?

Lösung

Analyse: In Teil (a) sollen wir die Wärme berechnen, die benötigt wird, um eine Probe Wasser zu erwärmen. Die Masse des Wassers (m), seine Temperaturänderung (ΔT) und seine spezifische Wärme (C) sind in der Aufgabe angegeben. In Teil (b) sollen wir die molare Wärmekapazität (Wärmekapazität pro Mol) von Wasser aus der spezifischen Wärme (Wärmekapazität pro Gramm) berechnen.

Vorgehen: (a) Wir können die angegebenen Größen C, m und ΔT in ▶Gleichung 5.22 einsetzen und so die Wärmemenge Q berechnen. (b) Wir verwenden die molare Masse von Wasser und die Dimensionsanalyse, um die Wärmekapazität pro Gramm in die Wärmekapazität pro Mol umzurechnen.

Lösung:
(a) Die Temperatur des Wassers ändert sich um

$$\Delta T = 98\,°C - 22\,°C = 76\,°C = 76\,K$$

Durch Einsetzen in ▶Gleichung 5.22 erhalten wir

$$Q = C \times m \times \Delta T = (4{,}18\,\text{J/g·K})(250\,\text{g})(76\,\text{K}) = 7{,}9 \times 10^4\,\text{J}$$

(b) Die molare Wärmekapazität ist die Wärmekapazität von einem Mol der Substanz. Mit Hilfe der Atomgewichte von Wasserstoff und Sauerstoff erhalten wir die Gleichung

$$1\,\text{mol}\,H_2O = 18{,}0\,\text{g}\,H_2O$$

Aus der in Teil (a) angegebenen spezifischen Wärme ergibt sich

$$C_{\text{molar}} = (4{,}18\,\text{J/g·K})\left(\frac{18{,}0\,\text{g}}{1\,\text{mol}}\right) = 75{,}2\,\text{J/mol·K}$$

ÜBUNGSAUFGABE

(a) In einigen sonnenbeheizten Häusern werden große Steinblöcke zur Wärmespeicherung verwendet. Nehmen Sie an, dass die spezifische Wärme von Steinen 0,082 J/g x K beträgt. Berechen Sie die Wärme, die von 50,0 kg Steinen absorbiert wird, wenn die Temperatur der Steine um 12,0 °C ansteigt. **(b)** Welche Temperaturänderung stellt sich ein, wenn die Steine 450 kJ Wärme abgeben?

Antwort: (a) $4{,}9 \times 10^5$ J; **(b)** 11 K = 11 °C Abnahme.

Kalorimetrie bei konstantem Druck

Die Techniken und Vorrichtungen, die in der Kalorimetrie eingesetzt werden, hängen von der Natur der untersuchten Prozesse ab. Bei vielen Reaktionen wie z. B. bei in Lösungen ablaufenden Reaktionen ist eine Regulierung des Drucks einfach, so dass ΔH direkt gemessen werden kann. Erinnern Sie sich daran, dass $\Delta H = Q_p$ ist. Obwohl es sich bei den Kalorimetern, die für sehr exakte Messungen verwendet werden, um Präzisionsmessinstrumente handelt, werden in vielen Chemielaboren oft sehr einfache Kalorimeter, die z.B. wie in ▶Abbildung 5.18 aus einem Kaffeebecher bestehen können, eingesetzt, um die Prinzipien der Kalorimetrie zu veranschaulichen. Weil das Kalorimeter nicht geschlossen ist, findet die Reaktion unter dem konstanten Druck der Atmosphäre statt.

In diesem Fall gibt es zwischen dem System und der Umgebung keine Abgrenzung. Das System besteht aus den Reaktanten und Produkten der Reaktion; das Wasser, in dem diese gelöst sind, gehört zusammen mit dem Kalorimeter zur Umgebung. Wenn wir annehmen, dass das Kalorimeter die Aufnahme und die Abgabe von Wärme aus der Lösung an die Umgebung perfekt verhindert, muss die von der Lösung aufgenommene Wärme der untersuchten chemischen Reaktion entstammen. Mit anderen Wor-

Abbildung 5.18: Kaffeebecher-Kalorimeter. Mit dieser einfachen Vorrichtung lassen sich Wärmemengen von Reaktionen bei konstantem Druck messen.

Beschriftungen: Thermometer, Glasrührer, Korkdeckel, zwei ineinander geschachtelte Styropor-Becher, die eine Lösung der Reaktanten enthalten

ten wird die in der Reaktion produzierte Wärme Q_r vollständig von der Lösung aufgenommen und verlässt das Kalorimeter nicht. Wir nehmen zudem an, dass das Kalorimeter selbst keine Wärme aufnimmt. Im Fall des Kaffeebecher-Kalorimeters ist diese Annahme plausibel, weil das Kalorimeter eine sehr geringe Wärmeleitfähigkeit und Wärmekapazität hat. Bei einer exothermen Reaktion wird von der Reaktion Wärme erzeugt, die von der Lösung aufgenommen wird, die Temperatur der Lösung steigt also an. Das Gegenteil tritt ein, wenn es sich um eine endotherme Reaktion handelt. Die von der Lösung aufgenommene Wärme $Q_{\text{Lösung}}$ hat somit den gleichen Betrag wie Q_r, jedoch ein umgekehrtes Vorzeichen: $Q_{\text{Lösung}} = -Q_r$. Der Wert von $Q_{\text{Lösung}}$ lässt sich leicht aus der Masse der Lösung, ihrer spezifischen Wärme und der Temperaturänderung bestimmen:

$$Q_{\text{Lösung}} = (\text{spezifische Wärme der Lösung}) \times (\text{Masse der Lösung in Gramm}) \times \Delta T = -Q_r \quad (5.23)$$

Bei verdünnten wässrigen Lösungen wird die spezifische Wärme der Lösung ungefähr gleich der von Wasser sein (4,18 J/g · K).

Mit Hilfe von ▶ Gleichung 5.23 ist es also möglich, Q_r anhand der Temperaturänderung der Lösung, in dem die Reaktion stattfindet, zu berechnen. Eine Temperaturerhöhung ($\Delta T > 0$) bedeutet dabei, dass die Reaktion exotherm ist ($Q_r < 0$).

> **❓ DENKEN SIE EINMAL NACH**
>
> (a) Wie hängen die Energieänderungen des Systems und seiner Umgebung zusammen? (b) Wie hängt die von einem System abgegebene oder aufgenommene Wärme mit der von der Umgebung abgegebenen oder aufgenommenen Wärme zusammen?

ÜBUNGSBEISPIEL 5.6 **Messen von ΔH in einem Kaffeebecher-Kalorimeter**

Ein Student mischt 50 ml einer 1,0 *M* HCl-Lösung und 50 ml einer 1,0 *M* NaOH-Lösung in einem Kaffeebecher-Kalorimeter zusammen. Die Temperatur des Gemisches steigt von 21,0 °C auf 27,5 °C an. Berechnen Sie die Enthalpieänderung der Reaktion in kJ/mol HCl. Nehmen Sie dabei an, dass das Kalorimeter nur eine vernachlässigbar kleine Wärmemenge nach außen abgibt und dass das Gesamtvolumen der Lösung 100 ml, ihre Dichte 1,0 g/ml und ihre spezifische Wärme 4,18 J/g·K beträgt.

Lösung

Analyse: Das Mischen einer HCl- mit einer NaOH-Lösung führt zu einer Säure-Base-Reaktion:

$$\text{HCl}(aq) + \text{NaOH}(aq) \longrightarrow \text{H}_2\text{O}(l) + \text{NaCl}(aq)$$

Wir müssen berechnen, wie viel Wärme durch diese Reaktion pro Mol HCl gebildet wird. Dafür stehen uns der Temperaturanstieg der Lösung, die Stoffmengen der beteiligten Stoffe HCl und NaOH sowie die Dichte und die spezifische Wärme der Lösung zur Verfügung.

Vorgehen: Die sich entwickelnde Wärme kann mit Hilfe von ▶ Gleichung 5.23 berechnet werden. Wir berechnen die Stoffmenge des in der Reaktion verbrauchten HCl aus dem Volumen und der Molarität der Substanz. Aus dem erhaltenen Wert berechnen wir anschließend die Wärme, die pro Mol HCl freigesetzt wurde.

Lösung: Das Gesamtvolumen der Lösung ist 100 ml, ihre Masse beträgt also (100 ml)(1,0 g/ml) = 100 g

Die Temperaturänderung beträgt

$$27,5\,°C - 21,0\,°C = 6,5\,°C = 6,5\,K$$

Die Temperatur steigt an, die Reaktion muss also exotherm sein (*Q* hat ein negatives Vorzeichen):

$$Q_r = -C \times m \times \Delta T = -(4,18\,\text{J/g·K})(100\,\text{g})(6,5\,\text{K}) = -2,7 \times 10^3\,\text{J} = -2,7\,\text{kJ}$$

Weil der Prozess bei konstantem Druck abläuft, gilt

$$\Delta H = Q_p = -2,7\,\text{kJ}$$

Um die Enthalpieänderung auf molarer Basis angeben zu können, nutzen wir die Tatsache, dass sich die Stoffmengen von HCl und NaOH aus dem Produkt der jeweiligen Lösungsvolumina (50 ml = 0,050 l) und Konzentrationen ergeben:

$$(0,050\,\text{l})(1,0\,\text{mol/l}) = 0,050\,\text{mol}$$

Die Enthalpieänderung pro Mol HCl (oder NaOH) ist also gleich

$$\Delta H = -2,7\,\text{kJ}/0,050\,\text{mol} = -54\,\text{kJ/mol}$$

Überprüfung: ΔH ist negativ (exotherm), wie wir es für die Reaktion einer Säure mit einer Base erwarten. Der Betrag der entstehenden molaren Wärme scheint plausibel zu sein.

ÜBUNGSAUFGABE

Wenn 50,0 ml einer 0,100 M AgNO$_3$-Lösung und 50,0 ml einer 0,100 M HCl-Lösung in einem Kalorimeter bei konstantem Druck vermischt werden, steigt die Temperatur des Gemisches von 22,20 °C auf 23,11 °C an. Der Temperaturanstieg ist auf die folgende Reaktion zurückzuführen:

$$AgNO_3(aq) + NaCl(aq) \longrightarrow AgCl(s) + HNO_3(aq)$$

Berechnen Sie ΔH für diese Reaktion in kJ/mol AgNO$_3$. Nehmen Sie dabei an, dass das Gemisch eine Masse von 100,0 g und eine spezifische Wärme von 4,18 J/g · °C hat.

Antwort: −68000 J/mol = −68 kJ/mol.

Bombenkalorimeter (Kalorimeter mit konstantem Volumen)

Mit Hilfe der Kalorimetrie lässt sich die in Substanzen gespeicherte chemische potenzielle Energie untersuchen. Zu den wichtigsten dabei untersuchten Reaktionsarten gehört die Verbrennung, in der eine Verbindung (normalerweise eine organische Verbindung) vollständig mit überschüssigem Sauerstoff reagiert (siehe Abschnitt 3.2). Verbrennungsreaktionen lassen sich am besten in einem **Bombenkalorimeter** untersuchen, einer Vorrichtung, die schematisch in ▶ Abbildung 5.19 dargestellt ist.

Die zu untersuchende Substanz wird in einen kleinen Becher gegeben, der sich in einem geschlossenen Gefäß, einer so genannten *Bombe* befindet. Die Bombe, die dafür ausgelegt ist, hohen Drücken standzuhalten, verfügt über ein Einlassventil für Sauerstoff und elektrische Kontakte zur Zündung der Verbrennung. Nach dem Platzieren der Probe in der Bombe wird diese geschlossen und unter Sauerstoffdruck gesetzt. Anschließend wird sie in das Kalorimeter, das im Wesentlichen aus einem isolierten Behälter besteht, eingebracht und von einer genau abgemessenen Menge Wasser umgeben.

Sobald alle Bestandteile innerhalb des Kalorimeters die gleiche Temperatur angenommen haben, wird die Verbrennungsreaktion gezündet, indem durch einen mit der Probe verbundenen dünnen Draht ein elektrischer Strom geleitet wird. Sobald der Draht ausreichend heiß wird, zündet die Probe.

Während der Verbrennung der Probe wird Wärme frei. Diese Wärme wird vom Kalorimeterinneren aufgenommen, so dass die Temperatur des Wassers ansteigt. Die Temperatur wird vor und nach der Reaktion, wenn alle Bestandteile wiederum die gleiche Temperatur angenommen haben, sehr sorgfältig gemessen.

Um aus dem gemessenen Temperaturanstieg die Verbrennungswärme ermitteln zu können, benötigen wir die Gesamtwärmekapazität des Kalorimeters C_{Kal}. Wir können diese Größe bestimmen, indem wir die Temperaturänderung messen, die sich bei der Verbrennung einer Probe einstellt, deren frei werdende Wärmemenge bekannt ist.

Bei der Verbrennung von genau 1 g Benzoesäure ($C_7H_6O_2$) in einem Bombenkalorimeter werden z. B. 26,38 kJ Wärme frei. Wenn die Verbrennung von 1,000 g Benzoesäure also beispielsweise zu einem Temperaturanstieg von 4,857 °C im Kalorimeter führt, hat dieses eine Wärmekapazität von C_{Kal} = 26,38 kJ/4,587 °C = 5,431 kJ/°C. Wenn uns der Wert von C_{Kal} bekannt ist, können wir anhand der Temperaturänderun-

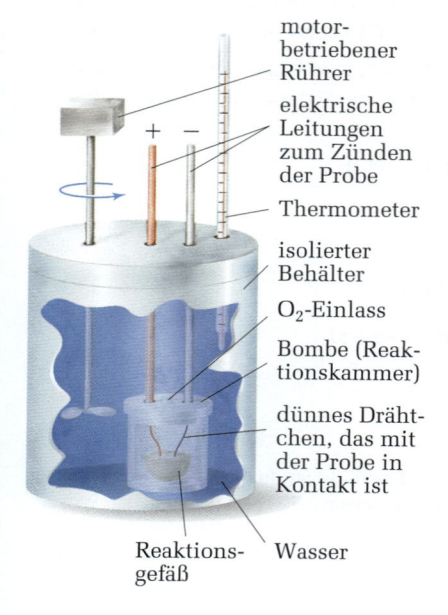

Abbildung 5.19: Bombenkalorimeter. Mit diesem Gerät lassen sich Wärmemengen von Reaktionen bei konstantem Volumen messen.

5.5 Kalorimetrie

> **ÜBUNGSBEISPIEL 5.7** **Messen von Q_r in einem Bombenkalorimeter**
>
> Methylhydrazin (CH_6N_2) wird oft als flüssiger Raketentreibstoff eingesetzt. Bei der Verbrennung von Methylhydrazin mit Sauerstoff bilden sich $N_2(g)$, $CO_2(g)$ und $H_2O(l)$:
>
> $$2\ CH_6N_2(l) + 5\ O_2(g) \longrightarrow 2\ N_2(g) + 2\ CO_2(g) + 6\ H_2O(l)$$
>
> Wenn 4,00 g Methylhydrazin in einem Bombenkalorimeter verbrannt werden, steigt die Temperatur des Kalorimeters von 25,00 °C auf 39,50 °C an. In einem getrennten Experiment ergibt sich ein Wert von 7,794 kJ/°C für die Wärmekapazität des Kalorimeters. Wie groß ist die Reaktionswärme von einem Mol CH_6N_2 in diesem Kalorimeter?
>
> **Lösung**
>
> **Analyse:** Es sind eine Temperaturänderung und die Gesamtwärmekapazität des Kalorimeters angegeben. Außerdem ist die Menge des eingesetzten Reaktanten bekannt. Wir sollen die bei der Verbrennung des Reaktanten auftretende Enthalpieänderung pro Mol berechnen.
>
> **Vorgehen:** Zunächst berechnen wir die Wärme, die bei der Verbrennung von 4,00 g der Probe entsteht. Anschließend rechnen wir diese Wärme in eine molare Größe um.
>
> **Lösung:** Bei der Verbrennung von 4,00 g der Probe aus Methylhydrazin beträgt die Temperaturänderung im Kalorimeter
>
> $$\Delta T = (39{,}50\ °C - 25{,}00\ °C) = 14{,}50\ °C$$
>
> Wir können aus diesem Wert und dem Wert von C_{Kal} die Reaktionswärme berechnen (▶ Gleichung 5.24):
>
> $$Q_r = -C_{Kal} \times \Delta T = -(7{,}794\ \text{kJ/°C})(14{,}50\ °C) = -113{,}0\ \text{kJ}$$
>
> Anschließend rechnen wir diese Größe in die Reaktionswärme pro Mol CH_6N_2 um:
>
> $$\left(\frac{-113{,}0\ \text{kJ}}{4{,}00\ \text{g } CH_6N_2}\right) \times \left(\frac{46{,}1\ \text{g } CH_6N_2}{1\ \text{mol } CH_6N_2}\right) = -1{,}30 \times 10^3\ \text{kJ/mol } CH_6N_2$$
>
> **Überprüfung:** Die Einheiten werden korrekt herausgekürzt und das Vorzeichen der Antwort ist negativ, wie wir es für eine exotherme Reaktion erwarten.
>
> **ÜBUNGSAUFGABE**
>
> Eine Probe von 0,5865 g Milchsäure ($C_3H_6O_3$) wird in einem Kalorimeter verbrannt, dessen Wärmekapazität 4,812 kJ/°C beträgt. Die Temperatur steigt von 23,10 °C auf 24,95 °C an. Berechnen Sie die Verbrennungswärme von Milchsäure **(a)** pro Gramm und **(b)** pro Mol.
>
> **Antwort: (a)** −15,2 kJ/g; **(b)** −1370 kJ/mol.

gen, die durch andere Reaktionen hervorgerufen werden, die von diesen Reaktionen gebildeten Wärmemengen Q_r berechnen:

$$Q_r = -C_{Kal} \times \Delta T \qquad (5.24)$$

Weil die Reaktionen in einem Bombenkalorimeter bei konstantem Volumen ausgeführt werden, entspricht die übertragene Wärme der Änderung der inneren Energie ΔU und nicht der Enthalpie ΔH (▶ Gleichung 5.14). Bei den meisten Reaktionen ist der Unterschied zwischen ΔU und ΔH jedoch sehr gering. Bei der in Übungsbeispiel 5.7 betrachteten Reaktion beträgt der Unterschied zwischen ΔU und ΔH z. B. ungefähr 1 kJ/mol, was einer Differenz von weniger als 0,1 % entspricht. Es ist möglich, die gemessenen Wärmemengen zu korrigieren und so Werte für ΔH zu erhalten, auf denen z. B. die Enthalpietabellen der folgenden Abschnitte beruhen. Eine Untersuchung darüber, wie diese geringfügigen Korrekturen durchgeführt werden, ist an dieser Stelle jedoch nicht notwendig.

5.6 Der Hess'sche Satz

Viele Reaktionsenthalpien sind bereits gemessen und in Tabellenform zusammengefasst worden. In diesem und dem folgenden Abschnitt werden wir feststellen, dass es oft möglich ist, den Wert von ΔH einer Reaktion aus tabellierten Werten von ΔH anderer Reaktionen zu berechnen. Es ist daher nicht nötig, bei allen Reaktionen kalorimetrische Messungen durchzuführen.

Weil es sich bei der Enthalpie um eine Zustandsgröße handelt, hängt die mit einem chemischen Prozess verbundene Enthalpieänderung ΔH nur von der eingesetzten Menge und dem Anfangszustand der Reaktanten sowie dem Endzustand der Produkte ab. Wenn eine bestimmte Reaktion also entweder in einem einzigen Schritt oder in mehreren Schritten ablaufen kann, ist die Summe der Enthalpieänderungen der Einzelschritte gleich der Enthalpieänderung der in einem einzigen Schritt ablaufenden Reaktion. Die Verbrennung von gasförmigem Methan ($CH_4(g)$) zu $CO_2(g)$ und flüssigem Wasser kann man sich z. B. als Prozess vorstellen, der in zwei Schritten verläuft: (1) der Verbrennung von $CH_4(g)$ zu $CO_2(g)$ und gasförmigem Wasser ($H_2O(g)$) und (2) der Kondensation von gasförmigem Wasser zu flüssigem Wasser ($H_2O(l)$). Die Enthalpieänderung des Gesamtprozesses ergibt sich dabei aus der Summe der Enthalpieänderungen der beiden Schritte:

$$CH_4(g) + 2\,O_2(g) \longrightarrow CO_2(g) + 2\,H_2O(g) \qquad \Delta H = -802 \text{ kJ}$$
$$2\,H_2O(g) \longrightarrow 2\,H_2O(l) \qquad \Delta H = -\ 88 \text{ kJ}$$
$$\overline{CH_4(g) + 2\,O_2(g) + 2\,H_2O(g) \longrightarrow CO_2(g) + 2\,H_2O(l) + 2\,H_2O(g) \quad \Delta H = -890 \text{ kJ}}$$

Die Nettogleichung lautet also

$$CH_4(g) + 2\,O_2(g) \longrightarrow CO_2(g) + 2\,H_2O(l) \qquad \Delta H = -890 \text{ kJ}$$

Um die Nettogleichung zu erhalten, wird die Summe der Reaktanten der beiden Gleichungen links neben den Pfeil und die Summe der Produkte rechts neben den Pfeil geschrieben. $2\,H_2O(g)$ kann wie eine algebraische Größe, die auf beiden Seiten einer Gleichung vorkommt, herausgekürzt werden.

Das **Hess'sche Satz** besagt, dass *bei einer Reaktion, die in mehreren Schritten durchgeführt wird, ΔH für die Gesamtreaktion gleich der Summe der Enthalpieänderungen der einzelnen Schritte ist.* Die Gesamtenthalpieänderung des Prozesses ist von der Anzahl der Schritte oder der Art des Weges, auf dem die Reaktion durchgeführt wird, unabhängig. Dieses Prinzip ergibt sich daraus, dass Enthalpie eine Zustandsgröße und ΔH unabhängig vom Weg ist, auf dem man vom Anfangs- in den Endzustand gelangt. Wir können daher ΔH für jeden Prozess berechnen, so lange wir einen Weg finden, auf dem uns die Werte von ΔH für jeden Schritt bekannt sind. Das bedeutet, dass wir mit einer relativ kleinen Zahl experimenteller Messungen die Enthalpieänderungen ΔH zahlreicher unterschiedlicher Reaktionen berechnen können.

Mit Hilfe des Hess'schen Satzes können wir Energieänderungen von Reaktionen berechnen, die direkten experimentellen Messungen nur schwer zugänglich sind. Es ist z. B. unmöglich, die Enthalpie der Verbrennung von Kohlenstoff zu Kohlenmonoxid experimentell zu bestimmen. Wenn wir 1 mol Kohlenstoff mit 0,5 mol O_2 verbrennen, erhalten wir nicht nur CO, sondern auch CO_2 und unverbrauchten Kohlenstoff. Sowohl fester Kohlenstoff als auch Kohlenmonoxid reagieren dagegen vollständig mit O_2 zu CO_2. Wir können die Enthalpieänderungen dieser Reaktionen verwenden, um die Verbrennungswärme der Reaktion von C zu CO zu berechnen (Übungsbeispiel 5.8).

> **? DENKEN SIE EINMAL NACH**
>
> Welchen Einfluss haben die folgenden Änderungen auf den Wert von ΔH einer Reaktion: (a) Umkehrung der Reaktion, (b) Multiplikation der Koeffizienten mit 2?

Chemie und Leben — Die Regulierung der menschlichen Körpertemperatur

Uns allen ist die Frage „Haben Sie Fieber?" bei einer medizinischen Untersuchung vertraut. Und tatsächlich ist es so, dass eine Abweichung der Körpertemperatur um nur ein paar Grad ein sicheres Anzeichen dafür ist, dass im Körper etwas nicht in Ordnung ist. Sie haben vielleicht schon einmal versucht, im Labor eine Lösung auf einer bestimmten konstanten Temperatur zu halten, und dabei herausgefunden, wie schwierig dieses Unterfangen sein kann. Unserem Körper hingegen gelingt es, trotz Wetteränderungen, sportlichen Aktivitäten und Perioden mit hohem Metabolismus (z. B. nach dem Essen) seine Temperatur nahezu konstant zu halten. Wie ist das möglich und wie hängt diese Fähigkeit mit Themen zusammen, die wir in diesem Kapitel angesprochen haben?

Das Aufrechterhalten einer nahezu konstanten Temperatur ist eine der wichtigsten physiologischen Funktionen des menschlichen Körpers. Die Körpertemperatur liegt normalerweise in einem Bereich von 35,8 °C bis 37,2 °C. Die Einhaltung dieses sehr kleinen Temperaturbereichs ist für die einwandfreie Funktion der Muskeln und die Steuerung der biochemischen Reaktionsgeschwindigkeiten im Körper unerlässlich. Sie werden in Kapitel 14 noch mehr über den Einfluss der Temperatur auf Reaktionsgeschwindigkeiten erfahren. Die Temperatur wird vom *Hypothalamus* gesteuert, einem Teil des menschlichen Hirnstamms. Der Hypothalamus dient dabei als Thermostat für die Körpertemperatur. Wenn die Körpertemperatur über das normale Niveau ansteigt, löst der Hypothalamus Mechanismen aus, um die Temperatur abzusenken. Genauso werden andere Mechanismen zur Steigerung der Temperatur ausgelöst, wenn die Körpertemperatur zu tief absinkt.

Um qualitativ zu verstehen, wie die körpereigenen Mechanismen zum Erwärmen und Abkühlen funktionieren, können wir den Körper als thermodynamisches System betrachten. Der Körper erhöht seinen inneren Energiegehalt, indem er Nahrungsmittel aus der Umgebung aufnimmt (siehe Abschnitt 5.8). Diese Nahrungsmittel wie z. B. Glukose ($C_6H_{12}O_6$) werden metabolisiert – ein Prozess, der im Wesentlichen eine kontrollierte Verbrennung zu CO_2 und H_2O ist:

$$C_6H_{12}O_6(s) + 6\,O_2(g) \longrightarrow 6\,CO_2(g) + 6\,H_2O(l)$$
$$\Delta H = -2803\ \text{kJ}$$

Ungefähr 40 % der produzierten Energie wird schließlich dazu verwendet, in Form von Muskelkontraktionen und Nervenzellaktivitäten Arbeit zu leisten. Der Rest der Energie wird als Wärme abgegeben, die zum Teil dazu dient, die Körpertemperatur konstant zu halten. Wenn der Körper wie in Zeiten großer körperlicher Anstrengungen zu viel Wärme erzeugt, gibt er überschüssige Energie an die Umgebung ab.

Wärme wird vom Körper hauptsächlich in Form von *Strahlung*, *Konvektion* und *Verdunstung* an die Umgebung abgegeben. Strahlung ist der direkte Wärmeverlust des Körpers an kältere Umgebungen, ähnlich wie bei einer heißen Herdplatte, die Wärme abstrahlt. Unter Konvektion verstehen wir den Wärmeverlust, der durch Erwärmen der mit dem Körper in Kontakt stehenden Luft auftritt. Die erwärmte Luft steigt auf und wird durch kältere Luft ersetzt, die daraufhin erneut erwärmt wird. Der konvektive Wärmeverlust wird bei kaltem Wetter durch warme Kleidung vermieden, die für gewöhnlich aus isolierenden Materialschichten mit dazwischen liegender „toter" Luft bestehen. Wärmeverlust durch Verdunstung tritt auf, wenn von den Poren an der Hautoberfläche Schweiß produziert wird. Die Wärme wird durch die Verdunstung des Schweißes an die Umgebung abgegeben. Schweiß besteht hauptsächlich aus Wasser, so dass der dabei stattfindende Prozess aus dem endothermen Übergang von flüssigem Wasser zu gasförmigem Wasser besteht:

$$H_2O(l) \longrightarrow H_2O(g) \qquad \Delta H = +44,0\ \text{kJ}$$

Die Geschwindigkeit, mit der diese Art der Kühlung stattfindet, nimmt mit steigender Luftfeuchtigkeit ab. Das ist der Grund dafür, warum Menschen an warmen Tagen mit hoher Luftfeuchtigkeit stärker schwitzen und sich unwohl zu fühlen scheinen.

Wenn der Hypothalamus feststellt, dass die Körpertemperatur auf ein zu hohes Niveau angestiegen ist, steigert er den Wärmeverlust hauptsächlich durch zwei Prozesse. Zum einen wird der Blutstrom nahe der Hautoberfläche erhöht, wodurch eine verstärkte Kühlung durch Strahlung und Konvektion eintritt. Dies führt zur bekannten erröteten Erscheinung eines Menschen, dem zu warm ist. Zum anderen stimuliert der Hypothalamus die Schweißbildung der Hautporen, die zu einer höheren Kühlung durch Verdunstung führt. In Zeiten höchster körperlicher Anstrengungen kann die Menge des abgesonderten Schweißes 2 bis 4 Liter pro Stunde betragen. Während dieser Zeiten muss der Körper in ausreichender Menge mit Wasser versorgt werden (▶ Abbildung 5.20). Wenn der Körper durch Schweißbildung zu viel Flüssigkeit verliert, kann er sich nicht mehr abkühlen und das Blutvolumen nimmt ab. Dies kann zu *Hitzeerschöpfung* oder einem ernsteren und potenziell tödlichen *Hitzschlag* führen, bei dem die Körpertemperatur bis auf Werte von 41 °C bis 45 °C ansteigen kann. Auf der anderen Seite kann eine übermäßige Aufnahme von Wasser ohne Ersatz der beim Schwitzen ausgeschiedenen Elektrolyte ebenfalls zu schwerwiegenden Problemen führen, wie wir im Abschnitt „Chemie und Leben" des vorherigen Kapitels (Abschnitt 4.5) erfahren haben. Tatsächlich kann unter bestimmten Umständen eine zu große Aufnahme von Wasser gefährlicher sein, als nicht genug zu trinken.

Wenn die Körpertemperatur zu stark absinkt, verringert der Hypothalamus den Blutfluss zur Hautoberfläche, wodurch sich der Wärmeverlust verringert. Zudem werden kleinere unwillkürliche Muskelkontraktionen ausgelöst, für die biochemische Reaktionen benötigt werden, bei deren Ablauf ebenfalls Wärme frei wird. Wenn diese Kontraktionen stark genug sind – wenn uns z. B. ein Kälteschauer durchläuft – führt dies dazu, dass der Körper *zittert*. Wenn der Körper es nicht schafft, seine Temperatur oberhalb von 35 °C zu halten, kann es zu einer sehr gefährlichen *Unterkühlung* des Körpers kommen. Die Fähigkeit des menschlichen Körpers, seine Temperatur durch eine Regulierung der produzierten Wärme und der Wärmeverluste an die Umgebung konstant zu halten, stellt eine bemerkenswerte Fähigkeit dar. Wenn Sie Kurse in menschlicher Anatomie und Physiologie belegen, werden Sie im menschlichen Körper noch viele weitere Anwendungen der Thermochemie und Thermodynamik finden.

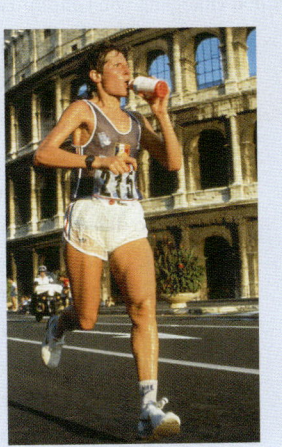

Abbildung 5.20: Marathonläufer beim Wassertrinken. Läufer müssen regelmäßig das Wasser ersetzen, das ihr Körper beim Schwitzen verliert.

ÜBUNGSBEISPIEL 5.8 — Berechnung von ΔH mit dem Hess'schen Satz

Die Reaktionsenthalpie der Verbrennung von C zu CO_2 beträgt $-393{,}5$ kJ/mol C und die Enthalpie der Verbrennung von CO zu CO_2 beträgt $-283{,}0$ kJ/mol CO:

(1) $\quad C(s) + O_2(g) \longrightarrow CO_2(g) \qquad \Delta H_1 = -393{,}5$ kJ

(2) $\quad CO(g) + \tfrac{1}{2} O_2(g) \longrightarrow CO_2(g) \qquad \Delta H_2 = -283{,}0$ kJ

Berechnen Sie mit Hilfe dieser Daten die Verbrennungsenthalpie der Reaktion von C zu CO:

(3) $\quad C(s) + \tfrac{1}{2} O_2(g) \longrightarrow CO(g) \qquad \Delta H_3 = ?$

Lösung

Analyse: Es sind zwei thermochemische Gleichungen angegeben. Wir sollen diese Gleichungen zu einer dritten Gleichung und ihrer Enthalpie kombinieren.

Vorgehen: Wir werden den Hess'schen Satz anwenden. Dazu stellen wir zunächst die Zielgleichung mit Reaktanten und Produkten und den gewünschten Koeffizienten auf (3). Anschließend passen wir die Koeffizienten der ▶ Gleichungen (1) und (2) an, so dass sich bei einer Addition der auf diese Weise angepassten Gleichungen die Zielgleichung ergibt. Gleichzeitig achten wir auf die korrekte Angabe der Enthalpieänderungen, die wir addieren.

Lösung: Um Gleichung (1) und (2) verwenden zu können, müssen wir sie so umstellen, dass wie in der Zielgleichung (3) $C(s)$ auf der Seite der Reaktanten und $CO(g)$ auf der Seite der Produkte auftaucht. Weil Gleichung (1) $C(s)$ als Reaktant enthält, können wir diese Gleichung unverändert übernehmen. Gleichung (2) müssen wir dagegen umkehren, so dass $CO(g)$ zum Produkt wird. Denken Sie daran, dass sich beim Umkehren von Reaktionen das Vorzeichen von ΔH ändert. Wir ordnen die beiden Gleichungen so an, dass sie zusammenaddiert die gewünschte Gleichung ergeben:

$$C(s) + O_2(g) \longrightarrow CO_2(g) \qquad \Delta H_1 = -393{,}5 \text{ kJ}$$
$$\underline{CO_2(g) \longrightarrow CO(g) + \tfrac{1}{2} O_2(g) \qquad -\Delta H_2 = 283{,}0 \text{ kJ}}$$
$$C(s) + \tfrac{1}{2} O_2(g) \longrightarrow CO(g) \qquad \Delta H_3 = -110{,}5 \text{ kJ}$$

Wenn wir die beiden Gleichungen addieren, erscheint $CO_2(g)$ auf beiden Seiten des Pfeils und kann daher herausgekürzt werden. Ebenso wird auf beiden Seiten $\tfrac{1}{2} O_2(g)$ entfernt.

Anmerkung: Es ist manchmal hilfreich, die Enthalpieänderungen wie hier mit Indizes zu versehen, um sie den entsprechenden chemischen Reaktionen besser zuordnen zu können.

ÜBUNGSAUFGABE

Kohlenstoff kommt in zwei Formen vor, als Graphit und als Diamant. Die Verbrennungsenthalpie von Graphit beträgt $-393{,}5$ kJ/mol, die von Diamant $-395{,}4$ kJ/mol:

$$C(Graphit) + O_2(g) \longrightarrow CO_2(g) \qquad \Delta H_1 = -393{,}5 \text{ kJ}$$
$$C(Diamant) + O_2(g) \longrightarrow CO_2(g) \qquad \Delta H_2 = -395{,}4 \text{ kJ}$$

Berechnen Sie den Wert von ΔH für den Übergang von Graphit zu Diamant:

$$C(Graphit) \longrightarrow C(Diamant) \qquad \Delta H_3 = ?$$

Antwort: $\Delta H_3 = +1{,}9$ kJ.

Der entscheidende Punkt in diesen Beispielen besteht darin, dass H eine Zustandsgröße ist, so dass bei definierten *Reaktanten und Produkten* der Wert von ΔH immer gleich groß ist, unabhängig davon, ob die Reaktion in einem Schritt oder in mehreren Schritten abläuft. Betrachten sie z. B. die Reaktion von Methan (CH_4) und Sauerstoff (O_2) zu CO_2 und H_2O. Wir können uns die Reaktion so vorstellen, dass entweder direkt CO_2 gebildet wird oder dass zunächst CO entsteht, welches daraufhin in einem zweiten Schritt zu CO_2 verbrannt wird. In ▶ Abbildung 5.21 werden diese beiden Reaktionsverläufe verglichen. Weil H eine Zustandsgröße ist, müssen beide Verläufe zum gleichen Wert von ΔH führen. Im Enthalpiediagramm bedeutet das, dass $\Delta H_1 = \Delta H_2 + \Delta H_3$ ist.

ÜBUNGSBEISPIEL 5.9

Berechnung von ΔH mit dem Hess'schen Satz unter Verwendung von drei Gleichungen

Berechnen Sie ΔH für die Reaktion: $\quad 2\,C(s) + H_2(g) \longrightarrow C_2H_2(g)$

Verwenden Sie dabei die folgenden chemischen Gleichungen und die entsprechenden Enthalpieänderungen:

$$C_2H_2(g) + \tfrac{5}{2}O_2(g) \longrightarrow 2\,CO_2(g) + H_2O(l) \qquad \Delta H = -1299{,}6\ \text{kJ}$$
$$C(s) + O_2(g) \longrightarrow CO_2(g) \qquad \Delta H = -393{,}5\ \text{kJ}$$
$$H_2(g) + \tfrac{1}{2}O_2(g) \longrightarrow H_2O(l) \qquad \Delta H = -285{,}8\ \text{kJ}$$

Lösung

Analyse: Es ist eine chemische Gleichung angegeben. Wir sollen mit Hilfe von drei weiteren chemischen Gleichungen und den dazugehörigen Enthalpieänderungen die Enthalpieänderung ΔH der angegebenen chemischen Gleichung berechnen.

Vorgehen: Wir verwenden den Hess'schen Satz und summieren die drei Gleichungen oder ihre Umkehrreaktionen, die wir zuvor mit einem geeigneten Faktor versehen haben, so dass sich die Nettogleichung der gewünschten Reaktion ergibt. Zugleich achten wir darauf, die ΔH-Werte korrekt anzugeben, indem wir das Vorzeichen ändern, wenn wir eine Reaktion umkehren, und die Werte mit denselben Faktoren multiplizieren wie ihre zugehörigen Gleichungen.

Lösung: Die Zielgleichung enthält C_2H_2 als Produkt, wir kehren also die erste Gleichung um und vertauschen das entsprechende Vorzeichen von ΔH. Die Zielgleichung enthält $2\,C(s)$ als Reaktant, wir multiplizieren also die zweite Gleichung und den entsprechenden Wert von ΔH mit 2. Weil die Zielgleichung H_2 als weiteren Reaktant enthält, lassen wir die dritte Gleichung unverändert. Anschließend addieren wir die drei Gleichungen und ihre Enthalpieänderungen gemäß dem Hess'schen Satz:

$$2\,CO_2(g) + H_2O(l) \longrightarrow C_2H_2(g) + \tfrac{5}{2}O_2(g) \qquad \Delta H = 1299{,}6\ \text{kJ}$$
$$2\,C(s) + 2\,O_2(g) \longrightarrow 2\,CO_2(g) \qquad \Delta H = -787{,}0\ \text{kJ}$$
$$H_2(g) + \tfrac{1}{2}O_2(g) \longrightarrow H_2O(l) \qquad \Delta H = -285{,}8\ \text{kJ}$$

$$2\,C(s) + H_2(g) \longrightarrow C_2H_2(g) \qquad \Delta H = 226{,}8\ \text{kJ}$$

Nach dem Addieren der Gleichungen befinden sich auf beiden Seiten des Reaktionspfeils $2\,CO_2$, $\tfrac{5}{2}O_2$ und $1\,H_2O$. Diese Moleküle werden beim Aufstellen der Nettogleichung herausgekürzt.

Überprüfung: Die Vorgehensweise muss korrekt sein, weil wir die richtige Nettogleichung erhalten haben. In Fällen wie diesen sollten Sie die Berechnungen der ΔH-Werte noch einmal überprüfen, um sicherzustellen, dass Sie nicht versehentlich einen Vorzeichenfehler gemacht haben.

ÜBUNGSAUFGABE

Berechnen Sie den Wert von ΔH für die Reaktion $\quad NO(g) + O(g) \longrightarrow NO_2(g)$

Verwenden Sie dabei die folgenden Gleichungen:

$$NO(g) + O_3(g) \longrightarrow NO_2(g) + O_2(g) \qquad \Delta H = -198{,}9\ \text{kJ}$$
$$O_3(g) \longrightarrow \tfrac{3}{2}O_2(g) \qquad \Delta H = -142{,}3\ \text{kJ}$$
$$O_2(g) \longrightarrow 2\,O(g) \qquad \Delta H = 495{,}0\ \text{kJ}$$

Antwort: $-304{,}1\ \text{kJ}$.

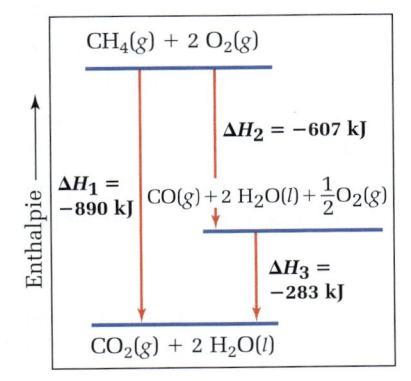

Abbildung 5.21: Enthalpiediagramm zur Veranschaulichung des Hess'schen Satzes. Die bei der Verbrennung von 1 mol CH_4 erzeugte Wärmemenge ist unabhängig davon, ob die Reaktion in einem oder in mehreren Schritten abläuft: $\Delta H_1 = \Delta H_2 + \Delta H_3$.

5.7 Bildungsenthalpien

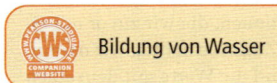

Die in den vorstehenden Abschnitten betrachteten Methoden geben uns die Möglichkeit, aus tabellierten Werten von ΔH die Enthalpieänderungen einer Vielzahl von Reaktionen zu berechnen. Viele experimentelle Daten sind in Tabellen dokumentiert, wobei die Prozesse nach Reaktionsart geordnet sind. Es gibt z. B. umfangreiche Tabellen von Verdampfungsenthalpien (ΔH des Übergangs vom flüssigen in den gasförmigen Zustand), Schmelzenthalpien (ΔH des Übergangs vom festen in den flüssigen Zustand), Verbrennungsenthalpien (ΔH der Verbrennung von Substanzen mit Sauerstoff) und vielen weiteren Prozessen. Ein besonders wichtiger Prozess, der in Tabellensammlungen thermochemischer Daten aufgeführt wird, ist die Bildung einer Verbindung aus ihren Elementen. Die mit diesem Prozess verbundene Enthalpieänderung wird **Bildungsenthalpie** (oder *Bildungswärme*) genannt und mit ΔH_f bezeichnet, wobei der Index f dafür steht, dass die Substanz aus ihren elementaren Bestandteilen gebildet wird.

Der Betrag einer Enthalpieänderung hängt von den Bedingungen wie Temperatur, Druck und Zustand (gasförmige, flüssige oder feste kristalline Form) ab, in dem sich Reaktanten und Produkte befinden. Um Enthalpien verschiedener Reaktionen miteinander vergleichen zu können, müssen wir bestimmte Bedingungen festlegen, die wir einen *Standardzustand* nennen und auf die sich die Angabe der meisten Enthalpien bezieht. Der Standardzustand einer Substanz ist die reine Form der Substanz bei atmosphärischem Druck (1 atm; siehe Abschnitt 10.2) und einer bestimmten Temperatur, für die normalerweise ein Wert von 298 K (25 °C) gewählt wird.* Die **Standardenthalpieänderung** einer Reaktion ist definiert als die Enthalpieänderung, die sich ergibt, wenn sich sowohl die Reaktanten als auch die Produkte in ihren Standardzuständen befinden. Wir schreiben eine Standardenthalpieänderung als $\Delta H°$, wobei der hochgestellte Index ° dafür steht, dass der Wert sich auf die Standardzustände der beteiligten Substanzen bezieht.

Die **Standardbildungsenthalpie** $\Delta H_f°$ einer Verbindung ist die Enthalpieänderung der Reaktion, bei der ein Mol der Verbindung aus den Elementen gebildet wird, wobei alle Substanzen sich in ihren Standardzuständen befinden. Wir geben $\Delta H_f°$-Werte normalerweise für 298 K an. Wenn ein Element bei Standardbedingungen in mehr als einer Form vorliegen kann, bezieht sich die Bildungsreaktion normalerweise auf die stabilste Form des Elements. Die Standardbildungsenthalpie von Ethanol (C_2H_5OH) ist z. B. gleich der Enthalpieänderung der folgenden Reaktion:

$$2\,C(Graphit) + 3\,H_2(g) + \tfrac{1}{2}\,O_2(g) \longrightarrow C_2H_5OH(l) \qquad \Delta H_f° = -277{,}7 \text{ kJ} \qquad (5.25)$$

Als elementare Sauerstoffquelle wird O_2 und nicht O oder O_3 angegeben, weil O_2 bei 298 K und Standardatmosphärendruck die stabile Form von Sauerstoff ist. Genauso ist Graphit und nicht Diamant die elementare Kohlenstoffquelle, weil Graphit bei 298 K und Standardatmosphärendruck die stabile Form ist (siehe Übungsaufgabe zu Übungsbeispiel 5.8). Die stabile Form von Wasserstoff unter Standardbedingungen ist $H_2(g)$, so dass dieses Molekül in ▶Gleichung 5.25 als Wasserstoffquelle verwendet wird.

Die Stöchiometrie von Bildungsreaktionen bezieht sich wie in ▶Gleichung 5.25 immer auf ein Mol der betrachteten Substanz. Bildungsenthalpien werden also immer in kJ/mol angegeben. In Tabelle 5.3 sind einige Bildungsenthalpien aufgeführt.

---

* Die Definition des Standardzustandes von Gasen ist bezüglich des Drucks auf 1 bar (1 atm = 1,013 bar) geändert worden, ein etwas geringerer Druck als der im Text angegebene Wert von 1 atm. In den meisten Fällen führt diese Änderung jedoch nur zu einer sehr geringen Änderung des Standardzustands.

5.7 Bildungsenthalpien

Tabelle 5.3
Standardbildungsenthalpien, $\Delta H°_f$, bei 298 K

Substanz	Formel	$\Delta H°_f$ (kJ/mol)	Substanz	Formel	$\Delta H°_f$ (kJ/mol)
Acetylen	$C_2H_2(g)$	226,7	Iodwasserstoff	$HI(g)$	25,9
Ammoniak	$NH_3(g)$	−46,19	Kohlendioxid	$CO_2(g)$	−393,5
Benzol	$C_6H_6(g)$	49,0	Kohlenmonoxid	$CO(g)$	−110,5
Bromwasserstoff	$HBr(g)$	−36,23	Methan	$CH_4(g)$	−74,80
Calciumcarbonat	$CaCO_3(s)$	−1207,1	Methanol	$CH_3OH(l)$	−238,6
Calciumoxid	$CaO(s)$	−635,5	Natriumcarbonat	$Na_2CO_3(s)$	−1130,9
Chlorwasserstoff	$HCl(g)$	−92,30	Natriumchlorid	$NaCl(s)$	−410,9
Diamant	$C(s)$	1,88	Natriumhydrogencarbonat	$NaHCO_3(s)$	−947,7
Ethan	$C_2H_6(g)$	−84,68	Propan	$C_3H_8(g)$	−103,85
Ethanol	$C_6H_5OH(l)$	−277,7	Saccharose	$C_{12}H_{22}O_{11}(s)$	−2221
Ethylen	$C_2H_4(g)$	52,30	Silberchlorid	$AgCl(s)$	−127,0
Fluorwasserstoff	$HF(g)$	−268,60	Wasser	$H_2O(l)$	−285,8
Glukose	$C_6H_{12}O_6(s)$	−1273	Wasserdampf	$H_2O(g)$	−241,8

ÜBUNGSBEISPIEL 5.10 — Bildungsreaktionen

Bei welchen der folgenden bei 25 °C ablaufenden Reaktionen entspricht die Enthalpieänderung einer Standardbildungsenthalpie? Welche Änderungen müsste man bei den Gleichungen vornehmen, bei denen dies nicht der Fall ist?

(a) $2\ Na(s) + \frac{1}{2}\ O_2(g) \longrightarrow Na_2O(s)$ **(b)** $2\ K(l) + Cl_2(g) \longrightarrow 2\ KCl(s)$ **(c)** $C_6H_{12}O_6(s) \longrightarrow 6\ C(Diamant) + 6\ H_2(g) + 3\ O_2(g)$

Lösung

Analyse: Die Standardbildungsenthalpie bezieht sich auf die Reaktion, in der alle Reaktanten Elemente im Standardzustand sind und als Produkt genau ein Mol der entsprechenden Verbindung gebildet wird.

Vorgehen: Um diese Aufgabe zu lösen, untersuchen wir die Gleichungen zunächst daraufhin, ob es sich um eine Reaktion handelt, bei der eine Substanz aus ihren Elementen gebildet wird. Anschließend bestimmen wir, ob die elementaren Reaktanten in ihren Standardzuständen vorliegen.

Lösung: In (a) wird Na_2O aus den Elementen Natrium und Sauerstoff in ihren normalen Zuständen – Na als Festkörper und O_2 als Gas – gebildet. Die Enthalpieänderung der Reaktion (a) ist also eine Standardbildungsenthalpie.
In Gleichung (b) liegt Kalium als Flüssigkeit vor. Es muss also in die feste Form, dem Standardzustand bei Raumtemperatur, umgewandelt werden. Außerdem werden zwei Mol des Produkts gebildet, so dass die angegebene Enthalpieänderung doppelt so groß ist wie die Standardbildungsenthalpie von $KCl(s)$. Die korrekte Gleichung der Bildungsreaktion lautet

$$K(s) + \tfrac{1}{2}\ Cl_2(g) \longrightarrow KCl(s)$$

In Reaktion (c) wird keine Substanz aus ihren Elementen gebildet. Stattdessen zerfällt eine Substanz in ihre Elemente. Die Reaktion muss also umgekehrt werden. Außerdem ist das Element Kohlenstoff in der Form Diamant angegeben, obwohl Graphit bei Raumtemperatur und einem Druck von 1 atm die feste Kohlenstoffform mit der niedrigsten Energie ist. Die Gleichung, die der Standardbildungsenthalpie von Glukose aus ihren Elementen entspricht, lautet

$$6\ C(Graphit) + 6\ H_2(g) + 3\ O_2(g) \longrightarrow C_6H_{12}O_6(s)$$

ÜBUNGSAUFGABE

Geben Sie die Reaktionsgleichung an, die der Standardbildungsenthalpie von flüssigem Kohlenstofftetrachlorid (CCl_4) entspricht.

Antwort: $C(s) + 2\ Cl_2(g) \longrightarrow CCl_4(l)$

5 Thermochemie

> **? DENKEN SIE EINMAL NACH**
>
> In Tabelle 5.3 ist die Standardbildungsenthalpie von C$_2$H$_2$(g) mit 226,7 kJ/mol angegeben. Geben Sie die thermochemische Gleichung an, auf die sich der Wert von ΔH_f° dieser Substanz bezieht.

Eine umfangreichere Tabelle finden Sie in Anhang C. Definitionsgemäß *ist die Standardbildungsenthalpie der stabilen Form eines Elements gleich null*, weil keine Bildungsreaktion notwendig ist, wenn sich das Element bereits in seinem Standardzustand befindet. Die Werte von ΔH_f° für C (Graphit), H$_2$(g), O$_2$(g) sind wie die Standardzustände anderer Elemente also gleich null.

Berechnung von Reaktionsenthalpien aus Bildungsenthalpien

Tabellarische Auflistungen der Werte von ΔH_f° wie die in Tabelle 5.3 und Anhang C sind vielseitig verwendbar. Wie wir in diesem Abschnitt feststellen werden, können wir mit Hilfe des Hess'schen Satzes die Standardenthalpieänderungen aller Reaktionen berechnen, von denen uns die ΔH_f°-Werte der Reaktanten und Produkte bekannt sind. Betrachten Sie z. B. die Verbrennung von gasförmigem Propan (C$_3$H$_8$(g)) mit Sauerstoff zu CO$_2$(g) und H$_2$O(l) unter Standardbedingungen:

$$C_3H_8(g) + 5\,O_2(g) \longrightarrow 3\,CO_2(g) + 4\,H_2O(l)$$

Wir können diese Gleichung als Summe aus drei Bildungsreaktionen schreiben:

$$C_3H_8(g) \longrightarrow 3\,C(s) + 4\,H_2(g) \qquad \Delta H_1 = -\Delta H_f^\circ[C_3H_8(g)] \qquad (5.26)$$

$$3\,C(s) + 3\,O_2(g) \longrightarrow 3\,CO_2(g) \qquad \Delta H_2 = 3\Delta H_f^\circ[CO_2(g)] \qquad (5.27)$$

$$4\,H_2(g) + 2\,O_2(g) \longrightarrow 4\,H_2O(l) \qquad \Delta H_3 = 4\Delta H_f^\circ[H_2O(l)] \qquad (5.28)$$

$$C_3H_8(g) + 5\,O_2(g) \longrightarrow 3\,CO_2(g) + 4\,H_2O(l) \qquad \Delta H_r^\circ = \Delta H_1 + \Delta H_2 + \Delta H_3 \qquad (5.29)$$

Gemäß dem Hess'schen Satz ist die Standardenthalpieänderung der Gesamtreaktion (▶ Gleichung 5.29) gleich der Summe der in den Reaktionen der ▶ Gleichungen 5.26 bis 5.28 auftretenden Enthalpieänderungen. Wir können also den Wert von ΔH_r° für die Gesamtreaktion aus den Werten der Tabelle 5.3 rechnerisch ermitteln:

$$\begin{aligned}\Delta H_r^\circ &= \Delta H_1 + \Delta H_2 + \Delta H_3 \\ &= -\Delta H_f^\circ[C_3H_8(g)] + 3\Delta H_f^\circ[CO_2(g)] + 4\Delta H_f^\circ[H_2O(l)] \\ &= -(-103{,}85\text{ kJ}) + 3(-393{,}5\text{ kJ}) + 4(-285{,}8\text{ kJ}) = -2220\text{ kJ} \qquad (5.30)\end{aligned}$$

Mehrere Aspekte dieser Berechnung stützen sich auf die in Abschnitt 5.4 behandelten Grundsätze.

1 ▶ Gleichung 5.26 ist die Umkehrreaktion der Bildungsreaktion von C$_3$H$_8$(g), die Enthalpieänderung dieser Reaktion ist also gleich $-\Delta H_f^\circ[C_3H_8(g)]$.

2 ▶ Gleichung 5.27 ist die Bildungsreaktion von 3 mol CO$_2$(g). Weil es sich bei der Enthalpie um eine extensive Eigenschaft handelt, ist die Enthalpieänderung dieses Schrittes gleich $3\Delta H_f^\circ[CO_2(g)]$. Analog ist die Enthalpieänderung von ▶ Gleichung 5.28 gleich $4\Delta H_f^\circ[H_2O(l)]$. In der Reaktion wird angegeben, dass H$_2$O(l) gebildet wird. Achten sie also darauf, den ΔH_f°-Wert von H$_2$O(l) und nicht den von H$_2$O(g) zu verwenden.

3 Wir nehmen an, dass die stöchiometrischen Koeffizienten in der ausgeglichenen Gleichung den Stoffmengen in Mol entsprechen. In ▶ Gleichung 5.29 bezieht sich der Wert $\Delta H_r^\circ = -2220$ kJ also auf die Enthalpieänderung der Reaktion von 1 mol C$_3$H$_8$ und 5 mol O$_2$ zu 3 mol CO$_2$ und 4 mol H$_2$O. Das Produkt aus der Stoffmenge in Mol und der Enthalpieänderung in kJ/mol hat die Einheit kJ: (Molanzahl) $\times \Delta H_f^\circ$ in kJ/mol = kJ. Wir geben ΔH_r° daher in kJ an.

5.7 Bildungsenthalpien

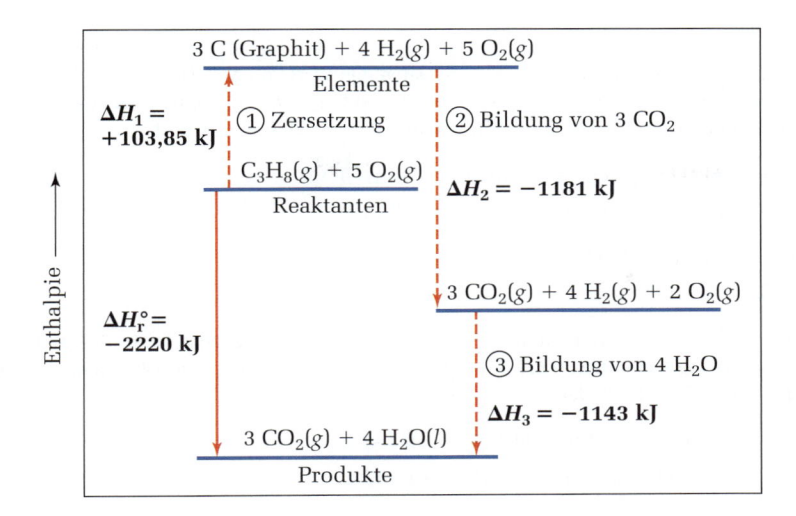

Abbildung 5.22: Enthalpiediagramm, das die Beziehung zwischen der Enthalpieänderung einer Reaktion und den Bildungsenthalpien der Reaktanten und Produkte zeigt. Enthalpiediagramm der Verbrennung von 1 mol Propangas [$C_3H_8(g)$]. Die Gesamtreaktion ist

$$C_3H_8(g) + 5\,O_2(g) \longrightarrow 3\,CO_2(g) + 4\,H_2O(g).$$

Wir stellen uns vor, dass diese Reaktion in drei Schritten verläuft. Zunächst wird $C_3H_8(g)$ in seine Elemente zersetzt, d.h. $\Delta H_1 = -\Delta H_f^\circ[C_3H_8(g)]$. Im zweiten Schritt werden 3 mol $CO_2(g)$ gebildet, d.h. $\Delta H_2 = 3\Delta H_f^\circ[CO_2(g)]$. Zum Schluss werden 4 mol $H_2O(l)$ gebildet, d.h. $\Delta H_3 = 4\Delta H_f^\circ[H_2O(l)]$. Der Hess'sche Satz besagt, dass $\Delta H_r^\circ = \Delta H_1 + \Delta H_2 + \Delta H_3$. Dies entspricht dem Ergebnis aus ▶ Gleichung 5.30, weil $\Delta H_f^\circ[O_2(g)] = 0$.

In ▶ Abbildung 5.22 ist ein Enthalpiediagramm der ▶ Gleichung 5.29 dargestellt, in dem gezeigt wird, wie die Reaktion in die Einzelschritte der Bildungsreaktionen unterteilt werden kann.

Wir können wie im hier gezeigten Beispiel jede Reaktion in die entsprechenden Bildungsreaktionen unterteilen. Dabei stellen wir fest, dass sich die Standardenthalpieänderung einer Reaktion aus der Summe der Standardbildungsenthalpien der Produkte abzüglich der Summe der Standardbildungsenthalpien der Reaktanten berechnet:

$$\Delta H_r^\circ = \sum n\Delta H_f^\circ (\text{Produkte}) - \sum m\Delta H_f^\circ (\text{Reaktanten}) \qquad (5.31)$$

Das Symbol Σ (sigma) steht für „Summe über" und n und m sind die stöchiometrischen Koeffizienten der chemischen Reaktion. Der erste Ausdruck in ▶ Gleichung 5.31 steht für die Bildungsreaktionen der Produkte, die in „Vorwärtsrichtung" ablaufen, weil die Elemente zu den Produkten reagieren. Der Ausdruck ist analog zu den ▶ Gleichungen 5.27 und 5.28 des oben stehenden Beispiels. Der zweite Ausdruck steht wie ▶ Gleichung 5.26 für die umgekehrten Bildungsreaktionen der Reaktanten, den ΔH_f°-Werten ist daher ein Minuszeichen vorangestellt.

ÜBUNGSBEISPIEL 5.11 **Berechnung einer Reaktionsenthalpie aus Bildungsenthalpien**

(a) Berechnen Sie die Standardenthalpieänderung der Verbrennung von 1 mol Benzol (C_6H_6) zu $CO_2(g)$ und $H_2O(l)$. **(b)** Vergleichen Sie die bei der Verbrennung von 1,00 g Propan und 1,00 g Benzol entstehenden Wärmemengen.

Lösung

Analyse: (a) Es ist eine Reaktion [Verbrennung von $C_6H_6(l)$ zu $CO_2(g)$ und $H_2O(l)$] angegeben und wir sollen die Standardenthalpieänderung ΔH° der Reaktion berechnen. **(b)** Anschließend sollen wir die bei der Verbrennung von 1,00 g C_6H_6 frei werdende Energie mit der bei der Verbrennung von 1,00 g C_3H_8 frei werdenden Energie vergleichen, die oben im Text berechnet wurde.

Vorgehen: (a) Wir stellen zunächst die ausgeglichene Gleichung der Verbrennung von C_6H_6 auf. Anschließend schauen wir die ΔH_f°-Werte in Anhang C oder in Tabelle 5.3 nach und verwenden ▶ Gleichung 5.31, um die Enthalpieänderung der Reaktion zu berechnen. **(b)** Wir verwenden die molare Masse von C_6H_6, um die Enthalpieänderung pro Mol in die Enthalpieänderung pro Gramm umzurechnen. Bei C_3H_8 gehen wir analog vor und rechnen auch bei dieser Substanz mit Hilfe der molaren Masse die oben im Text angegebene Enthalpieänderung pro Mol in die Enthalpieänderung pro Gramm um.

Lösung: (a) Wir wissen, dass $O_2(g)$ in Verbrennungsreaktionen als Reaktant dient. Die ausgeglichene Gleichung der Verbrennungsreaktion von 1 mol $C_6H_6(l)$ lautet daher

$$C_6H_6(l) + \tfrac{15}{2}\,O_2(g) \longrightarrow 6\,CO_2(g) + 3\,H_2O(l)$$

Enthalpiediagramm:

- 3 C (Graphit) + 4 $H_2(g)$ + 5 $O_2(g)$ — Elemente
- $\Delta H_1 = +103{,}85$ kJ — ① Zersetzung
- ② Bildung von 3 CO_2
- $C_3H_8(g) + 5\,O_2(g)$ — Reaktanten
- $\Delta H_2 = -1181$ kJ
- 3 $CO_2(g)$ + 4 $H_2(g)$ + 2 $O_2(g)$
- ③ Bildung von 4 H_2O
- $\Delta H_3 = -1143$ kJ
- $\Delta H_r^\circ = -2220$ kJ
- 3 $CO_2(g)$ + 4 $H_2O(l)$ — Produkte

Wir berechnen mit Hilfe von ▶Gleichung 5.31 und den in Tabelle 5.3 angegebenen Daten den Wert von $\Delta H°$. Denken Sie daran, die $\Delta H_f°$-Werte der Substanzen der Reaktion mit den entsprechenden stöchiometrischen Koeffizienten zu multiplizieren. Denken Sie auch daran, dass für Elemente in ihrer unter Standardbedingungen stabilen Form $\Delta H_f° = 0$ und daher $\Delta H_f°[O_2(g)] = 0$ ist

$$\begin{aligned}\Delta H_r° &= [6\Delta H_f°(CO_2) + 3\Delta H_f°(H_2O)] - [\Delta H_f°(C_6H_6) + \tfrac{15}{2} \Delta H_f°(O_2)] \\ &= [6(-393{,}5 \text{ kJ}) + 3(-285{,}8 \text{ kJ})] - [(49{,}0 \text{ kJ}) + \tfrac{15}{2}(0 \text{ kJ})] \\ &= (-2361 - 857{,}4 - 49{,}0) \text{ kJ} \\ &= -3267 \text{ kJ}\end{aligned}$$

(b) Aus dem im Text betrachteten Beispiel wissen wir, dass für die Verbrennung von 1 mol Propan $\Delta H° = -2220$ kJ ist. In Teil (a) dieser Aufgabe haben wir bestimmt, dass für die Verbrennung von 1 mol Benzol $\Delta H° = -3267$ kJ ist. Um die Verbrennungswärmen der beiden Substanzen pro Gramm zu berechnen, rechnen wir mit Hilfe der molaren Masse Mol in Gramm um

$$C_3H_8(g): \quad (-2220 \text{ kJ/mol})(1 \text{ mol}/44{,}1 \text{ g}) = -50{,}3 \text{ kJ/g}$$
$$C_6H_6(l): \quad (-3267 \text{ kJ/mol})(1 \text{ mol}/78{,}1 \text{ g}) = -41{,}8 \text{ kJ/g}$$

Anmerkung: Propan und Benzol sind Kohlenwasserstoffe. Die aus der Verbrennung eines Gramms eines Kohlenwasserstoffs gewonnene Energie liegt normalerweise zwischen 40 und 50 kJ.

ÜBUNGSAUFGABE

Berechnen Sie mit Hilfe der in Tabelle 5.3 angegebenen Standardenthalpien die bei der Verbrennung von 1 mol Ethanol auftretende Enthalpieänderung:

$$C_2H_5OH(l) + 3\ O_2(g) \longrightarrow 2\ CO_2(g) + 3\ H_2O(l)$$

Antwort: −1367 kJ.

ÜBUNGSBEISPIEL 5.12 — Berechnung einer Bildungsenthalpie aus einer Reaktionsenthalpie

Die Standardenthalpieänderung der Reaktion

$$CaCO_3(s) \longrightarrow CaO(s) + CO_2(g)$$

beträgt 178,1 kJ. Berechnen Sie aus den in Tabelle 5.3 angegebenen Standardbildungsenthalpien von CaO(s) und $CO_2(g)$ die Standardbildungsenthalpie von $CaCO_3(s)$.

Lösung

Analyse: Wir sollen $\Delta H_f°(CaCO_3)$ bestimmen.

Vorgehen: Wir beginnen damit, den Ausdruck für die Standardenthalpieänderung der angegebenen Reaktion aufzustellen:

$$\Delta H_r° = [\Delta H_f°(CaO) + \Delta H_f°(CO_2)] - \Delta H_f°(CaCO_3)$$

Lösung: Durch Einsetzen der aus Tabelle 5.3 oder Anhang C bekannten Werte erhalten wir

$$178{,}1 \text{ kJ} = -635{,}5 \text{ kJ} - 393{,}5 \text{ kJ} - \Delta H_f°(CaCO_3)$$

Wenn wir diese Gleichung nach $\Delta H_f°(CaCO_3)$ auflösen, ergibt sich

$$\Delta H_f°(CaCO_3) = -1207{,}1 \text{ kJ/mol}$$

Überprüfung: Wie erwartet, erhalten wir für die Bildungsenthalpie eines stabilen Festkörpers wie Calciumcarbonat einen negativen Wert.

ÜBUNGSAUFGABE

Berechnen Sie aus der folgenden Standardenthalpieänderung und den in Tabelle 5.3 angegebenen Standardbildungsenthalpien die Standardbildungsenthalpie von CuO(s):

$$CuO(s) + H_2(g) \longrightarrow Cu(s) + H_2O(l) \quad \Delta H° = -129{,}7 \text{ kJ}$$

Antwort: −156,1 kJ/mol.

Nahrungsmittel und Brennstoffe — 5.8

Bei der Mehrzahl der zur Wärmegewinnung verwendeten chemischen Reaktionen handelt es sich um Verbrennungsreaktionen. Die Energie, die bei der Verbrennung von einem Gramm eines Materials frei wird, wird oft der **Brennwert** des Materials genannt. Brennwerte stehen für die bei einer Verbrennung *frei werdende* Wärme und werden daher in positiven Zahlen angegeben. Der Brennwert eines Nahrungsmittels oder Brennstoffs kann mit Hilfe der Kalorimetrie gemessen werden.

Nahrungsmittel

Der Großteil der von unserem Körper benötigten Energie wird aus Kohlenhydraten und Fetten gewonnen. Die als Stärke vorliegenden Kohlenhydrate werden im Darm zu Glukose ($C_6H_{12}O_6$) zersetzt. Glukose ist im Blut löslich und wird im menschlichen Körper Blutzucker genannt. Sie wird vom Blut zu den Zellen transportiert, wo sie mit O_2 in mehreren Schritten reagiert, in denen schließlich $CO_2(g)$, $H_2O(l)$ und Energie gebildet werden:

$$C_6H_{12}O_6(s) + 6\,O_2(g) \longrightarrow 6\,CO_2(g) + 6\,H_2O(l) \quad \Delta H° = -2803\text{ kJ}$$

Die Aufspaltung von Kohlenhydraten verläuft rasch, so dass ihre Energie dem Körper schnell zur Verfügung steht. Der Körper kann Kohlenhydrate jedoch nur in sehr kleinen Mengen speichern. Der durchschnittliche Brennwert von Kohlenhydraten beträgt 17 kJ/g (4 kcal/g).

Wie Kohlenhydrate werden auch Fette zu CO_2 und H_2O metabolisiert bzw. bei der Verbrennung im Bombenkalorimeter zu CO_2 und H_2O umgesetzt. Die Reaktion von Tristearin ($C_{57}H_{110}O_6$), einem typischen Fett, lautet wie folgt:

$$2\,C_{57}H_{110}O_6(s) + 163\,O_2(g) \longrightarrow 114\,CO_2(g) + 110\,H_2O(l) \quad \Delta H° = -75520\text{ kJ}$$

Der Körper verwendet die in Nahrungsmitteln gespeicherte chemische Energie, um die Körpertemperatur aufrechtzuerhalten (siehe „Chemie und Leben" im Abschnitt 5.5), Muskeln zu kontrahieren und Gewebeschäden zu reparieren. Überschüssige Energie wird in Form von Fetten gespeichert. Fette eignen sich aus mindestens zwei Gründen besonders gut als Energiespeicher des Körpers: (1) Sie sind unlöslich in Wasser, was die Speicherung im Körper vereinfacht, und (2) sie speichern mehr Energie pro Gramm als Proteine oder Kohlenhydrate, was sie bezüglich der Masse zu einer effizienten Energiequelle macht. Der durchschnittliche Brennwert von Fetten beträgt 38 kJ/g (9 kcal/g).

Bei der metabolischen Umsetzung von Proteinen im Körper entsteht weniger Energie als bei der Verbrennung in einem Kalorimeter, weil in den beiden Prozessen unterschiedliche Produkte entstehen. Proteine enthalten Stickstoff, der im Bombenkalorimeter zu N_2 umgesetzt wird. Im Körper entsteht aus diesem Stickstoff dagegen zum größten Teil Harnstoff $(NH_2)_2CO$. Proteine dienen im Körper hauptsächlich als Bausteine für Organwände, Haut, Haar, Muskeln und viele andere Körperteile. Bei der metabolischen Umsetzung von Proteinen werden ähnlich wie bei den Kohlenhydraten durchschnittlich 17 kJ/g (4 kcal/g) Energie frei.

In Tabelle 5.4 sind die Brennwerte einiger gebräuchlicher Nahrungsmittel aufgeführt. Auf den Packungen von Nahrungsmittel sind Verbraucherinformationen abgedruckt, in denen die Mengen der in einer durchschnittlichen Portion enthaltenen

5 Thermochemie

Tabelle 5.4

Zusammensetzungen und Brennwerte einiger gebräuchlicher Nahrungsmittel

	ungefähre Zusammensetzung (Massen-%)			Brennwert	
	Kohlenhydrate	Fette	Proteine	kJ/g	kcal/g
Kohlenhydrate	100	–	–	17	4
Fette	–	100	–	38	9
Proteine	–	–	100	17	4
Äpfel	13	0,5	0,4	2,5	0,59
Bier*	1,2	–	0,3	1,8	0,42
Brot	52	3	9	12	2,8
Käse	4	37	28	20	4,7
Eier	0,7	10	13	6,0	1,4
Fondant	81	11	2	18	4,4
grüne Bohnen	7,0	–	1,9	1,5	0,38
Hamburger	–	30	22	15	3,6
Vollmilch	5,0	4,0	3,3	3,0	0,74
Erdnüsse	22	39	26	23	5,5

* Bier enthält üblicherweise 3,5 % Ethanol, das den Brennwert verursacht.

Abbildung 5.23: Nährstoffinformationen auf einem Lebensmitteletikett. Solche Etiketten informieren über die Mengen der unterschiedlichen enthaltenen Nährstoffe und den Brennwert, hier pro 100 ml.

Kohlenhydrate, Fette und Proteine sowie der entsprechende Energiegehalt aufgeführt sind (▶ Abbildung 5.23). Die Menge der von unserem Körper benötigten Energie ist stark von Faktoren wie dem Gewicht, dem Alter und der Intensität der Muskelaktivitäten abhängig. Pro Kilogramm Körpergewicht und Tag werden etwa 100 kJ benötigt,

---

ÜBUNGSBEISPIEL 5.13 — Vergleich von Brennwerten

Eine Pflanze wie z. B. Sellerie enthält Kohlenhydrate in der Form von Stärke und Zellulose. Diese beiden verschiedenen Kohlenhydratarten haben bei der Verbrennung in einem Bombenkalorimeter ungefähr den gleichen Brennwert. Wenn wir Sellerie mit der Nahrung aufnehmen, verwertet unser Körper jedoch nur den Brennwert der Stärke. Was können wir daraus für den Unterschied zwischen Stärke und Zellulose als Nahrungsmittel schließen?

Lösung

Wenn Zellulose keinen Brennwert liefert, schließen wir daraus, dass sie im Körper nicht wie Stärke in CO_2 und H_2O umgewandelt wird. Ein kleiner, aber wesentlicher Unterschied in der Struktur von Stärke und Zellulose führt dazu, dass nur Stärke im Körper in Glukose zersetzt werden kann. Zellulose dagegen wird ohne wesentliche chemische Änderung vom Körper wieder ausgeschieden. Sie dient in der Ernährung als Ballaststoff, hat jedoch keinen energetischen Wert.

ÜBUNGSAUFGABE

In den Nährwertangaben auf einer Flasche Rapsöl wird angegeben, dass 10 g des Öls einen Brennwert von 86 kcal haben. In einer ähnlichen Angabe auf einer Flasche Sirup wird ein Brennwert von 200 kcal für 60 ml (etwa 60 g) des Sirups angegeben. Erklären Sie den Unterschied.

Antwort: Das Öl hat einen Brennwert von 8,6 kcal/g, während der Sirup einen Brennwert von etwa 3,3 kcal/g hat. Der höhere Brennwert von Rapsöl ergibt sich aus der Tatsache, dass Öl im Wesentlichen aus Fetten besteht, Sirup dagegen eine Lösung verschiedener Zucker (Kohlenhydrate) in Wasser ist. Das Öl hat einen höheren Brennwert pro Gramm; außerdem ist der Sirup mit Wasser verdünnt.

um die Körperfunktionen auf einem minimalen Niveau aufrechtzuerhalten. Eine 70 kg schwere Person verbraucht bei leichter Arbeit wie langsamem Gehen oder leichter Gartenarbeit etwa 800 kJ/h. Bei anstrengenden Tätigkeiten wie z. B. einem Langstreckenlauf werden oft 2000 kJ/h oder mehr verbraucht. Wenn der Brennwert bzw. der Kaloriengehalt unserer Nahrungsmittel die verbrauchte Energie übersteigt, speichert unser Körper die überschüssige Energie als Fett.

> **DENKEN SIE EINMAL NACH**
>
> Bei welcher Stoffklasse wird bei der metabolischen Verwertung pro Gramm am meisten Energie frei, bei Kohlenhydraten, Proteinen oder Fetten?

ÜBUNGSBEISPIEL 5.14 Bestimmung des Brennwerts eines Nahrungsmittels anhand seiner Zusammensetzung

(a) Eine Portion von 28 g eines beliebten Frühstücksmüslis mit 120 ml fettarmer Milch enthält 8 g Proteine, 26 g Kohlenhydrate und 2 g Fett. Schätzen Sie anhand der durchschnittlichen Brennwerte dieser Substanzen den Energiewert (Kaloriengehalt) dieses Frühstücks ab. **(b)** Eine Person mittleren Gewichts verbraucht beim Laufen oder Joggen etwa 100 kcal/Meile. Wie viele Portionen dieses Müslis werden benötigt, um mit der darin enthaltenen Energie 3 Meilen weit laufen zu können?

Lösung

(a) Analyse: Der Energiewert der Portion ist gleich der Summe der Energiewerte der Proteine, Kohlenhydrate und Fette.

Vorgehen: Es sind die Massen der in der Portion aus Müsli und Milch enthaltenen Proteine, Kohlenhydrate und Fette angegeben. Wir können diese Massen mit Hilfe der Daten aus Tabelle 5.4 in Energiewerte umrechnen, die wir anschließend zu einem Gesamtenergiewert addieren.

Lösung:

$$(8 \text{ g Protein})\left(\frac{17 \text{ kJ}}{1 \text{ g Protein}}\right) + (26 \text{ g Kohlenhydrate})\left(\frac{17 \text{ kJ}}{1 \text{ g Kohlenhydrate}}\right) + (2 \text{ g Fett})\left(\frac{38 \text{ kJ}}{1 \text{ g Fett}}\right)$$

$$= 650 \text{ kJ (auf zwei signifikante Stellen gerundet)}$$

Das entspricht etwa 160 kcal.

$$(650 \text{ kJ})\left(\frac{1 \text{ kcal}}{4{,}18 \text{ kJ}}\right) = 160 \text{ kcal}$$

Die Portion enthält also etwa 160 kcal Energie.

(b) Analyse: In diesem Aufgabenteil sehen wir uns dem umgekehrten Problem gegenüber: Wir sollen die Nahrungsmittelmenge berechnen, die einen bestimmten Energiewert liefert.

Vorgehen: In der Aufgabe ist ein Umrechnungsfaktor zwischen kcal und Meilen angegeben. Die Antwort zu Teil (a) liefert uns einen Umrechnungsfaktor zwischen Portionen und kcal.

Lösung: Wir können diese Umrechnungsfaktoren in einer einfachen Dimensionsanalyse verwenden, um die Anzahl der benötigten Portionen zu ermitteln, die wir auf eine gerade Zahl runden:

$$\text{Portionen} = (3 \text{ Meilen})\left(\frac{100 \text{ kcal}}{1 \text{ Meile}}\right)\left(\frac{1 \text{ Portion}}{160 \text{ kcal}}\right) = 2 \text{ Portionen}$$

ÜBUNGSAUFGABE

(a) Getrocknete rote Bohnen enthalten 62 % Kohlenhydrate, 22 % Proteine und 1,5 % Fett. Schätzen Sie den Brennwert dieser Bohnen ab. **(b)** Bei sehr leichten Tätigkeiten wie Lesen oder Fernsehen werden etwa 7 kJ/min verbraucht. Wie viele Minuten dieser Tätigkeit werden von der Energie einer Portion Nudelsuppe mit Hähnchen abgedeckt, die 13 g Proteine, 15 g Kohlenhydrate und 5 g Fett enthält?

Antwort: **(a)** 15 kJ/g, **(b)** 95 Minuten.

Brennstoffe

In Tabelle 5.5 werden die elementaren Zusammensetzungen und Brennwerte mehrerer Brennstoffe verglichen. Bei der vollständigen Verbrennung eines Brennstoffs wird Kohlenstoff in CO_2 und Wasserstoff in H_2O umgewandelt. Beide Produkte haben große negative Bildungsenthalpien. Je größer also die Anteile von Kohlenstoff und Wasserstoff in einem Brennstoff sind, desto höher ist sein Brennwert. Vergleichen Sie

Tabelle 5.5

Brennwerte und Zusammensetzungen einiger gebräuchlicher Brennstoffe

	ungefähre elementare Zusammensetzung (Massen-%)			
	C	H	O	Brennwert (kJ/g)
Holz (Kiefer)	50	6	44	18
Anthrazitkohle (Pennsylvania)	82	1	2	31
Fettkohle (Pennsylvania)	77	5	7	32
Holzkohle	100	0	0	34
Rohöl (Texas)	85	12	0	45
Benzin	85	15	0	48
Erdgas	70	23	0	49
Wasserstoff	0	100	0	142

z. B. die Zusammensetzungen und Brennwerte von Fettkohle und Holz. Die Kohle hat einen höheren Brennwert, weil ihr Kohlenstoffgehalt höher ist.

Im Jahr 2002 wurden in den Vereinigten Staaten $1{,}03 \times 10^{17}$ kJ Energie verbraucht. Dieser Wert entspricht einem durchschnittlichen Pro-Kopf-Verbrauch von $1{,}0 \times 10^6$ kJ. Das ist etwa 100-mal mehr als der Nahrungsmittelbedarf pro Person. Die USA sind eine sehr energieintensive Gesellschaft. Obwohl ihre Bevölkerung nur etwa 4,5 % der Weltbevölkerung ausmacht, sind die Vereinigten Staaten für nahezu ein Viertel der weltweit verbrauchten Energie verantwortlich. In ▶ Abbildung 5.24 sind die zur Deckung dieses Bedarfs verwendeten Energiequellen dargestellt.

Kohle, Öl und Erdgas, unsere größten Energiequellen, werden **fossile Brennstoffe** genannt. Sie sind vor Millionen von Jahren durch die Zersetzung von Pflanzen und Tieren entstanden und werden viel schneller ausgebeutet als neu gebildet. **Erdgas** besteht aus gasförmigen Kohlenwasserstoffen, Verbindungen aus Wasserstoff und Kohlenstoff. Es enthält hauptsächlich Methan (CH_4) mit kleineren Mengen Ethan (C_2H_6), Propan (C_3H_8) und Butan (C_4H_{10}). In Übungsbeispiel 5.11 haben wir den Brennwert von Propan bereits bestimmt. **Erdöl** ist eine Flüssigkeit, die aus mehreren hundert Verbindungen besteht. Bei den meisten dieser Verbindungen handelt es sich um Kohlenwasserstoffe. Der Rest besteht hauptsächlich aus organischen Verbindungen, die Schwefel, Stickstoff oder Sauerstoff enthalten. **Kohle**, ein Festkörper, enthält Kohlenwasserstoffe mit einem höheren Molekulargewicht sowie Verbindungen, die Schwefel, Sauerstoff und Stickstoff enthalten. Kohle ist der am häufigsten vorkommende fossile Brennstoff; sie macht 80 % der fossilen Brennstoffreserven der Vereinigten Staaten und 90 % der fossilen Brennstoffreserven weltweit aus. Die Nutzung von Kohle ist jedoch mit einer Reihe von Problemen verbunden. Bei Kohle handelt es sich um eine komplexe Mischung verschiedener Substanzen. Zudem enthält sie Bestandteile, die eine hohe Luftverschmutzung verursachen. Bei der Verbrennung von Kohle wird der in ihr enthaltene Schwefel größtenteils in Schwefeldioxid (SO_2) umgewandelt, einem problematischen Luftschadstoff. Weil es sich bei Kohle um einen Feststoff handelt, ist der Abbau aus unterirdischen Lagerstätten teuer und oft gefährlich. Zudem be-

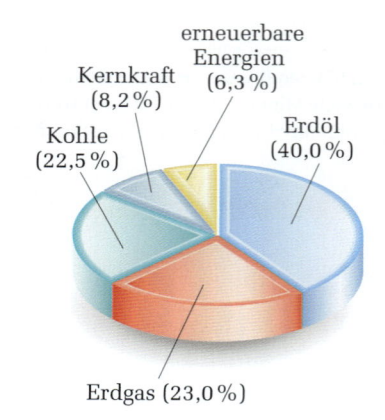

Abbildung 5.24: Energiemix der Vereinigten Staaten. Im Jahr 2002 wurden in den Vereinigten Staaten insgesamt $1{,}0 \times 10^{17}$ kJ Energie verbraucht.

Kernkraft (8,2 %)
Kohle (22,5 %)
Erdgas (23,0 %)
Erdöl (40,0 %)
erneuerbare Energien (6,3 %)

finden sich Kohlelagerstätten nicht immer nahe an Orten mit einem hohen Energieverbrauch, so dass teilweise bedeutende Transportkosten entstehen.

Ein vielversprechender Weg, die vorhandenen Kohlevorkommen zu nutzen, besteht darin, diese in eine Mischung aus gasförmigen Kohlenwasserstoffen mit dem Namen Syngas (für „Synthesegas") umzuwandeln. Bei diesem Prozess, der *Kohlevergasung* genannt wird, wird die Kohle pulverisiert und mit überhitztem Dampf behandelt. Schwefelhaltige Verbindungen, Wasser und Kohlendioxid werden anschließend aus den Produkten entfernt, so dass eine gasförmige Mischung aus CH_4, H_2 und CO entsteht. Alle diese Verbindungen haben hohe Brennwerte:

$$\text{Kohle} + \text{Dampf} \xrightarrow{\text{Umwandlung}} \text{komplexe Mischung} \xrightarrow{\text{Reinigung}} \text{Mischung aus } CH_4, H_2, CO \text{ (Syngas)}$$

Weil Syngas gasförmig ist, kann es leicht in Pipelines transportiert werden. Zudem wird während des Vergasungsprozesses der Großteil des in der Kohle vorhandenen Schwefels entfernt, so dass bei der Verbrennung von Syngas die Luftverschmutzung geringer ist als bei der Verbrennung von Kohle. Aus diesen Gründen ist die wirtschaftliche Umwandlung von Kohle und Öl in „sauberere" Brennstoffe wie Syngas und Wasserstoff ein sehr aktiver Forschungsbereich in der Chemie und Ingenieurswissenschaft.

Andere Energiequellen

Kernenergie ist Energie, die bei der Spaltung oder Fusion (Verschmelzung) von Atomkernen entsteht. Kernenergie macht zurzeit etwa 22 % der elektrischen Energie und etwa 8 % der Gesamtenergie der Vereinigten Staaten aus (Abbildung 5.24). Bei der Kernenergie handelt es sich im Gegensatz zu der Energieerzeugung aus fossilen Brennstoffen, bei der luftverschmutzende Emissionen ein großes Problem darstellen, prinzipiell um eine emissionsfreie Energiequelle. In Kernkraftwerken entsteht jedoch radioaktiver Müll und ihr Einsatz ist daher heftig umstritten.

Fossile Brennstoffe und Kernenergie sind *nicht erneuerbare* Energiequellen. Die benötigten Brennstoffe sind nur begrenzt verfügbar, weil sie viel schneller verbraucht werden als sie sich regenerieren können. Diese Brennstoffe werden irgendwann erschöpft sein, auch wenn Schätzungen, wann genau dies der Fall sein wird, oft weit auseinander liegen. Weil die nicht erneuerbaren Energiequellen irgendwann verbraucht sein werden, beschäftigt sich die Forschung intensiv damit, **erneuerbare Energiequellen** zu finden, also Energiequellen, die im Prinzip unerschöpflich sind. Bei erneuerbaren Energiequellen handelt es sich u. a. um die *Solarenergie* der Sonne, die *Windenergie*, die in Windkraftwerken genutzt wird, die *geothermische Energie*, die aus in der Erde gespeicherter Wärme gewonnen wird, die *hydroelektrische Energie* aus der Bewegung von fließenden Gewässern und die *Energie aus Biomasse*, die aus Anbauprodukten wie z. B. Bäumen oder Mais sowie aus biologischen Abfallprodukten gewonnen wird. Zurzeit tragen erneuerbare Energiequellen etwa 6,3 % zur Energieversorgung der Vereinigten Staaten bei, wobei die hydroelektrische Energie (2,7 %) und die Energie aus Biomasse (3,5 %) die größten Beiträge leisten.

Die zukünftige Energieversorgung wird mit großer Wahrscheinlichkeit davon abhängen, Technologien zu entwickeln, mit deren Hilfe die Solarenergie mit größerer Effizienz genutzt werden kann. Bei der Solarenergie handelt es sich um die größte Energiequelle der Welt. An einem wolkenlosen Tag erreichen etwa 1 kJ Solarenergie pro Quadratmeter und Sekunde die Erdoberfläche. Die Solarenergie, die auf nur 0,1 %

Chemie im Einsatz — Das Hybridauto

Moderne Hybridautos, die zurzeit auf den Automobilmarkt kommen, sind ein schönes Beispiel für die Veranschaulichung der Umwandelbarkeit von einer Energieform in eine andere. Hybridmotoren werden entweder mit Benzin oder mit Elektrizität betrieben. Bei den so genannten „Voll-Hybriden" handelt es sich um Autos, die bei geringen Geschwindigkeiten im ausschließlichen Akkumulatorbetrieb fahren können (▶ Abbildung 5.25). In Voll-Hybrid-Fahrzeugen befindet sich ein Elektromotor, der stark genug ist, um das Auto bei niedrigeren Geschwindigkeiten ohne Unterstützung des Verbrennungsmotors anzutreiben. „Teil-Hybrid-Fahrzeuge" dagegen kann man sich als Fahrzeuge mit elektrisch unterstütztem Verbrennungsmotor vorstellen.

Voll-Hybrid-Fahrzeuge sind effizienter als Teil-Hybrid-Fahrzeuge, aber auch kostenintensiver in der Herstellung und technologisch anspruchsvoller als Teil-Hybrid-Varianten. Daher werden in den kommenden Jahren wahrscheinlich in größeren Stückzahlen eher Teil-Hybrid-Fahrzeuge produziert und verkauft. Im Folgenden wollen wir die Funktionsweise der Hybrid-Fahrzeuge näher untersuchen. Dabei werden wir auf einige interessante thermodynamische Aspekte eingehen, die in diesen Fahrzeugen praktisch umgesetzt werden.

In ▶ Abbildung 5.26 ist ein schematisches Diagramm des Antriebssystems eines Teil-Hybrid-Fahrzeugs dargestellt. Zusätzlich zum 12-Volt-Akku, der in konventionellen Autos zum Standard gehört, verfügt das Teil-Hybrid-Fahrzeug über einen 42-Volt-Akku. Die elektrische Energie aus diesem Akku wird jedoch nicht zum direkten Antrieb des Fahrzeugs eingesetzt. Ein Elektromotor, der wie in den Voll-Hybriden das Fahrzeug direkt antreiben kann, benötigt etwa 150 bis 300 Volt. In den Teil-Hybrid-Fahrzeugen wird die zusätzliche elektrische Energiequelle dazu verwendet, verschiedene Hilfsgeräte wie z. B. die Wasserpumpe, die Servolenkung und die Lüftung zu betreiben, die ihre Energie ansonsten vom Verbrennungsmotor beziehen würden. Um Energie zu sparen, wird beim Anhalten des Hybridfahrzeugs der Motor abgestellt und neu gestartet, sobald der Fahrer auf das Gaspedal drückt. Auf diese Weise wird Treibstoff gespart, der ansonsten für den Leerlauf des Motors an Ampeln und in anderen Situationen, in denen das Auto steht, verbraucht werden würde.

Die Idee eines Hybrid-Fahrzeugs ist, durch das zusätzliche elektrische System den Treibstoffverbrauch des Autos zu senken. Der zusätzliche Akku soll dabei nicht von einer externen Stromquelle aufgeladen werden. Woraus ergibt sich also die höhere Effizienz des Fahrzeugs? Wenn der Akku die Zusatzgeräte wie z.B. die Wasserpumpe weiter betreiben soll, muss er in jedem Fall wieder aufgeladen werden. Wir können uns diesen Vorgang folgendermaßen vorstellen: Der Strom eines Akkus wird durch eine chemische Reaktion gewonnen. Das Wiederaufladen des Akkus ist also eine Umwandlung von mechanischer Energie in chemische potenzielle Energie. Der Akku wird teilweise von einer Lichtmaschine wieder aufgeladen, die vom Verbrennungsmotor betrieben wird. Im Teil-Hybrid-Fahrzeug dient außerdem das Bremssystem als zusätzliche mechanische Energiequelle zum Wiederaufladen des Akkus. Wenn ein konventionelles Auto gebremst wird, wird die kinetische Energie des Autos über die Bremsbeläge in den Rädern in Wärme umgewandelt, ohne dass nützliche Arbeit verrichtet wird. Im Hybrid-Fahrzeug dagegen wird die kinetische Energie des Autos beim Bremsen teilweise dazu genutzt, den Akku aufzuladen. Kinetische Energie, die ansonsten als Wärme verloren ginge, wird also teilweise in nützliche Arbeit umgewandelt. Man erwartet, dass sich auf diese Weise der Treibstoffverbrauch gegenüber konventionellen Autos um 10–20 % verringern lässt.

Abbildung 5.25: Hybrid-Fahrzeug mit Hybridantrieb, einer Kombination aus Verbrennungs- und Elektromotor.

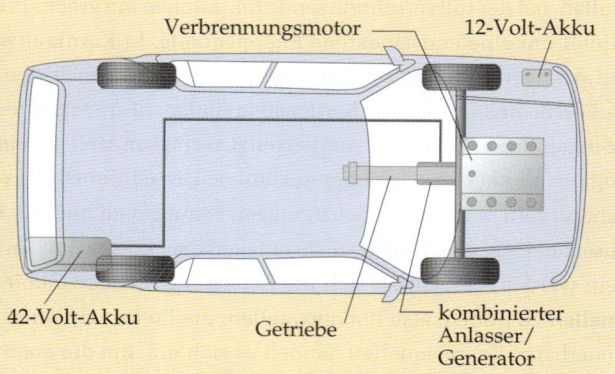

Abbildung 5.26: Schematisches Diagramm eines Teil-Hybrid-Fahrzeugs. Der 42-Volt-Akku liefert Energie zum Betrieb verschiedener Zusatzfunktionen. Er wird vom Verbrennungsmotor und über das Bremssystem wieder aufgeladen.

des Territoriums der Vereinigten Staaten trifft, würde dafür ausreichen, den gesamten momentanen Energiebedarf des Landes zu decken. Die Ausbeutung dieser Energie ist aufgrund ihrer Verteilung über große Flächen jedoch problematisch. Zudem hängt sie von der Tageszeit und dem Wetter ab. Die effektive Nutzung der Solarenergie wird von der Entwicklung von Methoden abhängen, die die Speicherung der gewonnenen Energie für eine spätere Nutzung ermöglichen. Es wird sich dabei mit großer Sicherheit um einen endothermen chemischen Prozess handeln, der zu einem späteren Zeitpunkt umgekehrt werden kann, um Wärme freizusetzen. Eine Möglichkeit wäre zum Beispiel die folgende Reaktion:

$$CH_4(g) + H_2O(g) + \text{Wärme} \rightleftharpoons CO(g) + 3\,H_2(g)$$

Die Reaktion läuft bei hohen Temperaturen, die in einem Solarofen erreichbar sind, in Vorwärtsrichtung ab. Das in der Reaktion gewonnene Gasgemisch aus CO und H_2 könnte gespeichert werden, um es später unter Freisetzung von Wärme zurückreagieren zu lassen. Die auf diese Weise gewonnene Wärme könnte in einem weiteren Schritt zur Verrichtung von Arbeit verwendet werden.

Laut einer vor etwa 20 Jahren im *Walt-Disney-EPCOT-Center* durchgeführten Umfrage haben zu dieser Zeit fast 30 % der Besucher erwartet, dass sich die Solarenergie bis zum Jahr 2000 zur Hauptenergiequelle der Vereinigten Staaten entwickeln würde. Die Zukunft der Solarenergie scheint aber der Sonne selbst ähnlich zu sein: groß und leuchtend, aber weiter entfernt, als man denkt. Nichtsdestotrotz wurden in den vergangenen Jahren wichtige Fortschritte auf diesem Gebiet gemacht. Die vielleicht direkteste Nutzung der Energie der Sonne besteht darin, sie mit Hilfe von Photovoltaik in so genannten *Solarzellen* in Elektrizität umzuwandeln. Die Effizienz von Solarzellen ist in den letzten Jahren aufgrund von intensiven Forschungsarbeiten wesentlich gestiegen. Die photovoltaische Energiegewinnung ist z. B. für das Betreiben der internationalen Raumstation ISS überlebenswichtig. Bedeutender für Anwendungen auf der Erde ist die Tatsache, dass die Produktionskosten für Solarzellen in den letzten Jahren stetig gefallen sind – und das bei gleichzeitig steigender Effizienz. Wann glauben Sie – jetzt, nachdem das Jahr 2000 bereits vorbei ist – wird die Solarenergie zur Hauptenergiequelle der Vereinigten Staaten?

ÜBERGREIFENDE BEISPIELAUFGABE

Verknüpfen von Konzepten

Die Verbindung Trinitroglyzerin ($C_3H_5N_3O_9$), die üblicherweise einfach als Nitroglyzerin bezeichnet wird, ist häufig als Sprengstoff eingesetzt worden. 1866 stellte Alfred Nobel mit dieser Verbindung Dynamit her. Überraschenderweise hat Trinitroglyzerin auch eine medizinische Anwendung. Es wird z. B. zur Behandlung von Angina pectoris (Brustschmerzen aufgrund einer Durchblutungsstörung des Herzens) eingesetzt und seine Wirkung beruht dabei auf einer Erweiterung der Blutgefäße. Die Zersetzungsenthalpie von Trinitroglyzerin zu gasförmigem Stickstoff, gasförmigem Kohlendioxid, flüssigem Wasser und gasförmigem Sauerstoff beträgt bei einem Druck von 1 atm und einer Temperatur von 25 °C −1541,4 kJ/mol. **(a)** Geben Sie die ausgeglichene chemische Gleichung der Zersetzung von Trinitroglyzerin an. **(b)** Berechnen Sie die Standardbildungswärme von Trinitroglyzerin. **(c)** Eine Standarddosis Trinitroglyzerin zur Behandlung von Angina pectoris beträgt 0,60 mg. Wie viele Kalorien werden frei, wenn Sie davon ausgehen, dass diese Dosis vom Körper (natürlich nicht explosiv!) zu gasförmigem Stickstoff, gasförmigem Kohlendioxid und flüssigem Wasser abgebaut wird? **(d)** Eine übliche Form von Trinitroglyzerin schmilzt bei etwa 3 °C. Würden Sie anhand dieser Informationen und der Formel der Substanz einen ionischen oder einen molekularen Charakter der Substanz annehmen? Begründen Sie Ihre Antwort. **(e)** Beschreiben Sie die verschiedenen Übergänge zwischen Energieformen, die auftreten, wenn Trinitroglyzerin verwendet wird, um eine Felswand zu sprengen.

Lösung

(a) Die allgemeine Form der Gleichung, die wir ausgleichen sollen, lautet

$$C_3H_5N_3O_9(l) \longrightarrow N_2(g) + CO_2(g) + H_2O(l) + O_2(g)$$

Wir gehen beim Ausgleichen der Gleichung wie üblich vor. Um eine gerade Zahl Stickstoffatome auf der linken Seite zu erhalten, multiplizieren wir die Formel von $C_3H_5N_3O_9(s)$ mit 2. Auf diese Weise erhalten wir 3 mol $N_2(g)$, 6 mol CO_2 und 5 mol $H_2O(l)$. Jetzt sind alle Elemente bis auf Sauerstoff ausgeglichen. Auf der rechten Seite befindet sich eine ungerade Anzahl an Sauerstoffatomen. Wir gleichen die Sauerstoffbilanz aus, indem wir auf der rechten Seite $\frac{1}{2}$ mol $O_2(g)$ hinzufügen:

$$2\,C_3H_5N_3O_9(l) \longrightarrow 3\,N_2(g) + 6\,CO_2(g) + 5\,H_2O(l) + \tfrac{1}{2}\,O_2(g)$$

Wenn wir die gesamte Gleichung mit 2 multiplizieren, erhalten wir für alle Koeffizienten gerade Zahlen:

$$4\,C_3H_5N_3O_9(l) \longrightarrow 6\,N_2(g) + 12\,CO_2(g) + 10\,H_2O(l) + O_2(g)$$

Wasser ist bei der Explosionstemperatur ein Gas. Die rasche Ausdehnung der gasförmigen Produkte ist für die hohe Explosionskraft der Substanz verantwortlich.

(b) Die Bildungswärme ist die Enthalpieänderung der folgenden ausgeglichenen chemischen Gleichung:

$$3\,C(s) + \tfrac{3}{2}\,N_2(g) + \tfrac{5}{2}\,H_2(g) + \tfrac{9}{2}\,O_2(g) \longrightarrow C_3H_5N_3O_9(l) \qquad \Delta H_f^\circ = ?$$

Wir erhalten den Wert von ΔH_f° mit Hilfe der Zersetzungsgleichung von Trinitroglyzerin:

$$4\,C_3H_5N_3O_9(l) \longrightarrow 6\,N_2(g) + 12\,CO_2(g) + 10\,H_2O(l) + O_2(g)$$

Die Enthalpieänderung bei dieser Reaktion beträgt $4(-1541\text{ kJ}) = -6155{,}6\text{ kJ}$. Wir müssen den Wert mit 4 multiplizieren, weil die ausgeglichene Gleichung 4 mol $C_3H_5N_3O_9(l)$ enthält. Diese Enthalpieänderung ist gleich der Summe der Bildungswärmen der Produkte abzüglich der Bildungswärmen der Reaktanten, wobei alle Werte mit den entsprechenden Koeffizienten der ausgeglichenen Gleichung multipliziert werden:

$$-6155{,}6\text{ kJ} = \{6\Delta H_f^\circ[N_2(g)] + 12\Delta H_f^\circ[CO_2(g)] + 10\Delta H_f^\circ[H_2O(l)] + \Delta H_f^\circ[O_2(g)]\} - 4\Delta H_f^\circ[C_3H_5N_3O_9(l)]$$

Die ΔH_f°-Werte von $N_2(g)$ und $O_2(g)$ sind definitionsgemäß gleich null. Mit den Werten von $H_2O(l)$ und $CO_2(g)$ aus Tabelle 5.3 erhalten wir

$$-6155{,}6\text{ kJ} = 12(-393{,}5\text{ kJ}) + 10(-285{,}8\text{ kJ}) - 4\Delta H_f^\circ(C_3H_5N_3O_9(l))$$

$$\Delta H_f^\circ(C_3H_5N_3O_9(l)) = -353{,}6\text{ kJ/mol}$$

(c) Wir wissen, dass bei der Oxidation von 1 mol $C_3H_5N_3O_9(l)$ 1541,4 kJ Energie freigesetzt werden. Wir müssen also die Stoffmenge von 0,60 mg $C_3H_5N_3O_9(l)$ berechnen:

$$0{,}60 \times 10^{-3}\text{ g }C_3H_5N_3O_9 \left(\frac{1\text{ mol }C_3H_5N_3O_9}{227\text{ g }C_3H_5N_3O_9}\right)\left(\frac{1541{,}4\text{ kJ}}{1\text{ mol }C_3H_5N_3O_9}\right) = 4{,}1 \times 10^{-3}\text{ kJ}$$

(d) Aufgrund seines Schmelzpunktes unterhalb der Zimmertemperatur erwarten wir, dass Trinitroglyzerin eine molekulare Verbindung ist. Mit wenigen Ausnahmen handelt es sich bei ionischen Substanzen im Allgemeinen um kristalline Materialien, die bei hohen Temperaturen schmelzen (siehe Abschnitte 2.5 und 2.6). Zudem können wir den molekularen Charakter der Substanz aus der Molekülformel ableiten. Bei allen Elementen, aus denen sie besteht, handelt es sich um Nichtmetalle.

(e) Die in Trinitroglyzerin gespeicherte Energie ist chemische potenzielle Energie. Bei der explosiven Reaktion der Substanz bilden sich die Stoffe Kohlendioxid, Wasser und gasförmiger Stickstoff, die eine niedrigere potenzielle Energie besitzen. Während der chemischen Umsetzung wird Energie in Form von Wärme frei, die gasförmigen Produkte sind also sehr heiß. Diese sehr hohe Wärmeenergie wird an die Umgebung abgegeben, indem die Gase sich in die Umgebung, bei der es sich um feste Materialien handeln kann, ausdehnen. Es wird Arbeit verrichtet, indem die festen Materialen bewegt werden und kinetische Energie auf sie übertragen wird. Ein Steinbrocken kann z. B. nach oben geschleudert werden, wenn er von den heißen, sich ausdehnenden Gasen kinetische Energie erhält. Beim Hochfliegen des Steinbrockens wird die kinetische Energie in potenzielle Energie umgewandelt. Wenn der Steinbrocken anschließend auf die Erde fällt, erhält er wiederum kinetische Energie. Beim Auftreffen auf die Erde wird seine kinetische Energie zum größten Teil in thermische Energie umgewandelt, auch wenn teilweise Arbeit an der Umgebung verrichtet werden kann.

Zusammenfassung und Schlüsselbegriffe

Einführung und Abschnitt 5.1 Die **Thermodynamik** ist die Lehre von der Energie und ihrer Umwandlungen. In diesem Kapitel haben wir uns mit der **Thermochemie** auseinander gesetzt, in der Energieübergänge (insbesondere Wärmeübergänge) untersucht werden, die bei chemischen Reaktionen auftreten.

Ein Objekt kann Energie in zwei Formen besitzen: **Kinetische Energie** ist die Energie, die ein Objekt aufgrund seiner Bewegung besitzt. **Potenzielle Energie** ist die Energie, die ein Objekt aufgrund seiner Position relativ zu anderen Objekten besitzt. Ein sich in der Nähe eines Protons bewegendes Elektron besitzt z.B. aufgrund seiner Bewegung kinetische Energie und aufgrund der elektrostatischen Anziehung zum Proton potenzielle Energie. Die SI-Einheit der Energie ist das **Joule** (J): $1\,\text{J} = 1\,\text{kg} \cdot \text{m}^2/\text{s}^2$. Eine weitere gebräuchliche Energieeinheit ist die **Kalorie** (cal), die ursprünglich als die Energiemenge definiert war, die benötigt wird, um die Temperatur von 1 g Wasser um 1 °C zu erhöhen: $1\,\text{cal} = 4{,}184\,\text{J}$.

Bei der Untersuchung von thermodynamischen Eigenschaften definieren wir eine bestimmte Materiemenge als **System**. Alles, was sich außerhalb des Systems befindet, ist die **Umgebung**. Wenn wir eine chemische Reaktion untersuchen, besteht das System im Allgemeinen aus den Reaktanten und den Produkten. Ein geschlossenes System kann mit seiner Umgebung Energie, jedoch keine Materie austauschen. Energie kann zwischen dem System und der Umgebung als Arbeit oder Wärme übertragen werden. **Arbeit** ist die Energie, die bei der Bewegung eines Objekts gegen eine **Kraft** verbraucht wird. **Wärme** ist die Energie, die von einem wärmeren Objekt auf ein kälteres Objekt übertragen wird. Energie ist das Vermögen zur Verrichtung von Arbeit oder zur Übertragung von Wärme.

Abschnitt 5.2 Die **innere Energie** eines Systems ist die Summe aller kinetischen und potenziellen Energien seiner Bestandteile. Die innere Energie eines Systems kann sich aufgrund einer zwischen dem System und der Umgebung auftretenden Energieübertragung verändern. Der **Erste Hauptsatz der Thermodynamik** besagt, dass die Änderung der inneren Energie eines Systems ΔU gleich der Summe der in das oder aus dem System übertragenen Wärmemenge Q und der vom oder am System verrichteten Arbeit W ist: $\Delta U = Q + W$. Sowohl Q als auch W haben ein Vorzeichen, das die Richtung der Energieübertragung anzeigt. Wenn Wärme von der Umgebung in das System übertragen wird, ist $Q > 0$. Analog ist bei einer von der Umgebung am System verrichteten Arbeit $W > 0$. In einem endothermen Prozess nimmt das System Wärme aus der Umgebung auf, in einem exothermen Prozess gibt das System Wärme an die Umgebung ab.

Die innere Energie U ist eine **Zustandsgröße**. Der Wert einer Zustandsgröße hängt nur vom Zustand bzw. den Bedingungen des Systems und nicht von der Art und Weise, wie dieser Zustand erreicht worden ist, ab. Bei der Wärme Q und der Arbeit W handelt es sich nicht um Zustandsgrößen. Die Werte dieser Größen hängen davon ab, auf welche Weise ein System seinen Zustand verändert.

Abschnitt 5.3 und 5.4 Wenn in einer bei konstantem Druck stattfindenden chemischen Reaktion ein Gas gebildet oder verbraucht wird, leistet das System **Druck-Volumen-Arbeit (pV-Arbeit)** gegen den herrschenden Druck. Wir definieren daher eine neue Zustandsgröße, die wir die **Enthalpie** H nennen und die auf folgende Weise mit der Energie zusammenhängt: $H = U + pV$. In Systemen, in denen nur Druck-Volumen-Arbeit durch Gase geleistet wird, ist die Enthalpieänderung des Systems ΔH gleich der bei konstantem Druck aufgenommenen oder abgegebenen Wärme: $\Delta H = Q_p$. Bei einem endothermen Prozess ist $\Delta H > 0$, bei einem exothermen Prozess ist $\Delta H < 0$.

Jede Substanz hat eine charakteristische Enthalpie. In einem chemischen Prozess ist die **Reaktionsenthalpie** gleich der Enthalpie der Produkte abzüglich der Enthalpie der Reaktanten: $\Delta H_r = H(\text{Produkte}) - H(\text{Reaktanten})$. Reaktionsenthalpien unterliegen den folgenden einfachen Regeln: (1) Die Reaktionsenthalpie ist proportional zur Menge des reagierenden Reaktanten. (2) Bei einer Umkehrung der Reaktion ändert sich das Vorzeichen von ΔH. (3) Die Reaktionsenthalpie ist von den physikalischen Zuständen der Reaktanten und Produkte abhängig.

Abschnitt 5.5 Die zwischen dem System und der Umgebung übertragene Wärmemenge kann mit Hilfe der **Kalorimetrie** experimentell gemessen werden. In einem **Kalorimeter** wird die bei einem Prozess auftretende Temperaturänderung gemessen. Die Temperaturänderung eines Kalorimeters ist von seiner **Wärmekapazität** abhängig. Dabei handelt es sich um die Wärmemenge, die zur Erhöhung seiner Temperatur um 1 K benötigt wird. Die Wärmekapazität eines Mols einer reinen Substanz wird als **molare Wärmekapazität** der Substanz bezeichnet. Für ein Gramm der Substanz verwenden wir den Ausdruck **spezifische Wärme**. Wasser hat eine spezifische Wärme von $4{,}18\,\text{J/g}\cdot\text{K}$. Die von einer Substanz aufgenommene Wärmemenge Q ist das Produkt aus der spezifischen Wärme (C), der Masse und der Temperaturänderung der Substanz: $Q = C \times m \times \Delta T$.

Wenn ein kalorimetrisches Experiment bei konstantem Druck ausgeführt wird, ist die übertragene Wärmemenge ein direktes Maß für die Enthalpieänderung der Reaktion. Kalorimetrie bei konstantem Volumen wird in einem Gefäß mit definiertem Volumen durchgeführt, das **Bombenkalorimeter** genannt wird. Bombenkalorimeter werden verwendet, um die bei Verbrennungsreaktionen frei werdende Wärme zu messen. Die bei konstantem Volumen übertragene Wärme ist gleich ΔU. Es ist jedoch möglich, die Werte von ΔU zu korrigieren, um auf diese Weise Verbrennungsenthalpien zu erhalten.

Abschnitt 5.6 Weil es sich bei der Enthalpie um eine Zustandsgröße handelt, ist ΔH nur vom Anfangs- und Endzustand des Systems abhängig. Die bei einem Prozess auftretende Enthalpieänderung bleibt also gleich, egal, ob der Prozess in einem oder in mehreren Schritten durchgeführt wird. Laut dem **Hess'schen Satz** ist bei einer Reaktion, die in mehreren Schritten durchgeführt wird, der Wert von ΔH gleich der Summe der Enthalpieänderungen der einzelnen Schritte. Wir können daher ΔH für jeden Prozess berechnen, den wir in eine Folge von Schritten mit jeweils bekanntem ΔH zerlegen können.

Abschnitt 5.7 Die **Bildungsenthalpie** ΔH_f einer Substanz ist die Enthalpieänderung der Reaktion, in der die Substanz aus ihren elementaren Bestandteilen gebildet wird. Die **Standardenthalpieänderung** $\Delta H°$ einer Reaktion ist die Enthalpieänderung, die auftritt, wenn alle Reaktanten und Produkte bei einem Druck von 1 atm und einer bestimmten Temperatur, normalerweise 298 K (25 °C), vorliegen. Wenn wir diese beiden Konzepte kombinieren, erhalten wir die **Standardbildungsenthalpie** $\Delta H°_f$ einer Substanz. Es handelt sich um die Reaktionsenthalpie, die bei der Bildung eines Mols einer Substanz aus ihren Elementen frei wird, wobei die Elemente bei einem Druck von 1 atm und einer Temperatur von (normalerweise) 298 K in ihrer unter diesen Bedingungen stabilen Form vorliegen. Bei einem Element in diesem Zustand ist $\Delta H°_f = 0$. Die Standardenthalpieänderung einer Reaktion kann einfach aus den Standardbildungsenthalpien der Reaktanten und Produkte der Reaktion berechnet werden:

$$\Delta H°_r = \sum n \Delta H°_f (\text{Produkte}) - \sum m \Delta H°_f (\text{Reaktanten})$$

Abschnitt 5.8 Der **Brennwert** einer Substanz ist die Wärme, die frei wird, wenn ein Gramm der Substanz verbrannt wird. Verschiedene Nahrungsmittel haben unterschiedliche Brennwerte und können unterschiedlich gut im Körper gespeichert werden. Bei den gebräuchlichsten Brennstoffen handelt es sich um Kohlenwasserstoffe, die in **fossilen Brennstoffen** wie **Erdgas**, **Erdöl** und **Kohle** vorkommen. Kohle ist der am häufigsten vorkommende fossile Brennstoff, der in den meisten Kohlen enthaltene Schwefel verursacht jedoch eine starke Luftverschmutzung. Die Kohlevergasung stellt eine Möglichkeit dar, die vorhandenen Kohleressourcen in der Zukunft als sauberere Energiequelle zu nutzen. Bei **erneuerbaren Energiequellen** handelt es sich z. B. um Solarenergie, Windenergie, Energie aus Biomasse und hydroelektrische Energie. In der Kernenergie werden keine fossilen Brennstoffe verbraucht, diese Energieform verursacht jedoch gravierende Entsorgungsprobleme.

Veranschaulichung von Konzepten

5.1 Stellen Sie sich ein Buch vor, dass von einem Bücherregal fällt. Zu einem bestimmten Zeitpunkt hat es eine kinetische Energie von 13 J und eine potenzielle Energie von 72 J in Bezug auf den Boden. Wie verändern sich im Verlauf des weiteren Falls seine kinetische und potenzielle Energie? Wie hoch ist die kinetische Energie des Buches unmittelbar vor dem Aufprall auf den Boden? (*Abschnitt 5.1*)

5.2 Betrachten Sie das unten stehende Energiediagramm. **(a)** Ist in diesem Diagramm eine Zunahme oder eine Abnahme der inneren Energie des Systems dargestellt? **(b)** Welches Vorzeichen hat ΔU in diesem Prozess? **(c)** Ist der Prozess, wenn ansonsten keine Arbeit verrichtet wird, exotherm oder endotherm? (*Abschnitt 5.2*)

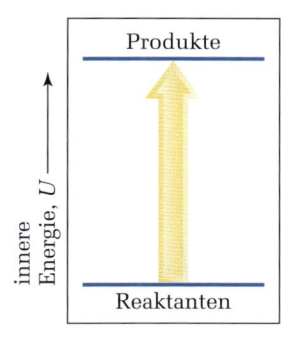

5.3 In der folgenden Abbildung sind geschlossene Behälter dargestellt, deren Inhalt jeweils ein System repräsentiert. Die angegebenen Pfeile stehen für die während eines Prozesses im System auftretenden Änderungen. Die Länge eines Pfeils ist dabei proportional zur relativen Änderung von Q bzw. W. **(a)** Welche Prozesse sind endotherm? **(b)** Bei welchen Prozessen ist $\Delta U < 0$? **(c)** Bei welchen Prozessen wird die innere Energie des Systems erhöht? (*Abschnitt 5.2*)

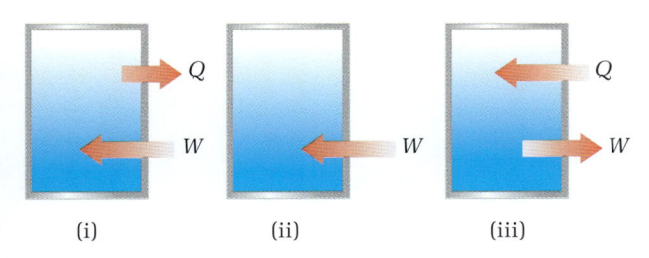

5.4 Stellen Sie sich vor, Sie besteigen einen Berg. **(a)** Handelt es sich bei der Entfernung, die Sie bis zum Gipfel zurücklegen, um eine Zustandsgröße? Warum oder warum nicht? **(b)** Ist der Höhenunterschied zwischen ihrem Basiscamp und dem Gipfel eine Zustandsgröße? Warum oder warum nicht? (*Abschnitt 5.2*)

5.5 Im unten dargestellten Zylinder findet ein chemischer Prozess bei konstanter Temperatur und konstantem Druck statt. Ist das Vorzeichen von W in diesem Prozess positiv oder negativ? Wenn der Prozess endotherm ist, nimmt dann die innere Energie des Systems während des Prozesses zu oder ab? Ist ΔU positiv oder negativ? (*Abschnitte 5.2 und 5.3*)

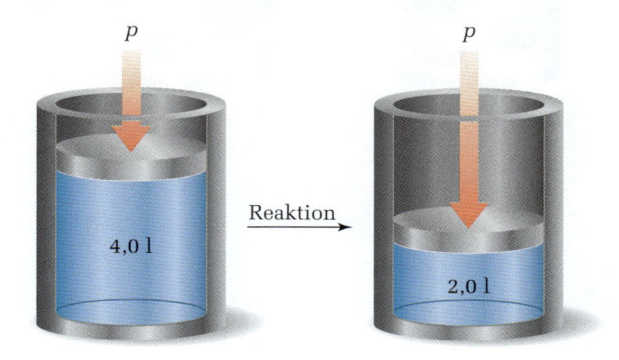

5.6 Stellen Sie sich einen Behälter in einem Wasserreservoir vor (siehe folgende Abbildung). **(a)** Wenn es sich beim Inhalt des Behälters um das System handelt und Wärme durch die Behälterwand fließen kann, welche qualitativen Temperaturänderungen finden dann im System und in der Umgebung statt? Welches Vorzeichen hat Q bei den jeweiligen Änderungen? Ist der Prozess aus der Sichtweise des Systems exotherm oder endotherm? **(b)** Wenn sich während des Prozesses weder das Volumen noch der Druck des Systems ändern, welche Beziehung gilt dann zwischen der Änderung der inneren Energie und der Änderung der Enthalpie? (*Abschnitte 5.2 und 5.3*)

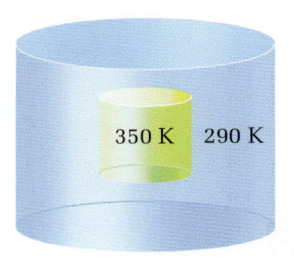

5.7 Eine Gasphasenreaktion wird in einer Vorrichtung durchgeführt, die dafür konzipiert wurde, den Druck konstant zu halten. **(a)** Geben Sie die ausgeglichene chemische Gleichung der dargestellten Reaktion an.

Ist w positiv, negativ oder gleich null? **(b)** Bestimmen Sie mit Hilfe der Daten aus Anhang C den Wert von ΔH für die Bildung von einem Mol des Produkts. Warum wird diese Enthalpieänderung die Bildungsenthalpie des untersuchten Produkts genannt? (*Abschnitte 5.3* und *5.7*)

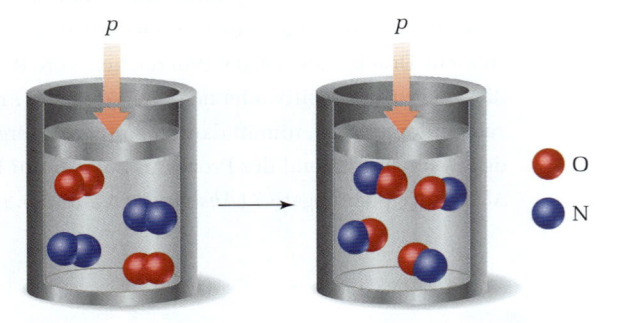

5.8 Betrachten Sie die beiden unten stehenden Diagramme. **(a)** Geben Sie eine aus Diagramm (*i*) abgeleitete Beziehung zwischen ΔH_A, ΔH_B und ΔH_C an. Inwiefern ist aus Diagramm (*i*) und der Gleichung ersichtlich, dass die Enthalpie eine Zustandsgröße ist? **(b)** Geben Sie anhand von Diagramm (*ii*) eine Gleichung zwischen ΔH_Z und den im Diagramm eingetragenen Enthalpieänderungen an. Wie verhält sich das Diagramm (*ii*) in Bezug auf den Hess'schen Satz? (*Abschnitt 5.6*)

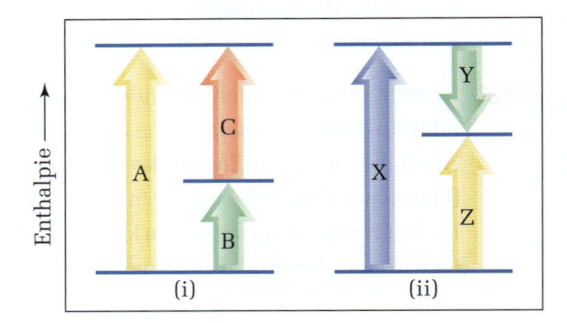

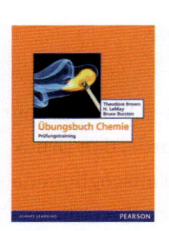

Die elektronische Struktur der Atome

6

6.1	Die Wellennatur des Lichts	209
6.2	Gequantelte Energien und Photonen	213
6.3	Linienspektren und das Bohr'sche Atommodell	216
6.4	Das wellenartige Verhalten von Materie	221
6.5	Quantenmechanik und Atomorbitale	224
6.6	Darstellung von Orbitalen	228
6.7	Mehr-Elektronen-Atome	233
6.8	Elektronenkonfigurationen	235

Chemie und Leben
Kernspin und magnetische Resonanztomographie ... 236

6.9	Elektronenkonfigurationen und das Periodensystem	241

Zusammenfassung und Schlüsselbegriffe ... 246

Veranschaulichung von Konzepten ... 248

ÜBERBLICK

6 Die elektronische Struktur der Atome

Was uns erwartet

- Licht (Strahlungsenergie oder *elektromagnetische Strahlung*) hat wellenartige Eigenschaften und wird durch *Wellenlänge*, *Frequenz* und *Geschwindigkeit* charakterisiert (*Abschnitt 6.1*).

- Bei Untersuchungen der Strahlung von heißen Körpern und der Emission von Elektronen aus Metalloberflächen durch Bestrahlung mit Licht hat sich herausgestellt, dass elektromagnetische Strahlung auch teilchenartige Eigenschaften hat und durch *Photonen* beschrieben werden kann (*Abschnitt 6.2*).

- Die Tatsache, dass Atome Licht charakteristischer Farbe *(Linienspektren)* emittieren, liefert Hinweise darauf, wie Elektronen in Atomen angeordnet sind und führt zu zwei Schlussfolgerungen: Elektronen können sich im Einflussbereich des Kerns nur in bestimmten Energieniveaus befinden. Der Wechsel des Energieniveaus eines Elektrons ist mit einer Energieänderung verbunden (*Abschnitt 6.3*).

- Die wellenartigen Eigenschaften von Materie haben zur Folge, dass der genaue Ort und die genaue Bewegung eines Elektrons in einem Atom nie gleichzeitig bestimmt werden können *(Heisenberg'sche Unschärferelation)* (*Abschnitt 6.4*).

- Die Anordnung der Elektronen in Atomen wird in der Quantenmechanik durch *Atomorbitale* beschrieben (*Abschnitte 6.5, 6.6* und *6.7*).

- Mit Hilfe der Energien der Orbitale und einigen fundamentalen Eigenschaften von Elektronen, die in der *Hund'schen Regel* beschrieben sind, können wir bestimmen, wie viele Elektronen sich in den jeweiligen Orbitalen des Atoms befinden *(Elektronenkonfigurationen)* (*Abschnitt 6.8*).

- Die Elektronenkonfiguration eines Atoms ist von der Stellung des Elements im Periodensystem abhängig (*Abschnitt 6.9*).

In diesem Kapitel beschäftigen wir uns mit der Quantentheorie und ihrer Bedeutung für die Chemie. Wir werden die Natur des Lichts näher anschauen und erkennen, wie die traditionelle Sichtweise der Eigenschaften des Lichts durch die Quantentheorie verändert worden ist. Wir werden einige der Werkzeuge der *Quantenmechanik* kennen lernen, der modernen Physik, die zur korrekten Beschreibung von Atomen entwickelt werden mußte.

Anschließend werden wir mit Hilfe der Quantentheorie die Anordnung der Elektronen in Atomen, die so genannte **elektronische Struktur** von Atomen, beschreiben. Die elektronische Struktur eines Atoms beschreibt nicht zur die Anzahl der Elektronen in einem Atom, sondern auch ihre Verteilung um den Kern und ihre Energien. Wie werden feststellen, dass uns die quantenmechanische Beschreibung der elektronischen Struktur von Atomen dabei hilft, die Anordnung der Elemente im Periodensystem besser zu verstehen. Wir werden erkennen, warum Helium und Neon z. B. unreaktive Gase sind, während es sich bei Natrium und Kalium um weiche, reaktive Metalle handelt. In den folgenden Kapiteln werden wir Tendenzen im Periodensystem und die Ausbildung von Bindungen mit Hilfe der Quantentheorie erklären können.

Die Wellennatur des Lichts 6.1

Einen Großteil unseres gegenwärtigen Verständnisses der elektronischen Struktur von Atomen verdanken wir der Untersuchung von Licht, das von Substanzen entweder emittiert oder absorbiert wird. Um die elektronische Struktur verstehen zu können, müssen wir uns daher zunächst näher mit den Eigenschaften von Licht beschäftigen. Das Licht, das wir mit unseren Augen sehen können – sichtbares Licht – ist ein Beispiel für **elektromagnetische Strahlung**. Weil elektromagnetische Strahlung Energie durch den Raum befördert, wird Licht auch *Strahlungsenergie* genannt. Außer sichtbarem Licht gibt es noch viele weitere Arten elektromagnetischer Strahlung. Obwohl diese verschiedenen Arten – wie z. B. die Radiowellen, über die Musik übertragen wird, die Infrarotstrahlung (Wärme) eines glühenden Ofens oder die Röntgenstrahlung in der Zahnarztpraxis – sehr unterschiedlich *erscheinen* mögen, haben sie bestimmte grundlegende Eigenschaften gemeinsam.

Alle Formen elektromagnetischer Strahlung bewegen sich im Vakuum mit *Lichtgeschwindigkeit* ($3,00 \times 10^8$ m/s). Zudem haben sie wellenartige Eigenschaften, die denen von Wasserwellen ähnlich sind. Wasserwellen entstehen, wenn Energie auf Wasser übertragen wird, z. B. durch das Fallenlassen eines Steins oder die Bewegung eines Boots auf der Wasseroberfläche (▶ Abbildung 6.1). Diese Energie macht sich als Auf-und-ab-Bewegung des Wassers bemerkbar.

Ein Querschnitt einer Wasserwelle (▶ Abbildung 6.2) offenbart, dass Wasserwellen periodisch sind, d. h. dass sich die Höhen und Tiefen der Wellen in regelmäßigen Intervallen wiederholen. Der Abstand zwischen zwei benachbarten Wellenbergen (bzw. zwischen zwei benachbarten Wellentälern) wird **Wellenlänge** genannt. Die Anzahl der vollständigen Wellenlängen bzw. *Zyklen*, die pro Sekunde einen bestimmten Ort durchlaufen, wird **Frequenz** der Welle genannt. Wir können die Frequenz einer Wasserwelle messen, indem wir untersuchen, wie oft pro Sekunde ein auf dem Wasser schwimmendes Stück Kork einen vollständigen Zyklus von Auf- und Ab-Bewegungen durchläuft.

Abbildung 6.1: Wasserwellen. Bei der Bewegung eines Boots durch das Wasser entstehen Wellen. Wir können die Bewegung bzw. das *Fortschreiten* einer Welle am regelmäßigen Wechsel der Wellenberge und -täler erkennen.

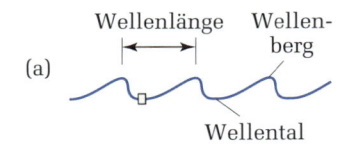

Abbildung 6.2: Merkmale einer Wasserwelle. (a) Der Abstand zwischen zwei gleichartigen Punkten einer Welle wird *Wellenlänge* genannt. Bei den in dieser Zeichnung betrachteten Punkten handelt es sich um die Höhepunkte der Welle, zur Bestimmung der Wellenlänge sind jedoch auch beliebige andere gleichartige Punkte geeignet (z. B. auch zwei Täler). (b) Die Anzahl der pro Sekunde auftretenden Auf-und-ab-Bewegungen des Korks wird die *Frequenz* der Welle genannt.

> **? DENKEN SIE EINMAL NACH**
>
> Welcher Unterschied besteht zwischen sichtbarem Licht und elektromagnetischer Strahlung?

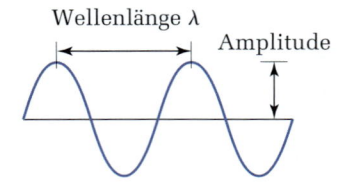

(a) zwei vollständige Zyklen mit der Wellenlänge λ

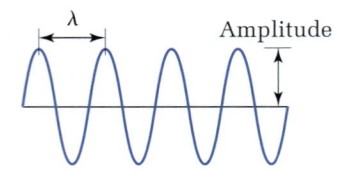

(b) Wellenlänge halb so groß wie in (a); Frequenz doppelt so groß wie in (a)

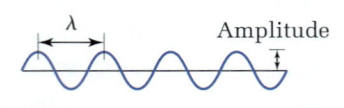

(c) gleiche Frequenz wie in (b), geringere Amplitude

Abbildung 6.3: Merkmale einer elektromagnetischen Welle. Strahlungsenergie hat Welleneigenschaften, sie besteht aus elektromagnetischen Wellen. Beachten Sie, dass die Wellenlänge λ mit zunehmender Frequenz ν abnimmt. Die Wellenlänge in (b) ist halb so groß wie in (a), die Frequenz der Welle in (b) ist daher doppelt so groß wie die Frequenz in (a). Die *Amplitude* der Welle ist gleich dem Maximum der Wellenoszillation und von der Intensität der Strahlung abhängig. In diesen Diagrammen wird die Amplitude als vertikale Entfernung zwischen der Mittellinie der Welle und ihrem Höhepunkt gemessen. Die Wellen in (a) und (b) haben die gleiche Amplitude. Die Welle in (c) hat die gleiche Frequenz, jedoch eine geringere Amplitude als die Welle in (b).

Wie in ▶Abbildung 6.3 gezeigt, können wir wie Wasserwellen auch elektromagnetischen Wellen eine Frequenz und eine Wellenlänge zuordnen. Diese und alle anderen wellenartigen Eigenschaften elektromagnetischer Strahlung lassen sich auf die periodischen Oszillationen der Intensitäten der elektrischen und magnetischen Felder zurückführen, die mit der Strahlung verbunden sind.

Die Geschwindigkeit von Wasserwellen ist davon abhängig, wie diese entstanden sind – die Wellen, die ein Schnellboot erzeugt, haben z. B. eine größere Ausbreitungsgeschwindigkeit als die von einem Ruderboot erzeugten Wellen. Elektromagnetische Strahlung breitet sich dagegen immer mit der gleichen Geschwindigkeit, der Lichtgeschwindigkeit, aus. Als Folge davon hängen bei elektromagnetischer Strahlung Wellenlänge und Frequenz immer auf eindeutige Weise voneinander ab. Bei einer großen Wellenlänge passieren pro Sekunde weniger Zyklen der Welle einen bestimmten Ort, die Frequenz ist also niedrig. Bei einer Welle mit höherer Frequenz muss der Abstand zwischen den Wellenbergen dagegen kurz sein (kurze Wellenlänge). Diese inverse Beziehung zwischen der Frequenz und der Wellenlänge elektromagnetischer Strahlung wird durch die Gleichung

$$\nu\lambda = c \qquad (6.1)$$

ausgedrückt, wobei ν (griechischer Buchstabe „nü") die Frequenz, λ (griechischer Buchstabe „lambda") die Wellenlänge und c die Lichtgeschwindigkeit ist.

Warum haben unterschiedliche Formen elektromagnetischer Strahlung unterschiedliche Eigenschaften? Die verschiedenen Eigenschaften elektromagnetischer Strahlung ergeben sich aus ihren unterschiedlichen Wellenlängen, die in Längeneinheiten ausgedrückt werden. In ▶Abbildung 6.4 sind die verschiedenen Formen elektromagnetischer Strahlung in der Reihenfolge steigender Wellenlänge dargestellt. Eine solche Abbildung wird *elektromagnetisches Spektrum* genannt. Beachten Sie, dass sich die Wellenlängen über einen sehr großen Bereich erstrecken. Die Wellenlänge von Gammastrahlung liegt in der Größenordnung eines Atomkerns, während die Wellenlänge von Radiowellen größer sein kann als ein Fußballfeld. Beachten Sie auch, dass sichtbares Licht, d. h. Licht einer Wellenlänge von etwa 400 bis 700 nm (4×10^{-7} m bis 7×10^{-7} m), nur einen sehr kleinen Teil des elektromagnetischen Spektrums aus-

6.1 Die Wellennatur des Lichts

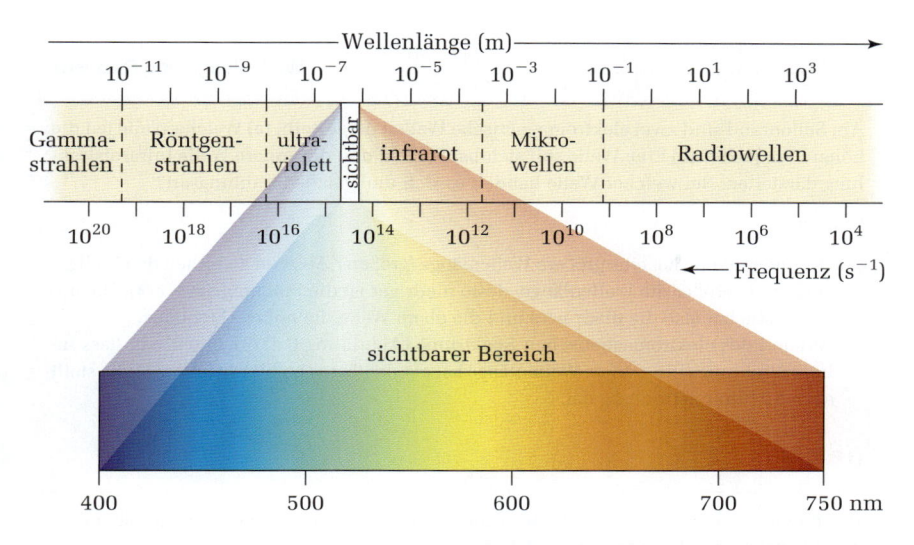

Abbildung 6.4: Das elektromagnetische Spektrum. Die Wellenlängen des Spektrums reichen von sehr kurzen Gammastrahlen bis zu sehr langen Radiowellen. Beachten Sie, dass die Farbe sichtbaren Lichts über die Wellenlänge quantitativ angegeben werden kann.

macht. Wir können sichtbares Licht sehen, weil es in unseren Augen chemische Reaktionen auslöst. Wie in Tabelle 6.1 gezeigt, hängt die Einheit, die für die Wellenlänge üblicherweise gewählt wird, von der jeweiligen Strahlungsart ab.

Die Frequenz wird in Zyklen pro Sekunde ausgedrückt, einer Einheit, die mit *Hertz* (Hz) bezeichnet wird. Weil eindeutig ist, dass Zyklen gemeint sind, wird die Frequenz einfach in der Einheit „pro Sekunde" angegeben und mit s^{-1} oder /s abgekürzt. Eine Frequenz von 820 Kilohertz (kHz), eine typische Frequenz einer Mittelwellenradiostation, kann entweder als 820.000 s^{-1} oder als 820.000/s geschrieben werden.

> **? DENKEN SIE EINMAL NACH**
>
> Sichtbares Licht kann menschliche Haut nicht durchdringen, Röntgenstrahlung dagegen schon. Welche Strahlung bewegt sich mit größerer Geschwindigkeit fort, sichtbares Licht oder Röntgenstrahlung?

Tabelle 6.1

Gebräuchliche Einheiten der Wellenlänge elektromagnetischer Strahlung

Einheit	Symbol	Länge (m)	Strahlungsart
Ångström	Å	10^{-10}	Röntgenstrahlen
Nanometer	nm	10^{-9}	ultraviolett, sichtbar
Mikrometer	µm	10^{-6}	infrarot
Millimeter	mm	10^{-3}	infrarot
Zentimeter	cm	10^{-2}	Mikrowellen
Meter	m	1	TV, Radiowellen

6 Die elektronische Struktur der Atome

ÜBUNGSBEISPIEL 6.1 — Wellenlänge und Frequenz

Am Seitenrand sind zwei elektromagnetische Wellen dargestellt. **(a)** Welche Welle hat die höhere Frequenz? **(b)** Eine Welle soll sichtbares Licht und die andere Welle Infrarotstrahlung darstellen. Bei welcher Welle handelt es sich um welche Strahlungsart?

Lösung

(a) Die untere Welle hat eine größere Wellenlänge (größerer Abstand zwischen den Wellenbergen). Je größer die Wellenlänge, desto niedriger ist die Frequenz ($\nu = c/\lambda$). Die untere Welle hat also die niedrigere und die obere Welle die höhere Frequenz.

(b) Anhand des elektromagnetischen Spektrums (Abbildung 6.4) erkennen wir, dass Infrarotstrahlung eine größere Wellenlänge hat als sichtbares Licht. Die untere Welle stellt also die Infrarotstrahlung dar.

ÜBUNGSAUFGABE

Wenn eine der Wellen am Seitenrand blaues und die andere Welle rotes Licht darstellen würde, welche Welle wäre dann welche?

Antwort: Wie aus der vergrößerten Darstellung des Bereichs des sichtbaren Lichts in Abbildung 6.4 zu erkennen ist, hat rotes Licht eine größere Wellenlänge als blaues Licht. Die untere Welle hat die längere Wellenlänge (niedrigere Frequenz) und würde daher für rotes Licht stehen.

ÜBUNGSBEISPIEL 6.2 — Zusammenhang zwischen Wellenlänge und Frequenz

Das von einer Natriumdampflampe erzeugte gelbe Licht, das oft für Beleuchtungen verwendet wird, hat eine Wellenlänge von 589 nm. Welche Frequenz hat diese Strahlung?

Lösung

Analyse: Es ist die Wellenlänge λ einer Strahlung angegeben. Wir sollen daraus die Frequenz ν berechnen.

Vorgehen: In ▶Gleichung 6.1 ist die Beziehung zwischen der Wellenlänge (die angegeben ist) und der Frequenz (die unbekannt ist) gegeben. Wir können diese Gleichung nach ν auflösen und erhalten nach Einsetzen der Werte von λ und c den Wert für die Frequenz. Die Lichtgeschwindigkeit c ist eine Naturkonstante, deren Wert oben im Text oder in der Tabelle der Naturkonstanten im hinteren Einband des Buches angegeben ist.

Lösung: Wenn wir Gleichung 6.1 nach der Frequenz auflösen, erhalten wir ($\nu = c/\lambda$). Beim Einsetzen der Werte von c und λ erkennen wir, dass die Längeneinheiten beider Größen sich voneinander unterscheiden. Wir rechnen daher die Wellenlänge von Nanometer in Meter um, so dass sich die Längeneinheiten herauskürzen:

$$\nu = \frac{c}{\lambda} = \left(\frac{3{,}00 \times 10^8 \text{ m/s}}{589 \text{ nm}}\right)\left(\frac{1 \text{ nm}}{10^{-9} \text{ m}}\right) = 5{,}09 \times 10^{14} \text{ s}^{-1}$$

Überprüfung: Die hohe Frequenz erscheint aufgrund der kurzen Wellenlänge plausibel. Die Einheiten sind korrekt, weil die Frequenz in der Einheit „pro Sekunde" bzw. s^{-1} angegeben ist.

ÜBUNGSAUFGABE

(a) Ein in der Augenchirurgie zum Verschmelzen der Retina verwendeter Laser hat eine Wellenlänge von 640,0 nm. Berechnen Sie die Frequenz dieser Strahlung.
(b) Ein UKW-Radiosender sendet elektromagnetische Strahlung mit einer Frequenz von 103,4 MHz (Megahertz, MHz = 10^6s^{-1}). Berechnen Sie die Wellenlänge dieser Strahlung.

Antworten: (a) $4{,}688 \times 10^{14} \text{ s}^{-1}$; **(b)** 2,901 m.

Gequantelte Energien und Photonen 6.2

Obwohl viele Aspekte des Verhaltens von Licht mit dem Wellenmodell erklärt werden können, können wir in einigen Experimenten Eigenschaften des Lichts beobachten, die dieses Modell nicht erklären kann. Drei dieser Experimente sind für das Verständnis der Wechselwirkungen zwischen elektromagnetischer Strahlung und Atomen besonders wichtig: (1) die Lichtemission heißer Objekte, die als Strahlung eines schwarzen Körpers bezeichnet wird, weil die untersuchten Objekte vor dem Erhitzen schwarz aussehen, (2) die Emission von Elektronen aus metallischen Oberflächen, die mit Licht bestrahlt werden (der photoelektrische Effekt) und (3) die Lichtemission elektronisch angeregter Gasatome (Emissionsspektren). Wir werden die ersten beiden Experimente im folgenden Abschnitt und das dritte Experiment im Abschnitt 6.3 näher betrachten.

Heiße Objekte und die Quantelung der Energie

Wenn Festkörper erhitzt werden, emittieren sie Strahlung. Dieses Phänomen können wir z. B. als rotes Glühen der Heizstäbe eines Elektroofens oder als helles weißes Licht einer Wolframglühbirne beobachten. Die Wellenlängenverteilung der Strahlung hängt von der Temperatur ab, ein rotglühendes Objekt ist z. B. kälter als ein weißglühendes Objekt (▶Abbildung 6.5). Am Ende des 19. Jahrhunderts haben sich eine Reihe von Physikern mit diesem Phänomen beschäftigt und versucht, die Beziehungen zwischen der Temperatur und der Intensität und Wellenlänge der emittierten Strahlung zu verstehen. Die Beobachtungen konnten mit den bis dahin geltenden physikalischen Vorstellungen jedoch nicht erklärt werden.

Der deutsche Physiker Max Planck (1858–1947) löste im Jahr 1900 diesen Widerspruch auf: Er stellte die revolutionäre Hypothese auf, dass Atome Energie nur in diskreten Beträgen einer minimalen Größe aufnehmen oder abgeben können. Planck gab der kleinsten Energiemenge, die als elektromagnetische Strahlung emittiert oder absorbiert werden kann, den Namen **Quant** (was „fester Betrag" bedeutet). Laut Planck sollte die Energie E eines einzelnen Quants gleich einer Konstanten multipliziert mit der Strahlungsfrequenz sein:

$$E = h\nu \quad (6.2)$$

Abbildung 6.5: Farbe als Funktion der Temperatur. Die Farbe und Intensität des von einem heißen Objekt emittierten Lichts sind von der Temperatur des Objekts abhängig. Die Temperatur ist im Zentrum des hier abgebildeten flüssigen Stahls am höchsten. Das vom Zentrum emittierte Licht ist daher am intensivsten und hat die kürzeste Wellenlänge.

Die Konstante h wird Planck'sches **Wirkungsquantum** genannt und hat einen Wert von $6{,}626 \times 10^{-34}$ Joule-Sekunden (J·s). Gemäß der Planck'schen Theorie kann Materie Energie nur in ganzzahligen Vielfachen von $h\nu$ wie z. B. $h\nu$, $2h\nu$, $3h\nu$ usw. emittieren oder absorbieren. Ein von einem Atom emittierter Energiebetrag von $3h\nu$ wird z. B. als Emission von drei Quanten Energie bezeichnet. Weil Energie nur in bestimmten Beträgen emittiert werden kann, bezeichnen wir die erlaubten Energien als *gequantelt* – ihre Beträge sind auf bestimmte Werte beschränkt. Plancks revolutionärer Vorschlag der Quantelung der Energie stellte sich als richtig heraus, und Planck wurde 1918 für seine Arbeiten über die Quantentheorie mit dem Nobelpreis für Physik ausgezeichnet.

Wenn Ihnen die Idee gequantelter Energien seltsam vorkommt, hilft es Ihnen vielleicht, sich diese mit Hilfe einer Analogie zu veranschaulichen. Vergleichen Sie einmal die in ▶Abbildung 6.6 dargestellte Rampe mit der ebenfalls in der Abbildung dargestellten Treppe. Wenn Sie die Rampe hochgehen, nimmt Ihre potenzielle Energie auf gleichmäßige, kontinuierliche Form zu. Gehen Sie dagegen die Treppe hoch, können Sie nur *auf* einzelnen Treppenstufen und nicht *zwischen* diesen stehen. Ihre potenzielle Energie ist also auf bestimmte Werte beschränkt und daher gequantelt.

Abbildung 6.6: Ein Modell für gequantelte Energie. Die potenzielle Energie einer Person, die eine Rampe hochgeht (a), nimmt auf gleichmäßige, kontinuierliche Weise zu, während die potenzielle Energie einer Person, die eine Treppe hochgeht (b), stufenartig d. h. auf gequantelte Weise zunimmt.

? DENKEN SIE EINMAL NACH

Die Temperatur von Sternen kann mit Hilfe ihrer Farbe gemessen werden. Rote Sterne haben z. B. eine tiefere Temperatur als blauweiße Sterne. Inwiefern entspricht diese Temperaturskala der Hypothese Plancks?

Wenn Plancks Theorie also korrekt ist, warum sind ihre Effekte dann nicht im täglichen Leben offensichtlich? Warum scheinen Energieübergänge kontinuierlich und nicht gequantelt bzw. „zackig" zu sein? Bedenken Sie, dass das Planck'sche Wirkungsquantum eine extrem kleine Zahl ist. Ein Quant Energie ($h\nu$) ist daher ein extrem kleiner Betrag. Plancks Regel für die Aufnahme und Abgabe von Energie ist immer gültig, egal, ob es sich um Objekte gewöhnlicher Größe oder um mikroskopische Objekte handelt. Bei makroskopischen Objekten ist die Aufnahme oder Abgabe eines einzigen Energiequants angesichts der Größe des Objekts jedoch völlig unauffällig. Bei der Betrachtung von Materie auf atomarer Ebene sind die Auswirkungen gequantelter Energien dagegen sehr viel größer.

Der photoelektrische Effekt und Photonen

Einige Jahre nach der Veröffentlichung der Planck'schen Theorie begann Wissenschaftlern ihre Anwendbarkeit auf viele experimentelle Beobachtungen deutlich zu werden. Es wurde bald offensichtlich, dass sich mit der Planck'schen Theorie die Sichtweise der physikalischen Welt grundlegend revolutionieren sollte. Albert Einstein (1879–1955) gelang es 1905 mit Hilfe der Planck'schen Quantentheorie den **photoelektrischen Effekt** (▶ Abbildung 6.7) zu erklären. In Experimenten war gezeigt worden, dass durch die Bestrahlung einer Metalloberfläche mit Licht Elektronen aus dem Metall emittiert werden können. Dabei besitzt jedes Metall eine unterschiedliche minimale Lichtfrequenz, unterhalb derer keine Elektronen emittiert werden. Mit Licht einer Frequenz größer als $4{,}60 \times 10^{14} \, s^{-1}$ lassen sich z. B. Elektronen aus metallischem Cäsium emittieren, Licht geringerer Frequenz hat dagegen keinerlei Auswirkungen.

Einstein erklärte den photoelektrischen Effekt mit der Annahme, dass die auf die Metalloberfläche auftreffende Strahlungsenergie sich nicht wie eine Welle, sondern wie ein Strom kleiner Energiepakete verhält. Jedes Energiepaket, das er **Photon** nannte, verhält sich wie ein kleines Teilchen. In einer Erweiterung der Planck'schen Theorie folgerte Einstein daraus, dass jedes Photon eine Energie haben musste, die gleich dem Planck'schen Wirkungsquantum multipliziert mit der Lichtfrequenz ist:

$$\text{Energie des Photons} = E = h\nu \qquad (6.3)$$

Die Strahlungsenergie ist also gequantelt.

Der photoelektrische Effekt

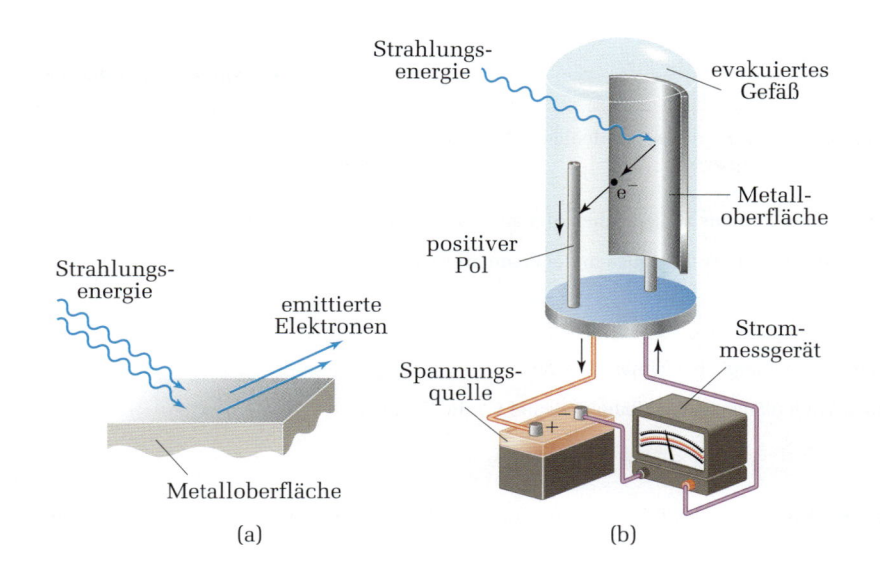

Abbildung 6.7: Der photoelektrische Effekt. Wenn Photonen mit ausreichend hoher Energie auf eine Metalloberfläche treffen, werden aus dem Metall Elektronen emittiert (a). Der photoelektrische Effekt ist die Grundlage der in (b) dargestellten Photozelle. Die emittierten Elektronen werden vom positiven Pol angezogen. Der Stromkreis ist also geschlossen, und es fließt ein Strom. Photozellen werden in photographischen Belichtungsmessern und in vielen anderen elektronischen Geräten eingesetzt.

Unter geeigneten Bedingungen wird ein auf eine Metalloberfläche treffendes Photon vom Metall absorbiert. Dabei überträgt das Photon seine Energie auf ein Elektron im Metall. Eine bestimmte Energiemenge – die *Austrittsarbeit* – wird dafür benötigt, die anziehenden Kräfte, durch die das Elektron im Metall gehalten wird, zu überwinden. Wenn die Photonen der Strahlung, die auf das Metall trifft, weniger Energie als die Austrittsarbeit besitzen, erhalten die Elektronen nicht genügend Energie, um das Metall zu verlassen. Dies gilt selbst, wenn der auf das Metall auftreffende Lichtstrahl von hoher Intensität ist. Haben die Photonen der Strahlung dagegen ausreichend Energie, werden Elektronen aus dem Metall emittiert. Wenn die Photonen mehr als die mindestens zum Austritt der Elektronen benötigte Energie besitzen, wird die restliche Energie als kinetische Energie auf die emittierten Elektronen übertragen.

Um genauer zu verstehen, was ein Photon ist, stellen Sie sich vor, Sie besäßen eine Lichtquelle, die Strahlung einer einzigen Wellenlänge erzeugt. Nehmen Sie ferner an, dass Sie das Licht immer schneller ein- und ausschalten könnten, um immer kleinere Energiestöße zu erzeugen. Gemäß Einsteins Photonentheorie würden Sie schließlich zu einem kleinsten Energieausstoß gelangen, der durch $E = h\nu$ gegeben ist. Dieser kleinste Energiestoß besteht aus einem einzelnen Photon Licht.

Die Vorstellung, dass die Energie des Lichts von dessen Frequenz abhängt, hilft uns dabei, die verschiedenen Effekte zu verstehen, die unterschiedliche Formen elektromagnetischer Strahlung auf Materie haben. Die hohe Frequenz (kurze Wellenlänge) von Röntgenstrahlen (Abbildung 6.4) hat zur Folge, dass Photonen von Röntgenstrahlen eine höhere Energie besitzen. Diese reicht z. B. aus, um Gewebe zu schädigen oder sogar Krebs zu verursachen. An Röntgengeräten sind daher immer Hinweise angebracht, die vor hochenergetischer Strahlung warnen.

Obwohl wir mit Einsteins Theorie des Lichts als Teilchenstrom und nicht als Welle den photoelektrischen Effekt und viele weitere Beobachtungen erklären können, stellt sie uns vor ein Dilemma. Handelt es sich bei Licht um eine Welle oder besteht Licht aus Teilchen? Die einzige Art und Weise, dieses Dilemma zu lösen, besteht darin, eine Perspektive einzunehmen, die etwas merkwürdig erscheinen mag: Wir nehmen an, dass Licht sowohl wellenartige als auch teilchenartige Eigenschaften besitzt und sich je nach Situation mehr wie eine Welle oder mehr wie ein Teilchen verhält. Wir werden bald erkennen, dass diese doppelte Natur auch eine Eigenschaft von Materie ist.

> **? DENKEN SIE EINMAL NACH**
>
> Nehmen Sie an, dass mit sichtbarem gelben Licht Elektronen aus der Oberfläche eines bestimmten Metalls herausgelöst werden können. Was würde passieren, wenn man nicht gelbes, sondern ultraviolettes Licht verwenden würde?

6 Die elektronische Struktur der Atome

ÜBUNGSBEISPIEL 6.3 — Die Energie eines Photons

Berechnen Sie die Energie eines Photons aus gelbem Licht, dessen Wellenlänge 589 nm beträgt.

Lösung

Analyse: Unsere Aufgabe ist es, die Energie E eines Photons zu berechnen, die durch $\lambda = 589$ nm gegeben ist.

Vorgehen: Wir können mit Hilfe von ▶Gleichung 6.1 die Wellenlänge in die Frequenz umrechnen:

$$\nu = c/\lambda$$

Anschließend können wir mit ▶Gleichung 6.3 die Energie berechnen: $E = h\nu$

Lösung: Wir berechnen aus der angegebenen Wellenlänge wie in Übungsbeispiel 6.2 die Frequenz:

$$\nu = c/\lambda = 5{,}09 \times 10^{14}\,\text{s}^{-1}$$

Der Wert des Planck'schen Wirkungsquantums h ist sowohl im Text als auch in der Tabelle im vorderen inneren Einband des Buches angegeben. Wir können E also einfach berechnen:

$$E = (6{,}626 \times 10^{-34}\,\text{J} \cdot \text{s})(5{,}09 \times 10^{14}\,\text{s}^{-1}) = 3{,}37 \times 10^{-19}\,\text{J}$$

Anmerkung: Wenn ein Photon eine Energie von $3{,}37 \times 10^{-19}$ J hat, hat ein Mol dieser Photonen eine Energie von

$$(6{,}02 \times 10^{23}\,\text{Photon/mol})(3{,}37 \times 10^{-19}\,\text{J/Photon}) = 2{,}03 \times 10^{5}\,\text{J/mol}$$

Dieser Wert liegt in der Größenordnung von Reaktionsenthalpien (Abschnitt 5.4). Strahlungsenergie ist also in der Lage, in so genannten *photochemischen Reaktionen* chemische Bindungen zu brechen.

ÜBUNGSAUFGABE

(a) Ein Laser emittiert Licht einer Frequenz von $4{,}69 \times 10^{14}\,\text{s}^{-1}$. Welche Energie hat ein Photon der Strahlung dieses Lasers?
(b) Wenn der Laser einen Energiepuls mit $5{,}0 \times 10^{17}$ Photonen dieser Strahlung emittiert, wie hoch ist dann die Gesamtenergie des Pulses?
(c) Wenn der Laser während eines Pulses eine Energie von $1{,}3 \times 10^{-2}$ J emittiert, wie viele Photonen werden dann während des Pulses emittiert?

Antworten: (a) $3{,}11 \times 10^{-19}$ J; (b) 0,16 J; (c) $4{,}2 \times 10^{16}$ Photonen.

6.3 Linienspektren und das Bohr'sche Atommodell

Die Arbeiten Plancks und Einsteins bereiteten den Weg für ein Verständnis dafür, wie Elektronen in Atomen angeordnet sind. Der dänische Physiker Niels Bohr (▶Abbildung 6.8) schlug 1913 eine theoretische Erklärung der *Linienspektren* vor, einer weiteren experimentellen Beobachtung, die Wissenschaftler im 19. Jahrhundert beschäftigte. Wir werden im Folgenden zunächst näher auf die Entstehung von Linienspektren eingehen und anschließend nachvollziehen, wie Bohr die Ideen Plancks und Einsteins in seine Überlegungen einbezogen hat.

Abbildung 6.8: Quantengrößen. Niels Bohr (rechts) mit Albert Einstein. Bohr (1885–1962) trug wesentlich zur Entwicklung der Quantentheorie bei. Er studierte von 1911 bis 1913 in England, zunächst in der Arbeitsgruppe von J. J. Thomson an der Cambridge University und anschließend in der Arbeitsgruppe von Ernest Rutherford an der University of Manchester. Bohr veröffentlichte 1914 die Quantentheorie des Atoms und wurde 1922 mit dem Nobelpreis für Physik ausgezeichnet.

Linienspektren

Es gibt weitere Strahlungsquellen, die wie ein Laser Strahlungsenergie mit nur einer einzigen Wellenlänge emittieren können (▶Abbildung 6.9). Strahlung, die nur aus einer einzigen Wellenlänge besteht, wird *monochromatisch* genannt. Die meis-

6.3 Linienspektren und das Bohr'sche Atommodell

ten herkömmlichen Strahlungsquellen, einschließlich Glühbirnen und Sterne, erzeugen jedoch Strahlung, die aus vielen verschiedenen Wellenlängen besteht. Wenn die Strahlung einer derartigen Quelle in ihre Wellenlängenbestandteile aufgeteilt wird, entsteht ein **Spektrum**. In ▶Abbildung 6.10 ist dargestellt, wie ein Prisma das Licht einer Glühbirne in seine Wellenlängenbestandteile aufteilt. In einem auf diese Weise erzeugten Spektrum gehen die verschiedenen Farben kontinuierlich ineinander über: Violett geht in blau, blau in grün über und so weiter, ohne dass es Lücken gibt. Dieser Regenbogen aus Farben, der Licht aller Wellenlängen enthält, wird **kontinuierliches Spektrum** genannt. Das bekannteste Beispiel eines kontinuierlichen Spektrums ist der Regenbogen, der entsteht, wenn Regentropfen oder Nebel als Prisma für das Sonnenlicht wirken.

Nicht alle Strahlungsquellen erzeugen jedoch ein kontinuierliches Spektrum. Wenn man verschiedene Gase bei erniedrigtem Druck in eine Röhre einschließt und an diese eine hohe Spannung anlegt, emittieren die Gase Licht verschiedener Farben (▶Abbildung 6.11). Bei dem bekannten rotorangen Glühen vieler „Neonlichter" handelt es sich z. B. um Licht, das von gasförmigem Neon emittiert wird. Natriumdampf hingegen emittiert das charakteristische gelbe Licht moderner Straßenlaternen. Wenn man Licht aus solchen Röhren mit einem Prisma aufspaltet, sind im erzeugten Spektrum nur einige wenige Wellenlängen zu sehen (▶Abbildung 6.12). Jede Wellenlänge ist dabei anhand einer farbigen Linie im Spektrum zu erkennen. Die farbigen Linien sind durch schwarze Bereiche getrennt, die den Wellenlängen entsprechen, in denen kein Licht vorhanden ist. Ein Spektrum, das nur Strahlung einiger spezifischer Wellenlängen enthält, wird **Linienspektrum** genannt.

Als Wissenschaftler Mitte des 19. Jahrhunderts das erste Linienspektrum des Wasserstoffs entdeckten, waren sie von seiner Einfachheit fasziniert. Zu dieser Zeit konnten nur die vier Linien aus dem sichtbaren Teil des Spektrums beobachtet werden (Abbildung 6.12). Johann Balmer, ein Lehrer aus der Schweiz, zeigte 1885, dass die Wellenlängen dieser vier sichtbaren Linien des Wasserstoffs einer verblüffend einfa-

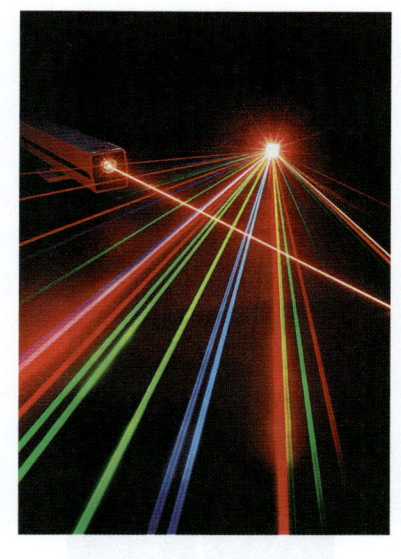

Abbildung 6.9: Monochromatische Strahlung. Laser erzeugen *monochromatisches Licht*, also Licht einer einzigen Wellenlänge. Verschiedene Laser erzeugen Licht verschiedener Wellenlängen. In der Abbildung sind die Strahlen einiger Laser dargestellt, die sichtbares Licht unterschiedlicher Farben erzeugen. Andere Laser erzeugen nicht sichtbares Licht (z. B. infrarotes oder ultraviolettes Licht).

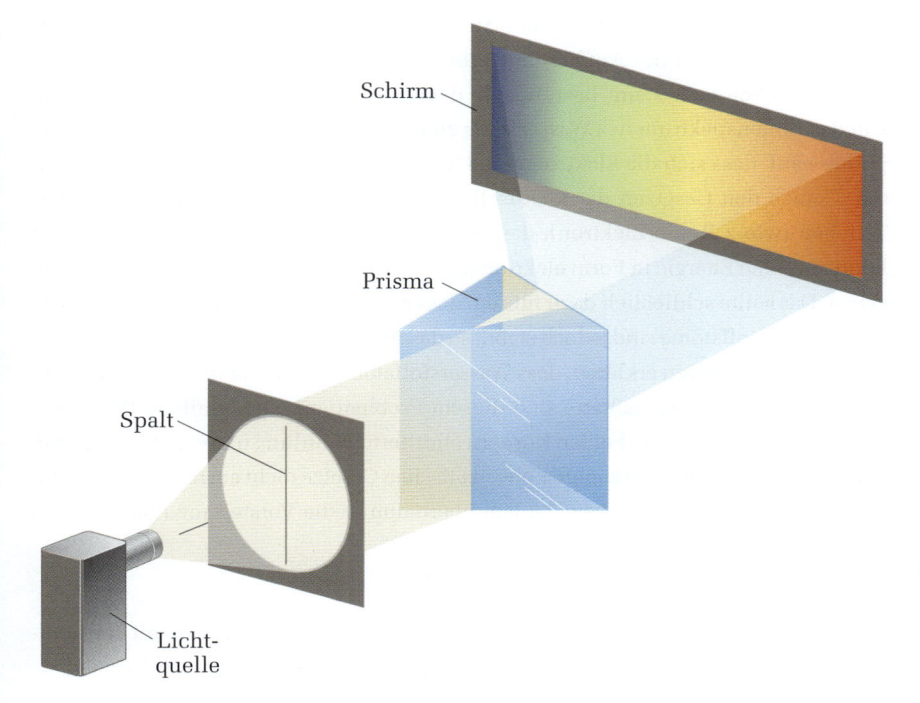

Abbildung 6.10: Entstehung eines Spektrums. Wenn ein schmaler Strahl weißen Lichts auf ein Prisma trifft, entsteht ein kontinuierliches sichtbares Spektrum. Quellen weißen Lichts sind z. B. das Sonnenlicht oder das Licht einer Glühbirne.

chen Formel genügten. Später wurden in den ultravioletten und infraroten Bereichen des Wasserstoffspektrums weitere Linien gefunden. Kurz darauf wurde die Gleichung Balmers zur *Rydberg-Gleichung* erweitert, mit der die Wellenlängen aller Spektrallinien des Wasserstoffs berechnet werden konnten:

$$\frac{1}{\lambda} = (R_H)\left(\frac{1}{n_1^2} - \frac{1}{n_2^2}\right) \tag{6.4}$$

In dieser Formel ist λ die Wellenlänge einer Spektrallinie, R_H ist die *Rydberg-Konstante* ($1{,}096776 \times 10^7$ m^{-1}) und n_1 und n_2 sind positive ganze Zahlen, wobei n_2 größer ist als n_1. Worauf beruht die bemerkenswerte Einfachheit dieser Gleichung? Diese Frage beschäftigte die Wissenschaft fast 30 Jahre lang.

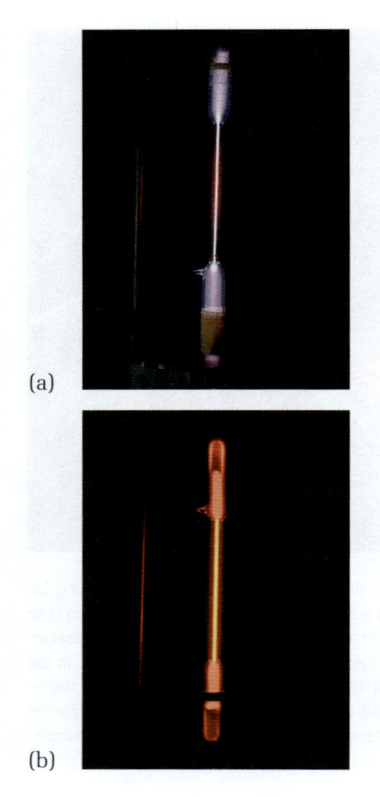

Abbildung 6.11: Atomemission. Bei einer Anregung durch elektrische Entladungen emittieren verschiedene Gase Licht verschiedener charakteristischer Farben. (a) Wasserstoff, (b) Neon.

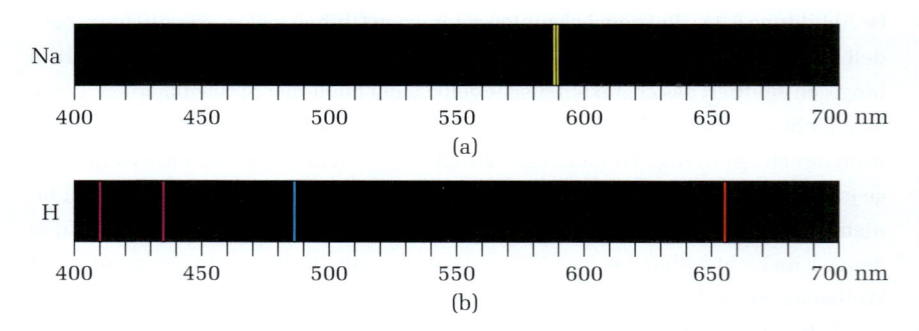

Abbildung 6.12: Spektrallinien. Durch elektrische Entladungen erzeugte Spektren von (a) Na und (b) H. Anhand der farbigen Linien im Spektrum ist zu erkennen, dass nur Licht einiger weniger spezifischer Wellenlängen entsteht.

Das Bohr'sche Atommodell

Nachdem Rutherford den Aufbau des Atoms entdeckt hatte (Abschnitt 2.2), war unter Wissenschaftlern die Auffassung verbreitet, dass das Atom aus einem „mikroskopischen Sonnensystem" bestünde, in dem die Elektronen den Kern umkreisten. Um das Linienspektrum des Wasserstoffs zu erklären, stellte Bohr zunächst die Hypothese auf, dass sich die Elektronen in Umlaufbahnen um den Kern bewegen sollten. Gemäß den Gesetzen der klassischen Physik würde ein elektrisch geladenes Teilchen (wie z. B. ein Elektron), das sich auf einer Umlaufbahn befindet, jedoch kontinuierlich Energie in Form elektromagnetischer Strahlung an die Umgebung abgeben. Das sollte schließlich dazu führen, dass das Elektron spiralförmig in den Kern fällt. Wasserstoffatome sind jedoch stabil, so dass dieses Verhalten offensichtlich nicht eintritt. Wie ist also zu erklären, dass Wasserstoffatome scheinbar die physikalischen Gesetze brechen? Bohr näherte sich diesem Problem auf eine ähnliche Weise wie Planck, als dieser die von heißen Körpern emittierte Strahlung untersuchte: Er nahm an, dass die allgemein anerkannten physikalischen Gesetze nicht ausreichen, um Atome vollständig zu beschreiben. Zudem übernahm er die Vorstellung Plancks, dass Energien gequantelt sind.

Bohr stützte sein Modell auf drei Postulate:

1 Elektronen können sich im Wasserstoffatom nur auf Umlaufbahnen mit bestimmten Radien bewegen, die bestimmten festgelegten Energien entsprechen.

2 Ein Elektron, das sich auf einer zulässigen Umlaufbahn befindet, hat eine bestimmte Energie und befindet sich in einem „erlaubten" Energiezustand. Ein Elektron in einem erlaubten Energiezustand strahlt keine Energie ab und fällt daher nicht spiralförmig in den Kern.

3 Energie wird von einem Elektron nur emittiert oder absorbiert, wenn dieses von einem erlaubten Energiezustand in einen anderen erlaubten Energiezustand wechselt. Diese Energie ($E = h\nu$) wird als Photon emittiert bzw. absorbiert.

> **? DENKEN SIE EINMAL NACH**
>
> Können Sie sich vor dem Lesen der weiteren Details des Bohr'schen Atommodells erklären, warum gasförmiger Wasserstoff anstelle eines kontinuierlichen Spektrums ein Linienspektrum emittiert (▶ Abbildung 6.12)?

Die Energiezustände des Wasserstoffatoms

Ausgehend von diesen drei Postulaten berechnete Bohr mit Hilfe von klassischen Gleichungen zur Bewegung und zur Wechselwirkung von elektrischen Ladungen die Energien, die den erlaubten Umlaufbahnen der Elektronen in Wasserstoffatomen entsprechen. Diese Energien genügen der Formel

$$E = (-hcR_H)\left(\frac{1}{n^2}\right) = (-2{,}18 \times 10^{-18} \text{ J})\left(\frac{1}{n^2}\right) \quad (6.5)$$

In dieser Gleichung ist h das Planck'sche Wirkungsquantum, c die Lichtgeschwindigkeit und R_H die Rydberg-Konstante. Das Produkt dieser drei Konstanten ist gleich $2{,}18 \times 10^{-18}$ J. Die ganze Zahl n, die einen Wert von 1 bis unendlich annehmen kann, wird *Hauptquantenzahl* genannt. Jede Umlaufbahn entspricht einem bestimmten Wert von n und der Radius der entsprechenden Umlaufbahn nimmt mit steigendem n zu. Bei der ersten erlaubten Umlaufbahn, die sich am nächsten zum Kern befindet, ist also $n = 1$, bei der zweiten, die sich am zweitnächsten zum Kern befindet, ist $n = 2$ und so weiter. Das Elektron des Wasserstoffatoms kann sich auf jeder erlaubten Umlaufbahn befinden. Mit Hilfe von ▶ Gleichung 6.5 lassen sich die Energien berechnen, die das Elektron in Abhängigkeit der Umlaufbahn, auf der es sich befindet, besitzt.

Das Elektron eines Wasserstoffatoms hat gemäß Gleichung 6.5 bei allen Werten von n eine negative Energie. Je niedriger (negativer) die Energie ist, desto stabiler ist das Atom. Die Energie ist am niedrigsten (negativsten), wenn $n = 1$ ist. Bei steigendem n wird die Energie immer weniger negativ und nimmt daher zu. Wir können dies mit einer Leiter vergleichen, auf der die Sprossen von unten nach oben nummeriert sind. Je höher man die Leiter hinaufsteigt (je größer der Wert von n ist), desto höher ist die Energie. Der niedrigste Energiezustand ($n = 1$, was der niedrigsten Sprosse entspricht) wird **Grundzustand** des Atoms genannt. Wenn sich das Elektron auf einer Umlaufbahn mit höherer (weniger negativer) Energie befindet ($n = 2$ oder höher), befindet sich das Atom in einem **angeregten Zustand**. In ▶ Abbildung 6.13 ist die Energie des Elektrons eines Wasserstoffatoms für verschiedene Werte von n dargestellt.

Was geschieht mit dem Radius der Umlaufbahn und der Energie, wenn n unendlich groß wird? Der Radius nimmt wie n^2 zu, wir erreichen also einen Punkt, an dem das Elektron vollständig vom Kern gelöst ist. Wenn $n = \infty$ ist, ist die Energie gleich null:

$$E = (-2{,}18 \times 10^{-18} \text{ J})\left(\frac{1}{\infty^2}\right) = 0$$

Der Zustand, an dem das Elektron vollständig vom Kern gelöst ist, ist also der Referenzzustand bzw. der Energiezustand des Wasserstoffatoms mit der Energie null. Dieser Energiezustand hat eine *höhere* Energie als die Zustände mit negativen Energien. In seinem dritten Postulat machte Bohr die Annahme, dass Elektronen von einem

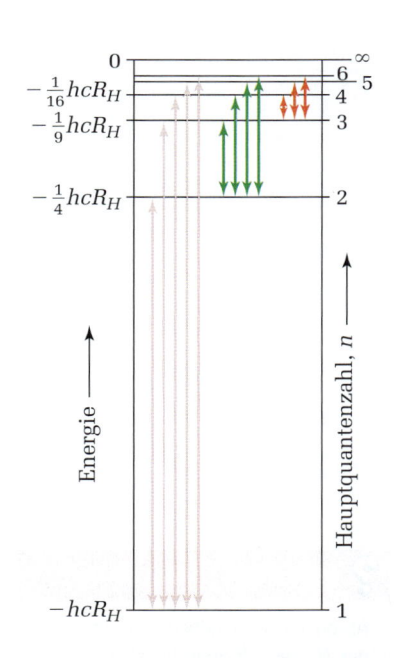

Abbildung 6.13: Energieniveaus des Wasserstoffatoms im Bohr'schen Atommodell. Die Pfeile zeigen die Übergänge eines Elektrons von einem erlaubten Energiezustand in einen anderen an. Es sind die Zustände von $n = 1$ bis $n = 6$ dargestellt. Im Zustand, in dem $n = \infty$ ist, ist die Energie E gleich null.

erlaubten Energiezustand in einen anderen „springen" können, indem sie Photonen, deren Strahlungsenergie exakt der Energiedifferenz zwischen den beiden Zuständen entspricht, entweder absorbieren oder emittieren. Um in einen höheren Energiezustand (mit einem höheren Wert von n) zu gelangen, muss ein Elektron Energie absorbieren. Umgekehrt wird Strahlungsenergie emittiert, wenn das Elektron in einen niedrigeren Energiezustand (mit einem niedrigeren Wert von n) „springt". Wenn das Elektron von einem Anfangszustand mit der Energie E_i in einen Endzustand mit der Energie E_f übergeht, ist die Energieänderung also gleich

$$\Delta E = E_f - E_i = E_{\text{Photon}} = h\nu \tag{6.6}$$

Das Bohr'sche Atommodell der Zustände des Wasserstoffatoms besagt also, dass nur Licht bestimmter Frequenzen, die die ▶Gleichung 6.6 erfüllen, vom Atom absorbiert oder emittiert werden können.

Wenn wir den Ausdruck für die Energie aus Gleichung 6.5 in Gleichung 6.6 einsetzen und berücksichtigen, dass $\nu = c/\lambda$ ist, erhalten wir

$$\Delta E = h\nu = \frac{hc}{\lambda} = (-2{,}18 \times 10^{-18} \text{ J})\left(\frac{1}{n_f^2} - \frac{1}{n_i^2}\right) \tag{6.7}$$

In dieser Gleichung sind n_i und n_f die Hauptquantenzahlen des Anfangs- und des Endzustands des Atoms. Wenn n_f kleiner als n_i ist, bewegt sich das Elektron auf den Kern zu und ΔE ist negativ, das Atom gibt also Energie ab. Wenn das Elektron sich also z. B. von $n_i = 3$ zu $n_f = 1$ bewegt, erhalten wir

$$\Delta E = (-2{,}18 \times 10^{-18} \text{ J})\left(\frac{1}{1^2} - \frac{1}{3^2}\right) = (-2{,}18 \times 10^{-18} \text{ J})\left(\frac{8}{9}\right) = -1{,}94 \times 10^{-18} \text{ J}$$

Wenn uns die Energie des emittierten Photons bekannt ist, können wir seine Frequenz und seine Wellenlänge berechnen. Die Wellenlänge ergibt sich aus der Beziehung

$$\lambda = \frac{c}{\nu} = \frac{hc}{\Delta E} = \frac{(6{,}63 \times 10^{-34} \text{ J} \cdot \text{s})(3{,}00 \times 10^8 \text{ m/s})}{1{,}94 \times 10^{-18} \text{ J}} = 1{,}03 \times 10^{-7} \text{ m}$$

Wir haben das negative Vorzeichen der Energie nicht in die vorstehende Berechnung übernommen, weil Wellenlängen und Frequenzen immer positive Größen sind. Die Richtung des Energieflusses wird ausgedrückt, indem man sagt, dass ein Photon der Wellenlänge $1{,}03 \times 10^{-7}$ m *emittiert* worden ist.

Wenn wir ▶Gleichung 6.7 nach $1/\lambda$ auflösen, stellen wir fest, dass diese aus dem Bohr'schen Atommodell abgeleitete Gleichung der aus experimentellen Daten erhaltenen Rydberg-Gleichung (▶Gleichung 6.4) entspricht:

$$\frac{1}{\lambda} = \frac{-hcR_H}{hc}\left(\frac{1}{n_f^2} - \frac{1}{n_i^2}\right) = R_H\left(\frac{1}{n_i^2} - \frac{1}{n_f^2}\right)$$

Die Existenz diskreter Spektrallinien ist also eine Folge der gequantelten Übergänge der Elektronen zwischen verschiedenen Energieniveaus.

> **? DENKEN SIE EINMAL NACH**
>
> Absorbiert oder emittiert ein Elektron eines Wasserstoffatoms bei einem Übergang von der Umlaufbahn mit $n = 3$ auf die Umlaufbahn mit $n = 7$ Energie?

ÜBUNGSBEISPIEL 6.4 — Elektronische Übergänge des Wasserstoffatoms

Sagen Sie mit Hilfe von Abbildung 6.13 voraus, welcher der folgenden elektronischen Übergänge die Spektrallinie mit der längsten Wellenlänge erzeugt: $n = 2$ zu $n = 1$, $n = 3$ zu $n = 2$ oder $n = 4$ zu $n = 3$.

Lösung

Die Wellenlänge steigt, wenn die Frequenz abnimmt ($\lambda = c/\nu$). Die längste Wellenlänge entspricht also der niedrigsten Frequenz. Gemäß der Planck'schen Gleichung $E = h\nu$ entspricht die niedrigste Frequenz der niedrigsten Energie. In Abbildung 6.13 entspricht die kürzeste senkrechte Linie der kleinsten Energieänderung. Der Übergang von $n = 4$ zu $n = 3$ erzeugt also die Linie mit der größten Wellenlänge (niedrigsten Frequenz).

ÜBUNGSAUFGABE

Geben Sie an, ob bei den folgenden elektronischen Übergängen Energie emittiert oder absorbiert wird: **(a)** $n = 3$ zu $n = 1$; **(b)** $n = 2$ zu $n = 4$.

Antworten: **(a)** Energie wird emittiert. **(b)** Energie wird absorbiert.

Grenzen des Bohr'schen Atommodells

Das Bohr'sche Atommodell liefert zwar eine Erklärung des Linienspektrums des Wasserstoffatoms, kann jedoch die Spektren anderer Atome nicht bzw. nur sehr ungenau erklären. Zudem stellt die einfache Beschreibung des Elektrons als kleines Teilchen, das sich kreisförmig um den Kern bewegt, ein weiteres Problem dar. Wie wir in Abschnitt 6.4 feststellen werden, haben Elektronen wellenartige Eigenschaften – eine Tatsache, die von jedem akzeptablen Modell der elektronischen Struktur berücksichtigt werden muss. Es stellte sich schließlich heraus, dass das Bohr'sche Atommodell nur ein Schritt auf dem Weg zur Entwicklung eines umfassenderen Modells war. Wichtig ist jedoch, dass in das Bohr'sche Atommodell bereits zwei wichtige Vorstellungen eingeflossen sind, die auch in unseren heutigen Modellen enthalten sind: (1) Elektronen können sich nur in bestimmten Energieniveaus befinden, die durch Quantenzahlen beschrieben werden, und (2) ein Wechsel des Energieniveaus ist mit der Aufnahme oder Abgabe von Energie verbunden. In den folgenden Abschnitten werden wir uns damit beschäftigen, einen Nachfolger des Bohr'schen Atommodells zu entwickeln. Zu diesem Zweck müssen wir uns jedoch zunächst noch einmal das Verhalten von Materie genauer anschauen.

6.4 Das wellenartige Verhalten von Materie

In den auf die Entwicklung des Bohr'schen Atommodells für das Wasserstoffatom folgenden Jahren wurde die dualistische Natur der Strahlungsenergie zu einer allgemein anerkannten Vorstellung. Je nach den experimentellen Bedingungen scheint Strahlung sich entweder als Welle oder als Teilchen (Photon) zu verhalten. Diese Vorstellung wurde von Louis de Broglie (1892–1987) während seiner Doktorarbeit wesentlich erweitert. Wenn Strahlungsenergie sich unter geeigneten Bedingungen wie ein Teilchenstrom verhalten kann, wäre es dann möglich, dass Materie sich unter geeigneten Bedingungen wie eine Welle verhält? Stellen Sie sich vor, man würde sich das um den Kern eines Wasserstoffatoms kreisende Elektron nicht als Teilchen, sondern als Welle mit einer charakteristischen Wellenlänge vorstellen. De Broglie stellte die

6 Die elektronische Struktur der Atome

Hypothese auf, dass dem Elektron während seiner Bewegung um den Kern eine bestimmte Wellenlänge zugeordnet werden kann. Er nahm weiterhin an, dass die charakteristische Wellenlänge des Elektrons oder eines beliebigen anderen Teilchens von seiner Masse m und seiner Geschwindigkeit v abhängt:

$$\lambda = \frac{h}{mv} \quad (6.8)$$

h ist das Planck'sche Wirkungsquantum. Die Größe mv eines Objekts wird **Impuls** genannt. De Broglie verwendete zur Beschreibung der Welleneigenschaften von Materieteilchen den Ausdruck **Materiewellen**.

Weil die Hypothese de Broglies für alle Materiearten gültig ist, kann jedem Objekt mit einer Masse m und einer Geschwindigkeit v eine charakteristische Materiewelle zugeordnet werden. Anhand ▶Gleichung 6.8 ist jedoch zu erkennen, dass die Wellenlänge eines Objekts gewöhnlicher Größe wie z. B. eines Golfballs so klein ist, dass diese unmöglich experimentell beobachtet werden kann. Das gilt jedoch, wie wir in Übungsbeispiel 6.5 erkennen werden, aufgrund seiner kleinen Masse nicht für ein Elektron.

Innerhalb weniger Jahre nach der Veröffentlichung der Theorie de Broglies konnten die Welleneigenschaften von Elektronen experimentell nachgewiesen werden. Elektronen, die auf einen Kristall treffen, werden vom Kristall genau wie Röntgen-

---

ÜBUNGSBEISPIEL 6.5 — Materiewellen

Welche Wellenlänge hat ein sich mit einer Geschwindigkeit von $5{,}97 \times 10^6$ m/s bewegendes Elektron? Die Masse eines Elektrons beträgt $9{,}11 \times 10^{-28}$ g.

Lösung

Analyse: Es sind die Masse m und die Geschwindigkeit v des Elektrons angegeben. Wir sollen daraus seine de Broglie-Wellenlänge λ berechnen.

Vorgehen: Die Wellenlänge eines sich bewegenden Teilchens ist durch ▶Gleichung 6.8 gegeben. Wir können also λ berechnen, indem wir die bekannten Größen h, m und v in die Gleichung einsetzen. Dabei müssen wir jedoch darauf achten, die geeigneten Einheiten zu verwenden.

Lösung: Wir verwenden den Wert des Planck'schen Wirkungsquantums

$$h = 6{,}63 \times 10^{-34} \text{ J} \cdot \text{s}$$

und denken daran, dass

$$1\,\text{J} = 1\,\text{kg} \cdot \text{m}^2/\text{s}^2$$

und erhalten die folgende Gleichung:

$$\lambda = \frac{h}{mv} = \frac{(6{,}63 \times 10^{-34}\,\text{J}\cdot\text{s})}{(9{,}11 \times 10^{-28}\,\text{g})(5{,}97 \times 10^6\,\text{m/s})} \left(\frac{1\,\text{kg}\cdot\text{m}^2/\text{s}^2}{1\,\text{J}}\right)\left(\frac{10^3\,\text{g}}{1\,\text{kg}}\right) = 1{,}22 \times 10^{-10}\,\text{m} = 0{,}122\,\text{nm}$$

Anmerkung: Wenn wir diesen Wert mit den in Abbildung 6.4 dargestellten Wellenlängen elektromagnetischer Strahlung vergleichen, stellen wir fest, dass die Wellenlänge dieses Elektrons ungefähr der Wellenlänge von Röntgenstrahlung entspricht.

ÜBUNGSAUFGABE

Berechnen Sie die Geschwindigkeit eines Neutrons, dessen de Broglie-Wellenlänge 500 pm beträgt. Die Masse eines Neutrons ist im hinteren Einband des Buches angegeben.

Antwort: $7{,}92 \times 10^2$ m/s.

strahlen gebeugt. Ein Strahl sich bewegender Elektronen zeigt also ein Wellenverhalten, das mit dem elektromagnetischer Strahlung vergleichbar ist.

Die Technik der Elektronenbeugung wird in vielfachen Anwendungen genutzt. In der Elektronenmikroskopie werden die Welleneigenschaften von Elektronen z. B. dazu verwendet, Bilder von kleinen Objekten zu erzeugen. Mit Hilfe eines derartigen Mikroskops lassen sich z. B. Oberflächenphänomene mit sehr hoher Vergrößerung untersuchen. In ▶ Abbildung 6.14 ist eine Aufnahme eines Elektronenmikroskops dargestellt, die die wellenartigen Eigenschaften kleiner Materieteilchen veranschaulicht.

? DENKEN SIE EINMAL NACH

Ein von einem Baseball-Werfer geworfener Baseball bewegt sich mit einer Geschwindigkeit von 150 km pro Stunde. Kann man diesem sich in Bewegung befindlichen Baseball eine Materiewelle zuordnen? Wenn ja, können wir sie beobachten?

Die Unschärferelation

Mit der Entdeckung der Welleneigenschaften von Materie stellten sich für die klassische Physik einige neue interessante Fragen. Betrachten Sie z. B. einen von einer Rampe rollenden Ball. Mit Hilfe der Gleichungen der klassischen Physik können wir seinen Ort, seine Bewegungsrichtung und seine Geschwindigkeit zu jeder Zeit mit hoher Genauigkeit berechnen. Ist dies auch bei einem Elektron möglich, das wellenartige Eigenschaften hat? Eine Welle dehnt sich im Raum aus, ihr Ort ist daher nicht genau definiert. Wir könnten daher annehmen, dass es unmöglich ist zu bestimmen, an welchem Ort sich ein Elektron zu einer bestimmten Zeit aufhält.

Der deutsche Physiker Werner Heisenberg (▶ Abbildung 6.15) stellte die Hypothese auf, dass sich aus dem Welle-Teilchen-Dualismus der Materie eine fundamentale Begrenzung dafür ergibt, wie präzise der Ort und Impuls eines Objekts gleichzeitig bekannt sein können. Diese Einschränkung ist jedoch nur von Bedeutung, wenn wir uns mit Materie auf subatomarer Ebene (also mit Massen in der Größenordnung der Masse eines Elektrons) beschäftigen. Diese Hypothese Heisenbergs wird **Unschärferelation** genannt. Auf die Elektronen in einem Atom angewandt, sagt dieses Prinzip aus, dass es grundsätzlich unmöglich ist, gleichzeitig sowohl den exakten Impuls eines Elektrons als auch seinen exakten Aufenthaltsort im Raum zu kennen.

Heisenberg formulierte eine mathematische Beziehung zwischen der Unschärfe des Aufenthaltsorts (Δx), der Unschärfe des Impulses $\Delta(mv)$ und einer Größe, die das Planck'sche Wirkungsquantum enthält:

$$\Delta x \cdot \Delta(mv) \geq \frac{h}{4\pi} \qquad (6.9)$$

Die dramatischen Auswirkungen der Unschärferelation werden anhand einer kurzen Berechnung deutlich. Das Elektron hat eine Masse von $9{,}11 \times 10^{-31}$ kg und bewegt sich im Wasserstoffatom mit einer durchschnittlichen Geschwindigkeit von ungefähr 5×10^{6} m/s. Lassen Sie uns annehmen, dass uns die Geschwindigkeit mit einer Unschärfe von 1 %, also einer Unschärfe von $(0{,}01)(5 \times 10^{6}$ m/s$) = 5 \times 10^{4}$ m/s, bekannt ist und dass es keine weiteren Unschärfequellen des Impulses gibt, so dass $\Delta(mv) = m\Delta v$ ist. In diesem Fall können wir mit Hilfe von ▶ Gleichung 6.9 die Unschärfe des Aufenthaltsorts des Elektrons berechnen:

$$\Delta x \geq \frac{h}{4\pi m \Delta v} = \frac{(6{,}63 \times 10^{-34} \text{ J} \cdot \text{s})}{4\pi(9{,}11 \times 10^{-31} \text{ kg})(5 \times 10^{4} \text{ m/s})} = 1 \times 10^{-9} \text{ m}$$

Weil der Durchmesser eines Wasserstoffatoms nur etwa 1×10^{-10} m ist, ist der Betrag der Unschärfe um eine Größenordnung größer als die Größe des Atoms. Wir haben also nicht die geringste Vorstellung davon, an welcher Stelle sich das Elektron innerhalb des Atoms befindet. Wenn wir die Berechnung dagegen mit einem Objekt

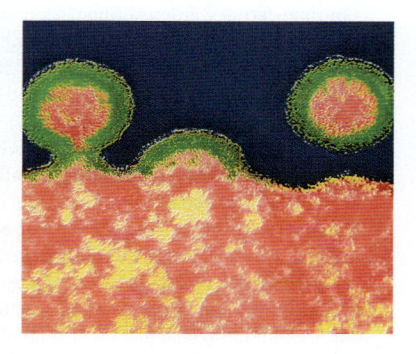

Abbildung 6.14: Elektronen als Wellen. Gefärbte elektronenmikroskopische Aufnahme des HIV-Virus, das sich von einer infizierten menschlichen T-Lymphozytenzelle ablöst. Bei einem Elektronenmikroskop wird – analog zum Wellenverhalten eines Lichtstrahls bei einem konventionellen Mikroskop – das Wellenverhalten eines Elektronenstrahls genutzt.

Abbildung 6.15: Werner Heisenberg (1901–1976). Heisenberg formulierte während eines Postdoktoranden-Aufenthalts bei Niels Bohr seine berühmte Unschärferelation. Im Alter von 25 Jahren bekam er den Lehrstuhl für Theoretische Physik an der Universität Leipzig. Mit 32 Jahren war er einer der jüngsten Nobelpreisträger.

Näher hingeschaut ■ Messungen und die Unschärferelation

Jede Messung ist mit einer Unschärfe behaftet. Gemäß unserer Erfahrung mit Objekten gewöhnlicher Größe wie einem Ball, einem Zug oder den Geräten im Labor kann die Unschärfe einer Messung durch die Verwendung präziserer Instrumente verringert werden. Wir könnten daher erwarten, dass die Unschärfe einer Messung beliebig verringert werden kann. Die Unschärferelation besagt jedoch, dass es eine fundamentale Begrenzung der Genauigkeit einer Messung gibt. Diese Begrenzung hängt nicht davon ab, wie gut Instrumente angefertigt werden können, sondern ist von der Natur vorgegeben. Wenn wir es mit Objekten gewöhnlicher Größe zu tun haben, hat diese Begrenzung keine praktischen Auswirkungen. Bei subatomaren Teilchen wie z. B. Elektronen sind die Auswirkungen dagegen sehr groß.

Um ein Objekt zu messen, müssen wir es – zumindest ein wenig – mit unserem Messgerät stören. Stellen Sie sich vor, Sie würden eine Taschenlampe verwenden, um einen großen Gummiball in einem dunklen Raum zu suchen. Sie sehen den Ball, wenn das Licht der Taschenlampe vom Ball zurückgeworfen wird und auf Ihre Augen trifft. Wenn ein Strahl Photonen auf ein Objekt dieser Größe trifft, werden dessen Position und Impuls nicht merkbar verändert. Stellen Sie sich jedoch einmal vor, Sie wollten auf ähnliche Weise den Aufenthaltsort eines Elektrons bestimmen, indem Sie das zurückgeworfene Licht auf einen Detektor lenken. Die Genauigkeit, mit der der Aufenthaltsort eines Objekts bestimmt werden kann, kann nicht größer sein als die Wellenlänge der verwendeten Strahlung. Wenn wir also den genauen Aufenthaltsort eines Elektrons messen wollten, müssten wir eine kurze Wellenlänge verwenden. Eine kurze Wellenlänge ist gleichbedeutend mit Photonen hoher Energie. Je mehr Energie die Photonen jedoch haben, desto größer ist der Impuls, den sie beim Auftreffen auf das Elektron übertragen, so dass die Bewegung des Elektrons auf unvorhersehbare Weise verändert wird. Durch den Versuch, den Aufenthaltsort des Elektrons genau zu messen, wird seinem Impuls eine beträchtliche Unschärfe hinzugefügt. Durch die Messung des Aufenthaltsorts des Elektrons zu einem bestimmten Zeitpunkt wird daher unsere Kenntnis über seinen zukünftigen Aufenthaltsort ungenau.

Nehmen Sie jetzt an, wir würden Photonen mit größerer Wellenlänge verwenden. Weil diese Photonen eine geringere Energie besitzen, wird der Impuls des Elektrons während der Messung nicht so stark beeinflusst, unsere Kenntnis über seinen Aufenthaltsort ist dafür jedoch entsprechend ungenauer. Diese Feststellung ist die wesentliche Aussage der Unschärferelation: *Es gibt eine Unschärfe der gleichzeitigen Kenntnis der Position und des Impulses des Elektrons, die nicht unter ein bestimmtes Niveau reduziert werden kann.* Je genauer eine Größe bekannt ist, desto weniger genau ist die jeweils andere Größe bekannt. Obwohl uns der exakte Aufenthaltsort und Impuls des Elektrons nie exakt bekannt sein können, ist es jedoch möglich, eine Aussage darüber zu machen, mit welcher Wahrscheinlichkeit es sich an bestimmten Stellen im Raum befindet. In Abschnitt 6.5 werden wir ein Modell des Atoms kennen lernen, das angibt, mit welcher Wahrscheinlichkeit sich Elektronen bestimmter Energien an verschiedenen Orten im Atom aufhalten.

? DENKEN SIE EINMAL NACH

Worin besteht der Hauptgrund dafür, dass die Unschärferelation bei der Betrachtung von Elektronen und anderen subatomaren Teilchen sehr wichtig, für eine Beschreibung der makroskopischen Welt jedoch unwichtig ist?

---

gewöhnlicher Größe wie z. B. einem Tennisball durchführen, ist die Unschärfe so gering, dass sie bedeutungslos ist. In diesem Fall ist m groß und Δx außerhalb des messbaren Bereichs, hat also keine praktischen Auswirkungen.

Die Hypothese de Broglies und die Unschärferelation Heisenbergs sind die Grundlagen für eine neue und umfassendere Theorie der atomaren Struktur. Bei diesem neuen Ansatz wird jeder Versuch, den momentanen Aufenthaltsort und Impuls des Elektrons zu definieren, aufgegeben. Die Wellennatur des Elektrons wird berücksichtigt und sein Verhalten mit für Wellen geeigneten Ausdrücken beschrieben. Das Ergebnis ist ein Modell, das die Energie des Elektrons präzise beschreibt. Der Aufenthaltsort des Elektrons wird dagegen nicht präzise, sondern als Wahrscheinlichkeit angegeben.

6.5 Quantenmechanik und Atomorbitale

Der österreichische Physiker Erwin Schrödinger (1887–1961) schlug 1926 eine Gleichung vor, die sowohl das wellenartige als auch das teilchenartige Verhalten des Elektrons berücksichtigt. Diese Gleichung ist heute als die Schrödingergleichung bekannt. Die Arbeiten Schrödingers eröffneten einen neuen Weg der Betrachtung subatomarer Teilchen, der als *Quantenmechanik* bzw. als *Wellenmechanik* bekannt ist. Die Anwendung der Schrödingergleichung erfordert aufwändige Rechnungen, so dass wir uns an dieser Stelle nicht mit den Einzelheiten des Ansatzes auseinander setzen werden. Wir werden die erhaltenen Ergebnisse jedoch qualitativ betrachten und feststellen, dass diese uns ein leistungsfähiges neues Werkzeug zur Betrachtung der elektronischen Struktur liefern. Im Folgenden wollen wir uns zunächst mit der elektronischen Struktur des einfachsten Atoms, des Wasserstoffatoms, beschäftigen.

Die Lösung der Schrödingergleichung führt zu einer Reihe mathematischer Funktionen, den **Wellenfunktionen**, mit denen das Elektron beschrieben wird. Diese Wellenfunktionen werden normalerweise durch das Symbol ψ repräsentiert (dem griechischen kleinen Buchstaben psi). Obwohl die Wellenfunktion selbst keine unmittelbare physikalische Bedeutung hat, liefert das Quadrat der Wellenfunktion ψ^2 Informationen über den Aufenthaltsort eines Elektrons in einem erlaubten Energiezustand.

Beim Wasserstoffatom stimmen die erlaubten Energien mit denen des Bohr'schen Atommodells überein. Im Bohr'schen Atommodell befindet sich das Elektron jedoch auf einer kreisförmigen Umlaufbahn mit einem bestimmten Abstand vom Kern. Im quantenmechanischen Modell kann der Aufenthaltsort des Elektrons nicht auf eine derart einfache Weise beschrieben werden. Gemäß der Unschärferelation ist unsere Kenntnis über den Aufenthaltsort des Elektrons bei einem mit hoher Genauigkeit bekannten Impuls sehr ungenau.

Wir können also den Aufenthaltsort eines einzelnen Elektrons um den Kern nicht exakt angeben, sondern müssen uns vielmehr mit einer Art statistischen Wissens zufrieden geben. Im quantenmechanischen Modell betrachten wir daher die Wahrscheinlichkeit, mit der sich das Elektron zu einem bestimmten Zeitpunkt in einem bestimmten Bereich aufhält. Wie sich herausstellt, gibt das Quadrat der Wellenfunktion ψ^2 an einem bestimmten Ort die Wahrscheinlichkeit an, mit der sich das Elektron an diesem Ort aufhält. Aus diesem Grund wird ψ^2 (genaugenommen $|\psi|^2$) die **Wahrscheinlichkeitsdichte** bzw. **Elektronendichte** genannt.

▶ Abbildung 6.16 zeigt, wie sich die Wahrscheinlichkeit, das Elektron an verschiedenen Orten innerhalb eines Atoms zu finden, grafisch darstellen lässt. In dieser Abbildung entspricht die Dichte der dargestellten Punkte der Wahrscheinlichkeit, mit der sich das Elektron an dieser Stelle aufhält. Die Bereiche mit hoher Dichte entsprechen relativ großen Werten von ψ^2, sind also Bereiche, an denen sich das Elektron mit großer Wahrscheinlichkeit aufhält. In Abschnitt 6.6 werden wir noch weitere Methoden der Darstellung der Elektronendichte kennen lernen.

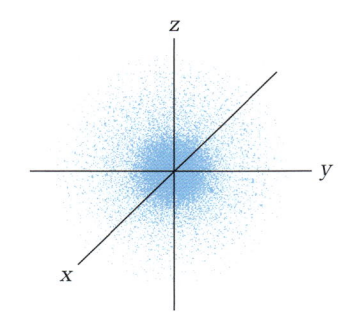

Abbildung 6.16: Elektronendichteverteilung. Diese Darstellung zeigt die Aufenthaltswahrscheinlichkeit des Elektrons eines Wasserstoffatoms im Grundzustand.

> **? DENKEN SIE EINMAL NACH**
>
> Gibt es einen Unterschied zwischen der Aussage „Das Elektron befindet sich an einem bestimmten Ort im Raum" und der Aussage „Das Elektron befindet sich mit hoher Wahrscheinlichkeit an einem bestimmten Ort im Raum"?

Orbitale und Quantenzahlen

Die Lösung der Schrödingergleichung für das Wasserstoffatom führt zu einer Reihe von Wellenfunktionen und den entsprechenden Energien. Diese Wellenfunktionen werden **Orbitale** genannt. Jedes Orbital beschreibt eine besondere Verteilung der Elektronendichte im Raum, die durch die Wahrscheinlichkeitsdichte des Orbitals gegeben ist. Jedes Orbital besitzt daher eine charakteristische Energie und Form. Das Orbital mit der niedrigsten Energie im Wasserstoffatom hat z. B. eine Energie von $-2{,}18 \times 10^{-18}$ J und die in Abbildung 6.16 dargestellte Form. Beachten Sie, dass ein **Orbital** (quantenmechanisches Modell) nicht dasselbe ist wie eine **Umlaufbahn** (Bohr'sches Atommodell). Das quantenmechanische Modell bezieht sich nicht auf Umlaufbahnen, weil die Bewegung eines Elektrons in einem Atom nicht präzise gemessen oder verfolgt werden kann (Heisenberg'sche Unschärferelation).

Im Bohr'schen Atommodell wurde eine einzelne Quantenzahl n eingeführt, mit der eine Umlaufbahn beschrieben wurde. Im quantenmechanischen Modell werden zur Beschreibung eines Orbitals die drei Quantenzahlen n, l und m_l verwendet. Wir werden im Folgenden betrachten, welche Informationen diese Quantenzahlen enthalten und wie sie voneinander abhängen.

1 Die *Hauptquantenzahl n* kann positive ganzzahlige Werte (1, 2, 3 usw.) annehmen. Die Energie des Orbitals steigt mit zunehmendem n an und das Elektron hält sich längere Zeit weiter vom Kern entfernt auf. Eine Zunahme von n bedeutet zudem, dass das Elektron eine höhere Energie besitzt und daher weniger stark an den Kern gebunden ist. Beim Wasserstoffatom ist wie beim Bohr'schen Atommodell $E_n = -(2{,}18 \times 10^{-18}\,\text{J})(1/n^2)$.

2 Die zweite Quantenzahl, die *Nebenquantenzahl l*, kann für jeden Wert von n ganzzahlige Werte von 0 bis $n-1$ annehmen. Diese Quantenzahl bestimmt die Form des Orbitals. Wir werden uns mit diesen Formen in Abschnitt 6.6 auseinander setzen. Der Wert von l eines bestimmten Orbitals wird im Allgemeinen durch die Buchstaben *s*, *p*, *d* und *f** ausgedrückt, die für die Werte von 0, 1, 2 und 3 stehen:

Wert von l	0	1	2	3
Buchstabe	s	p	d	f

3 Die *magnetische Quantenzahl* m_l kann ganzzahlige Werte zwischen $-l$ und l einschließlich null annehmen. Wie wir in Abschnitt 6.6 feststellen werden, beschreibt diese Quantenzahl die räumliche Orientierung des Orbitals.

> **? DENKEN SIE EINMAL NACH**
>
> Worin besteht der Unterschied zwischen einer Umlaufbahn (Bohr'sches Atommodell) und einem Orbital (quantenmechanisches Modell)?

Beachten Sie, dass aufgrund der Tatsache, dass n ein beliebiger ganzzahliger Wert ist, die Anzahl der Orbitale des Wasserstoffatoms unendlich groß ist. Das Elektron eines Wasserstoffatoms wird zu einer bestimmten Zeit jedoch nur von einem dieser Orbitale beschrieben – wir sagen, das Elektron *besetzt* ein bestimmtes Orbital. Die verbleibenden Orbitale sind in diesem bestimmten Zustand des Wasserstoffatoms *unbesetzt*. Wie wir feststellen werden, sind für uns hauptsächlich die Orbitale des Wasserstoffatoms mit kleinen Werten von n von Interesse.

Orbitale mit gleichem Wert von n werden zusammen als **Elektronenschale** bezeichnet. Alle Orbitale mit $n = 3$ befinden sich z. B. in der dritten Schale. Orbitale mit den gleichen Werten von n und l bilden eine **Unterschale**. Jede Unterschale wird mit einer Zahl (dem Wert von n) und einem Buchstaben (*s*, *p*, *d* oder *f*, je nach Wert der Quantenzahl l) bezeichnet. Die Orbitale mit $n = 3$ und $l = 2$ werden z. B. 3*d*-Orbitale genannt und befinden sich in der Unterschale 3*d*.

In Tabelle 6.2 sind die möglichen Werte der Quantenzahlen l und m_l für Werte bis $n = 4$ zusammengefasst. Die Einschränkungen der möglichen Werte der Quantenzahlen haben die folgenden sehr wichtigen Auswirkungen:

1 Eine Schale mit einer Hauptquantenzahl n besteht aus exakt n Unterschalen. Jede Unterschale ist einem der verschiedenen erlaubten Werte von l zwischen 0 und $n-1$ zugeordnet. Die erste Schale $n = 1$ besteht also nur aus der Unterschale 1*s* ($l = 0$); die zweite Schale ($n = 2$) besteht aus den zwei Unterschalen 2*s* ($l = 0$) und 2*p* ($l = 1$); die dritte Schale besteht aus den drei Unterschalen 3*s*, 3*p* und 3*d* und so weiter.

---

* Die Buchstaben *s*, *p*, *d* und *f* stehen für die englischen Wörter *sharp*, *principal*, *diffuse* und *fundamental*, die bereits vor der Entwicklung der Quantenmechanik für die Beschreibung bestimmter Eigenschaften von Spektren verwendet worden sind.

6.5 Quantenmechanik und Atomorbitale

Tabelle 6.2

Beziehungen zwischen den Werten n, l und m_l bis $n = 4$

n	mögliche Werte von l	Bezeichnung der Unterschale	mögliche Werte von m_l	Anzahl der Orbitale in der Unterschale	Gesamtzahl der Orbitale in der Schale
1	0	1s	0	1	1
2	0	2s	0	1	
	1	2p	1, 0, −1	3	4
3	0	3s	0	1	
	1	3p	1, 0, −1	3	
	2	3d	2, 1, 0, −1, −2	5	9
4	0	4s	0	1	
	1	4p	1, 0, −1	3	
	2	4d	2, 1, 0, −1, −2	5	
	3	4f	3, 2, 1, 0, −1, −2, −3	7	16

2 Jede Unterschale besteht aus einer spezifischen Anzahl an Orbitalen. Jedes Orbital ist dabei einem der verschiedenen erlaubten Werte von m_l zugeordnet. Bei einem bestimmten Wert von l gibt es $2l + 1$ erlaubte Werte von m_l im Bereich von $−l$ bis $+l$. Jede s ($l = 0$)-Unterschale besteht also aus einem Orbital, jede p ($l = 1$)-Unterschale aus drei Orbitalen, jede d ($l = 2$)-Unterschale aus fünf Orbitalen und so weiter.

3 Die Gesamtanzahl der Orbitale in einer Schale ist gleich n^2, wobei n die Hauptquantenzahl der Schale ist. Die Anzahl der Orbitale der Schalen – 1, 4, 9, 16 – stimmt mit einem Muster im Periodensystem überein: Wir erkennen, dass die Anzahl der Elemente der Zeilen des Periodensystems – 2, 8, 18 und 32 – jeweils genau doppelt so groß ist wie diese Zahlen. Wir werden uns diese Beziehung in Abschnitt 6.9 noch genauer anschauen.

In ▶Abbildung 6.17 sind die relativen Energien der Orbitale des Wasserstoffatoms bis $n = 3$ dargestellt. Jedes Kästchen steht für ein Orbital, wobei Orbitale derselben Unterschale wie z. B. die $2p$-Orbitale zusammen angeordnet sind. Wenn das Elektron das Orbital mit der niedrigsten Energie besetzt ($1s$), befindet sich das Wasserstoffatom in seinem *Grundzustand*. Wenn das Elektron ein anderes Orbital besetzt, befindet sich das Atom in einem *angeregten Zustand*. Bei gewöhnlichen Temperaturen befinden sich nahezu alle Wasserstoffatome im Grundzustand. Das Elektron kann durch Absorption eines Photons mit geeigneter Energie in ein Orbital höherer Energie angeregt werden.

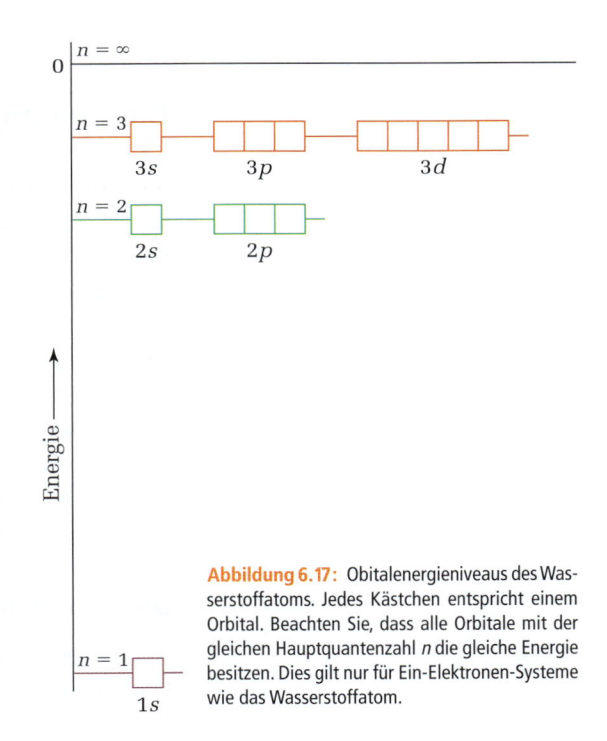

Abbildung 6.17: Obitalenergieniveaus des Wasserstoffatoms. Jedes Kästchen entspricht einem Orbital. Beachten Sie, dass alle Orbitale mit der gleichen Hauptquantenzahl n die gleiche Energie besitzen. Dies gilt nur für Ein-Elektronen-Systeme wie das Wasserstoffatom.

> **? DENKEN SIE EINMAL NACH**
>
> Warum ist in Abbildung 6.17 die Energiedifferenz zwischen den Niveaus $n = 1$ und $n = 2$ viel größer als die Energiedifferenz zwischen den Niveaus $n = 2$ und $n = 3$?

> **ÜBUNGSBEISPIEL 6.6** — Unterschalen des Wasserstoffatoms
>
> **(a)** Geben Sie ohne Zuhilfenahme der Tabelle 6.2 die Anzahl der Unterschalen der vierten Schale ($n = 4$) an.
> **(b)** Wie werden diese Unterschalen bezeichnet?
> **(c)** Wie viele Orbitale befinden sich in diesen Unterschalen?
>
> **Analyse und Vorgehen:** Es ist der Wert der Hauptquantenzahl n angegeben. Wir sollen für diesen Wert von n die erlaubten Werte von l und m_l bestimmen und anschließend die Anzahl der Orbitale in jeder Unterschale angeben.
>
> **Lösung**
> **(a)** In der vierten Schale gibt es vier Unterschalen, die den vier möglichen Werten von l (0, 1, 2 und 3) entsprechen.
> **(b)** Diese Unterschalen werden mit $4s$, $4p$, $4d$, und $4f$ bezeichnet. Die Zahl in der Bezeichnung einer Unterschale ist die Hauptquantenzahl n und der Buchstabe gibt den Wert der Nebenquantenzahl l an: s steht dabei für $l = 0$, p für $l = 1$, d für $l = 2$ und f für $l = 3$.
> **(c)** Es gibt ein $4s$-Orbital (wenn $l = 0$ ist, hat m_l nur einen möglichen Wert: 0). Es gibt drei $4p$-Orbitale (wenn $l = 1$ ist, hat m_l drei mögliche Werte: 1, 0 und −1). Es gibt fünf $4d$-Orbitale (wenn $l = 2$ ist, hat m_l fünf mögliche Werte: 2, 1, 0, −1, −2). Es gibt sieben $4f$-Orbitale (wenn $l = 3$ ist, hat m_l sieben mögliche Werte: 3, 2, 1, 0, −1, −2, −3).
>
> **ÜBUNGSAUFGABE**
>
> **(a)** Wie lautet die Bezeichnung der Unterschale mit $n = 5$ und $l = 1$?
> **(b)** Wie viele Orbitale befinden sich in dieser Unterschale?
> **(c)** Geben Sie die Werte von m_l für diese Orbitale an.
>
> **Antworten: (a)** $5p$; **(b)** 3; **(c)** 1, 0, −1.

6.6 Darstellung von Orbitalen

Bei unseren bisherigen Betrachtungen sind wir vor allem auf die Energien von Orbitalen eingegangen. Die Wellenfunktion liefert uns jedoch auch Informationen über den räumlichen Aufenthaltsort des Elektrons, das ein Orbital besetzt. Im Folgenden werden wir betrachten, auf welche Weise Orbitale dargestellt werden können. Wir werden uns dabei einige wichtige Aspekte der Elektronendichteverteilungen in den Orbitalen ansehen. Zunächst werden wir die dreidimensionalen Formen der einzelnen Orbitale betrachten und untersuchen, ob sie z. B. sphärisch oder gerichtet sind. Anschließend werden wir uns anschauen, wie sich die Wahrscheinlichkeitsdichte verändert, wenn wir uns linear vom Kern entfernen. Zum Schluss werden wir uns schließlich die dreidimensionalen Zeichnungen ansehen, die Chemiker oft zur Beschreibung von Orbitalen verwenden.

Die *s*-Orbitale

Abbildung 6.16 zeigt eine Darstellung des $1s$-Orbitals von Wasserstoff, d. h. des Orbitals des Wasserstoffs mit der niedrigsten Energie. Diese Art von Zeichnung, die die Verteilung der Elektronendichte um den Kern zeigt, ist eine der verschiedenen Methoden, Orbitale visuell darzustellen. Das Erste, was uns bei der Betrachtung der Elektronendichte des $1s$-Orbitals auffällt, ist ihre *Kugelsymmetrie* – mit anderen Worten bedeutet das, dass bei einer bestimmten Entfernung zum Kern die Elektronendichte immer gleich groß ist, unabhängig davon, in welcher Richtung wir uns vom Kern entfernen. Alle anderen s-Orbitale ($2s$, $3s$, $4s$ und so weiter) sind ebenfalls kugelsymmetrisch.

Worin besteht also der Unterschied zwischen $1s$-Orbitalen und s-Orbitalen mit einer anderen Hauptquantenzahl? Wie verändert sich z. B. die Elektronendichteverteilung

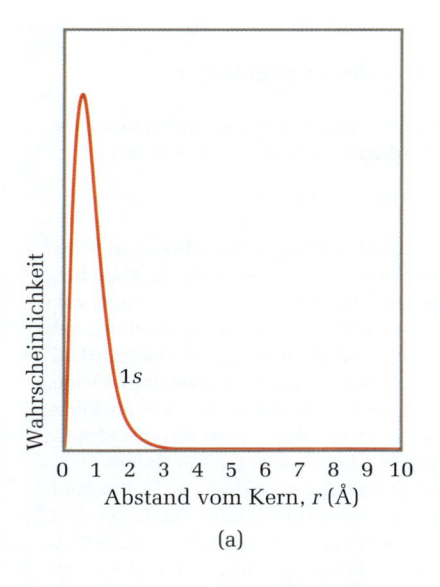

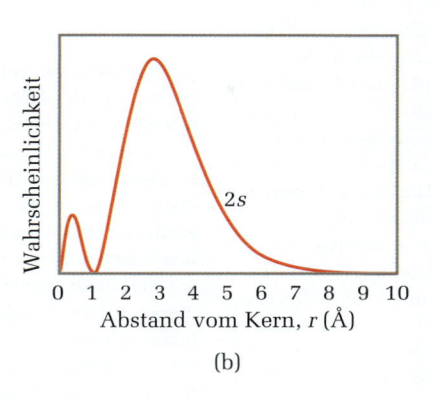

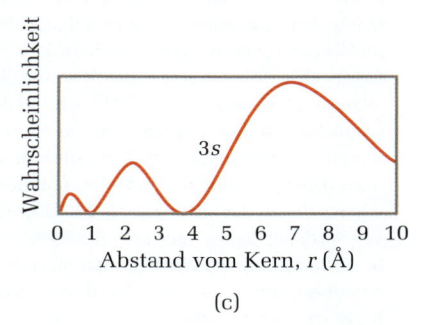

Abbildung 6.18: Radiale Wahrscheinlichkeitsfunktionen der 1s-, 2s- und 3s-Orbitale. Es sind die Aufenthaltswahrscheinlichkeiten des Elektrons als Funktion der Entfernung vom Kern dargestellt. Ähnlich wie im Bohr'schen Atommodell nimmt der Abstand des wahrscheinlichsten Aufenthaltsorts des Elektrons vom Kern mit steigendem n zu. In den 2s- und 3s-Orbitalen fällt die radiale Wahrscheinlichkeitsfunktion bei bestimmten Abständen auf null ab, steigt anschließend jedoch wieder an. Die Orte, an denen die Wahrscheinlichkeit gleich null ist, werden *Knoten* genannt.

des Wasserstoffatoms, wenn das Elektron vom 1s-Orbital in das 2s-Orbital angeregt wird? Um Fragen wie diese beantworten zu können, betrachten wir die *radiale Wahrscheinlichkeitsdichte*, also die Wahrscheinlichkeit, mit der sich ein Elektron in einer bestimmten Entfernung vom Kern aufhält. In ▶Abbildung 6.18 ist die radiale Wahrscheinlichkeitsdichte des 1s-Orbitals als Funktion von r, der Entfernung zum Kern, dargestellt. Die sich ergebende Kurve ist die **radiale Wahrscheinlichkeitsfunktion** des 1s-Orbitals. Radiale Wahrscheinlichkeitsfunktionen werden im Kasten „Näher hingeschaut" genauer betrachtet. Wir erkennen, dass die Wahrscheinlichkeit mit steigender Entfernung vom Kern zunächst rasch zunimmt, bei einer Entfernung von 0,529 Å ein Maximum erreicht und anschließend rasch wieder abfällt. Wenn das Elektron also das 1s-Orbital besetzt, beträgt sein wahrscheinlichster Abstand zum Kern 0,529 Å.* Wir beschreiben auch hier im Einklang mit der Unschärferelation eine Wahrscheinlichkeit. Beachten Sie außerdem, dass die Wahrscheinlichkeit, dass das Elektron eine Entfernung größer als 3 Å vom Kern hat, nahezu gleich null ist.

In Abbildung 6.18 (b) ist die radiale Wahrscheinlichkeitsfunktion des 2s-Orbitals des Wasserstoffatoms dargestellt. Wir können zwischen dieser Darstellung und der des 1s-Orbitals drei wesentliche Unterschiede feststellen: (1) Die radiale Wahrscheinlichkeitsfunktion des 2s-Orbitals hat zwei verschiedene Maxima, ein kleines bei etwa $r = 0{,}5$ Å und ein viel größeres bei etwa $r = 3$ Å. (2) Zwischen diesen beiden Maxima befindet sich ein Punkt, an dem die Funktion den Wert null hat (bei etwa $r = 1$ Å). Ein Zwischenpunkt, an dem die Wahrscheinlichkeitsfunktion den Wert null hat, wird **Knoten** genannt. Die Wahrscheinlichkeit, dass sich das Elektron in einer Entfernung

Radiale Wahrscheinlichkeitsdichte

---

* Im quantenmechanischen Modell ist der wahrscheinlichste Abstand, den das Elektron im 1s-Orbital zum Kern hat (0,529 Å), gleich dem von Bohr vorausgesagten Radius für $n = 1$. Der Abstand 0,529 Å wird daher häufig als *Bohr'scher Radius* bezeichnet.

Näher hingeschaut ■ Wahrscheinlichkeitsdichte und radiale Wahrscheinlichkeitsfunktionen

Die quantenmechanische Beschreibung des Wasserstoffatoms erfordert eine etwas ungewohnte Betrachtung des Aufenthaltsorts des Elektrons im Atom. In der klassischen Physik können wir die Position und Geschwindigkeit eines kreisenden Objekts wie z. B. eines Planeten, der einen Stern umkreist, exakt angeben. In der Quantenmechanik dagegen müssen wir den Aufenthaltsort des Elektrons im Wasserstoffatom als Wahrscheinlichkeit und nicht als exakten Ort angeben – eine exakte Antwort würde die Unschärferelation verletzen, die, wie wir festgestellt haben, bei der Betrachtung von subatomaren Teilchen an Bedeutung gewinnt. Die Informationen, die wir zur Berechnung der Aufenthaltswahrscheinlichkeit des Elektrons benötigen, sind in den Wellenfunktionen ψ enthalten, die sich wiederum aus der Lösung der Schrödingergleichung ergeben. Denken Sie daran, dass es eine unendlich große Anzahl von Wellenfunktion (Orbitalen) des Wasserstoffatoms gibt, ein Elektron jedoch zu einer bestimmten Zeit nur eine dieser Funktionen besetzen kann. Im Folgenden werden wir uns kurz ansehen, wie radiale Wahrscheinlichkeitsfunktionen (wie z. B. die in Abbildung 6.18) aus den Orbitalen abgeleitet werden können.

In Abschnitt 6.5 haben wir festgestellt, dass das Quadrat der Wellenfunktion die Wahrscheinlichkeit angibt, mit der sich das Elektron an einem bestimmten Punkt im Raum aufhält – erinnern Sie sich daran, dass diese Größe die *Wahrscheinlichkeitsdichte* an diesem Punkt genannt wird. Bei einem kugelsymmetrischen s-Orbital hängt der Wert von ψ nur von der Entfernung zum Kern r ab. Stellen Sie sich eine gerade Linie vor, die vom Kern aus nach außen weist (▶ Abbildung 6.19). Die Wahrscheinlichkeit, mit der sich das Elektron in einer Entfernung r zum Kern aufhält, ist entlang dieser Linie gleich $|\psi(r)|^2$, wobei $\psi(r)$ der Wert von ψ bei der Entfernung r ist. In Abbildung 6.20 ist $|\psi(r)|^2$ für die 1s, 2s- und 3s-Orbitale des Wasserstoffatoms als Funktion von r dargestellt.

Sie werden bereits bemerkt haben, dass sich die in ▶ Abbildung 6.20 dargestellten Funktionen wesentlich von den radialen Wahrscheinlichkeitsfunktionen der Abbildung 6.18 unterscheiden. Diese beiden Darstellungen der s-Orbitale sind eng miteinander verwandt, enthalten aber etwas unterschiedliche Informationen. Die Wahrscheinlichkeitsdichte $|\psi(r)|^2$ beschreibt die Wahrscheinlichkeit, mit der sich ein Elektron an einem *bestimmten* Punkt im Raum aufhält, der sich in einer Entfernung r zum Kern befindet. Die radiale Wahrscheinlichkeitsfunktion, die wir mit $P(r)$ bezeichnen, beschreibt dagegen die Wahrscheinlichkeit, mit der sich das Elektron an *irgendeinem* Punkt befindet, der eine Entfernung r zum Kern hat – mit anderen Worten müssen wir die Aufenthaltswahrscheinlichkeiten aller Punkte mit der Entfernung r zum Kern „addieren". Der Unterschied zwischen diesen Beschreibungen mag Ihnen vielleicht subtil vorkommen, die Mathematik liefert uns jedoch eine präzise Möglichkeit, die beiden Funktionen miteinander zu verbinden.

Wie in Abbildung 6.19 gezeigt, ist die Menge aller Punkte mit einem Abstand r vom Kern einfach eine Kugel mit dem Radius r. Die Wahrscheinlichkeitsdichte ist an jedem Punkt dieser Kugel gleich $|\psi(r)|^2$. Das Addieren der einzelnen Wahrscheinlichkeiten erfordert die Bildung eines Integrals und geht über den Anspruch dieses Buches hinaus (in der Sprache der Integralrechnung heißt es: „Wir integrieren die Wahrscheinlichkeitsdichte über die Oberfläche der Kugel."). Das Ergebnis, das wir dabei erhalten, ist jedoch einfach zu beschreiben. Die radiale Wahrscheinlichkeitsfunktion bei einer Entfernung r, $P(r)$, ist einfach gleich der Wahrscheinlichkeitsdichte bei dieser Entfernung r, $|\psi(r)|^2$, multipliziert mit der Oberfläche der Kugel, die durch die Formel $4\pi r^2$ gegeben ist:

$$P(r) = 4\pi r^2 |\psi(r)|^2$$

Die Darstellungen von $P(r)$ in Abbildung 6.18 sind also gleich den mit $4\pi r^2$ multiplizierten Darstellungen von $|\psi(r)|^2$ in Abbildung 6.20. Die Tatsache, dass $4\pi r^2$ mit zunehmender Entfernung zum Kern stark ansteigt, lässt die beiden Darstellungen sehr unterschiedlich aussehen. Die Darstellung von $|\psi(r)|^2$ für das 3s-Orbital (Abbildung 6.20) zeigt, dass die Funktion im Allgemeinen umso kleiner wird, je weiter wir uns vom Kern entfernen. Wenn wir die Funktion jedoch mit $4\pi r^2$ multiplizieren, erkennen wir, dass die Maxima mit steigender Entfernung vom Kern immer größer werden (Abbildung 6.18). Wir werden feststellen, dass die radialen Wahrscheinlichkeitsfunktionen aus Abbildung 6.18 für uns nützlicher sind, weil sie die Wahrscheinlichkeit beschreiben, mit der sich das Elektron an *allen* Punkten und nicht nur an einem bestimmten Punkt mit einem Abstand r zum Kern aufhält.

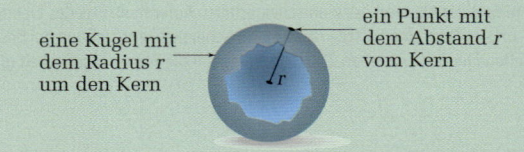

Abbildung 6.19: Wahrscheinlichkeit an einem Ort. Die Wahrscheinlichkeitsdichte $\psi(r)^2$ gibt die Wahrscheinlichkeit an, mit der sich das Elektron an einem *bestimmten* Punkt mit dem Abstand r vom Kern aufhält. Die radiale Wahrscheinlichkeitsfunktion $4\pi r^2 \psi(r)^2$ gibt die Wahrscheinlichkeit an, mit der sich das Elektron an einem *beliebigen* Ort mit dem Abstand r vom Kern aufhält – also mit anderen Worten an einem beliebigen Ort auf einer Kugel mit dem Radius r.

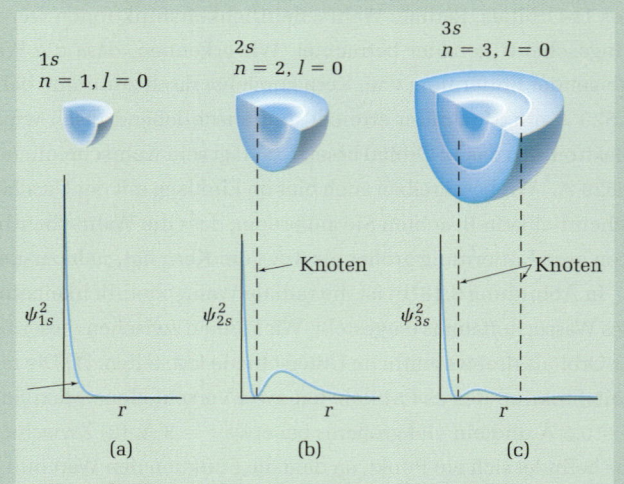

Die Höhe des Graphen entspricht der Dichte der Punkte als Funktion des Abstands vom Ursprung

Abbildung 6.20: Wahrscheinlichkeitsdichteverteilungen der 1s-, 2s- und 3s-Orbitale. Im unteren Teil der Abbildung ist die Wahrscheinlichkeitsdichte $\psi(r)^2$ als Funktion des Abstands r vom Kern dargestellt. Der obere Teil der Abbildung zeigt Querschnitte der sphärischen Elektronendichte der verschiedenen s-Orbitale.

aufhält, die einem Knoten entspricht, ist gleich null, auch wenn das Elektron eine kleinere und größere Entfernung zum Kern haben kann. (3) Die radiale Wahrscheinlichkeitsfunktion des 2s-Orbitals ist wesentlich breiter als die des 1s-Orbitals. Beim 2s-Orbital gibt es also einen größeren Bereich von Abständen zum Kern, in denen sich das Elektron mit großer Wahrscheinlichkeit aufhält, als beim 1s-Orbital. Wie aus Abbildung 6.18 (c) deutlich wird, setzt sich diese Tendenz beim 3s-Orbital fort. Die radiale Wahrscheinlichkeitsfunktion des 3s-Orbitals hat drei Maxima mit zunehmender Größe, wobei das größte Maximum wiederum breiter ist und einen noch größeren Abstand vom Kern hat (etwa $r = 7$ Å) als die beiden Knoten.

Anhand der in Abbildung 6.18 dargestellten radialen Wahrscheinlichkeitsfunktionen lässt sich erkennen, dass mit steigendem n auch die wahrscheinlichste Entfernung zunimmt, in der sich das Elektron vom Kern befindet. Mit anderen Worten nimmt die Größe des Orbitals wie im Bohr'schen Atommodell mit steigendem n zu.

Eine oft verwendete Methode zur Abbildung von Orbitalen besteht darin, eine Grenzfläche darzustellen, von der eine bestimmte Elektronendichte des Orbitals (z. B. 90 %) eingeschlossen wird. Bei den s-Orbitalen bestehen diese Konturdarstellungen aus Kugeln. ▶Abbildung 6.21 zeigt die Konturdarstellungen der 1s, 2s- und 3s-Orbitale. Diese haben alle die gleiche Form, jedoch unterschiedliche Größen. Obwohl in diesen Konturdarstellungen die Einzelheiten der Verteilung der Elektronendichte verloren gehen, ist dies kein wesentlicher Nachteil. Bei qualitativen Betrachtungen sind die relative Größe und die Form der Orbitale die wichtigsten Merkmale und in Konturendarstellungen gut zu erkennen.

Die p-Orbitale

In ▶Abbildung 6.22 (a) ist die Elektronendichteverteilung eines 2p-Orbitals dargestellt. Wie wir anhand dieser Abbildung erkennen können, ist die Elektronendichte nicht wie bei einem s-Orbital kugelsymmetrisch um den Kern verteilt. Stattdessen konzentriert sich die Elektronendichte in zwei Regionen auf beiden Seiten des Kerns, die durch einen Knoten im Kern getrennt sind. Wir sprechen davon, dass dieses hantelförmige Orbital zwei *Keulen* hat. Sie sollten sich daran erinnern, dass wir keine Aussage darüber machen, wie sich das Elektron innerhalb des Orbitals bewegt. Das Einzige, was Abbildung 6.22(a) beschreibt, ist die *durchschnittliche* Verteilung der Elektronendichte in einem 2p-Orbital.

Jede Schale ab $n = 2$ verfügt über drei p-Orbitale. Es gibt also drei 2p-Orbitale, drei 3p-Orbitale und so weiter. Alle p-Orbitale haben wie die in Abbildung 6.22 (a) dargestellten 2p-Orbitale hantelartige Formen. Bei einem bestimmten Wert von n haben die p-Orbitale die gleiche Größe und Form, unterscheiden sich aber voneinander

Abbildung 6.21: Konturendarstellungen der 1s-, 2s- und 3s-Orbitale. Die relativen Radien der Kugeln sind so gewählt, dass sich das Elektron mit 90 %-iger Wahrscheinlichkeit innerhalb der Kugel aufhält.

> **? DENKEN SIE EINMAL NACH**
>
> Wie viele Maxima sollte die radiale Wahrscheinlichkeitsfunktion des 4s-Orbitals des Wasserstoffatoms aufweisen? Wie viele Knoten sollte diese Funktion haben?

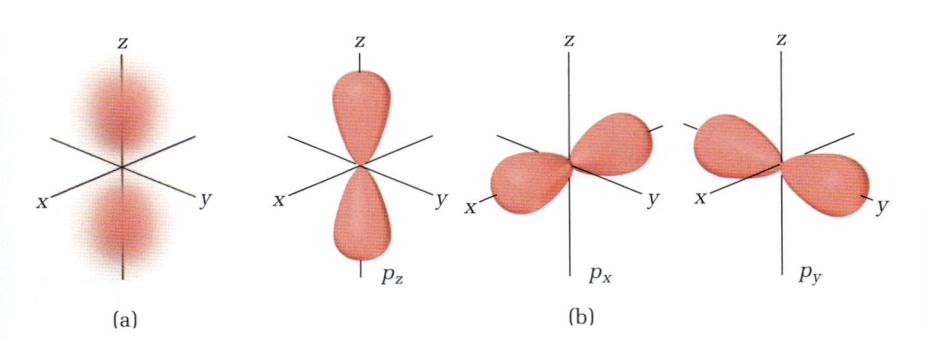

Abbildung 6.22: p-Orbitale. (a) Elektronendichteverteilung eines 2p-Orbitals. (b) Konturendarstellungen der drei p-Orbitale. Beachten Sie, dass die Indizes der Orbitalbezeichnungen die räumlichen Orientierungen der Orbitale anzeigen.

hinsichtlich ihrer räumlichen Ausrichtung. Wir können *p*-Orbitale darstellen, indem wir wie in Abbildung 6.22 (b) die Form und Ausrichtung ihrer Wellenfunktionen zeichnen. Es ist praktisch, diese Orbitale als p_x-, p_y- und p_z-Orbitale zu bezeichnen. Der tiefgestellte Index zeigt die kartesische Achse an, entlang derer das Orbital räumlich angeordnet ist.* Wie bei den *s*-Orbitalen nimmt die Größe der *p*-Orbitale im Verlauf von 2*p* zu 3*p* zu 4*p* usw. zu.

Die *d*- und *f*-Orbitale

Wenn *n* größer oder gleich 3 ist, sind *d*-Orbitale vorhanden (mit *l* = 2). Es gibt also fünf 3*d*-Orbitale, fünf 4*d*-Orbitale und so weiter. Wie in ▶ Abbildung 6.23 gezeigt, haben die in einer bestimmten Schale vorhandenen *d*-Orbitale verschiedene Formen und räumliche Orientierungen. Vier der Konturdarstellungen der *d*-Orbitale haben die Form eines vierblättrigen Kleeblatts und liegen hauptsächlich in einer Ebene. Die d_{xy}-, d_{xz}- und d_{yz}-Orbitale liegen in der *xy*-, *xz*- und *yz*-Ebene, wobei sich die Keulen *zwischen* den Achsen befinden. Die Keulen des $d_{x^2-y^2}$-Orbitals liegen ebenfalls in der *xy*-Ebene, sind aber *entlang* der *x*- und *y*-Achse ausgerichtet. Die Form des d_{z^2}-Orbitals unterscheidet sich wesentlich von der Form der anderen vier Orbitale: Es hat zwei Keulen, die entlang der *z*-Achse ausgerichtet sind, und einen Torus in der *xy*-Ebene. Obwohl sich die Form des d_{z^2}-Orbitals von der Form der anderen *d*-Orbitale unterscheidet, hat es dieselbe Energie wie die anderen vier *d*-Orbitale. Die Bezeichnungen aus Abbildung 6.23 werden unabhängig von der Hauptquantenzahl für alle *d*-Orbitale verwendet.

Wenn *n* größer oder gleich 4 ist, gibt es sieben äquivalente *f*-Orbitale (mit *l* = 3). Die Formen der *f*-Orbitale sind noch komplizierter als die der *d*-Orbitale und hier nicht dargestellt. Wie wir im folgenden Abschnitt feststellen werden, müssen wir die *f*-Or-

Abbildung 6.23: Konturendarstellungen der fünf *d*-Orbitale.

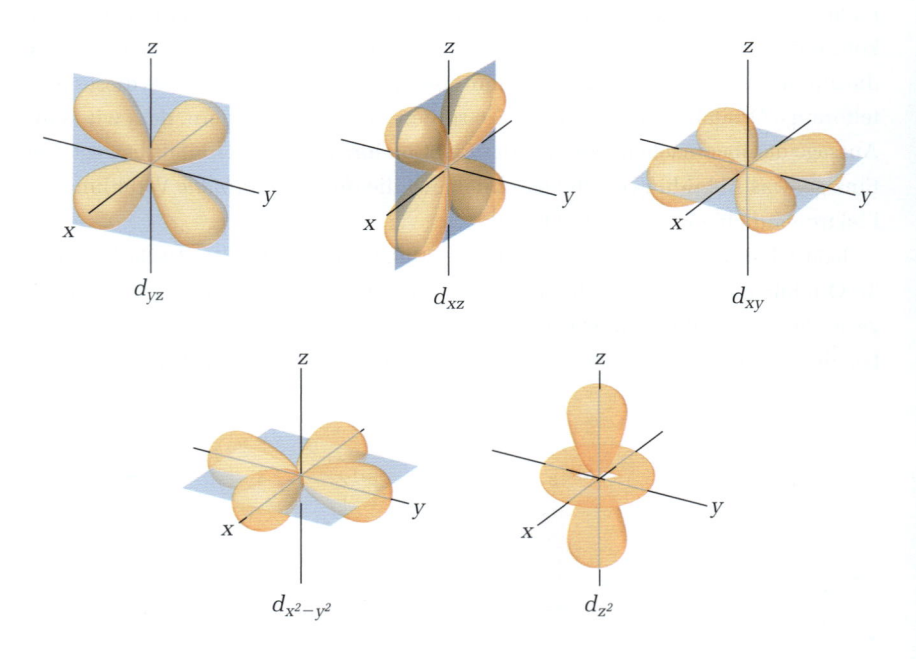

---

* Wir können zwischen den Indizes (*x*, *y* und *z*) und den erlaubten Werten von m_l (1, 0 und −1) keinen einfachen Zusammenhang angeben. Die Erklärung dafür geht über den Anspruch eines Einführungsbuches hinaus.

bitale bei der Betrachtung der elektronischen Struktur der Atome des unteren Teils des Periodensystems jedoch ebenfalls berücksichtigen.

Sie werden im weiteren Verlauf des Buches oft feststellen, dass Ihnen die Kenntnis über die Anzahl und Form der Atomorbitale dabei hilft, Chemie auf molekularer Ebene zu verstehen. Es ist daher sehr hilfreich, sich die in den Abbildungen 6.21, 6.22 und 6.23 dargestellten Orbitalformen einzuprägen.

> **? DENKEN SIE EINMAL NACH**
>
> In Abbildung 6.22 a ist die Farbe im Inneren der Keulen dunkelviolett, wird nach außen hin jedoch immer heller. Wofür steht diese Farbänderung?

Mehr-Elektronen-Atome 6.7

Wir haben uns zu Beginn des Kapitels das Ziel gesetzt, die elektronische Struktur von Atomen zu beschreiben. Wie wir bisher festgestellt haben, liefert uns die Quantenmechanik eine sehr elegante Beschreibung der Struktur des Wasserstoffatoms. Dieses Atom besitzt jedoch nur ein Elektron. Wie müssen wir unsere Beschreibung der elektronischen Struktur der Atome anpassen, wenn wir Atome betrachten, die zwei oder mehr Elektronen besitzen (*Mehr-Elektronen*-Atome)? Um diese Atome zu beschreiben, müssen wir nicht nur die Natur der Orbitale und ihre relativen Energien, sondern auch die Besetzung der verfügbaren Orbitale durch Elektronen in unsere Betrachtungen einbeziehen.

Orbitale und ihre Energien

Das quantenmechanische Modell wäre nicht sehr hilfreich, wenn wir unsere für das Wasserstoffatom gewonnenen Kenntnisse nicht auf andere Atome übertragen könnten. Glücklicherweise können wir die elektronische Struktur von Mehr-Elektronen-Atomen mit Hilfe von Orbitalen beschreiben, die denen des Wasserstoffatoms ähnlich sind. Wir können also die Orbitale weiterhin mit $1s$-, $2p_x$- usw. bezeichnen. Die Orbitale von Mehr-Elektronen-Atomen haben zudem prinzipiell die gleiche Form wie die entsprechenden Wasserstofforbitale.

Obwohl die Formen der Orbitale bei Mehr-Elektronen-Atomen jedoch den Formen der Wasserstofforbitale entsprechen, werden durch die Anwesenheit von mehr als einem Elektron die Energien der Orbitale wesentlich beeinflusst. Im Wasserstoffatom hängt die Energie eines Orbitals nur von seiner Hauptquantenzahl n ab (Abbildung 6.17); die $3s$-, $3p$- und $3d$-Unterschalen haben z. B. die gleiche Energie. In einem Mehr-Elektronen-Atom führt die Abstoßung zwischen den Elektronen dazu, dass, wie in ▶ Abbildung 6.24 gezeigt, die Unterschalen unterschiedliche Energien haben. Um zu verstehen, warum das der Fall ist, müssen wir die Wechselwirkungen zwischen den Elektronen und den Einfluss der Formen der Orbitale auf diese Wechselwirkungen berücksichtigen. Wir werden uns mit dieser Analyse jedoch erst in Kapitel 7 auseinander setzen.

Wir können jedoch das wichtigste Ergebnis dieser Analyse bereits vorwegnehmen: *In einem Mehr-Elektronen-Atom nimmt bei einem bestimmten Wert von n die Energie eines Orbitals mit steigendem Wert von l zu.* Diese Aussage wird in Abbildung 6.24 veranschaulicht. Beachten Sie z. B., dass die Energie der $n = 3$-Orbitale (rot) in der Reihenfolge $3s < 3p < 3d$ zunimmt. Bei Abbildung 6.24 handelt es sich um ein *qualitatives* Energieniveaudiagramm. Die exakten Energien der Orbitale und ihre Abstände variieren von Atom zu Atom. Beachten Sie, dass alle Orbitale einer bestimmten Unterschale (so wie die fünf $3d$-Orbitale) wie im Wasserstoffatom die gleiche Energie besitzen. Orbitale mit der gleichen Energie werden als **entartet** bezeichnet.

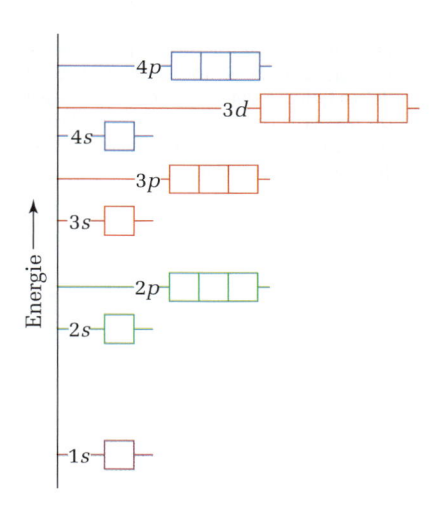

Abbildung 6.24: Obitalenergieniveaus von Mehr-Elektronen-Atomen. In einem Mehr-Elektronen-Atom folgen die Energien der Unterschalen der Reihenfolge $ns < np < nd < nf$. Wie in Abbildung 6.17 entspricht jedes Kästchen einem Orbital.

> **? DENKEN SIE EINMAL NACH**
>
> Können wir bei einem Mehr-Elektronen-Atom eindeutig vorhersagen, ob das $4s$-Orbital energetisch höher oder niedriger liegt als die $3d$-Orbitale?

6 Die elektronische Struktur der Atome

Der Elektronenspin und das Pauli-Prinzip

Wir haben festgestellt, dass wir mit Hilfe von wasserstoffähnlichen Orbitalen Mehr-Elektronen-Atome beschreiben können. Wodurch wird jedoch bestimmt, in welchen Orbitalen sich die Elektronen aufhalten? Wie werden die verfügbaren Orbitale also von den Elektronen eines Mehr-Elektronen-Atoms besetzt? Um diese Frage zu beantworten, müssen wir eine weitere Eigenschaft des Elektrons berücksichtigen.

Als Wissenschaftler die Linienspektren von Mehr-Elektronen-Atomen genauer untersuchten, entdeckten Sie eine sehr merkwürdige Eigenschaft: Es stellte sich heraus, dass Linien, die ursprünglich für eine einzige Linie gehalten wurden, in Wirklichkeit nahe beieinander liegende Doppellinien waren. Das bedeutete im Wesentlichen, dass es doppelt so viele Energieniveaus gab, wie ursprünglich angenommen wurde. Die niederländischen Physiker George Uhlenbeck und Samuel Goudsmit machten 1925 einen Vorschlag zur Lösung dieses Dilemmas. Sie stellten die Hypothese auf, dass Elektronen eine ihnen innewohnende Eigenschaft haben, die sie **Elektronenspin** nannten. Dieser Elektronenspin hat zur Folge, dass Elektronen sich so verhalten, als ob sie aus einer sich um die eigene Achse drehenden kleinen Kugel bestünden.

Mittlerweile überrascht es Sie wahrscheinlich nicht mehr zu erfahren, dass auch der Elektronenspin gequantelt ist. Diese Beobachtung hatte die Einführung einer neuen Quantenzahl für das Elektron zur Folge, die die bereits behandelten Quantenzahlen n, l und m_l ergänzte. Diese neue Quantenzahl, die **Spinorientierungsquantenzahl**, wird mit m_s bezeichnet (der Index s steht für *Spin*). m_s kann zwei mögliche Werte annehmen ($+\frac{1}{2}$ oder $-\frac{1}{2}$), die zunächst als gegensätzliche Drehrichtungen des Elektrons interpretiert wurden. Eine sich drehende Ladung erzeugt ein magnetisches Feld. Die beiden gegensätzlichen Drehrichtungen verursachen daher, wie in ▶ Abbildung 6.25 gezeigt wird, entgegengesetzt gerichtete magnetische Felder.* Die zwei entgegengesetzten magnetischen Felder führen zu einer Aufspaltung der Spektrallinien in nahe beieinander liegende Einzellinien.

Der Elektronenspin ist eine unabdingbare Voraussetzung für das Verständnis der elektronischen Struktur der Atome. Der in Österreich geborene Physiker Wolfgang Pauli (1900–1958) entdeckte 1925 das Prinzip, nach dem Elektronen in Mehr-Elektronen-Atomen angeordnet werden. Das **Pauli-Prinzip** besagt, dass *bei zwei Elektronen in einem Atom nicht alle vier Quantenzahlen n, l, m_l und m_s die gleichen Werte haben können*. Für ein bestimmtes Orbital ($1s$, $2p_z$ usw.) sind die Werte von n, l und m_l vorgegeben. Wenn wir also ein Orbital mit mehr als einem Elektron besetzen *und* das Pauli-Prinzip erfüllen wollen, bleibt uns nur, den Elektronen unterschiedliche Werte von m_s zuzuweisen. Weil es nur zwei derartige Werte gibt, kann *ein Orbital nur von maximal zwei Elektronen besetzt werden, deren Spins entgegengesetzt gerichtet sind*. Diese Einschränkung erlaubt es uns, den Elektronen in einem Atom Indizes zuzuordnen, die ihre Quantenzahlen enthalten und damit den Ort angeben, an denen sich das entsprechende Elektron am wahrscheinlichsten aufhält. Es ist außerdem der Schlüssel für eine der größten Aufgaben in der Chemie – das Verständnis der Struktur des Periodensystems der Elemente. Wir werden uns in den folgenden beiden Abschnitten weiter mit diesen Fragen auseinander setzen.

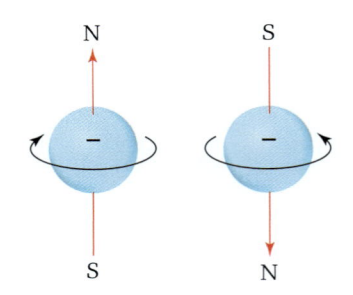

Abbildung 6.25: Elektronenspin. Das Elektron verhält sich, als ob es sich um seine eigene Achse drehen würde und dabei ein magnetisches Feld erzeugt, dessen Richtung von der Drehrichtung abhängt. Die zwei Richtungen des magnetischen Felds entsprechen den zwei möglichen Werten der Spinorientierungsquantenzahl m_s.

---

* Wie zuvor festgestellt, hat das Elektron sowohl teilchen- als auch wellenartige Eigenschaften. Das Bild eines Elektrons als sich drehende Ladung ist daher, streng genommen, lediglich eine hilfreiche Veranschaulichung, die es uns einfacher macht, die zwei möglichen Richtungen des magnetischen Felds eines Elektrons zu verstehen.

> **Näher hingeschaut** ■ Der experimentelle Beweis für die Existenz des Elektronenspins
>
> Schon bevor der Elektronenspin vorgeschlagen wurde, gab es experimentelle Hinweise auf eine weitere Eigenschaft der Elektronen, die einer Erklärung bedurften. Otto Stern und Walter Gerlach gelang es 1921, einen Strahl neutraler Atome in zwei Gruppen zu teilen, indem sie ihn durch ein nichthomogenes Magnetfeld leiteten. Das durchgeführte Experiment ist in ▶ Abbildung 6.26 dargestellt. Stellen Sie sich vor, man würde für dieses Experiment einen Strahl aus Wasserstoffatomen verwenden (tatsächlich wurden Silberatome verwendet, die nur ein ungepaartes Elektron enthalten). Wir würden eigentlich erwarten, dass die neutralen Atome nicht durch das magnetische Feld beeinflusst werden. Das magnetische Feld des Elektronenspins wechselwirkt jedoch mit dem Feld des Magneten und lenkt so die Atome von ihrer linearen Bahn ab. Wie in Abbildung 6.26 gezeigt, spaltet das magnetische Feld den Strahl auf, ein Hinweis darauf, dass es zwei (und nur zwei) gleichwertige Werte für das Magnetfeld des Elektrons gibt. Die Interpretation des Stern-Gerlach-Experiments war offensichtlich, nachdem sich herausgestellt hatte, dass die Orientierung des Elektronenspins genau zwei Werte annehmen kann. Diese Werte führen zu zwei gleichartigen magnetischen Feldern mit entgegengesetzter Richtung.
>
> **Abbildung 6.26:** Stern-Gerlach-Versuch. Die Atome, in denen die elektronische Spinorientierungsquantenzahl (m_s) des ungepaarten Elektrons den Wert $+\frac{1}{2}$ hat, werden in eine Richtung und die Atome, in denen m_s gleich $-\frac{1}{2}$ ist, in die entgegengesetzte Richtung abgelenkt.

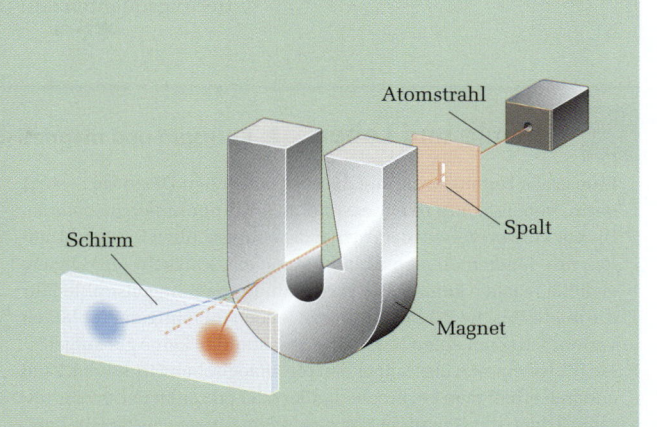

Elektronenkonfigurationen 6.8

Mit Hilfe unserer neu erworbenen Kenntnisse über die relativen Energien von Orbitalen und dem Pauli-Prinzip sind wir jetzt in der Lage, die Anordnungen von Elektronen in Atomen zu untersuchen. Die Verteilung der Elektronen auf die verschiedenen Orbitale eines Atoms wird die **Elektronenkonfiguration** des Atoms genannt. Die stabilste Elektronenkonfiguration eines Atoms – der Grundzustand – ist der Zustand, in dem die Elektronen die tiefstmögliche Energie besitzen. Wenn es keine Einschränkungen für die möglichen Werte der Quantenzahlen der Elektronen gäbe, würden sich alle Elektronen im $1s$-Orbital befinden, weil dieses Orbital die niedrigste Energie besitzt (Abbildung 6.24). Das Pauli-Prinzip besagt jedoch, dass sich höchstens zwei Elektronen gleichzeitig in einem Orbital befinden können. *Die Orbitale werden also in der Reihenfolge steigender Energie aufgefüllt, wobei sich jeweils nicht mehr als zwei Elektronen in einem Orbital befinden dürfen.* Betrachten Sie z.B. das Lithiumatom, das über drei Elektronen verfügt. Erinnern Sie sich daran, dass die Anzahl der Elektronen in einem neutralen Atom gleich seiner Ordnungszahl ist. Das $1s$-Orbital kann zwei der Elektronen aufnehmen. Das dritte Elektron befindet sich im $2s$-Orbital, dem Orbital mit der nächsthöheren Energie.

Wir können eine Elektronenkonfiguration darstellen, indem wir das Symbol der besetzten Unterschale mit einem hochgestellten Index versehen, der die Anzahl der Elektronen in dieser Unterschale anzeigt. Für Lithium schreiben wir z.B. $1s^2 2s^1$ (sprich: „$1s$ zwei, $2s$ eins"). Eine weitere Darstellung der Anordnung der Elektronen besteht in der folgenden Schreibweise:

Li ⇅ ↑
   $1s$ $2s$

In dieser Schreibweise, die als *Orbitaldiagramm* bezeichnet wird, wird jedes Orbital durch ein Kästchen und jedes Elektron durch einen Halbpfeil dargestellt. Ein nach oben gerichteter Halbpfeil (↑) steht für ein Elektron mit einer positiven Spinorientierungsquantenzahl ($m_s = +\frac{1}{2}$), ein nach unten gerichteter Halbpfeil (↓) dagegen

Chemie und Leben — Kernspin und magnetische Resonanztomographie

Eine große Herausforderung der medizinischen Diagnose besteht darin, von außen in den menschlichen Körper hineinzuschauen. Bis vor kurzem verwendete man dazu hauptsächlich Röntgenstrahlen, mit denen man menschliche Knochen, Muskeln und Organe sichtbar machen konnte. Die Verwendung von Röntgenstrahlen für die medizinische Bilderstellung ist jedoch mit einigen Problemen verbunden. Zum einen liefern Röntgenstrahlen keine gut aufgelösten Bilder von sich überlappenden physiologischen Strukturen. Zum anderen erhält man bei beschädigtem oder erkranktem Gewebe oftmals Bilder, die sich nicht von gesundem Gewebe unterscheiden, so dass mit Hilfe von Röntgenstrahlen Krankheiten oder Verletzungen oft nicht erkannt werden können. Und nicht zuletzt handelt es sich bei Röntgenstrahlung um hochenergetische Strahlung, die selbst in geringen Dosen physiologische Schäden hervorrufen kann.

In den achtziger Jahren des letzten Jahrhunderts gewann eine neue Technik, die so genannte magnetische Resonanztomographie (MRT), in der medizinischen Bilderstellung immer mehr an Bedeutung. Die Grundlage der MRT ist ein Phänomen, das magnetische Kernresonanz (NMR, engl.: *Nuclear Magnetic Resonance*) genannt wird und Mitte der vierziger Jahre des letzten Jahrhunderts entdeckt worden ist. Heute sind NMR-Experimente zu einer der wichtigsten spektroskopischen Methoden in der Chemie geworden. Sie basieren auf der Beobachtung, dass die Kerne vieler Elemente wie Elektronen einen Spin haben. Wie der Elektronenspin ist auch der Kernspin gequantelt. Der Kern von ^{1}H (das Proton) hat z. B. zwei mögliche magnetische Kernspinorientierungsquantenzahlen: $+\frac{1}{2}$ und $-\frac{1}{2}$. Der Wasserstoffkern ist der am häufigsten mit Hilfe der NMR untersuchte Kern.

Ein sich drehender Wasserstoffkern verhält sich wie ein kleiner Magnet. In Abwesenheit äußerer Effekte haben die beiden Spinzustände die gleiche Energie. Wenn die Kerne jedoch einem äußeren Magnetfeld ausgesetzt werden, können sie sich bezüglich ihres Spins entweder parallel oder entgegengesetzt (antiparallel) zum Feld ausrichten. Die parallele Ausrichtung besitzt eine um einen bestimmten Betrag ΔE niedrigere Energie als die antiparallele Ausrichtung (▶ Abbildung 6.27). Wenn die Kerne mit Photonen einer Energie bestrahlt werden, die ΔE entspricht, kann sich der Spin der Kerne umkehren, also von der parallelen in die antiparallele Ausrichtung angeregt werden. Durch das Messen dieser Umkehrung des Kernspinzustands erhält man ein NMR-Spektrum. Die Strahlung in einem NMR-Experiment liegt mit typischerweise 100 bis 900 MHz im Bereich von Radiowellen.

Wasserstoff ist ein Hauptbestandteil von wässrigen Körperflüssigkeiten und Fettgewebe, so dass sich der Wasserstoffkern für die Untersuchung durch die MRT anbietet. Zur Erstellung eines MRTs wird der Körper einer Person einem starken magnetischen Feld ausgesetzt und anschließend mit pulsierenden Radiowellen bestrahlt. Durch die Verwendung hoch entwickelter Nachweismethoden kann das Körpergewebe mit hoher räumlicher Auflösung dargestellt werden, wobei Bilder mit spektakulärer Detailtiefe entstehen (▶ Abbildung 6.28). Aufgrund der räumlichen Auflösungsfähigkeit dieser Technik können Medizintechniker auf diese Weise ein dreidimensionales Bild des Körpers erstellen.

MRT hat keine der Nachteile der Röntgenstrahlung. Erkranktes Gewebe liefert ein völlig anderes Bild als gesundes Gewebe, die räumliche Auflösung von Strukturen ist erheblich einfacher und Radiowellen sind in der verwendeten Intensität nicht schädlich. Die Technik hatte einen solch tief greifenden Einfluss auf die moderne Medizin, dass Paul Lauterbur, ein Chemiker, und Peter Mansfield, ein Physiker, für ihre Entdeckungen im Bereich der MRT im Jahr 2003 mit dem Nobelpreis für Physiologie und Medizin ausgezeichnet wurden. Der Hauptnachteil dieser Technik liegt in ihren Kosten: Ein neues MRT-Instrument für klinische Anwendungen kostet zurzeit über 1,5 Millionen US-Dollar.

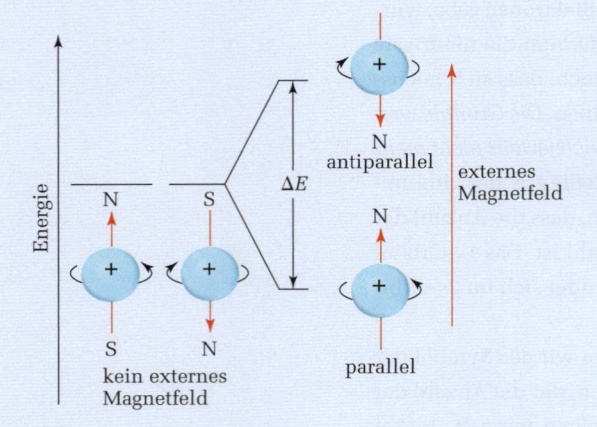

Abbildung 6.27: Kernspin. Wie der Elektronenspin erzeugt auch der Kernspin ein schwaches Magnetfeld und hat zwei erlaubte Werte. In Abwesenheit äußerer Einflüsse (links) haben die beiden Spinzustände die gleiche Energie. Wenn ein externes Magnetfeld angelegt wird (rechts), ist die parallele Ausrichtung des Kernmagnetfelds energetisch günstiger als die antiparallele Ausrichtung. Die Energiedifferenz ΔE liegt im Radiowellenbereich des elektromagnetischen Spektrums.

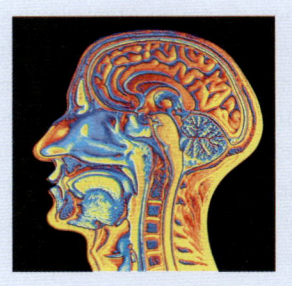

Abbildung 6.28: MRT-Aufnahme. Das mit Hilfe der MRT erzeugte Bild eines menschlichen Kopfes zeigt die Strukturen eines normalen Gehirns, die Atemwege und das Gesichtsgewebe.

für ein Elektron mit negativer Spinorientierungsquantenzahl ($m_s = -\frac{1}{2}$). Diese bildhafte Darstellung des Elektronenspins ist sehr anschaulich. Chemiker und Physiker geben den Spin der Elektronen daher oft nicht mit dem spezifischen Wert von m_s, sondern einfach mit „Spin nach oben" oder „Spin nach unten" an.

Elektronen mit entgegengesetzten Spins werden als *gepaart* bezeichnet, wenn sie sich im selben Orbital befinden (↑↓). Ein *ungepaartes Elektron* ist ein Elektron, das keinen Partner mit entgegengesetztem Spin hat. Im Lithiumatom sind die beiden Elektronen im 1s-Orbital gepaart, das Elektron im 2s-Orbital ist dagegen ungepaart.

Die Hund'sche Regel

Stellen Sie sich jetzt vor, wie sich die Elektronenkonfiguration der Elemente verändert, wenn wir uns im Periodensystem von einem Element zum nächsten bewegen. Wasserstoff hat ein Elektron, das im Grundzustand das 1s-Orbital besetzt.

$$\text{H} \quad \boxed{\uparrow} \quad : 1s^1$$
$$\quad\quad 1s$$

Die Wahl des nach oben gerichteten Spins ist in diesem Fall willkürlich, wir hätten ebenso gut den Grundzustand mit einem Elektron im 1s-Orbital angeben können, dessen Spin nach unten gerichtet ist. Es ist jedoch üblich, ungepaarte Elektronen mit nach oben gerichtetem Spin darzustellen.

Das folgende Element Helium hat zwei Elektronen. Weil zwei Elektronen mit entgegengesetztem Spin ein Orbital besetzen können, befinden sich beide Elektronen des Heliums im 1s-Orbital.

$$\text{He} \quad \boxed{\uparrow\downarrow} \quad : 1s^2$$
$$\quad\quad 1s$$

Die zwei Elektronen im Helium füllen die erste Schale vollständig auf. Bei dieser Anordnung handelt es sich, wie die chemische Trägheit von Helium beweist, um eine sehr stabile Konfiguration.

Die Elektronenkonfigurationen von Lithium und einigen im Periodensystem folgenden Elementen sind in Tabelle 6.3 dargestellt. Die mit dem dritten Elektron des Lithiums verbundene Änderung der Hauptquantenzahl bedeutet einen großen Energiesprung und einen dementsprechenden Sprung in der durchschnittlichen Entfernung des Elektrons vom Kern. Die Änderung der Hauptquantenzahl bedeutet, dass damit begonnen wird, eine neue Schale mit Elektronen zu besetzen. Wie Sie durch einen Blick auf das Periodensystem erkennen können, beginnt mit Lithium eine neue Zeile im Periodensystem. Lithium ist das erste Alkalimetall (Gruppe 1A).

Das auf Lithium folgende Element ist Beryllium mit der Elektronenkonfiguration $1s^2 2s^2$ (Tabelle 6.3). Bor hat die Ordnungszahl 5 und die Elektronenkonfiguration $1s^2 2s^2 2p^1$. Das fünfte Elektron muss ein 2p-Orbital besetzen, weil das 2s-Orbital bereits vollständig besetzt ist. Weil alle drei 2p-Orbitale die gleiche Energie besitzen, spielt es keine Rolle, welches 2p-Orbital besetzt wird.

Beim nächsten Element, dem Kohlenstoff, stehen wir vor einer neuen Situation. Wir wissen, dass das sechste Elektron ein 2p-Orbital besetzen muss. Besetzt dieses neue Elektron jedoch das 2p-Orbital, in dem sich bereits ein Elektron befindet, oder eins der beiden anderen leeren 2p-Orbitale? Diese Frage beantwortet die **Hund'sche Regel**, die besagt, dass *bei entarteten Orbitalen die niedrigste Energie erreicht wird, wenn die Anzahl*

Elektronenkonfiguration

6 Die elektronische Struktur der Atome

Tabelle 6.3
Elektronenkonfiguration einiger leichter Elemente

Element	Gesamtzahl Elektronen	Orbitaldiagramm 1s	2s	2p	3s	Elektronenkonfiguration
Li	3	↑↓	↑			$1s^2 2s^1$
Be	4	↑↓	↑↓			$1s^2 2s^2$
B	5	↑↓	↑↓	↑		$1s^2 2s^2 2p^1$
C	6	↑↓	↑↓	↑ ↑		$1s^2 2s^2 2p^2$
N	7	↑↓	↑↓	↑ ↑ ↑		$1s^2 2s^2 2p^3$
Ne	10	↑↓	↑↓	↑↓ ↑↓ ↑↓		$1s^2 2s^2 2p^6$
Na	11	↑↓	↑↓	↑↓ ↑↓ ↑↓	↑	$1s^2 2s^2 2p^6 3s^1$

ÜBUNGSBEISPIEL 6.7 — Orbitaldiagramme und Elektronenkonfigurationen

Zeichnen Sie das Orbitaldiagramm der Elektronenkonfiguration von Sauerstoff (Ordnungszahl 8). Wie viele ungepaarte Elektronen besitzt ein Sauerstoffatom?

Lösung

Analyse und Vorgehen: Sauerstoff hat die Ordnungszahl 8, jedes Sauerstoffatom hat daher 8 Elektronen. Abbildung 6.24 zeigt die Anordnung der Orbitale. Die Elektronen (dargestellt als Pfeile) besetzen die Orbitale (dargestellt als Kästchen) in der Reihenfolge steigender Energie. Als erstes wird also das 1s-Orbital besetzt. Jedes Orbital kann von höchstens zwei Elektronen besetzt werden (Pauli-Prinzip). Weil die 2p-Orbitale entartet sind, besetzen wir vor der paarweisen Anordnung von Elektronen jedes Orbital zunächst mit einem Elektron mit nach oben gerichtetem Spin (Hund'sche Regel).

Lösung: Die 1s- und 2s-Orbitale werden von je zwei Elektronen mit gepaartem Spin besetzt. Es bleiben also vier Elektronen für die drei entarteten 2p-Orbitale übrig. Gemäß der Hund'schen Regel besetzen wir die drei 2p-Orbitale zunächst mit je einem Elektron. Das vierte Elektron wird anschließend mit einem der drei Elektronen, die sich bereits in den 2p-Orbitalen befinden, gepaart. Die Darstellung sieht also folgendermaßen aus:

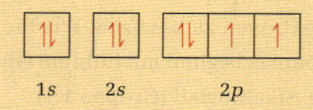

↑↓	↑↓	↑↓ ↑ ↑
1s	2s	2p

Die entsprechende Elektronenkonfiguration lautet $1s^2 2s^2 2p^4$. Das Atom verfügt über zwei ungepaarte Elektronen.

ÜBUNGSAUFGABE

(a) Geben Sie die Elektronenkonfiguration von Phosphor mit der Ordnungszahl 15 an.
(b) Wie viele ungepaarte Elektronen besitzt ein Phosphoratom?

Antworten: (a) $1s^2 2s^2 2p^6 3s^2 3p^3$; (b) drei.

der Elektronen mit gleichem Spin maximal ist. Das bedeutet, dass die Elektronen zunächst alle Orbitale einer Unterschale einzeln besetzen, wobei alle diese Elektronen die gleiche Spinorientierungsquantenzahl haben. Elektronen, die auf diese Weise angeordnet werden, haben so genannte *parallele Spins*. Im Kohlenstoffatom mit der niedrigsten Energie haben die beiden $2p$-Elektronen daher den gleichen Spin. Damit dies möglich ist, müssen sich die Elektronen, wie in Tabelle 6.3 gezeigt, in verschiedenen $2p$-Orbitalen befinden. Ein Kohlenstoffatom im Grundzustand hat daher zwei ungepaarte Elektronen. Analog besetzen im Stickstoffatom im Grundzustand die drei $2p$-Elektronen gemäß der Hund'schen Regel jeweils eins der drei $2p$-Orbitale. Nur auf diese Weise können alle drei Elektronen den gleichen Spin haben. Bei Sauerstoff und Fluor besetzen vier bzw. fünf Elektronen die $2p$-Orbitale. Dies ist nur zu erreichen, wenn sich die Elektronen in den $2p$-Orbitalen paarweise anordnen (Übungsbeispiel 6.7).

Die Hund'sche Regel basiert u. a. auf der Tatsache, dass Elektronen sich gegenseitig abstoßen. Durch die Besetzung von unterschiedlichen Orbitalen bleiben die Elektronen so weit wie möglich voneinander entfernt, so dass die Abstoßung zwischen ihnen minimiert wird.

Verkürzte Elektronenkonfigurationen

Bei Neon ist die $2p$-Unterschale vollständig aufgefüllt (Tabelle 6.3). Neon hat eine stabile Konfiguration mit acht Elektronen (ein *Oktett*) in der äußersten besetzten Schale. Mit dem folgenden Element Natrium (Ordnungszahl 11) beginnt eine neue Zeile des Periodensystems. Natrium verfügt zusätzlich zur stabilen Konfiguration des Neons über ein weiteres einzelnes $3s$-Elektron. Wir können daher die Elektronenkonfiguration von Natrium folgendermaßen abkürzen:

$$\text{Na: [Ne]}3s^1$$

Das Symbol [Ne] steht für die Elektronenkonfiguration der zehn Elektronen des Neons ($1s^2 2s^2 2p^6$). Wenn wir die Elektronenkonfiguration auf diese Weise ([Ne]$3s^1$) schreiben, fällt es uns leichter, unsere Aufmerksamkeit auf die äußeren Elektronen des Atoms zu richten, die im Wesentlichen für das chemische Verhalten eines Elements verantwortlich sind.

Diese Vorgehensweise lässt sich vom Natrium auf andere Elemente übertragen: In der *verkürzten Elektronenkonfiguration* eines Elements wird die Elektronenkonfiguration des nächststehenden Edelgases mit niedrigerer Ordnungszahl durch dessen in Klammern stehendes chemisches Symbol dargestellt. Wir können also z. B. die Elektronenkonfiguration von Lithium folgendermaßen schreiben:

$$\text{Li: [He]}2s^1$$

Die Elektronen, die durch das Symbol eines Edelgases repräsentiert werden, werden als *Edelgasschale* des Atoms bezeichnet. Die Elektronen, die in der Elektronenkonfiguration auf die Edelgasschale folgen, werden *äußere Elektronen* genannt. Die äußeren Elektronen schließen die an chemischen Bindungen beteiligten Elektronen ein, die als **Valenzelektronen** bezeichnet werden. Bei leichteren Elementen (Atome mit einer Ordnungszahl von 30 oder weniger) sind alle äußeren Elektronen Valenzelektronen. Wie wir später feststellen werden, haben viele schwerere Elemente unter ihren äußeren Elektronen vollständig aufgefüllte Unterschalen, deren Elektronen sich nicht an Bindungen beteiligen und daher nicht zu den Valenzelektronen gezählt werden.

Wenn wir die verkürzte Elektronenkonfiguration des Lithiums mit der des Natriums vergleichen, erkennen wir, warum sich diese Elemente chemisch ähnlich sind: Beide Atome besitzen in der äußersten besetzten Schale eine gleichartige Elektronenkonfiguration. Alle Alkalimetalle (Gruppe 1A) haben neben einer Edelgaskonfiguration jeweils ein einzelnes s-Valenzelektron.

Übergangsmetalle

Das Edelgas Argon ist das letzte Element der mit Natrium beginnenden Zeile des Periodensystems. Die Elektronenkonfiguration von Argon lautet $1s^22s^22p^63s^23p^6$. Das im Periodensystem auf Argon folgende Element ist Kalium (Ordnungszahl 19). Kalium ist aufgrund seiner chemischen Eigenschaften eindeutig ein Mitglied der Gruppe der Alkalimetalle. Die Eigenschaften von Kalium in Experimenten belegen ohne Zweifel, dass das äußere Elektron dieses Elements ein s-Orbital besetzt. Das bedeutet jedoch, dass das Elektron mit der höchsten Energie sich *nicht* in einem $3d$-Orbital befindet, wie wir es vielleicht erwartet hätten. In diesem Fall hat also das $4s$-Orbital eine niedrigere Energie als das $3d$-Orbital (Abbildung 6.24). Die verkürzte Elektronenkonfiguration von Kalium lautet also

$$K: [Ar]4s^1$$

Nach der vollständigen Auffüllung des $4s$-Orbitals (im Calciumatom) werden zunächst die $3d$-Orbitale aufgefüllt. Es ist hilfreich, beim Lesen des Öfteren das Periodensystem im vorderen Einband zu Rate zu ziehen. Vom Scandium bis zum Zink werden die fünf $3d$-Orbitale vollständig mit Elektronen aufgefüllt. Die vierte Zeile des Periodensystems ist also um zehn Elemente länger als die beiden vorhergehenden Zeilen. Diese zehn Elemente werden als **Übergangselemente** bzw. als **Übergangsmetalle** bezeichnet. Achten Sie auf die Stellung dieser Elemente im Periodensystem.

Die Elektronenkonfigurationen der Übergangselemente ergeben sich aus der Hund'schen Regel – die fünf $3d$-Orbitale werden zunächst mit jeweils einem Elektron besetzt. Anschließend werden den $3d$-Orbitalen Elektronen mit gepaartem Spin hinzugefügt, bis die Schale vollständig aufgefüllt ist. Im Folgenden sind die verkürzten Elektronenkonfigurationen und die entsprechenden Orbitaldiagramme von zwei Übergangselementen dargestellt:

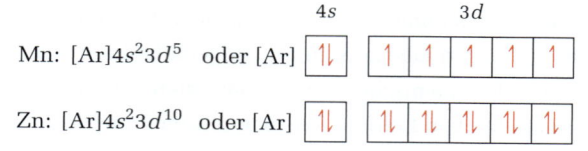

Mn: $[Ar]4s^23d^5$ oder [Ar] $4s$ ↑↓ $3d$ ↑ ↑ ↑ ↑ ↑

Zn: $[Ar]4s^23d^{10}$ oder [Ar] ↑↓   ↑↓ ↑↓ ↑↓ ↑↓ ↑↓

Sobald alle $3d$-Orbitale mit je zwei Elektronen gefüllt sind, werden die $4p$-Orbitale besetzt, bis bei Krypton (Kr, Ordnungszahl 36), einem weiteren Edelgas, ein vollständiges Oktett äußerer Elektronen ($4s^24p^6$) erreicht worden ist. Rubidium (Rb) ist das erste Element der fünften Zeile. Schauen Sie sich erneut das Periodensystem im vorderen Einband an. Beachten Sie, dass diese Zeile mit der vorhergehenden übereinstimmt und nur der Wert von n um 1 größer ist.

Lanthanoide und Actinoide

Die sechste Zeile des Periodensystems beginnt ähnlich wie die vorhergehende Zeile: Das $6s$-Orbital des Cäsiums (Cs) wird mit einem Elektron und das $6s$-Orbital des Bariums (Ba) mit zwei Elektronen besetzt. Beachten Sie jedoch, dass das Periodensys-

> **? DENKEN SIE EINMAL NACH**
>
> Welche Orbitale werden gemäß der Struktur des Periodensystems zuerst besetzt, die $6s$-Orbitale oder die $5d$-Orbitale?

tem dann eine Unterbrechung hat und die folgenden Elemente (Elemente 58–71) sich unterhalb des Hauptteils befinden. An dieser Stelle sehen wir uns erstmals einem neuen Orbitaltyp gegenüber, den 4f-Orbitalen.

Es gibt sieben entartete 4f-Orbitale, die den sieben erlaubten Werten von m_l von -3 bis 3 entsprechen. Um die 4f-Orbitale vollständig aufzufüllen, werden also 14 Elektronen benötigt. Die 14 Elemente, die der Auffüllung der 4f-Orbitale entsprechen, werden als **Lanthanoide** bzw. als **seltene Erden** bezeichnet. Sie sind unterhalb der anderen Elemente angeordnet, um eine übermäßige Verbreiterung des Periodensystems zu vermeiden. Die Lanthanoide sind sich untereinander sehr ähnlich und treten in der Natur gemeinsam auf. Viele Jahre lang war es fast unmöglich, diese Elemente voneinander zu trennen.

Weil die Energien der 4f- und der 5d-Orbitale sehr nahe beieinander liegen, sind an den Elektronenkonfigurationen einiger Lanthanoiden auch 5d-Elektronen beteiligt. Die Elemente Lanthan (La), Cer (Ce) und Praseodym (Pr) haben z. B. die folgenden Elektronenkonfigurationen:

$$[Xe]6s^2 5d^1 \qquad [Xe]6s^2 5d^1 4f^1 \qquad [Xe]6s^2 4f^3$$
$$\text{Lanthan} \qquad \text{Cer} \qquad \text{Praseodym}$$

Weil La ein einzelnes 5d-Elektron hat, wird es manchmal unterhalb von Yttrium (Y) als erstes Element der dritten Reihe der Übergangselemente angeordnet. In diesem Fall wäre Ce das erste Mitglied der Lanthanoiden. Aufgrund seiner Chemie kann La jedoch als erstes Element der Lanthanoiden betrachtet werden. Bei einer derartigen Anordnung ergeben sich zudem weniger Ausnahmen bei der Auffüllung der 4f-Orbitale im Verlauf der folgenden Mitglieder der Reihe.

Nach der Lanthanoidenreihe wird durch das Auffüllen der 5d-Orbitale die dritte Reihe der Übergangsmetalle vervollständigt. Anschließend werden die 6p-Orbitale aufgefüllt. Die Periode endet mit Radon (Rn), dem schwersten bekannten Edelgas.

Die letzte Zeile des Periodensystems beginnt mit einer Auffüllung der 7s-Elemente. Die **Actinoide**, von denen Uran (U, Element 92) und Plutonium (Pu, Element 94) die bekanntesten sind, ergeben sich durch eine Auffüllung der 5f-Orbitale. Actinoide sind radioaktiv und die Mehrzahl von ihnen kommt nicht natürlich vor.

6.9 Elektronenkonfigurationen und das Periodensystem

Unsere recht kurze Einführung in die Elektronenkonfigurationen der Elemente hat uns einmal vollständig durch das Periodensystem geführt. Wir haben festgestellt, dass die Elektronenkonfigurationen der Elemente mit ihrer Stellung im Periodensystem zusammenhängt. Das Periodensystem ist so strukturiert, dass Elemente mit gleichartigen äußeren (Valenz-)Elektronenkonfigurationen in den gleichen Spalten angeordnet sind. In Tabelle 6.4 sind z. B. die Elektronenkonfigurationen der Elemente der Gruppen 2A und 3A aufgeführt. Wir erkennen, dass alle 2A-Elemente die äußere Konfiguration ns^2 aufweisen, während 3A-Elemente die Konfiguration $ns^2 np^1$ haben.

Wir haben zuvor in Tabelle 6.2 festgestellt, dass die Gesamtzahl der Orbitale in jeder Schale gleich n^2 ist: 1, 4, 9 oder 16. Weil jedes Orbital zwei Elektronen aufnehmen kann, befinden sich in jeder Schale bis zu $2n^2$ Elektronen: 2, 8, 18 oder 32. Diese Orbitalstruktur spiegelt sich in der Struktur des Periodensystems wider. Die erste Zeile hat zwei Elemente, die zweite und dritte Zeile haben acht Elemente, die vierte und

Tabelle 6.4
Elektronenkonfigurationen der Elemente der Gruppen 2A und 3A

Gruppe 2A

Be	[He]$2s^2$
Mg	[Ne]$3s^2$
Ca	[Ar]$4s^2$
Sr	[Kr]$5s^2$
Ba	[Xe]$6s^2$
Ra	[Rn]$7s^2$

Gruppe 3A

B	[He]$2s^2 2p^1$
Al	[Ne]$3s^2 3p^1$
Ga	[Ar]$3d^{10} 4s^2 4p^1$
In	[Kr]$4d^{10} 5s^2 5p^1$
Tl	[Xe]$4f^{14} 5d^{10} 6s^2 6p^1$

fünfte Zeile haben 18 Elemente und die sechste Zeile hat 32 Elemente (einschließlich der Lanthanoidenmetalle). Einige der Zahlen wiederholen sich, weil wir das Ende einer Zeile des Periodensystems erreichen, bevor eine Schale vollständig aufgefüllt worden ist. Die dritte Zeile hat z. B. acht Elemente, die einem Auffüllen der 3s- und der 3p-Orbitale entsprechen. Die verbleibenden Orbitale der dritten Schale, die 3d-Orbitale, werden erst in der vierten Zeile des Periodensystems aufgefüllt (nachdem das 4s-Orbital aufgefüllt worden ist). Analog werden die 4d-Orbitale erst in der fünften Zeile des Periodensystems und die 4f-Orbitale erst in der sechsten Zeile aufgefüllt.

Alle diese Beobachtungen spiegeln sich in der Struktur des Periodensystems wider. Aus diesem Grund *ist das Periodensystem ihr bester Ratgeber bezüglich der Reihenfolge, in der die Orbitale von Elektronen besetzt werden*. Sie können die Elektronenkonfiguration eines Elements aus seiner Stellung im Periodensystem sehr einfach ableiten. Das dabei geltende Muster ist in ▶Abbildung 6.29 zusammengefasst. Beachten Sie, dass sich die Elemente nach dem Orbitaltyp, der mit Elektronen aufgefüllt wird, anordnen lassen. Auf der linken Seite befinden sich *zwei* Spalten mit Elementen, die blau dargestellt sind. Bei diesen Elementen, die als Alkalimetalle (Gruppe 1A) und Erdalkalimetalle (Gruppe 2A) bezeichnet werden, werden die Valenz-s-Orbitale aufgefüllt. Auf der rechten Seite befindet sich ein violetter Block mit *sechs* Spalten. Es handelt sich um die Elemente, bei denen die Valenz-p-Orbitale aufgefüllt werden. Der s- und der p-Block des Periodensystems bilden zusammen die **Hauptgruppenelemente**.

In der Mitte der Abbildung 6.29 befindet ein goldfarbener Block mit *zehn* Spalten, der die Übergangsmetalle enthält. Es handelt sich um die Elemente, bei denen die Valenz-d-Orbitale aufgefüllt werden. Unterhalb des Hauptteils des Periodensystems befinden sich zwei Reihen mit jeweils *14* Elementen. Diese Elemente werden oft als **f-Block-Metalle** bezeichnet, weil bei ihnen die Valenz-f-Orbitale aufgefüllt werden. Erinnern Sie sich daran, dass die Zahlen 2, 6, 10 und 14 genau die Anzahl der Elektronen sind, mit der die s-, p-, d- und f-Unterschalen jeweils vollständig aufgefüllt

---

ÜBUNGSBEISPIEL 6.8 — Elektronenkonfigurationen einer Gruppe

Wie lautet die charakteristische Valenzelektronenkonfiguration der Elemente der Gruppe 7A (der Halogene)?

Lösung

Analyse und Vorgehen: Wir suchen die Halogene zunächst im Periodensystem, bestimmen die Elektronenkonfigurationen der ersten beiden Elemente und untersuchen anschließend, welche Gemeinsamkeiten diese haben.

Lösung: Das erste Mitglied der Gruppe der Halogene ist Fluor mit der Ordnungszahl 9. Die verkürzte Elektronenkonfiguration von Fluor lautet

$$F: [He]2s^2 2p^5$$

Die entsprechende Konfiguration des zweiten Halogens Chlor lautet

$$Cl: [Ne]3s^2 3p^5$$

Anhand dieser beiden Beispiele erkennen wir, dass die charakteristische Valenzelektronenkonfiguration eines Halogens $ns^2 np^5$ ist, wobei n von 2 bei Fluor auf 6 bei Astat ansteigt.

ÜBUNGSAUFGABE

Welche Elementfamilie wird durch die Elektronenkonfiguration $ns^2 np^2$ in der äußersten besetzten Schale charakterisiert?

Antwort: Gruppe 4A.

6.9 Elektronenkonfigurationen und das Periodensystem

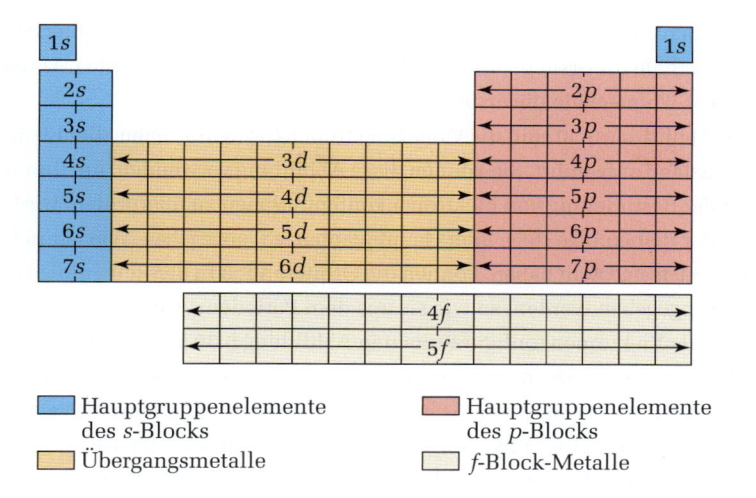

Abbildung 6.29: Einteilung des Periodensystems. Aus diesem Blockdiagramm des Periodensystems ist die Reihenfolge ersichtlich, in der die Orbitale mit Elektronen aufgefüllt werden, wenn wir uns vom ersten Element bis zum Ende des Periodensystems bewegen.

- Hauptgruppenelemente des s-Blocks
- Hauptgruppenelemente des p-Blocks
- Übergangsmetalle
- f-Block-Metalle

ÜBUNGSBEISPIEL 6.9 — Bestimmung der Elektronenkonfiguration mit Hilfe des Periodensystems

(a) Geben Sie die Elektronenkonfiguration von Wismut (Ordnungszahl 83) an. **(b)** Wie lautet die verkürzte Elektronenkonfiguration dieses Elements? **(c)** Wie viele ungepaarte Elektronen hat ein Wismutatom?

Lösung

(a) Wir ermitteln die Elektronenkonfiguration, indem wir uns Zeile für Zeile im Periodensystem vorarbeiten und für jede Zeile jeweils die Besetzung der Orbitale aufschreiben (▶ Abbildung 6.29).

erste Zeile	$1s^2$
zweite Zeile	$2s^2 2p^6$
dritte Zeile	$3s^2 3p^6$
vierte Zeile	$4s^2 3d^{10} 4p^6$
fünfte Zeile	$5s^2 4d^{10} 5p^6$
sechste Zeile	$6s^2 4f^{14} 5d^{10} 6p^3$
gesamt:	$1s^2 2s^2 2p^6 3s^2 3p^6 3d^{10} 4s^2 4p^6 4d^{10} 4f^{14} 5s^2 5p^6 5d^{10} 6s^2 6p^3$

Beachten Sie, dass 3 der kleinstmögliche Wert von n für ein d-Orbital und 4 der kleinstmögliche Wert von n für ein f-Orbital ist. Die Summe der hochgestellten Indizes muß gleich der Ordnungszahl von Wismut sein (83). Die Elektronen können, wie in der Zeile „gesamt" gezeigt, mit steigender Hauptquantenzahl angeordnet werden. Es ist jedoch ebenso richtig, die Orbitale in der Reihenfolge ihres Auffüllens (▶ Abbildung 6.29) anzugeben: $1s^2 2s^2 2p^6 3s^2 3p^6 4s^2 3d^{10} 4p^6 5s^2 4d^{10} 5p^6 6s^2 4f^{14} 5d^{10} 6p^3$

(b) Wir geben die verkürzte Elektronenkonfiguration an, indem wir Wismut im Periodensystem suchen und uns anschließend *rückwärts* zum nächsten Edelgas bewegen. Bei diesem Element handelt es sich um Xe (Ordnungszahl 54), die Edelgasschale ist also [Xe]. Anschließend werden analog zur Vorgehensweise in Teil (a) die äußeren Elektronen bestimmt. Wenn wir uns von Xe zu Cs (Ordnungszahl 55) bewegen, befinden wir uns in der sechsten Zeile des Periodensystems. Durch Fortschreiten in dieser Zeile bis zum Bi erhalten wir die äußeren Elektronen. Die abgekürzte Elektronenkonfiguration lautet also $[Xe]6s^2 4f^{14} 5d^{10} 6p^3$ bzw. $[Xe]4f^{14} 5d^{10} 6s^2 6p^3$.

(c) Wir erkennen anhand der verkürzten Elektronenkonfiguration, dass lediglich die 6p-Unterschale nur teilweise besetzt ist. Das Orbitaldiagramm dieser Unterschale sieht folgendermaßen aus:

↑	↑	↑

Gemäß der Hund'schen Regel besetzen die drei 6p-Elektronen die drei 6p-Orbitale jeweils einzeln und haben einen parallelen Spin. Ein Wismutatom verfügt also über drei ungepaarte Elektronen.

ÜBUNGSAUFGABE

Geben Sie mit Hilfe des Periodensystems die verkürzten Elektronenkonfigurationen von **(a)** Co (Ordnungszahl 27) und **(b)** Te (Ordnungszahl 52) an.

Antworten: **(a)** $[Ar]4s^2 3d^7$ bzw. $[Ar]3d^7 4s^2$; **(b)** $[Kr]5s^2 4d^{10} 5p^4$ bzw. $[Kr]4d^{10} 5s^2 5p^4$.

6 Die elektronische Struktur der Atome

werden. Denken Sie auch daran, dass die 1s-Unterschale die erste s-Unterschale, die 2p-Unterschale die erste p-Unterschale, die 3d-Unterschale die erste d-Unterschale und die 4f-Unterschale die erste f-Unterschale ist.

In ▶Abbildung 6.30 sind die Valenzelektronenkonfigurationen aller Elemente im Grundzustand aufgeführt. Sie können diese Abbildung verwenden, um Ihre Antworten bei der Bestimmung von Elektronenkonfigurationen zu überprüfen. Die Orbitale sind in der Reihenfolge steigender Hauptquantenzahl angegeben. Wie wir in Übungsbeispiel 6.9 festgestellt haben, können die Orbitale auch in der Reihenfolge ihrer Besetzung angegeben werden, so wie sie aus dem Periodensystem abgelesen werden. Anhand der Elektronenkonfigurationen in Abbildung 6.30 können wir uns das Konzept der *Valenzelektronen* noch einmal genauer anschauen. Beachten Sie z. B., dass wir über die Edelgasschale von Ar hinaus beim Fortschreiten von Cl ([Ne]$3s^2 3p^5$) zu Br ([Ar]$3d^{10} 4s^2 4p^5$) eine vollständige 3d- Unterschale zu den Elektronen der äußeren Schale hinzugefügt haben. Obwohl es sich bei diesen 3d-Elektronen um äußere Elektronen handelt, sind diese nicht an chemischen Bindungen beteiligt und werden daher nicht zu den Valenzelektronen gezählt. Wir betrachten also beim Element Br nur die 4s- und 4p-Elektronen als Valenzelektronen. Analog stellen wir bei einem Vergleich der Elektronenkonfigurationen von Ag und Au fest, dass Au neben seiner Edelgasschale über eine vollständige $4f^{14}$-Unterschale verfügt. Diese 4f-Elektronen sind jedoch nicht an Bindungen beteiligt. Im Allgemeinen *betrachten wir bei den Haupt-*

Abbildung 6.30: Valenzelektronenkonfigurationen der Elemente.

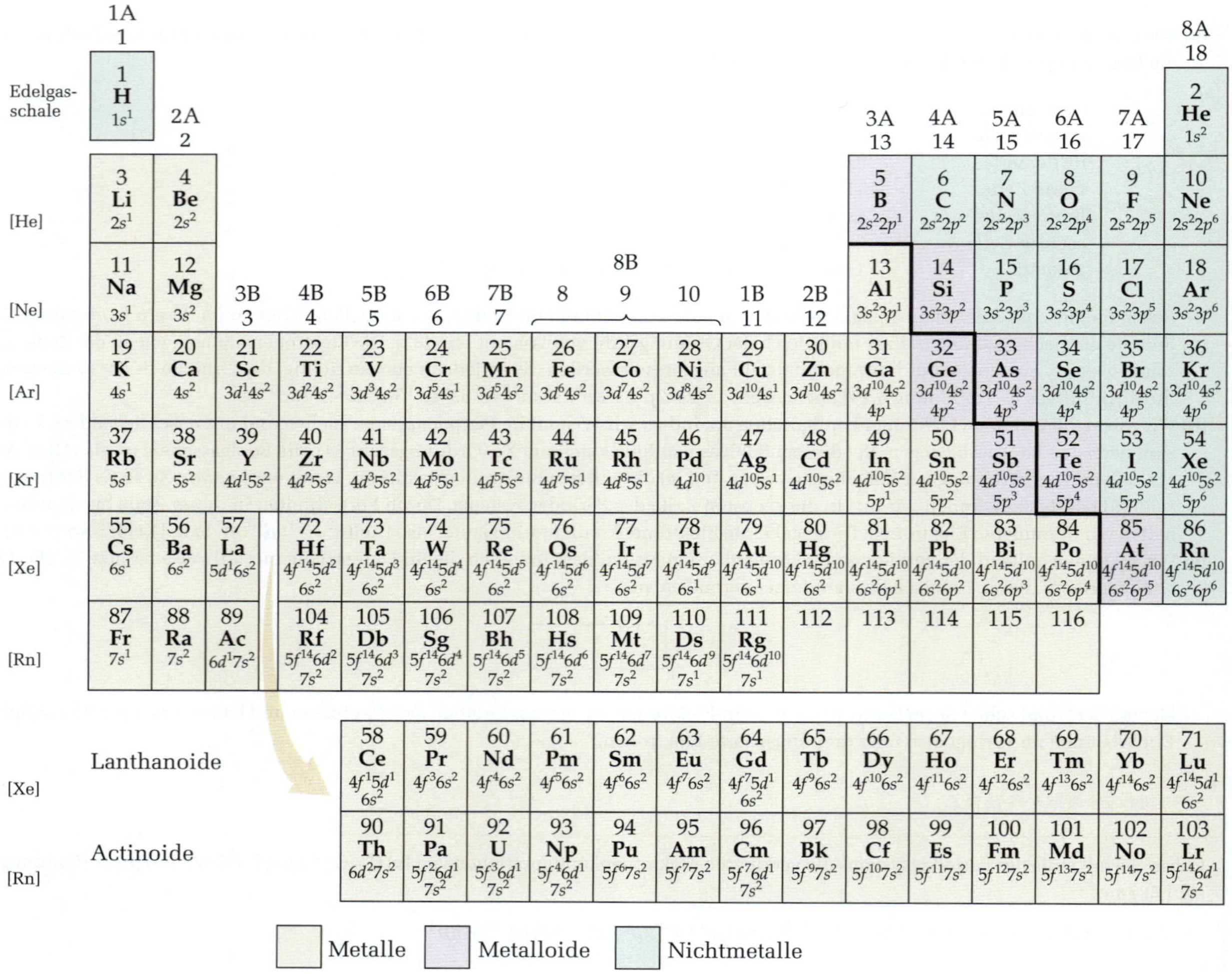

gruppenelementen die Elektronen vollständig aufgefüllter d- und f-Unterschalen und bei den Übergangsmetallen die Elektronen vollständig aufgefüllter f-Unterschalen nicht als Valenzelektronen.

Anomale Elektronenkonfigurationen

Wenn Sie sich Abbildung 6.30 genauer anschauen, werden Sie feststellen, dass die Elektronenkonfigurationen bestimmter Elemente die zuvor aufgestellten Regeln zu verletzen scheinen. Die Elektronenkonfiguration von Chrom lautet z. B. [Ar]$3d^5 4s^1$ anstelle der erwarteten Konfiguration [Ar]$3d^4 4s^2$. Ebenso ist die Konfiguration von Kupfer [Ar]$3d^{10} 4s^1$ und nicht [Ar]$3d^9 4s^2$. Dieses anomale Verhalten ist im Wesentlichen eine Folge der nahe beieinander liegenden Energien der $3d$- und $4s$-Orbitale. Es tritt häufig auf, wenn genügend Elektronen zur Verfügung stehen, um genau alle Orbitale eines entarteten Orbitalsatzes einfach zu besetzen (wie z. B. bei Chrom) oder um eine d-Unterschale vollständig aufzufüllen (wie z. B. bei Kupfer). Es gibt einige ähnliche Fälle unter den schwereren Übergangsmetallen (mit teilweise gefüllten $4d$- oder $5d$-Orbitalen) und unter den f-Blockmetallen. Obwohl diese kleinen Abweichungen von der erwarteten Konfiguration interessant sind, sind sie chemisch kaum von Bedeutung.

> **? DENKEN SIE EINMAL NACH**
>
> Die Elemente Ni, Pd und Pt befinden sich in derselben Gruppe des Periodensystems. Was können Sie aus den in Abbildung 6.30 dargestellten Elektronenkonfigurationen dieser Elemente über die relativen Energien der nd- und $(n + 1)s$-Orbitale dieser Gruppe schließen?

ÜBERGREIFENDE BEISPIELAUFGABE — Verknüpfen von Konzepten

Bor (Ordnungszahl 5) kommt in der Natur in den beiden Isotopen ^{10}B und ^{11}B vor, die eine Häufigkeit von 19,9 % bzw. 80,1 % haben.

(a) Inwiefern unterscheiden sich die beiden Isotope voneinander? Unterscheidet sich die Elektronenkonfiguration von ^{10}B von der von ^{11}B?
(b) Zeichnen Sie das Orbitaldiagramm eines Atoms von ^{11}B. Bei welchen Elektronen handelt es sich um Valenzelektronen?
(c) Geben Sie drei Hauptmerkmale an, in denen sich die $1s$-Elektronen von den $2s$-Elektronen des Bors unterscheiden.
(d) Elementares Bor reagiert mit Fluor zu gasförmigem BF$_3$. Geben Sie eine ausgeglichene chemische Gleichung der Reaktion von festem Bor mit gasförmigem Fluor an.
(e) ΔH_f° von BF$_3$(g) ist gleich $-1135{,}6$ kJ mol^{-1}. Berechnen Sie die Standardenthalpieänderung der Reaktion von Bor mit Fluor.
(f) Wenn BCl$_3$, das bei Zimmertemperatur ebenfalls gasförmig ist, mit Wasser in Berührung kommt, reagieren die beiden Stoffe zu Chlorwasserstoffsäure und Borsäure (H$_3$BO$_3$), einer in Wasser sehr schwachen Säure. Wie lautet die ausgeglichene Nettoionengleichung dieser Reaktion?

Lösung

(a) Die beiden Nuklide von Bor unterscheiden sich hinsichtlich der Anzahl der Neutronen im Kern (siehe Abschnitt 2.3 und 2.4). Jedes Nuklid enthält fünf Protonen, ^{10}B enthält jedoch fünf Neutronen, ^{11}B dagegen sechs Neutronen. Die beiden Isotope von Bor haben identische Elektronenkonfigurationen ($1s^2 2s^2 2p^1$), weil beide über fünf Elektronen verfügen.
(b) Das vollständige Orbitaldiagramm sieht folgendermaßen aus:

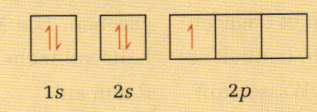

$$\boxed{\uparrow\downarrow}\quad \boxed{\uparrow\downarrow}\quad \boxed{\uparrow}\,\boxed{\ }\,\boxed{\ }$$
$$\;1s\qquad\; 2s\qquad\quad 2p$$

Die Valenzelektronen sind die Elektronen der äußersten besetzten Schale, also die $2s^2$- und die $2p^1$-Elektronen. Die $1s^2$-Elektronen bilden die Elektronen, die wir in der verkürzten Elektronenkonfiguration als [He] schreiben.
(c) Die $1s$- und $2s$-Orbitale sind beide kugelsymmetrisch, unterscheiden sich jedoch in drei wichtigen Aspekten voneinander: Erstens liegt das $1s$-Orbital energetisch niedriger als das $2s$-Orbital. Zweitens ist die durchschnittliche Entfernung der $2s$-Elektronen vom Kern größer als die der $1s$-Elektronen, so dass das $1s$-Orbital kleiner ist als das $2s$-Orbital. Drittens hat das $2s$-Orbital einen Knoten, das $1s$-Orbital dagegen nicht (Abbildung 6.18).
(d) Die ausgeglichene chemische Gleichung lautet

$$2\,\text{B}(s) + 3\,\text{F}_2(g) \longrightarrow 2\,\text{BF}_3(g)$$

(e) $\Delta H^\circ = 2(-1135{,}6) - [0 + 0] = -2271{,}2$ kJ. Die Reaktion ist stark exotherm.
(f) BCl$_3$(g) + 3 H$_2$O(l) $\longrightarrow$ H$_3$BO$_3$(aq) + 3 H$^+$(aq) + 3 Cl$^-$(aq). Beachten Sie, dass die chemische Formel von H$_3$BO$_3$ in molekularer Form geschrieben wird, weil es sich um eine sehr schwache Säure handelt (siehe Abschnitt 4.3).

6 Die elektronische Struktur der Atome

Zusammenfassung und Schlüsselbegriffe

Einführung und Abschnitt 6.1 Die **elektronische Struktur** eines Atoms beschreibt die Energien und Anordnungen der Elektronen um das Atom. Ein Großteil der Kenntnisse über die elektronische Struktur von Atomen wurde aus der Beobachtung der Wechselwirkungen zwischen Licht und Materie gewonnen. Sichtbares Licht und andere Formen **elektromagnetischer Strahlung** (die auch als Strahlungsenergie bezeichnet wird) bewegen sich im Vakuum mit Lichtgeschwindigkeit ($c = 3,00 \times 10^8$ m/s). Elektromagnetische Strahlung hat elektrische und magnetische Anteile, die wellenartig periodisch variieren. Aufgrund ihrer wellenartigen Merkmale kann Strahlungsenergie durch ihre **Wellenlänge** λ und **Frequenz** ν charakterisiert werden, die folgendermaßen voneinander abhängen: $\lambda\nu = c$.

Abschnitt 6.2 Planck hat die Hypothese aufgestellt, dass die minimale Strahlungsenergie, die ein Objekt aufnehmen oder abgeben kann, von der Frequenz der Strahlung abhängt: $E = h\nu$. Diese kleinstmögliche Energiemenge wird **Energiequant** genannt. Die Konstante h ist das **Planck'sche Wirkungsquantum**: $h = 6,626 \times 10^{-34}$ J · s. In der Quantentheorie ist die Energie gequantelt, sie kann also nur bestimmte erlaubte Werte annehmen. Einstein gelang es, mit Hilfe der Quantentheorie den **photoelektrischen Effekt**, die lichtinduzierte Emission von Elektronen aus Metalloberflächen, zu erklären. Er stellte die Hypothese auf, dass Licht sich verhält, als ob es aus gequantelten Energiepaketen bestünde, die **Photonen** genannt werden. Jedes Photon enthält die Energie $E = h\nu$.

Abschnitt 6.3 Bei der Aufspaltung von Strahlung in ihre Wellenlängenbestandteile entsteht ein **Spektrum**. Wenn das Spektrum alle Wellenlängen enthält, handelt es sich um ein so genanntes **kontinuierliches Spektrum**. Wenn es dagegen nur bestimmte spezifische Wellenlängen enthält, handelt es sich um ein **Linienspektrum**. Die von angeregten Wasserstoffatomen emittierte Strahlung erzeugt ein Linienspektrum. Die im Spektrum auftretenden Frequenzen unterliegen einer einfachen mathematischen Beziehung, die kleine ganzzahlige Werte enthält.

Das Linienspektrum des Wasserstoffs lässt sich mit einem von Bohr vorgeschlagenen Modell des Wasserstoffatoms erklären. In diesem Modell hängt die Energie des Wasserstoffatoms vom Wert einer Zahl n ab, die Quantenzahl genannt wird. Der Wert von n muss eine positive ganze Zahl sein (1, 2, 3…) und jeder Wert von n entspricht einer anderen spezifischen Energie E_n. Die Energie eines Atoms nimmt mit steigendem n zu. Die niedrigste Energie hat das Atom im Zustand $n = 1$. Dieser Zustand wird der **Grundzustand** des Wasserstoffatoms genannt. Andere Werte von n entsprechen den **angeregten Zuständen** des Atoms. Wenn das Elektron von einem höheren Energiezustand in einen niedrigeren Energiezustand übergeht, wird Licht emittiert. Um das Elektron von einem niedrigeren Energiezustand in einen höheren Energiezustand anzuregen, ist die Absorption von Licht nötig. Die Frequenz des emittierten bzw. absorbierten Lichts muss gleich der Energiedifferenz zwischen den beiden erlaubten Zuständen des Atoms sein.

Abschnitt 6.4 De Broglie stellte die Hypothese auf, dass Materie wie z. B. Elektronen wellenartige Eigenschaften hat. Derartige **Materiewellen** wurden durch die Beugung von Elektronen experimentell nachgewiesen. Ein Objekt besitzt eine charakteristische Wellenlänge, die von seinem **Impuls** mv: $\lambda = h/mv$ abhängt. Die Entdeckung der Welleneigenschaften des Elektrons führten zur Heisenberg'schen **Unschärferelation**, welche besagt, dass es eine inhärente Begrenzung der Genauigkeit gibt, mit der der Aufenthaltsort und der Impuls eines Teilchens gleichzeitig bestimmt werden können.

Abschnitt 6.5 Im quantenmechanischen Modell des Wasserstoffatoms wird das Verhalten des Elektrons durch eine mathematische Funktion beschrieben, die **Wellenfunktion** genannt und mit dem griechischen Buchstaben ψ beschrieben wird. Jede erlaubte Wellenfunktion hat eine genau bekannte Energie, der Aufenthaltsort des Elektrons kann dagegen nicht exakt bestimmt werden. Stattdessen wird die Wahrscheinlichkeit, mit der sich das Elektron an einem bestimmten Ort im Raum befindet, als **Wahrscheinlichkeitsdichte** $|\psi|^2$ angegeben. Die **Elektronendichteverteilung** gibt die Aufenthaltswahrscheinlichkeit des Elektrons für alle Punkte im Raum an.

Die erlaubten Wellenfunktionen des Wasserstoffatoms werden **Orbitale** genannt. Ein Orbital wird durch eine ganze Zahl und einen Buchstaben beschrieben, die den Werten der drei Quantenzahlen des jeweiligen Orbitals entsprechen. Die Hauptquantenzahl n wird durch eine ganze Zahl (1, 2, 3,…) angegeben. Diese Quantenzahl ist am engsten mit der Größe und Energie des Orbitals verbunden. Die Nebenquantenzahl l wird durch Buchstaben (s, p, d, f usw.) angegeben, die den Werten 0, 1, 2, 3,… entsprechen. Die Quantenzahl l legt die Form des Orbitals fest. Bei einem bestimmten Wert von n kann l ganzzahlige Werte von 0 bis $n − 1$ annehmen. Die Magnetquantenzahl m_l bezieht sich auf die Ausrichtung des Orbitals im Raum. Bei einem bestimmten Wert von l kann m_l ganzzahlige Wert von $-l$ bis l annehmen. Um die räumliche Orientierung der Orbitale anzugeben, können kartesische Bezeichnungen verwendet werden. Die drei $3p$-Orbitale werden z. B. mit $3p_x$, $3p_y$ und $3p_z$ bezeichnet, wobei die Indizes die Achse angeben, die der Richtung des Orbitals entspricht.

Eine Elektronenschale besteht aus allen Orbitalen mit dem gleichen Wert von n wie z. B. $3s$, $3p$ und $3d$. Im Wasserstoffatom haben alle Orbitale einer Elektronenschale die gleiche Energie. Eine **Unterschale** besteht aus allen Orbitalen mit denselben Werten von n und l. Bei den Orbitalen $3s$, $3p$ und $3d$ handelt es sich z. B. um Unterschalen der $n = 3$-Schale. Eine s-Unterschale besteht aus einem Orbital, eine p-Unterschale aus drei, eine d-Unterschale aus fünf und eine f-Unterschale aus sieben Orbitalen.

Abschnitt 6.6 Konturdarstellungen sind hilfreich, um die räumlichen Merkmale (Formen) von Orbitalen darzustellen. Auf diese Weise dargestellt, erscheinen s-Orbitale als Kugeln, deren Größe mit steigendem n zunimmt. Die **radiale Wahrscheinlichkeitsfunktion** gibt die Wahrscheinlichkeit an, mit der sich ein Elektron in einer bestimmten Entfernung zum Kern befindet. Die Wellenfunktion eines p-Orbitals hat auf beiden Seiten des Kerns eine Keule. p-Orbitale sind entlang der x-, y- oder z-Achse ausgerichtet. Vier der d-Orbitale bestehen aus jeweils vier Keulen, die um den Kern herum angeordnet sind. Das fünfte Orbital (d_{z^2}) besteht aus zwei Keulen, die entlang der z-Achse angeordnet sind und einem Torus in der xy-Ebene. Bereiche, in denen die Wellenfunktion den Wert null hat, werden **Knoten** genannt. An einem Knoten ist die Aufenthaltswahrscheinlichkeit des Elektrons gleich null.

Abschnitt 6.7 In Mehr-Elektronen-Atomen haben die verschiedenen Unterschalen derselben Elektronenschale unterschiedliche Energien. Bei einem bestimmten Wert von n steigt die Energie der Unterschalen mit zunehmendem Wert von l an: $ns < np < nd < nf$. Orbitale innerhalb derselben Unterschale sind **entartet**, d. h., sie haben die gleiche Energie.

Elektronen haben eine ihnen innewohnende Eigenschaft, die **Elektronenspin** genannt wird und gequantelt ist. Die **Spinorientierungsquantenzahl** m_s kann zwei verschiedene Werte annehmen, $+\frac{1}{2}$ und $-\frac{1}{2}$, die man sich als die beiden Drehrichtungen eines Elektrons vorstellen kann. Das **Pauli-Prinzip** besagt, dass zwei Elektronen in einem Atom nicht die gleichen Werte von n, l, m_l und m_s haben können. Durch dieses Prinzip ist die Anzahl der Elektronen in einem Atomorbital auf zwei begrenzt. Diese zwei Elektronen unterscheiden sich hinsichtlich ihres Werts von m_s.

Abschnitte 6.8 und 6.9 Die **Elektronenkonfiguration** eines Atoms beschreibt, wie die Elektronen auf die Orbitale des Atoms verteilt sind. Man erhält die Elektronenkonfiguration des Grundzustands, indem man die Elektronen auf die Atomorbitale mit der niedrigsten Energie verteilt, wobei jedes Orbital nicht mehr als zwei Elektronen aufnehmen kann. Wenn Elektronen eine Unterschale besetzen, die wie die $2p$-Unterschale mehr als ein entartetes Orbital besitzt, besagt die **Hund'sche Regel**, dass die niedrigste Energie erreicht wird, wenn die Anzahl der Elektronen mit dem gleichen Elektronenspin maximiert wird. In der Elektronenkonfiguration des Kohlenstoffatoms im Grundzustand haben die zwei $2p$-Elektronen z. B. den gleichen Spin und besetzen daher zwei verschiedene $2p$-Orbitale.

Elemente einer Gruppe des Periodensystems haben in ihrer äußersten Schale gleichartige Elektronenanordnungen. Die Elektronenkonfigurationen der Halogene Fluor und Chlor sind z. B. [He]$2s^2 2p^5$ und [Ne]$3s^2 3p^5$. Die äußeren Elektronen sind die Elektronen, die Orbitale besetzen, die nicht zu den vom nächstniedrigeren Edelgas besetzten Orbitalen gehören. Die äußeren Elektronen, die sich an chemischen Bindungen beteiligen, sind die **Valenzelektronen** eines Atoms. Bei den Elementen bis zur Ordnungszahl 30 sind alle äußeren Elektronen Valenzelektronen.

Das Periodensystem ist, basierend auf der Elektronenkonfiguration, in drei verschiedene Elementarten aufgeteilt. Elemente, deren äußerste Unterschale eine s- oder p-Unterschale ist, werden **Hauptgruppenelemente** genannt. Bei den Alkalimetallen (Gruppe 1A), Halogenen (Gruppe 7A) und den Edelgasen (Gruppe 8A) handelt es sich z. B. um Hauptgruppenelemente. Die Elemente, bei denen die d-Unterschale aufgefüllt wird, werden **Übergangselemente** (oder **Übergangsmetalle**) genannt. Die Elemente, bei denen die $4f$-Unterschale aufgefüllt wird, werden **Lanthanoide** (oder **seltene Erden**) und die Elemente, bei denen die $5f$-Unterschale aufgefüllt wird, **Actinoide** genannt. Lanthanoide und Actinoide werden zusammen als **f-Block-Metalle** bezeichnet. Diese Elemente sind in zwei Zeilen mit jeweils 14 Elementen unterhalb des Hauptteils des Periodensystems dargestellt. Die Struktur des Periodensystems, die in Abbildung 6.29 zusammengefasst ist, erlaubt es uns, die Elektronenkonfiguration eines Elements anhand seiner Stellung im Periodensystem zu bestimmen.

6 Die elektronische Struktur der Atome

Veranschaulichung von Konzepten

6.1 Betrachten Sie die dargestellte Wasserwelle. **(a)** Wie könnten Sie die Geschwindigkeit dieser Welle messen? **(b)** Wie könnten Sie die Wellenlänge der Welle bestimmen? **(c)** Wie könnten Sie bei bekannter Geschwindigkeit und Wellenlänge die Frequenz der Welle bestimmen? **(d)** Schlagen Sie ein unabhängiges Experiment vor, um die Frequenz der Welle zu bestimmen (*Abschnitt 6.1*).

6.2 Ein beliebtes Küchengerät erzeugt elektromagnetische Strahlung mit einer Wellenlänge von 1 cm. Beantworten Sie mit Bezug auf Abbildung 6.4 die folgenden Fragen: **(a)** Ist die von diesem Gerät erzeugte Strahlung für das menschliche Auge sichtbar? **(b)** Wenn die Strahlung nicht sichtbar sein sollte, haben dann Photonen dieser Strahlung mehr oder weniger Energie als Photonen sichtbaren Lichts? **(c)** Um welches Gerät könnte es sich handeln? (*Abschnitt 6.1*).

6.3 Wie im abgebildeten Foto zu sehen, wird eine elektrische Herdplatte in der höchsten Einstellung orange glühend. **(a)** Wenn die Herdplatte niedriger eingestellt wird, gibt sie immer noch Wärme ab, das orange Glühen verschwindet jedoch. Wie kann diese Beobachtung hinsichtlich einer der grundlegenden Beobachtungen erklärt werden, die zur Entdeckung der Quantelung der Energie geführt haben? **(b)** Nehmen Sie an, dass die von der Herdplatte erzeugte Energie über die höchste Einstellung hinaus weiter erhöht werden könnte. Wie sollte sich die Herdplatte in Bezug auf die Abstrahlung sichtbaren Lichts verhalten? (*Abschnitt 6.2*)

6.4 Das bekannte Phänomen des Regenbogens ist eine Folge der Beugung des Sonnenlichts an Regentropfen. **(a)** Nimmt die Wellenlänge des Lichts zu oder ab, wenn wir uns im Regenbogen von innen nach außen bewegen? **(b)** Nimmt die Frequenz des Lichts von innen nach außen zu oder ab? **(c)** Nehmen Sie an, dass anstelle von Sonnenlicht das sichtbare Licht einer Wasserstoffentladungsröhre (Abbildung 6.11) als Lichtquelle verwendet würde. Wie würde der sich ergebende „Wasserstoffentladungsregenbogen" aussehen? (*Abschnitt 6.3*)

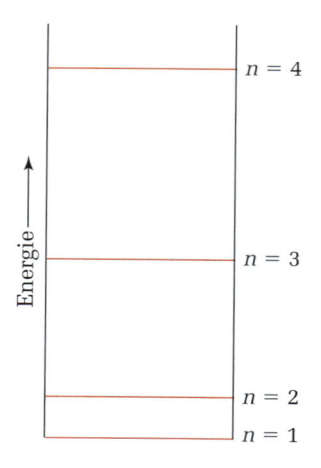

6.5 Ein bestimmtes quantenmechanisches System hat die im unten stehenden Diagramm gezeigten Energieniveaus. Die Energieniveaus werden mit einer einzigen ganzzahligen Quantenzahl n bezeichnet. **(a)** Welche Quantenzahlen sind in der Darstellung am Übergang mit der höchsten Energie beteiligt? **(b)** Welche Quantenzahlen sind in der Darstellung am Übergang mit der niedrigsten Energie beteiligt? **(c)** Ordnen Sie, basierend auf der Zeichnung, die folgenden Übergange in der Reihenfolge zunehmender Wellenlänge des während des Übergangs absorbierten oder emittierten Lichts: (i) $n = 1$ nach $n = 2$ (ii) $n = 3$ nach $n = 2$ (iii) $n = 2$ nach $n = 4$ (iv) $n = 3$ nach $n = 1$ (*Abschnitt 6.3*).

6.6 Betrachten Sie ein fiktives eindimensionales System mit einem Elektron. Die unten dargestellte Wellenfunktion des Elektrons ist im Bereich von $x = 0$ bis $x = 2\pi$ gleich $\psi(x) = \sin x$. **(a)** Skizzieren Sie die Wahrscheinlichkeitsdichte $|\psi(x)|^2$ von $x = 0$ bis $x = 2\pi$. **(b)** Bei welchem Wert oder welchen Werten von x ist die Aufenthaltswahrscheinlichkeit des Elektrons am größten? **(c)** Wie hoch ist die Wahrscheinlichkeit, dass sich das Elektron bei $x = \pi$ aufhält. Wie wird ein solcher Punkt einer Wellenfunktion genannt? (*Abschnitt 6.5*)

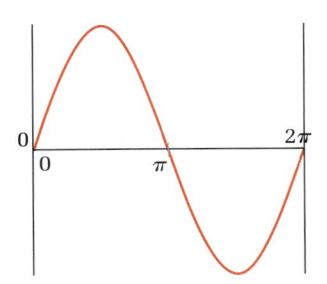

6.7 In der unten stehenden Konturdarstellung ist eins der Orbitale der $n = 3$-Schale des Wasserstoffatoms dargestellt. **(a)** Welche Quantenzahl l hat dieses Orbital? **(b)** Wie bezeichnen wir dieses Orbital? **(c)** Wie müssten Sie diese Zeichnung verändern, um das analoge Orbital der $n = 4$-Schale darzustellen? (*Abschnitt 6.6*)

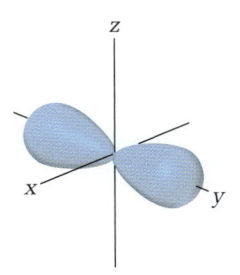

6.8 Die unten stehende Zeichnung zeigt einen Teil des Orbitaldiagramms eines Elements. **(a)** Die Zeichnung ist *nicht* korrekt. Warum? **(b)** Wie könnten Sie die Zeichnung korrigieren, ohne die Anzahl der Elektronen zu verändern? **(c)** Zu welcher Gruppe des Periodensystems gehört das Element? (*Abschnitt 6.8*)

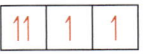

| 11 | 1 | 1 |

Übungsaufgaben mit ausführlichen Lösungshinweisen

Multiple Choice-Aufgaben Lösungen zu den Übungsaufgaben im Kapitel

Periodische Eigenschaften der Elemente

7

7.1	Entwicklung des Periodensystems	253
7.2	Effektive Kernladung	255
7.3	Größen von Atomen und Ionen	258

Chemie und Leben
Die Ionengröße macht einen großen Unterschied ... 263

7.4	Ionisierungsenergie	264
7.5	Elektronenaffinitäten	269
7.6	Metalle, Nichtmetalle und Halbmetalle	271
7.7	Gruppentendenzen der unedlen Metalle	276

Chemie und Leben
Die unerwartete Entwicklung von Lithium-Medikamenten ... 279

7.8	Gruppentendenzen ausgewählter Nichtmetalle	281

Zusammenfassung und Schlüsselbegriffe ... 286
Veranschaulichung von Konzepten ... 287

ÜBERBLICK

7 Periodiscxhe Eigenschaften der Elemente

Was uns erwartet

- Unsere Diskussion beginnt mit einer kurzen Geschichte des Periodensystems (*Abschnitt 7.1*).

- Wir werden sehen, dass viele Eigenschaften der Atome sowohl von der Anziehung der äußeren Elektronen zum Kern (eine Anziehung, die auf der *effektiven Kernladung* beruht) als auch vom Durchschnittsabstand dieser Elektronen vom Kern abhängen (*Abschnitte 7.2* und *7.3*).

- Wir werden periodische Tendenzen von *Atomgröße, Ionisierungsenergie* und *Elektronenaffinität* der Atome untersuchen (*Abschnitte 7.3, 7.4* und *7.5*).

- Wir werden zudem die Größe von Ionen und ihre Elektronenkonfigurationen untersuchen (*Abschnitte 7.3* und *7.4*).

- Wir werden einige der Unterschiede in den physikalischen und chemischen Eigenschaften von Metallen, Nichtmetallen und Halbmetallen kennen lernen (*Abschnitt 7.6*).

- Schließlich werden wir einige periodische Tendenzen in der Chemie der Alkali- und Erdalkalimetalle (Gruppen 1A und 2A), des Wasserstoffs und verschiedener anderer Nichtmetalle (Gruppen 6A bis 8A) diskutieren (*Abschnitte 7.7* und *7.8*).

Nach wie vor ist das Periodensystem das wichtigste Hilfsmittel, das Chemikern zur Verfügung steht, um chemische Eigenschaften zu ordnen. Wie wir in Kapitel 6 gesehen haben, rührt die periodische Natur der Tabelle von dem sich wiederholenden Muster der Elektronenstruktur der Elemente her. Elemente in derselben Spalte (Gruppe) der Tabelle enthalten die gleiche Zahl von Elektronen in ihren Valenzorbitalen, die die an Bindungen beteiligten Elektronen enthalten. Zum Beispiel sind Sauerstoff ([He]$2s^2 2p^4$) und Schwefel ([Ne]$3s^2 3p^4$) beides Mitglieder der Gruppe 6A. Die Ähnlichkeit der Elektronenverteilung in ihren s- und p-Valenzorbitalen führt zu Ähnlichkeiten in den Eigenschaften dieser beiden Elemente.

Wenn wir Sauerstoff und Schwefel vergleichen, ist es aber offensichtlich, dass sie auch Unterschiede aufweisen, nicht zuletzt den, dass Sauerstoff bei Zimmertemperatur ein farbloses Gas ist, während Schwefel ein gelber Feststoff ist (▶ Abbildung 7.1). Einer der Hauptunterschiede zwischen den Atomen dieser beiden Elemente ist ihre Elektronenkonfiguration. Die äußersten Elektronen von O befinden sich in der zweiten Schale, während sich die von S in der dritten Schale befinden. Wir werden sehen, dass die Elektronenkonfigurationen sowohl zur Erklärung der Unterschiede als auch der Ähnlichkeiten der Eigenschaften der Elemente verwendet werden können.

In diesem Kapitel erfahren wir, wie einige der wichtigen Eigenschaften der Elemente sich ändern, wenn wir uns entlang einer Reihe oder eine Spalte hinab bewegen. In vielen Fällen erlauben uns die Tendenzen innerhalb einer Reihe oder Spalte, Voraussagen über die physikalischen und chemischen Eigenschaften der Elemente zu machen.

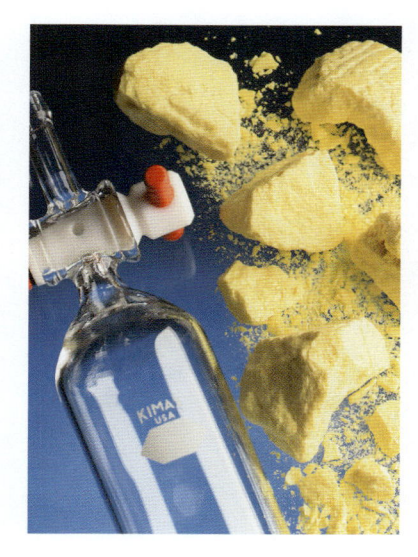

Abbildung 7.1: Sauerstoff und Schwefel. Da sie beide Elemente der Gruppe 6A sind, haben Sauerstoff und Schwefel viele chemische Ähnlichkeiten. Sie weisen aber auch viele Unterschiede auf, einschließlich der Form, in der sie bei Zimmertemperatur vorliegen. Sauerstoff besteht aus O_2-Molekülen, die als farbloses Gas auftreten (hier links, in einem Glasbehälter eingeschlossen, gezeigt). Im Gegensatz dazu besteht Schwefel aus S_8-Molekülen, die einen gelben Feststoff bilden.

Entwicklung des Periodensystems   7.1

Die Entdeckung der chemischen Elemente ist von alters her ein fortlaufender Prozess gewesen (▶ Abbildung 7.2). Bestimmte Elemente, wie zum Beispiel Gold, kommen in der Natur in elementarer Form vor und wurden so schon vor Tausenden von Jahren entdeckt. Im Gegensatz dazu sind einige Elemente radioaktiv und instabil. Wir kennen sie nur aufgrund von im 20. Jahrhundert entwickelten Verfahren.

Die Mehrheit der Elemente ist in zahlreichen Verbindungen enthalten, die in der Natur weit verbreitet sind. Deshalb wussten Wissenschaftler über Jahrhunderte nichts von ihrer Existenz. Im frühen 19. Jahrhundert machten es Fortschritte in der Chemie einfacher, Elemente aus ihren Verbindungen zu isolieren. Als Resultat daraus hat sich die Zahl der bekannten Elemente von 31 im Jahr 1800 auf 63 im Jahr 1865 mehr als verdoppelt.

Als die Anzahl der bekannten Elemente wuchs, begannen Wissenschaftler nach Möglichkeiten zu suchen, diese sinnvoll zu klassifizieren. Im Jahre 1869 veröffentlichten Dmitri Mendeleev in Russland und Lothar Meyer in Deutschland fast identische Klassifikationssysteme. Beide Wissenschaftler erkannten, dass ähnliche chemische und physikalische Eigenschaften sich wiederholen, wenn die Elemente nach steigendem Atomgewicht angeordnet werden. Zu dieser Zeit hatten Wissenschaftler keine Ahnung von Ordnungszahlen. Atomgewichte steigen aber im Allgemeinen mit steigender Ordnungszahl, so dass sowohl Mendeleev als auch Meyer die Elemente zufälligerweise in der richtigen Reihenfolge anordneten. Die von Mendeleev und Meyer entwickelten Periodensysteme der Elemente waren Vorläufer des modernen Periodensystems.

7 Periodiscxhe Eigenschaften der Elemente

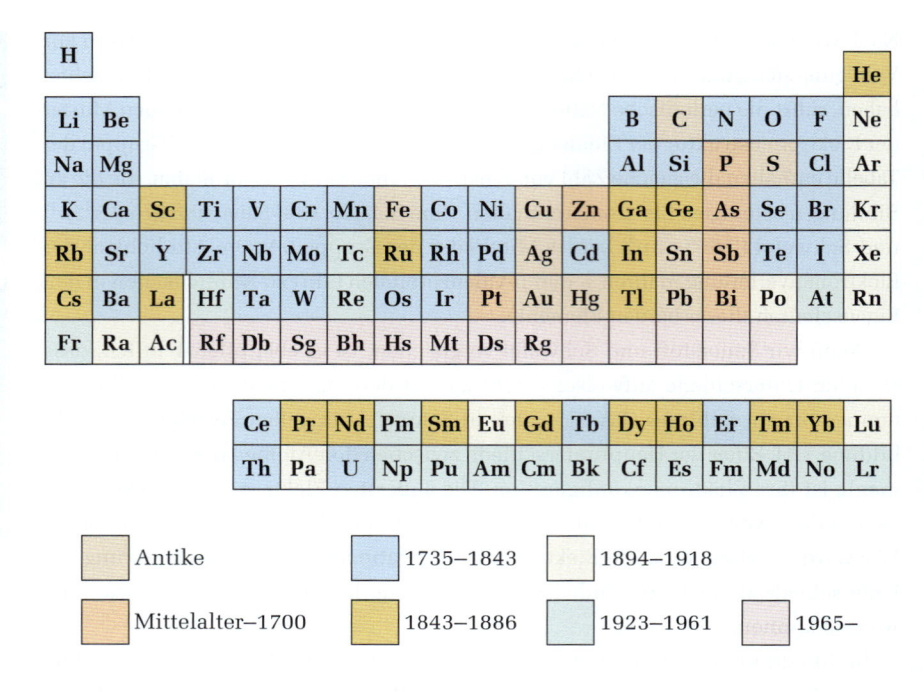

Abbildung 7.2: Die Entdeckung der Elemente. Periodensystem mit den Daten der Entdeckung der Elemente.

Farblegende: Antike | Mittelalter–1700 | 1735–1843 | 1843–1886 | 1894–1918 | 1923–1961 | 1965–

Periodische Eigenschaften

Obwohl Mendeleev und Meyer im Wesentlichen zu dem gleichen Schluss über die Periodizität der Elementeigenschaften kamen, bekommt Mendeleev die Anerkennung für die energischere Weiterentwicklung seiner Ideen und die Anregung vieler neuer Ideen in der Chemie. Sein Beharren darauf, dass Elemente mit ähnlichen Eigenschaften in der gleichen Familie zu listen seien, zwang ihn dazu, in seiner Tabelle einige Leerstellen zu lassen. Zum Beispiel waren sowohl Gallium (Ga) als auch Germanium (Ge) zu jener Zeit unbekannt. Mendeleev sagte verwegen ihre Existenz und ihre Eigenschaften voraus und bezeichnete sie als Eka-Aluminium („Unter" Aluminium) und Eka-Silizium („Unter" Silizium), nach den Elementen, unter denen sie im Periodensystem erscheinen. Wie in Tabelle 7.1 gezeigt, stimmten die Eigenschaften der Elemente zur Zeit ihrer Entdeckung stark mit den von Mendeleev vorhergesagten überein.

Im Jahre 1913, zwei Jahre nachdem Rutherford das Kernmodell des Atoms aufgestellt hatte (siehe Abschnitt 2.2), entwickelte ein englischer Physiker namens Henry Moseley (1887–1915) das Konzept der Ordnungszahlen. Moseley bestimmte die Frequenzen der ausgestrahlten Röntgenstrahlen, wenn verschiedene Elemente mit hochenergetischen Elektronen beschossen wurden. Er erkannte, dass jedes Element Röntgenstrahlen mit einer eindeutigen Frequenz erzeugt, und er fand weiterhin heraus, dass die Frequenz im Allgemeinen zunimmt, wenn die Atommasse zunimmt. Er ordnete die Röntgenfrequenzen so der Reihe nach an, dass er jedem Element eine ganze Zahl, die so genannte Ordnungszahl, zuordnete. Moseley identifizierte die Ordnungszahl richtigerweise als Zahl von Protonen im Kern des Atoms und Zahl von Elektronen in der Atomhülle (siehe Abschnitt 2.3).

Das Konzept der Ordnungszahl klärte einige Probleme in der frühen Version des Periodensystems, das auf den Atomgewichten basierte. Zum Beispiel ist das Atomgewicht von Ar (Ordnungszahl 18) größer als das von K (Ordnungszahl 19). Wenn aber die Elemente nach steigender Ordnungszahl statt nach steigendem Atomgewicht an-

❓ DENKEN SIE EINMAL NACH

Die Anordnung der Elemente nach Atomgewicht führt zu einer leicht anderen Reihenfolge, als wenn man sie nach der Ordnungszahl anordnet. Wie kann das passieren?

Tabelle 7.1

Vergleich der Eigenschaften von Eka-Silizium, vorhergesagt von Mendeleev, mit den beobachteten Eigenschaften von Germanium

Eigenschaften	Mendeleevs Voraussagen für Eka-Silizium (gemacht im Jahr 1871)	Beobachtete Eigenschaften von Germanium (entdeckt im Jahr 1886)
Atomgewicht	72	72,59
Dichte (g/cm^3)	5,5	5,35
Spezifische Wärme (J/g·k)	0,305	0,309
Schmelzpunkt (°C)	hoch	947
Farbe	dunkelgrau	gräulich weiß
Formel des Oxids	XO$_2$	GeO$_2$
Dichte des Oxids (g/cm^3)	4,7	4,70
Formel des Chlorids	XCl$_4$	GeCl$_4$
Siedepunkt des Chlorids (°C)	etwas unter 100	84

geordnet werden, erscheinen Ar und K an ihren richtigen Positionen im System. Moseleys Studien ermöglichten es außerdem, „Löcher" im Periodensystem zu identifizieren, was zur Entdeckung verschiedener vorher unbekannter Elemente führte.

7.2 Effektive Kernladung

Da Elektronen negativ geladen sind, werden sie von positiv geladenen Kernen angezogen. Viele Eigenschaften von Atomen hängen nicht nur von ihren Elektronenkonfigurationen ab, sondern auch davon, wie stark ihre äußeren Elektronen vom Kern angezogen werden. Das Coulomb'sche Gesetz besagt, dass die Stärke der Wechselwirkung zwischen zwei elektrischen Ladungen vom Vorzeichen und der Größe der Ladungen und vom Abstand zwischen ihnen abhängt (siehe Abschnitt 2.3). Somit hängt die Anziehungskraft zwischen einem Elektron und seinem Kern von der Größe der auf das Elektron wirkenden Nettokernladung und dem Durchschnittsabstand zwischen Kern und Elektron ab. Die Anziehungskraft nimmt zu, wenn die Kernladung zunimmt und sie nimmt ab, wenn das Elektron sich weiter vom Kern entfernt.

In einem Mehr-Elektronen Atom wird jedes Elektron simultan vom Kern angezogen und von den anderen Elektronen abgestoßen. Im Allgemeinen gibt es so viele Elektron-Elektron-Abstoßungen, dass wir die Situation nicht genau analysieren können. Wir können jedoch für jedes Elektron die Nettoanziehung zum Kern abschätzen, indem wir berücksichtigen, wie es mit der durchschnittlichen, vom Kern und den anderen Elektronen erzeugten, Umgebung interagiert. Dieser Ansatz erlaubt es uns, jedes Elektron individuell so zu behandeln, als ob es sich in dem netto-elektrischen Feld bewegen würde, das vom Kern und der Elektronendichte der anderen Elektronen erzeugt wird. Wir können dieses netto-elektrische Feld betrachten, als

7 Periodiscxhe Eigenschaften der Elemente

Effektive Kernladung

resultierte es aus einer einzelnen positiven Ladung am Kern, der so genannten **effektiven Kernladung**, Z_{eff}. Es ist wichtig zu erkennen, dass die effektive Kernladung, die auf ein Elektron in einem Atom wirkt, kleiner ist als die wirkliche Kernladung, da zur effektiven Kernladung auch die Abstoßung des Elektrons durch die anderen Elektronen im Atom beiträgt – mit anderen Worten, $Z_{eff} < Z$. Lassen Sie uns überlegen, wie wir ein Gefühl für die Größe von Z_{eff} eines Elektrons in einem Atom bekommen können.

Ein Valenzelektron in einem Atom wird vom Kern des Atoms angezogen und von den anderen Elektronen in dem Atom abgestoßen. Insbesondere die Elektronendichte, die auf der Anwesenheit der inneren Elektronen beruht, ist besonders effektiv beim partiellen Aufheben der Anziehung zwischen Valenzelektronen und Atomkern – wir sagen, dass die inneren Elektronen die äußeren Elektronen teilweise von der Anziehung des Kerns *abschirmen*. Wir können daher eine einfache Beziehung zwischen der effektiven Kernladung, Z_{eff}, und der Anzahl von Protonen im Atomkern, Z, schreiben:

$$Z_{eff} = Z - S \qquad (7.1)$$

Die Größe S ist eine positive Zahl, die *Abschirmungskonstante* genannt wird, und sie steht für den Teil der Kernladung, der durch die anderen Elektronen im Atom vom Valenzelektron abgeschirmt wird. Da die inneren Elektronen das Valenzelektron am effektivsten vom Kern abschirmen, ist *der Wert von S normalerweise nahe an der Zahl der inneren Elektronen in einem Atom*. Elektronen in der gleichen Valenzschale schirmen sich gegenseitig kaum ab, aber sie beeinflussen den Wert von S ein wenig.

Lassen Sie uns einen Blick auf ein Na-Atom werfen, um zu sehen was wir für die Größe von Z_{eff} erwarten würden. Natrium (Ordnungszahl 11) hat eine Elektronenkonfiguration von $[Ne]3s^1$. Die Kernladung des Atoms ist 11+ und die innere Atomhülle von Na enthält 10 Elektronen ($1s^2 2s^2 2p^6$). Sehr grob geschätzt würden wir erwarten, dass das 3s-Valenzelektron des Na-Atoms eine effektive Kernladung von etwa 11 − 10 = 1 erfährt, wie in vereinfachter Form in ▶ Abbildung 7.3 a dargestellt.

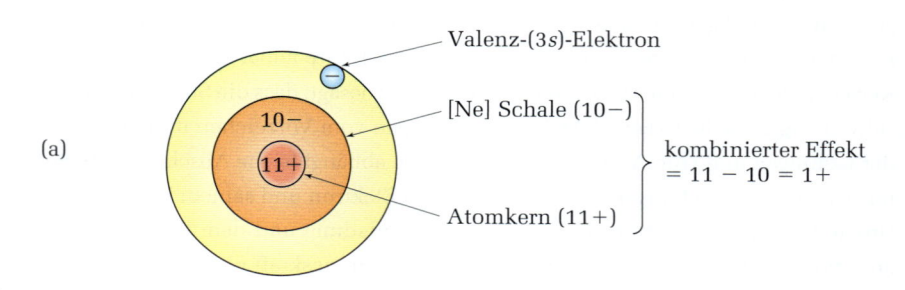

Abbildung 7.3: Effektive Kernladung. (a) Die effektive Kernladung, die ein Valenzelektron in Natrium erfährt, hängt hauptsächlich von der 11+-Ladung des Atomkerns und der 10−-Ladung der Neonschale ab. Wenn die Neonschale bei der Abschirmung des Valenzelektrons vom Atomkern völlig effektiv wäre, dann würde das Valenzelektron eine effektive Kernladung von 1+ erfahren. (b) Das 3s-Elektron besitzt eine gewisse Wahrscheinlichkeit, sich in der Neonschale zu befinden. Als Konsequenz dieser „Penetration" ist die Neonschale bei der Abschirmung des 3s-Elektrons vom Atomkern nicht völlig effektiv. Deshalb ist die effektive Kernladung, die ein 3s-Elektron erfährt, etwas größer als 1+.

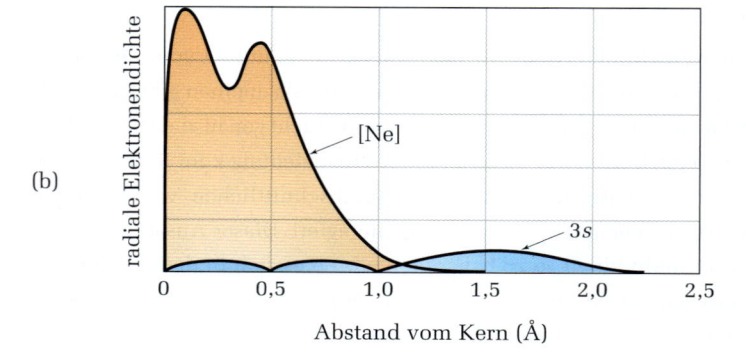

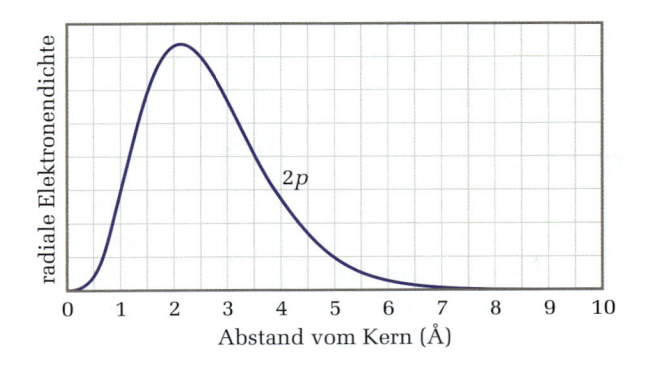

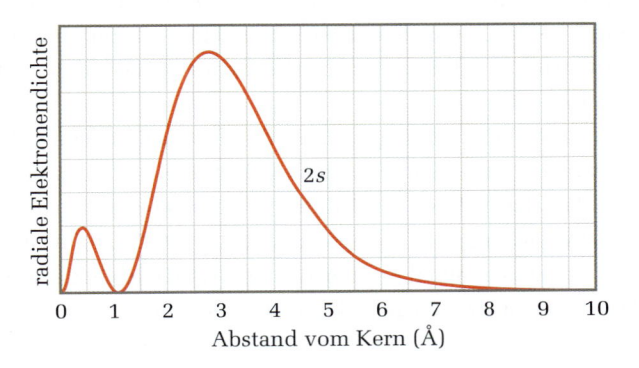

Abbildung 7.4: 2s und 2p radiale Funktionen. Die radiale Wahrscheinlichkeitsfunktion für das 2s-Orbital des Wasserstoffatoms (rote Kurve) zeigt eine „Beule" der Wahrscheinlichkeit in der Nähe des Atomkerns, während die für das 2p-Orbital (blaue Kurve) dies nicht tut. Als ein Ergebnis „sieht" ein Elektron im 2s-Orbital eines Mehrelektronenatoms mehr von der Kernladung als ein Elektron im 2p-Orbital – die effektive Kernladung, die das 2s-Elektron erfährt, ist größer als die für das 2p-Elektron. Dieser Unterschied führt zu unserer Beobachtung, dass in einem Mehrelektronenatom die Orbitale für einen gegebenen n-Wert in der Energie mit zunehmendem l-Wert zunehmen, d. h. ns hat eine niedrigere Energie als np, das eine niedrigere Energie als nd hat (▶ Abbildung 6.24).

Die Situation ist aufgrund der Elektronenverteilungen der Atomorbitale ein wenig komplizierter (siehe Abschnitt 6.6). Erinnern Sie sich, dass ein 3s-Elektron eine geringe Wahrscheinlichkeit aufweist, nahe am Kern und zwischen den kernnahen Elektronen gefunden zu werden, wie in ▶ Abbildung 7.3b gezeigt. Daher besteht die Möglichkeit, dass das 3s-Elektron eine größere Anziehung erfährt, als es unser einfaches Modell nahelegt, was zu einer geringen Erhöhung des Wertes von Z_{eff} führt. In der Tat zeigen detailliertere Berechnungen (die außerhalb des Rahmens unserer Diskussion liegen), dass die effektive Kernladung, die auf das 3s-Elektron in Na wirkt, 2,5 ist.

Die Vorstellung von effektiver Kernladung erklärt auch einen wichtigen Effekt, den wir in Abschnitt 6.7 erwähnten, nämlich dass für ein Mehr-Elektronen-Atom die Energien von Orbitalen mit dem gleichen n-Wert mit steigendem l-Wert steigen. Betrachten Sie zum Beispiel ein Kohlenstoffatom, dessen Elektronenkonfiguration $1s^2 2s^2 2p^2$ ist. Die Energie des 2p-Orbitals ($l = 1$) ist etwas höher als die des 2s-Orbitals ($l = 0$), obwohl sich beide Orbitale in der n = 2 Schale befinden (siehe Abbildung 6.24). Der Grund dafür, dass diese Orbitale in einem Mehr-Elektronen-Atom unterschiedliche Energien haben, ist auf die radialen Wahrscheinlichkeitsfunktionen für die Orbitale, wie in ▶ Abbildung 7.4 gezeigt, zurückzuführen. Beachten Sie, dass die 2s-Wahrscheinlichkeitsfunktion eine kleine Spitze ziemlich nahe am Kern hat, während die 2p-Wahrscheinlichkeitsfunktion diese nicht hat. Als ein Ergebnis davon wird ein Elektron im 2s-Orbital weniger effektiv von den kernnahen Orbitalen abgeschirmt als ein Elektron im 2p-Orbital. Mit anderen Worten, auf das Elektron im 2s-Orbital wirkt eine höhere effektive Kernladung als auf eines im 2p-Orbital. Die größere Anziehung zwischen dem 2s-Elektron und dem Kern führt zu einer niedrigeren Energie des 2s-Orbitals als der für das 2p-Orbital. Die gleiche Begründung erklärt den generellen Trend für Orbitalenergien ($ns < np < nd$) in Mehr-Elektronen-Atomen.

7 Periodiscxhe Eigenschaften der Elemente

Lassen Sie uns schließlich noch die Tendenzen für Valenzelektronen untersuchen, wenn wir im Periodensystem von einem Element zum anderen wandern. Die effektive Kernladung steigt, wenn wir uns im Periodensystem entlang einer Reihe (Periode) bewegen. Obwohl die Zahl der kernnahen Elektronen gleich bleibt, wenn wir entlang der Reihe wandern, steigt die tatsächliche Kernladung. Die Valenzelektronen, die zum Ausgleich der steigenden Kernladung hinzugefügt werden, schirmen einander sehr unwirksam ab. Also steigt die effektive Kernladung ständig an. Zum Beispiel schirmen die $1s^2$-Elektronen von Lithium ($1s^2\,2s^1$) die $2s$-Valenzelektronen ziemlich effektiv vom 3+-Atomkern ab. Als Konsequenz erfährt das äußere Elektron eine effektive Kernladung von grob gesehen $3 - 2 = 1$. Für Beryllium ($1s^2 2s^2$) ist die effektive Kernladung, die auf jedes $2s$-Valenzelektron wirkt, größer; die inneren $1s^2$-Elektronen schirmen einen 4+-Atomkern ab und jedes $2s$-Elektron schirmt das andere nur teilweise vom Atomkern ab. Als Konsequenz erfährt jedes $2s$-Elektron eine effektive Kernladung von etwa $4 - 2 = 2$.

Geht man eine Spalte abwärts, ändert sich die effektive Kernladung, die die Valenzelektronen erfahren, weit weniger als innerhalb einer Reihe. Zum Beispiel würden wir erwarten, dass die effektive Kernladung für die äußeren Elektronen von Lithium und Natrium etwa gleich groß ist, grob geschätzt $3 - 2 = 1$ für Lithium und $11 - 10 = 1$ für Natrium. Tatsächlich nimmt die effektive Kernladung leicht zu, wenn wir in der Gruppe abwärts gehen, da größere Elektronenschalen die äußeren Elektronen weniger von der Atomkernladung abschirmen können. Wir haben zum Beispiel früher gesehen, dass der Wert für Natrium 2,5 ist. Dennoch ist die kleine Änderung der effektiven Kernladung, die auftritt, wenn man eine Spalte abwärts geht, im Allgemeinen von geringerer Bedeutung als der Anstieg, der auftritt, wenn man sich entlang einer Periode bewegt.

> **? DENKEN SIE EINMAL NACH**
>
> Von welchem Elektron würden Sie erwarten, dass es eine höhere effektive Kernladung erfährt: einem $2p$-Elektron in einem Ne-Atom oder einem $3s$-Elektron in einem Na-Atom?

7.3 Größen von Atomen und Ionen

Eine der wichtigen Eigenschaften eines Atoms oder Ions ist seine Größe. Wir stellen uns oft Atome und Ionen als harte, kugelförmige Objekte vor. Gemäß dem quantenmechanischen Modell haben Atome und Ionen jedoch keine scharf definierten Grenzen, an denen die Elektronenverteilung gleich Null ist (siehe Abschnitt 6.5). Dennoch können wir die Atomgröße auf verschiedene Arten definieren, ausgehend von den Abständen zwischen Atomen in verschiedenen Situationen.

Stellen Sie sich eine Ansammlung von Argon-Atomen in der Gasphase vor. Wenn zwei Atome im Laufe ihrer Bewegungen zusammenstoßen, prallen sie voneinander ab – so ähnlich wie Billardkugeln. Dies passiert, weil sich die Elektronenwolken der kollidierenden Atome kaum durchdringen können. Die kleinsten Abstände zwischen den Kernen während solcher Kollisionen bestimmen die *scheinbaren* Radien der Argon-Atome. Wir können diesen Radius den **Nichtbindungsradius** eines Atoms nennen.

Wenn zwei Atome wie im Cl_2-Molekül chemisch aneinander gebunden sind, besteht eine anziehende Wechselwirkung zwischen den beiden Atomen, die zu einer chemischen Bindung führt. Wir werden die Natur solcher Bindungen in Kapitel 8 diskutieren. Für den Moment müssen wir uns als Einziges merken, dass diese anziehende Wechselwirkung die beiden Atome näher bringt als in einer nichtbindenden Kollision. Wir können einen Atomradius, ausgehend vom Abstand der Atomkerne, definieren, wenn sie chemisch aneinander gebunden sind. Dieser Abstand, genannt **Bindungsradius**, ist kürzer als der Nichtbindungsradius, wie in ▶ Abbildung 7.5 dargestellt.

7.3 Größen von Atomen und Ionen

Raumfüllende Modelle, wie diejenigen in Abbildungen 1.1 und 2.20, benutzen Nichtbindungsradien (auch *van-der-Waals-Radien* genannt), um die Größe der Kugeln zu bestimmen, die zur Darstellung der Atome verschiedener Elemente verwendet werden. Wenn ein raumfüllendes Modell eines Moleküls gebaut wird, werden die Bindungsradien (auch **Kovalenzradien** genannt) benutzt, um zu bestimmen, wie weit sich die Kugeln gegenseitig durchdringen, um die korrekten Abstände zwischen den Zentren der beiden benachbarten Atome in dem Molekül darzustellen.

Wissenschaftler haben eine Vielzahl von Methoden entwickelt, um die Kernabstände in Molekülen zu messen. Aus Beobachtungen dieser Abstände in vielen Molekülen kann jedem Element ein Bindungsradius zugeordnet werden. Zum Beispiel beträgt der beobachtete Abstand zwischen den Iod-Kernen im I_2-Molekül 2,66 Å.* Wir können nun den Bindungsradius von Iod auf dieser Basis als die Hälfte der Bindungslänge, also 1,33 Å bestimmen. Der Abstand zwischen zwei benachbarten Kohlenstoffatomen in Diamant, der ein dreidimensionales festes Netzwerk ist, beträgt 1,54 Å; also kann man dem Bindungsradius von Kohlenstoff den Wert 0,77 Å zuordnen. Die Radien anderer Elemente können auf ähnliche Weise bestimmt werden (▶ Abbildung 7.6). Für Helium und Neon müssen die Bindungsradien geschätzt werden, da es keine bekannten Verbindungen dieser Elemente gibt.

Wenn wir die Atomradien kennen, können wir die Bindungslängen zwischen verschiedenen Elementen in Molekülen abschätzen. Zum Beispiel ist die Cl—Cl-Bindungslänge in Cl_2 1,99 Å, somit wird Cl ein Radius von 0,99 Å zugeordnet. In der Verbindung CCl_4 ist die gemessene Länge der Cl—C-Bindung 1,77 Å, also sehr nahe an der Summe (0,77 + 0,99 Å) der Atomradien von C und Cl.

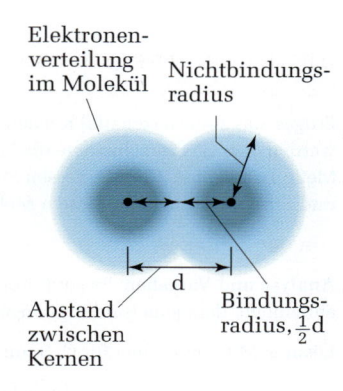

Abbildung 7.5: Unterscheidung zwischen Nichtbindungs- und Bindungsradien. Der Nichtbindungsradius ist der effektive Radius eines Atoms, wenn es nicht an der Bindung zu einem anderen Atom beteiligt ist. Werte für Bindungsradien werden durch Messungen von interatomaren Abständen in chemischen Verbindungen erhalten.

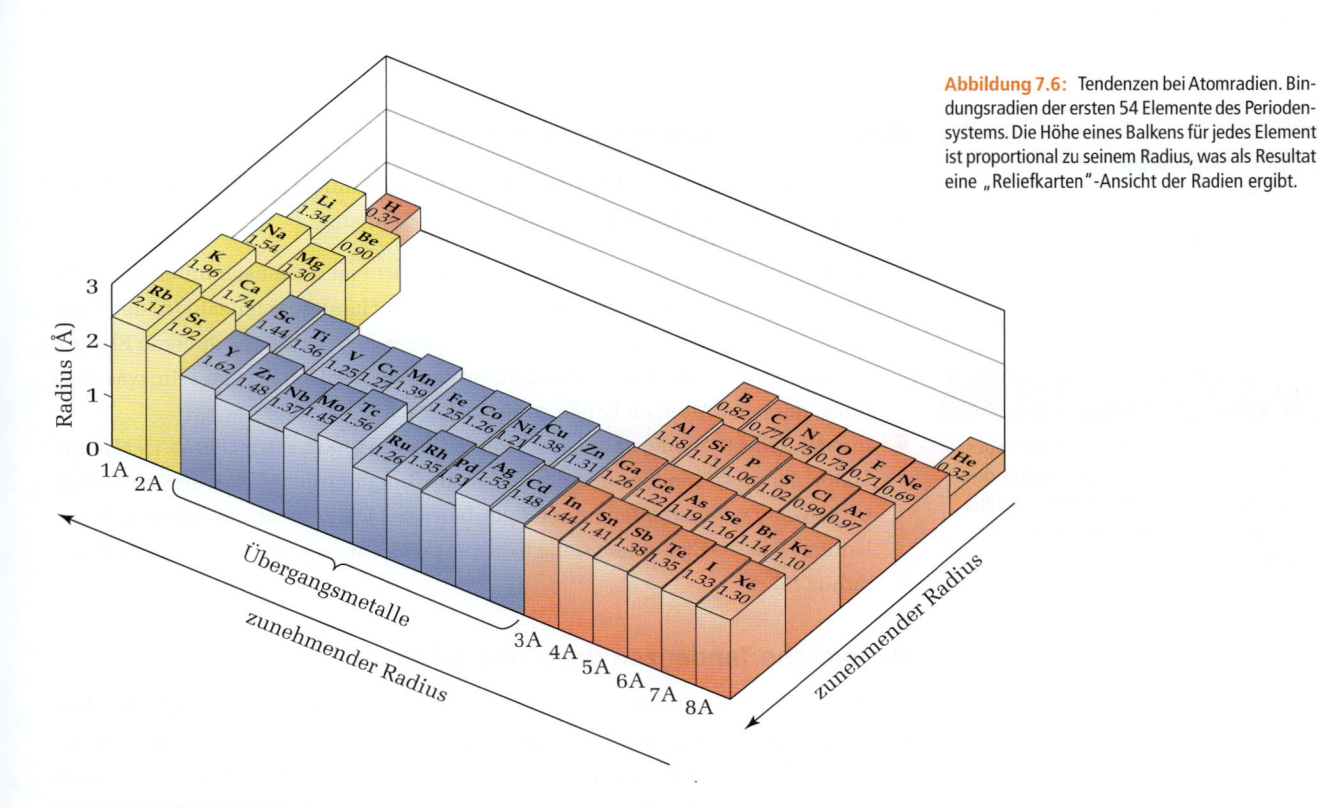

Abbildung 7.6: Tendenzen bei Atomradien. Bindungsradien der ersten 54 Elemente des Periodensystems. Die Höhe eines Balkens für jedes Element ist proportional zu seinem Radius, was als Resultat eine „Reliefkarten"-Ansicht der Radien ergibt.

---

* *Merken Sie sich deshalb:* Das Ångstrom (1 Å = 10^{-10} m) ist eine zweckmäßige metrische Einheit für atomare Längenmessungen. Das Ångstrom ist *keine* SI-Einheit. Die am häufigsten benutzte SI-Einheit für solche Messungen ist der Pikometer (1 pm = 10^{-12} m; 1 Å = 100 pm).

ÜBUNGSBEISPIEL 7.1 — Bindungslängen in einem Molekül

Erdgas, das zum Heizen und Kochen verwendet wird, ist geruchlos. Da Erdgaslecks eine Explosions- oder Erstickungsgefahr darstellen, werden dem Gas verschiedene übel riechende Substanzen beigemischt, um Lecks frühzeitig zu entdecken. Eine dieser Substanzen ist Methylmercaptan, CH_3SH, dessen Struktur unten rechts dargestellt ist. Benutzen Sie ▶ Abbildung 7.6 um die Längen der C—S-, C—H- und S—H-Bindungen in diesem Molekül vorherzusagen.

Lösung

Analyse und Vorgehen: Es sind drei Bindungen und die Liste der Bindungsradien gegeben. Wir werden annehmen, dass jede Bindungslänge die Summe der Radien der beiden beteiligten Atome ist.

Lösung: Mit den Radien für C, S und H aus Abbildung 7.6 sagen wir voraus

Bindungslänge C—S = Radius von C + Radius von S
 = 0,77 Å + 1,02 Å = 1,79 Å
Bindungslänge C—H = 0,77 Å + 0,37 Å = 1,14 Å
Bindungslänge S—H = 1,02 Å + 0,37 Å = 1,39 Å

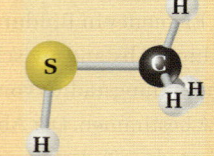

Überprüfung: Die experimentell bestimmten Bindungslängen in Methylmercaptan sind C—S = 1,82 Å, C—H = 1,10 Å und S—H = 1,33 Å. Generell zeigen die Bindungslängen, an denen Wasserstoff beteiligt ist, eine größere Abweichung von den aus der Summe der Atomradien vorhergesagten Werten als die Bindungen, an denen größere Atome beteiligt sind.

Anmerkung: Beachten Sie, dass die unter Verwendung der Bindungsradien geschätzten Bindungslängen angenähert sind, aber nicht exakt mit den experimentell bestimmten Werte übereinstimmen. Atomradien müssen mit einiger Vorsicht zum Abschätzen von Bindungslängen verwendet werden. In Kapitel 8 werden wir einige der Durchschnittslängen üblicher Bindungstypen untersuchen.

ÜBUNGSAUFGABE

Benutzen Sie Abbildung 7.6 um vorauszusagen, ob die Bindungslänge P—Br in PBr_3 oder die Bindungslänge As—Cl in $AsCl_3$ größer ist.

Antwort: P—Br.

Atomradien

Periodische Tendenzen bei Atomradien

Wenn wir die „Reliefkarte" der Atomradien in ▶ Abbildung 7.6 untersuchen, können wir zwei interessante Tendenzen in den Daten erkennen:

1 In jeder Spalte (Gruppe) nimmt der Atomradius von oben nach unten zu. Diese Tendenz resultiert primär aus der Zunahme der Hauptquantenzahl (n) der äußeren Elektronen. Wenn wir eine Spalte abwärts gehen, haben die äußeren Elektronen eine größere Wahrscheinlichkeit, weiter vom Kern entfernt zu sein, was dazu führt, dass das Atom an Größe zunimmt.

2 In jeder Reihe (Periode) nimmt der Atomradius von links nach rechts ab. Der Hauptfaktor, der diese Tendenz beeinflusst, ist die Zunahme der effektiven Kernladung (Z_{eff}), wenn wir uns entlang einer Reihe bewegen. Die zunehmende effektive Kernladung zieht die Elektronen stetig näher an den Kern, was zur Abnahme des Atomradius führt.

> **DENKEN SIE EINMAL NACH**
>
> Wenn wir uns entlang einer Reihe des Periodensystems bewegen, nimmt das Atomgewicht zu, aber der Atomradius nimmt ab. Widersprechen sich diese Tendenzen nicht?

Periodische Tendenzen der Ionenradien

Die Radien von Ionen basieren auf den Abständen zwischen Ionen in ionischen Verbindungen. Wie die Größe eines Atoms hängt die Größe eines Ions von seiner Kernladung, der Zahl der Elektronen, die es besitzt, und von den Orbitalen, in denen sich die Valenzelektronen befinden, ab. Bei der Bildung eines Kations wird ein Valenzelektron aus dem Atom entfernt; damit wird die Elektron-Elektron-Abstoßung geschwächt. Als Konsequenz daraus *sind Kationen kleiner als ihre Ausgangsatome*, wie

ÜBUNGSBEISPIEL 7.2 — Atomradien

Ordnen Sie unter Zuhilfenahme eines Periodensystems die folgenden Atome in der Reihenfolge zunehmender Größe an: $_{15}$P, $_{16}$S, $_{33}$As, $_{34}$Se. Die Ordnungszahlen der Elemente sind angegeben, damit Sie sie schnell im Periodensystem finden können.

Lösung

Analyse und Vorgehen: Es sind die chemischen Symbole von vier Elementen gegeben. Wir können ihre relative Position im Periodensystem und die gerade beschriebenen zwei periodischen Tendenzen benutzen, um die relative Reihenfolge ihrer Atomradien vorherzusagen.

Lösung: Beachten Sie, dass P und S in der gleichen Reihe im Periodensystem stehen, wobei S rechts von P steht. Deshalb erwarten wir, dass der Radius r von S kleiner als der von P sein sollte. Die Radien nehmen ab, wenn wir uns von links nach rechts bewegen. Ebenso erwarten wir, dass der Radius von Se kleiner als der von As ist. Wir bemerken ebenfalls, dass As direkt unter P und Se direkt unter S steht. Wir erwarten deshalb, dass der Radius von As größer als der von P und der Radius von Se größer als der von S ist. Aus diesen Beobachtungen sagen wir S < P, P < As, S < Se und Se < As voraus. Wir können daraus schließen, dass S den kleinsten Radius der vier Elemente hat und dass As den größten Radius hat.

Mit den beiden oben beschriebenen Tendenzen allein können wir nicht bestimmen, ob P oder Se den größeren Radius hat; um im Periodensystem von P zu Se zu gelangen, müssen wir abwärts (Radius neigt zur Zunahme) und nach rechts gehen (Radius nimmt ab). In Abbildung 7.6 sehen wir, dass der Radius von Se (1,16 Å) größer als der von P (1,06 Å) ist. Wenn Sie die Abbildung sorgfältig untersuchen, werden Sie entdecken, dass für die entsprechenden Elemente die Zunahme der Radien innerhalb einer Gruppe von oben nach unten der stärkste Effekt ist. Aber es gibt auch Ausnahmen.

Überprüfung: In Abbildung 7.6 finden wir S (1,02 Å) < P (1,06 Å) < Se (1,16 Å) < As (1,19 Å).

Anmerkung: Beachten Sie, dass die Tendenzen, die wir gerade diskutiert haben, für die Hauptgruppenelemente gelten. Sie sehen in Abbildung 7.6, dass die Übergangselemente keine regelmäßige Abnahme von links nach rechts in einer Reihe zeigen.

ÜBUNGSAUFGABE

Ordnen Sie die folgenden Atome nach zunehmendem Atomradius an: Na, Be, Mg

Antwort: Be < Mg < Na.

---

in ▶ Abbildung 7.7 dargestellt. Das Gegenteil gilt für Anionen. Wenn Elektronen zu einem neutralen Atom hinzugefügt werden, um ein Anion zu bilden, führt die erhöhte Anzahl von Elektron-Elektron-Abstoßungen dazu, dass sich die Elektronen mehr im Raum ausbreiten. Folglich *sind Anionen größer als ihre Ausgangsatome*.

Bei Ionen mit der gleichen Ladung nimmt die Größe zu, wenn wir im Periodensystem eine Spalte abwärts gehen. Diese Tendenz kann man auch in ▶ Abbildung 7.7 sehen. Wenn die Hauptquantenzahl des äußersten besetzten Orbitals eines Ions zunimmt, nimmt der Radius des Ions zu.

Eine **isovalenzelektronische Reihe** ist eine Gruppe von Ionen, die die gleiche Anzahl von Valenzelektronen enthalten. Zum Beispiel besitzt jedes Ion in der isoelektro-

ÜBUNGSBEISPIEL 7.3 — Atom- und Ionenradien

Ordnen Sie die Atome und die Ionen nach abnehmender Größe: Mg^{2+}, Ca^{2+} und Ca.

Lösung

Kationen sind kleiner als ihre Ausgangsatome und deshalb ist das Ca^{2+}-Ion kleiner als das Ca-Atom. Da Ca unterhalb von Mg in der Gruppe 2A des Periodensystems steht, ist Ca^{2+} größer als Mg^{2+}. Als Konsequenz folgt, Ca > Ca^{2+} > Mg^{2+}.

ÜBUNGSAUFGABE

Welches der folgenden Teilchen ist das größte: S^{2-}, S, O^{2-}?

Antwort: S^{2-}.

7 Periodiscxhe Eigenschaften der Elemente

Abbildung 7.7: Kationen- und Anionengröße. Vergleich der Radien, in Å, von neutralen Atomen und Ionen für mehrere Gruppen der Hauptgruppenelemente. Neutrale Atome sind grau gezeichnet, Kationen rot und Anionen blau.

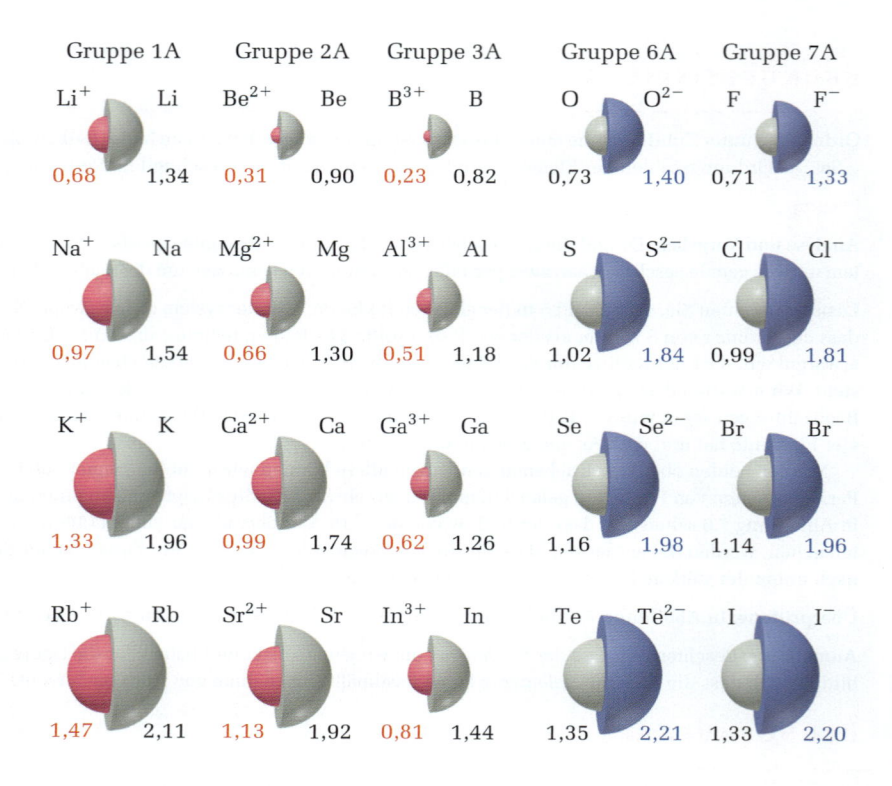

Gruppe 1A		Gruppe 2A		Gruppe 3A		Gruppe 6A		Gruppe 7A	
Li^+	Li	Be^{2+}	Be	B^{3+}	B	O	O^{2-}	F	F^-
0,68	1,34	0,31	0,90	0,23	0,82	0,73	1,40	0,71	1,33
Na^+	Na	Mg^{2+}	Mg	Al^{3+}	Al	S	S^{2-}	Cl	Cl^-
0,97	1,54	0,66	1,30	0,51	1,18	1,02	1,84	0,99	1,81
K^+	K	Ca^{2+}	Ca	Ga^{3+}	Ga	Se	Se^{2-}	Br	Br^-
1,33	1,96	0,99	1,74	0,62	1,26	1,16	1,98	1,14	1,96
Rb^+	Rb	Sr^{2+}	Sr	In^{3+}	In	Te	Te^{2-}	I	I^-
1,47	2,11	1,13	1,92	0,81	1,44	1,35	2,21	1,33	2,20

Entfernen und Hinzufügen von Elektronen

nischen Reihe O^{2-}, F^-, Na^+, Mg^{2+}, Al^{3+} 10 Elektronen. In jeder isovalenzelektronischen Reihe können wir die Mitglieder nach zunehmender Ordnungszahl anordnen, daher steigt die Kernladung, wenn wir durch die Reihe gehen. Erinnern Sie sich daran, dass die Ladung am Kern eines Atoms oder einatomigen Ions durch die Ordnungszahl des Elements bestimmt wird. Da die Anzahl an Elektronen gleich bleibt, nimmt der Radius des Ions mit zunehmender Kernladung ab, da die Elektronen stärker zum Kern gezogen werden.

$$\longrightarrow \text{Zunehmende Kernladung} \longrightarrow$$

O^{2-}	F^-	Na^+	Mg^{2+}	Al^{3+}
1,40 Å	1,33 Å	0,97 Å	0,66 Å	0,51 Å

$$\longrightarrow \text{Abnehmender Ionenradius} \longrightarrow$$

ÜBUNGSBEISPIEL 7.4 — Ionenradien in einer isovalenzelektronischen Reihe

Ordnen Sie die Ionen K^+, Cl^-, Ca^{2+} und S^{2-} nach abnehmender Größe.

Lösung

Zuerst stellen wir fest, dass dies eine isovalenzelektronische Serie von Ionen ist, in der alle Ionen 18 Elektronen besitzen. In solch einer Serie nimmt die Größe mit zunehmender Kernladung (Ordnungszahl) der Ionen ab. Die Ordnungszahlen der Ionen sind S (16), Cl (17), K (19) und Ca (20). Damit nehmen die Ionengrößen in der Reihenfolge $S^{2-} > Cl^- > K^+ > Ca^{2+}$ ab.

ÜBUNGSAUFGABE

Welches der folgenden Ionen ist am größten, Rb^+, Sr^{2+} oder Y^{3+}?

Antwort: Rb^+

Beachten Sie die Stellung dieser Elemente im Periodensystem und auch ihre Ordnungszahl. Die Nichtmetallanionen stehen in der Tabelle vor dem Edelgas Ne. Die Metallkationen folgen auf Ne. Sauerstoff, das größte Ion in dieser isovalenzelektronischen Reihe, hat die niedrigste Ordnungszahl, 8. Aluminium, das kleinste dieser Ionen, hat die höchste Ordnungszahl, 13.

Chemie und Leben ■ Die Ionengröße macht einen großen Unterschied

Die Ionengröße spielt bei der Festlegung der Eigenschaften von Ionen in Lösung eine wichtige Rolle. Zum Beispiel ist ein kleiner Unterschied in der Ionengröße oft ausreichend für ein Metallion, um es biologisch wichtig oder unwichtig zu machen. Um dies zu veranschaulichen, lassen Sie uns ein wenig die Biochemie des Zinkions (Zn^{2+}) untersuchen und vergleichen wir es mit dem Cadmiumion (Cd^{2+}).

Erinnern Sie sich aus dem Kasten „Chemie und Leben" in Abschnitt 2.7, dass Spuren von Zink in unserer Nahrung nötig sind. Zink ist ein essentieller Teil verschiedener Enzyme, den Proteinen, die Geschwindigkeiten von biologischen Schlüsselreaktionen fördern oder regulieren. Zum Beispiel ist eines der wichtigsten Zink enthaltenden Enzyme die *Carboanhydrase*. Dieses Enzym findet man in den roten Blutkörperchen. Seine Aufgabe ist es, die Reaktion von Kohlendioxid (CO_2) mit Wasser zum Hydrogencarbonat-Ion (HCO_3^-) zu fördern.

$$CO_2(aq) + H_2O(l) \longrightarrow HCO_3^-(aq) + H^+(aq) \quad (7.2)$$

Sie sind vielleicht überrascht, dass unser Körper ein Enzym für so eine einfache Reaktion benötigt. In Abwesenheit von Carboanhydrase jedoch würde das CO_2, das in den Zellen produziert wird, wenn diese Glukose oder andere Brennstoffe aus heftigen Bewegungen oxidieren, viel zu langsam abtransportiert. Ca. 20 % des durch Zellmetabolismen produzierten CO_2 bindet sich an Hämoglobin und wird zu den Lungen transportiert, wo es ausgestoßen wird. Ca. 70 % des produzierten CO_2 wird durch Carboanhydrase zu Hydrogencarbonat-Ionen umgewandelt. Wenn das CO_2 in Hydrogencarbonat-Ionen umgewandelt wurde, diffundiert es in das Blutplasma und wird schließlich, in Umkehrung von ▶ Gleichung 7.2, in die Lungen geleitet. Diese Prozesse sind in ▶ Abbildung 7.8 dargestellt. In Abwesenheit von Zink wäre die Carboanhydrase inaktiv und durch die Menge von CO_2 würden erhebliche Ungleichgewichte im Blut entstehen.

Zink kann man auch in verschiedenen anderen Enzymen finden, einschließlich einiger, die man in der Leber und den Nieren findet. Es ist offensichtlich essentiell für unser Leben. Im Gegensatz dazu

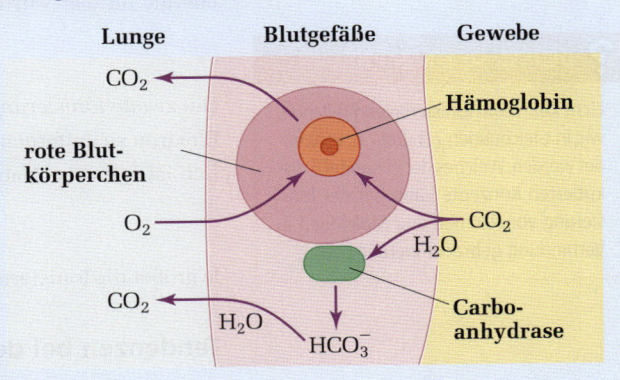

Abbildung 7.8: Die Befreiung des Körpers von Kohlendioxid. Darstellung des Flusses von CO_2 aus Gewebe in Blutgefäße und schließlich in die Lunge. Ca. 20 % des CO_2 binden sich an Hämoglobin und wird in der Lunge freigesetzt. Ca. 70 % werden von Carboanhydrase in das HCO_3^--Ion umgewandelt, das im Blutplasma bleibt, bis durch die umgekehrte Reaktion CO_2 in den Lungen freigesetzt wird. Kleine Mengen von CO_2 lösen sich einfach im Blutplasma und werden in der Lunge freigesetzt.

ist Cadmium, der Nachbar von Zink in der Gruppe 2B, für Menschen extrem giftig. Aber warum sind zwei Elemente so unterschiedlich? Beide treten als 2+-Ionen auf, aber Zn^{2+} ist kleiner als Cd^{2+}. Der Radius von Zn^{2+} beträgt 0,74 Å, der von Cd^{2+} 0,95 Å. Kann dieser Unterschied der Grund für so eine dramatische Umkehrung der biologischen Eigenschaften sein? Die Antwort ist, dass Größe nicht der einzige, aber ein sehr wichtiger Faktor ist. Wie in ▶ Abbildung 7.9 gezeigt, findet man das Zn^{2+}-Ion in Carboanhydrase elektrostatisch an Atome im Protein gebunden vor. Es zeigt sich, dass sich Cd^{2+} bevorzugt vor Zn^{2+} an der gleichen Stelle bindet und es daher verdrängt. Wenn Cd^{2+} anstelle von Zn^{2+} vorhanden ist, wird die Reaktion von CO_2 mit Wasser nicht gefördert. Noch schwerwiegender ist, dass Cd^{2+} Reaktionen blockiert, die essentiell für die Funktion der Nieren sind.

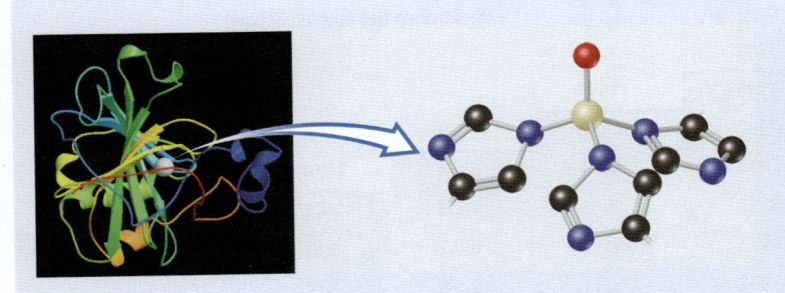

Abbildung 7.9: Ein Zink enthaltendes Enzym. Das Carboanhydrase genannte Enzym (links) katalysiert die Reaktion zwischen CO_2 und Wasser zu HCO_3^-. Das Band repräsentiert die Faltung der Proteinkette. Die Reaktion findet am „aktiven Zentrum" des Enzyms (repräsentiert durch das Kugel/Stab-Modell) statt. Zur Übersichtlichkeit sind die H-Atome in diesem Modell weggelassen worden. Die rote Kugel repräsentiert den Sauerstoff eines Wassermoleküls, das an das Zink-Ion (goldene Kugel) im Zentrum des aktiven Zentrums gebunden ist. Das Wassermolekül wird in der Reaktion durch CO_2 ersetzt. Das Zinkion ist über die Fünfringe an das Protein koordiniert.

Ionisierungsenergie 7.4

Die Leichtigkeit, mit der Elektronen aus Atomen entfernt werden können, hat einen großen Einfluss auf das chemische Verhalten. Die Ionisierungsenergie eines Atoms oder Ions ist die minimale Energie, die notwendig ist, um ein Elektron aus dem Grundzustand des isolierten gasförmigen Atoms oder Ions zu entfernen. Die *erste Ionisierungsenergie*, I_1, ist die Energie, die notwendig ist, um das erste Elektron aus einem neutralen Atom vollständig zu entfernen. Zum Beispiel ist die erste Ionisierungsenergie für das Natriumatom die Energie, die für den Prozess notwendig ist

$$Na(g) \longrightarrow Na^+(g) + e^- \qquad (7.3)$$

Die *zweite Ionisierungsenergie*, I_2, ist die Energie, die notwendig ist, um das zweite Elektron zu entfernen usw., für das schrittweise Entfernen weiterer Elektronen. Folglich ist I_2 für das Natriumatom mit dem folgenden Prozess assoziiert

$$Na^+(g) \longrightarrow Na^{2+}(g) + e^- \qquad (7.4)$$

Je größer die Ionisierungsenergie, umso schwieriger ist es, ein Elektron zu entfernen.

Tendenzen bei den Ionisierungsenergien

Die Ionisierungsenergien für die Elemente Natrium bis Argon sind in Tabelle 7.2 aufgelistet. Beachten Sie, dass die Werte für ein gegebenes Element steigen, wenn sukzessiv Elektronen entfernt werden. $I_1 < I_2 < I_3$, und so weiter. Diese Tendenz besteht, weil mit jedem sukzessiven Entfernen ein Elektron von einem zunehmend positiveren Ion weggezogen wird, was zunehmend mehr Energie erfordert.

Ein zweites wichtiges Merkmal, das Tabelle 7.2 zeigt, ist der scharfe Anstieg der Ionisierungsenergie, der auftritt, wenn ein Elektron der inneren Schale entfernt wird. Betrachten Sie zum Beispiel Silizium, dessen Elektronenkonfiguration $1s^2 2s^2 2p^6 3s^2 3p^2$ oder $[Ne]3s^2 3p^2$ ist. Die Ionisierungsenergien für den Verlust der vier Elektronen in den äußeren 3s- und 3p-Unterschalen nehmen von 786 kJ/mol auf 4360 kJ/mol stetig zu. Das Entfernen des fünften Elektrons, das aus der 2p-Unterschale kommt, erfordert viel mehr Energie: 16.091 kJ/mol. Der große Anstieg tritt auf, weil man das 2p-

> **? DENKEN SIE EINMAL NACH**
>
> Licht kann zum Ionisieren von Teilchen, wie in Gleichungen 7.3 und 7.4, verwendet werden. Welches der in Kapitel 6 diskutierten Konzepte kann mit der Ionisierung von Atomen und Molekülen in Verbindung gebracht werden?

Ionisierungsenergie

Tabelle 7.2

Werte der Ionisierungsenergien, *I*, für die Elemente Natrium bis Argon (kJ/mol)

Element	I_1	I_2	I_3	I_4	I_5	I_6	I_7
Na	495	4562	(Elektronen der inneren Schale)				
Mg	738	1451	7733				
Al	578	1817	2745	11577			
Si	786	1577	3232	4356	16091		
P	1012	1907	2914	4964	6274	21267	
S	1000	2252	3357	4556	7004	8496	27107
Cl	1251	2298	3822	5159	6542	9362	11018
Ar	1521	2666	3931	5771	7238	8781	11995

Elektron viel wahrscheinlicher in der Nähe des Kerns findet als die vier $n = 3$ Elektronen, und deshalb erfährt das $2p$-Elektron eine viel größere effektive Kernladung als die $3s$- und $3p$-Elektronen.

Jedes Element zeigt einen großen Anstieg in der Ionisierungsenergie, wenn Elektronen aus seiner Edelgasschale entfernt werden. Diese Beobachtung unterstützt die Idee, dass nur die äußersten Elektronen, diejenigen außerhalb der Edelgasschale, am Transfer der Elektronen beteiligt sind, die zu chemischen Bindungen und Raktionen führen. Die inneren Elektronen sind zu stark an den Kern gebunden, um vom Atom abgetrennt oder auch nur mit anderen Atomen geteilt werden zu können.

> **? DENKEN SIE EINMAL NACH**
>
> Welcher Wert sollte größer sein, I_1 für ein Bor-Atom oder I_2 für ein Kohlenstoffatom?

ÜBUNGSBEISPIEL 7.5 **Tendenzen der Ionisierungsenergie**

Rechts sind drei Elemente im Periodensystem gekennzeichnet. Sagen Sie ausgehend von ihrer Lage das Element mit der größten zweiten Ionisierungsenergie voraus.

Lösung

Analyse und Vorgehen: Die Lage der Elemente im Periodensystem erlaubt es uns, die Elektronenkonfigurationen vorauszusagen. Die größte Ionisierungsenergie beinhaltet die Entfernung von Kernelektronen. Folglich sollten wir zuerst nach einem Element mit nur einem Elektron in der äußersten besetzten Schale Ausschau halten.

Lösung: Das Element in Gruppe 1A (Na), gekennzeichnet durch das rote Kästchen, hat nur ein Valenzelektron. Die zweite Ionisierungsenergie dieses Elements ist daher mit der Entfernung eines Kernelektrons verbunden. Die anderen gekennzeichneten Elemente, S (grünes Kästchen) und Ca (blaues Kästchen), haben zwei oder mehr Valenzelektronen. Folglich sollte Na die größte zweite Ionisierungsenergie haben.

Überprüfung: Wenn wir ein Chemiehandbuch zu Rate ziehen, finden wir die folgenden Werte für die zweite Ionisierungsenergie (I_2) der entsprechenden Elemente: Ca (1145 kJ/mol) < S (2252 kJ/mol) < Na (4562 kJ/mol).

ÜBUNGSAUFGABE

Welches Element wird die größere dritte Ionisierungsenergie haben, Ca oder S?

Antwort: Ca.

Periodische Tendenzen der ersten Ionisierungsenergie

Wir haben gesehen, dass die Ionisierungsenergie für ein gegebenes Element ansteigt, wenn wir sukzessiv Elektronen entfernen. Welche Tendenzen in der Ionisierungsenergie beobachten wir, wenn wir uns im Periodensystem von einem Element zum anderen bewegen? ▶ Abbildung 7.10 zeigt die grafische Darstellung von I_1 gegen die Ordnungszahl für die ersten 54 Elemente. Die wichtigen Tendenzen sind wie folgt:

1. Innerhalb einer Reihe (Periode) des Periodensystems nimmt I_1 im Allgemeinen mit zunehmender Ordnungszahl zu. Die Alkalimetalle zeigen die geringste Ionisierungsenergie in jeder Reihe und die Edelgase die höchste. Es gibt leichte Unregelmäßigkeiten in dieser Tendenz, die wir kurz diskutieren werden.

2. Innerhalb einer Spalte (Gruppe) des Periodensystems nimmt die Ionisierungsenergie im Allgemeinen mit zunehmender Ordnungszahl ab. Zum Beispiel folgen die Ionisierungsenergien der Edelgase der Reihe He > Ne > Ar > Kr > Xe.

7 Periodiscxhe Eigenschaften der Elemente

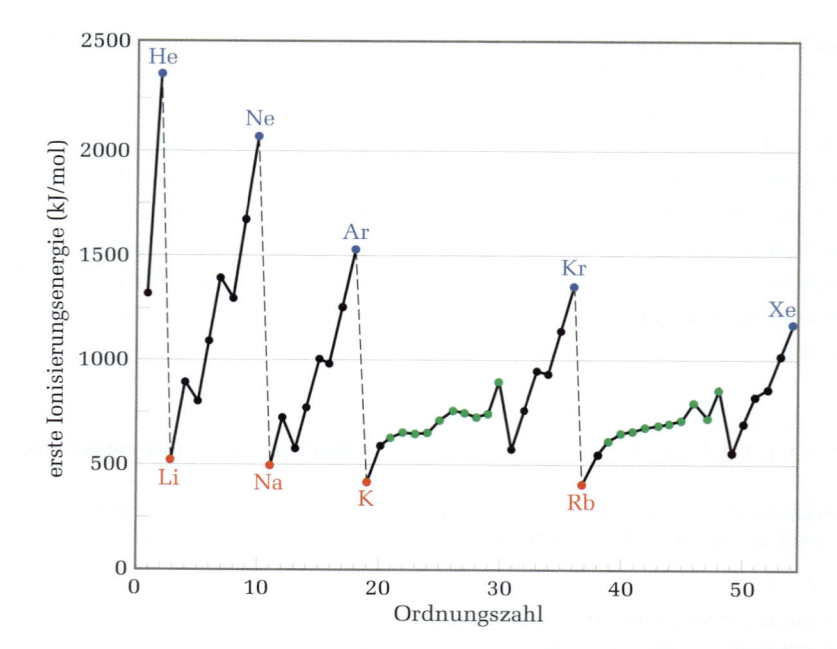

Abbildung 7.10: Erste Ionisierungsenergie, aufgetragen gegen Ordnungszahl. Die roten Punkte markieren den Anfang einer Periode (Alkalimetalle), die blauen Punkte markieren das Ende einer Periode (Edelgase) und die schwarzen Punkte kennzeichnen andere Hauptgruppenelemente. Grüne Punkte stehen für die Übergangsmetalle.

3 Die Hauptgruppenelemente zeigen eine größere Bandbreite an Werten für I_1 als die Übergangsmetallelemente. Im Allgemeinen nimmt die Ionisierungsenergie der Übergangsmetalle langsam zu, wenn wir von links nach rechts in der Periode vorangehen. Die f-Block Metalle, die in ▶ Abbildung 7.10 nicht aufgeführt sind, zeigen nur eine geringe Änderung in den Werten von I_1.

Die periodischen Tendenzen der ersten Ionisierungsenergien der Hauptgruppenelemente werden in ▶ Abbildung 7.11 weiter erläutert.

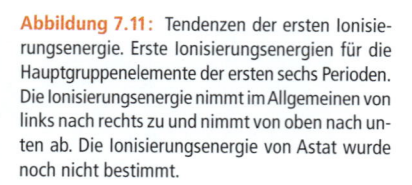

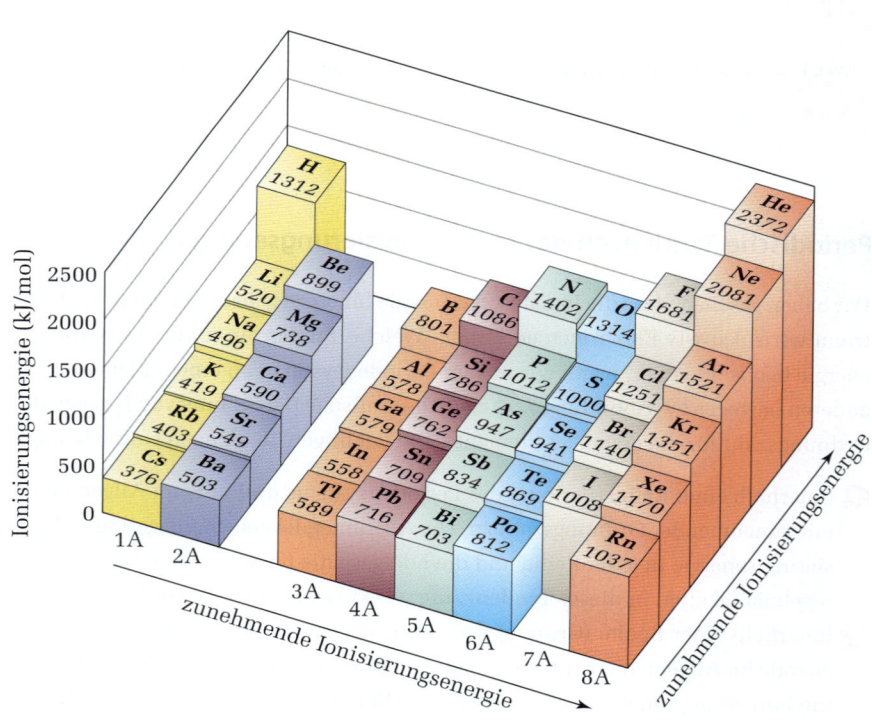

Abbildung 7.11: Tendenzen der ersten Ionisierungsenergie. Erste Ionisierungsenergien für die Hauptgruppenelemente der ersten sechs Perioden. Die Ionisierungsenergie nimmt im Allgemeinen von links nach rechts zu und nimmt von oben nach unten ab. Die Ionisierungsenergie von Astat wurde noch nicht bestimmt.

Im Allgemeinen haben kleinere Atome höhere Ionisierungsenergien. Die gleichen Faktoren, welche die Atomgröße beeinflussen, beeinflussen auch die Ionisierungsenergien. Die Energie, die nötig ist, um ein Elektron aus der äußersten besetzten Schale zu entfernen, hängt sowohl von der effektiven Kernladung als auch vom durchschnittlichen Abstand des Elektrons vom Kern ab. Entweder das Erhöhen der effektiven Kernladung oder das Verringern des Abstands zum Kern erhöht die Anziehung zwischen Elektron und Kern. Mit dem Anstieg dieser Anziehung wird es schwieriger, das Elektron zu entfernen und somit steigt die Ionisierungsenergie. Wenn wir uns entlang einer Periode bewegen, gibt es sowohl einen Anstieg in der effektiven Kernladung als auch eine Abnahme des Atomradius, was zum Anstieg der Ionisierungsenergie führt. Wenn wir uns aber eine Spalte hinab bewegen, nimmt der Atomradius zu, während sich die effektive Kernladung nur wenig ändert. Somit nimmt die Anziehung zwischen Kern und Elektron ab, was zur Abnahme der Ionisierungsenergie führt.

Die Unregelmäßigkeiten innerhalb einer gegebenen Reihe sind subtiler, können aber noch leicht erklärt werden. Zum Beispiel tritt die Abnahme der Ionisierungsenergie von Beryllium ([He]$2s^2$) nach Bor ([He]$2s^22p^1$), wie in den ▶ Abbildungen 7.10 und 7.11 zu sehen, auf, weil das dritte Valenzelektron von B die $2p$-Unterschale besetzen muss, die in Be unbesetzt ist. Erinnern Sie sich daran, dass, wie wir bereits diskutiert haben, die $2p$-Unterschale sich auf einer höheren Energie befindet als die $2s$-Unterschale (siehe Abbildung 6.22). Die Abnahme der Ionisierungsenergie beim Übergang von Stickstoff ([He]$2s^22p^3$) zu Sauerstoff ([He]$2s^22p^4$) beruht auf der Abstoßung von gepaarten Elektronen in der p^4-Konfiguration. Erinnern Sie sich daran, dass entsprechend der Hund'schen Regel jedes Elektron der p^3-Konfiguration sich in einem anderen p-Orbital aufhält, was die Elektron-Elektron-Abstoßung zwischen den drei $2p$-Elektronen verringert (siehe Abschnitt 6.8).

> Tendenzen der ersten Ionisierungsenergie

ÜBUNGSBEISPIEL 7.6 — Periodische Tendenzen der Ionisierungsenergie

Ordnen Sie die folgenden Atome unter Zuhilfenahme eines Periodensystems in der Reihenfolge zunehmender erster Ionisierungsenergie an: Ne, Na, P, Ar, K.

Lösung

Analyse und Vorgehen: Es sind die chemischen Symbole von fünf Elementen gegeben. Um sie nach steigender erster Ionisierungsenergie anzuordnen, müssen wir jedes Element im Periodensystem ausfindig machen. Wir können dann ihre relative Position und die Tendenzen der ersten Ionisierungsenergien benutzen, um ihre Reihenfolge vorherzusagen.

Lösung: Die Ionisierungsenergie steigt, wenn wir uns von links nach rechts in einer Reihe bewegen. Sie nimmt ab, wenn wir uns von oben nach unten in einer Gruppe bewegen. Weil Na, P und Ar in derselben Reihe des Periodensystems stehen, erwarten wir eine Änderung I_1 in der Reihenfolge Na < P < Ar.

Weil Ne oberhalb von Ar in Gruppe 8A steht, erwarten wir, dass Ne eine größere erste Ionisierungsenergie hat: Ar < Ne. Ähnlich ist K das Alkalimetall direkt unterhalb von Na in Gruppe 1A, und damit erwarten wir, dass die I_1 für K geringer ist als die für Na: K < Na.
Aufgrund dieser Überlegungen können wir folgende Reihung der Atome nach ansteigender Ionisierungsenergie vornehmen:

$$K < Na < P < Ar < Ne$$

Überprüfung: Die Werte in ▶ Abbildung 7.11 bestätigen diese Voraussage.

ÜBUNGSAUFGABE

Welches Atom hat die geringste erste Ionisierungsenergie: B, Al, C, oder Si? Welches hat die höchste erste Ionisierungsenergie?

Antwort: Al die kleinste, C die höchste.

7 Periodische Eigenschaften der Elemente

Elektronenkonfigurationen von Ionen

Wenn Elektronen aus einem Atom entfernt werden, um ein Kation zu bilden, werden diese immer zuerst aus dem besetzten Orbital mit der größten Hauptquantenzahl, n, entfernt. Wenn zum Beispiel ein Elektron aus einem Lithiumatom ($1s^2 2s^1$) entfernt wird, ist dies das $2s^1$-Elektron:

$$\text{Li } (1s^2 2s^1) \Rightarrow \text{Li}^+ \ (1s^2)$$

Entsprechend werden die $4s^2$-Elektronen entfernt, wenn zwei Elektronen aus Fe ([Ar]$3d^6 4s^2$) entfernt werden.

$$\text{Fe ([Ar]}3d^6 4s^2) \Rightarrow \text{Fe}^{2+} \text{([Ar]}3d^6)$$

Wenn ein weiteres Elektron entfernt wird, um Fe^{3+} zu bilden, kommt dieses nun aus einem $3d$-Orbital, da alle Orbitale mit $n = 4$ leer sind.

$$\text{Fe}^{2+} \text{([Ar]}3d^6) \Rightarrow \text{Fe}^{3+} \text{([Ar]}3d^5)$$

Es mag seltsam scheinen, dass bei der Bildung von Übergangsmetallkationen die $4s$-Elektronen vor den $3d$-Elektronen entfernt werden. Schließlich haben wir bei der Notation der Elektronenkonfigurationen die $4s$-Elektronen vor den $3d$-Elektronen hinzugefügt. Allerdings folgen wir bei der Notation der Elektronenkonfigurationen einem imaginären Prozess, in dem wir im Periodensystem von einem Element zum anderen wandern. Dabei fügen wir nicht nur ein Elektron zu einem Orbital hinzu, sondern auch ein Proton zum Kern, um die Identität des Elements zu ändern. Bei der Ionisierung kehren wir diesen Vorgang nicht um, da keine Protonen entfernt werden.

Wenn Elektronen zu einem Atom hinzugefügt werden, um ein Anion zu bilden, werden leere oder partiell gefüllte Orbitale mit dem niedrigsten Wert für n besetzt. Wenn zum Beispiel ein Elektron zum Fluoratom hinzugefügt wird, um ein F^--Ion zu bilden, wird die $2p$-Unterschale aufgefüllt.

$$\text{F } (1s^2 2s^2 2p^5) \Rightarrow \text{F}^- \ (1s^2 2s^2 2p^6)$$

> **? DENKEN SIE EINMAL NACH**
>
> Haben Cr^{3+} und V^{2+} die gleiche oder verschiedene Elektronenkonfigurationen?

ÜBUNGSBEISPIEL 7.7 — Elektronenkonfigurationen von Ionen

Schreiben Sie die Elektronenkonfiguration für **(a)** Ca^{2+}, **(b)** Co^{3+} und **(c)** S^{2-}.

Lösung

Analyse und Vorgehen: Wir sollen die Elektronenkonfiguration für drei Ionen aufschreiben. Dafür schreiben wir zuerst die Elektronenkonfiguration des Ausgangsatoms auf. Dann entfernen wir Elektronen, um Kationen zu bilden oder fügen Elektronen hinzu, um Anionen zu bilden.

Lösung: (a) Calcium (Ordnungszahl 20) hat die Elektronenkonfiguration

$$\text{Ca: [Ar]}4s^2$$

Um ein 2+-Ion zu bilden, müssen die beiden äußeren Elektronen entfernt werden, so dass ein Ion entsteht, das isoelektronisch mit Ar ist:

$$\text{Ca}^{2+}\text{: [Ar]}$$

(b) Kobalt (Ordnungszahl 27) hat die Elektronenkonfiguration

$$\text{Co: [Ar]}3d^7 4s^2$$

Um ein 3+-Ion zu bilden, müssen drei Elektronen entfernt werden. Wie im Text vor diesem Übungsbeispiel diskutiert, werden die $4s$-Elektronen vor den $3d$-Elektronen entfernt. Folglich ist die Elektronenkonfiguration für Co^{3+}

$$\text{Co}^{3+}\text{: [Ar]}3d^6$$

(c) Schwefel (Ordnungszahl 16) hat die Elektronenkonfiguration

$$S: [Ne]3s^23p^4$$

Um ein 2−-Ion zu bilden müssen zwei Elektronen hinzugefügt werden. Im 3p-Orbital ist Platz für zwei zusätzliche Elektronen. Folglich ist die S^{2-}-Elektronenkonfiguration

$$S^{2-}: [Ne]3s^23p^6 = [Ar]$$

Anmerkung: Erinnern Sie sich daran, dass viele der üblichen Ionen der Hauptgruppenelemente, wie z. B. Ca^{2+} und S^{2-}, die gleiche Zahl an Elektronen haben, wie die nächsten Edelgase (siehe Abschnitt 2.7).

ÜBUNGSAUFGABE

Schreiben Sie die Elektronenkonfiguration für **(a)** Ga^{2+}, **(b)** Cr^{3+} und **(c)** Br$^-$.

Antworten: **(a)** [Ar]3d^{10}, **(b)** [Ar]3d^3, **(c)** [Ar]3d^{10}4s^{2}4p^6 = [Kr].

Elektronenaffinitäten   7.5

Die erste Ionisierungsenergie eines Atoms ist ein Maß für die Energieänderung, die mit der Entfernung eines Elektrons aus dem Atom zur Bildung eines positiv geladenen Ions verbunden ist. Zum Beispiel ist die erste Ionisierungsenergie für Cl(g), 1251 kJ/mol, die Energieänderung, die mit folgendem Prozess verbunden ist:

$$\textit{Ionisierungsenergie:} \quad Cl(g) \longrightarrow Cl^+(g) + e^- \quad \Delta E = 1251 \text{ kJ/mol} \quad (7.5)$$
$$\quad\quad\quad\quad\quad [Ne]3s^23p^5 \quad\quad [Ne]3s^23p^4$$

Der positive Wert der Ionisierungsenergie bedeutet, dass Energie in das Atom gesteckt werden muss, um ein Elektron zu entfernen.

Des Weiteren können die meisten Atome Elektronen aufnehmen, um negativ geladene Ionen zu bilden. Die Energieänderung, die auftritt, wenn ein Elektron zu einem gasförmigen Atom hinzugefügt wird, wird **Elektronenaffinität** genannt, da sie die Anziehung, oder *Affinität*, des Atoms für das hinzugefügte Elektron misst. Bei den meisten Atomen wird Energie freigesetzt, wenn ein Elektron hinzugefügt wird. Zum Beispiel wird die Addition eines Elektrons zum Chloratom von einer Energieänderung von −349 kJ/mol begleitet, das negative Vorzeichen zeigt an, dass Energie während des Vorgangs freigesetzt wird. Wir sagen daher, dass die Elektronenaffinität von Cl −349 kJ/mol* ist.

$$\textit{Elektronenaffinität:} \quad Cl(g) + e^- \longrightarrow Cl^-(g) \quad \Delta E = -349 \text{ kJ/mol} \quad (7.6)$$
$$\quad\quad\quad\quad\quad\quad [Ne]3s^23p^5 \quad\quad [Ne]3s^23p^6$$

Es ist wichtig, den Unterschied zwischen Ionisierungsenergie und Elektronenaffinität zu verstehen: Die Ionisierungsenergie gibt an, wie leicht ein Atom ein Elektron *abgibt*, während die Elektronenaffinität aufzeigt, wie leicht ein Atom Elektronen *aufnimmt*.

Elektronenaffinität

---

* Zwei Vorzeichenkonventionen werden für die Elektronenaffinität verwendet. In den meisten einführenden Texten, einschließlich diesem hier, wird die thermodynamische Vorzeichenkonvention verwendet: Ein negatives Vorzeichen zeigt an, dass die Addition eines Elektrons ein exothermer Vorgang ist wie bei der Elektronenaffinität für Chlor, −349 kJ/mol. Aber historisch wurde die Elektronenaffinität als die Energie definiert, die frei wird, wenn ein Elektron zu einem gasförmigen Atom oder Ion hinzugefügt wird. Da 349 kJ/mol *freigesetzt* wird, wenn ein Elektron zu Cl(g) hinzugefügt wird, wäre die Elektronenaffinität nach dieser Konvention +349 kJ/mol.

7 Periodische Eigenschaften der Elemente

1A	2A		3A	4A	5A	6A	7A	8A
H −73								He >0
Li −60	Be >0		B −27	C −122	N >0	O −141	F −328	Ne >0
Na −53	Mg >0		Al −43	Si −134	P −72	S −200	Cl −349	Ar >0
K −48	Ca −2		Ga −30	Ge −119	As −78	Se −195	Br −325	Kr >0
Rb −47	Sr −5		In −30	Sn −107	Sb −103	Te −190	I −295	Xe >0

Abbildung 7.12: Elektronenaffinität. Elektronenaffinitäten in kJ/mol für die Hauptgruppenelemente in den ersten fünf Reihen des Periodensystems. Je negativer die Elektronenaffinität, desto größer ist die Anziehung des Elektrons durch das Atom. Eine Elektronenaffinität > 0 zeigt an, dass das negative Ion eine höhere Energie hat als das getrennte Atom und Elektron.

Je größer die Anziehung zwischen einem gegebenen Atom und einem hinzugefügten Elektron ist, umso negativer ist die Elektronenaffinität des Atoms. Für einige Elemente, wie z.B. die Edelgase, hat die Elektronenaffinität einen positiven Wert, was bedeutet, dass das Anion energiereicher ist als Atom und Elektron in getrenntem Zustand:

$$\text{Ar}(g) + \text{e}^- \longrightarrow \text{Ar}^-(g) \qquad \Delta E > 0 \qquad (7.7)$$

$[\text{Ne}]3s^2 3p^6 \qquad\qquad [\text{Ne}]3s^2 3p^6 4s^1$

Die Tatsache, dass die Elektronenaffinität einen positiven Wert hat, bedeutet, dass ein Elektron sich nicht selbst an ein Ar-Atom heftet; das Ar$^-$-Ion ist instabil und bildet sich nicht.

▶ Abbildung 7.12 zeigt die Elektronenaffinitäten der Hauptgruppenelemente in den ersten fünf Reihen des Periodensystems. Beachten Sie, dass die Tendenzen in den Elektronenaffinitäten, wenn wir uns durch das Periodensystem bewegen, nicht so klar sind, wie sie es für die Ionisierungsenergie waren. Die Halogene, die nur ein Elektron von einer gefüllten *p*-Unterschale entfernt sind, haben die negativsten Elektronenaffinitäten. Durch Aufnahme eines Elektrons bildet das Halogenatom ein stabiles negatives Ion, das eine Edelgaskonfiguration hat (▶ Gleichung 7.6). Aber die Aufnahme eines Elektrons durch ein Edelgas würde verlangen, dass sich das Elektron in einer, im neutralen Atom unbesetzten, Unterschale mit höherer Energie aufhalten müsste (▶ Gleichung 7.7). Da die Besetzung einer Unterschale mit höherer Energie energetisch sehr unvorteilhaft ist, ist die Elektronenaffinität stark positiv. Die Elektronenaffinitäten von Be und Mg sind aus dem gleichen Grund positiv; das hinzugefügte Elektron müsste sich in einer vorher leeren *p*-Unterschale aufhalten, die eine höhere Energie hat.

Die Elektronenaffinitäten der Elemente der Gruppe 5A (N, P, As, Sb) sind ebenfalls interessant. Da diese Elemente halbgefüllte *p*-Unterschalen haben, muss das hinzugefügte Elektron in ein bereits besetztes Orbital eingefügt werden, was zu größerer Elektron-Elektron-Abstoßung führt. Als Konsequenz haben diese Elemente Elektronenaffinitäten, die entweder positiv (N) oder weniger negativ als ihre Nachbarn zur linken sind (P, As, Sb).

Elektronenaffinitäten ändern sich nicht signifikant, wenn wir uns innerhalb einer Gruppe hinab bewegen. Zum Beispiel betrachten wir die Elektronenaffinitäten der Halogene (▶ Abbildung 7.12). Bei F geht das hinzugefügte Elektron in ein 2*p*-Orbital, bei Cl in ein 3*p*-Orbital, für Br in ein 4*p*-Orbital usw. Wenn wir uns von F zu I bewegen, nimmt der durchschnittliche Abstand zwischen dem hinzugefügten Elektron und dem Kern stetig zu, was zu einer Abnahme der Elektron-Kern-Anziehung führt. Wenn wir von F zu I gehen, wird das Orbital, das die äußersten Elektronen aufweist, zunehmend mehr ausgeweitet, wodurch sich die Elektron-Elektron-Abstoßung verringert. Eine geringere Elektron-Kern-Anziehung wird somit durch geringere Elektron-Elektron-Abstoßungen ausgeglichen.

> **DENKEN SIE EINMAL NACH**
>
> Angenommen, Sie würden nach einem Wert für die erste Ionisierungsenergie für ein $Cl^-(g)$-Ion gefragt. Was ist die Beziehung zwischen dieser Größe und der Elektronenaffinität von $Cl(g)$?

7.6 Metalle, Nichtmetalle und Halbmetalle

Atomradien, Ionisierungsenergien und Elektronenaffinitäten sind Eigenschaften einzelner Atome. Aber mit Ausnahme der Edelgase kommt kein Element als einzelnes Atom vor. Um ein deutlicheres Verständnis der Eigenschaften der Elemente zu bekommen, müssen wir auch die periodischen Tendenzen bei Eigenschaften, die große Ansammlungen von Atomen einbinden, untersuchen.

Die Elemente können allgemein in die Kategorien Metalle, Nichtmetalle und Halbmetalle unterteilt werden (siehe Abschnitt 2.5). Diese Klassifizierung ist in ▶ Abbildung 7.13 aufgeführt. Ungefähr Dreiviertel der Elemente sind Metalle. Sie befinden sich im linken und mittleren Bereich des Periodensystems. Die Nichtmetalle befinden sich in der oberen rechten Ecke, und die Halbmetalle liegen zwischen den Metallen und Nichtmetallen. Wasserstoff, der sich in der linken oberen Ecke befindet, ist ein Nichtmetall. Dies ist der Grund dafür, dass wir in Abbildung 7.13 Wasserstoff von den übrigen Elementen der Gruppe 1A absetzen, indem wir eine Freistelle zwischen dem H-Kästchen und dem Li-Kästchen einfügen. Einige der bestimmenden Eigenschaften von Metallen und Nichtmetallen sind in Tabelle 7.3 zusammengefasst.

Je mehr ein Element die physikalischen und chemischen Eigenschaften von Metallen aufweist, umso größer ist sein **metallischer Charakter**. Wie in Abbildung 7.13 gezeigt, nimmt der metallische Charakter im Allgemeinen zu, wenn wir eine Spalte

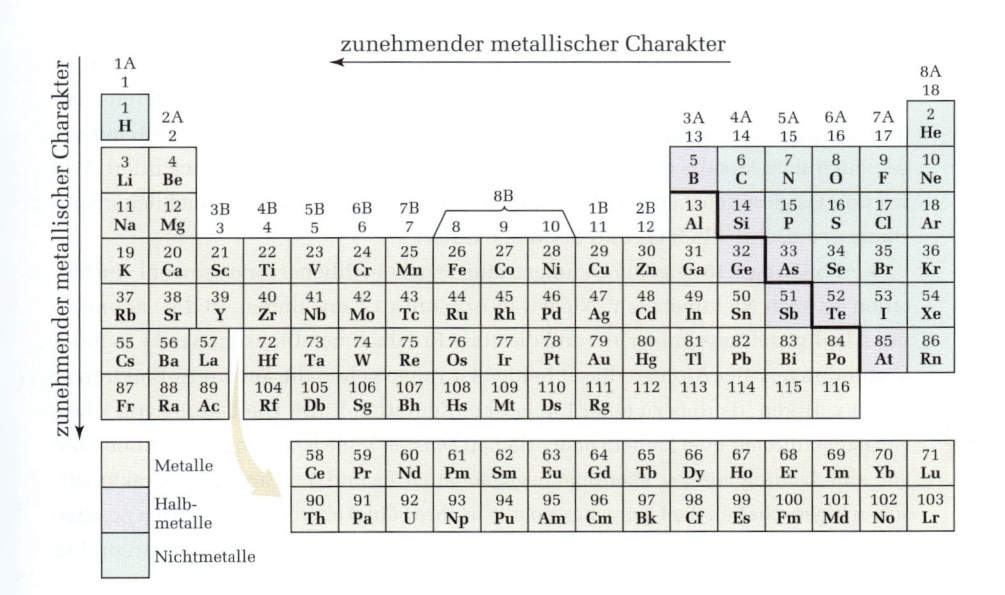

Abbildung 7.13: Metalle, Halbmetalle und Nichtmetalle. Die Mehrheit der Elemente sind Metalle. Der metallische Charakter nimmt von rechts nach links in einer Periode und von oben nach unten in einer Gruppe zu.

7 Periodiscxhe Eigenschaften der Elemente

Tabelle 7.3

Charakteristische Eigenschaften von Metallen und Nichtmetallen

Metalle	Nichtmetalle
haben einen glänzenden Schimmer, verschiedene Farben, die meisten sind silbrig	haben meist keinen Glanz, verschiedene Farben
Feststoffe sind verformbar und dehnbar	Feststoffe sind gewöhnlich spröde, manche sind hart, manche sind weich
gute Wärme- und Stromleiter	schlechte Wärme- und Stromleiter
die meisten Metalloxide sind ionische, basische Feststoffe	die meisten Nichtmetalloxide sind molekulare Substanzen, die saure Lösungen bilden
tendieren zur Bildung von Kationen in wässrigen Lösungen	tendieren zur Bildung von Anionen oder Oxoanionen in wässrigen Lösungen

Abbildung 7.14: Der Glanz von Metallen. Metallische Objekte kann man leicht an ihrem charakteristischen glänzenden Schimmer erkennen.

des Periodensystems abwärts gehen und nimmt zu, wenn wir von rechts nach links in einer Reihe gehen. Lassen Sie uns nun die engen Beziehungen, die zwischen Elektronenkonfigurationen und den Eigenschaften der Metalle, Nichtmetalle und Halbmetalle bestehen, untersuchen.

Metalle

Die meisten metallischen Elemente zeigen den glänzenden Schimmer, den wir mit Metallen assoziieren (▶ Abbildung 7.14). Metalle leiten Wärme und Strom. Sie sind verformbar (können in dünne Scheibchen gehämmert werden) und dehnbar (können zu Drähten gezogen werden). Alle sind bei Zimmertemperatur Feststoffe, mit Ausnahme von Quecksilber (Schmelzpunkt −39 °C), das eine Flüssigkeit ist. Zwei Metalle schmelzen knapp über Zimmertemperatur, Cäsium bei 28,4 °C und Gallium bei 29,8 °C. Viele Metalle schmelzen bei sehr hohen Temperaturen. Zum Beispiel schmilzt Chrom bei 1900 °C.

Metalle tendieren zu niedrigen Ionisierungsenergien und damit zur relativ leichten Bildung von positiven Ionen. Demzufolge werden Metalle oxidiert (sie verlieren Elektronen), wenn sie chemische Reaktionen eingehen. Die relative Leichtigkeit, mit der gebräuchliche Metalle oxidieren, haben wir bereits in Abschnitt 4.6 diskutiert. Wie wir dort festgestellt haben, werden viele Metalle von einer Anzahl gebräuchlicher Substanzen, einschließlich O_2 und Säuren, oxidiert.

▶ Abbildung 7.15 zeigt die Ladungen einiger gebräuchlicher Ionen sowohl von Metallen als auch Nichtmetallen. Wie wir in Abschnitt 2.7 erwähnten, ist die Ladung eines Alkalimetallions immer 1+, und die eines Erdalkalimetallions immer 2+ in ihren Verbindungen. Bei Atomen dieser beiden Gruppen gehen die äußeren s-Elektronen leicht verloren, da dies zu einer Edelgaskonfiguration führt. Die Ladung von Übergangsmetallionen folgt keinem ersichtlichen Muster. Viele Übergangsmetallionen tragen eine Ladung von 2+, aber man begegnet auch 1+ und 3+. Eine der charakteristischen Eigenschaften der Übergangsmetalle ist ihre Fähigkeit, nicht nur einfach positive Ionen zu bilden. Zum Beispiel kann Eisen in einigen Verbindungen 2+ sein und in anderen 3+.

Verbindungen von Metallen mit Nichtmetallen tendieren dazu, ionische Substanzen zu sein. Zum Beispiel sind die meisten Metalloxide und Halogenide ionische Fest-

> **❓ DENKEN SIE EINMAL NACH**
>
> Können Sie, ausgehend von den in diesem Kapitel diskutierten periodischen Tendenzen, eine allgemeine Beziehung zwischen der Tendenz des metallischen Charakters und derjenigen der Ionisierungsenergie sehen?

7.6 Metalle, Nichtmetalle und Halbmetalle

1A											3A	4A	5A	6A	7A	8A
H^+	2A															E
Li^+													N^{3-}	O^{2-}	F^-	D
Na^+	Mg^{2+}		Übergangsmetalle								Al^{3+}		P^{3-}	S^{2-}	Cl^-	E
K^+	Ca^{2+}		Cr^{3+}	Mn^{2+}	Fe^{2+} Fe^{3+}	Co^{2+}	Ni^{2+}	Cu^+ Cu^{2+}	Zn^{2+}					Se^{2-}	Br^-	L G
Rb^+	Sr^{2+}							Ag^+	Cd^{2+}			Sn^{2+}		Te^{2-}	I^-	A S
Cs^+	Ba^{2+}					Pt^{2+}	Au^+ Au^{3+}	Hg_2^{2+} Hg^{2+}				Pb^{2+}	Bi^{3+}			E

Abbildung 7.15: Häufige Ionen. Ladungen einiger häufiger Ionen in ionischen Verbindungen. Beachten Sie, dass die treppenförmige Linie, die die Metalle von den Nichtmetallen trennt, auch Kationen von Anionen trennt.

stoffe. Zur Veranschaulichung: Die Reaktion zwischen Nickelmetall und Sauerstoff ergibt Nickeloxid, einen ionischen Feststoff aus Ni^{2+}- und O^{2-}-Ionen:

$$2\,Ni(s) + O_2(g) \longrightarrow 2\,NiO(s) \qquad (7.8)$$

Die Oxide sind aufgrund der großen Fülle von Sauerstoff in unserer Umwelt besonders wichtig.

Die meisten Metalloxide sind basisch. Diejenigen, die sich in Wasser lösen, reagieren so, dass sie Metallhydroxide, wie in den folgenden Beispielen, bilden:

$$\text{Metalloxid} + \text{Wasser} \longrightarrow \text{Metallhydroxid}$$
$$Na_2O(s) + H_2O(l) \longrightarrow 2\,NaOH(aq) \qquad (7.9)$$
$$CaO(s) + H_2O(l) \longrightarrow Ca(OH)_2(aq) \qquad (7.10)$$

Die Basizität der Metalloxide beruht auf dem Oxid-Ion, das mit Wasser gemäß der ionischen Nettogleichung (7.11) reagiert.

$$O^{2-} + H_2O(l) \longrightarrow 2\,OH^-(aq) \qquad (7.11)$$

Metalloxide zeigen ihre Basizität auch dadurch, dass sie mit Säuren unter Bildung eines Salzes und Wasser reagieren, wie in ▶ Abbildung 7.16 gezeigt:

$$\text{Metalloxid} + \text{Säure} \longrightarrow \text{Salz} + \text{Wasser}$$
$$NiO(s) + 2\,HCl(aq) \longrightarrow NiCl_2(aq) + H_2O(l) \qquad (7.12)$$

> **Säure-Base-Verhalten von Oxiden**

Im Gegensatz dazu werden wir bald sehen, dass Nichtmetalloxide beim Lösen in Wasser saure Lösungen ergeben und mit Basen zu Salzen reagieren.

Abbildung 7.16: Metalloxide reagieren mit Säuren. (a) Nickeloxid (NiO), Salpetersäure (HNO_3) und Wasser. (b) NiO ist in Wasser unlöslich, reagiert aber mit HNO_3 zu einer grünen Lösung des Salzes $Ni(NO_3)_2$.

(a) NiO   (b)

7 Periodiscxhe Eigenschaften der Elemente

ÜBUNGSBEISPIEL 7.8 — Metalloxide

(a) Würden Sie erwarten, dass Aluminiumoxid bei Zimmertemperatur ein Festkörper, eine Flüssigkeit oder ein Gas ist? **(b)** Schreiben Sie die chemische Gleichung der Reaktion von Aluminiumoxid mit Salpetersäure auf.

Lösung

Analyse und Vorgehen: Wir werden nach einer physikalischen Eigenschaft von Aluminiumoxid gefragt – sein Zustand bei Zimmertemperatur – und nach einer chemischen Eigenschaft – wie es mit Salpetersäure reagiert.

Lösung:
(a) Da Aluminiumoxid das Oxid eines Metalls ist, würden wir erwarten, dass es ein ionischer Feststoff ist. In der Tat ist es das, mit einem sehr hohen Schmelzpunkt von 2072 °C.

(b) In seinen Verbindungen hat Aluminium eine Ladung von 3+, Al^{3+}, das Oxid-Ion ist O^{2-}. Folglich ist die Formel für Aluminiumoxid Al_2O_3. Metalloxide tendieren dazu, basisch zu sein und daher mit Säuren zu einem Salz und Wasser zu reagieren. In diesem Fall ist das Salz Aluminiumnitrat, $Al(NO_3)_3$. Die chemische Gleichung lautet

$$Al_2O_3(s) + 6\,HNO_3(aq) \longrightarrow 2\,Al(NO_3)_3(aq) + 3\,H_2O(l)$$

ÜBUNGSAUFGABE

Schreiben Sie die chemische Gleichung der Reaktion von Kupfer(II)-Oxid und Schwefelsäure auf.

Antwort: $CuO(s) + H_2SO_4(aq) \longrightarrow CuSO_4(aq) + H_2O(l)$

Nichtmetalle

Nichtmetalle unterscheiden sich sehr stark in ihrer Erscheinungsform (▶ Abbildung 7.17). Sie schimmern nicht und sind im Allgemeinen schlechte Wärme- und Stromleiter. Ihre Schmelzpunkte liegen im Allgemeinen unter denen der Metalle (obwohl Diamant, eine Form von Kohlenstoff, bei 3570 °C schmilzt). Unter gewöhnlichen Bedingungen existieren sieben Nichtmetalle als zweiatomige Moleküle. Fünf davon sind Gase (H_2, N_2, O_2, F_2 und Cl_2), eines ist eine Flüssigkeit (Br_2) und eines ist ein flüchtiger Feststoff (I_2). Die anderen Nichtmetalle sind Feststoffe, die entweder hart, wie z. B. Diamant, oder weich, wie z. B. Schwefel, sein können.

Aufgrund ihrer Elektronenaffinitäten tendieren Nichtmetalle dazu, Elektronen aufzunehmen, wenn sie mit Metallen reagieren. Zum Beispiel ergibt die Reaktion von Aluminium mit Brom Aluminiumbromid, eine ionische Verbindung, die das Aluminium-Ion, Al^{3+} und das Bromid-Ion, Br^-, enthält.

$$2\,Al(s) + 3\,Br_2(l) \longrightarrow 2\,AlBr_3(s) \tag{7.13}$$

Ein Nichtmetall wird üblicherweise genug Elektronen aufnehmen, um seine äußerste besetzte p-Unterschale aufzufüllen und so eine Edelgaskonfiguration zu erlangen. Zum Beispiel nimmt das Brom-Atom ein Elektron auf, um seine $4p$-Unterschale zu füllen.

$$Br\,([Ar]4s^2 3d^{10} 4p^5) \Rightarrow Br^-\,([Ar]4s^2 3d^{10} 4p^6)$$

Verbindungen, die nur aus Nichtmetallen zusammengesetzt sind, sind molekulare Substanzen. Zum Beispiel sind die Oxide, Halogenide und Hydride der Nichtmetalle molekulare Verbindungen, die dazu neigen, bei Zimmertemperatur Gase, Flüssigkeiten oder niedrigschmelzende Feststoffe zu sein.

Die meisten Nichtmetalloxide sind sauer, diejenigen, die sich in Wasser lösen, reagieren in der Art, dass sie Säuren wie in den folgenden Beispielen bilden:

Abbildung 7.17: Die Vielfalt der Nichtmetalle. Nichtmetallische Elemente sind in ihrer Erscheinungsweise vielfältig. Gezeigt sind hier (von links im Uhrzeigersinn) Kohlenstoff in Form von Graphit, Schwefel, weißer Phosphor (unter Wasser aufbewahrt) und Jod.

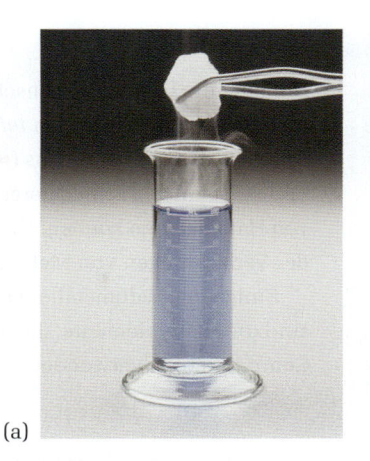

(a) (b)

Abbildung 7.18: Die Reaktion von CO_2 mit Wasser. (a) Das Wasser wurde leicht basisch gemacht und enthält ein paar Tropfen Bromthymolblau, ein Säure-Base-Indikator, der in basischer Lösung blau ist. (b) Bei der Zugabe von einem Stück festen Kohlendioxid, $CO_2(s)$, wechselt die Farbe zu gelb, was eine saure Lösung anzeigt. Der Nebel rührt von Wassertröpfchen her, die durch das kalte CO_2-Gas aus der Luft kondensieren.

$$\text{Nichtmetalloxid} + \text{Wasser} \longrightarrow \text{Säure}$$
$$CO_2(g) + H_2O(l) \longrightarrow H_2CO_3(aq) \quad \text{(nur in sehr geringem Anteil)} \quad (7.14)$$
$$P_4O_{10}(s) + 6\,H_2O(l) \longrightarrow 4\,H_3PO_4(aq) \quad (7.15)$$

Die Reaktion von Kohlendioxid mit Wasser (▶ Abbildung 7.18) erklärt den Säuregehalt von kohlensäurehaltigem Wasser und, in gewissem Umfang, auch von Regenwasser. Da Schwefel in Öl und Kohle vorhanden ist, erzeugt die Verbrennung dieser gebräuchlichen Brennstoffe Schwefeldioxid und Schwefeltrioxid. Diese Substanzen lösen sich in Wasser und erzeugen *sauren Regen*, der in vielen Teilen der Welt ein großes Umweltproblem darstellt. Wie Säuren lösen sich die meisten Nichtmetalloxide in basischen Lösungen unter Bildung von Salz plus Wasser.

$$\text{Nichtmetalloxid} + \text{Base} \longrightarrow \text{Salz} + \text{Wasser}$$
$$CO_2(g) + 2\,NaOH(aq) \longrightarrow Na_2CO_3(aq) + H_2O(l) \quad (7.16)$$

> **? DENKEN SIE EINMAL NACH**
>
> Eine Verbindung ACl_3 (A ist ein Element) hat einen Schmelzpunkt von $-112\,°C$. Würden Sie erwarten, dass die Verbindung eine molekulare oder eine ionische Substanz ist? Ist Element A eher Scandium (Sc) oder Phosphor (P)?

ÜBUNGSBEISPIEL 7.9 — Nichtmetalloxide

Schreiben Sie die chemische Gleichung für die Reaktion von festem Selendioxid mit **(a)** Wasser, **(b)** wässrigem Natriumhydroxid.

Lösung

Analyse und Vorgehen: Als erstes halten wir fest, dass Selen (Se) ein Nichtmetall ist. Wir müssen daher chemische Reaktionen für ein Nichtmetall aufschreiben, zuerst mit Wasser und dann mit einer Base, NaOH. Nichtmetalloxide sind sauer und reagieren mit Wasser unter Bildung einer Säure und mit Basen unter Bildung eines Salzes und Wasser.

Lösung: (a) Selendioxid ist SeO_2. Seine Reaktion mit Wasser ist gleich der von Kohlendioxid (▶ Gleichung 7.14):

$$SeO_2(s) + H_2O(l) \longrightarrow H_2SeO_3(aq)$$

(b) Die Reaktion mit Natriumhydroxid ist gleich der Reaktion, die durch Gleichung 7.16 zusammengefasst wird:

$$SeO_2(s) + 2\,NaOH(aq) \longrightarrow Na_2SeO_3(aq) + H_2O(l)$$

ÜBUNGSAUFGABE

Schreiben Sie die chemische Gleichung für die Reaktion von festem Tetraphosphorhexoxid mit Wasser auf.

Antwort: $P_4O_6(s) + 6\,H_2O(l) \longrightarrow 4\,H_3PO_3(aq)$.

Halbmetalle

Halbmetalle besitzen Eigenschaften, die zwischen denen von Metallen und Nichtmetallen liegen. Sie zeigen *teilweise* metallische Eigenschaften. Zum Beispiel sieht Silizium wie ein Metall aus (▶Abbildung 7.19), ist aber eher spröde als verformbar und es ist ein viel schlechterer Wärme- und Stromleiter als ein Metall. Verbindungen von Halbmetallen können, abhängig von der spezifischen Verbindung, Eigenschaften der Verbindungen von Metallen oder Nichtmetallen haben.

Einige der Halbmetalle, vor allem Silizium, sind elektrische Halbleiter und sie sind die Hauptelemente, die bei der Herstellung von integrierten Schaltkreisen und Computerchips verwendet werden.

Abbildung 7.19: Elementares Silizium. Silizium ist ein Beispiel für ein Halbmetall. Obwohl es metallisch aussieht, ist Silizium spröde und im Vergleich zu Metallen ein schlechter Wärme- und Stromleiter. Große Siliziumkristalle werden in dünne Scheiben geschnitten, die in integrierten Schaltkreisen Verwendung finden.

7.7 Gruppentendenzen der unedlen Metalle

Unsere Diskussionen von Atomradius, Ionisierungsenergie, Elektronenaffinität und metallischem Charakter geben uns eine Vorstellung davon, wie das Periodensystem benutzt werden kann, um Fakten zu organisieren und zu behalten. Nicht nur die Elemente in einer Gruppe haben generell Ähnlichkeiten, es gibt aber auch Tendenzen, wenn wir uns durch eine Gruppe oder von einer Gruppe zur anderen bewegen. In diesem Abschnitt werden wir das Periodensystem und unser Wissen über die Elektronenkonfigurationen dazu benutzen, die Chemie der **Alkalimetalle** (Gruppe 1A) und der **Erdalkalimetalle** (Gruppe 2A) zu untersuchen.

Gruppe 1A: Die Alkalimetalle

Die Alkalimetalle sind weiche metallische Feststoffe (▶Abbildung 7.20). Alle besitzen charakteristische Metalleigenschaften wie z. B. einen silbrigen, metallischen Glanz und hohe thermische und elektrische Leitfähigkeit. Der Name *Alkali* stammt von einem arabischen Wort ab und bedeutet „Asche". Viele Verbindungen von Natrium und Kalium, zwei Alkalimetallen, wurden von frühen Chemikern aus Holzasche isoliert.

Natrium und Kalium gehören zu den am meisten verbreiteten Elementen in Erdkruste, Meerwasser und biologischen Systemen. Wir alle haben Natrium-Ionen in unserem Körper. Wenn wir aber zuviel davon aufnehmen, kann dies unseren Blutdruck erhöhen. Kalium ist ebenfalls in unseren Körpern weit verbreitet; eine Person von 63,5 kg enthält etwa 130 g Kalium, als K^+-Ionen in intrazellulären Flüssigkeiten. Pflanzen benötigen Kalium für ihr Wachstum und ihre Entwicklung (▶Abbildung 7.21).

Einige der physikalischen und chemischen Eigenschaften der Alkalimetalle sind in Tabelle 7.4 zusammengefasst. Die Elemente haben geringe Dichten und Schmelzpunkte und diese Eigenschaften ändern sich ziemlich regelmäßig mit zunehmender Ordnungszahl. Wir können außerdem einige der üblichen Tendenzen beobachten, wenn wir eine Gruppe hinab gehen, wie z. B. zunehmender Atomradius und abnehmende Ionisierungsenergie. In jeder Reihe des Periodensystems hat das Alkalimetall den niedrigsten I_1-Wert (▶Abbildung 7.10), was die relative Leichtigkeit, mit der sein äußeres *s*-Elektron entfernt werden kann, widerspiegelt. Demzufolge sind die Alkalimetalle alle sehr reaktiv und geben bereitwillig ein Elektron ab, um Ionen mit einer 1+-Ladung zu bilden (siehe Abschnitt 4.4).

Die Alkalimetalle kommen in der Natur nur als Verbindungen vor. Die Metalle verbinden sich sofort mit den meisten Nichtmetallen. Zum Beispiel reagieren sie mit Wasserstoff zu Hydriden und mit Schwefel zu Sulfiden.

Abbildung 7.20: Alkalimetalle. Natrium und die anderen Alkalimetalle sind weich genug, um sie mit einem Messer schneiden zu können. Die glänzende Oberfläche läuft schnell an, da das Metall mit dem Sauerstoff der Luft reagiert.

Abbildung 7.21: Elemente in Düngern. Dünger enthalten große Mengen an Kalium, Phosphor und Stickstoff, um den Bedarf wachsender Pflanzen zu decken.

Tabelle 7.4

Eigenschaften der Alkalimetalle

Element	Elektronen-konfiguration	Schmelz-punkt (°C)	Dichte (g/cm^3)	Atom-radius (Å)	I_1 (kJ/mol)
Lithium	[He]$2s^1$	181	0,53	1,34	520
Natrium	[Ne]$3s^1$	98	0,97	1,54	496
Kalium	[Ar]$4s^1$	63	0,86	1,96	419
Rubidium	[Kr]$5s^1$	39	1,53	2,11	403
Cäsium	[Xe]$6s^1$	28	1,88	2,25	376

$$2\,M(s) + H_2(g) \longrightarrow 2\,MH(s) \tag{7.17}$$

$$2\,M(s) + S(s) \longrightarrow M_2S(s) \tag{7.18}$$

Das Symbol M in den Gleichungen 7.17 und 7.18 steht für ein beliebiges der Alkalimetalle. In den Hydriden der Alkalimetalle (LiH, NaH usw.) kommt Wasserstoff als H$^-$, das so genannte **Hydrid-Ion**, vor. Das Hydrid-Ion, das ein Wasserstoffatom ist, das ein Elektron *aufgenommen* hat, unterscheidet sich vom Wasserstoff-Ion, H$^+$, das entsteht, wenn ein Elektron abgegeben wird.

Die Alkalimetalle reagieren heftig mit Wasser und bilden dabei Wasserstoffgas und eine Lösung eines Alkalimetallhydroxids.

$$2\,M(s) + 2\,H_2O(l) \longrightarrow 2\,MOH(aq) + H_2(g) \tag{7.19}$$

Diese Reaktionen sind stark exotherm. In vielen Fällen wird genug Wärme erzeugt, um H$_2$ zu entzünden, unter Bildung von Feuer oder sogar einer Explosion (▶ Abbildung 7.22). Diese Reaktion ist für die schwereren Mitglieder der Gruppe am heftigsten, in Übereinstimmung mit der schwachen elektrostatischen Wechselwirkung des einzelnen Valenzelektrons mit dem Atomrumpf.

Die Reaktionen zwischen den Alkalimetallen und Sauerstoff sind komplexer. Wenn Sauerstoff mit Metallen reagiert, werden gewöhnlich Metalloxide, die das O^{2-}-Ion enthalten, gebildet. In der Tat zeigt Lithium dieses Reaktionsverhalten.

$$4\,Li(s) + O_2(g) \longrightarrow 2\,Li_2O(s) \tag{7.20}$$
$$\text{Lithiumoxid}$$

Beim Lösen in Wasser reagieren Li$_2$O und andere lösliche Metalloxide mit Wasser unter Bildung von Hydroxidionen aus der Reaktion von O^{2-}-Ionen mit H$_2$O (Gleichung 7.11).

Im Gegensatz dazu reagieren alle anderen Alkalimetalle mit Sauerstoff unter Bildung von *Metallperoxiden*, die das O$_2^{2-}$-Ion enthalten. Zum Beispiel bildet Natrium Natriumperoxid, Na$_2$O$_2$:

$$2\,Na(s) + O_2(g) \longrightarrow Na_2O_2(s) \tag{7.21}$$
$$\text{Natriumperoxid}$$

Kalium, Rubidium und Cäsium bilden auch noch Verbindungen, die das O$_2^-$-Ion enthalten, das wir das Hyperoxid-Ion nennen. Zum Beispiel bildet Kalium Kaliumhyperoxid, KO$_2$:

$$K(s) + O_2(g) \longrightarrow KO_2(s) \tag{7.22}$$
$$\text{Kaliumhyperoxid}$$

(a)

(b)

(c)

Abbildung 7.22: Die Alkalimetalle reagieren heftig mit Wasser. (a) Die Reaktion von Lithium kann man am Sprudeln des entweichenden Wasserstoffgases erkennen. (b) Die Reaktion von Natrium ist schneller und so exotherm, dass der entstandene Wasserstoff in Luft brennt. (c) Kalium reagiert beinahe explosionsartig.

7 Periodische Eigenschaften der Elemente

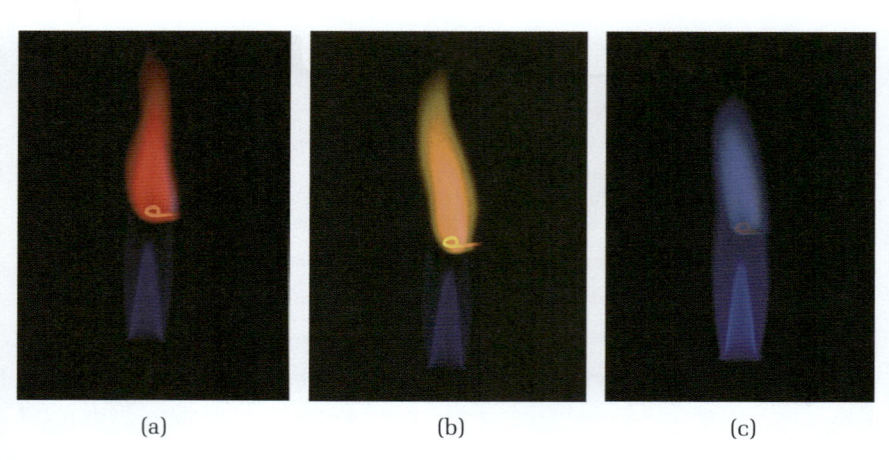

Abbildung 7.23: Flammenproben. (a) Li (purpurrot), (b) Na (gelb) und (c) K (lila).

Abbildung 7.24: Licht aus Natrium. Natriumdampflampen, die für kommerzielle und Autobahnbeleuchtung verwendet werden, haben aufgrund der Emission der angeregten Natriumatome einen gelben Schein.

Sie sollten sich merken, dass die Reaktionen in ▶Gleichungen 7.21 und 7.22 ziemlich überraschend sind; in den meisten Fällen bildet sich bei der Reaktion von Sauerstoff mit einem Metall das Metalloxid.

Wie aus den ▶Gleichungen 7.19 bis 7.22 ersichtlich ist, sind die Alkalimetalle extrem reaktiv gegenüber Wasser und Sauerstoff. Aufgrund dessen werden die Metalle normalerweise unter flüssigen Kohlenwasserstoffen, wie z. B. Mineralöl oder Kerosin, gelagert.

Obwohl Alkalimetallionen farblos sind, emittieren sie eine charakteristische Farbe, wenn man sie in eine Flamme bringt (▶Abbildung 7.23). Die Ionen werden im Zentrum der Flamme zu gasförmigen Metallatomen reduziert. Die hohe Temperatur der Flamme regt das Valenzelektron in ein Orbital mit höherer Energie an, wodurch sich das Atom in einem angeregten Zustand befindet. Das Atom sendet dann Energie in Form von sichtbarem Licht aus, wenn das Elektron wieder in das Orbital mit niedrigerer Energie zurückfällt und das Atom zu seinem Grundzustand zurückkehrt. Natrium ergibt zum Beispiel eine gelbe Flamme, aufgrund der Emission bei 589 nm. Diese Wellenlänge entsteht, wenn das angeregte Valenzelektron von der $3p$-Unterschale zur $3s$-Unterschale mit geringerer Energie fällt. Die charakteristische gelbe Ausstrahlung ist die Grundlage für Natriumdampflampen (▶Abbildung 7.24).

> **? DENKEN SIE EINMAL NACH**
>
> Cäsiummetall ist das reaktivste der stabilen Alkalimetalle (Francium, Element Nummer 87, ist radioaktiv und noch nicht intensiv untersucht worden). Welche *Atomeigenschaft* von Cs ist hauptsächlich für seine hohe Reaktivität verantwortlich?

ÜBUNGSBEISPIEL 7.10 — **Reaktionen eines Alkalimetalls**

Schreiben Sie eine Gleichung auf, die die Reaktion von Cäsiummetall mit **(a)** $Cl_2(g)$, **(b)** $H_2O(l)$, **(c)** $H_2(g)$ voraussagt.

Lösung

Analyse und Vorgehen: Cäsium ist ein Alkalimetall (Ordnungszahl 55). Wir erwarten daher, dass seine Chemie durch die Oxidation des Metalls zu Cs^+-Ionen dominiert wird. Des Weiteren erkennen wir, dass Cs weit unten im Periodensystem steht, was bedeutet, dass es zu den unedelsten aller Metalle gehört und möglicherweise mit allen drei aufgeführten Substanzen reagieren wird.

Lösung: Die Reaktion zwischen Cs und Cl_2 ist eine einfache Verbindungsreaktion zwischen zwei Elementen, einem Metall und einem Nichtmetall, die die ionische Verbindung CsCl bilden:

$$2\,Cs(s) + Cl_2(g) \longrightarrow 2\,CsCl(s)$$

In Analogie zu ▶Gleichung 7.19 und 7.17 sagen wir voraus, dass die Reaktionen von Cäsium mit Wasser und Wasserstoff wie folgt ablaufen:

$$2\,Cs(s) + 2\,H_2O(l) \longrightarrow 2\,CsOH(aq) + H_2(g)$$
$$2\,Cs(s) + H_2(g) \longrightarrow 2\,CsH(s)$$

7.7 Gruppentendenzen der unedlen Metalle

In beiden Fällen bildet Cäsium ein Cs$^+$-Ion in seinen Verbindungen. Die Chlorid-(Cl$^-$), Hydroxid-(OH$^-$), und Hydrid-(H$^-$)-Ionen sind alle 1$^-$-Ionen, was bedeutet, dass die Endprodukte eine 1:1 Zusammensetzung mit Cs$^+$ haben.

ÜBUNGSAUFGABE

Schreiben Sie eine Gleichung für die Reaktion zwischen Kaliummetall und elementarem Schwefel auf.

Antwort: $2\,K(s) + S(s) \longrightarrow K_2S(s)$.

Chemie und Leben ■ Die unerwartete Entwicklung von Lithium-Medikamenten

Die Alkalimetall-Ionen spielen in der Allgemeinen Chemie bei den meisten chemischen Reaktionen eine eher unspektakuläre Rolle. Wie in Abschnitt 4.2 beschrieben, sind alle Salze der Alkalimetall-Ionen löslich und die Ionen sind bei den meisten wässrigen Reaktionen nur Zuschauer, mit Ausnahme der Reaktionen, an denen die Alkalimetalle in ihrer elementaren Form beteiligt sind, so wie in ▶ Gleichungen 7.17 bis 7.22.

Die Alkalimetall-Ionen spielen aber eine wichtige Rolle in der Physiologie. Natrium- und Kalium-Ionen sind wichtige Bestandteile von Blutplasma und intrazellulärer Flüssigkeit, mit Durchschnittskonzentrationen in der Größenordnung von 0,1 M. Diese Elektrolyten sind für zahlreiche zelluläre Prozesse lebenswichtig und, wie wir weiter in Kapitel 20 diskutieren werden, sind sie zwei der Haupt-Ionen, die an der Regulierung der Herzfunktion beteiligt sind.

Im Gegensatz dazu hat das Lithium-Ion (Li$^+$) keine bekannte Funktion für die Physiologie des Menschen. Seit der Entdeckung von Lithium 1817 aber glaubte man, dass die Salze dieses Elements nahezu mystische Heilkräfte besäßen; es gab Behauptungen, dass es ein Bestandteil der antiken „Jungbrunnen"-Elixiere war. 1927 begann Mr. C. L. Grigg, eine lithiumhaltige Limonade mit dem unhandlichen Namen „Bib-Label Lithiated Lemon-Lime Soda" zu vermarkten. Grigg gab seinem lithiumversetzten Getränk bald einen einfacheren Namen: Seven-Up (▶ Abbildung 7.25).

Aufgrund von Bedenken seitens der FDA wurde Lithium in den frühen 50ern aus Seven-Up entfernt. Fast zur gleichen Zeit fand man heraus, dass das Lithium-Ion eine bemerkenswerte Wirkung bei der Gemütskrankheit mit dem Namen *bipolare affektive Störung* oder *manisch-depressive Erkrankung* hat. Über 1 Million Amerikaner leiden an dieser Psychose, bei der sie schweren Stimmungsschwankungen von tiefer Depression bis zu manischer Euphorie unterliegen. Das Lithium-Ion glättet diese Stimmungsschwankungen und erlaubt dem Patienten ein ausgeglicheneres tägliches Leben.

Die antipsychotische Wirkung von Li$^+$ wurde durch Zufall von dem australischen Psychiater John Cade festgestellt, als er die Anwendung von Harnsäure – einem Bestandteil des Urins – untersuchte, um die manisch-depressive Erkrankung zu behandeln. Er verabreichte den Patienten die Säure in Form ihres löslichen Salzes, Lithiumurat, und stellte fest, dass viele der manischen Symptome zu verschwinden schienen. Spätere Studien zeigten, dass die Harnsäure keine Rolle bei den beobachteten therapeutischen Effekten spielt, stattdessen waren die scheinbar harmlosen Li$^+$-Ionen verantwortlich. Da eine Lithiumüberdosierung beim Menschen schwere Nebenwirkungen, einschließlich Nierenversagen und Tod, verursachen kann, wurden Lithiumsalze als antipsychotische Medikamente für Menschen bis 1970 nicht zugelassen. Heute wird Li$^+$ gewöhnlich oral in der Form von Li$_2$CO$_3$ gegeben, das der aktive Bestandteil in verschreibungspflichtigen Medikamenten wie z. B. Eskalith ist. Lithiummedikamente wirken bei etwa 70 % der Patienten, die sie nehmen.

Im Zeitalter von hoch entwickeltem Medikamentendesign und Biotechnologie ist das simple Lithium-Ion immer noch die effektivste Behandlung für eine destruktive psychologische Fehlfunktion. Bemerkenswerterweise verstehen Wissenschaftler, trotz intensiver Forschung, immer noch nicht ganz die biochemische Wirkung von Lithium, die zu seinen therapeutischen Effekten führt. Wegen seiner Ähnlichkeit zum Na$^+$-Ion wird das Li$^+$-Ion im Blutplasma aufgenommen, wo es das Verhalten sowohl von Nerven- als auch Muskelzellen beeinflussen kann. Das Li$^+$-Ion hat einen kleineren Radius als das Na$^+$-Ion (▶ Abbildung 7.7), somit ist seine Wechselwirkung mit Molekülen in Zellen etwas anders. Andere Studien zeigen, dass Li$^+$ die Funktion gewisser Neurotransmitter verändert, was zu seiner Wirksamkeit als antipsychotisches Medikament führt.

Abbildung 7.25: Kein Lithium mehr. Die Limonade Seven-Up enthielt ursprünglich Lithiumcitrat, das Lithiumsalz der Zitronensäure. Es wurde vom Lithium behauptet, dass es in der Limonade zu gesundheitlichen Vorteilen, einschließlich „einem Überfluss an Energie, Enthusiasmus, einer klaren Hautfarbe, glänzendem Haar und leuchtenden Augen" führen würde. Das Lithium wurde Anfang der 50er Jahre aus der Limonade entfernt, etwa zu der gleichen Zeit, als die antipsychotische Wirkung von Li$^+$ entdeckt wurde.

Gruppe 2A: Die Erdalkalimetalle

Wie die Alkalimetalle sind die Elemente der Gruppe 2A bei Zimmertemperatur alle Feststoffe und besitzen typische metallische Eigenschaften, von denen einige in Tabelle 7.5 aufgelistet sind. Verglichen mit den Alkalimetallen sind die Erdalkalimetalle härter und dichter und sie schmelzen bei höheren Temperaturen.

7 Periodiscxhe Eigenschaften der Elemente

Tabelle 7.5
Eigenschaften der Erdalkalimetalle

Element	Elektronenkonfiguration	Schmelzpunkt (°C)	Dichte (g/cm^3)	Atomradius (Å)	I_1 (kJ/mol)
Beryllium	[He]$2s^2$	1287	1,85	0,90	899
Magnesium	[Ne]$3s^2$	650	1,74	1,30	738
Calcium	[Ar]$4s^2$	842	1,55	1,74	590
Strontium	[Kr]$5s^2$	777	2,63	1,92	549
Barium	[Xe]$6s^2$	727	3,51	1,98	503

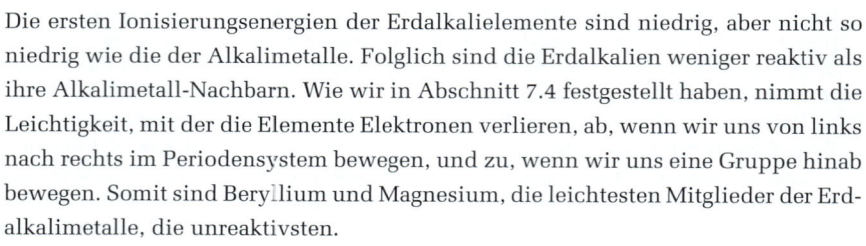

Die ersten Ionisierungsenergien der Erdalkalielemente sind niedrig, aber nicht so niedrig wie die der Alkalimetalle. Folglich sind die Erdalkalien weniger reaktiv als ihre Alkalimetall-Nachbarn. Wie wir in Abschnitt 7.4 festgestellt haben, nimmt die Leichtigkeit, mit der die Elemente Elektronen verlieren, ab, wenn wir uns von links nach rechts im Periodensystem bewegen, und zu, wenn wir uns eine Gruppe hinab bewegen. Somit sind Beryllium und Magnesium, die leichtesten Mitglieder der Erdalkalimetalle, die unreaktivsten.

Die Tendenz der zunehmenden Reaktivität innerhalb einer Gruppe kann am Verhalten der Erdalkalien in Gegenwart von Wasser gezeigt werden. Beryllium reagiert nicht mit Wasser oder Dampf, selbst dann nicht, wenn es rotglühend erhitzt wird. Magnesium reagiert nicht mit flüssigem Wasser, aber mit Dampf zu Magnesiumoxid und Wasserstoff:

$$\mathrm{Mg}(s) + \mathrm{H_2O}(g) \longrightarrow \mathrm{MgO}(s) + \mathrm{H_2}(g) \tag{7.23}$$

Calcium und die Elemente darunter reagieren bei Zimmertemperatur bereitwillig mit Wasser, wenngleich langsamer als die mit ihnen im Periodensystem benachbarten Alkalimetalle, wie in ▶ Abbildung 7.26 gezeigt. Die Reaktion zwischen Calcium und Wasser ist zum Beispiel:

$$\mathrm{Ca}(s) + 2\,\mathrm{H_2O}(l) \longrightarrow \mathrm{Ca(OH)_2}(aq) + \mathrm{H_2}(g) \tag{7.24}$$

Abbildung 7.26: Elementares Calcium in Wasser. Calciummetall reagiert mit Wasser zu Wasserstoffgas und wässrigem Calciumhydroxid, Ca(OH)$_2$(aq).

Die in Gleichungen 7.23 und 7.24 wiedergegebenen Reaktionen illustrieren das dominierende Schema in der Reaktivität der Erdalkalielemente – die Tendenz ihre beiden äußeren s-Elektronen zu verlieren und 2+-Ionen zu bilden. Zum Beispiel reagiert Magnesium bei Zimmertemperatur mit Chlor zu MgCl$_2$ und verbrennt mit blendend hellem Glanz in Luft zu MgO (siehe Abbildung 3.5):

$$\mathrm{Mg}(s) + \mathrm{Cl_2}(g) \longrightarrow \mathrm{MgCl_2}(s) \tag{7.25}$$

$$2\,\mathrm{Mg}(s) + \mathrm{O_2}(g) \longrightarrow 2\,\mathrm{MgO}(s) \tag{7.26}$$

In Gegenwart von O$_2$ wird Magnesiummetall durch eine dünne Oberflächenschicht von wasserunlöslichem MgO vor vielen Chemikalien geschützt. Damit kann Magnesium, obwohl es hoch in der Aktivitätsreihe steht (Abschnitt 4.4), in Leichtmetalllegierungen, wie z. B. für Autofelgen, verwendet werden. Die schwereren Erdalkalimetalle (Ca, Sr und Ba) sind gegenüber Nichtmetallen noch reaktiver als Magnesium.

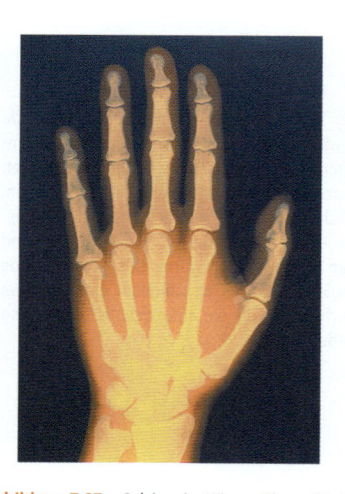

Abbildung 7.27: Calcium im Körper. Dieses Röntgenbild zeigt die Knochenstruktur der menschlichen Hand. Das Hauptmineral in Knochen und Zähnen ist Hydroxyapatit, Ca$_5$(PO$_4$)$_3$OH, in dem Calcium als Ca^{2+} vorkommt.

Die schwereren Erdalkalimetall-Ionen geben charakteristische Farben ab, wenn sie in einer Flamme stark erhitzt werden. Die von Calcium erzeugte farbige Flamme ist ziegelrot, die von Strontium purpurrot und die von Barium ist grün. Strontiumsalze erzeugen die leuchtendrote Farbe in Feuerwerk und Bariumsalze erzeugen die grüne Farbe.

Sowohl Magnesium als auch Calcium sind für lebende Organismen lebensnotwendig (siehe Abbildung 2.24). Calcium ist besonders wichtig für das Wachstum und den Erhalt von Knochen und Zähnen (▶ Abbildung 7.27). Beim Menschen findet man 99 % des Calciums im Skelettsystem.

7.8 Gruppentendenzen ausgewählter Nichtmetalle

> **? DENKEN SIE EINMAL NACH**
>
> Calciumcarbonat, $CaCO_3$, wird oft als calciumhaltiges Nahrungsergänzungsmittel für die Knochengesundheit benutzt. Obwohl $CaCO_3(s)$ in Wasser unlöslich ist (Tabelle 4.1), kann es oral eingenommen werden, um $Ca^{2+}(aq)$-Ionen für das muskoloskeletale System zu liefern. Warum ist dies der Fall? *Hinweis:* Erinnern Sie sich an die Reaktionen der Metallcarbonate, die wir in Abschnitt 4.3 diskutiert haben.

Wasserstoff

Wasserstoff, das erste Element im Periodensystem, hat eine $1s^1$-Elektronenkonfiguration und deshalb steht es üblicherweise oberhalb der Alkalimetalle im Periodensystem. Aber Wasserstoff gehört zu keiner bestimmten Gruppe. Anders als die Alkalimetalle ist Wasserstoff ein Nichtmetall, das meist als farbloses, zweiatomiges Gas, $H_2(g)$, auftritt. Dennoch kann Wasserstoff bei enormen Drücken metallisch sein. Man glaubt, dass zum Beispiel das Innere der Planeten Jupiter und Saturn aus einem Gesteinskern besteht, der von einer dicken Hülle von metallischem Wasserstoff umgeben ist. Der metallische Wasserstoff wiederum ist von einer Schicht aus flüssigem molekularem Wasserstoff, darüber bis in die Nähe der Oberfläche mit gasförmigem Wasserstoff, umgeben. Die 1997 gestartete Cassini-Huygens Satellitenmission soll Saturn und seinen größten Mond, Titan untersuchen, einschließlich ihrer chemischen Zusammensetzung. Die Raumsonde ist im Juni 2004 erfolgreich in eine Umlaufbahn um Saturn eingetreten und liefert bereits durch Teleskopie und Spektroskopie spektakuläre Bilder und chemische Analysen (▶ Abbildung 7.28).

Infolge der vollständigen Abwesenheit von Kernabschirmung seines einzigen Elektrons ist die Ionisierungsenergie von Wasserstoff, 1312 kJ/mol, merklich höher als die irgendeines Alkalimetalls (▶ Abbildung 7.10). Sie ist sogar vergleichbar mit den I_1-Werten anderer Nichtmetalle, wie z. B. Sauerstoff und Chlor. Als Resultat hat Wasserstoff eine geringere Tendenz, ein Elektron abzugeben als die Alkalimetalle. Während die Alkalimetalle leicht ihr Valenzelektron an Nichtmetalle verlieren, um ionische Verbindungen zu bilden, teilt Wasserstoff sein Elektron mit Nichtmetallen und bildet dadurch Molekularverbindungen. Die Reaktionen zwischen Wasserstoff und Nichtmetallen können sehr exotherm sein, was durch die Verbrennungsreaktion zwischen Wasserstoff und Sauerstoff unter Bildung von Wasser bewiesen wird.

$$2\,H_2(g) + O_2(g) \longrightarrow 2\,H_2O(l) \qquad \Delta H^\circ = -571{,}7 \text{ kJ} \qquad (7.27)$$

Wir haben ebenfalls gesehen (Gleichung 7.17), dass Wasserstoff mit unedlen Metallen zu festen Metallhydriden, die das Hydrid-Ion, H^-, enthalten, reagiert. Die Tatsache, dass Wasserstoff ein Elektron aufnehmen kann, illustriert weiterhin, dass er kein Mitglied der Familie der Alkalimetalle ist.

Zusätzlich zu seiner Fähigkeit, kovalente Bindungen und Metallhydride zu bilden, ist das vielleicht wichtigste Charakteristikum von Wasserstoff seine Fähigkeit, sein Elektron unter Bildung eines Kations zu verlieren. Tatsächlich wird die wässrige Chemie von Wasserstoff durch das $H^+(aq)$-Ion beherrscht, dem wir zuerst in Kapitel 4 begegnet sind (siehe Abschnitt 4.1). Wir werden dieses wichtige Ion in Kapitel 16 detaillierter behandeln.

Abbildung 7.28: Erforschungen des Saturn. Die Cassini-Huygens Raumsonde trat im Juni 2004 in eine Umlaufbahn um Saturn ein. Die Sonde wird hoch entwickelte wissenschaftliche Instrumente zur Untersuchung verschiedener Aspekte von Saturn und seines größten Mondes, Titan, einsetzen, einschließlich der metallischen Wasserstoff-Zusammensetzung des Planeten. Dieses Foto des Saturn wurde von Cassini-Huygens im Mai 2004 aus einer Entfernung von 28,2 Millionen Kilometern vom Planeten aufgenommen.

Gruppe 6A: Die Sauerstoffgruppe

Wenn wir in der Gruppe 6A abwärts gehen, gibt es einen Wechsel von nichtmetallischem zu metallischem Charakter (siehe Abbildung 7.13). Sauerstoff, Schwefel und Selen sind typische Nichtmetalle. Tellur hat einige metallische Eigenschaften und wird als Halbmetall eingestuft. Polonium, das radioaktiv und sehr selten ist, ist ein Metall.

Sauerstoff ist bei Zimmertemperatur ein farbloses Gas, alle anderen Mitglieder der Gruppe 6A sind Feststoffe. Einige der physikalischen Eigenschaften der Elemente der Gruppe 6A sind in Tabelle 7.6 aufgelistet.

Wie wir in Abschnitt 2.6 gesehen haben, kommt Sauerstoff in zwei molekularen Formen vor, als O_2 und O_3. Die O_2-Modifikation ist die übliche Form. Die meisten Menschen meinen O_2, wenn sie „Sauerstoff" sagen, obwohl der Name *Disauerstoff* passender wäre. Die O_3-Form wird **Ozon** genannt. Die beiden Formen von Sauerstoff sind Beispiele für *Allotrope*. Allotrope sind verschiedene Formen desselben Elements im gleichen Zustand. (In diesem Fall sind beide Formen Gase.) Etwa 21 % trockener Luft besteht aus O_2-Molekülen. Ozon, das giftig ist und einen stechenden Geruch besitzt, kommt in sehr kleinen Mengen in der oberen Atmosphäre und in verschmutzter Luft vor. Es wird ebenfalls aus O_2 bei elektrischen Entladungen, wie z. B. Blitzen, gebildet:

$$3\ O_2(g) \longrightarrow 2\ O_3(g) \qquad \Delta H° = 284{,}6\ \text{kJ} \qquad (7.28)$$

Diese Reaktion ist endotherm, was uns sagt, dass O_3 weniger stabil als O_2 ist.

Sauerstoff hat eine starke Tendenz, Elektronen von anderen Elementen anzuziehen (sie zu *oxidieren*). Sauerstoff in Verbindung mit einem Metall ist fast immer als Oxid-Ion O^{2-} vorhanden. Dieses Ion hat eine Edelgaskonfiguration und ist besonders stabil. Wie in Gleichung 7.27 gezeigt, ist die Bildung von Nichtmetalloxiden oft sehr exotherm und daher energetisch günstig.

In unserer Diskussion der Alkalimetalle erwähnten wir zwei weniger übliche Sauerstoffanionen – das Peroxid (O_2^{2-})-Ion und das Hyperoxid (O_2^{-})-Ion. Verbindungen dieser Ionen reagieren oft mit sich selbst unter Bildung eines Oxids und O_2. Zum Beispiel zersetzt sich wässriges Wasserstoffperoxid, H_2O_2, bei Zimmertemperatur langsam zu Wasser und O_2.

$$2\ H_2O_2(aq) \longrightarrow 2\ H_2O(l) + O_2(g) \quad \Delta H° = -196{,}1\ \text{kJ} \qquad (7.29)$$

Aus diesem Grund haben Flaschen für wässriges Wasserstoffperoxid Kappen, die das entstandene $O_2(g)$ entweichen lassen können, bevor der Innendruck zu groß wird (▶ Abbildung 7.29).

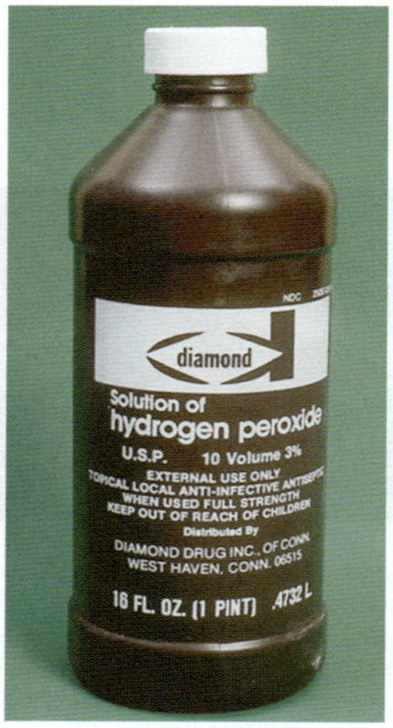

Abbildung 7.29: Wasserstoffperoxidlösung. Flaschen dieses üblichen Antiseptikums haben eine Kappe, die jeden Überdruck, der aus $O_2(g)$ entsteht, aus der Flasche entweichen lässt. Wasserstoffperoxid wird oft in dunklen oder opaken Flaschen aufbewahrt, um die Lichteinwirkung zu minimieren, die seine Zersetzung beschleunigt.

Tabelle 7.6
Eigenschaften der Elemente der Gruppe 6A

Element	Elektronenkonfiguration	Schmelzpunkt (°C)	Dichte	Atomradius (Å)	I_1 (kJ/mol)
Sauerstoff	$[He]2s^2 2p^4$	−218	1,43 g/l	0,73	1314
Schwefel	$[Ne]3s^2 3p^4$	115	1,96 g/cm^3	1,02	1000
Selen	$[Ar]3d^{10} 4s^2 4p^4$	221	4,82 g/cm^3	1,16	941
Tellur	$[Kr]4d^{10} 5s^2 5p^4$	450	6,24 g/cm^3	1,35	869
Polonium	$[Xe]4f^{14} 5d^{10} 6s^2 6p^4$	254	9,20 g/cm^3	—	812

Nach Sauerstoff ist Schwefel das wichtigste Mitglied der Gruppe 6A. Dieses Element existiert auch in verschiedenen allotropen Formen, die häufigste und stabilste ist der gelbe Feststoff mit der Summenformel S_8. Dieses Molekül besteht aus einem achtatomigen Schwefelring, wie in ▶ Abbildung 7.30 gezeigt. Obwohl fester Schwefel aus S_8-Ringen besteht, schreiben wir ihn üblicherweise in chemischen Gleichungen einfach als S(s), um die stöchiometrischen Koeffizienten zu vereinfachen.

Wie Sauerstoff hat Schwefel eine Tendenz zur Aufnahme von Elektronen von anderen Elementen unter Bildung von Sulfiden, die das S^{2-}-Ion enthalten. Tatsächlich kommt der meiste Schwefel in der Natur in Metallsulfiden vor. Schwefel steht im Periodensystem unter Sauerstoff und die Tendenz von Schwefel, Sulfid-Anionen zu bilden, ist nicht so groß wie die von Sauerstoff, Oxidionen zu bilden. Die Chemie des Schwefels ist dennoch komplexer als die von Sauerstoff. Tatsächlich können Schwefel und seine Verbindungen (einschließlich der in Kohle und Petroleum) in Sauerstoff verbrannt werden. Das Hauptprodukt ist das umweltschädliche Schwefeldioxid:

$$S(s) + O_2(g) \longrightarrow SO_2(g) \qquad (7.30)$$

Wir werden die Umweltaspekte der Schwefeloxidchemie in Kapitel 18 vertieft diskutieren.

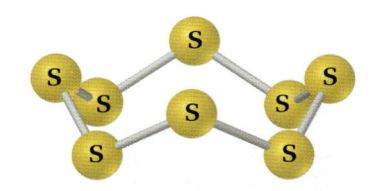

Abbildung 7.30: Elementarer Schwefel. Bei Zimmertemperatur ist die häufigste vorkommende allotrope Form von Schwefel ein Achterring, S_8.

Gruppe 7A: Die Halogene

Die Elemente der Gruppe 7A sind die **Halogene**, nach den griechischen Wörtern *halos* und *gennao*, was „Salzbildner" bedeutet. Einige der Eigenschaften dieser Elemente sind in Tabelle 7.7 aufgelistet. Astat, das sowohl radioaktiv als auch extrem selten ist, ist nicht aufgeführt, da viele seiner Eigenschaften bislang noch nicht bekannt sind.

Im Gegensatz zu den Elementen der Gruppe 6A sind alle Halogene typische Nichtmetalle. Ihre Schmelz- und Siedepunkte nehmen mit steigender Ordnungszahl zu. Fluor und Chlor sind bei Zimmertemperatur Gase, Brom ist eine Flüssigkeit und Iod ist ein Feststoff. Jedes Element besteht aus zweiatomigen Molekülen. F_2, Cl_2, Br_2 und I_2. Fluorgas ist blassgelb, Chlorgas ist gelbgrün, Brom ist eine rötlichbraune Flüssigkeit und bildet leicht einen rötlichbraunen Dampf, und festes Iod ist gräulichschwarz und bildet leicht einen violetten Dampf (▶Abbildung 7.31).

Die Halogene haben hohe negative Elektronenaffinitäten (▶Abbildung 7.12). Daher ist es nicht überraschend, dass die Chemie der Halogene von ihrer Tendenz, unter Bildung von Halogenid-Ionen, X^-, Elektronen von anderen Elementen zu erhalten, geprägt ist. In vielen Gleichungen wird X für irgendeines der Halogenelemente verwendet. Fluor und Chlor sind reaktiver als Brom und Iod. Fluor entzieht fast allen

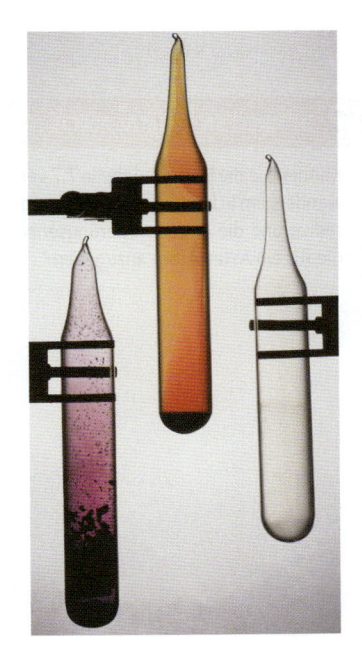

Abbildung 7.31: Elementare Halogene. Alle drei Elemente – von links nach rechts Iod (I_2), Brom (Br_2) und Chlor (Cl_2) – liegen als zweiatomige Moleküle vor.

Tabelle 7.7
Eigenschaften der Halogene

Element	Elektronen-konfiguration	Schmelz-punkt (°C)	Dichte	Atom-radius (Å)	I_1 (kJ/mol)
Fluor	[He]$2s^2 2p^5$	−220	1,69 g/l	0,71	1681
Chlor	[Ne]$3s^2 3p^5$	−102	3,21 g/l	0,99	1251
Brom	[Ar]$3d^{10} 4s^2 4p^5$	−7,3	3,12 g/cm³	1,14	1140
Iod	[Kr]$4d^{10} 5s^2 5p^5$	114	4,94 g/cm³	1,33	1008

7 Periodiscxhe Eigenschaften der Elemente

Substanzen, mit denen es in Berührung kommt, Elektronen, einschließlich Wasser, und gewöhnlich ist dieser Vorgang sehr exotherm, wie in den folgenden Beispielen:

$$2\,H_2O(l) + 2\,F_2(g) \longrightarrow 4\,HF(aq) + O_2(g) \quad \Delta H = -758{,}9\,\text{kJ} \tag{7.31}$$

$$SiO_2(s) + 2\,F_2(g) \longrightarrow SiF_4(g) + O_2(g) \quad \Delta H = -704{,}0\,\text{kJ} \tag{7.32}$$

Als Ergebnis ist der Umgang mit Fluor im Labor schwierig und gefährlich und bedarf einer besonderen Ausrüstung.

Chlor ist das industriell wichtigste der Halogene. Im Jahr 2003 betrug die Produktion 12 Millionen Tonnen, was es zur achthäufigsten produzierten Chemikalie in den USA machte. Im Gegensatz zu Fluor reagiert Chlor langsam mit Wasser unter Bildung von stabilen wässrigen Lösungen von HCl und HOCl (hypochlorige Säure).

$$Cl_2(g) + H_2O(l) \longrightarrow HCl(aq) + HOCl(aq) \tag{7.33}$$

Chlor wird häufig Trinkwasser und Swimmingpools zugefügt, wobei das gebildete HOCl(aq) als Desinfektionsmittel dient.

Die Halogene reagieren direkt mit den meisten Metallen unter Bildung von ionischen Halogeniden. Die Halogene reagieren ebenfalls mit Wasserstoff unter Bildung von gasförmigen Wasserstoffhalogenid-Verbindungen:

$$H_2(g) + X_2 \longrightarrow 2\,HX(g) \tag{7.34}$$

Diese Verbindungen sind in Wasser alle sehr gut löslich und lösen sich unter Bildung der Halogenwasserstoffsäuren auf. Wie wir in Abschnitt 4.3 diskutiert haben, sind HCl(aq), HBr(aq) und HI(aq) starke Säuren, während HF(aq) eine schwache Säure ist.

> **Physikalische Eigenschaften der Halogene**

> **DENKEN SIE EINMAL NACH**
>
> Können Sie die Daten in Tabelle 7.7 verwenden, um Schätzwerte für den Atomradius und die erste Ionisierungsenergie für ein Astat-Atom anzugeben?

Gruppe 8A: Die Edelgase

Die Elemente der Gruppe 8A, bekannt als **Edelgase**, sind alle Nichtmetalle, die bei Zimmertemperatur gasförmig sind. Sie sind einatomig, d.h. sie bestehen aus einzelnen Atomen. Einige physikalische Eigenschaften der Edelgaselemente sind in Tabelle 7.8 aufgeführt. Die hohe Radioaktivität von Radon (Rn, Ordnungszahl 86) hat das Studium seiner Chemie und einiger seiner Eigenschaften beschränkt.

Die Edelgase besitzen vollständig gefüllte s- und p-Unterschalen. Alle Elemente der Gruppe 8A besitzen hohe erste Ionisierungsenergien und wir sehen die erwartete Ab-

Tabelle 7.8 — Eigenschaften der Edelgase

Element	Elektronenkonfiguration	Siedepunkt (K)	Dichte (g/L)	Atomradius* (Å)	I_1 (kJ/mol)
Helium	$1s^2$	4,2	0,18	0,32	2372
Neon	$[He]2s^22p^6$	27,1	0,90	0,69	2081
Argon	$[Ne]3s^23p^6$	87,3	1,78	0,97	1521
Krypton	$[Ar]3d^{10}4s^24p^6$	120	3,75	1,10	1351
Xenon	$[Kr]4d^{10}5s^25p^6$	165	5,90	1,30	1170
Radon	$[Xe]4f^{14}5d^{10}6s^26p^6$	211	9,73	1,45	1037

* Nur die schwersten der Edelgaselemente bilden chemische Verbindungen. Folglich sind die Atomradien der leichteren Edelgaselemente geschätzte Werte.

nahme, wenn wir uns in der Gruppe abwärts bewegen. Da die Edelgase eine stabile Elektronenkonfiguration besitzen, sind sie außergewöhnlich unreaktiv. Bis in die frühen 60er Jahre wurden diese Elemente Inertgase genannt, weil man glaubte, dass sie keine chemischen Verbindungen eingehen könnten. 1962 überlegte Neil Bartlett an der Universität von British Columbia, dass die Ionisierungsenergie von Xe niedrig genug sein müsste, um Verbindungen eingehen zu können. Damit dies erfolgen könnte, müsste Xe mit einer Substanz reagieren, die eine extrem hohe Fähigkeit hätte, anderen Substanzen Elektronen zu entziehen, wie z. B. Fluor. Bartlett stellte die erste Edelgasverbindung her, indem er Xe mit der fluorhaltigen Verbindung PtF_6 kombinierte. Xenon reagiert auch direkt mit $F_2(g)$ unter Bildung der Molekularverbindungen XeF_2, XeF_4 und XeF_6 (▶ Abbildung 7.32). Krypton besitzt einen höheren I_1-Wert als Xenon und ist daher weniger reaktiv. Nur eine einzige stabile Verbindung von Krypton ist bekannt, KrF_2. Im Jahr 2000 veröffentlichten finnische Wissenschaftler das erste neutrale Argon enthaltende Molekül, das HArF Molekül, das nur bei niedrigen Temperaturen stabil ist.

Abbildung 7.32: Eine Verbindung von Xenon. Kristalle von XeF_4, das eine der wenigen Verbindungen ist, das ein Element der Gruppe 8A enthält.

ÜBERGREIFENDE BEISPIELAUFGABE — Verknüpfen von Konzepten

Das Element Wismut (Bi, Ordnungszahl 83) ist das schwerste Mitglied der Gruppe 5A. Ein Salz dieses Elements, Wismutsubsalicilat, ist der aktive Bestandteil in Pepto-Bismol, ein rezeptfreies Medikament bei Magenreizung.

(a) Die kovalenten Radien von Thallium (Tl) und Blei (Pb) sind 1,48 Å und 1,47 Å. Sagen Sie unter Verwendung dieser und der Werte aus ▶ Tabelle 7.6 den kovalenten Radius für das Element Wismut (Bi) voraus. Erklären Sie Ihre Antwort.
(b) Was bedingt den generellen Anstieg des Atomradius der Elemente der Gruppe 5A von oben nach unten?
(c) Eine weitere wichtige Anwendung von Wismut war, dass es als Komponente in niedrigschmelzenden Metalllegierungen, wie in Sprinkleranlagen und beim Schriftsatz, verwendet wurde. Das Element selbst ist ein spröder, weißer kristalliner Feststoff. Wie passen diese Charakteristiken zu der Tatsache, dass Wismut in derselben Gruppe des Periodensystems steht wie die Nichtmetallelemente Stickstoff und Phosphor.
(d) Bi_2O_3 ist ein basisches Oxid. Schreiben Sie eine chemische Gleichung für seine Reaktion mit verdünnter Salpetersäure. Wenn 6,77 g Bi_2O_3 in verdünnter Säure gelöst wird, so dass 500 ml Lösung entsteht, wie groß ist die Molarität der Lösung von Bi^{3+}-Ionen?
(e) ^{209}Bi ist das schwerste stabile Isotop aller Elemente. Wie viele Protonen und Neutronen enthält dieser Kern?
(f) Die Dichte von Wismut beträgt bei 25 °C 9,808 g/cm^3. Wie viele Wismutatome befinden sich in einem Würfel des Elements mit einer Kantenlänge von 5,00 cm? Wie viele Mole des Elements sind vorhanden?

Lösung

(a) Beachten Sie, dass eine relativ gleichmäßige Abnahme des Elementradius in der Reihe In–Sn–Sb erfolgt. Es ist vernünftig, eine Abnahme von ca. 0,02 Å beim Übergang von Pb nach Bi zu erwarten, dies führt zu einer Annahme von 1,45 Å. Der tabellierte Wert ist 1,46 Å.
(b) Die allgemeine Zunahme der Radien mit zunehmender Ordnungszahl bei den Elementen der Gruppe 5A tritt auf, da zusätzliche Schalen von Elektronen hinzugefügt werden (mit einer korrespondierenden Zunahme der Kernladung). Die kernnahen Elektronen schirmen in jedem Fall die äußersten Elektronen vom Kern ab, so dass die effektive Kernladung sich nicht großartig ändert, wenn wir zu höheren Ordnungszahlen gehen. Allerdings nimmt die Hauptquantenzahl, n, des äußersten Elektrons stetig zu, mit einem korrespondierenden Anstieg des Orbitalradius.
(c) Der Unterschied in den Eigenschaften von Wismut und denen von Stickstoff und Phosphor veranschaulicht die generelle Regel, dass es eine Tendenz zu zunehmendem metallischen Charakter gibt, wenn wir in einer gegebenen Gruppe abwärts gehen. Wismut ist tatsächlich ein Metall. Der erhöhte metallische Charakter tritt auf, weil die äußersten Elektronen beim Eingehen einer Bindung leichter verloren gehen, eine Tendenz, die mit niedrigerer Ionisierungsenergie einhergeht.
(d) Wenn wir dem Prozedere folgen, das in Abschnitt 4.2 zum Formulieren von Molekular- und Netto-Ionen-Gleichungen beschrieben wurden, haben wir Folgendes:

Molekulargleichung: $Bi_2O_3(s) + 6\,HNO_3(aq) \longrightarrow 2\,Bi(NO_3)_3(aq) + 3\,H_2O(l)$
Netto-Ionen-Gleichung: $Bi_2O_3(s) + 6\,H^+(aq) \longrightarrow 2\,Bi^{3+}(aq) + 3\,H_2O(l)$

In der Netto-Ionen-Gleichung ist Salpetersäure eine starke Säure und $Bi(NO_3)_3$ ist ein lösliches Salz, folglich müssen wir nur die Reaktion des Feststoffs mit dem Wasserstoff-Ion zum $Bi^{3+}(aq)$-Ion und Wasser zeigen.

7 Periodische Eigenschaften der Elemente

Um die Konzentration der Lösung zu berechnen, gehen wir wie folgt vor (Abschnitt 4.5):

$$\frac{6{,}77 \text{ g Bi}_2\text{O}_3}{0{,}500 \text{ L Lösung}} \times \frac{1 \text{ mol Bi}_2\text{O}_3}{466{,}0 \text{ g Bi}_2\text{O}_3} \times \frac{2 \text{ mol Bi}^{3+}}{1 \text{ mol Bi}_2\text{O}_3} = \frac{0{,}0581 \text{ mol Bi}^{3+}}{\text{L Lösung}} = 0{,}0581 \text{ mol/L}$$

(e) Wir können wie in Abschnitt 2.3 vorgehen. Wismut ist Element 83, daher sind 83 Protonen im Kern vorhanden. Da die Atommassenzahl 209 ist, befinden sich $209 - 83 = 126$ Neutronen im Kern.

(f) Wir gehen wie in den Abschnitten 1.4 und 3.4 vor: Das Volumen des Würfels ist $(5{,}00)^3 \text{ cm}^3 = 125 \text{ cm}^3$. Dann haben wir

$$125 \text{ cm}^3 \text{ Bi} \times \frac{9{,}780 \text{ g Bi}}{1 \text{ cm}^3} \times \frac{1 \text{ mol Bi}}{209{,}0 \text{ g Bi}} = 5{,}87 \text{ mol Bi}$$

$$5{,}87 \text{ mol Bi} \times \frac{6{,}022 \times 10^{23} \text{ atom Bi}}{1 \text{ mol Bi}} = 3{,}54 \times 10^{24} \text{ Atome Bi}$$

Zusammenfassung und Schlüsselbegriffe

Einleitung und Abschnitt 7.1 Das Periodensystem wurde von Mendeleev und Meyer zuerst aufgrund der Ähnlichkeiten chemischer und physikalischer Eigenschaften, die bestimmte Elemente zeigten, entwickelt. Moseley stellte fest, dass jedes Element eine eindeutige Ordnungszahl hat, was mehr Ordnung in das Periodensystem brachte. Wir erkennen heute, dass Elemente in derselben Spalte des Periodensystems die gleiche Zahl von Elektronen in ihren **Valenzorbitalen** haben. Die Ähnlichkeiten in der Valenzelektronenstruktur führen zu den Ähnlichkeiten zwischen den Elementen in derselben Gruppe. Die Unterschiede zwischen den Elementen in derselben Gruppe entstehen dadurch, dass ihre Valenzorbitale sich in verschiedenen Schalen befinden.

Abschnitt 7.2 Viele Eigenschaften der Atome beruhen auf dem Durchschnittsabstand der äußeren Elektronen vom Kern und der effektiven Kernladung, die diese Elektronen erfahren. Die kernnahen Elektronen sind sehr effektiv bei der Abschirmung der äußeren Elektronen von der vollen Kernladung, während Elektronen in der gleichen Schale sich gegenseitig nicht sehr effektiv abschirmen. Als Ergebnis steigt die **effektive Kernladung**, die Valenzelektronen erfahren, wenn wir uns von links nach rechts in einer Periode bewegen.

Abschnitt 7.3 Die Größe eines Atoms kann anhand seines **Bindungsradius**, ausgehend von Messungen der Abstände der Atome in ihren chemischen Verbindungen, abgeschätzt werden. Im Allgemeinen nehmen Atomradien zu, wenn wir eine Spalte abwärts gehen und nehmen ab, wenn wir uns von links nach rechts in einer Reihe bewegen.

Kationen sind kleiner als ihre Ausgangsatome, Anionen sind größer als ihre Ausgangsatome. Bei Ionen mit der gleichen Ladung nimmt die Größe zu, wenn wir im Periodensystem eine Spalte abwärts gehen. Eine **isoelektronische Reihe** ist eine Gruppe von Ionen, die die gleiche Anzahl von Elektronen enthalten. In einer solchen Reihe nimmt die Größe mit zunehmender Kernladung ab, da die Elektronen stärker vom Kern angezogen werden.

Abschnitt 7.4 Die erste **Ionisierungsenergie** eines Atoms ist die minimale Energie, die notwendig ist, um ein Elektron vom Atom in der Gasphase, unter Bildung eines Kations, zu entfernen. Die zweite Ionisierungsenergie ist die Energie, die notwendig ist, um ein zweites Elektron zu entfernen, usw. Die Ionisierungsenergien zeigen eine starke Zunahme, nachdem alle Valenzelektronen entfernt wurden, da die Kernelektronen eine viel höhere effektive Kernladung erfahren. Die ersten Ionisierungsenergien der Elemente zeigen periodische Tendenzen, die entgegengesetzt zu den beobachteten Atomradien sind, wobei kleinere Atome eine höhere erste Ionisierungsenergie aufweisen. Folglich nehmen die ersten Ionisierungsenergien ab, wenn wir eine Spalte abwärts gehen, und sie nehmen zu, wenn wir uns von links nach rechts in einer Reihe bewegen.

Wir können die Elektronenkonfigurationen für Ionen schreiben, indem wir zuerst die Konfiguration des neutralen Atoms schreiben und dann die entsprechende Anzahl von Elektronen hinzufügen oder entfernen. Elektronen werden entweder aus den Orbitalen mit dem höchsten Wert für n entfernt (Kationen), oder werden zu den Orbitalen mit dem niedrigsten Wert für n hinzugefügt (Anionen).

Abschnitt 7.5 Die **Elektronenaffinität** eines Elements ist die Energieänderung durch das Hinzufügen eines Elektrons zum Atom in der Gasphase unter Bildung eines Anions. Eine negative Elektronenaffinität bedeutet, dass das Anion stabil ist, eine positive Elektronenaffinität bedeutet, dass das Anion, relativ zum separierten Atom und Elektron, nicht stabil ist. Im Allgemeinen werden Elektronenaffinitäten negativer, wenn wir uns von links nach rechts in einer Periode bewegen. Die Halogene haben die negativste Elektronenaffinität. Die Elektronenaffinitäten der Edelgase sind alle positiv, da das hinzugefügte Elektron eine neue Unterschale mit höherem Energieniveau besetzen müsste.

Abschnitt 7.6 Die Elemente können als Metalle, Nichtmetalle und Halbmetalle eingestuft werden. Die meisten Elemente sind Metalle; sie besetzen die linke Seite und die Mitte des Periodensystems. Nichtmetalle treten im oberen rechten Abschnitt des Periodensystems auf. Halbmetalle besetzen ein schmales Band zwischen Metallen und Nichtmetallen. Die Tendenz eines Elements, die Eigenschaften von Metallen aufzuweisen, genannt **metallischer Charakter**, nimmt zu, wenn wir uns eine Spalte abwärts bewegen, und sie nimmt ab, wenn wir uns in einer Reihe von links nach rechts bewegen.

Metalle haben einen charakteristischen Glanz und sie sind gute Wärme- und Stromleiter. Wenn Metalle mit Nichtmetallen reagieren, werden die Metallatome zu Kationen oxidiert und es werden im Allgemeinen ionische Substanzen gebildet. Die meisten Metalloxide sind basisch, sie reagieren mit Säuren unter Bildung von Salzen und Wasser.

Nichtmetalle glänzen nicht und sind schlechte Wärme- und Stromleiter. Etliche sind bei Zimmertemperatur Gase. Verbindungen, die nur aus Nichtmetallen zusammengesetzt sind, sind im Allgemeinen molekulare Substanzen. Nichtmetalle bilden bei ihren Reaktionen mit Metallen gewöhnlich Anionen. Nichtmetalloxide sind sauer, sie reagieren mit Basen unter Bildung von Salzen und Wasser. Halbmetalle besitzen Eigenschaften, die zwischen denen von Metallen und Nichtmetallen liegen.

Abschnitt 7.7 Die periodischen Eigenschaften der Elemente können uns helfen, die Eigenschaften der Gruppen und der Hauptgruppenelemente zu verstehen. Die **Alkalimetalle** (Gruppe 1A) sind weiche Metalle mit geringer Dichte und niedrigem Schmelzpunkt. Sie haben die niedrigsten Ionisierungsenergien der Elemente. Als Folge sind sie sehr reaktiv gegenüber Nichtmetallen, wobei sie leicht ihr äußeres s-Elektron verlieren, um 1+-Ionen zu bilden. Die **Erdalkalimetalle** (Gruppe 2A) sind härter und dichter und haben einen höheren Schmelzpunkt als die Alkalimetalle. Sie sind auch sehr reaktiv gegenüber Nichtmetallen, allerdings nicht so reaktiv wie die Alkalimetalle. Die Erdalkalimetalle verlieren leicht ihre beiden äußeren s-Elektronen unter Bildung von 2+-Ionen. Sowohl Alkali- als auch Erdalkalimetalle reagieren mit Wasserstoff unter Bildung von ionischen Substanzen, die das Hydrid-Ion, H^-, enthalten.

Abschnitt 7.8 Wasserstoff ist ein Nichtmetall mit Eigenschaften, die verschieden von allen Elementen des Periodensystems sind. Es bildet Molekularverbindungen mit anderen Nichtmetallen, wie z.B. Sauerstoff und Halogenen.

Sauerstoff und Schwefel sind die wichtigsten Elemente in Gruppe 6A. Sauerstoff findet man gewöhnlich als zweiatomiges Molekül, O_2. **Ozon**, O_3, ist ein wichtiges Allotrop von Sauerstoff. Sauerstoff hat eine starke Tendenz, Elektronen von anderen Elementen aufzunehmen (sie zu oxidieren). Man findet Sauerstoff in Verbindung mit Metallen gewöhnlich als Oxid-Ion, O^{2-}, obwohl manchmal Salze des Peroxid-Ions, O_2^{2-}, und Hyperoxid-Ions, O_2^-, gebildet werden. Elementaren Schwefel findet man am häufigsten als S_8-Moleküle. In Verbindung mit Metallen findet man ihn am häufigsten als Sulfid-Ion, S^{2-}.

Die **Halogene** (Gruppe 7A) sind Nichtmetalle, die als zweiatomige Moleküle vorkommen. Die Halogene haben die negativste Elektronenaffinität der Elemente. Folglich ist ihre Chemie durch die Tendenz 1−-Ionen zu bilden geprägt, besonders bei Reaktionen mit Metallen.

Die **Edelgase** (Gruppe 8A) sind Nichtmetalle, die als einatomige Gase auftreten. Sie sind sehr unreaktiv, da sie vollständig gefüllte s- und p-Unterschalen haben. Es ist nur von den schwersten Edelgasen bekannt, dass sie Verbindungen mit sehr reaktiven Nichtmetallen, wie z.B. Fluor, eingehen.

Veranschaulichung von Konzepten

7.1 Neon hat die Ordnungszahl 10. Wo sind Ähnlichkeiten und Unterschiede bei der Beschreibung des Radius des Neonatoms und des Radius der hier dargestellten Billardkugel? Könnten Sie Billardkugeln zur Illustration des Konzepts der Bindungsradien verwenden? Erklären Sie (*Abschnitt 7.3*).

7 Periodiscxhe Eigenschaften der Elemente

7.2 Betrachten Sie das unten dargestellte Molekül A_2X_4, wobei A und X Elemente sind. Die A—A-Bindungslänge in diesem Molekül ist d_1 und die vier A—X-Bindungslängen sind jeweils d_2. **(a)** Wie können Sie im Hinblick auf d_1 und d_2 die Bindungsradien der Atome A und X definieren? **(b)** Was würden Sie für die X—X-Bindungslänge eines X_2-Moleküls in Hinblick auf d_1 und d_2 vorhersagen? (*Abschnitt 7.3*)

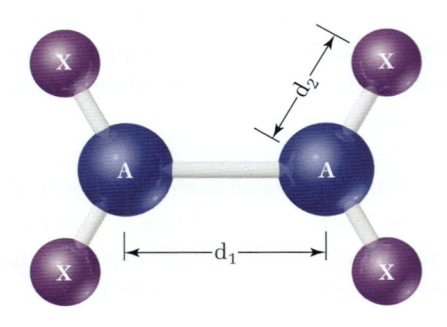

7.3 Fertigen Sie eine einfache Skizze des Hauptteils des Periodensystems wie gezeigt an. **(a)** Ignorieren Sie H und He und zeichnen Sie einen einzelnen geraden Pfeil von dem Element mit dem kleinsten Bindungsradius zum Element mit dem größten. **(b)** Ignorieren Sie H und He und zeichnen Sie einen einzelnen geraden Pfeil von dem Element mit der kleinsten ersten Ionisierungsenergie zum Element mit der größten. **(c)** Welche signifikante Beobachtung können Sie aus den Pfeilen, die Sie in Teil (a) und (b) gezeichnet haben, machen? (*Abschnitte 7.3 und 7.4*)

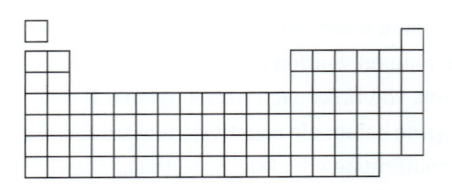

7.4 In dem *Elektronentransfer* genannten chemischen Prozess wird ein Elektron von einem Atom oder Molekül zu einem anderen transferiert (wir werden über Elektronentransfer extensiv in Kapitel 20 sprechen). Eine einfache Elektronentransferreaktion ist

$$A(g) + A(g) \longrightarrow A^+(g) + A^-(g)$$

Wie ist die Energieänderung für diese Reaktion in Hinblick auf die Ionisierungsenergie und die Elektronenaffinität von Atom A? (*Abschnitte 7.4 und 7.5*)

7.5 Ein Element X reagiert mit $F_2(g)$ zu dem unten gezeigten molekularen Produkt. **(a)** Schreiben Sie eine ausgeglichene Gleichung für diese Reaktion (stören Sie sich nicht an den Phasen von X und dem Produkt). **(b)** Glauben Sie, dass X ein Metall oder ein Nichtmetall ist? Erklären Sie (*Abschnitt 7.6*).

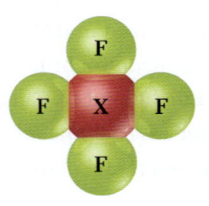

Übungsaufgaben mit ausführlichen Lösungshinweisen

Multiple Choice-Aufgaben
Lösungen zu den Übungsaufgaben im Kapitel

Grundlegende Konzepte der chemischen Bindung

8.1 Chemische Bindungen, Lewis-Symbole und die Oktettregel 291

8.2 Ionenbindung 293

8.3 Kovalente Bindung 299

8.4 Bindungspolarität und Elektronegativität 302

8.5 Lewis-Strukturformeln zeichnen 308

8.6 Resonanzstrukturformeln 313

8.7 Ausnahmen von der Oktettregel 316

8.8 Stärken von kovalenten Bindungen 319

Zusammenfassung und Schlüsselbegriffe 325

Veranschaulichung von Konzepten 327

Grundlegende Konzepte der chemischen Bindung

Was uns erwartet

- Wir beginnen mit einer kurzen Diskussion der chemischen Bindungsarten und führen *Lewis-Symbole* als eine Möglichkeit der Darstellung von Valenzelektronen in Atomen und Ionen ein (*Abschnitt 8.1*).

- Die *Ionenbindung* resultiert im Wesentlichen aus dem vollständigen Übergang eines oder mehrerer Elektronen von einem Atom zum anderen. Wir werden die Energetik der Bildung ionischer Substanzen untersuchen und die *Gitterenergie* dieser Substanzen beschreiben (*Abschnitt 8.2*).

- Die *kovalente Bindung* beinhaltet ein oder mehrere gemeinsame Elektronenpaare zwischen Atomen, so wie es zur Erlangung eines *Elektronenoktetts* an jedem Atom nötig ist (*Abschnitt 8.3*).

- Wir werden dann sehen, dass kovalente Verbindungen durch so genannte *Lewis-Strukturformeln* dargestellt werden können und dass kovalente Bindungen *einfach, zweifach* oder *dreifach* sein können (*Abschnitt 8.3*).

- Die *Elektronegativität* ist definiert als die Fähigkeit eines Atoms, Elektronen in einer Bindung an sich zu ziehen. Elektronenpaare verteilen sich ungleich zwischen Atomen mit unterschiedlicher Elektronegativität, was zu *polaren kovalenten Bindungen* führt (*Abschnitt 8.4*).

- Wir werden einige der Regeln, die wir zur Darstellung von Lewis-Strukturformeln benötigen, näher untersuchen, einschließlich der Zuordnung von *formalen Ladungen* zu Atomen in Molekülen (*Abschnitt 8.5*).

- Es gibt die Möglichkeit, dass man mehr als eine äquivalente Lewis-Strukturformel für ein Molekül oder mehratomiges Ion zeichnen kann. Die wirkliche Struktur ist in solchen Fällen eine Mischung aus zwei oder mehr Lewis-Strukturformeln, so genannter Resonanzstrukturformeln (*Abschnitt 8.6*).

- Es gibt *Ausnahmen zur Oktettregel*, bei denen sich weniger als 8 Elektronen in der Valenzschale befinden, und es gibt solche, bei denen sich mehr als 8 Elektronen in der Valenzschale befinden (*Abschnitt 8.7*).

- Die Stärke kovalenter Bindungen ändert sich sowohl mit der Zahl der gemeinsamen Elektronenpaare als auch durch andere Faktoren. Wir können *durchschnittliche Bindungsenthalpiewerte* benutzen. Dies sind durchschnittliche Werte der Energie, die man zum Aufbrechen einer bestimmten Bindungsart braucht, um die Reaktionsenthalpien in solchen Fällen abzuschätzen, in denen thermodynamische Daten wie z.B. Bildungswärme nicht erhältlich sind (*Abschnitt 8.8*).

In den meisten Restaurants können Sie erwarten, zwei weiße kristalline Substanzen auf dem Tisch zu finden: Tafelsalz und Kristallzucker. Trotz ihres ähnlichen Aussehens sind Salz und Zucker sehr unterschiedliche Substanzen. Tafelsalz ist Natriumchlorid, NaCl, das aus Natriumionen, Na^+, und Chloridionen, Cl^-, besteht. Die Struktur wird durch die Anziehung zwischen den entgegengesetzt geladenen Ionen zusammengehalten, die wir *Ionenbindungen* nennen. Im Gegensatz dazu enthält Kristallzucker keine Ionen. Stattdessen besteht er aus Saccharose-Molekülen, $C_{12}H_{22}O_{11}$, in denen Anziehungen, die *kovalente Bindungen* genannt werden, die Atome zusammenhalten. Eine Konsequenz aus den unterschiedlichen Bindungsarten in Salz und Zucker ist ihr unterschiedliches Verhalten in Wasser: NaCl löst sich in Wasser unter Bildung von Ionen in Lösung (NaCl ist ein *Elektrolyt*), während Saccharose sich in Wasser unter Bildung von $C_{12}H_{22}O_{11}$-Molekülen (Saccharose ist ein *Nichtelektrolyt*) auflöst (siehe Abschnitt 4.1).

Die Eigenschaften von Substanzen werden größtenteils durch die *chemischen Bindungen*, die ihre Atome zusammenhalten, bestimmt. Was bestimmt die Bindungsart in jeder Substanz und wie bewirken gerade diese Charakteristika von Bindungen verschiedene physikalische und chemische Eigenschaften? Der Schlüssel für die Antwort auf die erste Frage liegt in der Elektronenstruktur der beteiligten Atome, die wir in Kapitel 6 und 7 diskutiert haben. In diesem und dem nächsten Kapitel werden wir die Beziehungen zwischen Elektronenstruktur, chemischen Bindungskräften und chemischen Bindungsarten untersuchen. Wir werden auch sehen, wie die Eigenschaften von ionischen und kovalenten Substanzen aus der Verteilung der Elektronenladung innerhalb von Atomen, Ionen und Molekülen entstehen.

Chemische Bindungen, Lewis-Symbole und die Oktettregel 8.1

Wann immer zwei Atome oder Ionen stark aneinander gebunden sind, sagen wir, dass zwischen ihnen eine **chemische Bindung** besteht. Es gibt drei allgemeine Arten von chemischen Bindungen: Ionenbindung, kovalente (oder Atom-)Bindung und metallische (oder Metall-)Bindung. ▶ Abbildung 8.1 zeigt Beispiele für Substanzen, in denen wir diese Arten von Anziehungskräften finden.

Der Ausdruck **Ionenbindung** bezieht sich auf elektrostatische Kräfte, die zwischen Ionen mit entgegengesetzter Ladung bestehen. Ionen können sich aus Atomen, durch den Übergang von einem oder mehreren Elektronen von einem Atom zum anderen, bilden. Ionische Substanzen entstehen im Allgemeinen aus der Wechselwirkung zwischen Metallen ganz links im Periodensystem mit Nichtmetallen ganz rechts (ausschließlich der Edelgase, Gruppe 8A). Wir werden uns in Abschnitt 8.2 noch näher mit der Ionenbindung beschäftigen.

Eine **kovalente Bindung** entsteht aus gemeinsamen Elektronen zweier Atome. Die geläufigsten Beispiele für kovalente Bindung sieht man bei der Wechselwirkung von Nichtmetallatomen miteinander. Wir widmen einen großen Teil dieses und des nächsten Kapitels der Beschreibung und dem Verständnis der kovalenten Bindungen.

Metallbindungen findet man in Metallen, wie z. B. Kupfer, Eisen und Aluminium. Jedes Atom in einem Metall ist mit mehreren Nachbaratomen verbunden. Die Bindungselektronen können sich relativ frei durch die dreidimensionale Struktur des Metalls bewegen. Metallbindungen führen zu so typischen Metalleigenschaften wie hohe elektrische Leitfähigkeit und Glanz.

Abbildung 8.1: Chemische Bindungen. Beispiele für Substanzen, in denen (a) ionische, (b) kovalente und (c) Metallbindungen vorliegen.

Lewis-Symbole

Die an chemischen Bindungen beteiligten Elektronen sind die *Valenzelektronen*, die sich meist in der äußersten zu besetzenden Schale eines Atoms befinden (siehe Abschnitt 6.8). Der amerikanische Chemiker G. N. Lewis (1875–1946) schlug einen einfachen Weg vor, die Valenzelektronen in einem Atom zu zeigen und sie im Falle einer Bindungsbildung zu verfolgen. Er verwendete die heute als Lewis-Symbole bekannte Darstellung.

Das **Lewis-Symbol** für ein Element besteht aus dem chemischen Symbol des Elements plus einem Punkt für jedes Valenzelektron. Schwefel hat z. B. die Elektronenkonfiguration [Ne]$3s^2 3p^4$; sein Lewis-Symbol zeigt daher 6 Valenzelektronen:

$$\cdot \overline{\underline{S}} \cdot$$

> **? DENKEN SIE EINMAL NACH**
>
> Welche der folgenden drei Lewis-Symbole für Cl sind korrekt?
>
> |Cl|· |Cl| |Cl·

Tabelle 8.1 zeigt die Elektronenkonfigurationen und Lewis-Symbole für die Hauptgruppenelemente der zweiten und dritten Reihe des Periodensystems. Beachten Sie, dass die Anzahl der Valenzelektronen für jedes Hauptgruppenelement gleich der Gruppennummer des Elements ist. Zum Beispiel haben die Lewis-Symbole für Sauerstoff und Schwefel, Mitglieder der Gruppe 6A, beide sechs Punkte.

Die Oktettregel

Atome nehmen oft so viele Elektronen auf oder geben so viele Elektronen ab oder teilen sich Elektronen, dass sie die gleiche Anzahl Elektronen wie das Edelgas besitzen, das ihnen im Periodensystem am nächsten steht. Die Edelgase haben eine sehr stabile Elektronenanordnung, was man an der hohen Ionisierungsenergie, der geringen Affinität für zusätzliche Elektronen und der allgemeinen chemischen Unreaktivität sieht (siehe Abschnitt 7.8). Da alle Edelgase (außer He) acht Valenzelektronen besitzen, haben viele Atome, nachdem sie Reaktionen eingegangen sind, acht Valenzelektronen. Diese Beobachtung hat zu dem als **Oktettregel** bekannten Leitsatz geführt: *Atome neigen zur Aufnahme, Abgabe, Teilung von Elektronen, bis sie von acht Valenzelektronen umgeben sind.*

Ein Elektronen-Oktett besteht aus vollen *s*- und *p*-Unterschalen in einem Atom. Als Lewis-Symbol kann ein Oktett als vier um das Atom herum angeordnete Paare von Valenzelektronen angesehen werden, wie z. B. das Lewis-Symbol für Ne in Tabelle 8.1. Es gibt viele Ausnahmen von der Oktettregel, aber sie liefert einen nützlichen Rahmen für die Einführung vieler wichtiger Bindungskonzepte.

Tabelle 8.1

Lewis-Symbole

Element	Elektronenkonfiguration	Lewis-Symbol	Element	Elektronenkonfiguration	Lewis-Symbol
Li	[He]$2s^1$	Li·	Na	[Ne]$3s^1$	Na·
Be	[He]$2s^2$	|Be	Mg	[Ne]$3s^2$	|Mg
B	[He]$2s^2 2p^1$	⁄B·	Al	[Ne]$3s^2 3p^1$	⁄Al·
C	[He]$2s^2 2p^2$	⁄C·	Si	[Ne]$3s^2 3p^2$	⁄Si·
N	[He]$2s^2 2p^3$	⁄N|	P	[Ne]$3s^2 3p^3$	⁄P|
O	[He]$2s^2 2p^4$	|Ö|	S	[Ne]$3s^2 3p^4$	|S|
F	[He]$2s^2 2p^5$	·F|	Cl	[Ne]$3s^2 3p^5$	·Cl|
Ne	[He]$2s^2 2p^6$	|Ne|	Ar	[Ne]$3s^2 3p^6$	|Ar|

BILDUNG VON NATRIUMCHLORID

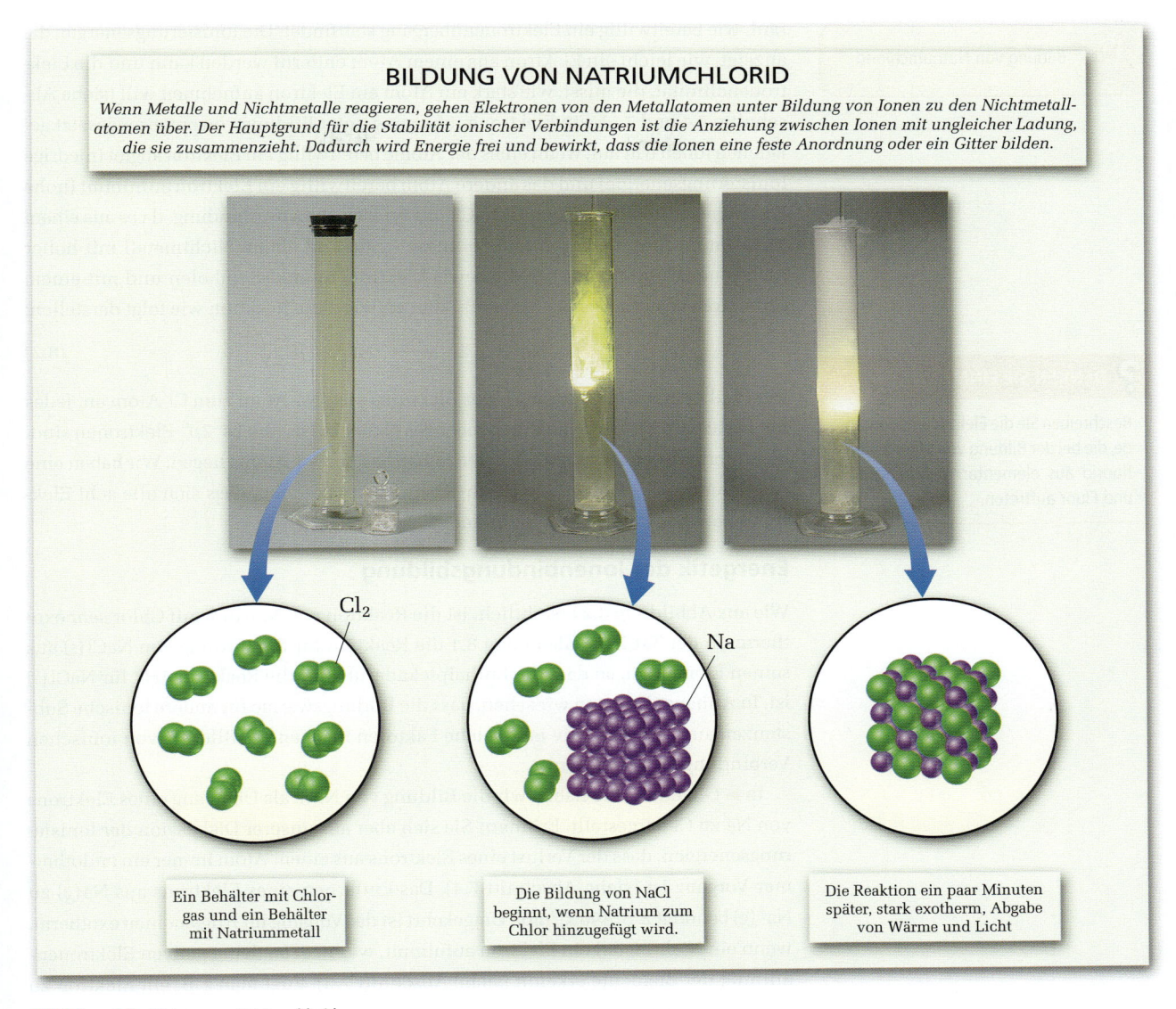

Wenn Metalle und Nichtmetalle reagieren, gehen Elektronen von den Metallatomen unter Bildung von Ionen zu den Nichtmetallatomen über. Der Hauptgrund für die Stabilität ionischer Verbindungen ist die Anziehung zwischen Ionen mit ungleicher Ladung, die sie zusammenzieht. Dadurch wird Energie frei und bewirkt, dass die Ionen eine feste Anordnung oder ein Gitter bilden.

Ein Behälter mit Chlorgas und ein Behälter mit Natriummetall

Die Bildung von NaCl beginnt, wenn Natrium zum Chlor hinzugefügt wird.

Die Reaktion ein paar Minuten später, stark exotherm, Abgabe von Wärme und Licht

Abbildung 8.2: Bildung von Natriumchlorid.

Ionenbindung 8.2

Wenn Natriummetall, Na(s), mit Chlorgas, $Cl_2(g)$, in Kontakt gebracht wird, erfolgt eine heftige Reaktion (▶ Abbildung 8.2). Das Produkt dieser sehr exothermen Reaktion ist Natriumchlorid, NaCl(s):

$$Na(s) + \tfrac{1}{2} Cl_2(g) \longrightarrow NaCl(s) \qquad \Delta H_f^\circ = -410{,}9 \text{ kJ} \qquad (8.1)$$

Wie in ▶ Abbildung 8.3 dargestellt, besteht Natriumchlorid aus Na^+- und Cl^--Ionen in einer regulären dreidimensionalen Anordnung.

Die Bildung von Na^+ aus Na und Cl^- aus Cl_2 zeigt, dass ein Elektron von einem Natriumatom abgegeben und von einem Chloratom aufgenommen wurde – wir können uns einen *Elektronenübergang* vom Na-Atom zum Cl-Atom vorstellen. Zwei der Atomeigenschaften, die wir in Kapitel 7 diskutiert haben, geben uns einen Hinweis da-

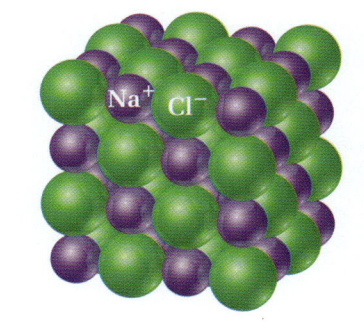

Abbildung 8.3: Die Kristallstruktur von Natriumchlorid. In einer unendlichen dreidimensionalen Anordnung von Ionen ist jedes Na^+-Ion von sechs Cl^--Ionen umgeben und jedes Cl^--Ion ist von sechs Na^+-Ionen umgeben.

> **Bildung von Natriumchlorid**

rauf, wie bereitwillig ein Elektronenübergang stattfindet: Die Ionisierungsenergie, die anzeigt, wie leicht ein Elektron aus einem Atom entfernt werden kann und die Elektronenaffinität, die misst, wie stark ein Atom ein Elektron aufnehmen will (siehe Abschnitte 7.4 und 7.5). Ein Elektronenübergang unter Bildung von entgegengesetzt geladenen Ionen tritt auf, wenn eines der Atome bereitwillig ein Elektron abgibt (niedrige Ionisierungsenergie) und das andere Atom bereitwillig ein Elektron aufnimmt (hohe Elektronenaffinität). Folglich ist NaCl eine typische Ionenverbindung, da es aus einem Metall mit einer niedrigen Ionisierungsenergie und einem Nichtmetall mit hoher Elektronenaffinität besteht. Mit Lewis-Elektronenpunkt-Symbolen und mit einem Chloratom anstelle des Cl_2-Moleküls können wir diese Reaktion wie folgt darstellen:

$$Na\cdot + \cdot \overline{\underline{Cl}}| \longrightarrow Na^+ + [|\overline{\underline{Cl}}|]^- \qquad (8.2)$$

> **? DENKEN SIE EINMAL NACH**
>
> Beschreiben Sie die Elektronenübergänge, die bei der Bildung von Magnesiumfluorid aus elementarem Magnesium und Fluor auftreten.

Der Pfeil deutet den Übergang eines Elektrons vom Na-Atom zum Cl-Atom an. Jedes Ion besitzt ein Elektronenoktett, wobei das Oktett in Na^+ die $2s^2 2p^6$-Elektronen sind, die unterhalb des einzelnen $3s$-Valenzelektrons des Na-Atoms liegen. Wir haben eine Klammer um das Chloridion geschrieben, um zu betonen, dass sich alle acht Elektronen exklusiv am Cl^--Ion befinden.

Energetik der Ionenbindungsbildung

Wie aus Abbildung 8.2 ersichtlich, ist die Reaktion von Natrium mit Chlor *sehr* exotherm. In der Tat ist ▶ Gleichung 8.1 die Reaktion für die Bildung von NaCl(s) aus seinen Elementen, so dass die Enthalpieänderung für die Reaktion ΔH_f° für NaCl(s) ist. In Anhang C können wir sehen, dass die Bildungswärme für andere ionische Substanzen auch sehr negativ ist. Welche Faktoren machen die Bildung von ionischen Verbindungen so exotherm?

In ▶ Gleichung 8.2 haben wir die Bildung von NaCl als Übergang eines Elektrons von Na zu Cl dargestellt. Erinnern Sie sich aber aus unserer Diskussion der Ionisierungsenergien, dass der Verlust eines Elektrons aus einem Atom immer ein endothermer Vorgang ist (siehe Abschnitt 7.4). Das Entfernen eines Elektrons aus Na(g) zu $Na^+(g)$ benötigt z. B. 496 kJ/mol. Umgekehrt ist der Vorgang im Allgemeinen exotherm, wenn ein Nichtmetall ein Elektron aufnimmt, was man an der negativen Elektronenaffinität der Elemente erkennt (siehe Abschnitt 7.5). Fügt man z. B. ein Elektron zu Cl(g) hinzu, werden 349 kJ/mol frei. Wenn der Übergang eines Elektrons von einem Atom zu einem anderen der einzige Faktor bei der Bildung einer Ionenbindung wäre, würde der Gesamtvorgang selten exotherm sein. Entfernt man z. B. ein Elektron aus Na(g) und fügt es Cl(g) hinzu, ist dies ein endothermer Vorgang, der 496 − 349 = 147 kJ/mol benötigt. Dieser endotherme Vorgang entspricht der Bildung von Natrium und Chloridionen, die unendlich weit voneinander entfernt sind – mit anderen Worten, die positive Energieänderung setzt voraus, dass die Ionen nicht miteinander interagieren, was natürlich unterschiedlich zu der Situation in ionischen Feststoffen ist.

Der Hauptgrund dafür, dass Ionenverbindungen stabil sind, ist die Anziehung zwischen Ionen mit entgegengesetzter Ladung. Diese Anziehung zieht die Ionen zueinander, unter Freisetzung von Energie und Bildung einer festen Anordnung der Ionen, wie z. B. die für NaCl in Abbildung 8.3 gezeigte. Ein Maß dafür, wie sehr die Stabilisierung aus der Anordnung der entgegengesetzt geladenen Ionen in einem ionischen Feststoff resultiert, ist die **Gitterenergie**. *Diese Energie ist nötig, um ein Mol einer festen ionischen Verbindung in seine gasförmigen Ionen zu trennen.*

Um ein Bild für diesen Vorgang für NaCl zu bekommen, stellen Sie sich vor, dass sich die in Abbildung 8.3 gezeigte Struktur von innen heraus ausdehnt, so dass die

Tabelle 8.2

Gitterenergien einiger ionischer Verbindungen

Verbindung	Gitterenergie (kJ/mol)	Verbindung	Gitterenergie (kJ/mol)
LiF	1030	$MgCl_2$	2326
LiCl	834	$SrCl_2$	2127
LiI	730		
NaF	910	MgO	3795
NaCl	788	CaO	3414
NaBr	732	SrO	3217
NaI	682		
KF	808	ScN	7547
KCl	701		
KBr	671		
CsCl	657		
CsI	600		

Abstände zwischen den Ionen zunehmen, bis die Ionen sehr weit voneinander entfernt sind. Dieser Vorgang benötigt 788 kJ/mol, was dem Wert der Gitterenergie entspricht:

$$NaCl(s) \longrightarrow Na^+(g) + Cl^-(g) \qquad \Delta H_{\text{Gitter}} = +788 \text{ kJ/mol} \qquad (8.3)$$

Beachten Sie, dass dieser Vorgang stark endotherm ist. Der umgekehrte Vorgang – das Zusammenkommen von $Na(g)^+$ und $Cl(g)^-$ zu $NaCl(s)$ – ist daher stark exotherm ($\Delta H = -788$ kJ/mol).

Tabelle 8.2 listet die Gitterenergien für NaCl und andere Ionenverbindungen auf. Es sind alles große positive Werte, was anzeigt, dass die Ionen in diesen Feststoffen stark gegenseitig angezogen werden. Die Energie, die durch die Anziehung von entgegengesetzt geladenen Ionen freigesetzt wird, gleicht die endotherme Natur der Ionisierungsenergie mehr als aus, was die Bildung von ionischen Verbindungen zu einem exothermen Vorgang macht. Die starken Anziehungen führen dazu, dass die meisten ionischen Verbindungen hart und spröde sind und einen hohen Schmelzpunkt haben, z. B. schmilzt NaCl bei 801 °C.

Die Größe der Gitterenergie eines Feststoffs hängt von den Ladungen der Ionen, ihrer Größe und ihrer Anordnung im Feststoff ab. Wir haben in Kapitel 5 gesehen, dass die elektrostatische potenzielle Energie zweier interagierender geladener Teilchen durch

$$E_{el} = \frac{\kappa Q_1 Q_2}{d} \qquad (8.4)$$

gegeben ist. In dieser Gleichung sind Q_1 und Q_2 die Ladungen der Teilchen, d ist der Abstand zwischen ihren Zentren und κ ist eine Konstante, $8{,}99 \times 10^9$ J·m/C² (siehe Abschnitt 5.1). ▶Gleichung 8.4 deutet an, dass die anziehende Wechselwirkung zwischen zwei entgegengesetzt geladenen Ionen zunimmt, wenn die Größe ihrer Ladung zunimmt und der Abstand zwischen ihren Zentren abnimmt. *Folglich steigt, für eine gegebene Anordnung von Ionen, die Gitterenergie mit zunehmender Ladung der Ionen und fällt, wenn ihre Radien zunehmen.* Die Größe der Gitterenergie hängt in erster Linie von der ionischen Ladung ab, sofern sich die Ionenradien nicht stark ändern.

ÜBUNGSBEISPIEL 8.1 — Größen der Gitterenergien

Ordnen Sie die folgenden ionischen Verbindungen, ohne in Tabelle 8.2 zu schauen, nach steigender Gitterenergie an: NaF, CsI und CaO.

Lösung

Analyse: Aus den Formeln für drei Ionenverbindungen müssen wir ihre relativen Gitterenergien bestimmen.

Vorgehen: Wir müssen die Ladungen und relativen Größen der Ionen in den Verbindungen bestimmen. Wir können dann ▶ Gleichung 8.4 qualitativ zur Bestimmung der relativen Energien benutzen, wobei wir wissen, dass je größer die Ionenladung, desto größer die Energie und je weiter entfernt die Ionen sind, desto niedriger die Energie.

Lösung: NaF besteht aus Na^+- und F^--Ionen, CsI aus Cs^+- und I^--Ionen, und CaO aus Ca^{2+}- und O^{2-}-Ionen. Da das Produkt der Ladungen, $Q_1 Q_2$, im Zähler von Gleichung 8.4 erscheint, wird die Gitterenergie drastisch ansteigen, wenn die Ladungen der Ionen ansteigen. Folglich erwarten wir, dass die Gitterenergie von CaO, das 2+- und 2−-Ionen enthält, die größte der drei ist.

Die ionischen Ladungen in NaF und CsI sind gleich. Als Ergebnis wird der Unterschied in ihrer Gitterenergie vom Unterschied der Abstände zwischen den Zentren der Ionen in ihrem Gitter abhängen. Da die Ionengröße zunimmt, wenn wir eine Gruppe im Periodensystem abwärts gehen (Abschnitt 7.3), wissen wir, dass Cs^+ größer ist als Na^+ und I^- größer ist als F^-. Deshalb wird der Abstand zwischen den Na^+- und F^--Ionen in NaF kleiner sein als der Abstand zwischen Cs^+- und I^--Ionen in CsI. Als Ergebnis daraus sollte die Gitterenergie von NaF größer als die von CsI sein. Als Reihenfolge mit steigender Energie erhalten wir damit CsI < NaF < CaO.

Überprüfung: Tabelle 8.2 bestätigt, dass unsere vorhergesagte Reihenfolge richtig ist.

ÜBUNGSAUFGABE

Von welcher Substanz würden Sie erwarten, dass sie die größte Gitterenergie hat: AgCl, CuO, oder CrN?

Antwort: CrN.

Elektronenkonfigurationen von Ionen der Hauptgruppenelemente

Wir haben mit der Betrachtung der Elektronenkonfigurationen von Ionen in Abschnitt 7.4 begonnen. Angesichts unserer Untersuchung der Ionenbindung werden wir hier mit der Diskussion fortfahren. Die Energetik der Ionenbindungsbildung hilft bei der Erklärung, warum viele Ionen dazu neigen, Edelgas-Elektronenkonfigurationen zu haben. Zum Beispiel verliert Natrium bereitwillig ein Elektron, um Na^+ zu bilden, welches die gleiche Elektronenkonfiguration wie Ne hat:

$$Na \quad 1s^2 2s^2 2p^6 3s^1 = [Ne]3s^1$$
$$Na^+ \quad 1s^2 2s^2 2p^6 \quad = [Ne]$$

Obwohl die Gitterenergie mit zunehmender Ionenladung zunimmt, finden wir niemals Ionenverbindungen, die Na^{2+}-Ionen enthalten. Das zweite zu entfernende Elektron müsste aus einer inneren Schale des Natriumatoms kommen und das Entfernen von Elektronen aus einer inneren Schale erfordert eine sehr große Energiemenge (siehe Abschnitt 7.4). Der Anstieg in der Gitterenergie reicht nicht, um die zum Entfernen eines Elektrons aus der inneren Schale nötige Energie zu kompensieren. Folglich findet man Natrium und die anderen Metalle der Gruppe 1A in ionischen Substanzen nur als 1+-Ionen.

Ähnlich ist das Hinzufügen von Elektronen zu Nichtmetallen entweder exotherm oder nur leicht endotherm, solange die Elektronen zu den Valenzschalen hinzugefügt werden. Folglich nimmt ein Cl-Atom leicht ein Elektron auf, um Cl^- zu bilden, das die gleiche Elektronenkonfiguration wie Ar hat:

$$Cl \quad 1s^2 2s^2 2p^6 3s^2 3p^5 = [Ne]3s^2 3p^5$$
$$Cl^- \quad 1s^2 2s^2 2p^6 3s^2 3p^6 = [Ne]3s^2 3p^6 = [Ar]$$

ÜBUNGSBEISPIEL 8.2

Ladungen an Ionen

Sagen Sie das Ion, das gewöhnlich von **(a)** Sr, **(b)** S, **(c)** Al gebildet wird, vorher.

Lösung

Analyse: Wir müssen uns entscheiden, wie viele Elektronen am wahrscheinlichsten von Sr-, S-, and Al-Atomen aufgenommen oder abgegeben werden.

Vorgehen: Für jeden Fall können wir die Stellung des Elements im Periodensystem dazu benutzen, um vorherzusagen, ob es entweder ein Kation oder ein Anion bildet. Wir können dann seine Elektronenkonfiguration benutzen, um zu bestimmen, welches Ion wahrscheinlich gebildet wird.

Lösung: (a) Strontium ist ein Metall der Gruppe 2A und wird daher ein Kation bilden. Seine Elektronenkonfiguration ist [Kr]$5s^2$, und somit erwarten wir, dass die beiden Valenzelektronen leicht abgegeben werden können, um ein Sr^{2+}-Ion zu bilden. **(b)** Schwefel ist ein Nichtmetall der Gruppe 6A und neigt somit dazu, als ein Anion vorzuliegen. Seine Elektronenkonfiguration ([Ne]$3s^2 3p^4$) ist zwei Elektronen von einer Edelgaskonfiguration entfernt. Folglich erwarten wir, dass Schwefel dazu neigt, S^{2-}-Ionen zu bilden. **(c)** Aluminium ist ein Metall aus der Gruppe 3A. Wir erwarten daher, dass es Al^{3+}-Ionen bildet.

Überprüfung: Die von uns hier vorhergesagten Ionenladungen werden in Tabelle 2.4 und 2.5 bestätigt.

ÜBUNGSAUFGABE

Sagen Sie die Ladungen der gebildeten Ionen vorher, wenn Magnesium mit Stickstoff reagiert.

Antwort: Mg^{2+} und N^{3-}.

Um ein Cl^{2-}-Ion zu bilden, müsste das zweite Elektron zur nächst höheren Schale des Cl-Atoms hinzugefügt werden, was energetisch sehr ungünstig ist. Daher beobachten wir nie Cl^{2-}-Ionen in Ionenverbindungen.

Ausgehend von diesen Konzepten erwarten wir, dass Ionenverbindungen der Hauptgruppen-Metalle der Gruppen 1A, 2A und 3A Kationen mit den Ladungen 1+, 2+ und 3+ enthalten werden. Ähnlich enthalten Ionenverbindungen der Hauptgruppen-Nichtmetalle der Gruppen 5A, 6A und 7A gewöhnlich Anionen der Ladung 3−, 2− und 1−. Obwohl wir kaum Ionenverbindungen der Nichtmetalle der Gruppe 4A (C, Si und Ge) finden, sind die schwersten Elemente der Gruppe 4A (Sn und Pb) Metalle und man findet sie gewöhnlich als Kationen in Ionenverbindungen: Sn^{2+} und Pb^{2+}. Dieses Verhalten stimmt mit dem zunehmenden metallischen Charakter überein, den man findet, wenn man eine Spalte im Periodensystem hinab geht (siehe Abschnitt 7.6).

Übergangsmetall-Ionen

Da die Ionisierungsenergien sehr stark mit jeder Abgabe eines Elektrons ansteigen, sind die Gitterenergien von Ionenverbindungen im Allgemeinen nur groß genug, um den Verlust von bis zu drei Elektronen pro Atom zu kompensieren. Folglich finden wir in Verbindungen Kationen mit Ladungen von 1+, 2+ oder 3+. Die meisten Übergangsmetalle besitzen mehr als drei Elektronen über eine Edelgasschale hinaus. Zum Beispiel hat Silber eine [Kr]$4d^{10}5s^1$-Elektronenkonfiguration. Metalle der Gruppe 1B (Cu, Ag, Au) treten oft als 1+-Ionen auf (wie z. B. in CuBr and AgCl). Bei der Bildung von Ag^+ wird das $5s$-Elektron abgegeben, so dass eine vollständig gefüllte $4d$-Unterschale zurückbleibt. Wie in diesem Beispiel bilden Übergangsmetalle im Allgemeinen keine Ionen mit einer Edelgaskonfiguration. Obwohl sie nützlich ist, ist die Oktettregel in ihrem Gültigkeitsbereich eindeutig beschränkt.

Erinnern Sie sich aus unserer Diskussion in Abschnitt 7.4, dass, wenn ein positives Ion aus einem Atom gebildet wird, die Elektronen zuerst aus der Unterschale mit dem größten Wert für n abgegeben werden. Folglich *geben die Übergangsmetalle bei der Bildung von Ionen zuerst die s-Elektronen der Valenzschale und dann so viele, wie zum Erlangen der Ionenladung nötige d-Elektronen ab.* Betrachten wir einmal Fe,

---

Näher hingeschaut ■ Berechnung von Gitterenergien: Der Born-Haber-Kreisprozess

Gitterenergie ist ein nützliches Konzept, da es direkt mit der Stabilität eines ionischen Feststoffs zusammenhängt. Leider kann die Gitterenergie nicht direkt durch ein Experiment bestimmt werden. Sie kann aber berechnet werden, wenn man sich die Bildung einer ionischen Verbindung als eine Reihe eindeutig definierter Schritte vergegenwärtigt. Wir können dann den Hess'schen Satz (siehe Abschnitt 5.6) anwenden, um diese Schritte so zusammenzusetzen, dass wir die Gitterenergie für die Verbindung erhalten. Wenn wir so vorgehen, konstruieren wir einen **Born-Haber-Kreisprozess**, einen thermochemischen Kreisprozess, benannt nach den deutschen Wissenschaftlern Max Born (1882–1970) und Fritz Haber (1868–1934), die ihn einführten, um die Faktoren zu analysieren, die zur Stabilität ionischer Verbindungen beitragen.

Im Born-Haber-Kreisprozess für NaCl betrachten wir die Bildung von NaCl(s) aus den Elementen Na(s) und $Cl_2(g)$ auf zwei verschiedenen Wegen, wie in ▶ Abbildung 8.4 gezeigt. Die Enthalpieänderung für den direkten Weg (roter Pfeil) ist die Bildungswärme von NaCl(s):

$$Na(s) + \tfrac{1}{2} Cl_2(g) \longrightarrow NaCl(s)$$
$$\Delta H_f^\circ[NaCl(s)] = -411 \text{ kJ} \quad (8.5)$$

Der indirekte Weg besteht aus fünf Schritten, in Abbildung 8.4 mit grünen Pfeilen dargestellt. Zuerst generieren wir gasförmige Natrium-Atome, indem wir Natriummetall verdampfen. Dann bilden wir gasförmige Chloratome, indem wir die Bindungen in den Cl_2-Molekülen aufbrechen. Die Enthalpieänderungen für diese Vorgänge sind als Bildungsenthalpien nachzuschlagen (Anhang C):

$$Na(s) \longrightarrow Na(g) \quad \Delta H_f^\circ[Na(g)] = 108 \text{ kJ} \quad (8.6)$$
$$\tfrac{1}{2} Cl_2(g) \longrightarrow Cl(g) \quad \Delta H_f^\circ[Cl(g)] = 122 \text{ kJ} \quad (8.7)$$

Diese beiden Vorgänge sind endotherm; es muss Energie aufgebracht werden, um gasförmige Natrium- und Chloratome zu bilden.

In den nächsten beiden Schritten entfernen wir das Elektron aus Na(g), um $Na^+(g)$ zu bilden und dann fügen wir ein Elektron zu Cl(g) hinzu, um $Cl^-(g)$ zu bilden. Die Enthalpieänderungen für diese Vorgänge sind gleich der ersten Ionisierungsenergie für Na, I_1(Na), bzw. der Elektronenaffinität für Cl, als E(Cl) bezeichnet (siehe Abschnitte 7.4, 7.5):

$$Na(g) \longrightarrow Na^+(g) + e^- \quad \Delta H = I_1(Na) = 496 \text{ kJ} \quad (8.8)$$
$$Cl(g) + e^- \longrightarrow Cl^-(g) \quad \Delta H = E(Cl) = -349 \text{ kJ} \quad (8.9)$$

Schließlich vereinen wir die gasförmigen Natrium- und Chlorid-Ionen zu festem Natriumchlorid. Da dieser Prozess einfach die Umkehrung der Gitterenergie ist (das Aufbrechen eines Feststoffs in gasförmige Ionen), ist die Enthalpieänderung der negative Wert der Gitterenergie, die Größe, die wir bestimmen wollen:

$$Na^+(g) + Cl^-(g) \longrightarrow NaCl(s)$$
$$\Delta H = -\Delta H_{Gitter} = ? \quad (8.10)$$

Die Summe der fünf Schritte auf diesem indirekten Weg gibt uns NaCl(s) aus Na(s) und $\tfrac{1}{2} Cl_2(g)$. Folglich wissen wir aus dem Hess'schen Satz, dass die Summe der Enthalpieänderungen für diese fünf Schritte gleich der für den direkten Weg ist, dargestellt durch den roten Pfeil, ▶ Gleichung 8.5:

$$\Delta H_f^\circ[NaCl(s)] = \Delta H_f^\circ[Na(g)] + \Delta H_f^\circ[Cl(g)] + I_1(Na) + E(Cl) - \Delta H_{Gitter}$$
$$-411 \text{ kJ} = 108 \text{ kJ} + 122 \text{ kJ} + 496 \text{ kJ} - 349 \text{ kJ} - \Delta H_{Gitter}$$

Aufgelöst nach ΔH_{Gitter}:

$$\Delta H_{Gitter} = 108 \text{ kJ} + 122 \text{ kJ} + 496 \text{ kJ} - 349 \text{ kJ} + 411 \text{ kJ}$$
$$= 788 \text{ kJ}$$

Folglich ist die Gitterenergie für NaCl 788 kJ/mol.

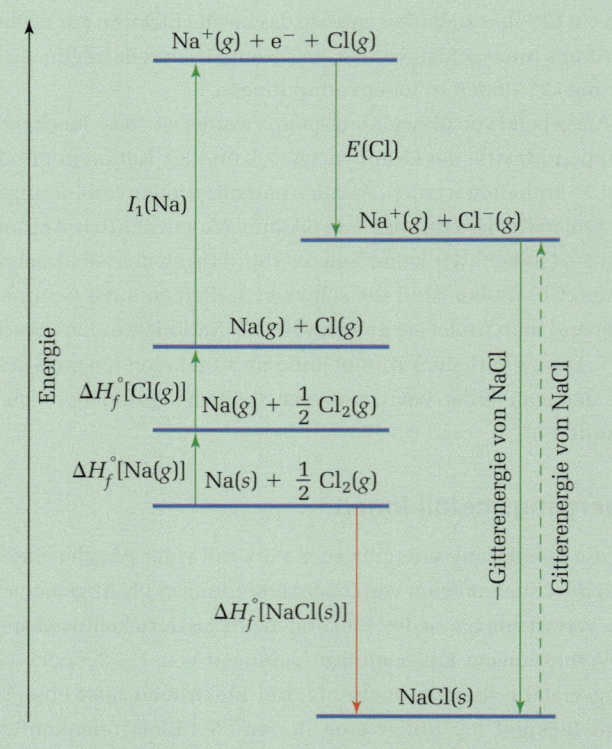

Abbildung 8.4: Der Born-Haber-Kreisprozess. Diese Darstellung zeigt die energetischen Beziehungen bei der Bildung von ionischen Feststoffen aus den Elementen. Nach dem Hess'schen Satz ist die Bildungsenthalpie für NaCl(s) aus elementarem Natrium und Chlor (▶ Gleichung 8.5) gleich der Summe der Energien der verschiedenen Einzelschritte (▶ Gleichungen 8.6 bis 8.10).

8.3 Kovalente Bindung

das die Elektronenkonfiguration [Ar]$3d^64s^2$ hat. Bei der Bildung des Fe^{2+}-Ions werden die beiden 4s-Elektronen abgegeben, was zu einer [Ar]$3d^6$-Konfiguration führt. Die Abgabe eines weiteren Elektrons ergibt das Fe^{3+}-Ion, dessen Elektronenkonfiguration [Ar]$3d^5$ ist.

> **? DENKEN SIE EINMAL NACH**
>
> Welches Element bildet ein 1+-Ion, das die Elektronenkonfiguration [Kr]$4d^8$ hat?

Mehratomige Ionen

Lassen Sie uns nun noch einmal Tabelle 2.4 und 2.5, die die gängigen Ionen auflisten, betrachten (siehe Abschnitt 2.8). Mehrere Kationen und viele gängige Anionen sind polyatomar. Beispiele hierfür sind das Ammonium-Ion, NH_4^+, und das Carbonat-Ion, CO_3^{2-}. In polyatomaren Ionen sind zwei oder mehr Atome durch überwiegend kovalente Bindungen aneinander gebunden. Sie bilden eine stabile Gruppierung, die entweder eine positive oder eine negative Ladung trägt. Wir werden die kovalenten Bindungskräfte in diesen Ionen in Kapitel 9 untersuchen. Für den Moment müssen Sie nur verstehen, dass bei allen mehratomigen Ionen die Atomgruppe als Ganzes als eine geladene Spezies agiert, wenn das Ion eine ionische Verbindung mit einem Ion entgegengesetzter Ladung bildet.

Kovalente Bindung 8.3

> **CWS** Bindungsbildung in H_2

Ionische Substanzen besitzen einige charakteristische Eigenschaften. Sie sind gewöhnlich spröde Substanzen mit hohen Schmelzpunkten. Sie sind gewöhnlich kristallin, d. h. die Feststoffe haben glatte Oberflächen, die in charakteristischem Winkel zueinander stehen. Ionische Kristalle können oft gespalten werden, d. h. sie brechen entlang ebener, glatter Oberflächen. Diese Eigenschaften rühren von elektrostatischen Kräften her, die die Ionen in einer festen, eindeutigen, dreidimensionalen Anordnung halten, wie z. B. die in Abbildung 8.3 dargestellte.

Die überwiegende Mehrheit der chemischen Substanzen hat nicht die Eigenschaften von ionischen Materialien. Die meisten Substanzen, mit denen wir in täglichen Kontakt kommen – wie z. B. Wasser – neigen dazu, Gase, Flüssigkeiten oder Feststoffe mit niedrigem Schmelzpunkt zu sein. Viele, wie z. B. Benzin, verflüchtigen sich leicht. Viele sind in ihrer festen Form biegsam – z. B. Plastiktüten und Paraffin.

Für die sehr große Klasse der Substanzen, die sich nicht wie ionische Substanzen verhalten, brauchen wir ein anderes Modell für die Bindung zwischen den Atomen. G. N. Lewis überlegte, dass Atome eine Edelgaselektronenkonfiguration erlangen könnten, wenn sie Elektronen mit anderen Atomen teilen. Wie wir in Abschnitt 8.1 erwähnt haben, wird eine Bindung, die durch ein gemeinsames Elektronenpaar entsteht, *kovalente Bindung* genannt.

Das Wasserstoffmolekül, H_2, stellt das einfachste Beispiel für eine kovalente Bindung dar. Wenn zwei Wasserstoffatome sich nähern, treten elektrostatische Wechselwirkungen zwischen ihnen auf. Die beiden positiv geladenen Kerne stoßen sich gegenseitig ab, die beiden negativ geladenen Elektronen stoßen sich gegenseitig ab, und der Kern und die Elektronen ziehen sich gegenseitig an, wie in ▶ Abbildung 8.5 gezeigt. Da H_2-Moleküle als stabile Einheiten existieren, müssen die anziehenden Kräfte die abstoßenden übersteigen. Warum ist dies so?

Wenn man quantenmechanische Methoden, analog zu den für Atome angewendeten benutzt (siehe Abschnitt 6.5), kann man die Elektronendichteverteilung in Molekülen berechnen. Solch eine Berechnung für H_2 zeigt, dass die Anziehung zwischen

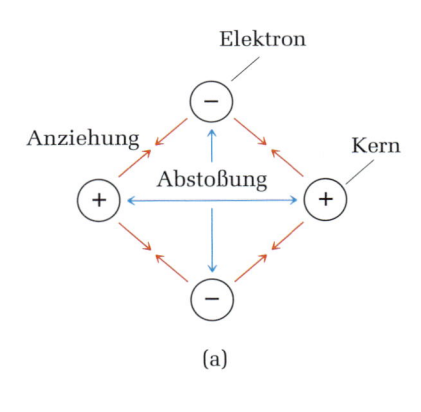

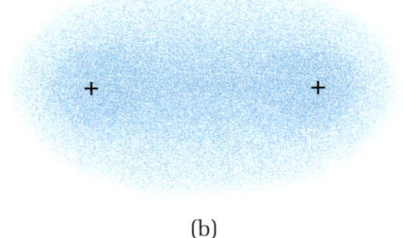

Abbildung 8.5: Die kovalente Bindung in H_2. (a) Die Anziehungen und Abstoßungen zwischen Elektronen und Kernen im Wasserstoffmolekül. (b) Elektronenverteilung im H_2-Molekül. Die Konzentration der Elektronendichte zwischen den Kernen führt zu einer Nettoanziehungskraft, die die kovalente Bindung erzeugt, die das Molekül zusammenhält.

> **? DENKEN SIE EINMAL NACH**
>
> Da es weniger stabil als zwei separierte He-Atome ist, existiert das He$_2$-Molekül nicht. Was sind die anziehenden Kräfte in He$_2$? Was sind die abstoßenden Kräfte in He$_2$? Was ist größer, die anziehenden oder die abstoßenden Kräfte?

den Kernen und den Elektronen zu einer Konzentration der Elektronendichte zwischen den Kernen führt, wie in Abbildung 8.5 b gezeigt. Als ein Ergebnis sind die elektrostatischen Wechselwirkungen insgesamt anziehend. Folglich werden die Atome in H$_2$ hauptsächlich dadurch zusammengehalten, dass die beiden Kerne elektrostatisch von der Konzentration an negativer Ladung zwischen ihnen angezogen werden. Im Wesentlichen dient das gemeinsame Elektronenpaar in jeder kovalenten Bindung als eine Art „Kleber", um die Atome aneinander zu binden.

Lewis-Strukturformeln

Die Bildung kovalenter Bindungen kann mit Lewis-Symbolen für die beteiligten Atome dargestellt werden. Zum Beispiel kann die Bildung des H$_2$-Moleküls aus zwei H-Atomen dargestellt werden als

$$H\cdot + \cdot H \longrightarrow H-H$$

Auf diese Art und Weise erhält jedes Wasserstoffatom ein zweites Elektron, wodurch es die stabile Edelgas-Elektronenkonfiguration mit zwei Elektronen von Helium erlangt.

Die Bildung einer Bindung zwischen zwei Cl-Atomen zum Cl$_2$-Molekül kann auf ähnliche Weise dargestellt werden:

$$|\overline{\underline{Cl}}\cdot + \cdot\overline{\underline{Cl}}| \longrightarrow |\overline{\underline{Cl}}-\overline{\underline{Cl}}|$$

Durch Teilen des Bindungselektronenpaars hat jedes Chloratom acht Elektronen (ein Oktett) in seiner Valenzschale. Folglich erlangt es die Edelgas-Elektronenkonfiguration von Argon.

Die hier für H$_2$ und Cl$_2$ gezeigten Formeln nennt man **Lewis-Strukturformeln**. Wenn wir Lewis-Strukturformeln schreiben, stellen wir üblicherweise jedes Elektronenpaar als Strich dar. Auf diese Weise geschrieben sehen die Lewis-Strukturformeln für H$_2$ und Cl$_2$ wie folgt aus

$$H-H \qquad |\overline{\underline{Cl}}-\overline{\underline{Cl}}|$$

Für die Nichtmetalle ist die Anzahl der Valenzelektronen in einem neutralen Atom gleich der Gruppennummer des Elements. Deshalb könnte man voraussagen, dass 7A-Elemente, wie z. B. F, eine kovalente Bindung bilden würden, um ein Oktett zu erlangen; 6A-Elemente, wie z. B. O, würden zwei kovalente Bindungen bilden; 5A-Elemente, wie z. B. N, würden drei kovalente Bindungen bilden; und 4A-Elemente, wie z. B. C, würden vier kovalente Bindungen bilden. Diese Vorhersagen treffen auf viele Verbindungen zu. Betrachten Sie zum Beispiel die einfachen Wasserstoffbindungen der Nichtmetalle der zweiten Reihe des Periodensystems:

$$H-\overline{\underline{F}}| \qquad H-\overline{\underline{O}}| \qquad H-\overline{N}-H \qquad H-\overset{\displaystyle H}{\underset{\displaystyle H}{C}}-H$$
$$\phantom{H-\overline{\underline{F}}|\qquad}\; H \qquad\quad\; H$$

Folglich begründet das Lewis-Modell erfolgreich die Zusammensetzung vieler Verbindungen der Nichtmetalle, in denen kovalente Bindungen vorherrschen.

ÜBUNGSBEISPIEL 8.3 — Lewis-Strukturformel einer Verbindung

Gegeben sind die Lewis-Symbole für die Elemente Stickstoff und Fluor (siehe Tabelle 8.1). Sagen Sie die Formel für eine stabile binäre Verbindung (eine Verbindung aus zwei Elementen) voraus, die bei der Reaktion von Stickstoff mit Fluor entsteht, und zeichnen Sie seine Lewis-Strukturformel.

Lösung

Analyse: Die Lewis-Symbole für Stickstoff und Fluor zeigen, dass Stickstoff fünf und Fluor sieben Valenzelektronen besitzt.

Vorgehen: Wir müssen eine Kombination der beiden Elemente finden, in der sich ein Elektronenoktett um jedes Atom in der Verbindung befindet. Stickstoff braucht drei zusätzliche Elektronen, um sein Oktett zu vervollständigen, während Fluor nur ein Elektron braucht. Ein gemeinsames Elektronenpaar zwischen einem Stickstoffatom und einem Fluoratom ergibt ein Elektronenoktett für Fluor, aber nicht für Stickstoff. Wir müssen daher einen Weg finden, um zwei weitere Elektronen für das N-Atom zu bekommen.

Lösung: Stickstoff muss sich ein Elektronenpaar mit drei Fluoratomen teilen, um sein Oktett zu vervollständigen. Folglich ist die Lewis-Strukturformel für die resultierende Verbindung, NF_3,

$$|\overline{F}-\overline{N}-\overline{F}|$$
$$\phantom{|\overline{F}-\,}|\phantom{-\overline{F}|}$$
$$\phantom{|\overline{F}-\,}|\overline{F}|$$

Überprüfung: Die Lewis-Strukturformel zeigt, dass jedes Atom von einem Elektronenoktett umgeben ist, da jeder Strich in einer Lewis-Strukturformel *zwei* Elektronen repräsentiert.

ÜBUNGSAUFGABE

Vergleichen Sie das Lewis-Symbol von Neon mit der Lewis-Strukturformel von Methan, CH_4. In welcher wichtigen Hinsicht sind die Elektronenanordnungen um Neon und Kohlenstoff gleich? In welcher wichtigen Hinsicht sind sie verschieden?

Antwort: Beide Atome haben ein Elektronenoktett um sich. Aber die Elektronen um Neon sind ungeteilte Elektronenpaare, während die um Kohlenstoff mit vier Wasserstoffatomen geteilt sind.

Mehrfachbindungen

Die Teilung eines Elektronenpaars bedeutet eine einfache kovalente Bindung, im Allgemeinen kurz als **Einfachbindung** bezeichnet. In vielen Molekülen erlangen Atome vollständige Oktette durch mehr als ein gemeinsames Elektronenpaar. Bei zwei gemeinsamen Elektronenpaaren werden zwei Striche gezeichnet, die eine **Doppelbindung** darstellen. In Kohlendioxid zum Beispiel treten Bindungen zwischen Kohlenstoff mit vier Valenzelektronen und Sauerstoff mit sechs Elektronen, auf:

$$|\dot{\overline{O}}| + \cdot\dot{C}\cdot + |\dot{\overline{O}}| \longrightarrow \overline{O}=C=\overline{O}$$

Wie das Diagramm zeigt, erlangt jedes Sauerstoffatom ein Elektronenoktett durch zwei gemeinsame Elektronenpaare mit Kohlenstoff. Kohlenstoff andererseits erlangt ein Elektronenoktett durch zwei gemeinsame Elektronenpaare mit zwei Sauerstoffatomen.

Eine **Dreifachbindung** entspricht drei gemeinsamen Elektronenpaaren, wie z. B. im N_2-Molekül:

$$|\dot{N}\cdot + \cdot\dot{N}| \longrightarrow |N\equiv N|$$

Da jedes Stickstoffatom fünf Elektronen in seiner Valenzschale besitzt, braucht es zur Erlangung der Oktettkonfiguration drei gemeinsame Elektronenpaare.

Die Eigenschaften von N_2 stimmen vollständig mit seiner Lewis-Strukturformel überein. Stickstoff ist ein zweiatomiges Gas mit außergewöhnlich niedriger Reaktivität, die aus der sehr stabilen Stickstoff–Stickstoff-Bindung resultiert. Das Studium der Struktur von N_2 zeigt, dass die Stickstoffatome nur 1,10 Å voneinander entfernt sind. Die kurze N—N-Bindungslänge ist ein Ergebnis der Dreifachbindung zwischen den Atomen. Strukturuntersuchungen vieler verschiedener Substanzen, in denen Stickstoffatome ein oder zwei gemeinsame Elektronenpaare besitzen, haben gezeigt, dass der durchschnittliche Abstand zwischen gebundenen Stickstoffatomen sich mit der Zahl der gemeinsamen Elektronenpaare verändert:

$$\text{N—N} \quad \text{N=N} \quad \text{N≡N}$$
$$1{,}47 \text{ Å} \quad 1{,}24 \text{ Å} \quad 1{,}10 \text{ Å}$$

Als allgemeine Regel nimmt der Abstand zwischen gebundenen Atomen ab, wenn die Anzahl der gemeinsamen Elektronenpaare zunimmt. Der Abstand zwischen den Kernen der Atome, die an der Bindung beteiligt sind, wird **Bindungslänge** für die Bindung genannt. Wir sind Bindungslängen zuerst in unserer Diskussion der Atomradien in Abschnitt 7.3 begegnet und wir werden sie in Abschnitt 8.8 weiter diskutieren.

> **? DENKEN SIE EINMAL NACH**
>
> Die C—O-Bindungslänge in Kohlenmonoxid, CO, ist 1,13 Å, während die C—O-Bindungslänge in CO_2 1,24 Å ist. Ohne eine Lewis-Strukturformel zu zeichnen, denken Sie, dass Kohlenmonoxid eine Einfach-, Doppel- oder Dreifachbindung zwischen den C- und O-Atomen besitzt?

Bindungspolarität und Elektronegativität 8.4

Wenn zwei identische Atome sich binden, wie z. B. in Cl_2 oder N_2, müssen die Elektronenpaare gleichmäßig verteilt sein. Demgegenüber gibt es in ionischen Verbindungen, wie z. B. NaCl, im Wesentlichen keine gemeinsamen Elektronen, d. h. NaCl wird am besten als aus Na^+- und Cl^--Ionen zusammengesetzt beschrieben. Das 3s-Elektron des Na-Atoms ist in der Tat vollständig zum Chlor übergegangen. Die in den meisten kovalenten Substanzen auftretenden Bindungen fallen irgendwo zwischen diese Extreme.

Das Konzept der **Bindungspolarität** hilft bei der Beschreibung der Aufteilung von Elektronen zwischen Atomen. Eine **unpolare kovalente Bindung** ist eine Bindung, in der die Elektronen gleich zwischen zwei Atomen aufgeteilt sind, wie in den bereits zitierten Beispielen für Cl_2 und N_2. In einer **polaren kovalenten Bindung** übt eines der Atome eine größere Anziehung auf die Bindungselektronen aus als das andere. Wenn der Unterschied im relativen Vermögen Elektronen anzuziehen groß genug ist, wird eine Ionenbindung gebildet.

Elektronegativität

Wir benutzen eine, Elektronegativität genannte, Größe, um abzuschätzen, ob eine gegebene Bindung unpolar kovalent, polar kovalent oder ionisch sein wird. **Elektronegativität** ist definiert als die Fähigkeit eines Atoms, Elektronen *in einem Molekül* an sich zu ziehen. Je größer die Elektronegativität eines Atoms, desto größer ist seine Fähigkeit, Elektronen an sich zu ziehen. Die Elektronegativität eines Atoms in einem Molekül hängt mit seiner Ionisierungsenergie und Elektronenaffinität zusammen, die Eigenschaften von isolierten Atomen sind. Die *Ionisierungsenergie* misst, wie stark ein Atom seine Elektronen festhält (siehe Abschnitt 7.4). Ähnlich ist die *Elektronenaffinität* ein Maß dafür, wie stark ein Atom zusätzliche Elektronen anzieht (siehe Abschnitt 7.5). Ein Atom mit sehr negativer Elektronenaffinität und hoher Ionisierungsenergie wird sowohl Elektronen von anderen Atomen anziehen als auch sich dagegen sträuben, dass seine Elektronen fortgezogen werden; es wird stark elektronegativ sein. Numerische Abschätzungen der Elektronegativität können sich auf eine Reihe von Eigenschaften stützen, nicht nur auf Ionisierungsenergie und Elektronenaffinität. Die erste und am häufigsten benutzte Elektronegativitätsskala wurde von dem amerikanischen Chemiker Linus Pauling (1901–1994) entwickelt, der seine Skala auf thermochemischen Daten aufbaute. ▶ Abbildung 8.6 zeigt Paulings Elektronegativitätswerte

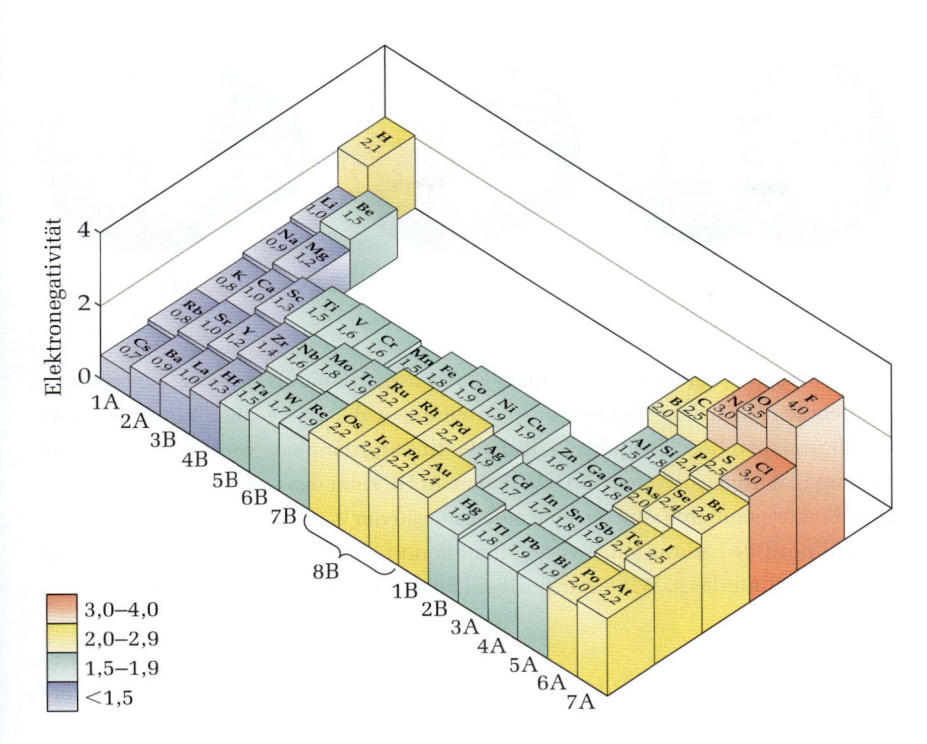

Abbildung 8.6: Elektronegativitäten der Elemente. Die Elektronegativität nimmt im Allgemeinen von links nach rechts in einer Periode zu und von oben nach unten in einer Gruppe ab.

für viele der Elemente. Die Werte sind benennungslos. Fluor, das elektronegativste Element, hat eine Elektronegativität von 4,0. Das am wenigsten elektronegative Element, Cäsium, hat eine Elektronegativität von 0,7. Die Werte für alle anderen Elemente liegen zwischen diesen beiden Extremen.

Innerhalb jeder Periode gibt es generell einen stetigen Anstieg der Elektronegativität von links nach rechts, d. h. vom metallischsten zum nichtmetallischsten Element. Mit einigen Ausnahmen, besonders innerhalb der Übergangsmetalle, nimmt die Elektronegativität mit zunehmender Ordnungszahl in jeder Gruppe ab. Dies ist das, was wir erwarten würden, da wir wissen, dass die Ionisierungsenergien dazu neigen, mit zunehmender Ordnungszahl in einer Gruppe abzunehmen und die Elektronenaffinitäten sich kaum ändern. Sie müssen die Zahlenwerte der Elektronegativität nicht auswendig lernen. Stattdessen sollten Sie die periodischen Tendenzen kennen, so dass Sie voraussagen können, welches von zwei Elementen elektronegativer ist.

Elektronegativität: Trends im Periodensystem

? DENKEN SIE EINMAL NACH

Wie unterscheidet sich die *Elektronegativität* eines Elementes von seiner *Elektronenaffinität*?

Elektronegativität und Bindungspolarität

Wir können die Unterschiede in der Elektronegativität zweier Atome benutzen, um die Polarität der Bindung zwischen ihnen abzuschätzen. Betrachten Sie diese drei fluorhaltigen Verbindungen:

Verbindung	F_2	HF	LiF
Elektronegativitäts-differenz	$4,0 - 4,0 = 0$	$4,0 - 2,1 = 1,9$	$4,0 - 1,0 = 3,0$
Bindungsart	Unpolar kovalent	Polar kovalent	Ionisch

In F_2 sind die Elektronen gleichmäßig zwischen den Fluoratomen verteilt und folglich ist die kovalente Bindung *unpolar*. Im Allgemeinen liegt eine unpolare kovalente Bindung dann vor, wenn die Elektronegativitäten der gebundenen Atome gleich sind.

8 Grundlegende Konzepte der chemischen Bindung

Abbildung 8.7: Elektronendichteverteilung. Diese computergenerierte Zeichnung zeigt die berechnete Elektronendichteverteilung an der Oberfläche der F_2-, HF- und LiF-Moleküle. Die Bereiche mit relativ niedriger Elektronendichte (positive Nettoladung) erscheinen blau, die mit relativ hoher Elektronendichte (negative Nettoladung) erscheinen rot und die Bereiche, die fast elektrisch neutral sind, erscheinen grün.

F_2 HF   LiF

In HF hat das Fluoratom eine größere Elektronegativität als das Wasserstoffatom, mit dem Ergebnis, dass die Elektronenverteilung ungleich ist – die Bindung ist polar. Im Allgemeinen liegt eine polare kovalente Bindung dann vor, wenn sich die Atome in ihren Elektronegativitäten unterscheiden. In HF zieht das elektronegativere Fluoratom Elektronendichte vom weniger elektronegativen Wasserstoffatom weg, was eine partiell positive Ladung am Wasserstoffatom und eine partiell negative Ladung am Fluoratom hinterlässt. Wir können diese Ladungsverteilung darstellen als

$$\overset{\delta+}{H} - \overset{\delta-}{F}$$

δ+ und δ− (gelesen „delta plus" und „delta minus") symbolisieren die partiellen positiven und negativen Ladungen.

In LiF ist die Elektronegativitätsdifferenz sehr groß, d. h. dass die Elektronendichte weit zum F hin verschoben ist. In der dreidimensionalen Struktur von LiF, analog der für NaCl in Abbildung 8.3 gezeigten, ist der Übergang der Elektronenladung vom Li zum F im Wesentlichen vollständig. Die resultierende Bindung ist daher *ionisch*. Diese Verschiebung der Elektronendichte zum elektronegativeren Atom hin kann in den Ergebnissen der Berechnungen der Elektronendichteverteilung abgelesen werden. Für die drei Spezies in unserem Beispiel sind die berechneten Elektronendichteverteilungen in ▶ Abbildung 8.7 wiedergegeben. Die Raumbereiche mit relativ höherer Elektronendichte sind rot dargestellt und die mit relativ niedrigerer Elektronendichte sind blau dargestellt. Sie können sehen, dass die Verteilung in F_2 symmetrisch ist, in HF ist sie deutlich zu F verschoben und in LiF ist die Verschiebung noch größer.* Diese Beispiele verdeutlichen, dass, *je größer die Differenz der Elektronegativitäten zwischen zwei Atomen, desto polarer ist ihre Bindung.* Die unpolare kovalente Bindung liegt an einem Ende eines Kontinuums von Bindungsarten und die Ionenbindung liegt am anderen Ende. Dazwischen gibt es eine breite Auswahl an polaren kovalenten Bindungen, die sich durch das Maß der Ungleichverteilung der Elektronen unterscheiden.

> **? DENKEN SIE EINMAL NACH**
>
> Der Unterschied in der Elektronegativität zweier Elemente ist 0,7. Würden Sie erwarten, dass die Bindung zwischen diesen Elementen unpolar, polar kovalent oder ionisch ist?

* Die berechnete Elektronendichteverteilung für LiF gilt für ein isoliertes LiF-„Molekül", nicht für den ionischen Feststoff. Obwohl die Bindung in diesem isolierten zweiatomigen System sehr polar ist, ist sie nicht 100 % ionisch, wie in der Bindung in festem Lithiumfluorid. Der feste Zustand begünstigt einen vollständigeren Elektronenübergang vom Li zum F, aufgrund des stabilisierenden Effekts des Ionengitters.

ÜBUNGSBEISPIEL 8.4 — Bindungspolarität

Welche Bindung ist in jedem der folgenden Fälle polarer: **(a)** B—Cl oder C—Cl; **(b)** P—F oder P—Cl? Markieren Sie für jeden Fall das Atom, das die partiell negative Ladung trägt.

Lösung

Analyse: Wir sollen relative Bindungspolaritäten bestimmen, wobei uns nichts als die an den Bindungen beteiligten Atome gegeben sind.

Vorgehen: Wir müssen die Elektronegativitätswerte für alle beteiligten Atome kennen. Wir können diese aus ▶ Abbildung 8.6 ablesen. Da wir nicht nach quantitativen Antworten gefragt wurden, können wir alternativ dazu das Periodensystem und unsere Kenntnisse über Tendenzen der Elektronenaffinität zur Beantwortung der Fragen nutzen.

Lösung:
(a) Mit Abbildung 8.6: Der Unterschied der Elektronegativitäten zwischen Chlor und Bor ist 3,0 − 2,0 = 1,0; die Differenz zwischen Chlor und Kohlenstoff ist 3,0 − 2,5 = 0,5. Somit ist die B—Cl-Bindung polarer; das Chloratom trägt die partielle negative Ladung, da es eine höhere Elektronegativität hat.

Mit dem Periodensystem: Da Bor links von Kohlenstoff im Periodensystem steht, sagen wir voraus, dass Bor die niedrigere Elektronegativität besitzt. Chlor steht rechts im Periodensystem und hat daher eine höhere Elektronegativität. Die stärker polare Bindung wird die zwischen den Atomen mit der niedrigsten Elektronegativität (Bor) und der höchsten Elektronegativität (Chlor) sein.

(b) Die Elektronegativitäten sind P = 2,1; F = 4,0; Cl = 3,0. Somit wird die P—F-Bindung polarer als die P—Cl-Bindung sein. Sie sollten die Elektronegativitätsdifferenzen für diese beiden Bindungen vergleichen, um diese Voraussage zu verifizieren. Das Fluoratom trägt die partielle negative Ladung. Wir kommen dadurch zu dem gleichen Schluss, dass wir bemerken, dass Fluor über Chlor im Periodensystem steht und somit Fluor elektronegativer sein und die polarere Bindung mit P bilden sollte.

ÜBUNGSAUFGABE

Welche der folgenden Bindungen ist am stärksten polar: S—Cl, S—Br, Se—Cl, Se—Br?

Antwort: Se—Cl.

Dipolmomente

Der Unterschied in der Elektronegativität zwischen H und F führt zu einer polaren kovalenten Bindung im HF-Molekül. Als Konsequenz daraus entsteht eine Konzentration der negativen Ladung am elektronegativeren F-Atom und der positiven am weniger elektronegativen H-Atom am anderen Ende des Moleküls. Ein Molekül wie HF, in dem die Zentren der positiven und negativen Ladung nicht zusammenfallen, nennt man ein **polares Molekül**. Folglich beschreiben wir nicht nur Bindungen als polar oder unpolar sondern auch ganze Moleküle.

Wir können die Polarität des HF-Moleküls auf zwei Arten andeuten:

$$\overset{\delta+}{H}-\overset{\delta-}{F} \quad \text{oder} \quad \overset{\longleftrightarrow}{H-F}$$

Erinnern Sie sich aus dem vorangegangenen Unterabschnitt, dass das „$\delta+$" und „$\delta-$" die partiellen positiven und negativen Ladungen an den H- und F-Atomen andeuten. In der rechten Schreibweise deutet der Pfeil die Verschiebung der Elektronendichte zum Fluoratom an. Das gekreuzte Ende des Pfeils kann als Pluszeichen gedacht werden, welches das positive Ende des Moleküls kennzeichnet.

Polarität hilft dabei, die Eigenschaften von Substanzen zu bestimmen, die wir im Labor und im täglichen Leben auf einem makroskopischen Level beobachten. Polare Moleküle richten sich aneinander aus, wobei das negative Ende eines Moleküls und das positive Ende eines anderen einander anziehen. Polare Moleküle werden ebenfalls von Ionen angezogen. Das negative Ende eines polaren Moleküls wird zu einem positiven Ion und das positive Ende zu einem negativen Ion gezogen. Diese Wechselwirkungen erklären viele Eigenschaften von Flüssigkeiten, Feststoffen und Lösungen, wie Sie in Kapitel 11, 12 und 13 sehen werden.

Wie können wir die Polarität eines Moleküls quantifizieren? Wenn zwei elektrische Ladungen gleicher Größe, aber mit entgegensetztem Vorzeichen, durch einen Abstand getrennt werden, entsteht ein **Dipol**. Das quantitative Maß der Größe eines Dipols wird sein **Dipolmoment** genannt, bezeichnet mit μ. Wenn zwei gleich große und entgegen-

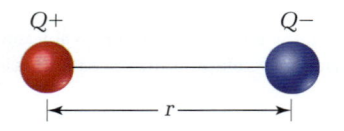

8 Grundlegende Konzepte der chemischen Bindung

Abbildung 8.8: Dipol und Dipolmoment. Wenn Ladungen gleicher Größe und mit entgegengesetzten Vorzeichen, $Q+$ und $Q-$, durch einen Abstand r getrennt werden, entsteht ein Dipol. Die Größe des Dipols wird durch das Dipolmoment μ gegeben, das das Produkt der getrennten Ladung und dem Trennungsabstand zwischen den Ladungszentren ist: $\mu = Qr$.

gesetzte Ladungen $Q+$ und $Q-$ durch einen Abstand r getrennt sind, ist die Größe des Dipolmoments das Produkt von Q und r (▶ Abbildung 8.8):

$$\mu = Qr \qquad (8.11)$$

Das Dipolmoment nimmt zu, wenn die Größe der getrennten Ladung zunimmt und wenn der Abstand zwischen den Ladungen zunimmt. Für ein unpolares Molekül wie z. B. F_2 ist das Dipolmoment Null, da keine Ladungstrennung vorliegt.

Dipolmomente werden gewöhnlich in *Debye* (D) angegeben, eine Einheit die gleich $3,34 \times 10^{-30}$ Coulombmeter (C·m) ist. Bei Molekülen messen wir die Ladung gewöhnlich in Einheiten der Elektronenladung e, $1,60 \times 10^{-19}$ C, und Abstände in Einheiten von Ångstrom. Nehmen Sie an, dass zwei Ladungen $1+$ und $1-$ (in Einheiten von e) durch einen Abstand von 1,00 Å getrennt sind. Das verursachte Dipolmoment ist

$$\mu = Qr = (1{,}60 \times 10^{-19}\,\text{C})(1{,}00\,\text{Å})\left(\frac{10^{-10}\,\text{m}}{1\,\text{Å}}\right)\left(\frac{1\,\text{D}}{3{,}34 \times 10^{-30}\,\text{C·m}}\right) = 4{,}79\,\text{D}$$

Die Messung der Dipolmomente kann uns wertvolle Informationen über die Ladungsverteilung in Molekülen liefern, wie am Übungsbeispiel 8.5 dargestellt.

Tabelle 8.3 zeigt die Bindungslängen und Dipolmomente der Halogenwasserstoffe. Beachten Sie, dass, wenn wir von HF zu HI gehen, der Elektronegativitätsunterschied abnimmt und die Bindungslänge zunimmt. Der erste Effekt verringert den Betrag der getrennten Ladung und führt zur Abnahme des Dipolmoments von HF zu HI, obwohl die Bindungslänge zunimmt. Wir können den sich ändernden Grad an Elektronenladungsverschiebung in diesen Substanzen in computergenerierten Darstellungen, basierend auf Berechnungen der Elektronenverteilung, „beobachten", wie in ▶ Abbildung 8.9 gezeigt. Für diese Moleküle hat die Änderung in der Elektronegativitätsdifferenz einen größeren Effekt auf das Dipolmoment als die Änderung in der Bindungslänge.

> **? DENKEN SIE EINMAL NACH**
>
> Die Moleküle Chlormonofluorid, ClF, und Iodmonofluorid, IF, sind Beispiele für *Interhalogenverbindungen* – Verbindungen, die Bindungen zwischen unterschiedlichen Halogenelementen beinhalten. Welches dieser Moleküle wird das größere Dipolmoment haben?

> **? DENKEN SIE EINMAL NACH**
>
> Wie interpretieren Sie die Tatsache, dass es in den Darstellungen von HBr und HI in ▶ Abbildung 8.9 kein Rot gibt?

Abbildung 8.9: Ladungstrennung in den Halogenwasserstoffen. Blau zeigt die Bereiche geringster Elektronendichte, Rot zeigt die Bereiche höchster Elektronendichte. In HF zieht das stark elektronegative F viel der Elektronendichte vom H weg. In HI zieht das I, das viel weniger elektronegativ als F ist, die gemeinsamen Elektronen nicht so stark an, und als Konsequenz ist die Bindung weit weniger polarisiert.

Tabelle 8.3

Bindungslängen, Elektronegativitätsunterschiede und Dipolmomente der Halogenwasserstoffe

Verbindung	Bindungslänge (Å)	Elektronegativitätsunterschied	Dipolmoment (D)
HF	0,92	1,9	1,82
HCl	1,27	0,9	1,08
HBr	1,41	0,7	0,82
HI	1,61	0,4	0,44

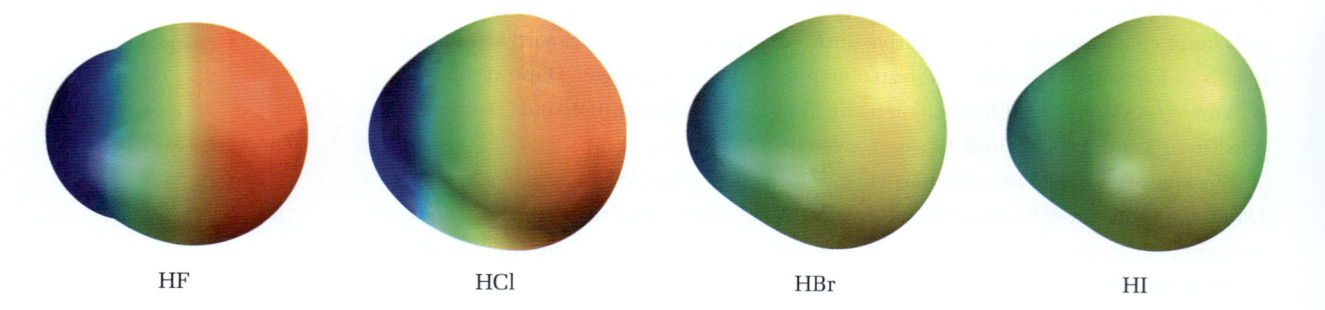

HF   HCl   HBr   HI

ÜBUNGSBEISPIEL 8.5 — Dipolmomente von zweiatomigen Molekülen

Die Bindungslänge im HCl-Molekül ist 1,27 Å. **(a)** Berechnen Sie das Dipolmoment in Debye, das entstehen würde, wenn die Ladungen an den H- und Cl-Atomen 1+ und 1− wären. **(b)** Das experimentell gemessene Dipolmoment von HCl(g) ist 1,08 D. Welche Ladungsgröße, in Einheiten von e, würde an den H- und Cl-Atomen zu diesem Dipolmoment führen?

Lösung

Analyse und Vorgehen: Wir sollen in (a) das Dipolmoment von HCl berechnen, das entstehen würde, wenn eine vollständige Ladung von H nach Cl übergehen würde. Wir können ▶ Gleichung 8.11 benutzen, um dieses Ergebnis zu erhalten. In (b) ist das tatsächliche Dipolmoment für das Molekül angegeben und wir werden diesen Wert benutzen, um die tatsächlichen partiellen Ladungen an den H- und Cl-Atomen zu berechnen.

Lösung:
(a) Die Ladung an jedem Atom ist die Elektronenladung, $e = 1{,}60 \times 10^{-19}$ C. Der Abstand ist 1,27 Å. Das Dipolmoment ist daher

$$\mu = Qr = (1{,}60 \times 10^{-19}\,\text{C})(1{,}27\,\text{Å})\left(\frac{1\,\text{D}}{3{,}34 \times 10^{-30}\,\text{C·m}}\right) = 6{,}08\,\text{D}$$

(b) Wir kennen den Wert für μ, 1,08 D, und den Wert für r, 1,27 Å, und wir wollen den Wert von Q berechnen:

$$Q = \frac{\mu}{r} = \frac{(1{,}08\,\text{D})\left(\dfrac{3{,}34 \times 10^{-30}\,\text{C·m}}{1\,\text{D}}\right)}{1{,}27\,\text{Å}} = 2{,}84 \times 10^{-20}\,\text{C}$$

Wir können diese Ladung sofort in Einheiten von e umwandeln:

$$\text{Ladung in } e = (2{,}84 \times 10^{-20}\,\text{C})\left(\frac{1\,e}{1{,}60 \times 10^{-19}\,\text{C}}\right) = 0{,}178\,e$$

Also zeigt das experimentelle Dipolmoment, dass die Ladungstrennung im HCl-Molekül

$$\overset{0{,}178+}{\text{H}} — \overset{0{,}178-}{\text{Cl}}$$

beträgt. Da das experimentelle Dipolmoment kleiner als das in Teil (a) berechnete ist, sind die Ladungen an den Atomen kleiner als eine ganze Elektronenladung. Wir hätten dies erwarten können, da die H—Cl-Bindung eher polar kovalent als ionisch ist.

ÜBUNGSAUFGABE

Das Dipolmoment von Chlormonofluorid, ClF(g), ist 0,88 D. Die Bindungslänge des Moleküls ist 1,63 Å. **(a)** Welches Atom wird die partielle negative Ladung besitzen? **(b)** Wie groß ist die Ladung an dem Atom, in Einheiten von e?

Antworten: (a) F, (b) 0,11−.

Bindungsarten und Nomenklatur

Dies ist ein guter Zeitpunkt für einen kurzen Exkurs zur Nomenklatur. Wir haben in Abschnitt 2.8 gesehen, dass es zwei generelle Ansätze zur Benennung von binären Verbindungen gibt: eine für ionische Verbindungen und die andere für molekulare. Bei beiden Ansätzen wird der Name des weniger elektronegativen Elements zuerst genannt. Dann folgt der Name des elektronegativeren Elements, an den die Endung *-id* angehängt wird. Ionische Verbindungen erhalten Namen, die von den Ionen ihrer Komponenten ausgehen, einschließlich der Ladung des Kations, wenn diese variabel ist. Molekularverbindungen erhalten Vorsilben, die in Tabelle 2.6 aufgelistet sind, um die Zahl der Atome jedes Bestandteils der Substanz anzuzeigen, ausgenommen bei einem Atom, in diesem Fall wird die Vorsilbe *Mono-* häufig nicht verwendet:

Ionisch		*Molekular*	
MgH$_2$	Magnesiumhydrid	H$_2$S	Dihydrogensulfid
FeF$_2$	Eisen(II)-Fluorid	OF$_2$	Sauerstoffdifluorid
Mn$_2$O$_3$	Mangan(III)-Oxid	Cl$_2$O$_3$	Dichlortrioxid

Die Trennlinie zwischen den beiden Ansätzen ist aber nicht immer klar und beide Ansätze werden oft auf die gleichen Substanzen angewendet. Zum Beispiel wird die Verbindung TiO$_2$, die ein kommerziell wichtiges weißes Farbpigment ist, manchmal Titan(IV)-oxid, aber noch häufiger Titandioxid genannt. Die römische Zahl im ersten Namen ist die Oxidationszahl des Titans (siehe Abschnitt 4.4).

Ein Grund für die Überschneidung der beiden Ansätze bei der Nomenklatur ist, dass viele Verbindungen der Metalle mit höheren Oxidationszahlen Eigenschaften haben, die molekularen Verbindungen, die kovalente Bindungen enthalten, ähnlicher sind als ionischen Verbindungen, die Ionenbindungen enthalten. Historisch wurden diese Metallverbindungen nach beiden Konventionen benannt, obwohl eine Benennung als molekulare Verbindungen richtiger ist, wenn man von ihren Eigenschaften ausgeht. Zum Beispiel sind ionische Verbindungen Feststoffe mit sehr hohen Schmelzpunkten, aber SnCl$_4$, das entweder Zinntetrachlorid oder Zinn(IV)-chlorid genannt wird, ist eine farblose Flüssigkeit, die bei −33 °C gefriert und bei 114 °C siedet. Als weiteres Beispiel gibt es die Verbindung Mn$_2$O$_7$, die entweder Dimanganheptoxid oder Mangan(VII)-oxid genannt wird, eine grüne Flüssigkeit, die bei 5,9 °C gefriert. Kurz gesagt, wenn Sie die Formel einer Verbindung sehen, die ein Metall mit hoher Oxidationsstufe enthält (gewöhnlich über +3), sollten Sie nicht überrascht sein, wenn diese eher die allgemeinen Eigenschaften einer molekularen als die einer ionischen Verbindung zeigt.

> **? DENKEN SIE EINMAL NACH**
>
> Die Verbindungen MoO$_3$ und OsO$_4$ werden als Molybdän(VI)-Oxid und Osmiumtetroxid bezeichnet. Welche dieser Verbindungen hat Ihrer Meinung nach den höheren Schmelzpunkt?

8.5 Lewis-Strukturformeln zeichnen

Lewis-Strukturformeln können uns helfen, die Bindung in vielen Verbindungen zu verstehen, und sie werden häufig bei der Diskussion der Eigenschaften von Molekülen benutzt. Aus diesem Grund ist das Zeichnen von Lewis-Strukturformeln eine wichtige Fertigkeit, die Sie üben sollten. Dazu sollten Sie immer nach dem gleichen Schema vorgehen. Zuerst werden wir dieses Schema skizzieren und dann einige Beispiele durchgehen.

1 *Summieren Sie die Valenzelektronen aller Atome.* Benutzen Sie nach Bedarf das Periodensystem als Hilfe zur Bestimmung der Zahl der Valenzelektronen in jedem Atom. Bei einem Anion addieren Sie für jede negative Ladung je ein Elektron. Bei einem Kation subtrahieren Sie für jede positive Ladung je ein Elektron von der Summe. Machen Sie sich keine Gedanken darüber, welche Elektronen von welchen Atomen stammen. Nur die Gesamtzahl ist wichtig.

2 *Schreiben Sie die Symbole der Atome auf, um zu zeigen, welches Atom mit welchem verknüpft ist, und verbinden Sie sie mit einer Einfachbindung* (ein Strich, der für zwei Elektronen steht). Chemische Formeln werden oft in der Reihenfolge, in der die Atome in dem Molekül oder Ion verbunden sind, geschrieben; z. B. sagt Ihnen die Formel HCN, dass das Kohlenstoffatom mit dem H und dem N verbunden ist. Wenn ein zentrales Atom eine Gruppe anderer Atome an sich gebunden hat, wird das zentrale Atom zuerst geschrieben, wie in CO$_3^{2-}$ und SF$_4$. Es hilft ebenfalls, sich daran zu erinnern, dass das zentrale Atom im Allgemeinen weniger elektronegativ ist als die Atome, die es umgeben. In anderen Fällen brauchen Sie eventuell weitere Informationen, bevor Sie die Lewis-Strukturformeln zeichnen können.

3 *Vervollständigen Sie die Oktette um alle an das Zentralatom gebundenen Atome.* Denken Sie aber daran, nur ein einziges Elektronenpaar um Wasserstoff herum zu benutzen.

4 *Platzieren Sie jedes übrig gebliebene Elektron am Zentralatom,* auch wenn dies in mehr als einem Elektronenoktett um das Atom resultiert. In Abschnitt 8.7 werden wir Moleküle diskutieren, die sich nicht an die Oktettregel halten.

5 *Wenn nicht genug Elektronen vorhanden sind, um dem Zentralatom ein Oktett zu geben, versuchen Sie es mit Mehrfachbindungen.* Benutzen Sie ein oder mehrere der ungeteilten Elektronenpaare der an das Zentralatom gebundenen Atome, um Zweifach- oder Dreifachbindungen zu bilden.

ÜBUNGSBEISPIEL 8.6 — Lewis-Strukturformeln zeichnen

Zeichnen Sie die Lewis-Strukturformel für Phosphortrichlorid, PCl_3.

Lösung

Analyse und Vorgehen: Wir sollen eine Lewis-Strukturformel nach einer Molekülformel zeichnen. Unser Plan ist es, dem gerade beschriebenen Fünfstufen-Schema zu folgen.

Lösung: Zuerst summieren wir die Valenzelektronen. Phosphor (Gruppe 5A) hat fünf Valenzelektronen und jedes Chlor (Gruppe 7A) hat sieben. Die Gesamtzahl an Valenzelektronen ist deshalb

$$5 + (3 \times 7) = 26$$

Als Zweites ordnen wir die Atome so an, dass man sieht, welches Atom mit welchem verbunden ist, und zeichnen eine Einfachbindung zwischen ihnen. Die Atome können auf verschiedene Weise angeordnet werden. Aber in binären (Zweielement-) Verbindungen wird das erste in der chemischen Formel aufgeführte Element von den verbliebenen Atomen umgeben. Also fangen wir mit einer Skelettformel an, die eine Einfachbindung zwischen dem Phosphoratom und jedem Chloratom zeigt:

$$\begin{array}{c} Cl-P-Cl \\ | \\ Cl \end{array}$$

Es ist nicht entscheidend, die Atome in genau dieser Anordnung zu platzieren.

Als Drittes vervollständigen wir die Oktette an den Atomen, die an das Zentralatom gebunden sind. Das Platzieren von Oktetten um jedes Cl-Atom steuert 24 Elektronen bei. Denken Sie daran, jede Linie in unserer Formel repräsentiert zwei Elektronen:

$$\begin{array}{c} |\overline{Cl}-P-\overline{Cl}| \\ | \\ |\underline{Cl}| \end{array}$$

Als Viertes platzieren wir die verbliebenen zwei Elektronen am Zentralatom, um das Oktett darum zu vervollständigen:

$$\begin{array}{c} |\overline{Cl}-\overline{P}-\overline{Cl}| \\ | \\ |\underline{Cl}| \end{array}$$

Diese Struktur gibt jedem Atom ein Oktett, somit brechen wir an diesem Punkt ab. Denken Sie daran, dass durch das Erlangen eines Oktetts die Bindungselektronen für beide Atome zählen.

ÜBUNGSAUFGABE

(a) Wie viele Valenzelektronen treten in der Lewis-Strukturformel für CH_2Cl_2 auf?
(b) Zeichnen Sie die Lewis-Strukturformel.

Antworten:

(a) 20; (b)
$$\begin{array}{c} H \\ | \\ |\overline{Cl}-C-\overline{Cl}| \\ | \\ H \end{array}$$

ÜBUNGSBEISPIEL 8.7 — Lewis-Strukturformeln mit Mehrfachbindungen

Zeichnen Sie die Lewis-Strukturformel für HCN.

Lösung

Wasserstoff hat ein Valenzelektron, Kohlenstoff (Gruppe 4A) hat vier, und Stickstoff (Gruppe 5A) hat fünf. Die Gesamtzahl an Valenzelektronen ist daher 1 + 4 + 5 = 10. Es gibt prinzipiell verschiedene Wege, die wir zur Anordnung der Atome wählen können. Da Wasserstoff nur ein Elektronenpaar unterbringen kann, hat er immer nur eine Einfachbindung in jeder Verbindung. Deshalb ist C—H—N eine unmögliche Anordnung. Die verbleibenden beiden Möglichkeiten sind H—C—N und H—N—C. Die erste ist die experimentell gefundene. Sie haben es vielleicht erraten, dass dies die Anordnung der Atome ist, da die Formel mit dieser Reihenfolge der Atome geschrieben wird. Also fangen wir mit einer Skelettformel an, die eine Einfachbindung zwischen Wasserstoff, Kohlenstoff und Stickstoff zeigt:

$$H-C-N$$

Diese zwei Bindungen steuern vier Elektronen bei. Wenn wir dann die verbleibenden sechs Elektronen um N anordnen, um ihm ein Oktett zu geben, erhalten wir kein Oktett an C:

$$H-C-\overline{\underline{N}}|$$

Deshalb versuchen wir eine Doppelbindung zwischen C und N, indem wir eines der ungeteilten Elektronenpaare verwenden, das wir am N platziert hatten. Wieder sind weniger als acht Elektronen am C, und deshalb versuchen wir als nächstes eine Dreifachbindung. Diese Formel ergibt ein Oktett sowohl um C als auch um N:

$$H-C\overset{\curvearrowleft}{-}\overline{\underline{N}}| \longrightarrow H-C\equiv N|$$

Wir sehen, dass die Oktettregel für die C- und N-Atome erfüllt ist, und das H-Atom hat zwei Elektronen um sich, also scheint dies eine richtige Lewis-Strukturformel zu sein.

ÜBUNGSAUFGABE

Zeichnen Sie die Lewis-Strukturformel für **(a)** NO$^+$-Ion, **(b)** C$_2$H$_4$.

Antworten:

(a) $[|N\equiv O|]^+$; **(b)**
$$\begin{array}{c} H \\ \end{array} \!\! C=C \!\! \begin{array}{c} H \\ \end{array}$$ mit H unten an beiden C-Atomen

---

ÜBUNGSBEISPIEL 8.8 — Lewis-Strukturformel für ein mehratomiges Ion

Zeichnen Sie die Lewis-Strukturformel für das BrO$_3^-$-Ion.

Lösung

Brom (Gruppe 7A) hat sieben Valenzelektronen und Sauerstoff (Gruppe 6A) hat sechs. Wir müssen nun ein Elektron zu unserer Summe addieren, um die 1−-Ladung des Ions zu berücksichtigen. Die Gesamtzahl an Valenzelektronen ist deshalb 7 + (3 × 6) + 1 = 26. In Oxoanionen – BrO$_3^-$, SO$_4^{2-}$, NO$_3^-$, CO$_3^{2-}$, usw. – umgeben die Sauerstoffatome die zentralen Nichtmetallatome. Wenn wir dieser Ausführung folgen, dann die Einfachbindungen einzeichnen und dann die ungeteilten Elektronenpaare verteilen, haben wir

$$\left[|\overline{\underline{O}}-\overline{\underline{Br}}-\overline{\underline{O}}| \atop |\underline{\overline{O}}| \right]^-$$

Beachten Sie hier und an anderer Stelle, dass die Lewis-Strukturformel für ein Ion in Klammern geschrieben wird, mit der Ladung oben rechts außerhalb der Klammer.

ÜBUNGSAUFGABE

Zeichnen Sie die Lewis-Strukturformel für **(a)** ClO$_2^-$-Ion; **(b)** PO$_4^{3-}$-Ion.

Antworten:

(a) $\left[|\overline{\underline{O}}-\overline{\underline{Cl}}-\overline{\underline{O}}|\right]^-$ **(b)** $\left[|\overline{\underline{O}}-\overline{\underline{P}}-\overline{\underline{O}}| \atop |\underline{\overline{O}}| \right]^{3-}$ (mit O oben und unten)

Formalladung

Wenn wir eine Lewis-Strukturformel zeichnen, beschreiben wir, wie die Elektronen in einem Molekül (oder mehratomigen Ion) verteilt sind. In einigen Fällen können wir mehrere verschiedene Lewis-Strukturformeln zeichnen, die alle der Oktettregel gehorchen. Wie entscheiden wir, welche die sinnvollste ist? Ein Ansatz ist, ein wenig „Buchführung" für die Valenzelektronen zu machen, um die formale Ladung für jedes Atom in jeder Lewis-Strukturformel zu bestimmen. Die **Formalladung** eines jeden Atoms in einem Molekül ist die Ladung, die das Atom haben würde, wenn alle Atome in dem Molekül die gleiche Elektronegativität hätten, d. h. wenn jedes Bindungselektronenpaar gleich zwischen seinen zwei Atomen geteilt wäre.

Um die Formalladung an jedem Atom in einer Lewis-Strukturformel zu berechnen, ordnen wir die Elektronen dem Atom wie folgt zu:

1 *Alle* freien (nichtbindenden) Elektronen werden dem Atom zugeordnet, von dem sie kommen.

2 Für jede Bindung – einfach, doppelt oder dreifach – werden die *Hälfte* der Bindungselektronen jedem Atom in der Bindung zugeordnet.

Die Formalladung jedes Atoms wird dann *durch Subtraktion der dem Atom zugeordneten von der Zahl der Valenzelektronen im isolierten Atom* berechnet.

Lassen Sie uns diesen Vorgang erklären, indem wir die Formalladungen an den C- und N-Atomen im Cyanid-Ion, CN^-, berechnen, das folgende Lewis-Strukturformel hat:

$$[|C \equiv N|]^-$$

Am C-Atom gibt es von den 6 in der Dreifachbindung $\left(\frac{1}{2} \times 6 = 3\right)$ 2 nichtbindende Elektronen und 3 Elektronen, zusammen 5. Die Zahl der Valenzelektronen in einem neutralen C-Atom ist 4. Also ist die Formalladung an C $4 - 5 = -1$. Am N gibt es 2 nichtbindende Elektronen und 3 Elektronen aus der Dreifachbindung. Da die Zahl der Valenzelektronen in einem neutralen N-Atom 5 ist, ist seine Formalladung $5 - 5 = 0$. Also sind die Formalladungen an den Atomen in der Lewis-Strukturformel von CN^- gleich

$$[|\overset{-1}{C} \equiv \overset{0}{N}|]^-$$

Beachten Sie, dass die Summe der Formalladungen gleich der Gesamtladung des Ions, 1–, ist. In einem neutralen Molekül addieren sich die Formalladungen zu Null, während sie in einem Ion zusammen die Gesamtladung des Ions ergeben.

Das Konzept der Formalladung kann uns bei der Auswahl zwischen alternativen Lewis-Strukturformeln helfen. Wir betrachten das CO_2-Molekül, um zu sehen, wie dies gemacht wird. Wie in Abschnitt 8.3 gezeigt, wird CO_2 mit zwei Doppelbindungen dargestellt. Die Oktettregel wird aber ebenfalls in einer Lewis-Strukturformel mit einer Einfach- und einer Dreifachbindung befolgt. Wenn wir die Formalladungen für jedes Atom in diesen Strukturen berechnen, haben wir

	$\overline{\underline{O}}=C=\overline{\underline{O}}$			$|\overline{\underline{O}}-C\equiv O|$		
Valenzelektronen:	6	4	6	6	4	6
−(dem Atom zugeordnete Elektronen):	6	4	6	7	4	5
Formalladung:	0	0	0	−1	0	+1

Beachten Sie, dass in beiden Fällen die Summe der Formalladungen Null ist, so wie sie es müssen, da CO_2 ein neutrales Molekül ist. Welches ist nun die richtige Formel? Wie sollen wir uns entscheiden, wenn beide Möglichkeiten allen unseren Regeln folgen? Als allgemeine Regel für den Fall, dass mehrere Lewis-Strukturformeln möglich sind, werden wir zur Wahl der richtigeren die folgenden Richtlinien benutzen:

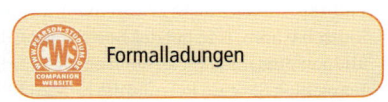

1. Wir wählen die Lewis-Strukturformel, in der die Formalladungen der Atome am nächsten bei Null sind.
2. Wir wählen die Lewis-Strukturformel, in der sich die negativen Ladungen an den elektronegativeren Atomen befinden.

Folglich ist die erste Lewis-Strukturformel für CO_2 bevorzugt, da die Atome keine Formalladungen tragen und somit die erste Richtlinie befolgen.

Obwohl das Konzept der Formalladung uns hilft, zwischen alternativen Lewis-Strukturformeln zu wählen, ist es sehr wichtig, dass Sie sich daran erinnern, dass *Formalladungen keine realen Ladungen an Atomen repräsentieren*. Diese Ladungen sind nur eine Buchhaltungskonvention. Die wirkliche Ladungsverteilung in Molekülen und Ionen werden nicht durch Formalladungen sondern durch eine Zahl von Faktoren, wie z. B. den Elektronegativitätsunterschieden zwischen Atomen, bestimmt.

> **? DENKEN SIE EINMAL NACH**
>
> Nehmen Sie an, dass eine Lewis-Strukturformel für ein neutrales fluorhaltiges Molekül eine formale Ladung am Fluoratom von +1 ergibt. Welche Folgerung würden Sie daraus ziehen?

Näher hingeschaut ■ Oxidationszahlen, Formalladungen und wirkliche Partialladungen

In Kapitel 4 haben wir die Regeln für die Zuordnung von *Oxidationszahlen* zu Atomen vorgestellt. Das Konzept der Elektronegativität ist die Basis für diese Zahlen. Die Oxidationszahl eines Atoms ist die Ladung, die es haben würde, wenn seine Bindungen vollständig ionisch wären. D.h. bei der Bestimmung der Oxidationszahl werden alle gemeinsamen Elektronen zum elektronegativeren Atom gezählt. Betrachten Sie zum Beispiel die in ▶ Abbildung 8.10a dargestellte Lewis-Strukturformel von HCl. Zur Zuordnung von Oxidationszahlen wird das Elektronenpaar in der kovalenten Bindung zwischen den Atomen dem elektronegativeren Cl-Atom zugeordnet. Mit dieser Vorgehensweise erhält Cl acht Valenzschalenelektronen, eines mehr als das neutrale Atom. Folglich wird ihm eine Oxidationszahl von −1 zugeordnet. Wasserstoff hat keine Valenzelektronen, wenn sie auf diese Weise gezählt werden, und damit eine Oxidationszahl von +1.

In diesem Abschnitt haben wir gerade eine andere Methode zur Zählung der Elektronen betrachtet, die zu *Formalladungen* führt. Die Formalladung wird unter völligem Ignorieren der Elektronegativität zugeordnet und die Elektronen in den Bindungen werden gleichmäßig zwischen den gebundenen Atomen verteilt. Betrachten Sie noch einmal das HCl-Molekül, aber dieses Mal teilen Sie das Bindungselektronenpaar gleich zwischen H und Cl auf, wie in ▶ Abbildung 8.10b dargestellt. In diesem Fall hat Cl sieben zugeordnete Elektronen, genau so viel wie das neutrale Cl-Atom. Folglich ist die Formalladung von Cl in dieser Verbindung gleich 0. Die Formalladung von H ist ebenfalls 0.

Weder die Oxidationszahl noch die Formalladung ergeben eine genaue Beschreibung der wirklichen Ladungen an Atomen. Oxidationszahlen überbewerten die Rolle der Elektronegativität und Formalladungen ignorieren sie vollständig. Es scheint sinnvoll zu sein, dass die Elektronen in kovalenten Bindungen entsprechend der relativen Elektronegativitäten der gebundenen Atome verteilt werden. Aus Abbildung 8.6 entnehmen wir, dass Cl eine Elektronegativität von 3,0 hat, während die von H 2,1 ist. Man könnte daher erwarten, dass das elektronegativere Cl-Atom überschlägig $3{,}0/(3{,}0 + 2{,}1) = 0{,}59$ der elektrischen Ladung in dem Bindungspaar hat, während das H-Atom $2{,}1/(3{,}0 + 2{,}1) = 0{,}41$ der Ladung hat. Da die Bindung aus zwei Elektronen besteht, ist der Anteil des Cl-Atoms $0{,}59 \times 2e = 1{,}18e$, oder $0{,}18e$ mehr als das neutrale Cl-Atom. Dies gibt Anlass zu einer partiellen Ladung von 0,18− am Cl und 0,18+ am H. Beachten Sie noch einmal, dass wir die +- und −-Zeichen der Größe voranstellen, wenn wir von Oxidationszahlen und Formalladungen sprechen, sie aber hinter die Größe schreiben, wenn wir über wirkliche Ladungen sprechen.

Das Dipolmoment von HCl gibt uns ein experimentelles Maß für die Partialladung an jedem Atom. In Übungsbeispiel 8.5 haben wir gesehen, dass das Dipolmoment von HCl eine Ladungstrennung mit einer Partialladung von 0,178+ am H und 0,178− am Cl anzeigt, was bemerkenswert gut mit unserer einfachen Annäherung, basierend auf Elektronegativitäten, übereinstimmt. Obwohl diese Art der Berechnung grobe Schätzungen für die Größe der Ladung an Atomen gibt, ist die Beziehung zwischen Elektronegativitäten und Ladungstrennung im Allgemeinen komplizierter. Wie wir bereits gesehen haben, wurden Computerprogramme entwickelt, die quantenmechanische Prinzipien zur Berechnung der Partialladungen an Atomen anwenden, selbst in komplexen Molekülen. ▶ Abbildung 8.10 c zeigt eine grafische Darstellung der Ladungsverteilung in HCl.

(a) (b) (c)

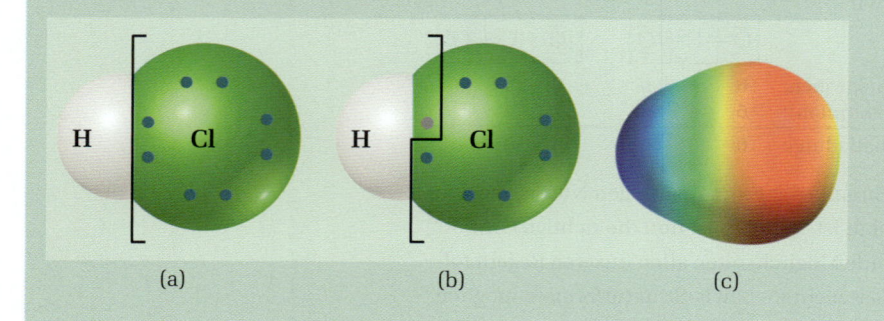

Abbildung 8.10: Oxidationszahl und Formalladung. (a) Die Oxidationszahl für ein Atom in einem Molekül wird durch Zuordnung aller gemeinsamen Elektronen zum elektronegativeren Atom (in diesem Fall Cl) bestimmt. (b) Formalladungen werden durch gleichmäßiges Verteilen aller gemeinsamen Elektronenpaare zwischen den gebundenen Atomen abgeleitet. (c) Die berechnete Elektronendichteverteilung an einem HCl-Molekül. Bereiche mit relativ mehr negativer Ladung sind rot; die mit mehr positiver Ladung sind blau. Negative Ladung ist eindeutig am Chloratom lokalisiert.

8.6 Resonanzstrukturformeln

ÜBUNGSBEISPIEL 8.9 — Lewis-Strukturformeln und Formalladungen

Die folgenden sind die drei möglichen Lewis-Strukturformeln für das Thiocyanation, NCS⁻.

$$[|\overline{\underline{N}}-C\equiv S|]^- \quad [\overline{\underline{N}}=C=\overline{\underline{S}}]^- \quad [|N\equiv C-\overline{\underline{S}}|]^-$$

(a) Bestimmen Sie die Formalladungen der Atome in jeder Formel. **(b)** Welche Lewis-Strukturformel ist die bevorzugte?

Lösung

(a) Neutrale N-, C- und S-Atome haben fünf, vier und sechs Valenzelektronen. Wir können die folgenden Formalladungen in den drei Formeln bestimmen, indem wir die gerade diskutierten Regeln anwenden:

$$\begin{array}{ccc} -2\ \ 0\ +1 & -1\ \ 0\ \ \ 0 & 0\ \ \ 0\ -1 \\ [|\overline{\underline{N}}-C\equiv S|]^- & [\overline{\underline{N}}=C=\overline{\underline{S}}]^- & [|N\equiv C-\overline{\underline{S}}|]^- \end{array}$$

Die Formalladungen in allen drei Formeln summieren sich zu 1−, der Gesamtladung des Ions, so wie sie es müssen.

(b) Wir werden die Richtlinien für die beste Lewis-Strukturformel anwenden, um zu bestimmen, welche der drei Formeln wahrscheinlich die zutreffendste ist. Wie in Abschnitt 8.4 diskutiert, ist N elektronegativer als C oder S. Deshalb erwarten wir, dass jede negative Formalladung am N-Atom untergebracht wird (Richtlinie 2). Des Weiteren wählen wir gewöhnlich die Lewis-Strukturformel, die die kleinsten Formalladungen erzeugt (Richtlinie 1). Aus diesen zwei Gründen ist die mittlere Formel die bevorzugte Lewis-Strukturformel des NCS⁻-Ions.

ÜBUNGSAUFGABE

Das Cyanat-Ion (NCO⁻) hat wie das Thiocyanation drei mögliche Lewis-Strukturformeln. **(a)** Zeichnen Sie diese drei Lewis-Strukturformeln und ordnen Sie den Atomen in jeder Formel Formalladungen zu. **(b)** Welche Lewis-Strukturformel ist die bevorzugte?

Antworten:

(a)
$$\begin{array}{ccc} -2\ \ 0\ +1 & -1\ \ 0\ \ \ 0 & 0\ \ \ 0\ -1 \\ [|\overline{\underline{N}}-C\equiv O|]^- & [\overline{\underline{N}}=C=\overline{\underline{O}}]^- & [|N\equiv C-\overline{\underline{O}}|]^- \\ (i) & (ii) & (iii) \end{array}$$

(b) Formel (iii), die eine negative Ladung am Sauerstoffatom, dem elektronegativsten der drei Elemente, vergibt, ist die bevorzugte Lewis-Strukturformel.

Resonanzstrukturformeln   8.6

Wir begegnen manchmal Molekülen und Ionen, in denen die experimentell bestimmte Anordnung der Atome durch eine einzige Lewis-Strukturformel nicht angemessen beschrieben wird. Betrachten Sie ein Ozonmolekül, O₃, das ein abgewinkeltes Molekül mit zwei gleichen O—O-Bindungslängen ist (▶ Abbildung 8.11). Weil jedes Sauerstoffatom 6 Valenzelektronen beiträgt, hat das Ozonmolekül 18 Valenzelektronen. Wenn wir die Lewis-Strukturformel schreiben, finden wir, dass wir eine O—O-Einfachbindung und eine O=O-Doppelbindung haben müssen, um ein Elektronenoktett um jedes Atom zu erzielen:

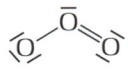

$$\langle\overline{\underline{O}}\rangle-\overline{O}=\underline{O}\rangle$$

Aber diese Formel an sich kann nicht richtig sein, da sie verlangt, dass eine O—O-Bindung anders als die andere sein muss, im Gegensatz zu der beobachteten Struktur — wir würden erwarten, dass die O=O-Doppelbindung kürzer als die O—O-Einfachbindung ist (siehe Abschnitt 8.3). Beim Zeichnen der Lewis-Strukturformel hätten wir aber auch einfach die O=O-Bindung auf die linke Seite schreiben können:

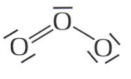

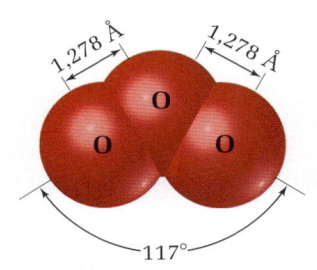

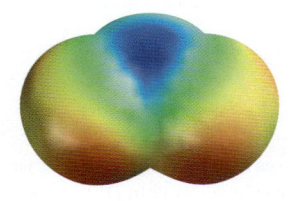

$$\langle\underline{O}=\overline{O}-\underline{O}\rangle$$

Abbildung 8.11: Ozon. Molekülstruktur (oben) und Elektronenverteilungsdiagramm (unten) für das Ozon-Molekül O₃.

Die Platzierung der Atome in diesen beiden alternativen, aber völlig äquivalenten Lewis-Strukturformeln für Ozon ist die gleiche, aber die Platzierung der Elektronen ist unterschiedlich. Lewis-Strukturformeln dieser Art werden **Resonanzstrukturformeln** genannt. Um die Struktur von Ozon richtig zu beschreiben, schreiben wir beide Lewis-Strukturformeln und benutzen einen zweispitzigen Pfeil um anzuzeigen, dass das wirkliche Molekül durch einen Mittelwert dieser beiden Formeln beschrieben wird.

Die wahre Anordnung der Elektronen in Molekülen wie O_3 muss als eine Mischung von zwei (oder mehr) Lewis-Strukturformeln betrachtet werden. Zum Beispiel hat das Ozonmolekül immer zwei äquivalente O—O-Bindungen, deren Längen zwischen den Längen einer Sauerstoff–Sauerstoff-Einzelbindung und einer Sauerstoff–Sauerstoff-Doppelbindung liegen. Aus einer anderen Sichtweise heraus kann man sagen, dass die Regeln zur Zeichnung von Lewis-Strukturformeln es uns nicht erlauben, eine einzelne Formel zu verwenden, die das Ozonmolekül adäquat wiedergibt. Zum Beispiel gibt es keine Regeln zum Zeichnen von Halbbindungen. Wir können um diese Beschränkung herumkommen, wenn wir zwei äquivalente Lewis-Strukturformeln zeichnen, die, wenn man sie mittelt, auf etwas hinauslaufen, das dem experimentell Beobachteten sehr ähnelt.

> **? DENKEN SIE EINMAL NACH**
>
> Die Bindungen O—O in Ozon werden oft als „Eineinhalbfach"-Bindungen bezeichnet. Steht diese Beschreibung im Einklang mit der Vorstellung der Resonanz?

Als ein zusätzliches Beispiel für Resonanzstrukturformeln betrachten Sie das Nitrat-Ion, NO_3^-, für das wir drei äquivalente Lewis-Strukturformeln zeichnen können:

Beachten Sie, dass die Anordnung der Atome in jeder Formel gleich ist; nur die Platzierung der Elektronen unterscheidet sich. Beim Schreiben der Resonanzstrukturformeln müssen die gleichen Atome in allen Formeln miteinander verbunden sein, so dass der einzige Unterschied in den Anordnungen der Elektronen besteht. Alle drei Lewis-Strukturformeln zusammengenommen beschreiben das Nitrat-Ion, in dem alle drei N—O-Bindungslängen gleich lang sind, adäquat.

> **? DENKEN SIE EINMAL NACH**
>
> Wie würden Sie im gleichen Sinne, wie wir die O—O-Bindungen in O_3 als „Eineinhalbfach"-Bindungen beschrieben, die N—O-Bindungen in NO_3^- beschreiben?

ÜBUNGSBEISPIEL 8.10   Resonanzstrukturformeln

Was wird die kürzeren Schwefel–Sauerstoff-Bindungen haben, SO_3 oder SO_3^{2-}?

Lösung

Das Schwefelatom hat sechs Valenzelektronen, genauso wie Sauerstoff. Folglich enthält SO_3 24 Valenzelektronen. Wenn wir die Lewis-Strukturformeln schreiben, sehen wir, dass wir drei äquivalente Resonanzstrukturformeln zeichnen können:

Wie es beim NO_3^- der Fall war, ist die wirkliche Struktur von SO_3 eine gleiche Mischung aus allen dreien. Folglich sollte jede S—O-Bindungslänge etwa ein Drittel des Weges zwischen dem einer Einfach- und dem einer Doppelbindung sein (siehe die unmittelbar vorausgehende Übung „Denken Sie einmal nach"). D.h. sie sollten kürzer als Einfachbindungen aber nicht so kurz wie Doppelbindungen sein.

Das SO_3^{2-}-Ion hat 26 Elektronen, was zu einer Lewis-Strukturformel führt, in der alle S—O-Bindungen Einfachbindungen sind:

$$\left[\begin{array}{c} |\overline{\underline{O}}-S-\overline{\underline{O}}| \\ | \\ |\underline{O}| \end{array} \right]^{2-}$$

Es gibt keine anderen vernünftigen Lewis-Strukturformeln für dieses Ion – es kann sehr gut mit einer einzelnen Lewis-Strukturformel statt einer Vielzahl von Resonanzstrukturformeln beschrieben werden.

Unsere Analyse der Lewis-Strukturformeln führt uns zu dem Schluss, dass SO_3 die kürzeren S—O-Bindungen und SO_3^{2-} die längeren haben sollte. Diese Folgerung ist richtig: Die experimentell gemessenen S—O-Bindungslängen sind 1,42 Å in SO_3 und 1,51 Å in SO_3^{2-}.

ÜBUNGSAUFGABE

Zeichnen Sie zwei äquivalente Resonanzstrukturformeln für das Formiat-Ion, HCO_2^-.

Antwort: $\left[\begin{array}{c} H-C=\overline{\underline{O}} \\ | \\ |\underline{O}| \end{array} \right]^- \longleftrightarrow \left[\begin{array}{c} H-C-\overline{\underline{O}}| \\ \| \\ |\underline{O}| \end{array} \right]^-$

Resonanz in Benzol

Resonanz ist auch ein sehr wichtiges Konzept zur Beschreibung der Bindungen in organischen Molekülen, insbesondere den *Aromaten*. Nach Rechnungen von theoretischen Chemikern ist der einzige wirkliche Aromat das Benzol, das die Summenformel C_6H_6 hat (▶ Abbildung 8.12). Die sechs C-Atome in Benzol sind in einem hexagonalen Ring gebunden und an jedes C-Atom ist ein H-Atom gebunden.

Wir können zwei äquivalente Lewis-Strukturformeln für Benzol schreiben, die beide die Oktettregel erfüllen. Diese beiden Formeln beschreiben Resonanzstrukturformeln:

Jede Resonanzstrukturformel zeigt drei C—C-Einfachbindungen und drei C=C-Doppelbindungen, aber die Doppelbindungen befinden sich in den beiden Formeln an anderen Positionen. Die experimentelle Struktur von Benzol zeigt, dass alle sechs C—C-Bindungen gleich lang sind, 1,40 Å, zwischen der typischen Bindungslänge für eine C—C-Einfachbindung (1,54 Å) und einer C=C-Doppelbindung (1,34 Å).

Benzol wird gewöhnlich so dargestellt, dass man die an die Kohlenstoffatome gebundenen Wasserstoffatome weglässt und nur das Kohlenstoff–Kohlenstoff-Gerüst darstellt. In dieser Konvention wird die Resonanz im Benzolmolekül entweder durch zwei, getrennt durch den zweispitzigen Pfeil, Formeln dargestellt (siehe auch andere Beispiele), oder durch eine Kurzschreibweise, bei der wir ein Sechseck mit einem Kreis darin zeichnen.

Die rechte Kurzschreibweise erinnert uns daran, dass Benzol eine Mischung von zwei Resonanzstrukturformeln ist – sie betont, dass die C=C-Doppelbindung keiner bestimmten Seite des Sechsecks zugeordnet werden kann. Chemiker benutzen für Benzol abwechselnd beide Darstellungen. In Kapitel 9 werden wir mehr zur Bindung in Benzol sagen.

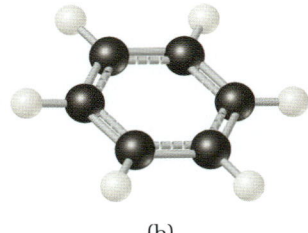

Abbildung 8.12: Benzol, ein Aromat. (a) Benzol wird durch Destillation von fossilen Brennstoffen gewonnen. In den USA werden jährlich mehr als 1,8 Milliarden Kilo Benzol hergestellt. Da Benzol krebserregend ist, ist seine Verwendung streng reguliert. (b) Das Benzol-Molekül ist ein gleichmäßiges Sechseck aus Kohlenstoffatomen mit je einem daran gebundenen Wasserstoffatom.

DENKEN SIE EINMAL NACH

Jede Lewis-Strukturformel für Benzol hat drei C=C-Doppelbindungen. Ein anderer Kohlenwasserstoff, der drei C=C-Doppelbindungen enthält, ist Hexatrien, C_6H_8. Eine Lewis-Strukturformel für Hexatrien ist

$$\begin{array}{cccccc} H & H & H & H & H & H \\ | & | & | & | & | & | \\ C{=}C{-}C{=}C{-}C{=}C \\ | & & & & & | \\ H & & & & & H \end{array}$$

Erwarten Sie, dass Hexatrien so wie Benzol mehrere Resonanzstrukturformeln hat?

8.7 Ausnahmen von der Oktettregel

Die Oktettregel ist so einfach und nützlich bei der Einführung der grundlegenden Bindungskonzepte, dass Sie annehmen könnten, sie würde immer befolgt. In Abschnitt 8.2 haben wir aber ihre Einschränkungen bei der Behandlung von ionischen Verbindungen der Übergangsmetalle erwähnt. Die Oktettregel versagt auch in vielen Gegebenheiten, die kovalente Bindungen beinhalten. Diese Ausnahmen von der Oktettregel betreffen drei Haupttypen:

1 Moleküle und mehratomige Ionen, die eine ungerade Zahl von Elektronen enthalten.
2 Moleküle und mehratomige Ionen, in denen ein Atom weniger als ein Oktett an Valenzelektronen besitzt.
3 Moleküle und mehratomige Ionen, in denen ein Atom scheinbar mehr als ein Oktett an Valenzelektronen besitzt.

Ungerade Zahl von Elektronen

Bei der großen Mehrheit der Moleküle und mehratomigen Ionen ist die Gesamtzahl an Valenzelektronen gerade und Elektronenpaarung tritt auf. In einigen wenigen Molekülen und mehratomigen Ionen aber, wie z.B. ClO_2, NO, NO_2, und O_2^-, ist die Anzahl der Valenzelektronen ungerade. Die Paarung dieser Elektronen ist unmöglich und es kann nicht um jedes Atom ein Oktett erreicht werden. NO enthält zum Beispiel 5 + 6 = 11 Valenzelektronen. Die beiden wichtigsten Lewis-Strukturformeln für dieses Molekül sind

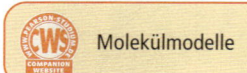

$$\overline{\underset{.}{N}}{=}\overline{O} \quad \text{und} \quad \overset{-1}{\overline{N}}{=}\overset{+1}{\overline{O}}$$

Weniger als ein Valenzelektronenoktett

Ein zweiter Ausnahmetyp tritt auf, wenn es weniger als acht Valenzelektronen um ein Atom in einem Molekül oder mehratomigen Ion gibt. Dieser Zustand ist ebenfalls relativ selten, am häufigsten tritt er in Verbindungen von Bor und Beryllium auf. Betrachten wir als Beispiel Bortrifluorid, BF_3. Wenn wir den ersten vier Schritten des Schemas zum Zeichnen von Lewis-Strukturformeln vom Beginn des Abschnitts 8.5 folgen, erhalten wir die Struktur

$$\underset{\underset{F}{|}}{\overset{\overline{|F|}}{\underset{|}{B}}}{\diagdown}\overline{\underline{F}}$$

Es befinden sich nur sechs Elektronen um das Boratom. In dieser Lewis-Strukturformel sind die Formalladungen sowohl an B als auch an F gleich Null. Wir könnten das Oktett um Bor vervollständigen, wenn wir eine Doppelbindung bilden (Schritt 5). Wenn man so verfährt, sehen wir, dass es drei äquivalente Resonanzstrukturformeln gibt. Die Formalladungen an jedem Atom sind rot dargestellt:

$$\overset{+1}{\overline{F}}{=}\underset{\underset{\overline{F}}{|}^{0}}{\overset{|}{\underset{-1}{B}}}{\diagdown}\overline{\underline{F}}{}^{0} \quad \longleftrightarrow \quad \overset{0}{\overline{|F|}}{\diagdown}\underset{\underset{\overline{F}}{|}^{0}}{\overset{|}{\underset{-1}{B}}}{=}\overline{F}{}^{+1} \quad \longleftrightarrow \quad \overset{0}{\overline{|F|}}{\diagdown}\underset{\underset{\overline{F}}{|}^{+1}}{\overset{|}{\underset{-1}{B}}}{\diagdown}\overline{\underline{F}}{}^{0}$$

Diese Lewis-Strukturformeln zwingen ein Fluoratom zur Teilung von zusätzlichen Elektronen mit dem Boratom, was widersprüchlich zur hohen Elektronegativität von Fluor ist. Tatsächlich sagen uns die Formalladungen, dass dies eine unvorteilhafte Situation ist: In jeder der Lewis-Strukturformeln hat das an der B=F-Doppelbindung beteiligte F-Atom eine Formalladung von +1, während das weniger elektronegative B-Atom eine Formalladung von −1 hat. Folglich sind die Lewis-Strukturformeln mit einer B=F-Doppelbindung weniger wichtig als die, in denen sich weniger als ein Oktett von Valenzelektronen um das Bor herum befindet:

$$\underset{\text{am wichtigsten}}{\overset{|\overline{F}|}{\underset{|\overline{F}|}{|\overline{F}|-B-|\overline{F}|}}} \longleftrightarrow \underbrace{\overset{\overline{F}}{\underset{|\overline{F}|}{|\overline{F}|=B-|\overline{F}|}} \longleftrightarrow \overset{|\overline{F}|}{\underset{|\overline{F}|}{|\overline{F}|-B-|\overline{F}|}} \longleftrightarrow \overset{|\overline{F}|}{\underset{|\overline{F}|}{|\overline{F}|-B=\overline{F}|}}}_{\text{weniger wichtig}}$$

Gewöhnlich stellen wir BF_3 nur durch die Resonanzstrukturformel ganz links dar, in der sich nur sechs Valenzelektronen um Bor befinden. Das chemische Verhalten von BF_3 stimmt mit dieser Darstellung überein. Insbesondere reagiert BF_3 sehr energisch mit Molekülen, die ein freies Elektronenpaar besitzen, das zur Bindungsbildung mit Bor benutzt werden kann. Zum Beispiel reagiert es mit Ammoniak, NH_3, zu der Verbindung NH_3BF_3:

$$\underset{H}{\overset{H}{H-N|}} + \underset{F}{\overset{F}{B-F}} \longrightarrow \underset{H\ F}{\overset{H\ F}{H-N-B-F}}$$

In dieser stabilen Verbindung besitzt Bor ein Oktett von Valenzelektronen.

Mehr als ein Valenzelektronenoktett

Die dritte und größte Klasse von Ausnahmen besteht aus Molekülen und mehratomigen Ionen, bei denen sich scheinbar mehr als acht Elektronen in der Valenzschale eines Atoms befinden. Wenn wir zum Beispiel die Lewis-Strukturformel für PCl_5 zeichnen, sind wir gezwungen, die Valenzschale zu „erweitern" und um das zentrale Phosphoratom zehn Elektronen zu platzieren:

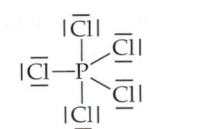

Andere Beispiele für Moleküle und Ionen mit „erweiterten" Valenzschalen sind SF_4, AsF_6^- und ICl_4^-. Die entsprechenden Moleküle mit einem Atom der zweiten Periode, das an ein Halogenatom gebunden ist, wie z. B. NCl_5 und OF_4, existieren *nicht*. Lassen Sie uns einen Blick darauf werfen, warum erweiterte Valenzschalen nur für Elemente der 3. Periode im Periodensystem und darüber hinaus beobachtet werden.

Elementen der zweiten Periode stehen nur die $2s$- und $2p$-Valenzorbitale für Bindungen zur Verfügung. Weil diese Orbitale maximal acht Elektronen aufnehmen können, finden wir nie mehr als ein Elektronenoktett um Elemente der zweiten Periode herum. Elemente der dritten Periode und darüber hinaus haben aber ns-, np- und ungefüllte nd-Orbitale, die, wie in älteren Lehrbüchern häufig unglücklicherweise beschrieben, bei Bindungen benutzt werden können. Zum Beispiel ist das Orbitaldiagramm für die Valenzschale eines Phosphoratoms

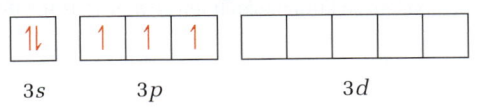

Auf der gegenwärtigen Basis von quantenchemischen Rechnungen wurde gezeigt, dass bei den oben erwähnten Molekülen und Ionen keine d-Orbitalbeteiligung angenommen werden soll. Das Beispiel PCl$_5$ zeigt sehr schön die Grenzen des Lewis-Strukturformelmodells auf; PCl$_5$ kann nicht korrekt durch Lewis-Strukturformeln wiedergegeben werden, sondern hier müssen andere Modelle (z. B. MO-Modell) herangezogen werden.

Die Größe des Zentralatoms spielt ebenfalls eine wichtige Rolle. Je größer das Zentralatom, desto größer ist die Zahl von Atomen, die es umgeben können. Die Zahl von Molekülen und Ionen mit scheinbar erweiterten Valenzschalen nimmt daher mit zunehmender Größe des Zentralatoms zu. Die Größe der umgebenden Atome ist ebenfalls wichtig. Erweiterte Valenzschalen treten meistens auf, wenn an das Zentralatom die kleinsten und elektronegativsten Atome, wie z. B. F, Cl und O gebunden sind.

Hin und wieder werden Sie Lewis-Strukturformeln mit einer erweiterten Valenzschale geschrieben sehen, obwohl die Formeln mit einem Oktett geschrieben werden können. Zum Beispiel betrachten Sie diese Lewis-Strukturformeln für das Phosphat-Ion, PO$_4^{3-}$.

Die Formalladungen an den Atomen sind rot geschrieben. Links hat das P-Atom ein Oktett; rechts hat das P-Atom eine scheinbar erweiterte Valenzschale von fünf Elektronenpaaren. Die rechte Formel wird oft für PO$_4^{3-}$ benutzt, da sie kleinere Formalladungen an den Atomen besitzt. Theoretische Berechnungen auf quantenmechanischer Basis deuten jedoch an, dass die linke Formel die beste Lewis-Strukturformel für das Phosphat-Ion ist. Im Allgemeinen sollten Sie bei der Wahl zwischen alternativen Lewis-Strukturformeln diejenige wählen, welche die Oktettregel erfüllt.

ÜBUNGSBEISPIEL 8.11 — Lewis-Strukturformel für ein Ion mit scheinbar erweiterter Valenzschale

Zeichnen Sie die Lewis-Strukturformel für ICl$_4^-$.

Lösung

Iod (Gruppe 7A) hat sieben Valenzelektronen; jedes Chlor (Gruppe 7A) hat ebenfalls sieben; ein weiteres Elektron wird hinzugefügt, um die Ladung 1– des Ions zu berücksichtigen. Die Gesamtzahl an Valenzelektronen ist deshalb

$$7 + 4(7) + 1 = 36$$

Das I-Atom ist in dem Ion das Zentralatom. Um acht Elektronen um jedes Cl-Atom zu fügen, einschließlich einem Elektronenpaar zwischen I und jedem Cl zur Darstellung der Einfachbindung zwischen diesen Atomen, erfordert es $8 \times 4 = 32$ Elektronen.

Wir haben daher $36 - 32 = 4$ Elektronen übrig, die am größeren Iod platziert werden müssen:

Iod hat scheinbar 12 Valenzelektronen um sich, vier mehr als für ein Oktett benötigt werden.

ÜBUNGSAUFGABE

(a) Welches der folgenden Atome findet man nie mit mehr als einem Valenzelektronenoktett um sich: S, C, P, Br? **(b)** Zeichnen Sie die Lewis-Strukturformel für XeF$_2$.

Antworten: (a) C, **(b)** $|\overline{\underline{F}}\text{—}\overset{\frown}{\underline{Xe}}\text{—}\overline{\underline{F}}|$.

Stärken von kovalenten Bindungen   8.8

Die Stabilität eines Moleküls hängt mit der Stärke der kovalenten Bindungen, die es enthält, zusammen. Die Stärke einer kovalenten Bindung zwischen zwei Atomen wird durch die Energie bestimmt, die zum Aufbrechen dieser Bindung nötig ist. Es ist am einfachsten, Bindungsstärken den Enthalpieänderungen in den Reaktionen zuzuordnen, in denen die Bindungen aufgebrochen werden (siehe Abschnitt 5.4). Die **Bindungsenthalpie** ist die Enthalpieänderung, ΔH, für das Aufbrechen einer bestimmten Bindung in einem Mol einer gasförmigen Substanz. Zum Beispiel ist die Bindungsenthalpie für die Bindung zwischen Chloratomen in Cl_2-Molekülen die Enthalpieänderung, wenn 1 mol Cl_2 in Chloratome dissoziiert wird.

$$|\overline{\underline{Cl}} - \overline{\underline{Cl}}|(g) \longrightarrow 2\, |\overline{\underline{Cl}}\cdot(g)$$

Wir benutzen die Bezeichnung D, um Bildungsenthalpien darzustellen.

Es ist relativ einfach, Bildungsenthalpien Bindungen, die man in zweiatomigen Molekülen findet, zuzuordnen, wie z. B. die Cl—Cl-Bindung in Cl_2 oder die H—Br-Bindung in HBr: Die Bindungsenthalpie ist einfach die Energie, die nötig ist, um das zweiatomige Molekül in seine Einzelatome zu zerlegen. Viele wichtige Bindungen, wie z. B. die C—H-Bindung, existieren nur in mehratomigen Molekülen. Für diese Bindungsarten benutzen wir gewöhnlich *durchschnittliche* Bindungsenthalpien. Zum Beispiel kann man die Enthalpieänderung für den folgenden Vorgang berechnen, in dem ein Methanmolekül in seine fünf Atome zersetzt wird. Diesen Vorgang, der *Atomisierung* genannt wird, benutzt man, um eine durchschnittliche Bindungsenthalpie für die C—H-Bindung zu definieren:

$$H-\underset{\underset{H}{|}}{\overset{\overset{H}{|}}{C}}-H(g) \longrightarrow \cdot\dot{C}\cdot(g) + 4\,H\cdot(g) \qquad \Delta H = 1660\ \text{kJ}$$

Da es vier äquivalente C—H-Bindungen in Methan gibt, ist die Atomisierungswärme gleich der Summe der Bindungsenthalpien der vier C—H-Bindungen. Deshalb ist die durchschnittliche C—H-Bindungsenthalpie für CH_4 $D\,(C-H) = (1660/4)\ \text{kJ/mol} = 415\ \text{kJ/mol}$.

Die Bindungsenthalpie für einen bestimmten Satz von Atomen, beispielsweise C—H, hängt von dem Rest des Moleküls ab, von dem das Atompaar ein Teil ist. Aber die Abweichung von einem Molekül zu einem anderen ist im Allgemeinen klein, was die Vorstellung unterstützt, dass die Bindungselektronenpaare zwischen den Atomen lokalisiert sind. Wenn wir C—H-Bindungsenthalpien in vielen verschiedenen Verbindungen betrachten, finden wir, dass die durchschnittliche Bindungsenthalpie 413 kJ/mol beträgt, was nahe an dem aus CH_4 berechneten Wert von 415 kJ/mol liegt.

Tabelle 8.4 führt verschiedene durchschnittliche Bindungsenthalpien auf. *Die Bindungsenthalpie ist immer eine positive Größe*; zum Aufbrechen chemischer Bindungen wird immer Energie benötigt. Im Gegensatz dazu wird immer Energie frei, wenn sich eine Bindung zwischen zwei gasförmigen Atomen oder Molekülfragmenten bildet. Je größer die Bindungsenthalpie, umso stärker ist die Bindung.

Ein Molekül mit starken chemischen Bindungen hat im Allgemeinen weniger Neigung, eine chemische Änderung zu durchlaufen, als eines mit schwachen Bindungen. Diese Beziehung zwischen starker Bindung und chemischer Stabilität hilft bei der Erklärung der chemischen Form, in der man viele Elemente in der Natur findet. Zum Bei-

> **? DENKEN SIE EINMAL NACH**
>
> Der Kohlenwasserstoff Ethan, C_2H_6, wurde zuerst in Abschnitt 2.9 vorgestellt. Wie können Sie die Atomisierungsenthalpie von $C_2H_6(g)$ zusammen mit dem Wert für $D\,(C-H)$ einsetzen, um eine Abschätzung für $D\,(C-C)$ zu geben?

Tabelle 8.4

Durchschnittliche Bindungsenthalpien (kJ/mol)

Einfachbindungen

C—H	413	N—H	391	O—H	463	F—F	155
C—C	348	N—N	163	O—O	146		
C—N	293	N—O	201	O—F	190	Cl—F	253
C—O	358	N—F	272	O—Cl	203	Cl—Cl	242
C—F	485	N—Cl	200	O—I	234		
C—Cl	328	N—Br	243			Br—F	237
C—Br	276			S—H	339	Br—Cl	218
C—I	240	H—H	436	S—F	327	Br—Br	193
C—S	259	H—F	567	S—Cl	253		
		H—Cl	431	S—Br	218	I—Cl	208
Si—H	323	H—Br	366	S—S	266	I—Br	175
Si—Si	226	H—I	299			I—I	151
Si—C	301						
Si—O	368						
Si—Cl	464						

Mehrfachbindungen

C=C	614	N=N	418	O_2	495	
C≡C	839	N≡N	941			
C=N	615	N=O	607	S=O	523	
C≡N	891			S=S	418	
C=O	799					
C≡O	1072					

spiel gehören Si—O-Bindungen zu den stärksten, die Silizium bildet. Es sollte daher nicht überraschend sein, dass SiO_2 und andere Substanzen, die Si—O-Bindungen enthalten (Silikate), so weit verbreitet sind; es wird geschätzt, dass über 90 % der Erdkruste sich aus SiO_2 und Silikaten zusammensetzt.

Bindungsenthalpien und die Reaktionsenthalpien

Wir können durchschnittliche Bindungsenthalpien zur Schätzung der Reaktionsenthalpien benutzen, in denen Bindungen aufgebrochen und neue Bindungen gebildet werden. Dieser Vorgang lässt uns schnell abschätzen, ob eine bestimmte Reaktion endotherm ($\Delta H > 0$) oder exotherm ($\Delta H < 0$) sein wird, auch wenn wir ΔH_f° für alle beteiligten chemischen Spezies nicht kennen.

Unsere Strategie zur Bestimmung von Reaktionsenthalpien ist eine direkte Anwendung des Hess'schen Satzes (siehe Abschnitt 5.6). Wir verwenden die Tatsache, dass das Aufbrechen von Bindungen immer ein endothermer Vorgang ist und die Bindungsbildung immer exotherm ist. Wir stellen uns daher vor, dass die Reaktion in zwei Schritten vor sich geht: (1) Wir wenden genug Energie auf, um die Bindungen in den Reaktanten aufzubrechen, die nicht in den Produkten vorkommen. In diesem Schritt wird die Enthalpie des Systems um die Summe der Bindungsenthalpien der Bindungen erhöht, die aufgebrochen werden. (2) Wir bilden die Bindungen in den Produkten, die nicht in den Reaktanten vorhanden waren. Dieser Schritt setzt Energie frei und senkt daher die Enthalpie des Systems um die Summe der Bindungsenthalpien der gebildeten Bindungen. Die Reaktionsenthalpie, ΔH_r, ist überschlagsmäßig die Summe der Bindungsenthalpien der aufgebrochenen Bindungen minus der Summe der Bindungsenthalpien der gebildeten Bindungen:

$$\Delta H_r = \Sigma \text{ (Bindungsenthalpien der aufgebrochenen Bindungen)}$$
$$- \Sigma \text{ (Bindungsenthalpien der gebildeten Bindungen)} \quad (8.12)$$

Betrachten Sie zum Beispiel die Gasphasenreaktion zwischen Methan, CH_4, und Chlor zu Methylchlorid, CH_3Cl, und Chlorwasserstoff, HCl:

$$H-CH_3(g) + Cl-Cl(g) \longrightarrow Cl-CH_3(g) + H-Cl(g) \quad \Delta H_r = ? \quad (8.13)$$

Unser Zwei-Schritt-Vorgehen ist in ▶ Abbildung 8.13 umrissen. Wir bemerken, dass im Laufe dieser Reaktion die folgenden Bindungen aufgebrochen und gebildet werden:

Aufgebrochene Bindungen: 1 mol C—H, 1 mol Cl—Cl
Gebildete Bindungen: 1 mol C—Cl, 1 mol H—Cl

Zuerst wenden wir Energie auf, um die C—H- und Cl—Cl-Bindungen aufzubrechen, was die Enthalpie des Systems erhöht. Dann bilden wir die C—Cl- und H—Cl-Bindungen, was Energie freisetzt und die Enthalpie des Systems verringert. Unter Anwendung von ▶ Gleichung 8.12 und den Daten in Tabelle 8.4 berechnen wir die Reaktionsenthalpie als

$$\Delta H_r = [D(C-H) + D(Cl-Cl)] - [D(C-Cl) + D(H-Cl)]$$
$$= (413 \text{ kJ} + 242 \text{ kJ}) - (328 \text{ kJ} + 431 \text{ kJ}) = -104 \text{ kJ}$$

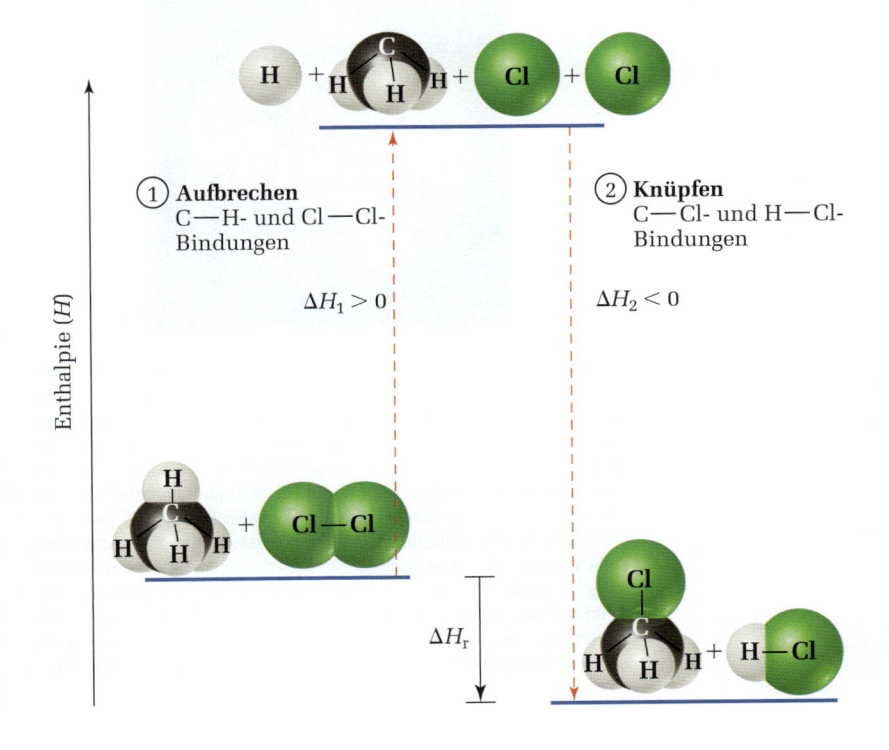

Abbildung 8.13: Bindungsenthalpien zur Berechnung von ΔH_r. Zur Abschätzung von ΔH_r für die Reaktion in Gleichung 8.13 verwendet man durchschnittliche Bindungsenthalpien. Das Aufbrechen der C—H- und Cl—Cl-Bindungen erzeugt eine positive Enthalpieänderung (ΔH_1), während das Knüpfen der C—Cl- und H—Cl-Bindungen eine negative Enthalpieänderung (ΔH_2) verursacht. Die Werte für ΔH_1 und ΔH_2 kann man aus den Werten in Tabelle 8.4 abschätzen. Aus dem Hess'schen Satz folgt $\Delta H_r = \Delta H_1 + \Delta H_2$.

Grundlegende Konzepte der chemischen Bindung

Die Reaktion ist exotherm, da die Bindungen in den Produkten (speziell die H—Cl-Bindung) stärker sind als die Bindungen in den Reaktanten (speziell die Cl—Cl-Bindung).

Wir benutzen zur Schätzung von ΔH_r gewöhnlich Bindungsenthalpien, wenn wir die benötigten ΔH_f°-Werte nicht sofort zur Hand haben. Für die obige Reaktion kön-

Chemie im Einsatz ■ Sprengstoffe und Alfred Nobel

In chemischen Bindungen können enorme Energiemengen gespeichert werden. Die vielleicht anschaulichste Darstellung dieser Tatsache kann an bestimmten Molekülen, die als Sprengstoffe verwendet werden, gesehen werden. Unsere Diskussion der Bindungsenthalpien erlaubt uns die Untersuchungen einiger Eigenschaften solch explosiver Substanzen.

Ein Sprengstoff muss folgende Eigenschaften haben: (1) Er muss sich stark exotherm zersetzen; (2) die Zersetzungsprodukte müssen gasförmig sein, so dass ein gewaltiger Gasdruck die Zersetzung begleitet; (3) seine Zersetzung muss sehr rasch erfolgen; und (4) er muss stabil genug sein, so dass man ihn kontrolliert zur Explosion bringen kann. Die Kombination der ersten drei Effekte führt zu der heftigen Entwicklung von Hitze und Gasen.

Um eine möglichst exotherme Reaktion zu erhalten, muss ein Sprengstoff schwache chemische Bindungen haben und sich in Moleküle mit sehr starken Bindungen zersetzen. Ein Blick auf die Bindungsenthalpien (Tabelle 8.4) zeigt, dass die N≡N-, C≡O- und C=O-Bindungen zu den stärksten gehören. Es überrascht nicht, dass Sprengstoffe gewöhnlich so ausgelegt sind, dass sie die gasförmigen Produkte $N_2(g)$, $CO(g)$ und $CO_2(g)$ produzieren. Wasserdampf ist fast immer ein weiteres Produkt.

Viele der üblichen Sprengstoffe sind organische Moleküle, die Nitro- (NO_2) oder Nitrat- (NO_3) Gruppen enthalten, die an ein Kohlenstoffskelett gebunden sind. Die Formeln von zwei der bekanntesten Sprengstoffe, Nitroglycerin und Trinitrotoluol (TNT), sind hier dargestellt. TNT enthält den für Benzol charakteristischen Sechsring.

Nitroglycerin ist eine blassgelbe, ölige Flüssigkeit. Es ist höchst *stoßempfindlich*: Bloßes Schütteln der Flüssigkeit kann seine explosive Zersetzung in Stickstoff, Kohlendioxid, Wasser und Sauerstoffgas auslösen:

$$4\ C_3H_5N_3O_9(l) \longrightarrow 6\ N_2(g) + 12\ CO_2(g) + 10\ H_2O(g) + O_2(g)$$

Die großen Bindungsenthalpien der N_2-Moleküle (941 kJ/mol), CO_2-Moleküle (2 × 799 kJ/mol) und Wassermoleküle (2 × 463 kJ/mol) machen diese Reaktion ungeheuer exotherm. Nitroglycerin ist ein außergewöhnlich instabiler Sprengstoff, da es sich in nahezu perfekter *explosiver Balance* befindet: Mit Ausnahme einer kleinen entstehenden Menge $O_2(g)$ sind N_2, CO_2 und H_2O die einzigen Produkte. Beachten Sie auch, dass Explosionen im Gegensatz zu Verbrennungsreaktionen (siehe Abschnitt 3.2) in sich geschlossen sind. Es wird kein weiteres Reagenz, wie z. B. $O_2(g)$, für die explosive Zersetzung benötigt.

Da Nitroglycerin so instabil ist, ist es als kontrollierbarer Sprengstoff schwierig zu gebrauchen. Der schwedische Erfinder Alfred Nobel (▶ Abbildung 8.14) fand heraus, dass die Mischung von Nitroglycerin mit einem absorbierenden festen Material wie z. B. Kieselgur oder Zellulose einen festen Sprengstoff (*Dynamit*) ergibt, der viel sicherer als flüssiges Nitroglycerin ist.

Abbildung 8.14: Alfred Nobel (1833–1896), der schwedische Erfinder des Dynamits. In vielerlei Hinsicht war Nobels Entdeckung, dass Nitroglycerin viel stabiler gemacht werden kann, wenn man es auf Zellulose absorbiert, ein Zufall. Diese Entdeckung machte Nobel zu einem sehr reichen Mann. Er war aber auch ein schwieriger und einsamer Mann, der nie geheiratet hat, oft krank war und unter chronischer Depression litt. Er hatte den stärksten Militärsprengstoff bis dahin erfunden, aber er unterstützte internationale Friedensbewegungen sehr aktiv. Sein Testament bestimmte, dass sein Vermögen dazu verwendet werden sollte, Preise zu stiften, die diejenigen belohnen sollten, die „größte Wohltaten für die Menschheit geleistet haben", einschließlich der Förderung von Frieden und „Brüderlichkeit zwischen den Nationen". Der Nobelpreis ist wahrscheinlich die begehrteste Auszeichnung, die ein Naturwissenschaftler (Physiker, Chemiker, Mediziner/Physiologe), Ökonom, Schriftsteller oder Friedensstifter erhalten kann.

8.8 Stärken von kovalenten Bindungen

ÜBUNGSBEISPIEL 8.12 — Die Verwendung durchschnittlicher Bindungsenthalpien

Schätzen Sie ΔH, mit Hilfe der Tabelle 8.4, für die folgende Reaktion ab, bei der wir explizit die beteiligten Bindungen in den Reaktanten und Produkten zeigen:

$$H_3C\text{—}CH_3(g) + \tfrac{7}{2} O_2(g) \longrightarrow 2\, O=C=O(g) + 3\, H\text{—}O\text{—}H(g)$$

Lösung

Analyse: Wir sollen die Enthalpieänderung für einen chemischen Vorgang mit Hilfe der durchschnittlichen Bindungsenthalpien für die Bindungen, die in den Reaktanten aufgebrochen und in den Produkten gebildet werden, abschätzen.

Vorgehen: Bei den Reaktanten müssen wir sechs C—H-Bindungen und eine C—C-Bindung in C_2H_6 aufbrechen; ebenso brechen wir $\tfrac{7}{2}$ O_2-Bindungen auf. Bei den Produkten bilden wir vier C=O-Bindungen (zwei in jedem CO_2) und sechs O—H-Bindungen (zwei in jedem H_2O).

Lösung: Mit ▶ Gleichung 8.12 und Daten aus Tabelle 8.4 erhalten wir

$$\Delta H = 6D(\text{C—H}) + D(\text{C—C}) + \tfrac{7}{2} D(O_2) - 4D(\text{C=O}) - 6D(\text{O—H})$$
$$= 6(413 \text{ kJ}) + 348 \text{ kJ} + \tfrac{7}{2}(495 \text{ kJ}) - 4(799 \text{ kJ}) - 6(463 \text{ kJ})$$
$$= 4558 \text{ kJ} - 5974 \text{ kJ} = -1416 \text{ kJ}$$

Überprüfung: Diese Abschätzung können wir mit -1428 kJ, dem aus genaueren thermochemischen Daten berechneten Wert, vergleichen; die Übereinstimmung ist gut.

ÜBUNGSAUFGABE

Schätzen Sie mit Hilfe von Tabelle 8.4 ΔH für die Reaktion

$$H_2N\text{—}NH_2(g) \longrightarrow N\equiv N(g) + 2\, H\text{—}H(g)$$

Antwort: -86 kJ.

---

nen wir ΔH_r nicht aus ΔH°_f-Werten und dem Hess'schen Satz berechnen, da der Wert von ΔH°_f für $CH_3Cl(g)$ nicht in Anhang C angegeben ist. Wenn wir uns den Wert von ΔH°_f für $CH_3Cl(g)$ aus einer anderen Quelle besorgen (z. B. dem *CRC Handbook of Chemistry and Physics*) und ▶ Gleichung 5.31 benutzen, finden wir, dass die Reaktionsenthalpie ΔH_r für die Reaktion in ▶ Gleichung 8.13 $-99{,}8$ kJ beträgt. Folglich liefert die Verwendung von durchschnittlichen Bindungsenthalpien eine halbwegs genaue Abschätzung der wirklichen Reaktionsenthalpieänderung.

Es ist wichtig daran zu denken, dass die Bindungsenthalpien aus *gasförmigen* Molekülen abgeleitet sind und dass sie oft *gemittelte* Werte sind. Dennoch sind durchschnittliche Bindungsenthalpien für die schnelle Abschätzung von Reaktionsenthalpien nützlich, besonders für Gasphasenreaktionen.

Bindungsenthalpie und Bindungslänge

Genauso wie wir eine durchschnittliche Bindungsenthalpie definieren können, können wir auch eine durchschnittliche Bindungslänge für eine Anzahl üblicher Bindungsarten definieren. Einige davon sind in Tabelle 8.5 aufgeführt. Von besonderem Interesse ist die Beziehung zwischen Bindungsenthalpie, Bindungslänge und der Anzahl von Bindungen zwischen den Atomen. Zum Beispiel können wir Daten aus Tabelle 8.4 und 8.5 zum Vergleich der Bindungslängen und Bindungsenthalpien von Kohlenstoff–Kohlenstoff-Einfach-, Doppel- und Dreifachbindungen benutzen.

$$
\begin{array}{ccc}
\text{C}-\text{C} & \text{C}=\text{C} & \text{C}\equiv\text{C} \\
1{,}54\ \text{Å} & 1{,}34\ \text{Å} & 1{,}20\ \text{Å} \\
348\ \text{kJ/mol} & 614\ \text{kJ/mol} & 839\ \text{kJ/mol}
\end{array}
$$

Wenn die Anzahl von Bindungen zwischen den Kohlenstoffatomen zunimmt, nimmt die Bindungsenthalpie zu und die Bindungslänge ab; d. h. die Kohlenstoffatome werden näher und fester zusammen gehalten. Im Allgemeinen gilt, *wenn die Anzahl der Bindungen zwischen zwei Atomen zunimmt, wird die Bindung kürzer und stärker.*

Tabelle 8.5

Durchschnittliche Bindungslängen für einige Einfach-, Doppel- und Dreifachbindungen

Bindung	Bindungslänge (Å)	Bindung	Bindungslänge (Å)
C — C	1,54	N — N	1,47
C = C	1,34	N = N	1,24
C ≡ C	1,20	N ≡ N	1,10
C — N	1,43	N — O	1,36
C = N	1,38	N = O	1,22
C ≡ N	1,16		
		O — O	1,48
C — O	1,43	O = O	1,21
C = O	1,23		
C ≡ O	1,13		

ÜBERGREIFENDE BEISPIELAUFGABE

Verknüpfen von Konzepten

Phosgen, eine Substanz, die man im 1. Weltkrieg als Giftgas benutzte, wird so genannt, weil es erstmalig durch die Einwirkung von Sonnenlicht auf Kohlenmonoxid und Chlorgas hergestellt wurde. Sein Name kommt aus den griechischen Wörtern *phos* (Licht) und *genes* (verursachend). Phosgen hat die folgende Elementzusammensetzung: 12,14 % C, 16,17 % O und 71,69 % Cl nach Masse. Seine molare Masse ist 98,9 g/mol. **(a)** Bestimmen Sie die Molekülformel für diese Verbindung. **(b)** Zeichnen Sie die drei Lewis-Strukturformeln für das Molekül, die die Oktettregel für jedes Atom erfüllen. (Die Cl und O-Atom sind an C gebunden.) **(c)** Bestimmen Sie mit Hilfe von Formalladungen, welche Lewis-Stukturformel die wichtigste ist. **(d)** Schätzen Sie mit Hilfe von durchschnittlichen Bindungsenthalpien ΔH für die Bildung von gasförmigem Phosgen aus CO(g) und Cl$_2(g)$.

Lösung

(a) Die empirische Formel für Phosgen kann man aus seiner Elementarzusammensetzung bestimmen (siehe Abschnitt 3.5). Ausgehend von 100 g der Verbindung und unter Berechnung der Anzahl von Molen von C, O und Cl in dieser Probe haben wir

$$(12{,}14\ \text{g C})\left(\frac{1\ \text{mol C}}{12{,}01\ \text{g C}}\right) = 1{,}011\ \text{mol C}$$

$$(16{,}17\ \text{g O})\left(\frac{1\ \text{mol O}}{16{,}00\ \text{g O}}\right) = 1{,}011\ \text{mol O}$$

$$(71{,}69\ \text{g Cl})\left(\frac{1\ \text{mol Cl}}{35{,}45\ \text{g Cl}}\right) = 2{,}022\ \text{mol Cl}$$

Das Verhältnis der Anzahl von Molen für jedes Element, erhalten durch Division jeder Anzahl von Mol durch die kleinste Größe, zeigt, dass es ein C und ein O für jeweils zwei Cl in der empirischen Formel gibt, $COCl_2$.

Die molare Masse der empirischen Formel [12,01 + 16,00 + 2(35,45) = 98,91 g/mol] ist die gleiche wie die molare Masse des Moleküls. Folglich ist die molekulare Formel $COCl_2$.

(b) Kohlenstoff hat vier Valenzelektronen, Sauerstoff hat sechs und Chlor hat sieben, was 4 + 6 + 2(7) = 24 Elektronen für die Lewis-Strukturformel ergibt. Das Zeichnen einer Lewis-Strukturformel ausschließlich mit Einfachbindungen gibt dem zentralen Kohlenstoffatom kein Oktett. Mit Mehrfachbindungen erfüllen drei Formeln die Oktettregel:

$$|\overline{\underline{Cl}}-\overset{\overset{|\overline{O}|}{\|}}{C}-\overline{\underline{Cl}}| \longleftrightarrow |\overline{\underline{Cl}}=\overset{\overset{|\overline{\underline{O}}|}{|}}{C}-\overline{\underline{Cl}}| \longleftrightarrow |\overline{\underline{Cl}}-\overset{\overset{|\overline{\underline{O}}|}{|}}{C}=\overline{\underline{Cl}}|$$

(c) Die Berechnung der Formalladungen an jedem Atom ergibt

$$|\overline{\underline{Cl}}^0-\overset{\overset{|\overline{O}|^0}{\|}}{\underset{0}{C}}-\overline{\underline{Cl}}^0| \longleftrightarrow |\overline{\underline{Cl}}^0=\overset{\overset{|\overline{\underline{O}}|^{-1}}{|}}{\underset{+1}{C}}-\overline{\underline{Cl}}^0| \longleftrightarrow |\overline{\underline{Cl}}^0-\overset{\overset{|\overline{\underline{O}}|^{-1}}{|}}{\underset{0}{C}}=\overline{\underline{Cl}}^{+1}|$$

Wir erwarten, dass die erste Formel die wichtigste ist, da sie die kleinsten Formalladungen an jedem Atom aufweist. In der Tat stellt man das Molekül gewöhnlich durch diese Lewis-Strukturformel dar.

(d) Wenn wir die chemische Gleichung in Hinblick auf die Lewis-Strukturformeln für die Moleküle schreiben, haben wir

$$|C\equiv O| \;+\; |\overline{\underline{Cl}}-\overline{\underline{Cl}}| \;\longrightarrow\; |\overline{\underline{Cl}}-\overset{\overset{|\overline{O}|}{\|}}{C}-\overline{\underline{Cl}}|$$

Folglich beinhaltet die Reaktion ein Aufbrechen einer C≡O-Bindung und einer Cl—Cl-Bindung und die Bildung einer C=O-Bindung und zweier C—Cl-Bindungen. Mit den Bindungsenthalpien aus Tabelle 8.4 haben wir

$$\Delta H = D(C\equiv O) + D(Cl-Cl) - D(C=O) - 2D(C-Cl)$$
$$= 1072 \text{ kJ} + 242 \text{ kJ} - 799 \text{ kJ} - 2(328 \text{ kJ}) = -141 \text{ kJ}$$

Zusammenfassung und Schlüsselbegriffe

Einleitung und Abschnitt 8.1 In diesem Kapitel haben wir uns auf die Wechselwirkungen konzentriert, die zur Bildung von **chemischen Bindungen** führen. Wir teilen diese Bindungen in drei große Gruppen ein: **Ionenbindungen** sind die elektrostatischen Kräfte, die zwischen Ionen unterschiedlicher Ladung herrschen; **kovalente Bindungen** resultieren aus gemeinsamen Elektronen von zwei Atomen; und **metallische Bindungen** binden die Atome in Metallen zusammen. Die Bindungsbildung bedingt Wechselwirkungen der äußersten Elektronen von Atomen, ihren Valenzelektronen. Die Neigung von Atomen, Valenzelektronen aufzunehmen, abzugeben oder zu teilen, folgt oft der **Oktettregel**, die man als Versuch von Atomen, eine Edelgas Elektronenkonfiguration zu erreichen, ansehen kann.

Abschnitt 8.2 Ionenbindung resultiert aus dem vollständigen Übergang von Elektronen eines Atoms zu einem anderen, unter Bildung eines dreidimensionalen Gitters geladener Teilchen. Die Stabilität ionischer Substanzen resultiert aus den starken elektrostatischen Anziehungen zwischen einem Ion und den umgebenden Ionen der entgegengesetzten Ladung. Die Größe dieser Wechselwirkungen wird mit der **Gitterenergie** gemessen, die die Energie ist, die zur Trennung eines Ionengitters in gasförmige Ionen nötig ist. Die Gitterenergie nimmt mit zunehmender Ladung an den Ionen und mit abnehmendem Abstand zwischen den Ionen zu. Der **Born-Haber-Kreisprozess** ist ein nützlicher thermodynamischer Kreisprozess, in dem wir den Hess'schen Satz benutzen, um die Gitterenergie als Summe verschiedener Schritte in der Bildung einer ionischen Verbindung zu berechnen.

Die Stellung eines Elements im Periodensystem erlaubt uns die Vorhersage des Ions, das es wahrscheinlich bildet. Metalle neigen zur Bildung von Kationen; Nichtmetalle neigen zur Bildung von Anionen. Wir können die Elektronenkonfigurationen für Ionen schreiben, indem wir zuerst die Konfiguration des neutralen Atoms schreiben und dann die entsprechende Anzahl von Elektronen hinzufügen oder entfernen.

Abschnitt 8.3 Eine kovalente Bindung entsteht durch gemeinsame Elektronenpaare. Wir können die Elektronenverteilung in Molekülen durch **Lewis-Strukturformeln** darstellen, die anzeigen, wie viele Valenzelektronen an der Bindungsbildung beteiligt sind und wie viele als Elektronenpaare übrigbleiben. Die Oktettregel hilft zu bestimmen, wie viel Bindungen zwischen zwei Atomen gebildet werden. Ein gemeinsames Elektronenpaar ergibt eine **Einfachbindung**; zwei oder drei gemeinsame Elektronenpaare zwischen zwei Atomen ergeben **Doppel-** oder **Dreifachbindungen**. Doppel- und Dreifachbindungen sind Beispiele für Mehrfachbindungen zwischen Atomen. Die **Bindungslänge** zwischen zwei gebundenen Atomen ist der Abstand zwischen den zwei Kernen. Die Bindungslänge nimmt ab, wenn die Anzahl der Bindungen zwischen den Atomen zunimmt.

Abschnitt 8.4 In kovalenten Bindungen müssen die Elektronen nicht unbedingt gleichmäßig zwischen den zwei Atomen verteilt sein. **Bindungspolarität** hilft bei der Beschreibung der Ungleichverteilung von Elektronen in einer Bindung. In einer **unpolaren kovalenten Bindung** sind die Elektronen in der Bindung zwischen den Atomen gleich verteilt; in einer **polaren kovalenten Bindung** übt eines der Atome eine größere Anziehung auf die Elektronen aus als das andere.

Elektronegativität ist ein numerisches Maß für die Fähigkeit eines Atoms, mit anderen Atomen um die gemeinsamen Elektronen zu konkurrieren. Fluor ist das elektronegativste Element, d. h. es hat die größte Fähigkeit, Elektronen von anderen Atomen anzuziehen. Elektronegativitätswerte bewegen sich zwischen 0,7 für Cs und 4,0 für Fluor. Elektronegativität nimmt im Allgemeinen von links nach rechts in einer Reihe des Periodensystems zu, und sie nimmt in einer Spalte von oben nach unten ab. Die Elektronegativitätsdifferenz gebundener Atome kann man zur Bestimmung der Polarität einer Bindung benutzen. Je größer die Differenz, desto polarer ist die Bindung.

In einem **polaren Molekül** fallen die Zentren der positiven und negativen Ladung nicht zusammen. Folglich hat ein polares Molekül eine positive und eine negative Seite. Die Ladungstrennung erzeugt einen **Dipol**, dessen Größe durch das **Dipolmoment** gegeben ist, welches man in Debye (D) misst. Dipolmomente nehmen mit zunehmender getrennter Ladungsmenge und zunehmendem Trennungsabstand zu. Ein zweiatomiges Molekül X—Y, in dem X und Y verschiedene Elektronegativitäten besitzen, ist ein polares Molekül.

Abschnitt 8.5 und 8.6 Wenn wir wissen, welche Atome miteinander verbunden sind, können wir nach einem einfachen Schema Lewis-Strukturformeln für Moleküle und Ionen zeichnen. Wenn wir dies machen, können wir die **Formalladung** (die Ladung, die das Atom haben würde, wenn alle Atome die gleiche Elektronegativität hätten) für jedes Atom in einer Lewis-Strukturformel bestimmen. Die günstigsten Lewis-Strukturformeln haben niedrige Formalladungen mit den negativen Formalladungen an den elektronegativeren Atomen.

Manchmal reicht eine Lewis-Strukturformel nicht zur Wiedergabe eines bestimmten Moleküls (oder Ions) aus. In solchen Fällen beschreiben wir das Molekül mit zwei oder mehr **Resonanzstrukturformeln** für das Molekül. Man kann sich das Molekül als Mischung aus diesen Resonanzstrukturformeln vorstellen. Resonanzstrukturformeln sind wichtig z. B. zur Beschreibung der Bindung in Ozon, O_3, und dem organischen Molekül Benzol, C_6H_6.

Abschnitt 8.7 Die Oktettregel wird nicht in allen Fällen befolgt. Die Ausnahmen treten auf, wenn **(a)** ein Molekül eine ungerade Zahl von Elektronen besitzt, **(b)** es nicht möglich ist, ein Oktett um ein Atom zu vervollständigen, ohne eine ungünstige Elektronenverteilung zu erzwingen, oder **(c)** ein großes Atom von so vielen kleinen elektronegativen Atomen umgeben ist, dass es scheinbar mehr als ein Elektronenoktett um sich herum hat. Scheinbar erweiterte Valenzschalen werden bei Atomen der dritten Reihe und darüber hinaus im Periodensystem beobachtet.

Abschnitt 8.8 Die Stärke einer kovalenten Bindung wird durch ihre **Bindungsenthalpie** gemessen, die die molare Enthalpieänderung beim Aufbrechen einer bestimmten Bindung ist. Durchschnittliche Bindungsenthalpien können für eine Vielzahl kovalenter Bindungen bestimmt werden. Die Stärken kovalenter Bindungen nehmen mit der Zahl gemeinsamer Elektronenpaare zwischen zwei Atomen zu. Wir können Bindungsenthalpien zur Schätzung der Enthalpieänderung bei chemischen Reaktionen, in denen Bindungen aufgebrochen und neue Bindungen gebildet werden, benutzen. Die durchschnittliche Bindungslänge zwischen zwei Atomen nimmt mit zunehmender Zahl von Bindungen zwischen den Atomen ab, passend dazu, dass die Bindung mit zunehmender Bindungsanzahl stärker wird.

Veranschaulichung von Konzepten

8.1 Kennzeichnen Sie für jedes dieser Lewis-Symbole die Gruppe im Periodensystem, in die das Element X gehört. **(a)** ·Ẋ· **(b)** ·X· **(c)** |Ẋ· (*Abschnitt 8.1*).

8.2 Im Folgenden sind vier Ionen – A_1, A_2, Z_1 und Z_2 – mit ihren relativen Ionenradien dargestellt. Die rot dargestellten Ionen tragen eine 1+-Ladung und die blau dargestellten eine 1−-Ladung. **(a)** Würden Sie erwarten, eine Ionenverbindung der Formel A_1A_2 zu finden? Erklären Sie. **(b)** Welche Kombination von Ionen führt zu der Ionenverbindung mit der größten Gitterenergie? **(c)** Welche Kombination von Ionen führt zu der Ionenverbindung mit der kleinsten Gitterenergie? (*Abschnitt 8.2*)

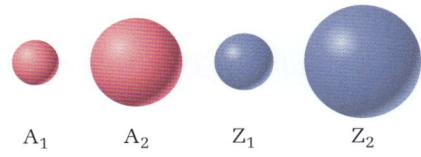

8.3 Das untenstehende Orbitaldiagramm zeigt die Valenzelektronen für ein 2+-Ion eines Elements. **(a)** Welches Element ist dies? **(b)** Wie ist die Elektronenkonfiguration für ein Atom dieses Elements? (*Abschnitt 8.2*)

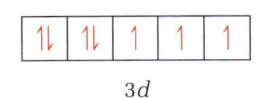

8.4 In der unten gezeigten Lewis-Strukturformel stehen A, D, E, Q, X und Z für Elemente aus den ersten zwei Reihen des Periodensystems. Identifizieren Sie alle sechs Elemente (*Abschnitt 8.3*).

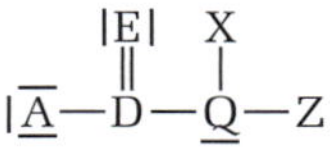

8.5 Die unvollständige Lewis-Strukturformel unten steht für ein Kohlenwasserstoffmolekül. In der vollen Lewis-Strukturformel erfüllt jedes Kohlenstoffatom die Oktettregel und es befinden sich keine ungeteilten Elektronenpaare im Molekül. Die Kohlenstoff–Kohlenstoff-Bindungen sind mit 1, 2 und 3 bezeichnet. **(a)** Bestimmen Sie, wo in dem Molekül sich die Wasserstoffatome befinden. **(b)** Listen Sie die Kohlenstoff–Kohlenstoff-Bindungen nach zunehmender Bindungslänge auf. **(c)** Listen Sie die Kohlenstoff–Kohlenstoff-Bindungen nach zunehmender Bindungsenthalpie auf (*Abschnitte 8.3 und 8.8*).

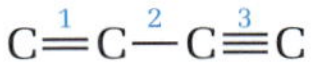

8.6 Eine mögliche Lewis-Strukturformel für die Verbindung Xenontrioxid, XeO_3, ist unten dargestellt. **(a)** Bis zu den 60ern dachte man, dass diese Verbindung unmöglich wäre. Warum? **(b)** Wie viele andere äquivalente Resonanzstrukturformeln gibt es für diese Lewis-Strukturformel? **(c)** Erfüllt diese Lewis-Strukturformel die Oktettregel? Erklären Sie, warum oder warum nicht. **(d)** Denken Sie, dass dies die beste Wahl für die Lewis-Strukturformel für XeO_3 ist? (*Abschnitte 8.5, 8.6 und 8.7*)

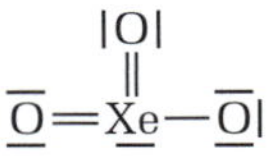

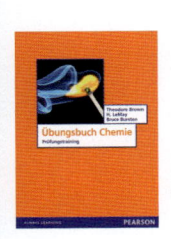

Molekülstruktur und Bindungstheorien

9

9.1	Molekülformen	331
9.2	Das VSEPR-Modell	334
9.3	Molekülform und Molekülpolarität	343
9.4	Kovalente Bindung und Orbitalüberlappung	346
9.5	Hybridorbitale	348
9.6	Mehrfachbindungen	354

Chemie und Leben
Die Chemie des Sehens ... 359

| 9.7 | Molekülorbitale | 361 |
| 9.8 | Zweiatomige Moleküle der zweiten Periode | 364 |

Zusammenfassung und Schlüsselbegriffe ... 376
Veranschaulichung von Konzepten ... 377

ÜBERBLICK

9 Molekülstruktur und Bindungstheorien

Was uns erwartet

- Wir beginnen mit der Diskussion und Untersuchung einiger gängiger *Molekülstrukturen* (Abschnitt 9.1).

- Wir betrachten als Nächstes, wie Molekülstrukturen mit einem einfachen Modell (dem *VSEPR-Modell*) vorhergesagt werden können, das im Wesentlichen auf Lewis-Strukturformeln und der Abstoßung zwischen Bereichen mit hoher Elektronendichte basiert (Abschnitt 9.2).

- Wenn wir die Bindungsarten in einem Molekül und seine Molekülgestalt kennen, können wir bestimmen, ob das Molekül *polar* oder *unpolar* ist (Abschnitt 9.3).

- Wir untersuchen anschließend die *Valenzbindungstheorie*, ein Modell für molekulare Bindung, das uns zu verstehen hilft, warum Moleküle Bindungen bilden und warum sie die Form haben, die sie haben (Abschnitt 9.4).

- Um Molekülformen zu erklären, betrachten wir, wie die Orbitale eines Atoms sich miteinander mischen oder *hybridisieren*, um Orbitale zu erzeugen, die zur Bindung in Molekülen geeignet sind (Abschnitt 9.5).

- Kovalente Bindungen können als *Überlappung* von Atomorbitalen betrachtet werden, und wir werden untersuchen, wie Orbitalüberlappungen zu *sigma* (σ)- und *pi* (π)-Bindungen zwischen Atomen führen (Abschnitt 9.6).

- Wir werden sehen, dass eine Einfachbindung im Allgemeinen aus einer einzelnen σ-Bindung zwischen den gebundenen Atomen besteht und eine Mehrfachbindung eine σ-Bindung und eine oder mehrere π-Bindungen beinhaltet (Abschnitt 9.6).

- Abschließend diskutieren wir die *Molekülorbitaltheorie*, ein Modell für chemische Bindungen, das eine erweiterte Einsicht in die Elektronenstruktur von Molekülen gibt (Abschnitte 9.7 und 9.8).

Wir haben in Kapitel 8 gesehen, dass Lewis-Strukturformeln uns beim Verständnis der Zusammensetzung von Molekülen und ihren kovalenten Bindungen helfen. Lewis-Strukturformeln zeigen aber nicht einen der wichtigsten Aspekte von Molekülen – ihre Gesamtform. Moleküle haben Formen und Größen, die durch die Winkel und Abstände zwischen den Kernen ihrer Atome definiert werden. Tatsächlich beziehen sich Chemiker oft bei der Beschreibung der unterschiedlichen Formen und Größen der Moleküle auf die Molekül*architektur*.

Die Form und Größe eines Moleküls einer bestimmten Substanz, zusammen mit der Stärke und Polarität seiner Bindungen, bestimmen größtenteils die Eigenschaften dieser Substanz. Einige der dramatischsten Beispiele für die wichtige Rolle von Molekülform und -größe kann man in biochemischen Reaktionen und in von lebenden Wesen produzierten Substanzen sehen. 1967 isolierten zwei Chemiker aus der Rinde der Pazifischen Eibe – einer Art, die entlang der Pazifikküste der nordwestlichen USA und Kanada wächst – eine kleine Menge eines Moleküls, von dem man herausfand, dass es zu den wirkungsvollsten Stoffen gegen Brust- und Eierstockkrebs gehört. Dieses Molekül, jetzt als Medikament Taxol bekannt, hat eine komplexe Molekülarchitektur und wirkt therapeutisch sehr stark. Nur kleine Modifikationen der Form und Größe des Moleküls verringern seine Effektivität und führen zur Bildung einer Substanz, die für Menschen toxisch ist. Chemiker haben kürzlich herausgefunden, wie man das Medikament im Labor herstellen kann, wie es besser verfügbar wird und was die langsam wachsende Pazifische Eibe vor einer möglichen Ausrottung bewahrt. Sechs Bäume müssten geerntet werden, um das Taxol zur Behandlung eines Krebspatienten zu liefern.

Die Sinneseindrücke Riechen und Sehen hängen zum Teil von der Molekülarchitektur ab. Wenn Sie einatmen, werden Moleküle an Rezeptoren Ihrer Nase transportiert. Wenn die Moleküle die richtige Größe und Form haben, passen sie genau an diese Rezeptoren; dadurch werden Impulse an das Gehirn gesendet. Das Gehirn identifiziert diese Impulse als einen bestimmten Geruch, wie z. B. den Geruch von frisch gebackenem Brot. Die Nase ist bei der Molekülerkennung so gut, dass zwei Substanzen unterschiedliche Geruchssinnseindrücke erzeugen können, obwohl ihre Moleküle sich nur wie Ihre rechte Hand von Ihrer linken unterscheiden. Im Jahre 2004 erhielten zwei amerikanische Wissenschaftler für ihre Studien zur molekularen Basis des Geruchssinns den Nobelpreis für Medizin.

Unser erstes Ziel in diesem Kapitel ist es, die Beziehung zwischen zweidimensionalen Lewis-Strukturformeln und dreidimensionalen Molekülformen zu erlernen. Mit dieser Kenntnis gerüstet können wir dann die Natur der kovalenten Bindungen näher untersuchen. Die Striche, die bei den Lewis-Strukturformeln zur Darstellung von Bindungen benutzt werden, liefern wichtige Hinweise zu den Orbitalen, die Moleküle zur Bindung verwenden. Durch die Untersuchung dieser Orbitale können wir ein besseres Verständnis des Verhaltens von Molekülen erlangen. Sie werden sehen, dass das Material in diesem Kapitel Ihnen bei späteren Diskussionen der physikalischen und chemischen Eigenschaften von Substanzen helfen wird.

Molekülmodelle

Molekülformen 9.1

In Kapitel 8 haben wir Lewis-Strukturformeln zur Erklärung der Formeln kovalenter Verbindungen benutzt (siehe Abschnitt 8.5). Aber Lewis-Strukturformeln zeigen nicht die Form von Molekülen an, sondern einfach nur die Anzahl und Arten der

9 Molekülstruktur und Bindungstheorien

Bindungen zwischen Atomen. Zum Beispiel sagt uns die Lewis-Strukturformel von CCl_4 nur, dass vier Cl-Atome an ein zentrales C-Atom gebunden sind.

Die Lewis-Strukturformel wird zweidimensional gezeichnet. Wie in ▶ Abbildung 9.1 zu sehen ist, zeigt aber die wirkliche dreidimensionale Anordnung der Atome die Cl-Atome an den Ecken eines *Tetraeders*, einem Polyeder mit vier Ecken und vier Flächen, die alle gleichseitige Dreiecke sind.

Die Gesamtform eines Moleküls wird durch seine **Bindungswinkel** bestimmt, die Winkel, die durch die Linien gebildet werden, die die Atomkerne in dem Molekül verbinden. Die Bindungswinkel eines Moleküls, zusammen mit den Bindungslängen (siehe Abschnitt 8.8), definieren genau die Form und Größe des Moleküls. In CCl_4 sind die Bindungswinkel als die Winkel zwischen den C—Cl-Bindungen definiert. Sie sollten erkennen können, dass es sechs Cl—C—Cl-Winkel in CCl_4 gibt, und dass alle den gleichen Wert (109,5°, der charakteristisch für ein Tetraeder ist) besitzen. Zusätzlich haben alle vier Bindungen die gleiche Länge (1,78 Å). Folglich wird die Form und Größe von CCl_4 vollständig durch die Aussage beschrieben, dass das Molekül tetraedrisch mit einer C—Cl-Bindungslänge von 1,78 Å ist.

In unserer Diskussion der Molekülformen werden wir mit Molekülen (und Ionen) anfangen, die wie CCl_4 ein einzelnes Zentralatom enthalten, das an zwei oder mehr Atome des gleichen Typs gebunden ist. Solche Moleküle entsprechen der allgemeinen Formel AB_n, in der das Zentralatom A mit n B-Atomen verbunden ist. Zum Beispiel sind sowohl CO_2 als auch H_2O AB_2-Moleküle, während SO_3 und NH_3 AB_3-Moleküle sind usw.

Die möglichen Formen von AB_n-Molekülen hängen vom Wert für n ab. Für einen gegebenen Wert von n werden nur wenige allgemeine Formen beobachtet. Die gewöhnlich für AB_2- und AB_3-Moleküle gefundenen sind in ▶ Abbildung 9.2 abgebildet. Folglich muss ein AB_2-Molekül entweder linear (Bindungswinkel = 180°) oder gewinkelt

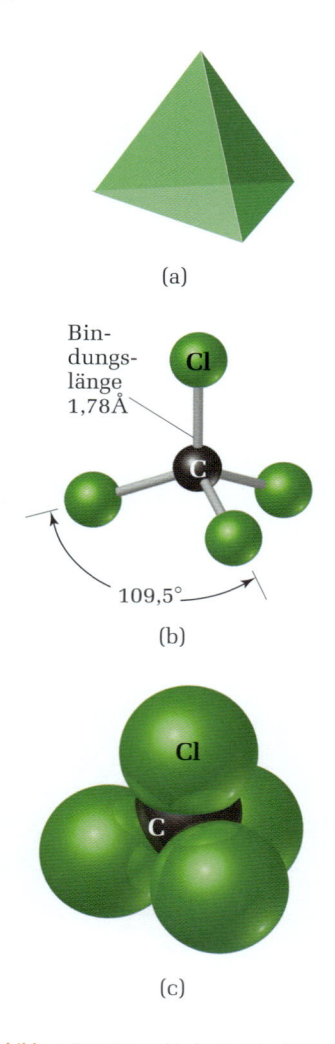

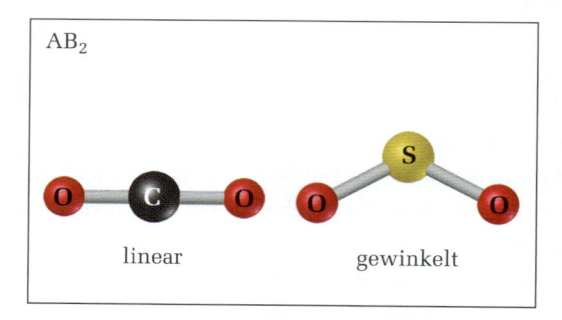

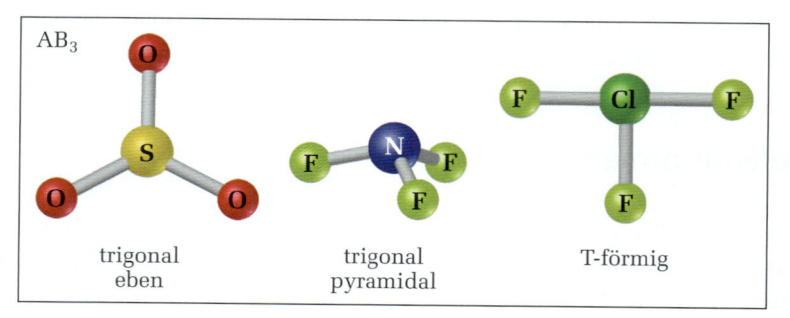

Abbildung 9.1: Tetraedrische Struktur. (a) Ein Tetraeder ist ein Objekt mit vier Flächen und vier Eckpunkten. Jede Fläche ist ein gleichseitiges Dreieck. (b) Die Struktur des CCl_4-Moleküls. Jede C—Cl-Bindung in dem Molekül zeigt zu einem Eckpunkt eines Tetraeders. Alle C—Cl-Bindungen haben die gleiche Länge und alle Cl—C—Cl-Bindungswinkel sind gleich. Diese Art CCl_4 zu zeichnen wird Kugel-Stab-Modell genannt. (c) Eine Darstellung von CCl_4, genannt Kalottenmodell. Sie zeigt die relativen Größen der Atome, aber die Struktur ist schlechter zu erkennen.

Abbildung 9.2: Formen von AB_2- und AB_3-Molekülen. Oben: AB_2-Moleküle können entweder linear oder gewinkelt sein. Unten: Drei mögliche Formen von AB_3-Molekülen.

9.1 Molekülformen

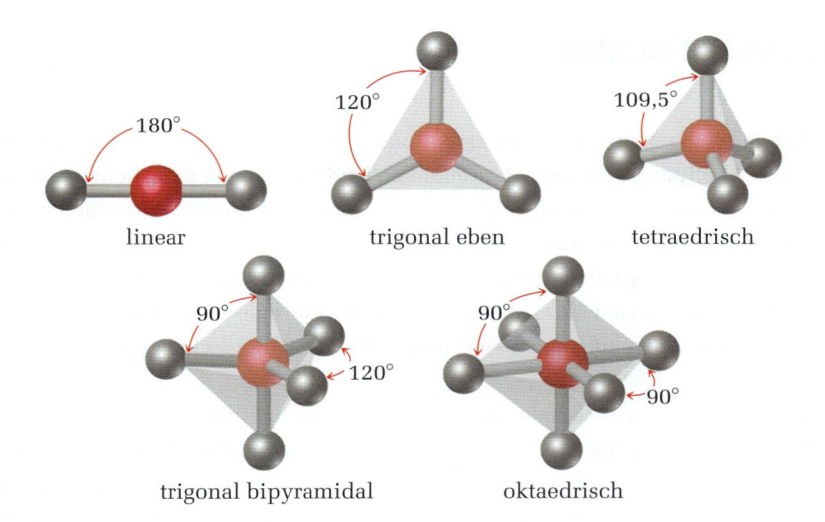

Abbildung 9.3: Formen von AB$_n$-Molekülen. Für Moleküle mit der allgemeinen Formel AB$_n$ gibt es fünf Grundformen.

(Bindungswinkel ≠ 180°) sein. Zum Beispiel ist CO$_2$ linear und SO$_2$ ist gewinkelt. Bei AB$_3$ Molekülen platzieren die beiden häufigsten Formen die B-Atome an den Ecken eines gleichseitigen Dreiecks. Wenn das A-Atom in der gleichen Ebene wie die B-Atome liegt, wird die Form *trigonal eben* genannt. Wenn das A-Atom oberhalb der Ebene der B-Atome liegt, wird die Form *trigonal pyramidal* (eine Pyramide mit einem gleichseitigen Dreieck als Grundfläche) genannt. Zum Beispiel ist SO$_3$ trigonal eben und NF$_3$ ist trigonal pyramidal. Einige AB$_3$-Moleküle wie z. B. ClF$_3$ weisen die in Abbildung 9.2 gezeigte unüblichere *T-Form* auf.

Die Form eines bestimmten AB$_n$-Moleküls kann gewöhnlich aus einer der in ▶ Abbildung 9.3 gezeigten fünf geometrischen Grundstrukturen abgeleitet werden. Gehen wir von einem Tetraeder aus, können wir, wie in ▶ Abbildung 9.4 gezeigt, sukzessive Atome von den Ecken entfernen. Wenn ein Atom aus einer Ecke des Tetraeders entfernt wird, hat das verbleibende Fragment eine trigonal pyramidale Struktur wie die für NF$_3$ gefundene. Wenn zwei Atome entfernt werden, entsteht eine gewinkelte Form.

Warum haben so viele AB$_n$-Moleküle zu den in Abbildung 9.3 verwandte Strukturen, und wie können wir diese Formen voraussagen? Wenn A ein Hauptgruppenelement ist (ein Element des *s*- oder *p*-Blocks des Periodensystems) können wir die Fragen mit dem **Valenzelektronenpaarabstoßungsmodell (VSEPR)-Modell** beantworten. Obwohl der Name recht imposant ist, ist das Modell ziemlich einfach, und es hat nützliche Voraussagefähigkeiten, wie wir in Abschnitt 9.2 sehen werden.

> **❓ DENKEN SIE EINMAL NACH**
>
> Eine der gewöhnlichen Formen für AB$_4$-Moleküle ist *quadratisch eben*: Alle fünf Atome liegen in der gleichen Ebene, die B-Atome liegen in den Ecken eines Quadrats und das A-Atom liegt im Zentrum des Quadrats. Welche der in ▶ Abbildung 9.3 gezeigten Formen könnte durch das Entfernen von einem oder mehr Atomen zu einer quadratisch ebenen Struktur führen?

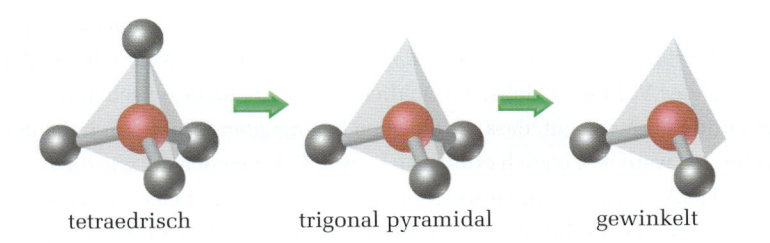

Abbildung 9.4: Ableitungen aus den AB$_n$-Strukturen. Weitere Molekülformen können durch Entfernen von Eckatomen aus den Grundformen in ▶ Abbildung 9.3 gebildet werden. Hier fangen wir mit einem Tetraeder an und entfernen sukzessiv Ecken, wir erzeugen zuerst eine trigonal-pyramidale Struktur und dann eine gewinkelte Struktur, jede mit idealen Bindungswinkeln von 109,5°. Die Molekülform ist nur von Bedeutung, wenn es wenigstens drei Atome gibt. Wenn es nur zwei Atome gibt, müssen Sie nebeneinander angeordnet werden, und es gibt keinen speziellen Namen zur Beschreibung des Moleküls.

9.2 Das VSEPR-Modell

Stellen Sie sich vor, zwei identische Ballons an ihren Enden zusammenzubinden. Wie in ▶ Abbildung 9.5 a gezeigt, orientieren sich die Ballons natürlicherweise so, dass sie voneinander wegzeigen; d. h. sie versuchen sich so weit wie möglich „aus dem Weg zu gehen". Wenn wir einen dritten Ballon hinzufügen, richten sich die Ballons zu den Ecken eines gleichseitigen Dreiecks aus wie in ▶ Abbildung 9.5 b. Wenn wir einen vierten Ballon hinzufügen, nehmen sie eine Tetraederform an (▶ Abbildung 9.5 c). Wir sehen, dass es für jede Zahl von Ballons eine optimale Anordnung gibt.

In mancher Hinsicht verhalten sich die Elektronen in Molekülen wie die Ballons in Abbildung 9.5. Wir haben gesehen, dass eine einzelne kovalente Bindung zwischen zwei Atomen gebildet wird, wenn ein Elektronenpaar den Raum zwischen den Atomen besetzt (siehe Abschnitt 8.3). Ein **Bindungselektronenpaar** definiert folglich einen Bereich, in dem man die Elektronen am wahrscheinlichsten findet. Im Gegensatz dazu ist ein **nichtbindendes Elektronenpaar** (ein *einsames Paar*) hauptsächlich an einem Atom lokalisiert. Zum Beispiel hat die Lewis-Strukturformel von NH_3 insgesamt vier Elektronenpaare um das zentrale Stickstoffatom (drei bindende Elektronenpaare und ein nichtbindendes Paar):

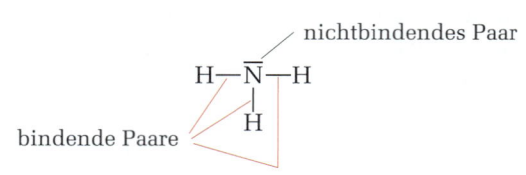

$$H-\overline{N}-H \quad | \quad H$$
(nichtbindendes Paar / bindende Paare)

Für die folgenden Betrachtungen bezeichnen wir zur Vereinfachung auch Mehrfachbindungen als „Elektronenpaar". Jede Mehrfachbindung in einem Molekül stellt also ebenfalls ein Elektronenpaar dar. Folglich hat die folgende Resonanzstruktur für O_3 drei Elektronenpaare um das zentrale Sauerstoffatom (eine Einfachbindung, eine Doppelbindung und ein nichtbindendes Elektronenpaar):

$$|\overline{\underline{O}}-\overline{\underline{O}}=\overline{\underline{O}}$$

Also liefert generell *jedes nichtbindende Paar, jede Einfach- oder Mehrfachbindung ein Elektronenpaar um das Zentralatom.*

Da Elektronenpaare negativ geladen sind, stoßen sie sich gegenseitig ab. Deshalb versuchen Elektronenpaare, wie die Ballons in Abbildung 9.5, sich aus dem Weg zu gehen. *Die beste Anordnung einer gegebenen Zahl von Elektronenpaaren ist die, in der die Abstoßung zwischen ihnen minimal ist.* Diese einfache Vorstellung bildet die Grundlage des VSEPR-Modells. Tatsächlich ist die Analogie zwischen Elektronenpaaren und Ballons so gut, dass die gleichen bevorzugten Strukturen in beiden Fällen gefunden werden. Folglich ordnen sich zwei Elektronenpaare, wie die Ballons in Abbildung 9.5, *linear* an, drei ordnen sich *trigonal eben*, und vier ordnen sich *tetraedrisch* an. Diese Anordnungen, zusammen mit denen für fünf Elektronenpaare (*trigonal bipyramidal*) und sechs Elektronenpaare (*oktaedrisch*), sind in Tabelle 9.1 zusammengefasst. Wenn Sie die Strukturen in Tabelle 9.1 mit denen in Abbildung 9.3 vergleichen, werden Sie feststellen, dass sie gleich sind. *Die Form verschiedener AB_n-Moleküle oder Ionen hängt von der Zahl der Elektronenpaare um das zentrale A-Atom herum ab.*

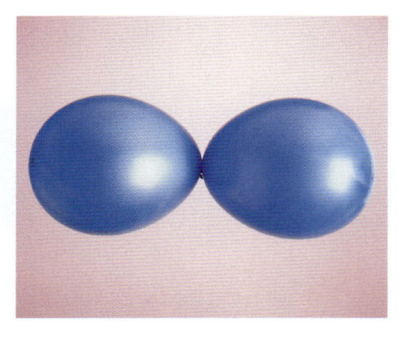

(a) Zwei Ballons nehmen eine lineare Anordnung ein.

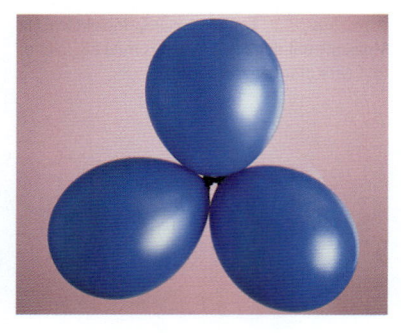

(b) Drei Ballons nehmen eine trigonal ebene Anordnung ein.

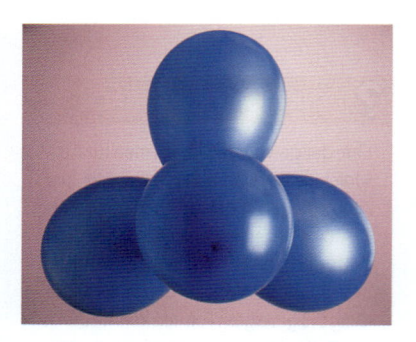

(c) Vier Ballons nehmen eine tetraedrische Anordnung ein.

Abbildung 9.5: Eine Ballon-Analogie für Elektronenpaare. An ihren Enden aneinandergebundene Ballons nehmen von Natur aus die Anordnung mit der geringsten Energie ein.

> **? DENKEN SIE EINMAL NACH**
>
> Ein AB_3-Molekül hat folgende Resonanzstruktur:
>
> $$|\overline{\underline{B}}-A\overset{\overset{\displaystyle |\underline{B}|}{\|}}{{-}}\overline{\underline{B}}|$$
>
> Erfüllt diese Lewis-Strukturformel die Oktettregel? Wie viele Elektronenpaare gibt es um Atom A?

9.2 Das VSEPR-Modell

Tabelle 9.1
Strukturtypen als Funktion der Zahl von Elektronenpaaren

Zahl von Elektronenpaaren	Anordnung von Elektronenpaaren	Strukturtyp	Vorhergesagte Bindungswinkel
2	180°	linear	180°
3	120°	trigonal eben	120°
4	109,5°	tetraedrisch	109,5°
5	90°, 120°	trigonal bipyramidal	120°, 90°
6	90°, 90°	oktaedrisch	90°

Die Anordnung der Elektronenpaare um das Zentralatom eines AB_n-Moleküls oder -Ions wird **Strukturtyp oder Pseudostruktur** genannt. Im Gegensatz dazu ist die **Molekülstruktur** *nur* die Anordnung *der Atome* in einem Molekül oder Ion – alle nichtbindenden Paare sind nicht Teil der Beschreibung der Molekülgestalt. Mit dem VSEPR-Modell sagen wir den Strukturtyp voraus, und durch das Wissen, wie viele nichtbindende Elektronenpaare beteiligt sind, können wir die Molekülstruktur voraussagen.

Wenn alle Elektronenpaare in einem Molekül Bindungen bilden, ist die Molekülstruktur identisch mit dem Strukturtyp. Wenn aber ein oder mehrere nichtbindende Elektronenpaare vorhanden sind, müssen wir daran denken, diese bei der Voraussage der Molekülform zu berücksichtigen. Betrachten Sie z. B. das NH_3-Molekül, das

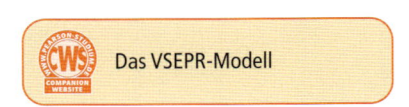

Das VSEPR-Modell

9 Molekülstruktur und Bindungstheorien

NH₃ ⟶ H—N̈—H ⟶ (tetraedrische Darstellung) ⟶ (Kugel-Stab-Modell)

Lewis-Strukturformel   Strukturtyp (tetraedrisch)   Molekülstruktur (trigonal pyramidal)

Abbildung 9.6: Die Molekülstruktur von NH₃. Die Struktur wird vorausgesagt durch 1. Zeichnen der Lewis-Strukturformel, 2. Anwenden des VSEPR-Modells zur Bestimmung des Strukturtyps und 3. Beschreibung der Molekülstruktur.

vier Elektronenpaare um das Stickstoffatom hat (▶ Abbildung 9.6). Wir wissen aus Tabelle 9.1, dass die Abstoßung zwischen vier Elektronenpaaren minimal ist, wenn diese in die Ecken eines Tetraeders zeigen – der Strukturtyp von NH₃ ist tetraedrisch. Wir wissen aus der Lewis-Strukturformel von NH₃, dass eines der Elektronenpaare nichtbindend ist, das eines der vier Ecken des Tetraeders besetzen wird. Daher ist die Molekülstruktur von NH₃ trigonal pyramidal, wie in Abbildung 9.6 gezeigt. Beachten Sie, dass die tetraedrische Anordnung der vier Elektronenpaare uns zur Voraussage der trigonal-pyramidalen Molekülgestalt führt.

Wir können die Schritte zur Vorhersage der Form von Molekülen und Ionen unter Anwendung des VSEPR-Modells verallgemeinern:

1 Zeichnen Sie die *Lewis-Strukturformel* des Moleküls oder Ions und zählen Sie die Gesamtzahl der Elektronenpaare um das Zentralatom. Jedes nichtbindende Elektronenpaar, jede Einfachbindung, jede Doppelbindung und jede Dreifachbindung zählt als ein Elektronenpaar.

2 Bestimmen Sie den Strukturtyp durch Anordnen der Elektronenpaare um das Zentralatom, so dass die Abstoßung zwischen ihnen minimal ist, wie in Tabelle 9.1 gezeigt.

3 Verwenden Sie die Anordnung der gebundenen Atome zur Bestimmung der *Molekülstruktur*.

Abbildung 9.6 zeigt, wie diese Schritte zur Vorhersage der Gestalt des NH₃-Moleküls angewendet werden. Da die trigonal-pyramidale Struktur auf einem tetraedrischen Strukturtyp basiert, sind die *idealen Bindungswinkel* 109,5° groß. Wie wir bald sehen werden, weichen Bindungswinkel von den idealen Winkeln ab, wenn die umgebenden Atome und Elektronenpaare nicht identisch sind.

Lassen Sie uns diese Schritte anwenden, um die Form des CO_2-Moleküls zu bestimmen. Wir zeichnen zuerst die Lewis-Strukturformel, die zwei Elektronenpaare (zwei Doppelbindungen) um das zentrale Kohlenstoffatom offenbart:

$$\ddot{O}=C=\ddot{O}$$

Molekülmodelle

Zwei Elektronenpaare ordnen sich selbst so an, dass sich ein linearer Strukturtyp ergibt (Tabelle 9.1). Da kein nichtbindendes Elektronenpaar vorliegt, ist die Molekülstruktur ebenfalls linear und der O—C—O-Bindungswinkel ist 180°.

Tabelle 9.2 fasst die möglichen Molekülstrukturen zusammen, wenn ein AB_n-Molekül vier oder weniger Elektronenpaare um A hat. Diese Strukturen sind wichtig, da sie alle üblichen auftretenden Formen beinhalten, die man für Moleküle oder Ionen findet, die die Oktettregel befolgen.

Tabelle 9.2

Strukturtypen und Molekülformen für Moleküle mit zwei, drei und vier Elektronenpaaren um das Zentralatom

Zahl von Elektronenpaaren	Strukturtyp	Bindende Paare	Nichtbindende Paare	Molekülstruktur	Beispiel
2	linear	2	0	linear	$\overline{\underline{O}}=C=\overline{\underline{O}}$
3	trigonal eben	3	0	trigonal eben	BF_3
		2	1	gewinkelt	$[NO_2]^-$
4	tetraedrisch	4	0	tetraedrisch	CH_4
		3	1	trigonal pyramidal	NH_3
		2	2	gewinkelt	H_2O

9 | Molekülstruktur und Bindungstheorien

ÜBUNGSBEISPIEL 9.1 — Anwendung des VSEPR-Modells

Benutzen Sie das VSEPR-Modell zur Bestimmung der Molekülstruktur von (a) O_3, (b) $SnCl_3^-$.

Lösung

Analyse: Uns sind die Molekülformeln eines Moleküls und eines mehratomigen Ions gegeben. Beide gehorchen der allgemeinen Formel AB_n und beide besitzen ein Zentralatom aus dem *p*-Block des Periodensystems.

Vorgehen: Um die Molekülstrukturen dieser Spezies vorherzusagen, zeichnen wir zuerst ihre Lewis-Strukturformeln und zählen dann die Anzahl der Elektronenpaare um das Zentralatom. Die Anzahl der Elektronenpaare ergibt den Strukturtyp. Wir erhalten dann die Molekülstruktur aus der Anordnung der Elektronenpaare, die aus Bindungen herrühren.

Lösung:
(a) Wir können für O_3 zwei Resonanzstrukturformeln zeichnen:

$$|\overline{\underline{O}}-\overline{\underline{O}}=\overline{\underline{O}} \longleftrightarrow \overline{\underline{O}}=\overline{\underline{O}}-\overline{\underline{O}}|$$

Aufgrund der Resonanz sind die Bindungen zwischen dem zentralen O-Atom und den äußeren O-Atomen gleich lang. In beiden Resonanzstrukturformeln ist das zentrale O-Atom an die beiden äußeren O-Atome gebunden und besitzt ein nichtbindendes Paar. Folglich gibt es um die zentralen O-Atome drei Elektronenpaare. Erinnern Sie sich, dass eine Doppelbindung als ein einzelnes Elektronenpaar zählt. Die beste Anordnung für drei Elektronenpaare ist trigonal eben (Tabelle 9.1). Zwei der Paare stammen aus Bindungen und eines ist ein nichtbindendes Paar, somit hat das Molekül eine gewinkelte Form mit einem idealen Bindungswinkel von 120° (Tabelle 9.2).

(b) Die Lewis-Strukturformel für das $SnCl_3^-$-Ion ist

$$\left[|\overline{\underline{Cl}}-Sn-\overline{\underline{Cl}}| \atop |\overline{\underline{Cl}}| \right]^-$$

Das zentrale Sn-Atom ist an die drei Cl-Atome gebunden und besitzt ein nichtbindendes Paar. Deshalb hat das Sn-Atom vier Elektronenpaare um sich. Der resultierende Strukturtyp ist tetraedrisch (Tabelle 9.1), wobei eine Ecke mit einem nichtbindenden Elektronenpaar besetzt ist. Die Molekülstruktur ist folglich trigonal pyramidal (Tabelle 9.2), wie die von NH_3.

ÜBUNGSAUFGABE

Sagen Sie den Strukturtyp und die Molekülstruktur für (a) $SeCl_2$, (b) CO_3^{2-} voraus.

Antworten: (a) tetraedrisch, gewinkelt; (b) trigonal eben, trigonal eben.

Der Einfluss von nichtbindenden Elektronen und Mehrfachbindungen auf Bindungswinkel

Wir können das VSEPR-Modell verfeinern, um leichte Abweichungen der Moleküle von den in Tabelle 9.2 zusammengefassten idealen Strukturen vorherzusagen und zu erklären. Betrachten Sie zum Beispiel Methan (CH_4), Ammoniak (NH_3) und Wasser (H_2O). Alle drei zählen zum tetraedrischen Strukturtyp, aber ihre Bindungswinkel sind leicht unterschiedlich:

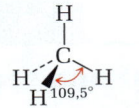

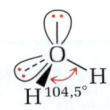

Beachten Sie, dass die Bindungswinkel abnehmen, wenn die Zahl der nichtbindenden Elektronenpaare zunimmt. Ein bindendes Elektronenpaar wird von beiden Kernen der gebundenen Atome angezogen. Im Gegensatz dazu wird ein nichtbindendes Paar hauptsächlich von einem Kern angezogen. Da ein nichtbindendes Paar weniger Kernanziehung erfährt, breitet es sich weiter in den Raum aus als ein bindendes Paar, wie in ▶ Abbildung 9.7 gezeigt. Als ein Ergebnis *üben nichtbindende Elektronenpaare größere abstoßende Kräfte auf angrenzende bindende Elektronenpaare aus und folglich neigen sie dazu, die Bindungswinkel zu verkleinern*. Mit der Analogie in Abbildung 9.5 können wir die nichtbindenden Elektronenpaare durch Ballons, die etwas größer und etwas dicker als die für bindende Paare sind, veranschaulichen.

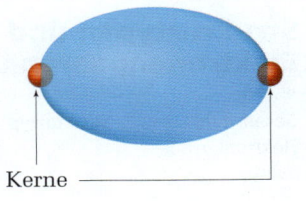

Da Mehrfachbindungen eine höhere Elektronenladungsdichte enthalten als Einfachbindungen, stellen sie ebenfalls größere Elektronenpaare („dickere Ballons") dar. Betrachten Sie die Lewis-Strukturformel für *Phosgen*, Cl_2CO:

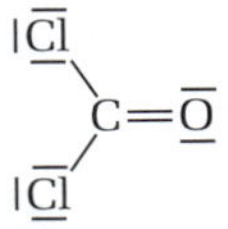

Da das zentrale Kohlenstoffatom von drei Elektronenpaaren umgeben ist, können wir eine trigonal-ebene Struktur mit Bindungswinkeln von 120° erwarten. Die Doppelbindung scheint aber ganz wie ein nichtbindendes Elektronenpaar zu wirken, so dass der Cl—C—Cl-Bindungswinkel von den idealen 120° auf einen tatsächlichen Winkel von 111,4° reduziert wird.

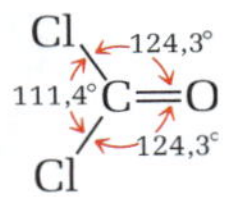

Im Allgemeinen *üben Elektronenpaare von Mehrfachbindungen eine größere abstoßende Kraft auf angrenzende Elektronenpaare aus als Elektronenpaare von Einfachbindungen*.

Moleküle mit erweiterten Valenzschalen

Unsere bisherige Diskussion des VSEPR-Modells hat sich auf Moleküle konzentriert, die nicht mehr als ein Elektronenoktett um das Zentralatom haben. Erinnern Sie sich aber, dass das Zentralatom eines Moleküls, wenn es aus der dritten Periode des Periodensystems und darüber hinaus stammt, scheinbar mehr als vier Elektronenpaare um sich herum haben kann (siehe Abschnitt 8.7). Moleküle mit fünf oder sechs Elektronenpaaren um das Zentralatom herum zeigen eine Vielzahl von Molekülgestalten, die auf *trigonal-bipyramidalen* (fünf Elektronenpaare) oder *oktaedrischen* (sechs Elektronenpaare) Strukturtypen basieren, wie in Tabelle 9.3 gezeigt.

Der stabilste Strukturtyp für fünf Elektronenpaare ist der trigonal bipyramidale (zwei trigonale Pyramiden teilen sich eine Grundfläche). Im Unterschied zu den bisher gesehenen Anordnungen können die Elektronenpaare in einer trigonalen Bipyramide in zwei geometrisch verschiedene Arten von Stellungen zeigen. Zwei der fünf Paare zeigen in so genannte *axiale Stellungen,* und die übrigen drei Paare zeigen in *äquatoriale Stellungen* (▶ Abbildung 9.8). Jedes axiale Paar bildet mit jedem äqua-

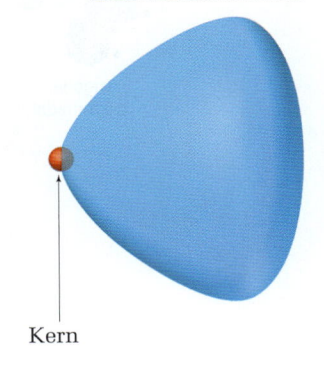

Abbildung 9.7: Relative „Größen" von bindenden und nichtbindenden Elektronenpaaren.

❓ DENKEN SIE EINMAL NACH

Eine der Resonanzstrukturformeln für das Nitrat-Ion NO_3^- ist

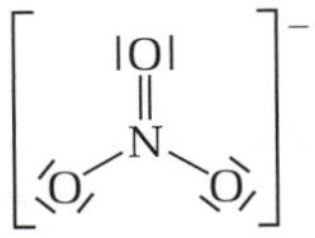

Die Bindungswinkel in diesem Ion sind exakt 120°. Stimmt diese Beobachtung mit der obigen Diskussion des Effekts von Mehrfachbindungen auf Bindungswinkel überein?

Tabelle 9.3

Strukturtypen und Molekülformen für Moleküle mit fünf und sechs Elektronenpaaren um das Zentralatom

Gesamtzahl Elektronenpaare	Strukturtyp	Bindende Paare	Nichtbindende Paare	Molekülstruktur	Beispiel
5	trigonal bipyramidal	5	0	trigonal bipyramidal	PCl_5
		4	1	tetraedrisch verzerrt	SF_4
		3	2	T-förmig	ClF_3
		2	3	linear	XeF_2
6	oktaedrisch	6	0	oktaedrisch	SF_6
		5	1	quadratisch pyramidal	BrF_5
		4	2	quadratisch eben	XeF_4

torialen Paar einen 90°-Winkel. Jedes äquatoriale Paar bildet mit einem der beiden anderen äquatorialen Paare einen 120°-Winkel und mit einem der axialen Paare einen 90°-Winkel.

Nehmen Sie an, ein Molekül hat fünf Elektronenpaare, wobei ein oder mehrere nichtbindend sind. Werden die nichtbindenden Paare axiale oder äquatoriale Stellungen einnehmen? Zur Beantwortung dieser Frage müssen wir bestimmen, welche Anordnung die Abstoßung zwischen den Elektronenpaaren minimiert. Abstoßungen zwischen Paaren sind viel größer, wenn sie 90° voneinander positioniert sind, als wenn sie 120° entfernt sind. Ein äquatoriales Paar steht 90° nur zu zwei anderen Paaren (den beiden axialen Paaren). Im Gegensatz dazu steht ein axiales Paar 90° zu *drei* anderen Paaren (den drei äquatorialen Paaren). Daher erfährt ein äquatoriales Paar weniger Abstoßung als ein axiales Paar. Da die nichtbindenden Paare größere Abstoßungen ausüben als die bindenden, besetzen sie immer die äquatorialen Stellungen in einer trigonalen Bipyramide.

Der stabilste Strukturtyp für sechs Elektronenpaare ist das *Oktaeder*. Wie in ▶ Abbildung 9.9 gezeigt, ist ein Oktaeder ein Polyeder mit sechs Eckpunkten und acht Flächen, die jeweils ein gleichseitiges Dreieck sind. Wenn ein Atom sechs Elektronenpaare um sich hat, kann man sich das Atom als Zentrum des Oktaeders vorstellen, und die Elektronenpaare zeigen zu den sechs Eckpunkten. Alle Bindungswinkel in einem Oktaeder sind 90°, und alle sechs Eckpunkte sind äquivalent. Deshalb können wir, wenn ein Atom fünf bindende Elektronenpaare und ein nichtbindendes Paar hat, das nichtbindende Paar zu jeder beliebigen Ecke des Oktaeders ausrichten. Das Ergebnis ist immer eine *quadratisch-pyramidale* Molekülstruktur. Wenn zwei nichtbindende Elektronenpaare vorhanden sind, wird ihre Abstoßung minimiert, wenn sie zu den entgegengesetzten Seiten des Oktaeders weisen, was eine *quadratisch-ebene* Molekülstruktur erzeugt, wie Tabelle 9.3 zeigt.

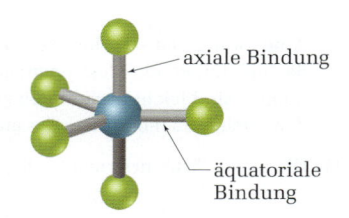

Abbildung 9.8: Trigonal-bipyramidale Struktur. Fünf Elektronenpaare ordnen sich selbst als trigonale Bipyramide um ein Zentralatom an. Die drei *äquatorialen* Elektronenpaare definieren ein gleichseitiges Dreieck. Die beiden *axialen* Paare liegen oberhalb und unterhalb der Ebene des Dreiecks. Wenn ein Molekül nichtbindende Elektronenpaare hat, werden diese die äquatorialen Positionen einnehmen.

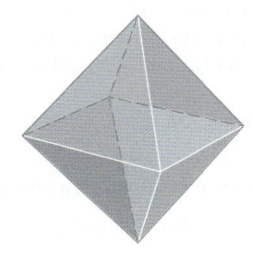

Abbildung 9.9: Ein Oktaeder. Das Oktaeder ist ein Objekt mit acht Flächen und sechs Eckpunkten. Jede Fläche ist ein gleichseitiges Dreieck.

ÜBUNGSBEISPIEL 9.2 — Strukturen von Molekülen mit scheinbar erweiterten Valenzschalen

Benutzen Sie das VSEPR-Modell zur Bestimmung der Molekülstruktur von **(a)** SF_4, **(b)** IF_5.

Lösung

Analyse: Die Moleküle sind vom Typ AB_n mit einem Zentralatom aus dem *p*-Block des Periodensystems.

Vorgehen: Wir können ihre Struktur vorhersagen, indem wir zuerst die Lewis-Strukturformeln zeichnen und dann mit dem VSEPR-Modell den Strukturtyp und die Molekülstruktur bestimmen.

Lösung:
(a) Die Lewis-Strukturformel für SF_4 ist

Der Schwefel hat fünf Elektronenpaare um sich herum: vier von den S—F-Bindungen und ein nichtbindendes Paar. Jedes Paar zeigt zu einem Eckpunkt einer trigonalen Bipyramide. Das nichtbindende Paar wird in eine äquatoriale Position zeigen. Die vier Bindungen zeigen in die übrigen vier Positionen, was in einer Molekülstruktur resultiert, die als tetraedrisch-verzerrt beschrieben wird:

186°   116°

Anmerkung: Die experimentell beobachtete Struktur ist auf der vorhergehenden Seite rechts zu sehen, und wir können folgern, dass das nichtbindende Elektronenpaar wie vorausgesagt eine äquatoriale Position besetzt. Die axialen und äquatorialen S—F-Bindungen sind leicht nach hinten gebogen, weg von dem nichtbindenden Paar, was darauf hinweist, dass die bindenden Paare von dem nichtbindenden Paar, das größer ist und eine größere Abstoßung ausübt, „weggeschoben" werden (Abbildung 9.7).

(b) Die Lewis-Strukturformel für IF_5 ist

Es befinden sich drei einsame Paare an jedem F-Atom, aber sie werden nicht gezeigt.

Das Iod hat sechs Elektronenpaare um sich, wobei eines nichtbindend ist. Der Strukturtyp ist daher oktaedrisch, wobei eine Position von dem nichtbindenden Elektronenpaar besetzt ist. Die resultierende Molekülstruktur ist daher *quadratisch-pyramidal* (Tabelle 9.3):

Anmerkung: Da das nichtbindende Paar größer als die anderen Paare ist, sind die vier F-Atome in der Grundfläche der Pyramide leicht zum F-Atom an der Spitze nach oben geklappt. Experimentell hat man gefunden, dass der Winkel zwischen den F-Atomen in der Grundfläche und der Spitze 82° beträgt, also kleiner ist als der ideale Winkel von 90° für ein Oktaeder.

ÜBUNGSAUFGABE

Sagen Sie den Strukturtyp und die Molekülstruktur für **(a)** ClF_3, **(b)** ICl_4^- voraus.

Antworten: (a) trigonal bipyramidal, T-förmig; **(b)** oktaedrisch, quadratisch eben.

Formen von größeren Molekülen

Obwohl die bisher betrachteten Moleküle und Ionen nur ein einzelnes Zentralatom beinhalten, können wir das VSEPR-Modell auf komplexere Moleküle erweitern. Betrachten Sie das Essigsäuremolekül, dessen Lewis-Strukturformel folgendermaßen aussieht:

Essigsäure hat drei innere Atome: das linke C-Atom, das zentrale C-Atom und das rechte O-Atom. Wir können das VSEPR-Modell zur individuellen Bestimmung der Struktur um jedes dieser Atome verwenden.

Zahl von Elektronenpaaren	4	3	4
Strukturtyp	tetraedrisch	trigonal eben	tetraedrisch
vorhergesagte Bindungswinkel	109,5°	120°	109,5°

Das linke C-Atom besitzt vier Elektronenpaare (alle bindend), daher ist die Struktur um dieses Atom tetraedrisch. Das zentrale C-Atom besitzt drei Elektronenpaare, die

9.3 Molekülform und Molekülpolarität

ÜBUNGSBEISPIEL 9.3 — Bindungswinkel voraussagen

Augentropfen für trockene Augen enthalten gewöhnlich ein wasserlösliches Polymer namens *Polyvinylalkohol*, basierend auf dem instabilen organischen Molekül *Vinylalkohol*:

$$H-\overline{\underline{O}}-C=C-H$$
(mit H-Atomen an den C-Atomen)

Sagen Sie die ungefähren Werte für die H—O—C- und O—C—C-Bindungswinkel in Vinylalkohol voraus.

Lösung

Analyse: Es ist die Molekülformel angegeben, und wir sollen zwei Bindungswinkel in der Struktur bestimmen.

Vorgehen: Zur Vorhersage eines bestimmten Bindungswinkels betrachten wir das mittlere Atom des Winkels und bestimmen die Anzahl von Elektronenpaaren, die dieses Atom umgeben. Der Idealwinkel stimmt mit dem Strukturtyp um das Atom überein. Nichtbindende Elektronen oder Mehrfachbindungen verkleinern den Winkel.

Lösung: Beim H—O—C-Bindungswinkel gibt es vier Elektronenpaare um das mittlere O-Atom (zwei bindende und zwei nichtbindende). Der Strukturtyp um O ist daher tetraedrisch, d. h. der Idealwinkel wäre 109,5°. Der H—O—C-Winkel wird etwas durch die nichtbindenden Paare zusammengedrückt, so dass wir erwarten, dass der Winkel etwas kleiner als 109,5° sein wird.

Zur Vorhersage des O—C—C-Bindungswinkels müssen wir das linke C-Atom untersuchen, welches das Zentralatom für diesen Winkel ist. Es sind drei Atome an dieses C-Atom gebunden und es gibt keine nichtbindenden Paare, damit hat es drei Elektronenpaare um sich. Der vorhergesagte Strukturtyp ist trigonal eben, d. h. der ideale Bindungswinkel wäre 120°. Aufgrund der größeren C=C-Bindung sollte der O—C—C-Bindungswinkel aber etwas größer als 120° sein.

ÜBUNGSAUFGABE

Sagen Sie die H—C—H und C—C—C-Bindungswinkel in dem folgenden, *Propin* genannten, Molekül voraus.

$$H-C(H_2)-C\equiv C-H$$

Antworten: 109,5°; 180°.

Doppelbindung wird als ein Paar gezählt. Folglich ist die Struktur um dieses Atom trigonal eben. Das O-Atom hat vier Elektronenpaare, zwei bindende Paare und zwei nichtbindende Paare; daher ist sein Strukturtyp tetraedrisch, und die Molekülstruktur um O ist gewinkelt. Die Bindungswinkel am zentralen C-Atom und dem O-Atom werden aufgrund der Raumansprüche von Mehrfachbindungen und nichtbindenden Elektronenpaaren leicht von den Idealwerten von 120° und 109,5° abweichen. Die Struktur des Essigsäuremoleküls ist in ▶ Abbildung 9.10 wiedergegeben.

Molekülform und Molekülpolarität 9.3

Wir haben jetzt ein Gespür für die von Molekülen angenommenen Formen und die Ursachen dafür. Wir werden den Rest des Kapitels damit verbringen, uns etwas genauer anzusehen, wie Elektronen geteilt werden, so dass sie Bindungen zwischen den Atomen in Molekülen bilden. Wir beginnen damit, dass wir zu einem Thema zurückkehren, das wir zuerst in Abschnitt 8.4 diskutiert haben, nämlich *Bindungspolarität* und *Dipolmomente*.

Erinnern Sie sich, dass Bindungspolarität ein Maß dafür ist, wie gleichmäßig die Elektronen in einer Bindung zwischen den zwei Atomen einer Bindung aufgeteilt sind.

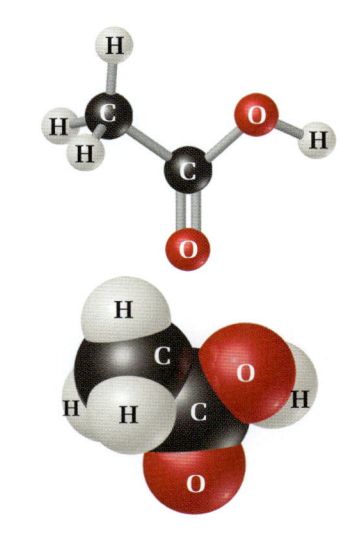

Abbildung 9.10: Kugel-Stab- (oben) und Kalottendarstellungen (unten) von Essigsäure CH_3COOH.

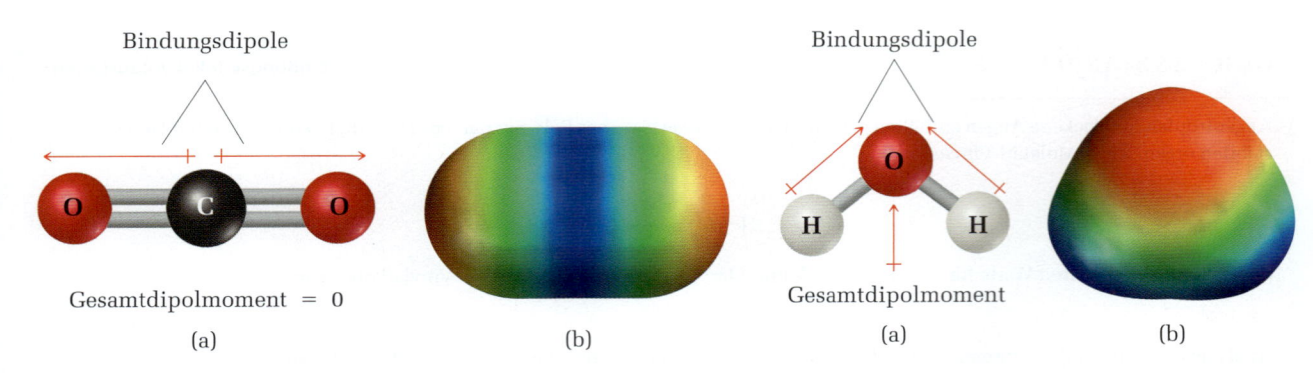

Abbildung 9.11: CO_2, ein unpolares Molekül. (a) Das Gesamtdipolmoment eines Moleküls ist die Summe seiner Bindungsdipole. In CO_2 sind die Bindungsdipole gleich groß, stehen sich aber genau gegenüber. Das Gesamtdipolmoment ist null, was daher das Molekül unpolar macht. (b) Das Elektronendichtemodell zeigt, dass die Bereiche höherer Elektronendichte (rot) an den Enden des Moleküls sind, während der Bereich niedrigerer Elektronendichte (blau) sich in der Mitte befindet.

Abbildung 9.12: Das Dipolmoment eines gewinkelten Moleküls. (a) In H_2O sind die Bindungsdipole gleich groß, stehen sich aber nicht genau gegenüber. Das Molekül hat ein Gesamtdipolmoment ungleich null, was das Molekül polar macht. (b) Das Elektronendichtemodell zeigt, dass das eine Ende des Moleküls mehr Elektronendichte hat (das Sauerstoffende), während das andere Ende weniger Elektronendichte hat (die Wasserstoffe).

Wenn die Unterschiede in der Elektronegativität steigen, steigen auch die Bindungspolaritäten (siehe Abschnitt 8.4). Wir haben gesehen, dass das Dipolmoment eines zweiatomigen Moleküls ein quantitatives Maß für die Größe der Ladungstrennung in dem Molekül ist. Die Ladungstrennung in Molekülen hat einen signifikanten Einfluss auf physikalische und chemische Eigenschaften. Wir werden z. B. in Kapitel 11 sehen, wie die Molekülpolarität Siedepunkte, Schmelzpunkte und andere physikalische Eigenschaften beeinflusst.

Für ein Molekül, das aus mehr als zwei Atomen besteht, *hängt das Dipolmoment sowohl von den Polaritäten der einzelnen Bindungen als auch der Gestalt des Moleküls ab.* Für jede Bindung in dem Molekül können wir den **Bindungsdipol** betrachten, der das Dipolmoment ist, das nur auf den beiden Atomen in dieser Bindung beruht. Betrachten Sie z. B. das CO_2-Molekül. Wie in ▶ Abbildung 9.11a gezeigt, ist jede C=O-Bindung polar, und da die C=O-Bindungen identisch sind, sind die Bindungsdipole gleich groß. Eine Auftragung der Elektronendichte des CO_2-Moleküls wie in ▶ Abbildung 9.11b zeigt deutlich, dass die Bindungen polar sind – die Bereiche mit hoher Elektronendichte (rot) befinden sich an den Enden der Moleküle, an den Sauerstoffatomen; und die Bereiche niedriger Elektronendichte (blau) befinden sich in der Mitte, am Kohlenstoffatom. Aber was können wir über das *Gesamt*dipolmoment des CO_2-Moleküls sagen?

Bindungsdipole und Dipolmomente sind *Vektor*größen, d. h. sie haben sowohl eine Größe als auch eine Richtung. Das *Gesamt*dipolmoment eines mehratomigen Moleküls ist die Vektorsumme seiner Bindungsdipole. Sowohl die Größen *als auch* die Richtungen der Bindungsdipole müssen beim Summieren dieser Vektoren betrachtet werden. Die beiden Bindungsdipole in CO_2 sind, obwohl sie gleich groß sind, in ihrer Ausrichtung genau entgegengesetzt. Ihre Addition erfolgt genauso wie die Addition zweier Zahlen, die gleich groß sind, aber entgegengesetzte Vorzeichen haben, wie z. B. 100 + (−100): Die Bindungsdipole heben sich, wie die Zahlen, gegenseitig auf. Deshalb ist das Gesamtdipolmoment für CO_2 gleich null, obwohl die einzelnen Bindungen polar sind. Folglich diktiert die Struktur des Moleküls, dass das Gesamtdipolmoment null ist, was das CO_2 zu einem *unpolaren* Molekül macht.

Nun lassen Sie uns H_2O betrachten, ein gewinkeltes Molekül mit zwei polaren Bindungen (▶ Abbildung 9.12). Wieder sind die beiden Bindungen in dem Molekül identisch und daher die Bindungsdipole gleich groß. Da das Molekül gewinkelt ist, stehen

9.3 Molekülform und Molekülpolarität

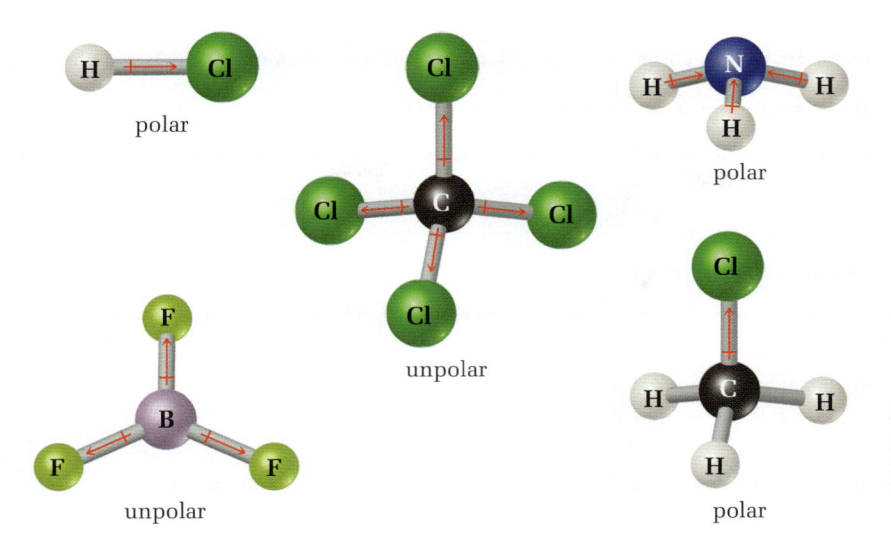

Abbildung 9.13: Moleküle mit polaren Bindungen. Zwei dieser Moleküle haben ein Dipolmoment gleich null, da ihre Bindungsdipole sich gegenseitig aufheben, während die anderen Moleküle polar sind.

sich aber die Bindungsdipole nicht direkt gegenüber und heben sich daher gegenseitig nicht auf. Somit hat das H$_2$O-Molekül ein Gesamtdipolmoment ungleich null (μ = 1,85 D). Da H$_2$O ein Dipolmoment ungleich null hat, ist es ein *polares* Molekül. Das Sauerstoffatom trägt eine partielle negative Ladung und die Wasserstoffatome haben jeweils eine partielle positive Ladung, wie durch das Elektronendichtemodell in Abbildung 9.12 b gezeigt.

▶ Abbildung 9.13 zeigt Beispiele von polaren und unpolaren Molekülen, von denen alle polare Bindungen haben. Die Moleküle, in denen das Zentralatom symmetrisch von identischen Atomen umgeben wird (BF$_3$ und CCl$_4$), sind unpolar. Für AB$_n$-Moleküle, in denen alle B-Atome gleich sind, müssen gewisse symmetrische Formen – linear (AB$_2$), trigonal eben (AB$_3$), tetraedrisch und quadratisch eben (AB$_4$), trigonal bipyramidal (AB$_5$) und oktaedrisch (AB$_6$) – zu unpolaren Molekülen führen, obwohl die individuellen Bindungen polar sein können.

> **? DENKEN SIE EINMAL NACH**
>
> Das Molekül O=C=S hat eine Lewis-Strukturformel analog der von CO$_2$ und ist ein lineares Molekül. Wird es notwendigerweise ein Dipolmoment gleich null wie CO$_2$ haben?

ÜBUNGSBEISPIEL 9.4 — Polarität von Molekülen

Sagen Sie voraus, ob die folgenden Moleküle polar oder unpolar sind: **(a)** BrCl, **(b)** SO$_2$, **(c)** SF$_6$.

Lösung

Analyse: Es sind die Molekülformeln verschiedener Substanzen gegeben und wir sollen vorhersagen, ob die Moleküle polar sind.

Vorgehen: Wenn das Molekül nur zwei Atome enthält, wird es polar sein, wenn sich die Atome in den Elektronegativitäten unterscheiden. Wenn es drei oder mehr Atome enthält, hängt seine Polarität sowohl von seiner Molekülgestalt als auch der Polarität seiner Bindungen ab. Folglich müssen wir die Lewis-Strukturformel für alle Moleküle, die drei oder mehr Atome enthalten, zeichnen und ihre Molekülstruktur bestimmen. Danach benutzen wir die relativen Elektronegativitäten der Atome in jeder Bindung, um die Richtung der Bindungsdipole zu bestimmen. Schließlich sehen wir, ob die Bindungsdipole sich gegenseitig aufheben, so dass ein unpolares Molekül entsteht, oder ob sie sich gegenseitig verstärken, so dass ein polares Molekül entsteht.

Lösung:
(a) Chlor ist elektronegativer als Brom. Alle zweiatomigen Moleküle mit polaren Bindungen sind polare Moleküle. Folglich wird BrCl polar sein, mit der partiellen negativen Ladung am Chlor:

$$\text{Br—Cl}$$

Das tatsächliche Dipolmoment von BrCl, durch experimentelle Messungen bestimmt, ist μ = 0,57 D.

(b) Da Sauerstoff elektronegativer als Schwefel ist, hat SO_2 polare Bindungen. Man kann drei Resonanzformen für SO_2 schreiben:

$$|\overline{\underline{O}}-\overline{S}=O\rangle \longleftrightarrow \langle O=\overline{S}-\overline{\underline{O}}| \longleftrightarrow \langle O=\overline{S}=O\rangle$$

Für jede davon sagt das VSEPR-Modell eine gewinkelte Struktur voraus. Da das Molekül gewinkelt ist, heben sich die Dipole nicht auf, und das Molekül ist polar:

Das experimentell bestimmte Dipolmoment von SO_2 ist $\mu = 1{,}63$ D.

(c) Fluor ist elektronegativer als Schwefel, also zeigen die Bindungsdipole in Richtung Fluor. Die sechs S—F-Bindungen sind oktaedrisch um den zentralen Schwefel angeordnet.

Da die oktaedrische Struktur symmetrisch ist, heben sich die Bindungsdipole auf, und das Molekül ist unpolar, d. h. dass $\mu = 0$ ist.

ÜBUNGSAUFGABE

Bestimmen Sie, ob die folgenden Moleküle polar oder unpolar sind: **(a)** NF_3, **(b)** BCl_3.

Antworten: **(a)** polar, da polare Bindungen in einer trigonal pyramidalen Struktur angeordnet sind; **(b)** unpolar, da polare Bindungen in einer trigonal ebenen Struktur angeordnet sind.

9.4 Kovalente Bindung und Orbitalüberlappung

Das VSEPR-Modell liefert ein einfaches Hilfsmittel zur Vorhersage der Form von Molekülen. Es erklärt aber nicht, warum zwischen Atomen Bindungen bestehen. Bei der Entwicklung von Theorien zur kovalenten Bindung sind Chemiker das Problem aus einer anderen Richtung angegangen, indem sie die Quantenmechanik eingesetzt haben. In diesem Ansatz stellt sich die Frage: Wie können wir Atomorbitale zur Erklärung der Bindung und der Struktur von Molekülen einsetzen? Die Vermählung von Lewis' Vorstellung der Elektronenpaarbindung und der Vorstellung von Atomorbitalen führt zu einem Modell der chemischen Bindung, das man **Valenzbindungstheorie** nennt. Wenn wir diesen Ansatz dahingehend erweitern, dass wir die Arten einbeziehen, wie Atomorbitale sich miteinander mischen können, erhalten wir ein Bild, das dem VSEPR-Modell gut entspricht.

In der Lewis-Theorie treten kovalente Bindungen auf, wenn Atome sich Elektronen teilen. Dieses Teilen erhöht Elektronendichte zwischen den Kernen. In der Valenzbindungstheorie stellt man sich den Aufbau von Elektronendichte zwischen zwei Kernen so vor, dass er dann auftritt, wenn ein Valenzatomorbital eines Atoms mit dem eines anderen Atoms verschmilzt. Man sagt dann, die Orbitale teilen sich einen Raumbereich oder sie **überlappen**. Die Überlappung von Orbitalen erlaubt es zwei Elektronen entgegengesetzten Spins, den Raum zwischen zwei Kernen zu teilen, wobei sie eine kovalente Bindung bilden.

Das Zusammenkommen von zwei H-Atomen zu H_2 ist in ▶ Abbildung 9.14 a dargestellt. Jedes Atom besitzt ein einzelnes Elektron in einem 1s-Orbital. Wenn die Orbitale überlappen, ist die Elektronendichte zwischen den Kernen erhöht. Da die Elektronen im Überlappungsbereich gleichzeitig von beiden Kernen angezogen werden, halten sie die Atome unter Bildung einer kovalenten Bindung zusammen.

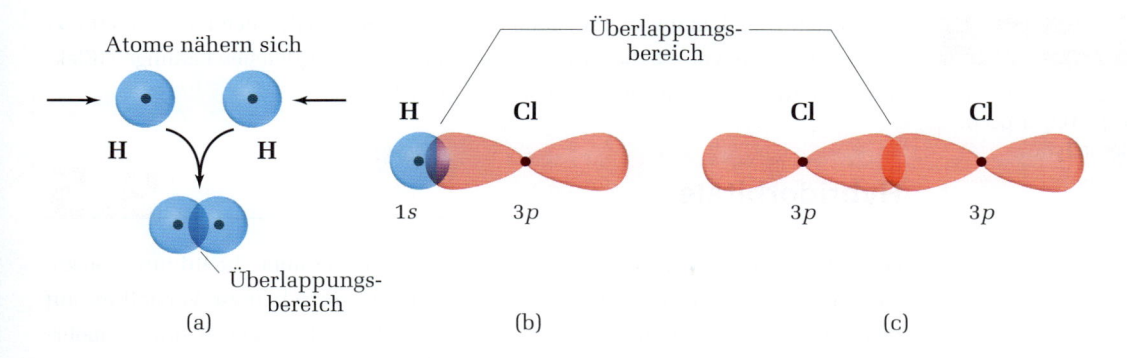

Abbildung 9.14: Die Überlappung von Orbitalen zur Bildung von kovalenten Bindungen. (a) Die Bindung in H_2 resultiert aus der Überlappung von zwei 1s-Orbitalen von zwei H-Atomen. (b) Die Bindung in HCl resultiert aus der Überlappung von einem 1s-Orbital von H und einem Lappen eines 3p-Orbitals von Cl. (c) Die Bindung in Cl_2 resultiert aus der Überlappung von zwei 3p-Orbitalen von zwei Cl-Atomen.

Die Vorstellung von Orbitalüberlappung unter Bildung einer kovalenten Bindung gilt für andere Moleküle ebenso gut. Zum Beispiel hat Chlor in HCl die Elektronenkonfiguration $[Ne]3s^23p^5$. Alle Valenzorbitale von Chlor sind voll besetzt, mit Ausnahme eines 3p-Orbitals, das ein einzelnes Elektron enthält. Dieses Elektron paart sich mit dem einzelnen H-Elektron zu einer kovalenten Bindung. Abbildung 9.14 b zeigt die Überlappung des 3p-Orbitals von Cl mit dem 1s-Orbital von H. Ebenso können wir die kovalente Bindung im Cl_2-Molekül als Überlappung des 3p-Orbitals eines Atoms mit dem 3p-Orbital eines anderen Atoms erklären, wie in Abbildung 9.14 c gezeigt.

Es gibt in jeder kovalenten Bindung immer einen optimalen Abstand zwischen den zwei gebundenen Kernen. ▶ Abbildung 9.15 zeigt, wie die potenzielle Energie des Systems sich ändert, wenn zwei H-Atome zur Bildung eines H_2-Moleküls zusammenkommen. Wenn der Abstand zwischen den Atomen abnimmt, nimmt die Überlappung zwischen ihren 1s-Orbitalen zu. Aufgrund der resultierenden Zunahme der Elektronendichte zwischen den Kernen nimmt die potenzielle Energie des Systems ab. D. h. die Stärke der Bindung nimmt zu, wie durch die Abnahme der Energie in der Kurve gezeigt. Die Kurve zeigt aber auch, dass die Energie rasch ansteigt, wenn die Atome sich sehr nahe kommen. Diese rasche Zunahme beruht hauptsächlich auf der Abstoßung zwischen den Kernen, die bei kurzen internuklearen Abständen erheblich wird. Der internukleare Abstand am Minimum der potenziellen Energiekurve entspricht der beobachteten Bindungslänge. Folglich ist die beobachtete Bindungslänge

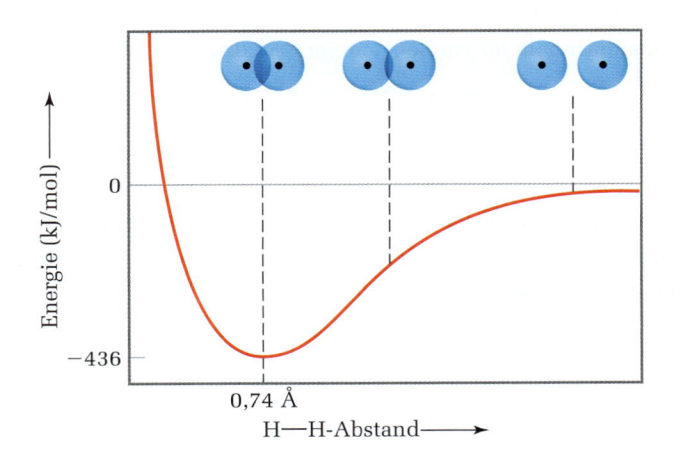

Abbildung 9.15: Bildung des H_2-Moleküls. Kurve der Änderung der potenziellen Energie, wenn zwei Wasserstoffatome zusammenkommen, um das H_2-Molekül zu bilden. Das Energieminimum bei 0,74 Å stellt die Gleichgewichtsbindungslänge dar. Die Energie an diesem Punkt, −436 kJ/mol, entspricht der Energieänderung für die Bildung der H—H-Bindung.

> **? DENKEN SIE EINMAL NACH**
>
> Kann Orbitalüberlappung erklären, warum die Bindungslänge in Cl_2 länger ist als die Bindungslänge in F_2?

der Abstand, an dem die anziehenden Kräfte zwischen ungleichen Ladungen (Elektronen und Kerne) durch die abstoßenden Kräfte zwischen gleichen Ladungen (Elektron-Elektron und Kern-Kern) ausgeglichen werden.

Hybridorbitale 9.5

Obwohl es uns die Vorstellung der Orbitalüberlappung erlaubt, die Bildung von kovalenten Bindungen zu verstehen, ist es nicht immer einfach, diese Vorstellung auf mehratomige Moleküle zu erweitern. Wenn wir die Valenzbindungstheorie auf mehratomige Moleküle anwenden, müssen wir die Bildung von Elektronenpaarbindungen *und* die beobachteten Strukturen der Moleküle erklären.

Zur Erklärung der Strukturen nehmen wir häufig an, dass Atomorbitale an einem Atom sich mischen, um neue Orbitale, genannt **Hybridorbitale**, zu bilden. Die Form eines jeden Hybridorbitals unterscheidet sich von den Formen der ursprünglichen Atomorbitale. Der Vorgang der Mischung von Atomorbitalen bei der gegenseitigen Annäherung von Atomen zur Bildung von Bindungen wird **Hybridisierung** genannt. Die Gesamtzahl an Atomorbitalen an einem Atom bleibt aber konstant, und somit ist die Zahl von Hybridorbitalen an einem Atom gleich der Anzahl der gemischten Atomorbitale.

Lassen Sie uns die üblichen Hybridisierungsarten untersuchen. Beachten Sie dabei die Verbindung zwischen der Hybridisierungsart und den fünf grundlegenden Strukturtypen – linear, trigonal eben, tetraedrisch, trigonal bipyramidal und oktaedrisch – vorausgesagt durch das VSEPR-Modell.

sp-Hybridorbitale

Zur Veranschaulichung des Hybridisierungsvorgangs betrachten Sie das BeF_2-Molekül, das entsteht, wenn festes BeF_2 auf hohe Temperaturen erhitzt wird. Die Lewis-Strukturformel für BeF_2 ist

$$|\overline{\underline{F}}\text{—}Be\text{—}\overline{\underline{F}}|$$

Das VSEPR-Modell sagt korrekt voraus, dass BeF_2 linear ist, mit zwei identischen Be—F-Bindungen, aber wie können wir die Valenzbindungstheorie zur Beschreibung der Bindung einsetzen? Die Elektronenkonfiguration von F ($1s^2 2s^2 2p^5$) zeigt, dass es ein freies Elektron in einem $2p$-Orbital gibt. Dieses $2p$-Elektron kann man mit einem freien Elektron von einem Be-Atom paaren, um eine polare kovalente Bindung zu bilden. Welche Orbitale am Be-Atom überlappen aber mit denen am F-Atom, um die Be—F-Bindungen zu bilden?

Das Orbitaldiagramm für ein Be-Atom im Grundzustand ist

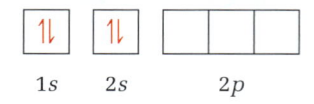

$$\boxed{\uparrow\downarrow}\ \boxed{\uparrow\downarrow}\ \boxed{}\boxed{}\boxed{}$$
$$1s\quad\ 2s\qquad\quad 2p$$

Da es keine freien Elektronen hat, ist das Be-Atom im Grundzustand nicht in der Lage, Bindungen mit den Fluoratomen zu bilden. Es könnte aber zwei Bindungen bilden, wenn es eines der $2s$-Elektronen zu einem $2p$-Orbital „anhebt".

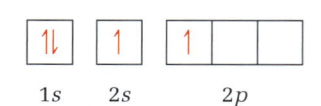

$$\boxed{\uparrow\downarrow}\ \boxed{\uparrow}\ \boxed{\uparrow}\boxed{}\boxed{}$$
$$1s\quad\ 2s\qquad\quad 2p$$

9.5 Hybridorbitale

s-Orbital **p-Orbital** →Hybridisieren→ **zwei sp-Hybridorbitale** **sp-Hybridorbitale zusammen gezeigt (nur große Lappen)**

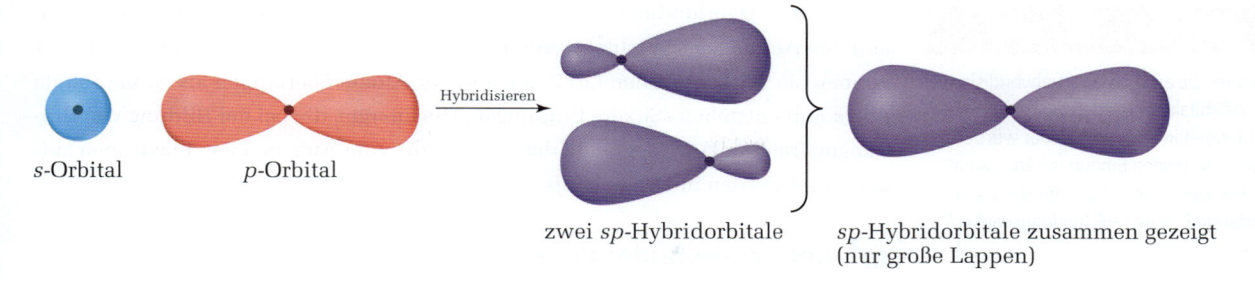

Abbildung 9.16: Bildung von *sp*-Hybridorbitalen. Ein *s*-Orbital und ein *p*-Orbital können hybridisieren, um zwei äquivalente *sp*-Hybridorbitale zu bilden. Die großen Lappen der beiden Hybridorbitale zeigen in entgegengesetzte Richtungen, im Winkel von 180°.

Das Be-Atom besitzt nun zwei freie Elektronen und kann deshalb zwei polar kovalente Bindungen mit den F-Atomen bilden. Die beiden Bindungen wären aber nicht identisch, da ein Be 2*s*-Orbital für die Bildung der einen Bindung und ein 2*p*-Orbital für die andere benutzt würde. Obwohl das Anheben eines Elektrons es erlaubt, zwei Be—F-Bindungen zu bilden, haben wir deshalb noch immer nicht die Struktur von BeF$_2$ erklärt.

Wir können dieses Dilemma lösen, indem wir das 2*s*-Orbital und eines der 2*p*-Orbitale „mischen", um so zwei neue Orbitale zu generieren, wie in ▶ Abbildung 9.16 gezeigt. Wie die *p*-Orbitale hat jedes der neuen Orbitale zwei Lappen. Aber ungleich zu den *p*-Orbitalen ist ein Lappen viel größer als der andere. Die beiden neuen Orbitale sind in der Form identisch, aber ihre großen Lappen zeigen in entgegengesetzte Richtungen. Wir haben zwei Hybridorbitale geschaffen. In diesem Fall haben wir ein *s*- und ein *p*-Orbital hybridisiert, also nennen wir jeden Hybrid ein *sp*-Hybridorbital. *In Übereinstimmung mit dem Valenzbindungs-Modell setzt eine lineare Anordnung von Elektronenpaaren eine sp-Hybridisierung voraus.*

Für das Be-Atom von BeF$_2$ schreiben wir das Orbitaldiagramm für die Bildung von zwei *sp*-Hybridorbitalen wie folgt:

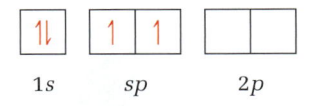

↑↓	↑	↑		
1*s*	*sp*		2*p*	

Die Elektronen in den *sp*-Hybridorbitalen können Zwei-Elektronenbindungen mit den beiden Fluoratomen bilden (▶ Abbildung 9.17). Da die *sp*-Hybridorbitale äquivalent sind, aber in entgegengesetzte Richtungen zeigen, hat BeF$_2$ zwei identische Bindungen und eine lineare Struktur. Die verbleibenden zwei 2*p*-Orbitale bleiben unhybridisiert.

Unser erster Schritt zur Konstruktion der *sp*-Hybride, nämlich das Anheben eines 2*s*-Elektrons in ein 2*p*-Orbital von Be, erfordert Energie. Warum hybridisieren dann

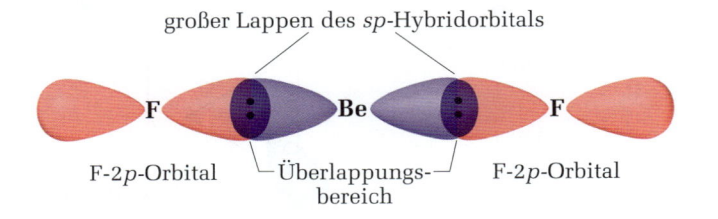

Abbildung 9.17: Bildung von zwei äquivalenten Be—F-Bindungen in BeF$_2$. Jedes *sp*-Hybridorbital am Be überlappt mit einem 2*p*-Orbital an F, um eine Bindung zu bilden. Die beiden Bindungen sind äquivalent zueinander und bilden einen Winkel von 180°.

9 Molekülstruktur und Bindungstheorien

> **? DENKEN SIE EINMAL NACH**
>
> Nehmen Sie an, dass zwei unhybridisierte $2p$-Orbitale zur Herstellung der Be—F-Bindungen in BeF_2 verwendet würden. Wären die beiden Bindungen äquivalent zueinander? Wie groß wäre der zu erwartende F—Be—F-Bindungswinkel?

die Orbitale? Hybridorbitale haben einen großen Lappen und können daher besser zu anderen Atomen ausgerichtet werden als die unhybridisierten Atomorbitale. Daher können sie stärker mit den Orbitalen anderer Atome überlappen als Atomorbitale und somit entstehen stärkere Bindungen. Die Energie, die bei der Bildung von Bindungen freigesetzt wird, gleicht der Energie, die zum Anheben von Elektronen aufgewendet werden muss, mehr als aus.

sp^2- und sp^3-Hybridorbitale

Wenn wir eine bestimmte Anzahl von Atomorbitalen mischen, erhalten wir die gleiche Anzahl an Hybridorbitalen. Jedes dieser Hybridorbitale ist äquivalent zu den anderen, zeigt aber in eine andere Richtung. Folglich ergibt die Mischung von einem $2s$- und einem $2p$-Orbital zwei äquivalente sp-Hybridorbitale, die in entgegengesetzte Richtungen zeigen (Abbildung 9.16). Andere Kombinationen von Atomorbitalen können hybridisiert werden, um andere Strukturen zu erhalten. Zum Beispiel kann in BF_3 ein $2s$-Elektron am B-Atom in ein leeres $2p$-Orbital gehoben werden. Die Mischung des $2s$- und zwei der $2p$-Orbitale ergibt drei äquivalente sp^2-Hybridorbitale (ausgesprochen „s-p-zwei"):

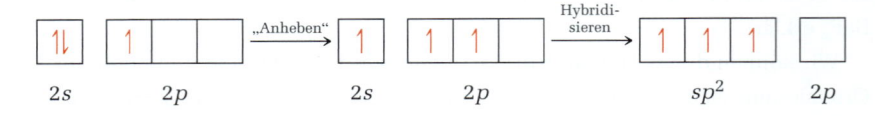

Die drei sp^2-Hybridorbitale liegen in derselben Ebene, 120° entfernt voneinander (▶ Abbildung 9.18). Sie werden zur Bildung von drei äquivalenten Bindungen mit den drei Fluoratomen verwendet, was zu einer trigonal-ebenen Gestalt des BF_3 führt. Beachten Sie, dass ein ungefülltes $2p$-Orbital unhybridisiert bleibt. Dieses unhybridisierte Orbital wird wichtig sein, wenn wir in Abschnitt 9.6 Doppelbindungen diskutieren.

> **? DENKEN SIE EINMAL NACH**
>
> Wie ist die Ausrichtung des unhybridisierten p-Orbitals in einem sp^2 hybridisierten Atom relativ zu den drei sp^2-Hybridorbitalen?

Ein s-Orbital kann sich ebenfalls in der gleichen Unterschale mit allen drei p-Orbitalen mischen. Zum Beispiel bildet das Kohlenstoffatom in CH_4 mit den vier Wasserstoffatomen vier äquivalente Bindungen. Wir vergegenwärtigen uns diesen Vorgang als

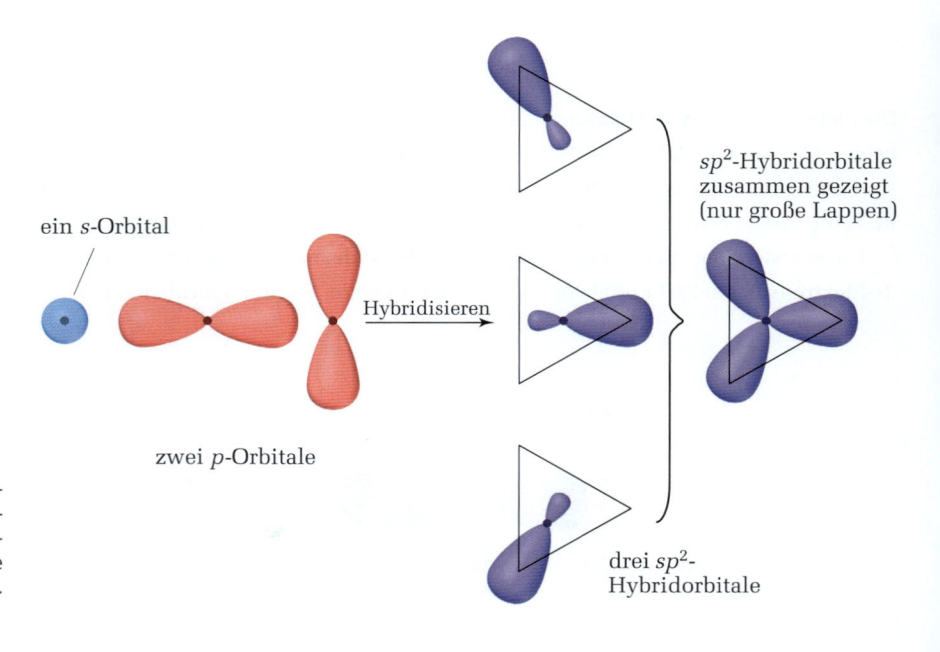

Abbildung 9.18: Bildung von sp^2-Hybridorbitalen. Ein s-Orbital und zwei p-Orbitale können hybridisieren, um drei äquivalente sp^2-Hybridorbitale zu bilden. Die großen Lappen der Hybridorbitale zeigen zu den Ecken eines gleichseitigen Dreiecks.

9.5 Hybridorbitale

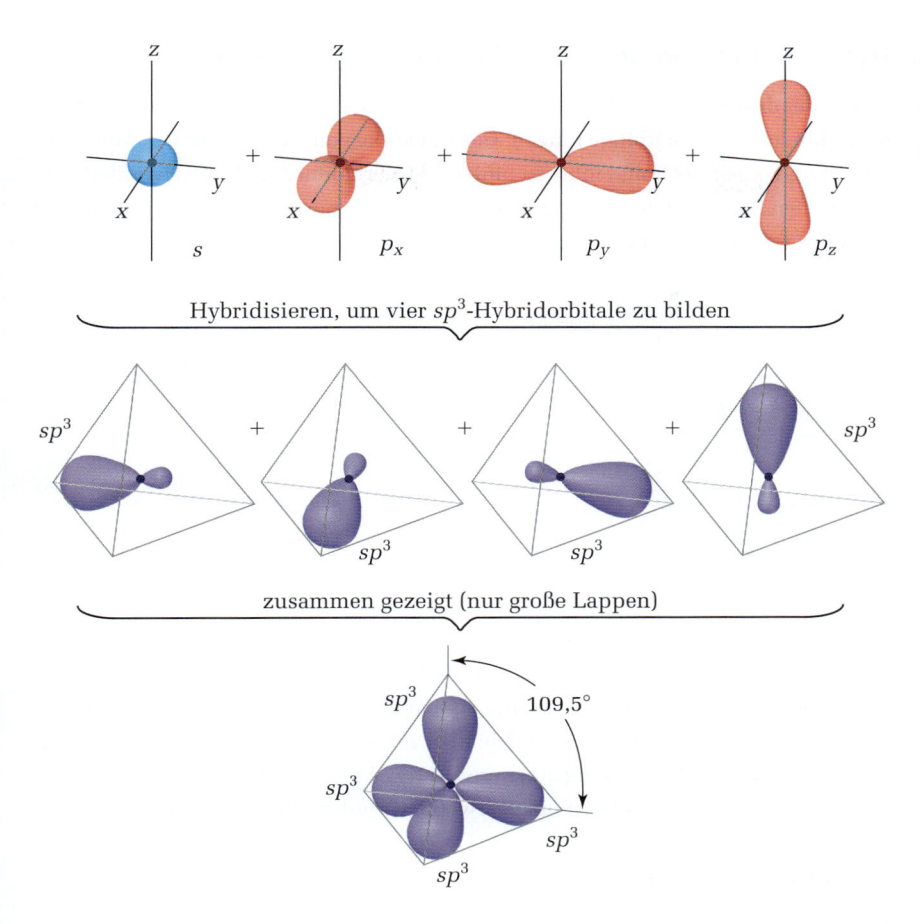

Abbildung 9.19: Bildung von sp^3-Hybridorbitalen. Ein s-Orbital und drei p-Orbitale können hybridisieren, um vier äquivalente sp^3-Hybridorbitale zu bilden. Die großen Lappen der Hybridorbitale zeigen zu den Ecken eines Tetraeders.

Ergebnis der Mischung des $2s$- und aller drei $2p$-Atomorbitale des Kohlenstoffs unter Bildung von vier äquivalenten sp^3-Hybridorbitalen (ausgesprochen „s-p-drei"):

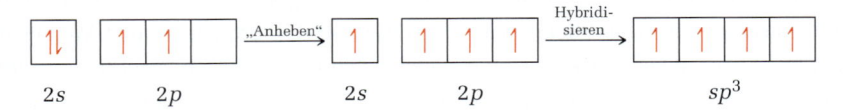

Jedes sp^3-Hybridorbital hat einen großen Lappen, der zu einem Eckpunkt eines Tetraeders zeigt, wie in ▶ Abbildung 9.19 gezeigt. Diese Hybridorbitale kann man zur Bildung von Zwei-Elektronen-Bindungen durch Überlappung mit den Atomorbitalen eines anderen Atoms, wie z. B. H, benutzen. Folglich können wir mit der Valenzbindungstheorie die Bindung in CH_4 als Überlappung der vier äquivalenten sp^3-Hybridorbitale am C mit den $1s$-Orbitalen an den vier H-Atomen zur Bildung von vier äquivalenten Bindungen beschreiben.

Das Modell der Hybridisierung verwendet man in ähnlicher Weise zur Beschreibung der Bindungen in Molekülen, die nichtbindende Elektronenpaare enthalten. Zum Beispiel ist in H_2O der Strukturtyp um das zentrale O-Atom annähernd tetraedrisch. Folglich kann man sich vorstellen, dass die vier Elektronenpaare sp^3-Hybridorbitale besetzen. Zwei der Hybridorbitale enthalten nichtbindende Elektronenpaare, während zwei zur Bindungsbildung mit Wasserstoffatomen benutzt werden, wie in ▶ Abbildung 9.20 gezeigt.

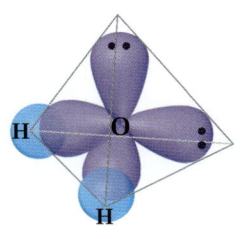

Abbildung 9.20: Valenzbindungsbeschreibung von H_2O. Die Bindung in einem Wassermolekül kann man sich als sp^3-Hybridisierung der Orbitale an O vorstellen. Zwei der vier Hybridorbitale überlappen mit $1s$-Orbitalen von H, um kovalente Bindungen zu bilden. Die beiden anderen Hybridorbitale sind von nichtbindenden Elektronenpaaren besetzt.

Hybridisierung unter Einbeziehung von *d*-Orbitalen

Atome der dritten und darüber hinaus gehenden Periode können zur Bildung von Hybridorbitalen auch *d*-Orbitale nutzen. Die Mischung von einem *s*-Orbital, drei *p*-Orbitalen und einem *d*-Orbital führt zu fünf sp^3d-Hybridorbitalen. Diese Hybridorbitale sind zu den Eckpunkten einer trigonalen Bipyramide ausgerichtet. Wie in Kapitel 8 ausgeführt, spielen bei PF_5 die *d*-Orbitale keine bedeutende Rolle.

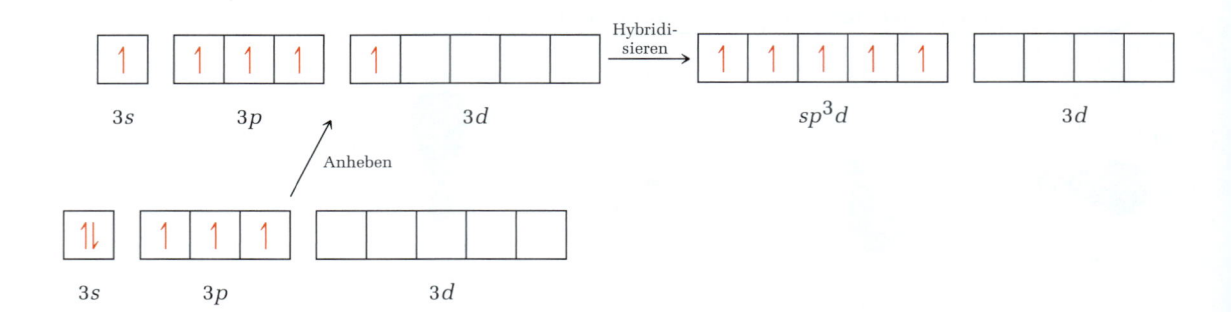

Ähnlich ergibt die Mischung von einem *s*-Orbital, drei *p*-Orbitalen und zwei *d*-Orbitalen sechs sp^3d^2-Hybridorbitale, die zu den Eckpunkten eines Oktaeders ausgerichtet sind. Die Verwendung von *d*-Orbitalen zur Konstruktion von Hybridorbitalen entspricht zwar der Vorstellung einer erweiterten Valenzschale sehr gut, sollte aber nur noch in diesem Zusammenhang verwendet werden (siehe Abschnitt 8.7).

Zusammenfassung

Hybridorbitale liefern ein passendes Modell zur Anwendung der Valenzbindungstheorie für Beschreibung von kovalenten Bindungen in Molekülen, deren Strukturen mit den durch das VSEPR-Modell vorausgesagten Strukturtypen übereinstimmen. Das Bild der Hybridorbitale hat einen begrenzten Voraussagewert; d. h. wir können nicht im Voraus sagen, dass das Stickstoffatom in NH_3 sp^3-Hybridorbitale benutzt. Wenn wir die Strukturtypen kennen, können wir aber die Hybridisierung zur Beschreibung der Atomorbitale, die das Zentralatom bei der Bindung benutzt, anwenden.

Die folgenden Schritte erlauben uns die Voraussage der Hybridorbitale, die ein Atom zur Bindung benutzt:

1 Zeichnen Sie die *Lewis-Strukturformel* für das Molekül oder Ion.
2 Bestimmen Sie mit dem *VSEPR-Modell* den Strukturtyp.
3 Bestimmen Sie die notwendigen *Hybridorbitale*, um die Elektronenpaare aufgrund ihrer räumlichen Anordnung unterzubringen.

Diese Schritte veranschaulicht ▶ Abbildung 9.21, die zeigt, wie die vom N-Atom in NH_3 verwendete Hybridisierung bestimmt wird.

Abbildung 9.21: Bindung in NH_3. Die Hybridorbitale, die N im NH_3-Molekül benutzt, werden vorausgesagt durch 1. Zeichnen der Lewis-Strukturformel, 2. Anwenden des VSEPR-Modells zur Bestimmung des Strukturtyps und 3. Spezifizieren der Hybridorbitale, die der Struktur entsprechen. Dies ist im Wesentlichen der gleiche Vorgang wie der zur Bestimmung der Molekülstruktur (siehe Abbildung 9.6), mit der Ausnahme, dass wir uns auf die Orbitale konzentrieren, die zur Bindungsbildung benutzt werden und die die nichtbindenden Paare aufnehmen.

Tabelle 9.4

Charakteristische Anordnungen von Hybridorbitalsätzen

Atomorbitalsatz	Hybridorbitalsatz	Strukturtyp	Beispiele
s,p	zwei sp	linear, 180°	BeF_2, $HgCl_2$
s,p,p	drei sp^2	trigonal eben, 120°	BF_3, SO_3
s,p,p,p	vier sp^3	tetraedrisch, 109,5°	CH_4, NH_3, H_2O, NH_4^+
s,p,p,p,d	fünf sp^3d	trigonal bipyramidal, 90°, 120°	PF_5, SF_4, BrF_3
s,p,p,p,d,d	sechs sp^3d^2	oktaedrisch, 90°, 90°	SF_6, ClF_5, XeF_4, PF_6^-

ÜBUNGSBEISPIEL 9.5

Hybridisierung

Zeigen Sie die Orbitalhybridisierung, die von dem Zentralatom in NH_2^- verwendet wird (siehe Übungsbeispiel 9.2).

Lösung

Analyse: Wir sollen den Typ der Hybridorbitale beschreiben, die das Zentralatom umgeben.

Vorgehen: Um die Hybridorbitale zu bestimmen, die ein Atom in einer Bindung benutzt, müssen wir den Strukturtyp um das Atom kennen. Folglich zeichnen wir zur Bestimmung des Zentralatoms zuerst die Lewis-Strukturformel um die Anzahl der Elektronenpaare. Die Hybridisierung richtet sich nach der durch das VSEPR-Modell vorhergesagten Zahl und Anordnung der Elektronenpaare um das Zentralatom.

Lösung: (a) Die Lewis-Strukturformel für NH_2^- ist

$$[H-\underline{\overline{N}}-H]^-$$

Da es vier Elektronenpaare um das N-Atom gibt, ist der Strukturtyp tetraedrisch. Die Hybridisierung, die einen tetraedrischen Strukturtyp ergibt, ist sp^3. Zwei der sp^3-Hybridorbitale enthalten nichtbindende Elektronenpaare, während die beiden anderen zur Bildung von Zweielektronenbindungen mit den Wasserstoffatomen benutzt werden.

ÜBUNGSAUFGABE

Sagen Sie den Strukturtyp und die Hybridisierung (für SO_3^{2-}) für das Zentralatom in **(a)** SO_3^{2-}, **(b)** SF_6 voraus.

Antworten: **(a)** tetraedrisch, sp^3; **(b)** oktaedrisch.

9.6 Mehrfachbindungen

In den bisher betrachteten kovalenten Bindungen ist die Elektronendichte symmetrisch um die Linie, die die Kerne verbindet, erhöht (die *Kernverbindungsachse*). Mit anderen Worten, die Linie, die beide Kerne verbindet, führt durch die Mitte des Überlappungsbereichs. Diese Bindungen werden σ-**Bindungen** (ausgesprochen „**sigma**") genannt. Die Überlappung von zwei s-Orbitalen wie in H_2 (Abbildung 9.14a), die Überlappung von einem s- und einem p-Orbital wie in HCl (Abbildung 9.14b), die Überlappung zwischen zwei p-Orbitalen wie in Cl_2 (Abbildung 9.14c) und die Überlappung von einem p-Orbital mit einem sp-Hybridorbital wie in BeF_2 (Abbildung 9.17) sind alle Beispiele für σ-Bindungen.

Zur Beschreibung von Mehrfachbindungen müssen wir eine zweite Bindungsart betrachten, die aus der Überlappung zwischen zwei p-Orbitalen resultiert, die senkrecht zur Kernverbindungsachse stehen (▶ Abbildung 9.22). Die seitliche Überlappung der p-Orbitale erzeugt eine π-**Bindung** (ausgesprochen „**pi**"). Eine π-Bindung ist eine kovalente Bindung, in der die Überlappungsbereiche ober- und unterhalb der Kernverbindungsachse liegen. Im Gegensatz zu einer σ-Bindung ist in einer π-Bindung die Wahrscheinlichkeit, Elektronen auf der Kernverbindungsachse zu finden, gleich null. Da die p-Orbitale in einer π-Bindung sich eher seitlich als direkt zugewandt überlappen, neigt die Gesamtüberlappung in einer π-Bindung dazu, kleiner zu sein als die in einer σ-Bindung. Als eine Konsequenz daraus sind π-Bindungen generell schwächer als σ-Bindungen.

Einfachbindungen sind in fast allen Fällen σ-Bindungen. Eine Doppelbindung besteht aus einer σ-Bindung und einer π-Bindung, und eine Dreifachbindung besteht aus einer σ-Bindung und zwei π-Bindungen:

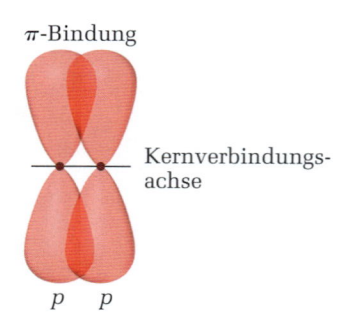

Abbildung 9.22: Die π-Bindung. Wenn zwei p-Orbitale seitlich überlappen, ist das Ergebnis eine π-Bindung. Beachten Sie, dass die zwei Bereiche der Überlappung eine π-*Einfach*bindung darstellen.

9.6 Mehrfachbindungen

H—H
eine σ-Bindung

H₂C=CH₂ (Ethylen-Strukturformel)
eine σ-Bindung plus
eine π-Bindung

|N≡N|
eine σ-Bindung plus
zwei π-Bindungen

Um zu sehen, wie diese Vorstellungen eingesetzt werden, betrachten Sie Ethylen, C_2H_4, das eine C=C-Doppelbindung besitzt. Die Bindungswinkel in Ethylen sind alle annähernd 120° (▶ Abbildung 9.23), was andeutet, dass jedes Kohlenstoffatom sp^2-Hybridorbitale benutzt (siehe Abbildung 9.18), um σ-Bindungen mit dem anderen Kohlenstoff und den zwei Wasserstoffen zu bilden. Da Kohlenstoff vier Valenzelektronen besitzt, verbleibt ein Elektron in jedem Kohlenstoffatom nach der sp^2-Hybridisierung im *unhybridisierten* 2p-Orbital:

Abbildung 9.23: Die Molekülstruktur von Ethylen. Ethylen, C_2H_4, hat eine C—C σ-Bindung und eine C—C π-Bindung.

[Orbitaldiagramm: 2s (↑↓) 2p (↑ ↑ _) — "Anheben" → 2s (↑) 2p (↑ ↑ ↑) — Hybridisieren → sp^2 (↑ ↑ ↑) 2p (↑)]

Das unhybridisierte 2p-Orbital steht senkrecht zu der Ebene, die die drei sp^2-Hybridorbitale enthält.

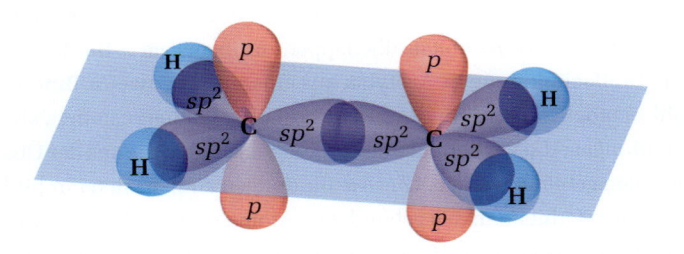

Abbildung 9.24: Hybridisierung in Ethylen. Das σ-Bindungsgerüst wird durch sp^2-Hybridorbitale am Kohlenstoffatom gebildet. Die unhybridisierten 2p-Orbitale an den C-Atomen werden zur Bildung einer π-Bindung verwendet.

Jedes sp^2-Hybridorbital an jedem Kohlenstoffatom enthält ein Elektron. ▶ Abbildung 9.24 zeigt, wie die vier C—H σ-Bindungen durch Überlappung von sp^2-Hybridorbitalen am C mit den 1s-Orbitalen an jedem H-Atom gebildet werden. Wir verwenden zur Bildung dieser vier Elektronenpaarbindungen acht Elektronen. Die C—C σ-Bindung wird durch Überlappung der zwei sp^2-Hybridorbitale, eines an jedem Kohlenstoffatom, gebildet und benötigt zwei weitere Elektronen. Folglich werden 10 der 12 Valenzelektronen im C_2H_4-Molekül benutzt, um fünf σ-Bindungen zu bilden.

Die verbleibenden zwei Valenzelektronen besetzen die unhybridisierten 2p-Orbitale, ein Elektron an jedem Kohlenstoffatom. Diese zwei 2p-Orbitale können sich seitlich überlappen, wie in ▶ Abbildung 9.25 gezeigt. Die resultierende Elektronendichte ist ober- und unterhalb der C—C-Bindungsachse konzentriert, d.h. dies ist

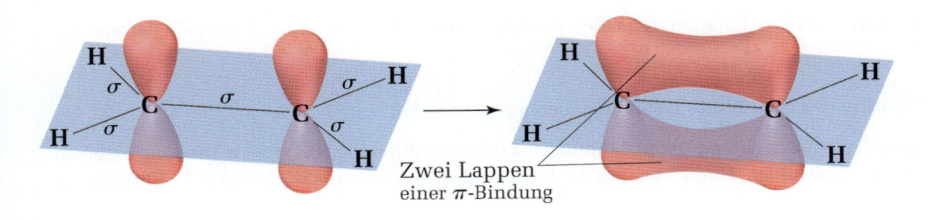

Abbildung 9.25: Die π-Bindung in Ethylen. Die unhybridisierten 2p-Orbitale an jedem C-Atom überlappen, um eine π-Bindung zu bilden. Die Elektronendichte in der π-Bindung liegt ober- und unterhalb der Bindungsachse, während bei den σ-Bindungen die Elektronendichte direkt entlang der Bindungsachsen liegt. Wie in ▶ Abbildung 9.22 bemerkt, bilden die zwei Lappen eine π-Bindung.

? DENKEN SIE EINMAL NACH

Das *Diazin* genannte Molekül hat die Formel N_2H_2 und die Lewis-Strukturformel

$$H-\overline{\underline{N}}=\overline{\underline{N}}-H$$

Würden Sie erwarten, dass *Diazin* ein lineares Molekül ist (alle vier Atome in der gleichen Linie)? Wenn nicht, würden Sie erwarten, dass das Molekül eben ist (alle vier Atome in der gleichen Ebene)?

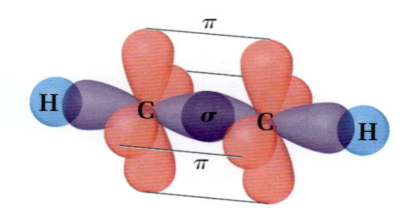

Abbildung 9.26: Bildung von zwei π-Bindungen. In Acetylen, C_2H_2, führt die Überlappung zweier Sätze unhybridisierter Kohlenstoff 2p-Orbitale zur Bildung zweier π-Bindungen.

eine π-Bindung (siehe Abbildung 9.22). Folglich besteht die C=C-Doppelbindung in Ethylen aus einer σ-Bindung und einer π-Bindung.

Obwohl wir experimentell eine π-Bindung nicht direkt beobachten können (alles, was wir beobachten können, ist die Position der Atome), wird ihre Anwesenheit durch die Struktur von Ethylen stark unterstützt. Erstens ist die C—C-Bindungslänge in Ethylen (1,34 Å) viel kürzer als in Verbindungen mit C—C-Einfachbindungen (1,54 Å), was mit der Anwesenheit einer stärkeren C=C-Doppelbindung übereinstimmt. Zweitens liegen alle sechs Atome in C_2H_4 in der gleichen Ebene. Die 2p-Orbitale, die die π-Bindung bilden, können nur dann eine gute Überlappung erreichen, wenn die beiden CH_2-Fragmente in der gleichen Ebene liegen. Wenn keine π-Bindungen vorhanden wären, gäbe es keinen Grund für die zwei CH_2-Fragmente von Ethylen, in der gleichen Ebene zu liegen. Da π-Bindungen erforderlich machen, dass Teile eines Moleküls eben sind, können sie eingeschränkte Flexibilität in Moleküle bringen.

Dreifachbindungen kann man ebenfalls durch Hybridorbitale erklären. Acetylen (C_2H_2) ist zum Beispiel ein lineares Molekül, das eine Dreifachbindung enthält: H—C≡C—H. Die lineare Struktur deutet an, dass jedes Kohlenstoffatom *sp*-Hybridorbitale benutzt, um σ-Bindungen mit dem anderen Kohlenstoffatom und einem Wasserstoffatom zu bilden. Jedes Kohlenstoffatom hat folglich zwei verbleibende unhybridisierte 2p-Orbitale im rechten Winkel zueinander und zur Achse des *sp*-Hybridsets (▶ Abbildung 9.26). Diese p-Orbitale überlappen zu einem Paar π-Bindungen. Folglich besteht die Dreifachbindung in Acetylen aus einer σ- und zwei π-Bindungen.

Obwohl es möglich ist, π-Bindungen aus *d*-Orbitalen herzustellen, sind die einzigen π-Bindungen, die wir betrachten werden, diejenigen, die aus der Überlappung von *p*-Orbitalen gebildet werden. Diese π-Bindungen können sich nur bilden, wenn unhybridisierte *p*-Orbitale an den gebundenen Atomen vorhanden sind. Deshalb können nur Atome mit *sp*- oder sp^2-Hybridisierung an solchen π-Bindungen beteiligt sein. Weiter kommen Doppel- und Dreifachbindungen (und folglich π-Bindungen) häufiger in Molekülen vor, die aus kleinen Atomen bestehen, insbesondere C, N und O. Größere Atome, wie z. B. S, P und Si, bilden weniger bereitwillig π-Bindungen.

ÜBUNGSBEISPIEL 9.6 — Beschreibung von σ- und π-Bindungen in einem Molekül

Formaldehyd hat die Lewis-Strukturformel

$$\begin{array}{c} H \\ | \\ C=\overline{\underline{O}} \\ | \\ H \end{array}$$

Beschreiben Sie, wie die Bindungen in Formaldehyd in Hinblick auf passende hybridisierte und unhybridisierte Orbitale gebildet werden.

Lösung

Analyse: Wir sollen die Bindungen in Formaldehyd im Hinblick auf Orbitalüberlappung beschreiben.

Vorgehen: Einfachbindungen werden vom σ-Typ sein, während Doppelbindungen aus einer σ-Bindung und einer π-Bindung bestehen werden. Die Wege, auf denen diese Bindungen sich bilden, können wir aus der Struktur des Moleküls, die wir mit dem VSEPR-Modell voraussagen, ableiten.

Lösung: Das C-Atom hat drei Elektronenpaare um sich, was eine trigonal ebene Struktur mit Bindungswinkeln von ca. 120° andeutet. Diese Struktur setzt am C-Atom eine sp^2-Hybridisierung voraus. Diese Hybride werden zur Bildung von zwei C—H- und einer C—O σ-Bindung zu C benutzt. Es bleibt ein unhybridisiertes 2p-Orbital am Kohlenstoffatom, senkrecht zur Ebene der drei sp^2-Hybride.

Das O-Atom hat ebenfalls drei Elektronenpaare um sich, und daher nehmen wir an, dass es auch eine sp^2-Hybridisierung hat. Eines dieser Hybride ist an der C—O σ-Bindung beteiligt, während die anderen zwei Hybride die zwei nichtbindenden Elektronenpaare des O-Atoms aufnehmen. Wie das C-Atom hat das O-Atom deshalb ein unhybridisiertes $2p$-Orbital, das senkrecht zur Ebene des Moleküls steht. Die unhybridisierten $2p$-Orbitale an den C- und O-Atomen überlappen unter Bildung einer C—O π-Bindung, wie in ▶ Abbildung 9.27 veranschaulicht.

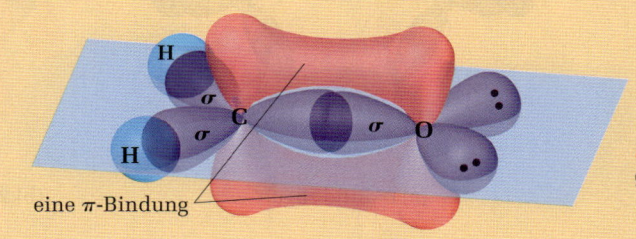

Abbildung 9.27: Bildung von σ- und π-Bindungen in Formaldehyd, H_2CO.

ÜBUNGSAUFGABE

Betrachten Sie das Acetonitril-Molekül:

$$H-\underset{\underset{H}{|}}{\overset{\overset{H}{|}}{C}}-C\equiv N|$$

(a) Sagen Sie die Bindungswinkel um jedes Kohlenstoffatom voraus; (b) beschreiben Sie die Hybridisierung an jedem Kohlenstoffatom; (c) bestimmen Sie die Gesamtzahl der σ- und π-Bindungen in dem Molekül.

Antworten: (a) annähernd 109° um das linke C und 180° am rechten C; **(b)** sp^3, sp; **(c)** fünf σ-Bindungen und zwei π-Bindungen.

Delokalisierte π-Bindung

In den Molekülen, die wir bisher in diesem Abschnitt diskutiert haben, sind die Bindungselektronen *lokalisiert*. Damit meinen wir, dass die σ- und π-Elektronen völlig mit den zwei Atomen, die die Bindung bilden, assoziiert sind. Aber in vielen Molekülen können wir die Bindung nicht adäquat als völlig lokalisiert beschreiben. Diese Situation entsteht besonders in Molekülen, die zwei oder mehr Resonanzstrukturformeln mit π-Bindungen haben.

Ein Molekül, das nicht mit lokalisierten π-Bindungen beschrieben werden kann, ist Benzol (C_6H_6), das zwei Resonanzstrukturformeln hat (siehe Abschnitt 8.6).

Um die Bindungen in Benzol mit Hybridorbitalen zu beschreiben, wählen wir zuerst ein Hybridisierungsschema, das mit der Struktur des Moleküls übereinstimmt. Da jedes Kohlenstoffatom von drei Atomen mit Winkeln von 120° umgeben ist, ist das zugehörige Hybridset sp^2. Die sp^2-Hybridorbitale bilden sechs lokalisierte C—C σ-Bindungen und sechs lokalisierte C—H σ-Bindungen, wie ▶ Abbildung 9.28 a zeigt. Dies lässt an jedem Kohlenstoff ein $2p$-Orbital übrig, das senkrecht zur Ebene des Moleküls orientiert ist. Die Situation ist sehr ähnlich zu der in Ethylen, mit der Ausnahme, dass wir nun sechs Kohlenstoff-$2p$-Orbitale in einem Ring angeordnet haben (Abbildung 9.28 b). Jedes der unhybridisierten $2p$-Orbitale ist mit einem Elektron besetzt, was insgesamt sechs Elektronen übrig lässt, die auf π-Bindungen entfallen.

Wir könnten uns vorstellen, dass die unhybridisierten $2p$-Orbitale von Benzol zur Bildung von drei lokalisierten π-Bindungen verwendet werden. Wie in ▶ Ab-

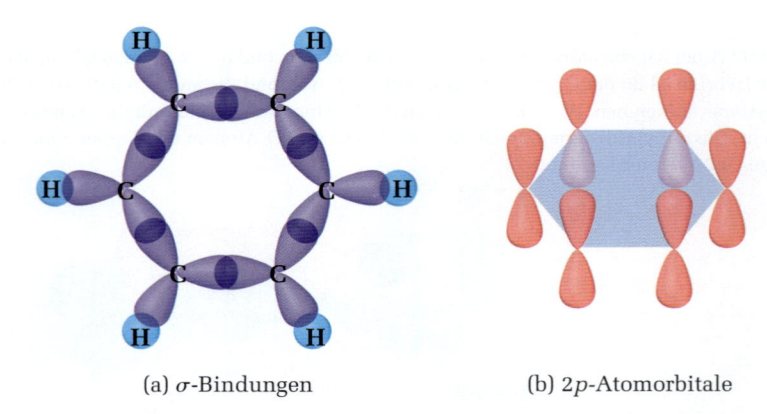

(a) σ-Bindungen (b) 2p-Atomorbitale

Abbildung 9.28: Die σ- und π-Bindungsnetzwerke in Benzol, C_6H_6. (a) Die C—C- und C—H σ-Bindungen liegen alle in der Ebene des Moleküls und werden mit Kohlenstoff-sp^2-Hybridorbitalen gebildet. (b) Jedes Kohlenstoffatom hat ein unhybridisiertes 2p-Orbital, das senkrecht zur Molekülebene steht. Diese sechs 2p-Orbitale sind die π-Orbitale von Benzol.

bildung 9.29 a und 9.29b gezeigt, gibt es zwei äquivalente Wege zur Herstellung dieser lokalisierten Bindungen und jeder entspricht einer der Resonanzstrukturformeln des Moleküls. Eine Darstellung, die *beide* Resonanzstrukturformeln widerspiegelt, hat die sechs π-Elektronen über alle sechs Kohlenstoffatome „verschmiert", wie in Abbildung 9.29 c gezeigt. Beachten Sie, wie diese Abbildung der „Kreis-im-Sechseck"-Zeichnung entspricht, die wir oft zur Wiedergabe von Benzol benutzen. Dieses Modell führt zur Beschreibung der einzelnen Kohlenstoff–Kohlenstoff-Bindung mit identischen Bindungslängen, die zwischen der Länge einer C—C-Einfachbindung (1,54Å) und der Länge einer C═C-Doppelbindung (1,34 Å) liegen, was mit den beobachteten Bindungslängen in Benzol (1,40 Å) übereinstimmt.

Da wir die π-Bindungen in Benzol nicht als individuelle Elektronenpaarbindungen zwischen benachbarten Atomen beschreiben können, sagen wir, dass die π-Bindungen über die sechs Kohlenstoffatome **delokalisiert** sind. Die Delokalisierung von Elektronen in seinen π-Bindungen verleiht Benzol eine besondere Stabilität. Die Delokalisierung von π-Bindungen ist auch für die Farben vieler organischer Moleküle verantwortlich (siehe den Kasten „Chemie im Einsatz" über organische Farbstoffe am Ende dieses Kapitels). Wenn Sie eine Vorlesung in organischer Chemie belegen, werden Sie in vielen Beispielen sehen, wie die Elektronendelokalisierung die Eigenschaften von organischen Molekülen beeinflusst.

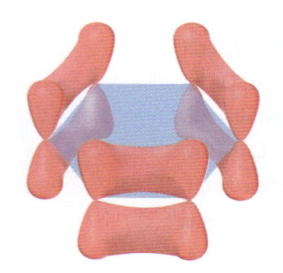

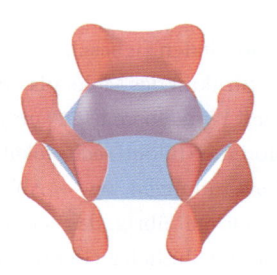

(a) lokalisierte π-Bindungen   (b) lokalisierte π-Bindungen   (c) delokalisierte π-Bindungen

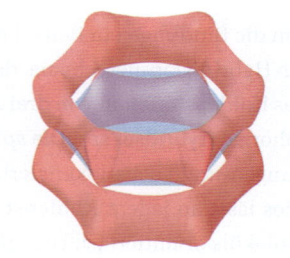

Abbildung 9.29: Delokalisierte π-Bindungen. Die sechs in Abbildung 9.28 b gezeigten 2p-Orbitale von Benzol können zur Bildung von C—C π-Bindungen verwendet werden. (a, b) Zwei äquivalente Wege zur Bildung von π-Bindungen. Diese π-Bindungen entsprechen den zwei Resonanzstrukturformeln für Benzol. (c) Eine Darstellung der Verschmierung, oder Delokalisierung, der drei C—C π-Bindungen zwischen den sechs C-Atomen.

9.6 Mehrfachbindungen

Chemie und Leben — Die Chemie des Sehens

In den vergangenen Jahren haben Wissenschaftler begonnen, die komplizierten chemischen Vorgänge beim Sehvorgang zu verstehen. Sehen beginnt, wenn Licht durch die Linse auf die Netzhaut fokussiert wird, die Zellschicht, die das Innere des Augapfels auskleidet. Die Netzhaut enthält *Photorezeptor*zellen, bekannt als Stäbchen oder Zapfen (▶ Abbildung 9.31). Die menschliche Netzhaut enthält ca. 3 Millionen Zapfen und 100 Millionen Stäbchen. Die Stäbchen sind für schwaches Licht empfindlich und werden zur Nachtsicht eingesetzt. Die Zapfen sind für Farben empfindlich. Die Spitzen der Zapfen und Stäbchen enthalten ein Molekül namens *Rhodopsin*. Rhodopsin besteht aus einem Protein, genannt *Opsin*, das an ein rötlich purpurnes Pigment namens *Retinal* gebunden ist. Strukturänderungen um eine Doppelbindung im Retinalteil des Moleküls setzen eine Reihe von chemischen Reaktionen in Gang, die im Sehen resultieren.

Doppelbindungen zwischen Atomen sind stärker als Einfachbindungen zwischen denselben Atomen (Tabelle 8.4). Zum Beispiel ist eine C=C-Doppelbindung $D(C=C) = 614$ kJ/mol stärker als eine C—C-Einfachbindung $D(C-C) = 348$ kJ/mol, sie ist aber nicht zweimal stärker. Unsere letzte Diskussion erlaubt es uns nun, einen anderen Aspekt der Doppelbindungen zu würdigen: die Steifigkeit oder Rigidität, die sie einem Molekül geben.

Stellen Sie sich vor, Sie nehmen die —CH$_2$-Gruppe des Ethylenmoleküls und rotieren es relativ zu der anderen —CH$_2$-Gruppe, wie in ▶ Abbildung 9.32 gezeigt. Diese Rotation zerstört die Überlappung der *p*-Orbitale dadurch, dass die π-Bindungen aufgebrochen werden, ein Vorgang, der beträchtliche Energie erfordert. Folglich schränkt eine Doppelbindung die Rotation der Bindungen in einem Molekül ein. Im Gegensatz dazu können Moleküle fast frei um die Bindungsachse bei Einfach-σ-Bindungen rotieren, da diese Bewegung keine Auswirkung auf die Orbitalüberlappung einer σ-Bindung hat. Diese Rotation erlaubt es Molekülen mit Einfachbindungen, sich zu verdrehen und zu falten, so als ob ihre Atome mit Gelenken zusammengehalten würden.

Unser Sehen hängt von der Rigidität von Doppelbindungen in Retinal ab. In seiner normalen Form wird Retinal durch seine Doppelbindungen steif gehalten, wie links in ▶ Abbildung 9.33 gezeigt. Wenn Licht eintritt, wird es von Rhodopsin absorbiert und die Energie wird zum Aufbrechen des π-Bindungsanteils der markierten Doppelbindung verwendet. Das Molekül rotiert dann um diese Bindung und ändert seine Struktur. Das Retinal trennt sich dann vom Opsin, wobei es Reaktionen in Gang setzt, die einen Nervenimpuls erzeugen, den das Gehirn als Sinneseindruck des Sehens interpretiert. Es bedarf nur fünf benachbarter Moleküle, die in dieser Art reagieren, um den Sinneseindruck des Sehens zu erzeugen. Folglich sind nur fünf Photonen nötig, um das Auge zu stimulieren.

Das Retinal kehrt langsam zu seiner Ausgangsform zurück und verbindet sich wieder mit dem Opsin. Die Langsamkeit dieses Vorgangs hilft bei der Erklärung, warum intensives helles Licht vorübergehende Blindheit verursacht. Das Licht bringt das gesamte Retinal dazu, sich vom Opsin zu trennen, und es bleiben keine Moleküle übrig, die Licht absorbieren können.

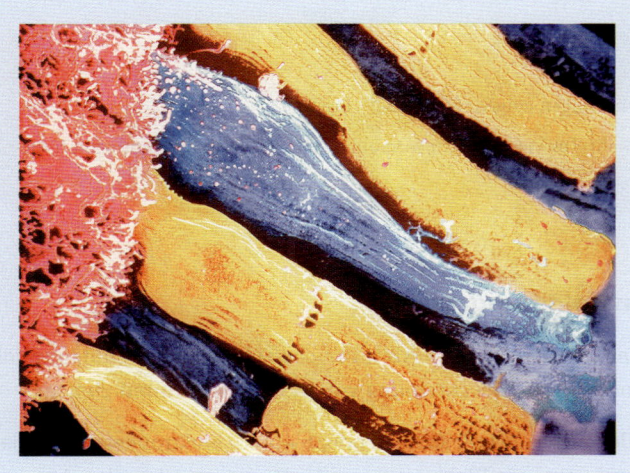

Abbildung 9.31: Im Auge. Eine farbverstärkte rasterelektronenmikroskopische Aufnahme der Stäbchen (gelb) und Zapfen (blau) in der Netzhaut des menschlichen Auges.

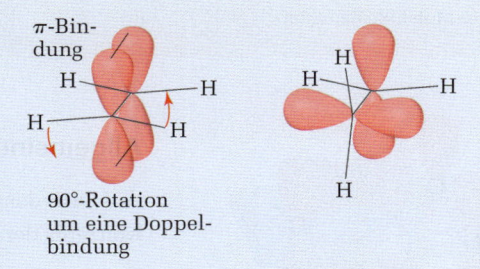

Abbildung 9.32: Rotation um die Kohlenstoff–Kohlenstoff-Doppelbindung in Ethylen. Die Überlappung der *p*-Orbitale, die die π-Bindung bilden, geht bei der Rotation verloren. Aus diesem Grund erfordert die Rotation um Doppelbindungen die Absorption von Energie.

Abbildung 9.33: Die chemische Grundlage des Sehens. Wenn Rhodopsin sichtbares Licht absorbiert, erlaubt die π-Komponente der in rot gezeigten Doppelbindung eine Rotation, die eine Änderung in der Molekülstruktur verursacht.

9 | Molekülstruktur und Bindungstheorien

ÜBUNGSBEISPIEL 9.7 — Delokalisierte Bindung

Beschreiben Sie die Bindung im Nitrat-Ion, NO_3^-. Hat dieses Ion delokalisierte π-Bindungen?

Lösung

Analyse: Mit der chemischen Formel für ein mehratomiges Anion sollen wir die Bindung beschreiben und bestimmen, ob das Ion delokalisierte π-Bindungen hat.

Vorgehen: Unser erster Schritt zur Beschreibung der Bindungen in NO_3^- ist die Konstruktion entsprechender Lewis-Strukturformeln. Wenn es mehrere Resonanzstrukturformeln gibt, die die Platzierung der Doppelbindungen an verschiedenen Orten beinhalten, deutet dies an, dass die π-Komponente der Doppelbindungen delokalisiert ist.

Lösung: In Abschnitt 8.6 haben wir gesehen, dass NO_3^- drei Resonanzstrukturformeln hat.

In jeder dieser Strukturen ist der Strukturtyp am Stickstoff trigonal eben, was sp^2-Hybridisierung am N-Atom voraussetzt. Die sp^2-Hybridorbitale werden zur Konstruktion der drei N—O σ-Bindungen verwendet, die in jeder der Resonanzstrukturformeln vorhanden sind.

Das unhybridisierte $2p$-Orbital am N-Atom kann zur Bildung von π-Bindungen verwendet werden. Für jede der drei gezeigten Resonanzstrukturformeln können wir uns eine einzelne lokalisierte N—O π-Bindung vorstellen, die durch die Überlappung des unhybridisierten $2p$-Orbitals am N- und einem $2p$-Orbital an einem der O-Atome gebildet wird, wie in ▶ Abbildung 9.30 a gezeigt. Da jede Resonanzstrukturformel gleich zu der beobachteten Struktur von NO_3^- beiträgt, stellen wir aber die π-Bindung als über die drei N—O-Bindungen ausgebreitet oder delokalisiert dar, wie in Abbildung 9.30 b gezeigt.

ÜBUNGSAUFGABE

Welches der folgenden Moleküle oder Ionen wird delokalisierte Bindungen zeigen: SO_3, SO_3^{2-}, H_2CO, O_3, NH_4^+?

Antwort: SO_3 und O_3, wie durch die Anwesenheit von zwei oder mehr Resonanzstrukturformeln angedeutet, was π-Bindungen für jedes der Moleküle bedeutet.

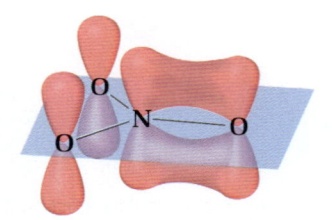

(a) N—O π-Bindung in einer der Resonanzstrukturformeln von NO_3^-

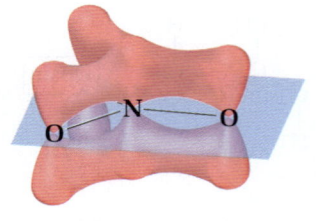

(b) Delokalisierung der π-Bindung im NO_3^--Ion

Abbildung 9.30: Lokalisierte und delokalisierte π-Bindungen in NO_3^-.

Allgemeine Schlussfolgerungen

Auf Basis der gesehenen Beispiele können wir hilfreiche Schlüsse zur Benutzung des Konzepts der Hybridorbitale zur Beschreibung von Molekülstrukturen ziehen:

1 Jedes Paar verbundener Atome teilt sich ein oder mehrere Elektronenpaare. In jeder Bindung ist wenigstens ein Elektronenpaar im Raum zwischen den Atomen in einer σ-Bindung lokalisiert. Der passende Satz von Hybridorbitalen, der zur Bildung der σ-Bindungen zwischen einem Atom und seinen Nachbarn benutzt wird, wird durch die beobachtete Struktur des Moleküls bestimmt.

2 Die Elektronen in σ-Bindungen sind im Bereich zwischen zwei gebundenen Atomen lokalisiert und leisten keinen signifikanten Beitrag zur Bindung zwischen irgendwelchen anderen zwei Atomen.

3 Wenn sich Atome mehr als ein Elektronenpaar teilen, wird ein Paar zur Bildung einer σ-Bindung verwendet und die zusätzlichen Paare bilden π-Bindungen. Die Zentren der Ladungsdichte in einer π-Bindung liegen ober- und unterhalb der Bindungsachse.

4 Moleküle mit zwei oder mehr Resonanzstrukturformeln können π-Bindungen haben, die sich über mehr als zwei gebundene Atome ausdehnen. Elektronen in π-Bindungen, die sich über mehr als zwei Atome ausdehnen, sind delokalisiert.

Molekülorbitale 9.7

Valenzbindungstheorie und Hybridorbitale erlauben es uns, direkt von den Lewis-Strukturformeln auf die Strukturen der Moleküle zu schließen. Zum Beispiel können wir diese Theorie benutzen, um zu verstehen, warum Methan die Formel CH_4 hat, wie die Kohlenstoff- und Wasserstoffatomorbitale zur Bildung von Elektronenpaarbindungen benutzt werden, und warum die Anordnung der C—H-Bindungen um das zentrale Kohlenstoff tetraedrisch ist. Dieses Modell erklärt aber nicht alle Aspekte der Bindungen. Es ist zum Beispiel nicht erfolgreich bei der Beschreibung der angeregten Zustände von Molekülen, die wir verstehen müssen um zu erklären, wie Moleküle Licht absorbieren und so farbig werden.

Einige Aspekte der Bindung werden besser durch ein alternatives Modell, genannt **Molekülorbitaltheorie**, erklärt. In Kapitel 6 haben wir gesehen, dass Elektronen in Atomen durch bestimmte Wellenfunktionen, die wir Atomorbitale nennen, beschrieben werden können. In ähnlicher Weise beschreibt die Molekülorbitaltheorie die Elektronen in Molekülen mit spezifischen Wellenfunktionen, genannt **Molekülorbitale**. Chemiker benutzen die Abkürzung **MO** für Molekülorbital.

Molekülorbitale haben viele gleiche Eigenschaften wie Atomorbitale. Zum Beispiel kann ein MO maximal zwei Elektronen aufnehmen (mit entgegengesetztem Spin), es hat eine bestimmte Energie und wir können seine Elektronendichteverteilung durch eine Konturzeichnung darstellen, wie wir es bei der Diskussion der Atomorbitale gemacht haben. Ungleich zu Atomorbitalen sind Molekülorbitale aber mit dem gesamten Molekül assoziiert, nicht mit einem einzelnen Atom.

> Molekülorbitaltheorie

Das Wasserstoffmolekül

Um ein Gefühl für den Ansatz in der MO-Theorie zu bekommen, beginnen wir mit dem einfachsten Molekül: das Wasserstoffmolekül, H_2. Wir werden die beiden 1s-Atomorbitale, eines an jedem H-Atom, benutzen, um Molekülorbitale für das H_2-Molekül zu „bauen". *Wann immer zwei Atomorbitale überlappen, bilden sich zwei Molekülorbitale*. Folglich erzeugt die Überlappung der 1s-Orbitale von zwei Wasserstoffatomen zur Bildung von H_2 zwei MOs (▶ Abbildung 9.34).

Das energetisch tiefere MO von H_2 konzentriert Elektronendichte zwischen den zwei Wasserstoffkernen und wird das **bindende Molekülorbital** genannt. Dieses „wurstförmige" MO resultiert aus der Summierung der beiden Atomorbitale, so dass die Atomorbitalwellenfunktionen sich im Bindungsbereich gegenseitig verstärken. Da ein Elektron in diesem MO sehr stark von beiden Kernen angezogen wird, ist das Elektron stabiler, in anderen Worten, es hat eine niedrigere Energie als es in einem 1s-Atom-

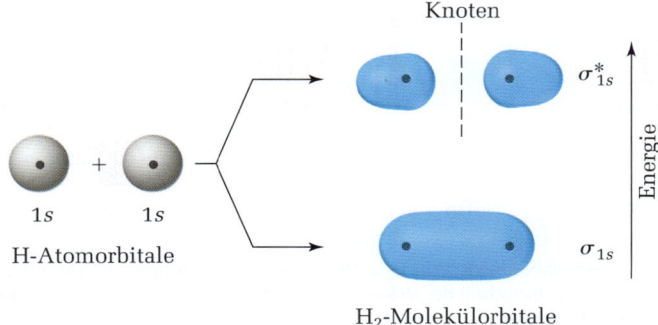

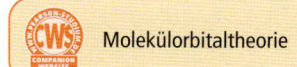

Abbildung 9.34: Die Molekülorbitale von H_2. Die Kombination von zwei H-1s-Atomorbitalen bildet zwei Molekülorbitale (MOs) für H_2. Im bindenden MO, σ_{1s}, kombinieren sich die Atomorbitale konstruktiv, was zum Aufbau von Elektronendichte zwischen den Kernen führt. Im antibindenden MO, σ_{1s}^*, kombinieren sich die Orbitale destruktiv im Bindungsbereich. Beachten Sie, dass das σ_{1s}-MO einen Knoten zwischen den zwei Kernen hat.

orbital eines isolierten Wasserstoffatoms ist. Weiter hält das bindende MO die beiden Atome in einer kovalenten Bindung zusammen, da die Elektronendichte zwischen den Kernen erhöht ist.

Das energetisch höhere MO in Abbildung 9.34 hat eine sehr geringe Elektronendichte zwischen den Kernen und wird das **antibindende Molekülorbital** genannt. Statt sich im Bereich zwischen den Kernen gegenseitig zu verstärken, heben sich die Atomorbitale in diesem Bereich gegenseitig auf, und die größte Elektronendichte befindet sich an entgegengesetzten Seiten der Kerne. Folglich schließt dieses MO Elektronen aus genau dem Bereich aus, in dem eine Bindung gebildet werden muss. Ein Elektron in diesem MO wird vom Bindungsbereich abgestoßen und ist daher weniger stabil, in anderen Worten, es hat eine höhere Energie, als es in einem 1s-Atomorbital eines Wasserstoffatoms hätte.

Die Elektronendichte, sowohl in dem bindenden MO als auch dem antibindenden MO von H_2, ist über der Kernverbindungsachse, einer imaginären Linie, die durch die beiden Kerne geht, zentriert. MOs von diesem Typ werden **σ-Molekülorbitale** genannt. Das bindende sigma-MO von H_2 wird mit σ_{1s} gekennzeichnet, das Subskript zeigt an, dass das MO aus zwei 1s-Orbitalen gebildet wurde. Das antibindende sigma-MO von H_2 wird mit σ_{1s}^* (gelesen „sigma-Stern-eins-s") gekennzeichnet, das Sternchen zeigt an, dass das MO antibindend ist.

Die resultierende Wechselwirkung zwischen zwei 1s-Atomorbitalen und den Molekülorbitalen können durch ein **Energieniveaudiagramm** (auch **Molekülorbitaldiagramm**), wie das in ▶ Abbildung 9.35, dargestellt werden. Solche Diagramme zeigen die wechselwirkenden Atomorbitale in den linken und rechten Spalten und die MOs in der mittleren Spalte. Beachten Sie, dass die bindenden Molekülorbitale, σ_{1s}, niedriger in Energie sind als die 1s-Atomorbitale, während das antibindende Orbital, σ_{1s}^*, höher in Energie ist als die 1s-Orbitale. Jedes MO kann, wie Atomorbitale, zwei Elektronen mit gepaartem Spin (Pauli-Prinzip) unterbringen (siehe Abschnitt 6.7).

Das Molekülorbitaldiagramm des H_2-Moleküls ist in Abbildung 9.35 a dargestellt. Jedes H-Atom besitzt ein Elektron und deshalb gibt es im H_2 zwei Elektronen. Diese zwei Elektronen besetzen das energietiefe bindende MO (σ_{1s}), und ihre Spins sind gepaart. Elektronen, die bindende Molekülorbitale besetzen, werden *bindende Elektronen* genannt. Da das σ_{1s}-MO niedriger in Energie ist als die isolierten 1s-Atomorbitale, ist das H_2-Molekül stabiler als die zwei getrennten H-Atome.

Im Gegensatz dazu erfordert das hypothetische He_2-Molekül vier Elektronen, um seine Molekülorbitale zu füllen, wie in Abbildung 9.35 b. Da nur zwei Elektronen in

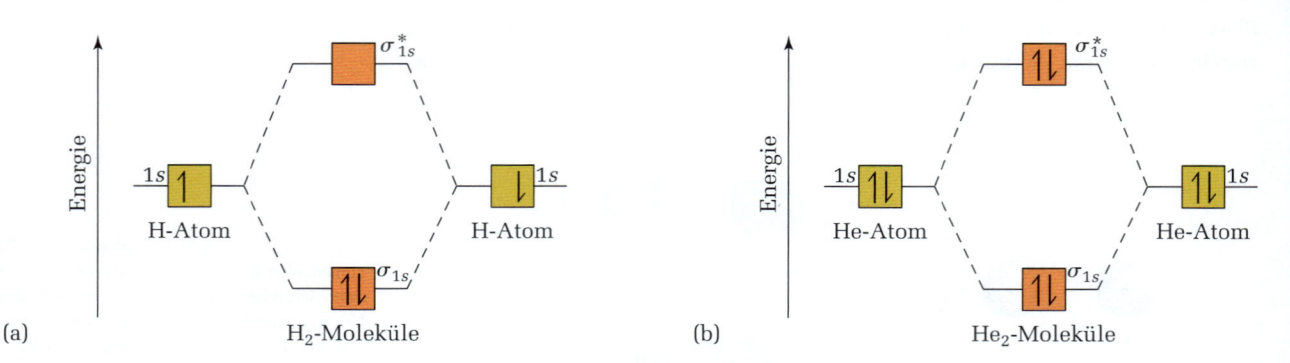

Abbildung 9.35: Energieniveaudiagramm für H_2 und He_2. (a) Die beiden Elektronen im Molekül besetzen das bindende σ_{1s}-MO. (b) Im (hypothetischen) He_2-Molekül sind das bindende σ_{1s}-MO und das antibindende σ_{1s}^*-MO beide mit zwei Elektronen besetzt.

das σ_{1s}-MO gebracht werden können, müssen die anderen zwei im σ_{1s}^*-MO platziert werden. Die Energieabsenkung durch die zwei Elektronen in dem bindenden MO wird durch die Energiezunahme durch die zwei Elektronen in dem antibindenden MO aufgehoben.* Also ist He$_2$ ein instabiles Molekül. Die Molekülorbitaltheorie sagt richtig voraus, dass Wasserstoff zweiatomige Moleküle bildet, aber Helium nicht.

> **? DENKEN SIE EINMAL NACH**
>
> Nehmen Sie an, dass eines der Elektronen im H$_2$-Molekül mit Licht vom σ_{1s}-MO zum σ_{1s}^*-MO angeregt wird. Würden Sie erwarten, dass die H-Atome miteinander verbunden bleiben oder dass das Molekül auseinanderfällt?

Bindungsordnung

In der Molekülorbitaltheorie hängt die Stabilität einer kovalenten Bindung mit seiner **Bindungsordnung** zusammen. Sie ist definiert als die Hälfte der Differenz zwischen der Zahl der bindenden Elektronen und der Zahl der antibindenden Elektronen.

$$\text{Bindungsordnung} = \tfrac{1}{2} \text{ (Zahl der bindenden Elektronen − Zahl der antibindenden Elektronen)}$$

Wir nehmen die Hälfte der Differenz, weil wir es gewohnt sind, Bindungen als Elektronenpaare anzusehen. *Eine Bindungsordnung von 1 bedeutet eine Einfachbindung, eine Bindungsordnung von 2 bedeutet eine Doppelbindung und eine Bindungsordnung von 3 bedeutet eine Dreifachbindung.* Da die MO-Theorie auch Moleküle, die ungerade Anzahlen von Elektronen enthalten, behandelt, sind auch Bindungsordnungen von 1/2, 3/2, oder 5/2 möglich.

ÜBUNGSBEISPIEL 9.8 — Bindungsordnung

Wie ist die Bindungsordnung im He$_2^+$-Ion? Würden Sie erwarten, dass dieses Ion, im Vergleich zu dem getrennten He-Atom und He$^+$-Ion, stabil ist?

Lösung

Analyse: Wir werden die Bindungsordnung in He$_2^+$ bestimmen und damit voraussagen, ob das Ion stabil ist.

Vorgehen: Um die Bindungsordnung zu bestimmen, müssen wir die Anzahl der Elektronen im Molekül bestimmen und sagen, wie diese Elektronen die verfügbaren MOs besetzen. Die Valenzelektronen von He befinden sich im 1s-Orbital und die 1s-Orbitale kombinieren sich zu einem MO-Diagramm wie das für H$_2$ oder He$_2$ (▶ Abbildung 9.35). Wenn die Bindungsordnung größer 0 ist, erwarten wir, dass eine Bindung besteht und das Ion stabil ist.

Lösung: Das Energieniveaudiagramm für das He$_2^+$-Ion ist in ▶ Abbildung 9.36 dargestellt. Dieses Ion besitzt drei Elektronen. Zwei befinden sich im bindenden Orbital und das dritte befindet sich im antibindenden Orbital. Folglich ist die Bindungsordnung

$$\text{Bindungsordnung} = \tfrac{1}{2}(2-1) = \tfrac{1}{2}$$

Da die Bindungsordnung größer 0 ist, erwarten wir, dass das He$_2^+$-Ion, relativ zu den getrennten He und He$^+$, stabil ist. Die Bildung von He$_2^+$ in der Gasphase ist bei Experimenten nachgewiesen worden.

ÜBUNGSAUFGABE

Bestimmen Sie die Bindungsordnung des H$_2^-$-Ions.

Antwort: $\tfrac{1}{2}$

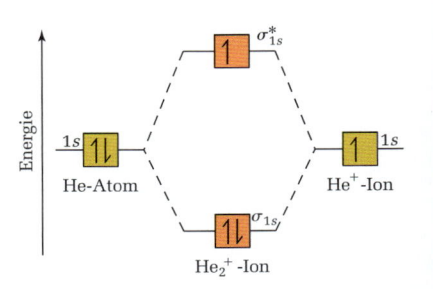

Abbildung 9.36: Energieniveaudiagramm für das He$_2^+$-Ion.

---

* Tatsächlich ist die energetische Anhebung in antibindenden MOs geringfügig höher als die energetische Absenkung von bindenden MOs. Daher ist bei gleicher Zahl von Elektronen in bindenden und antibindenden MOs die Energie der separierten Atome etwas niedriger als die des entsprechenden Moleküls, eine Bindung zwischen den Atomen wird also nicht gebildet.

? DENKEN SIE EINMAL NACH

Wie ist die Bindungsordnung des in der gerade vorangegangenen Übung „Denken Sie einmal nach" beschriebenen angeregten H_2-Moleküls?

Da H_2 zwei bindende Elektronen und null antibindende Elektronen hat (Abbildung 9.35 a), hat es eine Bindungsordnung von 1. Da He_2 zwei bindende und zwei antibindende Elektronen hat (Abbildung 9.35 b), hat es eine Bindungsordnung von 0. Eine Bindungsordnung von 0 bedeutet, dass keine Bindung besteht.

9.8 Zweiatomige Moleküle der zweiten Periode

Genauso wie wir die Bindung in H_2 mit der Molekülorbitaltheorie behandelt haben, können wir die MO-Beschreibung für andere zweiatomige Moleküle betrachten. Zunächst werden wir unsere Diskussion auf *homonukleare* zweiatomige Moleküle (zusammengesetzt aus zwei identischen Atomen) der Elemente in der zweiten Periode des Periodensystems beschränken. Zur Bestimmung der Elektronenverteilung in diesen Molekülen gehen wir ähnlich vor, wie wir es für das H_2 getan haben.

Elemente der zweiten Periode haben $2s$- und $2p$-Valenzorbitale und wir müssen uns nun überlegen, wie diese wechselwirken und MOs bilden. Die folgenden Regeln fassen einige der Richtlinien für die Bildung von MOs und wie sie mit Elektronen besetzt werden, zusammen.

1. Die Anzahl der gebildeten MOs ist gleich der Anzahl der kombinierten Atomorbitale.
2. Atomorbitale vereinigen sich am wirksamsten mit anderen Atomorbitalen ähnlicher Energie.
3. Die Effektivität, mit der zwei Atomorbitale sich vereinigen, ist proportional zu ihrer Überlappung; d. h. wenn die Überlappung zunimmt, wird die Energie der bindenden MOs gesenkt und die Energie des antibindenden MOs angehoben.
4. Jedes MO kann maximal zwei Elektronen mit gepaartem Spin (Pauli-Prinzip) unterbringen.
5. Wenn MOs mit gleicher Energie besetzt werden, wird jedes Orbital erst mit einem Elektron (mit gleichem Spin) besetzt, bevor Spinpaarung auftritt (Hund'sche Regel).

Molekülorbitale von Li_2 und Be_2

Lithium, das erste Element der zweiten Periode, hat die Elektronenkonfiguration $1s^2 2s^1$. Wenn Lithiummetall über seinen Siedepunkt (1342 °C) erhitzt wird, findet man in der Gasphase Li_2-Moleküle. Die Lewis-Strukturformel für Li_2 deutet eine Li—Li-Einfachbindung an. Wir werden nun zur Beschreibung der Bindung in Li_2 MOs verwenden.

Da die $1s$- und $2s$-Orbitale so unterschiedlich in ihrer Energie sind, können wir annehmen, dass das $1s$-Orbital von einem Li-Atom nur mit dem $1s$-Orbital des anderen Li-Atoms wechselwirkt (Regel 2). Genauso interagieren die $2s$-Orbitale auch nur miteinander. Das resultierende Energieniveaudiagramm ist in ▶ Abbildung 9.37 dargestellt. Beachten Sie, dass die Kombination von vier Atomorbitalen vier MOs ergibt (Regel 1).

Die $1s$-Orbitale von Li verbinden sich, um σ_{1s} und σ_{1s}^* bindende und antibindende Orbitale zu bilden, wie sie es bei H_2 taten. Die $2s$-Orbitale interagieren miteinander in genau der gleichen Weise, unter Bildung von bindenden (σ_{2s})- und antibindenden (σ_{2s}^*)-MOs. Da sich die $2s$-Orbitale von Li weiter vom Kern ausdehnen als die $1s$-Orbitale, überlappen die $2s$-Orbitale effektiver. Als Ergebnis ist der Abstand zwischen den Energieniveaus der σ_{2s}- und σ_{2s}^*-Orbitale größer als der für die MOs aus den $1s$-Orbitalen. Die $1s$-Orbitale von Li sind aber so viel niedriger in ihrer Energie als die $2s$-Orbitale, dass das σ_{1s}^* antibindende MO noch gut unterhalb des σ_{2s} bindenden MO liegt.

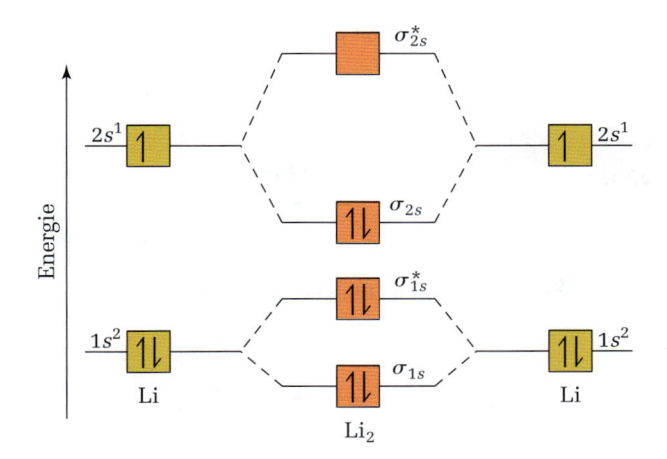

Abbildung 9.37: Energieniveaudiagramm für das Li_2-Molekül.

Jedes Li-Atom hat drei Elektronen, also müssen in den MOs von Li_2 sechs Elektronen platziert werden. Wie in Abbildung 9.37 gezeigt, besetzen diese mit jeweils zwei Elektronen die σ_{1s}-, σ_{1s}^*- und σ_{2s}-MOs. Das ergibt vier Elektronen in bindenden Orbitalen und zwei in antibindenden Orbitalen, also ist die Bindungsordnung gleich $\frac{1}{2}(4-2) = 1$. Das Molekül hat eine Einfachbindung, was mit seiner Lewis-Strukturformel übereinstimmt.

Da die σ_{1s}- und σ_{1s}^*- MOs von Li_2 vollständig gefüllt sind, tragen die 1s-Orbitale fast nichts zur Bindung bei. Die Einfachbindung in Li_2 rührt hauptsächlich von der Wechselwirkung der 2s-Valenzorbitale an den Li-Atomen her. Dieses Beispiel veranschaulicht die allgemeine Regel, dass *kernnahe Elektronen gewöhnlich nicht signifikant zur Bindung in Molekülen beitragen*. Diese Regel entspricht dem Verfahren, beim Zeichnen von Lewis-Strukturformeln nur die Valenzelektronen zu benutzen. Folglich brauchen wir die 1s-Orbitale nicht weiter bei der Diskussion der anderen zweiatomigen Moleküle der zweiten Reihe zu betrachten.

Die MO-Beschreibung für Be_2 folgt sofort aus dem Energieniveaudiagramm für Li_2. Jedes Be-Atom hat vier Elektronen $1s^2 2s^2$, also müssen wir in Molekülorbitalen acht Elektronen platzieren. Folglich füllen wir die σ_{1s}-, σ_{1s}^*-, σ_{2s}- und σ_{2s}^*-MOs vollständig. Wir haben eine gleiche Zahl von bindenden und antibindenden Elektronen, also ist die Bindungsordnung gleich 0. In Übereinstimmung mit dieser Analyse gibt es Be_2 nicht.

> **DENKEN SIE EINMAL NACH**
>
> Erwarten Sie, dass Be_2^+ ein stabiles Ion ist?

Molekülorbitale aus 2p-Atomorbitalen

Bevor wir die übrigen Moleküle der zweiten Reihe betrachten können, müssen wir uns MOs ansehen, die aus der Kombination von 2p-Atomorbitalen entstehen. Die Wechselwirkungen zwischen p-Orbitalen sind in ▶ Abbildung 9.38 aufgeführt, wobei wir willkürlich die Kernverbindungsachse als z-Achse gewählt haben. Die $2p_z$-Orbitale stehen sich „Kopf-an-Kopf" gegenüber. Genauso wie die s-Orbitale können wir die $2p_z$-Orbitale auf zwei Arten kombinieren. Die eine Kombination erhöht Elektronendichte zwischen den Kernen und ist daher ein bindendes Molekülorbital. Die andere Kombination schließt Elektronendichte aus dem Bindungsbereich aus; es ist ein antibindendes Molekülorbital. In jedem dieser MOs geht die Elektronendichte entlang der Linie durch die Kerne, also sind sie σ-Molekülorbitale: σ_{2p} und σ_{2p}^*.

Die anderen 2p-Orbitale überlappen seitlich und folglich erhöhen sie die Elektronendichte auf entgegengesetzten Seiten der Linie durch die Kerne. MOs von diesem Typ werden **π-Molekülorbitale** genannt. Wir erhalten ein bindendes π-MO durch Kombination der $2p_x$-Atomorbitale und ein anderes aus den $2p_y$-Atomorbitalen. Diese bei-

9 Molekülstruktur und Bindungstheorien

Abbildung 9.38: Konturzeichnungen der von 2p-Orbitalen gebildeten Molekülorbitale. Jedes Mal, wenn wir zwei Atomorbitale kombinieren, erhalten wir zwei MOs: ein bindendes und ein antibindendes.

(a) „Ende-auf-Ende"-Überlappung von p-Orbitalen bildet σ and σ^*-MOs.

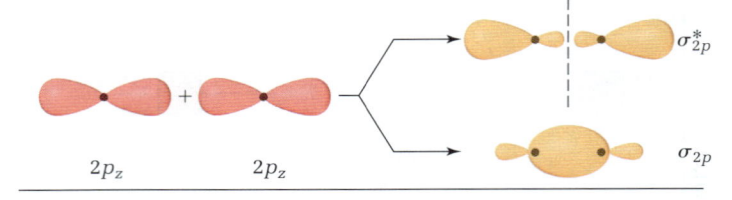

$2p_z$ + $2p_z$ → σ^*_{2p}, σ_{2p}

(b) „Seitliche" Überlappung von p-Orbitalen bildet zwei Sätze von π and π^*-MOs.

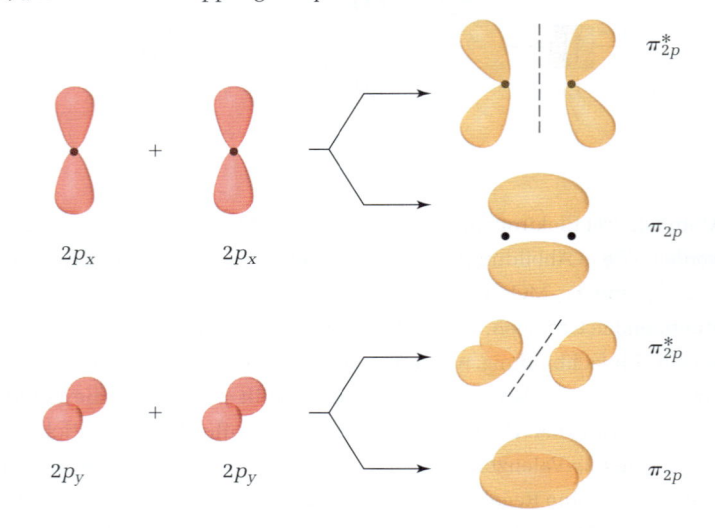

$2p_x$ + $2p_x$ → π^*_{2p}, π_{2p}

$2p_y$ + $2p_y$ → π^*_{2p}, π_{2p}

Näher hingeschaut ■ Phasen in Atom- und Molekülorbitalen

Unsere Diskussion von Atomorbitalen in Kapitel 6 und Molekülorbitalen in diesem Kapitel beleuchtete einige der wichtigsten Anwendungen der Quantenmechanik in der Chemie. Bei der quantenmechanischen Behandlung von Elektronen in Atomen und Molekülen sind wir hauptsächlich daran interessiert, zwei Charakteristiken der Elektronen zu erhalten – nämlich ihre Energien und ihre Verteilung im Raum. Erinnern Sie sich, dass die Lösung der Schrödingergleichung die Energie eines Elektrons, E, und die Wellenfunktion, ψ, ergibt, aber dass ψ selbst keine direkte physikalische Bedeutung hat (siehe Abschnitt 6.5). Die Konturzeichnungen von Atom- und Molekülorbitalen, die wir bisher präsentiert haben, basieren auf dem Betragsquadrat der Wellenfunktion, $|\psi|^2$ (die *Wahrscheinlichkeitsdichte*), die die Wahrscheinlichkeit angibt, mit der man das Elektron an einem gegebenen Punkt im Raum findet.

Da Wahrscheinlichkeitsdichten Quadrate von Funktionen sind, müssen ihre Werte an allen Punkten im Raum nicht-negativ (null oder positiv) sein. Erinnern Sie sich, dass Punkte, an denen die Wahrscheinlichkeitsdichte null ist, *Knoten* genannt werden: An einem Knoten besteht die Wahrscheinlichkeit null, das Elektron zu finden. Betrachten Sie zum Beispiel das in Abbildung 6.22 dargestellte p_x-Orbital. Für dieses Orbital ist die Wahrscheinlichkeitsdichte an jedem Punkt der Ebene, die die y- und z-Achsen definiert wird gleich null – wir sagen, dass die yz-Ebene eine *Knotenebene* des Orbitals ist. Ebenso hat das σ^*_{1s}-MO von H_2, das in ▶ Abbildung 9.34 dargestellt ist, eine Knotenebene, die senkrecht zu der Linie steht, die die H-Atome verbindet und sie befindet sich mitten zwischen ihnen. Warum entstehen diese Knoten? Um diese Frage zu beantworten, müssen wir uns die Wellenfunktionen für die Orbitale näher anschauen.

Um die Knoten in p-Orbitalen zu verstehen, können wir eine Analogie zu einer Sinusfunktion ziehen. ▶ Abbildung 9.39 zeigt einen Zyklus der Funktion sin x mit dem Zentrum im Ursprung. Beachten Sie, dass die zwei Hälften der Welle die gleiche Form haben, mit der Ausnahme, dass die eine positive und die andere negative Werte hat – die zwei Hälften der Funktion unterscheiden sich in ihrem Vorzeichen, oder *Phase*. Der Ursprung, also dort wo die Funktion das Vorzeichen wechselt, ist ein Knoten (sin 0 = 0). Was passiert, wenn wir diese Funktion quadrieren? Abbildung 9.39 b zeigt, dass wir bei Quadrierung der Funktion zwei gleich aussehende Graphen auf beiden Seiten des Ursprungs erhalten. Beide Maxima sind positiv, da die Quadrierung einer negativen Zahl eine positive Zahl erzeugt – bei ihrer Quadrierung verlieren wir die Phaseninformation der Funktion. Folglich ist der Ursprung immer noch ein Knoten, obwohl die Funktion auf beiden Seiten des Ursprungs positiv ist.

Die Wellenfunktion für ein p-Orbital ist wie eine Sinusfunktion, insofern sie zwei gleiche Teile mit entgegengesetzten Phasen hat. ▶ Abbildung 9.40 a zeigt eine typische Darstellung, die von Chemikern für die Wellenfunktion eines p_x-Orbitals verwendet wird.*

---

* Die mathematische Beschreibung dieser dreidimensionalen Funktion (und ihres Quadrats) würde den Umfang dieses Buches überschreiten und wir haben, wie typischerweise unter Chemikern gebräuchlich, Orbitallappen verwendet, welche die gleiche Gestalt haben wie diese in ▶ Abbildung 6.22.

9.8 Zweiatomige Moleküle der zweiten Periode

(a)

(b)

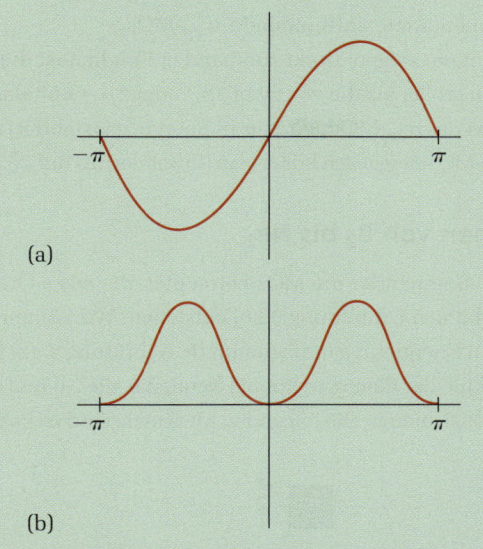

Abbildung 9.39: Phasen der Sinusfunktion. (a) Ein vollständiger Zyklus einer Sinuswelle hat zwei äquivalente Hälften, die entgegengesetzte Vorzeichen haben (Phase). Der Ursprung ist ein Knoten. (b) Quadrieren der Sinusfunktion erzeugt zwei äquivalente positive Spitzen. Der Ursprung ist immer noch ein Knoten.

(a) (b) (c)

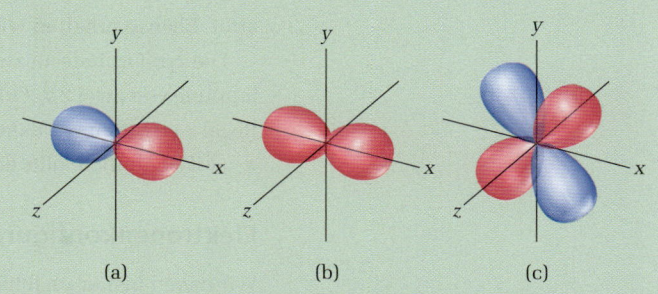

Abbildung 9.40: Atomorbitalwellenfunktionen. (a) Die Wellenfunktion für ein p-Orbital hat zwei äquivalente Lappen, die entgegensetzte Vorzeichen haben. (b) Die Wahrscheinlichkeitsdichte für ein p-Orbital hat zwei äquivalente Lappen, die das gleiche Vorzeichen haben. (c) Die Wellenfunktion für das d_{xy}-Orbital hat Lappen mit alternierendem Vorzeichen.

Knoten

(a)

(b)

Knoten

(c)

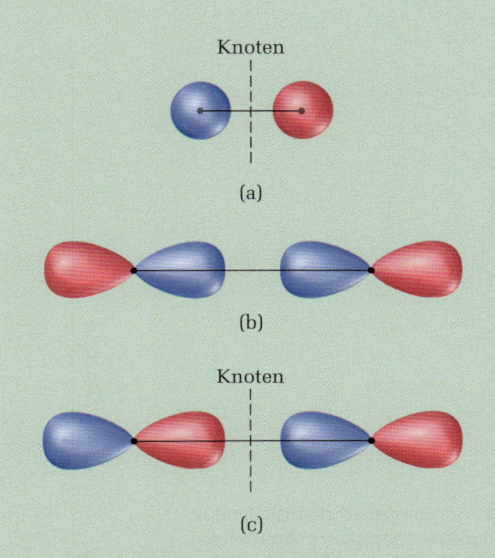

Abbildung 9.41: Molekülorbitale aus Atomorbitalwellenfunktionen. (a) Die Mischung von zwei $1s$-Orbitalen mit entgegengesetzter Phase erzeugt ein σ^*_{1s}-MO. (b) Die Mischung von zwei $2p$-Orbitalen, die mit Lappen der gleichen Phase zueinander zeigen, erzeugt ein σ_{2p}-MO. (c) Die Mischung von zwei $2p$-Orbitalen, die mit Lappen entgegengesetzter Phase zueinander zeigen, erzeugt ein σ^*_{2p}-MO. Beachten Sie, dass in (a) und (c) ein Knoten erzeugt wird.

Wir benutzen üblicherweise verschiedene Farben für die Lappen, um ihre verschiedenen Phasen anzudeuten. Wie bei der Sinusfunktion ist der Ursprung ein Knoten. Wenn wir die Wellenfunktion für das p_x-Orbital quadrieren, erhalten wir die Wahrscheinlichkeitsdichte des Orbitals, die in Abbildung 9.40b als Konturzeichnung wiedergegeben ist. Für diese Funktion haben beide Lappen die gleiche Phase und daher die gleiche Farbe.

Die Lappen für die Wellenfunktionen der d-Orbitale haben ebenfalls verschiedene Phasen. Zum Beispiel hat die Wellenfunktion für ein d_{xy}-Orbital vier Lappen, die in der Phase alternieren, wie in Abbildung 9.40c dargestellt. Die Wellenfunktionen für die d_{xz}, d_{yz} und $d_{x^2-y^2}$-Orbitale haben ebenfalls Lappen mit alternierender Phase. In der Wellenfunktion für das d_{z^2}-Orbital ist die Phase des „Donut" entgegengesetzt derjenigen der zwei großen Lappen.

Wir begegnen bei Molekülorbitalen einer sehr ähnlichen Situation. Die Wellenfunktion σ^*_{1s}-MO von H$_2$ wird durch Addition der Wellenfunktion eines $1s$-Orbitals an einem Atom zur Wellenfunktion eines $1s$-Orbitals an dem anderen Atom konstruiert, aber die beiden Orbitale haben unterschiedliche Phasen. Chemiker skizzieren diese Wellenfunktion im Allgemeinen durch einfaches Zeichnen der Konturzeichnungen der $1s$-Orbitale mit verschiedenen Farben, wie in ▶ Abbildung 9.41a gezeigt. Die Tatsache, dass $1s$-Orbitale verschiedene Phasen haben, bedingt einen Knoten in der Mitte zwischen den Atomen. Beachten Sie, wie diese Wellenfunktion Ähnlichkeiten zur Sinusfunktion und zu einem p-Orbital hat – in jedem dieser Fälle haben wir zwei Teile der Funktion mit entgegengesetzter Phase, getrennt durch einen Knoten. Wenn wir die Wellenfunktion des σ^*_{1s}-MO quadrieren, erhalten wir die Wahrscheinlichkeitsdichtedarstellung in Abbildung 9.34 – beachten Sie, dass wir wieder die Phaseninformation verlieren, wenn wir uns die Wahrscheinlichkeitsdichte anschauen.

Das gleiche Phänomen tritt auf, wenn p-Orbitale bindende und antibindende MOs bilden. ▶ Abbildungen 9.41b und 9.41c zeigen die Atomorbitalwellenfunktionen zur Bildung von σ_{2p}- und σ^*_{2p}-MOs eines homonuklearen zweiatomigen Moleküls ausgerichtet.

Im bindenden σ_{2p}-Orbital zeigen die Lappen der gleichen Phase zueinander, was die Elektronendichte zwischen den Kernen konzentriert. Im Gegensatz dazu sind zur Konstruktion des antibindenden σ^*_{2p}-MO die $2p$-Orbitale so ausgerichtet, dass die zueinander zeigenden Lappen unterschiedliche Phasen haben. Da sie eine unterschiedliche Phase haben, führt die Mischung dieser Orbitale zum Ausschluss von Elektronendichte aus dem Bereich zwischen den Kernen und zur Bildung eines Knotens in der Mitte zwischen den Kernen, beides wichtige Eigenschaften von antibindenden MOs. Wir haben die Wahrscheinlichkeitsdichten für diese MOs in Abbildung 9.38 gezeigt.

Unsere kurze Diskussion hat Ihnen nur eine Einführung in die mathematischen Feinheiten von Atom- und Molekülorbitalen gegeben. Die Wellenfunktionen von Atom- und Molekülorbitalen werden von Chemikern benutzt, um viele Aspekte der chemischen Bindung und Spektroskopie zu verstehen.

den π_{2p}-Molekülorbitale haben die gleiche Energie, mit anderen Worten, sie sind entartet. Ebenso erhalten wir zwei entartete antibindende π_{2p}^*-MOs.

Die $2p_z$-Orbitale an zwei Atomen zeigen direkt zueinander. Folglich ist die Überlappung von zwei $2p_z$-Orbitalen größer als die von zwei $2p_x$- oder $2p_y$-Orbitalen. Aus Regel 3 erwarten wir daher, dass das σ_{2p}-MO niedriger in Energie ist (stabiler) als die π_{2p}-MOs. Ähnlich sollte das δ_{2p}^*-MO energetisch höher sein (instabiler) als die π_{2p}^*-MOs.

Elektronenkonfigurationen von B_2 bis Ne_2

Wir haben bisher unabhängig voneinander die MOs betrachtet, die aus s-Orbitalen (Abbildung 9.37) und aus p-Orbitalen (Abbildung 9.38) entstehen. Wir können diese Ergebnisse kombinieren, um ein Energieniveaudiagramm (▶ Abbildung 9.42) für homonukleare zweiatomige Moleküle der Elemente Bor bis Neon, die alle $2s$- und $2p$-Valenzatomorbitale besitzen, zu konstruieren. Die folgenden Merkmale sind zu beachten:

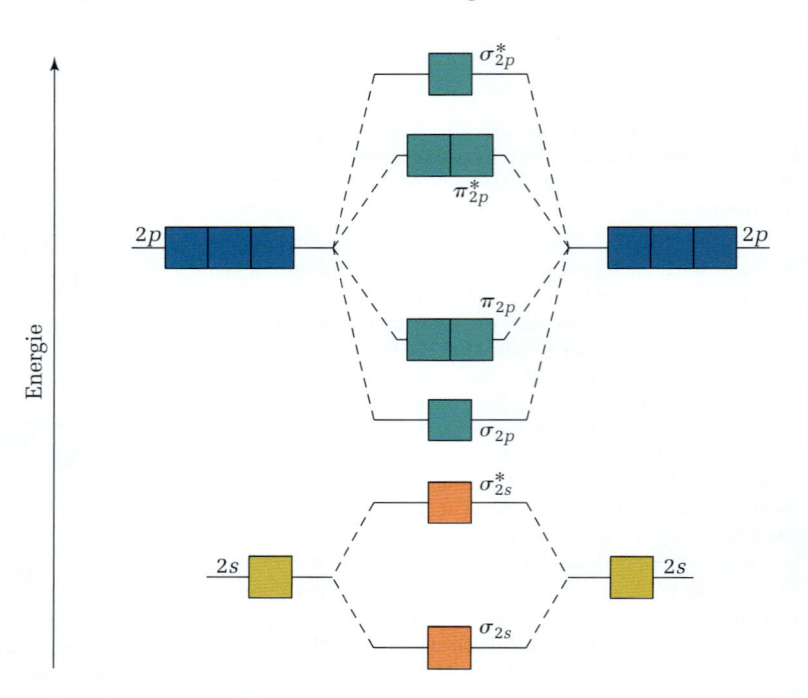

Abbildung 9.42: Energieniveaudiagramm für MOs von homonuklearen zweiatomigen Molekülen der zweiten Reihe. Das Diagramm nimmt keine Wechselwirkung zwischen dem $2s$-Atomorbital des einen Atoms und den $2p$-Orbitalen des anderen Atoms an und Experimente zeigen, dass es nur für O_2, F_2 und Ne_2 passt.

1. Die $2s$-Atomorbitale sind niedriger in Energie als die $2p$-Atomorbitale (siehe Abschnitt 6.7). Folglich sind beide Molekülorbitale, die aus den $2s$-Orbitalen resultieren, das bindende σ_{2s} und das antibindende σ_{2s}^*, niedriger in Energie als das MO mit der niedrigsten Energie, das sich aus den $2p$-Orbitalen ableitet.
2. Die Überlappung von zwei $2p_z$-Orbitalen ist größer als die der zwei $2p_x$- oder $2p_y$-Orbitale. Als ein Ergebnis ist das bindende σ_{2p}-MO niedriger in Energie als die π_{2p}-MOs, und das antibindende σ_{2p}^*-MO ist höher in Energie als die π_{2p}^*-MOs.
3. Die π_{2p}- und die π_{2p}^*-Molekülorbitale sind beide *zweifach entartet*; d. h. es gibt zwei entartete MOs von jeder Art.

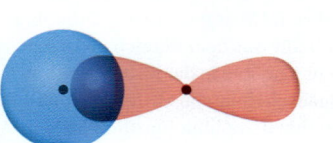

Abbildung 9.43: Linearkombination von $2s$- und $2p$-Atomorbitalen. Das $2s$-Orbital von einem der Atome eines zweiatomigen Moleküls kann mit einem $2p_z$-Orbital an dem anderen Atom überlappen. Diese $2s$-$2p$-Wechselwirkungen können die energetische Ordnung der MOs des Moleküls ändern.

Bevor wir Elektronen in das Energieniveaudiagramm in Abbildung 9.42 geben können, müssen wir einen weiteren Effekt betrachten. Wir haben das Diagramm unter der Annahme konstruiert, dass es zwischen dem $2s$-Orbital an einem Atom und den $2p$-Orbitalen an dem anderen keine Wechselwirkung gibt. Tatsächlich gibt es aber solche Wechselwirkungen. ▶ Abbildung 9.43 zeigt die Überlappung eines $2s$-Orbitals

Ansteigen der 2s-2p-Wechselwirkung →

Energie von π_{2p}-Molekülorbitalen →

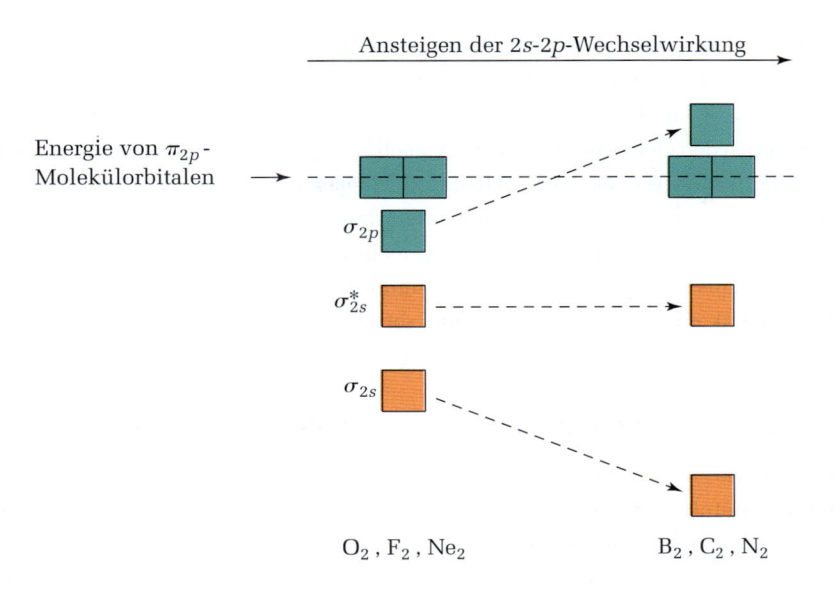

σ_{2p}

σ_{2s}^*

σ_{2s}

O_2, F_2, Ne_2 B_2, C_2, N_2

Abbildung 9.44: Der Effekt von 2s–2p-Wechselwirkungen. Wenn die 2s- und 2p-Orbitale interagieren, fällt das σ_{2s}-MO in Energie und das σ_{2p}-MO steigt in Energie. Für O_2, F_2 und Ne_2 ist die Wechselwirkung klein und das σ_{2p}-MO bleibt unter den π_{2p}-MOs, wie in Abbildung 9.42. Für B_2, C_2 und N_2 ist die 2s–2p-Wechselwirkung groß genug, so dass das σ_{2p}-MO über die π_{2p}-MOs steigt, wie rechts gezeigt.

von einem der Atome mit einem $2p_z$-Orbital an dem anderen. Diese Wechselwirkungen beeinflussen die Energien der σ_{2s}- und σ_{2p}-Molekülorbitale in der Art, dass diese MOs sich weiter energetisch entfernen, die σ_{2s} fallen und die σ_{2p} steigen energetisch (▶ Abbildung 9.44). Diese 2s–2p-Wechselwirkungen sind stark genug, dass die energetische Anordnung der MOs sich ändert: Für B_2, C_2 und N_2, ist das σ_{2p}-MO energetisch über den π_{2p}-MOs. Für O_2, F_2, und Ne_2 ist das σ_{2p}-MO energetisch unter den π_{2p}-MOs.

Mit der gegebenen Energieabstufung der Molekülorbitale ist es einfach, die Elektronenkonfigurationen für die zweiatomigen Moleküle der Elemente der zweiten Reihe von B_2 bis Ne_2 zu bestimmen. Zum Beispiel besitzt ein Bor-Atom drei Valenzelektronen. Erinnern Sie sich, dass wir die 1s-Elektronen der Innenschale ignorieren. Folglich müssen wir für B_2 sechs Elektronen in MOs unterbringen. Vier von diesen beset-

Abbildung 9.45: Die zweiatomigen Moleküle der zweiten Reihe. Molekülorbitalelektronenkonfigurationen und einige experimentelle Daten für verschiedene zweiatomige Moleküle der zweiten Reihe.

	starke 2s–2p-Wechselwirkung			geringe 2s–2p-Wechselwirkung		
	B_2	C_2	N_2	O_2	F_2	Ne_2
σ_{2p}^*				σ_{2p}^*		↑↓
π_{2p}^*				↑ ↑	↑↓ ↑↓	↑↓ ↑↓
σ_{2p}			↑↓	π_{2p} ↑↓ ↑↓	↑↓ ↑↓	↑↓ ↑↓
π_{2p}	↑ ↑	↑↓ ↑↓	↑↓ ↑↓	σ_{2p} ↑↓	↑↓	↑↓
σ_{2s}^*	↑↓	↑↓	↑↓	↑↓	↑↓	↑↓
σ_{2s}	↑↓	↑↓	↑↓	↑↓	↑↓	↑↓
Bindungsordnung	1	2	3	2	1	0
Bindungsenthalpie (kJ/mol)	290	620	941	495	155	—
Bindungslänge (Å)	1,59	1,31	1,10	1,21	1,43	—
magnetisches Verhalten	paramagnetisch	diamagnetisch	diamagnetisch	paramagnetisch	diamagnetisch	—

zen vollständig die σ_{2s}- und σ^*_{2s}-MOs, was zu keiner Nettobindung führt. Die letzten zwei Elektronen werden in die bindenden π_{2p}-MOs gesetzt; ein Elektron wird in ein π_{2p}-MO und das andere Elektron in das andere π_{2p}-MO gesetzt, wobei beide Elektronen den gleichen Spin haben. Deshalb hat B_2 eine Bindungsordnung von 1. Jedes Mal, wenn wir in der zweiten Reihe ein Element nach rechts gehen, müssen zwei weitere Elektronen in dem Diagramm untergebracht werden. Wenn wir zum Beispiel zu C_2 gehen, haben wir zwei Elektronen mehr als in B_2 und diese Elektronen werden ebenfalls in den π_{2p}-MOs platziert und füllen diese damit vollständig auf. Die Elektronenkonfigurationen und Bindungsordnungen für die zweiatomigen Moleküle B_2 bis Ne_2 sind in ▶ Abbildung 9.45 gegeben.

> **? DENKEN SIE EINMAL NACH**
>
> ▶ Abbildung 9.45 deutet an, dass das C_2-Molekül diamagnetisch ist. Würde man das erwarten, wenn das σ_{2p}-MO energetisch niedriger wäre als die π_{2p}-MOs?

Elektronenkonfigurationen und Moleküleigenschaften

Die Art, wie eine Substanz sich in einem magnetischen Feld verhält, liefert eine wichtige Erkenntnis über die Anordnung ihrer Elektronen. Moleküle mit einem oder mehreren freien Elektronen werden in ein Magnetfeld hineingezogen. Je mehr freie Elektronen in einer Spezies vorhanden sind, umso stärker ist die Anziehungskraft. Diese Art von magnetischem Verhalten wird **Paramagnetismus** genannt.

Substanzen ohne freie Elektronen werden von einem Magnetfeld schwach abgestoßen. Diese Eigenschaft wird **Diamagnetismus** genannt. Diamagnetismus ist ein viel schwächerer Effekt als Paramagnetismus. Eine direkte Methode zur Messung der magnetischen Eigenschaften einer Substanz, dargestellt in ▶ Abbildung 9.46, ist das Wiegen der Substanz in An- und Abwesenheit eines Magnetfeldes. Wenn die Substanz paramagnetisch ist, scheint sie mehr im Magnetfeld zu wiegen; wenn sie diamagnetisch ist, scheint sie weniger zu wiegen. Das magnetische Verhalten, das man für diamagnetische Moleküle der Elemente der zweiten Reihe beobachtet, stimmt mit den in Abbildung 9.45 gezeigten Elektronenkonfigurationen überein.

Die Elektronenkonfigurationen kann man auch mit den Bindungslängen und Bindungsenthalpien der Moleküle in Beziehung bringen (siehe Abschnitt 8.8). Wenn die Bindungsordnung steigt, nehmen die Bindungslängen ab und die Bindungsenthalpien nehmen zu. N_2 zum Beispiel, dessen Bindungsordnung 3 ist, hat eine kurze Bindungslänge und eine große Bindungsenthalpie. Das N_2-Molekül reagiert nicht

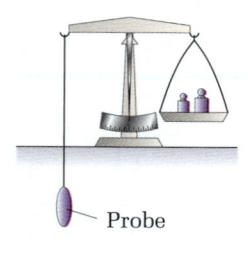

(a) Die Probe wird zunächst in Abwesenheit eines Magnetfelds gewogen.

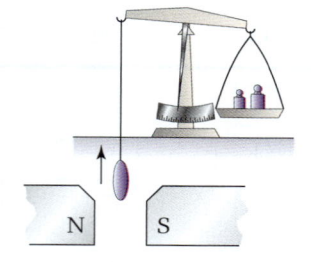

(b) Wenn ein Feld angelegt wird, bewegt sich eine diamagnetische Probe aus dem Feld heraus und scheint daher eine geringere Masse zu haben.

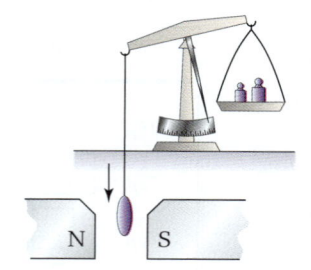

(c) Eine paramagnetische Probe wird in das Feld gezogen und scheint daher Masse aufzunehmen.

Abbildung 9.46: Bestimmung der magnetischen Eigenschaften einer Probe. Die Reaktion einer Probe auf ein Magnetfeld zeigt an, ob sie diamagnetisch oder paramagnetisch ist. Paramagnetismus ist ein viel stärkerer Effekt als Diamagnetismus.

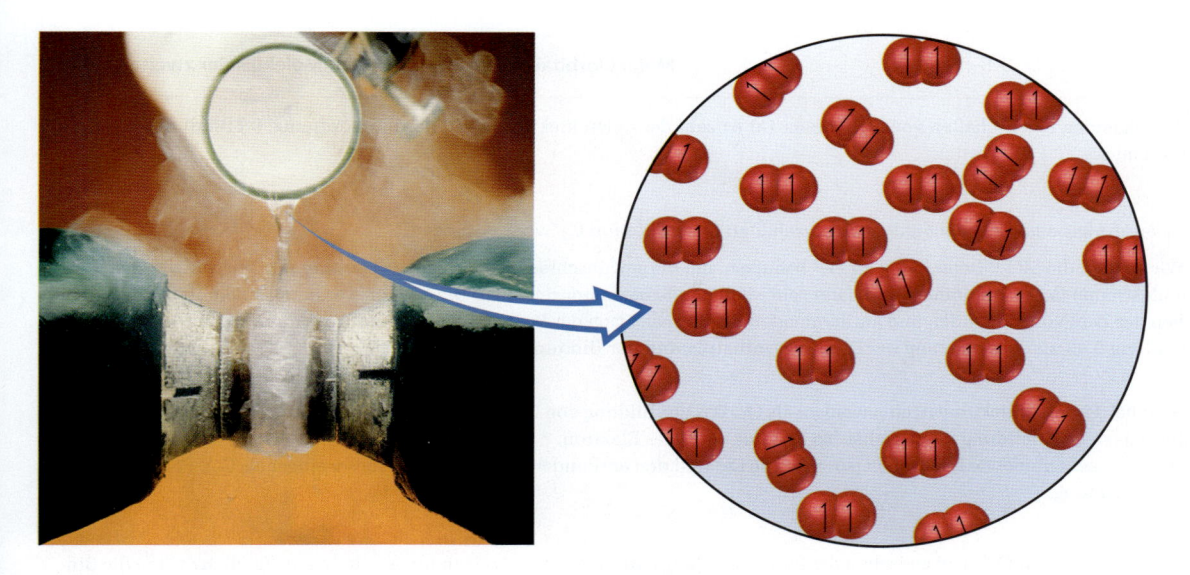

Abbildung 9.47: Paramagnetismus von O_2. Flüssiges O_2 wird zwischen die Pole eines Magneten gegossen. Da jedes O_2-Molekül zwei freie Elektronen enthält, ist O_2 paramagnetisch. Es wird daher in das Magnetfeld hineingezogen und „klebt" zwischen den Magnetpolen.

leicht mit anderen Substanzen zu Stickstoffverbindungen. Die hohe Bindungsordnung des Moleküls hilft bei der Erklärung seiner außergewöhnlichen Stabilität. Wir sollten uns auch merken, dass Moleküle mit gleicher Bindungsordnung *nicht* die gleichen Bindungslängen und Bindungsenthalpien haben. Die Bindungsordnung ist nur ein Faktor, der diese Eigenschaften beeinflusst. Andere Faktoren sind die Kernladungen und das Ausmaß der Orbitalüberlappung.

Die Bindung im Disauerstoffmolekül, O_2, ist besonders interessant. Seine Lewis-Strukturformel zeigt eine Doppelbindung und vollständige Elektronenpaarung:

$$\overline{\underline{O}}=\overline{\underline{O}}$$

Die kurze O—O-Bindungslänge (1,21 Å) und die relativ hohe Bindungsenthalpie (495 kJ/mol) stimmen mit der Anwesenheit einer Doppelbindung überein. Man findet in dem Molekül jedoch zwei freie Elektronen. ▶ Abbildung 9.47 demonstriert den Paramagnetismus von O_2. Obwohl die Lewis-Strukturformel den Paramagnetismus von O_2 nicht erklären kann, sagt die Molekülorbitaltheorie richtig voraus, dass es zwei freie Elektronen im π_{2p}^*-Orbital des Moleküls gibt (Abbildung 9.45). Die MO-Beschreibung deutet auch richtig eine Bindungsordnung von 2 an.

Gehen wir von O_2 zu F_2, fügen wir zwei weitere Elektronen hinzu und füllen damit die π_{2p}^*-MOs vollständig. Folglich sollte F_2 diamagnetisch sein und, in Übereinstimmung mit seiner Lewis-Strukturformel, eine F—F-Einfachbindung haben. Schließlich füllt das Hinzufügen von zwei weiteren Elektronen zu Ne_2 alle bindenden und antibindenden MOs; deshalb ist die Bindungsordnung in Ne_2 gleich null und das Molekül existiert nicht.

ÜBUNGSBEISPIEL 9.9 — Molekülorbitale eines zweiatomigen Moleküls der zweiten Reihe

Sagen Sie die folgenden Eigenschaften von O_2^+ voraus: **(a)** Anzahl der freien Elektronen, **(b)** Bindungsordnung, **(c)** Bindungsenthalpie und Bindungslänge.

Lösung

Analyse: Unsere Aufgabe ist es, verschiedene Eigenschaften für das Kation O_2^+ vorauszusagen.

Vorgehen: Wir werden die MO-Beschreibung für O_2^+ benutzen, um die gewünschten Eigenschaften zu bestimmen. Wir müssen zuerst die Anzahl von Elektronen in O_2^+ bestimmen und dann sein MO-Energiediagramm zeichnen. Die Bindungsordnung ist die Hälfte der Differenz zwischen der Zahl von bindenden und antibindenden Elektronen. Nach der Berechnung der Bindungsordnung können wir die Daten aus Abbildung 9.45 zur Abschätzung der Bindungsenthalpie und der Bindungslänge benutzen.

Lösung:

(a) Das O_2^+-Ion hat 11 Valenzelektronen, eins weniger als O_2. Das zur Bildung von O_2^+ aus O_2 entfernte Elektron ist eines der zwei freien π^*-Elektronen (siehe Abbildung 9.45). Daher hat O_2^+ nur ein freies Elektron.

(b) Das Molekül hat acht bindende Elektronen (so viele wie O_2) und drei antibindende Elektronen (eines weniger als O_2). Folglich ist seine Bindungsordnung

$$\tfrac{1}{2}(8 - 3) = 2\tfrac{1}{2}$$

(c) Die Bindungsordnung für O_2^+ liegt zwischen der für O_2 (Bindungsordnung 2) und N_2 (Bindungsordnung 3). Folglich sollten die Bindungsenthalpie und Bindungslänge halbwegs zwischen denen von O_2 und N_2, annähernd 700 kJ/mol und 1,15 Å sein. Die experimentelle Bindungsenthalpie und Bindungslänge des Ions sind 625 kJ/mol und 1,123 Å.

ÜBUNGSAUFGABE

Sagen Sie die magnetischen Eigenschaften und Bindungsordnungen für **(a)** das Peroxid-Ion, O_2^{2-}, **(b)** das Acetylid-Ion, C_2^{2-}, voraus.

Antworten: **(a)** diamagnetisch, 1; **(b)** diamagnetisch, 3.

Heteronukleare zweiatomige Moleküle

Die gleichen Prinzipien, die wir bei der Entwicklung der MO-Beschreibung von homonuklearen zweiatomigen Molekülen benutzt haben, kann man auf *heteronukleare* zweiatomige Moleküle, diejenigen, in denen die zwei Atome im Molekül nicht gleich sind, ausweiten. Wir werden diesen Abschnitt über die MO-Theorie mit einer kurzen Diskussion der MOs eines faszinierenden heteronuklearen zweiatomigen Moleküls, dem Stickstoffoxidmolekül, NO, beschließen.

Man hat gezeigt, dass das NO-Molekül beim Menschen verschiedene wichtige physiologische Funktionen steuert. Unser Körper benutzt es zum Beispiel, um Muskeln zu entspannen, um fremde Zellen abzutöten und um das Gedächtnis zu stärken. 1998 ging der Nobelpreis für Physiologie und Medizin an drei Wissenschaftler für ihre Forschungen, die die Wichtigkeit von NO als ein „Signal"-Molekül im Herz-Kreislauf-System entdeckten. Dass NO solch eine wichtige Rolle im menschlichen Metabolismus spielt, hatte man bis 1987 nicht vermutet, da NO eine ungerade Zahl an Elektronen besitzt und hochreaktiv ist. Das Molekül hat 11 Valenzelektronen und man kann zwei mögliche Lewis-Strukturformeln zeichnen; in der mit der niedrigeren Formalladung befindet sich das überschüssige Elektron am N-Atom:

$$\overset{0}{\dot{N}}{=}\overset{0}{\underline{O}} \longleftrightarrow \overset{-1}{\underline{N}}{=}\overset{+1}{\dot{O}}$$

Beide Strukturen deuten die Anwesenheit einer Doppelbindung an, aber beim Vergleich mit den Molekülen in Abbildung 9.45 deutet die experimentelle Bindungslänge von NO (1,15 Å) eine Bindungsordnung größer Zwei an. Wie behandeln wir NO mit dem MO-Modell?

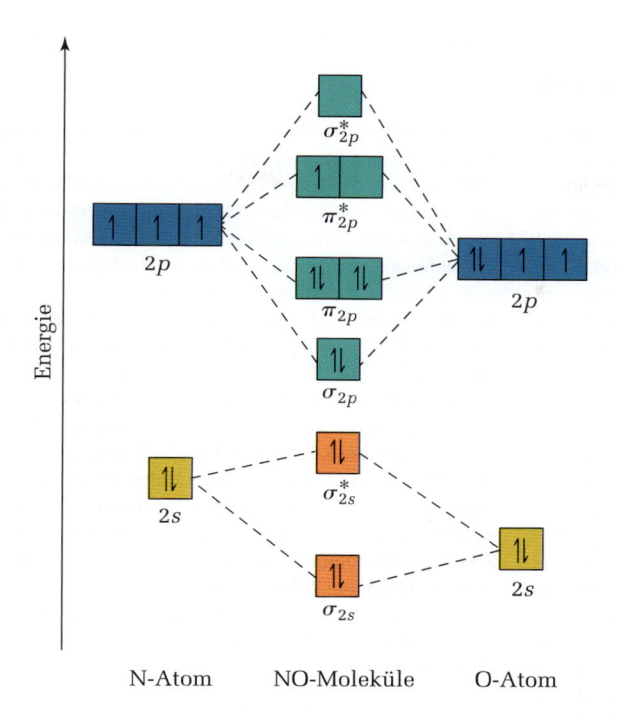

Abbildung 9.48: Das MO-Energieniveaudiagramm für NO.

Wenn die Atome in einem heteronuklearen zweiatomigen Molekül sich nicht zu sehr in ihrer Elektronegativität unterscheiden, wird die Beschreibung ihrer MOs denen für homonukleare zweiatomige Moleküle ähneln, mit einer wichtigen Änderung: Die Atomorbitale des elektronegativeren Atoms werden niedriger sein als die des weniger elektronegativen Elements. ▶ Abbildung 9.48 zeigt das MO-Diagramm für NO und Sie können sehen, dass die $2s$- und $2p$-Atomorbitale von Sauerstoff (elektronegativer) leicht niedriger als die von Stickstoff (weniger elektronegativ) sind. Wir sehen, dass das MO-Energieniveaudiagramm dem eines homonuklearen zweiatomigen Moleküls ähnlich sieht – da die $2s$- und $2p$-Orbitale an den zwei Atomen wechselwirken, werden die gleichen Arten von MOs produziert.

Wenn wir heteronukleare Moleküle betrachten, gibt es noch eine andere wichtige Änderung in den MOs. Die resultierenden MOs sind immer noch eine Mischung der Atomorbitale von beiden Atomen, aber im Allgemeinen *wird ein MO einen größeren Beitrag von dem Atomorbital haben, zu dem es energetisch ähnlich ist*. Zum Beispiel ist im Fall von NO das bindende σ_{2s}-MO energetisch näher am O-$2s$-Atomorbital als am N-$2s$-Atomorbital. Als ein Ergebnis hat das σ_{2s}-MO einen etwas größeren Beitrag von O als von N – das Orbital ist nicht länger eine äquivalente Mischung der zwei Atome, so wie es bei den homonuklearen zweiatomigen Molekülen war. Ähnlich ist das antibindende σ^*_{2s}-MO mehr zum N-Atom gewichtet, da sich das MO energetisch am nächsten zum N-$2s$-Atomorbital befindet.

Wir vervollständigen das MO-Diagramm für NO, indem wir die MOs in Abbildung 9.48 mit den 11 Valenzelektronen auffüllen. Wir sehen, dass es acht bindende und drei nichtbindende Elektronen gibt, was eine Bindungsordnung von $\frac{1}{2}(8-3) = 2\frac{1}{2}$ ergibt, die besser mit den experimentellen Beobachtungen übereinstimmen als die Lewis-Strukturformeln wiedergeben. Das freie Elektron besetzt eines der π^*_{2p}-MOs, die stärker zum N-Atom gewichtet sind. Diese Beschreibung stimmt mit der obigen Lewis-Strukturformel überein (die auf Basis der Formalladung bevorzugte), bei der sich das freie Elektron am N-Atom befindet.

Chemie im Einsatz — Organische Farbstoffe

Die Chemie der Farben hat die Menschen seit der Antike fasziniert. Die wunderbaren Farben um Sie herum – Ihre Kleidung, die Fotos in diesem Buch, die Nahrung, die Sie essen – beruhen auf selektiver Absorption von Licht durch Chemikalien. Licht regt Elektronen in Molekülen an. In einem Molekülorbitalbild können wir uns vorstellen, dass durch Licht ein Elektron von einem gefüllten Molekülorbital zu einem leeren mit höherer Energie angeregt wird. Da die MOs definierte Energien haben, kann nur Licht mit der passenden Wellenlänge Elektronen anregen. Die Situation entspricht derjenigen bei Atomlinienspektren (siehe Abschnitt 6.3). Wenn die passende Wellenlänge für die Anregung von Elektronen sich im sichtbaren Bereich des elektromagnetischen Spektrums befindet, wird die Substanz farbig erscheinen: Bestimmte Wellenlängen von weißem Licht werden absorbiert, andere nicht. Eine rote Ampel erscheint rot, weil der Filter nur rotes Licht überträgt. Die anderen Wellenlängen des sichtbaren Lichts werden durch ihn absorbiert.

Um die Absorptionen von Licht durch Moleküle mit der Molekülorbitaltheorie zu diskutieren, können wir uns auf zwei MOs besonders konzentrieren. Das *höchste besetzte Molekülorbital* (HOMO) ist das MO mit der höchsten Energie, das mit Elektronen besetzt ist. Das *niedrigste unbesetzte Molekülorbital* (LUMO) ist das MO mit der niedrigsten Energie, das nicht mit Elektronen besetzt ist. Im N_2 zum Beispiel ist das HOMO das π_{2p}-MO und das LUMO ist das π^*_{2p}-MO (▶ Abbildung 9.45). Die Energiedifferenz zwischen dem HOMO und LUMO – bezeichnet als die HOMO-LUMO Energielücke – hängt mit der minimalen Energie zusammen, die zur Anregung eines Elektrons in dem Molekül nötig ist. Farblose oder weiße Substanzen haben gewöhnlich eine so große HOMO-LUMO-Energielücke, dass sichtbares Licht nicht energiereich genug ist, um ein Elektron in einen höheren Zustand anzuregen. Die minimale Energie, die notwendig ist, um ein Elektron in N_2 anzuregen, entspricht Licht mit einer Wellenlänge von weniger als 200 nm, das weit im ultravioletten Teil des Spektrums liegt (▶ Abbildung 6.4). Als ein Ergebnis kann N_2 kein sichtbares Licht absorbieren und ist daher farblos.

Viele intensive Farben beruhen auf *organischen Farbstoffen*, organischen Molekülen, die ausgewählte Wellenlängen des sichtbaren Lichts stark absorbieren. Organische Farbstoffe kennt man eher als die Substanzen, die man benutzt, um Textilien lebhafte Farben zu verleihen. Sie werden ebenso in Farbfotofilmen und in neuen High-Tech Anwendungen wie z. B. beschreibbaren Compact Discs (▶ Abbildung 9.49) verwendet. In einer CD-R ist eine dünne Schicht eines transparenten organischen Farbstoffs zwischen einer reflektierenden Oberfläche und einer klaren, starren Polymer-Rückseite eingeschlossen. Daten werden mittels eines Lasers auf die CD-R „gebrannt". Wenn der Laser den Farbstoff trifft, absorbieren die Farbstoffmoleküle das Licht, ändern ihre Struktur und werden undurchsichtig. Die selektive Produktion von undurchsichtigen „Vertiefungen" in der CD-R gibt diesen die Eigenschaft, Daten in binärer Form („durchsichtig" oder „undurchsichtig") zu speichern. Da die Struktur des Farbstoffs während des Schreibens der Daten auf die CD irreversibel verändert wird, können Daten nur einmal auf jeden Teil der CD geschrieben werden.

Organische Farbstoffe enthalten stark delokalisierte π-Elektronen. Die Moleküle enthalten Atome, die hauptsächlich sp^2 hybridisiert sind, wie die Kohlenstoffatome in Benzol (▶ Abbildung 9.28). Dies lässt ein unhybridisiertes p-Orbital an jedem Atom zur Bildung von π-Bindungen mit Nachbaratomen. Die p-Orbitale sind so angeordnet, dass Elektronen über das gesamte Molekül delokalisiert werden können; wir sagen, dass die π-Bindungen *konjugiert* sind. Die HOMO-LUMO-Energielücke in solchen Molekülen nimmt mit zunehmender Zahl von konjugierten Doppelbindungen ab. Butadien C_4H_6 hat zum Beispiel Kohlenstoff–Kohlenstoff-Doppel- und Einfachbindungen:

Die rechte Darstellung ist die von Chemikern für organische Moleküle benutzte Kurzdarstellung. Es sind stillschweigend Kohlenstoffatome an den Enden der drei geraden Segmente inbegriffen, und es sind stillschweigend genug Wasserstoffatome inbegriffen, um insgesamt vier Bindungen um jeden Kohlenstoff zu haben. Butadien ist eben, so dass die unhybridisierten p-Orbitale an den Kohlenstoffen in die gleiche Richtung zeigen. Die π-Elektronen sind über die vier Kohlenstoffatome delokalisiert.

Da Butadien nur zwei konjugierte Doppelbindungen besitzt, hat es immer noch eine ziemlich große HOMO-LUMO-Energielücke. Butadien absorbiert Licht bei 217 nm, was immer noch im ultravioletten Bereich des Spektrums liegt. Es ist daher farblos. Wenn wir weitere konjugierte Doppelbindungen hinzufügen, schrumpft aber die HOMO-LUMO-Energielücke, bis sichtbares Licht absorbiert wird. β-Carotin ist zum Beispiel die Substanz, die hauptsächlich für die leuchtend orange Farbe von Karotten verantwortlich ist.

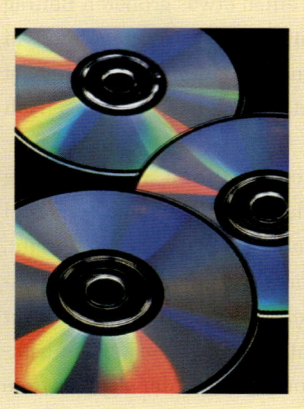

Abbildung 9.49: Organische Farbstoffe. Die Farbe von organischen Farbstoffen ist das Ergebnis von Elektronen, die von einem Molekülorbital zu einem anderen angeregt werden. Für Organische Farbstoffe gibt es eine Vielzahl von nützlichen Anwendungen, von der Herstellung farbenfroher Gewebe (links) bis zur Herstellung von Laser-beschreibbaren Compact Discs (CD-Rs) zur Speicherung von Computerdaten (rechts).

Da β-Carotin 11 konjugierte Doppelbindungen enthält, sind seine π-Elektronen sehr stark delokalisiert. Es absorbiert Licht mit einer Wellenlänge von 500 nm in der Mitte des sichtbaren Teils des Spektrums. Der menschliche Körper wandelt β-Carotin in Vitamin A um, das wiederum in Retinal, ein Bestandteil des *Rhodopsins*, das man in der Netzhaut der Augen findet, umgewandelt wird (siehe Kasten „Chemie und Leben" in Abschnitt 9.6.) Die Absorption von sichtbarem Licht durch Rhodopsin ist ein Hauptgrund dafür, dass „sichtbares" Licht tatsächlich sichtbar ist. Folglich scheint es einen guten Grund für die Maxime zu geben, dass Karotten essen gut für Ihre Augen ist.

β-Carotin

ÜBERGREIFENDE BEISPIELAUFGABE

Verknüpfen von Konzepten

Schwefel ist ein gelber Feststoff, der aus S_8-Molekülen besteht. Die Struktur des S_8-Moleküls ist ein nicht ebener Achtring (Abbildung 7.30). Das Erhitzen von elementarem Schwefel auf hohe Temperatur erzeugt S_2-Moleküle.

$$S_8(s) \longrightarrow 4\ S_2(g)$$

(a) Welches Element in der zweiten Reihe des Periodensystems ist dem Schwefel in Hinblick auf die Elektronenstruktur am ähnlichsten? **(b)** Bestimmen Sie mit Hilfe des VSEPR-Modells die S—S—S-Bindungswinkel in S_8 und die Hybridisierung am S in S_8. **(c)** Sagen Sie mit Hilfe der MO-Theorie die Schwefel–Schwefel-Bindungsordnung in S_2 vorher. Sollte das Molekül diamagnetisch oder paramagnetisch sein? **(d)** Benutzen Sie Bindungsenthalpien (Tabelle 8.4), um die Enthalpieänderung für die gerade beschriebene Reaktion abzuschätzen: Ist die Reaktion exotherm oder endotherm?

Lösung

(a) Schwefel ist ein Element der Gruppe 6A mit der Elektronenkonfiguration [Ne]$3s^2 3p^4$. Es sollte elektronisch am ähnlichsten zu Sauerstoff sein (Elektronenkonfiguration [He]$2s^2 2p^4$), der direkt über ihm im Periodensystem steht (siehe Kapitel 7, Einleitung).

(b) Die Lewis-Strukturformel für S_8 ist

Es gibt zwischen jedem Paar von S-Atomen eine Einfachbindung und zwei nichtbindende Elektronenpaare an jedem S-Atom. Folglich sehen wir vier Elektronenpaare um jedes S-Atom und wir würden einen tetraedrischen Strukturtyp, entsprechend einer sp^3-Hybridisierung, erwarten (siehe Abschnitte 9.2, 9.5). Aufgrund der nichtbindenden Paare würden wir erwarten, dass die S—S—S-Winkel etwas kleiner als 109°, dem Tetraederwinkel, wären. Experimentell ist der S—S—S-Winkel in S_8 in guter Übereinstimmung mit dieser Vorhersage 108°. Wenn S_8 ein ebener Ring wäre (wie ein Stoppschild), hätte es S—S—S-Winkel von 135°. Stattdessen wellt sich der S_8-Ring, um sich den kleineren Winkeln anzupassen, die durch die sp^3-Hybridisierung vorgeschrieben sind.

(c) Die MOs von S_2 sind ganz analog zu denen von O_2, obwohl die MOs für S_2 aus den $3s$- und $3p$-Atomorbitalen von Schwefel konstruiert sind. Weiter hat S_2 die gleiche Zahl an Valenzelektronen wie O_2. Folglich, in Analogie zu unserer Diskussion von O_2, würden wir erwarten, dass S_2 eine Bindungsordnung von 2 hat (eine Doppelbindung) und dass es paramagnetisch ist, mit zwei freien Elektronen in den π^*_{2p}-Molekülorbitalen von S_2 (siehe Abschnitt 9.8).

(d) Wir betrachten die Reaktion in der ein S_8-Molekül in vier S_2-Moleküle zerfällt. Aus Teil (b) und (c) wissen wir, dass S_8 S—S-Einfachbindungen hat und S_2 hat S=S-Doppelbindungen. Im Verlauf der Reaktion brechen wir daher acht S—S-Einfachbindungen auf und bilden vier S=S-Doppelbindungen. Unter Anwendung von Gleichung 8.12 und den durchschnittlichen Bindungsenthalpien aus Tabelle 8.4 berechnen wir die Reaktionsenthalpie als:

$$\Delta H_r = 8\ D(S-S) - 4\ D(S=S) = 8(266\ kJ) - 4(418\ kJ) = +456\ kJ$$

Da $\Delta H_r > 0$ ist die Reaktion endotherm (siehe Abschnitt 5.4). Der sehr positive Wert von ΔH_r deutet an, dass hohe Temperaturen notwendig sind, um die Reaktion auszulösen.

Zusammenfassung und Schlüsselbegriffe

Einleitung und Abschnitt 9.1 Die dreidimensionalen Formen und Größen von Molekülen werden durch ihre **Bindungswinkel** und **Bindungslängen** bestimmt. Moleküle mit einem Zentralatom A, das von n Atomen B umgeben ist, geschrieben AB_n, nehmen eine Anzahl von verschiedenen geometrischen Formen an, abhängig vom Wert für n und den jeweils beteiligten Atomen. In der großen Mehrzahl der Fälle gehören diese Strukturen zu fünf Grundformen (linear, trigonal pyramidal, tetraedrisch, trigonal bipyramidal, oktaedrisch).

Abschnitt 9.2 Das **Valenzelektronenpaarabstoßungsmodell** (VSEPR) erklärt Molekülstrukturen, ausgehend von den Abstoßungen zwischen **Elektronenpaaren**, den Bereichen um ein Zentralatom, in denen man die Elektronen wahrscheinlich findet. Es gibt **bindende Elektronenpaare**, also die an der Bindungsbildung beteiligten, und **nichtbindende Elektronenpaare**, auch einsame Paare genannt, die sich um ein Atom herum so anordnen, dass entsprechend dem VSEPR-Modell die elektrostatischen Abstoßungen minimiert werden; d. h. sie bleiben so weit wie möglich auseinander. Nichtbindende Paare üben leicht größere Abstoßungen aus als die bindenden Paare, was zu gewissen bevorzugten Stellungen für nichtbindende Paare und zur Abweichung der Bindungswinkel von den Idealwerten führt. Mehrfachbindungen üben eine leicht größere Abstoßung aus als Einfachbindungen. Die Anordnung von Elektronenpaaren um ein Zentralatom wird der **Strukturtyp** genannt; die Anordnung von Atomen wird die **Molekülstruktur** genannt.

Abschnitt 9.3 Das Dipolmoment eines mehratomigen Moleküls hängt von der Vektorsumme der mit den einzelnen Bindungen verbundenen Dipolmomente, **Bindungsdipole** genannt, ab. Bestimmte Molekülformen, wie z. B. die lineare AB_2 und trigonal ebene AB_3, stellen sicher, dass die Bindungsdipole sich aufheben, und ergeben ein unpolares Molekül, d. h. sein Dipolmoment ist gleich null. In anderen Formen, wie z. B. die gewinkelte AB_2 und trigonal pyramidale AB_3, heben sich die Bindungsdipole nicht auf und das Molekül ist polar (d. h. es hat ein Dipolmoment ungleich null).

Abschnitt 9.4 Die **Valenzbindungstheorie** ist eine Erweiterung der Lewis-Vorstellung von Elektronenpaarbindungen. In der Valenzbindungstheorie werden kovalente Bindungen gebildet, wenn Atomorbitale an benachbarten Atomen sich gegenseitig **überlappen**. Der Überlappungsbereich ist für die zwei Elektronen aufgrund ihrer Anziehung zu zwei Kernen günstig. Je größer die Überlappung der zwei Orbitale, umso stärker ist die gebildete Bindung.

Abschnitt 9.5 Um die Vorstellung der Valenzbindungstheorie auf mehratomige Moleküle auszuweiten, müssen wir uns vorstellen, s-, p- und manchmal d-Orbitale zu **Hybridorbitalen** zu mischen. Der Vorgang der **Hybridisierung** führt zu Hybridorbitalen, die einen großen Lappen haben, der so ausgerichtet ist, dass er mit Orbitalen eines anderen Atoms zu einer Bindung überlappen kann. Hybridorbitale können auch nichtbindende Paare beherbergen. Eine bestimmte Hybridisierungsart kann jedem der fünf üblichen Strukturtypen zugeordnet werden (linear = sp; trigonal eben = sp^2; tetraedrisch = sp^3; trigonal bipyramidal = sp^3d; und oktaedrisch = sp^3d^2).

Abschnitt 9.6 Kovalente Bindungen, in denen die Elektronendichte entlang der Linie liegt, die die Atome verbindet (die Kernverbindungsachse), werden **σ-Bindungen** (ausgespochen „sigma") genannt. Bindungen können auch durch die seitliche Überlappung von p-Orbitalen gebildet werden. Solch eine Bindung wird eine **π-Bindung** (ausgespochen „pi") genannt. Eine Doppelbindung, wie z. B. in C_2H_4, besteht aus einer σ-Bindung und einer π-Bindung; eine Dreifachbindung, wie z. B. in C_2H_2, besteht aus einer σ-Bindung und zwei π-Bindungen. Die Bildung einer π-Bindung erfordert, dass das Molekül eine bestimmte Orientierung annimmt; z. B. müssen in C_2H_4 die beiden CH_2-Gruppen in der gleichen Ebene liegen. Als Ergebnis bringt die Anwesenheit von π-Bindungen Steifigkeit in Moleküle. In Molekülen, die Mehrfachbindungen und mehr als eine Resonanzstruktur haben, wie z. B. C_6H_6, sind die π-Bindungen **delokalisiert**, d. h. die π-Bindungen sind über mehrere Atome verteilt.

Abschnitt 9.7 Die **Molekülorbitaltheorie** ist ein anderes Modell, das man zur Beschreibung von Bindungen in Molekülen verwendet. In diesem Modell existieren Elektronen in erlaubten Energiezuständen, genannt **Molekülorbitale (MOs)**. Diese Orbitale können über alle Atome in einem Molekül verteilt sein. Wie ein Atomorbital hat ein Molekülorbital eine definierte Energie und kann zwei Elektronen mit entgegengesetztem Spin aufnehmen. Die Kombination von zwei Atomorbitalen führt zur Bildung von zwei MOs, eines mit niedrigerer Energie und eines mit höherer Energie, jeweils relativ zur Energie der Atomorbitale. Das energetisch tiefere MO konzentriert Elektronendichte im Bereich zwischen den Kernen und wird **bindendes Molekülorbital** genannt. Das energetisch höhere MO schließt Elektronendichte im Bereich zwischen den Kernen aus und wird **antibindendes Molekülorbital** genannt. Die Besetzung von bindenden MOs begünstigt die Bindungsbildung, während die Besetzung von antibindenden MOs ungünstig ist. Die bindenden und antibindenden MOs, die durch die Kombination von *s*-Orbitalen gebildet werden, sind **σ-Molekülorbitale** (ausgespochen „**sigma**"); wie σ-Bindungen liegen sie auf der Kernverbindungsachse.

Die Kombination von Atomorbitalen und die relativen Energien der Molekülorbitale werden durch ein **Energieniveau- (oder Molekülorbital-) Diagramm** dargestellt. Wenn die entsprechende Zahl von Elektronen in die MOs gegeben wird, können wir die **Bindungsordnung** einer Bindung berechnen, die die Hälfte der Differenz zwischen der Zahl von Elektronen in den bindenden MOs und der Zahl von Elektronen in den antibindenden MOs ist. Eine Bindungsordnung von 1 entspricht einer Einfachbindung usw. Bindungsordnungen können Bruchzahlen sein.

Abschnitt 9.8 Elektronen in kernnahen Orbitalen tragen nicht zur Bindung zwischen Atomen bei, so dass eine Molekülorbitalbeschreibung normalerweise nur Elektronen in den äußersten Elektronenunterschalen betrachten muss. Um die MOs von homonuklearen zweiatomigen Molekülen der zweiten Reihe zu beschreiben, müssen wir MOs betrachten, die durch die Kombination von *p*-Orbitalen gebildet werden können. Die *p*-Orbitale, die direkt zueinander zeigen, können bindende σ- und antibindende σ*-MOs bilden. Die *p*-Orbitale, die senkrecht zur Kernverbindungsachse orientiert sind, kombinieren zu **π-Molekülorbitalen** (ausgesprochen „**pi**"). In zweiatomigen Molekülen treten die π-Molekülorbitale als Paare entarteter (gleicher Energie) bindender und antibindender MOs auf. Das bindende σ_{2p}-MO sollte, aufgrund der größeren Orbitalüberlappung, niedriger in Energie sein als die bindenden π_{2p}-MOs. In B_2, C_2 und N_2 ist diese Anordnung umgekehrt, aufgrund der Wechselwirkung zwischen den 2*s*- und 2*p*-Atomorbitalen.

Die Molekülorbitalbeschreibung der zweiatomigen Moleküle der zweiten Reihe führt zu Bindungsordnungen, die in Übereinstimmung mit den Lewis-Strukturformeln dieser Moleküle stehen. Des Weiteren sagt das Modell richtig voraus, dass O_2 **Paramagnetismus** zeigen sollte, eine Anziehung eines Moleküls durch ein Magnetfeld aufgrund von freien Elektronen. Diejenigen Moleküle, in denen alle Elektronen gepaart sind, zeigen **Diamagnetismus**, eine schwache Abstoßung durch ein Magnetfeld.

Veranschaulichung von Konzepten

9.1 Ein bestimmtes AB_4-Molekül hat eine „tetraedrisch verzerrte" Form:

Von welcher der grundlegenden Strukturen in Abbildung 9.3 könnten Sie ein oder mehrere Atome entfernen, um ein Molekül mit dieser tetraedrisch verzerrten Form zu erhalten? (*Abschnitt 9.1*)

9.2 **(a)** Wenn die drei unten gezeigten Ballons alle die gleiche Größe haben, welcher Winkel wird dann zwischen dem roten und dem grünen gebildet? **(b)** Wenn zusätzliche Luft in den blauen Ballon gefüllt wird, so dass er größer wird, was passiert dann mit dem Winkel zwischen dem roten und dem grünen Ballon? **(c)** Welcher Aspekt des VSEPR-Modells wird durch Teil (b) illustriert? (*Abschnitt 9.2*)

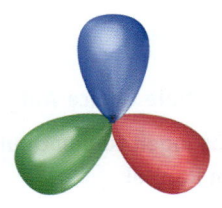

9.3 Ein AB_5-Molekül nimmt die unten gezeigte Struktur ein. **(a)** Wie heißt diese Struktur? **(b)** Denken Sie, dass es nichtbindende Elektronenpaare am Atom A gibt? Warum oder warum nicht? **(c)** Nehmen Sie an, die B-Atome seien Halogenatome. Können Sie eindeutig bestimmen, zu welcher Gruppe des Periodensystems Atom A gehört? (*Abschnitt 9.2*)

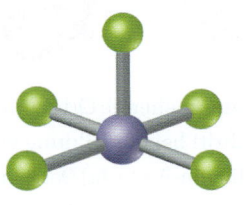

9.4 Das hier gezeigte Molekül ist *Difluormethan* (CH_2F_2), das als Kältemittel namens R-32 benutzt wird. **(a)** Ausgehend von der Struktur, wie viele Elektronenpaare umgeben das C Atom in diesem Molekül? **(b)** Hat das Molekül ein Dipolmoment ungleich null? **(c)** Wenn das Molekül polar ist, in welche Richtung zeigt der Gesamtdipolmomentvektor im Molekül? (*Abschnitte 9.2 und 9.3*)

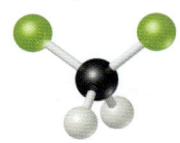

9 Molekülstruktur und Bindungstheorien

Die Kurve unten zeigt die potenzielle Energie von zwei Cl-Atomen als Funktion des Abstands zwischen ihnen. **(a)** Was entspricht einer Energie von null in diesem Diagramm? **(b)** Warum nimmt, nach dem Valenzbindungsmodell, die Energie ab, wenn die Cl-Atome sich aus einem großen Abstand zu einem kleineren bewegen? **(c)** Was ist die Bedeutung des Cl–Cl-Abstands am Minimumpunkt der Kurve? **(d)** Warum steigt die Energie bei Cl–Cl-Abständen weniger als der am Minimumpunkt der Kurve? (*Abschnitt 9.4*)

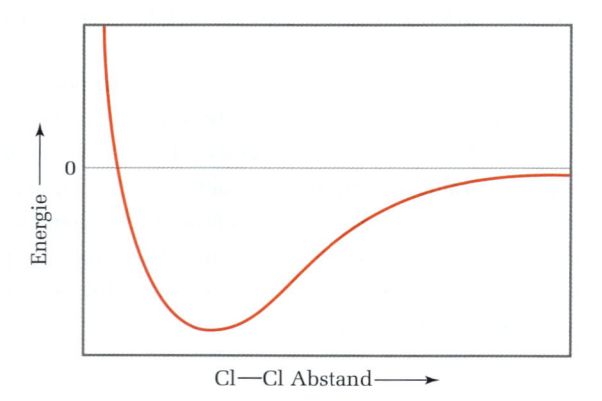

9.6 Unten sind drei Paare von Hybridorbitalen dargestellt, jeder Satz mit einem bestimmten Winkel. Bestimmen Sie für jedes Paar die Art oder Arten der Hybridisierung, die zu Hybridorbitalen mit dem angegebenen Winkel führen könnten (*Abschnitt 9.5*).

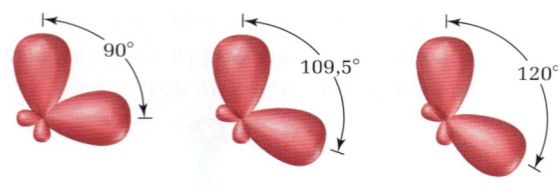

9.7 Das unten stehende Orbitaldiagramm zeigt den letzten Schritt bei der Bildung von Hybridorbitalen für ein Silizium-Atom. **(a)** Denken Sie, dass ein oder mehr Elektronen angehoben wurden? Warum oder warum nicht? **(b)** Welche Arten von Hybridorbitalen werden in dieser Hybridisierung erzeugt? (*Abschnitt 9.5*)

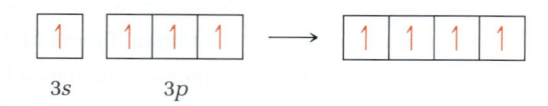

9.8 Betrachten Sie den unten gezeichneten Kohlenwasserstoff. **(a)** Wie ist die Hybridisierung an jedem Kohlenstoffatom in dem Molekül? **(b)** Wie viele σ-Bindungen gibt es in dem Molekül? **(c)** Wie viele π-Bindungen? (*Abschnitt 9.6*)

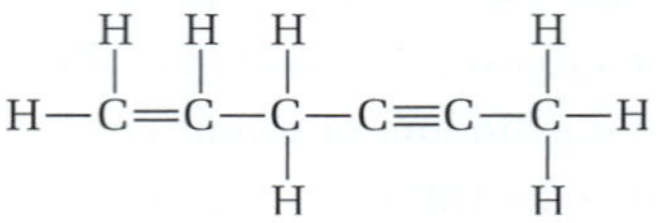

$$H-\overset{H}{\underset{}{C}}=\overset{H}{\underset{H}{C}}-\overset{H}{\underset{H}{C}}-C\equiv C-\overset{H}{\underset{H}{C}}-H$$

9.9 Identifizieren Sie für jede der folgenden Konturzeichnungen von Molekülorbitalen **(i)** die Atomorbitale (*s* oder *p*) die zur Konstruktion der MO verwendet wurden, **(ii)** die Art von MO (σ oder π), und **(iii)** ob das MO bindend oder antibindend ist (*Abschnitte 9.7 und 9.8*).

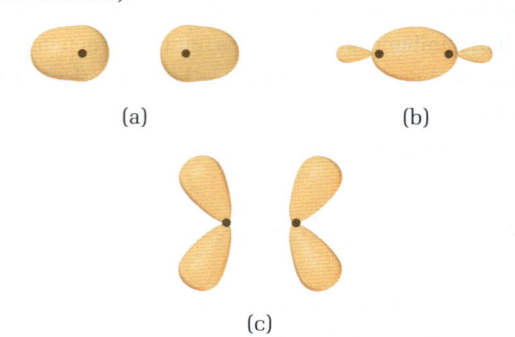

9.10 Das unten stehende Diagramm zeigt die höchsten besetzten MOs eines neutralen Moleküls CX, wobei Element X in der gleichen Reihe des Periodensystems steht wie C. **(a)** Können Sie, ausgehend von der Zahl von Elektronen, die Identität von X bestimmen? **(b)** Sollte das Molekül diamagnetisch oder paramagnetisch sein? **(c)** Betrachten Sie die π_{2p}-MOs des Moleküls. Würden Sie erwarten, dass sie einen größeren Atomorbitalbeitrag von C haben, einen größeren Atomorbitalbeitrag von X haben oder dass sie eine gleiche Mischung aus Atomorbitalen beider Atome sind? (*Abschnitt 9.8*)

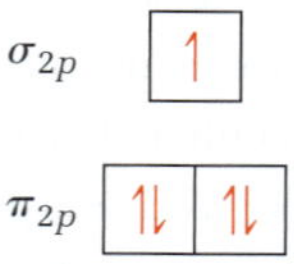

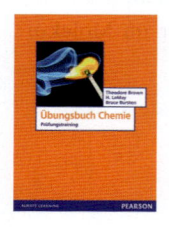

Gase

10.1 Eigenschaften von Gasen 381

10.2 Druck 382

Chemie und Leben
  Blutdruck 385

10.3 Die Gasgesetze 387

10.4 Die ideale Gasgleichung 391

10.5 Weitere Anwendungen der idealen Gasgleichung 396

10.6 Gasmischungen und Partialdrücke 400

10.7 Die kinetische Gastheorie 404

10.8 Molekulare Effusion und Diffusion 408

10.9 Reale Gase: Abweichungen vom Idealverhalten 412

Zusammenfassung und Schlüsselbegriffe 417

Veranschaulichung von Konzepten 418

Was uns erwartet

- Wir werden die charakteristischen Eigenschaften von Gasen mit denen von Flüssigkeiten und Feststoffen vergleichen (*Abschnitt 10.1*).

- Wir werden den *Gasdruck* untersuchen, wie er gemessen wird und die Einheiten, die verwendet werden, um ihn auszudrücken; außerdem werden wir die Erdatmosphäre betrachten und den Druck, den Sie ausübt (*Abschnitt 10.2*).

- Der Zustand eines Gases kann durch Volumen, Druck, Temperatur und Gasmenge ausgedrückt werden. Wir werden einige empirische Beziehungen untersuchen, die diese Variablen in Beziehung zueinander setzen. Zusammengesetzt ergeben diese empirischen Beziehungen die *ideale Gasgleichung*, $pV = nRT$ (*Abschnitte 10.3* und *10.4*).

- Obwohl die ideale Gasgleichung nicht von allen realen Gasen genau befolgt wird, befolgen sie die meisten Gase bei den Temperatur- und Druckbedingungen, die am meisten interessieren, ganz gut. Als Konsequenz daraus können wir die ideale Gasgleichung für viele nützliche Berechnungen anwenden (*Abschnitte 10.4*, *10.5* und *10.6*).

- In der *kinetischen Gastheorie* nimmt man an, dass die Atome oder Moleküle, die das Gas bilden, Punktmassen sind, die sich mit einer durchschnittlichen kinetischen Energie bewegen, die proportional zur Gastemperatur ist (*Abschnitt 10.7*).

- Die kinetische Gastheorie führt zur idealen Gasgleichung und hilft uns, Eigenschaften wie *Effusion* durch kleine Öffnungen und auch *Diffusion* zu erklären (*Abschnitt 10.8*).

- Reale Gase weichen vom idealen Verhalten ab, hauptsächlich weil die Gasmoleküle endliche Volumina haben und weil zwischen den Molekülen anziehende Kräfte bestehen. Die *van-der-Waals-Gleichung* gibt eine genauere Erklärung für das Verhalten von realen Gasen bei hohen Drücken und niedrigen Temperaturen (*Abschnitt 10.9*).

In den vorangegangenen Kapiteln haben wir einiges über die Elektronenstruktur von Atomen gelernt sowie darüber, wie Atome sich zu Molekülen und ionischen Substanzen vereinen. Im täglichen Leben haben wir aber keine direkten Erfahrungen mit Atomen. Stattdessen begegnen wir Materie als Ansammlungen enormer Anzahlen von Atomen und Molekülen, die Gase, Flüssigkeiten und Feststoffe bilden. In der Atmosphäre sind es solche großen Ansammlungen von Atomen und Molekülen, die für unser Wetter verantwortlich sind – die sanften Brisen und die Stürme, die Luftfeuchtigkeit und der Regen. Tornados bilden sich z. B., wenn feuchte, warme Luft aus niedrigen Höhen mit kühlerer, trockener Luft aus darüberliegenden Schichten zusammenfließt. Die resultierenden Luftströme erzeugen Stürme, die Geschwindigkeiten bis zu 500 km/h erreichen können.

Es war sein Interesse am Wetter, das John Dalton (siehe Abschnitt 2.1) dazu anregte, Gase zu untersuchen und ihn schließlich dazu führte, die Atomtheorie der Materie vorzuschlagen. Wir wissen heutzutage, dass man die Eigenschaften von Gasen, Flüssigkeiten und Feststoffen leicht aufgrund des Verhaltens der Atome, Ionen und Moleküle, durch die sie gebildet werden, verstehen kann. In diesem Kapitel werden wir die physikalischen Eigenschaften von Gasen untersuchen und wir werden sehen, wie wir diese Eigenschaften aufgrund des Verhaltens von Gasmolekülen verstehen können. In Kapitel 11 werden wir unsere Aufmerksamkeit den physikalischen Eigenschaften von Flüssigkeiten und Feststoffen zuwenden.

In vielerlei Hinsicht sind Gase die am einfachsten zu verstehende Materieform. Obwohl verschiedene gasförmige Substanzen sehr unterschiedliche *chemische* Eigenschaften haben können, verhalten sie sich ganz ähnlich, soweit es ihre *physikalischen* Eigenschaften angeht. Wir leben zum Beispiel in einer Atmosphäre, die wir Luft nennen, die aus einer Mischung von Gasen besteht. Wir atmen Luft ein, um Sauerstoff, O_2, aufzunehmen, der für das menschliche Leben wichtig ist. Luft enthält auch Stickstoff, N_2, dessen Eigenschaften von denen des Sauerstoffes sehr verschieden sind, aber trotzdem verhält sich diese Mischung physikalisch wie ein gasförmiger Stoff. Die relative Einfachheit des Gaszustands bietet einen guten Ausgangspunkt bei unseren Bemühungen um das Verständnis der Eigenschaften von Materiezuständen.

Eigenschaften von Gasen   10.1

Für die Untersuchungen von Gaseigenschaften gibt es keinen besseren Ausgangspunkt als die Erdatmosphäre, die für alles Leben auf unserem Planeten lebenswichtig ist. Luft ist eine komplexe Mischung verschiedener Substanzen, die entweder von atomarer Natur sind oder aus kleinen Molekülen bestehen. Luft besteht aber hauptsächlich aus N_2 (78 %) und O_2 (21 %), dazu kleine Mengen anderer Gase, einschließlich Ar (0,9 %).

Außer O_2 und N_2 existieren ein paar andere Elemente (H_2, F_2, Cl_2) unter gewöhnlichen Temperatur- und Druckverhältnissen als Gase. Die Edelgase (He, Ne, Ar, Kr, und Xe) sind alle einatomige Gase. Viele Molekülverbindungen sind ebenfalls Gase. Tabelle 10.1 zeigt eine Liste gewöhnlicher gasförmiger Verbindungen. Beachten Sie, dass alle diese Gase nur aus nichtmetallischen Elementen bestehen. Des Weiteren haben alle einfachen Molekülformeln daher geringe Molmasse. Substanzen, die unter gewöhnlichen Umständen Feststoffe oder Flüssigkeiten sind, können auch im gasförmigen Zustand existieren, wo sie dann gewöhnlich als **Dampf** bezeichnet werden. Die Substanz H_2O kann zum Beispiel als flüssiges Wasser, festes Eis oder als Wasserdampf vorkommen.

Tabelle 10.1

Einige gebräuchliche Verbindungen, die bei Zimmertemperatur Gase sind

Formel	Name	Eigenschaften
HCN	Blausäure	Sehr giftig, leichter Geruch nach Bittermandeln
H_2S	Schwefelwasserstoff	Sehr giftig, Geruch nach verfaulten Eiern
CO	Kohlenmonoxid	Sehr giftig, farblos, geruchlos
CO_2	Kohlendioxid	Farblos, geruchlos
CH_4	Methan	Farblos, geruchlos, brennbar
C_2H_4	Ethylen	Farblos; reift Früchte
C_3H_8	Propan	Farblos; Flüssiggas
N_2O	Distickstoffoxid	Farblos, süßer Geruch, Lachgas
NO_2	Stickstoffdioxid	Giftig, rotbraun, ätzender Geruch
NH_3	Ammoniak	Farblos, stechender Geruch
SO_2	Schwefeldioxid	Farblos, ätzender Geruch

Gase unterscheiden sich in verschiedener Hinsicht signifikant von Feststoffen oder Flüssigkeiten. Zum Beispiel dehnt sich Gas spontan aus, um seinen Behälter zu füllen. Als Konsequenz ist das Volumen eines Gases das Volumen des Behälters, in dem sich das Gas befindet. Gase sind außerdem stark komprimierbar: Wenn auf ein Gas Druck ausgeübt wird, verkleinert sich sein Volumen. Andererseits dehnen sich Feststoffe und Flüssigkeiten nicht aus, um ihre Behälter zu füllen, und Flüssigkeiten und Feststoffe sind kaum komprimierbar.

Gase bilden homogene Mischungen miteinander, unabhängig von der Identität oder den relativen Verhältnissen der beteiligten Gase. Die Atmosphäre dient als ein exzellentes Beispiel. Im Unterschied dazu bleiben die beiden Flüssigkeiten Wasser und Benzin beim Mischen in separierten Schichten. Jedoch bilden der Wasserdampf und der Benzindampf über den Flüssigkeiten eine homogene Gasmischung. Die charakteristischen Eigenschaften der Gase entstehen dadurch, dass die einzelnen Moleküle relativ weit voneinander entfernt sind. Zum Beispiel nehmen in der Luft, die wir atmen, die Moleküle nur etwa 0,1 % des Gesamtvolumens ein, der Rest ist leerer Raum. Folglich verhält sich jedes Molekül größtenteils so, als seien die anderen nicht anwesend. Verschiedene Gase verhalten sich also ähnlich, obwohl sie aus verschiedenen Molekülen zusammengesetzt sind. Im Gegensatz dazu sind die einzelnen Moleküle in Flüssigkeiten nahe zusammen und nehmen ca. 70 % des gesamten Raumes ein. Die anziehenden Kräfte zwischen den Molekülen halten die Flüssigkeit zusammen.

> **? DENKEN SIE EINMAL NACH**
>
> Was ist der Hauptgrund dafür, dass die physikalischen Eigenschaften zwischen verschiedenen gasförmigen Substanzen sich nicht sehr unterscheiden?

Druck 10.2

Zu den am einfachsten zu messenden Eigenschaften eines Gases gehören seine Temperatur, sein Volumen und sein Druck. Es überrascht daher nicht, dass viele frühe Untersuchungen sich auf die Beziehungen zwischen diesen Eigenschaften konzentrierten. Wir haben bereits Volumen und Temperatur diskutiert (siehe Abschnitt 1.4). Lassen Sie uns nun den Druck betrachten.

Einfach ausgedrückt, vermittelt **Druck** das Bild einer Kraft, die etwas in eine gegebene Richtung bewegt. Druck, p, ist genaugenommen die Kraft, F, die auf eine gegebene Fläche, A, wirkt.

$$p = \frac{F}{A} \qquad (10.1)$$

Gase üben einen Druck auf jede Oberfläche aus, mit der sie in Kontakt stehen. Zum Beispiel übt das Gas in einem aufgeblasenen Ballon Druck auf die innere Oberfläche des Ballons aus.

Atmosphärendruck und das Barometer

Sie und ich, Koskosnüsse und Stickstoffmoleküle, alle erfahren eine anziehende Kraft, die zum Mittelpunkt der Erde zieht. Wenn zum Beispiel eine Kokosnuss vom Baum fällt, bewirkt die Schwerkraft, dass sie zur Erde hin beschleunigt wird, da ihre potenzielle Energie in kinetische Energie umgewandelt wird (siehe Abschnitt 5.1). Die Atome und Moleküle der Atmosphäre erfahren ebenfalls eine Gravitationsbeschleunigung. Da die Gasteilchen aber sehr kleine Massen haben, heben ihre Bewegungsenergien (ihre kinetischen Energien) die Gravitationskräfte auf, so dass alle Moleküle, die die Atmosphäre bilden, sich nicht nur als eine dünne Schicht auf der Erdoberfläche stapeln. Dennoch wirkt die Gravitation und sie bewirkt, dass die Atmosphäre als Ganzes auf die Erdoberfläche gedrückt wird, wodurch ein Atmosphärendruck erzeugt wird.

Sie können die Existenz des Atmosphärendrucks mit einer leeren Plastikflasche, die für Wasser oder Softdrinks verwendet wird, selbst demonstrieren. Wenn Sie an der Öffnung der leeren Flasche saugen, können Sie diese zum teilweisen Eindrücken bringen. Wenn Sie das partielle Vakuum, das Sie erzeugt haben, wieder aufheben, springt die Flasche in ihre ursprüngliche Form zurück. Was bringt die Flasche dazu sich einzudrücken, wenn der Druck darin verringert wird? Die Gasmoleküle in der Atmosphäre üben eine Kraft auf die Außenseite der Flasche aus, die größer ist als die Kräfte in der Flasche, wenn ein Teil des Gases herausgesaugt wurde.

Wir können die Größe des Atmosphärendrucks wie folgt berechnen: Die Kraft, F, die jedes Objekt ausübt, ist das Produkt seiner Masse, m, mal seiner Beschleunigung, a; d.h. $F = ma$. Die Erdbeschleunigung für jedes Objekt in der Nähe der Erdoberfläche ist 9,8 m/s². Nun stellen Sie sich eine Luftsäule von 1 m² im Querschnitt vor, die sich durch die gesamte Atmosphäre ausdehnt. Diese Säule hat eine Masse von etwa 10.000 kg (▶ Abbildung 10.1). Die Kraft, die die Säule auf die Erdoberfläche ausübt ist

$$F = (10.000 \text{ kg})(9{,}8 \text{ m/s}^2) = 1 \times 10^5 \text{ kg} \cdot \text{m/s}^2 = 1 \times 10^5 \text{ N}$$

Die SI-Einheit für Kraft ist kg·m/s² und wird **Newton** (N) genannt: $1 \text{ N} = 1 \text{ kg} \cdot \text{m/s}^2$. Der Druck, den die Säule ausübt, ist die Kraft geteilt durch die Querschnittsfläche, A, auf die die Kraft ausgeübt wird. Da unsere Luftsäule eine Querschnittsfläche von 1 m² hat, bekommen wir

$$p = \frac{F}{A} = \frac{1 \times 10^5 \text{ N}}{1 \text{ m}^2} = 1 \times 10^5 \text{ N/m}^2 = 1 \times 10^5 \text{ Pa} = 1 \times 10^2 \text{ kPa}$$

Die SI-Einheit für Druck ist N/m². Sie trägt den Namen **Pascal** (Pa) nach Blaise Pascal (1623–1662), einem französischen Mathematiker und Wissenschaftler, der den Druck untersuchte: $1 \text{ Pa} = 1 \text{ N/m}^2$. Eine verwandte Größe, die manchmal zur Angabe von Drücken verwendet wird, ist das **Bar**, das gleich 10^5 Pa ist. Der Atmosphärendruck

10 Gase

Abbildung 10.1: Atmosphärendruck. Illustration zur Art und Weise, wie die Erdatmosphäre Druck auf die Oberfläche des Planeten ausübt. Die Masse einer Atmosphärensäule mit einer Querschnittsfläche von genau $1\,\text{m}^2$ und einer Ausdehnung bis zur oberen Atmosphäre übt eine Kraft von $1{,}01 \times 10^5\,\text{N}$ aus.

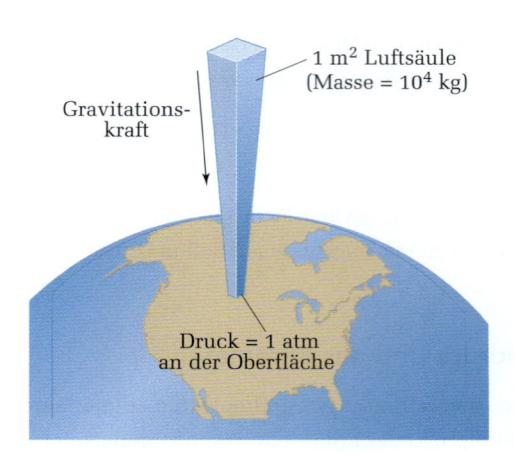

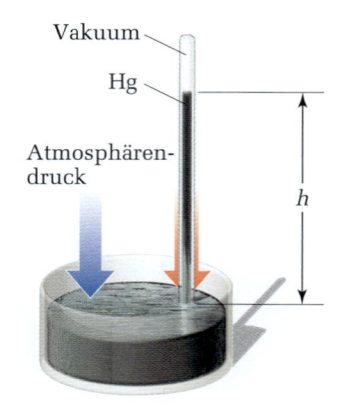

Abbildung 10.2: Ein Quecksilberbarometer. Der Druck der Atmosphäre auf die Oberfläche des Quecksilbers (mit dem blauen Pfeil dargestellt) ist gleich dem Druck der Quecksilbersäule (roter Pfeil).

> **? DENKEN SIE EINMAL NACH**
>
> Was passiert mit der Höhe der Quecksilbersäule in einem Quecksilberbarometer, wenn sie sich auf größere Höhen begeben und warum?

auf Meereshöhe beträgt etwa 100 kPa oder 1 bar. Der tatsächliche Atmosphärendruck an jedem Ort hängt von den Wetterbedingungen und der Höhe ab.

Im frühen 17. Jahrhundert glaubte man, dass die Atmosphäre kein Gewicht hätte. Evangelista Torricelli (1608–1647), der ein Schüler von Galileo war, erfand das *Barometer* (▶ Abbildung 10.2), um diese Annahme zu widerlegen. Eine mehr als 760 mm lange Glasröhre, die an einem Ende geschlossen ist, wird vollständig mit Quecksilber gefüllt und kopfüber in eine Schale mit weiterem Quecksilber gestellt. Man muss aufpassen, dass keine Luft in die Röhre gelangt. Ein Teil des Quecksilbers fließt heraus, wenn man die Röhre umdreht, aber eine Quecksilbersäule verbleibt in der Röhre. Torricelli argumentierte, dass die Quecksilberoberfläche in der Schale die volle Kraft, oder das volle Gewicht, der Erdatmosphäre erfährt. Da sich keine Luft (und daher kein Atmosphärendruck) über dem Quecksilber in der Röhre befindet, wird das Quecksilber die Säule heraufgedrückt, bis der Druck an der Basis der Röhre, der durch die Masse der Quecksilbersäule hervorgerufen wird, den Atmosphärendruck ausgleicht. Folglich ist die Höhe, h, der Quecksilbersäule ein Maß für den Atmosphärendruck und sie wird sich mit den Änderungen des Atmosphärendrucks ändern.

Torricellis Erklärung stieß auf heftigen Widerstand. Einige argumentierten, es könne unmöglich ein Vakuum an der Spitze der Röhre sein. Sie sagten „Die Natur erlaubt kein Vakuum!" Aber Torricelli hatte auch seine Befürworter. Blaise Pascal trug zum Beispiel eines der Barometer auf die Spitze des Puy de Dome, einem Berg in Frankreich, und verglich seine Messwerte mit denen eines zweiten Barometers am Fuße des Berges. Mit zunehmender Höhe verringerte sich, wie erwartet, die Höhe der Quecksilbersäule, da die Menge an Atmosphäre, die auf die Oberfläche drückt, abnimmt, wenn man sich höher hinauf bewegt. Diese und andere Experimente von Wissenschaftlern setzten sich schließlich durch und die Tatsache, dass die Atmosphäre Gewicht hat, wurde nach einem Zeitraum von vielen Jahren akzeptiert.

Der **Standardatmosphärendruck**, der dem typischen Druck auf Meereshöhe entspricht, ist der Druck, der ausreicht um eine 760 mm hohe Quecksilbersäule zu tragen. In SI-Einheiten ist dieser Druck gleich $1{,}01325 \times 10^5\,\text{Pa}$. Der Standardatmosphärendruck definiert einige gebräuchliche nicht-SI-Einheiten, die zur Angabe von Gasdrücken benutzt werden, wie z. B. die **Atmosphäre** (atm) und *Millimeter Quecksilber* (mm Hg). Die letztere Einheit wird auch das **Torr**, nach Torricelli, genannt.

$$1\,\text{atm} = 760\,\text{mm Hg} = 760\,\text{Torr} = 1{,}01325 \times 10^5\,\text{Pa} = 101{,}325\,\text{kPa}$$

Beachten Sie, dass die Einheiten mm Hg und Torr äquivalent sind. 1 Torr = 1 mm Hg.

ÜBUNGSBEISPIEL 10.1 — Umrechnung von Druckeinheiten

(a) Rechnen Sie 0,357 atm in Torr um. **(b)** Rechnen Sie $6,6 \times 10^{-2}$ Torr in atm um. **(c)** Rechnen Sie 147,2 kPa in Torr um.

Lösung

Analyse: Es ist jeweils der Druck in einer bestimmten Einheit gegeben und wir sollen ihn in eine andere umrechnen. Unsere Aufgabe ist es daher, die passenden Umrechnungsfaktoren zu wählen.

Vorgehen: Wir können eine Dimensionsanalyse vornehmen, um die gewünschten Umwandlungen durchzuführen.

Lösung:
(a) Um Atmosphären in Torr umzurechnen, nutzen wir die Beziehung 760 Torr = 1 atm.

$$(0{,}357 \ \text{atm}) \left(\frac{760 \ \text{Torr}}{1 \ \text{atm}} \right) = 271 \ \text{Torr}$$

Beachten Sie, dass sich hier die Einheiten in der geforderten Weise aufheben.

(b) Wir benutzen die gleiche Beziehung wie in (a). Damit sich die entsprechenden Einheiten aufheben, müssen wir den Umrechnungsfaktor wie folgt einsetzen:

$$(6{,}6 \times 10^{-2} \ \text{Torr}) \left(\frac{1 \ \text{atm}}{760 \ \text{Torr}} \right) = 8{,}7 \times 10^{-5} \ \text{atm}$$

(c) Die Beziehung 760 Torr = 101,325 kPa erlaubt es uns, einen passenden Umrechnungsfaktor für diese Aufgabe zu schreiben:

$$(147{,}2 \ \text{kPa}) \left(\frac{760 \ \text{Torr}}{101{,}325 \ \text{kPa}} \right) = 1104 \ \text{Torr}$$

Überprüfung: Schauen Sie jeweils auf die Größe der Antwort und vergleichen Sie sie mit dem Ausgangswert. Das Torr ist eine viel kleinere Einheit als die Atmosphäre, daher erwarten wir, dass die *numerische* Antwort im Vergleich zur Ausgangsgröße in (a) größer und in (b) kleiner sein sollte. Beachten Sie bei (c), dass etwa 8 Torr einem kPa entsprechen, also sollte die numerische Antwort in Torr etwa 8 mal größer sein der Wert in kPa, im Einklang mit unserer Berechnung.

ÜBUNGSAUFGABE

(a) In Ländern, in denen das metrische System verwendet wird, wie z. B. Kanada, wird der Luftdruck in Wetterberichten in Einheiten von kPa angegeben. Wandeln Sie einen Druck von 745 Torr in kPa um. **(b)** Eine englische Druckeinheit, die manchmal im Maschinenbau benutzt wird, ist „pounds per square inch" (lb/in.^{2}) oder psi: 1 atm = 14,7 lb/in.^{2}. Wenn ein Druck mit 91,5 psi angegeben wird, drücken Sie die Messung in Atmosphären aus.

Antwort: **(a)** 99,3 kPa; **(b)** 6,22 atm.

Chemie und Leben — Blutdruck

Das menschliche Herz pumpt Blut durch die Arterien in die Körperteile und das Blut kehrt durch die Venen zum Herz zurück. Wenn Ihr Blutdruck gemessen wird, werden zwei Werte angegeben, wie z. B. 120 zu 80, was ein normales Ergebnis ist. Der erste Messwert ist der *systolische Druck*, der Maximaldruck, wenn das Herz pumpt. Der zweite ist der *diastolische Druck*, der Druck, wenn das Herz sich in der Ruhephase des Pumpzyklus befindet. Die in dieser Druckmessung verwendeten Einheiten sind Torr.

Blutdruck wird mit einem Druckmesser, der an eine geschlossene, mit Luft gefüllte Hülle oder Manschette angeschlossen ist, die wie ein Tourniquet am Arm angelegt wird, gemessen (▶ Abbildung 10.3). Der Druckmesser kann ein Quecksilbermanometer oder ein anderes Gerät sein. Der Luftdruck in der Manschette wird mit einer kleinen Pumpe erhöht, bis er über dem systolischen Druck liegt und das Blut am Fließen hindert. Der Luftdruck in der Manschette wird dann langsam verringert, bis das Blut gerade wieder anfängt durch die Arterien zu pulsieren, was man mit einem Stethoskop hören kann. An diesem Punkt ist der Druck in der Manschette gleich dem Druck, den das Blut in den Arterien ausübt. Der Druckmesser zeigt den systolischen Druck. Der Druck in der Manschette wird dann weiter verringert, bis das Blut ungehindert fließt. Der Druck an diesem Punkt ist der diastolische Druck.

Als *Hypertonie* wird ein unnormal hoher Blutdruck bezeichnet. Das übliche Kriterium für Hypertonie ist ein Blutdruck über 140/90, obwohl neuere Studien andeuten, dass die Gesundheitsrisiken bei systolischen Werten über 120 steigen. Hypertonie erhöht signifikant die Belastung am Herzen und übt Stress auf die Gefäßwände im gesamten Körper aus. Diese Effekte erhöhen das Risiko für Aneurysmen, Herzinfarkte und Schlaganfälle.

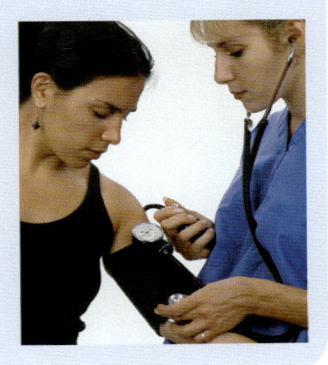

Abbildung 10.3: Blutdruckmessung.

ÜBUNGSBEISPIEL 10.2 — Verwendung eines Manometers zur Gasdruckmessung

An einem bestimmten Tag zeigt das Barometer in einem Labor einen Luftdruck von 764,7 Torr an. Eine Gasprobe wird in einen Kolben gefüllt, der mit dem offenen Ende eines Quecksilbermanometers verbunden ist, siehe ▶ Abbildung 10.4. Ein Meterstab wird zur Messung der Quecksilbersäule über dem Boden des Manometers verwendet. Das Quecksilberniveau in dem offenen Arm des Manometers hat eine Höhe von 136,4 mm, und das Quecksilber in dem Arm, der mit dem Gas in Kontakt steht, hat eine Höhe von 103,8 mm. Wie ist der Gasdruck (a) in Atmosphären, (b) in kPa?

Lösung

Analyse: Es ist der Luftdruck (764,7 Torr) gegeben und die Höhen des Quecksilbers in den zwei Armen des Manometers, und wir sollen den Gasdruck in dem Kolben bestimmen. Wir wissen, dass dieser Druck größer als der Atmosphärendruck sein muss, da das Manometerniveau auf der Kolbenseite (103,8 mm) niedriger ist als auf der zur Atmosphäre offenen Seite (136,4 mm), wie in Abbildung 10.4 angegeben.

Vorgehen: Wir werden den Höhenunterschied zwischen den beiden Armen (h in Abbildung 10.4) benutzen, um den Betrag, um den der Gasdruck den Atmosphärendruck übersteigt, zu erhalten. Da ein offenes Quecksilbermanometer verwendet wird, ist die Höhendifferenz ein direktes Maß für den Druckunterschied, in mm Hg oder Torr, zwischen dem Gas und der Atmosphäre.

Lösung: (a) Der Gasdruck ist gleich dem Luftdruck plus h:

$$p_{Gas} = p_{atm} + h = 764{,}7 \text{ Torr} + (136{,}4 \text{ Torr} - 103{,}8 \text{ Torr}) = 797{,}3 \text{ Torr}$$

Wir rechnen den Gasdruck in Atmosphären um:

$$p_{Gas} = (797{,}3 \text{ Torr})\left(\frac{1 \text{ atm}}{760 \text{ Torr}}\right) = 1{,}049 \text{ atm}$$

(b) Um den Druck in kPa zu berechnen, wenden wir den Umrechnungsfaktor zwischen Atmosphären und kPa an:

$$1{,}049 \text{ atm}\left(\frac{101{,}3 \text{ kPa}}{1 \text{ atm}}\right) = 106{,}3 \text{ kPa}$$

Überprüfung: Der berechnete Druck liegt ein wenig über einer Atmosphäre. Dies ist sinnvoll, da wir angenommen haben, dass der Druck im Kolben größer ist als der Druck der Atmosphäre, die auf das Manometer wirkt, und etwas größer als eine Standardatmosphäre sein sollte.

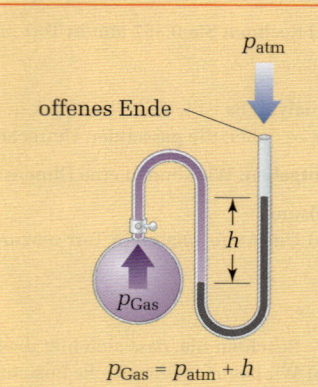

Abbildung 10.4: Ein Quecksilbermanometer. Dieses Gerät wird manchmal im Labor zum Messen von Gasdrücken nahe Atmosphärendruck eingesetzt.

$$p_{Gas} = p_{atm} + h$$

ÜBUNGSAUFGABE

Rechnen Sie einen Druck von 0,975 atm in Pa und kPa um.

Antworten: $9{,}88 \times 10^4$ Pa und 98,8 kPa.

Wir werden gewöhnlich Gasdrücke in Einheiten von atm, Pa (oder kPa) oder Torr ausdrücken. Also sollten Sie damit vertraut sein, Gasdrücke von einer Einheit in die andere umzuwandeln.

Wir können verschiedene Geräte zur Druckmessung von eingeschlossenen Gasen verwenden. Reifendruckanzeiger messen zum Beispiel den Luftdruck in Auto- und Fahrradreifen. Im Labor benutzen wir gelegentlich ein Gerät mit der Bezeichnung *Manometer*. Ein Manometer arbeitet nach einem ähnlichen Prinzip wie das Barometer, wie in Übungsbeispiel 10.2 gezeigt.

Die Gasgesetze **10.3**

Experimente mit einer großen Zahl von Gasen zeigen, dass vier Variablen nötig sind, um den Aggregatzustand, oder *Zustand*, eines Gases zu definieren. Temperatur, *T*, Druck, *p*, Volumen, *V*, und die Gasmenge, die gewöhnlich in Mol, *n*, angegeben wird. Die Gleichungen, die die Beziehungen zwischen *T*, *p*, *V* und *n* beschreiben, sind als die *Gasgesetze* bekannt.

Die Druck-Volumen-Beziehung: Boyle'sches Gesetz

Wenn der Druck auf einen Ballon abnimmt, dehnt sich der Ballon aus. Dies ist der Grund dafür, dass Wetterballons sich ausdehnen, wenn sie durch die Atmosphäre steigen (▶ Abbildung 10.5) Im Gegensatz dazu nimmt der Druck des Gases zu, wenn ein

Abbildung 10.5: Eine Anwendung der Druck-Volumen-Beziehung. Das Gasvolumen in diesem Wetterballon wird zunehmen, wenn er in die hohe Atmosphäre aufsteigt, wo der Atmosphärendruck geringer als auf der Erdoberfläche ist.

Volumen des Gases komprimiert wird. Der britische Chemiker Robert Boyle (1627–1691) untersuchte als erster die Beziehung zwischen dem Druck eines Gases und seinem Volumen.

Um seine Gasexperimente durchzuführen, benutzte Boyle eine J-förmige Röhre, wie die in ▶ Abbildung 10.6 gezeigte. In der Röhre ist links eine Gasmenge hinter einer Quecksilbersäule gefangen. Boyle änderte den Druck auf das Gas, indem er weiteres Quecksilber in die Röhre füllte. Er stellte fest, dass das Gasvolumen abnahm, wenn der Druck zunahm. Zum Beispiel führte eine Verdoppelung des Drucks zu einer Abnahme des Gasvolumens auf den halben Ausgangswert.

Das **Boyle'sche Gesetz**, das diese Beobachtungen zusammenfasst, sagt, dass das *Volumen einer gegebenen Menge Gas, das bei konstanter Temperatur gehalten wird, umgekehrt proportional zum Druck ist*. Wenn zwei Größen umgekehrt proportional sind, wird die eine kleiner, wenn die andere größer wird. Das Boyle'sche Gesetz kann mathematisch ausgedrückt werden als

$$V = \text{konstant} \times \frac{1}{p} \quad \text{oder} \quad pV = \text{konstant} \quad (10.2)$$

Der Wert der Konstanten hängt von der Temperatur und der Gasmenge in der Probe ab. Die Auftragung von *V* gegen *p* in ▶ Abbildung 10.7 a zeigt die Funktion, die man

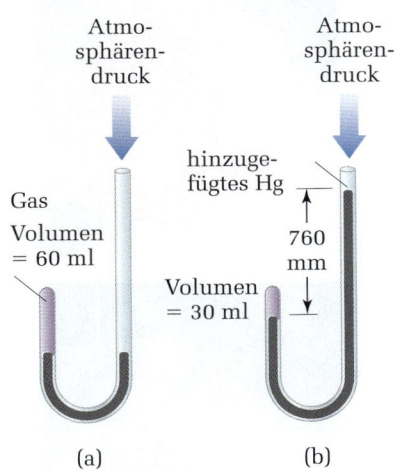

Abbildung 10.6: Eine Illustration von Boyles Experiment zur Beziehung von Druck und Volumen. In (a) ist das Volumen des eingesperrten Gases in der J-Röhre 60 ml, wenn der Gasdruck 760 Torr ist. Wenn weiteres Quecksilber hinzugefügt wird, wie in (b) gezeigt, wird das eingeschlossene Gas komprimiert. Das Volumen beträgt 30 ml, wenn sein Gesamtdruck 1520 Torr ist, entsprechend dem Atmosphärendruck plus dem Druck, den die 760 mm Quecksilbersäule ausübt.

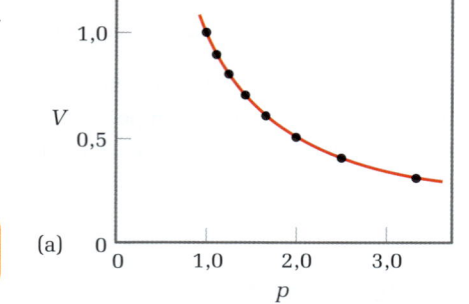

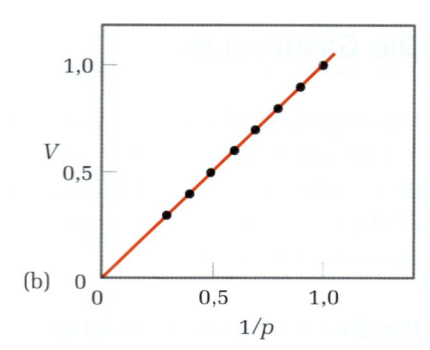

Abbildung 10.7: Kurven, basierend auf dem Boyle'schen Gesetz. (a) Volumen gegen Druck, (b) Volumen gegen 1/p.

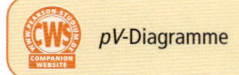

pV-Diagramme

DENKEN SIE EINMAL NACH

Was passiert mit dem Volumen eines Gases, wenn Sie seinen Druck verdoppeln, z. B. von 1 atm auf 2 atm, wobei die Temperatur konstant gehalten wird?

für eine gegebene Gasmenge bei einer festen Temperatur erhält. Man erhält eine lineare Beziehung, wenn man V gegen $1/p$ aufträgt (▶ Abbildung 10.7b).

Obwohl es so einfach ist, nimmt das Boyle'sche Gesetz einen speziellen Platz in der Wissenschaftsgeschichte ein. Boyle war der Erste, der eine Serie von Experimenten durchführte, bei denen eine Variable systematisch geändert wurde, um den Effekt auf eine andere Variable zu bestimmen. Die Daten der Experimente wurden dann eingesetzt, um eine empirische Beziehung, ein „Gesetz" aufzustellen.

Jedes Mal, wenn wir atmen, wenden wir das Boyle'sche Gesetz an. Das Volumen der Lungen wird durch den Brustkorb bestimmt, der sich ausdehnen und kontrahieren kann, und das Zwerchfell, einen Muskel unter den Lungen. Einatmen erfolgt, wenn der Brustkorb sich ausdehnt und das Zwerchfell sich nach unten bewegt. Beide Vorgänge vergrößern das Volumen der Lungen und verringern den Gasdruck in den Lungen. Der Luftdruck zwingt dann Luft in die Lungen, bis der Druck in den Lungen gleich dem Luftdruck ist. Ausatmen kehrt den Vorgang um: Der Brustkorb zieht sich zusammen und das Zwerchfell bewegt sich nach oben, was beides das Volumen der Lungen verkleinert. Luft wird durch den resultierenden Druckanstieg aus den Lungen gedrängt.

Die Temperatur-Volumen-Beziehung: Charles'sches Gesetz

Heißluftballons steigen auf, weil sich Luft beim Erwärmen ausdehnt. Die warme Luft in dem Ballon ist weniger dicht als die umgebende kühle Luft mit gleichem Druck. Der Dichteunterschied bringt den Ballon zum Aufsteigen. Im Gegensatz dazu wird ein Ballon schrumpfen, wenn das Gas in ihm gekühlt wird, wie in ▶ Abbildung 10.8 zu sehen.

Die Beziehung zwischen Gasvolumen und Temperatur wurde 1787 von dem französischen Wissenschaftler Jacques Charles (1746–1823) entdeckt. Charles fand, dass das Volumen einer festen Menge Gas bei konstantem Druck linear mit der Temperatur zunimmt. Einige typische Daten sind in ▶ Abbildung 10.9 wiedergegeben. Beachten Sie, dass die extrapolierte (verlängerte) Linie (gestrichelt) durch −273 °C geht. Beachten Sie auch, dass das Gas kein Volumen bei dieser Temperatur haben soll. Dieser Zustand wird aber nie realisiert, da sich alle Gase vor Erreichen dieser Temperatur verflüssigen oder verfestigen.

1848 schlug William Thomson (1824–1907), der britische Physiker und spätere Lord Kelvin, eine absolute Temperaturskala vor, die heute als Kelvinskala bekannt ist. Auf dieser Skala ist 0 K, genannt der *absolute Nullpunkt*, gleich −273,15 °C (siehe Abschnitt 1.4). In Hinblick auf die Kelvinskala kann das **Charles'sche Gesetz** wie folgt formuliert werden: *Das Volumen einer festen Gasmenge, das bei konstantem Druck*

Abbildung 10.8: Eine Illustration des Temperatureinflusses auf das Volumen. Wenn flüssiger Stickstoff (−196 °C) über einen Ballon gegossen wird, kühlt sich das Gas im Ballon ab und das Volumen nimmt ab.

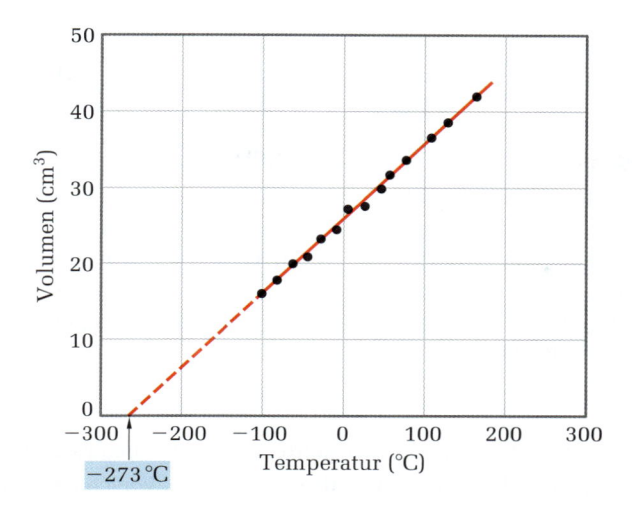

Abbildung 10.9: Kurve, basierend auf dem Charles'schen Gesetz. Bei konstantem Druck nimmt das Volumen des eingeschlossenen Gases zu, wenn die Temperatur steigt. Die gestrichelte Linie ist eine Extrapolation zu Temperaturen, bei denen die Substanz kein Gas mehr ist.

gehalten wird, ist direkt proportional zu seiner absoluten Temperatur. Folglich verdoppelt das Verdoppeln der absoluten Temperatur, z. B. von 200 K auf 400 K, das Gasvolumen. Mathematisch nimmt das Charles'sche Gesetz folgende Form an:

$$V = \text{konstant} \times T \quad \text{oder} \quad \frac{V}{T} = \text{konstant} \quad (10.3)$$

Der Wert der Konstanten hängt vom Druck und der Gasmenge ab.

Die Mengen-Volumen-Beziehung: Avogadro'sches Gesetz

Wenn wir Gas in einen Ballon geben, dehnt sich der Ballon aus. Das Volumen eines Gases wird nicht nur durch Druck und Temperatur beeinflusst, sondern auch durch die Gasmenge. Die Beziehung zwischen der Gasmenge und seinem Volumen folgt aus den Arbeiten von Joseph Louis Gay-Lussac (1778–1823) und Amedeo Avogadro (1776–1856).

Gay-Lussac ist eine dieser außergewöhnlichen Figuren in der Wissenschaftsgeschichte, die man wohl als Abenteurer bezeichnen kann. Er war an Ballons interessiert, die leichter als Luft waren, und 1804 machte er einen Aufstieg auf 7,010 m – eine Großtat, die mehrere Jahrzehnte lang einen Höhenrekord darstellte. Um die Ballons besser kontrollieren zu können, führte Gay-Lussac verschiedene Experimente zu den Eigenschaften von Gasen durch. 1808 formulierte er das *Gesetz der konstanten Volumenverhältnisse*: Bei gegebenem Druck und gegebener Temperatur reagieren Gasvolumina im Verhältnis kleiner Zahlen miteinander. Zum Beispiel reagieren zwei Volumen Wasserstoffgas mit einem Volumen Sauerstoffgas zu zwei Volumen Wasserdampf, wie in ▶ Abbildung 10.10 gezeigt.

? DENKEN SIE EINMAL NACH

Verringert sich das Volumen einer festen Menge Gas auf die Hälfte seines Ausgangsvolumens, wenn die Temperatur von 100 °C auf 50 °C gesenkt wird?

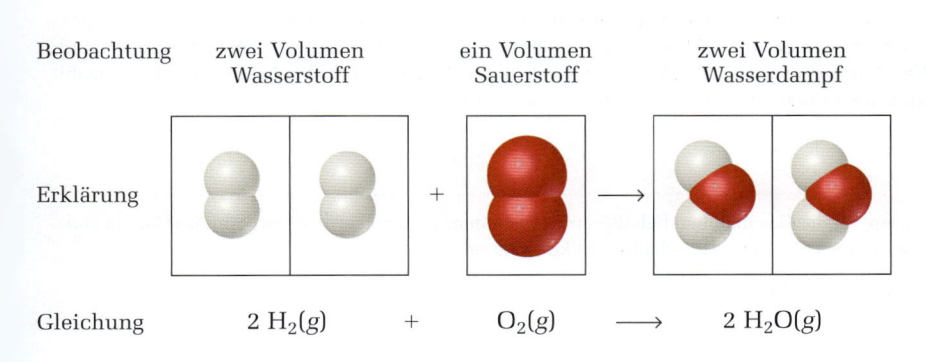

Abbildung 10.10: Das Gesetz der konstanten Volumenverhältnisse. Gay-Lussacs experimentelle Beobachtung der konstanten Volumenverhältnisse ist zusammen mit Avogadros Erklärung dieses Phänomens dargestellt.

Abbildung 10.11: Ein Vergleich, der die Avogadro'sche Molekülhypothese illustriert. Beachten Sie, dass Heliumgas aus Heliumatomen besteht. Jedes Gas hat das gleiche Volumen, die gleiche Temperatur und den gleichen Druck und enthält folglich die gleiche Anzahl Teilchen. Da sich ein Molekül einer Substanz von einem Molekül einer anderen in der Masse unterscheidet, sind die Gasmassen in den drei Behältern unterschiedlich.

	He	N$_2$	CH$_4$
Volumen	22,4 l	22,4 l	22,4 l
Druck	1 atm	1 atm	1 atm
Temperatur	0 °C	0 °C	0 °C
Gasmasse	4,00 g	28,0 g	16,0 g
Anzahl der Gasteilchen	6,02 × 10^{23}	6,02 × 10^{23}	6,02 × 10^{23}

Drei Jahre später deutete Amedeo Avogadro Gay-Lussacs Beobachtung mit seinem, heute als **Avogadro'sche Molekülhypothese** bekannten, Vorschlag: *Gleiche Volumina von Gasen bei gleicher Temperatur und gleichem Druck enthalten dieselbe Anzahl von Molekülen.* Zum Beispiel zeigen Experimente, dass 22,4 l irgendeines Gases bei 0 °C und 1 atm 6,02 × 10^{23} Gasmoleküle (d. h. 1 mol) enthalten, wie in ▶Abbildung 10.11 dargestellt.

Das **Avogadro'sche Gesetz** folgt aus der Avogadro'schen Molekülhypothese: *Das Volumen eines Gases bei konstanter Temperatur und konstantem Druck ist direkt proportional zur Molzahl des Gases.* Das heißt,

Abbildung 10.12: Zylinder mit Kolben und Gaseinlassventil.

ÜBUNGSBEISPIEL 10.3 Auswerten der Effekte beim Ändern von *p*, *V*, *n* und *T* für ein Gas

Nehmen Sie an, wir haben ein Gas, wie in ▶Abbildung 10.12, in einem Zylinder eingesperrt. Betrachten Sie die folgenden Änderungen: **(a)** Erhitzen Sie das Gas von 298 K auf 360 K, während der Kolben in der in der Zeichnung gezeigten Position bleibt. **(b)** Bewegen Sie den Kolben so, dass das Gasvolumen von 1 l auf 0,5 l reduziert wird. **(c)** Injizieren Sie zusätzliches Gas durch das Einlassventil. Geben Sie an, wie jede dieser Änderungen den durchschnittlichen Abstand zwischen den Molekülen, den Gasdruck und die Molzahl des Gases, die sich im Zylinder befindet, beeinflussen.

Lösung

Analyse: Wir müssen bedenken, wie drei verschiedene Änderungen im System (1) den Abstand zwischen Molekülen, (2) den Gasdruck und (3) die Molzahl des Gases im Zylinder, beeinflussen.

Vorgehen: Wir benutzen unser Verständnis der Gasgesetze und die allgemeinen Eigenschaften von Gasen, um den jeweiligen Vorgang zu analysieren.

Lösung:
- **(a)** Das Erhitzen des Gases, während die Position des Kolbens unverändert bleibt, erzeugt keine Veränderung der Molzahl pro Volumeneinheit. Folglich bleiben die Abstände zwischen den Molekülen und die Gesamtmolzahl an Gas gleich. Die Temperaturzunahme bewirkt aber eine Druckzunahme (Charles'sches Gesetz).
- **(b)** Das Bewegen des Kolbens komprimiert die gleiche Gasmenge auf ein kleineres Volumen. Die Gesamtzahl der Gasmoleküle, und folglich die Gesamtmolzahl, bleibt die gleiche. Der durchschnittliche Abstand zwischen den Molekülen muss aber, aufgrund des kleineren Volumens, in dem das Gas eingesperrt ist, abnehmen. Die Volumenverringerung bewirkt eine Druckzunahme (Boyle'sches Gesetz).
- **(c)** Die Injektion von mehr Gas in den Zylinder, während man Volumen und Temperatur gleich hält, resultiert in mehr Molekülen und daher einer größeren Molzahl von Gas. Der durchschnittliche Abstand zwischen den Atomen muss abnehmen, weil ihre Anzahl pro Volumeneinheit zunimmt. Entsprechend nimmt der Druck zu (Avogadro'sches Gesetz).

ÜBUNGSAUFGABE

Was passiert mit der Dichte eines Gases, wenn **(a)** das Gas in einem Behälter mit konstantem Volumen erhitzt wird; **(b)** das Gas bei konstanter Temperatur komprimiert wird; **(c)** weiteres Gas in einen Behälter mit konstantem Volumen gegeben wird?

Antwort: (a) Keine Änderung, **(b)** Zunahme, **(c)** Zunahme.

$$V = \text{konstant} \times n \qquad (10.4)$$

Folglich führt das Verdoppeln der Molzahl eines Gases zur Verdopplung des Volumens, wenn T und p konstant bleiben.

Die ideale Gasgleichung   10.4

In Abschnitt 10.3 haben wir drei historisch wichtige Gasgesetze untersucht, die die Beziehungen zwischen den vier Variablen p, V, T und n beschreiben, die den Zustand eines Gases definieren. Jedes Gesetz wurde dadurch erhalten, dass man zwei Variablen konstant hielt, um zu sehen, wie die verbleibenden zwei Variablen sich gegenseitig beeinflussen. Wir können jedes Gesetz als eine Proportionalitätsbeziehung ausdrücken. Mit dem Symbol $\propto$, das als „ist proportional zu" gelesen wird, erhalten wir

Boyle'sches Gesetz: $\qquad V \propto \dfrac{1}{p}$ (konstant n, T)

Charles'sches Gesetz:

Avogadro'sches Gesetz: $\qquad V \propto T$ (konstant n, p)

$\qquad\qquad\qquad\qquad\qquad V \propto n$ (konstant p, T)

Wir können diese Beziehungen kombinieren, um ein allgemeineres Gasgesetz zu bekommen.

$$V \propto \frac{nT}{p}$$

Wenn wir die Proportionalitätskonstante R nennen, erhalten wir

$$V = R\left(\frac{nT}{p}\right)$$

Durch Umstellung erhalten wir diese Beziehung in der bekannten Form:

$$pV = nRT \qquad (10.5)$$

Diese Gleichung ist als die **ideale Gasgleichung** bekannt. Ein **ideales Gas** ist ein hypothetisches Gas, dessen Druck-, Volumen- und Temperaturverhalten vollständig durch die ideale Gasgleichung beschrieben wird.

Der Ausdruck R in der idealen Gasgleichung wird die **Gaskonstante** genannt. Der Wert und die Einheiten von R hängen von den Einheiten von p, V, n und T ab. Die Temperatur muss in der idealen Gasgleichung *immer* als absolute Temperatur ausgedrückt werden. Die Gasmenge, n, wird normalerweise in Mol ausgedrückt. Die am häufigsten gewählten Einheiten für Druck und Volumen sind atm und Liter. Aber auch andere Einheiten können verwendet werden. In den meisten Ländern außerhalb der USA wird die SI-Einheit Pa (oder kPa) am häufigsten verwendet. Tabelle 10.2 zeigt die Zahlenwerte für R in verschiedenen Einheiten. Wie wir im Kasten „Näher hingeschaut" zur pV-Arbeit in Abschnitt 5.3 gesehen haben, hat das Produkt pV die Einheit der Energie. Deshalb kann die Einheit für R Joule oder Kalorien enthalten. Bei der Lösung von Aufgaben mit dem idealen Gasgesetz müssen die Einheiten von P, V, n und T mit der Einheit der Gaskonstanten übereinstimmen. In diesem Kapitel werden wir am häufigsten den Wert $R = 0{,}08206$ l·atm/mol·K (vier signifikante Stellen) oder $0{,}0821$ l·atm/mol·K (drei signifikante Stellen) in der idealen Gasgleichung benutzen, in Übereinstimmung mit der Einheit atm für den Druck. Der Wert $R = 8{,}314$ J/mol·K, bezogen auf die Einheit Pa für den Druck, ist auch sehr gebräuchlich.

Tabelle 10.2

Zahlenwerte für die Gaskonstante, R, in verschiedenen Einheiten

Einheit	Zahlenwert
l·atm/(mol·K)	0,08206
J/(mol·K)*	8,314
cal/(mol·K)	1,987
m³·Pa/(mol·K)*	8,314
l·Torr/(mol·K)	62,36

* SI-Einheit

Nehmen Sie an, wir haben 1,000 mol eines idealen Gases bei 1,000 atm und 0,00 °C (273,15 K). Entsprechend der idealen Gasgleichung ist das Volumen des Gases

$$V = \frac{nRT}{p} = \frac{(1{,}000 \text{ mol})(0{,}08206 \text{ l} \cdot \text{atm/mol} \cdot \text{K})(273{,}15 \text{ K})}{1{,}000 \text{ atm}} = 22{,}41 \text{ l}$$

> **? DENKEN SIE EINMAL NACH**
>
> Wie viele Moleküle befinden sich in 22,41 l eines idealen Gases bei STP?

Die Bedingungen 0 °C und 1 atm werden als **Normaltemperatur und -druck** (**STP**, engl.: *Standard temperature and pressure*) bezeichnet. Viele Eigenschaften von Gasen werden für diese Bedingungen aufgelistet. Das Volumen, das ein Mol eines idealen Gases bei STP einnimmt, 22,41 l, ist bekannt als das *Molvolumen* eines idealen Gases bei STP.

Die ideale Gasgleichung beschreibt zufriedenstellend die Eigenschaften der meisten Gase unter einer Vielzahl von Umständen. Sie ist aber nicht exakt richtig für ein reales Gas. Daher kann das gemessene Volumen, V, unter gegebenen Bedingungen von p, n und T, von dem mit $pV = nRT$ berechneten Volumen abweichen. Um dies zu verdeutlichen, werden die gemessenen Molvolumen von realen Gasen bei STP mit dem berechneten Volumen eines idealen Gases in ▶ Abbildung 10.13 verglichen. Obwohl diese realen Gase nicht genau mit dem idealen Gasverhalten übereinstimmen, sind die Unterschiede so gering, dass wir sie außer bei sehr genauen Berechnungen ver-

---

ÜBUNGSBEISPIEL 10.4 — Die Anwendung der idealen Gasgleichung

Calciumcarbonat, $CaCO_3(s)$, zersetzt sich beim Erhitzen zu $CaO(s)$ und $CO_2(g)$. Eine Probe $CaCO_3$ wird zersetzt und das Kohlendioxid wird in einem 250 ml Kolben aufgefangen. Nachdem die Zersetzung vollständig ist, hat das Gas einen Druck von 1,3 atm bei einer Temperatur von 31 °C. Wie viele mol CO_2-Gas wurden gebildet?

Lösung

Analyse: Es sind das Volumen (250 ml), der Druck (1,3 atm) und die Temperatur (31 °C) einer Probe CO_2-Gas gegeben und wir sollen die Molzahl von CO_2 in der Probe berechnen.

Vorgehen: Da V, p und T gegeben sind, können wir die ideale Gasgleichung nach der unbekannten Größe n auflösen.

Lösung: Bei der Analyse und Lösung von Aufgaben zum Gasgesetz ist es hilfreich, die in der Aufgabe gegebenen Informationen zu tabellieren und dann die Werte in Einheiten umzuwandeln, die mit denen für R (0,0821 l·atm/mol·K) übereinstimmen. In diesem Fall sind die gegebenen Werte

$$V = 250 \text{ ml} = 0{,}250 \text{ l}$$
$$p = 1{,}3 \text{ atm}$$
$$T = 31 \text{ °C} = (31 + 273) \text{ K} = 304 \text{ K}$$

Merken Sie sich deshalb: *Bei der Lösung der idealen Gasgleichung muss immer die absolute Temperatur verwendet werden*. Wir stellen nun die ideale Gasgleichung um (Gleichung 10.5), um nach n aufzulösen.

$$n = \frac{pV}{RT}$$

$$n = \frac{(1{,}3 \text{ atm})(0{,}250 \text{ l})}{(0{,}0821 \text{ l} \cdot \text{atm/mol} \cdot \text{K})(304 \text{ K})} = 0{,}013 \text{ mol } CO_2$$

Überprüfung: Identische Einheiten heben sich auf und bestätigen damit, dass wir die ideale Gasgleichung richtig umgestellt und in die richtigen Einheiten umgewandelt haben.

ÜBUNGSAUFGABE

Tennisbälle werden gewöhnlich mit Luft oder N_2 auf einen Druck über Atmosphärendruck gefüllt, um ihre „Federkraft" zu erhöhen. Wenn ein bestimmter Tennisball ein Volumen von 144 cm³ hat und 0,33 g N_2-Gas enthält, wie groß ist dann bei 24 °C der Druck in dem Ball?

Antwort: 2,0 atm.

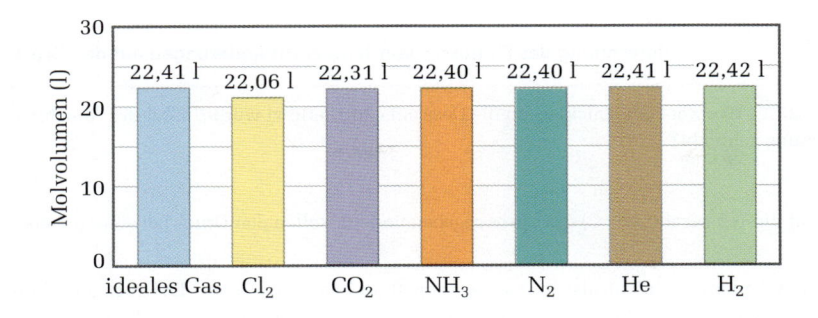

Abbildung 10.13: Vergleich von Molvolumen bei STP. Ein Mol eines idealen Gases bei STP nimmt ein Volumen von 22,41 l ein. Ein Mol verschiedener realer Gase bei STP nehmen ein Volumen nahe diesem idealen Volumen ein.

nachlässigen können. Wir werden zu den Unterschieden zwischen idealen und realen Gasen in Abschnitt 10.9 mehr erfahren.

Beziehung zwischen der idealen Gasgleichung und den Gasgesetzen

Die einfachen Gasgesetze, die wir in Abschnitt 10.3 diskutiert haben, wie z. B. das Boyle'sche Gesetz, sind Spezialfälle der idealen Gasgleichung. Wenn zum Beispiel die Gasmenge und die Temperatur konstant gehalten werden, haben n und T feste Werte. Deshalb ist das Produkt nRT das Produkt von drei Konstanten und muss daher selbst eine Konstante sein.

$$pV = nRT = \text{konstant} \quad \text{oder} \quad pV = \text{konstant} \tag{10.6}$$

Somit haben wir das Boyle'sche Gesetz. Wir sehen, dass, wenn n und T konstant sind, die einzelnen Werte von p und V sich ändern können, aber das Produkt pV muss konstant bleiben.

Wir können das Boyle'sche Gesetz anwenden um zu bestimmen, wie sich das Volumen eines Gases ändert, wenn sein Druck sich ändert. Zum Beispiel, wenn ein Metallzylinder 50,0 l O_2 bei 18,5 atm und 21 °C enthält. Welches Volumen nimmt das Gas ein, wenn die Temperatur bei 21 °C gehalten wird, während der Druck auf 1,00 atm reduziert wird? Da das Produkt pV konstant ist, wenn ein Gas bei konstantem n und T gehalten wird, wissen wir, dass

$$p_1 V_1 = p_2 V_2 \tag{10.7}$$

wobei p_1 und V_1 die Ausgangswerte und p_2 und V_2 die Endwerte sind. Teilen wir beide Seiten der Gleichung durch p_2, erhalten wir das Endvolumen, V_2.

$$V_2 = V_1 \times \frac{p_1}{p_2}$$

Ersetzen der gegebenen Größen in dieser Gleichung ergibt

$$V_2 = (50{,}0 \text{ l}) \left(\frac{18{,}5 \text{ atm}}{1{,}00 \text{ atm}} \right) = 925 \text{ l}$$

Die Antwort ist sinnvoll, da Gase sich ausdehnen, wenn ihr Druck verringert wird.

In ähnlicher Weise können wir mit der idealen Gasgleichung beginnen und Beziehungen zwischen jeweils zwei Variablen, V und T (Charles'sches Gesetz), n und V (Avogadro'sches Gesetz) oder p und T, ableiten. Übungsbeispiel 10.5 zeigt, wie diese Beziehungen abgeleitet und angewendet werden können.

ÜBUNGSBEISPIEL 10.5   Berechnung des Einflusses von Temperaturänderungen auf den Druck

Der Gasdruck in einer Sprühdose ist 1,5 atm bei 25 °C. Wie wäre der Druck, wenn die Dose auf 450 °C erhitzt würde, unter der Annahme, dass das Gas in der Dose der idealen Gasgleichung gehorcht?

Lösung

Analyse: Es sind der Anfangsdruck (1,5 atm) und die Temperatur (25 °C) des Gases gegeben und wir sollen den Druck bei einer höheren Temperatur (450 °C) angeben.

Vorgehen: Das Volumen und die Molzahl des Gases ändern sich nicht, also müssen wir eine Beziehung verwenden, die Druck und Temperatur verbindet. Wenn wir die Temperatur in Kelvin umwandeln und die gegebenen Informationen tabellieren, erhalten wir

	p	T
Anfang	1,5 atm	298 K
Ende	p_2	723 K

Lösung: Um zu bestimmen, wie p und T verknüpft sind, beginnen wir mit der idealen Gasgleichung und schreiben die Größen, die sich nicht ändern (n, V und R) auf eine Seite und die Variablen (p und T) auf die andere Seite.

$$\frac{p}{T} = \frac{nR}{V} = \text{konstant}$$

Da der Quotient p/T konstant ist, können wir schreiben

$$\frac{p_1}{T_1} = \frac{p_2}{T_2}$$

(wobei die Indizes 1 und 2 den Anfangs- und Endzustand kennzeichnen). Umstellen nach p_2 und Einsetzen der gegeben Werte gibt

$$p_2 = p_1 \times \frac{T_2}{T_1}$$

$$p_2 = (1{,}5 \text{ atm})\left(\frac{723 \text{ K}}{298 \text{ K}}\right) = 3{,}6 \text{ atm}$$

Überprüfung: Diese Antwort ist augenscheinlich sinnvoll – das Erhöhen der Temperatur eines Gases erhöht seinen Druck.

Anmerkung: Es ist durch dieses Beispiel verständlich, warum Sprühdosen einen Warnhinweis haben, sie nicht zu verbrennen.

ÜBUNGSAUFGABE

Ein großer Erdgastank ist so konstruiert, dass der Druck auf 2,20 atm gehalten wird. An einem kalten Tag im Dezember mit einer Temperatur von −15 °C ist das Gasvolumen in dem Tank 28,500 ft³. Wie groß ist das Volumen der gleichen Gasmenge in dem Tank an einem warmen Julitag mit einer Temperatur von 31 °C?

Antwort: 33,600 ft³.

Wir werden oft mit der Situation konfrontiert, in der p, V und T sich bei konstanter Molzahl eines Gases ändern. Da n konstant ist, ergibt die ideale Gasgleichung

$$\frac{pV}{T} = nR = \text{konstant}$$

Wenn wir die Anfangs- und Endbedingungen von Druck, Temperatur und Volumen mit den Indizes 1 und 2 kennzeichnen, können wir schreiben

$$\frac{p_1 V_1}{T_1} = \frac{p_2 V_2}{T_2} \qquad (10.8)$$

Strategien in der Chemie — Berechnungen mit vielen Variablen

In der Chemie und während Ihres Studiums der Naturwissenschaften und Mathematik können Sie Aufgaben begegnen, die verschiedene experimentell gemessene Variablen und auch verschiedene physikalische Konstanten beinhalten. In diesem Kapitel begegnen wir einer Anzahl von Aufgaben, die auf der idealen Gasgleichung basieren, die aus vier experimentellen Größen – p, V, n und T – und einer Konstanten R besteht. Abhängig von der Aufgabenstellung müssen wir nach einer der vier Größen auflösen.

Um Schwierigkeiten beim Finden der benötigten Information aus Aufgaben mit vielen Variablen zu vermeiden, schlagen wir vor, dass Sie folgende Schritte befolgen, wenn Sie solch eine Aufgabe analysieren, planen und lösen:

1 *Tabellieren Sie Informationen.* Lesen Sie die Aufgabe sorgfältig um zu bestimmen, welche Größe unbekannt ist und welche Größen gegeben sind. Notieren Sie jeden Zahlenwert, dem Sie begegnen. In vielen Fällen wird das Erstellen einer Tabelle mit den gegebenen Informationen nützlich sein.

2 *Wandeln Sie in zueinander passende Einheiten um.* Wie Sie bereits gesehen haben, können wir verschiedene Einheiten verwenden, um die gleiche Größe auszudrücken. Vergewissern Sie sich, dass die Größen richtig umgewandelt werden, indem Sie die richtigen Umrechnungsfaktoren benutzen. Bei der idealen Gasgleichung, zum Beispiel, verwenden wir oft den Wert von R mit den Einheiten $l \cdot atm/mol \cdot K$. Wenn der Druck in Torr angegeben ist, müssen Sie diese in Atmosphären umwandeln.

3 *Wenn eine einzige Gleichung alle Variablen enthält, stellen Sie die Gleichung nach der Unbekannten um.* Machen Sie sich mit Algebra vertraut, so dass Sie die Gleichung für die verlangte Variable lösen können. Im Falle der idealen Gasgleichung werden die folgenden algebraischen Umstellungen vorkommen:

$$p = \frac{nRT}{V}; \quad V = \frac{nRT}{p}; \quad n = \frac{pV}{RT}; \quad T = \frac{pV}{nR}$$

4 *Setzen Sie die Dimensionsanalyse ein.* Behalten Sie die Einheiten während der Berechnung bei. Der Einsatz der Dimensionsanalyse ermöglicht es Ihnen zu prüfen, ob Sie die Gleichung richtig gelöst haben. Wenn die Größeneinheiten sich so aufheben, dass sich die Einheit der gesuchten Variablen ergibt, haben Sie wahrscheinlich die Gleichung richtig gelöst.

Manchmal werden Ihnen Werte für die benötigten Variablen nicht direkt gegeben. Stattdessen werden Ihnen Werte von anderen Größen gegeben, die zur Bestimmung der benötigten Variablen eingesetzt werden können. Nehmen Sie zum Beispiel an, dass Sie versuchen, die ideale Gasgleichung zur Berechnung des Drucks eines Gases zu verwenden. Sie haben die Temperatur des Gases gegeben, jedoch keine expliziten Werte für n und V. In der Aufgabe steht „die Gasprobe enthält 0,15 mol Gas pro Liter". Wir können diese Aussage in den folgenden Ausdruck umwandeln:

$$\frac{n}{V} = 0{,}15 \text{ mol/l}$$

Die Auflösung der idealen Gasgleichung nach dem Druck ergibt

$$p = \frac{nRT}{V} = \left(\frac{n}{V}\right)RT$$

Folglich können wir die Gleichung lösen, obwohl uns keine einzelnen Werte für n und V gegeben waren. Wir werden in Abschnitt 10.5 untersuchen, wie man die Dichte und Molmasse eines Gases auf diese Weise verwenden kann.

Wie wir ständig betont haben, ist das Wichtigste, um fit im Lösen von Aufgaben zu werden, mit den Übungsaufgaben und den zugehörigen Aufgaben am Ende jedes Kapitels zu üben. Mit systematischem Vorgehen wie hier beschrieben, sollten Sie in der Lage sein, Schwierigkeiten bei der Lösung von Aufgaben mit mehreren Variablen zu minimieren.

ÜBUNGSBEISPIEL 10.6 — Berechnung des Volumens eines Gases bei Änderung von p und T

Ein aufgeblasener Ballon hat auf Meereshöhe (1,0 atm) ein Volumen von 6,0 l. Er steigt auf, bis der Druck 0,45 atm ist. Während des Aufstiegs sinkt die Temperatur des Gases von 22 °C auf −21 °C. Berechnen Sie das Volumen des Ballons bei seiner Endhöhe.

Lösung

Analyse: Wir müssen das Volumen einer Gasprobe in einer Situation bestimmen, in der sich Druck und Temperatur ändern.

Vorgehen: Wir wandeln wieder die Temperatur in Kelvin um und tabellieren die gegebenen Informationen.

	p	V	T
Anfang	1,0 atm	6,0 l	295 K
Ende	0,45 atm	V_2	252 K

Da n konstant ist, können wir Gleichung 10.8 verwenden.

Lösung: Das Umstellen von Gleichung 10.8 nach V_2 ergibt

$$V_2 = V_1 \times \frac{p_1}{p_2} \times \frac{T_2}{T_1} = (6{,}0 \text{ l})\left(\frac{1{,}0 \text{ atm}}{0{,}45 \text{ atm}}\right)\left(\frac{252 \text{ K}}{295 \text{ K}}\right) = 11 \text{ l}$$

> **Überprüfung:** Das Ergebnis scheint sinnvoll zu sein. Beachten Sie, dass die Berechnung das Multiplizieren des Anfangsvolumens mit einem Verhältnis von Drücken und einem Verhältnis von Temperaturen beinhaltet. Intuitiv erwarten wir, dass eine Druckverringerung das Volumen erhöhen wird. Ähnlich sollte eine abnehmende Temperatur zur Abnahme des Volumens führen. Beachten Sie, dass die Druckunterschiede dramatischer sind als die Temperaturunterschiede. Folglich erwarten wir, dass die Druckänderung bei der Beeinflussung des Endvolumens vorherrscht, wie es hier der Fall ist.
>
> **ÜBUNGSAUFGABE**
>
> Eine 0,50 mol Probe Sauerstoffgas wird bei 0 °C in einem Zylinder mit einem beweglichen Kolben eingeschlossen, wie in Abbildung 10.12 zu sehen. Das Gas hat einen Anfangsdruck von 1,0 atm. Das Gas wird dann mit dem Kolben komprimiert, so dass sein Endvolumen die Hälfte seines Anfangsvolumens beträgt. Das Gas hat einen Enddruck von 2,2 atm. Wie hoch ist die Endtemperatur des Gases in Grad Celsius?
>
> **Antwort:** 27 °C.

10.5 Weitere Anwendungen der idealen Gasgleichung

Die ideale Gasgleichung kann zur Bestimmung vieler Beziehungen, die die physikalischen Eigenschaften von Gasen beinhalten, eingesetzt werden. In diesem Abschnitt benutzen wir sie zuerst, um die Beziehung zwischen der Dichte eines Gases und seiner Molmasse zu definieren und dann, um das Volumen von Gasen, die bei chemischen Reaktionen gebildet oder verbraucht werden, zu berechnen.

Gasdichte und Molmasse

Die ideale Gasgleichung erlaubt es uns, die Dichte eines Gases aus Molmasse, Druck und Temperatur des Gases zu berechnen. Erinnern Sie sich, dass die Dichte die Einheit Masse pro Volumeneinheit ($d = m/V$) hat (siehe Abschnitt 1.4). Wir können die Gasgleichung so umstellen, dass wir eine ähnliche Einheit erhalten, mol pro Volumeneinheit, n/V:

$$\frac{n}{V} = \frac{p}{RT}$$

Wenn wir beide Seiten der Gleichung mit der Molmasse, M, der Masse von einem Mol einer Substanz, multiplizieren, erhalten wir die folgende Beziehung:

$$\frac{nM}{V} = \frac{pM}{RT} \qquad (10.9)$$

Das Produkt der Größen n/V und M ist gleich der Dichte in g/l, wie man aus ihren Einheiten sehen kann:

$$\frac{\text{Mol}}{\text{Liter}} \times \frac{\text{Gramm}}{\text{Mol}} = \frac{\text{Gramm}}{\text{Liter}}$$

Folglich wird die Dichte, d, eines Gases durch den rechten Ausdruck in ▶Gleichung 10.9 gegeben:

$$d = \frac{pM}{RT} \qquad (10.10)$$

10.5 Weitere Anwendungen der idealen Gasgleichung

Aus ▶Gleichung 10.10 sehen wir, dass die Dichte eines Gases von seinem Druck, seiner Molmasse und seiner Temperatur abhängt. Je größer die Molmasse und der Druck, um so dichter ist das Gas; je höher die Temperatur, um so weniger dicht ist das Gas. Obwohl Gase unabhängig von ihren chemischen Identitäten homogene Mischungen bilden, wird, ohne Durchmischung, ein weniger dichtes Gas sich über ein dichteres Gas schichten. Zum Beispiel hat CO_2 eine höhere Molmasse als N_2 oder O_2 und ist daher dichter als Luft. Wenn CO_2 aus einem CO_2-Feuerlöscher freigesetzt wird, wie in ▶Abbildung 10.14, deckt es einen Brandherd zu und hält dadurch O_2 von dem brennbaren Material ab. Die Tatsache, dass ein heißeres Gas weniger dicht ist als ein kälteres ist, erklärt, warum heiße Luft aufsteigt. Der Unterschied zwischen den Dichten von heißer und kalter Luft ist für den Aufstieg von Heißluftballonen verantwortlich. Er liegt auch vielen Wetterphänomenen zu Grunde, wie z. B. der Bildung von großen Gewitterwolken.

Abbildung 10.14: Ein CO_2-Feuerlöscher. Das CO_2 aus einem Feuerlöscher ist dichter als Luft. Das CO_2 kühlt sich deutlich ab, wenn es aus dem Behälter strömt. Wasserdampf in der Luft wird durch das kühle CO_2-Gas kondensiert und bildet einen weißen Nebel, der das farblose CO_2 begleitet.

▶Gleichung 10.10 kann nach der Molmasse eines Gases umgestellt werden:

$$M = \frac{dRT}{p} \qquad (10.11)$$

Also können wir die experimentell gemessene Dichte eines Gases zur Bestimmung der Molmasse der Gasmoleküle benutzen, wie in Übungsbeispiel 10.8 gezeigt.

> **? DENKEN SIE EINMAL NACH**
>
> Ist Wasserdampf unter den gleichen Temperatur- und Druckbedingungen dichter oder weniger dicht als N_2?

ÜBUNGSBEISPIEL 10.7 — Berechnung der Gasdichte

Wie ist die Dichte von Tetrachlorkohlenstoff bei 714 Torr und 125 °C?

Lösung

Analyse: Wir sollen die Dichte eines Gases berechnen, von dem wir den Namen, seinen Druck und seine Temperatur kennen. Aus dem Namen können wir die chemische Formel der Substanz ableiten und ihre Molmasse bestimmen.

Vorgehen: Wir können zur Berechnung der Dichte Gleichung 10.10 benutzen. Bevor wir die Gleichung nutzen können, müssen wir die gegebenen Größen in passende Einheiten umwandeln. Wir müssen die Temperatur in Kelvin umwandeln und den Druck in Atmosphären. Die Molmasse von CCl_4 ist $12{,}0 + (4)35{,}5 = 154{,}0$ g/mol.

Lösung: Durch Einsetzen in Gleichung 10.10 erhalten wir

$$d = \frac{(714 \text{ Torr})(1 \text{ atm}/760 \text{ Torr})(154{,}0 \text{ g/mol})}{(0{,}0821 \text{ l} \cdot \text{atm/mol} \cdot \text{K})(398 \text{ K})} = 4{,}43 \text{ g/l}$$

Überprüfung: Wenn wir die Molmasse (g/mol) durch die Dichte (g/l) dividieren, erhalten wir l/mol. Der Zahlenwert ist etwa $154/4{,}4 = 35$. Dies ist in der richtigen Größenordnung für das Molvolumen von Gasen bei 125 °C und annähernd Atmosphärendruck, also ist unsere Antwort sinnvoll.

ÜBUNGSAUFGABE

Die durchschnittliche Molmasse der Atmosphäre an der Oberfläche von Titan, dem größten Mond von Saturn, ist 28,6 g/mol. Die Oberflächentemperatur ist 95 K, und der Druck ist 1,6 atm. Berechnen Sie unter der Annahme von idealem Verhalten die Dichte der Titan-Atmosphäre.

Antwort: 5,9 g/l.

ÜBUNGSBEISPIEL 10.8 — Berechnung der Molmasse eines Gases

Eine Serie von Messungen wurde durchgeführt, um die Molmasse eines unbekannten Gases zu bestimmen. Zuerst wurde ein großer Kolben evakuiert und mit 134,567 g gewogen. Er wird dann mit dem Gas bis zu einem Druck von 735 Torr bei 31 °C gefüllt und noch einmal gewogen; seine Masse ist nun 137,456 g. Schließlich wird der Kolben mit Wasser von 31 °C gefüllt. Nun wiegt er 1067,9 g (die Dichte von Wasser bei dieser Temperatur ist 0,997 g/ml). Berechnen Sie die Molmasse des unbekannten Gases, unter der Voraussetzung, dass die ideale Gasgleichung anwendbar ist.

Lösung

Analyse: Temperatur (31 °C) und Druck (735 Torr) eines Gases sind gegeben, zusammen mit Informationen zur Bestimmung seines Volumens und seiner Masse, und wir sollen seine Molmasse berechnen.

Vorgehen: Wir müssen die gegebene Masseninformation zur Berechnung des Volumens des Behälters und der Masse des Gases in ihm benutzen. Daraus berechnen wir die Gasdichte und wenden dann zur Berechnung der Molmasse des Gases Gleichung 10.11 an.

Lösung: Die Masse des Gases ist die Differenz zwischen der Masse des mit Gas gefüllten Kolbens und derjenigen des leeren (evakuierten) Kolbens.

$$137{,}456 \text{ g} - 134{,}567 \text{ g} = 2{,}889 \text{ g}$$

Das Volumen des Gases ist gleich dem Wasservolumen, das der Kolben fassen kann. Das Volumen von Wasser wird aus seiner Masse und Dichte berechnet. Die Masse des Wassers ist die Differenz zwischen den Massen des vollen und leeren Kolbens:

$$1067{,}9 \text{ g} - 134{,}567 \text{ g} = 933{,}3 \text{ g}$$

Durch Umstellen der Gleichung für die Dichte ($d = m/V$) erhalten wir

$$V = \frac{m}{d} = \frac{(933{,}3 \text{ g})}{(0{,}997 \text{ g/ml})} = 936 \text{ ml}$$

Da wir nun das Gewicht des Gases (2,889 g) und sein Volumen (936 ml) kennen, können wir die Dichte des Gases berechnen:

$$2{,}889 \text{ g}/0{,}936 \text{ l} = 3{,}09 \text{ g/l}$$

Nach Umwandlung von Druck in Atmosphären und Temperatur in Kelvin können wir zur Berechnung der Molmasse Gleichung 10.11 anwenden:

$$M = \frac{dRT}{p} = \frac{(3{,}09 \text{ g/l})(0{,}0821 \text{ l} \cdot \text{atm/mol} \cdot \text{K})(304 \text{ K})}{(735/760) \text{ atm}} = 79{,}7 \text{ g/mol}$$

Überprüfung: Die Einheiten stimmen, und der erhaltene Wert für die Molmasse ist sinnvoll für eine Substanz, die bei annähernd Zimmertemperatur gasförmig ist.

ÜBUNGSAUFGABE

Berechnen Sie die durchschnittliche Molmasse von trockener Luft, wenn diese eine Dichte von 1,17 g/l bei 21 °C und 740,0 Torr hat.
Antwort: 29,0 g/mol.

Airbags

Volumen von Gasen bei chemischen Reaktionen

Das Verständnis der Eigenschaften von Gasen ist wichtig, da Gase oft Reaktanten oder Produkte bei chemischen Reaktionen sind. Aus diesem Grund müssen wir oft die Volumina von Gasen berechnen, die bei Reaktionen entstehen oder verbraucht werden. Wir haben gesehen, dass die Koeffizienten in ausgeglichenen chemischen Gleichungen uns die relativen Mengen (in mol) der Reaktanten und Produkte in einer Reaktion angeben. Die Molzahl eines Gases hängt wiederum mit p, V und T zusammen.

Chemie im Einsatz — Gaspipelines

Die meisten Menschen sind sich nicht des riesigen Netzwerks aus unterirdischen Pipelines, das die moderne Welt umschlingt, bewusst. Pipelines werden zum Transport von großen Mengen von Flüssigkeiten und Gasen über beträchtliche Entfernungen benutzt. Zum Beispiel leiten Pipelines Erdgas (Methan) von großen Erdgasfeldern in Sibirien nach Westeuropa. Erdgas aus Algerien wird durch eine Pipeline mit 120 cm Durchmesser und einer Länge von 2500 km, die sich durch das Mittelmeer mit einer Tiefe von bis zu 600 m erstreckt, bewegt. In den USA bestehen die Pipelinesysteme aus Hauptleitungen mit großen Röhrendurchmessern für Langstreckentransporte, sowie Zweigleitungen von kleinerem Durchmesser und niedrigerem Druck für lokale Versorgung zu und von den Hauptleitungen.

Die meisten Substanzen, die bei STP Gase sind, werden kommerziell durch Pipelines transportiert, einschließlich Ammoniak, Kohlendioxid, Kohlenmonoxid, Chlor, Ethan, Helium, Wasserstoff und Methan. Das weitaus größte Transportvolumen macht aber Erdgas aus (▶ Abbildung 10.15). Das methanreiche Gas aus den Öl- und Gasquellen wird bearbeitet, um Wasser und verschiedene Verunreinigungen wie z. B. Schwefelwasserstoff und Kohlendioxid zu entfernen. Das Gas wird dann auf Drücke von 3,5 MPa (35 atm) bis 10 MPa (100 atm) komprimiert, je nach Alter und Durchmesser der Rohrleitungen. Die Fernpipelines haben etwa 40 cm Durchmesser und sind aus Stahl. Der Druck wird durch große Kompressorstationen entlang der Pipeline, in Abständen von 50–100 Meilen, aufrechterhalten.

Erinnern Sie sich aus Abbildung 5.24, dass Erdgas eine Hauptquelle für Energie in den USA sind. Um diesen Bedarf zu decken, muss Methan von den Quellbohrungen quer durch die USA und Kanada in alle Teile des Landes transportiert werden. Die Gesamtlänge der Pipelines für den Erdgastransport beträgt in den USA etwa 6×10^5 km und wächst ständig. Das Volumen der Pipelines selbst wäre völlig unzureichend zur Aufnahme solcher enormen Mengen von Erdgas, die kontinuierlich in das System gegeben und aus dem System entnommen werden. Aus diesem Grund werden unterirdische Lager, wie z. B. Salzhöhlen und andere natürliche Formationen, genutzt, um große Mengen von Gas zu speichern.

Abbildung 10.15: Verzweigung einer Erdgaspipeline.

ÜBUNGSBEISPIEL 10.9 — Zusammenhang zwischen dem Volumen eines Gases und der Menge einer anderen Substanz in einer Reaktion

Die Sicherheitsairbags in Autos werden durch Stickstoff, der durch die schnelle Zersetzung von Natriumazid, NaN_3, entsteht, aufgeblasen:

$$2\ NaN_3(s) \longrightarrow 2\ Na(s) + 3\ N_2(g)$$

Wenn ein Airbag ein Volumen von 36 l hat und mit Stickstoffgas mit einem Druck von 1,15 atm bei einer Temperatur von 26,0 °C gefüllt werden soll, wie viele Gramm NaN_3 müssen dann zersetzt werden?

Lösung

Analyse: Dies ist eine Aufgabe in mehreren Schritten. Volumen, Druck und Temperatur für N_2 sowie die chemische Gleichung für die Reaktion, durch die das N_2 gebildet wird, sind gegeben. Wir müssen diese Informationen verwenden, um die Anzahl Gramm von NaN_3 zu berechnen, die nötig sind, um das benötigte N_2 zu erhalten.

Vorgehen: Wir müssen die Gasdaten (p, V und T) und die ideale Gasgleichung benutzen, um die Molzahl (= Stoffmenge) N_2 zu berechnen, die gebildet werden muss, damit der Airbag richtig funktioniert. Wir können dann die ausgeglichene Gleichung zur Bestimmung der Molzahl NaN_3 benutzen. Im letzten Schritt können wir schließlich die Molzahl NaN_3 in Gramm umwandeln.

Gasdaten → mol N_2 → mol NaN_3 → g NaN_3

Lösung: Die Molzahl an N_2 wird mit der idealen Gasgleichung bestimmt:

$$n = \frac{pV}{RT} = \frac{(1{,}15\ \text{atm})(36\ \text{l})}{(0{,}0821\ \text{l} \cdot \text{atm/mol} \cdot \text{K})(299\ \text{K})} = 1{,}7\ \text{mol}\ N_2$$

Damit können wir dann die Koeffizienten in der ausgeglichenen Gleichung zur Berechnung der Molzahl NaN$_3$ verwenden.

$$(1{,}7 \text{ mol N}_2)\left(\frac{2 \text{ mol NaN}_3}{3 \text{ mol N}_2}\right) = 1{,}1 \text{ mol NaN}_3$$

Schließlich wandeln wir, mit der Molmasse von NaN$_3$, die Molzahl von NaN$_3$ in Gramm um:

$$(1{,}1 \text{ mol NaN}_3)\left(\frac{65{,}0 \text{ g NaN}_3}{1 \text{ mol NaN}_3}\right) = 72 \text{ g NaN}_3$$

Überprüfung: Der beste Weg zur Überprüfung unseres Ansatzes ist, uns zu vergewissern, dass die Einheiten sich in jedem Schritt richtig aufheben, so dass am Ende als korrekte Einheit der Antwort g NaN$_3$ steht.

ÜBUNGSAUFGABE

Beim ersten Schritt zur industriellen Herstellung von Salpetersäure reagiert Ammoniak mit Sauerstoff in Gegenwart eines geeigneten Katalysators zu Salpetersäure und Wasserdampf:

$$4 \text{ NH}_3(g) + 5 \text{ O}_2(g) \longrightarrow 4 \text{ NO}(g) + 6 \text{ H}_2\text{O}(g)$$

Wie viele Liter NH$_3$(g) bei 850 °C und 5,00 atm werden für 1,00 mol O$_2$(g) in dieser Reaktion benötigt?

Antwort: 14,8 l.

Gasmischungen und Partialdrücke 10.6

> **DENKEN SIE EINMAL NACH**
>
> Wie wird der von N$_2$ ausgeübte Druck beeinflusst, wenn etwas O$_2$ in den Behälter gegeben wird und Temperatur und Volumen konstant bleiben?

Bisher haben wir nur das Verhalten von reinen Gasen betrachtet – Gase, die nur aus einer Substanz bestehen. Wie gehen wir mit Gasen um, die aus einer Mischung von zwei oder mehr verschiedenen Substanzen bestehen? Während seiner Studien zu den Eigenschaften von Luft, beobachtete John Dalton (siehe Abschnitt 2.1), dass der *Gesamtdruck einer Mischung von Gasen gleich der Summe der Drücke ist, die jedes ausüben würde, wenn es alleine vorhanden wäre.* Der Druck, der durch eine Teilkomponente einer Gasmischung ausgeübt wird, wird **Partialdruck** dieses Gases genannt, und Daltons Beobachtung ist bekannt als **Dalton'sches Partialdruckgesetz.**

Wenn p_{gesamt} der Gesamtdruck einer Gasmischung ist und p_1, p_2, p_3 usw. die Partialdrücke der einzelnen Gase sind, können wir das Dalton'sche Gesetz wie folgt schreiben:

$$p_{gesamt} = p_1 + p_2 + p_3 + \ldots \quad (10.12)$$

Diese Gleichung impliziert, dass sich jedes Gas unabhängig von den anderen verhält, wie wir durch die folgende Analyse sehen können. n_1, n_2, n_3 usw. sollen die Molzahlen der einzelnen Gase in der Mischung sein und n_{gesamt} ist die Gesamtmolzahl an Gasen ($n_{gesamt} = n_1 + n_2 + n_3 + \ldots$).

Wenn jedes Gas die ideale Gasgleichung befolgt, können wir schreiben

$$p_1 = n_1\left(\frac{RT}{V}\right); \quad p_2 = n_2\left(\frac{RT}{V}\right); \quad p_3 = n_3\left(\frac{RT}{V}\right) \text{ und so weiter}$$

Alle Gase in der Mischung befinden sich bei der gleichen Temperatur und nehmen dasselbe Volumen ein. Daher erhalten wir, durch Einsetzen in ▶ Gleichung 10.12

$$p_{gesamt} = (n_1 + n_2 + n_3 + \cdots)\frac{RT}{V} = n_{gesamt}\left(\frac{RT}{V}\right) \quad (10.13)$$

ÜBUNGSBEISPIEL 10.10 — Anwendung des Dalton'schen Partialdruckgesetzes

Eine Gasmischung aus 6,00 g O_2 und 9,00 g CH_4 wird bei 0 °C in einen 15,0 l Behälter gegeben. Wie sind die Partialdrücke für jedes Gas und wie ist der Gesamtdruck in dem Behälter?

Lösung

Analyse: Wir müssen die Drücke für zwei verschiedene Gase im selben Volumen und bei derselben Temperatur berechnen.

Vorgehen: Weil jedes Gas sich unabhängig verhält, können wir die ideale Gasgleichung zur Berechnung des Drucks, den jedes Gas ausüben würde, wenn das andere nicht anwesend wäre, benutzen. Der Gesamtdruck ist gleich der Summe der beiden Partialdrücke.

Lösung: Wir müssen zunächst die Massen der Gase in Mol umrechnen:

$$n_{O_2} = (6{,}00 \text{ g } O_2)\left(\frac{1 \text{ mol } O_2}{32{,}0 \text{ g } O_2}\right) = 0{,}188 \text{ mol } O_2$$

$$n_{CH_4} = (9{,}00 \text{ g } CH_4)\left(\frac{1 \text{ mol } CH_4}{16{,}0 \text{ g } CH_4}\right) = 0{,}563 \text{ mol } CH_4$$

Wir können nun die ideale Gasgleichung zur Berechnung der Partialdrücke der einzelnen Gase anwenden.

$$p_{O_2} = \frac{n_{O_2}RT}{V} = \frac{(0{,}188 \text{ mol})(0{,}0821 \text{ l} \cdot \text{atm/mol} \cdot \text{K})(273 \text{ K})}{15{,}0 \text{ l}} = 0{,}281 \text{ atm}$$

$$p_{CH_4} = \frac{n_{CH_4}RT}{V} = \frac{(0{,}563 \text{ mol})(0{,}0821 \text{ l} \cdot \text{atm/mol} \cdot \text{K})(273 \text{ K})}{15{,}0 \text{ l}} = 0{,}841 \text{ atm}$$

Entsprechend dem Dalton'schen Gesetz (Gleichung 10.12) ist der Gesamtdruck in dem Behälter gleich der Summe der Partialdrücke:

$$p_{\text{gesamt}} = p_{O_2} + p_{CH_4} = 0{,}281 \text{ atm} + 0{,}841 \text{ atm} = 1{,}122 \text{ atm}$$

Überprüfung: Die Durchführung von ungefähren Abschätzungen ist eine gute Angewohnheit, selbst wenn Sie meinen, Sie bräuchten dies nicht zu tun, um Ihre Antwort zu überprüfen. In diesem Fall scheint ein Druck von etwa 1 atm richtig für eine Mischung von etwa 0,2 mol O_2 (6/32) und etwas mehr als 0,5 mol CH_4 (9/16) zusammen in einem 15 l Volumen richtig zu sein, da ein Mol eines idealen Gases bei 1 atm Druck und 0 °C etwa 22 l einnimmt.

ÜBUNGSAUFGABE

Wie ist der Gesamtdruck, der von einer Mischung von 2,00 g H_2 und 8,00 g N_2 bei 273 K in einem 10,0 l Behälter ausgeübt wird?

Antwort: 2,86 atm.

Das bedeutet, dass der Gesamtdruck bei konstanter Temperatur und konstantem Volumen durch die Gesamtmolzahl an vorhandenem Gas bestimmt wird, egal ob diese Summe für nur eine Substanz oder eine Mischung steht.

Partialdrücke und Molenbrüche (= Stoffmengenanteile)

Da jedes Gas in einer Mischung sich unabhängig verhält, können wir die Menge eines gegebenen Gases in einer Mischung mit seinem Partialdruck in Verbindung bringen. Für ein ideales Gas ist $p = nRT/V$ und somit können wir schreiben

$$\frac{p_1}{p_{\text{gesamt}}} = \frac{n_1 RT/V}{n_{\text{gesamt}} RT/V} = \frac{n_1}{n_{\text{gesamt}}} \qquad (10.14)$$

Das Verhältnis n_1/n_{gesamt} wird der Molenbruch (= Stoffmengenanteil) von Gas 1 genannt, den wir mit X_1 angeben. Der **Molenbruch**, X, ist eine dimensionslose Zahl, die das Verhältnis der Molzahl einer Komponente zu der Gesamtmolzahl der Mischung ausdrückt. Wir können ▶Gleichung 10.14 umstellen, so dass wir erhalten

$$p_1 = \left(\frac{n_1}{n_{gesamt}}\right) p_{gesamt} = X_1 p_{gesamt} \tag{10.15}$$

Folglich ist der Partialdruck eines Gases in einer Mischung gleich seinem Molenbruch mal dem Gesamtdruck.

Der Molenbruch von N_2 in Luft ist 0,78 (d. h. 78 % der Moleküle in der Luft sind N_2). Wenn der Luftdruck 760 Torr ist, dann ist der Partialdruck von N_2 gleich

$$p_{N_2} = (0{,}78)(760 \text{ Torr}) = 590 \text{ Torr}$$

Dieses Ergebnis ist intuitiv sinnvoll: Weil N_2 78 % der Mischung stellt, trägt es 78 % zu seinem Gesamtdruck bei.

ÜBUNGSBEISPIEL 10.11 — Beziehung zwischen Molenbrüchen und Partialdrücken

Eine Studie zu den Einflüssen von bestimmten Gasen auf das Pflanzenwachstum erfordert eine künstliche Atmosphäre, die aus 1,5 Molprozent CO_2, 18,0 Molprozent O_2 und 80,5 Molprozent Ar besteht. **(a)** Berechnen Sie den Partialdruck von O_2 in der Mischung, wenn der Gesamtdruck der Atmosphäre 745 Torr ist. **(b)** Wenn diese Atmosphäre in einem 120 l Raum bei 295 K gehalten wird, wie viele Mole O_2 werden dann gebraucht?

Lösung

Analyse:
(a) Wir müssen zuerst den Partialdruck von O_2 aus seinen gegebenen Molprozenten und dem Gesamtdruck der Mischung berechnen.
(b) Wir müssen die Molzahl von O_2 in der Mischung aus seinem gegebenen Volumen (120 l), Temperatur (295 K) und Partialdruck (aus Teil (a)) berechnen.

Vorgehen: (a) Wir werden die Partialdrücke mit Gleichung 10.15 berechnen. **(b)** Wir werden dann p_{O_2}, V und T zusammen mit der idealen Gasgleichung benutzen, um die Molzahl von O_2, n_{O_2} zu berechnen.

Lösung:
(a) Die Molprozente sind einfach der Molenbruch mal 100 %. Daher ist der Molenbruch von O_2 gleich 0,180. Durch Einsetzen in ▶ Gleichung 10.15 erhalten wir

$$p_{O_2} = (0{,}180)(745 \text{ Torr}) = 134 \text{ Torr}$$

(b) Wenn wir die gegebenen Werte auflisten und sie in die entsprechenden Einheiten umwandeln, erhalten wir

$$p_{O_2} = (134 \text{ Torr})\left(\frac{1 \text{ atm}}{760 \text{ Torr}}\right) = 0{,}176 \text{ atm}$$

$$V = 120 \text{ l}$$

$$n_{O_2} = ?$$

$$R = 0{,}0821 \frac{\text{l} \cdot \text{atm}}{\text{mol} \cdot \text{K}}$$

$$T = 295 \text{ K}$$

Die Auflösung der idealen Gasgleichung nach n_{O_2} ergibt

$$n_{O_2} = p_{O_2}\left(\frac{V}{RT}\right) = (0{,}176 \text{ atm}) \frac{120 \text{ l}}{(0{,}0821 \text{ l} \cdot \text{atm/mol} \cdot \text{K})(295 \text{ K})} = 0{,}872 \text{ mol}$$

Überprüfung: Die Einheiten kommen zufriedenstellend heraus und die Antwort scheint in der richtigen Größenordnung zu sein.

ÜBUNGSAUFGABE

Aus den von *Voyager* 1 gesammelten Daten haben Wissenschaftler die Zusammensetzung der Atmosphäre von Titan, dem größten Mond von Saturn, berechnet. Der Gesamtdruck auf der Oberfläche von Titan ist 1220 Torr. Die Atmosphäre besteht aus 82 Molprozent N_2, 12 Molprozent Ar und 6,0 Molprozent CH_4. Berechnen Sie den Partialdruck für jedes dieser Gase in der Atmosphäre von Titan.

Antwort: $1{,}0 \times 10^3$ Torr N_2; $1{,}5 \times 10^2$ Torr Ar und 73 Torr CH_4.

10.6 Gasmischungen und Partialdrücke

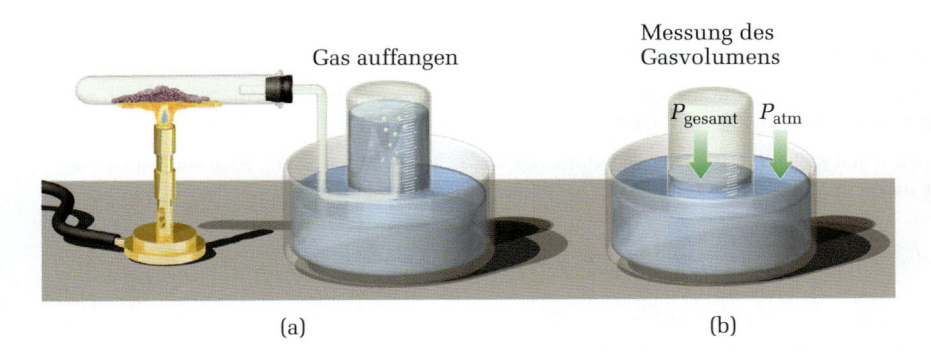

Abbildung 10.16: Auffangen eines wasserunlöslichen Gases über Wasser. (a) Ein Feststoff wird erhitzt und setzt ein Gas frei, das durch Wasser in eine Sammelflasche strömt. (b) Nach dem Auffangen des Gases wird die Flasche gehoben oder gesenkt, so dass das Wasserniveau inner- und außerhalb der Flasche gleich ist. Der Gesamtdruck der Gase innerhalb der Flasche ist dann gleich dem Luftdruck.

Gasauffangen über Wasser

Ein Experiment, dem man häufig im Chemielabor begegnet, ist die Bestimmung der Molzahl Gas, das aus einer chemischen Reaktion gesammelt wird. Manchmal wird dieses Gas über Wasser aufgefangen. Zum Beispiel kann Kaliumchlorat $KClO_3$ durch Erhitzen im Reagenzglas, in einer Anordnung wie die in ▶ Abbildung 10.16, zersetzt werden. Die ausgeglichene Gleichung für die Reaktion ist

$$2\ KClO_3(s) \longrightarrow 2\ KCl(s) + 3\ O_2(g) \qquad (10.16)$$

Das Sauerstoffgas wird in einer Flasche aufgefangen, die anfangs mit Wasser gefüllt ist und die kopfüber in eine Schale mit Wasser taucht.

Das Volumen des gesammelten Gases wird durch Heben oder Senken der Flasche gemessen, so dass die Wasserniveaus innerhalb und außerhalb der Flasche gleich sind. Wenn diese Bedingung erfüllt ist, ist der Druck innerhalb der Flasche gleich dem Luftdruck außerhalb. Der Gesamtdruck innerhalb ist die Summe des Drucks des gesammelten Gases und dem Druck des Wasserdampfs im Gleichgewicht mit flüssigem Wasser.

$$p_{gesamt} = p_{Gas} + p_{H_2O} \qquad (10.17)$$

Der vom Wasserdampf ausgeübte Druck, p_{H_2O}, bei verschiedenen Temperaturen ist in Anhang B aufgelistet.

ÜBUNGSBEISPIEL 10.12   **Berechnung der über Wasser aufgefangenen Gasmenge**

Eine Probe $KClO_3$ wird teilweise zersetzt (▶ Gleichung 10.16) und das entstandene O_2-Gas wird über Wasser, wie in Abbildung 10.16, aufgefangen. Das Volumen des gesammelten Gases ist 0,250 l bei 26 °C und 765 Torr Gesamtdruck. **(a)** Wie viel Mol Sauerstoff wurden aufgefangen? **(b)** Wie viel Gramm $KClO_3$ wurden zersetzt?

Lösung

(a) Analyse: Wir müssen die Molzahl des O_2-Gases in einem Behälter berechnen, der auch Wasserdampf enthält.

Vorgehen: Wenn wir die gegebenen Informationen tabellieren, werden wir sehen, dass die Werte für V und T gegeben sind. Um die Unbekannte, n_{O_2}, mit der idealen Gasgleichung zu berechnen, müssen wir auch den Partialdruck von O_2 in dem System kennen. Wir können den Partialdruck von O_2 aus dem Gesamtdruck (765 Torr) und dem Dampfdruck von Wasser berechnen.

Lösung: Der Partialdruck von O_2-Gas ist die Differenz zwischen dem Gesamtdruck, 765 Torr, und dem Druck des Wasserdampfs bei 26 °C, 25 Torr (Anhang B):

$$p_{O_2} = 765\ \text{Torr} - 25\ \text{Torr} = 740\ \text{Torr}$$

Wir können nun die ideale Gasgleichung zur Berechnung der Molzahl O_2 anwenden.

$$n_{O_2} = \frac{p_{O_2} V}{RT} = \frac{(740\ \text{Torr})(1\ \text{atm}/760\ \text{Torr})(0{,}250\ \text{l})}{(0{,}0821\ \text{l} \cdot \text{atm/mol} \cdot \text{K})(299\ \text{K})} = 9{,}92 \times 10^{-3}\ \text{mol}\ O_2$$

(b) Analyse: Wir müssen nun die Molzahl des zersetzten Reaktanten KClO$_3$ berechnen.

Vorgehen: Wir können die Molzahl von gebildetem O$_2$ und die ausgeglichene chemische Gleichung nehmen, um die Molzahl von zersetztem KClO$_3$ zu bestimmen, die wir dann in Gramm KClO$_3$ umwandeln können.

Lösung: Aus Gleichung 10.16 erhalten wir 2 mol KClO$_3 \Leftrightarrow$ 3 mol O$_2$. Die Molmasse von KClO$_3$ ist 122,6 g/mol. Also können wir die Molzahl O$_2$ die wir in Teil (a) gefunden haben in Molzahl KClO$_3$ und dann in Gramm KClO$_3$ umwandeln.

$$(9{,}92 \times 10^{-3} \text{ mol O}_2)\left(\frac{2 \text{ mol KClO}_3}{3 \text{ mol O}_2}\right)\left(\frac{122{,}6 \text{ g KClO}_3}{1 \text{ mol KClO}_3}\right) = 0{,}811 \text{ g KClO}_3$$

Überprüfung: Wie immer vergewissern wir uns, dass sich die Einheiten in den Berechnungen passend aufheben. Zusätzlich scheinen die Molzahlen von O$_2$ und KClO$_3$ für die kleine aufgefangene Gasmenge sinnvoll zu sein.

Anmerkung: Viele chemische Verbindungen, die mit Wasser und Wasserdampf reagieren, würden durch die Einwirkung von feuchtem Gas zersetzt werden. Folglich werden in Forschungslaboren Gase oft durch Durchleiten von feuchtem Gas durch eine Substanz, die Wasser adsorbiert (ein *Trockenmittel*), wie z. B. Calciumsulfat, CaSO$_4$, getrocknet. Calciumsulfatkristalle werden als Trockenmittel unter dem Handelsnamen Drierit verkauft.

ÜBUNGSAUFGABE

Ammoniumnitrit, NH$_4$NO$_2$, zersetzt sich beim Erhitzen zu N$_2$-Gas:

$$\text{NH}_4\text{NO}_2(s) \longrightarrow \text{N}_2(g) + 2\text{ H}_2\text{O}(l)$$

Wenn eine Probe NH$_4$NO$_2$ in einem Reagenzglas, wie in Abbildung 10.16, zersetzt wird, werden 511 ml N$_2$-Gas über Wasser bei 26 °C und 745 Torr Gesamtdruck aufgefangen. Wie viel Gramm NH$_4$NO$_2$ wurden zersetzt?

Antwort: 1,26 g.

Die kinetische Gastheorie 10.7

Die ideale Gasgleichung beschreibt, *wie* sich Gase verhalten, aber sie erklärt nicht, *warum* sie sich so verhalten. Warum dehnt sich ein Gas aus, wenn es bei konstantem Druck erhitzt wird? Oder warum nimmt sein Druck zu, wenn das Gas bei konstanter Temperatur komprimiert wird? Um die physikalischen Eigenschaften von Gasen zu verstehen, brauchen wir ein Modell das uns beschreibt, was mit den Gaspartikeln passiert, wenn experimentelle Bedingungen wie z. B. Druck oder Temperatur sich ändern. Solch ein Modell, bekannt als die **kinetische Gastheorie**, wurde über einen Zeitraum von etwa 100 Jahren entwickelt und gipfelte 1857 darin, dass Rudolf Clausius (1822–1888) eine vollständige und befriedigende Form der Theorie veröffentlichte.

Die kinetische Gastheorie (die Theorie sich bewegender Moleküle) wird durch die folgenden Aussagen zusammengefasst:

1. Gase bestehen aus einer großen Zahl von Molekülen, die in ständiger, zufälliger Bewegung sind. Das Wort *Molekül* wird hier benutzt um das kleinste Teilchen jedweden Gases zu bezeichnen; einige Gase, z. B. die Edelgase, bestehen aus einzelnen Atomen.

2. Das zusammengefasste Volumen aller Gasmoleküle ist vernachlässigbar im Vergleich zu dem Gesamtvolumen, in dem das Gas enthalten ist.

3. Anziehende und abstoßende Kräfte zwischen den Gasmolekülen sind vernachlässigbar.

4 Energie kann bei Kollisionen zwischen den Molekülen übertragen werden, aber die *durchschnittliche* kinetische Energie der Moleküle ändert sich im Laufe der Zeit nicht, solange die Temperatur des Gases konstant bleibt. Mit anderen Worten, die Kollisionen sind vollkommen elastisch.

5 Die durchschnittliche kinetische Energie der Moleküle ist proportional zur absoluten Temperatur. Bei gegebener Temperatur haben die Moleküle aller Gase die gleiche durchschnittliche kinetische Energie.

Die kinetische Gastheorie erklärt sowohl Druck als auch Temperatur auf Molekülebene. Der Druck eines Gases wird durch Kollisionen der Moleküle mit den Wänden des Behälters hervorgerufen, wie in ▶ Abbildung 10.17 gezeigt. Die Größe des Drucks wird davon bestimmt, wie oft und wie kräftig die Moleküle an die Wand stoßen.

Die absolute Temperatur eines Gases ist ein Maß für die *durchschnittliche* kinetische Energie seiner Moleküle. Wenn sich zwei verschiedene Gase bei gleicher Temperatur befinden, haben ihre Moleküle die gleiche durchschnittliche kinetische Energie (Aussage 5 der kinetischen Gastheorie). Wenn die absolute Temperatur eines Gases verdoppelt wird, verdoppelt sich die durchschnittliche kinetische Energie seiner Moleküle. Folglich erhöht sich die Molekülbewegung mit steigender Temperatur.

Obwohl die Moleküle in einer Gasprobe eine *durchschnittliche* kinetische Energie haben und damit eine durchschnittliche Geschwindigkeit, bewegen sich die einzelnen Moleküle mit verschiedenen Geschwindigkeiten. Die sich bewegenden Moleküle kollidieren häufig mit anderen Molekülen. Der Impuls bleibt bei jeder Kollision erhalten, aber eines der kollidierenden Moleküle kann mit hoher Geschwindigkeit abgelenkt werden, während das andere fast gestoppt wird. Das Ergebnis ist, dass sich die Geschwindigkeiten der Moleküle über einen großen Geschwindigkeitsbereich verteilen. ▶ Abbildung 10.18 illustriert die Verteilung der Molekülgeschwindigkeiten für Stickstoffgas bei 0 °C (blaue Linie) und bei 100 °C (rote Linie). Die Kurve zeigt uns den Anteil der Moleküle, die sich mit einer bestimmten Geschwindigkeit bewegen. Bei höheren Temperaturen bewegt sich ein größerer Teil der Moleküle mit größerer Geschwindigkeit; die Verteilungskurve hat sich nach rechts, zu höheren Geschwindigkeiten und damit zu höherer durchschnittlicher kinetischer Energie, verschoben. Das Maximum jeder Kurve stellt die wahrscheinlichste Geschwindigkeit dar (die Geschwindigkeit mit der größten Zahl von Molekülen). Beachten Sie, dass die blaue Kurve (0 °C) ein Maximum bei ca. 4×10^2 m/s hat, während die rote Kurve (100 °C) ein Maximum bei einer höheren Geschwindigkeit, ca. 5×10^2 m/s, hat.

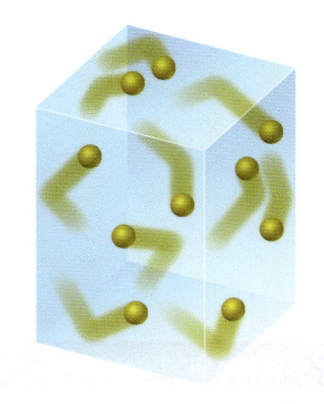

Abbildung 10.17: Die molekulare Ursache des Gasdrucks. Der Druck, den ein Gas ausübt, wird durch Kollisionen der Gasmoleküle mit den Behälterwänden verursacht.

Kinetische Energie eines Gases

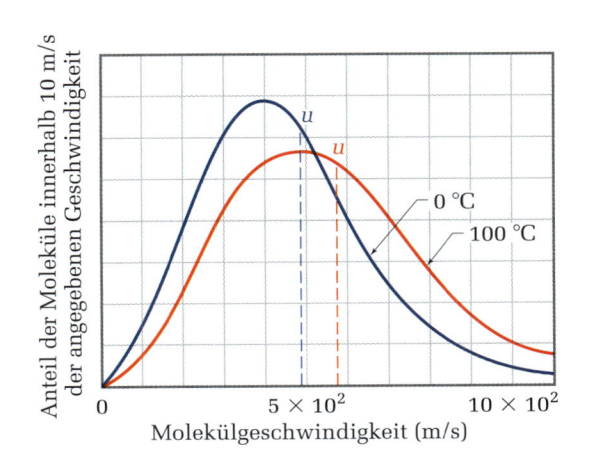

Abbildung 10.18: Der Einfluss der Temperatur auf Molekülgeschwindigkeiten. Verteilung der Molekülgeschwindigkeiten für Stickstoff bei 0 °C (blaue Linie) und 100 °C (rote Linie). Steigende Temperatur erhöht sowohl die wahrscheinlichste Geschwindigkeit (Kurvenmaximum) als auch die rms-Geschwindigkeit, u, die durch die vertikale gestrichelte Linie dargestellt ist.

Abbildung 10.18 zeigt auch die Werte für die Wurzel aus dem mittleren Geschwindigkeitsquadrat (engl.: *root-mean-square* (**rms**)), u, der Moleküle bei beiden Temperaturen. Diese Größe ist die Geschwindigkeit eines Moleküls, das eine durchschnittliche kinetische Energie besitzt. Die rms-Geschwindigkeit ist nicht ganz die gleiche wie die durchschnittliche (mittlere) Geschwindigkeit. Der Unterschied zwischen den beiden ist aber nur gering.* Beachten Sie, dass die rms-Geschwindigkeit bei 100 °C höher ist als bei 0 °C.

Die rms-Geschwindigkeit ist wichtig, da die durchschnittliche kinetische Energie der Gasmoleküle in einer Probe, ϵ, direkt mit u^2 zusammenhängt.

$$\epsilon = \tfrac{1}{2} m u^2 \tag{10.18}$$

> **? DENKEN SIE EINMAL NACH**
>
> Betrachten Sie drei Gasproben: HCl bei 298 K, H_2 bei 298 K, und O_2 bei 350 K. Vergleichen Sie die durchschnittlichen kinetischen Energien der Moleküle in den drei Proben.

wobei m die Masse des Moleküls ist. Die Masse ändert sich nicht mit der Temperatur. Folglich impliziert die Zunahme der durchschnittlichen kinetischen Energie bei steigender Temperatur, dass die rms-Geschwindigkeit (und auch die durchschnittliche Geschwindigkeit) der Moleküle gleichfalls steigt, wenn die Temperatur steigt.

Anwendung auf die Gasgesetze

Die empirischen Beobachtungen der Gaseigenschaften, die mit den verschiedenen Gasgesetzen ausgedrückt werden, können leicht mit der kinetischen Gastheorie verstanden werden. Die folgenden Beispiele verdeutlichen dies:

1 *Effekt der Volumenzunahme bei konstanter Temperatur:* Eine konstante Temperatur bedeutet, dass die durchschnittliche kinetische Energie der Gasmoleküle unverändert bleibt. Dies bedeutet wiederum, dass die rms-Geschwindigkeit der Moleküle, u, sich nicht ändert. Wenn aber das Volumen vergrößert wird, müssen die Moleküle längere Strecken zwischen den Kollisionen zurücklegen. Als Ergebnis gibt es weniger Kollisionen pro Zeiteinheit mit den Behälterwänden und der Druck sinkt. Also erklärt das Modell auf einfache Weise das Boyle'sche Gesetz.

2 *Effekt einer Temperaturerhöhung bei konstantem Volumen:* Eine Erhöhung der Temperatur bedeutet eine Zunahme der durchschnittlichen kinetischen Energie der Moleküle und daher eine Zunahme von u. Wenn das Volumen sich nicht ändert, wird es mehr Kollisionen mit den Wänden pro Zeiteinheit geben. Des Weiteren ist die Impulsänderung bei jeder Kollision größer (die Moleküle treffen stärker auf die Wände). Daher erklärt das Modell die beobachtete Druckzunahme.

---

* Um den Unterschied zwischen der Wurzel aus dem mittleren Geschwindigkeitsquadrat (rms) und der durchschnittlichen Geschwindigkeit zu zeigen, stellen wir uns vier Teilchen mit den folgenden Geschwindigkeiten vor 4,0; 6,0; 10,0 und 12,0 m/s. Die durchschnittliche Geschwindigkeit ist $\tfrac{1}{4}(4,0 + 6,0 + 10,0 + 12,0)$ m/s = 8,0 m/s. Die Wurzel aus dem mittleren Geschwindigkeitsquadrat ist

$$u = \sqrt{\tfrac{1}{4}(4,0^2 + 6,0^2 + 10,0^2 + 12,0^2)} \text{ m/s} = \sqrt{74,0} \text{ m/s} = 8,6 \text{ m/s}$$

Für ein ideales Gas ist die durchschnittliche Geschwindigkeit $0,921 \times u$. Die durchschnittliche Geschwindigkeit ist also proportional zu der Wurzel aus dem mittleren Geschwindigkeitsquadrat (rms) und nicht sehr verschieden davon.

Näher hingeschaut ■ Die ideale Gasgleichung

Ausgehend von den fünf Aussagen im Text zur kinetischen Gastheorie ist es möglich, die ideale Gasgleichung abzuleiten. Statt mit einer Ableitung weiterzumachen, lassen Sie uns mit eher qualitativen Überlegungen betrachten, wie die ideale Gasgleichung daraus folgt. Wie wir gesehen haben, ist Druck gleich Kraft pro Flächeneinheit (siehe Abschnitt 10.2). Die Gesamtkraft der Molekülkollisionen mit den Wänden und deshalb der Druck, der durch diese Kollisionen erzeugt wird, hängen sowohl davon ab, wie stark die Moleküle die Wände treffen (weitergegebener Impuls pro Kollision), als auch von der Häufigkeit mit der diese Kollisionen auftreten:

$$p \propto \text{weitergegebener Impuls pro Kollision} \times \text{Häufigkeit der Kollisionen}$$

Für ein Molekül, das sich mit der rms-Geschwindigkeit, u, bewegt, hängt der durch eine Kollision mit einer Wand weitergegebene Impuls vom Impuls des Moleküls ab; d. h. er hängt vom Produkt aus Masse und Geschwindigkeit, mu, ab. Die Häufigkeit der Kollisionen ist proportional zu sowohl der Anzahl an Molekülen pro Volumeneinheit, n/V, als auch zu ihrer Geschwindigkeit, u. Wenn sich mehr Moleküle im Behälter befinden, gibt es häufiger Kollisionen mit den Behälterwänden.

Wenn die Molekülgeschwindigkeit oder das Volumen des Behälters abnimmt, wird die von einem Molekül benötigte Zeit zur Überquerung der Distanz zwischen zwei Wänden reduziert und die Moleküle kollidieren häufiger mit den Wänden. Wir erhalten also

$$p \propto mu \times \frac{n}{V} \times u \propto \frac{nmu^2}{V} \quad (10.19)$$

Da die durchschnittliche kinetische Energie, $\frac{1}{2}mu^2$, proportional zur Temperatur ist, erhalten wir $mu^2 \propto T$. Setzen wir dies in Gleichung 10.19 ein, erhalten wir

$$p \propto \frac{n(mu^2)}{V} \propto \frac{nT}{V} \quad (10.20)$$

Lassen Sie uns nun das Propotionalitätszeichen in ein Gleichheitszeichen umwandeln, indem wir n als die Molzahl Gas ausdrücken; wir führen dann eine Proportionalitätskonstante, R, ein, die Gaskonstante.

$$p = \frac{nRT}{V} \quad (10.21)$$

Dieser Ausdruck ist die ideale Gasgleichung.

Ein bedeutender Schweizer Mathematiker, Daniel Bernoulli (1700–1782), überlegte sich ein Modell für Gase, das praktisch das gleiche war wie die kinetische Gastheorie. Aus diesem Modell leitete Bernoulli das Boyle'sche Gesetz und die ideale Gasgleichung ab. Dies war eines der ersten Beispiele in der Wissenschaft, ein mathematisches Modell aus einem Satz von Annahmen oder hypothetischen Aussagen zu entwickeln. Bernoullis Arbeit zu diesem Thema wurde völlig ignoriert, bis sie hundert Jahre später von Clausius und anderen wiederentdeckt wurde. Sie wurde ignoriert, da sie im Widerspruch zu verbreiteten Ansichten stand und Isaac Newtons unrichtigem Modell für Gase widersprach. Die Idole jener Zeit mussten erst fallen, bevor der Weg für die kinetische Gastheorie frei war. Wie diese Geschichte zeigt, ist Wissenschaft keine gerade Straße, die von hier zur „Wahrheit" führt. Die Straße ist von Menschenhand gebaut und verläuft daher im Zickzack.

ÜBUNGSBEISPIEL 10.13 — Anwendung der kinetischen Gastheorie

Eine Probe O_2-Gas, die sich anfangs bei STP befindet, wird bei konstanter Temperatur auf ein kleineres Volumen komprimiert. Welchen Effekt hat diese Änderung auf (a) die durchschnittliche kinetische Energie der O_2-Moleküle, (b) die Durchschnittsgeschwindigkeit von O_2-Molekülen, (c) die Gesamtzahl an Kollisionen von O_2-Molekülen mit den Behälterwänden pro Zeiteinheit, (d) die Anzahl an Kollisionen von O_2-Molekülen mit einer Flächeneinheit der Behälterwand pro Zeiteinheit?

Lösung

Analyse: Wir müssen die kinetische Gastheorie auf eine Situation anwenden, in der ein Gas bei konstanter Temperatur komprimiert wird.

Vorgehen: Wir werden bestimmen, wie jede der Größen in (a)–(d) durch die Volumenänderung bei konstanter Temperatur beeinflusst wird.

Lösung:
(a) Die durchschnittliche kinetische Energie der O_2-Moleküle wird nur von der Temperatur bestimmt. Folglich bleibt die durchschnittliche kinetische Energie bei der Komprimierung von O_2 bei konstanter Temperatur unverändert. (b) Wenn sich die durchschnittliche kinetische Energie der O_2-Moleküle nicht ändert, bleibt die durchschnittliche Geschwindigkeit konstant. (c) Die Gesamtzahl der Kollisionen mit den Behälterwänden pro Zeiteinheit muss steigen, da die Moleküle sich in einem kleineren Volumen, aber mit der gleichen durchschnittlichen Geschwindigkeit wie vorher, bewegen. Unter diesen Bedingungen müssen sie einer Wand häufiger begegnen. (d) Die Anzahl der Kollisionen mit einer Flächeneinheit pro Zeiteinheit steigt, da die Gesamtzahl der Kollisionen mit den Wänden pro Zeiteinheit steigt und die Wandfläche abnimmt.

Überprüfung: In einer konzeptionellen Übung dieser Art gibt es keine numerischen Antworten zu überprüfen. Alles, was wir in solch einem Fall überprüfen können, ist unsere Argumentation bei der Lösung der Aufgabe.

10 Gase

ÜBUNGSAUFGABE

Wie ändert sich die rms-Geschwindigkeit von N_2-Molekülen in einer Gasprobe durch **(a)** eine Zunahme der Temperatur, **(b)** eine Zunahme des Drucks, **(c)** Mischung mit einer Probe Ar der gleichen Temperatur?

Antworten: (a) Anstieg, **(b)** kein Effekt, **(c)** kein Effekt.

10.8 Molekulare Effusion und Diffusion

Gemäß der kinetischen Gastheorie hat die durchschnittliche kinetische Energie einer *jeglichen* Ansammlung von Gasmolekülen, $\frac{1}{2}mu^2$, einen spezifischen Wert bei einer gegebenen Temperatur. Also wird ein Gas aus leichten Teilchen, wie z.B. He, die gleiche durchschnittliche kinetische Energie haben wie ein aus viel schwereren Teilchen zusammengesetztes, wie z.B. Xe, vorausgesetzt die beiden Gase befinden sich bei gleicher Temperatur. Die Masse, m, der Teilchen in dem leichteren Gas ist kleiner als die in dem schwereren Gas. Als Konsequenz daraus müssen die Teilchen des leichteren Gases eine höhere rms-Geschwindigkeit, u, haben, als die Teilchen des schwereren. Die folgende Gleichung, die diese Tatsache quantitativ ausdrückt, kann aus der kinetischen Gastheorie abgeleitet werden.

ÜBUNGSBEISPIEL 10.14   Berechnung einer Wurzel aus dem mittleren Geschwindigkeitsquadrat

Berechnen Sie die rms-Geschwindigkeit, u, eines N_2-Moleküls bei 25 °C.

Lösung

Analyse: Uns sind die Identität und die Temperatur des Gases gegeben, die beiden Größen, die wir zur Berechnung der rms-Geschwindigkeit brauchen.

Vorgehen: Wir werden die rms-Geschwindigkeit mit Gleichung 10.22 berechnen.

Lösung: Wenn wir Gleichung 10.22 benutzen, sollten wir alle Größen in SI-Einheiten umwandeln, so dass alle Einheiten kompatibel sind. Wir werden R ebenfalls in Einheiten von J/mol·K (Tabelle 10.2) einsetzen, damit sich die Einheiten korrekt aufheben.

$$T = 25\,K + 273\,K = 298\,K$$
$$M = 28{,}0\,g/mol = 28{,}0 \times 10^{-3}\,kg/mol$$
$$R = 8{,}314\,J/mol \cdot K = 8{,}314\,kg \cdot m^2/s^2 \cdot mol \cdot K$$

Diese Einheiten folgen aus der Tatsache, dass $1\,J = 1\,kg \cdot m^2/s^2$

$$u = \sqrt{\frac{3(8{,}314\,kg \cdot m^2/s^2 \cdot mol \cdot K)(298\,K)}{28{,}0 \times 10^{-3}\,kg/mol}} = 5{,}15 \times 10^2\,m/s$$

Anmerkung: Dies entspricht einer Geschwindigkeit von 1850 km/h. Da das durchschnittliche Molekulargewicht von Luftmolekülen etwas größer als das von N_2 ist, ist die rms-Geschwindigkeit von Luftmolekülen ein wenig langsamer als die von N_2. Die Geschwindigkeit, mit der sich Schall durch Luft fortpflanzt etwa 350 m/s, ein Wert, der etwa zwei Drittel der durchschnittlichen rms-Geschwindigkeit von Luftmolekülen entspricht.

ÜBUNGSAUFGABE

Wie ist die rms-Geschwindigkeit eines He-Atoms bei 25 °C?

Antwort: $1{,}36 \times 10^3$ m/s.

10.8 Molekulare Effusion und Diffusion

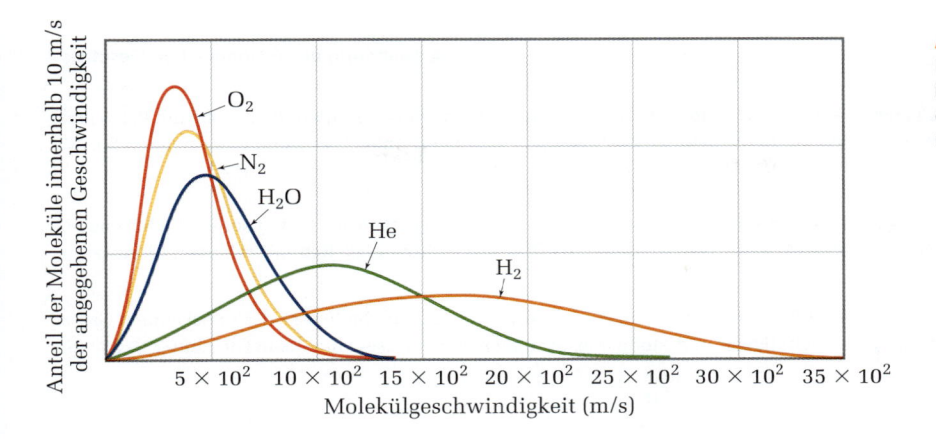

Abbildung 10.19: Der Einfluss der Molmasse auf Molekülgeschwindigkeiten. Die Verteilung der Molekülgeschwindigkeiten für verschiedene Gase werden bei 25 °C verglichen. Die Moleküle mit niedrigerer Molmasse haben höhere rms-Geschwindigkeiten.

$$u = \sqrt{\frac{3RT}{M}} \quad (10.22)$$

Weil die Molmasse, M, im Nenner erscheint, ist die rms-Geschwindigkeit, u, umso höher, je leichter die Gasmoleküle sind. ▶Abbildung 10.19 zeigt die Verteilung der molekularen Geschwindigkeiten für verschiedene Gase bei 25 °C. Beachten Sie, wie die Verteilungen für Gase mit niedrigerer Molmasse zu höheren Geschwindigkeiten hin verschoben sind.

Die Abhängigkeit der molekularen Geschwindigkeiten von der Masse hat mehrere interessante Konsequenzen. Das erste Phänomen ist die **Effusion**, der Austritt von Gasmolekülen durch ein kleines Loch in einen evakuierten Raum, wie in ▶Abbildung 10.20 gezeigt. Das zweite ist die **Diffusion**, das Ausbreiten einer Substanz über einen Raum oder durch eine zweite Substanz. Zum Beispiel diffundieren die Moleküle eines Parfüms durch einen Raum.

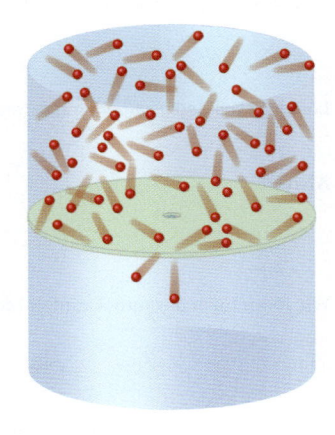

Abbildung 10.20: Effusion. Die obere Hälfte dieses Zylinders ist mit Gas gefüllt und die untere Hälfte ist ein evakuierter Raum. Gasmoleküle effundieren nur dann durch ein kleines Loch in der Trennwand, wenn sie das Loch treffen.

Graham'sches Gesetz der Effusion

1846 entdeckte Thomas Graham (1805–1869), dass die Effusionsgeschwindigkeit eines Gases umgekehrt proportional zu der Quadratwurzel seiner Molmasse ist. Nehmen Sie an, wir haben zwei Gase bei gleicher Temperatur und Druck in Behältern mit identischen kleinen Öffnungen. Wenn die Effusionsgeschwindigkeiten der beiden Substanzen r_1 und r_2 sind und ihre Molmassen M_1 und M_2, sagt das **Graham'sche Gesetz**

$$\frac{r_1}{r_2} = \sqrt{\frac{M_2}{M_1}} \quad (10.23)$$

▶Gleichung 10.23 vergleicht die Effusionsgeschwindigkeiten zweier verschiedener Gase unter identischen Bedingungen und es gibt an, dass das leichtere Gas schneller effundiert.

Abbildung 10.20 erklärt die Grundlage des Graham'schen Gesetzes. Der einzige Weg für ein Molekül, um aus seinem Behälter auszutreten, ist, das Loch in der Trennwand zu „treffen". Je schneller sich die Moleküle bewegen, desto größer ist die Wahrscheinlichkeit, dass ein Molekül das Loch trifft und effundiert. Dies impliziert, dass die Effusionsgeschwindigkeit direkt proportional zur rms-Geschwindigkeit des Moleküls ist. Da R und T konstant sind, erhalten wir aus ▶Gleichung 10.22

$$\frac{r_1}{r_2} = \frac{u_1}{u_2} = \sqrt{\frac{3RT/M_1}{3RT/M_2}} = \sqrt{\frac{M_2}{M_1}} \quad (10.24)$$

ÜBUNGSBEISPIEL 10.15 — Anwendung des Graham'schen Gesetzes

Ein unbekanntes Gas, das aus homonuklearen zweiatomigen Molekülen besteht, effundiert mit einer Geschwindigkeit, die nur 0,355 mal so groß ist wie die von O_2 bei der gleichen Temperatur. Berechnen Sie die Molmasse des unbekannten Gases und identifizieren Sie es.

Lösung

Analyse: Uns ist die Effusionsgeschwindigkeit eines unbekannten Gases relativ zu der von O_2 gegeben und wir sollen die Molmasse und Identität des unbekannten Gases herausfinden. Also müssen wir relative Effusionsgeschwindigkeiten mit relativen Molmassen verbinden.

Vorgehen: Wir können das Graham'sche Gesetz der Effusion, ▶Gleichung 10.23, anwenden, um die Molmasse des unbekannten Gases zu bestimmen. Wenn r_x und M_x die Effusionsgeschwindigkeit und Molmasse des unbekannten Gases sind, kann Gleichung 10.23 wie folgt geschrieben werden:

$$\frac{r_x}{r_{O_2}} = \sqrt{\frac{M_{O_2}}{M_x}}$$

Lösung: Aus den gegebenen Informationen folgt

$$r_x = 0{,}355 \times r_{O_2}$$

Also ist

$$\frac{r_x}{r_{O_2}} = 0{,}355 = \sqrt{\frac{32{,}0 \text{ g/mol}}{M_x}}$$

Wir lösen nach der unbekannten Molmasse, M_x, auf

$$\frac{32{,}0 \text{ g/mol}}{M_x} = (0{,}355)^2 = 0{,}126$$

$$M_x = \frac{32{,}0 \text{ g/mol}}{0{,}126} = 254 \text{ g/mol}$$

Da wir wissen, dass das unbekannte Gas aus homonuklearen zweiatomigen Molekülen besteht, muss es ein Element sein. Die Molmasse muss zweimal so groß wie das Atomgewicht der Atome in dem unbekannten Gas sein. Wir schließen, dass das unbekannte Gas I_2 ist.

ÜBUNGSAUFGABE

Berechnen Sie das Verhältnis der Effusionsgeschwindigkeiten von N_2 und O_2, r_{N_2}/r_{O_2}.

Antwort: $r_{N_2}/r_{O_2} = 1{,}07$.

Wie aus dem Graham'schen Gesetz erwartet, entweicht Helium schneller durch Leckstellen aus Behältern als andere Gase mit höherem Molekulargewicht (▶Abbildung 10.21).

Diffusion und mittlere freie Weglänge

Die Diffusion ist, wie die Effusion, schneller für Moleküle mit kleineren Massen als für jene mit höheren Massen. Tatsächlich wird das Verhältnis der Diffusionsgeschwindigkeiten zweier Gase unter identischen experimentellen Bedingungen durch das Graham'sche Gesetz, ▶Gleichung 10.23, angenähert. Molekülkollisionen machen die Diffusion aber komplizierter als die Effusion.

Wir können an der horizontalen Skala in Abbildung 10.19 sehen, dass die Geschwindigkeiten der Moleküle ziemlich hoch sind. Zum Beispiel ist die durchschnittliche Geschwindigkeit von N_2 bei Zimmertemperatur 515 m/s (1850 km/h). Wenn jemand an einem Ende des Raums ein Parfümflakon öffnet, vergeht trotz dieser hohen Geschwindigkeit einige Zeit – vielleicht ein paar Minuten – bevor der Duft am ande-

Diffusion vom Bromdampf

GRAHAM'SCHES GESETZ DER EFFUSION

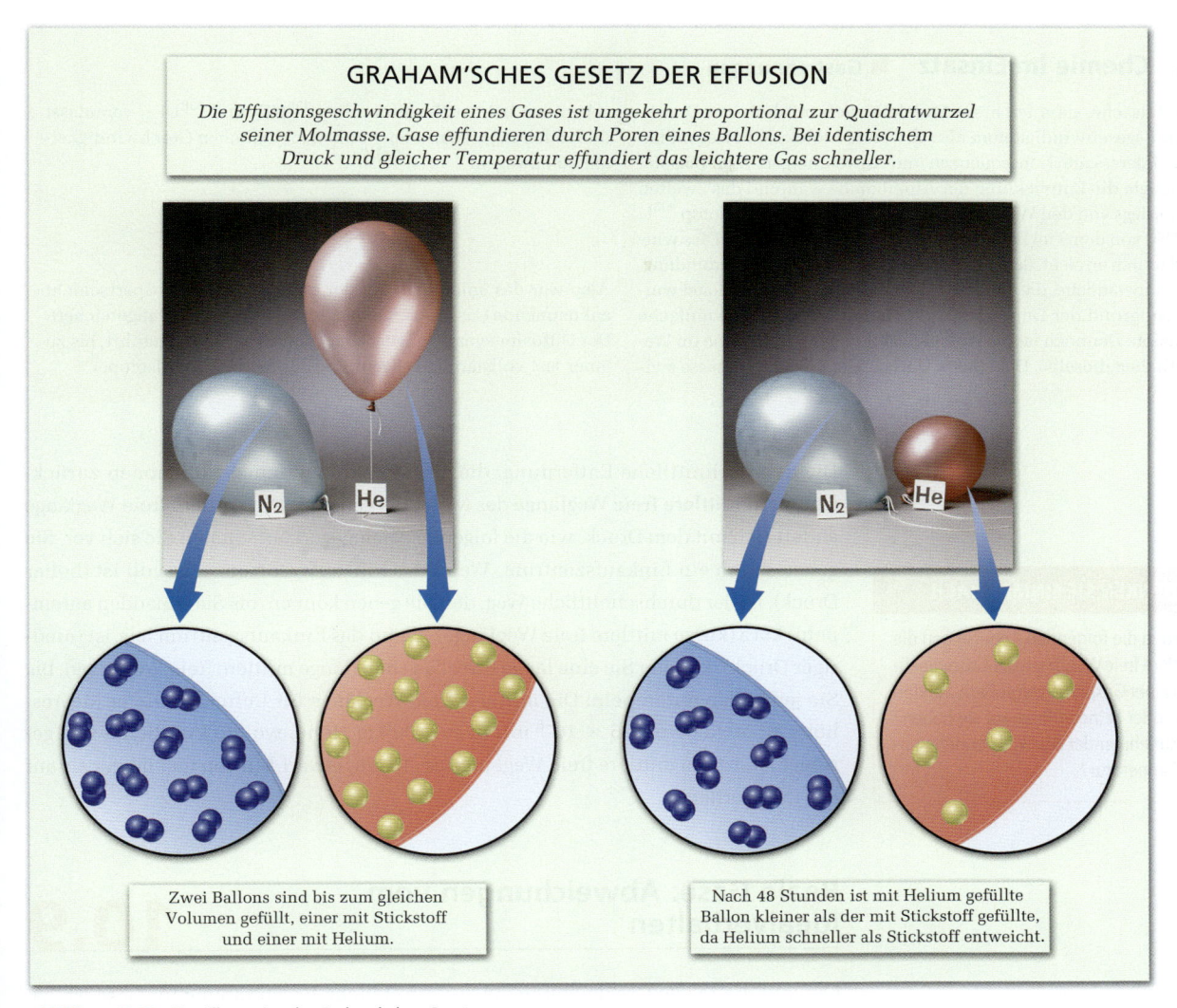

Die Effusionsgeschwindigkeit eines Gases ist umgekehrt proportional zur Quadratwurzel seiner Molmasse. Gase effundieren durch Poren eines Ballons. Bei identischem Druck und gleicher Temperatur effundiert das leichtere Gas schneller.

Zwei Ballons sind bis zum gleichen Volumen gefüllt, einer mit Stickstoff und einer mit Helium.

Nach 48 Stunden ist mit Helium gefüllte Ballon kleiner als der mit Stickstoff gefüllte, da Helium schneller als Stickstoff entweicht.

Abbildung 10.21: Eine Illustration des Graham'schen Gesetzes.

ren Ende des Raumes bemerkt wird. Die Diffusion von Gasen ist aufgrund von Molekülkollisionen viel langsamer als die Molekülgeschwindigkeit. Diese Kollisionen treten recht häufig für Gase bei Atmosphärendruck auf – etwa 10^{10} mal pro Sekunde für jedes Molekül.* Kollisionen treten auf, da reale Gasmoleküle endliche Volumina haben.

Aufgrund der Molekülkollisionen ändert sich die Bewegungsrichtung eines Gasmoleküls ständig. Deshalb besteht die Diffusion eines Moleküls von einem Punkt zu einem anderen aus kurzen gradlinigen Segmenten, da Kollisionen es in zufällige Richtungen hin und her werfen, wie in ▶ Abbildung 10.22 gezeigt. Zuerst bewegt sich das Molekül in eine Richtung, dann in eine andere; in einem Augenblick mit hoher Geschwindigkeit, im nächsten mit niedriger Geschwindigkeit.

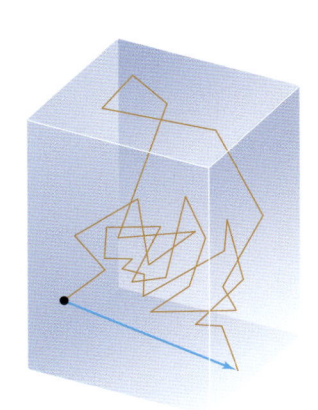

Abbildung 10.22: Diffusion eines Gasmoleküls. Zur Verdeutlichung sind keine anderen Gasmoleküle in dem Behälter gezeigt. Der Weg des Moleküls beginnt am eingezeichneten Punkt. Jeder Linienabschnitt stellt eine Bewegung zwischen zwei Kollisionen dar. Der blaue Pfeil zeigt die Nettoentfernung, die das Molekül zurückgelegt hat.

---

* Die Geschwindigkeit, mit der sich das Parfüm im Raum ausbreitet, hängt auch davon ab, wie stark die Durchmischung der Raumluft durch Temperaturgradienten und die Bewegung von Menschen ist. Auch bei Berücksichtigung dieser Faktoren braucht ein Molekül viel länger für die Durchquerung des Raumes als man bei der rms-Geschwindigkeit erwarten würde.

Chemie im Einsatz — Gastrennungen

Die Tatsache, dass leichtere Moleküle sich mit höheren Durchschnittsgeschwindigkeiten als schwerere Moleküle bewegen, hat viele interessante Konsequenzen und Anwendungen. Zum Beispiel verlangte die Entwicklung der Atombombe während des zweiten Weltkriegs von den Wissenschaftlern, das seltene Uran-Isotop ^{235}U (0,7 %) von dem viel häufigeren ^{238}U (99,3 %) zu trennen. Dies wurde dadurch erreicht, dass man das Uran in eine flüchtige Verbindung, UF_6, umwandelte, die dann durch poröse Trennflächen geleitet wurde. Aufgrund der Durchmesser der Poren ist dies keine einfache Effusion. Dennoch ist die Abhängigkeit von der Molmasse im Wesentlichen dieselbe. Der leichte Unterschied in der Molmasse zwischen den beiden Hexafluoriden, $^{235}UF_6$ und $^{238}UF_6$, veranlasst die Moleküle, sich mit leicht unterschiedlichen Geschwindigkeiten zu bewegen:

$$\frac{r_{235}}{r_{238}} = \sqrt{\frac{352,04}{349,03}} = 1,0043$$

Also war das anfänglich auf der anderen Seite der Sperrschicht ankommende Gas etwas mit dem leichteren Molekül angereichert. Der Diffusionsvorgang wurde tausende Male durchgeführt, bis zu einer fast vollständigen Trennung der beiden Uran-Isotope.

Die durchschnittliche Entfernung, die ein Molekül zwischen Kollisionen zurücklegt, wird **mittlere freie Weglänge** des Moleküls genannt. Die mittlere freie Weglänge ändert sich mit dem Druck, wie die folgende Analogie erklärt. Stellen Sie sich vor, Sie gehen durch ein Einkaufszentrum. Wenn das Einkaufszentrum sehr voll ist (hoher Druck), ist der durchschnittliche Weg, den Sie gehen können, bis Sie jemanden anrempeln, kurz (kurze mittlere freie Weglänge). Wenn das Einkaufszentrum leer ist (niedriger Druck), können Sie eine lange Strecke gehen (lange mittlere freie Weglänge), bis Sie jemanden anrempeln. Die mittlere freie Weglänge für Luftmoleküle in Meereshöhe ist etwa 60 nm (6×10^{-8} m). In ca. 100 km Höhe, wo die Luftdichte viel geringer ist, ist die mittlere freie Weglänge ca. 10 cm, etwa 1 Million mal länger als auf der Erdoberfläche.

> **? DENKEN SIE EINMAL NACH**
>
> Werden die folgenden Änderungen die mittlere freie Weglänge der Gasmoleküle in einer Gasprobe vergrößern, verkleinern oder keinen Effekt auf sie haben? (a) Zunehmender Druck, (b) zunehmende Temperatur?

10.9 Reale Gase: Abweichungen vom Idealverhalten

Obwohl die ideale Gasgleichung eine sehr nützliche Beschreibung für Gase ist, gehorchen alle realen Gase dieser Beziehung in gewissem Umfang nicht. Das Ausmaß der Abweichung eines realen Gases vom Idealverhalten kann durch Umstellen der idealen Gasgleichung nach n gesehen werden:

$$\frac{pV}{RT} = n \tag{10.25}$$

Für ein Mol idealen Gases ($n = 1$) ist die Größe pV/RT bei allen Drücken gleich 1. In ▶ Abbildung 10.23 ist pV/RT als Funktion von p für ein Mol von mehreren verschiedenen Gasen aufgetragen. Bei hohen Drücken ist die Abweichung vom idealen Verhalten groß ($pV/RT \ne 1$) und sie ist für jedes Gas unterschiedlich. *Reale Gase verhalten sich daher bei hohen Drücken nicht ideal.* Bei niedrigeren Drücken (normalerweise unter 10 atm) ist die Abweichung vom idealen Verhalten aber klein und wir können die ideale Gasgleichung anwenden, ohne gravierende Fehler zu erzeugen.

Die Abweichung vom Idealverhalten hängt auch von der Temperatur ab. ▶ Abbildung 10.24 zeigt Kurven von pV/RT gegen p für 1 mol N_2 bei drei Temperaturen. Wenn die Temperatur steigt, nähert sich das Verhalten des Gases dem des idealen Gases. Im Allgemeinen *nehmen die Abweichungen vom idealen Verhalten zu, wenn die Temperatur abnimmt*, was besonders bei der Temperatur, bei der das Gas in eine Flüssigkeit umgewandelt wird, signifikant wird.

> **? DENKEN SIE EINMAL NACH**
>
> Bei welchen Bedingungen sollte Heliumgas mehr vom idealen Verhalten abweichen (a) 100 K und 1 atm, (b) 100 K und 5 atm, oder (c) 300 K und 2 atm?

10.9 Reale Gase: Abweichungen vom Idealverhalten

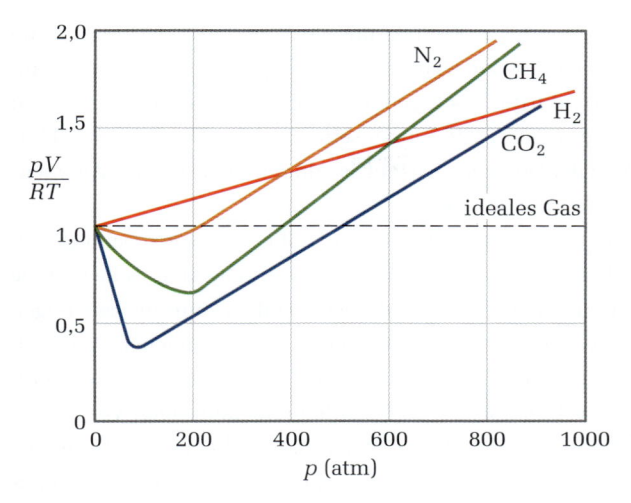

Abbildung 10.23: Der Einfluss des Drucks auf das Verhalten verschiedener Gase. Die Quotienten von pV/RT gegen Druck werden für 1 mol verschiedener Gase bei 300 K verglichen. Die Daten für CO_2 sind für 313 K, da sich CO_2 bei hohen Drücken bei 300 K verflüssigt. Die gestrichelte horizontale Linie zeigt das Verhalten eines idealen Gases.

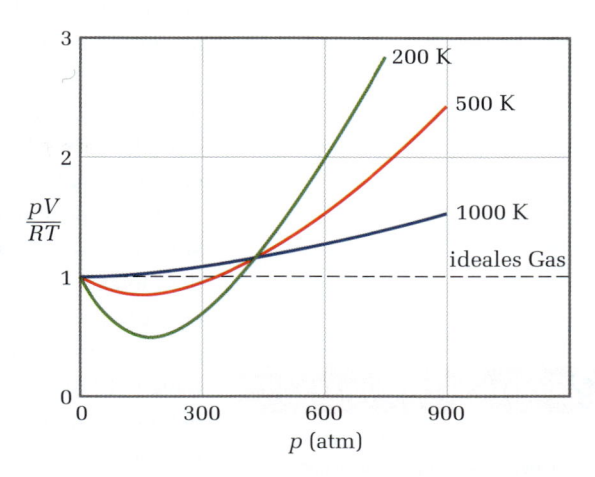

Abbildung 10.24: Der Einfluss von Temperatur und Druck auf das Verhalten von Stickstoffgas. Die Quotienten von pV/RT gegen Druck werden für 1 mol Stickstoffgas bei drei Temperaturen gezeigt. Wenn die Temperatur steigt, nähert sich das Gas mehr dem idealen Verhalten, das durch die gestrichelte horizontale Linie dargestellt ist.

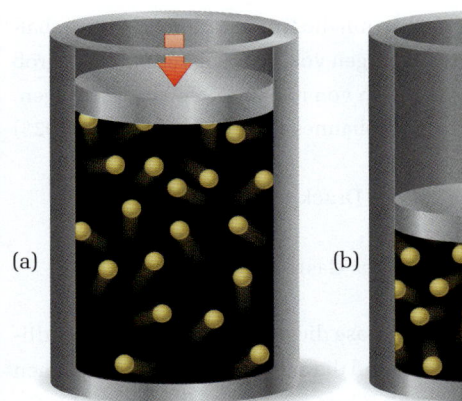

Abbildung 10.25: Vergleich des Volumens der Gasmoleküle mit dem Behältervolumen. In (a), bei niedrigem Druck, ist das Gesamtvolumen der Gasmoleküle im Verhältnis zum Behältervolumen klein, und wir können den leeren Raum als annähernd gleich dem leeren Raum zwischen den Molekülen setzen. In (b), bei hohem Druck, nimmt das Gesamtvolumen der Gasmoleküle einen größeren Anteil des verfügbaren Gesamtraums ein. Nun müssen wir bei der Bestimmung des für die Bewegung der Gasmoleküle zur Verfügung stehenden freien Raums das Volumen der Moleküle berücksichtigen.

Die Grundannahmen der kinetischen Gastheorie erklären uns, warum reale Gase vom idealen Verhalten abweichen. Man nimmt von den Molekülen eines idealen Gases an, dass sie keinen Raum einnehmen und sich nicht gegenseitig anziehen. *Reale Moleküle aber haben endliche Volumina und ziehen sich gegenseitig an*. Wie in ▶ Abbildung 10.25 gezeigt, ist der freie, nicht ausgefüllte Raum, in dem sich Moleküle bewegen können, etwas geringer als das Behältervolumen. Bei relativ geringen Drücken ist das Volumen der Gasmoleküle im Verhältnis zum Behältervolumen vernachlässigbar. Also ist das für die Moleküle verfügbare Volumen im Wesentlichen das gesamte Volumen des Behälters. Wenn der Druck steigt, wird aber der freie Raum, in dem sich Moleküle bewegen können, geringer als das Behältervolumen. Unter diesen Bedingungen neigen Gasvolumina daher dazu, etwas größer als durch die ideale Gasgleichung vorausgesagt zu sein.

Zusätzlich kommen die anziehenden Kräfte zwischen Molekülen bei kurzen Distanzen ins Spiel, wenn die Moleküle bei hohen Drücken zusammengedrängt sind. Aufgrund dieser anziehenden Kräfte ist der Aufprall eines gegebenen Moleküls auf die Wand des Behälters vermindert. Wenn wir die Bewegung in einem Gas anhalten könnten, würden die Positionen der Moleküle der Darstellung in ▶ Abbildung 10.26

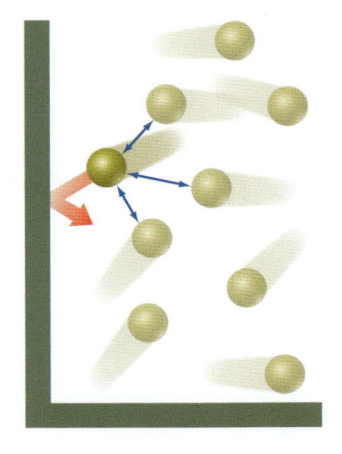

Abbildung 10.26: Der Einfluss der intermolekularen Kräfte auf den Gasdruck. Das Molekül, das dabei ist, die Wand zu treffen, erfährt anziehende Kräfte von nahen Gasmolekülen und sein Aufprall auf die Wand wird dadurch abgeschwächt. Der abgeschwächte Aufprall bewirkt, dass das Molekül einen geringeren als den erwarteten Druck auf die Wand ausübt. Die anziehenden Kräfte werden nur bei hohem Druck signifikant, wenn der Durchschnittsabstand zwischen den Molekülen klein ist.

ähneln. Das Molekül, das dabei ist, in Kontakt mit der Wand zu treten, erfährt die anziehenden Kräfte der nahen Moleküle. Diese Anziehungen vermindern die Kraft, mit der das Molekül die Wand trifft. Als Ergebnis ist der Druck geringer als für ein ideales Gas. Dieser Effekt verringert pV/RT unter seinen idealen Wert, wie in Abbildung 10.23 zu sehen. Wenn der Druck hoch genug ist, dominieren aber die Volumeneffekte und pV/RT steigt über den Idealwert.

Die Temperatur bestimmt, wie effektiv anziehende Kräfte zwischen Gasmolekülen sind. Wenn ein Gas abgekühlt wird, sinkt die durchschnittliche kinetische Energie des Moleküls, aber die intermolekularen Anziehungen bleiben konstant. Sozusagen entzieht das Kühlen eines Gases den Molekülen Energie, die sie brauchen, um ihren gegenseitigen anziehenden Einfluss zu überwinden. Die Temperatureffekte in Abbildung 10.24 illustrieren diesen Punkt sehr gut. Wenn die Temperatur steigt, verschwindet die negative Abweichung von pV/RT vom idealen Gasverhalten. Die Differenz, die bei hohen Temperaturen übrig bleibt, stammt hauptsächlich vom Effekt der endlichen Volumina der Moleküle.

Die van-der-Waals-Gleichung

Ingenieure und Wissenschaftler, die mit Gasen bei hohen Temperaturen arbeiten, können oft die ideale Gasgleichung nicht anwenden, um die Druck-Volumen-Eigenschaften von Gasen vorherzusagen, da die Abweichungen vom idealen Verhalten zu groß sind. Eine nützliche Gleichung, um das Verhalten von realen Gasen vorherzusagen, wurde von dem holländischen Wissenschaftler Johannes van der Waals (1837–1923) aufgestellt.

Die ideale Gasgleichung sagt voraus, dass der Druck eines Gases gleich

$$p = \frac{nRT}{V} \qquad \text{(ideales Gas)}$$

ist. Van der Waals erkannte, dass für alle realen Gase dieser Ausdruck um das endliche Volumen, das die Gasmoleküle einnehmen, und die anziehenden Kräfte zwischen den Gasmolekülen, korrigiert werden müsste. Er führte zwei Konstanten, a und b, für diese Korrekturen ein.

$$p = \underbrace{\frac{nRT}{V - nb}}_{\text{Korrektur für Volumen der Moleküle}} - \underbrace{\frac{n^2 a}{V^2}}_{\text{Korrektur für molekulare Anziehung}} \qquad (10.26)$$

Das Volumen des Behälters, V, wird um den Faktor nb verringert, um das kleine, aber endliche Volumen, dass die Gasmoleküle selbst einnehmen, zu berücksichtigen (Abbildung 10.25). Also ist das für die Gasmoleküle verfügbare freie Volumen $V - nb$. Die van-der-Waals-Konstante b ist ein Maß des tatsächlichen intrinsischen Volumens, das von einem Mol Gasmoleküle eingenommen wird; b hat die Einheit l/mol. Der Druck wird wiederum durch den Faktor $n^2 a/V^2$ verringert, der die anziehenden Kräfte zwischen den Gasmolekülen berücksichtigt (Abbildung 10.26). Die ungewöhnliche Form dieser Korrektur resultiert daher, dass die anziehenden Kräfte zwischen Molekülpaaren mit dem Quadrat der Zahl der Moleküle pro Volumeneinheit $(n/V)^2$ zunehmen. Also hat die van-der-Waals-Konstante a die Einheit $l^2 \cdot atm/mol^2$. Die Größe von a spiegelt wider, wie stark die Gasmoleküle sich anziehen.

> **? DENKEN SIE EINMAL NACH**
>
> Führen Sie zwei Gründe auf, warum Gase vom idealen Verhalten abweichen.

▶ Gleichung 10.26 wird allgemein so umgestellt, dass man folgende Form der **van-der-Waals-Gleichung** erhält:

$$\left(p + \frac{n^2 a}{V^2}\right)(V - nb) = nRT \quad (10.27)$$

Die van-der-Waals-Konstanten a und b sind für jedes Gas verschieden. Werte für diese Konstanten sind für verschiedene Gase in Tabelle 10.3 aufgelistet. Beachten Sie, dass die Werte sowohl für a als auch b, im Allgemeinen mit einer Zunahme der Masse des Moleküls und mit einer Zunahme der Komplexität seiner Struktur, größer werden. Größere, schwerere Moleküle haben nicht nur größere Volumina, sondern auch größere intermolekulare anziehende Kräfte.

Tabelle 10.3
van-der-Waals-Konstanten für Gasmoleküle

Substanz	a ($l^2 \cdot atm/mol^2$)	b (l/mol)
He	0,0341	0,02370
Ne	0,211	0,0171
Ar	1,34	0,0322
Kr	2,32	0,0398
Xe	4,19	0,0510
H_2	0,244	0,0266
N_2	1,39	0,0391
O_2	1,36	0,0318
Cl_2	6,49	0,0562
H_2O	5,46	0,0305
CH_4	2,25	0,0428
CO_2	3,59	0,0427
CCl_4	20,4	0,1383

ÜBUNGSBEISPIEL 10.16 — Anwendung der van-der-Waals-Gleichung

Wenn 1,000 mol eines idealen Gases auf 22,41 l bei 0,0 °C beschränkt wären, würde es einen Druck von 1,000 atm ausüben. Berechnen Sie mit der van-der-Waals-Gleichung und den Konstanten in Tabelle 10.3, den Druck, den 1,000 mol $Cl_2(g)$ in 22,41 l bei 0,0 °C ausübt.

Lösung

Analyse: Die Größe, nach der wir auflösen müssen, ist der Druck. Weil wir die van-der-Waals-Gleichung benutzen werden, müssen wir die passenden Werte für die Konstanten, die darin vorkommen, identifizieren.

Vorgehen: Durch Einsetzen in Gleichung 10.26 erhalten wir

$$p = \frac{nRT}{V - nb} - \frac{n^2 a}{V^2}$$

Lösung: Durch Einsetzen von $n = 1,000$ mol, $R = 0,08206$ l·atm/mol·K, $T = 273,2$ K, $V = 22,41$ l, $a = 6,49$ $l^2 \cdot atm/mol^2$ und $b = 0,0562$ l/mol erhalten wir

$$p = \frac{(1,000 \text{ mol})(0,08206 \text{ l} \cdot atm/mol \cdot K)(273,2 \text{ K})}{22,41 \text{ l} - (1,000 \text{ mol})(0,0562 \text{ l/mol})} - \frac{(1,000 \text{ mol})^2(6,49 \text{ l}^2 \cdot atm/mol^2)}{(22,41 \text{ l})^2}$$

$$= 1,003 \text{ atm} - 0,013 \text{ atm} = 0,990 \text{ atm}$$

Überprüfung: Wir erwarten einen Druck von etwa 1,000 atm, der der Wert für ein ideales Gas wäre, also scheint unsere Antwort sinnvoll zu sein.

Anmerkung: Beachten Sie, dass der erste Ausdruck, 1,003 atm, der für das Molekülvolumen korrigierte Druck ist. Dieser Wert ist größer als der ideale Wert, 1,000 atm, da das Volumen, in dem sich die Moleküle frei bewegen können, kleiner als das Behältervolumen, 22,41 l, ist. Also müssen die Moleküle häufiger mit der Behälterwand kollidieren. Der zweite Faktor, 0,013 atm, ist die Korrektur für die intermolekularen Kräfte. Die intermolekularen Anziehungen zwischen Molekülen reduzieren den Druck auf 0,990 atm. Wir können daher daraus schließen, dass die intermolekularen Anziehungen die Hauptursache für die leichte Abweichung von $Cl_2(g)$ vom idealen Verhalten unter den gegebenen experimentellen Bedingungen ist.

ÜBUNGSAUFGABE

Betrachten Sie eine Probe von 1,000 mol $CO_2(g)$ das in einem Volumen von 3,000 l bei 0,0 °C eingesperrt ist. Berechnen Sie den Druck des Gases mit **(a)** der idealen Gasgleichung und **(b)** der van-der-Waals-Gleichung.

Antworten: **(a)** 7,473 atm; **(b)** 7,182 atm.

ÜBERGREIFENDE BEISPIELAUFGABE

Verknüpfen von Konzepten

Dicyan, ein sehr giftiges Gas, besteht aus 46,2 Massen-% C und 53,8 Massen-% N. Bei 25 °C und 751 Torr, nimmt 1,05 g Dicyan 0,500 l ein. **(a)** Wie ist die Molekülformel von Dicyan? **(b)** Sagen Sie seine Molekülstruktur voraus. **(c)** Sagen Sie die Polarität der Verbindung voraus.

Lösung

Analyse: Zuerst müssen wir die Molekülformel für eine Verbindung aus ihren Elementaranalysedaten und Daten zu den Eigenschaften der gasförmigen Substanz bestimmen. Also müssen wir zwei getrennte Berechnungen durchführen.

(a) Vorgehen: Wir können die prozentuale Zusammensetzung der Verbindung zur Berechnung ihrer empirischen Formel benutzen (siehe Abschnitt 3.5). Dann können wir die Molekülformel durch Vergleich mit der Masse der empirischen Formel bestimmen (siehe Abschnitt 3.5).

Lösung: Um die empirische Formel zu bestimmen, nehmen wir an, wir haben eine 100 g-Probe der Verbindung und dann berechnen wir die Molzahl für jedes Element in der Probe:

$$\text{Mol C} = (46{,}2 \text{ g C})\left(\frac{1 \text{ mol C}}{12{,}01 \text{ g C}}\right) = 3{,}85 \text{ mol C}$$

$$\text{Mol N} = (53{,}8 \text{ g N})\left(\frac{1 \text{ mol N}}{14{,}01 \text{ g N}}\right) = 3{,}84 \text{ mol N}$$

Da das Verhältnis der Molzahlen der beiden Elemente im Wesentlichen 1:1 ist, ist die empirische Formel CN. Um die Molmasse der Verbindung zu berechnen, benutzen wir Gleichung 10.11.

$$M = \frac{dRT}{p} = \frac{(1{,}05 \text{ g}/0{,}500 \text{ l})(0{,}0821 \text{ l} \cdot \text{atm/mol} \cdot \text{K})(298 \text{ K})}{(751/760) \text{ atm}} = 52{,}0 \text{ g/mol}$$

Die zur empirischen Formel, CN, zugehörige Molmasse ist 12,0 + 14,0 = 26,0 g/mol. Division der Molmasse der Verbindung durch die ihrer empirischen Formel ergibt (52,0 g/mol)/(26,0 g/mol) = 2,00. Also hat das Molekül zweimal so viele Atome eines jeden Elements wie die empirische Formel, so dass die Molekülformel C_2N_2 ist.

(b) Vorgehen: Um die Molekülstruktur des Moleküls zu bestimmen, müssen wir erst seine Lewis-Strukturformel bestimmen (siehe Abschnitt 8.5). Wir können dann mit dem VSEPR-Modell die Struktur vorhersagen (siehe Abschnitt 9.2).

Lösung: Das Molekül hat 2(4) + 2(5) = 18 Valenzelektronen. Durch Ausprobieren suchen wir eine Lewis-Strukturformel mit 18 Valenzelektronen, in der jedes Atom ein Oktett hat und in dem die Formalladungen so niedrig wie möglich sind. Die folgenden Strukturen erfüllen diese Kriterien:

$$N \equiv C - C \equiv N$$

Diese Struktur hat an jedem Atom eine Formalladung von Null.

Die Lewis-Strukturformel zeigt, dass jedes Stickstoffatom ein nichtbindendes Elektronenpaar und eine Dreifachbindung und jedes Kohlenstoffatom eine Dreifachbindung und eine Einfachbindung hat. Also ist jedes Atom linear umgeben und damit ist das Gesamtmolekül auch linear.

(c) Vorgehen: Um die Polarität des Moleküls zu bestimmen, müssen wir die Polarität der einzelnen Bindungen und die Gestalt des Moleküls beachten.

Lösung: Da das Molekül linear ist, erwarten wir, dass die beiden Dipole, die durch die Polarität in der Kohlenstoff–Stickstoff-Bindung entstehen, sich gegenseitig aufheben, was dazu führt, dass das Molekül kein Dipolmoment besitzt.

Zusammenfassung und Schlüsselbegriffe

Abschnitt 10.1 Substanzen, die bei Zimmertemperatur Gase sind, sind meist molekulare Substanzen mit geringer Molmasse. Luft, hauptsächlich eine Mischung aus N_2 und O_2, ist das Gas, dem wir am häufigsten begegnen. Gase sind komprimierbar; sie mischen sich in allen Verhältnissen, da ihre Moleküle weit voneinander entfernt sind.

Abschnitt 10.2 Um den Zustand eines Gases zu beschreiben, müssen wir vier Variablen kennen: Druck (p), Volumen (V), Temperatur (T) und Menge (n). Volumen wird gewöhnlich in Liter gemessen, Temperatur in Kelvin und Gasmenge in mol. **Druck** ist die Kraft pro Flächeneinheit. Er wird in SI-Einheiten als **Pascal**, Pa (1 Pa = 1 N/m² = 1 kg/m·s²) ausgedrückt. Eine ähnliche Einheit, das **Bar**, ist gleich 10^5 Pa. In der Chemie wird der **Standardatmosphärendruck** zur Definition von **Atmosphäre** (atm) und **Torr** (auch Millimeter Quecksilber genannt) verwendet. Eine Atmosphäre Druck ist gleich 101,325 kPa oder 760 Torr. Ein Barometer wird häufig zur Messung des Atmosphärendrucks benutzt. Ein Manometer kann zur Druckmessung von eingeschlossenen Gasen verwendet werden.

Abschnitte 10.3 und 10.4 Studien haben einige einfache Gasgesetze offenbart: Für eine konstante Menge Gas bei konstanter Temperatur ist das Volumen des Gases umgekehrt proportional zu seinem Druck (**Boyle'sches Gesetz**). Für eine konstante Menge Gas bei konstantem Druck ist das Volumen des Gases direkt proportional zu seiner absoluten Temperatur (**Charles'sches Gesetz**). Gleiche Volumina von Gasen bei gleicher Temperatur und gleichem Druck enthalten dieselbe Anzahl Moleküle (**Avogadro'sche Molekülhypothese**). Für ein Gas bei konstanter Temperatur und konstantem Druck ist das Volumen des Gases direkt proportional zu seiner Molzahl (**Avogadro'sches Gesetz**). Jedes dieser Gasgesetze ist ein Spezialfall der idealen Gasgleichung.

Die **ideale Gasgleichung**, $pV = nRT$, ist die Zustandsgleichung für ein **ideales Gas**. Der Ausdruck R in dieser Gleichung ist die **Gaskonstante**. Wir können die ideale Gasgleichung benutzen, um Änderungen einer Variablen zu berechen, wenn eine oder mehrere der anderen geändert werden. Die meisten Gase gehorchen dem idealen Gasgesetz einigermaßen gut bei Drücken um 1 atm und Temperaturen nahe 273 K und darüber. Die Bedingungen 273 K (0 °C) und 1 atm werden als **Normaltemperatur und -druck (STP)** bezeichnet.

Abschnitte 10.5 und 10.6 Mit der idealen Gasgleichung können wir die Dichte d eines Gases mit seiner Molmasse in Beziehung bringen: $M = dRT/p$. Wir können mit der idealen Gasgleichung auch Aufgaben lösen, bei denen Gase als Reaktanten oder Produkte in chemischen Reaktionen beteiligt sind. Bei allen Anwendungen der idealen Gasgleichung müssen wir daran denken, die Temperaturen in absolute Temperaturen (Kelvin) umzuwandeln.

In Gasmischungen ist der Gesamtdruck die Summe der **Partialdrücke**, die jedes Gas ausüben würde, wenn es bei den gleichen Bedingungen alleine vorhanden wäre (**Dalton'sches Gesetz der Partialdrücke**). Der Partialdruck eines Gases in einer Mischung ist gleich seinem Molenbruch mal dem Gesamtdruck: $p_1 = X_1 p_t$. Der **Molenbruch** ist das Verhältnis der Molzahl einer Komponente einer Mischung zu der Gesamtmolzahl aller Komponenten. Bei der Berechnung von über Wasser aufgefangenem Gas muss eine Korrektur für den Partialdruck des Wasserdampfs in der Gasmischung vorgenommen werden.

Abschnitt 10.7 Die **kinetische Gastheorie** erklärt die Eigenschaften eines idealen Gases im Hinblick auf einen Satz von Aussagen über die Natur von Gasen. Kurz gefasst sind diese Aussagen wie folgt: Moleküle befinden sich in ständiger, regelloser Bewegung; das Volumen von Gasmoleülen ist im Vergleich zum Volumen des Behälters vernachlässigbar; die Gasmoleküle ziehen sich gegenseitig nicht an; ihre Kollisionen sind elastisch; und die durchschnittliche kinetische Energie der Gasmoleküle ist proportional zur absoluten Temperatur.

Die Moleküle eines Gases haben zu einem gegebenen Augenblick nicht alle die gleiche kinetische Energie. Ihre Geschwindigkeiten verteilen sich über einen weiten Bereich; die Verteilung ändert sich mit der Molmasse des Gases und mit der Temperatur. Die **Wurzel des mittleren Geschwindigkeitsquadrats (rms)**, u, ändert sich proportional zur Quadratwurzel der absoluten Temperatur und umgekehrt proportional zur Quadratwurzel der Molmasse: $u = \sqrt{3RT/M}$.

Abschnitt 10.8 Aus der kinetischen Gastheorie folgt, dass die Geschwindigkeit, mit der ein Gas **effundiert** (durch ein kleines Loch in ein Vakuum austritt) umgekehrt proportional zur Quadratwurzel seiner Molmasse ist (**Graham'sches Gesetz**). Die Diffusion eines Gases durch einen, von einem anderen Gas erfüllten, Raum ist ein anderes Phänomen, das mit der Geschwindigkeit, mit der sich Moleküle bewegen, zusammenhängt. Da Moleküle häufig miteinander kollidieren, ist die **mittlere freie Weglänge** – die mittlere zurückgelegte Strecke zwischen Kollisionen – kurz. Kollisionen zwischen Molekülen schränken die Geschwindigkeit, mit der Gasmoleküle diffundieren können, ein.

Abschnitt 10.9 Abweichungen vom idealen Verhalten nehmen an Größe zu, wenn der Druck steigt und die Temperatur sinkt. Das Ausmaß der Nichtidealität eines realen Gases kann durch Untersuchen der Größe pV/RT für ein Mol des Gases als Funktion des Drucks gesehen werden; für ein ideales Gas ist diese Größe bei allen Drücken gleich 1. Reale Gase weichen vom idealen Verhalten ab, da die Gasmoleküle endliche Volumina haben und die Moleküle anziehende Kräfte untereinander ausüben. Die **van-der-Waals-Gleichung** ist eine Zustandsgleichung für Gase, die die ideale Gasgleichung in Hinblick auf Molekülvolumen und intermolekulare Kräfte modifiziert.

Veranschaulichung von Konzepten

10.1 Nehmen Sie an, dass Sie eine Gasprobe in einem Behälter mit beweglichem Kolben, so wie in der Zeichnung, haben. **(a)** Zeichnen Sie den Behälter wie er aussehen könnte, wenn die Temperatur des Gases von 300 K auf 500 K erhöht wird, während der Druck konstant bleibt. **(b)** Zeichnen Sie den Behälter wie er aussehen könnte, wenn der Druck auf den Kolben von 1,0 atm auf 2,0 atm erhöht wird, während die Temperatur des Gases konstant gehalten wird (*Abschnitt 10.3*).

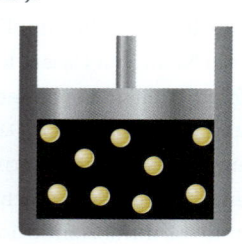

10.2 Betrachten Sie die unten gezeichnete Gasprobe. Wie würde die Zeichnung aussehen, wenn Volumen und Temperatur konstant blieben, während Sie genug Gas entfernen würden, um den Druck um den Faktor 2 zu verringern? (*Abschnitt 10.3*)

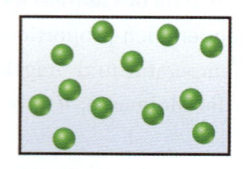

10.3 Betrachten Sie die folgende Reaktion:

$$2\,CO(g) + O_2(g) \longrightarrow 2\,CO_2(g)$$

Stellen Sie sich vor, diese Reaktion tritt in einem Behälter mit beweglichem Kolben auf, so dass während der Reaktion bei konstanter Temperatur ein konstanter Druck beibehalten werden kann. **(a)** Was passiert mit dem Volumen des Behälters infolge der Reaktion? Erklären Sie. **(b)** Wenn der Kolben sich nicht bewegen darf, was passiert mit dem Druck infolge der Reaktion? (*Abschnitte 10.3* und *10.5*)

10.4 Betrachten Sie den Apparat unten, der zwei Gase in zwei Behältern und einen leeren Behälter zeigt. Wenn die Hähne geöffnet werden und das Gas sich bei konstanter Temperatur mischen kann, wie ist die Verteilung der Atome in jedem Behälter? Nehmen Sie an, dass die Behälter von gleichem Volumen sind und ignorieren Sie die sie verbindenden Röhren. Welches Gas hat den größeren Partialdruck, nachdem die Hähne geöffnet sind? (*Abschnitt 10.6*)

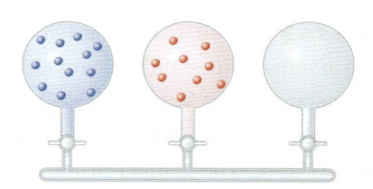

10.5 Die Zeichnung unten stellt eine Mischung von drei verschiedenen Gasen dar. **(a)** Ordnen Sie die drei Verbindungen nach zunehmendem Partialdruck. **(b)** Wenn der Gesamtdruck der Mischung 0,90 atm ist, berechnen Sie den Partialdruck für jedes Gas (*Abschnitt 10.6*).

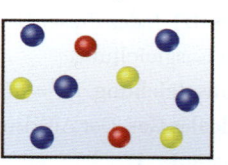

10.6 Skizzieren Sie in einer einzigen Auftragung qualitativ die Verteilung der Molekülgeschwindigkeiten für **(a)** $Kr(g)$ bei $-50\,°C$, **(b)** $Kr(g)$ bei $0\,°C$, **(c)** $Ar(g)$ bei $0\,°C$ (*Abschnitt 10.7*).

10.7 Betrachten Sie die unten stehende Zeichnung. **(a)** Wenn die Kurven A und B für zwei verschiedene Gase, He und O_2, bei gleicher Temperatur stehen, welches ist welches? Erklären Sie. **(b)** Wenn A und B für das gleiche Gas bei zwei verschiedenen Temperaturen stehen, welche repräsentiert die höhere Temperatur? (*Abschnitt 10.7*)

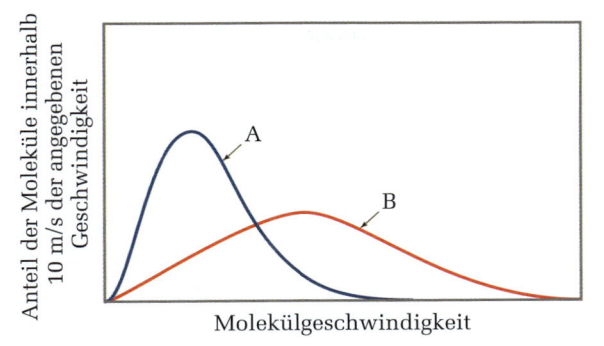

10.8 Betrachten Sie die folgenden Gasproben:

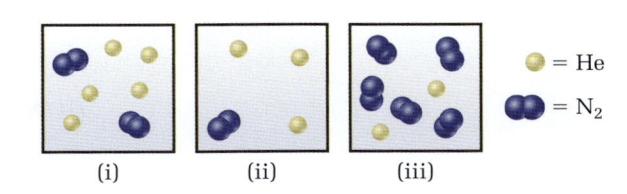

(i)   (ii)   (iii)

● = He
●● = N_2

Wenn die drei Proben sich alle bei gleicher Temperatur befinden, ordnen Sie diese in Hinblick auf **(a)** Gesamtdruck, **(b)** Partialdruck von Helium, **(c)** Dichte, **(d)** durchschnittliche kinetische Energie der Teilchen (*Abschnitt 10.7*).

Intermolekulare Kräfte, Flüssigkeiten und Festkörper

11

11.1	Ein molekularer Vergleich von Gasen, Flüssigkeiten und Festkörpern	423
11.2	Intermolekulare Kräfte	425
11.3	Eigenschaften von Flüssigkeiten	435
11.4	Phasenübergänge	436
11.5	Dampfdruck	442
11.6	Phasendiagramme	446
11.7	Strukturen von Festkörpern	448
11.8	Bindung in Festkörpern	454
	Zusammenfassung und Schlüsselbegriffe	460
	Veranschaulichung von Konzepten	461

ÜBERBLICK

Was uns erwartet

- Wir beginnen mit einem kurzen Vergleich von festen, flüssigen und gasförmigen Stoffen aus molekularer Sicht, der die wichtige Rolle zeigt, die Temperatur und *intermolekulare Kräfte* für den physikalischen Zustand eines Stoffs spielen (Abschnitt 11.1).

- Wir untersuchen danach die Hauptarten von intermolekularen Kräften, die in und zwischen Stoffen auftreten: *Ion-Dipol-Wechselwirkungen, Dipol-Dipol-Wechselwirkungen, London'sche Dispersionskräfte* und *Wasserstoffbrückenbindungen* (Abschnitt 11.2).

- Wir werden lernen, dass die Art und Stärke von intermolekularen Kräften zwischen Molekülen größtenteils für viele Eigenschaften von Flüssigkeiten verantwortlich sind, darunter ihre Viskosität, die ein Maß des Strömungswiderstands einer Flüssigkeit ist, und *Oberflächenspannung*, die ein Maß für den Widerstand einer Flüssigkeit gegenüber der Vergrößerung ihrer Oberfläche ist (Abschnitt 11.3).

- Wir werden uns *Phasenumwandlungen*, die Übergänge von Materie vom gasförmigen, flüssigen und festen Aggregatzustand und die Energieänderungen, die Phasenumwandlungen begleiten, ansehen (Abschnitt 11.4).

- Wir werden das *dynamische Gleichgewicht* untersuchen, das zwischen einer Flüssigkeit und ihrem gasförmigen Zustand vorliegt, und den Begriff des *Dampfdrucks* vorstellen. Eine Flüssigkeit siedet, wenn ihr Dampfdruck gleich dem Druck ist, der auf die Oberfläche der Flüssigkeit wirkt (Abschnitt 11.5).

- Ein *Phasendiagramm* (Zustandsdiagramm) ist eine grafische Darstellung der Gleichgewichte zwischen der gasförmigen, flüssigen und festen Phase (Abschnitt 11.6).

- Zum Schluss werden wir uns Festkörper ansehen. Geordnete Anordnungen von Molekülen oder Ionen in drei Dimensionen kennzeichnen *kristalline Festkörper*. Wir werden untersuchen, wie die Struktur eines kristallinen Festkörpers in Bezug auf seine Elementarzelle ausgedrückt werden kann und wie einfache Moleküle und Ionen am effizientesten in drei Dimensionen angeordnet werden (Abschnitt 11.7).

- Festkörper können nach den Anziehungskräften zwischen den Atomen, Molekülen oder Ionen, aus denen sie bestehen, eingestuft werden. Wir untersuchen vier dieser Klassen: *molekulare Festkörper, kovalente Festkörper, ionische Festkörper und metallische Festkörper* (Abschnitt 11.8).

In Kapitel 10 haben wir uns ausführlich mit dem Gaszustand befasst. In diesem Kapitel richten wir unsere Aufmerksamkeit auf die physikalischen Eigenschaften von Flüssigkeiten und Festkörpern sowie Phasenumwandlungen, die zwischen den drei Aggregatzuständen auftreten. Viele der Substanzen, mit denen wir uns in diesem Kapitel beschäftigen werden, sind molekular. Eigentlich sind sogar praktisch alle Substanzen, die bei Zimmertemperatur Flüssigkeiten sind, molekulare Stoffe. Die intramolekularen Kräfte *innerhalb* von Molekülen, die kovalente Bindung hervorrufen, haben Einfluss auf Molekülgestalt, Bindungsenergien und viele Aspekte des chemischen Verhaltens.

Die physikalischen Eigenschaften von molekularen Flüssigkeiten und Festkörpern sind jedoch größtenteils **intermolekularen Kräften** zuzuschreiben, den Wechselwirkungen, die *zwischen* Molekülen bestehen. Wir haben in Abschnitt 10.9 gelernt, dass Anziehungskräfte zwischen Gasmolekülen zu Abweichungen vom idealen Gasverhalten führen. Wie entstehen jedoch diese intermolekularen Anziehungskräfte? Wenn wir die Art und Stärke von intermolekularen Kräften verstehen, können wir die Zusammensetzung und Struktur von Molekülen auf ihre physikalischen Eigenschaften zurückführen.

11.1 Ein molekularer Vergleich von Gasen, Flüssigkeiten und Festkörpern

Einige der charakteristischen Eigenschaften von Gasen, Flüssigkeiten und Festkörpern führt Tabelle 11.1 auf. Diese Eigenschaften lassen sich bezogen auf die Bewegungsenergie (kinetische Energie) der Teilchen jedes Zustands im Vergleich mit den intermolekularen Kräften zwischen diesen Teilchen verstehen. Wie wir aus der kinetischen Gastheorie in Kapitel 10 gelernt haben, ist die durchschnittliche kinetische Energie, die auf die durchschnittliche Geschwindigkeit des Teilchens bezogen ist, proportional zur absoluten Temperatur.

Gase bestehen aus einer Ansammlung weit getrennter Moleküle in ständiger, chaotischer Bewegung. Die durchschnittliche Energie der Anziehungskräfte zwischen den Molekülen ist weitaus kleiner als ihre durchschnittliche kinetische Energie. Durch den Mangel an starken Anziehungskräften zwischen Molekülen kann das Gas expandieren, um seinen Behälter auszufüllen.

In Flüssigkeiten sind die intermolekularen Anziehungskräfte stark genug, um Moleküle dicht aneinander zu halten. So sind Flüssigkeiten weitaus dichter und weniger komprimierbar als Gase. Im Gegensatz zu Gasen haben Flüssigkeiten ein festes Volumen, unabhängig von der Größe und Form ihres Behälters. Die Anziehungskräfte in Flüssigkeiten sind jedoch nicht stark genug, um zu verhindern, dass sich die Moleküle aneinander vorbei bewegen. Daher kann jede Flüssigkeit ausgegossen werden und nimmt die Form des Teils ihres Behälters an, den sie ausfüllt.

In Festkörpern sind die intermolekularen Anziehungskräfte stark genug, um nicht nur Moleküle dicht aneinander zu halten, sondern sie sogar praktisch am Ort zu verankern. Festkörper sind, wie Flüssigkeiten, nicht gut komprimierbar, da die Moleküle nur wenig freien Raum zwischen sich haben. Da die Teilchen in einem Festkörper oder einer Flüssigkeit verglichen mit denen eines Gases recht dicht aneinander liegen, bezeichnen wir Festkörper und Flüssigkeiten häufig als *kondensierte Phasen*. Häufig nehmen die Moleküle eines Festkörpers Positionen in einem sehr regelmäßigen Muster an.

11 Intermolekulare Kräfte, Flüssigkeiten und Festkörper

Tabelle 11.1

Charakteristische Eigenschaften der Aggregatzustände

Gas	Nimmt das Volumen und die Form seines Behälters an. Ist komprimierbar. Fließt leicht. Diffusion in einem Gas verläuft schnell.
Flüssigkeit	Nimmt die Form des Teils des Behälters an, in dem sie sich befindet. Dehnt sich nicht aus, um den Behälter zu füllen. Ist praktisch nicht komprimierbar. Fließt leicht. Diffusion in einer Flüssigkeit verläuft langsam.
Festkörper	Behält seine Form und sein Volumen bei. Ist praktisch nicht komprimierbar. Fließt nicht. Diffusion in einem Festkörper verläuft sehr langsam.

Physikalische Eigenschaften der Halogene

Festkörper, die sehr geordnete Strukturen besitzen, werden als *kristallin* bezeichnet. Der Übergang von einer Flüssigkeit zu einem kristallinen Festkörper ähnelt der Veränderung, die auf einem militärischen Exerzierplatz auftritt, wenn die Soldaten in Formation kommandiert werden. Da die Teilchen eines Festkörpers nicht in der Lage sind, Bewegungen von großer Reichweite auszuführen, sind Festkörper starr. Denken Sie jedoch daran, dass die Bausteine, die den Festkörper bilden, thermische Energie besitzen und an ihrem Ort schwingen, egal, ob sie Ionen oder Moleküle sind. Diese Schwingungsbewegung nimmt in Amplitude zu, wenn ein Festkörper erwärmt wird. Die Energie kann sogar so weit zunehmen, dass der Festkörper entweder schmilzt oder sublimiert.

▶ Abbildung 11.1 vergleicht die drei Aggregatzustände. Die Teilchen, aus denen die Substanz besteht, können einzelne Atome wie bei Ar sein, Moleküle wie bei H_2O oder Ionen wie in NaCl. *Der Zustand einer Substanz hängt weitgehend vom Gleichgewicht zwischen den kinetischen Energien der Teilchen und den Anziehungskräften zwischen den Teilchen ab.* Durch die kinetischen Energien, die von der Temperatur abhängen, sind die Teilchen eher weiter voneinander entfernt und bleiben in Bewegung. Durch die Anziehungskräfte zwischen den Teilchen werden diese eher zueinander gezogen. Substanzen, die bei Zimmertemperatur Gase sind, haben schwächere Anziehungskräfte zwischen Teilchen als solche, die Flüssigkeiten sind. Substanzen, die Flüssigkeiten sind, haben schwächere Anziehungskräfte zwischen Teilchen als solche, die Festkörper sind.

Wir können eine Substanz durch Erhitzen oder Abkühlung von einem Zustand in den anderen überführen, was die durchschnittliche kinetische Energie der Teilchen ändert. NaCl zum Beispiel, das bei Zimmertemperatur ein Festkörper ist, schmilzt bei 801 °C und siedet bei 1413 °C unter 1 atm Druck. N_2O hingegen, das bei Zimmertemperatur ein Gas ist, verflüssigt sich bei −88,5 °C und erstarrt bei −90,8 °C unter 1 atm Druck. Mit sinkender Temperatur eines Gases nimmt die durchschnittliche kinetische Energie seiner Teilchen ab, so dass die Anziehungskräfte zwischen den Teilchen zuerst die Teilchen nah aneinander ziehen kann, um eine Flüssigkeit zu bilden, und sie dann praktisch auf der Stelle verankert, um einen Festkörper zu bilden.

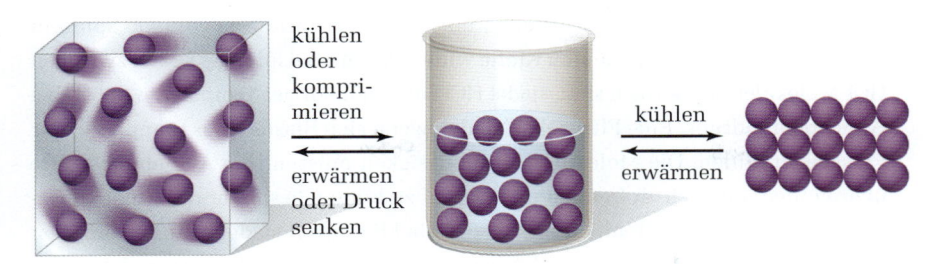

Gas

vollkommene Unordnung; viel freier Raum; Teilchen haben vollständige Bewegungsfreiheit; Teilchen weit auseinander

Flüssigkeit

Unordnung; Teilchen oder Teichengruppen können sich zueinander frei bewegen; Teilchen dicht aneinander

kristalliner Festkörper

geordnete Anordnung; Teilchen sind im Wesentlichen an festen Positionen; Teilchen dicht zusammen

Abbildung 11.1: Molekularer Vergleich von Gasen, Flüssigkeiten und Festkörpern. Die Teilchen können Atome, Ionen oder Moleküle sein. Die Dichte der Teilchen in der Gasphase wird gegenüber den meisten realen Situationen übertrieben.

Erhöhung des Drucks auf ein Gas zwingt die Moleküle näher zueinander, was wiederum die Stärke der intermolekularen Anziehungskräfte erhöht. Propan (C_3H_8) ist ein Gas bei Zimmertemperatur und 1 atm Druck, während Propan (LP) bei Zimmertemperatur eine Flüssigkeit ist, wenn es unter viel höherem Druck gelagert wird.

> **? DENKEN SIE EINMAL NACH**
>
> Wie lässt sich die Anziehungsenergie zwischen Teilchen mit ihren kinetischen Energien in (a) einem Gas, (b) einer Flüssigkeit vergleichen?

Intermolekulare Kräfte 11.2

Die Stärken von intermolekularen Kräften verschiedener Substanzen variieren stark, sie sind jedoch generell viel schwächer als Ionenbindungen oder kovalente Bindungen (▶ Abbildung 11.2). Daher ist weniger Energie erforderlich, um eine Flüssigkeit zu verdampfen oder einen Festkörper zu schmelzen, als um die kovalenten Bindungen in Molekülen aufzubrechen. Zum Beispiel sind nur 16 kJ/mol erforderlich, um die intermolekularen Anziehungskräfte zwischen HCl-Molekülen in flüssigem HCl zu überwinden und es zu verdampfen. Die zum Aufbrechen der kovalenten Bindung erforderliche Energie, um HCl in H- und Cl-Atome zu dissoziieren, ist dagegen 431 kJ/mol. So bleiben die Moleküle selbst intakt, wenn ein molekularer Stoff wie HCl vom festen zum flüssigen und schließlich zum gasförmigen Aggregatzustand wechselt.

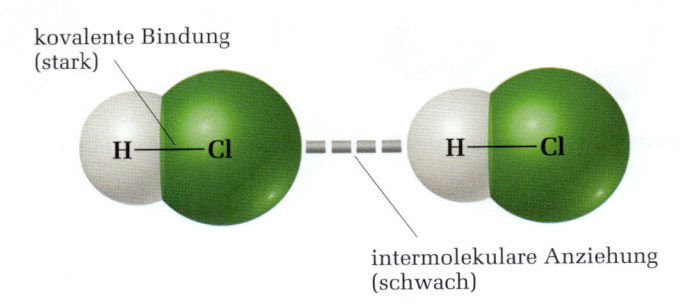

Abbildung 11.2: Intermolekulare Anziehung. Vergleich einer kovalenten Bindung (einer intramolekularen Kraft) und einer intermolekularen Anziehung. Da intermolekulare Anziehungskräfte schwächer als kovalente Bindungen sind, werden sie für gewöhnlich durch Punkte oder Striche dargestellt.

11 Intermolekulare Kräfte, Flüssigkeiten und Festkörper

Viele Eigenschaften von Flüssigkeiten einschließlich ihrer *Siedepunkte* spiegeln die Stärken der intermolekularen Kräfte wider. Da zum Beispiel die Kräfte zwischen HCl-Molekülen so schwach sind, siedet HCl bei sehr niedriger Temperatur, −85 °C bei Atmosphärendruck. Eine Flüssigkeit siedet, wenn sich Blasen ihres Dampfes in der Flüssigkeit bilden. Die Moleküle einer Flüssigkeit müssen ihre Anziehungskräfte überwinden, um sich zu trennen und Dampf zu bilden. Je stärker die Anziehungskräfte, desto höher die Temperatur, bei der die Flüssigkeit siedet. Ähnlich erhöhen sich die *Schmelzpunkte* von Festkörpern, wenn die Stärken der intermolekularen Kräfte sich erhöhen.

Es sind drei Arten von intermolekularen Anziehungskräften zwischen neutralen Molekülen bekannt: Dipol-Dipol-Wechselwirkungen, London'sche Dispersionskräfte und Wasserstoffbrückenbindungen. Intermolekulare Kräfte, die mit der 6. Potenz des Abstandes abnehmen, werden meist nach Johannes van der Waals, der die Gleichung zur Vorhersage der Abweichung von Gasen vom idealen Verhalten entwickelte, auch als *Van-der-Waals-Kräfte* bezeichnet (siehe Abschnitt 10.9). Eine weitere Art von Anziehungskraft, die Ion-Dipol-Wechselwirkung, ist in Lösungen wichtig. Alle vier Kräfte sind elektrostatischer Art, wobei es um Anziehungskräfte zwischen positiven und negativen Spezies geht. Alle sind weniger als 15 % so stark wie kovalente oder Ionenbindungen.

> **? DENKEN SIE EINMAL NACH**
>
> In welchem der folgenden Gemische finden Sie Ion-Dipol-Wechselwirkungen: CH_3OH in Wasser oder $Ca(NO_3)_2$ in Wasser?

Ion-Dipol-Wechselwirkung

Eine **Ion-Dipol-Wechselwirkung** existiert zwischen einem Ion und der Teilladung am Ende eines polaren Moleküls. Polare Moleküle sind permanente Dipole. Sie haben ein positives Ende und ein negatives Ende (siehe Abschnitt 9.3). HCl ist zum Beispiel ein polares Molekül, weil sich die Elektronegativitäten der H- und Cl-Atome unterscheiden.

Positive Ionen werden vom negativen Ende eines Dipols angezogen, während negative Ionen vom positiven Ende angezogen werden (wie in ▶ Abbildung 11.3 zu sehen). Die Größe der Anziehungskraft nimmt zu, wenn die Ladung des Ions oder die Größe des Dipolmoments zunimmt. Ion-Dipol-Wechselwirkungen sind besonders für ionische Substanzen in polaren Flüssigkeiten von Bedeutung wie eine Lösung von NaCl in Wasser (siehe Abschnitt 4.1). Wir werden auf diese Lösungen in Abschnitt 13.1 näher eingehen.

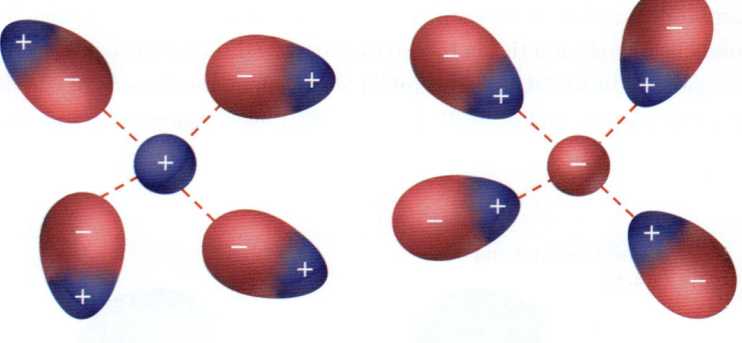

Kation-Dipol-Anziehungskräfte
(a)

Anion-Dipol-Anziehungskräfte
(b)

Abbildung 11.3: Ion-Dipol-Anziehungskräfte. Abbildung der bevorzugten Orientierungen polarer Moleküle zu Ionen. Das negative Ende der Dipole ist auf ein Kation gerichtet (a) und das positive Ende der Dipole ist auf ein Anion gerichtet (b).

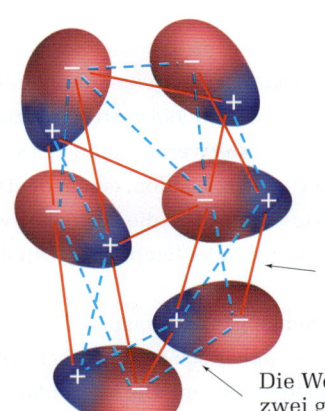

Die Wechselwirkung zwischen zwei entgegengesetzten Ladungen ist anziehend (durchgehende rote Linien).

Die Wechselwirkung zwischen zwei gleichen Ladungen ist abstoßend (gestrichelte blaue Linien).

Abbildung 11.4: Dipol-Dipol-Anziehungskräfte. Die Wechselwirkung vieler Dipole im kondensierten Zustand. Es gibt sowohl abstoßende Wechselwirkungen zwischen gleichen Ladungen und anziehende Wechselwirkung zwischen ungleichen Ladungen. Die anziehenden Wechselwirkungen herrschen jedoch vor.

Dipol-Dipol-Wechselwirkungen

Neutrale polare Moleküle ziehen einander an, wenn das positive Ende eines Moleküls nahe dem negativen Ende des anderen ist, wie ▶ Abbildung 11.4 zeigt. Diese **Dipol-Dipol-Wechselwirkungen** sind nur wirksam, wenn polare Moleküle sehr nahe aneinander sind, und sie sind generell schwächer als Ion-Dipol-Wechselwirkungen.

In Flüssigkeiten können sich polare Moleküle zueinander frei bewegen. Wie Abbildung 11.4 zeigt, sind sie manchmal in einer Orientierung, die anziehend ist (rote durchgehende Linien) und manchmal in einer Orientierung, die abstoßend ist (blaue gestrichelte Linien). Zwei Moleküle, die einander anziehen, verbringen mehr Zeit dicht beieinander als zwei, die einander abstoßen. Daher ist der Gesamteffekt eine Anziehungskraft. Wenn wir verschiedene Flüssigkeiten untersuchen, sehen wir, dass *für Moleküle ungefähr gleicher Masse und Größe die Stärken der intermolekularen Anziehungskräfte mit zunehmender Polarität zunehmen.* Wir können diesen Trend in Tabelle 11.2 sehen, die mehrere Substanzen mit ähnlichen Molekülmassen, aber unterschiedlichen Dipolmomenten aufführt. Sie sehen, dass der Siedepunkt mit steigendem Dipolmoment steigt. Damit Dipol-Dipol-Wechselwirkungen wirken können, müssen Moleküle in der richtigen Orientierung nah aneinander kommen können. Für Moleküle vergleichbarer Polarität erfahren daher die mit kleineren molekularen Volumen generell höhere Dipol-Dipol-Anziehungskräfte.

? DENKEN SIE EINMAL NACH

Für welche der Substanzen in Tabelle 11.2 sind die Dipol-Dipol-Anziehungskräfte am größten?

Tabelle 11.2

Molekülmasse, Dipolmomente, und Siedepunkte einfacher organischer Substanzen

Substanz	Molekülmasse (ame)	Dipolmoment μ (D)	Siedepunkt (K)
Propan, $CH_3CH_2CH_3$	44	0,1	231
Dimethylether, CH_3OCH_3	46	1,3	248
Methylchlorid, CH_3Cl	50	1,9	249
Acetaldehyd, CH_3CHO	44	2,7	294
Acetonitril, CH_3CN	41	3,9	355

London'sche Dispersionskräfte

Es können keine Dipol-Dipol-Wechselwirkungen zwischen unpolaren Atomen und Molekülen vorliegen. Es muss jedoch einige mit irgendeiner Art von anziehenden Wechselwirkungen geben, da unpolare Gase verflüssigt werden können. Der Ursprung dieser Anziehungskraft wurde zuerst 1930 von Fritz London, einem deutsch-amerikanischen Physiker vorgeschlagen. London erkannte, dass die Bewegung von Elektronen in einem Atom oder Molekül ein *momentanes*, oder temporäres, Dipolmoment induzieren kann.

In einer Ansammlung von Heliumatomen ist zum Beispiel die *durchschnittliche* Verteilung der Elektronen um jeden Kern sphärisch symmetrisch. Die Atome sind unpolar und besitzen kein permanentes Dipolmoment. Die *momentane* Verteilung der Elektronen kann sich jedoch von der durchschnittlichen Verteilung unterscheiden. Wenn wir die Bewegung der Elektronen in einem Heliumatom zu einem gegebenen Augenblick einfrieren könnten, könnten beide Elektronen auf einer Seite des Kerns sein. In genau diesem Augenblick hätte das Atom dann ein momentanes Dipolmoment.

Da Elektronen einander abstoßen, beeinflussen die Bewegungen von Elektronen an einem Atom die Bewegungen von Elektronen an seinen Nachbarn. Damit kann der temporäre Dipol an einem Atom einen ähnlichen temporären Dipol an einem benachbarten Atom induzieren, so dass die Atome sich gegenseitig, wie in ▶ Abbildung 11.5 gezeigt, anziehen. Diese anziehende Wechselwirkung wird als die **London'sche Dispersionskraft** (oder auch nur die *Dispersionskraft*) bezeichnet. Diese Kraft ist, wie Dipol-Dipol-Wechselwirkungen, nur bedeutend, wenn Moleküle sehr nah aneinander liegen.

Die Stärke der Dispersionskraft hängt davon ab, wie einfach es ist, die Ladungsverteilung in einem Molekül zu verformen, um einen momentanen Dipol zu induzieren. Die Leichtigkeit, mit der die Elektronenverteilung in einem Molekül verformt werden kann, wird als seine Polarisierbarkeit bezeichnet. Wir können uns die **Polarisierbarkeit** eines Moleküls als ein Maß für die „Verformbarkeit" seiner Elektronenwolke vorstellen: Je größer die Polarisierbarkeit des Moleküls, desto einfacher kann seine Elektronenwolke verformt werden, um einen momentanen Dipol zu erhalten. Daher haben leichter polarisierbare Moleküle stärkere Dispersionskräfte.

Generell haben größere Moleküle eher größere Polarisierbarkeiten, da sie eine größere Zahl von Elektronen besitzen und ihre Elektronen weiter von den Kernen entfernt sind. Die Stärke der Dispersionskräfte steigt mit steigender molekularer Größe. Da molekulare Größe und Masse generell parallel zueinander verlaufen, nehmen *Dispersionskräfte* eher *mit zunehmender Molekülmasse in ihrer Stärke zu*. So steigen die Siedepunkte der Halogene und der Edelgase mit zunehmender Molekülmasse (Tabelle 11.3).

> **? DENKEN SIE EINMAL NACH**
>
> Reihen Sie die Substanzen CCl_4, CBr_4 und CH_4 nach steigender (a) Polarisierbarkeit, (b) Stärke der Dispersionskräfte.

Abbildung 11.5: Dispersionskräfte. Im Durchschnitt ist die Ladungsverteilung in den Heliumatomen kugelförmig, wie es die Kugeln in (a) darstellen. In einem bestimmten Augenblick kann es jedoch eine nicht kugelförmige Anordnung der Elektronen geben, wie die Lage der Elektronen (e⁻) in (a) und die nicht kugelförmige Form der Elektronenwolke in (b) zeigen. Die nicht kugelförmigen Elektronenverteilungen erzeugen vorübergehend Dipole und ermöglichen vorübergehend elektrostatische Anziehungskräfte zwischen den Atomen, die London'sche Dispersionskräfte oder einfach Dispersionskräfte genannt werden.

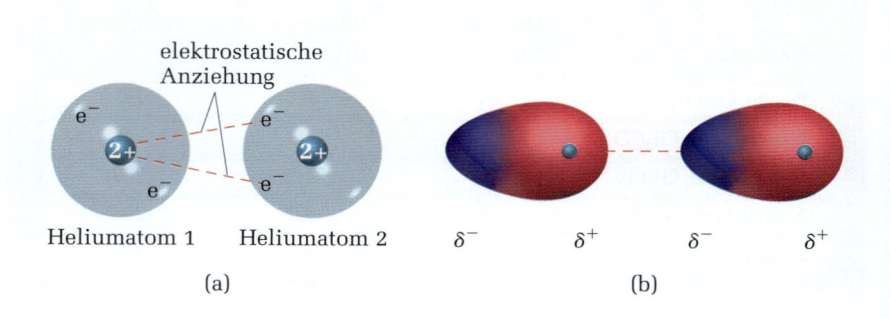

Tabelle 11.3
Siedepunkte der Halogene und der Edelgase

Halogen	Molekülmasse (ame)	Siedepunkt (K)	Edelgas	Molekülmasse (ame)	Siedepunkt (K)
F_2	38,0	85,1	He	4,0	4,6
Cl_2	71,0	238,6	Ne	20,2	27,3
Br_2	159,8	332,0	Ar	39,9	87,5
I_2	253,8	457,6	Kr	83,8	120,9
			Xe	131,3	166,1

Die Gestalt von Molekülen wird ebenfalls durch die Größenordnung der Dispersionskräfte beeinflusst. n-Pentan* und Neopentan, abgebildet in ▶ Abbildung 11.6, haben zum Beispiel die gleiche Summenformel (C_5H_{12}), der Siedepunkt von n-Pentan liegt jedoch 27 K höher als der von Neopentan. Der Unterschied lässt sich auf die verschiedenen Gestalten der beiden Moleküle zurückführen. Die Gesamtanziehungskraft zwischen Molekülen ist für n-Pentan größer, da die Moleküle in Kontakt über die gesamte Länge des gestreckten, leicht zylinderförmigen Moleküls kommen können. Zwischen den kompakteren und fast sphärischen Molekülen von Neopentan ist weniger Kontakt möglich.

Dispersionskräfte wirken zwischen allen Molekülen, ob polar oder unpolar. Polare Moleküle erfahren Dipol-Dipol-Wechselwirkungen, sie erfahren jedoch auch gleichzeitig Dispersionskräfte. Dispersionskräfte zwischen polaren Molekülen tragen sogar allgemein mehr zu intermolekularen Anziehungskräften als Dipol-Dipol-Wechselwirkungen bei. In flüssigem HCl schätzt man zum Beispiel, dass die Dispersionskräfte für mehr als 80 % der gesamten Anziehungskraft zwischen den Molekülen verantwortlich sind. Dipol-Dipol-Anziehungskräfte sind für den Rest verantwortlich.

Beim Vergleich der Stärken intermolekularer Anziehungskräfte in zwei Substanzen sollte man die folgenden Verallgemeinerungen in Betracht ziehen:

1 Wenn die Moleküle von zwei Substanzen vergleichbare Molekülmasse und -gestalt haben, sind die Dispersionskräfte in den zwei Substanzen etwa gleich. In diesem Fall haben Unterschiede in den Größen der Anziehungskräfte ihren Grund in unterschiedlichen Stärken der Dipol-Dipol-Anziehungskräfte, wobei die polareren Moleküle stärkere Anziehungskräfte haben.

2 Wenn sich die Moleküle von zwei Substanzen stark in der Molekülmasse unterscheiden, sind Dispersionskräfte häufig ausschlaggebend dafür, welche Substanz die stärkeren intermolekularen Anziehungskräfte hat. In diesem Fall können Unterschiede in den Größen der Anziehungskräfte für gewöhnlich mit Unterschieden in den Molekülmassen in Beziehung gesetzt werden, wobei die Substanz, die aus den massereicheren Molekülen besteht, die stärksten Anziehungskräfte hat.

n-Pentan (Kp = 309,4 K)

Neopentan (Kp = 282,7 K)

Abbildung 11.6: Molekülgestalt beeinflusst die intermolekulare Anziehung. Die n-Pentan-Moleküle haben mehr Kontakt miteinander als die Neopentan-Moleküle. Daher hat n-Pentan größere intermolekulare Anziehungskräfte und daher den höheren Siedepunkt (Kp).

---

* Das n in n-Pentan ist eine Abkürzung für das Wort *normal*. Ein normaler Kohlenwasserstoff ist einer, in dem Kohlenstoffatome in einer geraden Kette angeordnet sind (siehe Abschnitt 2.9).

ÜBUNGSBEISPIEL 11.1 Vergleich intermolekularer Kräfte

Die Dipolmomente von Acetonitril (CH_3CN) und Methyljodid (CH_3I) sind 3,9 D und 1,62 D. **(a)** Welche dieser Substanzen hat die größeren Dipol-Dipol-Anziehungskräfte zwischen seinen Molekülen? **(b)** Welche dieser Substanzen hat die größeren anziehenden London'schen Dispersionskräfte? **(c)** Die Siedepunkte von CH_3CN und CH_3I sind 354,8 K und 315,6 K. Welche Substanz hat die größeren gesamten Anziehungskräfte?

Lösung

(a) Dipol-Dipol-Anziehungskräfte werden mit zunehmendem Dipolmoment des Moleküls größer. Daher ziehen CH_3CN-Moleküle einander durch stärkere Dipol-Dipol-Wechselwirkungen als CH_3I-Moleküle an. **(b)** Wenn Moleküle sich in ihren Molekülmassen unterscheiden, hat das schwerere Molekül generell stärkere anziehende Dispersionskräfte. CH_3I (142,0 ame) ist viel schwerer als CH_3CN (41,0 ame), so dass die Dispersionskräfte bei CH_3I stärker sind. **(c)** Da CH_3CN den höheren Siedepunkt hat, können wir schließen, dass mehr Energie benötigt wird, um die Anziehungskräfte zwischen CH_3CN-Molekülen zu überwinden. Damit sind die gesamten intermolekularen Anziehungskräfte für CH_3CN stärker und legen daher nahe, dass Dipol-Dipol-Wechselwirkungen beim Vergleich dieser zwei Substanzen ausschlaggebend sind. Dennoch spielen Dispersionskräfte eine wichtige Rolle für die Eigenschaften von CH_3I.

ÜBUNGSAUFGABE

Was von Br_2, Ne, HCl, HBr und N_2 hat am wahrscheinlichsten **(a)** die größten intermolekularen Dispersionskräfte, **(b)** die größten Dipol-Dipol-Anziehungskräfte?

Antworten: (a) Br_2 (größte Molekülmasse), **(b)** HCl (größte Polarität).

Die Wasserstoffbrückenbindung, die wir nun betrachten, ist eine besondere Art von Dipol-Dipol-Anziehungskraft, die typischerweise stärker ist als Dispersionskräfte.

Wasserstoffbrückenbindung

▶ Abbildung 11.7 zeigt die Siedepunkte der einfachen Elementwasserstoffverbindungen der Gruppe 4A und 6A. Generell steigt der Siedepunkt aufgrund der zunehmenden Dispersionskräfte mit steigender Molekülmasse. Die Ausnahme von dieser Regel ist H_2O, dessen Siedepunkt viel höher ist, als wir auf Grund seiner Molekülmasse

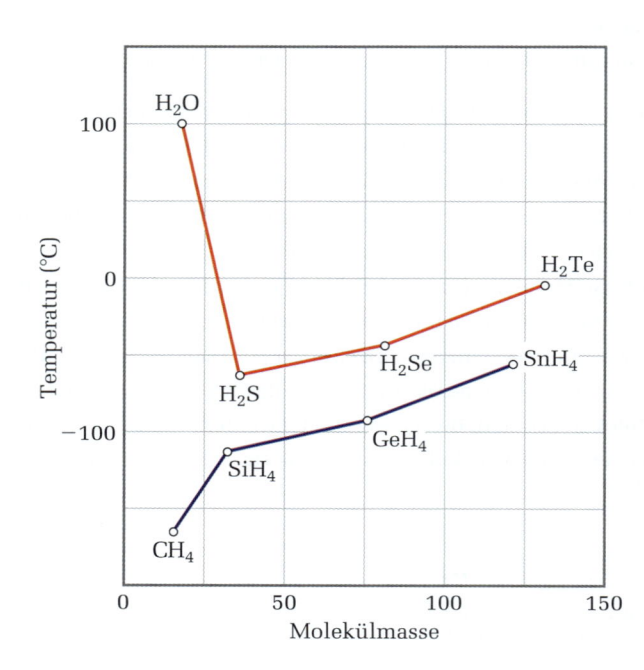

Abbildung 11.7: Siedepunkt als Funktion der Molekülmasse. Die Siedepunkte der Hydride der Gruppe 4A (unten) und 6A (oben) werden als Funktion der Molekülmasse gezeigt. Generell steigen die Siedepunkte aufgrund der zunehmenden Stärke der Dispersionskräfte mit steigender Molekülmasse. Durch die sehr starken Wasserstoffbrückenbindungen zwischen H_2O-Molekülen hat Wasser jedoch einen ungewöhnlich hohen Siedepunkt.

erwarten würden. Diese Beobachtung weist darauf hin, dass es stärkere intermolekulare Anziehungskräfte zwischen H₂O-Molekülen als zwischen den anderen Molekülen in der gleichen Gruppe gibt. Die Verbindungen NH₃ und HF haben ebenfalls ungewöhnlich hohe Siedepunkte. Diese Verbindungen haben sogar viele Merkmale, die sie von anderen Substanzen mit ähnlicher Molekülmasse und ähnlicher Polarität unterscheiden. Wasser hat zum Beispiel einen hohen Schmelzpunkt, eine hohe spezifische Wärmekapazität und eine hohe Verdampfungsenthalpie. Diese Eigenschaften deuten darauf hin, dass die intermolekularen Kräfte zwischen H₂O-Molekülen sehr stark sind.

Die starken intermolekularen Anziehungskräfte bei H₂O ergeben sich aus der Wasserstoffbrückenbindung. **Wasserstoffbrückenbindung** *ist eine besondere Art von intermolekularer Anziehungskraft zwischen dem Wasserstoffatom in einer polaren Bindung (vor allem eine H—F-, H—O oder H—N-Bindung) und einem freien Elektronenpaar an einem kleinen elektronegativen Ion oder Atom in der Nähe (gewöhnlich ein F-, O- oder N-Atom in einem anderen Molekül).* Eine Wasserstoffbrückenbindung liegt zum Beispiel zwischen dem H-Atom in einem HF-Molekül und dem F-Atom eines benachbarten HF-Moleküls, F—H···F—H, vor (wobei die Punkte die Wasserstoffbrückenbindung zwischen den Molekülen darstellen). ▶ Abbildung 11.8 zeigt mehrere zusätzliche Beispiele.

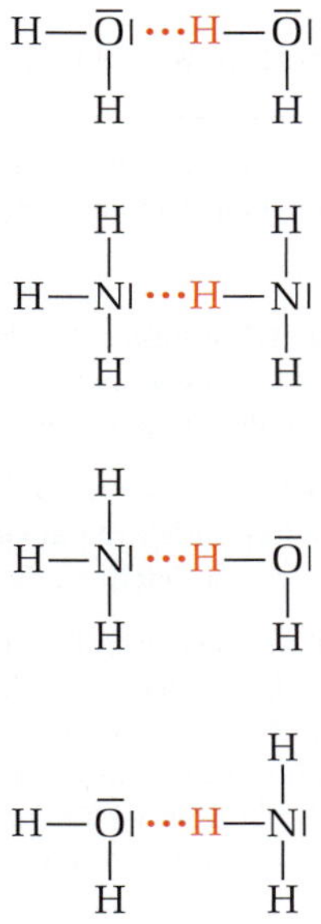

Wasserstoffbrückenbindungen können als spezielle Dipol-Dipol-Anziehungskräfte betrachtet werden. Da F, N und O so elektronegativ sind, ist eine Bindung zwischen Wasserstoff und jedem dieser drei Elemente ziemlich polar, mit Wasserstoff am positiven Ende:

$$\overset{\longleftarrow\;+}{\text{N—H}} \quad \overset{\longleftarrow\;+}{\text{O—H}} \quad \overset{\longleftarrow\;+}{\text{F—H}}$$

Das Wasserstoffatom hat keine abschirmenden inneren Elektronen. Daher wirkt auf der positiven Seite des Bindungsdipols die Ladung des teilweise freiliegenden, fast nackten Protons des Wasserstoffatoms. Diese positive Ladung wird von der negativen Ladung eines elektronegativen Atoms in einem benachbarten Molekül angezogen. Da das elektronenarme Wasserstoffatom so klein ist, kann es sehr nahe an ein elektronegatives Atom kommen und damit sehr stark mit ihm in Wechselwirkung treten.

Die Energien von Wasserstoffbrückenbindungen reichen von etwa 4 kJ/mol bis zu etwa 25 kJ/mol. Daher sind sie viel schwächer als gewöhnliche chemische Bindungen (siehe Tabelle 8.4). Dennoch spielen sie eine wichtige Rolle in vielen chemi-

Abbildung 11.8: Beispiele für Wasserstoffbrückenbindungen. Die durchgehende Linie steht für kovalente Bindungen, die rot gepunkteten Linien stehen für Wasserstoffbrückenbindungen.

ÜBUNGSBEISPIEL 11.2   Identifizierung von Substanzen, die Wasserstoffbrückenbindungen bilden können

In welcher der folgenden Substanzen spielt Wasserstoffbrückenbindung wahrscheinlich eine wichtige Rolle für die physikalischen Eigenschaften: Methan (CH_4), Hydrazin (H_2NNH_2), Methylfluorid (CH_3F) oder Schwefelwasserstoff (H_2S)?

Lösung

Analyse: Wir erhalten die chemischen Formeln von vier Substanzen und werden gebeten, vorherzusagen, ob sie an einer Wasserstoffbrückenbindung teilnehmen können. Alle diese Verbindungen enthalten H, aber Wasserstoffbrückenbindung tritt gewöhnlich nur auf, wenn das Wasserstoffatom kovalent an N, O oder F gebunden ist.

Vorgehen: Wir können jede Formel analysieren, um zu sehen, ob sie N, O oder F enthält, das direkt an H gebunden ist. Es muss ebenfalls ein freies Elektronenpaar an einem elektronegativen Atom (gewöhnlich N, O oder F) in einem benachbarten Molekül vorliegen, welches durch Zeichnen der Lewis-Strukturformel für das Molekül festgestellt werden kann.

Lösung: Die oben aufgeführten Kriterien lassen CH_4 und H_2S ausscheiden, die kein H gebunden an N, O oder F enthalten. Sie schließen ebenfalls CH_3F aus, dessen Lewis-Strukturformel ein zentrales C-Atom umgeben von drei H-Atomen und einem F-Atom zeigt. Kohlenstoff bildet immer vier Bindungen, während Wasserstoff und Fluor jeweils eine bilden. Da das Molekül eine C—F-Bindung und keine H—F-Bindung enthält, bildet es keine Wasserstoffbrückenbindungen. In H_2NNH_2 finden wir jedoch N—H-Bindungen. Wenn wir die Lewis-Strukturformel für das Molekül zeichnen, sehen wir, dass sich ein freies Elektronenpaar an jedem N-Atom befindet. Daher können sich Wasserstoffbrückenbindungen wie unten dargestellt zwischen den Molekülen bilden.

$$\begin{array}{cc} H\;\;H & H\;\;H \\ |\;\;\;| & |\;\;\;| \\ |N\!-\!N| \cdots H\!-\!\underline{N}\!-\!N| \\ |\;\;\;| & | \\ H\;\;H & H \end{array}$$

Überprüfung: Während wir generell Substanzen, die an Wasserstoffbrückenbindung teilnehmen, danach identifizieren können, ob sie N, O oder F kovalent gebunden an H enthalten, gibt uns die Zeichnung der Lewis-Strukturformel eine Möglichkeit, die Vorhersage zu prüfen.

ÜBUNGSAUFGABE

In welcher der folgenden Substanzen ist bedeutende Wasserstoffbrückenbindung möglich: Methylenchlorid (CH_2Cl_2), Phosphan (PH_3), Wasserstoffperoxid (HOOH) oder Aceton (CH_3COCH_3)?

Antwort: HOOH.

Abbildung 11.9: Vergleich der Dichten von flüssigen und festen Phasen. Wie bei den meisten anderen Substanzen ist die feste Phase von Paraffin dichter als die flüssige Phase, und der Festkörper sinkt unter die Oberfläche des flüssigen Paraffins im Becher links. Die feste Phase von Wasser, Eis, ist dagegen weniger dicht als seine flüssige Phase (rechter Becher), so dass das Eis auf dem Wasser schwimmt.

schen Systemen, auch in biologischer Hinsicht, da Wasserstoffbrückenbindungen generell stärker als Dipol-Dipol- oder Dispersionswechselwirkungen sind. Wasserstoffbrückenbindungen helfen zum Beispiel, die Strukturen von Proteinen, die wichtige Bestandteile von Haut, Muskeln und anderen Struktureinheiten von tierischen Geweben sind, zu stabilisieren. Sie sind ebenfalls für die Speicherung genetischer Informationen in der DNA erforderlich.

Eine bemerkenswerte Konsequenz der Wasserstoffbrückenbindung erkennt man, wenn man die Dichten von Eis und flüssigem Wasser vergleicht. In den meisten Substanzen sind die Moleküle im Festkörper dichter gepackt als in der Flüssigkeit. Daher ist die feste Phase dichter als die flüssige Phase (▶ Abbildung 11.9). Im Gegensatz dazu ist die Dichte von Eis bei 0 °C (0,917 g/ml) geringer als die von flüssigem Wasser bei 0 °C (1,00 g/ml), so dass Eis auf flüssigem Wasser schwimmt (Abbildung 11.9).

Die niedrigere Dichte von Eis verglichen mit Wasser kann man durch die Wasserstoffbrückenbindung zwischen H_2O-Molekülen erklären. Im Eis nehmen die H_2O-Moleküle eine geordnete, offene Anordnung wie in ▶ Abbildung 11.10 an. Diese Anordnung optimiert die Wechselwirkungen der Wasserstoffbrückenbindung zwischen den Molekülen, wobei jedes H_2O-Molekül Wasserstoffbrückenbindungen zu vier anderen H_2O-Molekülen bildet. Diese Wasserstoffbrückenbindungen erzeugen jedoch

11.2 Intermolekulare Kräfte

(a) (b) (c)

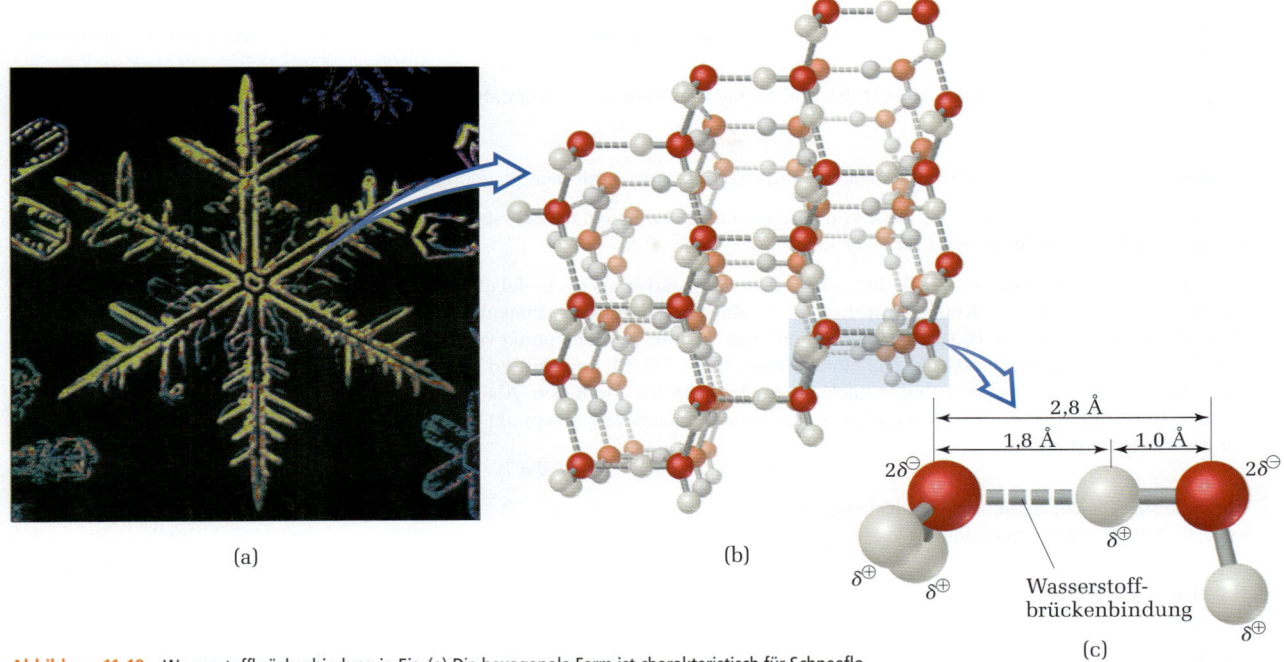

Abbildung 11.10: Wasserstoffbrückenbindung in Eis. (a) Die hexagonale Form ist charakteristisch für Schneeflocken. (b) Die Anordnung von H$_2$O-Molekülen in Eis. Jedes Wasserstoffatom in einem H$_2$O-Molekül ist zu einem freien Elektronenpaar an einem benachbarten H$_2$O-Molekül ausgerichtet. Daher hat Eis eine offene, hexagonale Anordnung der H$_2$O-Moleküle. (c) Wasserstoffbrückenbindung zwischen zwei Wassermolekülen. Die gezeigten Abstände sind die, die in Eis zu finden sind.

die offenen Hohlräume, die in der Struktur zu sehen sind. Wenn das Eis schmilzt, bricht die Struktur aufgrund der Bewegungen der Moleküle zusammen. Die Wasserstoffbrückenbindung in der Flüssigkeit ist weniger geordnet als in Eis, ist jedoch stark genug, um die Moleküle nah zusammenzuhalten. Daher hat flüssiges Wasser eine dichtere Struktur als Eis, was bedeutet, dass eine bestimmte Masse flüssiges Wasser ein kleineres Volumen einnimmt als die gleiche Masse Eis.

Die niedrigere Dichte von Eis verglichen mit flüssigem Wasser hat eine wichtige Auswirkung auf das Leben auf der Erde. Weil Eis schwimmt (Abbildung 11.9), deckt es die Oberfläche des Wassers ab, wenn ein See bei kaltem Wetter gefriert und isoliert somit das darunter liegende Wasser. Wäre Eis dichter als Wasser, würde Eis, das sich an der Oberfläche eines Sees bildet, nach unten sinken und der See würde ganz zufrieren. Die meisten Wasserlebensformen könnten unter diesen Bedingungen nicht überleben. Die Ausdehnung von Wasser beim Gefrieren (▶ Abbildung 11.11) ist auch der Grund, warum es bei Frost zu Wasserrohrbrüchen kommt.

Abbildung 11.11: Expansion von Wasser beim Gefrieren. Wasser ist eines der wenigen Substanzen, das sich beim Gefrieren ausdehnt. Die Expansion tritt wegen der offenen Struktur des Eises verglichen mit der von flüssigem Wasser auf.

Vergleich intermolekularer Kräfte

Wir können die intermolekularen Kräfte, die in einer Substanz wirken, identifizieren, indem wir uns die chemische Zusammensetzung und Struktur ansehen. *Dispersionskräfte sind in allen Stoffen vorhanden.* Die Stärke dieser Kräfte steigt mit zunehmender Molekülmasse und hängt von Molekülgestalten ab. Dipol-Dipol-Wechselwirkungen verstärken die Wirkung von Dispersionskräften und sind in polaren Molekülen zu finden. Wasserstoffbrückenbindungen, die H-Atome gebunden an F, O oder N erfordern, verstärken ebenfalls die Wirkung von Dispersionskräften. Wasserstoffbrücken-

? DENKEN SIE EINMAL NACH

Was ist so ungewöhnlich an den Dichten von flüssigem Wasser und Eis?

Molekülmodelle

ÜBUNGSBEISPIEL 11.3 — Vorhersage der Arten und relativen Stärken von intermolekularen Kräften

Ordnen Sie die Substanzen $BaCl_2$, H_2, CO, HF und Ne nach steigenden Siedepunkten.

Lösung

Analyse: Wir müssen die Eigenschaften der aufgeführten Substanzen mit dem Siedepunkt in Bezug bringen.

Vorgehen: Der Siedepunkt hängt teilweise von den Anziehungskräften in der Flüssigkeit ab. Wir müssen diese entsprechend den Stärken der verschiedenen Arten von Kräften ordnen.

Lösung: Die Anziehungskräfte sind für ionische Substanzen stärker als für molekulare, daher sollte $BaCl_2$ den höchsten Siedepunkt haben. Die intermolekularen Kräfte der restlichen Substanzen hängen von Molekülmasse, Polarität und Wasserstoffbrückenbindung ab. Die Molekülmassen sind H_2 (2), CO (28), HF (20) und Ne (20). Der Siedepunkt von H_2 sollte am niedrigsten sein, da es unpolar ist und die niedrigste Molekülmasse hat. Die Molekülmassen von CO, HF und Ne sind in etwa gleich. Da HF Wasserstoffbrückenbindungen eingehen kann, sollte es jedoch den höchsten Siedepunkt der drei haben. Als Nächstes kommt CO, das etwas polar ist und die höchste Molekülmasse hat. Ne, das unpolar ist, sollte den niedrigsten Siedepunkt dieser drei haben. Die vorhergesagte Reihenfolge der Siedepunkte ist daher:

$$H_2 < Ne < CO < HF < BaCl_2$$

Überprüfung: Die tatsächlichen Normalsiedepunkte sind H_2 (20 K), Ne (27 K), CO (83 K), HF (293 K) und $BaCl_2$ (1813 K), was mit unseren Vorhersagen übereinstimmt.

ÜBUNGSAUFGABE

(a) Identifizieren Sie die intermolekularen Kräfte, die in den folgenden Substanzen vorliegen, und **(b)** wählen Sie die Substanz mit dem höchsten Siedepunkt: CH_3CH_3, CH_3OH und CH_3CH_2OH.

Antworten: (a) CH_3CH_3 hat nur Dispersionskräfte, während die zwei anderen Substanzen sowohl Dispersionskräfte als auch Wasserstoffbrückenbindungen haben; **(b)** CH_3CH_2OH.

---

bindungen sind die stärkste Art von intermolekularen Kräften. Keine von diesen intermolekularen Kräften ist jedoch so stark wie gewöhnliche Ionenbindungen oder kovalente Bindungen. ▶Abbildung 11.12 zeigt einen systematischen Weg, um die Arten von intermolekularen Kräften in bestimmten Systemen, darunter auch Ion-Dipol- und Ionen-Ionen-Wechselwirkungen, zu finden.

Abbildung 11.12: Flussdiagramm zur Bestimmung von intermolekularen Kräften. London'sche Dispersionskräfte treten in allen Fällen auf. Die Stärke der anderen Wechselwirkungen steigt generell von links nach rechts im Diagramm.

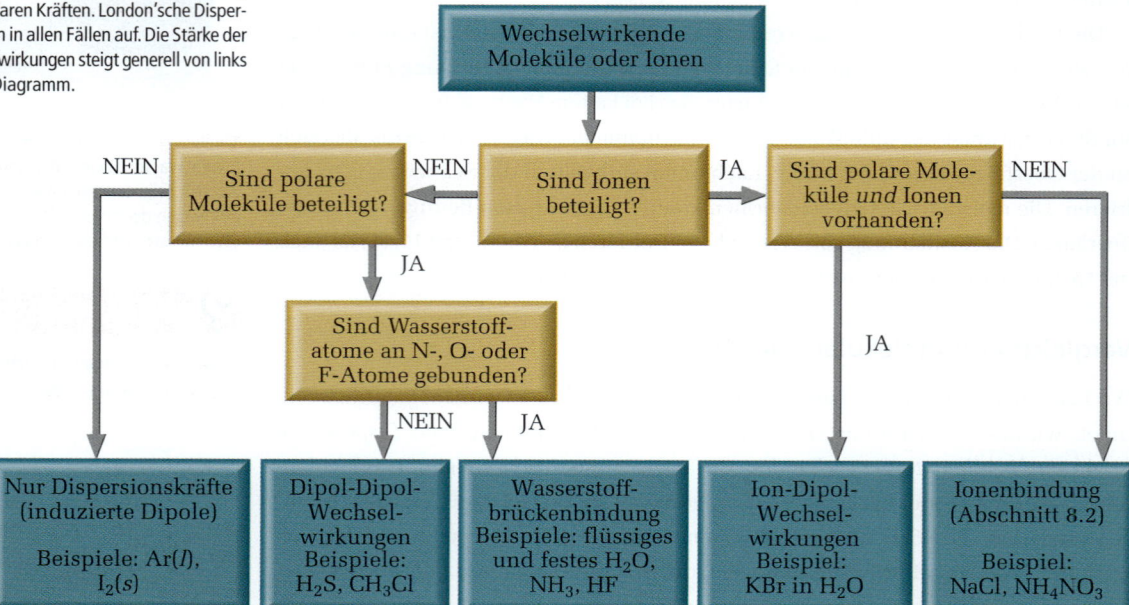

Eigenschaften von Flüssigkeiten   11.3

Die intermolekularen Kräfte, die wir gerade besprochen haben, können uns beim Verständnis vieler vertrauter Eigenschaften von Flüssigkeiten und Festkörpern helfen. In diesem Abschnitt untersuchen wir zwei wichtige Eigenschaften von Flüssigkeiten: Viskosität und Oberflächenspannung.

Viskosität

Einige Flüssigkeiten, wie Melassesirup und Motoröl, fließen sehr zäh. Andere, wie Wasser und Benzin, fließen leicht. Der Fließwiderstand einer Flüssigkeit wird als ihre **Viskosität** bezeichnet. Je größer die Viskosität einer Flüssigkeit ist, desto zäher fließt sie. Viskosität lässt sich messen, indem man die Zeit misst, in der eine bestimmte Menge der Flüssigkeit unter Schwerkraft durch ein dünnes Rohr fließt. Viskosere Flüssigkeiten brauchen länger (▶ Abbildung 11.13). Viskosität lässt sich ebenfalls bestimmen, indem wir die Geschwindigkeit messen, in der Stahlkugeln durch die Flüssigkeit fallen. Die Kugeln fallen bei steigender Viskosität langsamer.

Viskosität bezieht sich darauf, wie einfach sich einzelne Moleküle der Flüssigkeit zueinander bewegen können. Sie hängt daher von den Anziehungskräften zwischen den Molekülen und strukturellen Merkmalen ab, durch die sich Moleküle miteinander verfangen können. Für eine Reihe verwandter Verbindungen steigt die Viskosität daher mit der Molekülmasse, wie Tabelle 11.4 zeigt. Die SI-Einheiten für Viskosität

Abbildung 11.13: Vergleich von Viskositäten. Die *Society of Automotive Engineers* (SAE) hat Zahlen eingeführt, um die Viskosität von Motorölen anzuzeigen. Je höher die Zahl, desto größer die Viskosität bei gegebener Temperatur. Das Motoröl SAE 40 auf der linken Seite ist viskoser und fließt langsamer als das weniger viskose Öl SAE 10 rechts.

Tabelle 11.4
Viskositäten einer Reihe von Kohlenwasserstoffen bei 20 °C

Substanz	Formel	Viskosität (kg/m·s)
Hexan	$CH_3CH_2CH_2CH_2CH_2CH_3$	$3{,}26 \times 10^{-4}$
Heptan	$CH_3CH_2CH_2CH_2CH_2CH_2CH_3$	$4{,}09 \times 10^{-4}$
Oktan	$CH_3CH_2CH_2CH_2CH_2CH_2CH_2CH_3$	$5{,}42 \times 10^{-4}$
Nonan	$CH_3CH_2CH_2CH_2CH_2CH_2CH_2CH_2CH_3$	$7{,}11 \times 10^{-4}$
Decan	$CH_3CH_2CH_2CH_2CH_2CH_2CH_2CH_2CH_2CH_3$	$1{,}42 \times 10^{-3}$

sind kg/m·s. Für jede gegebene Substanz sinkt die Viskosität mit steigender Temperatur. Oktan hat zum Beispiel eine Viskosität von $7{,}06 \times 10^{-4}$ kg/m·s bei 0 °C und von $4{,}33 \times 10^{-4}$ kg/m·s bei 40 °C. Bei höheren Temperaturen überwindet die größere durchschnittliche kinetische Energie der Moleküle die Anziehungskräfte zwischen Molekülen leichter.

Oberflächenspannung

Die Oberfläche des Wassers verhält sich fast so, als ob sie eine elastische Haut hätte, wie man durch die Fähigkeit bestimmter Insekten sieht, auf Wasser zu laufen (▶ Abbildung 11.14). Ursache für dieses Verhalten ist ein Ungleichgewicht von intermolekularen Kräften an der Oberfläche der Flüssigkeit, wie ▶ Abbildung 11.15 zeigt. Sie

Abbildung 11.14: Oberflächenspannung. Wegen der Oberflächenspannung kann ein Insekt wie dieser Wasserläufer auf dem Wasser laufen.

Abbildung 11.15: Darstellung von intermolekularen Kräften an der Oberfläche und im Inneren einer Flüssigkeit. Moleküle an der Oberfläche werden nur von anderen Oberflächenmolekülen und von Molekülen unter der Oberfläche angezogen. Dadurch ergibt sich eine resultierende Anziehung nach unten in das Innere der Flüssigkeit. Moleküle im Inneren sind Anziehungskräften in allen Richtungen ausgesetzt, wodurch sich keine resultierende Anziehung in einer bestimmten Richtung ergibt.

> **? DENKEN SIE EINMAL NACH**
>
> Wie ändern sich Viskosität und Oberflächenspannung (a) mit steigender Temperatur, (b) wenn die intermolekularen Anziehungskräfte stärker werden.

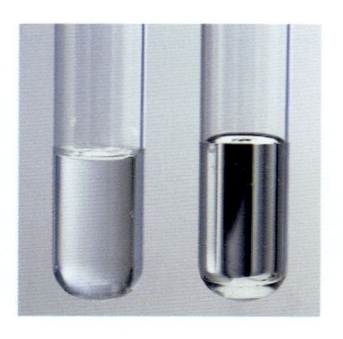

Abbildung 11.16: Zwei Meniskusformen. Der Wassermeniskus in einem Glasrohr verglichen mit dem Quecksilbermeniskus in einem ähnlichen Rohr. Wasser benetzt das Glas und die Unterseite des Meniskus liegt unter dem Niveau der Wasser-Glas-Berührungslinie, wodurch sich eine U-Form der Wasseroberfläche ergibt. Quecksilber benetzt Glas nicht und der Meniskus liegt über der Quecksilber-Glas-Berührungslinie, wodurch sich eine umgekehrte U-Form der Quecksilberfläche ergibt.

> **? DENKEN SIE EINMAL NACH**
>
> Spiegeln die Viskosität und Oberflächenspannung einer Substanz adhäsive oder kohäsive Anziehungskräfte wider?

sehen, dass die Moleküle im Inneren gleichermaßen in alle Richtungen gezogen werden, während die an der Oberfläche eine resultierende Kraft nach innen erfahren. Die sich ergebende Kraft nach innen zieht Moleküle von der Oberfläche in das Innere, verringert damit die Oberfläche und führt dazu, dass die Moleküle an der Oberfläche dichter zusammengepackt sind. Da Kugeln die kleinste Oberfläche bezogen auf ihr Volumen haben, nehmen Wassertropfen eine runde Form an. Ähnlich bildet Wasser auf einem neu gewachsten Auto Perlen, weil nur wenig oder gar keine Anziehungskraft zwischen den polaren Wassermolekülen und den unpolaren Wachsmolekülen vorliegt.

Ein Maß der Kräfte nach innen, die zu überwinden sind, um die Oberfläche einer Flüssigkeit zu erweitern, gibt die Oberflächenspannung an. **Oberflächenspannung** ist der Energiebedarf zum Vergrößern der Oberfläche einer Flüssigkeit um einen bestimmten Betrag. Die Oberflächenspannung von Wasser bei 20 °C ist zum Beispiel $7{,}29 \times 10^{-2}$ J/m^2, was bedeutet, dass eine Energie von $7{,}29 \times 10^{-2}$ J zugeführt werden muss, um die Oberfläche einer gegebenen Menge Wasser um 1 m^2 zu erhöhen. Wasser hat wegen seiner starken Wasserstoffbrückenbindungen eine hohe Oberflächenspannung. Die Oberflächenspannung von Quecksilber ist wegen der noch stärkeren metallischen Bindungen zwischen den Quecksilberatomen sogar noch größer ($4{,}6 \times 10^{-1}$ J/m^2).

Intermolekulare Kräfte, die ähnliche Moleküle aneinander binden wie die Wasserstoffbrückenbindung in Wasser, werden als *Kohäsion(skräfte)* bezeichnet. Intermolekulare Kräfte, die einen Stoff an eine Oberfläche binden, werden als *Adhäsion(skräfte)* bezeichnet. Wasser, das in ein Glasrohr gegeben wird, haftet am Glas an, weil die Adhäsion zwischen Wasser und Glas noch größer als die Kohäsion zwischen Wassermolekülen ist.

Die gewölbte obere Fläche, oder *Meniskus*, des Wassers ist daher U-förmig (▶ Abbildung 11.16). Für Quecksilber ist der Meniskus jedoch nach unten gewölbt, wo Quecksilber das Glas berührt. In diesem Fall sind die Kohäsionskräfte zwischen den Quecksilberatomen weitaus größer als die Adhäsionskräfte zwischen den Quecksilberatomen und dem Glas.

Wenn ein Glasrohr kleinen Durchmessers, eine Kapillare, in Wasser gesetzt wird, steigt Wasser im Glasrohr auf. Das Aufsteigen von Flüssigkeiten in sehr engen Rohren wird als **Kapillarwirkung** bezeichnet. Die Adhäsion zwischen der Flüssigkeit und den Wänden des Rohrs wächst mit der Oberfläche der Flüssigkeit. Die Oberflächenspannung der Flüssigkeit verkleinert die Oberfläche und zieht damit die Flüssigkeit im Rohr nach oben. Die Flüssigkeit steigt, bis die Adhäsion und Kohäsion mit der auf die Flüssigkeit wirkenden Schwerkraft im Gleichgewicht ist. Kapillarwirkung hilft Wasser und gelösten Nährstoffen, in Pflanzen nach oben zu steigen.

Phasenübergänge   11.4

Wasser, das mehrere Tage lang unbedeckt in einem Glas stehen gelassen wird, verdunstet. Ein Eiswürfel, der in einem warmen Raum gelassen wird, schmilzt schnell. Festes CO_2 (als Trockeneis verkauft) *sublimiert* bei Zimmertemperatur, d. h. es geht direkt vom festen in den gasförmigen Zustand über. Allgemein kann jeder Aggregatzustand in einen der anderen Aggregatzustände übergehen. ▶ Abbildung 11.17 zeigt die Bezeichnungen für diese Umwandlungen. Diese Umwandlungen werden als **Phasenübergänge** oder Zustandsänderungen bezeichnet.

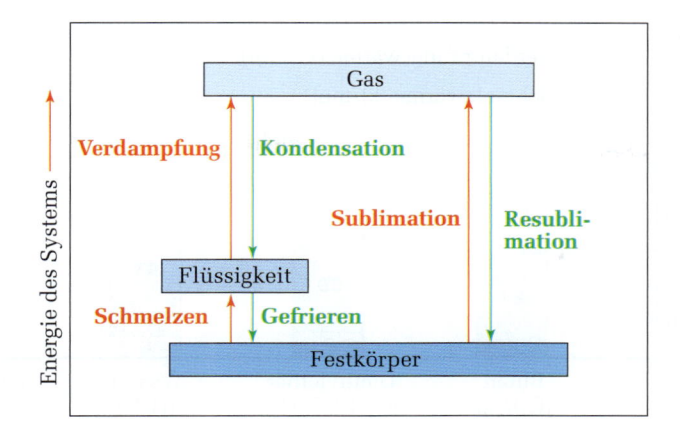

Abbildung 11.17: Phasenübergänge und ihre Bezeichnungen. Die durch rote Pfeile und Namen angezeigten Übergänge sind endotherm, während die in grün exotherm sind.

Zu Phasenübergängen gehörende Energieumsätze

Jeder Phasenübergang wird von einer Änderung der Energie des Systems begleitet. In einem Festkörper sind die Moleküle und Ionen zum Beispiel an mehr oder weniger festen Positionen zueinander und dicht angeordnet, um die Energie des Systems zu minimieren. Wenn die Temperatur des Festkörpers steigt, schwingen die Baugruppen des Festkörpers um ihre Gleichgewichtspositionen mit zunehmend energiereicher Bewegung. Wenn der Festkörper schmilzt, können sich die Baugruppen, die den Festkörper bilden, frei zueinander bewegen, was gewöhnlich bedeutet, dass ihr durchschnittlicher Abstand zunimmt. Die erhöhte Bewegungsfreiheit der Moleküle oder Ionen hat ihren Preis, ausgedrückt durch die **Schmelzwärme** oder Schmelzenthalpie, angezeigt durch ΔH_{Schm}. Die Schmelzwärme von Eis ist z. B. gleich 6,01 kJ/mol.

Mit steigender Temperatur der flüssigen Phase bewegen sich die Moleküle der Flüssigkeit mit höherer Energie. Eine Folge dieser höheren Energie ist, dass die Konzentration von Gasmolekülen über der Flüssigkeit mit der Temperatur ansteigt. Diese Moleküle üben einen Druck aus, der Dampfdruck genannt wird. Wir werden uns den Dampfdruck in Abschnitt 11.5 näher ansehen. Jetzt müssen wir nur verstehen, dass der Dampfdruck mit steigender Temperatur wächst, bis er gleich dem externen Druck über der Flüssigkeit ist, normalerweise der Atmosphärendruck. An diesem Punkt siedet die Flüssigkeit. Die Moleküle der Flüssigkeit gehen in den Gaszustand, wo sie weit voneinander getrennt sind. Die für diesen Übergang benötigte Energie wird **Verdampfungswärme**, oder Verdampfungsenthalpie, genannt, dargestellt durch ΔH_{Verd}. Für Wasser ist die Verdampfungswärme 40,7 kJ/mol.

Abb. 11.18 zeigt die Vergleichswerte von ΔH_{Schm} und ΔH_{Verd} für vier Substanzen. ΔH_{Verd} sind größer als ΔH_{Schm}, da beim Übergang vom flüssigen in den gasförmigen Aggregatzustand die Moleküle im Wesentlichen alle ihre intermolekularen Anziehungswechselwirkungen aufgeben müssen, während beim Schmelzen viele dieser Anziehungswechselwirkungen bestehen bleiben.

Die Moleküle eines Festkörpers können direkt in den Gaszustand überführt werden. Die für diesen Übergang benötigte Enthalpieänderung wird **Sublimationswärme** genannt, dargestellt durch ΔH_{Subl}. Für die in ▶ Abbildung 11.18 gezeigten Substanzen ist ΔH_{Subl} die Summe von ΔH_{Schm} und ΔH_{Verd}. Daher ist ΔH_{Subl} für Wasser annähernd 47 kJ/mol.

Phasenübergänge von Materie zeigen sich in wichtigen Vorgängen in unseren alltäglichen Erlebnissen. Wir kühlen unsere Getränke mit Eiswürfeln: Die Schmelzwär-

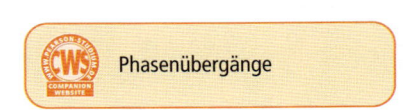

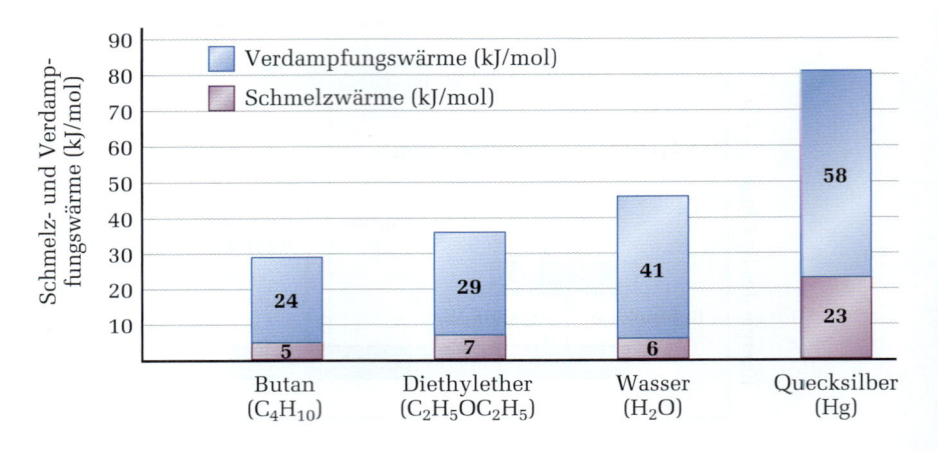

11 Intermolekulare Kräfte, Flüssigkeiten und Festkörper

Abbildung 11.18: Vergleich von Enthalpieänderungen für Schmelzen und Verdampfung. Schmelzwärme (violette Striche) und Verdampfungswärme (blau) für mehrere Substanzen. Sie sehen, dass die Verdampfungswärme für eine Substanz immer größer als ihre Schmelzwärme ist. Die Sublimationswärme ist die Summe der Verdampfungs- und Schmelzwärme.

me des Eises kühlt die Flüssigkeit, in die das Eis eingetaucht ist. Uns ist kalt, wenn wir aus einem Schwimmbecken oder einer warmen Dusche kommen, weil die Verdampfungswärme von unseren Körpern abgezogen wird, wenn das Wasser auf unserer Haut verdunstet. Unsere Körper nutzen die Verdunstung von Wasser auf der Haut, um die Körpertemperatur zu regeln, vor allem, wenn wir uns bei warmem Wetter stark körperlich betätigen. Ein Kühlschrank nutzt ebenfalls die Kühlwirkung der Verdampfung. Sein Kreislauf enthält ein eingeschlossenes Gas, das unter Druck verflüssigt werden kann. Die Flüssigkeit nimmt Wärme auf, wenn sie anschließend verdampft und kühlt damit das Innere des Kühlschranks. Das Gas wird dann durch einen Verdichter wieder in den Kreislauf zurückgeführt.

Was geschieht mit der aufgenommenen Wärme, wenn das flüssige Kältemittel verdampft? Laut dem ersten Hauptsatz der Thermodynamik (Abschnitt 5.2) muss die von der Flüssigkeit bei der Verdampfung aufgenommene Wärme freigesetzt werden, wenn der umgekehrte Prozess, Kondensation des Gases, um die Flüssigkeit zu bilden, vor sich geht. Wenn der Kühlschrank das Gas komprimiert und sich Flüssigkeit bildet, wird die freigesetzte Wärme durch Kühlschlangen an der Rückseite des Kühlschranks abgegeben. Genau so, wie die Kondensationswärme gleich groß wie die Verdampfungswärme ist, aber das entgegengesetzte Vorzeichen hat, so ist auch die *Resublimationswärme* im gleichen Maße exotherm, wie die Sublimationswärme endotherm ist. Die *Erstarrungswärme* ist im gleichen Maße exotherm, wie die Schmelzwärme endotherm ist. Diese Beziehungen, die Abbildung 11.17 zeigt, sind die Folgen des Ersten Hauptsatzes der Thermodynamik.

Erwärmungskurven

Was geschieht, wenn wir eine Eisprobe, die sich anfänglich bei $-25\,°C$ und 1 atm Druck befindet, erhitzen? Durch die Zufuhr von Wärme erhöht sich die Temperatur des Eises. Solange die Temperatur unter $0\,°C$ liegt, bleibt die Probe gefroren. Wenn die Temperatur $0\,°C$ erreicht, beginnt das Eis zu schmelzen. Da Schmelzen ein endothermer Vorgang ist, wird die Wärme, die wir bei $0\,°C$ zuführen, zur Umwandlung des Eises in flüssiges Wasser verwendet, und die Temperatur bleibt konstant, bis das ge-

> **? DENKEN SIE EINMAL NACH**
>
> Wie heißt der Phasenübergang, der auftritt, wenn sich Eis bei Zimmertemperatur in flüssiges Wasser verwandelt? Ist diese Änderung exotherm oder endotherm?

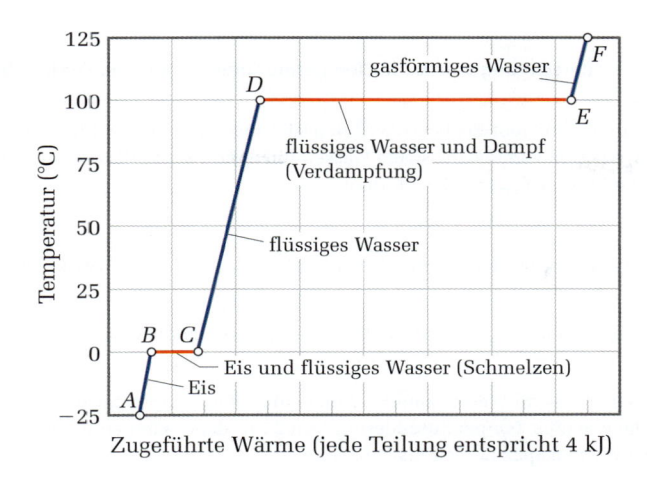

Abbildung 11.19: Erwärmungskurve für Wasser. Diese Grafik zeigt die Änderungen an, die auftreten, wenn 1,00 mol Wasser von −25 °C auf 125 °C bei einem konstanten Druck von 1 atm erwärmt wird. Blaue Linien zeigen die Erwärmung einer Phase von einer niedrigeren Temperatur auf eine höhere. Rote Linien zeigen die Umwandlung einer Phase in eine andere bei konstanter Temperatur.

samte Eis geschmolzen ist. Sobald wir diesen Punkt erreichen, erhöht sich, durch die weitere Zufuhr von Wärme, die Temperatur des flüssigen Wassers.

Ein Diagramm, das die Temperatur des Systems als Funktion der zugeführten Wärmemenge zeigt, wird *Erwärmungskurve* genannt. ▶ Abbildung 11.19 zeigt eine Erwärmungskurve für die Überführung von Eis bei −25 °C in gasförmiges Wasser bei 125 °C unter einem konstanten Druck von 1 atm. Die Erwärmung des Eises von −25 °C auf 0 °C zeigt das Liniensegment *AB* in Abbildung 11.19, während die Umwandlung des Eises bei 0 °C zu flüssigem Wasser bei 0 °C das horizontale Segment *BC* ist. Zusätzliche Wärme erhöht die Wassertemperatur, bis die Temperatur 100 °C erreicht (Segment *CD*). Die Wärme dient dann dazu, Wasser bei einer konstanten Temperatur von 100 °C zu verdampfen (Segment *DE*). Sobald das gesamte Wasser gasförmig ist, wird es auf seine Endtemperatur von 125 °C erwärmt (Segment *EF*).

Wir können die Enthalpieänderung des Systems für jedes der Segmente der Erwärmungskurve berechnen. In den Segmenten *AB*, *CD* und *EF* erwärmen wir eine einzelne Phase von einer Temperatur auf eine andere. Wie wir in Abschnitt 5.5 gesehen haben, wird die benötigte Wärmemenge, um die Temperatur einer Substanz zu erhöhen, durch das Produkt aus spezifischer Wärmekapazität, Masse und Temperaturänderung (▶ Gleichung 5.22) angegeben. Je größer die spezifische Wärmekapazität einer Substanz ist, desto mehr Wärme müssen wir zuführen, um einen bestimmten Temperaturanstieg zu erreichen. Da die spezifische Wärmekapazität von Wasser größer als die von Eis ist, ist die Steigung von Segment *CD* kleiner als die von Segment *AB*. Wir müssen mehr Wärme zum flüssigen Wasser zuführen, um eine Temperaturänderung von 1 °C zu erreichen als benötigt wird, um die gleiche Menge Eis um 1 °C zu erwärmen.

In Segmenten *BC* und *DE* wandeln wir eine Phase bei konstanter Temperatur in eine andere um. Die Temperatur bleibt während dieser Phasenübergänge konstant, weil die zugeführte Energie dazu dient, die Anziehungskräfte zwischen den Molekülen zu überwinden, statt ihre durchschnittliche kinetische Energie zu erhöhen. Für Segment *BC*, in dem Eis in flüssiges Wasser umgewandelt wird, kann die Enthalpieänderung über ΔH_{Schm} berechnet werden, während wir für Segment *DE* ΔH_{Verd} verwenden können. In Übungsbeispiel 11.4 berechnen wir die gesamte Enthalpieänderung für die Erwärmungskurve in Abbildung 11.19.

Abkühlung einer Substanz hat den entgegengesetzten Effekt zu ihrer Erwärmung. Wenn wir daher mit gasförmigem Wasser starten und es abzukühlen beginnen, würden wir in der Abbildung 11.19 von rechts nach links gehen. Wir würden zuerst die

ÜBUNGSBEISPIEL 11.4 — Berechnung von ΔH für Temperaturänderungen und Phasenübergänge

Berechnen Sie die Enthalpieänderung bei Umwandlung von 1,00 mol Eis bei $-25\,°C$ in gasförmiges Wasser bei $125\,°C$ unter einem konstanten Druck von 1 atm. Die spezifischen Wärmekapazitäten von Eis, flüssigem Wasser und gasförmigem Wasser sind 2,09 J/g·K, 4,18 J/g·K und 1,84 J/g·K. Für H$_2$O, $\Delta H_{Schm} = 6{,}01$ kJ/mol und $\Delta H_{Verd} = 40{,}67$ kJ/mol.

Lösung

Analyse: Wir wollen die gesamte Wärme berechnen, die benötigt wird, um 1 mol Eis bei $-25\,°C$ in gasförmiges Wasser bei $125\,°C$ zu verwandeln.

Vorgehen: Wir können die Enthalpieänderung für jedes Segment berechnen und sie dann summieren, um die gesamte Enthalpieänderung zu erhalten (Hess'scher Satz, siehe Abschnitt 5.6).

Lösung: Für Segment AB in ▶Abbildung 11.19 geben wir genügend Wärme zum Eis hinzu, um seine Temperatur um $25\,°C$ zu erhöhen. Eine Temperaturänderung von $25\,°C$ ist das Gleiche wie eine Temperaturänderung von 25 K, daher können wir die Enthalpieänderung während dieses Vorgangs über die spezifische Wärmekapazität von Eis berechnen:

$$AB: \Delta H = (1{,}00\ \text{mol})(18{,}0\ \text{g/mol})(2{,}09\ \text{J/g·K})(25\ \text{K}) = 940\ \text{J} = 0{,}94\ \text{kJ}$$

Für Segment BC in Abbildung 11.19, in der wir Eis in flüssiges Wasser bei $0\,°C$ umwandeln, können wir die molare Schmelzenthalpie direkt nutzen:

$$BC: \Delta H = (1{,}00\ \text{mol})(6{,}01\ \text{kJ/mol}) = 6{,}01\ \text{kJ}$$

Die Enthalpieänderungen für Segmente CD, DE und EF können ähnlich berechnet werden.

$$CD: \Delta H = (1{,}00\ \text{mol})(18{,}0\ \text{g/mol})(4{,}18\ \text{J/g·K})(100\ \text{K}) = 7520\ \text{J} = 7{,}52\ \text{kJ}$$
$$DE: \Delta H = (1{,}00\ \text{mol})(40{,}67\ \text{kJ/mol}) = 40{,}7\ \text{kJ}$$
$$EF: \Delta H = (1{,}00\ \text{mol})(18{,}0\ \text{g/mol})(1{,}84\ \text{J/g·K})(25\ \text{K}) = 830\ \text{J} = 0{,}83\ \text{kJ}$$

Die gesamte Enthalpieänderung ist die Summe der Änderungen der einzelnen Schritte.

$$\Delta H = 0{,}94\ \text{kJ} + 6{,}01\ \text{kJ} + 7{,}52\ \text{kJ} + 40{,}7\ \text{kJ} + 0{,}83\ \text{kJ} = 56{,}0\ \text{kJ}$$

Überprüfung: Die Komponenten der gesamten Energieänderung sind im Vergleich zu den Längen der horizontalen Segmente der Linien in Abbildung 11.19 angemessen. Sie können sehen, dass die größte Komponente die Verdampfungswärme ist.

ÜBUNGSAUFGABE

Was ist die Enthalpieänderung während des Vorgangs, in dem 100,0 g Wasser bei $50{,}0\,°C$ zu Eis mit $-30\,°C$ abgekühlt wird? (Nutzen Sie die spezifischen Wärmekapazitäten und Enthalpien für Phasenübergänge aus Übungsbeispiel 11.4).

Antwort: $-20{,}9$ kJ $- 33{,}4$ kJ $- 6{,}27$ kJ $= -60{,}6$ kJ.

Temperatur des Gases ($F \longrightarrow E$) senken, es dann kondensieren ($E \longrightarrow D$) und so weiter. Manchmal können wir, während wir einer Flüssigkeit Wärme entziehen, sie kurzzeitig unter ihren Gefrierpunkt abkühlen, ohne einen Festkörper zu bilden. Dieses Phänomen wird *Unterkühlung* genannt. Unterkühlung tritt auf, wenn Wärme so schnell einer Flüssigkeit entzogen wird, dass die Moleküle buchstäblich keine Zeit haben, die geordnete Struktur eines Festkörpers einzunehmen. Eine unterkühlte Flüssigkeit ist unbeständig: Staubteilchen, die in die Lösung gelangen, oder leichtes Rühren reicht häufig aus, um den Stoff schnell erstarren zu lassen.

Kritische Temperatur und kritischer Druck

Ein Gas verflüssigt sich normalerweise, wenn genügend Druck auf das Gas ausgeübt wird. Nehmen wir an, dass wir einen Zylinder mit einem Kolben haben, der gasförmiges Wasser mit $100\,°C$ enthält. Wenn wir den Druck auf das Gas erhöhen, bildet sich flüssiges Wasser, wenn der Druck 760 Torr erreicht. Wenn die Temperatur dagegen 110 °C ist, bildet sich die flüssige Phase erst, wenn der Druck 1075 Torr beträgt. Bei 374 °C bildet sich die flüssige Phase nur bei $1{,}655 \times 10^5$ Torr (217,7 atm). Oberhalb dieser Temperatur gibt es keinen Druck, durch den sich eine flüssige Phase bilden wird. Stattdessen wird bei steigendem Druck das Gas nur ständig weiter komprimiert. Die höchste Temperatur, bei der sich eine flüssige Phase bilden kann, wird **kritische Temperatur** genannt. Der **kritische Druck** ist der erforderliche Druck, um die Verflüssigung bei dieser kritischen Temperatur zu erreichen.

Die kritische Temperatur ist die höchste Temperatur, bei der eine Flüssigkeit vorliegen kann. Oberhalb der kritischen Temperatur sind die Bewegungsenergien der Moleküle größer als die Anziehungskräfte, die zum flüssigen Aggregatzustand führen, unabhängig davon, wie sehr die Substanz komprimiert wird, um die Moleküle näher aneinander zu bringen. Je größer die intermolekularen Kräfte, desto höher die kritische Temperatur einer Substanz.

Die kritischen Temperaturen und Drücke für mehrere Substanzen führt Tabelle 11.5 auf. Sie sehen, dass unpolare Substanzen mit niedriger Molekülmasse, die schwache intermolekulare Anziehungskräfte haben, niedrigere kritische Temperaturen und Drücke als polare Substanzen oder Substanzen mit höherer Molekülmasse haben. Sie sehen auch, dass Wasser und Ammoniak infolge der starken intermolekularen Wasserstoffbrückenbindungen außergewöhnlich hohe kritische Temperaturen und Drücke haben.

Die kritischen Temperaturen und Drücke von Substanzen sind häufig für Ingenieure und andere Personen, die mit Gasen arbeiten, von großer Bedeutung, da sie Informationen über die Bedingungen geben, unter denen sich Gase verflüssigen. Bisweilen wollen wir ein Gas verflüssigen, manchmal wollen wir vermeiden, es zu verflüssigen. Es hat keinen Zweck zu versuchen, ein Gas durch Ausübung von Druck zu verflüssigen, wenn das Gas über seiner kritischen Temperatur ist. O_2 hat zum Beispiel eine kritische Temperatur von 154,4 K. Es muss unter diese Temperatur abgekühlt werden, bevor es durch Druck verflüssigt werden kann. Ammoniak hat dagegen eine kritische Temperatur von 405,6 K. Daher kann es bei Zimmertemperatur (ca. 295 K) verflüssigt werden, indem man das Gas auf einen ausreichenden Druck komprimiert.

Tabelle 11.5
Kritische Temperaturen und Drücke ausgewählter Substanzen

Substanz	Kritische Temperatur (K)	Kritischer Druck (atm)
Ammoniak, NH_3	405,6	111,5
Phosphan, PH_3	324,4	64,5
Argon, Ar	150,9	48
Kohlendioxid, CO_2	304,3	73,0
Stickstoff, N_2	126,1	33,5
Sauerstoff, O_2	154,4	49,7
Propan, $CH_3CH_2CH_3$	370,0	42,0
Wasser, H_2O	647,6	217,7
Schwefelwasserstoff, H_2S	373,5	88,9

Chemie im Einsatz — Überkritische Flüssigextraktion

Bei gewöhnlichen Drücken verhält sich eine Substanz über ihrer kritischen Temperatur wie ein gewöhnliches Gas. Wenn der Druck jedoch auf mehrere hundert Atmosphären steigt, ändert sich sein Charakter. Wie ein Gas expandiert es, um den Raum seines Behälters zu füllen, seine Dichte nähert sich jedoch der einer Flüssigkeit an. (Beispielsweise ist die kritische Temperatur von Wasser 647,6 K und sein kritischer Druck ist 217,7 atm. Bei dieser Temperatur und diesem Druck ist die Dichte von Wasser 0,4 g/ml.) Eine Substanz bei Temperaturen und Drücken, die höher als ihre kritische Temperatur und ihr kritischer Druck sind, wird besser als eine *überkritische Flüssigkeit* statt als ein Gas betrachtet.

Wie gewöhnliche Flüssigkeiten können sich auch überkritische Flüssigkeiten als Lösungsmittel verhalten und eine Vielzahl an Substanzen auflösen. Über die *überkritische Flüssigextraktion* können die Bestandteile der Gemische getrennt werden. Die Lösungsfähigkeit einer überkritischen Flüssigkeit nimmt mit ihrer Dichte zu. Umgekehrt führt Senken seiner Dichte (entweder durch Verringerung des Drucks oder Erhöhung der Temperatur) zur Trennung der überkritischen Flüssigkeit und des aufgelösten Materials. ▶ Abbildung 11.20 zeigt die Löslichkeit eines typischen unpolaren organischen Festkörpers, Naphtalin ($C_{10}H_8$), in überkritischem Kohlendioxid bei 45 °C. Die Löslichkeit ist unter dem kritischen Druck von 73 atm im Wesentlichen null. Die Löslichkeit nimmt jedoch mit steigendem Druck (und damit steigender Dichte der überkritischen Flüssigkeit) schnell zu.

Durch entsprechende Steuerung des Drucks wurde die überkritische Flüssigextraktion erfolgreich angewendet, um komplexe Gemische in der chemischen und pharmazeutischen Industrie, der Nahrungsmittel- und Energieindustrie zu trennen. Überkritisches Kohlendioxid ist zum Beispiel nicht umweltschädlich, da es keine Probleme mit der Entsorgung des Lösungsmittels und keine toxischen Reste am Ende des Prozesses gibt. Daneben ist überkritisches CO_2 im Vergleich zu anderen Lösungsmitteln, abgesehen von Wasser, kostengünstig. Ein Verfahren zum Entfernen von Koffein aus grünen Kaffeebohnen durch Extraktion mit überkritischem CO_2, dargestellt in ▶ Abbildung 11.21, wird bereits seit mehreren Jahren gewerblich genutzt. Bei der richtigen Temperatur und dem richtigen Druck entfernt das überkritische CO_2 durch Auflösung Koffein aus den Bohnen, lässt jedoch die Geschmacks- und Aromabestandteile bestehen, so dass koffeinfreier Kaffee entsteht. Andere Anwendungen für überkritische CO_2-Extraktion sind die Extraktion essenzieller Geschmackselemente aus Hopfen beim Brauen und die Trennung der Geschmacksbestandteile von Kräutern und Gewürzen (siehe auch Abschnitt 18.7).

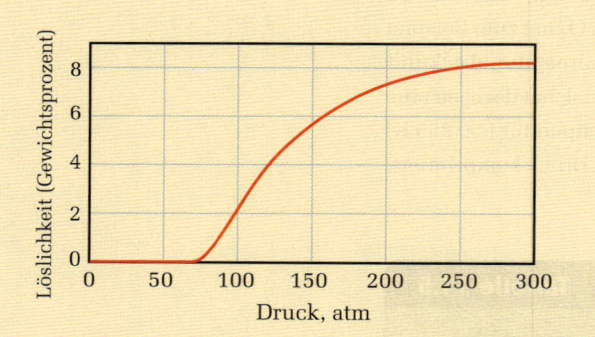

Abbildung 11.20: Löslichkeit von Naphtalin $C_{10}H_8$ in überkritischem Kohlendioxid bei 45 °C.

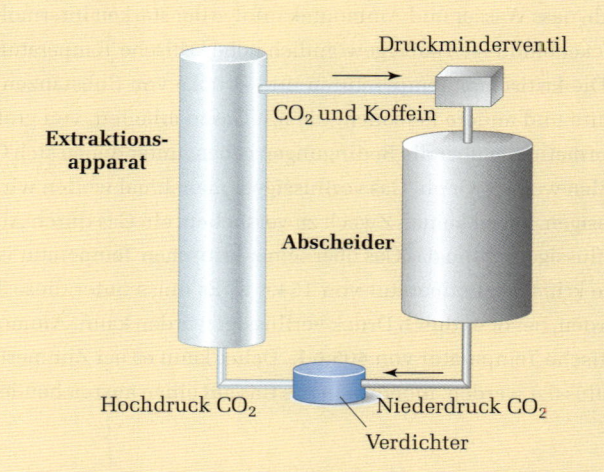

Abbildung 11.21: Diagramm eines überkritischen Flüssigextraktionsverfahrens. Das zu verarbeitende Material wird in den Extraktionsapparat gegeben. Das gewünschte Material löst sich in überkritischem CO_2 bei hohem Druck auf und wird dann im Abscheider ausgefällt, wenn der CO_2-Druck reduziert wird. Das Kohlendioxid wird dann durch den Verdichter mit einer frischen Materialcharge im Extraktionsapparat wieder in den Kreislauf zurückgeführt.

11.5 Dampfdruck

Moleküle können von der Oberfläche einer Flüssigkeit durch Verdampfung bzw. Verdunstung in die Gasphase entweichen. Nehmen wir an, dass wir ein Experiment durchführen, in dem wir eine bestimmte Menge Ethanol (C_2H_5OH) in einen luftleeren, geschlossenen Behälter wie den in ▶ Abbildung 11.22 geben. Das Ethanol beginnt schnell zu verdunsten. Dadurch beginnt der Druck, der vom Gas im Raum über der Flüssigkeit ausgeübt wird, zu steigen. Nach einer kurzen Zeit erreicht der Druck des Gases einen konstanten Wert, den wir den **Dampfdruck** des Stoffes nennen.

p_{Gas} = Gleichgewichtsdampfdruck

flüssiges
Ethanol

Flüssigkeit
vor Verdampfung

(a)

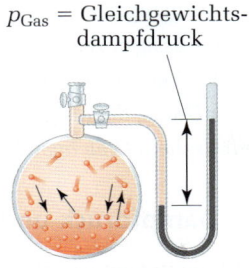

Im Gleichgewicht gehen Moleküle mit
der gleichen Geschwindigkeit in die
Flüssigkeit und aus der Flüssigkeit.

(b)

Abbildung 11.22: Veranschaulichung des Gleichgewichtsdampfdrucks einer Flüssigkeit. In (a) stellen wir uns vor, dass in der Gasphase keine Moleküle existieren. Der Druck im Gefäß ist null. In (b) ist die Geschwindigkeit, mit der Moleküle die Oberfläche verlassen, gleich der Geschwindigkeit, mit der Gasmoleküle in die flüssige Phase übergehen. Diese gleichen Geschwindigkeiten verursachen einen stabilen Dampfdruck, der sich nicht ändert, solange die Temperatur konstant bleibt.

Erklärung des Dampfdrucks auf molekularer Ebene

Die Moleküle einer Flüssigkeit bewegen sich mit verschiedenen Geschwindigkeiten. ▶ Abbildung 11.23 zeigt die Verteilung kinetischer Energien der Teilchen an der Oberfläche einer Flüssigkeit bei zwei Temperaturen. Die Verteilungskurven sind wie die, die bereits für Gase gezeigt wurden (Abbildungen 10.18 und 10.19). In einem beliebigen Augenblick besitzen einige der Moleküle an der Oberfläche der Flüssigkeit ausreichend kinetische Energie, um die Anziehungskräfte ihrer Nachbarn zu überwinden und in die Gasphase zu entweichen. Je schwächer die Anziehungskräfte, desto größer die Zahl von Molekülen, die entweichen können, und daher ist auch der Dampfdruck höher.

Bei einer beliebigen Temperatur findet die Bewegung der Moleküle von der Flüssigkeit in die Gasphase ständig statt. Wenn die Zahl der Gasphasenmoleküle zunimmt, erhöht sich jedoch die Wahrscheinlichkeit, dass ein Molekül in der Gasphase die Flüssigkeitsoberfläche trifft und wieder von der Flüssigkeit erfasst wird, wie ▶ Abbildung 11.22 (b) zeigt. Schließlich gleicht die Geschwindigkeit, mit der Moleküle zur Flüssigkeit zurückkehren, genau der Geschwindigkeit, mit der sie entweichen. Die Zahl von Molekülen in der Gasphase erreicht dann einen konstanten Wert und der Druck des Gases ist konstant.

Der Zustand, in dem zwei entgegengesetzte Prozesse gleichzeitig mit gleichen Geschwindigkeiten ablaufen, nennt man ein **dynamisches Gleichgewicht** oder kurz *Gleichgewicht*. Eine Flüssigkeit und ihr Gas sind in dynamischem Gleichgewicht, wenn Verdunstung und Kondensation mit gleichen Geschwindigkeiten geschehen. Es kann so aussehen, dass bei Gleichgewicht nichts passiert, da es keine Nettoänderung im System gibt. Es geschieht allerdings eine ganze Menge: Moleküle gehen stän-

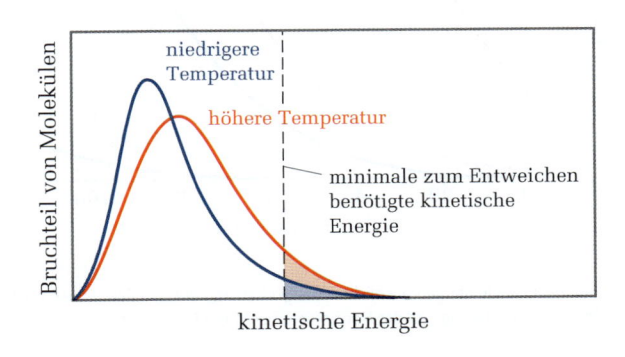

Abbildung 11.23: Die Wirkung von Temperatur auf die Verteilung von kinetischen Energien in einer Flüssigkeit. Die Verteilung von kinetischen Energien von Oberflächenmolekülen einer hypothetischen Flüssigkeit wird bei zwei Temperaturen gezeigt. Nur die schnellsten Moleküle haben ausreichend kinetische Energie, um aus der Flüssigkeit zu entweichen und in die Gasphase einzutreten, wie die schattierten Bereiche zeigen. Je höher die Temperatur, desto größer ist der Bruchteil von Molekülen mit genügend Energie, um aus der Flüssigkeit in die Gasphase zu entweichen.

dig vom flüssigen Aggregatzustand in den Gaszustand und vom gasförmigen Aggregatzustand in den flüssigen Zustand über. Alle Gleichgewichte zwischen verschiedenen Stoffzuständen besitzen diesen dynamischen Charakter. *Der Dampfdruck einer Flüssigkeit ist der Druck, der ausgeübt wird, wenn die flüssigen und gasförmigen Zustände in dynamischem Gleichgewicht sind.*

Flüchtigkeit, Dampfdruck und Temperatur

Dampfdruck vs. Temperatur

Wenn Verdampfung in einem geöffneten Behälter abläuft, zum Beispiel wenn Wasser aus einer Schüssel verdunstet, breitet sich das Gas von der Flüssigkeit weg aus. Nur wenige Gasteilchen, wenn überhaupt, werden an der Oberfläche der Flüssigkeit wieder erfasst. Gleichgewicht tritt niemals auf und das Gas bildet sich weiter, bis die Flüssigkeit völlig verdunstet ist. Substanzen mit hohem Dampfdruck (wie Benzin) verdunsten schneller als Substanzen mit niedrigem Dampfdruck (wie Motoröl). Flüssigkeiten, die schnell verdampfen, werden **flüchtig** genannt.

Heißes Wasser verdampft schneller als kaltes Wasser, da der Dampfdruck mit steigender Temperatur steigt. Wir sehen diesen Effekt in ▶ Abbildung 11.23: Wenn die Temperatur einer Flüssigkeit erhöht wird, bewegen sich die Moleküle schneller und ein größerer Bruchteil kann sich daher von ihren Nachbarn lösen. ▶ Abbildung 11.24 zeigt die Änderung des Dampfdruckes mit der Temperatur für vier gängige Substanzen, die sich in ihrer Flüchtigkeit stark unterscheiden. Sie sehen, dass der Dampfdruck in allen Fällen nichtlinear mit steigender Temperatur ansteigt.

> **? DENKEN SIE EINMAL NACH**
>
> Sagen Sie (a) die Dampfdrücke von CCl_4 und CBr_4 bei 25 °C und (b) die Flüchtigkeiten dieser zwei Substanzen bei dieser Temperatur vorher.

Dampfdruck und Siedepunkt

Eine Flüssigkeit siedet, wenn ihr Dampfdruck gleich dem äußeren Druck ist, der auf die Oberfläche der Flüssigkeit wirkt. An diesem Punkt können sich Dampfblasen in der Flüssigkeit bilden. Die Temperatur, bei der eine gegebene Flüssigkeit siedet, steigt mit steigendem äußeren Druck. Der Siedepunkt einer Flüssigkeit bei 1 atm Druck wird **Normalsiedepunkt** genannt. Aus Abbildung 11.24 sehen wir, dass der Normalsiedepunkt von Wasser 100 °C ist.

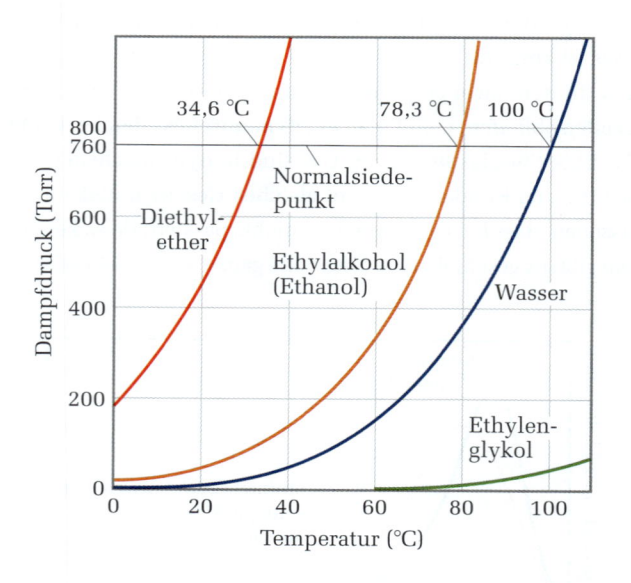

Abbildung 11.24 Dampfdruck für vier gebräuchliche Flüssigkeiten als Funktion der Temperatur. Die Temperatur, bei der der Dampfdruck 760 Torr beträgt, ist der Normalsiedepunkt der Flüssigkeit.

11.5 Dampfdruck

Der Siedepunkt ist für viele Prozesse wichtig, bei denen es um das Erwärmen von Flüssigkeiten geht, so auch beim Kochen. Die Zeit, die zum Kochen von Nahrungsmitteln benötigt wird, hängt von der Temperatur ab. Solange flüssiges Wasser vorhanden ist, ist die Höchsttemperatur der zu kochenden Nahrungsmittel der Siedepunkt des Wassers. Schnellkochtöpfe arbeiten, indem sie Dampf nur entweichen lassen, wenn

---

ÜBUNGSBEISPIEL 11.5   **Der Zusammenhang zwischen Siedepunkt und Dampfdruck**

Schätzen Sie anhand von Abbildung 11.24 den Siedepunkt von Diäthylether bei einem äußeren Druck von 0,80 atm.

Lösung

Analyse: Wir sollen eine Grafik benutzen, auf der der Dampfdruck gegen die Temperatur aufgezeichnet ist, um den Siedepunkt eines Stoffes bei einem bestimmten Druck zu bestimmen. Der Siedepunkt ist die Temperatur, bei der der Dampfdruck gleich dem äußeren Druck ist.

Vorgehen: Wir müssen 0,80 atm in Torr umwandeln, da dies die Druckeinheit in der Grafik ist. Wir entnehmen den Ort dieses Drucks auf der Grafik, gehen horizontal zur Dampfdruckkurve und gehen dann senkrecht in der Kurve nach unten, um die Temperatur zu ermitteln.

Lösung: Der Druck ist gleich (0,80 atm)(760 Torr/atm) = 610 Torr. Aus Abbildung 11.24 sehen wir, dass der Siedepunkt bei diesem Druck bei etwa 27 °C liegt, was nahe der Zimmertemperatur ist.

Anmerkung: Wir können einen Glaskolben mit Diäthylether bei Zimmertemperatur sieden lassen, indem wir den Druck über der Flüssigkeit mit einer Vakuumpumpe auf etwa 0,8 atm senken.

ÜBUNGSAUFGABE

Bei welchem äußeren Druck hat Ethanol einen Siedepunkt von 60 °C?

Antwort: etwa 340 Torr (0,45 atm).

Näher hingeschaut ■ Die Clausius-Clapeyron-Gleichung

Sie haben vielleicht bemerkt, dass die Dampfdruckkurven in Abbildung 11.24 eine charakteristische Form haben: Jede steigt mit steigender Temperatur steil nach oben. Die Beziehung zwischen Dampfdruck und Temperatur wird durch eine Gleichung mit Namen *Clausius-Clapeyron-Gleichung* gegeben:

$$\ln p = \frac{-\Delta H_{\text{Verd}}}{RT} + C \quad (11.1)$$

In dieser Gleichung ist T die absolute Temperatur, R ist die Gaskonstante (8,314 J/mol·K), ΔH_{Verd} ist die molare Verdampfungsenthalpie und C ist eine Konstante. Die Clausius-Clapeyron-Gleichung besagt, dass $\ln p$ als Funktion von $1/T$ eine gerade Linie mit einer Steigung gleich $-\Delta H_{\text{Verd}}/R$ ergeben sollte. Daher können wir solch eine Kurve verwenden, um die Verdampfungsenthalpie eines Stoffs wie folgt zu bestimmen:

$$\Delta H_{\text{Verd}} = -\text{Steigung} \times R$$

Als Beispiel der Anwendung der Clausius-Clapeyron-Gleichung werden die Dampfdruckdaten für Ethanol aus Abbildung 11.24 als $\ln p$ als Funktion von $1/T$ in ▶ Abbildung 11.25 eingezeichnet. Die Daten liegen auf einer Geraden mit negativer Steigung. Wir können die Steigung der Linie nutzen, um ΔH_{Verd} für Ethanol zu bestimmen. Wir können ebenfalls die Linie extrapolieren, um Werte für den Dampfdruck von Ethanol bei Temperaturen über und unter dem Temperaturbereich, für den wir Daten haben, zu erhalten.

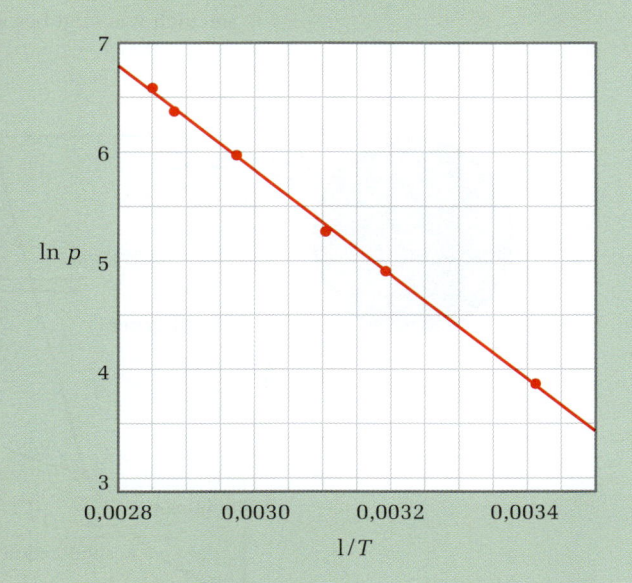

Abbildung 11.25: Lineare Auftragung von Dampfdruckdaten für Ethanol. Die Clausius-Clapeyron-Gleichung, Gleichung 11.1, besagt, dass die Auftragung von $\ln p$ zu $1/T$ eine gerade Linie mit einer Steigung gleich $-\Delta H_{\text{Verd}}/R$ ergibt. Die Steigung dieser Linie ergibt $\Delta H_{\text{Verd}} = 38{,}56$ kJ/mol.

er einen festgelegten Druck überschreitet. Der Druck über dem Wasser kann sich daher über den Atmosphärendruck erhöhen. Der höhere Druck bringt das Wasser erst bei höherer Temperatur zum Sieden und dadurch können die Nahrungsmittel heißer und schneller gar werden. Der Effekt des Drucks auf den Siedepunkt erklärt ebenfalls, warum es länger dauert, Nahrungsmittel in größeren Höhenlagen als auf Höhe des Meeresspiegels zu kochen. Der Atmosphärendruck ist in größeren Höhen niedriger, daher siedet Wasser bei einer niedrigeren Temperatur.

Phasendiagramme 11.6

Das Gleichgewicht zwischen einer Flüssigkeit und ihrem Gas ist nicht das einzige dynamische Gleichgewicht, das zwischen Stoffzuständen vorliegen kann. Unter entsprechenden Temperatur- und Druckbedingungen kann ein Feststoff im Gleichgewicht mit seinem flüssigen Zustand oder sogar mit seinem gasförmigen Zustand sein. Ein **Phasendiagramm** oder Zustandsdiagramm ist eine grafische Methode, um die Bedingungen zusammenzufassen, unter denen Gleichgewichte zwischen den verschiedenen Stoffzuständen vorliegen. Mit solch einem Diagramm können wir auch die Phase eines Stoffs vorhersagen, die bei einer gegebenen Temperatur und einem gegebenen Druck stabil ist.

Die allgemeine Form eines Phasendiagramms für einen Stoff, der in drei Aggregatzuständen vorliegen kann, zeigt ▶ Abbildung 11.26. Das Diagramm ist eine zweidimensionale Grafik mit Druck und Temperatur als Achsen. Es enthält drei wichtige Kurven, von denen jede die Temperatur- und Druckbedingungen repräsentiert, unter denen die verschiedenen Phasen im Gleichgewicht nebeneinander vorliegen können. Der einzige Stoff, der im System vorliegt, ist der, dessen Phasendiagramm betrachtet wird. Der im Diagramm gezeigte Druck ist entweder der auf das System ausgeübte Druck oder der Druck, der vom Stoff selbst erzeugt wird. Die Kurven lassen sich wie folgt beschreiben:

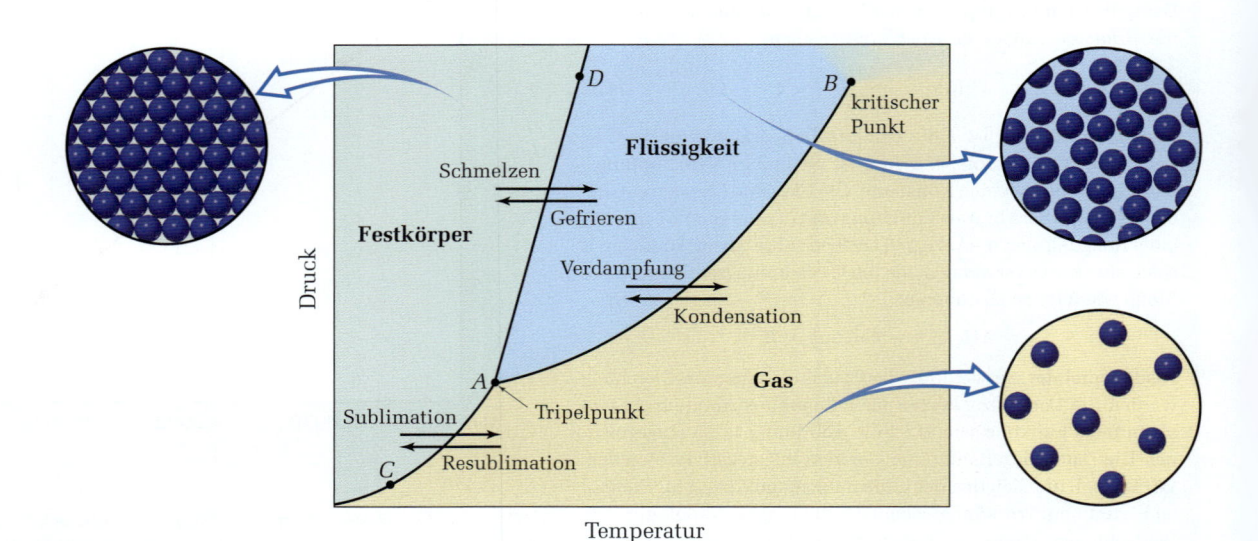

Abbildung 11.26: Phasendiagramm für ein Dreiphasensystem. In diesem allgemeinen Diagramm kann die untersuchte Substanz je nach Druck und Temperatur als Festkörper, Flüssigkeit oder Gas vorliegen.

11.6 Phasendiagramme

1 Die Linie von A nach B ist der Dampfdruck der Flüssigkeit. Sie stellt das Gleichgewicht zwischen der flüssigen und gasförmigen Phase dar. Der Punkt auf dieser Kurve, an dem der Dampfdruck 1 atm beträgt, ist der Normalsiedepunkt des Stoffes. Die Dampfdruckkurve endet am *kritischen Punkt (B)*, der bei der kritischen Temperatur und beim kritischen Druck des Stoffes liegt. Über dem kritischen Punkt kann nicht mehr zwischen flüssiger und gasförmiger Phase unterschieden werden.

2 Die Linie AC stellt den Dampfdruck des Festkörpers dar, wenn er bei verschiedenen Temperaturen sublimiert.

3 Die Linie von A bis D stellt den Schmelzpunkt des Festkörpers mit steigendem Druck dar. Diese Linie neigt sich normalerweise etwas nach rechts, wenn der Druck steigt, da für die meisten Substanzen die feste Form dichter als die flüssige Form ist. Ein Anstieg des Drucks geht gewöhnlich zugunsten der kompakteren festen Phase. So sind höhere Temperaturen erforderlich, um den Festkörper bei höheren Drücken zu schmelzen. Der *Schmelzpunkt* eines Stoffs ist identisch mit seinem *Erstarrungspunkt*. Die beiden unterscheiden sich nur in der Richtung, aus der der Phasenübergang erfolgt. Der Schmelzpunkt bei 1 atm ist der normale **Schmelzpunkt**.

Punkt A, an dem sich die drei Kurven schneiden, wird **Tripelpunkt** genannt. Alle drei Phasen sind bei dieser Temperatur und diesem Druck im Gleichgewicht. Jeder andere Punkt auf den drei Kurven stellt ein Gleichgewicht zwischen zwei Phasen dar. Jeder Punkt des Diagrammes, der nicht auf eine Linie fällt, entspricht Bedingungen, unter denen nur eine Phase vorhanden ist. Die Gasphase ist zum Beispiel bei niedrigen Drücken und hohen Temperaturen stabil, während die feste Phase bei niedrigen Temperaturen und hohen Drücken stabil ist. Flüssigkeiten sind im Bereich zwischen den anderen beiden Phasen stabil.

> **? DENKEN SIE EINMAL NACH**
>
> In welche Richtung neigt sich die Linie in einem Phasendiagramm, die den Schmelzpunkt darstellt, gewöhnlich und warum?

Die Phasendiagramme von H_2O und CO_2

▶ Abbildung 11.27 zeigt die Phasendiagramme von H_2O und CO_2. Die Linie des Fest-Flüssig-Gleichgewichts (Schmelzpunkt) von CO_2 folgt dem typischen Verhalten, da sie sich mit steigendem Druck nach rechts neigt und uns damit sagt, dass der Schmelzpunkt mit steigendem Druck steigt. Die Schmelzpunktlinie von H_2O ist dagegen außergewöhnlich, da sie sich mit steigendem Druck nach links neigt und damit anzeigt, dass der Schmelzpunkt für Wasser mit steigendem Druck *sinkt*. Wie in Abbildung 11.11 zu sehen ist, gehört Wasser zu den wenigen Substanzen, deren flüssige Form kompakter als seine feste Form ist (siehe Abschnitt 11.2).

> **Phasendiagramm von Wasser**

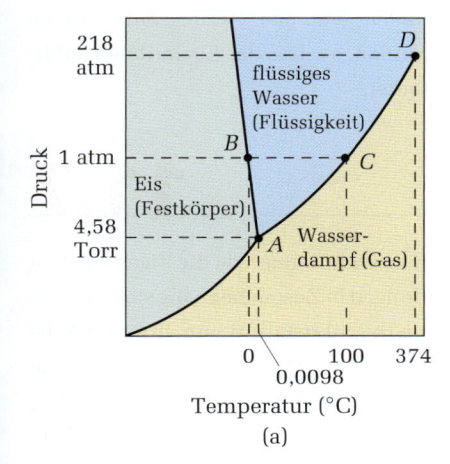

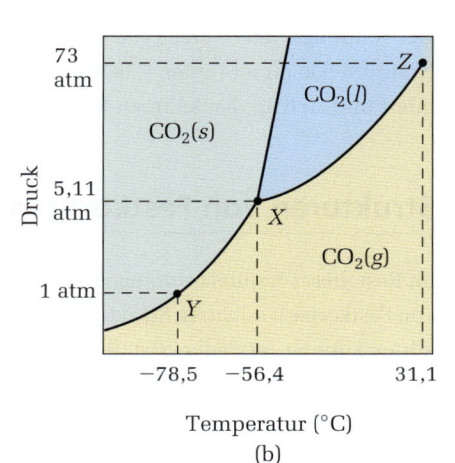

Abbildung 11.27: Phasendiagramme von H_2O und CO_2. Die Achsen sind in beiden Fällen nicht maßstabsgerecht gezeichnet. In (a) sehen Sie für Wasser den Tripelpunkt A (0,0098 °C, 4,58 Torr), den Normalmelzpunkt (oder Erstarrungspunkt) B (0 °C, 1 atm), den Normalsiedepunkt C (100 °C, 1 atm) und den kritischen Punkt D (374,4 °C, 217,7 atm). In (b) sehen Sie für Kohlendioxid den Tripelpunkt X (−56,4 °C, 5,11 atm), den Normalsublimationspunkt Y (−78,5 °C, 1 atm) und den kritischen Punkt Z (31,1 °C, 73,0 atm).

ÜBUNGSBEISPIEL 11.6 — Deutung eines Phasendiagramms

Sehen Sie sich ▶ Abbildung 11.28 an und beschreiben Sie alle Änderungen in den vorliegenden Phasen, wenn H_2O **(a)** bei 0 °C gehalten wird, während der Druck von dem Druck bei Punkt 1 auf den Druck bei Punkt 5 (vertikale Linie) erhöht wird, **(b)** bei 1,00 atm gehalten wird, während die Temperatur von der bei Punkt 6 auf die Temperatur bei Punkt 9 (horizontale Linie) erhöht wird.

Lösung

Analyse: Wir sollen das gezeigte Phasendiagramm verwenden, um abzuleiten, welche Phasenübergänge auftreten könnten, wenn bestimmte Druck- und Temperaturänderungen vorgenommen werden.

Vorgehen: Folgen Sie dem Weg im Phasendiagramm und sehen Sie sich an, welche Phasen und Phasenübergänge auftreten.

Lösung:
(a) Bei Punkt 1 liegt H_2O vollkommen als Gas vor. Bei Punkt 2 liegt ein Festkörper-Gas-Gleichgewicht vor. Über diesem Druck, bei Punkt 3, wird das gesamte H_2O in einen Festkörper umgewandelt. Bei Punkt 4 schmilzt ein Teil des Festkörpers und ein Gleichgewicht zwischen Festkörper und Flüssigkeit wird erreicht. Bei noch höheren Drücken schmilzt das gesamte H_2O, so dass bei Punkt 5 nur die flüssige Phase vorliegt.
(b) Bei Punkt 6 liegt H_2O vollkommen als Festkörper vor. Wenn die Temperatur Punkt 4 erreicht, beginnt der Festkörper zu schmelzen und es liegt ein Gleichgewicht zwischen der festen und flüssigen Phase vor. Bei noch höherer Temperatur, Punkt 7, wird der Festkörper vollständig in eine Flüssigkeit umgewandelt. Ein Flüssigkeits-Gas-Gleichgewicht liegt bei Punkt 8 vor. Bei weiterer Erhitzung auf Punkt 9 wird das H_2O vollkommen in die Gasphase umgewandelt.

Überprüfung: Die angezeigten Phasen und Phasenübergänge stimmen mit unseren Kenntnissen über die Eigenschaften von Wasser überein.

ÜBUNGSAUFGABE

Beschreiben Sie anhand von Abbildung 11.27 (b), was geschieht, wenn die folgenden Änderungen in einer CO_2-Probe vorgenommen werden, die sich anfänglich bei 1 atm und −60 °C befindet: **(a)** Der Druck steigt bei konstanter Temperatur auf 60 atm. **(b)** Die Temperatur steigt bei konstantem Druck von 60 atm von −60 °C auf −20 °C.

Antworten: **(a)** $CO_2(g) \longrightarrow CO_2(s)$; **(b)** $CO_2(s) \longrightarrow CO_2(l)$.

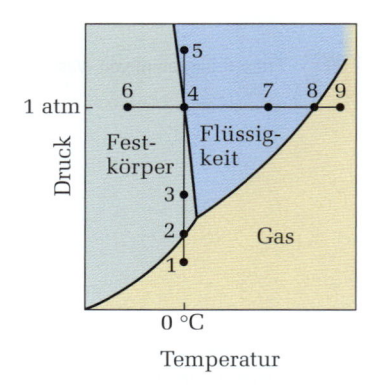

Abbildung 11.28: Phasendiagramm von H_2O.

Der Tripelpunkt von H_2O (0,0098 °C und 4,58 Torr) liegt bei weitaus niedrigerem Druck als der von CO_2 (−56,4 °C und 5,11 atm). Damit CO_2 als Flüssigkeit vorliegt, muss der Druck 5,11 atm übersteigen. Demzufolge schmilzt festes CO_2 nicht, sondern sublimiert, wenn es bei 1 atm erhitzt wird. Daher hat CO_2 keinen Normalschmelzpunkt, sondern stattdessen einen Normalsublimationspunkt, −78,5 °C. Da CO_2 sublimiert statt schmilzt, wenn es bei gewöhnlichen Drücken Energie aufnimmt, ist festes CO_2 (Trockeneis) ein gutes Kühlmittel.

Damit Wasser (Eis) sublimiert, muss sein Dampfdruck jedoch unter 4,58 Torr liegen. Nahrungsmittel werden gefriergetrocknet, indem gefrorene Nahrungsmittel in eine Unterdruckkammer (unter 4,58 Torr) gelegt werden, so dass das Eis in ihnen sublimiert und sich an den kälteren Stellen abscheidet.

11.7 Strukturen von Festkörpern

Im Rest dieses Kapitels werden wir uns darauf konzentrieren, wie die Eigenschaften von Festkörpern mit ihren Strukturen und Bindungen in Zusammenhang stehen. Festkörper können entweder kristallin oder amorph (nichtkristallin) sein. In einem **kristallinen Festkörper** befinden sich die Atome, Ionen oder Moleküle in gut definierten Anordnungen. Diese Festkörper haben gewöhnlich ebene Oberflächen oder *Flächen*, die in charakteristischen Winkeln zueinander stehen. Durch die geordneten Teilchen-

11.7 Strukturen von Festkörpern

stapel, die diese Kristallflächen erzeugen, haben Festkörper auch sehr regelmäßige Formen (▶ Abbildung 11.29). Quarz und Diamant sind z. B. kristalline Festkörper.

Ein **amorpher Festkörper** (aus dem Griechischen für „ohne Form") ist ein Festkörper, dessen Teilchen keine geordnete Struktur aufbauen. Diesen Festkörpern fehlen gut definierte Flächen und Formen. Viele amorphe Festkörper bestehen aus Molekülen, die sich nicht gut stapeln lassen. Die meisten anderen bestehen aus großen, komplizierten Molekülen. Bekannte amorphe Festkörper sind Gummi und Glas.

Quarz (SiO_2) ist ein kristalliner Festkörper mit einer dreidimensionalen Struktur wie die in ▶ Abbildung 11.30 a gezeigte. Wenn Quarz schmilzt (bei etwa 1600 °C), wird es zu einer viskosen, klebrigen Flüssigkeit. Obwohl das Silizium–Sauerstoff-Gefüge größtenteils intakt bleibt, werden viele Si—O-Bindungen gebrochen und die starre Ordnung des Quarzes geht verloren. Wird die Schmelze schnell abgekühlt, können die Atome nicht in eine geordnete Anordnung zurückkehren. Daher entsteht ein amorpher Festkörper, der als Quarzglas oder Kieselglas bekannt ist (▶ Abbildung 11.30 b).

Abbildung 11.29: Kristalline Festkörper. Kristalline Festkörper gibt es in einer Vielzahl von Formen und Farben: (a) Pyrit, (b) Fluorit, (c) Amethyst.

Abbildung 11.30: Schematische Vergleiche von kristallinem SiO_2 (Quarz) und amorphem SiO_2 (Quarzglas). Die Strukturen sind eigentlich dreidimensional und nicht, wie gezeichnet, planar. Die, als der Grundbaustein der Struktur gezeigt, nur scheinbar zweidimensionale Einheit (Silizium und drei Sauerstoffatome) hat eigentlich vier Sauerstoffatome, wobei das vierte aus der Ebene des Papiers kommt und mit anderen Siliziumatomen Bindungen eingeht. Es wird der tatsächliche dreidimensionale Baustein gezeigt.

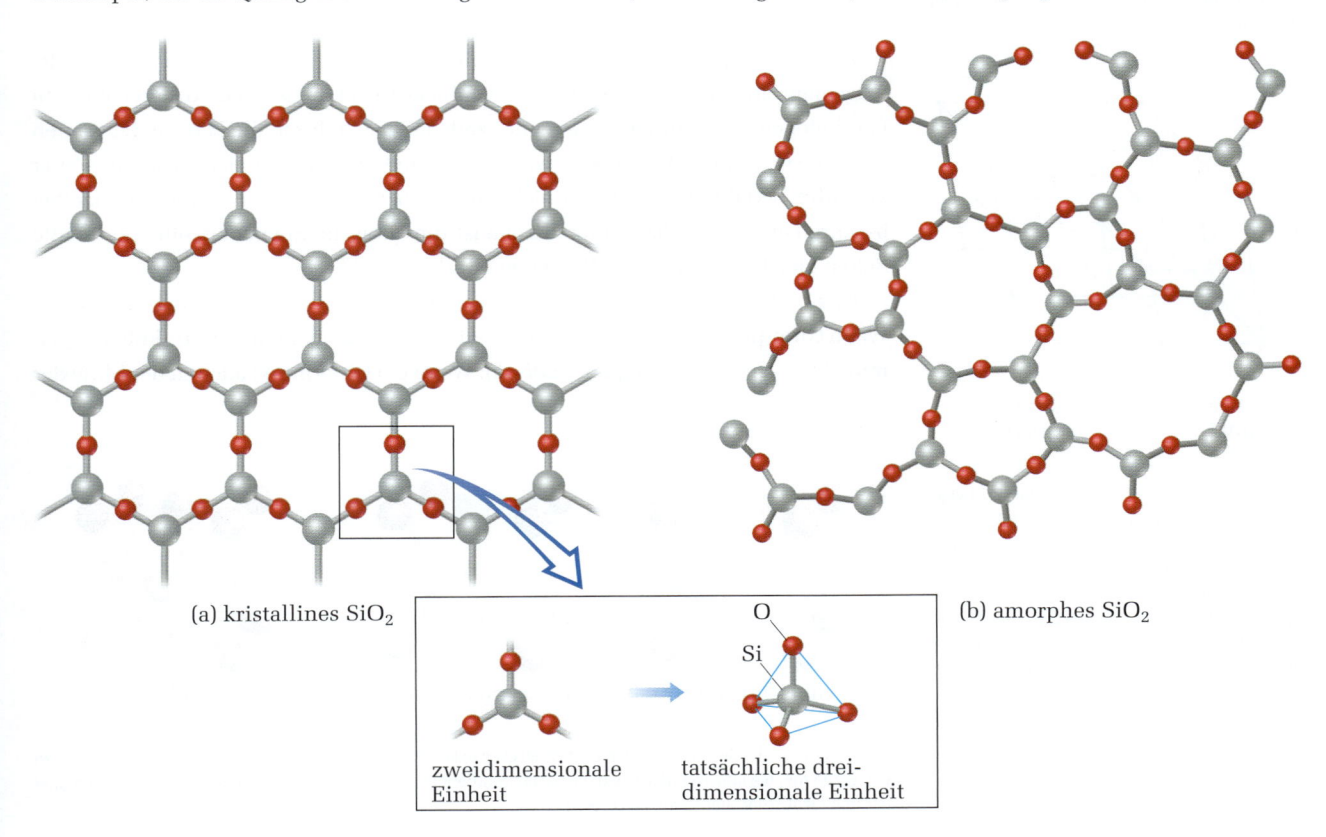

(a) kristallines SiO_2

(b) amorphes SiO_2

zweidimensionale Einheit → tatsächliche dreidimensionale Einheit

11 Intermolekulare Kräfte, Flüssigkeiten und Festkörper

> **? DENKEN SIE EINMAL NACH**
>
> Worin besteht der allgemeine Unterschied im Schmelzverhalten kristalliner und amorpher Festkörper?

Da die Teilchen eines amorphen Festkörpers keine Ordnung langer Reichweite haben, sind die intermolekularen Kräfte in einer amorphen Substanz von verschiedener Stärke. Daher schmelzen amorphe Festkörper nicht bei einer bestimmten Temperatur. Stattdessen werden sie über einen Temperaturbereich weicher, wenn die intermolekularen Kräfte der verschiedenen Stärken überwunden werden. Ein kristalliner Festkörper schmilzt dagegen bei einer bestimmten Temperatur.

Elementarzellen

Durch die charakteristische Ordnung kristalliner Festkörper können wir ein Bild eines gesamten Kristalls vermitteln, indem wir uns nur einen kleinen Teil davon ansehen. Wir können uns den Festkörper so vorstellen, als ob er durch Übereinanderstapeln identischer Bausteine aufgebaut würde, genau so, wie eine Mauer durch Übereinanderstapeln von Reihen einzelner „identischer" Ziegel gebildet wird. Die sich wiederholende Einheit eines Festkörpers, der kristalline „Ziegel", wird **Elementarzelle** genannt. Ein einfaches zweidimensionales Beispiel erscheint in dem Stück Tapete in ▶ Abbildung 11.31. Es gibt mehrere Wege, eine Elementarzelle zu wählen, es wird jedoch gewöhnlich die kleinste Elementarzelle gewählt, die den symmetrischen Charakter des gesamten Musters eindeutig wiedergibt.

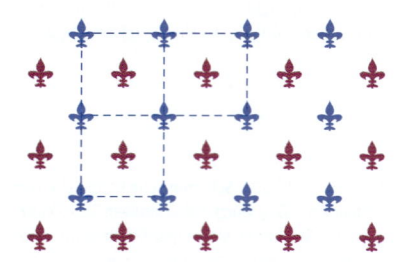

Ein kristalliner Festkörper kann durch eine dreidimensionale Punktanordnung als so genanntes **Kristallgitter** dargestellt werden. Jeder Punkt im Gitter wird *Gitterpunkt* genannt und stellt eine identische Umgebung im Festkörper dar. Das Kristallgitter ist praktisch ein abstraktes Gerüst für die Kristallstruktur. Wir können uns vorstellen, die gesamte Kristallstruktur zu bilden, indem wir den Inhalt der Elementarzelle wiederholt auf dem Kristallgitter anordnen. Im einfachsten Fall bestände die Kristallstruktur aus identischen Atomen und jedes Atom hätte einen Gitterpunkt als Zentrum. Dies ist bei den meisten Metallen der Fall.

▶ Abbildung 11.32 zeigt ein Kristallgitter und seine zugehörige Elementarzelle. Allgemein sind Elementarzellen Parallelepipede (sechsseitige Figuren, deren Flächen Parallelogramme sind). Jede Elementarzelle lässt sich durch die Längen der Kanten der Zelle und durch die Winkel zwischen diesen Kanten beschreiben. Die Gitter aller kristallinen Verbindungen lassen sich durch sieben Grundtypen von Elementarzellen beschreiben. Die höchst symmetrische ist die kubische Elementarzelle, in der alle Seiten gleich lang und alle Winkel 90° sind.

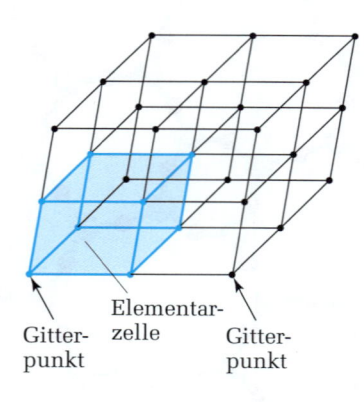

Es gibt drei Arten von kubischen Elementarzellen, wie ▶ Abbildung 11.33 zeigt. Wenn Gitterpunkte nur an den Ecken sind, wird die Elementarzelle als **kubisch-primitiv** bezeichnet (oder *einfach kubisch*). Wenn ein Gitterpunkt auch in der Mitte der

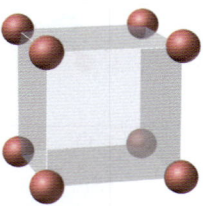

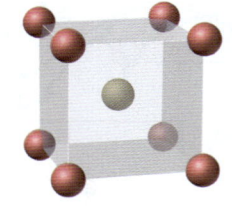

Abbildung 11.31: Eine zweidimensionale Analogdarstellung eines Gitters und seiner Elementarzelle. Das Tapetendesign zeigt ein charakteristisches sich wiederholendes Muster. Jedes gestrichelte blaue Rechteck gibt eine Elementarzelle des Musters an. Die Elementarzelle könnte auch genau so gut mit den roten Figuren an den Ecken ausgewählt werden.

Abbildung 11.32: Teil eines einfachen Kristallgitters und seiner zugehörigen Elementarzelle. Ein Gitter ist eine Anordnung von Punkten, die Positionen von Teilchen in einem kristallinen Festkörper definieren. Jeder Gitterpunkt hat eine identische Umgebung im Festkörper. Die Punkte werden hier mit Linien verbunden gezeigt, um den dreidimensionalen Charakter des Gitters zu vermitteln und uns zu helfen, die Elementarzelle zu sehen.

kubisch-primitiv   kubisch-innenzentriert   kubisch-flächenzentriert

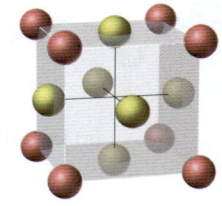

Abbildung 11.33: Die drei Arten von Elementarzellen in kubischen Gittern. Zur Verdeutlichung sind die Kugeln an den Ecken rot, die innenzentrierte und die flächenzentrierten gelb dargestellt. Jede Kugel stellt einen Gitterpunkt dar (mit identischer Umgebung im Festkörper).

11.7 Strukturen von Festkörpern

$\frac{1}{8}$ Atom an 8 Ecken — kubisch-primitiv

$\frac{1}{8}$ Atom an 8 Ecken; 1 Atom in der Mitte — kubisch-innenzentriert

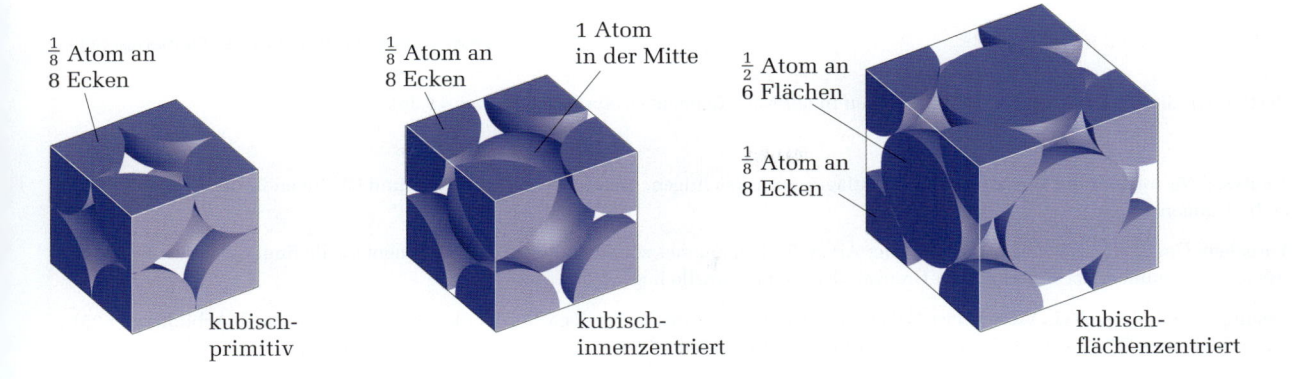

$\frac{1}{2}$ Atom an 6 Flächen; $\frac{1}{8}$ Atom an 8 Ecken — kubisch-flächenzentriert

Abbildung 11.34: Kalottenmodell kubischer Elementarzellen. Nur der Teil jedes Atoms, der zur Elementarzelle gehört, wird gezeigt.

Elementarzelle auftritt, ist die Zelle **kubisch-innenzentriert**. Hat die Zelle Gitterpunkte in der Mitte jeder Fläche und auch an jeder Ecke, ist sie **kubisch-flächenzentriert**.

Die einfachsten Kristallstrukturen sind kubische Elementarzellen mit nur einem Atom im Zentrum jedes Gitterpunkts. Viele Metalle haben diese Strukturen. Nickel hat zum Beispiel eine kubisch-flächenzentrierte Elementarzelle, während Natrium eine kubisch-innenzentrierte hat. ▶ Abbildung 11.34 zeigt, wie Atome die kubischen Elementarzellen füllen. Sie sehen, dass die Atome an den Ecken und Flächen nicht völlig zu der Elementarzelle gehören. Stattdessen werden diese Atome mit angrenzenden Elementarzellen geteilt. Tabelle 11.6 fasst den Bruchteil eines Atoms zusammen, der eine Elementarzelle besetzt, wenn Atome zwischen Elementarzellen geteilt werden.

Die Kristallstruktur von Natriumchlorid

In der Kristallstruktur von NaCl (▶ Abbildung 11.35) können wir entweder die Na^+-Ionen oder die Cl^--Ionen auf die Gitterpunkte der kubisch-flächenzentrierten Elementarzelle setzen. Daher können wir die Struktur als kubisch-flächenzentriert beschreiben.

In Abbildung 11.35 wurden die Na^+- und Cl^--Ionen verschoben, so dass die Symmetrie der Struktur deutlicher zu erkennen ist. In dieser Darstellung wird den Größen

Tabelle 11.6

Bruchteil eines Atoms, der auf eine Elementarzelle entfällt, für verschiedene Positionen in der Elementarzelle

Position in Elementarzelle	Bruchteil in Elementarzelle
Mitte	1
Fläche	$\frac{1}{2}$
Kante	$\frac{1}{4}$
Ecke	$\frac{1}{8}$

? DENKEN SIE EINMAL NACH

Wie viele Atome sind bei einer Struktur, die aus identischen Atomen besteht, in der kubisch-innenzentrierten Elementarzelle enthalten?

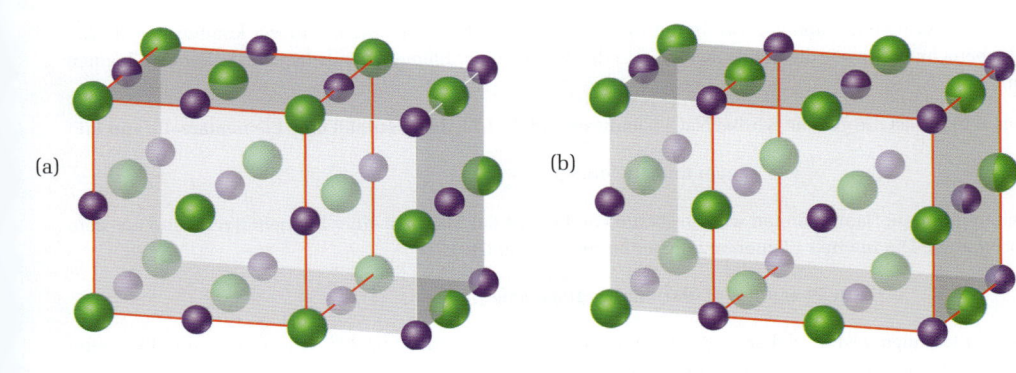

Abbildung 11.35: Zwei Möglichkeiten zur Definition der Elementarzelle von NaCl. Eine Darstellung eines NaCl-Kristallgitters kann entweder (a) Cl^--Ionen (grüne Kugeln) oder (b) Na^+-Ionen (violette Kugeln) am Ursprung der Elementarzelle zeigen. In beiden Fällen definieren die roten Linien die Elementarzelle. Beide Elementarzellen sind richtig. Beide haben das gleiche Volumen und in beiden Fällen sind identische Punkte in kubisch-flächenzentrierter Art angeordnet.

ÜBUNGSBEISPIEL 11.7 Bestimmung des Inhalts einer Elementarzelle

Bestimmen Sie die Zahl von Na$^+$- und Cl$^-$-Ionen in der NaCl-Elementarzelle (▶ Abbildung 11.36).

Lösung

Analyse: Wir müssen die verschiedenen Punktlagen berücksichtigen, um die Anzahl von Na$^+$- und Cl$^-$-Ionen in der Elementarzelle zu bestimmen.

Vorgehen: Um die Gesamtzahl von Ionen jeder Art zu finden, müssen wir deren Plätze in der Elementarzelle finden und den Bruchteil des Ions bestimmen, der innerhalb der Grenzen der Elementarzelle liegt.

Lösung: Es befindet sich ein Viertel eines Na$^+$ an jeder Kante, ein ganzes Na$^+$ in der Mitte der Elementarzelle (siehe auch Abbildung 11.35), ein Achtel eines Cl$^-$ an jeder Ecke und eine Hälfte eines Cl$^-$ an jeder Fläche. Wir erhalten also Folgendes:

$$\text{Na}^+: \left(\tfrac{1}{4}\text{ Na}^+\text{ pro Kante}\right)(12\text{ Kanten}) = 3\text{ Na}^+$$
$$(1\text{ Na}^+\text{ pro Zellenmitte})(1\text{ Zellenmitte}) = 1\text{ Na}^+$$
$$\text{Cl}^-: \left(\tfrac{1}{8}\text{ Cl}^-\text{ pro Ecke}\right)(8\text{ Ecken}) = 1\text{ Cl}^-$$
$$\left(\tfrac{1}{2}\text{ Cl}^-\text{ pro Fläche}\right)(6\text{ Flächen}) = 3\text{ Cl}^-$$

Damit enthält die Elementarzelle also: 4 Na$^+$ und 4 Cl$^-$

Überprüfung: Dieses Ergebnis stimmt mit der Zusammensetzung der Verbindung überein:

$$1\text{ Na}^+\text{-Ion für jedes Cl}^-\text{-Ion}$$

ÜBUNGSAUFGABE

Das Element Eisen kristallisiert in einer Form mit Namen α-Eisen, die eine kubisch-innenzentrierte Elementarzelle hat. Wie viele Eisenatome sind in der Elementarzelle?

Antwort: Zwei.

ÜBUNGSBEISPIEL 11.8 Verwendung des Inhalts und der Abmessungen einer Elementarzelle zur Berechnung der Dichte

Die Anordnung von Ionen in Kristallen von LiF ist die gleiche wie bei NaCl. Die Elementarzelle von LiF hat eine Kantenlänge von 4,02 Å. Berechnen Sie die Dichte von LiF.

Lösung

Analyse: Wir sollen die Dichte von LiF anhand der Größe der Elementarzelle berechnen.

Vorgehen: Wir müssen die Zahl von Formeleinheiten von LiF in der Elementarzelle bestimmen. Anhand dieser können wir die Gesamtmasse in der Elementarzelle berechnen. Da wir die Masse kennen und das Volumen der Elementarzelle berechnen können, können wir dann die Dichte berechnen.

Lösung: Die Anordnung von Ionen in LiF ist die gleiche wie bei NaCl (Übungsbeispiel 11.7), daher enthält eine Elementarzelle von LiF:

$$4\text{ Li}^+\text{-Ionen und }4\text{ F}^-\text{-Ionen}$$

Die Dichte ist Masse pro Einheitenvolumen. Damit können wir die Dichte von LiF aus der Masse in einer Elementarzelle und aus dem Volumen der Elementarzelle errechnen. Die in einer Elementarzelle enthaltene Masse ist:

$$4(6{,}94\text{ ame}) + 4(19{,}0\text{ ame}) = 103{,}8\text{ ame}$$

Das Volumen eines Würfels der Kantenlänge a ist a^3, daher ist das Volumen der Elementarzelle $(4{,}02\text{ Å})^3$. Wir können nun die Dichte berechnen und diese in die gebräuchlichen Einheiten g/cm^3 umrechnen.

$$\text{Dichte} = \frac{(103{,}8\text{ ame})}{(4{,}02\text{ Å})^3} = 2{,}65\text{ g/cm}^3$$

> **Überprüfung:** Dieser Wert stimmt mit dem Wert, den wir durch einfache Dichtemessungen ermittelt haben, 2,640 g/cm³ bei 20 °C, überein.
>
> **ÜBUNGSAUFGABE**
>
> Die kubisch-innenzentrierte Elementarzelle einer bestimmten kristallinen Form von Eisen hat eine Kantenlänge von 2,8664 Å. Berechnen Sie die Dichte dieser Form von Eisen.
>
> **Antwort:** 7,8753 g/cm³.

der Ionen keine Beachtung geschenkt. Die Darstellung in ▶ Abbildung 11.36 zeigt dagegen die Größenverhältnisse der Ionen und wie sie die Elementarzelle füllen. Sie sehen, dass die Teilchen an den Ecken, Kanten und Flächen mit anderen Elementarzellen geteilt werden.

Das gesamte Verhältnis von Kationen zu Anionen einer Elementarzelle muss gleich dem für den gesamten Kristall sein. Daher müssen in der Elementarzelle von NaCl Na⁺- und Cl⁻-Ionen in gleicher Zahl vorliegen. Ähnlich würde die Elementarzelle für $CaCl_2$ ein Ca^{2+} pro zwei Cl^- haben und so weiter.

Dichte Kugelpackungen

Die von kristallinen Festkörpern eingenommenen Strukturen sind die, die Teilchen in dichtesten Kontakt bringen, um die Anziehungskräfte zwischen ihnen zu maximieren. In vielen Fällen sind die Teilchen, aus denen die Festkörper bestehen, kugelförmig oder annähernd kugelförmig. Dies ist bei Atomen in metallischen Festkörpern der Fall. Es ist daher hilfreich, sich zu überlegen, wie Kugeln gleicher Größe am wirkungsvollsten gepackt werden können (das heißt, mit so wenig freiem Raum wie möglich).

Die engste Anordnung einer Lage Kugeln der gleichen Größe zeigt ▶ Abbildung 11.37 a. Jede Kugel ist von sechs anderen in der Lage umgeben. Eine zweite Lage Kugeln kann in die Senken auf der ersten Lage gelegt werden. Eine dritte Lage kann dann über der zweiten hinzugefügt werden, wobei die Kugeln in den Senken der zweiten Lage sitzen. Es gibt jedoch zwei Arten von Senken für diese dritte Lage und sie ergeben unterschiedliche Strukturen, wie Abbildung 11.37 b und 11.37 c zeigt.

Wenn die Kugeln der dritten Lage parallel zu denen der ersten Lage gesetzt werden, wie Abbildung 11.37 b zeigt, wird die Struktur als **hexagonal-dichte Packung** bezeichnet. Die dritte Lage wiederholt die erste Lage, die vierte Lage wiederholt die zweite Lage und so weiter, so dass wir eine Lagenfolge erhalten, die wir als ABAB bezeichnen.

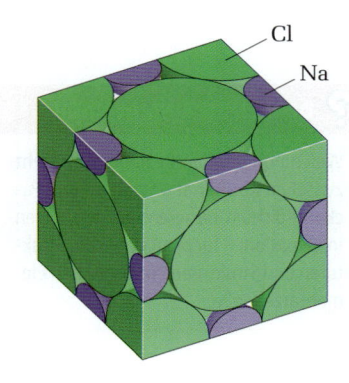

Abbildung 11.36: Größenverhältnisse der Ionen in einer NaCl-Elementarzelle. Wie in ▶ Abbildung 11.35 steht violett für Na⁺-Ionen und grün für Cl⁻-Ionen. Nur Teile der meisten Ionen liegen innerhalb der Grenzen der betrachteten Elementarzelle.

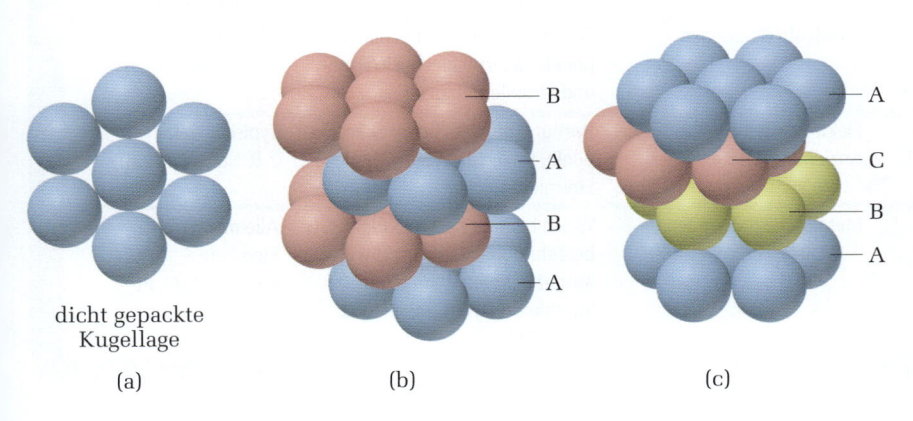

Molekülmodelle

Abbildung 11.37: Dichte Packung von Kugeln gleicher Größe. (a) Dichte Packung einer einzelnen Lage gleich großer Kugeln. (b) In der hexagonal dicht gepackten Struktur liegen die Atome in der dritten Lage direkt über denen in der ersten Lage. Die Reihenfolge der Lagen ist ABAB. (c) In der kubisch dicht gepackten Struktur liegen die Atome in der dritten Lage nicht über denen in der ersten Lage. Stattdessen sind sie ein wenig versetzt, und die vierte Lage liegt direkt über der ersten. Daher ist die Reihenfolge der Lagen ABCA.

11 Intermolekulare Kräfte, Flüssigkeiten und Festkörper

CWS Dichte Kugelpackungen

Die Kugeln der dritten Lage können jedoch so gelegt werden, dass sie nicht über den Kugeln in der ersten Lage sitzen. Die sich ergebende Struktur, gezeigt in Abbildung 11.37 c, wird als **kubisch-dichte Packung** bezeichnet. In diesem Fall ist es die vierte Lage, welche die erste Lage wiederholt, und die Lagenfolge ist ABCA. Obwohl wir es in Abbildung 11.37 c nicht sehen können, ist die Elementarzelle der kubisch dicht gepackten Struktur kubisch-flächenzentriert.

In beiden dicht gepackten Strukturen hat jede Kugel 12 nächste Nachbarn im gleichen Abstand zu ihr: sechs in einer Ebene, drei über dieser Ebene und drei darunter. Wir sagen, dass jede Kugel eine **Koordinationszahl** von 12 hat. Die Koordinationszahl ist die Zahl von Teilchen, die ein Teilchen in der Kristallstruktur unmittelbar umgeben. In beiden Arten von dichter Packung wird 74 % des gesamten Volumens der Struktur von Kugeln besetzt. 26 % ist leerer Raum zwischen den Kugeln. Im Vergleich dazu hat jede Kugel in der kubisch-innenzentrierten Struktur eine Koordinationszahl von 8, und nur 68 % des Raumes ist besetzt. In der kubisch-primitiven Struktur ist die Koordinationszahl 6, und nur 52 % des Raumes ist besetzt.

Wenn Kugeln ungleicher Größe in einer Struktur gepackt sind, nehmen die größeren Teilchen manchmal eine der dicht gepackten Anordnungen an, wobei kleinere Teilchen die Lücken zwischen den großen Kugeln besetzen. In Li_2O nehmen die größeren Oxidionen zum Beispiel eine kubisch dicht gepackte Struktur an und die kleineren Li^+-Ionen besetzen kleine Hohlräume, die zwischen den Oxidionen vorliegen.

? DENKEN SIE EINMAL NACH

Welche qualitative Beziehung besteht zwischen Koordinationszahlen und Packungsdichten, basierend auf den obigen Informationen für dicht gepackte Strukturen und Strukturen mit kubischen Elementarzellen?

11.8 Bindung in Festkörpern

Die physikalischen Eigenschaften von kristallinen Festkörpern, wie Schmelzpunkt und Härte, hängen sowohl von den Anordnungen der Teilchen als auch den Anziehungskräften zwischen ihnen ab. Tabelle 11.7 ordnet Festkörper nach den Arten von Kräften zwischen Teilchen in Festkörpern ein.

Tabelle 11.7

Arten von kristallinen Festkörpern

Art des Festkörpers	Bausteine	Kräfte zwischen den Teilchen	Eigenschaften	Beispiele
Molekular	Atome oder Moleküle	London'sche Dispersionskräfte, Dipol-Dipol-Kräfte, Wasserstoffbrückenbindungen	Ziemlich weich, niedriger bis mäßig hoher Schmelzpunkt, schlechte Wärme- und Stromleitfähigkeit	Argon, Ar Methan, CH_4 Saccharose, $C_{12}H_{22}O_{11}$ Trockeneis, CO_2
Kovalent	Atome verbunden in einem Gitter kovalenter Bindungen	Kovalente Bindungen	Sehr hart, sehr hoher Schmelzpunkt, häufig schlechte Wärme- und Stromleitfähigkeit	Diamant, C Quarz, SiO_2
Ionisch	Positive und negative Ionen	Elektrostatische Anziehungskräfte	Hart und brüchig, hoher Schmelzpunkt, schlechte Wärme- und Stromleitfähigkeit	Typische Salze – z. B. NaCl, $Ca(NO_3)_2$
Metallisch	Atome	Metallische Bindungen	Weich bis sehr hart, niedriger bis sehr hoher Schmelzpunkt, ausgezeichnete Wärme und Stromleitfähigkeit, schmiedbar und duktil	Alle metallischen Elemente – z. B. Cu, Fe, Al, Pt

Näher hingeschaut ■ Röntgenbeugung an Kristallen

Wenn Lichtwellen durch einen schmalen Spalt gehen, werden sie gestreut. Wenn Licht durch viele gleichmäßig verteilte schmale Spalten geht (ein *Beugungsgitter*), treten die gestreuten Wellen in Wechselwirkung miteinander, um eine Reihe von hellen und dunklen Bereichen zu bilden, die als Beugungsmuster bezeichnet werden. Beugung von Licht tritt auf, wenn die Wellenlänge des Lichts und die Breite der Schlitze von ähnlicher Größe sind.

Der Abstand der Lagen von Atomen in festen Kristallen ist gewöhnlich etwa 2-20 Å. Die Wellenlängen von Röntgenstrahlen liegen ebenfalls in diesem Bereich. Daher kann ein Kristall als ein Beugungsgitter für Röntgenstrahlen dienen. Röntgenbeugung ergibt sich durch die Streuung von Röntgenstrahlen durch eine regelmäßige Anordnung von Atomen, Molekülen oder Ionen. Vieles von dem, was wir über Kristallstrukturen wissen, wurde aus Untersuchungen der Röntgenbeugung an Kristallen erhalten, ein Verfahren, dass man *Röntgenkristallografie* nennt. ▶ Abbildung 11.38 stellt die Beugung eines Röntgenstrahls dar, der durch einen Kristall geht. Die gebeugten Röntgenstrahlen wurden früher durch einen fotografischen Film erfasst. Heute verwenden Kristallografen einen *Array Detektor*, ein Gerät, das analog zu dem in Digitalkameras ist, um die Intensitäten der gebeugten Strahlen zu erfassen und zu messen. Das Beugungsmuster von Punkten auf dem Detektor in Abbildung 11.38 hängt von der besonderen Anordnung von Atomen im Kristall ab. Daher rufen verschiedene Arten von Kristallen verschiedene Beugungsmuster hervor. 1912 entdeckte Max von Laue zusammen mit Walter Friedrich und Paul Knipping die Beugung von Röntgenstrahlen an Kristallen. 1913 bestimmten die englischen Wissenschaftler William und Lawrence Bragg (Vater und Sohn) zum ersten Mal, wie der Abstand der Lagen in Kristallen zu verschiedenen Röntgenbeugungsmustern führt. Durch Messung der Intensitäten der gebeugten Strahlen und der Winkel, mit denen sie gebeugt wurden, konnte man die Struktur, die das Muster hervorgerufen haben muss, ermitteln. Eines der berühmtesten Röntgenbeugungsmuster ist das für Kristalle des genetischen Materials DNA (▶ Abbildung 11.39), das zum ersten Mal in den frühen 1950ern gefunden wurde. Anhand von Fotos wie diesem bestimmten Francis Crick, Rosalind Franklin, James Watson und Maurice Wilkins die Doppelhelixstruktur von DNA, eine der wichtigsten Entdeckungen in der Molekularbiologie.

Heute wird die Röntgenkristallografie weithin genutzt, um die Strukturen von Molekülen in Kristallen zu bestimmen. Die Instrumente zur Messung der Röntgenbeugung, die *Röntgendifraktometer* genannt werden, sind heute computergesteuert und damit ist die Sammlung von Beugungsdaten stark automatisiert. Das Beugungsmuster eines Kristalls kann sehr genau und schnell (manchmal in nur wenigen Stunden) bestimmt werden, obwohl tausende Beugungspunkte gemessen werden. Computerprogramme analysieren dann die Beugungsdaten und bestimmen die Anordnung und Struktur der Moleküle im Kristall.

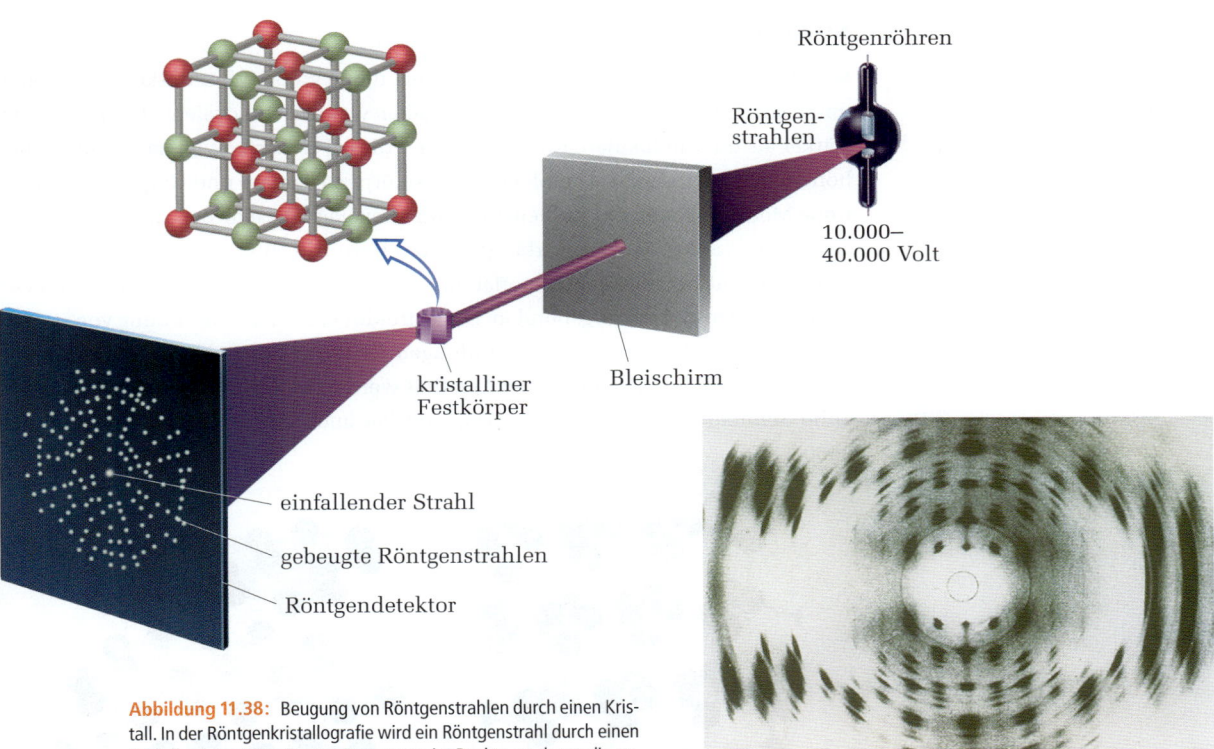

Abbildung 11.38: Beugung von Röntgenstrahlen durch einen Kristall. In der Röntgenkristallografie wird ein Röntgenstrahl durch einen Kristall gebeugt. Das Beugungsmuster zeigt Punkte, an denen die gebeugten Röntgenstrahlen auf einen Detektor treffen, der die Positionen und Intensitäten der Beugungspunkte registriert.

Abbildung 11.39: Das Röntgenbeugungsfoto einer Form von kristalliner DNA. Dieses Foto wurde Anfang der 1950er Jahre aufgenommen. Anhand des Musters der dunklen Flecken wurde die Doppelhelixform des DNA-Moleküls abgeleitet.

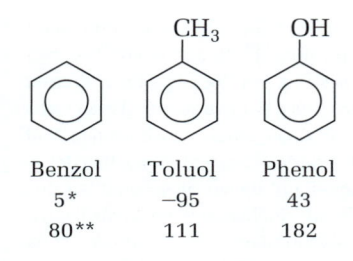

11 Intermolekulare Kräfte, Flüssigkeiten und Festkörper

Molekulare Festkörper

Molekulare Festkörper bestehen aus Atomen oder Molekülen, die durch intermolekulare Kräfte zusammengehalten werden (Dipol-Dipol-Wechselwirkungen, London'sche Dispersionskräfte und Wasserstoffbrückenbindungen). Da diese Wechselwirkungen schwach sind, sind molekulare Festkörper weich. Daneben haben sie normalerweise relativ niedrige Schmelzpunkte (gewöhnlich unter 200 °C). Die meisten Stoffe, die bei Zimmertemperatur Gase oder Flüssigkeiten sind, bilden bei niedriger Temperatur molekulare Festkörper. Beispiele sind Ar, H_2O und CO_2.

Die Eigenschaften molekularer Festkörper hängen nicht nur von den Stärken der Wechselwirkungen zwischen Molekülen ab, sondern auch von den Fähigkeiten der Moleküle, sich effizient in drei Dimensionen zu packen. Benzol (C_6H_6) ist zum Beispiel ein sehr symmetrisches planares Molekül (siehe Abschnitt 8.6). Es hat einen höheren Schmelzpunkt als Toluol, eine Verbindung, in der eines der Wasserstoffatome des Benzols durch eine CH_3-Gruppe ersetzt worden ist (▶ Abbildung 11.40). Die geringere Symmetrie der Toluolmoleküle verhindert, dass sie so effizient wie die Benzolmoleküle gepackt sind. Daher sind die intermolekularen Kräfte, bei denen es auf engen Kontakt ankommt, nicht so effektiv und der Schmelzpunkt ist niedriger. Der Siedepunkt von Toluol ist dagegen höher als der von Benzol, was darauf hindeutet, dass die intermolekularen Anziehungskräfte in flüssigem Toluol größer sind als in flüssigem Benzol. Sowohl die Schmelz- als auch Siedepunkte von Phenol, gezeigt in Abbildung 11.40, sind höher als die von Benzol, da die OH-Gruppe von Phenol Wasserstoffbrückenbindungen bilden kann.

	Benzol	Toluol	Phenol
*	5	−95	43
**	80	111	182

* Schmelzpunkt (°C)
** Siedepunkt (°C)

Abbildung 11.40: Vergleich der Schmelz- und Siedepunkte von Benzol, Toluol und Phenol.

? DENKEN SIE EINMAL NACH

Welche der folgenden Substanzen sollten molekulare Festkörper bilden: Co, C_6H_6 oder K_2O?

Molekülmodelle

Kovalente Festkörper

Kovalente Festkörper bestehen aus Atomen, die in großen Netzwerken oder Ketten durch kovalente Bindungen zusammengehalten werden. Da kovalente Bindungen viel stärker als intermolekulare Kräfte sind, sind diese Festkörper viel härter und haben höhere Schmelzpunkte als molekulare Festkörper. Diamant und Graphit, zwei allotrope Modifikationen des Kohlenstoffs, sind kovalente Festkörper. Andere Beispiele sind Quarz (SiO_2), Siliziumcarbid (SiC) und Bornitrid (BN).

In Diamant ist jedes Kohlenstoffatom, wie in ▶ Abbildung 11.41a gezeigt, an vier andere Kohlenstoffatome gebunden. Diese dreidimensionale Anordnung von starken Kohlenstoff–Kohlenstoff-Einfachbindungen führt zur ungewöhnlichen Härte von Diamant. Diamanten industrieller Qualität werden in Sägeblättern für anspruchsvolle Schneidarbeiten eingesetzt. Diamant hat auch einen hohen Schmelzpunkt, 3550 °C.

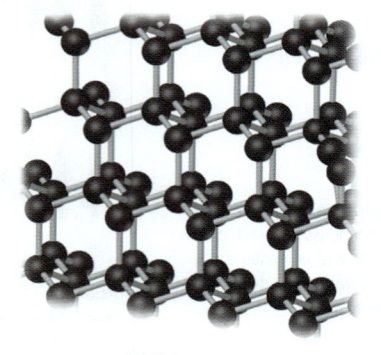

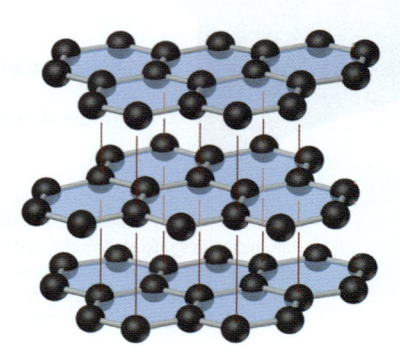

(a) Diamant   (b) Graphit

Abbildung 11.41: Strukturen von (a) Diamant und (b) Graphit. Die planaren Kohlenstoffschichten sind in (b) durch Blaufärbung hervorgehoben.

In Graphit sind die Kohlenstoffatome in Schichten miteinander verbundener hexagonaler Ringe angeordnet, wie ▶ Abbildung 11.41 b zeigt. Jedes Kohlenstoffatom ist an drei andere in der Schicht gebunden. Der Abstand zwischen benachbarten Kohlenstoffatomen in der Ebene, 1,42 Å, liegt sehr nah am C—C-Abstand in Benzol, 1,395 Å. Die Bindung ähnelt der von Benzol, mit delokalisierten π-Bindungen, die sich über die Schichten erstrecken (siehe Abschnitt 9.6). Elektronen bewegen sich frei in den delokalisierten π-Bindungen und machen damit Graphit zu einem guten elektrischen Leiter parallel zu den Schichten. Wenn Sie schon einmal eine Taschenlampenbatterie auseinander genommen haben, so wissen Sie, dass die mittlere Elektrode in der Batterie aus Graphit ist. Die Schichten, die 3,41 Å voneinander entfernt sind, werden durch schwache Dispersionskräfte zusammengehalten. Die Schichten gleiten leicht aneinander vorbei, wenn sie gerieben werden, und geben Graphit Schmiereigenschaften. Graphit wird als Schmiermittel und im „Blei" von Bleistiften verwendet.

Ionische Festkörper

Ionische Festkörper bestehen aus Ionen, die durch Ionenbindungen zusammengehalten werden (siehe Abschnitt 8.2). Die Stärke einer Ionenbindung hängt stark von den Ladungen der Ionen ab. Daher hat NaCl, in dem die Ionen Ladungen von 1+ und 1− haben, einen Schmelzpunkt von 801 °C, während MgO, in dem die Ladungen 2+ und 2− sind, bei 2852 °C schmilzt.

Die Strukturen einfacher ionischer Festkörper können auf wenige Grundtypen zurückgeführt werden. Die NaCl-Struktur ist ein Beispiel eines Typs. Andere Verbindungen, die die gleiche Struktur besitzen, sind LiF, KCl, AgCl und CaO. Drei andere häufige Arten von Kristallstrukturen zeigt ▶ Abbildung 11.42.

Abbildung 11.42: Elementarzellen einiger bekannter ionischer Strukturen. Das in (b) gezeigte ZnS wird Zinkblende genannt, und das CaF$_2$ von (c) wird als Fluorit bezeichnet.

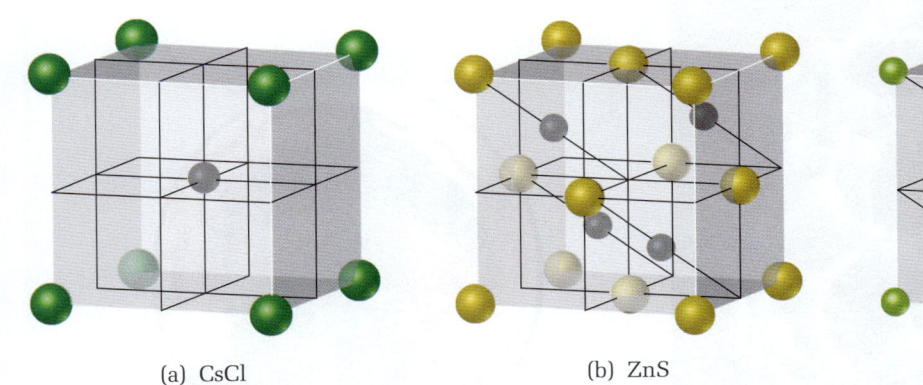

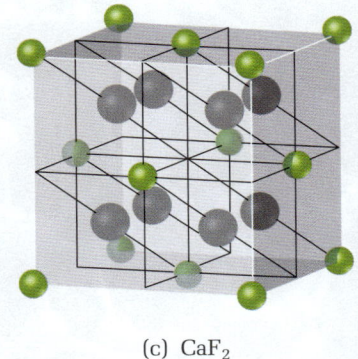

(a) CsCl   (b) ZnS   (c) CaF$_2$

Die Struktur, die ein ionischer Festkörper einnimmt, hängt stark von den Ladungen und Größenverhältnissen der Ionen ab. In der NaCl-Struktur haben zum Beispiel die Na$^+$-Ionen die Koordinationszahl 6, da jedes Na$^+$-Ion von sechs Cl$^-$-Ionen als nächste Nachbarn umgeben ist. In der CsCl-Struktur (Abbildung 11.42 a) nehmen dagegen die Cl$^-$-Ionen eine kubisch-primitive Anordnung ein, wobei jedes Cs$^+$-Ion von acht Cl$^-$-Ionen umgeben ist. Die Erhöhung der Koordinationszahl ist eine Folge des größeren Ionenradius von Cs$^+$ verglichen mit Na$^+$.

In der Zinkblende-Struktur (ZnS) [Abbildung 11.42(a)] nehmen die S^{2-}-Ionen eine kubisch-flächenzentrierte Anordnung ein, wobei die kleineren Zn^{2+}-Ionen so angeordnet sind, dass jedes tetraedrisch von vier S^{2-}-Ionen umgeben ist (vergleichen Sie dies mit Abbildung 11.33). CuCl nimmt ebenfalls diese Struktur ein.

Näher hingeschaut — Buckyball

Bis Mitte der 1980er dachte man, dass reiner fester Kohlenstoff nur in zwei Formen existierte: Diamant und Graphit, die beide kovalente Festkörper sind. 1985 machte eine Gruppe von Forschern, angeführt von Richard Smalley und Robert Curl von der *Rice University* in Houston und Harry Kroto von der *University of Sussex* in England eine verblüffende Entdeckung. Sie verdampften eine Graphitprobe mit einem intensiven Laserlichtpuls und verwendeten einen Strom Heliumgas, um den verdampften Kohlenstoff in ein Massenspektrometer zu tragen (siehe den Kasten „Näher hingeschaut" in Abschnitt 2.4). Das Massenspektrum zeigte Spitzen, die Cluster von Kohlenstoffatomen entsprachen, mit einer besonders starken Spitze, die Molekülen entsprachen, die aus 60 Kohlenstoffatomen bestanden, C_{60}.

Da C_{60}-Cluster so bevorzugt gebildet wurden, schlug die Gruppe eine radikal andere Form von Kohlenstoff vor, nämlich C_{60}-Moleküle, die fast kugelförmig waren. Sie schlugen vor, dass die Kohlenstoffatome von C_{60} einen „Ball" mit 32 Flächen bilden, von denen 12 Fünfecke und 20 Sechsecke sind (▶ Abbildung 11.43), genau wie bei einem Fußball, daher auch sein Name „Fußballmolekül" im Deutschen. Die Form dieses Moleküls erinnert an die freitragende Kuppel, die vom amerikanischen Ingenieur und Philosophen R. Buckminster Fuller erfunden wurde, daher wurde C_{60} scherzhaft „Buckminsterfulleren" oder kurz „Buckyball" genannt. Seit der Entdeckung von C_{60} wurden andere verwandte Moleküle von Kohlenstoffatomen entdeckt. Diese Moleküle werden jetzt Fullerene genannt.

Beträchtliche Mengen des Buckyball-Moleküls können durch elektrische Verdampfung von Graphit in einer Atmosphäre von Heliumgas hergestellt werden. Etwa 14 % des entstehenden Rußes bestehen aus C_{60} und einem verwandten Molekül C_{70}, das eine länglichere Struktur hat. Die kohlenstoffreichen Gase, aus denen C_{60} und C_{70} kondensieren, enthalten auch andere Fullerene, größtenteils mit mehr Kohlenstoffatomen, wie C_{76} und C_{84}. Das kleinste mögliche Fulleren, C_{20}, wurde zum ersten Mal im Jahr 2000 gefunden. Dieses kleine kugelförmige Molekül ist viel reaktionsfreudiger als die größeren Fullerene.

Da die Fullerene aus einzelnen Molekülen bestehen, lösen sie sich in verschiedenen organischen Lösungsmitteln auf, während dies bei Diamant und Graphit nicht der Fall ist (▶ Abbildung 11.44). Diese Löslichkeit ermöglicht die Abtrennung der Fullerene von den anderen Bestandteilen des Rußes und sogar voneinander. Sie ermöglicht ebenfalls die Untersuchung ihrer Reaktionen in Lösung. Untersuchungen dieser Substanzen haben zur Entdeckung einiger sehr interessanter chemischer Phänomene geführt. Es ist zum Beispiel möglich, ein Metallatom in einen Buckyball zu setzen und dabei ein Molekül zu erzeugen, in dem ein Metallatom vollkommen von der Kohlenstoffkugel umschlossen wird. Die C_{60}-Moleküle reagieren ebenfalls mit Kalium, um K_3C_{60} zu erhalten, das eine kubisch-flächenzentrierte Reihe von Buckyballs mit K^+-Ionen in den Hohlräumen zwischen ihnen enthält. Diese Verbindung ist bei 18 K ein Halbleiter (Abschnitt 12.5), was auf die Möglichkeit deutet, dass andere Fullerene auch interessante elektrische, magnetische oder optische Eigenschaften haben könnten. Für ihre Entdeckung von und Pionierleistungen mit Fullerenen wurde den Professoren Smalley, Curl und Kroto 1996 der Nobelpreis für Chemie verliehen.

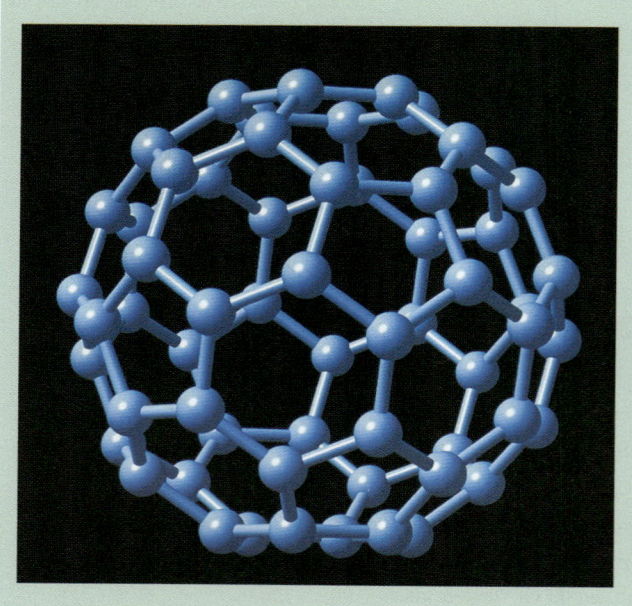

Abbildung 11.43: Das Buckminsterfulleren-Molekül, C_{60}. Das Molekül hat eine sehr symmetrische Struktur, in der 60 Kohlenstoffatome an den Scheitelpunkten eines abgestumpften Ikosaeders sitzen – das gleiche Muster wie auf einem Fußball.

Abbildung 11.44: Lösungen von Fullerenen. Anders als Diamant und Graphit können die neuen Molekülformen von Kohlenstoff in organischen Lösungsmitteln aufgelöst werden. Die orangefarbene Lösung links ist eine Lösung von C_{70} in *n*-Hexan, einer farblosen Flüssigkeit. Die Fuchsin-farbene Lösung rechts ist eine Lösung von „Buckyball", C_{60}, in *n*-Hexan.

In der Fluorit-Struktur (CaF$_2$) [Abbildung 11.42(c)] werden die Ca^{2+}-Ionen in einer kubisch-flächenzentrierten Anordnung gezeigt. Wie die chemische Formel des Stoffes verlangt, gibt es doppelt so viele F$^-$-Ionen (grau) in der Elementarzelle wie Ca^{2+}-Ionen. Andere Verbindungen, die die Fluorit-Struktur besitzen, sind BaCl$_2$ und PbF$_2$.

Metallische Festkörper

Metallische Festkörper bestehen vollständig aus Metallatomen. Metallische Festkörper haben gewöhnlich hexagonal dicht gepackte, kubisch dicht gepackte (kubisch-flächenzentrierte) oder kubisch-innenzentrierte Strukturen. Daher hat jedes Atom typischerweise 8 oder 12 benachbarte Atome.

Die Bindung in Metallen ist zu stark, um von London'schen Dispersionskräften zu stammen, und dennoch gibt es nicht genügend Valenzelektronen für gewöhnliche kovalente Bindungen zwischen den Atomen. Die Bindung entsteht aufgrund von Valenzelektronen, die im gesamten Festkörper delokalisiert sind. Wir können uns das Metall sogar als eine Anordnung positiver Ionen vorstellen, die in einem Meer delokalisierter Valenzelektronen eingetaucht sind, wie ▶ Abbildung 11.45 zeigt.

Metalle unterscheiden sich stark in der Stärke ihrer Bindung, wie ihre physikalischen Eigenschaften wie Härte und Schmelzpunkt zeigen. Im Allgemeinen nimmt jedoch die Stärke der Bindung zu, wenn die Zahl von Elektronen, die für die Bindung zur Verfügung stehen, steigt. Daher schmilzt Natrium, das nur ein Valenzelektron pro Atom hat, bei 97,5 °C, während Chrom, mit sechs Valenzelektronen, bei 1890 °C schmilzt. Die Beweglichkeit der Elektronen erklärt, warum Metalle gute Leiter von Wärme und Elektrizität sind.

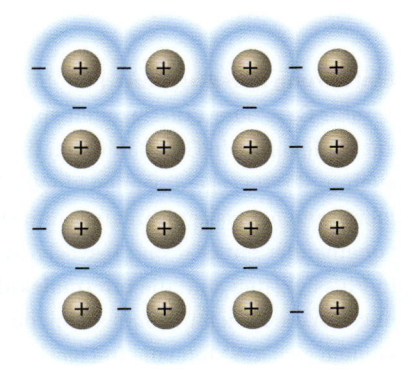

Abbildung 11.45 Darstellung eines Querschnitts eines Metalls. Jede Kugel stellt ein Metallkation dar. Der umhüllende blaue „Nebel" steht für das Meer von beweglichen Elektronen, das die Atome aneinander bindet.

ÜBERGREIFENDE BEISPIELAUFGABE
Verknüpfen von Konzepten

Der Stoff CS$_2$ hat einen Schmelzpunkt von −110,8 °C und einen Siedepunkt von 46,3 °C. Seine Dichte bei 20 °C ist 1,26 g/cm^3. Er ist sehr entzündlich. **(a)** Wie lautet der Name dieser Verbindung? **(b)** Wenn Sie die Eigenschaften dieses Stoffs im *CRC Handbook of Chemistry and Physics* nachschlagen würden, würden Sie unter den physikalischen Eigenschaften anorganischer oder organischer Verbindungen nachschlagen? Begründen Sie Ihre Antwort. **(c)** Wie würden Sie CS$_2$(s) hinsichtlich der Art des kristallinen Festkörpers einstufen? **(d)** Geben Sie die ausgeglichene Reaktionsgleichung für die Verbrennung dieser Verbindung in Luft an. Sie müssen über die wahrscheinlichsten Oxidationsprodukte entscheiden. **(e)** Die kritische Temperatur und der kritische Druck für CS$_2$ sind 552 K bzw. 78 atm. Vergleichen Sie diese Werte mit denen für CO$_2$ (Tabelle 11.5) und erörtern Sie die möglichen Ursachen der Unterschiede. **(f)** Soll die Dichte von CS$_2$ bei 40 °C größer oder kleiner als bei 20 °C sein? Welchen Grund gibt es für den Unterschied?

Lösung

(a) Die Verbindung heißt Schwefelkohlenstoff, analog zur Benennung anderer binärer Molekülverbindungen (siehe Abschnitt 2.8). **(b)** Der Stoff wird als eine anorganische Verbindung aufgeführt. Er enthält keine Kohlenstoff–Kohlenstoff-Bindungen oder C—H-Bindungen, die gewöhnlich strukturelle Merkmale organischer Verbindungen sind. **(c)** Da CS$_2$(s) aus einzelnen CS$_2$-Molekülen besteht, ist es ein molekularer Festkörper laut Einordnungsschema in Tabelle 11.7. **(d)** Die wahrscheinlichsten Produkte der Verbrennung werden CO$_2$ und SO$_2$ sein (siehe Abschnitte 3.2 und 7.8). Unter gewissen Bedingungen könnte sich SO$_3$ bilden, dies wäre jedoch das unwahrscheinlichere Ergebnis. Wir erhalten also die folgende Gleichung für die Verbrennung:

$$CS_2(l) + 3\,O_2(g) \longrightarrow CO_2(g) + 2\,SO_2(g)$$

(e) Die kritische Temperatur und der kritische Druck von CS$_2$ (552 K und 78 atm) sind beide höher als die für CO$_2$ in Tabelle 11.5 (304 K und 73 atm). Der Unterschied in den kritischen Temperaturen fällt besonders auf. Die höheren Werte für CS$_2$ stammen von den größeren London'schen Dispersionskräften zwischen den CS$_2$-Molekülen verglichen mit CO$_2$. Diese größeren Anziehungskräfte haben ihren Grund in dem größeren Atomradius des Schwefels verglichen mit Sauerstoff und damit seiner größeren Polarisierbarkeit. **(f)** Die Dichte wäre bei der höheren Temperatur niedriger. Die Dichte nimmt mit steigender Temperatur ab, weil die Moleküle höhere kinetische Energien besitzen. Ihre energiereicheren Bewegungen führen zu größeren durchschnittlichen Abständen zwischen den Molekülen, was sich in niedrigeren Dichten ausdrückt.

11 Intermolekulare Kräfte, Flüssigkeiten und Festkörper

Zusammenfassung und Schlüsselbegriffe

Einführung und Abschnitt 11.1 Stoffe, die bei Zimmertemperatur Gase oder Flüssigkeiten sind, bestehen gewöhnlich aus Molekülen. In Gasen können die intermolekularen Anziehungskräfte gegenüber den kinetischen Energien der Moleküle vernachlässigt werden. Damit sind die Moleküle weit voneinander entfernt und bewegen sich ständig chaotisch. In Flüssigkeiten sind die **intermolekularen Kräfte** stark genug, um die Moleküle dicht aneinander zu halten. Dennoch können sich die Moleküle frei bewegen. In Festkörpern sind die Anziehungskräfte zwischen den Teilchen stark genug, um die Molekularbewegung einzudämmen und die Teilchen zu zwingen, bestimmte Positionen in einer dreidimensionalen Anordnung zu besetzen.

Abschnitt 11.2 Es gibt drei Arten von intermolekularen Kräften zwischen neutralen Molekülen: **Dipol-Dipol-Wechselwirkungen**, **London'sche Dispersionskräfte** und **Wasserstoffbrückenbindung**. **Ion-Dipol-Wechselwirkungen** sind in Lösungen von Bedeutung, in denen ionische Verbindungen in polaren Lösungsmitteln gelöst sind. London'sche Dispersionskräfte wirken zwischen allen Molekülen. Die Stärke der Dipol-Dipol- und Dispersionskräfte hängt von der Polarität, **Polarisierbarkeit**, Größe und Gestalt des Moleküls ab. Dipol-Dipol-Kräfte nehmen mit steigender Polarität zu. Dispersionskräfte nehmen mit steigender Molekülmasse zu, jedoch ist auch die Molekülgestalt ein wichtiger Faktor. Wasserstoffbrückenbindungen treten in Verbindungen auf, die O—H-, N—H- und F—H-Bindungen enthalten. Wasserstoffbrückenbindungen sind generell stärker als Dipol-Dipol-Wechselwirkungen und Dispersionskräfte.

Abschnitt 11.3 Je stärker die intermolekularen Kräfte sind, desto größer ist die **Viskosität** oder der Strömungswiderstand einer Flüssigkeit. Die **Oberflächenspannung** einer Flüssigkeit nimmt ebenfalls zu, wenn die intermolekularen Kräfte an Stärke gewinnen. Oberflächenspannung ist ein Maß für den Hang einer Flüssigkeit, eine minimale Oberfläche einzunehmen. Die Adhäsion einer Flüssigkeit an den Wänden eines engen Röhrchens und die Kohäsion der Flüssigkeit sind für die **Kapillarwirkung** und die Bildung eines Meniskus an der Oberfläche einer Flüssigkeit verantwortlich.

Abschnitt 11.4 Ein Stoff kann in mehr als einem Aggregatzustand oder einer Phase existieren. **Phasenübergänge** sind Umwandlungen von einer Phase in die andere. Umwandlungen eines Festkörpers zur Flüssigkeit (Schmelzen), eines Festkörpers zu Gas (Sublimation) und einer Flüssigkeit zu Gas (Verdampfung) sind alle endotherme Prozesse. Daher sind die **Schmelzwärme**, die **Sublimationswärme** und die Verdampfungswärme alle positive Größen. Die umgekehrten Prozesse sind exotherm. Ein Gas kann nicht durch Anwendung von Druck verflüssigt werden, wenn die Temperatur über seiner kritischen Temperatur liegt. Der erforderliche Druck, um ein Gas bei seiner **kritischen Temperatur** zu verflüssigen, wird **kritischer Druck** genannt.

Abschnitt 11.5 Der **Dampfdruck** einer Flüssigkeit gibt den Hang der Flüssigkeit zur Verdampfung an. Der Dampfdruck ist der Partialdruck des Gases, wenn es im **dynamischen Gleichgewicht** mit der Flüssigkeit ist. Im Gleichgewicht ist die Transferrate von Molekülen von der Flüssigkeit zum Gas gleich der Transferrate vom Gas zu der Flüssigkeit. Je höher der Dampfdruck einer Flüssigkeit, desto eher verdampft sie und desto **flüchtiger** ist sie. Der Dampfdruck steigt nicht linear mit der Temperatur. Sieden tritt auf, wenn der Dampfdruck gleich dem äußeren Druck ist. Der **Normalsiedepunkt** ist die Temperatur, bei der der Dampfdruck gleich 1 atm ist.

Abschnitt 11.6 Die Gleichgewichte zwischen den festen, flüssigen und gasförmigen Phasen eines Stoffes als Funktion von Temperatur und Druck werden in einem **Phasendiagramm** oder **Zustandsdiagramm** angezeigt. Gleichgewichte zwischen zwei Phasen werden durch eine Linie angezeigt. Die Linie zwischen fester und flüssiger Phase neigt sich normalerweise etwas nach rechts, wenn der Druck steigt, da der Festkörper gewöhnlich dichter als die Flüssigkeit ist. Der Schmelzpunkt bei 1 atm ist der **normale Schmelzpunkt**. Der Punkt im Diagramm, an dem alle drei Phasen im Gleichgewicht nebeneinander vorliegen, heißt **Tripelpunkt**.

Abschnitt 11.7 In einem **kristallinen Festkörper** sind Teilchen in einem sich regelmäßig wiederholenden Muster angeordnet. Ein **amorpher Festkörper** ist ein Stoff, dessen Teilchen keine solche Ordnung aufweisen. Die wesentlichen Strukturmerkmale eines kristallinen Festkörpers können durch seine **Elementarzelle** dargestellt werden, der kleinste Teil des Kristalls der durch einfache Verschiebung die dreidimensionale Struktur wiedergeben kann. Die dreidimensionalen Strukturen eines Kristalls können ebenfalls durch sein **Kristallgitter** dargestellt werden. Die Punkte in einem Kristallgitter stehen für Positionen in der Struktur, an denen es identische Umgebungen gibt. Die am höchsten symmetrischen Elementarzellen sind kubisch. Es gibt drei Arten von kubischen Elementarzellen: **kubisch-primitiv**, **kubisch-innenzentriert** und **kubisch-flächenzentriert**.

Viele Festkörper haben eine dicht gepackte Struktur, in der kugelförmige Teilchen so angeordnet sind, dass nur so wenig leerer Raum wie möglich bleibt. Zwei eng verwandte Formen der dichten Packung sind die **kubisch-dichte Packung** und die **hexagonal-dichte Packung**. In beiden hat jede Kugel eine **Koordinationszahl** von 12.

Abschnitt 11.8 Die Eigenschaften von Festkörpern hängen von den Anordnungen der Teilchen und den Anziehungskräften zwischen ihnen ab. **Molekulare Festkörper**, die aus Atomen oder Molekülen bestehen, die durch intermolekulare Kräfte zusammengehalten werden, sind weich und haben einen niedrigen Schmelzpunkt. **Kovalente Festkörper**, die aus Atomen bestehen, die durch kovalente Bindungen zusammengehalten werden, die sich über den gesamten Festkörper erstrecken, sind hart und haben einen hohen Schmelzpunkt. **Ionische Festkörper** sind hart und brüchig und haben hohe Schmelzpunkte. **Metallische Festkörper**, die aus Metallkationen bestehen, die durch ein Meer von Elektronen zusammengehalten werden, weisen eine Vielzahl von Eigenschaften auf.

Veranschaulichung von Konzepten

11.1 Beschreibt das folgende Diagramm am besten einen kristallinen Festkörper, eine Flüssigkeit oder ein Gas? Begründen Sie Ihre Antwort (*Abschnitt 11.1*).

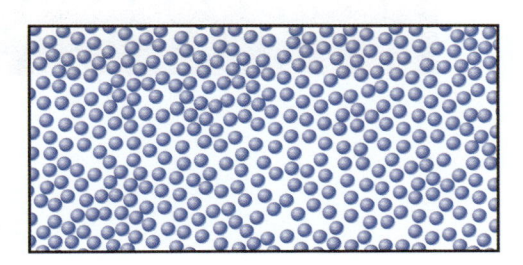

11.2 Welche Art von intermolekularer Anziehungskraft wird in den folgenden Fällen gezeigt? (*Abschnitt 11.2*)

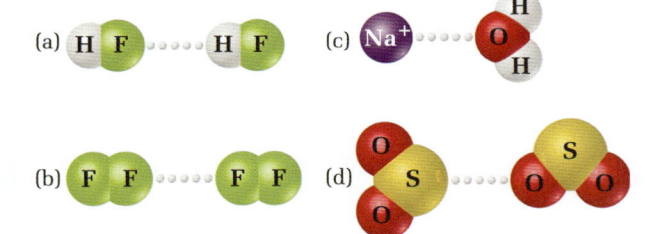

(a) H–F ····· H–F
(b) F–F ····· F–F
(c) Na⁺ ····· H₂O
(d) SO₃ ····· SO₃

11.3 Hier werden die Molekülmodelle von Glycerin und 1-Propanol gezeigt.

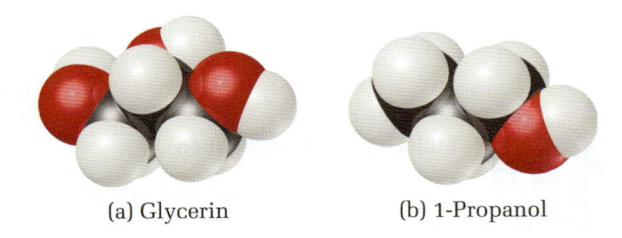

(a) Glycerin
(b) 1-Propanol

Sollte die Viskosität von Glycerin größer oder kleiner als die von 1-Propanol sein? Begründen Sie Ihre Antwort (*Abschnitt 11.3*).

11.4 Bestimmen Sie anhand der folgenden Grafik **(a)** den ungefähren Dampfdruck von CS_2 bei 30 °C, **(b)** die Temperatur, bei der der Dampfdruck gleich 300 Torr ist, **(c)** den Normalsiedepunkt von CS_2 (*Abschnitt 11.5*).

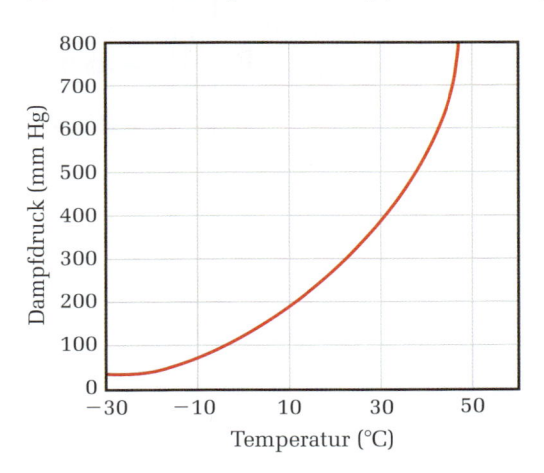

11.5 Die folgenden Moleküle haben die gleiche Summenformel (C_3H_8O), jedoch unterschiedliche Normalsiedepunkte (wie gezeigt). Begründen Sie den Unterschied bei den Siedepunkten (*Abschnitte 11.2 und 11.5*).

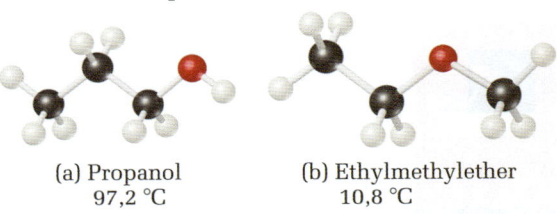

(a) Propanol
97,2 °C

(b) Ethylmethylether
10,8 °C

11 Intermolekulare Kräfte, Flüssigkeiten und Festkörper

11.6 Nachstehend sehen Sie das Phasendiagramm eines hypothetischen Stoffs.

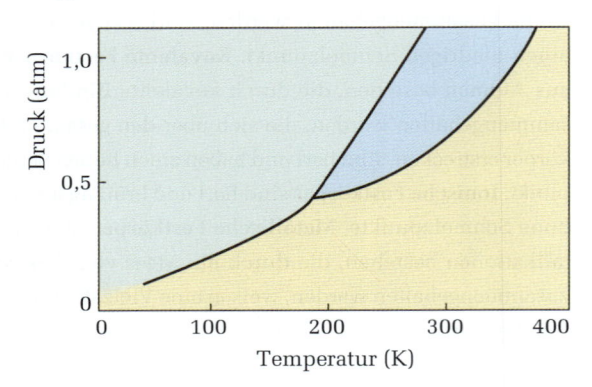

(a) Schätzen Sie den Normalsiedepunkt und Erstarrungspunkt des Stoffes.

(b) Was ist der physikalische Zustand des Stoffes unter den folgenden Bedingungen?
   (i) $T = 150$ K, $p = 0{,}2$ atm;
   (ii) $T = 100$ K, $p = 0{,}8$ atm;
   (iii) $T = 300$ K, $p = 1{,}0$ atm (*Abschnitt 11.6*).

11.7 Niob-(II)-Oxid kristallisiert in der folgenden kubischen Elementarzelle.

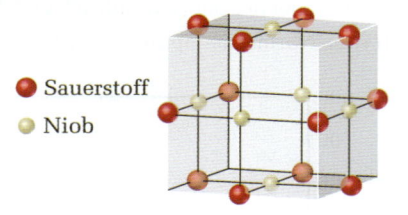

(a) Wie viele Niobatome und wie viele Sauerstoffatome sind in der Elementarzelle?
(b) Welche empirische Formel hat Nioboxid?
(c) Ist dies ein molekularer, kovalenter oder ionischer Festkörper? (*Abschnitte 11.7 und 11.8*)

11.8 **(a)** Welche Art von Packungsanordnung ist auf dem nachstehenden Foto zu sehen? **(b)** Wie lautet die Koordinationszahl jeder Orange im Inneren des Stapels? **(c)** Wenn jede Orange für ein Argonatom steht, welche Festkörperkategorie wird dann dargestellt? (*Abschnitte 11.7 und 11.8*)

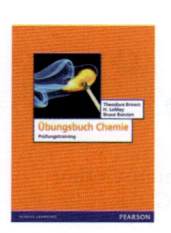

Übungsaufgaben mit ausführlichen Lösungshinweisen

Multiple Choice-Aufgaben

Lösungen zu den Übungsaufgaben im Kapitel

Moderne Werkstoffe

12.1 Stoffklassen 465

12.2 Werkstoffe für Konstruktionszwecke 472

12.3 Medizinische Materialien 482

12.4 Elektronikwerkstoffe 487

12.5 Optische Werkstoffe 490

12.6 Werkstoffe für die Nanotechnologie 495

Zusammenfassung und Schlüsselbegriffe 500

Veranschaulichung von Konzepten 501

Was uns erwartet

- Wir werden Stoffe nach ihrer Fähigkeit charakterisieren, elektrischen Strom zu leiten – *Metalle*, die sehr gut leitend sind, *Halbleiter*, die schlecht leitend sind, *Isolatoren*, die überhaupt nicht leitend sind und *Supraleiter*, die unter bestimmten Bedingungen ohne messbaren Wiederstand leitend sind (*Abschnitt 12.1*).

- Die strukturellen Eigenschaften von Stoffen hängen letztlich von den Bindungskräften und intermolekularen Kräften in ihnen ab. Stoffe, die für konstruktive Zwecke verwendet werden, können hart oder weich sein. Wir werden uns mit *Polymeren* und Kunststoffen als Beispielen weicher Stoffe und mit *Keramiken* und Metallen als Beispielen harter Stoffe befassen (*Abschnitt 12.2*).

- In biomedizinischen Anwendungen verwendete Stoffe müssen besondere Anforderungen erfüllen, um mit lebenden Organismen kompatibel zu sein. Wir werden mehrere Beispiele von Biomaterialien kennenlernen und erfahren, wie sie als Herzklappen, künstliche Gewebe und Nahtmaterial verwendet werden (*Abschnitt 12.3*).

- Eine wichtige Anwendung von Halbleitern finden wir in der Elektronik in Form von „Siliziumchips". Wir sehen, warum Silizium für viele elektronische Anwendungen gewählt wird und wie diese Bauelemente hergestellt werden (*Abschnitt 12.4*).

- Einige Stoffe sind wegen ihrer optischen Eigenschaften von Interesse – sie treten entweder auf spezielle Weise mit Licht in Wechselwirkung oder erzeugen Licht, wenn sie angeregt werden. Wir werden die Stoffe kennenlernen, die LCDs (*Liquid Crystal Displays*, Flüssigkristallanzeigen) und LEDs (*Leuchtdioden*) zugrunde liegen (*Abschnitt 12.5*).

- *Nanotechnologie* ist ein aufstrebendes Feld, das die Grenzen zwischen Chemie, Physik, Biologie, Technik und Medizin überschreitet. Wir erfahren, dass sich die Eigenschaften von Stoffen mit Partikelgrößen von 1–100 nm von den gewöhnlichen Eigenschaften unterscheiden (*Abschnitt 12.6*).

Die moderne Welt benötigt Werkstoffe, mit denen Computer, Compact Discs, Mobiltelefone, Kontaktlinsen, Skis, Möbel und eine Fülle anderer Gegenstände hergestellt werden. Chemiker haben zur Entdeckung und Entwicklung neuer Werkstoffe beigetragen, indem sie völlig neue Substanzen erfunden und die Methoden entwickelt haben, in der Natur vorkommende Stoffe zu verarbeiten, um Fasern, Filme, Beschichtungen, Klebstoffe und Substanzen mit besonderen elektrischen, magnetischen oder optischen Eigenschaften herzustellen. In diesem Kapitel werden wir Stoffklassen, ihre Eigenschaften und ihre Anwendungen in der modernen Gesellschaft behandeln. Wir wollen zeigen, wie wir die physikalischen und chemischen Eigenschaften von Stoffen verstehen, indem wir die in früheren Kapiteln behandelten Grundlagen anwenden.

Dieses Kapitel macht deutlich, dass die *makroskopischen Eigenschaften von Stoffen, die wir beobachten können, das Ergebnis von Strukturen und Prozessen auf atomarem und molekularem Niveau* sind.

Stoffklassen 12.1

Wenn wir „Werkstoff" sagen, meinen wir im Allgemeinen eine Substanz oder eine Mischung von Substanzen, die durch starke chemische Bindungen in der gesamten Probe zusammengehalten werden – anders ausgedrückt also kovalente Festkörper, ionische Festkörper oder metallische Festkörper (siehe Abschnitt 11.8). Neben diesen drei Typen haben wir in Kapitel 11 molekulare Festkörper kennen gelernt, Stoffe, die nicht durch starke chemische Bindungen, sondern durch schwächere London'sche Dispersionskräfte, Dipol-Dipol-Wechselwirkungen oder Wasserstoffbrückenbindungen zusammengehalten werden. Zwei gebräuchliche Arten von weichen Werkstoffen, Polymere und Flüssigkristalle, sind molekulare Festkörper, in denen die intermolekularen Kräfte spezielle Eigenschaften hervorrufen, die wir in diesem Kapitel untersuchen werden.

Metalle und Halbleiter

Wir können Stoffe auf vielerlei Art einordnen, eine Möglichkeit basiert auf der Bindung im Stoff. Erinnern Sie sich, dass aus Atomorbitalen in einem Molekül Molekülorbitale werden, die sich über das gesamte Molekül erstrecken (siehe Abschnitt 9.7). Ein gegebenes Molekülorbital kann je nachdem, wie viele Elektronen das Molekül hat, keine, ein oder zwei Elektronen enthalten. Die Zahl von Molekülorbitalen in einem Molekül ist gleich der Zahl von Atomorbitalen, aus denen die Molekülorbitale entstanden sind.

Im Fall von sehr vielen Atomen vereinigen sich die Atomorbitale zu sehr vielen Molekülorbitalen. Im makroskopischen Zustand gibt es so viele Molekülorbitale, dass die Energieunterschiede zwischen ihnen verschwindend gering werden und sich kontinuierliche **Bänder** mit Energiezuständen bilden (▶ Abbildung 12.1). Verschiedene Atomorbitale bilden Bänder mit unterschiedlichen Energien, daher besteht die Bandstruktur eines Festkörpers aus einer Reihe von Bändern getrennt durch Bandlücken.

Aufgrund ihrer Bandstruktur können wir Stoffe als **Metalle**, **Halbleiter** oder **Isolatoren** einordnen (▶ Abbildung 12.2; Tabelle 12.1). Metalle sind elektrisch gut leitend, glänzend, biegsam und verformbar. Die meisten Elemente im Periodensystem sind Metalle, darunter so vertraute wie Gold, Silber, Kupfer, Platin und Eisen (Abbildung 2.16) (siehe Abschnitt 7.6). Metalle haben eine Bandstruktur, in der die Valenz-

12 Moderne Werkstoffe

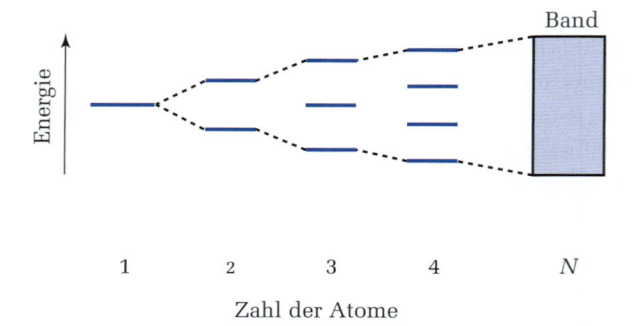

Abbildung 12.1: Diskrete Energieniveaus in Molekülen werden in Festkörpern kontinuierliche Bänder. Die schematische Abbildung zeigt, wie der Abstand zwischen den Energieniveaus in einem Molekül abnimmt, wenn die Zahl von Atomen im Molekül zunimmt. Bei Molekülen, die sehr viele Atome enthalten, gibt es im Wesentlichen keine diskreten Abstände zwischen den Energieniveaus und das Molekül ist dadurch charakterisiert, dass es ein kontinuierliches Band von Energieniveaus hat. Bänder können je nach Material entweder vollständig gefüllt, leer, oder teilweise mit Elektronen gefüllt sein. Es wird nur ein Band gezeigt, aber in einem Festkörper gibt es weitere Bänder, die aus Atom- und Molekülorbitalen entstehen.

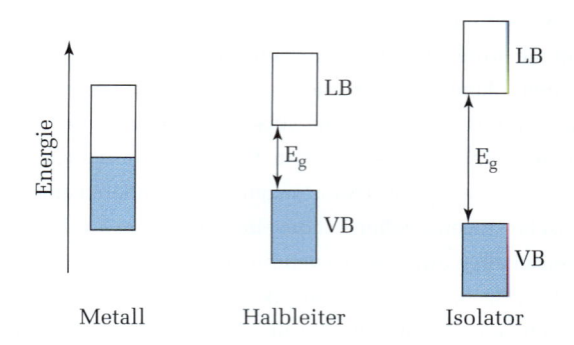

Abbildung 12.2: Energiebänder in Metallen, Halbleitern und Isolatoren. Metalle sind dadurch charakterisiert, dass die energiereichsten Elektronen ein teilweise gefülltes Band besetzen. Halbleiter und Isolatoren haben eine Bandlücke, die das vollständig gefüllte Band (in blau schattiert) und das leere Band (unschattiert) trennt und durch das Symbol E_g dargestellt wird. Das gefüllte Band heißt Valenzband (VB) und das leere Band heißt Leitungsband (LB). Halbleiter haben eine kleinere Bandlücke als Isolatoren.

Tabelle 12.1

Elektronische Eigenschaften gebräuchlicher Werkstoffe*

Werkstoff	Art	Bandlücke, kJ/mol	Bandlücke, eV	Leitfähigkeit, $\Omega^{-1}\text{cm}^{-1}$
C (Diamant)	Isolator	~530	~5,5	$<10^{-18}$
C (Graphit)	Leiter**	**	**	10^3 – entlang den Schichten
Si	Halbleiter	110	1,1	5×10^{-6}
Ge	Halbleiter	65	0,67	0,02
GaP	Halbleiter	220	2,2	5
GaAs	Halbleiter	138	1,43	500
$GaP_x As_{1-x}$	Halbleiter fester Lösungen mit x zwischen 0 und 1	Liegt zwischen 220 und 138; je nach Zusammensetzung	Liegt zwischen 2,2 und 1,4; je nach Zusammensetzung	variabel
CdS	Halbleiter	230	2,4	~0,05
CdSe	Halbleiter	160	1,7	~0,05
CdTe	Halbleiter	140	1,44	~0,001
Al	Metall	—	—	$3,8 \times 10^5$
Al_2O_3	Isolator	~530	~5,5	$<10^{-14}$
SiO_2	Isolator	>580	>6	$<10^{-18}$
TiO_2	Halbleiter	290	3,0	10^{-12}
Fe	Metall	—	—	$1,0 \times 10^5$
Cu	Metall	—	—	$5,9 \times 10^5$
Ag	Metall	—	—	$6,3 \times 10^5$
Au	Metall	—	—	$4,5 \times 10^5$

* Bandlückenenergien und Leitfähigkeiten sind Zimmertemperaturwerte. Elektronenvolt (eV) ist eine gebräuchliche Energieeinheit in der Halbleiterindustrie; $1{,}602 \times 10^{-19}$ J = 1 eV.
** Graphit hat keine Bandlücke entlang den Schichten.

elektronen in einem teilweise gefüllten Band sind. Um Elektrizität zu leiten, müssen die Elektronen in leere Orbitale übergehen. Bei Metallen ist fast keine Energie erforderlich, damit Elektronen vom unteren, besetzten Teil des teilweise gefüllten Bands zum oberen, leeren Teil des gleichen Bands übergehen. Aus diesem Grund sind Metalle elektrisch gut leitend.

Halbleiter, vor allem Silizium, sind das Herz von integrierten Schaltungen, die die Grundlage für Computer und andere elektronische Geräte bilden. Diese Stoffe werden durch eine Energielücke zwischen einem gefüllten **Valenzband** und einem unbesetzten **Leitungsband** charakterisiert, die als **Bandlücke** bezeichnet wird. Dies ist analog zu der Energielücke in einem Molekül zwischen dem höchsten besetzten Molekülorbital und dem niedrigsten unbesetzten Molekülorbital (siehe Kasten „Chemie im Einsatz: Organische Farbstoffe" in Abschnitt 9.8). Halbleiter sind messbar leitend, jedoch weit weniger als Metalle, da aufgrund der Bandlücke die Wahrscheinlichkeit verringert wird, dass ein Elektron bei einer gegebenen Temperatur genug Energie hat, um die Lücke zu überspringen. Die einzigen Elemente, die bei Zimmertemperatur Halbleiter sind, sind Silizium, Germanium und Kohlenstoff in Graphitform.*

Anorganische Verbindungen, die Halbleiter sind, sind mit Silizium und Germanium isovalenzelektronisch. Gallium, Ga, ist zum Beispiel in Gruppe 3A des Periodensystems; Arsen, As, ist in Gruppe 5A. GaAs, Galliumarsenid, hat drei Valenzelektronen von Ga und fünf von As, wodurch sich ein Durchschnitt von vier ergibt, die gleiche Zahl wie in Silizium oder Germanium. GaAs ist tatsächlich ein Halbleiter wie Silizium und Germanium. Ähnlich ist InP ein Halbleiter mit durchschnittlich vier Valenzelektronen, wobei das Indium drei Valenzelektronen beisteuert und der Phosphor fünf. In Cadmiumsulfid, CdS, trägt Cadmium zwei Valenzelektronen bei und Schwefel sechs, wodurch sich ebenfalls ein Durchschnitt von vier ergibt. Daher ist CdS ein Halbleiter. Für CdSe und CdTe gilt das Gleiche: Sie haben durchschnittlich vier Valenzelektronen und sie sind Halbleiter. Die Bindung in Halbleitern ist kovalent oder polar kovalent.

> **? DENKEN SIE EINMAL NACH**
>
> Glauben Sie, dass GaN ein Halbleiter ist?

Das Ausmaß, in dem Halbleiter Strom leiten, wird durch das Vorhandensein kleiner Mengen von Fremdatomen beeinflusst – in der Regel auf dem Niveau von Teilen pro Million. Das Verfahren, bei dem bestimmte Mengen von Fremdatomen zu einem Halbleiter gegeben werden, wird als **Dotieren** bezeichnet. Betrachten wir, was geschieht, wenn Phosphor einige Si-Atome in einem Siliziumkristall ersetzt. Phosphor hat fünf Valenzelektronen und Silizium hat vier. Daher werden die zusätzlichen Elektronen, die mit den Phosphoratomen kommen, gezwungen, das Leitungsband zu belegen, da das Valenzband bereits vollkommen gefüllt ist (▶ Abbildung 12.3, Mitte). Der entstehende Stoff wird *n-dotierter* Halbleiter genannt. „n" steht dafür, dass die Zahl negativ geladener Elektronen im Leitungsband zugenommen hat. Diese zusätzlichen Elektronen können sehr leicht im Leitungsband wandern. Daher können nur wenige Teile pro Million (ppm) Phosphor in Silizium die Eigenleitung des Siliziums um einen Faktor von einer Million erhöhen.

Es ist ebenfalls möglich, Halbleiter mit Atomen zu dotieren, die weniger Valenzelektronen als das Wirtsmaterial haben. Überlegen wir, was geschieht, wenn Aluminium aus Gruppe 3A ein paar Siliziumatome in einem Siliziumkristall ersetzt. Al hat nur drei Valenzelektronen gegenüber den vier von Silizium. Daher gibt es im Valenz-

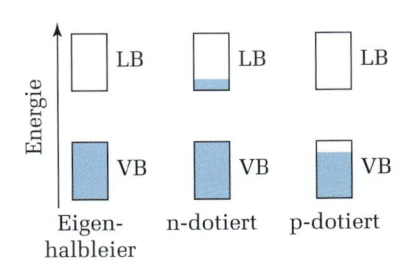

Abbildung 12.3: Die Zugabe kleiner Mengen von Fremdatomen (Dotieren) zu einem Halbleiter verändert die elektronische Struktur des Festkörpers. Links: Ein reiner Eigenhalbleiter hat ein gefülltes Valenzband und ein leeres Leitungsband (ideal). Mitte: Die Zugabe eines Dotierelements, das mehr Valenzelektronen als das Wirtselement hat, fügt dem Leitungsband Elektronen hinzu. Ein Beispiel hierfür ist Silizium dotiert mit Phosphor. Der entstehende Halbleiter ist ein *n-dotierter Halbleiter*. Rechts: Die Zugabe eines Elements, das weniger Valenzelektronen als das Wirtselement hat, führt zu weniger Elektronen im Valenzband (oder mehr Löchern im Valenzband). Ein Beispiel hierfür ist Silizium dotiert mit Aluminium. Der entstehende Halbleiter ist ein *p-dotierter Halbleiter*.

---

* Graphit ist ein Sonderfall. Innerhalb der Schichten ist Graphit nahezu metallisch leitend, aber zwischen den Schichten ist er ein Halbleiter (siehe Abschnitt 11.8).

> **ÜBUNGSBEISPIEL 12.1**   **Halbleitertypen identifizieren**
>
> Welches der folgenden Elemente würde bei Dotierung in Silizium einen n-dotierten Halbleiter ergeben: Ga; As; C?
>
> **Lösung**
>
> **Analyse:** Ein n-dotierter Halbleiter bedeutet, dass die Dotierungsatome mehr Valenzelektronen als das Wirtsmaterial haben. In diesem Fall ist Silizium das Wirtsmaterial.
>
> **Vorgehen:** Wir müssen auf das Periodensystem schauen und bestimmen, wie viele Valenzelektronen Si, Ga, As und C haben, indem wir uns ansehen, in welcher Gruppe sie sind. Die Elemente mit mehr Valenzelektronen als Silizium sind die, die beim Dotieren einen n-dotierten Halbleiter erzeugen.
>
> **Lösung:** Si ist in Gruppe 4A und hat daher vier Valenzelektronen. Ga ist in Gruppe 3A und hat daher drei Valenzelektronen. As ist in Gruppe 5A und hat fünf Valenzelektronen. C ist in Gruppe 4A und hat daher vier Valenzelektronen. Daher würde As bei Dotierung in Silizium einen n-dotierten Halbleiter ergeben.
>
> **ÜBUNGSAUFGABE**
>
> Schlagen Sie ein Element vor, das verwendet werden könnte, um Silizium zu dotieren und einen p-dotierten Halbleiter zu erhalten.
>
> **Antwort:** Weil Si in Gruppe 4A ist, müssen wir ein Element in Gruppe 3A wählen. Bor oder Aluminium sind eine gute Wahl – beide sind in Gruppe 3A. In der Halbleiterindustrie sind Bor und Aluminium häufig verwendete Dotierungsmittel für Silizium.

band Elektronenfehlstellen, auch *Löcher* oder Defektelektronen genannt wenn Silizium mit Aluminium dotiert wird. Da ein Elektron fehlt, kann man sich das Loch als eine positive Ladung vorstellen. Wenn ein benachbartes Elektron in das Loch springt, hinterlässt dieses Elektron ein neues Loch. Daher wandert das positive Loch im Gitter wie ein Teilchen. Das heißt, dass auch die Löcher leiten können und ein solcher Stoff wird als *p-dotierter* Halbleiter bezeichnet, wobei „p" dafür steht, dass sich die Zahl von positiven Löchern im Stoff erhöht hat. Wie n-dotierte Leitfähigkeit können nur Teile-pro-Million-Anteile eines p-Dotierungsmittels zu einem millionenfachen Anstieg der Leitfähigkeit des Halbleiters führen – aber in diesem Fall sind die im Valenzband fehlenden Elektronen („Löcher") für die Leitung zuständig (Abbildung 12.3, rechts). Die Kombination eines n-dotierten Halbleiters mit einem p-dotierten Halbleiter bildet die Grundlage für Dioden, Transistoren und andere elektronische Bauteile.

Isolatoren und Keramiken

Halbleiter haben Bandlücken, die von ~50 kJ/mol bis ~300 kJ/mol reichen (Tabelle 12.1). Isolatoren haben eine Bandstruktur, die ähnlich zu der in Halbleitern ist, außer, dass bei Isolatoren die Bandlücke größer ist – mehr als ~350 kJ/mol (Tabelle 12.1 und Abbildung 12.2). Weil der Energiebedarf, um ein Elektron vom Valenzband in das Leitungsband anzuregen, etwa gleich dem Energiebedarf ist, um chemische Bindungen zu lösen, sind Isolatoren elektrisch nicht leitend. Viele ionische Festkörper und die meisten organischen Verbindungen sind Isolatoren. Elemente, die Isolatoren sind, sind Kohlenstoff in Diamantform und Schwefel (siehe Abschnitt 11.8).

Keramiken sind anorganische ionische Festkörper, die normalerweise hart und spröde und bis zu hohen Temperaturen stabil sind. Sie sind in der Regel elektrische Isolatoren. Keramische Stoffe umfassen vertraute Objekte wie Ton, Porzellan, Zement, Dachziegel und Zündkerzenisolatoren.

Keramische Werkstoffe (Tabelle 12.2) gibt es in einer Vielzahl von chemischen Formen, darunter *Oxide* (Sauerstoff und Metalle), *Karbide* (Kohlenstoff und Metalle), *Ni-*

Tabelle 12.2

Eigenschaften keramischer und nichtkeramischer Werkstoffe

Werkstoff	Schmelzpunkt (°C)	Dichte (g/cm³)	Härte (Mohs)*	Elastizitätsmodul**	Wärmeausdehnungskoeffizient***
Keramische Werkstoffe					
Aluminiumoxid, Al_2O_3	2050	3,8	9	34	8,1
Siliziumkarbid, SiC	2800	3,2	9	65	4,3
Zirkoniumoxid, ZrO_2	2660	5,6	8	24	6,6
Berylliumoxid, BeO	2550	3,0	9	40	10,4
Nichtkeramische Werkstoffe					
Unlegierter Stahl	1370	7,9	5	17	15
Aluminium	660	2,7	3	7	24

* Die Mohs-Skala ist eine logarithmische Skala basierend auf der Fähigkeit eines Werkstoffs, einen anderen, weicheren Werkstoff zu ritzen. Diamant, der härteste Stoff, erhält den Wert 10.

** Ein Maß für die Steifheit eines Werkstoffs bei Belastung (MPa $\times 10^4$). Je größer die Zahl, desto steifer der Werkstoff.

*** In Einheiten von ($K^{-1} \times 10^{-6}$). Je größer die Zahl, desto größer die Volumenänderung bei Erwärmung oder Kühlung.

tride (Stickstoff und Metalle), *Silikate* (Siliziumdioxid, SiO_2 und Metalloxide) und *Aluminate* (Aluminiumoxid, Al_2O_3 und Metalloxide).

Keramiken sind sehr wärme-, korrosions- und verschleißfest, bei Belastung wenig verformbar und weniger dicht als die Metalle, die für Hochtemperaturanwendungen verwendet werden. Einige Keramiken, die in Flugzeugen, Raketen und Raumfahrzeugen verwendet werden, wiegen nur 40 % so viel wie die Metallteile, die sie ersetzen. Trotz dieser vielen Vorteile ist die Verwendung von Keramiken als technische Werkstoffe begrenzt, weil sie leicht zerbrechlich sind. Während ein Metallteil verformt wird, wenn es mechanisch belastet wird, zerbricht ein keramisches Teil normalerweise, weil der größere Anteil an ionischer Bindung in einer Keramik verhindert, dass die Atome übereinander gleiten.

Molekülmodelle

Supraleiter

Selbst Metalle sind nicht unendlich leitend, sie setzen dem Elektronenfluss einen gewissen Widerstand entgegen. 1911 entdeckte der niederländische Physiker Heike Kamerlingh Onnes, dass Quecksilber, wenn es unter 4,2 K gekühlt wird, seinen gesamten elektrischen Widerstand verliert. Seit dieser Entdeckung haben Wissenschaftler herausgefunden, dass viele Substanzen diesen „reibungslosen" Fluss von Elektronen aufweisen, der als **Supraleitung** bezeichnet wird. Substanzen, die Supraleitung aufweisen, tun dies nur, wenn sie unter eine bestimmte Temperatur mit der Bezeichnung **Sprungtemperatur** (oder **kritische Temperatur**) T_c abgekühlt werden. Die beobachteten Werte von T_c sind in der Regel sehr niedrig. Tabelle 12.3 listet zahlreiche supraleitende Stoffe, das Jahr ihrer Entdeckung und ihre Sprungtemperatur auf. Einige fallen durch ihre relativen hohen T_c auf und andere durch die bloße Tatsache, dass ein Stoff dieser Zusammensetzung überhaupt supraleitend ist. Die meisten Wissenschaftler,

Tabelle 12.3

Supraleitende Werkstoffe: Entdeckungsjahre und Sprungtemperaturen

Substanz	Entdeckungsjahr	T_c (K)
Hg	1911	4,0
Nb_3Sn	1954	18,0
$SrTiO_3$	1966	0,3
Nb_3Ge	1973	22,3
$BaPb_{1-x}Bi_xO_3$	1975	13,0
$LaBa_2CuO_4$	1986	35,0
$YBa_2Cu_3O_7$	1987	95,0
$BiSrCaCu_2O_x$	1988	100,0
$Tl_2Ba_2Ca_2Cu_3O_{10}$	1988	125,0
$HgBa_2Ca_2Cu_3O_{8+x}$	1993	133,0
$Hg_{0,8}Tl_{0,2}Ba_2Ca_2Cu_3O_{8,33}$	1993	138
Cs_3C_{60}	1995	40
MgB_2	2001	39

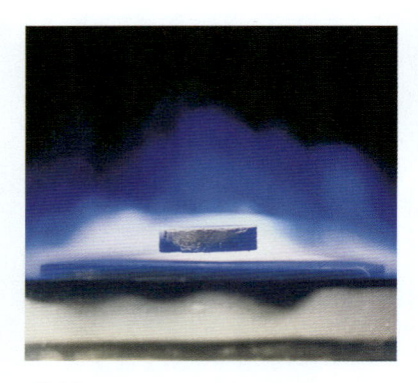

Abbildung 12.4: Magnetisches Schweben. Ein kleiner Dauermagnet schwebt durch seine Wechselwirkung mit einem keramischen Supraleiter, der auf die Temperatur von flüssigem Stickstoff, 77 K, gekühlt wird. Der Magnet schwebt im Raum, weil der Supraleiter die magnetischen Feldlinien verdrängt, eine Eigenschaft, die als Meißner-Ochsenfeld-Effekt bekannt ist.

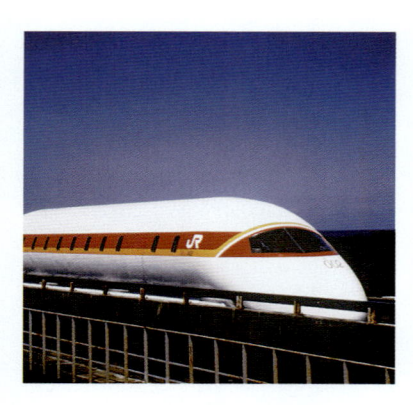

Abbildung 12.5: Supraleitung in Aktion. Supraleitende Hochgeschwindigkeits-Magnetschwebebahn (Maglev). Abgebildet ist der Testzug ML002 in Japan.

die nach Supraleitung suchen, würden zuerst Metalle und Metalllegierungen untersuchen, nicht Keramiken.

Supraleitung hat ungeheures wirtschaftliches Potenzial. Wenn elektrische Stromleitungen oder die Leiter in einer Vielzahl von Elektrogeräten fähig wären, Strom ohne Widerstand zu leiten, könnten ungeheure Mengen Energie gespart werden. Der widerstandslose Elektronenfluss könnte theoretisch zu „Petaflop"-Computern auf Supraleiterbasis führen, die in der Lage sind, 10^{15} Operationen pro Sekunde auszuführen. Zusätzlich weisen supraleitende Stoffe eine Eigenschaft mit der Bezeichnung *Meißner-Ochsenfeld-Effekt* (▶ Abbildung 12.4) auf, bei der sie alle magnetischen Felder aus ihrem Inneren verdrängen. Der Meißner-Ochsenfeld-Effekt wird für Hochgeschwindigkeitszüge erforscht, die magnetisch über den Schienen schweben. Im November 2003 erreichte eine Magnetschwebebahn „Maglev" eine Höchstgeschwindigkeit von 501 km/h in Shanghai, China (▶ Abbildung 12.5). Da Supraleitung in den meisten Stoffen nur bei sehr niedrigen Temperaturen auftritt, sind die Anwendungen dieses Phänomens bisher begrenzt. Eine wichtige Anwendung von Supraleitern ist in den Wicklungen der großen Magnete, die die Magnetfelder in Instrumenten zur Magnetresonanztomografie (MRT) erzeugen, die in medizinischen Bildgebungsverfahren verwendet wird (▶ Abbildung 12.6). Die Magnetwicklungen, die meist aus Nb_3Sn bestehen, müssen mit flüssigem Helium gekühlt werden, das bei etwa 4 K siedet. Die Kosten für flüssiges Helium sind ein bedeutender Anteil bei den Kosten eines MRT-Instruments.

Vor 1986 war der höchste Wert, der für T_c beobachtet wurde, etwa 22 K für eine Niob-Germanium-Verbindung (Tabelle 12.3). 1986 entdeckten jedoch J. G. Bednorz und K. A. Müller, die in den IBM-Forschungslaboratorien in Zürich, Schweiz, arbeiteten, Supraleitung über 30 K in einer Oxidkeramik, die Lanthan, Barium und Kupfer enthielt. Diese Verbindung stellte die erste **supraleitende Keramik** dar. Diese Entdeckung, für die Bednorz und Müller 1987 den Nobelpreis für Physik erhielten, war der Beginn fieberhafter Forschungsaktivitäten weltweit. Noch vor dem Ende von 1987 hatten Wissenschaftler das Auftreten von Supraleitung bei 95 K in Yttrium-Barium-Kupferoxid, $YBa_2Cu_3O_7$, bestätigt. Die höchste Temperatur, die bisher für Supraleitung bei 1 atm Druck beobachtet wurde, ist 138 K, die mit komplexem Kupferoxid, $Hg_{0,8}Tl_{0,2}Ba_2Ca_2Cu_3O_{8,33}$, erzielt wurde.

Die Entdeckung der so genannten **Hochtemperatur-Supraleitung** (hohes T_c) ist von großer Bedeutung. Da die Aufrechterhaltung extrem niedriger Temperaturen teuer ist, werden viele Anwendungen der Supraleitung nur technisch möglich, sobald nutzbare Hochtemperatur-Supraleiter entwickelt werden. Flüssiger Stickstoff ist das bevorzugte Kühlmittel, da er kostengünstig ist (er ist billiger als Milch), kann aber nur auf 77 K abkühlen. Das einzige einfach verfügbare und sichere Kühlmittel bei Temperaturen unter 77 K ist flüssiges Helium, das so viel wie guter Wein kostet. Daher werden viele Anwendungen von Supraleitern nur kommerziell praktikabel, wenn T_c weit über 77 K liegt. Alternativ könnten mechanische Kühlvorrichtungen bei einigen Anwendungen technisch möglich sein.

Was ist der Mechanismus der Supraleitung? Die Antwort auf diese Frage ist immer noch stark umstritten. Einer der am häufigsten untersuchten keramischen Supraleiter ist $YBa_2Cu_3O_7$, dessen Struktur ▶ Abbildung 12.7 zeigt. Umfangreiche Arbeiten an diesem und verwandten Kupferoxidsupraleitern durch Dotieren mit anderen Atomen in verschiedenen atomaren Positionen zeigen, dass die Leitung und Supraleitung in den Kupfer-Sauerstoff-Ebenen stattfindet. Bei Temperaturen über T_c ist die elektrische Leitung parallel zu den Kupfer-Sauerstoff-Ebenen 10^4-mal größer als die senkrecht dazu verlaufende Leitung. Die Cu^{2+}-Ionen haben eine $[Ar]3d^9$-Elektronenkonfiguration mit einem Elektron im $3d_{x^2-y^2}$-Orbital (siehe Abschnitt 6.6). Obwohl der Mechanismus von Leitung und Supraleitung noch nicht gut verstanden wird, glaubt man, dass es entscheidend ist, dass die Keulen des $3d_{x^2-y^2}$-Orbitals zu den benachbarten O^{2-}-Ionen zeigen.

Es ist immer noch nicht klar, was einen bestimmten Stoff zu einem Supraleiter macht. Supraleitung in Metallen und Metalllegierungen, wie Nb_3Sn, wird gut durch die *BCS-Theorie* erklärt, die nach ihren Erfindern John Bardeen, Leon Cooper und Robert Schrieffer benannt ist. Nach Jahren der Forschung gibt es jedoch noch immer keine zufriedenstellende Theorie der Supraleitung von keramischen Werkstoffen. Da Supraleitung offensichtlich in verschiedenen Arten von Stoffen auftreten kann, widmet sich die empirische Forschung in großem Umfang der Entdeckung neuer Klassen von Supraleitern. Wie in Tabelle 12.3 vermerkt, wurde 1995 entdeckt, dass C_{60} (siehe den Kasten „Näher hingeschaut" in Abschnitt 11.8), wenn es mit einem Alkalimetall reagiert, ein elektrisch leitender Stoff und bei etwa 40 K supraleitend wird. In jüngster Vergangenheit wurde entdeckt, dass die einfache binäre Verbindung Magnesiumdiborid, MgB_2, bei 39 K supraleitend wird. Diese Beobachtung ist überraschend und ziemlich bedeutend, da MgB_2 ein Halbleiter ähnlich wie Graphit und relativ preiswert ist. Es könnte sich erweisen, dass andere verwandte Verbindungen höhere Sprungtemperaturen haben könnten. Das Feld der Supraleitung ist sehr vielversprechend und Supraleiter beginnen gerade erst, in wichtigen kommerziellen Produkten zu erscheinen (siehe den Kasten „Chemie im Einsatz").

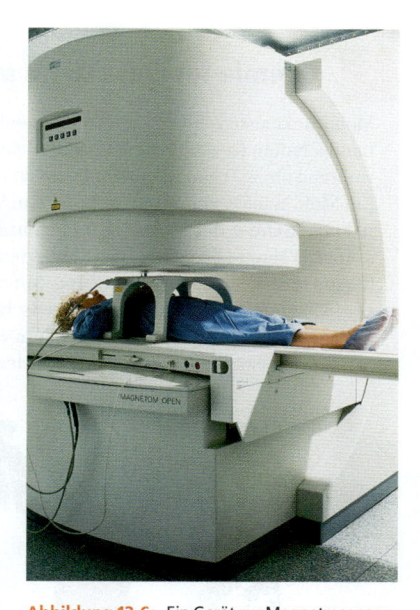

Abbildung 12.6: Ein Gerät zur Magnetresonanztomografie (MRT) in der medizinischen Diagnose. Das für das Verfahren benötigte Magnetfeld entsteht dadurch, dass Strom in supraleitenden Drähten fließt, die unter ihrer Sprungtemperatur T_c von 18 K gehalten werden müssen. Für diese niedrige Temperatur ist flüssiges Helium als Kühlmittel erforderlich.

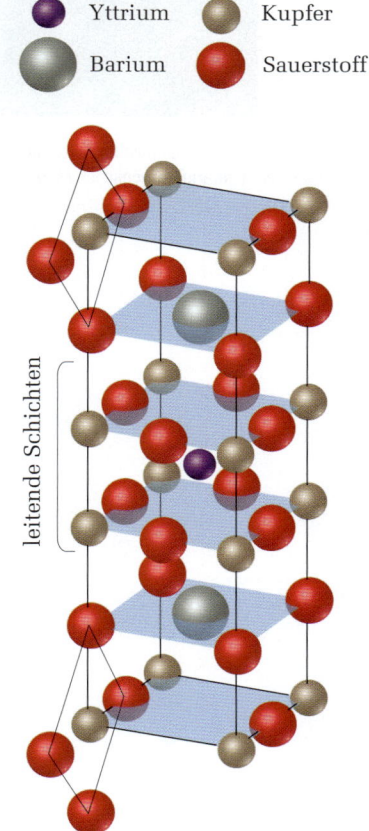

Abbildung 12.7: Elementarzelle von $YBa_2Cu_3O_7$. Ein paar Sauerstoffatome, die außerhalb der Elementarzelle liegen, sind ebenfalls gezeigt, um die Anordnung von Sauerstoffatomen um jedes Kupferatom zu veranschaulichen. Die Elementarzelle ist durch die schwarzen Linien, die den großen Quader umrahmen, definiert.

Chemie im Einsatz ■ Mobilfunkmastreichweite

Mobilfunkmasten verunzieren zunehmend ländliche und städtische Landschaften (▶ Abbildung 12.8). Es kann jedoch schwierig sein, während eines Telefongesprächs Kontakt mit einem Mast zu halten. Ein Mobiltelefon kommuniziert mit dem System, indem es ein Signal vom Sender des Mastes empfängt und Signale an ihn zurücksendet. Während der Sender des Mastes recht stark ist, hat das Mobiltelefon eine sehr begrenzte Leistung. Mit zunehmender Entfernung vom Mast oder bei Störung durch dazwischenliegende Gebäude wird das Mobiltelefonsignal zu schwach, um vom allgemeinen elektronischen Rauschen unterschieden werden zu können.

Die Verstärker im Empfänger des Mastes haben elektronische Filter, um zwischen dem gewünschten eingehenden Signal und anderen elektronischen Signalen zu unterscheiden. Je schärfer das Filter, desto besser die Trennung zwischen zwei Kanälen und damit die Fähigkeit, das gewünschte Signal klar zu empfangen. Filter können aus einem oxidischen Hochtemperatursupraleiter hergestellt werden, der bei Abkühlung unter T_c viel schärfere Filterleistungen als herkömmliche Filter bietet. Durch Integration dieser Filter in die Empfangsmasten kann man die Reichweite des Mastes um einen Faktor von bis zu 2 verbessern, was Baukosten spart und die Zuverlässigkeit der Kommunikation verbessert.

Supraleitungstechnik wird jetzt in Kästen von PC-Größe eingesetzt, die sich in den Mobiltelefonbasisstationen befinden (das kleine Gebäude am Fuße des Mastes). Die Filter sind aus Oxidkeramik, typischerweise $YBa_2Cu_3O_7$ oder $Tl_2Ba_2CaCu_2O_8$. Die benötigte Kühlung wird durch eine mechanische Kühlvorrichtung geliefert, die das Filter auf T_c abkühlen kann (▶ Abbildung 12.9).

Abbildung 12.8: Sendemast für Telekommunikation. Masten wie dieser (hier als Baum getarnt) ermöglichen Mobiltelefonkommunikation.

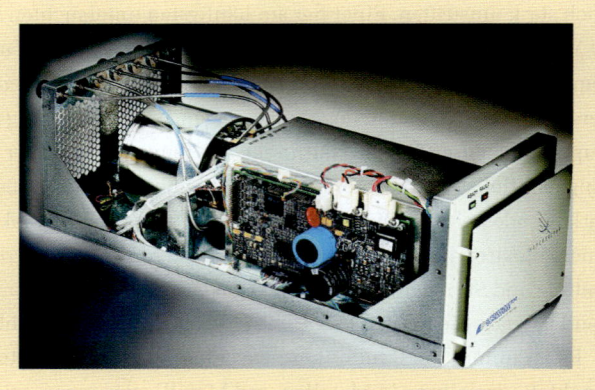

Abbildung 12.9: Kryogenes Empfängersystem, das ein gekühltes supraleitendes Filter und einen rauscharmen Verstärker (LNA) nutzt. Das zylindrische Objekt links ist das Kühlgerät, das verwendet wird, um Filter und LNA auf einer Temperatur unter dem T_c-Wert zu halten.

12.2 Werkstoffe für Konstruktionszwecke

Viele Anwendungsformen von Materialien, wie Kunststoffflaschen, Lederhundeleinen, Betonstraßen und Stahlträger in Gebäuden hängen von den strukturellen Eigenschaften ab. Diese Eigenschaften beruhen in großem Maße auf den Bindungs- und Atomanordnungen des Materials auf mikroskopischer Ebene.

Weiche Stoffe: Polymere und Kunststoffe

In der Natur finden wir viele Substanzen von sehr großer Molekülmasse, die sich auf Millionen von amu belaufen und die einen Großteil der Struktur lebender Organismen und Gewebe bilden. Zum Beispiel Stärke und Zellulose, die in Pflanzen reichlich vorliegen, und Proteine, die in Pflanzen und Tieren zu finden sind. 1827 prägte Jöns Jakob Berzelius den Begriff **Polymer** (von griechisch *polys* („viele") und *meros* („Teile")) als Bezeichnung für molekulare Substanzen hoher Molekülmasse, die durch die *Polymerisation* (Zusammenfügung) von **Monomeren**, Molekülen mit kleiner Molekülmasse gebildet werden.

Lange Zeit verarbeiteten Menschen in der Natur vorkommende Polymere wie Wolle, Leder, Seide und Naturkautschuk zu Gebrauchsmaterialien. In den vergangenen 70 Jahren haben Chemiker gelernt, künstliche Polymere herzustellen, indem sie Monomere durch gesteuerte chemische Reaktionen polymerisierten. Viele von diesen künstlichen Polymeren haben ein Gerüst von Kohlenstoff–Kohlenstoff-Bindungen, weil Kohlenstoffatome die außergewöhnliche Fähigkeit haben, starke Bindungen miteinander zu bilden.

Kunststoffe sind Werkstoffe, die in verschiedene Formen gebracht werden können, gewöhnlich durch Anwendung von Wärme und Druck. **Thermoplaste** können erneut umgeformt werden. Milchbehälter aus Kunststoff bestehen zum Beispiel aus einem Polymer mit dem Namen *Polyethylen*, das eine große Molekülmasse hat. Diese Behälter können geschmolzen und das Polymer für einen anderen Zweck wiederverwendet werden. Ein **Duroplast** wird dagegen durch irreversible chemische Prozesse geformt und lässt sich daher nicht einfach erneut umformen.

Ein **Elastomer** ist ein Werkstoff, der gummiartiges oder elastisches Verhalten aufweist. Wenn er gestreckt oder gebogen wird, nimmt er nach Wegnahme der verformenden Kraft seine ursprüngliche Form wieder an, solange er nicht über die Elastizitätsgrenze hinaus verformt wurde. Einige Polymere, wie Nylon und Polyester, können auch zu *Fasern* geformt werden, die wie ein Haar sehr lang im Vergleich zu ihrem Durchmesser und nicht elastisch sind. Diese Fasern können in Stoffe und Zwirne gewoben und zu Kleidung, Reifenkarkassen und anderen Gebrauchsgegenständen verarbeitet werden.

Herstellung von Polymeren

Das einfachste Beispiel einer Polymerisationsreaktion ist die Bildung von Polyethylen aus Ethylenmolekülen. In dieser Reaktion „öffnet" sich die Doppelbindung in jedem Ethylenmolekül und je zwei der Elektronen in diesen ursprünglichen Bindungen werden benutzt, um neue C—C-Einfachbindungen mit anderen Ethylenmolekülen einzugehen:

Ethylen → Polyethylen

Polymerisation, die durch Verkettung von Monomeren mit Mehrfachbindungen geschieht, heißt **Additionspolymerisation**.

Wir können die Gleichung für die Polymerisationsreaktion wie folgt aufstellen:

$$n\,CH_2=CH_2 \longrightarrow \left[\begin{array}{cc} H & H \\ | & | \\ -C-C- \\ | & | \\ H & H \end{array} \right]_n \tag{12.1}$$

Hier steht n für die große Zahl – die von hunderten bis zu vielen tausend reicht – der Monomermoleküle (in diesem Fall Ethylen), die reagieren, um ein einziges großes Polymermolekül zu bilden. Innerhalb des Polymers erscheint eine Wiederholungseinheit (die Einheit in Klammern in ▶ Gleichung 12.1) in der gesamten Kette. Die Enden der Ketten werden von Kohlenstoff–Wasserstoffbindungen oder durch irgendeine andere Bindung abgeschlossen, so dass die Endkohlenstoffatome vier Bindungen haben.

Polyethylen ist ein sehr wichtiger Werkstoff: Mehr als 10 Milliarden Kilogramm werden jährlich in den USA hergestellt. Obwohl seine Zusammensetzung einfach ist, lässt sich das Polymer nicht einfach herstellen. Nur nach vielen Jahren der Forschung wurden die passenden Bedingungen für die Herstellung dieses kommerziell wichtigen Polymers gefunden.

Heute sind viele verschiedene Formen von Polyethylen bekannt, die sich in den physikalischen Eigenschaften stark unterscheiden. Polymere anderer chemischer Zusammensetzungen bieten eine noch größere Vielzahl an physikalischen und chemischen Eigenschaften. Tabelle 12.4 listet weitere häufige Polymere auf, die durch Additionspolymerisation entstehen.

Eine zweite allgemeine Art von Reaktion, die zur Synthese kommerziell wichtiger Polymere verwendet wird, ist die **Kondensationspolymerisation**. In einer Kondensationsreaktion verbinden sich zwei Moleküle, um ein größeres Molekül durch Abspaltung eines kleinen Moleküls wie H_2O zu bilden. Ein Amin (eine Verbindung, die die —NH_2-Gruppe enthält) reagiert zum Beispiel mit einer Carbonsäure (eine Verbindung, die die —COOH-Gruppe enthält), um eine Bindung zwischen N und C zu bilden, unter Abspaltung von H_2O.

Chemie im Einsatz ■ Recycling von Kunststoffen

Wenn Sie auf den Boden eines Kunststoffbehälters schauen, sehen Sie wahrscheinlich ein Recyclingsymbol mit einer Zahl, wie ▶ Abbildung 12.10 zeigt. Die Zahl und der Buchstabe darunter geben die Art des Polymers an, aus dem der Behälter besteht, wie Tabelle 12.5 zusammenfasst (die chemischen Strukturen dieser Polymere zeigt Tabelle 12.4). Diese Symbole machen es möglich, Behälter nach der Zusammensetzung zu sortieren. In der Regel gilt: je kleiner die Zahl, desto einfacher kann das Material wiederverarbeitet werden.

Tabelle 12.5

Für Recycling von Polymerstoffen in den USA verwendete Kategorien

Nummer	Abkürzung	Polymer
1	PET oder PETE	Polyethylenterephthalat
2	HDPE	Polyethylen hoher Dichte
3	V	Polyvinylchlorid (PVC)
4	LDPE	Polyethylen niedriger Dichte
5	PP	Polypropylen
6	PS	Polystyrol
7	—	sonstige

Abbildung 12.10: Recyclingsymbole. Jeder Kunststoffbehälter, der heute hergestellt wird, hat ein aufgedrucktes Recyclingsymbol, das die Art des Polymers angibt, die zur Herstellung des Behälters verwendet wurde, sowie die Eignung des Polymers für das Recycling.

12.2 Werkstoffe für Konstruktionszwecke

Tabelle 12.4
Polymere von wirtschaftlicher Bedeutung

Polymer	Struktur	Anwendungen
Additionspolymere		
Polyethylen	$-[CH_2-CH_2]_n-$	Folien, Verpackung, Flaschen
Polypropylen	$-[CH_2-CH(CH_3)]_n-$	Küchenwaren, Fasern, Geräte
Polystyrol	$-[CH_2-CH(C_6H_5)]_n-$	Verpackung, Einwegbehälter für Lebensmittel, Isolierung
Polyvinylchlorid (PVC)	$-[CH_2-CHCl]_n-$	Rohrfittings, transparente Folie für Fleischverpackung
Kondensationspolymere		
Polyethylenterephtalat (Polyester)	$-[O-CH_2-CH_2-O-CO-C_6H_4-CO]_n-$	Reifencord, Magnetband, Bekleidung, Softdrink-Flaschen
Nylon 6,6	$-[NH-(CH_2)_6-NH-CO-(CH_2)_4-CO]_n-$	Inneneinrichtungsgegenstände, Bekleidung, Teppich, Angelschnur, Zahnbürstenborsten
Polycarbonat	$-[O-C_6H_4-C(CH_3)_2-C_6H_4-O-CO]_n-$	Bruchfeste Brillengläser, CDs, DVDs, kugelsichere Fenster, Gewächshäuser

$$-\underset{H}{\overset{H}{N}}-H + H-O-\underset{O}{\overset{\|}{C}}- \longrightarrow -\underset{H}{\overset{H}{N}}-\underset{O}{\overset{\|}{C}}- + H_2O \tag{12.2}$$

Polymere, die aus zwei verschiedenen Monomeren gebildet sind, heißen **Copolymere**. Bei der Bildung vieler Nylonformen reagiert ein *Diamin*, eine Verbindung mit einer —NH$_2$-Gruppe an jedem Ende, mit einer *Dicarbonsäure*, einer Verbindung mit einer —COOH-Gruppe an jedem Ende. Nylon 6,6 wird zum Beispiel gebildet, wenn ein Diamin, das sechs Kohlenstoffatome und eine Aminogruppe an jedem Ende hat, mit Adipinsäure reagiert, die auch sechs Kohlenstoffatome hat.

Synthese von Nylon

$$n\,H_2N-(CH_2)_6-NH_2 + n\,HOC-(CH_2)_4-COH \longrightarrow [NH(CH_2)_6NH-C(CH_2)_4C]_n + 2n\,H_2O \tag{12.3}$$

Diamin   Adipinsäure   Nylon 6,6

? DENKEN SIE EINMAL NACH

Wäre es möglich, ein Kondensationspolymer nur aus diesem Molekül allein zu bilden?

$H_2N-\underset{}{\bigcirc}-\underset{O}{\overset{}{C}}-O-H$

Eine Kondensationsreaktion tritt an jedem Ende des Diamins und der Säure auf. H_2O wird abgespalten und N—C-Bindungen werden zwischen den Molekülen gebildet. Tabelle 12.4 enthält Nylon 6,6 und einige andere gebräuchliche Polymere, die durch Kondensationspolymerisation entstehen. Sie sehen, dass diese Polymere Gerüste haben, die N- oder O-Atome sowie C-Atome enthalten.

Struktur und physikalische Eigenschaften von Polymeren

Die einfachen Strukturformeln, die für Polyethylen und andere Polymere angegeben werden, sind irreführend. Da jedes Kohlenstoffatom in Polyethylen vier Bindungen ausbildet, sind die Kohlenstoffatome tetraedrisch umgeben, so dass die Kette nicht gerade ist, so wie wir sie in ▶ Abbildung 12.11 dargestellt haben. Darüber hinaus können sich die Atome leicht um die C—C-Einfachbindungen drehen. Statt gerade und starr zu sein, sind die Ketten daher sehr flexibel und falten sich leicht. Durch die Flexibilität der Molekülketten ist das Polymermaterial sehr flexibel.

Sowohl künstliche als auch natürlich vorkommende Polymere bestehen allgemein aus einer Ansammlung von *Makromolekülen* (große Moleküle) verschiedener Molekülmassen. Je nach den Bildungsbedingungen können die Molekülmassen über einen weiten Bereich verteilt oder eng um einen Mittelwert gruppiert sein. Unter anderem aufgrund dieser Verteilung der Molekülmassen sind Polymere größtenteils amorphe und nicht kristalline Stoffe. Statt eine gut definierte kristalline Phase mit einem scharfen Schmelzpunkt aufzuweisen, erweichen sie über einen Temperaturbereich. Sie können jedoch Nahordnung in einigen Regionen des Festkörpers besitzen, mit Ketten, die in regelmäßigen Folgen angeordnet sind, wie ▶ Abbildung 12.12 zeigt. Der Umfang dieser Ordnung wird durch den Grad der **Kristallinität** des Polymers angegeben. Die Kristallinität eines Polymers kann häufig durch mechanisches Strecken oder Ziehen erhöht werden, um die Ketten auszurichten, wenn das geschmolzene Polymer durch kleine Löcher gezogen wird. Intermolekulare Kräfte zwischen den Polymerketten halten die Ketten in den geordneten kristallinen Regionen zusammen und machen das

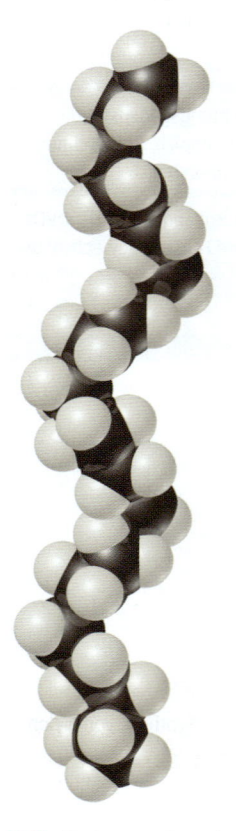

Abbildung 12.11: Ein Segment einer Polyethylenkette. Das hier gezeigte Segment besteht aus 28 Kohlenstoffatomen. In handelsüblichem Polyethylen reichen die Kettenlängen von etwa 10^3 bis zu 10^5 CH_2-Einheiten. Wie diese Abbildung andeutet, sind die Ketten flexibel und können sich in zufälliger Weise verdrehen.

Tabelle 12.6
Eigenschaften von Polyethylen als Funktion der Kristallinität

	Kristallinität				
	55 %	62 %	70 %	77 %	85 %
Schmelzpunkt (°C)	109	116	125	130	133
Dichte (g/cm³)	0,92	0,93	0,94	0,95	0,96
Steifheit*	25	47	75	120	165
Streckgrenze*	1700	2500	3300	4200	5100

* Diese Testergebnisse zeigen, dass die mechanische Festigkeit des Polymers mit steigender Kristallinität zunimmt. Die physikalischen Maßeinheiten für die Steifigkeitsprüfung sind psi $\times 10^{-3}$ (psi = Pounds per Square Inch, Pfund pro Quadratzoll); die für die Streckgrenzenprüfung ist psi. Die Behandlung der genauen Bedeutung dieser Prüfungen sprengt den Rahmen dieses Textes.

Polymer dichter, härter, weniger löslich und wärmebeständiger. Tabelle 12.6 zeigt, wie sich die Eigenschaften von Polyethylen mit zunehmendem Grad der Kristallinität ändern.

Die einfache lineare Struktur von Polyethylen begünstigt intermolekulare Wechselwirkungen, die zu Kristallinität führen. Der Grad der Kristallinität in Polyethylen hängt jedoch stark von der durchschnittlichen Molekülmasse ab. Polymerisation führt zu einer Mischung aus Makromolekülen mit verschiedenen Werten für n und damit verschiedenen Molekülmassen. So genanntes LDPE (Polyethylen niedriger Dichte), das für Folien und Filme verwendet wird, hat eine durchschnittliche Molekülmasse im Bereich von 10^4 ame und wesentliche Kettenverzweigung. Das heißt, dass es Seitenketten, ausgehend von der Hauptkette des Polymers, gibt, so wie Stichleitungen, die von einer Hauptleitung abzweigen. Diese Abzweigungen behindern die Bildung von kristallinen Regionen und reduzieren damit die Dichte des Stoffes. HDPE (Polyethylen hoher Dichte), das für Flaschen, Fässer und Rohrleitungen verwendet wird, hat eine durchschnittliche Molekülmasse im Bereich von 10^6 ame. Diese Form hat weniger Verzweigungen und daher einen höheren Grad an Kristallinität. ▶ Abbildung 12.13 zeigt Polyethylen hoher und niedriger Dichte. Daher können die Eigenschaften von Polyethylen „eingestellt" werden, indem die durchschnittliche Länge, Kristallinität und Verzweigung der Ketten verändert wird, wodurch es zu einem sehr vielseitigen Werkstoff wird.

Verschiedene Substanzen können zu Polymeren hinzugefügt werden, um Schutz gegen Sonneneinwirkung oder Verschleiß durch Oxidation zu bieten. Mangan(II)-Salze und Kupfer(I)-Salze werden zum Beispiel in Konzentrationen von nur 5×10^{-4} % zu Nylon hinzugefügt, um Schutz gegen Licht und Oxidation zu bieten und zu helfen, die Weiße beizubehalten. Daneben können die physikalischen Eigenschaften von polymeren Werkstoffen umfassend modifiziert werden, indem Substanzen mit niedrigerer Molekülmasse, sogenannte *Weichmacher*, hinzugefügt werden, um das Ausmaß der Wechselwirkungen zwischen den Ketten zu verringern und damit das Polymer biegsamer zu machen. Polyvinylchlorid (PVC) (Tabelle 12.4) ist zum Beispiel ein har-

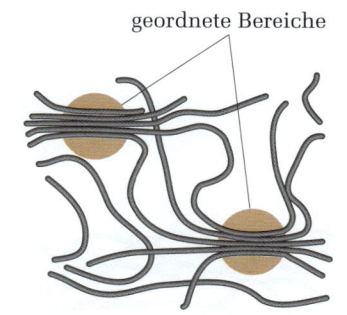

Abbildung 12.12: Wechselwirkungen zwischen Polymerketten. In den eingekreisten Bereichen führen die Kräfte, die zwischen nebeneinander liegenden Polymerkettensegmenten wirken, zur Ordnung analog der Ordnung in Kristallen, allerdings in weniger regelmäßiger Form.

? DENKEN SIE EINMAL NACH

Sowohl der Schmelzpunkt als auch der Grad der Kristallinität nehmen in Copolymeren aus Ethylen- und Vinylacetatmonomeren ab, wenn der Anteil an Vinylacetat zunimmt. Schlagen Sie eine Erklärung vor.

Ethylen   Vinylacetat

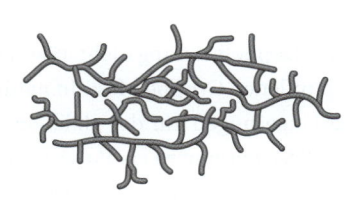

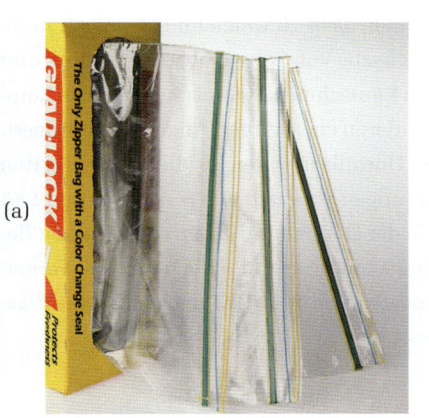

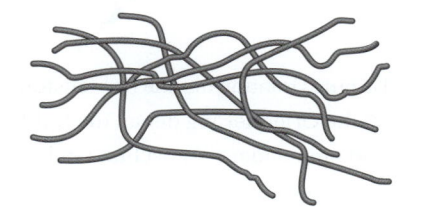

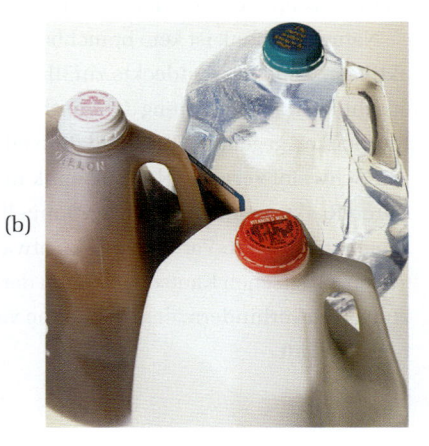

(a)   (b)

Abbildung 12.13: Zwei Arten von Polyethylen. (a) Schematische Abbildung der Struktur von Polyethylen niedriger Dichte (LDPE) und Gefrierbeutel aus LDPE-Folie. (b) Schematische Abbildung der Struktur von Polyethylen hoher Dichte (HDPE) und Behälter aus HDPE.

ter, starrer Werkstoff hoher Molekülmasse, der zur Herstellung von Abflussrohren in Häusern verwendet wird. Wenn es mit einer geeigneten Substanz niedriger Molekülmasse gemischt wird, bildet es jedoch ein flexibles Polymer, das zur Herstellung von Gummistiefeln und Puppenteilen verwendet werden kann. Bei einigen Anwendungen kann der Weichmacher in einem Kunststoffgegenstand mit der Zeit durch Verdunstung verloren gehen. Wenn dies geschieht, verliert der Kunststoff seine Flexibilität und wird rissanfällig.

Polymere können durch Einführung chemischer Bindungen zwischen den Polymerketten steifer gemacht werden, wie ▶ Abbildung 12.14 zeigt. Die Bildung von Bindungen zwischen Ketten wird als **Vernetzung** bezeichnet. Je größer die Zahl von Vernetzungen in einem Polymer, desto starrer ist der Werkstoff. Während Thermoplaste aus unabhängigen Polymerketten bestehen, werden Duroplaste bei Erwärmung vernetzt und durch diese Vernetzungen können sie ihre Formen beibehalten.

Ein wichtiges Beispiel von Vernetzung ist die **Vulkanisation** von Naturkautschuk, ein Verfahren, das 1839 von Charles Goodyear entdeckt wurde. Naturkautschuk wird aus flüssigem Harz gebildet, das aus der Innenrinde des Baums *Hevea brasiliensis* stammt. Chemisch ist es ein Polymer von Isopren, C_5H_8.

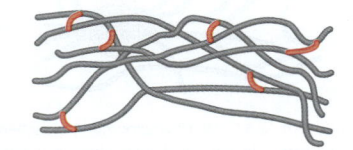

Abbildung 12.14: Vernetzung von Polymerketten. Die Vernetzungsgruppen (rot) begrenzen die Bewegungen der Polymerketten gegeneinander und machen den Werkstoff härter und weniger flexibel.

(12.4)

Da eine Drehung um die Kohlenstoff–Kohlenstoff-Doppelbindung nicht möglich ist, ist die Orientierung der an die Kohlenstoffe gebundenen Gruppen fest. In natürlich vorkommendem Kautschuk sind die Kettenverlängerungen auf der gleichen Seite der Doppelbindung wie ▶ Gleichung 12.4 zeigt. Diese Form wird cis-Polyisopren genannt, das Präfix cis- stammt aus dem Lateinischen und bedeutet „auf dieser Seite".

Naturkautschuk ist kein brauchbares Polymer, da es zu weich und chemisch zu reaktiv ist. Goodyear entdeckte zufällig, dass Zugabe von Schwefel zu Kautschuk und anschließende Erwärmung der Mischung den Kautschuk härter macht und seine Empfindlichkeit gegenüber der Oxidation oder anderen chemischen Angriffen verringert. Der Schwefel verwandelt Kautschuk in ein Duroplast, indem es die Polymerketten durch Reaktion mit einigen der Doppelbindungen vernetzt, wie ▶ Abbildung 12.15 schematisch zeigt. Vernetzung von etwa 5 % der Doppelbindungen schafft einen flexiblen, elastischen Kautschuk. Wenn der Kautschuk gestreckt wird, helfen die Vernetzungen zu verhindern, dass die Ketten verrutschen, so dass der Kautschuk seine Elastizität behält.

(a) (b)

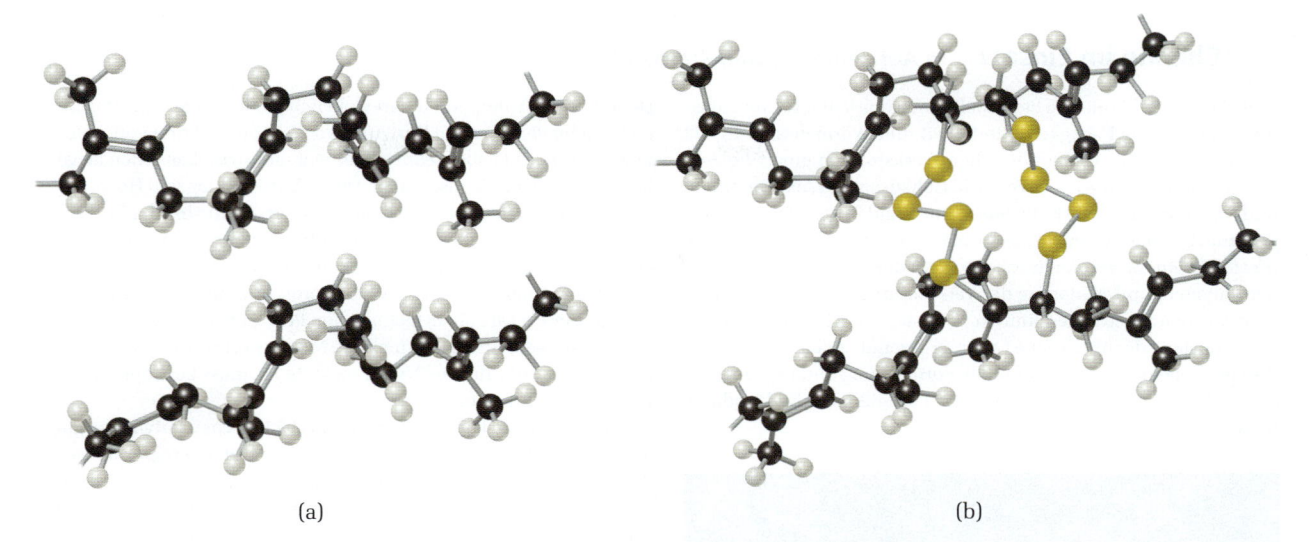

Abbildung 12.15: Vulkanisierung von Kautschuk. (a) In polymerem Naturkautschuk liegen Kohlenstoff–Kohlenstoff-Doppelbindungen in regelmäßigen Abständen entlang der Kette vor, wie Gleichung 12.4 zeigt. (b) Ketten aus je vier Schwefelatomen wurden zwischen zwei Polymerketten eingefügt, indem eine Kohlenstoff–Kohlenstoff-Doppelbindung in jeder Kette geöffnet wurde.

ÜBUNGSBEISPIEL 12.2 — Vernetzung und Stöchiometrie

Wenn wir vier Schwefelatome pro Vernetzungsverbindung annehmen, welche Masse Schwefel wird pro Gramm Isopren, C_5H_8, benötigt, um eine Vernetzung wie in ▶ Abbildung 12.15 mit 5 % der Isopreneinheiten in Kautschuk herzustellen?

Lösung

Analyse: Wir sollen die Masse Schwefel berechnen, die pro Gramm Isopren benötigt wird.

Vorgehen: Wir müssen das Verhältnis von Schwefelatomen zu Isopreneinheiten basierend auf Abbildung 12.15 bestimmen und danach die benötigte Masse Schwefel berechnen, um die 5 % Vernetzung zu gewährleisten.

Lösung: Wir können aus der Abbildung sehen, dass jede Vernetzung acht Schwefelatome pro zwei Isopreneinheiten benötigt. Dies bedeutet, dass das Verhältnis von S zu C_5H_8 vier ist. Daher brauchen wir zur Vernetzung von 5 % (0,05) der Isopreneinheiten:

$$\frac{1{,}0 \text{ g } C_5H_8}{68{,}1 \text{ g } C_5H_8} \times 4 \times 32{,}1 \text{ g S} \times 0{,}05 = 0{,}09 \text{ g S}$$

ÜBUNGSAUFGABE

Wie sollten sich die Eigenschaften von vulkanisiertem Kautschuk ändern, wenn der Anteil von Schwefel zunimmt? Begründen Sie Ihre Antwort.

Antwort: Der Kautschuk wäre härter und weniger flexibel, wenn der Anteil von Schwefel zunimmt, weil ein erhöhter Grad an Vernetzung auftritt, der die Polymerketten kovalent miteinander verbindet.

Harte Stoffe: Metalle und Keramiken

Viele Gegenstände bestehen aus Metallen: Küchentöpfe und -pfannen, Schmuck, Eisenbahnschienen, Drähte. Einige Metalle sind in der Natur reichhaltig vorhanden, vor allem Eisen und Aluminium. Ihre Struktur, in der die Metallatome durch ein Meer von delokalisierten Elektronen zusammengehalten werden, ermöglicht den Metallatomen unter Krafteinwirkung aneinander vorbeizugleiten, wodurch die wichtigen Eigenschaften wie Verformbarkeit und Duktilität entstehen. Die Eigenschaften von

Chemie im Einsatz ■ Auf dem Weg zum Kunststoffauto

Viele Polymere können so hergestellt und verarbeitet werden, dass die ausreichende Festigkeit, Steifigkeit und Wärmebeständigkeit haben um Metalle, Glas und andere Werkstoffe in einer Vielzahl von Anwendungen zu ersetzen. Die Gehäuse von Elektromotoren und Küchengeräten wie Kaffeemaschinen und Dosenöffner werden jetzt zum Beispiel allgemein aus speziellen Polymeren geformt. *Technische Polymere* werden durch die Wahl der Polymere, Mischung der Polymere und Änderung der Verarbeitungsschritte auf besondere Anwendungen zugeschnitten. Sie haben im Allgemeinen niedrigere Kosten oder überlegene Leistung gegenüber den Werkstoffen, die sie ersetzen. Zusätzlich sind die Formgebung und Färbung einzelner Teile und ihre Montage bei der Fertigung der Endprodukte häufig weitaus einfacher.

Das moderne Automobil liefert viele Beispiele der Fortschritte, die technische Polymere im Entwurf und der Konstruktion von Automobilen gemacht haben. Fahrzeuginnenräume bestehen schon lange hauptsächlich aus Kunststoffen. Durch Entwicklung von Hochleistungswerkstoffen wurden bedeutende Fortschritte bei der Einführung technischer Polymere als Motorbauteile und Karosserieteile erzielt. ▶ Abbildung 12.16 zeigt zum Beispiel den Ansaugkrümmer in einer Serie von Ford V8-Motoren in Gelände- und Lieferwagen. Der Einsatz eines technischen Polymers in dieser Anwendung lässt Bearbeitung und mehrere Montageschritte entfallen. Der Ansaugkrümmer, der aus Nylon gemacht ist, muss bei hohen Temperaturen stabil sein.

Karosserieteile können ebenfalls aus technischen Polymeren gebaut werden. Bauteile, die aus technischen Polymeren geformt werden, wiegen gewöhnlich weniger als die Bauteile, die sie ersetzen, und verbessern damit den Kraftstoffverbrauch. Die Kotflügel des Volkswagens New Beetle (▶ Abbildung 12.17) bestehen zum Beispiel aus Nylon, verstärkt mit einem zweiten Polymer, Polyphenylenether (PPE), das die folgende Struktur hat:

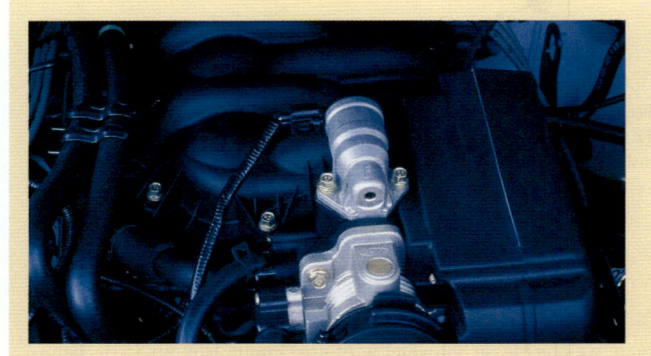

Abbildung 12.16: Kunststoffmotoren. Der Ansaugkrümmer einiger V8-Motoren wird aus Nylon geformt.

Weil das Polyphenyletherpolymer linear und ziemlich starr ist, verleiht PPE Steifheit und Formbeständigkeit.

Ein großer Vorteil der meisten technischen Polymere gegenüber Metall ist, dass sie die teueren Korrosionsschutzmaßnahmen bei der Herstellung überflüssig machen. Zusätzlich erlauben einige technische Polymerrezepturen die Herstellung mit integrierter Farbe und lassen damit Lackierschritte entfallen (▶ Abbildung 12.18).

Abbildung 12.17: Kunststoffkotflügel. Die Kotflügel dieses Autos sind aus einem Verbundwerkstoff aus Nylon und Polyphenylenether.

Abbildung 12.18: Ein Fahrzeug hauptsächlich aus Kunststoff. Dieser Transporter hat Türgriffe und Stoßfängerträger aus Polycarbonat-/Polybutylen-Kunststoff. Farbpigmente werden bei der Fertigung des Kunststoffs integriert und machen damit des Lackieren überflüssig.

Metallen können durch die Zugabe anderer Substanzen verbessert werden. Eisen rostet zum Beispiel leicht. Rostfreier Stahl ist eine Legierung aus Eisen mit anderen Elementen, und er ist viel rostbeständiger als reines Eisen.

Keramiken werden z. B. für Konstruktionszwecke als Ziegel und Beton verwendet, wo die Hauptbestandteile SiO_2, Al_2O_3, Fe_2O_3 und CaO sind. Die Bindung in Keramiken ist ionisch oder partiell ionisch. Daher verformt sich der Werkstoff unter Kraftaufwendung nicht so leicht wie ein Metall und ist spröde, weil Atomlagen gleicher Ladung aneinander vorbeigleiten müssten. Keramische Teile lassen sich nur schwer fehlerfrei herstellen. Keramische Teile entwickeln häufig zufällige, nicht erkennbare Mikrorisse und Hohlräume während der Verarbeitung. Diese Defekte sind belastungsanfälliger als der Rest der Keramik, daher sind sie in der Regel der Ursprung von Rissen und Brüchen. Um eine Keramik härter zu machen – ihre Bruchbeständigkeit zu erhöhen – erzeugen Wissenschaftler häufig sehr reine, einheitliche Teilchen des keramischen Werkstoffs, die einen Durchmesser von weniger als 1 μm (10^{-6} m) haben. Diese werden dann *gesintert* (bei hoher Temperatur unter Druck, so dass die einzelnen Teilchen zusammenhaften), um den gewünschten Gegenstand zu bilden.

Keramische Werkstoffe werden zur Fertigung der Kacheln für die Oberflächen des Space Shuttle verwendet, um gegen Überhitzung beim Wiedereintritt in die Erdatmosphäre zu schützen (▶ Abbildung 12.19). Die Kacheln sind aus kurzen, hoch reinen Siliziumdioxidfasern verstärkt mit Aluminiumborosilikatfasern. Der Werkstoff wird zu Blöcken geformt, bei über 1300 °C gesintert und dann zu Kacheln geschnitten. Die Kacheln haben eine Dichte von nur 0,2 g/cm^3 und können die Temperatur der Aluminiumhaut des Shuttles unter 180 °C halten, während sie einer Oberflächentemperatur von bis zu 1250 °C standhalten können.

Abbildung 12.19: Keramik im All. Ein Arbeiter bringt wärmeisolierende Keramikkacheln am Äußeren des Space Shuttles *Orbiter* an.

Herstellung von Keramiken

Viele Oxide kommen in der Natur vor und können aus der Erde gewonnen werden. Es gibt jedoch anorganische Gegenstücke der Polymerisationsreaktionen, die wir weiter oben behandelt haben und die nützlich sind, um keramische Werkstoffe mit erhöhter Reinheit und gesteuerter Teilchengröße herzustellen. Das **Sol-Gel-Verfahren** ist eine wichtige Methode zur Herstellung äußerst feiner Teilchen einheitlicher Größe. Ein typisches Sol-Gel-Verfahren beginnt mit einem *Metallalkoxid*. Ein Alkoxid enthält organische Gruppen, die an ein Metallatom durch Sauerstoffatome gebunden sind. Alkoxide entstehen, wenn das Metall mit einem Alkohol reagiert, eine organische Verbindung, die eine OH-Gruppe gebunden an Kohlenstoff enthält (siehe Abschnitt 2.9). Um diesen Prozess zu veranschaulichen, werden wir Titan als das Metall und Ethanol, CH_3CH_2OH, als den Alkohol verwenden.

$$Ti(s) + 4\ CH_3CH_2OH(l) \longrightarrow Ti(OCH_2CH_3)_4(s) + 2\ H_2(g) \quad (12.5)$$

Das Alkoxidprodukt, $Ti(OCH_2CH_3)_4$, wird in entsprechendem Alkohol gelöst. Dann wird Wasser hinzugegeben und reagiert mit dem Alkoxid, um Ti—OH-Gruppen und Ethanol zu bilden.

$$Ti(OCH_2CH_3)_4(gelöst) + 4\ H_2O(l) \longrightarrow Ti(OH)_4(s) + 4\ CH_3CH_2OH(l) \quad (12.6)$$

Die Reaktion mit Ethanol wird verwendet, weil die direkte Reaktion von Ti(s) mit $H_2O(l)$ zu einer komplexen Mischung aus Titanoxiden und Titanhydroxiden führt. Die Zwischenbildung von $Ti(OC_2H_5)_4(s)$ stellt sicher, dass eine einheitliche Suspension von $Ti(OH)_4$ gebildet wird. Das $Ti(OH)_4$ ist in dieser Stufe als *Sol* vorhanden, eine Suspension äußerst kleiner Teilchen. Die Acidität oder Basizität des Sols wird eingestellt, um Wasser aus zwei der Ti—OH-Bindungen abzuspalten.

$$(HO)_3Ti-O-H(s) + H-O-Ti(OH)_3(s) \longrightarrow$$
$$(HO)_3Ti-O-Ti(OH)_3(s) + H_2O(l) \quad (12.7)$$

Dies ist ein weiteres Beispiel einer Kondensationsreaktion. Kondensation tritt ebenfalls mit einigen der anderen OH-Gruppen auf, die an das zentrale Titanatom gebunden sind und erzeugt eine dreidimensionale Vernetzung. Das entstehende *Gel* ist eine Suspension äußerst kleiner Teilchen mit der Konsistenz von Gelatine. Wenn dieses Gel vorsichtig bei 200 °C bis 500 °C erhitzt wird, wird die gesamte Flüssigkeit entfernt und das Gel wird in ein feinteiliges Metalloxidpulver mit Teilchen in der Größe von 0,003 bis 0,1 μm Durchmesser umgewandelt. ▶ Abbildung 12.20 zeigt SiO_2-Teilchen, die durch einen Fällungsprozess ähnlich dem Sol-Gel-Verfahren als Kugeln von bemerkenswert einheitlicher Größe gebildet wurden.

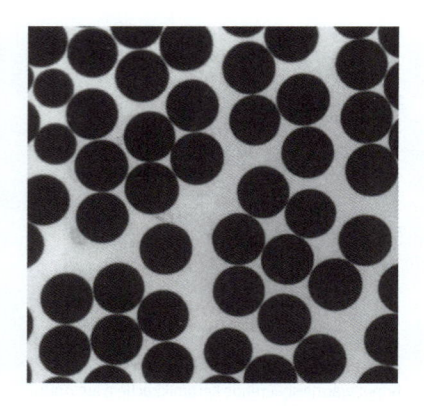

Abbildung 12.20: Kugeln einheitlicher Größe aus amorphem Siliziumdioxid SiO_2. Diese werden durch Ausfällung aus einer Lösung von $Si(OCH_3)_4$ in Methanol bei Zugabe von Wasser und Ammoniak gebildet. Der durchschnittliche Durchmesser ist 550 nm.

Medizinische Materialien 12.3

Moderne Kunststoffe werden zunehmend für medizinische und biologische Anwendungen verwendet. Für unsere Diskussion hier ist ein **Biomaterial** jeder Stoff für eine biomedizinische Anwendung. Der Stoff kann therapeutisch verwendet werden, zum Beispiel zur Behandlung einer Verletzung oder einer Krankheit. Oder er wird diagnostisch verwendet zur Erkennung einer Krankheit oder zur Messung einer Größe wie den Glukosegehalt im Blut. Ganz gleich, ob die Anwendung therapeutisch oder diagnostisch ist, das Biomaterial ist in Kontakt mit biologischen Flüssigkeiten und muss Eigenschaften haben, die den Anforderungen entsprechen. Ein Polymer, das zum Beispiel als Einwegkontaktlinse eingesetzt wird, muss weich sein und eine leicht benetzbare Oberfläche haben, während ein Polymer, das zum Füllen von Löchern in Zähnen verwendet wird, hart und verschleißfest sein muss.

Kennzeichnende Eigenschaften von Biomaterialien

Die wichtigsten Merkmale bei der Wahl eines Biomaterials sind Biokompatibilität, sowie physikalische und chemische Anforderungen, wie ▶ Abbildung 12.21 zeigt.

Biokompatibilität. Lebende Systeme, vor allen Dingen höher entwickelte Tiere, haben eine komplexe Reihe von Schutzmechanismen gegen das Eindringen anderer Organismen. Unser Körper hat die außerordentliche Fähigkeit zu erkennen, ob ein Objekt

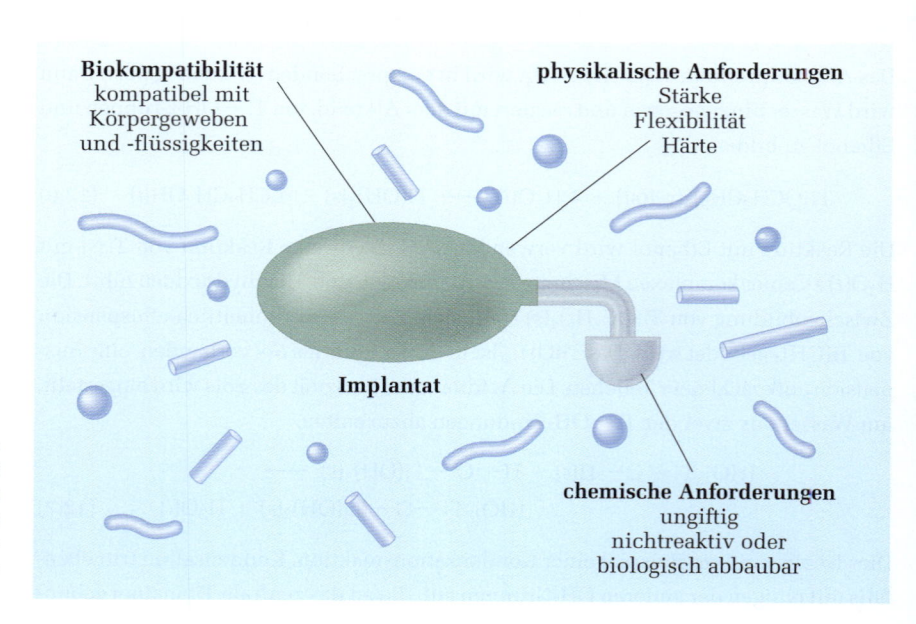

Abbildung 12.21: Schematische Darstellung eines Implantats in einem biologischen System. Zur erfolgreichen Verwendung muss das Implantat biokompatibel mit seiner Umgebung sein und die notwendigen physikalischen und chemischen Anforderungen erfüllen, von denen einige zur Veranschaulichung aufgeführt sind.

körpereigen oder körperfremd ist. Jede Substanz, die körperfremd ist, kann eine Reaktion des Immunsystems hervorrufen. Objekte in Molekülgröße werden von Antikörpern gebunden und abgestoßen, während größere Objekte eine Entzündungsreaktion um sich hervorrufen. Einige Materialien sind besser **biokompatibel**, das heißt, dass sie leichter ohne Entzündungsreaktionen in den Körper integriert werden. Die wichtigsten Faktoren für die Biokompatibilität einer Substanz sind ihre chemische Beschaffenheit und die physikalische Struktur ihrer Oberfläche.

Physikalische Anforderungen. Ein Biomaterial muss häufig sehr hohe Ansprüche erfüllen. Schläuche, die verwendet werden, um ein krankes Blutgefäß zu ersetzen, müssen flexibel sein und dürfen bei Biegung oder anderer Verzerrung nicht zusammenfallen. Stoffe, die in Ersatzgelenken verwendet werden, müssen verschleißfest sein. Eine künstliche Herzklappe muss sich 70 bis 80 Mal pro Minute, Tag für Tag, viele Jahre lang öffnen und schließen. Wenn die Klappe eine Lebenserwartung von zwanzig Jahren haben soll, bedeutet dies etwa 750 Millionen Öffnungs- und Schließzyklen! Anders als das Versagen eines Ventils in einem Automotor kann das Versagen der Herzklappe tödliche Folgen haben.

Chemische Anforderungen. Biomaterialien müssen von *medizinischer Qualität*, d. h. hoch rein sein, was bedeutet, dass sie für die Verwendung in einer bestimmten medizinischen Anwendung zugelassen sein müssen. Alle Bestandteile eines Biomaterials von medizinischer Qualität müssen über die Lebensdauer der Anwendung unschädlich bleiben. Polymere sind wichtige Biomaterialien, aber die meisten kommerziellen Polymerwerkstoffe enthalten Verunreinigungen wie Monomere, Füllstoffe oder Weichmacher sowie Antioxidantien oder andere Stabilisierungsmittel. Die kleinen Mengen Fremdstoffe in HDPE, das für Milchflaschen verwendet wird (Abbildung 12.13), stellen bei dieser Verwendung keine Gefahr dar, aber könnten dies tun, wenn der gleiche Kunststoff über lange Zeit in den Körper implantiert würde.

Polymere Biomaterialien

Spezialpolymere wurden für eine Vielzahl von biomedizinischen Anwendungen entwickelt. Der Grad, in dem der Körper das fremde Polymer aufnimmt oder abstößt, wird durch die Beschaffenheit der Atomgruppen entlang der Kette und die Möglichkeiten zu Wechselwirkungen mit den körpereigenen Molekülen bestimmt. Unser Körper ist größtenteils aus Biopolymeren wie Proteinen, Polysacchariden (Zucker) und Polynukleotiden (RNA, DNA) zusammengesetzt. Im Moment können wir uns einfach merken, dass die körpereigenen Biopolymere komplexe Strukturen haben, mit polaren Gruppen entlang der Polymerkette. Proteine sind zum Beispiel lange Folgen von Aminosäuren (die Monomere), die ein Kondensationspolymer gebildet haben. Die Proteinkette hat die folgende Struktur:

$$\left[\begin{array}{c} H \ \ O \ \ \ \ \ \ \ H \ \ O \ \ \ \ \ \ \ H \ \ O \\ | \ \ \ || \ \ \ \ \ \ \ | \ \ \ || \ \ \ \ \ \ \ | \ \ \ || \\ -C-C-N-C-C-N-C-C-N- \\ | \ \ \ \ \ \ \ | \ \ \ | \ \ \ \ \ \ \ | \ \ \ | \ \ \ \ \ \ \ | \\ R_1 \ \ \ \ \ \ H \ \ R_2 \ \ \ \ \ H \ \ R_3 \ \ \ \ \ H \end{array} \right]_n$$

wobei die R-Gruppen entlang der Kette wechseln [—CH_3, —$CH(CH_3)_2$ und so weiter]. Es gibt 20 genetisch kodierte („kanonische") Aminosäuren, die in verschiedenen Kombinationen auftreten, um menschliche Proteine zu bilden. Künstliche Polymere sind dagegen einfacher gebaut, da sie aus einer einzelnen Wiederholungseinheit oder vielleicht zwei verschiedenen Wiederholungseinheiten gebildet werden, wie in Abschnitt 12.2 beschrieben. Dieser Unterschied in der Komplexität ist einer der Gründe, warum künstliche Polymere vom Körper als Fremdobjekte erkannt werden. Ein weiterer Grund ist, dass wenige oder keine polaren Gruppen entlang der Kette vorhanden sind, die mit dem wässrigen Medium des Körpers in Wechselwirkung treten können (siehe Abschnitt 11.2).

Wir haben in Abschnitt 12.2 gelernt, dass Polymere durch ihre physikalischen Eigenschaften charakterisiert werden können. Elastomere werden als Biomaterialien in Form flexibler Schläuche über Leitungen für implantierte Herzschrittmacher und als Katheter verwendet (Schläuche, die in den Körper eingeführt werden, um Arzneimittel zu verabreichen oder Flüssigkeiten abzulassen). Thermoplaste, wie Polyethylen oder Polyester, werden als Membranen in Blutdialysemaschinen und als Ersatz für Blutgefäße eingesetzt. Duroplaste finden beschränkte, aber wichtige Anwendungen. Weil sie hart, unbiegsam und etwas spröde sind, werden sie am häufigsten in zahnmedizinischen Geräten oder in orthopädischen Anwendungen, z. B. als Gelenkersatz, verwendet. Zum Füllen eines Loches in einem Zahn kann der Zahnarzt z. B. das Material in das Loch füllen und dann mit einer Ultraviolettlampe bestrahlen. Das UV-Licht löst eine photochemische Reaktion aus, die ein hartes, stark vernetztes Duroplast bildet.

Beispiele von Biomaterialanwendungen

Wir können die Probleme, die bei der Verwendung von Biomaterialien auftreten, am besten verstehen, wenn wir uns einige Beispiele ansehen.

Herztransplantation und -reparaturen. Der Begriff *kardiovaskulär* bezieht sich auf Herz, Kreislauf, Blut und Blutgefäße. Das Herz ist natürlich ein absolut unerlässliches Organ. Ein Herz, das vollkommen versagt, muss durch ein Spenderorgan ersetzt werden. Etwa 60.000 Menschen erleiden pro Jahr Herzversagen in den USA, aber nur etwa 2500 Spenderherzen stehen zur Transplantation zur Verfügung. Es wurden – und werden weiterhin – viele Versuche unternommen, ein künstliches Herz herzustellen, das über lange Zeit als Ersatz für das natürliche Organ dienen kann. Wir werden diese Bemühungen nicht weiter erörtern, außer anzumerken, dass jüngste Ergebnisse recht vielversprechend sind.

Es geschieht häufig, dass nur ein Teil des Herzens, wie die Aortaklappe, versagt und ersetzt werden muss. Reparaturen könnten durch fremdes Gewebe (z. B. eine Schweineherzklappe) oder ein mechanisches Herzklappenimplantat erfolgen, um eine kranke Herzklappe zu ersetzen. Etwa 250.000 Herzklappen werden jährlich weltweit ausgetauscht. In den USA wird bei etwa 45 % der Eingriffe eine mechanische Klappe verwendet. Die am meisten verwendete Klappe zeigt ▶ Abbildung 12.22. Sie hat zwei halbrunde Ventilklappen, die sich öffnen, wenn das Herz schlägt, und dann wieder zurückfallen, um den Rückfluss des Blutes zu verhindern.

Es ist wichtig, Flüssigkeitswirbel zu minimieren, wenn das Blut durch die künstliche Herzklappe strömt. Die Oberflächenrauheit verursacht *Hämolyse*, die Zerstörung roter Blutzellen. Darüber hinaus kann die Oberflächenrauheit eindringenden Bakterien ermöglichen, sich anzusiedeln und zu vermehren. Schließlich begünstigen raue Flächen auch die Koagulation des Blutes, was zu einem Blutgerinnsel führt. Daher können wir zwar vielleicht eine vorzügliche Maschine aus mechanischer Sicht haben, als langfristiges Implantat ist die Herzklappe aber wohl nicht geeignet. Um Blutgerinnsel zu minimieren, müssen die Ventilklappen in der Herzklappe eine glatte, chemisch inerte Oberfläche haben.

Abbildung 12.22: Eine runde Herzklappe. Dieses als St.-Jude-Prothese bekannte Implantat wurde nach dem medizinischen Zentrum benannt, in dem es entwickelt wurde. Die Oberflächen der Klappe sind mit pyrolytischem Kohlenstoff beschichtet. Die Klappe wird mit dem umgebenden Gewebe über einen Dacron-Außenring verbunden.

Eine zweite Schwierigkeit bei der Verwendung eines Herzklappenimplantats besteht darin, es zu befestigen. Wie Abbildung 12.22 zeigt, ist der Haltering, der das Gehäuse der Klappe bildet, mit einem Maschennetz aus gewobenem Stoff überzogen. Der dafür gewählte Werkstoff ist Dacron, der Handelsname von DuPont für die Polyethylenterephthalatfaser (PET, ein Polyester, Tabelle 12.4). Das Maschennetz fungiert als Gitter, auf dem das Gewebe des Körpers wachsen kann, so dass die Klappe in ihre Umgebung einwächst. Gewebe wächst durch das Polyestermaschengitter, während es dies auf vielen anderen Kunststoffen nicht tut. Offenbar entwickeln die polaren, Sauerstoffatome enthaltenden funktionellen Gruppen entlang der Polyesterkette Anziehungskräfte, um das Gewebewachstum zu erleichtern.

Gefäßprothesen. Eine Gefäßprothese ist ein Ersatz für kranke Arterien. Wenn möglich, werden kranke Blutgefäße mit Gefäßen ersetzt, die aus dem Körper des Patienten entnommen werden. Wenn dies nicht möglich ist, müssen Kunststoffe verwendet werden. Dacron wird als Ersatz für Arterien großen Durchmessers rund um das Herz verwendet. Für diesen Zweck wird es in eine plissierte, gewobene Ringform gebracht, wie ▶ Abbildung 12.23 zeigt. Der Schlauch wird plissiert, damit er sich biegen kann, ohne seine Querschnittsfläche stark zu verringern. Die Prothese muss sich in das umgebende Gewebe einwachsen, nachdem sie eingesetzt worden ist. Sie muss daher eine offene Struktur haben, mit Poren in der Größenordnung von 10 μm Durchmesser. Während der Heilung wachsen Blutkapillaren in die Prothese und neue Gewebe bilden sich durch sie. Auf ähnliche Weise wird Polytetrafluorethylen [—$(CF_2CF_2)_n$—] für die Gefäßprothesen kleineren Durchmessers in den Gliedmaßen verwendet.

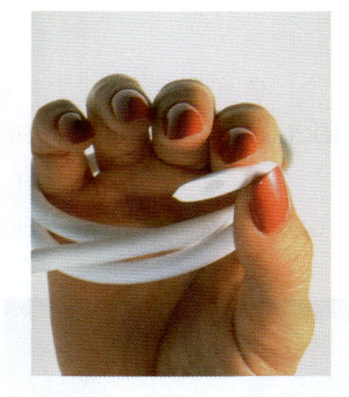

Abbildung 12.23: Eine Dacron-Gefäßprothese. Prothesen wie diese werden in der Herzkranzgefäßchirurgie verwendet.

Ideal würde die Innenfläche der Prothese mit der gleichen Art von Zellen ausgekleidet sein, die die körpereigene Arterie auskleiden, aber dieser Prozess tritt mit den aktuell verfügbaren Stoffen nicht auf. Stattdessen wird die Innenfläche der Schläuche als blutfremd erkannt. Thrombozyten oder Blutplättchen sind Blutkörperchen, die im Blut umlaufen und normalerweise dazu dienen, Wunden in Blutgefäßwänden zu schließen. Leider setzen sie sich an fremden Flächen an und verursachen Blutkoagulation. Die Suche nach einer biokompatibleren Auskleidung für Prothesen ist ein Bereich aktiver Forschung, gegenwärtig besteht jedoch ein fortgesetztes Risiko von Blutgerinnseln. Zu starkes Gewebewachstum an der Verbindungsstelle der Prothese mit der körpereigenen Arterie ist ebenfalls ein häufiges Problem. Da die Möglichkeit besteht, dass sich Blutgerinnsel bilden, müssen Patienten, die künstliche Herzklappen oder Gefäßprothesen erhalten haben, im Allgemeinen dauerhaft koagulationshemmende Medikamente einnehmen.

Künstliches Gewebe. Die Behandlung von Patienten, die sehr große Mengen Hautgewebe verloren haben – zum Beispiel Patienten mit schweren Verbrennungen oder mit Hautgeschwüren – ist eines der schwierigsten Probleme in der therapeutischen Medizin. Heute kann im Labor gezüchtete Haut eingesetzt werden, um Haupttransplantationen bei diesen Patienten vorzunehmen. Idealerweise würde das „künstliche" Gewebe aus Zellen gezüchtet, die vom Patienten entnommen wurden. Wenn dies nicht möglich ist, zum Beispiel bei Verbrennungsopfern, kommen die Gewebezellen von einer anderen Quelle. Wenn die transplantierte Haut nicht aus den eigenen Zellen des Patienten gezüchtet wird, müssen Medikamente verwendet werden, um die natürliche Immunreaktion des Körpers zu unterdrücken oder es muss versucht werden, den neuen Zellenstamm so zu ändern, dass die Abstoßung des Gewebes verhindert wird.

Die Schwierigkeit bei der Züchtung künstlichen Gewebes besteht darin, die Zellen dazu zu bringen, sich selbst so zu ordnen, als ob sie in einem lebenden System wären. Der erste Schritt beim Erreichen dieses Zieles besteht darin, ein geeignetes Gerüst zu bieten, auf dem die Zellen wachsen können, eines, das sie miteinander in Kontakt hält und es ihnen ermöglicht, sich zu ordnen. Solch ein Gerüst muss biokompatibel sein, Zellen müssen am Gerüst anhaften und sich differenzieren (d.h. sich zu Zellen unterschiedlicher Arten entwickeln), wenn die Kultur wächst. Das Gerüst muss ebenfalls mechanisch stark und biologisch abbaubar sein.

Die erfolgreichsten Gerüste waren Milchsäure–Glykolsäure-Copolymere. Die Bildung des Copolymers über eine Kondensationsreaktion zeigt ▶ Gleichung 12.8.

$$n\ \mathrm{HOCH_2\overset{O}{\overset{\|}{C}}{-}OH} + n\ \mathrm{HOC\underset{CH_3}{\overset{O}{\overset{\|}{H}C}}{-}OH} \longrightarrow {-}O{-}CH_2\overset{O}{\overset{\|}{C}}{-}O\left[{-}\underset{CH_3}{\overset{O}{\overset{\|}{C}HC}}{-}O{-}CH_2\overset{O}{\overset{\|}{C}}{-}O\right]_n\underset{CH_3}{\overset{O}{\overset{\|}{C}HC}}{-} \qquad (12.8)$$

Glykolsäure　　　　Milchsäure　　　　　　　　　　　Copolymer

Das Copolymer hat eine Fülle von polaren Kohlenstoff–Sauerstoff-Bindungen entlang der Kette, wodurch es viele Möglichkeiten für Wasserstoffbrückenbindungen gibt. Die Ester-Bindungen, die in der Kondensationsreaktion gebildet werden, sind hydrolysierbar, was einfach die umgekehrte Reaktion ist. Wenn das künstliche Gewebe im Körper eingesetzt wird, hydrolisiert das zugrunde liegende Copolymergerüst langsam, während sich die Gewebezellen weiterhin entwickeln und mit dem nebenliegenden Gewebe zusammenwachsen. Ein Beispiel eines Haupttransplantats zeigt ▶ Abbildung 12.24.

„Intelligentes" Nahtmaterial. Bis zu den 1970ern musste man, wenn man zum Arzt ging, um eine Wunde nähen zu lassen, später wiederkommen, um die Fäden ziehen zu lassen. Nähte, die dazu dienen, lebendes Gewebe zusammenzuhalten, werden *Nahtmaterial* (oder medizinisch Sutura) genannt. Seit der 1970er steht biologisch abbaubares Nahtmaterial zur Verfügung. Nachdem das Nahtmaterial an das Gewebe angelegt worden ist, löst es sich langsam auf und setzt keine schädlichen Nebenprodukte frei. Das biologisch abbaubare Nahtmaterial von heute besteht aus Milchsäure–Glykolsäure-Copolymeren ähnlich zu den gerade beschriebenen, die mit der Zeit langsam hydrolisieren.

In jüngster Zeit haben Wissenschaftler in der Umgangssprache als „intelligent" bezeichnete Materialien für biologische Anwendungen entwickelt. In diesem Zusammenhang bedeutet „intelligent", dass ein Material sein Verhalten als Reaktion auf Stimulation von außen reversibel ändert. Intelligente Brillen verdunkeln sich zum Beispiel, wenn man nach draußen in die Sonne geht und werden wieder hell, wenn man nach drinnen geht.

Im Fall von intelligentem Nahtmaterial haben Wissenschaftler ein thermoplastisches Polymer entwickelt, das sich selbst reversibel, über intermolekulare Kräfte, abhängig von der Temperatur ordnet. Das Material schrumpft, wenn es auf Körpertemperatur oder darüber erwärmt wird. Damit können Wundnähte, die aus diesem Nahtmaterial bestehen, vom Chirurgen lose gebunden werden, und nach dem Erwärmen auf Körpertemperatur ziehen sie sich zusammen, um den optimalen Halt zu entwickeln (▶ Abbildung 12.25). Dieses Polymer wurde 2002 zum ersten Mal hergestellt und ist derzeit noch nicht auf dem Markt. Es wird erwartet, dass es in der Mikrochirurgie sehr nützlich sein wird.

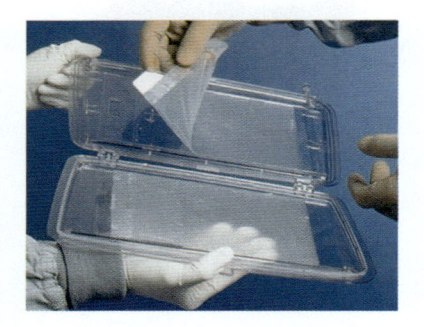

Abbildung 12.24: Künstliche Haut, die als Hauttransplantat verwendet wird. Diese biokompatiblen Polymere sind bei Verbrennungen sehr nützlich.

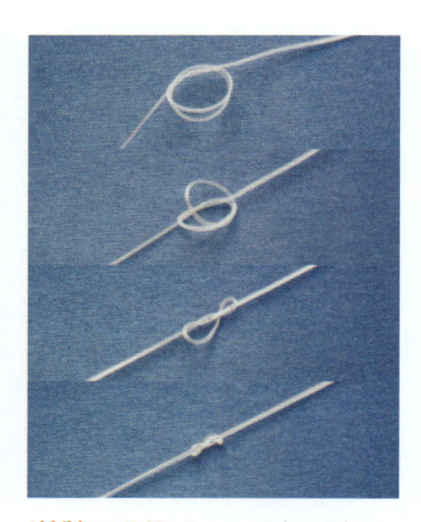

Abbildung 12.25: Programmierbare Polymere. Nachdem eine Faser aus thermoplastischem Polymer um etwa 200 % gedehnt wurde, um sie zu „programmieren", wurde sie zu einem lockeren Knoten gebunden und die Enden wurden fixiert (oben). Die Abfolge zeigt, von oben nach unten, wie sich der Knoten in 20 s festzieht, wenn er von Zimmertemperatur auf 40 °C erwärmt wird.

12.4 Elektronikwerkstoffe

Elektronikwerkstoffe

Wir können Werkstoffe verwenden, um Informationen in elektronischer Form als „Bits" zu speichern, wie in modernen integrierten Schaltungen. Wir können Werkstoffe ebenfalls verwenden, um elektrische Energie zu erzeugen. Diese Anwendung wird ausführlicher in Kapitel 20 untersucht. An dieser Stelle untersuchen wir jedoch die Werkstoffe, die der modernen Elektronik zugrunde liegen.

Der Siliziumchip

Silizium ist ein Halbleiter und eines der am reichlichsten vorhandenen Elemente auf der Erde (siehe Abschnitt 1.2). Die Halbleiterindustrie, die für die Schaltungen in Computern, Mobiltelefonen und einer Fülle anderer Geräte verantwortlich ist, beruht auf Siliziumwafern, sogenannten „Chips", auf denen komplexe Muster von Halbleitern, Isolatoren und Metalldrähten montiert werden (▶ Abbildung 12.26). Obwohl die Einzelheiten des Entwurfs integrierter Schaltungen den Rahmen dieses Buchs sprengen, können wir sagen, dass bei der Herstellung von Chips die Chemie die Hauptrolle spielt.

Silizium ist der bevorzugte Halbleiter, weil er reichlich verfügbar ist und sein Rohstoff, der aus Sand gewonnen wird, preiswert ist. Außerdem kann er in sehr spezialisierten Einrichtungen, sogenannten „Reinräumen" (▶ Abbildung 12.27), 99,999999999 % rein hergestellt und in riesigen, nahezu perfekten Kristallen gezüchtet werden. Wenn Sie sich erinnern, dass Unreinheiten auf dem Niveau von Teilen pro Million bereits die Leitfähigkeit von Silizium um das Millionenfache ändern können, wird deutlich, warum Reinräume notwendig sind. Zusätzlich sind die einzelnen Einheiten, aus denen integrierte Schaltungen bestehen, etwa 100 nm breit, also etwa gleich groß wie ein einzelnes Virusteilchen und ein ganzes Stück kleiner als gewöhnliche Staubkörnchen. Daher erscheint ein Staubkörnchen für eine integrierte Schaltung wie ein Felsbrocken. Ein weiterer wichtiger Vorteil von Silizium ist, dass es ungiftig ist (im Gegensatz zu GaAs, seinem nächsten Konkurrenten) und seine Oberfläche chemisch durch SiO_2 geschützt werden kann, das natürliche Produkt seiner Reaktion mit Luft. SiO_2 ist ein sehr guter Isolator und seine Atome befinden sich in ausgezeichneter

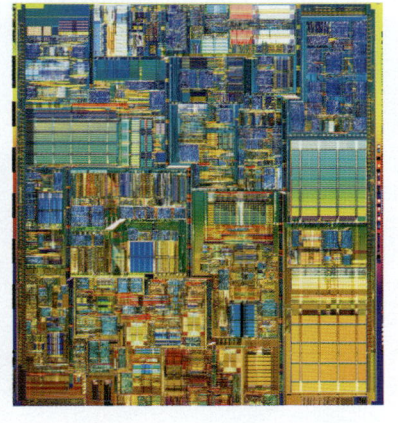

Abbildung 12.26: Foto eines Pentium-4-Prozessor-Computerchips. In diesem Maßstab kann man hauptsächlich die Verbindungen zwischen Transistoren erkennen.

Abbildung 12.27: Herstellung von Siliziumchips. IBMs Reinraum für die Herstellung von 300-mm-Siliziumwafern in East Fishkill, New York. (Tom Way, mit freundlicher Genehmigung der International Business Machines Corporation.)

Näher hingeschaut — Der Transistor

Der Transistor ist das Herz integrierter Schaltungen. Durch Anlegen einer kleinen elektrischen Spannung regelt er das Fließen eines bedeutend größeren Stroms. Daher steuert der Transistor nicht nur den Informationsfluss in der Form von Elektronen, sondern er verstärkt auch das Signal.

Ein gebräuchlicher Transistortyp ist der MOSFET, die Abkürzung für *Metall Oxide Semiconductor Field Effect Transistor* (engl. für Metall-Oxid-Halbleiter-Feldeffekttransistor). ▶ Abbildung 12.28 zeigt den Aufbau eines MOSFET. Ein Siliziumeinkristall wird schwach p-dotiert, um das Substrat zu bilden, und in dieses Substrat werden dann zwei stark n-dotierte Einsätze eingelassen und mit Metalldrähten verbunden. Auch die Rückseite des Substrats wird an einen Metalldraht angeschlossen. Die n-dotierten Gebiete sind der *Source (Quelle)*- bzw. *Drain (Senke)*-Anschluss. Sie sind durch einen p-dotierten Kanal getrennt, der bei einem Pentium-4-Prozessor etwa 60 nm lang ist. Auf dem Kanal wird das Gate aufgebracht, ein isolierendes Oxid – gewöhnlich SiO_2, es kann jedoch auch Siliziumnitrid, Si_3N_4, oder eine Mischung aus beiden sein. Beim Pentium-4-Chip ist die Oxidschicht nur etwa 2 nm, oder 20 Atome, stark. Ein Metallkontakt wird zu diesem Oxid-Gate hergestellt.

Wenn eine winzige positive Ladung an das Gate angelegt wird, werden Elektronen von der n-dotierten Source in den Kanal gezogen und fließen zum Drain. Je größer die angelegte Ladung, desto mehr wird der Kanal „geöffnet" und desto größer ist die Zahl von Elektronen, die fließen. Auch die umgekehrte Situation, in der Source und Drain p-dotiert und der Kanal n-dotiert ist, kann entstehen. Es gibt viele andere Transistorbauformen.

Gegenwärtig sind die kleinsten Schaltungselemente im gewerblichen Einsatz 60 nm breit, wie in der Gate-Kanallänge bei MOSFETs. Dies bedeutet, dass eine typische integrierte Schaltungsplatine über 65 Millionen Transistoren auf einer Fläche von der Größe Ihres Fingernagels enthält. Die Musterung von kommerziellen 300-mm-Siliziumwafern, die etwa die Größe einer mittleren Pizza haben, ergibt sich aus einer Reihe chemischer Reaktionen, die Lagen dünner Halbleiter-, Isolator- und Metallschichten in Mustern abscheiden, die durch eine Reihe von Masken definiert werden. ▶ Abbildung 12.29 zeigt, dass die Dicke der Schichten zwischen 100 nm und 3000 nm schwankt. Im Forschungslabor werden Schichten von der Dicke nur weniger Atome hergestellt.

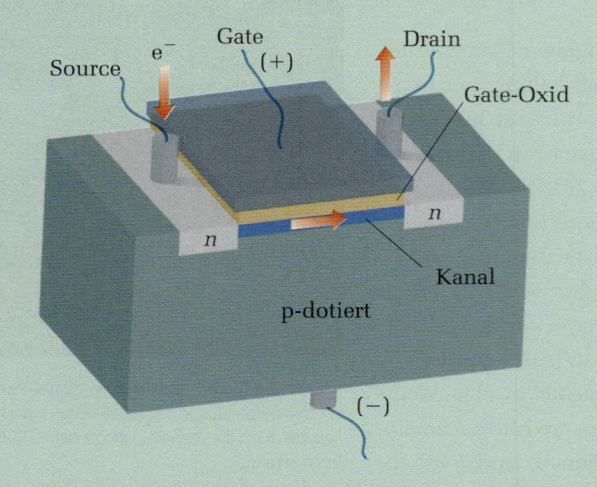

Abbildung 12.28 Konstruktion eines einfachen MOSFET. Das Substrat ist grünlich-blau, Source und Drain sind hellgrau, der Kanal ist blau und das Gate-Oxid ist hellbraun. Die blauen Linien und grauen Zylinder stellen die metallischen Kontakte dar. Eine kleine positive Spannung, die an das Gate angelegt wird, schafft einen positiven Kanal, durch den Elektronen (rote Pfeile) von der Source abgezogen werden und in die Drain gehen.

Die ersten Schritte bei der Herstellung eines Transistors:

1. Wafer wird oxidiert
   Siliziumdioxid
   Silizium

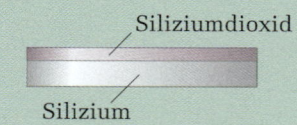

2. Oxidierter Wafer wird mit Fotolack beschichtet
   Fotolack

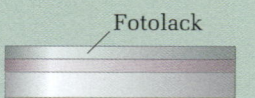

3. Wafer wird durch Fotomaske mit UV-Licht belichtet
   ultraviolette Strahlung
   Maske

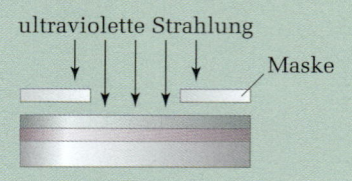

4. Nicht belichteter Fotolack wird in Entwicklerlösung aufgelöst

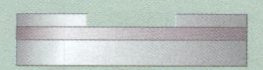

5. Jetzt nicht mehr durch den Fotolack geschütztes Oxid wird mit Flusssäure weggeätzt

6. Der Rest des Fotolacks wird entfernt; Wafer ist jetzt zur Dotierung bereit

Abbildung 12.29: Schematische Abbildung der Fotolithografie. Typische Filmdicken sind 200–600 μm für das Siliziumsubstrat, 80 nm für die Siliziumdioxidschicht und 0,3–2,5 μm für den Fotolack, das ein Polymer ist, das sich vernetzt, wenn es mit ultraviolettem Licht bestrahlt wird. Damit wird es chemisch resistent gegen organische Lösungsmittel in der Entwicklerlösung. Die Maske schützt Teile des Fotolacks vor Licht und sorgt für die Musterung der Oberfläche im Maßstab von ~100 nm. Kommerzielle Siliziumchips können bis zu 30 Schichten haben. Andere Formen der Lithografie nutzen andere Verfahren als Licht, um das Muster auf der Oberfläche anzubringen (Ionenstrahl-Lithografie und Elektronenstrahl-Lithografie nutzen zum Beispiel Ionen- oder Elektronenstrahlen, um auf der Oberfläche zu „schreiben").

Passung mit dem zugrunde liegenden Siliziumsubstrat, was bedeutet, dass es einfach ist, kristalline Schichten SiO_2 auf Si zu züchten. Die Grundeinheit der integrierten Schaltung, der **Transistor**, benötigt ein Metall/Isolator-„Gate" (engl. Tor, Gatter), zwischen einer Halbleiter-„Source" (engl. Quelle) und einem Halbleiter-„Drain" (engl. Abfluss, Senke). Elektronen wandern von der Quelle zur Senke, wenn Spannung an das Gate angelegt wird. Das in der Natur vorkommende Oxid des Siliziums ist ein chemisch sehr stabiler Isolator und ein riesiger Vorteil für die Siliziumtechnologie.

Elektrisch leitende Polymere

Der Erfolg von Silizium hat Wissenschaftler nicht davon abgehalten zu versuchen, andere Werkstoffe zur Verwendung in Elektronikgeräten zu finden. Polymere, die Strukturen wie die in Tabelle 12.4 haben, haben teilweise delokalisierte Elektronen in ihren π-Bindungen und es wurde in den 1970ern herausgefunden, dass bestimmte Polymere mit delokalisierten Elektronen Halbleiter sind. Die Entdecker „organischer Halbleiter" – Alan J. Heeger, Alan G. MacDiarmid und Hideki Shirakawa – erhielten im Jahr 2000 den Nobelpreis für Chemie.

Gegenwärtig werden diese und verwandte Werkstoffe für organische Transistoren erforscht, die leichter und physikalisch vielseitiger als Elemente auf Siliziumbasis sein könnten. Gegenwärtig sind diese Polymere nicht so robust wie Silizium und ihre Verwendung in integrierten Schaltungen ist noch immer in der Entwicklung. Ihre optischen Eigenschaften sind jedoch sehr vielversprechend für Flachbildschirme und andere Anwendungen (Abschnitt 12.5).

> **? DENKEN SIE EINMAL NACH**
>
> Was wird Ihrer Meinung nach wahrscheinlicher Halbleiterverhalten aufweisen: ein kurzes Polymer oder ein langes?

Sonnenenergieumwandlung (Photovoltaik)

Die Größe der Bandlücke für Halbleiter ist ~50 kJ/mol bis ~300 kJ/mol (Tabelle 12.1) – gerade im Bereich der Bindungsenergien für einzelne chemische Bindungen – und entspricht den Photonenenergien von infrarotem, sichtbarem und ultraviolettem Licht niedriger Energie (siehe Abschnitt 6.2). Wenn man daher Licht der passenden Wellenlänge auf einen Halbleiter leitet, befördert man Elektronen in das Leitungsband und macht den Werkstoff leitender. Diese Eigenschaft, die als *Photoleitung* bekannt ist, ist für viele Anwendungen der Sonnenenergieumwandlung wesentlich.

Sonnenenergieumwandlung wurde zum Zeitpunkt der Energiekrise Mitte der 1970er zu einem sehr aktiven Forschungsbereich. Silizium in seiner preiswerteren nichtkristallinen Form dient dazu, Solarzellen herzustellen (▶ Abbildung 12.30). Die kleine Bandlücke von Silizium kann die meisten Photonen der Sonne einfangen, so dass Elektronen vom Valenzband in das Leitungsband befördert werden. Diese Elektronen liefern dann einen elektrischen Strom, wenn sie in einen elektrischen Schaltkreis eingekoppelt werden. Gegenwärtig ist die Sonnenenergieumwandlung nicht effektiv genug, um Strom für den alltäglichen Gebrauch zu erzeugen, da das Verfahren einen sehr niedrigen Wirkungsgrad hat. Es wird nicht nur ständiger Sonnenschein benötigt, sondern die besten Wirkungsgrade liegen bei etwa 10% für die Umwandlung eines Photons der Sonnenenergie in ein nutzbares Elektron.

TiO_2 ist ein weiterer kommerziell interessanter Werkstoff zur Sonnenenergieumwandlung, weil es preiswert und reichlich vorhanden ist. Seine Bandlücke ist jedoch fast dreimal so groß wie die von Silizium (Tabelle 12.1). Daher kann es nur Photonen des ultravioletten Lichts aufnehmen und sein Gebrauch in der Sonnenenergieumwandlung ist begrenzter.

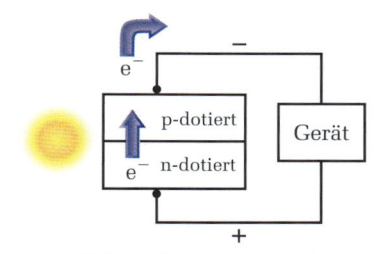

Abbildung 12.30: Strom aus Sonnenlicht. Oben: Eine Solarzelle wird durch die Verbindung von n-dotiertem mit p-dotiertem Silizium gebildet. Sonnenlicht, das Photonen mit größerer Energie als die Bandlückenenergie des Siliziums enthält, regt Elektronen von der n-Seite auf die p-Seite an und der resultierende Strom kann zum Betrieb von Geräten verwendet werden. Unten: Solarzellen aus Silizium werden als Energiequelle und Architekturelemente bei diesem Apartmentgebäude in Südkalifornien verwendet.

Optische Werkstoffe 12.5

Viele Werkstoffe sind wegen ihrer optischen Eigenschaften wertvoll. Zwei wichtige Beispiele sind Leuchtdioden (LEDs) und Flüssigkristallanzeigen (LCDs). LEDs bestehen aus Halbleitern und LCDs bestehen aus kleinen organischen Molekülen, die sich selbst entweder spontan oder bei Anlegen einer kleinen Spannung ordnen. In diesem Abschnitt werden wir die molekularen Prinzipien behandeln, die diesen Werkstoffen ihre speziellen optischen Eigenschaften verleihen.

Flüssigkristalle

Wenn ein Festkörper auf seinen Schmelzpunkt erhitzt wird, überwindet die zugeführte Wärmeenergie die intermolekularen Anziehungskräfte, die dem Festkörper molekulare Ordnung verleihen (siehe Abschnitt 11.1). Die Flüssigkeit, die sich bildet, ist durch zufällige molekulare Orientierungen und erhebliche Molekülbewegungen charakterisiert und die Moleküle sind überhaupt nicht geordnet (nulldimensionale Ordnung). Einige Substanzen weisen jedoch komplexeres Verhalten auf, wenn ihre Festkörper erwärmt werden. Statt der dreidimensionalen Ordnung, die einen kristallinen Festkörper charakterisiert, weisen diese Substanzen Phasen auf, die ein- oder zweidimensionale Ordnung haben, was bedeutet, dass sich die Moleküle so anordnen, dass sie in eine Richtung zeigen (eindimensionale Ordnung) oder in Schichten angeordnet sind (zweidimensionale Ordnung).

1888 entdeckte Frederick Reinitzer, ein österreichischer Botaniker, dass eine organische Verbindung, die er untersuchte, Cholesterylbenzoat, interessante und ungewöhnliche Eigenschaften hat. Die Substanz schmilzt bei 145 °C und bildet eine viskose milchige Flüssigkeit, die bei 179 °C plötzlich klar wird. Wenn die Substanz abgekühlt wird, kehren sich die Prozesse um: Die klare Flüssigkeit wird bei 179 °C viskos und milchig (▶ Abbildung 12.31) und die milchige Flüssigkeit verfestigt sich bei 145 °C. Reinitzers Arbeit stellt den ersten systematischen Bericht über etwas dar, was wir heute als **Flüssigkristall** bezeichnen.

Statt bei Erhitzung direkt von der festen in die flüssige Phase überzugehen, gehen einige Substanzen wie Cholesterylbenzoat durch eine flüssigkristalline Zwischenphase, die einen Teil der Struktur von Festkörpern und einen Teil der Bewegungsfreiheit von Flüssigkeiten hat. Aufgrund der teilweisen Ordnung können Flüssigkristal-

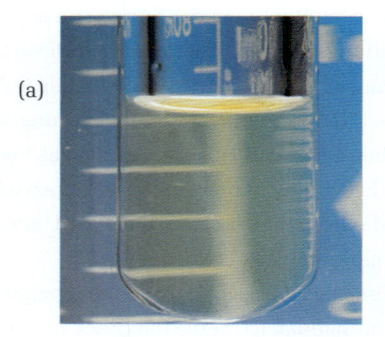

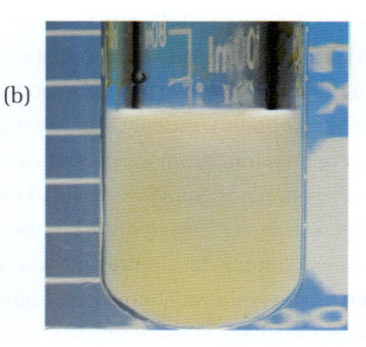

(a)   (b)

Abbildung 12.31: Flüssigkeit und Flüssigkristall. (a) Geschmolzenes Cholesterylbenzoat bei einer Temperatur über 179 °C. In diesem Temperaturbereich ist die Substanz eine klare Flüssigkeit. Sie sehen, dass die Aufschrift auf dem Becherglas im Hintergrund des Reagenzglases lesbar ist. (b) Cholesterylbenzoat bei einer Temperatur zwischen 179 °C und seinem Schmelzpunkt 145 °C. In diesem Temperaturintervall liegt Cholesterylbenzoat als eine milchige flüssigkristalline Phase vor.

le sehr viskos sein und Eigenschaften besitzen, die zwischen denen der flüssigen und der festen Phase liegen. Der Bereich, in dem sie diese Eigenschaften aufweisen, wird durch scharfe Übergangstemperaturen gekennzeichnet, wie in Reinitzers Beispiel.

Vom Zeitpunkt ihrer Entdeckung 1888 bis vor 30 Jahren waren Flüssigkristalle größtenteils eine Kuriosität im Labor. Sie werden nun weithin als Druck- und Temperatursensoren und in den Anzeigefeldern von elektrischen Geräten wie Digitaluhren, Taschenrechnern und Laptop- und Handheld-Computern eingesetzt (▶ Abbildung 12.32). Flüssigkristalle können für diese Anwendungen verwendet werden, weil die schwachen intermolekularen Kräfte, die die Moleküle in einem Flüssigkristall zusammenhalten, leicht durch die Änderungen von Temperatur, Druck und elektrischen Feldern beeinflusst werden.

Arten von flüssigkristallinen Phasen

Substanzen, die Flüssigkristalle bilden, sind häufig aus langen, stabartigen Molekülen zusammengesetzt. In der normalen flüssigen Phase sind diese Moleküle zufällig angeordnet (▶ Abbildung 12.33 a). Flüssigkristalline Phasen weisen dagegen eine gewisse Ordnung der Moleküle auf. Je nach Art der Ordnung können Flüssigkristalle als nematisch, smektisch oder cholesterisch eingestuft werden.

In der **nematisch flüssigkristallinen Phase** weisen die Moleküle eindimensionale Ordnung auf. Die Moleküle sind entlang ihrer langen Achsen ausgerichtet, es liegt jedoch keine Ordnung in Bezug auf die Enden der Moleküle vor (▶ Abbildung 12.33 b). Die Anordnung der Moleküle ähnelt einer Hand voll Bleistifte, deren Enden nicht auf gleicher Höhe sind. In den **smektisch flüssigkristallinen Phasen** weisen die Moleküle zweidimensionale Ordnung auf. Die Moleküle sind entlang ihrer langen Achsen und schichtweise ausgerichtet (▶ Abbildung 12.33 c und 12.33 d).

▶ Abbildung 12.34 zeigt zwei Moleküle, die flüssigkristalline Phasen aufweisen. Diese Moleküle sind viel länger als dick. Die C=N-Doppelbindung und die Benzolringe verleihen den kettenartigen Molekülen Steifheit. Die flachen Benzolringe helfen den Molekülen auch, sich aufeinander zu stapeln. Zusätzlich enthalten viele flüssigkristalline Moleküle polare Gruppen, die Dipol-Dipol-Wechselwirkungen hervorrufen und die Ausrichtung der Moleküle fördern (siehe Abschnitt 11.2). Daher ordnen sich die Moleküle selbst ganz natürlich entlang ihrer langen Achsen an. Sie können sich

Abbildung 12.32: Ein Mobiltelefon mit Flüssigkristallanzeige. LCDs können sehr schmal und leicht gebaut werden.

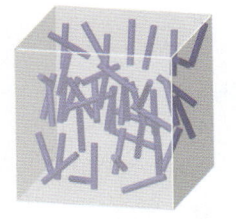

(a) normale Flüssigkeit

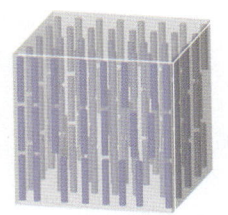

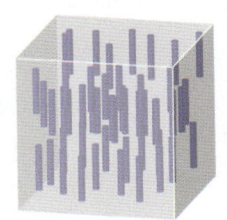

(b) nematischer Flüssigkristall

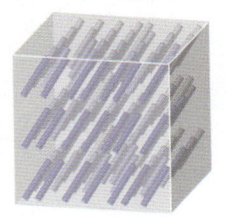

(c) smektisch-A Flüssigkristall

(d) smektisch-C Flüssigkristall

Abbildung 12.33: Ordnung in flüssigkristallinen Phasen und eine normale (nicht flüssigkristalline) Flüssigkeit. Die Ordnung entsteht durch intermolekulare Kräfte. Smektisch-A- und smektisch-C-Phasen sind beide smektische Phasen. Sie unterscheiden sich in den Winkeln, die die Moleküle zu den Schichtebenen einnehmen.

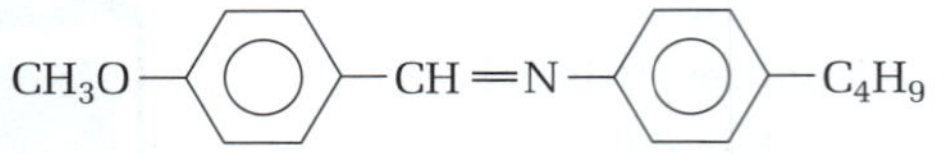

12 Moderne Werkstoffe

$$CH_3O-\bigcirc-CH=N-\bigcirc-C_4H_9 \quad 21\text{–}47\,°C$$

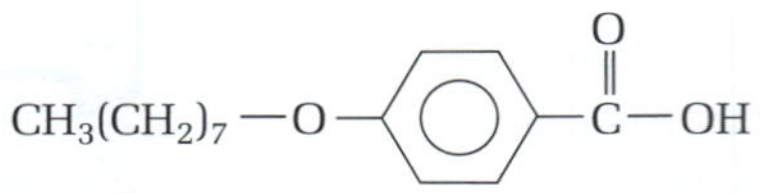

$$CH_3(CH_2)_7-O-\bigcirc-\overset{O}{\underset{\|}{C}}-OH \quad 108\text{–}147\,°C$$

Abbildung 12.34: Strukturen und Flüssigkristalltemperaturintervalle von zwei typischen flüssigkristallinen Stoffen. Das Temperaturintervall zeigt den Temperaturbereich an, in dem die Substanz flüssigkristallines Verhalten aufweist.

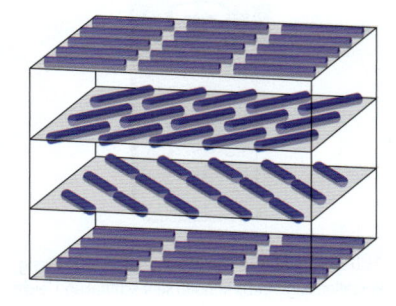

cholesterische Struktur
(a)

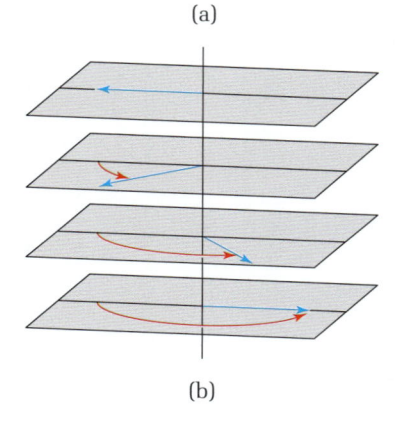

(b)

Abbildung 12.35: Ordnung in einem cholesterischen Flüssigkristall. (a) Die Moleküle in übereinander liegenden Schichten sind mit einem charakteristischen Winkel zu denen in benachbarten Schichten orientiert, um Abstoßungskräfte zu verringern. (b) Das Ergebnis ist eine schraubenförmige Anordnung.

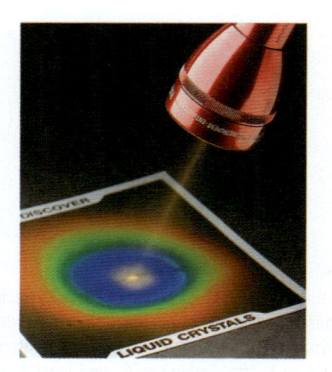

jedoch um ihre Achsen drehen und parallel zueinander verschieben. In smektischen Phasen begrenzen die intermolekularen Kräfte zwischen den Molekülen (wie London'sche Dispersionskräfte, Dipol-Dipol-Anziehungskräfte und Wasserstoffbrückenbindung) die Fähigkeit der Moleküle, aneinander vorbeizugleiten.

▶ Abbildung 12.35 zeigt die Ordnung der **cholesterisch flüssigkristallinen Phase**. Die Moleküle sind entlang ihrer langen Achsen ausgerichtet, wie bei nematischen Flüssigkristallen, sie sind jedoch in Schichten angeordnet, wobei die Moleküle in jeder Ebene etwas zu den Molekülen darüber und darunter verdreht sind. Diese Flüssigkristalle werden so genannt, weil viele Derivate von Cholesterin diese Struktur annehmen. Die spiralförmige Beschaffenheit der Molekülanordnung erzeugt ungewöhnliche Farbmuster bei sichtbarem Licht. Änderungen von Temperatur und Druck ändern die Ordnung und damit die Farbe (▶ Abbildung 12.36). Cholesterische Flüssigkristalle wurden verwendet, um Temperaturänderungen in Situationen zu überwachen, wenn herkömmliche Methoden technisch nicht durchführbar sind. Sie können zum Beispiel heiße Stellen in mikroelektronischen Schaltungen erfassen, die das Vorhandensein von Defekten anzeigen können. Sie können ebenfalls in Thermometern für das Messen der Hauttemperatur von Babys angewendet werden.

Abbildung 12.36: Farbänderung in einem cholesterisch flüssigkristallinen Stoff als Funktion der Temperatur.

ÜBUNGSBEISPIEL 12.3 — Eigenschaften von Flüssigkristallen

Welche der folgenden Substanzen wird am wahrscheinlichsten flüssigkristallines Verhalten aufweisen?

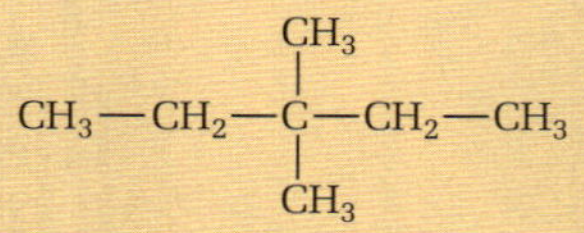

$$CH_3-CH_2-\underset{\underset{CH_3}{|}}{\overset{\overset{CH_3}{|}}{C}}-CH_2-CH_3$$

(i)

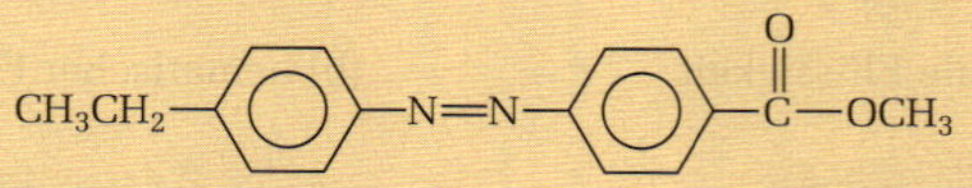

$$CH_3CH_2-\bigcirc-N=N-\bigcirc-\overset{O}{\underset{\|}{C}}-OCH_3$$

(ii)

$$\bigcirc-CH_2-\overset{O}{\underset{\|}{C}}-O^-\,Na^+$$

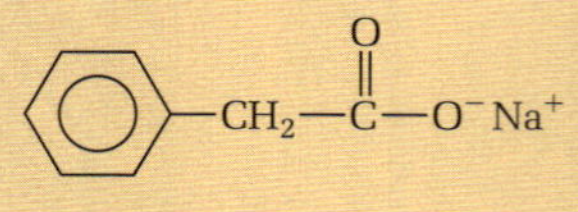

(iii)

12.5 Optische Werkstoffe

> **Lösung**
>
> **Analyse:** Wir haben drei Verbindungen unterschiedlicher Molekülstruktur und wir sollen bestimmen, ob eines von ihnen eine flüssigkristalline Substanz sein könnte.
>
> **Vorgehen:** Wir müssen die strukturellen Merkmale jedes Falls identifizieren, die flüssigkristallines Verhalten anregen könnten.
>
> **Lösung:** Es ist unwahrscheinlich, dass Molekül (i) flüssigkristallin ist, weil es keine axiale Struktur hat. Verbindung (iii) ist ionisch. Die in der Regel hohen Schmelzpunkte von ionischen Stoffen und das Fehlen der charakteristischen langen Achse machen es unwahrscheinlich, dass diese Substanz flüssigkristallines Verhalten aufweist. Molekül (ii) besitzt die charakteristische lange Achse und die strukturellen Merkmale, die häufig in Flüssigkristallen vorkommen (▶ Abbildung 12.34).
>
> **ÜBUNGSAUFGABE**
>
> Nennen Sie einen Grund, warum das folgende Molekül, Decan, kein flüssigkristallines Verhalten aufweist.
>
> $$CH_3CH_2CH_2CH_2CH_2CH_2CH_2CH_2CH_3$$
>
> **Antwort:** Weil Drehung um Kohlenstoff–Kohlenstoff-Einfachbindungen auftreten kann, sind Moleküle, deren Rückgrat aus C—C-Einfachbindungen besteht, zu flexibel. Die Moleküle neigen dazu, sich zufällig zu verdrehen und sind daher nicht stabartig.

Halbleiter-Leuchtdioden

Leuchtdioden (LEDs) werden als Anzeigen in Uhren, Heckleuchten bei einigen Autos, in Verkehrsampeln und an vielen anderen Stellen verwendet. Die meisten LEDs, die rot sind, bestehen aus einer Mischung aus GaAs und GaP. Sie enthalten unterschiedliche Anteile von P und As, um die Bandlücke des Werkstoffs abzustimmen (Tabelle 12.1). Grüne LEDs sind jetzt auf dem Markt und auch blaue haben Einzug in die Gebrauchselektronik gehalten. Der Mechanismus, über den LEDs funktionieren, ist entgegengesetzt zu dem Mechanismus, der in Geräten zur Sonnenenergieumwandlung abläuft. In einer LED wird eine kleine Spannung an ein Halbleiterelement angelegt, das eine Verbindung von einem n-dotierten Halbleiter zu einem p-dotierten Halbleiter hat. Die Verbindung bildet eine n-p-*Diode*, in der Elektronen nur in einer Richtung fließen können. Wenn eine Spannung angelegt wird, werden Elektronen im Leitungsband auf der n-Seite gezwungen, sich an der Verbindung mit den Löchern der p-Seite zu kombinieren, um Licht auszustrahlen, dessen Photonen eine Energie gleich der Bandlücke haben.

LEDs werden hergestellt, indem dünne Schichten n-dotierter und p-dotierter Halbleiter auf einem transparenten Substrat aufgebracht werden (▶ Abbildung 12.38). Die

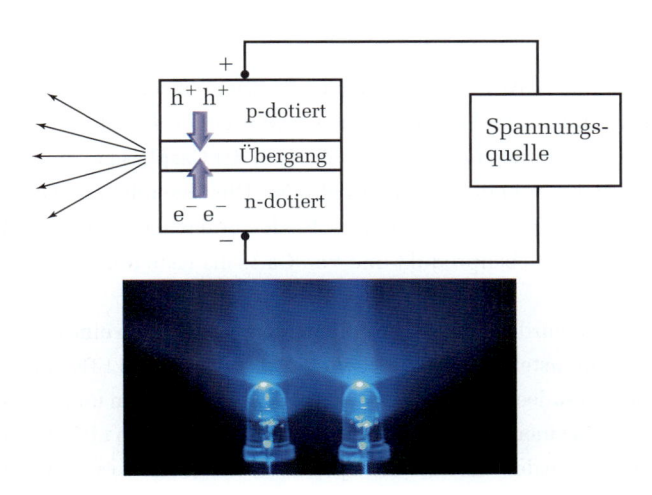

Abbildung 12.38: Konstruktion einer Halbleiter-Leuchtdiode (LED). Oben: Spannung wird an einen p-n-Übergang angelegt. Die Löcher aus der p-Seite werden gezwungen, sich mit den Elektronen von der n-Seite zu kombinieren und Licht entsprechend der Bandlückenenergie wird am Übergang abgestrahlt. Foto unten: Eine blaue LED aus Indium-Galliumnitrid.

12 Moderne Werkstoffe

Chemie im Einsatz ▪ Flüssigkristallanzeigen

Flüssigkristalle werden weithin in elektrisch gesteuerten LCD-Anzeigen in Armbanduhren, Taschenrechnern und Computermonitoren eingesetzt, wie Abbildung 12.32 zeigt. Diese Anwendungen sind möglich, weil ein angelegtes elektrisches Feld die Orientierung von Flüssigkristallmolekülen ändert und damit die optischen Eigenschaften des Anzeigefeldes beeinflusst.

LCDs gibt es in einer Vielzahl von Bauformen, aber die in ▶ Abbildung 12.37 gezeigte Struktur ist typisch. Eine dünne Schicht (5–20 μm) flüssigkristallinen Stoffs wird zwischen zwei elektrisch leitende, transparente Glaselektroden gebracht. Gewöhnliches Licht geht durch einen vertikalen Polarisationsfilter, der Lichtdurchgang nur in der vertikalen Ebene zulässt.

Durch einen speziellen Prozess werden die Flüssigkristallmoleküle so orientiert, dass die Moleküle an der vorderen Glasplatte vertikal orientiert und die an der unteren Platte horizontal sind. Die Moleküle dazwischen sind unterschiedlich, aber regelmäßig orientiert, wie Abbildung 12.37 zeigt. Displays dieser Art werden „verdreht nematisch" (engl. Twisted Nematic) genannt. Die Polarisationsebene des Lichts ist um 90° gedreht, wenn es durch das Gerät geht und ist damit in der richtigen Orientierung, um durch das horizontale Polarisationsfilter zu gehen. In einer Uhranzeige reflektiert ein Spiegel das Licht und es geht den gleichen Weg wieder zurück, so dass die Anzeige hell aussehen kann. Wenn eine Spannung an die Platten angelegt wird, richten sich die flüssigkristallinen Moleküle entsprechend der Spannung aus (Abbildung 12.37b). Die Lichtstrahlen sind daher nicht richtig orientiert, um durch das horizontale Polarisationsfilter zu gehen, und das Gerät sieht dunkel aus.

Computerbildschirme nutzen Hintergrundbeleuchtung statt reflektiertes Licht, das Grundprinzip bleibt jedoch gleich. Der Computerbildschirm ist in eine große Zahl winziger Zellen aufgeteilt, wobei die Spannungen an den Punkten auf der Bildschirmoberfläche von Transistoren geregelt werden, die aus dünnen Schichten amorphen Siliziums bestehen. Filter rot-grün-blauer Farbe werden eingesetzt, um das volle Farbspektrum zu liefern. Das gesamte Display wird mit einer Frequenz von etwa 60 Hz aktualisiert, so dass sich das Display verglichen mit der Reaktionszeit des menschlichen Auges, schnell ändert. Displays dieser Art sind bemerkenswerte technische Leistungen, basierend auf einer Kombination aus Grundlagenforschung und kreativer Technik.

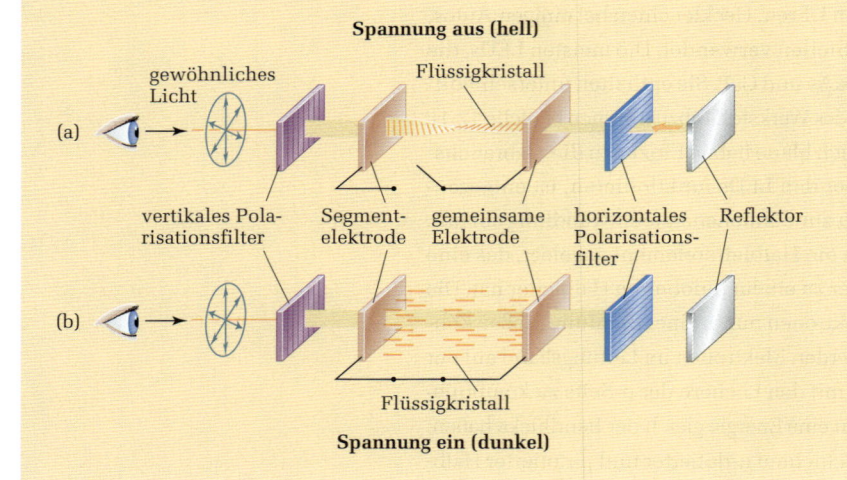

Abbildung 12.37: Schematische Darstellung der Funktion einer verdreht nematischen Flüssigkristallanzeige (LCD). (a) Gewöhnliches Licht, das unpolarisiert ist, geht durch das vertikale Polarisationsfilter. Das vertikal polarisierte Licht geht dann in die flüssigkristalline Schicht, wo die Polarisationsebene um 90° gedreht wird. Es geht durch das horizontale Polarisationsfilter, wird reflektiert, und geht auf dem gleichen Weg wieder zurück, um ein helles Display zu erzeugen. (b) Wird eine Spannung an die Segmentelektrode angelegt, die einen kleinen Bereich bedeckt, richten sich die Flüssigkristallmoleküle entlang der Richtung des Lichtwegs aus. Daher wird das vertikal polarisierte Licht nicht um 90° gedreht und kann nicht durch das horizontale Polarisationsfilter gehen. Der Bereich, der von der kleinen transparenten Segmentelektrode abgedeckt wird, erscheint daher dunkel. Digitaluhren haben meist derartige Displays.

❓ DENKEN SIE EINMAL NACH

Schreiben Sie eine ausgeglichene chemische Gleichung für die Reaktion von Ga(CH$_3$)$_3$ und AsH$_3$, um GaAs herzustellen.

CWS Optische Eigenschaften

Reaktanten für eine GaAs-Schicht sind zum Beispiel typischerweise Ga(CH$_3$)$_3$ und AsH$_3$ in der Gasphase. Im als *chemische Gasphasenabscheidung* (engl. CVD) bekannten Verfahren werden Ga(CH$_3$)$_3$ und AsH$_3$ in der Gasphase in eine Kammer gelassen, in der sich ein heißes Substrat befindet. Die Gasmoleküle werden auf der heißen Oberfläche (typisch 1000 °C) abgeschieden und reagieren unter Bildung von CH$_4$ als gasförmiges Nebenprodukt und von GaAs als feste dünne Schicht auf der Oberfläche.

In jüngster Zeit wurden organische Polymere verwendet, um eine organische Version von LEDs herzustellen, und diese werden als organische LEDs oder OLEDs bezeichnet. Die Grundidee ist die gleiche wie bei LEDs: Elektronen und Löcher werden gezwungen, sich in einem Übergangsbereich zu kombinieren, um Licht mit einer Energie auszustrahlen, die der Bandlücke entspricht. Die in OLEDs verwendeten Polymerarten zeigt ▶ Abbildung 12.39. Die Vorteile von OLEDs gegenüber traditionellen LEDs sind die, dass OLEDs leichter und flexibler sind sowie heller und energieeffizienter sein könnten. Digitalkameras, die OLED-Farbdisplays haben, kamen 2003 auf den Markt.

Werkstoffe für die Nanotechnologie 12.6

Das Präfix „nano" bedeutet 10^{-9} (siehe Abschnitt 1.4). Wenn man von „Nanotechnologie" spricht, meint man damit gewöhnlich die Herstellung von Vorrichtungen, die im Maßstab von 1–100 nm liegen. Es stellt sich heraus, dass sich die Eigenschaften von Halbleitern und Metallen in diesem Größenbereich ändern. **Nanomaterialien** – Werkstoffe, die Größen im Bereich von 1–100 nm haben – werden in den Forschungslaboratorien von Chemikern, anderen Naturwissenschaftlern und Ingenieuren intensiv erforscht.

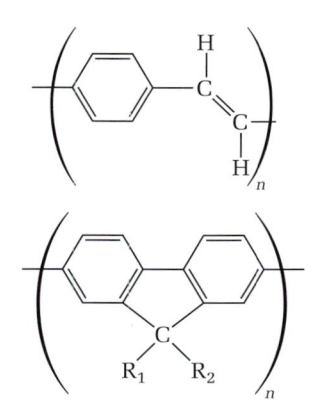

Abbildung 12.39: Strukturen von zwei Polymeren, die häufig in organischen Leuchtdioden (OLEDs) verwendet werden, Poly(p-phenylenvinylen) (oben) und Polyfluoren (unten). R_1 und R_2 können viele unterschiedliche organische Gruppen sein.

Halbleiter im Nanomaßstab

Schauen Sie sich noch einmal Abbildung 12.1 an. Die Bilder, die wir für die Elektronenenergieniveaus für Moleküle und Festkörper gezeichnet haben, sind deutlich: Elektronen befinden sich in diskreten Orbitalen für individuelle Moleküle und in delokalisierten Bändern im Festkörper. Denken wir über den Halbleiter Silizium nach. Atomares Silizium hat die Elektronenkonfiguration $1s^22s^22p^63s^23p^2$ (siehe Abschnitt 6.8). Wir könnten uns die Bindung von zwei Siliziumatomen zur Herstellung eines Si_2-Moleküls vorstellen. Dieses Molekül würde dann Molekülorbitale haben (siehe Abschnitt 9.7). Wir könnten uns weiter vorstellen, zwei Si_2-Moleküle zu nehmen und ein Si_4-Molekül herzustellen und dann noch größere Si_n-Moleküle zu bilden. An welchem Punkt wird ein Molekül so groß, dass es beginnt, sich zu verhalten, als ob es delokalisierte Bänder, nicht lokalisierte Molekülorbitale für seine Elektronen hat? Für Halbleiter sagen uns Theorie und Versuch jetzt, dass die Antwort ungefähr 1 bis 10 nm ist (etwa 10–100 Atome aneinander gereiht). Die genaue Zahl hängt vom speziellen Halbleiter ab. Die Gleichungen der Quantenmechanik, die für Elektronen in Atomen verwendet wurden, können auf Elektronen (und Löcher) in Halbleitern angewendet werden, um die Größe zu schätzen, bei der ungewöhnliche Effekte aufgrund des Übergangs von Molekülorbitalen zu Bändern auftreten. Weil diese Effekte bei 1 bis 10 nm von Bedeutung werden, werden Halbleiterteilchen mit Durchmessern in diesem Größenbereich als *Quantenpunkte* bezeichnet.

Einer der spektakulärsten Effekte ist, dass sich die Bandlücke des Halbleiters beträchtlich im Bereich 1–10 nm mit der Größe ändert. Wenn das Teilchen kleiner wird, wird die Bandlücke größer. Dieser Effekt ist leicht mit dem bloßen Auge zu erkennen, wie ▶ Abbildung 12.40 zeigt. In Form großer Teilchen sieht der Halbleiter Cadmiumphosphid schwarz aus, weil seine Bandlücke klein ist, und er absorbiert die meisten Wellenlängen des sichtbaren Lichts. Wenn das Teilchen kleiner gemacht wird, ändert der Werkstoff schrittweise seine Farbe, bis er schließlich weiß aussieht! Er sieht weiß aus, weil kein sichtbares Licht absorbiert wird. Die Bandlücke ist so groß, dass nur ultraviolettes Licht hoher Energie Elektronen in das Leitungsband anregen kann.

Das Herstellen von Quantenpunkten lässt sich am einfachsten über chemische Reaktionen in einer Lösung erreichen. Um CdS herzustellen, kann man zum Beispiel $Cd(NO_3)_2$ und Na_2S in Wasser mischen. Wenn man nichts anderes tut, werden große Kristalle von CdS ausgefällt. Wenn man jedoch zuerst ein negativ geladenes Polymer zum Wasser hinzugibt (wie Polyphosphat, —$(OPO_2)_n$—), assoziiert sich das Cd^{2+} mit

Abbildung 12.40: Cd$_3$P$_2$-Pulver mit unterschiedlichen Teilchengrößen. Der Pfeil zeigt zunehmende Teilchengröße und eine entsprechende Abnahme der Bandlückenenergie an, so dass der Stoff weiß (kleinste Nanopartikel), gelb, rot und schließlich schwarz (die größten Nanopartikel) aussieht.

dem Polymer, wie kleine „Fleischklößchen" am Polymer-„Spaghetti". Wenn Sulfid zugegeben wird, wachsen CdS-Teilchen, das Polymer verhindert jedoch, dass große Kristalle gebildet werden. Ein großes Maß an Feinabstimmung der Reaktionsbedingungen ist notwendig, um Nanokristalle zu erzeugen, die gleichmäßige Größe und Form haben.

Wir haben in Abschnitt 12.5 gesehen, dass Halbleiter Licht ausstrahlen können, wenn eine Spannung angelegt wird. Sie können ebenfalls Licht ausstrahlen, wenn sie mit Licht bestrahlt werden, das Photonenenergien der Bandlücke hat (oder höher). Ein Elektron aus dem Valenzband absorbiert zuerst ein Photon und wird in das Leitungsband angeregt. Dieses angeregte Elektron kann dann ein Photon aussenden, das eine Energie gleich der Bandlückenenergie hat und zurück in das Loch fallen. Bei Quantenpunkten kann die Bandlücke durch die Partikelgröße abgestimmt werden und damit können alle Farben des Regenbogens mit nur einem Werkstoff erzeugt werden (▶ Abbildung 12.41). Quantenpunkte werden für Anwendungen erforscht, die von der Elektronik über Laser bis zur medizinischen Bildgebung reichen, da sie sehr hell, sehr stabil und klein genug sind, um von lebenden Zellen aufgenommen zu werden, nachdem sie mit einer biokompatiblen Oberflächenschicht überzogen wurden.

Abbildung 12.41: Halbleiternanopartikel von CdS unterschiedlicher Größen. Bei Beleuchtung mit ultraviolettem Licht senden diese Lösungen von Halbleiternanopartikeln Licht aus, das ihren jeweiligen Bandlückenenergien entspricht (mit freundlicher Genehmigung der American Chemical Society).

Halbleiter müssen nicht in allen drei Dimensionen auf den Nanomaßstab geschrumpft werden, um neue Eigenschaften aufzuweisen. Sie können in relativ großen zweidimensionalen Bereichen auf einem Substrat abgeschieden werden, können aber auch nur ein paar Nanometer dick oder sogar dünner sein, um *Quantentöpfe* (engl. Quantum Wells) herzustellen. *Quantendrähte*, in denen der Halbleiterdrahtdurchmesser nur ein paar Nanometer beträgt, aber seine Länge sehr groß ist, wurden ebenfalls über verschiedene chemische Wege hergestellt. In Quantentöpfen und Quantendrähten zeigen Messungen entlang der Dimension(en) im Nanomaßstab Quantenverhalten, aber in der langen Dimension scheinen die Eigenschaften genau wie die beim makroskopischen Grundstoff zu sein.

Metalle im Nanomaßstab

Metalle haben ebenfalls ungewöhnliche Eigenschaften bei Teilchengrößen von 1 bis 100 nm. Dies kommt daher, weil der *mittlere freie Weg* eines Elektrons in einem Metall bei Zimmertemperatur typischerweise 1–100 nm ist. Der mittlere freie Weg eines Elektrons ist der durchschnittliche Weg, den es zurücklegen kann, bevor es gegen etwas stößt, ein anderes Elektron, ein Atom oder die Oberfläche des Metalls, und gestreut wird. Wenn die Partikelgröße eines Metalls daher 100 nm oder kleiner ist, kann man erwarten, dass ungewöhnliche Effekte auftreten.

In gewisser Hinsicht haben Menschen seit hunderten von Jahren gewusst, dass Metalle sich besonders verhalten, wenn sie sehr fein verteilt werden. Schon im 15. Jahrhundert wussten Künstler, dass Gold in geschmolzenem Glas dispergiert und dem Glas eine wunderschöne tiefrote Farbe gibt (▶ Abbildung 12.42). Viel später, im Jahr 1857, berichtete Michael Faraday (siehe Kapitel 20.5), dass Dispersionen kleiner Goldteilchen stabilisiert werden können und tief gefärbt sind – einige der ursprünglichen Kolloidlösungen, die er zubereitete, sind noch immer in der *Royal Institution* des britischen *Faraday Museum* in London (▶ Abbildung 12.43) zu sehen. Wir werden Kolloide im Abschnitt 13.6 genauer betrachten. Goldpartikel mit einem Durchmesser von unter 20 nm schmelzen bei weitaus niedrigerer Temperatur als kompaktes Gold, und zwischen 2 und 3 nm ist Gold kein Edelmetall mehr: In diesem Größenbereich wird es chemisch reaktionsfreudig.

In Nanometergröße hat Silber Eigenschaften, die analog zu denen von Gold mit seinen schönen Farben sind, obwohl es reaktiver als Gold ist. Gegenwärtig besteht in Forschungslaboratorien rund um die Welt großes Interesse daran, die ungewöhnlichen optischen Eigenschaften von Metallnanopartikeln für Anwendungen in der biomedizinischen Bildgebung und im chemischen Nachweis auszunutzen.

Abbildung 12.42: Fenster mit Glasmalerei aus dem Mailänder Dom in Italien. Die rote Farbe entsteht durch Goldnanopartikel.

Abbildung 12.43: Die Lösungen kolloidaler Goldnanopartikel, die Michael Faraday um 1850 herstellte. Diese sind im Faraday Museum, London, ausgestellt.

Kohlenstoffnanoröhren

Wir haben bereits gesehen, dass elementarer Kohlenstoff außerordentlich interessant ist. In seiner sp^3-hybridisierten Festkörperform ist er Diamant, in seiner sp^2-hybridisierten Festkörperform ist er Graphit, in seiner molekularen Form ist er C_{60} (siehe Abschnitt 11.8). Schon bald nach der Entdeckung von C_{60} entdeckten Chemiker Kohlenstoffnanoröhren (engl. Nanotubes) (siehe Abschnitt 1.4). Sie können sich diese als planare Graphitschichten vorstellen, die aufgerollt und an einem oder beiden Enden mit einem halben C_{60}-Molekül als Deckel versehen werden (▶ Abbildung 12.44). Kohlenstoffnanoröhren werden auf ähnliche Weise wie C_{60} hergestellt. Sie können in *mehrwandigen* oder *einwandigen* Formen hergestellt werden. Mehrwandige Kohlenstoffnanoröhren bestehen aus Röhren innerhalb von Röhren, die ineinander ge-

Molekülmodelle

Abbildung 12.44: Atommodelle von Kohlenstoffnanoröhren. Links: „Sessel"-Nanoröhre, die metallisches Verhalten aufweist. Rechts: „Zickzack"-Nanoröhre, die je nach Röhrendurchmesser halbleitend oder metallisch sein kann.

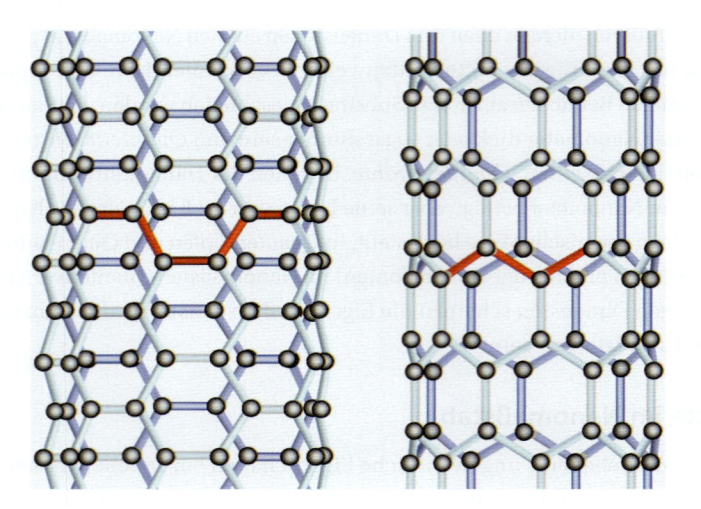

schachtelt sind; einwandige Kohlenstoffnanoröhren bestehen aus einzelnen Röhren. Einwandige Kohlenstoffnanoröhren können 1000 nm lang oder noch länger sein, sie haben jedoch nur einen Durchmesser von etwa 1 nm. Je nachdem, wie die planare Graphitschicht aufgerollt wird und wie ihr Durchmesser ist, können sich Kohlenstoffnanoröhren wie Halbleiter oder Metalle verhalten.

Die Tatsache, dass Kohlenstoffnanoröhren ohne Dotierung entweder halbleitend oder metallisch leitend gemacht werden können, ist unter allen Festkörperstoffen einzigartig und daher wird fieberhaft daran gearbeitet, elektronische Bauteile auf Kohlenstoffbasis herzustellen. 2003 fanden Chemiker heraus, wie metallische Kohlenstoffnanoröhren von halbleitenden getrennt werden können. Weil die Grundelemente des Transistors Halbleiter und Metalle sind, besteht großes Interesse daran, elektronische Schaltungen im Nanomaßstab allein mithilfe von Kohlenstoffnanoröhren zu bauen. Der erste Bericht über einen Feldeffekttransistor (FET, verwandt mit dem MOSFET), der eine einzelne Kohlenstoffnanoröhre als Kanal nutzte, erschien 1998.

Kohlenstoffnanoröhren werden ebenfalls wegen ihrer mechanischen Eigenschaften erforscht. Das Kohlenstoff–Kohlenstoff-Bindungsgerüst der Nanoröhren bewirkt, dass die Fehler, die in einem Metallnanodraht ähnlicher Abmessungen auftreten können, fast vollständig fehlen. Versuche an individuellen Kohlenstoffnanoröhren deuten darauf hin, dass sie stärker als Stahl sind, wenn der Stahl die Abmessungen einer Kohlenstoffnanoröhre hätte. Kohlenstoffnanoröhren werden ebenfalls mit Polymeren zu Fasern gesponnen, wodurch der Verbundwerkstoff größere Stärke und Robustheit erhält.

ÜBERGREIFENDE BEISPIELAUFGABE

Verknüpfen von Konzepten

Ein *leitendes Polymer* ist ein Polymer, das elektrischen Strom leiten kann. Einige Polymere können halbleitend gemacht werden, andere können nahezu metallisch sein. Polyacetylen ist ein Beispiel eines Polymers, das ein Halbleiter ist. Es kann auch dotiert werden, um seine Leitfähigkeit zu erhöhen.

Polyacetylen wird aus Acetylen in einer Reaktion hergestellt, die einfach aussieht, aber tatsächlich ziemlich kompliziert ist:

Acetylen $H-C\equiv C-H$ Polyacetylen $-[CH=CH]_n-$

12.6 Werkstoffe für die Nanotechnologie

(a) Wie ist die Hybridisierung der Kohlenstoffatome und die Umgebung dieser Atome in Acetylen und in Polyacetylen?
(b) Geben Sie eine ausgeglichene Gleichung an, um Polyacetylen aus Acetylen herzustellen.
(c) Acetylen ist ein Gas bei Zimmertemperatur und Atmosphärendruck (298 K; 1,00 atm). Wie viele Gramm Polyacetylen können Sie aus einem 5,00-l Acetylengas bei Zimmertemperatur und Athmosphärendruck herstellen? Nehmen Sie an, dass sich Acetylen ideal verhält und dass die Polymerisationsreaktion mit einer Ausbeute von 100 % verläuft.
(d) Sagen Sie anhand der durchschnittlichen Bindungsenthalpien in Tabelle 8.4 voraus, ob die Bildung von Polyacetylen aus Acetylen endotherm oder exotherm ist.

Lösung

Analyse: Für Teil (a) müssen wir uns daran erinnern, was wir über sp-, sp^2- und sp^3-Hybridisierung gelernt haben (siehe Abschnitt 9.5). Für Teil (b) müssen wir eine ausgeglichene Gleichung schreiben. Für Teil (c) müssen wir die ideale Gasgleichung verwenden (siehe Abschnitt 10.4). Für Teil (d) müssen wir uns an die Definitionen von endotherm und exotherm erinnern, und wie Bindungsenthalpien verwendet werden können, um Gesamtreaktionsenthalpien vorherzusagen (siehe Abschnitt 8.8).

Vorgehen: Für Teil (a) sollten wir die chemischen Strukturen des Reaktanten und Produkts zeichnen. Für Teil (b) müssen wir sicherstellen, dass die Gleichung richtig ausgeglichen ist. Für Teil (c) müssen wir über die ideale Gasgleichung ($pV = nRT$) von Litern Gas in Mole Gas umrechnen. Danach müssen wir über die Antwort aus Teil (b) von Mol Acetylengas zu Mol Polyacetylen umrechnen und dann können wir in Gramm Polyacetylen umrechnen. Für Teil (d) müssen wir uns erinnern, dass $\Delta H_r = \Sigma$ (Bindungsenthalpien der gebrochenen Bindungen) $- \Sigma$ (Bindungsenthalpien der gebildeten Bindungen).

Lösung:

(a) Kohlenstoff bildet immer vier Bindungen. Daher muss jedes C-Atom eine Einfachbindung zu H und eine Dreifachbindung zu dem anderen C-Atom in Acetylen haben. Als Ergebnis ist jedes C-Atom sp-hybridisiert. Diese sp-Hybridisierung bedeutet auch, dass die H—C—C-Winkel in Acetylen 180° sind und das Molekül linear ist. Wir können einen Ausschnitt aus der Struktur von Polyacetylen wie folgt zeichnen:

$$\begin{array}{c} \text{H}\text{H} \\ || \\ \diagdown\text{C}=\text{C}\diagdown\text{C}=\text{C}\diagup \\ || \\ \text{H}\text{H} \end{array}$$

Jedes Kohlenstoffatom ist in Polyacetylen sp^2-hybridisiert und trigonal-planar mit Bindungswinkeln von 120° umgeben.

(b) Wir können schreiben:

$$n\,C_2H_2(g) \longrightarrow -[CH=CH]_n-$$

Sie sehen, dass alle Atome, die ursprünglich in Acetylen vorliegen, auch im Polyacetylen-Produkt vorliegen.

(c) Wir können die ideale Gasgleichung wie folgt verwenden:

$$pV = nRT$$

$$(1{,}00\ \text{atm})(5{,}00\ \text{l}) = n(0{,}08206\ \text{l atm/K mol})(298\ \text{K})$$

$$n = 0{,}204\ \text{mol}$$

Acetylen hat eine Molmasse von 26,0 g/mol, daher ist die Masse von 0,204 mol:

$$(0{,}204\ \text{mol})(26{,}0\ \text{g/mol}) = 5{,}32\ \text{g Acetylen}$$

Sie sehen aus der Antwort zu Teil (b), dass alle Atome in Acetylen in das Polyacetylen gehen. Aufgrund der Massenerhaltung muss dann auch die Masse von erzeugtem Polyacetylen 5,32 g sein, wenn wir eine Ausbeute von 100 % annehmen.

(d) Betrachten wir den Fall für $n = 1$. Wir sehen, dass die Reaktantenseite der Gleichung in Teil (b) eine C≡C-Dreifachbindung und zwei C—H-Einfachbindungen hat. Die Produktseite der Gleichung in Teil (b) hat eine C=C-Doppelbindung, eine C—C-Einfachbindung (zur Verbindung mit der nächsten Einheit) und zwei C—H-Einfachbindungen. Daher brechen wir eine C≡C-Dreifachbindung auf und bilden eine C=C-Doppelbindung sowie eine C—C-Einfachbindung. Dementsprechend ist die Enthalpieänderung für die Polyacetylenbildung:

$$\Delta H_r = (\text{C≡C-Dreifachbindungsenthalpie}) - (\text{C=C-Doppelbindungsenthalpie})$$
$$- (\text{C—C-Einfachbindungsenthalpie})$$

$$\Delta H_r = (839\ \text{kJ/mol}) - (614\ \text{kJ/mol}) - (348\ \text{kJ/mol}) = -123\ \text{kJ/mol}$$

Weil ΔH eine negative Zahl ist, setzt die Reaktion Wärme frei und ist damit exotherm.

Zusammenfassung und Schlüsselbegriffe

Einführung und Abschnitt 12.1 In diesem Kapitel betrachten wir die Einstufung von Werkstoffen nach ihrer elektrischen Leitfähigkeit: **Metalle**, **Halbleiter**, **Isolatoren** und Supraleiter. **Keramiken** sind gewöhnlich Isolatoren, können aber überraschenderweise unter bestimmten Bedingungen auch Supraleiter sein. In Festkörpern sind **Bänder** statt Molekülorbitalen die beste Möglichkeit, um Elektronenenergieniveaus darzustellen. Halbleiter und Isolatoren haben eine Energielücke mit der Bezeichnung **Bandlücke** zwischen dem gefüllten **Valenzband** und dem leeren **Leitungsband**. **Dotierung** von Halbleitern ändert ihre Fähigkeit, elektrischen Strom zu leiten, um Größenordnungen. Ein n-dotierter Halbleiter ist einer, der so dotiert ist, dass es Elektronen im Leitungsband gibt, ein p-dotierter Halbleiter ist einer, der so dotiert ist, dass es **Löcher** im Valenzband gibt.

Bei **Supraleitung** geht es um einen Werkstoff, der einen elektrischen Strom ohne meßbaren Widerstand leiten kann, wenn er unter seine **Sprungtemperatur**, T_c, abgekühlt wird. Seit der Entdeckung des Phänomens 1911 hat die Zahl von bekannten supraleitenden Werkstoffen stetig zugenommen. Bis vor kurzem waren jedoch alle beobachteten T_c-Werte unter 25 K. Eine wichtige jüngere Entwicklung ist die Entdeckung von **Hochtemperatur-Supraleitung** aus bestimmten komplexen Oxiden. **Supraleitende Keramiken** wie $YBa_2Cu_3O_7$ sind bei höheren Temperaturen als metallische Supraleiter supraleitfähig. Man hat kürzlich gezeigt, dass noch weitere Klassen von Verbindungen relativ hohe T_c-Werte haben.

Abschnitt 12.2 Werkstoffe werden auf ihre strukturellen Eigenschaften hin untersucht. Es wird ebenfalls die Synthese einiger Werkstoffe, sowohl harter als auch weicher, erforscht. **Polymere** sind Moleküle hoher Molekülmasse, die durch Verbinden vieler kleiner Moleküle mit Namen **Monomere** gebildet werden. Bei einer **Additionspolymerisationsreaktion** bilden die Moleküle neue Verbindungen durch Öffnen vorhandener Bindungen. Polyethylen bildet sich zum Beispiel, wenn sich die Kohlenstoff–Kohlenstoff-Doppelbindungen von Ethylen öffnen. Bei einer **Kondensationspolymerisationsreaktion** werden die Monomere unter Abspaltung eines kleinen Moleküls zwischen ihnen verbunden. Die verschiedenen Arten von Nylon werden zum Beispiel gebildet, indem ein Wassermolekül zwischen einem Amin und einer Carbonsäure abgeschieden wird. Ein Polymer, das aus zwei verschiedenen Monomeren gebildet wird, heißt **Copolymer**.

Kunststoffe sind Werkstoffe, die in verschiedene Formen gebracht werden können, gewöhnlich durch Anwendung von Wärme und Druck. **Thermoplaste** können umgeformt werden, während **Duroplaste** durch einen irreversiblen chemischen Vorgang zu Gegenständen geformt werden und sich nicht einfach umformen lassen. Ein **Elastomer** ist ein Werkstoff, der elastisches Verhalten aufweist, das heißt, dass er nach Strecken oder Biegen in seine ursprüngliche Form zurückkehrt.

Polymere sind größtenteils amorph, aber einige besitzen einen gewissen Grad von **Kristallinität**. Für eine gegebene chemische Zusammensetzung hängt die Kristallinität von der Molekülmasse und dem Grad der Verzweigung entlang der Polymerhauptkette ab. Polyethylen hoher Dichte, mit wenig Seitenkettenverzweigung und einer hohen Molekülmasse, hat zum Beispiel einen höheren Grad an Kristallinität als Polyethylen niedriger Dichte, das eine niedrigere Molekülmasse und einen relativ hohen Grad an Verzweigung hat. Polymereigenschaften werden stark durch die **Vernetzung** beeinflusst, in der kurze Ketten von Atomen die langen Polymerketten verbinden. Kautschuk wird im **Vulkanisation** genannten Prozess durch kurze Ketten von Schwefelatomen vernetzt.

Harte Werkstoffe wie Keramiken sind anorganische Festkörper mit in der Regel hoher Temperaturstabilität, die gewöhnlich dreidimensionale Netzwerke bilden. Die Bindung in Keramiken kann ionisch oder partiell ionisch sein. Keramiken können kristallin oder amorph sein. Die Herstellung von Keramiken beginnt in der Regel mit der Bildung sehr kleiner Teilchen einheitlicher Größe durch das **Sol-Gel-Verfahren**. Die kleinen Teilchen werden dann komprimiert und hoch erhitzt. Sie koagulieren durch ein als Sintern bezeichnetes Verfahren.

Abschnitt 12.3 Ein **Biomaterial** ist jeder Stoff, der eine biomedizinische Anwendung hat. Biomaterialien sind gewöhnlich in Kontakt mit Körpergeweben und -flüssigkeiten. Sie müssen **biokompatibel** sein, was bedeutet, dass sie nicht giftig sind und auch keine Entzündungsreaktion hervorrufen. Sie müssen je nach Anwendung physikalische Anforderungen wie langfristige Zuverlässigkeit, Stärke und Flexibilität oder Härte erfüllen. Sie müssen ebenfalls chemische Anforderungen wie inertes Verhalten im biologischen Umfeld oder biologische Abbaubarkeit erfüllen. Biomaterialien sind allgemein Polymere mit speziellen Eigenschaften, die der Anwendung angepasst sind.

Abschnitt 12.4 Die Gründe für die vorherrschende Stellung von Silizium in der Elektronik sind seine reichliche Verfügbarkeit, seine günstigen Kosten und die Fähigkeit, in hoch reinen Kristallen gezüchtet zu werden und die Fähigkeit seines eigenen Oxids, auf ihm mit ausgezeichneter Passung zu den Atomen darunter zu wachsen. Die Konstruktion des **Transistors**, das Herz integrierter Schaltungen, basiert auf der Verbindung von n-dotiertem mit p-dotiertem Silizium. Halbleiter können Licht absorbieren, das Photonenergien enthält, die größer als die Bandlückenenergie ist, und die resultierenden Elektronen, die in das Leitungsband angeregt werden, können als elektrischer Strom gemessen werden. Dieses Verfahren ist die Grundlage für Anlagen zur Sonnenenergieumwandlung. Polymere, die halbleitend sind, wurden entdeckt und als Alternativen zu Silizium erforscht.

Abschnitt 12.5 Die chemischen Grundlagen von Flüssigkristallanzeigen (LCDs) und Leuchtdioden (LEDs) werden erforscht. Ein **Flüssigkristall** ist eine Substanz, die eine oder mehrere geordnete Phasen bei einer Temperatur über dem Schmelzpunkt des Festkörpers aufweist. In einer **nematisch flüssigkristallinen Phase** sind die Moleküle in einer gemeinsamen Richtung ausgerichtet, aber die Enden der Moleküle liegen nicht auf gleicher Höhe. In einer **smektisch flüssigkristallinen Phase** sind die Enden der Moleküle ausgerichtet, so dass die Moleküle planare Schichten bilden. Nematisch und smektisch flüssigkristalline Phasen bestehen in der Regel aus Molekülen mit ziemlich starren, länglichen Formen, mit polaren Gruppen an den Molekülen, die die Ausrichtung durch Dipol-Dipol-Wechselwirkungen aufrechterhalten. Die **cholesterisch flüssigkristalline Phase** besteht aus Molekülen, die sich wie in nematisch flüssigkristallinen Phasen ausrichten, wobei aber die Moleküle gegeneinander verdreht sind, um eine schraubenförmige Anordnung zu bilden.

LEDs bestehen entweder aus anorganischen oder organischen Halbleitern, die eine Verbindung zwischen p-dotierten und n-dotierten Materialien haben. An der Verbindungsstelle können sich Elektronen und Löcher kombinieren, um Licht der Bandlückenenergie abzustrahlen, wenn eine Spannung an das Bauelement angelegt wird. Das Verfahren ist im Grunde die Umkehrung der Solarzelle.

Abschnitt 12.6 Nanotechnologie ist die Fertigung von Bauelementen im Maßstab 1–100 nm. Die ungewöhnlichen Eigenschaften, die Halbleiter, Metalle und Kohlenstoff im Größenmaßstab von 1–100 nm haben, werden erforscht. Quantenpunkte sind Halbleiterteilchen mit Durchmessern von 1 bis 10 nm. In diesem Größenbereich wird die Bandlückenenergie des Werkstoffs größenabhängig. Metallnanopartikel haben im Größenbereich 1–100 nm andere chemische und physikalische Eigenschaften. Gold ist zum Beispiel reaktiver und hat keine goldene Farbe mehr. Kohlenstoffnanoröhren sind aufgerollte planare Graphitschichten und sie können sich abhängig davon, wie die Schicht aufgerollt ist, entweder wie Halbleiter oder Metalle verhalten. Anwendungen dieser **Nanomaterialien** werden jetzt für Bildgebung, Elektronik und Medizin entwickelt.

Veranschaulichung von Konzepten

12.1 Welcher Werkstoff ist basierend auf den folgenden Bandstrukturen ein Metall? (*Abschnitt 12.1*)

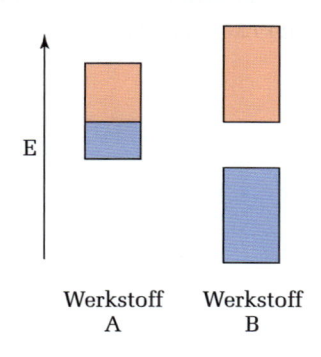

12.2 Diese beiden Werkstoffe sind Halbleiter. Welcher eignet sich besser für Anwendungen der Sonnenenergieumwandlung? Warum? (*Abschnitte 12.1* und *12.4*)

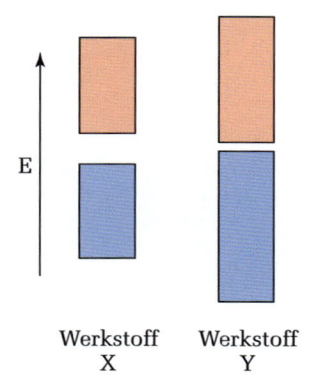

12.3 Nachstehend werden zwei Zeichnungen zweier unterschiedlicher Polymere gezeigt. Welches Polymer hat nach diesen Zeichnungen stärkere intermolekulare Kräfte? (*Abschnitt 12.2*)

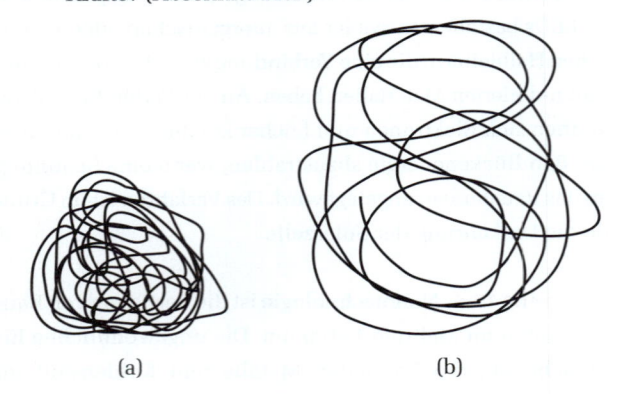

(a) (b)

12.4 Welches Bild repräsentiert am besten Moleküle, die in einer flüssigkristallinen Phase sind? (*Abschnitt 12.5*)

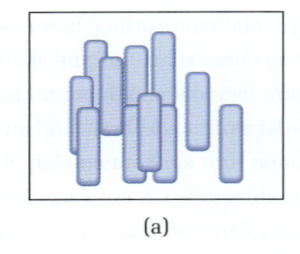

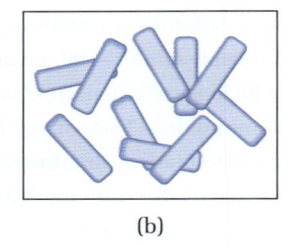

(a) (b)

12.5 Betrachten Sie die nachstehend gezeigten Moleküle. **(a)** Welches von diesen bildet am wahrscheinlichsten ein Additionspolymer? **(b)** Welches von diesen würde am wahrscheinlichsten ein Kondensationspolymer bilden? **(c)** Welches von diesen würde am wahrscheinlichsten einen Flüssigkristall bilden? (*Abschnitte 12.2 und 12.5*)

(i) (ii) (iii)

12.6 Das „Moore'sche Gesetz" ist eine berühmte Aussage von Gordon Moore, dem Gründer von Intel, im Jahr 1965. Das Moore'sche Gesetz besagt, dass sich die Komplexität von integrierten Schaltungen (gemessen an der Zahl von Bauelementen, wie Transistoren, die 1 cm^2 einer integrierten Schaltung ausmachen) jedes Jahr verdoppelt. Daten für das Moore'sche Gesetz zeigt die Grafik unten, in der der Logarithmus der Zahl von Bauelementen (pro cm^2) pro Jahr aufgezeichnet wird:

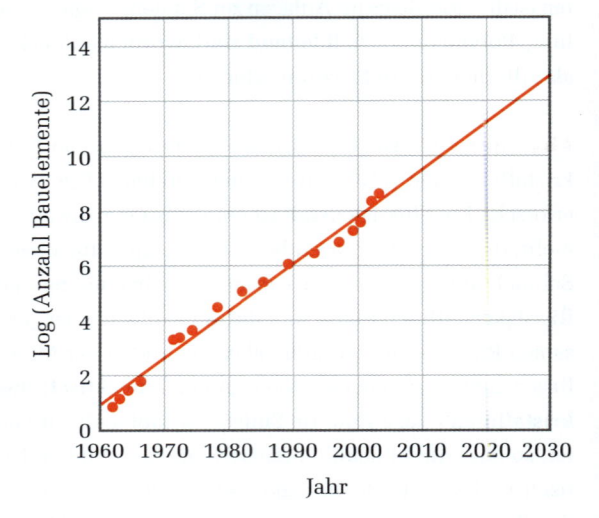

Wie Sie sehen können, hatte Moore 1965 nur wenige Datenpunkte, nach denen er sich richten konnte, aber sein Gesetz hat sich bis heute gehalten. 2003 bestand der neueste Intel-Prozessor aus 410.000.000 Bauelementen (dekadischer Logarithmus von 410.000.000 = 8,6).

Es ist geschätzt worden, dass unter Verwendung aktueller Technologie höchstens 20 Milliarden Bauelemente pro Quadratzentimeter in integrierte Schaltungen gepackt werden können. Wann wird dies soweit sein, wenn das Moore'sche Gesetz weiter stimmt? (*Abschnitte 12.4 und 12.6*)

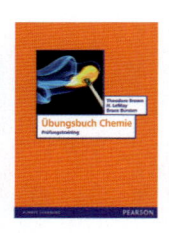

Übungsaufgaben mit ausführlichen Lösungshinweisen

Multiple Choice-Aufgaben

Lösungen zu den Übungsaufgaben im Kapitel

Eigenschaften von Lösungen

13

13.1 Der Lösungsvorgang 505

13.2 Gesättigte Lösungen und Löslichkeit 511

13.3 Was beeinflusst die Löslichkeit? 513

Chemie und Leben
   Fettlösliche und wasserlösliche Vitamine 516

Chemie und Leben
   Im Blut gelöste Gase und Tiefseetauchen 519

13.4 Möglichkeiten zum Angeben von Konzentrationen 520

13.5 Kolligative Eigenschaften 525

13.6 Kolloide 536

Chemie und Leben
   Sichelzellenanämie 540

Zusammenfassung und Schlüsselbegriffe 541

Veranschaulichung von Konzepten 543

ÜBERBLICK

13 Eigenschaften von Lösungen

Was uns erwartet

- Wir beginnen mit der Betrachtung, was auf Molekülebene geschieht, wenn eine Substanz sich auflöst, und schenken dabei der Rolle, die *intermolekulare Kräfte* bei diesem Vorgang spielen, besondere Aufmerksamkeit (Abschnitt 13.1).

- Als Nächstes untersuchen wir energetische Änderungen und die Änderungen in der Verteilung der am Lösungsvorgang beteiligten Teilchen im Raum (Abschnitt 13.1).

- Wir werden sehen, dass in *gesättigten Lösungen* die gelösten und ungelösten Stoffe im *Gleichgewicht* sind (Abschnitt 13.2).

- Die Menge von gelöstem Stoff in einer gesättigten Lösung definiert seine *Löslichkeit*, das Ausmaß, in dem sich ein bestimmter Stoff in einem bestimmten Lösungsmittel löst (Abschnitt 13.2).

- Die Beschaffenheit von gelöstem Stoff und Lösungsmittel bestimmt die intermolekularen Kräfte zwischen und in ihnen und damit die Löslichkeit. Daneben beeinflusst Druck die Löslichkeit von gasförmigen gelösten Stoffen und Temperatur beeinflusst häufig die Löslichkeit in flüssigen und festen Lösungen (Abschnitt 13.3).

- Da viele physikalische Eigenschaften von Lösungen von ihrer Konzentration abhängen, untersuchen wir mehrere gebräuchliche Wege, um die Konzentration auszudrücken (Abschnitt 13.4).

- Physikalische Eigenschaften von Lösungen, die nur von der Konzentration und nicht von der Identität des gelösten Stoffs abhängen, werden als *kolligative Eigenschaften* bezeichnet. Sie bestimmen das Ausmaß, in dem der gelöste Stoff den Dampfdruck senkt, den Siedepunkt erhöht und den Gefrierpunkt des Lösungsmittels senkt. Der osmotische Druck einer Lösung ist ebenfalls eine kolligative Eigenschaft (Abschnitt 13.5).

- Wir beenden das Kapitel, indem wir *Kolloide* behandeln, Teilchen, die größer als Moleküle sind und in einem anderen Stoff verteilt sind (Abschnitt 13.6).

Wenn wir an Lösungen denken, wie sie in früheren Kapiteln beschrieben wurden (siehe Abschnitte 1.2 und 4.1), stellen wir uns zunächst einmal Flüssigkeiten vor – eine Lösung von Kochsalz in Wasser oder ein homogenes Gemisch aus Ethanol und Wasser. Sterlingsilber ist ein Beispiel für eine feste Lösung und andere Beispiele von Lösungen finden wir um uns herum in Hülle und Fülle. Um nur drei zu nennen: Die Luft, die wir atmen, ist eine Lösung mehrerer Gase, Messing ist eine feste Lösung von Zink in Kupfer und die Flüssigkeiten, die durch unsere Körper fließen, sind Lösungen, die eine Vielzahl von wichtigen Nährstoffen, Salzen und anderen Stoffen transportieren.

Lösungen können Gase, Flüssigkeiten oder Festkörper sein (Tabelle 13.1). Jede der Substanzen in einer Lösung wird als *Bestandteil* der Lösung bezeichnet. Wie wir in Kapitel 4 gesehen haben, ist das *Lösungsmittel* normalerweise der Bestandteil, der in der größten Menge vorhanden ist. Andere Bestandteile werden *gelöste Stoffe* oder das *Gelöste* genannt. Weil flüssige Lösungen am häufigsten vorkommen, werden wir uns in diesem Kapitel auf sie konzentrieren. Unser Hauptziel besteht darin, die physikalischen Eigenschaften von Lösungen zu untersuchen und sie dabei mit den Eigenschaften ihrer Bestandteile zu vergleichen. Wir werden uns aufgrund ihrer zentralen Bedeutung in der Chemie und in unserem Alltag vor allem mit wässrigen Lösungen ionischer Substanzen befassen.

Tabelle 13.1

Beispiele für Lösungen

Aggregatzustand der Lösung	Aggregatzustand des Lösungsmittels	Aggregatzustand des zu lösenden Stoffs	Beispiel
Gas	Gas	Gas	Luft
Flüssigkeit	Flüssigkeit	Gas	Sauerstoff in Wasser
Flüssigkeit	Flüssigkeit	Flüssigkeit	Alkohol in Wasser
Flüssigkeit	Flüssigkeit	Festkörper	Salz in Wasser
Festkörper	Festkörper	Gas	Wasserstoff in Palladium
Festkörper	Festkörper	Flüssigkeit	Quecksilber in Silber
Festkörper	Festkörper	Festkörper	Silber in Gold

Der Lösungsvorgang 13.1

Eine Lösung wird gebildet, wenn sich eine Substanz gleichmäßig in einer anderen verteilt. Mit Ausnahme von Gasgemischen geht es bei allen Lösungen um Substanzen in einer kondensierten Phase. Wir haben in Kapitel 11 gelernt, dass auf die Moleküle oder Ionen von Substanzen in den flüssigen und festen Aggregatzuständen intermolekulare Anziehungskräfte ausgeübt werden, die sie zusammenhalten. Intermolekulare Kräfte wirken auch zwischen den Teilchen des gelösten Stoffs und den Molekülen des Lösungsmittels.

Jede der verschiedenen Arten von intermolekularen Kräften, die wir in Kapitel 11 behandelt haben, kann zwischen den Teilchen des gelösten Stoffs und des Lösungsmittels in einer Lösung wirken. Ion-Dipol-Wechselwirkungen herrschen zum Beispiel

13 Eigenschaften von Lösungen

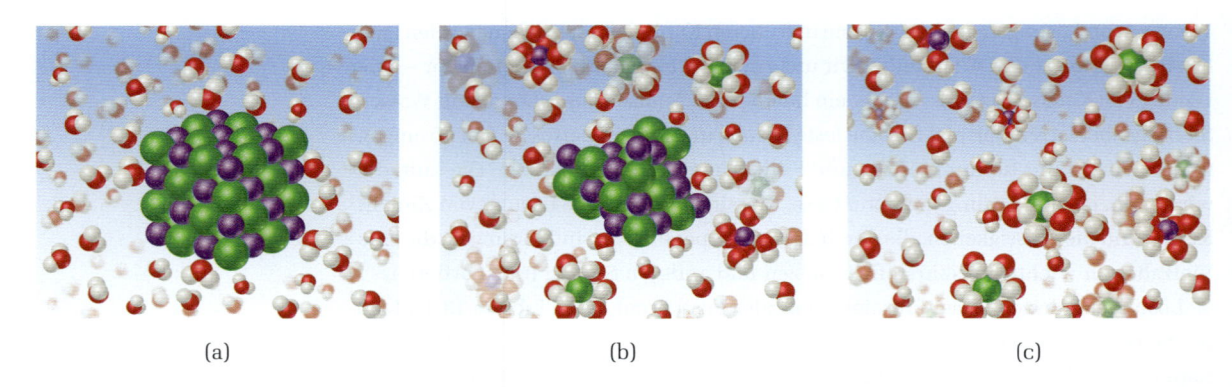

Abbildung 13.1: Auflösung eines ionischen Festkörpers in Wasser. (a) Ein Kristall des ionischen Festkörpers ist von Wassermolekülen umgeben, wobei die Sauerstoffatome der Wassermoleküle zu den Kationen (violett) und die Wasserstoffatome zu den Anionen (grün) ausgerichtet sind. (b, c) Wenn sich der Festkörper löst, werden die einzelnen Ionen von der Festkörperoberfläche entfernt und sind vollkommen getrennte hydratisierte Teilchen in der Lösung.

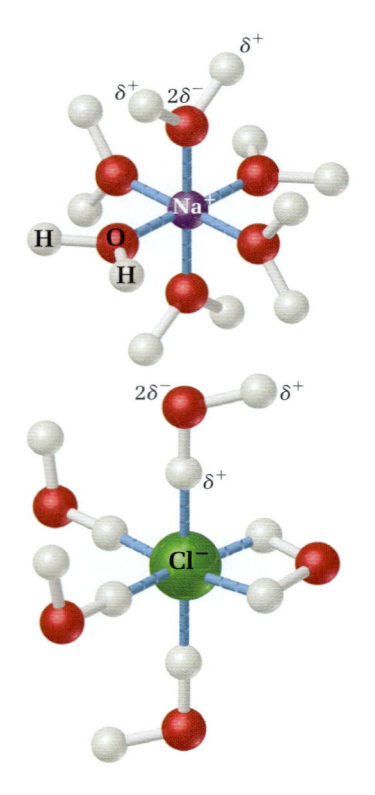

Abbildung 13.2: Hydratisierte Na^+- und Cl^--Ionen. Die negativen Enden der Wasserdipole zeigen auf das positive Ion und die positiven Enden zeigen auf das negative Ion.

Auflösung von NaCl in Wasser

in Lösungen ionischer Substanzen in Wasser vor. Dispersionskräfte überwiegen dagegen, wenn sich eine unpolare Substanz wie C_6H_{14} in einer anderen unpolaren Substanz wie CCl_4 löst. Ein wichtiger Faktor zur Bestimmung, ob sich eine Lösung bildet, sind die relativen Stärken der intermolekularen Kräfte zwischen und unter den Teilchen des gelösten Stoffs und Lösungsmittels.

Lösungen bilden sich, wenn die Größe der Anziehungskräfte zwischen den Teilchen des gelösten Stoffs und des Lösungsmittels mit der vergleichbar ist, die zwischen den Teilchen des gelösten Stoffs selbst oder zwischen den Teilchen des Lösungsmittels vorliegen. Die ionische Substanz NaCl löst sich zum Beispiel leicht in Wasser auf, weil die Anziehungskräfte zwischen den Ionen und den polaren H_2O-Molekülen die Gitterenergie von NaCl(s) überwinden (siehe Abschnitt 4.1). Sehen wir uns diesen Lösungsvorgang näher an und achten dabei auf diese Anziehungskräfte.

Wenn NaCl zu Wasser zugegeben wird (▶ Abbildung 13.1), orientieren sich die Wassermoleküle an der Oberfläche der NaCl-Kristalle. Das positive Ende des Wasserdipols ist auf die Cl^--Ionen gerichtet und das negative Ende des Wasserdipols ist auf die Na^+-Ionen gerichtet. Die Ionen-Dipol-Anziehungskräfte zwischen den Ionen und Wassermolekülen sind stark genug, um die Ionen aus ihren Positionen im Kristall zu ziehen.

Sobald sie vom Kristall getrennt sind, werden die Na^+- und Cl^--Ionen von Wassermolekülen umgeben, wie Abbildung 13.1b und 13.1c und ▶ Abbildung 13.2 zeigen. Wir haben in Abschnitt 4.1 gelernt, dass Wechselwirkungen wie diese zwischen den Molekülen des gelösten Stoffs und des Lösungsmittels als **Solvatation** bezeichnet werden. Wenn das Lösungsmittel Wasser ist, werden die Wechselwirkungen auch **Hydratation** genannt.

Energieänderungen und Lösungsbildung

Natriumchlorid löst sich in Wasser, weil die Wassermoleküle eine ausreichende Anziehungskraft auf Na^+ und Cl^- ausüben, so dass die Anziehung dieser beiden Ionen aufeinander im Kristall überwunden wird. Zur Bildung einer wässrigen Lösung von NaCl müssen sich Wassermoleküle voneinander trennen, um Plätze im Lösungsmittel zu schaffen, die von den Na^+- und Cl^--Ionen besetzt werden. Daher können wir uns die Gesamtenergetik der Lösungsbildung in Bestandteilen vorstellen, wie ▶ Abbil-

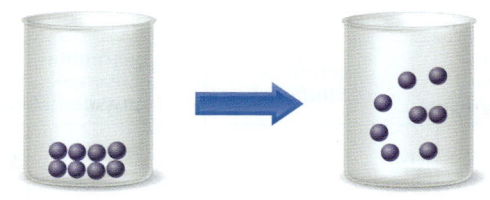

ΔH_1: Trennung von Molekülen des zu lösenden Stoffs

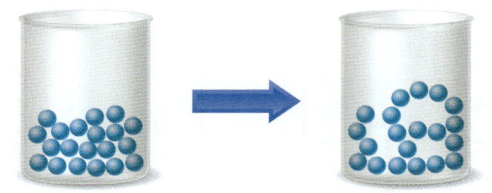

ΔH_2: Trennung von Lösungsmittelmolekülen

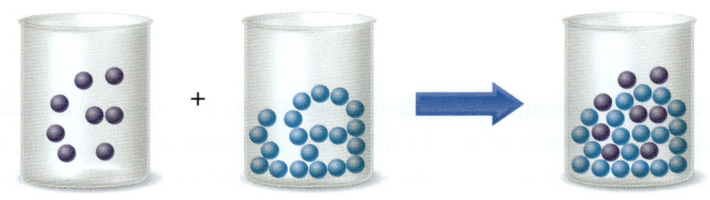

ΔH_3: Bildung von Wechselwirkungen zwischen gelöstem Stoff und Lösungsmittel

Abbildung 13.3: Enthalpiebeiträge zu $\Delta H_{\text{Lösung}}$. Die Enthalpieänderungen ΔH_1 und ΔH_2 stellen endotherme Prozesse dar, bei denen die Aufnahme von Energie notwendig ist, während ΔH_3 einen exothermen Prozess darstellt.

dung 13.3 schematisch darstellt. Die Gesamtenthalpieänderung bei der Bildung einer Lösung $\Delta H_{\text{Lösung}}$ ist die Summe dieser drei Glieder:

$$\Delta H_{\text{Lösung}} = \Delta H_1 + \Delta H_2 + \Delta H_3 \qquad (13.1)$$

▶ Abbildung 13.4 stellt die Enthalpieänderung dar, die mit jedem dieser Bestandteile verknüpft ist. Trennung der Teilchen des gelösten Stoffs voneinander erfordert eine Energiezugabe, um ihre Anziehungskräfte zu überwinden (zum Beispiel die Trennung von Na^+- und Cl^--Ionen). Der Vorgang ist daher endotherm ($\Delta H_1 > 0$). Trennung von Lösungsmittelmolekülen, um den gelösten Stoff unterzubringen, erfordert ebenfalls Energie ($\Delta H_2 > 0$). Der dritte Bestandteil entsteht aus den Anziehungskräften zwischen gelöstem Stoff und Lösungsmittel und ist exotherm ($\Delta H_3 < 0$).

Wie Abbildung 13.4 zeigt, kann die Addition der drei Enthalpieglieder in ▶ Gleichung 13.1 entweder eine negative oder positive Summe ergeben. Daher kann die Bildung einer Lösung exotherm oder endotherm sein. Wenn zum Beispiel Magnesiumsulfat, $MgSO_4$, zu Wasser gegeben wird, wird die entstehende Lösung ziemlich warm: $\Delta H_{\text{Lösung}} = -91{,}2$ kJ/mol. Die Auflösung von Ammoniumnitrat (NH_4NO_3) ist dagegen endotherm: $\Delta H_{\text{Lösung}} = 26{,}4$ kJ/mol. Diese speziellen Substanzen finden eine Anwendung in Schnell-Wärme- und Kühlkompressen, die zur Behandlung von Sportverletzungen dienen (▶ Abbildung 13.5). Die Kompressen bestehen aus einem Wasserbeutel und einer trockenen Chemikalie, nämlich $MgSO_4$ für Wärmekompressen und NH_4NO_3 für Kühlkompressen. Wenn die Kompresse gedrückt wird, wird die Versiegelung, die den Festkörper vom Wasser trennt, gelöst und es bildet sich eine Lösung, die die Temperatur entweder erhöht oder senkt.

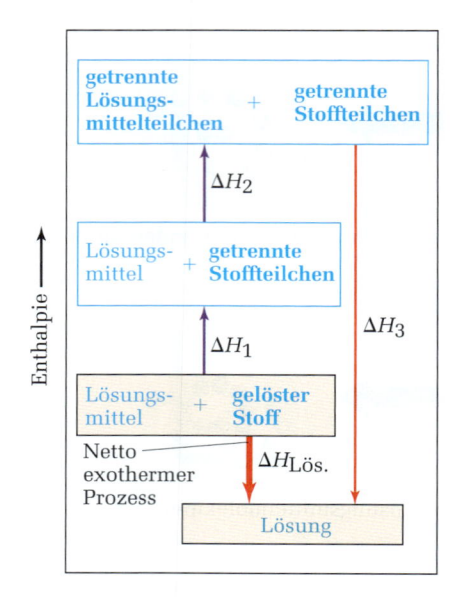

Abbildung 13.4: Enthalpieänderungen, die den Lösungsvorgang begleiten. Die drei Prozesse werden in Abbildung 13.3 dargestellt. Das Diagramm links zeigt einen netto exothermen Prozess ($\Delta H_{\text{Lösung}} < 0$), das rechts einen netto endothermen Prozess ($\Delta H_{\text{Lösung}} > 0$).

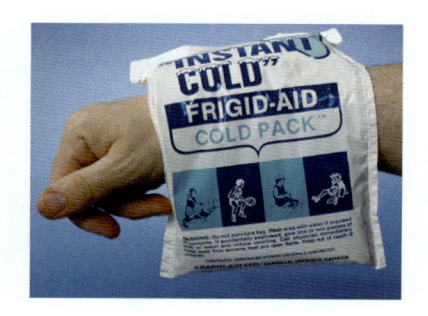

Abbildung 13.5: Endotherme Auflösung. Schnell-Kühlkompressen aus Ammoniumnitrat werden häufig zur Behandlung von Sportverletzungen verwendet. Zum Aktivieren der Kompresse wird das Behältnis geknetet und das Kneten bricht eine Innenversiegelung, die festes NH_4NO_3 von Wasser trennt. Die Lösungswärme von NH_4NO_3 ist positiv, daher nimmt die Temperatur der Lösung ab.

In Kapitel 5 haben wir gelernt, dass die Enthalpieänderung in einem Prozess Informationen darüber geben kann, in welchem Umfang ein Prozess abläuft (siehe Abschnitt 5.4). Exotherme Prozesse neigen dazu, spontan abzulaufen. Eine Lösung bildet sich nicht, wenn $\Delta H_{\text{Lösung}}$ zu endotherm ist. Die Wechselwirkung zwischen Lösungsmittel und gelöstem Stoff muss stark genug sein, um ΔH_3 in der Größenordnung vergleichbar mit $\Delta H_1 + \Delta H_2$ zu machen. Darum lösen sich ionische gelöste Stoffe wie NaCl in unpolaren Flüssigkeiten wie Benzin nicht auf. Die unpolaren Kohlenwasserstoffmoleküle des Benzins würden nur schwache Anziehungskräfte mit den Ionen erfahren und diese Wechselwirkungen könnten die Energien, die benötigt werden, um die Ionen voneinander zu trennen, nicht ausgleichen.

Aus ähnlichem Grund bildet eine polare Flüssigkeit wie Wasser keine Lösungen mit einer unpolaren Flüssigkeit wie Oktan (C_8H_{18}). Die Wassermoleküle haben starke Wasserstoffbrückenbindungen untereinander (siehe Abschnitt 11.2). Diese Anziehungskräfte müssen überwunden werden, um die Wassermoleküle in der unpolaren Flüssigkeit zu verteilen. Die zur Trennung der H_2O-Moleküle benötigte Energie wird nicht in der Form von Anziehungskräften zwischen H_2O- und C_8H_{18}-Molekülen wiedergewonnen.

Lösungsbildung, Spontaneität und Unordnung

Wenn Kohlenstofftetrachlorid (CCl_4) und Hexan (C_6H_{14}) gemischt werden, lösen sie sich ineinander unbegrenzt. Beide Substanzen sind unpolar und sie haben ähnliche Siedepunkte (77 °C für CCl_4 und 69 °C für C_6H_{14}). Man kann daher mit gutem Grund annehmen, dass die Größen der Anziehungskräfte (London'sche Dispersionskräfte) unter den Molekülen in den beiden Substanzen und in ihrer Lösung ähnlich sind. Wenn die beiden gemischt werden, tritt die Auflösung spontan ein, d. h. sie erfolgt ohne zusätzliche Energiezugabe von außen. Zwei unterschiedliche Faktoren kommen bei Prozessen, die spontan auftreten, ins Spiel. Der offensichtlichste ist Energie, der andere ist die Verteilung jedes Bestandteils in einem größeren Volumen.

Wenn Sie ein Buch loslassen, fällt es durch die Schwerkraft auf den Boden. Auf seiner ursprünglichen Höhe hat es eine höhere potenzielle Energie als auf dem Boden.

Wenn es nicht zurückgehalten wird, fällt das Buch, und während es dies tut, wird potenzielle Energie in kinetische Energie umgewandelt. Wenn das Buch den Boden trifft, wird die kinetische Energie größtenteils in Wärmeenergie umgewandelt, die an die Umgebung abgegeben wird. Das Buch hat bei diesem Vorgang Energie an seine Umgebung verloren. Diese Tatsache führt uns zum ersten Grundprinzip, das spontane Prozesse und die Richtung, die sie nehmen, kennzeichnet: *Prozesse, in denen der Energiegehalt des Systems abnimmt, können spontan auftreten.* Spontane Prozesse sind meistens exotherm (siehe Abschnitt 5.4, Kasten „Strategien in der Chemie: Enthalpie als Orientierungshilfe"). Änderung läuft meistens in der Richtung ab, die zu einer niedrigeren Energie oder niedrigeren Enthalpie für das System führt.

Einige spontane Prozesse führen jedoch nicht zu niedrigerer Enthalpie für ein System und einige endotherme Prozesse treten sogar spontan auf. NH_4NO_3 löst sich zum Beispiel leicht in Wasser auf, obwohl der Lösungsvorgang endotherm ist. Derartige Prozesse sind durch einen stärker ungeordneten Zustand eines oder mehrerer Bestandteile charakterisiert, wodurch sich insgesamt eine erhöhte Unordnung des Systems ergibt. In diesem Beispiel verteilt sich das zunächst als Festkörper dicht geordnete NH_4NO_3 in der Lösung in Form getrennter NH_4^+- und NO_3^--Ionen. Die Mischung von CCl_4 und C_6H_{14} bietet ein weiteres einfaches Beispiel. Nehmen wir an, dass wir eine Sperre, die 500 ml CCl_4 von 500 ml C_6H_{14} trennt, plötzlich entfernen können, wie in ▶ Abbildung 13.6 a. Bevor die Sperre entfernt wird, besetzt jede Flüssigkeit ein Volumen von 500 ml. Alle CCl_4-Moleküle sind in den 500 ml auf der linken Seite der Sperre und alle C_6H_{14}-Moleküle sind in den 500 ml auf der rechten Seite. Wenn sich nach Entfernen der Sperre ein Gleichgewicht eingestellt hat, besetzen die Flüssigkeiten zusammen ein Volumen von etwa 1000 ml. Die Bildung einer homogenen Lösung hat den Verteilungsgrad oder die Unordnung erhöht, weil die Moleküle jeder Substanz jetzt in einem Volumen gemischt und verteilt sind, das zweimal so groß wie das ist, das sie vor dem Mischen jeweils einzeln besetzten. Der Umfang der Unordnung im System wird durch eine thermodynamische Größe mit Namen **Entropie** ausgedrückt. Dieses Beispiel veranschaulicht unser zweites Grundprinzip: *Prozesse, die bei einer konstanten Temperatur ablaufen, in der die Unordnung (Entropie) des Systems zunimmt, treten eher spontan auf.*

Wenn Moleküle unterschiedlicher Arten zusammengebracht werden, tritt Mischung – und damit eine erhöhte Verteilung – spontan auf, wenn die Moleküle nicht durch ausreichend starke intermolekulare Kräfte oder durch physikalische Sperren zurückgehalten werden. Daher mischen sich Gase und expandieren, wenn sie nicht durch ihre Behälter zurückgehalten werden. In diesem Fall sind die intermolekularen Kräfte zu schwach, um die Moleküle zu halten. Weil jedoch starke Bindungen Natrium- und Chloridionen zusammenhalten, löst sich Natriumchlorid nicht spontan in Benzin auf.

Wir werden spontane Prozesse erneut in Kapitel 19 behandeln. Dann werden wir uns auch das Zusammenspiel zwischen Verringerung der Enthalpie und Erhöhung der Entropie genauer ansehen. Im Moment müssen wir jedoch nur wissen, dass der Lösungsvorgang zwei Faktoren einbezieht: eine Änderung der Enthalpie und eine Änderung der Entropie. In den meisten Fällen wird *die Bildung von Lösungen durch den Anstieg in der Entropie begünstigt, die das Mischen begleitet.* Daher bildet sich eine Lösung, sofern die Wechselwirkungen in dem zu lösenden Stoff sowie in dem Lösungsmittel nicht stärker als die Wechselwirkungen zwischen gelöstem Stoff und Lösungsmittel sind.

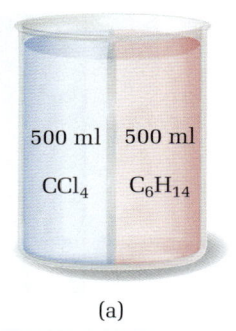

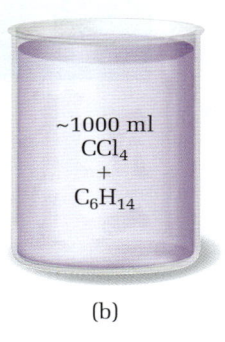

Abbildung 13.6: Zunehmende Unordnung bei einem Lösungsvorgang. Eine homogene Lösung aus CCl_4 und C_6H_{14} bildet sich, wenn eine Sperre, die beide Flüssigkeiten trennt, entfernt wird. Jedes CCl_4-Molekül der Lösung in (b) ist auf größerem Raum verteilt als es in der linken Zone in (a) war, und jedes C_6H_{14}-Molekül in (b) ist auf größerem Raum verteilt, als es in der rechten Zone in (a) war.

13 Eigenschaften von Lösungen

(a)　　　　　　　　　　(b)　　　　　　　　　　(c)

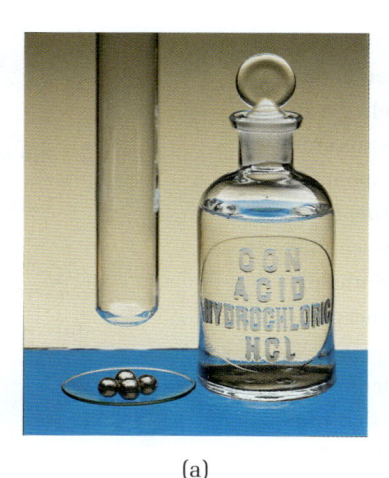

Abbildung 13.7: Die Nickel-Säurereaktion ist keine einfache Auflösung. (a) Nickelmetall und Salzsäure. (b) Nickel reagiert langsam mit Salzsäure unter Bildung von $NiCl_2(aq)$ und $H_2(g)$. (c) $NiCl_2 \cdot 6\,H_2O$ erhält man, wenn die Lösung aus (b) bis zur Trockene eingedampft wird. Da der nach der Eindampfung bleibende Rückstand sich chemisch von den Reaktanten unterscheidet, wissen wir, dass eine chemische Reaktion stattgefunden hat und nicht nur ein Lösungsvorgang.

Lösungsbildung und chemische Reaktionen

In allen unseren Ausführungen über Lösungen müssen wir sorgfältig zwischen dem physikalischen Vorgang der Lösungsbildung und den chemischen Reaktionen, die zu einer Lösung führen, unterscheiden. Nickelmetall wird zum Beispiel bei Kontakt mit Salzsäurelösung aufgelöst, weil die folgende chemische Reaktion stattfindet:

$$Ni(s) + 2\,HCl(aq) \longrightarrow NiCl_2(aq) + H_2(g) \qquad (13.2)$$

In diesem Fall ändert sich die chemische Zusammensetzung der aufgelösten Substanz von Ni zu $NiCl_2$. Wird die Lösung bis zur Trockenheit eingedampft, geht $NiCl_2 \cdot 6\,H_2O(s)$, nicht $Ni(s)$ hervor (▶ Abbildung 13.7). Wird $NaCl(s)$ dagegen in Wasser gelöst, findet keine chemische Reaktion statt. Wird die Lösung bis zur Trockenheit eingedampft, geht wieder NaCl hervor. In diesem Kapitel konzentrieren wir uns auf Lösungen, bei denen der gelöste Stoff unverändert aus der Lösung hervorgeht.

> **? DENKEN SIE EINMAL NACH**
>
> Silberchlorid, AgCl, ist in Wasser im Wesentlichen unlöslich. Würden Sie eine bedeutende Änderung in der Entropie des Systems erwarten, wenn 10 g AgCl zu 500 ml Wasser zugegeben wird?

Näher hingeschaut ■ Hydrate

Häufig bleiben hydratisierte Ionen in kristallinen Salzen, die durch Verdampfung von Wasser aus wässrigen Lösungen erhalten werden. Gebräuchliche Beispiele sind unter anderem $FeCl_3 \cdot 6\,H_2O$ [Eisen(III)-Chloridhexahydrat] und $CuSO_4 \cdot 5\,H_2O$ [Kupfer(II)-sulfatpentahydrat]. Das $FeCl_3 \cdot 6\,H_2O$ besteht aus $Fe(H_2O)_6^{3+}$- und Cl^--Ionen; das $CuSO_4 \cdot 5\,H_2O$ besteht aus $Cu(H_2O)_4^{2+}$- und $SO_4(H_2O)^{2-}$-Ionen. Wassermoleküle können auch im Kristallgitter auftreten, wenn sie nicht speziell mit einem Kation oder Anion verknüpft sind. $BaCl_2 \cdot 2\,H_2O$ (Bariumchloriddihydrat) ist ein Beispiel hierfür. Verbindungen wie $FeCl_3 \cdot 6\,H_2O$, $CuSO_4 \cdot 5\,H_2O$ und $BaCl_2 \cdot 2\,H_2O$, die ein Salz und Wasser kombiniert in festgelegten Anteilen enthalten, werden als *Hydrate* bezeichnet, das mit ihnen verknüpfte Wasser wird *Hydratationswasser* genannt. ▶ Abbildung 13.8 zeigt ein Beispiel eines Hydrats und der entsprechenden wasserfreien Substanz.

Abbildung 13.8: Hydratisierte und wasserfreie Salze. Hydratisiertes Kobalt(II)-Chlorid $CoCl_2 \cdot 6\,H_2O$ (links) und wasserfreies $CoCl_2$ (rechts).

13.2 Gesättigte Lösungen und Löslichkeit

ÜBUNGSBEISPIEL 13.1   **Beurteilung der Entropieänderung**

Im nachstehenden Vorgang reagiert Wasserdampf mit dem überschüssigen festen Natriumsulfat, um die hydratisierte Form eines Salzes zu bilden. Die chemische Reaktion ist:

$$Na_2SO_4(s) + 10\ H_2O(g) \longrightarrow Na_2SO_4 \cdot 10\ H_2O(s)$$

Im Wesentlichen wird der gesamte Wasserdampf im geschlossenen Behälter in dieser Reaktion verbraucht. Wenn wir berücksichtigen, dass unser System zunächst aus dem festen $Na_2SO_4(s)$ und 10 $H_2O(g)$ besteht, wird **(a)** das System in diesem Vorgang mehr oder weniger geordnet und **(b)** nimmt die Entropie des Systems zu oder ab?

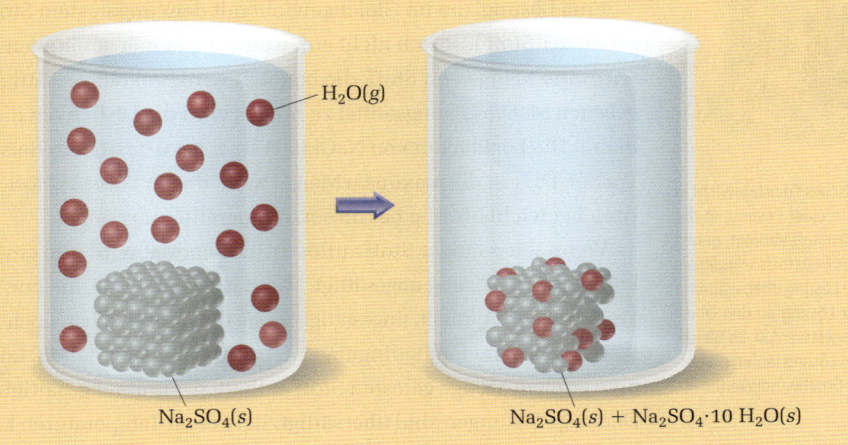

$H_2O(g)$

$Na_2SO_4(s)$ $Na_2SO_4(s) + Na_2SO_4 \cdot 10\ H_2O(s)$

Lösung

Analyse: Wir sollen bestimmen, ob das System durch die Reaktion von Wasserdampf mit dem festen Salz mehr oder weniger geordnet wird und ob der Vorgang zu einer höheren oder niedrigeren Entropie für das System führt.

Vorgehen: Wir müssen die Anfangs- und Endzustände des Systems untersuchen und beurteilen, ob der Vorgang das System mehr oder weniger geordnet hat. Je nach unserer Antwort auf diese Frage können wir bestimmen, ob die Entropie zu- oder abgenommen hat.

Lösung: (a) Im Laufe der Bildung des Hydrats von $Na_2SO_4(s)$ geht das Wasser vom gasförmigen Zustand, in dem es im gesamten Volumen des Behälters verteilt ist, in den festen Aggregatzustand über, wo es auf das $Na_2SO_4 \cdot 10\ H_2O(s)$-Gitter beschränkt ist. Dies bedeutet, dass das Wasser stärker geordnet vorliegt. **(b)** Wenn ein System stärker geordnet wird, nimmt seine Entropie ab.

ÜBUNGSAUFGABE

Nimmt die Entropie des Systems zu oder ab, wenn der Hahn geöffnet wird, um die beiden Gase in dieser Vorrichtung zu mischen?

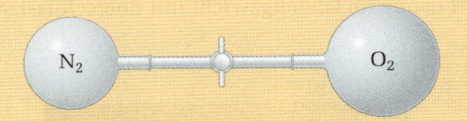

N_2 O_2

Antwort: Die Entropie nimmt zu, weil jedes Gas schließlich im Zweifachen des Volumens, das es ursprünglich einnahm, verteilt wird.

Gesättigte Lösungen und Löslichkeit   13.2

Wenn ein fester Stoff beginnt, sich in einem Lösungsmittel aufzulösen, nimmt die Konzentration der Teilchen des gelösten Stoffs in der Lösung zu und damit steigen ihre Chancen mit der Oberfläche des Festkörpers zusammenzustoßen (▶ Abbildung 13.9). Dieser Stoß kann dazu führen, dass sich die Teilchen des gelösten Stoffs wieder am Festkörper anlagern. Dieser Vorgang, der das Gegenteil zum Lösungsvorgang ist, wird als **Kristallisation** bezeichnet. Daher treten zwei entgegengesetzte Prozesse in einer

13 Eigenschaften von Lösungen

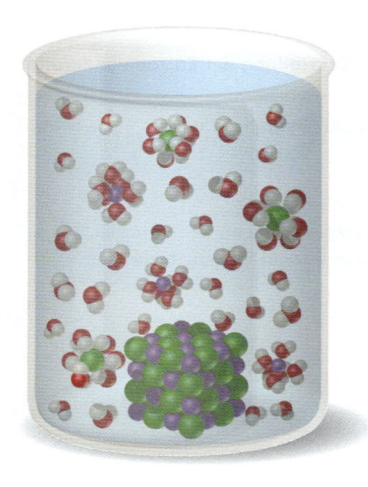

Abbildung 13.9: Dynamisches Gleichgewicht in einer gesättigten Lösung. In einer Lösung, in der überschüssiger ionischer Feststoff vorliegt, gehen Ionen an der Oberfläche des Feststoffs ständig als hydratisierte Teilchen in die Lösung über, während hydratisierte Ionen aus der Lösung an den Oberflächen des Feststoffs abgelagert werden. Im Gleichgewicht in einer gesättigten Lösung laufen die beiden Vorgänge mit gleichen Geschwindigkeiten ab.

> **? DENKEN SIE EINMAL NACH**
>
> Ist eine übersättigte Lösung aus Natriumacetat eine stabile Gleichgewichtslösung?

Abbildung 13.10: Natriumacetat bildet leicht eine übersättigte Lösung in Wasser.

Lösung in Kontakt mit den ungelösten Stoffen auf. Diese Situation wird in einer chemischen Gleichung durch Verwendung eines Doppelpfeils dargestellt:

$$\text{Stoff} + \text{Lösungsmittel} \underset{\text{Kristallisation}}{\overset{\text{Auflösung}}{\rightleftharpoons}} \text{Lösung} \qquad (13.3)$$

Wenn die Geschwindigkeiten dieser entgegengesetzten Prozesse gleich werden, tritt keine weitere Nettozunahme in der Menge des gelösten Stoffs in Lösung auf. Es stellt sich ein dynamisches Gleichgewicht ein, das dem zwischen Verdampfung und Kondensation ähnlich ist, das wir in Abschnitt 11.5 behandelt haben.

Eine Lösung, die im Gleichgewicht mit dem ungelöstem Stoff ist, ist **gesättigt**. Zusätzlicher Stoff löst sich nicht auf, wenn er zu einer gesättigten Lösung hinzugegeben wird. Die Menge von Stoff, die benötigt wird, um eine gesättigte Lösung in einer gegebenen Menge Lösungsmittel zu bilden, wird die **Löslichkeit** dieses gelösten Stoffs genannt. Die Löslichkeit von NaCl in Wasser bei 0 °C ist zum Beispiel 35,7 g pro 100 ml Wasser. Dies ist die maximale Menge NaCl, die im Wasser gelöst werden kann, um eine Gleichgewichtslösung bei dieser Temperatur zu ergeben.

Wenn wir weniger Stoff auflösen, als benötigt wird, um eine gesättigte Lösung zu bilden, ist die Lösung **ungesättigt**. Damit ist eine Lösung, die nur 10,0 g NaCl pro 100 ml Wasser bei 0 °C enthält, ungesättigt, da sie die Kapazität hat, noch mehr Stoff aufzulösen.

Unter geeigneten Bedingungen ist es manchmal möglich, Lösungen zu bilden, die eine größere Menge gelösten Stoff enthalten, als einer gesättigten Lösung entspricht. Derartige Lösungen sind **übersättigt**. Bei hohen Temperaturen kann sich zum Beispiel wesentlich mehr Natriumacetat (CH_3COONa) in Wasser auflösen als bei niedrigen Temperaturen. Wenn eine gesättigte Lösung von Natriumacetat bei einer hohen Temperatur hergestellt wird und dann langsam abgekühlt wird, bleibt eventuell der gesamte gelöste Stoff gelöst, obwohl die Löslichkeit mit sinkender Temperatur abnimmt. Weil das Gelöste in einer übersättigten Lösung in einer höheren Konzentration als der Gleichgewichtskonzentration vorliegt, sind übersättigte Lösungen unbeständig. Übersättigte Lösungen entstehen überwiegend aus dem gleichen Grund wie unterkühlte Flüssigkeiten (siehe Abschnitt 11.4). Damit Kristallisation auftritt, müssen sich die Moleküle oder Ionen eines gelösten Stoffs richtig anordnen, um Kristalle zu bilden. Zugabe eines kleinen Kristalls des Gelösten (ein Impfkristall) liefert einen Keim zur Kristallisation des überschüssigen Gelösten und führt schließlich zu einer gesättigten Lösung im Gleichgewicht mit überschüssigem Feststoff (▶ Abbildung 13.10).

(a) Ein Impfkristall $NaCH_3COO$ wird zu einer übersättigten Lösung gegeben.

(b) Überschüssiges $NaCH_3COO$ kristallisiert aus der Lösung.

(c) Die Lösung ist gesättigt.

Was beeinflusst die Löslichkeit? 13.3

Das Ausmaß, in dem eine Substanz sich in einer anderen löst, hängt von der Beschaffenheit von Gelöstem und Lösungsmittel ab. Es hängt ebenfalls von der Temperatur und, wenigstens für Gase, vom Druck ab. Schauen wir uns diese Faktoren einmal genauer an.

Wechselwirkungen zwischen gelöstem Stoff und Lösungsmittel

Ein Faktor, der die Löslichkeit bestimmt, ist die natürliche Neigung von Substanzen, sich zu mischen (die Neigung von Systemen, in einen weniger geordneten Zustand überzugehen). Wenn dies alles wäre, was daran beteiligt ist, würden wir jedoch erwarten, dass Substanzen ineinander vollständig löslich sind. Dies ist ganz klar nicht der Fall. Welche anderen Faktoren sind also beteiligt? Wie wir in Abschnitt 13.1 gesehen haben, spielen auch die Anziehungskräfte unter den Molekülen des gelösten Stoffs und des Lösungsmittels sehr wichtige Rollen im Lösungsvorgang.

Obwohl die Neigung zur Verteilung und die verschiedenen Wechselwirkungen unter den Teilchen von gelöstem Stoff und Lösungsmittel alle daran beteiligt sind, die Löslichkeiten zu bestimmen, können wir ein sehr gutes Verständnis erhalten, wenn wir uns auf die Wechselwirkung zwischen dem gelösten Stoff und dem Lösungsmittel konzentrieren. Die Daten in Tabelle 13.2 zeigen zum Beispiel, dass die Löslichkeiten verschiedener einfacher Gase in Wasser mit zunehmender Molekülmasse oder Polarität zunehmen. Die Anziehungskräfte zwischen den Gas- und Lösungsmittelmolekülen sind hauptsächlich London'sche Dispersionskräfte, welche mit zunehmender Größe und Masse der Gasmoleküle zunehmen (siehe Abschnitt 11.2). Damit geben die Daten an, dass die Löslichkeiten von Gasen in Wasser zunehmen, wenn die Anziehungskraft zwischen dem gelösten Stoff (Gas) und dem Lösungsmittel (Wasser) steigt. In der Regel gilt, wenn andere Faktoren vergleichbar sind, dass, *je stärker die Anziehungskräfte zwischen Molekülen von gelöstem Stoff und Lösungsmittel sind, desto größer die Löslichkeit ist.*

Infolge von günstigen Dipol-Dipol-Anziehungskräften zwischen Lösungsmittelmolekülen und Molekülen des gelösten Stoffs *lösen sich polare Flüssigkeiten praktisch unbegrenzt in polaren Lösungsmitteln*. Wasser ist nicht nur polar, sondern kann auch Wasserstoffbrückenbindungen bilden (siehe Abschnitt 11.2). Daher sind polare Moleküle und vor allem die, die Wasserstoffbrückenbindungen mit Wassermolekülen bilden können, in Wasser gut löslich. Aceton, ein polares Molekül, dessen Strukturformel nebenstehend gezeigt wird, mischt sich zum Beispiel in jedem Verhältnis mit Wasser. Aceton hat eine starke polare C=O-Bindung und freie Elektronenpaare am O-Atom, die Wasserstoffbrückenbindungen mit Wasser bilden können.

Flüssigkeiten wie Aceton und Wasser, die sich in jedem Verhältnis mischen, sind **mischbar**, während solche, die sich ineinander nicht lösen, **unmischbar** sind. Benzin, das eine Mischung aus Kohlenwasserstoffen ist, ist mit Wasser nicht mischbar. Kohlenwasserstoffe sind aufgrund mehrerer Faktoren unpolare Substanzen: Die C—C-Bindungen sind unpolar, die C—H-Bindungen sind fast unpolar und die Gestalten der Moleküle sind symmetrisch genug, einen Großteil der schwachen C—H-Bindungsdipole aufzuheben. Die Anziehungskraft zwischen den polaren Wassermolekülen einerseits und den nichtpolaren Kohlenwasserstoffmolekülen andererseits ist nicht ausreichend stark, um die Bildung einer Lösung zuzulassen. *Unpolare Flüssigkeiten sind in pola-*

Tabelle 13.2

Löslichkeiten von Gasen in Wasser bei 20 °C, mit 1 atm Gasdruck

Gas	Löslichkeit (M)
N_2	$0{,}69 \times 10^{-3}$
CO	$1{,}04 \times 10^{-3}$
O_2	$1{,}38 \times 10^{-3}$
Ar	$1{,}50 \times 10^{-3}$
Kr	$2{,}79 \times 10^{-3}$

CH_3CCH_3 mit =O

Aceton

Tabelle 13.3

Löslichkeiten einiger Alkohole in Wasser und in Hexan*

Alkohol	Löslichkeit in H_2O	Löslichkeit in C_6H_{14}
CH_3OH (Methanol)	∞	0,12
CH_3CH_2OH (Ethanol)	∞	∞
$CH_3CH_2CH_2OH$ (Propanol)	∞	∞
$CH_3CH_2CH_2CH_2OH$ (Butanol)	0,11	∞
$CH_3CH_2CH_2CH_2CH_2OH$ (Pentanol)	0,030	∞
$CH_3CH_2CH_2CH_2CH_2CH_2OH$ (Hexanol)	0,0058	∞
$CH_3CH_2CH_2CH_2CH_2CH_2CH_2OH$ (Heptanol)	0,0008	∞

* Ausgedrückt in Mol Alkohol/100 g Lösungsmittel bei 20 °C. Das Unendlichkeitssymbol zeigt an, dass der Alkohol vollständig mit dem Lösungsmittel mischbar ist.

ren Flüssigkeiten meist unlöslich. Daher löst sich Hexan (C_6H_{14}) in Wasser nicht auf. Die Serie von Verbindungen in Tabelle 13.3 zeigt, dass sich polare Flüssigkeiten eher in anderen polaren Flüssigkeiten und unpolare Flüssigkeiten in unpolaren auflösen. Diese organischen Verbindungen enthalten alle die OH-Gruppe an einem C-Atom. Organische Verbindungen mit diesem molekularen Merkmal werden *Alkohole* genannt. Die O—H-Bindung ist nicht nur polar, sondern kann auch Wasserstoffbrückenbindungen bilden. CH_3CH_2OH-Moleküle können zum Beispiel Wasserstoffbrückenbindungen mit Wassermolekülen sowie miteinander bilden (▶ Abbildung 13.11). Daher sind die Kräfte zwischen Molekülen des gelösten Stoffs, zwischen Molekülen des Lösungsmittels sowie zwischen Molekülen des gelösten Stoffs und des Lösungsmittels in einem Gemisch aus CH_3CH_2OH und H_2O nicht besonders unterschiedlich. Es findet keine bedeutende Änderung in den Umgebungen der Moleküle statt, wenn sie gemischt werden. Daher spielt die erhöhte Verteilung der beiden Bestandteile in einem größeren Volumen eine bedeutende Rolle bei der Bildung der Lösung. Ethanol (CH_3CH_2OH) ist daher mit Wasser unbegrenzt mischbar.

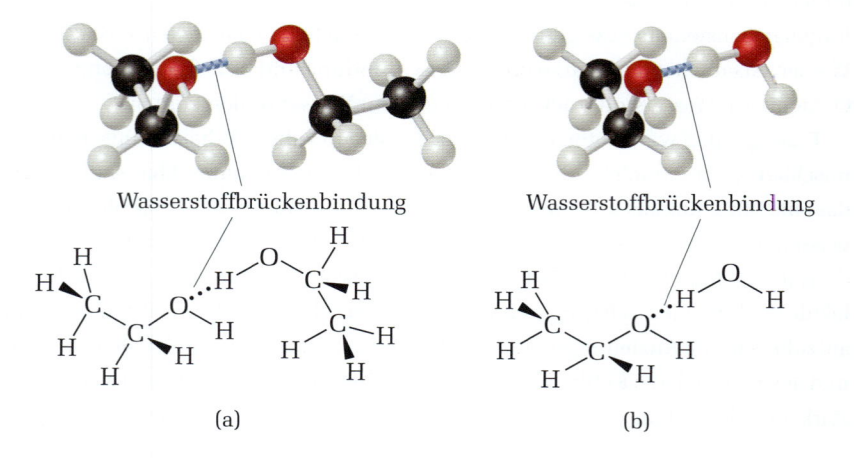

Abbildung 13.11: Wasserstoffbrückenbindungen. (a) Zwischen zwei Ethanolmolekülen und (b) zwischen einem Ethanolmolekül und einem Wassermolekül.

13.3 Was beeinflusst die Löslichkeit?

WASSERSTOFFBRÜCKENBINDUNG UND LÖSLICHKEIT IN WASSER

Die Gegenwart von OH-Gruppen, die zur Wasserstoffbrückenbindung mit Wasser fähig sind, verbessert die Löslichkeit von organischen Molekülen in Wasser.

Gruppen für Wasserstoff-Brückenbindungen

Cyclohexan, C_6H_{12}, das keine polaren OH-Gruppen hat, ist im Wesentlichen in Wasser unlöslich.

Glukose, $C_6H_{12}O_6$, hat fünf OH-Gruppen und ist in Wasser gut löslich.

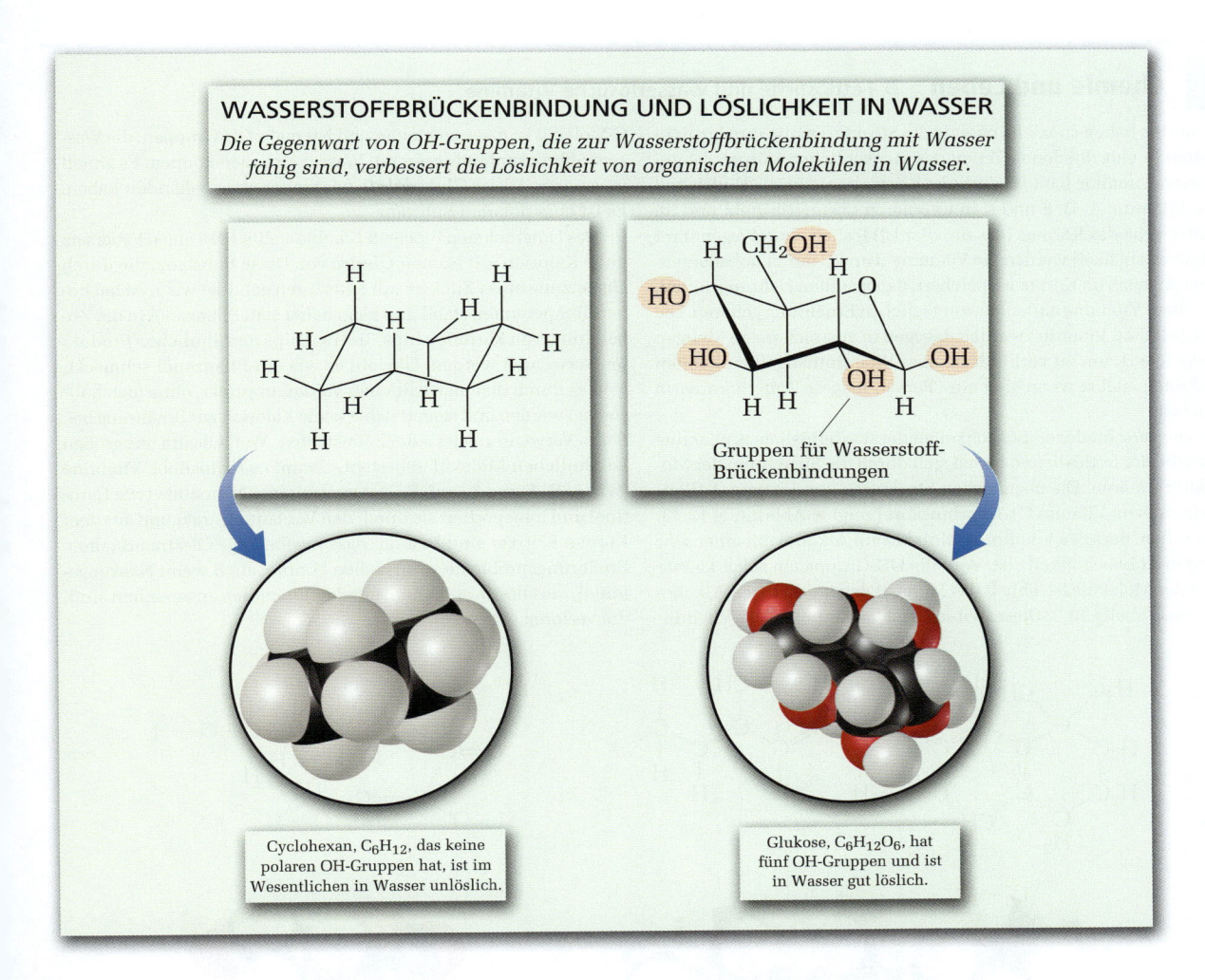

Abbildung 13.12: Struktur und Löslichkeit.

Die Zahl von Kohlenstoffatomen in einem Alkohol beeinflusst seine Löslichkeit in Wasser. Wenn die Länge der Kohlenstoffkette zunimmt, wird die polare OH-Gruppe ein noch kleinerer Teil des Moleküls, und das Molekül verhält sich mehr wie ein Kohlenwasserstoff. Die Löslichkeit des Alkohols in Wasser nimmt dementsprechend ab. Die Löslichkeit des Alkohols in einem unpolaren Lösungsmittel wie Hexan (C_6H_{14}) nimmt dagegen zu, wenn die unpolare Kohlenwasserstoffkette länger wird.

Eine Möglichkeit, um die Löslichkeit einer Substanz in Wasser zu verbessern, besteht darin, die Zahl von polaren Gruppen, die sie enthält, zu erhöhen. Wenn man zum Beispiel die Zahl von OH-Gruppen entlang einer Kohlenstoffkette eines gelösten Stoffs erhöht, wird auch das Ausmaß an Wasserstoffbrückenbindungen zwischen diesem gelösten Stoff und Wasser erhöht und damit die Löslichkeit. Glukose ($C_6H_{12}O_6$) hat fünf OH-Gruppen an einem Gerüst mit sechs Kohlenstoffatomen, wodurch das Molekül in Wasser sehr gut löslich wird (83 g löst sich in 100 ml Wasser bei 17,5 °C). ▶ Abbildung 13.12 zeigt das Glukosemolekül.

Die Untersuchung unterschiedlicher Kombinationen von Lösungsmitteln und gelösten Stoffen, wie die in den vorangehenden Absätzen betrachteten, hat zu einer wichtigen Verallgemeinerung geführt: *Substanzen mit ähnlichen intermolekularen An-*

Molekülmodelle

Chemie und Leben ■ Fettlösliche und wasserlösliche Vitamine

Vitamine haben spezielle chemische Strukturen, die ihre Löslichkeiten in verschiedenen Teilen des menschlichen Körpers beeinflussen. Vitamine B und C sind zum Beispiel wasserlöslich, während die Vitamine A, D, E und K in unpolaren Lösungsmitteln und im Fettgewebe des Körpers (das unpolar ist) löslich sind. Wegen ihrer Wasserlöslichkeit werden die Vitamine B und C nur in unbedeutendem Ausmaß im Körper gespeichert, daher sollten Nahrungsmittel, die diese Vitamine enthalten, zur täglichen Ernährung gehören. Die fettlöslichen Vitamine werden dagegen in ausreichenden Mengen gespeichert, um zu verhindern, dass Vitaminmangelkrankheiten auftreten, selbst wenn sich eine Person längere Zeit vitaminarm ernährt.

Die verschiedenen Löslichkeiten der wasserlöslichen Vitamine und die der fettlöslichen lassen sich durch die Strukturen der Moleküle erklären. Die chemischen Strukturen von Vitamin A (Retinol) und von Vitamin C (Ascorbinsäure) zeigt ▶ Abbildung 13.13. Sie sehen, dass das Vitamin-A-Molekül ein Alkohol mit einer sehr langen Kohlenstoffkette ist. Weil die OH-Gruppe ein solch kleiner Teil des Moleküls ist, ähnelt das Molekül den langkettigen Alkoholen aus Tabelle 13.3. Dieses Vitamin ist fast unpolar. Das Vitamin-C-Molekül ist dagegen kleiner und hat mehr OH-Gruppen, die Wasserstoffbrückenbindungen mit Wasser eingehen können. Es ähnelt in gewisser Weise Glukose, die wir weiter oben behandelt haben. Es ist eine polarere Substanz.

Das Unternehmen Procter & Gamble stellte 1998 einen Fettersatz ohne Kalorien mit Namen *Olestra* vor. Diese Substanz, die durch Umsetzung eines Zuckers mit Fettsäuren gebildet wird, ist bei hohen Temperaturen stabil und kann daher statt Pflanzenöl in der Zubereitung von Kartoffelchips, Tortillachips und ähnlichen Produkten verwendet werden. Obwohl es wie ein Pflanzenöl schmeckt, geht es durch den menschlichen Verdauungstrakt, ohne metabolisiert zu werden und steuert daher keine Kalorien zur Ernährung bei. Seine Verwendung ist jedoch umstritten. Weil Olestra aus großen fettähnlichen Molekülen besteht, nimmt es fettlösliche Vitamine (wie A, D, E und K) auf. Es löst auch andere Nährstoffe (wie Carotine) und transportiert sie durch den Verdauungstrakt und aus dem Körper. Kritiker sind besorgt, dass regelmäßige Olestraaufnahme Ernährungsprobleme verursachen könnte, auch wenn Nahrungsmittel, die Olestra enthalten, mit den Vitaminen angereichert sind, die verloren gehen könnten.

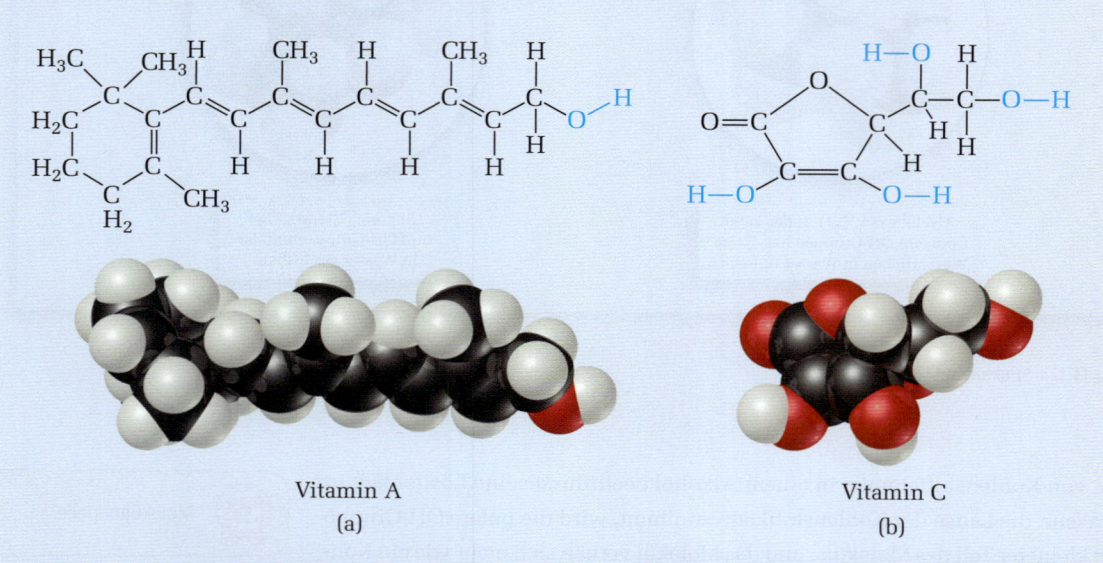

Vitamin A
(a)

Vitamin C
(b)

Abbildung 13.13: Vitamine A und C. (a) Die Molekülstruktur von Vitamin A, einem fettlöslichen Vitamin. Das Molekül besteht größtenteils aus Kohlenstoff–Kohlenstoff- und Kohlenstoff–Wasserstoffbindungen, daher ist es nahezu unpolar. (b) Die Molekülstruktur von Vitamin C, einem wasserlöslichen Vitamin. Sie sehen die OH-Gruppen und die anderen Sauerstoffatome im Molekül, die mit Wassermolekülen durch Wasserstoffbrückenbindung in Wechselwirkung treten können.

? DENKEN SIE EINMAL NACH

Nehmen Sie an, dass die Wasserstoffatome an den OH-Gruppen in Glukose (Abbildung 13.2) durch Methylgruppen, CH_3, ersetzt werden. Sollte die Löslichkeit des sich ergebenden Moleküls in Wasser höher, niedriger oder etwa gleich der Löslichkeit von Glukose sein?

---

ziehungskräften sind ineinander eher löslich. Diese Verallgemeinerung wird häufig einfach als „Gleiches löst sich gern in Gleichem" ausgedrückt. Unpolare Substanzen sind wahrscheinlicher in unpolaren Lösungsmitteln löslich, ionische und polare Stoffe sind wahrscheinlicher in polaren Lösungsmitteln löslich. Kovalente Festkörper, wie Diamant und Quarz, sind wegen der starken Bindungskräfte im Festkörper weder in polaren noch unpolaren Lösungsmitteln löslich.

13.3 Was beeinflusst die Löslichkeit?

ÜBUNGSBEISPIEL 13.2 — Vorhersage des Löslichkeitsverhaltens

Sagen Sie vorher, ob die folgenden Substanzen sich wahrscheinlicher in Kohlenstofftetrachlorid (CCl_4) oder in Wasser auflösen: C_7H_{16}, Na_2SO_4, HCl und I_2.

Lösung

Analyse: Es werden zwei Lösungsmittel angegeben, ein unpolares (CCl_4) und ein polares (H_2O) und wir sollen bestimmen, welches das beste Lösungsmittel für die aufgeführten zu lösenden Stoffe ist.

Vorgehen: Indem wir die Formeln der gelösten Stoffe untersuchen, können wir feststellen, ob sie ionisch oder molekular sind. Für die, die molekular sind, können wir feststellen, ob sie polar oder unpolar sind. Wir können dann das Prinzip anwenden, dass das unpolare Lösungsmittel am besten für die unpolaren Stoffe sein wird, während das polare Lösungsmittel am besten für die ionischen und polaren Stoffe sein wird.

Lösung: C_7H_{16} ist ein Kohlenwasserstoff, daher ist es molekular und unpolar. Na_2SO_4, eine Verbindung, die ein Metall und Nichtmetalle enthält, ist ionisch. HCl, ein zweiatomiges Molekül, das zwei Nichtmetalle enthält, die sich in der Elektronegativität unterscheiden, ist polar und I_2, ein zweiatomiges Molekül mit Atomen gleicher Elektronegativität ist unpolar. Wir würden daher vorhersagen, dass C_7H_{16} und I_2 löslicher in dem unpolaren CCl_4 als im polaren H_2O sind, während Wasser das bessere Lösungsmittel für Na_2SO_4 und HCl ist.

ÜBUNGSAUFGABE

Ordnen Sie die folgenden Substanzen nach steigender Löslichkeit in Wasser an:

```
      H H H H H                        H H H H
      | | | | |                        | | | |
   H–C–C–C–C–C–H              HO–C–C–C–C–C–OH
      | | | | |                        | | | |
      H H H H H                        H H H H

      H H H H H                        H H H H
      | | | | |                        | | | |
   H–C–C–C–C–C–OH             H–C–C–C–C–C–Cl
      | | | | |                        | | | |
      H H H H H                        H H H H
```

Antwort:
$C_5H_{12} < C_5H_{11}Cl < C_5H_{11}OH < C_5H_{10}(OH)_2$ (geordnet nach steigender Polarität und Fähigkeit zu Wasserstoffbrückenbindung).

Druckeffekte

Die Löslichkeiten von Festkörpern und Flüssigkeiten werden vom Druck nicht besonders beeinflusst, während die Löslichkeit eines Gases in jedem Lösungsmittel zunimmt, wenn der Druck auf das Lösungsmittel zunimmt. Wir können den Effekt des Drucks auf die Löslichkeit eines Gases verstehen, indem wir uns das dynamische Gleichgewicht in ▶ Abbildung 13.14 ansehen. Nehmen wir an, dass wir eine gasförmige Substanz zwischen der Gas- und Lösungsphase verteilt haben. Wenn sich Gleichgewicht einstellt, gleicht die Geschwindigkeit, mit der Gasmoleküle in die Lösung eintreten, der Geschwindigkeit, mit der Moleküle des gelösten Stoffs aus der Lösung entweichen, um in die Gasphase einzutreten.

Die kleinen Pfeile in Abbildung 13.14 (a) stellen die Geschwindigkeiten dieser entgegengesetzten Prozesse dar. Nehmen wir jetzt an, dass wir zusätzlichen Druck auf den Kolben ausüben und das Gas über der Lösung komprimieren, wie Abbildung 13.14 (b) zeigt. Wenn wir das Volumen auf die Hälfte seines ursprünglichen Werts reduzieren würden, würde der Druck des Gases auf etwa das Zweifache seines ursprünglichen Werts ansteigen. Die Häufigkeit, mit der Gasmoleküle die Oberfläche treffen, um in die Lösungsphase einzutreten, würde daher steigen. Damit wür-

> **CWS** Henry'sches Gesetz

de die Löslichkeit des Gases in der Lösung zunehmen, bis sich wieder ein Gleichgewicht einstellt, d.h. die Löslichkeit steigt, bis genauso viele Gasmoleküle in die Lösung eintreten wie Moleküle des gelösten Stoffs aus der Lösung entweichen. Daher *nimmt die Löslichkeit des Gases direkt proportional zu seinem Partialdruck über der Lösung zu.*

Die Beziehung zwischen Druck und der Löslichkeit eines Gases wird durch eine einfache Gleichung mit der Bezeichnung **Henry'sches Gesetz** ausgedrückt:

$$S_g = kp_g \tag{13.4}$$

Hier ist S_g die Löslichkeit des Gases in der Lösungsphase (gewöhnlich als Molarität ausgedrückt), p_g der Partialdruck des Gases über der Lösung und k eine Proportionalitätskonstante, die als Henry-Konstante bezeichnet wird. Die *Henry-Konstante* ist für jedes Paar aus gelöstem Stoff und Lösungsmittel unterschiedlich. Sie ändert sich ebenfalls mit der Temperatur. Die Löslichkeit von N_2-Gas in Wasser bei 25 °C und 0,78 atm Druck ist beispielsweise $5,3 \times 10^{-4} M$. Die Henry-Konstante für N_2 in Wasser bei 25 °C wird daher durch $(5,3 \times 10^{-4}\,\text{mol/l})/0,78\,\text{atm} = 6,8 \times 10^{-4}\,\text{mol/l}\cdot\text{atm}$ angegeben. Wird der Partialdruck des N_2 verdoppelt, sagt das Henry-Gesetz vorher, dass die Löslichkeit in Wasser bei 25 °C ebenfalls verdoppelt wird, und zwar auf $1,06 \times 10^{-3} M$.

Flaschenabfüller nutzen den Effekt des Drucks auf die Löslichkeit bei der Herstellung von kohlensäurehaltigen Getränken wie Bier und vielen Softdrinks. Diese werden unter einem Kohlendioxiddruck von mehr als 1 atm abgefüllt. Wenn die Flaschen geöffnet werden, nimmt der Partialdruck von CO_2 über der Lösung ab. Daher nimmt die Löslichkeit von CO_2 ab und Kohlensäure entweicht in Blasen aus der Lösung (▶ Abbildung 13.15).

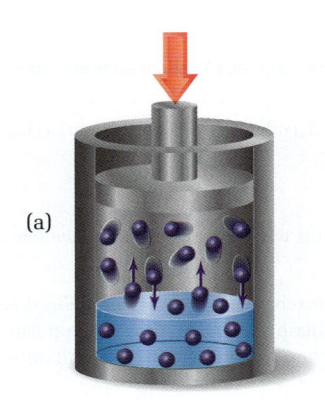

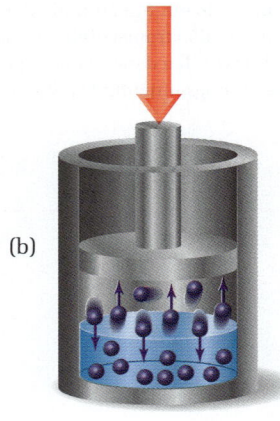

Abbildung 13.14: Wirkung von Druck auf die Löslichkeit von Gasen. Wenn der Druck erhöht wird, wie in (b), nimmt die Häufigkeit, mit der Gasmoleküle in die Lösung eintreten, zu. Die Konzentration von gelösten Stoffmolekülen im Gleichgewicht nimmt proportional zum Druck zu.

Abbildung 13.15: Löslichkeit nimmt mit sinkendem Druck ab. CO_2 sprudelt aus der Lösung, wenn ein kohlensäurehaltiges Getränk geöffnet wird, weil der CO_2-Partialdruck über der Lösung verringert wird.

ÜBUNGSBEISPIEL 13.3 — Eine Berechnung nach dem Henry'schen Gesetz

Berechnen Sie die Konzentration von CO_2 in einem Softdrink, der mit einem Partialdruck des CO_2 von 4,0 atm über der Flüssigkeit bei 25 °C abgefüllt wird. Die Konstante nach dem Henry'schen Gesetz für CO_2 in Wasser bei dieser Temperatur ist $3,1 \times 10^{-2}\,\text{mol/l}\cdot\text{atm}$.

Lösung

Analyse: Es wird der Partialdruck von CO_2, p_{CO_2}, und die Konstante nach dem Henry'schen Gesetz, k, angegeben und wir sollen die Konzentration von CO_2 in der Lösung berechnen.

Vorgehen: Mit den gegebenen Informationen können wir das Henry'sche Gesetz, ▶ Gleichung 13.4, nutzen, um die Löslichkeit S_{CO_2} zu berechnen.

Lösung: $S_{CO_2} = kp_{CO_2} = (3,1 \times 10^{-2}\,\text{mol/l}\cdot\text{atm}^{-1})(4,0\,\text{atm}) = 0,12\,\text{mol/l} = 0,12\,M$

Überprüfung: Die Einheiten sind für Löslichkeit korrekt und die Antwort hat zwei signifikante Stellen, die in Übereinstimmung mit den Angaben für den Partialdruck von CO_2 als auch für den Wert der Henry-Konstanten sind.

ÜBUNGSAUFGABE

Berechnen Sie die Konzentration von CO_2 in einem Softdrink, nachdem die Flasche geöffnet wurde und bei 25 °C unter einem CO_2-Partialdruck von $3,0 \times 10^{-4}$ atm im Gleichgewicht mit der Umgebung vorliegt.

Antwort: $9,3 \times 10^{-6} M$.

13.3 Was beeinflusst die Löslichkeit?

Chemie und Leben — Im Blut gelöste Gase und Tiefseetauchen

Weil die Löslichkeit von Gasen mit steigendem Druck zunimmt, müssen sich Taucher, die Druckluft einatmen (▶ Abbildung 13.16), Sorgen um die Löslichkeit von Gasen in ihrem Blut machen. Obwohl die Gase auf Höhe des Meeresspiegels nicht sehr löslich sind, können ihre Löslichkeiten in größeren Tiefen, in denen ihre Partialdrücke größer sind, bedeutend werden. Daher müssen Tiefseetaucher langsam auftauchen, um zu verhindern, dass gelöste Gase schnell aus dem Blut und anderen Körperflüssigkeiten freigesetzt werden. Diese Gasbläschen beeinträchtigen Nervenimpulse und rufen die so genannte Dekompressionserkrankung hervor, kurz auch nur Deko-Erkrankung oder auch Taucherkrankheit genannt, die schmerzhaft ist und tödlich enden kann. Stickstoff ist das Hauptproblem, weil es den höchsten Partialdruck in Luft hat und nur durch das Atmungssystem ausgestoßen werden kann. Sauerstoff wird dagegen im Stoffwechsel verbraucht.

Tiefseetaucher ersetzen manchmal Stickstoff in der Luft, die sie einatmen, durch Helium, weil Helium eine weitaus niedrigere Löslichkeit in biologischen Flüssigkeiten als N_2 hat. Taucher, die zum Beispiel in einer Tiefe von 30 m arbeiten, stehen unter einem Druck von etwa 4 atm. Bei diesem Druck ergibt ein Gemisch aus 95 % Helium und 5 % Sauerstoff einen Sauerstoffpartialdruck von etwa 0,2 atm, was der Partialdruck von Sauerstoff in normaler Luft bei 1 atm ist. Wird der Sauerstoffpartialdruck zu groß, wird der Drang zum Atmen reduziert, CO_2 wird dem Körper entzogen und CO_2-Vergiftung tritt auf. Bei übermäßigen Konzentrationen im Körper wirkt Kohlendioxid als Nervengift und stört die Leitung und Übertragung von Nervenimpulsen.

Abbildung 13.16: Löslichkeit nimmt mit steigendem Druck zu. Taucher, die Gase unter Druck benutzen, müssen sich über die Löslichkeit der Gase in ihrem Blut Gedanken machen.

Temperatureffekte

Die Löslichkeit der meisten festen Stoffe in Wasser nimmt zu, wenn die Temperatur der Lösung steigt. ▶ Abbildung 13.17 zeigt diesen Effekt für mehrere ionische Substanzen in Wasser. Es gibt jedoch Ausnahmen zu dieser Regel, wie wir für $Ce_2(SO_4)_3$ sehen, dessen Löslichkeitskurve mit steigender Temperatur nach unten geht.

Im Gegensatz zu festen gelösten Stoffen *nimmt die Löslichkeit von Gasen in Wasser mit steigender Temperatur ab* (▶ Abbildung 13.18). Wird ein Glas kaltes Wasser aus

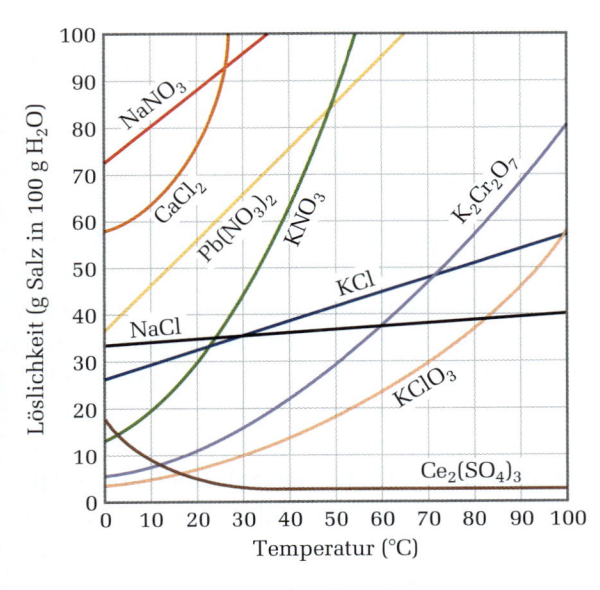

Abbildung 13.17: Löslichkeiten mehrerer ionischer Verbindungen in Wasser als Funktion der Temperatur.

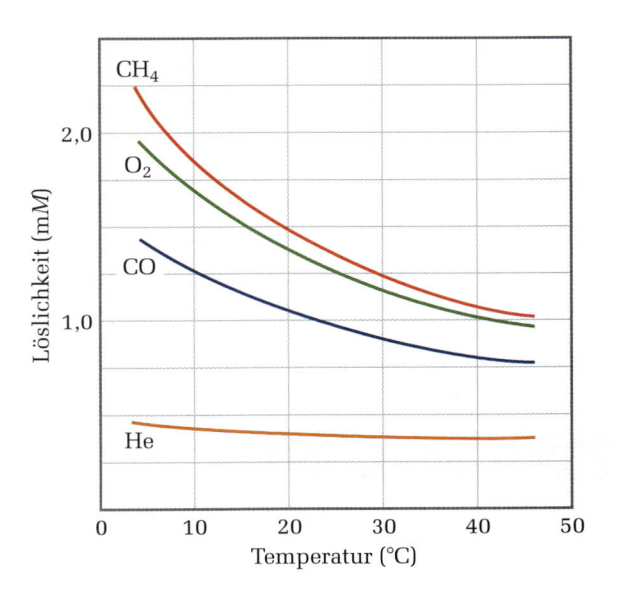

Abbildung 13.18: Veränderung der Löslichkeit von Gasen mit der Temperatur. Die Löslichkeiten sind für einen konstanten Gesamtdruck von 1 atm in der Gasphase in Einheiten von Millimol pro Liter (mmol/l) angegeben.

13 Eigenschaften von Lösungen

dem Wasserhahn erwärmt, sind Luftblasen an der Innenseite des Glases zu sehen. Auf ähnliche Weise verlieren kohlensäurehaltige Getränke ihre Kohlensäure, wenn sie sich erwärmen. Wenn die Temperatur der Lösung steigt, nimmt die Löslichkeit von CO_2 ab und $CO_2(g)$ entweicht aus der Lösung. Die verringerte Löslichkeit von O_2 in Wasser mit steigender Temperatur ist einer der Effekte der *Wärmebelastung* von Seen und Flüssen. Die Wirkung ist bei tiefen Seen besonders schwerwiegend, weil warmes Wasser weniger dicht als kaltes Wasser ist. Es bleibt daher über dem kalten Wasser an der Oberfläche. Dies behindert die Lösung von Sauerstoff in den tieferen Lagen und daher die Atmung aller Wasserlebewesen, die Sauerstoff benötigen. Fische können unter diesen Bedingungen ersticken und sterben.

> **? DENKEN SIE EINMAL NACH**
>
> Warum bilden sich Blasen an der Innenwand eines Kochtopfs, wenn Wasser auf dem Herd erwärmt wird, obwohl die Temperatur weit unter dem Siedepunkt von Wasser liegt?

13.4 Möglichkeiten zum Angeben von Konzentrationen

Die Konzentration einer Lösung kann qualitativ oder quantitativ ausgedrückt werden. Die Begriffe *verdünnt* und *konzentriert* dienen zur qualitativen Beschreibung einer Lösung. Eine Lösung mit einer relativ kleinen Konzentration von gelöstem Stoff bezeichnet man als verdünnt, eine mit einer großen Konzentration als konzentriert. Wir verwenden mehrere Wege, um Konzentration quantitativ auszudrücken, und wir untersuchen vier von diesen in diesem Abschnitt: Massenprozent, Molenbruch, Molarität und Molalität.

Massenprozent, ppm und ppb

Einer der einfachsten quantitativen Ausdrücke der Konzentration ist das **Massenprozent** eines Bestandteils in einer Lösung, gegeben durch:

$$\text{Massen-\% des Bestandteils} = \frac{\text{Masse des Bestandteils in der Lös.}}{\text{Gesamtmasse der Lös.}} \times 100\% \quad (13.5)$$

wobei wir „Lösung" als „Lös." abgekürzt haben. Daher enthält eine Lösung von Salzsäure, die 36 Massen-% HCl enthält, 36 g HCl pro 100 g Lösung.

Wir drücken die Anteile in sehr verdünnten Lösungen häufig in **Teilen pro Million (parts per million, ppm)** aus, definiert als:

$$\text{ppm des Bestandteils} = \frac{\text{Masse des Bestandteils in Lös.}}{\text{Gesamtmasse der Lös.}} \times 10^6 \quad (13.6)$$

Eine Lösung mit 1 ppm enthält 1 g des gelösten Stoffs pro Million (10^6) Gramm Lösung oder äquivalent dazu 1 mg gelöster Stoff pro Kilogramm Lösung. Da die Dichte von Wasser 1 g/ml ist, hat 1 kg verdünnte wässrige Lösung ein Volumen von fast 1 l. Damit entspricht 1 ppm auch 1 mg gelöstem Stoff pro Liter Lösung. Die zulässigen maximalen Anteile giftiger oder krebserregender Substanzen in der Umwelt werden häufig in ppm ausgedrückt. Der maximal zulässige Anteil von Arsen in Trinkwasser in den USA ist zum Beispiel 0,010 ppm, d. h. 0,010 mg Arsen pro Liter Wasser.

Für Lösungen, die noch verdünnter sind, werden **Teile pro Milliarde (parts per billion, ppb)** verwendet. 1 ppb stellt 1 g gelösten Stoff pro Milliarde (10^9) Gramm Lösung oder 1 Mikrogramm (µg) gelöster Stoff pro Liter Lösung dar. Daher kann der zulässige Anteil von Arsen in Wasser auch als 10 ppb ausgedrückt werden.

> **? DENKEN SIE EINMAL NACH**
>
> Eine Lösung von SO_2 in Wasser enthält 0,00023 g SO_2 pro Liter Lösung. Was ist die Konzentration von SO_2 in ppm?

ÜBUNGSBEISPIEL 13.4 — Berechnung massebezogener Konzentrationen

(a) Eine Lösung wird durch Auflösung von 13,5 g Glukose ($C_6H_{12}O_6$) in 0,100 kg Wasser hergestellt. Wie ist der Anteil des gelösten Stoffs in dieser Lösung in Massenprozent? **(b)** Eine 2,5-g-Probe Grundwasser enthielt 5,4 µg Zn^{2+}. Was ist der Anteil von Zn^{2+} in Teilen pro Million (ppm)?

Lösung

(a) Analyse: Es sind die Masse des gelösten Stoffs (13,5 g) und die Masse des Lösungsmittels (0,100 kg = 100 g) angegeben. Daraus müssen wir das Massenprozent des gelösten Stoffs berechnen.

Vorgehen: Wir können das Massenprozent über ▶ Gleichung 13.5 berechnen. Die Masse der Lösung ist die Summe aus der Masse des gelösten Stoffs (Glukose) und der Masse des Lösungsmittels (Wasser).

Lösung:

$$\text{Massen-\% von Glukose} = \frac{\text{Masse Glukose}}{\text{Masse Lös.}} \times 100\% = \frac{13,5\text{ g}}{13,5\text{ g} + 100\text{ g}} \times 100\% = 11,9\%$$

Anmerkung: Das Massenprozent von Wasser in dieser Lösung ist $(100 - 11,9)\% = 88,1\%$.

(b) Analyse: In diesem Fall wird die Mikrogrammzahl des gelösten Stoffs angegeben. Da 1 µg = 1×10^{-6} g, gilt 5,4 µg = $5,4 \times 10^{-6}$ g.

Vorgehen: Wir berechnen die Teile pro Million über ▶ Gleichung 13.6.

Lösung:

$$\text{ppm} = \frac{\text{Masse gelöster Stoff}}{\text{Masse Lös.}} \times 10^6 = \frac{5,4 \times 10^{-6}\text{ g}}{2,5\text{ g}} \times 10^6 = 2,2\text{ ppm}$$

ÜBUNGSAUFGABE

(a) Berechnen Sie das Massenprozent von NaCl in einer Lösung, die 1,50 g NaCl in 50,0 g Wasser enthält. **(b)** Eine Bleichlösung im Handel enthält 3,62 Massen-% Natriumhypochlorit, NaOCl. Was ist die Masse von NaOCl in einer Flasche, die 2500 g der Bleichlösung enthält?

Antworten: **(a)** 2,91 %; **(b)** 90,5 g NaOCl.

Molenbruch, Molarität und Molalität

Konzentrationsausdrücke basieren häufig auf der Molzahl (= Stoffmenge) eines oder mehrerer Bestandteile der Lösung. Die drei am häufigsten verwendeten sind Molenbruch (= Stoffmengenanteil), Molarität und Molalität.

Erinnern Sie sich aus Abschnitt 10.6, dass der **Molenbruch** eines Bestandteils einer Lösung gegeben wird durch:

$$\text{Molenbruch des Bestandteils} = \frac{\text{Molzahl des Bestandteils}}{\text{Gesamtmolzahl aller Bestandteile}} \quad (13.7)$$

Das Symbol X wird allgemein für den Molenbruch verwendet, mit einem tiefgestellten Index, um den Bestandteil von Interesse anzugeben. Der Molenbruch von HCl in einer Salzsäurelösung wird zum Beispiel als X_{HCl} dargestellt. Damit hat eine Lösung, die 1,00 mol HCl (36,5 g) und 8,00 mol Wasser (144 g) enthält, einen Molenbruch für HCl von $X_{HCl} = (1,00\text{ mol})/(1,00\text{ mol} + 8,00\text{ mol}) = 0,111$. Molenbrüche haben keine Einheiten, weil sich die Einheiten im Zähler und Nenner aufheben. Die Summe der Molenbrüche aller Bestandteile einer Lösung muss gleich 1 sein. Daher ist in der wässrigen HCl-Lösung $X_{H_2O} = 1,000 - 0,111 = 0,889$. Molenbrüche sind sehr nützlich, wenn es um Gase geht, wie wir in Abschnitt 10.6 sahen, aber sie haben nur begrenzten Nutzen, wenn es um flüssige Lösungen geht.

Erinnern Sie sich aus Abschnitt 4.5, dass die **Molarität** (M) eines gelösten Stoffs in einer Lösung definiert ist als:

13 Eigenschaften von Lösungen

$$\text{Molarität} = \frac{\text{Molzahl gelöster Stoff}}{\text{Liter Lös.}} \quad (13.8)$$

Wenn Sie zum Beispiel 0,500 mol Na_2CO_3 in genügend Wasser auflösen, um 0,250 l der Lösung zu bilden, hat die Lösung eine Konzentration von (0,500 mol)/(0,250 l) = 2,00 M in Na_2CO_3. Molarität ist besonders nützlich, um das Volumen einer Lösung mit der Menge von gelöstem Stoff, den sie enthält, in Zusammenhang zu bringen, wie wir in unseren Ausführungen zu Titrationen sahen (siehe Abschnitt 4.6).

Die **Molalität** einer Lösung, mit dem Symbol m, ist eine Einheit, die wir in den vorangehenden Kapiteln noch nicht gesehen haben. Diese Konzentrationseinheit gleicht der Molzahl des gelösten Stoffs pro Kilogramm Lösungsmittel:

$$\text{Molalität} = \frac{\text{Molzahl gelöster Stoff}}{\text{Kilogramm Lösungsmittel}} \quad (13.9)$$

Wenn Sie daher eine Lösung bilden, indem Sie 0,200 mol NaOH (40,0 g) und 0,500 kg Wasser (500 g) mischen, ist die Konzentration der Lösung (0,200 mol)/(0,500 l) = 0,400 m (d. h. 0,400 molal) in NaOH.

Die Definitionen von Molarität und Molalität sind sich so ähnlich, dass sie leicht verwechselt werden können. Molarität hängt vom *Volumen* der *Lösung* ab, während Molalität von der *Masse* des *Lösungsmittels* abhängt. Wenn Wasser das Lösungsmittel ist, sind die Molalität und Molarität verdünnter Lösungen zahlenmäßig etwa gleich, weil 1 kg Lösungsmittel fast das Gleiche wie 1 kg Lösung ist, und 1 kg der Lösung ein Volumen von etwa 1 l hat.

Die Molalität einer gegebenen Lösung verändert sich nicht mit der Temperatur, da

---

ÜBUNGSBEISPIEL 13.5 — Berechnung der Molalität

Eine Lösung wird durch Auflösung von 4.35 g Glukose ($C_6H_{12}O_6$) in 25,0 ml Wasser bei 25 °C hergestellt. Berechnen Sie die Molalität von Glukose in der Lösung.

Lösung

Analyse: Wir sollen eine Molalität berechnen. Dazu müssen wir die Molzahl des gelösten Stoffs (Glukose) und die Masse des Lösungsmittels in Kilogramm (Wasser) angeben.

Vorgehen: Wir verwenden die molare Masse von $C_6H_{12}O_6$, um Gramm in Mol umzurechnen: Wir verwenden die Dichte von Wasser, um Milliliter in Kilogramm umzurechnen. Die Molalität ist gleich der Molzahl des gelösten Stoffs geteilt durch die Masse des Lösungsmittels in Kilogramm (▶ Gleichung 13.9).

Lösung: Wir verwenden die molare Masse von Glukose, 180,2 g/mol, um Gramm in Mol umzurechnen:

$$\text{Mol } C_6H_{12}O_6 = (4{,}35 \text{ g } C_6H_{12}O_6)\left(\frac{1 \text{ mol } C_6H_{12}O_6}{180{,}2 \text{ g } C_6H_{12}O_6}\right) = 0{,}0241 \text{ mol } C_6H_{12}O_6$$

Weil Wasser eine Dichte von 1,00 g/ml hat, ist die Masse des Lösungsmittels:

$$(25{,}0 \text{ ml})(1{,}00 \text{ g/ml}) = 25{,}0 \text{ g} = 0{,}0250 \text{ kg}$$

Verwenden Sie anschließend Gleichung 13.9, um die Molalität zu erhalten:

$$\text{Molalität von } C_6H_{12}O_6 = \frac{0{,}0241 \text{ mol } C_6H_{12}O_6}{0{,}0250 \text{ kg } H_2O} = 0{,}964 \ m$$

ÜBUNGSAUFGABE

Was ist die Molalität einer Lösung, die durch Auflösung von 36,5 g Naphthalin ($C_{10}H_8$) in 425 g Toluol (C_7H_8) entsteht?

Antwort: 0,670 m.

sich Massen nicht mit der Temperatur ändern. Die Molarität ändert sich jedoch mit der Temperatur, weil die Ausdehnung oder das Zusammenziehen der Lösung ihr Volumen ändert. Daher ist die Molalität häufig die gewählte Konzentrationseinheit, wenn eine Lösung über einen bestimmten Temperaturbereich verwendet werden soll.

> **? DENKEN SIE EINMAL NACH**
>
> Kann man mit Recht behaupten, dass die Molalität bei jeder wässrigen Lösung unter Normalbedingungen von 1 atm und 25 °C immer größer als die Molarität ist?

Umrechnung von Konzentrationseinheiten

Manchmal muss die Konzentration einer gegebenen Lösung in mehreren verschiedenen Konzentrationseinheiten bekannt sein. Können Konzentrationseinheiten, wie in Übungsbeispiel 13.6 und 13.7 gezeigt, ineinander umgerechnet werden?

Um Molalität und Molarität ineinander umzurechnen, müssen wir die Dichte der Lösung kennen. ▶ Abbildung 13.19 beschreibt die Berechnung der Molarität und Molalität einer Lösung aus der Masse des gelösten Stoffs und der Masse des Lösungsmittels. Die Masse der Lösung ist die Summe der Massen des gelösten Stoffs und des Lösungsmittels. Das Volumen der Lösung lässt sich aus der Masse und Dichte berechnen.

ÜBUNGSBEISPIEL 13.6   **Berechnung von Molenbruch und Molalität**

Eine wässrige Lösung von Salzsäure enthält 36 Massen-% HCl. **(a)** Berechnen Sie den Molenbruch von HCl in der Lösung. **(b)** Berechnen Sie die Molalität von HCl in der Lösung.

Lösung

Analyse: Wir sollen die Konzentration des gelösten Stoffs, HCl, in zwei unterschiedlichen Konzentrationseinheiten berechnen, wobei nur der Massenanteil des gelösten Stoffs in der Lösung bekannt ist.

Vorgehen: Bei Umrechnung von Konzentrationseinheiten, basierend auf der Masse oder den Molzahlen eines gelösten Stoffs und eines Lösungsmittels (Massenanteil, Molenbruch und Molalität), ist es nützlich, eine bestimmte Gesamtmasse der Lösung anzunehmen. Nehmen wir an, dass es genau 100 g Lösung gibt. Weil die Lösung 36 % HCl ist, enthält sie 36 g HCl und (100 − 36) g H$_2$O. Wir müssen Gramm des gelösten Stoffs (HCl) in Mol umrechnen, um den Molenbruch oder die Molalität zu berechnen. Wir müssen Gramm des Lösungsmittels (H$_2$O) in Mol umrechnen, um den Molenbruch zu berechnen, und in Kilogramm, um die Molalität zu berechnen.

Lösung:
(a) Zur Berechnung des Molenbruchs von HCl rechnen wir die Massen von HCl und H$_2$O in Mol um und verwenden dann ▶ Gleichung 13.7:

$$\text{mol HCl} = (36 \text{ g HCl})\left(\frac{1 \text{ mol HCl}}{36{,}5 \text{ g HCl}}\right) = 0{,}99 \text{ mol HCl}$$

$$\text{mol H}_2\text{O} = (64 \text{ g H}_2\text{O})\left(\frac{1 \text{ mol H}_2\text{O}}{18 \text{ g H}_2\text{O}}\right) = 3{,}6 \text{ mol H}_2\text{O}$$

$$X_{\text{HCl}} = \frac{\text{mol HCl}}{\text{mol H}_2\text{O} + \text{mol HCl}} = \frac{0{,}99}{3{,}6 + 0{,}99} = \frac{0{,}99}{4{,}6} = 0{,}22$$

(b) Zur Berechnung der Molalität von HCl in der Lösung verwenden wir Gleichung 13.9. Wir haben die Molzahl von HCl in Teil (a) berechnet und die Masse des Lösungsmittels ist 64 g = 0,064 kg:

$$\text{Molalität von HCl} = \frac{0{,}99 \text{ mol HCl}}{0{,}064 \text{ kg H}_2\text{O}} = 15 \, m$$

ÜBUNGSAUFGABE

Eine Bleichlösung im Handel enthält 3,62 Massen-% NaOCl in Wasser. Berechnen Sie die **(a)** Molalität und **(b)** den Molenbruch von NaOCl in der Lösung.

Antworten: **(a)** 0,505 m; **(b)** 9,00 × 10^{-3}.

13 | Eigenschaften von Lösungen

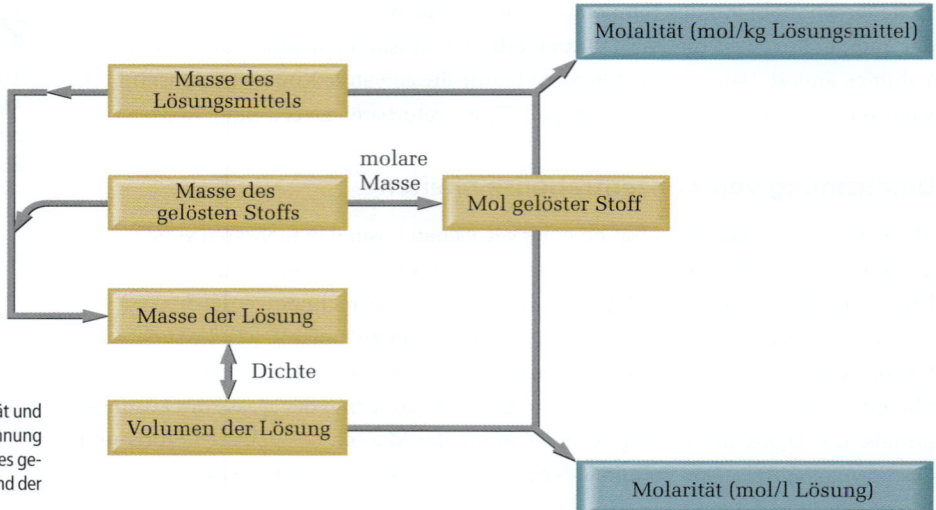

Abbildung 13.19: Berechnung von Molalität und Molarität. Dieses Diagramm fasst die Berechnung von Molalität und Molarität aus der Masse des gelösten Stoffs, der Masse des Lösungsmittels und der Dichte der Lösung zusammen.

ÜBUNGSBEISPIEL 13.7 — Berechnung der Molarität

Eine Lösung enthält 5,0 g Toluol (C_7H_8) in 225 g Benzol und sie hat eine Dichte von 0,876 g/ml. Berechnen Sie die Molarität der Lösung.

Lösung

Analyse: Wir sollen die Molarität einer Lösung berechnen, wenn die Massen von gelöstem Stoff und Lösungsmittel und die Dichte der Lösung angegeben sind.

Vorgehen: Die Molarität ist gleich der Molzahl des gelösten Stoffs geteilt durch Volumen der Lösung in Litern (▶ Gleichung 13.8). Die Molzahl eines gelösten Stoffs (C_7H_8) wird aus der Masse des gelösten Stoffs und seiner Molmasse berechnet. Das Volumen der Lösung wird aus der Masse der Lösung (Masse des gelösten Stoffs + Masse des Lösungsmittels = 5,0 g + 225 g = 230 g) und seiner Dichte erhalten.

Lösung: Die Molzahl der Lösung ist:

$$\text{mol } C_7H_8 = (5{,}0 \text{ g } C_7H_8)\left(\frac{1 \text{ mol } C_7H_8}{92 \text{ g } C_7H_8}\right) = 0{,}054 \text{ mol}$$

Die Masse der Lösung wird über die Dichte der Lösung in ihr Volumen umgerechnet:

$$\text{Milliliter Lös.} = (230 \text{ g})\left(\frac{1 \text{ ml}}{0{,}876 \text{ g}}\right) = 263 \text{ ml}$$

Molarität ist Mole des gelösten Stoffs pro Liter Lösung:

$$\text{Molarität} = \left(\frac{\text{Mol } C_7H_8}{\text{Liter Lös.}}\right) = \left(\frac{0{,}054 \text{ mol } C_7H_8}{263 \text{ ml Lös.}}\right)\left(\frac{1000 \text{ ml Lös.}}{1 \text{ l Lös.}}\right) = 0{,}21 \, M$$

Überprüfung: Der Betrag unserer Antwort entspricht unseren Erwartungen. Rundet man Mol auf 0,05 und Liter auf 0,25, ergibt sich eine Molarität von:

$$(0{,}05 \text{ mol}) / (0{,}25 \text{ l}) = 0{,}2 \, M$$

Die Einheiten für unsere Antwort (mol/l) stimmen, und die Antwort, 0,21 M, hat zwei signifikante Stellen, die der Anzahl von signifikanten Stellen in der Masse des gelösten Stoffs (2) entspricht.

Anmerkung: Weil die Masse des Lösungsmittels (0,225 kg) und das Volumen der Lösung (0,263 l) einen ähnlichen Betrag haben, sind auch die Molarität und Molalität ähnlicher Größe:

$$(0{,}054 \text{ mol } C_7H_8) / (0{,}225 \text{ kg Lösungsmittel}) = 0{,}24 \, m$$

ÜBUNGSAUFGABE

Eine Lösung, die gleiche Massen von Glycerin ($C_3H_8O_3$) und Wasser enthält, hat eine Dichte von 1,10 g/ml. Berechnen Sie **(a)** die Molalität von Glycerin, **(b)** den Molenbruch von Glycerin, **(c)** die Molarität von Glycerin in der Lösung.

Antworten: (a) 10,9 m; **(b)** $X_{C_3H_8O_3} = 0{,}163$; **(c)** 5,97 M.

Kolligative Eigenschaften 13.5

Einige physikalische Eigenschaften von Lösungen unterscheiden sich auf wichtige Weise von denen des reinen Lösungsmittels. Reines Wasser gefriert zum Beispiel bei 0 °C, aber wässrige Lösungen gefrieren bei niedrigeren Temperaturen. Ethylenglykol wird als Frostschutzmittel zum Kühlwasser von Autos gegeben, um den Gefrierpunkt der Lösung zu erniedrigen. Es erhöht auch den Siedepunkt der Lösung über den von reinem Wasser und ermöglicht damit den Betrieb des Motors bei höherer Temperatur.

Die Gefrierpunktserniedrigung und Siedepunktserhöhung sind physikalische Eigenschaften von Lösungen, die von der Teilchenzahl (Konzentration), aber nicht von der *Teilchenart* oder *Identität* der gelösten Teilchen abhängen. Diese Eigenschaften werden als **kolligative Eigenschaften** bezeichnet. *Kolligativ* stammt von lat. *colligare* = sammeln, verbinden, kolligative Eigenschaften hängen vom gemeinsamen Effekt der Teilchenzahl des gelösten Stoffs ab. Neben der Gefrierpunktserniedrigung und der Siedepunktserhöhung sind auch die Dampfdruckerniedrigung und der osmotische Druck kolligative Eigenschaften. Wenn wir diese einzeln näher untersuchen, sehen sie, wie die Konzentration des gelösten Stoffs die Eigenschaften, verglichen mit denen des reinen Lösungsmittels, beeinflusst.

Erniedrigung des Dampfdrucks

Wir haben in Abschnitt 11.5 gelernt, dass eine Flüssigkeit in einem geschlossenen Behälter im Gleichgewicht mit seinem Dampf vorliegt. Wenn dieses Gleichgewicht erreicht ist, nennt man den Druck, der vom Dampf ausgeübt wird, *Dampfdruck*. Eine Substanz, die keinen messbaren Dampfdruck hat, ist *nichtflüchtig*, während eine, die einen Dampfdruck aufweist, *flüchtig* ist.

Wenn wir die Dampfdrücke verschiedener Lösungsmittel mit denen ihrer Lösungen vergleichen, sehen wir, dass durch Zugabe eines nichtflüchtigen gelösten Stoffs zu einem Lösungsmittel immer der Dampfdruck erniedrigt wird. Diesen Effekt veranschaulicht ▶ Abbildung 13.20. Das Ausmaß, in dem ein nichtflüchtiger gelöster Stoff den Dampfdruck erniedrigt, ist proportional zu seiner Konzentration. Diese Beziehung wird durch das **Raoult'sche Gesetz** ausgedrückt, das besagt, dass der vom Lösungsmitteldampf über einer Lösung ausgeübte Partialdruck p_A gleich dem Produkt des Molenbruchs des Lösungsmittels in der Lösung X_A mal dem Dampfdruck des reinen Lösungsmittels ist:

$$p_A = X_A p_A^\circ \qquad (13.10)$$

Der Dampfdruck von Wasser ist zum Beispiel bei 20 °C 17,5 Torr. Stellen Sie sich vor, dass Sie die Temperatur konstant halten und gleichzeitig Glukose ($C_6H_{12}O_6$) zum Wasser zugeben, so dass die entstehende Lösung $X_{H_2O} = 0{,}800$ und $X_{C_6H_{12}O_6} = 0{,}200$ hat. Laut ▶ Gleichung 13.10 wird der Dampfdruck von Wasser über der Lösung 80,0 % des von reinem Wasser betragen:

$$p_{H_2O} = (0{,}800)(17{,}5 \text{ Torr}) = 14{,}0 \text{ Torr}$$

Anders ausgedrückt erniedrigt die Anwesenheit des nichtflüchtigen gelösten Stoffs den Dampfdruck des flüchtigen Lösungsmittels um 17,5 Torr − 14,0 Torr = 3,5 Torr.

Das Raoult'sche Gesetz besagt, dass der Dampfdruck über der Lösung gesenkt wird, wenn wir den Molenbruch der nichtflüchtigen gelösten Teilchen in einer Lösung erhöhen. Die Dampfdruckerniedrigung hängt sogar von der Gesamtkonzentration der

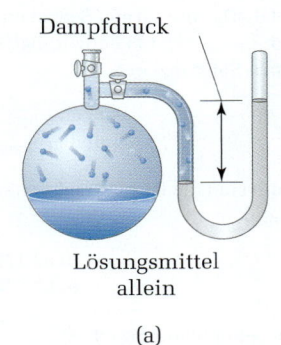

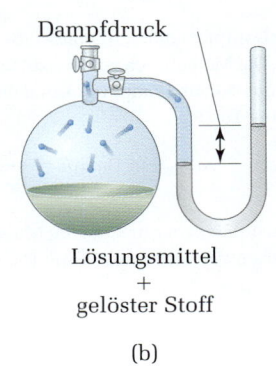

Abbildung 13.20: Dampfdruckerniedrigung. Der Dampfdruck über einer Lösung, die aus einem flüchtigen Lösungsmittel und einem nichtflüchtigen gelösten Stoff (b) gebildet wird, ist niedriger als die des Lösungsmittels allein (a). Das Ausmaß der Senkung des Dampfdrucks hängt von der Konzentration des gelösten Stoffs ab.

Näher hingeschaut — Ideale Lösungen mit zwei oder mehr flüchtigen Bestandteilen

Lösungen haben manchmal zwei oder mehr flüchtige Bestandteile. Benzin ist zum Beispiel eine komplexe Lösung, die mehrere flüchtige Substanzen enthält. Betrachten wir eine ideale Lösung, die zwei Bestandteile A und B enthält, um ein gewisses Verständnis für solche Gemische zu entwickeln. Die Partialdrücke der Dämpfe A und B über der Lösung werden durch das Raoult'sche Gesetz gegeben:

$$p_A = X_A p_A° \text{ und } p_B = X_B p_B°$$

Der Gesamtdampfdruck über der Lösung ist die Summe der Partialdrücke jedes flüchtigen Bestandteils:

$$p_{gesamt} = p_A + p_B = X_A p_A° + X_B p_B°$$

Betrachten wir zum Beispiel ein Gemisch aus Benzol (C_6H_6) und Toluol (C_7H_8), die 1,0 mol Benzol und 2,0 mol Toluol ($X_{Benzol} = 0,33$ und $X_{Toluol} = 0,67$) enthält. Bei 20 °C sind die Dampfdrücke der reinen Substanzen:

$$\text{Benzol: } p°_{Benzol} = 75 \text{ Torr}$$
$$\text{Toluol: } p°_{Toluol} = 22 \text{ Torr}$$

Damit sind die Partialdrücke von Benzol und Toluol über der Lösung:

$$p_{Benzol} = (0,33)(75 \text{ Torr}) = 25 \text{ Torr}$$
$$p_{Toluol} = (0,67)(22 \text{ Torr}) = 15 \text{ Torr}$$

Der Gesamtdampfdruck ist:

$$p_{gesamt} = 25 \text{ Torr} + 15 \text{ Torr} = 40 \text{ Torr}$$

Der Dampf ist daher reicher an Benzol, dem flüchtigeren Bestandteil. Der Molenbruch von Benzol im Dampf wird durch den Quotienten aus seinem Dampfdruck und dem Gesamtdruck gegeben (▶ Gleichung 10.15):

$$X_{Benzol} \text{ in Dampf} = \frac{p_{Benzol}}{p_{gesamt}} = \frac{25 \text{ Torr}}{40 \text{ Torr}} = 0,63$$

Obwohl Benzol nur 33 % der Moleküle in der Lösung darstellt, bildet es 63 % der Moleküle im Dampf.

Abbildung 13.21: Trennung flüchtiger Bestandteile. In industriellen Fraktioniertürmen wie den hier gezeigten werden die Bestandteile eines flüchtigen organischen Gemisches nach ihren Siedepunkten getrennt.

Wenn ideale Lösungen im Gleichgewicht mit ihrem Dampf sind, ist der flüchtigere Bestandteil des Gemisches im Dampf angereichert. Diese Tatsache bildet die Grundlage der *Destillation*, ein Verfahren, durch das Gemische, die flüchtige Bestandteile enthalten, getrennt (oder teilweise getrennt) werden. Destillation ist das Verfahren, durch das man Whisky in einem Destillierapparat brennt und über das petrochemische Anlagen die Trennung des Rohöls in Benzin, Diesel, Schmieröl und so weiter erzielen (▶ Abbildung 13.21). Es wird ebenfalls routinemäßig im kleinen Maßstab im Labor verwendet. Ein speziell konstruierter Apparat für die *fraktionierte Destillation* kann in einem einzelnen Vorgang einen Trenngrad erreichen, der mehreren aufeinanderfolgenden einfachen Destillationsvorgängen entspricht.

---

gelösten Teilchen ab, unabhängig davon, ob sie Moleküle oder Ionen sind. Erinnern Sie sich, dass die Dampfdruckerniedrigung eine kolligative Eigenschaft ist, also von der Konzentration der gelösten Teilchen und nicht ihrer Art abhängt. Die einfachsten Anwendungen des Raoult'schen Gesetzes betreffen gelöste Stoffe, die nichtflüchtig und keine Elektrolyte sind. Wir betrachten die Effekte von *flüchtigen* Substanzen auf dem Dampfdruck im Kasten „Näher hingeschaut" oben und wir werden uns die Effekte von *Elektrolyten* in unseren Ausführungen über Gefrierpunkte und Siedepunkte ansehen.

Ein ideales Gas folgt der idealen Gasgleichung (siehe Abschnitt 10.4) und eine **ideale Lösung** folgt dem Raoult'schen Gesetz. Echte Lösungen nähern sich dem idealen Verhalten am besten an, wenn die Konzentration des gelösten Stoffs niedrig ist und wenn der gelöste Stoff und das Lösungsmittel ähnliche Molekülgrößen und ähnliche Arten von intermolekularen Anziehungskräften haben.

13.5 Kolligative Eigenschaften

> **ÜBUNGSBEISPIEL 13.8** — **Berechnung der Dampfdruckerniedrigung**
>
> Glycerin ($C_3H_8O_3$) ist ein nichtflüchtiger Nichtelektrolyt mit einer Dichte von 1,26 g/ml bei 25 °C. Berechnen Sie den Dampfdruck bei 25 °C einer Lösung, die durch Zugabe von 50,0 ml Glycerin zu 500,00 ml Wasser hergestellt wird. Der Dampfdruck des reinen Wassers bei 25 °C ist 23,8 Torr (Anhang B).
>
> **Lösung**
>
> **Analyse:** Wir sollen den Dampfdruck einer Lösung berechnen, wenn die Volumina von gelöstem Stoff und Lösungsmittel und die Dichte des gelösten Stoffs angegeben sind.
>
> **Vorgehen:** Wir können den Dampfdruck einer Lösung über das Raoult'sche Gesetz (Gleichung 13.10) berechnen. Der Molenbruch des Lösungsmittels in der Lösung, X_A, ist der Quotient aus der Molzahl des Lösungsmittels (H_2O) und der Gesamtmolzahl (mol $C_3H_8O_3$ + mol H_2O).
>
> **Lösung:** Zur Berechnung des Molenbruchs von Wasser in der Lösung müssen wir die Molzahl von $C_3H_8O_3$ und H_2O bestimmen:
>
> $$\text{mol } C_3H_8O_3 = (50{,}0 \text{ ml } C_3H_8O_3)\left(\frac{1{,}26 \text{ g } C_3H_8O_3}{1 \text{ ml } C_3H_8O_3}\right)\left(\frac{1 \text{ mol } C_3H_8O_3}{92{,}1 \text{ g } C_3H_8O_3}\right) = 0{,}684 \text{ mol}$$
>
> $$\text{mol } H_2O = (500{,}0 \text{ ml } H_2O)\left(\frac{1{,}00 \text{ g } H_2O}{1 \text{ ml } H_2O}\right)\left(\frac{1 \text{ mol } H_2O}{18{,}0 \text{ g } H_2O}\right) = 27{,}8 \text{ mol}$$
>
> $$X_{H_2O} = \frac{\text{mol } H_2O}{\text{mol } H_2O + \text{mol } C_3H_8O_3} = \frac{27{,}8}{27{,}8 + 0{,}684} = 0{,}976$$
>
> Wir berechnen nun den Dampfdruck des Wassers für die Lösung über das Raoult'sche Gesetz:
>
> $$p_{H_2O} = X_{H_2O} p^\circ_{H_2O} = (0{,}976)(23{,}8 \text{ Torr}) = 23{,}2 \text{ Torr}$$
>
> Der Dampfdruck der Lösung wurde um 0,6 Torr verglichen mit dem von reinem Wasser gesenkt.
>
> **ÜBUNGSAUFGABE**
>
> Der Dampfdruck von reinem Wasser bei 110 °C ist 1070 Torr. Eine Lösung aus Ethylenglykol und Wasser hat einen Dampfdruck von 1,00 atm bei 110 °C. Was ist der Molenbruch von Ethylenglykol in der Lösung unter der Voraussetzung, dass das Raoult'sche Gesetz gilt?
>
> **Antwort:** 0,290

Viele Lösungen folgen dem Raoult'schen Gesetz nicht genau: Sie sind keine idealen Lösungen. Wenn die intermolekularen Kräfte zwischen gelöstem Stoff und Lösungsmittel schwächer als die innerhalb des Lösungsmittels sowie zwischen den Teilchen des gelösten Stoffs sind, ist der Dampfdruck des Lösungsmittels eher größer als vom Raoult'schen Gesetz vorhergesagt wird. Umgekehrt gilt: Wenn die Wechselwirkungen zwischen gelöstem Stoff und Lösungsmittel außergewöhnlich stark sind, wie dies der Fall sein kann, wenn Wasserstoffbrückenbindung vorliegt, ist der Dampfdruck des Lösungsmittels niedriger, als das Raoult'sche Gesetz vorhersagt. Obwohl Sie wissen sollten, dass diese Abweichungen von der idealen Lösung auftreten, werden wir sie im Rest dieses Kapitels vernachlässigen.

> **? DENKEN SIE EINMAL NACH**
>
> Wie heißt die im Raoult'schen Gesetz, $p_A = X_A p^\circ_A$, verwendete Größe für X_A?

Siedepunktserhöhung

In Abschnitten 11.5 und 11.6 haben wir die Dampfdrücke reiner Substanzen untersucht und wie sie verwendet werden können, um Phasendiagramme zu erstellen. Wie wird sich das Phasendiagramm einer Lösung und damit ihr Gefrier- und Siedepunkt von denen des reinen Lösungsmittels unterscheiden? Die Zugabe eines nichtflüch-

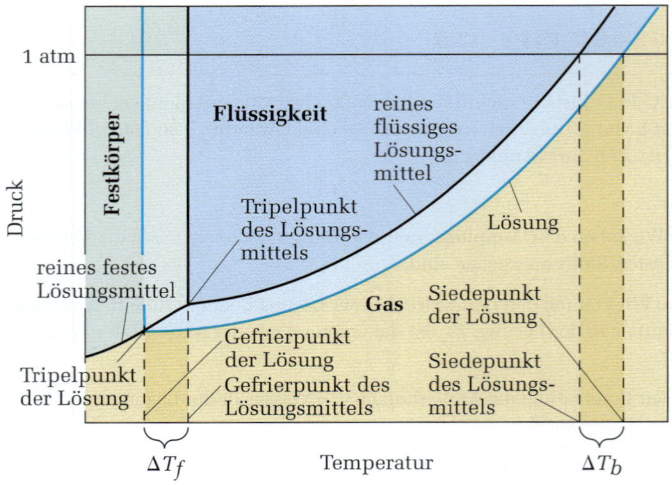

13 Eigenschaften von Lösungen

Abbildung 13.22: Phasendiagramme für ein reines Lösungsmittel und für eine Lösung eines nichtflüchtigen gelösten Stoffs. Der Dampfdruck des festen Lösungsmittels wird nicht beeinflusst, wenn der Festkörper ausfriert, ohne eine bedeutende Konzentration des gelösten Stoffs zu enthalten, wie es gewöhnlich der Fall ist.

tigen gelösten Stoffs senkt den Dampfdruck der Lösung. Damit wird die Dampfdruckkurve der Lösung (blaue Linie), wie ▶ Abbildung 13.22 zeigt, in Bezug auf die Dampfdruckkurve der reinen Flüssigkeit (schwarze Linie) nach unten verschoben. Bei einer gegebenen Temperatur ist der Dampfdruck der Lösung niedriger als der der reinen Flüssigkeit. Erinnern Sie sich, dass der Normalsiedepunkt die Temperatur einer Flüssigkeit ist, bei der ihr Dampfdruck gleich 1 atm ist (siehe Abschnitt 11.5). Am Normalsiedepunkt der reinen Flüssigkeit beträgt der Dampfdruck der Lösung weniger als 1 atm (Abbildung 13.22). Daher ist eine höhere Temperatur erforderlich, um einen Dampfdruck von 1 atm zu erreichen. Damit ist der *Siedepunkt der Lösung höher als der der reinen Flüssigkeit*.

Der Anstieg des Siedepunktes relativ zu dem des reinen Lösungsmittels ΔT_b ist direkt proportional zur Anzahl von gelösten Teilchen pro Mol Lösungsmittelmoleküle. Wir wissen, dass die Molalität die Molzahl des gelösten Stoffs pro 1000 g Lösungsmittel ausdrückt, was eine feste Molzahl des Lösungsmittels darstellt. Daher ist ΔT_b proportional zur Molalität des gelösten Stoffes.

$$\Delta T_b = K_b m \quad (13.11)$$

Tabelle 13.4
Molale Siedepunktserhöhung und Gefrierpunktserniedrigung

Lösungsmittel	Normalsiedepunkt (°C)	K_b (°C/m)	Normalgefrierpunkt (°C)	K_f (°C/m)
Wasser, H_2O	100,0	0,51	0,0	1,86
Benzol, C_6H_6	80,1	2,53	5,5	5,12
Ethanol, C_2H_5OH	78,4	1,22	−114,6	1,99
Kohlenstofftetrachlorid, CCl_4	76,8	5,02	−22,3	29,8
Chloroform, $CHCl_3$	61,2	3,63	−63,5	4,68

Die Größe von K_b wird die **molale Siedepunktserhöhung** (oder ebullioskopische Konstante) genannt und sie hängt nur vom Lösungsmittel ab. Einige typische Werte für mehrere gebräuchliche Lösungsmittel zeigt Tabelle 13.4.

Für Wasser ist $K_b = 0{,}51\,°C/m$. Daher siedet eine 1 m wässrige Lösung aus Saccharose oder jede andere wässrige Lösung, die 1 m an nichtflüchtigen gelösten Teilchen ist, 0,51 °C höher als reines Wasser. Die Siedepunktserhöhung ist proportional zu der Konzentration der gelösten Teilchen, unabhängig davon, ob die Teilchen Moleküle oder Ionen sind. Wenn NaCl in Wasser gelöst wird, bilden sich 2 mol gelöste Stoffteilchen (1 mol Na$^+$ und 1 mol Cl$^-$) für jedes Mol NaCl, das sich löst. Daher ist eine 1 m wässrige Lösung NaCl 1 m in Na$^+$ und 1 m in Cl$^-$, wodurch sie 2 m in gesamten gelösten Teilchen wird. Daher ist die Siedepunktserhöhung einer 1 m wässrigen Lösung NaCl ungefähr (2 m) (0,51 °C/m) = 1 °C, zweimal so groß wie in einer 1-m-Lösung eines Nichtelektrolyts wie Saccharose. Also ist es wichtig, zu wissen, ob der gelöste Stoff ein Elektrolyt oder Nichtelektrolyt ist, um die Wirkung eines bestimmten gelösten Stoffs auf den Siedepunkt (oder jede andere kolligative Eigenschaft) einwandfrei vorhersagen zu können (siehe Abschnitte 4.1 und 4.3).

> **? DENKEN SIE EINMAL NACH**
>
> Ein unbekannter gelöster Stoff, der in Wasser gelöst wird, führt zu einer Erhöhung des Siedepunkts um 0,51 °C. Bedeutet dies, dass die Konzentration des gelösten Stoffs 1,0 m ist?

Gefrierpunktserniedrigung

Wenn eine Lösung gefriert, scheiden sich gewöhnlich Kristalle reinen Lösungsmittels ab. Die Moleküle des gelösten Stoffs sind normalerweise in der festen Phase des Lösungsmittels nicht löslich. Wenn wässrige Lösungen teilweise gefroren werden, ist zum Beispiel der Festkörper, der sich ausscheidet, fast immer reines Eis. Daher ist der Teil des Phasendiagramms in Abbildung 13.22, der den Dampfdruck des Festkörpers darstellt, identisch mit dem für die reine Flüssigkeit. Die Dampfdruckkurven für die flüssigen und festen Phasen treffen sich am Tripelpunkt (siehe Abschnitt 11.6). In Abbildung 13.22 können wir sehen, dass der Tripelpunkt der Lösung bei einer niedrigeren Temperatur liegen muss, als der in der reinen Flüssigkeit, weil die Lösung einen niedrigeren Dampfdruck als die reine Flüssigkeit hat.

Der Gefrierpunkt einer Lösung ist die Temperatur, bei der sich die ersten Kristalle des reinen Lösungsmittels im Gleichgewicht mit der Lösung zu bilden beginnen. Erinnern Sie sich aus Abschnitt 11.6, dass die Linie, die das Festkörper-Flüssigkeits-Gleichgewicht darstellt, vom Tripelpunkt aus fast senkrecht ansteigt. Da die Tripelpunkttemperatur der Lösung niedriger als die der reinen Flüssigkeit ist, *ist der Gefrierpunkt der Lösung niedriger als der der reinen Flüssigkeit*.

Wie die Siedepunktserhöhung ist die Gefrierpunktserniedrigung ΔT_f direkt proportional zur Molalität des gelösten Stoffs:

$$\Delta T_f = K_f m \qquad (13.12)$$

Tabelle 13.4 gibt die Werte von K_f, die **molale Gefrierpunktserniedrigung** (oder kryoskopische Konstante), für mehrere gebräuchliche Lösungsmittel an. Für Wasser ist $K_f = 1{,}86\,°C/m$. Daher gefriert eine 1 m wässrige Lösung aus Saccharose oder jede andere wässrige Lösung, die 1 m in nichtflüchtigen gelösten Teilchen ist (wie 0,5 m NaCl) 1,86 °C niedriger als reines Wasser. Die Gefrierpunktserniedrigung, die von gelösten Stoffen hervorgerufen wird, erklärt die Verwendung von Frostschutzmittel in Autos (Übungsbeispiel 13.8) und die Verwendung von Calciumchlorid (CaCl$_2$), um im Winter das Eis auf den Straßen zu schmelzen.

ÜBUNGSBEISPIEL 13.9 — Berechnung der Siedepunktserhöhung und Gefrierpunktserniedrigung

Kfz-Frostschutzmittel besteht aus Ethylenglykol ($C_2H_6O_2$), einem nichtflüchtigen Nichtelektrolyten. Berechnen Sie den Siedepunkt und den Gefrierpunkt einer Lösung mit 25,0 Massen-% Ethylenglykol in Wasser.

Lösung

Analyse: Es wird angegeben, dass eine Lösung 25,0 Massen-% eines nichtflüchtigen gelösten Stoffs enthält, der ein Nichtelektrolyt ist, und wir sollen den Siede- und Gefrierpunkt der Lösung berechnen. Dazu müssen wir die Siedepunktserhöhung und die Gefrierpunktserniedrigung berechnen.

Vorgehen: Um die Siedepunktserhöhung und Gefrierpunktserniedrigung über ▶ Gleichungen 13.11 und 13.12 zu berechnen, müssen wir die Konzentration der Lösung als Molalität ausdrücken. Nehmen wir einmal der Einfachheit halber an, dass wir 1000 g Lösung haben. Weil die Lösung 25,0 Massen-% Ethylenglykol ist, sind die Massen von Ethylenglykol und Wasser in der Lösung 250 und 750 g. Anhand dieser Mengen können wir die Molalität der Lösung berechnen, die wir mit der molalen Siedepunktserhöhung und Gefrierpunktserniedrigung (Tabelle 13.4) verwenden, um ΔT_b und ΔT_f zu berechnen. Wir addieren ΔT_b zum Siedepunkt und subtrahieren ΔT_f vom Gefrierpunkt des Lösungsmittels, um den Siedepunkt und Gefrierpunkt der Lösung zu erhalten.

Lösung: Die Molalität der Lösung wird wie folgt berechnet:

$$\text{Molalität} = \frac{\text{Mole } C_2H_6O_2}{1 \text{ Kilogramm } H_2O} = \left(\frac{250 \text{ g } C_2H_6O_2}{62{,}1 \text{ g } C_2H_6O_2}\right)\left(\frac{1000 \text{ g } H_2O}{750 \text{ g } H_2O}\right) = 5{,}37 \ m$$

Wir können nun die Änderungen der Siede- und Gefrierpunkte anhand der ▶ Gleichungen 13.11 und 13.12 berechnen:

$$\Delta T_b = K_b m = (0{,}51\,°C/m)(5{,}37\,m) = 2{,}7\,°C$$
$$\Delta T_f = K_f m = (1{,}86\,°C/m)(5{,}37\,m) = 10{,}0\,°C$$

Daher ist der Siede- und Gefrierpunkt der Lösung:

$$\text{Siedepunkt} = (\text{normaler Sdp des Lösungsmittels}) + \Delta T_b = 100{,}0\,°C + 2{,}7\,°C = 102{,}7\,°C$$
$$\text{Gefrierpunkt} = (\text{normaler Smp des Lösungsmittels}) - \Delta T_f = 0{,}0\,°C - 10{,}0\,°C = -10{,}0\,°C$$

Anmerkung: Sie sehen, dass die Lösung über einen größeren Temperaturbereich als das reine Lösungsmittel eine Flüssigkeit ist.

ÜBUNGSAUFGABE

Berechnen Sie den Gefrierpunkt einer Lösung, die 0,600 kg $CHCl_3$ und 42,0 g Eukalyptol ($C_{10}H_{18}O$) enthält, einen Geruchsstoff, der in den Blättern von Eukalyptusbäumen zu finden ist (Tabelle 13.4).

Antwort: −65,6 °C.

ÜBUNGSBEISPIEL 13.10 — Gefrierpunktserniedrigung in wässrigen Lösungen

Führen Sie die folgenden wässrigen Lösungen in der Reihenfolge ihres erwarteten Gefrierpunkts auf: 0,050 m $CaCl_2$; 0,15 m NaCl; 0,10 m HCl; 0,050 m CH_3COOH; 0,10 m $C_{12}H_{22}O_{11}$.

Lösung

Analyse: Wir müssen fünf wässrige Lösungen nach den erwarteten Gefrierpunkten ordnen und dabei die Molalitäten und Formeln der gelösten Stoffe als Anhaltspunkt nehmen.

Vorgehen: Der niedrigste Gefrierpunkt wird der Lösung mit der größten Konzentration von gelösten Teilchen entsprechen. Um die Gesamtkonzentration der jeweils gelösten Teilchen zu bestimmen, müssen wir bestimmen, ob die Substanz ein Elektrolyt oder ein Nichtelektrolyt ist und die Ionenzahl berücksichtigen, die sich bildet, wenn sie ionisiert.

Lösung: $CaCl_2$, NaCl und HCl sind starke Elektrolyte, CH_3COOH ist ein schwacher Elektrolyt und $C_{12}H_{22}O_{11}$ ist ein Nichtelektrolyt. Die Molalität jeder Lösung in Gesamtteilchen ist wie folgt:

$$0{,}050\,m\ CaCl_2 \Rightarrow 0{,}050\,m \text{ in } Ca^{2+} \text{ und } 0{,}10\,m \text{ in } Cl^- \Rightarrow 0{,}15\,m \text{ in Teilchen}$$
$$0{,}15\,m\ NaCl \Rightarrow 0{,}15\,m \text{ in } Na^+ \text{ und } 0{,}15\,m \text{ in } Cl^- \Rightarrow 0{,}30\,m \text{ in Teilchen}$$
$$0{,}10\,m\ HCl \Rightarrow 0{,}10\,m \text{ in } H^+ \text{ und } 0{,}10\,m \text{ in } Cl^- \Rightarrow 0{,}20\,m \text{ in Teilchen}$$
$$0{,}050\,m\ CH_3COOH \Rightarrow \text{schwacher Elektrolyt} \Rightarrow \text{zwischen } 0{,}050\,m \text{ und } 0{,}10\,m \text{ in Teilchen}$$
$$0{,}10\,m\ C_{12}H_{22}O_{11} \Rightarrow \text{Nichtelektrolyt} \Rightarrow 0{,}10\,m \text{ in Teilchen}$$

Weil die Gefrierpunkte von der Gesamtmolalität der Teilchen in Lösung abhängen, ist die erwartete Reihenfolge 0,15 m NaCl (niedrigster Gefrierpunkt), 0,10 m HCl, 0,050 m CaCl$_2$, 0,10 m C$_{12}$H$_{22}$O$_{11}$ und 0,050 m CH$_3$COOH (höchster Gefrierpunkt).

ÜBUNGSAUFGABE

Welcher der folgenden gelösten Stoffe wird den größten Anstieg des Siedepunkts hervorrufen, wenn er zu 1 kg Wasser zugegeben wird: 1 mol Co(NO$_3$)$_2$, 2 mol KCl, 3 mol Ethylenglykol (C$_2$H$_6$O$_2$)?

Antwort: 2 mol KCl, weil es die höchste Teilchenkonzentration enthält, 2 m K$^+$ und 2 m Cl$^-$, wodurch sich insgesamt 4 m ergeben.

Osmose

Bestimmte Stoffe, darunter viele Membranen in biologischen Systemen und künstliche Substanzen wie Zellophan, sind *halbdurchlässig* oder *semipermeabel*. In Kontakt mit einer Lösung lassen sie bestimmte Moleküle durch ihre winzigen Poren, andere jedoch nicht. Vor allem lassen sie in der Regel kleine Lösungsmittelmoleküle wie Wasser hindurch, halten jedoch größere gelöste Moleküle oder Ionen zurück. Diese Selektivität ruft einige interessante und wichtige Eigenschaften hervor.

Betrachten wir eine Situation, in der nur Lösungsmittelmoleküle durch eine Membran hindurchgehen können. Wenn diese Membran zwischen zwei Lösungen unterschiedlicher Konzentration gesetzt wird, bewegen sich Lösungsmittel in beiden Richtungen durch die Membran. Die Konzentration von *Lösungsmittel* ist jedoch in der Lösung, die weniger gelösten Stoff enthält, höher, daher ist die Geschwindigkeit, mit der das Lösungsmittel von der weniger konzentrierten zur stärker konzentrierten Lösung übergeht größer als die Geschwindigkeit in der entgegengesetzten Richtung. Damit gibt es eine Nettobewegung der Lösungsmittelmoleküle von der weniger konzentrierten Lösung in die stärker konzentrierte Lösung. Bei diesem Vorgang, den man Osmose nennt, *erfolgt die Nettobewegung von Lösungsmittel immer zu der Lösung mit der höheren Konzentration von Gelöstem*.

▶ Abbildung 13.23 veranschaulicht die Osmose. Beginnen wir mit zwei Lösungen unterschiedlicher Konzentration, die durch eine semipermeable Membran getrennt sind. Weil die Lösung links konzentrierter als die auf der rechten Seite ist, gibt es eine Nettobewegung des *Lösungsmittels* durch die Membran von rechts nach links, da die Lösungen anstreben, gleiche Konzentrationen zu erreichen. Daher werden die Flüssigkeitsstände in den beiden Armen ungleich hoch. Schließlich wird der Druckunterschied aufgrund der ungleichen Höhen der Flüssigkeit in den zwei Armen so groß, dass der Nettofluss des Lösungsmittels aufhört wie die mittlere Tafel zeigt. Wir können auch Druck auf den linken Arm der Apparatur anwenden wie die Tafel rechts zeigt, um den Nettofluss von Lösungsmittel anzuhalten. Der Druck, der erforderlich ist, um Osmose durch reines Lösungsmittel zu verhüten, ist der osmotische Druck π der Lösung. Der **osmotische Druck** gehorcht einem Gesetz ähnlicher Form wie das ideale Gasgesetz, $\pi V = nRT$, wobei V das Volumen der Lösung, n die Molzahl des Gelösten, R die ideale Gaskonstante und T die Temperatur auf der Kelvin-Skala ist. Anhand dieser Gleichung können wir schreiben:

$$\pi = \left(\frac{n}{V}\right)RT = MRT \qquad (13.13)$$

Osmose und osmotischer Druck

wobei M die Molarität der Lösung ist.

Wenn zwei Lösungen mit identischem osmotischen Druck durch eine semipermeable Membran getrennt werden, tritt keine Osmose auf. Die zwei Lösungen sind

13 | Eigenschaften von Lösungen

OSMOSE
Bei der Osmose erfolgt der Transport von Lösungsmittel immer zu der Lösung mit der höheren Konzentration von gelöstem Stoff. Es liegt ein Transport des Lösungsmittels durch die semipermeable Membran vor, da Lösungen anstreben, gleiche Konzentrationen zu erreichen. Durch den Unterschied im Flüssigkeitsniveau und somit Druck hört der Fluss schließlich auf. Wird Druck auf den Arm mit dem höheren Flüssigkeitsstand ausgeübt, kann auch dies den Fluss anhalten.

semipermeable Membran

konzentrierte Lösung

verdünnte Lösung

$\Delta \pi$

Ausgeübter Druck π stoppt Fluss des Lösungsmittels

Lösung

semipermeable Membran

reines Lösungsmittel

Transport von Lösungsmittel aus dem reinen Lösungsmittel oder einer Lösung mit niedriger gelöster Stoffkonzentration zu einer Lösung mit höherer gelöster Stoffkonzentration.

Osmose stoppt, wenn die Säule der Lösung links hoch genug wird, um ausreichenden Druck auf die Membran auszuüben, um dem Transport von Lösungsmittel entgegenzuwirken. An diesem Punkt ist die Lösung links mehr verdünnt worden, es besteht jedoch noch immer ein Unterschied der Konzentrationen zwischen den beiden Lösungen.

Ausgeübter Druck auf den linken Arm der Apparatur unterbindet Transport von Lösungsmittel von der rechten Seite der semipermeablen Membran. Dieser ausgeübte Druck ist der osmotische Druck der Lösung.

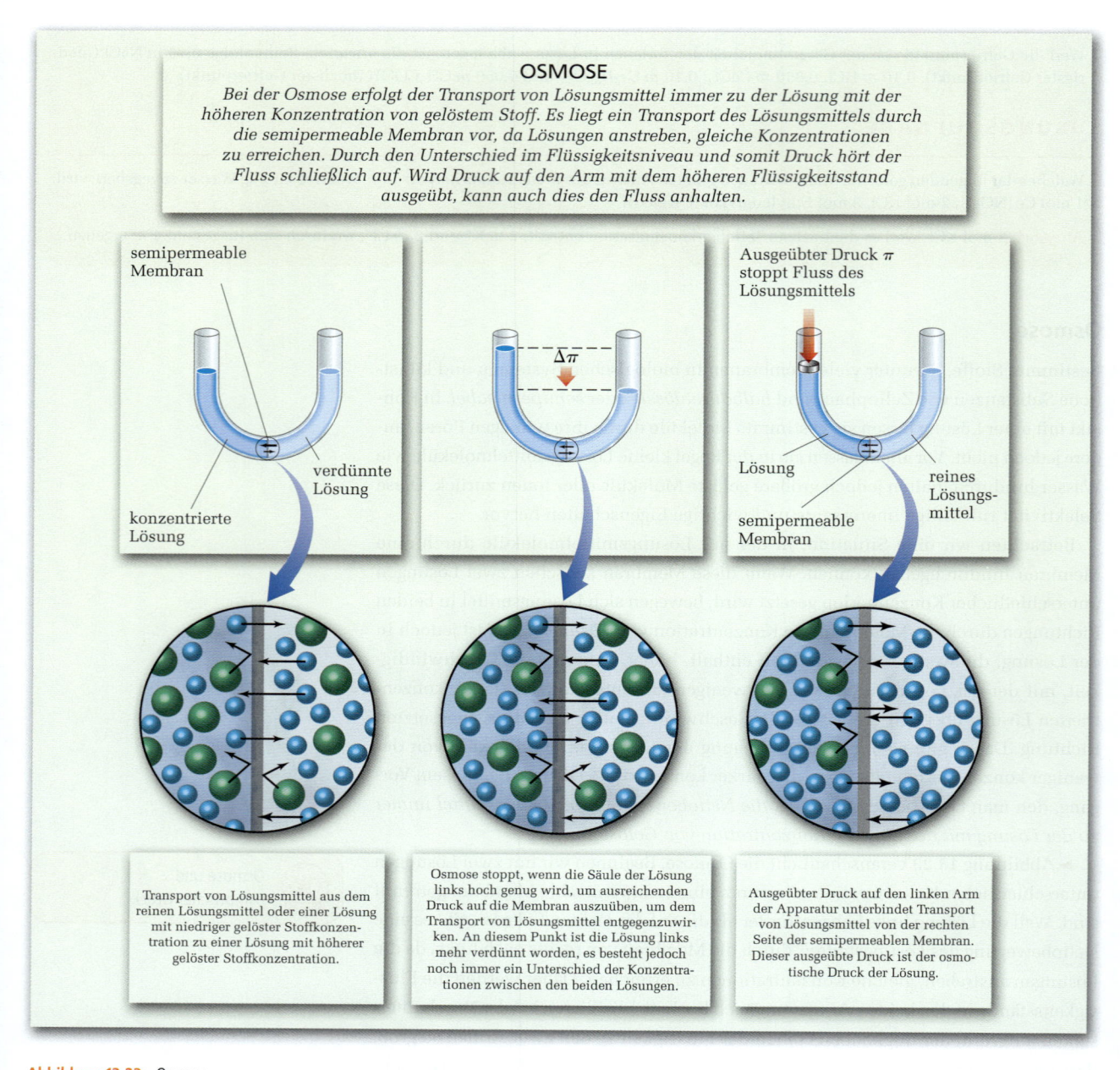

Abbildung 13.23: Osmose.

? DENKEN SIE EINMAL NACH
Welche von zwei KBr-Lösungen, eine 0,5 *m* und die andere 0,20 *m*, ist hypotonisch bezüglich der anderen?

isotonisch. Wenn eine Lösung niedrigeren osmotischen Druck hat, ist sie *hypotonisch* bezüglich der konzentrierteren Lösung. Die konzentriertere Lösung ist *hypertonisch* bezüglich der verdünnten Lösung.

Osmose spielt in lebenden Systemen eine sehr wichtige Rolle. Die Membranen roter Blutkörperchen sind zum Beispiel halbdurchlässig. Legt man ein rotes Blutkörperchen in eine Lösung, die bezüglich der intrazellulären Lösung (die Lösung im Zellinneren) *hyper*tonisch ist, wandert Wasser aus der Zelle, wie ▶ Abbildung 13.24(a) zeigt. Dadurch schrumpft die Zelle und nimmt *Stechapfelform* an. Legt man das Blutkörperchen in eine Lösung, die bezüglich der intrazellulären Flüssigkeit *hypo*tonisch ist, wandert Wasser in die Zelle, wie Abbildung 13.24(b) zeigt. Dadurch platzt die Zel-

13.5 Kolligative Eigenschaften

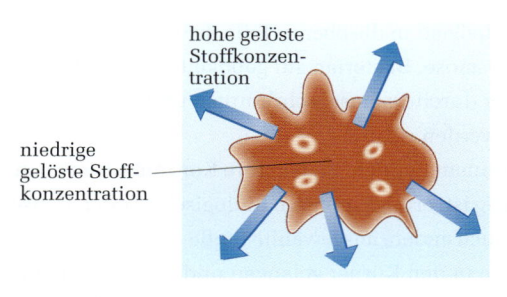

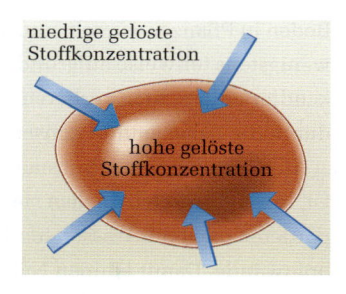

(a) Stechapfelform (b) Hämolyse

Abbildung 13.24: Osmose durch die Wand eines roten Blutkörperchens. Die blauen Pfeile stellen den Transport von Wassermolekülen dar.

le schließlich in einem *Hämolyse* genannten Vorgang. Patienten, bei denen Körperflüssigkeiten oder Nährstoffe ersetzt werden müssen, die jedoch nicht oral ernährt werden können, werden Lösungen über intravenöse Infusionen (IV) verabreicht, wobei Nährstoffe direkt über einen in eine Vene eingeführten Schlauch dem Blutstrom zugeführt werden. Um Stechapfelform oder Hämolyse roter Blutkörperchen zu verhüten, müssen die IV-Lösungen isotonisch mit den intrazellulären Flüssigkeiten der Zellen sein.

Es gibt viele interessante Beispiele von Osmose in der Natur. Eine Gurke, die in eine konzentrierte Salzlösung gelegt wird, verliert über Osmose Wasser und schrumpft. Wenn eine Karotte, die durch Wasserverlust an die Umgebung geschrumpft ist, in Wasser gelegt wird, wandert das Wasser durch Osmose in die Karotte und macht sie wieder prall. Menschen, die viel salzige Nahrung zu sich nehmen, speichern durch Osmose Wasser in Gewebezellen und im interzellulären Raum. Die resultierende Schwellung oder Aufgeblähtheit wird als *Ödem* bezeichnet. Wasser wandert aus dem

---

ÜBUNGSBEISPIEL 13.11 — Berechnungen mit dem osmotischen Druck

Der durchschnittliche osmotische Druck von Blut ist 7,7 atm bei 25 °C. Welche Glukosekonzentration ($C_6H_{12}O_6$) wird isotonisch mit dem Blut sein?

Lösung

Analyse: Wir sollen die Konzentration von Glukose im Wasser berechnen, die isotonisch mit Blut ist, und es wird ein osmotischer Druck von 7,7 atm bei 25 °C angegeben.

Vorgehen: Weil wir den osmotischen Druck und die Temperatur haben, können wir über ▶ Gleichung 13.13 die Konzentration berechnen.

Lösung:

$$\pi = MRT$$

$$M = \frac{\pi}{RT} = \frac{7{,}7\ \text{atm}}{\left(0{,}0821\ \dfrac{\text{l}\cdot\text{atm}}{\text{mol}\cdot\text{K}}\right)(298\ \text{K})} = 0{,}31\ M$$

Anmerkung: In der klinischen Praxis werden die Konzentrationen von Lösungen in der Regel als Massenprozente ausgedrückt. Das Massenprozent einer 0,31-M-Lösung Glukose ist 5,3 %. Die Konzentration von NaCl, die mit Blut isotonisch ist, ist 0,16 M, weil NaCl zu zwei Teilchen, Na^+ und Cl^-, ionisiert (eine 0,155-M-Lösung NaCl ist 0,310 M an Teilchen). Eine 0,16-M-Lösung NaCl hat 0,9 Massen-% an NaCl. Diese Art von Lösung nennt man physiologische Salzlösung.

ÜBUNGSAUFGABE

Was ist der osmotische Druck bei 20 °C einer 0,0020-M-Saccharoselösung ($C_{12}H_{22}O_{11}$)?

Antwort: 0,048 atm oder 37 Torr.

13 Eigenschaften von Lösungen

Boden in Pflanzenwurzeln und anschließend in die oberen Teile der Pflanze, und das wenigstens teilweise aufgrund von Osmose. Bakterien auf gepökeltem Fleisch oder kandierten Früchten verlieren Wasser durch Osmose, schrumpfen und sterben, wodurch die Lebensmittel konserviert werden.

Der Transport einer Substanz aus einem Bereich, in dem ihre Konzentration hoch ist, in einen Bereich, in dem sie niedrig ist, erfolgt spontan. Biologische Zellen transportieren nicht nur Wasser, sondern auch andere ausgewählte Stoffe durch ihre Membranwände. Damit können Nährstoffe in den Körper gelangen und Abfallstoffe ihn verlassen. In einigen Fällen müssen Substanzen über die Zellmembran aus einem Bereich niedriger Konzentration in einen hoher Konzentration bewegt werden. Diese Bewegung – *aktiver Transport* genannt – ist nicht spontan, daher müssen Zellen Energie aufwenden, um sie auszuführen.

> **? DENKEN SIE EINMAL NACH**
>
> Was hätte den höheren osmotischen Druck, eine 0,10-M-Lösung NaCl oder eine 0,10-M-Lösung KBr?

Bestimmung der molaren Masse

Die kolligativen Eigenschaften von Lösungen bieten ein nützliches Mittel, um die molare Masse experimentell zu bestimmen. Jede der vier kolligativen Eigenschaften kann verwendet werden, wie die Übungsbeispiele 13.12 und 13.13 zeigen.

ÜBUNGSBEISPIEL 13.12 — Molare Masse aus Gefrierpunktserniedrigung

Eine Lösung eines unbekannten, nichtflüchtigen Stoffes wurde hergestellt, indem 0,250 g der Substanz in 40,0 g CCl_4 aufgelöst wurde. Der Siedepunkt der entstehenden Lösung war 0,357 °C höher als der des reinen Lösungsmittels. Berechnen Sie die molare Masse des gelösten Stoffs.

Lösung

Analyse: Wir sollen die molare Masse eines gelösten Stoffs basierend auf der Kenntnis der Siedepunktserhöhung seiner Lösung in CCl_4, $\Delta T_b = 0{,}357\,°C$, und der Massen von gelöstem Stoff und Lösungsmittel berechnen. Tabelle 13.4 gibt für das Lösungsmittel (CCl_4) K_b als 5,02 °C/m an.

Vorgehen: Wir können die Molalität der Lösung über Gleichung 13.11, $\Delta T_b = K_b m$, berechnen. Dann können wir anhand der Molalität und Menge von Lösungsmittel (40,0 g CCl_4) die Molzahl des gelösten Stoffs berechnen. Schließlich ist die molare Masse des gelösten Stoffs gleich der Masse pro Mol, daher teilen wir die Masse des gelösten Stoffs (0,250 g) durch die Molzahl, die wir gerade berechnet haben.

Lösung: Durch Einsetzen in Gleichung 13.11 erhalten wir

$$\text{Molalität} = \frac{\Delta T_b}{K_b} = \frac{0{,}357\,°C}{5{,}02\,°C/m} = 0{,}0711\,m$$

Damit enthält die Lösung 0,0711 mol des gelösten Stoffs pro Kilogramm Lösungsmittel. Die Lösung wurde mit 40,0 g = 0,0400 kg des Lösungsmittels (CCl_4) hergestellt. Die Molzahl des gelösten Stoffs in der Lösung ist daher

$$(0{,}0400\text{ kg }CCl_4)\left(0{,}0711\,\frac{\text{mol gelöster Stoff}}{\text{kg }CCl_4}\right) = 2{,}84 \times 10^{-3}\text{ mol gelöster Stoff}$$

Die molare Masse des gelösten Stoffs ist die Masse pro Mol der Substanz:

$$\text{Molare Masse} = \frac{0{,}250\text{ g}}{2{,}84 \times 10^{-3}\text{ mol}} = 88{,}0\text{ g/mol}$$

ÜBUNGSAUFGABE

Kampfer ($C_{10}H_{16}O$) schmilzt bei 179,8 °C und hat eine besonders große kryoskopische Konstante $K_f = 40{,}0\,°C/m$. Wenn 0,186 g einer organischen Substanz unbekannter molarer Masse in 22,01 g flüssigem Kampfer aufgelöst werden, wird als Gefrierpunkt des Gemisches 176,7 °C festgestellt. Was ist die molare Masse des gelösten Stoffs?

Antwort: 110,0 g/mol.

13.5 Kolligative Eigenschaften

Näher hingeschaut ■ Kolligative Eigenschaften von Elektrolytlösungen

Die kolligativen Eigenschaften von Lösungen hängen von der Gesamtkonzentration der gelösten Teilchen ab, unabhängig davon, ob die Teilchen Moleküle oder Ionen sind. Daher sollte eine 0,100-m-Lösung NaCl eine Gefrierpunktserniedrigung von $(0,200\ m)(1,86\ °C/m) = 0,372\ °C$ haben, weil sie 0,100 m an Na$^+$(aq) und 0,100 m an Cl$^-$(aq) enthält. Die gemessene Gefrierpunktserniedrigung ist jedoch nur 0,348 °C, und dies ist für andere starke Elektrolyten ähnlich. Eine 0,100-m- Lösung KCl gefriert zum Beispiel bei −0,344 °C.

Der Unterschied zwischen den erwarteten und beobachteten kolligativen Eigenschaften für starke Elektrolyte erklärt sich über die elektrostatischen Anziehungskräfte zwischen Ionen. Wenn sich die Ionen in der Lösung bewegen, stoßen Ionen entgegengesetzter Ladung zusammen und „kleben" für kurze Augenblicke aneinander. Während sie zusammen sind, verhalten sie sich als einzelnes Teilchen, das man ein *Ionenpaar* nennt (▶ Abbildung 13.25). Die Anzahl von unabhängigen Teilchen wird damit verringert, was zu einer Verringerung der Gefrierpunktserniedrigung (wie auch der Siedepunktserhöhung, der Dampfdruckerniedrigung und des osmotischen Drucks) führt.

Ein Maß für den Umfang, in dem Elektrolyten dissoziieren, ist der *van't Hoff-Faktor i*. Dieser Faktor ist das Verhältnis des tatsächlichen Werts einer kolligativen Eigenschaft zum berechneten Wert, unter der Annahme, dass die Substanz ein Nichtelektrolyt ist. Anhand der Gefrierpunktserniedrigung haben wir zum Beispiel:

$$i = \frac{\Delta T_f\ (\text{gemessen})}{\Delta T_f\ (\text{für Nichtelektrolyt berechnet})} \quad (13.14)$$

Der ideale Wert von i kann für ein Salz anhand der Ionenzahl pro Formeleinheit bestimmt werden. Für NaCl ist der ideale van't Hoff-Faktor zum Beispiel 2, weil NaCl aus einem Na$^+$ und einem Cl$^-$ pro Formeleinheit besteht, für K$_2$SO$_4$ ist er 3, weil K$_2$SO$_4$ aus zwei K$^+$ und einem SO$_4^{2-}$ besteht. In Ermangelung von Daten über den tatsächlichen Wert von i für eine Lösung werden wir den idealen Wert in Berechnungen verwenden.

Tabelle 13.5 zeigt die beobachteten van't Hoff-Faktoren für mehrere Substanzen bei unterschiedlichen Verdünnungen. In diesen Daten zeigen sich zwei Trends. Erstens beeinflusst die Verdünnung den Wert von i für Elektrolyten: je verdünnter die Lösung, desto mehr nähert sich i dem idealen Wert. Damit nimmt das Ausmaß von Ionenpaarung in Elektrolytlösung bei Verdünnung ab. Zweitens weicht i desto weniger vom Grenzwert ab, je niedriger die Ladungen der Ionen sind, weil der Umfang der Ionenpaarung abnimmt, wenn die Ionenladungen abnehmen. Beide Trends stimmen mit der einfachen Elektrostatik überein: Die Kraft der Wechselwirkung zwischen geladenen Teilchen nimmt ab, wenn ihr Abstand voneinander zunimmt und ihre Ladung abnimmt.

Tabelle 13.5

Van't Hoff-Faktoren für mehrere Substanzen bei 25 °C

	Konzentration			
Verbindung	0,100 m	0,0100 m	0,00100 m	Ideal-wert
Saccharose	1,00	1,00	1,00	1,00
NaCl	1,87	1,94	1,97	2,00
K$_2$SO$_4$	2,32	2,70	2,84	3,00
MgSO$_4$	1,21	1,53	1,82	2,00

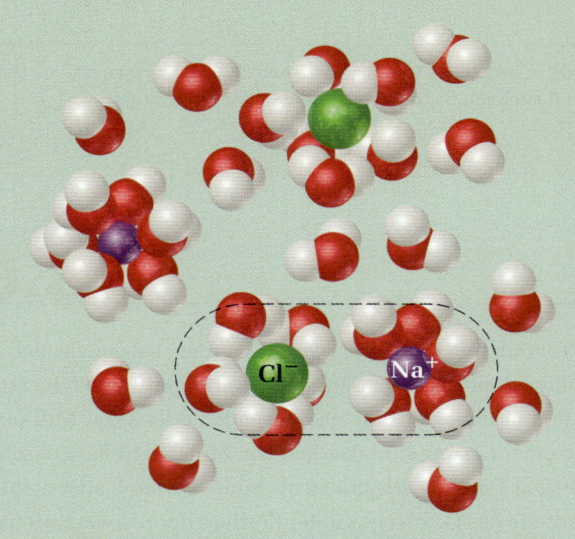

Abbildung 13.25: Ionenpaarbildung und kolligative Eigenschaften. Eine Lösung NaCl enthält nicht nur getrennte Na$^+$(aq)- und Cl$^-$(aq)-Ionen, sondern auch Ionenpaare. Ionenpaarbildung wird häufiger, wenn die Konzentration zunimmt, und sie hat einen Einfluss auf alle kolligativen Eigenschaften der Lösung.

ÜBUNGSBEISPIEL 13.13 — Molare Masse aus osmotischem Druck

Der osmotische Druck einer wässrigen Lösung eines bestimmten Proteins wurde gemessen, um die molare Masse des Proteins zu bestimmen. Die Lösung enthielt 3,50 mg des Proteins gelöst in ausreichend Wasser, um 5,00 ml Lösung zu bilden. Der osmotische Druck der Lösung bei 25 °C ist 1,54 Torr. Berechnen Sie die molare Masse des Proteins.

Lösung

Analyse: Wir sollen die molare Masse eines Proteins hoher Molekülmasse basierend auf seinem osmotischen Druck und Kenntnis der Masse des Proteins und des Lösungsvolumens berechnen.

Vorgehen: Die Temperatur ($T = 25\,°C$) und der osmotische Druck ($\pi = 1{,}54$ Torr) sind gegeben und wir kennen den Wert von R, so dass wir die Molarität der Lösung, M, über ▶ Gleichung 13.13 berechnen können. Dabei müssen wir die Temperatur von °C in K und den osmotischen Druck von Torr in atm umrechnen. Dann können wir anhand der Molarität und des Volumens der Lösung (500 ml) die Molzahl des gelösten Stoffs bestimmen. Schließlich erhalten wir die molare Masse, indem wir die Masse des gelösten Stoffs (3,50 mg) durch die Molzahl des gelösten Stoffs teilen.

Lösung: Bei Lösung von Gleichung 13.13 für Molarität ergibt sich:

$$\text{Molarität} = \frac{\pi}{RT} = \frac{(1{,}54 \text{ Torr})\left(\dfrac{1 \text{ atm}}{760 \text{ Torr}}\right)}{\left(0{,}0821\,\dfrac{\text{l} \cdot \text{atm}}{\text{mol} \cdot \text{K}}\right)(298 \text{ K})} = 8{,}28 \times 10^{-5}\,\frac{\text{mol}}{\text{l}}$$

Weil das Volumen der Lösung $5{,}00$ ml $= 5{,}00 \times 10^{-3}$ l ist, muss die Molzahl des Proteins sein:

$$\text{Mol} = (8{,}28 \times 10^{-5} \text{ mol/l})(5{,}00 \times 10^{-3} \text{ l}) = 4{,}41 \times 10^{-7} \text{ mol}$$

Die molare Masse ist die Masse pro Mol der Substanz. Die Probe hat eine Masse von $3{,}50$ mg $= 3{,}50 \times 10^{-3}$ g. Die molare Masse ist die Masse geteilt durch die Molzahl:

$$\text{Molare Masse} = \frac{\text{Gramm}}{\text{Mol}} = \frac{3{,}50 \times 10^{-3} \text{ g}}{4{,}14 \times 10^{-7} \text{ mol}} = 8{,}45 \times 10^{3} \text{ g/mol}$$

Anmerkung: Da kleine Drücke einfach und genau gemessen werden können, bieten Messungen des osmotischen Drucks eine gute Möglichkeit, um die molaren Massen großer Moleküle zu bestimmen.

ÜBUNGSAUFGABE

Eine Probe mit $2{,}05$ g Polystyrol einheitlicher Polymerkettenlänge wurde in genügend Toluol gelöst, um $0{,}100$ l Lösung zu bilden. Der osmotische Druck der Lösung bei $25\,°C$ wurde als $1{,}21$ kPa festgestellt. Berechnen Sie die molare Masse des Polystyrols.

Antwort: $4{,}20 \times 10^{4}$ g/mol.

Kolloide 13.6

Wenn sehr fein zerteilte Tonteilchen in Wasser verteilt werden, setzen sie sich im Laufe der Zeit durch die Schwerkraft als Bodensatz ab. Die verteilten Tonteilchen sind viel größer als Moleküle und bestehen aus vielen Tausenden oder sogar Millionen von Atomen. Die Teilchen einer Lösung sind dagegen von Molekülgröße. Zwischen diesen beiden Extremen liegen Teilchen, die größer als Moleküle sind, aber nicht so groß, dass sich die Bestandteile des Gemisches unter Einfluss der Schwerkraft trennen. Diese Übergangsform von Dispersionen zu Suspensionen nennt man **kolloidale Dispersionen** oder einfach **Kolloide**. Kolloide bilden die Trennlinie zwischen Lösungen und heterogenen Gemischen. Wie Lösungen können kolloidale Dispersionen Gase, Flüssigkeiten oder Festkörper sein. Tabelle 13.6 listet Beispiele für diese Arten auf.

Die Größe der verteilten Teilchen dient zur Einordnung eines Gemisches als Kolloid. Kolloidteilchen reichen von Durchmessern von etwa 5 bis 1000 nm. Die Teilchen in einer Lösung sind kleiner. Das Kolloidteilchen kann aus vielen Atomen, Ionen oder Molekülen bestehen, oder sie können sogar ein einziges riesiges Molekül sein. Das Hämoglobinmolekül, welches Sauerstoff im Blut transportiert, hat zum Beispiel molekulare Abmessungen von 65 Å $\times 55$ Å $\times 50$ Å und eine Molekülmasse von 64.500 ame.

Obwohl Kolloidteilchen so klein sein können, dass die Dispersion selbst unter dem Mikroskop einheitlich aussieht, sind sie groß genug, um Licht sehr effektiv zu streuen. Daher sehen die meisten Kolloide trüb oder undurchsichtig aus, wenn sie

Tabelle 13.6

Arten von Kolloiden

Kolloidphase	Verteilende Substanz	Verteilte Substanz	Kolloidart	Beispiel
Gas	Gas	Gas	—	keine (alle sind Lösungen)
Gas	Gas	Flüssigkeit	Aerosol	Nebel
Gas	Gas	Festkörper	Aerosol	Rauch
Flüssigkeit	Flüssigkeit	Gas	Schaum	Schlagsahne
Flüssigkeit	Flüssigkeit	Flüssigkeit	Emulsion	Milch
Flüssigkeit	Flüssigkeit	Festkörper	Sol	Malerfarbe
Festkörper	Festkörper	Gas	fester Schaum	Marshmallow
Festkörper	Festkörper	Flüssigkeit	feste Emulsion	Butter
Festkörper	Festkörper	Festkörper	festes Sol	Rubinglas

nicht sehr stark verdünnt sind. Ferner kann man sehen, wie ein Lichtstrahl durch eine kolloidale Suspension geht, wie ▶ Abbildung 13.26 zeigt, weil die Kolloidteilchen Licht streuen. Diese Lichtstreuung durch kolloidale Teilchen, die man als **Tyndalleffekt** bezeichnet, ermöglicht es, den Lichtstrahl eines Autos auf einer staubigen unbefestigten Straße oder die Sonnenstrahlen durch die Baumkronen eines Waldes scheinen zu sehen (▶ Abbildung 13.27 a). Kurze Wellenlängen werden stärker gestreut als lange. Daher sind leuchtend rote Sonnenuntergänge zu sehen, wenn die Sonne nahe dem Horizont ist und die Luft Staub, Rauch oder andere Teilchen von kolloidaler Größe enthält (▶ Abbildung 13.27 b).

Abbildung 13.26: Tyndalleffekt im Labor. Das Glas links enthält eine kolloidale Suspension, das rechts enthält eine Lösung. Der Weg des Strahls durch die kolloidale Suspension ist sichtbar, weil das Licht von den Kolloidteilchen gestreut wird. Licht wird nicht von den einzelnen gelösten Stoffmolekülen in der Lösung gestreut.

Hydrophile und hydrophobe Kolloide

Die wichtigsten Kolloide sind die, in denen das Dispergiermittel Wasser ist. Diese Kolloide können **hydrophil** (wasserliebend) oder **hydrophob** (wasserabstoßend) sein. Hydrophile Kolloide sind den Lösungen, die wir zuvor untersucht haben, am ähnlichsten. Im menschlichen Körper werden die sehr großen Moleküle, die so wichtige Substanzen wie Enzyme und Antikörper bilden, durch die Wechselwirkung mit umgebenden Wassermolekülen in Suspension gehalten. Die Moleküle falten sich so, dass die hydrophoben Gruppen von den Wassermolekülen entfernt, auf der „Innenseite"

(a)

(b)

Abbildung 13.27: Tyndalleffekt in der Natur. (a) Streuung von Sonnenlicht durch Kolloidteilchen in der dunstigen Luft eines Waldes. (b) Die Streuung von Licht durch Rauch oder Staubpartikel produziert einen stimmungsvollen roten Sonnenuntergang.

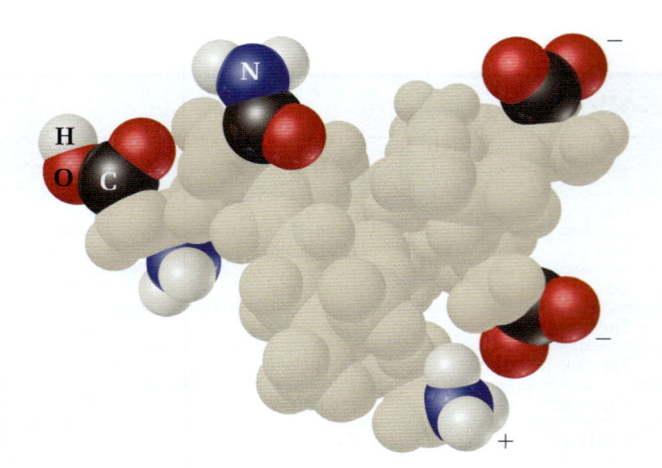

Abbildung 13.28: Hydrophile Kolloide. Beispiele von hydrophilen Gruppen an der Oberfläche eines riesigen Moleküls (Makromolekül), die helfen, die Moleküle im Wasser suspendiert zu halten.

des gefalteten Moleküls sind, während die hydrophilen, polaren Gruppen an der Oberfläche sind und mit den Wassermolekülen in Wechselwirkung treten. Diese hydrophilen Gruppen enthalten in der Regel Sauerstoff oder Stickstoff und sind häufig geladen. ▶ Abbildung 13.28 zeigt einige Beispiele.

Hydrophobe Kolloide können nur in Wasser dispergiert werden, wenn sie auf irgendeine Weise stabilisiert werden. Ansonsten scheiden sie sich durch ihre natürliche mangelnde Affinität für Wasser ab. Hydrophobe Kolloide können durch Adsorption von Ionen an ihrer Oberfläche stabilisiert werden, wie ▶ Abbildung 13.29. *Adsorption* bedeutet Anhaftung an eine Oberfläche. Diese adsorbierten Ionen können mit Wasser in Wechselwirkung treten und stabilisieren damit das Kolloid. Gleichzeitig verhindert die gegenseitige Abstoßung unter Kolloidteilchen mit adsorbierten Ionen der gleichen Ladung, dass die Teilchen zusammenstoßen und größer werden.

Hydrophobe Kolloide können auch durch das Binden von hydrophilen Gruppen an ihren Oberflächen stabilisiert werden. Kleine Öltröpfchen sind zum Beispiel hydrophob, so dass sie nicht in Wasser suspendiert bleiben. Stattdessen ballen sie sich zusammen und bilden einen Ölfilm auf der Oberfläche des Wassers. Natriumstearat (▶ Abbildung 13.30) oder jede ähnliche Substanz, die ein hydrophiles (polar oder geladen) und ein hydrophobes (unpolar) Ende hat, stabilisiert eine Suspension aus Öl in Wasser. Die Stabilisierung ergibt sich aus der Wechselwirkung der hydrophoben Enden der Stearationen mit den Öltröpfchen und der hydrophilen Enden mit dem Wasser, wie ▶ Abbildung 13.31 zeigt.

Die Stabilisierung von Kolloiden hat eine interessante Anwendung in unserem eigenen Verdauungstrakt. Wenn Fette in unserer Nahrung den Dünndarm erreichen,

> **? DENKEN SIE EINMAL NACH**
>
> Warum koagulieren die Öltröpfchen, die vom Natriumstearat emulgiert sind, nicht und bilden keine größeren Öltropfen?

Abbildung 13.29: Hydrophobe Kolloide. Schematische Darstellung, wie adsorbierte Ionen ein hydrophobes Kolloid in Wasser stabilisieren.

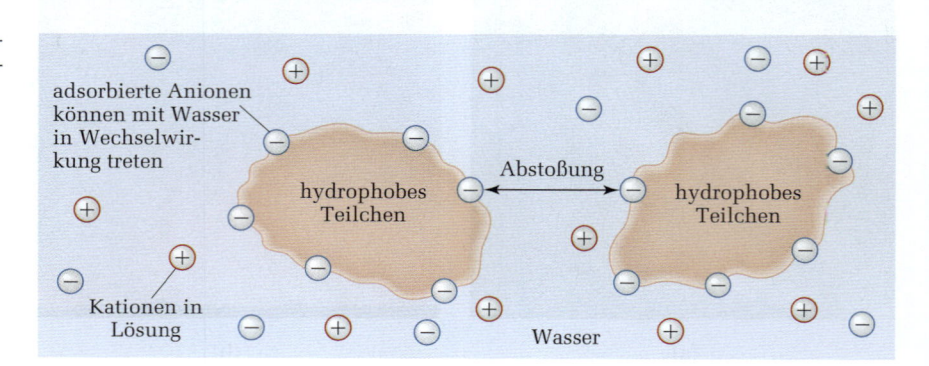

ruft ein Hormon die Abscheidung von Gallensäure aus der Galle hervor. Zu den Bestandteilen des Gallensaftes gehören Verbindungen, die chemische Strukturen ähnlich Natriumstearat haben, d. h. sie haben ein hydrophiles (polares) Ende und ein hydrophobes (unpolares) Ende. Diese Verbindungen emulgieren die Fette, die im Darm vorliegen, und erlauben damit die Verdauung und Aufnahme von fettlöslichen Vitaminen durch die Darmwand. Der Begriff *emulgieren* bedeutet „eine Emulsion bilden", eine Suspension einer Flüssigkeit in einer anderen, wie zum Beispiel in Milch (Tabelle 13.6). Eine Substanz, die die Bildung einer Emulsion unterstützt, nennt man Emulgator. Wenn Sie die Etiketten auf Lebensmitteln und anderen Stoffen lesen, finden Sie eine Vielzahl von Chemikalien, die als Emulgator verwendet werden. Diese Chemikalien haben typischerweise ein hydrophiles Ende und ein hydrophobes Ende.

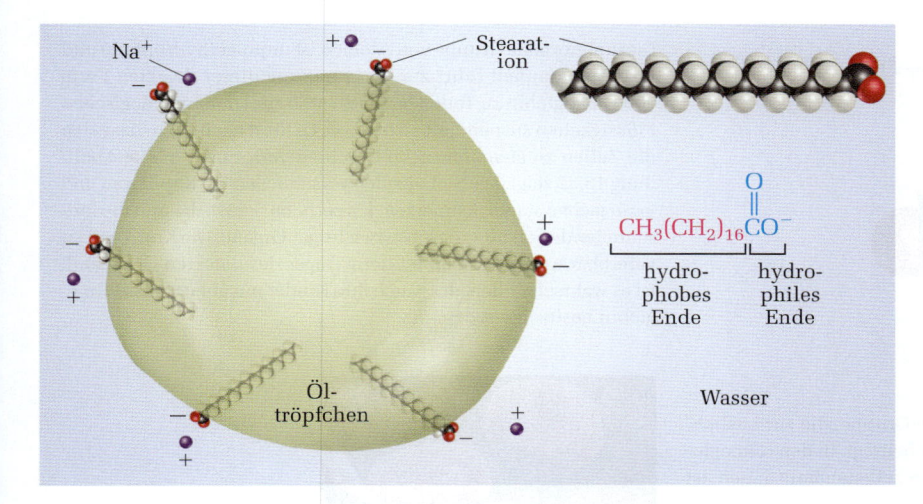

Abbildung 13.30: Natriumstearat.

Abbildung 13.31: Stabilisierung einer Emulsion von Öl in Wasser durch Stearationen.

Koagulieren von Kolloidteilchen

Kolloidteilchen müssen häufig aus einem Dispergiermittel entfernt werden, wie beim Abscheiden von Rauch aus Kaminen oder dem Trennen von Butterfett aus Milch. Weil Kolloidteilchen so klein sind, können sie nicht durch einfache Filtration getrennt werden. Stattdessen müssen die Kolloidteilchen in einem *Koagulation* genannten Vorgang vergrößert werden. Die entstehenden größeren Teilchen können dann durch Filtration abgeschieden werden oder man lässt sie sich einfach aus dem Dispergiermittel absetzen.

Durch Erhitzen des Gemisches oder Zugabe eines Elektrolyts kann Koagulation auftreten. Erhitzen der kolloidalen Dispersion erhöht die Teilchenbewegung und damit die Zahl von Zusammenstößen. Die Teilchen vergrößern sich, wenn sie nach dem Zusammenstoß aneinander haften bleiben. Die Zugabe von Elektrolyten neutralisiert die Oberflächenladungen der Teilchen und verringert damit die elektrostatischen Abstoßungen, die ihr Zusammenballen verhindern. Dort, wo Flüsse in Meere oder andere salzige Gewässer fließen, wird zum Beispiel die im Fluss suspendierte Tonerde als Flussdelta abgelagert, wenn sie sich mit den Elektrolyten im Salzwasser mischt.

Auch semipermeable Membranen können zur Trennung von Ionen von Kolloidteilchen verwendet werden, weil die Ionen durch die Membran hindurchgehen können, die Kolloidteilchen jedoch nicht. Diese Art von Trennung nennt man *Dialyse* und

13 Eigenschaften von Lösungen

Chemie und Leben — Sichelzellenanämie

Unser Blut enthält ein komplexes Protein mit Namen *Hämoglobin*, das Sauerstoff von unseren Lungen zu anderen Teilen unseres Körpers transportiert. Bei der *Sichelzellenanämie* genannten Erbkrankheit sind Hämoglobinmoleküle abnormal und haben eine niedrigere Löslichkeit, vor allem in ihrer Form ohne Sauerstoff. Daher kristallisieren bis zu 85 % des Hämoglobins in roten Blutkörperchen aus der Lösung.

Der Grund für die Unlöslichkeit von Hämoglobin bei der Sichelzellenanämie ist auf eine Strukturänderung in einem Teil einer Aminosäurenseitenkette zurückzuführen. Normale Hämoglobinmoleküle haben eine Aminosäure in ihrer Zusammensetzung, bei der die folgende Seitenkette aus dem Hauptteil des Moleküls herausragt:

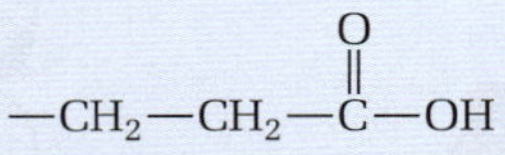

$$-CH_2-CH_2-\overset{\overset{O}{\|}}{C}-OH$$
normal

$$-\overset{|}{\underset{CH_3}{CH}}-CH_3$$
abnormal

Diese abnormale Gruppe von Atomen ist unpolar (hydrophob) und ihre Anwesenheit führt zur Verklumpung dieser defekten Form von Hämoglobin zu Teilchen, die zu groß sind, um in biologischen Flüssigkeiten suspendiert zu bleiben. Es führt auch dazu, dass sich die Zellen zu sichelförmigen Gebilden verformen, wie ▶ Abbildung 13.32 zeigt. Die Sichelzellen verschließen die Kapillaren und verursachen starke Schmerzen, körperliche Schwäche und die fortschreitende Schädigung lebenswichtiger Organe. Die Krankheit ist vererbbar und wenn beide Eltern Träger des defekten Gens sind, ist es wahrscheinlich, dass auch ihre Kinder nur abnormales Hämoglobin besitzen werden.

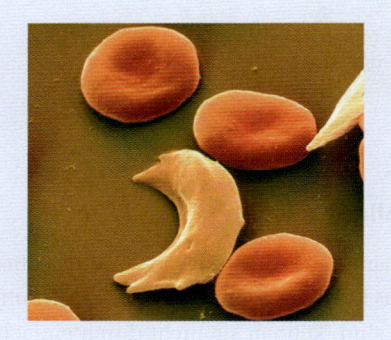

Diese Seitenkette endet in einer polaren Gruppe, die zur Löslichkeit des Hämoglobinmoleküls in Wasser beiträgt. In den Hämoglobinmolekülen bei Personen, die an Sichelzellenanämie leiden, ist die Seitenkette anders:

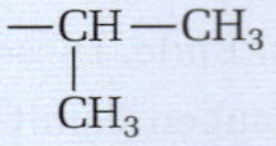

Abbildung 13.32 Normale und sichelförmige rote Blutkörperchen. Normale rote Blutkörperchen haben einen Durchmesser von etwa 1×10^{-3} mm.

ÜBERGREIFENDE BEISPIELAUFGABE — Verknüpfen von Konzepten

Eine 0,100-l-Lösung wird durch Auflösung von 0,441 g CaCl$_2$(s) in Wasser hergestellt. **(a)** Berechnen Sie den osmotischen Druck dieser Lösung bei 27 °C und nehmen Sie dabei an, dass sie vollständig in ihre Ionenbestandteile dissoziiert ist. **(b)** Der gemessene osmotische Druck dieser Lösung ist 2,56 atm bei 27 °C. Erklären Sie, warum dies unter dem in (a) berechneten Wert liegt, und berechnen Sie den Van't Hoff-Faktor *i* für den gelösten Stoff in dieser Lösung (siehe dazu den Kasten „Näher hingeschaut" in Abschnitt 13.5 auf Seite 557). **(c)** Die Lösungsenthalpie für CaCl$_2$ ist $\Delta H = -81{,}3$ kJ/mol. Wenn die Endtemperatur der Lösung 27,0 °C ist, was war dann ihre Anfangstemperatur? Nehmen Sie an, dass die Dichte der Lösung 1,00 g/ml ist, dass ihre spezifische Wärmekapazität 4,18 J/g·K^{-1} ist und dass die Lösung keine Wärme an ihre Umgebung abgibt.

Lösung

(a) Gleichung 13.13 gibt den osmotischen Druck $\pi = MRT$ an. Wir wissen, dass die Temperatur $T = 27$ °C $= 300$ K und die Gaskonstante $R = 0{,}0821$ l·atm/mol·K^{-1} ist. Wir können die Molarität der Lösung aus der Masse von CaCl$_2$ und dem Volumen der Lösung berechnen:

$$\text{Molarität} = \left(\frac{0{,}441 \text{ g CaCl}_2}{0{,}100 \text{ l}}\right)\left(\frac{1 \text{ mol CaCl}_2}{111{,}0 \text{ g CaCl}_2}\right) = 0{,}0397 \text{ mol CaCl}_2/\text{l}$$

Lösliche ionische Verbindungen sind starke Elektrolyte (siehe Abschnitte 4.1 und 4.3). Daher besteht $CaCl_2$ aus Metallkationen (Ca^{2+}) und nichtmetallischen Anionen (Cl^-). Bei vollständiger Dissoziierung bildet jede $CaCl_2$-Einheit drei Ionen (ein Ca^{2+} und zwei Cl^-). Daher ist die Gesamtkonzentration von Ionen in der Lösung $(3)(0{,}0397\ M) = 0{,}119\ M$ und der osmotische Druck ist:

$$\pi = MRT = (0{,}119\ \text{mol/l})(0{,}0821\ \text{l}\cdot\text{atm/mol}\cdot\text{K}^{-1})(300\ \text{K}) = 2{,}93\ \text{atm}$$

(b) Die tatsächlichen Werte von kolligativen Eigenschaften von Elektrolyten liegen unter den berechneten Werten, weil die elektrostatischen Wechselwirkungen zwischen Ionen ihre unabhängigen Bewegungen einschränken. In diesem Fall wird der van't Hoff-Faktor, der das Ausmaß misst, in dem die Elektrolyte tatsächlich in Ionen dissoziieren, gegeben durch:

$$i = \frac{\pi(\text{gemessen})}{\pi(\text{für Nichtelektrolyt berechnet})} = \frac{2{,}56\ \text{atm}}{(0{,}0397\ \text{mol/l})(0{,}0821\ \text{l}\cdot\text{atm/mol}\cdot\text{K}^{-1})(300\ \text{K})} = 2{,}62$$

Damit verhält sich die Lösung, als ob das $CaCl_2$ in 2,62 Teilchen statt der idealen 3 dissoziiert wäre.

(c) Wenn die Lösung $0{,}0397\ M$ in $CaCl_2$ ist und ein Gesamtvolumen von 0,100 l hat, ist die Molzahl des gelösten Stoffs $(0{,}100\ \text{l})(0{,}0397\ \text{mol/l}) = 0{,}00397\ \text{mol}$. Daher ist die Menge der bei der Bildung der Lösung erzeugten Wärme $(0{,}00397\ \text{mol})(-81{,}3\ \text{kJ/mol}) = -0{,}323\ \text{kJ}$. Die Lösung nimmt diese Wärme auf, wodurch ihre Temperatur steigt. Die Beziehung zwischen Temperaturänderung und Wärme gibt ▶ Gleichung 5.19:

$$Q = (\text{spezifische Wärmekapazität})(\text{Gramm})(\Delta T)$$

Die von der Lösung aufgenommene Wärme ist $Q = +0{,}323\ \text{kJ} = 323\ \text{J}$. Die Masse der 0,100 l Lösung ist $(100\ \text{ml})(1{,}00\ \text{g/ml}) = 100\ \text{g}$ (auf 3 signifikante Stellen). Damit ist die Temperaturänderung:

$$\Delta T = \frac{Q}{(\text{spezifische Wärmekapazität der Lösung})(\text{Gramm Lösung})} = \frac{323\ \text{J}}{(4{,}18\ \text{J/g}\cdot\text{K}^{-1})(100\ \text{g})} = 0{,}773\ \text{K}$$

Ein Kelvin hat die gleiche Größe wie Grad Celsius (siehe Abschnitt 1.4). Weil die Lösungstemperatur um 0,773 °C steigt, war die Anfangstemperatur $27{,}0\ °\text{C} - 0{,}773\ °\text{C} = 26{,}2\ °\text{C}$.

sie wird zur Reinigung von Blut in künstlichen Nieren genutzt. Unsere Nieren scheiden normalerweise die Abfallprodukte des Stoffwechsels aus dem Blut ab. In einer künstlichen Niere wird das Blut durch einen Dialysierschlauch geführt, der in eine Spüllösung eintaucht. Die Dialyselösung ist isotonisch an Ionen, die im Blut erhalten werden müssen, ihr fehlen jedoch die Abfallprodukte. Abfallprodukte verlassen damit das Blut, die Ionen jedoch nicht.

Zusammenfassung und Schlüsselbegriffe

Abschnitt 13.1 Lösungen bilden sich, wenn sich eine Substanz gleichmäßig in einer anderen verteilt. Die anziehende Wechselwirkung von Lösungsmittelmolekülen mit gelöstem Stoff nennt man **Solvatation**. Wenn das Lösungsmittel Wasser ist, nennt man die Wechselwirkung **Hydratation**. Die Auflösung von ionischen Stoffen in Wasser wird durch Hydratation der getrennten Ionen durch die polaren Wassermoleküle gefördert.

Die Gesamtenthalpieänderung bei Lösungsbildung kann positiv oder negativ sein. Lösungsbildung wird durch eine negative Enthalpieänderung (exothermer Prozess) und durch eine stärkere Verteilung der Bestandteile der Lösung im Raum begünstigt, die einer positiven **Entropie**änderung entspricht.

Abschnitt 13.2 Das Gleichgewicht zwischen einer gesättigten Lösung und ungelöstem Stoff ist dynamisch. Der Lösungsvorgang und der umgekehrte Prozess, **Kristallisation**, finden nebeneinander statt. In einer Lösung im Gleichgewicht mit ungelöstem Stoff laufen die beiden Vorgänge mit gleichen Geschwindigkeiten ab, wodurch sich eine **gesättigte** Lösung ergibt. Wenn weniger gelöster Stoff vorhanden ist, als benötigt wird, um die Lösung zu sättigen, ist die Lösung **ungesättigt**. Wenn die Konzentration des Gelösten größer als der Gleichgewichtskonzentrationswert ist, ist die Lösung **übersättigt**. Dies ist ein unstabiler Zustand und ein Teil des gelösten Stoffs scheidet sich aus der Lösung ab, wenn der Vorgang mit einem Impfkristall des gelösten Stoffs gestartet wird. Die Menge von gelöstem Stoff, die benötigt wird, um eine gesättigte Lösung bei einer bestimmten Temperatur zu bilden, ist die **Löslichkeit** dieses gelösten Stoffs bei dieser Temperatur.

Abschnitt 13.3 Die Löslichkeit einer Substanz in einer anderen beruht auf der Tendenz die Unordnung zu vergrößern und auf den intermolekularen Kräften zwischen gelöstem Stoff und Lösungsmittel. Polare und ionische Stoffe lösen sich eher in polaren Lösungsmitteln, und unpolare Stoffe lösen sich eher in unpolaren Lösungsmitteln auf („Gleiches löst sich gut in Gleichem"). Flüssigkeiten, die sich in allen Anteilen mischen, heißen **mischbar**; die, die sich ineinander nicht bedeutend lösen, heißen **unmischbar**. Wasserstoffbrückenbindung zwischen gelöstem Stoff und Lösungsmittel spielt häufig eine wichtige Rolle für die Löslichkeit. Ethanol und Wasser, deren Moleküle Wasserstoffbrückenbindungen miteinander eingehen, sind zum Beispiel mischbar.

Die Löslichkeiten von Gasen in einer Flüssigkeit sind in der Regel proportional zum Druck des Gases über der Lösung, wie das **Henry'sche Gesetz** ausdrückt: $S_g = kp_g$. Die Löslichkeiten der meisten festen gelösten Stoffe in Wasser nehmen zu, wenn die Temperatur der Lösung steigt. Im Gegensatz dazu nimmt die Löslichkeit von Gasen in Wasser mit steigender Temperatur ab.

Abschnitt 13.4 Konzentrationen von Lösungen können quantitativ durch mehrere unterschiedliche Maße ausgedrückt werden, darunter **Massenprozent** [(Masse gelöster Stoff/Masse Lösung) $\times 10^2$ %], **Teile pro Million (ppm)** [(Masse gelöster Stoff/Masse Lösung) $\times 10^6$], **Teile pro Milliarde (ppb)** [(Masse gelöster Stoff/Masse Lösung) $\times 10^9$] und Molenbruch [Mol gelöster Stoff/(Mol gelöster Stoff + Mol Lösungsmittel)]. Molarität M ist als Anzahl Mol des gelösten Stoffs pro Liter Lösung definiert; **Molalität** m ist als Anzahl Mol des gelösten Stoffs pro Kilogramm Lösungsmittel definiert. Molarität kann in diese anderen Konzentrationseinheiten umgerechnet werden, wenn die Dichte der Lösung bekannt ist.

Abschnitt 13.5 Eine physikalische Eigenschaft einer Lösung, die von der Konzentration der vorliegenden gelösten Teilchen abhängt, unabhängig von der Beschaffenheit des gelösten Stoffs, ist eine **kolligative Eigenschaft**. Kolligative Eigenschaften umfassen Dampfdruckerniedrigung, Gefrierpunktserniedrigung, Siedepunktserhöhung und osmotischen Druck. Die Senkung des Dampfdrucks wird vom **Raoult'schen Gesetz**

ausgedrückt. Eine **ideale Lösung** gehorcht dem Raoult'schen Gesetz. Viele Lösungen weichen vom idealen Verhalten ab.

Eine Lösung, die einen nichtflüchtigen gelösten Stoff enthält, besitzt einen höheren Siedepunkt als das reine Lösungsmittel. Die **molale Siedepunktserhöhung** K_b (ebullioskopische Konstante) stellt den Anstieg des Siedepunktes für eine 1-m-Lösung im Vergleich mit dem reinen Lösungsmittel dar. Ähnlich misst die **molale Gefrierpunktserniedrigung** K_f (kryoskopische Konstante) die Senkung des Gefrierpunkts einer 1-m-Lösung. Die Temperaturänderungen werden durch die Gleichungen $\Delta T_b = K_b m$ und $\Delta T_f = K_f m$ gegeben. Wenn sich NaCl in Wasser löst, werden zwei mol gelöster Stoffteilchen für jedes mol des aufgelösten Salzes gebildet. Der Siedepunkt oder der Gefrierpunkt wird damit erhöht bzw. gesenkt, und zwar auf ungefähr den doppelten Wert einer Nichtelektrolytlösung der gleichen Konzentration. Ähnliches gilt für andere starke Elektrolyte.

Osmose ist der Transport von Lösungsmittelmolekülen durch eine semipermeable Membran aus einer weniger konzentrierten zu einer stärker konzentrierten Lösung. Dieser Transport von Lösungsmittel erzeugt einen **osmotischen Druck**, π, der in Einheiten des Gasdrucks, wie atm, gemessen werden kann. Der osmotische Druck einer Lösung im Vergleich mit reinem Lösungsmittel ist proportional zur Molarität der Lösung: $\pi = MRT$. Osmose ist ein sehr wichtiger Vorgang in lebenden Systemen, in denen Zellmembranen als semipermeable Wände fungieren und den Durchgang von Wasser erlauben, aber den Durchgang von ionischen oder makromolekularen Bestandteilen beschränken.

Abschnitt 13.6 Teilchen, die im molekularen Maßstab groß, aber klein genug sind, um unbegrenzt in einem Lösungssystem suspendiert zu bleiben, bilden **Kolloide** oder **kolloidale Dispersionen**. Kolloide, die eine Übergangsform zwischen Lösungen und heterogenen Gemischen sind, haben viele praktische Anwendungen. Eine wichtige physikalische Eigenschaft von Kolloiden, die Streuung des sichtbaren Lichts, nennt man **Tyndalleffekt**. Wässrige Kolloide werden als **hydrophil** oder **hydrophob** eingestuft. Hydrophile Kolloide treten häufig in lebenden Organismen auf, in denen große molekulare Aggregate (Enzyme, Antikörper) suspendiert bleiben, weil sie viele polare, oder geladene, Atomgruppen an ihren Oberflächen haben, die mit Wasser in Wechselwirkung treten. Hydrophobe Kolloide, wie kleine Öltröpfchen, bleiben durch die Adsorption geladener Teilchen an ihren Oberflächen in Suspension.

Veranschaulichung von Konzepten

13.1 Diese Abbildung zeigt die Wechselwirkung eines Kations mit umgebenden Wassermolekülen.

Sollte die Energie der Ionen-Lösungsmittel-Wechselwirkung für Na⁺ oder Li⁺ größer sein? Begründen Sie Ihre Antwort (*Abschnitt 13.1*).

13.2 Schauen Sie sich die Abbildung für Übung 13.1 an und sagen Sie welches ΔH-Glied in Abbildung 13.4 (beide Diagramme) die Enthalpieänderung enthält, die der Wechselwirkung des Kations mit dem Lösungsmittel entspricht? (*Abschnitt 13.1*)

13.3 Eine gewisse Menge des rosaroten Festkörpers links in Abbildung 13.8 wird in einen Ofen gegeben und einige Zeit erhitzt. Sie verändert sich langsam von rosarot zu der tiefblauen Farbe des Festkörpers rechts. Was hat stattgefunden? (*Abschnitt 13.1*)

13.4 Welche der folgenden Darstellungen ist die beste Darstellung einer gesättigten Lösung? Begründen Sie Ihre Antworten (*Abschnitt 13.2*).

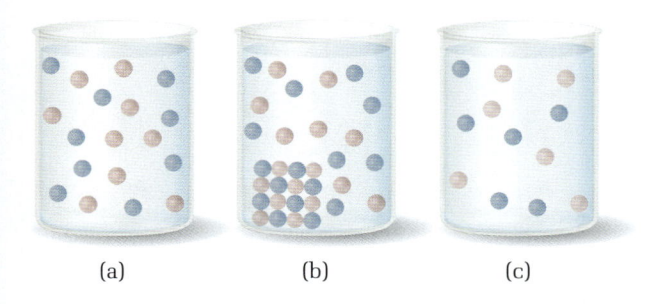

(a)   (b)   (c)

13.5 Die Löslichkeit von Xe in Wasser bei 20 °C ist ungefähr 5×10^{-3} M. Vergleichen Sie dies mit den Löslichkeiten von Ar und Kr in Wasser, Tabelle 13.2, und erklären Sie, welche Eigenschaften der Edelgasatome die Abweichung in der Löslichkeit erklären (*Abschnitt 13.3*).

13.6 Die Strukturen der Vitamine E und B₆ werden unten gezeigt. Sagen Sie vorher, welches größtenteils wasserlöslich ist, und welches größtenteils fettlöslich ist. Begründen Sie Ihre Antwort (*Abschnitt 13.3*).

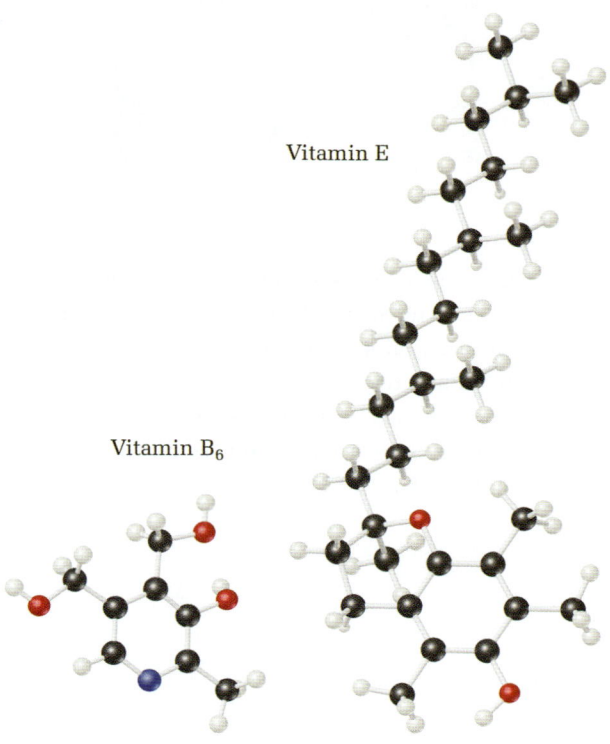

Vitamin E

Vitamin B₆

13.7 Das Bild zeigt zwei Messkolben, die die gleiche Lösung bei zwei verschiedenen Temperaturen enthalten.
(a) Ändert sich die Molarität der Lösung mit der Änderung der Temperatur? Begründen Sie Ihre Antwort.
(b) Ändert sich die Molalität der Lösung mit der Änderung der Temperatur? Begründen Sie Ihre Antwort (*Abschnitt 13.4*).

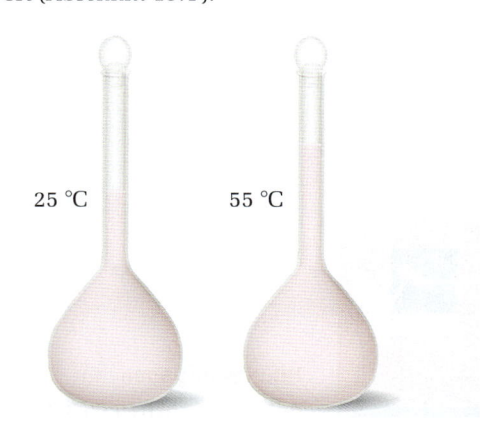

25 °C   55 °C

13 Eigenschaften von Lösungen

13.8 Nehmen Sie an, dass Sie einen Ballon haben, der aus einer sehr flexiblen, semipermeablen Membran besteht. Der Ballon ist vollständig mit einer 0,2-M-Lösung eines gelösten Stoffs gefüllt und ist in einer 0,1-M-Lösung des gleichen gelösten Stoffs getaucht:

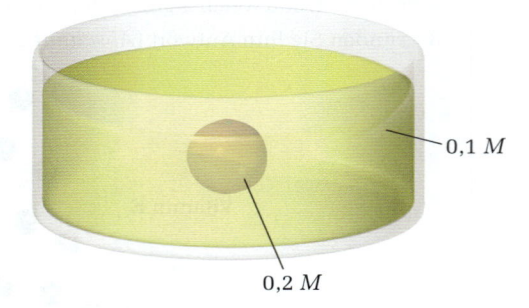

0,1 M

0,2 M

Anfänglich ist das Volumen der Lösung im Ballon 0,25 l. Wenn Sie annehmen, dass das Volumen außerhalb der semipermeablen Membran groß ist, wie die Abbildung zeigt, was würden Sie dann für das Lösungsvolumen im Inneren des Ballons erwarten, sobald das System durch Osmose im Gleichgewicht ist? (*Abschnitt 13.5*)

13.9 Das Molekül n-Oktylglycosid, das hier gezeigt wird, wird in der biochemischen Forschung weithin als nichtionische grenzflächenaktive Substanz für das „Solubilisieren" großer, hydrophober Proteinmoleküle verwendet. Welche Merkmale dieses Moleküls sind für eine derartige Verwendung wichtig? (*Abschnitt 13.6*)

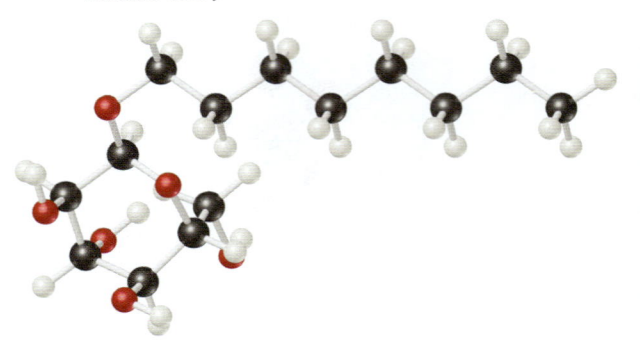

13.10 Wenn Sie eine Lösung aus CO in Wasser bei 25 °C herstellen wollen, in der die CO-Konzentration 2,5 mM ist, welchen CO-Druck müssten Sie verwenden (siehe Abbildung 13.18)? (*Abschnitt 13.3*)

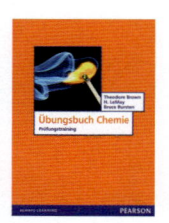

Übungsaufgaben
mit ausführlichen Lösungshinweisen

Multiple Choice-Aufgaben
Lösungen zu den Übungsaufgaben
im Kapitel

Chemische Kinetik

14.1 Faktoren, die die Reaktionsgeschwindigkeit beeinflussen 547

14.2 Reaktionsgeschwindigkeiten 548

14.3 Konzentration und Reaktionsgeschwindigkeit 555

14.4 Die Änderung der Konzentration mit der Zeit 561

14.5 Temperatur und Reaktionsgeschwindigkeit 567

14.6 Reaktionsmechanismen 575

14.7 Katalyse 583

Chemie und Leben
　　Stickstofffixierung und Nitrogenase 590

Zusammenfassung und Schlüsselbegriffe 592

Veranschaulichung von Konzepten 593

14 Chemische Kinetik

Was uns erwartet

- Vier Variablen beeinflussen die Reaktionsgeschwindigkeit: Konzentration, Aggregatzustände von Reaktanten, Temperatur und Katalysatoren. Diese Faktoren können in Bezug auf Stöße unter Reaktantenmolekülen verstanden werden, die zu einer Reaktion führen (*Abschnitt 14.1*).

- Wir sehen uns an, wie *Reaktionsgeschwindigkeiten* ausgedrückt werden und wie die Zeitabhängigkeit des Verbrauchs von Reaktanten und der Bildung von Produkten mit den stöchiometrischen Verhältnissen der Reaktion in Bezug stehen (*Abschnitt 14.2*).

- Wir untersuchen dann, wie die Konzentrationsabhängigkeit der Reaktionsgeschwindigkeit quantitativ durch *Geschwindigkeitsgesetze* ausgedrückt wird und wie Geschwindigkeitsgesetze experimentell bestimmt werden können (*Abschnitt 14.3*).

- Geschwindigkeitsgleichungen können so geschrieben werden, dass sie ausdrücken, wie sich die Konzentrationen mit der Zeit ändern. Wir werden uns zwei einfache Arten dieser Geschwindigkeitsgleichungen ansehen (*Abschnitt 14.4*).

- Als Nächstes betrachten wir den Einfluss der Temperatur auf die Reaktionsgeschwindigkeit und die Tatsache, dass Reaktionen eine gewisse Energie benötigen, die *Aktivierungsenergie* genannt wird, um stattzufinden (*Abschnitt 14.5*).

- Wir untersuchen dann die *Mechanismen* von Reaktionen, die molekularen Wege, die Schritt für Schritt von den Reaktanten zu den Produkten führen (*Abschnitt 14.6*).

- Das Kapitel endet mit einer Diskussion, wie *Katalysatoren* Reaktionsgeschwindigkeiten beschleunigen. Dabei behandeln wir auch biologische Katalysatoren, die *Enzyme* (*Abschnitt 14.7*).

14.1 Faktoren, die die Reaktionsgeschwindigkeit beeinflussen

Die Chemie befasst sich grundsätzlich mit stofflichen Veränderungen. Chemische Reaktionen wandeln Substanzen mit definierten Eigenschaften in andere Stoffe mit anderen Eigenschaften um. Ein großer Teil unseres Studiums chemischer Reaktionen befasst sich mit der Bildung neuer Substanzen aus einer gegebenen Menge Reaktanten. Es ist jedoch genau so wichtig zu verstehen, wie schnell chemische Reaktionen ablaufen.

Reaktionen laufen unterschiedlich schnell ab. Es gibt Reaktionen, die in Sekundenbruchteilen ablaufen, wie z. B. Explosionen, und solche, die Tausende oder sogar Millionen von Jahren benötigen, wie die Bildung von Diamanten oder anderen Mineralien in der Erdkruste (▶ Abbildung 14.1). Ein Feuerwerk zum Beispiel benötigt sehr schnelle Reaktionen, sowohl um die Feuerwerkskörper in den Himmel zu schießen, als auch, um die bunten Lichteffekte zu erzeugen. Die charakteristische rote, blaue und grüne Farbe wird von Strontium-, Kupfer- und Bariumsalzen erzeugt.

Das Gebiet der Chemie, das sich mit den Geschwindigkeiten von Reaktionen befasst, nennt man **chemische Kinetik**. Chemische Kinetik ist ein Thema sehr weit reichender Bedeutung. Es steht zum Beispiel damit in Zusammenhang, wie schnell ein Medikament wirken kann, oder ob die Bildung und der Abbau von Ozon in der Stratosphäre im Gleichgewicht stehen, oder auch mit industriellen Herausforderungen, wie die Entwicklung von Katalysatoren, um neue Werkstoffe zu synthetisieren.

In diesem Kapitel wollen wir nicht nur verstehen, wie wir die Geschwindigkeiten bestimmen, mit denen Reaktionen stattfinden, sondern auch die Faktoren berücksichtigen, die diese Geschwindigkeiten beeinflussen. Welche Faktoren bestimmen zum Beispiel, wie schnell Lebensmittel verderben? Wie entwickelt man ein schnell härtendes Material für Zahnfüllungen? Was bestimmt die Geschwindigkeit, mit der Stahl rostet? Was bestimmt die Geschwindigkeit, mit der Kraftstoff in Kraftfahrzeugmotoren verbrennt? Obwohl wir diese konkreten Fragen nicht direkt beantworten werden, werden wir sehen, dass die Geschwindigkeiten aller chemischen Reaktionen den gleichen Grundsätzen folgen.

Abbildung 14.1: Reaktionsgeschwindigkeiten. Die Geschwindigkeiten chemischer Reaktionen überspannen einen weiten Bereich. Explosionen sind beispielsweise schnell und treten in Sekunden oder Bruchteilen von Sekunden auf, Rosten kann Jahre dauern und die Verwitterung und Abtragung von Felsen findet über Tausende oder sogar Millionen von Jahren statt.

Faktoren, die die Reaktionsgeschwindigkeit beeinflussen 14.1

Bevor wir uns die quantitativen Aspekte der chemischen Kinetik ansehen und lernen, wie zum Beispiel Geschwindigkeiten gemessen werden, wollen wir die Schlüsselfaktoren untersuchen, die die Reaktionsgeschwindigkeit beeinflussen. Weil es bei Reaktionen um das Lösen und Bilden von Bindungen geht, hängt die Geschwindigkeit, mit der dies geschieht, von der Art der Reaktanten ab. Es gibt vier Faktoren, mit denen wir die Reaktionsgeschwindigkeit beeinflussen können:

1 *Der Aggregatzustand der Reaktanten.* Reaktanten müssen zusammenkommen, um zu reagieren. Je öfter Moleküle gegeneinander stoßen, desto schneller reagieren sie. Die meisten der Reaktionen, die wir betrachten, sind homogen, und an ihnen sind entweder Gase oder flüssige Lösungen beteiligt. Wenn sich Reaktanten in unterschiedlichen Phasen befinden, wenn z. B. einer ein Gas und der andere ein Festkörper ist, ist die Reaktion auf ihre Grenzfläche beschränkt. Damit laufen Reaktionen, an denen Festkörper beteiligt sind, schneller ab, wenn die Oberfläche des Festkörpers vergrößert wird. Ein Medikament in Form einer Tablette löst sich zum Beispiel im Magen auf und geht langsamer in die Blutbahn als das gleiche Medikament in Form eines feinen Pulvers.

Abbildung 14.2: Einfluss der Konzentration auf die Reaktionsgeschwindigkeit. (a) Wenn Stahlwolle an der Luft erhitzt wird, glüht sie rot, oxidiert aber langsam. (b) Wenn die rot glühende Stahlwolle in eine Atmosphäre aus reinem Sauerstoff gebracht wird, brennt sie heftig und bildet Fe_2O_3 mit einer viel höheren Geschwindigkeit. Dieses unterschiedliche Verhalten beruht auf unterschiedlichen Konzentrationen von O_2 in den beiden Umgebungen.

2 *Die Konzentration der Reaktanten.* Die meisten chemischen Reaktionen laufen schneller ab, wenn die Konzentration eines oder mehrerer der Reaktanten erhöht wird. Stahlwolle brennt zum Beispiel in Luft, die 20 % O_2 enthält, nur schwer, verbrennt jedoch in reinem Sauerstoff mit leuchtend heller Flamme (▶ Abbildung 14.2). Mit steigender Konzentration nimmt die Häufigkeit, mit der die Reaktantenmoleküle aufeinander stoßen, zu, und führt zu höheren Reaktionsgeschwindigkeiten.

3 *Die Temperatur, bei der die Reaktion stattfindet.* Die Geschwindigkeit einer chemischen Reaktion steigt, wenn die Temperatur steigt. Aus diesem Grund kühlen wir verderbliche Lebensmittel wie Milch. Die bakteriellen Reaktionen, die zum Verderben der Milch führen, laufen bei Zimmertemperatur viel schneller ab als bei den niedrigen Temperaturen eines Kühlschranks. Die Erhöhung der Temperatur erhöht die kinetische Energie der Moleküle (siehe Abschnitt 10.7). Wenn sich Moleküle schneller bewegen, stoßen sie häufiger zusammen und auch mit höherer Energie, so dass erhöhte Reaktionsgeschwindigkeiten entstehen.

4 *Die Anwesenheit eines Katalysators.* Katalysatoren sind Stoffe, die Reaktionsgeschwindigkeiten erhöhen, ohne selbst verbraucht zu werden. Sie beeinflussen die Weise der Zusammenstöße (den Mechanismus), die zu einer Reaktion führen. Katalysatoren spielen in unserem Leben eine entscheidende Rolle. Die Physiologie der meisten Lebewesen hängt von *Enzymen* ab, Proteinmoleküle, die als Katalysatoren wirken und die Geschwindigkeiten ausgewählter biochemischer Reaktionen erhöhen.

Auf Molekülebene hängen Reaktionsgeschwindigkeiten von der Stoßfrequenz unter den Molekülen ab. Je häufiger die Stöße auftreten, desto größer ist die Reaktionsgeschwindigkeit. Damit ein Stoß jedoch zu einer Reaktion führt, muss er mit ausreichender Energie stattfinden, um Bindungen auf eine kritische Länge auszudehnen und auch mit einer passenden Orientierung, damit sich neue Bindungen an den richtigen Stellen bilden können. Wir werden diese Faktoren im Laufe dieses Kapitels näher betrachten.

> **? DENKEN SIE EINMAL NACH**
>
> Wie beeinflusst die Erhöhung der Partialdrücke der Reaktionspartner eines gasförmigen Gemisches die Geschwindigkeit, mit der die Bestandteile miteinander reagieren?

Reaktionsgeschwindigkeiten 14.2

Die *Geschwindigkeit* eines Ereignisses ist als die *Änderung* definiert, die in einem bestimmten *Zeitintervall* stattfindet. Wenn wir von Geschwindigkeit reden, bringen wir notwendigerweise auch den Begriff der Zeit ins Spiel. Die Geschwindigkeit eines

14.2 Reaktionsgeschwindigkeiten

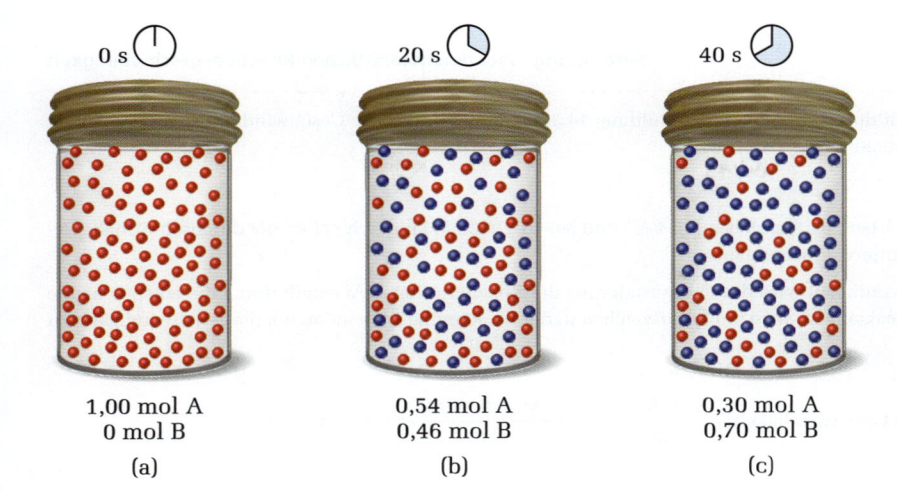

Abbildung 14.3: Zeitlicher Verlauf einer hypothetischen Reaktion A ⟶ B. Jede rote Kugel stellt 0,01 mol A dar, jede blaue Kugel stellt 0,01 mol B dar und das Gefäß hat ein Volumen von 1,00 l. (a) Zum Zeitpunkt Null enthält das Gefäß 1,00 mol A (100 rote Kugeln) und 0 mol B (keine blauen Kugeln). (b) Nach 20 s enthält das Gefäß 0,54 mol A und 0,46 mol B. (c) Nach 40 s enthält das Gefäß 0,30 mol A und 0,70 mol B.

Autos wird zum Beispiel als die Änderung seiner Position über einen bestimmten Zeitraum definiert. Die Einheit dieser Geschwindigkeit ist normalerweise Kilometer pro Stunde (km/h), das heißt die Größe, die sich ändert (Position, gemessen in Kilometern), geteilt durch ein Zeitintervall (Stunden).

Auf ähnliche Weise ist die Geschwindigkeit einer chemischen Reaktion – die Reaktionsgeschwindigkeit – die Änderung der Konzentration von Reaktanten oder Produkten pro Zeiteinheit. Daher sind die Einheiten für Reaktionsgeschwindigkeit gewöhnlich Molarität pro Sekunde (M/s) – das heißt, die Änderung in der Konzentration (gemessen in Molarität) geteilt durch ein Zeitintervall (Sekunden).

Sehen wir uns einmal eine einfache hypothetische Reaktion A ⟶ B an, die ▶ Abbildung 14.3 darstellt. Jede rote Kugel steht für 0,01 mol A und jede blaue Kugel steht für 0,01 mol B. Nehmen wir an, dass der Behälter ein Volumen von 1,00 l hat. Zu Beginn der Reaktion haben wir 1,00 mol A, daher ist die Konzentration 1,00 mol/l = 1,00 M. Nach 20 s ist die Konzentration von A auf 0,54 M gesunken, während die von B auf 0,46 M gestiegen ist. Die Summe der Konzentrationen ist noch immer 1,00 M, weil 1 mol B für jedes mol A erzeugt wird, das reagiert. Nach 40 s ist die Konzentration von A 0,30 M und die von B ist 0,70 M.

Die Geschwindigkeit dieser Reaktion kann entweder als die Geschwindigkeit des Verbrauchs von Reaktant A oder als die Geschwindigkeit der Bildung von Produkt B ausgedrückt werden. Die *durchschnittliche* Geschwindigkeit der Bildung von B über ein bestimmtes Zeitintervall wird durch die Änderung der Konzentration von B geteilt durch die Änderung der Zeit gegeben:

Durchschnittliche Geschwindigkeit der Bildung von B =

$$\frac{\text{Änderung der Konzentration von B}}{\text{Änderung der Zeit}} = \frac{[B] \text{ bei } t_2 - [B] \text{ bei } t_1}{t_2 - t_1} = \frac{\Delta[B]}{\Delta t} \quad (14.1)$$

Wir verwenden Klammern um eine chemische Formel, wie in [B], um die Konzentration der Substanz in mol/l anzugeben. Der griechische Buchstabe Delta Δ wird als „Änderung von" gelesen und ist immer gleich der Endmenge minus der Anfangsmenge (siehe Abschnitt 5.2). Die durchschnittliche Geschwindigkeit der Bildung von B über das Intervall 20 s vom Beginn der Reaktion an ($t_1 = 0$ s zu $t_2 = 20$ s) wird gegeben durch:

> **ÜBUNGSBEISPIEL 14.1**   Berechnung einer durchschnittlichen Reaktionsgeschwindigkeit
>
> Berechnen Sie anhand der Daten in der Bildunterschrift von ▶ Abbildung 14.3 die durchschnittliche Geschwindigkeit, mit der A über das Zeitintervall von 20 s bis 40 s verbraucht wird.
>
> **Lösung**
>
> **Analyse:** Es wird die Konzentration von A bei 20 s angegeben (0,54 M) und bei 40 s (0,30 M) und wir sollen die durchschnittliche Reaktionsgeschwindigkeit über dieses Zeitintervall berechnen.
>
> **Vorgehen:** Die durchschnittliche Geschwindigkeit wird durch die Änderung der Konzentration $\Delta[A]$ geteilt durch die entsprechende Zeitänderung Δt angegeben. Weil A ein Reaktant ist, wird ein Minuszeichen in der Berechnung verwendet, um die Geschwindigkeit zu einer positiven Größe zu machen.
>
> **Lösung:**
> $$\text{Durchschnittliche Geschwindigkeit} = -\frac{\Delta[A]}{\Delta t} = -\frac{0{,}30\ M - 0{,}54\ M}{40\ \text{s} - 20\ \text{s}} = 1{,}2 \times 10^{-2}\ M/\text{s}$$
>
> **ÜBUNGSAUFGABE**
>
> Berechnen Sie für die in Abbildung 14.3 gezeigte Reaktion die durchschnittliche Geschwindigkeit der Bildung von B über das Zeitintervall von 0 bis 40 s. Die notwendigen Angaben werden in der Bildunterschrift gemacht.
>
> **Antwort:** $1{,}8 \times 10^{-2}\ M/\text{s}$.

$$\text{Durchschnittliche Geschwindigkeit} = \frac{0{,}46\ M - 0{,}00\ M}{20\ \text{s} - 0\ \text{s}} = 2{,}3 \times 10^{-2}\ M/\text{s}$$

Wir könnten gleichermaßen die Geschwindigkeit der Reaktion im Hinblick auf die Änderung der Konzentration des Reaktanten A ausdrücken. In diesem Fall würden wir die Geschwindigkeit des Verbrauchs von A beschreiben, was wir ausdrücken als:

$$\text{Durchschnittliche Geschwindigkeit des Verbrauchs von A} = -\frac{\Delta[A]}{\Delta t} \qquad (14.2)$$

Beachten Sie das Minuszeichen in dieser Gleichung. Als Konvention *werden Geschwindigkeiten immer als positive Größen ausgedrückt*. Weil [A] über die Zeit abnimmt, ist $\Delta[A]$ eine negative Zahl. Wir brauchen das Minuszeichen, um das negative $\Delta[A]$ in eine positive Geschwindigkeit umzuwandeln. Da ein Molekül A für jedes Molekül B, das sich bildet, verbraucht wird, ist die durchschnittliche Geschwindigkeit des Verbrauchs von A gleich der durchschnittlichen Geschwindigkeit der Bildung von B, wie die folgende Berechnung zeigt:

$$\text{Durchschnittliche Geschwindigkeit} = -\frac{\Delta[A]}{\Delta t} = -\frac{0{,}54\ M - 1{,}00\ M}{20\ \text{s} - 0\ \text{s}} = 2{,}3 \times 10^{-2}\ M/\text{s}$$

Änderung der Reaktionsgeschwindigkeit mit der Zeit

Betrachten wir jetzt eine tatsächlich ablaufende chemische Reaktion, nämlich die Reaktion, die stattfindet, wenn Butylchlorid (C_4H_9Cl) in Wasser gegeben wird. Die gebildeten Produkte sind Butylalkohol (C_4H_9OH) und Salzsäure:

$$C_4H_9Cl(aq) + H_2O(l) \longrightarrow C_4H_9OH(aq) + HCl(aq) \qquad (14.3)$$

Nehmen Sie an, dass wir eine 0,1000 M wässrige Lösung von C_4H_9Cl herstellen und dann die Konzentration von C_4H_9Cl zu verschiedenen Zeitpunkten nach der Zeit Null messen und dabei die in den ersten beiden Spalten von Tabelle 14.1 gezeigten Daten sammeln. Wir können dann diese Daten nutzen, um die durchschnittliche Geschwin-

Tabelle 14.1

Geschwindigkeitsdaten für die Reaktion von C_4H_9Cl mit Wasser

Zeit, t (s)	$[C_4H_9Cl]$ (M)	Durchschnittliche Reaktionsgeschwindigkeit (M/s)
0,0	0,1000	
		$1,9 \times 10^{-4}$
50,0	0,0905	
		$1,7 \times 10^{-4}$
100,0	0,0820	
		$1,6 \times 10^{-4}$
150,0	0,0741	
		$1,4 \times 10^{-4}$
200,0	0,0671	
		$1,22 \times 10^{-4}$
300,0	0,0549	
		$1,01 \times 10^{-4}$
400,0	0,0448	
		$0,80 \times 10^{-4}$
500,0	0,0368	
		$0,560 \times 10^{-4}$
800,0	0,0200	
10.0000	0	

digkeit des Verbrauchs von C_4H_9Cl über die Intervalle zwischen den Messungen zu berechnen. Diese Geschwindigkeiten zeigt die dritte Spalte. Beachten Sie, dass die durchschnittliche Geschwindigkeit über jedes 50-Sekundenintervall für die ersten Messungen abnimmt und dann über noch größere Intervalle in den restlichen Messungen weiter abnimmt. Es ist typisch, dass die Reaktionsgeschwindigkeiten abnehmen, wenn eine Reaktion abläuft, da die Konzentration der Reaktanten abnimmt. Die Änderung der Geschwindigkeit bei ablaufender Reaktion ist in ▶ Abbildung 14.4 zu sehen. Sie erkennen, dass die Steigung der Kurve mit der Zeit abnimmt, was eine abnehmende Reaktionsgeschwindigkeit bedeutet.

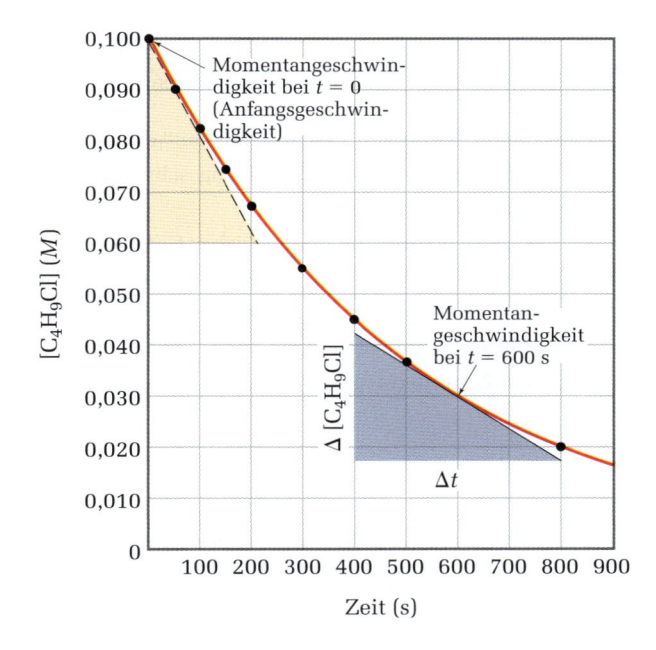

Abbildung 14.4: Konzentration von Butylchlorid (C_4H_9Cl) als Funktion der Zeit. Die Punkte stellen die experimentellen Daten aus den ersten zwei Spalten von Tabelle 14.1 dar und die rote Kurve wird gezeichnet, um die Datenpunkte glatt zu verbinden. Es werden Linien, die Tangenten, an die Kurve bei $t = 0$ und $t = 600$ s gezeichnet. Die Steigung jeder Tangente wird als die vertikale Änderung geteilt durch die horizontale Änderung definiert: $\Delta[C_4H_9Cl]/\Delta t$. Die Reaktionsgeschwindigkeit zu einem beliebigen Zeitpunkt ergibt sich aus der Steigung der Tangente an die Kurve zu diesem Zeitpunkt. Weil C_4H_9Cl verbraucht wird, ist die Reaktionsgeschwindigkeit gleich dem negativen Wert der Steigung.

14 Chemische Kinetik

ÜBUNGSBEISPIEL 14.2 — Berechnung einer momentanen Reaktionsgeschwindigkeit

Berechnen Sie anhand der ▶ Abbildung 14.4 die Momentangeschwindigkeit des Verbrauchs von C_4H_9Cl bei $t = 0$ (die Anfangsgeschwindigkeit).

Lösung

Analyse: Wir sollen eine Momentangeschwindigkeit aus der Auftragung der Konzentration gegen die Zeit bestimmen.

Vorgehen: Um die Momentangeschwindigkeit bei $t = 0$ zu erhalten, müssen wir die Steigung der Kurve bei $t = 0$ ermitteln. Die Tangente wird in der Grafik eingezeichnet. Die Steigung dieser Geraden ist gleich der Änderung in der vertikalen Achse geteilt durch die entsprechende Änderung in der horizontalen Achse (das heißt die Änderung der Konzentration mit der Änderung der Zeit).

Lösung: Die Gerade fällt im Zeitintervall von 0 s bis 200 s von $[C_4H_9Cl] = 0{,}100\ M$ auf $0{,}060\ M$ ab, wie das hellbraune Dreieck in Abbildung 14.4 zeigt. Damit ist die Anfangsgeschwindigkeit:

$$\text{Geschwindigkeit} = -\frac{\Delta[C_4H_9Cl]}{\Delta t} = -\frac{(0{,}060 - 0{,}100)\ M}{(200 - 0)\ s} = 2{,}0 \times 10^{-4}\ M/s$$

ÜBUNGSAUFGABE

Bestimmen Sie anhand der Abbildung 14.4 die Momentangeschwindigkeit des Verbrauchs von C_4H_9Cl bei $t = 300$ s.

Antwort: $1{,}1 \times 10^{-4}\ M/s$.

Die in Abbildung 14.4 gezeigte Grafik ist besonders nützlich, weil sie uns ermöglicht, die **Momentangeschwindigkeit** auszuwerten, die Geschwindigkeit zu einem bestimmten Augenblick in der Reaktion. Die Momentangeschwindigkeit wird aus der Steigung (oder Tangente) dieser Kurve am betreffenden Punkt bestimmt. Wir haben in Abbildung 14.4 zwei Tangenten gezeichnet, eine bei $t = 0$ und die andere bei $t = 600$ s. Die Steigungen dieser Tangenten geben die Momentangeschwindigkeiten zu diesen Zeitpunkten an.* Um zum Beispiel die Momentangeschwindigkeit bei 600 s zu bestimmen, zeichnen wir die Tangente zur Kurve zu dieser Zeit und erstellen dann horizontale und vertikale Linien, um das gezeigte rechtwinkelige Dreieck zu bilden. Die Steigung ist das Verhältnis der Länge der vertikalen Seite zur Länge der horizontalen Seite:

$$\text{Momentangeschwindigkeit} = \frac{\Delta[C_4H_9Cl]}{\Delta t} = -\frac{(0{,}017 - 0{,}042)\ M}{(800 - 400)\ s} = 6{,}2 \times 10^{-5}\ M/s$$

Im folgenden Text bedeutet der Begriff „Geschwindigkeit" die „Momentangeschwindigkeit", wenn nicht anders angegeben. Die Momentangeschwindigkeit bei $t = 0$ nennt man die *Anfangsgeschwindigkeit* der Reaktion.

Um den Unterschied zwischen der durchschnittlichen Geschwindigkeit und der Momentangeschwindigkeit besser zu verstehen, stellen Sie sich vor, dass Sie gerade 98 km in 2,0 Stunden gefahren sind. Ihre durchschnittliche Geschwindigkeit beträgt 49 km/h, während Ihre Momentangeschwindigkeit in einem beliebigen Augenblick die Tachometeranzeige zu diesem Zeitpunkt ist.

> **❓ DENKEN SIE EINMAL NACH**
>
> ▶ Abbildung 14.4 zeigt zwei Dreiecke, die verwendet werden, um die Steigung der Kurve zu zwei unterschiedlichen Zeitpunkten zu bestimmen. Wie bestimmen Sie, wie groß das Dreieck gezeichnet werden muss, wenn die Steigung einer Kurve an einem gegebenen Punkt bestimmt wird?

---

* In Anhang A können Sie sich die Methode der grafischen Bestimmung von Steigungen noch einmal ansehen. Wenn Sie sich mit Mathematik auskennen, erkennen Sie vielleicht, dass sich die durchschnittliche Geschwindigkeit der Momentangeschwindigkeit annähert, wenn sich das Zeitintervall Null nähert. Dieser Grenzwert wird in der Schreibweise der Mathematik als $-d[C_4H_9Cl]/dt$ dargestellt.

Reaktionsgeschwindigkeiten und Stöchiometrie

Während unserer früheren Behandlung der hypothetischen Reaktion A ⟶ B sahen wir, dass aus stöchiometrischen Gründen die Geschwindigkeit des Verbrauchs von A gleich der Geschwindigkeit der Bildung von B sein muss. Das gleiche gilt für die
▶ Gleichung 14.3, so dass 1 mol C_4H_9OH für jedes verbrauchte Mol C_4H_9Cl erzeugt wird. Daher ist die Geschwindigkeit der Bildung von C_4H_9OH gleich der Geschwindigkeit des Verbrauchs von C_4H_9Cl:

$$\text{Geschwindigkeit} = -\frac{\Delta[C_4H_9Cl]}{\Delta t} = \frac{\Delta[C_4H_9OH]}{\Delta t}$$

Was geschieht, wenn die stöchiometrischen Beziehungen nicht eins zu eins sind? Betrachten Sie zum Beispiel die folgende Reaktion:

$$2\,HI(g) \longrightarrow H_2(g) + I_2(g)$$

Wir können die Geschwindigkeit des Verbrauchs von HI oder die Geschwindigkeit der Bildung von H_2 oder I_2 messen. Weil 2 mol HI für jedes Mol H_2 oder I_2 verbraucht wird, das sich bildet, ist die Geschwindigkeit des Verbrauchs von HI das Zweifache der Geschwindigkeit der Bildung von H_2 oder I_2. Um die Geschwindigkeiten gleichzusetzen, müssen wir die Geschwindigkeit des Verbrauchs von HI durch 2 teilen (sein stöchiometrischer Koeffizient in der ausgeglichenen chemischen Gleichung):

Näher hingeschaut — Nutzung spektroskopischer Methoden zum Messen der Reaktionsgeschwindigkeit

Es gibt eine Vielzahl von Methoden, mit denen die Konzentration eines Reaktanten oder Produkts während einer Reaktion gemessen werden kann. Spektroskopische Methoden, die von der Fähigkeit von Substanzen abhängen, elektromagnetische Strahlung zu absorbieren (oder auszusenden), sind einige der nützlichsten. Spektroskopische kinetische Studien werden häufig mit dem Reaktionsgemisch im Probenraum des Spektrometers ausgeführt. Das Spektrometer misst die Lichtabsorption bei einer Wellenlänge, die für einen der Reaktanten oder eines der Produkte charakteristisch ist. Bei der Zersetzung von HI(g) in $H_2(g)$ und $I_2(g)$ sind HI und H_2 farblos, während I_2 violett ist. Im Verlauf der Reaktion nimmt die Farbintensität zu, wenn sich I_2 bildet. Daher kann das sichtbare Licht der entsprechenden Wellenlänge zur Verfolgung der Reaktion verwendet werden.

▶ Abbildung 14.5 zeigt die Grundbauteile eines Spektrometers. Das Spektrometer misst die Menge Licht, die von der Probe absorbiert wird, indem es die Intensität des Lichts, das aus der Lichtquelle abgestrahlt wird, mit der Intensität des Lichts vergleicht, das aus der Probe austritt. Da die Konzentration von I_2 zunimmt und seine Farbe intensiver wird, nimmt die Lichtmenge, die vom Reaktionsgemisch absorbiert wird, zu, so dass weniger Licht den Detektor erreicht.

Das **Lambert-Beer'sche Gesetz** setzt die Lichtmenge, die absorbiert wird, mit der Konzentration der Substanz, die das Licht absorbiert, in Zusammenhang:

$$I = I_0 \times e^{-x \cdot c \cdot d} \qquad (14.5)$$

In dieser Gleichung ist I die gemessene Lichtintensität nach Absorption, x der molare Extinktionskoeffizient (eine Charakteristik der Substanz, die bestimmt werden soll), d die Weglänge, durch die die Strahlung gehen muss, und c die molare Konzentration der absorbierenden Substanz.

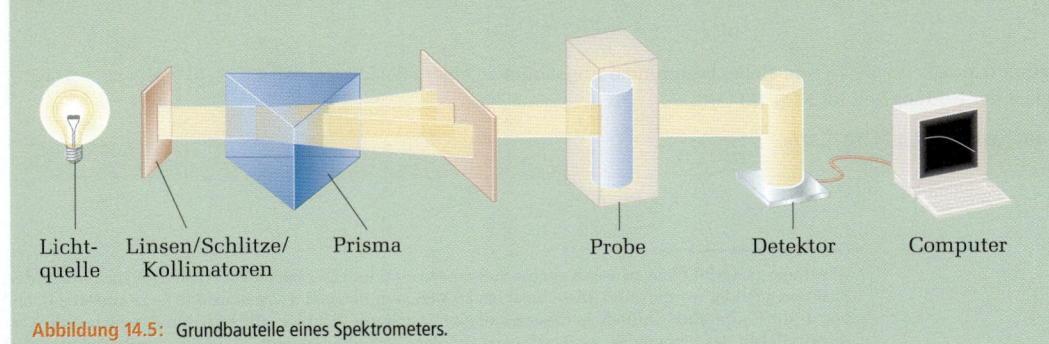

Abbildung 14.5: Grundbauteile eines Spektrometers.

$$\text{Geschwindigkeit} = -\frac{1}{2}\frac{\Delta[\text{HI}]}{\Delta t} = \frac{\Delta[\text{H}_2]}{\Delta t} = \frac{\Delta[\text{I}_2]}{\Delta t}$$

In der Regel wird für die Reaktion

$$a\,\text{A} + b\,\text{B} \longrightarrow c\,\text{C} + d\,\text{D}$$

die Geschwindigkeit gegeben durch

$$\text{Geschwindigkeit} = -\frac{1}{a}\frac{\Delta[\text{A}]}{\Delta t} = -\frac{1}{b}\frac{\Delta[\text{B}]}{\Delta t} = \frac{1}{c}\frac{\Delta[\text{C}]}{\Delta t} = \frac{1}{d}\frac{\Delta[\text{D}]}{\Delta t} \tag{14.4}$$

Wenn wir von der Geschwindigkeit einer Reaktion sprechen, ohne einen bestimmten Reaktanten oder ein bestimmtes Produkt anzugeben, meinen wir es in diesem Sinn.*

ÜBUNGSBEISPIEL 14.3 **Geschwindigkeiten, mit denen sich Produkte bilden, und Reaktanten verbraucht werden**

(a) In welchem Zusammenhang steht die Geschwindigkeit, mit der Ozon verbraucht wird, mit der Geschwindigkeit, mit der Disauerstoff in der Reaktion $2\,\text{O}_3(g) \longrightarrow 3\,\text{O}_2(g)$ gebildet wird? **(b)** Wenn die Geschwindigkeit, mit der O_2 gebildet wird ($\Delta[\text{O}_2]/\Delta t$), in einem bestimmten Moment $6{,}0 \times 10^{-5}$ M/s ist, mit welcher Geschwindigkeit ($-\Delta[\text{O}_3]/\Delta t$) wird O_3 verbraucht?

Lösung

Analyse: Es wird eine ausgeglichene chemische Gleichung angegeben und wir sollen die Geschwindigkeit der Bildung des Produkts mit der Geschwindigkeit des Verbrauchs des Reaktanten in Beziehung setzen.

Vorgehen: Wir können die relativen Reaktionsgeschwindigkeiten über die Koeffizienten in der chemischen Gleichung laut ▶ Gleichung 14.4 ausdrücken.

Lösung:
(a) Wenn wir die Koeffizienten in der ausgeglichenen Gleichung und die Beziehung verwenden, die Gleichung 14.4 gibt, haben wir:

$$\text{Geschwindigkeit} = -\frac{1}{2}\frac{\Delta[\text{O}_3]}{\Delta t} = \frac{1}{3}\frac{\Delta[\text{O}_2]}{\Delta t}$$

(b) Bei Lösung der Gleichung aus Teil (a) für die Geschwindigkeit, mit der O_3 verbraucht wird, $-\Delta[\text{O}_3]/\Delta t$, haben wir:

$$-\frac{\Delta[\text{O}_3]}{\Delta t} = \frac{2}{3}\frac{\Delta[\text{O}_2]}{\Delta t} = \frac{2}{3}(6{,}0 \times 10^{-5}\,M/s) = 4{,}0 \times 10^{-5}\,M/s$$

Überprüfung: Wir können einen stöchiometrischen Faktor direkt einsetzen, um die O_2-Bildungsgeschwindigkeit in die Geschwindigkeit, mit der O_3 verbraucht wird, umzurechnen:

$$-\frac{\Delta[\text{O}_3]}{\Delta t} = \left(6{,}0 \times 10^{-5}\,\frac{\text{mol O}_2/l}{s}\right)\left(\frac{2\,\text{mol O}_3}{3\,\text{mol O}_2}\right) = 4{,}0 \times 10^{-5}\,\frac{\text{mol O}_3/l}{s}$$

$$= 4{,}0 \times 10^{-5}\,M/s$$

ÜBUNGSAUFGABE

Die Zersetzung von N_2O_5 läuft gemäß der folgenden Gleichung ab:

$$2\,\text{N}_2\text{O}_5(g) \longrightarrow 4\,\text{NO}_2(g) + \text{O}_2(g)$$

Wenn die Zersetzungsgeschwindigkeit von N_2O_5 in einem bestimmten Augenblick in einem Reaktionsgefäß $4{,}2 \times 10^{-7}$ M/s ist, was ist dann die Geschwindigkeit der Bildung von **(a)** NO_2, **(b)** O_2?

Antworten: (a) $8{,}4 \times 10^{-7}$ M/s; **(b)** $2{,}1 \times 10^{-7}$ M/s.

---

* Gleichung 14.4 trifft nicht zu, wenn andere Substanzen als C und D in bedeutenden Mengen im Verlaufe der Reaktion gebildet worden sind. Manchmal bauen sich zum Beispiel Zwischenstoffe konzentriert auf, bevor sie die Endprodukte bilden. In diesem Fall gibt Gleichung 14.4 nicht die Beziehung zwischen der Geschwindigkeit des Verbrauchs der Reaktanten und der Geschwindigkeit der Bildung von Produkten. Alle Reaktionen, deren Geschwindigkeiten wir in diesem Kapitel betrachten, folgen Gleichung 14.4.

Konzentration und Reaktionsgeschwindigkeit 14.3

Eine Möglichkeit, den Einfluss der Konzentration auf die Reaktionsgeschwindigkeit zu studieren, besteht darin zu bestimmen, wie die Geschwindigkeit bei Beginn einer Reaktion (die Anfangsgeschwindigkeit) von den Ausgangskonzentrationen abhängt. Um diese Vorgehensweise zu zeigen, betrachten wir die folgende Reaktion:

$$NH_4^+(aq) + NO_2^-(aq) \longrightarrow N_2(g) + 2\ H_2O(l)$$

Wir können die Reaktionsgeschwindigkeit studieren, indem wir die Konzentration von NH_4^+ oder NO_2^- als eine Funktion der Zeit oder das Volumen des gesammelten N_2 messen. Da die stöchiometrischen Koeffizienten von NH_4^+, NO_2^- und N_2 alle gleich sind, werden auch alle diese Geschwindigkeiten gleich sein.

Tabelle 14.2 zeigt die anfängliche Reaktionsgeschwindigkeit für verschiedene Ausgangskonzentrationen von NH_4^+ und NO_2^-. Diese Daten zeigen, dass sich bei Änderung von $[NH_4^+]$ oder $[NO_2^-]$ die Reaktionsgeschwindigkeit ändert. Sie sehen, dass, wenn wir $[NH_4^+]$ verdoppeln, während wir $[NO_2^-]$ konstant halten, sich die Geschwindigkeit verdoppelt (vergleichen Sie Versuch 1 und 2). Wird $[NH_4^+]$ um einen Faktor von 4 erhöht und $[NO_2^-]$ unverändert gelassen (vergleichen Sie Versuche 1 und 3), ändert sich die Geschwindigkeit um einen Faktor von 4 und so weiter. Diese Ergebnisse zeigen an, dass die Geschwindigkeit proportional zu $[NH_4^+]$ ist. Wenn $[NO_2^-]$ entsprechend verändert wird, während $[NH_4^+]$ konstant gehalten wird, wird die Geschwindigkeit auf die gleiche Weise beeinflusst. Damit ist die Geschwindigkeit direkt proportional zur Konzentration von NO_2^-. Wir können die Art und Weise, in der die Geschwindigkeit von den Konzentrationen der Reaktanten NH_4^+ und NO_2^- abhängen, durch die folgende Gleichung ausdrücken:

$$\text{Reaktionsgeschwindigkeit} = k[NH_4^+][NO_2^-] \qquad (14.6)$$

Eine Gleichung wie ▶ Gleichung 14.6, die angibt, wie die Reaktionsgeschwindigkeit von den Konzentrationen der Reaktanten abhängt, wird als **Geschwindigkeitsgesetz** bezeichnet.

Tabelle 14.2

Geschwindigkeitsdaten für die Reaktion von Ammoniak mit Nitritionen in Wasser bei 25 °C

Experiment Nummer	Anfangskonzentration NH_4^+ (M)	Anfangskonzentration NO_2^- (M)	Beobachtete Anfangsreaktionsgeschwindigkeit (M/s)
1	0,0100	0,200	$5,4 \times 10^{-7}$
2	0,0200	0,200	$10,8 \times 10^{-7}$
3	0,0400	0,200	$21,5 \times 10^{-7}$
4	0,0600	0,200	$32,3 \times 10^{-7}$
5	0,200	0,0202	$10,8 \times 10^{-7}$
6	0,200	0,0404	$21,6 \times 10^{-7}$
7	0,200	0,0606	$32,4 \times 10^{-7}$
8	0,200	0,0808	$43,3 \times 10^{-7}$

Für eine allgemeine Reaktion

$$a\,A + b\,B \longrightarrow c\,C + d\,D$$

hat das Geschwindigkeitsgesetz in der Regel die Form

$$\text{Reaktionsgeschwindigkeit} = k[A]^m[B]^n \qquad (14.7)$$

Die Konstante k im Geschwindigkeitsgesetz wird **Geschwindigkeitskonstante** genannt. Die Größe von k ändert sich mit der Temperatur und zeigt daher, wie die Temperatur die Geschwindigkeit beeinflusst, wie wir in Abschnitt 14.5 sehen werden. Die Exponenten m und n sind oft kleine ganze Zahlen (meist 0, 1 oder 2). Wir werden uns diese Exponenten sehr bald genauer ansehen.

Wenn wir das Geschwindigkeitsgesetz für eine Reaktion und die Reaktionsgeschwindigkeit für gegebene Reaktantenkonzentrationen kennen, können wir den Wert der Geschwindigkeitskonstanten k berechnen. Durch Verwendung der Daten in Tabelle 14.2 und der Ergebnisse aus Versuch 1 können wir zum Beispiel in ▶Gleichung 14.6 einsetzen

$$5{,}4 \times 10^{-7}\,M/s = k(0{,}0100\,M)(0{,}200\,M)$$

Lösen wir nach k auf, erhalten wir:

$$k = \frac{5{,}4 \times 10^{-7}\,M/s}{(0{,}0100\,M)(0{,}200\,M)} = 2{,}7 \times 10^{-4}\,M^{-1}\,s^{-1}$$

Sie können überprüfen, ob der gleiche Wert von k über eines der anderen experimentellen Ergebnisse aus Tabelle 14.2 erhalten wird.

Sobald wir das Geschwindigkeitsgesetz und den Wert der Geschwindigkeitskonstanten für eine Reaktion haben, können wir die Reaktionsgeschwindigkeit für jede Konzentration berechnen. Anhand von Gleichung 14.6 und $k = 2{,}7 \times 10^{-4}\,M^{-1}\,s^{-1}$ können wir zum Beispiel die Geschwindigkeit für $[NH_4^+] = 0{,}100\,M$ und $[NO_2^-] = 0{,}100\,M$ berechnen.

$$\text{Reaktionsgeschwindigkeit} = (2{,}7 \times 10^{-4}\,M^{-1}s^{-1})(0{,}100\,M)(0{,}100\,M)$$
$$= 2{,}7 \times 10^{-6}\,M/s$$

> **? DENKEN SIE EINMAL NACH**
>
> (a) Was ist ein Geschwindigkeitsgesetz?
> (b) Wie lautet der Name der Größe k im Geschwindigkeitsgesetz?

Exponenten im Geschwindigkeitsgesetz

Die Geschwindigkeitsgesetze für die meisten Reaktionen haben die allgemeine Form

$$\text{Reaktionsgeschwindigkeit} = k[\text{Reaktant 1}]^m[\text{Reaktant 2}]^n\ldots \qquad (14.8)$$

Die Exponenten m und n in einem Geschwindigkeitsgesetz werden **Reaktionsordnungen** genannt. Betrachten wir zum Beispiel erneut das Geschwindigkeitsgesetz für die Reaktion von NH_4^+ mit NO_2^-:

$$\text{Reaktionsgeschwindigkeit} = k[NH_4^+][NO_2^-]$$

Weil der Exponent von $[NH_4^+]$ 1 ist, ist die Geschwindigkeit bezüglich NH_4^+ *erster Ordnung*. Die Geschwindigkeit ist also auch bezüglich NO_2^- erster Ordnung. Der Exponent „1" wird in Geschwindigkeitsgesetzen nicht explizit gezeigt. Die **Gesamtreaktionsordnung** ist die Summe der Ordnungen bezüglich jedes Reaktanten im Geschwindigkeitsgesetz. Daher hat dieses Geschwindigkeitsgesetz eine Gesamtreaktionsordnung von $1 + 1 = 2$ und die Reaktion ist *insgesamt zweiter Ordnung*.

Die Exponenten in einem Geschwindigkeitsgesetz geben an, wie die Geschwindigkeit durch die Konzentration jedes Reaktanten beeinflusst wird. Weil die Geschwindigkeit, mit der NH_4^+ mit NO_2^- reagiert, davon abhängt, dass $[NH_4^+]$ zur ersten Potenz erhoben wird, verdoppelt sich die Geschwindigkeit, wenn sich [NH$_4^+$] verdoppelt, verdreifacht sie sich, wenn sich [NH$_4^+$] verdreifacht, und so weiter. Verdopplung oder Verdreifachung von [NO$_2^-$] verdoppelt oder verdreifacht ebenfalls die Geschwindigkeit. Wenn ein Geschwindigkeitsgesetz zweiter Ordnung im Hinblick auf einen Reaktanten [A]^2 ist, wird die Reaktionsgeschwindigkeit bei Verdopplung der Konzentration dieser Substanz vervierfacht ([2]^2 = 4), während bei Verdreifachung der Konzentration die Geschwindigkeit um das Neunfache zunimmt ([3]^2 = 9).

Es folgen einige zusätzliche Beispiele für Geschwindigkeitsgesetze:

$$2\ N_2O_5(g) \longrightarrow 4\ NO_2(g) + O_2(g)$$

$$\text{Reaktionsgeschwindigkeit} = k[N_2O_5] \quad (14.9)$$

$$CHCl_3(g) + Cl_2(g) \longrightarrow CCl_4(g) + HCl(g)$$

$$\text{Reaktionsgeschwindigkeit} = k[CHCl_3][Cl_2]^{1/2} \quad (14.10)$$

$$H_2(g) + I_2(g) \longrightarrow 2\ HI(g)$$

$$\text{Reaktionsgeschwindigkeit} = k[H_2][I_2] \quad (14.11)$$

ÜBUNGSBEISPIEL 14.4 — Geschwindigkeitsgesetz und Einfluss der Konzentration auf die Geschwindigkeit

Betrachten wir eine Reaktion A + B ⟶ C, für welche die Reaktionsgeschwindigkeit = $k[A][B]^2$ beträgt. Jeder der folgenden Kästen stellt ein Reaktionsgemisch dar, in dem A als rote Kugeln und B als lila Kugeln gezeigt werden. Ordnen Sie diese Gemische in der Reihenfolge der steigenden Reaktionsgeschwindigkeit.

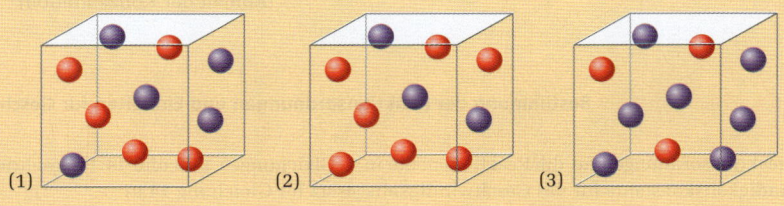

Lösung

Analyse: Es werden drei Kästen gezeigt, die verschiedene Zahlen von Kugeln enthalten und Gemische darstellen, die verschiedene Reaktantenkonzentrationen enthalten. Wir sollen das gegebene Geschwindigkeitsgesetz und die Zusammensetzungen der Kästen verwenden, um die Gemische in der Reihenfolge der steigenden Reaktionsgeschwindigkeiten zu ordnen.

Vorgehen: Weil alle drei Kästen das gleiche Volumen haben, können wir die Zahl von Kugeln jeder Art in das Geschwindigkeitsgesetz einsetzen und die Geschwindigkeit für jeden Kasten berechnen.

Lösung: Kasten 1 enthält 5 rote Kugeln und 5 lila Kugeln, wodurch sich die folgende Reaktionsgeschwindigkeit ergibt:

$$\text{Kasten 1: Reaktionsgeschwindigkeit} = k(5)(5)^2 = 125k$$

Kasten 2 enthält 7 rote Kugeln und 3 lila Kugeln:

$$\text{Kasten 2: Reaktionsgeschwindigkeit} = k(7)(3)^2 = 63k$$

Kasten 3 enthält 3 rote Kugeln und 7 lila Kugeln:

$$\text{Kasten 3: Reaktionsgeschwindigkeit} = k(3)(7)^2 = 147k$$

Die niedrigste Reaktionsgeschwindigkeit ist $63k$ (Kasten 2) und die höchste ist $147k$ (Kasten 3). Damit ändern sich die Geschwindigkeiten in der Reihenfolge 2 < 1 < 3.

Überprüfung: Jeder Kasten enthält 10 Kugeln. Das Geschwindigkeitsgesetz gibt an, dass [B] einen größeren Einfluss auf die Reaktionsgeschwindigkeit als [A] hat, weil B eine höhere Reaktionsordnung hat. Damit sollte das Gemisch mit der höchsten Konzentration von B (mit den meisten lila Kugeln) am schnellsten reagieren. Diese Analyse bestätigt die Reihenfolge 2 < 1 < 3.

ÜBUNGSAUFGABE

Nehmen Sie an, dass die Reaktionsgeschwindigkeit = $k[A][B]$ beträgt und ordnen Sie die Gemische, die in diesem Übungsbeispiel dargestellt werden, in der Reihenfolge steigender Geschwindigkeit.

Antwort: 2 = 3 < 1.

Chemische Kinetik

> **? DENKEN SIE EINMAL NACH**
>
> Das experimentell bestimmte Geschwindigkeitsgesetz für die Reaktion 2 NO(g) + 2 H$_2$(g) ⟶ N$_2$(g) + 2 H$_2$O(g) ist: Reaktionsgeschwindigkeit = $k[\text{NO}]^2[\text{H}_2]$. (a) Wie lauten die Reaktionsordnungen in diesem Geschwindigkeitsgesetz? (b) Hat die Verdopplung der Konzentration von NO die gleiche Wirkung auf die Geschwindigkeit wie die Verdopplung der Konzentration von H$_2$?

Obwohl die Exponenten in einem Geschwindigkeitsgesetz manchmal identisch zu den Koeffizienten in der ausgeglichenen Gleichung sind, ist dies nicht unbedingt der Fall, wie wir in Gleichungen 14.9 und 14.10 sehen. Die *Werte dieser Exponenten müssen experimentell bestimmt werden*. In den meisten Geschwindigkeitsgesetzen sind die Reaktionsordnungen 0, 1 oder 2. Wir finden jedoch auch gelegentlich Geschwindigkeitsgesetze, in denen die Reaktionsordnung ein Bruch ist (wie Gleichung 14.10) oder sogar negativ.

Einheiten von Geschwindigkeitskonstanten

Die Einheit der Geschwindigkeitskonstante hängt von der Gesamtreaktionsordnung des Geschwindigkeitsgesetzes ab. In einer Reaktion, die insgesamt zweiter Ordnung ist, müssen die Einheiten der Geschwindigkeitskonstante die folgende Gleichung erfüllen:

$$\text{Einheit der Reaktionsgeschwindigkeit} = (\text{Einheit der Geschwindigkeitskonstante})(\text{Einheit der Konzentration})^2$$

Damit gilt mit unseren gewöhnlichen Einheiten von Konzentration und Zeit:

$$\text{Einheit der Geschwindigkeitskonstante} = \frac{\text{Einheit der Reaktionsgeschwindigkeit}}{(\text{Einheit der Konzentration})^2} = \frac{M/s}{M^2} = M^{-1}\,s^{-1}$$

ÜBUNGSBEISPIEL 14.5 — Bestimmung der Reaktionsordnungen und Einheiten für Geschwindigkeitskonstanten

(a) Wie sind die Gesamtreaktionsordnungen für die Reaktionen, die in ▶ Gleichungen 14.9 und 14.10 beschrieben werden? **(b)** Wie ist die Einheit der Geschwindigkeitskonstante für das Geschwindigkeitsgesetz für Gleichung 14.9?

Lösung

Analyse: Es werden zwei Geschwindigkeitsgesetze angegeben und wir sollen **(a)** die Gesamtreaktionsordnung für jedes einzelne und **(b)** die Einheit der Geschwindigkeitskonstante für die erste Reaktion ausdrücken.

Vorgehen: Die Gesamtreaktionsordnung ist die Summe der Exponenten im Geschwindigkeitsgesetz. Die Einheit für die Geschwindigkeitskonstante k wird ermittelt, indem wir die Einheiten für die Reaktionsgeschwindigkeit (M/s) und die Konzentration (M) im Geschwindigkeitsgesetz verwenden und nach k auflösen.

Lösung:

(a) Die Geschwindigkeit der Reaktion in Gleichung 14.9 ist erster Ordnung bezüglich N$_2$O$_5$ und erster Ordnung insgesamt. Die Reaktion in Gleichung 14.10 ist erster Ordnung bezüglich CHCl$_3$ und halber Ordnung bezüglich Cl$_2$. Die Gesamtreaktionsordnung ist drei Halbe.

(b) Für das Geschwindigkeitsgesetz für Gleichung 14.9 haben wir

$$\text{Einheit der Reaktionsgeschwindigkeit} = \text{Einheit der Geschwindigkeitskonstante} \times \text{Einheit der Konzentration}$$

Daher gilt:

$$\text{Einheit der Geschwindigkeitskonstante} = \frac{\text{Einheit der Reaktionsgeschwindigkeit}}{(\text{Einheit der Konzentration})} = \frac{M/s}{M} = s^{-1}$$

Sie sehen, dass sich die Einheit der Geschwindigkeitskonstante ändert, wenn sich die Gesamtordnung der Reaktion ändert.

ÜBUNGSAUFGABE

(a) Was ist die Reaktionsordnung bezüglich des Reaktanten H$_2$ in ▶ Gleichung 14.11? **(b)** Wie ist die Einheit der Geschwindigkeitskonstante für Gleichung 14.11?

Antworten: (a) 1, **(b)** $M^{-1}\,s^{-1}$.

Bestimmung von Geschwindigkeitsgesetzen anhand von Anfangsgeschwindigkeiten

Das Geschwindigkeitsgesetz für jede chemische Reaktion muss experimentell ermittelt werden. Es kann nicht vorhergesagt werden, indem man sich einfach die chemische Gleichung ansieht. Wir bestimmen häufig das Geschwindigkeitsgesetz für eine Reaktion über die gleiche Methode, die wir für die Daten in Tabelle 14.2 angewendet haben. Wir beobachten die Wirkung der Änderung der Anfangskonzentrationen der Reaktanten auf die Anfangsgeschwindigkeit der Reaktion.

In den meisten Reaktionen sind die Exponenten im Geschwindigkeitsgesetz 0, 1 oder 2. Wenn eine Reaktion nullter Ordnung bezüglich eines bestimmten Reaktanten ist, hat die Änderung seiner Konzentration keine Wirkung auf die Geschwindigkeit (solange noch etwas von dem Reaktanten vorhanden ist), weil jede Konzentration, die auf die nullte Potenz erhoben wird, gleich 1 ist. Wir haben dagegen gesehen, dass, wenn eine Reaktion erster Ordnung bezüglich eines Reaktanten ist, Änderungen in der Konzentration dieses Reaktanten proportionale Änderungen der Geschwindigkeit erzeugen. Daher entspricht eine Konzentrationsverdopplung der doppelten Reaktionsgeschwindigkeit und so weiter. Wenn das Geschwindigkeitsgesetz schließlich bezüglich eines bestimmten Reaktanten zweiter Ordnung ist, wird bei Verdopplung seiner Konzentration die Geschwindigkeit um einen Faktor von $2^2 = 4$ erhöht, bei Verdreifachung seiner Konzentration nimmt die Geschwindigkeit um einen Faktor von $3^2 = 9$ zu, und so weiter.

Bei der Arbeit mit Geschwindigkeitsgesetzen ist es wichtig, sich bewusst zu sein, dass die *Geschwindigkeit* einer Reaktion von der Konzentration abhängt, aber nicht die *Geschwindigkeitskonstante*. Wie wir später in diesem Kapitel sehen werden, wird die Geschwindigkeitskonstante, und damit die Reaktionsgeschwindigkeit, durch die Temperatur und durch die Gegenwart eines Katalysators beeinflusst.

ÜBUNGSBEISPIEL 14.6 Bestimmung eines Geschwindigkeitsgesetzes anhand der Anfangsgeschwindigkeitsdaten

Die Anfangsgeschwindigkeit einer Reaktion A + B ⟶ C wurde für mehrere unterschiedliche Ausgangskonzentrationen von A und B gemessen, und die Ergebnisse sind wie folgt:

Experiment Nummer	[A] (*M*)	[B] (*M*)	Anfangsreaktionsgeschwindigkeit (*M*/s)
1	0,100	0,100	$4{,}0 \times 10^{-5}$
2	0,100	0,200	$4{,}0 \times 10^{-5}$
3	0,200	0,100	$16{,}0 \times 10^{-5}$

Bestimmen Sie anhand dieser Daten **(a)** das Geschwindigkeitsgesetz für die Reaktion, **(b)** die Geschwindigkeitskonstante, **(c)** die Geschwindigkeit der Reaktion, wenn [A] = 0,050 *M* und [B] = 0,100 *M*.

Lösung

Analyse: Es ist eine Tabelle mit Daten gegeben, die Konzentrationen von Reaktanten mit Anfangsreaktionsgeschwindigkeiten in Beziehung setzt und wir sollen **(a)** das Geschwindigkeitsgesetz, **(b)** die Geschwindigkeitskonstante und **(c)** die Reaktionsgeschwindigkeit für Konzentrationen bestimmen, die nicht in der Tabelle aufgeführt sind.

Vorgehen: (a) Wir nehmen an, dass das Geschwindigkeitsgesetz die folgende Form hat: Geschwindigkeit = $k\,[A]^m[B]^n$, daher müssen wir anhand der gegebenen Daten die Reaktionsordnungen m und n ableiten. Dies tun wir, indem wir bestimmen, wie Änderungen der Konzentration die Geschwindigkeit ändern. **(b)** Sobald wir m und n kennen, können wir anhand des Geschwindigkeitsgesetzes und einem der Sätze von Daten die Geschwindigkeitskonstante k bestimmen. **(c)** Jetzt, wo wir die Geschwindigkeitskonstante und die Reaktionsordnungen kennen, können wir das Geschwindigkeitsgesetz mit den gegebenen Konzentrationen verwenden, um die Reaktionsgeschwindigkeit zu berechnen.

Lösung:

(a) Wenn wir von Versuch 1 zu Versuch 2 gehen, wird [A] konstant gehalten und [B] wird verdoppelt. Damit zeigt dieses Versuchspaar, wie [B] die Geschwindigkeit beeinflusst, so dass wir die Ordnung des Geschwindigkeitsgesetzes bezüglich B ableiten können. Weil die Geschwindigkeit gleich bleibt, wenn [B] verdoppelt wird, hat die Konzentration von B keinen Einfluss auf die Reaktionsgeschwindigkeit. Das Geschwindigkeitsgesetz ist daher nullter Ordnung bezüglich B (das heißt $n = 0$).

In den Versuchen 1 und 3 wird [B] konstant gehalten, so dass diese Daten zeigen, wie [A] die Geschwindigkeit beeinflusst. Wird [B] konstant gehalten, während wir [A] verdoppeln, erhöht sich die Geschwindigkeit um das Vierfache. Dies zeigt, dass die Reaktionsgeschwindigkeit proportional zu $[A]^2$ ist (das heißt, dass die Reaktion zweiter Ordnung bezüglich A ist). Damit ist das Geschwindigkeitsgesetz:

$$\text{Reaktionsgeschwindigkeit} = k[A]^2[B]^0 = k[A]^2$$

Dieses Geschwindigkeitsgesetz könnte auf formellere Weise abgeleitet werden, indem wir das Verhältnis der Reaktionsgeschwindigkeiten aus zwei Versuchen nehmen:

$$\frac{\text{Reaktionsgeschwindigkeit 2}}{\text{Reaktionsgeschwindigkeit 1}} = \frac{4{,}0 \times 10^{-5}\,M/s}{4{,}0 \times 10^{-5}\,M/s} = 1$$

Bei Verwendung des allgemeinen Geschwindigkeitsgesetzes haben wir:

$$1 = \frac{\text{Reaktionsgeschwindigkeit 2}}{\text{Reaktionsgeschwindigkeit 1}} = \frac{k[0{,}100\,M]^m[0{,}200\,M]^n}{k[0{,}100\,M]^m[0{,}100\,M]^n} = \frac{[0{,}200]^n}{[0{,}100]^n} = 2^n$$

2^n ist nur 1, wenn:

$$n = 0$$

Wir können den Wert von m auf ähnliche Weise ableiten:

$$\frac{\text{Reaktionsgeschwindigkeit 3}}{\text{Reaktionsgeschwindigkeit 1}} = \frac{16{,}0 \times 10^{-5}\,M/s}{4{,}0 \times 10^{-5}\,M/s} = 4$$

Die Verwendung des allgemeinen Geschwindigkeitsgesetzes ergibt:

$$4 = \frac{\text{Reaktionsgeschwindigkeit 3}}{\text{Reaktionsgeschwindigkeit 1}} = \frac{k[0{,}200\,M]^m[0{,}100\,M]^n}{k[0{,}100\,M]^m[0{,}100\,M]^n} = \frac{[0{,}200]^m}{[0{,}100]^m} = 2^m$$

Weil $2^m = 4$, erhalten wir:

$$m = 2$$

(b) Bei Verwendung des Geschwindigkeitsgesetzes und der Daten aus Versuch 1 haben wir

$$k = \frac{\text{Reaktionsgeschwindigkeit}}{[A]^2} = \frac{4{,}0 \times 10^{-5}\,M/s}{(0{,}100\,M)^2} = 4{,}0 \times 10^{-3}\,M^{-1}\,s^{-1}$$

(c) Bei Verwendung des Geschwindigkeitsgesetzes aus Teil (a) und der Geschwindigkeitskonstante aus Teil (b) haben wir

$$\text{Reaktionsgeschwindigkeit} = k[A]^2 = (4{,}0 \times 10^{-3}\,M^{-1}\,s^{-1})(0{,}050\,M)^2 = 1{,}0 \times 10^{-5}\,M/s$$

Weil [B] nicht Teil des Geschwindigkeitsgesetzes ist, ist es für die Reaktionsgeschwindigkeit nicht von Bedeutung, solange noch wenigstens etwas B vorhanden ist, um mit A zu reagieren.

Überprüfung: Ein guter Weg, um unser Geschwindigkeitsgesetz zu überprüfen, ist die Verwendung der Konzentrationen in Versuch 2 oder 3 und zu sehen, ob wir die Reaktionsgeschwindigkeit richtig berechnen können. Bei Verwendung der Daten aus Versuch 3 haben wir

$$\text{Reaktionsgeschwindigkeit} = k[A]^2 = (4{,}0 \times 10^{-3}\,M^{-1}\,s^{-1})(0{,}200\,M)^2 = 1{,}60 \times 10^{-4}\,M/s$$

Daher gibt das Geschwindigkeitsgesetz die Daten korrekt wieder und gibt sowohl die richtige Größe als auch die richtige Einheit für die Reaktionsgeschwindigkeit an.

ÜBUNGSAUFGABE

Die folgenden Daten wurden für die Reaktion von Stickstoffmonoxid mit Wasserstoff gemessen:

$$2\,NO(g) + 2\,H_2(g) \longrightarrow N_2(g) + 2\,H_2O(g)$$

Experiment Nummer	[NO] (M)	[H$_2$] (M)	Anfangsreaktions-geschwindigkeit (M/s)
1	0,10	0,10	$1{,}23 \times 10^{-3}$
2	0,10	0,20	$2{,}46 \times 10^{-3}$
3	0,20	0,10	$4{,}92 \times 10^{-3}$

(a) Bestimmen Sie das Geschwindigkeitsgesetz für diese Reaktion. (b) Berechnen Sie die Geschwindigkeitskonstante. (c) Berechnen Sie die Reaktionsgeschwindigkeit, wenn [NO] = 0,050 M und [H$_2$] = 0,150 M.

Antworten:
(a) Reaktionsgeschwindigkeit = $k[NO]^2[H_2]$;
(b) $k = 1{,}2\ M^{-2}s^{-1}$;
(c) Reaktionsgeschwindigkeit = $4{,}5 \times 10^{-4}\ M/s$.

Die Änderung der Konzentration mit der Zeit 14.4

Über Geschwindigkeitsgesetze können wir die Geschwindigkeit einer Reaktion anhand der Geschwindigkeitskonstante und der Reaktantenkonzentrationen berechnen. Geschwindigkeitsgesetze können ebenfalls in Gleichungen umgewandelt werden, die die Konzentrationen der Reaktanten oder Produkte zu jedem Zeitpunkt einer Reaktion angeben. Es wird nicht erwartet, dass Sie die Rechenvorgänge der höheren Mathematik ausführen können, Sie sollten jedoch in der Lage sein, die sich ergebenden Gleichungen zu verwenden. Wir wenden diese Umwandlung auf zwei der einfachsten Geschwindigkeitsgesetze an: die der insgesamt ersten Ordnung und die der insgesamt zweiten Ordnung.

Reaktionen erster Ordnung

Eine **Reaktion erster Ordnung** ist eine, deren Geschwindigkeit von der Konzentration eines einzelnen Reaktanten, erhoben zur ersten Potenz, abhängt. Für eine Reaktion des Typs A ⟶ Produkte kann das Geschwindigkeitsgesetz erster Ordnung sein:

$$\text{Reaktionsgeschwindigkeit} = -\frac{\Delta[A]}{\Delta t} = k[A]$$

> Reaktion erster Ordnung

Diese Form eines Geschwindigkeitsgesetzes, welches ausdrückt, wie eine Geschwindigkeit von der Konzentration abhängt, wird das *differenzielle Geschwindigkeitsgesetz* genannt. Wenn wir integrieren, kann diese Beziehung in eine Gleichung umgeformt werden, welche die Konzentration von A zu Beginn der Reaktion [A]$_0$ mit der Konzentration zu jeder anderen Zeit t, [A]$_t$, in Beziehung setzt.

$$\ln[A]_t - \ln[A]_0 = -kt \quad \text{oder} \quad \ln\frac{[A]_t}{[A]_0} = -kt \qquad (14.12)$$

Diese Form des Geschwindigkeitsgesetzes wird das *integrierte Geschwindigkeitsgesetz* genannt. Die Funktion „ln" in ▶ Gleichung 14.12 ist der natürliche Logarithmus (Anhang A.2). Gleichung 14.12 kann umgestellt und wie folgt geschrieben werden:

$$\ln[A]_t = -kt + \ln[A]_0 \qquad (14.13)$$

▶ Gleichungen 14.12 und 14.13 können mit beliebigen Konzentrationseinheiten verwendet werden, solange die Einheiten für [A]$_t$ und [A]$_0$ identisch sind.

Für eine Reaktion der ersten Ordnung kann Gleichung 14.12 oder 14.13 auf verschiedene Weisen verwendet werden. Wenn drei der vier folgenden Größen gegeben sind, können wir nach der vierten auflösen: k, t, [A]$_0$ und [A]$_t$. Damit können diese Gleichungen zum Beispiel verwendet werden, um (1) die Konzentration eines Reaktanten zu bestimmen, die zu einer beliebigen Zeit nach dem Beginn der Reaktion

ÜBUNGSBEISPIEL 14.7 — Verwendung des integrierten Geschwindigkeitsgesetzes der ersten Ordnung

Die Zersetzung eines bestimmten Insektenvertilgungsmittels in Wasser folgt der Kinetik der ersten Ordnung mit einer Geschwindigkeitskonstante von 1,45 a^{-1} bei 12 °C. Eine gewisse Menge dieses Insektizids wird am 1. Juni in einen See gespült und führt zu einer Konzentration von $5{,}0 \times 10^{-7}$ g/cm³. Nehmen Sie an, dass die durchschnittliche Temperatur des Sees 12 °C ist. **(a)** Was ist die Konzentration des Insektizids am 1. Juni des folgenden Jahrs? **(b)** Wie lange dauert es, bis die Konzentration des Insektizids auf $3{,}0 \times 10^{-7}$ g/cm³ sinkt?

Lösung

Analyse: Es wird die Geschwindigkeitskonstante für eine Reaktion gegeben, die der Kinetik der ersten Ordnung folgt, sowie Informationen über Konzentrationen und Zeiten, und wir sollen berechnen, wie viel Reaktant (Insektizid) nach einem Jahr verbleibt. Wir müssen ebenfalls das Zeitintervall bestimmen, das benötigt wird, um eine bestimmte Insektizidkonzentration zu erreichen. Weil die Aufgabe in (a) Zeit angibt und in (b) nach Zeit fragt, ist das integrierte Geschwindigkeitsgesetz, ▶Gleichung 14.13, erforderlich.

Vorgehen: (a) Es werden $k = 1{,}45\ a^{-1}$, $t = 1{,}00\ a$ und $[\text{Insektizid}]_0 = 5{,}0 \times 10^{-7}$ g/cm³ angegeben, und daher kann Gleichung 14.13 für $\ln[\text{Insektizid}]_t$ gelöst werden. (b) Wir haben $k = 1{,}45\ a^{-1}$, $[\text{Insektizid}]_0 = 5{,}0 \times 10^{-7}$ g/cm³ und $[\text{Insektizid}]_t = 3{,}0 \times 10^{-7}$ g/cm³, und daher können wir Gleichung 14.13 für t lösen.

Lösung: (a) Wenn wir die bekannten Größen in Gleichung 14.13 einsetzen, haben wir

$$\ln[\text{Insektizid}]_{t=1a} = -(1{,}45\ a^{-1})(1{,}00\ a) + \ln(5{,}0 \times 10^{-7})$$

Wir verwenden die Logarithmusfunktion auf einem Taschenrechner, um das zweite Glied rechts auszurechnen und erhalten

$$\ln[\text{Insektizid}]_{t=1a} = -1{,}45 + (-14{,}51) = -15{,}96$$

Um $[\text{Insektizid}]_{t=1a}$ zu erhalten, verwenden wir den inversen natürlichen Logarithmus, oder die e^x-Funktion auf dem Taschenrechner:

$$[\text{Insektizid}]_{t=1a} = e^{-15{,}96} = 1{,}2 \times 10^{-7}\ \text{g/cm}^3$$

Beachten Sie, dass die Konzentrationseinheiten für $[A]_t$ und $[A]_0$ gleich sein müssen.

(b) Wir setzen erneut in Gleichung 14.13 ein, mit $[\text{Insektizid}]_t = 3{,}0 \times 10^{-7}$ g/cm³, und erhalten

$$\ln(3{,}0 \times 10^{-7}) = -(1{,}45\ a^{-1})(t) + \ln(5{,}0 \times 10^{-7})$$

Auflösen nach t ergibt:

$$t = -[\ln(3{,}0 \times 10^{-7}) - \ln(5{,}0 \times 10^{-7})]/1{,}45\ a^{-1} = -(-15{,}02 + 14{,}51)/1{,}45\ a^{-1} = 0{,}35\ a$$

Überprüfung: In Teil (a) ist die Konzentration, die nach 1,00 Jahr verbleibt (das heißt $1{,}2 \times 10^{-7}$ g/cm³), weniger als die ursprüngliche Konzentration ($5{,}0 \times 10^{-7}$ g/cm³), so wie es sein sollte. In (b) ist die gegebene Konzentration ($3{,}0 \times 10^{-7}$ g/cm³) größer als die, die nach 1,00 Jahr verbleibt, was anzeigt, dass die Zeit unter einem Jahr liegen muss. Damit ist $t = 0{,}35\ a$ eine sinnvolle Antwort.

ÜBUNGSAUFGABE

Die Zersetzung von Dimethylether, $(CH_3)_2O$, bei 510 °C ist ein Vorgang der ersten Ordnung mit einer Geschwindigkeitskonstante von $6{,}8 \times 10^{-4}\ s^{-1}$:

$$(CH_3)_2O(g) \longrightarrow CH_4(g) + H_2(g) + CO(g)$$

Wenn der Anfangsdruck von $(CH_3)_2O$ 135 Torr ist, was ist sein Partialdruck nach 1420 s?

Antwort: 51 Torr.

---

verbleibt, (2) die Zeit zu bestimmen, die eine gegebene Menge einer Probe benötigt, um zu reagieren oder (3) die Zeit zu bestimmen, die benötigt wird, bis eine Reaktantenkonzentration auf ein bestimmtes Niveau fällt.

Mit Gleichung 14.13 können wir überprüfen, ob eine Reaktion erster Ordnung ist, und ihre Geschwindigkeitskonstante bestimmen. Diese Gleichung hat die Form der allgemeinen Geradengleichung, $y = mx + b$, in der m die Steigung und b der Achsenabschnitt der y-Achse ist (Anhang A.4):

14.4 Die Änderung der Konzentration mit der Zeit

$$\ln[A]_t = -k \cdot t + \ln[A]_0$$

$$y = m \cdot x + b$$

Für eine Reaktion der ersten Ordnung ist daher $\ln[A]_t$ als Funktion der Zeit eine Gerade mit einer Steigung $-k$ und dem Achsenabschnittswert $\ln[A]_0$. Eine Reaktion, die nicht erster Ordnung ist, ergibt keine Gerade.

Betrachten Sie beispielsweise die Umwandlung von Methylisonitril (CH_3NC) in Acetonitril (CH_3CN) (▶ Abbildung 14.6). Weil Versuche zeigen, dass die Reaktion erster Ordnung ist, können wir die Geschwindigkeitsgleichung schreiben:

$$\ln[CH_3NC]_t = -kt + \ln[CH_3NC]_0$$

▶ Abbildung 14.7 (a) zeigt, wie sich der Partialdruck von Methylisonitril mit der Zeit ändert, wenn es sich in der Gasphase bei 198,9 °C umlagert. Wir können den Druck als Konzentrationsangabe für ein Gas verwenden, weil über das ideale Gasgesetz der Druck direkt proportional zur Molzahl pro Einheitenvolumen ist. ▶ Abbildung 14.7 (b) zeigt die Auftragung des natürlichen Logarithmus des Drucks als Funktion der Zeit, eine Auftragung, die eine Gerade ergibt.

Die Steigung dieser Geraden ist $-5{,}1 \times 10^{-5}\,s^{-1}$. Sie sollten dies selbst überprüfen und dabei daran denken, dass Ihr Ergebnis wegen der Ungenauigkeiten beim visuellen Auswerten des Diagramms etwas von unserem abweichen kann. Weil die Steigung der Geraden gleich $-k$ ist, ist die Geschwindigkeitskonstante für diese Reaktion gleich $5{,}1 \times 10^{-5}\,s^{-1}$.

Methylisonitril

Acetonitril

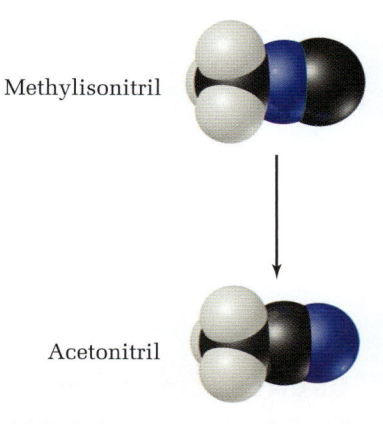

Abbildung 14.6: Eine Reaktion erster Ordnung. Die Isomerisierung von Methylisonitril (CH_3NC) zu Acetonitril (CH_3CN) ist ein Vorgang erster Ordnung. Methylisonitril und Acetonitril sind Isomere, Moleküle, mit gleichen Atomen, aber in unterschiedlicher Anordnung. Diese Reaktion wird Isomerisationsreaktion genannt.

> **? DENKEN SIE EINMAL NACH**
>
> Was stellen die y-Werte bei $t = 0$ in ▶ Abbildung 14.7 (a) und (b) dar?

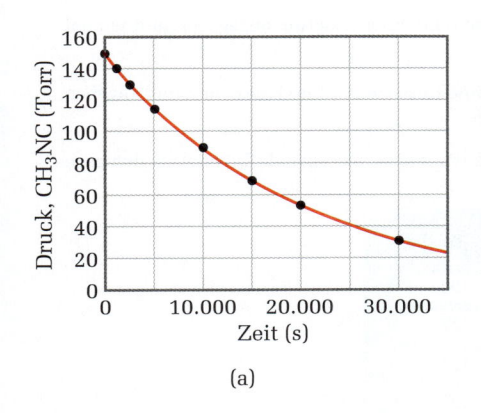

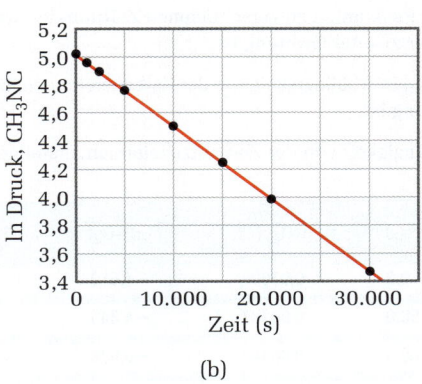

Abbildung 14.7: Kinetische Daten für die Isomerisierung von Methylisonitril (CH_3NC). (a) Änderung des Partialdrucks von Methylisonitril mit der Zeit während der Reaktion $CH_3NC \longrightarrow CH_3CN$ bei 198,9 °C. (b) Eine Auftragung des natürlichen Logarithmus des Drucks als eine Funktion der Zeit. Die Tatsache, dass die Daten auf einer Geraden liegen, bestätigt, dass die Reaktion erster Ordnung ist.

Reaktionen zweiter Ordnung

Eine **Reaktion zweiter Ordnung** ist eine, deren Geschwindigkeit von einer Reaktantenkonzentration in der zweiten Potenz oder von den Konzentrationen zweier verschiedener Reaktanten, jeweils in der ersten Potenz, abhängt. Betrachten wir aus Gründen der Einfachheit Reaktionen des Typs A $\longrightarrow$ Produkte oder A + B $\longrightarrow$ Produkte, die nur bezüglich des Reaktanten, A, zweiter Ordnung sind:

$$\text{Geschwindigkeit} = -\frac{\Delta[A]}{\Delta t} = k[A]^2$$

Aus diesem differenziellen Geschwindigkeitsgesetz kann das folgende integrierte Geschwindigkeitsgesetz abgeleitet werden.

$$\frac{1}{[A]_t} = kt + \frac{1}{[A]_0} \qquad (14.14)$$

Diese Gleichung hat, wie ►Gleichung 14.13, vier Variablen, k, t, $[A]_0$ und $[A]_t$, und jede davon kann berechnet werden, wenn wir die anderen drei kennen. ►Gleichung 14.14 hat ebenfalls die Form einer Geraden ($y = mx + b$). Wenn die Reaktion zweiter Ordnung ist, ergibt eine Aufzeichnung von $1/[A]_t$ in Abhängigkeit von t eine Gerade mit der Steigung k und dem Achsenabschnittswert $1/[A]_0$. Eine Möglichkeit, zwischen Geschwindigkeitsgesetzen erster und zweiter Ordnung zu unterscheiden, ist die Auftragung von $\ln[A]_t$ und $1/[A]_t$ als Funktion von t. Wenn die $\ln[A]_t$-Kurve linear ist,

ÜBUNGSBEISPIEL 14.8   Bestimmung der Reaktionsordnung aus dem integrierten Geschwindigkeitsgesetz

Die folgenden Daten wurden für die Gasphasenzersetzung von Stickstoffdioxid bei 300 °C, $NO_2(g) \longrightarrow NO(g) + \frac{1}{2}O_2(g)$, erhalten:

Zeit (s)	$[NO_2]$ (M)
0,0	0,01000
50,0	0,00787
100,0	0,00649
200,0	0,00481
300,0	0,00380

Ist die Reaktion erster oder zweiter Ordnung bezüglich NO_2?

Lösung

Analyse: Es wird die Konzentration eines Reaktanten zu verschiedenen Zeitpunkten während einer Reaktion angegeben und wir sollen bestimmen, ob die Reaktion erster oder zweiter Ordnung ist.

Vorgehen: Wir können $\ln[NO_2]$ und $1/[NO_2]$ in Abhängigkeit von der Zeit aufzeichnen. Eine Kurve wird eine Gerade sein und angeben, ob die Reaktion erster oder zweiter Ordnung ist.

Lösung: Um $\ln[NO_2]$ und $1/[NO_2]$ in Abhängigkeit von der Zeit aufzuzeichnen, erstellen wir zuerst die folgende Tabelle aus der gegebenen Daten:

Zeit (s)	$[NO_2]$ (M)	$\ln[NO_2]$	$1/[NO_2]$
0,0	0,01000	−4,610	100
50,0	0,00787	−4,845	127
100,0	0,00649	−5,038	154
200,0	0,00481	−5,337	208
300,0	0,00380	−5,573	263

Wie ►Abbildung 14.8 zeigt, ist nur die Auftragung von $1/[NO_2]$ als Funktion der Zeit eine Gerade. Damit folgt die Reaktion einem Geschwindigkeitsgesetz zweiter Ordnung: Reaktionsgeschwindigkeit = $k[NO_2]^2$. Aus der Steigung dieser Geraden bestimmen wir $k = 0{,}543\ M^{-1}\,s^{-1}$ für den Verbrauch von NO_2.

ÜBUNGSAUFGABE

Betrachten Sie erneut die Zersetzung von NO_2, die im Übungsbeispiel behandelt wird. Die Reaktion ist zweiter Ordnung bezüglich NO_2 mit $k = 0{,}543\ M^{-1}\,s^{-1}$. Wenn die Anfangskonzentration von NO_2 in einem geschlossenen Gefäß $0{,}0500\ M$ ist, wie groß ist dann die verbleibende Konzentration nach $0{,}500$ h?

Antwort: Mittels ►Gleichung 14.14 berechnen wir $[NO_2] = 1{,}00 \times 10^{-3}\ M$.

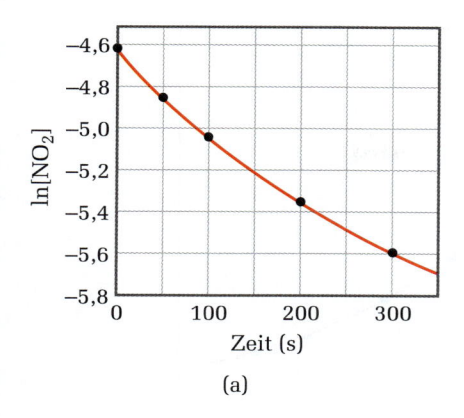

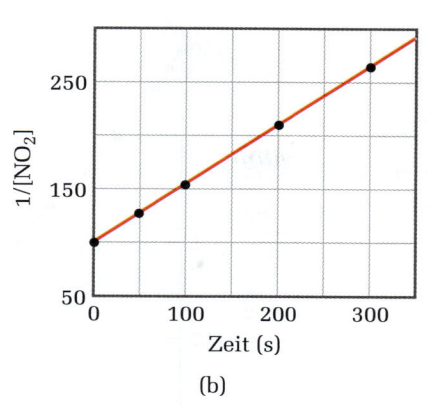

Abbildung 14.8: Kinetische Daten für die Zersetzung von NO_2. Die Reaktion ist $NO_2(g) \longrightarrow NO(g) + \frac{1}{2}O_2(g)$ und die Daten wurden bei 300 °C erfasst. (a) Die Auftragung von $\ln[NO_2]$ gegen die Zeit ist nicht linear, was anzeigt, dass die Reaktion nicht erster Ordnung bezüglich NO_2 ist. (b) Die Auftragung von $1/[NO_2]$ gegen die Zeit ist linear, was angibt, dass die Reaktion zweiter Ordnung bezüglich NO_2 ist.

ist die Reaktion erster Ordnung; wenn die $1/[A]_t$-Kurve linear ist, ist die Reaktion zweiter Ordnung.

Halbwertszeit

Die **Halbwertszeit** einer Reaktion, $t_{1/2}$, ist die Zeit, die benötigt wird, um die Konzentration eines Reaktanten auf die Hälfte des Anfangswerts, $[A]_{t_{1/2}} = \frac{1}{2}[A]_0$, zu verringern. Die Halbwertszeit ist eine gute Möglichkeit zu beschreiben, wie schnell eine Reaktion stattfindet, vor allem, wenn es ein Vorgang erster Ordnung ist. Eine schnelle Reaktion hat eine kurze Halbwertszeit.

Wir können die Halbwertszeit einer Reaktion erster Ordnung bestimmen, indem wir $[A]_{t_{1/2}}$ in ▶ Gleichung 14.12 einsetzen:

$$\ln \frac{\frac{1}{2}[A]_0}{[A]_0} = -kt_{1/2}$$

$$\ln \tfrac{1}{2} = -kt_{1/2}$$

$$t_{1/2} = -\frac{\ln \frac{1}{2}}{k} = \frac{0{,}693}{k} \qquad (14.15)$$

Aus ▶ Gleichung 14.15 sehen wir, dass $t_{1/2}$ für ein Geschwindigkeitsgesetz erster Ordnung nicht von der Ausgangskonzentration abhängt. Daher bleibt die Halbwertszeit die gesamte Reaktion hindurch konstant. Wenn zum Beispiel die Konzentration des Reaktanten 0,120 M in irgendeinem Moment der Reaktion ist, wird sie nach einer Halbwertszeit $\frac{1}{2}(0{,}120\,M) = 0{,}060\,M$ sein. Nachdem eine weitere Halbwertszeit vergangen ist, sinkt die Konzentration auf 0,030 M und so weiter. Gleichung 14.15 gibt ebenfalls an, dass wir $t_{1/2}$ für eine Reaktion erster Ordnung berechnen können, wenn k bekannt ist, oder k, wenn $t_{1/2}$ bekannt ist.

Konzentrationsänderung als Funktion der Zeit für die Umlagerung von Methylisonitril bei 198,9 °C zeigt ▶ Abbildung 14.9. Die erste Halbwertszeit wird bei 13.600 s (also 3,78 h) erreicht. 13.600 s später hat die Isonitrilkonzentration auf $\frac{1}{2} \times \frac{1}{2} = \frac{1}{4}$ der ursprünglichen Konzentration abgenommen. *Bei einer Reaktion erster Ordnung nimmt die Konzentration des Reaktanten um $\frac{1}{2}$ nach Ablauf von $t_{1/2}$ ab.* Das Konzept der Halbwertszeit wird gemeinhin zur Beschreibung des radioaktiven Zerfalls verwendet, ein Vorgang erster Reaktionsordnung.

Im Gegensatz zum Verhalten von Reaktionen erster Ordnung hängt die Halbwertszeit für Reaktionen zweiter Ordnung und andere von Reaktantenkonzentrationen und

Abbildung 14.9: Halbwertszeit einer Reaktion erster Ordnung. Druck von Methylisonitril als Funktion der Zeit, mit zwei aufeinanderfolgenden Halbwertszeiten der Isomerisierungsreaktion in ▶ Abbildung 14.6.

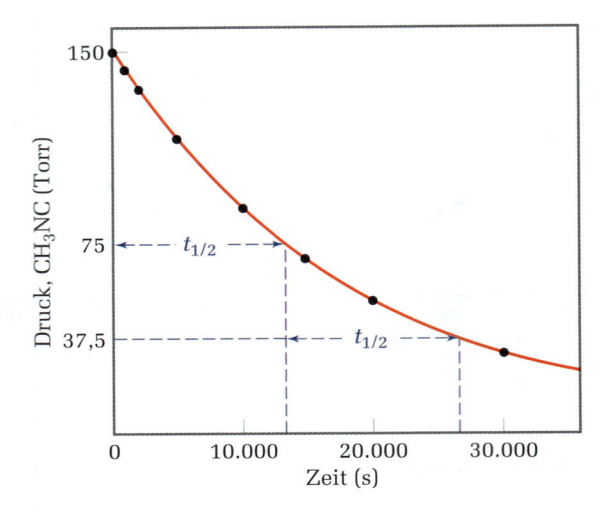

damit von deren Änderungen im Verlauf der Reaktion ab. Über ▶Gleichung 14.14 finden wir, dass die Halbwertszeit einer Reaktion zweiter Ordnung wie folgt ist:

$$t_{1/2} = \frac{1}{k[A]_0} \quad (14.17)$$

In diesem Fall hängt die Halbwertszeit von der Anfangskonzentration des Reaktanten ab – je geringer die Anfangskonzentration, desto größer die Halbwertszeit.

> **? DENKEN SIE EINMAL NACH**
>
> Wie ändert sich die Halbwertszeit einer Reaktion zweiter Ordnung im zeitlichen Verlauf der Reaktion?

ÜBUNGSBEISPIEL 14.9 — Bestimmung der Halbwertszeit einer Reaktion erster Ordnung

Die Reaktion von C_4H_9Cl mit Wasser ist eine Reaktion erster Ordnung. Abbildung 14.4 zeigt, wie sich die Konzentration von C_4H_9Cl mit der Zeit bei einer bestimmten Temperatur ändert. **(a)** Schätzen Sie anhand der abgebildeten Funktion die Halbwertszeit für diese Reaktion. **(b)** Verwenden Sie die Halbwertszeit aus (a), um die Geschwindigkeitskonstante zu berechnen.

Lösung

Analyse: Wir sollen die Halbwertszeit einer Reaktion über die Konzentration als Funktion der Zeit schätzen und dann aus der Halbwertszeit die Geschwindigkeitskonstante für die Reaktion berechnen.

Vorgehen:
(a) Um eine Halbwertszeit zu schätzen, können wir eine Konzentration wählen und dann die benötigte Zeit ermitteln, bis die Konzentration auf die Hälfte dieses Wertes sinkt. **(b)** Die Geschwindigkeitskonstante wird über ▶Gleichung 14.15 aus der Halbwertszeit berechnet.

Lösung:
(a) Aus dem Diagramm sehen wir, dass der Anfangswert von $[C_4H_9Cl]$ 0,100 M ist. Die Halbwertszeit dieser Reaktion erster Ordnung ist die Zeit, die benötigt wird, bis $[C_4H_9Cl]$ auf 0,050 M abgesunken ist, was wir in dem Diagramm ablesen können. Dieser Punkt liegt bei etwa 340 s.
(b) Durch Lösen von Gleichung 14.15 für k erhalten wir:

$$k = \frac{0{,}693}{t_{1/2}} = \frac{0{,}693}{340 \text{ s}} = 2{,}0 \times 10^{-3} \text{ s}^{-1}$$

Überprüfung: Am Ende der zweiten Halbwertszeit, bei 680 s sollte die Konzentration ein weiteres Mal um den Faktor 2 auf 0,025 M gesunken sein. Bei näherer Betrachtung des Diagramms zeigt sich, dass dies tatsächlich der Fall ist.

ÜBUNGSAUFGABE

(a) Berechnen Sie anhand von Gleichung 14.15 $t_{1/2}$ für die Zersetzung des Insektenvertilgungsmittels, das in Übungsbeispiel 14.7 beschrieben wurde. **(b)** Wie lange dauert es, bis die Konzentration des Insektizids ein Viertel des Anfangswerts erreicht?

Antworten: (a) 0,478 a = $1{,}51 \times 10^7$ s, **(b)** es dauert zwei Halbwertszeiten, 2 (0,478 a) = 0,956 a.

Chemie im Einsatz ■ Methylbromid in der Atmosphäre

Mehrere kleine Moleküle, die Kohlenstoff–Chlor- oder Kohlenstoff–Brom-Bindungen enthalten, können, wenn sie in der Stratosphäre vorhanden sind, mit Ozon (O_3) reagieren und damit zur Zerstörung der Ozonschicht der Erde beitragen. Ob ein Halogen enthaltendes Molekül erheblich zur Zerstörung der Ozonschicht beiträgt, hängt teilweise von der durchschnittlichen Lebensdauer des Moleküls in der Atmosphäre ab. Es dauert recht lange, bis Moleküle, die auf der Erdoberfläche gebildet werden, durch die untere Atmosphäre (Troposphäre genannt) diffundieren und in die Stratosphäre wandern, wo sich die Ozonschicht befindet (▶ Abbildung 14.10). Die Zersetzung in der unteren Atmosphäre steht im Wettbewerb mit der Diffusion in die Stratosphäre.

Die viel diskutierten Fluorchlorkohlenwasserstoffe oder FCKWs tragen zur Zerstörung der Ozonschicht bei, weil sie in der Troposphäre lange Lebensdauern haben. Damit bleiben sie lange genug bestehen, so dass ein erheblicher Teil der Moleküle seinen Weg in die Stratosphäre findet.

Ein weiteres einfaches Molekül, das das Potenzial hat, die stratosphärische Ozonschicht zu zerstören, ist Methylbromid (CH_3Br). Diese Substanz wird weitläufig eingesetzt, unter anderem zur Behandlung von Pflanzenkeimen gegen Pilzbefall, und wird daher in großen Mengen produziert (etwa 70 Millionen kg pro Jahr). In der Stratosphäre wird die C—Br-Bindung durch Absorption der kurzwelligen Strahlung aufgebrochen. Die entstehenden Br-Atome katalysieren dann die Zersetzung von O_3.

Methylbromid wird durch eine Vielzahl von Mechanismen aus der unteren Atmosphäre entfernt, darunter eine langsame Reaktion mit Meerwasser.

$$CH_3Br(g) + H_2O(l) \longrightarrow CH_3OH(aq) + HBr(aq) \quad (14.16)$$

Um das Potenzial von CH_3Br für die Zerstörung der Ozonschicht zu ermitteln, ist es wichtig zu wissen, wie schnell ▶ Gleichung 14.16 und alle anderen Mechanismen zusammen CH_3Br aus der Atmosphäre entfernen, bevor es in die Stratosphäre diffundieren kann.

Wissenschaftler haben Untersuchungen durchgeführt, um die durchschnittliche Lebensdauer von CH_3Br in der Atmosphäre der Erde zu schätzen. Solch eine Schätzung ist schwierig. Sie kann nicht in Laborversuchen erfolgen, da die Bedingungen, die in der Erdatmosphäre existieren, zu komplex sind, um im Labor simuliert zu werden. Stattdessen sammelten Wissenschaftler fast 4000 Proben der Atmosphäre bei Flügen über dem gesamten Pazifik und analysierten sie auf Spuren organischer Verbindungen, einschließlich Methylbromid. Aus einer detaillierten Analyse der Konzentrationen war es möglich zu schätzen, dass die *atmosphärische Verweilzeit* für CH_3Br $0{,}8 \pm 0{,}1$ a ist.

Die atmosphärische Verweilzeit ist gleich der Halbwertszeit von CH_3Br in der unteren Atmosphäre, wenn man annimmt, dass es in einem Vorgang erster Ordnung zerfällt. Das heißt, dass eine Menge von CH_3Br-Molekülen, die zu einer beliebigen Zeit vorliegt, im Durchschnitt nach 0,8 Jahren zu 50 % zersetzt ist, nach 1,6 Jahren zu 75 % und so weiter. Eine Verweilzeit von 0,8 Jahren ist zwar vergleichsweise kurz, aber immer noch ausreichend lang, so dass CH_3Br bedeutend zur Zerstörung der Ozonschicht beiträgt. 1997 wurde eine internationale Vereinbarung abgeschlossen, die Verwendung von Methylbromid in entwickelten Ländern bis 2005 schrittweise einzustellen. In jüngsten Jahren wurden jedoch Ausnahmen für spezielle landwirtschaftliche Einsätze beantragt und bewilligt.

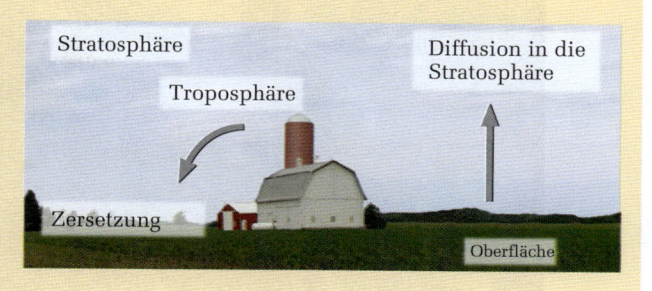

Abbildung 14.10: Verteilung und Verbleib von Methylbromid (CH_3Br) in der Atmosphäre. Ein Teil wird durch Zersetzung aus der Atmosphäre entfernt und ein Teil diffundiert nach oben in die Stratosphäre, wo es zur Zerstörung der Ozonschicht beiträgt. Das Verhältnis von Zersetzungs- zu Diffusionsgeschwindigkeit bestimmt, wie stark Methylbromid an der Zerstörung der Ozonschicht beteiligt ist.

Temperatur und Reaktionsgeschwindigkeit 14.5

Die Geschwindigkeiten der meisten chemischen Reaktionen steigen mit steigender Temperatur. Backteig geht zum Beispiel bei Zimmertemperatur schneller auf, als wenn er gekühlt wird, und Pflanzen wachsen schneller bei warmem als bei kaltem Wetter. Wir können die Wirkung der Temperatur auf die Reaktionsgeschwindigkeit buchstäblich sehen, wenn wir eine Chemilumineszenzreaktion (eine Reaktion, die Licht erzeugt) beobachten. Das charakteristische Licht von Glühwürmchen ist ein vertrautes Beispiel der Chemilumineszenz. Ein weiteres Beispiel ist das Licht, das von Cyalume-Leuchtstäben erzeugt wird, die Chemikalien enthalten, die beim Mischen Chemilumineszenz erzeugen. Wie in ▶ Abbildung 14.11 zu sehen ist, erzeugen diese Leuchtstäbe ein helleres Licht bei höherer Temperatur. Die erzeugte Lichtmenge ist größer, weil die Reaktionsgeschwindigkeit bei höherer Temperatur größer ist. Obwohl die Leuchtstäbe zunächst heller leuchten, nimmt ihre Lumineszenz ebenfalls schneller ab.

14 Chemische Kinetik

Abbildung 14.11: Die Temperatur beeinflusst die Geschwindigkeit der Chemilumineszenzreaktion bei Cyalume-Leuchtstäben. Der Leuchtstab leuchtet in heißem Wasser (links) heller als einer in kaltem Wasser (rechts). Bei der höheren Temperatur ist die Reaktion anfangs schneller und erzeugt ein helleres Licht.

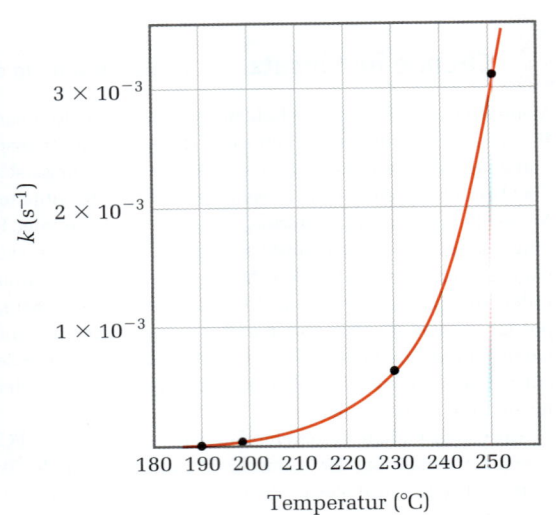

Abbildung 14.12: Abhängigkeit der Geschwindigkeitskonstante von der Temperatur. Die Daten zeigen die Änderung der Geschwindigkeitskonstante der Reaktion erster Ordnung für die Isomerisierung von Methylisonitril als Funktion der Temperatur. Die angezeigten vier Punkte werden in Verbindung mit Übungsbeispiel 14.11 benutzt.

Wie wird diese experimentell beobachtete Temperaturwirkung im Geschwindigkeitsausdruck widergespiegelt? Die größere Geschwindigkeit bei höherer Temperatur hat ihren Grund in einem Anstieg der Geschwindigkeitskonstante mit steigender Temperatur. Schauen wir uns zum Beispiel noch einmal die Reaktion erster Ordnung $CH_3NC \longrightarrow CH_3CN$ (siehe Abbildung 14.6) an. ▶Abbildung 14.12 zeigt die Geschwindigkeitskonstante für diese Reaktion als Funktion der Temperatur. Die Geschwindigkeitskonstante und damit die Geschwindigkeit der Reaktion steigt schnell mit der Temperatur, etwa eine Verdoppelung für jeden Anstieg um 10 °C.

Das Stoßmodell

Wir haben gesehen, dass Reaktionsgeschwindigkeiten durch die Konzentrationen der Reaktanten und durch die Temperatur beeinflusst werden. Das **Stoßmodell**, das auf der kinetischen Gastheorie (siehe Abschnitt 10.7) basiert, erklärt beide Effekte auf Molekülebene. Die zentrale Vorstellung beim Stoßmodell ist, dass Moleküle gegeneinander stoßen müssen, um zu reagieren. Je größer die Zahl der Stöße, die pro Sekunde auftreten, desto größer die Reaktionsgeschwindigkeit. Wenn die Konzentration der Reaktantenmoleküle steigt, nimmt daher die Anzahl der Stöße zu und führt zu einer Erhöhung der Reaktionsgeschwindigkeit. Nach der kinetischen Gastheorie erhöht eine Steigerung der Temperatur die Molekülgeschwindigkeiten. Wenn sich Moleküle schneller bewegen, stoßen sie stärker (mit mehr Energie) und häufiger zusammen, wodurch die Reaktionsgeschwindigkeiten erhöht werden.

Damit jedoch eine Reaktion stattfindet, ist mehr als nur ein Zusammenstoß erforderlich. Bei den meisten Reaktionen führt nur ein winziger Teil der Stöße zu einer Reaktion. In einem Gemisch aus H_2 und I_2 bei normalen Temperaturen und Drücken durchläuft jedes Molekül etwa 10^{10} Stöße pro Sekunde. Wenn jeder Stoß zwischen H_2 und I_2 zur Bildung von HI führen würde, wäre die Reaktion in weniger als einer Sekunde vorüber. Stattdessen läuft die Reaktion bei Zimmertemperatur sehr langsam ab. Nur etwa einer von jeweils 10^{13} Stößen führt zu einer Reaktion. Was verhindert, dass die Reaktion schneller abläuft?

Der Orientierungsfaktor

In den meisten Reaktionen müssen Moleküle während ihrer Zusammenstöße auf bestimmte Weise orientiert sein, damit eine Reaktion stattfindet. Die Orientierung der Moleküle zueinander während ihrer Stöße bestimmt, ob die Atome passend positioniert sind, um neue Bindungen einzugehen. Betrachten Sie zum Beispiel die Reaktion von Cl-Atomen mit NOCl:

$$Cl + NOCl \longrightarrow NO + Cl_2$$

Die Reaktion findet statt, wenn der Stoß Cl-Atome zusammenbringt, um Cl_2 zu bilden, wie ▶ Abbildung 14.13 a zeigt. Der in Abbildung ▶ 14.13 b gezeigte Stoß ist dagegen wirkungslos und ergibt keine Produkte. Tatsächlich führen sehr viele Stöße nicht zur Reaktion, weil die Moleküle nicht passend orientiert sind. Es gibt jedoch einen weiteren Faktor, der gewöhnlich noch wichtiger ist, um zu entscheiden, ob bestimmte Stöße zu einer Reaktion führen.

> **? DENKEN SIE EINMAL NACH**
>
> Was ist die zentrale Idee des Stoßmodells?

Abbildung 14.13: Stöße zwischen Molekülen und chemische Reaktionen. Es werden zwei Möglichkeiten gezeigt, wie die Cl-Atome und NOCl-Moleküle aneinander stoßen können. (a) Wenn Moleküle richtig orientiert sind, führt ein ausreichend energiereicher Stoß zu einer Reaktion. (b) Wenn die Orientierung der stoßenden Moleküle nicht passt, findet keine Reaktion statt.

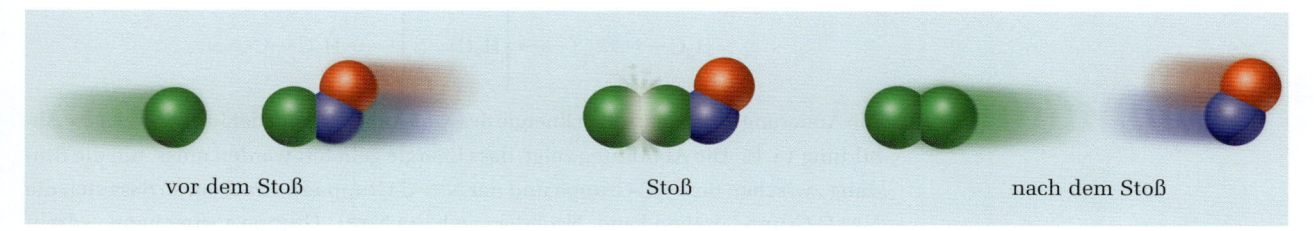

vor dem Stoß   Stoß   nach dem Stoß

(a) effektiver Stoß

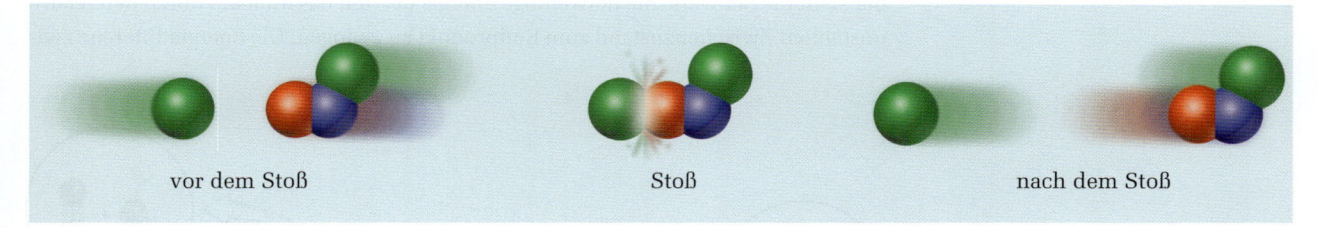

vor dem Stoß   Stoß   nach dem Stoß

(b) ineffektiver Stoß

Aktivierungsenergie

1888 postulierte der schwedische Chemiker Svante Arrhenius, dass Moleküle eine bestimmte minimale Energie besitzen müssen, um zu reagieren. Entsprechend dem Stoßmodell kommt diese Energie von den kinetischen Energien der gegeneinander stoßenden Moleküle. Beim Stoß kann die kinetische Energie der Moleküle genutzt werde, um Bindungen zu strecken, zu biegen und letztendlich aufzubrechen, was zu chemischen Reaktionen führt. Das heißt, dass die kinetische Energie dazu dient, die potenzielle Energie des Moleküls zu erhöhen. Wenn sich Moleküle zu langsam bewegen, also mit zu wenig kinetischer Energie, prallen sie einfach voneinander ab, ohne zu reagieren. Um zu reagieren, müssen zusammenstoßende Moleküle eine kinetische Gesamtenergie haben, die entweder gleich oder größer als ein bestimmter Mindestwert sein muss. Die Energie, die zum Einleiten einer chemischen Reaktion erforderlich ist, nennt man **Aktivierungsenergie** E_a. Der Wert von E_a ist je nach Reaktion verschieden.

Abbildung 14.14: Eine Energieschwelle. Um den Golfball in die Nähe des Lochs zu schlagen, muss die Golferin dem Golfball genügend kinetische Energie vermitteln, damit er die Schwelle überwinden kann, die der Hügel darstellt. Diese Situation ist analog zu einer chemischen Reaktion, in der Moleküle durch Stöße genügend Energie erhalten müssen, damit sie die Aktivierungsschwelle für die chemische Reaktion überwinden können.

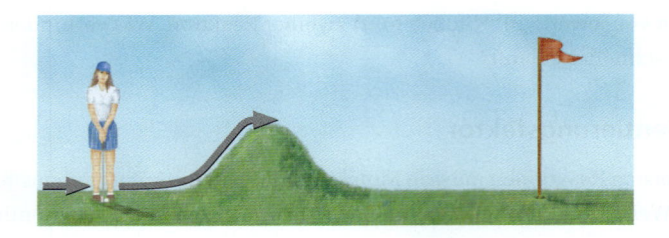

Die Situation bei Reaktionen ähnelt der in ▶ Abbildung 14.14 gezeigten. Die Golferin auf dem Putting Green muss ihren Ball über einen Hügel nahe an das Loch heranschlagen. Dazu muss sie mit dem Putter genügend kinetische Energie aufbringen, um den Ball über den Scheitelpunkt des Hügels zu bewegen. Verwendet sie nicht genügend Energie, rollt der Ball einen Teil des Hügels hinauf und dann wieder hinunter. Auf gleiche Weise benötigen Moleküle eine bestimmte Mindestenergie, um bestehende Bindungen während einer chemischen Reaktion aufzubrechen. Bei der Umlagerung von Methylisonitril zu Acetonitril könnten wir uns zum Beispiel vorstellen, dass die Reaktion über einen Übergangszustand erfolgt, in dem der N≡C-Teil des Moleküls seitlich sitzt:

$$H_3C-N\equiv C| \longrightarrow \left[H_3C\cdots \overset{\overline{C}}{\underset{\underline{N}}{|||}} \right] \longrightarrow H_3C-C\equiv N|$$

Die Änderung der potenziellen Energie des Moleküls während der Reaktion zeigt ▶ Abbildung 14.15. Die Abbildung zeigt, dass Energie geliefert werden muss, um die Bindung zwischen der H_3C-Gruppe und der N≡C-Gruppe zu strecken, so dass sich die N≡C-Gruppe drehen kann. Nachdem sich die N≡C-Gruppe ausreichend gedreht hat, beginnt sich die C—C-Bindung zu bilden und die Energie des Moleküls sinkt. Daher stellt die Schwelle die notwendige Energie dar, um das Molekül durch den relativ unstabilen Zwischenzustand zum Endprodukt zu zwingen. Die Energiedifferenz zwi-

Abbildung 14.15: Energieprofil für die Isomerisierung von Methylisonitril. Das Methylisonitrilmolekül muss die Aktivierungsschwelle überwinden, bevor es das Produkt, Acetonitril, bilden kann. Die horizontale Achse wird als „Reaktionsweg" oder als „zeitlicher Verlauf der Reaktion" bezeichnet.

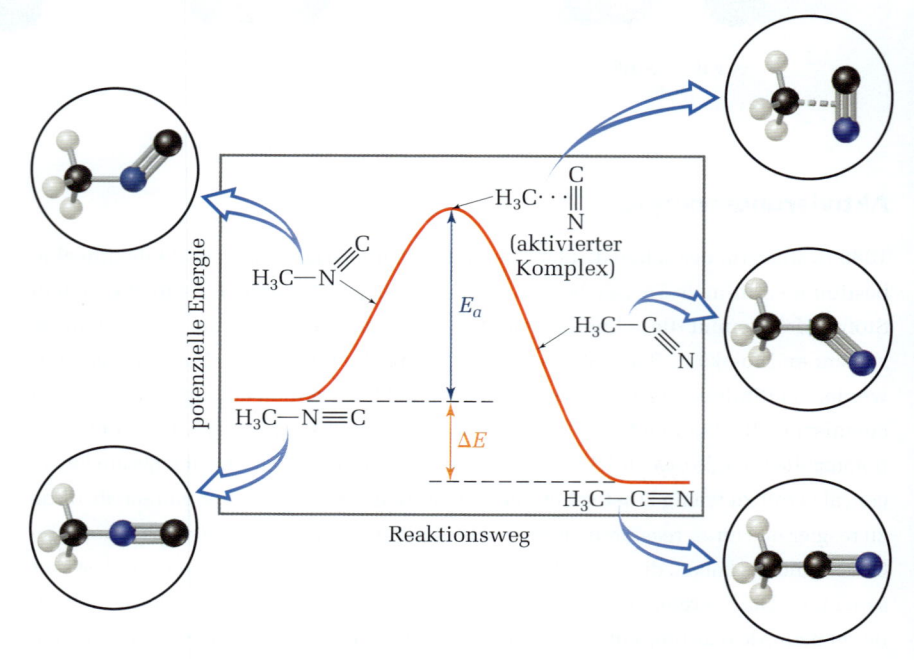

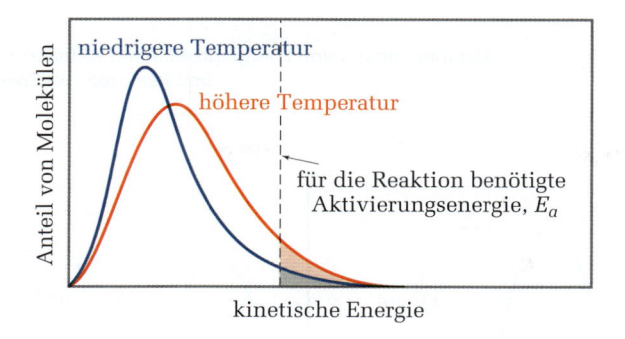

Abbildung 14.16: Die Wirkung der Temperatur auf die Verteilung von kinetischen Energien. Bei der höheren Temperatur haben mehr Moleküle höhere kinetische Energien. Damit hat ein größerer Anteil mehr als die Aktivierungsenergie, die für eine Reaktion erforderlich ist.

schen der Energie des Startmoleküls und der höchsten Energie entlang des Reaktionspfades ist die Aktivierungsenergie E_a. Diese besondere Anordnung von Atomen oben auf dem Scheitelpunkt wird als aktivierter Komplex oder **Übergangszustand** bezeichnet.

Die Umwandlung von $H_3C-N\equiv C$ in $H_3C-C\equiv N$ ist exotherm. Abbildung 14.15 zeigt daher, dass das Produkt eine niedrigere Energie als der Reaktant hat. Die Energieänderung für die Reaktion ΔE hat keine Wirkung auf die Geschwindigkeit der Reaktion. Die Geschwindigkeit hängt von der Größe von E_a ab, in der Regel gilt: je niedriger E_a ist, desto schneller die Reaktion. Beachten Sie, dass die umgekehrte Reaktion endotherm ist. Die Aktivierungsschwelle für die Rückreaktion ist gleich der Summe von ΔE und E_a für die Hinreaktion.

Wie gewinnt ein bestimmtes Methylisonitril-Molekül ausreichend Energie, um die Aktivierungsschwelle zu überwinden? Dies tut es durch Stöße mit anderen Molekülen. Erinnern Sie sich aus der kinetischen Gastheorie, dass Gasmoleküle zu jedem gegebenen Augenblick energetisch über einen weiten Bereich verteilt sind (siehe Abschnitt 10.7). ▶Abbildung 14.16 zeigt die Verteilung der kinetischen Energien für die zwei unterschiedlichen Temperaturen und vergleicht sie mit der Aktivierungsenergie, die für die Reaktion benötigt wird, E_a. Bei der höheren Temperatur hat ein größerer Anteil der Moleküle kinetische Energie, die größer als E_a ist, was zu einer größeren Reaktionsgeschwindigkeit führt.

Der Anteil der Moleküle, der eine Energie gleich wie oder größer als E_a hat, ergibt sich durch den Ausdruck

$$f = e^{-E_a/RT} \quad (14.18)$$

In dieser Gleichung ist R die Gaskonstante (8,314 J/mol·K) und T ist die absolute Temperatur. Um eine Vorstellung von der Größenordnung von f zu erhalten, nehmen wir an, dass E_a 100 kJ/mol ist, ein Wert, der typisch für viele Reaktionen ist, und dass T 300 K ist, etwa Zimmertemperatur. Der berechnete Wert für f ist $3{,}8 \times 10^{-18}$, eine äußerst kleine Zahl! Bei 310 K ist $f = 1{,}4 \times 10^{-17}$. Daher verursacht eine Temperatursteigung von 10 Grad eine 3,7-fache Steigerung des Anteils der Moleküle, die mindestens 100 kJ/mol Energie besitzen.

? DENKEN SIE EINMAL NACH

Warum ist die Stoßfrequenz nicht der einzige Faktor, der eine Reaktionsgeschwindigkeit beeinflusst?

Die Arrhenius-Gleichung

Arrhenius bemerkte, dass der Anstieg der Geschwindigkeit mit steigender Temperatur für die meisten Reaktionen nichtlinear ist, wie ▶Abbildung 14.12 zeigt. Er fand, dass die meisten Reaktionsgeschwindigkeitsdaten einer Gleichung gehorchten, die auf drei Faktoren basierten: (a) der Anteil von Molekülen, der eine Energie von E_a oder größer besitzt, (b) die Anzahl der Stöße pro Sekunde und (c) der Anteil von Stößen, mit

ÜBUNGSBEISPIEL 14.10 — Zusammenhang von Energieprofilen mit Aktivierungsenergien und Reaktionsgeschwindigkeiten

Betrachten Sie eine Reihe von Reaktionen, die die folgenden Energieprofile haben:

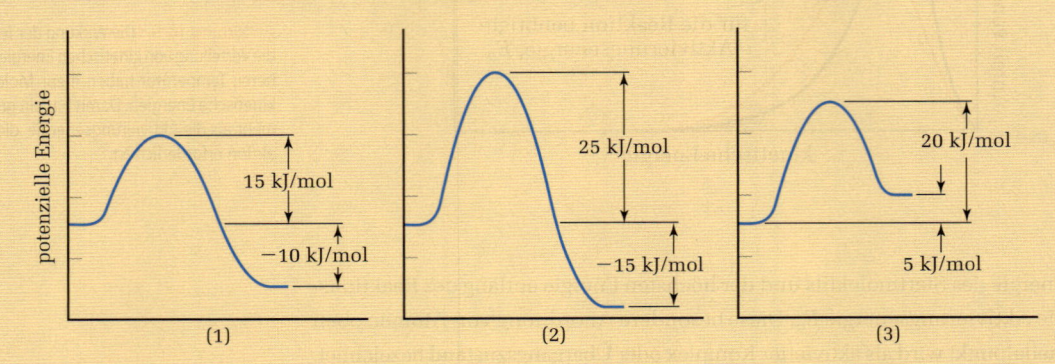

(1) 15 kJ/mol, −10 kJ/mol
(2) 25 kJ/mol, −15 kJ/mol
(3) 20 kJ/mol, 5 kJ/mol

Nehmen Sie an, dass alle drei Reaktionen nahezu die gleichen Frequenzfaktoren haben und ordnen Sie die Reaktionen in der Reihenfolge von der langsamsten zur schnellsten an.

Lösung

Je niedriger die Aktivierungsenergie, desto schneller die Reaktion. Der Wert von ΔE beeinflusst die Geschwindigkeit nicht. Daher ist die Reihenfolge (2) < (3) < (1).

ÜBUNGSAUFGABE

Stellen Sie sich vor, dass diese Reaktionen umgekehrt werden. Ordnen Sie diese Rückreaktionen in der Reihenfolge von langsamster zu schnellster an.

Antwort: (2) < (1) < (3) weil die E_a-Werte 40, 25 und 15 kJ/mol sind.

---

der entsprechenden Orientierung. Diese drei Faktoren werden in die **Arrhenius-Gleichung** aufgenommen:

$$k = Ae^{-E_a/RT} \tag{14.19}$$

In dieser Gleichung ist k die Geschwindigkeitskonstante, E_a die Aktivierungsenergie, R ist die Gaskonstante (8,314 J/mol·K) und T ist die absolute Temperatur. Der **Frequenzfaktor** A ist konstant, oder fast konstant, wenn die Temperatur verändert wird. Es hängt mit der Stoßfrequenz und der Wahrscheinlichkeit zusammen, dass die Stöße für die Reaktion passend orientiert sind.* Wenn E_a zunimmt, nimmt k ab, da der Anteil von Molekülen, die die benötigte Energie besitzen, kleiner wird. Daher *nehmen die Reaktionsgeschwindigkeiten ab, wenn E_a zunimmt.*

Bestimmung der Aktivierungsenergie

Wenn wir den natürlichen Logarithmus auf beiden Seiten von Gleichung 14.19 anwenden, erhalten wir:

$$\ln k = -\frac{E_a}{RT} + \ln A \tag{14.20}$$

---

* Weil die Frequenz von Stößen mit der Temperatur steigt, ist A auch temperaturabhängig, doch ist dies im Vergleich zum exponentiellen Glied klein. Daher wird A als annähernd konstant angesehen.

▶ Gleichung 14.20 beschreibt eine Gerade. Sie sagt vorher, dass der Graph von ln k in Abhängigkeit von $1/T$ eine Gerade mit einer Steigung $-E_a/R$ und mit dem Achsenabschnittswert ln A ist. Damit kann die Aktivierungsenergie bestimmt werden, indem k bei verschiedenen Temperaturen gemessen, ln k in Abhängigkeit von $1/T$ aufgetragen und dann E_a aus der Steigung der sich ergebenden Geraden berechnet wird.

Wir können also anhand von Gleichung 14.20 E_a auf nicht grafische Weise ermitteln, wenn wir die Geschwindigkeitskonstante einer Reaktion bei zwei oder mehr Temperaturen kennen. Nehmen wir zum Beispiel an, dass bei zwei verschiedenen Temperaturen T_1 und T_2 eine Reaktion die Geschwindigkeitskonstanten k_1 und k_2 hat. Für jede Bedingung haben wir:

$$\ln k_1 = -\frac{E_a}{RT_1} + \ln A \quad \text{und} \quad \ln k_2 = -\frac{E_a}{RT_2} + \ln A$$

Subtrahiert man ln k_2 von ln k_1, erhält man:

$$\ln k_1 - \ln k_2 = \left(-\frac{E_a}{RT_1} + \ln A\right) - \left(-\frac{E_a}{RT_2} + \ln A\right)$$

ÜBUNGSBEISPIEL 14.11 **Bestimmung der Aktivierungsenergie**

Die folgende Tabelle zeigt die Geschwindigkeitskonstanten für die Umlagerung von Methylisonitril bei verschiedenen Temperaturen (dies sind die Daten in ▶ Abbildung 14.12):

Temperatur (°C)	$k(s^{-1})$
189,7	$2{,}52 \times 10^{-5}$
198,9	$5{,}25 \times 10^{-5}$
230,3	$6{,}30 \times 10^{-4}$
251,2	$3{,}16 \times 10^{-3}$

(a) Berechnen Sie anhand dieser Daten die Aktivierungsenergie für die Reaktion. **(b)** Was ist der Wert der Geschwindigkeitskonstante bei 430,0 K?

Lösung

Analyse: Es werden Geschwindigkeitskonstanten, k, gemessen bei mehreren Temperaturen, angegeben und wir sollen die Aktivierungsenergie E_a und die Geschwindigkeitskonstante k bei einer bestimmten Temperatur bestimmen.

Vorgehen: Wir können E_a aus der Steigung der Kurve von ln k in Abhängigkeit von $1/T$ erhalten. Sobald wir E_a kennen, können wir Gleichung 14.21 zusammen mit den gegebenen Geschwindigkeitsdaten verwenden, um die Geschwindigkeitskonstante bei 430,0 K zu berechnen.

Lösung:
(a) Wir müssen die Temperaturen zuerst von Grad Celsius in Kelvin umrechnen. Wir berechnen dann die reziproke Temperatur $1/T$ und den natürlichen Logarithmus jeder Geschwindigkeitskonstante ln k. Dies gibt uns die unten gezeigte Tabelle:

T(K)	$1/T(K^{-1})$	ln k
462,9	$2{,}160 \times 10^{-3}$	$-10{,}589$
472,1	$2{,}118 \times 10^{-3}$	$-9{,}855$
503,5	$1{,}986 \times 10^{-3}$	$-7{,}370$
524,4	$1{,}907 \times 10^{-3}$	$-5{,}757$

Eine Kurve für ln k in Abhängigkeit von 1/T ergibt eine Gerade, wie ▶Abbildung 14.17 zeigt.

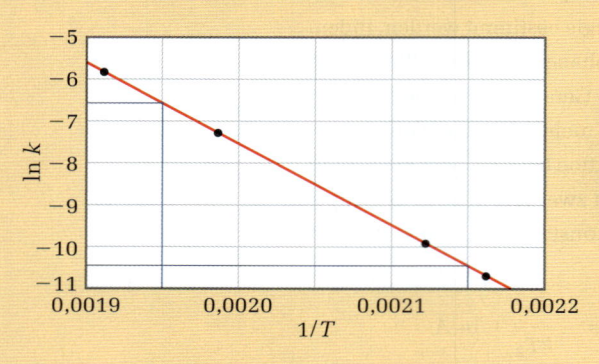

Abbildung 14.17: Grafische Bestimmung der Aktivierungsenergie. Der natürliche Logarithmus der Geschwindigkeitskonstante für die Umlagerung von Methylisonitril wird als eine Funktion von 1/T aufgezeichnet. Die lineare Beziehung entsprechend der Arrhenius-Gleichung ergibt eine Steigung gleich $-E_a/R$.

Die Steigung der Geraden erhalten wir, indem wir zwei weit auseinander liegende Punkte, wie gezeigt, wählen und die Koordinaten jedes Punktes verwenden:

$$\text{Steigung} = \frac{\Delta y}{\Delta x} = \frac{-6{,}6 - (-10{,}4)}{0{,}00195 - 0{,}00215} = -1{,}9 \times 10^4$$

Weil Logarithmen keine Einheiten haben, ist der Zähler in dieser Gleichung dimensionslos. Der Nenner hat die Einheit von $1/T$, nämlich K^{-1}. Daher ist die Einheit der Steigung K^{-1}. Die Steigung ist gleich $-E_a/R$. Wir verwenden den Wert für die molare Gaskonstante R in Einheiten von J/mol·K (Tabelle 10.2). Wir erhalten damit:

$$\text{Steigung} = -\frac{E_a}{R}$$

$$E_a = -(\text{Steigung})(R) = -(-1{,}9 \times 10^4 \, K)\left(8{,}314 \frac{J}{mol \cdot K}\right)$$

$$= 1{,}6 \times 10^2 \, kJ/mol = 160 \, kJ/mol$$

Wir geben die Aktivierungsenergie nur auf zwei signifikante Stellen an, weil wir das Diagramm in Abbildung 14.17 nur mit eingeschränkter Genauigkeit lesen können.

(b) Um die Geschwindigkeitskonstante k_1 bei $T_1 = 430{,}0$ K zu bestimmen, können wir Gleichung 14.21 mit $E_a = 160$ kJ/mol wählen und eine der Geschwindigkeitskonstanten und Temperaturen aus den gegebenen Daten, wie $k_2 = 2{,}52 \times 10^{-5} \, s^{-1}$ und $T_2 = 462{,}9$ K, verwenden.

$$\ln\left(\frac{k_1}{2{,}52 \times 10^{-5} \, s^{-1}}\right) = \left(\frac{160 \, kJ/mol}{8{,}314 \, J/mol \cdot K}\right)\left(\frac{1}{462{,}9 \, K} - \frac{1}{430{,}0 \, K}\right) = -3{,}18$$

Damit

$$\frac{k_1}{2{,}52 \times 10^{-5} \, s^{-1}} = e^{-3{,}18} = 4{,}15 \times 10^{-2}$$

$$k_1 = (4{,}15 \times 10^{-2})(2{,}52 \times 10^{-5} \, s^{-1}) = 1{,}0 \times 10^{-6} \, s^{-1}$$

Beachten Sie, dass die Einheit von k_1 identisch mit der von k_2 ist.

ÜBUNGSAUFGABE

Berechnen Sie anhand von Übungsbeispiel 14.11 die Geschwindigkeitskonstante für die Umlagerung von Methylisonitril bei 280 °C.
Antwort: $2{,}2 \times 10^{-2} \, s^{-1}$.

Durch Vereinfachung dieser Gleichung und ihre Umstellung ergibt sich:

$$\ln \frac{k_1}{k_2} = \frac{E_a}{R}\left(\frac{1}{T_2} - \frac{1}{T_1}\right) \tag{14.21}$$

Aus Gleichung 14.21 läßt sich leicht die Geschwindigkeitskonstante k_1 bei der Temperatur T_1 berechnen, wenn wir die Aktivierungsenergie und die Geschwindigkeitskonstante k_2 bei der Temperatur T_2 kennen.

Reaktionsmechanismen   14.6

Eine ausgeglichene Gleichung für eine chemische Reaktion gibt die Substanzen an, die zu Beginn der Reaktion vorhanden sind, sowie die, die im Verlauf der Reaktion erzeugt werden. Sie enthält jedoch keine Informationen darüber, wie die Reaktion stattfindet. Die Art und Weise, in der eine Reaktion stattfindet, nennt man **Reaktionsmechanismus**. Auf anspruchsvollstem Niveau beschreibt ein Reaktionsmechanismus detailliert die Reihenfolge, in der Bindungen aufgebrochen und gebildet werden, sowie die Änderungen der Positionen der Atome zueinander im Verlauf der Reaktion. Wir werden mit einfacheren Beschreibungen beginnen und dabei die Art der Stöße näher betrachten, die zur Reaktion führen.

Elementarreaktionen

Wir haben gesehen, dass Reaktionen aufgrund von Stößen zwischen den reagierenden Molekülen stattfinden. Die Stöße zwischen den Molekülen des Methylisonitrils (CH_3NC) können zum Beispiel die Energie liefern, damit sich CH_3NC umlagern kann:

$$H_3C-N\equiv C| \longrightarrow \left[H_3C \cdots \overset{\overline{C}}{\underset{\underline{N}}{\|}} \right] \longrightarrow H_3C-C\equiv N|$$

Ähnlich scheint die Reaktion von NO und O_3 zur Bildung von NO_2 und O_2 aufgrund eines einzelnen Stoßes zu verlaufen, an dem geeignet orientierte und ausreichend energiereiche NO- und O_3-Moleküle beteiligt sind.

$$NO(g) + O_3(g) \longrightarrow NO_2(g) + O_2(g) \qquad (14.22)$$

Beide Vorgänge finden in einem einzelnen Ereignis oder Schritt statt und werden **Elementarreaktionen** (oder Elementarprozesse) genannt.

Die Zahl von Molekülen, die als Reaktanten an einer Elementarreaktion teilnehmen, definiert die **Molekularität** der Reaktion. Ist ein einziges Molekül beteiligt, ist die Reaktion **unimolekular**. Die Umlagerung von Methylisonitril ist ein unimolekularer Vorgang. Elementarreaktionen, die den Stoß von zwei Reaktantenmolekülen beinhalten, sind bimolekular. Die Reaktion zwischen NO und O_3 (Gleichung 14.22) ist **bimolekular**. Elementarreaktionen, die den gleichzeitigen Stoß von drei Molekülen beinhalten, sind **trimolekular**. Trimokulare Reaktionen sind viel weniger wahrscheinlich als unimolekulare oder bimolekulare Vorgänge und kommen selten vor. Die Möglichkeit, dass vier oder mehr Moleküle regelmäßig gegeneinander stoßen, ist noch unwahrscheinlicher. Daher werden solche Stöße als Teil eines Reaktionsmechanismus nie vorgeschlagen.

> **Biomolekulare Reaktionen**

> **? DENKEN SIE EINMAL NACH**
> Wie ist die Molekularität folgender Elementarreaktion?
> $NO(g) + Cl_2(g) \longrightarrow NOCl(g) + Cl(g)$

Mehrstufige Mechanismen

Die Umsetzung, die durch eine ausgeglichene chemische Gleichung ausgedrückt wird, erfolgt häufig über einen *mehrstufigen Mechanismus*, der aus einer Folge von Elementarreaktionen besteht. Betrachten wir zum Beispiel die Reaktion von NO_2 und CO:

$$NO_2(g) + CO(g) \longrightarrow NO(g) + CO_2(g) \qquad (14.23)$$

Unter 225 °C läuft diese Reaktion in zwei Elementarreaktionen (oder zwei *Elementarschritten*) ab, von denen jede bimolekular ist. Erstens stoßen zwei NO_2-Moleküle zusammen und ein Sauerstoffatom wird von einem zum anderen übertragen. Das entstandene NO_3 stößt dann zweitens mit einem CO-Molekül zusammen und überträgt ein Sauerstoffatom:

$$NO_2(g) + NO_2(g) \longrightarrow NO_3(g) + NO(g)$$
$$NO_3(g) + CO(g) \longrightarrow NO_2(g) + CO_2(g)$$

Daher sagen wir, dass die Reaktion über einen zweistufigen Mechanismus stattfindet. *Die chemischen Gleichungen für die Elementarreaktionen in einem mehrstufigen Mechanismus müssen sich immer so addieren, dass die chemische Gleichung des Gesamtvorgangs herauskommt.* Im vorliegenden Beispiel ist die Summe der zwei Elementarreaktionen:

$$2\ NO_2(g) + NO_3(g) + CO(g) \longrightarrow NO_2(g) + NO_3(g) + NO(g) + CO_2(g)$$

ÜBUNGSBEISPIEL 14.12 — Bestimmung der Molekularität und Identifizierung von Zwischenprodukten

Es wurde vorgeschlagen, dass die Umwandlung von Ozon in O_2 über einen zweistufigen Mechanismus abläuft:

$$O_3(g) \longrightarrow O_2(g) + O(g)$$
$$O_3(g) + O(g) \longrightarrow 2\ O_2(g)$$

(a) Beschreiben Sie die Molekularität jeder Elementarreaktion in diesem Mechanismus. **(b)** Schreiben Sie die Gleichung für die Gesamtreaktion. **(c)** Geben Sie die/das Zwischenprodukt(e) an.

Lösung

Analyse: Es wird ein zweistufiger Mechanismus vorgegeben und wir sollen (a) die Molekularitäten jeder der zwei Elementarreaktionen, (b) die Gleichung für den Gesamtvorgang und (c) das Zwischenprodukt angeben.

Vorgehen: Die Molekularität jeder Elementarreaktion hängt von der Zahl der Reaktantenmoleküle in der Gleichung für diese Reaktion ab. Die Gesamtgleichung ist die Summe der Gleichungen für die Elementarreaktionen. Das Zwischenprodukt ist eine Substanz, die in einem Schritt des Mechanismus gebildet und in einem anderen verbraucht wird und daher kein Teil der Gleichung für die Gesamtreaktion ist.

Lösung:

(a) Die erste Elementarreaktion beinhaltet einen einzelnen Reaktanten und ist daher unimolekular. Die zweite Reaktion, an der zwei Reaktantenmoleküle beteiligt sind, ist bimolekular.

(b) Addieren der zwei Elementarreaktionen ergibt:

$$2\ O_3(g) + O(g) \longrightarrow 3\ O_2(g) + O(g)$$

Weil $O(g)$ in gleichen Mengen auf beiden Seiten der Gleichung steht, kann es gestrichen werden, um die Nettogleichung für den chemischen Vorgang zu erhalten:

$$2\ O_3(g) \longrightarrow 3\ O_2(g)$$

(c) Das Zwischenprodukt ist $O(g)$. Es ist weder ein ursprünglicher Reaktant noch ein Endprodukt, sondern wird im ersten Schritt des Mechanismus gebildet und im zweiten verbraucht.

ÜBUNGSAUFGABE

Für die Reaktion

$$Mo(CO)_6 + P(CH_3)_3 \longrightarrow Mo(CO)_5P(CH_3)_3 + CO$$

ist der vorgeschlagene Mechanismus:

$$Mo(CO)_6 \longrightarrow Mo(CO)_5 + CO$$
$$Mo(CO)_5 + P(CH_3)_3 \longrightarrow Mo(CO)_5P(CH_3)_3$$

(a) Stimmt der vorgeschlagene Mechanismus mit der Gleichung für die Gesamtreaktion überein? **(b)** Was ist die Molekularität jedes Schritts des Mechanismus? **(c)** Geben Sie die/das Zwischenprodukt(e) an.

Antworten:

(a) Ja, die zwei Gleichungen addieren sich, um die Gleichung für die Reaktion zu ergeben. **(b)** Die erste Elementarreaktion ist unimolekular und die zweite ist bimolekular. **(c)** $Mo(CO)_5$.

Wenn wir diese Gleichung vereinfachen, indem wir Substanzen streichen, die auf beiden Seiten des Pfeils erscheinen, erhalten wir Gleichung 14.23, die Reaktionsgleichung für den Vorgang. Da NO_3 weder ein Reaktant noch ein Produkt in der Gesamtreaktion ist – es wird in einer Elementarreaktion gebildet und in der nächsten verbraucht – wird es **Zwischenprodukt** genannt. Mehrstufige Mechanismen beinhalten ein oder mehrere Zwischenprodukte.

Geschwindigkeitsgesetze für Elementarreaktionen

In Abschnitt 14.3 haben wir betont, dass Geschwindigkeitsgesetze experimentell bestimmt werden müssen. Sie können nicht aus den Koeffizienten ausgeglichener chemischer Gleichungen vorhergesagt werden. Wir sind jetzt in der Lage zu verstehen, warum dies so ist: Jede Reaktion besteht aus einem oder mehr Elementarschritten und die Geschwindigkeitsgesetze und Reaktionsgeschwindigkeiten dieser Schritte werden vom Gesamtgeschwindigkeitsgesetz bestimmt.

Das Geschwindigkeitsgesetz für eine Reaktion kann sogar aus ihrem Mechanismus ermittelt werden, wie wir in Kürze sehen werden. Damit besteht unsere nächste Herausforderung in der Kinetik darin, Reaktionsmechanismen zu finden, die zu Geschwindigkeitsgesetzen führen, die mit den experimentell beobachteten übereinstimmen. Wir werden beginnen, indem wir die Geschwindigkeitsgesetze von Elementarreaktionen untersuchen.

Elementarreaktionen sind auf sehr wichtige Weise von Bedeutung: *Wenn wir wissen, dass eine Reaktion eine Elementarreaktion ist, dann kennen wir ihr Geschwindigkeitsgesetz.* Das Geschwindigkeitsgesetz jeder Elementarreaktion basiert direkt auf seiner Molekularität. Sehen wir uns zum Beispiel den allgemeinen unimolekularen Vorgang an.

$$A \longrightarrow \text{Produkte}$$

Wenn die Zahl von A-Molekülen zunimmt, steigt die Zahl derer, die sich in einem bestimmten Zeitintervall zersetzen, proportional dazu. Damit ist das Geschwindigkeitsgesetz eines unimolekularen Vorgangs erster Ordnung.

$$\text{Reaktionsgeschwindigkeit} = k[A]$$

Im Fall bimolekularer Elementarschritte ist das Geschwindigkeitsgesetz zweiter Ordnung, wie im folgenden Beispiel:

$$A + B \longrightarrow \text{Produkte} \qquad \text{Reaktionsgeschwindigkeit} = k[A][B]$$

Das Geschwindigkeitsgesetz zweiter Ordnung folgt direkt aus der Stoßtheorie. Wenn wir die Konzentration von A verdoppeln, wird sich die Stoßzahl zwischen den Molekülen von A und B verdoppeln. Ebenso verdoppelt sich die Stoßzahl, wenn wir [B] verdoppeln. Daher ist das Geschwindigkeitsgesetz erster Ordnung bezüglich [A] und [B] und insgesamt zweiter Ordnung.

Tabelle 14.3 zeigt die Geschwindigkeitsgesetze für verschiedene mögliche Elementarreaktionen. Sie sehen, wie das Geschwindigkeitsgesetz für jede Art von Elementarreaktion direkt aus der Molekularität dieser Reaktion folgt. Es ist jedoch wichtig, sich daran zu erinnern, dass wir nicht einfach durch einen Blick auf eine ausgeglichene chemische Gleichung sagen können, ob die Reaktion einen oder mehrere Elementarschritte beinhaltet.

Tabelle 14.3
Elementarreaktionen und ihre Geschwindigkeitsgesetze

Molekularität	Elementarreaktion	Geschwindigkeitsgesetz
*Uni*molekular	A ⟶ Produkte	Reaktionsgeschwindigkeit = $k[A]$
*Bi*molekular	A + A ⟶ Produkte	Reaktionsgeschwindigkeit = $k[A]^2$
*Bi*molekular	A + B ⟶ Produkte	Reaktionsgeschwindigkeit = $k[A][B]$
*Tri*molekular	A + A + A ⟶ Produkte	Reaktionsgeschwindigkeit = $k[A]^3$
*Tri*molekular	A + A + B ⟶ Produkte	Reaktionsgeschwindigkeit = $k[A]^2[B]$
*Tri*molekular	A + B + C ⟶ Produkte	Reaktionsgeschwindigkeit = $k[A][B][C]$

ÜBUNGSBEISPIEL 14.13 — Vorhersage des Geschwindigkeitsgesetzes für eine Elementarreaktion

Sagen Sie das Geschwindigkeitsgesetz vorher, wenn die folgende Reaktion in einer einzelnen Elementarreaktion stattfindet:

$$H_2(g) + Br_2(g) \longrightarrow 2\,HBr(g)$$

Lösung

Analyse: Es wird die Reaktionsgleichung angegeben und wir sollen ihr Geschwindigkeitsgesetz finden, unter der Annahme, dass es ein Elementarvorgang ist.

Vorgehen: Weil wir annehmen, dass die Reaktion nur über eine Elementarreaktion stattfindet, können wir das Geschwindigkeitsgesetz über die Koeffizienten für die Reaktanten in der Gleichung als Reaktionsordnungen schreiben.

Lösung: Die Reaktion ist bimolekular und erfordert ein Molekül H_2 für jedes Molekül Br_2. Daher ist das Geschwindigkeitsgesetz erster Ordnung bezüglich Reaktanten und insgesamt zweiter Ordnung:

$$\text{Reaktionsgeschwindigkeit} = k[H_2][Br_2]$$

Anmerkung: Experimentelle Untersuchungen dieser Reaktion zeigen, dass die Reaktion in Wirklichkeit einem ganz anderen Geschwindigkeitsgesetz folgt:

$$\text{Reaktionsgeschwindigkeit} = k[H_2][Br_2]^{1/2}$$

Weil das experimentelle Geschwindigkeitsgesetz von dem Geschwindigkeitsgesetz abweicht, das wir erhalten haben, indem wir nur eine Elementarreaktion angenommen haben, können wir folgern, dass der Mechanismus zwei oder mehr Elementarschritte enthalten muss.

ÜBUNGSAUFGABE

Betrachten Sie die folgende Reaktion: $2\,NO(g) + Br_2(g) \longrightarrow 2\,NOBr(g)$. **(a)** Schreiben Sie das Geschwindigkeitsgesetz für die Reaktion und nehmen Sie an, dass es nur eine Elementarreaktion beinhaltet. **(b)** Ist ein einstufiger Mechanismus für diese Reaktion wahrscheinlich?

Antworten: (a) Reaktionsgeschwindigkeit = $k[NO]^2[Br_2]$; **(b)** nein, weil trimolekulare Reaktionen sehr selten sind.

Der geschwindigkeitsbestimmende Schritt für einen mehrstufigen Mechanismus

Wie bei der Reaktion in Übungsbeispiel 14.13 finden die meisten chemischen Reaktionen durch Mechanismen statt, die zwei oder mehr Elementarreaktionen beinhalten. Jeder dieser Schritte des Mechanismus hat seine eigene Geschwindigkeitskonstante und Aktivierungsenergie. Häufig ist einer der Schritte weitaus langsamer als der andere. Die Gesamtgeschwindigkeit einer Reaktion kann die Geschwindigkeit des langsamsten Elementarschritts nicht überschreiten. Da der langsamste Schritt die

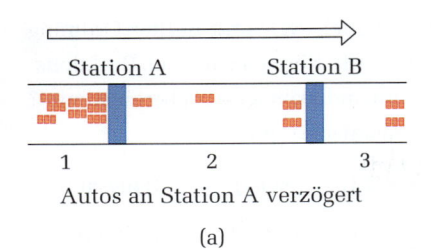

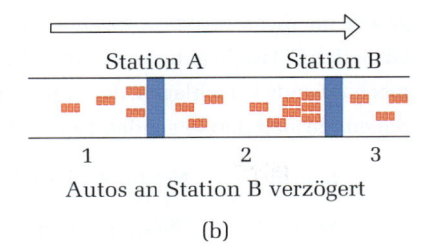

Abbildung 14.18: Geschwindigkeitsbestimmender Schritt. Der Verkehrsfluss auf einer Mautstraße veranschaulicht, wie ein geschwindigkeitsbestimmender Schritt die Reaktionsgeschwindigkeit beeinflusst. In (a) wird die Geschwindigkeit, mit der Autos Punkt 3 erreichen können, dadurch begrenzt, wie schnell sie durch die Mautstelle A gelangen können. In diesem Fall ist das Fahren von Punkt 1 zu Punkt 2 der geschwindigkeitsbestimmende Schritt. In (b) ist das Fahren von Punkt 2 zu Punkt 3 der geschwindigkeitsbestimmende Schritt.

Gesamtreaktionsgeschwindigkeit begrenzt, wird er **geschwindigkeitsbestimmender Schritt** (oder *geschwindigkeitsbegrenzender Schritt*) genannt.

Um das Konzept des geschwindigkeitsbestimmenden Schritts zu verstehen, sehen Sie sich eine Mautstraße mit zwei Mautstellen an (▶ Abbildung 14.18). Wir werden die Geschwindigkeit messen, mit der Autos die Mautstraße verlassen. Autos, die an Punkt 1 auf die Mautstraße auffahren, fahren durch Mautstelle A. Sie fahren dann durch einen Zwischenpunkt 2, bevor sie durch Mautstelle B fahren. Beim Verlassen fahren sie an Punkt 3 vorbei. Wir können uns daher diese Fahrt über die Mautstraße so vorstellen, also ob zwei Elementarschritte stattfänden:

Schritt 1: Punkt 1 ⟶ Punkt 2   (durch Mautstelle A)
Schritt 2: Punkt 2 ⟶ Punkt 3   (durch Mautstelle B)
_____
Gesamt: Punkt 1 ⟶ Punkt 3   (durch Mautstelle A und B)

Nehmen Sie jetzt an, dass mehrere Tore an Mautstelle A nicht funktionieren, so dass der Verkehr sich davor staut (Abbildung 14.18 a). Die Geschwindigkeit, mit der Autos zu Punkt 3 gelangen können, wird durch die Geschwindigkeit begrenzt, mit der sie durch den Verkehrsstau an Mautstelle A gelangen können. Daher ist Schritt 1 der geschwindigkeitsbestimmende Schritt der Fahrt über die Mautstraße. Wenn der Verkehr jedoch schnell durch Mautstelle A fließt und dann an Mautstelle B (Abbildung 14.18 b) aufgehalten wird, stauen sich die Autos im Bereich zwischen den Mautstellen. In diesem Fall ist Schritt 2 geschwindigkeitsbestimmend: Die Geschwindigkeit, mit der Autos über die Mautstraße fahren können, wird durch die Geschwindigkeit begrenzt, mit der sie durch Mautstelle B fahren können.

Auf gleiche Weise *begrenzt der langsamste Schritt in einer mehrstufigen Reaktion die Gesamtgeschwindigkeit*. Analog zu Abbildung 14.18 a erhöht die Geschwindigkeit eines schnelleren Schritts, der dem geschwindigkeitsbestimmenden Schritt folgt, nicht die Gesamtgeschwindigkeit. Wenn der langsame Schritt nicht der erste ist, wie in Abbildung 14.18 b, erzeugen die schnelleren vorangehenden Schritte Zwischenprodukte, die sich aufstauen, bevor sie im langsamen Schritt verbraucht werden. In beiden Fällen *bestimmt der geschwindigkeitsbestimmende Schritt das Geschwindigkeitsgesetz für die Gesamtreaktion*.

> **? DENKEN SIE EINMAL NACH**
>
> Warum kann das Geschwindigkeitsgesetz für eine Reaktion in der Regel nicht aus der ausgeglichenen Gleichung für die Reaktion abgeleitet werden?

Mechanismen mit langsamem ersten Schritt

Die Beziehung zwischen dem langsamen Schritt in einem Mechanismus und dem Geschwindigkeitsgesetz für die Gesamtreaktion lässt sich am einfachsten sehen, wenn wir uns ein Beispiel ansehen, in dem der erste Schritt in einem mehrstufigen Mechanismus der langsame, geschwindigkeitsbestimmende Schritt ist. Betrachten Sie zum Beispiel die Reaktion von NO_2 und CO zur Erzeugung von NO und CO_2 (▶ Gleichung 14.23). Unter 225 °C wird experimentell ermittelt, dass das Geschwindigkeitsgesetz für diese Reaktion zweiter Ordnung bezüglich NO_2 und nullter Ordnung bezüglich CO ist: Reaktionsgeschwindigkeit = $k[NO_2]^2$. Können wir einen Reaktionsmechanismus vorschlagen, der mit diesem Geschwindigkeitsgesetz übereinstimmt? Sehen Sie sich den folgenden zweistufigen Mechanismus an:*

Schritt 1: $NO_2(g) + NO_2(g) \xrightarrow{k_1} NO_3(g) + NO(g)$ (langsam)

Schritt 2: $NO_3(g) + CO(g) \xrightarrow{k_2} NO_2(g) + CO_2(g)$ (schnell)

Gesamt: $NO_2(g) + CO(g) \longrightarrow NO(g) + CO_2(g)$

Schritt 2 ist viel schneller als Schritt 1, das heißt $k_2 \gg k_1$. Das Zwischenprodukt $NO_3(g)$ wird in Schritt 1 langsam erzeugt und in Schritt 2 sofort verbraucht.

Weil Schritt 1 langsam und Schritt 2 schnell ist, ist Schritt 1 geschwindigkeitsbestimmend. Daher ist die Geschwindigkeit der Gesamtreaktion gleich der Geschwindigkeit von Schritt 1 und das Geschwindigkeitsgesetz der Gesamtreaktion ist gleich dem Geschwindigkeitsgesetz von Schritt 1. Schritt 1 ist ein bimolekularer Vorgang, der dem folgenden Geschwindigkeitsgesetz gehorcht:

$$\text{Reaktionsgeschwindigkeit} = k_1[NO_2]^2$$

Somit stimmt das Geschwindigkeitsgesetz, das mit diesem Mechanismus vorhergesagt wird, mit dem experimentell beobachteten überein.

Könnten wir einen einstufigen Mechanismus für die vorausgehende Reaktion vorschlagen? Wir könnten annehmen, dass die Gesamtreaktion auf einem einzelnen bimolekularen Elementarvorgang beruht, der den Stoß eines Moleküls von NO_2 mit einem von CO beinhaltet. Das Geschwindigkeitsgesetz, das von diesem Mechanismus vorhergesagt wird, wäre jedoch:

$$\text{Reaktionsgeschwindigkeit} = k[NO_2][CO]$$

Da dieser Mechanismus ein Geschwindigkeitsgesetz vorhersagt, das sich von dem experimentell beobachteten unterscheidet, können wir ihn ausschließen.

---

* Der tiefstehende Index an der Geschwindigkeitskonstante kennzeichnet den beteiligten Elementarschritt. Daher ist k_1 die Geschwindigkeitskonstante für Schritt 1, k_2 ist die Geschwindigkeitskonstante für Schritt 2 und so weiter. Ein negativer tiefstehender Index bezieht sich auf die Geschwindigkeitskonstante für die Umkehrung eines Elementarschritts. k_{-1} ist zum Beispiel die Geschwindigkeitskonstante für die Umkehrung des ersten Schritts.

ÜBUNGSBEISPIEL 14.14   **Bestimmung des Geschwindigkeitsgesetzes für einen mehrstufigen Mechanismus**

Man geht davon aus, dass die Zersetzung von Distickstoffmonoxid N_2O über einen zweistufigen Mechanismus abläuft.

$N_2O(g) \longrightarrow N_2(g) + O(g)$ (langsam)
$N_2O(g) + O(g) \longrightarrow N_2(g) + O_2(g)$ (schnell)

(a) Schreiben Sie die Gleichung für die Gesamtreaktion. **(b)** Schreiben Sie das Geschwindigkeitsgesetz für die Gesamtreaktion.

Lösung

Analyse: Es wird ein mehrstufiger Mechanismus mit den Reaktionsgeschwindigkeiten der Schritte vorgegeben und wir sollen die Gesamtreaktion und das Geschwindigkeitsgesetz für diese Gesamtreaktion schreiben.

Vorgehen:
(a) Die Gesamtreaktion wird gefunden, indem man die Elementarschritte addiert und die Zwischenprodukte streicht. **(b)** Das Geschwindigkeitsgesetz für die Gesamtreaktion wird das des langsamen, geschwindigkeitsbestimmenden Schritts sein.

Lösung:

(a) Addieren der zwei Elementarreaktionen ergibt:

$$2\,N_2O(g) + O(g) \longrightarrow 2\,N_2(g) + O_2(g) + O(g)$$

Wenn wir das Zwischenprodukt O(g) auslassen, das auf beiden Seiten der Gleichung auftritt, erhalten wir die Gesamtreaktion:

$$2\,N_2O(g) \longrightarrow 2\,N_2(g) + O_2(g)$$

(b) Das Geschwindigkeitsgesetz für die Gesamtreaktion ist einfach das Geschwindigkeitsgesetz für die langsame, geschwindigkeitsbestimmende Elementarreaktion. Weil dieser langsame Schritt eine unimolekulare Elementarreaktion ist, ist das Geschwindigkeitsgesetz erster Ordnung:

$$\text{Reaktionsgeschwindigkeit} = k\,[N_2O]$$

ÜBUNGSAUFGABE

Ozon reagiert mit Stickstoffdioxid unter Bildung von Distickstoffpentoxid und Sauerstoff:

$$O_3(g) + 2\,NO_2(g) \longrightarrow N_2O_5(g) + O_2(g)$$

Es wird angenommen, dass die Reaktion in zwei Schritten abläuft:

$$O_3(g) + NO_2(g) \longrightarrow NO_3(g) + O_2(g)$$
$$NO_3(g) + NO_2(g) \longrightarrow N_2O_5(g)$$

Das experimentelle Geschwindigkeitsgesetz lautet Reaktionsgeschwindigkeit = $k\,[O_3]\,[NO_2]$: Was können Sie über die Reaktionsgeschwindigkeiten der zwei Schritte des Mechanismus sagen?

Antwort: Weil das Geschwindigkeitsgesetz der Molekularität des ersten Schritts entspricht, muss dies der geschwindigkeitsbestimmende Schritt sein. Der zweite Schritt muss viel schneller als der erste sein.

Mechanismen mit schnellem ersten Schritt

Es ist schwierig, das Geschwindigkeitsgesetz für einen Mechanismus abzuleiten, in dem ein Zwischenprodukt ein Reaktant im geschwindigkeitsbestimmenden Schritt ist. Diese Situation entsteht in mehrstufigen Mechanismen, wenn der erste Schritt *nicht* geschwindigkeitsbestimmend ist. Sehen wir uns ein Beispiel an: die Gasphasenreaktion von Stickstoffmonoxid (NO) mit Brom (Br_2).

$$2\,NO(g) + Br_2(g) \longrightarrow 2\,NOBr(g) \qquad (14.24)$$

Das experimentell bestimmte Geschwindigkeitsgesetz für diese Reaktion ist zweiter Ordnung bezüglich NO und erster Ordnung bezüglich Br_2:

$$\text{Reaktionsgeschwindigkeit} = k\,[NO]^2\,[Br_2] \qquad (14.25)$$

Wir suchen einen Reaktionsmechanismus, der mit diesem Geschwindigkeitsgesetz übereinstimmt. Eine Möglichkeit ist, dass die Reaktion über einen einzelnen trimolekularen Schritt abläuft:

$$NO(g) + NO(g) + Br_2(g) \longrightarrow 2\,NOBr(g)$$
$$\text{Reaktionsgeschwindigkeit} = k\,[NO]^2\,[Br_2] \qquad (14.26)$$

Wie wir in Übungsaufgabe 14.13 gesehen haben, scheint dies nicht wahrscheinlich zu sein, weil trimolekulare Vorgänge so selten sind.

Schauen wir uns einen alternativen Mechanismus an, der keine trimolekularen Schritte beinhaltet:

Schritt 1: $NO(g) + Br_2(g) \underset{k_{-1}}{\overset{k_1}{\rightleftharpoons}} NOBr_2(g)$ (schnell)

Schritt 2: $NOBr_2(g) + NO(g) \overset{k_2}{\longrightarrow} 2\,NOBr(g)$ (langsam)

In diesem Mechanismus beinhaltet Schritt 1 eigentlich zwei Vorgänge: eine Hinreaktion und die Rückreaktion.

Weil Schritt 2 der langsame, geschwindigkeitsbestimmende Schritt ist, wird die Geschwindigkeit der Gesamtreaktion durch das Geschwindigkeitsgesetz für diesen Schritt bestimmt:

$$\text{Reaktionsgeschwindigkeit} = k\,[\text{NOBr}_2]\,[\text{NO}] \qquad (14.27)$$

NOBr$_2$ ist jedoch ein Zwischenprodukt, das in Schritt 1 erzeugt wurde. Zwischenprodukte sind gewöhnlich unstabile Moleküle, die eine niedrige, unbekannte Konzentration haben. Damit hängt unser Geschwindigkeitsgesetz von der unbekannten Konzentration eines Zwischenprodukts ab.

Glücklicherweise können wir mithilfe einiger Annahmen die Konzentration des Zwischenprodukts (NOBr$_2$) durch die Konzentrationen der Ausgangsreaktanten (NO und Br$_2$) ausdrücken. Wir nehmen als Erstes an, dass NOBr$_2$ an sich instabil ist und dass es sich nicht in bedeutendem Ausmaß im Reaktionsgemisch ansammelt. Es gibt zwei Wege, über die NOBr$_2$ nach der Bildung verbraucht werden kann: Es kann entweder mit NO reagieren, um NOBr zu bilden, oder wieder zu NO und Br$_2$ zerfallen. Die erste dieser Möglichkeiten ist Schritt 2, ein langsamer Vorgang. Der zweite ist die Umkehrung von Schritt 1, ein unimolekularer Vorgang:

$$\text{NOBr}_2(g) \xrightarrow{k_{-1}} \text{NO}(g) + \text{Br}_2(g) \qquad (14.28)$$

Weil Schritt 2 langsam ist, nehmen wir an, dass das meiste NOBr$_2$ gemäß ▶ Gleichung 14.28 auseinander fällt. Damit finden sowohl die Hin- als auch die Rückreaktion von Schritt 1 viel schneller als Schritt 2 statt. Weil sie schneller als die Reaktion in Schritt 2 ablaufen, befinden sich die Hin- und Rückreaktion von Schritt 1 in einem dynamischen Gleichgewicht. Wir haben Beispiele eines dynamischen Gleichgewichts bereits zuvor gesehen, in dem Gleichgewicht zwischen einer Flüssigkeit und ihrem Gas (siehe Abschnitt 11.5) und zwischen einem festen Stoff und seiner Lösung (siehe Abschnitt 13.3). Wie bei jedem dynamischen Gleichgewicht sind die Geschwindigkeiten der Hin- und Rückreaktion gleich. Daher können wir den Geschwindigkeitsausdruck für die Hinreaktion in Schritt 1 mit dem Geschwindigkeitsausdruck für die Rückreaktion gleichsetzen:

$$\underbrace{k_1[\text{NO}][\text{Br}_2]}_{\text{Geschwindigkeit der Hinreaktion}} = \underbrace{k_{-1}[\text{NOBr}_2]}_{\text{Geschwindigkeit der Rückreaktion}}$$

Wenn wir nach [NOBr$_2$] auflösen, haben wir:

$$[\text{NOBr}_2] = \frac{k_1}{k_{-1}}[\text{NO}][\text{Br}_2]$$

Wir setzen diese Beziehung in das Geschwindigkeitsgesetz für den geschwindigkeitsbestimmenden Schritt (Gleichung 14.27) ein und haben:

$$\text{Geschwindigkeit} = k_2\frac{k_1}{k_{-1}}[\text{NO}][\text{Br}_2][\text{NO}] = k[\text{NO}]^2[\text{Br}_2]$$

Dies stimmt mit dem experimentellen Geschwindigkeitsgesetz überein (▶ Gleichung 14.25). Die experimentelle Geschwindigkeitskonstante k ist gleich $k_2 k_1/k_{-1}$. Dieser Mechanismus, der nur unimolekulare und bimolekulare Vorgänge beinhaltet, ist weit wahrscheinlicher als der einzelne trimolekulare Schritt (▶ Gleichung 14.26).

In der Regel *können wir jedes Mal, wenn ein schneller Schritt einem langsamen vorangeht nach der Konzentration eines Zwischenprodukts auflösen, indem wir annehmen, dass im schnellen Schritt ein Gleichgewicht herrscht.*

ÜBUNGSBEISPIEL 14.15 — Ableitung des Geschwindigkeitsgesetzes für einen Mechanismus mit schnellem ersten Schritt

Zeigen Sie, dass der folgende Mechanismus für ▶Gleichung 14.24 ebenfalls ein Geschwindigkeitsgesetz liefert, das mit dem experimentell beobachteten übereinstimmt:

$$\text{Schritt 1:} \quad NO(g) + NO(g) \underset{k_{-1}}{\overset{k_1}{\rightleftharpoons}} N_2O_2(g) \quad \text{(schnell, im Gleichgewicht)}$$

$$\text{Schritt 2:} \quad N_2O_2(g) + Br_2(g) \overset{k_2}{\longrightarrow} 2\,NOBr(g) \quad \text{(langsam)}$$

Lösung

Analyse: Es wird ein Mechanismus mit einem schnellen ersten Schritt vorgegeben und wir sollen das Geschwindigkeitsgesetz für die Gesamtreaktion schreiben.

Vorgehen: Das Geschwindigkeitsgesetz des langsamen Elementarschritts in einem Reaktionsmechanismus bestimmt das Geschwindigkeitsgesetz für die Gesamtreaktion. Daher schreiben wir als erstes das Geschwindigkeitsgesetz basierend auf der Molekularität des langsamen Schritts. In diesem Fall beinhaltet der langsame Schritt das Zwischenprodukt N_2O_2 als einen Reaktanten. Experimentelle Geschwindigkeitsgesetze enthalten jedoch nicht die Konzentrationen von Zwischenprodukten, sondern werden durch die Konzentrationen von Ausgangssubstanzen ausgedrückt. Daher müssen wir die Konzentration von N_2O_2 mit der Konzentration von NO in Beziehung setzen, indem wir annehmen, dass im ersten Schritt ein Gleichgewicht herrscht.

Lösung: Der zweite Schritt ist geschwindigkeitsbestimmend, daher ist die Gesamtgeschwindigkeit:

$$\text{Reaktionsgeschwindigkeit} = k_2[N_2O_2][Br_2]$$

Wir lösen nach der Konzentration des Zwischenprodukts N_2O_2 auf, indem wir annehmen, dass in Schritt 1 ein Gleichgewicht herrscht. Damit sind die Geschwindigkeiten der Hin- und Rückreaktion in Schritt 1 gleich:

$$k_1[NO]^2 = k_{-1}[N_2O_2]$$

$$[N_2O_2] = \frac{k_1}{k_{-1}}[NO]^2$$

Wenn wir diesen Ausdruck in den Geschwindigkeitsausdruck einsetzen, erhalten wir:

$$\text{Reaktionsgeschwindigkeit} = k_2\frac{k_1}{k_{-1}}[NO]^2[Br_2] = k[NO]^2[Br_2]$$

Damit ergibt auch dieser Mechanismus ein Geschwindigkeitsgesetz, das mit dem experimentellen übereinstimmt.

ÜBUNGSAUFGABE

Der erste Schritt eines Mechanismus bei einer Reaktion von Brom ist

$$Br_2(g) \underset{k_{-1}}{\overset{k_1}{\rightleftharpoons}} 2\,Br(g) \quad \text{(schnell, im Gleichgewicht)}$$

Wie lautet der Ausdruck, der die Konzentration von Br(g) mit dem von $Br_2(g)$ in Beziehung setzt?

Antwort: $[Br] = \left(\frac{k_1}{k_{-1}}[Br_2]\right)^{1/2}$.

Katalyse 14.7

Ein **Katalysator** ist eine Substanz, die die Geschwindigkeit einer chemischen Reaktion erhöht, ohne in diesem Prozess selbst eine dauerhafte chemische Veränderung zu durchlaufen. Katalysatoren sind sehr häufig. Die meisten Reaktionen im Körper, in der Atmosphäre und im Meer finden mithilfe von Katalysatoren statt. Der Suche nach neuen und effektiveren Katalysatoren für Reaktionen von gewerblicher Bedeutung wird viel industrielle chemische Forschung gewidmet. Umfassende Forschungsbemühungen werden ebenfalls der Suche nach Möglichkeiten gewidmet, bestimmte Kata-

14 Chemische Kinetik

Katalyse

lysatoren zu hemmen oder zu entfernen, die unerwünschte Reaktionen hervorrufen, wie solche, die Metalle rosten, unsere Körper altern lassen oder Zahnfäule hervorrufen.

Homogene Katalyse

Ein Katalysator, der in der gleichen Phase wie die reagierenden Moleküle vorliegt, wird **homogener Katalysator** genannt. Es gibt unzählige Beispiele in Lösung und in der Gasphase. Betrachten wir zum Beispiel die Zersetzung von wässrigem Wasserstoffperoxid, $H_2O_2(aq)$ zu Wasser und Sauerstoff:

$$2\ H_2O_2(aq) \longrightarrow 2\ H_2O(l) + O_2(g) \qquad (14.29)$$

Ohne Vorliegen eines Katalysators findet diese Reaktion extrem langsam statt.

Viele verschiedene Substanzen können die Reaktion katalysieren, die ▶Gleichung 14.29 darstellt, darunter das Bromidion, $Br^-(aq)$, wie ▶Abbildung 14.19 zeigt. Das Bromidion reagiert mit Wasserstoffperoxid in saurer Lösung und bildet wässriges Brom und Wasser:

$$2\ Br^-(aq) + H_2O_2(aq) + 2\ H^+ \longrightarrow Br_2(aq) + 2\ H_2O(l) \qquad (14.30)$$

HOMOGENE KATALYSE

Ein Katalysator, der in der gleichen Phase wie die reagierenden Moleküle vorliegt, ist ein homogener Katalysator.

Ohne Vorliegen eines Katalysators zersetzt sich $H_2O_2(aq)$ sehr langsam.

Kurz nach Zugabe einer kleinen Menge NaBr zu $H_2O_2(aq)$ wird die Lösung braun, weil Br_2 erzeugt wird (Gleichung 14.30). Die Bildung von Br_2 führt zu schneller Entwicklung von O_2 gemäß Gleichung 14.31.

Nachdem sich das gesamte H_2O_2 zersetzt hat, bleibt eine farblose Lösung aus $NaBr(aq)$ übrig. Damit hat NaBr die Reaktion katalysiert, da es während der Reaktion nicht verbraucht wurde.

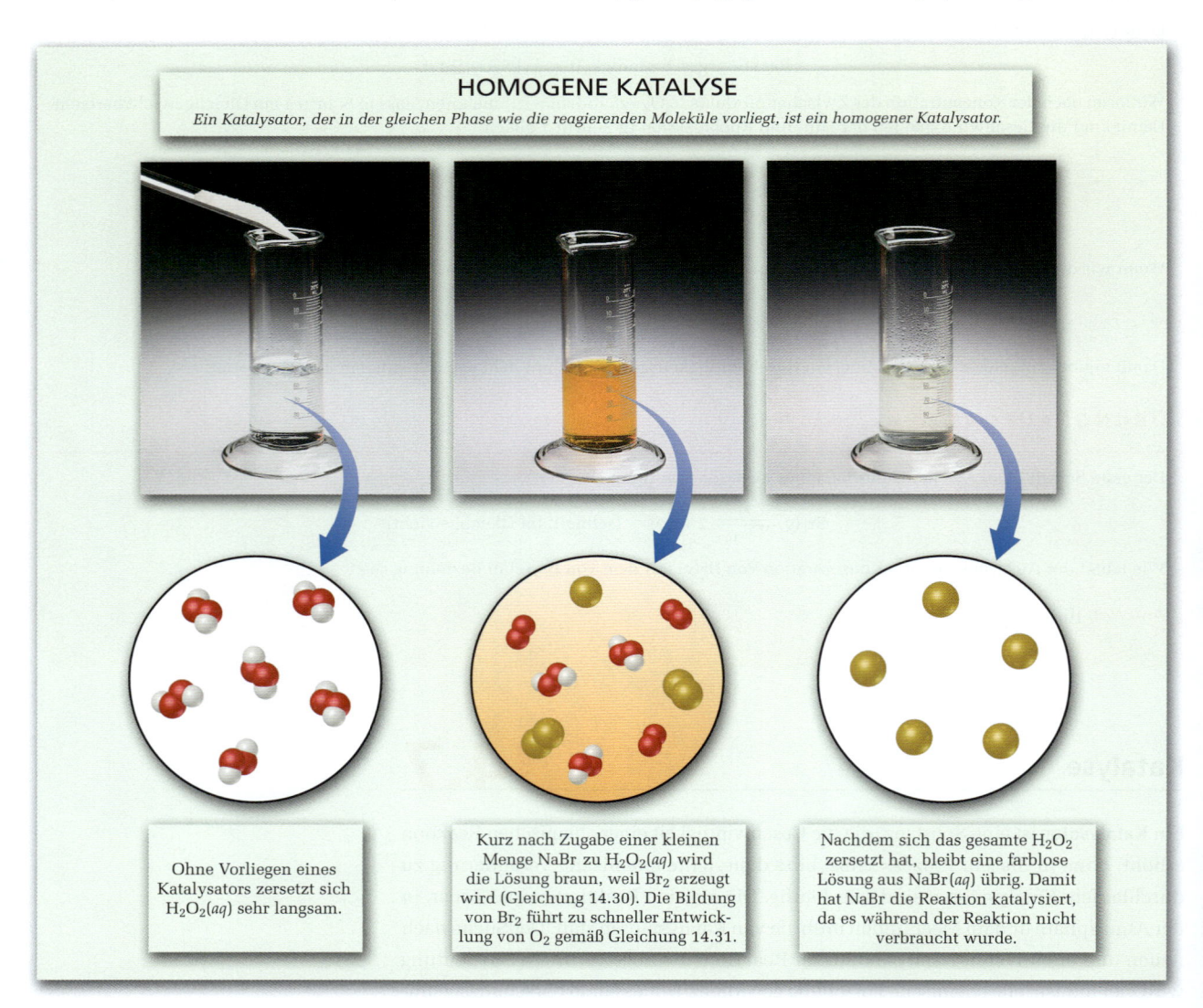

Abbildung 14.19: Wirkung eines Katalysators (H_2O-Moleküle und Na^+-Ionen wurden in der Darstellung der Übersichtlichkeit wegen weggelassen).

Die braune Farbe, die im mittleren Foto von Abbildung 14.19 beobachtet werden kann, zeigt die Bildung von $Br_2(aq)$ an. Wenn dies die vollständige Reaktion wäre, würde das Bromidion kein Katalysator sein, weil es während der Reaktion eine chemische Änderung durchläuft. Wasserstoffperoxid reagiert jedoch auch mit dem $Br_2(aq)$, das in ▶ Gleichung 14.30 erzeugt wurde:

$$Br_2(aq) + H_2O_2(aq) \longrightarrow 2\ Br^-(aq) + 2\ H^+(aq) + O_2(g) \qquad (14.31)$$

Die Blasenbildung, die wir in Abbildung 14.19 b sehen, geschieht durch Bildung von $O_2(g)$.

Die Summe von Gleichungen ▶ 14.30 und ▶ 14.31 ist genau Gleichung 14.29:

$$2\ H_2O_2(aq) \longrightarrow 2\ H_2O(l) + O_2(g)$$

Wenn H_2O_2 vollkommen zersetzt wurde, bleibt eine farblose Lösung aus $Br^-(aq)$ übrig, wie im Foto auf der rechten Seite von Abbildung 14.19 zu sehen ist. Das Bromidion ist daher tatsächlich ein Katalysator für diese Reaktion, weil es die Gesamtreaktion beschleunigt, ohne selbst eine Nettoänderung zu durchlaufen. Br_2 ist dagegen ein Zwischenprodukt, weil es zuerst gebildet (Gleichung 14.30) und dann verbraucht wird (Gleichung 14.31). Weder der Katalysator noch das Zwischenprodukt erscheinen in der chemischen Gleichung für die Gesamtreaktion. Sie sehen jedoch, dass der Katalysator zu Beginn der Reaktion vorhanden ist, während das Zwischenprodukt im Verlauf der Reaktion gebildet wird.

Auf Grundlage der Arrhenius-Gleichung (Gleichung 14.19) wird die Geschwindigkeitskonstante (k) durch die Aktivierungsenergie (E_a) und den Frequenzfaktor (A) bestimmt. Ein Katalysator kann die Geschwindigkeit der Reaktion beeinflussen, indem er den Wert von E_a oder A ändert. Die dramatischsten katalytischen Wirkungen beruhen auf der Senkung von E_a. Als allgemeine Regel *senkt ein Katalysator die Gesamtaktivierungsenergie einer chemischen Reaktion*.

Ein Katalysator senkt die Gesamtaktivierungsenergie einer Reaktion gewöhnlich, indem er einen vollkommen anderen Mechanismus für die Reaktion ermöglicht. Die zuvor gegebenen Beispiele umfassen eine reversible, zyklische Reaktion des Katalysators mit den Reaktanten. Bei der Zersetzung von Wasserstoffperoxid finden zum Beispiel zwei aufeinander folgende Reaktionen von H_2O_2 mit Bromid und dann Brom statt. Weil diese zwei Reaktionen zusammen als katalytischer Weg für die Zersetzung von Wasserstoffperoxid dienen, müssen *beide* erheblich niedrigere Aktivierungsenergien als die unkatalysierte Zersetzung haben, wie ▶ Abbildung 14.20 schematisch zeigt.

> **? DENKEN SIE EINMAL NACH**
>
> Wie erhöht ein Katalysator die Geschwindigkeit einer Reaktion?

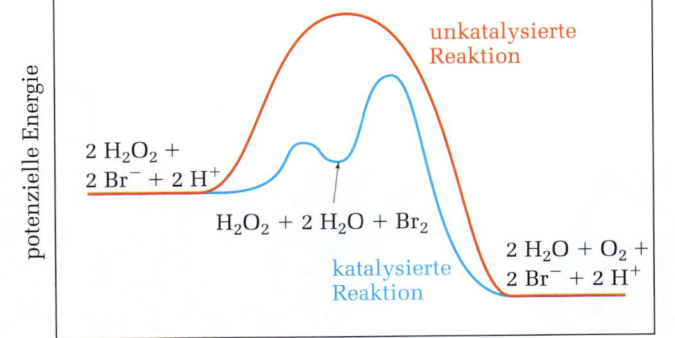

Abbildung 14.20: Energieprofile für unkatalysierte und katalysierte Reaktionen. Die Energieprofile für die unkatalysierte Zersetzung von Wasserstoffperoxid und für die durch Br^- katalysierte Reaktion werden verglichen. Die katalysierte Reaktion beinhaltet zwei aufeinander folgende Schritte, von denen jeder eine niedrigere Aktivierungsenergie als die unkatalysierte Reaktion hat. Beachten Sie, dass die Energien von Reaktanten und Produkten vom Katalysator unverändert bleiben.

14 Chemische Kinetik

Heterogene Katalyse

Ein **heterogener Katalysator** liegt in einer anderen Phase als die Reaktantenmoleküle vor, gewöhnlich als Festkörper in Kontakt mit gasförmigen Reaktanten oder mit Reaktanten in einer flüssigen Lösung. Viele industriell wichtige Reaktionen werden durch die Oberflächen von Festkörpern katalysiert. Kohlenwasserstoffmoleküle werden zum Beispiel mit der Hilfe so genannter „Cracking"-Katalysatoren isomerisiert, um Benzin herzustellen. Heterogene Katalysatoren bestehen häufig aus Metallen oder Metalloxiden. Weil die katalysierte Reaktion an der Oberfläche stattfindet, werden häufig spezielle Verfahren verwendet, um Katalysatoren mit sehr großen Oberflächenbereichen herzustellen.

Der erste Schritt in der heterogenen Katalyse ist gewöhnlich die **Adsorption** der Reaktanten. *Adsorption* bezieht sich auf die Bindung von Molekülen an eine Oberfläche (siehe Abschnitt 13.6). Adsorption findet statt, weil die Atome oder Ionen an der Oberfläche eines Festkörpers äußerst reaktiv sind. Im Gegensatz zu ihren Gegenstücken im Inneren der Substanz haben Oberflächenatome und -ionen ungenutzte Bindungskapazität. Diese unbenutzte Bindungsfähigkeit kann zur Bindung von Molekülen aus der Gas- oder Lösungsphase an die Oberfläche eines Festkörpers verwendet werden.

Die Reaktion von Wasserstoffgas mit Ethylengas zur Bildung von Ethangas bietet ein Beispiel für heterogene Katalyse:

$$\underset{\text{Ethylen}}{C_2H_4(g)} + H_2(g) \longrightarrow \underset{\text{Ethan}}{C_2H_6(g)} \qquad \Delta H° = -137 \text{ kJ/mol} \qquad (14.32)$$

Obwohl diese Reaktion exotherm ist, findet sie ohne die Anwesenheit eines Katalysators sehr langsam statt. In Gegenwart eines feinteiligen Metallpulvers wie Nickel, Palladium oder Platin läuft die Reaktion jedoch ziemlich leicht bei Zimmertemperatur ab. Der Mechanismus, über den die Reaktion verläuft, ist in ▶ Abbildung 14.21 zu sehen. Sowohl Ethylen als auch Wasserstoff werden an der Metalloberfläche adsor-

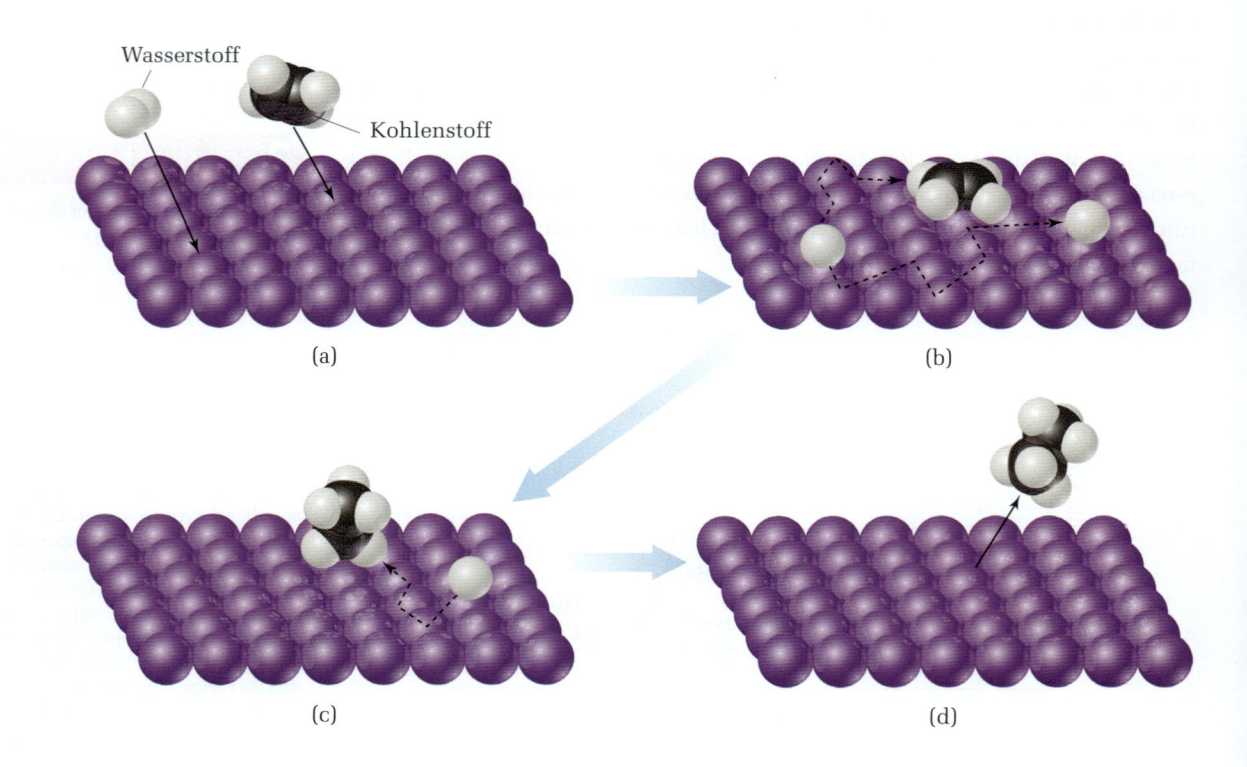

Oberflächenreaktion

Abbildung 14.21: Mechanismus für die Reaktion von Ethylen mit Wasserstoff an einer Katalysatoroberfläche. (a) Der Wasserstoff und das Ethylen werden an der Metalloberfläche adsorbiert. (b) Die H—H-Bindung wird gelöst, um adsorbierte Wasserstoffatome zu erhalten. (c) Diese wandern zum adsorbierten Ethylen und binden sich an die Kohlenstoffatome. (d) Wenn sich C—H-Bindungen bilden, nimmt die Adsorption des Moleküls an die Metalloberfläche ab und Ethan wird freigesetzt.

biert (Abbildung 14.21 a). Bei Adsorption bricht die H—H-Bindung von H_2 auf und hinterlässt zwei H-Atome, die an die Metalloberfläche gebunden sind, wie Abbildung 14.21 b zeigt. Die Wasserstoffatome sind auf der Oberfläche ziemlich frei beweglich. Wenn ein Wasserstoffatom auf ein adsorbiertes Ethylenmolekül trifft, kann es eine σ-Bindung mit einem der Kohlenstoffatome eingehen und zerstört damit die C—C π-Bindung. Somit bleibt eine *Ethylgruppe* (C_2H_5) zurück, die über eine Metall–Kohlenstoff σ-Bindung an die Oberfläche gebunden ist (Abbildung 14.21 c). Diese σ-Bindung ist relativ schwach, wenn daher das andere Kohlenstoffatom ebenfalls auf ein Wasserstoffatom trifft, wird eine sechste C—H σ-Bindung sehr leicht gebildet und ein Ethanmolekül von der Metalloberfläche freigesetzt (Abbildung 14.21 d). Die Stelle ist bereit, ein weiteres Ethylenmolekül zu adsorbieren und damit den Kreis erneut zu beginnen.

Chemie im Einsatz — Abgaskatalysatoren

Die heterogene Katalyse spielt eine wichtige Rolle im Kampf gegen die Luftverschmutzung in Städten. Zwei Bestandteile von Automobilabgasen, die helfen, fotochemischen Smog zu bilden, sind Stickstoffoxide und unverbrannte Kohlenwasserstoffe verschiedener Arten (siehe Abschnitt 18.4). Zusätzlich können Automobilabgase beträchtliche Mengen von Kohlenmonoxid enthalten. Selbst mit größter Sorgfalt bei der Motorkonstruktion ist es unter normalen Fahrbedingungen unmöglich, die Menge dieser Schadstoffe auf ein akzeptables Niveau in den Abgasen zu senken. Daher müssen sie aus dem Abgas entfernt werden, bevor sie in die Luft ausgestoßen werden. Diese Entfernung erfolgt im *Abgaskatalysator*, kurz Katalysator genannt.

Dieser Katalysator, der Teil der Auspuffanlage ist, muss zwei verschiedene Funktionen erfüllen: (1) Oxidation von CO und unverbrannten Kohlenwasserstoffen (C_xH_y) zu Kohlendioxid und Wasser und (2) Reduktion von Stickstoffoxiden zu Stickstoffgas.

$$CO, C_xH_y \xrightarrow{O_2} CO_2 + H_2O$$
$$NO, NO_2 \longrightarrow N_2$$

Diese zwei Funktionen erfordern zwei völlig unterschiedliche Katalysatoren, daher ist die Entwicklung eines erfolgreichen Katalysatorsystems eine schwierige Aufgabe. Die Katalysatoren müssen über einen weiten Bereich von Betriebstemperaturen arbeiten. Sie müssen weiterhin wirksam sein, obwohl verschiedene Bestandteile des Abgases die aktiven Zentren des Katalysatoren blockieren können. Sie müssen ausreichend robust sein, um Abgasverwirbelung und den mechanischen Erschütterungen beim Fahren unter verschiedenen Bedingungen auf Tausenden von Kilometern standzuhalten.

Katalysatoren, die die Verbrennung von CO und Kohlenwasserstoffen fördern, sind in der Regel Übergangsmetalloxide und die Edelmetalle wie Platin. Ein Gemisch aus zwei verschiedenen Metalloxiden, CuO und Cr_2O_3, kann zum Beispiel verwendet werden. Diese Materialien werden auf einem Träger gelagert (▶ Abbildung 14.22), der bestmögliche Kontakt zwischen dem strömenden Abgas und der Oberfläche des Katalysators ermöglicht. Es werden entweder Schüttgut- oder Wabenkörpergefüge aus Aluminiumoxid (Al_2O_3) imprägniert mit dem Katalysator eingesetzt. Diese Katalysatoren wirken, indem sie zunächst Sauerstoffgas adsorbieren, das ebenfalls im Abgas vorliegt. Diese Adsorption schwächt die O—O-Bindung in O_2, so dass Sauerstoffatome für eine Reaktion mit ad-

Abbildung 14.22: Querschnitt eines Abgaskatalysators. Automobile sind mit Abgaskatalysatoren ausgerüstet, die Teil ihrer Abgasanlage sind. Die Abgase enthalten CO, NO, NO_2 und unverbrannte Kohlenwasserstoffe, die über Oberflächen geleitet werden, die mit Katalysatoren imprägniert sind. Die Katalysatoren fördern die Umwandlung der Abgase in CO_2, H_2O und N_2.

sorbiertem CO zur Bildung von CO_2 zur Verfügung stehen. Die Kohlenwasserstoffoxidation läuft wahrscheinlich ähnlich ab, wobei die Kohlenwasserstoffe zuerst adsorbiert werden, gefolgt von einer Spaltung einer C—H-Bindung.

Die wirksamsten Katalysatoren für die Zersetzung von NO, um N_2 und O_2 zu erhalten, sind Übergangsmetalloxide und Edelmetalle, die gleichen Materialien, die die Oxidation von CO und Kohlenwasserstoffen katalysieren. Die Katalysatoren, die am wirksamsten in einer bestimmten Reaktion sind, sind jedoch gewöhnlich weniger wirksam in einer anderen. Daher braucht man zwei verschiedene katalytische Bestandteile.

Abgaskatalysatoren sind bemerkenswert effiziente heterogene Katalysatoren. Die Automobilabgase sind nur 100 bis 400 ms in Kontakt mit dem Katalysator. In dieser kurzen Zeit werden 96 % der Kohlenwasserstoffe und des CO in CO_2 und H_2O umgewandelt, und der Ausstoß von Stickstoffoxiden wird um 76 % gesenkt.

Mit der Verwendung von Abgaskatalysatoren sind sowohl Kosten als auch Vorteile verbunden. Einige der Metalle, die in den Abgaskatalysatoren verwendet werden, sind sehr teuer. Katalysatoren machen gegenwärtig etwa 35 % des Platins, 65 % des Palladiums und 95 % des Rhodiums aus, das jährlich verbraucht wird. Alle diese Metalle, die hauptsächlich aus Russland und Südafrika kommen, sind viel teurer als Gold.

Wir können die Rolle des Katalysators in diesem Vorgang verstehen, indem wir die beteiligten Bindungsenthalpien betrachten (siehe Abschnitt 8.8). Im Verlauf der Reaktion müssen die H—H σ-Bindung und die C—C π-Bindung aufgelöst werden und dazu ist eine Energiezufuhr erforderlich, die wir mit der Aktivierungsenergie der Reaktion vergleichen können. Die Bildung von neuen C—H σ-Bindungen setzt eine noch größere Menge Energie *frei* und macht die Reaktion damit exotherm. Wenn H_2 und C_2H_4 an die Oberfläche des Katalysators gebunden sind, ist weniger Energie erforderlich, um die Bindungen aufzubrechen und damit sinkt die Aktivierungsenergie der Reaktion.

Enzyme

Viele der interessantesten und wichtigsten Beispiele der Katalyse betreffen Reaktionen in lebenden Systemen. Der menschliche Körper ist durch ein äußerst komplexes System miteinander in Beziehung stehender chemischer Reaktionen gekennzeichnet. Alle diese Reaktionen müssen mit sorgfältig gesteuerten Geschwindigkeiten ablaufen, um Leben zu erhalten. Eine große Zahl von wunderbar leistungsfähigen biologischen Katalysatoren, die als **Enzyme** bezeichnet werden, sind notwendig, damit viele dieser Reaktionen mit geeigneten Geschwindigkeiten ablaufen. Die meisten Enzyme sind große Proteinmoleküle mit Molekülmassen, die von etwa 10.000 bis etwa 1 Million amc reichen. Sie sind sehr selektiv in den Reaktionen, die sie katalysieren, und einige sind vollkommen spezifisch und funktionieren nur für eine einzige Substanz in einer einzigen Reaktion. Der Abbau von Wasserstoffperoxid ist zum Beispiel ein wichtiger biologischer Prozess. Weil Wasserstoffperoxid stark oxidierend ist, kann es physiologisch schädlich sein. Aus diesem Grund enthalten das Blut und die Leber von Säugetieren ein Enzym, die *Katalase*, welche die Zersetzung von Wasserstoffperoxid zu Wasser und Sauerstoff katalysiert (Gleichung 14.29). ▶ Abbildung 14.23 zeigt die dramatische Beschleunigung dieser chemischen Reaktion durch die Katalyse in Rinderleber.

Obwohl ein Enzym ein großes Molekül ist, wird die Reaktion an einem sehr spezifischen Ort im Enzym katalysiert, der **aktives Zentrum** genannt wird. Die Substanzen, die an diesem Zentrum eine Reaktion durchlaufen, werden **Substrate** genannt. Eine einfache Erklärung für die spezifische Aktivität von Enzymen liefert das **Schlüssel-Schloss-Modell**, das ▶ Abbildung 14.24 zeigt. Das Substrat ist abgebildet, wie es sauber in eine spezielle Stelle am Enzym passt (das aktive Zentrum), so wie ein bestimmter Schlüssel in ein Schloss passt. Das aktive Zentrum wird durch Knäuelung und Falten des langen Proteinmoleküls geschaffen, um einen Platz ähnlich einer Ta-

Abbildung 14.23: Wirkung eines Enzyms. Zerriebene Rinderleber ruft eine schnelle Zersetzung von Wasserstoffperoxid zu Wasser und Sauerstoff hervor. Die Zersetzung wird durch das Enzym *Katalase* katalysiert. Das Zerkleinern der Leber bricht die Zellen auf, so dass die Reaktion schneller stattfindet. Das Schäumen tritt durch das Entweichen von Sauerstoffgas aus dem Reaktionsgemisch auf.

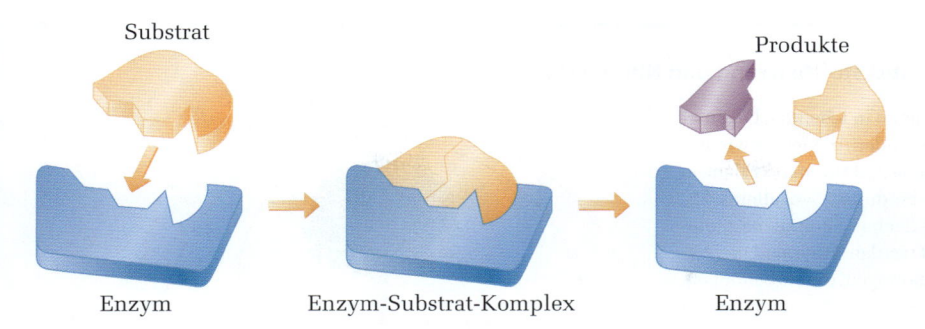

Abbildung 14.24: Das Schlüssel-Schloss-Modell der Enzymwirkung. Das richtige Substrat wird durch seine Fähigkeit erkannt, in das aktive Zentrum des Enzyms zu passen, und damit den Enzym-Substrat-Komplex zu bilden. Nachdem die Reaktion des Substrats abgeschlossen ist, trennen sich die Produkte vom Enzym.

sche zu bilden, in den das Substratmolekül passt. ▶ Abbildung 14.25 zeigt ein Modell des Enzyms *Lysozym* mit und ohne ein gebundenes Substratmolekül.

Die Kombination des Enzyms und des Substrats wird der *Enzym-Substrat-Komplex* genannt. Obwohl Abbildung 14.24 das aktive Zentrum und sein zugehöriges Substrat so zeigt, als ob sie starre Formen hätten, besteht häufig ein recht großes Maß an Flexibilität im aktiven Zentrum. Damit kann das aktive Zentrum seine Form ändern, wenn es das Substrat bindet. Die Bindung zwischen dem Substrat und dem aktiven Zentrum umfasst intramolekulare Kräfte wie Dipol-Dipol-Anziehungskräfte, Wasserstoffbrückenbindungen und London'sche Dispersionskräfte (siehe Abschnitt 11.2).

Wenn die Substratmoleküle in das aktive Zentrum gehen, werden sie irgendwie aktiviert, so dass sie zu einer äußerst schnellen Reaktion fähig sind. Diese Aktivierung kann durch den Entzug oder die Übertragung von Elektronendichte an eine bestimmte Bindung durch das Enzym hervorgerufen werden. Zusätzlich kann das Substratmolekül beim Einpassen in das aktive Zentrum verzerrt und damit reaktiver werden. Sobald die Reaktion abgelaufen ist, treten die Produkte aus und es kann ein weiteres Substratmolekül in das aktive Zentrum gehen.

Die Aktivität eines Enzyms wird zerstört, wenn sich irgendein Molekül in der Lösung stark an das aktive Zentrum binden kann und den Eintritt des Substrats blockiert. Diese Substanzen werden als *Enzyminhibitoren* oder Enzymhemmstoffe bezeichnet. Man nimmt an, dass Nervengifte und bestimmte giftige Metalle wie Blei und Quecksilber auf diese Weise wirken, um die Enzymaktivität zu hemmen. Einige andere Gifte wirken, indem sie sich an einer anderen Stelle des Enzyms anlagern und damit das aktive Zentrum so verformen, dass das Substrat nicht mehr passt.

Enzyme sind sehr viel leistungsfähiger als gewöhnliche, nicht biochemische Katalysatoren. Die Zahl von individuell katalysierten Reaktionsereignissen, die an einem bestimmten aktiven Zentrum stattfinden, wird *Wechselzahl* (auch Umsatzzahl, engl. turnover number) genannt, und liegt in der Regel im Bereich von 10^3 bis 10^7 pro Sekunde. Diese großen Wechselzahlen entsprechen sehr niedrigen Aktivierungsenergien.

? DENKEN SIE EINMAL NACH

Welche Bezeichnungen werden den folgenden Aspekten von Enzymen und Enzymkatalyse gegeben: (a) der Ort am Enzym, an dem Katalyse auftritt; (b) die Substanzen, die die Katalyse durchlaufen?

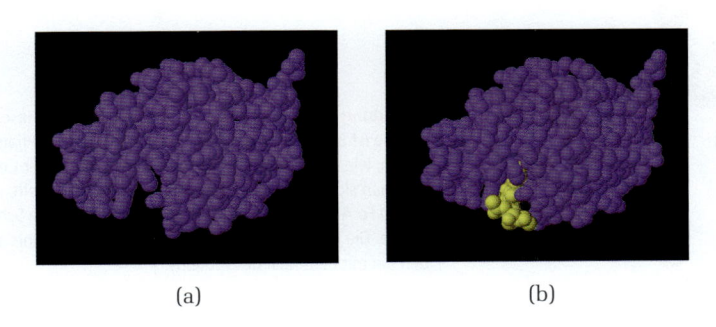

Abbildung 14.25: Molekülmodell eines Enzyms. (a) Ein Molekülmodell des Enzyms *Lysozym*. Sie sehen die charakteristische Aussparung, welche der Ort des aktiven Zentrums ist. (b) Lysozym mit gebundenem Substratmolekül.

Chemie und Leben ■ Stickstofffixierung und Nitrogenase

Stickstoff ist eines der wichtigsten Elemente in lebenden Organismen. Er wird in vielen Verbindungen gefunden, die lebenswichtig sind, wie Proteine, Nukleinsäuren, Vitamine und Hormone. Pflanzen nutzen sehr einfache stickstoffhaltige Verbindungen, vor allem NH_3, NH_4^+ und NO_3^-, als Ausgangsstoffe, aus denen so komplexe, biologisch notwendige Verbindungen gebildet werden. Tiere sind nicht in der Lage, die komplexen Stickstoffverbindungen, die sie benötigen, aus den einfachen Substanzen zu synthetisieren, die von Pflanzen verwendet werden. Stattdessen benötigen sie kompliziertere Vorläufersubstanzen, die in vitamin- und proteinreichen Nahrungsmitteln vorliegen.

Stickstoff wird in dieser biologischen Arena ständig wieder dem Kreislauf in verschiedenen Formen zugeführt, wie der vereinfachte Stickstoffkreis in ▶ Abbildung 14.26 zeigt. Bestimmte Mikroorganismen wandeln zum Beispiel den Stickstoffanteil in tierischen Abfallprodukten und abgestorbenen Pflanzen und toten Tieren in molekularen Stickstoff, $N_2(g)$, um, der in die Atmosphäre zurückkehrt. Damit die Nahrungskette erhalten bleibt, muss es Mittel geben, dieses atmosphärische N_2 wieder in eine Form einzubringen, die Pflanzen nutzen können. Der Vorgang der Umwandlung von N_2 in Verbindungen, die Pflanzen nutzen können, wird als *Stickstofffixierung* bezeichnet. Die Fixierung von Stickstoff ist schwierig, N_2 ist ein außergewöhnlich unreaktives Molekül, zum großen Teil wegen seiner sehr starken N≡N-Dreifachbindung (siehe Abschnitt 8.3). Ein Teil des fixierten Stickstoffs stammt aus der Wirkung von Blitzen auf die Atmosphäre und ein Teil wird industriell über einen Vorgang produziert, den wir in Kapitel 15 behandeln. Etwa 60 % des fixierten Stickstoffs sind jedoch eine Folge der Wirkung eines bemerkenswerten und komplexen Enzyms mit Namen *Nitrogenase*. Dieses Enzym liegt in Menschen oder Tieren *nicht* vor. Stattdessen ist es in Bakterien enthalten, die in den Wurzelknöllchen bestimmter Leguminosen wie Klee und Luzerne leben.

Nitrogenase wandelt N_2 in NH_3 um, ein Prozess, der, ohne einen Katalysator, eine sehr große Aktivierungsenergie hat. Dieser Vorgang ist eine *Reduktion* von Stickstoff – während der Reaktion wird seine Oxidationszahl von 0 in N_2 auf −3 in NH_3 reduziert. Der Mechanismus, durch den die Nitrogenase N_2 reduziert, wird nicht vollständig verstanden. Wie viele andere Enzyme, darunter Katalase, enthält das aktive Zentrum von Nitrogenase Übergangsmetallatome. Solche Enzyme werden *Metall(o)enzyme* genannt. Da Übergangsmetalle die Oxidationszahl leicht ändern können, sind Metallenzyme besonders nützlich, um Reaktionen auszuführen, in denen Substrate oxidiert oder reduziert werden.

Es ist seit fast 20 Jahren bekannt, dass ein Teil der Nitrogenase Eisen- und Molybdänatome enthält. Man meint, dass dieser Teil mit Namen FeMo-*Cofaktor* als das aktive Zentrum des Enzyms dient.

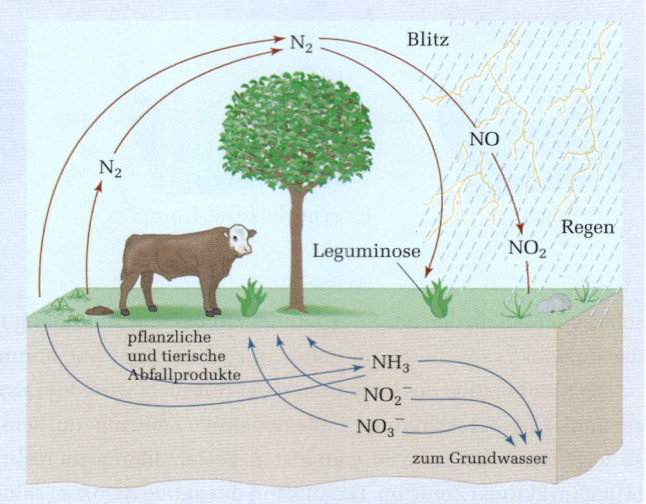

Abbildung 14.26: Vereinfachtes Bild des Stickstoffkreislaufs. Die Verbindungen von Stickstoff im Erdboden sind wasserlösliche Spezies, wie NH_3, NO_2^- und NO_3^- und können durch das Grundwasser aus dem Boden gespült werden. Diese Stickstoffverbindungen werden von Pflanzen in Biomoleküle umgewandelt und werden von Tieren aufgenommen, die die Pflanzen fressen. Tierische Abfallprodukte, abgestorbene Pflanzen und tote Tiere werden von bestimmten Bakterien angegriffen, die N_2 in die Atmosphäre freisetzen. Atmosphärisches N_2 wird im Erdboden überwiegend durch die Wirkung bestimmter Pflanzen fixiert, die das Enzym Nitrogenase enthalten und damit den Kreis schließen.

Der FeMo-Cofaktor von Nitrogenase ist ein Cluster, der aus sieben Fe-Atomen und einem Mo-Atom besteht, alle verbunden mit Schwefelatomen (▶ Abbildung 14.27). 2002 entdeckten Wissenschaftler, die Röntgenkristallographie höherer Auflösung verwendeten, ein einzelnes Leichtatom in der Mitte des FeMo-Cofaktors. Die Identität des Atoms ist noch nicht bekannt, aber man glaubt, dass es ein Stickstoffatom ist. Die Rolle dieses Atoms bei der Reduktion von N_2 durch den Cofaktor ist ein Bereich, in dem gegenwärtig intensive Forschung betrieben wird.

Es ist eines der Wunder des Lebens, dass einfache Bakterien komplexe und lebenswichtige Enzyme wie Nitrogenase enthalten können. Wegen dieses Enzyms befindet sich Stickstoff in einem ständigen Kreislauf zwischen seiner vergleichsweise inerten Rolle in der Atmosphäre und seiner maßgeblichen Rolle in lebenden Organismen. Ohne ihn würde kein Leben, wie wir es kennen, auf der Erde existieren. Im Jahr 2003 wies eine deutsche Forschergruppe nach, dass N_2 an einer FeS-Oberfläche zu NH_3 unter ähnlich milden Reaktionsbedingungen wie in biologischen Systemen reduziert werden kann. Dieser Vorgang spielt eine wichtige Rolle in der Theorie des chemautotrophen Ursprungs des Lebens.

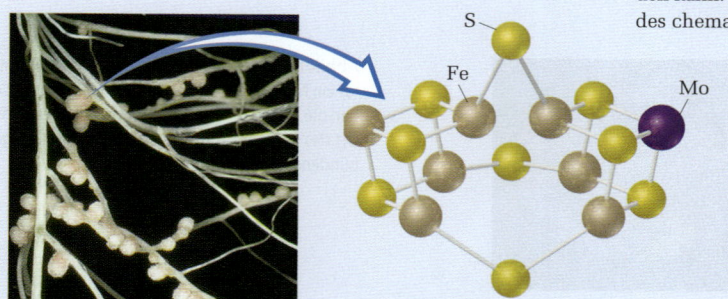

Abbildung 14.27: Der FeMo-Cofaktor von Nitrogenase Nitrogenase ist in Knöllchen in den Wurzeln bestimmter Pflanzen zu finden, wie die weißen Kleewurzeln, links, zeigen. Der Cofaktor, den man sich als aktives Zentrum des Enzyms vorstellt, enthält sieben Fe-Atome und ein Mo-Atom, verbunden durch Schwefelatome. Die Moleküle an der Außenseite des Cofaktors verbinden ihn mit dem Rest des Proteins.

14.7 Katalyse

ÜBERGREIFENDE BEISPIELAUFGABE

Verknüpfen von Konzepten

Ameisensäure (HCOOH) zersetzt sich in der Gasphase bei erhöhten Temperaturen wie folgt:

$$HCOOH(g) \longrightarrow CO_2(g) + H_2(g)$$

Es wird ermittelt, dass die Zersetzungsreaktion erster Ordnung ist. Eine Auftragung des Partialdrucks von HCOOH in Abhängigkeit von der Zeit für die Zersetzung bei 838 K wird als rote Kurve in ▶ Abbildung 14.28 gezeigt. Wenn eine kleine Menge festes ZnO zum Reaktionsraum zugegeben wird, verändert sich der Partialdruck der Säure über der Zeit entsprechend der blauen Kurve in Abbildung 14.28.

Abbildung 14.28: Änderung des Drucks von HCOOH(g) als Funktion der Zeit bei 838 K. Die rote Linie entspricht der Zersetzung, wenn nur gasförmiges HCOOH vorliegt. Die blaue Linie entspricht der Zersetzung bei Vorliegen von zugegebenem ZnO(s).

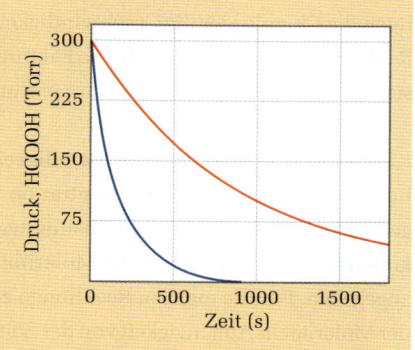

(a) Schätzen Sie die Halbwertszeit und die Geschwindigkeitskonstante der Reaktion erster Ordnung für die Zersetzung von Ameisensäure.
(b) Was können Sie aus der Wirkung des zugegebenen ZnO auf die Zersetzung von Ameisensäure folgern?
(c) Der zeitliche Verlauf der Reaktion wurde verfolgt, indem der Partialdruck von gasförmiger Ameisensäure zu ausgewählten Zeiten gemessen wird. Nehmen Sie stattdessen an, dass wir die Konzentration von Ameisensäure in Einheiten von mol/l eingezeichnet hätten. Welche Auswirkung würde dies auf den berechneten Wert von k haben?
(d) Der Druck gasförmiger Ameisensäure zu Beginn der Reaktion ist $3,00 \times 10^2$ Torr. Wenn wir eine konstante Temperatur und ideales Gasverhalten annehmen, wie ist dann der Druck im System am Ende der Reaktion? Wenn das Volumen des Reaktionsraums 436 cm³ ist, wie viele Mole Gas besetzen den Reaktionsraum am Ende der Reaktion?
(e) Die Standardbildungswärme von gasförmiger Ameisensäure ist $\Delta H^\circ_f = -378,6$ kJ/mol. Berechnen Sie ΔH° für die Gesamtreaktion. Nehmen Sie an, dass die Aktivierungsenergie E_a für die Reaktion 184 kJ/mol ist, zeichnen Sie ein ungefähres Energieprofil für die Reaktion und bezeichnen Sie E_a, ΔH° und den Übergangszustand.

Lösung

(a) Der Anfangsdruck von HCOOH ist $3,00 \times 10^2$ Torr. Wir bewegen uns auf dem Graph der Funktion zu dem Niveau, bei dem der Partialdruck von HCOOH 150 Torr ist, die Hälfte des Anfangswerts. Dies entspricht einer Zeit von etwa $6,60 \times 10^2$ s, die daher die Halbwertszeit ist. Die Geschwindigkeitskonstante der Reaktion erster Ordnung gibt ▶ Gleichung 14.15 an: $k = 0,693/t_{1/2} = 0,693/660$ s $= 1,05 \times 10^{-3}$ s^{-1}.

(b) Die Reaktion läuft in Gegenwart von festem ZnO viel schneller ab, so dass die Oberfläche des Oxids als ein Katalysator für die Zersetzung der Säure wirken muss. Dies ist ein Beispiel heterogener Katalyse.

(c) Wenn wir die Konzentration von Ameisensäure in Einheiten von Mol pro Liter eingezeichnet hätten, hätten wir noch immer ermittelt, dass die Halbwertszeit für Zersetzung 660 Sekunden beträgt, und wir hätten den gleichen Wert für k berechnet. Da die Einheiten für k s^{-1} sind, ist der Wert von k unabhängig von den Einheiten, die für die Konzentration verwendet werden.

(d) Gemäß den stöchiometrischen Verhältnissen der Reaktion werden zwei Mole Produkt für jedes Mol Reaktant gebildet. Wenn die Reaktion daher abgeschlossen ist, wird der Druck 600 Torr sein, knapp das Doppelte des Anfangsdrucks, wenn wir ideales Gasverhalten annehmen. Da wir bei recht hoher Temperatur und ziemlich niedrigem Gasdruck arbeiten, ist es sinnvoll, ideales Gasverhalten anzunehmen. Die Molzahl Gas, die vorliegt, lässt sich über die ideale Gasgleichung (Abschnitt 10.4) berechnen.

$$n = \frac{pV}{RT} = \frac{(600/760 \text{ atm})(0,436 \text{ l})}{(0,0821 \text{ l} \cdot \text{atm/mol} \cdot \text{K})(838 \text{ K})} = 5,00 \times 10^{-3} \text{ mol}$$

(e) Wir berechnen zuerst die Gesamtänderung der Energie, ΔH° (siehe Abschnitt 5.7 und Anhang C), wie in

$$\Delta H^\circ = \Delta H^\circ_f(CO_2(g)) + \Delta H^\circ_f(H_2(g)) - \Delta H^\circ_f(HCOOH(g))$$

$$= -393,5 \text{ kJ/mol} + 0 - (-378,6 \text{ kJ/mol})$$

$$= -14,9 \text{ kJ/mol}$$

Anhand dieser und anhand des gegebenen Werts für E_a können wir ein ungefähres Energieprofil analog zu ▶ Abbildung 14.15 für die Reaktion zeichnen.

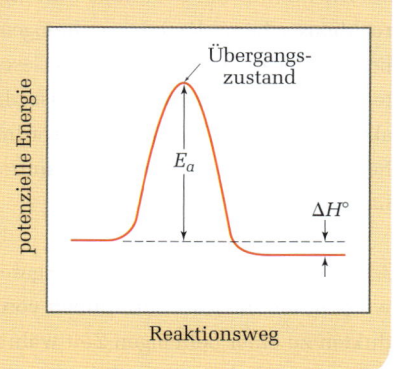

Zusammenfassung und Schlüsselbegriffe

Einführung und Abschnitt 14.1 In diesem Kapitel haben wir uns näher mit der **chemischen Kinetik** befasst, dem Bereich der Chemie, der die Geschwindigkeiten von chemischen Reaktionen untersucht sowie die Faktoren, die sie beeinflussen, nämlich Konzentration, Temperatur und Katalysatoren.

Abschnitt 14.2 Reaktionsgeschwindigkeiten werden gewöhnlich als Änderungen der Konzentration pro Zeiteinheit ausgedrückt. Für Reaktionen in Lösung werden Geschwindigkeiten meist in den Einheiten Molarität pro Sekunde (M/s) angegeben. Für die meisten Reaktionen zeigt eine Auftragung der Molarität in Abhängigkeit von der Zeit, dass die Geschwindigkeit abnimmt, wenn die Reaktion abläuft. Die **Momentangeschwindigkeit** ist die Steigung der Konzentrations-Zeit-Kurve zu einer bestimmten Zeit. Geschwindigkeiten können im Hinblick auf die Bildung von Produkten oder den Verbrauch von Reaktanten ausgedrückt werden. Die stöchiometrischen Verhältnisse der Reaktion bestimmen die Beziehung zwischen den Bildungs- und Verbrauchsgeschwindigkeiten. Spektroskopie ist ein Verfahren, das zur Überwachung des Reaktionsverlaufs eingesetzt werden kann. Laut dem **Lambert-Beer'schen Gesetz** ist die Absorption elektromagnetischer Strahlung durch eine Substanz bei einer bestimmten Wellenlänge von der Konzentration abhängig.

Abschnitt 14.3 Die quantitative Beziehung zwischen Reaktionsgeschwindigkeit und Konzentration wird durch das **Geschwindigkeitsgesetz** ausgedrückt, das gewöhnlich die folgende Form hat:

Reaktionsgeschwindigkeit = k[Reaktant 1]^m[Reaktant 2]^n ...

Die Konstante k im Geschwindigkeitsgesetz wird **Geschwindigkeitskonstante** genannt, die Exponenten m, n und so weiter geben die **Reaktionsordnungen** bezüglich der Reaktanten an. Die Summe der Reaktionsordnungen ergibt die **Gesamtreaktionsordnung**. Reaktionsordnungen müssen experimentell bestimmt werden. Die Einheit der Geschwindigkeitskonstante hängt von der Gesamtreaktionsordnung ab. Für eine Reaktion, in der die Gesamtreaktionsordnung 1 ist, hat k die Einheit s^{-1}; für eine, in der die Gesamtreaktionsordnung 2 ist, hat k die Einheit $M^{-1} s^{-1}$.

Abschnitt 14.4 Geschwindigkeitsgesetze können verwendet werden, um die Konzentrationen von Reaktanten oder Produkten zu einer beliebigen Zeit während einer Reaktion zu bestimmen. Bei einer **Reaktion erster Ordnung** ist die Geschwindigkeit proportional zu der Konzentration eines einzelnen Reaktanten. Geschwindigkeit = k[A]. In diesen Fällen ist die integrierte Form des Geschwindigkeitsgesetzes $\ln[A]_t = -kt + \ln[A]_0$, wobei $[A]_t$ die Konzentration von Reaktant A zu einem Zeitpunkt t, k die Geschwindigkeitskonstante und $[A]_0$ die Anfangskonzentration von A ist. Daher ergibt für eine Reaktion erster Ordnung die Auftragung von $\ln[A]$ gegen die Zeit eine Gerade mit der Steigung $-k$.

Eine **Reaktion zweiter Ordnung** ist eine, in der die Gesamtreaktionsordnung 2 ist. Wenn ein Geschwindigkeitsgesetz zweiter Ordnung von der Konzentration nur eines Reaktanten abhängt, dann ist die Geschwindigkeit = k[A]^2 und die Zeitabhängigkeit von [A] wird durch die integrierte Form des Geschwindigkeitsgesetzes gegeben: $1/[A]_t = 1/[A]_0 + kt$. In diesem Fall ergibt die Auftragung von $1/[A]_t$ gegen die Zeit eine Gerade.

Die **Halbwertszeit** einer Reaktion, $t_{1/2}$, ist die Zeit, die benötigt wird, bis die Konzentration eines Reaktanten auf die Hälfte seines ursprünglichen Werks sinkt. Für eine Reaktion erster Ordnung hängt die Halbwertszeit nur von der Geschwindigkeitskonstanten und nicht von der Anfangskonzentration ab: $t_{1/2} = 0{,}693/k$. Die Halbwertszeit einer Reaktion zweiter Ordnung hängt von der Geschwindigkeitskonstanten und der Anfangskonzentration von A ab: $t_{1/2} = 1/k[A]_0$.

Abschnitt 14.5 Das **Stoßmodell**, das annimmt, dass Reaktionen aufgrund von Stößen von Molekülen untereinander stattfinden, hilft zu erklären, warum die Geschwindigkeitskonstanten mit steigender Temperatur zunehmen. Je größer die kinetische Energie der stoßenden Moleküle ist, desto größer ist die Stoßenergie. Die minimale Energie, die zum Auftreten einer Reaktion erforderlich ist, nennt man **Aktivierungsenergie** E_a. Ein Stoß mit der Energie E_a oder größer kann dazu führen, dass Atome der stoßenden Moleküle den **aktivierten Komplex** (oder **Übergangszustand**) bilden, welcher die energiereichste Anordnung der Moleküle auf dem Weg von den Reaktanten zu den Produkten ist. Selbst wenn ein Stoß energiereich genug ist, führt er nicht unbedingt zu einer Reaktion. Die Reaktanten müssen auch richtig zueinander orientiert sein, damit ein Stoß effektiv ist.

Weil die kinetische Energie von Molekülen von der Temperatur abhängt, ist die Geschwindigkeitskonstante einer Reaktion sehr von der Temperatur abhängig. Die Beziehung zwischen k und Temperatur wird durch die **Arrhenius-Gleichung** gegeben: $k = Ae^{-E_a/RT}$. Der Faktor A wird als der **Frequenzfaktor** bezeichnet. Er bezieht sich auf die Anzahl von Stößen mit der für die Reaktion günstigen Orientierung. Die Arrhenius-Gleichung wird häufig in logarithmischer Form verwendet:

$k = \ln A - E_a/RT$. Daher ergibt eine Auftragung von $\ln k$ gegen $1/T$ eine Gerade mit der Steigung $-E_a/R$.

Abschnitt 14.6 Ein **Reaktionsmechanismus** beschreibt die einzelnen Schritte, die im Verlauf einer Reaktion ablaufen. Jeder dieser Schritte, **Elementarreaktionen** genannt, hat ein eigenes Geschwindigkeitsgesetz, das von der Zahl der Moleküle (die **Molekularität**) in dem Schritt abhängt. Elementarreaktionen werden als **unimolekular**, **bimolekular** oder **trimolekular** definiert, abhängig davon, ob ein, zwei oder drei Reaktantenmoleküle beteiligt sind. Trimolekulare Elementarreaktionen sind sehr selten. Unimolekulare, bimolekulare und trimolekulare Reaktionen folgen Geschwindigkeitsgesetzen, die insgesamt erster Ordnung, zweiter Ordnung oder dritter Ordnung sind.

Viele Reaktionen laufen über einen mehrstufigen Mechanismus ab, an dem zwei oder mehr Elementarreaktionen oder Schritte beteiligt sind. Ein **Zwischenprodukt** wird in einem Elementarschritt erzeugt und in einem späteren Elementarschritt verbraucht. Daher erscheint es nicht in der Gesamtgleichung für die Reaktion. Wenn ein Mechanismus mehrere Elementarschritte hat, wird die Gesamtgeschwindigkeit durch den langsamsten Elementarschritt, den **geschwindigkeitsbestimmenden Schritt** bestimmt. Ein schneller Elementarschritt, der dem geschwindigkeitsbestimmenden Schritt folgt, hat keine Wirkung auf das Geschwindigkeitsgesetz der Reaktion. Ein schneller Schritt, der dem geschwindigkeitsbestimmenden Schritt vorangeht, schafft häufig ein Gleichgewicht, an dem ein Zwischenprodukt beteiligt ist. Damit ein Mechanismus gültig ist, muss das Geschwindigkeitsgesetz, das vom Mechanismus vorhergesagt wird, mit dem experimentell beobachteten übereinstimmen.

Abschnitt 14.7 Ein **Katalysator** ist eine Substanz, welche die Geschwindigkeit einer Reaktion erhöht, ohne selbst eine dauerhafte chemische Veränderung zu erfahren. Dies geschieht, indem der Katalysator einen anderen Mechanismus für die Reaktion ermöglicht, einen mit niedrigerer Aktivierungsenergie. **Ein homogener Katalysator** ist einer, der in der gleichen Phase wie die Reaktanten vorliegt. Ein **heterogener Katalysator** hat eine andere Phase als die Reaktanten. Feinteilige Metalle werden häufig als heterogene Katalysatoren für Lösungs- und Gasphasenreaktionen eingesetzt. Reagierende Moleküle können eine Bindung, oder Adsorption, an der Oberfläche des Katalysators durchlaufen. Die **Adsorption** eines Reaktanten an bestimmten Stellen an der Oberfläche macht die Bindungsspaltung leichter und senkt damit die Aktivierungsenergie. Katalyse in lebenden Organismen erfolgt durch **Enzyme**, große Proteinmoleküle, die gewöhnlich eine sehr spezifische Reaktion katalysieren. Die spezifischen Reaktantenmoleküle, die an einer enzymatischen Reaktion beteiligt sind, nennt man **Substrate**. Der Ort des Enzyms, an dem die Katalyse stattfindet, wird als aktives **Zentrum** bezeichnet. Im **Schlüssel-Schloss-Modell** für die Enzymkatalyse binden sich Substratmoleküle sehr spezifisch an das aktive Zentrum des Enzyms, um anschließend eine Reaktion durchlaufen zu können.

Veranschaulichung von Konzepten

14.1 Betrachten Sie die folgende Auftragung der Konzentration einer Substanz gegen die Zeit. **(a)** Ist X ein Reaktant oder ein Produkt der Reaktion? **(b)** Warum ist die durchschnittliche Geschwindigkeit der Reaktion größer zwischen den Punkten 1 und 2 als zwischen 2 und 3? (*Abschnitt 14.2*)

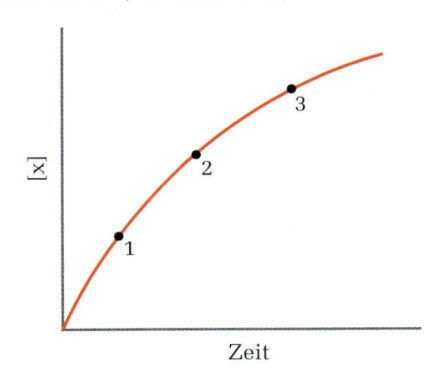

14.2 Sie untersuchen die Geschwindigkeit einer Reaktion und messen dabei sowohl die Konzentration des Reaktanten und die Konzentration des Produkts als Funktion der Zeit. Sie erhalten die folgenden Ergebnisse:

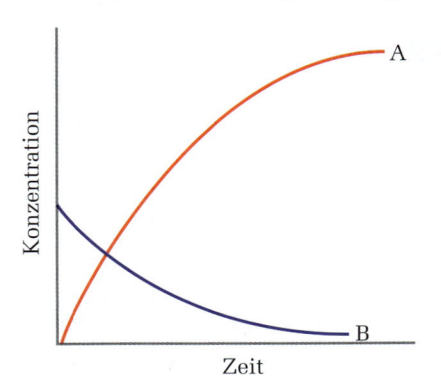

Welche chemische Gleichung stimmt mit diesen Daten überein: **(a)** A $\longrightarrow$ B; **(b)** B $\longrightarrow$ A; **(c)** A $\longrightarrow$ 2 B; **(d)** B $\longrightarrow$ 2 A. Begründen Sie Ihre Antwort (*Abschnitt 14.2*).

14.3 Sie führen eine Reihe von Versuchen für die Reaktion A $\longrightarrow$ B + C aus und finden, dass folgendes Geschwindigkeitsgesetz die Reaktionsgeschwindigkeit = $k[A]^x$ hat. Bestimmen Sie den Wert von x in den folgenden Fällen: **(a)** Es gibt keine Geschwindigkeitsänderung, wenn [A] verdreifacht wird. **(b)** Die Geschwindigkeit steigt um einen Faktor von 9, wenn [A] verdreifacht ist. **(c)** Wenn [A] verdoppelt wird, steigt die Geschwindigkeit um einen Faktor von 8 (*Abschnitt 14.3*).

14.4 Ein Freund untersucht eine Reaktion erster Ordnung und erhält die folgenden drei Funktionsgraphen für Versuche, die bei zwei verschiedenen Temperaturen ausgeführt wurden. **(a)** Welche zwei Linien stellen Versuche dar, die bei der gleichen Temperatur erfolgten? Was erklärt den Unterschied zwischen diesen zwei Linien? In welcher Hinsicht sind sie gleich? **(b)** Welche zwei Linien stellen Versuche dar, die mit der gleichen Ausgangskonzentration, aber bei unterschiedlichen Temperaturen erfolgten? Welche Linie steht wahrscheinlich für die niedrigere Temperatur? Begründen Sie Ihre Antwort (*Abschnitt 14.4*).

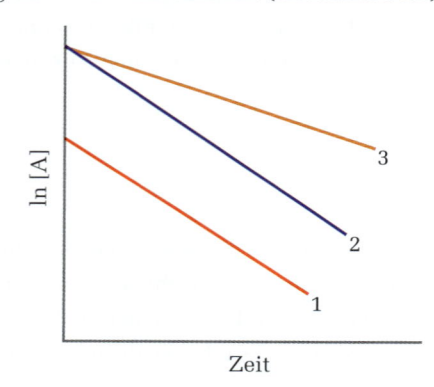

14.5 **(a)** Wenn man die folgenden Diagramme bei $t = 0$ und $t = 30$ min nimmt, was ist die Halbwertszeit der Reaktion, wenn sie einer Reaktionskinetik erster Ordnung folgt?

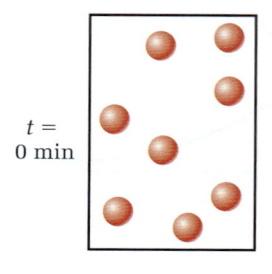

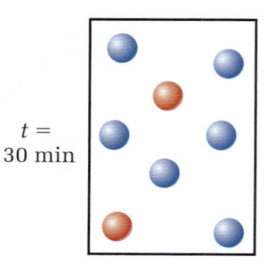

(b) Welcher Bruchteil von Reaktanten verbleibt nach vier Halbwertszeiten für eine Reaktion der ersten Ordnung? (*Abschnitt 14.4*)

14.6 Sie untersuchen den Einfluss der Temperatur auf die Geschwindigkeit zweier Reaktionen und zeichnen den natürlichen Logarithmus der Geschwindigkeitskonstanten für jede Reaktion als Funktion von $1/T$ in ein Diagramm. Wie sehen die Diagramme aus **(a)** wenn die Aktivierungsenergie der zweiten Reaktion höher als die Aktivierungsenergie der ersten Reaktion ist, aber die zwei Reaktionen den gleichen Frequenzfaktor haben und **(b)** wenn der Frequenzfaktor der zweiten Reaktion höher als der Frequenzfaktor der ersten Reaktion ist, die zwei Reaktionen aber die gleiche Aktivierungsenergie haben? (*Abschnitt 14.5*)

14.7 Betrachten Sie das nachstehende Reaktionsschema, das zwei Schritte einer Gesamtreaktion darstellt. Die roten Kugeln sind Sauerstoff, die blauen Stickstoff und die grünen sind Fluor. **(a)** Geben Sie die chemische Gleichung für jeden Schritt in der Reaktion an. **(b)** Schreiben Sie die Gleichung für die Gesamtreaktion. **(c)** Identifizieren Sie das Zwischenprodukt im Reaktionsmechanismus. **(d)** Schreiben Sie das Geschwindigkeitsgesetz für die Gesamtreaktion, wenn der erste Schritt der langsame, geschwindigkeitsbestimmende Schritt ist (*Abschnitt 14.6*).

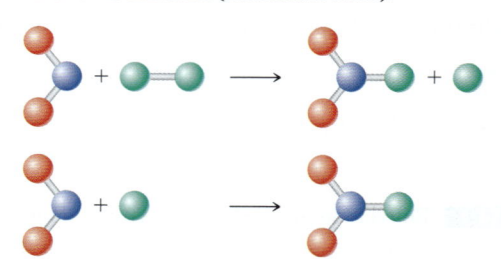

14.8 Wie viele Zwischenprodukte werden, basierend auf dem folgenden Reaktionsprofil, in der Reaktion A $\longrightarrow$ C gebildet? Wie viele Übergangszustände gibt es?

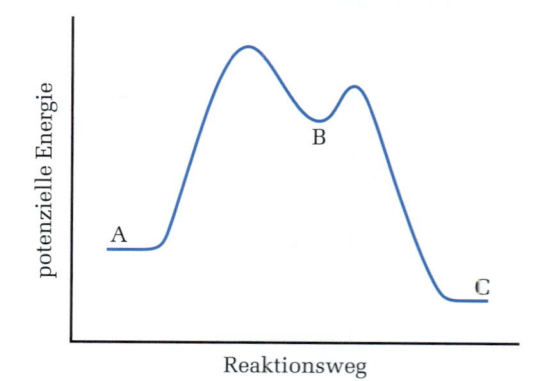

Welcher Schritt ist der schnellste? Ist die Reaktion A ⟶ B exotherm oder endotherm? (*Abschnitt 14.6*)

14.9 Zeichnen Sie einen möglichen Übergangszustand für die nachstehend dargestellte bimolekulare Reaktion. Die blauen Kugeln sind Stickstoffatome und die roten sind Sauerstoffatome. Stellen Sie die Bindungen, die gerade dabei sind, aufgebrochen zu werden, oder im Übergangszustand hergestellt werden, als gestrichelte Linien dar (*Abschnitt 14.6*).

14.10 Das folgende Diagramm stellt einen imaginären Zweischrittmechanismus dar. Lassen wir die orangen Kugeln Element A darstellen, die grünen Element B und die blauen Element C. **(a)** Schreiben Sie die Gleichung für die Nettoreaktion, die stattfindet. **(b)** Geben Sie das Zwischenprodukt an. **(b)** Geben Sie den Katalysator an (*Abschnitte 14.6* und *14.7*).

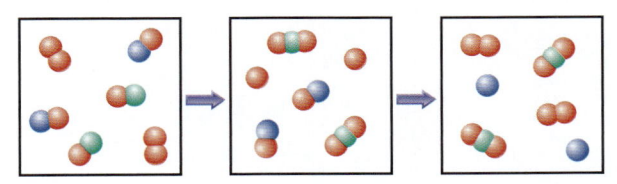

Chemisches Gleichgewicht

15.1 Der Begriff des Gleichgewichts 599

15.2 Die Gleichgewichtskonstante 601

15.3 Interpretation von und Arbeit mit Gleichgewichtskonstanten 607

15.4 Heterogene Gleichgewichte 611

15.5 Berechnung von Gleichgewichtskonstanten 614

15.6 Anwendungen von Gleichgewichtskonstanten 616

15.7 Das Prinzip von Le Châtelier 621

Zusammenfassung und Schlüsselbegriffe 632

Veranschaulichung von Konzepten 633

15

ÜBERBLICK

15 Chemisches Gleichgewicht

Was uns erwartet

- Zu Beginn werden wir den Begriff des Gleichgewichts untersuchen (*Abschnitt 15.1*).

- Wir definieren dann die *Gleichgewichtskonstante* und lernen, wie wir *Gleichgewichtsausdrücke* für homogene Reaktionen schreiben (*Abschnitt 15.2*).

- Wir lernen ebenfalls, wie wir die Größe einer Gleichgewichtskonstante deuten und wie wir bestimmen, auf welche Weise die Umkehrung oder sonstige Änderung der Reaktionsgleichung ihren Wert beeinflusst (*Abschnitt 15.3*).

- Wir lernen dann, wie wir Gleichgewichtsausdrücke für heterogene Reaktionen schreiben (*Abschnitt 15.4*).

- Der Wert einer Gleichgewichtskonstante kann über Gleichgewichtskonzentrationen von Reaktanten und Produkten berechnet werden (*Abschnitt 15.5*).

- Mit Gleichgewichtskonstanten kann man die Gleichgewichtskonzentrationen von Reaktanten und Produkten vorhersagen und die Richtung bestimmen, in der eine Reaktion ablaufen muss, damit sich das Gleichgewicht einstellt (*Abschnitt 15.6*).

- Das Kapitel schließt mit einer Diskussion des *Prinzips von Le Châtelier*, das besagt, wie ein System im Gleichgewicht auf Änderungen von Konzentration, Volumen, Druck und Temperatur reagiert (*Abschnitt 15.7*).

Im Gleichgewicht zu sein bedeutet in einem ausgeglichenen Zustand zu sein: Ein Tauziehen, bei dem beide Seiten mit gleicher Kraft ziehen, so dass sich das Seil nicht bewegt, ist ein Beispiel eines *statischen* Gleichgewichts, eines, in dem ein Objekt im Ruhezustand ist. Gleichgewichte können auch *dynamisch* sein. Wenn der Fluss der Autos, die die Stadt verlassen, gleich dem Fluss der Autos ist, die in die Stadt hineinfahren, gleichen sich die beiden gegenläufigen Prozesse aus und die Anzahl von Autos in der Stadt ist konstant.

Wir haben bereits verschiedene Fälle von dynamischem Gleichgewicht gesehen. Der Dampf über einer Flüssigkeit ist zum Beispiel im Gleichgewicht mit der flüssigen Phase (siehe Abschnitt 11.5). So viele Moleküle, wie aus der Flüssigkeit in die Gasphase entweichen, treffen aus der Gasphase die Oberfläche und werden Teil der Flüssigkeit. Ähnlich ist in einer gesättigten Lösung von Kochsalz das feste Natriumchlorid im Gleichgewicht mit den im Wasser verteilten Ionen (siehe Abschnitt 13.2). Die Menge der Ionen, die die feste Oberfläche verlassen, entspricht der Menge der Ionen, die aus der Flüssigkeit entfernt werden, um Teil des festen NaCl zu werden. Bei beiden Beispielen geht es um ein Paar von gegenläufigen Prozessen. Im Gleichgewicht laufen diese Prozesse mit der gleichen Geschwindigkeit ab.

In diesem Kapitel werden wir uns eine weitere Art von dynamischem Gleichgewicht ansehen, eines, bei dem es um chemische Reaktionen geht. **Chemisches Gleichgewicht** stellt sich ein, wenn entgegengesetzte Reaktionen mit gleichen Geschwindigkeiten ablaufen: Die Geschwindigkeit, mit der die Produkte aus den Reaktanten gebildet werden, ist gleich der Geschwindigkeit, mit der die Reaktanten aus den Produkten gebildet werden. Daher ändern sich die Konzentrationen nicht mehr und lassen es so aussehen, als ob die Reaktion gestoppt hätte. Wenn chemische Reaktionen in geschlossenen Systemen ablaufen, erreichen die Reaktionen letztlich einen Gleichgewichtszustand – ein Gemisch, in dem sich die Konzentrationen von Reaktanten und Produkten zeitlich nicht mehr ändern. Daher befinden sich geschlossene Systeme entweder im Gleichgewicht oder nähern sich dem Gleichgewicht. Wie schnell sich Gleichgewicht in einer Reaktion einstellt, ist eine Frage der Kinetik.

Chemische Gleichgewichte spielen in vielen industriellen Prozessen und natürlichen Phänomenen eine wichtige Rolle. In diesem und den nächsten beiden Kapiteln werden wir uns das chemische Gleichgewicht genauer ansehen. Hier werden wir lernen, wie sich die Gleichgewichtslage einer Reaktion quantitativ ausdrücken lässt, und wir werden uns die Faktoren ansehen, um die relativen Konzentrationen von Reaktanten und Produkten in Gleichgewichtsgemischen zu bestimmen.

Der Begriff des Gleichgewichts 15.1

▶ Abbildung 15.1 zeigt eine Probe festes N_2O_4, eine farblose Substanz in einem abgeschmolzenen Rohr, das in einem Becher liegt. Wenn dieser Festkörper erwärmt wird, bis die Substanz über ihrem Siedepunkt (21,2 °C) ist, wird das Gas im Rohr ständig dunkler, da das farblose N_2O_4-Gas zu braunem NO_2-Gas dissoziert. Schließlich wird die Farbe nicht mehr dunkler, obwohl sich noch immer N_2O_4 im Rohr befindet, weil sich im System Gleichgewicht eingestellt hat. Wir haben nun ein *Gleichgewichtsgemisch* aus N_2O_4 und NO_2, in dem die Konzentrationen der Gase sich im Verlauf der Zeit nicht mehr ändern. Das Gleichgewichtsgemisch entsteht, weil die Reaktion *reversibel* bzw. *umkehrbar* ist. N_2O_4 kann nicht nur unter Bildung von NO_2 zerfallen, sondern NO_2 kann auch unter Bildung von N_2O_4 rekombinieren. Diese Situation

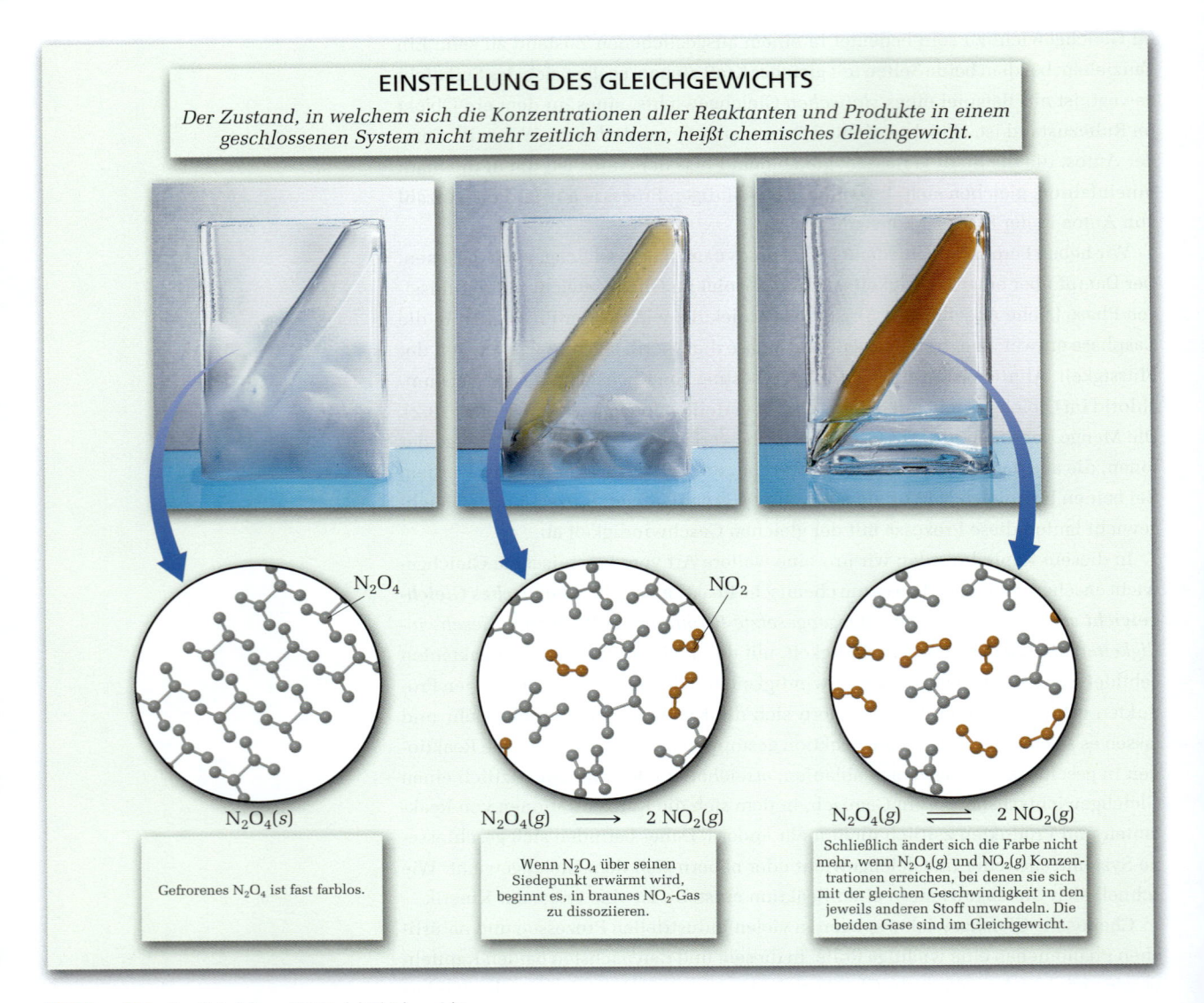

15 Chemisches Gleichgewicht

EINSTELLUNG DES GLEICHGEWICHTS

Der Zustand, in welchem sich die Konzentrationen aller Reaktanten und Produkte in einem geschlossenen System nicht mehr zeitlich ändern, heißt chemisches Gleichgewicht.

$N_2O_4(s)$

Gefrorenes N_2O_4 ist fast farblos.

$N_2O_4(g) \longrightarrow 2\ NO_2(g)$

Wenn N_2O_4 über seinen Siedepunkt erwärmt wird, beginnt es, in braunes NO_2-Gas zu dissoziieren.

$N_2O_4(g) \rightleftharpoons 2\ NO_2(g)$

Schließlich ändert sich die Farbe nicht mehr, wenn $N_2O_4(g)$ und $NO_2(g)$ Konzentrationen erreichen, bei denen sie sich mit der gleichen Geschwindigkeit in den jeweils anderen Stoff umwandeln. Die beiden Gase sind im Gleichgewicht.

Abbildung 15.1: Das $N_2O_4(g) \rightleftharpoons 2\ NO_2(g)$-Gleichgewicht.

wird dargestellt, indem wir die Gleichung für die Reaktion mit einem Doppelpfeil schreiben (siehe Abschnitt 4.1):

$$N_2O_4(g) \rightleftharpoons 2\ NO_2(g) \tag{15.1}$$
$$\text{farblos} \qquad \text{braun}$$

Wir können dieses Gleichgewicht anhand unserer Kenntnisse über Kinetik analysieren. Nennen wir die Zersetzung von N_2O_4 zur Bildung von NO_2 die Hinreaktion und die Reaktion von NO_2 zur erneuten Bildung von N_2O_4 die Rückreaktion. Wie wir in Abschnitt 14.6 gelernt haben, lassen sich die Geschwindigkeitsgesetze für chemische Reaktionen aus ihren chemischen Gleichgewichten schreiben:

Hinreaktion: $\quad N_2O_4(g) \longrightarrow 2\ NO_2(g) \qquad \text{Geschwindigkeit}_h = k_h\ [N_2O_4]$ (15.2)

Rückreaktion: $2\ NO_2(g) \longrightarrow N_2O_4(g) \qquad \text{Geschwindigkeit}_r = k_r\ [NO_2]^2$ (15.3)

wobei k_h und k_r die Geschwindigkeitskonstanten für die Hin- und Rückreaktion sind. Im Gleichgewicht ist die Geschwindigkeit, mit der Produkte aus Reaktanten gebildet werden, gleich der Geschwindigkeit, mit der Reaktanten aus Produkten gebildet werden:

$$k_h [N_2O_4] = k_r [NO_2]^2 \qquad (15.4)$$
$$\text{Hinreaktion} \qquad \text{Rückreaktion}$$

Durch Umstellung dieser Gleichung erhalten wir:

$$\frac{[NO_2]^2}{[N_2O_4]} = \frac{k_h}{k_r} = \text{eine Konstante} \qquad (15.5)$$

Wie ▶ Gleichung 15.5 zeigt, ist der Quotient der beiden Konstanten, k_h und k_r, selbst eine Konstante. Daher ist im Gleichgewicht das Verhältnis der Konzentrationsglieder von N_2O_4 und NO_2 eine Konstante. Wir werden diese Konstante als *Gleichgewichtskonstante* in Abschnitt 15.2 betrachten. Es macht keinen Unterschied, ob wir mit N_2O_4 oder mit NO_2 oder sogar mit irgendeiner Mischung der beiden beginnen. Im Gleichgewicht hat das Verhältnis einen bestimmten Wert. Somit ist im Gleichgewicht das Verhältnis von N_2O_4 zu NO_2 durch die Gleichgewichtskonstante bestimmt.

Sobald sich das Gleichgewicht eingestellt hat, ändern sich die Konzentrationen von N_2O_4 und NO_2 nicht mehr, wie ▶ Abbildung 15.2 zeigt. Nur weil die Zusammensetzung des Gleichgewichtsgemisches zeitlich konstant bleibt, heißt dies jedoch nicht, dass N_2O_4 und NO_2 nicht mehr reagieren. Ganz im Gegenteil, das Gleichgewicht ist dynamisch – ein Teil des N_2O_4 wandelt sich noch immer zu NO_2 um und ein Teil von NO_2 wandelt sich noch in N_2O_4 um. Im Gleichgewicht laufen die beiden Prozesse jedoch mit der gleichen Geschwindigkeit ab, daher gibt es keine *Nettoänderung* ihrer Mengen.

Wir entnehmen diesem Beispiel mehrere wichtige Informationen zum Gleichgewicht: Zuerst einmal zeigt die Tatsache, dass sich ein Gemisch aus Reaktanten und Produkten bildet, in dem sich die Konzentrationen nicht mehr zeitlich ändern, dass die Reaktion einen Gleichgewichtszustand erreicht hat. Zweitens dürfen, damit sich ein Gleichgewicht einstellt, weder die Reaktanten noch die Produkte aus dem System entweichen. Drittens ist im Gleichgewicht das Verhältnis der Konzentrationsglieder eine Konstante. Genau diese dritte Tatsache untersuchen wir im nächsten Abschnitt.

Die Gleichgewichtskonstante 15.2

Gegenläufige Reaktionen führen natürlich zu einem Gleichgewicht, unabhängig davon, wie kompliziert die Reaktion auch ist und unabhängig von der Art der kinetischen Prozesse für die Hin- und Rückreaktionen. Betrachten wir die Synthese von Ammoniak aus Stickstoff und Wasserstoff:

$$N_2(g) + 3\,H_2(g) \rightleftharpoons 2\,NH_3(g) \qquad (15.6)$$

Diese Reaktion ist die Grundlage für das **Haber-Bosch-Verfahren**, das, bei Vorliegen eines Katalysators, N_2 und H_2 bei einem Druck von mehreren hundert Atmosphären und einer Temperatur von mehreren hundert Grad Celsius zur Reaktion bringt. Die beiden Gase reagieren unter Bildung von Ammoniak bei diesen Bedingungen, die Reaktion führt aber nicht zum vollständigen Verbrauch von N_2 und H_2. Stattdessen scheint die Reaktion an einem gewissen Punkt zu stoppen, wobei alle drei Bestandteile des Reaktionsgemisches gleichzeitig vorhanden sind.

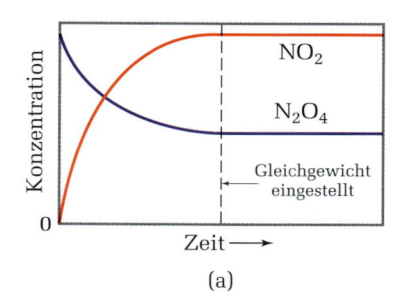

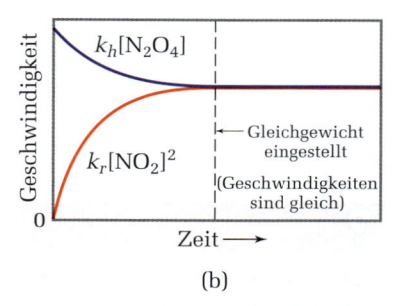

Abbildung 15.2: Erreichen des chemischen Gleichgewichts für $N_2O_4(g) \rightleftharpoons 2\,NO_2(g)$. (a) Im Laufe der Reaktion nimmt die Konzentration von N_2O_4 ab, während die Konzentration von NO_2 zunimmt. Das Gleichgewicht liegt vor, wenn sich die Konzentrationen zeitlich nicht mehr ändern. (b) Die Geschwindigkeit, mit der N_2O_4 verbraucht wird, sinkt mit der Zeit, wenn die Konzentration von N_2O_4 abnimmt. Gleichzeitig nähert sich auch die Bildungsgeschwindigkeit von NO_2 einem Grenzwert. Das Gleichgewicht ist erreicht, wenn diese beiden Geschwindigkeiten gleich sind.

❓ DENKEN SIE EINMAL NACH

(a) Welche Größen sind im dynamischen Gleichgewicht gleich? (b) Wenn die Geschwindigkeitskonstante für die Hinreaktion in ▶ Gleichung 15.1 größer als die Geschwindigkeitskonstante für die Rückreaktion ist, ist die Konstante in ▶ Gleichung 15.5 größer als 1 oder kleiner als 1?

15 Chemisches Gleichgewicht

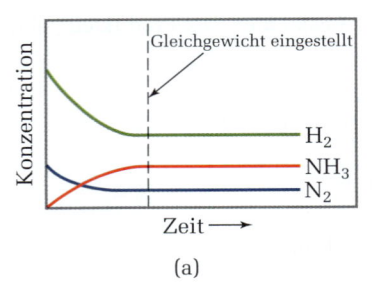

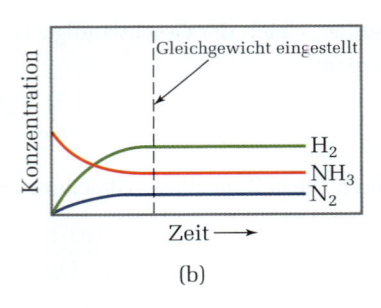

Abbildung 15.3: Konzentrationsänderungen bei Annäherung an das Gleichgewicht. (a) Annäherung an das Gleichgewicht für die Reaktion $N_2 + 3 H_2 \rightleftharpoons 2 NH_3$, beginnend mit H_2 und N_2, im Verhältnis 3:1, ohne NH_3. (b) Annäherung an das Gleichgewicht für die gleiche Reaktion, beginnend mit reinem NH_3 im Reaktionsgefäß.

> **? DENKEN SIE EINMAL NACH**
>
> Woran erkennen wir, wann in einer chemischen Reaktion ein Gleichgewicht erreicht wurde?

Wie die Konzentrationen von H_2, N_2 und NH_3 sich mit der Zeit ändern, zeigt ▶ Abbildung 15.3a. Sie sehen, dass man unabhängig davon, ob wir mit N_2 und H_2 oder nur mit NH_3 beginnen, ein Gleichgewichtsgemisch erhalten. Im Gleichgewicht sind die Konzentrationsverhältnisse von H_2, N_2 und NH_3 gleich, unabhängig davon, ob das Ausgangsgemisch ein 3:1-Molverhältnis von H_2 und N_2 oder reines NH_3 war. *Der Gleichgewichtszustand kann aus beiden Richtungen erreicht werden.*

Weiter oben haben wir gesehen, dass, wenn die Reaktion $N_2O_4(g) \rightleftharpoons 2 NO_2(g)$ im Gleichgewicht ist, das Verhältnis, basierend auf den Gleichgewichtskonzentrationen von N_2O_4 und NO_2, einen konstanten Wert hat (Gleichung 15.5). Eine ähnliche Beziehung bestimmt die Konzentrationen von N_2, H_2 und NH_3 im Gleichgewicht. Wenn wir die Mengenverhältnisse der drei Gase im Ausgangsgemisch systematisch ändern und dann jedes Gleichgewichtsgemisch analysieren würden, könnten wir die Beziehung zwischen den Gleichgewichtskonzentrationen bestimmen.

Vor den Arbeiten von Haber führten Chemiker im 19. Jahrhundert Untersuchungen dieser Art an anderen chemischen Systemen durch. Im Jahr 1864 postulierten Cato Maximilian Guldberg (1836–1902) und Peter Waage (1833–1900) ihr **Massenwirkungsgesetz**, das für jede Reaktion die Beziehung zwischen den Konzentrationen der Reaktanten und Produkte ausdrückt, die im Gleichgewicht vorliegen. Nehmen wir an, dass wir die folgende allgemeine Gleichgewichtsreaktion haben:

$$a\mathrm{A} + b\mathrm{B} \rightleftharpoons d\mathrm{D} + e\mathrm{E} \qquad (15.7)$$

wobei A, B, D und E die beteiligten chemischen Spezies und a, b, d und e ihre stöchiometrischen Koeffizienten in der ausgeglichenen chemischen Gleichung sind. Nach dem Massenwirkungsgesetz wird der Gleichgewichtszustand ausgedrückt durch die Gleichung:

$$K_c = \frac{[\mathrm{D}]^d[\mathrm{E}]^e}{[\mathrm{A}]^a[\mathrm{B}]^b} \qquad (15.8)$$

Wir nennen diese Beziehung den **Gleichgewichtsausdruck** für die Reaktion. Die Konstante K_c, die wir die **Gleichgewichtskonstante** nennen, ist der Zahlenwert, den wir erhalten, wenn wir die Gleichgewichtskonzentrationen in den Gleichgewichtsausdruck einsetzen. Der tiefstehende Index c bei K zeigt an, dass molare Konzentrationen verwendet werden, um die Konstante zu berechnen.

Im Allgemeinen ist der Zähler des Gleichgewichtsausdrucks das Produkt der Konzentrationen aller Substanzen auf der Produktseite der Gleichgewichtsreaktion jeweils in der Potenz, die gleich ihrem stöchiometrischen Koeffizienten in der ausgegliche-

Chemie im Einsatz — Das Haber-Bosch-Verfahren

In Abschnitt 14.7 hatten wir einen „Chemie und Leben"-Kasten, der *Stickstofffixierung* behandelte, die Prozesse, die N_2-Gas in Ammoniak umwandeln, welches dann in lebenden Organismen umgesetzt werden kann. Wir haben gesehen, dass das Enzym Nitrogenase für die Erzeugung des Großteils des fixierten Stickstoffs verantwortlich ist, der für Pflanzenwachstum unerlässlich ist. Die Menge an Nahrungsmitteln, die benötigt wird, um die ständig wachsende Weltbevölkerung zu ernähren, übersteigt jedoch die, die durch Stickstoff fixierende Pflanzen geliefert werden kann. Daher benötigt die Landwirtschaft beträchtliche Mengen von Düngemitteln auf Ammoniakgrundlage, die direkt auf Anbauflächen aufgetragen werden können. Darum ist von allen chemischen Reaktionen, die Menschen gelernt haben, für ihre eigenen Zwecke auszuführen und zu beherrschen, die Synthese von Ammoniak aus Wasserstoff und atmosphärischem Stickstoff eine der wichtigsten.

Im Jahr 1912 entwickelte der deutsche Chemiker Fritz Haber (1868–1934) ein Verfahren für die direkte Synthese von Ammoniak aus Stickstoff und Wasserstoff (▶ Abbildung 15.4). Das Verfahren wird als *Haber-Bosch-Verfahren* bezeichnet, da Karl Bosch der Ingenieur war, der die Anlagen für die industrielle Produktion von Ammoniak entwickelte. Die Technik, die zur Durchführung des Haber-Bosch-Verfahrens benötigt wird, erfordert Temperaturen und Drücke (ca. 500 °C und 200 atm), die zu jener Zeit sehr schwierig zu handhaben waren.

Das Haber-Bosch-Verfahren bietet ein historisch interessantes Beispiel der komplexen Wirkung von Chemie auf unser Leben. Zu Beginn des 1. Weltkriegs 1914 war Deutschland von Nitratvorkommen in Chile abhängig, um die stickstoffhaltigen Verbindungen zu erhalten, die zur Herstellung von Sprengstoffen benötigt werden.

Abbildung 15.5: Gelöstes Ammoniak als Düngemittel. Ammoniak, hergestellt über das Haber-Bosch-Verfahren, kann direkt als Düngemittel eingesetzt werden. Die Verwendung in der Landwirtschaft ist die größte Einzelanwendung des hergestellten NH_3.

Während des Krieges schnitt die Seeblockade der Alliierten diese Versorgung ab. Durch Fixierung von Stickstoff aus Luft konnte Deutschland jedoch weiterhin Sprengstoff herstellen. Nach Expertenschätzungen wäre der 1. Weltkrieg vor 1918 beendet worden, wenn es das Haber-Bosch-Verfahren nicht gegeben hätte.

Von diesen tragischen Anfängen als ein Hauptfaktor im internationalen Kriegswesen ist das Haber-Bosch-Verfahren zur Hauptquelle für fixierten Stickstoff der Welt geworden. Das gleiche Verfahren, das den 1. Weltkrieg verlängerte, hat es Wissenschaftlern ermöglicht, Düngemittel herzustellen, die Ernteausbeuten erhöhen, und damit Millionen von Menschen vor dem Verhungern gerettet haben. Etwa 40 Milliarden Pfund Ammoniak werden jährlich in den USA hergestellt, das meiste davon durch das Haber-Bosch-Verfahren. Das Ammoniak kann direkt als Düngemittel auf den Erdboden aufgetragen werden (▶ Abbildung 15.5). Es kann in Ammoniumsalze umgewandelt werden – zum Beispiel Ammoniumsulfat, $(NH_4)_2SO_4$, oder Ammoniumhydrogenphosphat, $(NH_4)_2HPO_4$ – die wiederum als Düngemittel verwendet werden.

Haber war ein patriotischer Deutscher, der die Kriegsanstrengungen seiner Nation enthusiastisch unterstützte. Er arbeitete während des 1. Weltkriegs als Leiter der deutschen „Zentralstelle für Fragen der Chemie" im Kriegsministerium an der Entwicklung von Chlor als Gaskampfstoff. Daher war die Entscheidung, ihm 1918 den Nobelpreis für Chemie zu verleihen, Gegenstand einer heftigen Kontroverse und wurde stark kritisiert. Sehr grotesk mutet in diesem Zusammhang an, dass Haber 1933 aus Deutschland vertrieben wurde, da er jüdischer Abstammung war.

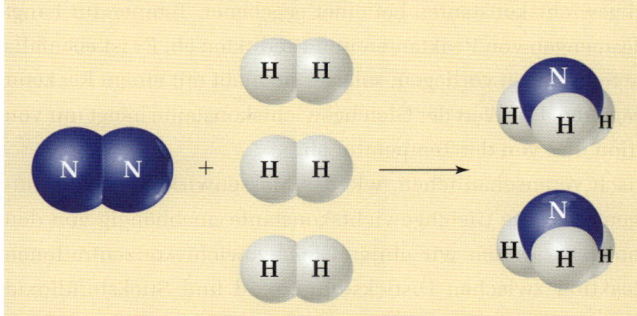

Abbildung 15.4: Das Haber-Bosch-Verfahren. Dieser exotherme Vorgang dient zur Umwandlung von $N_2(g)$ und $H_2(g)$ in $NH_3(g)$ und erfordert die Spaltung der sehr starken Dreifachbindung von N_2.

---

nen Gleichung ist. Der Nenner wird entsprechend aus der Reaktantenseite der Gleichgewichtsreaktion gebildet. Erinnern Sie sich: Es ist Konvention, die Substanzen auf der *Produkt*-Seite im *Zähler* und die Substanzen auf der *Reaktanten*-Seite im *Nenner* zu schreiben. Daher ist der Gleichgewichtsausdruck für das Haber-Bosch-Verfahren $N_2(g) + 3\,H_2(g) \rightleftharpoons 2\,NH_3(g)$:

$$K_c = \frac{[NH_3]^2}{[N_2][H_2]^3} \qquad (15.9)$$

Beachten Sie, dass wir, sobald wir die ausgeglichene chemische Gleichung für ein Gleichgewicht kennen, den Gleichgewichtsausdruck schreiben können, selbst wenn

15 Chemisches Gleichgewicht

ÜBUNGSBEISPIEL 15.1 — Schreiben von Gleichgewichtsausdrücken

Schreiben Sie den Gleichgewichtsausdruck K_c für die folgenden Reaktionen:

(a) $2\,O_3(g) \rightleftharpoons 3\,O_2(g)$

(b) $2\,NO(g) + Cl_2(g) \rightleftharpoons 2\,NOCl(g)$

(c) $Ag^+(aq) + 2\,NH_3(aq) \rightleftharpoons Ag(NH_3)_2^+(aq)$

Lösung

Analyse: Es werden drei Reaktionsgleichungen angegeben und wir sollen für jede einen Gleichgewichtsausdruck schreiben.

Vorgehen: Über das Massenwirkungsgesetz schreiben wir jeden Ausdruck als einen Quotienten, der die Produktkonzentrationen im Zähler und die Konzentrationen der Reaktanten im Nenner hat. Jede Konzentrationsangabe steht in der Potenz ihres Koeffizienten in der ausgeglichenen chemischen Gleichung.

Lösung: (a) $K_c = \dfrac{[O_2]^3}{[O_3]^2}$ (b) $K_c = \dfrac{[NOCl]^2}{[NO]^2[Cl_2]}$ (c) $K_c = \dfrac{[Ag(NH_3)_2^+]}{[Ag^+][NH_3]^2}$

ÜBUNGSAUFGABE

Schreiben Sie den Gleichgewichtsausdruck, K_c, für (a) $H_2(g) + I_2(g) \rightleftharpoons 2\,HI(g)$, (b) $Cd^{2+}(aq) + 4\,Br^-(aq) \rightleftharpoons CdBr_4^{2-}(aq)$.

Antworten: (a) $K_c = \dfrac{[HI]^2}{[H_2][I_2]}$ (b) $K_c = \dfrac{[CdBr_4^{2-}]}{[Cd^{2+}][Br^-]^4}$

---

wir den Reaktionsmechanismus nicht kennen. *Der Gleichgewichtsausdruck hängt nur von der Stöchiometrie der Reaktion, nicht von seinem Mechanismus ab.*

Der Wert der Gleichgewichtskonstanten bei einer gegebenen Temperatur hängt nicht von den Ausgangsmengen von Reaktanten und Produkten ab. Es ist ebenfalls gleichgültig, ob andere Substanzen vorliegen, solange sie nicht mit einem Reaktant oder einem Produkt reagieren. Der Wert der Gleichgewichtskonstante hängt nur von der betrachteten Reaktion und von der Temperatur ab.

Wir können empirisch veranschaulichen, wie das Massenwirkungsgesetz entdeckt wurde und zeigen, dass die Gleichgewichtskonstante unabhängig von den Ausgangskonzentrationen ist, indem wir einige Gleichgewichtskonzentrationen für die Gas-Phasen-Reaktion zwischen Distickstofftetroxid und Stickstoffdioxid untersuchen:

$$N_2O_4(g) \rightleftharpoons 2\,NO_2(g) \qquad K_c = \dfrac{[NO_2]^2}{[N_2O_4]} \qquad (15.10)$$

Abbildung 15.1 zeigt die Reaktion, die zum Gleichgewicht führt, beginnend mit reinem N_2O_4. Da NO_2 ein dunkelbraunes Gas und N_2O_4 farblos ist, lässt sich die Menge von NO_2 im Gemisch durch Messen der Intensität der braunen Farbe des Gasgemisches bestimmen.

Wir können den Zahlenwert für K_c bestimmen und überprüfen, ob er, unabhängig von den Ausgangsmengen NO_2 und N_2O_4 eine Konstante ist, indem wir Versuche durchführen, in denen wir mit mehreren Ampullen beginnen, die verschiedene Konzentrationen von NO_2 und N_2O_4 enthalten, wie in Tabelle 15.1 dargestellt. Die Rohre werden bei 100 °C gehalten, bis keine weitere Änderung der Farbe des Gases zu sehen ist. Wir analysieren dann die Gemische und bestimmen die Gleichgewichtskonzentrationen von NO_2 und N_2O_4, wie Tabelle 15.1 zeigt.

15.2 Die Gleichgewichtskonstante

Tabelle 15.1
Anfangs- und Gleichgewichtskonzentrationen von N_2O_4 und NO_2 in der Gasphase bei 100 °C

Versuch	N_2O_4-Anfangs-Konzentration (M)	NO_2-Anfangs-Konzentration (M)	N_2O_4-Gleichgewichts-konzentration (M)	NO_2-Gleichgewichts-konzentration (M)	K_c
1	0,0	0,0200	0,00140	0,0172	0,211
2	0,0	0,0300	0,00280	0,0243	0,211
3	0,0	0,0400	0,00452	0,0310	0,213
4	0,0200	0,0	0,00452	0,0310	0,213

Zur Berechnung der Gleichgewichtskonstanten K_c setzen wir die Gleichgewichtskonzentrationen im Gleichgewichtsausdruck ein. Wenn wir zum Beispiel die Angaben aus Versuch 1, $[NO_2] = 0{,}0172\ M$ und $[N_2O_4] = 0{,}00140\ M$, verwenden, erhalten wir:

$$K_c = \frac{[NO_2]^2}{[N_2O_4]} = \frac{(0{,}0172)^2}{0{,}00140} = 0{,}211$$

Auf gleiche Weise wurden die Werte von K_c für die anderen Proben berechnet, wie in Tabelle 15.1 aufgeführt. Sie sehen, dass der Wert für K_c konstant ist ($K_c = 0{,}212$, innerhalb der Grenzen experimenteller Fehler), obwohl die Anfangskonzentrationen schwanken. Darüber hinaus zeigen die Ergebnisse von Versuch 4, dass sich Gleichgewicht, beginnend mit N_2O_4 statt mit NO_2, einstellen kann. Dies heißt, dass wir uns dem Gleichgewicht aus beiden Richtungen nähern können. ▶ Abbildung 15.6 zeigt, wie die Versuche 3 und 4 das gleiche Gleichgewichtsgemisch ergeben, obwohl einer mit $0{,}0400\ M\ NO_2$ und der andere mit $0{,}0200\ M\ N_2O_4$ beginnt.

Sofern sich die Konzentrationseinheiten im Gleichgewichtsausdruck nicht herauskürzen, trägt K_c eine Benennung. Aus Gründen, die wir etwas später erklären werden, lassen wir zur Vereinfachung die Benennung weg.

> **❓ DENKEN SIE EINMAL NACH**
>
> Wie hängt der Wert von K_c in Gleichung 15.10 von den Ausgangskonzentrationen von NO_2 und N_2O_4 ab?

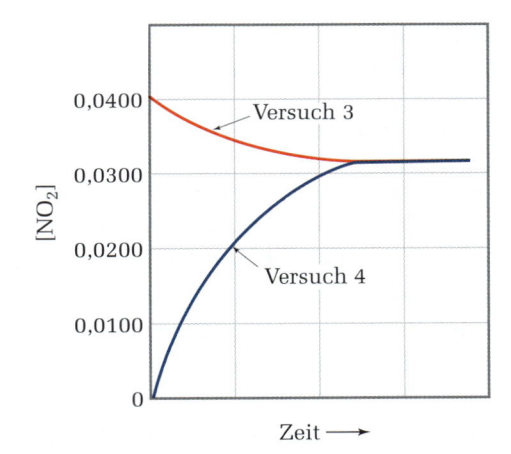

Abbildung 15.6: Konzentrationsänderungen bei Annäherung an das Gleichgewicht. Wie in Tabelle 15.1 zu sehen, wird das gleiche Gleichgewichtsgemisch erzeugt, wenn man entweder mit 1,22 atm NO_2 (Versuch 3) oder 0,612 atm N_2O_4 (Versuch 4) beginnt.

Gleichgewichtskonstanten bezogen auf Druck, K_p

Wenn die Reaktanten und Produkte in einer chemischen Reaktion Gase sind, können wir den Gleichgewichtsausdruck bezogen auf Partialdrücke anstatt auf molare Konzentrationen formulieren. Wenn Partialdrücke in Atmosphären im Gleichgewichtsausdruck verwendet werden, bezeichnen wir die Gleichgewichtskonstante als K_p, wobei der tiefstehende Index p für Druck steht. Für die allgemeine Reaktion in ▶ Gleichung 15.7 ist der Ausdruck für K_p:

$$K_p = \frac{(p_D)^d (p_E)^e}{(p_A)^a (p_B)^b} \qquad (15.11)$$

wobei p_A der Partialdruck von A in Atmosphären ist und so weiter.

Für $N_2O_4(g) \rightleftharpoons 2\,NO_2(g)$ haben wir zum Beispiel:

$$K_p = \frac{(p_{NO_2})^2}{p_{N_2O_4}}$$

> **? DENKEN SIE EINMAL NACH**
>
> Wofür stehen die Symbole K_c und K_p?

Für eine gegebene Reaktion ist der Zahlenwert von K_c generell anders als der Zahlenwert von K_p. Wir müssen daher darauf achten, durch einen tiefgestellten Index c oder p anzugeben, welche dieser Gleichgewichtskonstanten wir verwenden. Es ist jedoch möglich, eine aus der anderen zu berechnen, indem wir die ideale Gasgleichung (siehe Abschnitt 10.4) verwenden, um zwischen Konzentration (in Molarität M) und Druck (in atm) umzuwandeln:

$$pV = nRT, \text{ also } p = \frac{n}{V}RT \qquad (15.12)$$

Unter Verwendung der üblichen Einheiten hat n/V die Einheiten mol/l und ist daher gleich der Molarität M. Für Substanz A sehen wir daher, dass:

$$p_A = \frac{n_A}{V}RT = [A]RT \qquad (15.13)$$

Wenn wir Gleichung 15.13 und ähnliche Ausdrücke für die anderen gasförmigen Bestandteile der Reaktion in den Ausdruck für K_p (Gleichung 15.11) einsetzen, erhalten wir einen allgemeinen Ausdruck, der sich auf K_p und K_c bezieht:

$$K_p = K_c (RT)^{\Delta n} \qquad (15.14)$$

Die Größe Δn ist die Änderung der Molzahl von Gas in der chemischen Gleichung für die betreffende Reaktion. Sie ist gleich der Summe der Koeffizienten der gasförmigen Produkte minus der Summe der Koeffizienten der gasförmigen Reaktanten:

$\Delta n = $ (Mol des gasförmigen Produkts) – (Mol des gasförmigen Reaktants) $\qquad$ (15.15)

In der Reaktion $N_2O_4(g) \rightleftharpoons 2\,NO_2(g)$ gibt es zum Beispiel zwei Mol des Produkts NO_2 (der Koeffizient in der ausgeglichenen Gleichung) und ein Mol des Reaktanten N_2O_4. Daher ist $\Delta n = 2-1 = 1$ und $K_p = K_c(RT)$ für diese Reaktion. Aus ▶ Gleichung 15.14 sehen wir, $K_p = K_c$, wenn die gleiche Molzahl von Gasen auf beiden Seiten der ausgeglichenen chemischen Gleichung erscheint, was bedeutet, dass $\Delta n = 0$.

Die Gleichgewichtskonstante steht nicht nur mit der Kinetik einer Reaktion, sondern auch mit der Thermodynamik des Prozesses in Zusammenhang. Wir werden uns dies in Kapitel 19 genauer ansehen. Aus thermodynamischen Messungen abgeleitete Gleichgewichtskonstanten werden auf *Aktivitäten* statt Konzentrationen oder Partialdrücke bezogen. Eine vollständige Diskussion der Aktivitäten sprengt den Rahmen dieses Buches, es ist jedoch nützlich, kurz darauf einzugehen.

ÜBUNGSBEISPIEL 15.2 — Umrechnung zwischen K_c und K_p

Bei der Synthese von Ammoniak aus Stickstoff und Wasserstoff

$$N_2(g) + 3\,H_2(g) \rightleftharpoons 2\,NH_3(g)$$

$K_c = 9{,}60$ bei 300 °C. Berechnen Sie K_p für diese Reaktion bei dieser Temperatur.

Lösung

Analyse: Es wird K_c für eine Reaktion angegeben und es ist K_p zu berechnen.

Vorgehen: Gleichung 15.14 gibt die Beziehung zwischen K_c und K_p. Zur Anwendung dieser Gleichung müssen wir Δn bestimmen, indem wir die Molzahl von Produkten mit der Molzahl von Reaktanten vergleichen (▶ Gleichung 15.15).

Lösung: Es gibt zwei Mol gasförmiges Produkt (2 NH$_3$) und vier Mol gasförmiger Reaktanten (1 N$_2$ + 3 H$_2$). Daher ist $\Delta n = 2 - 4 = -2$ (denken Sie daran, dass Δ-Funktionen immer auf Produkten minus Reaktanten basieren). Die Temperatur T ist $(273 + 300)\,K = 573$. Der Wert für die ideale Gaskonstante R ist $0{,}0821\ l\cdot atm/mol\cdot K^{-1}$. Anhand von $K_c = 9{,}60$ haben wir daher:

$$K_p = K_c(RT)^{\Delta n} = (9{,}60)(0{,}0821 \times 573)^{-2} = \frac{(9{,}60)}{(0{,}0821 \times 573)^2} = 4{,}34 \times 10^{-3}$$

ÜBUNGSAUFGABE

Für das Gleichgewicht $2\,SO_3(g) \rightleftharpoons 2\,SO_2(g) + O_2(g)$ ist $K_c = 4{,}08 \times 10^{-3}$ bei 1000 K. Berechnen Sie den Wert für K_p.

Antwort: 0,335.

Die Aktivität einer Substanz in einem idealen Gemisch ist das Verhältnis der Konzentration der Substanz in mol/l zu einer Standardkonzentration von 1 M oder, wenn die Substanz ein Gas ist, das Verhältnis des Partialdrucks in Atmosphären zum Standarddruck von 1 atm. Wenn die Konzentration einer Substanz in einem Gleichgewichtsgemisch zum Beispiel 0,10 M beträgt, ist ihre Aktivität $0{,}10\,M/1\,M = 0{,}10$. Die Einheiten solcher Verhältnisse heben sich immer auf und daher haben Aktivitäten keine Einheiten. Darüber hinaus ist der Zahlenwert der Aktivität gleich der Konzentration, weil wir durch 1 geteilt haben. In realen Systemen sind Aktivitäten numerisch nicht genau gleich den Konzentrationen. In einigen Fällen sind die Unterschiede bedeutend (siehe Kasten „Näher hingeschaut" in Abschnitt 13.6). Wir werden hier diese Unterschiede jedoch ignorieren. Für reine Festkörper und reine Flüssigkeiten ist der Sachverhalt noch einfacher, weil die Aktivitäten dann gleich 1 sind (wieder ohne Einheiten). Weil Aktivitäten keine Einheiten haben, hat die *thermodynamische Gleichgewichtskonstante*, die aus ihnen abgeleitet wird, auch keine Einheiten.

Zur Vereinfachung werden wir in diesem Kapitel die Gleichgewichtskonstanten ohne Einheiten angeben.

> **❓ DENKEN SIE EINMAL NACH**
>
> Wenn die Konzentration von N_2O_4 in einem Gleichgewichtsgemisch 0,00140 M ist, was ist seine Aktivität?

15.3 Interpretation von und Arbeit mit Gleichgewichtskonstanten

Bevor wir Berechnungen mit Gleichgewichtskonstanten ausführen, ist es von Nutzen zu verstehen, was uns die Größe einer Gleichgewichtskonstante über die relativen Konzentrationen von Reaktanten und Produkten in einem Gleichgewichtsgemisch sagen kann. Es ist ebenfalls nützlich zu überlegen, wie die Gleichgewichtskonstante davon abhängt, wie die chemische Gleichung ausgedrückt wird. Wir untersuchen diese Gesichtspunkte in diesem Abschnitt.

Die Größe von Gleichgewichtskonstanten

Gleichgewichtskonstanten können sehr groß oder auch sehr klein sein. Die Größe der Konstante liefert uns wichtige Informationen über die Zusammensetzung eines Gleichgewichtsgemisches. Betrachten wir zum Beispiel die Reaktion von Kohlenmonoxidgas und Chlorgas bei 100 °C zur Bildung von Phosgen ($COCl_2$), ein Giftgas, das in der Herstellung bestimmter Polymere und Insektizide verwendet wird:

$$CO(g) + Cl_2(g) \rightleftharpoons COCl_2(g) \qquad K_c = \frac{[COCl_2]}{[CO][Cl_2]} = 4{,}56 \times 10^9$$

Da die Gleichgewichtskonstante so groß ist, muss der Zähler des Gleichgewichtsausdrucks weitaus größer als der Nenner sein. Daher muss die Gleichgewichtskonzentration von $COCl_2$ viel größer als die von CO oder Cl_2 sein, und genau das finden wir auch experimentell. Wir sagen, dass dieses Gleichgewicht *auf der rechten Seite liegt* (das heißt, auf der Produktseite). Desgleichen zeigt eine sehr kleine Gleichgewichtskonstante an, dass das Gleichgewichtsgemisch größtenteils Reaktanten enthält. Wir sagen dann, dass das Gleichgewicht *auf der linken Seite liegt*. Generell gilt:

Wenn $K \gg 1$, dann liegt das Gleichgewicht auf der rechten Seite: es gibt vorwiegend Produkte.

Wenn $K \ll 1$, dann liegt das Gleichgewicht auf der linken Seite: es gibt vorwiegend Reaktanten.

Eine Zusammenfassung dieser Regeln finden Sie in ▶ Abbildung 15.7.

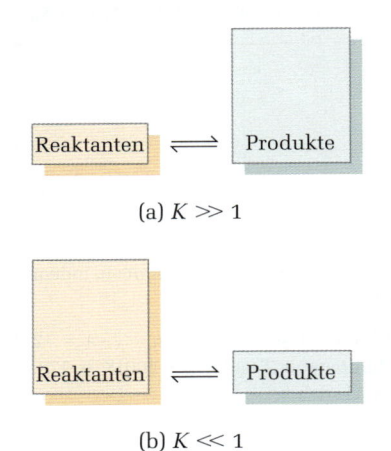

Abbildung 15.7: K und die Zusammensetzung des Gleichgewichtsgemisches. Der Gleichgewichtsausdruck hat Produkte im Zähler und Reaktanten im Nenner. (a) Wenn $K \gg 1$, gibt es mehr Produkte als Reaktanten im Gleichgewicht und man sagt, dass das Gleichgewicht rechts liegt. (b) Wenn $K \ll 1$, gibt es mehr Reaktanten als Produkte im Gleichgewicht und man sagt, dass das Gleichgewicht links liegt.

ÜBUNGSBEISPIEL 15.3 — Interpretation der Größe einer Gleichgewichtskonstanten

Die Reaktion von N_2 mit O_2 zur Bildung von NO könnte als ein Weg zur „Fixierung" von Stickstoff betrachtet werden:

$$N_2(g) + O_2(g) \rightleftharpoons 2\,NO(g)$$

Der Wert für die Gleichgewichtskonstante für diese Reaktion bei 25 °C ist $K_c = 1 \times 10^{-30}$. Beantworten Sie, ob es realistisch ist, Stickstoff durch Bildung von NO bei 25 °C zu fixieren.

Lösung

Analyse: Wir sollen die Nützlichkeit einer Reaktion basierend auf der Größe ihrer Gleichgewichtskonstante kommentieren.

Vorgehen: Wir betrachten die Größe der Gleichgewichtskonstante, um zu bestimmen, ob diese Reaktion für die Herstellung von NO nutzbar ist.

Lösung: Weil K_c so klein ist, bildet sich bei 25 °C sehr wenig NO. Das Gleichgewicht liegt auf der linken Seite und begünstigt die Reaktanten. Daher ist diese Reaktion eine sehr schlechte Wahl für die Stickstofffixierung, zumindest bei 25 °C.

ÜBUNGSAUFGABE

Für die Reaktion $H_2(g) + I_2(g) \rightleftharpoons 2\,HI(g)$ ist $K_p = 794$ bei 298 K und $K_p = 54$ bei 700 K. Ist die Bildung von HI bei der höheren oder niedrigeren Temperatur begünstigt?

Antwort: Die Bildung von HI ist bei der niedrigeren Temperatur begünstigt, da K_p bei der niedrigeren Temperatur größer ist.

Die Schreibweise der chemischen Gleichung und K

Weil man sich einem Gleichgewicht aus beiden Richtungen annähern kann, ist die Richtung, in der wir die chemische Gleichung für ein Gleichgewicht schreiben, willkürlich. Wir haben zum Beispiel gesehen, dass wir das N_2O_4–NO_2-Gleichgewicht darstellen können als:

$$N_2O_4(g) \rightleftharpoons 2\,NO_2(g) \quad K_c = \frac{[NO_2]^2}{[N_2O_4]} = 0{,}212 \quad \text{(bei 100 °C)} \quad (15.16)$$

Wir könnten dieses Gleichgewicht genauso gut für die Rückreaktion betrachten:

$$2\,NO_2(g) \rightleftharpoons N_2O_4(g)$$

Der Gleichgewichtsausdruck ist dann:

$$K_c = \frac{[N_2O_4]}{[NO_2]^2} = \frac{1}{0{,}212} = 4{,}72 \quad \text{(bei 100 °C)} \quad (15.17)$$

▶Gleichung 15.17 ist nur der Kehrwert des Gleichgewichtsausdrucks in ▶Gleichung 15.16. *Der Gleichgewichtsausdruck für eine Reaktion in der einen Richtung ist der Kehrwert für die Reaktion in der umgekehrten Richtung.* Beide Ausdrücke sind gleichermaßen gültig, es ist jedoch bedeutungslos zu sagen, dass die Gleichgewichtskonstante für das Gleichgewicht zwischen NO_2 und N_2O_4 0,212 oder 4,72 ist, wenn wir nicht angeben, wie die Gleichgewichtsreaktion geschrieben wird, und nicht auch die Temperatur angeben.

ÜBUNGSBEISPIEL 15.4   Interpretation einer Gleichgewichtskonstanten bei Umkehrung einer Reaktionsgleichung

(a) Schreiben Sie den Gleichgewichtsausdruck für K_c für die folgende Reaktion:

$$2\,NO(g) \rightleftharpoons N_2(g) + O_2(g)$$

(b) Bestimmen Sie anhand der Informationen in Übungsbeispiel 15.3 den Wert dieser Gleichgewichtskonstanten bei 25 °C.

Lösung

Analyse: Wir sollen den Gleichgewichtsausdruck für eine Reaktion bezogen auf Konzentrationen schreiben und den Wert von K_c bestimmen.

Vorgehen: Wie zuvor schreiben wir den Gleichgewichtsausdruck als einen Quotienten aus Produkt und Reaktanten. Wir können den Wert der Gleichgewichtskonstante bestimmen, indem wir den Gleichgewichtsausdruck, den wir für diese Gleichung schreiben, mit dem Gleichgewichtsausdruck in Übungsbeispiel 15.3, wo wir $N_2(g) + O_2(g) \rightleftharpoons 2\,NO(g)$, $K_c = 1 \times 10^{-30}$ fanden, in Beziehung setzen.

Lösung:
(a) Wenn wir Produkte über Reaktanten schreiben, haben wir:

$$K_c = \frac{[N_2][O_2]}{[NO]^2}$$

(b) Die Reaktion ist nur die Umkehrung der Reaktion in Übungsbeispiel 15.3. Daher sind der Gleichgewichtsausdruck und der Zahlenwert der Gleichgewichtskonstante die Kehrwerte derer für die Reaktion in Übungsbeispiel 15.3.

$$K_c = \frac{[N_2][O_2]}{[NO]^2} = \frac{1}{1 \times 10^{-30}} = 1 \times 10^{30}$$

Anmerkung: Unabhängig davon, wie wir das Gleichgewicht unter NO, N_2 und O_2 ausdrücken, liegt es bei 25 °C auf der Seite, die N_2 und O_2 begünstigt.

ÜBUNGSAUFGABE

Für die Bildung von NH_3 aus N_2 und H_2 ist $N_2(g) + 3\,H_2(g) \rightleftharpoons 2\,NH_3(g)$, $K_p = 4{,}34 \times 10^{-3}$ bei 300 °C. Was ist der Wert von K_p für die Rückreaktion?

Antwort: $2{,}30 \times 10^2$.

Der Zusammenhang zwischen chemischen Gleichungen und Gleichgewichtskonstanten

Genauso wie die Gleichgewichtskonstanten der Hin- und Rückreaktion Kehrwerte voneinander sind, sind auch die Gleichgewichtskonstanten von Reaktionen, die auf andere Weise verknüpft sind, miteinander verbunden. Wenn wir zum Beispiel unser ursprüngliches N_2O_4–NO_2-Gleichgewicht mit 2 multiplizieren, würden wir Folgendes erhalten:

$$2\,N_2O_4(g) \rightleftharpoons 4\,NO_2(g)$$

Der Gleichgewichtsausdruck, K_c, für diese Gleichung ist:

$$K_c = \frac{[NO_2]^4}{[N_2O_4]^2}$$

was einfach das Quadrat des Gleichgewichtsausdrucks für die ursprüngliche Gleichung ist, angegeben in ▶ Gleichung 15.10. Weil der neue Gleichgewichtsausdruck gleich dem ursprünglichen Ausdruck zum Quadrat ist, ist die neue Gleichgewichtskonstante gleich der ursprünglichen Konstante zum Quadrat: in diesem Fall $0{,}212^2 = 0{,}0449$ (bei 100 °C).

Manchmal, wie z. B. bei Problemen, die den Satz von Hess nutzen (siehe Abschnitt 5.6), müssen wir Gleichungen verwenden, die aus zwei oder mehr Schritten im Gesamtprozess bestehen. Wir erhalten die Nettogleichung, indem wir die einzelnen Gleichungen addieren und identische Glieder kürzen. Betrachten Sie die beiden folgenden Reaktionen, ihre Gleichgewichtsausdrücke und ihre Gleichgewichtskonstanten bei 100 °C.

$$2\,NOBr(g) \rightleftharpoons 2\,NO(g) + Br_2(g) \qquad K_c = \frac{[NO]^2[Br_2]}{[NOBr]^2} = 0{,}014$$

$$Br_2(g) + Cl_2(g) \rightleftharpoons 2\,BrCl(g) \qquad K_c = \frac{[BrCl]^2}{[Br_2][Cl_2]} = 7{,}2$$

Die Summe dieser beiden Gleichungen ist:

$$2\,NOBr(g) + Cl_2(g) \rightleftharpoons 2\,NO(g) + 2\,BrCl(g)$$

und der Gleichgewichtsausdruck für die Nettogleichung ist das Produkt der Ausdrücke für die einzelnen Schritte:

$$K_c = \frac{[NO]^2[BrCl]^2}{[NOBr]^2[Cl_2]} = \frac{[NO]^2[Br_2]}{[NOBr]^2} \times \frac{[BrCl]^2}{[Br_2][Cl_2]}$$

Da der Gleichgewichtsausdruck für die Nettogleichung das Produkt von zwei Gleichgewichtsausdrücken ist, ist die Gleichgewichtskonstante für die Nettogleichung das Produkt der zwei einzelnen Gleichgewichtskonstanten: $K_c = 0{,}014 \times 7{,}2 = 0{,}10$. Zusammenfassend lässt sich sagen:

1 Die Gleichgewichtskonstante einer Reaktion in der *Rück*reaktion ist das *Reziproke* der Gleichgewichtskonstanten der Reaktion in der Hinreaktion.

2 Die Gleichgewichtskonstante einer Reaktion, die mit einer Zahl *multipliziert* worden ist, ist die Gleichgewichtskonstante *in einer Potenz*, die gleich dieser Zahl ist.

3 Die Gleichgewichtskonstante für eine Gesamtreaktion, die aus *zwei oder mehr Schritten* besteht, ist das *Produkt* der Gleichgewichtskonstanten für die einzelnen Schritte.

? DENKEN SIE EINMAL NACH

Wie ändert sich die Größe der Gleichgewichtskonstanten K_p für die Reaktion $2\,HI(g) \rightleftharpoons H_2(g) + I_2(g)$, wenn das Gleichgewicht als $6\,HI(g) \rightleftharpoons 3\,H_2(g) + 3\,I_2(g)$ geschrieben ist?

ÜBUNGSBEISPIEL 15.5 — Kombinieren von Gleichgewichtsausdrücken

Bestimmen Sie mit folgenden Informationen:

$$HF(aq) \rightleftharpoons H^+(aq) + F^-(aq) \qquad K_c = 6{,}8 \times 10^{-4}$$

$$H_2C_2O_4(aq) \rightleftharpoons 2\,H^+(aq) + C_2O_4^{2-}(aq) \qquad K_c = 3{,}8 \times 10^{-6}$$

den Wert von K_c für die Reaktion

$$2\,HF(aq) + C_2O_4^{2-}(aq) \rightleftharpoons 2\,F^-(aq) + H_2C_2O_4(aq)$$

Lösung

Analyse: Es werden zwei Gleichgewichtsreaktionen und die entsprechenden Gleichgewichtskonstanten angegeben und wir sollen die Gleichgewichtskonstante für eine dritte Reaktionsgleichung, die mit den ersten zwei verbunden ist, bestimmen.

Vorgehen: Wir können nicht einfach die ersten beiden Gleichungen addieren, um die dritte zu erhalten. Stattdessen müssen wir bestimmen, wie die Gleichungen behandelt werden müssen, um die gewünschte Gleichung zu erhalten.

Lösung: Wenn wir die erste Gleichung mit 2 multiplizieren und die entsprechende Änderung an ihrer Gleichgewichtskonstante (unter Anhebung zur 2. Potenz) vornehmen, erhalten wir:

$$2\,HF(aq) \rightleftharpoons 2\,H^+(aq) + 2\,F^-(aq) \qquad K_c = (6{,}8 \times 10^{-4})^2 = 4{,}6 \times 10^{-7}$$

Wenn wir die zweite Gleichung umkehren und erneut die entsprechende Änderung an ihrer Gleichgewichtskonstante vornehmen, dabei den Kehrwert nehmen, erhalten wir:

$$2\,H^+(aq) + C_2O_4^{2-}(aq) \rightleftharpoons H_2C_2O_4(aq) \qquad K_c = \frac{1}{3{,}8 \times 10^{-6}} = 2{,}6 \times 10^5$$

Jetzt haben wir zwei Gleichungen, die zusammen die Gesamtgleichung ergeben, und wir können die einzelnen K_c-Werte multiplizieren, um die gewünschte Gleichgewichtskonstante zu erhalten.

$$2\,HF(aq) \rightleftharpoons 2\,H^+(aq) + 2\,F^-(aq) \qquad K_c = 4{,}6 \times 10^{-7}$$
$$\underline{2\,H^+(aq) + C_2O_4^{2-}(aq) \rightleftharpoons H_2C_2O_4(aq) \qquad K_c = 2{,}5 \times 10^5}$$
$$2\,HF(aq) + C_2O_4^{2-}(aq) \rightleftharpoons 2\,F^-(aq) + H_2C_2O_4(aq) \qquad K_c = (4{,}6 \times 10^{-7})(2{,}6 \times 10^5) = 0{,}12$$

ÜBUNGSAUFGABE

Es ist angegeben, dass bei 700 K $K_p = 54{,}0$ für die Reaktion $H_2(g) + I_2(g) \rightleftharpoons 2\,HI(g)$ und $K_p = 1{,}04 \times 10^{-4}$ für die Reaktion $N_2(g) + 3\,H_2(g) \rightleftharpoons 2\,NH_3(g)$ ist. Bestimmen Sie den Wert von K_p für die Reaktion $2\,NH_3(g) + 3\,I_2(g) \rightleftharpoons 6\,HI(g) + N_2(g)$ bei 700 K.

Antwort: $\dfrac{(54{,}0)^3}{1{,}04 \times 10^{-4}} = 1{,}51 \times 10^9$

Heterogene Gleichgewichte 15.4

An vielen Gleichgewichten, wie dem Wasserstoff-Stickstoff-Ammoniaksystem, sind Substanzen beteiligt, die alle in dem gleichen Aggregatzustand vorliegen. Diese Gleichgewichte werden **homogene Gleichgewichte** genannt. In anderen Fällen haben die Substanzen im Gleichgewicht verschiedene Aggregatzustände und lassen dadurch **heterogene Gleichgewichte** entstehen. Als Beispiel betrachten wir das Gleichgewicht, das sich einstellt, wenn sich festes Blei(II)-Chlorid ($PbCl_2$) in Wasser unter Bildung einer gesättigten Lösung auflöst:

$$PbCl_2(s) \rightleftharpoons Pb^{2+}(aq) + 2\,Cl^-(aq) \tag{15.18}$$

Dieses System besteht aus einem Festkörper im Gleichgewicht mit zwei hydratisierten Ionen. Wenn wir den Gleichgewichtsausdruck für diesen Vorgang schreiben, haben wir ein Problem, das wir zuvor noch nicht angetroffen haben: Wie drücken wir die Konzentration einer festen Substanz aus? Obwohl es möglich ist, die Konzentration eines Festkörpers bezogen auf mol pro Volumen auszudrücken, ist es nicht notwendig, dies beim Schreiben von Gleichgewichtsausdrücken zu tun. *Wenn ein reiner Festkörper oder eine reine Flüssigkeit an einem heterogenen Gleichgewicht beteiligt ist, ist seine Konzentration konstant und in der Gleichgewichtskonstante enthalten.* Daher ist der Gleichgewichtsausdruck für ▶ Gleichung 15.18 das so genannte Löslichkeitsprodukt:

$$K_L = [Pb^{2+}][Cl^-]^2 \qquad (15.19)$$

Obwohl $PbCl_2(s)$ nicht im Löslichkeitsprodukt erscheint, muss es anwesend sein, damit Gleichgewicht vorliegt.

Als weiteres Beispiel wollen wir die Eigendissoziation von Wasser betrachten:

$$H_2O + H_2O \rightleftharpoons H_3O^+ + OH^-$$

Die Gleichgewichtskonstante $K_c = \dfrac{[H_3O^+] \cdot [OH^-]}{[H_2O] \cdot [H_2O]} = 3{,}26 \cdot 10^{-18}$ zeigt uns, dass nur sehr wenige Wassermoleküle zu Ionen dissoziiert sind. Somit bleibt die Konzentration des Wassers (55,5 mol/l) praktisch unverändert, also konstant, und wir können diesen konstanten Wert in die Gleichgewichtskonstante einbeziehen, die dadurch die folgende Form erhält, nämlich das bekannte Ionenprodukt des Wassers:

$$K_c \cdot [H_2O]^2 = [H_3O^+] \cdot [OH^-] = 10^{-14} \text{ mol}^2/\text{l}^2 = K_W$$

Mit anderen Worten ist die Aktivität eines reinen Feststoffes oder einer reinen Flüssigkeit gleich 1.

Als weiteres Beispiel einer heterogenen Reaktion betrachten wir die Zersetzung von Calciumcarbonat:

$$CaCO_3(s) \rightleftharpoons CaO(s) + CO_2(g)$$

Der Ausdruck für die Gleichgewichtskonstante lautet:

$$K_c = [CO_2] \quad \text{und} \quad K_p = p_{CO_2}$$

Diese Gleichungen sagen uns, dass bei einer gegebenen Temperatur ein Gleichgewicht unter $CaCO_3$, CaO und CO_2 immer zum gleichen Partialdruck von CO_2 führt, solange alle drei Bestandteile anwesend sind. Wie ▶ Abbildung 15.8 zeigt, würden wir den gleichen Druck von CO_2 haben, unabhängig von den relativen Mengen von CaO und $CaCO_3$.

Wenn ein Lösungsmittel als Reaktant oder Produkt an einem Gleichgewicht beteiligt ist, ist seine Konzentration ebenfalls konstant, vorausgesetzt, dass die Konzentrationen von Reaktanten und Produkten niedrig sind, so dass das Lösungsmittel im Wesentlichen eine reine Substanz ist. Unter Beachtung dieses Umstandes für ein Gleichgewicht mit Wasser als Lösungsmittel,

$$H_2O(l) + CO_3^{2-}(aq) \rightleftharpoons OH^-(aq) + HCO_3^-(aq) \qquad (15.20)$$

ergibt sich folgender Gleichgewichtsausdruck:

$$K_c = \dfrac{[OH^-][HCO_3^-]}{[CO_3^{2-}]} \qquad (15.21)$$

> **? DENKEN SIE EINMAL NACH**
>
> Schreiben Sie den Gleichgewichtsausdruck für die Verdampfung von Wasser, $H_2O(l) \rightleftharpoons H_2O(g)$, bezogen auf Partialdrücke K_p.

15.4 Heterogene Gleichgewichte

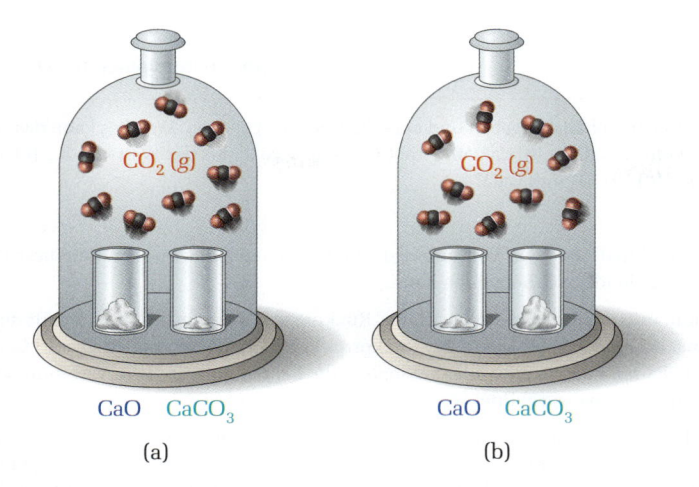

Abbildung 15.8: Ein heterogenes Gleichgewicht. Das Gleichgewicht zwischen $CaCO_3$, CaO und CO_2 ist ein heterogenes Gleichgewicht. Der Gleichgewichtsdruck von CO_2 ist in den zwei Glocken gleich, solange die zwei Systeme die gleiche Temperatur haben, obwohl die Mengen von reinem $CaCO_3$ und CaO sehr unterschiedlich sind. Der Gleichgewichtsausdruck für die Reaktion ist $K_p = p_{CO_2}$.

ÜBUNGSBEISPIEL 15.6   Schreiben von Gleichgewichtsausdrücken für heterogene Reaktionen

Schreiben Sie den Gleichgewichtsausdruck für K_c für jede der folgenden Reaktionen:

(a) $CO_2(g) + H_2(g) \rightleftharpoons CO(g) + H_2O(l)$
(b) $SnO_2(s) + 2\,CO(g) \rightleftharpoons Sn(s) + 2\,CO_2(g)$

Lösung

Analyse: Es werden zwei chemische Gleichungen angegeben, beide für heterogene Gleichgewichte, und wir sollen die entsprechenden Gleichgewichtsausdrücke schreiben.

Vorgehen: Wir nutzen das Massenwirkungsgesetz und denken daran, reine Festkörper, reine Flüssigkeiten und Lösungsmittel mit konstanter Konzentration zu behandeln.

Lösung:
(a) Der Gleichgewichtsausdruck ist:

$$K_c = \frac{[CO]}{[CO_2][H_2]}$$

Weil H_2O in der Reaktion als praktisch reine Flüssigkeit vorliegt, ist seine Konzentration konstant.

(b) Der Gleichgewichtsausdruck ist:

$$K_c = \frac{[CO_2]^2}{[CO]^2}$$

Weil SnO_2 und Sn beide reine Festkörper sind, ist ihre Konzentration konstant.

ÜBUNGSAUFGABE

Schreiben Sie die folgenden Gleichgewichtsausdrücke:

(a) K_c für $Cr(s) + 3\,Ag^+(aq) \rightleftharpoons Cr^{3+}(aq) + 3\,Ag(s)$
(b) K_p für $3\,Fe(s) + 4\,H_2O(g) \rightleftharpoons Fe_3O_4(s) + 4\,H_2(g)$

Antwort: (a) $K_c = \dfrac{[Cr^{3+}]}{[Ag^+]^3}$ (b) $K_p = \dfrac{(p_{H_2})^4}{(p_{H_2O})^4}$

ÜBUNGSBEISPIEL 15.7

Analyse eines heterogenen Gleichgewichts

Jedes der folgenden Gemische wurde in einen geschlossenen Behälter gegeben und eine Weile stehen gelassen. Welches kann das Gleichgewicht $CaCO_3(s) \rightleftharpoons CaO(s) + CO_2(g)$ einstellen: **(a)** reines $CaCO_3$, **(b)** CaO und ein CO_2-Druck größer als der Wert von K_p, **(c)** einiges $CaCO_3$ und ein CO_2-Druck größer als der Wert von K_p, **(d)** $CaCO_3$ und CaO?

Lösung

Analyse: Wir sollen angeben, welche von mehreren Kombinationen von Verbindungen ein Gleichgewicht zwischen Calciumcarbonat und seinen Zersetzungsprodukten, Calciumoxid und Kohlendioxid, herstellen kann.

Vorgehen: Damit Gleichgewicht erreicht werden kann, müssen der Hin- und auch der Rückprozess ablaufen können. Damit der Hinprozess ablaufen kann, muss einiges Calciumcarbonat anwesend sein. Damit der Rückprozess ablaufen kann, muss sowohl Calciumoxid als auch Kohlendioxid anwesend sein. In beiden Fällen können entweder anfänglich die beiden notwendigen Verbindungen anwesend sein, oder sie können durch Reaktion der anderen Spezies gebildet werden.

Lösung: Gleichgewicht kann in allen Fällen außer (c) erreicht werden, solange ausreichende Mengen von Festkörpern anwesend sind. **(a)** $CaCO_3$ zerfällt einfach unter Bildung von CaO(s) und $CO_2(g)$, bis der Gleichgewichtsdruck von CO_2 erreicht ist. Es muss jedoch genügend $CaCO_3$ vorliegen, damit der CO_2-Druck Gleichgewicht erreichen kann. **(b)** CO_2 verbindet sich mit CaO, bis der Partialdruck des CO_2 auf den Gleichgewichtswert sinkt. **(c)** Es ist kein CaO anwesend, so dass das Gleichgewicht nicht erreicht werden kann, weil es keine Möglichkeit für den CO_2-Druck gibt, auf seinen Gleichgewichtswert abzusinken (wozu ein Teil des CO_2 mit CaO reagieren müsste). **(d)** Die Situation ist im Wesentlichen die gleiche wie in (a): $CaCO_3$ zersetzt sich, bis sich Gleichgewicht einstellt. Die anfängliche Anwesenheit von CaO macht keinen Unterschied.

ÜBUNGSAUFGABE

Welche der folgenden Substanzen $H_2(g)$, $H_2O(g)$, $O_2(g)$, wenn sie zu $Fe_3O_4(s)$ in einem geschlossenen Behälter hinzugefügt wird, ermöglicht die Einstellung des Gleichgewichts in der Reaktion $3\,Fe(s) + 4\,H_2O(g) \rightleftharpoons Fe_3O_4(s) + 4\,H_2(g)$?

Antwort: Nur $H_2(g)$.

15.5 Berechnung von Gleichgewichtskonstanten

Eine der ersten Aufgaben, denen sich Haber gegenübersah, als er sich des Problems der Ammoniaksynthese annahm, bestand darin, die Größe der Gleichgewichtskonstante für die Synthese von NH_3 bei verschiedenen Temperaturen zu finden. Wenn der Wert von K für Gleichung 15.6 sehr klein ist, wäre die Menge von NH_3 in einem Gleichgewichtsgemisch klein in Bezug auf die Mengen von N_2 und H_2. Das heißt, wenn das Gleichgewicht zu weit links liegt, wäre es unmöglich, einen zufriedenstellenden Syntheseprozess für Ammoniak zu entwickeln.

Haber und seine Kollegen werteten daher die Gleichgewichtskonstanten für diese Reaktion bei verschiedenen Temperaturen aus. Das Verfahren, das sie anwendeten, ist analog zu dem, das bei der Erstellung von Tabelle 15.1 beschrieben wurde: Sie begannen mit verschiedenen Gemischen von N_2, H_2 und NH_3, ließen die Gemische das Gleichgewicht bei einer bestimmten Temperatur erreichen und maßen die Konzentrationen aller drei Gase im Gleichgewicht. Weil die Gleichgewichtskonzentrationen aller Produkte und Reaktanten bekannt sind, kann die Gleichgewichtskonstante direkt aus dem Gleichgewichtsausdruck berechnet werden.

Wir kennen häufig nicht die Gleichgewichtskonzentrationen aller Reaktionsteilnehmner in einem Gleichgewichtsgemisch. Wenn wir die Gleichgewichtskonzentration mindestens eines Reaktanten kennen, können wir jedoch die stöchiometrischen Verhältnisse der Reaktion nutzen, um die Gleichgewichtskonstanten der anderen abzuleiten. Die folgenden Schritte beschreiben das Verfahren, das wir dazu verwenden:

1 Erstellen Sie eine Tabelle aller bekannten Anfangs- und Gleichgewichtskonzentrationen der Reaktanten, die im Gleichgewichtsausdruck erscheinen.

15.5 Berechnung von Gleichgewichtskonstanten

2 Berechnen Sie für die Reaktanten, für die sowohl die Anfangs- als auch die Gleichgewichtskonzentrationen bekannt sind, die Änderung der Konzentration, die auftritt, wenn das System im Gleichgewicht ist.

3 Berechnen Sie anhand der stöchiometrischen Verhältnisse der Reaktion (d.h. verwenden Sie die Koeffizienten in der ausgeglichenen chemischen Gleichung) die Änderungen der Konzentration für alle anderen Reaktanten im Gleichgewicht.

4 Berechnen Sie anhand der Anfangskonzentrationen und der Änderungen der Konzentration die Gleichgewichtskonzentrationen. Diese werden verwendet, um die Gleichgewichtskonstante zu berechnen.

ÜBUNGSBEISPIEL 15.8 — Berechnung von K, wenn alle Gleichgewichtskonzentrationen bekannt sind

Ein Gemisch aus Wasserstoff und Stickstoff in einem Reaktionsgefäß darf ein Gleichgewicht bei 472 °C erreichen. Das Gleichgewichtsgemisch von Gasen wurde analysiert und es wurde festgestellt, dass es 7,38 atm H_2, 2,46 atm N_2 und 0,166 atm NH_3 enthält. Berechnen Sie anhand dieser Daten die Gleichgewichtskonstante K_p für die Reaktion: $N_2(g) + 3\,H_2(g) \rightleftharpoons 2\,NH_3(g)$.

Lösung

Analyse: Es werden eine ausgeglichene Gleichung und Gleichgewichtspartialdrücke angegeben und wir sollen den Wert der Gleichgewichtskonstante berechnen.

Vorgehen: Wir schreiben anhand des Gleichgewichtsausdrucks die ausgeglichene Gleichung. Wir setzen dann die Gleichgewichtspartialdrücke ein und berechnen K_p.

Lösung:
$$K_p = \frac{(p_{NH_3})^2}{p_{N_2}(p_{H_2})^3} = \frac{(0,166)^2}{(2,46)(7,38)^3} = 2,79 \times 10^{-5}$$

ÜBUNGSAUFGABE

Es wird festgestellt, dass eine wässrige Lösung von Essigsäure die folgenden Gleichgewichtskonzentrationen bei 25 °C hat: $[CH_3COOH] = 1,65 \times 10^{-2}\,M$; $[H^+] = 5,44 \times 10^{-4}\,M$ und $[CH_3COO^-] = 5,44 \times 10^{-4}\,M$.

Berechnen Sie die Gleichgewichtskonstante K_c für die Dissoziation von Essigsäure bei 25 °C. Die Reaktion ist:

$$CH_3COOH(aq) \rightleftharpoons H^+(aq) + CH_3COO^-(aq)$$

Antwort: $1,79 \times 10^{-5}$.

ÜBUNGSBEISPIEL 15.9 — Berechnung von K aus Anfangs- und Gleichgewichtskonzentrationen

Ein geschlossenes System, das anfänglich $1,000 \times 10^{-3}\,M\,H_2$ und $2,000 \times 10^{-3}\,M\,I_2$ bei 448 °C enthält, erreicht das chemische Gleichgewicht. Die Analyse des Gleichgewichtsgemisches zeigt, dass die Konzentration von HI $1,87 \times 10^{-3}\,M$ ist. Berechnen Sie K_c bei 448 °C für die Reaktion, die abläuft also: $H_2(g) + I_2(g) \rightleftharpoons 2\,HI(g)$.

Lösung

Analyse: Es werden die Anfangskonzentrationen von H_2 und I_2 und die Gleichgewichtskonzentration von HI angegeben. Wir sollen die Gleichgewichtskonstante K_c für die Reaktion $H_2(g) + I_2(g) \rightleftharpoons 2\,HI(g)$ berechnen.

Vorgehen: Wir erstellen eine Tabelle, um die Gleichgewichtskonzentrationen aller Reaktanten zu finden und verwenden dann die Gleichgewichtskonzentrationen, um die Gleichgewichtskonstante zu berechnen.

Lösung: Zuerst erstellen wir eine Tabelle der Anfangs- und Gleichgewichtskonzentrationen so vieler Reaktanten, wie wir können. Wir sehen ebenfalls einen Platz in unserer Tabelle vor, um die Änderungen der Konzentrationen aufzuführen. Wie gezeigt, ist es praktisch, die chemische Gleichung als Überschrift für die Tabelle zu verwenden.

	$H_2(g)$	+	$I_2(g)$	$\rightleftharpoons$	$2\,HI(g)$
Anfänglich	$1,000 \times 10^{-3}\,M$		$2,000 \times 10^{-3}\,M$		$0\,M$
Änderung					
Gleichgewicht					$1,87 \times 10^{-3}\,M$

Zweitens berechnen wir die Änderung der Konzentration von HI, die der Unterschied zwischen dem Gleichgewichtswert und dem Ausgangswert ist:

$$\text{Änderung von [HI]} = 1{,}87 \times 10^{-3}\ M - 0 = 1{,}87 \times 10^{-3}\ \text{mol/L}$$

Drittens verwenden wir die Koeffizienten in der ausgeglichenen chemischen Gleichung, um die Änderung von [HI] mit den Änderungen von [H$_2$] und [I$_2$] in Beziehung zu setzen:

$$\left(1{,}87 \times 10^{-3}\ \frac{\text{mol HI}}{\text{L}}\right)\left(\frac{1\ \text{mol H}_2}{2\ \text{mol HI}}\right) = 0{,}935 \times 10^{-3}\ \frac{\text{mol H}_2}{\text{L}}$$

$$\left(1{,}87 \times 10^{-3}\ \frac{\text{mol HI}}{\text{L}}\right)\left(\frac{1\ \text{mol I}_2}{2\ \text{mol HI}}\right) = 0{,}935 \times 10^{-3}\ \frac{\text{mol I}_2}{\text{L}}$$

Viertens berechnen wir die Gleichgewichtskonzentrationen von H$_2$ und I$_2$ mithilfe der Anfangskonzentrationen und der Änderungen. Die Gleichgewichtskonzentration ist gleich der Anfangskonzentration abzüglich des Verbrauchs:

[H$_2$] = $1{,}00 \times 10^{-3}\ M - 0{,}935 \times 10^{-3}\ M = 0{,}065 \times 10^{-3}\ M$ [I$_2$] = $2{,}000 \times 10^{-3}\ M - 0{,}935 \times 10^{-3}\ M = 1{,}065 \times 10^{-3}\ M$

Die vollständige Tabelle sieht nun wie folgt aus (wobei die Gleichgewichtskonzentrationen in blau hervorgehoben sind).

	H$_2$(g)	+	I$_2$(g)	⇌	2 HI(g)
Anfänglich	$1{,}000 \times 10^{-3}\ M$		$2{,}000 \times 10^{-3}\ M$		$0\ M$
Änderung	$-0{,}935 \times 10^{-3}\ M$		$-0{,}935 \times 10^{-3}\ M$		$+1{,}87 \times 10^{-3}\ M$
Gleichgewicht	$0{,}065 \times 10^{-3}\ M$		$1{,}065 \times 10^{-3}\ M$		$1{,}87 \times 10^{-3}\ M$

Sie sehen, dass die Einträge für die Änderungen negativ sind, wenn ein Stoff verbraucht wird, und positiv, wenn ein Stoff gebildet wird.
Nun kennen wir die Gleichgewichtskonzentration aller Stoffe und können den Gleichgewichtsausdruck verwenden, um die Gleichgewichtskonstante zu berechnen.

$$K_c = \frac{[\text{HI}]^2}{[\text{H}_2][\text{I}_2]} = \frac{(1{,}87 \times 10^{-3})^2}{(0{,}065 \times 10^{-3})(1{,}065 \times 10^{-3})} = 51$$

Anmerkung: Das gleiche Verfahren kann mit den Partialdrücken gasförmiger Reaktionsteilnehmer anstelle von Konzentrationsangaben in mol/l angewendet werden.

ÜBUNGSAUFGABE

Schwefeltrioxid zersetzt sich bei hoher Temperatur in einem geschlossenen Behälter: 2 SO$_3$(g) ⇌ 2 SO$_2$(g) + O$_2$(g). Zuerst wird das Gefäß bei 1000 K mit SO$_3$(g) bei einem Partialdruck von 0,500 atm gefüllt. Im Gleichgewicht ist der SO$_3$-Partialdruck 0,200 atm. Berechnen Sie den Wert von K_p bei 1000 K.

Antwort: 0,338.

15.6 Anwendungen von Gleichgewichtskonstanten

Wir haben gesehen, dass die Größe von K das Ausmaß angibt, in dem eine Reaktion ablaufen wird. Wenn K sehr groß ist, läuft die Reaktion weit nach rechts ab. Wenn K sehr klein ist (d. h. viel kleiner als 1), enthält das Gleichgewichtsgemisch hauptsächlich die Stoffe auf der linken Seite der Reaktionsgleichung. Über die Gleichgewichtskonstante können wir auch (1) vorhersagen, in welche Richtung eine Reaktion abläuft, um das Gleichgewicht zu erreichen und (2) die Konzentrationen von Reaktanten und Produkten berechnen, wenn das Gleichgewicht erreicht worden ist.

Vorhersage der Reaktionsrichtung

Für die Bildung von NH$_3$ aus N$_2$ und H$_2$ (siehe Gleichung 15.6) ist $K_c = 0{,}105$ bei 472 °C. Nehmen wir an, dass wir ein Gemisch von 2,00 mol H$_2$, 1,00 mol N$_2$ und 2,00 mol NH$_3$

in einen 1,00-l-Behälter bei 472 °C platzieren. Wie wird das Gemisch reagieren, um das Gleichgewicht zu erreichen? Werden N_2 und H_2 reagieren, um NH_3 zu bilden, oder wird sich NH_3 zersetzen, um N_2 und H_2 zu bilden?

Zur Beantwortung dieser Frage können wir die Ausgangskonzentrationen von N_2, H_2 und NH_3 in dem Gleichgewichtsausdruck ersetzen und ihren Wert mit der Gleichgewichtskonstante vergleichen:

$$\frac{[NH_3]^2}{[N_2][H_2]^3} = \frac{(2{,}00)^2}{(1{,}00)(2{,}00)^3} = 0{,}500 \quad \text{wohingegen} \quad K_c = 0{,}105$$

Zur Einstellung des Gleichgewichts muss der Quotient $[NH_3]^2/[N_2][H_2]^3$ vom Ausgangswert von 0,500 auf den Gleichgewichtswert von 0,105 absinken. Diese Änderung kann nur eintreten, wenn die Konzentration von NH_3 abnimmt und die Konzentrationen von N_2 und H_2 zunehmen. Daher läuft die Reaktion bis zur Einstellung des Gleichgewichts ab, indem sich N_2 und H_2 aus NH_3 bilden, d. h., dass die Reaktion von rechts nach links abläuft.

Den Ansatz, den wir veranschaulicht haben, können wir formalisieren, indem wir eine Größe als Reaktionsquotient definieren. *Der **Reaktionsquotient** Q ist eine Zahl, die man erhält, indem man die Ausgangskonzentrationen von Reaktanten und Produkten oder die Ausgangspartialdrücke in einen Gleichgewichtsausdruck einsetzt.* Daher erhielten wir in unserem Beispiel durch Einsetzen der Ausgangskonzentrationen in den Gleichgewichtsausdruck $Q_c = 0{,}500$. Wenn wir die Ausgangspartialdrücke in den Gleichgewichtsausdruck einsetzen, werden wir den Reaktionsquotienten als Q_p kennzeichnen.

Zur Bestimmung der Richtung, in der die Reaktion ablaufen wird, um das Gleichgewicht zu erreichen, vergleichen wir die Werte Q_c und K_c oder Q_p und K_p. Es ergeben sich drei mögliche Situationen:

$Q = K$: Der Reaktionsquotient ist nur dann gleich der Gleichgewichtskonstante, wenn das System bereits im Gleichgewicht ist.

$Q > K$: Die Konzentration von Produkten ist zu groß und die von Reaktanten zu klein. Daher werden die Substanzen auf der rechten Seite der chemischen Gleichung unter Bildung der Substanzen links reagieren. Die Reaktion läuft von rechts nach links, wenn sie sich dem Gleichgewicht nähert.

$Q < K$: Die Konzentration von Produkten ist zu klein und die von Reaktanten zu groß. Daher muss die Reaktion das Gleichgewicht unter Bildung von mehr Produkten erreichen. Sie läuft von links nach rechts.

Eine Zusammenfassung dieser Regeln finden Sie in ▶ Abbildung 15.9.

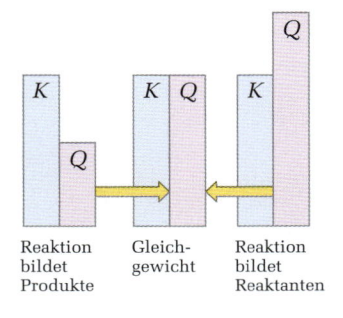

Abbildung 15.9: Vorhersage der Richtung einer Reaktion durch Vergleich von Q und K. Das Verhältnis aus dem Reaktionsquotienten Q und der Gleichgewichtskonstanten K gibt an, wie sich das Reaktionsgemisch ändert, wenn es sich zum Gleichgewicht bewegt. Wenn Q kleiner als K ist, verläuft die Reaktion von links nach rechts, bis $Q = K$. Ist $Q = K$, ist die Reaktion im Gleichgewicht und hat keine Neigung sich zu ändern. Ist Q größer als K, verläuft die Reaktion von rechts nach links, bis $Q = K$.

ÜBUNGSBEISPIEL 15.10 **Vorhersage der Annäherungsrichtung zum Gleichgewicht**

Bei 448 °C ist die Gleichgewichtskonstante K_c für die Reaktion

$$H_2(g) + I_2(g) \rightleftharpoons 2\,HI(g)$$

gleich 50,5. Sagen Sie vorher, in welcher Richtung die Reaktion ablaufen wird, um das Gleichgewicht bei 448 °C zu erreichen, wenn wir mit $2{,}0 \times 10^{-2}$ mol HI, $1{,}0 \times 10^{-2}$ mol H_2 und $3{,}0 \times 10^{-2}$ mol I_2 in einem 2,00-l-Behälter beginnen.

Lösung

Analyse: Es werden ein Volumen und anfängliche Molmengen der Spezies in einer Reaktion angegeben und wir sollen bestimmen, in welcher Richtung die Reaktion ablaufen muss, um das Gleichgewicht zu erreichen.

15 Chemisches Gleichgewicht

Vorgehen: Wir kennen die Ausgangskonzentrationen der Stoffe im Reaktionsgemisch. Wir können dann die Ausgangskonzentrationen in den Gleichgewichtsausdruck einsetzen, um den Reaktionsquotienten Q_c zu berechnen. Ein Vergleich der Gleichgewichtskonstante, die gegeben ist, und des Reaktionsquotienten wird uns sagen, in welcher Richtung die Reaktion ablaufen wird.

Lösung: Die Anfangskonzentrationen sind:

$$[HI] = 2{,}0 \times 10^{-2} \text{ mol}/2{,}00 \text{ l} = 1{,}0 \times 10^{-2} \, M$$

$$[H_2] = 1{,}0 \times 10^{-2} \text{ mol}/2{,}00 \text{ l} = 5{,}0 \times 10^{-3} \, M$$

$$[I_2] = 3{,}0 \times 10^{-2} \text{ mol}/2{,}00 \text{ l} = 1{,}5 \times 10^{-2} \, M$$

Der Reaktionsquotient ist daher:

$$Q_c = \frac{[HI]^2}{[H_2][I_2]} = \frac{(1{,}0 \times 10^{-2})^2}{(5{,}0 \times 10^{-3})(1{,}5 \times 10^{-2})} = 1{,}3$$

Weil $Q_c < K_c$, muss sich die Konzentration von HI erhöhen und die Konzentrationen von H_2 und I_2 müssen sinken, um das Gleichgewicht zu erreichen. Die Reaktion wird von links nach rechts ablaufen, wenn sich das Gleichgewicht einstellt.

ÜBUNGSAUFGABE

Bei 1000 K ist der Wert von K_p für die Reaktion $2\,SO_3(g) \rightleftharpoons 2\,SO_2(g) + O_2(g)$ $K_p = 0{,}338$. Berechnen Sie den Wert für Q_p und sagen Sie die Richtung vorher, in der die Reaktion ablaufen wird, um das Gleichgewicht einzustellen, wenn die Anfangspartialdrücke $p_{SO_3} = 0{,}16$ atm; $p_{SO_2} = 0{,}41$ atm; $p_{O_2} = 2{,}5$ atm sind.

Antwort: $Q_p = 16$; $Q_p > K_p$, daher läuft die Reaktion von rechts nach links ab und bildet mehr SO_3.

Berechnung von Gleichgewichtskonzentrationen

Chemiker müssen häufig die Mengen von Reaktanten und Produkten berechnen, die im Gleichgewicht vorliegen. Unser Ansatz zur Lösung von Problemen dieser Art ist ähnlich dem, den wir zur Auswertung von Gleichgewichtskonstanten verwendet haben: Wir tragen die Anfangskonzentrationen oder Anfangspartialdrücke, ihre Änderungen und die endgültigen Gleichgewichtskonzentrationen oder Partialdrücke in eine Tabelle ein. Für gewöhnlich nutzen wir letztlich den Gleichgewichtsausdruck, um eine Gleichung abzuleiten, die für eine unbekannte Größe gelöst werden muss, wie in Übungsbeispiel 15.11 gezeigt wird.

In vielen Situationen kennen wir den Wert der Gleichgewichtskonstante und der anfänglichen Mengen aller Reaktionsteilnehmer. Wir müssen dann nach den Gleichgewichtskonzentrationen auflösen. Die Änderung der Konzentration ist hier die Variable. Die stöchiometrischen Verhältnisse der Reaktion geben uns die Beziehung zwischen den Änderungen der Mengen aller Reaktanten und Produkte, wie Übungsbeispiel 15.12 zeigt.

ÜBUNGSBEISPIEL 15.11 — Berechnung der Gleichgewichtskonzentrationen

Für das Haber-Bosch-Verfahren ist $N_2(g) + 3\,H_2(g) \rightleftharpoons 2\,NH_3(g)$, $K_p = 1{,}45 \times 10^{-5}$ bei 500 °C. In einem Gleichgewichtsgemisch der drei Gase bei 500 °C ist der Partialdruck von H_2 0,928 atm und der von N_2 ist 0,432 atm. Was ist der Partialdruck von NH_3 in diesem Gleichgewichtsgemisch?

Lösung

Analyse: Es werden eine Gleichgewichtskonstante K_p und die Gleichgewichtspartialdrücke von zwei der drei Substanzen in der Gleichung (N_2 und H_2) angegeben und wir sollen den Gleichgewichtspartialdruck für die dritte Substanz (NH_3) berechnen.

Vorgehen: Wir können K_p gleich dem Gleichgewichtsausdruck setzen und die Partialdrücke einsetzen, die bekannt sind. Dann können wir die Gleichung nach der einzigen Unbekannten auflösen.

Lösung: Wir tragen die Gleichgewichtsdrücke wie folgt in eine Tabelle ein:

	$N_2(g)$	+	$3\,H_2(g)$	$\rightleftharpoons$	$2\,NH_3(g)$
Gleichgewichtsdruck (atm)	0,432		0,928		x

Da wir den Gleichgewichtsdruck von NH_3 nicht kennen, stellen wir ihn mit x dar. Im Gleichgewicht müssen die Drücke den Gleichgewichtsausdruck erfüllen:

$$K_p = \frac{(p_{NH_3})^2}{p_{N_2}(p_{H_2})^3} = \frac{x^2}{(0{,}432)(0{,}928)^3} = 1{,}45 \times 10^{-5}$$

Wir stellen nun die Gleichung um, um nach x aufzulösen:

$$x^2 = (1{,}45 \times 10^{-5})(0{,}432)(0{,}928)^3 = 5{,}01 \times 10^{-6}$$

$$x = \sqrt{5{,}01 \times 10^{-6}} = 2{,}24 \times 10^{-3}\ \text{atm} = p_{NH_3}$$

Anmerkung: Wir können unsere Antwort immer überprüfen, indem wir sie verwenden, um den Wert der Gleichgewichtskonstanten neu zu berechnen:

$$K_p = \frac{(2{,}24 \times 10^{-3})^2}{(0{,}432)(0{,}928)^3} = 1{,}45 \times 10^{-5}$$

ÜBUNGSAUFGABE

Bei 500 K hat die Reaktion $PCl_5(g) \rightleftharpoons PCl_3(g) + Cl_2(g)$ $K_p = 0{,}497$. In einem Gleichgewichtsgemisch bei 500 K ist der Partialdruck von PCl_5 0,860 atm und der von PCl_3 ist 0,350 atm. Was ist der Partialdruck von Cl_2 im Gleichgewichtsgemisch?

Antwort: 1,22 atm.

ÜBUNGSBEISPIEL 15.12 — Berechnung der Gleichgewichtskonzentrationen aus Anfangskonzentrationen

Ein 1,000-L-Kolben ist mit 1,000 mol H_2 und 2,000 mol I_2 bei 448 °C gefüllt. Der Wert der Gleichgewichtskonstante K_c für die Reaktion

$$H_2(g) + I_2(g) \rightleftharpoons 2\,HI(g)$$

bei 448 °C ist 50,5. Was sind die Gleichgewichtskonzentrationen von H_2, I_2 und HI in Mol pro Liter?

Lösung

Analyse: Es wird das Volumen eines Behälters, eine Gleichgewichtskonstante und Ausgangsmengen von Reaktanten im Behälter angegeben und wir sollen die Gleichgewichtskonzentrationen aller Reaktionsteilnehmer berechnen.

Vorgehen: In diesem Fall ist keine der Gleichgewichtskonzentrationen angegeben. Wir müssen einige Beziehungen finden, welche die Anfangskonzentrationen mit denen im Gleichgewicht in Beziehung setzen. Das Verfahren ist in vielerlei Hinsicht dem ähnlich, das in Übungsbeispiel 15.9 beschrieben wurde, als wir eine Gleichgewichtskonstante anhand von Anfangskonzentrationen berechnet haben.

Lösung:
Als Erstes nehmen wir die Anfangskonzentrationen von H_2 und I_2 im 1,000-L-Kolben:
$[H_2] = 1{,}000\ M$ und $[I_2] = 2{,}000\ M$

Zweitens erstellen wir eine Tabelle, in der wir die Anfangskonzentrationen eintragen:

	$H_2(g)$	+	$I_2(g)$	$\rightleftharpoons$	$2\,HI(g)$
Anfänglich	1,000 M		2,000 M		0 M
Änderung					
Gleichgewicht					

Drittens nutzen wir die stöchiometrischen Verhältnisse der Reaktion, um die Änderungen der Konzentrationen zu bestimmen, die auftreten, wenn die Reaktion bis zum Gleichgewicht abläuft. Die Konzentrationen von H_2 und I_2 nehmen ab, wenn sich das Gleichgewicht einstellt, und die von HI nimmt zu. Wir stellen die Konzentrationsänderung von H_2 durch die Variable x dar. Die ausgeglichene chemische Gleichung nennt uns die Beziehung zwischen den Änderungen der Konzentrationen der drei Gase:

Für jedes x mol H_2, das reagiert, werden x mol I_2 verbraucht und $2x$ mol HI erzeugt:

	$H_2(g)$	+	$I_2(g)$	$\rightleftharpoons$	2 HI(g)
Anfänglich	1,000 M		2,000 M		0 M
Änderung	$-x$		$-x$		$+2x$
Gleichgewicht					

Viertens nutzen wir die Anfangskonzentrationen und die Änderungen der Konzentrationen, um die Gleichgewichtskonzentrationen auszudrücken. Mit allen unseren Einträgen sieht unsere Tabelle nun wie folgt aus:

	$H_2(g)$	+	$I_2(g)$	$\rightleftharpoons$	2 HI(g)
Anfänglich	1,000 M		2,000 M		0 M
Änderung	$-x$		$-x$		$+2x$
Gleichgewicht	$(1{,}000-x)\ M$		$(2{,}000-x)\ M$		$2x\ M$

Fünftens setzen wir die Gleichgewichtskonzentrationen in den Gleichgewichtsausdruck ein und lösen nach x auf:

$$K_c = \frac{[\text{HI}]^2}{[\text{H}_2][\text{I}_2]} = \frac{(2x)^2}{(1{,}000-x)(2{,}000-x)} = 50{,}5$$

Wenn Sie einen gleichungslösenden Rechner haben, können Sie diese Gleichung direkt nach x auflösen. Wenn nicht, erweitern Sie diesen Ausdruck, um eine quadratische Gleichung bezüglich x zu erhalten:

$$4x^2 = 50{,}5(x^2 - 3{,}000x + 2{,}000)$$
$$46{,}5x^2 - 151{,}5x + 101{,}0 = 0$$

Die Lösung der quadratischen Gleichung (siehe Anhang A.3) führt zu zwei Werten für x:

$$x = \frac{-(-151{,}5) \pm \sqrt{(-151{,}5)^2 - 4(46{,}5)(101{,}0)}}{2(46{,}5)} = 2{,}323 \text{ oder } 0{,}935$$

Wenn wir $x = 2{,}323$ in die Ausdrücke für die Gleichgewichtskonzentrationen einsetzen, erhalten wir *negative* Konzentrationen von H_2 und I_2. Weil eine negative Konzentration chemisch sinnlos ist, verwerfen wir diese Lösung. Wir verwenden also $x = 0{,}935$, um die Gleichgewichtskonzentrationen zu finden:

$$[\text{H}_2] = 1{,}000 - x = 0{,}065\ M$$
$$[\text{I}_2] = 2{,}000 - x = 1{,}065\ M$$
$$[\text{HI}] = 2x = 1{,}870\ M$$

Überprüfung: Wir können unsere Lösung überprüfen, indem wir diese Zahlen in den Gleichgewichtsausdruck einsetzen:

$$K_c = \frac{[\text{HI}]^2}{[\text{H}_2][\text{I}_2]} = \frac{(1{,}870)^2}{(0{,}065)(1{,}065)} = 51$$

Anmerkung: Wenn Sie eine quadratische Gleichung verwenden, um ein Gleichgewichtsproblem zu lösen, wird eine der Lösungen chemisch sinnlos sein und muss verworfen werden.

ÜBUNGSAUFGABE

Für das Gleichgewicht $PCl_5(g) \rightleftharpoons PCl_3(g) + Cl_2(g)$ hat die Gleichgewichtskonstante K_p den Wert 0,497 bei 500 K. Eine Gasflasche bei 500 K wird mit $PCl_5(g)$ bei einem Anfangsdruck von 1,66 atm gefüllt. Was sind die Gleichgewichtsdrücke von PCl_5, PCl_3 und Cl_2 bei dieser Temperatur?

Antwort: $p_{PCl_5} = 0{,}967$ atm; $p_{PCl_3} = p_{Cl_2} = 0{,}693$ atm.

Das Prinzip von Le Châtelier 15.7

Bei der Entwicklung seines Verfahrens zur Herstellung von Ammoniak aus N_2 und H_2 suchte Haber die Faktoren, die verändert werden konnten, um die Ausbeute von NH_3 zu erhöhen. Anhand der Werte der Gleichgewichtskonstante bei verschiedenen Temperaturen berechnete er die Gleichgewichtsmengen von NH_3 unter einer Vielzahl von Bedingungen. ▶Abbildung 15.10 zeigt einige seiner Ergebnisse. Sie sehen, dass der Anteil von NH_3, der im Gleichgewicht anwesend ist, mit steigender Temperatur abnimmt und mit steigendem Druck zunimmt. Wir können diese Effekte im Zusammenhang eines Prinzips verstehen, das von Henri-Louis Le Châtelier (1850–1936), einem französischen Industriechemiker, formuliert wurde. Das **Prinzip von Le Châtelier** kann wie folgt ausgedrückt werden: *Wird ein im Gleichgewicht befindliches System durch eine Änderung von Temperatur, Druck oder der Konzentration der Reaktionsteilnehmer gestört, so reagiert das Gleichgewicht des Systems derart, dass es der Störung entgegenwirkt.*

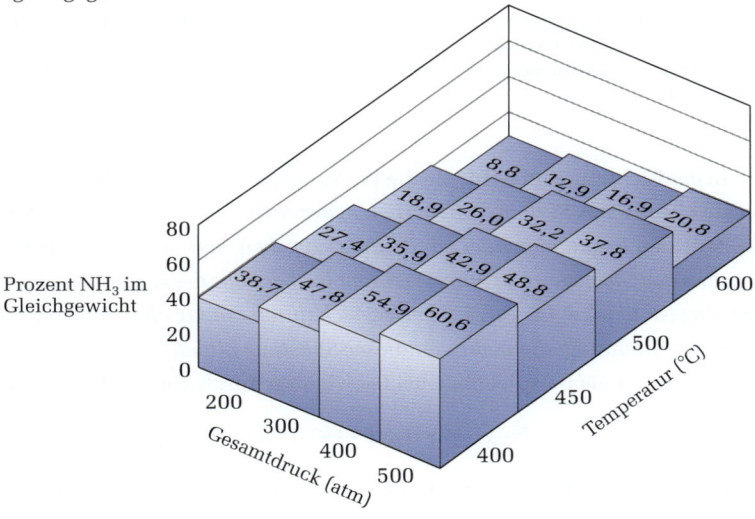

Abbildung 15.10: Einfluss von Temperatur und Druck auf den prozentualen Anteil von NH_3 in einem Gleichgewichtsgemisch aus N_2, H_2 und NH_3. Jedes Gemisch wurde erzeugt, indem wir mit einem 3:1-Gemisch von H_2 und N_2 begonnen haben. Die Ausbeute von NH_3 ist bei der niedrigsten Temperatur und dem höchsten Druck am größten.

Man nennt es auch das Prinzip des kleinsten Zwanges oder Le Châtelier-Braun'sches Prinzip nach dem Physiker Karl Ferdinand Braun (1850–1918), der 1909 zusammen mit Guglielmo Marconi für Arbeiten zur drahtlosen Telegraphie den Nobelpreis für Physik erhielt.

In diesem Abschnitt werden wir das Prinzip von Le Châtelier verwenden, um qualitative Aussagen darüber zu machen, wie ein System im Gleichgewicht auf verschiedene Änderungen der äußeren Bedingungen reagiert. Wir werden uns drei Wege ansehen, auf denen ein chemisches Gleichgewicht gestört werden kann: (1) Zugabe oder Entzug eines Reaktanten oder Produkts, (2) Änderung des Drucks durch Änderung des Volumens und (3) Änderung der Temperatur.

Änderung der Reaktanten- und Produktkonzentrationen

Ein im Gleichgewicht befindliches System ist in einem dynamischen Zustand. Der Hin- und Rückprozess läuft mit der gleichen Geschwindigkeit ab und das System ist im Gleichgewichtszustand. Eine Änderung der Zustände im System kann den Gleichgewichtszustand stören. Wenn dies auftritt, reagiert das Gleichgewicht, bis erneut der Gleichgewichtszustand erreicht ist. Das Prinzip von Le Châtelier besagt, dass die Re-

15 Chemisches Gleichgewicht

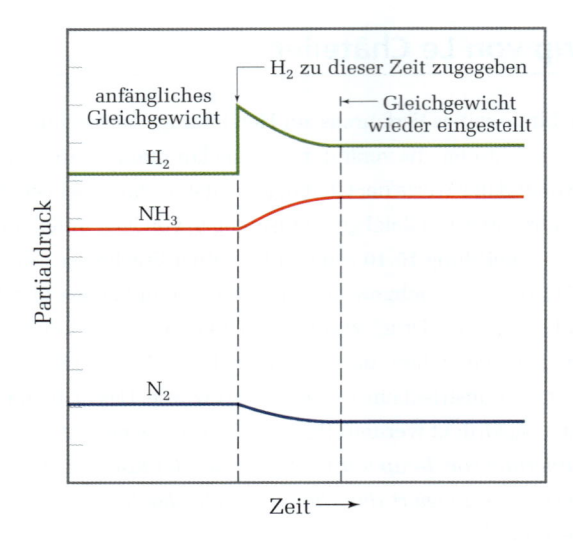

Abbildung 15.11: Auswirkung der Zugabe von H_2 zu einem Gleichgewichtsgemisch von N_2, H_2 und NH_3. Wenn H_2 zugegeben wird, reagiert ein Teil des H_2 mit N_2 unter Bildung von NH_3 und stellt damit eine neue Gleichgewichtslage ein, die die gleiche Gleichgewichtskonstante hat. Die gezeigten Ergebnisse stimmen mit dem Prinzip von Le Châtelier überein.

aktion in der Richtung sein wird, die die Wirkung der Änderung aufhebt. Daher gilt: *Wenn ein chemisches System sich im Gleichgewicht befindet und wir eine Substanz (entweder einen Reaktanten oder ein Produkt) zugeben, verschiebt sich die Reaktion derart, dass das Gleichgewicht durch Verbrauch eines Teils der zugegebenen Substanz wieder eingestellt wird. Umgekehrt bewegt sich durch Entzug einer Substanz die Reaktion in der Richtung, die mehr von dieser Substanz bildet.*

Betrachten wir als Beispiel ein Gleichgewichtsgemisch von N_2, H_2 und NH_3:

$$N_2(g) + 3\,H_2(g) \rightleftharpoons 2\,NH_3(g)$$

Durch Zugabe von H_2 reagiert das System so, dass die gestiegene Konzentration von H_2 verringert wird. Diese Änderung kann nur durch Verbrauch von H_2 und gleichzeitigen Verbrauch von N_2 zur Bildung von mehr NH_3 erfolgen. ▶ Abbildung 15.11 zeigt diese Situation. Durch Zugabe von mehr N_2 zum Gleichgewichtsgemisch würde sich ebenfalls die Richtung der Reaktion zur Bildung von mehr NH_3 verändern. Entzug von NH_3 würde eine Veränderung zur Bildung von mehr NH_3 hervorrufen, während *Zugabe* von NH_3 zum System im Gleichgewicht eine Veränderung der Konzentrationen in der Richtung hervorrufen würde, die die gestiegene NH_3-Konzentration verringert. Das heißt, dass ein Teil des zugegebenen Ammoniaks unter Bildung von N_2 und H_2 zerfallen würde.

In der Haber-Reaktion ruft daher der Entzug von NH_3 aus einem Gleichgewichtsgemisch von N_2, H_2 und NH_3 eine Reaktion von links nach rechts hervor, um mehr NH_3 zu bilden. Wenn das NH_3 kontinuierlich abgezogen werden kann, kann die Ausbeute von NH_3 erheblich erhöht werden. In der industriellen Produktion von Ammoniak wird das NH_3 kontinuierlich durch Verflüssigung entfernt. Der Siedepunkt von NH_3 (−33 °C) ist viel höher als der von N_2 (−196 °C) und H_2 (−253 °C). Das flüssige NH_3 wird entzogen und das N_2 und H_2 wird zur Bildung von mehr NH_3 in den Kreislauf zurückgeführt, wie ▶ Abbildung 15.12 schematisch darstellt. Durch die fortwährende Entfernung eines Produkts wird die Reaktion im Wesentlichen zum vollständigen Ablauf gezwungen.

> **? DENKEN SIE EINMAL NACH**
>
> Was geschieht mit dem Gleichgewicht $2\,NO(g) + O_2(g) \rightleftharpoons 2\,NO_2(g)$, wenn (a) O_2 zum System zugegeben, (b) NO entzogen wird?

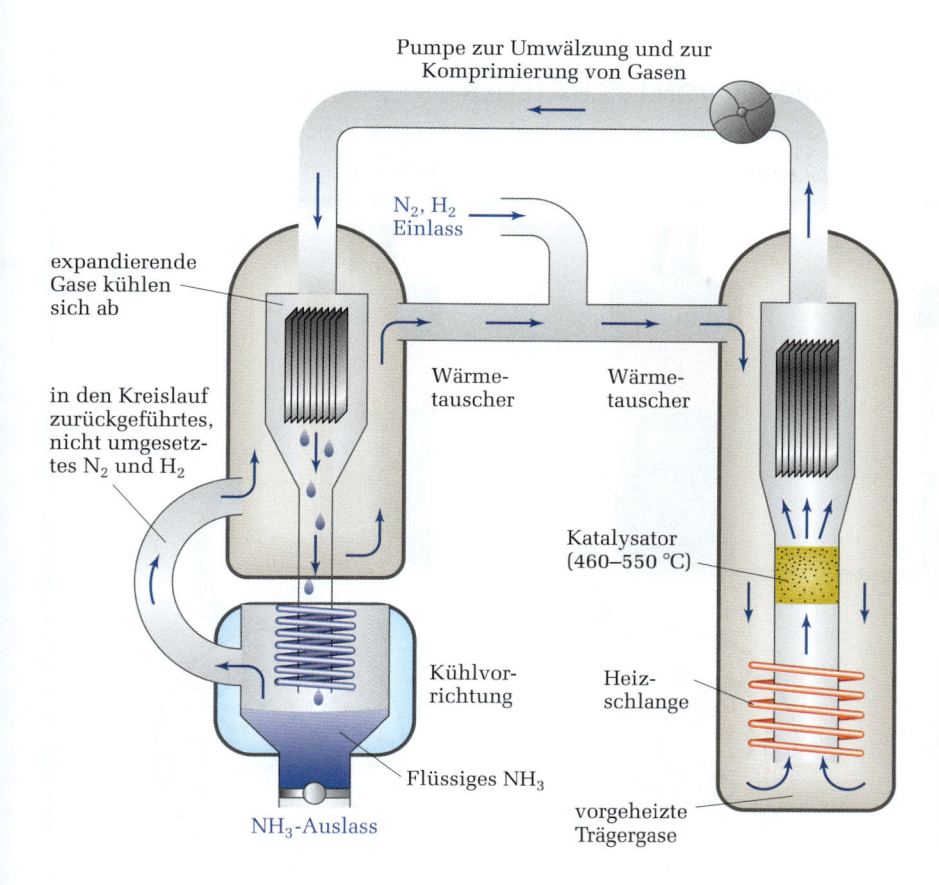

Abbildung 15.12: Schematische Darstellung, die die industrielle Produktion von Ammoniak zusammenfasst. Eingehendes N_2- und H_2-Gas wird auf etwa 500 °C erhitzt und über einen Katalysator geleitet. Das entstehende Gasgemisch darf sich ausdehnen und abkühlen, wodurch sich NH_3 verflüssigt. Nicht umgesetztes N_2- und H_2-Gas wird in den Kreislauf zurückgeführt.

Wirkungen von Volumen- und Druckänderungen

Wenn sich ein System im Gleichgewicht befindet und sein Volumen verringert wird, wodurch sein Gesamtdruck erhöht wird, gibt das Prinzip von Le Châtelier an, dass das System durch Verschieben seiner Gleichgewichtslage reagieren wird, um den Druck zu senken. Ein System kann seinen Druck senken, indem es die Gesamtzahl von Gasmolekülen verringert (weniger Gasmoleküle üben einen niedrigeren Druck aus). *Daher verschiebt sich bei konstanter Temperatur durch Verringerung des Volumens eines gasförmigen Gleichgewichtsgemisches das System in die Richtung, welche die Molzahl von Gas verringert.* Umgekehrt ruft die Erhöhung des Volumens eine Verschiebung in die Richtung hervor, die mehr Gasmoleküle erzeugt.

Schauen wir uns zum Beispiel erneut das Gleichgewicht $N_2O_4(g) \rightleftharpoons 2\,NO_2(g)$ an. Was geschieht, wenn der Gesamtdruck eines Gleichgewichtsgemisches durch Verringerung des Volumens erhöht wird, wie die sequenziellen Fotos in ▶ Abbildung 15.13 zeigen? Nach dem Prinzip von Le Châtelier sollte sich das Gleichgewicht auf die Seite verschieben, welche die Gesamtmolzahl von Gas verringert, was in diesem Fall die Reaktantenseite ist. Daher sollte sich das Gleichgewicht nach links verschieben, so dass NO_2 in N_2O_4 umgewandelt wird, wenn sich das Gleichgewicht wieder einstellt. In Abbildung 15.13a und Abbildung 15.13b wird durch Komprimierung des Gasgemisches die Farbe zunächst dunkler, wenn die Konzentration von NO_2 zunimmt. Die Farbe verblasst dann, wenn sich das Gleichgewicht wieder einstellt, siehe Abbildung 15.13 c. Die Farbe verblasst, weil das Gleichgewicht durch den Druckanstieg zugunsten des farblosen N_2O_4 verschoben wird.

15 Chemisches Gleichgewicht

DAS PRINZIP VON LE CHÂTELIER

Wird ein im Gleichgewicht befindliches System durch eine Änderung von Temperatur, Druck oder Konzentration eines Reaktionsteilnehmers gestört, so reagiert das System derart, dass es der Störung entgegenwirkt.

N₂O₄

NO₂

Ein Gleichgewichtsgemisch aus braunem NO$_2$(g) (rot) und farblosem N$_2$O$_4$(g) (grau) in einer gasdichten Spritze.

Das Volumen und damit der Druck werden durch Bewegen des Kolbens geändert. Die Komprimierung des Gemisches erhöht kurzzeitig die Konzentration von NO$_2$.

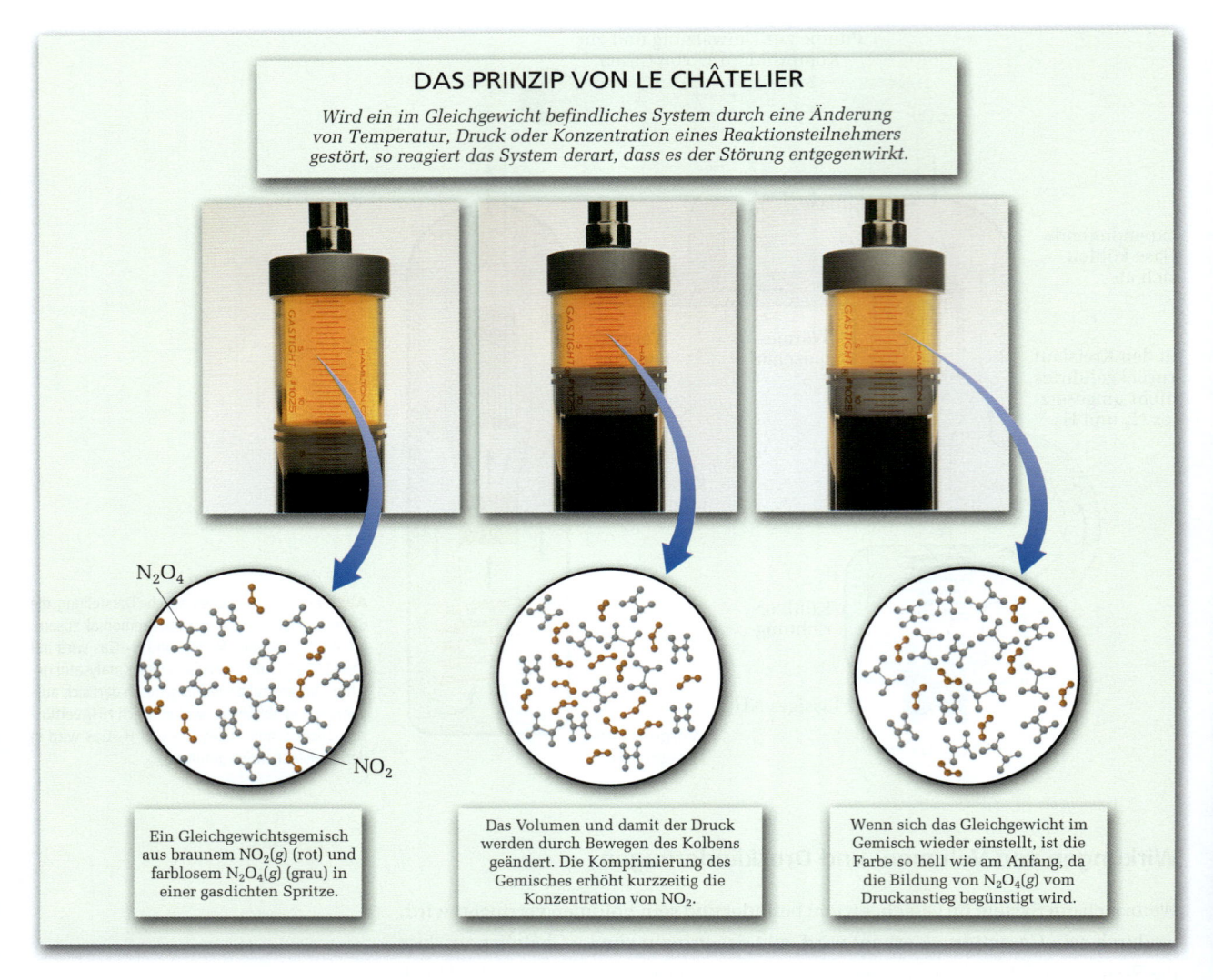

Wenn sich das Gleichgewicht im Gemisch wieder einstellt, ist die Farbe so hell wie am Anfang, da die Bildung von N$_2$O$_4$(g) vom Druckanstieg begünstigt wird.

Abbildung 15.13: Einfluss des Druckes auf ein Gleichgewicht.

> **? DENKEN SIE EINMAL NACH**
>
> Was geschieht mit dem Gleichgewicht $2\,SO_2(g) + O_2(g) \rightleftharpoons 2\,SO_3(g)$, wenn das Volumen des Systems vergrößert wird?

Für die Reaktion $N_2(g) + 3\,H_2(g) \rightleftharpoons 2\,NH_3(g)$ werden vier Reaktanten-Moleküle pro zwei Produktmolekülen verbraucht. Daher ruft ein Druckanstieg (Verringerung des Volumens) eine Verschiebung zu der Seite mit weniger Gasmolekülen hervor, was zur Bildung von mehr NH$_3$ führt, wie Abbildung 15.10 zeigt. Im Fall der Reaktion $H_2(g) + I_2(g) \rightleftharpoons 2\,HI(g)$ ist die Anzahl von Molekülen der gasförmigen Produkte (zwei) gleich der Anzahl von Molekülen gasförmiger Reaktanten. Daher beeinflusst die Änderung des Drucks die Lage des Gleichgewichts nicht.

Denken sie daran, dass Druck-Volumen-Änderungen *nicht* den Wert von K ändern, solange die Temperatur konstant bleibt. Sie ändern stattdessen die Partialdrücke der gasförmigen Substanzen. In Übungsbeispiel 15.8 haben wir K_p für ein Gleichgewichtsgemisch bei 472 °C berechnet, das 7,38 atm H$_2$, 2,46 atm N$_2$ und 0,166 atm NH$_3$ enthält. Der Wert von K_p ist $2,79 \times 10^{-5}$. Überlegen wir uns, was geschieht, wenn wir das Volumen des Systems plötzlich um die Hälfte verringern. Wenn es keine Verschiebung im Gleichgewicht gäbe, würde diese Volumenänderung eine Verdoppelung der Partialdrücke aller Substanzen hervorrufen, wodurch sich $p_{H_2} = 14{,}76$ atm, $p_{N_2} =$

4,92 atm und $p_{NH_3} = 0,332$ atm ergeben würden. Der Reaktionsquotient würde dann nicht mehr gleich der Gleichgewichtskonstanten sein.

$$Q_p = \frac{(p_{NH_3})^2}{p_{N_2}(p_{H_2})^3} = \frac{(0,332)^2}{(4,92)(14,76)^3} = 6,97 \times 10^{-6} \neq K_p$$

Weil $Q_p < K_p$, befindet sich das System nicht mehr im Gleichgewicht. Das Gleichgewicht stellt sich durch Erhöhung von p_{NH_3} und Senkung von p_{N_2} und p_{H_2}, bis $Q_p = K_p = 2,79 \times 10^{-5}$, wieder ein. Daher reagiert das Gleichgewicht nach rechts, wie das Prinzip von Le Châtelier vorhersagt.

Der Gesamtdruck des Systems kann ohne Änderung seines Volumens geändert werden. Der Druck erhöht sich zum Beispiel, wenn zusätzliche Mengen eines der Reaktionsbestandteile zum System zugegeben werden. Wir haben bereits gesehen, wie mit einer Änderung der Konzentration von Reaktanten oder Produkt umgegangen wird. Der Gesamtdruck im Reaktionsgefäß könnte ebenfalls erhöht werden, indem man ein Gas zugibt, das nicht am Gleichgewicht beteiligt ist. Argon kann zum Beispiel zum Ammoniakgleichgewichtssystem zugegeben werden. Das Argon würde die Partialdrücke keines der reagierenden Bestandteile ändern und daher auch keine Verschiebung des Gleichgewichts hervorrufen.

Die Wirkung von Temperaturänderungen

Änderungen der Konzentrationen oder Partialdrücke rufen Verschiebungen im Gleichgewicht hervor, ohne den Wert der Gleichgewichtskonstanten zu ändern. Dagegen ändert fast jede Gleichgewichtskonstante ihren Wert, wenn sich die Temperatur ändert. Betrachten wir zum Beispiel das Gleichgewicht, das sich einstellt, wenn Kobalt(II)-Chlorid ($CoCl_2$) in Salzsäure, $HCl(aq)$, aufgelöst wird.

$$\underset{\text{blassrosa}}{Co(H_2O)_6^{2+}(aq)} + 4\,Cl^-(aq) \rightleftharpoons \underset{\text{dunkelblau}}{CoCl_4^{2-}(aq)} + 6\,H_2O(l) \qquad \Delta H > 0 \qquad (15.22)$$

Die Bildung von $CoCl_4^{2-}$ aus $Co(H_2O)_6^{2+}$ ist ein endothermer Vorgang. Wir werden daher in Kürze die Bedeutung dieser Enthalpieänderung behandeln. Weil $Co(H_2O)_6^{2+}$ blassrosa und $CoCl_4^{2-}$ blau ist, ist die Lage dieses Gleichgewichts leicht an der Farbe der Lösung zu erkennen. ▶ Abbildung 15.14 zeigt bei Zimmertemperatur eine Lösung von $CoCl_2$ in $HCl(aq)$. Sowohl $Co(H_2O)_6^{2+}$ als auch $CoCl_4^{2-}$ liegen in bedeutenden Mengen in der Lösung vor. Die violette Farbe ergibt sich aus dem gleichzeitigen Vorhandensein rosaroter und blauer Ionen. Wenn die Lösung erhitzt wird, wird ihre Farbe stärker blau und zeigt damit an, dass das Gleichgewicht sich verschoben hat, um mehr $CoCl_4^{2-}$ zu bilden. Abkühlung der Lösung führt zu einer rosaroten Lösung, was anzeigt, dass das Gleichgewicht sich verschoben hat, um mehr $Co(H_2O)_6^{2+}$ zu erzeugen. Wie können wir die Abhängigkeit dieses Gleichgewichts von der Temperatur erklären?

Wir können die Regeln für die Temperaturabhängigkeit der Gleichgewichtskonstante ableiten, indem wir das Prinzip von Le Châtelier anwenden. Dies lässt sich einfach tun, indem wir die Wärme behandeln, als ob sie ein chemisches Reagenz wäre. In einer *endothermen* Reaktion können wir Wärme als *Reaktant* betrachten, während wir Wärme in einer *exothermen* Reaktion als *Produkt* betrachten können.

Endotherm: Reaktant + *Wärme* $\rightleftharpoons$ Produkte

Exotherm: Reaktant $\rightleftharpoons$ Produkte + *Wärme*

15 Chemisches Gleichgewicht

DIE WIRKUNG VON TEMPERATURÄNDERUNGEN

Fast jede Gleichgewichtskonstante ändert ihren Wert, wenn sich die Temperatur ändert. In einer endothermen Reaktion wird Wärme aufgenommen, wenn Reaktanten in Produkte umgewandelt werden, die Gleichgewichtslage verschiebt sich nach rechts und K wird größer.

Bei Zimmertemperatur liegen sowohl blassrosa $Co(H_2O)_6^{2+}$- als auch blaue $CoCl_4^{2-}$-Ionen in bedeutenden Mengen vor und geben damit der Lösung eine violette Farbe.

Das Erhitzen der Lösung verschiebt sich die Gleichgewichtslage nach rechts und es bildet sich mehr blaues $CoCl_4^{2-}$.

Die Kühlung der Lösung verschiebt sich die Gleichgewichtslage nach links zum blassrosa $Co(H_2O)_6^{2+}$.

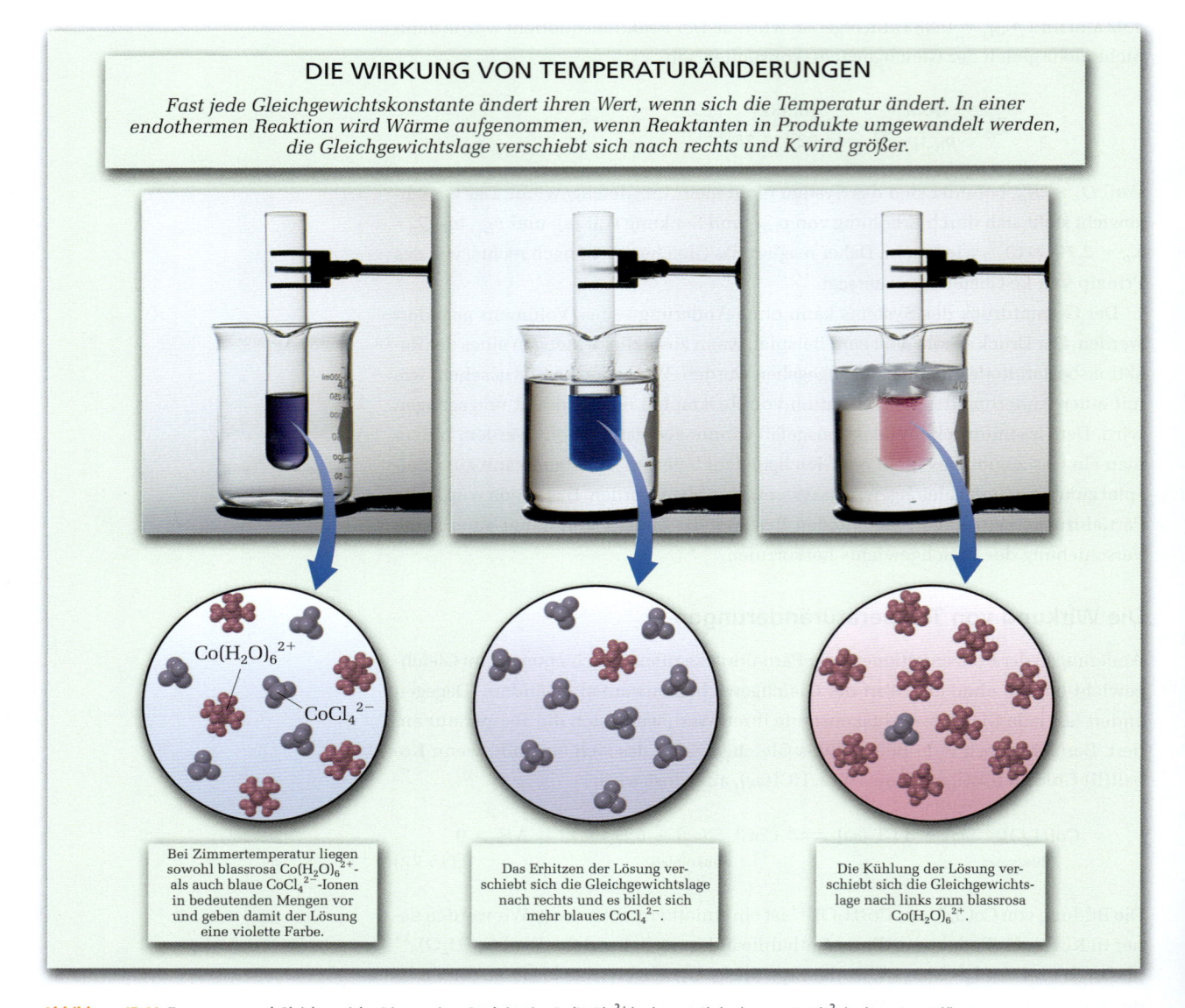

Abbildung 15.14: Temperatur und Gleichgewicht. Die gezeigte Reaktion ist $Co(H_2O)_6^{2+}(aq) + 4\,Cl^-(aq) \rightleftharpoons CoCl_4^{2-}(aq) + 6\,H_2O(l)$.

? DENKEN SIE EINMAL NACH

Erklären Sie anhand des Prinzips von Le Châtelier, warum der Gleichgewichtsdampfdruck einer Flüssigkeit mit steigender Temperatur zunimmt.

Wenn die Temperatur eines im Gleichgewicht befindlichen Systems erhöht wird, ist es, als ob wir einen Reaktanten zu einer endothermen Reaktion oder ein Produkt zu einer exothermen Reaktion hinzugegeben hätten. Das Gleichgewicht verschiebt sich in der Richtung, die den überschüssigen Reaktanten (oder überschüssiges Produkt), nämlich Wärme, verbraucht.

In einer endothermen Reaktion, wie ▶Gleichung 15.22, wird Wärme aufgenommen, wenn die Reaktanten in Produkte umgewandelt werden. Daher wird durch die Erhöhung der Temperatur das Gleichgewicht nach rechts verschoben, in die Richtung der Produkte, und K wird größer. Für Gleichung 15.22 führt die Erhöhung der Temperatur zur Bildung von mehr $CoCl_4^{2-}$, wie in Abbildung 15.14b zu beobachten ist.

In einer exothermen Reaktion tritt das Gegenteil auf. Wärme wird aufgenommen, wenn Produkte in Reaktanten umgewandelt werden. Daher verschiebt sich das Gleichgewicht nach links und K wird kleiner. Wir können diese Ergebnisse wie folgt zusammenfassen:

Endotherm: Erhöhung von T führt dazu, dass K größer wird.
Exotherm: Erhöhung von T führt dazu, dass K kleiner wird.

Die Abkühlung einer Reaktion hat den entgegengesetzten Effekt. Wenn wir die Temperatur senken, verschiebt sich das Gleichgewicht auf die Seite, die Wärme erzeugt. Daher verschiebt die Abkühlung bei einer endothermen Reaktion das Gleichgewicht nach links und K wird kleiner. Wir haben diesen Effekt in Abbildung 15.14 c beobachtet. Abkühlung bei einer exothermen Reaktion verschiebt das Gleichgewicht nach rechts und K wird größer.

ÜBUNGSBEISPIEL 15.13   **Anwendung des Prinzips von Le Châtelier, um Gleichgewichtsverschiebungen vorherzusagen**

Betrachten Sie das Gleichgewicht

$$N_2O_4(g) \rightleftharpoons 2\,NO_2(g) \quad \Delta H° = 58,0\text{ kJ}$$

In welche Richtung verschiebt sich das Gleichgewicht, wenn **(a)** N_2O_4 zugegeben ist, **(b)** NO_2 abgezogen wird, **(c)** der Gesamtdruck durch Zugabe von $N_2(g)$ erhöht wird, **(d)** das Volumen vergrößert wird, **(e)** die Temperatur gesenkt wird?

Lösung

Analyse: Es wird eine Reihe von Änderungen angegeben, die an einem System im Gleichgewicht vorgenommen werden sollen, und wir sollen vorhersagen, welche Wirkung jede Änderung auf die Lage des Gleichgewichts haben wird.

Vorgehen: Das Prinzip von Le Châtelier kann verwendet werden, um die Auswirkungen jeder dieser Änderungen zu bestimmen.

Lösung:
(a) Das System stellt sich ein, um die Konzentration des zugegebenen N_2O_4 zu senken, daher reagiert das Gleichgewicht nach rechts, in Richtung der Produkte.
(b) Das System stellt sich auf den Entzug von NO_2 ein, indem es sich auf die Seite verschiebt, die mehr NO_2 erzeugt. Damit reagiert das Gleichgewicht nach rechts.
(c) Zugabe von N_2 erhöht den Gesamtdruck des Systems, N_2 ist aber nicht an der Reaktion beteiligt. Die Partialdrücke von NO_2 und N_2O_4 bleiben daher unverändert und es gibt keine Verschiebung in der Lage des Gleichgewichts.
(d) Wird das Volumen vergrößert, verschiebt sich das System in die Richtung, die ein größeres Volumen (mehr Gasmoleküle) erfordert. Damit reagiert das Gleichgewicht nach rechts. Dies ist das Gegenteil der Wirkung, die in Abbildung 15.13 beobachtet wird, wo das Volumen verringert wurde.
(e) Die Reaktion ist endotherm, daher können wir uns Wärme als Reagenz auf der Reaktantenseite der Gleichung vorstellen. Die Verringerung der Temperatur verschiebt das Gleichgewicht in die Richtung, die Wärme erzeugt. Daher verschiebt sich das Gleichgewicht nach links, in Richtung der Bildung von mehr N_2O_4. Beachten Sie, dass nur diese letzte Änderung auch den Wert der Gleichgewichtskonstante K beeinflusst.

ÜBUNGSAUFGABE

Für die Reaktion

$$PCl_5(g) \rightleftharpoons PCl_3(g) + Cl_2(g) \quad \Delta H° = 87,9\text{ kJ}$$

reagiert das Gleichgewicht in welche Richtung, wenn **(a)** $Cl_2(g)$ abgezogen wird, **(b)** die Temperatur gesenkt wird, **(c)** das Volumen des Reaktionssystems vergrößert wird, **(d)** $PCl_3(g)$ zugegeben wird?

Antworten: (a) rechts, **(b)** links, **(c)** rechts, **(d)** links.

ÜBUNGSBEISPIEL 15.14 — Vorhersage der Wirkung der Temperatur auf K

(a) Bestimmen Sie anhand der Angaben zur Standardbildungswärme in Anhang C die Standardenthalpieänderung für die Reaktion

$$N_2(g) + 3\,H_2(g) \rightleftharpoons 2\,NH_3(g)$$

(b) Bestimmen Sie, wie sich die Gleichgewichtskonstante für die Reaktion mit der Temperatur ändern sollte.

Lösung

Analyse: Wir sollen die Standardenthalpieänderung einer Reaktion berechnen und bestimmen, wie sich die Gleichgewichtskonstante für die Reaktion mit der Temperatur ändert.

Vorgehen:
(a) Wir können ΔH° für die Reaktion anhand der Standardbildungsenthalpien berechnen.
(b) Wir können dann über das Prinzip von Le Châtelier bestimmen, welche Wirkung die Temperatur auf die Gleichgewichtskonstante haben wird.

Lösung:
(a) Erinnern wir uns, dass die Standardenthalpieänderung für eine Reaktion durch die Summe der molaren Standardbildungsenthalpien der Produkte gegeben ist, jeweils multipliziert mit dem stöchiometrischen Koeffizienten in der ausgeglichenen chemischen Gleichung minus der gleichen Größen für die Reaktanten. Bei 25 °C ist ΔH_f° für $NH_3(g)$ $-46{,}19$ kJ/mol. Die ΔH_f°-Werte für $H_2(g)$ und $N_2(g)$ sind definitionsgemäß null, weil die Bildungsenthalpien der Elemente in ihren Standardzuständen bei 25 °C als null definiert sind (siehe Abschnitt 5.7). Weil 2 mol NH_3 gebildet werden, ist die gesamte Enthalpieänderung:

$$(2\,\text{mol})(-46{,}19\,\text{kJ/mol}) - 0 = -92{,}38\,\text{kJ}$$

(b) Weil die Hinreaktion exotherm ist, können wir Wärme als ein Produkt der Reaktion betrachten. Durch den Anstieg der Temperatur verschiebt sich die Reaktion in die Richtung von weniger NH_3 und mehr N_2 und H_2. Diese Wirkung ist in den Werten für K_F aus Tabelle 15.2 zu sehen. Sie sehen, dass sich K_p mit Änderungen der Temperatur bedeutend ändert und dass es bei niedrigeren Temperaturen größer ist.

Anmerkung: Die Tatsache, dass K_p für die Bildung von NH_3 aus N_2 und H_2 mit steigender Temperatur sinkt, ist eine Sache von großer praktischer Bedeutung. Zur Bildung von NH_3 mit angemessener Geschwindigkeit sind höhere Temperaturen erforderlich. Bei höheren Temperaturen ist jedoch die Gleichgewichtskonstante kleiner, und so ist die prozentuale Umwandlung in NH_3 kleiner. Als Ausgleich hierfür sind höhere Drücke notwendig, weil hoher Druck die NH_3-Bildung begünstigt.

ÜBUNGSAUFGABE

Bestimmen Sie anhand der thermodynamischen Angaben in Anhang C die Enthalpieänderung für die Reaktion:

$$2\,POCl_3(g) \rightleftharpoons 2\,PCl_3(g) + O_2(g)$$

Bestimmen Sie anhand dieses Ergebnisses, wie sich die Gleichgewichtskonstante für die Reaktion mit der Temperatur ändern sollte.

Antwort: $\Delta H^\circ = 508$ kJ. Die Gleichgewichtskonstante wird mit steigender Temperatur größer.

Tabelle 15.2 — Veränderung von K_p für das Gleichgewicht $N_2 + 3\,H_2 \rightleftharpoons 2\,NH_3$ als Funktion der Temperatur

Temperatur (°C)	K_p
300	$4{,}34 \times 10^{-3}$
400	$1{,}64 \times 10^{-4}$
450	$4{,}51 \times 10^{-5}$
500	$1{,}45 \times 10^{-5}$
550	$5{,}38 \times 10^{-6}$
600	$2{,}25 \times 10^{-6}$

Die Wirkung von Katalysatoren

Was geschieht, wenn wir einen Katalysator zu einem chemischen System geben, das sich im Gleichgewicht befindet? Wie in ▶Abbildung 15.15 zu sehen, senkt ein Katalysator die Aktivierungsbarriere zwischen den Reaktanten und Produkten. Die Aktivierungsenergie der Hinreaktion wird im gleichen Umfang wie die für die Rückreaktion gesenkt. Der Katalysator erhöht damit die Geschwindigkeiten der Hin- und Rückre-

15.7 Das Prinzip von Le Châtelier

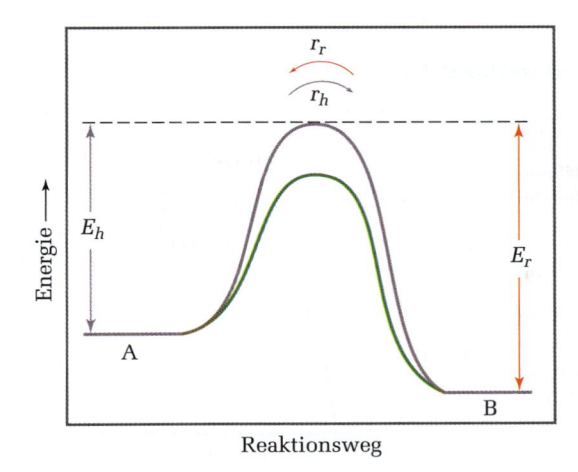

Abbildung 15.15: Wirkung eines Katalysators auf ein Gleichgewicht. Im Gleichgewicht für die hypothetische Reaktion A $\rightleftharpoons$ B ist die Hinreaktionsgeschwindigkeit r_h gleich der Rückreaktionsgeschwindigkeit r_r. Die violette Kurve stellt den Weg über den Übergangszustand ohne Katalysator dar. Ein Katalysator senkt die Energie des Übergangszustands, wie die grüne Kurve zeigt. Daher wird die Aktivierungsenergie für die Hin- und Rückreaktion gesenkt. Damit wird die Geschwindigkeit der Hin- und Rückreaktion in der katalysierten Reaktion erhöht.

aktionen. *Daher erhöht ein Katalysator die Geschwindigkeit, mit der das Gleichgewicht erreicht wird, aber er ändert nicht die Zusammensetzung des Gleichgewichtsgemisches.* Der Wert der Gleichgewichtskonstante für eine Reaktion wird nicht durch die Anwesenheit eines Katalysators beeinflusst.

Die Geschwindigkeit, mit der sich eine Reaktion dem Gleichgewicht annähert, ist ein wichtiger praktischer Gesichtspunkt. Betrachten wir beispielsweise erneut die Synthese von Ammoniak aus N_2 und H_2. Beim Entwurf eines Verfahrens für die Ammoniaksynthese musste Haber mit einer starken Abnahme der Gleichgewichtskonstante mit steigender Temperatur fertig werden, wie Tabelle 15.2 zeigt. Bei Temperaturen, die ausreichend hoch sind, um eine zufriedenstellende Reaktionsgeschwindigkeit zu erhalten, war die Menge des gebildeten Ammoniaks zu klein. Die Lösung dieses Dilemmas bestand in der Entwicklung eines Katalysators, der eine angemessen schnelle Annäherung an das Gleichgewicht bei einer ausreichend niedrigen Temperatur erzeugen würde, so dass die Gleichgewichtskonstante immer noch zufriedenstellend groß war. Die Entwicklung eines geeigneten Katalysators wurde daher zum Schwerpunkt der Forschungsarbeiten von Haber.

Nachdem er verschiedene Substanzen ausprobiert hatte, um zu sehen, welche am effektivsten wäre, entschied sich Haber schließlich für Eisen, vermischt mit Metalloxiden. Varianten der ursprünglichen Katalysatorformeln werden noch heute verwendet. Diese Katalysatoren ermöglichen es, eine angemessen schnelle Annäherung an das Gleichgewicht bei Temperaturen um rund 400 °C bis 500 °C und bei Gasdrücken von 200 bis 600 atm zu erhalten. Die hohen Drücke sind notwendig, um einen zufriedenstellenden Umwandlungsgrad im Gleichgewicht zu erhalten. Sie können aus Abbildung 15.10 sehen, dass es möglich wäre, den gleichen Grad der Gleichgewichtsumwandlung bei viel niedrigeren Drücken zu erhalten, wenn ein verbesserter Katalysator gefunden werden könnte – einer, der zu einer ausreichend schnellen Reaktion bei Temperaturen unter 400 °C bis 500 °C führen würde. Dies würde große Einsparungen in den Apparatekosten für die Ammoniaksynthese bedeuten. Angesichts des wachsenden Bedarfs nach stickstoffhaltigen Düngemitteln ist die Fixierung von Stickstoff ein Verfahren ständig zunehmender Bedeutung.

> **? DENKEN SIE EINMAL NACH**
>
> Hat die Zugabe eines Katalysators eine Auswirkung auf die Lage eines Gleichgewichts?

Chemie im Einsatz — Steuerung von Stickstoffoxidemissionen

Die Bildung von NO aus N_2 und O_2 bietet ein weiteres interessantes Beispiel für die praktische Bedeutung von Änderungen der Gleichgewichtskonstante und der Reaktionsgeschwindigkeit mit der Temperatur. Die Gleichgewichtsgleichung und die Standardenthalpieänderung für die Reaktion sind:

$$\tfrac{1}{2} N_2(g) + \tfrac{1}{2} O_2(g) \rightleftharpoons NO(g) \qquad \Delta H° = 90{,}4 \text{ kJ} \qquad (15.23)$$

Die Reaktion ist endotherm, das heißt, dass Wärme aufgenommen wird, wenn NO aus den Elementen gebildet wird. Durch Anwendung des Prinzips von Le Châtelier leiten wir ab, dass ein Anstieg der Temperatur das Gleichgewicht in Richtung von mehr NO verschieben wird. Die Gleichgewichtskonstante K_p für die Bildung von 1 mol NO aus den Elementen bei 300 K ist nur etwa 10^{-15}. Bei einer viel höheren Temperatur von etwa 2400 K ist die Gleichgewichtskonstante dagegen 10^{13} mal so groß, etwa 0,05. Wie K_p für Gleichung 15.23 von der Temperatur abhängt, zeigt ▶ Abbildung 15.16.

Dieses Diagramm hilft zu erklären, warum NO ein Umweltverschmutzungsproblem ist. Im Zylinder eines modernen Automotors mit hoher Kompression können die Temperaturen während des Kraftstoff verbrennenden Taktes im Bereich von 2400 K liegen. Es befindet sich ebenfalls ein ziemlich großer Überschuss Luft im Zylinder. Diese Bedingungen begünstigen die Bildung von NO. Nach der Verbrennung werden die Gase jedoch schnell abgekühlt. Wenn die Temperatur sinkt, verschiebt sich das Gleichgewicht in Gleichung 15.23 stark nach links (das heißt in Richtung N_2 und O_2). Die niedrigeren Temperaturen bedeuten jedoch ebenfalls, dass die Reaktionsgeschwindigkeit verringert wird, so dass das NO, das bei hohen Temperaturen gebildet wurde, sozusagen „eingefroren" wird, wenn sich das Gas abkühlt.

Die Gase, die aus dem Zylinder entweichen, sind noch immer recht heiß, etwa 1200 K. Bei dieser Temperatur ist, wie Abbildung 15.16 zeigt, die Gleichgewichtskonstante für die Bildung von NO viel kleiner. Die Umwandlungsgeschwindigkeit von NO zu N_2 und O_2 ist jedoch zu gering, um viel NO zu zersetzen, bevor die Gase weiter abgekühlt werden.

Wie im Kasten „Chemie im Einsatz" in Abschnitt 14.7 behandelt wurde, ist eines der Ziele von Katalysatoren in Kraftfahrzeugen, die schnelle Umwandlung von NO in N_2 und O_2 bei der gegebenen Temperatur des Abgases zu erreichen. Einige Katalysatoren für diese Reaktion wurden entwickelt, die unter den harten Bedingungen, die in Abgasanlagen von Kraftfahrzeugen herrschen, ausreichend effektiv sind. Dennoch suchen Wissenschaftler und Ingenieure ständig nach neuen Materialien, die eine noch effektivere Katalyse der Zersetzung von Stickstoffoxid ermöglichen.

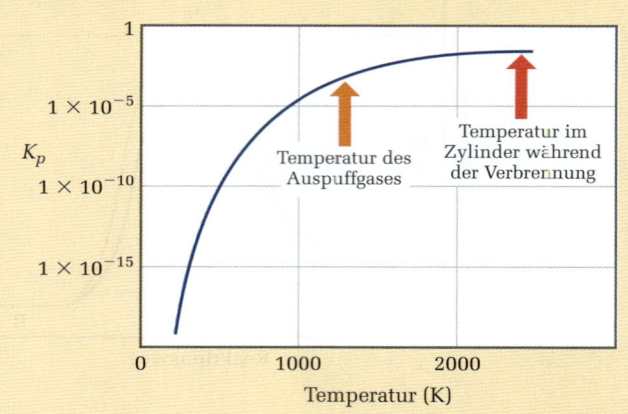

Abbildung 15.16: Gleichgewicht und Temperatur. Das Diagramm zeigt, wie sich die Gleichgewichtskonstante für die Reaktion $\tfrac{1}{2} N_2(g) + \tfrac{1}{2} O_2(g) \rightleftharpoons NO(g)$ als Funktion der Temperatur ändert. Die Gleichgewichtskonstante wird mit steigender Temperatur größer, da die Reaktion endotherm ist. Es ist notwendig, eine logarithmische Skala für K_p zu verwenden, weil die Werte sich sehr stark ändern.

ÜBERGREIFENDE BEISPIELAUFGABE — Verknüpfen von Konzepten

Bei Temperaturen nahe 800 °C wird Wasserdampf über heißen Koks (eine Form des Kohlenstoffs, die aus Steinkohle gewonnen wird) geleitet und reagiert unter Bildung von CO und H_2:

$$C(s) + H_2O(g) \rightleftharpoons CO(g) + H_2(g)$$

Das Gasgemisch, das sich ergibt, ist ein wichtiger industrieller Brennstoff mit Namen *Wassergas*. **(a)** Bei 800 °C ist die Gleichgewichtskonstante für diese Reaktion $K_p = 14{,}1$. Was sind die Gleichgewichtspartialdrücke von H_2O, CO und H_2 im Gleichgewichtsgemisch bei dieser Temperatur, wenn wir mit festem Kohlenstoff und 0,100 mol H_2O in einem 1,00-l-Gefäß beginnen? **(b)** Welche Mindestmenge Kohlenstoff wird benötigt, um unter diesen Bedingungen Gleichgewicht zu erreichen? **(c)** Was ist der Gesamtdruck im Gefäß im Gleichgewicht? **(d)** Bei 25 °C ist der Wert von K_p für diese Reaktion $1{,}7 \times 10^{-21}$. Ist diese Reaktion exotherm oder endotherm? **(e)** Sollte zur Erzeugung der maximalen Menge CO und H_2 im Gleichgewicht der Druck des Systems erhöht oder gesenkt werden?

Lösung

(a) Zur Bestimmung der Gleichgewichtspartialdrücke verwenden wir die ideale Gasgleichung und bestimmen dabei als erstes den Ausgangspartialdruck von Wasserstoff.

$$p_{H_2O} = \frac{n_{H_2O} RT}{V} = \frac{(0{,}100 \text{ mol})(0{,}0821 \text{ l}\cdot\text{atm/mol}\cdot\text{K})(1073 \text{ K})}{1{,}00 \text{ l}} = 8{,}81 \text{ atm}$$

Wir erstellen dann eine Tabelle mit den Ausgangspartialdrücken und ihren Änderungen, während das Gleichgewicht eingestellt wird:

	C(s) +	H₂O(g) ⇌	CO(g)	+ H₂(g)
Anfänglich		8,81 atm	0 atm	0 atm
Änderung		−x	+x	+x
Gleichgewicht		8,81 −x atm	x atm	x atm

Die Tabelle hat keine Einträge unter C(s), weil der Reaktant als Festkörper nicht im Gleichgewichtsausdruck erscheint. Bei Einsetzen der Gleichgewichtspartialdrücke der anderen Spezies in den Gleichgewichtsausdruck für die Reaktion erhält man:

$$K_p = \frac{p_{CO} p_{H_2}}{p_{H_2O}} = \frac{(x)(x)}{(8{,}81 - x)} = 14{,}1$$

Es ergibt sich eine quadratische Gleichung in x:

$$x^2 = (14{,}1)(8{,}81 - x)$$

$$x^2 + 14{,}1x - 124{,}22 = 0$$

Das Lösen dieser Gleichung für x über die quadratische Formel ergibt $x = 6{,}14$ atm. Daher sind die Gleichgewichtspartialdrücke $p_{CO} = x = 6{,}14$ atm, $p_{H_2} = x = 6{,}14$ atm und $p_{H_2O} = (8{,}81 - x) = 2{,}67$ atm.

(b) Teil (a) zeigt, dass $x = 6{,}14$ atm von H₂O reagieren muss, damit das System das Gleichgewicht erreicht. Wir können die ideale Gasgleichung verwenden, um diesen Partialdruck in eine Molmenge umzuwandeln.

$$n = \frac{pV}{RT} = \frac{(6{,}14\ \text{atm})(1{,}00\ \text{l})}{(0{,}0821\ \text{l} \cdot \text{atm/mol} \cdot \text{K})(1073\ \text{K})} = 0{,}0697\ \text{mol}$$

Es müssen 0,0697 mol H₂O und die gleiche Menge C reagieren, um das Gleichgewicht zu erreichen. Daher muss mindestens 0,0697 mol C (0,836 g C) zu Beginn der Reaktion unter den Reaktanten vorliegen.

(c) Der Gesamtdruck im Gefäß im Gleichgewicht ist die Summe der Gleichgewichtspartialdrücke:

$$p_{gesamt} = p_{H_2O} + p_{CO} + p_{H_2} = 2{,}67\ \text{atm} + 6{,}14\ \text{atm} + 6{,}14\ \text{atm} = 14{,}95\ \text{atm}$$

(d) Bei der Behandlung des Prinzips von Le Châtelier sahen wir, dass endotherme Reaktionen einen Anstieg von K_p mit steigender Temperatur aufweisen. Weil die Gleichgewichtskonstante für diese Reaktion größer wird, wenn die Temperatur steigt, muss die Reaktion endotherm sein. Anhand der Bildungsenthalpien aus Anhang C können wir unsere Aussage überprüfen, indem wir die Enthalpieänderung für die Reaktion $\Delta H° = \Delta H_f°(CO) + \Delta H_f°(H_2) - \Delta H°(C) - \Delta H_f°(H_2O) = +131{,}3$ kJ berechnen. Das positive Vorzeichen für $\Delta H°$ zeigt, dass die Reaktion endotherm ist.

(e) Laut dem Prinzip von Le Châtelier ruft eine Druckverminderung eine Verschiebung des Gleichgewichts auf die Seite der Gleichung mit der größeren Molzahl Gas hervor. In diesem Fall gibt es zwei Mol Gas auf der Produktseite und nur eines auf der Reaktantenseite. Daher muss der Druck gesenkt werden, um die Ausbeute von CO und H₂ zu maximieren.

Zusammenfassung und Schlüsselbegriffe

Einführung und Abschnitt 15.1 Eine chemische Reaktion kann einen Zustand erreichen, in dem der Hin- und Rückprozess mit der gleichen Geschwindigkeit abläuft. Dieser Zustand wird als **chemisches Gleichgewicht** bezeichnet und führt zur Bildung eines Gleichgewichtsgemisches der Reaktanten und Produkte der Reaktion. Die Zusammensetzung eines Gleichgewichtsgemisches ändert sich zeitlich nicht.

Abschnitt 15.2 Ein Gleichgewicht, das im Verlaufe dieses Kapitels verwendet wird, ist die Reaktion von $N_2(g)$ mit $H_2(g)$, um $NH_3(g)$ zu bilden: $N_2(g) + 3\,H_2(g) \rightleftharpoons 2\,NH_3(g)$. Diese Reaktion ist die Grundlage des **Haber-Bosch-Verfahrens** für die Herstellung von Ammoniak. Die Beziehung zwischen den Konzentrationen der Reaktanten und Produkte eines Systems im Gleichgewicht gibt das **Massenwirkungsgesetz** an. Für eine allgemeine Gleichgewichtsgleichung der Form $aA + bB \rightleftharpoons dD + eE$ wird der **Gleichgewichtsausdruck** geschrieben als:

$$K_c = \frac{[D]^d[E]^e}{[A]^a[B]^b}$$

Der Gleichgewichtsausdruck hängt nur von den stöchiometrischen Verhältnissen der Reaktion ab. Für ein im Gleichgewicht befindliches System bei einer gegebenen Temperatur ist K_c eine Konstante, die **Gleichgewichtskonstante**. Wenn das betrachtete Gleichgewichtssystem aus Gasen besteht, ist es häufig praktisch, die Konzentrationen von Reaktanten und Produkten mit Partialdrücken zu schreiben:

$$K_p = \frac{(p_D)^d (p_E)^e}{(p_A)^a (p_B)^b}$$

K_c und K_p stehen durch den Ausdruck $K_p = K_c(RT)^{\Delta n}$ in Beziehung.

Abschnitt 15.3 Der Wert der Gleichgewichtskonstante ändert sich mit der Temperatur. Ein großer Wert von K_c zeigt an, dass das Gleichgewichtsgemisch mehr Produkte als Reaktanten enthält. Ein kleiner Wert für die Gleichgewichtskonstante bedeutet, dass das Gleichgewicht auf der Seite der Ausgangsstoffe liegt. Der Gleichgewichtsausdruck und die Gleichgewichtskonstante einer Rückreaktion sind die Kehrwerte von denen der Hinreaktion. Wenn eine Reaktion die Summe von zwei oder mehr Reaktionen ist, ist ihre Gleichgewichtskonstante das Produkt der Gleichgewichtskonstanten der einzelnen Reaktionen.

Abschnitt 15.4 Gleichgewichte, für die alle Substanzen in der gleichen Phase sind, werden **homogene Gleichgewichte** genannt; in **heterogenen Gleichgewichten** liegen zwei oder mehr Phasen vor. Da die Konzentrationen reiner Festkörper und Flüssigkeiten konstant sind, treten diese Substanzen im Gleichgewichtsausdruck für ein heterogenes Gleichgewicht nicht auf.

Abschnitt 15.5 Wenn die Konzentrationen aller Reaktionsteilnehmer in einem Gleichgewicht bekannt sind, kann der Gleichgewichtsausdruck verwendet werden, um den Wert der Gleichgewichtskonstante zu berechnen. Die Änderungen der Konzentrationen der Reaktanten und Produkte auf dem Weg, das Gleichgewicht zu erreichen, stehen in Zussammenhang mit den stöchiometrischen Verhältnissen der Reaktion.

Abschnitt 15.6 Man erhält den **Reaktionsquotienten** Q, indem man die Partialdrücke oder Konzentrationen von Reaktanten und Produkten in den Gleichgewichtsausdruck einsetzt. Wenn sich das System im Gleichgewicht befindet, ist $Q = K$. Wenn jedoch $Q \neq K$, befindet sich das System nicht im Gleichgewicht. Wenn $Q < K$ ist, bewegt sich die Reaktion zum Gleichgewicht, indem sie mehr Produkte bildet (die Reaktion verläuft von links nach rechts). Ist $Q > K$, läuft die Reaktion von rechts nach links ab. Wenn man den Wert von K kennt, ist es möglich, die Gleichgewichtsmengen von Reaktanten und Produkten zu berechnen, häufig durch die Lösung einer Gleichung, in der die Unbekannte die Änderung eines Partialdrucks oder einer Konzentration ist.

Abschnitt 15.7 Das **Prinzip von Le Châtelier** besagt, dass, wenn ein im Gleichgewicht befindliches System gestört wird, das Gleichgewicht reagiert, um den störenden Einfluss zu minimieren. Nach diesem Prinzip reagiert das Gleichgewicht, um die zugefügte Substanz zu verbrauchen, wenn ein Reaktant oder Produkt zu einem System im Gleichgewicht zugegeben wird. Die Wirkungen des Entzugs von Reaktanten oder Produkten und der Änderung des Drucks oder des Volumens einer Reaktion können entsprechend abgeleitet werden. Wenn zum Beispiel das Volumen des Systems verkleinert wird, reagiert das Gleichgewicht in die Richtung, die die Anzahl von Gasmolekülen verringert. Die Enthalpieänderung für eine Reaktion zeigt an, wie ein Anstieg der Temperatur das Gleichgewicht beeinflusst: Für eine endotherme Reaktion in konventioneller Schreibweise verschiebt ein Anstieg der Temperatur das Gleichgewicht nach rechts. Für eine exotherme Reaktion verschiebt ein Temperaturanstieg das Gleichgewicht nach links. Katalysatoren beeinflussen die Geschwindigkeit, mit der ein Gleichgewicht erreicht wird, beeinflussen jedoch nicht die Größe von K.

Veranschaulichung von Konzepten

15.1 (a) Sagen Sie basierend auf dem folgenden Energieprofil vorher, ob $k_h > k_r$ oder $k_h < k_r$. (b) Sagen Sie anhand von Gleichung 15.5 vorher, ob die Gleichgewichtskonstante für den Prozess größer als 1 oder kleiner als 1 ist (*Gleichung 15.1*).

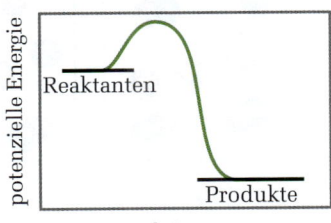

15.2 Die folgenden Diagramme stellen eine hypothetische Reaktion A $\longrightarrow$ B dar, wobei A von roten Kugeln und B von blauen Kugeln dargestellt wird. Die Folge von links nach rechts stellt das System im Verlauf der Zeit dar. Zeigen die Diagramme, dass das System einen Gleichgewichtszustand erreicht? Begründen Sie Ihre Antwort (*Abschnitte 15.1 und 15.2*).

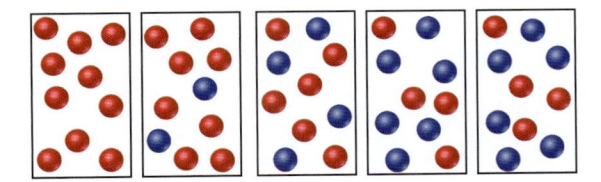

15.3 Das folgende Diagramm stellt ein Gleichgewichtsgemisch dar, das für eine Reaktion der Art A + X $\rightleftharpoons$ AX erzeugt wird. Wenn das Volumen 1 Liter ist, ist K größer oder kleiner als 1 (*Abschnitt 15.2*)?

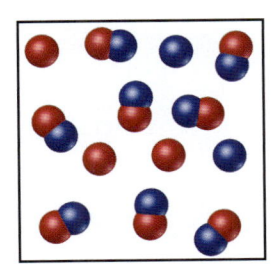

15.4 Das folgende Diagramm stellt eine Reaktion dar, die das Gleichgewicht erreicht. (a) Wenn A = rote Kugeln und B = blaue Kugeln, schreiben Sie eine ausgeglichene Gleichung für die Reaktion. (b) Schreiben Sie den Gleichgewichtsausdruck für die Reaktion. (c) Nehmen Sie an, dass alle Moleküle in der Gasphase sind, und berechnen Sie Δn, die Änderung der Anzahl von Gasmolekülen, die die Reaktion begleitet. (d) Wie können Sie K_p berechnen, wenn Sie K_c bei einer bestimmten Temperatur kennen? (*Abschnitt 15.2*)

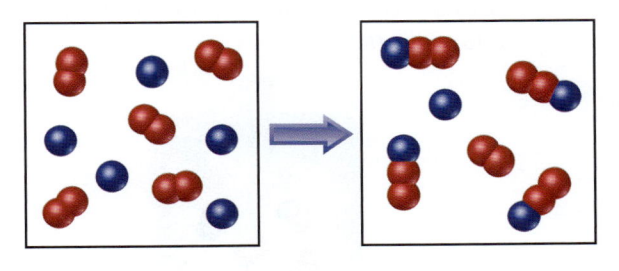

15.5 Die Reaktion $A_2 + B_2 \rightleftharpoons 2\,AB$ hat die Gleichgewichtskonstante $K_c = 1{,}5$. Die folgenden Diagramme stellen die Reaktionsgemische dar, die A_2-Moleküle (rot), B_2-Moleküle (blau) und AB-Moleküle enthalten. (a) Welches Gemisch ist im Gleichgewicht? (b) Wie läuft die Reaktion für die Gemische ab, die nicht im Gleichgewicht sind, um das Gleichgewicht zu erreichen? (*Abschnitte 15.5 und 15.6*)

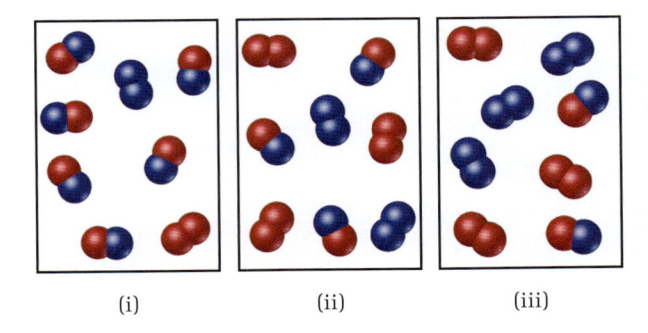

(i)   (ii)   (iii)

15.6 Die Reaktion $A_2(g) + B(g) \rightleftharpoons A(g) + AB(g)$ hat die Gleichgewichtskonstante von $K_p = 2$. Das Diagramm unten zeigt ein Gemisch, das A-Atome (rot), A_2-Moleküle und AB-Moleküle (rot und blau) enthält. Wie viele B-Atome sollten zum Diagramm hinzugefügt werden, wenn sich das System im Gleichgewicht befindet? (*Abschnitt 15.6*)

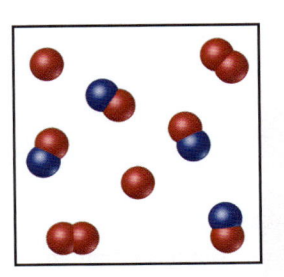

15.7 Das folgende Diagramm repräsentiert den Gleichgewichtszustand für die Reaktion $A_2(g) + 2\,B(g) \rightleftharpoons 2\,AB(g)$. **(a)** Nehmen Sie an, dass das Volumen 1 Liter ist, und berechnen Sie die Gleichgewichtskonstante K_c für die Reaktion. **(b)** Nimmt die Zahl von AB-Molekülen zu oder ab, wenn das Volumen des Gleichgewichtsgemisches verringert wird? (*Abschnitte 15.5 und 15.7*)

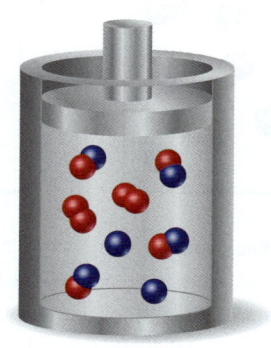

15.8 Die folgenden Diagramme stellen Gleichgewichtsgemische für die Reaktion $A_2 + B \rightleftharpoons A + AB$ bei (1) 300 K und (2) 500 K dar. Die A-Atome sind rot und die B-Atome blau. Ist diese Reaktion exotherm oder endotherm? (*Abschnitt 15.7*)

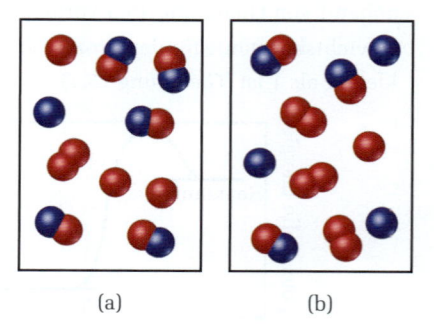

(a) (b)

Übungsaufgaben
mit ausführlichen Lösungshinweisen

Multiple Choice-Aufgaben
Lösungen zu den Übungsaufgaben
im Kapitel

Säure-Base-Gleichgewichte

16

16.1	Säuren und Basen: Eine kurze Wiederholung	637
16.2	Brønsted–Lowry-Säuren und Basen	638
16.3	Die Autodissoziation von Wasser	644
16.4	Die pH-Skala	646
16.5	Starke Säuren und Basen	651
16.6	Schwache Säuren	653
16.7	Schwache Basen	663
16.8	Die Beziehung zwischen K_S und K_B	666
16.9	Säure-Base-Eigenschaften von Salzlösungen	668
16.10	Säure-Base-Verhalten und chemische Struktur	672
16.11	Lewis-Säuren und -Basen	676

Chemie und Leben
    Das amphiprotische Verhalten von Aminosäuren 677

Zusammenfassung und Schlüsselbegriffe 680

Veranschaulichung von Konzepten 682

ÜBERBLICK

Was uns erwartet

- Wir beginnen mit der Definition von Säuren und Basen nach *Arrhenius* (*Abschnitt 16.1*).

- Danach lernen wir die allgemeineren Definitionen der Säuren und Basen von *Brønsted–Lowry*. Nach diesen Definitionen ist eine Brønsted–Lowry-Säure ein *Protonendonor* und eine Brønsted–Lowry-Base ist ein *Protonenakzeptor* (*Abschnitt 16.2*).

- Nachdem eine Brønsted–Lowry-Säure ein Proton abgegeben hat, verbleibt ihre *konjugierte Base*. Analog verbleibt nach der Aufnahme eines Protons durch eine Brønsted–Lowry-Base die *konjugierte Säure*. Zwei Stoffe, die sich nur durch das Vorhandensein oder die Abwesenheit eines Protons unterscheiden, bezeichnet man als *konjugiertes Säure-Base-Paar* (*Abschnitt 16.2*).

- Die Autodissoziation des Wassers führt zu geringen Konzentrationen an H_3O^+- und OH^--Ionen. Das *Ionenprodukt* K_W der Autodissoziation bestimmt die Beziehung zwischen den H_3O^+- und OH^--Ionenkonzentrationen in wässriger Lösung (*Abschnitt 16.3*).

- Die pH-Skala (pH = $-\log[H^+]$) gibt die Acidität einer Lösung an (*Abschnitt 16.4*).

- *Starke* Säuren und Basen dissoziieren in wässriger Lösung praktisch vollständig, während *schwache* Säuren und Basen nur teilweise dissoziieren (*Abschnitt 16.5*).

- Wir lernen, dass die Dissoziation einer schwachen Säure in Wasser ein Gleichgewichtsvorgang mit der Gleichgewichtskonstante K_S ist. Anhand dieser Konstante kann man den pH-Wert einer Lösung bestimmen (*Abschnitt 16.6*).

- Analog ist die Protonierung einer schwachen Base in Wasser ein Gleichgewichtsprozess mit der Gleichgewichtskonstante K_B, mit deren Hilfe sich der pH-Wert einer Lösung bestimmen lässt (*Abschnitt 16.7*).

- Die Beziehung zwischen K_S und K_B eines konjugierten *Säure-Base*-Paares lautet: $K_S \times K_B = K_W$ (*Abschnitt 16.8*).

- Die Ionen eines Salzes können sich als Brønsted–Lowry-Säure oder -Base verhalten (*Abschnitt 16.9*).

- Wir fahren mit der Untersuchung der Beziehungen zwischen der chemischen Struktur und dem Säure-Base-Verhalten fort (*Abschnitt 16.10*).

- Schließlich lernen wir die Definitionen von Säuren und Basen nach *Lewis*. Eine Lewis-Säure ist ein *Elektronenpaarakzeptor* und eine Lewis-Base ist ein *Elektronenpaardonor* (*Abschnitt 16.11*).

Welches ist das sauerste Lebensmittel, das Sie kennen? Zitrusfrüchte, Sauerkirschen oder Rhabarber? Der saure Geschmack von Lebensmitteln ist hauptsächlich auf die Anwesenheit von Säuren zurückzuführen. Zitronensäure ($C_6H_8O_7$), Malonsäure ($C_3H_4O_4$), Oxalsäure ($H_2C_2O_4$) und Ascorbinsäure ($C_6H_8O_6$), auch als Vitamin C bekannt, sind in vielen Früchten und auch in manchen Gemüsesorten wie Rhabarber und Tomaten enthalten.

Säuren und Basen spielen in zahlreichen chemischen Reaktionen in unserer Umgebung eine wichtige Rolle, von industriellen Prozessen bis zu biologischen Abläufen und von Laborreaktionen bis zu Vorgängen in der Umwelt. Der Zeitraum, in dem ein Metall in Wasser korrodiert, die Lebensbedingungen für Fische und pflanzliches Leben in einem Gewässer, der Werdegang von Schadstoffen, die über den Regen aus der Luft in den Boden gelangen und auch die Reaktionsgeschwindigkeiten lebenserhaltender Prozesse hängen oft entscheidend vom Säure- oder Basengehalt der jeweiligen Lösung(en) ab. So lässt sich eine Vielzahl chemischer Vorgänge als Säure-Base-Reaktionen beschreiben und verstehen.

In vorangegangenen Kapiteln sind wir bereits mehrmals auf Säuren und Basen gestoßen; zum Beispiel beschäftigt sich ein Teil von Kapitel 4 mit ihren Reaktionen. Aber was macht das Verhalten eines Stoffes als Säure oder Base aus? In diesem Kapitel untersuchen wir erneut Säuren und Basen und sehen uns genauer an, wie man sie erkennt und beschreibt. Hierbei werden wir nicht nur ihr Verhalten anhand der chemischen Strukturen und Bindungen untersuchen, sondern auch die Gleichgewichtsreaktionen dieser Stoffe betrachten.

16.1 Säuren und Basen: Eine kurze Wiederholung

Schon seit den frühesten Anfängen der experimentellen Chemie haben Wissenschaftler Säuren und Basen an ihren charakteristischen Eigenschaften erkannt. Säuren haben einen sauren Geschmack und verändern die Farbe bestimmter Farbstoffe (beispielsweise verfärbt sich Lackmus bei Säurekontakt rot). Das englische Wort *acid* (Säure) leitet sich vom lateinischen Wort *acidus* ab, das sauer oder herb bedeutet. Der Geschmack von Basen ist hingegen bitter und sie fühlen sich glitschig an (Seife ist ein gutes Beispiel dafür). Das englische Wort *base* stammt von der altenglischen Bedeutung des Wortes, im Sinne von verringern, vermindern oder verschlechtern (im modernen Englischen bedeutet das Verb *to debase* verderben, erniedrigen, bzw. den Wert einer Sache vermindern). Setzt man einer Säure eine Base zu, so vermindert sich die Säuremenge; das Mischen von Säuren und Basen in bestimmten Verhältnissen bringt ihre charakteristischen Eigenschaften gänzlich zum Verschwinden (siehe Abschnitt 4.3).

Historisch betrachtet haben Chemiker immer schon versucht, die Eigenschaften von Säuren und Basen mit ihrer Zusammensetzung und Molekularstruktur in Verbindung zu bringen. Um 1830 wusste man, dass alle Säuren Wasserstoff enthalten, aber nicht alle wasserstoffhaltigen Substanzen Säuren sind. In den 1880er Jahren stellte der schwedische Chemiker Svante Arrhenius (1859–1927) einen Zusammenhang zwischen saurem Verhalten und H^+-Ionen in wässriger Lösung und analog zwischen basischem Verhalten und OH^--Ionen her. Er definierte Säuren als Stoffe, die in Wasser H^+-Ionen freisetzen und Basen als Substanzen, die in Wasser OH^--Ionen erzeugen. Tatsächlich beruhen die Eigenschaften wässriger Säurelösungen und ihr saurer Geschmack auf

16 Säure-Base-Gleichgewichte

dem $H^+(aq)$-Ion und die Eigenschaften basischer Lösungen auf dem $OH^-(aq)$-Ion. Mit der Zeit formulierte man die Definition von Säuren und Basen nach Arrhenius auf die folgende Weise: *Löst man eine Säure in Wasser, so steigt die Konzentration der H^+-Ionen an, und analog nimmt die Konzentration der OH^--Ionen zu, wenn man eine Base in Wasser löst.*

Chlorwasserstoff ist eine Arrhenius-Säure und ist sehr gut wasserlöslich, denn in der chemischen Reaktion mit Wasser entstehen hydratisierte H^+- und Cl^--Ionen.

$$HCl(g) \xrightarrow{H_2O} H^+(aq) + Cl^-(aq) \qquad (16.1)$$

Die wässrige HCl-Lösung ist als Salzsäure bekannt. Konzentrierte Salzsäure enthält etwa 37 Massen-% HCl und ihre Molarität beträgt 12 M. Natriumhydroxid ist hingegen eine Arrhenius-Base. Da NaOH eine ionische Verbindung ist, dissoziiert sie in Wasser zu Na^+ und OH^- und setzt somit OH^--Ionen frei.

> **? DENKEN SIE EINMAL NACH**
>
> Welche beiden Ionen sind in der Definition von Säuren und Basen nach Arrhenius entscheidend?

16.2 Brønsted–Lowry-Säuren und -Basen

Das Säuren- und Basenkonzept nach Arrhenius ist sehr nützlich, aber es hat seine Grenzen; ein wichtiger Punkt ist seine Beschränkung auf wässrige Lösungen. Im Jahr 1923 schlugen der dänische Chemiker Johannes Brønsted (1879–1947) und der englische Chemiker Thomas Lowry (1874–1936) unabhängig voneinander eine allgemeinere Definition von Säuren und Basen vor. Ihre Idee basiert auf der Tatsache, dass Säure-Base-Reaktionen den Übergang von H^+-Ionen zwischen den Stoffen beinhalten.

Das H^+-Ion in Wasser

Gleichung 16.1 stellt die Dissoziationsreaktion von Chlorwasserstoff in Wasser unter Bildung von $H^+(aq)$ dar. *Ein H^+-Ion ist einfach ein Proton.* Dieses kleine, positiv geladene Teilchen zeigt eine starke Wechselwirkung mit den freien (nicht an chemischen Bindungen beteiligten) Elektronenpaaren der Wassermoleküle und es bilden sich hydratisierte Wasserstoffionen. Beispielsweise entsteht bei der Wechselwirkung eines Protons mit einem Wassermolekül ein **Hydroniumion**, $H_3O^+(aq)$:

$$H^+ + |\overline{O}-H \longrightarrow \left[H-\overline{O}-H\right]^+ \qquad (16.2)$$
$$|\phantom{\overline{O}-}H \phantom{\longrightarrow \left[H-\overline{O}\right.}|H$$

Die Bildung des Hydroniumions ist einer der komplexen Vorgänge der Wechselwirkung des H^+-Ions mit flüssigem Wasser. Das H_3O^+-Ion bindet sich über Wasserstoffbrückenbindungen an weitere Wassermoleküle und es entstehen größere Anhäufungen hydratisierter Wasserstoffionen, wie $H_5O_2^+$ und $H_9O_4^+$ (▶ Abbildung 16.1).

Chemiker verwenden $H^+(aq)$ und $H_3O^+(aq)$ als austauschbare Symbole für den gleichen Sachverhalt, denn die charakteristischen Eigenschaften von wässrigen Säurelösungen beruhen auf dem hydratisierten Proton. Wie in Gleichung 16.1 verwenden wir oftmals aus Gründen der Einfachheit und Bequemlichkeit die Bezeichnung $H^+(aq)$, obwohl $H_3O^+(aq)$ der Realität näher kommt.

Protonenübertragungsreaktionen

Wenn wir die Reaktion beim Lösen von HCl in Wasser genau ansehen, stellen wir fest, dass ein H^+-Ion (ein Proton) vom HCl zum Wassermolekül übergeht, wie in ▶ Ab-

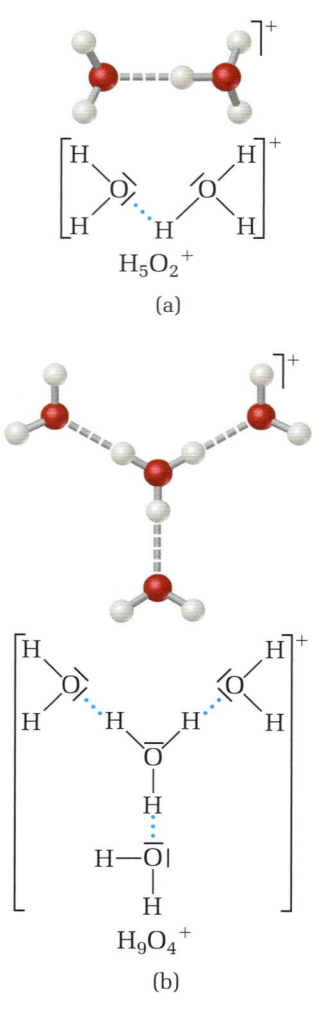

Abbildung 16.1: Hydratisierte Hydroniumionen. Lewis-Strukturformeln und Molekülmodelle für $H_5O_2^+$ und $H_9O_4^+$. Es gibt klare experimentelle Belege für die Existenz dieser beiden Ionen.

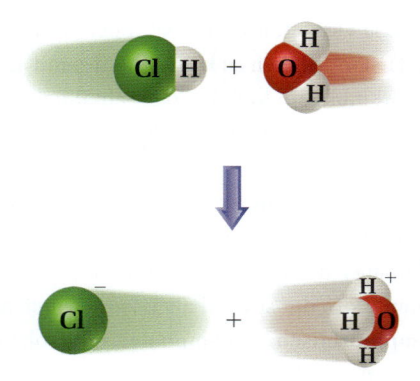

Abbildung 16.2: Eine Reaktion mit Protonenübertragung. Bei der Übertragung eines Protons von HCl zu H$_2$O ist HCl die Brønsted–Lowry-Säure und H$_2$O ist die Brønsted–Lowry-Base.

bildung 16.2 dargestellt. Die Reaktion läuft zwischen HCl-Molekülen und Wassermolekülen ab und es bilden sich Hydronium- und Chloridionen.

$$HCl(g) + H_2O(l) \longrightarrow H_3O^+(aq) + Cl^-(aq) \qquad (16.3)$$

Das polare H$_2$O-Molekül begünstigt die Dissoziation von Säuren in Wasser, indem es ein Proton annimmt und sich in ein H$_3$O$^+$-Ion verwandelt.

Brønsted und Lowry schlugen vor, Säuren und Basen in Abhängigkeit von ihrer Tendenz zum Protonenübergang zu definieren. Gemäß ihrer Definition *ist eine Säure ein Stoff (ein Molekül oder ein Ion), der einem anderen Stoff ein Proton übergibt. Analog ist eine Base ein Stoff, der ein Proton annimmt*. Bei der Lösung von HCl *in Wasser* (▶ Gleichung 16.3) verhält sich HCl demnach als Brønsted–Lowry-Säure (es gibt ein Proton ans Wasser ab) und H$_2$O *ist eine* **Brønsted–Lowry-Base** (es nimmt ein Proton von HCl auf).

Da der Schwerpunkt der Idee von Brønsted–Lowry auf dem Protonenübergang liegt, ist sie auch auf Reaktionen anwendbar, die nicht in wässriger Lösung ablaufen. Beispielsweise geht in der Reaktion von HCl mit NH$_3$ ein Proton von der Säure HCl zur Base NH$_3$ über:

$$|\overline{\underline{Cl}}\!-\!H + |\underline{N}\!-\!H \longrightarrow |\overline{\underline{Cl}}|^- + \left[H\!-\!\underset{H}{\overset{H}{N}}\!-\!H \right]^+ \qquad (16.4)$$

Diese Reaktion läuft auch in der Gasphase ab. Der neblige Schleier, den man auf den Fenstern und auf Glasgegenständen im Chemielabor findet, besteht zum Großteil aus festem NH$_4$Cl, das sich bei der Reaktion der Gase HCl und NH$_3$ bildet (▶ Abbildung 16.3).

Betrachten wir ein weiteres Beispiel, das den Zusammenhang zwischen den Definitionen von Säuren und Basen nach Arrhenius und nach Brønsted–Lowry verdeutlicht: eine wässrige Ammoniaklösung, in der sich das folgende Gleichgewicht einstellt:

$$NH_3(aq) + H_2O(l) \rightleftharpoons NH_4^+(aq) + OH^-(aq) \qquad (16.5)$$

Ammoniak ist eine Arrhenius-Base, da bei der Zugabe von Ammoniak zu Wasser die Konzentration der OH$^-$(aq)-Ionen ansteigt und es ist eine Brønsted–Lowry-Base, da es von H$_2$O ein Proton aufnimmt. Das H$_2$O-Molekül wirkt in ▶ Gleichung 16.5 als Brønsted–Lowry-Säure, da es ein Proton an das NH$_3$-Molekül übergibt.

Beim Protonenübergang agieren stets eine Säure und eine Base zusammen, oder in anderen Worten, ein Stoff kann nur dann als Säure wirken, wenn sich ein anderer

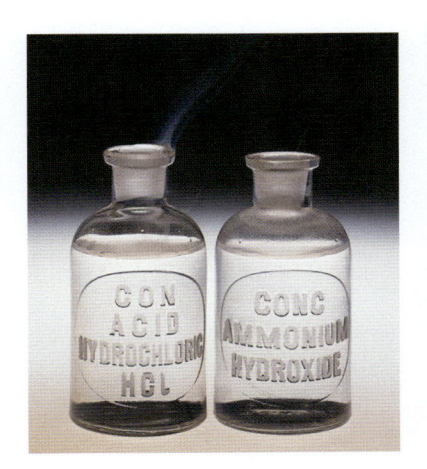

Abbildung 16.3: Eine Säure-Base-Reaktion in der Gasphase. Das HCl(g), das aus der konzentrierten Salzsäure entweicht, und das NH$_3$(g) aus der wässrigen Ammoniaklösung (hier als Ammoniumhydroxid ausgezeichnet) bilden einen weißen, nebligen Schleier aus NH$_4$Cl(s).

Stoff gleichzeitig als Base verhält. Ein Molekül oder ein Ion muss ein Wasserstoffatom besitzen, um ein H^+-Ion abgeben zu können und somit als Brønsted–Lowry-Säure zu wirken. Umgekehrt muss ein Molekül oder ein Ion über ein freies (nicht an einer Bindung beteiligtes) Elektronenpaar verfügen, das die Bindung eines H^+-Ions ermöglicht.

Manche Stoffe wirken in bestimmten Reaktionen als Säure und in anderen Prozessen als Base. Zum Beispiel ist H_2O in der Reaktion mit HCl eine Brønsted–Lowry-Base (Gleichung 16.3), aber in der Reaktion mit NH_3 eine Brønsted–Lowry-Säure (Gleichung 16.5). Einen Stoff, der sowohl als Base als auch als Säure wirken kann, bezeichnet man als **amphiprotisch** oder **amphoter**. Eine solche amphiprotische (amphotere) Substanz wirkt dann als Base, wenn sie mit einer stärkeren Säure zusammentrifft und umgekehrt verhält sie sich als Säure, wenn sie mit einer stärkeren Base reagiert.

> **? DENKEN SIE EINMAL NACH**
>
> Welcher Stoff wirkt in der Hinreaktion (von links nach rechts) des folgenden Gleichgewichts als Brønsted–Lowry-Base?
>
> $HSO_4^-(aq) + NH_3(aq) \rightleftharpoons$
> $SO_4^{2-}(aq) + NH_4^+(aq)$

Konjugierte Säure-Base-Paare

In jeder Säure-Base-Reaktion schließt sowohl die Hinreaktion (von links nach rechts) als auch die Rückreaktion (von rechts nach links) einen Protonenübergang ein. Betrachten wir zum Beispiel die folgende Reaktion einer Säure, die wir als HX bezeichnen, mit Wasser.

$$HX(aq) + H_2O(l) \rightleftharpoons X^-(aq) + H_3O^+(aq) \tag{16.6}$$

In der Hinreaktion übergibt HX ein Proton an H_2O und daher ist HX die Brønsted–Lowry-Säure und H_2O die Brønsted–Lowry-Base. In der Rückreaktion (der umgekehrten Reaktion) übergibt das H_3O^+-Ion ein Proton an das X^--Ion und wirkt als Säure, womit X^- entsprechend die Base ist. Wenn HX ein Proton übergibt, bleibt das X^--Ion zurück, das als Base wirkt. Umgekehrt verhält sich H_2O als Base und erzeugt H_3O^+, das sich als Säure verhält.

Eine Säure und eine Base, die sich wie HX und X^- nur durch ein Proton unterscheiden, bezeichnet man als **konjugiertes Säure-Base-Paar***. Zu jeder Säure existiert eine konjugierte Base, die sich durch Entfernen eines Protons von der Säure bildet. Zum Beispiel ist OH^- die konjugierte Base von H_2O und X^- ist die konjugierte Base von HX. Analog existiert zu jeder Base eine **konjugierte Säure**, die durch Aufnahme eines Protons zur Base entsteht. Demnach ist H_3O^+ die konjugierte Säure von H_2O und HX ist die konjugierte Säure von X^-.

In jeder Säure-Base-(Protonenübertragungs-)Reaktion können wir zwei konjugierte Säure-Base-Paare bestimmen. Betrachten wir zum Beispiel die Reaktion von salpetriger Säure (HNO_2) mit Wasser:

$$\underset{\text{Säure}}{HNO_2(aq)} + \underset{\text{Base}}{H_2O(l)} \rightleftharpoons \underset{\substack{\text{konjugierte}\\\text{Base}}}{NO_2^-(aq)} + \underset{\substack{\text{konjugierte}\\\text{Säure}}}{H_3O^+(aq)} \tag{16.7}$$

(gibt H^+ ab; nimmt H^+ auf)

In ähnlicher Weise gilt für die Reaktion von NH_3 mit H_2O (▶ Gleichung 16.5):

---

* Das Wort *konjugiert* bedeutet hier soviel wie „als Paar zusammen wirkend".

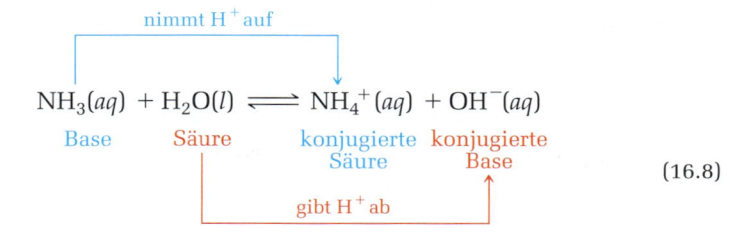

$$\underset{\text{Base}}{NH_3(aq)} + \underset{\text{Säure}}{H_2O(l)} \rightleftharpoons \underset{\text{konjugierte Säure}}{NH_4^+(aq)} + \underset{\text{konjugierte Base}}{OH^-(aq)} \quad (16.8)$$

(nimmt H$^+$ auf; gibt H$^+$ ab)

ÜBUNGSBEISPIEL 16.1 — Konjugierte Säuren und Basen erkennen

(a) Wie lauten die konjugierten Basen der folgenden Säuren? $HClO_4$, H_2S, PH_4^+, HCO_3^-.

(b) Wie lauten die konjugierten Säuren der folgenden Basen? CN^-, SO_4^{2-}, H_2O, HCO_3^-.

Lösung

Analyse: Wir sollen die konjugierten Basen einer Reihe von Stoffen und die konjugierten Säuren einer weiteren Reihe von Stoffen angeben.

Vorgehen: Die konjugierte Base eines Stoffes ergibt sich einfach als der jeweilige Stoff minus ein Proton und analog ist die konjugierte Säure die jeweilige Substanz plus ein Proton.

Lösung:
(a) $HClO_4$ minus ein Proton (H$^+$) ergibt ClO_4^- und die weiteren konjugierten Basen sind HS^-, PH_3 und CO_3^{2-}.

(b) CN^- plus ein Proton (H$^+$) ergibt HCN und die weiteren konjugierten Säuren sind HSO_4^-, H_3O^+ und H_2CO_3.

Beachten Sie, dass das Hydrogencarbonation (HCO_3^-) amphiprotisch ist; es kann als Säure oder auch als Base wirken.

ÜBUNGSAUFGABE

Geben Sie die Formeln der konjugierten Säuren der folgenden Stoffe an: HSO_3^-, F^-, PO_4^{3-}.

Antworten: H_2SO_3, HF, HPO_4^{2-}.

ÜBUNGSBEISPIEL 16.2 — Gleichungen für Reaktionen mit Protonenübertragung aufstellen

Das Hydrogensulfition (HSO_3^-) ist amphiprotisch. **(a)** Stellen Sie eine Gleichung für die Reaktion von HSO_3^- mit Wasser auf, in der sich das Ion als Säure verhält. **(b)** Stellen Sie eine Gleichung für die Reaktion von HSO_3^- mit Wasser auf, in der sich das Ion als Base verhält. Geben Sie in beiden Fällen das konjugierte Säure-Base-Paar an.

Lösung

Analyse und Vorgehen: Wir sollen zwei Gleichungen zu den Reaktionen von HSO_3^- mit Wasser aufstellen. In einer dieser Gleichungen gibt HSO_3^- ein Proton an das Wasser ab und verhält sich als Brønsted–Lowry-Säure und in der anderen Gleichung nimmt HSO_3^- ein Proton vom Wasser auf und wirkt somit als Brønsted–Lowry-Base. Wir sollen ebenfalls die konjugierten Paare jeder Gleichung angeben.

Lösung:
(a)
$$HSO_3^-(aq) + H_2O(l) \rightleftharpoons SO_3^{2-}(aq) + H_3O^+(aq)$$

Die konjugierten Paare in dieser Gleichung sind HSO_3^- (Säure) und SO_3^{2-} (konjugierte Base) sowie H_2O (Base) und H_3O^+ (konjugierte Säure).

(b)
$$HSO_3^-(aq) + H_2O(l) \rightleftharpoons H_2SO_3(aq) + OH^-(aq)$$

Die konjugierten Paare in dieser Gleichung sind H_2O (Säure) und OH^- (konjugierte Base), sowie HSO_3^- (Base) und H_2SO_3 (konjugierte Säure).

ÜBUNGSAUFGABE

Löst man Lithiumoxid (Li_2O) in Wasser, so wird die Lösung durch die Reaktion des Oxidions (O^{2-}) mit Wasser basisch. Stellen Sie die Reaktionsgleichung auf und geben Sie die konjugierten Säure-Base-Paare an.

Antwort: $O^{2-}(aq) + H_2O(l) \longrightarrow OH^-(aq) + OH^-(aq)$. Das OH^--Ion ist hier gleichzeitig die konjugierte Säure der Base O^{2-} und die konjugierte Base der Säure H_2O.

Die Stärke von Säuren und Basen

Einige Säuren sind bessere Protonendonoren als andere Säuren und analog sind einige Basen bessere Protonenakzeptoren als andere Basen. Wenn wir die Säuren nach ihrer Fähigkeit bzw. Tendenz zur Abgabe eines Protons ordnen, stellen wir Folgendes fest: Je leichter ein Stoff ein Proton abgibt, desto schwieriger ist die Aufnahme eines Protons durch seine konjugierte Base. Umgekehrt ist die Abgabe eines Protons durch die konjugierte Säure umso schwieriger, je leichter die entsprechende Base ein Proton aufnimmt. In anderen Worten: *Je stärker eine Säure, desto schwächer ist ihre konjugierte Base und je stärker eine Base, desto schwächer ist umgekehrt ihre konjugierte Säure.* Wenn wir die Stärke einer Säure (ihre Fähigkeit bzw. Tendenz zur Protonenabgabe) kennen, wissen wir daher etwas über die Stärke ihrer konjugierten Base (ihre Fähigkeit zur Protonenaufnahme).

▶Abbildung 16.4 gibt diesen Zusammenhang zwischen der Säurestärke und der Stärke der konjugierten Base wieder. Hier sind Säuren und Basen nach ihrem Verhalten in Wasser grob in drei Kategorien eingeteilt.

1 Die *starken Säuren* geben ihre Protonen praktisch vollständig an Wasser ab und es verbleiben fast keine undissoziierten Moleküle in der Lösung (siehe Abschnitt 4.3). Die Tendenz ihrer konjugierten Basen zur Protonenaufnahme in wässriger Lösung ist verschwindend gering.

2 Die *schwachen Säuren* dissoziieren in wässriger Lösung nur teilweise; daher liegt in der Lösung eine Mischung aus Säuremolekülen und den entsprechenden Ionen vor. Ihre konjugierten Basen zeigen eine spürbare Tendenz, Protonen

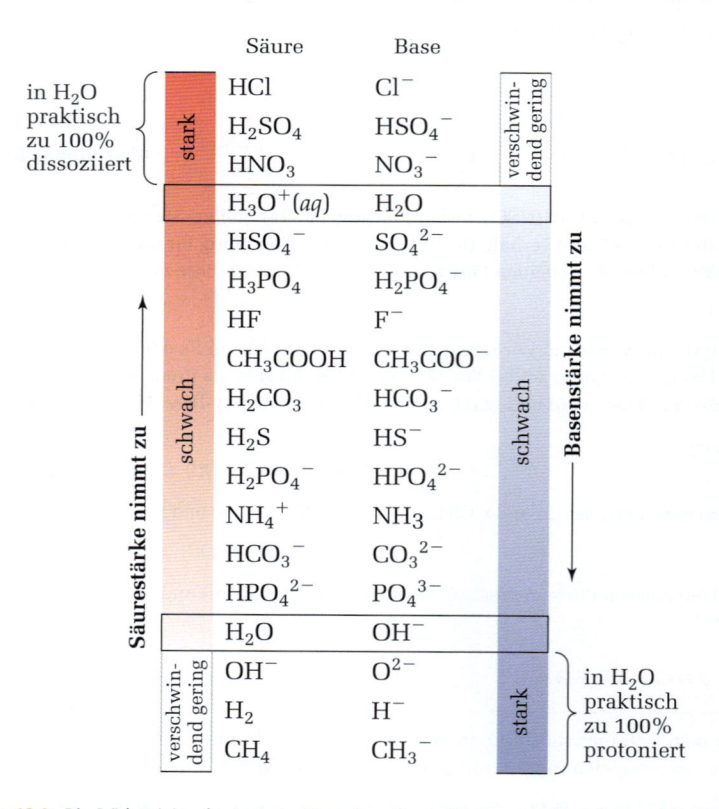

		Säure	Base		
in H$_2$O praktisch zu 100% dissoziiert	stark	HCl H$_2$SO$_4$ HNO$_3$	Cl$^-$ HSO$_4^-$ NO$_3^-$	verschwindend gering	
		H$_3$O$^+$ (aq)	H$_2$O		
Säurestärke nimmt zu	schwach	HSO$_4^-$ H$_3$PO$_4$ HF CH$_3$COOH H$_2$CO$_3$ H$_2$S H$_2$PO$_4^-$ NH$_4^+$ HCO$_3^-$ HPO$_4^{2-}$	SO$_4^{2-}$ H$_2$PO$_4^-$ F$^-$ CH$_3$COO$^-$ HCO$_3^-$ HS$^-$ HPO$_4^{2-}$ NH$_3$ CO$_3^{2-}$ PO$_4^{3-}$	schwach	Basenstärke nimmt zu
		H$_2$O	OH$^-$		
verschwindend gering		OH$^-$ H$_2$ CH$_4$	O^{2-} H$^-$ CH$_3^-$	stark	in H$_2$O praktisch zu 100% protoniert

Abbildung 16.4: Die Stärke einiger konjugierter Säure-Base-Paare. Die Paare sind jeweils gegenüberliegend in den beiden Spalten eingetragen. Die Säurestärke nimmt von oben nach unten ab, während die Stärke der konjugierten Basen von oben nach unten anwächst.

vom Wasser abzutrennen (*die konjugierten Basen von schwachen Säuren sind schwache Basen*).

3 Stoffe mit *vernachlässigbarer Säurestärke*, wie CH_4, enthalten zwar Wasserstoff, zeigen aber in wässriger Lösung kein saures Verhalten. Ihre konjugierten Basen sind starke Basen, die praktisch vollständig mit Wasser reagieren, Protonen aufnehmen und damit die Bildung von OH^--Ionen bewirken.

Wir können uns vorstellen, dass Protonenübertragungsreaktionen von der Fähigkeit zweier Basen zur Protonenaufnahme bestimmt sind. Betrachten wir zum Beispiel die Protonenübertragung beim Lösen einer Säure HX in Wasser:

$$HX(aq) + H_2O(l) \rightleftharpoons H_3O^+(aq) + X^-(aq) \quad (16.9)$$

Das H_2O-Molekül (die Base der Hinreaktion) ist eine stärkere Base als X^- (die konjugierte Base von HX); folglich übernimmt H_2O ein Proton von HX und es bilden sich H_3O^+ und X^-. In diesem Gleichgewicht dominiert die Hinreaktion (von links nach rechts). Diese Situation beschreibt das Verhalten einer starken Säure in Wasser. Löst man beispielsweise HCl in Wasser, so besteht die Lösung fast ausschließlich aus H_3O^+ und Cl^--Ionen; die Konzentration der HCl-Moleküle ist verschwindend gering.

$$HCl(g) + H_2O(l) \longrightarrow H_3O^+(aq) + Cl^-(aq) \quad (16.10)$$

Da H_2O eine stärkere Base ist als Cl^- (Abbildung 16.4), nimmt H_2O ein Proton auf und verwandelt sich in ein Hydroniumion.

Ist aber X^- eine stärkere Base als H_2O, so verändert sich das Gleichgewicht zugunsten der Rückreaktion (von rechts nach links); diese Situation ist gegeben, wenn HX eine schwache Säure ist. Beispielsweise besteht eine wässrige Essigsäurelösung (CH_3COOH) hauptsächlich aus CH_3COOH-Molekülen und aus relativ wenigen H_3O^+-Ionen und CH_3COO^--Ionen.

$$CH_3COOH(aq) + H_2O(l) \rightleftharpoons H_3O^+(aq) + CH_3COO^-(aq) \quad (16.11)$$

Da CH_3COO^- eine stärkere Base ist als H_2O (Abbildung 16.4), nimmt es ein Proton von H_3O^+ auf. Aus diesen Beispielen schließen wir, dass *das Gleichgewicht einer Säure-Base-Reaktion die Protonenübertragung zur stärkeren Base begünstigt.* Anders ausgedrückt: Das Gleichgewicht stellt sich derart ein, dass sich die stärkere Säure und die stärkere Base bevorzugt in die schwächere konjugierte Base und die schwächere konjugierte Säure verwandeln. Folglich enthält die Lösung im Gleichgewicht größere Anteile der schwächeren Säure und der schwächeren Base und geringere Anteile der stärkeren Säure und der stärkeren Base.

> **DENKEN SIE EINMAL NACH**
>
> Geben Sie unter Verwendung der drei oben beschriebenen Kategorien die Säurestärke von HNO_3 und die Stärke ihrer konjugierten Base NO_3^- an.

ÜBUNGSBEISPIEL 16.3 — Die Gleichgewichtslage einer Protonenübertragungsreaktion vorhersagen

Bestimmen Sie mit Hilfe von Abbildung 16.4 für die folgenden Protonenübertragungsreaktionen, ob im Gleichgewicht die Stoffe der linken Gleichungsseite ($K_c < 1$) oder die Stoffe der rechten Seite ($K_c > 1$) überwiegen.

$$HSO_4^-(aq) + CO_3^{2-}(aq) \rightleftharpoons SO_4^{2-}(aq) + HCO_3^-(aq)$$

Lösung

Analyse: Wir sollen bestimmen, ob das gegebene Reaktionsgleichgewicht die Ausgangsstoffe auf der linken Seite der Gleichung oder die Reaktionsprodukte auf der rechten Seite begünstigt.

Vorgehen: Es handelt sich um eine Protonenübertragungsreaktion, und das Gleichgewicht begünstigt den Übergang des Protons zur stärkeren Base. Die beiden Basen, die in dieser Reaktion auftreten, sind CO_3^{2-}, die Base der gegebenen Hinreaktion, und SO_4^{2-}, die konjugierte Base von HSO_4^-. Wir bestimmen die stärkere Base anhand der Positionen der beiden Basen in Abbildung 16.4.

Lösung: Das CO_3^{2-}-Ion steht in der rechten Spalte in Abbildung 16.4 weiter unten als SO_4^{2-} und ist daher die stärkere Base. Somit geht das Proton bevorzugt zum CO_3^{2-} über, das sich in HCO_3^- umwandelt, während das SO_4^{2-}-Ion vorwiegend ohne Proton verbleibt. Folglich liegt das Gleichgewicht hier bevorzugt rechts (die Reaktionsprodukte sind begünstigt und es ist $K_c > 1$).

$$HSO_4^-(aq) + CO_3^{2-}(aq) \rightleftharpoons SO_4^{2-}(aq) + HCO_3^-(aq) \qquad K_c > 1$$

Säure · Base · konjugierte Base · konjugierte Säure

Anmerkung: Die stärkere der beiden Säuren in der Gleichung, in diesem Fall HSO_4^-, gibt ein Proton ab und die schwächere Säure, hier HCO_3^-, behält ihr Proton. Wie wir sehen, begünstigt das Gleichgewicht das Abtrennen eines Protons von der stärkeren Säure und seine Übertragung und die Bindung an die stärkere Base.

ÜBUNGSAUFGABE

Bestimmen Sie für die folgenden Reaktionen mit Hilfe von Abbildung 16.4, ob das Gleichgewicht überwiegend auf der linken oder auf der rechten Gleichungsseite liegt.

(a) $HPO_4^{2-}(aq) + H_2O(l) \rightleftharpoons H_2PO_4^-(aq) + OH^-(aq)$
(b) $NH_4^+(aq) + OH^-(aq) \rightleftharpoons NH_3(aq) + H_2O(l)$

Antworten: (a) links, (b) rechts.

16.3 Die Autodissoziation von Wasser

Die Fähigkeit des Wassers, je nach den Gegebenheiten sowohl als Brønsted-Säure als auch als Brønsted-Base zu wirken, ist eine seiner wichtigsten chemischen Eigenschaften. Wasser verhält sich in Gegenwart einer Säure als Protonenakzeptor und bei Anwesenheit einer Base als Protonendonor. Ein Wassermolekül kann ebenso einem anderen Wassermolekül ein Proton übergeben:

$$H-\overline{\underset{H}{O}}| + H-\overline{\underset{H}{O}}| \rightleftharpoons \left[H-\overline{\underset{H}{O}}-H\right]^+ + |\overline{\underline{O}}-H^- \qquad (16.12)$$

Wir bezeichnen diesen Vorgang als **Autodissoziation** von Wasser. Die Reaktionen verlaufen in beide Richtungen extrem schnell und kein Molekül verbleibt für längere Zeit in dissoziiertem Zustand. Bei Zimmertemperatur sind zu einem gegebenen Zeitpunkt nur zwei von 10^9 Molekülen dissoziiert. Daher besteht reines Wasser fast ausschließlich aus H_2O-Molekülen und ist ein extrem schlechter elektrischer Leiter. Dennoch ist die Autodissoziation von Wasser sehr wichtig, wie wir gleich sehen werden.

Das Ionenprodukt des Wassers

Die Autodissoziation des Wassers ist ein Gleichgewichtsprozess (Gleichung 16.2) und die Gleichgewichtskonstante kann durch folgenden Ausdruck gegeben werden:

$$K_W = [H_3O^+][OH^-] \qquad (16.13)$$

Da nur sehr wenig Wasser dissoziiert, ist die Wasserkonzentration als konstant anzusehen und kann in die Gleichgewichtskonstante einbezogen werden, die sich entsprechend vereinfacht. Da sich diese Konstante speziell auf die Autodissoziation des Wassers bezieht, verwendet man das Symbol K_W und spricht vom **Ionenprodukt** des Wassers. Bei 25 °C beträgt die Konstante $K_W = 1{,}0 \times 10^{-14}$ mol²/l² und damit gilt

$$K_W = [H_3O^+][OH^-] = 1{,}0 \times 10^{-14} \text{ mol}^2/\text{l}^2 \text{ (bei 25 °C)} \qquad (16.14)$$

Da wir H$^+$(aq) und H$_3$O$^+$(aq) alternativ als Symbol des hydratisierten Protons verwenden, können wir die Autodissoziationsreaktion des Wassers auch in der folgenden Form schreiben:

$$H_2O(l) \rightleftharpoons H^+(aq) + OH^-(aq) \qquad (16.15)$$

Die Gleichung für K_W lässt sich gleichermaßen mit H$^+$ oder mit H$_3$O$^+$ formulieren; hierin besteht kein Unterschied:

$$K_W = [H_3O^+][OH^-] = [H^+][OH^-] = 1{,}0 \times 10^{-14} \text{ mol}^2/\text{l}^2 \text{ (bei 25 °C)} \qquad (16.16)$$

Dieser Ausdruck der Konstanten K_W und ihr Wert bei 25 °C sind extrem wichtig – Sie sollten sie nicht vergessen.

▶ Gleichung 16.16 ist besonders nützlich, da sie nicht nur auf reines Wasser, sondern auf jede wässrige Lösung anwendbar ist. Obwohl gelöste Ionen anderer Art das Gleichgewicht zwischen H$^+$(aq) und OH$^-$(aq) ein wenig beeinflussen, da Ionengleichgewichte im Allgemeinen mit anderen vorhandenen Ionen wechselwirken, vernachlässigt man in der Regel diese Effekte, sofern keine besondere Genauigkeit erforderlich ist. Daher betrachtet man Gleichung 16.16 für alle verdünnten wässrigen Lösungen als gültig und bei Kenntnis einer der beiden Konzentrationen, [H$^+$] oder [OH$^-$], kann man die jeweils andere Konzentration bestimmen.

Eine Lösung mit [H$^+$] = [OH$^-$] bezeichnet man als *neutral*; in den meisten Lösungen stimmen jedoch diese beiden Konzentrationen nicht überein. Wenn eine der beiden Konzentrationen ansteigt, muss die andere abnehmen, da ihr Produkt $1{,}0 \times 10^{-14}$ mol^2/l^2 stets erhalten bleibt. In sauren Lösungen ist [H$^+$] größer als [OH$^-$] und in basischen Lösungen ist umgekehrt [OH$^-$] größer als [H$^+$].

ÜBUNGSBEISPIEL 16.4 **Berechnung von [H$^+$] für reines Wasser**

Berechnen Sie die Werte von [H$^+$] und [OH$^-$] in einer neutralen Lösung bei 25 °C.

Lösung

Analyse: Wir sollen die Konzentrationen der Hydronium- und Hydroxidionen in einer neutralen Lösung bei 25 °C bestimmen.

Vorgehen: Wir wenden ▶ Gleichung 16.16 an und beachten, dass per Definition in einer neutralen Lösung [H$^+$] = [OH$^-$] gilt.

Lösung: Wir stellen die Konzentration von [H$^+$] und [OH$^-$] in einer neutralen Lösung durch x dar und erhalten

$$[H^+][OH^-] = (x)(x) = 1{,}0 \times 10^{-14} \text{ mol}^2/\text{l}^2$$
$$x^2 = 1{,}0 \times 10^{-14} \text{ mol}^2/\text{l}^2$$
$$x = 1{,}0 \times 10^{-7} \text{ M} = [H^+] = [OH^-]$$

In einer sauren Lösung ist [H$^+$] größer als $1{,}0 \times 10^{-7}$ M und in einer basischen Lösung ist [H$^+$] entsprechend kleiner als $1{,}0 \times 10^{-7}$ M.

ÜBUNGSAUFGABE

Geben Sie an, welche der Lösungen mit den folgenden Ionenkonzentrationen neutral, sauer oder basisch (alkalisch) sind:
(a) [H$^+$] = 4×10^{-9} M; **(b)** [OH$^-$] = 1×10^{-7} M; **(c)** [OH$^-$] = 7×10^{-13} M.

Antworten: **(a)** basisch, **(b)** neutral, **(c)** sauer.

16 Säure-Base-Gleichgewichte

ÜBUNGSBEISPIEL 16.5 — Berechnung von [H⁺] aus [OH⁻]

Berechnen Sie die Konzentration von [H⁺](aq) (a) in einer Lösung mit [OH⁻] = 0,010 M und (b) in einer Lösung mit [OH⁻] = 1,8 × 10⁻⁹ M.
Hinweis: In dieser und in allen folgenden Aufgaben nehmen wir eine Temperatur von 25 °C an, sofern nichts anderes angegeben ist.

Lösung

Analyse: Wir sollen die Konzentration des Hydroniumions in einer wässrigen Lösung mit bekannter Konzentration des Hydroxidions bestimmen.

Vorgehen: Wir verwenden den Ausdruck für die Autodissoziation des Wassers und den Wert der Konstanten K_W und lösen nach der unbekannten Konzentration auf.

Lösung:
(a) Aus Gleichung 16.16 erhalten wir

$$[H^+][OH^-] = 1{,}0 \times 10^{-14} \text{ mol}^2/\text{l}^2$$

$$[H^+] = \frac{1{,}0 \times 10^{-14}}{[OH^-]} \text{ mol}^2/\text{l}^2 = \frac{1{,}0 \times 10^{-14}}{0{,}010} \text{ mol/l} = 1{,}0 \times 10^{-12} \, M$$

Diese Lösung ist basisch, denn

$$[OH^-] > [H^+]$$

(b) In diesem Fall ist

$$[H^+] = \frac{1{,}0 \times 10^{-14}}{[OH^-]} \text{ mol}^2/\text{l}^2 = \frac{1{,}0 \times 10^{-14}}{1{,}8 \times 10^{-9}} \text{ mol/l} = 5{,}6 \times 10^{-6} \, M$$

und die Lösung ist sauer, denn

$$[H^+] > [OH^-]$$

ÜBUNGSAUFGABE

Berechnen Sie die [OH⁻](aq)-Konzentration in einer Lösung mit (a) [H⁺] = 2 × 10⁻⁶ M; (b) [H⁺] = [OH⁻] und (c) [H⁺] = 100 × [OH⁻].
Antworten: (a) 5 × 10⁻⁹ M, (b) 1 × 10⁻⁷ M, (c) 1 × 10⁻⁸ M.

16.4 Die pH-Skala

Die molare Konzentration der [H⁺](aq)-Ionen in wässrigen Lösungen ist in der Regel sehr niedrig. Aus praktischen Gründen drücken wir daher [H⁺] durch den so genannten **pH-Wert** oder pH aus, der als negativer dekadischer Logarithmus von [H⁺] definiert ist*.

$$pH = -\log[H^+] \tag{16.17}$$

Den Gebrauch von Logarithmen können Sie in Anhang A nachschlagen.

Aus ▶Gleichung 16.17 können wir nun den pH einer neutralen Lösung bei 25 °C (mit [H⁺] = 1,0 × 10⁻⁷ M) berechnen:

$$pH = -\log[1{,}0 \times 10^{-7}] = -(-7{,}00) = 7{,}00$$

Der pH einer neutralen Lösung bei 25 °C beträgt 7,00.

Was geschieht mit dem pH-Wert, wenn wir eine Lösung ansäuern? In einer sauren Lösung ist [H⁺] > 1,0 × 10⁻⁷ M. Aufgrund des negativen Vorzeichens in Gleichung 16.17 *nimmt der pH mit wachsender [H⁺]-Konzentration ab.*

---

* Da man [H⁺] und [H₃O⁺] alternativ verwendet, lässt sich der pH ebenso als $-\log[H_3O^+]$ definieren.

Tabelle 16.1

Beziehungen zwischen [H⁺], [OH⁻] und dem pH-Wert bei 25 °C

Art der Lösung	$[H^+]$ (M)	$[OH^-]$ (M)	pH-Wert
sauer	$> 1{,}0 \times 10^{-7}$	$< 1{,}0 \times 10^{-7}$	$< 7{,}00$
neutral	$= 1{,}0 \times 10^{-7}$	$= 1{,}0 \times 10^{-7}$	$= 7{,}00$
basisch	$< 1{,}0 \times 10^{-7}$	$> 1{,}0 \times 10^{-7}$	$> 7{,}00$

Zum Beispiel beträgt der pH einer sauren Lösung mit $[H^+] = 1{,}0 \times 10^{-3}$ M

$$\text{pH} = -\log[1{,}0 \times 10^{-3}] = -(-3{,}00) = 3{,}00$$

Der pH einer sauren Lösung bei 25 °C ist kleiner als 7,00.

Wir können ebenso den pH einer basischen Lösung berechnen, in der $[OH^-] > 1{,}0 \times 10^{-7}$ M gilt. Nehmen wir zum Beispiel $[OH^-] = 2{,}0 \times 10^{-3}$ M an und berechnen $[H^+]$ dieser Lösung aus Gleichung 16.16 und den pH aus Gleichung 16.17:

$$[H^+] = \frac{K_W}{[OH^-]} = \frac{1{,}0 \times 10^{-14}}{2{,}0 \times 10^{-3}} \text{ mol/l} = 5{,}0 \times 10^{-12} \text{ M}$$

$$\text{pH} = -\log(5{,}0 \times 10^{-12}) = 11{,}30$$

Der pH einer basischen Lösung bei 25 °C ist größer als 7,00. Die Beziehungen zwischen $[H^+]$, $[OH^-]$ und pH sind in Tabelle 16.1 zusammengefasst.

▶ Abbildung 16.5 fasst die pH-Werte einiger bekannter Lösungen zusammen. Beachten Sie, dass eine Veränderung von $[H^+]$ um einen Faktor zehn den pH um eins ver-

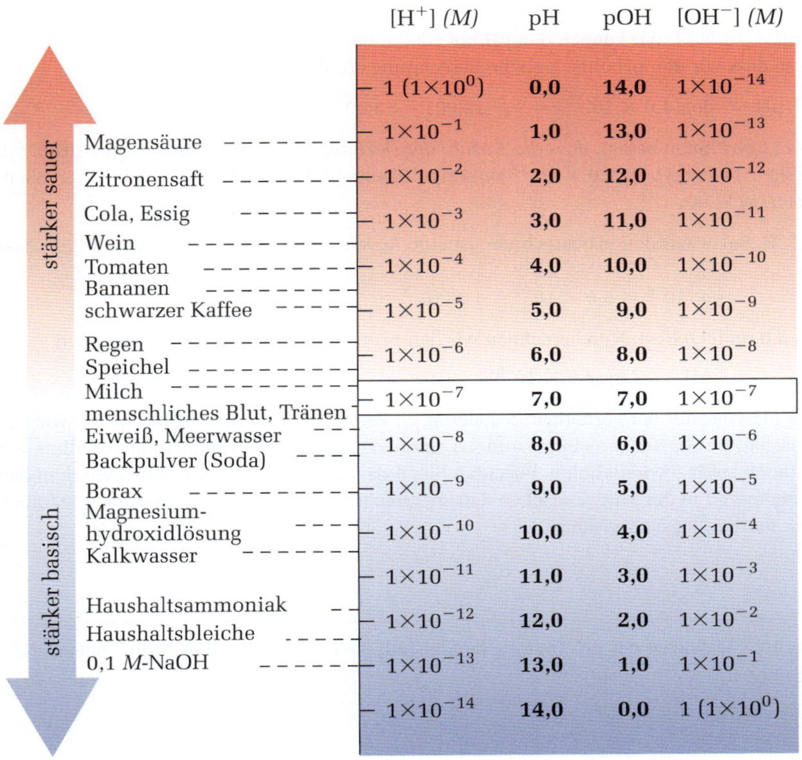

	$[H^+]$ (M)	pH	pOH	$[OH^-]$ (M)
	$1 (1 \times 10^0)$	0,0	14,0	1×10^{-14}
Magensäure	1×10^{-1}	1,0	13,0	1×10^{-13}
Zitronensaft	1×10^{-2}	2,0	12,0	1×10^{-12}
Cola, Essig	1×10^{-3}	3,0	11,0	1×10^{-11}
Wein Tomaten	1×10^{-4}	4,0	10,0	1×10^{-10}
Bananen schwarzer Kaffee	1×10^{-5}	5,0	9,0	1×10^{-9}
Regen Speichel	1×10^{-6}	6,0	8,0	1×10^{-8}
Milch menschliches Blut, Tränen	1×10^{-7}	7,0	7,0	1×10^{-7}
Eiweiß, Meerwasser Backpulver (Soda)	1×10^{-8}	8,0	6,0	1×10^{-6}
Borax Magnesiumhydroxidlösung	1×10^{-9}	9,0	5,0	1×10^{-5}
Kalkwasser	1×10^{-10}	10,0	4,0	1×10^{-4}
	1×10^{-11}	11,0	3,0	1×10^{-3}
Haushaltsammoniak	1×10^{-12}	12,0	2,0	1×10^{-2}
Haushaltsbleiche 0,1 M-NaOH	1×10^{-13}	13,0	1,0	1×10^{-1}
	1×10^{-14}	14,0	0,0	$1 (1 \times 10^0)$

stärker sauer ↑

stärker basisch ↓

Abbildung 16.5: Die H^+-Konzentrationen und pH-Werte einiger gebräuchlicher Stoffe bei 25 °C. Man kann den pH und/oder den pOH einer Lösung mit Hilfe der H^+- und OH^--Bezugskonzentrationen abschätzen, die ganzzahligen pH-Werten entsprechen.

? DENKEN SIE EINMAL NACH

(a) Was bedeutet pH = 7? (b) Wie verändert sich der pH, wenn man OH⁻ zu einer Lösung hinzugibt?

schiebt. Daher ist die Konzentration von H⁺(aq) in einer Lösung mit pH 6 zehnmal höher als bei pH 7.

Sie könnten nun glauben, dass sehr kleine [H⁺], wie in einigen der Beispiele in Abbildung 16.5, unbedeutend sind, aber dem ist keineswegs so: Taucht [H⁺] in einem kinetischen Geschwindigkeitsgesetz auf, so beeinflusst diese Konzentration die Reaktionsgeschwindigkeit (siehe Abschnitt 14.3). Ist dieses Gesetz erster Ordnung bezüglich [H⁺], so verdoppelt sich mit der Konzentration auch die Reaktionsgeschwindigkeit, selbst wenn es sich nur um eine Veränderung von $1{,}0 \times 10^{-7}\ M$ zu $2{,}0 \times 10^{-7}\ M$ handelt. Viele Reaktionen in biologischen Systemen beruhen auf Protonenübertragungen und ihre Reaktionsgeschwindigkeiten hängen von [H⁺] ab. Da die Geschwindigkeiten dieser Reaktionen sehr bedeutend sind, muss der pH in biologischen Systemen innerhalb enger Grenzen gehalten werden. Zum Beispiel liegt der pH von menschlichem Blut zwischen 7,35 und 7,45 und Abweichungen aus diesem engen Intervall können Krankheit oder gar den Tod bedeuten.

Ein bequemer Weg zur Abschätzung des pH sind die H⁺-Bezugskonzentrationen verschiedener Stoffe in Abbildung 16.5. Bei diesen Bezugswerten ist $[H^+] = 1 \times 10^{-x}$ mol/l, wobei x eine ganze Zahl ist. Stimmt [H⁺] mit einem dieser Bezugswerte über-

ÜBUNGSBEISPIEL 16.6 — Berechnung des pH aus [H⁺]

Berechnen Sie die pH-Werte der beiden in Übungsbeispiel 16.5 beschriebenen Lösungen.

Lösung

Analyse: Wir sollen den pH von wässrigen Lösungen bestimmen, deren [H⁺] wir bereits berechnet haben.

Vorgehen: Mit Hilfe der Bezugswerte aus Abbildung 16.5 bestimmen wir den pH von Teil (a) und schätzen den pH von Teil (b), den wir danach mit der Gleichung 16.17 berechnen.

Lösung:

(a) Zunächst finden wir heraus, dass $[H^+] = 1{,}0 \times 10^{-12}\ M$. Wir können den pH mit Gleichung 16.17 bestimmen, aber $1{,}0 \times 10^{-12}$ ist einer der Bezugswerte in Abbildung 16.5, so dass wir den pH ohne jegliche Berechnung erhalten.

$$\mathrm{pH} = -\log(1{,}0 \times 10^{-12}) = -(-12{,}00) = 12{,}00$$

Die Regel über die signifikanten Stellen bei Logarithmen besagt, *dass die Anzahl der Dezimalstellen im log gleich der Anzahl der signifikanten Stellen des Arguments ist* (siehe Anhang A). Da **1,0** $\times 10^{-12}$ zwei signifikante Stellen besitzt, hat der pH-Wert ebenfalls zwei signifikante Dezimalstellen; er beträgt 12,00.

(b) In der zweiten Lösung ist $[H^+] = 5{,}6 \times 10^{-6}\ M$. Bevor wir den pH berechnen, ist eine Abschätzung hilfreich: Wir stellen fest, dass [H⁺] zwischen 1×10^{-6} und 1×10^{-5} liegt.

$$1 \times 10^{-6} < 5{,}6 \times 10^{-6} < 1 \times 10^{-5}$$

Daher erwarten wir, dass der pH zwischen 6,0 und 5,0 liegt. Nun berechnen wir den pH mit Gleichung 16.17 und erhalten

$$\mathrm{pH} = -\log(5{,}6 \times 10^{-6}) = 5{,}25$$

Überprüfung: Es ist hilfreich, den berechneten pH-Wert mit der vorherigen Schätzung zu vergleichen. In diesem Fall hatten wir den pH auf einen Wert zwischen fünf und sechs geschätzt. Falls der berechnete und der geschätzte pH nicht übereinstimmen, sollten wir unsere Berechnung oder die Schätzung – oder auch beide – wiederholen. Beachten Sie, dass der pH nicht in der Mitte zwischen den beiden Bezugswerten liegt, obwohl [H⁺] sich annähernd in der Mitte zwischen den entsprechenden Bezugskonzentrationen befindet. Das ist der Fall, weil die pH-Skala nicht linear, sondern logarithmisch ist.

ÜBUNGSAUFGABE

(a) In einer Zitronensaft-Probe ist $[H^+] = 3{,}8 \times 10^{-4}\ M$; wie ist der pH? (b) Eine handelsübliche Fensterreinigungslösung hat eine H⁺-Ionenkonzentration von $5{,}3 \times 10^{-9}\ M$; wie ist der pH?

Antworten: (a) 3,42; (b) 8,28.

ÜBUNGSBEISPIEL 16.7 — Berechnung von [H⁺] aus dem pH

Eine Probe aus frisch gepresstem Apfelsaft hat einen pH von 3,76. Berechnen Sie [H⁺].

Lösung

Analyse: Wir sollen [H⁺] aus dem pH berechnen.

Vorgehen: Zur Berechnung verwenden wir Gleichung 16.17: pH = −log [H⁺].

Lösung: Aus Gleichung 16.17 erhalten wir

$$\text{pH} = -\log[\text{H}^+] = 3{,}76$$

und damit

$$\log[\text{H}^+] = -3{,}76$$

Zur Bestimmung von [H⁺] benötigen wir den Wert von zehn hoch −3,76. Wissenschaftliche Taschenrechner verfügen über eine INV log-Funktion, auch als 10^x bezeichnet, mit der wir diese Operation ausführen können:

$$[\text{H}^+] = 10^{-3{,}76}\ \text{mol/l} = 1{,}7 \times 10^{-4}\ M$$

Anmerkung: Schauen Sie in der Bedienungsanleitung Ihres Taschenrechners nach, wie man die Operation ausführt. Die Anzahl der signifikanten Stellen von [H⁺] ist zwei, denn der pH ist auf zwei Dezimalstellen angegeben.

Überprüfung: Da der pH zwischen 3,0 und 4,0 liegt, wissen wir, dass [H⁺] zwischen $1 \times 10^{-3}\ M$ und $1 \times 10^{-4}\ M$ liegt. In der Tat liegt die berechnete Konzentration [H⁺] innerhalb dieses Intervalls.

ÜBUNGSAUFGABE

Wir lösen ein Mittel gegen Magensäure auf und der pH der Lösung beträgt 9,18. Berechnen Sie [H⁺].

Antwort: $[\text{H}^+] = 6{,}6 \times 10^{-10}\ M$.

---

ein, so ist der entsprechende pH-Wert einfach gleich x; beispielsweise ist bei [H⁺] = 1×10^{-4} mol/l der pH-Wert gleich vier. Wenn [H⁺] zwischen zwei Bezugswerten liegt, befindet sich der pH zwischen den beiden entsprechenden pH-Werten. Nehmen Sie eine Lösung mit H⁺ = 0,050 M an. Da 0,050 (5×10^{-2}) größer als $1{,}0 \times 10^{-2}$ und kleiner als $1{,}0 \times 10^{-1}$ ist, liegt der pH zwischen 2,00 und 1,00. Aus der Berechnung nach Gleichung 16.17 erhält man einen pH von 1,30.

Andere „p"-Skalen

Der negative dekadische Logarithmus ist ebenfalls ein bequemer Weg, um andere kleine Größen anzugeben. Nach der Konvention bezeichnet man den negativen dekadischen Logarithmus einer Größe als „p(Größe)". Zum Beispiel können wir die OH⁻-Konzentration als pOH ausdrücken:

$$\text{pOH} = -\log[\text{OH}^-] \qquad (16.18)$$

Wir wenden den negativen dekadischen Logarithmus auf beide Seiten der Gleichung 16.16 an und bekommen

$$-\log[\text{H}^+] + (-\log[\text{OH}^-]) = -\log K_W \qquad (16.19)$$

Hieraus erhalten wir die nützliche Beziehung

$$\text{pH} + \text{pOH} = 14{,}00 \ (\text{bei } 25\,°\text{C}) \qquad (16.20)$$

Wir werden in Abschnitt 16.8 sehen, dass die p-Skalen auch beim Umgang mit Gleichgewichtskonstanten nützlich sind.

> **DENKEN SIE EINMAL NACH**
>
> Wie lautet der pH einer Lösung, wenn ihr pOH 3,00 beträgt? Ist diese Lösung sauer oder alkalisch?

Den pH-Wert messen

Man kann den pH einer Lösung schnell und exakt mit einem *pH-Meter* messen (▶ Abbildung 16.6). Um die Funktionsweise eines solchen Apparates voll zu verstehen, benötigen wir Kenntnisse in Elektrochemie, die wir in Kapitel 20 behandeln werden. Kurz gefasst besteht ein pH-Meter aus einem Elektrodenpaar, das an ein Messgerät angeschlossen ist, das kleine Spannungen im Millivoltbereich misst. Die Spannung zwischen den Elektroden in der Lösung hängt vom pH-Wert ab. Das Messgerät ist so geeicht, dass man über die Messung direkt den pH-Wert ablesen kann.

Elektroden und pH-Meter gibt es, abhängig von ihrem Verwendungszweck, in vielen Formen und Größen. Man hat Elektroden entwickelt, die so klein sind, dass man sie in einzelne lebende Zellen einsetzen kann, um den pH des Zellmediums zu messen. Für Umweltstudien, die Überwachung von industriellen Abwässern und den Einsatz in der Landwirtschaft gibt es Taschen-pH-Meter.

Der pH lässt sich auch mit Säure-Base-Indikatoren messen, diese Messungen sind aber weniger präzise. Ein Säure-Base-Indikator ist ein Farbstoff, der in einer sauren und in einer basischen Form mit zwei unterschiedlichen Farben vorliegt. Der Indikator nimmt in saurem Milieu die eine Farbe und in basischer Umgebung die andere Farbe an. Wenn man für einen Indikator den pH-Wert des Farbumschlags kennt, kann man herausfinden, ob der pH einer Lösung niedriger oder höher ist. Lackmus verändert zum Beispiel seine Farbe in der Nähe von pH 7, aber die Farbänderung ist nicht sehr scharf ausgeprägt. Roter Lackmus zeigt einen pH von fünf oder niedriger an und blauer Lackmus einen pH von acht oder höher.

Einige der üblichen Indikatoren sind in ▶ Abbildung 16.7 zusammengefasst. Methylorange ändert zum Beispiel seine Farbe im pH-Intervall zwischen 3,1 und 4,4. Es liegt bei einem pH unter 3,1 in seiner sauren Form mit roter Farbe vor und wandelt sich im Intervall von 3,1 bis 4,4 langsam in seine Ursprungsform mit gelber Farbe um. Beim pH-Wert 4,4 ist diese Umwandlung weitgehend vollzogen und die Lösung nimmt eine gelbe Farbe an. Man verwendet für Näherungsmessungen des pH häufig Papierstreifen, die mit verschiedenen Indikatorsubstanzen ausgestattet sind und über eine Farbskala zum Vergleich verfügen.

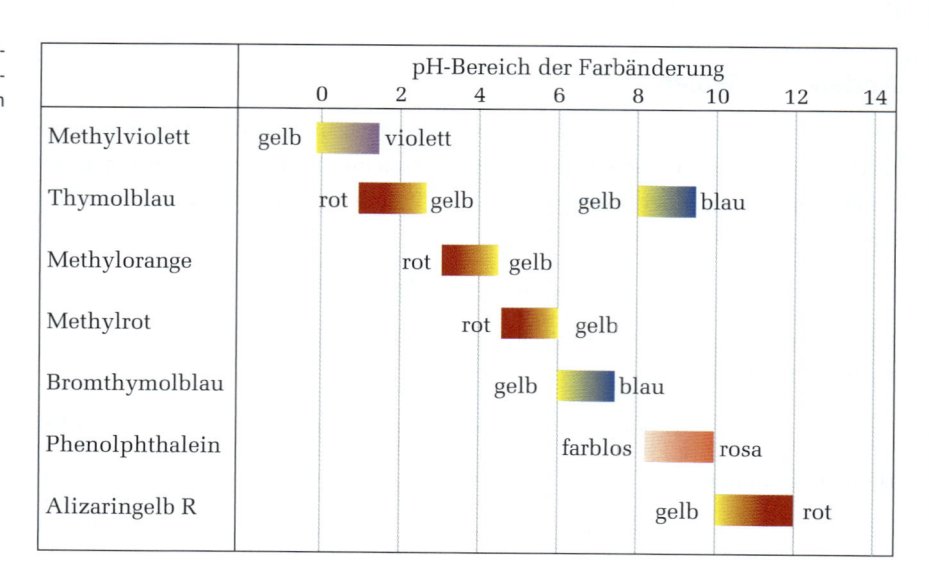

Säure-Base-Indikatoren

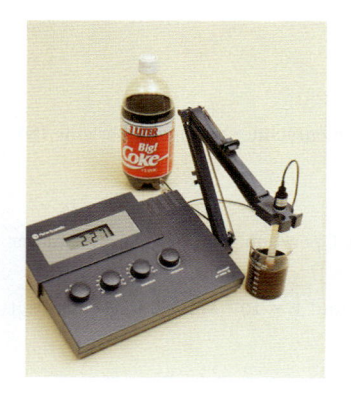

Abbildung 16.6: Ein digitales pH-Meter. Man taucht die Elektroden dieses Millivoltmeters in die Probelösung. Die gemessene Spannung hängt vom pH der Lösung ab.

? DENKEN SIE EINMAL NACH

Was können wir über den pH einer Lösung aussagen, wenn Phenolphthalein sich in der Lösung rosa verfärbt?

Abbildung 16.7: Einige gebräuchliche Säure-Base-Indikatoren und die pH-Bereiche ihrer Farbänderungen. Der Einsatzbereich der meisten Indikatoren umfasst etwa zwei pH-Einheiten.

Indikator	pH-Bereich der Farbänderung (0–14)
Methylviolett	gelb (0–2) → violett
Thymolblau	rot → gelb (1–3); gelb → blau (8–10)
Methylorange	rot → gelb (3–5)
Methylrot	rot → gelb (4–6)
Bromthymolblau	gelb → blau (6–8)
Phenolphthalein	farblos → rosa (8–10)
Alizaringelb R	gelb → rot (10–12)

Starke Säuren und Basen 16.5

Das chemische Verhalten von wässrigen Lösungen hängt oft entscheidend von ihrem pH-Wert ab. Daher ist es wichtig zu untersuchen, wie der pH einer Lösung mit den Säure- und Basenkonzentrationen zusammenhängt. Den einfachsten Fall bilden die starken Säuren und starken Basen. Sie sind *starke Elektrolyte* und liegen in wässriger Lösung praktisch vollständig als Ionen vor. Die relativ wenigen gebräuchlichen starken Säuren und Basen sind in Tabelle 4.2 zusammengefasst.

Starke Säuren

Von den sieben geläufigsten starken Säuren sind sechs Säuren einbasig (HCl, HBr, HI, HNO_3, $HClO_3$ und $HClO_4$) und eine Säure ist zweibasig (H_2SO_4). Salpetersäure (HNO_3) zeigt zum Beispiel das Verhalten einer einbasigen starken Säure. Für alle praktischen Zwecke nimmt man an, dass eine wässrige HNO_3-Lösung ausschließlich aus H_3O^+-Ionen und NO_3^--Ionen besteht.

$$HNO_3(aq) + H_2O(l) \longrightarrow H_3O^+(aq) + NO_3^-(aq) \quad \text{(praktisch vollständige Dissoziation)} \quad (16.21)$$

Wir verwenden in ▶ Gleichung 16.21 keine Gleichgewichtspfeile, da die Reaktion fast ausschließlich von links nach rechts in Richtung der Ionen abläuft (siehe Abschnitt 4.1). Wie bereits in Abschnitt 16.3 erwähnt, verwenden wir $H_3O^+(aq)$ und $H^+(aq)$ alternativ als Symbol des hydratisierten Protons in wässriger Lösung. Hiermit vereinfacht man oft die Gleichungen der Dissoziationsreaktionen von Säuren; in diesem Fall ergibt sich

$$HNO_3(aq) \longrightarrow H^+(aq) + NO_3^-(aq)$$

In der wässrigen Lösung einer starken Säure ist diese Säure in der Regel die einzige bedeutende Quelle von H^+-Ionen.* Folglich lässt sich der pH einer Lösung einer starken einbasigen Säure problemlos berechnen, da $[H^+]$ gleich der ursprünglichen Konzentration der Säure ist. In einer 0,20 M $HNO_3(aq)$-Lösung ist beispielsweise $[H^+]$ = $[NO_3^-]$ = 0,20 M. Für die zweibasige Säure H_2SO_4 ist die Situation etwas komplizierter, wie wir in Abschnitt 16.6 sehen werden.

ÜBUNGSBEISPIEL 16.8 — **Den pH einer starken Säure berechnen**

Wie groß ist der pH einer 0,040 M $HClO_4$-Lösung?

Lösung

Analyse und Vorgehen: Wir sollen den pH einer $HClO_4$-Lösung der Konzentration 0,040 M berechnen. $HClO_4$ ist eine starke Säure und ist daher praktisch vollständig dissoziiert; es gilt $[H^+]$ = $[ClO_4^-]$ = 0,040 M. Da $[H^+]$ in Abbildung 16.5 zwischen den Bezugswerten $1,0 \times 10^{-2}$ und $1,0 \times 10^{-1}$ liegt, ergibt die Schätzung des pH einen Wert zwischen 2,0 und 1,0.

Lösung: Der pH der Lösung ist pH = $-\log(0{,}040)$ = 1,40

Überprüfung: Der berechnete pH liegt innerhalb des geschätzten Intervalls.

ÜBUNGSAUFGABE

Der pH einer wässrigen HNO_3-Lösung beträgt 2,34. Wie groß ist die Konzentration der Säure?
Antwort: 0,0046 M.

---

* Wenn die Säurekonzentration gleich 10^{-6} M oder kleiner ist, müssen wir auch die H^+-Ionen aus der Autodissoziation von Wasser betrachten, die man in der Regel wegen ihrer geringen Konzentration vernachlässigt.

Starke Basen

Es gibt relativ wenige geläufige starke Basen. Die am weitesten verbreiteten löslichen starken Basen sind die Hydroxide der Alkalimetalle (Gruppe 1A) und der schweren Erdalkalimetalle (Gruppe 2A), wie z. B. NaOH, KOH und Ca(OH)$_2$. Diese Verbindungen dissoziieren in wässriger Lösung praktisch vollständig in Ionen. Daher besteht eine mit 0,30 M etikettierte NaOH-Lösung aus 0,30 M Na$^+$(aq) und 0,30 M OH$^-$(aq); es liegt praktisch kein undissoziiertes NaOH vor.

Dank der praktisch vollständigen Dissoziation der starken Basen in wässriger Lösung ist die pH-Berechnung problemlos, wie das Übungsbeispiel 16.9 zeigt.

Die Hydroxide der schweren Erdalkalimetalle, Ca(OH)$_2$, Sr(OH)$_2$ und Ba(OH)$_2$, sind ebenfalls starke Elektrolyte. Da ihre Löslichkeit begrenzt ist, verwendet man sie nur dann, wenn die Löslichkeit kein entscheidender Faktor ist.

Stark basische Lösungen entstehen ebenfalls durch bestimmte Stoffe, die unter Bildung von OH$^-$(aq) mit Wasser reagieren. Die geläufigsten unter diesen Stoffen enthalten das Oxidion. Wenn man in der Industrie eine starke Base benötigt, verwendet man oft ionische Metalloxide, insbesondere Na$_2$O und CaO. Ein Mol O^{2-} reagiert mit Wasser zu zwei Mol OH$^-$ und es verbleibt praktisch kein O^{2-} in der Lösung:

$$O^{2-}(aq) + H_2O(l) \longrightarrow 2\, OH^-(aq) \qquad (16.22)$$

ÜBUNGSBEISPIEL 16.9 — Den pH einer starken Base berechnen

Wie groß ist der pH (a) einer 0,028 M NaOH-Lösung; (b) einer 0,0011 M Ca(OH)$_2$-Lösung?

Lösung

Analyse: Wir sollen den pH von zwei Lösungen starker Basen bekannter Konzentration bestimmen.

Vorgehen: Wir können die pH-Werte über zwei äquivalente Methoden bestimmen. Wir können zuerst [H$^+$] aus Gleichung 16.16 berechnen und dann mit Hilfe von Gleichung 16.17 den pH bestimmen. Alternativ können wir auch den pOH aus [OH$^-$] berechnen und danach mit Gleichung 16.20 den pH bestimmen.

Lösung:

(a) NaOH dissoziiert in Wasser und es entsteht pro NaOH ein OH$^-$-Ion. Daher ist die OH$^-$-Konzentration der Lösung in (a) gleich der angegebenen NaOH-Konzentration von 0,028 M.

Methode 1:
$$[H^+] = \frac{1{,}0 \times 10^{-14}}{0{,}028}\, \text{mol/l} = 3{,}57 \times 10^{-13}\, M \quad pH = -\log(3{,}57 \times 10^{-13}) = 12{,}45$$

Methode 2:
$$pOH = -\log(0{,}028) = 1{,}55 \qquad pH = 14{,}00 - pOH = 12{,}45$$

(b) Ca(OH)$_2$ ist eine starke Base, die unter Bildung von zwei OH$^-$-Ionen pro Ca(OH)$_2$ in Wasser dissoziiert. Daher beträgt die OH$^-$(aq)-Konzentration der Lösung in (b) 2 × 0,0011 M = 0,0022 M.

Methode 1:
$$[H^+] = \frac{1{,}0 \times 10^{-14}}{0{,}0022}\, \text{mol/l} = 4{,}55 \times 10^{-12}\, M \quad pH = -\log(4{,}55 \times 10^{-12}) = 11{,}34$$

Methode 2:
$$pOH = -\log(0{,}0022) = 2{,}66 \qquad pH = 14{,}00 - pOH = 11{,}34$$

ÜBUNGSAUFGABE

Wie groß ist die Konzentration (a) einer KOH-Lösung mit pH = 11,89 und (b) einer Ca(OH)$_2$-Lösung mit pH = 11,68?

Antworten: (a) 7,8 × 10^{-3} M, (b) 2,4 × 10^{-3} M.

Löst man 0,010 mol Na$_2$O(s) in einem Liter Wasser, so ist [OH$^-$] = 0,020 M und es ergibt sich ein pH von 12,30.

Ionische Hydride und Nitride reagieren auch mit H$_2$O unter Bildung von OH$^-$:

$$H^-(aq) + H_2O(l) \longrightarrow H_2(g) + OH^-(aq) \tag{16.23}$$

$$N^{3-}(aq) + 3\,H_2O(l) \longrightarrow NH_3(aq) + 3\,OH^-(aq) \tag{16.24}$$

Da die Anionen O^{2-}, H$^-$ und N^{3-} stärkere Basen sind als OH$^-$ (die konjugierte Base von H$_2$O), entreißen sie dem Wasser Protonen.

> **DENKEN SIE EINMAL NACH**
>
> Das CH$_3^-$-Ion ist die konjugierte Base von CH$_4$, das in Wasser kein saures Verhalten zeigt. Was geschieht, wenn man CH$_3^-$ ins Wasser gibt?

Schwache Säuren   16.6

Viele saure Stoffe sind nur schwache Säuren und dissoziieren daher in Wasser nicht vollständig. Mit Hilfe der Gleichgewichtskonstante der Dissoziationsreaktion können wir ausdrücken, in welchem Maß eine schwache Säure dissoziiert. Wir schreiben eine schwache Säure allgemein als HA und stellen die Reaktionsgleichung der Dissoziation auf zwei verschiedene Arten auf, abhängig davon, ob man das hydratisierte Proton als H$^+$(aq) oder als H$_3$O$^+$(aq) schreibt:

$$HA(aq) + H_2O(l) \rightleftharpoons H_3O^+(aq) + A^-(aq) \tag{16.25}$$

oder

$$HA(aq) \rightleftharpoons H^+(aq) + A^-(aq) \tag{16.26}$$

Man bezieht das Lösungsmittel [H$_2$O] in die Gleichgewichtskonstante ein. Die beiden alternativen Schreibweisen der Konstante sind

$$K_c = \frac{[H_3O^+][A^-]}{[HA]} \quad \text{oder} \quad K_c = \frac{[H^+][A^-]}{[HA]}$$

Wie schon vorher beim Ionenprodukt des Wassers ändern wir den Index dieser Gleichgewichtskonstante und deuten damit die Zugehörigkeit dieser Konstante an.

$$K_S = \frac{[H_3O^+][A^-]}{[HA]} \quad \text{oder} \quad K_S = \frac{[H^+][A^-]}{[HA]} \tag{16.27}$$

Der Index S der Konstante K_S deutet an, dass es sich um die Gleichgewichtskonstante der Dissoziation einer Säure handelt. Man nennt die Konstante K_S auch **Säuredissoziationskonstante**.

In Tabelle 16.2 (nächste Seite oben) sind die Namen, Strukturformeln und K_S-Werte einiger schwacher Säuren zusammengefasst; Anhang D enthält eine umfangreichere Liste. Viele schwache Säuren sind organische Verbindungen, die ausschließlich aus Kohlenstoff, Wasserstoff und Sauerstoff bestehen. Einige der Wasserstoffatome solcher Verbindungen sind gewöhnlich an Kohlenstoffatome und andere an Sauerstoffatome gebunden. An Kohlenstoffatome gebundene Wasserstoffatome werden in Wasser praktisch niemals abgegeben, sondern das saure Verhalten der Verbindungen rührt von den Wasserstoffatomen her, die an Sauerstoffatome gebunden sind.

Der Wert der Konstante K_S gibt die Tendenz einer Säure zur Dissoziation in Wasser an. *Je größer K_S, desto stärker ist die Säure.* Fluorwasserstoff (Flusssäure, HF) ist die stärkste Säure in Tabelle 16.2 und Phenol (C$_6$H$_5$OH) ist die schwächste Säure. Beachten Sie, dass die Konstante K_S oft kleiner als 10^{-3} mol/l ist.

Wässrige Säurelösungen

Tabelle 16.2

Schwache Säuren in Wasser bei 25 °C*

Säure	Strukturformel	Konjugierte Base	Gleichgewichtsreaktion	K_S (mol/l)
Fluorwasserstoff (HF)	H—F	F^-	$HF(aq) + H_2O(l) \rightleftharpoons H_3O^+(aq) + F^-(aq)$	$6,8 \times 10^{-4}$
Salpetrige Säure (HNO_2)	H—O—N=O	NO_2^-	$HNO_2(aq) + H_2O(l) \rightleftharpoons H_3O^+(aq) + NO_2^-(aq)$	$4,5 \times 10^{-4}$
Benzoesäure (C_6H_5COOH)	H—O—C(=O)—C$_6$H$_5$	$C_6H_5COO^-$	$C_6H_5COOH(aq) + H_2O(l) \rightleftharpoons H_3O^+(aq) + C_6H_5COO^-(aq)$	$6,3 \times 10^{-5}$
Essigsäure (CH_3COOH)	H—O—C(=O)—C(H)(H)—H	CH_3COO^-	$CH_3COOH(aq) + H_2O(l) \rightleftharpoons H_3O^+(aq) + CH_3COO^-(aq)$	$1,8 \times 10^{-5}$
Hypochlorige Säure (HClO)	H—O—Cl	ClO^-	$HClO(aq) + H_2O(l) \rightleftharpoons H_3O^+(aq) + ClO^-(aq)$	$3,0 \times 10^{-8}$
Blausäure (HCN)	H—C≡N	CN^-	$HCN(aq) + H_2O(l) \rightleftharpoons H_3O^+(aq) + CN^-(aq)$	$4,9 \times 10^{-10}$
Phenol (C_6H_5OH)	H—O—C$_6$H$_5$	$C_6H_5O^-$	$C_6H_5OH(aq) + H_2O(l) \rightleftharpoons H_3O^+(aq) + C_6H_5O^-(aq)$	$1,3 \times 10^{-10}$

* Das acide Wasserstoffatom ist blau dargestellt.

Die Säuredissoziationskonstante K_S aus dem pH-Wert berechnen

Viele der Methoden zur Lösung von Gleichgewichtsaufgaben aus Abschnitt 15.5 werden wir nun zur Bestimmung der Konstante K_S von schwachen Säuren und des pH ihrer Lösungen einsetzen. Aufgrund der geringen Werte der Säurekonstante K_S können wir oft vereinfachende Annahmen treffen. Bei diesen Berechnungen müssen wir im Auge behalten, dass Protonenübertragungsreaktionen in der Regel sehr schnell ablaufen. Daher gibt der gemessene oder berechnete pH-Wert einer schwachen Säure stets Gleichgewichtsbedingungen wieder.

ÜBUNGSBEISPIEL 16.10

Die Konstante K_S und die prozentuale Dissoziation aus einem gemessenen pH bestimmen

Ein Student stellt eine 0,10 M Ameisensäurelösung (HCOOH) her und misst ihren pH mit einem pH-Meter, wie in Abbildung 16.5. Der pH bei 25 °C beträgt 2,38. **(a)** Berechnen Sie K_S für Ameisensäure bei dieser Temperatur. **(b)** Welcher Prozentsatz der Säure ist in dieser 0,10 M-Lösung dissoziiert?

Lösung

Analyse: Die molare Konzentration und der pH einer wässrigen Lösung bei 25 °C sind gegeben und wir sollen den Wert der Säurekonstante K_S und den dissoziierten Anteil der Säure in Prozent bestimmen.

Vorgehen: Obwohl wir es hier ausdrücklich mit der Dissoziation einer schwachen Säure zu tun haben, ist dieses Beispiel den Gleichgewichtsaufgaben in Kapitel 15 sehr ähnlich. Wir können die Aufgabe über die Methode aus Übungsbeispiel 15.8 lösen, indem wir mit der chemischen Reaktion und mit einer tabellarischen Aufstellung der Anfangs- und der Gleichgewichtskonzentrationen beginnen.

Lösung:
(a) Der erste Schritt zur Lösung jedes Problems mit Gleichgewichten ist die Aufstellung der Gleichgewichtsreaktion. Das Gleichgewicht der Dissoziation von Ameisensäure lautet

$$HCOOH(aq) \rightleftharpoons H^+(aq) + HCOO^-(aq)$$

und die Gleichgewichtskonstante ergibt sich aus

$$K_S = \frac{[H^+][HCOO^-]}{[HCOOH]}$$

Wir können $[H^+]$ aus dem gemessenen pH bestimmen:

$$pH = -\log[H^+] = 2{,}38$$
$$\log[H^+] = -2{,}38$$
$$[H^+] = 10^{-2{,}38} \text{ mol/l} = 4{,}2 \times 10^{-3} \, M$$

Zur Bestimmung der Konzentrationen der verschiedenen am Gleichgewicht beteiligten Stoffe werden wir nun Buch führen. Wir nehmen an, dass die ursprüngliche Konzentration der HCOOH-Moleküle in der Lösung 0,10 M beträgt und wenden uns jetzt der Dissoziation der Säure in H^+ und $HCOO^-$ zu. Aus jedem in der Lösung dissoziierten HCOOH-Molekül gehen ein H^+ und ein $HCOO^-$-Ion hervor. Die Gleichgewichtskonzentration $[H^+] = 4{,}2 \times 10^{-3}$ mol/l bestimmen wir aus dem pH-Messwert und wir legen die folgende Tabelle an:

	HCOOH(aq)	$\rightleftharpoons$	H^+(aq)	+	$HCOO^-$(aq)
Anfangswert	0,10 M		0		0
Veränderung	$-4{,}2 \times 10^{-3}\, M$		$+4{,}2 \times 10^{-3}\, M$		$+4{,}2 \times 10^{-3}\, M$
Gleichgewicht	$(0{,}10 - 4{,}2 \times 10^{-3})\, M$		$4{,}2 \times 10^{-3}\, M$		$4{,}2 \times 10^{-3}\, M$

Beachten Sie, dass wir die sehr kleine Konzentration von $H^+(aq)$ aus der Autodissoziation von H_2O vernachlässigt haben, und beachten Sie ebenfalls, dass die Menge der dissoziierten Säure HCOOH im Vergleich zu ihrer Anfangskonzentration sehr gering ist. Mit unseren verwendeten signifikanten Stellen ergibt die Subtraktion 0,10 M:

$$(0{,}10 - 4{,}2 \times 10^{-3})\, M \simeq 0{,}10\, M$$

Nun können wir die Gleichgewichtskonzentrationen in den Ausdruck für K_S einsetzen:

$$K_S = \frac{(4{,}2 \times 10^{-3})(4{,}2 \times 10^{-3})}{0{,}10} \text{ mol/l} = 1{,}8 \times 10^{-4} \text{ mol/l}$$

Überprüfung: Die Größenordnung unseres Ergebnisses ist vernünftig, da K_S von schwachen Säuren in der Regel zwischen 10^{-3} und 10^{-10} mol/l liegt.

(b) Der dissoziierte Anteil der Säure ist durch die H^+- oder die $HCOO^-$-Konzentration im Gleichgewicht gegeben. Teilt man diese Zahl durch die Anfangskonzentration der Säure und multipliziert sie mit 100 %, so erhält man den entsprechenden Prozentsatz.

$$\text{Dissoziationsgrad in Prozent} = \frac{[H^+]_{\text{Gleichgewicht}}}{[HCOOH]_{\text{Anfang}}} \times 100\,\% = \frac{4{,}2 \times 10^{-3}}{0{,}10} \times 100\,\% = 4{,}2\,\%$$

ÜBUNGSAUFGABE

Niacin, eines der B-Vitamine, besitzt die folgende Molekülstruktur:

Der pH einer 0,020 M-Lösung von Niacin ist 3,26. **(a)** Welcher Prozentsatz der Säure ist in dieser Lösung dissoziiert? **(b)** Wie lautet die Säuredissoziationskonstante K_S für Niacin?

Antworten: (a) 2,7 %, **(b)** $1{,}5 \times 10^{-5}$.

Den pH-Wert aus K_S berechnen

Aus dem K_S-Wert und der Anfangskonzentration einer schwachen Säure können wir die Konzentration von H$^+$(aq) der gelösten Säure bestimmen. Berechnen wir den pH einer 0,30 M-Essigsäurelösung (CH$_3$COOH) bei 25 °C. Essigsäure ist eine schwache Säure, die den charakteristischen Geruch und die typische saure Wirkung des Essigs hervorruft.

Als *ersten* Schritt stellen wir das Gleichgewicht der Dissoziation von Essigsäure auf:

$$\text{CH}_3\text{COOH}(aq) \rightleftharpoons \text{H}^+(aq) + \text{CH}_3\text{COO}^-(aq) \tag{16.28}$$

An der Strukturformel von Essigsäure in Tabelle 16.2 sehen wir, dass das abgegebene Proton an ein Sauerstoffatom gebunden war.

Im *zweiten* Schritt stellen wir den Ausdruck der Gleichgewichtskonstanten auf, entnehmen ihren Wert $K_S = 1{,}8 \times 10^{-5}$ mol/l aus Tabelle 16.2 und schreiben

$$K_S = \frac{[\text{H}^+][\text{CH}_3\text{COO}^-]}{[\text{CH}_3\text{COOH}]} = 1{,}8 \times 10^{-5} \text{ mol/l} \tag{16.29}$$

Als *dritten* Schritt müssen wir nun die Konzentrationen in dieser Gleichgewichtsreaktion herausfinden. Mit ein wenig Buchführung gelangen wir zum Ziel, wie in Übungsbeispiel 16.10 beschrieben. Wir möchten den Wert von [H$^+$] im Gleichgewicht herausfinden und bezeichnen ihn als x. Die Konzentration der Essigsäure vor der Dissoziation beträgt 0,30 M. Aus der chemischen Gleichung entnehmen wir, dass sich aus jedem dissoziierten CH$_3$COOH-Molekül ein H$^+$(aq) und ein CH$_3$COO$^-$(aq) bilden. Das bedeutet, wenn sich im Gleichgewicht x Mol pro Liter H$^+$(aq) durch die Dissoziation von x Mol pro Liter CH$_3$COOH bilden, dann müssen auch x Mol pro Liter CH$_3$COO$^-$(aq) entstehen. Hiermit können wir nun die folgende Tabelle mit den Gleichgewichtskonzentrationen in der unteren Zeile aufstellen:

	CH$_3$COOH(aq) $\rightleftharpoons$	H$^+$(aq) +	CH$_3$COO$^-$(aq)
Anfangszustand	0,30 M	0	0
Veränderung	$-x$ M	$+x$ M	$+x$ M
Gleichgewicht	$(0{,}30 - x)$ M	x M	x M

Im *vierten* Lösungsschritt setzen wir die Gleichgewichtskonzentrationen in den Ausdruck für die Gleichgewichtskonstante ein und erhalten die folgende Gleichung:

$$K_S = \frac{[\text{H}^+][\text{CH}_3\text{COO}^-]}{[\text{CH}_3\text{COOH}]} = \frac{(x)(x)}{0{,}30 - x} \text{ mol/l} = 1{,}8 \times 10^{-5} \text{ mol/l} \tag{16.30}$$

Dieser Ausdruck führt auf eine quadratische Gleichung in x, die ein entsprechend ausgestatteter Taschenrechner lösen kann, oder wir verwenden die Lösungsformel für quadratische Gleichungen. Wir können das Problem auch vereinfachen, indem wir ausnutzen, dass der K_S-Wert sehr klein ist. Wir nehmen das Ergebnis voraus, dass das Gleichgewicht stark auf der linken Seite liegt und x im Vergleich zur Ausgangskonzentration der Essigsäure sehr klein ist. Daher nehmen wir an, dass x im Vergleich zu 0,30 vernachlässigbar klein ist; somit ist $(0{,}30 - x)$ im Wesentlichen gleich 0,30.

$$0{,}30 - x \simeq 0{,}30$$

Wie wir sehen werden, können wir die Gültigkeit dieser vereinfachenden Annahme am Ende der Aufgabe überprüfen (und wir sollten sie überprüfen!). Unter dieser Annahme erhalten wir aus ▶ Gleichung 16.30 nun

$$K_S = \frac{x^2}{0{,}30} \text{ mol/l} = 1{,}8 \times 10^{-5} \text{ mol/l}$$

und durch Auflösen nach x bekommen wir

$$x^2 = (0{,}30)(1{,}8 \times 10^{-5}) \text{ mol}^2/\text{l}^2 = 5{,}4 \times 10^{-6} \text{ mol}^2/\text{l}^2$$
$$x = \sqrt{5{,}4 \times 10^{-6} \text{ mol}^2/\text{l}^2} = 2{,}3 \times 10^{-3} \text{ mol/l}$$
$$[H^+] = x = 2{,}3 \times 10^{-3} \, M$$
$$\text{pH} = -\log(2{,}3 \times 10^{-3}) = 2{,}64$$

Jetzt sollten wir zurückblicken und die Gültigkeit unserer vereinfachenden Annahme $0{,}30 - x \simeq 0{,}30$ überprüfen. Der berechnete Wert von x ist so klein, dass die Annahme bei unserer signifikanten Stellenzahl uneingeschränkt gültig ist – die Annahme war vernünftig. Die Unbekannte x stellt die Konzentration dissoziierter Essigsäure dar. Wir sehen, dass in diesem Fall weniger als 1 % der Essigsäuremoleküle dissoziieren.

$$\text{Dissoziationsgrad von CH}_3\text{COOH in Prozent} = \frac{0{,}0023 \, M}{0{,}30 \, M} \times 100\,\% = 0{,}77\,\%$$

Als allgemeine Regel sollte man die quadratische Gleichung verwenden, wenn die Größe x mehr als 5% des Ausgangswertes beträgt. Nach Beenden einer Aufgabe sollten Sie stets die Gültigkeit der getroffenen vereinfachenden Annahmen überprüfen.

Vergleichen wir den pH-Wert dieser schwachen Säure mit einer Lösung einer starken Säure gleicher Konzentration: Der pH der 0,30 M-Essigsäurelösung beträgt 2,64. Zum Vergleich ist der pH einer 0,30 M-Lösung einer starken Säure wie Salzsäure $-\log(0{,}30) = 0{,}52$. Wie erwartet ist der pH der Lösung einer schwachen Säure höher als der einer starken Säure gleicher Molarität.

Das Ergebnis von Übungsbeispiel 16.11 ist typisch für das Verhalten von schwachen Säuren: Die Konzentration von $H^+(aq)$ macht nur einen kleinen Bruchteil der Säurekonzentration der Lösung aus. Verschiedene Eigenschaften wie die elektrische Leitfähigkeit und die Reaktionsgeschwindigkeit mit reaktionsfreudigen Metallen sind konzentrationsabhängig, aber diese Abhängigkeit ist bei einer Lösung einer schwachen Säure weit weniger deutlich als für starke Säuren. Der Versuch in ▶ Abbildung 16.8 verdeutlicht die unterschiedlichen $H^+(aq)$-Konzentrationen von Lösungen einer schwachen und einer starken Säure gleicher Molarität. Die Reaktionsgeschwindigkeit in der starken Säurelösung mit dem Metall ist viel höher.

> **? DENKEN SIE EINMAL NACH**
>
> Warum können wir in der Regel annehmen, dass die Gleichgewichtskonzentration einer schwachen Säure ihrer Anfangskonzentration gleicht?

Abbildung 16.8: Die Reaktionsgeschwindigkeiten mit schwachen und starken Säuren.
(a) Im linken Kolben befindet sich eine einmolare CH$_3$COOH-Lösung und der rechte Kolben enthält eine einmolare HCl-Lösung. In jedem der beiden Ballons befindet sich die gleiche Menge metallischen Magnesiums.
(b) Wenn das Mg in die Säuren fällt, bildet sich H$_2$-Gas. In der HCl-Lösung rechts ist die Bildungsgeschwindigkeit von H$_2$ größer, wie die größere Gasmenge im Ballon verdeutlicht.

(a)

(b)

ÜBUNGSBEISPIEL 16.11 — Den pH-Wert aus K_S berechnen

Berechnen Sie den pH einer 0,20 M HCN-Lösung (entnehmen Sie den Wert von K_S der Tabelle 16.2 oder Anhang D).

Lösung

Analyse: Die Molarität einer schwachen Säure ist gegeben und wir sollen den pH bestimmen. Nach Tabelle 16.2 beträgt die Konstante K_S für HCN $4,9 \times 10^{-10}$ mol/l.

Vorgehen: Wir verfahren wie im eben vorgestellten Übungsbeispiel, indem wir die chemische Gleichung und eine Tabelle mit den Ausgangs- und Gleichgewichtskonzentrationen aufstellen, in der die H^+-Gleichgewichtskonzentration die Unbekannte ist.

Lösung: Wir stellen die beiden chemischen Gleichungen auf: die Gleichung der Dissoziation, in der $H^+(aq)$-Ionen entstehen, und die Gleichung für die Gleichgewichtskonstante K_S:

$$\text{HCN}(aq) \rightleftharpoons \text{H}^+(aq) + \text{CN}^-(aq)$$

$$K_S = \frac{[\text{H}^+][\text{CN}^-]}{[\text{HCN}]} = 4,9 \times 10^{-10} \text{ mol/l}$$

Als Nächstes fassen wir die Konzentrationen der Stoffe der Gleichgewichtsreaktion in einer Tabelle zusammen; hierbei setzen wir die Gleichgewichtskonzentration $[\text{H}^+]$ gleich x.

	HCN (aq)	$\rightleftharpoons$	H^+ (aq)	+	CN^- (aq)
Anfangszustand	0,20 M		0		0
Veränderung	$-x$ M		$+x$ M		$+x$ M
Gleichgewicht	$(0,20 - x)$ M		x M		x M

Das Einsetzen der Gleichgewichtskonzentrationen aus der Tabelle in den Ausdruck der Gleichgewichtskonstante ergibt

$$K_S = \frac{(x)(x)}{0,20 - x} \text{ mol/l} = 4,9 \times 10^{-10} \text{ mol/l}$$

Als Nächstes treffen wir die vereinfachende Annahme, dass die dissoziierte Säuremenge x im Vergleich zur Anfangskonzentration klein ist. Hieraus erhalten wir

$$0,20 - x \cong 0,20$$

und somit

$$\frac{x^2}{0,20} \text{ mol/l} = 4,9 \times 10^{-10} \text{ mol/l}$$

Durch Auflösen nach x erhalten wir

$$x^2 = (0,20)(4,9 \times 10^{-10}) \text{ mol}^2/\text{l}^2 = 0,98 \times 10^{-10} \text{ mol}^2/\text{l}^2$$

$$x = \sqrt{0,98 \times 10^{-10}} \text{ mol}^2/\text{l}^2 = 9,9 \times 10^{-6} M = [\text{H}^+]$$

Die Konzentration $9,9 \times 10^{-6}$ M ist deutlich kleiner als 5 % der Ausgangskonzentration von HCN (0,20 M) und daher ist unsere vereinfachende Annahme angemessen. Nun berechnen wir den pH der Lösung aus

$$\text{pH} = -\log[\text{H}^+] = -\log(9,9 \times 10^{-6}) = 5,00$$

ÜBUNGSAUFGABE

Die Konstante K_S von Niacin beträgt $1,5 \times 10^{-5}$ mol/l (Übungsbeispiel 16.10). Wie lautet der pH einer 0,010 M Niacin-Lösung?

Antwort: 3,42.

Sie nehmen wahrscheinlich an, dass der prozentuale Dissoziationsgrad einer Säure zur pH-Bestimmung einfacher zu verwenden ist als der K_S-Wert. Der Dissoziationsgrad bei einer bestimmten Temperatur hängt jedoch nicht nur von der Art der Säure ab, sondern auch von ihrer Konzentration. Wie ▶ Abbildung 16.9 veranschaulicht, nimmt der prozentuale Dissoziationsgrad einer schwachen Säure mit steigender Konzentration ab. Wir werden diesen Umstand in Übungsbeispiel 16.12 nochmals verdeutlichen.

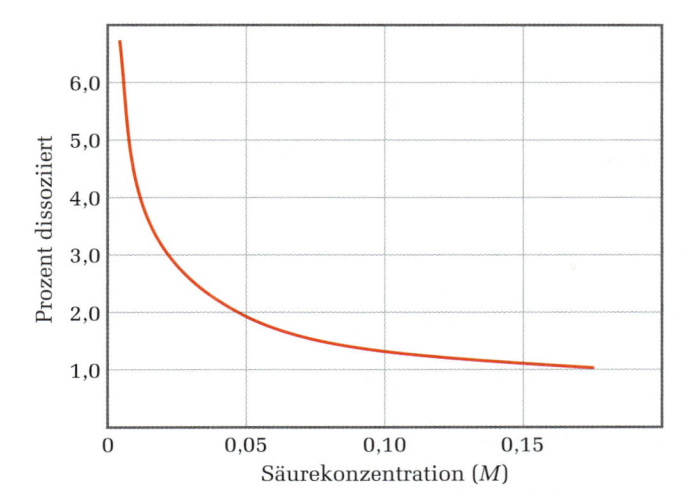

Abbildung 16.9: Der Einfluss der Konzentration auf die Dissoziation einer schwachen Säure. Der prozentuale Dissoziationsgrad einer schwachen Säure nimmt mit steigender Konzentration ab. Die hier gezeigten Zahlen gelten für Essigsäure.

ÜBUNGSBEISPIEL 16.12 — Den prozentualen Dissoziationsgrad aus K_S berechnen

Berechnen Sie den Anteil (den Prozentsatz) der HF-Moleküle in HF-Lösungen der Molaritäten **(a)** 0,10 M und **(b)** 0,010 M.

Lösung

Analyse: Wir sollen den prozentualen Dissoziationsgrad von zwei HF-Lösungen verschiedener Konzentration bestimmen.

Vorgehen: Wir gehen dieses Problem ähnlich an wie vorangegangene Gleichgewichtsaufgaben. Zunächst stellen wir die chemische Gleichung für das Gleichgewicht auf und fassen die bekannten und unbekannten Konzentrationen aller Stoffe in einer Tabelle zusammen. Danach setzen wir die Gleichgewichtskonzentrationen in den Ausdruck für die Gleichgewichtskonstante ein und lösen nach der unbekannten H$^+$-Konzentration auf.

Lösung:
(a) Die Gleichgewichtsreaktion und die Gleichgewichtskonzentrationen lauten wie folgt:

	HF (aq) ⇌	H$^+$ (aq) +	F$^-$ (aq)
Anfangszustand	0,10 M	0	0
Veränderung	$-x$ M	$+x$ M	$+x$ M
Gleichgewicht	$(0{,}10 - x)$ M	x M	x M

Die Gleichgewichtskonstante ergibt sich aus

$$K_S = \frac{[\text{H}^+][\text{F}^-]}{[\text{HF}]} = \frac{(x)(x)}{0{,}10 - x} \text{ mol/l} = 6{,}8 \times 10^{-4} \text{ mol/l}$$

Wir lösen diese Gleichung unter der vereinfachenden Annahme $0{,}10 - x = 0{,}10$ (das heißt, wir vernachlässigen die Konzentration der Säureionen gegenüber der Ausgangskonzentration) und erhalten

$$x = 8{,}2 \times 10^{-3} \, M$$

Da dieser Wert größer ist als 5 % der Ausgangskonzentration 0,10 M, sollten wir die Berechnung ohne die Näherungsannahme mit der quadratischen Formel oder mit Hilfe der entsprechenden Funktion eines Taschenrechners ausführen. Wir stellen die Gleichung um, schreiben sie in der quadratischen Standardform und erhalten

$$x^2 = (0{,}10 - x)(6{,}8 \times 10^{-4}) = 6{,}8 \times 10^{-5} - (6{,}8 \times 10^{-4})x$$

$$x^2 + (6{,}8 \times 10^{-4})x - 6{,}8 \times 10^{-5} = 0$$

Diese Gleichung können wir mit der quadratischen Standardformel lösen:

$$x = \frac{-b \pm \sqrt{b^2 - 4ac}}{2a}$$

Das Einsetzen der Zahlen ergibt

$$x = \frac{-6{,}8 \times 10^{-4} \pm \sqrt{(6{,}8 \times 10^{-4})^2 + 4(6{,}8 \times 10^{-5})}}{2} = \frac{-6{,}8 \times 10^{-4} \pm 1{,}6 \times 10^{-2}}{2}$$

Von diesen beiden Lösungen ist nur eine positiv und ergibt einen chemisch sinnvollen Wert für x. Damit ist

$$x = [\text{H}^+] = [\text{F}^-] = 7{,}9 \times 10^{-3}\ M$$

Aus diesem Ergebnis können wir den prozentualen Anteil der dissoziierten Moleküle berechnen:

$$\text{Dissoziierter Prozentsatz von HF} = \frac{\text{Ionenkonzentration}}{\text{Ausgangskonzentration}} \times 100\%$$

$$= \frac{7{,}9 \times 10^{-3}\ M}{0{,}10\ M} \times 100\% = 7{,}9\%$$

(b) Mit der gleichen Vorgehensweise erhalten wir für die 0,010 M-Lösung

$$\frac{x^2}{0{,}010 - x} = 6{,}8 \times 10^{-4}$$

und die Lösung der quadratischen Gleichung ergibt

$$x = [\text{H}^+] = [\text{F}^-] = 2{,}3 \times 10^{-3}\ M$$

Der prozentuale Anteil der dissoziierten Moleküle ist

$$\frac{0{,}0023}{0{,}010} \times 100\% = 23\%$$

Anmerkung: Beachten Sie, dass wir in (a) einen Dissoziationsgrad von 8,2 % und in (b) von 26 % erhalten, wenn wir die Gleichung nicht exakt mit der quadratischen Formel lösen. Beachten Sie ebenfalls, dass sich beim Verdünnen der Lösung um einen Faktor zehn der Anteil der dissoziierten Moleküle verdreifacht. Dieses Ergebnis stimmt mit dem in Abbildung 16.9 dargestellten Verhalten überein und entspricht auch dem erwarteten Resultat nach dem Prinzip von Le Châtelier (siehe Abschnitt 15.6). Wir sehen, dass auf der rechten Seite der Reaktionsgleichung mehr „Teilchen" stehen als auf der linken Seite. Aufgrund der Verdünnung reagiert das Gleichgewicht in Richtung der größeren Teilchenanzahl; diese Veränderung wirkt der sinkenden Teilchenkonzentration entgegen.

ÜBUNGSAUFGABE

In Übungsaufgabe 16.10 haben wir herausgefunden, dass der prozentuale Protonierungsgrad einer 0,020 M Niacinlösung 2,7 % beträgt (für Niacin gilt $K_S = 1{,}5 \times 10^{-5}$ mol/l). Berechnen Sie den prozentualen Anteil der protonierten Niacinmoleküle in Lösungen der Molaritäten **(a)** 0,010 M und **(b)** 1,0 $\times 10^{-3}\ M$.

Antworten: (a) 3,8 %; **(b)** 12 %.

Mehrbasige Säuren

Viele Säuren besitzen mehr als ein saures H-Atom; man bezeichnet sie als **mehrbasige Säuren**. Zum Beispiel geschieht die Abgabe beider Protonen der schwefligen Säure (H_2SO_3) in zwei aufeinander folgenden Schritten:

$$\text{H}_2\text{SO}_3(aq) \rightleftharpoons \text{H}^+(aq) + \text{HSO}_3^-(aq) \qquad K_{S1} = 1{,}7 \times 10^{-2}\ \text{mol/l} \qquad (16.31)$$

$$\text{HSO}_3^-(aq) \rightleftharpoons \text{H}^+(aq) + \text{SO}_3^{2-}(aq) \qquad K_{S2} = 6{,}4 \times 10^{-8}\ \text{mol/l} \qquad (16.32)$$

Man bezeichnet die Säuredissoziationskonstanten der beiden Gleichgewichte als K_{S1} und K_{S2}, wobei sich die Zahlenindices der Konstanten auf das jeweils abgegebene Proton beziehen: Die Konstante K_{S2} bezieht sich stets auf das Gleichgewicht der Abgabe des zweiten Protons einer mehrbasigen Säure.

Im obigen Beispiel ist K_{S2} deutlich kleiner als K_{S1}: Aufgrund der elektrostatischen Anziehung löst sich ein positiv geladenes Proton erwartungsgemäß einfacher vom neutralen H_2SO_3-Molekül, als vom negativ geladenen HSO_3^--Ion. Diese Beobachtung lässt sich verallgemeinern: *Eine mehrbasige Säure gibt stets leichter ihr erstes Proton ab als*

Tabelle 16.3
Säuredissoziationskonstanten gebräuchlicher mehrbasiger Säuren

Name	Formel	K_{S1}	K_{S2}	K_{S3} (mol/l)
Ascorbinsäure	$C_6H_8O_6$	$8{,}0 \times 10^{-5}$	$1{,}6 \times 10^{-12}$	
Kohlensäure	H_2CO_3	$4{,}3 \times 10^{-7}$	$5{,}6 \times 10^{-11}$	
Zitronensäure	$C_6H_8O_7$	$7{,}4 \times 10^{-4}$	$1{,}7 \times 10^{-5}$	$4{,}0 \times 10^{-7}$
Oxalsäure	$H_2C_2O_4$	$5{,}9 \times 10^{-2}$	$6{,}4 \times 10^{-5}$	
Phosphorsäure	H_3PO_4	$7{,}5 \times 10^{-3}$	$6{,}2 \times 10^{-8}$	$4{,}2 \times 10^{-13}$
Schwefelige Säure	H_2SO_3	$1{,}7 \times 10^{-2}$	$6{,}4 \times 10^{-8}$	
Schwefelsäure	H_2SO_4	10^3	$1{,}2 \times 10^{-2}$	
Weinsäure	$C_4H_6O_6$	$1{,}0 \times 10^{-3}$	$4{,}6 \times 10^{-5}$	

> **? DENKEN SIE EINMAL NACH**
>
> Was bezeichnet das Symbol K_{S3} bei H_3PO_4?

das zweite Proton. Analog löst sich bei einer Säure mit drei abspaltbaren Protonen das zweite Proton einfacher ab als das dritte. Somit nimmt bei fortgesetztem Ablösen von Protonen der Wert der Konstante K_S ab.

Die Dissoziationskonstanten K_S einiger geläufiger mehrbasiger Säuren sind in Tabelle 16.3 angegeben; Anhang D enthält eine vollständigere Liste. Am Seitenrand sind die Strukturformeln von Ascorbin- und Zitronensäure dargestellt. Beachten Sie, dass sich die Werte dieser Konstanten der gleichen Säure für die Abgabe von aufeinander folgenden Protonen um einen Faktor von mindestens 10^3 unterscheiden. Der Wert von K_{S1} von Schwefelsäure ist 10^3 mol/l: Schwefelsäure ist hinsichtlich der Abgabe des ersten Protons eine starke Säure:

$$H_2SO_4(aq) \longrightarrow H^+(aq) + HSO_4^-(aq) \quad \text{(praktisch vollständige Dissoziation)}$$

Andererseits ist HSO_4^- eine schwächere Säure mit $K_{S2} = 1{,}2 \times 10^{-2}$ mol/l.

Da K_{S1} jeweils deutlich größer ist als die darauf folgenden Dissoziationskonstanten der mehrbasigen Säuren, stammen fast alle $H^+(aq)$ der Lösung aus der ersten Dissoziationsreaktion. Solange sich die aufeinander folgenden Konstanten K_S um einen Faktor von mindestens 1000 unterscheiden, kann man den pH einer mehrbasigen Säurelösung durch K_{S1} alleine abschätzen.

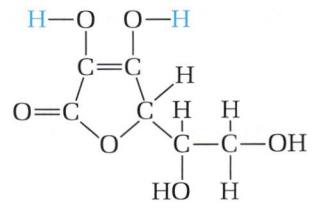

Ascorbinsäure (Vitamin C)

Zitronensäure

ÜBUNGSBEISPIEL 16.13 — Den pH einer mehrbasigen Säure berechnen

Die Löslichkeit von CO_2 in reinem Wasser bei 25 °C und 0,1 atm Druck beträgt 0,0037 M. Wir nehmen an, dass die gesamte gelöste Menge CO_2 als Kohlensäure (H_2CO_3) vorliegt, die in der Reaktion von CO_2 und H_2O entsteht:

$$CO_2(aq) + H_2O(l) \rightleftharpoons H_2CO_3(aq)$$

Wie groß ist der pH einer 0,0037 M H_2CO_3-Lösung?

Lösung

Analyse: Wir sollen den pH einer 0,0037 M-Lösung einer mehrbasigen Säure bestimmen.

Vorgehen: Die beiden Dissoziationskonstanten K_{S1} und K_{S2} der zweibasigen Säure H_2CO_3 unterscheiden sich um einen Faktor von mehr als 10^3 (siehe Tabelle 16.3). Daher können wir den pH berechnen, indem wir nur K_{S1} berücksichtigen und die Säure als einbasige Säure behandeln.

Lösung: Wir gehen wie in den Übungsbeispielen 16.11 und 16.12 vor und schreiben die Gleichgewichtsreaktion und die Gleichgewichtskonzentrationen auf:

	H_2CO_3 (aq)	⇌	H^+ (aq)	+	HCO_3^- (aq)
Anfangszustand	0,0037 M		0		0
Veränderung	$-x$ M		$+x$ M		$+x$ M
Gleichgewicht	$(0,0037 - x)$ M		x M		x M

Die Gleichgewichtskonstante lautet

$$K_{S1} = \frac{[H^+][HCO_3^-]}{[H_2CO_3]} = \frac{(x)(x)}{0,0037 - x} \text{ mol/l} = 4,3 \times 10^{-7} \text{ mol/l}$$

Wir lösen diese Gleichung mit einem entsprechend ausgestatteten Taschenrechner und erhalten

$$x = 4,0 \times 10^{-5} M$$

Da K_{S1} klein ist, kann man vereinfachend auch x als klein annehmen und erhält die Näherung

$$0,0037 - x \simeq 0,0037$$

Damit ergibt sich

$$\frac{(x)(x)}{0,0037} = 4,3 \times 10^{-7}$$

und durch Auflösen nach x erhalten wir

$$x^2 = (0,0037)(4,3 \times 10^{-7}) \text{ mol}^2/\text{l}^2 = 1,6 \times 10^{-9} \text{ mol}^2/\text{l}^2$$
$$x = [H^+] = [HCO_3^-] = \sqrt{1,6 \times 10^{-9} \text{ mol}^2/\text{l}^2} = 4,0 \times 10^{-5} M$$

Aus dem kleinen Wert von x schließen wir, dass die vereinfachende Annahme gerechtfertigt war. Somit beträgt der pH

$$pH = -\log[H^+] = -\log(4,0 \times 10^{-5}) = 4,40$$

Anmerkung: Falls wir nach $[CO_3^{2-}]$ auflösen sollen, benötigen wir K_{S2}. Sehen wir uns diese Berechnung an. Wir verwenden die oben berechneten Werte von $[HCO_3^-]$ und $[H^+]$, setzen $[CO_3^{2-}] = y$ und erhalten die folgenden Anfangs- und Gleichgewichtskonzentrationen:

	HCO_3^- (aq)	⇌	H^+ (aq)	+	CO_3^{2-} (aq)
Anfangszustand	$4,0 \times 10^{-5}$ M		$4,0 \times 10^{-5}$ M		0
Veränderung	$-y$ M		$+y$ M		$+y$ M
Gleichgewicht	$(4,0 \times 10^{-5} - y)$ M		$(4,0 \times 10^{-5} + y)$ M		y M

Unter der Annahme, dass y im Vergleich zu $4,0 \times 10^{-5}$ klein ist, erhalten wir

$$K_{S2} = \frac{[H^+][CO_3^{2-}]}{[HCO_3^-]} = \frac{(4,0 \times 10^{-5})(y)}{4,0 \times 10^{-5}} \text{ mol/l} = 5,6 \times 10^{-11} \text{ mol/l}$$

$$y = 5,6 \times 10^{-11} M = [CO_3^{2-}]$$

Der berechnete y-Wert ist in der Tat im Vergleich zu $4,0 \times 10^{-5}$ sehr klein und unsere Annahme war gerechtfertigt. Außerdem stellen wir fest, dass die Dissoziation von HCO_3^- im Vergleich zur Dissoziation von H_2CO_3 vernachlässigbar gering ist, was die Erzeugung von H^+-Ionen betrifft. Die Dissoziation von HCO_3^- ist die *einzige Quelle* von CO_3^{2-}, deren Konzentration in der Lösung sehr gering ist. Aus unseren Berechnungen schließen wir, dass von H_2CO_3 nur ein kleiner Bruchteil zu HCO_3^- und ein noch kleinerer Anteil zu CO_3^{2-} deprotoniert wird. Beachten Sie auch, dass $[CO_3^{2-}]$ mit dem Wert der Konstante K_{S2} übereinstimmt.

ÜBUNGSAUFGABE

(a) Berechnen Sie den pH einer 0,020 M-Lösung von Oxalsäure, $H_2C_2O_4$, und entnehmen Sie die Werte von K_{S1} und K_{S2} der Tabelle 16.3.
(b) Bestimmen Sie die Konzentration des Oxalations, $[C_2O_4^{2-}]$, in dieser Lösung.

Antworten: (a) pH = 1,80; (b) $[C_2O_4^{2-}] = 6,4 \times 10^{-5} M$.

Schwache Basen   16.7

Viele Stoffe reagieren in Wasser als schwache Basen; sie nehmen ein Proton vom Wasser auf und es bilden sich die konjugierte Säure der jeweiligen Base und ein OH⁻-Ion.

$$B(aq) + H_2O \rightleftharpoons HB^+ + OH^-(aq) \qquad (16.33)$$

Die am häufigsten verwendete schwache Base ist Ammoniak, das nach folgender Gleichung mit Wasser reagiert:

$$NH_3(aq) + H_2O(l) \rightleftharpoons NH_4^+(aq) + OH^-(aq) \qquad (16.34)$$

Die Gleichgewichtskonstante dieser Reaktion ergibt sich als

$$K_B = \frac{[NH_4^+][OH^-]}{[NH_3]} \qquad (16.35)$$

Das Lösungsmittel Wasser ist in die Gleichgewichtskonstante einbezogen.

Ähnlich wie bei K_W und K_S bezeichnet der Index „B" die Art der Reaktion; hier handelt es sich um die Protonierung einer schwachen Base in Wasser. Die Konstante K_B bezeichnet man als **Basenkonstante**. *Diese Konstante bezieht sich stets auf eine Reaktion einer Base mit* H_2O, *unter Bildung der konjugierten Säure und von* OH^-. In Tabelle 16.4 sind die Namen, Formeln, Lewis-Strukturformeln, Gleichgewichtsreaktionen und K_B-Werte verschiedener schwacher Basen in Wasser zusammengefasst; Anhang D enthält eine umfangreichere Liste. Diese Basen enthalten ein freies (nicht an einer Bindung beteiligtes) Elektronenpaar oder mehrere solcher Elektronenpaare, die zur Aufnahme eines H⁺ erforderlich sind. Beachten Sie, dass sich diese freien Elektronenpaare der neutralen Moleküle in Tabelle 16.4 an Stickstoffatomen befinden. Die weiteren angegebenen Basen sind die Anionen schwacher Säuren.

Basen in wässriger Lösung

Tabelle 16.4
Schwache Basen und ihre Gleichgewichtsreaktionen in wässriger Lösung

Base	Lewis-Strukturformel	Konjugierte Säure	Gleichgewichtsreaktion	K_B (mol/l)
Ammoniak (NH_3)	H—N(H)—H	NH_4^+	$NH_3 + H_2O \rightleftharpoons NH_4^+ + OH^-$	$1{,}8 \times 10^{-5}$
Pyridin (C_5H_5N)	(Ring)NI	$C_5H_5NH^+$	$C_5H_5N + H_2O \rightleftharpoons C_5H_5NH^+ + OH^-$	$1{,}7 \times 10^{-9}$
Hydroxylamin (H_2NOH)	H—N(H)—OH	H_3NOH^+	$H_2NOH + H_2O \rightleftharpoons H_3NOH^+ + OH^-$	$1{,}1 \times 10^{-8}$
Methylamin (NH_2CH_3)	H—N(H)—CH_3	$NH_3CH_3^+$	$NH_2CH_3 + H_2O \rightleftharpoons NH_3CH_3^+ + OH^-$	$4{,}4 \times 10^{-4}$
Hydrogensulfid (HS^-)	$[H-\overline{\underline{S}}\,I]^-$	H_2S	$HS^- + H_2O \rightleftharpoons H_2S + OH^-$	$1{,}8 \times 10^{-7}$
Carbonat (CO_3^{2-})	$[O-C(=O)-O]^{2-}$	HCO_3^-	$CO_3^{2-} + H_2O \rightleftharpoons HCO_3^- + OH^-$	$1{,}8 \times 10^{-4}$
Hypochlorit (ClO^-)	$[I\overline{\underline{Cl}}-\overline{\underline{O}}\,I]^-$	$HClO$	$ClO^- + H_2O \rightleftharpoons HClO + OH^-$	$3{,}3 \times 10^{-7}$

ÜBUNGSBEISPIEL 16.14 — Berechnung von [OH⁻] mit Hilfe der Konstanten K_B

Berechnen Sie die OH⁻-Konzentration einer 0,15 M NH₃-Lösung.

Lösung

Analyse: Die Konzentration einer schwachen Base ist gegeben und wir sollen die OH⁻-Konzentration bestimmen.

Vorgehen: Wir gehen im Wesentlichen genauso vor wie in den Aufgaben zur Dissoziation schwacher **Säuren:** Wir stellen die chemische Gleichung auf und legen eine Tabelle mit den Anfangs- und den Gleichgewichtskonzentrationen an.

Lösung: Zunächst stellen wir die Protonierungsreaktion und den Ausdruck für die Gleichgewichtskonstante K_B auf:

$$NH_3(aq) + H_2O(l) \rightleftharpoons NH_4^+(aq) + OH^-(aq) \qquad K_B = \frac{[NH_4^+][OH^-]}{[NH_3]} = 1{,}8 \times 10^{-5} \text{ mol/l}$$

Nun erstellen wir eine Tabelle mit den Konzentrationen in dieser Gleichgewichtsreaktion:

	$NH_3(aq)$	+	$H_2O(l)$	⇌	$NH_4^+(aq)$	+	$OH^-(aq)$
Anfangszustand	0,15 M		—		0		0
Veränderung	$-x$ M		—		$+x$ M		$+x$ M
Gleichgewicht	$(0{,}15-x)$ M		—		x M		x M

Das Einsetzen der Größen in den Ausdruck der Gleichgewichtskonstante ergibt

$$K_B = \frac{[NH_4^+][OH^-]}{[NH_3]} = \frac{(x)(x)}{0{,}15 - x} \text{ mol/l} = 1{,}8 \times 10^{-5} \text{ mol/l}$$

Da die Konstante K_B klein ist, brauchen wir die geringe Menge NH₃, die mit Wasser reagiert, im Vergleich zur gesamten NH₃-Konzentration nicht zu beachten; das heißt, wir vernachlässigen x gegenüber 0,15 M. Damit erhalten wir

$$\frac{x^2}{0{,}15} = 1{,}8 \times 10^{-5}$$

$$x^2 = (0{,}15)(1{,}8 \times 10^{-5}) = 2{,}7 \times 10^{-6}$$

$$x = [NH_4^+] = [OH^-] = \sqrt{2{,}7 \times 10^{-6} \text{ mol}^2/\text{l}^2} = 1{,}6 \times 10^{-3} \text{ M}$$

Überprüfung: Der berechnete Wert von x beläuft sich auf etwa 1 % der NH₃-Konzentration von 0,15 M. Daher war es als Vereinfachung gerechtfertigt, x gegenüber 0,15 zu vernachlässigen.

ÜBUNGSAUFGABE

Welche der folgenden Verbindungen ergibt in einer 0,05 M-Lösung den höchsten pH-Wert: Pyridin, Methylamin oder salpetrige Säure?

Antwort: Methylamin (denn sein K_B-Wert ist am größten).

Verschiedene Typen schwacher Basen

Wie erkennen wir an einer chemischen Formel, ob sich ein Molekül oder Ion als schwache Base verhält? Es gibt zwei Kategorien schwacher Basen. Die erste Kategorie besteht aus neutralen Stoffen, die über ein Atom mit einem freien (nicht an einer Bindung beteiligten) Elektronenpaar verfügen, das als Protonenakzeptor wirken (Protonen aufnehmen) kann. Die meisten dieser Basen, einschließlich der ungeladenen Basen in Tabelle 16.4, enthalten ein Stickstoffatom. Zu dieser Stoffgruppe gehören Ammoniak und eine verwandte Gruppe von Verbindungen, die **Amine**. In organischen Aminen ist mindestens eine N—H-Bindung des NH₃ durch eine Bindung zwischen N und C ersetzt. Der Ersatz einer N—H-Bindung des NH₃ durch eine N—CH₃-Bindung ergibt Methylamin, das man gewöhnlich als CH₃NH₂ schreibt. Wie NH₃ sind auch die Amine in der Lage, dem Wassermolekül ein Proton zu entreißen und eine zusätzliche N—H-Bindung zu bilden, wie hier für Methylamin dargestellt:

16.7 Schwache Basen

$$H-\underset{H}{\overset{}{N}}-CH_3(aq) + H_2O(l) \rightleftharpoons \left[H-\underset{H}{\overset{H}{N}}-CH_3\right]^+(aq) + OH^-(aq) \quad (16.36)$$

Die chemische Formel der konjugierten Säure des Methylamins schreibt man in der Regel als $CH_3NH_3^+$.

Die Anionen schwacher Säuren bilden die zweite Kategorie schwacher Basen. Zum Beispiel dissoziiert Natriumhypochlorit (NaClO) in wässriger Lösung unter Bildung von Na^+- und ClO^--Ionen. Das Na^+-Ion ist häufig bei Säure-Base-Reaktionen anwesend (es ist ein Begleition oder „Zuschauerion") (siehe Abschnitt 4.3). Das ClO^--Ion ist die konjugierte Base einer schwachen Säure, der hypochlorigen Säure (unterchlorigen Säure), und das ClO^--Ion wirkt daher in Wasser als schwache Base:

$$ClO^-(aq) + H_2O(l) \rightleftharpoons HClO(aq) + OH^-(aq) \quad K_B = 3,3 \times 10^{-7} \text{ mol/l} \quad (16.37)$$

ÜBUNGSBEISPIEL 16.15   Bestimmung einer Salzkonzentration aus dem pH

Eine Lösung von Natriumhypochlorit (NaClO) in Wasser hat ein Volumen von 2,00 l und einen pH von 10,50. Berechnen Sie anhand der Informationen aus ▶ Gleichung 16.37 die Anzahl der in Wasser gelösten Mole NaClO.

Lösung

Analyse: Wir sollen die Anzahl der Mole NaClO berechnen, die in zwei Litern wässriger Lösung den pH auf 10,50 anhebt. NaClO ist eine ionische Verbindung, die aus Na^+- und ClO^--Ionen besteht. Eine solche Verbindung ist ein starker Elektrolyt und dissoziiert in Lösung praktisch vollständig zum Begleition Na^+ und dem ClO^--Ion, einer schwachen Base mit $K_B = 3,33 \times 10^{-7}$ mol/l (Gleichung 16.37).

Vorgehen: Wir bestimmen die Gleichgewichtskonzentration von OH^- aus dem pH und legen danach eine Tabelle mit den Anfangs- und Gleichgewichtskonzentrationen an, worin die Anfangskonzentration von ClO^- die Unbekannte ist. Wir berechnen $[ClO^-]$ mit Hilfe des Ausdrucks der Basenkonstante K_B.

Lösung: Wir können $[OH^-]$ alternativ aus Gleichung 16.16 oder aus Gleichung 16.19 berechnen; hier verwenden wir letztere Gleichung:

$$pOH = 14{,}00 - pH = 14{,}00 - 10{,}50 = 3{,}50; \quad [OH^-] = 10^{-3{,}50} = 3{,}16 \times 10^{-4} M$$

Diese Konzentration ist hinreichend hoch, um vereinfachend anzunehmen, dass die OH^--Ionen ausschließlich nach ▶ Gleichung 16.37 entstehen; das heißt, wir vernachlässigen die OH^--Ionen aufgrund der Autodissoziation von Wasser. Nun bezeichnen wir die Ausgangskonzentration von ClO^- als x und lösen das Gleichgewichtsproblem auf die gewohnte Weise.

	$ClO^-(aq)$ +	$H_2O(l)$ $\rightleftharpoons$	$HClO(aq)$ +	$OH^-(aq)$
Anfangszustand	$x\,M$	—	0	0
Veränderung	$-3{,}16 \times 10^{-4}\,M$	—	$+3{,}16 \times 10^{-4}\,M$	$+3{,}16 \times 10^{-4}\,M$
Endzustand	$(x - 3{,}16 \times 10^{-4})\,M$	—	$3{,}16 \times 10^{-4}\,M$	$3{,}16 \times 10^{-4}\,M$

Wir verwenden jetzt den Ausdruck der Basenkonstante

$$K_B = \frac{[HClO][OH^-]}{[ClO^-]} = \frac{(3{,}16 \times 10^{-4})^2}{x - 3{,}16 \times 10^{-4}} \text{ mol/l} = 3{,}3 \times 10^{-7} \text{mol/l}$$

und lösen nach x auf:

$$x = \frac{(3{,}16 \times 10^{-4})^2}{3{,}3 \times 10^{-7}} + (3{,}16 \times 10^{-4}) = 0{,}30\,M$$

Wir sagen, die NaClO-Lösung ist 0,30-molar (0,30 M), obwohl einige der ClO^--Ionen mit Wasser reagiert haben. Die in Wasser gelöste NaClO-Menge beträgt 0,60 Mol, denn die Konzentration der NaClO-Lösung ist 0,30 M und das Gesamtvolumen der Lösung ist 2,00 l.

ÜBUNGSAUFGABE

Der pH einer wässrigen NH_3-Lösung beträgt 11,17. Wie lautet die Molarität der Lösung?

Antwort: 0,12 M.

16.8 Die Beziehung zwischen K_S und K_B

Wir haben qualitativ festgestellt, dass schwächere konjugierte Basen mit stärkeren Säuren zusammenhängen. Auf der Suche nach einem *quantitativen* Zusammenhang betrachten wir das konjugierte Säure-Base-Paar NH_4^+ und NH_3. Beide Stoffe reagieren mit Wasser:

$$NH_4^+(aq) \rightleftharpoons NH_3(aq) + H^+(aq) \qquad (16.38)$$

$$NH_3(aq) + H_2O(l) \rightleftharpoons NH_4^+(aq) + OH^-(aq) \qquad (16.39)$$

Jedes dieser beiden Gleichgewichte besitzt eine charakteristische Gleichgewichtskonstante:

$$K_S = \frac{[NH_3][H^+]}{[NH_4^+]}$$

$$K_B = \frac{[NH_4^+][OH^-]}{[NH_3]}$$

Bei Addition der ▶ Gleichungen 16.38 und 16.39 heben sich NH_4^+ und NH_3 gegenseitig auf und es verbleibt lediglich die Autodissoziation von Wasser.

$$NH_4^+(aq) \rightleftharpoons NH_3(aq) + H^+(aq)$$
$$\underline{NH_3(aq) + H_2O(l) \rightleftharpoons NH_4^+(aq) + OH^-(aq)}$$
$$H_2O(l) \rightleftharpoons H^+(aq) + OH^-(aq)$$

Erinnern Sie sich an die Gleichgewichtskonstante bei der Addition von chemischen Gleichungen: Addiert man zwei Gleichungen zu einer dritten Gleichung, so ergibt sich die dritte Gleichgewichtskonstante als Produkt der beiden ersten Gleichgewichtskonstanten (siehe Abschnitt 15.2).

Wir wenden diese Regel auf das vorliegende Beispiel an und multiplizieren K_S und K_B:

$$K_S \times K_B = \left(\frac{[\cancel{NH_3}][H^+]}{[\cancel{NH_4^+}]}\right)\left(\frac{[\cancel{NH_4^+}][OH^-]}{[\cancel{NH_3}]}\right) = [H^+][OH^-] = K_W$$

Wie wir sehen, ist das Ergebnis dieser Multiplikation einfach das Ionenprodukt K_W von Wasser (Gleichung 16.16). Dieses Resultat war zu erwarten, denn die Summe der ▶ Gleichungen 16.38 und 16.39 ergibt das Gleichgewicht der Autodissoziation von Wasser mit der Konstante K_W.

Beachten Sie diesen höchst wichtigen Zusammenhang besonders: Das Produkt der Säurekonstante einer Säure und der Basenkonstante der konjugierten Base ergibt das Ionenprodukt von Wasser.

$$K_S \times K_B = K_W \qquad (16.40)$$

Bei steigender Säurestärke (größerer K_S-Wert) nimmt die Stärke der konjugierten Base ab (kleinerer K_B-Wert) und das Produkt $K_S \times K_B$ von $1{,}0 \times 10^{-14}$ bei 25 °C bleibt erhalten. Diese Beziehung lässt sich anhand der Werte von K_S und K_B in Tabelle 16.5 nachvollziehen.

Wir können aus ▶ Gleichung 16.40 die Konstante K_B einer schwachen Base berechnen, wenn wir K_S ihrer konjugierten Säure kennen. Analog können wir K_S einer schwachen Säure berechnen, wenn K_B der konjugierten Base bekannt ist. In der Praxis gibt man folglich für ein konjugiertes Säure-Base-Paar nur eine Konstante an. Zum Beispiel sind in Anhang D die K_B-Werte der Anionen schwacher Säuren nicht ange-

Tabelle 16.5
Konjugierte Säure-Base-Paare

Säure	K_S (mol/l)	Base	K_B (mol/l)
HNO_3	$10^{1,34}$	NO_3^-	(verschwindende Basenstärke)
HF	$6,8 \times 10^{-4}$	F^-	$1,5 \times 10^{-11}$
CH_3COOH	$1,8 \times 10^{-5}$	CH_3COO^-	$5,6 \times 10^{-10}$
H_2CO_3	$4,3 \times 10^{-7}$	HCO_3^-	$2,3 \times 10^{-8}$
NH_4^+	$5,6 \times 10^{-10}$	NH_3	$1,8 \times 10^{-5}$
HCO_3^-	$5,6 \times 10^{-11}$	CO_3^{2-}	$1,8 \times 10^{-4}$
OH^-	(verschwindende Säurestärke)	O^{2-}	10^{10}

geben, da man sie schnell aus den entsprechenden tabellierten K_S-Werten ihrer konjugierten Säuren berechnen kann.

Wenn Sie in einem Chemiehandbuch die Stärken von Säuren oder Basen nachschlagen, finden Sie diese Angaben häufig als pK_S oder pK_B, das heißt, $-\log K_S$ bzw. $-\log K_B$ (siehe Abschnitt 16.4). Bildet man auf beiden Seiten der Gleichung 16.40 den negativen dekadischen Logarithmus, so gelangt man zur Formulierung mit pK_S und pK_B:

$$pK_S + pK_B = pK_W = 14{,}00 \quad \text{bei } 25\,°C \quad (16.41)$$

Chemie im Einsatz ■ Amine und Aminhydrochloride

Viele Amine niedrigen Molekulargewichts zeichnen sich durch einen unangenehmen „fischigen" Geruch aus. Amine und NH_3 entstehen bei der anaeroben Zersetzung (ohne O_2) tierischer und pflanzlicher Substanz. Zwei solche Amine mit sehr unangenehmen Gerüchen sind $H_2N(CH_2)_4NH_2$, bekannt als *Putreszin*, und $H_2N(CH_2)_5NH_2$, bekannt als *Cadaverin*.

Andererseits gehören viele Drogen zur Gruppe der Amine, einschließlich Chinin, Codein, Koffein und Amphetamin (Benzedrin). Wie andere Amine sind diese Stoffe schwache Basen: das Amin-Stickstoffatom nimmt bei Säurekontakt ein Proton auf und es entstehen die sogenannten *sauren Salze*. Mit A als Abkürzung für Amine können wir das saure Salz, das bei der Reaktion mit Salzsäure entsteht, als AH^+Cl^- schreiben. Manchmal schreibt man auch $A \cdot HCl$ und spricht von einem Hydrochlorid. Amphetamin-Hydrochlorid ist zum Beispiel das Salz, das durch die Reaktion von Amphetamin mit HCl entsteht:

C$_6$H$_5$—CH$_2$—CH(CH$_3$)—$\overline{N}H_2$(aq) + HCl(aq) ⟶

Amphetamin

C$_6$H$_5$—CH$_2$—CH(CH$_3$)—$NH_3^+Cl^-$(aq)

Amphetamin-Hydrochlorid

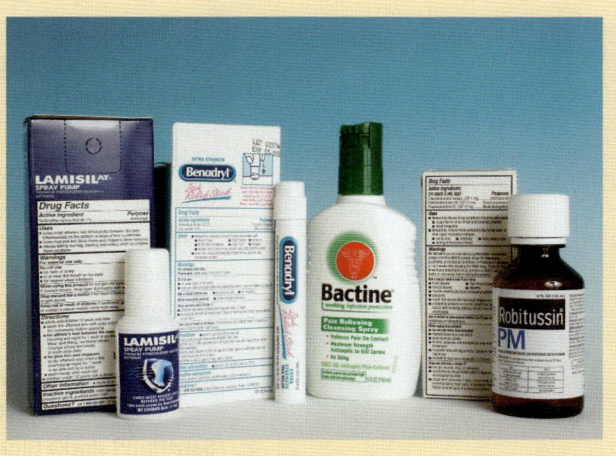

Abbildung 16.10: In einigen frei in Apotheken erhältlichen Medikamenten ist ein Aminhydrochlorid der wichtigste Wirkstoff.

Die sauren Salze dieser Art sind in der Regel weniger flüchtig, stabiler und meist wasserlöslicher als die entsprechenden neutralen Amine. Viele Drogen aus der Gruppe der Amine werden als saure Salze verkauft und verabreicht. ▶ Abbildung 16.10 zeigt einige Beispiele von Medikamenten, die in Apotheken frei erhältlich sind und Aminhydrochloride als Wirkstoffe enthalten.

ÜBUNGSBEISPIEL 16.16 — Berechnung von K_S oder K_B eines konjugierten Säure-Base-Paares

Berechnen Sie **(a)** die Basenkonstante K_B des Fluoridions (F^-) und **(b)** die Säurekonstante K_S des Ammoniumions (NH_4^+).

Lösung

Analyse: Wir sollen die Basenkonstante von F^-, der konjugierten Base von HF, und die Säurekonstante von NH_4^+, der konjugierten Säure von NH_3, bestimmen.

Vorgehen: Weder F^- noch NH_4^+ tauchen in den Tabellen auf, aber wir verwenden die Tabellenwerte für HF und NH_3 und berechnen die Konstanten der beiden konjugierten Stoffe aus dem Zusammenhang zwischen K_S und K_B.

Lösung:

(a) Nach Tabelle 16.2 und nach Anhang D beträgt K_S der schwachen Säure HF $6{,}8 \times 10^{-4}$ mol/l. Wir bestimmen mit Gleichung 16.40 die Konstante K_B der konjugierten Base F^-:

$$K_B = \frac{K_W}{K_S} = \frac{1{,}0 \times 10^{-14} \text{ mol}^2/\text{l}^2}{6{,}8 \times 10^{-4} \text{ mol/l}} = 1{,}5 \times 10^{-11} \text{ mol/l}$$

(b) Nach Tabelle 16.4 und nach Anhang D lautet der K_B-Wert von NH_3 $1{,}8 \times 10^{-5}$ mol/l. Wir berechnen mit Gleichung 16.40 die Konstante K_S der konjugierten Säure NH_4^+:

$$K_S = \frac{K_W}{K_B} = \frac{1{,}0 \times 10^{-14} \text{ mol}^2/\text{l}^2}{1{,}8 \times 10^{-5} \text{ mol/l}} = 5{,}6 \times 10^{-10} \text{ mol/l}$$

ÜBUNGSAUFGABE

(a) Welches der folgenden Anionen hat die größte Basenkonstante, NO_2^-, PO_4^{3-}, oder N_3^-?
(b) Die Base Chinolin besitzt die folgende Struktur:

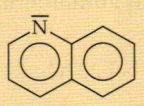

Nach den Werten aus Handbüchern beträgt der pK_S ihrer konjugierten Säure 4,90. Wie lautet die Basenkonstante von Chinolin?

Antworten: (a) PO_4^{3-} ($K_B = 2{,}4 \times 10^{-2}$), (b) $7{,}9 \times 10^{-10}$ mol/l.

16.9 Säure-Base-Eigenschaften von Salzlösungen

Mit Sicherheit kannten Sie schon vor der Lektüre dieses Kapitels viele saure Stoffe wie HNO_3, HCl, H_2SO_4 und andere Säuren sowie Basen wie NaOH oder NH_3. Unsere Diskussionen in diesem Kapitel haben aber gezeigt, dass manche Ionen sich sauer oder auch basisch verhalten können. In Übungsbeispiel 16.16 haben wir zum Beispiel die Konstanten K_S von NH_4^+ und K_B von F^- berechnet. Salzlösungen können demnach sauer oder basisch sein. Bevor wir die Diskussion von Säuren und Basen fortführen, untersuchen wir, wie gelöste Salze den pH beeinflussen können.

Hierzu nehmen wir an, dass die Salze in Wasser vollständig dissoziieren – fast alle Salze sind starke Elektrolyte. Daher beruhen die Säure-Base-Eigenschaften von Salzlösungen auf dem Verhalten ihrer Kationen und Anionen. Viele Ionen reagieren in Wasser in einer sogenannten **Hydrolysereaktion** unter Bildung von $H^+(aq)$ oder $OH^-(aq)$. Wir können den pH einer wässrigen Salzlösung anhand der Ionen eines Salzes qualitativ bestimmen.

Die Reaktionsfähigkeit eines Anions mit Wasser

Im Allgemeinen kann man ein gelöstes Anion X^- als konjugierte Base einer Säure betrachten. Zum Beispiel ist Cl^- die konjugierte Base zu HCl und CH_3COO^- ist die konjugierte Base von CH₃COOH. Ob ein Anion mit Wasser reagiert und ein Hydroxid entsteht, hängt von der Stärke der konjugierten Säure ab. Zur Ermittlung einer Säure und ihrer Stärke zählen wir zur Formel des Anions einfach ein Proton hinzu:

$$X^- \text{ plus ein Proton } (H^+) \text{ ergibt } HX$$

Ist die derart ermittelte Säure in der Liste der starken Säuren am Anfang von Abschnitt 16.5 vertreten, so ist die Tendenz des entsprechenden Anions zur Aufnahme von Protonen aus dem Wasser verschwindend gering (siehe Abschnitt 16.2), und das Anion verändert den pH der Lösung nicht. Zum Beispiel verursacht das Cl^--Ion in wässriger Lösung keine Bildung von OH^- und damit bleibt der pH unverändert. Das Cl^--Ion ist bei Säure-Base-Reaktionen stets ein sogenanntes Begleition.

Wenn HX aber *nicht* in der Liste der starken Säuren steht, handelt es sich um eine schwache Säure und die konjugierte Base X^- ist eine schwache Base. Ein solches Anion reagiert in gewissem Umfang mit Wasser und es bilden sich die jeweilige schwache Säure und das Hydroxidion:

$$X^-(aq) + H_2O(l) \rightleftharpoons HX(aq) + OH^-(aq) \quad (16.42)$$

Das OH^--Ion, das auf diese Weise entsteht, hebt den pH der Lösung, die somit basisch wird. Das Acetation (CH_3COO^-) ist die konjugierte Base einer schwachen Säure; dieses Ion reagiert mit Wasser unter Bildung von Essigsäure und OH^--Ionen und der pH der Lösung steigt an*.

$$CH_3COO^-(aq) + H_2O(l) \rightleftharpoons CH_3COOH(aq) + OH^-(aq) \quad (16.43)$$

Anionen wie HSO_3^-, die über saure Protonen verfügen, sind amphiprotisch (siehe Abschnitt 16.2). Solche Stoffe können als Säure oder auch als Base wirken. Wie das Übungsbeispiel 16.17 verdeutlicht, hängt ihr Verhalten in Wasser von den Werten der Konstanten K_S und K_B ab: Die Lösung des Ions ist sauer, wenn $K_S > K_B$ und umgekehrt ist sie bei $K_B > K_S$ basisch.

> **❓ DENKEN SIE EINMAL NACH**
>
> Wie wirken das NO_3^--Ion und das CO_3^{2-}-Ion auf den pH einer Lösung?

Die Reaktionsfähigkeit eines Kations mit Wasser

Man kann mehratomige Kationen mit einem oder mehreren Protonen als konjugierte Säuren von schwachen Basen betrachten. Zum Beispiel ist NH_4^+ die konjugierte Säure der schwachen Base NH_3. Daher ist NH_4^+ eine schwache Säure und gibt ein Proton an das Wasser ab, wodurch Hydroniumionen entstehen und der pH sinkt:

$$NH_4^+(aq) + H_2O(l) \rightleftharpoons NH_3(aq) + H_3O^+(aq) \quad (16.44)$$

Die meisten hydratisierten Metallionen reagieren ebenso mit Wasser und senken den pH einer wässrigen Lösung. In Abschnitt 16.11 beschreiben wir den Mechanismus, der bei Anwesenheit von Metallionen zu sauren Lösungen führt. Die Ionen der Alkalimetalle und der schweren Erdalkalimetalle reagieren jedoch nicht mit Wasser und beeinflussen daher den pH nicht. Beachten Sie, dass es sich bei diesen Ausnahmen um die Kationen der starken Basen handelt (siehe Abschnitt 16.5).

> **❓ DENKEN SIE EINMAL NACH**
>
> Welche der folgenden Kationen verändern den pH einer Lösung nicht: K^+, Fe^{2+} oder Al^{3+}?

---

* Diese Regeln sind auf so genannte normale Salze anwendbar, deren Anion keine sauren Protonen enthält. Der pH eines sauren Salzes (wie $NaHCO_3$ oder NaH_2PO_4) ist nicht nur von der Hydrolyse des Anions bestimmt, sondern auch von der sauren Dissoziation des Salzes, wie Übungsbeispiel 16.17 zeigt.

Die kombinierte Wirkung von gelösten Kationen und Anionen

Wenn eine wässrige Salzlösung Anionen und Kationen enthält, die beide nicht mit Wasser reagieren, erwarten wir einen neutralen pH. Enthält eine wässrige Salzlösung Anionen, die unter Hydroxidbildung mit Wasser reagieren, während die Kationen nicht reagieren, so erwarten wir einen basischen pH. Umgekehrt erwarten wir einen sauren pH, wenn eine wässrige Salzlösung Anionen enthält, die nicht mit Wasser reagieren, während die Kationen unter Bildung von Hydroniumionen reagieren. Außerdem kann eine Lösung auch Anionen und Kationen enthalten, die *beide* mit Wasser reagieren; in diesem Fall entstehen sowohl Hydroxid- als auch Hydroniumionen. Das neutrale, saure oder basische Verhalten einer Lösung hängt von der Tendenz der jeweiligen Ionen zur Reaktion mit Wasser ab.

Wir fassen zusammen:

1 Ist ein Anion die konjugierte Base einer starken Säure, beispielsweise Br^-, so beeinflusst es den pH einer Lösung nicht.

2 Ist ein Anion die konjugierte Base einer schwachen Säure, beispielsweise CN^-, so bewirkt es eine Zunahme des pH einer Lösung.

3 Ist ein Kation die konjugierte Säure einer schwachen Base, beispielsweise $CH_3NH_3^+$, so bewirkt es eine Abnahme des pH einer Lösung.

4 Die Kationen der Gruppe 1A und der schweren Elemente von Gruppe 2A (Ca^{2+}, Sr^{2+} und Ba^{2+}) verändern den pH einer Lösung nicht; es handelt sich um die Kationen der starken Arrhenius-Basen.

5 Andere Metallionen verursachen eine Abnahme des pH.

ÜBUNGSBEISPIEL 16.17 — Bestimmung der Acidität von Salzlösungen

Ordnen Sie die folgenden Lösungen nach steigendem pH: (i) 0,1 M $Ba(CH_3COO)_2$; (ii) 0,1 M NH_4Cl; (iii) 0,1 M NH_3CH_3Br und (iv) 0,1 M KNO_3.

Lösung

Analyse: Wir sollen eine Reihe von Salzlösungen nach ihrem pH ordnen (von der sauersten Lösung nach wachsendem pH zur am stärksten basischen Lösung).

Vorgehen: Wir können den pH der jeweiligen Salzlösung berechnen, indem wir die gelösten Ionen bestimmen und herausfinden, wie sie den pH beeinflussen.

Lösung: Die Lösung (i) enthält Barium- und Acetationen. Ba^{2+} ist ein Ion eines schweren Erdalkalimetalls und verändert den pH-Wert nicht (siehe Punkt 4 der Zusammenfassung). Das Anion CH_3COO^- ist die konjugierte Base der schwachen Säure CH_3COOH, es durchläuft demnach teilweise eine Hydrolyse, es entstehen OH^--Ionen und die Lösung wird basisch (siehe Punkt 2 der Zusammenfassung). Die Lösungen (ii) und (iii) enthalten sowohl Kationen, die konjugierte Säuren schwacher Basen sind, als auch Anionen, die konjugierte Basen starker Säuren sind. Beide Lösungen sind demnach sauer. Die Lösung (ii) enthält NH_4^+, die konjugierte Säure von NH_3 ($K_B \approx 1,8 \times 10^{-5}$ mol/l) und Lösung (iii) enthält $NH_3CH_3^+$, die konjugierte Säure von NH_2CH_3 ($K_B = 4,4 \times 10^{-4}$ mol/l). NH_3 ist die schwächere der beiden Basen mit der kleineren Konstante K_B. Somit ist NH_4^+ die stärkere der beiden konjugierten Säuren und die Lösung (ii) ist die stärker saure der beiden Lösungen. Die Lösung (iv) enthält K^+-Ionen, die Kationen der starken Base KOH und NO_3^--Ionen, die konjugierte Base der starken Säure HNO_3. Keines der beiden Ionen in Lösung (iv) reagiert in nennenswertem Umfang mit Wasser und die Lösung ist neutral. Daher lautet die Reihung der Stoffe nach dem pH wie folgt: 0,1 M NH_4Cl < 0,1 M NH_3CH_3Br < 0,1 M KNO_3 < 0,1 M $Ba(CH_3COO)_2$.

ÜBUNGSAUFGABE

Welches Salz der folgenden Paare bildet jeweils die saurere, bzw. schwächer basische, 0,010 M-Lösung? **(a)** $NaNO_3$, $Fe(NO_3)_3$; **(b)** KBr, KBrO; **(c)** CH_3NH_3Cl, $BaCl_2$ und **(d)** NH_4NO_2, NH_4NO_3.

Antworten: (a) $Fe(NO_3)_3$, **(b)** KBr, **(c)** CH_3NH_3Cl, **(d)** NH_4NO_3.

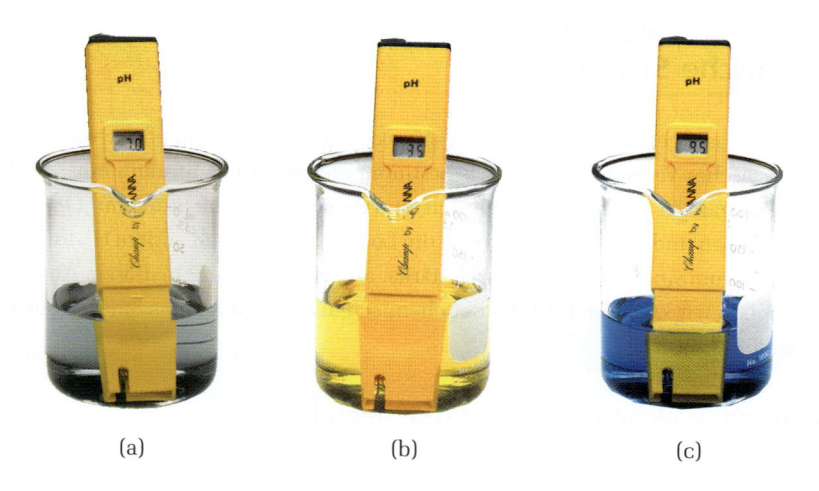

16.9 Säure-Base-Eigenschaften von Salzlösungen

Abbildung 16.11: Salzlösungen können neutral, sauer oder basisch sein. Diese drei Lösungen enthalten den Säure-Base-Indikator Bromthymolblau. (a) Die NaCl-Lösung ist neutral (pH = 7,0); (b) die NH$_4$Cl-Lösung ist sauer (pH = 3,5); (c) die NaClO-Lösung ist basisch (pH = 9,5).

(a)   (b)   (c)

6 Wenn eine Lösung sowohl die konjugierte Base einer schwachen Säure als auch die konjugierte Säure einer schwachen Base enthält, übt das Ion mit der größeren Gleichgewichtskonstante, K_S oder K_B, eine stärkere Wirkung auf den pH aus.

▶ Abbildung 16.11 verdeutlicht die Wirkung verschiedener Salze auf den pH.

ÜBUNGSBEISPIEL 16.18 — Bestimmen, ob die Lösung eines amphiprotischen Anions sauer oder basisch ist

Sagen Sie voraus, ob die Lösung des Salzes Na$_2$HPO$_4$ in Wasser sauer oder basisch ist.

Lösung

Analyse: Wir sollen bestimmen, ob eine Na$_2$HPO$_4$-Lösung sauer oder basisch ist. Diese ionische Verbindung besteht aus Na$^+$- und HPO$_4^{2-}$-Ionen.

Vorgehen: Wir müssen jedes Ion auf sein saures oder basisches Verhalten untersuchen. Wir wissen, dass Na$^+$, das Kation der starken Base NaOH, den pH nicht verändert, sondern in der Chemie der Säuren und Basen lediglich ein Begleition ist. Daher konzentrieren wir unsere Betrachtung auf das HPO$_4^{2-}$-Ion und müssen dabei beachten, dass es nach den folgenden Gleichungen als Säure und auch als Base wirken kann.

$$\text{HPO}_4^{2-}(aq) \rightleftharpoons \text{H}^+(aq) + \text{PO}_4^{3-}(aq) \quad (16.45)$$

$$\text{HPO}_4^{2-}(aq) + \text{H}_2\text{O} \rightleftharpoons \text{H}_2\text{PO}_4^{-}(aq) + \text{OH}^-(aq) \quad (16.46)$$

Die Reaktion mit der größeren Gleichgewichtskonstante bestimmt den sauren oder basischen Charakter der Lösung.

Lösung: Nach Tabelle 16.3 hat K_S von Gleichung 16.45 den Wert $4{,}2 \times 10^{-13}$ mol/l. Wir müssen den K_B-Wert von Gleichung 16.46 aus dem K_S-Wert der konjugierten Säure H$_2$PO$_4^-$ berechnen und verwenden hierzu Gleichung 16.40:

$$K_S \times K_B = K_W$$

Nun bestimmen wir den K_B-Wert der Base HPO$_4^{2-}$ aus dem bekannten K_S-Wert der konjugierten Säure H$_2$PO$_4^-$:

$$K_B(\text{HPO}_4^{2-}) \times K_S(\text{H}_2\text{PO}_4^-) = K_W = 1{,}0 \times 10^{-14} \text{ mol}^2/\text{l}^2$$

Mit dem K_S-Wert von $6{,}2 \times 10^{-8}$ mol/l für H$_2$PO$_4^-$ (siehe Tabelle 16.3) erhalten wir einen K_B-Wert für HPO$_4^{2-}$ von $1{,}6 \times 10^{-7}$ mol/l. Dieser Wert ist mehr als 10^5-mal größer als K_S von HPO$_4^{2-}$. Somit überwiegt die Reaktion von Gleichung 16.46 gegenüber Gleichung 16.45 und die Lösung ist basisch.

ÜBUNGSAUFGABE

Bestimmen Sie, ob das Dikaliumsalz von Zitronensäure (K$_2$C$_6$H$_6$O$_7$) in Wasser eine saure oder eine basische Lösung bildet (siehe die Angaben in Tabelle 16.3).

Antwort: Sauer.

Säure-Base-Verhalten und chemische Struktur 16.10

Eine in Wasser gelöste Substanz kann sauer oder basisch wirken oder weder saures noch basisches Verhalten zeigen. Wie bestimmt die chemische Struktur eines Stoffes dieses Verhalten? Warum verhalten sich zum Beispiel manche Stoffe mit OH-Gruppen als Basen und geben OH⁻-Ionen an die Lösung ab, während andere H⁺-Ionen abgeben? Warum sind bestimmte Säuren stärker als andere Säuren? In diesem Abschnitt besprechen wir kurz den Einfluss der chemischen Struktur auf das Säure-Base-Verhalten eines Stoffes.

Faktoren, welche die Säurestärke beeinflussen

Ein Molekül mit H-Atomen gibt nur dann ein Proton ab, wenn die H—X-Bindung wie dargestellt polarisiert ist:

$$\overset{+\quad\longrightarrow}{H-X}$$

Bei ionischen Hydriden wie NaH gilt das Gegenteil: Das H-Atom weist eine negative Ladung auf und verhält sich als Protonenakzeptor (Gleichung 16.23). Wenn die H—X-Bindungen im Wesentlichen unpolar sind wie die H—C-Bindung in CH_4, verhält sich der Stoff in wässriger Lösung weder sauer noch basisch.

Die Stärke der H—X-Bindung ist ein weiterer Faktor, der bestimmt, ob ein Molekül mit einer solchen Bindung ein Proton abgibt: Schwache Bindungen führen leichter zu Dissoziation als starke Bindungen. Dieser Faktor ist zum Beispiel bei den Halogenwasserstoffen bedeutend. Die H—F-Bindung ist die am stärksten polare Bindung und wenn dieser Faktor alleine bestimmend wäre, müsste man erwarten, dass HF eine sehr starke Säure wäre. Die erforderliche Energie zur Dissoziation von HF in H- und F-Atome ist aber deutlich höher als die Dissoziationsenergie der anderen Halogenwasserstoffe, wie die Werte in Tabelle 8.4 zeigen. Daher ist HF eine schwache Säure, während die anderen Halogenwasserstoffe in Wasser starke Säuren sind.

Ein dritter Faktor, der die Leichtigkeit der Dissoziation des Wasserstoffatoms in HX beeinflusst, ist die Stabilität der konjugierten Base X⁻. Im Allgemeinen ist eine Säure umso stärker, je stabiler ihre konjugierte Base ist. Die Säurestärke ergibt sich oft aus der Kombination aller drei Faktoren, der Polarität und der Stärke der H—X-Bindung sowie der Stabilität der konjugierten Base X⁻.

Elementwasserstoffsäuren

Für Elementwasserstoffsäuren (die nur aus Wasserstoff und einem weiteren Element X bestehen) ist die Stärke der H—X-Bindung in der Regel der wichtigste Faktor, wenn man X innerhalb einer *Gruppe* des Periodensystems betrachtet. Je größer das Atom des Elements X, desto schwächer ist die H—X-Bindung. Aufgrund der abnehmenden Bindungsstärke nimmt die Säurestärke innerhalb einer Gruppe nach unten hin zu. Daher ist HCl eine stärkere Säure als HF und H_2S ist eine stärkere Säure als H_2O.

Innerhalb einer Periode (Zeile) des Periodensystems verändert sich die Bindungsstärke weniger als in einer Gruppe nach unten hin. Folglich ist für Elementwasserstoffsäuren der gleichen Periode die Polarität der Bindung der bestimmende Faktor der Säurestärke. Die Säurestärke innerhalb einer *Periode* nimmt daher mit der Elektronegativität des Elements X zu, in der Regel von links nach rechts. Zum Beispiel lautet die Reihenfolge der Säurestärke für die Elemente der zweiten Periode: $CH_4 < NH_3$

16.10 Säure-Basen-Verhalten und chemische Struktur

	Gruppe			
	4A	5A	6A	7A
Periode 2	CH$_4$ keine sauren oder basischen Eigenschaften	NH$_3$ schwache Base	H$_2$O ---	HF schwache Säure
Periode 3	SiH$_4$ keine sauren oder basischen Eigenschaften	PH$_3$ schwache Base	H$_2$S schwache Säure	HCl starke Säure

zunehmende Säurestärke → (horizontal)
zunehmende Säurestärke ↓ (vertikal)

Abbildung 16.12: Die Änderung der Säure-Base-Eigenschaften von Elementwasserstoffverbindungen im Periodensystem. Die Säurestärke der Verbindungen aus Wasserstoff und einem Nichtmetall nimmt innerhalb einer Periode (Zeile) von links nach rechts und innerhalb einer Gruppe (Spalte) von oben nach unten zu.

≪ H$_2$O < HF. Da die C—H-Bindung im CH$_4$-Molekül praktisch unpolar ist, zeigt dieses Molekül keine Tendenz zur Bildung von H$^+$- und CH$_3^-$-Ionen. Im Ammoniak ist die N—H-Bindung zwar polar, aber das freie Elektronenpaar des Stickstoffatoms bestimmt das chemische Verhalten, so dass NH$_3$ in Wasser als Base und nicht als Säure wirkt. ▶ Abbildung 16.12 fasst die Trends der Stärke der zweiten und dritten Periode des Periodensystems zusammen.

> **? DENKEN SIE EINMAL NACH**
>
> Welcher Faktor bestimmt hauptsächlich die Zunahme der Säurestärke der Elementwasserstoffsäuren, wenn man sich in einer Gruppe des Periodensystems nach unten bewegt? Welcher Faktor dominiert innerhalb einer Periode (Zeile) des Periodensystems?

Sauerstoffsäuren

Viele geläufige Säuren wie Schwefelsäure enthalten eine oder mehrere O—H-Bindungen:

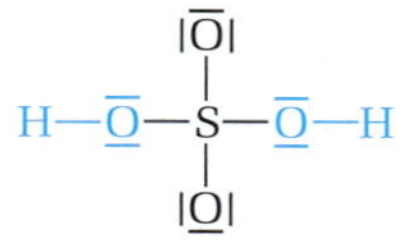

$$H-\overline{\underline{O}}-S(=\overline{\underline{O}})(=\underline{\overline{O}})-\overline{\underline{O}}-H$$

Man spricht von **Sauerstoffsäuren**, wenn OH-Gruppen vorliegen, die, eventuell neben weiteren Sauerstoffatomen, an ein Zentralatom gebunden sind. Die OH-Gruppe ist aber auch in Basen vorhanden. Welche Faktoren bestimmen nun, ob sich eine OH-Gruppe basisch oder sauer verhält?

Betrachten wir eine OH-Gruppe, die an ein Atom Y gebunden ist, das wiederum mit anderen Gruppen verbunden sein kann.

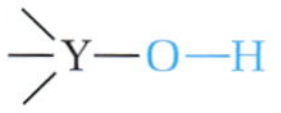

$$>Y-O-H$$

In einem Extremfall kann Y ein Metall wie Na, K oder Mg sein. Aufgrund der niedrigen Elektronegativität der Metalle ist das gemeinsame Elektronenpaar zwischen Y und O vollständig zum Sauerstoff hin verschoben und es liegt eine ionische Verbindung mit OH$^-$ vor. Solche Verbindungen geben OH$^-$-Ionen ab und verhalten sich basisch.

Ist Y hingegen ein Nichtmetall, so ist die Bindung zum Sauerstoffatom kovalent und der Stoff gibt nicht mit der gleichen Leichtigkeit ein OH$^-$ ab. Diese Verbindungen sind somit neutral oder sauer. Als allgemeine Regel nimmt die Säurestärke des Stoffes mit steigender Elektronegativität von Y zu. Das geschieht aus zwei Gründen: Erstens wird die O—H-Bindung polarer, wenn sich die Elektronendichte in Richtung Y verschiebt, was die Abgabe eines H$^+$ begünstigt (▶ Abbildung 16.13). Zweitens steigt die Stabilität der konjugierten Base – in der Regel ein Anion – mit der Elektronegativität von Y.

Viele Sauerstoffsäuren enthalten zusätzliche, an das Zentralatom Y gebundene Sauerstoffatome. Die zusätzlichen Sauerstoffatome mit ihrer hohen Elektronegativität ziehen Elektronendichte an und verstärken damit die Polarität der O—H-Bindung.

Abbildung 16.13: Die Säurestärke von Sauerstoffsäuren steigt mit der Elektronegativität des Zentralatoms. Mit zunehmender Elektronegativität des Atoms, an das die OH-Gruppe gebunden ist, verläuft die Deprotonierung leichter. Die Verschiebung der Elektronendichte zum elektronegativen Atom steigert die Polarität der O—H-Bindung und begünstigt Deprotonierung. Außerdem trägt ein elektronegatives Atom zur Stabilität der konjugierten Base bei und erhöht damit ebenfalls die Säurestärke. Da Cl elektronegativer ist als I, ist HClO eine stärkere Säure als HIO.

Verschiebung der Elektronendichte

Cl—O—H   ⇌   Cl—O$^-$ + H$^+$ $K_S = 3{,}0 \times 10^{-8}$ mol/l

EN = 3,0

I—O—H   ⇌   I—O$^-$ + H$^+$ $K_S = 2{,}3 \times 10^{-11}$ mol/l

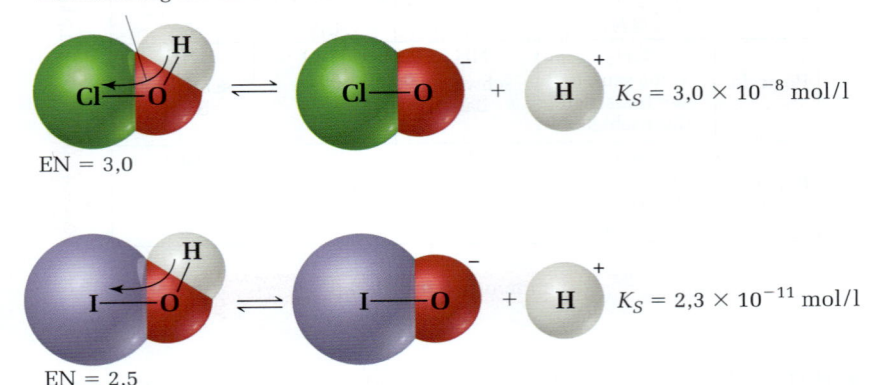

EN = 2,5

Eine steigende Anzahl von Sauerstoffatomen trägt zur Stabilität der konjugierten Base bei, da sich deren negative Ladung auf mehrere stark elektronegative Atome verteilen kann. Daher nimmt die Säurestärke zu, wenn zusätzliche elektronegative Atome an das Zentralatom Y gebunden sind.

Wir können diese beiden Ideen in zwei einfachen Regeln zusammenfassen, die den Zusammenhang zwischen der Stärke von Sauerstoffsäuren und der Elektronegativität von Y und mit der Anzahl der an Y gebundenen Atomgruppen herstellen.

1 Bei Sauerstoffsäuren mit gleicher Anzahl von OH-Gruppen und O-Atomen nimmt die Säurestärke mit wachsender Elektronegativität des Zentralatoms Y zu. Zum Beispiel wächst die Stärke der hypohalogenen Säuren der Struktur H—O—Y mit der Elektronegativität von Y (siehe Tabelle 16.6).

2 Die Stärke von Sauerstoffsäuren mit gleichem Zentralatom Y nimmt mit der Zahl der Sauerstoffatome zu, die an Y gebunden sind. Beispielsweise steigt die Stärke der Chlorsauerstoffsäuren von der hypochlorigen Säure (HClO) zur Perchlorsäure (HClO$_4$) stetig an.

Tabelle 16.6

Werte der Elektronegativität (EN) von Y und der Säuredissoziationskonstante

Säure	EN von Y	K_S (mol/l)
HClO	3,0	$3{,}0 \times 10^{-8}$
HBrO	2,8	$2{,}5 \times 10^{-9}$
HIO	2,5	$2{,}3 \times 10^{-11}$

Hypochlorige Säure	Chlorige Säure	Chlorsäure	Perchlorsäure
H—O—Cl	H—O—Cl—O	H—O—Cl(=O)—O	H—O—Cl(=O)(=O)—O
$K_S = 3{,}0 \times 10^{-8}$ mol/l	$K_S = 1{,}1 \times 10^{-2}$ mol/l	$K_S = 10^{2{,}7}$ mol/l	$K_S = 10^{9}$ mol/l

→ zunehmende Säurestärke

Da die Oxidationszahl des Zentralatoms mit der Anzahl der gebundenen Sauerstoffatome zunimmt, lässt sich dieser Zusammenhang auch auf andere, äquivalente Weise formulieren: In einer Reihe von Sauerstoffsäuren nimmt die Säurestärke mit der Oxidationszahl des Zentralatoms zu.

Carbonsäuren

Essigsäure (CH$_3$COOH) ist ein Beispiel einer weiteren großen Gruppe von Säuren:

H₃C—C(=O)—O—H

16.10 Säure-Basen-Verhalten und chemische Struktur

> **ÜBUNGSBEISPIEL 16.19**
> **Die Säurestärke aus der chemischen Zusammensetzung und der Molekülstruktur bestimmen**
>
> Ordnen Sie die folgenden Reihen von Verbindungen nach wachsender Säurestärke: **(a)** AsH_3, HI, NaH, H_2O; **(b)** H_2SeO_3, H_2SeO_4, H_2O.
>
> **Lösung**
>
> **Analyse:** Wir sollen zwei Reihen von Verbindungen von der schwächsten zur stärksten Säure ordnen.
>
> **Vorgehen:** Zur Untersuchung der Elementwasserstoffsäuren in Teil (a) betrachten wir die Elektronegativitäten von As, I, Na und O. Bei den Sauerstoffsäuren in Teil (b) betrachten wir die Anzahl der an das Zentralatom gebundenen Sauerstoffatome und die Ähnlichkeit der Selenverbindungen mit geläufigeren Säuren.
>
> **Lösung:**
> **(a)** Die Elemente der linken Seite des Periodensystems bilden die am stärksten basischen Wasserstoffverbindungen, da das Wasserstoffatom in diesen Verbindungen eine negative Ladung trägt. Somit sollte NaH die stärkste Base unter den Verbindungen dieser Liste sein. Da Arsen weniger elektronegativ ist als Sauerstoff, nehmen wir an, dass AsH_3 in Wasser eine schwache Base ist. Zu diesem Ergebnis gelangen wir auch über die Erweiterung des in Abbildung 16.13 dargestellten Zusammenhangs. Wir erwarten weiterhin, dass die Elementwasserstoffverbindungen der Halogene – der Elemente höchster Elektronegativität innerhalb einer Periode – sich in Wasser sauer verhalten. In der Tat ist HI in wässriger Lösung eine sehr starke Säure. Daher lautet die Reihenfolge nach zunehmender Säurestärke NaH < AsH_3 < H_2O < HI.
> **(b)** Die Stärke von Sauerstoffsäuren nimmt mit der Zahl der Sauerstoffatome zu, die an das Zentralatom gebunden sind. Aus diesem Grund ist H_2SeO_4 eine stärkere Säure als H_2SeO_3. In der Tat erreicht das Se-Atom in H_2SeO_4 seine maximale Oxidationszahl und in Anlehnung an H_2SO_4 erwarten wir eine ziemlich starke Säure. Andererseits ist H_2SeO_3, analog zu H_2SO_3, eine Sauerstoffsäure eines Nichtmetalls und wir erwarten, dass sie als solche ein Proton an das Wasser abgibt und damit im Vergleich zu Wasser die stärkere Säure ist. Hiermit lautet die Reihenfolge nach zunehmender Säurestärke H_2O < H_2SeO_3 < H_2SeO_4.
>
> **ÜBUNGSAUFGABE**
>
> Bestimmen Sie aus den folgenden Stoffpaaren die Verbindung, die eine stärker saure (oder weniger basische) Lösung erzeugt: **(a)** HBr, HF; **(b)** PH_3, H_2S; **(c)** HNO_2, HNO_3; **(d)** H_2SO_3, H_2SeO_3.
>
> *Antworten:* **(a)** HBr, **(b)** H_2S, **(c)** HNO_3, **(d)** H_2SO_3.

Die in blau dargestellte Einheit ist die *Carboxygruppe*, die man oft als COOH schreibt, zum Beispiel CH_3COOH in der Formel für Essigsäure. Nur das Wasserstoffatom der Carboxygruppe kann dissoziiert werden. Säuren mit einer Carboxygruppe nennt man **Carbonsäuren**; sie bilden die größte Gruppe unter den organischen Säuren. Weitere Beispiele dieser weitläufigen und bedeutenden Stoffgruppe sind die Ameisensäure und die Benzoesäure, deren Strukturen am Seitenrand dargestellt sind.

Essigsäure (CH_3COOH) ist eine schwache Säure ($K_S = 1,8 \times 10^{-5}$ mol/l). Methanol (CH_3OH) verhält sich in Wasser nicht sauer. Zwei Faktoren bestimmen das saure Verhalten der Carbonsäuren. Erstens zieht das zweite Sauerstoffatom der Carboxygruppe Elektronendichte ab und erhöht die Polarität der O—H-Bindung und trägt außerdem zur Stabilität der konjugierten Base bei. Zweitens sind die konjugierten Basen der Carbonsäuren (die *Carbonsäure-Anionen*) durch Mesomerie (siehe Abschnitt 8.6) stabilisiert, denn die negative Ladung verteilt sich über mehrere Atome.

Ameisensäure

Benzoesäure

Die Stärke einer Carbonsäure nimmt mit der Anzahl der elektronegativen Atome im Säuremolekül zu. Zum Beispiel ist die Säurekonstante von Trifluoressigsäure CF_3COOH $K_S = 5,0 \times 10^{-1}$ mol/l. Der Ersatz der drei Wasserstoffatome durch die stärker elektronegativen Fluoratome erhöht deutlich die Säurestärke.

> **? DENKEN SIE EINMAL NACH**
>
> Welche Atomgruppe ist in allen Carbonsäuren vertreten?

Lewis-Säuren und -Basen 16.11

Ein Stoff kann nur dann ein Protonenakzeptor (eine Brønsted–Lowry-Base) sein, wenn er ein freies Elektronenpaar besitzt, das ein Proton binden kann. Zum Beispiel ist NH_3 ein Protonenakzeptor; wir können die Reaktion von NH_3 mit H^+ mit Hilfe von Lewis-Strukturformeln schreiben:

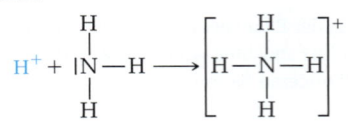

G.N. Lewis stellte als Erster diesen Aspekt der Säure-Base-Reaktionen fest und schlug eine Definition von Säuren und Basen anhand der zur Verfügung gestellten Elektronenpaare vor: Eine **Lewis-Säure** ist ein Elektronenpaar-Akzeptor und eine **Lewis-Base** ist ein Elektronenpaar-Donor.

Alle Basen, die wir bisher besprochen haben – gleichgültig, ob es sich um OH^-, H_2O, Amine oder Anionen handelt – sind Elektronenpaar-Donoren. Alle Basen nach Brønsted–Lowry (Protonenakzeptoren) sind ebenfalls Basen nach Lewis (Elektronenpaar-Donoren), aber in der Theorie nach Lewis kann eine Base ihr Elektronenpaar nicht ausschließlich an ein H^+ abgeben. Damit erweitert die Lewis'sche Definition wesentlich die Anzahl der Verbindungen, die man als Säuren betrachten kann. H^+ ist eine Lewis-Säure, aber nicht die einzige. Betrachten Sie zum Beispiel die Reaktion von NH_3 mit BF_3. Diese Reaktion läuft ab, da in der Valenzschale von BF_3 ein freies Orbital vorliegt (siehe Abschnitt 8.7). BF_3 wirkt als Elektronenpaar-Akzeptor (Lewis-Säure) und NH_3 übergibt das Elektronenpaar. Der gekrümmte Pfeil stellt die Übergabe des Elektronenpaars von N zu B dar; es entsteht eine kovalente Bindung:

In diesem Kapitel haben wir den Schwerpunkt auf Wasser als Lösungsmittel und auf das Proton als Ursprung des sauren Verhaltens gelegt. In diesen Fällen ist die Definition von Säuren und Basen nach Brønsted–Lowry am nützlichsten. Wenn wir von sauren oder basischen Stoffen sprechen, beziehen wir uns meist auf wässrige Lösungen und verwenden die Begriffe im Sinne von Arrhenius oder Brønsted–Lowry. Der Vorteil der Lewis'schen Theorie besteht andererseits darin, dass wir mit ihrer Hilfe eine Vielfalt weiterer Reaktionen als Säure-Base-Reaktionen behandeln können, auch solche, die keine Protonenübertragungen beinhalten. Um Verwirrung zu vermeiden, bezeichnen wir einen Stoff wie BF_3 in der Regel nicht als Säure, sofern es nicht aus dem Zusammenhang klar wird, dass wir die Begriffe im Sinne der Lewis-Definition verwenden. Stoffe, die sich als Elektronenpaar-Akzeptoren verhalten, bezeichnen wir explizit als „Lewis-Säuren".

Solche Lewis-Säuren schließen Moleküle wie BF_3, die noch kein vollständiges Elektronen-Oktett haben, ein. Außerdem können sich viele einfache Kationen als Lewis-Säuren verhalten. Zum Beispiel reagiert das Fe^{3+}-Ion mit dem Cyanidion und bildet das Hexacyanoferration $Fe(CN)_6^{3-}$.

$$Fe^{3+} + 6[|C\equiv N|]^- \longrightarrow [Fe(C\equiv N)_6]^{3-}$$

Lewis-Säuren und -Basen

? DENKEN SIE EINMAL NACH

Welche Eigenschaft muss ein Molekül oder Ion besitzen, um sich als Lewis-Base zu verhalten?

16.11 Lewis-Säuren und -Basen

Chemie und Leben — Das amphiprotische Verhalten von Aminosäuren

Aminosäuren sind die Bausteine der Proteine. Hier ist die allgemeine Struktur von Aminosäuren dargestellt. In den verschiedenen Aminosäuren sind verschiedene Gruppen, -R, an das zentrale Kohlenstoffatom gebunden.

Im *Glycin*, der einfachsten Aminosäure, ist R einfach ein Wasserstoffatom und im *Alanin* ist R eine CH_3-Gruppe.

Glycin   Alanin

Da die Aminosäuren eine Carboxygruppe enthalten, verhalten sie sich sauer, aber aufgrund der für Amine charakteristischen NH_2-Gruppe (siehe Abschnitt 16.7) zeigen sie auch basisches Verhalten. Die Aminosäuren sind somit amphiprotisch. Wir erwarten für Glycin die folgende saure und basische Reaktion in Wasser:

Säure: $H_2N-CH_2-COOH(aq) + H_2O(l) \rightleftharpoons$
$H_2N-CH_2-COO^-(aq) + H_3O^+(aq)$ (16.47)

Base: $H_2N-CH_2-COOH(aq) + H_2O(l) \rightleftharpoons$
$^+H_3N-CH_2-COOH(aq) + OH^-(aq)$ (16.48)

Die Säure ist etwas stärker als die Base; der pH einer Lösung von Glycin in Wasser ist 6,0.

Die Säure-Base-Chemie der Aminosäuren ist jedoch komplizierter, als in den ▶Gleichungen 16.47 und 16.48 dargestellt. Da Aminosäuren die saure COOH-Gruppe und die basische NH_2-Gruppe enthalten, können sie eine „eigenständige" Brønsted–Lowry-Säure-Base-Reaktion durchlaufen, in der das Proton der Carboxygruppe zum basischen Stickstoffatom übergeht:

Protonenübertragung

neutrales Molekül   Zwitterion   (16.49)

Die Aminosäure in der Form auf der rechten Seite der ▶Gleichung 16.49 ist insgesamt elektrisch neutral, aber sie besitzt ein positiv und ein negativ geladenes Ende. Ein solches Molekül bezeichnet man daher als *Zwitterion*.

Haben Aminosäuren bestimmte Eigenschaften, die auf ihren Charakter als Zwitterionen hindeuten? In diesem Fall sollten sie sich wie ionische Substanzen verhalten (siehe Abschnitt 8.2). Der Schmelzpunkt von kristallinen Aminosäuren (▶Abbildung 16.14) ist relativ hoch, in der Regel über 200 °C – eine für ionische Festkörper charakteristische Eigenschaft. Aminosäuren sind in Wasser weitaus löslicher als in unpolaren Lösungsmitteln. Außerdem verfügen die Aminosäuren über hohe Dipolmomente, entsprechend dem großen Abstand der Ladungen in ihren Molekülen. Damit hat der Charakter der Aminosäuren als gleichzeitige Säuren und Basen bedeutende Auswirkungen auf ihre Eigenschaften.

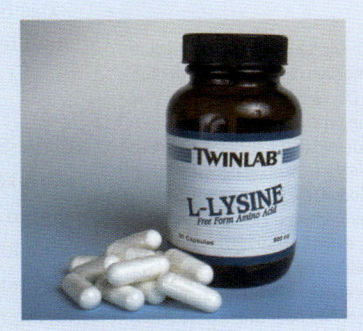

Abbildung 16.14: Lysin. Lysin ist eine der Aminosäuren, die in Proteinen auftritt, und ist als Nahrungsergänzungsmittel erhältlich. Das L auf dem Etikett bezieht sich auf die Anordnung der Atome, die den natürlich vorkommenden Aminosäuren entspricht: Die L-Moleküle sind Spiegelbilder der D-Moleküle, wie unsere linke Hand das Spiegelbild der rechten Hand ist.

Die freien Orbitale des Fe^{3+}-Ions nehmen bei dieser Reaktion Elektronenpaare von den CN^--Ionen auf. Die hohe Ionenladung des Metallions trägt zur Wechselwirkung mit dem CN^--Ion bei.

Einige Verbindungen mit Mehrfachbindungen verhalten sich ebenfalls als Lewis-Säuren. Die Reaktion von Kohlendioxid mit Wasser zu Kohlensäure (H_2CO_3) lässt sich zum Beispiel als Lewis-Säure-Base-Reaktion zwischen dem Wassermolekül und dem CO_2-Molekül beschreiben. Das Wasser wirkt als Elektronenpaar-Donor und das CO_2 als Elektronenpaar-Akzeptor, wie am Seitenrand dargestellt ist. Das Elektronenpaar einer der C=O-Doppelbindungen verschiebt sich zum Sauerstoffatom hin und hinterlässt ein freies Orbital am Kohlenstoffatom, das sich als Elektronenpaar-Akzeptor verhält. Die Verschiebungen der Elektronen sind mit Pfeilen angedeutet. Nach vollzogener Säure-Base-Reaktion geht ein Proton zu einem anderen Sauerstoffatom

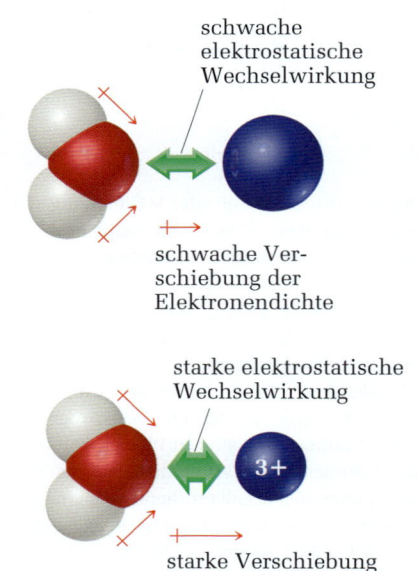

Abbildung 16.15: Die Säurestärke eines hydratisierten Kations hängt von der Ladung und der Größe des Kations ab. Die Wechselwirkung eines Wassermoleküls mit einem Kation ist deutlich stärker, wenn das Kation kleiner und seine elektrische Ladung größer ist. Die Verschiebung der Elektronendichte zum Kation lockert die polare O—H-Bindung des Wassermoleküls und ermöglicht den Übergang eines H^+-Ions zu einem benachbarten Wassermolekül. Folglich wirken hydratisierte Kationen oft sauer und ihre Säurestärke wächst mit zunehmender Ladung und abnehmender Größe des Kations.

über und es liegt Kohlensäure vor. Eine ähnliche Lewis-Säure-Base-Reaktion findet beim Lösen von Nichtmetalloxiden in Wasser unter Bildung von Sauerstoffsäuren statt.

Hydrolyse von Metallionen

Wie wir bereits festgestellt haben, verhalten sich die meisten Metallionen in wässriger Lösung als Säuren (siehe Abschnitt 16.9). Beispielsweise ist eine $Cr(NO_3)_3$-Lösung ausgesprochen sauer und eine wässrige $ZnCl_2$-Lösung verhält sich ebenfalls sauer, wenn auch weniger stark. Wir können die Reaktionen von Metallionen mit Wassermolekülen und ihr saures Verhalten mit Hilfe der Begriffe nach Lewis verstehen.

Da die Metallionen positiv geladen sind, ziehen sie die freien Elektronenpaare der Wassermoleküle an. Diese *Hydratisierung* genannte Reaktion ist wesentlich für die Löslichkeit von Salzen in Wasser verantwortlich (siehe Abschnitt 13.1). Wir können uns einen Hydratisierungsvorgang als Lewis-Säure-Base-Reaktion vorstellen, in welcher die Metallionen die Lewis-Säure und die Wassermoleküle die Lewis-Base bilden. Bei der Reaktion eines Wassermoleküls mit einem positiv geladenen Metallion verschiebt sich die Elektronendichte vom Sauerstoffatom weg, wie in ▶ Abbildung 16.15 dargestellt ist. Diese Verschiebung der Elektronendichte erhöht die Polarität der O—H-Bindung; folglich verhalten sich die an das Metallion gebundenen Wassermoleküle saurer als die anderen Wassermoleküle in der Lösung.

Das hydratisierte Fe^{3+}-Ion, $Fe(H_2O)_6^{3+}$, das wir gewöhnlich einfach als $Fe^{3+}(aq)$ darstellen, ist eine Protonenquelle:

$$Fe(H_2O)_6^{3+}(aq) \rightleftharpoons Fe(H_2O)_5(OH)^{2+}(aq) + H^+(aq) \qquad (16.50)$$

Mit der Säuredissoziationskonstante $K_S = 2 \times 10^{-3}$ mol/l dieser Hydrolysereaktion ist $Fe^{3+}(aq)$ eine einigermaßen starke Säure. Die Säuredissoziationskonstanten von hydratisierten Metallkationen nehmen in der Regel mit stärkerer Ionenladung und mit kleinerem Ionenradius zu (▶ Abbildung 16.15). Daher bildet das Cu^{2+}-Ion aufgrund seiner kleineren Ladung und seines größeren Radius eine weniger saure Lösung als Fe^{3+}. Die Konstante K_S des $Cu^{2+}(aq)$-Ions beträgt 1×10^{-8} mol/l. ▶ Abbildung 16.16 veranschau-

Salz:	$NaNO_3$	$Ca(NO_3)_2$	$Zn(NO_3)_2$	$Al(NO_3)_3$
Indikator:	(Bromthymolblau)	(Bromthymolblau)	(Methylrot)	(Methylorange)
ungefährer pH:	7,0	6,9	5,5	3,5

Abbildung 16.16: Der Einfluss von Kationen auf den pH einer Lösung. Mit Säure-Base-Indikatoren sichtbar gemachte pH-Werte einmolarer Lösungen von Nitrat.

licht das Ergebnis der sauren Hydrolyse einiger Salze von Metallionen. Beachten Sie, dass das relativ große und nur einfach geladene Na^+-Ion, das wir bereits als Kation einer starken Base identifiziert haben, keine saure Hydrolyse vollzieht und die entstehende Lösung daher neutral ist.

> **? DENKEN SIE EINMAL NACH**
>
> Welches der folgenden Kationen ist am sauersten und warum? Ca^{2+}, Fe^{2+}, Fe^{3+}.

ÜBERGREIFENDE BEISPIELAUFGABE — Verknüpfen von Konzepten

Phosphonsäure (H_3PO_3) besitzt die folgende Lewis-Strukturformel:

$$\overline{|\underline{O}}-\overset{\overset{H}{|}}{P}-\overline{\underline{O}}-H$$
$$\underset{|\underline{O}-H}{}$$

(a) Erklären Sie, warum H_3PO_3 zweibasig und nicht dreibasig ist.

(b) Wir titrieren eine 25 ml-Probe H_3PO_3 mit einer 0,102 M NaOH-Lösung und benötigen zur Neutralisierung der beiden sauren Protonen 23,3 ml NaOH. Wie groß ist die Molarität der H_3PO_3-Lösung?

(c) Der pH der Lösung beträgt 1,59. Berechnen Sie den prozentualen Dissoziationsgrad und die Konstante K_{S1} von H_3PO_3 unter der Annahme $K_{S1} \gg K_{S2}$. **(d)** Wie verhält sich der osmotische Druck einer 0,050 M HCl-Lösung im Vergleich zu einer 0,050 M H_3PO_3-Lösung? Erklären Sie.

Lösung

Wir sollen erklären, warum das H_3PO_3-Molekül nur zwei saure Protonen besitzt und außerdem die Molarität einer H_3PO_3-Lösung aus gegebenen Titrationsdaten bestimmen. Weiterhin ist der prozentuale Dissoziationsgrad der H_3PO_3-Lösung aus (b) zu bestimmen und schließlich sollen wir den osmotischen Druck einer 0,050 M H_3PO_3-Lösung mit einer HCl-Lösung gleicher Konzentration vergleichen.

Im Aufgabenteil (a) wenden wir unsere Kenntnisse über die Molekülstruktur und ihre Auswirkungen auf das saure Verhalten an. Außerdem verwenden wir in den Teilen (b) und (c) Stöchiometrie und die Beziehung zwischen dem pH-Wert und [H^+] und wir betrachten die Säurestärke, um die kolligativen Eigenschaften der beiden Lösungen in Aufgabenteil (d) zu vergleichen.

(a) Die H—X-Bindungen von Säuren sind polar. In ▶ Abbildung 8.6 sehen wir, dass die Elektronegativitäten von H und von P beide 2,1 betragen; aus diesem Grund ist die H—P-Bindung unpolar (siehe Abschnitt 8.4). Somit verhält sich dieses Wasserstoffatom nicht sauer. Die beiden anderen H-Atome sind jedoch an Sauerstoffatome der Elektronegativität 3,5 gebunden. Die H—O-Bindungen sind somit polar, die entsprechenden H-Atome tragen positive Teilladungen und verhalten sich sauer.

(b) Die chemische Gleichung der Neutralisierungsreaktion lautet

$$H_3PO_3(aq) + 2\,NaOH(aq) \longrightarrow Na_2HPO_3(aq) + H_2O(l)$$

Nach der Definition der Molarität M = mol/l ist die Molzahl gleich dem Produkt aus Molarität und Volumen ($M \times l$) (siehe Abschnitt 4.5). Die Molzahl des zur Lösung hinzugegebenen NaOH beträgt damit (0,0233 l)(0,102 mol/l) = $2,377 \times 10^{-3}$ mol. Nach der ausgeglichenen Reaktionsgleichung verbraucht jedes Mol H_3PO_3 zwei Mol NaOH. Folglich beträgt die Molzahl der H_3PO_3-Probe

$$(2,377 \times 10^{-3}\,\text{mol NaOH})\left(\frac{1\,\text{mol}\,H_3PO_3}{2\,\text{mol NaOH}}\right) = 1,189 \times 10^{-3}\,\text{mol}\,H_3PO_3$$

und die Konzentration der H_3PO_3-Lösung ist $1,189 \times 10^{-3}$ mol / (0,0250 l) = 0,0475 M.

(c) Aus dem pH von 1,59 der Lösung berechnen wir [H^+] im Gleichgewicht:

$$[H^+] = 10^{-1,59}\,\text{mol/l} = 0,026\,M\ \text{(zwei signifikante Stellen)}$$

Wegen $K_{S1} \gg K_{S2}$ stammen die Ionen in der Lösung zum größten Teil aus der ersten Deprotonierungsstufe der Säure.

$$H_3PO_3(aq) \rightleftharpoons H^+(aq) + H_2PO_3^-(aq)$$

Da sich für jedes H^+-Ion ein $H_2PO_3^-$ bildet, sind die Gleichgewichtskonzentrationen von H^+ und $H_2PO_3^-$ gleich: [H^+] = [$H_2PO_3^-$] = 0,026 M. Die Gleichgewichtskonzentration von H_3PO_3 ist gleich der Ausgangskonzentration minus der Menge, die zu H^+ und $H_2PO_3^-$ dissoziiert: [H_2PO_3] = 0,0475 M − 0,026 M = 0,022 M (zwei signifikante Stellen). Wir fassen diese Ergebnisse wie folgt in einer Tabelle zusammen:

	$H_2PO_3^-$ (aq)	⇌	H^+ (aq)	+	H_3PO_3 (aq)
Anfangszustand	0,0475 M		0		0
Veränderung	−0,026 M		+0,026 M		+0,026 M
Gleichgewicht	0,022 M		0,026 M		0,026 M

Der prozentuale Dissoziationsgrad beträgt:

$$\text{Dissoziationsgrad in Prozent} = \frac{[H^+]_{\text{Gleichgewicht}}}{[H_3PO_3]_{\text{Anfangszustand}}} \times 100\% = \frac{0{,}026\,M}{0{,}0475\,M} \times 100\% = 55\%$$

Die erste Dissoziationskonstante der Säure lautet

$$K_{S1} = \frac{[H^+][H_2PO_3^-]}{[H_3PO_3]} = \frac{(0{,}026)(0{,}026)}{0{,}022}\,\text{mol/l} = 0{,}030\,\text{mol/l}$$

(d) Der osmotische Druck ist eine kolligative Eigenschaft und hängt von der gesamten Teilchenkonzentration in der Lösung ab (siehe Abschnitt 13.5). Da HCl eine starke Säure ist, enthält eine 0,050 M HCl-Lösung 0,050 M H^+ (aq) und 0,050 M Cl^- (aq); damit beträgt die gesamte Teilchenkonzentration 0,100 mol/l. H_3PO_3 ist aber eine schwächere Säure, die in einem geringeren Ausmaß dissoziiert als HCl. Daher befinden sich insgesamt weniger Teilchen in der H_3PO_3-Lösung und der osmotische Druck der H_3PO_3-Lösung ist geringer.

Zusammenfassung und Schlüsselbegriffe

Abschnitt 16.1 Man erkannte Säuren und Basen zuerst an ihrem Verhalten in wässriger Lösung. Zum Beispiel verfärbt sich Lackmus in saurer Lösung rot und in basischer Lösung blau. Arrhenius erkannte, dass das saure Verhalten von Lösungen auf der Anwesenheit von H^+ (aq)-Ionen und das basische Verhalten auf den OH^- (aq)-Ionen beruht.

Abschnitt 16.2 Das Brønsted–Lowry-Konzept von Säuren und Basen ist allgemeiner als die Begriffe nach Arrhenius und betont die Übertragung von Protonen (H^+) von einer Säure zu einer Base. Ein H^+-Ion ist einfach ein Proton, das stark an Wasser gebunden ist. Man spricht daher von einem **Hydronium-ion**, H_3O^+ (aq), und verwendet oft diese Darstellung der in Wasser vorherrschenden Form anstelle des einfacheren H^+ (aq).

Eine **Brønsted–Lowry-Säure** ist ein Stoff, der Protonen an andere Stoffe abgibt; umgekehrt nimmt eine **Brønsted–Lowry-Base** Protonen von anderen Stoffen auf. Wasser ist ein **amphiprotischer** Stoff, der sich, je nach der anderen reagierenden Substanz, nach Brønsted–Lowry sowohl sauer als auch basisch verhalten kann.

Nachdem eine Brønsted–Lowry-Säure ein Proton abgegeben hat, verbleibt ihre **konjugierte Base**. Nimmt umgekehrt eine Brønsted–Lowry-Base ein Proton auf, so bildet sich ihre **konjugierte Säure**. Eine Säure und ihre konjugierte Base (oder eine Base und ihre konjugierte Säure) bilden zusammen ein konjugiertes Säure-Base-Paar.

Die Säure- und Basenstärke hängen in einem konjugierten Säure-Base-Paar zusammen: Je stärker eine Säure ist, desto schwächer ist ihre konjugierte Base und umgekehrt ist die konjugierte Base einer schwächeren Säure stärker. Das Gleichgewicht einer Säure-Base-Reaktion begünstigt stets die Protonenübertragung von der stärkeren Säure zur stärkeren Base.

Abschnitt 16.3 In einem geringen Ausmaß dissoziiert Wasser zu H^+ (aq) und OH^- (aq)-Ionen. Das sogenannte Ionenprodukt des Wassers drückt den Grad der Dissoziation aus:

$$K_W = [H^+][OH^-] = 1{,}0 \times 10^{-14}\,\text{mol}^2/\text{l}^2\,(25\,°C)$$

Diese Beziehung gilt für reines Wasser und darüber hinaus allgemein für wässrige Lösungen. Der Ausdruck für K_W gibt an, dass das Produkt von $[H^+]$ und $[OH^-]$ eine Konstante ist. Daher nimmt $[OH^-]$ bei steigender $[H^+]$ ab und umgekehrt. Saure Lösungen enthalten mehr H^+ (aq) als OH^- (aq)-Ionen und umgekehrt enthalten basische Lösungen mehr OH^- (aq) als H^+ (aq).

Abschnitt 16.4 Man drückt die H^+ (aq)-Konzentration auch durch den pH-Wert (oder einfach **pH**) aus: pH = −log$[H^+]$. Der pH einer neutralen Lösung bei 25 °C beträgt 7,00 und ist für saure Lösungen kleiner und für basische Lösungen größer als 7,00. Man kann auch andere kleine Größen als negativen dekadischen Logarithmus in der pX-Schreibweise darstellen, wie zum Beispiel den pOH oder den pK_W. Der pH einer

Lösung lässt sich mit einem pH-Meter messen oder auch mit Säure-Base-Indikatoren abschätzen.

Abschnitt 16.5 Starke Säuren sind starke Elektrolyte und dissoziieren in einer wässrigen Lösung praktisch vollständig. Die geläufigen starken Säuren sind HCl, HBr, HI, HNO_3, $HClO_3$, $HClO_4$ und H_2SO_4. Die Basenstärke der konjugierten Basen starker Säuren ist verschwindend gering.

Die ionischen Hydroxide von Alkalimetallen und von schweren Erdalkalimetallen sind gebräuchliche starke Basen. Die Säurestärke der Kationen starker Basen ist verschwindend gering.

Abschnitt 16.6 Schwache Säuren sind schwache Elektrolyte – nur ein Teil ihrer Moleküle dissoziiert. Man drückt den Dissoziationsgrad einer Säure durch die **Säuredissoziationskonstante** K_S aus. Es handelt sich um die Gleichgewichtskonstante der Reaktion $HA(aq) \rightleftharpoons H^+(aq) + A^-(aq)$, die man auch als $HA(aq) + H_2O(l) \rightleftharpoons H_3O^+(aq) + A^-(aq)$ schreiben kann. Je größer der Wert von K_S, desto stärker ist die Säure. Aus der Konzentration einer schwachen Säure und ihrem K_S-Wert lässt sich der pH einer Lösung bestimmen.

Mehrbasige Säuren wie H_2SO_3 besitzen mehr als ein saures H-Atom. Die Werte der Säuredissoziationskonstanten solcher Säuren nehmen gemäß der Reihenfolge $K_{S1} > K_{S2} > K_{S3}$ ab. Da fast alle $H^+(aq)$-Ionen einer mehrbasigen Säure aus der ersten Dissoziation stammen, lässt sich der pH in der Regel zufriedenstellend abschätzen, indem man nur K_{S1} berücksichtigt.

Abschnitte 16.7 und 16.8 Ammoniak (NH_3), **Amine** und die Anionen schwacher Säuren sind schwache Basen. Die **Basenkonstante** K_B misst das Ausmaß der Reaktion einer schwachen Base mit Wasser, unter Bildung der konjugierten Säure und von OH^-. Es handelt sich um die Gleichgewichtskonstante der Reaktion $B(aq) + H_2O(l) \rightleftharpoons HB^+(aq) + OH^-(aq)$, in welcher B die Base ist.

Der quantitative Zusammenhang zwischen der Stärke einer Säure und der Stärke ihrer konjugierten Base ist durch die Gleichung $K_S \times K_B = K_W$ gegeben.

Abschnitt 16.9 Man kann das Säure-Base-Verhalten von Salzen auf die Eigenschaften ihrer Kationen und Anionen zurückführen. Die Reaktion von Ionen in Wasser unter Veränderung des pH bezeichnet man als **Hydrolyse**. Die Kationen der Alkalimetalle und Erdalkalimetalle und die Anionen der starken Säuren durchlaufen keine Hydrolyse, sondern sind in der Chemie der Säuren und Basen lediglich Begleitionen.

Abschnitt 16.10 Die Tendenz eines Stoffes zum sauren oder basischen Verhalten in Wasser hängt mit seiner chemischen Struktur zusammen. Eine stark polare H—X-Bindung ist eine Bedingung für saures Verhalten eines Stoffes. Außerdem wird das saure Verhalten auch durch eine schwache H—X-Bindung und ein sehr stabiles X^--Ion begünstigt.

Bei **Sauerstoffsäuren** mit gleicher Anzahl von OH-Gruppen und O-Atomen nimmt die Säurestärke mit wachsender Elektronegativität des Zentralatoms zu. Die Stärke von Sauerstoffsäuren des gleichen Zentralatoms nimmt mit der Zahl der Sauerstoffatome zu, die an das Zentralatom gebunden sind. **Carbonsäuren** sind organische Säuren, die eine COOH-Gruppe enthalten; wir können ihr saures Verhalten anhand ihrer Struktur verstehen.

Abschnitt 16.11 Der Säure-Base-Begriff nach Lewis betont mehr das gemeinsame Elektronenpaar als das Proton. Eine **Lewis-Säure** ist ein Elektronenpaar-Akzeptor und eine Lewis-Base ist ein Elektronenpaar-Donor. Das Lewis'sche Konzept ist allgemeiner als die Brønsted–Lowry-Begriffe, denn es ist auch anwendbar, wenn nicht H^+ die Säure bildet. Nach Lewis kann man erklären, warum viele hydratisierte Metallkationen sich in wässriger Lösung sauer verhalten. Das saure Verhalten dieser Kationen nimmt im Allgemeinen mit wachsender Ionenladung und mit kleinerem Ionenradius zu.

Veranschaulichung von Konzepten

16.1 (a) Bestimmen Sie die Säure und die Base nach Brønsted–Lowry in der folgenden Reaktion:

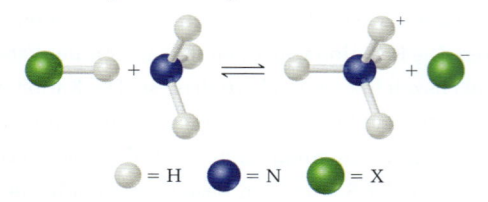

○ = H   ● = N   ● = X

(b) Bestimmen Sie ebenfalls die Säure und die Base nach Lewis (*Abschnitte 16.2* und *16.11*).

16.2 Die folgenden Diagramme geben die wässrigen Lösungen von zwei einbasigen Säuren HA (A = X oder Y) wieder. Aus Gründen der Klarheit und Einfachheit sind die Wassermoleküle weggelassen. (a) Welche ist die stärkere Säure, HX oder HY? (b) Welche ist die stärkere Base, X^- oder Y^-? (c) Liegt das Gleichgewicht einer Mischung aus HX und NaY gleicher Konzentration

$$HX(aq) + Y^-(aq) \rightleftharpoons HY(aq) + X^-(aq)$$

vorwiegend auf der rechten ($K_c > 1$) oder auf der linken Gleichungsseite ($K_c < 1$)? (*Abschnitt 16.2*)

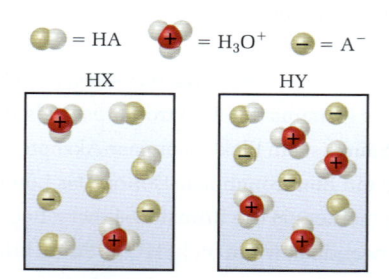

○ = HA   ⊕ = H_3O^+ ⊖ = A^-

HX   HY

16.3 Die folgenden Diagramme geben die wässrigen Lösungen der drei Säuren HX, HY und HZ wieder. Aus Gründen der Klarheit sind die Wassermoleküle weggelassen und die hydratisierten Protonen sind nicht als Hydroniumionen sondern als einfache Kreise dargestellt. (a) Welche der Säuren ist eine starke Säure? Erklären Sie dies. (b) Welche Säure besitzt die kleinste Dissoziationskonstante K_S? (c) Welche Lösung hat den höchsten pH? (*Abschnitte 16.5* und *16.6*)

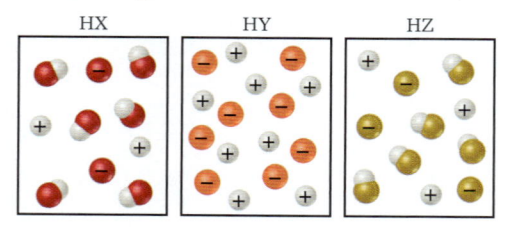

HX   HY   HZ

16.4 (a) Welche dieser drei Funktionsgraphen stellt die Wirkung der Konzentration auf den prozentualen Dissoziationsgrad einer schwachen Säure dar? (b) Erklären Sie qualitativ den Verlauf der richtigen Kurve (*Abschnitt 16.6*).

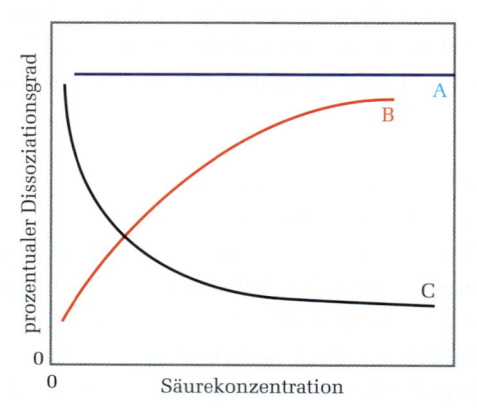

16.5 Sehen Sie sich die Diagramme zu Übung 16.3 an. (a) Ordnen Sie die Anionen X^-, Y^- und Z^- nach wachsender Basenstärke. (b) Welches dieser Ionen hat die größte Basenkonstante K_B? (*Abschnitte 16.2* und *16.8*)

16.6 (a) Zeichnen Sie die Lewis-Strukturformel des folgenden Moleküls und erklären Sie, warum es sich basisch verhält. (b) Zu welcher Gruppe organischer Verbindungen gehört dieser Stoff? (*Abschnitt 16.7*)

16.7 Das folgende Diagramm stellt eine Lösung des Natriumsalzes einer schwachen Säure in Wasser dar. Im Diagramm sind nur die Na^+- und die X^--Ionen sowie die HX-Moleküle zu sehen. Welches Ion fehlt im Diagramm? Wie viele der fehlenden Ionen müssen Sie einzeichnen, um das Diagramm zu vervollständigen? (*Abschnitt 16.9*)

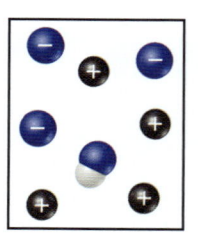

16.8 (a) Welche Säurearten sind in den folgenden Molekülmodellen dargestellt? (b) Erklären Sie, wie eine zunehmende Elektronegativität des X-Atoms die Säurestärke der Moleküle beeinflusst und erklären Sie den Ursprung dieses Effektes (*Abschnitt 16.10*).

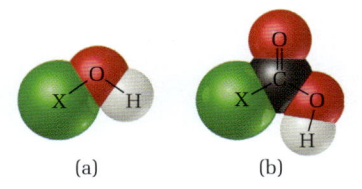

16.9 Bestimmen Sie die Carboxygruppe in diesem Molekülmodell der Acetylsalicylsäure (Aspirin) (*Abschnitt 16.10*).

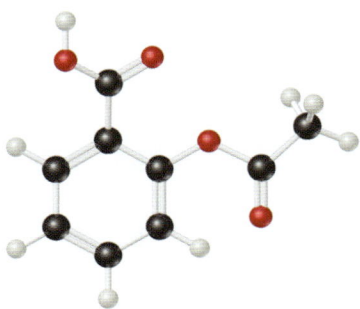

16.10 (a) Das folgende Diagramm stellt die Reaktion von PCl_4^+ mit Cl^- dar. Zeichnen Sie die Lewis-Strukturformeln der Ausgangsstoffe und der Reaktionsprodukte und bestimmen Sie die Lewis-Säure und die Lewis-Base dieser Reaktion.

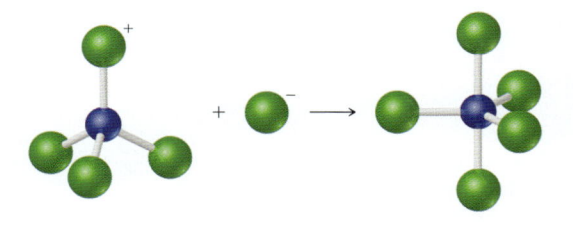

(b) Die folgende Reaktion stellt die saure Wirkung eines hydratisierten Kations dar. Wie verändert sich die Gleichgewichtskonstante dieser Reaktion mit der Ladung des Kations? (*Abschnitt 16.11*)

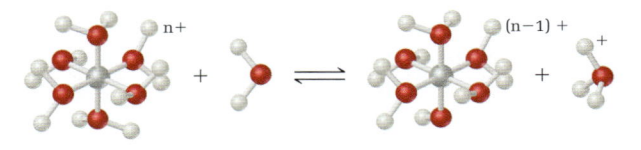

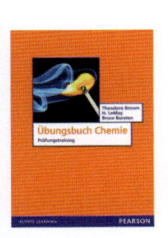

Übungsaufgaben mit ausführlichen Lösungshinweisen

Multiple Choice-Aufgaben
Lösungen zu den Übungsaufgaben im Kapitel

Weitere Aspekte von Gleichgewichten in wässriger Lösung

17

17.1 Der Einfluss gleicher Ionen 687

17.2 Gepufferte Lösungen 690

Chemie und Leben
Blut als gepufferte Lösung 697

17.3 Säure-Base-Titrationen 698

17.4 Fällungsgleichgewichte 707

17.5 Faktoren, die die Löslichkeit beeinflussen 712

Chemie und Leben
Bergstürze 715

Chemie und Leben
Karies und Fluorid 717

17.6 Ausfällen und Trennen von Ionen 722

17.7 Qualitative Analyse von Metallelementen 725

Zusammenfassung und Schlüsselbegriffe 729

Veranschaulichung von Konzepten 730

ÜBERBLICK

17 Weitere Aspekte von Gleichgewichten in wässriger Lösung

Was uns erwartet

- Wir beginnen, indem wir ein besonderes Beispiel des Prinzips von Le Châtelier untersuchen – den *Gleichionenzusatz* (*Abschnitt 17.1*).

- Anschließend betrachten wir die Zusammensetzung von *gepufferten Lösungen* bzw. *Puffern* und erfahren, auf welche Weise diese bei Zugabe kleinerer Mengen einer Säure oder Base einer Änderung des pH-Werts entgegenwirken (*Abschnitt 17.2*).

- Wir untersuchen Säure-Base-Titrationen detaillierter und lernen, wie wir den pH-Wert zu jedem Zeitpunkt der Säure-Base-Titration bestimmen können (*Abschnitt 17.3*).

- Anschließend erfahren wir, wie wir anhand des *Löslichkeitsprodukts* erkennen können, in welchem Ausmaß sich Salze in Wasser lösen. In diesem Zusammenhang untersuchen wir auch einige weitere Faktoren, die einen Einfluss auf die Löslichkeit haben (*Abschnitte 17.4* und *17.5*).

- Wir erfahren bei der Betrachtung der Fällungsgleichgewichte, wie Ionen selektiv ausgefällt werden können (*Abschnitt 17.6*).

- Am Ende des Kapitels lernen wir, wie wir anhand von Fällungs- und Komplexbildungsgleichgewichten Ionen in einer Lösung qualitativ nachweisen können (*Abschnitt 17.7*).

Wasser ist das häufigste und wichtigste Lösungsmittel auf der Erde. Man könnte Wasser in gewissem Sinne als Lösungsmittel des Lebens bezeichnen. Die Existenz lebender Materie in all ihrer Komplexität ist mit einer anderen Flüssigkeit kaum vorstellbar. Wasser verdankt seine besondere Rolle nicht nur seinem großen Vorkommen, sondern auch seiner außergewöhnlichen Fähigkeit, viele verschiedene Substanzen zu lösen. Das Wasser heißer Quellen weist z. B. hohe Konzentrationen verschiedener Ionen auf (insbesondere Mg^{2+}, Ca^{2+}, Fe^{2+}, CO_3^{2-} und SO_4^{2-}). Diese Ionen werden im heißen Wasser gelöst, wenn es unter der Erde auf seinem Weg zur Oberfläche an Felsen vorbei fließt und aus diesen Felsen Mineralien herauslöst. Wenn die Lösung die Oberfläche erreicht und abkühlt, lagern sich die Mineralien ab und es entstehen terrassenartige Gebilde.

In der Natur anzutreffende wässrige Lösungen wie z. B. das Wasser heißer Quellen oder die in lebenden Organismen auftretenden Flüssigkeiten enthalten typischerweise eine Vielzahl verschiedener gelöster Stoffe. In diesen Lösungen stellen sich simultan viele verschiedene Gleichgewichte ein.

Wir werden uns in diesem Kapitel derartigen komplexen Lösungen annähern, indem wir zunächst weitere Anwendungen der Säure-Base-Gleichgewichte betrachten. Dabei werden wir uns nicht mehr auf Lösungen mit nur einem gelösten Stoff beschränken, sondern auch Gemische verschiedener gelöster Stoffe untersuchen. Anschließend erweitern wir unser Verständnis wässriger Lösungen durch die Betrachtung von zwei weiteren Arten wässriger Gleichgewichte – schlecht löslichen Salzen und der Bildung von Metallkomplexen in Lösung. Die Diskussionen und Berechnungen in diesem Kapitel sind größtenteils eine Erweiterung der Kapitel 15 und 16.

Der Einfluss gleicher Ionen 17.1

In Kapitel 16 haben wir die Gleichgewichtskonzentrationen von Ionen in Lösungen untersucht, die eine schwache Säure oder eine schwache Base enthalten. Im Folgenden werden wir Lösungen betrachten, die nicht nur eine schwache Säure wie z. B. Essigsäure (CH_3COOH), sondern zudem ein lösliches Salz dieser Säure wie z. B. $NaCH_3COO$ enthalten. Was geschieht, wenn $NaCH_3COO$ zu einer Lösung von CH_3COOH hinzugegeben wird? Weil CH_3COO^- eine schwache Base ist, steigt der pH-Wert der Lösung an, $[H^+]$ nimmt also ab (siehe Abschnitt 16.9). Es ist hilfreich, sich diesen Vorgang aus der Perspektive des Prinzips von Le Châtelier vor Augen zu führen (siehe Abschnitt 15.6).

Natriumacetat ($NaCH_3COO$) ist eine lösliche ionische Verbindung und daher ein starker Elektrolyt (siehe Abschnitt 4.1). Es löst sich also in wässriger Lösung und bildet die Ionen Na^+ und CH_3COO^-.

$$NaCH_3COO\,(aq) \longrightarrow Na^+(aq) + CH_3COO^-(aq)$$

CH_3COOH ist dagegen ein schwacher Elektrolyt, der folgendermaßen dissoziiert:

$$CH_3COOH\,(aq) \rightleftharpoons H^+(aq) + CH_3COO^-(aq) \qquad (17.1)$$

Durch die Zugabe von CH_3COO^- aus dem $NaCH_3COO$ reagiert dieses Gleichgewicht nach links, so dass die Gleichgewichtskonzentration von $H^+(aq)$ abnimmt.

$$CH_3COOH\,(aq) \rightleftharpoons H^+(aq) + CH_3COO^-(aq)$$

⟵ Zugabe von CH_3COO^- verringert $[H^+]$

Einfluss gleicher Ionen

Weitere Aspekte von Gleichgewichten in wässriger Lösung

ÜBUNGSBEISPIEL 17.1 — Berechnung des pH-Werts einer Lösung mit gleichen Ionen

Welchen pH-Wert hat eine Lösung aus 0,30 mol Essigsäure (CH_3COOH) und 0,30 mol Natriumacetat ($NaCH_3COO$), zu denen so viel Wasser gegeben wird, dass 1,0 l Lösung entsteht?

Lösung

Analyse: Wir sollen den pH-Wert einer Lösung eines schwachen (CH_3COOH) und eines starken Elektrolyten ($NaCH_3COO$) mit einem gleichen Ion (CH_3COO^-) bestimmen.

Vorgehen: Bei der Bestimmung des pH-Werts einer Lösung, die aus einem Gemisch gelöster Stoffe besteht, ist es hilfreich, schrittweise vorzugehen:

1. Identifizieren Sie die Hauptbestandteile der Lösung. Sind diese sauer oder basisch?
2. Identifizieren Sie das wichtigste Gleichgewicht, das als H^+-Lieferant den pH-Wert bestimmt.
3. Fertigen Sie eine Tabelle der Konzentrationen der am Gleichgewicht beteiligten Ionen an.
4. Berechnen Sie mit Hilfe des Ausdrucks der Gleichgewichtskonstanten $[H^+]$ und anschließend den pH-Wert.

Lösung:
1. Schritt: Weil CH_3COOH ein schwacher Elektrolyt und $NaCH_3COO$ ein starker Elektrolyt ist, handelt es sich bei den Hauptbestandteilen der Lösung um CH_3COOH (eine schwache Säure), Na^+, weder sauer noch basisch und daher für die Säure-Base-Chemie ein Zuschauerion, und CH_3COO^-, die konjugierte Base von CH_3COOH.
2. Schritt: $[H^+]$ und der pH-Wert werden vom Dissoziationsgleichgewicht von CH_3COOH bestimmt.

$$CH_3COOH(aq) \rightleftharpoons H^+(aq) + CH_3COO^-(aq)$$

Wir haben in der Gleichgewichtsreaktion $H^+(aq)$ anstelle von $H_3O^+(aq)$ geschrieben, beide Ausdrücke für das hydratisierte Wasserstoffion sind jedoch gleichwertig.

3. Schritt: Wir geben wie bei den Aufgaben zu Gleichgewichten in Kapitel 15 und 16 die Anfangs- und die Gleichgewichtskonzentrationen tabellarisch an:

	$CH_3COOH(aq)$	$\rightleftharpoons$	$H^+(aq)$	+	$CH_3COO^-(aq)$
Anfang	0,30 M		0		0,30 M
Änderung	$-x$ M		$+x$ M		$+x$ M
Gleichgewicht	$(0,30 - x)$ M		x M		$(0,30 + x)$ M

Die Gleichgewichtskonzentration von CH_3COO^- (das gemeinsame Ion) ist gleich der Ausgangskonzentration von $NaCH_3COO$ (0,30 M) zuzüglich der durch die Dissoziation von CH_3COOH verursachten Änderung der Konzentration (x).

Damit können wir den Ausdruck für die Gleichgewichtskonstante aufstellen:

$$K_S = 1,8 \times 10^{-5} \text{ mol/l} = \frac{[H^+][CH_3COO^-]}{[CH_3COOH]}$$

Wir entnehmen die Dissoziationskonstante von CH_3COOH bei 25 °C dem Anhang D; eine Zugabe von $NaCH_3COO$ hat auf den Wert dieser Konstanten keinen Einfluss.

Wenn wir die Gleichgewichtskonzentrationen aus unserer Tabelle in den Gleichgewichtsausdruck einsetzen, erhalten wir

$$K_S = 1,8 \times 10^{-5} \text{ mol/l} = \frac{x(0,30 + x)}{0,30 - x}$$

Weil K_S klein ist, nehmen wir an, dass x im Vergleich zu den Ausgangskonzentrationen von CH_3COOH und CH_3COO^- (je 0,30 M) ebenfalls klein ist. Wir können also das gegenüber 0,30 M sehr kleine x vernachlässigen und erhalten

$$K_S = 1,8 \times 10^{-5} \text{ mol/l} = \frac{x(0,30)}{0,30}$$
$$x = 1,8 \times 10^{-5} \text{ mol/l} = [H^+]$$

Der resultierende Wert von x ist im Vergleich zu 0,30 tatsächlich sehr klein, so dass unsere Näherung gerechtfertigt erscheint. Im letzten Schritt berechnen wir aus der Gleichgewichtskonzentration von $H^+(aq)$ den pH-Wert:

$$pH = -\log(1,8 \times 10^{-5}) = 4,74$$

Anmerkung: In Abschnitt 16.6 haben wir berechnet, dass eine 0,30 M CH$_3$COOH-Lösung einen pH-Wert von 2,64 hat ([H$^+$] = 2,3 × 10^{-3} M). Durch die Zugabe von Na CH$_3$COO wird [H$^+$] also wesentlich verringert. Dies entspricht unseren Erwartungen gemäß dem Prinzip von Le Châtelier.

ÜBUNGSAUFGABE

Berechnen Sie den pH-Wert einer Lösung mit 0,085 M salpetriger Säure (HNO$_2$; K_S = 4,5 × 10^{-4} mol/l) und 0,10 M Kaliumnitrit (KNO$_2$).

Antwort: 3,42.

Die Dissoziation der schwachen Säure CH$_3$COOH nimmt ab, wenn wir den starken Elektrolyten NaCH$_3$COO, der die korrespondierende Base der Säure hat, zur Lösung hinzufügen. Die Verallgemeinerung dieser Beobachtung wird der **Einfluss gleicher Ionen** genannt. *Das Ausmaß der Dissoziation eines schwachen Elektrolyten nimmt durch die Zugabe eines starken Elektrolyten, der ein gleiches Ion mit dem schwachen Elektrolyten hat, ab.* In den Übungsbeispielen 17.1 und 17.2 wird deutlich, wie Gleichgewichtskonzentrationen berechnet werden können, wenn eine Lösung ein Gemisch eines schwachen und eines starken Elektrolyten mit einem gleichen Ion enthält. Die

ÜBUNGSBEISPIEL 17.2 — Berechnung der Ionenkonzentration einer Lösung mit gleichen Ionen

Berechnen Sie die Konzentration des Fluoridions und den pH-Wert einer Lösung mit 0,20 M HF und 0,10 M HCl.

Lösung

Analyse: Wir sollen die Konzentration von F$^-$ und den pH-Wert einer Lösung bestimmen, die die schwache Säure HF und die starke Säure HCl enthält. In diesem Fall handelt es sich bei dem gleichen Ion um H$^+$.

Vorgehen: Wir gehen gemäß den in Übungsbeispiel 17.1 aufgeführten Schritten vor.

Lösung: Weil HF eine schwache und HCl eine starke Säure ist, sind HF, H$^+$ und Cl$^-$ die Hauptbestandteile der Lösung. Cl$^-$ ist in der Säure-Base-Chemie lediglich ein Zuschauerion, weil es sich um die konjugierte Base einer starken Säure handelt. Wir sollen [F$^-$] berechnen, das durch die Dissoziation von HF gebildet wird. Das entscheidende Gleichgewicht lautet also

$$\text{HF}(aq) \rightleftharpoons \text{H}^+(aq) + \text{F}^-(aq)$$

Bei dem gemeinsamen Ion handelt es sich in dieser Aufgabe um das Wasserstoff- bzw. das Hydroniumion. Wir schreiben zunächst die Anfangs- sowie die Gleichgewichtskonzentrationen der am Gleichgewicht beteiligten Stoffe auf:

	HF(aq)	$\rightleftharpoons$	H$^+$(aq)	+	F$^-$(aq)
Anfang	0,20 M		0,10 M		0
Änderung	$-x$ M		$+x$ M		$+x$ M
Gleichgewicht	$(0,20 - x)$ M		$(0,10 + x)$ M		x M

Die dem Anhang D entnommene Gleichgewichtskonstante für die Dissoziation von HF ist gleich 6,8 × 10^{-4} mol/l. Wenn wir die Gleichgewichtskonzentrationen in den Gleichgewichtsausdruck einsetzen, erhalten wir

$$K_S = 6{,}8 \times 10^{-4} \text{ mol/l} = \frac{[\text{H}^+][\text{F}^-]}{[\text{HF}]} = \frac{(0{,}10 + x)(x)}{0{,}20 - x} \text{ mol/l}$$

Wenn wir annehmen, dass x gegenüber 0,10 und 0,20 M relativ klein ist, vereinfacht sich dieser Ausdruck zu

$$\frac{(0{,}10)(x)}{0{,}20} \text{ mol/l} = 6{,}8 \times 10^{-4} \text{ mol/l}$$

$$x = \frac{0{,}20}{0{,}10}(6{,}8 \times 10^{-4}) \text{ mol/l} = 1{,}4 \times 10^{-3} \ M = [\text{F}^-]$$

17 Weitere Aspekte von Gleichgewichten in wässriger Lösung

Die Konzentration von F^- ist wesentlich kleiner als in einer 0,20 M HF-Lösung ohne HCl. H^+ drängt die Dissoziation von HF zurück. Die Konzentration von $H^+(aq)$ ist gleich

$$[H^+] = (0{,}10 + x)\, M \simeq 0{,}10\, M$$

Der pH-Wert ist also gleich 1,00.

Anmerkung: Beachten Sie, dass praktisch die gesamte Konzentration von $[H^+]$ auf das vorliegende HCl zurückzuführen ist. HF liefert im Vergleich dazu nur einen vernachlässigbar kleinen Beitrag.

ÜBUNGSAUFGABE

Berechnen Sie die Konzentration des Formiations und den pH-Wert einer Lösung mit 0,050 M Ameisensäure (HCOOH; $K_S = 1{,}8 \times 10^{-4}$ mol/l) und 0,10 M HNO_3.

Antwort: $[HCOO^-] = 9{,}0 \times 10^{-5}$ mol/l; pH = 1,00.

? DENKEN SIE EINMAL NACH

Zu einem Gemisch aus 0,10 mol NH_4Cl und 0,12 mol NH_3 wird so viel Wasser gegeben, dass 1,0 l Lösung entsteht. (a) Welche Ausgangskonzentrationen haben die Hauptbestandteile der Lösung? (b) Welches Ion ist für die in der Lösung stattfindende Säure-Base-Chemie ein Zuschauerion? (c) Durch welche Gleichgewichtsreaktion wird $[OH^-]$, und damit der pH-Wert, der Lösung bestimmt?

dabei angewendeten Vorgehensweisen ähneln den in Kapitel 16 betrachteten Methoden für schwache Säuren und schwache Basen.

In den Übungsbeispielen 17.1 und 17.2 werden schwache Säuren behandelt. Auch die Protonisierung einer schwachen Base wird durch Gleichionenzusatz herabgesetzt. Durch die Zugabe von NH_4^+ (z. B. aus dem starken Elektrolyten NH_4Cl) wird die Gleichgewichtskonzentration von NH_3 erhöht. Dies führt zu einer Verringerung der Gleichgewichtskonzentration von OH^- und damit zu einer Abnahme des pH-Werts:

$$NH_3(aq) + H_2O(l) \rightleftharpoons NH_4^+(aq) + OH^-(aq) \qquad (17.2)$$

⟵ Zugabe von NH_4^+ verringert $[OH^-]$

Gepufferte Lösungen   17.2

Die in Abschnitt 17.1 behandelten Lösungen, die ein schwaches konjugiertes Säure-Base-Paar enthalten, wirken bei Zugabe von kleineren Mengen einer Base oder Säure starken pH-Wert-Änderungen entgegen. Derartige Lösungen werden **gepufferte Lösungen** (oder einfach **Puffer**) genannt. Bei menschlichem Blut handelt es sich z. B. um ein komplexes wässriges Gemisch, dessen pH-Wert bei ungefähr 7,4 gepuffert ist (siehe Kasten „Chemie und Leben" am Ende dieses Abschnitts). Das chemische Verhalten von Seewasser wird größtenteils durch seinen pH-Wert bestimmt, der im Bereich der Oberfläche bei etwa 8,1 bis 8,3 gepuffert ist. Auch in vielen Anwendungen im Labor und in der Medizin kommen gepufferte Lösungen zum Einsatz (▶Abbildung 17.1).

Zusammensetzung und Funktionsweise gepufferter Lösungen

Ein Puffer wirkt Änderungen des pH-Werts entgegen, weil er sowohl eine Säure zur Bindung von OH^--Ionen als auch eine Base zur Bindung von H^+-Ionen enthält. Diese Voraussetzungen sind bei einem schwachen konjugierten Säure-Base-Paar wie CH_3COOH–CH_3COO^- oder NH_4^+–NH_3 gegeben. Puffer werden daher oft durch Mischen einer schwachen Säure oder Base mit einem Salz der entsprechenden Säure oder Base hergestellt. Der CH_3COOH–CH_3COO^--Puffer kann z. B. hergestellt werden, indem man $NaCH_3COO^-$ zu einer Lösung von CH_3COOH gibt. Analog kann man den

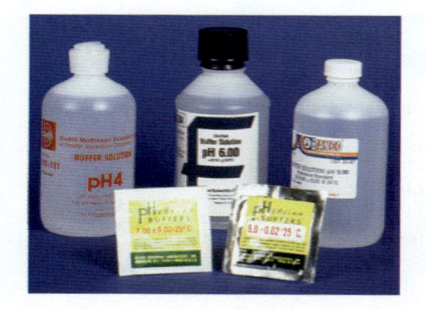

Abbildung 17.1: Pufferlösungen. Vorgefertigte Pufferlösungen und Bestandteile zur Herstellung von Pufferlösungen mit festem pH-Wert sind im Handel erhältlich.

17.2 Gepufferte Lösungen

NH$_4^+$–NH$_3$-Puffer herstellen, indem man NH$_4$Cl zu einer Lösung von NH$_3$ gibt. Durch die Auswahl geeigneter Zusammensetzungen und Konzentrationen können wir Lösungen bei fast jedem beliebigen pH-Wert puffern.

Um die Funktionsweise eines Puffers besser zu verstehen, werden wir im Folgenden einen Puffer untersuchen, der aus einer schwachen Säure (HX) und einem Salz dieser Säure (MX, hierbei kann M$^+$ Na$^+$, K$^+$ oder ein anderes Kation sein) besteht. Sowohl die Säure als auch die konjugierte Base sind am Säuredissoziationsgleichgewicht der gepufferten Lösung beteiligt:

$$\text{HX}(aq) \rightleftharpoons \text{H}^+(aq) + \text{X}^-(aq) \quad (17.3)$$

Der entsprechende Ausdruck für die Säuredissoziationskonstante lautet

$$K_S = \frac{[\text{H}^+][\text{X}^-]}{[\text{HX}]} \quad (17.4)$$

Wenn wir diesen Ausdruck nach [H$^+$] auflösen, erhalten wir

$$[\text{H}^+] = K_S \frac{[\text{HX}]}{[\text{X}^-]} \quad (17.5)$$

Anhand dieser Gleichung erkennen wir, dass [H$^+$], und damit der pH-Wert, von zwei Faktoren abhängt: dem Wert von K_S der schwachen Säure des Puffers und dem Verhältnis der Konzentrationen des konjugierten Säure-Base-Paars [HX]/[X$^-$].

Wenn wir der Lösung OH$^-$-Ionen hinzufügen, reagieren diese mit dem sauren Bestandteil des Puffers zu Wasser und dem Säureanion (X$^-$) des Puffers:

$$\text{OH}^-(aq) + \text{HX}(aq) \longrightarrow \text{H}_2\text{O}(l) + \text{X}^-(aq) \quad (17.6)$$

In dieser Reaktion nimmt [HX] ab und [X$^-$] zu. Solange die Mengen von HX und X$^-$ im Puffer im Vergleich zur Menge des hinzugefügten OH$^-$ groß sind, ändert sich das Verhältnis [HX]/[X$^-$] (und damit der pH-Wert) nur wenig. In ▶ Abbildung 17.2 ist ein Beispiel eines solchen Puffers (des HF/F$^-$-Puffers) dargestellt.

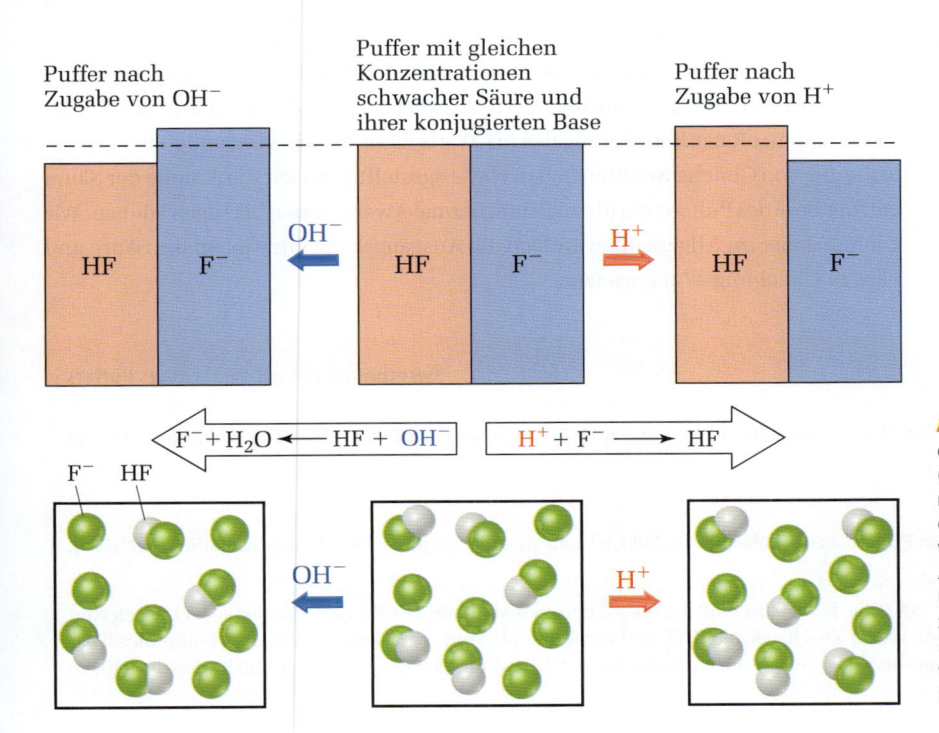

> **? DENKEN SIE EINMAL NACH**
>
> Welche der folgenden konjugierten Säure-Base-Paare eignen sich nicht als Puffer? HCOOH und HCOO$^-$; HCO$_3^-$ und CO$_3^{2-}$; HNO$_3$ und NO$_3^-$? Begründen Sie Ihre Antwort.

Abbildung 17.2: Wirkung eines Puffers. Wenn man eine kleine Menge OH$^-$ zu einem Puffer hinzufügt (links), der aus einer Mischung der schwachen Säure HF und ihrer konjugierten Base besteht, reagiert das OH$^-$ mit dem HF und führt zu einer Abnahme von [HF] und einer Zunahme von [F$^-$] im Puffer. Analog reagiert bei Zugabe einer kleinen Menge H$^+$ zum Puffer (rechts) das H$^+$ mit dem F$^-$. Dies führt zu einer Abnahme von [F$^-$] und einer Zunahme von [HF] im Puffer. Weil der pH-Wert vom Verhältnis von F$^-$ zu HF abhängt, ändert sich der pH-Wert in beiden Fällen nur wenig.

17 Weitere Aspekte von Gleichgewichten in wässriger Lösung

Wenn der Lösung H$^+$-Ionen hinzugefügt werden, reagieren diese mit dem basischen Bestandteil des Puffers:

$$H^+(aq) + X^-(aq) \longrightarrow HX(aq) \tag{17.7}$$

Diese Reaktion kann auch mit H$_3$O$^+$ geschrieben werden:

$$H_3O^+(aq) + X^-(aq) \longrightarrow HX(aq) + H_2O(l)$$

Die Reaktion führt bei beiden Reaktionsgleichungen zu einer Abnahme von [X$^-$] und einer Zunahme von [HX]. Solange die Änderung des Verhältnisses [HX]/[X$^-$] klein ist, ist auch die sich ergebende Änderung des pH-Werts klein.

In Abbildung 17.2 ist ein Puffer aus gleichen Konzentrationen an Flusssäure und dem Fluoridion dargestellt (Mitte). Bei einer Zugabe von OH$^-$ (links) nimmt [HF] ab und [F$^-$] zu. Bei einer Zugabe von H$^+$ (rechts) nimmt [F$^-$] ab und [HF] zu.

> **? DENKEN SIE EINMAL NACH**
>
> (a) Was geschieht, wenn NaOH zu einem Puffer aus CH$_3$COOH und CH$_3$COO$^-$ gegeben wird? (b) Was geschieht, wenn HCl zu diesem Puffer gegeben wird?

Berechnung des pH-Werts eines Puffers

Weil konjugierte Säure-Base-Paare ein gleiches Ion haben, können wir für die Berechnung des pH-Werts eines Puffers die gleiche Vorgehensweise wie bei der Untersuchung der Gleichionenzugabe verwenden. Aus ▶Gleichung 17.5 ergibt sich jedoch eine alternative Annäherung an das Problem. Wenn wir von beiden Seiten der Gleichung 17.5 den negativen Logarithmus bilden, erhalten wir

$$-\log[H^+] = -\log\left(K_S \frac{[HX]}{[X^-]}\right) = -\log K_S - \log \frac{[HX]}{[X^-]}$$

Wegen $-\log[H^+] = \text{pH}$ und $-\log K_S = \text{p}K_S$ ist

$$\text{pH} = \text{p}K_S - \log \frac{[HX]}{[X^-]} = \text{p}K_S + \log \frac{[X^-]}{[HX]} \tag{17.8}$$

oder allgemein

$$\text{pH} = \text{p}K_S + \log \frac{[\text{Base}]}{[\text{Säure}]} \tag{17.9}$$

wobei [Säure] und [Base] für die Gleichgewichtskonzentrationen des konjugierten Säure-Base-Paars stehen. Beachten Sie, dass bei [Base] = [Säure], pH = pK_S ist.

Die ▶Gleichung 17.9 wird **Henderson-Hasselbalch-Gleichung** genannt. Diese Gleichung wird von Biologen, Biochemikern und anderen Wissenschaftlern, die mit Puffern arbeiten, oft zur Berechnung des pH-Werts eines Puffers verwendet. Bei der Berechnung von Gleichgewichten haben wir festgestellt, dass wir die Anteile der Säure und der Base des Puffers, die dissoziieren, normalerweise vernachlässigen können. Wir können daher im Allgemeinen einfach die Ausgangskonzentrationen der Säure und Base in Gleichung 17.9 einsetzen.

ÜBUNGSBEISPIEL 17.3 **Berechnung des pH-Werts eines Puffers**

Welchen pH-Wert hat ein Puffer mit 0,12 M Milchsäure (C$_3$H$_5$O$_3$H) und 0,10 M Natriumlactat? Der K_S-Wert von Milchsäure beträgt $K_S = 1{,}4 \times 10^{-4}$.

Lösung

Analyse: Wir sollen den pH-Wert eines Puffers aus Milchsäure (C$_3$H$_5$O$_3$H) und ihrer konjugierten Base, dem Lactation (C$_3$H$_5$O$_3^-$), berechnen.

Vorgehen: Wir bestimmen den pH-Wert mit Hilfe der in Abschnitt 17.1 beschriebenen Methode. Die Hauptbestandteile der Lösung sind C$_3$H$_5$O$_3$H, Na$^+$ und C$_3$H$_5$O$_3^-$. Das Na$^+$-Ion ist ein Zuschauerion. [H$^+$], und damit der pH-Wert, wird vom konjugierten Säure-Base-Paar C$_3$H$_5$O$_3$H–C$_3$H$_5$O$_3^-$ bestimmt. Wir können also [H$^+$] durch Aufstellen des Säuredissoziationsgleichgewichts von Milchsäure berechnen.

Lösung: Die Anfangs- und Gleichgewichtskonzentrationen der am Gleichgewicht beteiligten Stoffe sind

	$C_3H_5O_3H(aq)$	$\rightleftharpoons$	$H^+(aq)$	+	$C_3H_5O_3^-(aq)$
Anfang	0,12 M		0		0,10 M
Änderung	$-x$ M		$+x$ M		$+x$ M
Gleichgewicht	$(0,12 - x)$ M		x M		$(0,10 + x)$ M

Die Gleichgewichtskonzentrationen unterliegen dem folgenden Gleichgewichtsausdruck:

$$K_S = 1{,}4 \times 10^{-4} \text{ mol/l} = \frac{[H^+][C_3H_5O_3^-]}{[C_3H_5O_3H]} = \frac{x(0{,}10 + x)}{(0{,}12 - x)} \text{ mol/l}$$

Weil K_S klein ist und ein gemeinsames Ion vorliegt, sollte x im Vergleich zu 0,12 und 0,10 M klein sein. Wir können also die Gleichung vereinfachen und erhalten

$$K_S = 1{,}4 \times 10^{-4} \text{ mol/l} = \frac{x(0{,}10)}{0{,}12} \text{ mol/l}$$

Wenn wir die Gleichung nach x auflösen, erscheint die vorgenommene Näherung gerechtfertigt:

$$[H^+] = x = \left(\frac{0{,}12}{0{,}10}\right)(1{,}4 \times 10^{-4}) \text{ mol/l} = 1{,}7 \times 10^{-4} \text{ M}$$

$$pH = -\log(1{,}7 \times 10^{-4}) = 3{,}77$$

Alternativ hätten wir den pH-Wert auch direkt mit Hilfe der Henderson-Hasselbalch-Gleichung berechnen können:

$$pH = pK_S + \log\left(\frac{[\text{Base}]}{[\text{Säure}]}\right) = 3{,}85 + \log\left(\frac{0{,}10}{0{,}12}\right) = 3{,}85 + (-0{,}08) = 3{,}77$$

ÜBUNGSAUFGABE

Berechnen Sie den pH-Wert eines Puffers mit 0,12 M Benzoesäure und 0,20 M Natriumbenzoat. Sie finden die benötigten Konstanten in Anhang D.

Antwort: 4,42.

ÜBUNGSBEISPIEL 17.4 — Herstellung eines Puffers

Wie viel Mol NH_4Cl müssen zu 2,0 l einer 0,10 M NH_3-Lösung gegeben werden, um einen Puffer mit einem pH-Wert von 9,00 zu erhalten? Gehen Sie bei der Berechnung davon aus, dass sich das Volumen der Lösung durch die Zugabe von NH_4Cl nicht verändert.

Lösung

Analyse: Wir sollen die Menge des NH_4^+-Ions berechnen, die benötigt wird, um einen Puffer mit einem bestimmten pH-Wert herzustellen.

Vorgehen: Die Hauptbestandteile der Lösung sind NH_4^+, Cl^- und NH_3. Beim Cl^--Ion handelt es sich um ein Zuschauerion (die konjugierte Base einer starken Säure). Der pH-Wert der gepufferten Lösung wird also vom konjugierten Säure-Base-Paar NH_4^+–NH_3 bestimmt. Die Gleichgewichtsbeziehung zwischen NH_4^+ und NH_3 ergibt sich aus der Basenkonstante von NH_3:

$$NH_3(aq) + H_2O(l) \rightleftharpoons NH_4^+(aq) \qquad K_B = \frac{[NH_4^+][OH^-]}{[NH_3]} = 1{,}8 \times 10^{-5} \text{ mol/l}$$

Der Schlüssel zur Lösung dieser Aufgabe liegt darin, mit Hilfe dieses Ausdrucks von K_B $[NH_4^+]$ zu berechnen.

Lösung: Wir erhalten $[OH^-]$ aus dem angegebenen pH-Wert:

$$pOH = 14{,}00 - pH = 14{,}00 - 9{,}00 = 5{,}00$$

d.h. $[OH^-] = 1{,}0 \times 10^{-5}$ M.

Weil K_B klein ist und das gemeinsame Ion NH_4^+ vorliegt, ist die Gleichgewichtskonzentration von NH_3 im Wesentlichen gleich der Ausgangskonzentration:

$$[NH_3] = 0{,}10 \ M$$

Wir können damit den Ausdruck für K_B verwenden, um $[NH_4^+]$ zu berechnen:

$$[NH_4^+] = K_B \frac{[NH_3]}{[OH^-]} = (1{,}8 \times 10^{-5}) \ \text{mol/l} \ \frac{(0{,}10 \ M)}{(1{,}0 \times 10^{-5} \ M)} = 0{,}18 \ M$$

Um eine Lösung mit einem pH-Wert von 9,00 zu erhalten, muss die Konzentration von $[NH_4^+]$ also gleich 0,18 M sein. Die für diese Konzentration benötigte Stoffmenge von NH_4Cl ergibt sich aus dem Produkt des Volumens der Lösung und ihrer Molarität:

$$(2{,}0 \ l)(0{,}18 \ \text{mol} \ NH_4Cl/l) = 0{,}36 \ \text{mol} \ NH_4Cl$$

Anmerkung: Weil es sich bei NH_4^+ und NH_3 um ein konjugiertes Säure-Base-Paar handelt, könnten wir diese Aufgabe auch mit der Henderson-Hasselbalch-Gleichung lösen. Dazu berechnen wir zunächst mit Hilfe von Gleichung 16.41 den pK_S-Wert von NH_4^+ aus dem pK_B-Wert von NH_3. Führen Sie diese Berechnung eigenständig durch, um sich davon zu überzeugen, dass Sie die Henderson-Hasselbalch-Gleichung für Puffer verwenden können, für die Sie den K_B-Wert der konjugierten Base anstelle des K_S-Werts der konjugierten Säure kennen.

ÜBUNGSAUFGABE

Berechnen Sie die Konzentration an Natriumbenzoat, die in einer 0,20 M Benzoesäurelösung (C_6H_5COOH) vorhanden sein muss, um einen pH-Wert von 4,00 zu erhalten.

Antwort: 0,13 M.

Pufferkapazität und pH-Bereich

Die zwei wesentlichen Merkmale eines Puffers sind seine Kapazität und sein nutzbarer pH-Bereich. Bei der **Pufferkapazität** handelt es sich um die Säure- bzw. Basemenge, die ein Puffer binden kann, bevor sich sein pH-Wert wesentlich verändert. Die Pufferkapazität hängt von den Säure- und Basemengen ab, aus denen der Puffer besteht. Der pH-Wert des Puffers hängt vom K_S-Wert der Säure und den relativen Konzentrationen der Säure und Base ab, aus denen der Puffer besteht. Gemäß ▶Gleichung 17.5 ist der Wert von $[H^+]$ von 1 l einer 1 M CH_3COOH- und 1 M $NaCH_3COO$-Lösung gleich dem Wert von $[H^+]$ von 1 l einer 0,1 M CH_3COOH- und 0,1 M $NaCH_3COO$-Lösung. Die erste Lösung hat jedoch eine größere Pufferkapazität, weil sie größere Mengen an CH_3COOH und CH_3COO^- enthält. Je größer die Menge des konjugierten Säure-Base-Paars ist, desto unempfindlicher ist der Puffer gegenüber einer Säure- oder Basenzugabe und damit gegenüber einer Änderung seines pH-Werts.

Der **pH-Bereich** eines Puffers ist der pH-Bereich, über den der Puffer effektiv arbeitet. Puffer wirken einer Änderung des pH-Werts in *beiden* Richtungen am effektivsten entgegen, wenn die Konzentrationen der schwachen Säure und ihrer konjugierten Base ungefähr gleich groß sind. Aus ▶Gleichung 17.9 ergibt sich, dass bei einer gleichen Konzentration der schwachen Säure und ihrer konjugierten Base pH = pK_S ist. Diese Beziehung gibt den optimalen pH-Wert eines Puffers an. Bei der Auswahl eines Puffers achten wir daher normalerweise darauf, dass sein pK_S-Wert nahe am gewünschten pH-Wert liegt. Für praktische Anwendungen gilt, dass bei einer mehr als 10-mal höheren Konzentration eines Bestandteils gegenüber dem anderen Bestandteil eines Puffers die Pufferwirkung schlecht ist. Weil log 10 = 1 ist, liegt der verwendbare Wirkungsbereich eines Puffers normalerweise innerhalb eines Intervalls ±1 pH-Einheiten um pK_S.

> **? DENKEN SIE EINMAL NACH**
>
> Bei welchem pH-Wert arbeitet ein Puffer aus CH_3COOH und $NaCH_3COO$ am effektivsten? Der K_S-Wert von CH_3COOH ist $1{,}8 \times 10^{-5}$ mol/l.

17.2 Gepufferte Lösungen

Zugabe von starken Säuren oder Basen zu Puffern

Wir werden im Folgenden die Reaktion einer gepufferten Lösung auf die Zugabe einer starken Säure oder Base quantitativ betrachten. Um derartige Aufgaben zu lösen, ist es wichtig, sich bewusst zu machen, dass Reaktionen zwischen starken Säuren und schwachen Basen und Reaktionen zwischen starken Basen und schwachen Säuren nahezu vollständig ablaufen. Solange wir also die Pufferkapazität des Puffers nicht überschreiten, können wir davon ausgehen, dass die starke Säure oder Base vollständig mit dem Puffer reagiert.

Betrachten Sie einen Puffer, der aus einer schwachen Säure HX und ihrer konjugierten Base X$^-$ besteht. Wenn wir zu diesem Puffer eine starke Säure geben, werden die hinzugefügten H$^+$-Ionen vollständig von X$^-$ verbraucht, [HX] nimmt also zu, während [X$^-$] abnimmt. Wenn wir zu diesem Puffer eine starke Base geben, werden die hinzugefügten OH$^-$-Ionen vollständig von HX verbraucht. Es entsteht X$^-$, so dass [HX] ab- und [X$^-$] zunimmt. Diese beiden Fälle sind in Abbildung 17.2 zusammengefasst.

Um zu berechnen, wie sich der pH-Wert des Puffers bei der Zugabe einer starken Säure oder Base verändert, gehen wir auf die in ▶ Abbildung 17.3 dargestellte Weise vor:

Abbildung 17.3: Berechnung des pH-Werts eines Puffers nach Hinzufügen von Säure oder Base. Betrachten Sie zunächst, welchen Einfluss die Neutralisationsreaktion zwischen der hinzugefügten starken Säure oder starken Base und dem Puffer auf die Zusammensetzung des Puffers hat (stöchiometrische Berechnung). Berechnen Sie anschließend den pH-Wert des sich ergebenden Puffers (Gleichgewichtsberechnung). Solange die Menge der hinzugefügten Säure oder Base die Pufferkapazität nicht übersteigt, kann die Gleichgewichtsberechnung mit Hilfe der Henderson-Hasselbalch-Gleichung (Gleichung 17.9) durchgeführt werden.

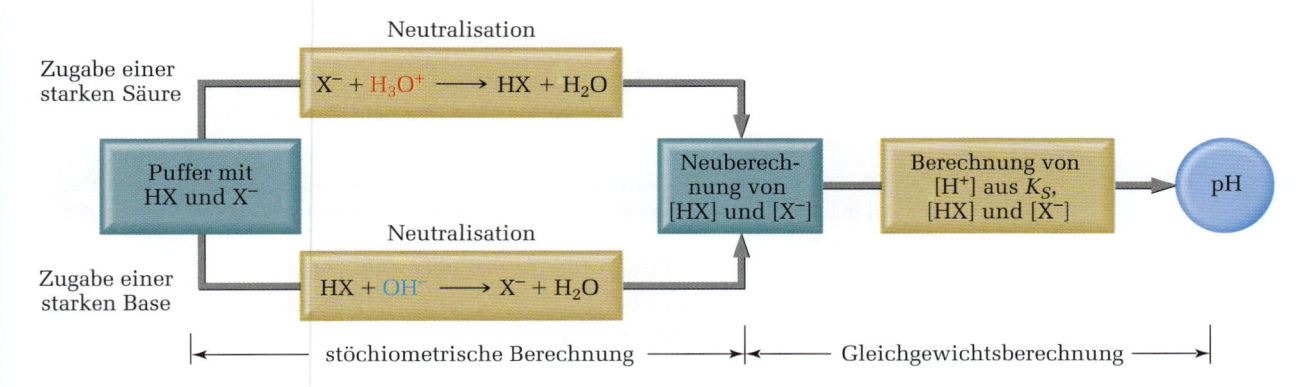

1 Betrachten Sie die Säure-Base-Neutralisationsreaktion und bestimmen Sie ihre Auswirkungen auf [HX] und [X$^-$]. Dieser erste Schritt wird *stöchiometrische Berechnung* genannt.

2 Berechnen Sie mit Hilfe von K_S und den in Schritt 1 berechneten neuen Konzentrationen von [HX] und [X$^-$] den Wert von [H$^+$]. Bei diesem zweiten Schritt handelt es sich um eine gewöhnliche *Gleichgewichtsberechnung*, die am einfachsten mit Hilfe der Henderson-Hasselbalch-Gleichung durchgeführt werden kann.

Die vollständige Vorgehensweise wird in Übungsbeispiel 17.5 verdeutlicht.

ÜBUNGSBEISPIEL 17.5 — Berechnung der Änderung des pH-Werts eines Puffers

Ein Puffer wird hergestellt, indem zu 0,300 mol CH$_3$COOH und 0,300 mol Na CH$_3$COO so viel Wasser gegeben wird, dass 1,00 l Lösung entsteht. Der pH-Wert des Puffers beträgt 4,74 (Übungsbeispiel 17.1). **(a)** Berechnen Sie den pH-Wert der Lösung nach Zugabe von 0,020 mol NaOH. **(b)** Berechnen Sie zum Vergleich den pH-Wert, der sich einstellen würde, wenn man 0,020 mol NaOH zu 1,00 l reinem Wasser geben würde (vernachlässigen Sie auftretende Volumenänderungen).

Lösung

Analyse: Wir sollen den pH-Wert eines Puffers bestimmen, der sich nach Zugabe einer kleinen Menge einer starken Base einstellt und die Änderung des pH-Werts mit dem pH-Wert vergleichen, der sich einstellen würde, wenn wir die gleiche Menge der starken Base zu reinem Wasser geben würden.

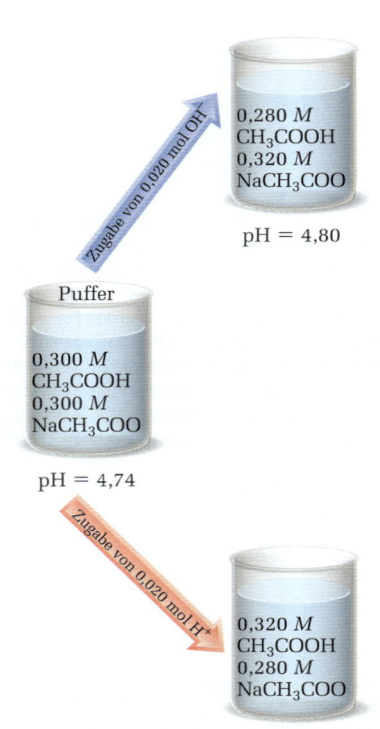

Vorgehen:
(a) Wir gehen bei der Lösung der Aufgabe auf die in Abbildung 17.3 beschriebene Weise vor. Zunächst müssen wir also eine stöchiometrische Berechnung durchführen, um zu bestimmen, wie das hinzugefügte OH^- mit dem Puffer reagiert und welche Auswirkungen sich daraus auf seine Zusammensetzung ergeben. Anschließend können wir mit Hilfe der neuen Zusammensetzung des Puffers und der Henderson-Hasselbalch-Gleichung oder mit dem Ausdruck für die Gleichgewichtskonstante des Puffers dessen pH-Wert berechnen.

Lösung: *Stöchiometrische Berechnung:* Wir nehmen an, dass das im NaOH vorhandene OH^- vollständig vom schwachen sauren Bestandteil des Puffers CH_3COOH verbraucht wird. Wir können eine Tabelle anfertigen, anhand derer wir erkennen, welche Auswirkungen diese Reaktion auf die Zusammensetzung des Puffers hat. Eine kompaktere Schreibweise besteht jedoch darin, die vor der Reaktion vorhandenen Stoffmengen der einzelnen Stoffe oberhalb und die nach der Reaktion vorhandenen Stoffmengen unterhalb der Gleichung aufzuschreiben. Vor der Reaktion, in der das hinzugefügte Hydroxid von der Essigsäure verbraucht wird, liegen je 0,300 mol Essigsäure und Acetat sowie 0,020 mol Hydroxid vor.

Vor der Reaktion: 0,300 mol   0,020 mol   0,300 mol
$$CH_3COOH(aq) + OH^-(aq) \longrightarrow H_2O(l) + CH_3COO^-(aq)$$

Weil die Menge des hinzugefügten OH^- kleiner ist als die vorhandene Menge CH_3COOH, wird das hinzugefügte OH^- vollständig verbraucht. Gleichzeitig werden entsprechende Mengen an CH_3COOH verbraucht und an CH_3COO^- gebildet. Wir schreiben die nach der Reaktion vorliegenden Mengen unterhalb der Gleichung auf.

Vor der Reaktion: 0,300 mol   0,020 mol   0,300 mol
$$CH_3COOH(aq) + OH^-(aq) \longrightarrow H_2O(l) + CH_3COO^-(aq)$$
Nach der Reaktion: 0,280 mol   0 mol   0,320 mol

Gleichgewichtsberechnung: Jetzt richten wir unsere Aufmerksamkeit auf das Gleichgewicht, durch das der pH-Wert des Puffers bestimmt wird. Es handelt sich um die Dissoziation der Essigsäure.

$$CH_3COOH(aq) \rightleftharpoons H^+(aq) + CH_3COO^-(aq)$$

Wir können den pH-Wert bestimmen, indem wir die im Puffer verbleibenden Mengen an CH_3COOH und CH_3COO^- in die Henderson-Hasselbalch-Gleichung einsetzen.

$$pH = 4{,}74 + \log \frac{0{,}320 \text{ mol}/1{,}00 \text{ l}}{0{,}280 \text{ mol}/1{,}00 \text{ l}} = 4{,}80$$

Anmerkung: Beachten Sie, dass wir anstelle der Konzentrationen auch die Stoffmengen in die Henderson-Hasselbalch-Gleichung einsetzen könnten. Dies würde zum gleichen Ergebnis führen. Die Volumina der Säure und der Base sind gleich groß und kürzen sich heraus.

Bei einer Zugabe von 0,020 mol H^+ zum Puffer könnten wir die Berechnung des sich im Puffer einstellenden pH-Werts auf ähnliche Weise durchführen. In diesem Fall nimmt der pH-Wert um 0,06 Einheiten ab, so dass sich, wie in der Abbildung am Seitenrand gezeigt, ein pH-Wert von 4,68 einstellt.

(b) Um den pH-Wert einer Lösung von 0,020 mol NaOH in 1,00 l reinem Wasser zu bestimmen, können wir zunächst mit Hilfe von Gleichung 16.18 den pOH-Wert berechnen und diesen anschließend von 14 abziehen.

$$pH = 14 - (-\log 0{,}020) = 12{,}30$$

Beachten Sie, dass bereits eine kleine Menge an NaOH ausreicht, um den pH-Wert des Wassers wesentlich zu verändern. In der gepufferten Lösung bleibt der pH-Wert dagegen nahezu unverändert.

ÜBUNGSAUFGABE

Bestimmen Sie **(a)** den pH-Wert des in Übungsbeispiel 17.5 beschriebenen Puffers nach Zugabe von 0,020 mol HCl und **(b)** den pH-Wert einer Lösung von 0,020 mol HCl in 1,00 l reinem Wasser.

Antworten: (a) 4,68; **(b)** 1,70.

Chemie und Leben ■ Blut als gepufferte Lösung

Viele in lebenden Systemen auftretende chemische Reaktionen sind gegenüber Änderungen des pH-Werts äußerst empfindlich. Viele Enzyme, die wichtige biochemische Reaktionen katalysieren, sind z. B. nur in einem engen pH-Bereich wirksam. Aus diesem Grund verfügt der menschliche Körper über ein bemerkenswert komplexes System an Puffern. Puffer kommen sowohl in den Gewebezellen als auch in den Flüssigkeiten, die Zellen transportieren, zum Einsatz. Blut – die Flüssigkeit, durch die der gesamte Körper mit Sauerstoff versorgt wird (▶ Abbildung 17.4) – ist eines der bekanntesten Beispiele für die Bedeutung von Puffern in lebenden Organismen.

Menschliches Blut ist mit einem pH-Wert im Bereich von 7,35 bis 7,45 leicht basisch. Jegliche Abweichung von diesem normalen pH-Bereich kann verheerende Auswirkungen auf die Stabilität von Zellmembranen, die Struktur von Proteinen und die Aktivität von Enzymen haben. Sollte der pH-Wert auf unter 6,8 abfallen oder auf über 7,8 ansteigen, kann dies zum Tod führen. Ein Absinken des pH-Werts auf einen Wert unterhalb von 7,35 wird *Azidose* und ein Ansteigen auf einen Wert oberhalb von 7,45 *Alkalose* genannt. Die Azidose tritt häufiger auf, weil im Körper in vielen Metabolismen verschiedene Säuren entstehen.

Bei dem hauptsächlich für die Einstellung des pH-Werts im Blut verantwortlichen Puffersystem handelt es sich um einen Kohlensäure-Hydrogencarbonat-Puffer. Kohlensäure (H_2CO_3) und Hydrogencarbonat (HCO_3^-) sind ein konjugiertes Säure-Base-Paar. Zudem kann Kohlensäure in gasförmiges Kohlendioxid und Wasser zerfallen. Die wichtigsten Gleichgewichte dieses Puffersystems lauten

$$H^+(aq) + HCO_3^-(aq) \rightleftharpoons H_2CO_3(aq) \rightleftharpoons H_2O(l) + CO_2(g) \quad (17.10)$$

Diese Gleichgewichte haben mehrere bemerkenswerte Eigenschaften. Zum einen handelt es sich bei Kohlensäure um eine zweibasige Säure, das Carbonation (CO_3^{2-}) ist jedoch für das System nicht von Bedeutung. Zum anderen ist ein Bestandteil des Gleichgewichts ein Gas (CO_2), durch das der Organismus über einen Mechanismus verfügt, in die Gleichgewichte einzugreifen. CO_2 kann durch Ausatmen entfernt werden, wodurch H^+-Ionen verbraucht werden. Eine weitere bemerkenswerte Eigenschaft ist, dass das Puffersystem im Blut bei einem pH-Wert von 7,4 arbeitet. Dieser Wert ist relativ weit vom pK_{S1}-Wert von H_2CO_3 entfernt (6,1 bei physiologischen Temperaturen). Um einen pH-Wert von 7,4 zu erreichen, muss das Verhältnis [Base]/[Säure] einen Wert von etwa 20 haben. In normalem Blutplasma betragen die Konzentrationen von HCO_3^- und H_2CO_3 etwa 0,024 M und 0,0012 M. Der Puffer hat also eine hohe Kapazität zur Neutralisation von überschüssiger Säure, jedoch nur eine geringe Kapazität zur Neutralisation von überschüssiger Base.

Der pH-Wert des Kohlensäure-Hydrogencarbonat-Puffersystems wird vor allem von der Lunge und den Nieren reguliert. Einige der Rezeptoren im Gehirn sind gegenüber den Konzentrationen von H^+ und CO_2 in Körperflüssigkeiten empfindlich. Bei einem Anstieg der CO_2-Konzentration reagieren die Gleichgewichte der ▶ Gleichung 17.10, so dass mehr H^+ gebildet wird. Die Rezeptoren lösen daraufhin einen Reflex aus, der zu einer schnelleren und tieferen Atmung führt. Auf diese Weise wird das CO_2 schneller aus der Lunge entfernt und die Gleichgewichte reagieren entgegengesetzt. Die Nieren nehmen H^+ und HCO_3^- entweder auf oder geben diese Stoffe ab. Ein Großteil der überschüssigen Säure wird vom Körper im Urin ausgeschieden, der normalerweise einen pH-Wert von 5,0 bis 7,0 hat.

Die Regulierung des pH-Werts des Blutplasmas hängt direkt mit dem Transport von O_2 in das Körpergewebe zusammen. Sauerstoff wird vom Protein Hämoglobin transportiert, das ein Bestandteil der roten Blutkörperchen ist. Hämoglobin (Hb) kann H^+ und O_2 reversibel binden. Beide Substanzen konkurrieren um das vorhandene Hb. Diese Konkurrenzsituation kann durch das folgende Gleichgewicht ausgedrückt werden:

$$HbH^+ + O_2 \rightleftharpoons HbO_2 + H^+ \quad (17.11)$$

Sauerstoff gelangt über die Lungen ins Blut, wird dort von den roten Blutkörperchen aufgenommen und an Hb gebunden. Wenn das Blut in Gewebebereiche gelangt, in denen die Konzentration von O_2 niedrig ist, reagiert das Gleichgewicht der ▶ Gleichung 17.11 nach links, so dass O_2 freigegeben wird. Ein Anstieg der H^+-Ionenkonzentration (Absinken des pH-Werts im Blut) führt wie auch ein Anstieg der Temperatur zu einer Reaktion des Gleichgewichts nach links.

In Zeiten großer körperlicher Anstrengungen wird die O_2-Versorgung der aktiven Gewebebereiche durch das Zusammenwirken von drei Faktoren sichergestellt: (1) Durch den Verbrauch von O_2 reagiert das Gleichgewicht der Gleichung 17.11 gemäß dem Prinzip von Le Châtelier nach links. (2) Eine Anstrengung führt zu einem Anstieg der Körpertemperatur, wodurch das Gleichgewicht ebenfalls nach links reagiert. (3) Der Körper bildet große Mengen CO_2, wodurch das Gleichgewicht der Gleichung 17.10 nach links reagiert und der pH-Wert abnimmt. Während großer körperlicher Anstrengungen bildet der Körper bei einem großen Sauerstoffbedarf der Zellen zudem weitere Säuren (z. B. Milchsäure). Bei Abnahme des pH-Werts reagiert das Hämoglobingleichgewicht nach links, so dass mehr O_2 bereitgestellt werden kann. Zudem führt eine Abnahme des pH-Werts zu einer schnelleren Atmung, wodurch mehr O_2 aufgenommen und CO_2 entfernt wird. Ohne diese zusammenwirkenden Faktoren würde die Konzentration von O_2 im Gewebe rasch absinken, so dass weitere körperliche Tätigkeiten unmöglich wären.

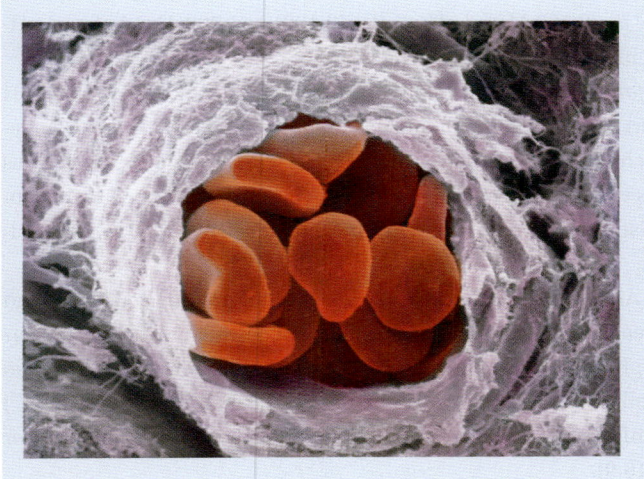

Abbildung 17.4: Rote Blutkörperchen. Rasterelektronenmikroskop-Aufnahme einer Gruppe roter Blutkörperchen auf dem Weg durch eine Seitenarterie. Blut ist eine gepufferte Lösung, deren pH-Wert zwischen 7,35 und 7,45 liegt.

17 Weitere Aspekte von Gleichgewichten in wässriger Lösung

Säure-Base-Titrationen 17.3

Wir haben uns im Abschnitt 4.6 bereits kurz mit *Titrationen* auseinander gesetzt. In einer Säure-Base-Titration wird eine basische Lösung einer bekannten Konzentration langsam zu einer Säure hinzugefügt (oder umgekehrt). Zur Anzeige des *Äquivalenzpunkts* (des Punkts, an dem äquivalente Mengen an Säure und Base vorliegen) können Säure-Base-Indikatoren verwendet werden. Alternativ lässt sich zur Beobachtung des Verlaufs der Reaktion auch ein pH-Meter verwenden, mit dem eine **pH-Titrationskurve** aufgezeichnet werden kann. Dabei handelt es sich um einen Graphen, in dem der pH-Wert als Funktion des hinzugefügten Volumens des Titranten dargestellt wird. Der Äquivalenzpunkt der Titration kann anhand der Form der Titrationskurve bestimmt werden. Ebenso können anhand der Titrationskurve geeignete Indikatoren ausgewählt und der K_S-Wert einer schwachen Säure bzw. der K_B-Wert einer schwachen Base bestimmt werden.

In ▶ Abbildung 17.5 ist eine typische Vorrichtung zur Messung des pH-Werts während einer Titration dargestellt. Der Titrant wird der Lösung aus einer Bürette hinzugefügt und der pH-Wert mit einem pH-Meter kontinuierlich überwacht. Um zu verstehen, warum Titrationskurven bestimmte charakteristische Formen haben, werden wir im Folgenden drei verschiedene Titrationsarten genauer betrachten: (1) starke Säure – starke Base, (2) schwache Säure – starke Base und (3) mehrbasige Säure – starke Base. Wir werden uns zudem kurz überlegen, welchen Einfluss die Verwendung einer schwachen Base auf die Kurven hätte.

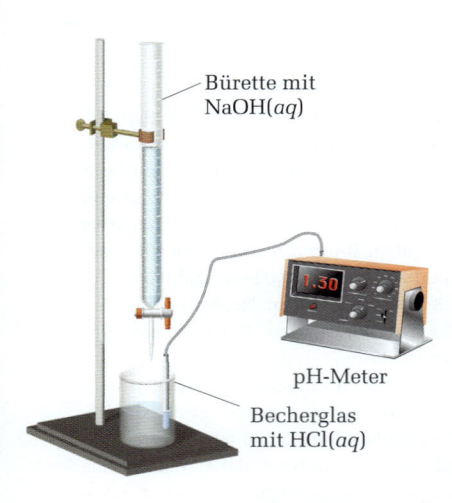

Abbildung 17.5: Messung des pH-Werts während einer Titration. Typischer Versuchsaufbau für die Verwendung eines pH-Meters zur Aufnahme einer Titrationskurve. In diesem Fall wird mit einer Bürette eine NaOH-Standardlösung (Titrant) zu einer HCl-Lösung gegeben. Um eine homogene Durchmischung sicherzustellen, wird die HCl-Lösung gerührt.

Bürette mit NaOH(aq)

pH-Meter

Becherglas mit HCl(aq)

> **? DENKEN SIE EINMAL NACH**
>
> Nimmt der pH-Wert in der Abbildung 17.5 bei Zugabe des Titranten zu oder ab?

Säure-Base-Titrationen

Titrationen einer starken Säure mit einer starken Base

Die Titrationskurve, die entsteht, wenn eine starke Säure mit einer starken Base titriert wird, hat die in ▶ Abbildung 17.6 dargestellte Form. In dieser Kurve ist die pH-Änderung dargestellt, die auftritt, wenn eine 0,100 M NaOH-Lösung zu 50,0 ml einer 0,100 M HCl-Lösung gegeben wird. Der pH-Wert kann zu verschiedenen Zeitpunkten der Titration berechnet werden. Um diese Berechnungen besser zu verstehen, unterteilen wir die Kurve in vier Bereiche:

1 *Anfangs-pH-Wert:* Der pH-Wert der Lösung vor dem Hinzufügen der Base wird durch die Ausgangskonzentration der starken Säure bestimmt. Bei einer 0,100 M HCl-Lösung ist [H$^+$] = 0,100 M und pH = $-\log(0,100)$ = 1,000. Der Anfangs-pH-Wert ist also sehr niedrig.

2 *Zwischen dem Anfangs-pH-Wert und dem Äquivalenzpunkt:* Bei Zugabe von NaOH nimmt der pH-Wert zunächst langsam und anschließend in der Nähe des Äquivalenzpunkts sehr schnell zu. Der pH-Wert der Lösung wird vor dem Erreichen des Äquivalenzpunkts von der Konzentration der Säure bestimmt, die noch nicht neutralisiert worden ist. Diese Berechnung wird in Übungsbeispiel 17.6 (a) beispielhaft durchgeführt.

3 *Äquivalenzpunkt:* Am Äquivalenzpunkt haben gleiche Stoffmengen von NaOH und HCl miteinander reagiert, so dass lediglich eine Lösung des entsprechenden Salzes NaCl vorliegt. Der pH-Wert der Lösung ist 7,00, weil weder das Kation einer starken Base (in diesem Fall Na$^+$) noch das Anion einer starken Säure (in diesem Fall Cl$^-$) den pH-Wert beeinflussen. Der pH-Wert entspricht also dem von reinem Wasser (siehe Abschnitt 16.9).

4 *Nach dem Äquivalenzpunkt:* Der pH-Wert der Lösung nach dem Äquivalenzpunkt wird durch die Konzentration des in der Lösung vorhandenen überschüssigen NaOH bestimmt. Diese Berechnung wird anhand von Übungsbeispiel 17.6 (b) deutlich.

17.3 Säure-Base-Titrationen

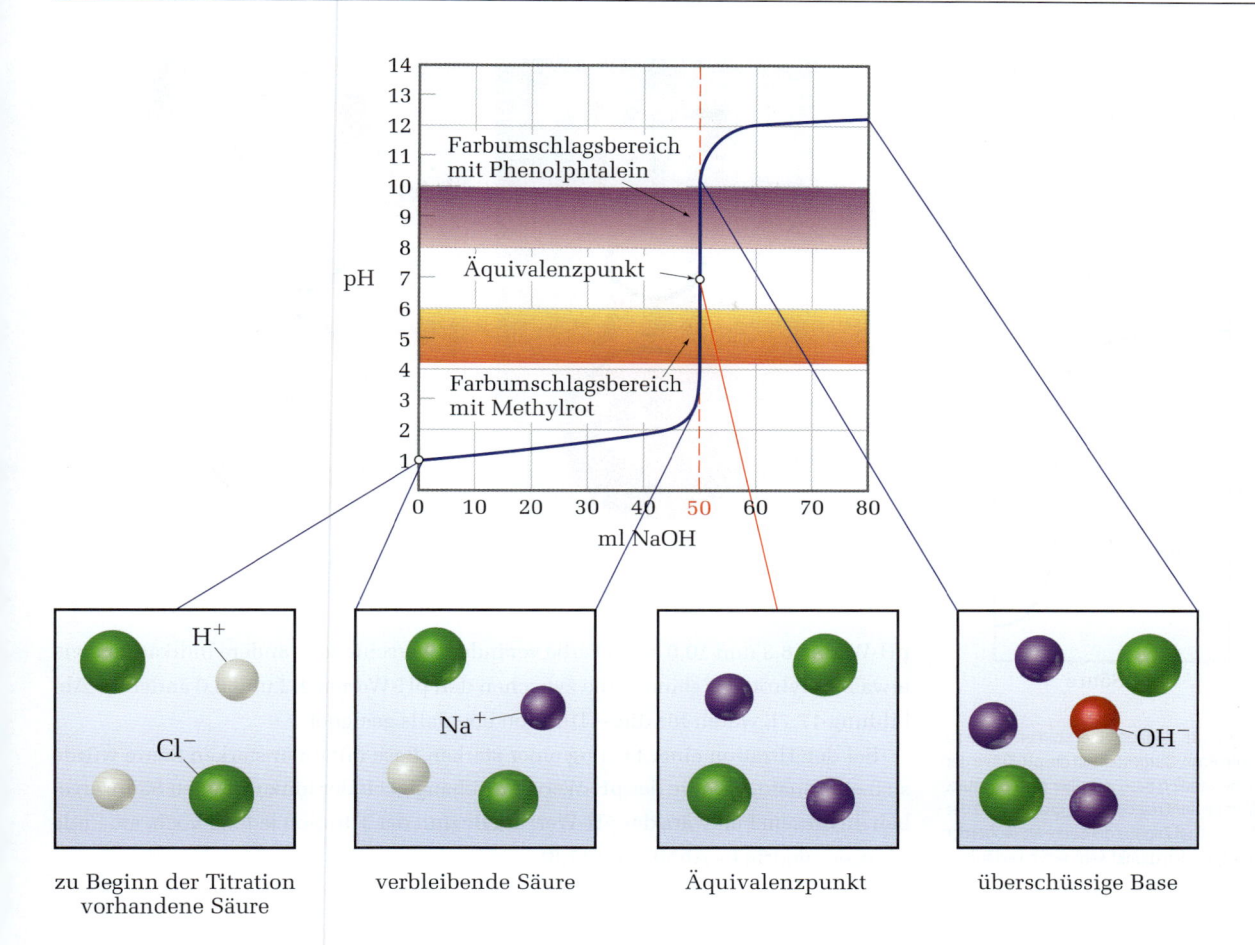

Abbildung 17.6: Zugabe einer starken Base zu einer starken Säure. Dargestellt ist die pH-Kurve der Titration von 50,0 ml einer 0,100 M-Lösung einer starken Säure mit einer 0,100 M-Lösung einer starken Base. In diesem Fall handelt es sich bei der Säure um HCl und bei der Base um NaOH. Der pH-Wert beginnt mit dem sehr kleinen Wert der Säure und steigt bei Zugabe der Base an, wobei der Anstieg am Äquivalenzpunkt sehr rasch verläuft. Sowohl Phenolphtalein als auch Methylrot ändern am Äquivalenzpunkt ihre Farbe. Aus Gründen der Übersichtlichkeit sind in der Moleküldarstellung keine Wassermoleküle abgebildet.

Im optimalen Fall sollte ein Indikator seine Farbe am Äquivalenzpunkt einer Titration ändern. In der Praxis ist dies jedoch nicht notwendig. Der pH-Wert ändert sich am Äquivalenzpunkt sehr schnell. In diesem Bereich kann ein Tropfen Titrant den pH-Wert um mehrere Einheiten verändern. Jeder Indikator, dessen Farbe sich innerhalb dieses Bereichs mit einem steilen Anstieg der Titrationskurve verändert, eignet sich daher dafür, das Volumen des zum Erreichen des Äquivalenzpunkts benötigten Titranten mit ausreichender Genauigkeit zu messen. Der Punkt der Titration, an dem der Indikator seine Farbe verändert, wird im Unterschied zum tatsächlichen Äquivalenzpunkt, der normalerweise nahe an diesem liegt, *Endpunkt* genannt.

In Abbildung 17.6 ist zu erkennen, dass sich der pH-Wert in der Nähe des Äquivalenzpunkts sehr schnell von etwa 4 zu etwa 10 verändert. Ein Indikator für diese Titration einer starken Säure mit einer starken Base kann seine Farbe also irgendwo in diesem Bereich verändern. Die meisten Titrationen, an denen eine starke Säure und eine starke Base beteiligt sind, werden mit Phenolphthalein als Indikator durchgeführt (Abbildung 4.19), das in diesem Bereich einen deutlich zu erkennenden Farbumschlag aufweist. Aus der Abbildung 17.6 erkennen wir, dass Phenolphthalein zwischen den

Abbildung 17.7: Methylrotindikator. Farbumschlag einer Lösung mit Methylrot im pH-Bereich 4,2 bis 6,3. Die charakteristische saure Farbe ist in (a), die charakteristische basische Farbe in (b) dargestellt.

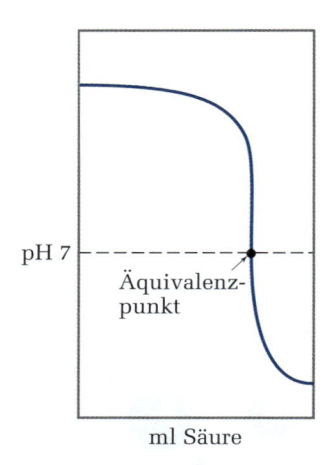

(a) (b)

Abbildung 17.8: Zugabe einer starken Säure zu einer starken Base. Dargestellt ist die pH-Kurve der Titration einer starken Base mit einer starken Säure. Der pH-Wert beginnt mit dem sehr großen Wert der Base und nimmt bei Zugabe der Säure ab, wobei der Abfall am Äquivalenzpunkt sehr rasch verläuft.

pH-Werten 8,3 und 10,0 seine Farbe verändert. Verschiedene andere Indikatoren wie etwa Methylrot, das seine Farbe zwischen den pH-Werten 4,2 und 6,0 ändert (▶ Abbildung 17.7), wären für diese Titration ebenfalls geeignet.

Bei der Titration einer Lösung einer starken Base mit einer starken Säure würde sich eine analoge Kurve des pH-Werts in Abhängigkeit der hinzugefügten Säure ergeben. In diesem Fall wäre der pH-Wert am Beginn der Titration jedoch hoch, am Ende dagegen niedrig (▶ Abbildung 17.8).

ÜBUNGSBEISPIEL 17.6 — Berechnung des pH-Werts der Titration einer starken Säure mit einer starken Base

Berechnen Sie den pH-Wert von 50,0 ml einer 0,100 M HCl-Lösung, zu der die folgenden Mengen einer 0,100 M NaOH-Lösung hinzugefügt werden: **(a)** 49,0 ml, **(b)** 51,0 ml.

Lösung

Analyse: Wir sollen den pH-Wert einer starken Säure mit einer starken Base zu zwei Zeitpunkten der Titration bestimmen. Der erste Punkt ist kurz vor dem Äquivalenzpunkt, so dass der pH-Wert von der kleinen verbleibenden Menge der starken Säure, die noch nicht neutralisiert worden ist, abhängen sollte. Der zweite Punkt ist kurz nach dem Äquivalenzpunkt, so dass der pH-Wert von der kleinen Menge der überschüssigen starken Base abhängen sollte.

Vorgehen: (a) Wenn eine NaOH-Lösung zu einer HCl-Lösung hinzugefügt wird, reagiert H$^+$(aq) mit OH$^-$(aq) zu H$_2$O. Sowohl Na$^+$ als auch Cl$^-$ sind Zuschauerionen, die keine nennenswerten Auswirkungen auf den pH-Wert haben. Um den pH-Wert der Lösung zu bestimmen, müssen wir zunächst feststellen, welche Stoffmenge von H$^+$ ursprünglich vorhanden war und welche Stoffmenge von OH$^-$ zur Lösung hinzugefügt worden ist. Anschließend können wir berechnen, welche Stoffmengen der jeweiligen Ionen nach der Neutralisationsreaktion vorliegen. Um [H$^+$], und damit den pH-Wert zu bestimmen, müssen wir berücksichtigen, dass das Volumen der Lösung bei Zugabe des Titranten zunimmt, die Konzentration des gelösten Stoffes also verdünnt wird.

Lösung: Die ursprünglich in der HCl-Lösung vorhandene Stoffmenge von H$^+$ ergibt sich aus dem Produkt des Volumens der Lösung (50,0 ml = 0,0500 l) und ihrer Molarität (0,100 M):

$$(0{,}0500 \text{ l Lösung})\left(\frac{0{,}100 \text{ mol H}^+}{1 \text{ l Lösung}}\right) = 5{,}00 \times 10^{-3} \text{ mol H}^+$$

Analog ist die Stoffmenge von OH$^-$ in 49,0 ml einer 0,100 M NaOH-Lösung gleich

$$(0{,}0490 \text{ l Lösung})\left(\frac{0{,}100 \text{ mol OH}^-}{1 \text{ l Lösung}}\right) = 4{,}90 \times 10^{-3} \text{ mol OH}^-$$

Weil wir uns noch vor dem Äquivalenzpunkt befinden, ist die Stoffmenge von H$^+$ größer als die Stoffmenge von OH$^-$. Ein Mol OH$^-$ reagiert genau mit einem Mol H$^+$. Wenn wir die in Übungsbeispiel 17.5 eingeführte Schreibweise verwenden, erhalten wir

	Vor der Reaktion:	$5{,}00 \times 10^{-3}$ mol		$4{,}90 \times 10^{-3}$ mol		
		$H^+(aq)$	+	$OH^-(aq)$	$\longrightarrow$	$H_2O(l)$
	Nach der Reaktion:	$0{,}10 \times 10^{-3}$ mol		$0{,}00$ mol		

Während der Titration nimmt das Volumen des Reaktionsgemisches zu, weil NaOH-Lösung zur HCl-Lösung gegeben wird. An diesem Punkt der Titration hat die Lösung ein Volumen von 50,0 ml + 49,0 ml = 99,0 ml. Wir nehmen an, dass sich das Gesamtvolumen aus der Summe der Volumina der Säure und der Base ergibt. Die Konzentration von $H^+(aq)$ ist also gleich

$$[H^+] = \frac{\text{Mol } H^+(aq)}{\text{Volumen }(l)} = \frac{0{,}10 \times 10^{-3} \text{ mol}}{0{,}09900 \text{ l}} \approx 1{,}0 \times 10^{-3} \, M$$

Der entsprechende pH-Wert ist gleich

$$-\log(1{,}0 \times 10^{-3}) = 3{,}00$$

Vorgehen: (b) Wir gehen auf dieselbe Weise vor wie in Teil (a), befinden uns jetzt jedoch bereits hinter dem Äquivalenzpunkt, so dass mehr OH^- als H^+ in der Lösung vorliegt. Wie zuvor ergeben sich die Anfangsstoffmengen der einzelnen Reaktanten aus ihren Volumina und Konzentrationen. Der Reaktant, der in der kleineren Menge vorliegt (der limitierende Reaktant) wird vollständig verbraucht, so dass in diesem Fall Hydroxidionen zurückbleiben.

Lösung:

	Vor der Reaktion:	$5{,}00 \times 10^{-3}$ mol		$5{,}10 \times 10^{-3}$ mol		
		$H^+(aq)$	+	$OH^-(aq)$	$\longrightarrow$	$H_2O(l)$
	Nach der Reaktion:	$0{,}00$ mol		$0{,}10 \times 10^{-3}$ mol		

In diesem Fall ist das Gesamtvolumen der Lösung gleich

$$50{,}0 \text{ ml} + 51{,}0 \text{ ml} = 101{,}0 \text{ ml} = 0{,}1010 \text{ l}$$

Die Konzentration von $OH^-(aq)$ in der Lösung ist also gleich

$$[OH^-] = \frac{\text{Mol } OH^-(aq)}{\text{Lösung }(l)} = \frac{0{,}10 \times 10^{-3} \text{ mol}}{0{,}1010 \text{ l}} \approx 1{,}0 \times 10^{-3} \, M$$

Der pOH-Wert der Lösung ist gleich

$$pOH = -\log(1{,}0 \times 10^{-3}) = 3{,}00$$

und der pH-Wert gleich

$$pH = 14{,}00 - pOH = 14{,}00 - 3{,}00 = 11{,}00$$

ÜBUNGSAUFGABE

Berechnen Sie den pH-Wert von 25,0 ml einer 0,100 M KOH-Lösung, zu der die folgenden Mengen einer 0,100 M HNO_3-Lösung hinzugefügt werden: **(a)** 24,9 ml; **(b)** 25,1 ml.

Antworten: **(a)** 10,30; **(b)** 3,70.

Titrationen einer schwachen Säure mit einer starken Base

Die Kurve der Titration einer schwachen Säure mit einer starken Base sieht der Kurve der Titration einer starken Säure mit einer starken Base sehr ähnlich. Betrachten Sie z. B. die in ▶ Abbildung 17.9 dargestellte Titrationskurve der Titration von 50,0 ml einer 0,100 M Essigsäurelösung (CH_3COOH) mit einer 0,100 M NaOH-Lösung. Wir können den pH-Wert mit Hilfe der zuvor behandelten Methoden an verschiedenen Punkten entlang der Kurve berechnen. Wie im Fall der Titration einer starken Säure mit einer starken Base lässt sich die Kurve in vier Bereiche unterteilen:

1 *Anfangs-pH-Wert:* Dieser pH-Wert ist einfach der pH-Wert einer 0,100 M CH_3COOH-Lösung. Wir haben derartige Berechnungen in Abschnitt 16.6 bereits durchgeführt. Der berechnete pH-Wert einer 0,100 M CH_3COOH-Lösung ist 2,89.

2 *Zwischen dem Anfangs-pH-Wert und dem Äquivalenzpunkt:* Um den pH-Wert in diesem Bereich zu bestimmen, müssen wir die Neutralisation der Säure betrachten.

$$CH_3COOH(aq) + OH^-(aq) \longrightarrow CH_3COO^-(aq) + H_2O(l) \qquad (17.12)$$

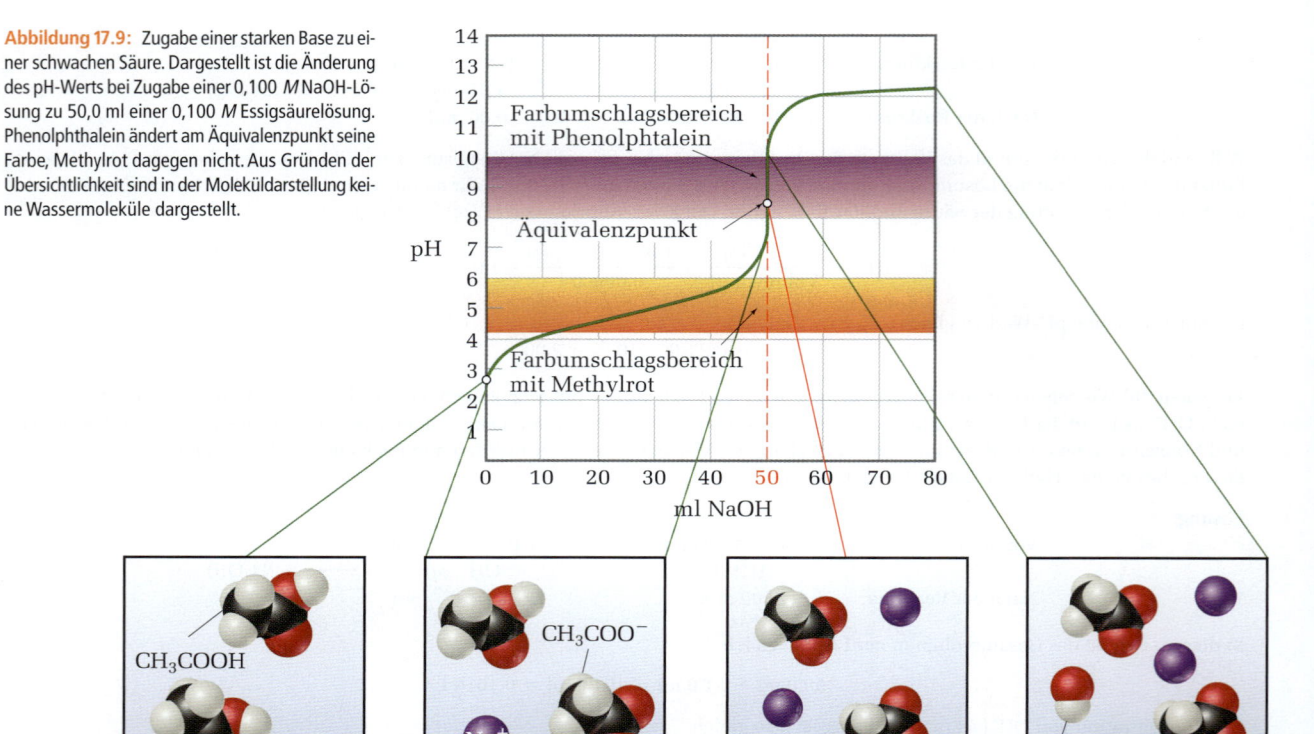

17 Weitere Aspekte von Gleichgewichten in wässriger Lösung

Abbildung 17.9: Zugabe einer starken Base zu einer schwachen Säure. Dargestellt ist die Änderung des pH-Werts bei Zugabe einer 0,100 M NaOH-Lösung zu 50,0 ml einer 0,100 M Essigsäurelösung. Phenolphthalein ändert am Äquivalenzpunkt seine Farbe, Methylrot dagegen nicht. Aus Gründen der Übersichtlichkeit sind in der Moleküldarstellung keine Wassermoleküle dargestellt.

Farbumschlagsbereich mit Phenolphtalein
Äquivalenzpunkt
Farbumschlagsbereich mit Methylrot

zu Beginn der Titration vorhandene Säure — Puffergemisch — Äquivalenzpunkt — überschüssige Base

Vor dem Erreichen des Äquivalenzpunkts wird das CH_3COOH teilweise zu CH_3COO^- neutralisiert. Die Lösung enthält also ein Gemisch aus CH_3COOH und CH_3COO^-.

Der Ansatz, den wir zur Berechnung des pH-Werts in diesem Bereich der Titrationskurve wählen, besteht im Wesentlichen aus zwei Schritten. Zunächst betrachten wir die Neutralisationsreaktion zwischen CH_3COOH und OH^-, um die Konzentrationen von CH_3COOH und CH_3COO^- in der Lösung zu bestimmen. Anschließend berechnen wir auf die in den Abschnitten 17.1 und 17.2 behandelte Weise den pH-Wert des Pufferpaares. Die allgemeine Vorgehensweise ist in ▶ Abbildung 17.10 schematisch dargestellt und wird in Übungsbeispiel 17.7 beispielhaft verdeutlicht.

3 *Äquivalenzpunkt:* Nach Zugabe von 50,0 ml der 0,100 M NaOH-Lösung zu 50,0 ml der 0,100 M CH_3COOH-Lösung wird der Äquivalenzpunkt erreicht. An diesem Punkt reagieren die $5{,}00 \times 10^{-3}$ mol NaOH vollständig mit den $5{,}00 \times 10^{-3}$ mol CH_3COOH zu $5{,}00 \times 10^{-3}$ mol des Salzes $NaCH_3COO$. Das Na^+-Ion dieses Salzes hat keine nennenswerten Auswirkungen auf den pH-Wert. Das CH_3COO^--Ion ist jedoch eine schwache Base, so dass der pH-Wert am Äquivalenzpunkt größer als 7 ist. Bei allen Titrationen einer schwachen Säure mit einer starken Base ist der pH-Wert am Äquivalenzpunkt größer als 7, weil es sich bei dem Anion des gebildeten Salzes um eine schwache Base handelt.

4 *Nach dem Äquivalenzpunkt:* In diesem Bereich der Titrationskurve ist $[OH^-]$ aus der Reaktion von CH_3COO^- mit Wasser im Vergleich zu $[OH^-]$ aus dem überschüssigen NaOH vernachlässigbar klein. Der pH-Wert ergibt sich also aus der Konzentration des OH^- aus dem überschüssigen NaOH. Die Vorgehensweise bei der Berechnung des pH-Werts entspricht in diesem Bereich daher der in Übungsbei-

17.3 Säure-Base-Titrationen

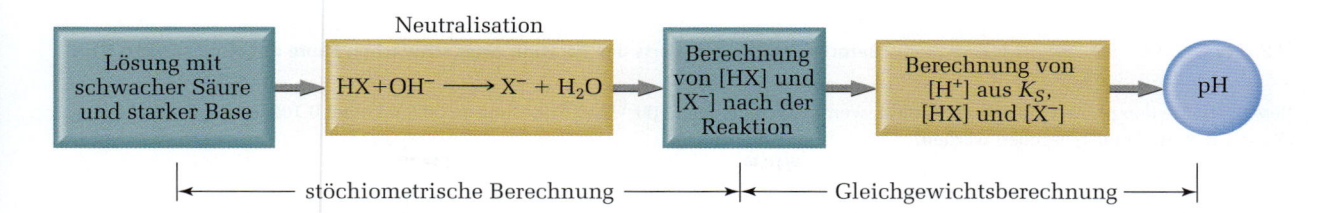

```
Lösung mit          Neutralisation         Berechnung          Berechnung von
schwacher Säure    HX+OH⁻ ⟶ X⁻ + H₂O    von [HX] und        [H⁺] aus K_S,        pH
und starker Base                          [X⁻] nach der       [HX] und [X⁻]
                                          Reaktion
```
|←——— stöchiometrische Berechnung ———→|←——— Gleichgewichtsberechnung ———→|

Abbildung 17.10: Vorgehensweise zur Berechnung des pH-Werts bei einer teilweisen Neutralisation einer schwachen Säure mit einer starken Base. Betrachten Sie zunächst die Auswirkungen der Neutralisationsreaktion (stöchiometrische Berechnung). Bestimmen Sie anschließend den pH-Wert des sich ergebenden Puffergemisches (Gleichgewichtsberechnung). Bei der Zugabe einer starken Säure zu einer schwachen Base ist analog vorzugehen.

spiel 17.6 (b) behandelten Vorgehensweise für die Titration einer starken Säure mit einer starken Base. Die Zugabe von 51,0 ml einer 0,100 M NaOH-Lösung zu 50,0 ml einer 0,100 M HCl- oder einer 0,100 M CH₃COOH-Lösung führt daher in beiden Fällen zum gleichen pH-Wert von 11,00. Beachten Sie, dass in den Abbildungen 17.6 und 17.9 die Titrationskurven für die Titrationen einer starken Säure und einer schwachen Säure hinter dem Äquivalenzpunkt gleich sind.

Die pH-Titrationskurven von Titrationen schwacher Säuren mit starken Basen unterscheiden sich in drei wesentlichen Punkten von Titrationskurven starker Säuren mit starken Basen:

1 Die Lösung einer schwachen Säure hat einen höheren Anfangs-pH-Wert als die Lösung einer starken Säure derselben Konzentration.

2 Die pH-Änderung im stark ansteigenden Teil der Kurve in der Nähe des Äquivalenzpunkts ist bei schwachen Säuren kleiner als bei starken Säuren.

3 Der pH-Wert am Äquivalenzpunkt ist bei Titrationen schwacher Säuren mit starken Basen größer als 7,00.

Betrachten Sie zur weiteren Verdeutlichung dieser Unterschiede die in ►Abbildung 17.11 gezeigten Titrationskurven. Wie erwartet sind die Anfangs-pH-Werte der schwachen Säuren höher als die entsprechenden pH-Werte von Lösungen starker

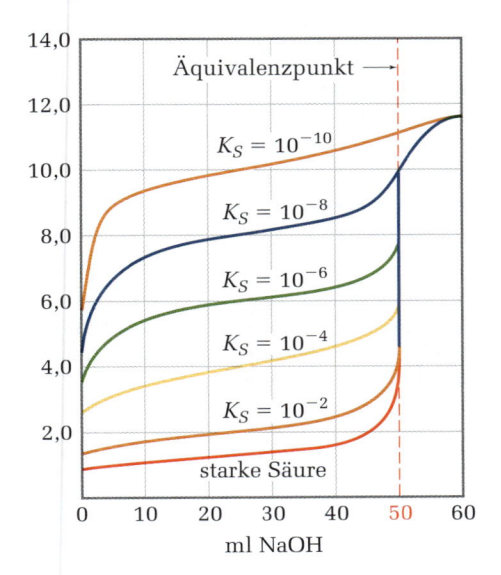

Abbildung 17.11: Einfluss des Werts von K_S auf Titrationskurven. Anhand dieser Kurvenschar lässt sich der Einfluss der Säurestärke (K_S) auf die Form der Kurve einer Titration mit NaOH erkennen. Jede Kurve entspricht der Titration von 50,0 ml einer 0,10 M Säurelösung mit einer 0,10 M NaOH-Lösung. Je schwächer die Säure ist, desto höher ist der anfängliche pH-Wert und desto kleiner ist die Änderung des pH-Werts am Äquivalenzpunkt.

ÜBUNGSBEISPIEL 17.7 Berechnung des pH-Werts der Titration einer schwachen Säure mit einer starken Base

Berechnen Sie den pH-Wert, der sich einstellt, wenn 45,0 ml einer 0,100 M NaOH-Lösung zu 50,0 ml einer 0,100 M CH$_3$COOH-Lösung ($K_S = 1{,}8 \times 10^{-5}$ mol/l) gegeben werden.

Lösung

Analyse: Wir sollen den pH-Wert zu einem Zeitpunkt vor Erreichen des Äquivalenzpunkts der Titration einer schwachen Säure mit einer starken Base bestimmen.

Vorgehen: Wir bestimmen zunächst die Stoffmengen der schwachen Säure und der starken Base, die miteinander reagieren. Auf diese Weise erfahren wir, wie viel der konjugierten Base der schwachen Säure gebildet worden ist. Anschließend können wir den pH-Wert mit Hilfe des Ausdrucks für die Gleichgewichtskonstante bestimmen.

Lösung: *Stöchiometrische Berechnung:* Die Stoffmengen der vor der Neutralisation vorliegenden Reaktanten ergeben sich aus den Produkten der Volumina und Konzentrationen der entsprechenden Lösungen:

$$(0{,}0500 \text{ l Lösung}) \left(\frac{0{,}100 \text{ mol CH}_3\text{COOH}}{1 \text{ l Lösung}} \right) = 5{,}00 \times 10^{-3} \text{ mol CH}_3\text{COOH}$$

$$(0{,}0450 \text{ l Lösung}) \left(\frac{0{,}100 \text{ mol NaOH}}{1 \text{ l Lösung}} \right) = 4{,}50 \times 10^{-3} \text{ mol NaOH}$$

Die $4{,}50 \times 10^{-3}$ mol NaOH verbrauchen $4{,}50 \times 10^{-3}$ mol CH$_3$COOH.

	CH$_3$COOH(aq)	+	OH$^-$(aq)	⟶	CH$_3$COO$^-$(aq)	+	H$_2$O(l)
Vor der Reaktion:	$5{,}00 \times 10^{-3}$ mol		$4{,}50 \times 10^{-3}$ mol		0,00 mol		
Nach der Reaktion:	$0{,}50 \times 10^{-3}$ mol		0,00 mol		$4{,}50 \times 10^{-3}$ mol		

Das Gesamtvolumen der Lösung ist gleich

$$45{,}0 \text{ ml} + 50{,}0 \text{ ml} = 95{,}0 \text{ ml} = 0{,}0950 \text{ l}$$

Die sich nach der Reaktion ergebenden Molaritäten von CH$_3$COOH und CH$_3$COO$^-$ sind daher gleich

$$[\text{CH}_3\text{COOH}] = \frac{0{,}50 \times 10^{-3} \text{ mol}}{0{,}0950 \text{ l}} = 0{,}0053 \; M$$

$$[\text{CH}_3\text{COO}^-] = \frac{4{,}50 \times 10^{-3} \text{ mol}}{0{,}0950 \text{ l}} = 0{,}0474 \; M$$

Gleichgewichtsberechnung: Das Gleichgewicht zwischen CH$_3$COOH und CH$_3$COO$^-$ unterliegt dem Ausdruck für die Gleichgewichtskonstante von CH$_3$COOH.

$$K_S = \frac{[\text{H}^+][\text{CH}_3\text{COO}^-]}{[\text{CH}_3\text{COOH}]} = 1{,}8 \times 10^{-5} \text{ mol/l}$$

Wenn wir die Gleichung nach [H$^+$] auflösen, erhalten wir

$$[\text{H}^+] = K_S \times \frac{[\text{CH}_3\text{COOH}]}{[\text{CH}_3\text{COO}^-]} = (1{,}8 \times 10^{-5}) \times \left(\frac{0{,}0053}{0{,}0474} \right) \text{ mol/l} = 2{,}0 \times 10^{-6} \; M$$

$$\text{pH} = -\log(2{,}0 \times 10^{-6}) = 5{,}70$$

Anmerkung: Wir hätten den pH-Wert genauso gut auch mit Hilfe der Henderson-Hasselbalch-Gleichung bestimmen können.

ÜBUNGSAUFGABE

(a) Berechnen Sie den pH-Wert einer Lösung, die sich durch Hinzufügen von 10,0 ml einer 0,050 M NaOH-Lösung zu 40,0 ml einer 0,0250 M Benzoesäurelösung (C$_6$H$_5$COOH, $K_S = 6{,}3 \times 10^{-5}$) ergibt. **(b)** Berechnen Sie den pH-Wert einer Lösung, die sich durch Hinzufügen von 10,0 ml einer 0,100 M HCl-Lösung zu 20,0 ml einer 0,100 M NH$_3$-Lösung ergibt.

Antworten: (a) 4,20; **(b)** 9,26.

Säuren der gleichen Konzentration. Beachten Sie auch, dass die Änderung des pH-Werts bei schwächeren Säuren (also bei kleineren Werten von K_S) weniger ausgeprägt ist. Der pH-Wert am Äquivalenzpunkt steigt mit abnehmendem K_S-Wert an. Eine Bestimmung des Äquivalenzpunkts ist bei pK_S-Werten von 10 oder höher nahezu unmöglich, weil die Änderung des pH-Werts zu klein ist und graduell verläuft.

Weil die Änderung des pH-Werts nahe am Äquivalenzpunkt mit abnehmendem K_S immer kleiner wird, ist die Wahl des Indikators bei Titrationen schwacher Säuren

ÜBUNGSBEISPIEL 17.8 — Berechnung des pH-Werts am Äquivalenzpunkt

Berechnen Sie den pH-Wert am Äquivalenzpunkt der Titration von 50,0 ml einer 0,100 M CH_3COOH-Lösung mit einer 0,100 M NaOH-Lösung.

Lösung

Analyse: Wir sollen den pH-Wert am Äquivalenzpunkt der Titration einer schwachen Säure mit einer starken Base bestimmen. Weil bei der Neutralisation einer schwachen Säure das Anion der Säure entsteht, das eine schwache Base ist, sollte der pH-Wert am Äquivalenzpunkt größer als 7 sein.

Vorgehen: Wir bestimmen zunächst die Stoffmenge der ursprünglich vorliegenden Essigsäure. Diese Stoffmenge entspricht der Stoffmenge des am Äquivalenzpunkt vorliegenden Acetations. Anschließend bestimmen wir das Volumen der Lösung am Äquivalenzpunkt und die sich daraus ergebende Konzentration des Acetations. Weil es sich beim Acetation um eine schwache Base handelt, berechnen wir analog zur Vorgehensweise in Abschnitt 16.7 mit Hilfe von K_B und der Konzentration des Acetations den pH-Wert der Lösung.

Lösung: Die Stoffmenge der Essigsäure in der Anfangslösung ergibt sich aus dem Volumen und der Molarität der Lösung:

$$\text{Mol} = M \times l = (0{,}100 \text{ mol/l})(0{,}0500 \text{ l}) = 5{,}00 \times 10^{-3} \text{ mol } CH_3COOH$$

Es werden also $5{,}00 \times 10^{-3}$ mol CH_3COO^- gebildet. Zum Erreichen des Äquivalenzpunkts werden 50,0 ml der NaOH-Lösung benötigt (Abbildung 17.9). Das Volumen dieser am Äquivalenzpunkt vorliegenden Salzlösung ergibt sich aus der Summe der Volumina der Säure und der Base: 50,0 ml + 50,0 ml = 100,0 ml = 0,1000 l. Die Konzentration von CH_3COO^- ist also gleich

$$[CH_3COO^-] = \frac{5{,}00 \times 10^{-3} \text{ mol}}{0{,}1000 \text{ l}} = 0{,}0500 \text{ } M$$

Das CH_3COO^--Ion ist eine schwache Base.

$$CH_3COO^-(aq) + H_2O(l) \rightleftharpoons CH_3COOH(aq) + OH^-(aq)$$

Der K_B-Wert von CH_3COO^- lässt sich aus dem K_S-Wert der konjugierten Säure folgendermaßen berechnen: $K_B = K_W/K_S = (1{,}0 \times 10^{-14})/(1{,}8 \times 10^{-5})$ mol/l = $5{,}6 \times 10^{-10}$ mol/l. Mit Hilfe des Ausdrucks für K_B erhalten wir

$$K_B = \frac{[CH_3COOH][OH^-]}{[CH_3COO^-]} = \frac{(x)(x)}{0{,}0500 - x} \text{ mol/l} = 5{,}6 \times 10^{-10} \text{ mol/l}$$

Wenn wir die Näherung $0{,}0500 - x \simeq 0{,}0500$ vornehmen und anschließend nach x auflösen, erhalten wir $x = [OH^-] = 5{,}3 \times 10^{-6}$ M. Das entspricht einem pOH-Wert von 5,28 und einem pH-Wert von 8,72.

Überprüfung: Der pH-Wert ist größer als 7, wie wir es für das Salz einer schwachen Säure und einer starken Base erwarten.

ÜBUNGSAUFGABE

Berechnen Sie den pH-Wert am Äquivalenzpunkt **(a)** der Titration von 40 ml einer 0,025 M Benzoesäurelösung (C_6H_5COOH, $K_S = 6{,}3 \times 10^{-5}$ mol/l) mit einer 0,050 M NaOH-Lösung und **(b)** der Titration von 40 ml einer 0,100 M NH_3-Lösung mit einer 0,100 M HCl-Lösung.

Antworten: **(a)** 8,21; **(b)** 5,28.

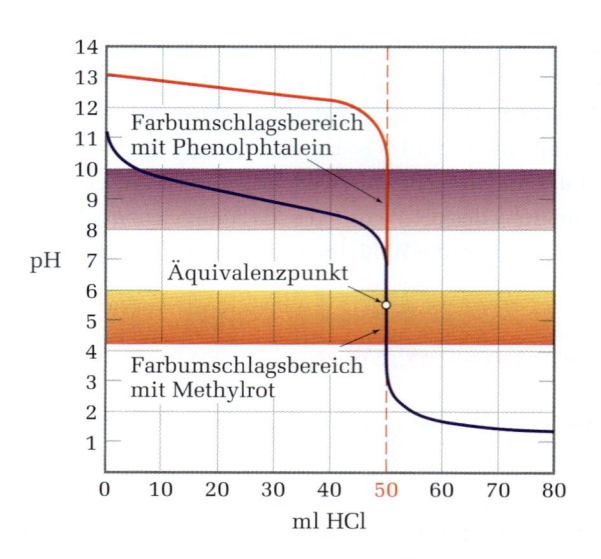

Abbildung 17.12: Zugabe einer starken Säure zu einer Base. Die blaue Kurve zeigt den pH-Wert in Abhängigkeit zugefügter 0,10 M HCl-Lösung für die Titration von 50,0 ml einer 0,10 M Ammoniaklösung (schwache Base). Die rote Kurve zeigt den pH-Wert in Abhängigkeit zugefügter Säure für die Titration einer 0,10 M NaOH-Lösung (starke Base). Sowohl Phenolphthalein als auch Methylrot ändern am Äquivalenzpunkt der Titration der starken Base ihre Farbe. Der Farbumschlag von Phenolphthalein tritt jedoch vor dem Erreichen des Äquivalenzpunkts der Titration der schwachen Base auf.

mit starken Basen kritischer als bei Titrationen starker Säuren mit starken Basen. Bei der in Abbildung 17.9 dargestellten Titration von 0,100 M CH$_3$COOH (K_S = 1,8 × 10^{-5} mol/l) mit einer 0,100 M NaOH-Lösung nimmt der pH-Wert z. B. nur über einen pH-Bereich von etwa 7 bis 10 rasch zu. Phenolphthalein ist daher für diese Titration sehr gut geeignet, weil der Farbumschlag im pH-Bereich von 8,3 bis 10, also nahe am pH-Wert des Äquivalenzpunkts stattfindet. Methylrot ist dagegen mit einem Farbumschlag im pH-Bereich von 4,2 bis 6,0 weniger gut geeignet, weil sich in diesem Fall die Farbe bereits ändert, bevor der Äquivalenzpunkt erreicht wird.

Bei einer Titration einer schwachen Base (wie z. B. 0,100 M NH$_3$) mit einer starken Säure (wie z. B. 0,100 M HCl) erhält man die in ▶Abbildung 17.12 dargestellte Titrationskurve. In diesem Beispiel liegt der Äquivalenzpunkt bei einem pH-Wert von 5,28. Methylrot wäre daher in diesem Fall ein sehr gut geeigneter, Phenolphthalein dagegen ein wenig geeigneter Indikator.

> **? DENKEN SIE EINMAL NACH**
>
> Warum ist die Wahl des Indikators bei der Titration einer schwachen Säure mit einer starken Base kritischer als bei der Titration einer starken Säure mit einer starken Base?

Titrationen von mehrbasigen Säuren

Wenn schwache Säuren wie z. B. Phosphonsäure (H$_3$PO$_3$) über mehr als ein acides H-Atom verfügen, findet die Reaktion mit OH$^-$ schrittweise statt. Die Neutralisation von H$_3$PO$_3$ findet z. B. in zwei Schritten statt (siehe Kapitel 16, „Übergreifende Beispielaufgabe").

$$H_3PO_3(aq) + OH^-(aq) \longrightarrow H_2PO_3^-(aq) + H_2O(l) \quad (17.13)$$

$$H_2PO_3^-(aq) + OH^-(aq) \longrightarrow HPO_3^{2-}(aq) + H_2O(l) \quad (17.14)$$

Wenn die Neutralisationsschritte einer mehrbasigen Säure oder mehrsäurigen Base ausreichend gut separiert sind, sind in der entsprechenden Titrationskurve mehrere Äquivalenzpunkte zu erkennen. In ▶Abbildung 17.13 sind die beiden Äquivalenzpunkte der Titrationskurve des H$_3$PO$_3$–H$_2$PO$_3^-$–HPO$_3^{2-}$-Systems dargestellt.

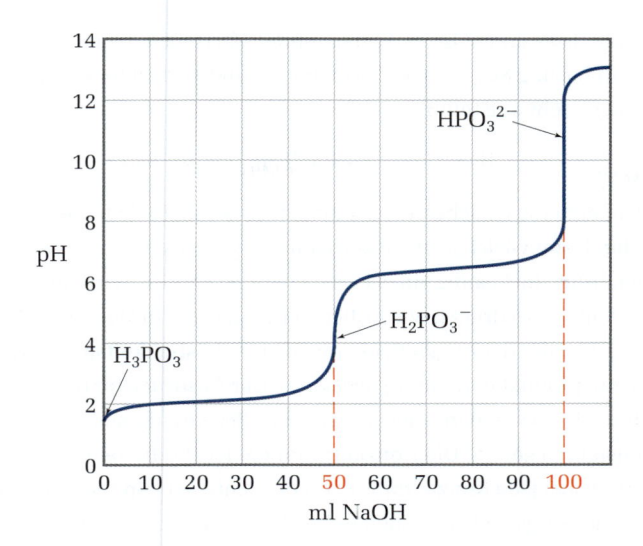

Abbildung 17.13: Zweibasige Säure. Dargestellt ist die Titrationskurve der Reaktion von 50,0 ml einer 0,10 M H_3PO_3 mit einer 0,10 M NaOH-Lösung.

Fällungsgleichgewichte 17.4

Bei den bisher betrachteten Gleichgewichten hat es sich immer um Säure-Base-Systeme gehandelt. Zudem waren alle Systeme homogen, alle Stoffe lagen also in der gleichen Phase vor. Im verbleibenden Teil dieses Kapitels werden wir Gleichgewichte betrachten, in denen ionische Bestandteile entweder in Lösung gehen oder ausfallen. Diese Reaktionen sind heterogen.

Bei der Lösung und dem Ausfallen von Verbindungen handelt es sich um Phänomene, für die sich im menschlichen Körper und in der Natur viele Beispiele finden lassen. Zahnschmelz löst sich in sauren Lösungen auf, was dazu führt, dass Zähne kariös werden. Das Ausfallen von bestimmten Salzen in unseren Nieren hat die Bildung von Nierensteinen zur Folge. Die Gewässer der Erde enthalten Salze, die sich im Wasser lösen, wenn dieses Gesteine und Mineralien umspült. Das Ausfallen von $CaCO_3$ aus Wasser führt zur Bildung von Stalaktiten und Stalagmiten in Tropfsteinhöhlen (Abbildung 4.1).

Bei unseren bisher angestellten Betrachtungen von Fällungsreaktionen haben wir einige allgemeine Regeln zur Vorhersage der Löslichkeit von gewöhnlichen Salzen in Wasser aufgestellt (siehe Abschnitt 4.2). Diese Regeln haben uns qualitative Anhaltspunkte dafür gegeben, ob ein Stoff in Wasser eine niedrige oder eine hohe Löslichkeit besitzt. Durch die Betrachtung von Fällungsgleichgewichten können wir dagegen quantitative Aussagen über die Menge einer bestimmten Verbindung machen, die sich in Wasser löst. Zudem können wir anhand dieser Gleichgewichte den Einfluss verschiedener weiterer Faktoren auf die Löslichkeit untersuchen.

Das Löslichkeitsprodukt K_L

Erinnern Sie sich daran, dass eine *gesättigte Lösung* eine Lösung ist, die sich in Kontakt mit dem ungelösten Feststoff befindet (siehe Abschnitt 13.2). Betrachten Sie z. B. eine gesättigte wässrige Lösung von $BaSO_4$, die sich in Kontakt mit festem $BaSO_4$ befindet. Der Festkörper ist eine ionische Verbindung, also ein starker Elektrolyt, der beim Lösen Ba^{2+}(aq)- und SO$_4^{2-}$(aq)-Ionen bildet. Zwischen dem ungelösten Festkörper und den in Lösung SO$_4^{2-}$(aq) befindlichen hydratisierten Ionen lässt sich das folgende Gleichgewicht aufstellen:

$$BaSO_4(s) \rightleftharpoons Ba^{2+}(aq) + SO_4^{2-}(aq) \quad (17.15)$$

Wie bei jedem anderen Gleichgewicht kann das Ausmaß, in dem die Lösungsreaktion stattfindet, durch eine Gleichgewichtskonstante ausgedrückt werden. Weil diese Gleichgewichtsgleichung die Lösung eines Festkörpers beschreibt, wird durch die entsprechende Konstante ausgedrückt, wie löslich der Festkörper in Wasser ist. Die Gleichgewichtskonstante einer derartigen Reaktion wird als **Löslichkeitsprodukt** bezeichnet. Das Löslichkeitsprodukt wird mit K_L abgekürzt. Der Ausdruck für die Gleichgewichtskonstante dieses Prozesses wird nach den gleichen Regeln aufgestellt, die für alle Gleichgewichtskonstanten gelten. Die Konzentrationen der Produkte werden miteinander multipliziert, wobei jede Konzentration mit dem entsprechenden stöchiometrischen Koeffizienten der ausgeglichenen chemischen Gleichung potenziert wird. Das Ergebnis wird durch die Konzentrationen der Reaktanten, die ebenfalls miteinander multipliziert und mit den entsprechenden stöchiometrischen Koeffizienten potenziert werden, geteilt. Festkörper, Flüssigkeiten und Lösungsmittel tauchen in den Ausdrücken der Gleichgewichtskonstanten heterogener Gleichgewichte jedoch nicht auf (Abschnitt 15.3).

Das Löslichkeitsprodukt ist gleich dem Produkt der Konzentrationen der am Gleichgewicht beteiligten Ionen, wobei die jeweiligen Konzentrationen mit den entsprechenden Koeffizienten der Reaktionsgleichung des Gleichgewichts potenziert werden.

Der Ausdruck für das Löslichkeitsprodukt des in ▶ Gleichung 17.15 aufgestellten Gleichgewichts lautet also

$$K_L = [Ba^{2+}][SO_4^{2-}] \quad (17.16)$$

Obwohl [BaSO$_4$] nicht im Ausdruck für die Gleichgewichtskonstante auftaucht, muss zumindest eine kleine Menge ungelöstes BaSO$_4$(s) vorliegen, damit das System sich im Gleichgewicht befindet.

ÜBUNGSBEISPIEL 17.9 — Aufstellen von Löslichkeitsprodukten (K_L)

Geben Sie das Löslichkeitsprodukt von CaF$_2$ an und suchen Sie in Anhang D nach dem entsprechenden Wert von K_L.

Lösung

Analyse und Vorgehen: Wir sollen die Gleichgewichtskonstante des Lösungsvorgangs von CaF$_2$ in Wasser angeben. Wir wenden die gleichen Regeln wie für das Aufstellen eines beliebigen Ausdrucks einer Gleichgewichtskonstante an und achten darauf, dass der feste Reaktant nicht im Ausdruck auftaucht. Wir nehmen an, dass die Verbindung vollständig in ihre ionischen Bestandteile dissoziiert.

$$CaF_2(s) \rightleftharpoons Ca^{2+}(aq) + 2\,F^-(aq)$$

Lösung: Gemäß der zuvor aufgestellten kursiv gedruckten Regel lautet der Ausdruck für K_L wie folgt:

$$K_L = [Ca^{2+}][F^-]^2$$

In Anhang D ist für K_L ein Wert von $3{,}9 \times 10^{-11}$ mol^3/l^3 angegeben.

ÜBUNGSAUFGABE

Geben Sie die Ausdrücke und Werte des Löslichkeitsprodukts (aus Anhang D) der folgenden Verbindungen an: **(a)** Bariumcarbonat und **(b)** Silbersulfat.

Antworten: (a) $K_L = [Ba^{2+}][CO_3^{2-}] = 5{,}0 \times 10^{-9}$ mol^2/l^2; **(b)** $K_L = [Ag^+]^2[SO_4^{2-}] = 1{,}5 \times 10^{-5}$ mol^3/l^3.

17.4 Fällungsgleichgewichte

Im Allgemeinen ist das Löslichkeitsprodukt (K_L) die Gleichgewichtskonstante für das Gleichgewicht zwischen einer festen ionischen Verbindung und ihren in gesättigter wässriger Lösung befindlichen Ionen. In Anhang D sind die Werte von K_L bei 25 °C für viele verschiedene ionische Festkörper aufgeführt. Der Wert von K_L für $BaSO_4$ ist $1{,}1 \times 10^{-10}\,\text{mol}^2/\text{l}^2$. Es handelt sich um eine sehr kleine Zahl, die anzeigt, dass sich nur eine sehr kleine Menge des Festkörpers in Wasser löst.

Löslichkeit und K_L

Es ist wichtig, sorgfältig zwischen der Löslichkeit und dem Löslichkeitsprodukt zu unterscheiden. Die Löslichkeit einer Substanz ist die Menge des Stoffs, die sich in einer gesättigten Lösung befindet (siehe Abschnitt 13.2). Die Löslichkeit wird oft in Gramm des gelösten Stoffs pro Liter der Lösung (g/l) angegeben. Die molare Löslichkeit ist die Stoffmenge des gelösten Stoffes, die sich in einem Liter der gesättigten Lösung befindet (mol/l). Das Löslichkeitsprodukt (K_L) ist die Konstante des Gleichgewichts zwischen einem ionischen Festkörper und seiner gesättigten Lösung. Der Betrag von K_L ist also ein Maß dafür, welche Menge des Festkörpers in einer gesättigten Lösung gelöst ist.

Die Löslichkeit einer Substanz hängt erheblich von den Konzentrationen weiterer in der Lösung vorhandener Stoffe ab. So ist die Löslichkeit von $Mg(OH)_2$ beispielsweise stark vom pH-Wert der Lösung abhängig. Die Löslichkeit wird außerdem von den Konzentrationen weiterer Ionen (insbesondere Mg^{2+}) in der Lösung beeinflusst. Das Löslichkeitsprodukt K_L hat dagegen für einen Stoff bei einer bestimmten Temperatur nur einen einzigen Wert*.

Prinzipiell ist es möglich, aus K_L die Löslichkeit eines Salzes unter verschiedenen Bedingungen zu berechnen. In der Praxis müssen wir jedoch aufgrund der im Kasten „Näher hingeschaut" (Abschnitt 17.5) betrachteten Grenzen von Löslichkeitsprodukten bei derartigen Berechnungen vorsichtig sein. Die besten Übereinstimmungen zwischen gemessenen und aus K_L berechneten Löslichkeiten erhält man für Salze, deren Ionen niedrige Ladungen haben (1+ und 1–) und nicht hydrolysieren. In ▶ Abbildung 17.14 sind die Beziehungen zwischen verschiedenen Ausdrücken der Löslichkeit und dem Wert von K_L zusammengefasst.

> **? DENKEN SIE EINMAL NACH**
>
> Geben Sie ohne Rechnung an, welche der folgenden Verbindungen die höhere molare Löslichkeit in Wasser hat: AgCl ($K_L = 1{,}8 \times 10^{-10}\,\text{mol}^2/\text{l}^2$), AgBr ($K_L = 5{,}0 \times 10^{-13}\,\text{mol}^2/\text{l}^2$) oder AgI ($K_L = 8{,}3 \times 10^{-17}\,\text{mol}^2/\text{l}^2$).

Löslichkeit der Verbindung (g/l) ⇄ molare Löslichkeit der Verbindung (mol/l) ⇄ molare Konzentrationen der Ionen ⇄ K_L

Abbildung 17.14: Beziehungen zwischen der Löslichkeit und K_L. Die Löslichkeit einer Verbindung in Gramm pro Liter kann in ihre molare Löslichkeit umgerechnet werden. Mit Hilfe der molaren Löslichkeit lassen sich die Konzentrationen der in Lösung befindlichen Ionen bestimmen. Aus diesen Konzentrationen kann der Wert von K_L berechnet werden. Die Berechnung ist umkehrbar, so dass auch die Löslichkeit aus dem Löslichkeitsprodukt K_L berechnet werden kann.

---

* Das gilt streng genommen nur für stark verdünnte Lösungen. Die Werte der Gleichgewichtskonstanten werden in gewissem Maß von der in der Lösung vorhandenen Gesamtionenkonzentration beeinflusst. Wir werden diese Effekte, die nur für Arbeiten wichtig sind, die eine außerordentliche Genauigkeit erfordern, jedoch an dieser Stelle vernachlässigen.

ÜBUNGSBEISPIEL 17.10

Berechnung von K_L aus der Löslichkeit

Festes Silberchromat wird bei 25 °C in reines Wasser gegeben. Der Festkörper bleibt teilweise ungelöst am Boden des Kolbens zurück. Das Gemisch wird mehrere Tage gerührt, um die Einstellung des Gleichgewichts zwischen dem ungelösten $Ag_2CrO_4(s)$ und der Lösung zu gewährleisten. Eine Analyse der Lösung im Gleichgewicht ergibt eine Silberionenkonzentration von $1,3 \times 10^{-4}$ M. Berechnen Sie unter der Annahme, dass Ag_2CrO_4 in Wasser vollständig dissoziiert und keine weiteren bedeutenden Gleichgewichte der Ag^+- und CrO_4^{2-}-Ionen in der Lösung vorliegen, den Wert von K_L dieser Verbindung.

Lösung

Analyse: Es ist die Gleichgewichtskonzentration von Ag^+ in einer gesättigten Lösung von Ag_2CrO_4 angegeben. Wir sollen daraus den Wert des Löslichkeitsprodukts für die Lösung von Ag_2CrO_4 bestimmen.

Vorgehen: Die Gleichgewichtsgleichung und der Ausdruck für K_L lauten

$$Ag_2CrO_4(s) \rightleftharpoons 2\,Ag^+(aq) + CrO_4^{2-}(aq)$$
$$K_L = [Ag^+]^2[CrO_4^{2-}]$$

Für die Berechnung von K_L benötigen wir die Gleichgewichtskonzentrationen von Ag^+ und CrO_4^{2-}. Wir wissen, dass im Gleichgewicht $[Ag^+] = 1,3 \times 10^{-4}$ M ist. Alle Ag^+- und CrO_4^{2-}-Ionen in der Lösung stammen aus dem gelösten Ag_2CrO_4. Wir können also aus $[Ag^+]$ $[CrO_4^{2-}]$ berechnen.

Lösung: Wir erkennen anhand der chemischen Formel von Silberchromat, dass pro CrO_4^{2-}-Ion 2 Ag^+-Ionen in der Lösung vorliegen. Die Konzentration von CrO_4^{2-} ist also halb so groß wie die Konzentration von Ag^+.

$$[CrO_4^{2-}] = \tfrac{1}{2} \times 1,3 \times 10^{-4}\,\text{mol/l} = 6,5 \times 10^{-5}\,M$$

Wir können damit den Wert von K_L berechnen.

$$K_L = [Ag^+]^2[CrO_4^{2-}] = (1,3 \times 10^{-4})^2(6,5 \times 10^{-5})\,\text{mol}^3/\text{l}^3 = 1,1 \times 10^{-12}\,\text{mol}^3/\text{l}^3$$

Überprüfung: Wir erhalten einen kleinen Wert, wie wir es für ein nur schlecht lösliches Salz erwarten. Zudem stimmt der berechnete Wert gut mit dem in Anhang D angegebenen Wert überein ($1,2 \times 10^{-12}\,\text{mol}^3/\text{l}^3$).

ÜBUNGSAUFGABE

Bei 25 °C wird eine gesättigte Lösung von $Mg(OH)_2$ hergestellt, die sich in Kontakt mit dem ungelösten Festkörper befindet. Der pH-Wert der Lösung beträgt 10,17. Berechnen Sie unter der Annahme, dass $Mg(OH)_2$ in Wasser vollständig dissoziiert und keine weiteren bedeutenden Gleichgewichte der Mg^{2+}- und OH^--Ionen in der Lösung vorliegen, den Wert von K_L dieser Verbindung.

Antwort: $1,6 \times 10^{-12}\,\text{mol}^3/\text{l}^3$.

ÜBUNGSBEISPIEL 17.11

Berechnung der Löslichkeit aus K_L

Der Wert von K_L von CaF_2 ist bei 25 °C gleich $3,9 \times 10^{-11}\,\text{mol}^3/\text{l}^3$. Berechnen Sie unter der Annahme, dass CaF_2 beim Lösen in Wasser vollständig dissoziiert und keine weiteren für die Löslichkeit bedeutenden Gleichgewichte vorliegen, die Löslichkeit von CaF_2 in Gramm pro Liter.

Lösung

Analyse: Es ist der Wert von K_L von CaF_2 angegeben und wir sollen daraus die Löslichkeit des Stoffes bestimmen. Denken Sie daran, dass die Löslichkeit einer Substanz die Menge der Substanz ist, die sich in einem Lösungsmittel lösen lässt, während das Löslichkeitsprodukt K_L eine Gleichgewichtskonstante ist.

Vorgehen: Wir können diese Aufgabe lösen, indem wir unseren Standardansatz für die Lösung von Gleichgewichtsproblemen anwenden. Wir schreiben die chemische Gleichung des Lösungsprozesses auf und fertigen eine Tabelle der Anfangs- und Gleichgewichtskonzentrationen an. Anschließend können wir die Werte in den Ausdruck für die Gleichgewichtskonstante einsetzen. In diesem Fall ist K_L bekannt, so dass wir den Ausdruck nach den Konzentrationen der in Lösung befindlichen Ionen auflösen.

Lösung: Gehen Sie davon aus, dass ursprünglich kein Salz gelöst war. Im Gleichgewicht liegen x Mol/Liter CaF_2 vollständig dissoziiert vor.

	$CaF_2(s)$	$\rightleftharpoons$	Ca^{2+}	+	$2F^-(aq)$
Anfang	—		0		0
Änderung	—		$+x\,M$		$+2x\,M$
Gleichgewicht	—		$x\,M$		$2x\,M$

Anhand der stöchiometrischen Faktoren des Gleichgewichts erkennen wir, dass pro x Mol/Liter gelöstem CaF_2 $2x$ Mol/Liter F^- gebildet werden. Wir setzen die Gleichgewichtskonzentrationen in den Ausdruck für K_L ein, um den Wert von x zu berechnen:

$$K_L = [Ca^{2+}][F^-]^2 = (x)(2x)^2\,mol^3/l^3 = 4x^3\,mol^3/l^3 = 3{,}9 \times 10^{-11}\,mol^3/l^3$$

$$x = \sqrt[3]{\frac{3{,}9 \times 10^{-11}}{4}}\,mol^3/l^3 = 2{,}1 \times 10^{-4}\,M$$

Denken Sie daran, dass $\sqrt[3]{y} = y^{1/3}$. Um die dritte Wurzel einer Zahl zu berechnen, verwenden Sie die y^x-Funktion Ihres Taschenrechners, wobei $x = \frac{1}{3}$ ist. Die molare Löslichkeit von CaF_2 beträgt also $2{,}1 \times 10^{-4}$ mol/l. Die Masse des in einem Liter wässriger Lösung gelösten CaF_2 ist gleich

$$\left(\frac{2{,}1 \times 10^{-4}\,mol\,CaF_2}{1\,l\,Lösung}\right)\left(\frac{78{,}1\,g\,CaF_2}{1\,mol\,CaF_2}\right) = 1{,}6 \times 10^{-2}\,g\,CaF_2/l\,Lösung$$

Überprüfung: Wir erwarten für die Löslichkeit eines nur schlecht löslichen Salzes eine kleine Zahl. Wenn wir die Berechnung umkehren, sollten wir aus den berechneten Werten wieder K_L erhalten: $K_L = (2{,}1 \times 10^{-4})(4{,}2 \times 10^{-4})^2\,mol^3/l^3 = 3{,}7 \times 10^{-11}\,mol^3/l^3$, nahe am Ausgangswert von K_L ($3{,}9 \times 10^{-11}\,mol^3/l^3$).

Anmerkung: Weil es sich bei F^- um das Anion einer schwachen Säure handelt, könnten Sie annehmen, dass die Reaktion des Ions mit Wasser die Löslichkeit von CaF_2 beeinflusst. Die Basizität von F^- ist jedoch so klein ($K_B = 1{,}5 \times 10^{-11}$ mol/l), dass das Ion nur zu einem sehr geringen Anteil protoniert wird und die Löslichkeit daher kaum beeinflusst wird. Die in Tabellenwerken angegebene Löslichkeit bei 25 °C beträgt 0,017 g/l und stimmt gut mit unserer Berechnung überein.

ÜBUNGSAUFGABE

Der Wert von K_L von LaF_3 beträgt $2 \times 10^{-19}\,mol^4/l^4$. Wie hoch ist die Löslichkeit von LaF_3 in Wasser in Mol pro Liter?

Antwort: $9{,}28 \times 10^{-6}$ mol/l.

Näher hingeschaut — Grenzen des Löslichkeitsprodukts

Die aus K_L berechneten Konzentrationen von Ionen weichen teilweise erheblich von den experimentell ermittelten Werten ab. Diese Abweichungen lassen sich zum Teil auf in der Lösung auftretende elektrostatische Wechselwirkungen zurückführen, die zur Bildung von Ionenpaaren führen können (siehe Kasten „Näher hingeschaut" über die kolligativen Eigenschaften von Elektrolytlösungen in Abschnitt 13.5). Diese Wechselwirkungen nehmen an Bedeutung zu, wenn die Konzentrationen der Ionen oder ihre Ladungen ansteigen. Die aus K_L berechneten Werte für die Löslichkeit neigen dazu, zu niedrig zu sein, wenn die Wechselwirkungen zwischen den Ionen nicht berücksichtigt werden. Chemiker haben Methoden entwickelt, mit denen sich diese „Ionenstärke"- bzw. „Ionenaktivitäts"-Effekte korrigieren lassen. Diese Methoden werden in weiter fortgeschrittenen Chemievorlesungen behandelt. Betrachten Sie als Beispiel einer interionischen Wechselwirkung die Verbindung $CaCO_3$ (Calcit), aus deren Löslichkeitsprodukt ($K_L = 4{,}5 \times 10^{-9}\,mol^2/l^2$) sich eine berechnete Löslichkeit von $6{,}7 \times 10^{-5}$ mol/l ergibt. Durch die Korrekturen für in der Lösung auftretende interionische Wechselwirkungen ergibt sich eine höhere Löslichkeit ($7{,}3 \times 10^{-5}$ mol/l). Die in Tabellen aufgeführte Löslichkeit ist jedoch etwa doppelt so hoch ($1{,}4 \times 10^{-4}$ mol/l), so dass anscheinend noch weitere Faktoren die Löslichkeit beeinflussen.

Eine weitere häufige Fehlerquelle bei der Berechnung von Ionenkonzentrationen aus K_L ist die Vernachlässigung anderer gleichzeitig in der Lösung auftretender Gleichgewichte. Es ist z. B. möglich, dass zusätzlich zum Fällungsgleichgewicht Säure-Base-Gleichgewichte auftreten. Im Besonderen gehen basische Anionen und Kationen mit einer hohen Ladungsdichte oft Protonenübertragungsreaktionen ein, die die Löslichkeiten ihrer Salze spürbar vergrößern. $CaCO_3$ enthält z. B. das basische Carbonation ($K_B = 1{,}8 \times 10^{-4}$ mol/l), das in Wasser Protonen aufnimmt: $CO_3^{2-}(aq) + H_2O(l) \rightleftharpoons HCO_3^-(aq) + OH^-(aq)$. Wenn wir sowohl die Effekte von in der Lösung auftretenden interionischen Wechselwirkungen als auch den Effekt der simultan auftretenden Fällung und Protonierungsgleichgewichte berücksichtigen, ergibt sich in Übereinstimmung mit dem gemessenen Wert eine Löslichkeit von $1{,}4 \times 10^{-4}$ mol/l.

Wir nehmen zudem im Allgemeinen an, dass ionische Verbindungen beim Lösen vollständig in ihre ionischen Bestandteile dissoziieren. Diese Annahme ist nicht immer richtig. Wenn MgF_2 sich löst, liegen in der Lösung z. B. nicht nur Mg^{2+}- und F^--Ionen, sondern auch MgF^+-Ionen vor. Wir können also zusammenfassend feststellen, dass die Berechnung der Löslichkeit aus K_L komplizierter sein kann, als es zunächst erscheint, und eine umfassende Kenntnis der in der Lösung auftretenden Gleichgewichte erfordert.

17.5 Faktoren, die die Löslichkeit beeinflussen

Die Löslichkeit einer Substanz wird nicht nur von der Temperatur, sondern auch von dem Vorhandensein anderer gelöster Stoffe beeinflusst. So kann z. B. das Vorhandensein einer Säure einen großen Einfluss auf die Löslichkeit einer Substanz haben. In Abschnitt 17.4 haben wir die Lösung von ionischen Verbindungen in reinem Wasser betrachtet. Im folgenden Abschnitt werden wir uns mit drei weiteren Faktoren beschäftigen, die die Löslichkeiten ionischer Verbindungen beeinflussen: Es handelt sich um die Anwesenheit gemeinsamer Ionen, den pH-Wert der Lösung und die Anwesenheit von Komplexbildnern. Außerdem werden wir das Phänomen der *Amphoterie* untersuchen, das direkt mit dem Einfluss des pH-Werts und der Anwesenheit von Komplexbildnern zusammenhängt.

Der Effekt gemeinsamer Ionen

Durch die Anwesenheit von $Ca^{2+}(aq)$ oder $F^-(aq)$ in einer Lösung wird die Löslichkeit von CaF_2 herabgesetzt und das Löslichkeitsgleichgewicht von CaF_2 reagiert nach links.

$$CaF_2(s) \rightleftharpoons Ca^{2+}(aq) + 2\,F^-(aq)$$

Zugabe von Ca^{2+} oder F^- verringert die Löslichkeit

Bei dieser Herabsetzung der Löslichkeit handelt es sich um eine weitere Anwendung des Effekts gemeinsamer Ionen (siehe Abschnitt 17.1). Im Allgemeinen *wird die Löslichkeit eines wenig löslichen Salzes durch die Anwesenheit eines zweiten gelösten Stoffes mit gleichen Ionen herabgesetzt*. In ▶ Abbildung 17.15 ist dargestellt, wie sich die Löslichkeit von CaF_2 reduziert, wenn NaF zur Lösung hinzugefügt wird. In Übungsbeispiel 17.12 wird gezeigt, wie mit Hilfe von K_L die Löslichkeit eines wenig löslichen Salzes bei Anwesenheit eines gemeinsamen Ions berechnet werden kann.

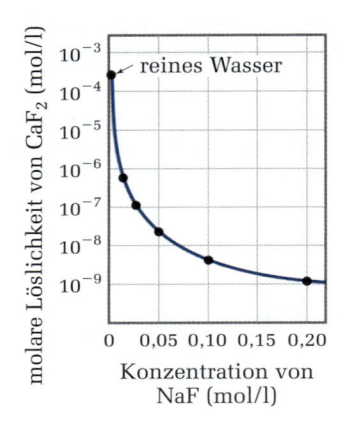

Abbildung 17.15: Gleichionenzusatz. Der Gleichionenzusatz lässt sich am Einfluss der Konzentration von NaF auf die Löslichkeit von CaF_2 beispielhaft veranschaulichen. Beachten Sie die logarithmische Skalierung der Darstellung der Löslichkeit von CaF_2.

ÜBUNGSBEISPIEL 17.12 — Berechnung des Gleichionenzusatzes auf die Löslichkeit

Berechnen Sie die molare Löslichkeit von CaF_2 bei 25 °C in einer Lösung mit einer Konzentration von **(a)** 0,010 M $Ca(NO_3)_2$ und **(b)** 0,010 M NaF.

Lösung

Analyse: Wir sollen die Löslichkeit von CaF_2 bei Anwesenheit von zwei starken Elektrolyten bestimmen. Beide Elektrolyte haben mit CaF_2 ein gleiches Ion. In (a) ist Ca^{2+} das gemeinsame Ion und NO_3^- ein Zuschauerion. In (b) ist F^- das gemeinsame Ion und Na^+ ein Zuschauerion.

Vorgehen: Weil CaF_2 die wenig lösliche Verbindung ist, müssen wir den Wert von K_L dieser Verbindung verwenden, den wir Anhang D entnehmen können:

$$K_L = [Ca^{2+}][F^-]^2 = 3{,}9 \times 10^{-11}\ \text{mol}^3/\text{l}^3$$

Der Wert von K_L wird durch die Anwesenheit von weiteren gelösten Stoffen nicht beeinflusst. Die Löslichkeit des Salzes nimmt jedoch bei Anwesenheit gemeinsamer Ionen aufgrund der Gleichionenzugabe ab. Wir können auch hier unsere Standardmethoden für Gleichgewichte verwenden und beginnen mit der Aufstellung der Gleichung für die Lösung von CaF_2. Anschließend erstellen wir eine Tabelle mit den Anfangs- und Gleichgewichtskonzentrationen und verwenden den Ausdruck für K_L, um die Konzentration des Ions zu berechnen, das nur CaF_2 zuzuordnen ist.

Lösung: (a) In diesem Fall ist die Ausgangskonzentration von Ca^{2+} aufgrund des gelösten $Ca(NO_3)_2$ gleich 0,010 M.

	$CaF_2(s)$ $\rightleftharpoons$	$Ca^{2+}(aq)$	+	$2F^-(aq)$
Anfang	—	0,010 M		0
Änderung	$-x\,M$	$+x\,M$		$+2x\,M$
Gleichgewicht	—	$(0,010 + x)\,M$		$2x\,M$

Wenn wir die Werte in den Ausdruck für das Löslichkeitsprodukt einsetzen, erhalten wir

$$K_L = 3,9 \times 10^{-11}\,\text{mol}^3/\text{l}^3 = [Ca^{2+}][F^-]^2 = (0,010 + x)(2x)^2\,\text{mol}^3/\text{l}^3$$

Die exakte Lösung dieses Problems ist recht kompliziert, es ist jedoch glücklicherweise möglich, die Rechnung wesentlich zu vereinfachen. Selbst ohne Gleichionenzugabe ist die Löslichkeit von CaF_2 sehr klein. Wir können daher annehmen, dass die Konzentration von $0,010\,M\,Ca^{2+}$ aus $Ca(NO_3)_2$ wesentlich größer ist als der kleine Beitrag der Lösung von CaF_2; x ist also im Vergleich zu $0,010\,M$ klein und $0,010 + x \simeq 0,010$. Mit dieser Näherung erhalten wir

$$3,9 \times 10^{-11} = (0,010)(2x)^2\,\text{mol}^3/\text{l}^3$$

$$x^2 = \frac{3,9 \times 10^{-11}}{4(0,010)}\,\text{mol}^2/\text{l}^2 = 9,8 \times 10^{-10}\,\text{mol}^2/\text{l}^2$$

$$x = \sqrt{9,8 \times 10^{-10}}\,\text{mol/l} = 3,1 \times 10^{-5}\,M$$

Der sehr kleine Wert von x rechtfertigt die vorgenommene Näherung. Unsere Berechnung ergibt, dass in einem Liter der $0,010\,M\,Ca(NO_3)_2$-Lösung $3,1 \times 10^{-5}$ mol CaF_2 gelöst sind.

(b) In diesem Fall ist F^- das gemeinsame Ion. Im Gleichgewicht liegen die folgenden Konzentrationen vor:

$$[Ca^{2+}] = x\,\text{mol/l} \quad \text{und} \quad [F^-] = (0,010 + 2x)\,\text{mol/l}$$

Wenn wir annehmen, dass $2x$ im Vergleich zu $0,010\,M$ klein ist (d.h. $0,010 + 2x \simeq 0,010$), erhalten wir

$$3,9 \times 10^{-11}\,\text{mol}^3/\text{l}^3 = x(0,010)^2\,\text{mol}^3/\text{l}^3$$

$$x = \frac{3,9 \times 10^{-11}}{(0,010)^2}\,\text{mol/l} = 3,9 \times 10^{-7}\,M$$

In einem Liter einer $0,010\,M$ NaF-Lösung sollten sich also $3,9 \times 10^{-7}$ mol festes CaF_2 lösen.

Anmerkung: Die molare Löslichkeit von CaF_2 in reinem Wasser beträgt $2,1 \times 10^{-4}\,M$ (Übungsbeispiel 17.11). Unsere oben angestellten Berechnungen zeigen, dass die Löslichkeit von CaF_2 im Vergleich dazu bei Anwesenheit von $0,010\,M\,Ca^{2+}$ $3,1 \times 10^{-5}\,M$ und bei Anwesenheit von $0,010\,M\,F^-$ $3,9 \times 10^{-7}\,M$ ist. Durch die Zugabe von Ca^{2+} oder F^- zu einer Lösung von CaF_2 wird also dessen Löslichkeit herabgesetzt. Der Effekt von F^- auf die Löslichkeit ist jedoch größer als der von Ca^{2+}, weil $[F^-]$ quadratisch, $[Ca^{2+}]$ jedoch nur einfach in den Ausdruck für K_L von CaF_2 einfließt.

ÜBUNGSAUFGABE

Der Wert von K_L von Mangan(II)hydroxid $[Mn(OH)_2]$ beträgt $1,6 \times 10^{-13}\,\text{mol}^3/\text{l}^3$. Berechnen Sie die molare Löslichkeit von $Mn(OH)_2$ in einer Lösung, die $0,020\,M$ NaOH enthält.

Antwort: $4,0 \times 10^{-10}\,M$.

Löslichkeit und pH-Wert

Die Löslichkeit einer Substanz, deren Anion basisch ist, wird vom pH-Wert der Lösung beeinflusst. Betrachten Sie z. B. $Mg(OH)_2$, dessen Fällungsgleichgewicht durch die folgende Gleichung ausgedrückt wird:

$$Mg(OH)_2(s) \rightleftharpoons Mg^{2+}(aq) + 2\,OH^-(aq) \quad K_L = 1,8 \times 10^{-11}\,\text{mol}^3/\text{l}^3 \quad (17.17)$$

Eine gesättigte Lösung von $Mg(OH)_2$ hat einen rechnerischen pH-Wert von 10,52 und enthält $[Mg^{2+}] = 1,7 \times 10^{-4}\,M$. Nehmen Sie jetzt an, dass festes $Mg(OH)_2$ sich im Gleichgewicht mit einer Lösung befindet, deren pH-Wert 9,0 ist. Der pOH-Wert ist also gleich 5,0, so dass [OH$^-$] = 1,0 × 10^{-5} mol/l ist. Wenn wir diesen Wert von [OH$^-$] in den Ausdruck für das Löslichkeitsprodukt einsetzen, erhalten wir

$$K_L = [\text{Mg}^{2+}][\text{OH}^-]^2 = 1{,}8 \times 10^{-11} \text{ mol}^3/\text{l}^3$$

$$[\text{Mg}^{2+}](1{,}0 \times 10^{-5})^2 = 1{,}8 \times 10^{-11} \text{ mol}^3/\text{l}^3$$

$$[\text{Mg}^{2+}] = \frac{1{,}8 \times 10^{-11}}{(1{,}0 \times 10^{-5})^2} \text{ mol/l} = 0{,}18\ M$$

Mg(OH)$_2$ löst sich also auf, bis die Konzentration von [Mg^{2+}] einen Wert von 0,18 M erreicht. Mg(OH)$_2$ ist also in dieser Lösung recht gut löslich. Wenn wir die Konzentration von OH$^-$ durch weiteres Ansäuern der Lösung weiter verringern würden, müsste die Mg^{2+}-Konzentration zur Einhaltung der Gleichgewichtsbedingung weiter ansteigen. Eine Probe von Mg(OH)$_2$ würde sich also bei Hinzufügen von genügend Säure vollständig auflösen (▶ Abbildung 17.16).

Abbildung 17.16: Auflösung eines Niederschlags in Säure. Im links abgebildeten Reagenzglas ist ein weißer Niederschlag aus Mg(OH)$_2$(s) zu sehen, der sich im Gleichgewicht mit einer gesättigten Lösung befindet. Die Pipette enthält Salzsäure. In der Moleküldarstellung sind aus Vereinfachungsgründen keine Anionen dargestellt.

LÖSLICHKEIT UND pH-WERT

Die Löslichkeit einer Substanz mit einem basischen Anion wird vom pH-Wert der Lösung beeinflusst. Die Löslichkeit von Mg(OH)$_2$ steigt mit zunehmender Acidität der Lösung stark an.

H$^+$

Mg^{2+} OH$^-$ H$^+$ H$_2$O

2 H$^+$(aq) + Mg(OH)$_2$(s) → Mg^{2+}(aq) + 2 H$_2$O(l)

Niederschlag aus Mg(OH)$_2$(s)

Nach Zugabe der Säure löst sich der Niederschlag auf.

Eine Probe von Mg(OH)$_2$ löst sich durch Hinzufügen von genügend Säure vollständig auf.

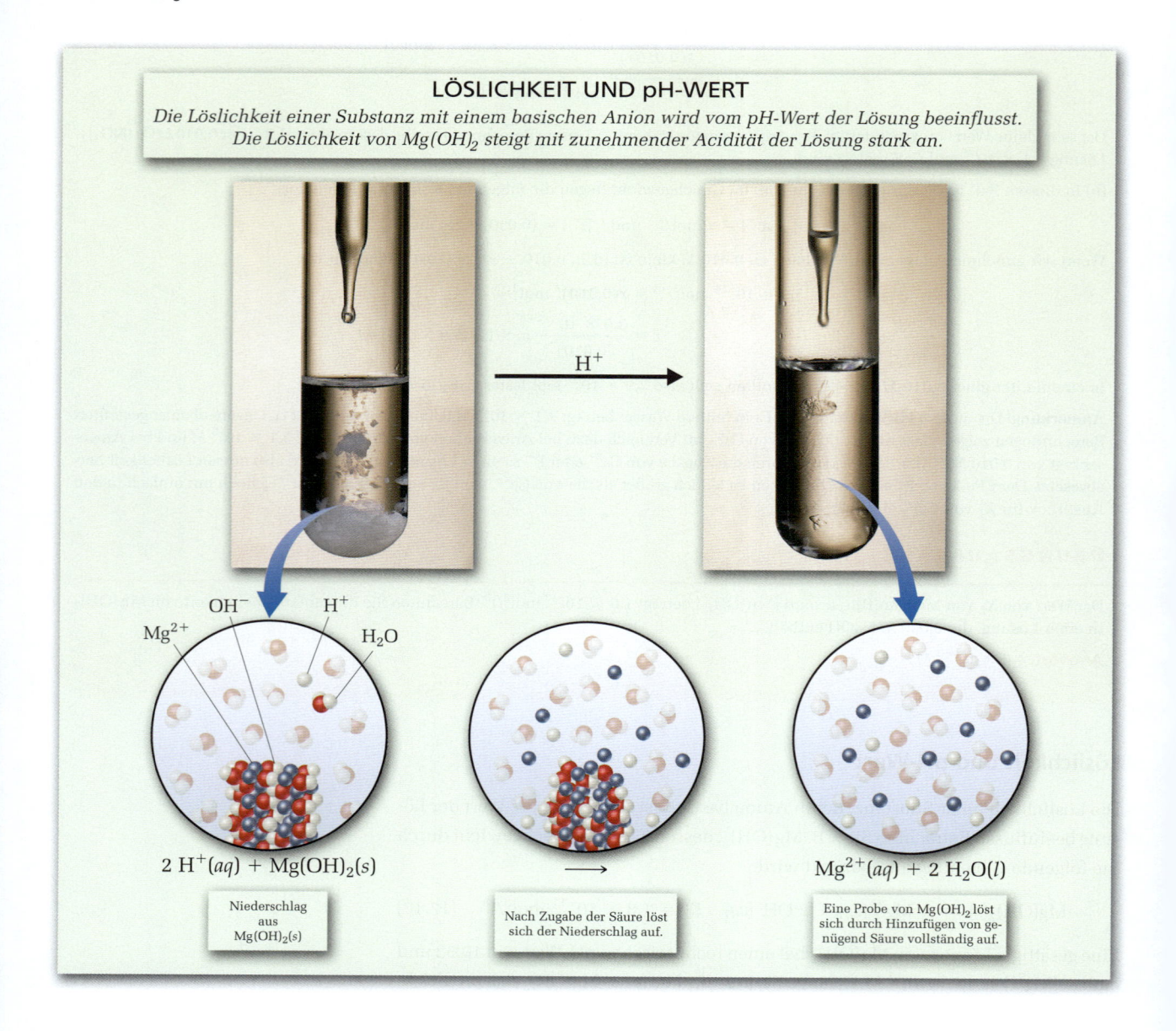

17.5 Faktoren, die die Löslichkeit beeinflussen

Chemie und Leben — Bergstürze

Eine Hauptursache für die Entstehung von Bergstürzen ist die Auflösung von Kalkstein, einem Gestein, das aus Calciumcarbonat besteht, durch Grundwasser. Obwohl $CaCO_3$ ein kleines Löslichkeitsprodukt hat, ist es bei Anwesenheit einer Säure recht gut löslich.

$$CaCO_3(s) \rightleftharpoons Ca^{2+}(aq) + CO_3^{2-}(aq) \quad K_L = 4{,}5 \times 10^{-9} \text{ mol}^2/\text{l}^2$$

Regenwasser hat normalerweise einen pH-Wert im Bereich von 5 bis 6, ist also leicht sauer. Die Acidität kann sich erhöhen, wenn Regenwasser mit verwesenden Pflanzenbestandteilen in Kontakt kommt. Carbonationen reagieren mit Wasserstoffionen, weil es sich beim Carbonation (CO_3^{2-}) um die konjugierte Base der schwachen Säure Hydrogencarbonat handelt.

$$CO_3^{2-}(aq) + H^+(aq) \longrightarrow HCO_3^-(aq)$$

Durch die Entfernung des Carbonations reagiert das Gleichgewicht nach rechts, die Löslichkeit von $CaCO_3$ wird also erhöht. Dies kann in Bereichen, in denen der Boden aus porösem Calciumcarbonat besteht, das nur von einer dünnen Schicht Lehm und/oder Oberboden bedeckt ist, verheerende Auswirkungen haben. Der Kalkstein wird durch das saure Wasser allmählich aufgelöst, so dass sich unterirdische Leerstellen bilden. Ein Bergsturz entsteht, wenn die über diesen Leerstellen liegende Erdschicht nicht länger vom verbleibenden Untergrund gestützt werden kann und in den unterirdischen Hohlraum einbricht (▶ Abbildung 17.17 a). Bei einem Bergsturz handelt es sich um ein geologisches Merkmal, das in Karstgebieten auftritt. Andere Merkmale von *Karstgebieten*, die ebenfalls durch die Auflösung von Grundgesteinen durch das Grundwasser verursacht werden, sind Höhlen und unterirdische Strömungen. Die plötzliche Entstehung von großen Bergstürzen kann eine ernsthafte Bedrohung für Leben und Besitztümer darstellen (▶ Abbildung 17.17b). Durch das Vorhandensein tiefer Bergstürze wird zudem das Risiko einer Verunreinigung des Grundwassers erhöht.

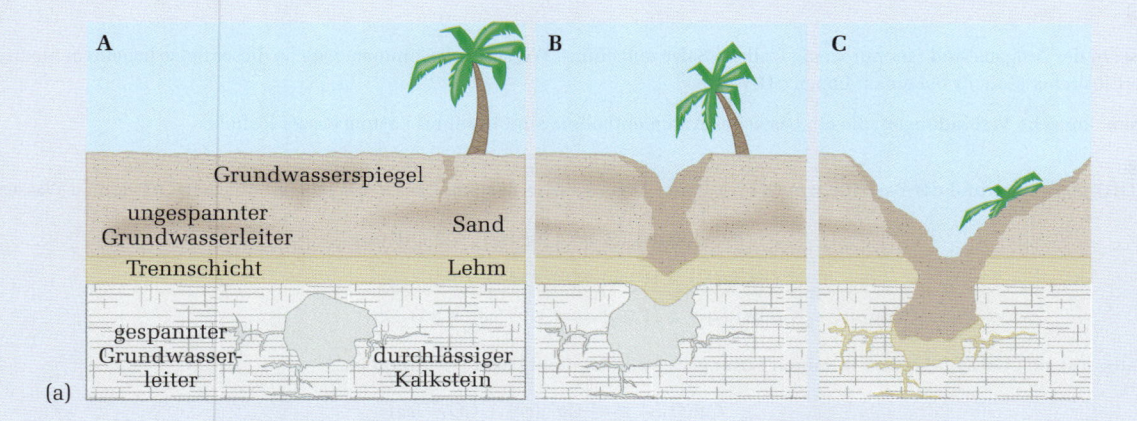

Abbildung 17.17: Entstehung eines Bergsturzes. (a) Die Bilder (A ⟶ B ⟶ C) zeigen die Entstehung eines Bergsturzes. Im Untergrund bildet sich durch Auflösen von Kalkstein [$CaCO_3(s)$] ein Hohlraum. Durch Einbrechen des darüber liegenden Bodens in den unterirdischen Hohlraum entsteht ein Bergsturz. (b) Der hier dargestellte Bergsturz hatte die Zerstörung von mehreren Gebäuden und Teilen einer Hauptverkehrsstraße zur Folge.

17 Weitere Aspekte von Gleichgewichten in wässriger Lösung

Durch Ansäuern oder Basischmachen einer Lösung lässt sich die Löslichkeit jedoch nur dann deutlich beeinflussen, wenn mindestens ein beteiligtes Ion zumindest leicht sauer oder basisch ist. Bei den Metallhydroxiden wie z. B. $Mg(OH)_2$ handelt es sich um Verbindungen, die ein stark basisches Ion (das Hydroxidion) enthalten.

Wie wir festgestellt haben, steigt die Löslichkeit von $Mg(OH)_2$ mit zunehmender Acidität der Lösung stark an. Die Löslichkeit von CaF_2 steigt mit zunehmender Acidität der Lösung ebenfalls an, weil es sich bei F^- als konjugierte Base der schwachen Säure HF um eine schwache Base handelt. Das Fällungsgleichgewicht von CaF_2 reagiert nach rechts, wenn die Konzentration der F^--Ionen durch Protonierung zu HF abnimmt.

Der Lösungsvorgang kann also als Abfolge von zwei gekoppelten folgenden Reaktionen verstanden werden.

ÜBUNGSBEISPIEL 17.13 **Einfluss einer Säure auf die Löslichkeit**

Welche der folgenden Substanzen sind in saurer Lösung löslicher als in basischer Lösung?
(a) $Ni(OH)_2(s)$; (b) $CaCO_3(s)$; (c) $BaF_2(s)$; (d) $AgCl(s)$.

Lösung

Analyse: In der Aufgabe sind vier nur wenig lösliche Salze aufgeführt. Wir sollen bestimmen, welche dieser Salze bei einem niedrigen pH-Wert löslicher sind als bei einem hohen pH-Wert.

Vorgehen: Ionische Verbindungen, die ein basisches Anion enthalten, sind in saurer Lösung besser löslich.

Lösung:
(a) $Ni(OH)_2(s)$ ist aufgrund der Basizität von OH^- in saurer Lösung besser löslich. Das H^+-Ion reagiert mit dem OH^--Ion zu Wasser.

$$Ni(OH)_2(s) \rightleftharpoons Ni^{2+}(aq) + 2\ OH^-(aq)$$
$$2\ OH^-(aq) + 2\ H^+(aq) \rightleftharpoons 2\ H_2O(l)$$

Gesamt: $Ni(OH)_2(s) + 2\ H^+(aq) \rightleftharpoons Ni^{2+}(aq) + 2\ H_2O(l)$

(b) Analog löst sich $CaCO_3(s)$ besser in sauren Lösungen, weil CO_3^{2-} ein basisches Anion ist.

$$CaCO_3(s) \rightleftharpoons Ca^{2+}(aq) + CO_3^{2-}(aq)$$
$$CO_3^{2-}(aq) + 2\ H^+(aq) \rightleftharpoons H_2CO_3(aq)$$
$$H_2CO_3(aq) \longrightarrow CO_2(g) + H_2O(l)$$

Gesamt: $CaCO_3(s) + 2\ H^+(aq) \longrightarrow Ca^{2+}(aq) + CO_2(g) + H_2O(l)$

Die Reaktion zwischen CO_3^{2-} und H^+ findet schrittweise statt, wobei zunächst HCO_3^- gebildet wird. H_2CO_3 bildet sich in nennenswertem Ausmaß nur, wenn die Konzentration von H^+ ausreichend hoch ist.

(c) Die Löslichkeit von BaF_2 wird durch eine Erniedrigung des pH-Wert ebenfalls erhöht, weil F^- ein basisches Anion ist.

$$BaF_2(s) \rightleftharpoons Ba^{2+}(aq) + 2\ F^-(aq)$$
$$2\ F^-(aq) + 2\ H^+(aq) \rightleftharpoons 2\ HF(aq)$$

Gesamt: $BaF_2(s) + 2\ H^+(aq) \longrightarrow Ba^{2+}(aq) + 2\ HF(aq)$

(d) Die Löslichkeit von AgCl wird durch Änderungen des pH-Werts nicht beeinflusst, weil es sich bei Cl^- um das Anion einer starken Säure handelt und dieses daher nur eine vernachlässigbare Basizität aufweist.

ÜBUNGSAUFGABE

Geben Sie die Gleichungen der Reaktionen der folgenden Kupfer(II)-Verbindungen mit Säure an: (a) CuS; (b) $Cu(N_3)_2$.

Antworten:
(a) $CuS(s) + H^+(aq) \rightleftharpoons Cu^{2+}(aq) + HS^-(aq)$;
(b) $Cu(N_3)_2(s) + 2\ H^+(aq) \rightleftharpoons Cu^{2+}(aq) + 2\ HN_3(aq)$.

$$CaF_2(s) \rightleftharpoons Ca^{2+}(aq) + 2\,F^-(aq) \quad (17.18)$$
$$F^-(aq) + H^+(aq) \rightleftharpoons HF(aq) \quad (17.19)$$

Die Gleichung des Gesamtprozesses lautet

$$CaF_2(s) + 2\,H^+(aq) \rightleftharpoons Ca^{2+}(aq) + 2\,HF(aq) \quad (17.20)$$

In ▶Abbildung 17.18 ist dargestellt, wie sich die Löslichkeit von CaF_2 mit dem pH-Wert verändert.

Andere Salze mit basischen Anionen wie z. B. CO_3^{2-}, PO_4^{3-}, CN^- oder S^{2-} verhalten sich auf ähnliche Weise. Es handelt sich um Beispiele einer allgemeinen Regel: *Die Löslichkeit von nur wenig löslichen Salzen, die basische Anionen enthalten, steigt mit zunehmender Konzentration von [H^+] (abnehmendem pH-Wert) an.* Je basischer das Anion ist, desto stärker wird die Löslichkeit vom pH-Wert beeinflusst. Salze mit Anionen, die nur eine vernachlässigbare Basizität aufweisen (Anionen starker Säuren), werden dagegen durch pH-Wert-Änderungen kaum beeinflusst.

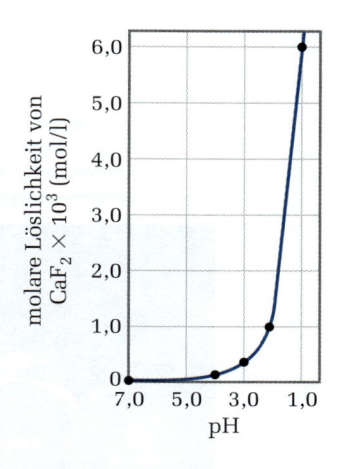

Abbildung 17.18: Einfluss des pH-Werts auf die Löslichkeit von CaF_2. Die Löslichkeit steigt mit zunehmender Acidität (niedrigerem pH-Wert) der Lösung an. Beachten Sie, dass die vertikale Skala mit 10^3 multipliziert wird.

Bildung von Komplexen

Eine charakteristische Eigenschaft von Metallionen ist ihre Fähigkeit, gegenüber Wassermolekülen, die Lewis-Basen bzw. Elektronenpaardonoren sind, als Lewis-Säuren bzw. Elektronenpaarakzeptoren zu wirken (siehe Abschnitt 16.11). Auch andere Lewis-Basen als Wasser können mit Metallionen (insbesondere mit Übergangsmetallionen) wechselwirken. Derartige Wechselwirkungen können erhebliche Auswirkungen auf die Löslichkeit eines Metallsalzes haben. AgCl ($K_L = 1{,}8 \times 10^{-10}\,mol^2/l^2$) ist z. B. bei Anwesenheit von wässrigem Ammoniak löslich, weil Ag^+ mit der Lewis-Base NH_3 reagiert (▶Abbildung 17.19). Dieser Vorgang kann als Summe von zwei Reaktionen betrachtet werden – der Auflösung von AgCl und der Reaktion zwischen der Lewis-Säure Ag^+ mit der Lewis-Base NH_3.

$$AgCl(s) \rightleftharpoons Ag^+(aq) + Cl^-(aq) \quad (17.21)$$
$$\underline{Ag^+(aq) + 2\,NH_3(aq) \rightleftharpoons Ag(NH_3)_2^+(aq) \quad (17.22)}$$
$$\text{Gesamt:}\quad AgCl(s) + 2\,NH_3(aq) \rightleftharpoons Ag(NH_3)_2^+(aq) + Cl^-(aq) \quad (17.23)$$

Chemie und Leben — Karies und Fluorid

Zahnschmelz besteht hauptsächlich aus einem Mineral, das Hydroxylapatit [$Ca_5(PO_4)_3(OH)$] genannt wird. Es handelt sich um die härteste Substanz im menschlichen Körper. Karies entsteht, wenn der Zahnschmelz von Säuren aufgelöst wird.

$$Ca_5(PO_4)_3(OH)(s) + 4\,H^+(aq) \longrightarrow 5\,Ca^{2+}(aq) + 3\,HPO_4^{2-}(aq) + H_2O(l)$$

Die dabei entstehenden Ca^{2+}- und HPO_4^{2-}-Ionen diffundieren aus dem Zahnschmelz und werden vom Speichel ausgewaschen. Die Säuren, die den Hydroxylapatit angreifen, entstehen durch die Wirkung spezieller Bakterien auf Zucker und anderer Kohlenhydrate, die im Zahnbelag zu finden sind.

Das in Trinkwasser, Zahnpasta und anderen Quellen vorhandene Fluoridion kann mit Hydroxylapatit zu Fluorapatit ($Ca_5(PO_4)_3F$) reagieren. Dieses Mineral, in dem OH^- durch F^- ersetzt wurde, ist gegenüber einem Angriff von Säuren wesentlich widerstandsfähiger, weil es sich beim Fluoridion um eine sehr viel schwächere Brønsted-Lowry-Base handelt als beim Hydroxidion.

Weil das Fluoridion sich daher gut zur Vermeidung von Karies eignet, wird es vielen öffentlichen Wasserversorgungen bis zu einer Konzentration von 1 mg/l (1 ppm) beigefügt. Hierzu werden vor allem die Verbindungen NaF oder Na_2SiF_6 verwendet. Na_2SiF_6 reagiert in der folgenden Reaktion mit Wasser unter Freisetzung von Fluoridionen:

$$SiF_6^{2-}(aq) + 2\,H_2O(l) \longrightarrow 6\,F^-(aq) + 4\,H^+(aq) + SiO_2(s)$$

Etwa 80 % der heute in den Vereinigten Staaten verkauften Zahnpasten enthalten Fluoridverbindungen, wobei die Fluoridkonzentration normalerweise bei etwa 0,1 Massen-% liegt. Bei den häufigsten in Zahnpasten verwendeten Verbindungen handelt es sich um Natriumfluorid (NaF), Natriummonofluorphosphat (Na_2PO_3F) und Zinnfluorid (SnF_2).

BILDUNG VON KOMPLEXEN

Lewis-Basen können mit Metallionen (insbesondere mit Übergangsmetallionen) reagieren. Diese Reaktionen können die Löslichkeit eines Metallsalzes erheblich beeinflussen. AgCl ist z.B. bei Anwesenheit von wässrigem Ammoniak löslich, weil Ag^+ mit der Lewis-Base NH_3 reagiert.

$AgCl(s)$ + $2\,NH_3(aq)$ $\longrightarrow$ $Ag(NH_3)_2^+(aq) + Cl^-(aq)$

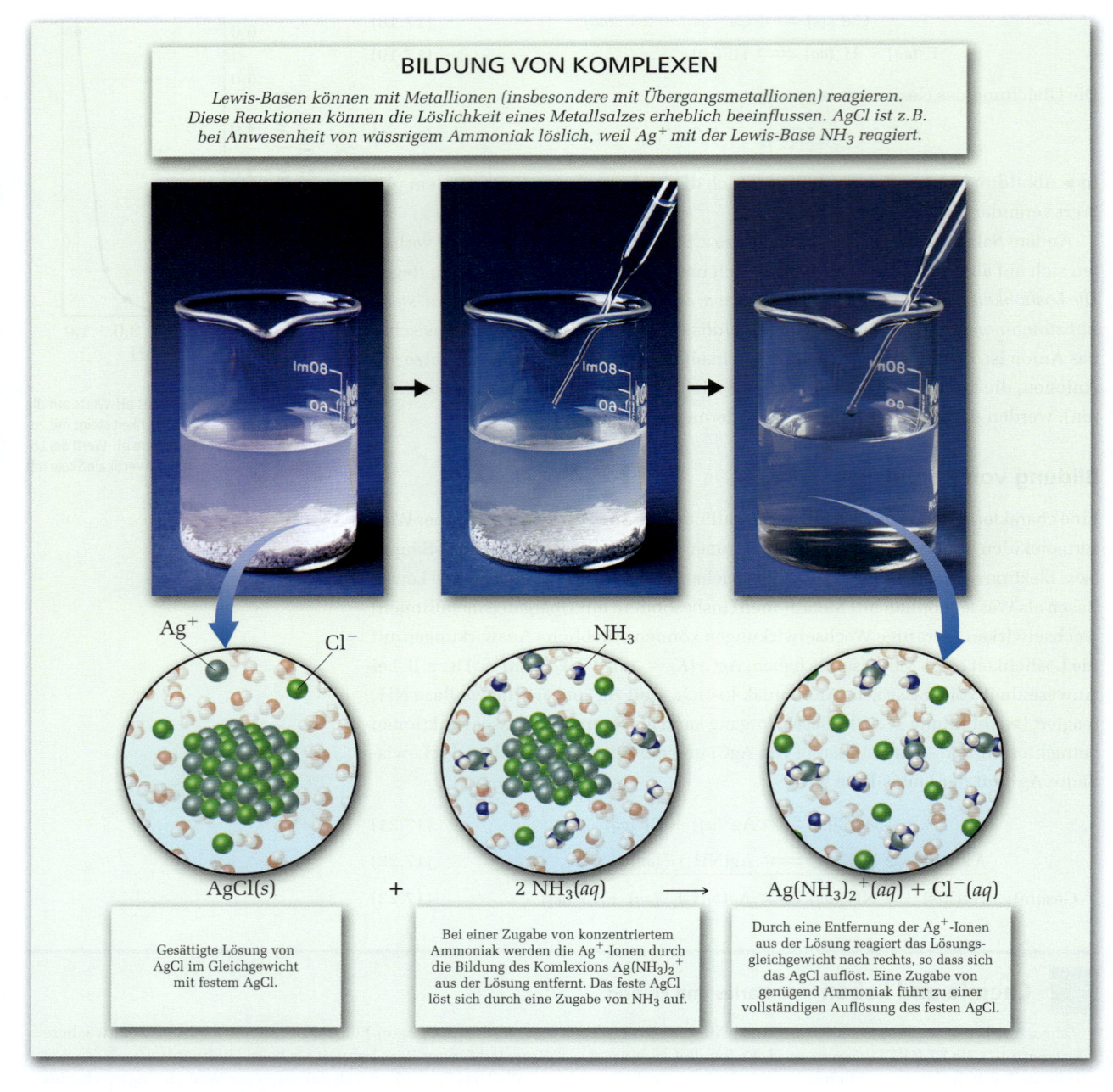

Gesättigte Lösung von AgCl im Gleichgewicht mit festem AgCl.

Bei einer Zugabe von konzentriertem Ammoniak werden die Ag^+-Ionen durch die Bildung des Komlexions $Ag(NH_3)_2^+$ aus der Lösung entfernt. Das feste AgCl löst sich durch eine Zugabe von NH_3 auf.

Durch eine Entfernung der Ag^+-Ionen aus der Lösung reagiert das Lösungsgleichgewicht nach rechts, so dass sich das AgCl auflöst. Eine Zugabe von genügend Ammoniak führt zu einer vollständigen Auflösung des festen AgCl.

Abbildung 17.19: Auflösung von AgCl(s) durch Zugabe von $NH_3(aq)$.

Durch die Anwesenheit von NH_3 wird die obere Reaktion, die Auflösung von AgCl, begünstigt, weil $Ag^+(aq)$ durch die Bildung von $Ag(NH_3)_2^+$ aus dem Gleichgewicht entfernt wird.

Damit eine Lewis-Base wie NH_3 die Löslichkeit eines Metallsalzes erhöhen kann, muss sie stärker an das Metallion gebunden werden als Wasser. Bei der Bildung von $Ag(NH_3)_2^+$ werden die solvatisierenden H_2O-Moleküle durch NH_3 ersetzt (Abschnitte 13.1 und 16.11):

$$Ag^+(aq) + 2\,NH_3(aq) \rightleftharpoons Ag(NH_3)_2^+(aq) \qquad (17.24)$$

ÜBUNGSBEISPIEL 17.14 — Untersuchung eines Gleichgewichts eines Komplexions

Berechnen Sie die sich im Gleichgewicht einstellende Ag^+-Konzentration einer 0,010 M $AgNO_3$-Lösung, zu der konzentrierte Ammoniaklösung bis zu einer Gleichgewichtskonzentration von $[NH_3] = 0,20\ M$ gegeben wird. Vernachlässigen Sie die durch die Zugabe von NH_3 bedingte Volumenänderung.

Lösung

Analyse: Wenn $NH_3(aq)$ zu $Ag^+(aq)$ gegeben wird, findet eine Reaktion statt, in der sich $Ag(NH_3)_2^+$ bildet (▶ Gleichung 17.22). Wir sollen bestimmen, welche Konzentration von $Ag^+(aq)$ unreagiert in Lösung verbleibt, wenn in einer Lösung, die ursprünglich eine $AgNO_3$-Konzentration von 0,010 M hat, eine NH_3-Konzentration von 0,20 M eingestellt wird.

Vorgehen: Wir nehmen zunächst an, dass $AgNO_3$ vollständig zu 0,10 M Ag^+ dissoziiert. Weil der Wert von $K_{Bil.}$ für die Bildung von $Ag(NH_3)_2^+$ recht groß ist, gehen wir davon aus, dass Ag^+ nahezu vollständig in $Ag(NH_3)_2^+$ umgewandelt wird und betrachten nicht die *Bildung*, sondern die *Dissoziation* von $Ag(NH_3)_2^+$. Um diesen Ansatz zu vereinfachen, kehren wir die Reaktionsgleichung um, so dass wir die Bildung von Ag^+ und NH_3 aus $Ag(NH_3)_2^+$ betrachten. Außerdem achten wir darauf, die Gleichgewichtskonstante entsprechend zu ändern.

$$Ag(NH_3)_2^+(aq) \rightleftharpoons Ag^+(aq) + 2\ NH_3(aq)$$

$$K_{Diss.} = \frac{1}{K_{Bil.}} = \frac{1}{1,7 \times 10^7}\ mol^2/l^2 = 5,9 \times 10^{-8}\ mol^2/l^2$$

Lösung: Wenn $[Ag^+]$ ursprünglich gleich 0,010 M ist, wird $[Ag(NH_3)_2^+]$ nach der Zugabe von NH_3 0,010 M betragen. Wir fertigen zur Lösung dieses Gleichgewichtsproblems eine Konzentrationstabelle an. Beachten Sie, dass es sich bei der in der Aufgabe angegebenen NH_3-Konzentration um eine Gleichgewichtskonzentration und nicht um eine Ausgangskonzentration handelt.

	$Ag(NH_3)_2^+(aq)$	$\rightleftharpoons$	$Ag^+(aq)$	+	$2\ NH_3(aq)$
Anfang	0,010 M		0 M		
Änderung	−x M		+x M		
Gleichgewicht	0,010 − x M		x M		0,20 M

Weil die Konzentration von Ag^+ sehr klein ist, können wir den Wert von x im Vergleich zu 0,010 vernachlässigen. Daher ist $0,010 − x \approx 0,010\ M$. Wenn wir diese Werte in den Ausdruck für die Gleichgewichtskonstante der Dissoziation von $Ag(NH_3)_2^+$ einsetzen, erhalten wir

$$\frac{[Ag^+][NH_3]^2}{[Ag(NH_3)_2^+]} = \frac{(x)(0,20)^2}{0,010}\ mol^2/l^2 = 5,9 \times 10^{-8}\ mol^2/l^2$$

Nach Auflösen nach x erhalten wir $x = 1,5 \times 10^{-8}\ M = [Ag^+]$. Die Bildung des $Ag(NH_3)_2^+$-Komplexes führt also zu einer erheblichen Verringerung der Konzentration des freien Ag^+-Ions in der Lösung.

ÜBUNGSAUFGABE

Berechnen Sie $[Cr^{3+}]$ im Gleichgewicht mit $Cr(OH)_4^-$, wenn 0,010 mol $Cr(NO_3)_3$ in einem Liter einer bei einem pH-Wert von 10,0 gepufferten Lösung aufgelöst werden.

Antwort: $1 \times 10^{-16}\ M$.

Wenn Lewis-Basen wie z. B. in der Verbindung $Ag(NH_3)_2^+$ an ein Metallion gebunden sind, wird diese Anordnung **Komplex** genannt. Die Stabilität eines Komplexes in wässriger Lösung kann anhand des Werts der Gleichgewichtskonstanten der Bildung aus dem hydratisierten Metallion beurteilt werden. Die Gleichgewichtskonstante der Bildung von $Ag(NH_3)_2^+$ (▶ Gleichung 17.24) beträgt z. B. $1,7 \times 10^7\ l^2/mol^2$.

$$K_{Bil.} = \frac{[Ag(NH_3)_2^+]}{[Ag^+][NH_3]^2} = 1,7 \times 10^7\ l^2/mol^2 \qquad (17.25)$$

Tabelle 17.1

Bildungskonstanten einiger Metallkomplexionen in Wasser bei 25 °C

Komplexion	$K_{Bil.}$	Gleichgewichtsgleichung
$Ag(NH_3)_2^+$	$1{,}7 \times 10^7$	$Ag^+(aq) + 2\,NH_3(aq) \rightleftharpoons Ag(NH_3)_2^+(aq)$
$Ag(CN)_2^-$	1×10^{21}	$Ag^+(aq) + 2\,CN^-(aq) \rightleftharpoons Ag(CN)_2^-(aq)$
$Ag(S_2O_3)_2^{3-}$	$2{,}9 \times 10^{13}$	$Ag^+(aq) + 2\,S_2O_3^{2-}(aq) \rightleftharpoons Ag(S_2O_3)_2^{3-}(aq)$
$CdBr_4^{2-}$	5×10^3	$Cd^{2+}(aq) + 4\,Br^-(aq) \rightleftharpoons CdBr_4^{2-}(aq)$
$Cr(OH)_4^-$	8×10^{29}	$Cr^{3+}(aq) + 4\,OH^-(aq) \rightleftharpoons Cr(OH)_4^-(aq)$
$Co(SCN)_4^{2-}$	1×10^3	$Co^{2+}(aq) + 4\,SCN^-(aq) \rightleftharpoons Co(SCN)_4^{2-}(aq)$
$Cu(NH_3)_4^{2+}$	5×10^{12}	$Cu^{2+}(aq) + 4\,NH_3(aq) \rightleftharpoons Cu(NH_3)_4^{2+}(aq)$
$Cu(CN)_4^{2-}$	1×10^{25}	$Cu^{2+}(aq) + 4\,CN^-(aq) \rightleftharpoons Cu(CN)_4^{2-}(aq)$
$Ni(NH_3)_6^{2+}$	$1{,}2 \times 10^9$	$Ni^{2+}(aq) + 6\,NH_3(aq) \rightleftharpoons Ni(NH_3)_6^{2+}(aq)$
$Fe(CN)_6^{4-}$	1×10^{35}	$Fe^{2+}(aq) + 6\,CN^-(aq) \rightleftharpoons Fe(CN)_6^{4-}(aq)$
$Fe(CN)_6^{3-}$	1×10^{42}	$Fe^{3+}(aq) + 6\,CN^-(aq) \rightleftharpoons Fe(CN)_6^{3-}(aq)$

Gleichgewichtskonstanten derartiger Reaktionen werden **Bildungskonstanten** $K_{Bil.}$ genannt. In Tabelle 17.1 sind die Bildungskonstanten verschiedener Komplexe aufgeführt.

Wir können als allgemeine Regel festhalten, dass sich die Löslichkeit eines Metallsalzes in Anwesenheit geeigneter Lewis-Basen wie NH_3, CN^- oder OH^- erhöht, wenn das Metall mit der Base einen Komplex bilden kann. Die Fähigkeit von Metallionen, Komplexe zu bilden, ist ein äußerst wichtiger Aspekt ihrer Chemie.

Amphoterie

Einige Metalloxide und -hydroxide, die in neutralem Wasser fast unlöslich sind, sind sowohl in stark sauren als auch in stark basischen Lösungen löslich. Diese Substanzen können in starken Säuren und Basen gelöst werden, weil sie selbst sowohl als Säure als auch als Base reagieren können. Es handelt sich um **amphotere Oxide**. Die Oxide und Hydroxide von Al^{3+}, Cr^{3+}, Zn^{2+} und Sn^{2+} sind z. B. amphoter. Beachten Sie, dass sich der Ausdruck *amphoter* auf das Verhalten von unlöslichen Oxiden und Hydroxiden bezieht, die sowohl in sauren als auch in basischen Lösungen löslich sind. Der ähnliche Ausdruck *amphiprotisch*, dem wir in Abschnitt 16.2 begegnet sind, bezieht sich allgemeiner auf ein Molekül oder Ion, das ein Proton sowohl aufnehmen als auch abgeben kann.

Diese Substanzen lösen sich in sauren Lösungen, weil sie basische Anionen haben. Die Besonderheit amphoterer Oxide und Hydroxide besteht jedoch darin, dass sie sich außerdem in stark basischen Lösungen lösen (▶Abbildung 17.20). Dieses Verhalten ist eine Folge der Bildung von Komplexanionen, in denen mehrere Hydroxidionen an das Metallion gebunden sind.

$$Al(OH)_3(s) + OH^-(aq) \rightleftharpoons Al(OH)_4^-(aq) \qquad (17.26)$$

Amphoterie wird häufig mit dem Verhalten der Wassermoleküle erklärt, die das Metallion umgeben und durch Lewis-Säure-Base-Wechselwirkungen an das Molekül ge-

17.5 Faktoren, die die Löslichkeit beeinflussen

AMPHOTERIE

Metalloxide und -hydroxide, die in neutralem Wasser relativ unlöslich sind, sich jedoch sowohl in starken Säuren als auch in starken Basen lösen, werden amphoter genannt. Dieses Verhalten ist eine Folge der Bildung von Komplexanionen, in denen mehrere Hydroxidionen an das Metallion gebunden sind.

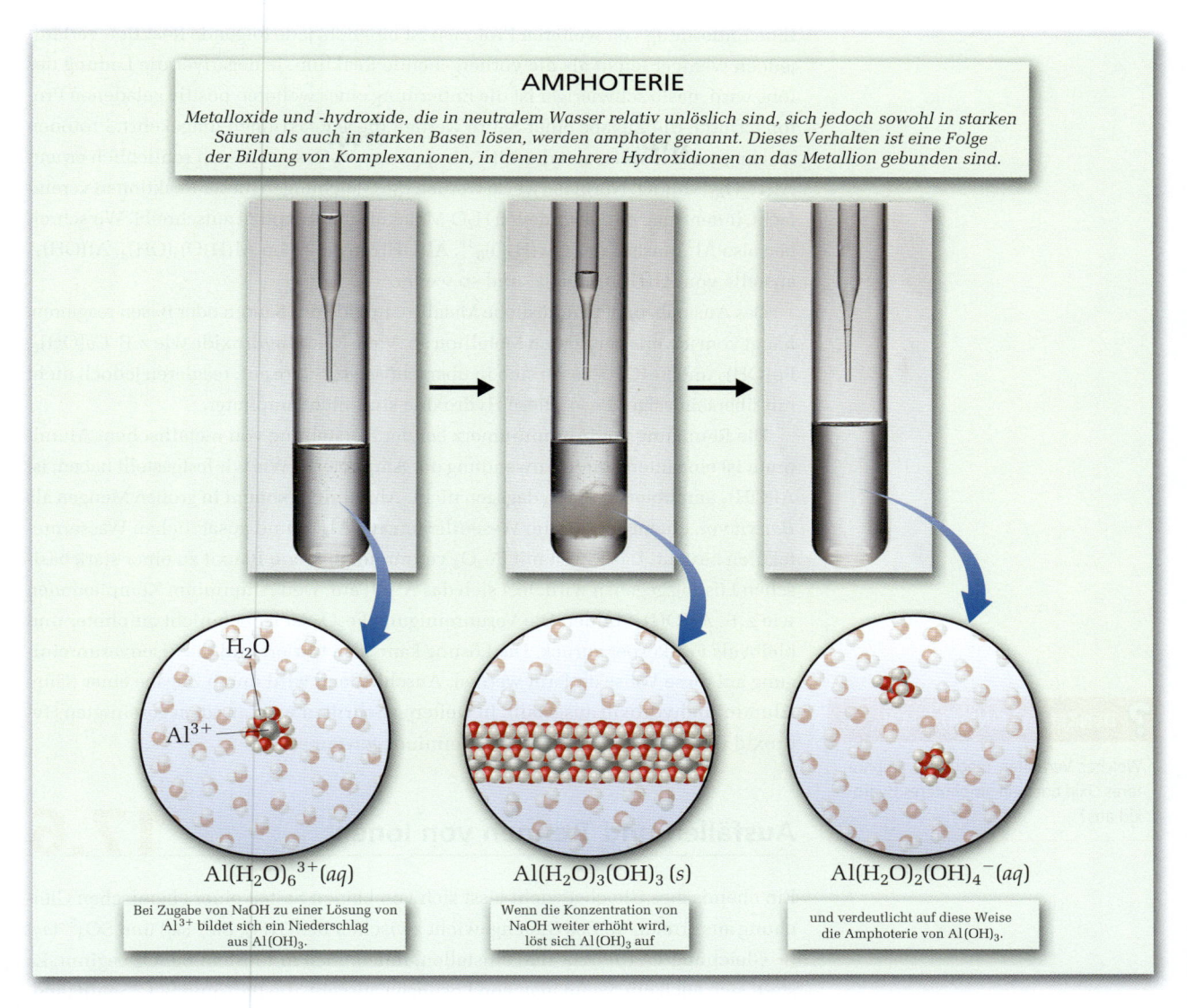

$Al(H_2O)_6^{3+}(aq)$ — Bei Zugabe von NaOH zu einer Lösung von Al^{3+} bildet sich ein Niederschlag aus $Al(OH)_3$.

$Al(H_2O)_3(OH)_3\,(s)$ — Wenn die Konzentration von NaOH weiter erhöht wird, löst sich $Al(OH)_3$ auf

$Al(H_2O)_2(OH)_4^{-}(aq)$ — und verdeutlicht auf diese Weise die Amphoterie von $Al(OH)_3$.

Abbildung 17.20: Amphoterie.

bunden sind (siehe Abschnitt 16.11). $Al^{3+}(aq)$ wird z. B. besser durch $Al(H_2O)_6^{3+}(aq)$ repräsentiert, weil in wässriger Lösung sechs Wassermoleküle an das Al^{3+} gebunden sind. Erinnern Sie sich daran, dass es sich bei diesem hydratisierten Ion um eine schwache Säure handelt (Abschnitt 16.11). Wenn eine starke Base zugefügt wird, verliert $Al(H_2O)_6^{3+}$ schrittweise Protonen, so dass sich schließlich das neutrale und wasserunlösliche $Al(H_2O)_3(OH)_3$ bildet. Diese Substanz löst sich bei der Entfernung eines weiteren Protons unter Bildung des Anions $Al(H_2O)_2(OH)_4^{-}$ wieder auf. Es finden insgesamt folgende Reaktionen statt:

$$Al(H_2O)_6^{3+}(aq) + OH^{-}(aq) \rightleftharpoons Al(H_2O)_5(OH)^{2+}(aq) + H_2O(l)$$
$$Al(H_2O)_5(OH)^{2+}(aq) + OH^{-}(aq) \rightleftharpoons Al(H_2O)_4(OH)_2^{+}(aq) + H_2O(l)$$
$$Al(H_2O)_4(OH)_2^{+}(aq) + OH^{-}(aq) \rightleftharpoons Al(H_2O)_3(OH)_3(s) + H_2O(l)$$
$$Al(H_2O)_3(OH)_3(s) + OH^{-}(aq) \rightleftharpoons Al(H_2O)_2(OH)_4^{-}(aq) + H_2O(l)$$

Eine Entfernung von weiteren Protonen ist möglich, jede folgende Reaktion verläuft jedoch weniger leicht als die vorhergehende Reaktion. Je negativer die Ladung des Ions wird, desto schwieriger ist die Entfernung eines weiteren positiv geladenen Protons. Durch die Zugabe einer Säure werden diese Reaktionen umgekehrt. Protonen reagieren schrittweise mit den OH^--Gruppen zu H_2O, so dass sich schließlich erneut $Al(H_2O)_6^{3+}$ bildet. Normalerweise werden die Gleichungen dieser Reaktionen vereinfacht, indem man die gebundenen H_2O-Moleküle nicht explizit aufschreibt. Wir schreiben also Al^{3+} anstelle von $Al(H_2O)_6^{3+}$, $Al(OH)_3$ anstelle von $Al(H_2O)_3(OH)_3$, $Al(OH)_4^-$ anstelle von $Al(H_2O)_2(OH)_4^-$ und so weiter.

Das Ausmaß, in dem unlösliche Metallhydroxide mit Säuren oder Basen reagieren, hängt vom jeweils beteiligten Metallion ab. Viele Metallhydroxide wie z. B. $Ca(OH)_2$, $Fe(OH)_2$ und $Fe(OH)_3$ lösen sich in überschüssiger Säure auf, reagieren jedoch nicht mit überschüssiger Base. Diese Hydroxide sind nicht amphoter.

Die Reinigung von Aluminiumerz bei der Herstellung von metallischem Aluminium ist eine interessante Anwendung der Amphoterie. Wie wir festgestellt haben, ist $Al(OH)_3$ amphoter, $Fe(OH)_3$ dagegen nicht. Aluminium kommt in großen Mengen als *Bauxit* vor, einem Erz, das im Wesentlichen aus Al_2O_3 und zusätzlichen Wassermolekülen besteht. Das Erz ist mit Fe_2O_3 verunreinigt. Wenn Bauxit zu einer stark basischen Lösung gegeben wird, löst sich das Al_2O_3 auf, weil Aluminium Komplexionen wie z. B. $Al(OH)_4^-$ bildet. Die Verunreinigung Fe_2O_3 ist jedoch nicht amphoter und bleibt als Festkörper zurück. Die Lösung kann also filtriert und die Eisenverunreinigung auf diese Weise entfernt werden. Anschließend wird durch Zugabe einer Säure Aluminiumhydroxid ausgefällt. In weiteren Schritten wird aus dem gereinigten Hydroxid schließlich metallisches Aluminium gewonnen.

> **? DENKEN SIE EINMAL NACH**
>
> Welches Verhalten macht ein amphoteres Oxid oder ein amphoteres Hydroxid aus?

Ausfällen und Trennen von Ionen 17.6

Ein chemisches Gleichgewicht lässt sich von beiden Seiten einer chemischen Gleichung aus erreichen. Das Gleichgewicht zwischen $BaSO_4(s)$, $Ba^{2+}(aq)$ und $SO_4^{2-}(aq)$ (▶ Gleichung 17.15) lässt sich einstellen, indem man mit festem $BaSO_4$ beginnt. Es stellt sich auch ein, wenn man von Lösungen ausgeht, die Ba^{2+} und SO_4^{2-} enthalten, z. B. $BaCl_2$ und Na_2SO_4. Wenn diese beiden Lösungen gemischt werden, fällt $BaSO_4$ aus, wenn das Produkt der anfänglichen Ionenkonzentrationen $Q = [Ba^{2+}][SO_4^{2-}]$ größer als K_L ist.

Wir haben die Verwendung des Reaktionsquotienten Q zur Bestimmung der Richtung, in der eine Reaktion verläuft, um das Gleichgewicht zu erreichen, bereits zuvor betrachtet (siehe Abschnitt 15.5). Die möglichen Beziehungen zwischen Q und K_L können wie folgt zusammengefasst werden:

> Bei $Q > K_L$ fällt ein Niederschlag aus, bis $Q = K_L$ ist.
> Bei $Q = K_L$ befindet sich die Reaktion im Gleichgewicht (gesättigte Lösung).
> Bei $Q < K_L$ löst sich der Festkörper auf, bis $Q = K_L$ ist.

ÜBUNGSBEISPIEL 17.15 — Bildung eines Niederschlags

Bildet sich beim Mischen von 0,10 l $8,0 \times 10^{-3}$ M $Pb(NO_3)_2$ und 0,40 l $5,0 \times 10^{-3}$ M Na_2SO_4 ein Niederschlag?

Lösung

Analyse: Wir sollen bestimmen, ob beim Mischen von zwei Salzlösungen ein Niederschlag ausfällt.

Vorgehen: Wir bestimmen die Konzentrationen aller Ionen, die unmittelbar nach dem Mischen der Lösungen vorliegen, und vergleichen die Werte der Reaktionsquotienten Q mit den Löslichkeitsprodukten K_L aller potenziell unlöslichen Reaktionsprodukte. Bei den möglichen Reaktionsprodukten handelt es sich um $PbSO_4$ und $NaNO_3$. Natriumsalze sind recht gut löslich. $PbSO_4$ hat jedoch einen Wert von K_L von $6,3 \times 10^{-7}$ mol²/l² (Anhang D) und fällt aus, wenn die Konzentrationen der Pb^{2+}- und SO_4^{2-}-ausreichend hoch sind, so dass Q den Wert von K_L des Salzes übersteigt.

Lösung: Wenn die zwei Lösungen gemischt werden, ergibt sich ein Gesamtvolumen von 0,10 l + 0,40 l = 0,50 l. Die Stoffmenge von Pb^{2+} in 0,10 l $3,0 \times 10^{-3}$ M $Pb(NO_3)_2$ beträgt

$$(0{,}10 \text{ l})\left(8{,}0 \times 10^{-3} \frac{\text{mol}}{\text{l}}\right) = 8{,}0 \times 10^{-4} \text{ mol}$$

Die Konzentration von Pb^{2+} in dem Gemisch mit einem Volumen von 0,50 l ist also gleich

$$[Pb^{2+}] = \frac{8{,}0 \times 10^{-4} \text{ mol}}{0{,}50 \text{ l}} = 1{,}6 \times 10^{-3} \text{ M}$$

Die Stoffmenge von SO_4^{2-} in 0,40 l $5{,}0 \times 10^{-3}$ M Na_2SO_4 beträgt

$$(0{,}40 \text{ l})\left(5{,}0 \times 10^{-3} \frac{\text{mol}}{\text{l}}\right) = 2{,}0 \times 10^{-3} \text{ mol}$$

Der Wert von $[SO_4^{2-}]$ in dem Gemisch mit einem Volumen von 0,50 l ist also gleich

$$[SO_4^{2-}] = \frac{2{,}0 \times 10^{-3} \text{ mol}}{0{,}50 \text{ l}} = 4{,}0 \times 10^{-3} \text{ M}$$

Wir erhalten damit

$$Q = [Pb^{2+}][SO_4^{2-}] = (1{,}6 \times 10^{-3})(4{,}0 \times 10^{-3}) \text{ mol}^2/\text{l}^2 = 6{,}4 \times 10^{-6} \text{ mol}^2/\text{l}^2$$

Weil $Q > K_L$ ist, fällt $PbSO_4$ aus.

ÜBUNGSAUFGABE

Fällt ein Niederschlag aus, wenn 0,050 l einer $2{,}0 \times 10^{-2}$ M NaF-Lösung mit 0,010 l $1{,}0 \times 10^{-2}$ M $Ca(NO_3)_2$ vermischt werden?

Antwort: Ja, CaF_2 fällt aus, weil $Q = 4{,}6 \times 10^{-8}$ mol³/l³ größer ist als $K_L = 3{,}9 \times 10^{-11}$ mol³/l³.

Selektives Ausfällen von Ionen

Ionen können durch das Ausnutzen der unterschiedlichen Löslichkeiten ihrer Salze voneinander getrennt werden. Betrachten Sie z. B. eine Lösung von Ag^+ und Cu^{2+}. Wenn wir zu dieser Lösung HCl geben, fällt AgCl ($K_L = 1{,}8 \times 10^{-10}$ mol²/l²) aus, Cu^{2+} verbleibt dagegen in Lösung, weil $CuCl_2$ löslich ist. Die Trennung von in wässriger Lösung befindlichen Ionen durch ein Reagenz, das mit einem oder mehreren Ionen einen Niederschlag bildet, wird *selektives Ausfällen* genannt.

Sulfidionen werden häufig zur Trennung von Metallionen eingesetzt, weil die Löslichkeiten von Sulfiden über einen großen Bereich verteilt sind und stark vom pH-Wert der Lösung abhängen. Cu^{2+} und Zn^{2+} lassen sich z. B. trennen, indem man gasförmiges H_2S durch eine angesäuerte Lösung leitet. Weil CuS ($K_L = 6 \times 10^{-37}$ mol²/l²) weniger löslich ist als ZnS ($K_L = 2 \times 10^{-25}$ mol²/l²), fällt CuS aus einer angesäuerten Lösung aus, ZnS dagegen nicht (▶ Abbildung 17.21):

$$Cu^{2+}(aq) + H_2S(aq) \rightleftharpoons CuS(s) + 2\,H^+(aq) \qquad (17.27)$$

Das CuS kann daraufhin durch Filtration von der Zn^{2+}-Lösung getrennt werden.

> **? DENKEN SIE EINMAL NACH**
>
> Bei welchen experimentellen Bedingungen ist die in Lösung zurückbleibende Konzentration von Cu^{2+}-Ionen gemäß ▶ Gleichung 17.27 am kleinsten?

17 Weitere Aspekte von Gleichgewichten in wässriger Lösung

SELEKTIVES AUSFÄLLEN VON IONEN

Die Trennung von in wässriger Lösung befindlichen Ionen durch ein Reagenz, das mit einem oder mehreren Ionen einen Niederschlag bildet, wird selektives Ausfällen genannt.

Lösung mit $Zn^{2+}(aq)$ und $Cu^{2+}(aq)$.

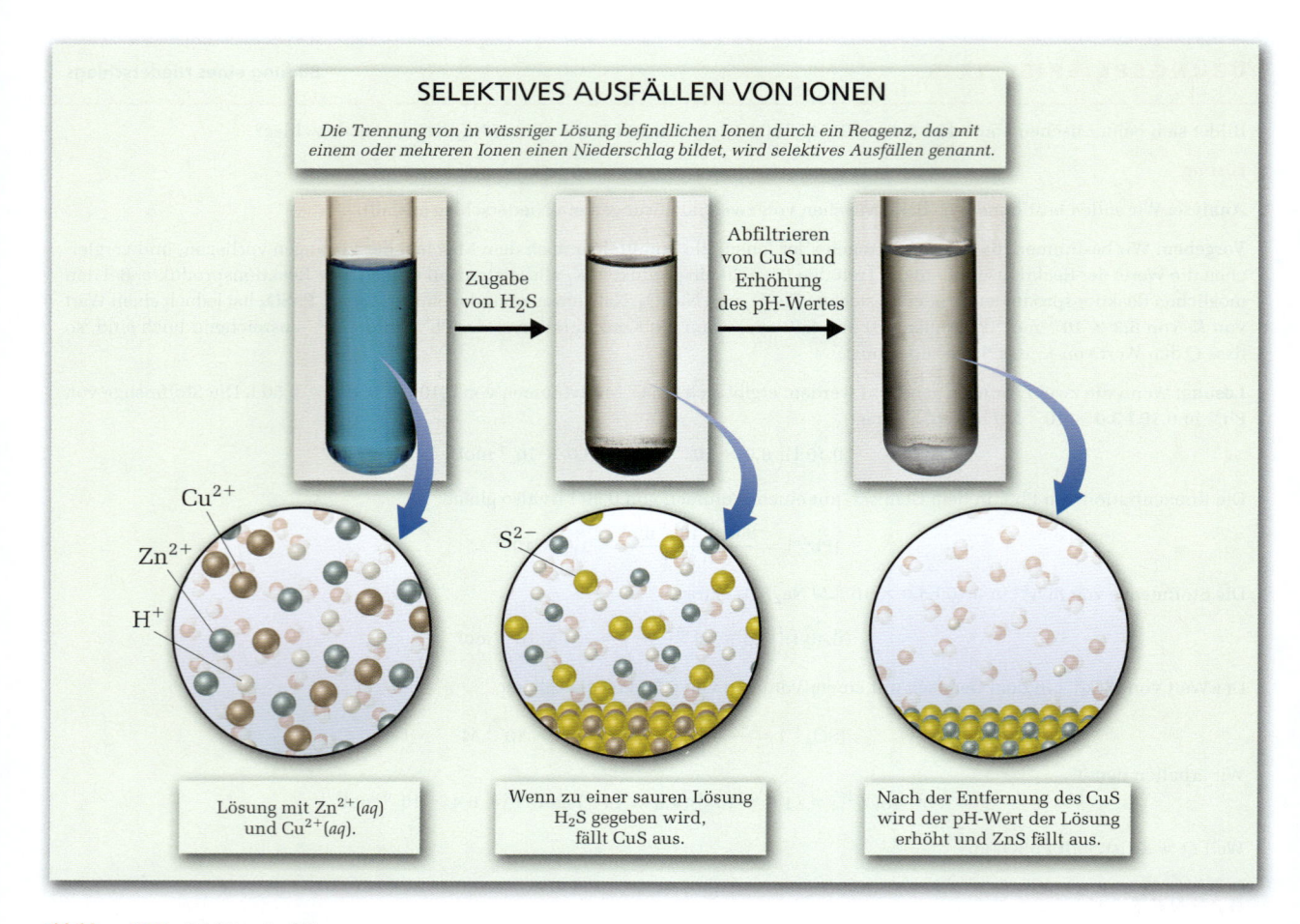

Wenn zu einer sauren Lösung H_2S gegeben wird, fällt CuS aus.

Nach der Entfernung des CuS wird der pH-Wert der Lösung erhöht und ZnS fällt aus.

Abbildung 17.21: Selektives Ausfällen.

ÜBUNGSBEISPIEL 17.16 — Berechnung der Ionenkonzentrationen für Fällungsreaktionen

Eine Lösung enthält $1{,}0 \times 10^{-2}\,M\,Ag^+$ und $2{,}0 \times 10^{-2}\,M\,Pb^{2+}$. Wenn Cl^- zu der Lösung gegeben wird, fallen sowohl AgCl ($K_L = 1{,}8 \times 10^{-10}\,mol^2/l^2$) als auch $PbCl_2$ ($K_L = 1{,}7 \times 10^{-5}\,mol^3/l^3$) aus der Lösung aus. Ab welcher Konzentration von Cl^- beginnen die Salze auszufallen? Welches Salz fällt zuerst aus?

Lösung

Analyse: Wir sollen die Konzentration von Cl^- bestimmen, ab der die Ag^+- und Pb^{2+}-Ionen aus einer Lösung ausfallen und angeben, welches Metallchlorid sich zuerst bildet.

Vorgehen: Es sind die K_L-Werte der beiden möglichen Niederschläge angegeben. Wir können mit diesen Werten und den Konzentrationen der Metallionen berechnen, ab welcher Konzentration des Cl^--Ions sich Niederschläge der beiden Metallionen bilden. Das Salz mit der niedrigeren Cl^--Ionenkonzentration bildet sich zuerst.

Lösung: Für AgCl erhalten wir

$$K_L = [Ag^+][Cl^-] = 1{,}8 \times 10^{-10}\,mol^2/l^2$$

Aus $[Ag^+] = 1{,}0 \times 10^{-2}\,M$ und dem Ausdruck von K_L ergibt sich die größte Konzentration von Cl^-, die vorliegen kann, ohne dass AgCl ausfällt:

$$K_L = [1{,}0 \times 10^{-2}\,mol/l][Cl^-] = 1{,}8 \times 10^{-10}\,mol^2/l^2$$

$$[Cl^-] = \frac{1{,}8 \times 10^{-10}}{1{,}0 \times 10^{-2}}\,mol/l = 1{,}8 \times 10^{-8}\,M$$

Bei einem Anstieg der Cl⁻-Konzentration über diese geringe Konzentration hinaus fällt AgCl aus der Lösung aus. Wenn wir die gleiche Berechnung für PbCl$_2$ anstellen, erhalten wir

$$K_L = [\text{Pb}^{2+}][\text{Cl}^-]^2 = 1{,}7 \times 10^{-5} \text{ mol}^3/\text{l}^3$$

$$[2{,}0 \times 10^{-2} \text{ mol/l}][\text{Cl}^-]^2 = 1{,}7 \times 10^{-5} \text{ mol}^3/\text{l}^3$$

$$[\text{Cl}^-]^2 = \frac{1{,}7 \times 10^{-5}}{2{,}0 \times 10^{-2}} \text{ mol}^2/\text{l}^2 = 8{,}5 \times 10^{-4} \text{ mol}^2/\text{l}^2$$

$$[\text{Cl}^-] = \sqrt{8{,}5 \times 10^{-4}} \text{ mol/l} = 2{,}9 \times 10^{-2} \, M$$

Eine Cl⁻-Konzentration, die höher als $2{,}9 \times 10^{-2} \, M$ liegt, führt zu einem Niederschlag von PbCl$_2$.

Wenn wir die zum Ausfällen der beiden Salze benötigten Cl⁻-Konzentrationen vergleichen, erkennen wir, dass aus der Lösung zunächst AgCl ausfällt, weil dazu eine erheblich geringere Cl⁻-Konzentration benötigt wird. Wir können also Ag⁺ von Pb²⁺ durch langsames Hinzufügen von Cl⁻ trennen, indem wir den Wert von [Cl⁻] zwischen $1{,}8 \times 10^{-8} \, M$ und $2{,}9 \times 10^{-2} \, M$ halten.

ÜBUNGSAUFGABE

Eine Lösung enthält 0,050 M Mg²⁺ und 0,020 M Cu²⁺. Welches Ion fällt bei einer Erhöhung der OH⁻-Konzentration zuerst aus der Lösung? Ab welcher Konzentration von OH⁻ beginnen die beiden Kationen auszufallen [$K_L = 1{,}8 \times 10^{-11}$ mol³/l³ für Mg(OH)$_2$ und $K_L = 2{,}2 \times 10^{-20}$ mol³/l³ für Cu(OH)$_2$]?

Antwort: Cu(OH)$_2$ fällt zuerst aus. Cu(OH)$_2$ beginnt auszufallen, sobald [OH⁻] über $1{,}0 \times 10^{-9} \, M$ ansteigt. Mg(OH)$_2$ fällt aus, sobald [OH⁻] über $1{,}9 \times 10^{-5} \, M$ ansteigt.

Qualitative Analyse von Metallelementen 17.7

In diesem Kapitel haben wir verschiedene Beispiele untersucht, in denen Metallionen in wässriger Lösung in Gleichgewichten auftreten. Im folgenden abschließenden Abschnitt werden wir uns kurz damit beschäftigen, wie Fällungsgleichgewichte und Komplexbildungen dazu verwendet werden können, das Vorhandensein von bestimmten Metallionen in einer Lösung nachzuweisen. Vor der Entwicklung moderner analytischer Geräte war man darauf angewiesen, Gemische von Metallen in einer Probe mit Hilfe so genannter nasschemischer Methoden zu untersuchen. Man löste z. B. eine Metallprobe, die mehrere metallische Elemente enthalten konnte, in einer konzentrierten Säurelösung auf. Diese Lösung wurde anschließend auf systematische Art und Weise auf die Anwesenheit von verschiedenen Metallionen überprüft.

In einer **qualitativen Analyse** wird nur die Anwesenheit eines bestimmten Metallions nachgewiesen, während in einer **quantitativen Analyse** auch festgestellt wird, welche Menge einer Substanz vorliegt. Nasschemische Methoden qualitativer Analysen haben als Analysemethoden an Bedeutung verloren. Sie kommen jedoch in der Laborausbildung in der Chemie häufig zum Einsatz, um die Wirkungsweise von Gleichgewichten zu verdeutlichen, die Eigenschaften häufiger Metallionen in Lösung aufzuzeigen und Laborfertigkeiten zu vermitteln. Derartige Analysen laufen normalerweise in drei Schritten ab: (1) Die Ionen werden aufgrund ihrer Löslichkeiten in größere Gruppen getrennt. (2) Die einzelnen Ionen einer Gruppe werden getrennt, indem einzelne Mitglieder der Gruppe selektiv wieder in Lösung gebracht werden. (3) Die Ionen werden anhand spezifischer Nachweisreaktionen identifiziert.

Bei einer oft verwendeten Methode werden die gebräuchlichsten Kationen in fünf Gruppen unterteilt (▶ Abbildung 17.22). Die Reihenfolge des Hinzufügens der Rea-

17 Weitere Aspekte von Gleichgewichten in wässriger Lösung

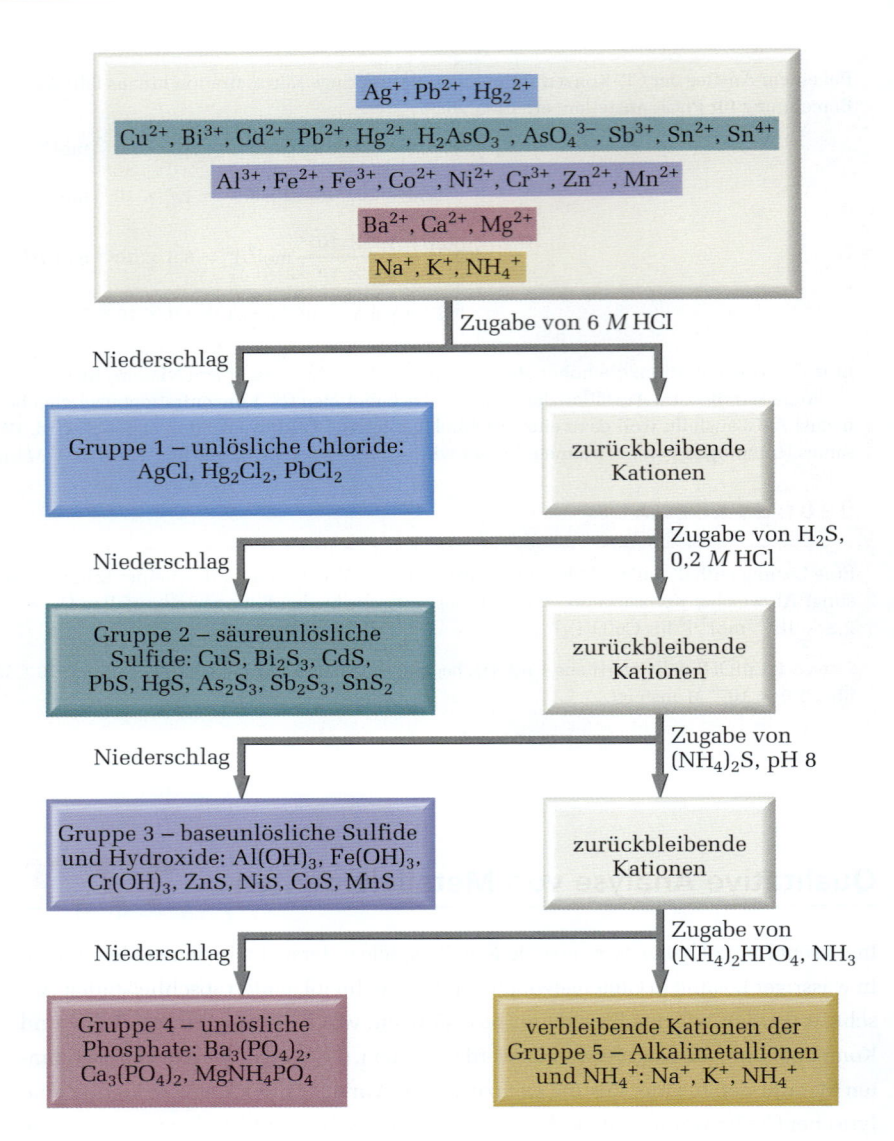

```
                    ┌─────────────────────────────────┐
                    │   Ag⁺, Pb²⁺, Hg₂²⁺              │
                    │ Cu²⁺, Bi³⁺, Cd²⁺, Pb²⁺, Hg²⁺,   │
                    │ H₂AsO₃⁻, AsO₄³⁻, Sb³⁺, Sn²⁺, Sn⁴⁺│
                    │ Al³⁺, Fe²⁺, Fe³⁺, Co²⁺, Ni²⁺,   │
                    │ Cr³⁺, Zn²⁺, Mn²⁺                │
                    │ Ba²⁺, Ca²⁺, Mg²⁺                │
                    │ Na⁺, K⁺, NH₄⁺                   │
                    └─────────────────────────────────┘
```

Abbildung 17.22: Qualitative Analyse. Dieses Flussdiagramm zeigt die Unterteilung der Kationen in Nachweisgruppen. Eine derartige Unterteilung ist ein wesentlicher Bestandteil der Nachweismethoden zur Identifizierung von Kationen in unbekannten Lösungen.

Flussdiagramm (Zugabe von 6 M HCl):

- **Niederschlag → Gruppe 1 – unlösliche Chloride:** $AgCl$, Hg_2Cl_2, $PbCl_2$
- **zurückbleibende Kationen** → Zugabe von H_2S, 0,2 M HCl
  - **Niederschlag → Gruppe 2 – säureunlösliche Sulfide:** CuS, Bi_2S_3, CdS, PbS, HgS, As_2S_3, Sb_2S_3, SnS_2
  - **zurückbleibende Kationen** → Zugabe von $(NH_4)_2S$, pH 8
    - **Niederschlag → Gruppe 3 – baseunlösliche Sulfide und Hydroxide:** $Al(OH)_3$, $Fe(OH)_3$, $Cr(OH)_3$, ZnS, NiS, CoS, MnS
    - **zurückbleibende Kationen** → Zugabe von $(NH_4)_2HPO_4$, NH_3
      - **Niederschlag → Gruppe 4 – unlösliche Phosphate:** $Ba_3(PO_4)_2$, $Ca_3(PO_4)_2$, $MgNH_4PO_4$
      - **verbleibende Kationen der Gruppe 5 – Alkalimetallionen und NH_4^+:** Na^+, K^+, NH_4^+

genzien spielt dabei eine wichtige Rolle. Trennungen, in denen nur eine kleine Anzahl an Ionen ausfällt, werden zuerst durchgeführt. Die eingesetzten Reaktionen müssen dabei so vollständig ablaufen, dass die in Lösung zurückbleibenden Konzentrationen der Kationen klein genug sind, um die folgenden Nachweisreaktionen nicht zu stören. Wir werden im Folgenden die genannten fünf Kationengruppen genauer betrachten, um die hinter dieser qualitativen Nachweismethode steckende Logik zu verstehen.

1. *Unlösliche Chloride:* Von den gängigen Metallionen bilden nur Ag^+, Hg_2^{2+} und Pb^{2+} unlösliche Chloride. Wenn wir verdünnte HCl zu einem Gemisch aus Kationen geben, fallen daher nur $AgCl$, Hg_2Cl_2 und $PbCl_2$ aus, die restlichen Kationen verbleiben in Lösung. Sollte kein Niederschlag ausfallen, bedeutet das, dass die Ausgangslösung nicht genug Ag^+, Hg_2^{2+} oder Pb^{2+} enthält.

2. *Säureunlösliche Sulfide:* Nachdem die unlöslichen Chloride entfernt worden sind, wird die zurückbleibende Lösung, die jetzt sauer ist, mit H_2S behandelt. Nur die

unlöslichsten Metallsulfide – CuS, Bi$_2$S$_3$, CdS, PbS, HgS, As$_2$S$_3$, Sb$_2$S$_3$ und SnS$_2$ – fallen aus. (Beachten Sie die sehr kleinen Werte von K_L einiger dieser Sulfide in Anhang D.) Die Metallionen, deren Sulfide etwas löslicher sind – z. B. ZnS oder NiS – verbleiben dagegen in Lösung.

3 *Baseunlösliche Sulfide und Hydroxide:* Nachdem die säureunlöslichen Sulfide durch Filtration entfernt worden sind, wird die zurückbleibende Lösung leicht basisch gemacht und (NH$_4$)$_2$S hinzugegeben. In basischen Lösungen ist die Konzentration von S^{2-} höher als in sauren Lösungen. Die Ionenprodukte vieler der besser löslichen Sulfide erreichen daraufhin ihre K_L-Werte und fallen aus. Bei den an dieser Stelle ausfallenden Metallionen handelt es sich um Al^{3+}, Cr^{3+}, Fe^{3+}, Zn^{2+}, Ni^{2+}, Co^{2+} und Mn^{2+}. Al^{3+}, Fe^{3+} und Cr^{3+} bilden zwar keine unlöslichen Sulfide, fallen aber als unlösliche Hydroxide aus.

4 *Unlösliche Phosphate:* Nun enthält die Lösung nur Metallionen der Gruppen 1A und 2A des Periodensystems. Wenn wir zu einer basischen Lösung (NH$_4$)$_2$HPO$_4$ geben, fallen die Elemente der Gruppe 2A (Mg^{2+}, Ca^{2+}, Sr^{2+} und Ba^{2+}) aus, weil diese Metalle unlösliche Phosphate bilden.

5 *Alkalimetallionen und NH$_4^+$:* Die nach dem Entfernen der unlöslichen Phosphate verbleibenden Ionen bilden eine kleine Gruppe. Jedes Ion dieser Gruppe kann separat nachgewiesen werden. Wir können z. B. mit Hilfe der Flammenfärbung die Anwesenheit von K$^+$ nachweisen, weil die Flamme bei Anwesenheit dieses Ions eine charakteristische violette Farbe hat.

> **? DENKEN SIE EINMAL NACH**
>
> Wenn sich beim Hinzufügen von HCl zu einer wässrigen Lösung ein Niederschlag bildet, welche Schlüsse können Sie dann über die Bestandteile der Lösung ziehen?

Mit Hilfe von weiteren Trennungen und Nachweisreaktionen lässt sich feststellen, welche Ionen innerhalb der einzelnen Gruppen vorhanden sind. Betrachten Sie z. B. die Ionen der unlöslichen Chloridgruppe. Der Niederschlag der Metallchloride wird in Wasser gekocht. PbCl$_2$ ist in heißem Wasser relativ löslich, AgCl und Hg$_2$Cl$_2$ sind dagegen unlöslich. Die heiße Lösung wird filtriert und zum Filtrat wird Na$_2$CrO$_4$ gegeben. Wenn Pb^{2+} vorhanden ist, bildet sich ein gelber Niederschlag aus PbCrO$_4$. Der Nachweis für Ag$^+$ besteht darin, den Metallchloridniederschlag mit verdünntem Ammoniak zu behandeln. Nur Ag$^+$ bildet einen Ammoniakkomplex. Wenn AgCl im Niederschlag vorhanden ist, löst sich dieser in der Ammoniaklösung auf.

$$\text{AgCl}(s) + 2\,\text{NH}_3(aq) \rightleftharpoons \text{Ag(NH}_3)_2^+(aq) + \text{Cl}^-(aq) \quad (17.28)$$

Nach der Behandlung mit Ammoniak wird die Lösung filtriert und das Filtrat durch Hinzufügen von Salpetersäure angesäuert. Die Salpetersäure führt dazu, dass durch Bildung von NH$_4^+$ das Ammoniak aus der Lösung entfernt wird und sich nach Freiwerden von Ag$^+$ erneut ein Niederschlag aus AgCl bildet.

$$\text{Ag(NH}_3)_2^+(aq) + \text{Cl}^-(aq) + 2\,\text{H}^+(aq) \rightleftharpoons \text{AgCl}(s) + 2\,\text{NH}_4^+(aq) \quad (17.29)$$

Die Analysen der einzelnen Ionen der säureunlöslichen und baseunlöslichen Sulfide sind etwas komplexer, es kommen jedoch die gleichen allgemeinen Prinzipien zum Einsatz. Detailliertere Vorgehensweisen zur Durchführung derartiger Analysen sind in vielen Laborhandbüchern zu finden.

ÜBERGREIFENDE BEISPIELAUFGABE

Verknüpfen von Konzepten

Eine Probe aus 1,25 l gasförmigem HCl bei 21 °C und 0,950 atm wird durch 0,500 l einer 0,150 M NH$_3$-Lösung geleitet. Berechnen Sie unter der Annahme, dass das HCl sich vollständig löst und das Volumen der Lösung sich nicht verändert, den pH-Wert der sich bildenden Lösung.

Lösung

Wir berechnen die Stoffmenge von HCl mit Hilfe des idealen Gasgesetzes.

$$n_{HCl} = \frac{pV}{RT} = \frac{(0{,}950 \text{ atm})(1{,}25 \text{ l})}{(0{,}0821 \text{ l} \cdot \text{atm/mol} \cdot \text{K})(294 \text{ K})} = 0{,}0492 \text{ mol}$$

Die Stoffmenge von NH$_3$ in der Lösung ergibt sich aus dem Produkt des Volumens und der Konzentration der Lösung.

$$\text{Mol NH}_3 = (0{,}500 \text{ l})(0{,}150 \text{ mol NH}_3/\text{l}) = 0{,}0750 \text{ mol NH}_3$$

Die Säure HCl und die Base NH$_3$ reagieren miteinander. Dabei wird ein Proton von HCl auf NH$_3$ übertragen, wobei NH$_4^+$- und Cl$^-$-Ionen entstehen.

$$\text{HCl}(g) + \text{NH}_3(aq) \longrightarrow \text{NH}_4^+(aq) + \text{Cl}^-(aq)$$

Um den pH-Wert der Lösung zu bestimmen, berechnen wir zunächst die Mengen der Reaktanten und Produkte, die nach Ablauf der Reaktion vorliegen.

	HCl(g)	+	NH$_3$(aq)	$\longrightarrow$	NH$_4^+$(aq)	+	Cl$^-$(aq)
Vor der Reaktion:	0,0492 mol		0,0750 mol		0 mol		0 mol
Nach der Reaktion:	0 mol		0,0258 mol		0,0492 mol		0,0492 mol

In der Reaktion entsteht also eine Lösung eines Gemisches aus NH$_3$, NH$_4^+$ und Cl$^-$. NH$_3$ ist eine schwache Base ($K_B = 1{,}8 \times 10^{-5}$ mol/l), NH$_4^+$ ist ihre konjugierte Säure, und Cl$^-$ ist weder sauer noch basisch. Der pH-Wert hängt also von [NH$_3$] und [NH$_4^+$] ab.

$$[\text{NH}_3] = \frac{0{,}0258 \text{ mol NH}_3}{0{,}500 \text{ l Lösung}} = 0{,}0516 \text{ } M$$

$$[\text{NH}_4^+] = \frac{0{,}0492 \text{ mol NH}_4^+}{0{,}500 \text{ l Lösung}} = 0{,}0984 \text{ } M$$

Wir können den pH-Wert entweder mit Hilfe von K_B von NH$_3$ oder K_s von NH$_4^+$ berechnen. Mit dem Ausdruck für K_B erhalten wir

	NH$_3$(aq)	+	H$_2$O(l)	$\rightleftharpoons$	NH$_4^+$(aq)	+	OH$^-$(aq)
Anfang	0,05156 M		—		0,0984 M		0
Änderung	$-x$ M		—		$+x$ M		$+x$ M
Gleichgewicht	$(0{,}0516 - x)$ M		—		$(0{,}0984 + x)$ M		x M

$$K_B = \frac{[\text{NH}_4^+][\text{OH}^-]}{[\text{NH}_3]} = \frac{(0{,}0984 + x)(x)}{(0{,}0516 - x)} \text{ mol/l} \simeq \frac{(0{,}0984)\,x}{0{,}0516} \text{ mol/l} = 1{,}8 \times 10^{-5} \text{ mol/l}$$

$$x = [\text{OH}^-] = \frac{(0{,}0516)(1{,}8 \times 10^{-5})}{0{,}0984} \text{ mol/l} = 9{,}4 \times 10^{-6} \text{ } M$$

Daher ist pOH = $-\log(9{,}4 \times 10^{-6}) = 5{,}03$ und pH = $14{,}00 - 5{,}03 = 8{,}97$.

Zusammenfassung und Schlüsselbegriffe

Abschnitt 17.1 In diesem Kapitel haben wir uns mit verschiedenen Arten wichtiger Gleichgewichte beschäftigt, die in wässriger Lösung auftreten. Unsere Hauptschwerpunkte lagen dabei auf Säure-Base-Gleichgewichten, die zwei oder mehr gelöste Stoffe enthalten, und auf Löslichkeitsgleichgewichten. Die Dissoziation einer schwachen Säure und die Protonierung einer schwachen Base werden durch die Anwesenheit eines starken Elektrolyten, der mit den am Gleichgewicht beteiligten Stoffen ein gemeinsames Ion hat, zurückgedrängt. Dieser Vorgang wird **Gleichionenzusatz** genannt.

Abschnitt 17.2 Bei Gemischen aus konjugierten Säure-Base-Paaren handelt es sich um besonders wichtige Säure-Base-Gemische. Derartige Gemische werden **gepufferte Lösungen (Puffer)** genannt. Die Zugabe von kleinen Mengen einer Säure oder Base zu einer gepufferten Lösung beeinflusst deren pH-Wert nur wenig, weil der Puffer mit der hinzugefügten Säure oder Base reagiert. Reaktionen zwischen starken Säuren und starken Basen, starken Säuren und schwachen Basen sowie schwachen Säuren und starken Basen laufen nahezu vollständig ab. Gepufferte Lösungen werden normalerweise aus einer schwachen Säure und einem Salz dieser Säure oder aus einer schwachen Base und einem Salz dieser Base hergestellt. Zwei wichtige Eigenschaften gepufferter Lösungen sind die **Pufferkapazität** und der pH-Wert. Der pH-Wert kann mit Hilfe von K_S oder K_B berechnet werden. Die Beziehung zwischen pH-Wert, pK_S und den Konzentrationen einer Säure und ihrer konjugierten Base wird durch die **Henderson-Hasselbalch-Gleichung** ausgedrückt:

$$\mathrm{pH} = \mathrm{p}K_S + \log\frac{[\text{Base}]}{[\text{Säure}]}$$

Abschnitt 17.3 Die Darstellung des pH-Werts einer Säure (oder Base) als Funktion einer hinzugefügten Base (oder Säure) wird **pH-Titrationskurve** genannt. Anhand von Titrationskurven lassen sich geeignete pH-Indikatoren für eine Säure-Base-Titration auswählen. Die Titrationskurve einer starken Säure mit einer starken Base weist in unmittelbarer Nähe des Äquivalenzpunkts eine große Änderung des pH-Werts auf. Am Äquivalenzpunkt einer derartigen Titration ist der pH-Wert gleich 7. Bei einer Titration einer schwachen Base mit einer starken Säure oder einer schwachen Säure mit einer starken Base ist die pH-Wert-Änderung in der Nähe des Äquivalenzpunkts dagegen nicht so groß. Zudem ist in keinem dieser Fälle der pH-Wert am Äquivalenzpunkt gleich 7. Es stellt sich vielmehr der pH-Wert der Salzlösung ein, die sich aus der Neutralisationsreaktion ergibt. Es ist möglich, den pH-Wert zu jedem Zeitpunkt der Titrationskurve durch eine Betrachtung der stöchiometrischen Verhältnisse der Reaktion zwischen der Säure und der Base und eine Untersuchung des Gleichgewichts zwischen den verbleibenden gelösten Stoffen zu berechnen.

Abschnitt 17.4 Bei dem Gleichgewicht zwischen einer festen Verbindung und ihren in Lösung befindlichen Ionen handelt es sich um ein Beispiel eines heterogenen Gleichgewichts. Das **Löslichkeitsprodukt** K_L ist eine Gleichgewichtskonstante, die quantitativ angibt, in welchem Ausmaß sich die Verbindung löst. Mit Hilfe von K_L lässt sich die Löslichkeit einer ionischen Verbindung berechnen.

Abschnitt 17.5 Die Löslichkeiten ionischer Verbindungen in Wasser werden von verschiedenen experimentellen Faktoren wie z. B. der Temperatur beeinflusst. Die Löslichkeit einer nur wenig löslichen ionischen Verbindung wird durch die Anwesenheit eines zweiten gelösten Stoffes mit einem gemeinsamen Ion herabgesetzt (Gleichionenzusatz). Die Löslichkeit von Verbindungen mit basischen Anionen wird durch eine Ansäuerung der Lösung (Erniedrigung des pH-Werts) erhöht. Salze mit Anionen, die nur eine vernachlässigbare Basizität aufweisen (Anionen starker Säuren), werden dagegen durch pH-Wert-Änderungen kaum beeinflusst.

Die Löslichkeiten von Metallsalzen werden zudem durch die Anwesenheit bestimmter Lewis-Basen beeinflusst, die mit Metallionen zu stabilen Komplexen reagieren. Bei der Bildung von **Komplexen** in wässriger Lösung werden die am Metallion gebundenen Wassermoleküle durch Lewis-Basen (wie z. B. NH_3 und CN^-) verdrängt. Das Ausmaß, in dem derartige Komplexbildungen stattfinden, kann quantitativ durch die **Bildungskonstante** des Komplexions ausgedrückt werden. **Amphotere Oxide und Hydroxide** sind in Wasser nur wenig, in Säuren oder Basen dagegen gut löslich. Amphoterie ist die Folge der Säure-Base-Reaktionen der an den Metallionen gebundenen OH^-- oder H_2O-Gruppen.

Abschnitt 17.6 Anhand eines Vergleichs des Ionenprodukts Q mit dem Wert von K_L lässt sich beurteilen, ob sich beim Mischen von Lösungen ein Niederschlag bildet oder ob sich ein nur wenig lösliches Salz unter verschiedenen Bedingungen auflöst. Ein Niederschlag fällt aus, wenn $Q > K_L$ ist. Ionen können aufgrund der unterschiedlichen Löslichkeiten ihrer Salze voneinander getrennt werden.

17 Weitere Aspekte von Gleichgewichten in wässriger Lösung

Abschnitt 17.7 Metallische Elemente unterscheiden sich erheblich bezüglich der Löslichkeiten ihrer Salze, ihrem Säure-Base-Verhalten und ihrer Neigung, Komplexe zu bilden. Diese Unterschiede können dazu ausgenutzt werden, Metallionen in Gemischen nachzuweisen und voneinander zu trennen. In einer **qualitativen Analyse** wird nur die Anwesenheit eines bestimmten Metallions nachgewiesen, während in einer **quantitativen Analyse** auch festgestellt wird, welche Menge einer Substanz vorliegt. Die qualitative Analyse von Metallionen in einer Lösung kann durchgeführt werden, indem die Ionen auf Grundlage von Niederschlagsreaktionen in Gruppen getrennt und anschließend die verschiedenen Gruppen auf einzelne Metallionen hin untersucht werden.

Veranschaulichung von Konzepten

17.1 Es sind schematische Zeichnungen wässriger Lösungen dargestellt, die eine schwache Säure HX und ihre konjugierte Base X⁻ enthalten. Wassermoleküle und Kationen sind nicht abgebildet. Welche der Lösungen hat den höchsten pH-Wert? Begründen Sie Ihre Antwort (*Abschnitt 17.1*).

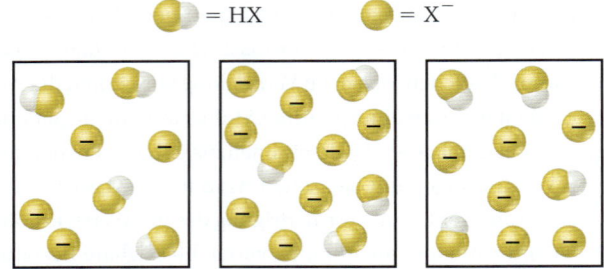

17.2 Das rechts abgebildete Becherglas enthält eine 0,1 M Essigsäurelösung mit Methylorange als Indikator. Das links abgebildete Becherglas enthält ein Gemisch aus 0,1 M Essigsäure und 0,1 M Natriumacetat mit Methylorange als Indikator. **(a)** Geben Sie anhand von Abbildung 16.7 den ungefähren pH-Wert der beiden Lösungen an und erklären Sie den Unterschied. **(b)** Welche Lösung ist besser dafür geeignet, den pH-Wert bei Zugabe von kleinen Mengen NaOH konstant zu halten? Erklären Sie Ihre Antwort (*Abschnitt 17.1* und *17.2*).

17.3 Die links abgebildete Zeichnung repräsentiert einen Puffer, der aus gleichen Mengen einer schwachen Säure HX und ihrer konjugierten Base X⁻ zusammengesetzt ist. Die Höhen der Spalten sind proportional zu den Konzentrationen der Bestandteile des Puffers. **(a)** Welche der drei Zeichnungen [(1), (2) oder (3)] entspricht dem Puffer nach Zugabe einer starken Säure? **(b)** Welche Zeichnung entspricht dem Puffer nach Zugabe einer starken Base? **(c)** Welche Zeichnung entspricht einer Situation, die weder durch die Zugabe von Säure noch durch die Zugabe von Base erreicht werden kann? (*Abschnitt 17.2*)

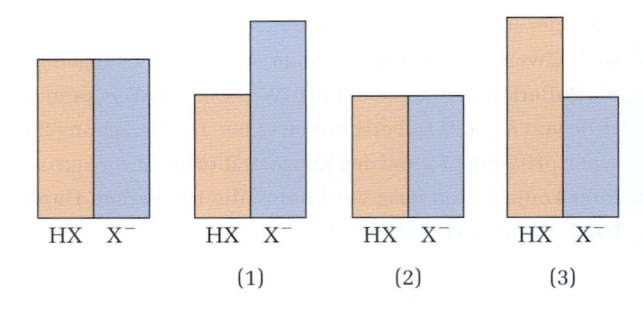

17.4 Die folgenden Zeichnungen repräsentieren Lösungen, die zu verschiedenen Zeitpunkten der Titration einer schwachen Säure HA mit NaOH vorliegen.

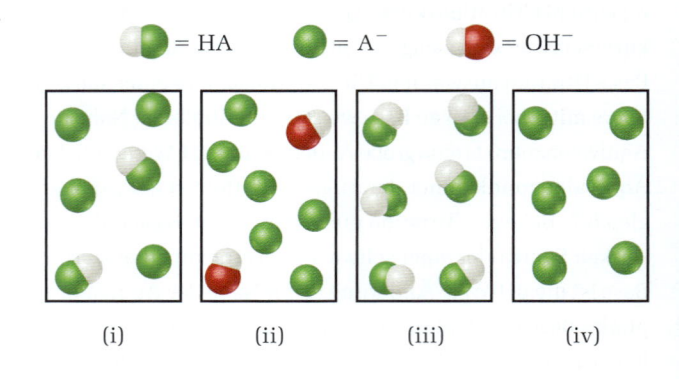

Na⁺-Ionen und Wassermoleküle sind aus Gründen der Übersichtlichkeit nicht dargestellt. Ordnen Sie den jeweiligen Zeichnungen die folgenden Bereiche der Titrationskurve zu: **(a)** vor Zugabe von NaOH, **(b)** nach Zugabe von NaOH, jedoch vor dem Äquivalenzpunkt, **(c)** am Äquivalenzpunkt und **(d)** nach dem Äquivalenzpunkt (*Abschnitt 17.3*).

17.5 Ordnen Sie die folgenden Beschreibungen von Titrationskurven dem jeweiligen Diagramm zu: **(a)** starke Säure, die zu starker Base gegeben wird, **(b)** starke Säure, die zu schwacher Base gegeben wird, **(c)** starke Säure, die zu starker Base gegeben wird, und **(d)** starke Base, die zu einer mehrbasigen Säure gegeben wird (*Abschnitt 17.3*).

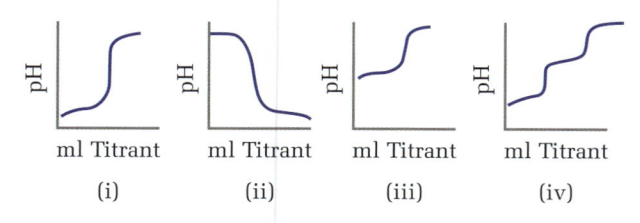

17.6 Die folgenden Zeichnungen repräsentieren gesättigte Lösungen von drei ionischen Verbindungen von Silber – AgX, AgY und AgZ. Na⁺-Kationen, die gegebenenfalls zum Ladungsausgleich vorhanden sind, sind nicht dargestellt. Welche Verbindung hat den kleinsten Wert von K_L? (*Abschnitt 17.4*)

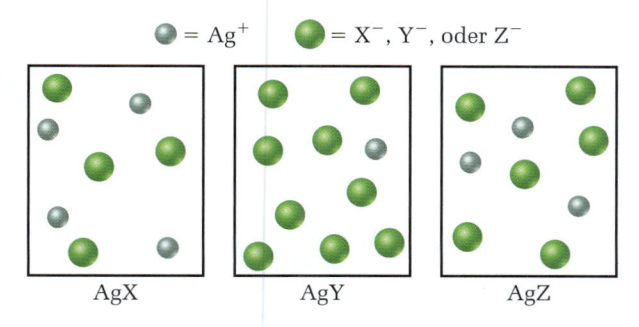

17.7 Die folgenden Graphen repräsentieren das Verhalten von $BaCO_3$ unter verschiedenen Bedingungen. In allen Fällen ist auf der vertikalen Achse die Löslichkeit von $BaCO_3$ und auf der horizontalen Achse die Konzentration eines anderen Reagenz aufgetragen. **(a)** Welcher Graph repräsentiert das Verhalten der Löslichkeit von $BaCO_3$ bei Zugabe von HNO_3? **(b)** Welcher Graph repräsentiert das Verhalten der Löslichkeit von $BaCO_3$ bei Zugabe von Na_2CO_3? **(c)** Welcher Graph repräsentiert das Verhalten der Löslichkeit von $BaCO_3$ bei Zugabe von $NaNO_3$? (*Abschnitt 17.5*)

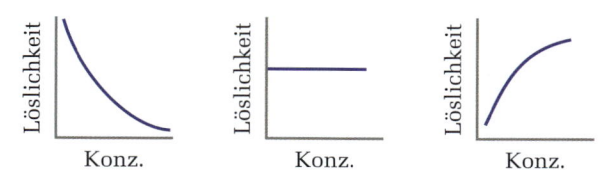

17.8 Wie wird das Verhalten eines Metallhydroxids genannt, das dem folgenden Graph entspricht? (*Abschnitt 17.5*)

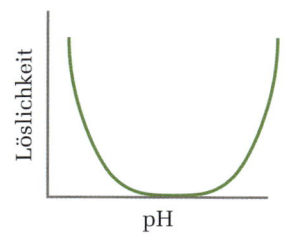

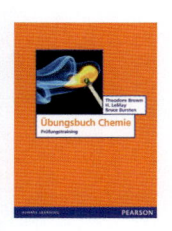

Übungsaufgaben mit ausführlichen Lösungshinweisen

Multiple Choice-Aufgaben
Lösungen zu den Übungsaufgaben im Kapitel

Umweltchemie

18.1 Die Erdatmosphäre 735

18.2 Die äußeren Bereiche der Erdatmosphäre 738

18.3 Ozon in der oberen Erdatmosphäre 741

18.4 Chemie der Troposphäre 745

18.5 Die Weltmeere 753

18.6 Süßwasser 757

18.7 Grüne Chemie 760

Zusammenfassung und Schlüsselbegriffe 766

Veranschaulichung von Konzepten 767

Was uns erwartet

- Zu Beginn dieses Kapitels werfen wir einen allgemeinen Blick auf die Erdatmosphäre. Wir werden das Temperaturprofil der Atmosphäre sowie deren Druckprofil und chemische Zusammensetzung untersuchen (*Abschnitt 18.1*).

- Die äußeren Regionen der Atmosphäre, in denen ein sehr geringer Druck herrscht, absorbieren durch *Photoionisations-* und *Photodissoziations*reaktionen eine Menge hochenergetischer Strahlung der Sonne. Durch Herausfilterung hochenergetischer Strahlung ermöglichen diese Prozesse die Existenz des uns vertrauten Lebens auf der Erde (*Abschnitt 18.2*).

- Das Ozon in der *Stratosphäre* dient als Filter für hochenergetisches ultraviolettes Licht. Menschliche Aktivitäten haben zum Abbau der Ozonschicht beigetragen, indem sie Chemikalien in die Stratosphäre eingebracht haben, die den natürlichen Zyklus der Bildung und des Abbaus von Ozon zerstören. Dabei sind insbesondere *Fluorchlorkohlenwasserstoffe* von Bedeutung (*Abschnitt 18.3*).

- Die innerste Region der Atmosphäre, die Troposphäre, ist jener Bereich, in dem wir leben. Die Luftqualität und der Säuregehalt von Regenwasser werden von vielen kleinen Bestandteilen der Troposphäre beeinflusst. Die Konzentrationen vieler dieser unbedeutend erscheinenden Komponenten, einschließlich jener, die *sauren Regen* und *Photosmog* verursachen, haben sich durch menschliche Aktivitäten erhöht (*Abschnitt 18.4*).

- Kohlendioxid ist ein wichtiger dieser kleinen Bestandteile der Atmosphäre, da es als „Treibhausgas" dient. Das bedeutet, dass es eine Erwärmung der Erdatmosphäre hervorruft. Vorhersagen zufolge wird die Verbrennung fossiler Brennstoffe (Kohle, Öl und Erdgas) bis ca. 2050 zu einer Verdoppelung der atmosphärischen CO_2-Konzentration, verglichen mit dem geschätzten Niveau vor Beginn des industriellen Zeitalters, führen. Man geht davon aus, dass diese Verdoppelung eine erhebliche Erwärmung der Atmosphäre verursachen und Klimaveränderungen nach sich ziehen wird (*Abschnitt 18.4*).

- Fast das gesamte Wasser auf der Erde befindet sich in den Weltmeeren. Meerwasser enthält viele Salze, die am globalen Zyklus der Elemente und Nährstoffe beteiligt sind (*Abschnitt 18.5*).

- Die Aufbereitung von Meerwasser zur Süßwassergewinnung ist energieintensiv. Zur Befriedigung des Großteils unserer Bedürfnisse verlassen wir uns auf Süßwasserquellen, jedoch erfordern diese zur Nutzbarmachung oftmals eine entsprechende Behandlung (*Abschnitt 18.6*).

- Bei der *grünen Chemie* handelt es sich um eine internationale Initiative, die darauf abzielt, alle industriellen Produkte, Verfahren und chemischen Reaktionen sowohl für eine nachhaltige Gesellschaft als auch für die Umwelt verträglich zu gestalten. Wir werden einige Reaktionen und Verfahren untersuchen, durch welche die Ziele der grünen Chemie weiterentwickelt werden können (*Abschnitt 18.7*).

1992 haben sich Vertreter aus 172 Ländern in Rio de Janeiro, Brasilien, zur Konferenz der Vereinten Nationen über Umwelt und Entwicklung getroffen – eine Konferenz, die als der Erdgipfel bekannt wurde. Fünf Jahre später, im Dezember 1997, trafen sich Vertreter von 130 Nationen in Kyoto, Japan, um über die Auswirkungen menschlicher Aktivitäten auf die Erwärmung der Erdatmosphäre zu beraten. Aus diesem Treffen ging eine Initiative zur Ausarbeitung eines globalen Vertrages hervor, der u. a. Maßnahmen zur Reduzierung der Emission von Gasen darlegt, die eine globale Erwärmung hervorrufen. Im Juli 2001 unterzeichneten 178 Nationen in Bonn einen auf dem so genannten Kyoto-Protokoll* basierenden Vertrag. Diese Bemühungen zur Verhandlung ökologischer Belange auf internationaler Ebene deuten darauf hin, dass viele der dringlichsten umweltpolitischen Probleme globaler Natur sind.

Chemische Prozesse spielen für das Wirtschaftswachstum sowohl der Industrienationen als auch der Entwicklungsländer eine entscheidende Rolle. Diese reichen von der Aufbereitung von Trinkwasser bis hin zu großtechnischen Verfahren, wobei bei einigen davon umweltschädliche Produkte oder Nebenprodukte abfallen. Wir sind nun in der Lage, zum Verständnis dieser Verfahren die uns aus vorangegangenen Kapiteln bekannten Grundsätze anzuwenden. In diesem Kapitel befassen wir uns mit einigen Aspekten der Umweltchemie, wobei wir uns auf die Erdatmosphäre und auf Wasser konzentrieren.

Sowohl die Luft als auch das Wasser unseres Planeten ermöglichen das uns bekannte Leben. Wasser kristallisiert hoch oben in der Atmosphäre zu Eis und spielt bei chemischen Reaktionen in der Atmosphäre eine wichtige Rolle. Um die Umwelt, in der wir leben, zu verstehen und zu erhalten, müssen wir über den Einfluss sowohl der vom Menschen geschaffenen als auch der natürlich vorkommenden chemischen Verbindungen zu Land, zu Wasser und in der Luft Bescheid wissen. Unsere täglichen Entscheidungen als Verbraucher spiegeln jene des Treffens der Staatsoberhäupter in Bonn und ähnlicher internationaler Versammlungen wider: Wir müssen die Vor- und Nachteile unserer Handlungen abwägen. Leider sind die Auswirkungen unserer Entscheidungen auf die Umwelt oft sehr subtil und nicht sofort offenkundig.

Die Erdatmosphäre 18.1

Da sich der Großteil von uns noch nie sehr weit von der Erdoberfläche entfernt hat, betrachten wir die vielen Arten, auf welche die Atmosphäre unsere Umwelt bestimmt, als selbstverständlich. In diesem Abschnitt untersuchen wir einige der wichtigen Charakteristika der Atmosphäre unseres Planeten.

Die Temperatur der Atmosphäre verändert sich, wie in ▶ Abbildung 18.1a dargestellt, in komplexer Weise mit der Höhe. Die Atmosphäre ist, basierend auf diesem Temperaturprofil, in vier Regionen unterteilt. Direkt über der Oberfläche, in der Troposphäre, verringert sich die Temperatur normalerweise mit steigender Höhe und erreicht bei ca. 12 km ein Minimum von 215 K. Nahezu alle von uns verbringen ihr gesamtes Leben in der **Troposphäre**. In dieser Region werden wir mit heulenden Winden und leichten Brisen, Regen und wolkenlosem Himmel konfrontiert – Phänomene, die wir normalerweise als „Wetter" betrachten. Verkehrsflugzeuge fliegen üb-

---

* Die USA gehören zu den ganz wenigen Nationen, die die Unterzeichnung des Vertrages verweigert haben.

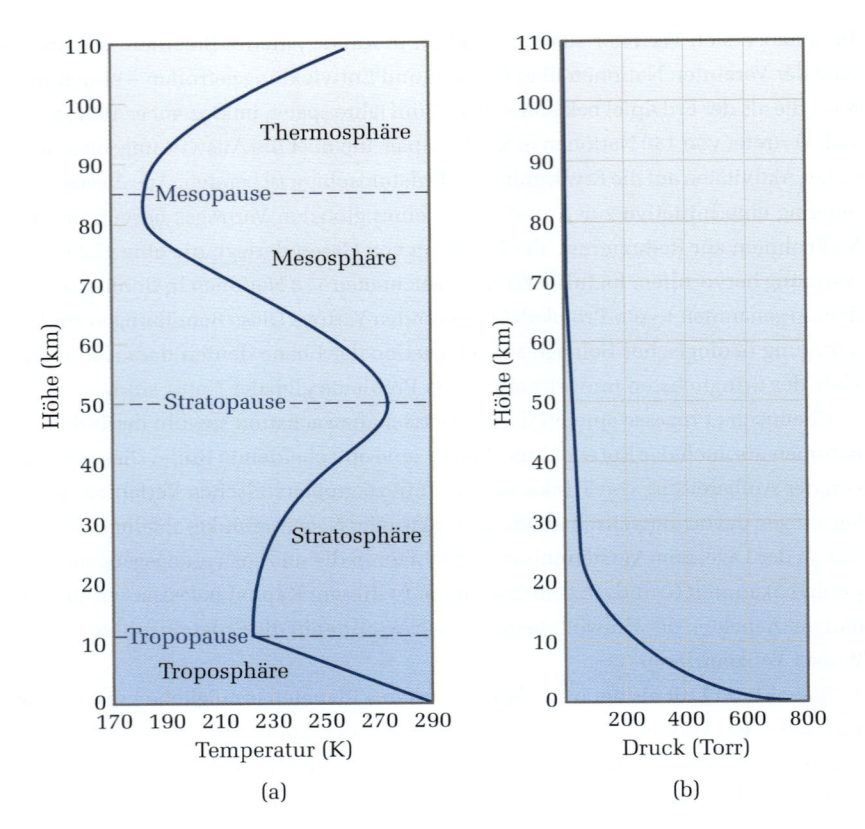

Abbildung 18.1: Temperatur und Druck in der Atmosphäre. (a) Temperaturschwankungen in der Atmosphäre unterhalb von 110 km. (b) Veränderung des Luftdrucks mit der Höhe. In 80 km beträgt der Druck ca. 0,01 Torr.

licherweise ca. 10 km über der Erde – eine Höhe, die sich der oberen, *Tropopause* genannten Grenze der Troposphäre annähert.

Oberhalb der Tropopause steigt die Temperatur mit zunehmender Höhe an und erreicht bei ca. 50 km ein Maximum von ca. 275 K. Die Region zwischen 10 km und 50 km wird **Stratosphäre** genannt. Oberhalb der Stratosphäre befinden sich die *Mesosphäre* und die *Thermosphäre*. Bitte beachten Sie, dass die Temperaturextreme, welche die Grenzen zwischen den benachbarten Regionen bilden, in Abbildung 18.1 durch die Nachsilbe *-pause* gekennzeichnet sind. Diese Grenzen sind wichtig, da sich Gase über diese Grenzen hinaus relativ langsam vermischen. So finden z. B. in der Troposphäre erzeugte schädliche Gase nur sehr langsam Eingang in die Stratosphäre.

Im Gegensatz zur Temperatur verringert sich der Druck der Atmosphäre, wie in ▶ Abbildung 18.1b dargestellt, mit zunehmender Höhe kontinuierlich. Der Luftdruck fällt aufgrund der Kompressibilität der Atmosphäre in geringeren Höhenlagen wesentlich schneller ab als in höheren. Deshalb fällt der Druck von durchschnittlich 760 Torr (101 kPa) bei Normalnull auf $2,3 \times 10^{-3}$ Torr ($3,1 \times 10^{-4}$ kPa) bei 100 km und auf nur $1,0 \times 10^{-6}$ Torr ($1,3 \times 10^{-7}$ kPa) bei 200 km. Troposphäre und Stratosphäre machen zusammen 99,9 % der Masse der Atmosphäre aus, wobei 75 % der Masse auf die Troposphäre entfallen.

Zusammensetzung der Atmosphäre

Bei der Atmosphäre handelt es sich um ein außergewöhnlich komplexes System. Temperatur und Druck verändern sich, wie wir soeben erfahren haben, über einen großen Bereich hinweg abhängig von der Höhe. Die Atmosphäre wird von energiegeladenen Teilchen und Strahlung von der Sonne bombardiert. Dieses Energiebombardement hat weit reichende chemische Auswirkungen, insbesondere auf die äußeren Bereiche der Atmosphäre (▶ Abbildung 18.2). Darüber hinaus steigen leichtere Atome und Moleküle aufgrund des Gravitationsfeldes der Erde nach oben. Dies trifft besonders auf die Stratosphäre und die oberen Schichten zu, die weniger turbulent sind als die Troposphäre. All diesen Faktoren zufolge weist die Atmosphäre eine wechselnde Zusammensetzung auf.

In Tabelle 18.1 sehen wir die Zusammensetzung trockener Luft nahe Normalnull nach Stoffmengenanteilen. Obwohl Spuren vieler Stoffe nachzuweisen sind, machen N_2 und O_2 ca. 99 % der Atmosphäre aus. Der Großteil des Rests besteht aus Edelgasen und CO_2.

Wenn wir von Spuren von Bestandteilen sprechen, verwenden wir als Konzentrationseinheit für gewöhnlich *Teile pro Million* (ppm). Bei Anwendung auf Stoffe in wässrigen Lösungen bezieht Teile pro Million sich auf Gramm des Stoffes pro Million Gramm der Lösung (siehe Abschnitt 13.2). Bei Gasen bezieht ein Teil pro Million sich jedoch auf 1 Million Volumeneinheiten des Ganzen. Da das Volumen (V) aufgrund der idealen Gasgleichung ($pV = nRT$) proportional zur Anzahl der Mole n des Gases ist, sind Volumenanteil und Stoffmengenanteil identisch. Daher entspricht 1 ppm eines Bestandteils der Atmosphäre einem Mol dieses Bestandteils in 1 Million Mol des gesamten Gases. Das bedeutet, dass die Konzentration in ppm dem Stoffmengenanteil mal 10^6 entspricht. In Tabelle 18.1 ist der Stoffmengenanteil von CO_2 in der Atmosphäre mit 0,000375 aufgelistet. Folglich entspricht die Konzentration in ppm $0{,}000375 \times 10^6 = 375$ ppm.

Bevor wir uns mit den in der Atmosphäre stattfindenden chemischen Prozessen beschäftigen, sollten wir uns nochmal einige der bedeutenden chemischen Eigenschaften der zwei wichtigsten Komponenten, N_2 und O_2, ins Gedächtnis rufen. Erinnern Sie sich daran, dass die N_2-Moleküle über eine Dreifachbindung zwischen den Stickstoffatomen verfügen (siehe Abschnitt 8.3). Diese sehr starke Bindung ist

Abbildung 18.2: Das Polarlicht (Aurora Borealis). Dieses brillante Schauspiel am nördlichen Himmel, das auch Nordlicht genannt wird, entsteht durch Zusammenstöße extrem schneller Elektronen und Protonen aus der Sonne mit Molekülen der Luft. Die geladenen Teilchen werden durch das Magnetfeld der Erde in die Polarregionen geleitet.

Tabelle 18.1

Zusammensetzung trockener Luft nahe Normalnull

Bestandteil*	Gehalt (Volumenanteil)	Molmasse
Stickstoff	0,78084	28,013
Sauerstoff	0,20948	31,998
Argon	0,00934	39,948
Kohlendioxid	0,000375	44,0099
Neon	0,00001818	20,183
Helium	0,00000524	4,003
Methan	0,000002	16,043
Krypton	0,00000114	83,80
Wasserstoff	0,0000005	2,0159
Distickstoffoxid	0,0000005	44,0128
Xenon	0,000000087	131,30

* Ozon, Schwefeldioxid, Stickstoffdioxid, Ammoniak und Kohlenmonoxid sind in unterschiedlichen Mengen als Spurengase vorhanden.

> **ÜBUNGSBEISPIEL 18.1**   Berechnung der Konzentration von Wasser in Luft
>
> Wie hoch ist die Konzentration, in Teilchen pro Million, von Wasserdampf in einer Luftprobe, wenn der Partialdruck des Wassers 0,8 Torr und der Gesamtdruck der Luft 735 Torr beträgt?
>
> **Lösung**
>
> **Analyse:** Uns liegen sowohl der Partialdruck des Wasserdampfs als auch der Gesamtdruck einer Luftprobe vor und wir sollen anhand dieser Angaben die Konzentration des Wasserdampfs bestimmen.
>
> **Vorgehen:** Rufen Sie sich ins Gedächtnis zurück, dass der Partialdruck eines Bestandteils in einem Gemisch aus Gasen durch das Produkt dessen Stoffmengenanteils mit dem Gesamtdruck des Gemisches gegeben ist (siehe Abschnitt 10.6):
>
> $$p_{H_2O} = X_{H_2O} p_t$$
>
> **Lösung:** Durch Auflösung nach dem Stoffmengenanteil des Wasserdampfs im Gemisch, X_{H_2O}, erhalten wir:
>
> $$X_{H_2O} = \frac{p_{H_2O}}{p_t} = \frac{0{,}80 \text{ Torr}}{735 \text{ Torr}} = 0{,}0011$$
>
> Die Konzentration in ppm entspricht dem Stoffmengenanteil mal 10^6.
>
> $$0{,}0011 \times 10^6 = 1100 \text{ ppm}$$
>
> **ÜBUNGSAUFGABE**
>
> Die Konzentration von CO in einer Luftprobe beträgt 4,3 ppm. Wie hoch ist der Partialdruck des CO, wenn der Gesamtluftdruck 695 Torr beträgt?
>
> *Antwort:* $3{,}0 \times 10^{-3}$ Torr.

größtenteils für die sehr geringe Reaktivität von N_2 verantwortlich, das nur unter extremen Bedingungen reagiert. Die Bindungsenergie von O_2, 495 kJ/mol, ist wesentlich geringer als jene von N_2, welche 941 kJ/mol beträgt (siehe Tabelle 8.4).

Daher ist O_2 wesentlich reaktiver als N_2. So reagiert Sauerstoff z. B. mit vielen Stoffen, um Oxide zu bilden. Die Oxide von Nichtmetallen, wie z. B. SO_2, bilden bei Auflösung in Wasser für gewöhnlich saure Lösungen. Die Oxide unedler Metalle, wie z. B. CaO, bilden bei Auflösung in Wasser basische Lösungen (siehe Abschnitt 7.6).

Die äußeren Bereiche der Erdatmosphäre   18.2

Obwohl der äußere Bereich der Atmosphäre, oberhalb der Stratosphäre, nur einen geringen Anteil der Atmosphärenmasse enthält, bildet er die äußere Abwehr gegen den Hagel an Strahlung und hochenergetischen Teilchen, von dem die Erde ununterbrochen bombardiert wird. Während die bombardierenden Moleküle und Atome die obere Atmosphäre passieren, durchlaufen sie chemische Veränderungen.

Photodissoziation

Die Sonne sendet über einen großen Wellenlängenbereich Strahlungsenergie aus (▶ Abbildung 18.3). Die höherenergetischen Strahlungen mit der kürzeren Wellenlänge im ultravioletten Bereich des Spektrums verfügen über genügend Energie, um chemische Veränderungen hervorzurufen. Rufen Sie sich ins Gedächtnis zurück, dass elektromagnetische Strahlung als Photonenstrom dargestellt werden kann (siehe Abschnitt 6.2). Die Energie jedes einzelnen Photons wird durch das Verhältnis $E = h\nu$ dargestellt, wobei h das Planck'sche Wirkungsquantum und ν die Strahlungsfrequenz

18.2 Die äußeren Bereiche der Erdatmosphäre

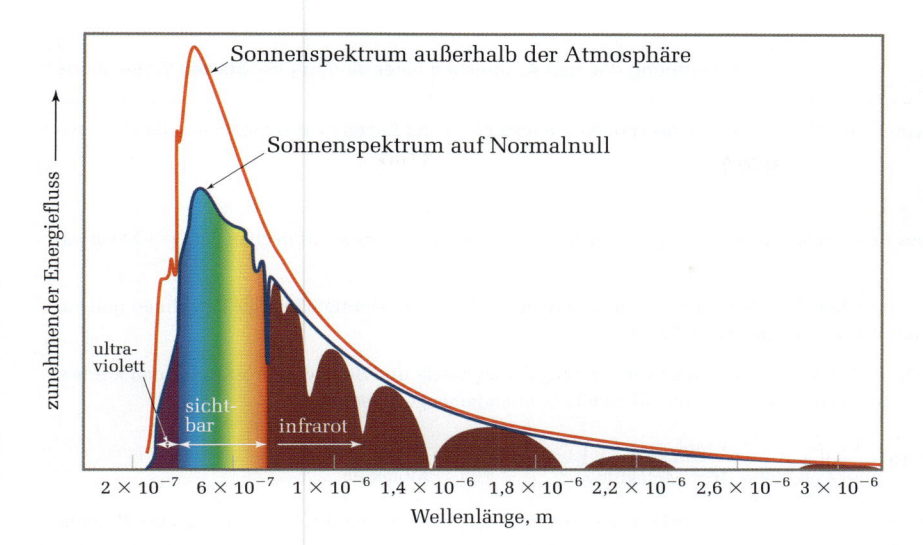

Abbildung 18.3: Das Sonnenspektrum. In diesem Diagramm wird die Menge des Sonnenlichts (in Lichtenergie pro Fläche pro Zeit) dargestellt, die bei verschiedenen Wellenlängen auf die Erdatmosphäre auftrifft. Zum Vergleich sind die entsprechenden Daten für die Menge des Sonnenlichts dargestellt, das bei Normalnull auftrifft. Die Atmosphäre absorbiert einen Großteil des von der Sonne abgestrahlten ultravioletten und sichtbaren Lichts.

ist. Damit beim Auftreffen von Strahlung auf die Erdatmosphäre eine chemische Veränderung stattfindet, müssen zwei Bedingungen erfüllt sein. Zunächst einmal müssen Photonen vorhanden sein, die über genügend Energie zur Ausführung des in Betracht gezogenen chemischen Prozesses verfügen. Des Weiteren müssen diese Photonen von Molekülen absorbiert werden. Wenn diese Voraussetzungen erfüllt sind, wird die Energie der Photonen in eine andere Art von Energie innerhalb des Moleküls umgewandelt.

Das Aufbrechen einer chemischen Bindung aufgrund der Absorption eines Photons durch ein Molekül wird **Photodissoziation** genannt. Bei Spaltung der Bindung zwischen zwei Atomen durch Photodissoziation werden keine Ionen gebildet. Stattdessen verbleibt die Hälfte der Bindungselektronen bei dem einen und die andere Hälfte bei dem anderen Atom. Daraus ergeben sich zwei Neutralteilchen.

Die Photodissoziation des Sauerstoffmoleküls ist einer der wichtigsten Prozesse, der in der oberen Atmosphäre, oberhalb von ca. 120 km Höhe, stattfindet:

$$O=O + h\nu \longrightarrow |\overline{O} + \overline{O}| \qquad (18.1)$$

Die für diese Spaltung benötigte Energie wird von der Bindungsenergie (oder *Dissoziationsenergie*) von O_2, 495 kJ/mol, bestimmt. Im Übungsbeispiel 18.2 berechnen wir das Photon mit der größten Wellenlänge, das über genügend Energie zur Photodissoziation des O_2-Moleküls verfügt.

Zu unserem Glück absorbiert O_2 einen Großteil der hochenergetischen, kurzwelligen Strahlung aus dem Sonnenspektrum, bevor diese Strahlung die untere Atmosphäre erreicht. Dabei bildet sich atomarer Sauerstoff, $|\overline{O}|$. In größeren Höhen verläuft die Dissoziation von O_2 sehr extensiv. In 400 km Höhe z. B. kommt lediglich 1 % des Sauerstoffs in Form von O_2 vor. Die übrigen 99 % entfallen auf atomaren Sauerstoff. In 130 km Höhe kommen O_2 und $|\overline{O}|$ in etwa gleich häufig vor. Unterhalb von 130 km ist O_2 häufiger anzutreffen als atomarer Sauerstoff, da ein Großteil der Sonnenenergie in der oberen Atmosphäre absorbiert wurde.

N_2 besitzt eine sehr hohe Dissoziationsenergie (Tabelle 8.4). Wie in der Übungsaufgabe im Übungsbeispiel 18.2 dargestellt, verfügen lediglich Photonen mit einer sehr geringen Wellenlänge über ausreichend Energie zur Dissoziation von N_2. Darüber hinaus absorbiert N_2 nur schwer Photonen, selbst wenn diese über genügend Energie verfügen. Folglich wird in der oberen Atmosphäre nur sehr wenig atomarer Stickstoff durch Photodissoziation von N_2 gebildet.

Umweltchemie

> **ÜBUNGSBEISPIEL 18.2**   Berechnung der zum Aufbrechen einer Bindung benötigten Wellenlänge
>
> Welches ist die maximale Wellenlänge von Licht, in Nanometern, die pro Photon über genügend Energie zur Dissoziation des O_2-Moleküls verfügt?
>
> **Lösung**
>
> **Analyse:** Wir sollen die Wellenlänge eines Photons bestimmen, die gerade ausreichend viel Energie zum Aufbrechen der O=O-Doppelbindung von O_2 aufweist.
>
> **Vorgehen:** Wir müssen zuerst die zum Aufbrechen der O=O-Doppelbindung in einem Molekül benötigte Energie berechnen und anschließend die Wellenlänge eines Photons dieser Energie herausfinden.
>
> **Lösung:** Die Dissoziationsenergie von O_2 beträgt 495 kJ/mol. Unter Verwendung dieses Werts und der Avogadro-Konstanten können wir die zum Aufbrechen der Bindung in einem einzelnen O_2-Molekül benötigte Energiemenge berechnen:
>
> $$\left(495 \times 10^3 \frac{\text{J}}{\text{mol}}\right)\left(\frac{1 \text{ mol}}{6{,}022 \times 10^{23} \text{ Moleküle}}\right) = 8{,}22 \times 10^{-19} \frac{\text{J}}{\text{Moleküle}}$$
>
> Anschließend verwenden wir die Planck'sche Beziehung, $E = h\nu$ (▶ Gleichung 6.2), zur Berechnung der Frequenz, ν, eines Photons mit dieser Energiemenge:
>
> $$\nu = \frac{E}{h} = \frac{8{,}22 \times 10^{-19} \text{ J}}{6{,}626 \times 10^{-34} \text{ J} \cdot \text{s}} = 1{,}24 \times 10^{15} \text{ s}^{-1}$$
>
> Abschließend verwenden wir die Beziehung zwischen der Frequenz und der Wellenlänge von Licht (siehe Abschnitt 6.1) zur Berechnung der Wellenlänge des Lichts:
>
> $$\lambda = \frac{c}{\nu} = \left(\frac{3{,}00 \times 10^8 \text{ m/s}}{1{,}24 \times 10^{15} \text{ /s}}\right) = 242 \text{ nm}$$
>
> Daher verfügt Licht mit einer Wellenlänge von 242 nm, das sich im ultravioletten Bereich des elektromagnetischen Spektrums befindet, über genügend Energie pro Photon zur Photodissoziation eines O_2-Moleküls. Da die Photonenenergie mit abnehmender Wellenlänge zunimmt, verfügt jedes Photon mit einer Wellenlänge unter 242 nm über genügend Energie zur Dissoziation von O_2.
>
> **ÜBUNGSAUFGABE**
>
> Die Bindungsenergie von N_2 beträgt 941 kJ/mol (Tabelle 8.4). Welches ist die längste Wellenlänge, die ein Photon aufweisen kann, das noch über genügend Energie zur Dissoziation von N_2 verfügt?
>
> **Antwort:** 127 nm.

Photoionisation

1901 empfing Guglielmo Marconi in St. John's, Neufundland, ein Funksignal, das vom ca. 2900 km entfernten Land's End, England, aus gesendet worden war. Da man davon ausging, dass Funkwellen in geraden Linien übertragen werden, vermutete man, dass Funkverbindungen über große Entfernungen aufgrund der Erdkrümmung nicht möglich seien. Marconis erfolgreicher Versuch deutete darauf hin, dass die Erdatmosphäre die Ausbreitung von Funkwellen auf irgendeine Art und Weise erheblich beeinflusst. Seine Entdeckung führte zu einer gründlichen Untersuchung der oberen Atmosphäre. Etwa 1924 wurde das Vorhandensein von Elektronen in der oberen Atmosphäre durch experimentelle Studien nachgewiesen.

Für jedes in der oberen Atmosphäre vorkommende Elektron muss ein entsprechendes positiv geladenes Teilchen existieren. Die Elektronen in der oberen Atmosphäre entstehen größtenteils durch die von der Sonnenstrahlung verursachte Photoionisation von Molekülen. **Photoionisation** findet dann statt, wenn ein Molekül Strahlung absorbiert und die absorbierte Energie den Ausstoß eines Elektrons aus dem Molekül verursacht. Das Molekül wird dadurch zu einem positiv geladenen Ion. Daher muss

Tabelle 18.2

Ionisierungsprozesse, Ionisierungsenergien und maximale Wellenlängen, die zum Auslösen der Ionisation in der Lage sind

Prozess	Ionisierungsenergie (kJ/mol)	λ_{max} (nm)
$N_2 + h\nu \longrightarrow N_2^+ + e^-$	1495	80,1
$O_2 + h\nu \longrightarrow O_2^+ + e^-$	1205	99,3
$O + h\nu \longrightarrow O^+ + e^-$	1313	91,2
$NO + h\nu \longrightarrow NO^+ + e^-$	890	134,5

zum Auftreten der Photoionisation ein Photon mit genügend Energie zur Entfernung eines Elektrons von einem Molekül absorbiert werden (siehe Abschnitt 7.4).

In Tabelle 18.2 sind einige der wichtigeren, in der Atmosphäre oberhalb von ca. 90 km stattfindenden Ionisierungsprozesse, zusammen mit den Ionisierungsenergien und λ_{max}, der maximalen Wellenlänge eines zur Auslösung der Ionisation fähigen Photons, angegeben. Photonen, die über genügend Energie zur Auslösung der Ionisierung verfügen, weisen Wellenlängen des hochenergetischen Endes des ultravioletten Bereichs des elektromagnetischen Spektrums auf. Diese Wellenlängen werden vollständig aus der die Erde erreichenden Strahlung herausgefiltert, da sie von der oberen Atmosphäre absorbiert werden.

Ozon in der oberen Erdatmosphäre 18.3

Während N_2, O_2 und atomarer Sauerstoff Photonen mit einer Wellenlänge von weniger als 240 nm absorbieren, ist Ozon, O_3, der wichtigste Absorber von Photonen mit Wellenlängen zwischen 240 und 310 nm. Wir wollen uns mit der Bildung von Ozon in der oberen Atmosphäre beschäftigen und dessen Photonenabsorption betrachten.

Unterhalb von 90 km ist der Großteil der zur Photoionisation fähigen kurzwelligen Strahlung absorbiert worden. Die zur Dissoziation des O_2-Moleküls fähige Strahlung ist jedoch stark genug für die Photodissoziation von O_2 (Gleichung 18.1), um bis auf eine Höhe von 30 km hinab eine wichtige Rolle zu spielen. Im Bereich zwischen 30 km und 90 km ist die Konzentration von O_2 wesentlich größer als jene atomaren Sauerstoffs. Deshalb sind die $|\overline{O}$-Atome, die sich in diesem Bereich bilden, ständigen Kollisionen mit O_2-Molekülen ausgesetzt. Dies führt zur Bildung von Ozon, O_3:

$$|\overline{O} + O_2 \longrightarrow O_3^* \qquad (18.2)$$

Das Sternchen an dem O_3 deutet darauf hin, dass das Ozonmolekül einen Energieüberschuss aufweist. Die Reaktion in ▶Gleichung 18.2 setzt 105 kJ/mol frei. Diese Energie muss schnellstmöglich vom O_3^*-Molekül abgegeben werden, da das Molekül ansonsten wieder zu O_2 und $|\overline{O}$ zerfällt – ein Abbau, der die Umkehrung des Prozesses zur Bildung von O_3^* ist.

Ein energiereiches O_3^*-Molekül kann seine überschüssige Energie durch Kollision mit einem anderen Atom oder Molekül übertragen und dadurch zumindest einen Teil des Energieüberschusses an dieses weitergeben. Lassen Sie uns das Atom oder Mo-

Ozon in der oberen Erdatmosphäre

lekül, mit dem O$_3$* kollidiert, als M darstellen. Für gewöhnlich handelt es sich bei M um N$_2$ oder O$_2$, da dies die in der Atmosphäre am häufigsten vorkommenden Moleküle sind. Die Bildung von O$_3$* und die Weitergabe überschüssiger Energie an M werden in den folgenden Gleichungen zusammengefasst.

$$O(g) + O_2(g) \rightleftharpoons O_3^*(g) \tag{18.3}$$

$$O_3^*(g) + M(g) \longrightarrow O_3(g) + M^*(g) \tag{18.4}$$

$$O(g) + O_2(g) + M(g) \longrightarrow O_3(g) + M^*(g) \tag{18.5}$$

Die Geschwindigkeit, mit der O$_3$ gemäß den ▶ Gleichungen 18.3 und 18.4 gebildet wird, hängt von zwei Faktoren ab, die sich mit zunehmender Höhe in entgegengesetzte Richtungen verändern. Zum einen hängt die Bildung von O$_3$*, Gleichung 18.3 zufolge, vom Vorhandensein von O-Atomen ab. Bis zum Erreichen geringerer Höhen ist bereits der Großteil der Strahlung, die genügend Energie zur Dissoziation von O$_2$ besitzt, absorbiert worden. Daher herrschen in größeren Höhen günstigere Voraussetzungen zur Bildung von O. Zum anderen ist sowohl Gleichung 18.3 als auch Gleichung 18.4 auf molekulare Kollisionen angewiesen (siehe Abschnitt 14.5). Die Molekülkonzentration ist jedoch in geringeren Höhen größer und folglich auch die Kollisionshäufigkeiten zwischen O und O$_2$ (Gleichung 18.3) sowie zwischen O$_3$* und M (Gleichung 18.4). Da sich diese Prozesse abhängig von der Höhe in entgegengesetzte Richtungen verändern, ist die Geschwindigkeit der Bildung von O$_3$ in einem Streifen auf einer Höhe von ca. 50 km, nahe der Stratopause, am größten (Abbildung 18.1a). Im Großen und Ganzen sind ca. 90 % des Ozons der Erde in der Stratosphäre, zwischen 10 km und 50 km, zu finden.

Ein Ozonmolekül existiert nach seiner Bildung nicht sehr lange. Ozon ist in der Lage Sonnenstrahlung zu absorbieren, durch die es wieder zu O$_2$ und O zerfällt. Da für diesen Prozess nur 105 kJ/mol benötigt werden, besitzen Photonen mit einer Wellenlänge von weniger als 1140 nm ausreichend Energie zur Photodissoziation von O$_3$. Der Großteil des Ausstoßes der Sonne konzentriert sich jedoch im sichtbaren und im ultravioletten Bereich des elektromagnetischen Spektrums (Abbildung 18.3). Photonen mit einer Wellenlänge von weniger als ca. 300 nm verfügen über genügend Energie zum Aufbrechen vieler chemischer Einfachbindungen. Wenn die Ozonschicht in der Stratosphäre nicht existieren würde, würden diese hochenergetischen Photonen bis auf die Erdoberfläche vordringen. Bei Vorhandensein dieser hochenergetischen Strahlung, könnte die uns bekannte Pflanzen- und Tierwelt nicht überleben. Der „Ozon-Schutzschild" ist für unser weiteres Wohl daher unerlässlich. Die Ozonmoleküle, die diesen gegen die Strahlung lebenswichtigen Schutzschild bilden, machen jedoch nur einen winzigen Bruchteil der in der Stratosphäre vorhandenen Sauerstoffatome aus, da sie selbst während ihrer Bildung fortlaufend zerstört werden.

Die photochemische Zersetzung von Ozon stellt die Umkehrung der Reaktion dar durch die es gebildet wird. Daraus ergibt sich ein Kreisprozess von Ozonbildung und -zersetzung, der folgendermaßen zusammengefasst werden kann:

$$O_2(g) + h\nu \longrightarrow O(g) + O(g)$$
$$O(g) + O_2(g) + M(g) \longrightarrow O_3(g) + M^*(g) \quad \text{(exotherm)}$$
$$O_3(g) + h\nu \longrightarrow O_2(g) + O(g)$$
$$O(g) + O(g) + M(g) \longrightarrow O_2(g) + M^*(g) \quad \text{(exotherm)}$$

Der erste und der dritte Prozess sind photochemische Vorgänge. Sie verwenden zum Anstoß einer chemischen Reaktion ein Sonnenphoton. Beim zweiten und vierten

> **? DENKEN SIE EINMAL NACH**
>
> Betrachten Sie Abbildung 18.3. Welcher Anteil der Strahlung mit einer Wellenlänge im ultravioletten Bereich des Spektrums wird von der oberen Atmosphäre absorbiert?

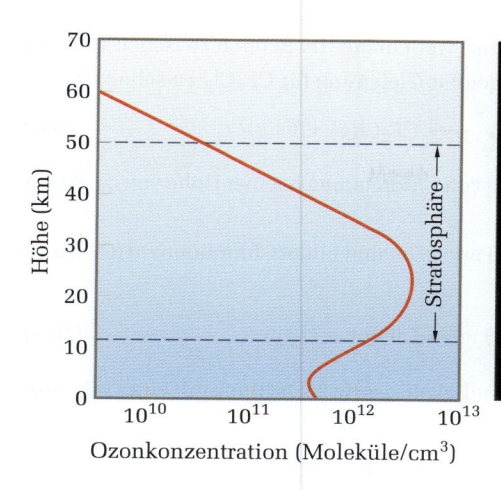

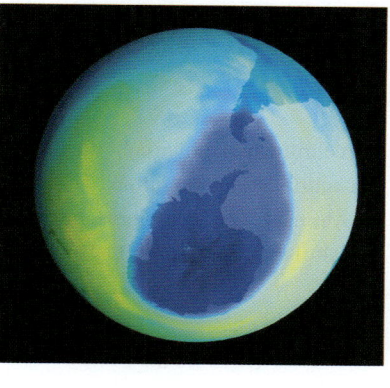

Abbildung 18.4: Abbau des Ozons. Links: Die Veränderung der Ozonkonzentration in der Atmosphäre als Funktion der Höhe. Rechts: Karte des gesamten auf der Südhalbkugel vorhandenen Ozons, 2004 von einem die Erde umkreisenden Satelliten aus aufgenommen. Die verschiedenen Farben stellen verschiedene Ozonkonzentrationen dar. Der Bereich in der Mitte, der sich über der Antarktis befindet, weist die geringste Ozonkonzentration auf.

Prozess handelt es sich um exotherme chemische Reaktionen. Das Ergebnis aller vier Prozesse ist ein Kreislauf, bei dem Sonnenstrahlungsenergie in thermische Energie umgewandelt wird. Der Ozonkreislauf in der Stratosphäre ist für den Anstieg der Temperatur verantwortlich, die, wie in Abbildung 18.1a dargestellt, ihr Maximum an der Stratopause erreicht.

Das für die Bildung und Zersetzung von Ozonmolekülen dargestellte Schema erklärt einige, jedoch nicht alle der über die Ozonschicht bekannten Fakten. Es finden viele chemische Reaktionen statt, an denen außer Sauerstoff auch noch andere Stoffe beteiligt sind. Darüber hinaus müssen auch noch die Auswirkungen von Turbulenzen und Windströmungen berücksichtigt werden, die die Stratosphäre durcheinander wirbeln. Daraus ergibt sich ein sehr kompliziertes Bild. Das Gesamtergebnis der Ozonbildungs- und Zerstörungsreaktionen, in Verbindung mit Luftturbulenzen und anderen Faktoren, liefert uns ein Ozonprofil der oberen Atmosphäre, wie wir es links in ▶ Abbildung 18.4 sehen.

Veränderung der Ozonkonzentration in der Erdatmosphäre

Der Abbau der Ozonschicht

Der Chemie-Nobelpreis wurde 1995 an F. Sherwood Rowland, Mario Molina und Paul Crutzen für deren Forschungen über den Abbau des Ozons in der Stratosphäre verliehen. Crutzen wies 1970 nach, dass natürlich vorkommende Stickoxide Ozon katalytisch zerstören. Rowland und Molina erkannten 1974, dass Chlor aus **Fluorchlorkohlenwasserstoffen** (FCKW) eine Verringerung der die Erdoberfläche vor schädlicher ultravioletter Strahlung schützenden Ozonschicht verursachen kann. Diese Stoffe, in der Hauptsache $CFCl_3$ und CF_2Cl_2, wurden sehr häufig als Treibgase in Sprühdosen, als Kältemittel und Klimaanlagengase sowie als Treibmittel bei der Herstellung von Kunststoffen verwendet. In der unteren Atmosphäre reagieren sie nahezu überhaupt nicht. Darüber hinaus sind sie relativ wasserunlöslich und werden daher nicht durch Niederschläge oder durch Auflösung in den Ozeanen aus der Atmosphäre entfernt. Leider ermöglicht ihre fehlende Reaktivität, aufgrund derer sie wirtschaftlich genutzt werden können, ein Überleben in der Atmosphäre sowie schließlich ihr Diffundieren in die Stratosphäre. Man geht davon aus, dass sich mittlerweile mehrere Millionen Tonnen Fluorchlorkohlenwasserstoffe in der Atmosphäre befinden.

Beim Diffundieren von FCKWs in die Stratosphäre werden diese einer hochenergetischen Strahlung ausgesetzt, die zur Photodissoziation führen kann. Die C—Cl-Bindungen sind bedeutend schwächer als die C—F-Bindungen (Tabelle 8.4). Folglich bilden sich in Gegenwart von Licht mit einer Wellenlänge im Bereich zwischen 190 und 225 nm leicht Chloratome, wie in folgender Gleichung für CF_2Cl_2 zu sehen ist:

$$CF_2Cl_2(g) + h\nu \longrightarrow CF_2Cl(g) + Cl(g) \tag{18.6}$$

Berechnungen zufolge geht die Bildung von Chloratomen in einer Höhe von ca. 30 km am schnellsten vonstatten.

Atomares Chlor reagiert sehr schnell mit Ozon und bildet Chlormonoxid (ClO) und molekularen Sauerstoff (O_2):

$$Cl(g) + O_3(g) \longrightarrow ClO(g) + O_2(g) \tag{18.7}$$

▶ Gleichung 18.7 folgt einem Geschwindigkeitsgesetz 2. Ordnung mit einer sehr großen Geschwindigkeitskonstante:

$$\text{Reaktionsgeschwindigkeit} = k[Cl][O_3]$$
$$k = 7{,}2 \times 10^9 \; M^{-1}s^{-1} \text{ bei 298 K} \tag{18.8}$$

Unter bestimmten Bedingungen kann das in Gleichung 18.7 erzeugte ClO derart reagieren, dass es neue Cl-Atome bildet. Eine Möglichkeit, wie dies geschehen kann, ist die Photodissoziation des ClO:

$$ClO(g) + h\nu \longrightarrow Cl(g) + O(g) \tag{18.9}$$

Die in ▶ Gleichung 18.9 erzeugten Cl-Atome können, ▶ Gleichung 18.7 zufolge, mit weiterem O_3 reagieren. Diese beiden Gleichungen stellen einen Kreislauf für den durch Cl-Atome katalysierten Zerfall von O_3 zu O_2 dar, wie wir bei Addition der Gleichungen feststellen können:

$$2\,Cl(g) + 2\,O_3(g) \longrightarrow 2\,ClO(g) + 2\,O_2(g)$$
$$2\,ClO(g) + h\nu \longrightarrow 2\,Cl(g) + 2\,O(g)$$
$$O(g) + O(g) \longrightarrow O_2(g)$$
$$\overline{2\,Cl(g) + 2\,O_3(g) + 2\,ClO(g) + 2\,O(g) \longrightarrow 2\,Cl(g) + 2\,ClO(g) + 3\,O_2(g) + 2\,O(g)}$$

Die Gleichung kann durch Kürzen gleicher Stoffe auf beiden Seiten folgendermaßen vereinfacht werden:

$$2\,O_3(g) \xrightarrow{Cl} 3\,O_2(g) \tag{18.10}$$

Da die Reaktionsgeschwindigkeit von ▶ Gleichung 18.7 mit [Cl] linear zunimmt, erhöht sich mit zunehmender Menge von Cl-Atomen auch die Geschwindigkeit, mit der Ozon zerstört wird. Je mehr FCKWs also in die Stratosphäre diffundieren, desto schneller geht die Zerstörung der Ozonschicht vonstatten. Die Diffusionsgeschwindigkeiten von Molekülen von der Troposphäre in die Stratosphäre sind gering. Trotzdem wurde bereits eine Ausdünnung der Ozonschicht über dem Südpol beobachtet. Diese macht sich vor allem in den Monaten September und Oktober bemerkbar (Abbildung 18.4, rechts).

Aufgrund der mit FCKWs einhergehenden Umweltprobleme wurden Maßnahmen zur Einschränkung von deren Herstellung und Verwendung ergriffen. Ein wichtiger Schritt war 1987 die Unterzeichnung des Montrealer Protokolls über Stoffe, die zu einem Abbau der Ozonschicht führen, im Rahmen dessen teilnehmende Nationen sich zur Reduzierung der FCKW-Herstellung verpflichteten. 1992 vereinbarten Vertreter von ca. 100 Nationen striktere Einschränkungen, indem sie ein Verbot für die Herstellung und Verwendung von FCKWs bis zum Jahr 1996 erließen. Trotz allem gehen Wissenschaftler jedoch davon aus, dass sich der Abbau des Ozons aufgrund der Beständigkeit der FCKWs sowie ihrer langsamen Diffusion in die Stratosphäre noch viele Jahre hinziehen wird.

Von welchen Stoffen wurden die FCKWs abgelöst? Gegenwärtig stellen Fluorkohlenwasserstoffe die wichtigste Alternative dar. Hierbei handelt es sich um Verbindungen, bei denen die C—Cl-Bindungen von FCKWs durch C—H-Bindungen ersetzt werden. Eine gegenwärtig verwendete Verbindung ist CH_2FCF_3, die als FKW-134a bekannt ist. Berichten der Bundesumweltschutzbehörde der USA (EPA – *Environmental Protection Agency*) zufolge wurden 45 % der in Gebäuden vorhandenen Klimaanlagen bis zum Jahr 2000 auf FCKW-freie Verbindungen, wie z. B. FKW-134a, umgerüstet, wobei sich die Energieausbeute insgesamt verbessert hat.

Es gibt keine natürlich vorkommenden FCKWs, jedoch existieren einige natürliche Quellen, die Chlor und Brom in die Atmosphäre freisetzen und deren Cl- und Br-Atome können sich ebenso wie die aus FCKW an ozonabbauenden Reaktionen beteiligen. Die wichtigsten dieser Quellen sind Methylbromid und Methylchlorid, CH_3Br und CH_3Cl. Man geht davon aus, dass diese Moleküle weniger als ein Drittel zum gesamten Cl und Br in der Atmosphäre beisteuern. Die verbleibenden zwei Drittel sind das Ergebnis menschlicher Aktivitäten. Vulkane gelten als Quelle für HCl, jedoch reagiert das von ihnen freigesetzte HCl im Allgemeinen mit Wasser in der Troposphäre und gelangt nicht bis in die obere Atmosphäre.

Chemie der Troposphäre 18.4

Die Troposphäre besteht in erster Linie aus N_2 und O_2, die zusammen 99 % der Erdatmosphäre auf Normalnull ausmachen (Tabelle 18.1). Andere Gase können, obwohl sie nur in sehr geringen Konzentrationen vorhanden sind, schwerwiegende Auswirkungen auf unsere Umwelt haben. In Tabelle 18.3 werden die bedeutendsten Quellen sowie die typischen Konzentrationen einiger dieser geringfügigen Bestandteile der Troposphäre aufgelistet. Viele dieser Stoffe kommen in der natürlichen Umgebung nur in geringem Ausmaß vor, weisen jedoch in manchen Bereichen aufgrund menschlicher Aktivitäten wesentlich höhere Konzentrationen auf. In diesem Abschnitt erör-

Tabelle 18.3

Quellen und typische Konzentrationen geringfügiger Luftbestandteile

Bestandteil	Quellen	Typische Konzentrationen
Kohlendioxid, CO_2	Zersetzung organischer Stoffe; Freisetzung aus den Ozeanen; Verbrennung fossiler Brennstoffe	375 ppm in der gesamten Troposphäre
Kohlenmonoxid, CO	Zersetzung organischer Stoffe; industrielle Prozesse; Verbrennung fossiler Brennstoffe	0,05 ppm in sauberer Luft; 1–50 ppm in Bereichen städtischen Verkehrs
Methan, CH_4	Zersetzung organischer Stoffe; Ausströmen von Erdgas	1,77 ppm in der gesamten Troposphäre
Stickstoffmonoxid, NO	Elektrische Entladungen; Verbrennungsmotoren; Verbrennung organischer Stoffe	0,01 ppm in sauberer Luft; 0,2 ppm in Smog
Ozon, O_3	Elektrische Entladungen; Diffusion aus der Stratosphäre; Photosmog	0 bis 0,01 ppm in sauberer Luft; 0,5 ppm in Photosmog
Schwefeldioxid, SO_2	Vulkanische Gase; Waldbrände; Bakterienaktivität; Verbrennung fossiler Brennstoffe; industrielle Prozesse	0 bis 0,01 ppm in sauberer Luft; 0,1–2 ppm in verschmutzten städtischen Umgebungen

Tabelle 18.4

Mittlere Konzentrationen von Luftschadstoffen in einer typischen städtischen Umgebung

Schadstoff	Konzentration (ppm)
Kohlenmonoxid	10
Kohlenwasserstoffe	3
Schwefeldioxid	0,08
Stickoxide	0,05
Gesamtheit der Oxidationsmittel (Ozon und andere)	0,02

tern wir die wichtigsten Charakteristika einiger dieser Stoffe sowie deren chemisches Verhalten als Luftschadstoffe. Wie wir sehen werden, entstehen die meisten davon als direktes oder indirektes Ergebnis unseres weit verbreiteten Einsatzes von Verbrennungsreaktionen.

Schwefelverbindungen und saurer Regen

Schwefelhaltige Verbindungen kommen in der natürlichen, unverschmutzten Atmosphäre bis zu einem gewissen Grad vor. Sie haben ihren Ursprung im bakteriellen Zerfall organischer Stoffe, in vulkanischen Gasen und anderen in Tabelle 18.3 aufgelisteten Quellen. Die Menge der aus natürlichen Quellen in die Atmosphäre freigesetzten schwefelhaltigen Verbindungen beträgt ca. 24×10^{12} g pro Jahr und liegt damit unter der Menge der durch menschliche Aktivitäten freigesetzten Verbindungen (ca. 79×10^{12} g pro Jahr). Schwefelverbindungen, vor allem Schwefeldioxid, SO_2, zählen zu den unangenehmsten und schädlichsten der herkömmlichen Schadgase. In Tabelle 18.4 sind die Konzentrationen verschiedener schädlicher Gase in einer *typischen* (nicht besonders von Smog geplagten) städtischen Umgebung aufgelistet. Diesen Daten zufolge liegt der Schwefeldioxidwert in ca. der Hälfte der Zeit bei 0,08 ppm oder darüber. Diese Konzentration liegt beträchtlich unter der anderer Schadstoffe, insbesondere jener von Kohlenmonoxid. Nichtsdestotrotz wird SO_2 als das gravierendste Gesundheitsrisiko unter den angegebenen Schadstoffen betrachtet. Dies gilt besonders für Personen mit Atemwegsproblemen.

Die Verbrennung von Kohle und Öl ist für ca. 80 % des gesamten freigesetzten SO_2 in den Vereinigten Staaten verantwortlich. Die Vereinigten Staaten gewinnen 52 % ihrer Elektrizität aus Kohle und weitere 15 % aus Erdöl und Erdgas. Das Ausmaß, zu welchem SO_2-Emissionen bei der Verbrennung von Kohle und Öl ein Problem darstellen, hängt vom Grad ihrer Schwefelkonzentration ab. Einige Öle, wie z. B. jene aus dem Nahen Osten, weisen einen relativ geringen Schwefelgehalt auf, wohingegen andere Öle, wie z. B. jene aus Venezuela, einen höheren Schwefelgehalt haben. Aufgrund von Bedenken bezüglich der Umweltverschmutzung durch SO_2 ist die Nachfrage nach schwefelarmem Öl größer und dieses daher teurer.

Auch der Schwefelgehalt von Kohlen ist unterschiedlich. Ein Großteil der Kohle aus den Gebieten östlich des Mississippi weist einen relativ hohen Schwefelgehalt, bis hin zu 6 Massen-%, auf. Dahingegen besitzt der Großteil der Kohle aus den westlichen Staaten einen geringen Schwefelgehalt. Diese Kohle besitzt jedoch auch einen geringeren Wärmeinhalt pro Masseneinheit Kohle, wodurch der Unterschied im Schwefelgehalt pro Einheit erzeugter Wärme geringer ausfällt als oftmals angenommen.

Schwefeldioxid ist gesundheitsgefährdend für den Menschen und hat schädliche Auswirkungen auf Sachbesitz. Darüber hinaus kann atmosphärisches SO_2 über mehrere Wege (wie z. B. durch Reaktion mit O_2 oder O_3) zu SO_3 oxidiert werden. Bei Auflösung von SO_3 in Wasser entsteht Schwefelsäure, H_2SO_4:

$$SO_3(g) + H_2O(l) \longrightarrow H_2SO_4(aq)$$

Viele der SO_2 zugeschriebenen Umweltauswirkungen sind eigentlich auf H_2SO_4 zurückzuführen.

Das Vorkommen von SO_2 in der Atmosphäre und die dadurch erzeugte Schwefelsäure rufen das Phänomen des **sauren Regens** hervor. Die Salpetersäure bildenden Stickoxide liefern ebenfalls einen bedeutenden Beitrag zum sauren Regen. Nicht verunreinigtes Regenwasser ist von Natur aus sauer und weist für gewöhnlich einen pH-Wert von ca. 5,6 auf. Die Hauptquelle dieses natürlichen Säuregehalts ist CO_2, das

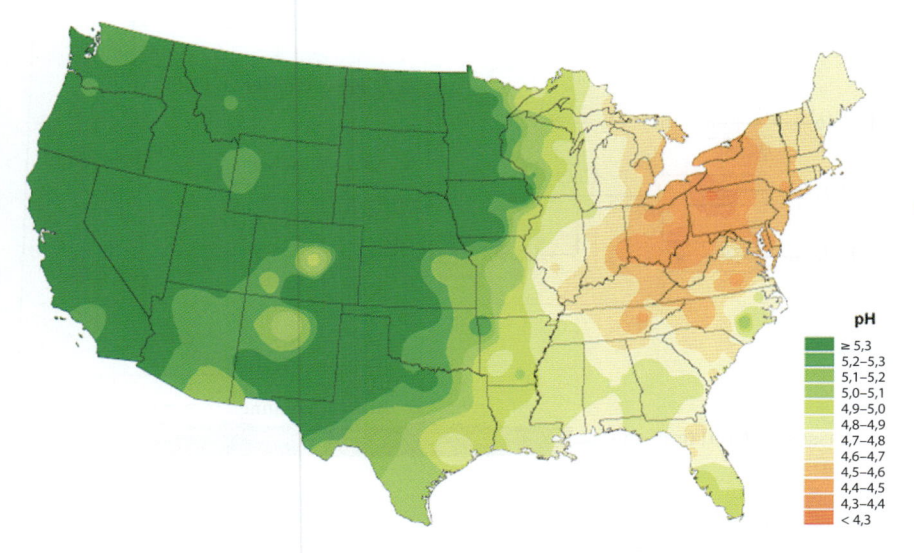

18.4 Chemie der Troposphäre

Abbildung 18.5: pH-Werte der Süßwasserquellen in den Vereinigten Staaten, 2001.

mit Wasser reagiert und Kohlensäure, H_2CO_3, bildet. Saurer Regen hat normalerweise einen pH-Wert von ca. 4. Dieser Säuregehalt zeigt insofern Auswirkungen auf viele Seen in Nordeuropa, den nördlichen Vereinigten Staaten und Kanada, als er die Fischbestände vermindert und weitere Bereiche des ökologischen Gleichgewichts innerhalb der Seen sowie der sie umgebenden Wälder in Mitleidenschaft zieht.

Der pH-Wert der meisten natürlichen, lebende Organismen beinhaltenden Gewässer, liegt zwischen 6,5 und 8,5. Wie ▶ Abbildung 18.5 jedoch zeigt, liegen die pH-Werte von Süßwasser in vielen Teilen Kontinentalamerikas weit unter 6,5. Bei pH-Werten unter 4 sterben alle Wirbeltiere, die meisten wirbellosen Tiere sowie viele Mikroorganismen ab. Am anfälligsten für Schädigungen sind Seen mit einer geringen Konzentration basischer Ionen, wie z. B. HCO_3^-, die sie gegen Veränderungen des pH-Werts schützen. Über 300 Seen im Staat New York enthalten keine Fische und 140 Seen in Ontario, Kanada, sind ohne jegliches Leben. Der saure Regen, der allem Anschein nach für die Tötung der Organismen in diesen Seen verantwortlich ist, findet seinen Ursprung hunderte von Kilometern wetterstromaufwärts im Tal des Ohio und der Region der großen Seen. Einige dieser Gegenden erholen sich mit sinkenden Schwefelemissionen aus der Verbrennung fossiler Brennstoffe langsam, was teilweise auf den „Clean Air Act" von 1990 zurückzuführen ist, der es zur Bedingung machte, dass Kraftwerke ihren Schwefelausstoß um 80 % reduzieren.

Da Säuren mit Metallen und mit Carbonaten reagieren, korrodiert saurer Regen sowohl Metalle als auch Baumaterialien aus Stein. So werden z. B. Marmor und Kalkstein, deren Hauptbestandteil $CaCO_3$ ist, leicht von saurem Regen angegriffen (▶ Abbildung 18.6). Durch Korrosion aufgrund von SO_2-Emissionen entsteht ein Schaden von mehreren Milliarden Dollar jährlich.

Eine Möglichkeit zur Verringerung des in die Umwelt freigesetzten SO_2 ist die Entfernung des Schwefels aus Kohle und Öl vor deren Verbrennung. Obwohl es schwierig und teuer ist, wurden verschiedene Methoden zur Entfernung von SO_2 aus den bei der Verbrennung von Kohle und Öl gebildeten Gasen entwickelt. So kann der Feuerung eines Kraftwerks z. B. Kalksteinpulver ($CaCO_3$) zugeführt werden, wo dieses in gebrannten Kalk (CaO) und Kohlendioxid zerfällt:

$$CaCO_3(s) \longrightarrow CaO(s) + CO_2(g)$$

(a)

(b)

Abbildung 18.6: Schäden durch sauren Regen. (a) Dieser Statue am Field Museum in Chicago sieht man die Beschädigungen durch sauren Regen und andere Luftschadstoffe an. (b) Dieselbe Statue nach der Restaurierung.

Abbildung 18.7: Weit verbreitetes Verfahren zur Entfernung von SO$_2$ aus verbrannten Brennstoffen. Kalkstaub zerfällt zu CaO, welches mit SO$_2$ reagiert und CaSO$_3$ bildet. Das CaSO$_3$ und das gesamte nicht umgesetzte SO$_2$ werden in eine Wäscher genannte Reinigungskammer gegeben, in der ein Guss aus CaO und Wasser das restliche SO$_2$ in CaSO$_3$ umsetzt und das CaSO$_3$ als wässrige Aufschlämmung ausfällt.

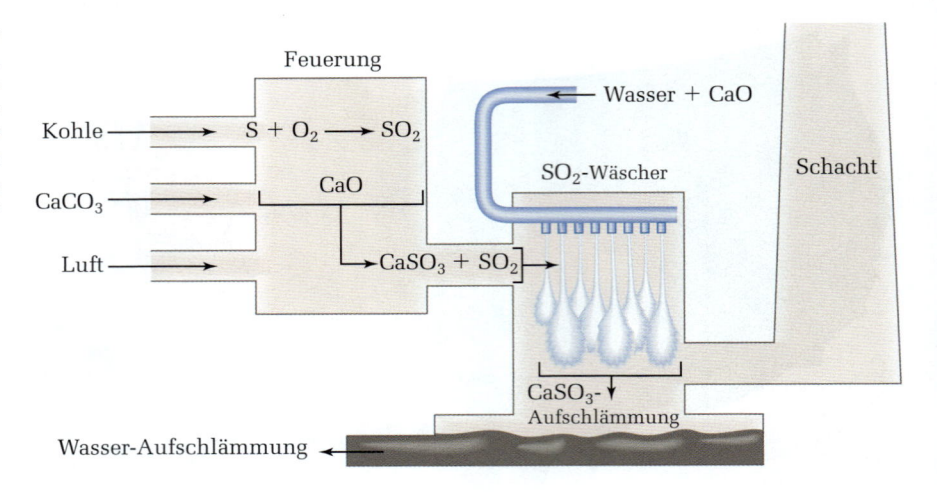

CaO reagiert anschließend mit SO$_2$ und bildet Calciumsulfit:

$$\text{CaO}(s) + \text{SO}_2(g) \longrightarrow \text{CaSO}_3(s)$$

Die Feststoffteilchen des CaSO$_3$ sowie ein Großteil des nicht umgesetzten SO$_2$ können aus dem Feuerungsgas entfernt werden, indem sie durch eine wässrige Kalksuspension geleitet werden (▶ Abbildung 18.7). Es wird jedoch nicht das gesamte SO$_2$ entfernt und angesichts der weltweit verbrannten, enormen Mengen an Kohle und Öl wird die Eingrenzung der Umweltverschmutzung durch SO$_2$ auf absehbare Zeit höchstwahrscheinlich ein Problem bleiben.

Kohlenmonoxid

Kohlenmonoxid entsteht durch die unvollständige Verbrennung kohlenstoffhaltiger Materialien, wie z. B. fossiler Brennstoffe. Hinsichtlich der Gesamtmasse ist CO das am häufigsten vorkommende Schadgas. Der Anteil des in unverschmutzter Luft vorkommenden CO ist gering und beträgt in etwa 0,05 ppm. Die geschätzte Gesamtmenge des in der Atmosphäre vorhandenen CO liegt bei ca. $5,2 \times 10^{14}$ g. In den Vereinigten Staaten alleine werden jährlich ca. 1×10^{14} g CO produziert, wobei etwa zwei Drittel von Kraftfahrzeugen stammen.

Kohlenmonoxid ist ein relativ reaktionsträges Molekül und stellt daher keine direkte Bedrohung für die Vegetation oder Materialien dar. Es hat jedoch Auswirkungen auf den Menschen. Es besitzt die außergewöhnliche Fähigkeit, sich sehr stark an **Hämoglobin**, das eisenhaltige Protein roter Blutkörperchen, zu binden (▶ Abbildung 18.8 a), das zum Sauerstofftransport im Blut dient. Hämoglobin besteht aus vier Proteinketten, die von schwachen intermolekularen Kräften zusammengehalten werden (▶ Abbildung 18.8 b). Jede Proteinkette beherbergt in ihren Zwischenräumen ein Häm-Molekül. In ▶ Abbildung 18.8 c wird die Struktur des Häms schematisch dargestellt. Bitte beachten Sie, dass das Eisenatom sich im Zentrum einer Ebene von vier Stickstoffatomen befindet. Ein Hämoglobin-Molekül in den Lungen nimmt ein O$_2$-Molekül auf, welches mit dem Eisenatom reagiert und *Oxyhämoglobin* bildet, abgekürzt HbO$_2$. Im Blutkreislauf wird das Sauerstoffmolekül je nach Bedarf des Zellstoffwechsels, d. h. der in der Zelle stattfindenden chemischen Prozesse, in die Gewebe freigesetzt (siehe Kasten „Chemie und Leben" über Blut als Pufferlösung in Abschnitt 17.2).

Genau wie O$_2$ bindet sich auch CO sehr stark an das Eisen im Hämoglobin. Der Komplex wird *Carboxyhämoglobin* genannt und als COHb abgekürzt. Die Komplexbildungs-

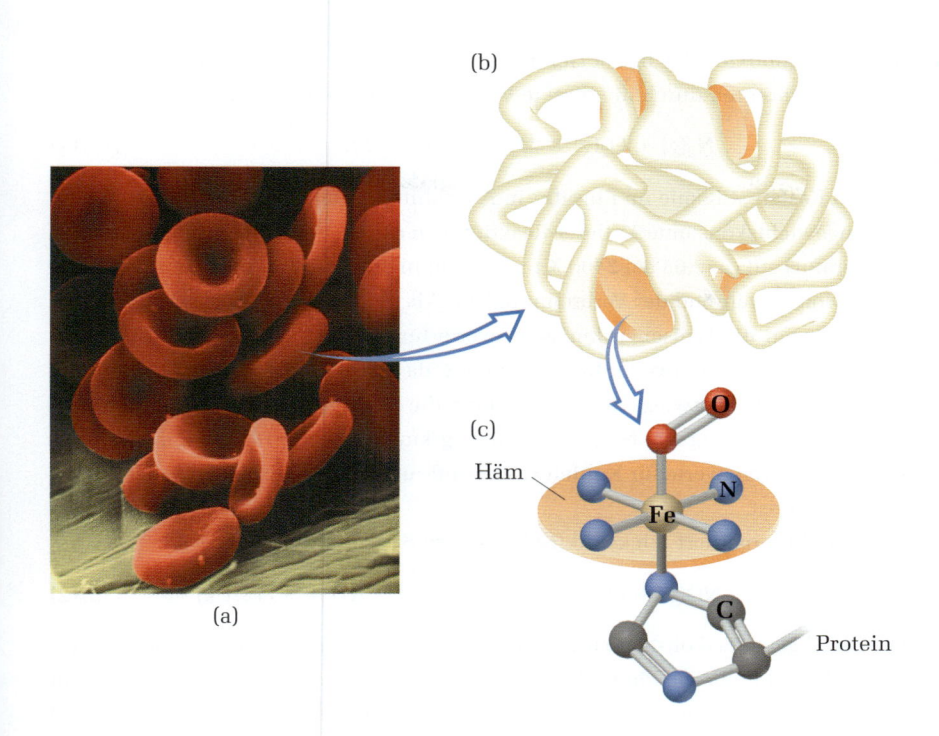

Abbildung 18.8: Kohlenmonoxid ist für Menschen schädlich. Rote Blutkörperchen (a) enthalten Hämoglobin (b). Das Hämoglobin enthält vier Häm-Einheiten, von denen jede ein O_2-Molekül binden kann (c). Wenn es CO ausgesetzt ist, bindet das Häm stärker CO als O_2.

konstante menschlichen Hämoglobins für CO ist ca. 210 Mal größer als jene für O_2. Daher kann bereits eine relativ geringe Menge an CO einen beträchtlichen Anteil des Hämoglobins im Blut für den Sauerstofftransport außer Kraft setzen. Wenn ein Mensch z. B. einige Stunden lang Luft mit nur 0,1 % CO einatmet, nimmt er genügend CO auf, um bis zu 60 % des Hämoglobins in COHb umzuwandeln und somit die normale Sauerstofftransportfähigkeit des Blutes um 60 % zu verringern.

Unter normalen Bedingungen hat ein Nichtraucher, der unverschmutzte Luft einatmet, ca. 0,3 bis 0,5 % COHb im Blutkreislauf. Diese Menge ergibt sich hauptsächlich aus der Erzeugung kleiner Mengen CO im Verlauf der normalen Körperchemie sowie aufgrund der kleinen, in sauberer Luft vorkommenden Menge an CO. Höhere Konzentrationen von CO führen zu einem Anstieg des COHb-Anteils, wodurch sich wiederum die Anzahl der Hb-Stellen verringert, an die O_2 sich binden kann. Bei einem zu starken Anstieg des COHb-Anteils wird der Sauerstofftransport praktisch beendet und es tritt der Tod ein. Da CO farb- und geruchslos ist, tritt eine CO-Vergiftung ohne Vorwarnung ein. Unzureichend belüftete Verbrennungseinrichtungen, wie z. B. Kerosinlampen und Öfen, stellen daher eine potenzielle Gesundheitsgefährdung dar (▶ Abbildung 18.9).

Abbildung 18.9: Warnung vor Kohlenmonoxid. Kerosinlampen und Petroleumkocher sind mit Warnhinweisen bezüglich ihrer Verwendung in geschlossenen Räumen, wie z. B. Zimmern, versehen. Durch unvollständige Verbrennung kann farb- und geruchsloses Kohlenmonoxid, CO, entstehen, das giftig ist.

Stickoxide und Photosmog

Stickoxide gehören zu den Hauptbestandteilen des den Städtern nur allzu bekannten Phänomens des Smogs. Der Begriff *Smog* bezieht sich auf eine besonders unangenehme Art der Umweltverschmutzung in bestimmten städtischen Umgebungen, die zustande kommt, wenn die Wetterbedingungen eine weitgehend stehende Luftmasse verursachen. Der durch Los Angeles bekannt gewordene Smog, der jedoch mittlerweile auch in vielen anderen städtischen Gebieten alltäglich ist, kann präziser als **Photosmog** beschrieben werden, da photochemische Vorgänge bei seiner Bildung eine wichtige Rolle spielen (▶ Abbildung 18.10).

Abbildung 18.10: Photosmog. Smog wird hauptsächlich durch Einwirkung des Sonnenlichts auf Autoabgase erzeugt.

Stickstoffmonoxid, NO, bildet sich in geringen Mengen in den Zylindern von Verbrennungsmotoren durch die direkte Verbindung von Stickstoff und Sauerstoff:

$$N_2(g) + O_2(g) \rightleftharpoons 2\,NO(g) \qquad \Delta H = 180{,}8 \text{ kJ} \qquad (18.11)$$

Wie im Kasten „Chemie im Einsatz" in Abschnitt 15.6 angemerkt wurde, steigt die Gleichgewichtskonstante K dieser Reaktion von ca. 10^{-15} bei 300 K (nahe Zimmertemperatur) auf ca. 0,05 bei 2400 K (entspricht in etwa der Temperatur im Zylinder eines Motors während der Verbrennung) an. Als es noch keine Abgaskatalysatoren gab, betrugen die typischen Emissionswerte für NO_x 2,49 Gramm pro Kilometer (g/km). Das x steht entweder für 1 oder für 2, da sowohl NO als auch NO_2 gebildet wird, wobei NO überwiegt. Seit 2004 fordern die Abgasgrenzwerte für Kraftfahrzeuge eine Verringerung von NO_x auf nur 0,04 g/km. In Tabelle 18.5 sind die bundesstaatlichen Grenzwerte für Kohlenwasserstoff- und NO_x-Emissionen seit 1975 zusammengefasst.

In der Luft oxidiert Stickoxid (NO) rasch zu Stickstoffdioxid (NO_2):

$$2\,NO(g) + O_2(g) \rightleftharpoons 2\,NO_2(g) \qquad \Delta H = -113{,}1 \text{ kJ} \qquad (18.12)$$

Die Gleichgewichtskonstante für diese Reaktion sinkt von ca. 1012 bei 300 K auf ca. 10^{-5} bei 2400 K ab. Die Photodissoziation von NO_2 löst die mit dem Photosmog in Zusammenhang stehenden Reaktionen aus. Die Dissoziation von NO_2 zu NO und O erfordert 304 kJ/mol, was einer Wellenlänge eines Photons von 393 nm entspricht. Unter Sonneneinstrahlung dissoziiert NO_2 daher zu NO und O:

$$NO_2(g) + h\nu \longrightarrow NO(g) + O(g) \qquad (18.13)$$

Der gebildete, atomare Sauerstoff durchläuft mehrere mögliche Reaktionen, wovon aus einer, wie weiter oben beschrieben, Ozon hervorgeht:

$$O(g) + O_2 + M(g) \longrightarrow O_3(g) + M^*(g) \qquad (18.14)$$

Ozon ist einer der Hauptbestandteile von Photosmog. Selbst wenn es in der oberen Atmosphäre als unerlässlicher UV-Schutzschild dient, gilt es in der Troposphäre als unerwünschter Schadstoff. Es ist ungemein reaktiv und giftig und das Einatmen von Luft, die beträchtliche Mengen an Ozon enthält, kann besonders für Asthmapatienten, für Menschen unter körperlicher Belastung und ältere Personen gefährlich sein.

Tabelle 18.5

Entwicklung der US-amerikanischen Emissionsgrenzwerte für Autoabgase*

Jahr	Kohlenwasserstoffe (g/Meile)	Stickoxide (g/Meile)
1975	1,5 (0,9)	3,1 (2,0)
1980	0,41 (0,41)	2,0 (1,0)
1985	0,41 (0,41)	1,0 (0,4)
1990	0,41 (0,41)	1,0 (0,4)
1995	0,25 (0,25)	0,4 (0,4)
2004	0,075 (0,05)	0,07 (0,05)

* Zum Vergleich: Die aktuelle Norm Euro-4 der EU schreibt für Kohlenwasserstoffe 0,1 g/km, für Stickoxide 0,08 g/km vor.

Folglich haben wir mit zwei Ozonproblemen zu kämpfen: Überhöhte Mengen in vielen städtischen Umgebungen führen zu Gesundheitsgefährdungen, wohingegen der Abbau in der Stratosphäre zum Verlust der lebenswichtigen Schutzfunktion führt.

Zusätzlich zu Stickoxiden und Kohlenmonoxid stößt ein Kraftfahrzeugmotor auch noch unverbrannte *Kohlenwasserstoffe* als Schadstoffe aus. Diese organischen Verbindungen, die sich ausschließlich aus Kohlenstoff und Wasserstoff zusammensetzen, bilden die Hauptbestandteile von Benzin und zählen zu den bedeutendsten Inhaltsstoffen von Smog. Ein typischer Motor ohne wirksame Abgasreinigung stößt pro Kilometer ca. 6 bis 9 Gramm dieser Verbindungen aus. Gegenwärtige Normen erfordern, dass die Kohlenwasserstoffemissionen weniger als 0,046 Gramm pro Kilometer betragen. Lebende Organismen tragen zum natürlichen Ausstoß von Kohlenwasserstoffen bei (siehe Kasten „Näher hingeschaut" weiter unten in diesem Abschnitt).

Eine Verringerung oder Vermeidung von Smog erfordert, dass die für dessen Bildung verantwortlichen Bestandteile aus den Autoabgasen entfernt werden. Katalysatoren wurden dazu entwickelt, die Anteile von NO_x und Kohlenwasserstoffen, zwei der wichtigsten Bestandteile von Smog, drastisch zu reduzieren (siehe Kasten „Chemie im Einsatz" in Abschnitt 14.6).

Wasserdampf, Kohlendioxid und Klima

Wir wissen nun, wie die Atmosphäre durch Abschirmung schädlicher, kurzwelliger Strahlung dazu beiträgt, das uns bekannte Leben auf der Erde zu ermöglichen. Darüber hinaus ist die Atmosphäre bei der Aufrechterhaltung einer halbwegs gleichmäßigen und moderaten Temperatur an der Oberfläche des Planeten unerlässlich. Die beiden zur Aufrechterhaltung der Temperatur auf der Erdoberfläche bedeutendsten atmosphärischen Bestandteile sind Kohlendioxid und Wasser.

Die Erde befindet sich in einem allgemeinen thermischen Gleichgewicht mit ihrer Umgebung. Das bedeutet, dass die Erde mit der gleichen Geschwindigkeit Energie ins Weltall abstrahlt, mit der sie Energie von der Sonne absorbiert. Die Oberflächentemperatur der Sonne beträgt ca. 6000 K. Aus dem Weltraum betrachtet ist die Erde mit einer Temperatur von ca. 254 K relativ kalt. Die Verteilung der Wellenlängen in der von einem Objekt ausgesendeten Strahlung wird von dessen Temperatur bestimmt (siehe Abschnitt 6.2). Weshalb erscheint die Temperatur der Erde von außerhalb ihrer Atmosphäre betrachtet um so viel niedriger als jene, die wir normalerweise auf ihrer Oberfläche erfahren? Die für sichtbares Licht durchlässige Troposphäre ist für Infrarotstrahlung undurchlässig. ▶ Abbildung 18.11 zeigt die Verteilung der von der

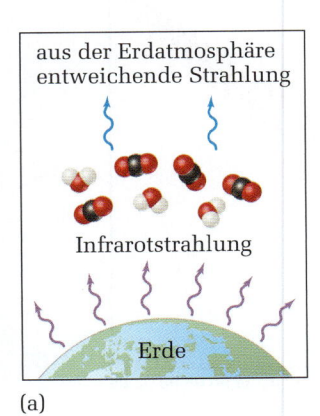

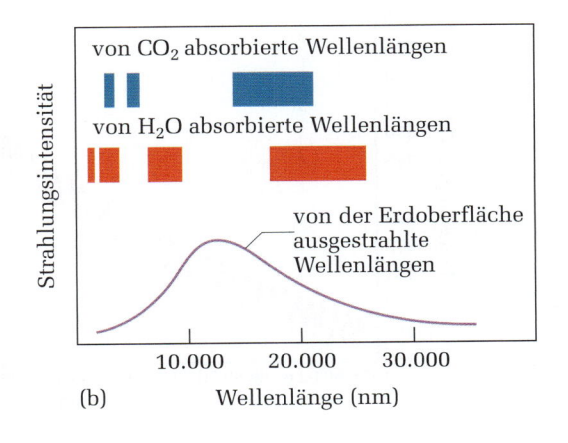

Abbildung 18.11: Warum die Erde, aus dem All betrachtet, so kalt erscheint. (a) Kohlendioxid und Wasser absorbieren bestimmte Wellenlängen infraroter Strahlung. Dies trägt dazu bei Energie daran zu hindern, von der Erdoberfläche zu entweichen. (b) Die Verteilung der von CO_2 und H_2O absorbierten Wellenlängen im Vergleich zu den von der Erdoberfläche ausgestrahlten Wellenlängen.

Erdoberfläche ausgehenden Strahlung und die von atmosphärischem Wasserdampf und Kohlenmonoxid absorbierten Wellenlängen. Dem Schaubild zufolge absorbieren diese atmosphärischen Gase einen Großteil der von der Erdoberfläche ausgehenden Strahlung. Dabei tragen sie zur Aufrechterhaltung einer angenehmen, gleichmäßigen Temperatur an der Oberfläche bei, indem sie gewissermaßen die Infrarotstrahlung von der Oberfläche, die wir als Wärme empfinden, zurückhalten. Die Auswirkungen von H_2O, CO_2 und bestimmten anderen atmosphärischen Gasen auf die Temperatur der Erde werden oftmals *Treibhauseffekt* genannt (siehe Kasten „Chemie im Einsatz" in Abschnitt 3.7).

Der Partialdruck von Wasserdampf in der Atmosphäre schwankt von Ort zu Ort sowie von Zeit zu Zeit erheblich, ist jedoch in der Regel nahe der Erdoberfläche am größten und fällt mit steigender Höhe sehr stark ab. Da Wasserdampf Infrarotstrahlung derart stark absorbiert, spielt er bei der Aufrechterhaltung der atmosphärischen Temperatur bei Nacht, wenn die Oberfläche Strahlung ins All aussendet und keine Energie von der Sonne empfängt, die wichtigste Rolle. In sehr trockenen Wüstenklimata, in denen die Konzentration des Wasserdampfs außergewöhnlich niedrig ist, kann es während des Tages extrem heiß, nachts jedoch sehr kalt werden. Bei Fehlen einer ausgedehnten Schicht Wasserdampfs zur Absorption und anschließenden Rückstrahlung eines Teils der Infrarotstrahlung zur Erde verliert die Oberfläche diese Strahlung ins Weltall und kühlt sehr rasch ab.

Kohlendioxid spielt eine untergeordnete, jedoch sehr wichtige, Rolle bei der Aufrechterhaltung der Oberflächentemperatur. Die weltweite Verbrennung fossiler Brennstoffe, in erster Linie von Kohle und Öl, die im modernen Zeitalter ein ungeheures Ausmaß erreicht hat, hat den Kohlendioxidgehalt der Atmosphäre drastisch in die Höhe getrieben. Über mehrere Jahrzehnte hinweg durchgeführte Messungen zeigen, dass die CO_2-Konzentration in der Atmosphäre ständig weiter ansteigt und sich gegenwärtig auf einem Höchststand von ca. 375 ppm (▶ Abbildung 18.12) befindet. Im Vergleich dazu geht man davon aus, dass die CO_2-Konzentrationen in der Atmosphäre sich während der vergangenen 150.000 Jahre zwischen 200 und 300 ppm bewegt haben. Diese Erkenntnisse basieren auf Daten, die aus in Eisbohrkernen eingeschlossenen Luftblasen gewonnen wurden. Wissenschaftler kommen langsam zu der Übereinstimmung, dass dieser Anstieg bereits jetzt das Klima der Erde aus dem Gleichgewicht bringt und für den weltweit beobachteten Anstieg der durchschnittlichen

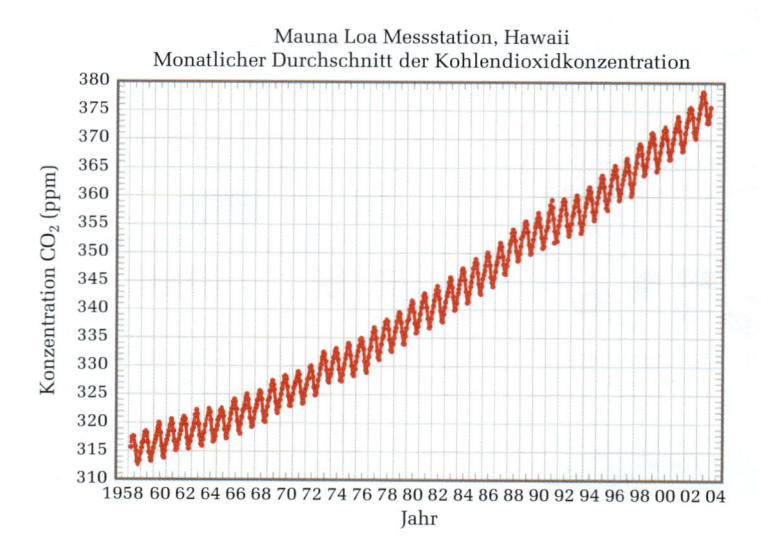

Abbildung 18.12: Steigende CO_2-Werte. Die Konzentration des atmosphärischen CO_2 ist seit den späten 1950ern um mehr als 15 % gestiegen. Diese Daten wurden von der Mauna Loa Messstation auf Hawaii durch Beobachtung der Absorption von Infrarotstrahlung aufgezeichnet. Das Sägezahnmuster der Kurve ergibt sich aufgrund regelmäßiger saisonaler Schwankungen der CO_2-Konzentration in jedem Jahr.

Näher hingeschaut ■ Methan als Treibhausgas

Obwohl dem CO_2 die größte Aufmerksamkeit zuteil wird, leisten andere Gase zusammen einen ebenso großen Beitrag zum Treibhauseffekt, darunter hauptsächlich Methan, CH_4. Jedes Methanmolekül erzeugt einen 25-fach stärkeren Treibhauseffekt als ein CO_2-Molekül. Untersuchungen atmosphärischen Gases, das vor langer Zeit in den Eisdecken Grönlands und der Antarktis eingeschlossen wurde, haben gezeigt, dass die Konzentration von Methan in der Atmosphäre während des industriellen Zeitalters angestiegen ist, nämlich von Werten im Bereich zwischen 0,3 und 0,7 ppm zu Zeiten vor der Industrialisierung bis auf den momentanen Wert von ca. 1,8 ppm.

Methan wird in biologischen Prozessen gebildet, die in sauerstoffarmen Umgebungen stattfinden. Anaerobe Bakterien, die in Sümpfen und auf Mülldeponien, nahe den Wurzeln von Reispflanzen sowie in den Verdauungssystemen von Kühen und anderen Wiederkäuern gedeihen, erzeugen Methan (▶ Abbildung 18.13). Des Weiteren entweicht es während der Gewinnung und dem Transport von Erdgas in die Atmosphäre (siehe Kasten „Chemie im Einsatz", Abschnitt 10.5). Man geht davon aus, dass in etwa zwei Drittel der gegenwärtigen Methan-Emissionen, die sich jährlich um ca. 1 % erhöhen, im Zusammenhang mit menschlichen Aktivitäten stehen.

Methan besitzt eine Halbwertszeit in der Atmosphäre von ca. 10 Jahren, wohingegen CO_2 wesentlich langlebiger ist. Dies mag auf den ersten Blick positiv erscheinen, jedoch müssen auch indirekte Auswirkungen in Betracht gezogen werden. Ein Teil des Methans wird in der Stratosphäre oxidiert und erzeugt Wasserdampf, ein wirkungsvolles Treibhausgas, das in der Stratosphäre normalerweise so gut wie gar nicht vorkommt. In der Troposphäre wird das Methan von reaktiven Spezies, wie z. B. OH-Radikalen oder Stickoxiden, angegriffen und erzeugt letztlich andere Treibhausgase, wie z. B. O_3. Man schätzt, dass die klimaverändernden Auswirkungen von CH_4 mindestens ein Drittel der von CO_2 betragen, wenn nicht sogar die Hälfte davon. Angesichts dieses großen Anteils könnte durch eine Verringerung des Methanausstoßes oder das Auffangen der Emissionen zur Verwendung als Brennstoff eine entscheidende Verminderung des Treibhauseffekts erreicht werden.

Abbildung 18.13: Erzeugung von Methan. Wiederkäuende Tiere, wie z. B. Kühe und Schafe, erzeugen in ihren Verdauungssystemen Methan. In Australien erzeugen Schafe und Rinder ca. 14 % der gesamten Treibhausgase des Landes.

Lufttemperatur von 0,3 °C bis 0,6 °C während des vergangenen Jahrhunderts verantwortlich sein könnte.

Basierend auf der gegenwärtigen und der zukünftig zu erwartenden Verwendung fossiler Brennstoffe geht man davon aus, dass sich der atmosphärische CO_2-Anteil im ungefähren Zeitraum zwischen 2050 und 2100 im Vergleich zu heute verdoppeln wird. Klimamodellrechnungen sagen vorher, dass dieser Anstieg zu einer Erhöhung der weltweiten, durchschnittlichen Temperatur von 1 °C bis 3 °C führen wird. Eine Temperaturänderung dieser Größenordnung könnte zu schwerwiegenden Veränderungen des globalen Klimas führen. Da bei der Vorhersage des Klimas so viele Faktoren eine Rolle spielen, kann nicht mit Sicherheit vorausberechnet werden, welche Veränderungen eintreten werden. Ganz sicher hat die Menschheit jedoch das Potenzial erlangt, das Klima des Planeten durch Veränderung der Konzentration von CO_2 und anderen Wärme einfangenden Gasen in der Atmosphäre erheblich zu beeinflussen.

Die Weltmeere 18.5

Wasser ist die auf der Erde am häufigsten vorkommende Flüssigkeit. Es bedeckt 72 % der Erdoberfläche und ist lebensnotwendig. Der Wasseranteil in unserem Körper beträgt 65 % der Masse. Aufgrund ausgeprägter Wasserstoffbrückenbindungen besitzt Wasser ungewöhnlich hohe Schmelz- und Siedepunkte sowie eine hohe Wärmekapazität (siehe Abschnitt 11.2). Sein ausgesprochen polarer Charakter ist für seine außergewöhnliche Fähigkeit zur Auflösung einer Vielzahl ionischer und polar-kovalenter Stoffe verantwortlich. Viele Reaktionen laufen in Wasser ab. Rufen Sie sich bitte ins Gedächtnis zurück, dass H_2O z. B. an Säure-Base-Reaktionen entweder als Protonendonor oder Protonenakzeptor beteiligt sein kann (siehe Abschnitt 16.4). In Kapitel 20 werden wir erfahren, dass H_2O auch an Oxidations-Reduktions-Reaktionen entweder als Elektronendonor oder -akzeptor beteiligt sein kann. All diese Eigenschaften spielen in unserer Umwelt eine Rolle.

Meerwasser

Die ausgedehnte Salzwasserschicht, die eine solch große Fläche des Planeten bedeckt, ist zusammenhängend und im Großen und Ganzen von gleich bleibender Zusammensetzung. Aus diesem Grund sprechen Ozeanographen von einem Weltmeer, statt von den einzelnen Ozeanen, von denen in Erdkundebüchern die Rede ist. Das Weltmeer ist riesig. Es hat ein Volumen von $1{,}35 \times 10^9$ km^3. Fast das gesamte Wasser auf der Erde, 97,2 %, befindet sich im Weltmeer. Von den verbleibenden 2,8 % liegen 2,1 % als Eiskappen und Gletscher vor. Das gesamte Süßwasser – Seen, Flüsse und Grundwasser – macht zusammen nur 0,6 % aus. Der Großteil der verbleibenden 0,1 % entfällt auf brackiges (leicht salziges) Wasser, wie z. B. das im Großen Salzsee in Utah.

Meerwasser wird oftmals als Salzwasser bezeichnet. Die **Salinität** von Meerwasser entspricht der in 1 kg Meerwasser enthaltenen Masse trockener Salze in Gramm. Im Weltmeer beträgt die durchschnittliche Salinität ca. 35. Mit anderen Worten, die gelösten Salze im Meerwasser entsprechen 3,5 % der Masse. Die Liste der im Meerwasser enthaltenen Elemente ist sehr lang. Die meisten davon liegen jedoch nur in sehr geringen Konzentrationen vor. In Tabelle 18.6 sind die 11 am häufigsten in Meerwasser vorkommenden ionischen Spezies aufgelistet.

Die Eigenschaften von Meerwasser – seine Salinität, Dichte und Temperatur – hängen von der Tiefe ab (▶ Abbildung 18.14). Ein gutes Vordringen des Sonnenlichts

Tabelle 18.6
Ionische Bestandteile des Meerwassers, die in Konzentrationen von über 0,001 g/kg (1 ppm) vorhanden sind

Ionischer Bestandteil	g/kg Meerwasser	Konzentration (M)
Chlorid, Cl^-	19,35	0,55
Natrium, Na^+	10,76	0,47
Sulfat, SO_4^{2-}	2,71	0,028
Magnesium, Ma^{2+}	1,29	0,054
Calcium, Ca^{2+}	0,412	0,010
Kalium, K^+	0,40	0,010
Kohlendioxid*	0,106	$2{,}3 \times 10^{-3}$
Bromid, Br^-	0,067	$8{,}3 \times 10^{-4}$
Borsäure, H_3BO_3	0,027	$4{,}3 \times 10^{-4}$
Strontium, Sr^{2+}	0,0079	$9{,}1 \times 10^{-5}$
Fluorid, F^-	0,0013	$7{,}0 \times 10^{-5}$

* CO_2 kommt in Meerwasser als HCO_3^- und CO_3^{2-} vor.

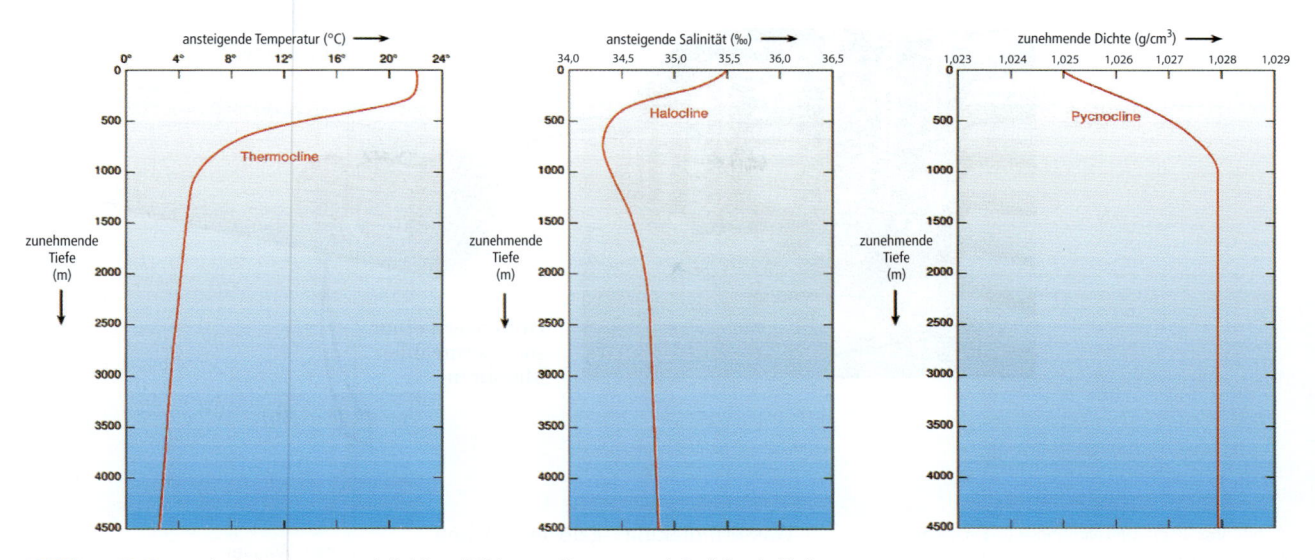

Abbildung 18.14: Durchschnittstemperatur, Salinität und Dichte von Meerwasser als Funktion der Tiefe.

in das Meer ist nur bis zu einer Tiefe von 200 m gewährleistet. Der Bereich zwischen 200 und 1000 m gilt als „Dämmerungszone", in der sichtbares Licht sehr schwach ist. Unterhalb von 1000 m Tiefe ist das Meer pechschwarz und ca. 4 °C kalt. Der Transport von Wärme, Salz und anderen Stoffen im Meer wird dadurch beeinflusst. Dies wirkt sich auf Meeresströmungen und das weltweite Klima aus.

Das Meer ist derart riesig, dass bei Vorhandensein eines Stoffes in Meerwasser von nur 1 Teilchen pro Milliarde (ppb, d. h. 1×10^{-6} g pro Kilogramm Wasser) immer noch 5×10^9 kg davon im Weltmeer zu finden sind. Trotzdem wird das Meer nur selten als Rohstoffquelle verwendet, da die Kosten für die Gewinnung der gewünschten Stoffe zu hoch sind. Nur drei Stoffe werden in wirtschaftlich bedeutenden Mengen aus Meerwasser gewonnen: Natriumchlorid, Brom (aus Bromiden) und Magnesium (aus seinen Salzen).

Die Absorption von CO_2 durch das Meer spielt für das weltweite Klima eine große Rolle. Kohlendioxid reagiert mit Wasser und bildet Kohlensäure, H_2CO_3 (siehe Abschnitt 16.6). Da das Weltmeer CO_2 aus der Atmosphäre aufnimmt, steigt die Konzentration von H_2CO_3 im Meer an. Der Großteil des Kohlenstoffs im Meer liegt jedoch in Form von HCO_3^- und CO_3^{2-}-Ionen vor. Diese Ionen bilden ein Puffersystem, das den durchschnittlichen pH-Wert des Meeres zwischen 8,0 und 8,3 hält. Es wurde vorausberechnet, dass die Pufferkapazität des Weltmeeres mit steigender CO_2-Konzentration in der Atmosphäre aufgrund des Anstiegs der H_2CO_3-Konzentration abnehmen wird. Sowohl Säure-Base-Reaktionen als auch Lösungsgleichgewichte (siehe Abschnitt 17.4) bilden ein kompliziertes Netz von Wechselwirkungen, die das Meer an die Atmosphäre und das weltweite Klima binden.

Entsalzung

Aufgrund seines hohen Salzgehalts ist Meerwasser für den menschlichen Genuss sowie für die meisten anderen Zwecke, für die wir Wasser verwenden, ungeeignet. In den Vereinigten Staaten ist der Salzgehalt städtischer Wasserversorgungen durch Gesundheitsvorschriften auf ein Maximum von ca. 500 ppm begrenzt. Dieser Wert liegt weit unter den 3,5 % der in Meerwasser vorkommenden gelösten Salze sowie den in

18 Umweltchemie

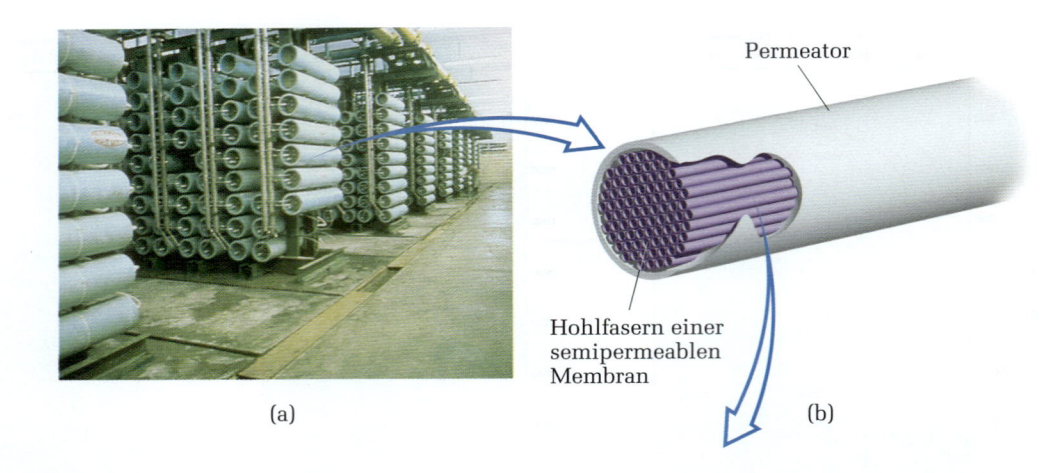

Abbildung 18.15: Umkehrosmose. (a) Ein Raum in einer Umkehrosmose-Entsalzungsanlage. (b) Jeder der in (a) dargestellten Zylinder wird Permeator genannt und enthält mehrere Millionen winziger Hohlfasern. (c) Wenn Meerwasser unter Druck in einen Permeator hineingepumpt wird, passiert das Wasser die Faserwand und dringt in die Fasern ein, wobei es von allen zunächst im Meerwasser vorhandenen Ionen abgeschieden wird.

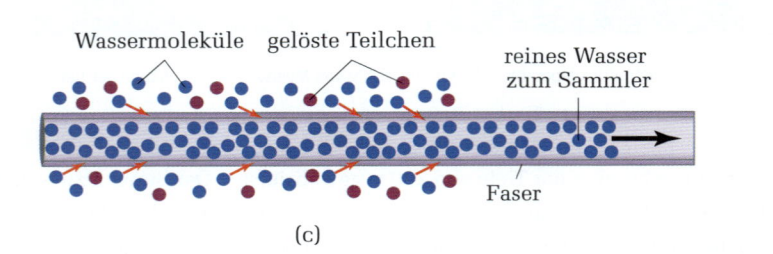

etwa 0,5 %, die in dem in einigen Gegenden unterirdisch zu findendem Brackwasser vorhanden sind. Die Entfernung von Salzen aus Meer- oder Brackwasser zu dessen Nutzbarmachung bezeichnet man als **Entsalzung**.

Wasser kann durch *Destillation* (beschrieben im Kasten „Näher hingeschaut" in Abschnitt 13.5) von gelösten Salzen getrennt werden, da Wasser ein flüchtiger Stoff ist, wohingegen die Salze nichtflüchtig sind. Das Prinzip der Destillation ist sehr einfach, jedoch wirft die Durchführung des Prozesses in großem Maßstab viele Probleme auf. Bei der Destillation von Wasser aus einem mit Meerwasser gefüllten Behälter z. B. nimmt die Konzentration der Salze mehr und mehr zu bis sie sich letztlich ablagern.

Meerwasser kann auch mit Hilfe der **Umkehrosmose** entsalzt werden. Rufen Sie sich ins Gedächtnis zurück, dass es sich bei der Osmose um die Bewegung von Lösungsmittelmolekülen durch eine semipermeable Membran handelt, nicht jedoch um die von Molekülen des gelösten Stoffes (siehe Abschnitt 13.5). Bei der Osmose diffundiert das Lösungsmittel aus der Lösung geringerer Konzentration in die Lösung höherer Konzentration. Wenn jedoch genügend Druck von außen aufgebracht wird, kann die Osmose angehalten und bei Aufbringung eines noch höheren Drucks umgekehrt werden. Wenn dies der Fall ist, diffundiert das Lösungsmittel aus der Lösung höherer Konzentration in die Lösung geringerer Konzentration. In einer modernen Umkehrosmoseanlage werden winzige Hohlfasern als semipermeable Membranen verwendet. Das Wasser wird unter Druck in die Fasern hineingepumpt und entsalztes Wasser, wie in ▶ Abbildung 18.15 dargestellt, gewonnen.

Die größte Meerwasserentsalzungsanlage der Welt befindet sich in Jubail, Saudi-Arabien. Diese Anlage liefert durch Anwendung der Umkehrosmose zur Entsalzung des Meerwassers aus dem Persischen Golf 50 % des Trinkwassers dieses Landes. Anlagen dieser Art kommen in den Vereinigten Staaten mehr und mehr zum Einsatz. So eröffnete z. B. 1995 die Stadt Melbourne in Florida eine Umkehrosmoseanlage, die täglich ca. 100 Mio. Liter Trinkwasser erzeugen kann. Mittlerweile sind auch kleine, handbetriebene Umkehrosmoseentsalzer für den Einsatz beim Camping und auf Reisen sowie auf See erhältlich (▶ Abbildung 18.16).

Süßwasser 18.6

Die Vereinigten Staaten können sich glücklich schätzen, über eine derartig große Menge an Süßwasser zu verfügen – die geschätzten Reserven belaufen sich auf $1{,}7 \times 10^{15}$ Liter, die immer wieder durch Regenfälle aufgefrischt werden. In den Vereinigten Staaten werden täglich geschätzte 9×10^{11} Liter Süßwasser verbraucht – das meiste davon für Landwirtschaft (41 %) und Wasserkraft (39 %), mit nur geringen Anteilen für industrielle Zwecke (6 %), Haushalte (6 %) und Trinkwasser (1 %). Ein Erwachsener benötigt am Tag ca. 2 Liter Trinkwasser. In den Vereinigten Staaten überschreitet der tägliche Wasserverbrauch pro Person bei weitem dieses Existenzminimum und beträgt durchschnittlich ca. 300 l/Tag für persönlichen Verbrauch und Hygiene. Wir verbrauchen ca. 8 l/Person zum Kochen und Trinken, ca. 120 l/Person zum Waschen (baden, Wäsche waschen und Hausputz), 80 l/Person für die Toilettenspülung und 80 l/Person zur Rasenbewässerung.

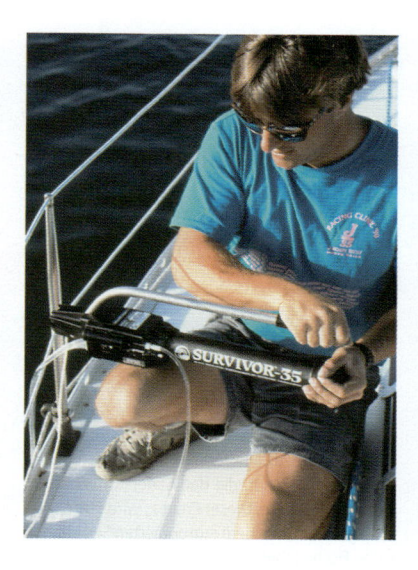

Abbildung 18.16: Ein tragbares Entsalzungsgerät. Dieser handbetriebene Wasserentsalzer arbeitet nach dem Prinzip der Umkehrosmose. Pro Stunde können damit aus Meerwasser 4,5 l reinen Wassers gewonnen werden.

Die gesamte auf der Erde vorhandene Menge an Süßwasser hat keinen großen Anteil am gesamten Wasservorkommen. Genau genommen ist Süßwasser eine unserer wertvollsten Ressourcen. Es wird durch Verdampfung aus den Ozeanen und vom Boden gebildet. Der Transport des sich in der Atmosphäre sammelnden Wasserdampfes erfolgt durch globale atmosphärische Zirkulation, wodurch er letztlich als Regen oder Schnee zur Erde zurückkehrt.

Das Wasser, das als Regen fällt, löst während des Ablaufens auf seinem Weg zurück ins Meer eine Vielzahl von Kationen (hauptsächlich Na^+, K^+, Mg^{2+}, Ca^{2+} und Fe^{2+}), Anionen (hauptsächlich Cl^-, SO_4^{2-} und HCO_3^-) und Gase (vornehmlich O_2, N_2 und CO_2). Durch unsere Nutzung des Wassers wird es mit zusätzlichem gelösten Material, einschließlich der Abfallprodukte menschlicher Zivilisation, belastet. Wir stellen fest, dass wir aufgrund der wachsenden Bevölkerung sowie des Ausstoßes von mehr und mehr Umweltschadstoffen eine ständig steigende Menge an Geld und Ressourcen aufwenden müssen, um die Süßwasserversorgung zu gewährleisten.

Gelöster Sauerstoff und Gewässergüte

Die Menge des in Wasser gelösten O_2 ist ein wichtiger Indikator für die Gewässergüte. Vollständig mit Luft bei 1 atm und 20 °C gesättigtes Wasser enthält ca. 9 ppm O_2. Fische und viele andere Wasserlebewesen benötigen Sauerstoff. Kaltwasserfische brauchen einen Gehalt von mindestens 5 ppm gelösten Sauerstoffs in Gewässern zum Überleben. Aerobe Bakterien verbrauchen gelösten Sauerstoff, um organische Materialien zu oxidieren und so ihren Energiebedarf zu decken. Das organische Material, das die Bakterien zu oxidieren imstande sind, wird als **biologisch abbaubar** bezeichnet. Diese Oxidation umfasst eine komplexe Reihe chemischer Reaktionen und das organische Material zerfällt Schritt für Schritt.

Übermäßig große Mengen biologisch abbaubaren organischen Materials im Wasser haben nachteilige Auswirkungen, da sie diesem den zur Aufrechterhaltung des normalen Lebens von Tieren nötigen Sauerstoff entziehen. Diese biologisch abbaubaren

Abbildung 18.17: Eutrophierung. Das Wachstum von Algen und Wasserlinsen in diesem Teich ist auf Abfallprodukte aus der Landwirtschaft zurückzuführen. Die Abfälle fördern das Wachstum von Algen und Unkraut, die den Sauerstoffgehalt im Wasser verringern. Dieser Prozess wird Eutrophierung genannt. In einem eutrophierten See können keine Fische leben.

Materialien, die *sauerstoffverbrauchende Abfälle* genannt werden, stammen typischerweise von Abwässern, Industrieabfällen aus lebensmittelverarbeitenden Betrieben und Papierfabriken sowie von Abflüssen (flüssigen Abfallstoffen) aus fleischverarbeitenden Betrieben.

In Gegenwart von Sauerstoff bilden Kohlenstoff, Wasserstoff, Stickstoff, Schwefel und Phosphor in biologisch abbaubarem Material in erster Linie CO_2, HCO_3^-, H_2O, NO_3^-, SO_4^{2-} und Phosphate. Die Bildung dieser Oxidationsprodukte verringert die Menge gelösten Sauerstoffs oftmals so weit, dass aerobe Bakterien nicht mehr überleben können. An diesem Punkt übernehmen anaerobe Bakterien den Zersetzungsprozess und bilden CH_4, NH_3, H_2S, PH_3 und andere Produkte, von denen einige zu den widerlichen Gerüchen verschmutzter Gewässer beitragen.

Pflanzennährstoffe, insbesondere Stickstoff und Phosphor, tragen durch Stimulation übermäßigen Wachstums von Wasserpflanzen zur Gewässerverschmutzung bei. Die am besten sichtbaren Folgen übermäßigen Pflanzenwachstums sind schwimmende Algen und trübes Wasser. Noch bedeutsamer jedoch ist die mit zunehmendem Pflanzenwachstum rasch ansteigende Menge toter und sich zersetzender Pflanzenmaterie, ein Prozess, der *Eutrophierung* genannt wird (▶ Abbildung 18.17). Der Zerfall von Pflanzen verbraucht beim biologischen Abbau O_2, wodurch dem Wasser Sauerstoff entzogen wird. Ohne ausreichende Sauerstoffversorgung wiederum kann das Wasser keinerlei Formen tierischen Lebens aufrechterhalten. Die bedeutendsten Quellen von Stickstoff- und Phosphorverbindungen in Gewässern sind kommunale Abwässer (phosphathaltige Reinigungsmittel und stickstoffhaltige Abfallprodukte des Körpers), Abflüsse von landwirtschaftlich genutzten Flächen (Düngemittel, die sowohl Stickstoff als auch Phosphor enthalten) sowie Abflüsse aus der Tierhaltung (Stickstoff enthaltende Abfallprodukte von Tieren).

Aufbereitung kommunalen Brauchwassers

Das zur Verwendung im Haushalt, der Landwirtschaft und für industrielle Prozesse benötigte Wasser wird entweder aus Seen, Flüssen und unterirdischen Quellen oder aus Staubecken entnommen. Ein Großteil des Wassers, das seinen Weg in kommunale Wasserversorgungssysteme findet, ist „benutztes" Wasser. Es ist bereits durch

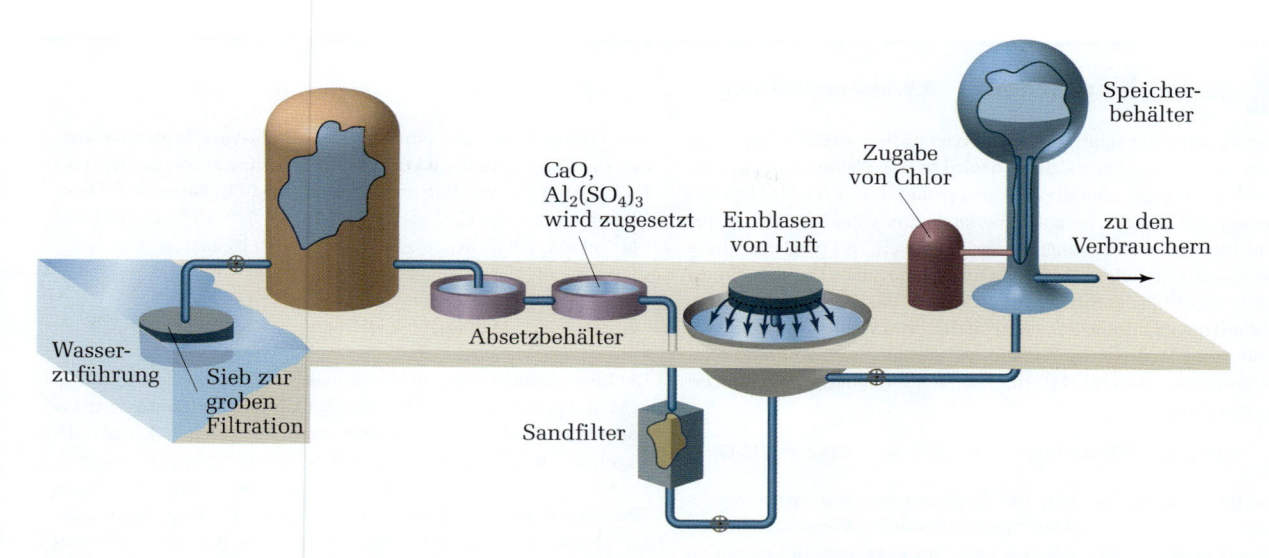

Abbildung 18.18: Häufig angewandte Schritte bei der Aufbereitung von Wasser für eine öffentliche Wasserversorgung.

ein oder mehrere Abwassersysteme oder Industrieanlagen geschleust worden. Folglich muss dieses Wasser vor der Weiterleitung an unsere Wasserhähne aufbereitet werden. Die kommunale Wasseraufbereitung umfasst normalerweise fünf Schritte: Grobe Filtration, Sedimentation, Siebung, Einblasen von Luft und Entkeimung. In ▶ Abbildung 18.18 sehen Sie einen typischen Aufbereitungsprozess.

Nach der groben Filtration durch ein Sieb lässt man das Wasser in großen Absetzbecken stehen, damit fein verteilter Sand und andere winzige Teilchen sich absetzen können. Um die Entfernung sehr kleiner Teilchen zu unterstützen, kann das Wasser durch Zugabe von CaO zuerst leicht basisch gemacht werden. Anschließend wird $Al_2(SO_4)_3$ hinzugefügt. Das Aluminiumsulfat reagiert mit OH^--Ionen und bildet ein schwammiges, gallertartiges Präzipitat von $Al(OH)_3$ ($K_L = 1,3 \times 10^{-33} \, mol^4/l^4$). Dieses Präzipitat setzt sich langsam ab und zieht Schwebeteilchen mit nach unten, wobei nahezu die gesamten fein verteilten Stoffe sowie die meisten Bakterien entfernt werden. Das Wasser wird anschließend durch ein Sandbett gefiltert. Nach der Filtration kann das Wasser in die Luft gesprüht werden, um die Oxidation gelöster organischer Stoffe zu beschleunigen.

Beim letzten Schritt des Verfahrens wird das Wasser in der Regel mit einem chemischen Agens behandelt, um die Abtötung von Bakterien zu gewährleisten. Ozon ist dazu sehr geeignet, jedoch muss es dort erzeugt werden, wo es genutzt wird. Daher ist Chlor, Cl_2, praktischer. Chlor kann als Flüssiggas in Behältern versandt und durch eine Dosiervorrichtung direkt aus diesen in die Wasserversorgung abgegeben werden. Die verwendete Menge hängt sowohl vom Vorhandensein anderer Stoffe ab, mit denen das Chlor reagieren könnte, als auch von den Konzentrationen abzutötender Bakterien und Viren. Die keimtötende Wirkung von Chlor ist offenbar nicht auf Cl_2 selbst, sondern auf hypochlorige Säure zurückzuführen, die sich bei der Reaktion von Chlor mit Wasser bildet:

$$Cl_2(aq) + H_2O(l) \longrightarrow HClO(aq) + H^+(aq) + Cl^-(aq) \qquad (18.15)$$

Näher hingeschaut — Wasserenthärtung

Wasser mit einer relativ hohen Konzentration an Ca^{2+}, Mg^{2+} und anderen zweiwertigen Kationen wird **hartes Wasser** genannt. Obwohl das Vorkommen dieser Ionen gemeinhin nicht als Gesundheitsgefährdung gilt, kann das Wasser dadurch für einige Haushalts- und Industrieanwendungen ungeeignet sein. So reagieren diese Ionen z. B. mit Seifen und bilden unlösliche Salze. Darüber hinaus können sich bei der Erhitzung von Wasser, das diese Ionen enthält, Ablagerungen bilden. Bei der Erhitzung von Wasser, das Calciumionen und Hydrogencarbonationen enthält, wird Kohlendioxid ausgetrieben. Dies führt dazu, dass sich unlösliches Calciumcarbonat bildet:

$$Ca^{2+}(aq) + 2\,HCO_3^-(aq) \longrightarrow CaCO_3(s) + CO_2(g) + H_2O(l)$$

Das feste $CaCO_3$ überzieht die Oberfläche von Warmwassersystemen und Teekesseln und verringert dadurch die Wärmeausnutzung. Diese *Kesselstein* genannten Ablagerungen können in Kesseln, in denen Wasser unter Druck erhitzt wird, zu einem besonders ernsthaften Problem werden. Die Bildung von Kesselstein verringert den Wirkungsgrad der Wärmeübertragung und gleichzeitig den Wasserfluss in Rohren (▶ Abbildung 18.19).

Abbildung 18.19: Bildung von Kesselstein. Eine Wasserleitung, in der sich an der Innenseite $CaCO_3$ und andere unlösliche Salze aus hartem Wasser abgelagert haben.

Die Entfernung der Ionen, die hartes Wasser verursachen, wird als *Wasserenthärtung* bezeichnet. Diese ist nicht in allen kommunalen Wasserversorgungen nötig. Jene, die eine Enthärtung erfordern, entziehen ihr Wasser im Allgemeinen unterirdischen Quellen, in denen es in beträchtlichem Ausmaß dem Kontakt mit Kalkstein, $CaCO_3$, und anderen Ca^{2+}, Mg^{2+}, and Fe^{2+} enthaltenden Mineralien ausgesetzt war. Für die in großem Maßstab durchgeführte kommunale Wasserenthärtung wird das **Kalk-Soda-Verfahren** angewendet. Das Wasser wird mit gebranntem Kalk, CaO [oder gelöschtem Kalk, $Ca(OH)_2$] und Natriumcarbonat, Na_2CO_3, behandelt. Diese Chemikalien fällen Ca^{2+} als $CaCO_3$ ($K_L = 4{,}5 \times 10^{-9}\,mol^2/l^2$) und Mg^{2+} als $Mg(OH)_2$ ($K_L = 1{,}6 \times 10^{-12}\,mol^3/l^3$) aus:

$$Ca^{2+}(aq) + CO_3^{2-}(aq) \longrightarrow CaCO_3(s)$$
$$Mg^{2+}(aq) + 2\,OH^-(aq) \longrightarrow Mg(OH)_2(s)$$

Der **Ionenaustausch** ist eine im Haushalt üblicherweise angewandte Methode zur Wasserenthärtung. Bei diesem Verfahren wird das harte Wasser über ein Ionenaustauschharz geleitet: Kunststoffkügelchen mit kovalent gebundenen Anionengruppen, wie z. B. —COO^- oder —SO_3^-. Diese negativ geladenen Gruppen verfügen über angelagerte Na^+-Ionen zum Ausgleich ihrer Ladungen. Die Ca^{2+}-Ionen, sowie andere Kationen im harten Wasser werden von den anionischen Gruppen angezogen und verdrängen die geringer geladenen Na^+-Ionen in das Wasser. So wird eine Ionenart gegen eine andere ausgetauscht. Um das Ladungsgleichgewicht aufrechtzuerhalten, gehen für jedes aus dem Wasser entfernte Ca^{2+}-Ion 2 Na^+-Ionen in das Wasser über. Wenn wir das Harz mit seiner anionischen Seite als R—COO^- darstellen, können wir die Gleichung für das Verfahren folgendermaßen schreiben:

$$2\,Na(R-COO)(s) + Ca^{2+}(aq) \rightleftharpoons Ca(R-COO)_2(s) + 2\,Na^+(aq)$$

Auf diese Weise enthärtetes Wasser enthält eine höhere Konzentration an Na^+-Ionen. Obwohl Na^+-Ionen keine Niederschläge bilden oder andere mit Hartwasser-Kationen zusammenhängende Probleme verursachen, sollten auf ihre Natriumaufnahme achtende Personen, wie z. B. jene mit Bluthochdruck (Hypertonie), das Trinken des auf diese Weise enthärteten Wassers vermeiden.

Sobald alle verfügbaren Na^+-Ionen vom Ionenaustauschharz gelöst worden sind, wird das Harz durch Spülen mit einer konzentrierten NaCl-Lösung regeneriert. Die hohe Konzentration von Na^+ lässt das in der vorangegangenen Gleichung gezeigte Gleichgewicht nach links reagieren, wodurch die Na^+-Ionen die Hartwasser-Kationen verdrängen. Diese werden anschließend der Kanalisation zugeführt.

Grüne Chemie   18.7

Seit den 1970er Jahren wird zunehmend mehr Leuten bewusst, dass der Planet, auf dem wir leben, ein geschlossenes System ist. Das Bewusstsein wächst, dass wir, damit die Menschheit in Zukunft gut und erfolgreich leben kann, eine *nachhaltige* Gesellschaft schaffen müssen – eine Gesellschaft, in der alle von uns Menschen durchgeführten Vorgänge sich im Gleichgewicht mit den natürlichen Prozessen der Erde befinden, eine Gesellschaft, in der keine giftigen Materialien in die Umwelt freigesetzt werden und unsere Bedürfnisse mit Hilfe erneuerbarer Ressourcen befriedigt werden. Außerdem muss das unter Verbrauch der geringst möglichen Menge an Energie erreicht werden.

Obwohl die chemische Industrie nur ein Teil des Ganzen ist, spielen chemische Prozesse in nahezu allen Bereichen des heutigen Lebens eine Rolle. Deshalb steht die Chemie beim Erreichen dieser Ziele im Mittelpunkt der Bemühungen. Die Initiative **„Grüne Chemie"** fördert die Entwicklung und Anwendung chemischer Produkte und Prozesse, die mit der menschlichen Gesundheit vereinbar sind und die Umwelt erhalten. Im Folgenden sind einige der bedeutendsten Grundsätze aufgelistet, von denen die grüne Chemie geleitet wird:

- Es ist besser Abfälle zu vermeiden, statt sie nach ihrer Erzeugung aufzubereiten oder zu entsorgen.
- Das zur Synthetisierung neuer Stoffe angewandte Verfahren sollte die geringst mögliche Menge an Abfallprodukten verursachen. Diese neu erzeugten Stoffe sollten eine nur geringe bis gar keine Giftigkeit für die menschliche Gesundheit und für die Umwelt aufweisen.
- Bei der Entwicklung chemischer Prozesse sollte auf die Erreichung des höchstmöglichen energetischen Wirkungsgrades geachtet werden, wobei hohe Temperaturen und Drücke zu vermeiden sind.
- Wann immer es möglich ist, sollten Katalysatoren angewendet werden, die die Verwendung herkömmlicher und sicherer Reagenzien zulassen.
- Bei den Ausgangsmaterialien chemischer Prozesse sollte es sich immer um erneuerbare Rohstoffe handeln, soweit dies technisch und wirtschaftlich machbar ist.
- Hilfsstoffe, wie z. B. Lösungsmittel, sollten vermieden oder so unschädlich wie möglich gemacht werden.

Lassen Sie uns einen Blick auf einige der Bereiche werfen, in denen wir uns der grünen Chemie zur Verbesserung der Umweltqualität bedienen können.

Lösungsmittel und Reagenzien

Große Bedenken ruft bei chemischen Prozessen die Verwendung flüchtiger organischer Verbindungen als Lösungsmittel für Reaktionen hervor. Im Allgemeinen wird das Lösungsmittel, in dem eine Reaktion durchgeführt wird, bei der Reaktion nicht verbraucht, so dass eine Freisetzung von Lösungsmitteln in die Atmosphäre selbst bei äußerst sorgfältig überwachten Prozessen unvermeidbar ist. Darüber hinaus könnte das Lösungsmittel giftig sein oder sich während der Reaktion bis zu einem gewissen Grad zersetzen und so wiederum Abfallprodukte verursachen. Die Verwendung überkritischer Flüssigkeiten (siehe Kasten „Chemie im Einsatz" in Abschnitt 11.4) stellt eine Möglichkeit dar, herkömmliche Lösungsmittel durch andere Reagenzien zu ersetzen. Rufen Sie sich ins Gedächtnis zurück, dass es sich bei einer überkritischen Flüssigkeit um einen besonderen Zustand von Stoffen handelt, der Eigenschaften sowohl eines Gases als auch einer Flüssigkeit aufweist (siehe Abschnitt 11.4). Die beiden am häufigsten als Lösungsmittel in Form einer überkritischen Flüssigkeit verwendeten Stoffe sind Wasser und Kohlendioxid. Bei einem erst kürzlich entwickelten industriellen Prozess zur Herstellung von Polytetrafluorethylen ($[CF_2CF_2]_n$, als Teflon verkauft), werden z. B. Fluorchlorkohlenwasserstoff-Lösungsmittel durch flüssiges oder überkritisches CO_2 ersetzt. Die FCKW-Lösungsmittel haben, abgesehen von ihren Kosten, schädliche Auswirkungen auf die Ozonschicht der Erde (Abschnitt 18.3). CO_2 ist jedoch, wie wir weiter oben in diesem Kapitel erfahren haben, an der Erwärmung der Erdatmosphäre beteiligt. Deshalb müssen wir bei der Wahl „grüner Alternativen" Kompromisse eingehen.

Ein weiteres Beispiel ist die Oxidation von *p*-Xylol zur Bildung von Terephthalsäure, die dann wiederum zur Herstellung von Polyethylenterephthalat (PET)-Kunststoffen und Polyesterfasern verwendet wird (siehe Abschnitt 12.2, Tabelle 12.4):

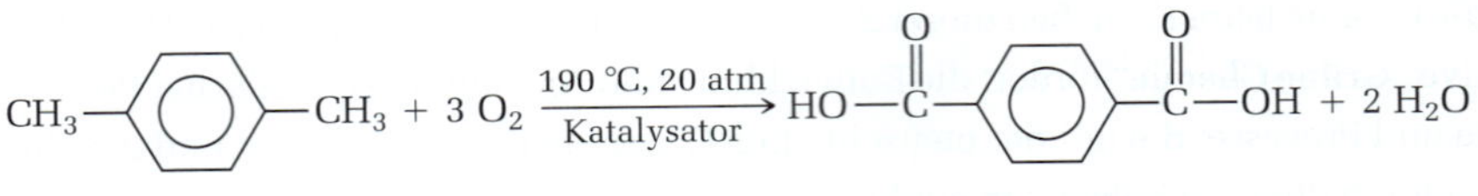

$$CH_3-\bigcirc-CH_3 + 3\,O_2 \xrightarrow[\text{Katalysator}]{190\,°C,\ 20\,atm} HO-\overset{\overset{O}{\|}}{C}-\bigcirc-\overset{\overset{O}{\|}}{C}-OH + 2\,H_2O$$

p-Xylol   Terephthalsäure

Dieses großtechnische Verfahren erfordert eine Druckerhöhung sowie eine relativ hohe Temperatur. Als Katalysator wird ein Mangan/Kobalt-Gemisch verwendet, sowie Sauerstoff als Oxidationsmittel und Essigsäure (CH_3COOH) als Lösungsmittel. Eine Arbeitsgruppe an der Universität von Nottingham in England hat eine alternative Möglichkeit entwickelt, bei der überkritisches Wasser als Lösungsmittel (siehe Tabelle 11.5) und Wasserstoffperoxid als Oxidationsmittel verwendet wird. Dieses alternative Verfahren verfügt über einige potenzielle Vorteile, insbesondere aufgrund der Vermeidung von Essigsäure als Lösungsmittel sowie der Verwendung eines unschädlichen Oxidationsmittels. Ob diese Alternativlösung jedoch das gegenwärtig angewandte großtechnische Verfahren erfolgreich ersetzen kann, hängt von vielen Faktoren ab, die weitere Forschungen erfordern.

Ein weiterer, relativ umweltfreundlicher Stoff, der als aussichtsreicher Kandidat als Reagens oder Lösungsmittel gilt, ist Dimethylcarbonat, das einen polaren Charakter und einen relativ niedrigen Siedepunkt (90 °C) aufweist. Es könnte weniger umweltfreundliche Stoffe, wie z. B. Dimethylsulfat und Methylhalogenide, als Reagens zum Einbau der Methylgruppe (CH_3) ersetzen:

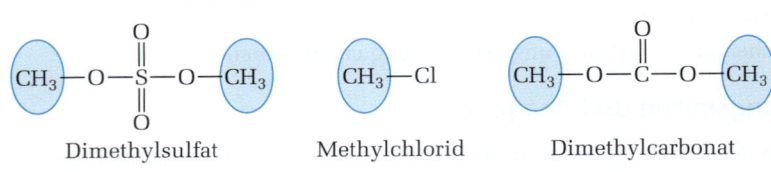

Dimethylsulfat   Methylchlorid   Dimethylcarbonat

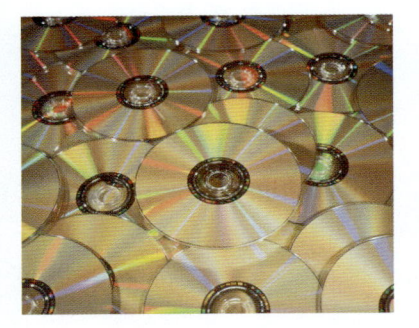

Es könnte des Weiteren anstelle eines Reagens, wie z. B. Phosgen, Cl—CO—Cl (siehe „Übergreifende Beispielaufgabe" in Kapitel 8), verwendet werden. Abgesehen von der Giftigkeit von Phosgen selbst bildet sich bei dessen Herstellung CCl_4 als unerwünschtes Nebenprodukt:

$$CO(g) + Cl_2(g) \longrightarrow COCl_2(g) + CCl_4(g)\ \text{(Nebenprodukt)}$$

Phosgen ist als Reagens in technisch bedeutenden Reaktionen, wie z. B. der Bildung von Polycarbonat-Kunststoffen (▶ Abbildung 18.20), weit verbreitet (siehe Abschnitt 12.2):

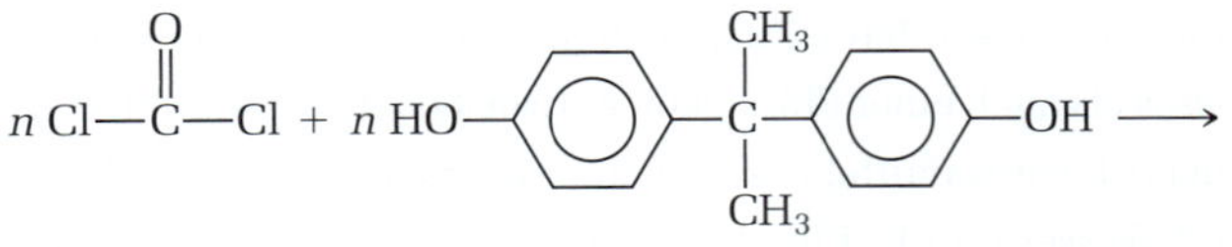

Bisphenol A

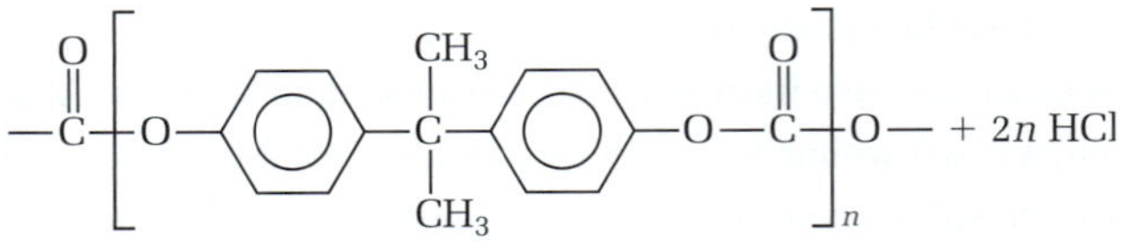

Lexan-Polycarbonat

Wenn Phosgen in solchen Reaktionen durch Dimethylcarbonat ersetzt werden könnte, würde als Nebenprodukt der Reaktion Methanol, CH_3OH, anstelle von HCl entstehen.

Abbildung 18.20: Anwendung von Phosgen. Diese CDs werden aus einem Polycarbonat-Kunststoff geformt, der in einem Prozess hergestellt wird, bei dem Phosgengas als Ausgangsmaterial verwendet wird.

18.7 Grüne Chemie

Eine andere Reaktion, bei der Phosgen verwendet wird, ist die Synthese von Urethanen, die durch weitere Reaktion in Polyurethane umgewandelt werden können. Die Reaktion erzeugt ebenfalls HCl, eine starke Säure. Bei der „grünen" Synthese von Urethanen wird anstelle von Phosgen CO_2 verwendet und als Nebenprodukt entsteht Wasser statt HCl:

Herkömmliche Synthese:

1. $RNH_2 + ClC(O)Cl \longrightarrow R-N=C=O + 2\,HCl$

2. $R-N=C=O + R'-OH \longrightarrow R-\underset{\underset{O}{\|}}{\underset{|}{N}}-\overset{H}{\underset{}{C}}-O-R'$

Grüne Synthese:

1. $RNH_2 + CO_2 \longrightarrow R-N=C=O + H_2O$

2. $R-N=C=O + R'-OH \longrightarrow R-\underset{\underset{O}{\|}}{\underset{|}{N}}-\overset{H}{\underset{}{C}}-O-R'$

> **? DENKEN SIE EINMAL NACH**
>
> Weiter oben in diesem Kapitel haben wir erfahren, dass die sich erhöhenden Kohlendioxidwerte zur Erwärmung der Erdatmosphäre und damit zu Umweltproblemen beitragen. Nun jedoch behaupten wir, dass die Verwendung von Kohlendioxid bei industriellen Prozessen gut für die Umwelt ist. Erklären Sie diesen scheinbaren Widerspruch.

Weitere Prozesse

Bei vielen für die moderne Gesellschaft wichtigen Prozessen werden Chemikalien verwendet, die in der Natur nicht vorkommen. Lassen Sie uns einen kurzen Blick auf zwei dieser Prozesse werfen, und zwar die chemische Reinigung sowie die Beschichtung von Fahrzeugkarosserien zum Schutz vor Korrosion. Weiterhin betrachten wir in der Entwicklung befindliche Alternativen, die auf die Verringerung schädlicher Auswirkungen auf die Umwelt abzielen.

Bei der chemischen Reinigung von Kleidungsstücken wird normalerweise ein chloriertes organisches Lösungsmittel, wie z. B. Tetrachlorethylen ($Cl_2C=CCl_2$) verwendet, das bei Menschen Krebs hervorrufen kann. Die weit verbreitete Anwendung dieses und damit verwandter Lösungsmittel bei der chemischen Reinigung, beim Putzen von Metall sowie bei anderen industriellen Prozessen, hat in einigen Gegenden zur Verunreinigung des Grundwassers geführt. Nach und nach findet eine erfolgreiche Anwendung alternativer Verfahren zur chemischen Reinigung statt, bei denen flüssiges CO_2 zusammen mit speziellen Reinigungsmitteln angewendet wird (▶ Abbildung 18.21).

Abbildung 18.21: Grüne Chemie für Ihre Kleidung. Bei diesem Apparat zur chemischen Reinigung wird flüssiges CO_2 als Lösungsmittel eingesetzt.

Die Metallkarosserien von Autos werden während der Herstellung großflächig beschichtet, um Korrosion vorzubeugen. Einer der wichtigsten Schritte dabei ist die elektrolytische Abscheidung einer Schicht von Metallionen, die eine Schnittstelle zwischen der Fahrzeugkarosserie und den polymeren Schichten bildet, die als Grundierung für den Lack dienen. In der Vergangenheit diente Blei als Metall der Wahl, das dem Gemisch zur galvanischen Beschichtung zugesetzt wurde. Da Blei jedoch giftig ist, wurde dessen Verwendung in anderen Lacken und Beschichtungen nahezu eingestellt und Yttriumhydroxid als relativ ungiftige Alternative zu Blei als Fahrzeugbeschichtung eingesetzt (▶ Abbildung 18.22). Bei der anschließenden Erhitzung dieser Beschichtung wird das Hydroxid in das Oxid umgewandelt, wodurch eine unlösliche, keramikartige Beschichtung entsteht (siehe Abschnitt 12.2).

Abbildung 18.22: Grüne Chemie für Ihr Auto. Eine Fahrzeugkarosserie erhält eine Korrosionsschutzbeschichtung, die statt Blei Yttrium enthält.

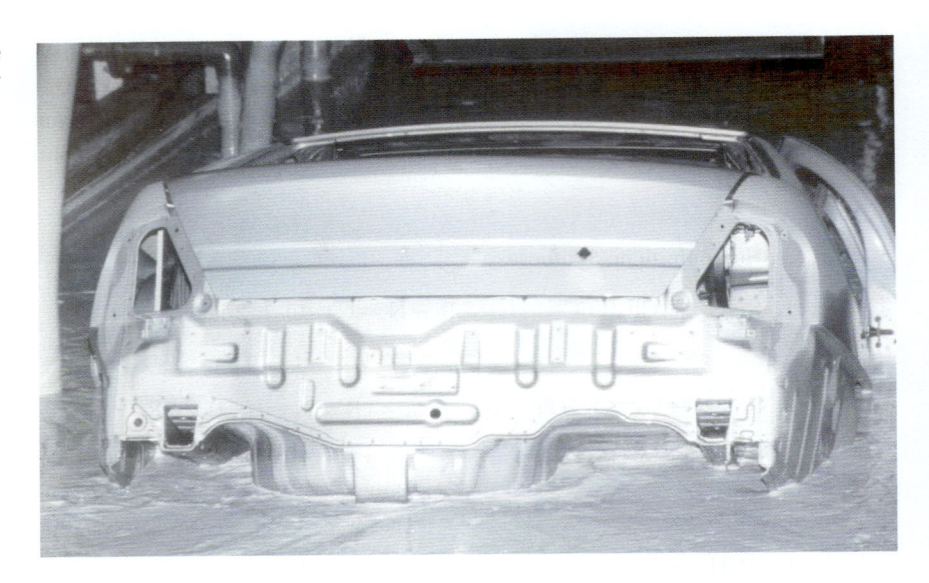

Die Herausforderungen bei der Wasserreinigung

Der Zugang zu sauberem Wasser ist für das Funktionieren einer stabilen Gesellschaft unerlässlich. Im vorangegangenen Abschnitt haben wir gesehen, dass die Entkeimung ein wichtiger Schritt bei der Aufbereitung des für den menschlichen Genuss bestimmten Wassers ist. Die Wasserentkeimung ist eine der bedeutendsten mit der öffentlichen Gesundheit zusammenhängenden Innovationen der Menschheitsgeschichte. Sie hat zu einer erheblichen Verringerung des Auftretens von durch Wasser übertragenen, bakteriell verursachten Krankheiten, wie z. B. Cholera und Typhus, geführt. Diese enormen Vorteile haben jedoch ihren Preis.

Sowohl Wissenschaftler in Europa als auch den Vereinigten Staaten haben 1974 herausgefunden, dass die Chlorierung von Wasser eine Reihe bis dahin unentdeckt gebliebener Nebenprodukte mit sich bringt. Diese Nebenprodukte werden *Trihalomethane* (THMs) genannt, da sie alle ein Kohlenstoffatom und drei Halogenatome besitzen: $CHCl_3$, $CHCl_2Br$, $CHClBr_2$ und $CHBr_3$. Diese und viele andere chlor- und bromhaltige organische Stoffe werden durch die Reaktion von in Wasser gelöstem Chlor mit in nahezu allen natürlichen Gewässern vorkommenden organischen Materialien, als auch mit Stoffen erzeugt, die als Nebenprodukte menschlicher Aktivitäten abfallen. Rufen Sie sich ins Gedächtnis zurück, dass Chlor sich in Wasser auflöst und HClO bildet, welches als das eigentliche Oxidationsmittel gilt (siehe Abschnitt 7.8):

$$Cl_2(g) + H_2O(l) \longrightarrow HClO(aq) + HCl(aq) \qquad (18.16)$$

HClO wiederum reagiert mit organischen Stoffen und bildet die THMs. Brom wird durch die Reaktion von HClO mit einem gelösten Bromid-Ion eingeführt:

$$HOCl(aq) + Br^-(aq) \longrightarrow HBrO(aq) + Cl^-(aq) \qquad (18.17)$$

HBrO (*aq*) halogeniert organische Stoffe analog zu HClO (*aq*).

Einige THMs und andere halogenierte organische Stoffe stehen im Verdacht Krebs zu erzeugen. Andere wiederum haben Auswirkungen auf das endokrine System des Körpers. Aufgrund dessen haben die Weltgesundheitsorganisation und die EPA Konzentrationsgrenzwerte von 80 µg/l (80 ppb) der Gesamtmenge solcher Stoffe im Trinkwasser erlassen. Das Ziel ist die Verringerung des Anteils an THMs und damit verwandter Stoffe in der Trinkwasserversorgung unter Aufrechterhaltung der antibakteriellen

Wirksamkeit der Wasseraufbereitung. In einigen Fällen kann bereits die Herabsetzung der Chlorkonzentration zu einer ausreichenden Entkeimung bei gleichzeitiger Verringerung der Konzentrationen gebildeter THMs führen. Alternative Oxidationsmittel, wie z. B. Ozon (O_3) oder Chlordioxid (ClO_2), erzeugen weniger halogenierte Stoffe, weisen dafür jedoch andere Nachteile auf. Jedes davon ist in der Lage, in Wasser gelöstes Bromid zu oxidieren, wie hier am Beispiel von Ozon dargestellt:

$$O_3(aq) + Br^-(aq) + H_2O(l) \longrightarrow HBrO(aq) + O_2(aq) + OH^-(aq) \quad (18.18)$$

$$HBrO(aq) + 2\,O_3(aq) \longrightarrow BrO_3^-(aq) + 2\,O_2(aq) + H^+(aq) \quad (18.19)$$

Wie wir gesehen haben, ist HBrO(aq) in der Lage, mit gelösten organischen Stoffen zu reagieren und halogenierte organische Verbindungen zu bilden. Darüber hinaus hat das Bromation sich in Tierversuchen als krebserregend erwiesen.

Gegenwärtig scheint es keine zufriedenstellenden Alternativen zur Chlorierung zu geben. Das Risiko, aufgrund von in kommunalen Wasserversorgungen vorkommenden THMs und damit verwandten Stoffen an Krebs zu erkranken, ist verglichen mit den sich aus der Verwendung nicht aufbereiteten Wassers ergebenden Risiken der Erkrankung an Cholera, Typhus und Magen-Darm-Störungen jedoch sehr gering. Wenn die Wasserversorgung von Anfang an sauberer ist, werden weniger Desinfektionsmittel benötigt und die Gefahr der Kontaminierung durch diese ist geringer. Wenn sich die THMs bereits gebildet haben, können deren Konzentrationen in der Wasserversorgung durch Einblasen von Luft verringert werden, da THMs flüchtiger sind als Wasser. Alternativ können sie durch Adsorption an Aktivkohle oder ein anderes Adsorbens entfernt werden.

ÜBERGREIFENDE BEISPIELAUFGABE

Verknüpfen von Konzepten

(a) Säuren aus saurem Regen oder anderen Quellen stellen für Seen in Gegenden, in denen das Gestein aus Kalkstein (Calciumcarbonat) besteht, keine Gefährdung dar, da dieser die überschüssige Säure neutralisieren kann. Wo das Gestein jedoch aus Granit besteht, findet solch eine Neutralisation nicht statt. Wie neutralisiert Kalkstein die Säure? **(b)** Säurereiches Wasser kann mit basischen Stoffen behandelt werden, um den pH-Wert zu erhöhen. Solch eine Maßnahme ist für gewöhnlich jedoch meist nur eine vorübergehende Lösung. Berechnen Sie die minimal benötigte Masse gebrannten Kalks, CaO, die zur Erhöhung des pH-Werts eines kleinen Sees ($V = 4 \times 10^9$ l) von 5,0 auf 6,5 benötigt wird. Aus welchem Grund könnte mehr Kalk benötigt werden?

Lösung

Analyse: Wir müssen uns ins Gedächtnis zurückrufen, wie eine Neutralisationsreaktion aussieht, und die für eine bestimmte Änderung des pH-Werts benötigte Menge eines Stoffes berechnen (siehe Abschnitt 4.3).

Vorgehen: Für (a) müssen wir uns überlegen, wie Säure mit Calciumcarbonat reagieren kann, da diese Reaktion mit Säure und Granit offensichtlich nicht stattfindet. Für (b) müssen wir uns überlegen, welche Reaktion mit Säure und CaO stattfinden würde und die stöchiometrischen Berechnungen durchführen. Ausgehend von der vorgeschlagenen Veränderung des pH-Wertes können wir zuerst die Veränderung der Protonenkonzentration berechnen und anschließend ausrechnen, wieviel CaO nötig wäre, um die Reaktion durchzuführen.

Lösung:
(a) Das Carbonation, welches das Anion einer schwachen Säure ist, ist basisch (siehe Abschnitte 16.2 und 16.7). Daher reagiert das Carbonation, CO_3^{2-}, mit $H^+(aq)$. Wenn die Konzentration von $H^+(aq)$ gering ist, ist das Hydrogencarbonat, HCO_3^-, das wichtigste Produkt. Wenn die Konzentration von $H^+(aq)$ jedoch größer ist, bildet sich H_2CO_3 und zersetzt sich anschließend in CO_2 und H_2O (siehe Abschnitt 4.3).

(b) Die Ausgangs- und Endkonzentrationen von $H^+(aq)$ im See erhalten wir anhand ihrer pH-Werte:

$$[H^+]_{Ausgang} = 1 \times 10^{-5}\,M \text{ und } [H^+]_{Ende} = 10^{-6,5}\,mol/l = 3 \times 10^{-7}\,M$$

Unter Verwendung des Volumens des Sees können wir die Molzahl von $H^+(aq)$ für beide pH-Werte berechnen:

$$(1 \times 10^{-5}\,mol/l)(4{,}0 \times 10^9\,l) = 4 \times 10^4\,mol$$

$$(3 \times 10^{-7}\,mol/l)(4{,}0 \times 10^9\,l) \approx 1 \times 10^3\,mol$$

Daraus ergibt sich eine Änderung in der H⁺(aq)-Menge 4×10^4 mol $- 1 \times 10^3$ mol $\approx 4 \times 10^4$ mol.

Lassen Sie uns davon ausgehen, dass die gesamte Säure im See vollständig ionisiert ist und deshalb nur die freien, vom pH-Wert festgelegten, H⁺(aq) neutralisiert werden müssen. Dies entspricht der Mindestmenge an Säure, die wir neutralisieren müssen, obwohl sich wesentlich mehr davon im See befinden könnte.

Das Oxidion des CaO ist sehr basisch (siehe Abschnitt 16.5). Bei der Neutralisationsreaktion reagiert 1 mol O^{2-} mit 2 mol H⁺ und bildet H_2O. Deshalb erfordern 4×10^4 mol H⁺ die folgende Masse CaO:

$$(4 \times 10^4 \text{ mol H}^+) \frac{56{,}1 \text{ g CaO}}{2 \text{ mol H}^+} \approx 1 \times 10^6 \text{ g CaO}$$

Das entspricht etwas mehr als einer Tonne CaO. Dies wäre nicht sehr kostspielig, da es sich bei CaO um eine preiswerte Base handelt, die bei Kauf in großen Mengen weniger als 100$ pro Tonne kostet. Die oben berechnete Menge CaO entspricht jedoch dem absolut nötigen Minimum, da sich sehr wahrscheinlich auch schwache Säuren im Wasser befinden, die ebenfalls neutralisiert werden müssen. Dieses Kalkungsverfahren wurde zur Angleichung des pH-Werts einiger kleiner Seen verwendet, um einen pH-Wert zu erreichen, den Fische zum Leben benötigen. Der See in unserem Beispiel wäre in etwa 0,8 km lang, 0,8 km breit und hätte eine durchschnittliche Tiefe von 6 m.

Zusammenfassung und Schlüsselbegriffe

Abschnitte 18.1 und 18.2 In diesen Abschnitten haben wir die physikalischen und chemischen Eigenschaften der Erdatmosphäre untersucht. Die komplexen Temperaturschwankungen in der Atmosphäre haben vier Bereiche zur Folge, von denen ein jeder charakteristische Eigenschaften aufweist. Der unterste dieser Bereiche, die **Troposphäre**, erstreckt sich von der Erdoberfläche bis in eine Höhe von ca. 12 km. Oberhalb der Troposphäre befinden sich, in der Reihenfolge zunehmender Höhe, die **Stratosphäre**, die Mesosphäre und die Thermosphäre. In den oberen Bereichen der Atmosphäre überleben nur die einfachsten chemischen Spezies das Bombardement hochenergetischer Teilchen sowie die Strahlung der Sonne. Das durchschnittliche Molekulargewicht der Atmosphäre ist in großen Höhen geringer als auf der Erdoberfläche, da die leichtesten Atome und Moleküle nach oben diffundieren. Desweiteren ist dies auf die **Photodissoziation**, nämlich das Aufbrechen von Bindungen in Molekülen aufgrund der Absorption von Licht, zurückzuführen. Die Absorption von Strahlung könnte mittels **Photoionisation** ebenfalls zur Bildung von Ionen führen.

Abschnitt 18.3 Ozon wird in der oberen Atmosphäre aus der Reaktion atomaren Sauerstoffs mit O_2 erzeugt. Ozon selbst wiederum zersetzt sich durch die Absorption eines Photons oder durch Reaktion mit einer aktiven Spezies, wie z. B. NO. **Fluorchlorkohlenwasserstoffe** können in der Stratosphäre eine Photodissoziation durchlaufen und atomares Chlor einbringen, das zur katalytischen Zerstörung von Ozon in der Lage ist. Eine merkliche Verringerung des Ozongehalts in der oberen Atmosphäre hätte schwerwiegende nachteilige Auswirkungen, da die Ozonschicht bestimmte Wellenlängen ultravioletten Lichts herausfiltert, die von keiner anderen atmosphärischen Komponente beseitigt werden.

Abschnitt 18.4 In der Troposphäre kommt der Chemie atmosphärischer Spurenelemente eine große Bedeutung zu. Bei vielen dieser geringfügigen Bestandteile handelt es sich um Schadstoffe, von denen Schwefeldioxid einer der schädlicheren und häufiger vorkommenden ist. Es wird in Luft oxidiert und bildet Schwefeltrioxid, das wiederum nach Auflösung in Wasser Schwefelsäure bildet. Die Oxide des Schwefels liefern einen nicht unwesentlichen Beitrag zum **sauren Regen**. Eine Möglichkeit, SO_2 während industrieller Prozesse zu binden, ist die Reaktion des SO_2 mit CaO zur Bildung von Calciumsulfit ($CaSO_3$).

Kohlenmonoxid (CO) kommt in hohen Konzentrationen in Autoabgasen und in Zigarettenrauch vor. CO stellt eine Gesundheitsgefährdung dar, da es eine starke Bindung mit **Hämoglobin** eingehen kann und somit die Fähigkeit des Bluts zum Sauerstofftransport aus den Lungen herabsetzt.

Bei **Photosmog** handelt es sich um ein komplexes Gemisch von Bestandteilen, in dem sowohl Stickoxide als auch Ozon eine wichtige Rolle spielen. Die Bestandteile von Smog werden hauptsächlich in Fahrzeugmotoren erzeugt und die Bekämpfung des Smogs erfolgt hauptsächlich durch Reinigung der Autoabgase.

Kohlendioxid und Wasserdampf sind die Hauptbestandteile der Atmosphäre, die in erheblichem Umfang Infrarotstrahlung absorbieren. CO_2 und H_2O sind deshalb für die Aufrechterhaltung der Erdtemperatur äußerst wichtig. Die Konzentrationen von CO_2 und anderen so genannten Treibhausgasen in der Atmosphäre spielen daher für das weltweite Klima eine wichtige Rolle. Aufgrund der Verbrennung erheblicher Mengen fossiler Brennstoffe (Kohle, Öl und Erdgas) steigt der Kohlendioxidgehalt der Atmosphäre ständig weiter an.

Abschnitt 18.5 Meerwasser enthält ca. 3,5 Massen-% an gelösten Salzen und man sagt, es weist eine Salinität von 35 auf. Die Dichte und Salinität des Meerwassers verändern sich mit der Tiefe. Da sich der Großteil des weltweit vorhandenen Wassers in den Ozeanen befindet, besteht die Möglichkeit, dass die Menschheit zur Süßwassergewinnung letzten Endes auf das Meer zurückgreift. Unter **Entsalzung** versteht man die Entfernung gelöster Salze aus Meer- oder Brackwasser, um es für den menschlichen Genuss brauchbar zu machen. Die Entsalzung kann durch Destillation oder **Umkehrosmose** erfolgen.

Abschnitt 18.6 Süßwasser enthält viele gelöste Stoffe, u. a. gelösten Sauerstoff, der für die Existenz von Fischen und anderen Wasserlebewesen notwendig ist. Stoffe, die von Bakterien zersetzt werden, bezeichnet man als **biologisch abbaubar**. Da bei der Oxidation biologisch abbaubarer Stoffe durch aerobe Bakterien gelöster Sauerstoff verbraucht wird, werden diese Stoffe als sauerstoffverbrauchende Abfälle bezeichnet. Das Vorhandensein einer übermäßig großen Menge sauerstoffverbrauchender Abfälle im Wasser kann den gelösten Sauerstoff so weit vermindern, dass Fische abgetötet und üble Gerüche hervorgerufen werden. Pflanzennährstoffe können durch Stimulation des Wachstums von Pflanzen, die bei ihrem Absterben zu sauerstoffverbrauchenden Abfällen werden, zu diesem Problem beitragen.

Das aus Süßwasserquellen zur Verfügung stehende Wasser muss vor dessen Verwendbarkeit im Haushalt meist aufbereitet werden. Die verschiedenen, für gewöhnlich bei der kommunalen Wasseraufbereitung angewendeten Schritte umfassen die grobe Filtration, Sedimentation, Siebung, das Einblasen von Luft, die Entkeimung, sowie hin und wieder die Enthärtung des Wassers. Eine Wasserenthärtung ist dann nötig, wenn das Wasser Ionen, wie z. B. Mg^{2+} und Ca^{2+} enthält, die mit Seife reagieren und unlösliche Salze bilden. Solche Ionen enthaltendes Wasser wird **hartes Wasser** genannt. Bisweilen wird für die groß angelegte, kommunale Wasserenthärtung das **Kalk-Soda-Verfahren** angewendet, bei dem hartem Wasser CaO und Na_2CO_3 zugesetzt wird. Einzelne Haushalte verlassen sich für gewöhnlich auf den **Ionenaustausch**, bei dem die Ionen des harten Wassers gegen Na^+-Ionen ausgetauscht werden.

Abschnitt 18.7 Die Initiative „**grüne Chemie**" fördert die Entwicklung und Anwendung chemischer Produkte und Prozesse, die mit der menschlichen Gesundheit vereinbar sind und die Umwelt bewahren. Die Bereiche, in denen die Prinzipien der grünen Chemie zur Verbesserung der Umweltqualität angewendet werden können, umfassen die Auswahl von Lösungsmitteln und Reagenzien für chemische Reaktionen, die Entwicklung alternativer Prozesse sowie die Verbesserung bereits existierender Systeme und Verfahren.

Veranschaulichung von Konzepten

18.1 Bei Zimmertemperatur (298 K) und einem Druck von 1 atm (welcher dem Luftdruck auf Normalnull entspricht) nimmt ein Mol eines idealen Gases gemäß der idealen Gasgleichung ein Volumen von 22,4 l ein (siehe Abschnitt 10.4). Dies entspricht in etwa dem Volumen von 11 2-Liter Limonadenflaschen. **(a)** Würden Sie, im Hinblick auf Abbildung 18.1, davon ausgehen, dass 1 Mol eines idealen Gases inmitten der Stratosphäre ein größeres oder ein geringeres Volumen als 22,4 l einnimmt? **(b)** Wenn wir Abbildung 18.1 a betrachten, können wir erkennen, dass die Temperatur in 85 km Höhe niedriger ist als in 50 km Höhe. Bedeutet dies, dass 1 Mol eines idealen Gases in 85 km Höhe ein geringeres Volumen einnehmen würde als in 50 km Höhe? Erklären Sie dies (*Abschnitt 18.1*).

18.2 Moleküle in der oberen Atmosphäre neigen dazu, Doppel- und Dreifachbindungen statt Einfachbindungen zu enthalten. Liefern Sie eine Erklärung (*Abschnitt 18.2*).

18.3 Weshalb verändert sich die Ozonkonzentration in der Atmosphäre als Funktion der Höhe (siehe Abbildung 18.4)? (*Abschnitt 18.3*)

18.4 Sie arbeiten mit einer Künstlerin zusammen, die damit beauftragt wurde eine Skulptur für eine große Stadt im Osten der Vereinigten Staaten anzufertigen. Die Künstlerin macht sich Gedanken darüber, aus welchem Material sie die Skulptur anfertigen soll, da sie gehört hat, dass saurer Regen in den östlichen Gebieten der USA diese im Laufe der Zeit zerstören könnte. Sie nehmen Proben von Granit, Marmor, Bronze und anderen Materialien und setzen diese über einen langen Zeitraum der Witterung in der großen Stadt aus. Im Verlauf ihrer Untersuchungen überprüfen Sie in regelmäßigen Abständen das äußere Erscheinungsbild und erfassen die Masse der Proben. **(a)** Aufgrund welcher Beobachtungen würden Sie folgern, dass eines oder mehrere der Materialien gut für die Skulptur geeignet wäre/n? **(b)** Welcher chemische Prozess ist/welche chemischen Prozesse sind bei den Proben die wahrscheinlichste Erosionsquelle? (*Abschnitt 18.4*).

18.5 Auf welche Art und Weise beeinflussen Kohlendioxid und das Weltmeer sich gegenseitig? (*Abschnitt 18.5*)

18.6 Die folgende Graphik stellt eine Ionenaustauschsäule dar, in die von oben „harte" Ionen, wie z. B. Ca^{2+}, enthaltendes Wasser eingefüllt wird und bei der anschließend „enthärtetes" Wasser, das Na^+ statt Ca^{2+} enthält, unten herausfließt. Erklären Sie, was in der Säule passiert (*Abschnitt 18.6*).

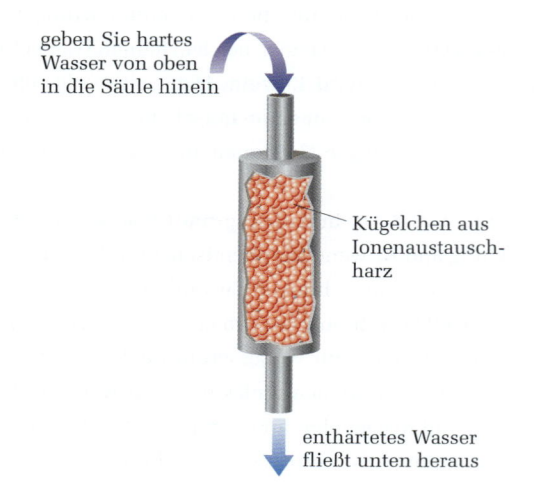

geben Sie hartes Wasser von oben in die Säule hinein

Kügelchen aus Ionenaustauschharz

enthärtetes Wasser fließt unten heraus

18.7 Beschreiben Sie die grundlegenden Prinzipien der grünen Chemie (*Abschnitt 18.7*).

18.8 Ein Geheimnis der Umweltwissenschaft ist das Ungleichgewicht des „Kohlendioxidhaushalts". Allein im Hinblick auf menschliche Aktivitäten haben Wissenschaftler berechnet, dass aufgrund der Entwaldung jährlich 1,6 Milliarden Tonnen CO_2 in die Atmosphäre freigesetzt werden. Pflanzen verbrauchen bei der Produktion von Glukose CO_2 und eine Verringerung der Pflanzen bedeutet, dass mehr CO_2 in der Atmosphäre verbleibt und infolge der Verbrennung fossiler Brennstoffe kommen noch einmal 5,5 Milliarden Tonnen jährlich hinzu. Des weiteren geht man davon aus, erneut nur menschliche Aktivitäten berücksichtigend, dass die Atmosphäre tatsächlich ca. 3,3 Milliarden Tonnen CO_2 und die Ozeane 2 Milliarden Tonnen jährlich aufgenommen haben, wodurch der Verbleib von ca. 1,8 Milliarden Tonnen CO_2 jährlich ungeklärt bleibt. Man nimmt an, dass dieses „fehlende" CO_2 vom „Boden" aufgenommen wird. Was könnte passieren?

Übungsaufgaben mit ausführlichen Lösungshinweisen

Multiple Choice-Aufgaben

Lösungen zu den Übungsaufgaben im Kapitel

Chemische Thermodynamik

19

19.1	**Spontane Prozesse**	771
19.2	**Entropie und der Zweite Hauptsatz der Thermodynamik**	776
19.3	**Die molekulare Betrachtung der Entropie**	780

Chemie und Leben
    Entropie und Leben ... 787

19.4	**Entropieänderungen bei chemischen Reaktionen**	789
19.5	**Freie Enthalpie**	791
19.6	**Freie Enthalpie und Temperatur**	796
19.7	**Freie Enthalpie und die Gleichgewichtskonstante**	799

Chemie und Leben
    Anstoß nicht spontaner Reaktionen ... 803

Zusammenfassung und Schlüsselbegriffe ... 805

Veranschaulichung von Konzepten ... 806

ÜBERBLICK

19 Chemische Thermodynamik

Was uns erwartet

- In diesem Kapitel erfahren wir, warum in der Natur vorkommende Veränderungen einen gerichteten Charakter aufweisen: Sie bewegen sich spontan in eine bestimmte Richtung, jedoch nicht in die entgegengesetzte Richtung (*Abschnitt 19.1*).

- Bei der *Entropie* handelt es sich um eine Zustandsfunktion, die bei der Bestimmung der Spontaneität eines Prozesses eine wichtige Rolle spielt. Der *Zweite Hauptsatz der Thermodynamik* lehrt uns, dass die Entropie des Universums (System und Umgebung) bei allen spontanen Prozessen zunimmt (*Abschnitt 19.2*).

- Auf molekularer Ebene erkennen wir, dass eine Entropiezunahme mit einer Erhöhung der Anzahl zugänglicher Mikrozustände einhergeht. Die Entropieänderung kann auch als Maß der Unordnung eines Systems bei einer gegebenen Temperatur betrachtet werden (*Abschnitt 19.3*).

- Der *Dritte Hauptsatz der Thermodynamik* besagt, dass die Entropie eines perfekten kristallinen Festkörpers bei 0 K null beträgt. Ausgehend von diesem Bezugspunkt können wir die Entropien reiner Stoffe bei Temperaturen oberhalb des absoluten Nullpunkts bestimmen. Mit Hilfe tabellarischer Entropiewerte können wir die Entropiewerte von Reaktanten und Produkten einer Reaktion ermitteln und diese zur Berechnung der Entropieänderung der Reaktion verwenden (*Abschnitte 19.3* und *19.4*).

- Die *freie Enthalpie* (oder *Gibbs-Energie*) eines Systems ist ein Maß dafür, wie weit das System vom Gleichgewichtszustand abweicht. Sie misst die maximal aus einem Prozess erhältliche Menge nutzbarer Arbeit und liefert Informationen über die Richtung, in welche eine chemische Reaktion spontan abläuft (*Abschnitt 19.5*).

- Das Verhältnis zwischen der Änderung der freien Enthalpie sowie der Enthalpie- und Entropieänderung liefert wichtige Einblicke, inwieweit die Temperatur die Spontaneität eines Prozesses beeinflusst (*Abschnitt 19.6*).

- Die Änderung der freien Standardenthalpie einer chemischen Reaktion kann zur Berechnung der Gleichgewichtskonstante eines Vorgangs verwendet werden (*Abschnitt 19.7*).

Ein Gasbrenner bedient sich des CH_4 des Erdgases sowie des O_2 aus der Luft, um CO_2, H_2O und Wärme zu erzeugen. Hierbei handelt es sich um eine nützliche Reaktion, da sie rasch vonstatten geht, die Reaktanten praktisch vollständig in Produkte umwandelt und Energie erzeugt. Zwei der wichtigsten, von Chemikern gestellten Fragen bei der Planung und Anwendung chemischer Reaktionen lauten: „Wie schnell geht die Reaktion vonstatten?" und „Bis zu welchem Punkt läuft sie ab?" Die erste Frage wird von den Untersuchungen zur chemischen Kinetik behandelt, die wir in Kapitel 14 erörtert haben. Die zweite Frage beschäftigt sich mit der Gleichgewichtskonstante, auf die wir uns in Kapitel 15 konzentriert haben.

In Kapitel 14 haben wir erfahren, dass die Geschwindigkeiten chemischer Reaktionen größtenteils von einem mit der Energie zusammenhängenden Faktor bestimmt werden, nämlich von der Aktivierungsenergie der Reaktion (siehe Abschnitt 14.5). Allgemein gilt, je geringer die Aktivierungsenergie, desto schneller der Ablauf einer Reaktion. In Kapitel 15 haben wir gesehen, dass das Gleichgewicht von den Geschwindigkeiten der Hin- und Rückreaktionen abhängt. Das Gleichgewicht ist erreicht, wenn die gegensätzlichen Reaktionen bei gleichen Geschwindigkeiten stattfinden (siehe Abschnitt 15.1). Da Reaktionsgeschwindigkeiten eng mit der Energie verbunden sind, ist es nur logisch, dass das Gleichgewicht ebenfalls auf irgendeine Art und Weise von der Energie abhängt.

In diesem Kapitel untersuchen wir den Zusammenhang zwischen der Energie und dem Ausmaß einer Reaktion. Dazu müssen wir uns genauer mit der *chemischen Thermodynamik* beschäftigen, dem Bereich der Chemie, der sich mit Energieverhältnissen befasst. Zum ersten Mal wurden wir in Kapitel 5 mit der Thermodynamik konfrontiert, wo wir die charakteristischen Eigenschaften der Energie, den Ersten Hauptsatz der Thermodynamik und das Konzept der Enthalpie besprochen haben. Rufen Sie sich ins Gedächtnis zurück, dass die Enthalpieänderung der zwischen dem System und dessen Umgebung während eines bei konstantem Druck ablaufenden Prozesses ausgetauschten Wärme entspricht (siehe Abschnitt 5.3).

Hier werden wir nun sehen, dass Reaktionen nicht nur mit Enthalpieänderungen einhergehen, sondern auch Änderungen einer weiteren wichtigen thermodynamischen Größe, nämlich der *Entropie*, nach sich ziehen. Die Erörterung der Entropie führt uns zum Zweiten Hauptsatz der Thermodynamik. Dieser erklärt, weshalb physikalische und chemische Änderungen normalerweise eine Richtung der anderen vorziehen. Wenn wir z. B. einen Ziegelstein fallen lassen, fällt er auf den Boden. Wir erwarten jedoch nicht, dass Ziegelsteine sich spontan vom Boden erheben und zu unserer ausgestreckten Hand aufsteigen. Wenn wir eine Kerze entzünden, brennt diese ab. Wir gehen jedoch nicht davon aus, dass eine halb verbrauchte Kerze sich spontan regeneriert; selbst dann nicht, wenn wir all die bei der Verbrennung der Kerze erzeugten Gase aufbewahrt haben. Die Thermodynamik hilft uns, die Bedeutung dieses gerichteten Charakters von sowohl exothermen als auch endothermen Prozessen zu verstehen.

Spontane Prozesse 19.1

Der Erste Hauptsatz der Thermodynamik drückt die Energieerhaltung aus (siehe Abschnitt 5.2). Mit anderen Worten, Energie wird bei Prozessen weder erzeugt noch zerstört. Dabei spielt es keine Rolle ob ein Ziegelstein zu Boden fällt, eine Kerze abbrennt oder ein Eiswürfel schmilzt. Energie kann zwischen einem System und dessen Um-

19 Chemische Thermodynamik

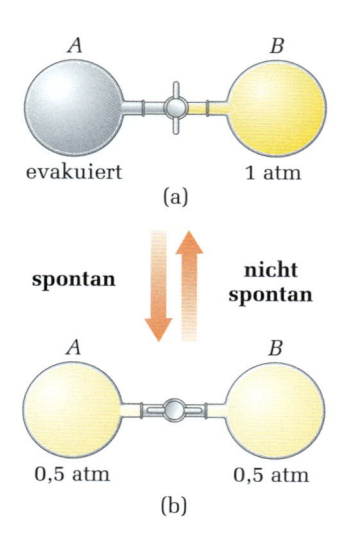

Abbildung 19.1: Spontane Expansion eines idealen Gases in ein Vakuum. (a) Kolben *B* enthält ein ideales Gas mit einem Druck von 1 atm und Kolben *A* ist evakuiert. (b) Der die Kolben verbindende Absperrhahn wurde geöffnet. Das ideale Gas expandiert und füllt bei einem Druck von 0,5 atm beide Kolben (*A* und *B*) aus. Der Umkehrprozess – der Rückfluss aller Gasmoleküle in den Kolben *B* – läuft nicht spontan ab.

Abbildung 19.2: Ein spontaner Prozess. Elementares Eisen in dem im oberen Bild zu sehenden glänzenden Nagel verbindet sich spontan mit H_2O und O_2 in der Außenluft und bildet eine Rostschicht – $Fe_2O_3 \cdot xH_2O$ – auf der Oberfläche des Nagels.

gebung ausgetauscht oder von einer Energieform in eine andere umgewandelt werden. Die Gesamtenergie verändert sich dabei jedoch nicht. Wir haben den Ersten Hauptsatz der Thermodynamik mathematisch als $\Delta U = Q + W$ ausgedrückt, wobei ΔU der Änderung der inneren Energie eines Systems, Q der vom System aus der Umgebung aufgenommenen Wärme und W der von der Umgebung auf das System ausgeübten Arbeit entspricht.

Der Erste Hauptsatz hilft uns sozusagen, die Bilanz der zwischen einem System und dessen Umgebung ausgetauschten Wärme und der von einem bestimmten Prozess oder einer bestimmten Reaktion ausgeübten Arbeit auszugleichen. Ein weiteres wichtiges Merkmal von Reaktionen, nämlich deren Ausmaß, wird vom Ersten Hauptsatz jedoch nicht angesprochen. Wie wir in der Einleitung bereits festgestellt haben, lehrt unsere Erfahrung uns, dass physikalische und chemische Prozesse einen gerichteten Charakter aufweisen. So lassen sich Natriummetall und Chlorgas z. B. leicht zu Natriumchlorid verbinden, das uns auch als Kochsalz bekannt ist. Wir werden jedoch nicht erleben, dass Kochsalz von alleine zu Natrium und Chlor zerfällt. Haben Sie jemals Chlorgas in der Küche gerochen oder Natriummetall auf Ihrem Kochsalz entdeckt? Bei beiden Prozessen – der Bildung von Natriumchlorid aus Natrium und Chlor als auch der Zersetzung von Natriumchlorid zu Natrium und Chlor – wird die Energie erhalten, so wie der Erste Hauptsatz der Thermodynamik dies besagt. Jedoch findet der eine Prozess statt und der andere nicht. Ein Prozess, der ohne fremdes Zutun, aus eigenem Antrieb heraus stattfindet, wird als spontan bezeichnet. Ein **spontaner Prozess** läuft von alleine ohne fremde Hilfe ab.

Ein spontaner Prozess läuft in eine bestimmte Richtung ab. So fällt z. B., wie oben erwähnt, ein fallengelassener Ziegelstein nach unten auf den Boden. Stellen Sie sich nun vor, Sie sähen ein Video, in welchem ein Ziegelstein vom Boden aufsteigt und in Ihre Hand zurückfällt. Sie würden davon ausgehen, dass das Video rückwärts läuft – Ziegelsteine erheben sich nicht wie durch Zauberhand vom Boden! Bei einem fallenden Ziegelstein handelt es sich um einen spontanen Prozess, wohingegen der umgekehrte Prozess *nicht spontan* ist.

Ein Gas expandiert, wie in ▶ Abbildung 19.1 dargestellt, in ein Vakuum. Jedoch wird dieser Prozess sich niemals von selbst umkehren. Die Expansion des Gases geschieht spontan. Ebenso wird ein der Witterung ausgesetzter Nagel rosten (▶ Abbildung 19.2). Bei diesem Prozess reagiert das Eisen im Nagel mit dem Sauerstoff in der Luft und bildet ein Eisenoxid. Nie würden wir erwarten, dass der rostige Nagel diesen Prozess von selbst umkehrt und wieder glänzend wird. Der Prozess des Rostens geschieht spontan, wohingegen der umgekehrte Prozess nicht spontan ist. Wir könnten an dieser Stelle unzählige weitere Beispiele anführen, die den gleichen Gedanken veranschaulichen: *Prozesse, die in eine Richtung spontan ablaufen, weisen in entgegengesetzter Richtung einen nicht-spontanen Charakter auf.*

Versuchsbedingungen, wie z. B. Temperatur und Druck, spielen bei der Bestimmung der Spontaneität eines Prozesses oft eine wichtige Rolle. Betrachten Sie z. B. das Schmelzen von Eis. Bei einer Umgebungstemperatur von über 0 °C schmilzt Eis bei normalem Luftdruck spontan, wohingegen der Umkehrprozess – das Erstarren von flüssigem Wasser zu Eis – nicht spontan abläuft. Wenn die Temperatur der Umgebung jedoch unter 0 °C liegt, gilt das Entgegengesetzte. Flüssiges Wasser wird spontan zu Eis, wohingegen die Umwandlung von Eis in Wasser *nicht* spontan abläuft (▶ Abbildung 19.3).

Was geschieht bei $T = 0\,°C$, dem normalen Schmelzpunkt von Wasser, wenn der Glaskolben aus Abbildung 19.3 sowohl Wasser als auch Eis enthält? Am normalen

spontan für $T > 0\,°C$

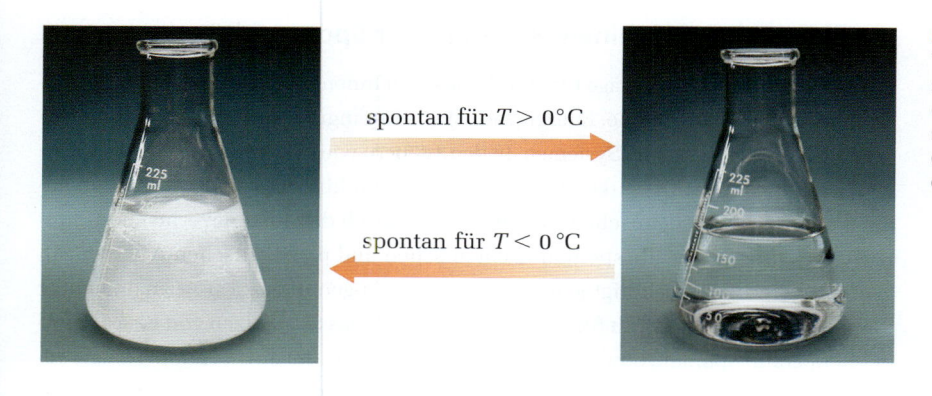

spontan für $T < 0\,°C$

Abbildung 19.3: Die Spontaneität kann von der Temperatur abhängen. Bei $T > 0\,°C$ schmilzt Eis spontan zu flüssigem Wasser. Bei $T < 0\,°C$ läuft der entgegengesetzte Prozess, das Gefrieren von Wasser zu Eis, spontan ab. Bei $T = 0\,°C$ befinden sich die beiden Zustände im Gleichgewicht und keine der Umwandlungen findet spontan statt.

Schmelzpunkt eines Stoffes befinden die feste und die flüssige Phase sich im Gleichgewicht (siehe Abschnitt 11.5). Bei dieser Temperatur wandeln sich die zwei Phasen mit der gleichen Geschwindigkeit ineinander um, und es gibt keine bevorzugte Richtung für den Prozess.

Es ist wichtig sich darüber im Klaren zu sein, dass die Tatsache, dass ein Prozess spontan stattfindet, nicht automatisch bedeutet, dass er mit einer wahrnehmbaren Geschwindigkeit abläuft. Eine chemische Reaktion ist dann spontan, wenn sie von selbst abläuft, unabhängig von ihrer Geschwindigkeit. Eine spontane Reaktion kann sehr schnell vonstatten gehen, wie im Falle einer Säure-Base-Neutralisation, oder sehr langsam, wie z. B. beim Rosten von Eisen. Die Thermodynamik gibt uns Auskunft über die *Richtung* und das *Ausmaß* einer Reaktion, jedoch nicht über ihre *Geschwindigkeit*.

ÜBUNGSBEISPIEL 19.1   **Erkennen spontaner Prozesse**

Sagen Sie vorher, ob die folgenden Prozesse spontan wie beschrieben oder spontan in die entgegengesetzte Richtung ablaufen, oder ob ein Gleichgewichtszustand vorliegt: **(a)** Wenn man ein Stück auf $150\,°C$ erwärmtes Metall in $40\,°C$ warmes Wasser gibt, wird das Wasser wärmer. **(b)** Wasser zersetzt sich bei Zimmertemperatur in $H_2(g)$ und $O_2(g)$. **(c)** Benzoldampf, $C_6H_6(g)$, kondensiert bei einem Druck von 1 atm zu flüssigem Benzol am normalen Siedepunkt von Benzol von $80{,}1\,°C$.

Lösung

Analyse: Die Aufgabe besteht darin zu beurteilen, ob die Prozesse spontan in die vorgegebene, die entgegengesetzte oder in keine der Richtungen ablaufen.

Vorgehen: Wir müssen uns überlegen, ob die Prozesse mit unseren Erfahrungswerten über den natürlichen Verlauf der Dinge übereinstimmen, oder ob wir das Ablaufen des Prozesses in die entgegengesetzte Richtung erwarten würden.

Lösung: (a) Dieser Prozess läuft spontan ab. Immer wenn zwei Objekte mit unterschiedlichen Temperaturen in Kontakt gebracht werden, wird die Wärme vom heißeren auf das kältere Objekt übertragen. In unserem Fall wird die Wärme vom heißen Metall auf das kühlere Wasser übertragen. Die endgültige Temperatur nach der Angleichung von Metall und Wasser (Wärmegleichgewicht) wird irgendwo zwischen den Ausgangstemperaturen des Metalls und des Wassers liegen. **(b)** Die Erfahrung lehrt uns, dass dieser Prozess nicht spontan abläuft. Wir haben sicherlich noch nie beobachten können, dass aus Wasserstoff- und Sauerstoffgas bestehende Blasen aus Wasser aufsteigen! Der *entgegengesetzte* Prozess – nämlich die Reaktion von H_2 und O_2 zur Bildung von H_2O – verläuft hingegen nach der Initiierung durch einen Funken oder eine Flamme spontan. **(c)** Per Definition ist die Temperatur, bei der ein gasförmiger Stoff bei 1 atm sich im Gleichgewicht mit seiner flüssigen Phase befindet, der normale Siedepunkt. Daher handelt es sich hier um eine Gleichgewichtssituation. Weder die Kondensation des Benzoldampfes noch der umgekehrte Prozess laufen spontan ab. Läge die Temperatur unter $80{,}1\,°C$, liefe die Kondensation spontan ab.

ÜBUNGSAUFGABE

Bei einem Druck von unter 1 atm sublimiert $CO_2(s)$ bei $-78\,°C$. Handelt es sich bei der Umwandlung von $CO_2(s)$ zu $CO_2(g)$ bei einer Temperatur von $-100\,°C$ und einem Druck von 1 atm um einen spontanen Prozess?

Antwort: Nein, bei dieser Temperatur läuft der entgegengesetzte Prozess spontan ab.

Auf der Suche nach einem Kriterium für Spontaneität

Eine Murmel, die eine Schräge hinabrollt, oder ein Ihnen aus der Hand fallender Ziegelstein verlieren an Energie. Energieverlust ist ein gängiges Merkmal spontaner Änderungen in mechanischen Systemen. In den 1870ern wies Marcellin Bertholet (1827–1907), ein berühmter Chemiker dieser Epoche, darauf hin, dass die Richtung spontaner Änderungen in chemischen Systemen auch durch den Energieverlust bestimmt wird. Er schloss, dass alle spontanen chemischen und physikalischen Änderungen exotherm sind. Man benötigt jedoch nur wenige Augenblicke, um Ausnahmen für diese Verallgemeinerung zu finden. So verläuft z. B. das Schmelzen von Eis bei Zimmertemperatur spontan, obwohl es sich beim Schmelzen um einen endothermen Prozess handelt. Ebenso gibt es, wie wir in Abschnitt 13.1 herausgefunden haben, spontane Lösungsprozesse, die endotherm sind. Daraus schließen wir, dass, obwohl die Mehrheit der spontanen Reaktionen exotherm ist, es auch spontane endotherme Reaktionen gibt. Bei der Bestimmung der natürlichen Richtung von Prozessen muss zweifellos noch ein anderer Faktor eine Rolle spielen. Aber um welchen Faktor handelt es sich?

Um zu verstehen, warum bestimmte Prozesse spontan ablaufen, müssen wir die Arten, auf die der Zustand eines Systems sich verändern kann, genauer betrachten. Rufen Sie sich ins Gedächtnis zurück, dass Größen wie z. B. Temperatur, innere Energie und Enthalpie *Zustandsfunktionen* sind, also Eigenschaften, die einen Zustand definieren und nicht davon abhängen, wie wir diesen Zustand erreichen (siehe Abschnitt 5.2). Bei der zwischen einem System und dessen Umgebung ausgetauschten Wärme Q und der vom oder auf das System ausgeübten Arbeit W handelt es sich *nicht* um Zustandsfunktionen. Die Werte von Q und W hängen vom jeweiligen, von einem Zustand zu einem anderen gewählten Weg ab. Einer der Schlüssel zum Verständnis der Spontaneität ist die Unterscheidung zwischen reversiblen und irreversiblen Wegen zwischen Zuständen.

> **? DENKEN SIE EINMAL NACH**
>
> Wenn ein Prozess nicht spontan ist, bedeutet dies, dass er unter keinen Umständen ablaufen kann?

Reversible und irreversible Prozesse

Sadi Carnot (1796–1832), ein damals 28-jähriger französischer Ingenieur, veröffentlichte 1824 eine Analyse der Faktoren, welche die Effizienz einer Dampfmaschine zur Umwandlung von Wärme in Arbeit bestimmen. Carnot überlegte sich, wie die ideale Maschine, nämlich jene mit der größtmöglichen Leistungsfähigkeit, konzipiert sein müsste. Er stellte fest, dass es unmöglich ist, den Energieinhalt eines Brennstoffes vollständig in Arbeit umzuwandeln, da eine beträchtliche Menge der Wärme immer an die Umgebung verloren geht. Seine Analyse förderte nicht nur das nötige Verständnis zum Bau besserer, effizienterer Maschinen, sondern stellte gleichzeitig eine der ersten Studien der Entwicklung hin zum Fachgebiet der Thermodynamik dar.

Etwa vierzig Jahre später führte Rudolph Clausius (1822–1888), ein deutscher Physiker, Carnots Arbeit auf wichtige Art und Weise fort. Clausius kam zu der Erkenntnis, dass dem Quotienten aus der einer idealen Maschine zugeführten Wärme und der Temperatur, mit der diese Wärme zugeführt wird, Q/T, eine besondere Bedeutung zuzuschreiben sei. Er war so überzeugt von der Wichtigkeit dieses Quotienten, dass er ihm einen besonderen Namen gab, *Entropie*. Er wählte absichtlich einen Namen, der so ähnlich klang wie Energie, um seiner Überzeugung Nachdruck zu verleihen, dass die Bedeutung der Entropie mit jener der Energie vergleichbar sei.

Eine ideale Maschine, nämlich eine mit maximaler Leistungsfähigkeit, arbeitet unter idealen Bedingungen, unter welchen alle Prozesse reversibel sind. Bei einem **re-**

versiblen Prozess wird ein System derart verändert, dass der ursprüngliche Zustand des Systems einschließlich seiner Umgebung durch *exakte* Umkehrung der Änderung wiederhergestellt werden kann. Mit anderen Worten, wir können die Ausgangsbedingungen des Systems vollständig wiederherstellen, ohne dabei eine Nettoänderung am System oder dessen Umgebung vorzunehmen. Bei einem *irreversiblen Prozess* kann der Ausgangszustand des Systems und seiner Umgebung nicht einfach durch Umkehrung wiederhergestellt werden. Carnot fand heraus, dass die Menge an Arbeit, die wir einem spontanen Prozess entziehen können, von der Art und Weise abhängt, auf welche der Prozess durchgeführt wird. *Eine reversible Änderung erzeugt die maximal vom System auf die Umgebung ausübbare Menge an Arbeit* ($W_{rev} = W_{max}$).

Lassen Sie uns einige Beispiele reversibler und irreversibler Prozesse untersuchen. Wenn zwei Objekte unterschiedliche Temperaturen aufweisen, fließt die Wärme spontan vom wärmeren zum kälteren Objekt. Da es nicht möglich ist, Wärme zum Fließen in die entgegengesetzte Richtung zu bewegen, ist der Wärmefluss irreversibel. Können wir uns, ausgehend von diesen Tatsachen, Bedingungen vorstellen, unter denen die Wärmeübertragung umgekehrt werden kann? Stellen Sie sich, um Wärme zum Fließen in die gewünschte Richtung zu bewegen, zwei Objekte oder ein System und dessen Umgebung vor, die im Grunde genommen die gleiche Temperatur haben und nur einen verschwindend geringen Unterschied (eine unendlich kleine Temperaturdifferenz, ΔT) aufweisen (▶ Abbildung 19.4). Wir können die Richtung des Wärmeflusses umkehren, indem wir eine verschwindend geringe Temperaturänderung in die entgegengesetzte Richtung vornehmen. *Reversible Prozesse sind jene, die bei Ausübung einer verschwindend geringen Änderung auf eine der Eigenschaften des Systems ihre Richtung umkehren.*

Lassen Sie uns nun ein anderes Beispiel, nämlich die Expansion eines idealen Gases bei konstanter Temperatur betrachten. Ein bei konstanter Temperatur ablaufender Prozess wie dieser wird als **isotherm** bezeichnet. Gehen Sie, um das Beispiel einfach zu halten, von dem in ▶ Abbildung 19.5 dargestellten Gas in dem Zylinder-Kolben-Mechanismus aus. Nach Entfernung der Trennwand expandiert das Gas spontan und füllt den evakuierten Raum aus. Da das Gas in ein Vakuum ohne Druck von außen expandiert, übt es keine p-V-Arbeit auf die Umgebung aus ($W = 0$) (siehe Abschnitt 5.3). Wir können den Kolben dazu verwenden, das Gas in seinen Ausgangszustand zurückzukomprimieren. Dies jedoch erfordert, dass die Umgebung Arbeit auf das System ausübt ($W > 0$). Das bedeutet, dass die Umkehrung des Prozesses eine Änderung in der Umgebung hervorgerufen hat, da zum Verrichten von Arbeit auf das System Energie aufgewandt wird. Die Tatsache, dass nicht sowohl das System als auch die Umgebung in den jeweiligen Ausgangszustand zurückversetzt werden, deutet darauf hin, dass es sich um einen irreversiblen Prozess handelt.

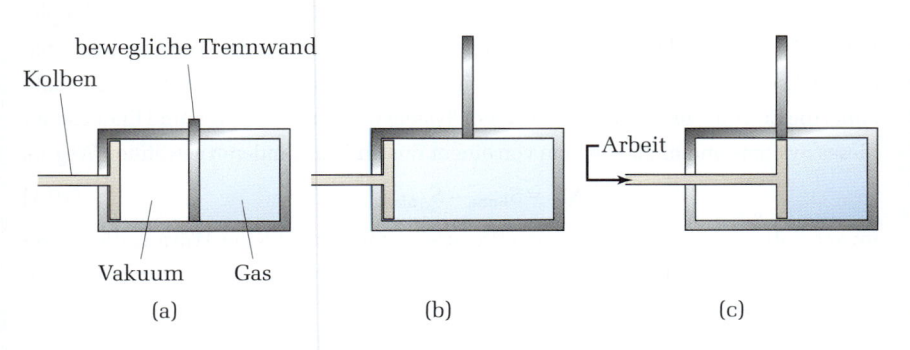

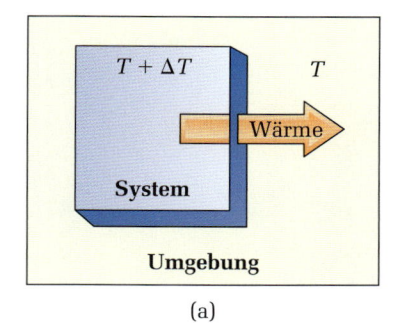

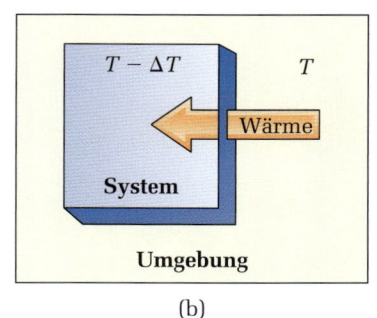

Abbildung 19.4: Reversibler Wärmefluss. Wärme kann reversibel zwischen einem System und dessen Umgebung fließen, wenn zwischen den beiden nur ein unendlich geringer Temperaturunterschied, ΔT, besteht. Die Richtung des Wärmeflusses kann durch Erhöhung oder Absenkung der Temperatur des Systems um ΔT geändert werden. (a) Die Erhöhung der Temperatur des Systems um ΔT führt zu einem Wärmefluss vom System zur Umgebung. (b) Die Absenkung der Temperatur des Systems um ΔT führt zu einem Wärmefluss von der Umgebung in das System.

> **? DENKEN SIE EINMAL NACH**
>
> Haben Sie, wenn Sie Wasser verdunsten lassen und es anschließend kondensieren, zwangsläufig einen reversiblen Prozess durchgeführt?

Abbildung 19.5: Ein irreversibler Prozess. Die Wiederherstellung des Ausgangszustands des Systems nach einem irreversiblen Prozess führt zu einer Veränderung der Umgebung. (a) Das Gas ist durch eine Trennwand in der rechten Hälfte des Zylinders eingeschlossen. Bei Entfernung der Trennwand (b) expandiert das Gas spontan (irreversibel) und füllt den gesamten Zylinder aus. Während dieser Expansion wird vom System keine Arbeit verrichtet. (c) Wir können das Gas mit Hilfe des Kolbens in seinen Ausgangszustand zurückkomprimieren. Dies erfordert die Ausübung von Arbeit durch die Umgebung auf das System. Dadurch wird die Umgebung für immer verändert.

Wie könnte eine reversible, isotherme Expansion eines idealen Gases aussehen? Sie findet nur dann statt, wenn der von außen auf den Kolben wirkende Druck exakt dem vom Gas ausgeübten Druck entspricht. Unter diesen Voraussetzungen bewegt sich der Kolben nur dann, wenn sich der Druck von außen unendlich langsam verringert und es dem Druck des eingeschlossenen Gases so ermöglicht wird, sich wieder anzupassen, um das Gleichgewicht zwischen den beiden Drücken aufrechtzuerhalten. Dieser allmählich, unendlich langsam ablaufende Prozess, bei dem sich Außen- und Innendruck immer im Gleichgewicht befinden, ist reversibel. Wenn wir den Prozess umkehren und das Gas auf die gleiche, unendlich langsame Art und Weise komprimieren, können wir das Ausgangsvolumen des Gases wiederherstellen. Der vollständige Zyklus von Expansion und Komprimierung wird in diesem hypothetischen Prozess, zudem ohne jegliche Nettoänderung der Umgebung, durchlaufen.

Da reelle Prozesse sich der mit reversiblen Prozessen einhergehenden langsamen, sich ständig im Gleichgewicht befindlichen Änderung bestenfalls annähern können, sind alle realen Prozesse irreversibel. Darüberhinaus handelt es sich bei der Umkehrung aller spontanen Prozesse um nicht spontane Prozesse. Ein nicht spontaner Prozess kann nur dann stattfinden, wenn die Umgebung Arbeit auf das System ausübt. Daher *sind alle spontanen Prozesse irreversibel*. Selbst wenn wir den Ausgangszustand des Systems wiederherstellen, hat die Umgebung sich verändert.

19.2 Entropie und der Zweite Hauptsatz der Thermodynamik

Da wir nun wissen, dass alle spontanen Prozesse irreversibel sind, sind wir dem Verständnis der Spontaneität näher gekommen. Wie jedoch können wir diesen Gedanken zur Vorhersage der Spontaneität unbekannter Prozesse nutzen? Um die Spontaneität zu verstehen, müssen wir die thermodynamische Größe untersuchen, die **Entropie** genannt wird. Die Entropie wurde auf unterschiedlichste Art und Weise mit dem Ausmaß der *Zufälligkeit* in einem System oder mit dem Umfang, bis zu welchem Energie über die verschiedenen Bewegungen der Moleküle des Systems verteilt wird, in Verbindung gebracht. Genau genommen handelt es sich bei der Entropie um ein mehrschichtiges Konzept, dessen Auslegungen nicht so schnell durch eine einfache Definition zusammengefasst werden können. In diesem Abschnitt überlegen wir uns, wie wir Entropieänderungen mit Wärmeübertragung und Temperatur in Verbindung bringen können. Dabei werden wir auf eine umfassende Erklärung der Spontaneität stoßen, die als Zweiter Hauptsatz der Thermodynamik bekannt ist. In Abschnitt 19.3 untersuchen wir dann die molekulare Bedeutung der Entropie.

Entropieänderung

Die Entropie, S, eines Systems ist, ebenso wie die innere Energie, U, und die Enthalpie, H, eine Zustandsfunktion. Wie diese anderen Größen auch, ist der Wert von S ein charakteristisches Merkmal des Zustands eines Systems (siehe Abschnitt 5.2). Deshalb hängt die Entropieänderung (ΔS) in einem System nur vom Ausgangs- und Endzustand dieses Systems und nicht von dem von einem Zustand zum anderen gewählten Weg ab:

$$\Delta S = S_{\text{Ende}} - S_{\text{Anfang}} \tag{19.1}$$

Im speziellen Fall eines isothermen Prozesses entspricht ΔS der Wärme, die ausgetauscht werden würde, wenn der Prozess reversibel wäre, Q_{rev}, geteilt durch die Temperatur bei welcher der Prozess abläuft:

19.2 Entropie und der Zweite Hauptsatz der Thermodynamik

$$\Delta S = \frac{Q_{rev}}{T} \quad (T \text{ konstant}) \quad (19.2)$$

Da S eine Zustandsfunktion ist, können wir zur Berechnung von ΔS *jedes* isothermen Prozesses, nicht nur für jene, die reversibel sind, die Gleichung 19.2 anwenden. Falls eine Änderung zwischen zwei Zuständen irreversibel ist, berechnen wir ΔS durch Verwendung eines reversiblen Weges zwischen den Zuständen.

> **❓ DENKEN SIE EINMAL NACH**
>
> Wie lässt es sich vereinbaren, dass S eine Zustandsfunktion ist, ΔS jedoch von Q abhängt, das wiederum keine Zustandsfunktion ist?

ΔS für Phasenumwandlungen

Beim Schmelzen eines Stoffes an seinem Schmelzpunkt und der Verdampfung eines Stoffes an seinem Siedepunkt handelt es sich um isotherme Prozesse. Gehen Sie vom Schmelzen von Eis aus. Bei einem Druck von 1 atm befinden sich Eis und flüssiges Wasser bei 0 °C im Gleichgewicht miteinander. Stellen Sie sich vor, wir schmölzen ein Mol Eis bei 0 °C und 1 atm, um ein Mol flüssigen Wassers bei 0 °C und 1 atm zu bilden. Wir können diesen Übergang herbeiführen, indem wir dem System eine bestimmte Menge Wärme aus der Umgebung zuführen: $Q = \Delta H_{Schmelz}$. Gehen Sie nun davon aus, dass wir diese Umwandlung durch unendlich langsames Zuführen der Wärme herbeiführen und dabei die Umgebungstemperatur nur um einen verschwindend geringen Bereich über 0 °C anheben. Wenn wir den Prozess auf diese Art und Weise durchführen, ist er reversibel. Wir können den Prozess einfach dadurch umkehren, indem wir dem System die gleiche Menge an Wärme, $\Delta H_{Schmelz}$, unendlich langsam wieder entziehen und dazu die unmittelbare Umgebung nutzen, die sich um einen verschwindend geringen Bereich unter 0 °C befindet. Daher, $Q_{rev} = \Delta H_{Schmelz}$ und $T = 0\,°C = 273\,K$.

Die Schmelzenthalpie für H_2O entspricht $\Delta H_{Schmelz} = 6{,}01$ kJ/mol. Da es sich beim Schmelzen um einen endothermen Prozess handelt, ist das Vorzeichen von ΔH positiv. Daher können wir Gleichung 19.2 verwenden, um $\Delta S_{Schmelz}$ für das Schmelzen eines Mols Eis bei 273 K zu berechnen:

> **Näher hingeschaut** ■ **Die Entropieänderung bei der isothermen Expansion eines Gases**
>
> Allgemein können wir festhalten, dass die Entropie eines Systems zunimmt, wenn dieses sich mehr und mehr ausdehnt oder regelloser wird. Deshalb gehen wir davon aus, dass die spontane Expansion eines Gases eine Zunahme der Entropie nach sich zieht. Gehen Sie zur Veranschaulichung der Berechnung der mit einem expandierenden Gas einhergehenden Entropieänderung von der Expansion eines idealen Gases aus, das anfänglich, wie in Abbildung 19.5c dargestellt, von einem Kolben zurückgehalten wird. Wenn das Gas eine reversible isotherme Expansion durchläuft, kann die vom sich bewegenden Kolben auf die Umgebung ausgeübte Arbeit folgendermaßen berechnet werden:
>
> $$W_{rev} = -nRT \ln \frac{V_2}{V_1}$$
>
> In dieser Gleichung entspricht n der Anzahl der Gasmole, R der Gaskonstante, T der absoluten Temperatur, V_1 dem Ausgangsvolumen und V_2 dem Endvolumen. Bitte beachten Sie, dass $W_{rev} < 0$, wenn $V_2 > V_1$, wie dies für unsere Expansion nötig ist. Dies bedeutet, dass das expandierende Gas Arbeit auf die Umgebung ausübt.
>
> Ein Charakteristikum eines idealen Gases ist die Tatsache, dass seine innere Energie nicht vom Druck, sondern nur von der Temperatur abhängt. Deshalb gilt für die Expansion eines idealen Gases bei konstanter Temperatur, $\Delta U = 0$. Da $\Delta U = Q_{rev} + W_{rev} = 0$, können wir erkennen, dass $Q_{rev} = -W_{rev} = nRT \ln(V_2/V_1)$. Anschließend können wir unter Verwendung von ▶ Gleichung 19.2 die Entropieänderung im System berechnen:
>
> $$\Delta S_{System} = \frac{Q_{rev}}{T} = \frac{nRT \ln \frac{V_2}{V_1}}{T} = nR \ln \frac{V_2}{V_1} \quad (19.3)$$
>
> Wir können die Molzahl, $n = 4{,}46 \times 10^{-2}$ mol, für 1,00 l eines idealen Gases bei 1,00 atm und 0 °C berechnen. Die Gaskonstante, R, kann in Einheiten von J/mol·K, 8,314 J/mol·K (Tabelle 10.2) ausgedrückt werden. So erhalten wir für die Expansion des Gases von 1,00 l auf 2,00 l
>
> $$\Delta S_{System} = (4{,}46 \times 10^{-2} \text{ mol})\left(8{,}314 \frac{J}{mol \cdot K}\right)\left(\ln \frac{2{,}00\,l}{1{,}00\,l}\right)$$
> $$= 0{,}26 \text{ J/K}$$
>
> In Abschnitt 19.3 werden wir sehen, dass diese Entropiezunahme ein Maß für die erhöhte Zufälligkeit (Unordnung) der Moleküle aufgrund der Expansion darstellt.

ÜBUNGSBEISPIEL 19.2

Berechnung von ΔS für eine Phasenumwandlung

Das Element Quecksilber, Hg, ist bei Zimmertemperatur eine silberne Flüssigkeit. Der normale Gefrierpunkt von Quecksilber liegt bei $-38{,}9\,°C$, und seine molare Schmelzenthalpie beträgt $\Delta H_{\text{Schmelz}} = 2{,}29$ kJ/mol. Wie lautet die Entropieänderung des Systems, wenn 50,0 g Hg(l) am normalen Gefrierpunkt gefrieren?

Lösung

Analyse: Wir stellen zuerst fest, dass Gefrieren ein *exothermer* Prozess ist: Beim Gefrieren einer Flüssigkeit ($Q < 0$) wird Wärme vom System an die Umgebung übertragen. Die Schmelzenthalpie für den Schmelzvorgang beträgt ΔH. Da Gefrieren das Gegenteil von Schmelzen ist, beträgt die Enthalpieänderung, die mit dem Gefrieren von 1 mol Hg einhergeht $-\Delta H_{\text{Schmelz}} = -2{,}29$ kJ/mol.

Vorgehen: Zur Berechnung von Q für das Gefrieren von 50,0 g Hg können wir $-\Delta H_{\text{Schmelz}}$ und die Atommasse von Hg verwenden:

$$Q = (50{,}0 \text{ g Hg})\left(\frac{1 \text{ mol Hg}}{200{,}59 \text{ g Hg}}\right)\left(\frac{-2{,}29 \text{ kJ}}{1 \text{ mol Hg}}\right) = -571 \text{ J}$$

Wir können diesen Wert von Q in Gleichung 19.2 als Q_{rev} verwenden. Wir müssen die Temperatur jedoch zuerst in K umrechnen:

$$-38{,}9\,°C = (-38{,}9 + 273{,}15) \text{ K} = 234{,}3 \text{ K}$$

Lösung: Nun können wir den Wert von ΔS_{System} berechnen:

$$\Delta S_{\text{System}} = \frac{Q_{\text{rev}}}{T} = \frac{-571 \text{ J}}{234{,}3 \text{ K}} = -2{,}44 \text{ J/K}$$

Überprüfung: Die Entropieänderung ist negativ, da Wärme aus dem System herausfließt und Q_{rev} dadurch negativ wird.

Anmerkung: Die von uns hier angewandte Vorgehensweise kann zur Berechnung von ΔS für andere isotherme Phasenumwandlungen, wie z. B. die Verdampfung einer Flüssigkeit an ihrem Siedepunkt, verwendet werden.

ÜBUNGSAUFGABE

Der normale Siedepunkt von Ethanol, C_2H_5OH, liegt bei $78{,}3\,°C$ (siehe Abbildung 11.24), und seine molare Verdampfungsenthalpie beträgt 38,56 kJ/mol. Wie lautet die Entropieänderung im System, wenn 68,3 g C_2H_5OH(g) bei 1 atm am normalen Siedepunkt zu einer Flüssigkeit kondensiert?

Antwort: -163 J/K.

$$\Delta S_{\text{Schmelz}} = \frac{Q_{\text{rev}}}{T} = \frac{\Delta H_{\text{Schmelz}}}{T} = \frac{(1 \text{ mol})(6{,}01 \times 10^3 \text{ J/mol})}{273 \text{ K}} = 22{,}0 \,\frac{\text{J}}{\text{K}}$$

Bitte beachten Sie, dass die Einheiten für ΔS (J/K) der Energie, geteilt durch die absolute Temperatur, entsprechen, wie dies aufgrund von Gleichung 19.2 zu erwarten ist.

Der Zweite Hauptsatz der Thermodynamik

Der Schlüsselgedanke des Ersten Hauptsatzes der Thermodynamik ist, dass die Energie bei allen Prozessen erhalten bleibt. Daher entspricht die Menge der von einem System abgegebenen Energie der Menge der von seiner Umgebung aufgenommenen (siehe Abschnitt 5.1). Wir werden jedoch herausfinden, dass die Entropie sich anders verhält, da sie eigentlich bei jedem spontanen Prozess zunimmt. Daher ist die Summe der Entropieänderung des Systems und dessen Umgebung für jeden spontanen Prozess immer größer null. Die Entropieänderung dient als Hinweis darauf, ob es sich um einen spontanen Prozess handelt. Lassen Sie uns diese Verallgemeinerung nun veranschaulichen, indem wir erneut das Schmelzen von Eis betrachten, wobei wir Eis und Wasser als unser System betrachten.

Lassen Sie uns die Entropieänderung des Systems und jene der Umgebung beim Schmelzen eines Mols Eis (ein Stück, das in etwa der Größe eines herkömmlichen

Eiswürfels entspricht) in Ihrer Handfläche berechnen. Da das System und die Umgebung unterschiedliche Temperaturen aufweisen, ist der Prozess nicht reversibel. Da es sich bei ΔS jedoch um eine Zustandsfunktion handelt, ist die Entropieänderung des Systems trotzdem dieselbe, unabhängig davon, ob der Prozess reversibel oder irreversibel ist. Wir haben die Entropieänderung des Systems direkt vor dem Übungsbeispiel 19.2 berechnet:

$$\Delta S_{System} = \frac{Q_{rev}}{T} = \frac{(1 \text{ mol})(6{,}01 \times 10^3 \text{ J/mol})}{273 \text{ K}} = 22{,}0 \frac{\text{J}}{\text{K}}$$

Ihre Hand stellt die unmittelbar mit dem Eis in Verbindung stehende Umgebung dar, wobei wir davon ausgehen, dass diese die normale Körpertemperatur von 37 °C = 310 K aufweist. Das Ausmaß des Wärmeverlusts Ihrer Hand entspricht jenem des Wärmegewinns des Eiswürfels, weist jedoch das entgegengesetzte Vorzeichen auf, $-6{,}01 \times 10^3$ J/mol. Daher beträgt die Entropieänderung der Umgebung:

$$\Delta S_{Umgebung} = \frac{Q_{rev}}{T} = \frac{(1 \text{ mol})(-6{,}01 \times 10^3 \text{ J/mol})}{310 \text{ K}} = -19{,}4 \frac{\text{J}}{\text{K}}$$

Folglich ist die Gesamtentropieänderung positiv:

$$\Delta S_{gesamt} = \Delta S_{System} + \Delta S_{Umgebung} = \left(22{,}0 \frac{\text{J}}{\text{K}}\right) + \left(-19{,}4 \frac{\text{J}}{\text{K}}\right) = 2{,}6 \frac{\text{J}}{\text{K}}$$

Betrüge die Temperatur der Umgebung nicht 310 K, sondern hätte diese eine Temperatur, die um einen verschwindend kleinen Betrag über 273 K läge, wäre der Schmelzvorgang reversibel und nicht irreversibel. In diesem Fall entspräche die Entropieänderung der Umgebung –22,0 K und ΔS_{gesamt} wäre gleich null.

Allgemein können wir festhalten, dass alle irreversiblen Prozesse eine Zunahme der Gesamtentropie nach sich ziehen, wohingegen ein reversibler Prozess nicht zu einer Änderung der Gesamtentropie führt. Diese allgemeine Aussage ist als **Zweiter Hauptsatz der Thermodynamik** bekannt. Die Summe der Entropie eines Systems und seiner Umgebung ist alles was vorhanden ist, und wir bezeichnen die Gesamtentropieänderung deshalb als die Entropieänderung des Universums, $\Delta S_{Universum}$. Wir können den Zweiten Hauptsatz der Thermodynamik daher anhand folgender Gleichungen darstellen:

Reversibler Prozess: $\quad \Delta S_{Universum} = \Delta S_{System} + \Delta S_{Umgebung} = 0$
Irreversibler Prozess: $\quad \Delta S_{Universum} = \Delta S_{System} + \Delta S_{Umgebung} > 0 \quad$ (19.4)

Alle realen Prozesse, die von alleine ablaufen, sind irreversibel (wobei reversible Prozesse als nützliche Idealisierung dienen). Diese Prozesse sind darüberhinaus spontan. *Daher nimmt die Gesamtentropie des Universums bei jedem spontanen Prozess zu.* Diese völlige Verallgemeinerung liefert eine weitere Art und Weise, um den Zweiten Hauptsatz der Thermodynamik auszudrücken.

Der Zweite Hauptsatz der Thermodynamik gibt uns Auskunft über den grundlegenden Charakter aller spontanen Änderungen – sie gehen alle mit einer Zunahme der Gesamtentropie einher. Genau genommen können wir dieses Kriterium verwenden um vorherzusagen, ob ein Prozess spontan verlaufen wird. Bevor wir den Zweiten Hauptsatz jedoch zur Vorhersage der Spontaneität anwenden, könnte es sich als nützlich erweisen, die Bedeutung der Entropie aus einer molekularen Perspektive näher zu untersuchen.

Wir werden uns im nahezu gesamten restlichen Verlauf dieses Kapitels hauptsächlich auf die Systeme konzentrieren, auf die wir stoßen, und weniger auf deren Umge-

> **? DENKEN SIE EINMAL NACH**
>
> Das Rosten von Eisen geht mit einer Abnahme der Entropie des Systems (Eisen und Sauerstoff) einher. Was können wir daraus über die Entropieänderung der Umgebung schließen?

Chemische Thermodynamik

bungen. Zur Vereinfachung der Schreibweise werden wir die Entropieänderung des Systems für gewöhnlich nur als ΔS angeben, statt sie explizit als ΔS_{System} auszuweisen.

19.3 Die molekulare Betrachtung der Entropie

Als Chemiker sind wir an Molekülen interessiert. Was hat die Entropie mit ihnen und ihren Umwandlungen zu tun? Welche molekulare Eigenschaft spiegelt die Entropie wider? Ludwig Boltzmann (1844–1906) verlieh der Entropie eine begriffliche Bedeutung. Um Boltzmanns Beitrag zu verstehen, müssen wir die Möglichkeiten untersuchen, mit denen Moleküle Energie speichern können.

Molekülbewegungen und Energie

Bei der Erwärmung eines Stoffes nimmt die Bewegung seiner Moleküle zu. Bei der Behandlung der kinetischen Gastheorie haben wir herausgefunden, dass die durchschnittliche Bewegungsenergie der Moleküle eines idealen Gases direkt proportional zu dessen absoluter Temperatur ist (siehe Abschnitt 10.7). Je höher also die Temperatur, desto schneller bewegen sich die Moleküle und besitzen entsprechend mehr Bewegungsenergie. Darüberhinaus verfügen wärmere Systeme über eine *breitere Verteilung* der Molekülgeschwindigkeiten. Dies können Sie erkennen, wenn Sie sich auf Abbildung 10.18 zurückbeziehen. Die Teilchen eines idealen Gases sind jedoch nur idealisierte Punkte ohne Volumen und Bindungen, Punkte, die wir uns als durch den Raum schwirrend vergegenwärtigen. Echte Moleküle können komplexere Arten von Bewegungen ausführen.

Moleküle können drei Arten von Bewegungen ausführen. Das gesamte Molekül kann sich in eine Richtung bewegen, wie dies bei den Bewegungen der Teilchen eines idealen Gases oder den Bewegungen größerer Objekte, wie z. B. einem über ein Baseballfeld geworfenem Baseball der Fall ist. Solch eine Bewegung wird als **Translationsbewegung** bezeichnet. Die Moleküle in einem Gas verfügen über eine größere Freiheit, Translationsbewegungen auszuführen als jene in einer Flüssigkeit. Diese wiederum haben eine größere Translationsfreiheit als die Moleküle eines Feststoffes.

Ein Molekül kann ebenso *Schwingungsbewegungen* ausführen, bei denen die Atome im Molekül sich periodisch voneinander weg und aufeinander zu bewegen, ebenso wie eine Stimmgabel um ihren Gleichgewichtszustand herum schwingt. Darüberhinaus können Moleküle auch über eine **Rotationsbewegung** verfügen, so als ob sie sich wie ein Kreisel drehen würden. ▶ Abbildung 19.6 veranschaulicht die Schwingungsbewegungen, sowie eine der für das Wassermolekül möglichen Rotationsbewegungen. Diese unterschiedlichen Arten der Bewegung stellen Möglichkeiten zur Energiespeicherung für ein Molekül dar, und wir bezeichnen die verschiedenen Arten allgemein als die „Bewegungsenergie" des Moleküls.

> **? DENKEN SIE EINMAL NACH**
>
> Welche Arten der Bewegung kann ein Molekül ausführen, zu denen ein einzelnes Atom nicht in der Lage ist?

Abbildung 19.6: Schwingungs- und Rotationsbewegungen in einem Wassermolekül. Schwingungsbewegungen im Molekül gehen mit periodischen Verlagerungen der Atome zueinander einher. Rotationsbewegungen bedingen die Drehung eines Moleküls um eine Achse.

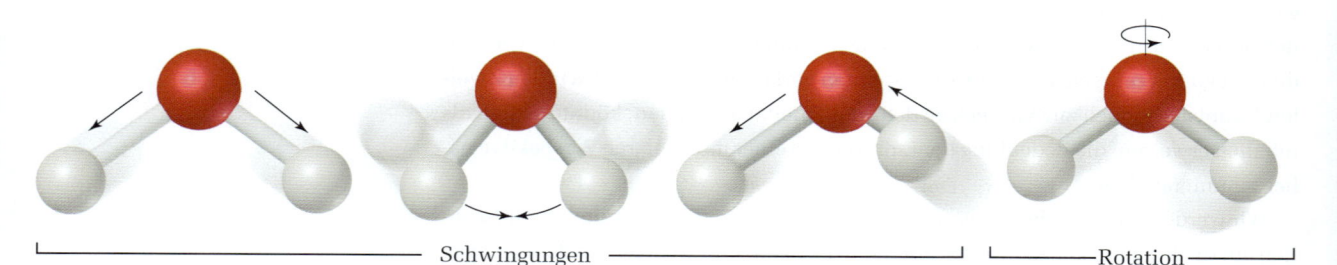

Schwingungen — Rotation

Boltzmann-Gleichung und Mikrozustände

Die Wissenschaft der Thermodynamik entwickelte sich als Mittel zur Beschreibung der Eigenschaften von Materie in unserer makroskopischen Welt, ohne dabei Rücksicht auf die mikroskopische Struktur der Materie zu nehmen. Genau genommen war der Bereich der Thermodynamik bereits gut erforscht, bevor die modernen Ansichten über Atom- und Molekülstruktur überhaupt bekannt waren. Die thermodynamischen Eigenschaften von Wasser beschäftigten sich z. B. mit dem Verhalten großer Mengen Wasser (oder Eis oder Wasserdampf) als Stoff, ohne dabei jedoch die spezifischen Eigenschaften einzelner H_2O-Moleküle zu berücksichtigen.

Um die mikroskopische und die makroskopische Beschreibung der Materie miteinander zu verknüpfen, haben Wissenschaftler die *statistische Thermodynamik* entwickelt, die sich der Mittel der Statistik und Wahrscheinlichkeit bedient, um die Verbindung zwischen der mikroskopischen und der makroskopischen Welt herzustellen. An dieser Stelle wollen wir nun zeigen, wie die Entropie mit dem Verhalten von Atomen und Molekülen in Verbindung gebracht werden kann. Da die mathematischen Grundlagen der statistischen Thermodynamik ziemlich komplex sind, wird unsere Diskussion größtenteils begrifflicher Art sein.

Lassen Sie uns zunächst von einem Mol eines idealen Gases in einem bestimmten thermodynamischen Zustand ausgehen, den wir durch Festlegung der Temperatur, T, und des Volumens, V, des Gases definieren können. Rufen Sie sich ins Gedächtnis zurück, dass die innere Energie, U, eines idealen Gases nur von seiner Temperatur abhängt und dass wir durch Festlegung der Werte für n, T und V auch den Wert des Drucks, p, festlegen. Was geschieht mit unserer Gasprobe auf mikroskopischer Ebene, und in welchem Zusammenhang steht das, was auf mikroskopischer Ebene geschieht, mit der Entropie der Probe? Um diese Fragen beantworten zu können, müssen wir sowohl die Positionen der Gasmoleküle als auch deren individuelle Bewegungsenergien berücksichtigen, die von den Geschwindigkeiten der Moleküle abhängen. In unserer Diskussion der kinetischen Gastheorie gingen wir davon aus, dass die Gasmoleküle sich innerhalb des gesamten Volumens des Behälters ständig in Bewegung befinden. Wir konnten des Weiteren feststellen, dass die Geschwindigkeiten der Gasmoleküle bei einer gegebenen Temperatur einer klar festgelegten Verteilung folgen, wie in Abbildung 10.18 veranschaulicht (siehe Abschnitt 10.7).

Stellen Sie sich nun vor, dass wir in einem festgelegten Augenblick einen „Schnappschuss" der Positionen und Geschwindigkeiten aller Moleküle schießen könnten. Diesen bestimmten Satz von 6×10^{23} Positionen und Energien der einzelnen Gasmoleküle bezeichnen wir als **Mikrozustand** des thermodynamischen Systems. Ein Mikrozustand bezeichnet eine einzelne, mögliche Anordnung der Positionen und Bewegungsenergien der Gasmoleküle während eines spezifischen thermodynamischen Zustands des Gases. Wir könnten uns vorstellen, weitere Schnappschüsse unseres Systems zu schießen, um andere mögliche Mikrozustände betrachten zu können. Genau genommen gäbe es, wie sie zweifellos erkennen können, solch eine unglaublich große Anzahl von Mikrozuständen, dass es nicht realisierbar ist, jeden einzelnen davon zu fotografieren. Da wir solch eine große Anzahl von Teilchen untersuchen, können wir uns jedoch der Hilfsmittel von Statistik und Wahrscheinlichkeit bedienen, um die Gesamtanzahl von Mikrozuständen für den thermodynamischen Zustand zu bestimmen. Hier kommt nun der *statistische* Teil der statistischen Thermodynamik zum Tragen. Jeder thermodynamische Zustand besitzt eine charakteristische Anzahl zugehöriger Mikrozustände, und wir werden für diese Anzahl das Symbol W verwenden.

19 Chemische Thermodynamik

Der Zusammenhang zwischen der Anzahl der Mikrozustände eines Systems, W, und seiner Entropie, S, wird durch eine von Boltzmann entwickelte, wunderbar einfache Gleichung ausgedrückt:

$$S = k \ln W \tag{19.5}$$

In dieser Gleichung bezeichnet k die Boltzmann-Konstante, $1{,}38 \times 10^{-23}$ J/K. Deshalb ist die *Entropie ein Maß dafür, wieviele Mikrozustände einem bestimmten makroskopischen Zustand zugeordnet sind*. Gleichung 19.5 ist auf Boltzmanns Grabstein zu lesen (▶ Abbildung 19.7).

Die mit jedem Prozess einhergehende Entropieänderung lautet

$$\Delta S = k \ln W_{\text{Ende}} - k \ln W_{\text{Anfang}} = k \ln \frac{W_{\text{Ende}}}{W_{\text{Anfang}}} \tag{19.6}$$

Daher führt jede Änderung im System, die eine Zunahme der Anzahl von Mikrozuständen verursacht, zu einem positiven Wert von ΔS: *Die Entropie nimmt mit der Anzahl von Mikrozuständen des Systems zu.*

Lassen Sie uns kurz zwei einfache Änderungen an unserer Probe des idealen Gases betrachten und die Änderung der Entropie in beiden Fällen beobachten. Gehen Sie zuerst davon aus, dass wir das Volumen des Systems vergrößern, was mit der Möglichkeit des Gases, sich isotherm auszudehnen, vergleichbar ist. Ein größeres Volumen bedeutet, dass den Gasatomen eine größere Anzahl von Positionen zur Verfügung steht. Deshalb wird das System nach der Volumenvergrößerung über eine größere Anzahl von Mikrozuständen verfügen. Die Entropie nimmt daher mit der Vergrößerung des Volumens zu, wie wir im Kasten „Näher hingeschaut" im Abschnitt 19.2 erfahren haben. Gehen Sie als nächstes davon aus, dass wir das Volumen konstant halten, dafür jedoch die Temperatur erhöhen. Wie wird diese Änderung sich auf die Entropie des Systems auswirken?

Rufen Sie sich die in Abbildung 10.18 veranschaulichte Verteilung von Molekülgeschwindigkeiten ins Gedächtnis zurück. Eine Erhöhung der Temperatur steigert die durchschnittliche Geschwindigkeit (mittleres Geschwindigkeitsquadrat) der Moleküle und verbreitert die Verteilung der Geschwindigkeiten. Daher verfügen die Moleküle über eine größere Anzahl möglicher Bewegungsenergien, und die Anzahl von Mikrozuständen nimmt auch hier zu. Die Entropie des Systems nimmt deshalb mit steigender Temperatur zu.

Wenn wir, anstatt von Teilchen eines idealen Gases, von echten Molekülen ausgehen, müssen wir darüberhinaus die unterschiedlichen Beträge der Schwingungs- und Rotationsenergien berücksichtigen, über welche die Moleküle zusätzlich zu ihren Bewegungsenergien verfügen. Eine Ansammlung echter Moleküle verfügt deshalb über eine größere Anzahl verfügbarer Mikrozustände wie die gleiche Anzahl von Teilchen eines idealen Gases. Allgemein können wir festhalten, *dass die Anzahl der einem System zur Verfügung stehenden Mikrozustände mit einer Vergrößerung des Volumens, einer Erhöhung der Temperatur oder einem Anstieg der Anzahl von Molekülen zunimmt, da jede dieser Änderungen die möglichen Positionen und Energien der Moleküle des Systems vermehrt.*

Chemiker bedienen sich verschiedener Arten zur Beschreibung einer Zunahme der Anzahl von Mikrozuständen und der daraus resultierenden Zunahme der Entropie eines Systems. Jede dieser Arten versucht das Gefühl der erhöhten Bewegungsfreiheit einzufangen, das Moleküle, die nicht durch naturgegebene Grenzen oder chemische Bindungen zurückgehalten werden, dazu veranlasst, sich auszubreiten. Einige

Abbildung 19.7: Ludwig Boltzmanns Grabstein. Boltzmanns Grabstein in Wien trägt die Inschrift seiner berühmten Beziehung zwischen der Entropie eines Zustands und der Anzahl zur Verfügung stehender Mikrozustände. Zu Zeiten Boltzmanns wurde „log" zur Darstellung des natürlichen Logarithmus verwendet.

> **? DENKEN SIE EINMAL NACH**
>
> Wie lautet die Entropie eines Systems, das nur einen einzigen Mikrozustand besitzt?

19.3 Die molekulare Betrachtung der Entropie

Näher hingeschaut — Entropie und Wahrscheinlichkeit

Ein Pokerspiel wird manchmal als Analogie verwendet, um den Gedanken der mit einem bestimmten Zustand zusammenhängenden Mikrozustände zu untersuchen. Es gibt ca. 2,6 Millionen verschiedene, aus fünf Karten bestehende Pokerblätter, die man austeilen kann, und jedes dieser Blätter kann als ein möglicher „Mikrozustand" für das an einen beliebigen Spieler in einem Spiel ausgeteilte Blatt betrachtet werden. In Tabelle 19.1 sehen Sie zwei Pokerblätter. Die Wahrscheinlichkeit, dass ein bestimmtes Blatt fünf *spezielle* Karten enthält, ist immer gleich, unabhängig davon, welche fünf Karten festgelegt wurden. Daher besteht die gleiche Wahrscheinlichkeit für das Austeilen beider in Tabelle 19.1 dargestellter Blätter. Das erste Blatt, ein Royal Flush (zehn bis Ass einer einzigen Farbe), erscheint uns viel geordneter zu sein als das zweite Blatt, das nichts einbringt. Der Grund dafür ist offensichtlich, wenn wir die Anzahl der aus fünf Karten bestehenden Anordnungen, die einem Royal Flush entsprechen, mit der Anzahl vergleichen, die „nichts" entsprechen: Nur 4 Blätter (Mikrozustände) für einen Royal Flush, jedoch über 1,3 Millionen für ein „Nichts"-Blatt. Der „Nichts"-Zustand besitzt eine höhere Wahrscheinlichkeit, aus einem gemischten Kartenspiel ausgeteilt zu werden als der Royal-Flush-Zustand, da es so viel mehr Anordnungen von Karten gibt, die dem „Nichts"-Zustand entsprechen. Mit anderen Worten, der Wert von W in der Boltzmann-Gleichung (Gleichung 19.5) ist für „nichts" wesentlich größer als für einen Royal Flush.

Dieses Beispiel lehrt uns, dass zwischen Wahrscheinlichkeit und Entropie ein Zusammenhang besteht. Die Entropie besitzt eine natürliche Tendenz zur Zunahme, da jede Entropiezunahme in einem System der Bewegung des Systems von einem Zustand geringerer Wahrscheinlichkeit hin zu einem Zustand größerer Wahrscheinlichkeit entspricht. Physikalische und chemische Veränderungen werden von einer statistischen Unausweichlichkeit angetrieben, die formal durch das Konzept der Entropie ausgedrückt wird.

Zur Erklärung der isothermen Expansion eines Gases, wie in Abbildung 19.1 dargestellt, können wir eine ähnliche Beweisführung anwenden. Nach dem Öffnen des Absperrhahns sind die Gasmoleküle weniger eingeschränkt, und sie verfügen in dem vergrößerten Volumen über mehr Anordnungsmöglichkeiten (mehr Mikrozustände). Die verschiedenen Mikrozustände werden in ▶ Abbildung 19.8 schematisch dargestellt. In dieser Abbildung versuchen wir nicht die Bewegung der Teilchen zu beschreiben, sondern konzentrieren uns stattdessen ausschließlich auf deren Lagen. Die Ausbreitung der Moleküle über das größere Volumen stellt den wahrscheinlicheren Zustand dar.

Wenn wir zur Beschreibung der Entropie die Begriffe Zufälligkeit und Unordnung verwenden, müssen wir aufpassen, nicht einen ästhetischen Sinn dessen zu übertragen, was wir ausdrücken möchten. Wir müssen beachten, dass der fundamentale Zusammenhang mit der Entropie nicht direkt aus Zufälligkeit, Unordnung oder Energiestreuung besteht, sondern aus der Anzahl verfügbarer Mikrozustände.

Abbildung 19.8: Wahrscheinlichkeit und die Positionen von Gasmolekülen. Die beiden Moleküle sind aus Gründen der Nachverfolgbarkeit in rot und blau dargestellt. (a) Vor der Öffnung des Absperrhahns befinden sich beide Moleküle im rechten Kolben. (b) Nach der Öffnung des Absperrhahns stehen den beiden Molekülen vier mögliche Anordnungen zur Verfügung. Nur bei einer der vier Anordnungen befinden sich beide Moleküle im rechten Kolben. Die Mehrzahl möglicher Anordnungen entspricht einer größeren Unordnung des Systems. Allgemein ausgedrückt beträgt die Wahrscheinlichkeit, dass die Moleküle im ursprünglichen Kolben verbleiben, $\left(\frac{1}{2}\right)^n$, wobei n der Anzahl der Moleküle entspricht.

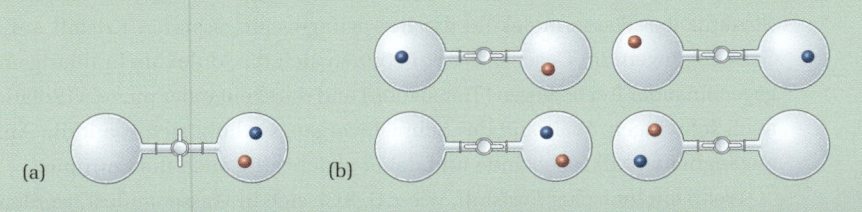

Tabelle 19.1

Ein Vergleich der Anzahl von Kombinationen beim Poker, die entweder zu einem Royal Flush oder zu „Nichts" führen können

Blatt	Zustand	Anzahl der Blätter, die zu diesem Zustand führen
10♠ J♠ Q♠ K♠ A♠	Royal Flush	4
2♣ 5♦ 6♥ 10♦ J♥	„Nichts"	1.302.540

behaupten, dass die Zunahme der Entropie eine Zunahme der *Zufälligkeit* oder *Unordnung* des Systems darstellt, wie im vorangegangen Kasten „Näher hingeschaut" erörtert wurde. Andere wiederum vergleichen eine Zunahme der Entropie mit einer erhöhten *Streuung* (*Ausbreitung*) *von Energie*, da die Anzahl der Möglichkeiten zur Verteilung der Positionen und Energien der Moleküle über das gesamte System zunimmt. Jede dieser Beschreibungen (Zufälligkeit, Unordnung und Energiestreuung) ist begrifflich hilfreich, wenn sie richtig angewandt wird. Wenn Sie diese Beschreibungen im Gedächtnis behalten, werden Sie dies bei der Auswertung von Entropieänderungen in der Tat als nützlich empfinden.

Qualitative Vorhersagen über ΔS

Es ist für gewöhnlich nicht schwierig, sich ein gedankliches Bild zu schaffen, um zu einer qualitativen Einschätzung über die Entropieänderung eines Systems während eines einfachen Prozesses zu gelangen. In den meisten Fällen verläuft eine Zunahme der Anzahl von Mikrozuständen und somit auch eine Zunahme der Entropie parallel zu einer Zunahme von

1. Temperatur
2. Volumen
3. Anzahl der sich unabhängig bewegenden Teilchen

Deshalb können wir normalerweise qualitative Vorhersagen über Entropieänderungen treffen, indem wir uns auf diese Faktoren konzentrieren. So breiten sich die Moleküle beim Verdampfen von Wasser z. B. in ein größeres Volumen aus. Da sie einen größeren Raum einnehmen, nimmt ihre Bewegungsfreiheit zu. Dies führt zu mehr zugänglichen Mikrozuständen und somit zu einer Zunahme der Entropie.

Beim Schmelzen von Eis beschränkt die in ▶ Abbildung 19.9 dargestellte starre Struktur der Wassermoleküle die Bewegungen im gesamten Kristall auf winzige Schwingungen. Im Gegensatz dazu können sich die Moleküle in flüssigem Wasser gegeneinander frei bewegen (Translation) und durcheinander purzeln (Rotation), aber auch schwingen. Während des Schmelzvorgangs erhöht sich somit die Anzahl der zugänglichen Mikrozustände und daher gleichzeitig auch die Entropie.

Wenn ein ionischer Feststoff, wie z. B. KCl, sich in Wasser auflöst, werden der reine Feststoff und das reine Wasser durch ein Gemisch aus Wasser und Ionen (▶ Ab-

Abbildung 19.9: Die Struktur von Eis. Die intermolekularen Anziehungskräfte im dreidimensionalen Kristallgitter beschränken die Moleküle auf die ausschließliche Ausführung von Schwingungsbewegungen.

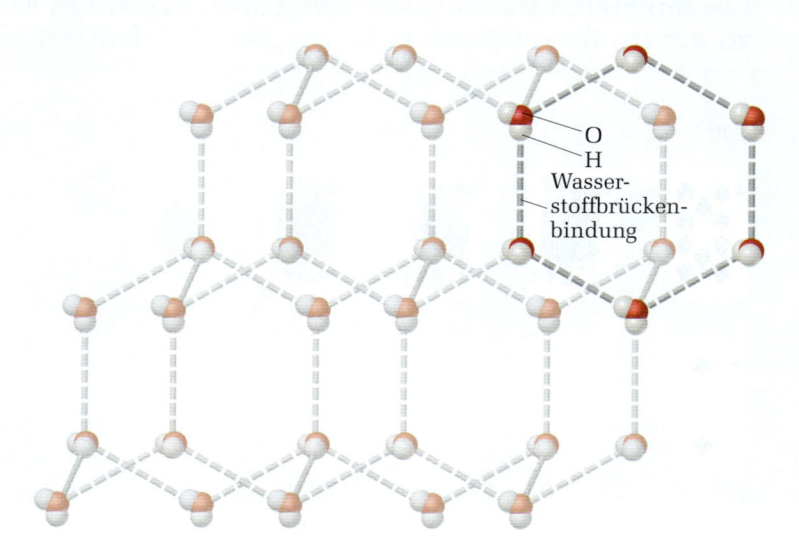

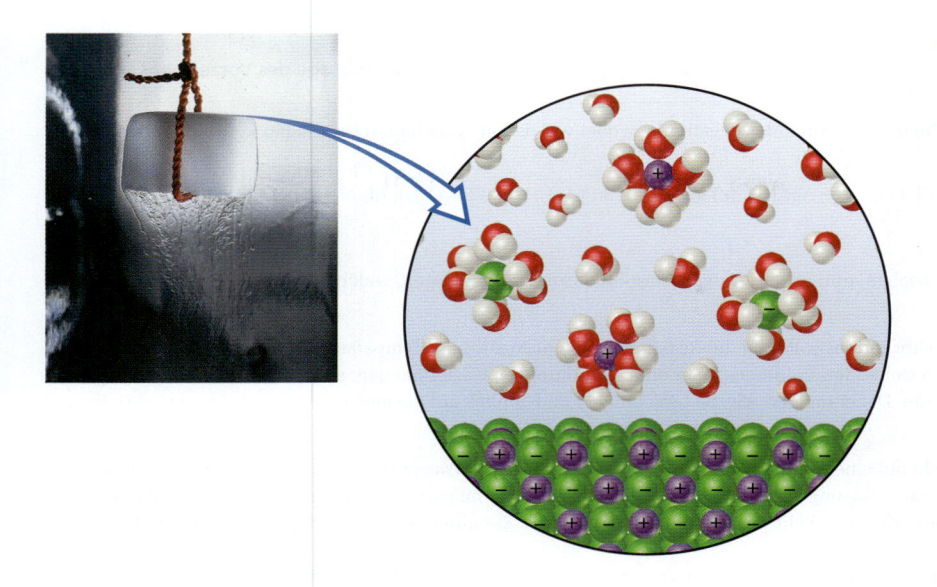

Abbildung 19.10: Die Auflösung eines ionischen Feststoffes in Wasser. Die Ausbreitung der Ionen nimmt zu und ihre Bewegungen werden regelloser, wohingegen die Regellosigkeit der Wassermoleküle, welche die Ionen hydratisieren, abnimmt.

bildung 19.10) ersetzt. Die Ionen bewegen sich nun in einem größeren Volumen und besitzen eine höhere Bewegungsenergie als im starren Feststoff. Wir müssen jedoch beachten, dass Wassermoleküle als Hydratwasser um die Ionen herum gehalten werden (siehe Abschnitt 13.1). Diese Wassermoleküle besitzen weniger Bewegungsenergie als zuvor, da sie nun an die unmittelbare Umgebung der Ionen gebunden sind. Je größer die Ladung eines Ions ist, desto größer sind die Ion-Dipol-Anziehungskräfte, die das Ion und das Wasser zusammenhalten und so Bewegungen einschränken. Deshalb kann, obwohl der Lösungsprozess normalerweise mit einer Zunahme der Entropie einhergeht, das Auflösen von Salzen mit stark geladenen Ionen zu einer *Abnahme* der Entropie führen.

Die gleichen Gedanken gelten für Systeme, die mit chemischen Reaktionen zu tun haben. Gehen Sie von der Reaktion zwischen Stickstoffmonoxidgas und Sauerstoffgas zur Bildung von Stickstoffdioxidgas aus:

$$2\,NO(g) + O_2(g) \longrightarrow 2\,NO_2(g) \tag{19.7}$$

In diesem Fall führt die Reaktion zu einer Abnahme der Molekülanzahl – drei Moleküle gasförmiger Reaktanten bilden zwei Moleküle gasförmiger Produkte (▶ Abbildung 19.11). Die Bildung neuer N—O-Bindungen verringert die Bewegungen der Atome im System. Die Bildung neuer Bindungen verringert die *Anzahl der Freiheitsgrade* oder der den Atomen zur Verfügung stehenden Bewegungsarten. Das bedeutet, dass die Atome aufgrund der Bildung neuer Bindungen weniger frei sind, sich willkürlich zu bewegen. Die Abnahme der Molekülanzahl und die daraus resultierende Abnahme der Bewegung führen zu einer geringeren Anzahl zugänglicher Mikrozustände und somit zu einer Abnahme der Entropie des Systems.

Zusammenfassend können wir feststellen, dass wir bei Prozessen, die folgende Charakteristiken aufweisen, normalerweise von einer Zunahme der Entropie des Systems ausgehen:

1. Bildung von Gasen, entweder aus Feststoffen oder aus Flüssigkeiten
2. Bildung von Flüssigkeiten oder Lösungen aus Feststoffen
3. Zunahme der Gasmolekülanzahl während einer chemischen Reaktion

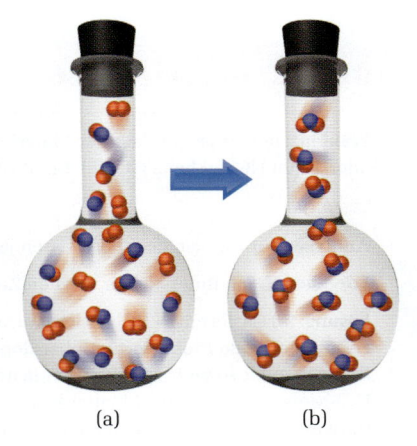

Abbildung 19.11: Entropieänderung während einer Reaktion. Die Verringerung der Anzahl gasförmiger Moleküle führt zu einer Abnahme der Entropie des Systems. Bei der Reaktion von NO(g) und O_2(g) in (a) zur Bildung von NO_2(g) in (b) verringert sich die Anzahl gasförmiger Moleküle. Die Atome verfügen über weniger Freiheitsgrade, da neue N—O-Bindungen entstehen und die Entropie abnimmt.

ÜBUNGSBEISPIEL 19.3
Vorhersage des Vorzeichens von ΔS

Sagen Sie voraus, ob ΔS für folgende Prozesse positiv oder negativ ist, wobei wir davon ausgehen, dass alle bei konstanter Temperatur ablaufen:

(a) $H_2O(l) \longrightarrow H_2O(g)$; **(b)** $Ag^+(aq) + Cl^-(aq) \longrightarrow AgCl(s)$; **(c)** $4\,Fe(s) + 3\,O_2(g) \longrightarrow 2\,Fe_2O_3(s)$; **(d)** $N_2(g) + O_2(g) \longrightarrow 2\,NO(g)$.

Lösung

Analyse: Es sind vier Gleichungen vorgegeben, und unsere Aufgabe besteht darin, vorherzusagen, welches Vorzeichen ΔS bei den einzelnen chemischen Reaktionen hat.

Vorgehen: Das Vorzeichen von ΔS ist positiv, falls es während der Reaktion zu einem Anstieg der Temperatur, einer Vergrößerung des den Molekülen zur Bewegung zur Verfügung stehenden Volumens, oder einer Erhöhung der Gasteilchenanzahl kommt. Aus der Frage geht hervor, dass die Temperatur konstant bleibt. Daher müssen wir die Gleichungen im Hinblick auf die anderen beiden Faktoren beurteilen.

Lösung:
(a) Die Verdampfung einer Flüssigkeit geht mit einem großen Volumenanstieg einher. Ein Mol Wasser (18 g) füllt als Flüssigkeit einen Raum von etwa 18 ml und als Gas bei Normalbedingungen circa 22,4 l aus. Da die Moleküle im gasförmigen Zustand über ein viel größeres Volumen verteilt sind als im flüssigen Zustand, geht die Verdampfung mit einer Zunahme der Bewegungsfreiheit einher. Deshalb ist ΔS positiv.
(b) Bei diesem Prozess bilden die Ionen, die sich frei im gesamten Volumen der Lösung bewegen können, einen Feststoff, in welchem sie auf ein kleineres Volumen beschränkt und auf strenger festgelegte Positionen verwiesen werden. Daher ist ΔS negativ.
(c) Die Teilchen eines Feststoffes sind auf bestimmte Positionen beschränkt und haben weniger Bewegungsmöglichkeiten (weniger Mikrozustände) als die Moleküle eines Gases. Da O_2-Gas in einen Teil des festen Produktes Fe_2O_3 umgewandelt wird, ist ΔS negativ.
(d) Die Molzahl der Gase ist auf beiden Seiten der Gleichung dieselbe und die Entropieänderung daher gering. Es ist, basierend auf unseren bisherigen Erörterungen, unmöglich das Vorzeichen von ΔS vorherzubestimmen. Jedoch können wir voraussehen, dass ΔS nahe null sein wird.

ÜBUNGSAUFGABE

Geben Sie an, ob die folgenden Prozesse zu einer Zu- oder Abnahme der Entropie des Systems führen:

(a) $CO_2(s) \longrightarrow CO_2(g)$; **(b)** $CaO(s) + CO_2(g) \longrightarrow CaCO_3(s)$; **(c)** $HCl(g) + NH_3(g) \longrightarrow NH_4Cl(s)$; **(d)** $2\,SO_2(g) + O_2(g) \longrightarrow 2\,SO_3(g)$

Antworten: (a) Zunahme, **(b)** Abnahme, **(c)** Abnahme, **(d)** Abnahme.

ÜBUNGSBEISPIEL 19.4
Vorhersage, welche Materieprobe die höhere Entropie aufweist

Wählen Sie von jedem Paar der Materieproben jenes mit der höheren Entropie aus und begründen Sie Ihre Wahl: **(a)** 1 mol $NaCl(s)$ oder 1 mol $HCl(g)$ bei 25 °C, **(b)** 2 mol $HCl(g)$ oder 1 mol $HCl(g)$ bei 25 °C, **(c)** 1 mol $HCl(g)$ oder 1 mol $Ar(g)$ bei 298 K.

Lösung

Analyse: Wir müssen bei allen Paaren jenes System auswählen, das die höhere Entropie aufweist.

Vorgehen: Dazu untersuchen wir den Zustand des Systems und die Komplexität der darin enthaltenen Moleküle.

Lösung: (a) Gasförmiges HCl besitzt die höhere Entropie, da Gasen mehr Bewegungen zur Verfügung stehen als Feststoffen. **(b)** Die 2 mol HCl enthaltende Probe verfügt über doppelt so viele Moleküle wie die 1 mol enthaltende Probe. Daher weist die 2 mol enthaltende Probe doppelt so viele Mikrozustände und eine doppelt so hohe Entropie auf. **(c)** Die HCl-Probe weist die höhere Entropie auf, da das HCl-Molekül über mehr Möglichkeiten zum Speichern von Energie verfügt als Ar. HCl-Moleküle können sowohl rotieren als auch schwingen. Ar-Atome sind dazu nicht in der Lage.

ÜBUNGSAUFGABE

Wählen Sie für die verschiedenen Fälle den Stoff mit der jeweils höheren Entropie aus: **(a)** 1 mol $H_2(g)$ bei Normalbedingungen oder 1 mol $H_2(g)$ bei 100 °C und 0,5 atm, **(b)** 1 mol $H_2O(s)$ bei 0 °C oder 1 mol $H_2O(l)$ bei 25 °C, **(c)** 1 mol $H_2(g)$ bei Normalbedingungen oder 1 mol $SO_2(g)$ bei Normalbedingungen, **(d)** 1 mol $N_2O_4(g)$ bei Normalbedingungen oder 2 mol $NO_2(g)$ bei Normalbedingungen.

Antworten: (a) 1 mol $H_2(g)$ bei 100 °C und 0,5 atm, **(b)** 1 mol $H_2O(l)$ bei 25 °C, **(c)** 1 mol $SO_2(g)$ bei Normalbedingungen, **(d)** 2 mol $NO_2(g)$ bei Normalbedingungen.

Chemie und Leben — Entropie und Leben

Das in ▶ Abbildung 19.12a dargestellte Gingko-Blatt bringt wunderschöne Muster in Formen und Farben zum Vorschein. Sowohl pflanzliche als auch tierische Systeme, einschließlich jenes von uns Menschen, weisen unglaublich komplexe Strukturen auf, bei denen jede Menge Stoffe in geordneter Art und Weise aufeinander treffen, um Zellen, Gewebe, Organe, usw. zu bilden. Diese verschiedenen Komponenten müssen, um die Existenzfähigkeit des Organismus als ganzem zu gewährleisten, alle gleichzeitig funktionieren. Wenn nur ein Schlüsselsystem zu einem gewissen Grad von seinem optimalen Zustand abweicht, könnte der gesamte Organismus absterben.

Die Schaffung eines lebenden Systems aus seinen einzelnen Molekülkomponenten – wie z. B. die eines Gingko-Blattes aus Zuckermolekülen, Zellulosemolekülen und den anderen im Blatt vorhandenen Stoffen – erfordert eine sehr große Verringerung der Entropie. Man könnte gar den Eindruck bekommen, dass lebende Systeme gegen den Zweiten Hauptsatz der Thermodynamik verstoßen. Sie scheinen sich im Laufe ihrer Entwicklung spontan besser zu ordnen, obwohl das Gegenteil zu erwarten wäre. Um einen Gesamteindruck zu bekommen, müssen wir jedoch auch die Umgebung mit berücksichtigen.

Wir wissen, dass ein System sich in Richtung einer geringeren Entropie bewegen kann, wenn wir Arbeit darauf ausüben (d. h. wenn wir dem System auf eine ganz bestimmte Art und Weise Energie zuführen). Wenn wir Arbeit auf ein Gas ausüben, indem wir es z. B. isotherm komprimieren, wird die Entropie des Gases verringert. Die für die ausgeübte Arbeit benötigte Energie wird von der Umgebung geliefert, und die resultierende Entropieänderung des Universums ist bei diesem Prozess positiv.

Das Bemerkenswerte an lebenden Systemen ist, dass sie derart organisiert sind, spontan Energie aus ihrer Umgebung heranzuziehen. Einige, als *autotroph* bezeichnete, einzellige Organismen nehmen Energie aus der Sonne auf und speichern diese in Molekülen, wie z. B. Zuckern und Fetten (siehe Abbildung 19.12b). Andere, als *heterotroph* bezeichnete, nehmen Nahrungsmoleküle aus ihrer Umgebung auf und spalten die Moleküle anschließend, um die nötige Energie daraus zu beziehen. Wie auch immer ihr Existenzmodus aussieht, erlangen lebende Systeme ihre Ordnung auf Kosten der Umgebung. Jede Zelle lebt auf Kosten einer Zunahme der Entropie des Universums.

Abbildung 19.12: Entropie und Leben. (a) Dieses Gingkoblatt verkörpert ein höchst organisiertes lebendes System. (b) Cyanobakterien absorbieren Lichtenergie und nutzen diese zur Synthese der für das Wachstum benötigten Stoffe.

Der Dritte Hauptsatz der Thermodynamik

Wenn wir die Wärmeenergie eines Systems durch Senkung der Temperatur verringern, nimmt die als Translations-, Schwingungs- oder Rotationsbewegung gespeicherte Energie ab. Wenn sich die Menge der gespeicherten Energie verringert, nimmt die Entropie des Systems ab. Erreichen wir durch eine weitere Senkung der Temperatur einen Zustand, bei dem diese Bewegungen im Großen und Ganzen zum Stillstand kommen, einen Punkt, der von einem einzigen Mikrozustand beschrieben wird? Mit dieser Frage beschäftigt sich der **Dritte Hauptsatz der Thermodynamik**, der besagt, dass *die Entropie eines reinen kristallinen Stoffes am absoluten Nullpunkt als null angenommen werden kann*: $S(0\,\text{K}) = 0$.

In Form des Nernst'schen Wärmetheorems aus dem Jahr 1906 lautet der Dritte Hauptsatz der Thermodynamik: „Es kann keinen in endlichen Dimensionen verlaufenden Prozess geben, mit Hilfe dessen ein Körper bis zum absoluten Nullpunkt abgekühlt werden kann." Wir dürfen ferner nicht vergessen, dass nach dem quantenmechanischen Modell des harmonischen Oszillators Schwingungen nicht eingefroren werden können, sondern die Atome auch im energieärmsten Zustand, also auch am absoluten Nullpunkt, Schwingungen um ihre Gleichgewichtspositionen ausführen, die so genannten Nullpunktschwingungen. Anderenfalls wäre die Heisenberg'sche Unschärfebeziehung verletzt. Wenn die Temperatur, ausgehend vom absoluten Nullpunkt, erhöht wird, werden energiereichere Schwingungsmoden angeregt. Somit erhöhen sich die Freiheitsgrade des Kristalls.

Wie verhält sich die Entropie des Stoffes bei weiterer Erwärmung? In ▶ Abbildung 19.13 wird graphisch dargestellt, wie sich die Entropie eines typischen Stoffes im Zusammenhang mit der Temperatur verändert. Wir können erkennen, dass die Entropie des Feststoffes mit steigender Temperatur allmählich weiter zunimmt, bis hin zum Schmelzpunkt des Feststoffes. Beim Schmelzen des Feststoffes werden die Bindungen zwischen den Atomen oder Molekülen gelöst, und die Teilchen können sich frei im gesamten Volumen des Stoffes bewegen. Die zusätzlichen Freiheitsgrade der einzelnen Moleküle erlauben eine größere Streuung der Energie des Stoffes und erhöhen dabei seine Entropie. Wir können deshalb am Schmelzpunkt einen starken Anstieg der Entropie erkennen. Nachdem der gesamte Feststoff zu einer Flüssigkeit geschmolzen ist, steigt die Temperatur erneut an und mit ihr auch die Entropie.

Am Siedepunkt der Flüssigkeit findet eine weitere sprunghafte Zunahme der Entropie statt. Diese Zunahme resultiert aus der Tatsache, dass den Molekülen ein größeres Volumen zur Verfügung steht. Wenn wir das Gas weiter erwärmen, nimmt die Entropie stetig zu, da die Gasmoleküle mehr Energie in der Translationsbewegung speichern. Bei höheren Temperaturen wird die Verteilung von Molekülgeschwindigkeiten auf höhere Werte aufgeteilt (siehe Abbildung 10.18). Immer mehr Moleküle weisen Geschwindigkeiten auf, die sehr weit vom wahrscheinlichsten Wert abweichen. Die Ausweitung der Geschwindigkeitsbereiche der Gasmoleküle führt zu einer Zunahme der Entropie.

Die allgemeinen Schlussfolgerungen, die wir aus der Betrachtung von Abbildung 19.13 ziehen, stimmen mit unseren vorangegangenen Erkenntnissen überein: Die Entropie nimmt normalerweise mit ansteigender Temperatur zu, da die erhöhte Bewegungsenergie auf mehrerlei verschiedene Arten gestreut werden kann. Darüber hinaus folgen die Entropien der Phasen eines gegebenen Stoffes der Ordnung $S_{fest} < S_{flüssig} < S_{gasförmig}$. Diese Reihenfolge passt sehr gut in unser Bild von der Anzahl der Feststoffen, Flüssigkeiten und Gasen zur Verfügung stehenden Mikrozustände.

? DENKEN SIE EINMAL NACH

Was wissen Sie über ein System, wenn man Ihnen sagt, dass die Entropie dieses Systems null ist?

Abbildung 19.13: Die Entropie als Funktion der Temperatur. Bei Erhöhung der Temperatur eines kristallinen Feststoffes, ausgehend vom absoluten Nullpunkt, nimmt die Entropie zu. Die plötzlichen, senkrechten Anstiege der Entropie entsprechen Phasenumwandlungen.

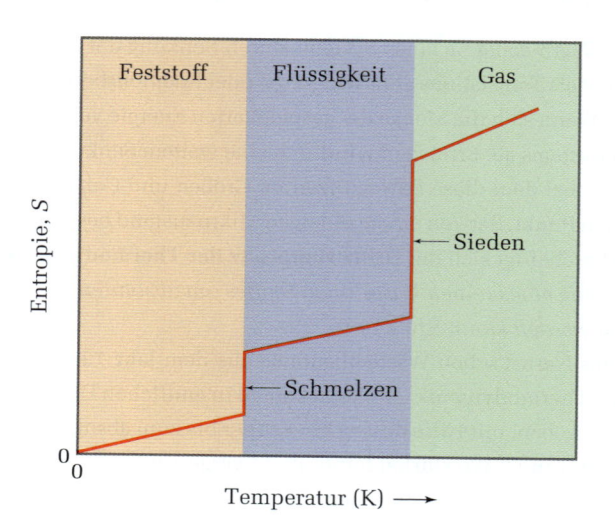

Entropieänderungen bei chemischen Reaktionen 19.4

In Abschnitt 5.5 haben wir darüber gesprochen, wie wir mit Hilfe der Kalorimetrie ΔH bei chemischen Reaktionen messen können. Es existiert keine vergleichbare, einfache Methode zur Messung von ΔS bei einer Reaktion. Durch Verwendung experimenteller Messungen der Abweichung der Wärmekapazität von der Temperatur können wir jedoch den Absolutwert der Entropie, S, für viele Stoffe bei allen Temperaturen bestimmen. Die für diese Messungen und Berechnungen verwendete Theorie sowie die Verfahren gehen über den Rahmen dieses Textes hinaus. Die absoluten Entropien basieren auf dem Bezugspunkt der Nullentropie für ideale kristalline Feststoffe bei 0 K (Dritter Hauptsatz). Entropien werden normalerweise als molare Quantitäten, in Einheiten von Joules pro Mol Kelvin, tabellarisiert ($J/mol \cdot K^{-1}$).

Die Werte der molaren Entropie von Stoffen in ihren Grundzuständen sind als molare **Standardentropien** bekannt und mit $S°$ gekennzeichnet. Der Grundzustand von Stoffen wird als reiner Stoff bei einem Druck von 1 atm definiert.* In Tabelle 19.2 sind die Werte von $S°$ für verschiedene Stoffe bei 298 K angegeben. In Anhang C finden Sie eine ausführlichere Auflistung.

Zu den $S°$-Werten in Tabelle 19.2 können wir Verschiedenes anmerken:

1. Im Gegensatz zu Bildungsenthalpien sind die molaren Standardentropien von Elementen am Bezugspunkt von 298 K *nicht* gleich null.
2. Die molaren Standardentropien von Gasen sind größer als jene von Flüssigkeiten und Feststoffen und sind daher mit unserer Interpretation experimenteller Beobachtungen, wie in Abbildung 19.13 dargestellt, vereinbar.
3. Molare Standardentropien nehmen normalerweise mit steigender molarer Masse zu. Vergleichen Sie $Li(s)$, $Na(s)$ und $K(s)$.
4. Molare Standardentropien nehmen normalerweise mit einer steigenden Anzahl von Atomen in der Formel eines Stoffes zu.

Punkt 4 hängt mit der Molekularbewegung zusammen (siehe Abschnitt 19.3). Allgemein können wir festhalten, dass die Anzahl der Freiheitsgrade eines Moleküls mit steigender Atomanzahl zunimmt, und sich somit auch die Anzahl zugänglicher Mikrozustände erhöht. In ▶ Abbildung 19.14 werden die molaren Standardentropien dreier Kohlenwasserstoffe verglichen. Bitte beachten Sie, wie die Entropie mit steigender Anzahl von Atomen im Molekül zunimmt.

Tabelle 19.2

Molare Standardentropien ausgewählter Stoffe bei 298 K

Stoff	$S°(J/mol \cdot K^{-1})$
Gase	
$H_2(g)$	130,6
$N_2(g)$	191,5
$O_2(g)$	205,0
$H_2O(g)$	188,8
$NH_3(g)$	192,5
$CH_3OH(g)$	237,6
$C_6H_6(g)$	269,2
Flüssigkeiten	
$H_2O(l)$	69,9
$CH_3OH(l)$	126,8
$C_6H_6(l)$	172,8
Feststoffe	
$Li(s)$	29,1
$Na(s)$	51,4
$K(s)$	64,7
$Fe(s)$	27,23
$FeCl_3(s)$	142,3
$NaCl(s)$	72,3

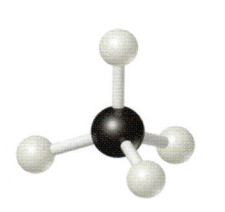

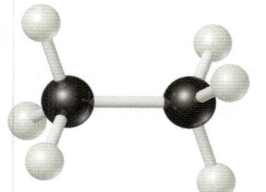

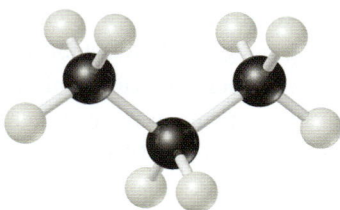

Methan, CH_4
$S° = 186,3 \; J \; mol^{-1} \; K^{-1}$

Ethan, C_2H_6
$S° = 229,6 \; J \; mol^{-1} \; K^{-1}$

Propan, C_3H_8
$S° = 270,3 \; J \; mol^{-1} \; K^{-1}$

Abbildung 19.14: Molare Standardentropien. Allgemein gilt, je komplexer ein Molekül (d. h. je größer die Anzahl vorhandener Atome), desto größer ist die molare Standardentropie des Stoffes. Dies wird hier anhand der molaren Standardentropien dreier einfacher Kohlenwasserstoffe veranschaulicht.

---

* Die in der Thermodynamik verwendete Standarddruckeinheit lautet mittlerweile nicht mehr 1 atm. Stattdessen wird die SI-Einheit für den Druck, das Pascal (Pa), verwendet. Der Standarddruck beträgt 101,325 kPa.

ÜBUNGSBEISPIEL 19.5 — Die Berechnung von ΔS aus tabellarisierten Entropien

Berechnen Sie ΔS für die Synthese von Ammoniak aus $N_2(g)$ und $H_2(g)$ bei 298 K:

$$N_2(g) + 3\,H_2(g) \longrightarrow 2\,NH_3(g)$$

Lösung

Analyse: Die Aufgabe besteht darin, die Entropieänderung für die Synthese von $NH_3(g)$ aus den Elementen zu berechnen.

Vorgehen: Wir können diese Berechnung mit Hilfe von Gleichung 19.8, sowie den in Tabelle 19.2 und Anhang C gegebenen Werten der molaren Standardentropie für Reaktanten und Produkte durchführen.

Lösung: Unter Verwendung von Gleichung 19.8 erhalten wir

$$\Delta S = 2\,S°(NH_3) - [S°(N_2) + 3\,S°(H_2)]$$

Durch Einsetzen der entsprechenden $S°$-Werte aus Tabelle 19.2 erhalten wir

$$\Delta S = (2\text{ mol})(192{,}5\text{ J/mol}\cdot K^{-1}) - [(1\text{ mol})(191{,}5\text{ J/mol}\cdot K^{-1}) + (3\text{ mol})(130{,}6\text{ J/mol}\cdot K^{-1})] = -198{,}3\text{ J/K}$$

Überprüfung: Der Wert für ΔS ist negativ. Dies stimmt mit unserer, auf der Abnahme der Anzahl von Gasmolekülen während der Reaktion basierenden, qualitativen Vorhersage überein.

ÜBUNGSAUFGABE

Berechnen Sie unter Verwendung der Standardentropien aus Anhang C die Standardentropieänderung (ΔS) für folgende Reaktion bei 298 K:

$$Al_2O_3(s) + 3\,H_2(g) \longrightarrow 2\,Al(s) + 3\,H_2O(g)$$

Antwort: 180,39 J/K.

Die Entropieänderung bei einer chemischen Reaktion entspricht der Summe der Entropien des Produkts abzüglich der Summe der Entropien der Reaktanten:

$$\Delta S = \sum n S°(\text{Produkte}) - \sum m S°(\text{Reaktanten}) \qquad (19.8)$$

Wie in Gleichung 5.31 entsprechen die Koeffizienten n und m den stöchiometrischen Koeffizienten in der chemischen Gleichung. Dies wird im Übungsbeispiel 19.5 veranschaulicht.

Entropieänderungen in der Umgebung

Tabellarisierte Werte der absoluten Entropie können, wie eben beschrieben, zur Berechnung der Standardentropieänderung in einem System, wie z. B. einer chemischen Reaktion, verwendet werden. Wie jedoch sieht dies bei der Entropieänderung in der Umgebung aus? In Abschnitt 19.2 sind wir auf diese Situation gestoßen, jedoch ist es sinnvoll, nun, da wir chemische Reaktionen untersuchen, darauf zurückzugreifen.

Wir sollten uns darüber im Klaren sein, dass die Umgebung im Großen und Ganzen als eine große Wärmequelle konstanter Temperatur dient (oder als Wärmesenke, wenn die Wärme aus dem System an die Umgebung abfließt). Die Entropieänderung der Umgebung hängt davon ab, wieviel Wärme vom System aufgenommen oder abgegeben wird. Für einen isothermen Prozess wird die Entropieänderung der Umgebung folgendermaßen angegeben:

$$\Delta S_{\text{Umgebung}} = \frac{-Q_{\text{System}}}{T} \qquad (19.9)$$

Für eine bei konstantem Druck ablaufende Reaktion entspricht Q_{System} einfach der Enthalpieänderung der Reaktion, ΔH. Bei der Reaktion im Übungsbeispiel 19.5, der

Bildung von Ammoniak aus H$_2$(g) und N$_2$(g) bei 298 K, entspricht Q_{System} der Enthalpieänderung der Reaktion unter Standardbedingungen, $\Delta H°$ (siehe Abschnitt 5.7). Unter Anwendung der in Abschnitt 5.7 beschriebenen Verfahren, erhalten wir

$$\Delta H°_r = 2\Delta H°_f[NH_3(g)] - 3\Delta H°_f[H_2(g)] - \Delta H°_f[N_2(g)]$$
$$= 2(-46,19 \text{ kJ}) - 3(0 \text{ kJ}) - (0 \text{ kJ}) = -92,38 \text{ kJ}$$

Daraus ergibt sich, dass die Bildung von Ammoniak aus H$_2$(g) und N$_2$(g) bei 298 K exotherm abläuft. Die Aufnahme der vom System abgegebenen Wärme führt zu einer Zunahme der Entropie der Umgebung:

$$\Delta S_{Umgebung} = \frac{92,38 \text{ kJ}}{298 \text{ K}} = 0,310 \text{ kJ/K} = 310 \text{ J/K}$$

Bitte beachten Sie, dass das Ausmaß der von der Umgebung gewonnenen Entropie (310 J/K) jenes der vom System verlorenen (198,3 J/K) übersteigt. Dies haben unsere Berechnungen im Übungsbeispiel 19.5 ergeben:

$$\Delta S_{Universum} = \Delta S_{System} + \Delta S_{Umgebung} = -198,3 \text{ J/K} + 310 \text{ J/K} = 112 \text{ J/K}$$

Da $\Delta S_{Universum}$ bei allen spontanen Reaktionen positiv ist, deutet diese Berechnung darauf hin, dass sich das Reaktionssystem spontan in Richtung der Bildung von NH$_3$(g) bewegt, wenn NH$_3$(g), H$_2$(g) und N$_2$(g) sich bei 298 K in ihren Standardzuständen befinden (jeweils bei einem Druck von 1 atm). Sie müssen jedoch bedenken, dass – obwohl die thermodynamischen Berechnungen darauf hindeuten, dass die Bildung von Ammoniak spontan abläuft – sie uns nichts über die Geschwindigkeit verraten, mit der Ammoniak gebildet wird. Zur Herstellung des Gleichgewichts in diesem System innerhalb eines vernünftigen Zeitraums ist ein Katalysator, wie in Abschnitt 15.6 besprochen, notwendig.

> **? DENKEN SIE EINMAL NACH**
>
> Wie verhält sich die Entropie der Umgebung bei einem exothermen Prozess? (1) Nimmt immer zu, (2) nimmt immer ab, oder (3) nimmt, abhängig vom Prozess, manchmal zu und manchmal ab.

Freie Enthalpie 19.5

Wir sind auf Beispiele endothermer Prozesse gestoßen, die spontan ablaufen, wie z.B. die Auflösung von Ammoniumnitrat in Wasser (siehe Abschnitt 13.1). Im Laufe unserer Erörterung des Lösungsprozesses haben wir gelernt, dass ein spontaner endothermer Prozess zwangsläufig mit einer Zunahme der Entropie des Systems einhergeht. Wir sind jedoch auch auf Prozesse gestoßen, die spontan sind und trotzdem mit einer *Abnahme* der Entropie des Systems verlaufen, wie z.B. die höchst exotherme Bildung von Natriumchlorid aus den Elementen (siehe Abschnitt 8.2). Spontane Prozesse, die zu einer Abnahme der Entropie des Systems führen, sind immer exotherm. Die Spontaneität einer Reaktion scheint daher zwei thermodynamische Konzepte zu umfassen, Enthalpie und Entropie.

Es sollte eine Möglichkeit geben, ΔH und ΔS zu nutzen, um vorherzubestimmen, ob eine bei konstanter Temperatur und konstantem Druck ablaufende, gegebene Reaktion spontan stattfinden wird. Die dazu nötige Größe wurde zuerst von dem amerikanischen Mathematiker J. Willard Gibbs (1839–1903) entwickelt. Gibbs (▶ Abbildung 19.15) schlug eine neue Zustandsfunktion vor, die heute **Gibbs-Energie** oder **freie Enthalpie** genannt wird. Die freie Enthalpie, G, eines Zustandes ist definiert als

$$G = H - TS \qquad (19.10)$$

Abbildung 19.15: Josiah Willard Gibbs (1839–1903). Gibbs bekam als Erster einen wissenschaftlichen Ph.D.-Grad (Doctorate of Philosophy) einer amerikanischen Universität (Yale, 1863) verliehen. Von 1871 bis zu seinem Tod hatte er den Lehrstuhl für mathematische Physik in Yale inne. Er erarbeitete viele der theoretischen Grundlagen, die zur Entwicklung der chemischen Thermodynamik führten.

Chemische Thermodynamik

wobei T der absoluten Temperatur entspricht. Für einen bei konstanter Temperatur ablaufenden Prozess wird die Änderung der freien Enthalpie des Systems, ΔG, durch folgenden Ausdruck gegeben

$$\Delta G = \Delta H - T\Delta S \tag{19.11}$$

Um zu veranschaulichen, in welchem Zusammenhang die Zustandsfunktion G mit der Spontaneität einer Reaktion steht, rufen Sie sich ins Gedächtnis zurück, dass für eine bei konstanter Temperatur und konstantem Druck ablaufende Reaktion folgendes gilt:

$$\Delta S_{\text{Universum}} = \Delta S_{\text{System}} + \Delta S_{\text{Umgebung}} = \Delta S_{\text{System}} + \left(\frac{-\Delta H_{\text{System}}}{T}\right)$$

Durch Multiplikation beider Seiten mit ($-T$) erhalten wir

$$-T\Delta S_{\text{Universum}} = \Delta H_{\text{System}} - T\Delta S_{\text{System}} \tag{19.12}$$

Wenn wir ▶ Gleichung 19.12 mit ▶ Gleichung 19.11 vergleichen, können wir erkennen, dass die Änderung der freien Enthalpie, ΔG, bei einem bei konstanter Temperatur und konstantem Druck ablaufenden Prozess $-T\Delta S_{\text{Universum}}$ entspricht. Wir wissen, dass $\Delta S_{\text{Universum}}$ bei spontanen Prozessen positiv ist. Daher liefert uns das Vorzeichen von ΔG sehr wertvolle Informationen über die Spontaneität von Prozessen, die bei konstanter Temperatur und konstantem Druck ablaufen. Wenn sowohl T als auch p konstant sind, ist das Verhältnis zwischen dem Vorzeichen von ΔG und der Spontaneität einer Reaktion folgendes:

1 Wenn ΔG negativ ist, verläuft die Hinreaktion spontan.

2 Wenn ΔG gleich null ist, befindet sich die Reaktion im Gleichgewicht.

3 Wenn ΔG positiv ist, verläuft die Hinreaktion nicht spontan. Damit diese vonstatten geht, muss Arbeit aus der Umgebung zugeführt werden. Die Rückreaktion verläuft jedoch spontan.

Es ist günstiger ΔG als ein Kriterium für die Spontaneität zu verwenden als $\Delta S_{\text{Universum}}$, da ΔG sich nur auf das System allein bezieht und die Komplikation vermeidet, die Umgebung ebenfalls untersuchen zu müssen.

Es wird oftmals eine Parallele zwischen der Änderung der freien Enthalpie während einer spontanen Reaktion und der Änderung der potenziellen Energie beim Hinabrollen eines Felsblocks über einen Berg gezogen. Die potenzielle Energie in einem Gravitationsfeld „treibt" den Felsblock „an", bis er im Tal einen Zustand minimaler potenzieller Energie erreicht (▶ Abbildung 19.16 a). Gleichermaßen nimmt die freie Enthalpie eines chemischen Systems solange ab, bis sie einen Minimalwert erreicht (siehe Abbildung 19.16 b). Wenn dieses Minimum erreicht ist, besteht ein Gleichgewichtszustand. *Bei allen bei konstanter Temperatur und konstantem Druck ablaufenden spontanen Prozessen nimmt die freie Enthalpie immer ab.*

Lassen Sie uns zur konkreteren Veranschaulichung dieser Konzepte, zum Haber-Bosch-Verfahren für die Synthese von Ammoniak aus Stickstoff und Wasserstoff, zurückkehren, das wir in Kapitel 15 ausführlich behandelt haben:

$$N_2(g) + 3\,H_2(g) \rightleftharpoons 2\,NH_3(g)$$

Stellen Sie sich vor, wir hätten ein Reaktionsgefäß, das uns die Aufrechterhaltung einer konstanten Temperatur und eines konstanten Drucks ermöglicht und desweiteren verfügen wir über einen Katalysator, der den Ablauf der Reaktion mit einer vernünftigen Geschwindigkeit ermöglicht. Was passiert, wenn wir das Gefäß mit einer bestimmten Molzahl N_2 und der dreifachen Molzahl H_2 füllen? Wie wir in Abbil-

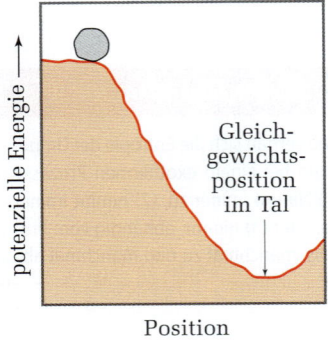

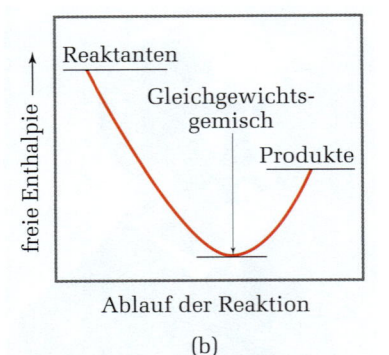

Abbildung 19.16: Potenzielle Energie und freie Enthalpie. Es wird ein Vergleich zwischen der Änderung der potenziellen Gravitationsenergie beim Hinabrollen eines Felsblocks über einen Berg (a) und der Änderung der freien Enthalpie während einer spontanen Reaktion (b) angestellt. Die Gleichgewichtsposition in (a) wird durch die dem System minimal zur Verfügung stehende, potenzielle Gravitationsenergie gegeben. Die Gleichgewichtsposition in (b) wird durch die dem System minimal zur Verfügung stehende, freie Enthalpie gegeben.

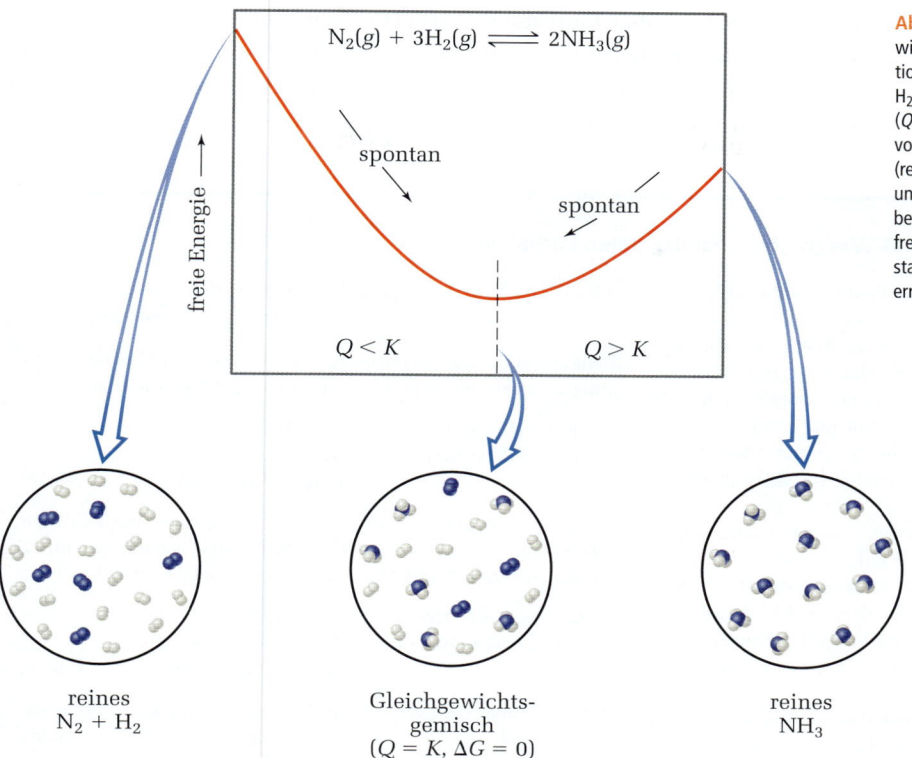

Abbildung 19.17: Freie Enthalpie und Gleichgewicht. Wenn das Reaktionsgemisch bei der Reaktion $N_2(g) + 3 H_2(g) \rightleftharpoons 2 NH_3(g)$ zu viel N_2 und H_2 aufweist (links), liegt die Reaktion zu weit links, ($Q < K$), und es kommt zu einer spontanen Bildung von NH_3. Wenn das Gemisch zu viel NH_3 enthält (rechts), liegt die Reaktion zu weit rechts, ($Q > K$), und NH_3 zersetzt sich spontan zu N_2 und H_2. Bei beiden dieser spontanen Prozesse geht es mit der freien Enthalpie „bergab". Im Gleichgewichtszustand (Mitte) gilt $Q = K$ und die freie Enthalpie erreicht ihr Minimum ($\Delta G = 0$).

dung 15.3 a sehen konnten, reagieren N_2 und H_2 spontan, um so lange NH_3 zu bilden, bis das Gleichgewicht erreicht ist. Ebenso zeigt uns Abbildung 15.3 b, dass, wenn wir das Gefäß mit reinem NH_3 befüllen, dieses sich spontan zersetzt, um so lange N_2 und H_2 zu bilden, bis das Gleichgewicht erreicht ist. In beiden Fällen verringert sich die freie Enthalpie des Systems auf dem Weg hin zum Gleichgewicht, welches ein Minimum der freien Enthalpie darstellt. Wir veranschaulichen diese Fälle in ▶ Abbildung 19.17.

Dies ist ein guter Zeitpunkt, um uns an die Bedeutung des Reaktionsquotienten, Q, für ein nicht im Gleichgewicht befindliches System zu erinnern (siehe Abschnitt 15.6). Rufen Sie sich ins Gedächtnis zurück, dass, wenn $Q < K$, Reaktanten im Verhältnis zu den Produkten im Überschuss vorhanden sind. Die Hinreaktion wird spontan ablaufen, um das Gleichgewicht zu erreichen. Wenn $Q > K$, läuft die Rückreaktion spontan ab. Im Gleichgewicht gilt, $Q = K$. Wir haben diese Punkte in Abbildung 19.17 veranschaulicht. In Abschnitt 19.7 erfahren wir, wie wir den Wert von Q zur Berechnung des Wertes von ΔG für Systeme verwenden können, die sich nicht im Gleichgewicht befinden.

Änderungen der freien Standardenthalpie

Die freie Enthalpie ist, wie die Enthalpie, eine Zustandsfunktion. Wir können **freie Standardbildungsenthalpien** für Stoffe genauso tabellieren wie normale Bildungsenthalpien (siehe Abschnitt 5.7). Wir müssen unbedingt im Gedächtnis behalten, dass die Standardwerte für diese Funktionen eine bestimmte Reihe von Bedingungen oder Standardzuständen voraussetzen. Der Standardzustand für gasförmige Stoffe weist einen Druck von 1 atm auf. Bei Feststoffen gilt der reine Feststoff als Standardzustand, bei Flüssigkeiten die reine Flüssigkeit. Bei gelösten Stoffen gilt normalerweise eine Konzentration von 1 M als Standardzustand. Bei sehr genauen Arbeiten könnte es

> **? DENKEN SIE EINMAL NACH**
>
> Nennen Sie das Kriterium für die Spontaneität, zuerst hinsichtlich der Entropie und anschließend hinsichtlich der freien Enthalpie.

> **CWS** Bildung von Wasser

nötig werden, bestimmte Korrekturen vorzunehmen, wir müssen uns darüber jedoch keine Gedanken machen. Die normalerweise für das Tabellieren von Daten gewählte Temperatur beträgt 25 °C, jedoch werden wir $\Delta G°$ auch bei anderen Temperaturen berechnen. Wie bei der normalen Bildungswärme werden die freien Enthalpien von Ele-

Näher hingeschaut ■ Was ist „frei" bei der freien Enthalpie?

Die freie Enthalpie ist eine bemerkenswerte thermodynamische Größe. Da erstaunlich viele chemische Reaktionen unter Bedingungen nahezu konstanten Drucks und konstanter Temperatur durchgeführt werden, verwenden Chemiker, Biochemiker und Ingenieure das Vorzeichen und den Wert von ΔG als außerordentlich nützliche Hilfsmittel bei der Planung und Durchführung chemischer und biochemischer Reaktionen. Wir werden im weiteren Verlauf dieses Kapitels und dieses Textes Beispielen für die Nützlichkeit von ΔG begegnen.

Es gibt zwei weit verbreitete Fragen, die bei der ersten Konfrontation mit der freien Enthalpie oftmals aufgeworfen werden: Weshalb gibt uns das Vorzeichen von ΔG Auskunft über die Spontaneität von Reaktionen? Was ist „frei" bei der freien Enthalpie? Wir beschäftigen uns an dieser Stelle mit diesen beiden Fragen, indem wir dazu die in Kapitel 5 und weiter oben in diesem Kapitel erörterten Konzepte verwenden.

In Abschnitt 19.2 haben wir erfahren, dass die Spontaneität von Prozessen vom Zweiten Hauptsatz der Thermodynamik bestimmt wird. Um den Zweiten Hauptsatz (Gleichung 19.4) anwenden zu können, müssen wir jedoch $\Delta S_{Universum}$ bestimmen, was oftmals schwierig zu berechnen ist. Durch Anwendung der freien Enthalpie unter Bedingungen konstanter Temperatur und konstanten Drucks können wir $\Delta S_{Universum}$ mit Größen in Verbindung bringen, die nur von Änderungen im System abhängen, nämlich von ΔH und ΔS. Wie bereits erläutert beziehen wir uns, wenn wir diese Größen nicht mit einem tiefgestellten Index versehen, auf das System. Unser erster Schritt zur Betrachtung dieses Verhältnisses besteht darin, uns Gleichung 19.2 ins Gedächtnis zurückzurufen, die besagt, dass ΔS bei konstanter Temperatur der Wärmemenge entspricht, die im Falle eines umkehrbaren Prozesses auf das System übertragen werden würde, geteilt durch die Temperatur:

$$\Delta S = Q_{rev}/T \qquad (T \text{ konstant})$$

Da es sich bei der Entropie um eine Zustandsfunktion handelt, ist dies, unabhängig davon, ob sich das System reversibel oder irreversibel verändert, die Entropieänderung. Ebenso ist die Entropieänderung der Umgebung bei konstanter T durch die der Umgebung zugeführten Wärme, $Q_{Umgebung}$, geteilt durch die Temperatur, gegeben. Da die der Umgebung *zugeführte* Wärme dem System *entzogen* werden muss, ergibt sich, dass $Q_{Umgebung} = -Q_{System}$. Die Zusammenführung dieser Gedanken erlaubt es uns, $\Delta S_{Umgebung}$ zu Q_{System} ins Verhältnis zu setzen:

$$\Delta S_{Umgebung} = Q_{Umgebung}/T = -Q_{System}/T$$
$$(T \text{ konstant}) \qquad (19.14)$$

Wenn p ebenfalls konstant ist, $Q_{System} = Q_p = \Delta H$ (▶ Gleichung 5.10), so dass

$$\Delta S_{Umgebung} = -Q_{System}/T = -\Delta H/T$$
$$(p \text{ und } T \text{ konstant}) \qquad (19.15)$$

Wir können nun Gleichung 19.4 zur Berechnung von $\Delta S_{Universum}$ hinsichtlich ΔS und ΔH anwenden:

$$\Delta S_{Universum} = \Delta S + \Delta S_{Umgebung} = \Delta S - \Delta H/T$$
$$(p \text{ und } T \text{ konstant}) \qquad (19.16)$$

Daher wird der Zweite Hauptsatz (▶ Gleichung 19.4) unter Bedingungen konstanter Temperatur und konstantem Drucks zu:

Reversibler Prozess: $\Delta S - \Delta H/T = 0$
Irreversibler Prozess: $\Delta S - \Delta H/T > 0$
$(p \text{ und } T \text{ konstant}) \qquad (19.17)$

Nun können wir das Verhältnis zwischen ΔG und dem Zweiten Hauptsatz erkennen. Wenn wir die vorangegangenen Gleichungen mit $-T$ multiplizieren und umstellen, kommen wir zu folgendem Ergebnis:

Reversibler Prozess: $\Delta G = \Delta H - T\Delta S = 0$
Irreversibler Prozess: $\Delta G = \Delta H - T\Delta S < 0$
$(p \text{ und } T \text{ konstant}) \qquad (19.18)$

Wir sehen also, dass wir uns das Vorzeichen von ΔG zunutze machen können, um daraus zu schließen, ob eine Reaktion spontan oder nicht spontan abläuft oder sich im Gleichgewicht befindet. Der Wert von ΔG spielt ebenfalls eine wichtige Rolle. Eine Reaktion, bei der ΔG groß und negativ ist, wie z. B. die Verbrennung von Benzin, verfügt über ein wesentlich höheres Potenzial zur Ausübung von Arbeit auf die Umgebung als eine Reaktion, bei der ΔG gering und negativ ist, wie z. B. das Schmelzen von Eis bei Zimmertemperatur. Genau genommen lehrt uns die Thermodynamik, *dass die bei einem Prozess stattfindende Änderung der freien Enthalpie, ΔG, dem Maximum an nutzbarer Arbeit entspricht, das bei einem spontanen, bei konstanter Temperatur und konstantem Druck ablaufenden Prozess vom System auf seine Umgebung ausgeübt werden kann*:

$$\Delta G = -W_{max} \qquad (19.19)$$

Dieses Verhältnis erklärt, weshalb ΔG die *freie* Enthalpie genannt wird. Sie entspricht jenem Teil der Energieänderung einer spontanen Reaktion, dem es frei steht, nutzbare Arbeit zu verrichten. Die verbleibende Energie wird als Wärme an die Umgebung abgegeben.

Welchen Nutzen können wir aus dieser Änderung der freien Standardenthalpie einer chemischen Reaktion ziehen? Die Größe $\Delta G°$ zeigt uns an, ob ein Gemisch aus Reaktanten und Produkten, welche jeweils unter Standardbedingungen vorkommen, spontan zu einer Hinreaktion und somit zur Erzeugung weiterer Produkte ($\Delta G° < 0$) oder zu einer Rückreaktion und daher zur Bildung weiterer Reaktanten ($\Delta G° > 0$) neigen würde. Da $\Delta G_f°$-Werte für eine große Anzahl von Stoffen leicht zugänglich sind, kann die Änderung der freien Standardenthalpie für viele relevante Reaktionen leicht berechnet werden.

Für nicht spontane Prozesse ($\Delta G > 0$) ist die Änderung der freien Enthalpie ein Maß für das *Minimum* an Arbeit, das zum Anstoß des Ablaufens des Prozesses verrichtet werden muss. Aufgrund der Ineffizienz der Art und Weise mit welcher die Änderungen stattfinden, müssen wir bei realen Prozessen jedoch immer mehr als dieses theoretische Minimum an Arbeit verrichten.

menten in ihren Standardzuständen auf null gesetzt. Diese willkürliche Wahl eines Bezugspunktes hat keine Auswirkungen auf die Größe, an der wir wirklich interessiert sind, nämlich der *Differenz* der freien Enthalpie zwischen Reaktanten und Produkten. Die Regeln für die Standardzustände sind in Tabelle 19.3 zusammengefasst. In Anhang C finden Sie eine Auflistung normaler freier Bildungsenthalpien, die mit ΔG_f° gekennzeichnet werden.

Die freien Standardbildungsenthalpien erweisen sich bei der Berechnung der *Änderung der freien Standardenthalpie* chemischer Prozesse als hilfreich. Die Vorgehensweise entspricht jener bei der Berechnung von ΔH° (Gleichung 5.31) und ΔS° (Gleichung 19.8):

$$\Delta G^\circ = \sum n \Delta G_f^\circ (\text{Produkte}) - \sum m \Delta G_f^\circ (\text{Reaktanten}) \quad (19.13)$$

Tabelle 19.3

Zur Ermittlung freier Standardbildungsenthalpien verwendete Konventionen

Zustand der Materie	Standardzustand
Feststoff	Reiner Feststoff
Flüssigkeit	Reine Flüssigkeit
Gas	1 atm Druck
Lösung	1 M Konzentration
Elemente	Die freie Standardbildungsenthalpie eines Elementes in seinem Standardzustand ist als null definiert.

ÜBUNGSBEISPIEL 19.6 — Die Berechnung der Änderung der freien Standardenthalpie aus freien Bildungsenthalpien

(a) Berechnen Sie, unter Verwendung der Daten aus Anhang C, die Änderung der freien Standardenthalpie für folgende Reaktion bei 298 K:

$$P_4(g) + 6\,Cl_2(g) \longrightarrow 4\,PCl_3(g)$$

(b) Wie lautet ΔG° für die Umkehrung obiger Reaktion?

Lösung

Analyse: Die Aufgabe besteht in der Berechnung der Änderung der freien Enthalpie für die angegebene Reaktion und der anschließenden Bestimmung der Änderung der freien Enthalpie für deren Rückreaktion.

Vorgehen: Zur Erledigung unserer Aufgabe schlagen wir die Werte der freien Enthalpie für die Produkte und Reaktanten nach und wenden Gleichung 19.13 an: Wir multiplizieren die molaren Quantitäten mit den Koeffizienten der Gleichgewichtsgleichung und subtrahieren die Gesamtsumme für die Reaktanten von jener für die Produkte.

Lösung:

(a) $Cl_2(g)$ befindet sich in seinem Standardzustand, so dass ΔG_f° für diesen Reaktanten gleich null ist. $P_4(g)$ befindet sich jedoch nicht in seinem Standardzustand, so dass ΔG_f° für diesen Reaktanten nicht gleich null ist. Aus der Gleichgewichtsgleichung und der Verwendung von Anhang C ergibt sich:

$$\Delta G_r^\circ = 4\Delta G_f^\circ[PCl_3(g)] - \Delta G_f^\circ[P_4(g)] - 6\Delta G_f^\circ[Cl_2(g)]$$
$$= (4\,\text{mol})(-269{,}6\,\text{kJ/mol}) - (1\,\text{mol})(24{,}4\,\text{kJ/mol}) - 0 = -1102{,}8\,\text{kJ}$$

Aus der Tatsache, dass ΔG° negativ ist, können wir schließen, dass bei einem Gemisch aus $P_4(g)$, $Cl_2(g)$ und $PCl_3(g)$ bei 25 °C, von denen jedes mit einem Partialdruck von 1 atm vorkommt, eine spontane Hinreaktion zur Bildung von zusätzlichem PCl_3 ablaufen würde. Sie müssen jedoch beachten, dass der Wert von ΔG° uns keine Auskunft über die Geschwindigkeit gibt, mit welcher die Reaktion abläuft.

(b) Bitte rufen Sie sich ins Gedächtnis zurück, dass $\Delta G = G(\text{Produkte}) - G(\text{Reaktanten})$. Mit der Umkehrung der Reaktion kehren wir auch die Rollen von Reaktanten und Produkten um. Deshalb ändert sich mit der Umkehrung der Reaktion auch das Vorzeichen von ΔG, genauso wie sich mit der Umkehrung der Reaktion das Vorzeichen von ΔH ändert (siehe Abschnitt 5.4). Daher erhalten wir unter Verwendung des Ergebnisses aus Teil (a):

$$4\,PCl_3(g) \longrightarrow P_4(g) + 6\,Cl_2(g) \quad \Delta G^\circ = +1102{,}8\,\text{kJ}$$

ÜBUNGSAUFGABE

Berechnen Sie, unter Verwendung der Daten aus Anhang C, ΔG° bei 298 K für die Verbrennung von Methan: $CH_4(g) + 2\,O_2(g) \longrightarrow CO_2(g) + 2\,H_2O(g)$

Antwort: −800,7 kJ.

? DENKEN SIE EINMAL NACH

Was gibt der hochgestellte Index ° an, wenn er in Verbindung mit einer thermodynamischen Größe, wie z. B. bei ΔH°, ΔS° oder ΔG° auftaucht?

> **ÜBUNGSBEISPIEL 19.7**   Schätzung und Berechnung von $\Delta G°$
>
> In Abschnitt 5.7 haben wir den Hess'schen Satz zur Berechnung von $\Delta H°$ für die Verbrennung von Propangas bei 298 K verwendet:
>
> $$C_3H_8(g) + 5\,O_2(g) \longrightarrow 3\,CO_2(g) + 4\,H_2O(l) \qquad \Delta H° = -2220 \text{ kJ}$$
>
> **(a)** Sagen Sie *ohne die Verwendung von Daten aus Anhang C* vorher, ob $\Delta G°$ für diese Reaktion negativer oder weniger negativ ist als $\Delta H°$. **(b)** Verwenden Sie zur Berechnung der Änderung der freien Standardenthalpie für die Reaktion bei 298 K die Daten aus Anhang C. Ist Ihre Vorhersage aus Teil (a) korrekt?
>
> **Lösung**
>
> **Analyse:** In Teil (a) müssen wir den Wert für $\Delta G°$ relativ zu jenem für $\Delta H°$ auf der Basis der Gleichgewichtsgleichung der Reaktion vorhersagen. In Teil (b) müssen wir den Wert für $\Delta G°$ berechnen und mit unserer qualitativen Vorhersage vergleichen.
>
> **Vorgehen:** Die Änderung der freien Enthalpie umfasst unter Standardbedingungen sowohl die Enthalpieänderung als auch die Entropieänderung der Reaktion (Gleichung 19.11):
>
> $$\Delta G° = \Delta H° - T\Delta S°$$
>
> Um zu entscheiden, ob $\Delta G°$ negativer oder weniger negativ ist als $\Delta H°$, müssen wir das Vorzeichen des Terms $T\Delta S°$ bestimmen. T entspricht der absoluten Temperatur, 298 K, und ist deshalb eine positive Zahl. Wir können das Vorzeichen von $\Delta S°$ vorhersagen, indem wir die Reaktion betrachten.
>
> **Lösung:**
> **(a)** Wir können erkennen, dass die Reaktanten aus sechs Gasmolekülen und die Produkte aus drei Gasmolekülen und vier Flüssigkeitsmolekülen bestehen. Somit hat sich die Anzahl der Gasmoleküle im Laufe der Reaktion deutlich verringert. Wenn wir die in Abschnitt 19.3 erörterten, allgemeinen Regeln anwenden, würden wir erwarten, dass eine Verringerung der Anzahl an Gasmolekülen zu einer Abnahme der Entropie des Systems führt – die Produkte verfügen über weniger zugängliche Mikrozustände als die Reaktanten. Wir gehen deshalb davon aus, dass es sich bei $\Delta S°$ und $T\Delta S°$ um negative Zahlen handelt. Da wir $T\Delta S°$, eine negative Zahl, subtrahieren, würden wir vorhersagen, dass $\Delta G°$ weniger negativ ist als $\Delta H°$.
>
> **(b)** Unter Anwendung von Gleichung 19.13 und Werten aus Anhang C können wir den Wert von $\Delta G°$ berechnen:
>
> $$\Delta G° = 3\Delta G°_f[CO_2(g)] + 4\Delta G°_f[H_2O(l)] - \Delta G°_f[C_3H_8(g)] - 5\Delta G°_f[O_2(g)]$$
> $$= 3 \text{ mol}(-394{,}4 \text{ kJ/mol}) + 4 \text{ mol}(-237{,}13 \text{ kJ/mol}) - 1 \text{ mol}(-23{,}47 \text{ kJ/mol}) - 5 \text{ mol}(0 \text{ kJ/mol}) = -2108 \text{ kJ}$$
>
> Bitte beachten Sie, dass wir bei der Verwendung des Wertes von $\Delta G°_f$ für $H_2O(l)$ vorsichtig waren. Wie auch bei der Berechnung von ΔH-Werten, spielen die Phasen der Reaktanten und Produkte eine wichtige Rolle. Wie von uns vorhergesagt, ist $\Delta G°$ aufgrund der Entropieabnahme während der Reaktion weniger negativ als $\Delta H°$.
>
> **ÜBUNGSAUFGABE**
>
> Gehen Sie von der Verbrennung von Propan mit Bildung von $CO_2(g)$ und $H_2O(g)$ bei 298 K aus:
> $4\,C_3H_8(g) + 5\,O_2(g) \longrightarrow 3\,CO_2(g) + 4\,H_2O(g)$. Würden Sie erwarten, dass $\Delta G°$ negativer oder weniger negativ ist als $\Delta H°$?
>
> **Antwort:** Negativer.

19.6 Freie Enthalpie und Temperatur

Wir haben gesehen, dass Tabellierungen von $\Delta G°_f$, wie jene in Anhang C, die Berechnung von $\Delta G°$ für Reaktionen ermöglichen, die bei der Standardtemperatur von 25 °C ablaufen. Wir sind jedoch oftmals an der Untersuchung von Reaktionen interessiert, die bei anderen Temperaturen ablaufen. Wie wird die Änderung der freien Enthalpie von einer Temperaturänderung beeinflusst? Lassen Sie uns nochmals einen Blick auf Gleichung 19.11 werfen:

$$\Delta G = \Delta H - T\Delta S = \underbrace{\Delta H}_{\text{Enthalpieterm}} + \underbrace{(-T\Delta S)}_{\text{Entropieterm}}$$

Bitte beachten Sie, dass wir den Ausdruck für ΔG als Summe zweier Beiträge dargestellt haben, nämlich eines Enthalpieterms ΔH, und eines Entropieterms $-T\Delta S$. Da der Wert von $-T\Delta S$ direkt von der absoluten Temperatur, T, abhängt, verändert sich ΔG zusammen mit der Temperatur. T ist immer positiv. Wir wissen, dass der Enthalpieterm ΔH positiv oder negativ sein kann. Der Entropieterm $-T\Delta S$ kann ebenfalls positiv oder negativ sein. Wenn ΔS positiv ist, d. h. der Endzustand eine höhere Zufälligkeit (eine größere Anzahl von Mikrozuständen) aufweist als der Ausgangszustand, dann ist der Term $-T\Delta S$ negativ. Wenn ΔS negativ ist, dann ist der Term $-T\Delta S$ positiv.

Das Vorzeichen von ΔG, das uns Auskunft über die Spontaneität eines Prozesses gibt, hängt von den Vorzeichen und Werten von ΔH und $-T\Delta S$ ab. Wenn sowohl ΔH als auch $-T\Delta S$ negativ ist, ist ΔG immer negativ und der Prozess bei allen Temperaturen spontan. Ebenso ist, wenn sowohl ΔH als auch $-T\Delta S$ positiv ist, ΔG immer positiv und der Prozess bei allen Temperaturen nicht spontan (der Umkehrprozess wird bei allen Temperaturen spontan ablaufen). Wenn ΔH und $-T\Delta S$ jedoch entgegengesetzte Vorzeichen haben, hängt das Vorzeichen von ΔG von den Werten dieser beiden Terme ab. In solchen Fällen spielt die Temperatur eine wichtige Rolle. Im Allgemeinen verändern ΔH und ΔS sich mit der Temperatur nur unerheblich. Der Wert von T wirkt sich jedoch direkt auf die Größe von $-T\Delta S$ aus. Mit steigender Temperatur erhöht sich auch der Wert des Terms $-T\Delta S$, und er gewinnt bei der Bestimmung des Vorzeichens und der Größe von ΔG mehr und mehr an Bedeutung.

Lassen Sie uns zur Veranschaulichung noch einmal das Schmelzen von Eis zu flüssigem Wasser bei einem Druck von 1 atm betrachten:

$$H_2O(s) \longrightarrow H_2O(l) \qquad \Delta H > 0, \Delta S > 0$$

Dieser Prozess ist endotherm, was bedeutet, dass ΔH positiv ist. Wir wissen auch, dass die Entropie während dieses Prozesses zunimmt, so dass ΔS positiv und $-T\Delta S$ negativ ist. Bei Temperaturen unter 0 °C (273 K) ist der Wert von ΔH höher als jener von $-T\Delta S$. Deshalb ist der positive Enthalpieterm maßgeblich. Dies führt zu einem positiven Wert von ΔG. Der positive Wert von ΔG bedeutet, dass das Schmelzen von Eis bei $T < 0$ °C nicht spontan abläuft. Stattdessen findet bei diesen Temperaturen eher der umgekehrte Prozess, das Gefrieren von flüssigem Wasser zu Eis, spontan statt.

Was passiert bei Temperaturen über 0 °C? Mit steigender Temperatur erhöht sich auch der Wert des Entropieterms $-T\Delta S$. Bei $T > 0$ °C ist der Wert von $-T\Delta S$ größer als jener von ΔH. Bei diesen Temperaturen ist der negative Entropieterm maßgeblich. Dies führt zu einem negativen Wert von ΔG. Der negative Wert von ΔG bedeutet, dass das Schmelzen von Eis bei $T > 0$ °C spontan abläuft. Am normalen Schmelzpunkt von Wasser, $T = 0$ °C, befinden sich die beiden Phasen im Gleichgewicht. Rufen Sie sich ins Gedächtnis zurück, dass im Gleichgewichtszustand $\Delta G = 0$. Bei $T = 0$ °C haben ΔH und $-T\Delta S$ den gleichen Wert und entgegengesetzte Vorzeichen, so dass sie sich gegenseitig aufheben und $\Delta G = 0$ ergeben.

In Tabelle 19.4 sind die Möglichkeiten für die Vorzeichen von ΔH und ΔS, zusammen mit jeweils relevanten Beispielen, angegeben. Durch Anwendung der bereits von uns entwickelten Konzepte zur Vorhersage von Entropieänderungen können wir oftmals vorhersagen, wie ΔG sich mit der Temperatur verändern wird.

Unsere Erörterung der Temperaturabhängigkeit von ΔG ist auch für Änderungen der freien Standardenthalpie von Bedeutung. Wie wir in Übungsbeispiel 19.7 gesehen haben, wird Gleichung 19.11 unter Standardbedingungen zu:

$$\Delta G° = \Delta H° - T\Delta S° \qquad (19.20)$$

Mit Hilfe der in Anhang C tabellierten Daten lassen sich die Werte von $\Delta H°$ und $\Delta S°$ bei 298 K leicht berechnen. Wenn wir davon ausgehen, dass sich die Werte von $\Delta H°$

> **DENKEN SIE EINMAL NACH**
>
> Der normale Siedepunkt von Benzol liegt bei 80 °C. Welcher der beiden Terme ist bei der Verdampfung von Benzol bei 100 °C und 1 atm größer, ΔH oder $T\Delta S$?

Tabelle 19.4
Die Auswirkungen der Temperatur auf die Spontaneität von Reaktionen

ΔH	ΔS	$-T\Delta S$	$\Delta G = \Delta H - T\Delta S$	Reaktionscharakteristika	Beispiel
−	+	−	−	bei allen Temperaturen spontan	$2 O_3(g) \longrightarrow 3 O_2(g)$
+	−	+	+	bei allen Temperaturen nicht spontan	$3 O_2(g) \longrightarrow 2 O_3(g)$
−	−	+	+ oder −	spontan bei niedrigen T; nicht spontan bei hohen T	$H_2O(l) \longrightarrow H_2O(s)$
+	+	−	+ oder −	spontan bei hohen T; nicht spontan bei niedrigen T	$H_2O(s) \longrightarrow H_2O(l)$

ÜBUNGSBEISPIEL 19.8 — Bestimmung des Einflusses der Temperatur auf die Spontaneität

Das Haber-Bosch-Verfahren zur Erzeugung von Ammoniak beruht auf folgendem Gleichgewicht:

$$N_2(g) + 3 H_2(g) \rightleftharpoons 2 NH_3(g)$$

Gehen Sie davon aus, dass $\Delta H°$ und $\Delta S°$ sich bei dieser Reaktion nicht mit der Temperatur verändern. **(a)** Sagen Sie die Richtung vorher, in welche $\Delta G°$ sich bei dieser Reaktion mit steigender Temperatur verändert. **(b)** Berechnen Sie die Werte von $\Delta G°$ für die Reaktion bei 25 °C und bei 500 °C.

Lösung

Analyse: In Teil (a) werden wir aufgefordert, die Richtung vorherzusagen, in welche $\Delta G°$ sich bei der Ammoniaksynthese mit steigender Temperatur verändert. In Teil (b) müssen wir $\Delta G°$ der Reaktion für zwei verschiedene Temperaturen bestimmen.

Vorgehen: In Teil (a) können wir diese Vorhersage treffen, indem wir das Vorzeichen von ΔS für die Reaktion bestimmen und diese Information anschließend zur Analyse von Gleichung 19.20 verwenden. In Teil (b) müssen wir unter Verwendung der Daten aus Anhang C $\Delta H°$ und $\Delta S°$ für die Reaktion berechnen. Wir können anschließend Gleichung 19.20 zur Berechnung von $\Delta G°$ verwenden.

Lösung:

(a) Aus Gleichung 19.20 können wir ersehen, dass $\Delta G°$ der Summe des Enthalpieterms $\Delta H°$ und des Entropieterms $-T\Delta S°$ entspricht. Die Temperaturabhängigkeit von $\Delta G°$ rührt vom Entropieterm her. Wir erwarten, dass $\Delta S°$ für diese Reaktion negativ ist, da die Anzahl der Gasmoleküle in den Produkten geringer ist. Da $\Delta S°$ negativ ist, ist der Term $-T\Delta S°$ positiv und wird mit steigender Temperatur größer. Als Folge daraus wird $\Delta G°$ mit steigender Temperatur weniger negativ (oder positiver). Deshalb nimmt die Antriebskraft für die Erzeugung von NH_3 mit steigender Temperatur ab.

(b) Im Übungsbeispiel 15.14 haben wir den Wert von $\Delta H°$ berechnet und im Übungsbeispiel 19.5 den Wert von $\Delta S°$ bestimmt: $\Delta H° = -92{,}38$ kJ und $\Delta S° = -198{,}4$ J/K. Wenn wir davon ausgehen, dass diese Werte sich nicht mit der Temperatur verändern, können wir unter Verwendung von Gleichung 19.20 $\Delta G°$ bei allen Temperaturen berechnen. Bei $T = 298$ K erhalten wir:

$$\Delta G° = -92{,}38 \text{ kJ} - (298 \text{ K})(-198{,}4 \text{ J/K})$$
$$= -92{,}38 \text{ kJ} + 59{,}1 \text{ kJ} = -33{,}3 \text{ kJ}$$

Bei $T = 500 + 273 = 773$ K erhalten wir:

$$\Delta G° = -92{,}38 \text{ kJ} - (773 \text{ K})\left(-198{,}4 \frac{\text{J}}{\text{K}}\right)$$
$$= -92{,}38 \text{ kJ} + 153 \text{ kJ} = 61 \text{ kJ}$$

Anmerkung: Eine Erhöhung der Temperatur von 298 K auf 773 K verändert $\Delta G°$ von −33,3 kJ auf +61 kJ. Natürlich hängt das Ergebnis bei 773 K von der Annahme ab, dass $\Delta H°$ und $\Delta S°$ sich nicht mit der Temperatur verändern. Genau genommen verändern sich diese Werte geringfügig mit der Temperatur. Trotzdem sollte das Ergebnis bei 773 K eine vernünftige Näherung darstellen. Die positive Erhöhung von $\Delta G°$ mit steigender T stimmt mit unserer Vorhersage aus Teil (a) dieser Aufgabe überein. Unser Ergebnis deutet darauf hin, dass ein Gemisch aus $N_2(g)$, $H_2(g)$ und $NH_3(g)$, die mit einem jeweiligen Partialdruck von 1 atm vorliegen, bei 298 K spontan zur weiteren Bildung von $NH_3(g)$ reagiert. Im Gegensatz dazu gibt uns der positive Wert von $\Delta G°$ bei 773 K Aufschluss darüber, dass die Umkehrreaktion spontan abläuft. Daraus können wir schließen, dass sich bei der Erwärmung des Gemisches aus drei Gasen auf 773 K, wenn diese mit einem jeweiligen Partialdruck von 1 atm vorliegen, ein Teil des $NH_3(g)$ spontan in $N_2(g)$ und $H_2(g)$ zersetzt.

ÜBUNGSAUFGABE

(a) Berechnen Sie unter Verwendung von Standardbildungsenthalpien und Standardentropien aus Anhang C $\Delta H°$ und $\Delta S°$ bei 298 K für folgende Reaktion: $2 SO_2(g) + O_2(g) \longrightarrow 2 SO_3(g)$.
(b) Schätzen Sie unter Verwendung der in Teil (a) errechneten Werte $\Delta G°$ bei 400 K ein.

Antworten: (a) $\Delta H° = -196{,}6$ kJ; $\Delta S° = -189{,}6$ J/K; **(b)** $\Delta G° = -120{,}8$ kJ.

und $\Delta S°$ nicht mit der Temperatur verändern, können wir unter Anwendung von ▶ Gleichung 19.20 den Wert von $\Delta G°$ bei von 298 K abweichenden Temperaturen abschätzen.

19.7 Freie Enthalpie und die Gleichgewichtskonstante

In Abschnitt 19.5 haben wir ein besonderes Verhältnis zwischen ΔG und dem Gleichgewicht entdeckt: Für ein System im Gleichgewicht gilt, $\Delta G = 0$. Wir haben auch erfahren, wie wir tabellierte, thermodynamische Daten, wie z.B. jene aus Anhang C, zur Berechnung von Werten der Änderung der freien Standardenthalpie, $\Delta G°$, verwenden können. Im abschließenden Abschnitt dieses Kapitels lernen wir nun zwei weitere Arten der Verwendung der freien Enthalpie als wertvolles Hilfsmittel für unsere Analyse chemischer Reaktionen kennen. Zuerst lernen wir, wie wir den Wert von $\Delta G°$ zur Berechnung des Wertes von ΔG unter *Nichtstandard*bedingungen verwenden können. Anschließend erfahren wir, wie wir den Wert von $\Delta G°$ einer Reaktion in einen direkten Zusammenhang zum Wert der Gleichgewichtskonstante der Reaktion bringen können.

In Tabelle 19.3 finden Sie die Reihe von Standardbedingungen, für die $\Delta G°$-Werte gelten. Die meisten chemischen Reaktionen finden unter Nichtstandardbedingungen statt. Das allgemeine Verhältnis zwischen der Änderung der freien Standardenthalpie, $\Delta G°$, und der Änderung der freien Enthalpie unter allen anderen Bedingungen, ΔG, wird für alle chemischen Prozesse durch folgenden Ausdruck gegeben:

$$\Delta G = \Delta G° + RT \ln Q \tag{19.21}$$

In dieser Gleichung entspricht R der idealen Gaskonstante, 8,314 J/mol·K, T der absoluten Temperatur und Q dem Reaktionsquotienten, der dem relevanten Reaktionsgemisch entspricht (siehe Abschnitt 15.5). Rufen Sie sich ins Gedächtnis zurück, dass der Ausdruck für Q mit dem Ausdruck der Gleichgewichtskonstante identisch ist, wobei der einzige Unterschied darin besteht, dass die Reaktanten und Produkte sich nicht notwendigerweise im Gleichgewicht befinden müssen.

Unter Standardbedingungen sind die Konzentrationen aller Reaktanten und Produkte gleich 1. Unter Standardbedingungen gilt deshalb $Q = 1$ und folglich $\ln Q = 0$.

ÜBUNGSBEISPIEL 19.9   Herstellung eines Zusammenhangs zwischen ΔG und einer Phasenumwandlung im Gleichgewicht

Wie wir in Abschnitt 11.5 erkennen konnten, entspricht der *normale Siedepunkt* der Temperatur, bei der sich eine reine Flüssigkeit bei einem Druck von 1 atm im Gleichgewicht mit ihrem Dampf befindet. **(a)** Schreiben Sie die chemische Gleichung, die den normalen Siedepunkt flüssigen Tetrachlorkohlenstoffs, $CCl_4(l)$, definiert. **(b)** Wie lautet der Wert von $\Delta G°$ für das Gleichgewicht in Teil (a)? **(c)** Verwenden Sie die thermodynamischen Daten aus Anhang C und Gleichung 19.20, um den normalen Siedepunkt von CCl_4 abzuschätzen.

Lösung

Analyse: (a) Wir müssen eine chemische Gleichung aufstellen, die das physikalische Gleichgewicht zwischen der flüssigen und der gasförmigen Phase CCl_4 am normalen Siedepunkt beschreibt. **(b)** Wir müssen den Wert von $\Delta G°$ für CCl_4 im Gleichgewicht mit seinem Dampf am normalen Siedepunkt bestimmen. **(c)** Wir müssen, basierend auf den zur Verfügung stehenden thermodynamischen Daten, den normalen Siedepunkt von CCl_4 abschätzen.

Vorgehen: (a) Die chemische Gleichung lässt nur die Zustandsänderung von CCl_4 von flüssig nach gasförmig erkennen. **(b)** Wir müssen Gleichung 19.21 im Gleichgewichtszustand ($\Delta G° = 0$) analysieren. **(c)** Wir können Gleichung 19.20 zur Berechnung von T bei $\Delta G = 0$ anwenden.

Chemische Thermodynamik

Lösung:

(a) Der normale Siedepunkt von CCl_4 liegt bei der Temperatur, bei welcher reine Flüssigkeit CCl_4 sich bei einem Druck von 1 atm im Gleichgewicht mit ihrem Dampf befindet.

$$CCl_4(l) \rightleftharpoons CCl_4(l)(g, 1\ atm)$$

(b) Im Gleichgewicht gilt, $\Delta G = 0$. Bei jedem Gleichgewicht am normalen Siedepunkt befinden sich sowohl die Flüssigkeit als auch der Dampf in ihren Standardzuständen (Tabelle 19.2). Folglich gilt für diesen Prozess, $Q = 1$, $\ln Q = 0$ und $\Delta G = \Delta G°$. Daraus schließen wir, dass für das mit dem normalen Siedpunkt zusammenhängende Gleichgewicht jeder Flüssigkeit $\Delta G° = 0$. Wir erfahren des Weiteren, dass für die den normalen Schmelzpunkten und den normalen Sublimationspunkten von Feststoffen entsprechenden Gleichgewichten $\Delta G° = 0$.

(c) Durch Zusammenfassung von Gleichung 19.20 und dem Ergebnis aus Teil (b) erkennen wir, dass der normale Siedepunkt, T_b, bei $CCl_4(l)$ und allen anderen reinen Flüssigkeiten folgendermaßen ausgedrückt werden kann:

$$\Delta G° = \Delta H° - T_b \Delta S° = 0$$

Durch Auflösung der Gleichung nach T_b erhalten wir

$$T_b = \Delta H°/\Delta S°$$

Genau genommen bräuchten wir für diese Berechnung die Werte von $\Delta H°$ und $\Delta S°$ für das Gleichgewicht zwischen $CCl_4(l)$ und $CCl_4(g)$ am normalen Siedepunkt. Wir können den Siedepunkt jedoch durch Verwendung der Werte von $\Delta H°$ und $\Delta S°$ für CCl_4 bei 298 K *abschätzen*. Diese Werte können wir uns mit Hilfe der Daten aus Anhang C und den ▶ Gleichungen 5.31 und 19.8 verschaffen:

$$\Delta H° = (1\ mol)(-106{,}7\ kJ/mol) - (1\ mol)(-139{,}3\ kJ/mol) = +32{,}6\ kJ$$
$$\Delta S° = (1\ mol)(309{,}4\ J/mol \cdot K^{-1}) - (1\ mol)(214{,}4\ J/mol \cdot K^{-1}) = +95{,}0\ J/K$$

Bitte beachten Sie, dass der Prozess wie erwartet endotherm ist ($\Delta H > 0$) und ein Gas erzeugt, in dem die Energie besser verteilt werden kann ($\Delta S > 0$). Wir können diese Werte nun zur Einschätzung von T_b für $CCl_4(l)$ verwenden:

$$T_b = \frac{\Delta H°}{\Delta S°} = \left(\frac{32{,}6\ kJ}{95{,}0\ J/K}\right) = 343\ K = 70\ °C$$

Überprüfung: Der experimentelle, normale Siedepunkt von $CCl_4(l)$ beträgt 76,5 °C. Die geringfügige Abweichung unserer Schätzung vom experimentellen Wert ergibt sich aufgrund der Annahme, dass $\Delta H°$ und $\Delta S°$ sich nicht mit der Temperatur verändern.

ÜBUNGSAUFGABE

Verwenden Sie die Daten aus Anhang C, um den normalen Siedepunkt, in K, für elementares Brom, $Br_2(l)$, abzuschätzen. Der experimentelle Wert ist in Tabelle 11.3 gegeben.

Antwort: 330 K.

Wir können erkennen, dass ▶ Gleichung 19.21 sich unter Standardbedingungen auf $\Delta G = \Delta G°$ vereinfacht, so wie dies der Fall sein sollte.

Wenn die Konzentrationen von Reaktanten und Produkten von den Standardwerten abweichen, müssen wir den Wert von Q berechnen, um den Wert von ΔG bestimmen zu können. Im Übungsbeispiel 19.10 veranschaulichen wir, wie dies funktioniert. An diesem Punkt unserer Erörterung wird es wichtig, die mit Q zusammenhängenden Einheiten in Gleichung 19.21 zu beachten. In Gleichung 19.21 werden die Konzentrationen von Gasen immer hinsichtlich ihrer Partialdrücke in Atmosphären und gelöste Stoffe hinsichtlich ihrer Konzentrationen in mol/l ausgedrückt.

Wir können nun Gleichung 19.21 zur Ableitung des Verhältnisses zwischen $\Delta G°$ und der Gleichgewichtskonstante, K, verwenden. Im Gleichgewichtszustand gilt, $\Delta G = 0$. Rufen Sie sich des Weiteren ins Gedächtnis zurück, dass der Reaktionsquotient, Q, der Gleichgewichtskonstante, K, entspricht, wenn das System sich im Gleichgewicht befindet. Daher lässt sich die Gleichung 19.21 für den Gleichgewichtszustand wie folgt umwandeln:

$$\Delta G = \Delta G° + RT \ln Q$$
$$0 = \Delta G° + RT \ln K$$
$$\Delta G° = -RT \ln K \tag{19.22}$$

► Gleichung 19.22 ermöglicht uns ebenfalls die Berechnung des Wertes von K, wenn wir den Wert von $\Delta G°$ kennen. Wenn wir die Gleichung nach K auflösen, erhalten wir

$$K = e^{-\Delta G°/RT} \quad (19.23)$$

Wie wir bereits bei der Erörterung von Gleichung 19.21 deutlich gemacht haben, muss man bei der Wahl der Einheiten ein gewisses Maß an Sorgfalt walten lassen. Daher drücken wir $\Delta G°$ in den ► Gleichungen 19.22 und 19.23 erneut in kJ/mol aus. Für die Reaktanten und Produkte im Ausdruck der Gleichgewichtskonstante verwenden wir folgende Konventionen: Gasdrücke werden in atm und Lösungskonzentrationen in Mol pro Liter (Molarität) angegeben. Feststoffe, Flüssigkeiten und Lösungsmittel tauchen in diesem Ausdruck nicht auf (siehe Abschnitt 15.3). Daher heißt die Gleichgewichtskonstante für Gasphasenreaktionen K_p, und für Reaktionen in der Lösung K_c (siehe Abschnitt 15.2).

ÜBUNGSBEISPIEL 19.10 — Berechnung der Änderung der freien Enthalpie unter Nichtstandardbedingungen

Wir fahren mit unserer Untersuchung des Haber-Bosch-Verfahrens zur Synthese von Ammoniak fort:

$$N_2(g) + 3H_2(g) \rightleftharpoons 2NH_3(g)$$

Berechnen Sie ΔG bei 298 K für ein Reaktionsgemisch, das aus 1,0 atm N_2, 3,0 atm H_2 und 0,5 atm NH_3 besteht.

Lösung

Analyse: Die Aufgabe besteht in der Berechnung von ΔG unter Nichtstandardbedingungen.

Vorgehen: Wir können Gleichung 19.21 zur Berechnung von ΔG verwenden. Dazu müssen wir den Wert des Reaktionsquotienten Q für die angegebenen Partialdrücke der Gase berechnen und $\Delta G°$ unter Verwendung einer Tabelle berechnen, die freie Standardbildungsenthalpien enthält.

Lösung: Durch Auflösung nach dem Reaktionsquotienten erhalten wir:

$$Q = \frac{p_{NH_3}^2}{p_{N_2} p_{H_2}^3} = \frac{(0{,}50)^2}{(1{,}0)(3{,}0)^3} = 9{,}3 \times 10^{-3}$$

Im Übungsbeispiel 19.8 haben wir $\Delta G° = -33{,}3$ kJ für diese Reaktion berechnet. Wir müssen bei Anwendung von Gleichung 19.21 jedoch die Einheit dieser Größe ändern. Damit die Einheiten in Gleichung 19.21 passen, verwenden wir kJ/mol als unsere Einheiten für $\Delta G°$, wobei „pro Mol" „pro Mol der niedergeschriebenen Reaktion" bedeutet. Daher bedeutet $\Delta G° = -33{,}3$ kJ pro 1 mol N_2, pro 3 mol H_2 und pro 2 mol NH_3.

Nun können wir Gleichung 19.21 zur Berechnung von ΔG für die Nichtstandardbedingungen anwenden:

$$\Delta G = \Delta G° + RT \ln Q$$
$$= (-33{,}3 \text{ kJ/mol}) + (8{,}314 \text{ J/mol} \cdot \text{K})(298 \text{ K}) \ln(9{,}3 \times 10^{-3})$$
$$= (-33{,}3 \text{ kJ/mol}) + (-11{,}6 \text{ kJ/mol}) = -44{,}9 \text{ kJ/mol}$$

Anmerkung: Wir können erkennen, dass ΔG negativer wird und sich von −33,3 kJ zu −44,9 kJ verändert, wenn die Drücke von N_2, H_2 und NH_3 von jeweils 1,0 atm (Normalbedingungen, $\Delta G°$) auf 1,0 atm, 3,0 atm bzw. 0,5 atm geändert werden. Der größere, negative Wert für ΔG deutet auf eine größere „Antriebskraft" zur Erzeugung von NH_3 hin.

Wir hätten auf der Basis des Le-Châtelier-Braun-Prinzips die gleiche Vorhersage getroffen (siehe Abschnitt 15.6). Wir haben, bezogen auf die Normalbedingungen, den Druck eines Reaktanten (H_2) erhöht und den Druck des Produkts (NH_3) gesenkt. Das Le-Châtelier-Braun-Prinzip besagt, dass beide dieser Änderungen die Reaktion mehr in Richtung der Produktseite verschieben und dies zu einer vermehrten Bildung von NH_3 führt.

ÜBUNGSAUFGABE

Berechnen Sie ΔG für die Reaktion von Stickstoff und Wasserstoff zur Bildung von Ammoniak bei 298 K, wenn das Reaktionsgemisch aus 0,5 atm N_2, 0,75 atm H_2 und 2,0 atm NH_3 besteht.

Antwort: −26,0 kJ/mol.

Tabelle 19.5

Verhältnis zwischen $\Delta G°$ und K bei 298 K

$\Delta G°$ (kJ/mol)	K
+200	$9{,}1 \times 10^{-36}$
+100	$3{,}0 \times 10^{-18}$
+50	$1{,}7 \times 10^{-9}$
+10	$1{,}8 \times 10^{-2}$
+1,0	$6{,}7 \times 10^{-1}$
0	1,0
−1,0	1,5
−10	$5{,}6 \times 10^{1}$
−50	$5{,}8 \times 10^{8}$
−100	$3{,}3 \times 10^{17}$
−200	$1{,}1 \times 10^{35}$

Anhand von ▶ Gleichung 19.22 können wir erkennen, dass, wenn $\Delta G°$ negativ ist, ln K positiv sein muss. Ein positiver Wert für ln K bedeutet $K > 1$. Je negativer $\Delta G°$ also ist, desto größer ist die Gleichgewichtskonstante, K. Umgekehrt, wenn $\Delta G°$ positiv ist, ist ln K negativ. Dies bedeutet, dass $K < 1$. In Tabelle 19.5 werden diese Folgerungen zusammengefasst, indem $\Delta G°$ und K sowohl für positive als auch negative Werte von $\Delta G°$ miteinander verglichen werden.

ÜBUNGSBEISPIEL 19.11 — Berechnung einer Gleichgewichtskonstante aus $\Delta G°$

Verwenden Sie freie Standardbildungsenthalpien, um die Gleichgewichtskonstante, K, bei 25 °C für die mit dem Haber-Bosch-Verfahren einhergehende Reaktion zu berechnen:

$$N_2(g) + 3\,H_2(g) \rightleftharpoons 2\,NH_3(g)$$

Im Übungsbeispiel 19.8 haben wir die Änderung der freien Standardenthalpie für diese Reaktion berechnet: $\Delta G° = -33{,}3$ kJ/mol $= -33.300$ J/mol.

Lösung

Analyse: Die Aufgabe besteht in der Berechnung von K, für eine Reaktion, für die $\Delta G°$ gegeben ist.

Vorgehen: Wir können zur Berechnung der Gleichgewichtskonstante Gleichung 19.23 verwenden, die in diesem Fall folgende Form annimmt:

$$K = \frac{p_{NH_3}^2}{p_{N_2}\,p_{H_2}^3}$$

In diesem Ausdruck werden die Gasdrücke in Atmosphären angegeben. Rufen Sie sich ins Gedächtnis zurück, dass wir bei Anwendung der ▶ Gleichungen 19.21, 19.22 oder 19.23 kJ/mol als Einheiten von $\Delta G°$ verwenden.

Lösung: Durch Auflösung von ▶ Gleichung 19.23 nach dem Exponenten $-\Delta G°/RT$ erhalten wir:

$$\frac{-\Delta G°}{RT} = \frac{-(-33.300\,\text{J/mol})}{(8{,}314\,\text{J/mol}\cdot\text{K})(298\,\text{K})} = 13{,}4$$

Um K zu erhalten, setzen wir diesen Wert in ▶ Gleichung 19.22 ein:

$$K = e^{-\Delta G°/RT} = e^{13,4} = 7 \times 10^5$$

Anmerkung: Die Tatsache, dass es sich hier um eine große Gleichgewichtskonstante handelt, deutet darauf hin, dass das Produkt NH_3 im Gleichgewichtsgemisch bei 25 °C klar bevorzugt wird. Die in Tabelle 15.2 angegebenen Gleichgewichtskonstanten für Temperaturen im Bereich zwischen 300 °C und 600 °C sind wesentlich kleiner als der Wert bei 25 °C. Es ist klar zu erkennen, dass ein Gleichgewicht bei geringer Temperatur die Erzeugung von Ammoniak eher begünstigt als ein Gleichgewicht bei höheren Temperaturen. Trotzdem wird das Haber-Bosch-Verfahren bei hohen Temperaturen durchgeführt, da die Reaktion bei Zimmertemperatur extrem langsam vonstatten geht.

Zur Erinnerung: Die Thermodynamik kann uns Auskunft über die Richtung und das Ausmaß einer Reaktion geben, aber sagt nichts über die Geschwindigkeit aus, mit der diese ablaufen wird. Wenn man einen Katalysator finden würde, der ein rasches Ablaufen der Reaktion bei Zimmertemperatur ermöglichen würde, wären keine hohen Drücke nötig, um das Gleichgewicht in Richtung NH_3 zu zwingen.

ÜBUNGSAUFGABE

Berechnen Sie unter Verwendung der Daten aus Anhang C die Änderung der freien Standardenthalpie, $\Delta G°$, und die Gleichgewichtskonstante, K, bei 298 K für die Reaktion $H_2(g) + Br_2(l) \rightleftharpoons 2\,HBr(g)$.

Antwort: $\Delta G° = -106{,}4$ kJ/mol; $K = 5 \times 10^{18}$.

Chemie und Leben — Anstoß nicht spontaner Reaktionen

Viele wünschenswerte chemische Reaktionen, einschließlich einer großen Anzahl jener, die eine zentrale Rolle in lebenden Systemen spielen, laufen in der dargestellten Form nicht spontan ab. Betrachten Sie z. B. die Gewinnung von Kupfer aus dem Mineral *Chalkosin*, Kupferglanz, Cu_2S. Die Zersetzung von Cu_2S in seine Elemente läuft nicht spontan ab:

$$Cu_2S(s) \longrightarrow 2\,Cu(s) + S(s) \qquad \Delta G° = +86{,}2 \text{ kJ}$$

Da $\Delta G°$ sehr positiv ist, erhalten wir $Cu(s)$ nicht direkt durch diese Reaktion. Stattdessen müssen wir einen Weg finden „Arbeit" auf die Reaktion „auszuüben", um sie dazu zu zwingen, so stattzufinden, wie wir das gerne hätten. Wir erreichen dies durch Ankopplung der Reaktion an eine andere, so dass die Gesamtreaktion *spontan* abläuft. Wir könnten uns z. B. vorstellen, dass das $S(s)$ mit $O_2(g)$ reagiert und $SO_2(g)$ bildet:

$$S(s) + O_2(g) \longrightarrow SO_2(g) \qquad \Delta G° = -300{,}4 \text{ kJ}$$

Durch Aneinanderkopplung dieser Reaktionen können wir das Kupfer mittels einer spontanen Reaktion gewinnen:

$$Cu_2S(s) + O_2(g) \longrightarrow 2\,Cu(s) + SO_2(g)$$
$$\Delta G° = (+86{,}2 \text{ kJ}) + (-300{,}4 \text{ kJ}) = -214{,}2 \text{ kJ}$$

Im Grunde genommen haben wir die spontane Reaktion von $S(s)$ mit $O_2(g)$ dazu verwendet, die freie Enthalpie zu liefern, die zur Gewinnung des Kupfers aus dem Mineral nötig ist.

Biologische Systeme wenden dasselbe Prinzip an, nämlich spontane Reaktionen dazu zu nutzen, um nicht spontane anzustoßen. Viele der für die Bildung und Aufrechterhaltung äußerst geordneter biologischer Strukturen unabdingbaren biochemischen Reaktionen laufen nicht spontan ab. Diese notwendigen Reaktionen werden zum Ablaufen gebracht, indem sie an spontane, Energie freisetzende Reaktionen gekoppelt werden. Üblicherweise dient der Nahrungsstoffwechsel als Quelle für die freie Enthalpie, die für die zur Aufrechterhaltung biologischer Systeme auszuübende Arbeit benötigt wird. So liefert z. B. die vollständige Oxidation des Zuckers *Glukose* $C_6H_{12}O_6$, zu CO_2 und H_2O eine beträchtliche Menge freier Enthalpie:

$$C_6H_{12}O_6(s) + 6\,O_2(g) \longrightarrow 6\,CO_2(g) + 6\,H_2O(l)$$
$$\Delta G° = -2880 \text{ kJ}$$

Diese Energie kann dazu verwendet werden, nicht spontane Reaktionen im Körper anzustoßen. Es wird jedoch ein Hilfsmittel benötigt, um die vom Glukosestoffwechsel freigesetzte Energie zu den Reaktionen zu transportieren, die Energie benötigen. Eine, in ▶ Abbildung 19.18 veranschaulichte Art, beruht auf der Umwandlung von Adenosintriphosphat (ATP) zu Adenosindiphosphat (ADP), Molekülen, die mit den Bausteinen von Nukleinsäuren in Zusammenhang stehen. Die Umwandlung von ATP zu ADP liefert freie Enthalpie $\Delta G° = -30{,}5$ kJ, die zum Anstoß anderer Reaktionen verwendet werden kann.

Der Glukosestoffwechsel im menschlichen Körper findet mittels einer komplexen Reihe von Reaktionen statt, von denen die meisten freie Enthalpie liefern. Die im Laufe dieser Schritte freigesetzte freie Enthalpie wird teilweise dazu verwendet, das energieärmere ADP in energiereicheres ATP zurückzuverwandeln. Auf diese Weise werden die ATP-ADP-Umwandlungen dazu verwendet, während des Stoffwechsels Energie zu speichern und diese bei Bedarf freizusetzen, um nicht spontane Reaktionen im Körper anzustoßen. Wenn Sie eine Vorlesung in Biochemie belegen, werden Sie die Gelegenheit haben, mehr über den bemerkenswerten Reaktionsablauf zu erfahren, der zum Transport freier Enthalpie durch den gesamten menschlichen Körper verwendet wird.

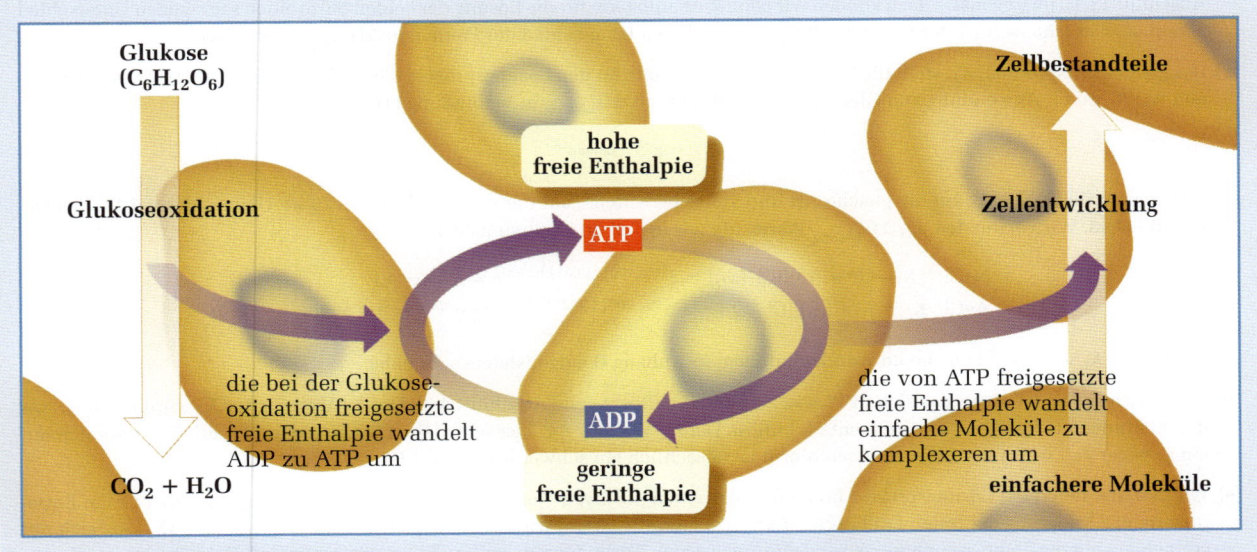

Abbildung 19.18: Die freie Enthalpie und der Zellstoffwechsel. Diese schematische Darstellung veranschaulicht einen Teil der Änderungen der freien Enthalpie, die beim Zellstoffwechsel stattfinden. Die Oxidation von Glukose zu CO_2 und H_2O erzeugt freie Enthalpie, die anschließend zur Umwandlung von ADP in das energiereichere ATP verwendet wird. Das ATP wird dann nach Bedarf als Energiequelle zur Umwandlung einfacher Moleküle zu komplexeren Zellbestandteilen verwendet. Bei Freisetzung seiner gespeicherten freien Enthalpie wird ATP zu ADP zurückverwandelt.

Chemische Thermodynamik

ÜBERGREIFENDE BEISPIELAUFGABE
Verknüpfen von Konzepten

Betrachten Sie die einfachen Salze NaCl(s) und AgCl(s). Wir untersuchen die Gleichgewichte, bei denen sich diese Salze in Wasser auflösen und eine wässrige Lösung von Ionen bilden:

$$NaCl(s) \rightleftharpoons Na^+(aq) + Cl^-(aq)$$
$$AgCl(s) \rightleftharpoons Ag^+(aq) + Cl^-(aq)$$

(a) Berechnen Sie den Wert von $\Delta G°$ bei 298 K für diese Reaktionen. **(b)** Die beiden Werte aus Teil (a) unterscheiden sich stark. Ist diese Differenz in erster Linie auf den Enthalpieterm oder auf den Entropieterm der Änderung der freien Standardenthalpie zurückzuführen? **(c)** Verwenden Sie zur Berechnung der K_L-Werte der beiden Salze bei 298 K die Werte von $\Delta G°$. **(d)** Natriumchlorid wird als lösliches Salz betrachtet, wohingegen Silberchlorid als unlöslich gilt. Stimmen diese Beschreibungen mit den Antworten zu Teil (c) überein? **(e)** Wie wird sich $\Delta G°$ beim Lösungsprozess dieser Salze mit steigendem T verändern? Welche Auswirkungen sollte diese Änderung auf die Löslichkeit der Salze haben?

Lösung:

(a) Zur Berechnung der $\Delta G°_{Lösung}$-Werte für das jeweilige Gleichgewicht verwenden wir Gleichung 19.13, zusammen mit $\Delta G°_f$-Werten aus Anhang C. Wie in Abschnitt 13.1 verwenden wir auch hier den tiefgestellten Index „Lösung", um darauf hinzuweisen, dass es sich hier um thermodynamische Größen für die Bildung einer Lösung handelt. Wir erhalten:

$$\Delta G°_{Lösung} (NaCl) = (-261,9 \text{ kJ/mol}) + (-131,2 \text{ kJ/mol}) - (-384,0 \text{ kJ/mol}) = -9,1 \text{ kJ/mol}$$

$$\Delta G°_{Lösung} (AgCl) = (+77,11 \text{ kJ/mol}) + (-131,2 \text{ kJ/mol}) - (-109,70 \text{ kJ/mol}) = +55,6 \text{ kJ/mol}$$

(b) Wir können $\Delta G°_{Lösung}$ als die Summe eines Enthalpieterms, $\Delta H°_{Lösung}$, und eines Entropieterms, $-T\Delta S°_{Lösung}$, darstellen: $\Delta G°_{Lösung} = \Delta H°_{Lösung} + (-T\Delta S°_{Lösung})$. Die Werte von $\Delta H°_{Lösung}$ und $\Delta S°_{Lösung}$ können wir unter Verwendung der ▶ Gleichungen 5.31 und 19.8 berechnen. Anschließend können wir $-T\Delta S°_{Lösung}$ bei T = 298 K berechnen. Wir sind nun mit all diesen Berechnungen vertraut. Die Ergebnisse sind in der folgenden Tabelle zusammengefasst:

Salz	$\Delta H°_{Lösung}$	$\Delta S°_{Lösung}$	$-T\Delta S°_{Lösung}$
NaCl	+3,6 kJ/mol	+43,2 J/mol·K^{-1}	−12,9 kJ/mol
AgCl	+65,7 kJ/mol	+34,3 J/mol·K^{-1}	−10,2 kJ/mol

Die Entropieterme für die Lösung der beiden Salze sind sich sehr ähnlich. Das erscheint sinnvoll, da jeder Lösungsprozess bei der Auflösung des Salzes zu einem ähnlichen Anstieg der Zufälligkeit und zur Bildung von hydratisierten Ionen führen sollte (siehe Abschnitt 13.1). Im Gegensatz dazu können wir beim Enthalpieterm für die Lösung der beiden Salze einen sehr großen Unterschied erkennen. Der Unterschied der Werte von $\Delta G°_{Lösung}$ wird vom Unterschied der Werte von $\Delta H°_{Lösung}$ dominiert.

(c) Das Löslichkeitsprodukt, K_L, stellt die Gleichgewichtskonstante für den Lösungsprozess dar (siehe Abschnitt 17.4). Als solche können wir K_L durch Anwendung von Gleichung 19.23 direkt mit $\Delta G°_{Lösung}$ in Verbindung bringen:

$$K_L = e^{-\Delta G°_{Lösung}/RT}$$

Wir können die K_L-Werte auf die gleiche Art und Weise berechnen, auf die wir Gleichung 19.23 im Übungsbeispiel 19.13 angewandt haben. Wir verwenden die $\Delta G°_{Lösung}$-Werte, die wir in Teil (a) erhalten haben.

NaCl: $K_L = [Na^+(aq)][Cl^-(aq)] = e^{-(-9100)/[(8,314)(298)]} = e^{+3,7} = 40$

AgCl: $K_L = [Ag^+(aq)][Cl^-(aq)] = e^{-(+55.600)/[(8,314)(298)]} = e^{-22,4} = 1,9 \times 10^{-10}$

Der für die K_L von AgCl berechnete Wert kommt dem in Anhang D aufgelistetem sehr nahe.

(d) Ein lösliches Salz ist eines, das sich in Wasser erkennbar auflöst (siehe Abschnitt 4.2). Der K_L-Wert für NaCl ist größer als 1, was darauf hindeutet, dass NaCl sich größtenteils auflöst. Der K_L-Wert für AgCl ist sehr klein. Dies lässt darauf schließen, dass sich nur ein geringer Teil in Wasser auflöst. Silberchlorid ist tatsächlich ein schwer lösliches Salz.

(e) Wie erwartet liefert der Lösungsprozess für beide Salze einen positiven Wert von ΔS (siehe Tabelle in Teil (b)). Daher ist der Entropieterm der Änderung der freien Enthalpie, $-T\Delta S°_{Lösung}$, negativ. Wenn wir davon ausgehen, dass $\Delta H°_{Lösung}$ und $\Delta S°_{Lösung}$ sich nur geringfügig mit der Temperatur ändern, wird ein Anstieg von T dazu führen, dass $\Delta G°_{Lösung}$ negativer wird. Daher wird sich die Antriebskraft für die Auflösung der Salze mit steigendem T erhöhen und wir erwarten deshalb, dass die Löslichkeit der Salze sich ebenfalls mit zunehmendem T erhöht. In Abbildung 13.17 können wir erkennen, dass sich die Löslichkeit von NaCl (und die fast aller Salze) mit zunehmender Temperatur erhöht (siehe Abschnitt 13.3).

Zusammenfassung und Schlüsselbegriffe

Einleitung und Abschnitt 19.1 In diesem Kapitel haben wir einige der Aspekte der chemischen Thermodynamik, jenes Bereichs der Chemie untersucht, der sich mit Energieverhältnissen befasst. Die meisten Reaktionen und chemischen Prozesse verfügen über eine ihnen eigene Richtung: Sie sind **spontan** in eine Richtung und nicht spontan in die entgegengesetzte Richtung. Die Spontaneität eines Prozesses hängt mit dem thermodynamischen Weg zusammen, den das System vom Ausgangs- zum Endzustand einschlägt. Bei einem **reversiblen Prozess** können sowohl das System als auch dessen Umgebung durch exakte Umkehrung der Änderung in ihren jeweiligen Ausgangszustand zurückversetzt werden. Bei einem **irreversiblen Prozess** kann das System nicht in seinen Ausgangszustand zurückkehren, ohne dass dabei die Umgebung verändert wird. Alle spontanen Prozesse sind irreversibel. Ein Prozess, der bei einer konstanten Temperatur abläuft, wird als **isotherm** bezeichnet.

Abschnitt 19.2 Die spontane Natur von Prozessen hängt mit einer thermodynamischen Zustandsfunktion zusammen, die **Entropie** genannt und mit S gekennzeichnet wird. Für einen bei konstanter Temperatur ablaufenden Prozess wird die Entropieänderung des Systems durch die vom System entlang eines reversiblen Weges aufgenommene Wärme, geteilt durch die Temperatur, angegeben: $\Delta S = Q_{rev}/T$. Die Art und Weise, auf welche die Entropie die Spontaneität von Prozessen beeinflusst, wird durch den **Zweiten Hauptsatz der Thermodynamik** gegeben, der die Änderung der Entropie des Universums, $\Delta S_{Universum} = \Delta S_{System} + \Delta S_{Umgebung}$, bestimmt. Der Zweite Hauptsatz besagt, dass bei einem reversiblen Prozess $\Delta S_{Universum} = 0$. Bei einem irreversiblen (spontanen) Prozess $\Delta S_{Universum} > 0$. Entropiewerte werden für gewöhnlich in Einheiten von Joules pro Kelvin, J/K, ausgedrückt.

Abschnitt 19.3 Moleküle können drei Arten der Bewegung ausführen: Bei der **Translationsbewegung** bewegt sich das gesamte Molekül im Raum. Des Weiteren können Moleküle eine **Schwingungsbewegung** ausführen, bei der sich die Atome des Moleküls periodisch aufeinander zu und voneinander weg bewegen. Bei der **Rotationsbewegung** dreht sich das gesamte Molekül wie ein Kreisel. Eine bestimmte Kombination von Bewegungen und Positionen der Atome und Moleküle eines Systems zu einem bestimmten Zeitpunkt wird als **Mikrozustand** bezeichnet. Die Entropie ist ein Maß dafür, wie viele Mikrozustände mit einem bestimmten makroskopischen Zustand zusammenhängen. Wenn die Gesamtanzahl zugänglicher Mikrozustände W ist, wird die Entropie durch $S = k \ln W$ gegeben. Da jede der folgenden Änderungen die möglichen Bewegungen und Positionen von Molekülen erhöht, nimmt die Anzahl der zur Verfügung stehenden Mikrozustände mit einer Zunahme des Volumens, der Temperatur oder der Bewegung der Moleküle und damit auch die Entropie zu. Daraus folgt, dass die Entropie sich für gewöhnlich dann erhöht, wenn Feststoffe zu Flüssigkeiten oder Lösungen und Feststoffe oder Flüssigkeiten in Gase umgewandelt werden oder die Anzahl der Gasmoleküle im Laufe einer chemischen Reaktion zunimmt. Der **Dritte Hauptsatz der Thermodynamik** besagt, dass die Entropie eines reinen kristallinen Feststoffes bei 0 K null beträgt.

Abschnitt 19.4 Der Dritte Hauptsatz ermöglicht es uns, Stoffen bei unterschiedlichen Temperaturen Entropiewerte zuzuordnen. Unter Standardbedingungen wird die Entropie eines Mols eines Stoffes als dessen **molare Standardentropie** bezeichnet und mit $S°$ gekennzeichnet. Anhand tabellarisierter Werte für $S°$ können wir die Entropieänderung für jeden Prozess unter Standardbedingungen berechnen. Bei einem isothermen Prozess entspricht die Entropieänderung in der Umgebung $-\Delta H/T$.

Abschnitt 19.5 Die **Gibbs-Energie** oder **freie Enthalpie**, G, ist eine thermodynamische Zustandsfunktion, welche die beiden Zustandsfunktionen Enthalpie und Entropie miteinander verbindet: $G = H - TS$. Für Prozesse, die bei konstanter Temperatur ablaufen, gilt $\Delta G = \Delta H - T\Delta S$. Bei Prozessen oder Reaktionen, die bei konstanter Temperatur und konstantem Druck ablaufen, hängt das Vorzeichen von ΔG mit der Spontaneität des Prozesses zusammen. Wenn ΔG negativ ist, handelt es sich um einen spontanen Prozess. Wenn ΔG positiv ist, läuft der Prozess nicht spontan ab, der Umkehrprozess hingegen schon. Im Gleichgewichtszustand ist der Prozess reversibel und ΔG gleich null. Die freie Enthalpie ist des Weiteren ein Maß für die maximal von einem System bei einem spontanen Prozess ausführbare, nutzbare Arbeit. Die Änderung der freien Standardenthalpie, $\Delta G°$, kann mit Hilfe tabellierter Daten **freier Standardbildungsenthalpien**, $\Delta G_f°$, für jeden Prozess berechnet werden. Diese sind auf eine, den Standardbildungsenthalpien, $\Delta H_f°$, entsprechende Art und Weise definiert. Der Wert von $\Delta G_f°$ für ein reines Element in seinem Standardzustand ist per Definition null.

Abschnitte 19.6 und 19.7 Die Werte von ΔH und ΔS verändern sich für gewöhnlich nur unerheblich mit der Temperatur. Folglich wird die Temperaturabhängigkeit von ΔG hauptsächlich durch den Wert von T im Ausdruck $\Delta G = \Delta H - T\Delta S$ bestimmt. Der Entropieterm $-T\Delta S$ hat die größeren Auswirkungen auf die Temperaturabhängigkeit von ΔG und somit auch auf die Spontaneität des Prozesses. So kann ein Prozess, wie z. B. das Schmelzen von Eis, bei dem $\Delta H > 0$ und $\Delta S > 0$, bei geringen Temperaturen nicht spontan ($\Delta G > 0$) und bei höheren Temperaturen spontan ($\Delta G < 0$) ablaufen.

Unter Nichtstandardbedingungen hängt ΔG mit $\Delta G°$ und dem Wert des Reaktionsquotienten, Q, zusammen: $\Delta G = \Delta G° + RT \ln Q$. Im Gleichgewichtszustand ($\Delta G = 0, Q = K$) ist $\Delta G° = -RT \ln K$. Somit weist die Änderung der freien Standardenthalpie einen direkten Zusammenhang mit der Gleichgewichtskonstante der Reaktion auf. Dieses Verhältnis kann zur Erklärung der Temperaturabhängigkeit von Gleichgewichtskonstanten verwendet werden.

Veranschaulichung von Konzepten

19.1 Zwei unterschiedliche Gase füllen zwei voneinander getrennte Kolben aus. Stellen Sie sich den Prozess vor, der beim Öffnen des die Gase trennenden Absperrhahnes stattfindet, wobei wir davon ausgehen, dass die Gase sich ideal verhalten. **(a)** Zeichnen Sie den Endzustand (Gleichgewicht). **(b)** Bestimmen Sie die Vorzeichen von ΔH und ΔS für den Prozess voraus. **(c)** Handelt es sich bei dem nach Öffnung des Absperrhahns ablaufenden Prozess um einen reversiblen? **(d)** Wie wirkt sich der Prozess auf die Entropie der Umgebung aus? (*Abschnitte 19.1* und *19.2*)

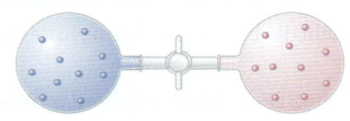

19.2 **(a)** Wie lauten die Vorzeichen von ΔS, ΔH und ΔG für den unten abgebildeten Prozess? **(b)** Welche Aussage können Sie über die Entropieänderung der Umgebung als Folge der Tatsache machen, dass Energie in das System hinein und aus dem System herausfließen kann? (*Abschnitte 19.2* und *19.5*)

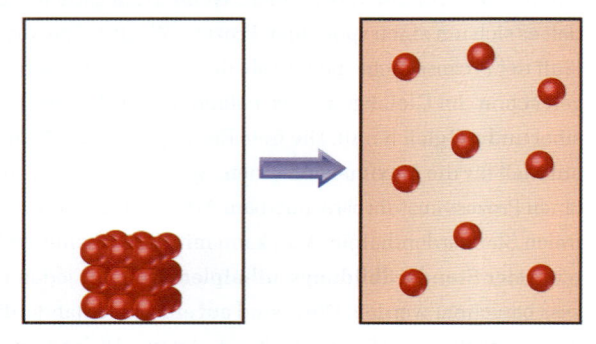

19.3 Bestimmen Sie das Vorzeichen des mit dieser Reaktion einhergehenden ΔS voraus. Begründen Sie Ihre Entscheidung (*Abschnitt 19.3*).

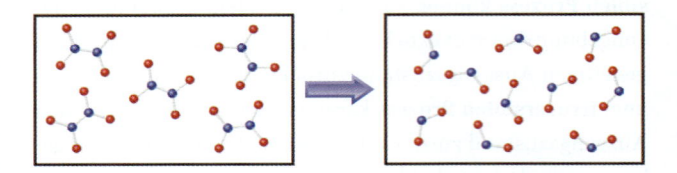

19.4 Unten stehendes Diagramm veranschaulicht, wie ΔH (rote Linie) und $T\Delta S$ (blaue Linie) sich bei einer hypothetischen Reaktion mit der Temperatur verändern. **(a)** Worin liegt die Bedeutung des Punktes bei 300 K, an dem ΔH und $T\Delta S$ gleich groß sind? **(b)** Innerhalb welches Temperaturbereichs läuft diese Reaktion spontan ab? (*Abschnitt 19.6*)

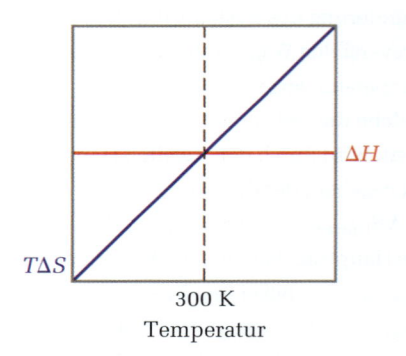

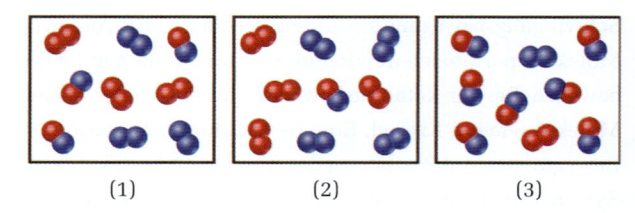

19.5 Gehen Sie von der Reaktion $A_2(g) + B_2(g) \rightleftharpoons 2\,AB(g)$ aus, wobei die Atome von A in rot und die Atome von B in blau gezeichnet sind. **(a)** Wie lautet das Vorzeichen von ΔG für den Prozess, bei dem der Inhalt eines Reaktionsgefäßes sich von dem in Kästchen 2 abgebildeten zu dem in Kästchen 1 abgebildeten verändert, wenn wir davon ausgehen, dass in Kästchen 1 ein Gleichgewichtsgemisch dargestellt wird? **(b)** Ordnen Sie die Kästchen nach ansteigender Größe von ΔG der Reaktion (*Abschnitte 19.5* und *19.7*).

19.6 Rechts stehendes Diagramm veranschaulicht, wie sich die freie Enthalpie, G, während einer hypothetischen Reaktion $A(g) + B(g) \longrightarrow AB(g)$ verändert. Auf der linken Seite sehen Sie die reinen Reaktanten, jedes bei 1 atm, wohingegen Sie auf der rechten Seite das reine Produkt, ebenfalls bei 1 atm, erkennen können. **(a)** Welche Bedeutung kommt dem Minimum des Funktionsgraphen zu? **(b)** Was stellt die Größe x auf der rechten Seite des Diagramms dar? (*Abschnitt 19.7*)

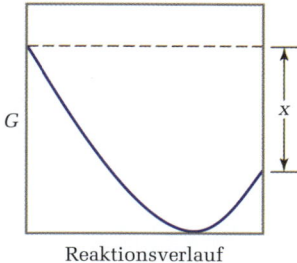

Elektrochemie

20

20.1	**Oxidationszahlen**	811
20.2	**Das Ausgleichen von Redoxgleichungen**	813
20.3	**Galvanische Zellen**	819
20.4	**Die EMK einer galvanischen Zelle unter Standardbedingungen**	824
20.5	**Freie Enthalpie und Redoxreaktionen**	833
20.6	**Die EMK einer galvanischen Zelle unter Nichtstandardbedingungen**	837

Chemie und Leben
   Herzschläge und Elektrokardiografie 842

20.7	**Batterien, Akkumulatoren und Brennstoffzellen**	843
20.8	**Korrosion**	847
20.9	**Elektrolyse**	850

Zusammenfassung und Schlüsselbegriffe 857
Veranschaulichung von Konzepten 858

ÜBERBLICK

Was uns erwartet

- Wir wiederholen kurz die Oxidationszahlen und die *Reduktions-Oxidations-(Redox-)Reaktionen* (Abschnitt 20.1).

- Wir lernen, wie man ausgeglichene Redoxreaktionsgleichungen schreibt (*Abschnitt 20.2*).

- Danach betrachten wir *galvanische Zellen*, die aus spontan ablaufenden Redoxreaktionen Elektrizität erzeugen. In diesen Zellen finden Oxidations- und Reduktionsreaktionen an den Oberflächen fester Elektroden statt. Die Oxidation findet an der *Anode* statt und die Reduktion läuft an der *Kathode* ab (Abschnitt 20.3).

- Eine der wichtigen Eigenschaften einer galvanischen Zelle ist ihre Elektromotorische Kraft (EMK) oder Spannung, die sich als Potenzialdifferenz zwischen den beiden Elektroden ergibt. Die Potenziale dieser Elektroden sind für Redoxreaktionen unter Standardbedingungen in Tabellen angegeben (*Standardpotenziale*). Aus diesen Potenzialen berechnen wir die Spannungen verschiedener Zellen, man bestimmt die Stärke von Oxidations- und Reduktionsmitteln und sagt voraus, ob eine bestimmte Redoxreaktion spontan abläuft (Abschnitt 20.4).

- Wir stellen die Beziehung der freien Enthalpie zur EMK einer elektrochemischen Zelle her (Abschnitt 20.5).

- Die Spannungswerte von Zellen unter Nichtstandardbedingungen bestimmen wir mit den Standardpotenzialen und der Nernstgleichung (Abschnitt 20.6).

- Wir beschreiben Batterien und Brennstoffzellen, wichtige im Handel erhältliche Energiequellen, die auf elektrochemischen Reaktionen basieren (Abschnitt 20.7).

- Danach diskutieren wir die *Korrosion*, eine spontan an Metallen ablaufende elektrochemische Reaktion (Abschnitt 20.8).

- Schließlich beschreiben wir nicht spontan ablaufende Redoxreaktionen und untersuchen *Elektrolysezellen*, die mit Hilfe von Elektrizität chemische Reaktionen in Gang setzen (Abschnitt 20.9).

Reduktions-Oxidations-(Redox)-Reaktionen gehören zu den häufigsten und wichtigsten chemischen Reaktionen. Sie sind maßgeblich an einer breiten Vielfalt von wichtigen natürlichen Prozessen beteiligt wie beispielsweise am Rosten von Eisen, an der braunen Verfärbung von Früchten oder an der tierischen Atmung. Wie wir schon vorher besprochen haben, bedeutet *Oxidation* die Abgabe und *Reduktion* die Aufnahme von Elektronen (siehe Abschnitt 4.4).

In einer Reduktions-Oxidationsreaktion gehen Elektronen vom Atom, das oxidiert wird, zum Atom, das reduziert wird, über.

Redoxreaktionen erzeugen neue chemische Verbindungen und sie können auch, ähnlich wie chemische Reaktionen anderer Art, Wärme erzeugen. Die Elektronenübergänge bei Reduktions-Oxidationsreaktionen können auch elektrische Energie erzeugen. Diese einzigartige Eigenschaft spontaner Redoxreaktionen nutzt man zum Beispiel für mobile Energiequellen wie Batterien oder Brennstoffzellen. Wir haben in Kapitel 18 gesehen, dass die Umwandlung von Sonnenenergie in Elektrizität eine Form der Nutzung alternativer Energie ist. Das Sonnenlicht regt den Fluss von Elektronen in einen externen Stromkreis an und erzeugt elektrischen Strom oder treibt Geräte an. In diesem Kapitel lernen wir die grundlegenden Prinzipien der Batterien und Brennstoffzellen.

Es ist ebenfalls möglich, mit elektrischer Energie nicht spontan ablaufende chemische Prozesse ablaufen zu lassen. Ein alltägliches Beispiel ist die Galvanotechnik: Man beschichtet ein Metall mit Hilfe einer angelegten elektrischen Spannung mit einem anderen Metall. Die Elektrochemie untersucht die Zusammenhänge zwischen der Elektrizität und den chemischen Reaktionen. Wir beginnen mit einer Wiederholung der Oxidationszahlen und ihrer Verwendung in der Formulierung von Redoxreaktionen.

Oxidationszahlen 20.1

Wie lässt sich feststellen, ob eine gegebene chemische Reaktion eine Redoxreaktion ist? Wir können die Oxidationsstufen (Oxidationszahlen) aller an der Reaktion beteiligten Stoffe bestimmen (siehe Abschnitt 4.4). Auf diese Weise finden wir heraus, ob und welche Elemente ihre Oxidationszahlen verändern. Gibt man beispielsweise elementares Zink in eine starke Säure (▶ Abbildung 20.1), so gehen Elektronen von den Zinkatomen zu den Wasserstoffionen über:

$$Zn(s) + 2\,H^+(aq) \longrightarrow Zn^{2+}(aq) + H_2(g) \qquad (20.1)$$

Wir sagen, das Zink wird oxidiert und das H^+ wird reduziert.

Der Elektronenübergang in der Reaktion aus Abbildung 20.1 erzeugt Wärmeenergie: Thermodynamisch verläuft ist diese Reaktion „bergab" (zur geringeren potenziellen Energie hin) und erfolgt daher spontan.

Die Reaktion aus ▶ Gleichung 20.1 lässt sich nun wie folgt schreiben:

$$Zn(s) + 2\,H^+(aq) \longrightarrow Zn^{2+}(aq) + H_2(g)$$
$$\;0 \qquad\;\;\; +1 \qquad\qquad\; +2 \qquad\; 0 \qquad (20.2)$$

Wir schreiben die Oxidationsstufe jedes Elements über oder unter die Gleichung, um die Änderungen dieser Stufen zu verfolgen. Die Oxidationsstufe von Zn geht von 0 zu +2 über und die von H verringert sich von +1 auf 0.

> Redoxreaktionen

20 Elektrochemie

Abbildung 20.1: Eine Redoxreaktion in saurer Lösung. Gibt man metallisches Zink zu einer Salzsäurelösung, so findet eine spontane Redoxreaktion statt: Das Zink wird zu $Zn^{2+}(aq)$ oxidiert und das $H^+(aq)$-Ion wird zu $H_2(g)$ reduziert, was die starke Blasenbildung hervorruft.

$Zn(s)$ + $2\ HCl(aq)$ $\longrightarrow$ $ZnCl_2(aq)$ + $H_2(g)$

In einer Reaktion wie in ▶ Gleichung 20.2 findet eindeutig ein Elektronenübergang statt: Das Zink gibt beim Übergang von $Zn(s)$ zu $Zn^{2+}(aq)$ Elektronen ab und die Wasserstoffionen nehmen beim Übergang von H^+ zu $H_2(g)$ Elektronen auf. Betrachten wir die Verbrennung von Wasserstoffgas:

$$2\ H_2(g) + O_2(g) \longrightarrow 2\ H_2O(g) \quad (20.3)$$
$$00+1-2$$

In dieser Reaktion wird der Wasserstoff von der Oxidationszahl 0 zu +1 oxidiert und der Sauerstoff von 0 zu −2 reduziert. Daher gibt die ▶ Gleichung 20.3 eine Redoxreaktion wieder. Da Wasser aber keine ionische Substanz ist, findet bei seiner Bildung kein vollständiger Elektronenübergang vom Wasserstoff zum Sauerstoff statt. Der Gebrauch von Oxidationszahlen ist dennoch eine vorteilhafte Form der „Buchführung", aber *man darf im Allgemeinen die Oxidationszahl eines Atoms nicht mit seiner tatsächlichen Ladung in einer chemischen Verbindung gleichsetzen* (siehe auch den Kasten „Näher hingeschaut" in Abschnitt 8.5).

In jeder Redoxreaktion müssen eine Oxidation und eine Reduktion stattfinden. In anderen Worten: Zur Oxidation eines Stoffs muss ein anderer reduziert werden; formal müssen die Elektronen von der einen Seite zur anderen übergehen. Eine Substanz, welche die Oxidation eines anderen Stoffes hervorruft, heißt **Oxidationsmittel**. Ein Oxidationsmittel nimmt Elektronen von einer anderen Substanz auf und durchläuft somit selbst eine Reduktion. Analog übergibt ein **Reduktionsmittel** Elektronen an einen anderen Stoff, der damit reduziert wird, während das Reduktionsmittel selbst oxidiert. In der ▶ Gleichung 20.2 ist H^+ das Oxidationsmittel und $Zn(s)$ das Reduktionsmittel.

> **? DENKEN SIE EINMAL NACH**
>
> Wie lauten die Oxidationszahlen der Atome im Cyanidion CN^-?

ÜBUNGSBEISPIEL 20.1 — Welche chemischen Reaktionen laufen in einem Akkumulator ab?

Der Nickel-Cadmium-Akku (NiCd-Zelle), eine in vielen Geräten verwendete wiederaufladbare Zelle, erzeugt Elektrizität aus der folgenden Redoxreaktion:

$$Cd(s) + 2\,NiO(OH)(s) + 2\,H_2O(l) \longrightarrow Cd(OH)_2(s) + 2\,Ni(OH)_2(s)$$

Bestimmen Sie die oxidierten und reduzierten Substanzen und geben Sie an, welche Stoffe hier Oxidationsmittel und Reduktionsmittel sind.

Lösung

Analyse: Wir sollen einerseits die oxidierte und die reduzierte Substanz in einer Redoxgleichung bestimmen und andererseits das Oxidationsmittel und das Reduktionsmittel festlegen.

Vorgehen: Zuerst teilen wir allen an der Reaktion beteiligten Atomen Oxidationszahlen zu und bestimmen die Elemente, deren Oxidationszahlen sich verändern. Danach wenden wir die Definitionen der Oxidation und der Reduktion an.

Lösung:

$$Cd(s) + 2\,NiO(OH)(s) + 2\,H_2O(l) \longrightarrow Cd(OH)_2(s) + 2\,Ni(OH)_2(s)$$
$$\;0 \qquad\quad +3\;-2 \qquad\quad +1\;-2 \qquad\quad +2\;-2\;+1 \qquad +2\;-2\;+1$$

Die Oxidationszahl steigt von 0 auf +2 für Cd und fällt von +3 auf +2 für Ni. Die Oxidationszahl des Cd-Atoms nimmt zu; es wird oxidiert (es gibt Elektronen ab) und dient somit als Reduktionsmittel. Beim Übergang von NiO(OH) zu Ni(OH)$_2$ nimmt die Oxidationszahl des Nickelatoms ab; das NiO(OH) wird reduziert (es nimmt Elektronen auf) und dient daher als Oxidationsmittel.

ÜBUNGSAUFGABE

Bestimmen Sie das Oxidations- und das Reduktionsmittel in der Redoxreaktion

$$2\,H_2O(l) + Al(s) + MnO_4^-(aq) \longrightarrow Al(OH)_4^-(aq) + MnO_2(s)$$

Antwort: Al(s) ist das Reduktionsmittel und MnO$_4^-$(aq) ist das Oxidationsmittel.

Das Ausgleichen von Redoxgleichungen 20.2

Beim Ausgleichen einer chemischen Reaktionsgleichung müssen wir stets das Gesetz der Massenerhaltung befolgen: Jedes Element muss auf beiden Seiten der Gleichung in gleicher Menge vorhanden sein. Es gibt eine weitere Bedingung zum Ausgleichen von Redoxgleichungen: Die Elektronenaufnahmen und -abgaben müssen sich ausgleichen. In anderen Worten: Wenn ein Stoff in einer Reaktion eine bestimmte Anzahl Elektronen abgibt, muss ein anderer Stoff die gleiche Anzahl Elektronen aufnehmen. In vielen einfachen chemischen Reaktionen, wie in Gleichung 20.2, ist diese Bedingung „automatisch" erfüllt: Man gleicht die Reaktionsgleichung aus, ohne den Elektronenübergang explizit zu berücksichtigen. Viele Redoxreaktionen sind jedoch komplexer als Gleichung 20.2 und lassen sich nicht auf diese einfache Weise ohne Betrachtung der abgegebenen und aufgenommenen Elektronen ausgleichen. In diesem Abschnitt behandeln wir eine systematische Methode zum Ausgleichen von Redoxreaktionsgleichungen.

Halbreaktionen

Obwohl Oxidation und Reduktion gleichzeitig stattfinden, ist es oft zweckmäßig, sie als getrennte Prozesse zu betrachten. Zum Beispiel kann man die Oxidation von Sn^{2+} durch Fe^{3+}

$$Sn^{2+}(aq) + 2\,Fe^{3+}(aq) \longrightarrow Sn^{4+}(aq) + 2\,Fe^{2+}(aq)$$

als zusammengesetzt aus zwei Prozessen verstehen: (1) Die Oxidation von Sn^{2+} (▶ Gleichung 20.4) und (2) die Reduktion von Fe^{3+} (▶ Gleichung 20.5):

Oxidation: $\quad\quad\quad\quad Sn^{2+}(aq) \longrightarrow Sn^{4+}(aq) + 2\ e^-$ $\quad\quad$ (20.4)

Reduktion: $\quad\quad 2\ Fe^{3+}(aq) + 2\ e^- \longrightarrow 2\ Fe^{2+}(aq)$ $\quad\quad$ (20.5)

Beachten Sie, dass die Elektronen in der Oxidationsgleichung auf der Seite der Reaktionsprodukte stehen, aber in der Reduktionsgleichung auf der Seite der Ausgangsstoffe.

Gleichungen wie 20.4 und 20.5, die eine Oxidation oder Reduktion alleine wiedergeben, nennt man **Halbreaktionen**. In der gesamten Redoxreaktion muss die Anzahl der abgegebenen Elektronen der Oxidations-Halbreaktion gleich der Anzahl der aufgenommenen Elektronen der Reduktions-Halbreaktion sein. Ist diese Bedingung erfüllt und jede Halbreaktion für sich ausgeglichen, so heben sich die Elektronenübergänge bei der Addition der beiden Halbreaktionen auf und es ergibt sich die ausgeglichene Gesamtgleichung der Redoxreaktion.

Das Ausgleichen von Redoxgleichungen mit Hilfe von Halbreaktionen

Man kann die Halbreaktionen als allgemeine Methode zum Ausgleichen von Redoxreaktionen verwenden. Diese Methode läuft für eine Redoxreaktion in einer sauren wässrigen Lösung wie folgt ab:

1 Man ordnet den Atomen Oxidationszahlen zu, um festzustellen, welche Atome Elektronen aufnehmen oder abgeben.

2 Man teilt die Gleichung in zwei Halbreaktionen auf – eine Gleichung gibt die Oxidation und die andere die Reduktion wieder.

3 Man gleicht jede Halbreaktion für sich aus.

 (a) Zuerst gleicht man alle Elemente außer H und O aus.

 (b) Danach gleicht man die O-Atome aus, indem man so viel H_2O wie nötig addiert.

 (c) Als Nächstes gleicht man die H-Atome aus, indem man die erforderlichen H^+ hinzuaddiert.

 (d) Schließlich gleicht man durch Hinzufügen der benötigten e^- die Ladungen aus. An diesem Punkt lässt sich überprüfen, ob die Anzahl der Elektronen in jeder Halbreaktion den Veränderungen der Oxidationsstufen entspricht, die man in Schritt 1 bestimmt hat.

4 Wenn erforderlich, multipliziert man die Halbreaktionen mit ganzen Zahlen, so dass die Anzahl der abgegebenen Elektronen in einer Halbreaktion gleich der Zahl der aufgenommenen Elektronen in der anderen Halbreaktion ist.

5 Man addiert und vereinfacht, wenn möglich, die beiden Halbreaktionen indem man auf beiden Seiten auftretende Teilchen „kürzt".

6 Man überprüft, ob die Atomanzahlen jedes Elements auf beiden Seiten der Gleichung übereinstimmen.

7 Die Übereinstimmung der Gesamtladung auf beiden Seiten der Gleichung ist ebenfalls zu prüfen.

Betrachten wir als Beispiel die Reaktion des Permanganations (MnO_4^-) mit dem Oxalation ($C_2O_4^{2-}$) in einer sauren wässrigen Lösung. Gibt man MnO_4^- zu einer sauren $C_2O_4^{2-}$-Lösung, so verschwindet die tief violette Farbe des MnO_4^--Ions, wie in ▶ Abbildung 20.2 zu sehen ist. Es bilden sich CO_2-Bläschen und die Lösung nimmt

20.2 Das Ausgleichen von Redoxgleichungen

Abbildung 20.2: Titration einer sauren $Na_2C_2O_4$-Lösung mit $KMnO_4(aq)$. (a) Die tief violette MnO_4^--Lösung gelangt von der Bürette in den Reaktionskolben und wird vom $C_2O_4^{2-}$-Ion schnell zum sehr blass rosafarbenen Mn^{2+} reduziert. (b) Sobald die gesamte Menge $C_2O_4^{2-}$ im Kolben aufgebraucht ist, gewinnt die Lösung mit jedem weiteren Tropfen MnO_4^- ihre violette Farbe zurück. Der Endpunkt der Titration entspricht der schwächsten sichtbaren Violettfärbung der Lösung. (c) Jenseits des Endpunktes ist die Lösung im Kolben wegen des Überschusses an MnO_4^- wieder tief violett.

die blassrosa Farbe von Mn^{2+} an. Wir schreiben die noch unausgeglichene Gleichung als

$$MnO_4^-(aq) + C_2O_4^{2-}(aq) \longrightarrow Mn^{2+}(aq) + CO_2(aq) \quad (20.6)$$

Experimente zeigen, dass bei dieser Reaktion H^+ verbraucht wird und H_2O entsteht. Wie wir sehen werden, kann man diese Tatsache an der ausgeglichenen Reaktionsgleichung nachvollziehen.

Wir vervollständigen nun die ▶ Gleichung 20.6 und gleichen Sie mit dem Verfahren der Halbreaktionen aus. Zunächst teilen wir den Atomen Oxidationsstufen zu (Schritt 1). Mn geht von der Oxidationszahl +7 im MnO_4^- zu +2 im Mn^{2+} über. Daher wird jedes Manganatom mit fünf Elektronen reduziert (in anderen Worten, es *nimmt* fünf Elektronen *auf*). Das Kohlenstoffatom erfährt einen Übergang von der Oxidationszahl +3 im $C_2O_4^{2-}$ zu +4 im CO_2. Jedes C-Atom wird daher um ein Elektron oxidiert (in anderen Worten, es gibt ein Elektron ab).

Als Nächstes stellen wir die beiden Halbreaktionen auf (Schritt 2). In der Reduktions-Halbreaktion müssen auf beiden Seiten des Pfeils Mn-Atome auftauchen und in der Oxidations-Halbreaktion liegen auf beiden Seiten Kohlenstoffverbindungen vor.

$$MnO_4^-(aq) \longrightarrow Mn^{2+}(aq)$$
$$C_2O_4^{2-}(aq) \longrightarrow CO_2(g)$$

Hiermit lassen sich die Halbreaktionen vervollständigen und ausgleichen. Zuerst gleichen wir alle Atome außer H und O aus (Schritt 3). In der Halbreaktion des Permanganats steht bereits auf jeder Seite der Gleichung ein Manganatom; daher müssen wir nichts weiter tun. In der Oxalat-Halbreaktion müssen wir auf der rechten Seite mit dem Faktor zwei multiplizieren, um die zwei Kohlenstoffatome der linken Seite auszugleichen:

$$MnO_4^-(aq) \longrightarrow Mn^{2+}(aq)$$
$$C_2O_4^{2-}(aq) \longrightarrow 2\,CO_2(g)$$

In der Permanganat-Halbreaktion stehen vier Sauerstoffatome links im MnO_4^--Ion, aber keines rechts. Somit sind zum Ausgleichen des Sauerstoffs vier Wassermoleküle auf der rechten Seite nötig (Schritt 3b):

$$MnO_4^-(aq) \longrightarrow Mn^{2+}(aq) + 4\,H_2O(l)$$

Die acht Wasserstoffatome, die nun in den Reaktionsprodukten vorliegen, müssen wir durch Hinzufügen von 8 H^+ zu den Ausgangsstoffen ausgleichen (Schritt 3c):

$$8\,H^+(aq) + MnO_4^-(aq) \longrightarrow Mn^{2+}(aq) + 4\,H_2O(l)$$

Jetzt ist die Anzahl aller Atome auf beiden Seiten gleich, aber wir müssen noch die Ladungen ausgleichen. Die Gesamtladung beträgt 8 (1+) + (1–) = 7+ für die Ausgangsstoffe und (2+) + 4 (0) = 2+ für die Reaktionsprodukte. Zum Ausgleich der Ladungen müssen wir demnach auf der linken Seite fünf Elektronen hinzufügen (Schritt 3d):

$$5\,e^- + 8\,H^+(aq) + MnO_4^-(aq) \longrightarrow Mn^{2+}(aq) + 4\,H_2O(l)$$

Erinnern Sie sich an die Anmerkung, dass jedes Manganatom fünf Elektronen aufnimmt: In der ausgeglichenen Halbreaktion können wir nun diese Elektronen sehen.

Wir haben die Massen in der Oxalat-Halbreaktion bereits in Schritt 3a ausgeglichen. Die Ladungen gleichen wir nun aus, indem wir auf der Seite der Reaktionsprodukte zwei Elektronen hinzufügen (Schritt 3d):

$$C_2O_4^{2-}(aq) \longrightarrow 2\,CO_2(g) + 2\,e^-$$

Vorher haben wir angemerkt, dass jedes Kohlenstoffatom um ein Elektron oxidiert wird. Die beiden Kohlenstoffatome in dieser Reaktionsgleichung geben demnach je ein Elektron ab: Erneut sehen wir diese Elektronen in der ausgeglichenen Halbreaktion.

Jetzt liegen die zwei ausgeglichenen Halbreaktionen vor und wir können sie zu einer ausgeglichenen Gesamtreaktion addieren. In der endgültigen Gesamtreaktion dürfen keine freien Elektronen auftauchen. Daher müssen wir jede Halbreaktion so mit einer passenden ganzen Zahl multiplizieren, dass sich die aufgenommenen Elektronen der einen Halbreaktion und die abgegebenen Elektronen der anderen Halbreaktion ausgleichen. Um in beiden Gleichungen dieselbe Elektronenzahl (10) zu erhalten, multiplizieren wir die MnO_4^--Halbreaktion mit dem Faktor zwei und die $C_2O_4^{2-}$-Halbreaktion mit dem Faktor fünf:

$$10\,e^- + 16\,H^+(aq) + 2\,MnO_4^-(aq) \longrightarrow 2\,Mn^{2+}(aq) + 8\,H_2O(l)$$
$$5\,C_2O_4^{2-}(aq) \longrightarrow 10\,CO_2(g) + 10\,e^-$$

$$16\,H^+(aq) + 2\,MnO_4^-(aq) + 5\,C_2O_4^{2-}(aq) \longrightarrow$$
$$2\,Mn^{2+}(aq) + 8\,H_2O(l) + 10\,CO_2(g)$$

Die ausgeglichene Gleichung ist die Summe der beiden ausgeglichenen Halbreaktionen (Schritt 5). Beachten Sie, dass sich die Elektronen auf beiden Seiten der Gleichung aufheben.

Wir überprüfen die ausgeglichene Reaktionsgleichung und zählen die Atome (Schritt 6) und die Ladungen (Schritt 7): Wir zählen 16 H, 2 Mn, 28 O, 10 C und eine Nettoladung von 4+ auf beiden Seiten. Hiermit haben wir bestätigt, dass die Gleichung richtig ausgeglichen ist.

Das Ausgleichen von Redoxgleichungen in alkalischer Lösung

Wenn eine Redoxreaktion in einer alkalischen Lösung stattfindet, ist sie nicht mit H^+ und H_2O, sondern mit OH^- und H_2O zu vervollständigen. Dieses Vorgehen ist im Vergleich zur Methode mit H^+ und H_2O in sauren Lösungen schwieriger, denn OH^- enthält sowohl Wasserstoff- als auch Sauerstoffatome. Daher ist es vorteilhaft, zum Ausgleichen dieser Reaktionen zunächst so zu verfahren, als ob sie in einer sauren Lösung stattfänden. Danach zählt man die H^+-Ionen (Protonen) in jeder Halbreaktion und addiert die gleiche Anzahl OH^- auf beiden Seiten der Halbreaktion. Auf diese Weise sind die Massen dieser Reaktion weiterhin ausgeglichen, da man *auf beiden*

> **? DENKEN SIE EINMAL NACH**
>
> Können unter den Ausgangsstoffen oder Reaktionsprodukten einer Redoxreaktion freie Elektronen auftauchen, wenn die Reaktionsgleichung ausgeglichen ist?

ÜBUNGSBEISPIEL 20.2 — Ausgleichen von Redoxgleichungen in saurer Lösung

Vervollständigen Sie diese Gleichung mit dem Verfahren der Halbreaktionen und gleichen Sie sie aus.

$$Cr_2O_7^{2-}(aq) + Cl^-(aq) \longrightarrow Cr^{3+}(aq) + Cl_2(g) \quad \text{(in saurer Lösung)}$$

Lösung

Analyse: Wir sollen eine unvollständige, nicht ausgeglichene Redoxreaktion in einer sauren Lösung ausgleichen.

Vorgehen: Wir gehen nach dem eben gelernten Verfahren vor.

Lösung:

Schritt 1: Wir überprüfen die Veränderungen der Oxidationsstufen. Jedes Chromatom durchläuft eine Reduktion um drei Elektronen und jedes Chloridion eine Oxidation um ein Elektron.

Schritt 2: Wir teilen die Gleichung in zwei Halbreaktionen auf:

$$Cr_2O_7^{2-}(aq) \longrightarrow Cr^{3+}(aq)$$
$$Cl^-(aq) \longrightarrow Cl_2(g)$$

Schritt 3: Wir gleichen beide Halbreaktionen aus. In der ersten Halbreaktion erfordert das $Cr_2O_7^{2-}$-Ion unter den Ausgangsstoffen zwei Cr^{3+}-Ionen auf der Produktseite. Wir gleichen die sieben Sauerstoffatome in $Cr_2O_7^{2-}$ aus, indem wir sieben H_2O zu den Reaktionsprodukten hinzuzählen. Die 14 Wasserstoffatome in 7 H_2O gleichen wir mit 14 H^+ auf der Seite der Ausgangsstoffe aus:

$$14\,H^+(aq) + Cr_2O_7^{2-}(aq) \longrightarrow 2\,Cr^{3+}(aq) + 7\,H_2O(l)$$

Danach addieren wir auf der linken Seite der Gleichung Elektronen, bis die Gesamtladung auf beiden Seiten übereinstimmt:

$$6\,e^- + 14\,H^+(aq) + Cr_2O_7^{2-}(aq) \longrightarrow 2\,Cr^{3+}(aq) + 7\,H_2O(l)$$

Erinnern Sie sich, dass wir vorher sagten, jedes Chromatom nimmt drei Elektronen auf: Jetzt sehen wir die für die beiden Chromatome benötigten sechs Elektronen.

In der zweiten Halbreaktion sind zum Ausgleich des Cl_2 zwei Cl^- nötig.

$$2\,Cl^-(aq) \longrightarrow Cl_2(g)$$

Zum Ausgleichen der Ladungen addieren wir zwei Elektronen auf der rechten Seite:

$$2\,Cl^-(aq) \longrightarrow Cl_2(g) + 2\,e^-$$

Erinnern Sie sich an die Anmerkung, dass jedes Chloridion ein Elektron abgibt: Nun sehen wir die zwei Elektronen aus den beiden Chloridionen.

Schritt 4: Jetzt gleichen wir die Anzahl der übertragenen Elektronen in beiden Halbreaktionen aus. Wir multiplizieren die Cl-Halbreaktion mit drei, damit die sechs abgegebenen Elektronen die sechs aufgenommenen Elektronen in der Cr-Halbreaktion ausgleichen. In der Addition der Halbreaktionen heben sich die Elektronen auf:

$$6\,Cl^-(aq) \longrightarrow 3\,Cl_2(g) + 6\,e^-$$

Schritt 5: Die Summe der Gleichungen ist die ausgeglichene Gesamtgleichung:

$$14\,H^+(aq) + Cr_2O_7^{2-}(aq) + 6\,Cl^-(aq) \longrightarrow 2\,Cr^{3+}(aq) + 7\,H_2O(l) + 3\,Cl_2(g)$$

Schritte 6 und 7: Nun stimmen die Anzahlen der Atome (14 H, 2 Cr, 7 O, 6 Cl) auf beiden Seiten der Gleichung überein und die Ladung beträgt auf beiden Seiten 6+. Damit ist die Gleichung ausgeglichen.

ÜBUNGSAUFGABE

Vervollständigen Sie die folgende Gleichung mit der Methode der Halbreaktionen und gleichen Sie sie aus. Beide Reaktionen laufen in saurer Lösung ab.

(a) $Cu(s) + NO_3^-(aq) \longrightarrow Cu^{2+}(aq) + NO_2(g)$

(b) $Mn^{2+}(aq) + NaBiO_3(s) \longrightarrow Bi^{3+}(aq) + MnO_4^-(aq)$

Antworten:

(a) $Cu(s) + 4\,H^+(aq) + 2\,NO_3^-(aq) \longrightarrow Cu^{2+}(aq) + 2\,NO_2(g) + 2\,H_2O(l)$

(b) $2\,Mn^{2+}(aq) + 5\,NaBiO_3(s) + 14\,H^+(aq) \longrightarrow 2\,MnO_4^-(aq) + 5\,Bi^{3+}(aq) + 5\,Na^+(aq) + 7\,H_2O(l)$

Seiten das Gleiche addiert hat. Hiermit „neutralisiert" man auf der Seite, die H^+ enthält, diese Protonen durch die Bildung von Wasser ($H^+ + OH^- \longrightarrow H_2O$), während auf der anderen Seite die eben addierten OH^- stehen bleiben. Die entstehenden Wassermoleküle heben sich gegenseitig auf (man kann sie „kürzen"). Wir illustrieren jetzt das Verfahren am Übungsbeispiel 20.3.

ÜBUNGSBEISPIEL 20.3 — Ausgleichen von Redoxgleichungen in alkalischer Lösung

Vervollständigen Sie die Gleichung der folgenden Redoxreaktion in einer alkalischen Lösung und gleichen Sie sie aus:

$$CN^-(aq) + MnO_4^-(aq) \longrightarrow CNO^-(aq) + MnO_2(s) \quad \text{(in basischer Lösung)}$$

Lösung

Analyse: Wir sollen eine unvollständige Gleichung einer Redoxreaktion in einer alkalischen Lösung ausgleichen.

Vorgehen: Wir führen die ersten Schritte des Verfahrens genau so aus, als ob die Reaktion in einer sauren Lösung ablaufen würde. Danach addieren wir die entsprechende Anzahl OH^--Ionen auf beiden Seiten der Gleichung, fügen H^+ und OH^- zu H_2O zusammen und schließen die Operation durch Vereinfachen der Gleichung ab.

Lösung:

Schritt 1: Wir bestimmen die Oxidationsstufen. Dieses Beispiel ist etwas knifflig! Das Mn-Atom geht von +7 zu +4 über. Die Summe der Oxidationsstufen von C und N in CN^- muss, entsprechend der Gesamtladung des Ions, −1 betragen. Wenn die Oxidationsstufe von Sauerstoff wie gewöhnlich −2 ist, muss die Summe der Oxidationsstufen von C und N +1 betragen. Damit wird CN^- insgesamt um zwei Elektronen oxidiert.

Schritt 2: Wir schreiben die unvollständigen unausgeglichenen Halbreaktionen auf:

$$CN^-(aq) \longrightarrow CNO^-(aq)$$
$$MnO_4^-(aq) \longrightarrow MnO_2(aq)$$

Schritt 3: Wir gleichen jede Halbreaktion so aus, als fände sie in saurer Lösung statt:

$$CN^-(aq) + H_2O(l) \longrightarrow CNO^-(aq) + 2\,H^+(aq) + 2\,e^-$$
$$3\,e^- + 4\,H^+(aq) + MnO_4^-(aq) \longrightarrow MnO_2(s) + 2\,H_2O(l)$$

Jetzt müssen wir berücksichtigen, dass die Reaktion in einer alkalischen Lösung abläuft, und addieren auf beiden Seiten jeder Halbreaktion OH^- zur Neutralisierung der H^+:

$$CN^-(aq) + H_2O(l) + 2\,OH^-(aq) \longrightarrow CNO^-(aq) + 2\,H^+(aq) + 2\,e^- + 2\,OH^-(aq)$$
$$3\,e^- + 4\,H^+(aq) + MnO_4^-(aq) + 4\,OH^-(aq) \longrightarrow MnO_2(s) + 2\,H_2O(l) + 4\,OH^-(aq)$$

Wo H^+ und OH^- auf der gleichen Seite einer Halbreaktion stehen, „neutralisieren" wir diese und bilden H_2O:

$$CN^-(aq) + H_2O(l) + 2\,OH^-(aq) \longrightarrow CNO^-(aq) + 2\,H_2O(l) + 2\,e^-$$
$$3\,e^- + 4\,H_2O(l) + MnO_4^-(aq) \longrightarrow MnO_2(s) + 2\,H_2O(l) + 4\,OH^-(aq)$$

Als Nächstes „kürzen" wir auf beiden Seiten der Gleichung die Wassermoleküle:

$$CN^-(aq) + 2\,OH^-(aq) \longrightarrow CNO^-(aq) + H_2O(l) + 2\,e^-$$
$$3\,e^- + 2\,H_2O(l) + MnO_4^-(aq) \longrightarrow MnO_2(s) + 4\,OH^-(aq)$$

Beide Halbreaktionen sind nun ausgeglichen – prüfen Sie die Atome und die Gesamtladungen nach!

Schritt 4: Jetzt multiplizieren wir die Cyanid-Halbreaktion mit drei und bekommen sechs Elektronen auf der Seite der Reaktionsprodukte. Andererseits erhalten wir durch die Multiplikation der Permanganat-Halbreaktion mit zwei ebenfalls sechs Elektronen auf der Seite der Ausgangsstoffe:

$$3\,CN^-(aq) + 6\,OH^-(aq) \longrightarrow 3\,CNO^-(aq) + 3\,H_2O(l) + 6\,e^-$$
$$6\,e^- + 4\,H_2O(l) + 2\,MnO_4^-(aq) \longrightarrow 2\,MnO_2(s) + 8\,OH^-(aq)$$

Schritt 5: Jetzt addieren wir die beiden Halbreaktionen und vereinfachen um jene Teilchen, die auf beiden Seiten der Gesamtgleichung auftauchen:

$$3\,CN^-(aq) + H_2O(l) + 2\,MnO_4^-(aq) \longrightarrow 3\,CNO^-(aq) + 2\,MnO_2(s) + 2\,OH^-(aq)$$

Schritte 6 und 7: Wir überprüfen, ob die Anzahl aller Atome und Ladungen ausgeglichen ist und zählen 3 C, 3 N, 2 H, 9 O und 2 Mn-Atome und eine Gesamtladung von 5− auf beiden Seiten der Gleichung.

ÜBUNGSAUFGABE

Vervollständigen sie die folgenden Gleichungen von Redoxreaktionen in alkalischer Lösung und gleichen Sie sie aus:
(a) $NO_2^-(aq) + Al(s) \longrightarrow NH_3(aq) + Al(OH)_4^-(aq)$; **(b)** $Cr(OH)_3(s) + ClO^-(aq) \longrightarrow CrO_4^{2-}(aq) + Cl_2(g)$

Antworten:

(a) $NO_2^-(aq) + 2\ Al(s) + 5\ H_2O(l) + OH^-(aq) \longrightarrow NH_3(aq) + 2\ Al(OH)_4^-(aq)$

(b) $2\ Cr(OH)_3(s) + 6\ ClO^-(aq) \longrightarrow 2\ CrO_4^{2-}(aq) + 3\ Cl_2(g) + 2\ OH^-(aq) + 2\ H_2O(l)$

Galvanische Zellen 20.3

Eine spontan ablaufende Redoxreaktion setzt Energie frei, die man als elektrische Arbeit nutzen kann. Dies geschieht in **galvanischen Zellen**, die nach Luigi Galvani (1737–1798) benannt sind und in denen Elektronenübergänge nicht direkt zwischen den reagierenden Stoffen, sondern auf einem externen Weg ablaufen. Die ersten Gleichstromquellen dieser Art wurden 1799 von Alessandro Volta (1745–1827) hergestellt.

Man erhält eine solche spontane Reaktion, wenn man einen Zinkstreifen in eine Lösung mit Cu^{2+}-Ionen eintaucht. Bei fortschreitender Reaktion verblasst die blaue Farbe des $Cu^{2+}(aq)$-Ions und metallisches Kupfer setzt sich auf dem Zink ab. Dabei löst sich das Zink auf. Diese Vorgänge sind in ▶ Abbildung 20.3 dargestellt und in der Gleichung

$$Zn(s) + Cu^{2+}(aq) \longrightarrow Zn^{2+}(aq) + Cu(s) \tag{20.7}$$

zusammengefasst. In ▶ Abbildung 20.4 ist eine galvanische Zelle zu sehen, die mit der in ▶ Gleichung 20.7 beschriebenen Redoxreaktion von Zn mit Cu^{2+} arbeitet. Der Versuchsaufbau ist in Abbildung 20.4 komplexer als in Abbildung 20.3, aber die Reaktion ist in beiden Fällen gleich. Der entscheidende Unterschied zwischen beiden Experimenten liegt darin, dass in der galvanischen Zelle kein direkter Kontakt zwischen dem elementaren Zink und den $Cu^{2+}(aq)$-Ionen besteht: In der einen Abteilung der Zelle steht das metallische Zn in Kontakt mit den $Zn^{2+}(aq)$-Ionen und im anderen Teil befinden sich das elementare Kupfer und die $Cu^{2+}(aq)$-Ionen. Folglich kann die Reduktion von Cu^{2+} nur dann stattfinden, wenn sich Elektronen auf einem externen Weg verschieben; in diesem Fall fließen sie durch das Kabel, das den Zn- und den Cu-Streifen verbindet. In anderen Worten, wir trennen physikalisch die Reduktions- und die Oxidations-Halbreaktion und erzwingen damit einen Elektronenfluss in einem externen Stromkreis.

Die beiden Metalle, die man durch diesen externen Stromkreis verbindet, heißen *Elektroden*. Man definiert die Elektrode, an welcher die Oxidation abläuft, als **Anode** und die Elektrode der Reduktionsreaktion als **Kathode**.* Wie im vorliegenden Beispiel können die Elektroden auch aus Materialien bestehen, die an der Reaktion beteiligt sind. Bei fortschreitender Reaktion wird die Zinkelektrode langsam verbraucht und die Masse der Kupferelektrode nimmt zu. Häufiger stellt man die Elektroden aus einem leitenden Material wie Platin oder Graphit her, das Elektronenübergänge während der Reaktion zulässt, ohne dabei Massenveränderungen zu erleiden.

Galvanische Zellen

Redoxchemie von Eisen und Kupfer

---

* Vielleicht können Sie sich diese Definitionen besser merken, wenn Sie sich daran erinnern, dass die Wörter *Anode* und *Oxidation* beide mit einem Vokal beginnen, *Kathode* und *Reduktion* aber mit einem Konsonanten.

EINE SPONTAN ABLAUFENDE REDOXREAKTION
Betrachtung des Elektronenübergangs in einer spontanen Redoxreaktion auf atomarer Ebene.

Atome im Zinkstreifen — **Cu^{2+}-Ionen in der Lösung** — 2 e⁻

$Zn(s) + Cu^{2+}(aq)$

Man gibt einen Zinkstreifen in eine Kupfer(II)sulfatlösung. Ein Cu^{2+}-Ion tritt in Kontakt mit der Oberfläche des Zinkstreifens und nimmt von einem Zn-Atom zwei Elektronen auf. Damit wird das Cu^{2+}-Ion reduziert und das Zn-Atom oxidiert.

Bei fortschreitender Reaktion löst sich das Zink auf, die blaue Farbe des $Cu^{2+}(aq)$-Ions verschwindet und metallisches Kupfer setzt sich ab (das dunkle Material auf dem Zinkstreifen und auf dem Boden des Becherglases).

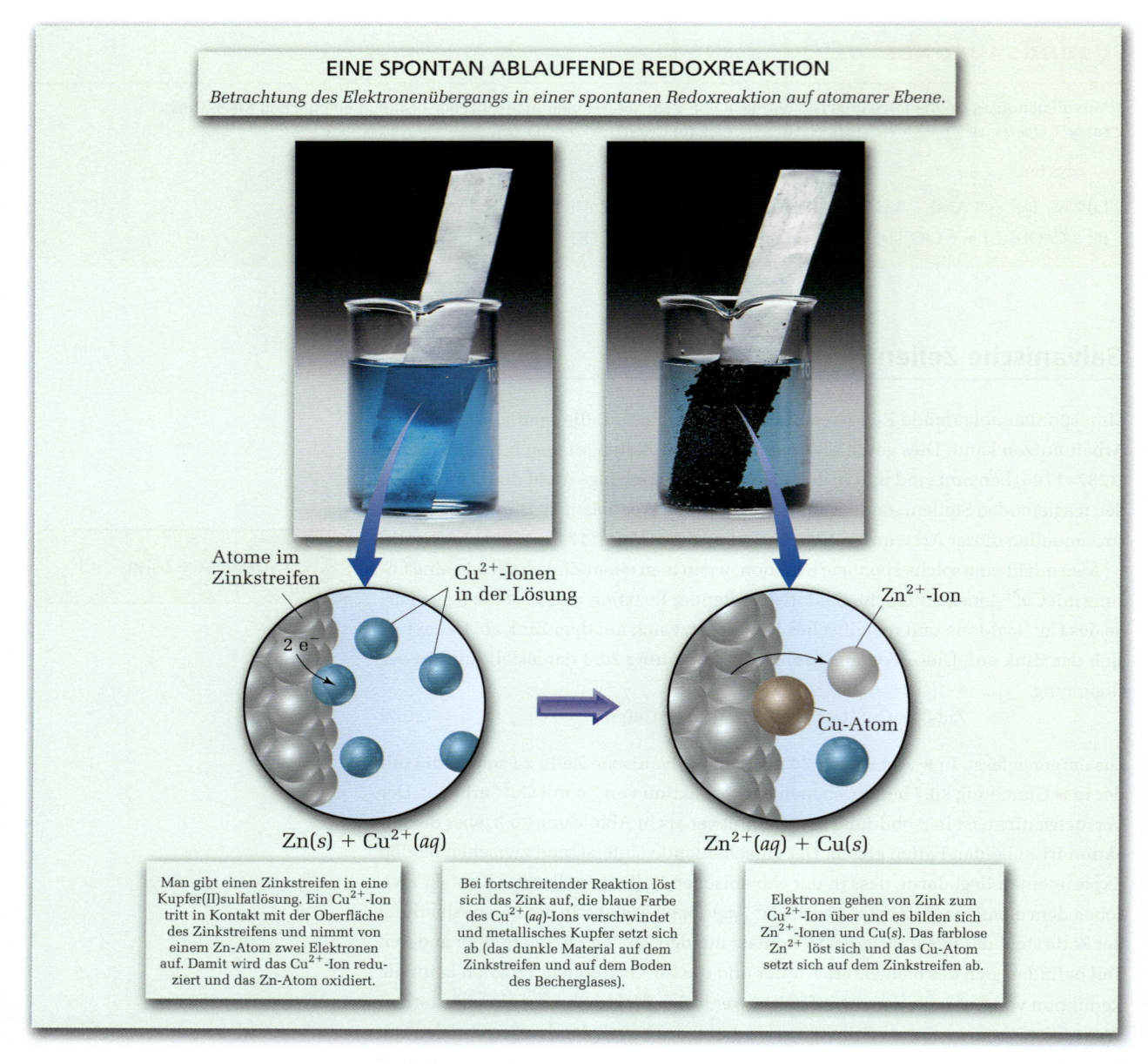

Zn^{2+}-Ion — **Cu-Atom**

$Zn^{2+}(aq) + Cu(s)$

Elektronen gehen von Zink zum Cu^{2+}-Ion über und es bilden sich Zn^{2+}-Ionen und Cu(s). Das farblose Zn^{2+} löst sich und das Cu-Atom setzt sich auf dem Zinkstreifen ab.

Abbildung 20.3: Eine spontan ablaufende Redoxreaktion.

Die beiden Abteilungen einer galvanischen Zelle heißen *Halbzellen*. In der einen Halbzelle findet die Oxidations-Teilreaktion statt und in der anderen Halbzelle entsprechend die Reduktions-Teilreaktion. In unserem Beispiel wird Zn oxidiert und Cu^{2+} reduziert:

Anode (Oxidations-Halbreaktion): $Zn(s) \longrightarrow Zn^{2+}(aq) + 2\,e^-$
Kathode (Reduktions-Halbreaktion): $Cu^{2+}(aq) + 2\,e^- \longrightarrow Cu(s)$

Die Oxidation von metallischem Zink an der Anode setzt Elektronen frei, die durch den externen Stromkreis zur Kathode fließen, wo sie bei der Reduktion von $Cu^{2+}(aq)$ aufgenommen werden. Im Laufe dieses Vorgangs in der galvanischen Zelle nimmt die Masse der Zinkelektrode ab, da das Zn(s) oxidiert wird, und die Konzentration der

20.3 Galvanische Zellen

Zn^{2+}-Lösung steigt an. Umgekehrt nimmt die Masse der Cu-Elektrode zu und die Konzentration der Cu^{2+}-Lösung sinkt, denn Cu^{2+} wird zu $Cu(s)$ reduziert.

Die Lösungen in beiden Halbzellen müssen elektrisch neutral bleiben, um die galvanische Zelle betriebsfähig zu erhalten. Durch die Oxidation von Zn an der Anode gehen Zn^{2+}-Ionen in Lösung. Daher muss für die positiven Ionen die Möglichkeit bestehen, die Abteilung der Anode zu verlassen, oder negative Ionen müssen hinzu wandern können, um die Lösung elektrisch neutral zu erhalten. Analog entzieht die Reduktion der Cu^{2+}-Ionen an der Kathode der Lösung positive Ladungen und verursacht damit einen Überschuss an negativen Ladungen in dieser Halbzelle. Folglich müssen positive Ionen in diese Halbzelle eintreten oder negative Ionen abfließen. Ein messbarer Elektronenfluss zwischen den Elektroden findet erst dann statt, wenn es den gelösten Ionen möglich ist, von der einen Halbzelle zur anderen zu wandern und damit den Stromkreis zu schließen.

In Abbildung 20.4 bleibt die elektrische Neutralität der Lösungen erhalten, da eine poröse Glasscheibe als Trennwand den Fluss von Ionen zwischen beiden Halbzellen zulässt. In ▶ Abbildung 20.5 übernimmt eine *Salzbrücke* diese Funktion. Die Salzbrücke besteht aus einem U-förmigen Rohr, das eine Elektrolytlösung wie beispielsweise $NaNO_3(aq)$ enthält, deren Ionen nicht mit den anderen Ionen der Zelle oder mit den Materialien der Elektrode reagieren. Der Elektrolyt wird oft in ein Gel oder in eine Paste eingebracht, damit die Elektrolytlösung beim Umdrehen des U-Rohrs nicht ausläuft. Während die Oxidationen und Reduktionen an den Elektroden fortschreiten, bewegen sich Ionen über die Salzbrücke und gleichen somit die Ladungen in den beiden Abteilungen der Zelle aus. Über welches Medium auch immer sich die Ionen zwischen den Halbzellen bewegen, *die Anionen fließen immer in Richtung Anode und die Kationen in Richtung Kathode*.

▶ Abbildung 20.6 zeigt die Anode, die Kathode, die chemischen Prozesse in einer galvanischen Zelle und die Bewegungsrichtungen der Ionen in der Lösung und der Elektronen im externen Stromkreis. Beachten Sie insbesondere, dass *in jeder galvanischen Zelle die Elektronen im externen Stromkreis von der Anode zur Kathode fließen*.

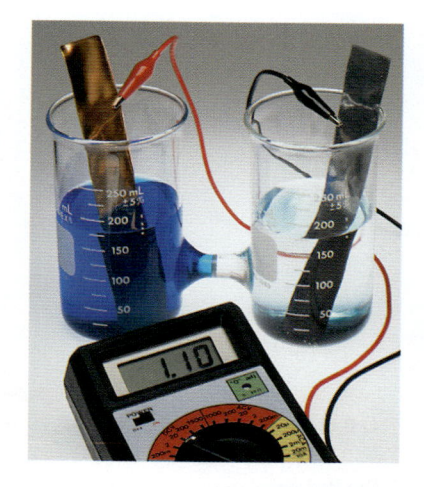

Abbildung 20.4: Eine galvanische Zelle, die auf der Reaktionsgleichung 20.7 basiert. Die linke Abteilung enthält 1 M $CuSO_4$ und eine Kupferelektrode und die rechte Abteilung enthält 1 M $ZnSO_4$ und eine Zinkelektrode. Die Lösungen sind durch eine poröse Glasscheibe verbunden, die den Kontakt der beiden Lösungen zulässt. Die Metallelektroden sind über ein Voltmeter verbunden, welches eine Zellenspannung von 1,10 V anzeigt.

> **? DENKEN SIE EINMAL NACH**
>
> Warum bewegen sich die Anionen in einer Salzbrücke zur Anode?

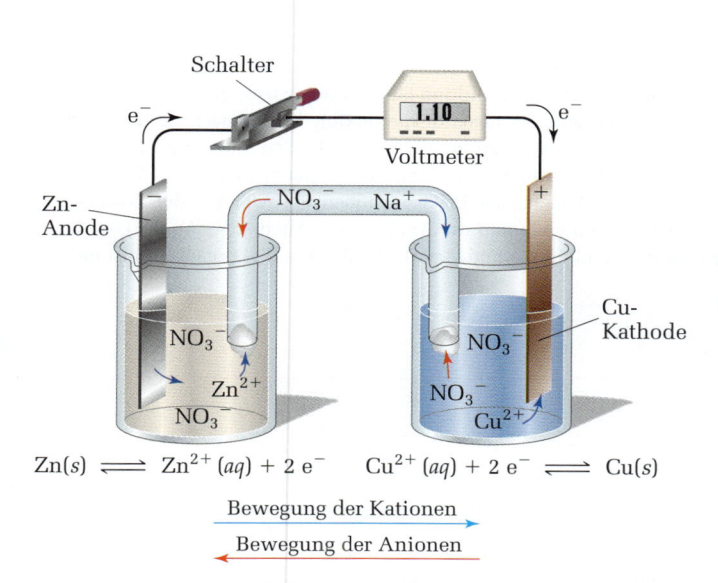

$Zn(s) \rightleftharpoons Zn^{2+}(aq) + 2\ e^-$ $\qquad$ $Cu^{2+}(aq) + 2\ e^- \rightleftharpoons Cu(s)$

Bewegung der Kationen →
← Bewegung der Anionen

Abbildung 20.5: Der elektrische Kreis in einer galvanischen Zelle schließt sich über die Salzbrücke.

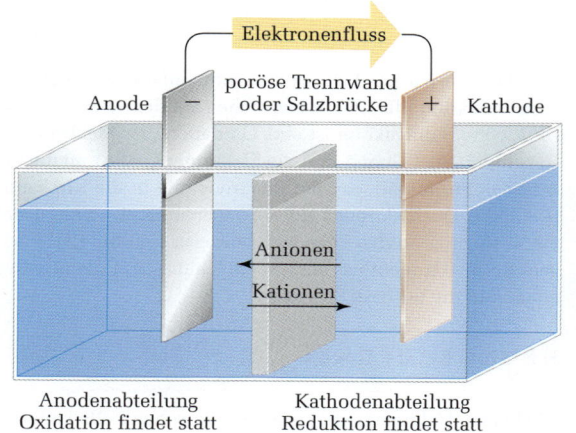

Abbildung 20.6: Zusammenfassung der üblichen Terminologie zur Beschreibung von galvanischen Zellen. Die Oxidation findet an der Anode und die Reduktion an der Kathode statt. Die Elektronen fließen spontan von der negativen Anode zur positiven Kathode. Der elektrische Stromkreis schließt sich durch die Bewegungen der Ionen in der Lösung. Die Anionen bewegen sich zur Anode und die Kationen zur Kathode. Man kann die Zellenabteilungen durch eine poröse Glastrennwand (wie in Abbildung 20.4) oder durch eine Salzbrücke (wie in Abbildung 20.5) voneinander trennen.

Die Anode einer galvanischen Zelle erhält ein negatives und die Kathode ein positives Vorzeichen, da die negativ geladenen Elektronen von der Anode zur Kathode fließen. Wir können uns vorstellen, dass die Elektronen von der positiven Kathode angezogen werden und sich, ausgehend von der negativen Anode, durch den externen Stromkreis bewegen.*

---

* Obwohl die Anode und die Kathode Minus- bzw. Pluszeichen tragen, sollten Sie diese Beschriftungsweise nicht als Ladungen der Elektroden verstehen. Diese Bezeichnungen sagen lediglich aus, an welcher Elektrode die Elektronen in den externen Kreis übergehen (an der Anode) und wo sie aus dem externen Kreis eintreten (an der Kathode). Die tatsächlichen Ladungen der Elektroden sind im Wesentlichen null.

ÜBUNGSBEISPIEL 20.4 — Reaktionen in einer galvanischen Zelle

Die Redoxreaktion

$$Cr_2O_7^{2-}(aq) + 14\,H^+(aq) + 6\,I^-(aq) \longrightarrow 2\,Cr^{3+}(aq) + 3\,I_2(s) + 7\,H_2O(l)$$

läuft spontan ab. Man gibt eine Lösung aus $K_2Cr_2O_7$ und H_2SO_4 in ein Becherglas und eine KI-Lösung in ein anderes Becherglas und verbindet die beiden Gläser mit einer Salzbrücke. Nun taucht man metallische Leiter, die mit den Lösungen nicht reagieren (zum Beispiel Platinbleche) in beide Lösungen und verbindet diese Elektroden mit Kabeln, an die man ein Voltmeter oder ein Gerät zur Messung elektrischer Ströme anschließt. Die so konstruierte galvanische Zelle erzeugt einen elektrischen Strom. Geben Sie die an der Anode und an der Kathode ablaufenden Reaktionen, die Richtungen des Elektronenflusses und des Ionenflusses sowie die Vorzeichen der Elektroden an.

Lösung

Analyse: Der Aufbau einer galvanischen Zelle und die Gleichung einer spontan ablaufenden Reaktion in dieser Zelle sind gegeben. Wir sollen die Halbreaktionen an der Anode und an der Kathode formulieren, die Bewegungsrichtungen der Elektronen und der Ionen bestimmen und die Vorzeichen der Elektroden angeben.

Vorgehen: Als ersten Schritt teilen wir die chemische Reaktion in Halbreaktionen auf und bestimmen die Oxidations- und Reduktionsvorgänge. Danach verwenden wir die Definitionen der Anode und der Kathode und die weiteren Bezeichnungen aus Abbildung 20.6.

Lösung: In der ersten Halbreaktion wird $Cr_2O_7^{2-}(aq)$ in $Cr^{3+}(aq)$ umgewandelt. Wenn wir zuerst die Halbreaktion dieser Ionen vervollständigen und ausgleichen, erhalten wir

$$Cr_2O_7^{2-}(aq) + 14\,H^+(aq) + 6\,e^- \longrightarrow 2\,Cr^{3+}(aq) + 7\,H_2O(l)$$

Die andere Halbreaktion ist die Umwandlung von $I^-(aq)$ in $I_2(s)$:

$$6\,I^-(aq) \longrightarrow 3\,I_2(s) + 6\,e^-$$

Nun können wir mit Hilfe der Zusammenfassung aus Abbildung 20.6 die galvanische Zelle beschreiben. Die erste Halbreaktion ist eine Reduktion (die Elektronen stehen auf der Seite der Ausgangsstoffe). Nach der Definition läuft dieser Prozess an der Kathode ab. Die zweite Halbreaktion ist eine Oxidation (die Elektronen stehen auf der Seite der Reaktionsprodukte), die demnach an der Anode stattfindet. Die I^--Ionen sind die Elektronenquelle und die $Cr_2O_7^{2-}$-Ionen nehmen Elektronen auf. Daher fließen Elektronen durch den externen Stromkreis von der Elektrode, die in die KI-Lösung eingetaucht ist (Anode), zur Elektrode in der $K_2Cr_2O_7$–H_2SO_4-Lösung (Kathode). Die Elektroden selbst reagieren nicht, sondern stellen nur einen Weg für den Elektronenübergang zwischen den Lösungen zur Verfügung. In den Lösungen bewegen sich die Kationen in Richtung Kathode und die Anionen zur Anode. Die Anode (von ihr geht der Elektronenfluss aus) ist nach außen hin die negative Elektrode und die Kathode (zu ihr fließen die Elektronen hin) ist nach außen hin die positive Elektrode.

ÜBUNGSAUFGABE

Die beiden Halbreaktionen einer galvanischen Zelle lauten

$$Zn(s) \longrightarrow Zn^{2+}(aq) + 2\,e^-$$
$$ClO_3^-(aq) + 6\,H^+(aq) + 6\,e^- \longrightarrow Cl^-(aq) + 3\,H_2O(l)$$

(a) Geben Sie an, welche Reaktion an der Anode und welche an der Kathode abläuft. **(b)** Welche Elektrode wird bei dieser Reaktion aufgebraucht? **(c)** Welche ist die positive Elektrode?

Antworten: (a) Die erste Reaktion findet an der Anode und die zweite an der Kathode statt. **(b)** Die Anode (Zn) wird bei dieser Reaktion aufgebraucht. **(c)** Die Kathode ist nach außen hin die positive Elektrode.

Eine molekulare Betrachtung der Prozesse an der Elektrode

Um die Beziehung zwischen galvanischen Zellen und spontan ablaufenden Redoxreaktionen besser zu verstehen, werfen wir einen Blick auf die atomare oder molekulare Ebene. Die genauen Abläufe, welche die Elektronenübergänge bestimmen, sind komplex, doch wir können aus einer vereinfachten Betrachtung dieser Prozesse viel lernen.

Sehen wir uns zuerst die spontane Redoxreaktion von $Zn(s)$ und $Cu^{2+}(aq)$ an, die in Abbildung 20.3 dargestellt ist: In dieser Reaktion wird $Zn(s)$ zu $Zn^{2+}(aq)$ oxidiert und $Cu^{2+}(aq)$ zu $Cu(s)$ reduziert. In ▶ Abbildung 20.7 ist ein schematisches Diagramm dieser Abläufe auf der atomaren Ebene gegeben. Stellen wir uns ein Cu^{2+}-Ion vor, das wie in Abbildung 20.7a mit dem Streifen aus metallischem Zink in Berührung tritt. Vom Zn-Atom gehen zwei Elektronen zum Cu^{2+}-Ion über und es bilden sich ein Zn^{2+}-Ion und ein Cu-Atom. Das Zn^{2+}-Ion geht in die wässrige Lösung über, während das Cu-Atom sich am Metallstreifen absetzt (Abbildung 20.7b). Bei fortschreitender Reaktion entsteht mehr und mehr $Cu(s)$- und die $Cu^{2+}(aq)$-Ionen werden aufgebraucht.

> **? DENKEN SIE EINMAL NACH**
>
> Welche Atome des Streifens aus metallischem Zink reagieren zuerst mit dem $Cu^{2+}(aq)$-Ion, die Atome an der Oberfläche oder die Atome im Inneren?

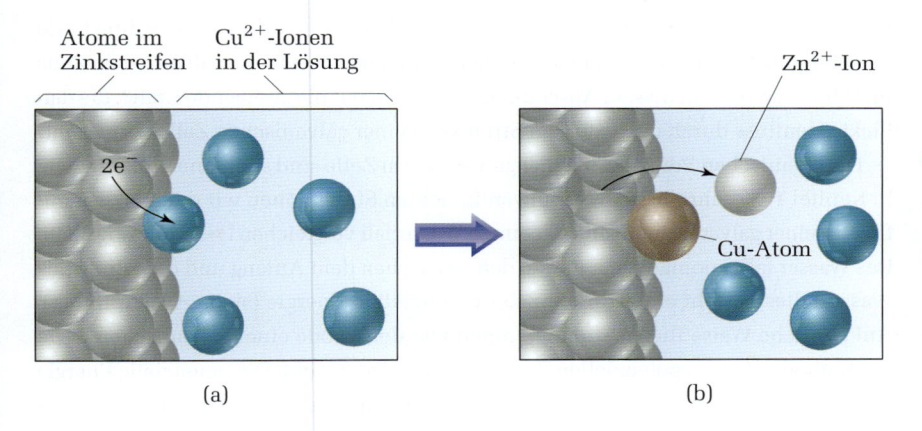

Abbildung 20.7: Darstellung der $Zn(s)$-$Cu^{2+}(aq)$-Reaktion auf atomarer Ebene. Die Wassermoleküle und die gelösten Anionen sind nicht dargestellt. (a) Ein Cu^{2+}-Ion tritt mit der Oberfläche des Zinkstreifens in Kontakt und nimmt von einem Zn-Atom zwei Elektronen auf; das Cu^{2+}-Ion wird reduziert und das Zn-Atom oxidiert. (b) Das Zn^{2+} geht in Lösung und das Cu-Atom setzt sich auf dem Zinkstreifen ab.

Die galvanische Zelle in Abbildung 20.5 basiert ebenfalls auf der Oxidation von $Zn(s)$ und der Reduktion von $Cu^{2+}(aq)$. In diesem Fall läuft jedoch kein direkter Elektronentransport zwischen den reagierenden Substanzen ab. ▶ Abbildung 20.8 veranschaulicht qualitativ die Vorgänge an den Elektroden. Ein Zinkatom gibt zwei Elektronen an die Oberfläche der Anode ab und verwandelt sich in ein $Zn^{2+}(aq)$-Ion. Wir

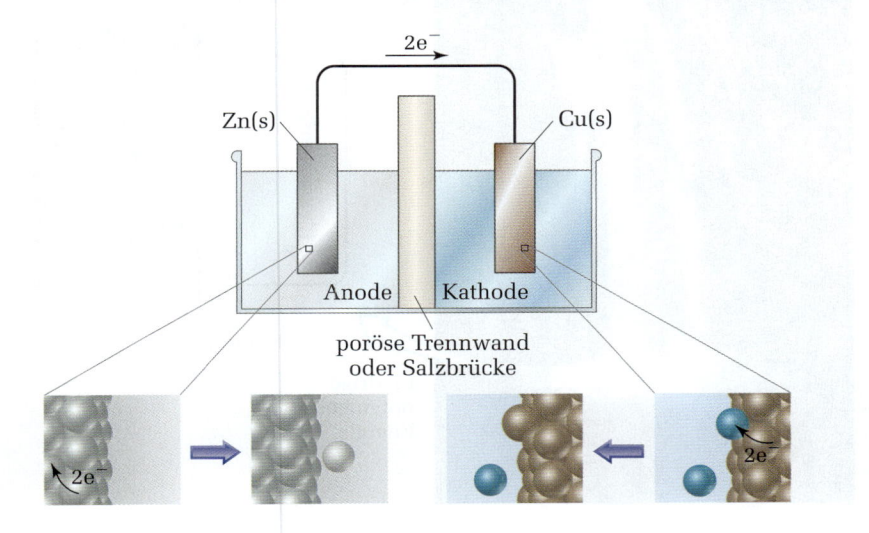

Abbildung 20.8: Darstellung der galvanischen Zelle aus Abbildung 20.5 auf atomarer Ebene. An der Anode gibt ein Zinkatom zwei Elektronen ab und verwandelt sich in ein Zn^{2+}-Ion; das Zinkatom wird oxidiert. Die Elektronen fließen durch den externen Stromkreis zur Kathode. An der Kathode nimmt das Cu^{2+}-Ion zwei Elektronen auf und bildet ein Cu-Atom; das Cu^{2+}-Ion wird reduziert. Ionen bewegen sich durch die poröse Trennwand und stellen damit den Ladungsausgleich zwischen den Abteilungen her.

können uns die beiden Elektronen auf ihrem Weg durch das Kabel von der Anode zur Kathode vorstellen. An der Kathodenoberfläche reduzieren die beiden Elektronen das Cu^{2+}-Ion zu einem Cu-Atom, das sich an der Kathode absetzt. Wie wir bereits feststellten, kommt dieser Elektronenfluss von der Anode zur Kathode nur dann in Gang, wenn Ionen die Salzbrücke durchdringen können und damit den Ladungsausgleich in beiden Halbzellen herstellen.

Die Redoxreaktion von Zn und Cu^{2+} läuft sowohl bei Direktkontakt als auch über die getrennten Abteilungen einer galvanischen Zelle spontan ab. Die Gesamtreaktion ist in beiden Fällen gleich; es unterscheiden sich lediglich die Wege der Elektronen vom Zn-Atom zum Cu^{2+}-Ion. Im nächsten Abschnitt werden wir untersuchen, *warum* diese Reaktion spontan abläuft.

20.4 Die EMK einer galvanischen Zelle unter Standardbedingungen

Warum bewegen sich Elektronen spontan vom Zn-Atom zum Cu^{2+}-Ion, sei es direkt, wie in Abbildung 20.3, oder über einen externen Stromkreis, wie in der galvanischen Zelle in Abbildung 20.4? In diesem Abschnitt untersuchen wir die „treibende Kraft", die den Elektronenfluss durch den externen Stromkreis einer galvanischen Zelle verursacht.

Die chemischen Vorgänge in einer galvanischen Zelle sind spontane Prozesse, wie in Kapitel 19 beschrieben. In einem vereinfachten Sinn können wir den Elektronenfluss in einer galvanischen Zelle mit einem Wasserfall vergleichen (▶ Abbildung 20.9): Das Wasser fällt spontan nach unten, denn zwischen dem Anfang und dem Ende des Wasserfalles besteht eine Differenz der potenziellen Energie (siehe Abschnitt 5.1). Auf ähnliche Weise fließen die Elektronen von der Anode einer galvanischen Zelle zur Kathode, da ihre potenziellen Energien verschieden sind. Die potenzielle Energie der Elektronen ist an der Anode größer als an der Kathode und der spontane Elektronenfluss in einem externen Stromkreis ist daher zur Kathode hin gerichtet.

Abbildung 20.9: Die Analogie des Elektronenflusses mit einem Wasserfall. Der Fluss der Elektronen von der Anode zur Kathode einer galvanischen Zelle ähnelt dem Fall von Wasser über einen Höhenunterschied. Das Wasser fällt, da seine potenzielle Energie am unteren Ende des Wasserfalls geringer ist als oben. Wenn man die Kathode und die Anode einer galvanischen Zelle elektrisch leitend verbindet, fließen die Elektronen in analoger Weise zum Ort niedrigerer potenzieller Energie, von der Anode zur Kathode.

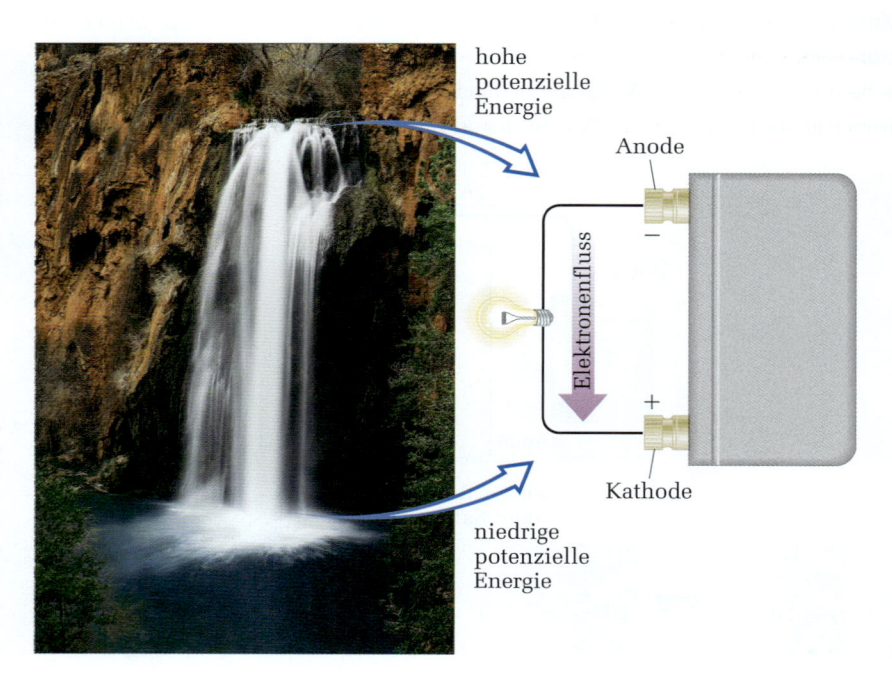

Man misst die Differenz der elektrischen potenziellen Energie bezogen auf die elektrische Ladung (die *Potenzialdifferenz*) zwischen den beiden Elektroden in der Einheit Volt. Ein Volt (V) ist die Potenzialdifferenz, die einer Ladung von 1 Coulomb (1 C) eine Energie von 1 J verleiht.

$$1\ \text{V} = 1\frac{\text{J}}{\text{C}}$$

Erinnern Sie sich, dass ein Elektron die Ladung $1{,}60 \times 10^{-19}$ C besitzt (siehe Abschnitt 2.2).

Die Potenzialdifferenz zwischen den beiden Elektroden einer galvanischen Zelle ist die „treibende Kraft", welche die Elektronen zur Bewegung durch den externen Stromkreis „anstößt". Daher bezeichnen wir diese Potenzialdifferenz als **elektromotorische Kraft** („Kraft, die Elektronenbewegung hervorruft") oder **EMK**. Da man die Potenzialdifferenz ΔE_{Zelle} in Volt misst, spricht man oft von der *Zellspannung*. Für jede spontan ablaufende Reaktion, beispielsweise in einer galvanischen Zelle, ist diese Potenzialdifferenz *positiv*.

Die EMK einer bestimmten galvanischen Zelle hängt von den Reaktionen an der Kathode und an der Anode, den Konzentrationen der Ausgangsstoffe und Reaktionsprodukte und von der Temperatur ab. Letztere wird als 25 °C angenommen, sofern nichts anderes angegeben ist. In diesem Abschnitt konzentrieren wir uns auf Zellen, die unter *Standardbedingungen* bei 25 °C betrieben werden. Erinnern wir uns an Abschnitt 19.5: Die Definition der Standardbedingungen gibt Konzentrationen der gelösten Ausgangsstoffe und Reaktionsprodukte von 1 M und für Gase einen Druck von 1 atm vor (siehe Tabelle 19.3). Unter Standardbedingungen spricht man von der **Standard-EMK**, die man als $\Delta E^\circ_{\text{Zelle}}$ bezeichnet. Die Standard-EMK der Zn-Cu-Zelle in Abbildung 20.5 bei 25 °C beträgt +1,10 V.

$$\text{Zn}(s) + \text{Cu}^{2+}(aq, 1\ M) \longrightarrow \text{Zn}^{2+}(aq, 1\ M) + \text{Cu}(s) \qquad \Delta E^\circ_{\text{Zelle}} = +1{,}10\ \text{V}$$

Beachten Sie, dass der Index ° die Standardbedingungen darstellt (siehe Abschnitt 5.7).

> **? DENKEN SIE EINMAL NACH**
>
> Die Standard-EMK einer galvanischen Zelle bei 25 °C beträgt +0,85 V. Läuft die entsprechende Redoxreaktion spontan ab?

Standard-Redoxpotenziale (Halbzellenpotenziale)

Die EMK hängt von der Art der Kathode und Anode ab. Prinzipiell könnten wir die Standard-EMK für alle möglichen Kombinationen aus Kathoden und Anoden tabellarisch zusammenfassen. Es ist aber nicht notwendig, diese mühsame Aufgabe auszuführen, sondern wir werden jeder einzelnen Halbzelle Standardpotenziale zuordnen und $\Delta E^\circ_{\text{Zelle}}$ anhand dieser Potenziale bestimmen.

Die EMK ist die Differenz zwischen zwei Elektrodenpotenzialen, wobei ein Potenzialwert der Kathode und der andere Wert der Anode entspricht. Die Standardpotenziale der Elektroden sind tabellarisch angegeben. Man nennt sie **Standard-Redoxpotenziale** oder Normalpotenziale und bezeichnet sie als E°. Die Spannung einer Zelle $\Delta E^\circ_{\text{Zelle}}$ ergibt sich nun als *Differenz* der Standard-Redoxpotenziale der Anodenreaktion E° (Anode) und der Kathodenreaktion E° (Kathode):

$$\Delta E^\circ_{\text{Zelle}} = E^\circ\ (\text{Kathode}) - E^\circ\ (\text{Anode}) \qquad (20.8)$$

In Kürze werden wir Gleichung 20.8 im Detail diskutieren.

Da jede galvanische Zelle aus zwei Halbzellen besteht, ist es nicht möglich, das Normalpotenzial einer Halbzelle direkt zu messen. Wenn wir das Normalpotenzial einer bestimmten Halbzelle als Referenz wählen, können wir jedoch die entsprechenden Potenziale anderer Halbreaktionen bezüglich dieser Referenz festlegen. Man erklärt

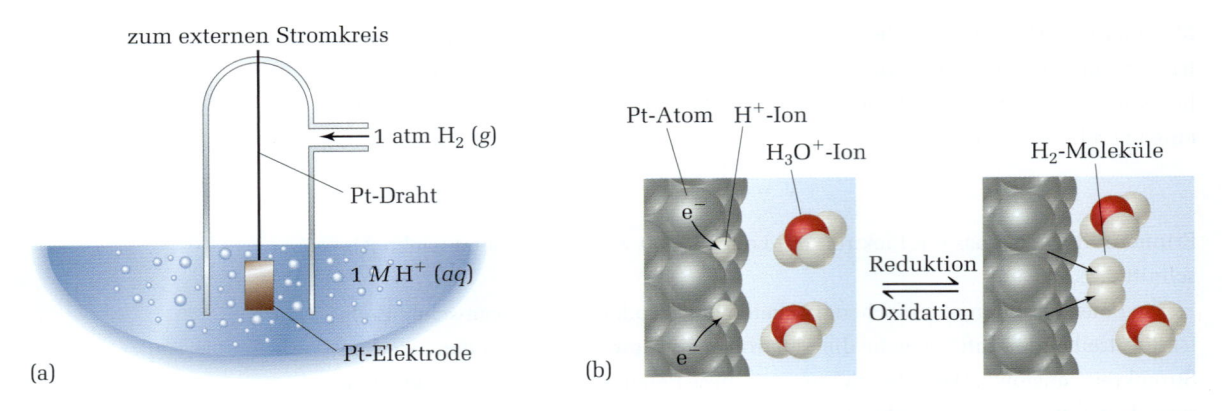

Abbildung 20.10: Die Standard-Wasserstoffelektrode (SHE), die als Referenzelektrode dient. (a) Eine SHE besteht aus einer Elektrode mit fein verteiltem Pt, das mit $H_2(g)$ unter einem Druck von 1 atm in Kontakt steht, und einer sauren Lösung mit der H^+-Ionenkonzentration $[H^+] = 1\,M$. (b) Darstellung der Vorgänge an der SHE auf molekularer Ebene. Wenn eine SHE die Kathode einer Zelle bildet, nehmen zwei H^+-Ionen je ein Elektron von der Pt-Elektrode auf und werden damit zu H-Atomen reduziert. Zwei H-Atome zusammen bilden H_2. Wenn eine SHE die Anode bildet, läuft der umgekehrte Vorgang ab: Ein H_2-Molekül gibt an der Elektrodenoberfläche zwei Elektronen ab und wird zu H^+ oxidiert. Die H^+-Ionen gehen in Lösung und werden hydratisiert.

die Reduktion von $H^+(aq)$ zu $H_2(g)$ unter Standardbedingungen als Referenz-Halbreaktion und ordnet ihr das Normalpotenzial von exakt 0 V zu.

$$2\,H^+(aq, 1\,M) + 2\,e^- \rightleftharpoons H_2(g, 1\,atm) \qquad E° = 0\,V \qquad (20.9)$$

Die Elektrode, an der diese Halbreaktion stattfindet, heißt **Standard-Wasserstoffelektrode** (SHE) oder Normal-Wasserstoffelektrode (NHE). Eine SHE besteht aus einem Platindraht, der mit einem Stück Platinfolie mit fein verteiltem Platin verbunden ist. Dieser Aufbau stellt eine stabile Reaktionsoberfläche zur Verfügung. Die Elektrode ist in einem Glasröhrchen eingeschlossen und Wasserstoffgas kann sich darin unter Standardbedingungen (1 atm) in Bläschenform bewegen. Die Lösung enthält $H^+(aq)$-Ionen unter Standardbedingungen (1 M, ▶ Abbildung 20.10).

In ▶ Abbildung 20.11 ist eine galvanische Zelle zu sehen, die aus einer SHE und einer Standard Zn^{2+}/Zn-Elektrode besteht. In dieser Zelle läuft die spontane Reaktion von Abbildung 20.1 ab: die Oxidation von Zn und die Reduktion von H^+ nach der Gleichung

$$Zn(s) + 2\,H^+(aq) \longrightarrow Zn^{2+}(aq) + H_2(g)$$

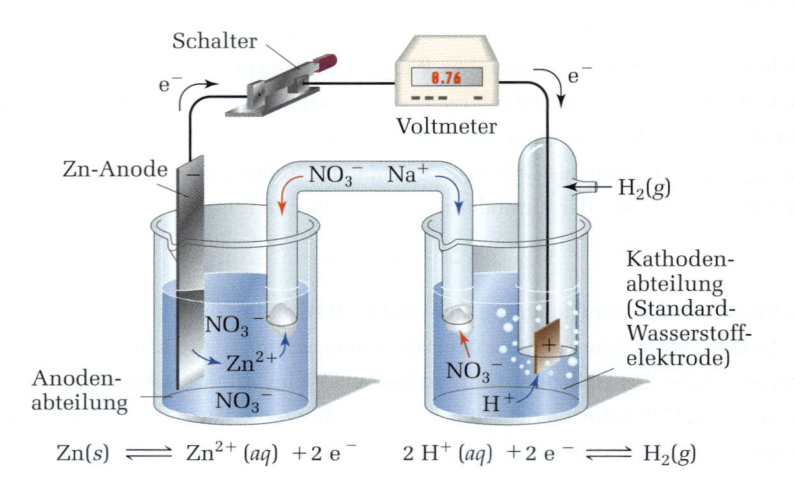

Abbildung 20.11: Eine galvanische Zelle mit einer Standard-Wasserstoffelektrode.

Tabelle 20.1

Normalpotenziale bei 25 °C in Wasser

Potenzial (V)	Halbreaktion
+2,87	$F_2(g) + 2e^- \rightleftharpoons 2F^-(aq)$
+1,51	$MnO_4^-(aq) + 8H^+(aq) + 5e^- \rightleftharpoons Mn^{2+}(aq) + 4H_2O(l)$
+1,36	$Cl_2(g) + 2e^- \rightleftharpoons 2Cl^-(aq)$
+1,33	$Cr_2O_7^{2-}(aq) + 14H^+(aq) + 6e^- \rightleftharpoons 2Cr^{3+}(aq) + 7H_2O(l)$
+1,23	$O_2(g) + 4H^+(aq) + 4e^- \rightleftharpoons 2H_2O(l)$
+1,06	$Br_2(l) + 2e^- \rightleftharpoons 2Br^-(aq)$
+0,96	$NO_3^-(aq) + 4H^+(aq) + 3e^- \rightleftharpoons NO(g) + 2H_2O(l)$
+0,80	$Ag^+(aq) + e^- \rightleftharpoons Ag(s)$
+0,77	$Fe^{3+}(aq) + e^- \rightleftharpoons Fe^{2+}(aq)$
+0,68	$O_2(g) + 2H^+(aq) + 2e^- \rightleftharpoons H_2O_2(aq)$
+0,59	$MnO_4^-(aq) + 2H_2O(l) + 3e^- \rightleftharpoons MnO_2(s) + 4OH^-(aq)$
+0,54	$I_2(s) + 2e^- \rightleftharpoons 2I^-(aq)$
+0,40	$O_2(g) + 2H_2O(l) + 4e^- \rightleftharpoons 4OH^-(aq)$
+0,34	$Cu^{2+}(aq) + 2e^- \rightleftharpoons Cu(s)$
0 [definiert]	$2H^+(aq) + 2e^- \rightleftharpoons H_2(g)$
−0,28	$Ni^{2+}(aq) + 2e^- \rightleftharpoons Ni(s)$
−0,44	$Fe^{2+}(aq) + 2e^- \rightleftharpoons Fe(s)$
−0,76	$Zn^{2+}(aq) + 2e^- \rightleftharpoons Zn(s)$
−0,83	$2H_2O(l) + 2e^- \rightleftharpoons H_2(g) + 2OH^-(aq)$
−1,66	$Al^{3+}(aq) + 3e^- \rightleftharpoons Al(s)$
−2,71	$Na^+(aq) + e^- \rightleftharpoons Na(s)$
−3,05	$Li^+(aq) + e^- \rightleftharpoons Li(s)$

Beachten Sie, dass die Zn^{2+}/Zn-Elektrode die Anode und die SHE die Kathode bildet. Die Zellspannung beträgt +0,76 V. Aus dem Normalpotenzial von H^+ ($E° = 0$) und Gleichung 20.8 können wir das Normalpotenzial der Zn^{2+}/Zn-Halbreaktion bestimmen:

$$\Delta E°_{Zelle} = E° \text{ (Kathode)} - E° \text{ (Anode)}$$
$$+0,76 \text{ V} = 0 \text{ V} - E° \text{ (Anode)}$$
$$E° \text{ (Anode)} = -0,76 \text{ V}$$

Somit beträgt das Normalpotenzial der Gleichgewichtsreaktion zwischen Zn^{2+} und Zn −0,76 V.

$$Zn^{2+}(aq, 1 M) + 2e^- \rightleftharpoons Zn(s) \qquad E° = -0,76 \text{ V}$$

Analog zur Vorgehensweise für die Zn^{2+}/Zn-Halbreaktion kann man die Normalpotenziale anderer Halbreaktionen bestimmen. In Tabelle 20.1 sind einige Normalpotenziale angegeben. Eine umfangreichere Liste finden Sie in Anhang E. Diese Normalpotenziale, oft auch *Halbzellenpotenziale* genannt, lassen sich zur Bestimmung der EMK mit einer Vielzahl von galvanischen Zellen kombinieren.

Die Normalpotenziale sind intensive Größen, denn das elektrische Potenzial ist als potenzielle Energie pro elektrische Ladung definiert (siehe Abschnitt 1.3). Mit ande-

? DENKEN SIE EINMAL NACH

Wie lauten die Standardbedingungen für die Ausgangsstoffe und Reaktionsprodukte der Halbreaktion $Cl_2(g) + 2\,e^- \longrightarrow 2\,Cl^-(aq)$?

Normalpotenziale

ren Worten: Wenn man die Stoffmenge in einer Redoxreaktion erhöht, steigen sowohl die Energie als auch die Menge der beteiligten elektrischen Ladungen an, aber das Verhältnis zwischen der Energie (in Joule) und der Ladung (in Coulomb) bleibt konstant (V = J/C). Daher beeinflussen Veränderungen der stöchiometrischen Koeffizienten einer Halbreaktion den Wert des Normalpotenzials nicht. Beispielsweise sind die Werte von $E°$ für die Reduktion von 50 Zn^{2+} und von 1 Zn^{2+} gleich:

$$50\,Zn^{2+}(aq,\,1\,M) + 100\,e^- \rightleftharpoons 50\,Zn(s) \qquad E° = -0{,}76\,V$$

Wir haben bereits die Analogie der elektromotorischen Kraft (EMK) mit dem Fluss des Wassers in einem Wasserfall betrachtet (siehe Abbildung 20.9). Die EMK entspricht dem Höhenunterschied zwischen dem Anfang und dem Ende des Wasserfalls. Dieser Höhenunterschied bleibt gleich, unabhängig davon, ob der Wasserfluss groß oder klein ist.

Nun sind die Voraussetzungen für eine vollständigere Diskussion von ▶ Gleichung 20.8 gegeben. Zunächst stellen wir fest, dass die Definition von $\Delta E°_{Zelle} = E°$(Kathode) − $E°$(Anode) nach dem Hess'schen Satz sinnvoll ist (siehe Abschnitt 5.6). Betrachten wir erneut die Redoxreaktion aus den Abbildungen 20.3 und 20.4:

$$Zn(s) + Cu^{2+}(aq) \longrightarrow Zn^{2+}(aq) + Cu(s)$$

ÜBUNGSBEISPIEL 20.5   Berechnung von $E°$ aus $\Delta E°_{Zelle}$

Für die galvanische Zelle mit Zn und Cu^{2+} aus Abbildung 20.5 gilt

$$Zn(s) + Cu^{2+}(aq,\,1\,M) \rightleftharpoons Zn^{2+}(aq,\,1\,M) + Cu(s) \qquad \Delta E°_{Zelle} = 1{,}10\,V$$

Berechnen Sie aus dem Normalpotenzial der Reaktion zwischen Zn^{2+} und $Zn(s)$ von −0,76 V den Wert von $E°$ für die Reaktion zwischen Cu^{2+} und Cu:

$$Cu^{2+}(aq,\,1\,M) + 2\,e^- \rightleftharpoons Cu(s)$$

Lösung

Analyse: $E°$ von Zn^{2+}/Zn und $\Delta E°_{Zelle}$ sind gegeben; wir sollen $E°$ von Cu^{2+}/Cu berechnen.

Vorgehen: In der galvanischen Zelle wird Zn an der Anode oxidiert; damit ist $E°$ von Zn^{2+}/Zn das Potenzial der Anode. Das Cu^{2+}-Ion wird in der Kathoden-Halbzelle reduziert. Damit ist das unbekannte Normalpotenzial von Cu^{2+}/Cu das Potenzial $E°$ der Kathode. Da $E°$ der Anode und $\Delta E°_{Zelle}$ bekannt sind, kann man die Gleichung 20.8 nach $E°$ der Kathode auflösen.

Lösung:

$$\Delta E°_{Zelle} = E°(\text{Kathode}) - E°(\text{Anode})$$
$$1{,}10\,V = E°(\text{Kathode}) - (-0{,}76\,V)$$
$$E°(\text{Kathode}) = 1{,}10\,V - 0{,}76\,V = 0{,}34\,V$$

Überprüfung: Dieses Normalpotenzial stimmt mit dem Wert in Tabelle 20.1 überein.

Anmerkung: Die Normalpotenziale für Cu^{2+}/Cu und Zn^{2+}/Zn lassen sich als $E°_{Cu^{2+}/Cu} = 0{,}34\,V$ und $E°_{Zn^{2+}/Zn} = -0{,}76\,V$ schreiben.

ÜBUNGSAUFGABE

In einer galvanischen Zelle laufen die beiden Halbreaktionen

$$In^+(aq) \rightleftharpoons In^{3+}(aq) + 2\,e^-$$
$$Br_2(l) + 2\,e^- \rightleftharpoons 2\,Br^-(aq)$$

ab und die Standard-EMK ist 1,46 V. Berechnen Sie aus den Angaben in Tabelle 20.1 den Wert von $E°$ für die Reaktion zwischen In^{3+} und In^+.

Antwort: −0,40 V.

ÜBUNGSBEISPIEL 20.6

Berechnung von $\Delta E°_{Zelle}$ aus $E°$

Berechnen Sie mit Hilfe der Normalpotenziale aus Tabelle 20.1 die Standard-EMK der galvanischen Zelle, die im Übungsbeispiel 20.4 beschrieben ist und auf der Reaktion

$$Cr_2O_7^{2-}(aq) + 14\,H^+(aq) + 6\,I^-(aq) \rightleftharpoons 2\,Cr^{3+}(aq) + 3\,I_2(s) + 7\,H_2O(l)$$

basiert.

Lösung

Analyse: Die Gleichung einer Redoxreaktion ist gegeben und wir sollen mit Hilfe der Angaben aus Tabelle 20.1 die Standard-EMK der entsprechenden galvanischen Zelle berechnen.

Vorgehen: Der erste Schritt ist die Bestimmung der Halbreaktionen an der Kathode und an der Anode, wie in Übungsbeispiel 20.4. Danach können wir mit Gleichung 20.8 und anhand der Angaben aus Tabelle 20.1 die Standard-EMK berechnen.

Lösung: Die Halbreaktionen sind

Kathode: $Cr_2O_7^{2-}(aq) + 14\,H^+(aq) + 6\,e^- \rightleftharpoons 2\,Cr^{3+}(aq) + 7\,H_2O(l)$

Anode: $6\,I^-(aq) \rightleftharpoons 3\,I_2(s) + 6\,e^-$

Nach der Tabelle 20.1 beträgt das Normalpotenzial der Reaktion zwischen $Cr_2O_7^{2-}$ und Cr^{3+} +1,33 V und der entsprechende Wert für die Reaktion zwischen I_2 und I^- ist +0,54 V. Wir verwenden diese Werte nun in Gleichung 20.8.

$$\Delta E°_{Zelle} = E°\,(\text{Kathode}) - E°\,(\text{Anode}) = 1{,}33\,V - 0{,}54\,V = 0{,}79\,V$$

Zum Ausgleichen der Reaktionsgleichung multipliziert man die Iodid-Halbreaktion mit drei, *nicht* aber den Wert von $E°$. Wie wir bereits feststellten, ist das Normalpotenzial eine intensive Größe und damit unabhängig von den stöchiometrischen Koeffizienten im Einzelfall.

Überprüfung: Die Zellspannung beträgt 0,79 V; eine positive Zahl. Wie schon angemerkt, läuft die Reaktion in einer galvanischen Zelle nur dann freiwillig ab, wenn ihr EMK-Wert positiv ist.

ÜBUNGSAUFGABE

Berechnen Sie mit Hilfe der Angaben aus Tabelle 20.1 die Standard-EMK für eine galvanische Zelle der folgenden Gesamtreaktion:

$$2\,Al(s) + 3\,I_2(s) \rightleftharpoons 2\,Al^{3+}(aq) + 6\,I^-(aq)$$

Antwort: +2,20 V.

Wir können diese Gleichung einfach als die Summe zweier Halbreaktionen schreiben und die Differenz ihrer $E°$-Werte berechnen:

$$Cu^{2+}(aq) + 2\,e^- \longrightarrow Cu(s) \qquad E° = +0{,}34\,V$$

$$Zn(s) \longrightarrow Zn^{2+}(aq) + 2\,e^- \qquad -E° = -(-0{,}76\,V) = +0{,}76\,V$$

$$\overline{Zn(s) + Cu^{2+}(aq) \longrightarrow Zn^{2+}(aq) + Cu(s) \qquad \Delta E°_{Zelle} = +1{,}10\,V}$$

Das Normalpotenzial ist das elektrochemische Potenzial, das sich im Gleichgewichtsfall zwischen der reduzierten und der oxidierten Form eines Redoxpaares einstellt, wenn Standardbedingungen herrschen. Es ist nicht sinnvoll, von Reduktions- oder Oxidationspotenzialen zu sprechen, da die Normalpotenziale naturgegebene Werte sind und nicht von menschlichen Schreibkonventionen abhängen. Allerdings müssen wir uns, wenn wir uns für die EMK einer galvanischen Zelle als Differenz zwischen zwei Normalpotenzialen interessieren, die mit der freien Enthalpie korreliert ist, vor Augen halten, dass für die Subtraktion kein Kommutativgesetz gilt und daher Minuend und Subtrahend nicht vertauscht werden dürfen. Anderenfalls würden wir für die EMK und damit für die freie Enthalpie ein falsches Vorzeichen erhalten. Wir bleiben auf der sicheren Seite, wenn wir folgendermaßen vorgehen:

Elektrochemie

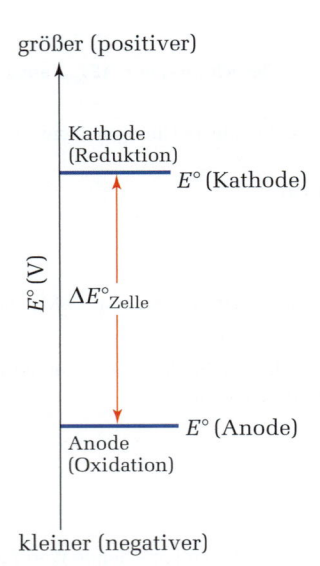

Abbildung 20.12: Das Standard-Zellenpotenzial einer galvanischen Zelle. Die Zellspannung ist die Differenz der Normalpotenziale der Kathoden- und der Anodenreaktion: $\Delta E^\circ_{\text{Zelle}} = E^\circ(\text{Kathode}) - E^\circ(\text{Anode})$. In einer galvanischen Zelle ist E° der Kathodenreaktion stets größer (positiver bzw. weniger negativ) als der Wert der Anodenreaktion.

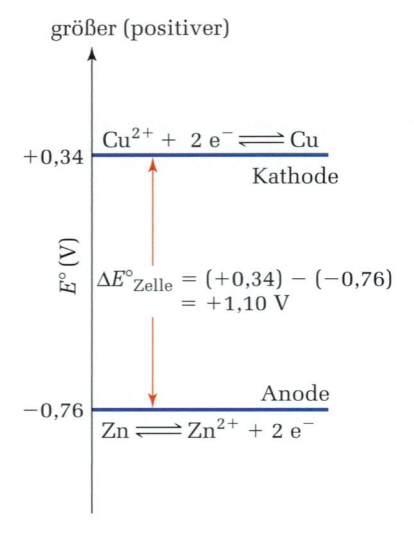

Abbildung 20.13: Halbzellenpotenziale. Darstellung der Halbzellenpotenziale der galvanischen Zelle aus Abbildung 20.5 nach dem Schema von Abbildung 20.12.

❓ DENKEN SIE EINMAL NACH

Ist die folgende Aussage richtig oder falsch? Je kleiner die Differenz der Normalpotenziale von Kathode und Anode, desto geringer ist die „treibende Kraft" der gesamten Redoxreaktion.

Wir stellen zuerst fest, welche Halbreaktion das positivere Potenzial hat. Dies ist das Potenzial der Kathode, hier werden Elektronen in der Halbzelle aufgenommen, hier wirkt das Oxidationsmittel. Die Halbreaktion mit dem negativeren Potenzial ist demnach die Halbreaktion, die im Anodenraum überwiegt, hier wirkt das Reduktionsmittel. Wir ziehen vom positiveren Potenzial das negativere (weniger positive) ab und erhalten als Differenz die EMK mit dem richtigen Vorzeichen:

$$\text{EMK} = E^\circ_{\text{Kathode}} - E^\circ_{\text{Anode}}$$

Für die Cu/Zn-Zelle also:

$$\text{Normalpotenzial Cu}^{2+}/\text{Cu} - \text{Normalpotenzial Zn}^{2+}/\text{Zn} =$$
$$+0{,}34\,\text{V} - (-0{,}76\,\text{V}) = +1{,}10\,\text{V}$$

Wenn wir in gleicher Weise eine galvanische Zelle aus einer Cu^{2+}/Cu-Halbzelle und einer Ag^+/Ag-Halbzelle bauen, so sehen wir aus den tabellierten Normalpotenzialen, dass nun die Ag+/Ag-Halbzelle ein positveres Normalpotenzial als die Cu^{2+}/Cu-Halbzelle hat und daher die Kathode ist, während die Cu^{2+}/Cu-Halbzelle nun die Anode ist. Für diese galvanische Zelle ist die EMK:

$$\text{Normalpotenzial Ag}^+/\text{Ag} - \text{Normalpotenzial Cu}^{2+}/\text{Cu} =$$
$$+0{,}80\,\text{V} - (+0{,}34\,\text{V}) = +0{,}46\,\text{V}$$

In beiden Fällen ist die EMK positiv, das heißt, dass die Elektronen über den äußeren Stromkreis von der Zn^{2+}/Zn-Halbzelle zur Cu^{2+}/Cu-Halbzelle, also von dem unedleren Element Zn zum Cu^{2+} fließen. Entsprechend fließen in dem zweiten Beispiel die Elektronen im äußeren Stromkreis von Cu zum Ag^+, da Silber edler als Kupfer ist.

Wenn wir Vorgänge untersuchen, die unter Nichtstandardbedingungen ablaufen, müssen wir die aktuellen Redoxpotenziale aus den Normalpotenzialen mit Hilfe der Nernst'schen Gleichung berechnen, die wir ein wenig später in diesem Text behandeln werden.

Die Zellspannung $\Delta E^\circ_{\text{Zelle}}$ ist nach Gleichung 20.8 die Differenz der Normalpotenziale E° der Halbreaktionen an der Kathode und an der Anode. Daher können wir $\Delta E^\circ_{\text{Zelle}}$ als die „treibende Kraft" verstehen, welche die Elektronen in den externen Stromkreis zwingt. ▶ Abbildung 20.12 stellt den Sachverhalt der Gleichung 20.8 grafisch dar. Die Normalpotenziale E° sind auf einer Skala zu sehen; die hohen Werte sind wie in Tabelle 20.1 oben dargestellt. Die Kathoden-Halbreaktion jeder galvanischen Zelle liegt auf dieser Skala höher als die Anoden-Halbreaktion und die Differenz der beiden Normalpotenziale ist die Zellspannung. Die Werte von E° der Zn-Cu-Zelle aus Abbildung 20.5 sind in ▶ Abbildung 20.13 dargestellt.

Die Stärke von Oxidations- und Reduktionsmitteln

Wir haben bisher zum Studium der galvanischen Zellen die Tabellenwerte der Normalpotenziale verwendet. Anhand der Werte von E° kann man auch die Chemie von Reaktionen in wässriger Lösung verstehen. Erinnern Sie sich zum Beispiel an die Reaktion von $Zn(s)$ und $Cu^{2+}(aq)$, die in Abbildung 20.3 dargestellt ist.

$$Zn(s) + Cu^{2+}(aq) \longrightarrow Zn^{2+}(aq) + Cu(s)$$

In dieser Reaktion wird metallisches Zink oxidiert und $Cu^{2+}(aq)$ reduziert. Diese Stoffe stehen jedoch in direktem Kontakt und es wird keine verwertbare elektrische Arbeit verrichtet. Der Direktkontakt würde in der Zelle einen „Kurzschluss" hervorrufen, aber die „treibende Kraft" dieser Reaktion ist dennoch die gleiche wie in der

ÜBUNGSBEISPIEL 20.7 — Von der Halbzellenreaktion zur EMK der Zelle

Eine galvanische Zelle basiert auf den folgenden Standard-Halbreaktionen:

$$Cd^{2+}(aq) + 2\,e^- \rightleftharpoons Cd(s)$$
$$Sn^{2+}(aq) + 2\,e^- \rightleftharpoons Sn(s)$$

Bestimmen Sie mit Hilfe der Angaben aus Anhang E **(a)** die Halbreaktionen an der Kathode und an der Anode und **(b)** die Standard-EMK.

Lösung

Analyse: Wir sollen $E°$ der beiden Halbreaktionen heraussuchen und damit die Kathode und die Anode der Zelle festlegen und die Standard-EMK $\Delta E°_{\text{Zelle}}$ berechnen.

Vorgehen: Der größere (positivere) $E°$-Wert gehört zur Reaktion der Kathode und der kleinere Wert entsprechend zur Anode. Wir formulieren die Halbreaktion an der Anode, indem wir die Reduktionsreaktion umkehren.

Lösung:

(a) Nach den Angaben in Anhang E ist $E°(Cd^{2+}/Cd) = -0{,}403$ V und $E°(Sn^{2+}/Sn) = -0{,}136$ V. Da das Normalpotenzial von Sn^{2+} größer (positiver) ist als das Potenzial von Cd^{2+}, ist die Reduktion von Sn^{2+} die Kathodenreaktion.

$$\text{Kathode:} \quad Sn^{2+}(aq) + 2\,e^- \longrightarrow Sn(s)$$

Die Anodenreaktion ist somit die Abgabe von Elektronen durch Cd.

$$\text{Anode:} \quad Cd(s) \longrightarrow Cd^{2+}(aq) + 2\,e^-$$

(b) Die Zellspannung ist durch Gleichung 20.8 gegeben.

$$\Delta E°_{\text{Zelle}} = E°(\text{Kathode}) - E°(\text{Anode}) = (-0{,}136\text{ V}) - (-0{,}403\text{ V}) = 0{,}267\text{ V}$$

Die Tatsache, dass beide $E°$-Werte negativ sind, ist unerheblich, denn das negative Vorzeichen entspringt lediglich dem Vergleich mit der Referenzreaktion, der Reduktion von $H^+(aq)$.

Überprüfung: Die Zellspannung ist positiv, wie es für eine freiwillig ablaufende Reaktion notwendig ist.

ÜBUNGSAUFGABE

Eine galvanische Zelle basiert auf einer Co^{2+}/Co- und einer $AgCl/Ag$-Halbzelle.
(a) Welche Reaktion läuft an der Anode ab? **(b)** Wie lautet die Standardzellspannung?

Antworten: (a) $Co \rightleftharpoons Co^{2+} + 2\,e^-$; **(b)** +0,499 V.

---

galvanischen Zelle aus Abbildung 20.5. Die Reduktion von $Cu^{2+}(aq)$ durch $Zn(s)$ ist eine spontane Reaktion, denn der $E°$-Wert für die Reaktion von Cu^{2+} (0,34 V) ist größer als der entsprechende Wert von Zn^{2+} (−0,76 V).

Die Beziehung zwischen dem Wert von $E°$ und dem spontanen Ablauf einer Redoxreaktion lässt sich wie folgt verallgemeinern: *Je größer (positiver) $E°$ einer Halbreaktion, desto stärker ist die Neigung des Ausgangsstoffes zur Aufnahme von Elektronen und somit zur Oxidation anderer Substanzen.* Der Stoff mit der stärksten Neigung zur Aufnahme von Elektronen in der Tabelle 20.1 und somit auch das stärkste Oxidationsmittel in der Liste ist F_2.

$$F_2(g) + 2\,e^- \rightleftharpoons 2\,F^-(aq) \qquad E° = 2{,}87\text{ V}$$

Die Halogene, O_2 und Oxo-Anionen wie MnO_4^-, $Cr_2O_7^{2-}$ und NO_3^- gehören zu den am häufigsten verwendeten Oxidationsmitteln, da die Oxidationsstufen ihrer Zentralatome stark positiv sind. Nach Tabelle 20.1 nehmen diese Stoffe gerne Elektronen auf, wie die stark positiven $E°$-Werte angeben.

Das Lithiumion (Li^+) ist der am schwierigsten zu reduzierende Stoff und damit das schwächste Oxidationsmittel:

stärkstes
Oxidations-
mittel

größte (positivste) Werte für $E°$

$F_2(g) + 2\,e^- \rightleftharpoons 2\,F^-(aq)$

$2\,H^+(aq) + 2\,e^- \rightleftharpoons H_2(g)$

$Li^+(aq) + e^- \rightleftharpoons Li(s)$

stärkstes
Reduktions-
mittel

kleinste (negativste) Werte für $E°$

zunehmende Stärke des Oxidationsmittels

zunehmende Stärke des Reduktionsmittels

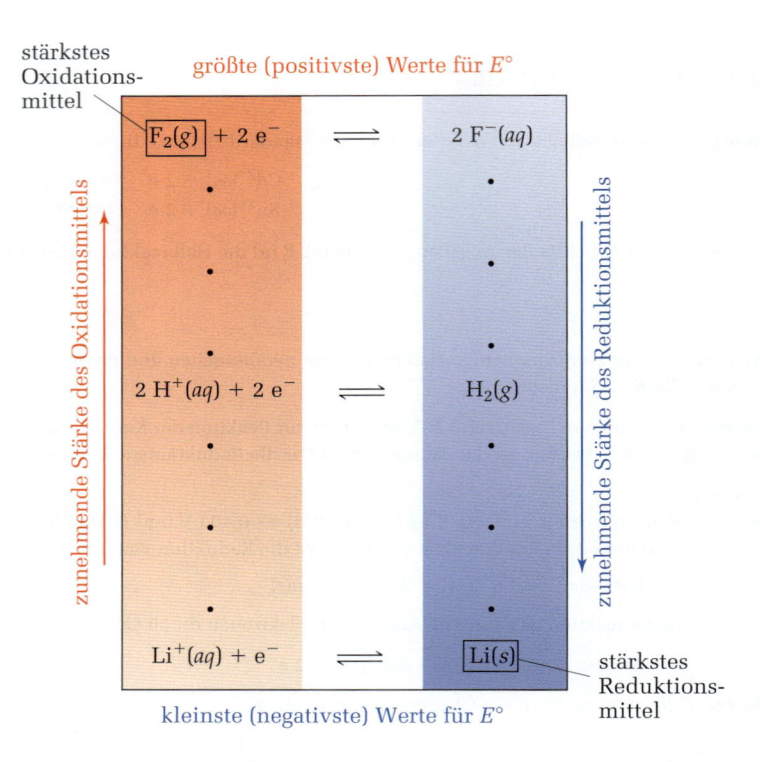

Abbildung 20.14 Die Stärke von Oxidations- und Reduktionsmitteln. Die Normalpotenziale $E°$ aus Tabelle 20.1 hängen mit der Stärke eines Stoffes als Oxidations- oder Reduktionsmittel zusammen. Auf der linken Seite der Halbreaktionen stehen die Oxidationsmittel und auf der rechten Seite die Reduktionsmittel. Je positiver der Wert von $E°$, desto stärker ist das Oxidationsmittel auf der linken Seite. Analog wächst die Stärke des Reduktionsmittels auf der rechten Seite, je negativer der Wert von $E°$ ist.

$$Li^+(aq) + e^- \rightleftharpoons Li(s) \qquad E° = -3{,}05\,V$$

Dementsprechend ist die Oxidation von Li(s) zu Li$^+$(aq) eine sehr begünstigte Reaktion. *Die Halbreaktionen mit den niedrigsten Normalpotenzialen gehören zu den am leichtesten oxidierbaren Stoffen.* Daher besitzt elementares Lithium eine starke Neigung, Elektronen an andere Stoffe abzugeben und ist unter den Substanzen in Tabelle 20.1 das stärkste Reduktionsmittel.

Gemeinhin verwendet man H$_2$ und unedle Metalle wie Alkalimetalle und Erdalkalimetalle als Reduktionsmittel. Man setzt ebenfalls andere Metalle, deren Kationen negative $E°$-Werte besitzen, als Reduktionsmittel ein, wie zum Beispiel Zn und Fe. Lösungen von Reduktionsmitteln sind schwierig über längere Zeit aufzubewahren, da O$_2$, ein gutes Oxidationsmittel, praktisch allgegenwärtig ist. Entwicklungslösungen für die Fotografie sind beispielsweise schwache Reduktionsmittel und ihre Haltbarkeit im Verkauf ist begrenzt, da der Luftsauerstoff sie schnell oxidiert.

In der Liste der $E°$-Werte in Tabelle 20.1 und in der zusammenfassenden ▶ Abbildung 20.14 sind die Stoffe nach ihrer Stärke als Oxidations- und Reduktionsmittel geordnet. Die am leichtesten zu reduzierenden Stoffe (die stärksten Oxidationsmittel) befinden sich links oben in der Tabelle, während die Produkte dieser Reaktionen, rechts oben in der Tabelle, schwer zu oxidieren sind (schwache Reduktionsmittel). Umgekehrt sind die Stoffe unten links schwer zu reduzieren, aber ihre Produkte sind leicht oxidierbar. Diese inverse Beziehung zwischen Oxidations- und Reduktionsstärke ist der Beziehung zwischen den Stärken der konjugierten Säure- und Basenpaare ähnlich (siehe Abschnitt 16.2 und Abbildung 16.4).

> **ÜBUNGSBEISPIEL 20.8** **Bestimmung der Stärke von Oxidationsmitteln**
>
> Stellen Sie mit Hilfe der Tabelle 20.1 eine Rangfolge der folgenden Ionen nach zunehmender Stärke als Oxidationsmittel auf: $NO_3^-(aq)$, $Ag^+(aq)$, $Cr_2O_7^{2-}(aq)$.
>
> **Lösung**
>
> **Analyse:** Wir sollen einige gegebene Ionen nach ihrer Tauglichkeit als Oxidationsmittel ordnen.
>
> **Vorgehen:** Je leichter ein Ion zu reduzieren ist (je positiver der Wert von $E°$), desto stärker ist es als Oxidationsmittel.
>
> **Lösung:** Aus der Tabelle 20.1 erhalten wir
>
> $$NO_3^-(aq) + 4\,H^+(aq) + 3\,e^- \rightleftharpoons NO(g) + 2\,H_2O(l) \qquad E° = +0{,}96\ V$$
> $$Ag^+(aq) + e^- \rightleftharpoons Ag(s) \qquad E° = +0{,}80\ V$$
> $$Cr_2O_7^{2-}(aq) + 14\,H^+(aq) + 6\,e^- \rightleftharpoons 2\,Cr^{3+}(aq) + 7\,H_2O(l) \qquad E° = +1{,}33\ V$$
>
> Das $Cr_2O_7^{2-}$-Ion ist das stärkste Oxidationsmittel unter den drei Stoffen, denn sein Normalpotenzial ist am größten. Die Rangfolge ist $Ag^+ < NO_3^- < Cr_2O_7^{2-}$.
>
> **ÜBUNGSAUFGABE**
>
> Stellen Sie mit Hilfe der Tabelle 20.1 eine Rangfolge der folgenden Stoffe vom schwächsten zum stärksten Reduktionsmittel auf: $I^-(aq)$, $Fe(s)$, $Al(s)$.
>
> *Antwort:* $Al(s) > Fe(s) > I^-(aq)$.

Erinnern Sie sich als Merkhilfe zu den Beziehungen zwischen der Stärke von Oxidations- und Reduktionsmitteln an die stark exotherme Reaktion von metallischem Natrium und Chlorgas zu Natriumchlorid (Abbildung 8.2). In dieser Reaktion wird $Cl_2(g)$ reduziert (es wirkt hier als starkes Oxidationsmittel) und $Na(s)$ wird oxidiert (es wirkt als starkes Reduktionsmittel). Die Reaktionsprodukte, das Na^+- und das Cl^--Ion, sind entsprechend sehr schwache Oxidations- bzw. Reduktionsmittel.

Freie Enthalpie und Redoxreaktionen 20.5

Wir haben gesehen, dass galvanische Zellen mit spontan ablaufenden Redoxreaktionen arbeiten. Jede Reaktion, die mit positiver EMK in einer galvanischen Zelle möglich ist, läuft spontan ab. Folglich kann man anhand der Halbzellenpotenziale die EMK berechnen und dadurch feststellen, ob eine Redoxreaktion spontan abläuft.

Die folgende Diskussion betrifft nicht nur galvanische Zellen, sondern Redoxreaktionen im Allgemeinen. Daher schreiben wir die Gleichung 20.8 in allgemeinerer Form als

$$\Delta E° = E°(\text{Reduktion}) - E°(\text{Oxidation}) \qquad (20.10)$$

In dieser veränderten Form von Gleichung 20.8 haben wir den Index „Zelle" weggelassen, um anzudeuten, dass die entsprechende EMK nicht notwendigerweise mit einer galvanischen Zelle verknüpft ist. Gleichermaßen haben wir die Normalpotenziale auf der rechten Seite der Gleichung verallgemeinert, indem wir uns nun nicht mehr auf Kathode und Anode, sondern auf Oxidation und Reduktion beziehen. Nun können wir eine allgemeine Aussage über die EMK (ΔE) einer Reaktion und ihren spontanen Ablauf aufstellen: *Ein positiver Wert von ΔE weist auf einen spontan ablaufenden Prozess hin und ein negativer Wert von ΔE entspricht einem nicht spontanen Prozess.* Von nun an soll ΔE die EMK unter Nichtstandardbedingungen und $\Delta E°$ den Standardwert bezeichnen.

Anhand der Normalpotenziale können wir die Spannungsreihe der Metalle verstehen (siehe Abschnitt 4.4). Erinnern Sie sich, dass jedes Metall von den Ionen jener Metalle oxidiert wird, die in der Spannungsreihe unter ihm stehen. Nun erkennen wir den Ursprung dieser Regel, die auf den Normalpotenzialen beruht. Die Spannungsreihe, wie in Tabelle 4.5 angegeben, ordnet die Metalle vom stärksten Reduktionsmittel oben zum schwächsten Reduktionsmittel unten (diese Anordnung ist im Vergleich zu Tabelle 20.1 umgekehrt). Beispielsweise steht Nickel in der Spannungsreihe über Silber und wir erwarten daher, dass Nickel nach der folgenden Reaktion das Silber reduziert:

$$Ni(s) + 2\,Ag^+(aq) \longrightarrow Ni^{2+}(aq) + 2\,Ag(s)$$

ÜBUNGSBEISPIEL 20.9   Spontan oder nicht spontan?

Bestimmen Sie mit Hilfe der Normalpotenziale (siehe Tabelle 20.1), ob die folgenden Reaktionen unter Standardbedingungen spontan ablaufen.

 (a) $Cu(s) + 2\,H^+(aq) \longrightarrow Cu^{2+}(aq) + H_2(g)$
 (b) $Cl_2(g) + 2\,I^-(aq) \longrightarrow 2\,Cl^-(aq) + I_2(s)$

Lösung

Analyse: Wir sollen feststellen, ob zwei gegebene Gleichungen spontane Reaktionen beschreiben.

Vorgehen: Um bestimmen zu können, ob eine Redoxreaktion unter Standardbedingungen spontan abläuft, müssen wir zuerst die Reduktions- und die Oxidations-Halbreaktion aufstellen. Danach können wir anhand der Normalpotenziale und mit Gleichung 20.10 die Standard-EMK ($\Delta E°$) der Reaktion bestimmen. Wenn die Reaktion spontan abläuft, muss ihre EMK positiv sein.

Lösung:
(a) In dieser Reaktion wird Cu zu Cu^{2+} oxidiert und H^+ zu H_2 reduziert. Die entsprechenden Halbreaktionen und ihre Normalpotenziale sind

$$\text{Reduktion:} \quad 2\,H^+(aq) + 2\,e^- \rightleftharpoons H_2(g) \qquad E° = 0\,V$$
$$\text{Oxidation:} \quad Cu(s) \rightleftharpoons Cu^{2+}(aq) + 2\,e^- \qquad E° = +0{,}34\,V$$

Beachten Sie, dass wir für die Oxidation des Kupfers das Normalpotenzial aus Tabelle 20.1 verwenden. Nun berechnen wir $\Delta E°$ mit ▶ Gleichung 20.10:

$$\Delta E° = E°(\text{Reduktion}) - E°(\text{Oxidation}) = (0\,V) - (0{,}34\,V) = -0{,}34\,V$$

Die Reaktion läuft in der angegebenen Richtung nicht spontan ab, weil $\Delta E°$ negativ ist. Metallisches Kupfer reagiert nicht auf diese Weise mit Säuren. Die umgekehrte Reaktion ist jedoch spontan und ihr $\Delta E°$-Wert ist $+0{,}34\,V$:

$$Cu^{2+}(aq) + H_2(g) \longrightarrow Cu(s) + 2\,H^+(aq) \qquad \Delta E° = +0{,}34\,V$$

Man kann demnach Cu^{2+} mit H_2 reduzieren.

(b) Wir verwenden ein ähnliches Verfahren wie in (a):

$$\text{Reduktion:} \quad Cl_2(g) + 2\,e^- \rightleftharpoons 2\,Cl^-(aq) \qquad E° = +1{,}36\,V$$
$$\text{Oxidation:} \quad 2\,I^-(aq) \rightleftharpoons I_2(s) + 2\,e^- \qquad E° = +0{,}54\,V$$

In diesem Fall ist $\Delta E° = (1{,}36\,V) - (0{,}54\,V) = +0{,}82\,V$.

Da der Wert von $\Delta E°$ positiv ist, läuft diese Reaktion spontan ab und man kann sie in einer galvanischen Zelle nutzen.

ÜBUNGSAUFGABE

Bestimmen Sie mit Hilfe der Normalpotenziale in Anhang E, welche der folgenden Reaktionen unter Standardbedingungen spontan ablaufen.

 (a) $I_2(s) + 5\,Cu^{2+}(aq) + 6\,H_2O(l) \longrightarrow 2\,IO_3^-(aq) + 5\,Cu(s) + 12\,H^+(aq)$
 (b) $Hg^{2+}(aq) + 2\,I^-(aq) \longrightarrow Hg(l) + I_2(s)$
 (c) $H_2SO_3(aq) + 2\,Mn(s) + 4\,H^+(aq) \longrightarrow S(s) + 2\,Mn^{2+}(aq) + 3\,H_2O(l)$

Antwort: Die Reaktionen (b) und (c) laufen spontan ab.

In dieser Reaktion wird das Nickel oxidiert und das Ag⁺-Ion reduziert. Mit den Zahlen aus der Tabelle 20.1 ergibt sich die Standard-EMK dieser Reaktion als

$$\Delta E° = E°(Ag^+/Ag) - E°(Ni^{2+}/Ni) = (+0{,}80\ V) - (-0{,}28\ V) = +1{,}08\ V$$

Aus dem positiven Wert von $\Delta E°$ geht hervor, dass die Reduktion des Silbers durch Nickel ein spontaner Prozess ist. Erinnern Sie sich daran, dass man zwar die Silber-Halbreaktion, nicht aber das Normalpotenzial mit zwei multipliziert.

> **? DENKEN SIE EINMAL NACH**
>
> Welcher Stoff ist nach der Tabelle 4.5 das stärkere Reduktionsmittel: Hg(*l*) oder Pb(*s*)?

EMK und ΔG

Die Änderung der freien Enthalpie, ΔG, misst die Tendenz einer Reaktion, bei konstanter Temperatur und konstantem Druck spontan abzulaufen (siehe Abschnitt 19.5). Der Parameter ΔE (die EMK) einer Redoxreaktion gibt an, ob eine Reaktion spontan abläuft. Die Beziehung zwischen der EMK und der Änderung der freien Enthalpie ist

$$\Delta G = -nF\Delta E \qquad (20.11)$$

In dieser Gleichung ist n eine positive dimensionslose Zahl und gibt die Anzahl der übertragenen Elektronen in dieser Reaktion an. Nach Michael Faraday (▶ Abbildung 20.15) heißt die Konstante, F, *Faradaykonstante*. Die Faradaykonstante ist die elektrische Ladungsmenge von einem Mol Elektronen; diese Ladung nennt man auch ein **Faraday** (F).

$$1\ F = 96.485\ C/mol = 96.485\ J/V \cdot mol^{-1}$$

Die physikalische Einheit von ΔG in Gleichung 20.11 ist J/mol. Wie in Gleichung 19.21 bedeutet „pro Mol" hier „pro Mol der Gleichung in der gegebenen Form" (siehe Abschnitt 19.7).

Sowohl n als auch F sind positive Zahlen. Daher führt ein positiver Wert von ΔE in ▶ Gleichung 20.11 zu einem negativen Wert für ΔG. Merken Sie sich deshalb: *Ein positiver ΔE-Wert und ein negativer ΔG-Wert weisen auf eine spontan ablaufende Reaktion hin*. Wenn sich die Ausgangsstoffe und die Reaktionsprodukte im Standardzustand befinden, kann man die Gleichung 20.11 derart verändern, dass sie $\Delta E°$ und $\Delta G°$ verknüpft:

$$\Delta G° = -nF\Delta E° \qquad (20.12)$$

Die ▶ Gleichung 20.12 ist sehr wichtig, denn Sie verknüpft die Standard-EMK ($\Delta E°$) einer elektrochemischen Reaktion mit der entsprechenden Standardänderung $\Delta G°$ der freien Enthalpie. Da $\Delta G°$ einer Reaktion über den Ausdruck $\Delta G° = -RT \ln K$ mit ihrer Gleichgewichtskonstanten K zusammenhängt (siehe Abschnitt 19.7), kann man den Zusammenhang der Standard-EMK mit der Gleichgewichtskonstante herstellen.

Abbildung 20.15: Michael Faraday. Faraday (1791–1867) wurde in England als Sohn eines armen Schmieds geboren. Mit 14 Jahren war er Buchbinderlehrling und hatte Zeit, sich der Lektüre zu widmen. Im Jahr 1812 wurde er Assistent von Humphry Davy an der Royal Institution. Später trat er dessen Nachfolge als berühmtester und einflussreichster Physiker Englands an. Eine erstaunliche Zahl von Entdeckungen geht auf Ihn zurück, einschließlich der quantitativen Beziehungen zwischen der elektrischen Stromstärke und den Reaktionen in einer elektrochemischen Zelle.

ÜBUNGSBEISPIEL 20.10   Bestimmung von $\Delta G°$ und K

(a) Berechnen Sie mit Hilfe der Normalpotenziale aus Tabelle 20.1 die Standardänderungen der freien Enthalpie $\Delta G°$ und die Gleichgewichtskonstante K bei Zimmertemperatur ($T = 298\ K$) für die Reaktion

$$4\ Ag(s) + O_2(g) + 4\ H^+(aq) \longrightarrow 4\ Ag^+(aq) + 2\ H_2O(l)$$

(b) Nehmen Sie an, man schreibt die Gleichung aus (a) in folgender Form:

$$2\ Ag(s) + \tfrac{1}{2} O_2(g) + 2\ H^+(aq) \longrightarrow 2\ Ag^+(aq) + H_2O(l)$$

Wie lauten die Werte für $\Delta E°$, $\Delta G°$ und K, wenn man die Reaktion auf diese Weise formuliert?

Lösung

Analyse: Wir sollen mit Hilfe der Normalpotenziale $\Delta G°$ und K einer Redoxreaktion bestimmen.

Vorgehen: Wir bestimmen $\Delta E°$ der Reaktion aus den Angaben aus Tabelle 20.1 und mit Gleichung 20.10 und verwenden $\Delta E°$ daraufhin in Gleichung 20.12 zur Berechnung von $\Delta G°$. Danach berechnen wir K aus Gleichung 19.22, $\Delta G° = -RT \ln K$.

Lösung:

(a) Zur Berechnung von $\Delta E°$ teilen wir die Gleichung wie in Übungsbeispiel 20.9 zunächst in zwei Halbreaktionen auf und erhalten danach die Werte für $E°$ aus Tabelle 20.1 (oder aus Anhang E):

Reduktion: $O_2(g) + 4\,H^+(aq) + 4\,e^- \rightleftharpoons 2\,H_2O(l)$ $E° = +1{,}23\text{ V}$

Oxidation: $4\,Ag(s) \rightleftharpoons 4\,Ag^+(aq) + 4\,e^-$ $E° = +0{,}80\text{ V}$

Obwohl in der zweiten Halbreaktion vier Ag-Atome stehen, können wir den Wert von $E°$ direkt aus Tabelle 20.1 übernehmen, da das Normalpotenzial eine intensive Größe ist. Aus Gleichung 20.10 erhalten wir

$$E° = (1{,}23\text{ V}) - (0{,}80\text{ V}) = 0{,}43\text{ V}$$

Aus den Halbreaktionen ist die Übertragung von vier Elektronen ersichtlich; damit ist für diese Reaktion $n = 4$. Nun berechnen wir $\Delta G°$ mit Gleichung 20.12:

$$\Delta G° = -nF\Delta E° = -(4)(96.485\text{ J/V} \cdot \text{mol}^{-1})(+0{,}43\text{ V}) = -1{,}7 \times 10^5\text{ J/mol} = -170\text{ kJ/mol}$$

Aus dem positiven $\Delta E°$-Wert erhalten wir einen negativen Wert für $\Delta G°$.

Jetzt müssen wir aus der Gleichung $\Delta G° = -RT \ln K$ die Gleichgewichtskonstante K bestimmen. Die Änderung der freien Enthalpie $\Delta G°$ ist eine stark negative Zahl. Daher ist diese Reaktion thermodynamisch sehr begünstigt und wir erwarten einen großen Wert für K.

$$\Delta G° = -RT \ln K$$

$$-1{,}7 \times 10^5 \text{ J/mol} = -(8{,}314 \text{ J/K mol})(298\text{ K}) \ln K$$

$$\ln K = \frac{-1{,}7 \times 10^5 \text{ J/mol}}{-(8{,}314 \text{ J/K mol}^{-1})(298\text{ K})}$$

$$\ln K = 69$$

$$K = 9 \times 10^{29}$$

K ist tatsächlich sehr groß! Somit erwarten wir die Oxidation des metallischen Silbers unter sauren Bedingungen an der Luft zu Ag^+. Beachten Sie, dass die Spannung für diese Reaktion als 0,43 V angegeben ist; das ist ein einfach messbarer Wert. Andererseits wäre die Bestimmung einer derart großen Gleichgewichtskonstante durch Messung der Gleichgewichtskonzentrationen der Ausgangsstoffe und der Reaktionsprodukte sehr schwierig.

(b) Die Gesamtgleichung entspricht dem Teil (a), multipliziert mit einem Faktor $\frac{1}{2}$. Die Halbreaktionen sind

Reduktion: $\frac{1}{2}O_2(g) + 2\,H^+(aq) + 2\,e^- \rightleftharpoons H_2O(l)$

Oxidation: $2\,Ag(s) \rightleftharpoons 2\,Ag^+(aq) + 2\,e^-$ $E° = +0{,}80\text{ V}$

Die Werte von $E°$ gleichen dem Teil (a); die Multiplikation der Halbreaktionen mit $\frac{1}{2}$ verändert sie nicht. Damit entspricht auch der Wert für $\Delta E°$ dem Wert aus (a):

$$E° = +0{,}43\text{ V}$$

Beachten Sie aber, dass nun $n = 2$ ist, also im Vergleich zu (a) die Hälfte. Damit ist $\Delta G°$ ebenfalls halb so groß wie in (a).

$$\Delta G° = -(2)(96.485\text{ J/V} \cdot \text{mol}^{-1})(+0{,}43\text{ V}) = -83\text{ kJ/mol}$$

Nun können wir wie vorher K bestimmen:

$$-8{,}3 \times 10^4 \text{ J/mol} = -(8{,}314 \text{ J/K mol}^{-1})(298\text{ K}) \ln K \qquad K = 3{,}5 \times 10^{14}$$

Anmerkung: Da $\Delta E°$ eine *intensive* Größe ist, beeinflusst die Multiplikation einer chemischen Gleichung mit einem bestimmten Faktor ihren Wert nicht. Eine solche Multiplikation verändert jedoch den Wert von n und damit auch $\Delta G°$. Die Änderung der freien Enthalpie der Reaktion in der aufgestellten Form, in der Einheit J/mol, ist eine *extensive* Größe. Die Gleichgewichtskonstante ist ebenso extensiv.

ÜBUNGSAUFGABE

Gegeben sei die Reaktion

$$3\,Ni^{2+}(aq) + 2\,Cr(OH)_3(s) + 10\,OH^-(aq) \longrightarrow 3\,Ni(s) + 2\,CrO_4^{2-}(aq) + 8\,H_2O(l)$$

(a) Wie lautet der Wert von n? **(b)** Berechnen Sie $\Delta G°$ mit Hilfe der Werte aus Anhang E. **(c)** Berechnen Sie K bei $T = 298$ K.

Antworten: (a) 6, **(b)** +87 kJ/mol, **(c)** $K = 6 \times 10^{-16}$.

Die EMK einer galvanischen Zelle unter Nichtstandardbedingungen 20.6

Wir haben gesehen, wie man die EMK einer galvanischen Zelle unter Standardbedingungen der Ausgangsstoffe und Reaktionsprodukte berechnet. Bei der Entladung der Zelle werden jedoch die Ausgangsstoffe der Reaktion aufgebraucht und die Reaktionsprodukte erzeugt; folglich verändern sich ihre Konzentrationen. Die EMK fällt langsam auf $\Delta E = 0$ ab. An diesem Punkt ist die Zelle entladen und inaktiv: Sie hat ihr Gleichgewicht erreicht und die Stoffkonzentrationen verändern sich nun nicht mehr. In diesem Abschnitt untersuchen wir, wie die EMK einer galvanischen Zelle von den Konzentrationen der Ausgangsstoffe und Reaktionsprodukte abhängt. Man bestimmt die EMK unter Nichtstandardbedingungen mit einer Gleichung, die auf den deutschen Chemiker Walther Nernst (1864–1941) zurückgeht, dem wir viele Beiträge zu den theoretischen Grundlagen der Elektrochemie verdanken.

Die Nernstgleichung

Die Abhängigkeit der EMK einer Zelle von der Konzentration lässt sich aus der konzentrationsabhängigen Änderung der freien Energie bestimmen (siehe Abschnitt 19.7). Erinnern Sie sich, dass die Änderung der freien Energie ΔG mit der entsprechenden Änderung $\Delta G°$ unter Standardbedingungen zusammenhängt:

$$\Delta G = \Delta G° + RT \ln Q \qquad (20.13)$$

Die Größe Q ist der Reaktionsquotient und entspricht der Gleichgewichtskonstanten, aber unter Verwendung der Konzentrationen der Reaktionsmischung in einem bestimmten Moment (siehe Abschnitt 15.5).

Das Einsetzen von $\Delta G° = -nF\Delta E°$ (Gleichung 20.11) in Gleichung 20.13 ergibt

$$-nF\Delta E = -nF\Delta E° + RT \ln Q$$

und das Auflösen dieser Gleichung nach ΔE führt auf die **Nernstgleichung**:

$$\Delta E = \Delta E° - \frac{RT}{nF} \ln Q \qquad (20.14)$$

Diese Gleichung wird meistens über den dekadischen Logarithmus ausgedrückt, der mit dem natürlichen Logarithmus über den Faktor 2,303 zusammenhängt:

$$\Delta E = \Delta E° - \frac{2{,}303 \, RT}{nF} \log Q \qquad (20.15)$$

Bei $T = 298$ K ist der Ausdruck $2{,}303 \, RT/F$ gleich 0,0592 in der Einheit Volt (V) und die Gleichung vereinfacht sich damit zu

$$\Delta E = \Delta E° - \frac{0{,}0592 \, V}{n} \log Q \qquad (T = 298 \text{ K}) \qquad (20.16)$$

Mit dieser Gleichung können wir die EMK einer galvanischen Zelle unter Nichtstandardbedingungen berechnen oder durch Messung der EMK einer Zelle die Konzentration eines Ausgangsstoffes oder Reaktionsprodukts bestimmen.

Betrachten wir als Anwendung von ▶ Gleichung 20.16 die folgende, bereits diskutierte Reaktion:

$$\text{Zn}(s) + \text{Cu}^{2+}(aq) \longrightarrow \text{Zn}^{2+}(aq) + \text{Cu}(s)$$

In diesem Fall beträgt die Standard-EMK bei $n = 2$ (zwei Elektronen gehen vom Zn zum Cu^{2+} über) +1,10 V und die Nernstgleichung ergibt bei 298 K

$$\Delta E = 1{,}10 \text{ V} - \frac{0{,}0592 \text{ V}}{2} \log \frac{[\text{Zn}^{2+}]}{[\text{Cu}^{2+}]} \tag{20.17}$$

Erinnern Sie sich, dass der Ausdruck für Q für reine Festkörper nicht gilt (siehe Abschnitt 15.5). Nach ▶Gleichung 20.17 wächst die EMK mit steigender Konzentration [Cu^{2+}] und mit sinkender [Zn^{2+}]. Beispielsweise ergibt sich bei Werten von 5,0 M für [Cu^{2+}] und 0,050 M für [Zn^{2+}]

$$\Delta E = 1{,}10 \text{ V} - \frac{0{,}0592 \text{ V}}{2} \log\left(\frac{0{,}050}{5{,}0}\right) = 1{,}10 \text{ V} - \frac{0{,}0592 \text{ V}}{2}(-2{,}00) = 1{,}16 \text{ V}$$

Wie wir sehen, nimmt die EMK ($\Delta E = +1{,}16$ V) gegenüber dem Standardwert ($\Delta E° = +1{,}10$ V) zu, wenn die Konzentration der Ausgangssubstanz (Cu^{2+}) gegenüber den Standardbedingungen höher und jene des Reaktionsprodukts niedriger ist. Dieses Ergebnis lässt sich mit dem Prinzip von Le Châtelier vorhersagen (siehe Abschnitt 15.6).

Im Allgemeinen nimmt die EMK zu, wenn die Konzentrationen der Ausgangsstoffe gegenüber den Konzentrationen der Reaktionsprodukte zunehmen. Umgekehrt nimmt die EMK ab, wenn die Konzentrationen der Reaktionsprodukte gegenüber den Ausgangsstoffen zunehmen. Eine galvanische Zelle wandelt beim Betrieb die Ausgangsstoffe in die Reaktionsprodukte um, womit sich der Wert von Q vergrößert und die EMK abnimmt. Mit Hilfe der Nernstgleichung verstehen wir jetzt besser, warum die EMK einer galvanischen Zelle bei der Entladung abfällt: Bei der Umwandlung der Ausgangsstoffe in die Reaktionsprodukte wächst der Wert von Q an, ΔE nimmt ab und erreicht

ÜBUNGSBEISPIEL 20.11 — Die EMK einer galvanischen Zelle unter Nichtstandardbedingungen

Berechnen Sie bei 298 K die EMK der in Übungsbeispiel 20.4 beschriebenen Zelle bei den Konzentrationen [$\text{Cr}_2\text{O}_7^{2-}$] = 2,0 M, [H^+] = 1,0 M, [I^-] = 1,0 M und [Cr^{3+}] = 1,0 × 10^{-5} M.

$$\text{Cr}_2\text{O}_7^{2-}(aq) + 14 \text{ H}^+(aq) + 6 \text{ I}^-(aq) \longrightarrow 2 \text{ Cr}^{3+}(aq) + 3 \text{ I}_2(s) + 7 \text{ H}_2\text{O}(l)$$

Lösung

Analyse: Die chemische Gleichung einer galvanischen Zelle und die Konzentrationen der Ausgangsstoffe und der Reaktionsprodukte sind gegeben. Wir sollen unter den gegebenen Nichtstandardbedingungen die EMK der Zelle berechnen.

Vorgehen: Zur Bestimmung der EMK einer galvanischen Zelle unter Nichtstandardbedingungen verwenden wir die Nernstgleichung in der Form von Gleichung 20.16.

Lösung: Zunächst berechnen wir $\Delta E°$ der Zelle aus den Normalpotenzialen (in Tabelle 20.1 oder Anhang E). Die Standard-EMK dieser Reaktion haben wir bereits im Übungsbeispiel 20.6 als $\Delta E° = 0{,}79$ V berechnet. Wenn Sie unter diesem Beispiel nachschlagen, sehen Sie, dass in der ausgeglichenen Gleichung sechs Elektronen übertragen werden; daher ist $n = 6$ und der Reaktionsquotient Q ergibt sich als

$$Q = \frac{[\text{Cr}^{3+}]^2}{[\text{Cr}_2\text{O}_7^{2-}][\text{H}^+]^{14}[\text{I}^-]^6} = \frac{(1{,}0 \times 10^{-5})^2}{(2{,}0)(1{,}0)^{14}(1{,}0)^6} = 5{,}0 \times 10^{-11}$$

Mit Gleichung 20.16 erhalten wir

$$\Delta E = 0{,}79 \text{ V} - \frac{0{,}0592 \text{ V}}{6} \log(5{,}0 \times 10^{-11}) = 0{,}79 \text{ V} - \frac{0{,}0592 \text{ V}}{6}(-10{,}30) = 0{,}79 \text{ V} + 0{,}10 \text{ V} = 0{,}89 \text{ V}$$

Überprüfung: Dieses Ergebnis haben wir qualitativ erwartet: Da die Konzentration des Ausgangsstoffes $\text{Cr}_2\text{O}_7^{2-}$ höher als 1 M und die Konzentration des Reaktionsproduktes Cr^{3+} niedriger als 1 M ist, ergibt sich eine EMK, die größer ist als $\Delta E°$. Der Reaktionsquotient Q beträgt etwa 10^{-10} und somit ist log Q etwa gleich −10. Daher ergibt sich die Korrektur, die auf $\Delta E°$ anzuwenden ist, als etwa 0,06 × (10)/6, also 0,1, was mit der detaillierten Berechnung übereinstimmt.

ÜBUNGSAUFGABE

Berechnen Sie die EMK der Zelle, die in der Übungsaufgabe zum Übungsbeispiel 20.6 beschrieben ist, wenn [Al^{3+}] = 4,0 × 10^{-3} M und [I^-] = 0,010 M.

Antwort: $\Delta E = +2{,}36$ V.

schließlich den Wert $\Delta E = 0$. Mit $\Delta G = -nF\Delta E$ (Gleichung 20.11) folgt $\Delta G = 0$ aus $\Delta E = 0$. Erinnern Sie sich, dass sich ein System bei $\Delta G = 0$ im Gleichgewicht befindet (siehe Abschnitt 19.7). Somit erreicht die Zellenreaktion bei $\Delta E = 0$ ihr Gleichgewicht und keine weitere Reaktion findet statt.

Nernst'sche Gleichung für eine Halbreaktion bei 25 °C

$$E = E° + \frac{0{,}0592\ V}{n} \log \frac{[Ox]}{[Red]}$$

[Ox] bedeutet die Konzentration aller Reaktionsteilnehmer auf der oxidierten Seite der Reaktionsgleichung der Halbreaktion, das gleiche gilt für [Red]. Wir dürfen dies nicht vergessen, sonst könnte es geschehen, dass z. B. an der Halbreaktion beteiligte H^+-Ionen und damit die pH-Wertabhängigkeit des Potenzials übersehen werden.

ÜBUNGSBEISPIEL 20.12 — Konzentrationen in einer galvanischen Zelle

Die Spannung einer Zn–H^+-Zelle (wie die Zelle in Abbildung 20.11) bei 25 °C beträgt 0,45 V und es ist $[Zn^{2+}] = 1{,}0\ M$ sowie $P_{H_2} = 1{,}0$ atm. Wie lautet die Konzentration von H^+?

Lösung

Analyse: Die Beschreibung einer galvanischen Zelle, ihre EMK und die Konzentrationen aller Ausgangsstoffe und Reaktionsprodukte außer H^+ sind gegeben; die letztere Konzentration ist zu bestimmen.

Vorgehen: Zunächst formulieren wir die Gleichung der Zellenreaktion und berechnen $\Delta E°$ dieser Reaktion mit Hilfe der Normalpotenziale aus Tabelle 20.1. Nachdem wir den Wert für n aus unserer Reaktionsgleichung erhalten haben, lösen wir die Nernstgleichung nach Q auf. Zur Bestimmung von $[H^+]$ verwenden wir schließlich die Reaktionsgleichung der Zelle, um einen Ausdruck für Q aufzustellen, der $[H^+]$ enthält.

Lösung: Die Zellenreaktion lautet

$$Zn(s) + 2\ H^+(aq) \longrightarrow Zn^{2+}(aq) + H_2(g)$$

und die Standard-EMK ist

$$\Delta E° = E°(\text{Reduktion}) - E°(\text{Oxidation}) = 0\ V - (-0{,}76\ V) = +0{,}76\ V$$

Da jedes Zn-Atom zwei Elektronen abgibt, ist $n = 2$

Wir können Gleichung 20.16 nach Q auflösen:

$$0{,}45\ V = 0{,}76\ V - \frac{0{,}0592\ V}{2} \log Q$$

$$\log Q = (0{,}76\ V - 0{,}45\ V)\left(\frac{2}{0{,}0592\ V}\right) = 10{,}47$$

$$Q = 10^{10{,}47} = 3{,}0 \times 10^{10}$$

Q hat die Form der Gleichgewichtskonstanten der Reaktion

$$Q = \frac{[Zn^{2+}]P_{H_2}}{[H^+]^2} = \frac{(1{,}0)(1{,}0)}{[H^+]^2} = 3{,}0 \times 10^{10}$$

Durch Auflösen nach $[H^+]$ bekommen wir

$$[H^+]^2 = \frac{1{,}0}{3{,}0 \times 10^{10}} = 3{,}3 \times 10^{-11}$$

$$[H^+] = \sqrt{3{,}3 \times 10^{-11}} = 5{,}8 \times 10^{-6}\ M$$

Anmerkung: Mit einer galvanischen Zelle, an deren Reaktion H^+ beteiligt ist, kann man die Konzentration $[H^+]$ messen, also den pH-Wert. Ein pH-Meter ist eine besonders ausgelegte galvanische Zelle mit einem Voltmeter, das direkt zum Ablesen des pH geeicht ist (siehe Abschnitt 16.4).

ÜBUNGSAUFGABE

Wie lautet der pH in der Kathoden-Halbzelle in Abbildung 20.11 bei $P_{H_2} = 1{,}0$ atm, $[Zn^{2+}] = 1{,}0\ M$ in dieser Halbzelle und einer EMK der Zelle von 0,542 V?

Antwort: pH = 4,19.

Konzentrationszellen

In allen bisher betrachteten galvanischen Zellen waren die reagierenden Stoffe an der Anode und an der Kathode verschieden. Da die EMK einer galvanischen Zelle von der Konzentration abhängt, kann man aber auch mit *gleichen* Substanzen an der Anode und der Kathode eine Zelle konstruieren, wenn die beiden Konzentrationen verschieden sind. Eine Zelle, deren EMK nur auf einem Konzentrationsunterschied beruht, heißt **Konzentrationszelle**.

In ▶ Abbildung 20.16a ist eine Zelle dieser Art dargestellt. Eine Halbzelle besteht aus einem Streifen metallischen Nickels, der in eine $Ni^{2+}(aq)$-Lösung der Konzentration 1,00 M eingetaucht ist. Die andere Halbzelle besitzt ebenfalls eine $Ni(s)$-Elektrode in einer $Ni^{2+}(aq)$-Lösung, aber die Konzentration der Lösung beträgt nur $1,00 \times 10^{-3}\ M$. Die beiden Halbzellen sind über eine Salzbrücke und über ein externes Kabel mit einem Voltmeter verbunden. Die beiden Halbzellenreaktionen sind einander entgegengesetzt:

$$\text{Anode:} \quad Ni(s) \rightleftharpoons Ni^{2+}(aq) + 2\ e^- \quad E° = -0{,}28\ V$$
$$\text{Kathode:} \quad Ni^{2+}(aq) + 2\ e^- \rightleftharpoons Ni(s) \quad E° = -0{,}28\ V$$

Obwohl die *Standard*-EMK dieser Zelle wegen $\Delta E°_{Zelle} = E°(\text{Kathode}) - E°(\text{Anode}) = (-0{,}28\ V) - (-0{,}28\ V) = 0\ V$ ist, arbeitet die Zelle unter *Nichtstandardbedingungen* sehr wohl, da die Konzentration des $Ni^{2+}(aq)$-Ions in beiden Halbzellen verschieden ist. Tatsächlich funktioniert die Zelle so lange, bis sich die beiden Konzentrationen des Nickelions angeglichen haben. In der Halbzelle mit der Lösung niedriger Konzentration läuft die Oxidation von $Ni(s)$ ab und die Konzentration von $Ni^{2+}(aq)$ steigt an. Somit bildet diese Halbzelle die Anode. In der Lösung höherer Konzentration wird das $Ni^{2+}(aq)$-Ion reduziert und seine Konzentration sinkt. Daher bildet diese Halbzelle die Kathode. Die *gesamte* Zellenreaktion lautet

$$\text{Anode:} \quad Ni(s) \longrightarrow Ni^{2+}(aq, \text{verdünnt}) + 2\ e^-$$
$$\text{Kathode:} \quad Ni^{2+}(aq, \text{konzentriert}) + 2\ e^- \longrightarrow Ni(s)$$
$$\overline{\text{Gesamt:} \quad Ni^{2+}(aq, \text{konzentriert}) \longrightarrow Ni^{2+}(aq, \text{verdünnt})}$$

Die EMK einer Konzentrationszelle lässt sich aus der Nernstgleichung bestimmen. Wie wir sehen, ist in diesem Fall $n = 2$ und der Ausdruck für den Reaktionsquotienten der Gesamtreaktion ist $Q = [Ni^{2+}]_{\text{verdünnt}}/[Ni^{2+}]_{\text{konzentriert}}$. Damit lautet die EMK bei 298 K

$$\Delta E = \Delta E° - \frac{0{,}0592\ V}{n} \log Q$$

$$= 0 - \frac{0{,}0592\ V}{2} \log \frac{[Ni^{2+}]_{\text{verdünnt}}}{[Ni^{2+}]_{\text{konzentriert}}} = -\frac{0{,}0592}{2} \log \frac{1{,}00 \times 10^{-3}\ M}{1{,}00\ M} = +0{,}088\ V$$

Abbildung 20.16: Eine Konzentrationszelle, die auf der Ni^{2+}/Ni-Zellenreaktion basiert. Die Konzentrationen von $Ni^{2+}(aq)$ sind in den beiden Abteilungen in Abbildung (a) ungleich und die Zelle erzeugt einen elektrischen Strom. Die Zelle ist aktiv, bis die $Ni^{2+}(aq)$-Konzentrationen auf beiden Seiten den gleichen Wert annehmen. In Abbildung (b) hat die Zelle ihr Gleichgewicht erreicht und ist nun inaktiv.

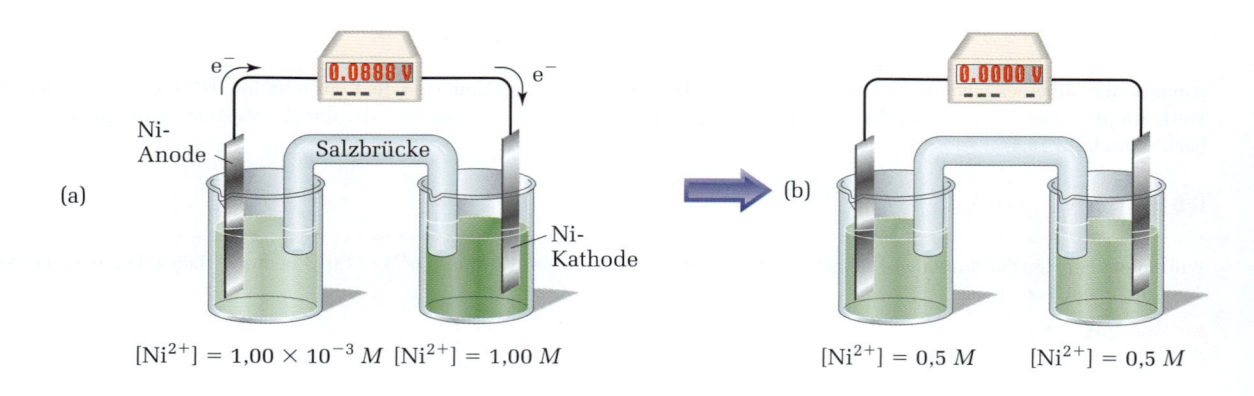

(a) $[Ni^{2+}] = 1{,}00 \times 10^{-3}\ M$ $[Ni^{2+}] = 1{,}00\ M$

(b) $[Ni^{2+}] = 0{,}5\ M$ $[Ni^{2+}] = 0{,}5\ M$

20.6 Die EMK einer galvanischen Zelle unter Nichtstandardbedingungen

Obwohl $\Delta E° = 0$ V ist, besitzt diese Konzentrationszelle eine EMK von nahezu 0,09 V. Der Konzentrationsunterschied bildet die „treibende Kraft" dieser Zelle. Wenn sich die Konzentrationen in beiden Halbzellen schließlich ausgleichen, ist $Q = 1$ und $\Delta E = 0$ V.

Die Herstellung einer Potenzialdifferenz durch einen Konzentrationsunterschied ist die Grundidee des pH-Meters (siehe Abbildung 16.6). Es handelt sich außerdem um einen wichtigen Aspekt in der Biologie, denn die Nervenzellen im Gehirn erzeugen über ein Gefälle der Konzentration bestimmter Ionen zwischen beiden Seiten der Zellmembran eine Spannung. Die Regulierung des Herzschlags von Säugetieren ist ein weiteres Beispiel für die Bedeutung der Elektrochemie in lebenden Organismen, wie Kasten „Chemie und Leben" in diesem Abschnitt beschreibt.

ÜBUNGSBEISPIEL 20.13 — Der pH einer Konzentrationszelle

Eine galvanische Zelle besteht aus zwei Wasserstoffelektroden. An der ersten Elektrode ist $P_{H_2} = 1{,}00$ atm und die Konzentration der $H^+(aq)$-Ionen ist unbekannt. Die zweite Elektrode ist eine Standard-Wasserstoffelektrode ($[H^+] = 1{,}00$ M, $P_{H_2} = 1{,}00$ atm). Die gemessene Zellspannung bei 298 K beträgt 0,211 V und man beobachtet, wie der elektrische Strom durch den externen Kreis von Elektrode 1 zu Elektrode 2 fließt. Berechnen Sie $[H^+]$ der Lösung an der Elektrode 1. Wie ist der pH-Wert?

Lösung

Analyse: Die Spannung einer Konzentrationszelle und die Richtung des Stromflusses sind gegeben. Weiterhin sind die Konzentrationen aller Ausgangsstoffe und Reaktionsprodukte außer $[H^+]$ in der Halbzelle 1 bekannt.

Vorgehen: Aus der Nernstgleichung erhalten wir den Reaktionsquotienten Q, mit dem wir die unbekannte Konzentration berechnen können. Da es sich um eine Konzentrationszelle handelt, ist $\Delta E°_{Zelle} = 0$ V.

Lösung: Aus der Nernstgleichung erhalten wir

$$0{,}211 \text{ V} = 0 - \frac{0{,}0592 \text{ V}}{2} \log Q$$

$$\log Q = -(0{,}211 \text{ V})\left(\frac{2}{0{,}0592 \text{ V}}\right) = -7{,}13$$

$$Q = 10^{-7{,}13} = 7{,}4 \times 10^{-8}$$

Da die Elektronen zur Elektrode 2 fließen, ist die Elektrode 1 die Anode und Elektrode 2 die Kathode. Mit der Unbekannten x als $H^+(aq)$-Konzentration an der Elektrode 1 lauten die Elektrodenreaktionen wie folgt:

Elektrode 1: $H_2(g;\ 1{,}00 \text{ atm}) \rightleftharpoons 2\,H^+(aq;\ x\ M) + 2\,e^-$ $E° = 0$ V

Elektrode 2: $2\,H^+(aq;\ 1{,}00\ M) + 2\,e^- \rightleftharpoons H_2(g;\ 1{,}00 \text{ atm})$ $E° = 0$ V

Damit ergibt sich

$$Q = \frac{[H^+(\text{Elektrode 1})]^2\,P_{H_2}(\text{Elektrode 2})}{[H^+(\text{Elektrode 2})]^2\,P_{H_2}(\text{Elektrode 1})} = \frac{x^2(1{,}00)}{(1{,}00)^2(1{,}00)} = x^2 = 7{,}4 \times 10^{-8}$$

$$x = \sqrt{7{,}4 \times 10^{-8}} = 2{,}7 \times 10^{-4}$$

An der Elektrode 1 gilt daher

$$[H^+] = 2{,}7 \times 10^{-4}\ M$$

und der pH-Wert der Lösung ist

$$\text{pH} = -\log[H^+] = -\log(2{,}7 \times 10^{-4}) = 3{,}6$$

Anmerkung: Die Elektrode 1 bildet die Anode der Zelle, da ihre H^+-Konzentration geringer ist als jene an Elektrode 2. Durch die Oxidation von H_2 zu $H^+(aq)$ wächst $[H^+]$ an der Elektrode 1.

ÜBUNGSAUFGABE

Eine Konzentrationszelle besteht aus zwei $Zn(s)$-$Zn^{2+}(aq)$-Halbzellen. Die Konzentration der ersten Halbzelle lautet $[Zn^{2+}] = 1{,}35\ M$ und jene der zweiten Halbzelle ist $[Zn^{2+}] = 3{,}75 \times 10^{-4}\ M$. **(a)** Welche Halbzelle bildet die Anode? **(b)** Wie lautet die EMK der Zelle?

Antworten: (a) Die zweite Halbzelle, **(b)** 0,105 V.

Chemie und Leben ■ Herzschläge und Elektrokardiografie

Das menschliche Herz ist ein Wunder an Effizienz und Zuverlässigkeit. An einem typischen Tag pumpt das Herz einer erwachsenen Person mehr als 7000 Liter Blut durch das Gefäßsystem. Außer einer anständigen Ernährung und einem vernünftigen Lebensstil benötigt es keine weitere Pflege und Wartung. In der Regel stellen wir uns das Herz als mechanische Einrichtung vor – als einen Muskel, der das Blut über regelmäßige Kontraktionen in den Kreislauf pumpt. Vor mehr als zweihundert Jahren entdeckten jedoch zwei Pioniere der Elektrochemie, Luigi Galvani (1737–1798) und Alessandro Volta (1745–1827), dass die Kontraktionen des Herzens, wie auch die Nervenimpulse im Körper, von elektrischen Phänomenen gesteuert werden. Die elektrischen Impulse, die den Herzschlag antreiben, bilden sich über ein bemerkenswertes Zusammenspiel aus Elektrochemie und den Eigenschaften von semipermeablen Membranen (siehe Abschnitt 13.5).

Membranen veränderlicher Durchlässigkeit für die physiologisch wichtigen Ionen (insbesondere Na^+, K^+ und Ca^{2+}) bilden die Zellwände. Die Ionenkonzentrationen in den Flüssigkeiten sind in den Zellen (*intrazellulare Fluide* oder ICF) und außerhalb der Zellen (*extrazellulare Fluide* oder ECF) verschieden. Zum Beispiel beträgt die Konzentration des K^+-Ions im ICF typischerweise etwa 135 mM (Millimolar) und im ECF etwa 4 mM. Der Konzentrationsunterschied zwischen ICF und ECF ist jedoch für das Na^+-Ion umgekehrt: Typischerweise ist $[Na^+]_{ICF} = 1$ mM und $[Na^+]_{ECF} =$ 145 mM.

Die Zellmembran ist im Ausgangszustand für K^+-Ionen durchlässig, aber sie ist wesentlich undurchlässiger für Na^+ und Ca^{2+}. Aufgrund der Konzentrationsdifferenz des K^+-Ions zwischen ICF und ECF entsteht eine Konzentrationszelle: Obwohl sich auf beiden Seiten der Membran die gleichen Ionen befinden, stellt sich zwischen beiden Fluiden eine Potenzialdifferenz ein, die man über die Nernstgleichung mit $\Delta E° = 0$ berechnen kann. Bei Körpertemperatur (37 °C) beträgt das Potenzial für die Bewegung von K^+-Ionen vom ECF zum ICF (zum Zellinneren hin)

$$\Delta E = \Delta E° - \frac{2{,}30\ RT}{nF} \log \frac{[K^+]_{ICF}}{[K^+]_{ECF}}$$

$$= 0 - (61{,}5\ \text{mV}) \log\left(\frac{135\ \text{m}M}{4\ \text{m}M}\right) = -94\ \text{mV}$$

Im Wesentlichen bilden das Zellinnere und das ECF zusammen eine galvanische Zelle. Das negative Vorzeichen der EMK gibt an, dass die Bewegung der K^+-Ionen ins Fluid des Zellinneren Arbeit erfordert.

Die Veränderungen der Ionenkonzentrationen im ECF und ICF beeinflussen die EMK der galvanischen Zelle. Die so genannten *Schrittmacherzellen* des Herzens bestimmen den Rhythmus der Herzkontraktionen. Die Membranen dieser Zellen regulieren die Ionenkonzentrationen im ICF und regen damit systematische Variationen dieser Konzentrationen an. Aufgrund dieser Konzentrationsänderungen variiert die EMK periodisch, wie ▶ Abbildung 20.17

darstellt. Der EMK-Zyklus bestimmt die Frequenz der Herzschläge. Wenn die Schrittmacherzellen wegen Krankheit oder Verletzung nicht korrekt arbeiten, kann ein künstlicher Herzschrittmacher chirurgisch eingesetzt werden. Ein solcher Schrittmacher ist eine kleine Batterie, welche die elektrischen Pulse zur Steuerung der Herzkontraktionen erzeugt und abgibt.

Wie Wissenschaftler Ende des 19. Jahrhunderts herausfanden, sind diese elektrischen Impulse zur Steuerung der Herzkontraktionen von ausreichender Stärke, um sie an der Körperoberfläche festzustellen. Diese Beobachtung legte den Grundstein der *Elektrokardiografie*, einer Methode, die mit einer komplexen Anordnung von Elektroden Spannungsänderungen an der Haut misst und damit die Beobachtung des Herzens ohne Eingriffe ermöglicht. Ein typisches Elektrokardiogramm ist in ▶ Abbildung 20.18 zu sehen. Es ist bemerkenswert, dass man die Arbeitsweise des Herzens, die hauptsächlich im *mechanischen* Pumpen des Blutes besteht, auf einfache Weise über *elektrische* Impulse überwachen kann, die von winzigen galvanischen Zellen ausgehen.

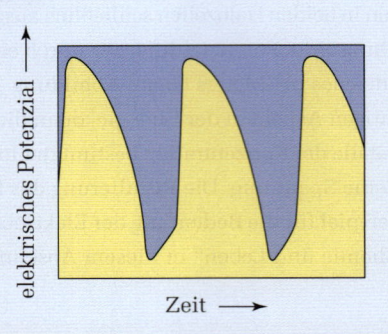

Abbildung 20.17: Ionenkonzentration und EMK eines menschlichen Herzens. Die Konzentrationsänderungen in den Schrittmacherzellen des Herzens verändern das elektrische Potenzial.

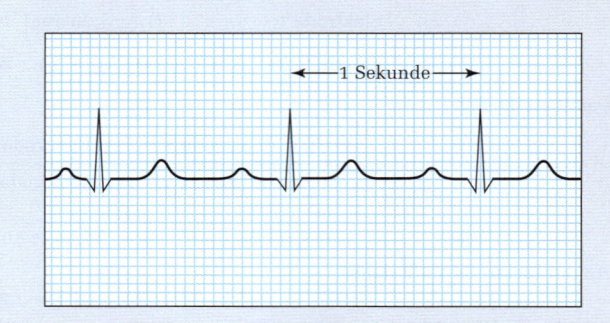

Abbildung 20.18: Ein typisches Elektrokardiogramm. Die Kurve eines Elektrokardiogramms (EKG) veranschaulicht die elektrischen Impulse, die man mit Elektroden an der Körperoberfläche misst. Auf der horizontalen Achse ist die Zeit und auf der vertikalen Achse die EMK aufgetragen.

Batterien, Akkumulatoren und Brennstoffzellen 20.7

Eine **Batterie** ist eine mobile und eigenständige elektrochemische Energiequelle, die aus einer oder mehreren galvanischen Zellen besteht (▶ Abbildung 20.19). Zum Beispiel verwendet man die üblichen 1,5 V-Batterien für die Stromversorgung von Taschenlampen. Einfache galvanische Zellen versorgen viele elektrische Gebrauchsgeräte mit Strom. Über die Kombination mehrerer Zellen erzielt man höhere Spannungen, wie beispielsweise in einem 12 V-Autoakkumulator. Schaltet man galvanische Zellen in Reihe (man verbindet die Kathode einer Zelle mit der Anode der anderen Zelle), so ergibt sich die Gesamtspannung als Summe der EMK der einzelnen Zellen. Somit erzielt man über die Reihenschaltung mehrerer Batterien höhere EMK (▶ Abbildung 20.20). Die Elektroden der Batterien sind nach der Konvention gekennzeichnet, die in Abbildung 20.6 dargestellt ist: Das Pluszeichen markiert die Kathode und das Minuszeichen die Anode.

Abbildung 20.19: Batterien sind galvanische Zellen und dienen als mobile Elektrizitätsquellen. Es gibt Batterien sehr verschiedener Größe und mit sehr unterschiedlichen elektrochemischen Reaktionen zur Erzeugung von Elektrizität.

Obwohl man jede spontan ablaufende Redoxreaktion prinzipiell als Grundlage einer galvanischen Zelle verwenden kann, erfordert eine markttaugliche Batterie mit spezifischen Eigenschaften eine erhebliche Erfindungs- und Entwicklungsleistung. Die EMK einer Batterie hängt von den Stoffen ab, die an der Anode oxidiert und an der Kathode reduziert werden und die Betriebsdauer der Batterie wird von den vorhandenen Mengen dieser Stoffe bestimmt. Gewöhnlich trennt man die Anoden- und die Kathodenhalbzelle durch eine Trennwand, die der porösen Trennschicht in Abbildung 20.6 entspricht.

Die verschiedenen Anwendungsbereiche erfordern Typen mit unterschiedlichen Eigenschaften. Beispielsweise muss ein Autoakkumulator zum Anlassen des Fahrzeugs in der Lage sein, über kurze Zeit einen starken elektrischen Strom zu liefern. Die Batterie eines Herzschrittmachers muss andererseits sehr klein sein und über lange Zeiträume einen schwachen, aber kontinuierlichen Strom liefern. Man bezeichnet die nicht wiederaufladbaren Batterien als *Primärzellen*. Ist die EMK einer Primärzelle auf null abgefallen, so wirft man sie weg oder man führt sie der Wiederverwertung (dem Recycling) zu. Eine *Sekundärzelle*, ein Akkumulator, hingegen lässt sich über eine externe Energiequelle wiederaufladen, wenn ihre EMK auf Null gesunken ist.

In diesem Abschnitt diskutieren wir kurz einige verbreitete Batterie- und Akkumulatortypen. Sie werden im Laufe dieser Beschreibungen feststellen, wie uns die bereits besprochenen Prinzipien beim Verständnis dieser wichtigen mobilen Energiequellen hilfreich sind.

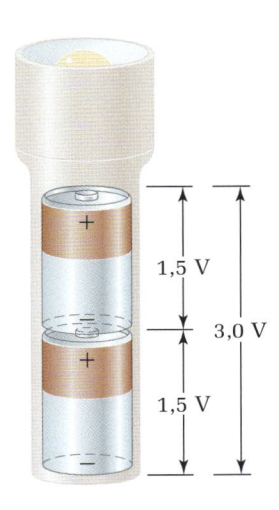

Abbildung 20.20: Die Reihenschaltung von Batterien. Schaltet man Batterien in Reihe, wie in den meisten Taschenlampen, so ergibt sich die Gesamt-EMK als Summe der einzelnen Werte.

Der Blei-Akkumulator

Ein 12-V Blei-Schwefelsäure-Autoakkumulator besteht aus sechs in Reihe geschalteten galvanischen Zellen von je 2 V. Die Kathoden der Zellen bestehen aus Bleidioxid (PbO_2), das auf einem Metallgitter angebracht ist, und die Anode besteht aus Blei. Beide Elektroden sind in Schwefelsäure eingetaucht. Die Reaktionen an den Elektroden bei der Entladung des Akkumulators lauten

Kathode: $PbO_2(s) + HSO_4^-(aq) + 3 H^+(aq) + 2 e^- \longrightarrow PbSO_4(s) + 2 H_2O(l)$
Anode: $Pb(s) + HSO_4^-(aq) \longrightarrow PbSO_4(s) + H^+(aq) + 2 e^-$

$PbO_2(s) + Pb(s) + 2 HSO_4^-(aq) + 2 H^+(aq) \longrightarrow 2 PbSO_4(s) + 2 H_2O(l)$

Die Standard-EMK dieser Zelle erhält man aus den Normalpotenzialen in Anhang E:

$\Delta E°_{Zelle} = E°$ (Kathode) $- E°$ (Anode) $= (+1,685 \text{ V}) - (-0,356 \text{ V}) = +2,041 \text{ V}$

Die reagierenden Stoffe Pb und PbO$_2$ sind gleichzeitig die Elektroden. Da es sich um Festkörper handelt, ist die Einteilung in eine Anoden- und eine Kathodenhalbzelle nicht nötig. Solange sich die Elektroden nicht berühren, treten das Pb und das PbO$_2$ nicht in direkten physischen Kontakt. Um die Berührung der Elektroden zu vermeiden, sind Abstandsstücke aus Glasfaser oder Holz zwischen ihnen angebracht (▶ Abbildung 20.21).

Die Verwendung von Festkörpern als Ausgangsstoffe und Reaktionsprodukte bringt einen weiteren Vorteil mit sich: Da der Reaktionsquotient Q nicht für Festkörper gilt, bleibt die EMK des Blei-Akkus von den relativen Stoffmengen von Pb(s), PbO$_2$(s) und PbSO$_4$(s) unbeeinflusst und ist während der Batterieentladung weitgehend konstant. Die EMK variiert nur leicht in Abhängigkeit von der H$_2$SO$_4$-Konzentration im Laufe des Betriebs der Zelle. Wie die Gleichung der Gesamtreaktion andeutet, wird bei der Entladung H$_2$SO$_4$ verbraucht.

Ein Vorteil des Blei-Akkus ist seine Wiederaufladbarkeit. Beim Wiederaufladen kehrt man mit Hilfe einer externen Energiequelle die Gesamtreaktion der Zelle um und stellt Pb(s) und PbO$_2$(s) wieder her:

$$2\,PbSO_4(s) + 2\,H_2O(l) \longrightarrow PbO_2(s) + Pb(s) + 2\,HSO_4^-(aq) + 2\,H^+(aq)$$

In einem Auto lädt sich der Akku über die Lichtmaschine wieder auf, die ihrerseits vom Motor angetrieben wird. Die Wiederaufladung ist möglich, da sich das PbSO$_4$ bei der Entladung an den Elektroden absetzt. Die externe Energiequelle erzwingt einen Elektronenfluss zwischen den Elektroden, und das PbSO$_4$ wandelt sich an einer Elektrode in Pb und an der anderen in PbO$_2$ um.

Alkalische Batterie (Alkalibatterie)

Die Alkalibatterie ist der gängigste Typ der Primärbatterie (nicht wiederaufladbare Zelle). Jährlich werden mehr als 10^{10} Alkalibatterien produziert. Die Anode dieses Batterietyps besteht aus metallischem Zinkpulver, das in einem Gel gebunden ist und mit einer konzentrierten KOH-Lösung in Kontakt steht (daher der Name *alkalische Batterie*). Die Kathode ist eine Mischung aus MnO$_2$(s) und Graphit und ist durch ein poröses Gewebe von der Anode abgetrennt. Um das Auslaufen der konzentrierten KOH-

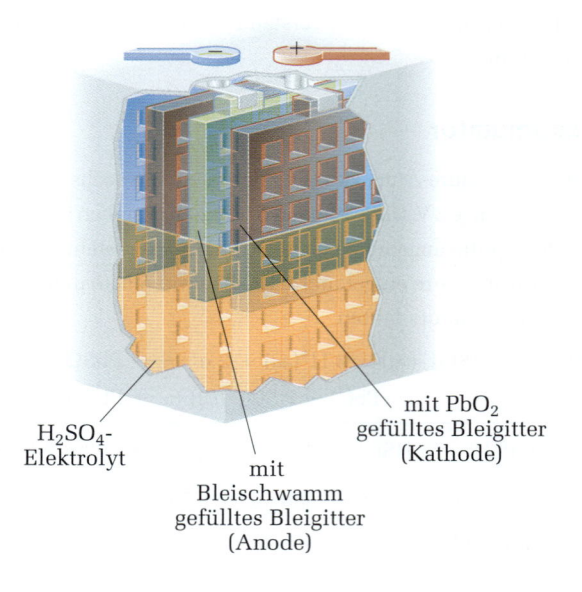

Abbildung 20.21: Ein 12-V-Blei-Akku. Jedes Paar aus einer Anoden- und einer Kathodenelektrode in dieser schematischen Querschnittsdarstellung erzeugt eine Spannung von etwa 2 V. Sechs in Reihe geschaltete Elektrodenpaare erzeugen die benötigte Akkuspannung.

H$_2$SO$_4$-Elektrolyt

mit Bleischwamm gefülltes Bleigitter (Anode)

mit PbO$_2$ gefülltes Bleigitter (Kathode)

Lösung zu verhindern, ist die Batterie in ein Stahlgehäuse eingefasst. Eine schematische Darstellung einer Alkalibatterie sehen Sie in ▶ Abbildung 20.22. Die Zellenreaktionen sind komplex, lassen sich aber vereinfacht und näherungsweise wie folgt schreiben:

Kathode: $2\ MnO_2(s) + 2\ H_2O(l) + 2\ e^- \longrightarrow 2\ MnO(OH)(s) + 2\ OH^-(aq)$
Anode: $Zn(s) + 2\ OH^-(aq) \longrightarrow Zn(OH)_2(s) + 2\ e^-$

Die EMK einer Alkalibatterie bei Zimmertemperatur beträgt 1,55 V. Eine solche Alkalibatterie ist weit leistungsfähiger als die älteren „Trockenzellen", die ebenfalls auf den elektrochemisch aktiven Stoffen MnO_2 und Zn beruhen.

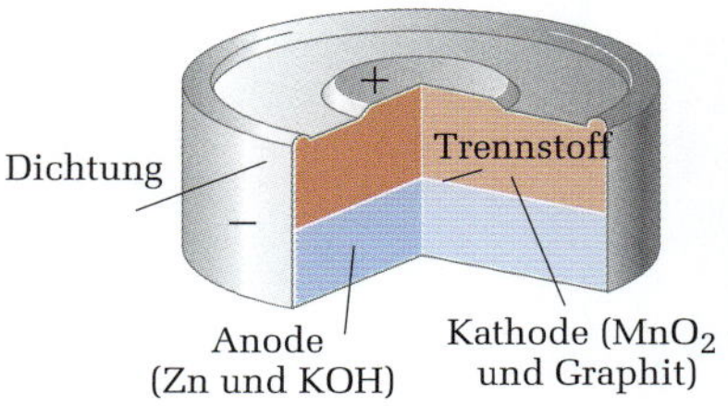

Abbildung 20.22: Schnitt durch eine Miniatur-Alkalibatterie.

Nickel-Cadmium-, Nickel-Metallhydrid- und Lithiumionen-Akkus

Die Nachfrage nach tragbaren elektronischen Geräten mit hohem Leistungsbedarf, wie Mobiltelefonen, tragbaren Computern (Laptops) und Videorekordern, hat enorm zugenommen und damit ist auch der Bedarf an leichtgewichtigen und einfach wiederaufladbaren Akkus erheblich angestiegen. Eine der gängigsten wiederaufladbaren Zellen ist der Nickel-Cadmium-Akku. Bei der Entladung wird metallisches Cadmium an der Anode oxidiert und Nickeloxidhydroxid [NiO(OH)(s)] an der Kathode reduziert.

Kathode: $2\ NiO(OH)(s) + 2\ H_2O(l) + 2\ e^- \longrightarrow 2\ Ni(OH)_2(s) + 2\ OH^-(aq)$
Anode: $Cd(s) + 2\ OH^-(aq) \longrightarrow Cd(OH)_2(s) + 2\ e^-$

Wie beim Blei-Säure-Akku setzen sich die festen Reaktionsprodukte an den Elektroden ab. Daher lassen sich die Elektrodenreaktionen umkehren und man kann die Zelle wieder aufladen. Die EMK einer einzelnen NiCd-Zelle beträgt 1,30 V. Typischerweise enthalten NiCd-Batterien mehr als drei in Reihe geschaltete Zellen, um höhere Spannungen zu liefern, die von den meisten elektronischen Geräten benötigt werden.

Die Nickel-Cadmium-Batterien haben auch Nachteile: Cadmium ist ein giftiges Schwermetall; sein Einsatz erhöht das Gewicht der Akkus und stellt eine Umweltgefährdung dar. Jährlich werden etwa 1,5 Milliarden Nickel-Cadmium-Akkus produziert. Wenn die Wiederaufladbarkeit schließlich erschöpft ist, muss man sie entsorgen bzw. wiederverwerten. Diesen Problemen konnte man teilweise durch die Entwicklung der Nickel-Metallhydrid (NiMH)-Akkus begegnen. Die Kathodenreaktion einer NiMH-Zelle gleicht einer Nickel-Cadmium-Zelle, aber die Anodenreaktion ist sehr verschieden. Die Anode besteht aus einer *Metalllegierung* wie $ZrNi_2$, die in der Lage ist, Wasserstoffatome zu absorbieren. Bei der Oxidation an der Anode geben die Wasserstoffatome ihre Elektronen ab und die entstehenden H^+-Ionen reagieren mit OH^- zu H_2O. Dieser Vorgang kehrt sich beim Wiederaufladen um. Hybridautomobile mit einer Kombination aus einem Verbrennungsmotor (Benzinmotor) und einem Elektromotor speichern elektrische Energie in NiMH-Akkus. Diese Akkus laden sich bei jeder Bremsung über den Elektromotor auf und können bis zu acht Jahre halten.

Die neueste, in elektrischen Geräten weithin verwendete wiederaufladbare Zelle ist der sogenannte Lithiumionen- (Li-Ionen)-Akku. Diesen Akku finden Sie in Mobiltelefonen und tragbaren Computern. Da Lithium ein sehr leichtes Element ist, erreichen die Li-Ionen-Akkus eine höhere *Energiedichte* (gespeicherte Energie pro Masse), als Akkus auf Nickelbasis. Die Technik der Li-Ionen-Akkus unterscheidet sich deutlich von den vorher beschriebenen Akkutypen; sie basiert auf der Eigenschaft des Li^+-Ions, sich in bestimmte geschichtete Festkörperstrukturen einzufügen und wieder von ihnen abzulösen. Beispielsweise kann man Li^+-Ionen auf reversible Weise in Graphitschichten einfügen (siehe Abbildung 11.41). In den meisten handelsüblichen

Zellen besteht eine Elektrode aus Graphit oder einem ähnlichen Material auf Kohlenstoffbasis und die andere Elektrode besteht in der Regel aus Lithium-Kobaltoxid (LiCoO$_2$). Beim Ladevorgang werden die Kobaltionen oxidiert und die Li$^+$-Ionen wandern in die Graphitstruktur hinein. Während der Akku sich entlädt bewegen sich die Li$^+$-Ionen spontan von der Graphitanode zur Kathode und verursachen dadurch einen Elektronenfluss durch den externen Stromkreis. Die Maximalspannung eines Li-Ionen-Akkus beträgt 3,7 V, ein deutlich höherer Wert als die Spannung einer typischen 1,5 V-Alkalibatterie.

Wasserstoff-Brennstoffzellen

Die Energie, die bei der Verbrennung von Brennstoffen freigesetzt wird, lässt sich in elektrische Energie umwandeln. Die Wärme verdampft Wasser und das Wasser setzt eine Turbine in Bewegung, die wiederum einen Generator antreibt. Typischerweise kann man einen Maximalanteil von nur 40 % der Energie aus der Verbrennung in Elektrizität umwandeln; der Rest geht als Wärme verloren. Prinzipiell ermöglicht die direkte Gewinnung von Elektrizität aus Brennstoffen in einer galvanischen Zelle eine höhere Ausbeute der chemischen Energie einer Reaktion. Galvanische Zellen, die eine Energieumwandlung dieser Art mit konventionellen Brennstoffen wie H$_2$ oder CH$_4$ ausführen, heißen **Brennstoffzellen**. Solche Zellen sind streng genommen *keine* Batterien, denn sie sind keine eigenständigen Systeme.

Das aussichtsreichste Brennstoffzellen-System basiert auf der Reaktion von H$_2(g)$ und O$_2(g)$, deren einziges Produkt H$_2$O(l) ist. Im Vergleich zu den besten Verbrennungsmotoren ist die Effizienz solcher Brennstoffzellen in der Energieerzeugung doppelt so hoch. Unter sauren Bedingungen lauten die Elektrodenreaktionen

Kathode: $\quad$ O$_2(g)$ + 4 H$^+$ + 4 e$^-$ $\longrightarrow$ 2 H$_2$O(l)
Anode: $\quad$ 2 H$_2(g)$ $\longrightarrow$ 4 H$^+$ + 4 e$^-$

Gesamt: $\quad$ 2 H$_2(g)$ + O$_2(g)$ $\longrightarrow$ 2 H$_2$O(l)

Die Standard-EMK einer H$_2$-O$_2$-Brennstoffzelle ist +1,23 V, was die starke treibende Kraft zugunsten der Reaktion von H$_2$ und O$_2$ und der Bildung von H$_2$O widerspiegelt.

In dieser Brennstoffzelle (bekannt als PEM-Zelle, für „proton-exchange membrane", Protonenaustauschmembran) ist die Anode von der Kathode durch eine dünne Polymermembran getrennt, die für Protonen, aber nicht für Elektronen durchlässig ist. Diese Polymermembran dient daher als Salzbrücke. Die Elektroden bestehen typischerweise aus Graphit. Eine PEM-Zelle arbeitet bei Temperaturen um 80 °C. Da elektrochemische Reaktionen bei einer solch niedrigen Temperatur nur sehr langsam ablaufen, katalysiert eine dünne Platinschicht auf beiden Elektroden diese Reaktion.

Unter basischen Bedingungen lauten die Elektrodenreaktionen in der Wasserstoff-Brennstoffzelle

Kathode: $\quad$ 4 e$^-$ + O$_2(g)$ + 2 H$_2$O(l) $\longrightarrow$ 4 OH$^-(aq)$
Anode: $\quad$ 2 H$_2(g)$ + 4 OH$^-(aq)$ $\longrightarrow$ 4 H$_2$O(l) + 4 e$^-$

$\quad$ 2 H$_2(g)$ + O$_2(g)$ $\longrightarrow$ 2 H$_2$O(l)

Die NASA hat diese grundlegende Wasserstoff-Brennstoffzelle als Energiequelle für ihre Raumfahrzeuge eingesetzt. Man lagert Wasserstoff und Sauerstoff in flüssigem Aggregatzustand als Treibstoffe und die Besatzung trinkt das Reaktionsprodukt Wasser.

Eine Niedertemperatur H$_2$-O$_2$-Brennstoffzelle ist schematisch in ▶ Abbildung 20.23 dargestellt. Diese Technik ist grundlegend für schadstofffreie, von einer Brennstoffzel-

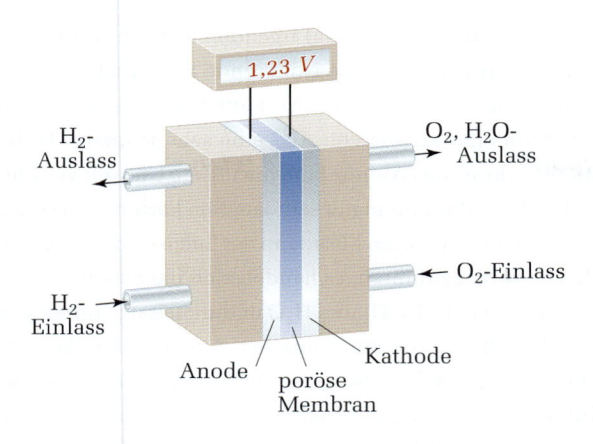

Abbildung 20.23: Eine Niedertemperatur-H_2/O_2-Brennstoffzelle. Die Oxidation von H_2 an der Anode erzeugt H^+-Ionen, die sich durch die poröse Membran zur Kathode bewegen, wo sich H_2O bildet.

le angetriebene Fahrzeuge, die vielleicht im Rahmen einer zukünftigen „Wasserstoffökonomie" zum Zug kommen (siehe auch Kasten „Chemie im Einsatz" in Abschnitt 1.4). Beachtliche Forschungsbemühungen sind gegenwärtig auf die Verbesserung von Brennstoffzellen gerichtet. Man richtet ebenfalls große Anstrengungen auf die Entwicklung von Brennstoffzellen, die mit konventionellen Brennstoffen wie Kohlenwasserstoffen oder Alkoholen arbeiten. Solche Brennstoffe sind in der Handhabung und im Vertrieb einfacher als Wasserstoffgas.

Direkte Methanol-Brennstoffzellen

Die direkte Methanol-Brennstoffzelle ist einer PEM-Brennstoffzelle ähnlich, verwendet aber als Reaktionsstoff Methanol (CH_3OH) anstelle von Wasserstoffgas. Die Reaktionen lauten

Kathode: $\quad \frac{3}{2} O_2(g) + 6\,H^+ + 6\,e^- \longrightarrow 3\,H_2O(g)$

Anode: $\quad CH_3OH(l) + H_2O(g) \longrightarrow CO_2(g) + 6\,H^+ + 6\,e^-$

Gesamt: $\quad CH_3OH(g) + \frac{3}{2} O_2(g) \longrightarrow CO_2(g) + 2\,H_2O(g)$

Diese Zellen arbeiten bei etwa 120 °C, einer etwas höheren Temperatur als jene der Standard-PEM-Zelle. Im Vergleich zur konventionellen PEM-Zelle ist der höhere Bedarf an Platinkatalysator ein Nachteil der Methanolzelle. Außerdem ist das Reaktionsprodukt Kohlendioxid aus der Methanolreaktion nicht so umweltfreundlich wie Wasser. Andererseits ist Methanol aber ein weitaus attraktiverer Brennstoff als Wasserstoffgas, was die Lagerung und den Transport angeht.

Korrosion 20.8

Batterien sind Beispiele der produktiven Nutzung von freiwillig ablaufenden Redoxreaktionen. In diesem Abschnitt untersuchen wir die unerwünschten Redoxreaktionen, die zur **Korrosion** der Metalle führen. In einer Korrosionsreaktion, einer freiwillig ablaufenden Redoxreaktion, wird ein Metall von einem Stoff in seiner Umgebung angegriffen und in eine unerwünschte chemische Verbindung umgewandelt.

Für fast alle Metalle ist die Oxidation an der Luft bei Zimmertemperatur eine thermodynamisch günstige Reaktion. Die Wirkung der Oxidation kann überaus zerstörerisch sein, wenn man sie nicht auf irgendeine Weise verhindert. Andererseits bildet sich bei der Oxidation oft eine isolierende Schutzschicht, die weitere Reaktionen des darunter liegenden Metalls verhindert. Beispielsweise würden wir auf der Grundlage des Normalpotenzials von Al^{3+} eine sehr schnelle Oxidation erwarten. Die vielen Getränkedosen aus Aluminium, die unsere Umwelt verschmutzen, zeigen jedoch eindeutig, dass Aluminium nur sehr langsam korrodiert. Die außerordentliche Stabilität dieses reaktionsfreudigen Metalls an der Luft ist auf seine Oxid-Schutzschicht an der Oberfläche zurückzuführen; es handelt sich um eine hydratisierte Form von Al_2O_3. Diese Oxidschicht ist für O_2 und H_2O undurchlässig und schützt daher das darunter liegende Metall vor weiterer Korrosion. Auf ähnliche Weise bildet sich eine Schutzschicht auf metallischem Magnesium. Manche Metalllegierungen wie rostfreier Stahl bilden solche undurchdringlichen Oxidschichten. Wie wir bereits in Kapitel 12 gesehen haben, bildet sich auf dem Halbleiter Silizium ebenfalls schnell eine schützende Oxidschicht. Diese Schicht besteht aus SiO_2, das in elektronischen Schaltkreisen wichtig ist.

Korrosion von Eisen

Das Rosten von Eisen (▶ Abbildung 20.24) ist ein allen vertrauter Korrosionsprozess mit großen wirtschaftlichen Auswirkungen. Nach Schätzungen dienen bis zu 20 % der jährlichen Eisenproduktion der Vereinigten Staaten zum Ersatz von Objekten aus Eisen, die man wegen Rostschäden ausrangieren musste.

Zum Rosten von Eisen ist sowohl Sauerstoff als auch Wasser erforderlich. Andere Faktoren wie der pH-Wert der Lösung, die Gegenwart von Salzen oder von Metallen, die schwerer oxidierbar sind als das Eisen, und mechanische Belastungen des Eisens können den Korrosionsvorgang beschleunigen.

Die Korrosion von Eisen ist ein elektrochemischer Vorgang: Sie schließt nicht nur Oxidations- und Reduktionsreaktionen ein, sondern das Eisen leitet selbst auch die elektrischen Ströme. Wie in einer galvanischen Zelle können sich die Elektronen durch das Metall bewegen und von Orten der Oxidation zu Orten der Reduktion gelangen.

Der Sauerstoff $O_2(g)$ oxidiert das Eisen $Fe(s)$, denn das Normalpotenzial von $Fe^{2+}(aq)/Fe$ ist kleiner als das entsprechende Potenzial von $O_2(g)/H_2O(l)$:

Kathode: $\quad O_2(g) + 4\,H^+(aq) + 4\,e^- \longrightarrow 2\,H_2O(l) \qquad E° = 1{,}23\,V$
Anode: $\quad\quad\quad\quad\quad\quad\quad\quad\quad Fe(s) \longrightarrow Fe^{2+}(aq) + 2\,e^- \qquad E° = -0{,}44\,V$

Die Oxidation von Fe zu Fe^{2+} findet in einer Zone des Eisens statt, die somit die Anode bildet, und die freigesetzten Elektronen wandern durch das Metall zu einer anderen Stelle der Oberfläche, wo das O_2 reduziert wird und sich somit die Kathode befindet. Die Reduktion von O_2 benötigt H^+-Ionen. Daher ist bei geringerer Konzentration der H^+-Ionen (bei höherem pH) die Reduktion von O_2 weniger begünstigt. Eisen korrodiert folglich nicht, wenn es mit einer Lösung in Kontakt steht, deren pH größer als neun ist.

Das an der Anode gebildete Fe^{2+}-Ion oxidiert schließlich weiter zu Fe^{3+} und bildet das hydratisierte Eisen(III)oxid, das wir als Rost kennen*.

Abbildung 20.24: Korrosion. Die Korrosion von Eisen ist ein wirtschaftlich sehr bedeutender elektrochemischer Prozess. Man schätzt die jährlichen Kosten der Korrosion von Metallen in den Vereinigten Staaten auf 70 Milliarden $.

---

* Häufig schließen Metallverbindungen, die aus wässriger Lösung stammen, Wassermoleküle ein. Kupfer(II)sulfat kristallisiert beispielsweise mit fünf Wassermolekülen pro $CuSO_4$ aus der wässrigen Lösung aus und man stellt diesen Sachverhalt mit der Formel $CuSO_4 \cdot 5\,H_2O$ dar. Solche Verbindungen nennt man Hydrate (siehe Abschnitt 13.1). Rost ist ein Hydrat des Eisen(III)oxids mit veränderlichem Wasseranteil. Wir stellen diesen variablen Anteil als $Fe_2O_3 \cdot xH_2O$ dar.

20.8 Korrosion

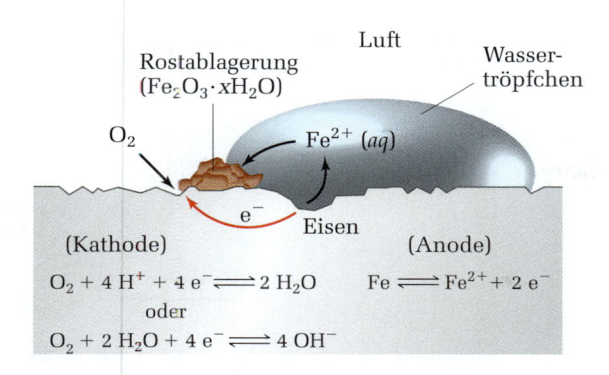

Abbildung 20.25: Korrosion von Eisen im Kontakt mit Wasser.

Luft
Rostablagerung ($Fe_2O_3 \cdot xH_2O$)
Wassertröpfchen
O_2
Fe^{2+} (aq)
e^-
Eisen
(Kathode)
$O_2 + 4 H^+ + 4 e^- \rightleftharpoons 2 H_2O$
oder
$O_2 + 2 H_2O + 4 e^- \rightleftharpoons 4 OH^-$
(Anode)
$Fe \rightleftharpoons Fe^{2+} + 2 e^-$

$$4 Fe^{2+}(aq) + O_2(g) + 4 H_2O(l) + 2 xH_2O(l) \longrightarrow 2 Fe_2O_3 \cdot xH_2O(s) + 8 H^+(aq)$$

Der Rost setzt sich oft auf der Kathode ab, da dort im Allgemeinen die Zufuhr von O_2 am stärksten ist. Wenn Sie sich eine Schaufel genau ansehen, die draußen an der feuchten Luft gestanden hat und an der feuchte Erde hängt, stellen Sie fest, dass unter dem Schmutz punktuelle Korrosion (Lochfraß) stattgefunden hat, aber der Rost hat sich an anderen Orten gebildet, wo O_2 leichter verfügbar ist. Der Korrosionsprozess ist in ▶ Abbildung 20.25 zusammengefasst.

Die verstärkte Korrosion in Gegenwart von Salzen lässt sich oftmals leicht im Winter an Kraftfahrzeugen feststellen, die auf stark gesalzenen Straßen fahren. Wie die Salzbrücke in einer galvanischen Zelle bilden die Salzionen einen Elektrolyt, der den Stromkreis schließt.

Wie man die Korrosion von Eisen verhindert

Das Eisen wird oft mit einer Farbschicht versehen, die ein anderes Metall wie Zinn oder Zink enthält und die Oberfläche vor Korrosion schützt. Ein solcher Anstrich oder eine Zinnabdeckung hat einfach die Funktion, das Eisen vor dem Kontakt mit Sauerstoff und Wasser zu schützen. Die Korrosion setzt ein, sobald die Schutzschicht durchbrochen wird und Sauerstoff und Wasser zum Eisen vordringen.

Durch *Galvanisierung* kann eine dünne Zinkbeschichtung aufgetragen werden, die das Eisen aus elektrochemischen Gründen auch dann noch vor Korrosion schützt, wenn die Oberflächenschicht durchbrochen ist. Die Normalpotenziale von Eisen und Zink sind

$$Fe^{2+}(aq) + 2 e^- \rightleftharpoons Fe(s) \qquad E° = -0{,}44 \text{ V}$$
$$Zn^{2+}(aq) + 2 e^- \rightleftharpoons Zn(s) \qquad E° = -0{,}76 \text{ V}$$

Fe^{2+} ist leichter zu reduzieren als Zn^{2+}, da der Wert von $E°$ größer, d.h. weniger negativ ist. Umgekehrt ist $Zn(s)$ leichter oxidierbar als $Fe(s)$. Daher schützt die Zinkschicht das Eisen vor Korrosion: Selbst wenn das verzinkte Eisen lokal Sauerstoff und Wasser ausgesetzt ist, bildet das leichter zu oxidierende Zink die Anode und korrodiert anstelle des Eisens. Das Eisen übernimmt die Rolle der Kathode, an welcher die Reduktion von O_2 stattfindet, wie ▶ Abbildung 20.26 zeigt.

Man schützt Metalle vor Korrosion, indem man sie zur Kathode einer elektrochemischen Zelle macht – diese Idee kennt man als **kathodischen Schutz**. Das Metall, das bei dieser Schutzmethode an der Anode oxidiert wird, nennt man *Opferanode*. Man schützt unterirdische Pipelines oft vor Korrosion, indem man sie als Kathode einer galvanischen Zelle auslegt. Man vergräbt Stücke eines reaktionsfreudigen Me-

Abbildung 20.26 Kathodischer Schutz von Eisen durch den Kontakt mit Zink.

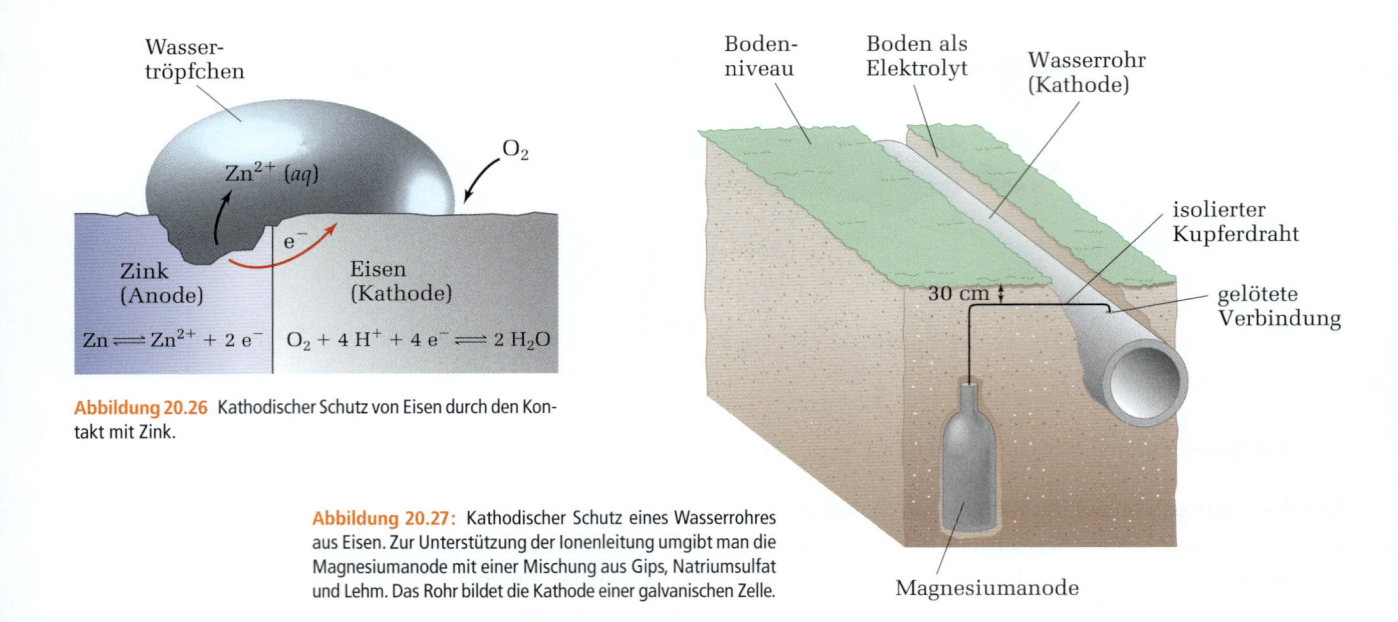

Abbildung 20.27: Kathodischer Schutz eines Wasserrohres aus Eisen. Zur Unterstützung der Ionenleitung umgibt man die Magnesiumanode mit einer Mischung aus Gips, Natriumsulfat und Lehm. Das Rohr bildet die Kathode einer galvanischen Zelle.

> **? DENKEN SIE EINMAL NACH**
>
> Welche der folgenden Metalle sind nach den Normalpotenzialen in Tabelle 20.1 als kathodischer Schutz für Eisen geeignet: Al, Cu, Ni, Zn?

talls wie Magnesium um die Pipeline herum und schließt sie mit einem Draht an, wie in ▶ Abbildung 20.27 dargestellt. Im feuchten Erdreich laufen Korrosionsprozesse ab, aber die Pipeline ist kathodisch geschützt, weil ein reaktionsfreudiges Metall die Anode bildet.

Elektrolyse 20.9

Die Funktionsweise von galvanischen Zellen beruht auf freiwillig ablaufenden Reduktions-Oxidationsreaktionen. Umgekehrt kann man elektrische Energie einsetzen, um nicht freiwillig ablaufende Redoxreaktionen zu betreiben. Zum Beispiel lässt sich geschmolzenes Natriumchlorid durch elektrische Energie in seine Bestandteile zerlegen:

$$2\,NaCl(l) \longrightarrow 2\,Na(l) + Cl_2(g)$$

Solche Prozesse, die einen Antrieb durch eine äußere Quelle elektrischer Energie benötigen, nennt man **Elektrolysereaktionen** und der Reaktionsort ist eine **Elektrolysezelle**. Die Hersteller von Automobilakkus vermeiden, die Akkus in Salzwasser einzutauchen, denn die elektromotorische Kraft eines 12 V-Autoakkus ist mehr als ausreichend, um gefährliche Reaktionsprodukte wie giftiges Chlorgas zu erzeugen.

Eine Elektrolysezelle besteht aus zwei Elektroden in einem geschmolzenen Salz oder in einer Lösung. Eine Batterie oder eine andere elektrische Stromquelle wirkt als Elektronenpumpe; sie zieht Elektronen von der einen Elektrode ab und zwingt sie in die andere. Wie in einer galvanischen Zelle definiert man die Elektrode, an welcher die Oxidation abläuft, als Anode und die Elektrode der Reduktionsreaktion als Kathode. Bei der Elektrolyse von geschmolzenem NaCl (Schmelzelektrolyse) nehmen die Na^+-Ionen an der Kathode Elektronen auf und werden zu Na reduziert, wie ▶ Abbildung 20.28 zeigt. Damit nimmt die Konzentration der Na^+-Ionen in der Nähe der Kathode ab und weitere Na^+ bewegen sich zur Kathode hin. Analog verläuft die Bewegung der Cl^--Ionen in Richtung Anode, wo sie oxidiert werden. Die Reaktionen an beiden Elektroden bei der Schmelzelektrolyse von NaCl lauten wie folgt:

20.9 Elektrolyse

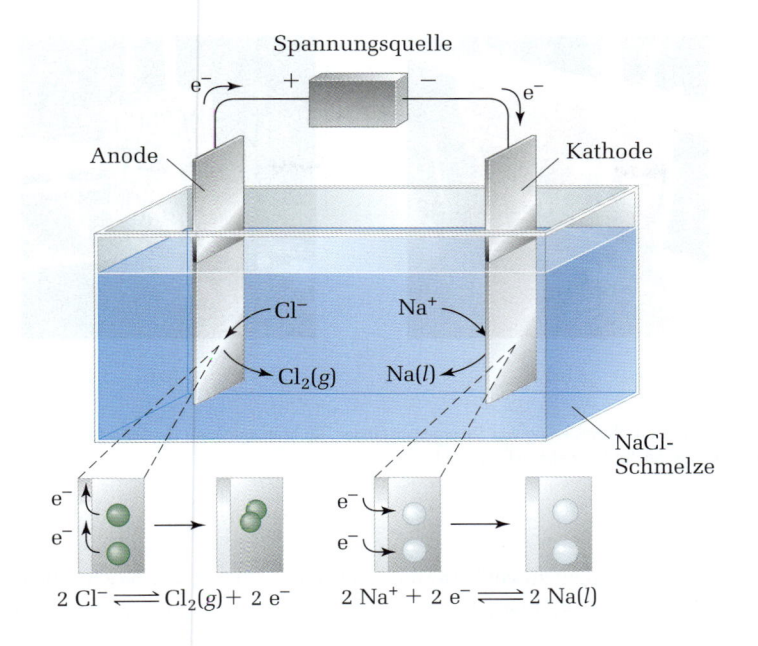

Abbildung 20.28: Schematische Schmelzelektrolyse von Natriumchlorid. Die Cl^--Ionen werden an der Anode zu $Cl_2(g)$ oxidiert und die Na^+-Ionen werden an der Kathode zu $Na(l)$ reduziert.

Kathode: $\quad 2\,Na^+(l) + 2\,e^- \longrightarrow 2\,Na(l)$
Anode: $\quad\quad 2\,Cl^-(l) \longrightarrow Cl_2(g) + 2\,e^-$
_____
$\quad\quad\quad 2\,Na^+(l) + 2\,Cl^-(l) \longrightarrow 2\,Na(l) + Cl_2(g)$

Beachten Sie, wie die Spannungsquelle in Abbildung 20.28 an die Elektroden angeschlossen ist. In einer galvanischen Zelle (oder in jeglicher anderen Stromquelle) bewegen sich die Elektronen vom negativen Anschluss weg (siehe Abbildung 20.6). Damit bildet jene Elektrode der Elektrolysezelle, die an das negative Ende der Spannungsquelle angeschlossen ist, die Kathode und nimmt Elektronen auf, die zur Reduktion von Stoffen dienen. Andererseits bewegen sich die Elektronen, die bei der Oxidation in die Anode übergehen, zum positiven Ende der Stromquelle und schließen den Kreis.

Die Schmelzelektrolyse von Salzen ist ein wichtiger industrieller Prozess zur Gewinnung von reaktionsfreudigen Metallen wie Natrium oder Aluminium.

Die Schmelzelektrolyse von Salzen erfordert hohe Temperaturen, denn die Schmelzpunkte von ionischen Substanzen sind sehr hoch (siehe Abschnitt 11.8). Erhalten wir die gleichen Reaktionsprodukte, wenn wir anstelle des geschmolzenen Salzes eine wässrige Salzlösung elektrolysieren? Sehr oft lautet die Antwort nein, denn die Elektrolyse einer wässrigen Lösung ist aufgrund der Anwesenheit von Wasser schwierig: Neben den Salzionen muss man dann vor allem darauf achten, ob das Wasser zu O_2 oxidiert oder zu H_2 reduziert wird. Diese Reaktionen hängen zudem auch vom pH-Wert ab.

Bisher haben wir nur Elektrolyse mit *inerten* Elektroden diskutiert, die keine Reaktionen durchlaufen, sondern lediglich als Wirkungsflächen der Oxidation und Reduktion dienen. Verschiedene praktische elektrochemische Anwendungen basieren jedoch auf aktiven Elektroden, die an der Elektrolyse teilnehmen. Beispielsweise überzieht man in der *Galvanotechnik* mit Hilfe der Elektrolyse ein Metall mit einer dünnen Schicht eines anderen Metalls, um das Aussehen zu verschönern oder

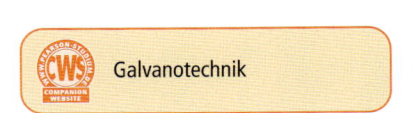

Galvanotechnik

20 Elektrochemie

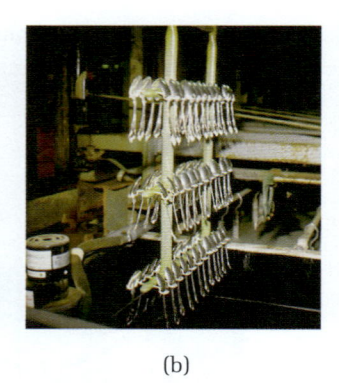

Abbildung 20.29: Galvanisierung von Silbergegenständen. (a) Man entnimmt die Silbergegenstände aus dem Galvanisierungsbad. (b) Das polierte Endprodukt.

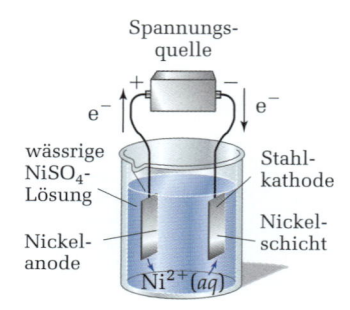

Abbildung 20.30: Eine Elektrolysezelle mit einer aktiven Metallelektrode. Nickel löst sich aus der Anode und bildet $Ni^{2+}(aq)$. An der Kathode wird $Ni^{2+}(aq)$ reduziert und bildet eine Nickelschicht auf der Kathode.

die Korrosionsfestigkeit zu verbessern (▶ Abbildung 20.29). Wir beschreiben nun die Galvanisierung eines Stahlstücks mit Nickel und erläutern auf diese Weise die Prinzipien der Elektrolyse mit aktiven Elektroden.

Die Elektrolysezelle für unser Galvanisierungsexperiment ist in ▶ Abbildung 20.30 zu sehen. Die Anode der Zelle ist ein Streifen aus metallischem Nickel und die Kathode ist ein Stück Stahl, das nun galvanisiert (elektrolytisch beschichtet) wird. Die Elektroden sind in eine $NiSO_4(aq)$-Lösung eingetaucht. Was geschieht an den Elektroden, wenn man die externe Spannungsquelle einschaltet? An der Kathode läuft die Reduktionsreaktion ab. Das Normalpotenzial von Ni^{2+}/Ni ($E° = -0{,}28$ V) ist größer (positiver) als das entsprechende Potenzial von H_2O/H_2 ($E° = -0{,}83$ V). Daher ist die Reduktion von Nickel die bevorzugt ablaufende Reaktion an der Kathode.

Nun betrachten wir die Stoffe, die an der Anode oxidiert werden können. Was die $NiSO_4(aq)$-Lösung angeht, ist nur das Lösungsmittel H_2O leicht oxidierbar, da sich weder Ni^{2+} noch SO_4^{2-} oxidieren lassen (die Atome beider Ionen befinden sich bereits in ihrem höchsten Oxidationszustand). Die Ni-Atome der Anode können jedoch eine Oxidation durchlaufen und die beiden möglichen Oxidationsprozesse lauten somit

$$2\,H_2O(l) \rightleftharpoons O_2(g) + 4\,H^+(aq) + 4\,e^- \qquad E° = +1{,}23\ V$$
$$Ni(s) \rightleftharpoons Ni^{2+}(aq) + 2\,e^- \qquad E° = -0{,}28\ V$$

Die angegebenen Potenziale sind die Normalpotenziale dieser Reaktionen. Da es sich um Oxidationen handelt, läuft die Halbreaktion mit dem kleineren (negativeren) $E°$-Wert bevorzugt ab. Daher erwarten wir die Oxidation von $Ni(s)$ an der Anode. Die Elektrodenreaktionen lauten zusammengefasst

$$\text{Kathode (Stahlstreifen):} \quad Ni^{2+}(aq) + 2\,e^- \rightleftharpoons Ni(s) \qquad E° = -0{,}28\ V$$
$$\text{Anode (Nickelstreifen):} \quad Ni(s) \rightleftharpoons Ni^{2+}(aq) + 2\,e^- \qquad E° = -0{,}28\ V$$

Wenn wir die Gesamtreaktion anschauen, scheint es, als sei nichts passiert. Bei der Elektrolyse gehen aber Nickelatome von der Ni-Anode zur Stahlkathode über und die Stahlelektrode bekommt einen feinen Überzug aus Nickelatomen. Die Standard-EMK der Gesamtreaktion lautet $\Delta E°_{\text{Zelle}} = E°(\text{Kathode}) - E°(\text{Anode}) = 0$ V. Eine kleine EMK genügt, um den „Anstoß" für den Übergang der Nickelatome zwischen den Elektroden zu leisten.

20.9 Elektrolyse

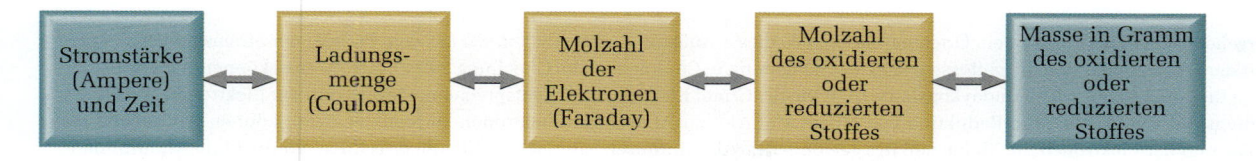

Abbildung 20.31: Der Zusammenhang zwischen der Ladungsmenge und den Mengen der Ausgangsstoffe und Reaktionsprodukte bei einer Elektrolysereaktion. Dieses Flussdiagramm zeigt, wie man schrittweise die in einer Elektrolyse geflossene elektrische Ladung mit den Mengen der oxidierten und reduzierten Stoffe in Beziehung setzt.

Quantitative Aspekte der Elektrolyse

Die stöchiometrischen Verhältnisse einer Halbreaktion geben an, wie viele Elektronen für einen Elektrolyseprozess erforderlich sind. Zum Beispiel ist die Reduktion von Na^+ zu Na ein Einelektronenprozess:

$$Na^+ + e^- \rightleftharpoons Na$$

Das bedeutet, dass sich bei der Aufnahme von einem Mol Elektronen ein Mol metallischen Natriums absetzt. Entsprechendes gilt für zwei Mol Natrium und zwei Mol Elektronen und so weiter. Analog benötigt man zwei Mol Elektronen, um ein Mol Kupfer aus Cu^{2+} zu erzeugen und drei Mol Elektronen zur Gewinnung von einem Mol Aluminium aus Al^{3+}:

$$Cu^{2+} + 2\ e^- \rightleftharpoons Cu$$
$$Al^{3+} + 3\ e^- \rightleftharpoons Al$$

Für jede Halbreaktion in einer Elektrolysezelle ist die oxidierte oder reduzierte Stoffmenge zur Anzahl der übertragenen Elektronen proportional.

Die Ladungsmenge, die durch einen Stromkreis fließt, zum Beispiel in einer Elektrolysezelle, wird in *Coulomb* gemessen und angegeben. Wie wir bereits in Abschnitt 20.5 bemerkten, beträgt die Ladung von einem Mol Elektronen 96.485 C (1 Faraday). Ein Coulomb ist die Ladungsmenge, die bei einer Stromstärke von 1 Ampere (A) in einer Sekunde durch einen Punkt fließt. Daher erhält man die Ladung in Coulomb, die in einer Zelle fließt, durch Multiplikation der Stromstärke in Ampere und der abgelaufenen Zeit in Sekunden.

$$\text{Coulomb} = \text{Ampere} \times \text{Sekunden} \qquad (20.18)$$

▶ Abbildung 20.31 stellt die Zusammenhänge zwischen den produzierten und verbrauchten Stoffmengen und der Ladungsmenge in einer Elektrolyse dar. Die gleichen Beziehungen lassen sich ebenso auf galvanische Zellen anwenden. Man kann sich die Elektronen demnach als Reagenzien der Elektrolysereaktionen vorstellen.

ÜBUNGSBEISPIEL 20.14 — Elektrolyse von Aluminum

Berechnen Sie die Masse Aluminium in Gramm, die sich in einer Stunde (1 h) bei einer Schmelzelektrolyse von $AlCl_3$ bildet, wenn der elektrische Strom 10,0 A beträgt.

Lösung

Analyse: Wir wissen, dass eine Elektrolyse Al aus $AlCl_3$ erzeugt und wir sollen die Masse in g des entstandenen Al bei einer Stromstärke von 10,0 A in 1,00 h berechnen.

Vorgehen: Abbildung 20.31 ist ein Orientierungsplan zu dieser Aufgabe. Zuerst erhalten wir aus dem Produkt der Stromstärke in Ampere und der Zeit in Sekunden die geflossene elektrische Ladung in Coulomb (siehe Gleichung 20.18). Als Zweites können wir aus der Ladung in Coulomb über die Faradaykonstante ($F = 96.485$ C/mol Elektronen) die entsprechende Molanzahl der Elektronen berechnen. Drittens wissen wir, dass die Reduktion von einem Mol Al^{3+} zu Al drei Mol Elektronen verbraucht. Damit können wir anhand der Molanzahl der Elektronen die Molanzahl des gewonnenen Aluminiums bestimmen. Schließlich rechnen wir die Mole Aluminium in Gramm um.

Lösung: Wir berechnen zuerst die Ladung in Coulomb, welche die Elektrolysezelle durchfließt:

$$\text{Coulomb} = \text{Ampere} \times \text{Sekunden} = (10{,}0 \text{ A}) \times 3600 \text{ s} = 3{,}60 \times 10^4 \text{ C}$$

Anschließend berechnen wir die Molanzahl der übertragenen Elektronen:

$$\text{Mol e}^- = (3{,}60 \times 10^4 \text{ C}) \left(\frac{1 \text{ mol e}^-}{96.485 \text{ C}} \right) = 0{,}373 \text{ mol e}^-$$

Drittens stellen wir die Beziehung zwischen der Molanzahl der Elektronen und der Stoffmenge Aluminium in Mol bei der Reduktion von Al^{3+} her:

$$Al^{3+} + 3\text{ e}^- \rightleftharpoons Al$$

Zur Bildung von einem Mol Al werden demnach drei Mol Elektronen (3 F elektrische Ladung) benötigt:

$$\text{Mol Al} = (0{,}373 \text{ mol e}^-) \left(\frac{1 \text{ mol Al}}{3 \text{ mol e}^-} \right) = 0{,}124 \text{ mol Al}$$

Schließlich rechnen wir die Aluminiummenge von Mol in Gramm um:

$$\text{Gramm Al} = (0{,}124 \text{ mol Al}) \left(\frac{27{,}0 \text{ g Al}}{1 \text{ mol Al}} \right) = 3{,}36 \text{ g Al}$$

Da jeder Schritt aus einer Multiplikation mit einem Faktor besteht, kann man alle Schritte in einem Produkt zusammenfassen:

$$\text{Gramm Al} = (3{,}60 \times 10^4 \text{ C}) \left(\frac{1 \text{ mol e}^-}{96.485 \text{ C}} \right) \left(\frac{1 \text{ mol Al}}{3 \text{ mol e}^-} \right) \left(\frac{27{,}0 \text{ g Al}}{1 \text{ mol Al}} \right) = 3{,}36 \text{ g Al}$$

ÜBUNGSAUFGABE

(a) Die Halbreaktion, die in einer Schmelzelektrolyse aus $MgCl_2$ metallisches Magnesium bildet, lautet $Mg^{2+} + 2\text{ e}^- \longrightarrow Mg$. Berechnen Sie die Masse Magnesium, die bei einer Stromstärke von 60,0 A in einer Zeit von $4{,}00 \times 10^3$ s entsteht. **(b)** Wie viele Sekunden Zeit benötigt man bei einer Stromstärke von 100,0 A, um 50,0 g Mg aus $MgCl_2$ zu gewinnen?

Antworten: (a) 30,2 g Mg; **(b)** $3{,}97 \times 10^3$ s.

Elektrische Arbeit

Wir haben bereits gesehen, dass positive Werte von ΔE mit negativen Änderungen der freien Enthalpie (ΔG) zusammenhängen und auf freiwillig ablaufende Prozesse hindeuten. Weiterhin wissen wir, dass die maximale verwertbare Arbeit eines freiwillig ablaufenden Prozesses durch $W_{\text{max}} = \Delta G$ gegeben ist (siehe Abschnitt 5.2). Wegen $\Delta G = -nF\Delta E$ ist diese maximale nutzbare Arbeit einer galvanischen Zelle

$$W_{\text{max}} = -nF\Delta E \qquad (20.19)$$

und nimmt daher für die positiven EMK-Werte (ΔE) von galvanischen Zellen negative Werte an. Vom System an seiner Umgebung verrichtete Arbeit ist mit einem negativen Vorzeichen von W gekennzeichnet (siehe Abschnitt 5.2). Somit bedeutet ein negatives W_{max}, dass die galvanische Zelle an ihre Umgebung Arbeit abgibt.

In einer Elektrolysezelle aber verwendet man eine externe Energiequelle, um einen nicht freiwillig ablaufenden elektrochemischen Prozess in Gang zu setzen. In diesem Fall ist ΔG positiv und ΔE_{Zelle} negativ. Um einen solchen Prozess zum Laufen zu bringen, benötigt man eine externe Spannung ΔE_{ext}, die vom Betrag her größer ist als ΔE_{Zelle}: Es muss $\Delta E_{\text{ext}} > -\Delta E_{\text{Zelle}}$ gelten. Ein nicht freiwillig ablaufender Prozess mit $\Delta E_{\text{Zelle}} = -0{,}9$ V läuft zum Beispiel dann ab, wenn die externe Spannung größer als 0,9 V ist.

20.9 Elektrolyse

Wenn man an einer Zelle eine externe Spannung E_{ext} anlegt, verrichtet die Umgebung Arbeit an der Zelle, die durch

$$W = nF\Delta E_{ext} \qquad (20.20)$$

gegeben ist. Im Gegensatz zu ▶Gleichung 20.19 steht in ▶Gleichung 20.20 kein negatives Vorzeichen. Die nach Gleichung 20.20 berechnete Arbeit ist positiv, da die Umgebung Arbeit am System verrichtet. Die Zahl n in Gleichung 20.20 gibt die Anzahl der Elektronen in Mol an, die von der externen Spannung in das System gezwungen werden. Das Produkt $n \times F$ ist die Gesamtladung, die dem System von der externen Stromquelle zugeführt wird.

Die elektrische Arbeit lässt sich in der Einheit Wattsekunden (Leistung multipliziert mit der Zeit) darstellen: Das **Watt** (W) ist die Einheit der elektrischen Leistung (die aufgewendete Energie pro Zeit).

$$1\ W = 1\ J/s$$

Daher ist eine Wattsekunde gleich einem Joule. Die bei elektrischen Geräten verwendete Energieeinheit, die Kilowattstunde (kWh) ist gleich $3{,}6 \times 10^6$ J und ergibt sich aus

$$1\ kWh = (1000\ W) \times 3600\ s = 3{,}6 \times 10^6\ J \qquad (20.21)$$

Mit Hilfe dieser Betrachtungen können wir die maximale Arbeit bestimmen, die man aus einer galvanischen Zelle gewinnen kann, oder andererseits die erforderliche Mindestarbeit, um eine Elektrolysereaktion zu betreiben.

ÜBUNGSBEISPIEL 20.15 — Berechnung der Energie in Kilowattstunden

Berechnen Sie die elektrische Energie in Kilowattstunden, die zur Herstellung von $1{,}0 \times 10^3$ kg Aluminium durch Elektrolyse von Al^{3+} bei einer angelegten Spannung von 4,50 V erforderlich ist.

Lösung

Analyse: Die Masse Al, die man aus Al^{3+} gewinnen möchte, und die angelegte Spannung sind gegeben. Wir sollen die Energie in Kilowattstunden berechnen, die für diese Reduktion erforderlich ist.

Vorgehen: Aus der Al-Masse können wir zunächst die Molanzahl von Al und danach die zu ihrer Erzeugung nötige Ladung in Coulomb bestimmen. Nun kann man Gleichung 20.20, $W = nF\Delta E_{ext}$, anwenden, wobei nF für die Gesamtladung in Coulomb und ΔE_{ext} für die angelegte Spannung von 4,50 V steht.

Lösung: Zunächst müssen wir nF, die erforderliche Ladung in Coulomb, bestimmen:

$$\text{elektrische Ladung} = (1{,}00 \times 10^3\ \text{kg Al}) \left(\frac{1\ \text{mol Al}}{27{,}0\ \text{g Al}}\right)\left(\frac{3\ \text{mol e}^-}{1\ \text{mol Al}}\right)\left(\frac{96.485\ \text{C}}{1\ \text{mol e}^-}\right) = 1{,}07 \times 10^{10}\ \text{C}$$

Hieraus lässt sich nun W berechnen. Dabei müssen wir verschiedene Umrechnungsfaktoren verwenden, einschließlich der Umwandlung von Kilowattstunden in Joule nach Gleichung 20.21:

$$\text{Elektroenergie} = (1{,}07 \times 10^{10}\ \text{C})(4{,}50\ \text{V}) \frac{1\ \text{kWh}}{3{,}6 \times 10^6\ \text{J}} = 1{,}34 \times 10^4\ \text{kWh}$$

Anmerkung: Diese Energiemenge schließt weder die Energie ein, die zur Gewinnung, zum Transport und zur Verarbeitung des Aluminiumerzes erforderlich ist, noch die Energie, um den geschmolzenen Zustand des Elektrolysebades aufrecht zu erhalten. Eine typische elektrolytische Zelle, in der die Reduktion von Aluminiumerz zu metallischem Aluminium stattfindet, ist nur zu 40 % effizient: die restlichen 60 % der Energie gehen als Wärme verloren. Daher sind zur Gewinnung von 1 kg Aluminium 33 kWh elektrische Energie notwendig. Die Aluminiumindustrie verbraucht etwa 2 % der elektrischen Energie, die in den USA erzeugt wird. Diese Energie dient hauptsächlich der Reduktion von Aluminium. Daher spart das Recycling dieses Metalls große Energiemengen.

ÜBUNGSAUFGABE

Berechnen Sie die elektrische Energie in Kilowattstunden, die zur Gewinnung von 1,00 kg Magnesium durch Elektrolyse einer $MgCl_2$-Schmelze bei einer angelegten Spannung von 5,00 V nötig ist. Nehmen Sie an, dass der Prozess zu 100 % effizient ist.

Antwort: 11,0 kWh.

ÜBERGREIFENDE BEISPIELAUFGABE

Verknüpfen von Konzepten

Die Konstante K_L von Eisen(II)fluorid bei 298 K beträgt $2,4 \times 10^{-6}$ mol³/l³. **(a)** Stellen Sie eine Halbreaktion auf, welche die wahrscheinlichen Reaktionsprodukte der zwei-Elektronen-Reduktion von $FeF_2(s)$ in Wasser angibt. **(b)** Berechnen Sie aus dem Wert von K_L und dem Normalpotenzial von $FeF_2(aq)$ das Normalpotenzial der Halbreaktion in (a). **(c)** Begründen Sie den Unterschied zwischen dem Normalpotenzial der Halbreaktion in (a) und jenem von $Fe^{2+}(aq)/Fe$.

Lösung

Analyse:
Um die Normalpotenziale zu erhalten, müssen wir unsere Kenntnisse über Gleichgewichtskonstanten und Elektrochemie kombinieren.

Vorgehen:
In Teil (a) müssen wir bestimmen, welches der Ionen Fe^{2+} oder F^- leichter um zwei Elektronen zu reduzieren ist, und wir sollen die Gesamtreaktion für $FeF_2 + 2e^- \longrightarrow$? aufstellen. In (b) sollen wir die K_L-Reaktion aufstellen und so verändern, dass wir $\Delta E°$ der Reaktion in (a) erhalten. Um Teil (c) zu beantworten, müssen wir die Ergebnisse aus (a) und (b) auswerten.

Lösung:

(a) Eisen(II)fluorid ist ein ionischer Stoff und besteht aus Fe^{2+}- und F^--Ionen. Nun sollen wir vorhersagen, auf welche Weise FeF_2 zwei Elektronen aufnehmen kann. Wir können uns eine Aufnahme der Elektronen durch das F^--Ion unter Bildung von F^{2-} nicht vorstellen, sondern erachten die Reduktion von Fe^{2+} zu $Fe(s)$ als wahrscheinlicher und sagen daher folgende Halbreaktion voraus:

$$FeF_2(s) + 2\,e^- \longrightarrow Fe(s) + 2\,F^-(aq)$$

(b) Der K_L-Wert bezieht sich auf das folgende Gleichgewicht (siehe Abschnitt 17.4):

$$FeF_2(s) \rightleftharpoons Fe^{2+}(aq) + 2\,F^-(aq) \qquad K_L = [Fe^{2+}][F^-]^2 = 2,4 \times 10^{-6}\,\text{mol}^3/\text{l}^3$$

Wir sollen außerdem das Normalpotenzial von Fe^{2+} verwenden; die entsprechende Halbreaktion und das Normalpotenzial finden wir in Anhang E:

$$Fe^{2+}(aq) + 2\,e^- \rightleftharpoons Fe(s) \qquad E° = -0,440\,\text{V}$$

Erinnern Sie sich, dass wir nach dem Hess'schen Satz Reaktionen zu einer gewünschten Gesamtreaktion aufaddieren können. Ebenso können wir thermodynamische Größen wie ΔH und ΔG addieren und nach der Enthalpie oder der freien Enthalpie einer Reaktion auflösen (siehe Abschnitt 5.6). Beachten Sie, dass wir in diesem Fall die K_L-Reaktion zur Halbreaktion von Fe^{2+}/Fe addieren können und damit die gewünschte Halbreaktion erhalten:

1.	$FeF_2(s)$	$\rightleftharpoons Fe^{2+}(aq) + 2\,F^-(aq)$
2.	$Fe^{2+}(aq) + 2\,e^-$	$\rightleftharpoons Fe(s)$
Gesamt: 3.	$FeF_2(s) + 2\,e^-$	$\rightleftharpoons Fe(s) + 2\,F^-(aq)$

Die Reaktion 3 ist noch immer eine Halbreaktion, in der Elektronen vorkommen.

Würden wir $\Delta G°$ der Reaktionen 1 und 2 kennen, so könnten wir sie addieren und $\Delta G°$ der Reaktion 3 erhalten. Erinnern Sie sich, dass $\Delta G°$ über $\Delta G° = -nF\Delta E°$ mit $\Delta E°$ und über $\Delta G° = -RT \ln K$ mit K zusammenhängt. Wir wissen, dass K der Reaktion 1 gleich K_L ist und wir kennen $\Delta E°$ der Reaktion 2. Daraus können wir $\Delta G°$ für beide Reaktionen berechnen:

Reaktion 1: $\Delta G° = -RT \ln K = -(8,314\,\text{J/K mol}^{-1})(298\,\text{K}) \ln(2,4 \times 10^{-6}) = 3,2 \times 10^4\,\text{J/mol}$

Reaktion 2: $\Delta G° = -nF\Delta E° = -(2\,\text{mol})(96.485\,\text{C/mol})(-0,440\,\text{J/C}) = 8,49 \times 10^4\,\text{J}$

Erinnern Sie sich, dass 1 Volt gleich 1 Joule pro Coulomb ist.

Damit ergibt sich $\Delta G°$ der Reaktion 3, das gesuchte $\Delta G°$, als $3,2 \times 10^4\,\text{J}$ (für ein Mol FeF_2) + $8,49 \times 10^4\,\text{J}$ = $1,2 \times 10^5\,\text{J}$. Hieraus erhalten wir nun $\Delta E°$ einfach über $\Delta G° = -nF\Delta E°$:

$$1,2 \times 10^5\,\text{J} = -(2\,\text{mol})(96.485\,\text{C/mol})\,\Delta E°$$
$$\Delta E° = -0,61\,\text{J/C} = -0,61\,\text{V}$$

(c) Die Reduktion von FeF_2 ist der weniger begünstigte Prozess, da das Normalpotenzial ($-0,61$ V) negativer ist als das entsprechende Potenzial von Fe^{2+}/Fe ($-0,440$ V). Die Reduktion von FeF_2 beschränkt sich nicht auf die Reduktion der Fe^{2+}-Ionen, sondern es ist außerdem der ionische Festkörper aufzulösen. Aufgrund dieser zusätzlich erforderlichen Energie ist die Reduktion von FeF_2 eine weniger begünstigte Reaktion als die Reduktion von Fe^{2+}.

Zusammenfassung und Schlüsselbegriffe

Einführung und Abschnitt 20.1 In diesem Kapitel haben wir uns auf die **Elektrochemie** konzentriert. Es handelt sich um das Teilgebiet der Chemie, das die Beziehungen zwischen Elektrizität und chemischen Reaktionen herstellt. Die Elektrochemie schließt die Redoxreaktionen ein. Bei Reaktionen dieser Art verändern sich die Oxidationsstufen von einem oder mehreren Elementen. In jeder Redoxreaktion wird eine Substanz reduziert (ihre Oxidationszahl nimmt ab) und eine andere Substanz wird oxidiert (ihre Oxidationszahl nimmt zu). Man bezeichnet den oxidierten Stoff als **Reduktionsmittel**, da er die Reduktion eines anderen Stoffes herbeiführt. Analog bezeichnet man den reduzierten Stoff als **Oxidationsmittel**, da er die Oxidation eines anderen Stoffes herbeiführt.

Abschnitt 20.2 Man kann eine Redoxreaktion ausgleichen, indem man sie in zwei Halbreaktionen zerlegt, wovon eine Halbreaktion die Oxidation und die andere die Reduktion wiedergibt. Eine **Halbreaktion** ist eine ausgeglichene chemische Reaktionsgleichung, in der Elektronen auftreten. In einer Oxidations-Halbreaktion treten die Elektronen auf der Seite der Reaktionsprodukte (auf der rechten Seite der Gleichung) auf. Wir können uns vorstellen, dass der oxidierte Stoff die Elektronen abgibt. In einer Reduktions-Halbreaktion stehen die Elektronen auf der Seite der Ausgangsstoffe (auf der linken Seite der Gleichung). Man gleicht die beiden Halbreaktionen jeweils für sich alleine aus und fügt sie danach zusammen. Bei diesem Schritt gleicht man die Elektronen auf beiden Seiten aus, indem man die Gleichungen mit geeigneten Faktoren multipliziert.

Abschnitt 20.3 Eine **galvanische Zelle** nutzt freiwillig ablaufende Redoxreaktionen zur Erzeugung von elektrischer Energie. In einer galvanischen Zelle laufen die Halbreaktionen der Oxidation und Reduktion in getrennten Abteilungen ab. Jede Abteilung besitzt eine feste Fläche, die man als Elektrode bezeichnet. Dort läuft die Halbreaktion ab. Die Elektrode, an der die Oxidation stattfindet, heißt **Anode** und die Reduktion läuft an der **Kathode** ab. Die Elektronen werden an der Anode freigesetzt und fließen durch einen externen Stromkreis (dort verrichten sie elektrische Arbeit) zur Kathode. Die Lösung bleibt elektrisch neutral, da sich Ionen, beispielsweise über eine Salzbrücke, zwischen den beiden Abteilungen bewegen.

Abschnitt 20.4 Eine galvanische Zelle besitzt eine **elektromotorische Kraft (EMK)**, welche die Elektronen zum Fluss von der Anode zur Kathode über den externen Stromkreis zwingt. Die elektromotorische Kraft geht auf unterschiedliche potenzielle Energien der beiden Elektroden der Zelle zurück. Die EMK heißt auch **Zellspannung**, ΔE_{Zelle} und wird in Volt angegeben. Man nennt die Zellspannung unter Standardbedingungen auch **Standard-EMK** oder **Standard-Zellspannung** und bezeichnet sie mit $\Delta E°_{Zelle}$.

Man kann das **Normalpotenzial** $E°$ einer einzelnen Halbzelle bestimmen, indem man das Potenzial der Halbreaktion mit dem Potenzial der **Standard-Wasserstoffelektrode** (SHE) vergleicht. Das letztgenannte Potenzial ist als $E° = 0$ V definiert und basiert auf der folgenden Halbreaktion:

$$2\,H^+(aq, 1\,M) + 2\,e^- \rightleftharpoons H_2(g, 1\,atm) \qquad E° = 0\,V$$

Die Standard-EMK einer galvanischen Zelle ist gleich der Differenz der Normalpotenziale der Halbreaktionen an der Kathode und an der Anode: $\Delta E°_{Zelle} = E°(\text{Kathode}) - E°(\text{Anode})$. Der Wert von $\Delta E°$ einer galvanischen Zelle ist stets positiv.

Das Potenzial $E°$ einer Halbreaktion misst die Tendenz dieser Reaktion, tatsächlich abzulaufen; je positiver $E°$, desto stärker neigt der vorliegende Stoff zur Reduktion. Somit ist $E°$ ein Maß für die Stärke eines Stoffes als Oxidationsmittel. Das stärkste Oxidationsmittel mit dem höchsten Wert von $E°$ ist Fluorgas (F_2). Die Reaktionsprodukte starker Oxidationsmittel sind schwache Reduktionsmittel und umgekehrt.

Abschnitt 20.5 Die EMK oder ΔE hängt mit der Änderung der freien Enthalpie nach $\Delta G = -nF\Delta E$ zusammen, wobei n die Anzahl der übertragenen Elektronen im Redoxprozess und F die *Faradaykonstante* ist, die als elektrische Ladung von einem Mol Elektronen definiert ist. Die Ladungsmenge 1 Faraday (F) ist 1 F = 96.485 C/mol. Da ΔE mit ΔG zusammenhängt, gibt das Vorzeichen von ΔE an, ob ein Redoxprozess freiwillig abläuft: Für freiwillig ablaufende Prozesse gilt $\Delta E > 0$ und für nicht freiwillige Reaktionen ist $\Delta E < 0$. Da ΔG mit der Gleichgewichtskonstante einer Reaktion zusammenhängt ($\Delta G = -RT \ln K$), lässt sich auch ein Zusammenhang zwischen ΔE und K herstellen.

Abschnitt 20.6 Die EMK einer Redoxreaktion ändert sich mit der Temperatur und mit den Konzentrationen der Ausgangsstoffe und Reaktionsprodukte. Die **Nernstgleichung** stellt den Zusammenhang der EMK unter Nichtstandardbedingungen mit der Standard-EMK und dem Reaktionsquotienten Q her:

$$\Delta E = \Delta E° - (RT/nF) \ln Q = \Delta E° - (0{,}0592\,V/n) \log Q$$

Der Faktor 0,0592 ergibt sich für $T = 298$ K. Eine **Konzentrationszelle** ist eine galvanische Zelle, in der an der Anode und an der Kathode die gleiche Halbreaktion abläuft. Die Konzentrationen der Ausgangsstoffe sind jedoch in beiden Abteilungen verschieden. Im Gleichgewicht gelten $Q = K$ und $\Delta E = 0$. Somit hängt die Standard-EMK mit der Gleichgewichtskonstante zusammen.

Abschnitt 20.7 Eine **Batterie** ist eine eigenständige elektrochemische Energiequelle, die aus einer oder mehreren galvanischen Zellen besteht. Batterien und Akkumulatoren basieren auf einer Vielzahl von verschiedenen Redoxreaktionen. Wir haben einige gängige Typen diskutiert. Der Blei-Akku, der Nickel-Cadmium-Akku, der Nickel-Metallhydrid-Akku und der Lithiumionenakku sind Beispiele wiederaufladbarer Zellen. Die gewöhnliche alkalische Trockenzelle ist nicht wiederaufladbar. Brennstoffzellen sind galvanische Zellen, die mit Redoxreaktionen funktionieren und eine kontinuierliche Zufuhr der Ausgangsstoffe wie H_2 benötigen, um die Zellenspannung aufrechtzuerhalten.

Abschnitt 20.8 Die Prinzipien der Elektrochemie helfen uns, die **Korrosion** zu verstehen: In einer Korrosionsreaktion, einer unerwünschten Redoxreaktion, wird ein Metall von einem Stoff in seiner Umgebung angegriffen. Die Korrosion von Eisen zu Rost wird durch die Gegenwart von Wasser und Sauerstoff verursacht und läuft in der Gegenwart von Elektrolyten wie Auftausalz beschleunigt ab. Man kann ein Metall vor Korrosion schützen, indem man es mit einem anderen Metall in Kontakt bringt, das leichter oxidiert wird. Diese Methode nennt man **kathodischen Schutz**. Galvanisiertes Eisen ist zum Beispiel mit einer dünnen Zinkschicht überzogen. Da das Zink leichter oxidiert wird als Eisen, dient es in dieser Redoxreaktion als Opferanode.

Abschnitt 20.9 In einer **Elektrolysereaktion** läuft mit Hilfe einer externen Stromquelle in einer Elektrolysezelle eine unfreiwillige elektrochemische Reaktion ab. Man schließt das negative Ende der externen Stromquelle an die Kathode und das positive Ende an die Anode der Zelle an. Der Strom fließt in einer Elektrolysezelle durch ein Medium, das ein geschmolzenes Salz oder eine Elektrolytlösung sein kann. Durch einen Vergleich der Normalpotenziale der möglichen Oxidations- und Reduktionsprozesse kann man in der Regel die Reaktionsprodukte einer Elektrolyse vorherbestimmen. Die Elektroden einer Elektrolysezelle können auch ein aktiver Teil einer Elektrolysereaktion sein. Solche aktiven Elektroden sind in der Galvanotechnik und in metallurgischen Prozessen wichtig.

Man bestimmt die bei einer Elektrolyse gebildete Stoffmenge aus der Zahl der Elektronen, die an der Redoxreaktion beteiligt sind, und aus der elektrischen Ladungsmenge, die durch die Zelle fließt. Die maximale, von einer galvanischen Zelle produzierte elektrische Arbeit ist das Produkt aus der gesamten geflossenen Ladung nF und der EMK (ΔE): $W_{max} = -nF\Delta E$. Die bei einer Elektrolyse verrichtete Arbeit ist durch $W = nF\Delta E_{ext}$ gegeben, wenn ΔE_{ext} die externe angelegte Spannung ist. Die Einheit der Leistung ist das Watt: $1\ W = 1\ J/s$. Die elektrische Arbeit wird oft in Kilowattstunden gemessen.

Veranschaulichung von Konzepten

20.1 Eine Möglichkeit, sich Redoxreaktionen vorzustellen, ist, an die Elektronenübertragungen zu denken, ähnlich wie bei Säure-Base-Reaktionen an die Protonenübertragungen. Begründen Sie diese Aussage (*Abschnitte 20.1* und *20.2*).

20.2 Betrachten Sie die Reaktion in Abbildung 20.3 und beschreiben Sie, was passiert, wenn **(a)** die Lösung Cadmium(II)sulfat enthält und das Metall Zink ist, wenn **(b)** eine Silbernitratlösung und metallisches Kupfer vorliegen (*Abschnitt 20.3*).

20.3 Zeichnen Sie die Abbildung 20.5 nochmals, aber verwenden sie jetzt in der galvanischen Zelle die beiden folgenden Halbreaktionen:

$$Ni^{2+}(aq) + 2\ e^- \rightleftharpoons Ni(s)$$
$$Fe^{2+}(aq) + 2\ e^- \rightleftharpoons Fe(s)$$

Sie sollen herausfinden, welche Reaktionen an der Anode und an der Kathode ablaufen und welchen Wert das Voltmeter unter Standardbedingungen anzeigt. Nehmen Sie an, dass sich KNO_3 in der Salzbrücke befindet (*Abschnitte 20.3* und *20.4*).

20.4 Betrachten Sie die Abbildung 20.14 und geben Sie an, an welchen Stellen des Diagramms **(a)** der am leichtesten oxidierbare und **(b)** der am leichtesten reduzierbare Stoff stehen (*Abschnitt 20.4*).

20.5 Beantworten Sie die folgenden Fragen zur allgemeinen Gleichung $A(aq) + B(aq) \longrightarrow A^-(aq) + B^+(aq)$, wobei $\Delta E°$ eine positive Zahl ist.
(a) Welcher Stoff wird oxidiert und welcher reduziert?
(b) Welche Halbreaktion findet an der Kathode und welche an der Anode statt, wenn diese Gleichung eine galvanische Zelle beschreibt?

(c) Welche Halbreaktion in (b) besitzt die größere potenzielle Energie? (*Abschnitte 20.4* und *20.5*)

20.6 Fertigen Sie eine allgemeine Zeichnung einer Brennstoffzelle an. Worin besteht der Hauptunterschied zwischen einer Brennstoffzelle und einer Batterie, abgesehen von den jeweils ablaufenden Redoxreaktionen? (*Abschnitt 20.7*)

20.7 Wie schützt eine Zinkbeschichtung das Eisen vor unerwünschter Oxidation? (*Abschnitt 20.8*)

20.8 Sie haben vielleicht gehört, dass „Antioxidationsmittel" gesundheitsförderlich sind. Was ist auf der Grundlage der gelernten Begriffe aus diesem Kapitel ein „Antioxidationsmittel"? (*Abschnitte 20.1* und *20.2*)

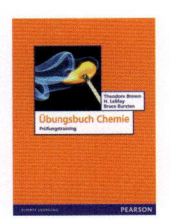

Übungsaufgaben mit ausführlichen Lösungshinweisen

Multiple Choice-Aufgaben
Lösungen zu den Übungsaufgaben im Kapitel

Chemie der Nichtmetalle

21

21.1	**Allgemeine Begriffe: Periodische Tendenzen und chemische Reaktionen**	863
21.2	**Wasserstoff**	867
21.3	**Gruppe 8A: Die Edelgase**	872
21.4	**Gruppe 7A: Die Halogene**	874

Chemie und Leben
    Wie viel Perchlorat ist zu viel? 880

21.5	**Sauerstoff**	881
21.6	**Die übrigen Elemente der Gruppe 6A: S, Se, Te und Po**	886
21.7	**Stickstoff**	891

Chemie und Leben
    Nitroglycerin und Herzkrankheiten 896

21.8	**Die übrigen Elemente der Gruppe 5A: P, As, Sb und Bi**	897

Chemie und Leben
    Arsen im Trinkwasser 902

21.9	**Kohlenstoff**	903
21.10	**Die übrigen Elemente der Gruppe 4A: Si, Ge, Sn und Pb**	908
21.11	**Bor**	913
	Zusammenfassung und Schlüsselbegriffe	915
	Veranschaulichung von Konzepten	916

ÜBERBLICK

21 Chemie der Nichtmetalle

Was uns erwartet

- Wir betrachten zunächst die allgemeinen periodischen Tendenzen und wenden uns dann den allgemeinen Eigenschaften zu, indem wir jede Gruppe des Periodensystems individuell untersuchen (*Abschnitt 21.1*).

- Das erste zu untersuchende Nichtmetall ist Wasserstoff, ein Element, das mit den meisten anderen Nichtmetallen Verbindungen eingeht.

- Als Nächstes behandeln wir die Edelgase, die Elemente der Gruppe 8A (He, Ne, Kr, Ar, Rn), die eine sehr eingeschränkte chemische Aktivität aufweisen (die Fluoride und Oxide von Xe sind am häufigsten vertreten) (*Abschnitte 21.2* und *21.3*).

- Die Halogene – die Gruppe 7A (F, Cl, Br, I und At) – sind die am stärksten elektronegativen Elemente. Sie weisen eine reichhaltige und bedeutende Chemie auf, F und Cl haben außerdem einen hohen kommerziellen Stellenwert (*Abschnitt 21.4*).

- In der Gruppe 6A (O, S, Se, Te und Po) ist Sauerstoff sowohl in der Erdkruste als auch im menschlichen Körper das am häufigsten vorkommende Element. Seine Chemie umfasst Oxid- und Peroxidverbindungen (*Abschnitt 21.5*).

- Schwefel ist neben Sauerstoff das wichtigste Element in dieser Gruppe (*Abschnitt 21.6*).

- In der Gruppe 5A (N, P, As, Sb und Bi) sind Stickstoff und Phosphor die wichtigsten Elemente. Stickstoff bildet wichtige Verbindungen wie NH_3 und HNO_3, in denen seine Oxidationszahl von −3 bis +5 reicht (*Abschnitt 21.7*). Kommerziell ist er eines der wichtigsten Elemente.

- Phosphor spielt eine wichtige Rolle als nützliches Element in biologischen Systemen (*Abschnitt 21.8*).

- Kohlenstoff und Silizium sind die herausragenden und am weitesten verbreiteten Elemente der Gruppe 4A (C, Si, Ge, Sn, Pb), wobei Kohlenstoff an zahlreichen organischen und anorganischen Verbindungen beteiligt ist, und Siliziumoxide die Hauptbestandteile der Erdkruste darstellen (*Abschnitte 21.9* und *21.10*).

- Bor ist das einzige nichtmetallische Element der Gruppe 3A (B, Al, Ga, In, Tl) (*Abschnitt 21.11*).

Stellen Sie sich ein modernes Wohnzimmer vor. Der Raum, einschließlich aller der ganzen vorhandenen Einrichtung, setzt sich aus zahlreichen chemischen Verbindungen zusammen. Die Vielfalt an Materialien, die heute einen modernen Wohnbereich prägen, ist auf Erfindungen der chemischen Industrie zurückzuführen. In diesem und dem folgenden Kapitel werden wir uns mit den Eigenschaften zahlreicher Elemente befassen und dabei untersuchen, welchen Einfluss diese Eigenschaften auf die Reaktivität des Elements ausüben.

Zunächst stellt sich uns die Frage, welche Bedeutung metallischen und nichtmetallischen Elementen zukommt. Am Beispiel des Wohnzimmers stellen wir fest, dass vieles von dem, was wir dort sehen, aus Verbindungen von Nichtmetallen besteht. Die Keramikgegenstände werden größtenteils aus Ton hergestellt, der sich vor allem aus Siliziumoxiden zusammensetzt. Die Teppiche sind mit hoher Wahrscheinlichkeit Polymerfaser-Produkte, im Wesentlichen also nichtmetallisch (siehe Abschnitt 12.2). Die Wandfarbe, die Stuhlpolster, die Fensterscheiben, die Lampenschirme sowie die meisten Möbel – all dies wird weitgehend aus Verbindungen von Nichtmetallen gefertigt. Dennoch haben Metalle eine hohe Bedeutung: für die Herstellung der elektrischen Leitungen in den Wänden, der Stahlträger des Gebäudes und der Wasserinstallationen. Insgesamt sind jedoch die sichtbaren Gegenstände des Wohnzimmers überwiegend nichtmetallischen Ursprungs.

In diesem Kapitel werden wir einen kurzen Überblick über die nichtmetallischen Elemente, ausgehend von Wasserstoff, und dann gruppenweise von rechts nach links durch das Periodensystem, geben. Wir beschreiben, unter welchen Bedingungen die Elemente in der Natur vorkommen, auf welche Weise sie gewonnen und nutzbar gemacht werden können. Mit Wasserstoff, Sauerstoff, Stickstoff und Kohlenstoff werden wir uns eingehender beschäftigen. Diese vier Nichtmetalle sind Bestandteile zahlreicher Verbindungen von hohem kommerziellem Nutzwert und machen 99 % aller Atome aus, die in lebenden Zellen vorkommen. In Kapitel C werden wir uns im Rahmen der organischen Chemie und der Biochemie weiteren Aspekten dieser Elemente zuwenden.

Bonus-Kapitel

Allgemeine Begriffe: Periodische Tendenzen und chemische Reaktionen 21.1

Wie Sie sich erinnern werden, lassen sich Elemente in Metalle, Metalloide und Nichtmetalle unterteilen (siehe Abschnitt 7.6). Mit Ausnahme des Wasserstoffs, der einen Sonderfall darstellt, belegen die Nichtmetalle den oberen rechten Bereich des Periodensystems. Diese Aufteilung der Elemente entspricht weitgehend den Tendenzen ihrer Eigenschaften, wie sie in ▶ Abbildung 21.1 wiedergegeben sind. Die Elektronegativität der Elemente etwa erhöht sich von links nach rechts im Periodensystem und nimmt in jeder Gruppe von oben nach unten hin ab. Dementsprechend weisen die Nichtmetalle eine höhere Elektronegativität auf als die Metalle. Bei Reaktionen zwischen Metallen und Nichtmetallen führt dieser Unterschied zur Bildung von ionischen Feststoffen (siehe Abschnitte 7.6, 8.2 und 8.4). Im Gegensatz dazu sind Verbindungen zwischen Nichtmetallen bei Zimmertemperatur häufig Gase, Flüssigkeiten oder flüchtige Feststoffe (siehe Abschnitte 7.8 und 8.4).

Bei den Nichtmetallen haben wir festgestellt, dass sich das erste Element einer Gruppe wesentlich von den folgenden Elementen unterscheiden kann. Ein Unterschied besteht darin, dass das erste Element einer Gruppe leichter π-Bindungen eingehen kann

21 Chemie der Nichtmetalle

Zunahme der Ionisierungsenergie
Abnahme des Atomradius
Zunahme des Nichtmetallcharakters und der Elektronegativität
Abnahme des Metallcharakters →

Metalle — Nichtmetalle
Halbmetalle

metallisches Element — nichtmetallisches Element

Abnahme der Ionisierungsenergie
Zunahme des Atomradius
Abnahme der Elektronegativität
Zunahme des Metallcharakters

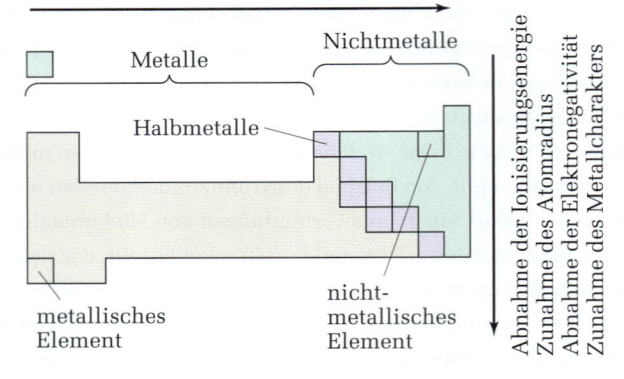

Abbildung 21.1: Tendenzen der Elementeigenschaften. Die Grundeigenschaften der Elemente bestimmen ihre Position im Periodensystem.

als die unteren Elemente derselben Gruppe. Diese Tendenz lässt sich zum Teil auf die Größe des Atoms zurückführen. Kleinere Atome kommen einander näher als große Atome. Dies hat zur Folge, dass die Überlappung der p-Orbitale, die für die Bildung von π-Bindungen verantwortlich ist, beim ersten Element jeder Gruppe am effektivsten ist (▶ Abbildung 21.2). Eine effektivere Überlappung bedeutet stärkere π-Bindungen; diese Regel wird auch durch die Bindungsenthalpien ihrer Mehrfachbindungen widergespiegelt (siehe Abschnitt 8.8). Der Unterschied zwischen den Bindungsenthalpien von C—C- und C=C-Bindungen beträgt etwa 270 kJ/mol (siehe Tabelle 8.4); dieser Wert drückt die „Stärke" einer Kohlenstoff–Kohlenstoff-Bindung aus. Im Vergleich dazu hat eine Silizium–Silizium-π-Bindung nur den Wert von 100 kJ/mol und weist damit eine deutlich geringere Stärke auf. Damit wird deutlich, dass π-Bindungen insbesondere in der Chemie des Kohlenstoffs, des Stickstoffs und des Sauerstoffs ein wichtige Rolle spielen; diese Elemente bilden häufig Doppelbindungen aus. Die Elemente der Perioden 3, 4, 5 und 6 des Periodensystems tendieren hingegen zu Einfachbindungen.

Die Fähigkeit der Elemente aus der zweiten Periode, π-Bindungen zu erzeugen, ist ein wichtiger Faktor bei der Bestimmung ihrer Strukturen. Als Beispiel stellen wir einen Vergleich zwischen den elementaren Formen Kohlenstoff und Silizium an. Kohlenstoff besitzt vier kristalline Allotrope: Diamant, Graphit, Buckminsterfullerene sowie Kohlenstoff-Nanoröhrchen (siehe Abschnitt 11.8). Diamant weist als Feststoff

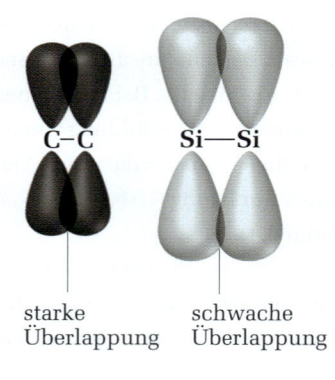

C–C starke Überlappung
Si—Si schwache Überlappung

Abbildung 21.2: π-Bindungen in Elementen der zweiten und dritten Periode: Vergleich der Bildung der π-Bindungen durch die seitliche Überlappung der p-Orbitale von zwei Kohlenstoff-Atomen mit der von zwei Silizium-Atomen. Die Entfernung zwischen zwei Atomkernen vergrößert sich von Kohlenstoff zu Silizium. Die Überlappung der p-Orbitale ist aufgrund der größeren Entfernung weniger effizient.

mit kovalentem Netzwerk C—C-σ-Bindungen auf, jedoch keine π-Bindungen. Die π-Bindungen von Graphit, Buckminsterfulleren und Kohlenstoff-Nanoröhrchen sind auf die Überlappungen der p-Orbitale entsprechend einer π-Bindung zurückzuführen. Wie Diamant existiert elementares Silizium nur als Feststoff mit kovalentem Netzwerk mit σ-Bindungen; die Form von Silizium ähnelt nicht den Formen von Graphit, Buckminsterfulleren oder Kohlenstoff-Nanoröhrchen – offenbar aufgrund der schwächeren Si—Si-π-Bindungen.

Auch lassen sich erhebliche Unterschiede zwischen den Dioxiden von Kohlenstoff und Silizium feststellen (▶ Abbildung 21.3). CO_2 ist ein Molekül mit C=O-Doppelbindungen, während SiO_2 keine Doppelbindungen enthält. SiO_2 ist ein Feststoff mit kovalentem Netzwerk, in dem mit jedem Siliziumatom jeweils vier Sauerstoffatome über Einfachbindungen verbunden sind und auf diese Weise eine erweiterte Struktur mit der empirischen Formel SiO_2 gebildet wird.

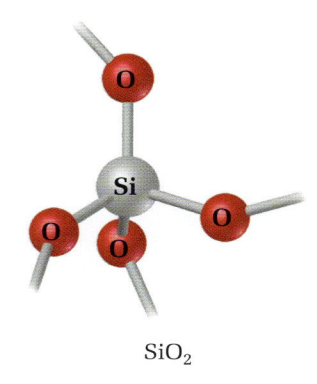

Abbildung 21.3: Vergleich zwischen SiO_2 und CO_2. SiO_2 besitzt nur Einfachbindungen, während CO_2 über Doppelbindungen verfügt.

ÜBUNGSBEISPIEL 21.1 — Bestimmung von Elementeigenschaften

Betrachten Sie die Elemente Li, K, N, P und Ne. Wählen Sie von dieser Liste das Element aus, das **(a)** am stärksten elektronegativ ist, **(b)** den ausgeprägtesten Metallcharakter hat, **(c)** mehr als vier benachbarte Atome in einem Molekül binden kann und **(d)** am leichtesten π-Bindungen herstellen kann.

Lösung

Analyse: Für mehrere Elemente sollen einige Eigenschaften vorausbestimmt werden, die sich periodischen Tendenzen zuordnen lassen.

Vorgehen: Bei der Lösung der Aufgabenstellung legen wir die vorangegangene Erörterung zugrunde, insbesondere die Zusammenfassung in Abbildung 21.1. Zunächst suchen wir jedes der Elemente im Periodensystem.

Lösung:
(a) Die Elektronegativität nimmt zu, je mehr wir uns dem oberen rechten Bereich des Periodensystems nähern, dies gilt jedoch nicht für Edelgase. Demnach ist Stickstoff (N) das elektronegativste der genannten Elemente. **(b)** Der Metallcharakter steht in umgekehrtem Verhältnis zur Elektronegativität. Je schwächer ein Element elektronegativ ist, desto ausgeprägter ist sein Metallcharakter. Folglich weist Kalium (K) – also das Element, das näher an der unteren linken Ecke des Periodensystems angeordnet ist – den ausgeprägtesten Metallcharakter auf. **(c)** Da Nichtmetalle zur Bildung von Molekülverbindungen neigen, lässt sich die Auswahl auf die drei Nichtmetalle der Liste eingrenzen: N, P und Ne. Um mehr als vier Bindungen herzustellen muss ein Element fähig sein, seine Valenzschale zu erweitern, damit mehr als ein Elektronenoktett aufgenommen werden kann. Die scheinbare Valenzschalenexpansion tritt bei Elementen in der dritten Periode des Periodensystems und darunter auf. Damit scheiden Stickstoff und Neon aus, die beide in der zweiten Periode angeordnet sind. Die Antwort lautet folgerichtig: Phosphor (P). **(d)** Nichtmetalle in der zweiten Periode bilden π-Bindungen leichter als Elemente von der dritten Periode abwärts. Es sind keine Verbindungen bekannt, die kovalente Bindungen mit dem Edelgas Ne enthielten. Dementsprechend bildet das andere Element aus der zweiten Periode π-Bindungen leichter als alle anderen genannten Elemente.

ÜBUNGSAUFGABE

Betrachten Sie die Elemente Be, C, Cl, Sb und Cs. Nennen Sie jeweils das Element mit **(a)** der schwächsten Elektronegativität, **(b)** mit dem geringsten Metallcharakter, **(c)** das am häufigsten an π-Bindungen beteiligt ist sowie **(d)** das Element, das am ehesten als Metalloid bezeichnet werden kann.

Antwort: **(a)** Cs, **(b)** Cl, **(c)** C, **(d)** Sb.

> **DENKEN SIE EINMAL NACH**
>
> Das Element Stickstoff tritt in der Natur als $N_2(g)$ auf. Würden Sie annehmen, dass Phosphor in der Natur als $P_2(g)$ vorkommt? Begründen Sie Ihre Antwort.

Chemische Reaktionen

In diesem und in den folgenden Kapiteln werden wir eine Vielzahl von chemischen Reaktionen vorstellen. Dabei ist es hilfreich, grundlegende Tendenzen in den Reaktionsmustern auszumachen. Bis hierher haben wir bereits eine Reihe von allgemeinen Reaktionstypen definiert: Verbrennungsreaktionen (siehe Abschnitt 3.2), Metathesereaktionen (siehe Abschnitt 4.2), Säure-Base-Reaktionen nach Brønsted–Lowry (Protonenübertragung, Abschnitt 16.2), Säure-Base-Reaktionen nach Lewis (siehe Abschnitt 16.11) sowie Redoxreaktionen (siehe Abschnitt 20.1). Da O_2 und H_2O in unserer Umwelt reichlich vorhanden sind, kommt Reaktionen dieser Stoffe mit anderen Verbindungen eine besondere Bedeutung zu. An etwa einem Drittel der in diesem Kapitel vorgestellten Reaktionen ist entweder O_2 (Oxidations- oder Verbrennungsreaktionen) oder H_2O (insbesondere Protonenübertragungsreaktionen) beteiligt.

Wasserstoffverbindungen produzieren H_2O bei Verbrennungsreaktionen mit O_2. Kohlenstoffverbindungen erzeugen CO_2 (sofern die O_2-Menge ausreichend ist, andernfalls wird CO oder sogar C produziert). Stickstoffverbindungen tendieren zur Bildung von N_2, in bestimmten Fällen kann jedoch auch NO erzeugt werden. In den folgenden Beispielen werden diese Grundregeln verdeutlicht:

$$2\ CH_3OH(l) + 3\ O_2(g) \longrightarrow 2\ CO_2(g) + 4\ H_2O(g) \quad (21.1)$$

$$4\ CH_3NH_2(g) + 9\ O_2(g) \longrightarrow 4\ CO_2(g) + 10\ H_2O(g) + 2\ N_2(g) \quad (21.2)$$

Die Bildung von H_2O, CO_2 und N_2 ist auf die hohe thermodynamische Stabilität dieser Stoffe zurückzuführen, wie an den hohen Bindungsenergien der O—H-, C═O- und N≡N-Bindungen ersichtlich wird, die sie enthalten (463, 799 bzw. 941 kJ/mol) (siehe Abschnitt 8.8).

Im Zusammenhang mit Protonenübertragungsreaktionen vergegenwärtigen Sie sich die Regel: Je schwächer die Brønsted–Lowry-Säure ist, desto stärker ist die konjugierende Base (siehe Abschnitt 16.2). Beispielsweise sind H_2, OH^-, NH_3 und CH_4 außerordentlich schwache Protonendonoren, die keine Tendenz zeigen, sich wie Säure in Wasser zu verhalten. Demnach sind Spezies, die von diesen Stoffen durch die Entfernung eines oder mehrerer Protonen (etwa H^-, O^{2-} oder NH_2^-) gebildet werden, ausgesprochen starke Basen. Sie alle reagieren leicht mit Wasser, wobei aus H_2O durch die Entfernung von Protonen OH^- gebildet wird. Dies wird bei folgenden Reaktionen deutlich:

$$CH_3^-(aq) + H_2O(l) \longrightarrow CH_4(g) + OH^-(aq) \quad (21.3)$$

$$N^{3-}(aq) + 3\ H_2O(l) \longrightarrow NH_3(aq) + 3\ OH^-(aq) \quad (21.4)$$

Stärkere Protonendonoren als H_2O, etwa HCl, H_2SO_4, $C_2H_4O_2$ und andere Säuren, reagieren ebenfalls leicht auf basische Anionen.

ÜBUNGSBEISPIEL 21.2   **Vorhersage der Produkte chemischer Reaktionen**

Sagen Sie die Produkte der folgenden Reaktionen voraus und erstellen Sie eine entsprechende ausgeglichene Gleichung:

(a) $CH_3NHNH_2(g) + O_2(g) \longrightarrow$
(b) $Mg_3P_2(s) + H_2O(l) \longrightarrow$
(c) $NaCN(s) + HCl(aq) \longrightarrow$

Lösung

Analyse: Ausgehend von den Reaktanten dreier chemischer Gleichungen sollen die Produkte vorhergesagt und eine Reaktionsgleichung erstellt werden.

Vorgehen: Zunächst werden die Reaktanten untersucht um festzustellen, ob der Reaktionstyp erkennbar ist. In **(a)** reagiert die Kohlenstoffverbindung mit O_2, dieser Umstand lässt auf eine Verbrennungsreaktion schließen. In **(b)** reagiert Wasser mit einer Ionenverbindung. Das Anion P^{3-} ist eine starke Base, und H_2O kann sich wie Säure verhalten. Hier deuten die Reaktanten auf eine Säure-Base-Reaktion (Protonentransfer) hin. In **(c)** haben wir es mit einer starken Ionenverbindung sowie einer starken Säure zu tun. Auch hier ist eine Protonentransfer-Reaktion zu vermuten.

Lösung:
(a) Aufgrund der elementaren Zusammensetzung der Kohlenstoffverbindung führt die Verbrennungsreaktion vermutlich zu CO_2, H_2O und N_2.

$$2\ CH_3NHNH_2(g) + 5\ O_2(g) \longrightarrow 2\ CO_2(g) + 6\ H_2O(g) + 2\ N_2(g)$$

(b) Mg_3P_2 ist ionisch und besteht aus Mg^{2+}- und P^{3-}-Ionen. Das P^{3-}-Ion weist wie N^{3-} eine starke Neigung zu Protonen auf und erzeugt in Reaktionen mit Wasser (H_2O) OH^- und PH_3 (PH^{2-}, PH_2^- und PH_3 sind ausgesprochen schwache Protonendonoren).

$$Mg_3P_2(s) + 6\ H_2O(l) \longrightarrow 2\ PH_3(g) + 3\ Mg(OH)_2(s)$$

$Mg(OH)_2$ ist schwach wasserlöslich und wird präzipitieren.

(c) $NaCN$ besteht aus Na^+- und CN^--Ionen. Das CN^--Ion ist basisch (HCN ist eine schwache Säure). Demnach reagiert CN^- mit Protonen, um seine konjugierte Säure zu bilden.

$$NaCN(s) + HCl(aq) \longrightarrow HCN(aq) + NaCl(aq)$$

HCN ist mäßig wasserlöslich und im gasförmigen Zustand flüchtig. Darüber hinaus ist HCN *extrem* toxisch – diese Reaktion wurde zur Herstellung des tödlichen Gases für Gaskammern eingesetzt.

ÜBUNGSAUFGABE

Erstellen Sie eine ausgeglichene Reaktionsgleichung für die Reaktion von festem Natriumhydrid mit Wasser.

Antwort: $NaH(s) + H_2O(l) \longrightarrow NaOH(aq) + H_2(g)$.

Wasserstoff 21.2

Dem englischen Chemiker Henry Cavendish (1731–1810) gelang als erstem die Isolierung von reinem Wasserstoff. Auf Grund der Tatsache, dass das Element bei der Verbrennung in Sauerstoff Wasser produziert, gab ihm der französische Chemiker Lavoisier den Namen *Hydrogen*, wörtlich übersetzt: „Wasserproduzent" (aus dem Griechischen *hydro* (Wasser) und *gennao* (produzieren).

Hydrogen, also Wasserstoff, ist das am meisten vorhandene Element des Universums. Die Sonne und andere Sternen nutzen Wasserstoff als nuklearen Brennstoff zur Erzeugung von Energie (siehe Abschnitt 21.8). Obwohl etwa 70 % des Universums aus Wasserstoff besteht, beträgt sein Anteil an der Erdmasse nur 0,87 %. Der Großteil des Wasserstoffs unseres Planeten besteht in Verbindungen mit Sauerstoff. Wasser, dessen Masse zu 11 % aus Wasserstoff besteht, stellt die am häufigsten vertretene Wasserstoffverbindung dar. Wasserstoff macht außerdem einen bedeutenden Teil von Petroleum, Zellulose, Stärke, Fetten, Alkoholen, Säuren und einer Vielzahl anderer Materialien aus.

Die Isotope des Wasserstoffs

Das häufigste Isotop von Wasserstoff, ^1_1H, hat einen Kern, der aus einem einzigen Proton besteht. Dieses Isotop, das auch als **Protium*** bezeichnet wird, macht 99,9844 % des gesamten in der Natur vorhandenen Wasserstoffs aus.

---

* Eigene Namen für die verschiedenen Isotope sind nur dem Wasserstoff vorbehalten. Wegen ihrer verhältnismäßig großen Massenunterschiede zeigen die Wasserstoffisotope merklich größere Unterschiede in ihren chemischen und physikalischen Eigenschaften als die Isotope anderer Elemente.

(a) Protium

(b) Deuterium

(c) Tritium

Abbildung 21.4: Atomkerne der drei Wasserstoff-Isotope. (a) Protium, ^1_1H, hat ein einfaches Proton (dargestellt als rote Kugel) in seinem Kern. (b) Deuterium, ^2_1H, hat ein Proton und ein Neutron (dargestellt als graue Kugel). (c) Tritium, ^3_1H, hat ein Proton und zwei Neutronen. Vergegenwärtigen Sie sich, dass die Atomkerne sehr klein sind (siehe Abschnitt 2.3)!

Zwei weitere Isotope sind bekannt: ^2_1H, dessen Kern ein Proton und ein Neutron enthält, sowie ^3_1H, dessen Kern ein Proton und zwei Neutronen enthält (▶ Abbildung 21.4). Dieses ^2_1H-Isotop, das als **Deuterium** bezeichnet wird, entspricht 0,0156 % des gesamten in der Natur vorhandenen Wasserstoffs. Es ist nicht radioaktiv. In chemischen Formeln erhält Deuterium häufig das Symbol D, wie etwa in D$_2$O (Deuteriumoxyd), auch unter dem Begriff *schweres Wasser* bekannt.

Da ein Deuteriumatom ungefähr zweimal so schwer ist wie ein einzelnes Protiumatom, unterscheiden sich Deuterium-Verbindungen von den „normalen", Protium enthaltenden Pendants. So beträgt die normale Schmelz- und Siedetemperatur von D$_2$O 3,81 °C bzw. 101,42 °C, während die entsprechenden Werte für H$_2$O 0,00 °C und 100,00 °C betragen. Ebenso ist die Dichte von D$_2$O bei 25 °C (1,104 g/ml) größer als die von H$_2$O (0,997 g/ml). Der Ersatz von Protium durch Deuterium (*Deuterierung*) kann sich deutlich auf die Reaktionen auswirken. Dieses Phänomen ist unter dem Begriff *kinetischer Isotopeneffekt* bekannt. Tatsächlich lässt sich schweres Wasser durch die Elektrolyse von gewöhnlichem Wasser herstellen, da die Elektrolyse von D$_2$O langsamer verläuft und man D$_2$O auf diese Weise anreichern kann.

Das dritte Isotop, ^3_1H, ist als **Tritium** bekannt. Es ist radioaktiv und hat eine Halbwertszeit von 12,3 Jahren.

$$^3_1H \longrightarrow \, ^3_2He + \, ^{\,\,0}_{-1}e^- \qquad t_{1/2} = 12,3 \text{ Jahre} \qquad (21.5)$$

Tritium entsteht kontinuierlich in der oberen Atmosphäre als Produkt von Kernreaktionen, die durch kosmische Strahlung ausgelöst werden. Aufgrund seiner kurzen Halbwertszeit sind nur geringe Mengen von Tritium in der Natur vorhanden. Die Isotope lassen sich in Kernreaktoren durch Neutronenbeschuss von Lithium künstlich herstellen.

$$^6_3Li + \, ^1_0n \longrightarrow \, ^3_1H + \, ^4_2He \qquad (21.6)$$

Deuterium und Tritium haben sich beim Studium der Reaktivität von Wasserstoffverbindungen als nützlich erwiesen. Eine Verbindung kann durch den Austausch eines oder mehrerer Protiumatome an bestimmten Positionen innerhalb eines Moleküls durch Deuterium oder Tritium markiert werden. Durch Vergleich der Position der Markierung im Reaktanten und im Produkt kann ein Reaktionsmechanismus vorgeschlagen werden. Durch das Hinzufügen von Methylalkohol (CH$_3$OH) in D$_2$O erfolgt beispielsweise ein schneller Austausch zwischen dem H-Atom der O—H-Bindung und den D-Atomen in D$_2$O, der zur Bildung von CH$_3$OD führt. Die H-Atome der CH$_3$-Gruppe vollziehen diesen Austausch hingegen nicht. Das Experiment demonstriert die kinetische Stabilität der C—H-Bindungen und verdeutlicht die Geschwindigkeit, mit der die O—H-Bindung im Molekül gebrochen und neu gebildet wird.

Eigenschaften des Wasserstoffs

Wasserstoff ist das einzige Element, das keiner anderen Gruppe des Periodensystems angehört. Aufgrund seiner $1s^1$-Elektronenkonfiguration wird Wasserstoff im Periodensystem für gewöhnlich oberhalb von Lithium geführt. Dennoch handelt es sich bei Wasserstoff *keinesfalls* um ein Alkalimetall. Das Element bildet ein positives Ion weniger leicht als jedes Alkalimetall; die Ionisierungsenergie des Wasserstoffatoms beträgt 1312 kJ/mol, die des Lithiumatoms nur 520 kJ/mol.

Wasserstoff ist im Periodensystem manchmal oberhalb der Halogene angeordnet, da das Wasserstoff-Atom in der Lage ist, ein Elektron aufzunehmen, um ein *Hydrid-Ion* H$^-$ zu bilden, dessen Elektronenkonfiguration mit der von Helium übereinstimmt.

Die Elektronenaffinität von Wasserstoff ($E = -73$ kJ/mol) ist jedoch geringer als die aller übrigen Halogene: Fluor weist eine Elektronenaffinität von -328 kJ/mol auf, Iod von -295 kJ/mol (siehe Abschnitt 7.5). Grundsätzlich ist Wasserstoff den Halogenen nicht ähnlicher als den Alkalimetallen: ist also weder ein Alkalimetall noch ein Halogen!

Elementarer Wasserstoff liegt bei Zimmertemperatur als farbloses, geruchloses und geschmacksneutrales Gas vor, das sich aus diatomaren Molekülen zusammensetzt. Wir können H_2 als Dihydrogen bezeichnen, geläufiger sind aber „molekularer Wasserstoff" oder nur „Wasserstoff". Da H_2 unpolar ist und lediglich zwei Elektronen besitzt, sind die Anziehungskräfte zwischen den Molekülen ausgesprochen schwach. Dementsprechend sind der Schmelzpunkt ($-259\,°C$) und der Siedepunkt ($-253\,°C$) von H_2 sehr niedrig.

Für eine Einfachbindung ist die H—H-Bindungsenthalpie (436 kJ/mol) hoch (siehe Tabelle 8.4). Zum Vergleich: Die Cl—Cl-Bindungsenthalpie beträgt nur 242 kJ/mol. Da H_2 eine starke Bindung besitzt, verlaufen die meisten Reaktionen bei Zimmertemperatur eher langsam. Das Molekül lässt sich jedoch leicht durch Wärmezufuhr, Bestrahlung oder Katalysation aktivieren. Beim Aktivierungsprozess kommt es im Allgemeinen zur Bildung von Wasserstoff-Atomen, die besonders reaktiv sind. Sobald H_2 aktiviert ist, reagiert er schnell und exotherm mit einer Vielzahl von Stoffen.

Wasserstoff bildet starke kovalente Bindungen mit zahlreichen Elementen, einschließlich Sauerstoff; die O—H-Bindungsenthalpie beträgt 463 kJ/mol. Aufgrund der starken O—H-Bindung ist Wasserstoff ein effizientes Reduktionsmittel für viele Metalloxide. Wenn H_2 etwa mit erhitztem CuO in Kontakt kommt, wird Kupfer produziert.

$$CuO(s) + H_2(g) \longrightarrow Cu(s) + H_2O(g) \qquad (21.7)$$

Die Entzündung von H_2 in Luft löst eine heftige Reaktion aus, bei der H_2O erzeugt wird.

$$2\,H_2(g) + O_2(g) \longrightarrow 2\,H_2O(g) \qquad \Delta H° = -483{,}6\text{ kJ} \qquad (21.8)$$

Luft mit einem H_2-Gehalt von nur 4 % (bezogen auf das Volumen) ist bereits potenziell explosiv. Flüssigbrennstoff-Raketenantriebe basieren häufig auf der Verbrennung von Wasserstoff-Sauerstoff-Gemischen – so auch die des Space Shuttles. Wasserstoff und Sauerstoff werden bei niedrigen Temperaturen in flüssiger Form gespeichert. Die Zerstörung des Space Shuttles *Challenger* im Jahr 1986 wurde durch den Defekt einer Feststoffrakete verursacht, der die Wasserstoff- und Sauerstofftanks zur Explosion brachte.

Herstellung von Wasserstoff

Wird in einem Labor eine kleine Menge H_2 benötigt, wird diese in der Regel durch die Reaktion eines unedlen Metalls, beispielsweise Zink, mit einer verdünnten starken Säure wie HCl oder H_2SO_4 gewonnen.

$$Zn(s) + 2\,H^+(aq) \longrightarrow Zn^{2+}(aq) + H_2(g) \qquad (21.9)$$

Große Mengen von H_2 werden durch die Reaktion von Methan (CH_4, Hauptkomponente von Erdgas) mit Wasserdampf bei $1100\,°C$ produziert. Dieser Prozess lässt sich durch folgende Reaktionen darstellen:

$$CH_4(g) + H_2O(g) \longrightarrow CO(g) + 3\,H_2(g) \qquad (21.10)$$
$$CO(g) + H_2O(g) \longrightarrow CO_2(g) + H_2(g) \qquad (21.11)$$

Chemie der Nichtmetalle

Näher hingeschaut ■ Die Wasserstofftechnologie

Die Reaktion des Wasserstoffs mit Sauerstoff ist stark exotherm:

$$2\,H_2(g) + O_2(g) \longrightarrow 2\,H_2O(g) \quad \Delta H = -483{,}6\,kJ \quad (21.15)$$

Da als einziges Produkt dieser Reaktion Wasserdampf erzeugt wird, ist die Aussicht auf eine Nutzung des Wasserstoffs in Brennstoffzellen zum Antrieb von Autos ausgesprochen attraktiv (siehe Abschnitt 20.7). Als Alternative zur Brennstoffzelle könnte Wasserstoff zusammen mit atmosphärischem Sauerstoff in einem Verbrennungsmotor verbrannt werden. In beiden Fällen müsste die Herstellung von elementarem Wasserstoff sowie dessen Transport und Lagerung in großem Maßstab ermöglicht werden. Die Vorteile der so genannten Wasserstofftechnologie sind jedoch im Licht der potenziellen Schwierigkeiten und Kosten zu betrachten. Die Erzeugung von Wasserstoff mithilfe fossiler Brennstoffe ist technisch möglich, stellt die Ingenieure aber vor Schwierigkeiten beim Transport und bei der Handhabung des Wasserstoffs, eines gefährlichen, brennbaren Stoffes.

Die Wasserelektrolyse, die außer Wasserstoff nur Sauerstoff produziert, stellt grundsätzlich die sauberste Methode zur Herstellung von H_2 dar (Abbildung 1.7 und Abschnitt 20.9). Darüber hinaus erlaubt die Elektrolyse eine lokale Wasserstoffherstellung und löst somit die Transportproblematik. Die erforderliche Energie für das Elektrolyseverfahren muss jedoch auf irgendeine Weise erzeugt werden. Müssen fossile Brennstoffe zur Erzeugung von Wasserstoff verbrannt werden, hält sich der erzielte Fortschritt in Richtung einer reinen Wasserstofftechnologie in Grenzen. Wenn der Strom für die Elektrolyse stattdessen durch Wasserkraft, Kernenergie, Solarzellen oder Windgeneratoren erzeugt wird (▶ Abbildung 21.5), lässt sich der Verbrauch von nicht erneuerbaren Energieressourcen sowie die unerwünschte Produktion von CO_2 vermeiden.

Abbildung 21.5: Windenergie. Windgeneratoren gelten als eine der Alternativen zur Stromgewinnung.

Bei Erreichen einer Temperatur von etwa 1000 °C reagiert auch Kohlenstoff mit Wasserdampf und erzeugt eine Mischung von H_2- und CO-Gas.

$$C(s) + H_2O(g) \longrightarrow H_2(g) + CO(g) \quad (21.12)$$

Diese Mischung, die unter der Bezeichnung *Wassergas* bekannt ist, findet in der Industrie als Brennstoff Verwendung.

Aufgrund ihres hohen Energieverbrauchs ist die einfache Wasserelektrolyse zu teuer für die kommerzielle Produktion von H_2. Bei der Elektrolyse von Kochsalzlösungen während des Herstellungsprozesses von Cl_2 und NaOH wird H_2 jedoch als Nebenprodukt hergestellt:

$$2\,NaCl(aq) + 2\,H_2O(l) \xrightarrow{\text{Elektrolyse}} H_2(g) + Cl_2(g) + 2\,NaOH(aq) \quad (21.13)$$

Verwendung des Wasserstoffs

Wasserstoff hat einen hohen kommerziellen Stellenwert: Pro Jahr werden etwa 2×10^8 kg Wasserstoff in den USA produziert. Mehr als zwei Drittel dieser Menge werden im Haber-Bosch-Verfahren zur technischen Herstellung von Ammoniak eingesetzt (siehe Abschnitt 15.2). Wasserstoff wird ebenfalls zur Produktion von Methanol (CH_3OH) verwendet, bei der eine katalytische Reaktion von CO und H_2 unter Bedingungen hohen Drucks und hoher Temperaturen ausgelöst wird.

$$CO(g) + 2\,H_2(g) \longrightarrow CH_3OH(g) \quad (21.14)$$

Binäre Wasserstoffverbindungen

Bei der Reaktion von Wasserstoff mit anderen Elementen werden drei verschiedene Arten von Verbindungen gebildet: (1) salzartige Hydride, (2) metallische Hydride und (3) molekulare Hydride.

Salzartige Hydride werden durch Alkalimetalle erzeugt sowie durch die schwereren Erdalkalimetalle (Ca, Sr und Ba). Diese unedlen Metalle sind deutlich schwächer elektronegativ als Wasserstoff. Der Wasserstoff erhält somit Elektronen von den Metallen und bildet auf diese Weise Hydrid-Ionen (H^-):

$$2\,Li(s) + H_2(g) \longrightarrow 2\,LiH(s) \qquad (21.16)$$
$$Ca(s) + H_2(g) \longrightarrow CaH_2(s) \qquad (21.17)$$

Die salzartigen Hydride haben einen hohen Schmelzpunkt (LiH schmilzt bei 680 °C).

Das Hydrid-Ion ist stark basisch, reagiert leicht mit Verbindungen die mindestens schwach saure Protonen besitzen und bildet dabei H_2. H^- beispielsweise reagiert leicht mit H_2O.

$$H^-(aq) + H_2O(l) \longrightarrow H_2(g) + OH^-(aq) \qquad (21.18)$$

Salzartige Hydride lassen sich somit als nützliche Quelle von H_2 verwenden. Calciumhydrid (CaH_2) ist im Handel erhältlich und wird zum Aufblasen von Rettungsbooten, Wetterballons und ähnlichen Systemen eingesetzt. Die Reaktion von CaH_2 mit H_2O ist in ▶Abbildung 21.6 dargestellt.

Die Reaktion zwischen H^- und H_2O (▶Gleichung 21.18) ist nicht allein eine Säure-Base-Reaktion sondern auch eine Redoxreaktion. Das H^--Ion eignet sich sowohl als Base *als auch* als Reduktionsmittel. Tatsächlich sind Hydride dazu in der Lage, O_2 zu OH^- zu reduzieren.

$$2\,NaH(s) + O_2(g) \longrightarrow 2\,NaOH(s) \qquad (21.19)$$

Aus diesem Grund werden Hydride für gewöhnlich in Umgebungen gelagert, die frei von Feuchtigkeit und Sauerstoff sind.

Metallische Hydride werden gebildet, wenn Wasserstoff mit Übergangsmetallen reagiert. Diese Verbindungen werden so bezeichnet, weil sie ihre metalltypische Leitfähigkeit und andere Metalleigenschaften beibehalten. In vielen metallischen Hydriden ist das Verhältnis von Metall- und Wasserstoff-Atomen nicht stöchiometrisch.

Bildung von Wasser

Abbildung 21.6: Die Reaktion von CaH_2 mit Wasser. (a) Wasser wird mit pulverisiertem CaH_2 versetzt. (b) Die Reaktion ist stark und exotherm. Die rotviolette Farbe wird durch das hinzugefügte Phenolphthalein verursacht, das die Bildung von OH^--Ionen anzeigt. Die Blasen deuten auf die Bildung von H_2-Gas hin.

(a) (b)

4A	5A	6A	7A
$CH_4(g)$ −50,8	$NH_3(g)$ −16,7	$H_2O(l)$ −237	$HF(g)$ −271
$SiH_4(g)$ +56,9	$PH_3(g)$ +18,2	$H_2S(g)$ −33,0	$HCl(g)$ −95,3
$GeH_4(g)$ +117	$AsH_3(g)$ +111	$H_2Se(g)$ +71	$HBr(g)$ −53,2
	$SbH_3(g)$ +187	$H_2Te(g)$ +138	$HI(g)$ +1,30

Abbildung 21.7: Freie Bildungsenthalpien von molekularen Hydriden. Alle Werte sind in Kilojoules pro mol Hydrid angegeben.

> **? DENKEN SIE EINMAL NACH**
>
> Wäre viel $H_2Se(g)$ vorhanden, wenn die Reaktion $H_2(g) + Se(s) \rightleftharpoons H_2Se(g)$ im chemischen Gleichgewicht von $H_2(g)$ und bei einem Druck von 1 atm stattfinden würde?

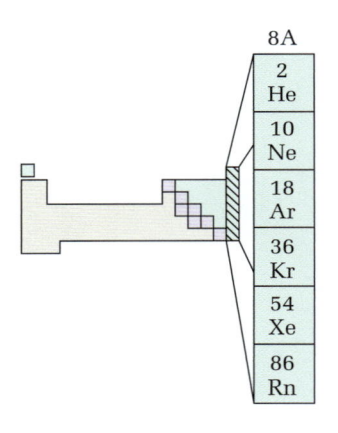

Dabei kann die Zusammensetzung je nach den Bedingungen der Synthese innerhalb eines bestimmten Bereichs variieren. So lässt sich TiH_2 zwar herstellen, das Herstellungsverfahren ergibt jedoch in der Regel $TiH_{1,8}$, das etwa 10 % weniger Wasserstoff enthält als TiH_2. Solche nichtstöchiometrischen metallischen Hydride werden gelegentlich auch als *interstitielle Hydride* bezeichnet. Sie lassen sich auch als gelöste Wasserstoff-Atome im Metall betrachten, wobei die Wasserstoff-Atome die Zwischenräume zwischen den Metall-Atomen im Feststoffgitter belegen. Allerdings handelt es sich hierbei um ein stark vereinfachendes Bild, da offensichtlich eine chemische Wechselwirkung zwischen Metall und Wasserstoff stattfindet.

Molekulare Hydride, die durch Nichtmetalle und Halbmetalle gebildet werden, sind unter normalen Bedingungen entweder Gase oder Flüssigkeiten. Die einfachen molekularen Hydride sind zusammen mit den jeweiligen freien Bildungsenthalpien, ΔG_f°, in ▶ Abbildung 21.7 aufgeführt. In jeder der Gruppen nimmt die thermische Stabilität (gemessen durch ΔG_f°) mit jeder Tabellenzeile nach unten ab. Rufen Sie sich folgende Regel in Erinnerung: Je stabiler eine Verbindung unter normalen Bedingungen im Hinblick auf deren Elemente ist, desto negativer ist ΔG_f°. Auf molekulare Hydride kommen wir im Rahmen der Untersuchung anderer nichtmetallischer Elemente wieder zurück.

21.3 Gruppe 8A: Die Edelgase

Die Elemente der Gruppe 8A sind chemisch wenig reaktiv. Tatsächlich haben wir uns mit diesen Elementen fast immer im Zusammenhang mit deren physikalischen Eigenschaften befasst, so zum Beispiel bei der Behandlung der intermolekularen Kräfte (siehe Abschnitt 11.2). Die relative Inertheit dieser Elemente lässt sich auf ein vollständiges Oktett von Valenzelektronen zurückführen [ausgenommen He, das ein vollständig besetztes 1s-Orbital besitzt ($1s^2$)]. Die Stabilität einer solchen Anordnung wird durch die hohen Ionisierungsenergien der Elemente der Gruppe 8A widergespiegelt (siehe Abschnitt 7.4).

Alle Elemente der Gruppe 8A sind bei Zimmertemperatur gasförmig. Es handelt sich um Komponenten der Erdatmosphäre – ausgenommen Radon, das lediglich als kurzlebiges radioaktives Element existiert. Nur Argon kommt relativ häufig vor. (Tabelle 18.1). Neon, Argon, Krypton und Xenon lassen sich durch Destillation aus flüssiger Luft gewinnen. Argon findet in Glühbirnen zum Schutz des Drahtes Verwendung. Das Gas entzieht dem Glühdraht Wärme, ohne mit ihm zu reagieren. Es wird auch bei Schweißarbeiten zum Schutz vor Oxidation eingesetzt sowie in bestimmten metallurgischen Verfahren, die bei hohen Temperaturen ablaufen. Neon wird in Leuchtstoffröhren verwendet. Dabei bringt eine elektrische Entladung im Glasrohr das Gas zum Leuchten (siehe Abschnitt 6.3).

Helium ist in vielerlei Hinsicht das wichtigste der Edelgase. Flüssiges Helium dient als Kühlmittel bei Experimenten, die sehr niedrige Temperaturen erfordern. Bei einem Druck von 1 atm siedet Helium bereits bei 4,2 K und ist damit der Stoff mit dem niedrigsten Siedepunkt überhaupt. Erfreulicherweise ist Helium in vielen Erdgasvorkommen in relativ hohen Konzentrationen vorhanden. Ein Teil des Heliums wird für den gegenwärtigen Bedarf genutzt, ein anderer Teil wird für zukünftige Anwendungen gespeichert.

Die Bestandteile der Edelgase

Edelgase sind ausgesprochen stabil und reagieren nur unter außergewöhnlichen Bedingungen. Weiterhin lässt sich vermuten, dass schwerere Edelgase aufgrund ihrer niedrigeren Ionisierungsenergien am ehesten dazu neigen, Verbindungen zu bilden (Abbildung 7.10). Eine niedrigere Ionisierungsenergie deutet auf die Möglichkeit hin, ein Elektron mit einem anderen Atom zu teilen und somit eine chemische Bindung herzustellen. Da die Elemente der Gruppe 8A (ausgenommen Helium) bereits über 8 Elektronen in ihrer Valenzschale verfügen, ist zur Bildung von kovalenten Bindungen eine scheinbare Expansion der Valenzschale erforderlich. Zu solchen formalen Valenzschalenexpansionen kommt es häufiger bei größeren Atomen (siehe Abschnitt 8.7).

Die erste Edelgasverbindung wurde im Jahr 1962 durch Neil Bartlett im Institut der University of British Columbia hergestellt. Seine Arbeit wurde als Sensation aufgenommen, denn sie stellte die damals geltende Auffassung in Frage, dass Edelgase vollkommen chemisch inert seien. Zunächst setzte Bartlett Xenon in Kombination mit Fluor ein, von dem wir vermuten würden, dass es das am stärksten reaktive Element ist. Später ist es Chemikern gelungen, verschiedene Xenon-Verbindungen mit Fluor und Sauerstoff herzustellen. Einige der Eigenschaften dieser Stoffe sind in Tabelle 21.1 aufgeführt. Die drei Fluoride (XeF_2, XeF_4 und XeF_6) werden durch die unmittelbare Reaktion der Elemente gebildet. Durch die Variation der Reaktanten und die

Molekülmodelle

Tabelle 21.1
Eigenschaften der Xenon-Verbindungen

Verbindung	Oxidationszahl von Xe	Schmelzpunkt (°C)	ΔH_f° (kJ/mol)*
XeF_2	+2	129	−109 (g)
XeF_4	+4	117	−218 (g)
XeF_6	+6	49	−298 (g)
$XeOF_4$	+6	−41 bis −28	+146 (l)
XeO_3	+6	−**	+402 (s)
XeO_2F_2	+6	31	+145 (s)
XeO_4	+8	−***	−

* Bei 25 °C, für die angegebe Oxidationszahl der Verbindung.
** Ein Feststoff; Zersetzung bei 40 °C.
*** Ein Feststoff; Zersetzung bei −40 °C.

Veränderung der Reaktionsbedingungen lässt sich jeweils eine dieser drei Verbindungen erzielen. Die sauerstoffhaltigen Verbindungen werden durch die Reaktion mit Wasser produziert:

$$XeF_6(s) + H_2O(l) \longrightarrow XeOF_4(l) + 2\,HF(g) \quad (21.20)$$

$$XeF_6(s) + 3\,H_2O(l) \longrightarrow XeO_3(aq) + 6\,HF(aq) \quad (21.21)$$

Die Bildungsenthalpien der Xenon-Fluoride sind negativ (Tabelle 21.1); dies deutet darauf hin, dass diese Verbindungen vergleichsweise stabil sein dürften. Und dies ist tatsächlich der Fall. Da es sich jedoch um hochwirksame Fluorierungsmittel handelt, ist die Aufbewahrung in Behältern erforderlich, die nicht zu Fluorid bilden-

Chemie der Nichtmetalle

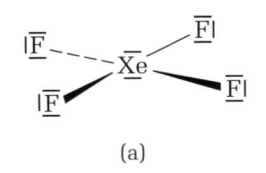

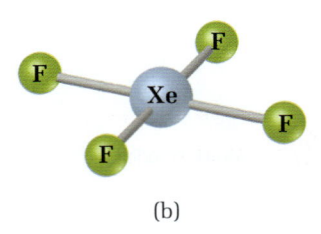

Abbildung 21.8: Xenontetrafluorid. (a) Lewis-Strukturformel. (b) Molekülstruktur.

ÜBUNGSBEISPIEL 21.3 — Vorhersage der Molekülstruktur

Verwenden Sie das VESPR-Modell, um die Struktur von XeF_4 vorherzusagen.

Lösung

Analyse: Wir berechnen mithilfe der Molekülformel die Materialstruktur voraus.

Vorgehen: Für die Voraussage der Struktur müssen wir zunächst die Lewis-Strukturformel für das Molekül formulieren. Anschließend zählen wir die Elektronenpaare um das zentrale Xe-Atom und verwenden diese Zahl sowie die Anzahl der Bindungen, um analog zu Abschnitt 9.2 die Struktur vorauszusagen.

Lösung: Die Gesamtzahl der beteiligten Valenzschalenelektronen ist 36 (8 vom Xenon-Atom und 7 von jedem der vier Fluor-Atome). Damit ergibt sich die Lewis-Strukturformel aus ▶ Abbildung 21.8a. Xe besitzt 12 Elektronen in seiner Valenzschale, demnach lässt sich eine oktaedrische Anordnung von sechs Elektronenpaaren vermuten. Zwei von ihnen sind nicht gebundene Paare. Da nichtbindende Elektronenpaare einen höheren Raumbedarf aufweisen als bindende Paare (siehe Abschnitt 9.2), können wir annehmen, dass diese nichtbindenden Elektronenpaare eine apikale Position einnehmen. Die zu erwartende Struktur ist quadratisch und eben wie in Abbildung 21.8b dargestellt.

Anmerkung: Die im Experiment bestimmte Struktur stimmt mit der Vorhersage überein.

ÜBUNGSAUFGABE

Beschreiben Sie die Molekülstruktur von XeF_2.

Antwort: Trigonal bipyramidal, linear.

---

den Reaktionen neigen. Andererseits sind die Aktivierungsenthalpien der Sauerstofffluoride und Xenonoxide positiv – demnach weisen diese Verbindungen eine geringe Stabilität auf.

Die übrigen Edelgase bilden schwerer Verbindungen als dies bei Xenon der Fall ist. Nur eine binäre Kryptonverbindung, KrF_2, ist bekannt; sie zerfällt bei $-10\,°C$ in ihre Elemente.

21.4 Gruppe 7A: Die Halogene

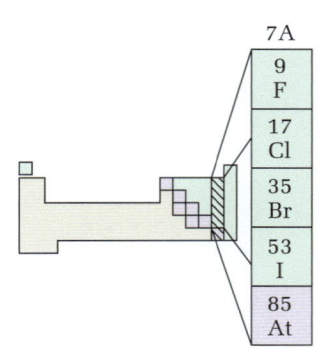

Die Elemente der Gruppe 7A – die Halogene – weisen eine Außenelektronenkonfiguration von $ns^2 np^5$ auf, wobei n einen Wert von 2 bis 6 hat. Die Halogene haben hohe negative Elektronenaffinitäten (siehe Abschnitt 7.5) und erreichen die Edelgaskonfiguration am häufigsten durch die Aufnahme eines Elektrons, woraus eine Oxidationsstufe von −1 resultiert. In Verbindungen existiert Fluor als das am stärksten elektronegative Element ausschließlich im Zustand −1. Die übrigen Halogene sind in Kombination mit stärker elektronegativen Atomen wie O auch in positiven Oxidationsstufen bis +7 vertreten. In positiven Oxidationsstufen sind die Halogene aufgrund ihrer hohen Bereitschaft zur Aufnahme von Elektronen grundsätzlich starke Oxidationsmittel.

Chlor, Brom und Iod sind als Halogenide in Meerwasser und Salzdepots vorhanden. Die Iodkonzentration ist insgesamt sehr gering, in einigen Meerespflanzen jedoch erhöht. Die Ernte, Trocknung und anschließende Verbrennung dieser Pflanzen ermöglicht die Extraktion des Iods aus der Asche. Fluor kommt in den Mineralien Fluo-

Tabelle 21.2

Eigenschaften der Halogene

Eigenschaft	F	Cl	Br	I
Atomradius (Å)	0,71	0,99	1,14	1,33
Ionenradius X^- (Å)	1,33	1,81	1,96	2,20
Ionisierungsenergie (kJ/mol)	1681	1251	1140	1008
Elektronenaffinität (kJ/mol)	−328	−349	−325	−295
Elektronegativität	4,0	3,0	2,8	2,5
X—X Einfachbindungsenthalpie (kJ/mol)	155	242	193	151
Normalpotenzial (V): $\frac{1}{2}X_2(aq) + e^- \longrightarrow X^-(aq)$	2,87	1,36	1,07	0,54

rit (CaF_2), Kryolith (Na_3AlF_6) sowie Fluorapatit [$Ca_5(PO_4)_3F$]* vor. Lediglich Fluorit ist eine Fluorquelle von kommerziellem Stellenwert.

Alle Astat-Isotope sind radioaktiv. Mit einer Halbwertszeit von 8,1 Stunden ist Astat-210 das langlebigste Isotop, das hauptsächlich durch Elektroneneinfang zerfällt. Aufgrund der Unregelmäßigkeit des nuklearen Zerfalls von Astat ist wenig über seine Chemie bekannt.

Eigenschaften und Herstellung von Halogenen

Einige der Eigenschaften von Halogenen sind in Tabelle 21.2 zusammengefasst. Zwischen Fluor und Iod variieren die meisten Eigenschaften in der üblichen Größenordnung. Die Elektronegativität etwa nimmt kontinuierlich ab, von 4,0 bei Fluor bis hin zu 2,5 bei Iod. Die Halogene weisen in jeder Periode des Periodensystems jeweils die höchste Elektronegativität auf. Unter normalen Bedingungen existieren Halogene als diatomare Moleküle. Im festen und im flüssigen Aggregatzustand werden die Moleküle durch London'sche Dispersionskräfte zusammengehalten (siehe Abschnitt 11.2). Da I_2 das größte und am leichtesten polarisierbare unter den Halogen-Molekülen ist, sind die intermolekularen Kräfte zwischen den I_2-Molekülen am stärksten. Demzufolge weist I_2 den höchsten Schmelzpunkt und den höchsten Siedepunkt auf. Bei Zimmertemperatur und einem Druck von 1 atm ist I_2 fest, Br_2 flüssig und Cl_2 sowie F_2 sind gasförmig. Chlor zeigt bei Zimmertemperatur und Normaldruck eine hohe Bereitschaft zur Verflüssigung und wird für gewöhnlich im flüssigen Zustand in Stahlbehältern gelagert und transportiert.

Die vergleichsweise niedrige Bindungsenthalpie in F_2 (155 kJ/mol) erklärt zum Teil die extreme Reaktivität des elementaren Fluors. Als Konsequenz seiner hohen Reaktivität ist der Umgang mit F_2 äußerst schwierig. Einige Metalle wie Kupfer oder Nickel lassen sich zur Gewinnung von F_2 verwenden, da ihre Oberflächen eine Schutzschicht aus Metallfluoriden bilden. Auch Chlor und die schwereren Halogene sind

Eigenschaften von Halogenen

---

* Minerale sind feste Stoffe, die in der Natur vorkommen. Diese sind eher unter ihrem Trivialnamen als unter ihrem chemischen Namen bekannt. Unter Gestein verstehen wir im Allgemeinen ein Konglomerat von verschiedenen Mineralien.

21 Chemie der Nichtmetalle

Abbildung 21.9: Reaktion von Cl_2 mit wässrigen Lösungen von NaF, NaBr und NaI. Alle drei Lösungen haben Kontakt mit Kohlenstofftetrachlorid (CCl_4), das die untere Schicht in jedem Gefäß bildet. Die Halogene sind in CCl_4 leichter löslich als in H_2O. Da das F^--Ion in der NaF-Lösung (links) nicht mit Cl_2 reagiert, bleiben sowohl die Wasserschicht als auch die CCl_4-Schicht farblos. Das Br^--Ion in der NaBr-Lösung (Mitte) wird durch Cl_2 oxidiert. Das auf diese Weise gebildete Br_2 verursacht eine gelbe Wasserschicht und eine orange CCl_4-Schicht. Das I^--Ion in der NaI-Lösung (rechts) wird oxidiert und bildet eine bernsteinfarbene Wasserschicht sowie eine violette CCl_4-Schicht.

reaktiv, wenn auch weniger stark als Fluor. Abgesehen von den Edelgasen bilden sie mit den meisten Elementen Verbindungen.

Als Folge ihrer hohen Elektronegativität tendieren Halogene dazu, Elektronen anderer Stoffe aufzunehmen und auf diese Weise als Oxidationsmittel zu wirken. Die Oxidationswirkung der Halogene, die durch das jeweilige Normalpotenzial angezeigt wird, nimmt innerhalb der Gruppe nach unten hin ab. Daraus lässt sich schließen, dass ein bestimmtes Halogen dazu in der Lage ist, die Anionen der unter ihm angeordneten Halogene zu oxidieren. Wie in ▶ Abbildung 21.9 erkennbar ist, oxidiert Cl_2 sowohl Br^- als auch I^-, jedoch nicht F^-.

Beachten Sie das ungewöhnlich große Normalpotenzial von F_2 in Tabelle 21.2. Fluorgas zeigt eine hohe Bereitschaft zur Oxidation von Wasser:

$$F_2(aq) + H_2O(l) \longrightarrow 2\,HF(aq) + \tfrac{1}{2} O_2(g) \qquad E° = 1{,}80\,V \qquad (21.22)$$

Fluor kann nicht durch die elektrolytische Oxidation von in Wasser gelösten Fluoridsalzen hergestellt werden, da sich Wasser selbst leichter oxidieren lässt als F^- (siehe Abschnitt 20.9). In der Praxis wird das Element durch die elektrolytische Oxidation einer Lösung von KF in wasserfreiem HF gebildet. KF reagiert mit HF und produziert ein Salz, $K^+HF_2^-$, das sich als Elektrolyt in der Flüssigkeit verhält. Das HF_2^--Ion ist aufgrund der sehr starken Wasserstoffbrücken-Bindung stabil. Die Gesamtzellenreaktion ist

$$2\,KHF_2(l) \longrightarrow H_2(g) + F_2(g) + 2\,KF(l) \qquad (21.23)$$

Chlor wird größtenteils durch die Elektrolyse von geschmolzenem oder wasserhaltigem Natriumchlorid erzeugt (dieses Verfahren wurde bereits in den Abschnitten 20.9 und 23.4 beschrieben). Sowohl Brom als auch Iod werden industriell durch Oxidation mit Cl_2 aus Solen gewonnen, die Halogenid-Ionen enthalten.

ÜBUNGSBEISPIEL 21.4   **Vorhersage von chemischen Reaktionen zwischen Halogenen**

Formulieren Sie die ausgeglichene Gleichung der Reaktion, die gegebenenfalls zwischen **(a)** $I^-(aq)$ und $Br_2(l)$ sowie zwischen **(b)** $Cl^-(aq)$ und $I_2(s)$ eintritt.

Lösung

Analyse: Es soll untersucht werden, ob bei der Verbindung eines bestimmten Halogenids mit einem Halogen eine Reaktion erfolgt.

Vorgehen: Ein vorgegebenes Halogen ist fähig, die Anionen der unter ihm im Periodensystem angeordneten Halogene zu oxidieren. Das kleinere Halogen (mit der kleineren Atomnummer) wird zum Halogenid-Ion. Handelt es sich beim Halogen mit der kleineren Atomnummer bereits um das Halogenid, tritt keine Reaktion ein. Damit liegt der Schlüssel zur Vorhersage, ob eine Reaktion eintritt oder nicht, in der Position der Elemente im Periodensystem.

Lösung:

(a) Br_2 ist dazu in der Lage, die Anionen der unter ihm im Periodensystem angeordneten Halogene zu oxidieren (Entfernung von Elektronen der Anionen). Somit wird es I^- oxidieren.

$$2\,I^-(aq) + Br_2(l) \longrightarrow I_2(s) + 2\,Br^-(aq)$$

(b) Cl^- ist das Anion eines Halogens, das im Periodensystem oberhalb von Iod angeordnet ist. I_2 kann demnach Cl^- nicht oxidieren und es findet keine Reaktion statt.

ÜBUNGSAUFGABE

Geben Sie die ausgeglichene chemische Gleichung der Reaktion an, die zwischen $Br^-(aq)$ und $Cl_2(aq)$ verläuft.

Antwort: $2\,Br^-(aq) + Cl_2(aq) \longrightarrow Br_2(l) + 2\,Cl^-(aq)$.

Anwendungsgebiete von Halogenen

Fluor ist eine wichtige Industriechemikalie. Eines seiner Einsatzgebiete ist die Herstellung von Fluorkohlenstoffen – besonders stabile Kohlenstoff–Fluor-Verbindungen, die als Kühlmittel, Schmiermittel oder bei der Produktion von Plastik Verwendung finden. Teflon (▶ Abbildung 21.10) ist ein polymerer Fluorkohlenstoff, der sich durch eine hohe thermische Stabilität und das Fehlen jeglicher chemischer Reaktivität auszeichnet.

Chlor ist das Halogen mit dem mit Abstand höchsten kommerziellen Stellenwert. In den Vereinigten Staaten werden pro Jahr etwa $1,2 \times 10^{10}$ kg Cl_2 produziert. Zudem wird die Produktion von Chlorwasserstoff auf jährlich $4,0 \times 10^9$ kg beziffert. Etwa die Hälfte des produzierten Chlors wird später zur Herstellung von chlorhaltigen, organischen Verbindungen wie Vinylchlorid (C_2H_3Cl) genutzt, dem Monomer zur Bildung von Polyvinylchlorid-Kunststoff (PVC) (siehe Abschnitt 12.2). Der verbleibende Anteil kommt überwiegend in der Papier- und Textilindustrie als Bleichungsmittel zum Einsatz. Wird Cl_2 in einer kalten verdünnten Base gelöst, disproportioniert es in Cl^- sowie in Hypochlorit, ClO^-.

$$Cl_2(aq) + 2\ OH^-(aq) \rightleftharpoons Cl^-(aq) + ClO^-(aq) + H_2O(l) \qquad (21.24)$$

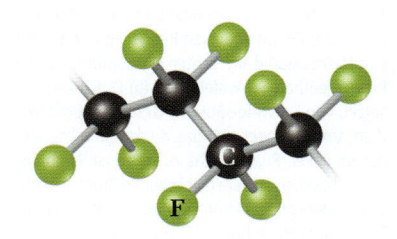

Abbildung 21.10: Aufbau von Teflon, einem Fluorkohlenstoff-Polymer. Dieses Polymer ist ein Analogon von Polyethylen (siehe Abschnitt 12.2), in dem die H-Atome von Polyethylen durch F-Atome ersetzt wurden.

Natriumhypochlorit (NaClO) ist die aktive Spezies vieler Flüssigbleichmittel. Chlor wird auch in Wasseraufbereitungsanlagen zur Oxidation und damit zur Abtötung von Bakterien verwendet (siehe Abschnitt 18.6).

Weder Brom noch Iod werden so vielfältig eingesetzt wie Fluor und Chlor. Brom wird jedoch als Silberbromid für die Herstellung von Photofilm gebraucht. Tafelsalz ist ein häufiger Anwendungsbereich von Iod in Form von KIO_3. Iodiertes Salz (▶ Abbildung 21.11) enthält eine geringe Menge Iod, die unseren Tagesbedarf abdeckt. Iod ist erforderlich für die Bildung von Thyroxin, ein Hormon, das von der Schilddrüse ausgeschieden wird. Iodmangel führt zu einer Vergrößerung der Schilddrüse, die als *Kropf* bezeichnet wird.

Die Wasserstoff-Halogenide

Alle Halogene bilden mit Wasserstoff stabile diatomare Moleküle. Wasserhaltige HCl-, HBr- und HI-Lösungen sind starke Säuren.

Abbildung 21.11: Iodiertes Salz. Gewöhnliches Tafelsalz, das iodiert wurde, enthält 0,002 Massen-% KIO_3.

Wasserstoff-Halogenide lassen sich durch eine unmittelbare Reaktion der Elemente erzeugen. Die wichtigste Herstellungsmethode besteht jedoch in der Reaktion eines Halogenidsalzes mit einer starken, nichtflüchtigen Säure. Fluorwasserstoff und Chlorwasserstoff werden auf diese Weise preisgünstig aus dem Salz erzeugt, das mit konzentrierter Schwefelsäure reagiert.

$$CaF_2(s) + H_2SO_4(l) \xrightarrow{\Delta} 2\ HF(g) + CaSO_4(s) \qquad (21.25)$$

$$NaCl(s) + H_2SO_4(l) \xrightarrow{\Delta} HCl(g) + NaHSO_4(s) \qquad (21.26)$$

Weder Bromwasserstoff noch Iodwasserstoff lassen sich durch analoge Reaktionen von Salzen mit H_2SO_4 herstellen, da H_2SO_4 Br^- und I^- oxidiert (▶ Abbildung 21.12). Diese unterschiedliche Reaktivität verdeutlicht, dass Br^- und I^- sehr viel leichter als F^- und Cl^- oxidiert werden können. Solche unerwünschten Oxidationen lassen sich durch die Verwendung einer nichtflüchtigen Säure wie H_3PO_4 vermeiden, die ein schwächeres Oxidationsmittel als H_2SO_4 ist.

Abbildung 21.12: Die Reaktion von H_2SO_4 mit NaI und NaBr. (a) Im linken Reagenzglas befindet sich Natriumiodid, im rechten Natriumbromid. Die Pipette enthält Schwefelsäure. (b) Durch das Zusetzen von Schwefelsäure wird Natriumiodid oxidiert, und es bildet sich das dunkel gefärbte Iod, das im linken Reagenzglas zu sehen ist. Natriumbromid oxidiert zu dem gelbbraunen Brom im rechten Reagenzglas. Bei höherer Konzentration nimmt Brom eine rötlich-braune Färbung an.

Abbildung 21.13: Ätz- oder Milchglas. Um eine solche Gestaltung zu erreichen, wird zuerst das Glas mit Wachs beschichtet, um anschließend an den zu ätzenden Stellen entfernt zu werden. Bei der Behandlung mit Fluorwasserstoffsäure werden die freiliegenden Stellen des Glases angegriffen und erhalten den Ätzeffekt.

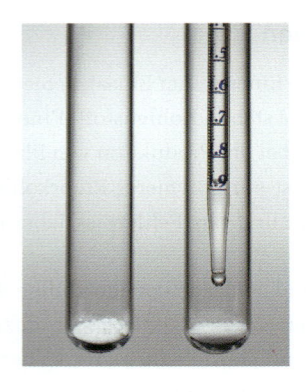

Beim Lösen in Wasser bilden Wasserstoff-Halogenide Hydroniumionen. Diese Lösungen zeigen charakteristische Merkmale, etwa Reaktionen mit unedlen Metallen, die zur Bildung von Wasserstoffgas führen (siehe Abschnitt 4.4). Auch Fluorwasserstoffsäure reagiert mit Quarz (SiO_2) sowie mit verschiedenen anderen Silikaten und bildet dabei Hexafluorokieselsäure (H_2SiF_6):

$$SiO_2(s) + 6\ HF(aq) \longrightarrow H_2SiF_6(aq) + 2\ H_2O(l) \qquad (21.27)$$

$$CaSiO_3(s) + 8\ HF(aq) \longrightarrow H_2SiF_6(aq) + CaF_2(s) + 3\ H_2O(l) \qquad (21.28)$$

Diese Reaktionen machen es für HF möglich, Ätz- oder Milchglas herzustellen (▶ Abbildung 21.13), das vorwiegend aus Silikatstrukturen besteht (siehe Abschnitt 21.10). Sie liefern auch die Begründung dafür, warum HF nicht in Glasgefäßen, sondern in Plastikbehältern, die innen mit einer Wachsschicht ausgekleidet sind, gelagert wird.

Interhalogenverbindungen

Da Halogene in diatomaren Molekülen vorkommen, existieren auch diatomare Moleküle zweier verschiedener Halogen-Atome. Diese Verbindungen stellen die einfachsten Beispiele für **Interhalogene** dar, Verbindungen wie ClF und IF_5, die sich zwischen zwei Halogen-Elementen bilden.

ÜBUNGSBEISPIEL 21.5 — Formulierung einer ausgeglichenen chemischen Gleichung

Formulieren Sie eine Reaktionsgleichung für die Bildung von Bromwasserstoffgas durch die Reaktion von festem Natriumbromid mit Phosphorsäure.

Lösung

Analyse: Wir sollen eine ausgeglichene Gleichung für die Reaktion zwischen NaBr und H_3PO_4 zur Bildung von HBr und einem anderen Produkt formulieren.

Vorgehen: Ebenso wie in den ▶ Gleichungen 21.25 und 21.26 findet auch hier eine Metathesereaktion statt. Unterstellen wir dabei, dass nur eines der H_3PO_4-Protone reagiert. Die tatsächliche Anzahl ist von den Bedingungen der Reaktion abhängig. Das verbliebene $H_2PO_4^-$-Ion ergibt dann mit dem Na^+-Ion NaH_2PO_4 als eines der Produkte der Gleichung.

Lösung: Die ausgeglichene Reaktionsgleichung lautet

$$NaBr(s) + H_3PO_4(aq) \longrightarrow NaH_2PO_4(s) + HBr(g)$$

ÜBUNGSAUFGABE

Formulieren Sie die ausgeglichene chemische Gleichung für die Herstellung von HI von NaI und H_3PO_4.

Antwort: $NaI(s) + H_3PO_4(l) \longrightarrow NaH_2PO_4(s) + HI(g)$.

Abgesehen von einer Ausnahme besitzen die Interhalogen-Verbindungen höherer Ordnung ein zentrales Cl-, Br- oder I-Atom, das von 3, 5 oder 7 Fluor-Atomen umgeben ist. Der größere Atomradius des Iod-Atoms ermöglicht die Bildung von IF_3, IF_5 und IF_7, wobei die Oxidationszahl von Iod +3, +5 beziehungsweise +7 ist. Wenn das zentrale Atom ein Brom-Atom ist, das kleiner als das Iod-Atom ist, können nur BrF_3 und BrF_5 gebildet werden. Mit dem noch kleineren Chlor-Atom können sich ClF_3 und sogar noch ClF_5 bilden. Die einzige Interhalogen-Verbindung höherer Ordnung ohne F-Atome ist ICl_3. Aufgrund seiner Größe kann das I-Atom drei Cl-Atome aufnehmen, während Br für die Bildung von $BrCl_3$ nicht ausreichend groß ist.

Da die Interhalogen-Verbindungen ein Halogen-Atom in einer positiven Oxidationsstufe enthalten, sind sie teilweise sehr reaktiv. Sie lassen sich ausnahmslos, wie in ▶ Gleichung 21.29 gezeigt, als starke Oxidationsmittel einsetzen. Dabei wird das zentrale Halogen-Atom zu Halogen (z. B. Cl_2) oder Halogenid reduziert.

$$2\ CoCl_2(s) + 2\ ClF_3(g) \longrightarrow 2\ CoF_3(s) + 3\ Cl_2(g) \qquad (21.29)$$

ÜBUNGSBEISPIEL 21.6 — Formulierung einer ausgeglichenen chemischen Gleichung

Unter kontrollierten Bedingungen reagiert $BrF_3(g)$ mit Tetrafluorethylen, $C_2F_4(g)$, und bildet dabei Hexafluorethylen, $C_2F_6(g)$. Formulieren Sie eine Reaktionsgleichung für diesen Prozess.

Lösung

Analyse: Wir sollen eine ausgeglichene Gleichung für eine Reaktion formulieren, in der BrF_3 eine organische Substanz fluoriert.

Vorgehen: Wir erwarten, dass sich BrF_3 als Oxidationsmittel verhält und Tetrafluorethylen Fluor hinzufügt. Im Verlauf dieses Prozesses wird Brom wahrscheinlich zu elementarem Brom reduziert, analog zur Reaktion in Gleichung 21.29.

Lösung: Die nicht ausgeglichene Gleichung dieser Reaktion lautet

$$BrF_3(g) + C_2F_4(g) \longrightarrow Br_2(g) + C_2F_6(g)$$

Wir gleichen zunächst die Br-Atome aus, indem wir der linken Seite der Gleichung ein zweites $BrF_3(g)$ hinzufügen. Durch die beiden BrF_3 erhalten wir sechs F-Atome, die wir nun $C_2F_4(g)$ hinzufügen können. Jedes C_2F_4 wird um zwei F-Atome ergänzt. Damit benötigen wir drei $C_2F_4(g)$-Moleküle auf der linken Seite. Schließlich ergibt sich die ausgeglichene Gleichung

$$2\ BrF_3(g) + 3\ C_2F_4(g) \longrightarrow Br_2(g) + 3\ C_2F_6(g)$$

ÜBUNGSAUFGABE

Schreiben Sie eine plausible, ausgeglichene Gleichung für die Reaktion von gasförmigem BrF mit festem Schwefel, die zur Bildung von gasförmigem SF_4 führt.

Antwort: $32\ BrF(g) + S_8(s) \longrightarrow 8\ SF_4(g) + 16\ Br_2(g)$.

Sauerstoffsäuren und Oxoanionen

Tabelle 21.3 fasst die Formeln und Bezeichnungen der bekannten halogenhaltigen Sauerstoffsäuren zusammen* (siehe Abschnitt 2.8). Die Säurestärken der Sauerstoffsäuren nehmen entsprechend der jeweiligen Oxidationszahl des zentralen Halogen-Atoms zu (siehe Abschnitt 16.10). Alle Sauerstoffsäuren sind starke Oxidationsmittel. Grundsätzlich sind die Oxoanionen, die bei der Abspaltung von H^+ gebildet werden, stabiler als die Sauerstoffsäuren. Hypochlorit-Salze finden aufgrund der ausgeprägten Oxidationseigenschaften des ClO^--Ions als Bleichmittel und Desinfizierungsmittel

---

* Fluor bildet eine Sauerstoffsäure, HOF. Aufgrund der höheren Elektronegativität von Fluor im Vergleich mit der des Sauerstoffs müssen wir uns vergegenwärtigen, dass in dieser Verbindung Fluor in der Oxidationsstufe −1 und Sauerstoff in der Oxidationsstufe 0 vorliegt.

21 Chemie der Nichtmetalle

Tabelle 21.3: Sauerstoffsäuren der Halogene

Oxidationszahl des Halogens	Formel der Säure			Name der Säure
	Cl	Br	I	
+1	HClO	HBrO	HIO	*Hypo*halogen*ige* Säure
+3	HClO$_2$	—	—	Halogen*ige* Säure
+5	HClO$_3$	HBrO$_3$	HIO$_3$	Halog*en* Säure
+7	HClO$_4$	HBrO$_4$	HIO$_4$, H$_5$IO$_6$	*Per*halog*en* Säure

> **? DENKEN SIE EINMAL NACH**
>
> Würden Sie vermuten, dass NaBrO$_3$ ein hochwirksames Oxidationsmittel ist?

Abbildung 21.14: Der Start des Space Shuttles *Columbia* vom Kennedy Space Center.

Verwendung. Natriumhypochlorit wird als Bleichmittel eingesetzt. Chlorat-Salze sind ebenfalls sehr reaktiv. Kaliumchlorat kommt unter anderem in Streichhölzern und Feuerwerkskörpern zum Einsatz.

Perchlorsäure und deren Salze sind die stabilsten unter allen Sauerstoffsäuren und Oxoanionen. Verdünnte Perchlorsäure-Lösungen sind vergleichsweise ungefährlich. Die meisten Perchlorat-Salze sind stabil – sofern sie nicht zusammen mit organischen Materialien erhitzt werden. Durch Erhitzung lassen sich Perchlorate in effiziente oder sogar aggressive Oxidationsmittel verwandeln. Dementsprechend sollte mit diesem Stoff mit großer Vorsicht umgegangen werden. Der Kontakt zwischen Perchloraten und leicht oxidierbaren Materialien wie unedlen Metallen oder brennbaren organischen Verbindungen ist unbedingt zu vermeiden. Die Verwendung von Ammonium-Perchlorat (NH$_4$ClO$_4$) als Oxidationsmittel für die Feststoffraketen des Space Shuttles illustriert die starken Oxidationseigenschaften der Perchlorate. Der feste Treibstoff enthält eine Mischung aus NH$_4$ClO$_4$ und pulverförmigem Aluminium als Reduktionsmittel. Jeder Shuttle-Start erfordert ungefähr 6×10^5 kg von NH$_4$ClO$_4$ (▶ Abbildung 21.14).

Chemie und Leben ■ Wie viel Perchlorat ist zu viel?

Seit den 50er Jahren des letzten Jahrhunderts setzten die NASA und das US-Verteidigungsministerium Ammonium-Perchlorat, NH$_4$ClO$_4$, als Raketentreibstoff und für Munition ein. Dies hat dazu geführt, dass im Grundwasser vieler Regionen der USA Spuren von Perchlorat-Ionen zu finden sind, deren Konzentrationen zwischen 4 und 100 ppb liegen. Perchlorat ist dafür bekannt, aufgrund seiner Wirkung auf die Schilddrüsen den menschlichen Hormonspiegel zu senken. Anlass zur Besorgnis gibt der Verdacht, dass Perchlorat die Entwicklung von Föten und Kleinkindern erheblich beeinträchtigen kann. Es ist jedoch umstritten, ob die im Trinkwasser vorhandenen Konzentrationen ausreichend hoch sind, um als Ursache von Gesundheitsproblemen in Frage zu kommen. Die Umweltschutzbehörde schlägt für Trinkwasser einen Grenzwert von 1 ppb vor. Dieser Wert wird seitens des Verteidigungsministeriums und der Unternehmen, die Regierungsaufträge im Zusammenhang mit Perchlorat erhalten haben, energisch zurückgewiesen. Sie treten für einen Standard-Grenzwert von 200 ppb ein, der in vielen kontaminierten Zonen nicht erreicht wird; die verantwortlichen Stellen wären dann nicht zur Finanzierung von Sanierungsmaßnahmen verpflichtet. Der US-Bundesstaat Kalifornien hat einen vorläufigen Grenzwert von 2 bis 6 ppb festgesetzt und Wasserversorgungsbetriebe angewiesen, die Konzentration von 40 ppb nicht zu überschreiten.

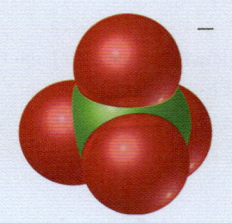

Die Beseitigung von Perchlorat-Ionen aus Wasserversorgungssystemen ist ein aufwändiges Verfahren. Obwohl Perchlorat ein Oxidationsmittel ist, verhält sich das ClO$_4^-$-Ion vergleichsweise stabil in wasserhaltigen Lösungen. Ein möglicher Weg besteht in der biologischen Reduktion mithilfe von Mikroorganismen. Während die Forschung weiterhin nach dem idealen Verfahren zur Reduktion von Perchlorat-Konzentrationen in Trinkwasser sucht, vertreten die Behörden der US-Regierung weiterhin abweichende Auffassungen über die geeigneten Perchlorat-Grenzwerte und die Finanzierung notwendiger Sanierungsmaßnahmen.

Zwei Sauerstoffsäuren weist Iod in der Oxidationsstufe +7 auf. Diese Periodsäuren sind HIO_4 (Metaperiodsäure) und H_5IO_6 (Orthoperiodsäure). In wässrigen Lösungen befinden sich beide Formen im Gleichgewicht.

$$H_5IO_6(aq) \rightleftharpoons H^+(aq) + IO_4^-(aq) + 2\,H_2O(l) \qquad K_{eq} = 0{,}015 \qquad (21.30)$$

HIO_4 ist eine starke Säure, H_5IO_6 eine schwache Säure, und die ersten beiden Säure-Dissoziationskonstanten für H_5IO_6 sind $K_{S1} = 2{,}8 \times 10^{-2}$ und $K_{S2} = 4{,}9 \times 10^{-9}$. Der Aufbau von H_5IO_6 ist in ▶ Abbildung 21.15 dargestellt. Der größere Radius des Iod-Atoms erlaubt die Aufnahme von sechs Sauerstoff-Atomen. Die kleineren Halogene bilden keine Säuren dieses Typs.

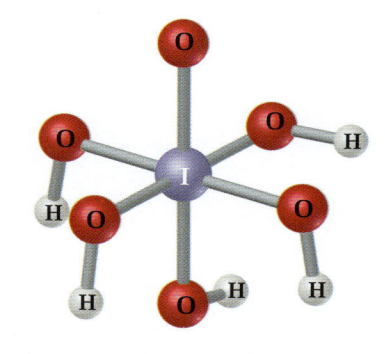

Abbildung 21.15: Orthoperiodsäure.

Sauerstoff 21.5

Gegen Mitte des 17. Jahrhunderts stellten Wissenschaftler fest, dass die Luft eine Komponente enthält, die mit Brennen und Atmen in enger Beziehung steht. Im Jahr 1774, als Joseph Priestly (▶ Abbildung 21.16) das Element entdeckte, war es zuvor noch nicht isoliert worden. Lavoisier gab diesem Element dann später den Namen *Oxygen*, der so viel wie „Säureerzeuger" bedeutet.

Das Oxygen – der Sauerstoff – ist zusammen mit anderen Elementen in einer Vielzahl von Verbindungen enthalten. Der Sauerstoff ist das Element, das sowohl in der Erdkruste als auch im menschlichen Körper nach Masse am stärksten vertreten ist. Er dient dem Körper bei der Verbrennung von Nahrung als Oxidationsmittel und ist somit für den Menschen unentbehrlich.

Eigenschaften von Sauerstoff

Sauerstoff besitzt zwei Allotrope: O_2 und O_3. Wenn die Begriffe „molekularer Sauerstoff" oder auch nur „Sauerstoff" fallen, wird häufig unterstellt, dass *Disauerstoff* (O_2) gemeint ist und damit die normale Erscheinungsform dieses Elements. O_3 ist hingegen als *Ozon* bekannt.

Bei Zimmertemperatur ist Disauerstoff ein farb- und geruchloses Gas. Es kondensiert bei $-183\,°C$ und gefriert bei $-218\,°C$. Obgleich Sauerstoff nur schwach wasserlöslich ist, ist seine Anwesenheit im Wasser für die Meeresfauna und -flora lebenswichtig.

Die Elektronenkonfiguration des Sauerstoff-Atoms ist $[He]2s^2 2p^4$. Demnach kann Sauerstoff sein Elektronenoktett entweder durch die Aufnahme von zwei Elektronen vervollständigen, wobei das Oxid-Ion (O^{2-}) gebildet wird, oder durch die gemeinsame Nutzung von zwei Elektronen. In kovalenten Verbindungen tendiert Sauerstoff zur Bildung von zwei Bindungen: in Form von zwei Einfachbindungen wie in H_2O oder als Doppelbindung wie im Fall von Formaldehyd ($H_2C=O$). Das O_2-Molekül selbst weist eine Bindungsordnung von zwei auf (siehe Abschnitt 9.8).

Die Bindung in O_2 ist ausgesprochen stark, die Bindungsenthalpie beträgt 495 kJ/mol. Auch mit zahlreichen anderen Elementen bildet Sauerstoff starke Bindungen. Aus diesem Grund sind viele sauerstoffhaltige Verbindungen thermodynamisch stabiler als O_2. Sofern kein Katalysator vorhanden ist, ist die Aktivierungsenergie der meisten Reaktionen mit O_2 so hoch, dass nur bei hohen Temperaturen eine zufriedenstellende Reaktionsgeschwindigkeit erzielt werden kann. Sobald eine ausreichend exotherme Reaktion eingesetzt hat, nimmt die Reaktionsgeschwindigkeit stark zu, und dies kann zu explosionsartigen Reaktionen führen.

Abbildung 21.16: Joseph Priestley (1733–1804). Priestley begann sich für Chemie zu interessieren, als er 39 Jahre alt war. Er lebte in der Nachbarschaft einer Brauerei, von der er Kohlenstoffdioxid erhalten konnte. Seine Untersuchungen konzentrierten sich daher zunächst auf dieses Gas und wurden erst später auf andere Gase ausgeweitet. Da er im Verdacht stand, mit der Amerikanischen und der Französischen Revolution zu sympathisieren, wurden im Jahr 1791 seine Kirche, sein Haus und sein Labor in Birmingham, England, durch den Pöbel niedergebrannt. Priestley musste fliehen. Später, im Jahr 1794, emigrierte er in die USA, wo er seine letzten Jahre zurückgezogen in Pennsylvania verlebte.

Chemie der Nichtmetalle

Herstellung von Sauerstoff

Fast der gesamte kommerziell angebotene Sauerstoff wird aus Luft gewonnen. Unter normalen Bedingungen liegt der Siedepunkt von O_2 bei $-183\,°C$, während N_2, der andere wichtige Luftbestandteil, bei $-196\,°C$ siedet. Dementsprechend wird N_2 abdestilliert, wenn Luft verflüssigt und anschließend erneut erwärmt wird. Das zurückbleibende O_2 weist lediglich geringe Mengen von N_2 und Ar auf.

Eine häufig angewandte Labormethode zur Gewinnung von Sauerstoff besteht in der Zersetzung von Kaliumchlorat ($KClO_3$), bei der hinzugefügtes Mangandioxid (MnO_2) die Rolle eines Katalysators übernimmt:

$$2\,KClO_3(s) \xrightarrow{MnO_2} 2\,KCl(s) + 3\,O_2(g) \quad (21.31)$$

Ein großer Teil des atmosphärischen Sauerstoffs entsteht durch die Photosynthese, bei der Pflanzen unter Ausnutzung der Energie des Sonnenlichts O_2 aus CO_2 erzeugen und somit nicht nur Sauerstoff bilden, sondern gleichzeitig auch CO_2 verbrauchen.

Verwendung von Sauerstoff

Sauerstoff ist nach Schwefelsäure (H_2SO_4) und Stickstoff (N_2) eine der am vielfältigsten eingesetzten Industriechemikalien. Pro Jahr werden etwa $2{,}5 \times 10^{10}\,kg\,O_2$ in den USA industriell genutzt. Sauerstoff kann entweder im Flüssigzustand oder als komprimiertes Gas in Stahlbehältern transportiert werden. Etwa 70 Prozent des industriellen Sauerstoffs wird jedoch dort erzeugt, wo er eingesetzt werden soll.

Sauerstoff ist bei weitem das am häufigsten genutzte Oxidationsmittel. Mehr als die Hälfte des produzierten Sauerstoffs kommt in der Stahlindustrie zum Einsatz, vor allem, um Verunreinigungen des Stahls zu entfernen. Er wird auch zur Bleichung von Zellstoff und Papier verwendet. Durch die Oxidation von farbigen Verbindungen lassen sich oft farblose Produkte erzielen. In der Medizin werden mithilfe von Sauerstoff Atmungsprobleme gelindert. Ferner wird O_2 zusammen mit Acetylen (C_2H_2) beim Sauerstoffacetylen-Schweißverfahren eingesetzt (▶ Abbildung 21.17). Die Reaktion zwischen C_2H_2 und O_2 ist hochgradig exotherm und entwickelt Temperaturen von über $3000\,°C$:

$$2\,C_2H_2(g) + 5\,O_2(g) \longrightarrow 4\,CO_2(g) + 2\,H_2O(g) \quad \Delta H° = -2510\,kJ \quad (21.32)$$

Abbildung 21.17: Schweißen mit einem Sauerstoffacetylen-Schweißbrenner. Die Verbrennungswärme von Acetylen ist ungewöhnlich hoch, es entsteht somit eine sehr hohe Flammentemperatur.

Ozon

Ozon ist ein blassblaues, giftiges Gas, dem ein scharfer, unangenehmer Geruch zu eigen ist. Die meisten Menschen können selbst geringe Ozon-Konzentrationen von 0,01 ppm wahrnehmen. Konzentrationen von 0,1 bis 1 ppm führen zu Kopfschmerzen, brennenden Augen und Reizungen der Atemwege.

Der Aufbau des O_3-Moleküls ist in ▶ Abbildung 21.18 dargestellt. Das Molekül verfügt über eine π-Bindung, die oberhalb der drei Sauerstoff-Atome angeordnet ist (siehe Abschnitt 8.6). Das Molekül neigt stark zur Dissoziation und bildet dabei reaktive Sauerstoff-Atome:

$$O_3(g) \longrightarrow O_2(g) + O(g) \quad \Delta H° = 105\,kJ \quad (21.33)$$

Ozon ist ein stärkeres Oxidationsmittel als Disauerstoff. Ausdruck seiner Oxidationskraft ist das hohe Normalpotenzial von O_3 im Vergleich zu dem des O_2.

$$O_3(g) + 2\,H^+(aq) + 2\,e^- \longrightarrow O_2(g) + H_2O(l) \quad E° = 2{,}07\,V \quad (21.34)$$

$$O_2(g) + 4\,H^+(aq) + 4\,e^- \longrightarrow 2\,H_2O(l) \quad E° = 1{,}23\,V \quad (21.35)$$

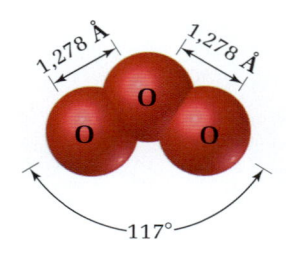

Abbildung 21.18: Die Struktur des Ozon-Moleküls.

Mit vielen Elementen bildet Ozon Oxide unter Bedingungen, bei denen O_2 nicht reagieren würde. Es oxidiert alle Metalle, ausgenommen Gold und Platin.

Ozon lässt sich generieren, indem trockener Sauerstoff in einer Durchflussapparatur unter Strom gesetzt wird. Die elektrische Entladung verursacht den Bruch der O_2-Bindung und führt zu Reaktionen, wie sie in Abschnitt 18.3 beschrieben wurden.

$$3\ O_2(g) \xrightarrow{\text{elektrische Entladung}} 2\ O_3(g) \qquad \Delta H° = 285\ \text{kJ} \qquad (21.36)$$

Unter normalen Temperaturbedingungen kann Ozon nicht über einen längeren Zeitraum gelagert werden, da es leicht zu O_2 zerfällt. Der Zerfall wird durch bestimmte Metalle wie Ag, Pt und Pd sowie durch zahlreiche Übergangsmetall-Oxide katalysiert.

Vereinzelt wird Ozon anstelle von Chlor zur Aufbereitung von Abwässern eingesetzt. Ebenso wie Cl_2 tötet Ozon Bakterien ab und oxidiert organische Verbindungen. Der Hauptanwendungsbereich von Ozon besteht jedoch in der Herstellung von pharmazeutischen Produkten, synthetischen Schmierstoffen und anderen industriell nutzbaren organischen Verbindungen, wobei O_3 zur Spaltung von Kohlenstoff–Kohlenstoff-Doppelbindungen verwendet wird.

ÜBUNGSBEISPIEL 21.7 — Berechnung einer Gleichgewichtskonstante

Verwenden Sie $\Delta G_f°$ aus Anhang C für Ozon und berechnen Sie die Gleichgewichtskonstante K für ▶ Gleichung 21.36 bei 298,0 K. Unterstellen Sie dabei, dass kein Strom zugeführt wird.

Lösung

Analyse: Es soll die Gleichgewichtskonstante für die Umwandlung von O_2 in O_3 berechnet werden (Gleichung 21.36), bei einer vorgegebenen Temperatur und $\Delta G_f°$.

Vorgehen: Die Beziehung zwischen der freien Standard-Reaktionsenthalpie in einer Reaktion, $\Delta G°$, und der Gleichgewichtskonstante der Reaktion wurde in Abschnitt 19.7, Gleichung 19.22, dargelegt.

Lösung: Dem Anhang C entnehmen wir

$$\Delta G_f°(O_3) = 163{,}4\ \text{kJ/mol}$$

Demzufolge ergibt sich für Gleichung 21.36

$$\Delta G° = (2\ \text{mol}\ O_3)(163{,}4\ \text{kJ/mol}\ O_3) = 326{,}8\ \text{kJ}$$

Durch die Gleichung 19.22 erhalten wir

$$\Delta G° = -RT \ln K$$

Somit gilt

$$\ln K = \frac{-\Delta G°}{RT} = \frac{-326{,}8 \times 10^3\ \text{J}}{(8{,}314\ \text{J/K·mol})(298{,}0\ \text{K})} = -131{,}9$$

$$K = e^{-131{,}19} = 5 \times 10^{-58}$$

Anmerkung: Trotz der ungünstigen Gleichgewichtskonstante ist die Umwandlung von O_2 in Ozon mithilfe des zuvor beschriebenen Verfahrens möglich. Die ungünstige freie Enthalpie wird durch die Energie der elektrischen Entladung überkompensiert, und O_3 wird entfernt, noch bevor die Rückreaktion eintreten kann. Auf diese Weise resultiert ein Gemisch im Ungleichgewicht.

ÜBUNGSAUFGABE

Berechnen Sie mithilfe der Daten aus Anhang C $\Delta G°$ und die Gleichgewichtskonstante (K) der ▶ Gleichung 21.33 für eine Temperatur von 298,0 K.

Antwort: $\Delta G° = 66{,}7\ \text{kJ/mol}$, $K = 2 \times 10^{-12}$.

Ozon ist eine wichtige Komponente der oberen Atmosphäre, in der es ultraviolette Strahlung filtert und somit die Erde vor der Wirkung dieser hochenergetischen Strahlung schützt. Aus diesem Grund stellt die Abreicherung des stratosphärischen Ozons eine der wichtigsten wissenschaftlichen Herausforderungen dar (siehe Abschnitt 18.3). Ozon in niedrigeren Schichten der Atmosphäre wird hingegen als Schadstoff betrachtet und hat einen wesentlichen Anteil an der Bildung von Smog (siehe Abschnitt 18.4). Aufgrund seiner Oxidationskraft schädigt Ozon lebende Organismen und Materialien, insbesondere Gummi.

Oxide

Die Elektronegativität des Sauerstoffs wird allein durch die des Fluors übertroffen. Daraus ergibt sich, dass Sauerstoff in allen Verbindungen negative Oxidationszahlen aufweist, ausgenommen Verbindungen mit Fluor, OF_2 und O_2F_2. Die Oxidationszahl −2 ist am weitesten verbreitet. Verbindungen mit dieser Oxidationszahl werden als *Oxide* bezeichnet.

Nichtmetalle bilden kovalente Oxide. Die meisten Oxide sind einfache Moleküle mit niedrigen Schmelz- und Siedepunkten. SiO_2 und B_2O_3 haben jedoch polymere Strukturen (siehe Abschnitte 21.10 und 21.11). Die meisten nichtmetallischen Oxide verbinden sich mit Wasser und bilden Sauerstoffsäuren. Schwefeldioxid (SO_2) bildet zu einem kleinen Teil in Wasser schweflige Säure (H_2SO_3):

$$SO_2(g) + H_2O(l) \longrightarrow H_2SO_3(aq) \qquad (21.37)$$

Diese Reaktion, sowie die von SO_3 mit H_2O, bei der H_2SO_4 entsteht, ist weitestgehend für sauren Regen verantwortlich (siehe Abschnitt 18.4). Die analoge Reaktion von CO_2 mit H_2O, deren Produkt Kohlensäure ist (H_2CO_3), verursacht die Acidität von kohlensäurehaltigem Tafelwasser.

Oxide, die mit Wasser reagieren und dabei Säuren bilden, werden als **Säureanhydride** (Anhydrid bedeutet so viel wie „ohne Wasser") oder **saure Oxide** bezeichnet. Einige nichtmetallische Oxide – insbesondere solche mit einem Nichtmetall mit niedriger Oxidationszahl, etwa N_2O, NO oder CO – reagieren nicht mit Wasser und sind keine Säureanhydride.

Die meisten Metalloxide sind ionische Verbindungen. Ionische Oxide, die sich in Wasser auflösen lassen und Hydroxide bilden, werden dementsprechend **Basenanhydride** oder **basische Oxide** genannt. Zu dieser Gruppe gehört auch Bariumoxid (BaO), das mit Wasser reagiert und dabei Bariumhydroxid [Ba(OH)$_2$] produziert.

$$BaO(s) + H_2O(l) \longrightarrow Ba(OH)_2(aq) \qquad (21.38)$$

Diese Reaktion wird in ▶ Abbildung 21.19 dargestellt. Die beschriebenen Reaktionen lassen sich auf die hohe Basizität des O^{2-}-Ions sowie dessen vollständige Hydrolyse in Wasser zurückführen.

$$O^{2-}(aq) + H_2O(l) \longrightarrow 2\ OH^-(aq) \qquad (21.39)$$

Selbst nicht wasserlösliche ionische Oxide neigen dazu, sich in starken Säuren aufzulösen. So lässt sich z. B. Eisen(III)-Oxid in Säuren auflösen:

$$Fe_2O_3(s) + 6\ H^+(aq) \longrightarrow 2\ Fe^{3+}(aq) + 3\ H_2O(l) \qquad (21.40)$$

Diese Reaktion wird zur Entfernung von Rost ($Fe_2O_3 \cdot nH_2O$) an Eisen oder Stahl verwendet, bevor eine Schutzschicht aus Zink oder Zinn aufgetragen wird.

Säure-Base-Verhalten von Oxiden

? DENKEN SIE EINMAL NACH

Welche Säure wird durch die Reaktion von I_2O_5 mit Wasser gebildet?

Oxide, die gleichzeitig einen sauren und basischen Charakter aufweisen, werden als *amphotere Oxide* bezeichnet (siehe Abschnitt 17.5). Wenn ein Metall mehr als ein Oxid bildet, nimmt der basische Charakter des Oxids in dem Maß ab, in dem die Oxidationszahl des Metalls zunimmt. Dies wird in Tabelle 21.4 verdeutlicht.

Tabelle 21.4

Säure-Base-Charakter von Chromoxiden

Oxid	Oxidationszahl von Cr	Oxidart
CrO	+2	basisch
Cr_2O_3	+3	amphoter
CrO_3	+6	sauer

BASENANHYDRIDE (BASISCHE OXIDE)

Die meisten Metalloxide sind ionische Verbindungen, die sich in Wasser als Base verhalten. Ionische Oxide, die in Wasser löslich sind, bilden durch ihre Reaktion Hydroxide. Hier reagiert Bariumoxid mit Wasser und produziert Bariumhydroxid [Ba(OH)$_2$].

$BaO(s)$ + $H_2O(l)$ ⟶ $Ba(OH)_2(aq)$

Bariumoxid reagiert mit Wasser Bariumhydroxid
$BaO(s)$ und produziert $Ba(OH)_2(aq)$

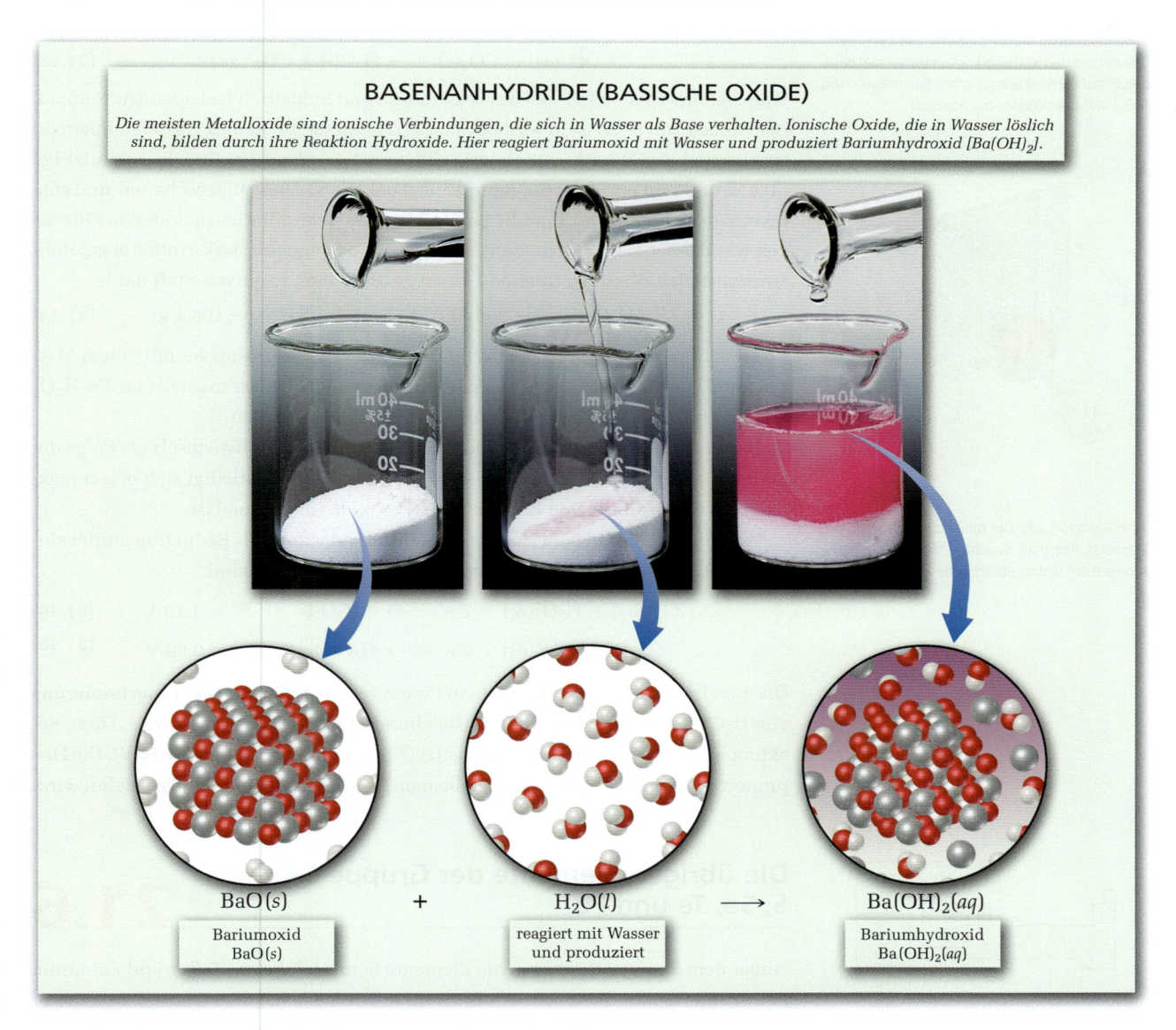

Abbildung 21.19: Die Reaktion eines basischen Oxids mit Wasser. Die rötlich-purpurne Farbe, die durch Phenolphthalein hervorgerufen wird, weist auf die Anwesenheit von OH⁻-Ionen in der Lösung hin.

Peroxide und Hyperoxide

Peroxide sind Verbindungen mit O—O-Bindungen, die Sauerstoff in der Oxidationsstufe −1 enthalten. Sauerstoff hat in O_2^-, das als *Hyperoxid-Ion* bezeichnet wird, eine Oxidationsstufe von $-\frac{1}{2}$. Die unedelsten Metalle (K, Rb und Cs) reagieren mit O_2 und erzeugen Hyperoxide (KO_2, RbO_2 und CsO_2). Die im Periodensystem benachbart angeordneten, unedlen Elemente (Na, Ca, Sr und Ba) bilden bei der Reaktion mit O_2 Peroxide (Na_2O_2, CaO_2, SrO_2 und BaO_2). Weniger unedle Metalle und Nichtmetalle produzieren normale Oxide (siehe Abschnitt 7.8).

Wenn Hyperoxide in Wasser aufgelöst werden, entsteht O_2:

$$4\ KO_2(s) + 2\ H_2O(l) \longrightarrow 4\ K^+(aq) + 4\ OH^-(aq) + 3\ O_2(g) \quad (21.41)$$

Aufgrund dieser Reaktion wird Kaliumhyperoxid (KO_2) als Sauerstoffquelle in Masken für Rettungskräfte eingesetzt (▶Abbildung 21.20). Die Feuchtigkeit des Atems führt zur Zersetzung der Verbindung, aus der O_2 und KOH resultieren. Das auf diese Weise gebildete KOH entfernt das CO_2 aus der ausgeatmeten Luft.

$$2\ OH^-(aq) + CO_2(g) \longrightarrow H_2O(l) + CO_3^{2-}(aq) \quad (21.42)$$

Wasserstoffperoxid (H_2O_2) ist das bekannteste und industriell bedeutendste Peroxid. Der Aufbau von H_2O_2 ist in ▶Abbildung 21.21 dargestellt. Reines Wasserstoffperoxid ist klar und dickflüssig, mit einer Dichte von 1,47 g/cm³ bei 0 °C. Es schmilzt bei −0,4 °C und sein normaler Siedepunkt liegt bei 151 °C. Diese Eigenschaften sind charakteristisch für eine hochgradig polare, stark Wasserstoffbrücken bildende Flüssigkeit wie Wasser. Da die Zersetzung in Wasser und Sauerstoff stark exotherm ist, stellt konzentriertes Wasserstoffperoxid einen gefährlichen, reaktiven Stoff dar.

$$2\ H_2O_2(l) \longrightarrow 2\ H_2O(l) + O_2(g) \quad \Delta H° = -196{,}1\ kJ \quad (21.43)$$

Wasserstoffperoxid ist als chemisches Reagenz in Wasserlösungen mit einem Massenanteil von bis zu 30 % erhältlich. Lösungen mit einem Massenanteil von 3 % H_2O_2 werden in Drogerien zur Entfärbung von Textilien angeboten.

Das Peroxid-Ion ist außerdem ein Nebenprodukt des Stoffwechsels als Folge der Reduktion von molekularem Sauerstoff (O_2). Der Körper entledigt sich dieser reaktiven Spezies mithilfe von Enzymen wie Peroxidase und Katalase.

Wasserstoffperoxid lässt sich als Oxidations- oder auch als Reduktionsmittel einsetzen. Die Reduktions-Teilreaktionen in sauren Lösungen sind

$$2\ H^+(aq) + H_2O_2(aq) + 2\ e^- \longrightarrow 2\ H_2O(l) \quad E° = 1{,}78\ V \quad (21.44)$$

$$O_2(g) + 2\ H^+(aq) + 2\ e^- \longrightarrow H_2O_2(aq) \quad E° = 0{,}68\ V \quad (21.45)$$

Die Kombination der beiden Teilreaktionen resultiert in der **Disproportionierung** von H_2O_2 in H_2O und O_2, die in ▶Gleichung 21.43 wiedergegeben wird. Diese Reaktion ist energetisch deutlich begünstigt ($E° = 1{,}78\ V - 0{,}68\ V = +1{,}10\ V$). Die Disproportionierung tritt ein, wenn ein Element gleichzeitig oxidiert und reduziert wird.

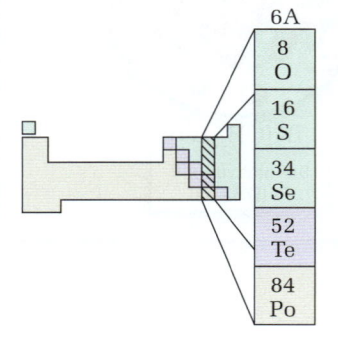

Abbildung 21.20: Ein Beatmungsapparat. Die Sauerstoffquelle dieses Systems, das von Feuerwehrleuten und Rettungskräften verwendet wird, beruht auf der Reaktion zwischen Kaliumhyperoxid (KO_2) und dem Wasser der Atemluft.

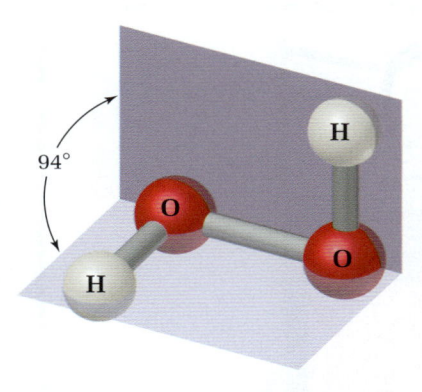

Abbildung 21.21: Die molekulare Struktur von Wasserstoffperoxid. Beachten Sie, dass die H_2O_2-Atome nicht in derselben Ebene angeordnet sind.

21.6 Die übrigen Elemente der Gruppe 6A: S, Se, Te und Po

Außer dem Sauerstoff gehören die Elemente Schwefel, Selen, Tellur und Polonium zur Gruppe 6A. In diesem Abschnitt werden wir zunächst die Eigenschaften dieser Gruppe insgesamt untersuchen und anschließend auf die spezifische Chemie von Schwefel, Selen und Tellur eingehen. Polonium, das keine stabilen Isotope besitzt

Tabelle 21.5

Eigenschaften der Elemente von Gruppe 6A

Eigenschaft	O	S	Se	Te
Atomradius (Å)	0,73	1,04	1,17	1,43
X^{2-} Ionenradius (Å)	1,40	1,84	1,98	2,21
Ionisierungsenergie (kJ/mol)	1314	1000	941	869
Elektronenaffinität (kJ/mol)	−141	−200	−195	−190
Elektronegativität	3,5	2,5	2,4	2,1
X—X Einfachbindungsenthalpie (kJ/mol)	146*	266	172	126
Normalpotenzial zu H_2X in acider Lösung (V)	1,23	0,14	−0,40	−0,72

* Basiert auf der O—O-Bindungsenergie in H_2O_2.

und von dem nur geringe Mengen in radiumhaltigen Mineralien vorkommen, werden wir nicht näher behandeln.

Allgemeine Merkmale der Elemente der Gruppe 6A

Die Elemente der Gruppe 6A sind durch die allgemeine Außenelektronenkonfiguration ns^2np^4 gekennzeichnet, wobei n Werte zwischen 2 und 6 hat. Demzufolge können diese Elemente durch das Hinzufügen von zwei Elektronen eine Edelgas-Konfiguration annehmen, woraus die Oxidationszahl −2 resultiert. Da die Gruppe 6A aus Nichtmetallen besteht, ist −2 eine gängige Oxidationszahl. Mit Ausnahme von Sauerstoff sind die Elemente der Gruppe 6A häufig auch mit positiven Oxidationszahlen bis +6 anzutreffen, zum Teil auch mit formal erweiterten Valenzschalen. Folglich weist das zentrale Atom in Verbindungen wie SF_6, SeF_6 und TeF_6 die Oxidationszahl +6 auf und besitzt scheinbar mehr als ein Oktett Valenzelektronen.

Tabelle 21.5 fasst die wichtigsten Atomeigenschaften der Elemente der Gruppe 6A zusammen. Für die meisten in Tabelle 21.5 aufgeführten Eigenschaften lässt sich eine regelmäßige Variation als Funktion einer zunehmenden Atomnummer feststellen. So nehmen die Atom- und Ionenradien zu, während die Ionisierungsenergie innerhalb der Gruppe, wie zu erwarten, von oben nach unten abnimmt.

Vorkommen und Herstellung von S, Se und Te

Große unterirdische Ablagerungen stellen die wichtigste Quelle für elementaren Schwefel dar. Große Mengen Schwefel kommen auch in Form von Sulfid und Sulfatmineralien vor. Sein Auftreten als geringer Bestandteil von Kohle und Petroleum bedeutet ein nicht unerhebliches Problem. Die Verbrennung solcher „unsauberen" Brennstoffe geht mit einer umweltschädlichen Schwefeloxid-Emission einher (siehe Abschnitt 18.4). An der Entfernung des Schwefelanteils wurde mit großen Anstrengungen gearbeitet, die auch die Verfügbarkeit von Schwefel erhöht haben. Durch den Verkauf des Schwefels kann ein Teil der Kosten des Entschwefelungsprozesses kompensiert werden.

Selen und Tellur kommen in seltenen Mineralien vor, so z. B. in Cu_2Se, PbSe, Ag_2Se, Cu_2Te, PbTe, Ag_2Te oder Au_2Te. Weiterhin kommen sie in geringen Mengen in Sulfiderzen von Kupfer, Eisen, Nickel und Blei vor.

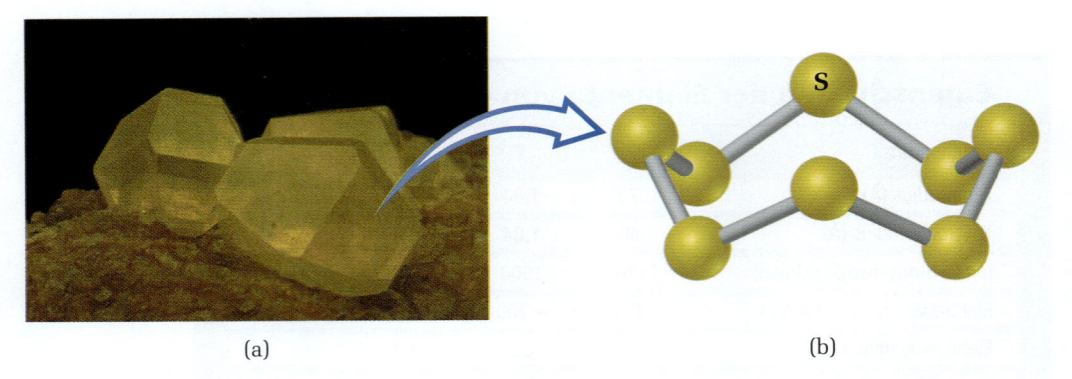

Abbildung 21.22: Elementarer Schwefel. Die verbreitete gelbe, kristalline Form des rhombischen Schwefels, S_8, besteht aus achtgliedrigen, kronenförmigen S-Atom-Ringen.

Eigenschaften und Verwendung von Schwefel, Selen und Tellur

Für gewöhnlich finden wir Schwefel in dieser Form vor: gelb, geschmacksneutral und annähernd geruchlos. Er ist nicht wasserlöslich und kann in verschiedenen allotropen Formen vorkommen. Bei Zimmertemperatur ist rhombischer Schwefel die thermodynamisch stabile Form und besteht aus kronenartig gefalteten S_8-Ringen (▶Abbildung 21.22). Wenn Schwefel über seinen Schmelzpunkt (113 °C) hinaus erhitzt wird, finden mehrere Veränderungen statt. Zunächst enthält der geschmolzene Schwefel S_8-Moleküle und wird zur Flüssigkeit, da die Ringe mühelos übereinander gleiten. Eine weitere Erhitzung der strohfarbenen Flüssigkeit führt zum Brechen der Ringe; anschließend verbinden sich die Fragmente zu sehr langen Molekülen, die sich miteinander verschlingen. Der Schwefel wird dementsprechend ausgesprochen zähflüssig. Ein Farbwechsel zu einem dunklen, rötlichen Braun begleitet diesen Prozess (▶Abbildung 21.23). Wird die Erhitzung fortgesetzt, brechen die gebildeten Ketten, und die Viskosität nimmt wieder ab.

Der Großteil der US-amerikanischen Jahresproduktion von $1,4 \times 10^{10}$ kg Schwefel wird für die Herstellung von Schwefelsäure benötigt. Schwefel dient auch zur Vulkanisierung von Gummi. In diesem Prozess wird Gummi durch die Vernetzung von Polymerketten widerstandsfähig gemacht (siehe Abschnitt 12.2).

Die stabilsten Allotrope der Elemente Selen und Tellur sind kristalline Stoffe, die helicale Atomketten enthalten (▶Abbildung 21.24). Die einzelnen Atome einer Kette liegen dicht an den Atomen anderer Ketten, und es hat den Anschein, dass einige Elektronen mehreren Atomen zugeordnet sind.

Die elektrische Leitfähigkeit von Selen ist bei Dunkelheit sehr niedrig, nimmt jedoch unter Lichteinwirkung deutlich zu. In photoelektrischen Zellen und Lichtmessinstrumenten wird diese Eigenschaft des Elements genutzt. Auch Fotokopierer sind von der Leitfähigkeit von Selen abhängig. Fotokopiergeräte enthalten ein Band oder eine Walze, die mit einem Selen-Film beschichtet ist. Diese elektrostatisch geladene Walze wird dem Licht ausgesetzt, das durch das fotokopierte Bild reflektiert wird. Die elektrische Ladung des Selen-Films fließt dort ab, wo er durch die Einwirkung des Lichts leitfähig gemacht worden ist. Ein schwarzes Pulver (der Toner) haftet nur an solchen Stellen, die weiterhin elektrische Ladung aufweisen. Die Fotokopie wird hergestellt, indem der Toner auf ein Blatt Papier übertragen und anschließend durch Hitzeeinwirkung mit dem Papier verschmolzen wird.

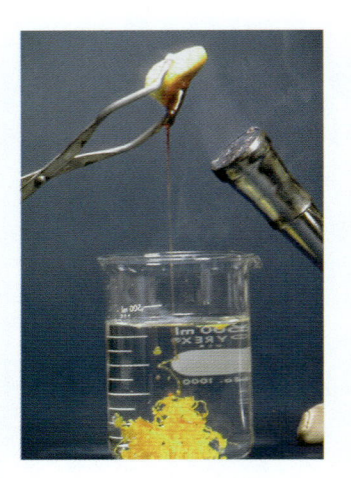

Abbildung 21.23: Erhitzen von Schwefel. Wird Schwefel über seinen Schmelzpunkt (113 °C) hinaus erhitzt, wird er dickflüssig und nimmt eine dunkle Farbe an. Hier wird die Flüssigkeit in kaltes Wasser gegossen, wodurch sich der Schwefel erneut verfestigt.

Abbildung 21.24: Teil der Struktur von kristallinem Selen. Die gestrichelten Linien stellen die schwachen Wechselwirkungen zwischen den Atomen benachbarter Ketten dar. Tellur besitzt die gleiche Struktur.

Sulfide

Schwefel kann mit vielen Elementen durch direkte Kombination Verbindungen herstellen. Ist ein Element weniger elektronegativ als Schwefel, bilden sich *Sulfide*, die S^{2-} enthalten. Auf diese Weise entsteht Eisen(II)-Sulfid (FeS) durch die direkte Kombination von Eisen und Schwefel. Viele metallische Elemente existieren als Sulfiderze wie PbS (Bleiglanz) oder HgS (Zinnober). Zahlreiche ähnliche Erze enthalten das Disulfid-Ion, S_2^{2-} (analog zum Peroxid-Ion). Pyrit, FeS_2, kommt in Form von gelbgoldenen, würfelförmigen Kristalle vor (▶ Abbildung 21.25). Da es aufgrund der Färbung mitunter mit Gold verwechselt wurde, ist es auch als „Katzengold" bekannt.

Eines der wichtigsten Sulfide ist Schwefelwasserstoff, H_2S. Im Allgemeinen wird dieser Stoff durch die direkte Vereinigung der Elemente gebildet, da er bei hohen Temperaturen instabil ist und zur Dekomposition neigt. Hydrogensulfid wird für gewöhnlich mithilfe von verdünnter Säure und Eisen(II)-Sulfid hergestellt.

$$FeS(s) + 2\,H^+(aq) \longrightarrow H_2S(aq) + Fe^{2+}(aq) \qquad (21.46)$$

Abbildung 21.25: Pyrit (FeS_2). Dieser Stoff ist auch unter der Bezeichnung „Katzengold" bekannt, da er aufgrund seiner Farbe von vielen irrtümlich für Gold gehalten wurde. Gold ist wesentlich dichter und weicher als Pyrit.

Eine besonders markante Eigenschaft des Schwefelwasserstoffs ist der Geruch; H_2S ist weitestgehend für den unangenehmen Geruch verantwortlich, den faule Eier entwickeln. Schwefelwasserstoff ist überaus giftig. Erfreulicherweise sind unsere Nasen in der Lage, selbst geringste nichttoxische Konzentrationen wahrzunehmen. Ein schwefelhaltiges organisches Molekül wie Dimethylsulfid, $(CH_3)_2S$, das nicht weniger geruchsintensiv ist, wird durch die Nase noch in Konzentrationen von eins zu einer Milliarde registriert und verleiht dem geruchlosen Erdgas als Zusatzstoff einen erkennbaren Geruch.

Oxide, Sauerstoffsäuren und Oxoanionen von Schwefel

Schwefeldioxid entsteht bei der Verbrennung von Schwefel in der Luft. Es ist giftig und entwickelt einen beißenden Geruch. Das Gas ist besonders toxisch für niedrige Organismen wie Pilze und wird daher zur Sterilisierung von getrockneten Früchten und Weinen verwendet. Bei Zimmertemperatur und einem Druck von 1 atm ist SO_2 wasserlöslich und bildet eine Lösung mit einer Konzentration von etwa 1,6 M. Da die SO_2-Lösung sauer ist, wird sie als schweflige Säure (H_2SO_3) bezeichnet. Schweflige Säure ist eine zweibasige Säure:

$$H_2SO_3(aq) \rightleftharpoons H^+(aq) + HSO_3^-(aq) \qquad K_{S1} = 1{,}7 \times 10^{-2}\ (25°C) \qquad (21.47)$$

$$HSO_3^-(aq) \rightleftharpoons H^+(aq) + SO_3^{2-}(aq) \qquad K_{S2} = 6{,}4 \times 10^{-8}\ (25°C) \qquad (21.48)$$

SO_3^{2-}-Salze (Sulfite) und HSO_3^- (Hydrogensulfite oder Bisulfite) sind weithin bekannt. Geringe Mengen von Na_2SO_3 oder $NaHSO_3$ beugen als Zusatzstoffe in Lebensmitteln Bakterienbefall vor. Da es sich bei Sulfiten um ein starkes Allergen handelt, ist für sulfithaltige Produkte inzwischen ein entsprechender Warnhinweis vorgeschrieben.

Obwohl bei der Verbrennung von Schwefel in Luft vor allem SO_2 entsteht, werden auch geringe Mengen SO_3 erzeugt. Das Hauptprodukt der Reaktion ist SO_2, da die Barriere der Aktivierungsenergie für eine weitere Oxidation zu SO_3 sehr hoch ist, solange kein Katalysator anwesend ist. Schwefeltrioxid hat aufgrund seiner Rolle als Anhydrid von Schwefelsäure einen hohen industriellen Stellenwert. Bei der Herstellung von Schwefelsäure wird zunächst SO_2 durch die Verbrennung von Schwefel gewonnen. SO_2 wird anschließend zu SO_3 oxidiert, wobei ein Katalysator wie V_2O_5

21 Chemie der Nichtmetalle

Abbildung 21.26: Eine Dehydratisierungsreaktion. Saccharose ($C_{12}H_{22}O_{11}$) ist ein Kohlenhydrat, das zwei H-Atome pro O-Atom besitzt. (a) Das Becherglas enthält feste Saccharose (Tafelzucker), die zu Beginn weiß ist. Durch die Zugabe von Schwefelsäure, ein besonders gut geeignetes Dehydrierungsmittel, wird H_2O aus der Saccharose entfernt. (b,c) Das Produkt der Dehydratisierung ist Kohlenstoff, der nach Ablauf der Reaktion als schwarze Masse zurückbleibt.

(a)   (b)   (c)

oder Platin eingesetzt wird. Aufgrund seiner geringen Wasserlöslichkeit wird SO_3 in H_2SO_4 aufgelöst. Anschließend wird die resultierende $H_2S_2O_7$ (Pyroschwefelsäure) in Wasser gegeben, die dann H_2SO_4 bildet:

$$SO_3(g) + H_2SO_4(l) \longrightarrow H_2S_2O_7(l) \tag{21.49}$$

$$H_2S_2O_7(l) + H_2O(l) \longrightarrow 2\,H_2SO_4(l) \tag{21.50}$$

Handelsübliche Schwefelsäure ist 98 % H_2SO_4. Es ist eine dichte, farblose und ölige Flüssigkeit, die bei 340 °C siedet. Schwefelsäure verfügt über zahlreiche nützliche Eigenschaften: Sie ist eine starke Säure, ein effizientes Dehydratisierungsmittel und ein gutes Oxidationsmittel. Die Dehydratisierungseigenschaften von Schwefelsäure sind in ▶ Abbildung 21.26 veranschaulicht.

Jahr für Jahr übertrifft die Produktionsmenge der Schwefelsäure in den USA alle anderen dort produzierten Chemikalien. In den USA werden pro Jahr etwa $4{,}0 \times 10^{10}$ kg hergestellt. Schwefelsäure ist in der einen oder anderen Form an fast allen Produktionsprozessen beteiligt. Dementsprechend gilt ihr Verbrauch als Indikator für das Gesamtvolumen der industriellen Aktivitäten.

Obwohl Schwefelsäure als starke Säure eingestuft ist, wird in wässriger Lösung nur das erste Proton vollständig abgespalten. Nur ein kleiner Teil des zweiten Protons wird dissoziiert.

$$H_2SO_4(aq) \longrightarrow H^+(aq) + HSO_4^-(aq)$$

$$HSO_4^-(aq) \rightleftharpoons H^+(aq) + SO_4^{2-}(aq) \qquad K_S = 1{,}1 \times 10^{-2}$$

> **? DENKEN SIE EINMAL NACH**
>
> Ist ▶ Gleichung 21.50 eine Redox-Reaktion?

Dementsprechend bildet Schwefelsäure zwei Typen von Salzen: Sulfate und Bisulfate (oder: Hydrogensulfate). Bisulfat-Salze sind häufig Bestandteil so genannter „trockener Säuren", die zur Justierung des pH-Werts von Schwimmbecken und Gemeinschaftswannen verwendet werden und sind oft auch in Reinigungsmitteln für Klosettschüsseln enthalten.

Das Thiosulfat-Ion ($S_2O_3^{2-}$) ist mit dem Sulfat-Ion verwandt und entsteht in einer siedenden, basischen SO_3^{2-}-Lösung mit elementarem Schwefel.

$$8\,SO_3^{2-}(aq) + S_8(s) \longrightarrow 8\,S_2O_3^{2-}(aq) \tag{21.51}$$

Die Silbe *Thio-* verweist auf den Austausch eines Sauerstoffatoms durch ein Schwefelatom. ▶ Abbildung 21.27 zeigt einen Vergleich der Strukturen vom Sulfat- und Thiosulfat-Ion. Beim Ansäuern zerfällt das Thiosulfat-Ion und bildet Schwefel und H_2SO_3.

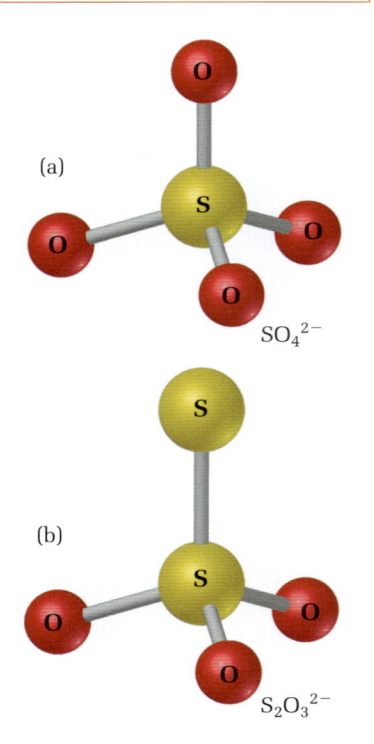

Abbildung 21.27: Strukturen von Sulfat-Ionen. (a) Das Sulfat-Ion (SO_4^{2-}) und (b) das Thiosulfat-Ion ($S_2O_3^{2-}$).

Das Pentahydrat-Salz von Natriumthiosulfat ($Na_2S_2O_3 \cdot 5\,H_2O$) wird in der Fotografie eingesetzt. Fotografisches Filmmaterial besteht aus einer Suspension von AgBr-Mikrokristallen in Gelatine. Unter Lichteinwirkung zerfallen einige der AgBr-Mikrokristalle und bilden feine Silberkörner. Wird der Film mit einem schwachen Reduktionsmittel (Entwickler) behandelt, werden die Ag^+-Ionen in AgBr im Umfeld der Silberkörner reduziert und erzeugen ein schwarz-silbriges Bild. Der Film wird anschließend mit einer Natriumthiosulfat-Lösung behandelt, um das unbelichtete AgBr zu entfernen. Das Thiosulfat-Ion reagiert mit AgBr und erzeugt einen löslichen Thiosulfat-Komplex.

$$AgBr(s) + 2\,S_2O_3^{2-}(aq) \rightleftharpoons Ag(S_2O_3)_2^{3-}(aq) + Br^-(aq) \quad (21.52)$$

Dieser Schritt des Verfahrens wird als „Fixierung" bezeichnet. Das Thiosulfat-Ion wird außerdem in quantitativen Analysen als Reduktionsmittel für Iod eingesetzt.

$$2\,S_2O_3^{2-}(aq) + I_2(s) \longrightarrow 2\,I^-(aq) + S_4O_6^{2-}(aq) \quad (21.53)$$

> Molekülmodelle

Stickstoff 21.7

Der Stickstoff wurde im Jahr 1772 durch den schottischen Botaniker Daniel Rutherford entdeckt. Er stellte fest, dass eine Maus in einem verschlossenen Glasbehälter innerhalb eines kurzen Zeitraums den lebensnotwendigen Luftbestandteil (Sauerstoff) aufbraucht und stirbt. Nachdem die „fixierte Luft" (CO_2) aus dem Behälter entfernt worden war, befand sich dort eine „schädliche Luft", die weder Leben noch Verbrennungsvorgänge ermöglichte. Dieses Gas kennen wir heute unter der Bezeichnung Stickstoff.

Stickstoff hat einen Anteil von 78 % an der Erdatmosphäre, wo er in Form von N_2 existiert. Obwohl Stickstoff ein wichtiges Element in lebenden Organismen darstellt, sind in der Erdkruste keine größeren Mengen von Stickstoffverbindungen vorhanden. Die größeren natürlichen Stickstoffablagerungen kommen als KNO_3 (Salpeter) in Indien und als $NaNO_3$ (Chile-Salpeter) in Chile vor sowie in anderen Wüstenregionen Südamerikas.

Eigenschaften des Stickstoffs

Stickstoff ist ein farb-, geruchs- und geschmacksneutrales Gas, das aus N_2-Molekülen besteht. Sein Schmelzpunkt liegt bei $-210\,°C$ und sein Siedepunkt liegt unter normalen Bedingungen bei $-196\,°C$.

Aufgrund der starken Dreifachbindung zwischen den Stickstoff-Atomen ist das N_2-Molekül kaum reaktiv. Die Bindungsenthalpie beträgt 941 kJ/mol, knapp doppelt so hoch wie die der Sauerstoffbindung, siehe Tabelle 8.4. Wenn Stoffe in Luft verbrennen, reagieren sie für gewöhnlich mit Sauerstoff, nicht aber mit N_2. Bei der Verbrennung von Magnesium findet jedoch eine Reaktion mit N_2 statt, bei der es zur Bildung von Magnesiumnitrid (Mg_3N_2) kommt. Eine ähnliche Reaktion verläuft mit Lithium, die Li_3N produziert.

$$3\,Mg(s) + N_2(g) \longrightarrow Mg_3N_2(s) \quad (21.54)$$

Das Nitrid-Ion ist eine starke Brønsted–Lowry-Base. Bei der Reaktion des Nitrid-Ions mit Wasser wird Ammoniak (NH_3) gebildet:

$$Mg_3N_2(s) + 6\,H_2O(l) \longrightarrow 2\,NH_3(aq) + 3\,Mg(OH)_2(s) \quad (21.55)$$

21 Chemie der Nichtmetalle

Tabelle 21.6
Oxidationszahlen von Stickstoff

Oxidations-zahl	Beispiele
+5	N_2O_5, HNO_3, NO_3^-
+4	NO_2, N_2O_4
+3	HNO_2, NO_2^-, NF_3
+2	NO
+1	N_2O, $H_2N_2O_2$, $N_2O_2^{2-}$, HNF_2
0	N_2
−1	NH_2OH, NH_2F
−2	N_2H_4
−3	NH_3, NH_4^+, NH_2^-

$$NO_3^- \xrightarrow{+0,79\,V} NO_2 \xrightarrow{+1,12\,V} HNO_2 \xrightarrow{+1,00\,V} NO \xrightarrow{+1,59\,V} N_2O \xrightarrow{+1,77\,V} N_2 \xrightarrow{+0,27\,V} NH_4^+$$

mit Übergängen +0,96 V (NO_3^- → HNO_2) und +1,25 V (HNO_2 → NO)

Abbildung 21.28: Normalpotenziale. Die Werte beziehen sich auf geläufige stickstoffhaltige Verbindungen in sauren Lösungen. Beispielsweise hat die Reduktion von NO_3^- zu NO_2 in saurer Lösung ein Normalpotenzial von 0,79 V. Mithilfe der in Abschnitt 20.2 erörterten Techniken können Sie diese Teilreaktion ausgleichen.

Die Elektronenkonfiguration des Stickstoff-Atoms ist $[He]2s^22p^3$. Das Element kann alle formalen Oxidationsstufen zwischen +5 und −3 annehmen (siehe Tabelle 21.6). Von diesen sind +5, 0 und −3 die häufigsten und in der Regel auch die stabilsten Oxidationsstufen. Da Stickstoff stärker elektronegativ ist als alle anderen Elemente außer Fluor, Sauerstoff und Chlor, weist er nur in Verbindung mit diesen drei Elementen positive Oxidationsstufen auf.

▶ Abbildung 21.28 bietet einen Überblick der Normalpotenziale bei der gegenseitigen Umwandlung einiger gewöhnlicher Stickstoff-Spezies. Die im Diagramm angegebenen Potenziale sind groß und positiv – ein Hinweis darauf, dass die aufgeführten Oxide und Oxoanionen als starke Oxidationsmittel auftreten.

Herstellung und Verwendung von Stickstoff

In industriellem Maßstab wird elementarer Stickstoff durch die fraktionierte Destillation flüssiger Luft gewonnen. In den Vereinigten Staaten werden pro Jahr etwa $3,6 \times 10^{10}$ kg N_2 produziert.

Aufgrund seiner niedrigen Reaktivität werden große Mengen Stickstoff als Inertgas eingesetzt, um O_2 während des Produktions- und Verpackungsprozesses von Lebensmitteln sowie der Herstellung von Chemikalien, Metallen und elektronischen Geräten fernzuhalten. Flüssiger Stickstoff wird als Kühlmittel zur schnellen Tiefgefrierung von Lebensmitteln verwendet.

Der größte Anwendungsbereich besteht in der Herstellung von stickstoffhaltigen Düngemitteln, die *fixierten* Stickstoff abgeben. Die Stickstofffixierung wurde bereits im Kasten „Chemie und Leben" in Abschnitt 14.7 sowie im Kasten „Chemie im Einsatz" in Abschnitt 15.1 erörtert. Unser Ausgangspunkt bei der Stickstofffixierung ist die Produktion von Ammoniak im Haber-Bosch-Verfahren (siehe dazu Abschnitt 15.1). Das Ammoniak lässt sich anschließend in eine Reihe von einfachen und nützlichen stickstoffhaltigen Spezies umwandeln (▶ Abbildung 21.29). Auf viele dieser Reaktionen wird später in diesem Abschnitt noch ausführlicher eingegangen.

Abbildung 21.29: Stickstoff-Umwandlungen. Umwandlung von N_2 in geläufige Stickstoffverbindungen.

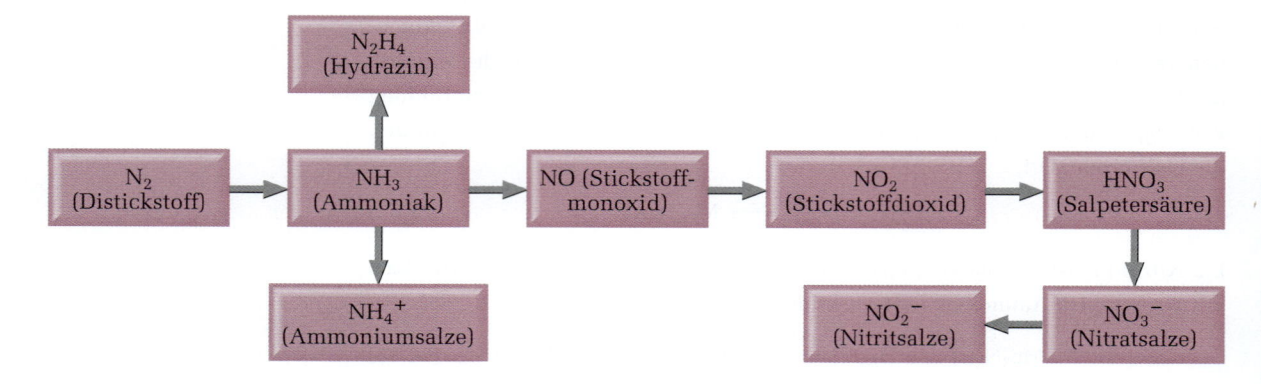

Flussdiagramm: N_2 (Distickstoff) → NH_3 (Ammoniak) → N_2H_4 (Hydrazin); NH_3 → NH_4^+ (Ammoniumsalze); NH_3 → NO (Stickstoffmonoxid) → NO_2 (Stickstoffdioxid) → HNO_3 (Salpetersäure) → NO_3^- (Nitratsalze) → NO_2^- (Nitritsalze).

Stickstoffhaltige Wasserstoffverbindungen

Ammoniak ist eine der wichtigsten Stickstoffverbindungen. Das farblose, toxische Gas besitzt einen typischen, unangenehmen Geruch. Wie bereits erörtert wurde, ist das NH_3-Molekül basisch ($K_B = 1{,}8 \times 10^{-5}$) (siehe Abschnitt 16.7).

Im Labor kann NH_3 durch Einwirken von NaOH auf ein Ammoniumsalz hergestellt werden. Das NH_4^+-Ion, die konjugierte Säure zu NH_3, überträgt ein Proton auf OH^-. Das resultierende NH_3 ist flüchtig und wird aus der Lösung durch leichtes Erhitzen entfernt.

$$NH_4Cl(aq) + NaOH(aq) \longrightarrow NH_3(g) + H_2O(l) + NaCl(aq) \qquad (21.56)$$

Für die industrielle Herstellung von NH_3 wird das Haber-Bosch-Verfahren angewandt.

$$N_2(g) + 3\,H_2(g) \longrightarrow 2\,NH_3(g) \qquad (21.57)$$

In den Vereinigten Staaten werden pro Jahr etwa $1{,}6 \times 10^{10}$ kg Ammoniak produziert. Etwa 75% davon werden als Düngemittel eingesetzt.

Hydrazin (N_2H_4) steht mit Ammoniak in derselben Beziehung wie Wasserstoffperoxid mit Wasser. Wie aus ▶ Abbildung 21.30 ersichtlich ist, weist das Hydrazin-Molekül eine N—N-Einfachbindung auf. Hydrazin ist eine giftige Verbindung. Es lässt sich mithilfe der Reaktion von Ammoniak mit Hypochlorit-Ionen (OCl^-) in wässriger Lösung herstellen.

$$2\,NH_3(aq) + OCl^-(aq) \longrightarrow N_2H_4(aq) + Cl^-(aq) + H_2O(l) \qquad (21.58)$$

Die Reaktion ist komplex und umfasst mehrere Zwischenprodukte, darunter Chloramin (NH_2Cl). Das giftige NH_2Cl entsteht aus der Lösung, die sich aus der Mischung von haushaltsüblichem Ammoniak mit Chlorbleiche, die OCl^- enthält, ergibt. Diese Reaktion ist ein Grund für den häufig zu lesenden Warnhinweis, dass Bleichmittel und Haushaltsammoniak keinesfalls vermischt werden dürfen.

Reines Hydrazin ist eine farblose, ölige Flüssigkeit, die in Luft bei Erhitzung explodiert. Der Umgang mit Hydrazin in einer wässrigen Lösung ist gefahrlos, in der es sich wie eine schwache Base verhält ($K_B = 1{,}3 \times 10^{-6}$). Die Verbindung ist ein effizientes und vielseitiges Reduktionsmittel. Die wichtigste Anwendung von Hydrazin und verwandten Verbindungen wie Methylhydrazin (Abbildung 21.30) ist die als Raketentreibstoff.

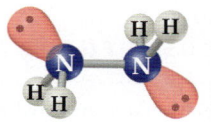

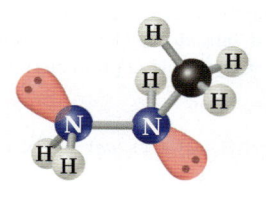

Abbildung 21.30: Strukturen von Hydrazin (N_2H_4) und Methylhydrazin (CH_3NHNH_2).

ÜBUNGSBEISPIEL 21.8 Formulierung einer ausgeglichenen Gleichung

Hydroxylamin (NH_2OH) reduziert Kupfer(II) in Säurelösungen zum Metall. Schreiben Sie eine ausgeglichene Reaktionsgleichung und unterstellen Sie dabei, dass N_2 das Oxidationsprodukt ist.

Lösung

Analyse: Es soll eine ausgeglichene Redox-Gleichung formuliert werden, in der NH_2OH zu N_2 sowie Cu^{2+} zu Cu umgewandelt wird.

Vorgehen: Da es sich um eine Redoxreaktion handelt, kann die Gleichung durch die Teilreaktions-Methode ausgeglichen werden, die bereits in Abschnitt 20.2 erörtert wurde. Dementsprechend beginnen wir mit zwei Teilreaktionen, von denen eine NH_2OH und N_2, die andere Cu^{2+} und Cu einschließt.

Lösung: Die unvollständigen und nicht ausgeglichenen Teilreaktionen sind

$$Cu^{2+}(aq) \longrightarrow Cu(s) \qquad NH_2OH(aq) \longrightarrow N_2(g)$$

Durch das Ausgleichen der Gleichungen wie in Abschnitt 20.2 ergibt sich

$$Cu^{2+}(aq) + 2\ e^- \longrightarrow Cu(s)$$

$$2\ NH_2OH(aq) \longrightarrow N_2(g) + 2\ H_2O(l) + 2\ H^+(aq) + 2\ e^-$$

Fügen wir diese Teilreaktionen hinzu, erhalten wir folgende ausgeglichene Reaktionsgleichung:

$$Cu^{2+}(aq) + 2\ NH_2OH(aq) \longrightarrow Cu(s) + N_2(g) + 2\ H_2O(l) + 2\ H^+(aq)$$

ÜBUNGSAUFGABE

(a) In Kraftwerken wird Hydrazin zur Vorbeugung gegen die Korrosion der Metallteile in Dampfkesseln eingesetzt, die durch den in Wasser gelösten Sauerstoff entstehen kann. Hydrazin reagiert mit O_2 in Wasser und produziert dabei N_2 sowie H_2O. Formulieren Sie die entsprechende ausgeglichene Reaktionsgleichung. **(b)** Methylhydrazin, $N_2H_3CH_3(l)$, wird zusammen mit dem Oxidationsmittel Distickstoff-Tetroxid, $N_2O_4(l)$, als Treibstoff der Steuerraketen des Space Shuttles verwendet. Durch die Reaktion dieser beiden Stoffe wird N_2, CO_2 und H_2O produziert. Formulieren Sie die entsprechende ausgeglichene Reaktionsgleichung.

Antworten:

(a) $N_2H_4(aq) + O_2(aq) \longrightarrow N_2(g) + 2\ H_2O(l)$; **(b)** $5\ N_2O_4(l) + 4\ N_2H_3CH_3(l) \longrightarrow 9\ N_2(g) + 4\ CO_2(g) + 12\ H_2O(g)$.

Stickstoffoxide und Sauerstoffsäuren

Stickstoffdioxid und Distickstofftrioxid

Stickstoff bildet drei bekannte Oxide: N_2O (Distickstoffoxid), NO (Stickstoffmonoxid) und NO_2 (Stickstoffdioxid). Weiterhin erzeugt es zwei instabile Oxide, auf die wir nicht näher eingehen: N_2O_3 (Distickstofftrioxid) und N_2O_5 (Distickstoffpentoxid).

Distickstoffoxid (N_2O) ist auch unter dem Namen „Lachgas" bekannt, da das Einatmen einer kleinen Menge Schwindligkeit hervorrufen kann. Dieses farblose Gas war der erste Stoff, der zur Einleitung einer Vollnarkose eingesetzt wurde. Es wird als komprimiertes Treibgas in zahlreichen Sprays und Sprühschaumdosen verwendet, unter anderem auch für Schlagsahne. Im Labor lässt sich Distickstoffoxid durch das langsame Erhitzen von Ammoniumnitrat auf etwa 200 °C herstellen.

$$NH_4NO_3(s) \xrightarrow{\Delta} N_2O(g) + 2\ H_2O(g) \qquad (21.59)$$

Stickstoffmonoxid (NO) ist gleichfalls ein farbloses Gas, im Gegensatz zu N_2O jedoch toxisch. Im Labor wird es durch die Reduktion von halbkonzentrierter Salpetersäure mit Kupfer oder Eisen als Reduktionsmittel hergestellt (▶ Abbildung 21.31).

$$3\ Cu(s) + 2\ NO_3^-(aq) + 8\ H^+(aq) \longrightarrow 3\ Cu^{2+}(aq) + 2\ NO(g) + 4\ H_2O(l) \quad (21.60)$$

Es lässt sich zudem durch die direkte Reaktion von N_2 und O_2 bei hohen Temperaturen erzeugen. Diese Reaktion spielt eine wichtige Rolle bei der Schadstoffbelastung

Abbildung 21.31: Bildung von Stickstoffmonoxid. (a) Stickstoffmonoxid (NO) lässt sich durch die Reaktion von Kupfer mit 6 *M* Salpetersäure herstellen. Auf dem Foto ist ein Gefäß zu sehen, das 6 *M* HNO_3 und Kupferstückchen enthält. Farbloses NO, das nur wenig wasserlöslich ist, sammelt sich im Gefäß. Die blaue Farbe der Lösung zeigt das Vorhandensein von Cu^{2+}-Ionen an. (b) Farbloses NO-Gas, das wie in (a) dargestellt im Gefäß gesammelt wurde. (c) Sobald der Verschluss des Gefäßes entfernt wird, reagiert NO mit dem in der Luft vorhandenen Sauerstoff und bildet gelb-braunes NO_2.

(a)   (b)   (c)

der Luft durch Stickstoffoxide (siehe Abschnitt 18.4). Industriell wird NO jedoch nicht durch die direkte Verbindung von N_2 und O_2 hergestellt, da ein solches Verfahren wenig effizient wäre; die Gleichgewichtskonstante K_p beträgt bei 2400 K lediglich 0,05 (siehe auch Kasten „Chemie im Einsatz" in Abschnitt 15.6).

Die kommerzielle Herstellung von NO, und damit auch die anderer sauerstoffhaltiger Stickstoffverbindungen, beinhaltet die katalytische Oxidation von NH_3.

$$4\ NH_3(g)\ +\ 5\ O_2(g)\ \xrightarrow[850\ °C]{\text{Pt–Katalysator}}\ 4\ NO(g)\ +\ 6\ H_2O(g) \qquad (21.61)$$

Die katalytische Umwandlung von NH_3 in NO ist der erste der insgesamt drei Schritte des **Ostwaldverfahrens**, das zur industriellen Umwandlung von NH_3 in Salpetersäure (HNO_3) eingesetzt wird. Stickstoffmonoxid reagiert heftig mit O_2 und erzeugt in Luft NO_2 (▶ Abbildung 21.31).

$$2\ NO(g)\ +\ O_2(g)\ \longrightarrow\ 2\ NO_2(g) \qquad (21.62)$$

Wird NO_2 in Wasser aufgelöst, entsteht Salpetersäure.

$$3\ NO_2(g)\ +\ H_2O(l)\ \longrightarrow\ 2\ H^+(aq)\ +\ 2\ NO_3^-(aq)\ +\ NO(g) \qquad (21.63)$$

Stickstoff wird in dieser Reaktion sowohl oxidiert als auch reduziert, dementsprechend findet eine Disproportionierung statt. Das Reduktionsprodukt NO lässt sich zurück in NO_2 konvertieren, indem es der Luft ausgesetzt wird. Um weiteres HNO_3 zu bilden, wird es anschließend in Wasser aufgelöst.

Erst vor kurzem wurde NO als wichtiger Neurotransmitter im menschlichen Körper entdeckt. Hier besteht die Wirkung von NO in der Entspannung der Muskeln rund um die Blutgefäße und damit in der Erhöhung des Blutdurchflusses (siehe Kasten „Chemie und Leben" in diesem Abschnitt).

Stickstoffdioxid (NO_2) ist ein gelbbraunes Gas (Abbildung 21.31). Ebenso wie NO ist es ein wesentlicher Bestandteil des Smogs (siehe Abschnitt 18.4). Das Gas ist giftig und besitzt einen beißenden Geruch. Wie bereits zu Beginn des Kapitels 15 erörtert wurde, befinden sich NO_2 und N_2O_4 im Gleichgewichtszustand (siehe Abbildungen 15.1 und 15.2).

$$2\ NO_2(g)\ \rightleftharpoons\ N_2O_4(g) \qquad \Delta H° = -58\ \text{kJ} \qquad (21.64)$$

▶ Abbildung 21.32 zeigt den Aufbau der beiden geläufigsten Oxysäuren des Stickstoffs: Salpetersäure (HNO_3) und salpetrige Säure (HNO_2). *Salpetersäure* ist eine farblose, korrodierende Flüssigkeit. Aufgrund geringer Mengen NO_2, die das Produkt einer photochemischen Zersetzung sind, nehmen Salpetersäurelösungen häufig eine leicht gelbliche Färbung (▶ Abbildung 21.33) an.

$$4\ HNO_3(aq)\ \xrightarrow{h\nu}\ 4\ NO_2(g)\ +\ O_2(g)\ +\ 2\ H_2O(l) \qquad (21.65)$$

Salpetersäure ist eine ausgesprochen starke Säure. Wie die folgenden Normalpotenziale belegen, ist sie zudem ein effizientes Oxidationsmittel:

$$NO_3^-(aq)\ +\ 2\ H^+(aq)\ +\ e^-\ \longrightarrow\ NO_2(g)\ +\ H_2O(l) \qquad E° = +0{,}79\ \text{V} \qquad (21.66)$$

$$NO_3^-(aq)\ +\ 4\ H^+(aq)\ +\ 3\ e^-\ \longrightarrow\ NO(g)\ +\ 2\ H_2O(l) \qquad E° = +0{,}96\ \text{V} \qquad (21.67)$$

Konzentrierte Salpetersäure oxidiert und korrodiert die meisten Metalle, ausgenommen Au, Pt, Rh sowie Ir.

Etwa 8×10^9 kg Salpetersäure werden pro Jahr in den Vereinigten Staaten produziert. Der größte Teil, etwa 80 % der Jahresproduktion, wird für die Herstellung von

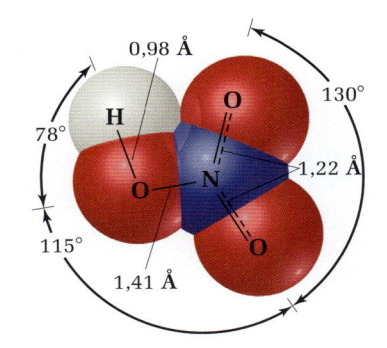

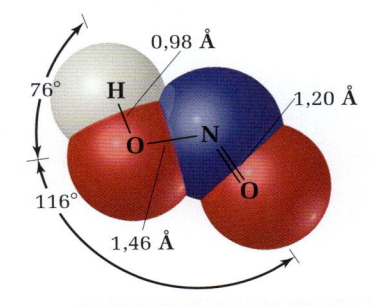

Abbildung 21.32: Strukturen von Salpetersäure und salpetriger Säure.

Abbildung 21.33: Photochemische Zersetzung. Die farblose Salpetersäure-Lösung (links) wird durch die Einwirkung des Sonnenlichts gelb (rechts).

Molekülmodelle

Düngemitteln eingesetzt. HNO₃ wird außerdem bei der Herstellung von Plastik, Medikamenten und Sprengstoffen verwendet.

Zu den Sprengstoffen auf Salpetersäure-Basis gehören Nitroglycerin, Trinitrotoluol (TNT) und Nitrozellulose. Nitroglycerin entsteht bei dieser Reaktion von Salpetersäure mit Glycerin:

$$
\begin{array}{c}
\text{H} \\
| \\
\text{H}-\text{C}-\text{OH} \\
| \\
\text{H}-\text{C}-\text{OH} \\
| \\
\text{H}-\text{C}-\text{OH} \\
| \\
\text{H}
\end{array}
+ 3\ \text{HNO}_3 \longrightarrow
\begin{array}{c}
\text{H} \\
| \\
\text{H}-\text{C}-\text{ONO}_2 \\
| \\
\text{H}-\text{C}-\text{ONO}_2 \\
| \\
\text{H}-\text{C}-\text{ONO}_2 \\
| \\
\text{H}
\end{array}
+ 3\ \text{H}_2\text{O} \qquad (21.68)
$$

Die folgende Reaktion beschreibt die Explosion von Nitroglycerin:

$$4\ C_3H_5N_3O_9(l) \longrightarrow 6\ N_2(g) + 12\ CO_2(g) + 10\ H_2O(g) + O_2(g) \qquad (21.69)$$

Sämtliche Produkte dieser Reaktion weisen sehr starke Bindungen auf; dementsprechend handelt es sich um eine stark exotherme Reaktion. Zudem wird eine erhebliche Menge von gasförmigen Produkten aus der Flüssigkeit gebildet. Zusammen mit der erzeugten Hitze durch die Reaktion führt die plötzliche Bildung dieser Gase zu einer Explosion (siehe auch Kasten „Chemie im Einsatz", Abschnitt 8.8.)

Salpetrige Säure (HNO₂, Abbildung 21.32) ist deutlich weniger stabil als HNO₃ und neigt zur Disproportionierung zu NO und HNO₃. Für gewöhnlich wird HNO₂ durch Einwirken einer starken Säure wie H₂SO₄ auf die kalte Lösung eines Nitritsalzes wie NaNO₂ erzeugt. Salpetrige Säure ist eine schwache Säure ($K_S = 4{,}5 \times 10^{-4}$).

> **? DENKEN SIE EINMAL NACH**
>
> Welche Oxidationszahlen haben die Stickstoff-Atome in (a) Salpetersäure und (b) salpetriger Säure?

Chemie und Leben — Nitroglycerin und Herzkrankheiten

Um 1870 wurde in Alfred Nobels Dynamitwerken eine interessante Beobachtung gemacht. Arbeiter, die bei körperlicher Anstrengung aufgrund einer Herzkrankheit an Schmerzen in der Brust litten, stellten während der Arbeitswoche eine Linderung der Beschwerden fest. Es stellte sich bald heraus, dass die nitroglycerinhaltige Fabrikluft eine Erweiterung der Blutgefäße bewirkte. Daraufhin wurde die hochexplosive Chemikalie zu einer Standardarznei für Angina pectoris, die von Brustschmerzen begleitete Herzinsuffizienz. Es vergingen mehr als 100 Jahre bis zur Entdeckung, dass Nitroglycerin in der glatten Gefäßmuskulatur in NO umgewandelt wird und somit in den Wirkstoff, der für die Erweiterung der Blutgefäße direkt verantwortlich ist. Im Jahr 1998 erhielten Robert F. Furchgott, Louis J. Ignarro und Ferid Murad den Medizin-Nobelpreis für ihre Erkenntnisse über die differenzierten Wirkungsweisen, durch die NO das Herzgefäßsystem beeinflusst. Dass ein einfacher und alltäglicher Luftschadstoff derart wichtige Funktionen innerhalb des Organismus übernimmt, galt als Sensation.

Obwohl Nitroglycerin in der Behandlung von Angina Pectoris bis heute eine wichtige Rolle spielt, sind seine Möglichkeiten nicht unbegrenzt: Bei einer Einnahme über einen längeren Zeitraum tritt ein Gewöhnungseffekt der Gefäßmuskulatur ein. Die zunehmende Desensibilisierung reduziert die erzielte Gefäßerweiterung durch die Verabreichung von Nitroglycerin. Die Bioaktivierung durch Nitroglycerin ist Gegenstand intensiver Forschungen mit dem Ziel, den Desensibilisierungseffekt künftig ausschalten zu können.

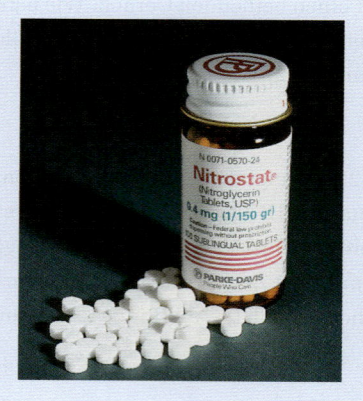

Die übrigen Elemente der Gruppe 5A: P, As, Sb und Bi

21.8

Von allen anderen Elementen der Gruppe 5A – Phosphor, Arsen, Antimon und Wismut – spielt Phosphor unter mehreren biochemischen und ökologischen Gesichtspunkten eine zentrale Rolle. In diesem Abschnitt untersuchen wir die Chemie dieser Elemente der Gruppe 5A, wobei die Chemie des Phosphors im Mittelpunkt stehen wird.

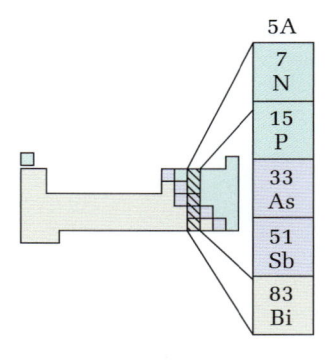

Allgemeine Merkmale der Elemente der Gruppe 5A

Die Elemente der Gruppe 5A haben die Konfiguration $ns^2 np^3$ der äußeren Elektronenschale, wobei n für einen Wert von 2 bis 6 steht. Eine Edelgas-Konfiguration ergibt sich durch die Addition von drei Elektronen, aus der die Oxidationszahl –3 resultiert. Ionische Verbindungen mit X^{3-}-Ionen sind ungewöhnlich, mit Ausnahme von Salzen unedler Metalle, z. B. Li_3N. Im Allgemeinen nehmen Elemente der Gruppe 5A ein Elektronenoktett über kovalente Bindungen auf. Die Oxidationszahl variiert zwischen –3 und +5, in Abhängigkeit von der Art und Anzahl der Atome, mit denen die Elemente der Gruppe 5A verbunden sind.

Aufgrund seiner niedrigeren Elektronegativität ist Phosphor häufiger als Stickstoff in positiven Oxidationsstufen vorzufinden. Zudem sind Verbindungen, in denen Phosphor die Oxidationszahl +5 hat, im Vergleich zu den entsprechenden Stickstoffverbindungen, weniger stark oxidierend. Umgekehrt sind Verbindungen, in denen Phosphor die Oxidationszahl –3 aufweist, deutlich stärkere Reduktionsmittel als die jeweiligen Stickstoffverbindungen.

Einige der wichtigsten Eigenschaften der Elemente aus Gruppe 5A sind in Tabelle 21.7 aufgeführt. Das grundlegende Muster dieser Daten erinnert an bereits behandelte Gruppen: Die Größe und der metallische Charakter nehmen innerhalb der Gruppe parallel zur Atomnummer zu.

Im Vergleich zu den Gruppen 6A und 7A ist die Variation der Eigenschaften unter den Elementen der Gruppe 5A markanter. Der Stickstoff am einen Ende der Varia-

Tabelle 21.7

Eigenschaften der Elemente von Gruppe 5A

Eigenschaft	N	P	As	Sb	Bi
Atomradius (Å)	0,75	1,10	1,21	1,41	1,55
Ionisierungsenergie (kJ/mol)	1402	1012	947	834	703
Elektronenaffinität (kJ/mol)	> 0	−72	−78	−103	−91
Elektronegativität	3,0	2,1	2,0	1,9	1,9
X—X Einfachbindungsenthalpie (kJ/mol)*	163	200	150	120	—
X≡X Dreifachbindungsenthalpie (kJ/mol)	941	490	380	295	192

* Näherungswerte

tionsbreite existiert als ein gasförmiges, diatomares Molekül mit einem eindeutig nichtmetallischen Charakter. Am anderen Ende der Variationsbreite befindet sich Wismut, ein rötlich-weißer Stoff, der die meisten Metalleigenschaften besitzt.

Die als Enthalpien der X—X-Einfachbindungen angegebenen Werte sind nicht sehr zuverlässig, da solche Daten nicht ohne weiteres aus thermochemischen Experimenten gewonnen werden können. Dennoch bestehen keine Zweifel hinsichtlich der grundlegenden Tendenz: ein niedriger Wert der N—N-Einfachbindung, eine Zunahme bei Phosphor und schließlich eine Abnahme bei Arsen und Antimon. Durch Beobachtungen der Elemente im gasförmigen Zustand lässt sich eine Schätzung der X≡X-Dreifachbindungs-Enthalpien vornehmen (Tabelle 21.7). Auf diese Weise kann eine Tendenz festgestellt werden, die sich von der X—X-Einfachbindung unterscheidet. Stickstoff bildet eine deutlich stärkere Dreifachbindung als die anderen Elemente. Des Weiteren ist innerhalb der Gruppe eine kontinuierliche Abnahme der Dreifachbindungs-Enthalpie von oben nach unten erkennbar. Diese Daten verdeutlichen, weshalb unter den Elementen der Gruppe 5A allein der Stickstoff als diatomares Molekül bei 25 °C in seinem stabilen Zustand existiert. Bei den anderen Elementen sind die Atome durch Einfachbindungen miteinander verbunden.

Vorkommen, Isolierung und Eigenschaften von Phosphor

Phosphor kommt vor allem in der Form von Phosphatmineralien vor. Die Hauptquelle ist phosphathaltiges Gestein, das Phosphat im Wesentlichen in Form von $Ca_3(PO_4)_2$ enthält. Das Element wird industriell durch die Reduktion von Calciumphosphat durch Kohlenstoff in Gegenwart von SiO_2 hergestellt:

$$2\ Ca_3(PO_4)_2(s) + 6\ SiO_2(s) + 10\ C(s) \xrightarrow{1500\ °C}$$
$$P_4(g) + 6\ CaSiO_3(l) + 10\ CO(g) \qquad (21.70)$$

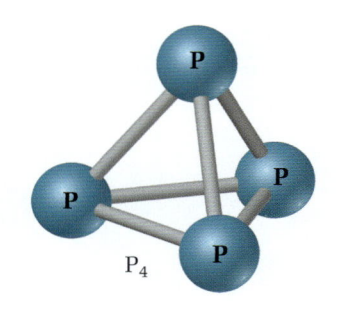

Abbildung 21.34: Die Struktur von weißem Phosphor. Tetraedische Struktur des P_4-Moleküls.

Der auf diese Weise gewonnene Phosphor ist das Allotrop, das unter der Bezeichnung „weißer Phosphor" bekannt ist. Diese Form lässt sich nach dem Verlauf der Reaktion aus der Mischung destillieren.

Weißer Phosphor besteht aus tetraedischem P_4 (▶ Abbildung 21.34). Die 60°-Winkel der Bindungen in P_4 sind für Moleküle ungewöhnlich klein und bewirken eine starke Spannung der Bindungen. Dies steht im Einklang mit der hohen Reaktivität des weißen Phosphors. Diese allotrope Modifikation entflammt spontan bei Luftkontakt. Es handelt sich um einen wachsähnlichen Feststoff der bei 44,2 °C schmilzt und bei 280 °C siedet. Durch die Erhitzung bis auf 400 °C ohne Luftkontakt kann weißer Phosphor in eine stabilere Modifikation umgewandelt werden, die unter der Bezeichnung „roter Phosphor" bekannt ist. Der Kontakt mit der Luft führt bei dieser Form nicht zur Entzündung. Zudem ist sie deutlich weniger giftig als die weiße Variante. Beide allotropen Modifikationen werden in ▶ Abbildung 21.35 gezeigt. Der elementare Phosphor wird durch das Symbol P(s) wiedergegeben.

Abbildung 21.35: Allotrope Modifikationen des Phosphors. Weißer Phosphor ist hochgradig reaktiv und wird normalerweise unter Wasser gelagert, um ihn vor Sauerstoff zu schützen. Roter Phosphor ist deutlich weniger reaktiv als weißer Phosphor. Eine Lagerung unter Wasser ist nicht erforderlich.

Phosphor-Halogenide

Phosphor ist an einem breiten Spektrum von Halogen-Verbindungen beteiligt, von denen die Tri- und Pentahalogenide den höchsten Stellenwert haben. Phosphortrichlorid (PCl_3) ist die kommerziell bedeutendste dieser Verbindungen und wird zur Herstellung einer Vielzahl unterschiedlicher Produkte verwendet, darunter Seife, Reinigungsmittel, Kunststoff und Insektizide.

Phosphorchloride, Bromide und Iodide lassen sich durch die direkte Oxidation von elementarem Phosphor mit dem elementaren Halogen bilden. Bei der Produktion von PCl$_3$ etwa, das bei Zimmertemperatur flüssig ist, wird weißer oder roter Phosphor dem Dampf von trockenem Chlorgas ausgesetzt.

$$2\,P(s) + 3\,Cl_2(g) \longrightarrow 2\,PCl_3(l) \tag{21.71}$$

Wenn bei der Reaktion überschüssiges Chlorgas vorhanden ist, tritt der Gleichgewichtszustand zwischen PCl$_3$ und PCl$_5$ ein.

$$PCl_3(l) + Cl_2(g) \rightleftharpoons PCl_5(s) \tag{21.72}$$

Da F$_2$ ein ausgesprochen starkes Oxidans ist, wird bei der direkten Reaktion von Phosphor mit F$_2$ im Allgemeinen PF$_5$ gebildet, wobei sich Phosphor dann in seiner höchsten positiven Oxidationsstufe befindet.

$$2\,P(s) + 5\,F_2(g) \longrightarrow 2\,PF_5(g) \tag{21.73}$$

Wenn Phosphor-Halogenide mit Wasser Kontakt haben, findet eine Hydrolyse statt. Die Reaktionen verlaufen spontan; aufgrund der Reaktion mit Wasserdampf verdunsten die meisten Phosphor-Halogenide in der Luft. Ist überschüssiges Wasser vorhanden, resultiert die Reaktion zu den entsprechenden Produkten Phosphorsäure und Wasserstoff-Halogenid.

$$PBr_3(l) + 3\,H_2O(l) \longrightarrow H_3PO_3(aq) + 3\,HBr(aq) \tag{21.74}$$

$$PCl_5(l) + 4\,H_2O(l) \longrightarrow H_3PO_4(aq) + 5\,HCl(aq) \tag{21.75}$$

Phosphorhaltige Sauerstoff-Verbindungen

Die wohl bedeutendsten Phosphorverbindungen sind solche, in denen das Element auf irgendeine Weise mit Sauerstoff verbunden ist. Phosphor(III)-Oxid (P$_4$O$_6$) wird durch die Oxidation von weißem Phosphor bei einer begrenzten Sauerstoffmenge gewonnen. Ist bei der Oxidation überschüssiger Sauerstoff vorhanden, kommt es zur Bildung von Phosphor(V)-Oxid (P$_4$O$_{10}$). Diese Verbindung lässt sich ebenso leicht durch die Oxidation von P$_4$O$_6$ erzeugen. Diese Oxide stehen für die beiden häufigsten Oxidationsstufen von Phosphor, +3 und +5. Die strukturelle Beziehung zwischen P$_4$O$_6$ und P$_4$O$_{10}$ wird in ▶ Abbildung 21.36 deutlich. Beachten Sie die Ähnlichkeit dieser Moleküle mit dem P$_4$-Molekül, das in Abbildung 21.34 zu sehen ist: Alle drei Stoffe besitzen einen P$_4$-Kern.

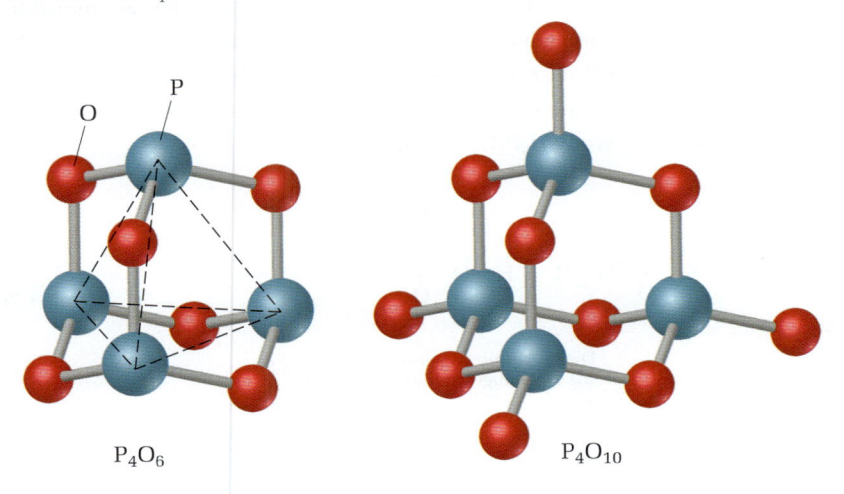

Abbildung 21.36: Strukturen von P$_4$O$_6$ und P$_4$O$_{10}$.

ÜBUNGSBEISPIEL 21.9 — Berechnung einer Standardenthalpie-Änderung

Die reaktiven Chemikalien am Kopf eines an jeder beliebigen Oberfläche entzündlichen Streichholzes sind in der Regel P_4S_3 und ein Oxidationsmittel wie $KClO_3$. Wenn das Streichholz an einer rauen Oberfläche gerieben wird, entzündet die Reibungswärme das P_4S_3, und das Oxidationsmittel sorgt für eine schnelle Verbrennung. Die Produkte der Verbrennung von P_4S_3 sind P_4O_{10} und SO_2. Berechnen Sie die Änderung der Standardenthalpie der Verbrennung in Luft ausgehend von folgenden Standard-Bildungsenthalpien: P_4S_3 (−154,4 kJ/mol), P_4O_{10} (−2940 kJ/mol), SO_2 (−296,9 kJ/mol).

Lösung

Analyse: Wir kennen die Reaktanten (P_4S_3 und den Sauerstoff der Luft), die Produkte (P_4O_{10} und SO_2) sowie deren Standard-Bildungsenthalpien und sollen für die Reaktion die Standardenthalpie-Änderung berechnen.

Vorgehen: Wir benötigen zunächst eine ausgeglichene chemische Gleichung für die Reaktion. Die Enthalpieänderung der Reaktion entspricht den Bildungsenthalpien der Produkte abzüglich der Bildungsenthalpien der Reaktanten (Gleichung 5.31, Abschnitt 5.7). Wie wir uns erinnern, ist die Standard-Bildungsenthalpie eines beliebigen Elements in seinem Grundzustand null. Somit gilt $\Delta H_f^\circ(O_2) = 0$.

Lösung: Die ausgeglichene chemische Gleichung der Verbrennung lautet:

$$P_4S_3(s) + 8\,O_2(g) \longrightarrow P_4O_{10}(s) + 3\,SO_2(g)$$

Dementsprechend formulieren wir

$$\Delta H^\circ = \Delta H_f^\circ(P_4O_{10}) + 3\,\Delta H_f^\circ(SO_2) - \Delta H_f^\circ(P_4S_3) - 8\,\Delta H_f^\circ(O_2)$$
$$= -2940\ \text{kJ} + 3(-296{,}9)\ \text{kJ} - (-154{,}4)\ \text{kJ} - 8(0)$$
$$= -3676\ \text{kJ}$$

Anmerkung: Die Reaktion ist stark exotherm und liefert die Begründung, warum P_4S_3 auf den Streichholzköpfen verwendet wird.

ÜBUNGSAUFGABE

Formulieren Sie die ausgeglichene Gleichung der Reaktion von P_4O_{10} mit Wasser und berechnen Sie ΔH° für diese Reaktion. Verwenden Sie hierzu die Daten aus Anhang C.

Antwort: $P_4O_{10}(s) + 6\,H_2O(l) \longrightarrow 4\,H_3PO_4(aq)$; −498,0 kJ.

Molekülmodelle

Phosphor(V)-Oxid ist das Anhydrid von Phosphorsäure (H_3PO_4), einer schwachen dreibasigen Säure. Tatsächlich weist P_4O_{10} eine hohe Affinität zu Wasser auf und wird deshalb als Trockenmittel verwendet. Phosphor(III)-Oxid ist das Anhydrid von Phosphonsäure (H_3PO_3), einer schwachen zweibasigen Säure. ▶ Abbildung 21.37 zeigt den Aufbau von H_3PO_4 und H_3PO_3. Die P—H-Bindung ist prinzipiell unpolar, das an Phosphor gebundene Wasserstoff-Atom in H_3PO_3 ist somit nicht sauer.

Ein Merkmal der Phosphorsäure und der Posphonsäure besteht in der Tendenz, beim Erhitzen Kondensationsreaktionen einzugehen. Eine **Kondensationsreaktion** findet statt, wenn sich zwei oder mehrere Moleküle verbinden, um ein größeres Molekül zu bilden, wobei H_2O abgespalten wird (siehe Abschnitt 12.2). Die Reaktion, in der sich zwei H_3PO_4-Moleküle durch die Eliminierung eines H_2O-Moleküls verbinden und auf diese Weise $H_4P_2O_7$ bilden, ist

(21.76)

Diese Atome werden als H_2O abgespalten.

Die weitere Kondensation produziert Phosphate mit einer empirischen Formel von HPO$_3$.

$$n\text{H}_3\text{PO}_4 \longrightarrow (\text{HPO}_3)_n + n\text{H}_2\text{O} \quad (21.77)$$

▶ Abbildung 21.38 zeigt zwei Phosphate mit dieser empririschen Formel, ein zyklisches und ein polymeres. Die drei Säuren H$_3$PO$_4$, H$_4$P$_2$O$_7$ und (HPO$_3$)$_n$ enthalten Phosphor in der Oxidationsstufe +5 und werden somit als Phosphorsäure bezeichnet. Zur Unterscheidung dieser Säuren werden die Vorsilben *ortho-*, *pyro-* und *meta-* verwendet. H$_3$PO$_4$ ist eine Orthophosphorsäure, H$_4$P$_2$O$_7$ eine Pyrophosphorsäure und (HPO$_3$)$_n$ eine Metaphosphorsäure.

Der wichtigste Anwendungsbereich von Phosphorsäuren sind Reinigungs- und Düngemittel. In Reinigungsmitteln sind Phosphate häufig in Form von Natriumtripolyphosphat (Na$_5$P$_3$O$_{10}$) vorhanden. Die typische Zusammensetzung eines Reinigungsmittels ist 47 % Phosphat, 16 % Bleichmittel, Duftstoffe und Scheuermittel sowie 37 % lineares Alkansulfonat-Tensid (LAS). Es hat folgende Struktur:

CH$_3$—(CH$_2$)$_9$—CH(CH$_3$)—C$_6$H$_4$—S(=O)$_2$—O$^-$Na$^+$

Die Phosphat-Ionen binden Metall-Ionen, welche zur Härte des Wassers beitragen. Diese Tatsache verhindert, dass die Metall-Ionen die Wirkung des Tensids beeinträchtigen. Die Phosphate halten zudem den pH-Wert oberhalb von 7 und verhindern auf diese Weise die Protonierung der Tensid-Moleküle.

Ein Großteil der abgebauten Phosphatminerale findet als Düngemittel Verwendung. Das in Phosphatmineralen enthaltene Ca$_3$(PO$_4$)$_2$ ist nicht löslich ($K_L = 2{,}0 \times 10^{-29}$). Damit eine Nutzung als Düngemittel möglich ist, wird es in eine lösliche Form umgewandelt, indem das Phosphatmineral einer Behandlung mit Schwefel- oder Phosphorsäure unterzogen wird.

$$\text{Ca}_3(\text{PO}_4)_2(s) + 3\,\text{H}_2\text{SO}_4(aq) \longrightarrow 3\,\text{CaSO}_4(s) + 2\,\text{H}_3\text{PO}_4(aq) \quad (21.78)$$

$$\text{Ca}_3(\text{PO}_4)_2(s) + 4\,\text{H}_3\text{PO}_4(aq) \longrightarrow 3\,\text{Ca}^{2+}(aq) + 6\,\text{H}_2\text{PO}_4^-(aq) \quad (21.79)$$

Die Mischung, die aus der Behandlung von Phosphatmineralen mit Schwefelsäure sowie der anschließenden Trocknung und Pulverisierung resultiert, ist unter der Bezeichnung „Superphosphat" bekannt. Das in diesem Verfahren gebildete CaSO$_4$ ist für Böden von geringem Nutzen, es sei denn, es besteht ein Calcium- oder Schwefelmangel. Es lässt sich ansonsten zur Verdünnung des Phosphatgehaltes einsetzen. Wird das Phosphatmineral mit Phosphorsäure behandelt, enthält das Produkt kein CaSO$_4$ und weist demnach einen höheren Phosphoranteil auf. Dieses Produkt ist auch als Tripel-Superphosphat bekannt. Zwar ermöglicht die Löslichkeit von Ca(H$_2$PO$_4$)$_2$ den Pflanzen die Aufnahme des Stoffes, sie bewirkt aber auch, dass er aus dem Boden gespült wird und somit zur Schadstoffbelastung des Grundwassers beiträgt (siehe Abschnitt 18.6).

Phosphorverbindungen haben einen hohen Stellenwert in biologischen Systemen. Die RNS und DNS, die Moleküle also, die für die Steuerung der Proteinbiosynthese und der Übertragung von genetischen Informationen verantwortlich sind, enthalten Phosphatgruppen. Des Weiteren kommt es in Adenosintriphosphat (ATP) vor, das als Energiespeicher in Zellen wirkt. ATP weist folgende Struktur auf:

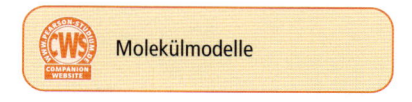

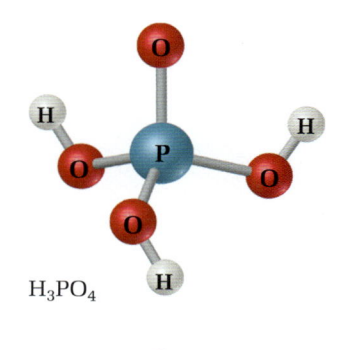

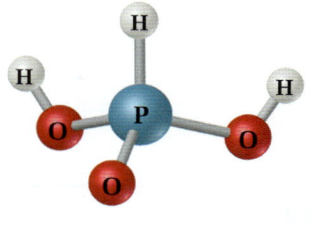

Molekülmodelle

H$_3$PO$_4$

H$_3$PO$_3$

Abbildung 21.37: Strukturen von H$_3$PO$_4$ und H$_3$PO$_3$.

(HPO$_3$)$_3$
Trimetaphosphorsäure

Wiederholungseinheit, aus der die empirische Formel abgeleitet wird

(HPO$_3$)$_n$
Polymetaphosphorsäure

Abbildung 21.38: Strukturen weiterer Phosphorsäuren. Strukturen der Trimetaphosphorsäure und der Polymetaphosphorsäure.

21 Chemie der Nichtmetalle

Die P—O—P-Bindung der endständigen Phosphatgruppe wird durch die Hydrolyse mit Wasser gebrochen, bei der Adenosindiphosphat (ADP) entsteht. Diese Reaktion setzt eine Energie von 33 kJ frei.

(21.80)

Chemie und Leben — Arsen im Trinkwasser

Im Jahr 2001 erließ die US-Umweltbehörde EPA eine Richtlinie, die den Arsen-Grenzwert für die kommunalen Wasserversorgungssysteme von 50 ppb (entspricht 50 µg/l) auf 10 ppb senken sollte und seit Beginn des Jahres 2006 in Kraft ist. In den meisten Regionen der Vereinigten Staaten werden eher geringe bis mäßige Arsenwerte im Grundwasser gemessen (▶ Abbildung 21.39). Die westlichen Regionen zeigen höhere Werte, vor allem aufgrund der dort vorhandenen natürlichen Quellen.

Die häufigste Formen von Arsen in Wasser sind das Arsenat-Ion und dessen protonierte Anionen (AsO_4^{3-}, $HAsO_4^{2-}$ und $H_2AsO_4^{-}$), das Arsenit-Ion sowie ebenfalls dessen protonierte Formen (AsO_3^{3-}, $HAsO_3^{2-}$, $H_2AsO_3^{-}$ und H_3AsO_3). Diese Spezies werden durch die Arsen-Oxidationszahl als Arsen(V) beziehungsweise Arsen(III) gekennzeichnet. Arsen(V) kommt vor allem in sauerstoffreichen (aeroben) Oberflächengewässern vor, während Arsen(III) eher im sauerstoffarmen (anaeroben) Grundwasser vorzufinden ist. Innerhalb des pH-Bereichs von 4 bis 10 ist Arsen(V) primär als $HAsO_4^{2-}$ und $H_2AsO_4^{-}$ präsent, dagegen tritt Arsen(III) vorzugsweise als die neutrale Säure H_3AsO_3 auf.

Eine der Schwierigkeiten bei der Bestimmung der Wirkung des Arsens auf die Gesundheit liegt in der unterschiedlichen Chemie von Arsen(V) und Arsen(III), ebenso wie in den divergierenden Mindestkonzentrationen, die für eine physiologische Reaktion in verschiedenen Individuen bestehen müssen. Statistische Untersuchungen, die Arsenkonzentrationen mit der Häufigkeit von Krankheiten in Zusammenhang bringen, führen ein erhöhtes Lungen- und Blasenkrebsrisiko selbst auf geringe Arsenkonzentrationen zurück. In einem Bericht des National Research Council aus dem Jahr 2001 wird die Ansicht vertreten, dass Menschen, die täglich Wasser mit 3 ppb Arsen konsumieren, mit einer Wahrscheinlichkeit von 1 zu 1000 diese Krebsarten im Lauf ihres Lebens erwerben können. Bei einer Konzentration von 10 ppb erhöht sich dieses Risiko auf etwa 3 zu 1000.

Die heute zur Verfügung stehende Technik zur Arsenbeseitigung zeigt bei Arsen(V) die besten Resultate. Aus diesem Grund verlangt das Verfahren die Voroxidation des Trinkwassers. Sobald Arsen in der Form von Arsen(V) vorhanden ist, bieten sich eine Reihe von möglichen Methoden zur Beseitigung an. So kann beispielsweise $Fe_2(SO_4)_3$ hinzugegeben werden, um $FeAsO_4$ auszufällen, das sich anschließend durch Filtration entfernen lässt. In Gebieten, deren Grundwasser höhere Arsenkonzentrationen aufweist, besteht für kleinere Unternehmen die Gefahr, dass sie wegen der Kosten einer Reduzierung der Konzentration auf 10 ppb den Betrieb einstellen müssen. Viele Haushalte würden dann mit unbehandeltem Brunnenwasser versorgt.

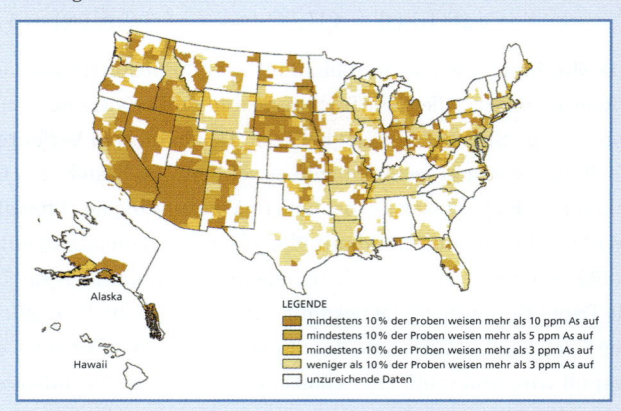

Abbildung 21.39: Geographische Verteilung von Arsen. Regionen, in denen mindestens 10 % der Wasserproben die Konzentration von 10 ppm übersteigen, sind in der dunkelsten Farbe dargestellt. Die helleren Farbstufen weisen auf Konzentrationen von über 5 ppm bzw. über 3 ppm in mindestens 10 % der Proben hin und schließlich auf Konzentrationen von über 3 ppm, die in weniger als 10 % der Proben gemessen wurden. Für die weißen Bereiche liegen keine ausreichenden Daten vor.

Diese Energie wird durch Muskelkontraktionen in mechanische Arbeit umgewandelt sowie in vielen anderen biochemischen Reaktionen genutzt (siehe auch Abbildung 19.18).

Kohlenstoff 21.9

Die Erdkruste besteht nur zu 0,027 % aus Kohlenstoff, das Vorkommen dieses Elements ist demnach eher gering. Obwohl Kohlenstoff in elementarer Form wie Graphit oder Diamant existiert, wird er zumeist in Verbindungen vorgefunden. Mehr als die Hälfte liegt in Carbonatverbindungen wie $CaCO_3$ vor. Kohlenstoff ist zudem in Kohle, Petroleum und Naturgas präsent. Die Bedeutung des Elements beruht darauf, dass es zu einem hohen Prozentsatz in lebenden Organismen vorhanden ist. Das Leben, wie wir es kennen, basiert auf Kohlenstoffverbindungen. In diesem Abschnitt werden wir einen kurzen Blick auf den Kohlenstoff und die meisten geläufigen anorganischen Verbindungen werfen.

Elementare Formen des Kohlenstoffs

Kohlenstoff existiert in vier allotropen, kristallinen Modifikationen: Graphit, Diamant, Fullerene sowie Kohlenstoff-Nanoröhrchen (siehe Abschnitt 11.8). *Graphit* ist ein weicher, schwarzer und glatter Feststoff, der eine metallisch glänzende Oberfläche besitzt und leitfähig ist. Er besteht aus parallelen Schichten von Kohlenstoff-Atomen, die durch London-Kräfte zusammengehalten werden (siehe Abbildung 11.41b).

Diamant ist ein klarer, harter Feststoff, in dem die Kohlenstoff-Atome ein kovalentes Netzwerk bilden (siehe Abbildung 11.41a). Die Dichte von Diamant ist höher als die von Graphit ($d = 2{,}25$ g/cm^3 für Graphit; $d = 3{,}51$ g/cm^3 für Diamant). Unter extremen Druck- und Temperaturbedingungen (in der Größenordnung von 100.000 atm bei 3000 °C) wird Graphit in Diamant umgewandelt (▶ Abbildung 21.40). Pro Jahr werden etwa 3×10^4 kg Diamanten industrieller Qualität künstlich hergestellt, vor allem zur Verwendung in Schneide-, Schleif- und Polierwerkzeugen.

Fullerene sind molekulare Formen des Kohlenstoffs und wurden Mitte der achtziger Jahre des letzten Jahrhunderts entdeckt (siehe Kasten „Näher hingeschaut", Abschnitt 11.8). Sie bestehen aus einzelnen Molekülen wie C_{60} und C_{70}. Das Aussehen von C_{60}-Molekülen erinnert an Fußbälle (siehe rechts und Abbildung 11.43). Die chemischen Eigenschaften dieser Stoffe werden derzeit von zahlreichen Forschungsgruppen untersucht. Enge Verwandte dieser molekularen Formen des Kohlenstoffs sind die Kohlenstoff-Nanoröhrchen, die aus einer oder mehreren Schichten von Kohlenstoff-Atomen bestehen und eine zylindrische Form wie in der seitlichen Abbildung aufweisen (siehe Abschnitt 12.6).

Auch Graphit existiert in drei gängigen amorphen Formen. **Ruß** entsteht durch die Erhitzung von Kohlenwasserstoffen, die einer sehr geringen Menge Sauerstoff ausgesetzt sind.

$$CH_4(g) + O_2(g) \longrightarrow C(s) + 2\,H_2O(g) \qquad (21.81)$$

Er wird als Pigment in schwarzer Tinte verwendet, und auch bei der Herstellung von Autoreifen werden größere Mengen Ruß verarbeitet. **Holzkohle** ist das Resultat einer starken Erhitzung von Holz ohne Sauerstoffzufuhr. Die Holzkohlestruktur ist sehr porös und verfügt somit über eine enorme Oberfläche pro Masseneinheit. Aktivkohle, eine pulverisierte Form, deren Oberfläche durch Dampferhitzung gereinigt wurde,

Abbildung 21.40: Synthetisch hergestellte Diamanten: Graphit und aus Graphit synthetisierte Diamanten. Die meisten synthetischen Diamanten erreichen weder die Größe, die Farbe noch die Klarheit der natürlichen Diamanten und werden daher nicht zu Schmuck verarbeitet.

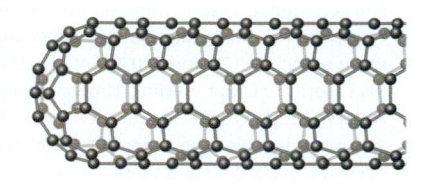

Molekülmodelle

wird zur Adsorption von Molekülen eingesetzt. In Filtern wird diese Fähigkeit der Aktivkohle zur Beseitigung von lästigen Gerüchen in der Luft oder zur Verbesserung des Geschmacks von Wasser genutzt. **Koks** ist eine unreine Form des Kohlenstoffs und wird durch die starke Erhitzung von Kohle bei Luftabschluss erzeugt. In metallurgischen Prozessen wird Koks häufig als Reduktionsmittel eingesetzt

Kohlenstoffoxide

Kohlenstoff bildet zwei wichtige Oxide: Kohlenstoffmonoxid (CO) und Kohlenstoffdioxid (CO_2). *Kohlenstoffmonoxid* entsteht durch die Verbrennung von Kohlenstoff oder Kohlenwasserstoffen bei geringer Sauerstoffzufuhr.

$$2\ C(s) + O_2(g) \longrightarrow 2\ CO(g) \tag{21.82}$$

Es ist ein farbloses, geruchloses und geschmacksneutrales Gas (Schmelzpunkt = $-199\,°C$; Siedepunkt = $-192\,°C$). Seine Toxizität beruht auf der Eigenschaft, an Hämoglobin zu binden und somit die Sauerstoffversorgung des Organismus zu beeinträchtigen (siehe Abschnitt 18.4). Niedrige CO-Konzentrationen verursachen Kopfschmerzen und Schläfrigkeit, höhere Konzentrationen können zum Tod führen. Kohlenstoffmonoxid wird durch Verbrennungsmotoren produziert und hat einen hohen Anteil an der Schadstoffbelastung der Luft.

Chemie im Einsatz ■ **Kohlenstofffasern und Verbundstoffe**

Die Eigenschaften von Graphit sind anisotrop, d. h., sie unterscheiden sich richtungsabhängig innerhalb des Feststoffes. Entlang der Ebene, in der die Kohlenstoffatome liegen, ist der Graphit aufgrund der starken Kohlenstoff–Kohlenstoff-Bindungen sehr stabil. Die Bindungen zwischen den einzelnen Ebenen sind hingegen relativ schwach und Graphit kann dementsprechend in dieser Richtung leicht gespalten werden.

Es können Graphitfasern hergestellt werden, in denen die Kohlenstoffebenen bei variablen Abständen parallel zur Faserachse ausgerichtet sind. Solche Fasern haben ein geringes Gewicht (bei einer Dichte von etwa 2 g/cm^3) und sind chemisch kaum reaktiv. Die gerichteten Fasern werden zunächst einem langsamen Pyrolyseverfahren (Zersetzung durch Hitzeeinwirkung) bei Temperaturen zwischen 150 und 300 °C unterzogen. Anschließend werden die Fasern zur Graphitierung (Umwandlung des amorphen Kohlenstoffs in Graphit) auf etwa 2500 °C erhitzt. Die Dehnung der Fasern während der Pyrolyse unterstützt die Ausrichtung der Graphitebenen parallel zur Faserachse. Amorphere Kohlenstofffasern werden durch die Pyrolyse organischer Fasern bei niedrigeren Temperaturen (400 bis 1200 °C) gebildet. Diese amorphen Materialien, die weithin als *Kohlenstofffasern* bekannt sind, werden in zahlreichen Produkten verarbeitet.

Weit verbreitet sind auch so genannte Verbundstoffe, die von den Eigenschaften der Kohlenstofffaser wie Stärke, Stabilität und geringer Dichte profitieren. Verbundstoffe sind Kombinationen von zwei oder mehreren Materialien. Diese Materialien bestehen als separate Phasen, die jedoch gemeinsame Strukturen bilden. Somit können bestimmte Eigenschaften der einzelnen Komponenten genutzt werden. Bei der Herstellung von Kohlenstoff-Verbundstoffen werden häufig Graphitfasern mit einem Gewebe verwoben, das zur Verfestigung der Struktur wiederum in eine Matrix eingebettet wird. Die Fasern sorgen dafür, dass Belastungen auf die gesamte Matrix verteilt werden. Dank der Fasern ist der fertige Verbundstoff belastungsfähiger als jeder seiner Bestandteile.

Wegen ihrer exzellenten Hafteigenschaften stellen Epoxydharze eine nützliche Matrix dar. Sie werden in einer Vielzahl von Anwendungsbereichen genutzt, darunter hochwertige Sportausrüstung wie Tennis- und Golfschläger sowie neuerdings auch Fahrradrahmen (▶ Abbildung 21.41). Epoxydharze können nur bei Temperaturen unterhalb von 150 °C eingesetzt werden. In der Luftfahrtindustrie, die in großem Umfang Kohlenstoffverbundstoffe verarbeitet, müssen zum Teil hitzeresistentere Harze verwendet werden.

Abbildung 21.41: Kohlenstoff-Verbundstoffe. Kohlenstoff-Verbundstoffe werden häufig in der Luftfahrt- und Automobilindustrie sowie für Sportartikel eingesetzt. Diese teuren Hochleistungs-Fahrradfelgen haben einen Rahmen aus Kohlenstoff-Verbundstoff, der extrem leicht ist und zudem auf unebenen Straßen mechanische Stöße abfedert.

Kohlenstoffmonoxid ist isoelektronisch zu N_2, daher liegt der Schluss nahe, dass CO ebenso wenig reaktiv ist. Zudem weisen beide Stoffe hohen Bindungsenergie auf (1072 kJ/mol für C≡O und 941 kJ/mol für N≡N). Aufgrund der niedrigeren Kernladung des Kohlenstoff-Atoms (im Vergleich zu N oder O) ist das nichtbindende Elektronenpaar jedoch weniger stark gebunden als das von N oder O. Infolgedessen ist CO eher als N_2 dazu in der Lage, als Elektronenpaar-Donor (Lewis-Base) aufzutreten. Es bildet eine Vielzahl von kovalenten Verbindungen mit Übergangsmetallen – auch als Metallcarbonyle bekannt. $Ni(CO)_4$ etwa ist eine flüchtige, toxische Verbindung, die durch die einfache Erwärmung von metallischem Nickel in der Gegenwart von CO gebildet wird. Metallcarbonyle spielen bei Übergangsmetall-katalysierten Reaktionen, bei denen CO beteiligt ist, eine wichtige Rolle.

Kohlenstoffmonoxid wird zu verschiedenen industriellen Zwecken verwendet. Aufgrund seiner hohen Brennbarkeit – das Produkt der Verbrennung ist CO_2 – wird es als Kraftstoff eingesetzt.

$$2\,CO(g) + O_2(g) \longrightarrow 2\,CO_2(g) \qquad \Delta H° = -566\,\text{kJ} \qquad (21.83)$$

Als wichtiges Reduktionsmittel findet es häufig bei metallurgischen Prozessen wie der Reduktion von Metalloxiden (z. B. Eisenoxid) in Hochöfen Verwendung.

$$Fe_3O_4(s) + 4\,CO(g) \longrightarrow 3\,Fe(s) + 4\,CO_2(g) \qquad (21.84)$$

Des Weiteren wird Kohlenstoffmonoxid bei der Herstellung verschiedener organischer Verbindungen genutzt. In Abschnitt 21.2 konnten wir feststellen, dass sich CO katalytisch mit H_2 verbindet und Methanol (CH_3OH) bildet (▶Gleichung 21.14).

Kohlenstoffdioxid entsteht bei der Verbrennung von kohlenstoffhaltigen Stoffen bei reichhaltiger Sauerstoffzufuhr.

$$C(s) + O_2(g) \longrightarrow CO_2(g) \qquad (21.85)$$

$$C_2H_5OH(l) + 3\,O_2(g) \longrightarrow 2\,CO_2(g) + 3\,H_2O(g) \qquad (21.86)$$

Es wird weiterhin beim Erhitzen vieler Carbonate produziert.

$$CaCO_3(s) \xrightarrow{\Delta} CaCO(s) + CO_2(g) \qquad (21.87)$$

Große Mengen lassen sich auch im Rahmen der Ethanolherstellung als Nebenprodukt der Zuckergärung gewinnen.

$$\underset{\text{Glukose}}{C_6H_{12}O_6(aq)} \xrightarrow{\text{Hefe}} \underset{\text{Ethanol}}{2\,C_2H_5OH(aq)} + 2\,CO_2(g) \qquad (21.88)$$

Im Labor wird CO_2 durch die Wirkung von Säuren auf Carbonate produziert (▶Abbildung 21.42):

$$CO_3^{2-}(aq) + 2\,H^+(aq) \longrightarrow CO_2(g) + H_2O(l) \qquad (21.89)$$

Kohlenstoffdioxid ist ein farb- und geruchloses Gas. Obwohl es nur einen geringeren Anteil an der Erdatmosphäre hat, trägt es viel zum so genannten Treibhauseffekt bei (siehe Abschnitt 18.4). Zwar ist CO_2 nicht toxisch, höhere Konzentrationen beschleunigen jedoch den Atem und können zum Ersticken führen. Seine Verflüssigung kann leicht durch Kompression erreicht werden. Wenn Kohlenstoffdioxid bei Normaldruck abgekühlt wird, kondensiert es als Feststoff, nicht als Flüssigkeit. Der Feststoff sublimiert bei Normaldruck und einer Temperatur von −78 °C. Diese Eigenschaft macht festes CO_2, das auch Trockeneis genannt wird, zu einem effizienten Kühlmittel. Etwa die Hälfte des CO_2-Jahresverbrauchs wird zu Kühlzwecken eingesetzt. Ein weiteres

Abbildung 21.42: Bildung von CO_2. Festes $CaCO_3$ reagiert mit einer Salzsäurelösung und produziert CO_2-Gas, das hier als Blasen sichtbar wird.

wichtiges Anwendungsgebiet besteht in der Herstellung von kohlensäurehaltigen Getränken. Größere Mengen werden auch für die Produktion von *Waschsoda* ($Na_2CO_3 \cdot 10\,H_2O$) und *Back-Natron* ($NaHCO_3$) verbraucht. Die Bezeichnung „Back-Natron" verweist auf die folgende Reaktion, die beim Backen stattfindet:

$$NaHCO_3(s) + H^+(aq) \longrightarrow Na^+(aq) + CO_2(g) + H_2O(l) \qquad (21.90)$$

$H^+(aq)$ ist in Essig und saurer Milch enthalten und lässt sich durch die Hydrolyse bestimmter Salze produzieren. Die Blasen, die CO_2 im Inneren des Teigs bildet, lassen ihn aufgehen. Waschsoda lässt sich zum Ausfällen der Metall-Ionen nutzen, die die Reinigungswirkung der Seife beeinträchtigen könnten.

> **? DENKEN SIE EINMAL NACH**
>
> Welcher Feststoff fällt bei der Behandlung einer Mg^{2+}-ionenhaltigen Lösung mit Waschsoda aus?

> **CWS** Kohlenstoffdioxid

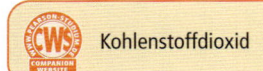

Kohlensäure und Carbonate

Kohlenstoffdioxid ist bei Normaldruck mäßig wasserlöslich. Die resultierenden Lösungen sind aufgrund der Bildung von Kohlensäure (H_2CO_3) schwach sauer.

$$CO_2(aq) + H_2O(l) \rightleftharpoons H_2CO_3(aq) \qquad (21.91)$$

Kohlensäure ist eine schwache zweibasige Säure. Ihr saurer Charakter verleiht Sprudelgetränken einen typischen säuerlichen Geschmack.

Obwohl Kohlensäure nicht als reine Verbindung isoliert werden kann, lassen sich Hydrogencarbonate (Bicarbonate) und Carbonate durch die Neutralisierung von Kohlensäurelösungen gewinnen. Eine teilweise Neutralisierung ergibt HCO_3^-, eine vollständige Neutralisierung CO_3^{2-}.

Die Stärke des HCO_3^--Ions als Base übertrifft seine Stärke als Säure ($K_B = 2{,}3 \times 10^{-8}$; $K_S = 5{,}6 \times 10^{-11}$). Dementsprechend sind wässrige HCO_3^--Lösungen schwach alkalisch.

$$HCO_3^-(aq) + H_2O(l) \rightleftharpoons H_2CO_3(aq) + OH^-(aq) \qquad (21.92)$$

Das Carbonat-Ion ist noch stärker basisch ($K_B = 1{,}8 \times 10^{-4}$).

$$CO_3^{2-}(aq) + H_2O(l) \rightleftharpoons HCO_3^-(aq) + OH^-(aq) \qquad (21.93)$$

Es gibt zahlreiche Minerale, die ein Carbonat-Ion enthalten. Die wichtigsten Carbonatminerale sind Calcit ($CaCO_3$), Magnesit ($MgCO_3$), Dolomit [$MgCa(CO_3)_2$] und Siderit ($FeCO_3$). Calcit ist das häufigste Mineral in Kalksteinfelsen mit großen Vorkommen in vielen Gebieten der Erde. Es ist zudem der Hauptbestandteil von Marmor, Kalk, Perlen, Korallenbänken sowie der Schalen von Meerestieren wie Muscheln oder Austern. Obwohl $CaCO_3$ in reinem Wasser schwach löslich ist, lässt es sich problemlos in Säuren auflösen. Hierbei kommt es zur Bildung von CO_2.

$$CaCO_3(s) + 2\,H^+(aq) \rightleftharpoons Ca^{2+}(aq) + H_2O(l) + CO_2(g) \qquad (21.94)$$

Da Wasser mit gelöstem CO_2 schwach sauer ist (▶ Gleichung 21.91), löst sich $CaCO_3$ nur langsam in diesem Medium auf:

$$CaCO_3(s) + H_2O(l) + CO_2(g) \longrightarrow Ca^{2+}(aq) + 2\,HCO_3^-(aq) \qquad (21.95)$$

Eine solche Reaktion findet statt, wenn Oberflächenwasser in den Boden sickert und dabei Kalksteinablagerungen passiert. Kalkstein wird dabei aufgelöst, Ca^{2+} gelangt auf diesem Weg ins Grundwasser und erzeugt somit hartes Wasser (siehe Abschnitt 18.6). Befindet sich der Kalkstein tief genug im Boden, entstehen bei diesem Prozess Hohlräume. Zwei weithin bekannte Kalksteinhöhlen sind die Mammoth-Höhle in Kentucky und die Carlsbad-Höhlen in New Mexico (▶ Abbildung 21.43), vor allem aber in den nördlichen und südlichen Kalkalpen findet man solche Höhlen.

Abbildung 21.43: Die Carlsbad-Höhlen im US-Bundesstaat New Mexico.

Eine der wichtigsten Reaktionen von $CaCO_3$ ist sein Zerfall in CaO und CO_2 bei erhöhten Temperaturen (▶Gleichung 21.87). Etwa $2,0 \times 10^{10}$ kg Calciumoxid, bekannt als Kalk oder Ätzkalk, werden jährlich in den USA produziert. Bei der Reaktion von Calciumoxid mit Wasser ensteht $Ca(OH)_2$, ein industriell bedeutender Ausgangsstoff. Er spielt ebenfalls eine wichtige Rolle bei der Herstellung von Mörtel, einer Mischung von Sand, Wasser und CaO, der bei Maurerarbeiten auf Baustellen verwendet wird. Bei der Reaktion von Calciumoxid mit Wasser und CO_2 entsteht $CaCO_3$, das den Sand im Mörtel bindet.

$$CaO(s) + H_2O(l) \rightleftharpoons Ca^{2+}(aq) + 2\,OH^-(aq) \quad (21.96)$$

$$Ca^{2+}(aq) + 2\,OH^-(aq) + CO_2(aq) \longrightarrow CaCO_3(s) + H_2O(l) \quad (21.97)$$

Carbide

Die binären Kohlenstoffverbindungen mit Metallen, Halbmetallen und bestimmten Nichtmetallen werden unter dem Begriff Carbide zusammengefasst. Es existieren drei Typen: ionische, interstitielle und kovalente **Carbide**. Die ionischen Carbide werden mit unedleren Metallen gebildet. Die häufiger vorkommenden ionischen Carbide enthalten das *Acetylid-Ion* (C_2^{2-}). Dieses Ion ist mit N_2 isoelektrisch, und seine Lewis-Strukturformel, $[|C{\equiv}C|]^{2-}$, besitzt eine Kohlenstoff–Kohlenstoff-Dreifachbindung. Das wichtigste Carbid ist das Calciumcarbid (CaC_2), das bei hohen Temperaturen durch die Reduktion von CaO mit Kohlenstoff entsteht:

$$2\,CaO(s) + 5\,C(s) \longrightarrow 2\,CaC_2(s) + CO_2(g) \quad (21.98)$$

Das Carbid-Ion, eine ausgesprochen starke Base, reagiert mit Wasser und bildet dabei Acetylen (H—C≡C—H):

$$CaC_2(s) + 2\,H_2O(l) \longrightarrow Ca(OH)_2(aq) + C_2H_2(g) \quad (21.99)$$

Calciumcarbid stellt somit eine geeignete Feststoffquelle für Acetylen dar, das in Schweißverfahren eingesetzt wird (Abbildung 21.17).

Interstitielle Carbide werden mit einer großen Zahl von Übergangsmetallen gebildet. Analog zu den interstitiellen Hydriden besetzen die Kohlenstoff-Atome die Zwischenräume zwischen den Metall-Atomen (siehe Abschnitt 21.2). Wolframcarbid ist sehr hart und hitzeresistent und wird daher zur Herstellung von Schneidewerkzeugen verwendet.

Kovalente Carbide werden mit Bor und Silizium gebildet. Siliziumcarbid (SiC), das auch unter der Bezeichnung Carborundum bekannt ist, wird als Schleifmittel sowie für Schneidewerkzeuge eingesetzt. SiC, das beinahe die Härte von Diamant erreicht, weist eine diamantenähnliche Struktur auf, bei der die Gitterpostionen abwechselnd mit Si- und C-Atomen besetzt sind.

Andere anorganische Kohlenstoffverbindungen

Cyanwasserstoff, HCN (▶ Abbildung 21.44), ist ein extrem toxisches Gas, dessen Geruch an Bittermandeln erinnert. Das Gas wird bei der Reaktion eines Cyanidsalzes wie NaCN mit einer Säure erzeugt (siehe Übungsbeispiel 21.2c).

Wässrige HCN-Lösungen werden als Cyanwasserstoffsäure bezeichnet. Werden solche Lösungen mit Basen (z. B. NaOH) versetzt, entstehen Cyanidsalze, wie z. B. NaCN. Cyanide kommen bei der Herstellung von verschiedenen Kunststoffen zum Einsatz, unter ihnen Nylon und Orlon. Das CN^--Ion bildet mit den meisten Übergangsmetallen sehr stabile Komplexe (siehe Abschnitt 17.5).

Schwefelkohlenstoff, CS_2 (Abbildung 21.44), ist ein wichtiges industrielles Lösungsmittel für Wachse, Fette, Zellulosen sowie andere unpolare Stoffe. Die Dämpfe der farblosen, flüchtigen Flüssigkeit (Siedepunkt 46,3 °C) sind hochgiftig und leicht entflammbar. Die Verbindung entsteht durch die direkte Reaktion von Kohlenstoff und Schwefel bei hohen Temperaturen.

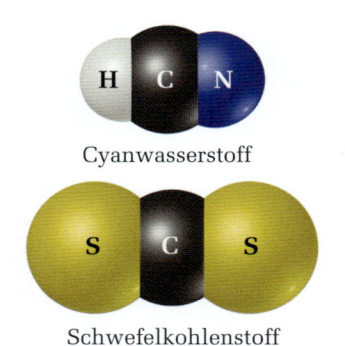

Abbildung 21.44: Strukturen von Cyanwasserstoff und Schwefelkohlenstoff.

21.10 Die übrigen Elemente der Gruppe 4A: Si, Ge, Sn und Pb

Außer Kohlenstoff gehören zur Gruppe 4A die Elemente Silizium, Germanium, Zinn und Blei. In Gruppe 4A kann man besonders deutlich beobachten, wie der metallische Charakter der Elemente von oben nach unten zunimmt. Kohlenstoff ist ein Nichtmetall, Silizium und Germanium sind Halbmetalle, Zinn und Blei sind Metalle. In diesem Abschnitt werden wir zunächst gemeinsame Eigenschaften der Gruppe 4A erörtern und anschließend näher auf Silizium eingehen.

Allgemeine Merkmale der Elemente in Gruppe 4A

Einige Eigenschaften der Elemente der Gruppe 4A sind in Tabelle 21.8 aufgeführt. Die Elemente haben die Valenzelektronenkonfiguration ns^2np^2. Die Elektronegativität dieser Elemente ist im Allgemeinen niedrig. Carbide mit C^{4-}-Ionen lassen sich nur bei wenigen Kohlenstoffverbindungen mit stark unedlen Metallen beobachten. Die Bildung von 4+-Ionen aufgrund von Elektronenverlust findet bei keinem dieser Elemente statt, da die Ionisierungsenergien zu hoch sind. Die Oxidationszahl +2 kommt jedoch in der Chemie von Germanium, Zinn und Blei vor, bei letzterem Element ist +2 sogar die bevorzugte Oxidationszahl. Die überwiegende Mehrheit der Verbindungen mit Elementen der Gruppe 4A weist kovalente Bindungen auf. Kohlenstoff kann bis zu vier Bindungen ausbilden. Die übrigen Vertreter der Gruppe 4A sind dazu in der Lage, mittels scheinbarer Valenzschalenexpansion höhere Koordinationszahlen zu erreichen.

Kohlenstoff unterscheidet sich gegenüber den anderen Elementen der Gruppe 4A durch seine ausgeprägte Fähigkeit, Mehrfachbindungen sowohl mit sich selbst als auch mit anderen Nichtmetallen zu bilden, insbesondere mit N, O und S (siehe Abschnitt 21.1).

Tabelle 21.8
Eigenschaften der Elemente von Gruppe 4A

Eigenschaft	C	Si	Ge	Sn	Pb
Atomradius (Å)	0,77	1,17	1,22	1,40	1,46
Ionisierungsenergie (kJ/mol)	1086	786	762	709	716
Elektronegativität	2,5	1,8	1,8	1,8	1,9
X—X Einfachbindungsenthalpie (kJ/mol)	348	226	188	151	—

Tabelle 21.8 verdeutlicht, dass die Stärke einer Bindung zwischen zwei Atomen des jeweiligen Elements innerhalb der Gruppe 4A des Periodensystems von oben nach unten abnimmt. Kohlenstoff-Kohlenstoff-Bindungen sind ausgesprochen stark. Kohlenstoff besitzt deshalb die Fähigkeit zur Bildung von Verbindungen, in denen Kohlenstoff-Atome in Ketten und Ringen miteinander verbunden sind. Diese Eigenschaft erklärt die große Zahl der bestehenden organischen Verbindungen. Andere Elemente, vor allem solche, die im Periodensystem in unmittelbarer Nachbarschaft des Kohlenstoffs angeordnet sind, sind ebenfalls imstande, Ketten und Ringe zu bilden. Diese Bindungen spielen allerdings in der Chemie der Elemente eine weitaus weniger bedeutsame Rolle, als es beim Kohlenstoff der Fall ist. Beispielsweise ist die Stärke der Si—Si-Bindung (226 kJ/mol) deutlich geringer als die der Si—O-Bindung (386 kJ/mol). Daraus ergibt sich, dass Si—O-Bindungen in der Silizium-Chemie dominierend sind und Si—Si-Bindungen eine eher untergeordnete Rolle spielen.

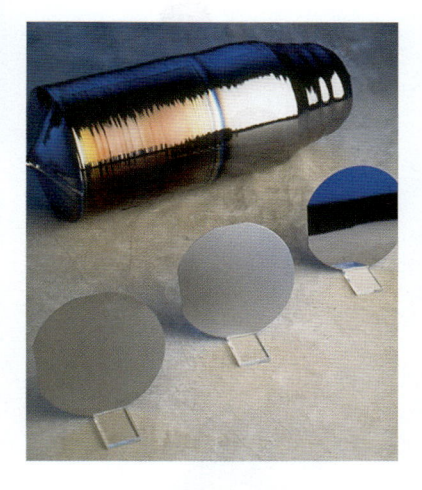

Abbildung 21.45: Elementares Silizium. Für die Anwendung in elektronischen Geräten wird Siliziumpulver geschmolzen und im Zonenschmelzverfahren zu einem einzigen Kristall verarbeitet (oben). Siliziumscheiben werden vom Kristall sukzessive abgeschnitten und durch eine Reihe von hoch entwickelten Verfahren bei der Herstellung unterschiedlicher elektronischer Geräte verwendet.

Vorkommen und Herstellung von Silizium

Das Silizium ist nach dem Sauerstoff das zweithäufigste Element der Erdkruste. Es ist in SiO_2 enthalten sowie in einer Vielzahl von Silikatmineralien. Das Element wird bei hohen Temperaturen durch die Reduktion von geschmolzenem Siliziumdioxid mit Kohlenstoff gebildet.

$$SiO_2(l) + 2\,C(s) \longrightarrow Si(l) + 2\,CO(g) \tag{21.100}$$

Elementares Silizium verfügt über eine diamantartige Struktur (siehe Abbildung 11.41a). Kristallines Silizium ist ein grauer Feststoff mit metallischem Aussehen, der bei 1410 °C schmilzt (▶ Abbildung 21.45). Als Halbleiter (siehe Abschnitt 12.1) wird Silizium zur Herstellung von Transistoren und Solarzellen verwendet. Damit das Element als Halbleiter verarbeitet werden kann, muss es einen extrem hohen Reinheitsgrad mit weniger als 10^{-7} % (1 ppb) Fremdstoffen aufweisen. Eine Methode zur Beseitigung von Verunreinigungen stellt die Reaktion des Elements mit Cl_2 dar, deren Produkt $SiCl_4$ ist. $SiCl_4$ ist eine flüchtige Flüssigkeit, die zunächst im fraktionierten Destillationsverfahren gereinigt und anschließend durch die Reduktion mit H_2 zurück in elementares Silizium umgewandelt wird.

$$SiCl_4(g) + 2\,H_2(g) \longrightarrow Si(s) + 4\,HCl(g) \tag{21.101}$$

Der Reinheitsgrad lässt sich dann durch das Zonenschmelzverfahren weiter erhöhen. Im Zonenschmelzverfahren wird, wie in ▶ Abbildung 21.46 dargestellt, eine Heizspirale langsam entlang eines Siliziumstabs bewegt. Ein schmaler Bereich des Stabs

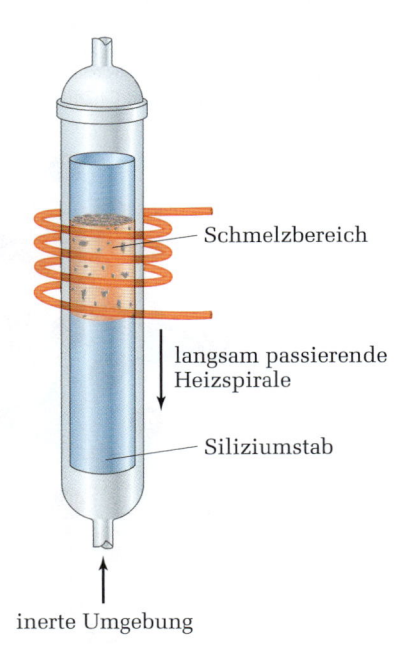

Abbildung 21.46: Zonenschmelzapparat.

Silikate

Siliziumdioxid und andere Verbindungen, die Silizium und Sauerstoff enthalten, haben einen Erdkrustenanteil von mehr als 90 %. **Silikate** sind Verbindungen, in denen ein Silizium-Atom tetraedrisch von vier Sauerstoff-Atomen umgeben ist (▶ Abbildung 21.47a). In Silikaten befindet sich Silizium in seiner häufigsten Oxidationsstufe, +4. Das einfache SiO_4^{4-}-Ion, das auch als Orthosilikat-Ion bezeichnet wird, ist nur in wenigen Silikatmineralen vorzufinden. Das Silikat-Tetraeder kann jedoch als „Baustein" zum Bau von Mineralstrukturen betrachtet werden. Die einzelnen Tetraeder sind über ein Sauerstoff-Atom miteinander eckenverknüpft.

Wie in Abbildung 21.47b dargestellt, führt die Eckenverknüpfung von zwei SiO_4-Tetraedern zu einem *Disilikat-Ion*, das zwei Si-Atome und sieben O-Atome besitzt. Bei allen Silikaten befinden sich Si und O in den Oxidationsstufen +4 bzw. −2, wobei die Gesamtladung des Ions mit diesen Oxidationsstufen übereinstimmen muss. Somit ist die Ladung von Si_2O_7 (2)(+4) + (7)(−2) = −6; es ist das $Si_2O_7^{6-}$-Ion. Das Mineral *Thortveitit* ($Sc_2Si_2O_7$) verfügt über $Si_2O_7^{6-}$-Ionen.

In den meisten Silikatmineralen sind eine Vielzahl von Silikat-Tetraedern miteinander verbunden und bilden Ketten, Schichten oder dreidimensionale Strukturen. Es lassen sich beispielsweise zwei Eckstücke eines Tetraeders mit zwei anderen Tetraedern verbinden, um eine unendliche Kette mit ···O—Si—O—Si····-Brücken herzustellen. Diese Struktur, eine einsträngige Silikat-Kette, ist in ▶ Abbildung 21.48a

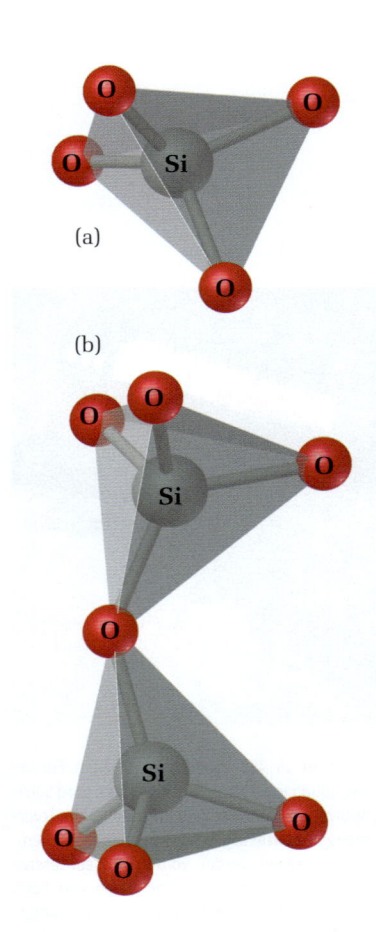

Abbildung 21.47: Silikatstrukturen. (a) Struktur des SiO_4-Tetraeders im SiO_4^{4-}-Ion. Dieses Ion kommt in verschiedenen Mineralien vor, darunter auch Zirkon ($ZrSiO_4$). (b) Die Struktur des $Si_2O_7^{6-}$-Ions, die sich durch Eckenverknüpfung von zwei SiO_4-Tetraedern ergibt. Dieses Ion ist in verschiedenen Mineralien enthalten, u. a. in Hardystonit, $Ca_2Zn(Si_2O_7)$.

Abbildung 21.48: Ketten- und Schichtstrukturen von Silikat. Silikat-Strukturen bestehen aus Tetraedern, die an ihren Ecken über ein gemeinsames Sauerstoff-Atom miteinander verbunden sind. (a) Darstellung einer unendlichen, einsträngigen Silikat-Kette. Jedes Tetraeder ist mit zwei anderen verbunden. Das Rechteck kennzeichnet die Wiederholungseinheit der Kettenstruktur, die der Elementarzelle von Feststoffen entspricht (siehe Abschnitt 11.7); die Kette kann als unendliche Anzahl von Wiederholungseinheiten betrachtet werden. Die Wiederholungseinheit hat die Formel $Si_2O_6^{4-}$ oder die einfachste Formel SiO_3^{2-}. (b) Darstellung einer zweidimensionalen Schichtstruktur. Jedes Tetraeder ist mit drei anderen verbunden. Die Wiederholungseinheit der Schicht hat die Formel $Si_2O_5^{2-}$.

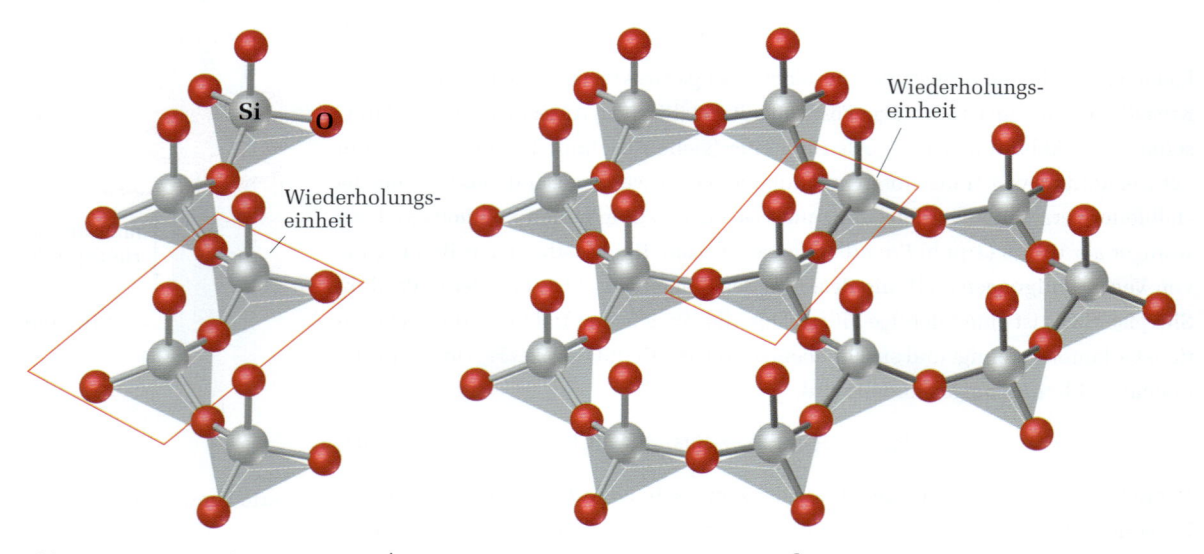

(a) einsträngige Silikat-Kette, $Si_2O_6^{4-}$

(b) Schichtsilikat-Ion, $Si_2O_5^{2-}$

dargestellt. Wie wir sehen, lässt sich diese Kette als Sequenz von $Si_2O_6^{4-}$-Ionen betrachten und so kann man vereinfacht die Formel SiO_3^{2-} schreiben. Das Mineral *Enstatit* ($MgSiO_3$) besitzt zwei Reihen von einsträngigen Silikat-Ketten. Zum Ausgleich der Ladung befinden sich Mg^{2+}-Ionen zwischen den Strängen.

In Abbildung 21.48 b ist jedes Silikat-Tetraeder mit drei weiteren verbunden und bildet so eine unendliche, zweidimensionale Schichtstruktur. Die einfachste Formel dieser Schicht lautet $Si_2O_5^{2-}$. Das Mineral *Talk*, auch bekannt als Talkumpulver, hat die Formel $Mg_3(Si_2O_5)_2(OH)_2$ und basiert auf ebendieser Schichtstruktur. Die Mg^{2+}- und OH^--Ionen liegen zwischen den Silikat-Schichten. Das seidige Gefühl beim Anfassen des Talkumpulvers wird durch die Silikat-Schichten bewirkt, die sich gegeneinander verschieben, analog zu der Kohlenstoff-Schichtstruktur des Graphits, die dieser Modifikation ihre Schmierstoffeigenschaften verdankt (siehe Abschnitt 11.8).

Asbest ist der Oberbegriff einer Gruppe fasriger Silikatminerale. Diese Minerale verfügen über kettenähnliche Anordnungen von Silikat-Tetraedern oder Schichtstrukturen, deren Schicht Formen wie Röhren aufweisen. Diese Strukturen verleihen den Mineralen ihren fasrigen Charakter (▶ Abbildung 21.49). Asbestminerale wurden häufig zur Wärmeisolierung verwendet, aufgrund der hohen chemischen Stabilität ihrer Silikat-Strukturen vor allem in Bereichen, die hohen Temperaturen ausgesetzt sind. Zudem lassen sich die Fasern zu Asbeststoffen verweben, aus denen sich feuerfeste Vorhänge und ähnliches herstellen lassen. Die Faserstruktur der Asbestminerale birgt jedoch ein großes Gesundheitsrisiko. Die feinen Asbestfasern dringen problemlos in weiches Gewebe ein, etwa das der Lunge. Dort können sie Krankheiten bis hin zu Krebs hervorrufen. Die Verarbeitung von Asbest als Standard-Baumaterial wurde aus diesem Grund eingestellt.

Sind alle vier Ecken jedes SiO_4-Tetraeders mit einem anderen Tetraeder verbunden, entsteht eine dreidimensionale Struktur. Durch die Verbindung der Tetraeder entsteht Quarz (SiO_2), dessen Struktur in Abbildung 11.30a zweidimensional dargestellt

Abbildung 21.49: Serpentin-Asbeste. Beachten Sie den fasrigen Charakter dieses Silikatminerals.

ÜBUNGSBEISPIEL 21.10

Bestimmung einer empirischen Formel

Chrysotil ist ein Asbestmineral, das auf der Schichtstruktur, wie in Abbildung 21.48b gezeigt, basiert. Außer Silikat-Tetraedern enthält das Mineral Mg^{2+}- und OH^--Ionen. Eine Analyse des Minerals ergibt, dass es pro Si-Atom 1,5 Mg-Atome besitzt. Welche empirische Formel hat Chrysotil?

Lösung

Analyse: Es wird ein Mineral beschrieben, das eine Schichtsilikat-Struktur mit Mg^{2+}- und OH^--Ionen zum Ladungsausgleich sowie 1,5 Mg-Atome pro Si-Atom aufweist. Es soll die empirische Formel dieses Minerals formuliert werden.

Vorgehen: Wie Abbildung 21.48b zeigt, basiert die Schichtstruktur des Silikats auf dem $Si_2O_5^{2-}$-Ion. Wir addieren zunächst Mg^{2+}, um ein geeignetes Verhältnis zwischen Mg und Si zu herzustellen. Wir fügen dann OH^--Ionen hinzu und erhalten auf diese Weise eine neutrale Verbindung.

Lösung: Die Beobachtung, dass das Verhältnis Mg/Si gleich 1,5 ist, stimmt mit drei Mg^{2+}-Ionen pro $Si_2O_5^{2-}$-Ion überein. Bei Addition von drei Mg^{2+}-Ionen würde sich $Mg_3(Si_2O_5)^{4+}$ ergeben. Um im Mineral eine ausgeglichene Ladung zu erreichen, müssen pro $Si_2O_5^{2-}$-Ion vier OH^--Ionen vorhanden sein. Demnach ist die Formel von Chrysotil $Mg_3(Si_2O_5)(OH)_4$. Sofern diese Formel nicht vereinfacht werden kann, handelt es sich hierbei um die empirische Formel.

ÜBUNGSAUFGABE

Das Tricyclosilikat-Ion besteht aus drei Silikat-Tetraedern, die ringförmig miteinander verbunden sind. Das Ion enthält drei Si-Atome und neun O-Atome. Welche Gesamtladung hat das Ion?

Antwort: 6−.

wird. Die dreidimensionale Struktur wie beim Diamanten führt dazu, dass Quarz härter als Ketten- und Schichtsilikate ist (siehe Abbildung 11.41a).

Glas

Quarz schmilzt bei etwa 1600 °C und wird dabei zu einer klebrigen Flüssigkeit. Während des Schmelzens kommt es zum Bruch vieler Silizium–Sauerstoff-Bindungen. Bei einer schnellen Abkühlung der Flüssigkeit werden die Silizium–Sauerstoff-Bindungen erneuert, bevor sich die Atome regelmäßig anordnen können. Auf diese Weise entsteht ein amorpher Feststoff, der unter der Bezeichnung „Quarzglas" bekannt ist (siehe Abbildung 11.30). Eine niedrigere Schmelztemperatur lässt sich durch die Zugabe verschiedener Stoffe erzielen. Das gewöhnliche **Glas** wird zu Fenstern und Flaschen verarbeitet und wird mitunter als Soda-Kalk-Glas bezeichnet. Es enthält abgesehen von aus Sand gewonnenem SiO_2 die Bestandteile CaO und Na_2O. CaO und Na_2O werden durch das Erhitzen von zwei preisgünstigen Chemikalien hergestellt, Kalkstein ($CaCO_3$) und Soda (Na_2CO_3). Diese Carbonate zerfallen bei erhöhten Temperaturen:

$$CaCO_3(s) \longrightarrow CaO(s) + CO_2(g) \qquad (21.102)$$

$$Na_2CO_3(s) \longrightarrow Na_2O(s) + CO_2(g) \qquad (21.103)$$

Durch die Addition weiterer Stoffe können die Farbe oder sonstige Eigenschaften des Glases auf verschiedene Weise verändert werden. Die Zugabe von CoO etwa bewirkt die tiefe blaue Farbe von „Kobaltglas". Wenn Na_2O durch K_2O ausgetauscht wird, entsteht ein härteres Glas mit einem höheren Schmelzpunkt. Der Ersatz von CaO durch PbO führt zum dichteren „Bleiglas", das sich durch eine höhere Brechzahl auszeichnet. Bleiglas wird häufig zu dekorativen Zwecken verwendet. Die höhere Brechzahl verleiht dem Glas seinen typischen Glanz. Auch die Zugabe von nichtmetallischen Oxiden wie B_2O_3 oder P_4O_{10}, die silikatähnliche Netzstrukturen bilden, verändert die Eigenschaften des Glases. Die Addition von B_2O_3 erhöht den Schmelzpunkt des Glases und verbessert seine Resistenz gegenüber Temperaturänderungen. Solche Glassorten sind im Handel als Pyrex oder Kimax erhältlich und werden für Zwecke eingesetzt, die eine hohe Temperaturwechselbeständigkeit voraussetzen, beispielsweise als Glaswaren für Laboratorien oder in Kaffeemaschinen.

Silikone

Silikone bestehen aus O—Si—O-Ketten, in denen die verbleibenden Bindungspositionen am Silizium von organischen Gruppen wie CH_3 besetzt sind. Die Ketten werden von —Si(CH_3)$_3$-Gruppen abgeschlossen:

$$\cdots\!-\!\underset{\underset{O}{|}}{\overset{\overset{H_3C\;\;\;CH_3}{\diagup}}{Si}}\!-\!\underset{\underset{O}{|}}{\overset{\overset{H_3C\;\;\;CH_3}{\diagup}}{Si}}\!-\!\underset{\underset{O}{|}}{\overset{\overset{H_3C\;\;\;CH_3}{\diagup}}{Si}}\!-\!O\!-\!\cdots$$

Je nach Kettenlänge und Vernetzungsgrad besitzen Silikone öl- oder gummiartige Eigenschaften. Silikone sind ungiftig und weisen eine hohe Stabilität gegenüber Hitze, Licht, Sauerstoff und Wasser auf. In der Industrie werden Silikone für ein breites Produktspektrum eingesetzt, darunter Schmierstoffe, Polituren, Versiegelungsmittel und Dichtungsringe. Sie werden des Weiteren zum Imprägnieren von Stoffen verwendet. Beim Auftragen von Silikon bilden die Sauerstoff-Atome Wasserstoff-Bindungen mit den Molekülen an der Oberfläche des Textilgewebes. Nach der Imprägnierung bleiben die hydrophoben organischen Gruppen des Silikons auf der Textiloberfläche zurück und wirken als wasserabweisende Schicht.

Bor 21.11

Bor kann als einziges Element der Gruppe 3A als Nichtmetall betrachtet werden. Sein Schmelzpunkt (2300 °C) liegt zwischen den Schmelzpunkten von Kohlenstoff (3550 °C) und Silizium (1410 °C). Bor hat die Valenzelektronenkonfiguration [He] $2s^2 2p^1$.

Die Moleküle, die zu den **Boranen** zählen, enthalten ausschließlich Bor und Wasserstoff. Das einfachste Boran ist BH_3. Dieses Molekül enthält nur sechs Valenzelektronen und stellt somit eine Ausnahme der Oktettregel dar (siehe Abschnitt 8.7). Daraus folgt, dass BH_3 mit sich selbst reagiert und dabei *Diboran* bildet (B_2H_6). Diese Reaktion lässt sich als Lewis-Säure-Base-Reaktion (siehe Abschnitt 16.11) betrachten, bei der jedes BH_3-Molekül ein Elektronenpaar mit B—H-Bindung an das jeweils andere abgibt. Demnach ist Diboran ein Molekül, in dem Wasserstoff-Atome scheinbar zwei Bindungen ausbilden (▶ Abbildung 21.50).

Die gemeinsame Nutzung der Wasserstoff-Atome durch zwei Bor-Atome kompensiert zu einem gewissen Teil den Mangel an Valenzelektronen rund um jedes Bor-Atom. Dennoch handelt es sich bei Diboran um ein extrem reaktives Molekül, das an Luft spontan entflammbar ist. Die Reaktion von B_2H_6 mit O_2 ist hochgradig exotherm.

$$B_2H_6(g) + 3\ O_2(g) \longrightarrow B_2O_3(s) + 3\ H_2O(g) \qquad \Delta H° = -2030 \text{ kJ} \qquad (21.104)$$

Auch andere Borane wie Pentaboran (B_5H_9) sind ausgesprochen reaktiv. Decaboran ($B_{10}H_{14}$) ist bei Zimmertemperatur in Luft stabil, geht jedoch mit O_2 bei höheren Temperaturen eine stark exotherme Reaktion ein. Aus diesem Grund wurden Borane einst sogar als fester Raketentreibstoff in Betracht gezogen.

Bor und Wasserstoff bilden auch eine Reihe von Anionen, die so genannten *Boranat-Anionen*. Salze des Borhydrid-Ions (BH_4^-) werden häufig als Reduktionsmittel eingesetzt. Dieses Ion ist mit CH_4 und NH_4^+ isoelektronisch. Aufgrund der geringen Elektronegativität des zentralen Bor-Atoms sind die Wasserstoff-Atome „hydridisch" gebunden und demnach partiell negativ geladen. Es ist also nicht überraschend, dass Borhydrid ein gutes Reduktionsmittel darstellt. Natriumborhydrid ($NaBH_4$) reagiert gegenüber bestimmten organischen Verbindungen als Reduktionsmittel. Sollten Sie eine Vorlesung in organischer Chemie hören, werden Sie erneut auf $NaBH_4$ stoßen.

Das einzige bedeutende Oxid von Bor ist Boroxid (B_2O_3). Dieser Stoff ist das Anhydrid der Borsäure, die als H_3BO_3 oder $B(OH)_3$ geschrieben werden kann. Borsäure ist derart schwach sauer ($K_S = 5{,}8 \times 10^{-10}$), dass H_3BO_3-Lösungen zur Augenreinigung verwendet werden. Wie Phosphor (siehe Abschnitt 21.8) verliert Borsäure beim Erhitzen Wasser durch eine Kondensationsreaktion:

$$4\ H_3BO_3(s) \longrightarrow H_2B_4O_7(s) + 5\ H_2O(g) \qquad (21.105)$$

Die zweibasige Säure $H_2B_4O_7$ wird als Tetraborsäure bezeichnet. In Kalifornien kommt das hydrierte Natriumsalz $Na_2B_4O_7 \cdot 10\ H_2O$, auch als Borax bekannt, in Ablagerungen trockener Seen vor und lässt sich ohne weiteres auch aus anderen Boratmineralen gewinnen. Boraxlösungen sind alkalisch. Der Stoff wird in verschiedenen Wasch- und Reinigungsmitteln verwendet.

Diboran B_2H_6

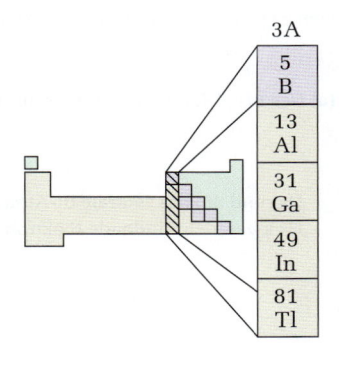

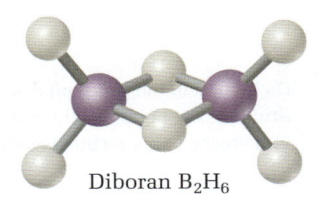

Abbildung 21.50: Die Struktur von Diboran (B_2H_6). Zwei H-Atome dienen als „Brückenkopf" zwischen den beiden B-Atomen und geben dem Molekül einen ebenen B_2H_2-Kern. Zwei der verbleibenden H-Atome sind an beiden Seiten des B_2H_2-Kerns angeordnet. Die B-Atome sind von den H-Atomen nahezu tetraedrisch umgeben.

ÜBERGREIFENDE BEISPIELAUFGABE

Verknüpfen von Konzepten

Die Interhalogenverbindung BrF_3 ist eine flüchtige, gelbliche Flüssigkeit. Durch Autoionisation weist die Verbindung eine beachtliche elektrische Leitfähigkeit auf.

$$2\ BrF_3(l) \rightleftharpoons BrF_2^+(solv.) + BrF_4^-(solv.)$$

(a) Welche molekularen Strukturen haben die BrF_2^+- und BrF_4^--Ionen? **(b)** Die elektrische Leitfähigkeit von BrF_3 nimmt bei steigender Temperatur ab. Ist der Autoionisationsprozess exotherm oder endotherm? **(c)** Ein chemisches Merkmal von BrF_3 besteht darin, dass es sich gegenüber Fluorid-Ionen wie eine Lewis-Säure verhält. Was werden wir vermutlich beobachten, wenn KF in BrF_3 aufgelöst wird?

Lösung

(a) Das BrF_2^+-Ion verfügt insgesamt über $7 + 2(7) - 1 = 20$ Valenzschalen-Elektronen. Die Lewis-Strukturformel des Ions ist

$$[\overline{|\underline{F}} - \overline{\underline{Br}} - \overline{\underline{F}}|]^+$$

Da rund um das zentrale Br-Atom vier Elektronenpaare angeordnet sind, resultiert eine tetraedrische Struktur (siehe Abschnitt 9.2). Da zwei nichtbindende Elektronenpaare vorliegen, folgt eine gewinkelte Molekülstruktur.

Das BrF_4^--Ion besitzt insgesamt $7 + 4(7) + 1 = 36$ Elektronen und weist somit folgende Lewis-Strukturformel auf:

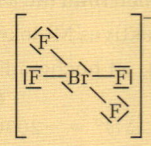

Da in diesem Ion rund um das zentrale Br-Atom formal sechs Elektronenpaare angeordnet sind, ergibt sich hier eine oktaedrische Struktur. Die beiden nichtbindenden Elektronenpaare sind an zwei gegenüberliegenden Seiten (apikal) des Oktaeders angeordnet und ergeben eine rechteckig-ebene Molekülstruktur.

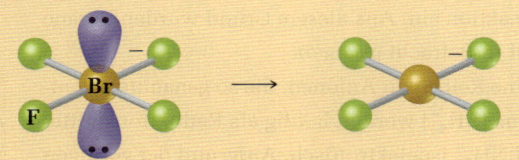

(b) Die zu beobachtende Erniedrigung der Leitfähigkeit bei steigender Temperatur verweist auf die geringere Ionenzahl der Lösung bei höherer Temperatur. Dies bedeutet, der Anstieg der Temperatur bewirkt eine Verschiebung des Gleichgewichts nach links. Dem Le-Chatelier-Braun-Prinzip zufolge ist die Reaktion exotherm, da sie von links nach rechts verläuft (siehe Abschnitt 15.6).

(c) Eine Lewis-Säure ist ein Elektronenpaar-Akzeptor (siehe Abschnitt 16.11). Das Fluorid-Ion besitzt vier Valenzschalen-Elektronenpaare und verhält sich demnach als Lewis-Base (Elektronenpaar-Donor). Dementsprechend lässt sich folgende Reaktion beobachten:

$$F^- + BrF_3 \longrightarrow BrF_4^-$$

Zusammenfassung und Schlüsselbegriffe

Einführung und Abschnitt 21.1 Das Periodensystem ist hilfreich beim Zuordnen und Lernen der Beschreibungen von Elementen. Unter den Elementen einer bestimmten Gruppe nimmt die Größe entsprechend der Atomnummer zu, die Elektronegativität und die Ionisierungsenergie nehmen hingegen ab. Ein nichtmetallischer Charakter ist gleichbedeutend mit erhöhter Elektronegativität; aus diesem Grund sind die meisten nichtmetallischen Elemente im oberen rechten Bereich des Periodensystems angeordnet. Bei den Nichtmetallen unterscheidet sich das erste Element jeder Gruppe erheblich von den anderen Elementen derselben Gruppe. Es stellt bis zu vier Bindungen mit anderen Atomen her und tendiert wesentlich stärker zur Bildung von π-Bindungen als die schwereren Elemente seiner Gruppe.

Da O_2 und H_2O auf unserem Planeten reichhaltig vorhanden sind, konzentrieren wir uns auf zwei wichtige und grundlegende Reaktionsarten im Rahmen der theoretischen Chemie der Nichtmetalle: die Oxidation durch O_2 sowie den Protonentransfer bei Beteiligung von H_2O oder wässrigen Lösungen.

Abschnitt 21.2 Wasserstoff besitzt drei Isotope: **Protium** (^1_1H), **Deuterium** (^2_1H) und **Tritium** (^3_1H). Wasserstoff ist keiner bestimmten Gruppe des Periodensystems zugeordnet. Das Wasserstoff-Atom kann entweder ein Elektron verlieren, wobei H^+ entsteht, oder eines dazu gewinnen, das Produkt ist in diesem Fall H^- (das Hydrid-Ion). Aufgrund der relativen Stärke der H—H-Bindung ist H_2 wenig reaktiv, solange es nicht durch Wärme oder einen Katalysator aktiviert wird. Wasserstoff bildet eine sehr starke Bindung mit Sauerstoff, Reaktionen von H_2 mit sauerstoffhaltigen Verbindungen führen in der Regel zur Bildung von H_2O. Da die Bindungen in CO und CO_2 sogar die O—H-Bindung an Stärke übertreffen, führen die Reaktionen von H_2O mit Kohlenstoff oder einigen organischen Verbindungen zur Bildung von H_2. Das H^+(aq)-Ion ist zur Oxidation zahlreicher Metalle fähig und erzeugt dabei Metall-Ionen sowie $H_2(g)$. $H_2(g)$ ist ebenfalls das Produkt der Elektrolyse von Wasser.

Die binären Wasserstoffverbindungen lassen sich in drei Hauptgruppen aufteilen: **ionische Hydride** (erzeugt durch unedle Metalle), **metallische Hydride** (erzeugt durch Übergangsmetalle) und **molekulare Hydride** (erzeugt durch Nichtmetalle). Die ionischen Hydride enthalten das H^--Ion. Dieses Ion ist stark basisch, deshalb reagieren ionische Hydride mit H_2O und produzieren dabei H_2 und OH^-.

Abschnitte 21.3 und 21.4 Aufgrund der hohen Stabilität ihrer Elektronenkonfigurationen sind die Edelgase (Gruppe 8A) nur gering reaktiv. Die Xenonfluoride, Xenonoxide und KrF_2 sind die häufigsten Edelgasverbindungen.

Die Halogene (Gruppe 7A) bestehen als diatomare Moleküle. Ihre Elektronegativität übertrifft die aller anderen Elemente in jeder Periode des Periodensystems. Mit Ausnahme von Fluor kann jedes Element dieser Gruppe eine Oxidationsstufe zwischen -1 und $+7$ annehmen. Da Fluor das am stärksten elektronegative Element ist, sind die Oxidationsstufen von Fluor auf 0 und -1 beschränkt. Die Oxidationskraft (die Neigung zur Oxidationszahl -1) nimmt innerhalb der Gruppe von oben nach unten ab. Die Wasserstoff-Halogenide gehören zu den wichtigsten Verbindungen dieser Elemente. Fluorwasserstoffsäure reagiert mit Silikaten und wird daher zum Ätzen von Glas verwendet. Die **Interhalogene** sind Verbindungen zwischen zwei verschiedenen Halogen-Elementen. Chlor, Brom und Iod bilden eine Reihe von Sauerstoffsäuren, in denen das Halogen-Atom eine positive Oxidationsstufe aufweist. Diese Verbindungen sowie ihre entsprechenden Oxoanionen sind starke Oxidationsmittel.

Abschnitte 21.5 und 21.6 Sauerstoff bildet zwei allotrope Modifikationen, O_2 und O_3 (Ozon). Im Vergleich zu O_2 ist Ozon instabil und zudem ein stärkeres Oxidationsmittel. Durch die meisten Reaktionen von O_2 entstehen Oxide, Verbindungen, in denen Sauerstoff die Oxidationszahl -2 aufweist. Die löslichen Oxide von Nichtmetallen produzieren im Allgemeinen saure wässrige Lösungen; sie werden als **Säureanhydride** oder **saure Oxide** bezeichnet. Im Gegensatz dazu bilden lösliche Metalloxide basische Lösungen und sind als **Basenanhydride** oder **basische Oxide** bekannt. Viele nicht wasserlösliche Metalloxide lassen sich in Säure auflösen, hierbei kommt es zur Bildung von H_2O. Peroxide enthalten O—O-Bindungen und Sauerstoff in der Oxidationsstufe -1. Peroxide sind instabil und zerfallen in O_2 und Oxide. In solchen Reaktionen werden Peroxide gleichzeitig oxidiert und reduziert, dieser Prozess wird als **Disproportionierung** bezeichnet. Hyperoxide enthalten das O_2^--Ion, das Sauerstoff in der formalen Oxidationsstufe $-\frac{1}{2}$ enthält.

Unter allen übrigen Elementen der Gruppe 6A spielt Schwefel die wichtigste Rolle. Er kommt in mehreren allotropen Modifikationen vor. Die bei Zimmertemperatur stabilste dieser Modifikationen besteht aus S_8-Ringen. Schwefel bildet zwei Oxide, SO_2 und SO_3, beide Schadstoffe haben einen erheblichen Anteil an der Belastung der Atmosphäre. Schwefeltrioxid – das Anhydrid der Schwefelsäure – ist die wichtigste Schwefelverbindung und die Industriechemikalie mit dem größten Produktionsvolumen. Schwefelsäure ist eine starke Säure und ein geeignetes Dehydratisierungsmittel. Schwefel bildet zudem mehrere Oxoanionen, unter ihnen SO_3^{2-}- (Sulfit-), SO_4^{2-}- (Sulfat-) und $S_2O_3^{2-}$-Ionen (Thiosulfat-Ionen). Es gibt Sulfid-Verbindungen mit vielen Metallen, in denen Schwefel die Oxidationszahl −2 aufweist. Bei Reaktionen dieser Verbindungen mit Säuren entsteht Schwefelwasserstoff (H_2S), dessen Geruch an faule Eier erinnert.

Abschnitte 21.7 und 21.8 Stickstoff kommt in der Atmosphäre in Form von N_2-Molekülen vor. Aufgrund der starken N≡N-Bindung ist Stickstoff chemisch sehr stabil. Über das Haber-Bosch-Verfahren lässt sich molekularer Stickstoff in Ammoniak umwandeln. Anschließend kann Ammoniak in eine Vielzahl unterschiedlicher Verbindungen umgewandelt werden, die Stickstoff in Oxidationsstufen zwischen −3 und +5 enthalten. Die wichtigste industrielle Umwandlung von Ammoniak ist jedoch das **Ostwald-Verfahren**, durch das Ammoniak zu Salpetersäure (HNO_3) oxidiert wird. Stickstoff bildet drei wichtige Oxide: Distickstoffoxid (N_2O), Stickstoffmonoxid (NO) und Stickstoffdioxid (NO_2). Salpetrige Säure (HNO_2) ist eine schwache Säure; ihre konjugierende Base ist das Nitrit-Ion (NO_2^-). Eine weitere wichtige Stickstoffverbindung ist Hydrazin (N_2H_4).

Unter den übrigen Elementen der Gruppe 5A ist Phosphor am wichtigsten. In der Natur kommt Phosphor in Phosphatmineralen vor. Phosphor bildet mehrere allotrope Modifikationen, einschließlich des weißen Phosphors, der aus P_4-Tetraeder besteht. In Reaktionen mit Halogenen bildet Phosphor Trihalogenide (PX_3) und Pentahalogenide (PX_5). Durch die Hydrolyse dieser Verbindungen entsteht eine Sauerstoffsäure von Phosphor und HX. Phosphor bildet zwei Oxide, P_4O_6 und P_4O_{10}. Ihre jeweiligen Säuren – Phosphonsäure und Phosphorsäure – zeigen bei Erhitzung **Kondensationsreaktionen**. In der Biochemie haben Phosphorverbindungen einen hohen Stellenwert und sind wichtige Komponenten von Düngemitteln.

Abschnitte 21.9 und 21.10 Zu den allotropen Modifikationen des Kohlenstoffs zählen Diamant, Graphit und die Gruppe der Fulleren-Verbindungen, insbesondere das Buckminsterfulleren. Die mit den Fullerenen verwandten Kohlenstoff-Nanoröhrchen stellen eine weniger klar definierte Form des Kohlenstoffs dar. Amorphe Formen des Kohlenstoffs sind unter anderen **Holzkohle**, **Ruß** und **Koks**. Kohlenstoff bildet zwei wichtige Oxide: CO und CO_2. In wässrigen CO_2-Lösungen entsteht die schwach saure, zweibasige Kohlensäure (H_2CO_3), welche die Stammsäure von Hydrogencarbonat und Carbonatsalzen ist. Binäre Kohlenstoffverbindungen werden als **Carbide** bezeichnet. Carbide können ionisch, interstitiell oder kovalent sein. Calciumcarbid (CaC_2) enthält das stark basische Acetylid-Ion (C_2^{2-}), das bei der Reaktion mit Wasser Acetylen produziert. Andere wichtige Kohlenstoffverbindungen sind Cyanwasserstoff (HCN), die entsprechenden Cyanidsalze und Kohlenstoffdisulfid (CS_2), auch als Schwefelkohlenstoff bekannt. Kohlenstoff ist an einem breiten Spektrum organischer Verbindungen beteiligt.

Silizium, das zweithäufigste Element der Erdkruste, ist ein Halbleiter. Bei der Reaktion von Silizium und Cl_2 entsteht $SiCl_4$, das bei Zimmertemperatur flüssig ist. Silizium bildet starke Si—O-Bindungen und kommt daher in vielen Silikatmineralen vor. **Silikate** bestehen aus SiO_4-Tetraedern, die an ihren Ecken zu Ketten-, Schicht- oder dreidimensionalen Strukturen verbunden sind. Die häufigste dreidimensional-vernetzte Silizium–Sauerstoff-Verbindung ist Quarz (SiO_2). Eine amorphe (nichtkristalline) Form von SiO_2 ist **Kieselglas**. Silikone enthalten O—Si—O-Ketten, in denen organische Gruppen mit den Si-Atomen verbunden sind. Ebenso wie Silizium ist Germanium ein Halbmetall, Zinn und Blei sind hingegen Metalle.

Abschnitt 21.11 Bor ist als einziges Element der Gruppe 3A ein Nichtmetall. Es bildet zahlreiche Wasserstoffverbindungen, die als Borhydride oder **Borane** bezeichnet werden. Diboran (B_2H_6) besitzt eine ungewöhnliche Struktur mit zwei Wasserstoff-Atomen, die eine Verbindung zwischen zwei Bor-Atomen herstellen. Durch die Reaktion von Boranen mit Sauerstoff entsteht Boroxid (B_2O_3), wobei das Bor-Atom die Oxidationszahl +3 aufweist. Boroxid ist das Anhydrid von Borsäure (H_3BO_3). Borsäure neigt stark zu Kondensationsreaktionen.

Veranschaulichung von Konzepten

21.1 Eine dieser Strukturen ist eine stabile Verbindung, die andere ist es nicht. Bestimmen Sie die stabile Verbindung und begründen Sie die Entscheidung. Erklären Sie, warum die andere Verbindung nicht stabil ist (*Abschnitt 21.1*).

21.2 (a) Bestimmen Sie die *Art* der chemischen Reaktion, die in dem untenstehenden Diagramm dargestellt ist.

(b) Geben Sie die jeweils passenden Ladungen der Spezies auf beiden Seiten der Gleichung an. **(c)** Formulieren Sie die entsprechende Reaktionsgleichung (*Abschnitt 21.1*).

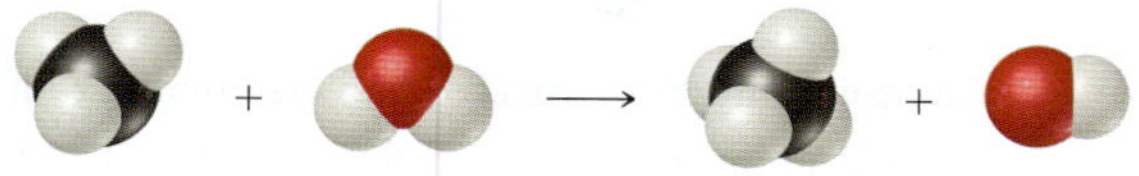

21.3 Bei welchen der folgenden Spezies (mehrere Antworten können zutreffen) ist die unten abgebildete Struktur zu vermuten: **(a)** XeF_4, **(b)** BrF_4^+, **(c)** SiF_4, **(d)** $TeCl_4$, **(e)** $HClO_4$? Die gezeigten Farben lassen keine Rückschlüsse auf das Element zu (*Abschnitte 21.3, 21.4, 21.6* und *21.10*).

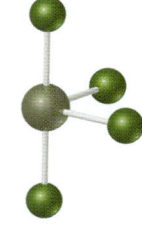

21.4 Zeichnen Sie das Energieprofil der Reaktion in Gleichung 21.33. Setzen Sie dabei für $O_3(g)$ eine Dissoziationsenergie von 115 kJ voraus (*Abschnitt 21.5*).

21.5 Formulieren Sie Molekülformel und Lewis-Strukturformel für jedes der folgenden Stickstoffoxide (*Abschnitt 21.7*):

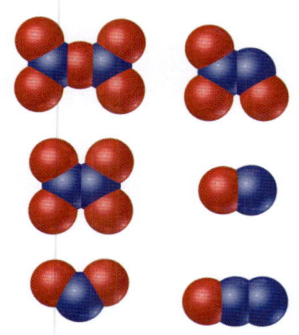

21.6 Welche Eigenschaft der Elemente aus Gruppe 6A wird in der folgenden Grafik dargestellt: **(a)** Elektronegativität, **(b)** Ionisierungsenergie, **(c)** Dichte, **(d)** Enthalpie der X—X-Einfachbindung oder **(e)** Elektronenaffinität? Erläutern Sie Ihre Antwort (*Abschnitte 21.5* und *21.6*).

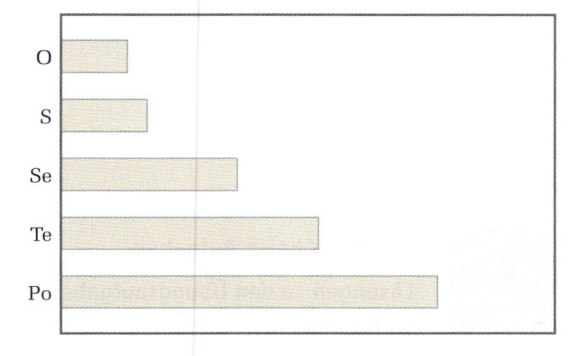

21.7 Die Atom- und Ionenradien der ersten drei Elemente aus Gruppe 6A sind

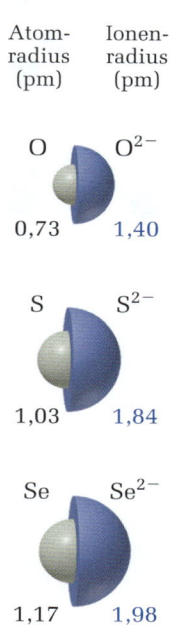

	Atomradius (pm)	Ionenradius (pm)
O / O^{2-}	0,73	1,40
S / S^{2-}	1,03	1,84
Se / Se^{2-}	1,17	1,98

(a) Erläutern Sie, weshalb die Atomradien innerhalb der Gruppe von oben nach unten zunehmen. **(b)** Erläutern Sie, weshalb die Ionenradien größer sind als die Atomradien. **(c)** Von welchem der drei Anionen vermuten Sie, dass es in Wasser die stärkste Base ist? Begründen Sie Ihre Antwort (*Abschnitte 21.5* und *21.6*).

21.8 Welche Eigenschaft der nichtmetallischen Elemente der dritten Periode wird in der folgenden Grafik dargestellt: **(a)** Ionisierungsenergie, **(b)** Atomradius, **(c)** Elektronegativität, **(d)** Schmelzpunkt oder **(e)** Enthalpie der X—X-Einfachbindung? Erläutern Sie Ihre Antwort und aus welchem Grund die anderen Antworten falsch sein müssen (*Abschnitte 21.3, 21.4, 21.6, 21.8* und *21.10*).

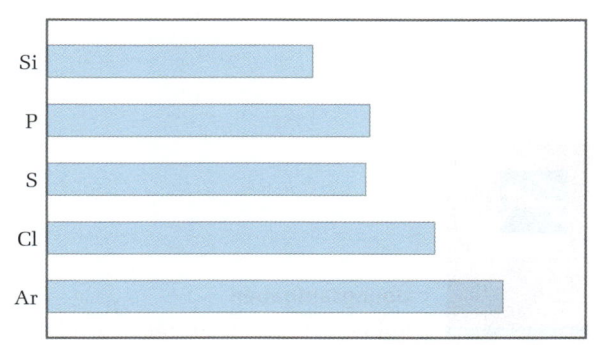

21.9 Nachfolgend werden die Strukturen von weißem und rotem Phosphor dargestellt. Erläutern Sie anhand dieser Modelle, weshalb weißer Phosphor reaktiver als roter Phosphor ist (*Abschnitt 21.8*).

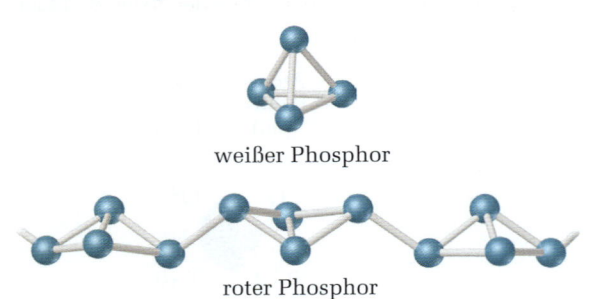

weißer Phosphor

roter Phosphor

21.10 **(a)** Zeichnen Sie die Lewis-Strukturformel für mindestens vier Spezies mit der allgemeinen Formel

$$\left[|X\equiv Y|\right]^n$$

wobei X und Y identisch oder verschieden sein können, und der Wert von n zwischen +1 und −2 liegen kann. **(b)** Welche der Verbindungen ist vermutlich die stärkste Brønsted-Base? Begründen Sie Ihre Antwort (*Abschnitte 21.1, 21.7* und *21.9*).

Übungsaufgaben
mit ausführlichen Lösungshinweisen

Multiple Choice-Aufgaben
Lösungen zu den Übungsaufgaben
im Kapitel

Chemie von Koordinationsverbindungen

22.1 Metallkomplexe 921

22.2 Liganden mit mehr als einem Donoratom 927

Chemie und Leben
    Der Kampf um Eisen in lebenden Systemen 932

22.3 Nomenklatur der Koordinationschemie 933

22.4 Isomerie 935

22.5 Farbe und Magnetismus 941

22.6 Kristallfeldtheorie 943

Zusammenfassung und Schlüsselbegriffe 953

Veranschaulichung von Konzepten 954

22

ÜBERBLICK

Was uns erwartet

- Wir beginnen mit einer Einführung der Begriffe *Metallkomplex* und *Ligand* und einer kurzen Geschichte der Entwicklung der *Koordinationschemie* (Abschnitt 22.1).

- Anschließend untersuchen wir die Strukturen, die Koordinationskomplexe mit verschiedenen *Koordinationszahlen* aufweisen (Abschnitt 22.2).

- Danach betrachten wir *mehrzähnige Liganden*, also Liganden mit mehr als einem *Donoratom*. Diese Liganden haben einige besondere Eigenschaften und spielen in biologischen Systemen oft eine wichtige Rolle (Abschnitt 22.2).

- Zur Benennung von Koordinationsverbindungen führen wir deren *Nomenklatur* ein (Abschnitt 22.3).

- Koordinationsverbindungen weisen verschiedene Formen von *Isomerie* auf. Isomere sind Verbindungen, die die gleiche Zusammensetzung, aber eine unterschiedliche Struktur haben. Koordinationsverbindungen können *Strukturisomere*, *geometrische Isomere* und *optische Isomere* bilden (Abschnitt 22.4).

- Im folgenden Abschnitt befassen wir uns mit den grundlegenden Ursachen der Farbe und des *Magnetismus* von Koordinationsverbindungen (Abschnitt 22.5).

- Im letzten Abschnitt erklären wir einige interessante spektrale und magnetische Eigenschaften der Koordinationsverbindungen mit Hilfe der *Kristallfeldtheorie* (Abschnitt 22.6).

Die mit Hilfe der Chemie erzeugten Farben sind nicht nur wunderschön, sie verraten uns auch viel über die Struktur und die Bindungen der zugrunde liegenden Materie. Verbindungen der Übergangsmetalle bilden eine wichtige Gruppe farbiger Substanzen. Einige dieser Substanzen werden als Farbpigmente verwendet, andere wiederum sind für die Farben von Gläsern und wertvollen Edelsteinen verantwortlich. Warum sind diese Verbindungen farbig und warum ändern sich ihre Farben, wenn andere Ionen oder Moleküle an das jeweilige Metall gebunden werden? Mit Hilfe der in diesem Kapitel behandelten Chemie werden wir in der Lage sein, auf diese Fragen eine Antwort zu finden.

In den vorangehenden Kapiteln haben wir festgestellt, dass Metallionen als Lewis-Säuren wirken und mit einer Vielzahl von Molekülen und Ionen, die als Lewis-Basen wirken, kovalente Bindungen eingehen können (siehe Abschnitt 16.11). Uns sind viele Ionen und Verbindungen begegnet, in denen derartige Wechselwirkungen vorliegen. Bei der Betrachtung von Gleichgewichten in den Abschnitten 16.11 und 17.5 haben wir uns z. B. mit den Verbindungen $[Fe(H_2O)_6]^{3+}$ und $[Ag(NH_3)_2]^+$ beschäftigt. Ein weiteres Beispiel ist Hämoglobin, eine wichtige Eisenverbindung, die für den Sauerstofftransport im Blut verantwortlich ist (Abschnitt 13.6 und 18.4). Im folgenden Kapitel werden wir näher auf die umfangreiche und bedeutende Chemie von Metallen eingehen, die in Komplexen von Molekülen und Ionen umgeben sind. Metallverbindungen dieser Art werden *Koordinationsverbindungen* genannt.

Metallkomplexe 22.1

Moleküle wie z. B. $[Ag(NH_3)_2]^+$, die aus einem zentralen Metallion bestehen, das von mehreren Molekülen oder Ionen umgeben ist, werden **Metallkomplexe** oder einfach *Komplexe* genannt. Wenn ein Komplex eine Nettoladung aufweist, handelt es sich um ein *Komplexion* (siehe Abschnitt 17.5). Verbindungen, die Komplexe enthalten, werden **Koordinationsverbindungen** genannt. Die Mehrzahl der von uns betrachteten Koordinationsverbindungen enthalten Übergangsmetallionen. Die Bildung von Komplexen ist jedoch auch bei den Ionen anderer Metalle möglich.

Die in einem Komplex an das Metallion gebundenen Moleküle oder Ionen werden **Liganden** genannt (vom lateinischen Wort *ligare*, das „binden" bedeutet). In der Verbindung $[Ag(NH_3)_2]^+$ sind zwei NH_3-Liganden an Ag^+ gebunden. Die Liganden wirken als Lewis-Basen und stellen das für die Ausbildung der Bindung mit dem Metall benötigte Elektronenpaar zur Verfügung (siehe Abschnitt 16.11). Liganden verfügen also, wie anhand der folgenden Beispiele deutlich wird, über mindestens ein freies Valenzelektronenpaar:

$$\overline{|\underline{O}}-H \qquad H-\underline{N}-H \qquad |\overline{\underline{Cl}}|^- \qquad |C\equiv N|^-$$
$$\phantom{|\overline{\underline{O}}}| \qquad \phantom{H-\underline{N}}|$$
$$\phantom{|\overline{\underline{O}}}H \qquad \phantom{H-\underline{N}-}H$$

Liganden bestehen entweder aus polaren Molekülen oder aus Anionen. In einem Komplex sind die Liganden an das Metall *koordiniert*.

Die Entwicklung der Koordinationschemie: Die Werner'sche Theorie

Die Chemie der Übergangsmetalle übte bereits vor der Einführung des Periodensystems aufgrund der Farbenvielfalt dieser Verbindungen eine große Faszination auf Chemiker aus. Bereits zum Ende des 18. Jahrhunderts und bis in das 19. Jahrhundert hinein wurden viele Koordinationsverbindungen isoliert und untersucht. Die Verbindungen hatten Eigenschaften, die angesichts der zu dieser Zeit herrschenden Vorstellungen über Bindungen zunächst seltsam erschienen. In Tabelle 22.1 sind z. B. mehrere Verbindungen aufgeführt, die bei einer Reaktion von Kobalt(III)chlorid mit Ammoniak entstehen. Diese Verbindungen haben erstaunlicherweise sehr unterschiedliche Farben. Selbst die beiden zuletzt aufgeführten Verbindungen, die die gleiche Formel ($CoCl_3 \cdot 4\,NH_3$) haben, weisen unterschiedliche Farben auf.

Bei allen in Tabelle 22.1 aufgeführten Verbindungen handelt es sich um starke Elektrolyte (siehe Abschnitt 4.1), die beim Auflösen in Wasser eine unterschiedliche Anzahl an Ionen bilden. Beim Auflösen von $CoCl_3 \cdot 6\,NH_3$ in Wasser erhält man z. B. vier Ionen pro Formeleinheit (das $[Co(NH_3)_6]^{3+}$-Ion und drei Cl^--Ion), beim Auflösen von $CoCl_3 \cdot 5\,NH_3$ dagegen nur drei Ionen pro Formeleinheit (das $[Co(NH_3)_5Cl]^{2+}$-Ion und zwei Cl^--Ionen). Bei einer Reaktion der Verbindungen mit überschüssigem wässrigem Silbernitrat fallen unterschiedliche Mengen $AgCl(s)$ aus. Die Ausfällreaktion von $AgCl(s)$ wird oft eingesetzt, um die Anzahl der in einer ionischen Verbindung vorhandenen „freien" Cl^--Ionen zu ermitteln. Wenn $CoCl_3 \cdot 6\,NH_3$ mit überschüssigem $AgNO_3(aq)$ behandelt wird, entstehen pro Mol des Komplexes 3 mol $AgCl(s)$, es reagieren also alle drei Cl^--Ionen der Formel zu $AgCl(s)$. Im Gegensatz dazu fallen bei einer Behandlung von $CoCl_3 \cdot 5\,NH_3$ mit $AgNO_3(aq)$ nur 2 mol $AgCl(s)$ Niederschlag pro Mol des Komplexes aus, eins der in der Verbindung vorhandenen Cl^--Ionen reagiert also nicht zu $AgCl(s)$. Diese Ergebnisse sind in Tabelle 22.1 zusammengefasst.

1893 schlug der Schweizer Chemiker Alfred Werner (1866–1919) eine Theorie vor, mit der die in Tabelle 22.1 aufgeführten Beobachtungen erfolgreich erklärt werden konnten. Diese Theorie wurde zur Grundlage des Verständnisses der Koordinationschemie. Werner schlug vor, dass Metallionen sowohl „primäre" als auch „sekundäre" Valenzen haben sollten. Bei der primären Valenz handelt es sich um die Oxidationsstufe des Metalls, die bei allen Komplexen in Tabelle 22.1 gleich +3 ist (siehe Abschnitt 4.4). Die sekundäre Valenz ist die Anzahl der direkt an das Metallion gebundenen Atome. Diese Valenz wird auch **Koordinationszahl** genannt. Werner leitete bei den hier betrachteten Kobaltkomplexen eine Koordinationszahl von 6 ab, wobei sich die Liganden in einer oktaedrischen Anordnung (siehe Abbildung 9.9) um das Co^{3+}-Ion befinden.

Tabelle 22.1

Eigenschaften verschiedener Ammoniakkomplexe von Kobalt(III)

Historische Formel	Farbe	Ionen pro Formeleinheit	„Freie" Cl^--Ionen pro Formeleinheit	Moderne Formel
$CoCl_3 \cdot 6\,NH_3$	orange	4	3	$[Co(NH_3)_6]Cl_3$
$CoCl_3 \cdot 5\,NH_3$	dunkelviolett	3	2	$[Co(NH_3)_5Cl]Cl_2$
$CoCl_3 \cdot 4\,NH_3$	grün	2	1	trans-$[Co(NH_3)_4Cl_2]Cl$
$CoCl_3 \cdot 4\,NH_3$	violett	2	1	cis-$[Co(NH_3)_4Cl_2]Cl$

Die Theorie Werners lieferte für die Ergebnisse der Tabelle 22.1 eine stimmige Erklärung. Bei den NH$_3$-Molekülen in den Komplexen handelt es sich um Liganden, die an das Co^{3+}-Ion gebunden sind. Wenn weniger als sechs NH$_3$-Moleküle vorliegen, werden die überzähligen freien Ligandenpositionen von Cl$^-$-Ionen besetzt. Das zentrale Metall und die an dieses Metall gebundenen Liganden bilden die **Koordinationssphäre** des Komplexes. In der Schreibweise Werners wird die chemische Formel einer Koordinationsverbindung mit eckigen Klammern geschrieben, um die sich innerhalb der Koordinationssphäre befindlichen Gruppen vom restlichen Teil der Verbindung zu unterscheiden. Werner schlug daher vor, CoCl$_3 \cdot$ 6 NH$_3$ und CoCl$_3 \cdot$ 5 NH$_3$ besser als [Co(NH$_3$)$_6$]Cl$_3$ und [Co(NH$_3$)$_5$Cl]Cl$_2$ zu schreiben. Er nahm ferner an, dass die Chloridionen, die Teil der Koordinationssphäre sind, so fest an das Metallion gebunden sind, dass sie beim Lösen des Komplexes in Wasser nicht dissoziieren. Beim Lösen von [Co(NH$_3$)$_5$Cl]Cl$_2$ in Wasser entstehen daher ein [Co(NH$_3$)$_5$Cl]$^{2+}$-Ion und zwei Cl$^-$-Ionen; nur die zwei „freien" Cl$^-$-Ionen sind in der Lage, mit Ag$^+$(aq) zu AgCl(s) zu reagieren.

Werners Theorie erklärte auch, warum es zwei verschiedene Formen von CoCl$_3 \cdot$ 4 NH$_3$ gibt. Gemäß den Postulaten Werners können wir die Verbindung als [Co(NH$_3$)$_4$Cl$_2$]Cl schreiben. Wie aus ▶ Abbildung 22.1 deutlich wird, können die Liganden im Komplex [Co(NH$_3$)$_4$Cl$_2$]$^+$ auf zwei verschiedene Weisen angeordnet werden. Diese zwei Formen werden mit *cis* und *trans* bezeichnet. In *cis*-[Co(NH$_3$)$_4$Cl$_2$]$^+$ besetzen die beiden Chloridliganden in der oktaedrischen Anordnung benachbarte Positionen. In *trans*-[Co(NH$_3$)$_4$Cl$_2$]$^+$ befinden sich die Chloridliganden dagegen auf gegenüberliegenden Positionen. Wie aus Tabelle 22.1 zu erkennen ist, führen diese unterschiedlichen Anordnungen zu verschiedenen Farben der Komplexe.

Die durch Werners Theorie eröffneten Einblicke in die Bindungen von Koordinationsverbindungen werden noch eindrucksvoller, wenn wir daran denken, dass seine Theorie der Theorie Lewis zur kovalenten Bindung um 20 Jahre voraus war. Werner wurde 1913 für seine wichtigen Beiträge zur Chemie der Koordinationsverbindungen mit dem Nobelpreis für Chemie ausgezeichnet.

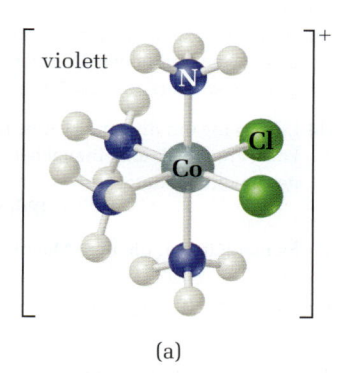

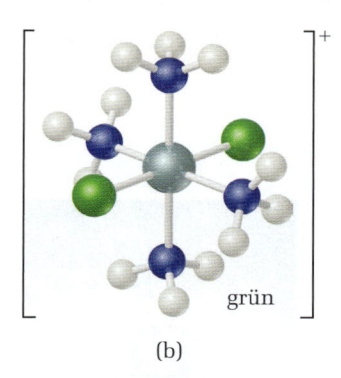

Abbildung 22.1: Die beiden Formen (Isomere) von [Co(NH$_3$)$_4$Cl$_2$]$^+$. In (a) *cis*-[Co(NH$_3$)$_4$Cl$_2$]$^+$ besetzen die beiden Cl-Liganden benachbarte Ecken des Oktaeders, in (b) *trans*-[Co(NH$_3$)$_4$Cl$_2$]$^+$ befinden sie sich dagegen auf gegenüberliegenden Positionen.

ÜBUNGSBEISPIEL 22.1 — Identifizierung der Koordinationssphäre eines Komplexes

Palladium(II) neigt dazu, Komplexe mit einer Koordinationszahl von 4 zu bilden. Eine dieser Verbindungen wurde ursprünglich als PdCl$_2 \cdot$ 3 NH$_3$ geschrieben. **(a)** Schlagen Sie für diese Verbindung die Formel einer Koordinationsverbindung vor. **(b)** Nehmen Sie an, eine wässrige Lösung der Verbindung würde mit überschüssigem AgNO$_3$(aq) behandelt. Wie viel Mol AgCl(s) würden pro Mol PdCl$_2 \cdot$ 3 NH$_3$ gebildet?

Lösung

Analyse: Es sind die Koordinationszahl von Pd(II) und eine chemische Formel mit NH$_3$ und Cl$^-$ als potenzielle Liganden angegeben. Wir sollen bestimmen, **(a)** welche Liganden in der Verbindung an Pd(II) gebunden sind und **(b)** wie sich die Verbindung in wässriger Lösung gegenüber AgNO$_3$ verhält.

Vorgehen:
(a) Wir können anhand der Ladungen der potenziellen Liganden ableiten, wie viele Liganden der beiden Arten sich jeweils in der Koordinationssphäre befinden sollten. Aufgrund ihrer Ladung können sich die Cl$^-$-Ionen entweder in der Koordinationssphäre, in der sie direkt an das Metall gebunden sind, oder außerhalb der Koordinationssphäre, wo sie ionisch an den Komplex gebunden sind, befinden. Die NH$_3$-Liganden müssen sich aufgrund ihrer Neutralität dagegen in der Koordinationssphäre befinden.

(b) Die sich in der Koordinationssphäre befindlichen Chloride fallen nicht als AgCl aus.

Lösung:

(a) In Analogie zu den Ammoniakkomplexen von Kobalt (III) nehmen wir an, dass die drei NH$_3$-Gruppen als an das Pd (II)-Ion gebundene Liganden dienen. Der vierte Ligand am Pd (II) ist ein Chloridion. Beim zweiten Chloridion handelt es sich nicht um einen Liganden, sondern um ein Anion der ionischen Verbindung. Wir schließen daraus, dass die korrekte Formel [Pd(NH$_3$)$_3$Cl]Cl lautet.

(b) Das als Ligand dienende Chloridion fällt bei einer Reaktion mit AgNO$_3$(aq) nicht als AgCl(s) aus. Nur das „freie" Cl$^-$-Ion ist in der Lage, eine Reaktion einzugehen. Wir nehmen also an, dass pro Mol des Komplexes 1 mol AgCl(s) gebildet wird. Die ausgeglichene Gleichung lautet

$$[Pd(NH_3)_3Cl]Cl(aq) + AgNO_3(aq) \longrightarrow [Pd(NH_3)_3Cl]NO_3(aq) + AgCl(s)$$

Es handelt sich um eine Metathesereaktion (siehe Abschnitt 4.2), in der das [Pd(NH$_3$)$_3$Cl]$^+$-Komplexion eins der Kationen ist.

ÜBUNGSAUFGABE

Wie viele Ionen bilden sich beim Lösen von CoCl$_2 \cdot$ 6 H$_2$O in Wasser pro Formeleinheit?

Antwort: Drei (das Komplexion [Co(H$_2$O)$_6$]$^{2+}$ und die beiden Chloridionen).

Die Metall-Ligand-Bindung

Die Bindung zwischen einem Liganden und einem Metallion ist ein Beispiel einer Wechselwirkung zwischen einer Lewis-Base und einer Lewis-Säure (siehe Abschnitt 16.11). Weil die Liganden über ein freies Elektronenpaar verfügen, können sie als Lewis-Base wirken (Elektronenpaardonoren). Metallionen (insbesondere Übergangsmetallionen) verfügen über unbesetzte Valenzorbitale und können daher als Lewis-Säuren (Elektronenpaarakzeptoren) wirken. In der Bindung zwischen dem Metallion und dem Liganden teilen sich Metall und Ligand das Elektronenpaar, das sich ursprünglich allein am Liganden befand:

$$Ag^+(aq) + 2\,|NH_3(aq) \longrightarrow [H_3N-Ag-NH_3]^+(aq) \quad (22.1)$$

Die Bildung von Metall-Ligand-Bindungen kann die von uns beobachteten Eigenschaften des Metallions wesentlich verändern. Ein Metallkomplex ist eine chemische Verbindung, deren physikalische und chemische Eigenschaften sich wesentlich von denen des Metallions und der Liganden, aus denen sie gebildet wird, unterscheiden. Komplexe können völlig andere Farben haben als die zugrunde liegenden Metallionen und Liganden. In ▶ Abbildung 22.2 ist z. B. die Farbänderung dargestellt, die beim Mischen von wässrigen SCN$^-$- und Fe^{3+}-Lösungen auftritt.

Durch die Komplexbildung werden auch andere Eigenschaften der Metallionen wie z. B. deren Oxidations- bzw. Reduktionsneigung wesentlich verändert. Das Silberion Ag$^+$ lässt sich z. B. in Wasser einfach reduzieren:

$$Ag^+(aq) + e^- \longrightarrow Ag(s) \qquad E° = +0{,}799\,V \quad (22.2)$$

Im Gegensatz dazu lässt sich das [Ag(CN)$_2$]$^-$-Ion nicht leicht reduzieren, weil das Silber in der Oxidationsstufe +1 durch die Komplexierung mit CN$^-$-Ionen stabilisiert wird:

$$[Ag(CN)_2]^-(aq) + e^- \longrightarrow Ag(s) + 2\,CN^-(aq) \qquad E° = -0{,}31\,V \quad (22.3)$$

Bei hydratisierten Metallionen handelt es sich in Wirklichkeit um Komplexionen, deren Liganden aus Wasser bestehen. Fe^{3+}(aq) besteht also größtenteils aus [Fe(H$_2$O)$_6$]$^{3+}$ (siehe Abschnitt 16.11). Komplexionen bilden sich in wässrigen Lösungen in Reak-

Abbildung 22.2: Reaktion von Fe^{3+}(aq) mit SCN$^-$(aq). (a) In der Pipette befindet sich eine wässrige NH$_4$SCN-Lösung, im Kolben eine wässrige Fe^{3+}-Lösung. (b) Bei der Zugabe von NH$_4$SCN zu Fe^{3+}(aq) bilden sich intensiv gefärbte [Fe(H$_2$O)$_5$NCS]$^{2+}$-Ionen.

tionen, in denen die H₂O-Moleküle in der Koordinationssphäre des Metallions durch Liganden wie NH₃, SCN⁻ und CN⁻ ersetzt werden.

Ladungen, Koordinationszahlen und Strukturen

Die Ladung eines Komplexes ist gleich der Summe der Ladungen des zentralen Metalls und der dieses umgebenden Liganden. Wir können die Ladung des Komplexions in [Cu(NH₃)₄]SO₄ ableiten, indem wir zunächst berücksichtigen, dass es sich bei SO₄ um das Sulfation handelt, das eine Ladung von 2− hat. Weil die Verbindung neutral ist, muss das Komplexion eine Ladung von 2+ haben: [Cu(NH₃)₄]²⁺. Anschließend können wir aus der Ladung des Komplexions die Oxidationszahl von Kupfer berechnen. Weil es sich bei den NH₃-Liganden um neutrale Moleküle handelt, muss Kupfer die Oxidationszahl +2 haben.

$$+2 + 4(0) = +2$$
$$[\text{Cu}(\text{NH}_3)_4]^{2+}$$

> **? DENKEN SIE EINMAL NACH**
>
> Geben Sie eine ausgeglichene chemische Gleichung der Reaktion an, die für die in Abbildung 22.2 dargestellte Farbänderung verantwortlich ist.

Erinnern Sie sich daran, dass die Anzahl der direkt an das Metallatom eines Komplexes gebundenen Atome *Koordinationszahl* genannt wird. Das Atom des Liganden, das sich direkt am Metall befindet, wird als **Donoratom** bezeichnet. Stickstoff ist z. B. das Donoratom des in ▶ Gleichung 22.1 gezeigten [Ag(NH₃)₂]⁺-Komplexes. Das Silberion in [Ag(NH₃)₂]⁺ hat eine Koordinationszahl von 2, während die Kobaltionen in den in Tabelle 22.1 aufgeführten Co(III)-Komplexen eine Koordinationszahl von 6 haben.

Einige Metallionen treten nur in einer einzigen Koordinationszahl auf. Die Koordinationszahl von Chrom(III) und Kobalt(III) ist z. B. immer gleich 6 und die Koordinationszahl von Platin(II) immer gleich 4. Die Koordinationszahlen der meisten

> **CWS** Molekülmodelle

ÜBUNGSBEISPIEL 22.2 — Bestimmung der Oxidationszahl eines Metalls in einem Komplex

Welche Oxidationszahl hat das zentrale Metall in [Rh(NH₃)₅Cl](NO₃)₂?

Lösung

Analyse: Es ist die chemische Formel einer Koordinationsverbindung angegeben. Wir sollen daraus die Oxidationszahl des Metallions bestimmen.

Vorgehen: Um die Oxidationszahl des Rh-Atoms zu bestimmen, müssen wir zunächst herausfinden, welche Ladungen die anderen Gruppen der Substanz zur Gesamtladung der Verbindung beitragen. Die Gesamtladung ist null, die Oxidationszahl des Metalls muss also die Ladungen der übrigen Bestandteile der Verbindung kompensieren.

Lösung: Bei der NO₃-Gruppe handelt es sich um das Nitratanion, das eine Ladung von 1− hat: NO₃⁻. Die NH₃-Liganden sind neutral. Bei Cl handelt es sich um ein koordiniertes Chloridion, das eine Ladung von 1− hat: Cl⁻. Die Summe aller Ladungen muss gleich null sein.

$$x + 5(0) + (-1) + 2(-1) = 0$$
$$[\text{Rh}(\text{NH}_3)_5\text{Cl}](\text{NO}_3)_2$$

Die Oxidationszahl von Rhodium (x) ist also gleich +3.

ÜBUNGSAUFGABE

Welche Ladung hat der Komplex, der aus einem Platin(II)-Ion gebildet wird, das von zwei Ammoniakmolekülen und zwei Bromidionen umgeben wird?

Antwort: Null.

ÜBUNGSBEISPIEL 22.3

Bestimmung der Formel eines Komplexions

Ein Komplexion enthält ein Chrom(III)-Atom, an das vier Wassermoleküle und zwei Chloridionen gebunden sind. Wie lautet die Formel des Komplexes?

Lösung

Analyse: Es sind ein Metall, seine Oxidationszahl und die Anzahl der Liganden eines Komplexions angegeben, das das Metall als Zentralatom enthält. Wir sollen die chemische Formel des Ions bestimmen.

Vorgehen: Wir schreiben zunächst das Metall und die Liganden auf. Anschließend bestimmen wir aus den Ladungen des Metallions und der Liganden die Ladung des Komplexions. Die Oxidationsstufe des Metalls ist gleich +3, Wasser ist neutral und Chlorid hat eine Ladung von 1−.

Lösung:

$$+3 + 4(0) + 2(-1) = +1$$
$$Cr(H_2O)_4Cl_2$$

Das Ion hat eine Ladung von 1+: $[Cr(H_2O)_4Cl_2]^+$.

ÜBUNGSAUFGABE

Geben Sie die Formel des Komplexes der Übungsaufgabe zu Übungsbeispiel 22.2 an.

Antwort: $[Pt(NH_3)_2Br_2]$.

Metallionen hängen jedoch vom jeweiligen Liganden ab. Die am häufigsten auftretenden Koordinationszahlen sind 4 und 6.

Die Koordinationszahl eines Metallions wird oft durch die relativen Größen des Metallions und der umgebenden Liganden bestimmt. Je größer der Ligand ist, desto weniger Liganden lassen sich am Metallion koordinieren. Das Eisen(III)-Ion z. B. kann in $[FeF_6]^{3-}$ sechs Fluoridionen, in $[FeCl_4]^-$ jedoch nur vier Chloridionen koordinieren. Auch Liganden, die relativ hohe negative Ladungen auf das Metall übertragen, führen oft zu einer niedrigeren Koordinationszahl. An Nickel(II) lassen sich z. B. sechs neutrale Ammoniakmoleküle $[Ni(NH_3)_6]^{2+}$, jedoch nur vier negativ geladene Cyanidionen $[Ni(CN)_4]^{2-}$ koordinieren.

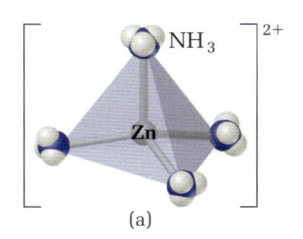

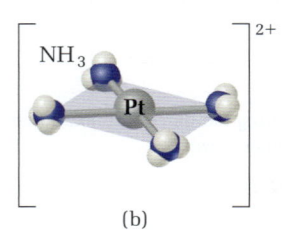

Komplexe mit der Koordinationszahl vier können in zwei Strukturen auftreten – tetraedrisch und quadratisch-planar (▶ Abbildung 22.3). Die tetraedrische Struktur ist die häufigere Anordnung und insbesondere bei Nichtübergangsmetallen dominierend. Die quadratisch-planare Struktur ist dagegen für Übergangsmetallionen mit acht d-Valenzelektronen wie Platin(II) und Gold(III) charakteristisch.

Fast alle Komplexe mit der Koordinationszahl sechs haben eine oktaedrische Struktur (▶ Abbildung 22.4a). Das Oktaeder wird oft als planares Quadrat mit Liganden oberhalb und unterhalb der Ebene dargestellt (Abbildung 22.4b). Denken Sie jedoch daran, dass alle Positionen eines Oktaeders geometrisch äquivalent sind (siehe Abschnitt 9.2).

? DENKEN SIE EINMAL NACH

Welche hauptsächlichen Strukturen haben Liganden mit (a) der Koordinationszahl 4 und (b) der Koordinationszahl 6?

Abbildung 22.3: Komplexe mit der Koordinationszahl 4. Strukturen von (a) $[Zn(NH_3)_4]^{2+}$ und (b) $[Pt(NH_3)_4]^{2+}$ mit tetraedrischer bzw. quadratisch-planarer Struktur. Komplexe mit der Koordinationszahl 4 treten meist in einer dieser beiden Strukturen auf.

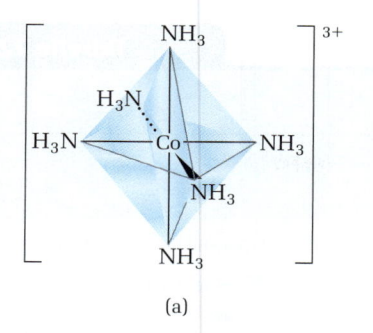

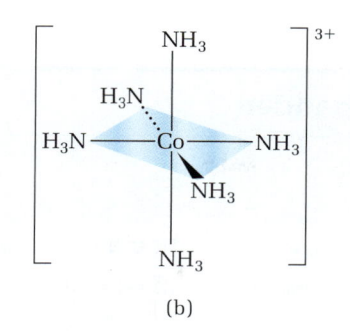

Abbildung 22.4: Komplexe mit der Koordinationszahl 6. Zwei Darstellungen einer oktaedrischen Koordinationssphäre, der normalen geometrischen Anordnung von Komplexen mit der Koordinationszahl 6. In (a) ist ein hellblauer Oktaeder dargestellt. Die Darstellung (b) ist einfacher zu zeichnen als (a) und wird daher häufiger zur Darstellung eines oktaedrischen Komplexes verwendet.

Liganden mit mehr als einem Donoratom 22.2

Die bisher betrachteten Liganden wie NH_3 und Cl^- sind so genannte **einzähnige Liganden**. Diese Liganden verfügen nur über ein einziges Donoratom und nehmen in einer Koordinationssphäre nur eine Position ein. Einige Liganden haben dagegen zwei oder mehr Donoratome, die gleichzeitig am Metallion koordinieren können und dabei zwei oder mehr Koordinationspositionen einnehmen. Solche Liganden werden **mehrzähnige Liganden** genannt. Aufgrund ihrer Fähigkeit, das Metall zwischen zwei oder mehr Donoratomen zu „greifen", werden mehrzähnige Liganden auch **Chelatliganden** (vom griechischen Wort *chele* – „Krebsschere") genannt. Bei *Ethylendiamin* handelt es sich z. B. um einen derartigen Liganden:

$$H_2N-CH_2-CH_2-NH_2$$

Ethylendiamin, das mit „en" abgekürzt wird, verfügt über zwei Stickstoffatome mit ungepaarten Elektronen (farbig dargestellt). Diese Donoratome befinden sich weit genug voneinander entfernt, so dass der Ligand ein Metallion umfassen kann und die beiden Stickstoffatome gleichzeitig an benachbarten Positionen an das Metall gebunden werden können. In ▶ Abbildung 22.5 ist das $[Co(en)_3]^{3+}$-Ion dargestellt, das in der oktaedrischen Koordinationssphäre von Kobalt(III) drei Ethylendiaminliganden aufweist. Ethylendiamin enthält zwei Aminogruppen, die durch eine Ethylenbrücke verbunden sind. Ethylendiamin ist ein **zweizähniger Ligand**, weil es zwei Koordinationspositionen besetzen kann. In Tabelle 22.2 sind mehrere häufig auftretende Liganden aufgeführt.

Das Ethylendiamintetraacetation $[EDTA]^{4-}$ ist ein wichtiger mehrzähniger Ligand mit sechs Donoratomen:

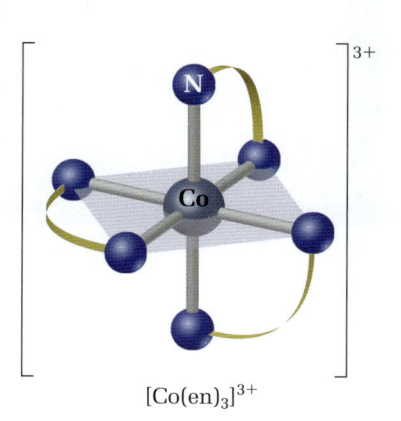

Abbildung 22.5: $[Co(en)_3]^{3+}$-Ion. Beachten Sie, dass die zweizähnigen Ethylendiaminliganden in der Koordinationssphäre jeweils zwei Positionen besetzen.

Tabelle 22.2

Häufig vorkommende Liganden

Art des Liganden	Beispiele				
einzähnig	H₂O Wasser	F⁻ Fluorid	[C≡N]⁻ Cyanid	[O—H]⁻ Hydroxid	
	NH₃ Ammoniak	Cl⁻ Chlorid	[S=C=N]⁻ Thiocyanat (oder)	[O—N=O]⁻ Nitrit (oder)	
zweizähnig	Ethylendiamin (en)	Bipyridin (bipy)	*ortho*-Phenanthrolin (*o*-phen)	Oxalat	Carbonat
mehrzähnig	Diethylentriamin	Triphosphat			
	Ethylendiamintetraacetat (EDTA⁴⁻)				

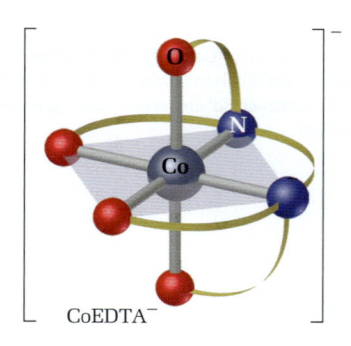

Abbildung 22.6: [CoEDTA]⁻-Ion. Das Ion Ethylendiamintetraacetat, ein mehrzähniger Ligand kann das Metall vollständig umgeben und sechs Positionen der Koordinationssphäre besetzen.

Es ist in der Lage, ein Metallion vollständig zu umgeben und dabei alle sechs Donoratome an das Metall zu binden (▶ Abbildung 22.6). In einigen Komplexionen sind jedoch nur fünf der sechs Donoratome an das Metall gebunden.

Im Allgemeinen bilden Chelatliganden stabilere Komplexe als vergleichbare einzähnige Liganden. Diese Beobachtung wird anhand der in den ▶ Gleichungen 22.4 und 22.5 aufgeführten Bildungskonstanten von $[Ni(NH_3)_6]^{2+}$ und $[Ni(en)_3]^{2+}$ deutlich:

$$[Ni(H_2O)_6]^{2+}(aq) + 6\,NH_3(aq) \rightleftharpoons [Ni(NH_3)_6]^{2+}(aq) + 6\,H_2O(l)$$
$$K_{Bil.} = 1{,}2 \times 10^9 \qquad (22.4)$$

$$[Ni(H_2O)_6]^{2+}(aq) + 3\,en(aq) \rightleftharpoons [Ni(en)_3]^{2+}(aq) + 6\,H_2O(l)$$
$$K_{Bil.} = 6{,}8 \times 10^{17} \qquad (22.5)$$

Obwohl es sich beim Donoratom in beiden Fällen um Stickstoff handelt, hat $[Ni(en)_3]^{2+}$ eine Bildungskonstante, die mehr als 10^8 Mal größer ist als die von $[Ni(NH_3)_6]^{2+}$. Die im Allgemeinen größeren Bildungskonstanten mit mehrzähnigen Liganden im Vergleich zu vergleichbaren einzähnigen Liganden sind eine Folge des **Chelateffekts**. Wir werden die Ursache dieses Effekts noch genauer im Abschnitt „Näher Hingeschaut" betrachten.

Chelatbildner werden häufig verwendet, um bestimmte Reaktionen eines Metallions zu verhindern, ohne dieses tatsächlich aus der Lösung zu entfernen. Metallionen, die bei einer chemischen Analyse stören, lassen sich z. B. häufig komplexieren, so dass die störende Wirkung beseitigt wird. Der Chelatbildner versteckt also auf gewisse Weise das vorhandene Metallion. Aus diesem Grund bezeichnen Wissenschaftler derartige Liganden manchmal als Maskierungsreagenz.

Phosphate wie das hier dargestellte Natriumtriphosphat werden zur Komplexierung von Metallionen wie Ca^{2+} und Mg^{2+} in hartem Wasser eingesetzt. Eine derartige Behandlung von hartem Wasser führt dazu, dass diese Ionen die Wirkung von Seifen oder Detergentien nicht mehr stören (siehe Abschnitt 18.6).

Abbildung 22.7: Auf einer Steinoberfläche wachsende Flechten. Flechten erhalten die zu ihrem Wachstum benötigten Nährstoffe aus einer Vielzahl verschiedener Quellen. Mit Hilfe von Chelatreagenzien sind sie in der Lage, die von ihnen benötigten Metallelemente aus den Steinen, auf denen sie wachsen, herauszulösen.

Chelatbildner wie EDTA werden in Verbrauchsprodukten eingesetzt (z. B. in vielen Fertignahrungsmitteln wie Salatdressings und Tiefkühldesserts), um in Spuren vorhandene Metallionen zu komplexieren, die ansonsten Zerfallsreaktionen katalysieren würden. In der Medizin werden Chelatbildner eingesetzt, um gesundheitsschädliche Metallionen wie Hg^{2+}, Pb^{2+} und Cd^{2+} zu entfernen. Eine Behandlung einer Bleivergiftung besteht z. B. in der Verabreichung von $Na_2[Ca(EDTA)]$. Das EDTA komplexiert das Blei, das daraufhin mit dem Urin ausgeschieden werden kann. Auch in der Natur kommen häufig Chelatbildner vor. Moose und Flechten sondern z. B. Chelatbildner ab, die die in den von ihnen bewohnten Steinen enthaltenen Metallionen komplexieren (▶ Abbildung 22.7).

? DENKEN SIE EINMAL NACH

Kobalt(III) hat in Komplexen immer die Koordinationszahl 6. Ist das Carbonation im $[Co(NH_3)_4CO_3]^+$-Ion ein ein- oder ein zweizähniger Ligand?

Metalle und Chelatkomplexe in lebendigen Systemen

Zehn der 29 für das menschliche Leben essenziellen Elemente sind Übergangsmetalle (siehe Kasten „Chemie und Leben", Abschnitt 2.7). Diese zehn Elemente – V, Cr, Mn, Fe, Co, Ni, Cu, Zn, Mo und Cd – verdanken ihre Funktion in lebendigen Systemen hauptsächlich ihrer Fähigkeit, mit einer Vielzahl der in biologischen Systemen vorhandenen Donorgruppen Komplexe zu bilden. Metallionen sind wesentliche Bestandteile vieler Enzyme, die die Katalysatoren des Körpers sind (siehe Abschnitt 14.7).

Obwohl unsere Körper nur kleine Mengen dieser Metalle benötigen, kann ein Mangel zu schwerwiegenden Krankheiten führen. Ein Mangel an Mangan hat z. B. häufig Krämpfe zur Folge. Bei einigen Epilepsiepatienten hat die Verabreichung von Mangan zu einer Verbesserung ihres Leidens geführt.

Einige der wichtigsten in der Natur auftretenden Chelatreagenzien sind Derivate des in ▶ Abbildung 22.8 dargestellten Moleküls *Porphin*. Dieses Molekül kann sich mit seinen vier als Donoren dienenden Stickstoffatomen an ein Metall binden. Bei der Koordination an das Metall werden die beiden an Stickstoff gebundenen Protonen entfernt. Vom Porphin abgeleitete Komplexe werden **Porphyrine** genannt. Porphyrine können unterschiedliche Metallionen enthalten und verfügen über verschiedene an die Peripherie des Liganden angebrachte Substituentengruppen. Zwei der wichtigsten Porphyrine bzw. porphyrinähnlichen Verbindungen sind *Häm*, das Fe(II) enthält, und *Chlorophyll*, das Mg(II) enthält.

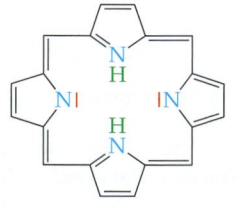

Abbildung 22.8: Porphinmolekül. Das Molekül bildet unter Verlust der zwei an die Stickstoffatome gebundenen Protonen einen vierzähnigen Liganden. Porphin ist der Grundbestandteil der Porphyrine, die als Komplexe in der Natur viele wichtige Funktionen erfüllen.

22 Chemie von Koordinationsverbindungen

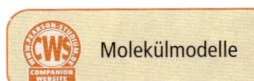

Molekülmodelle

▶ Abbildung 22.10 zeigt eine schematische Struktur des Proteins Myoglobin, das eine Hämgruppe enthält. Myoglobin ist ein *globuläres Protein*, d. h. es faltet sich in einer kompakten, nahezu sphärischen Form. Globuläre Proteine sind im Allgemeinen in Wasser löslich und innerhalb von Zellen frei beweglich. Myoglobin kommt in den Zellen der Skelettmuskulatur (v. a. in Seehunden, Walen und Schweinswalen) vor. Es

Näher hingeschaut ■ Entropie und der Chelateffekt

Bei der Betrachtung der Thermodynamik in Kapitel 19 haben wir festgestellt, dass die Spontaneität eines chemischen Prozesses durch eine positive Änderung der Entropie und eine negative Änderung der Enthalpie eines Systems begünstigt wird (siehe Abschnitt 19.5). Die besondere Stabilität von Chelatkomplexen, der *Chelateffekt*, lässt sich durch die Betrachtung der Entropieänderung bei der Bindung von mehrzähnigen Liganden an ein Metallion erklären. Um diesen Effekt besser zu verstehen, werden wir uns einige Reaktionen anschauen, in denen zwei H_2O-Liganden des quadratisch-planaren Cu(II)-Komplexes $[Cu(H_2O)_4]^{2+}$ durch andere Liganden ersetzt werden. Zunächst betrachten wir die bei 27 °C stattfindende Substitution der H_2O-Liganden durch NH_3-Liganden zu $[Cu(H_2O)_2(NH_3)_2]^{2+}$, dessen Struktur in ▶ Abbildung 22.9a dargestellt ist:

$$[Cu(H_2O)_4]^{2+}(aq) + 2\,NH_3(aq) \rightleftharpoons$$
$$[Cu(H_2O)_2(NH_3)_2]^{2+}(aq) + 2\,H_2O(l)$$
$$\Delta H° = -46\,\text{kJ}; \quad \Delta S° = -8{,}4\,\text{J/K}; \quad \Delta G° = -43\,\text{kJ}$$

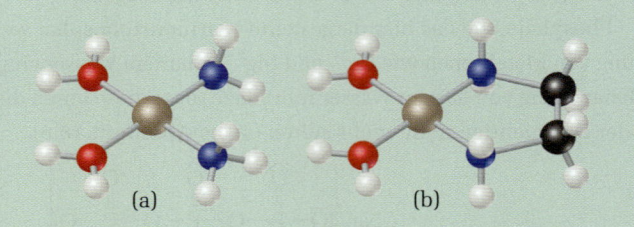

Abbildung 22.9: Kugel-Stab-Modelle von zwei ähnlich aufgebauten Kupferkomplexen. Die quadratisch-planaren Komplexe (a) $[Cu(H_2O)_2(NH_3)_2]^{2+}$ und (b) $[Cu(H_2O)_2(en)]^{2+}$ haben die gleichen Donoratome, der Komplex (b) hat jedoch einen zweizähnigen Liganden.

Die thermodynamischen Daten liefern uns Informationen über die Bindungsstärke der Liganden H_2O und NH_3 in diesen Systemen. Im Allgemeinen ist die Bindung von NH_3 an Metallionen stärker als die von H_2O, so dass derartige Substitutionsreaktionen exotherm verlaufen ($\Delta H < 0$). Die stärkere Bindung der NH_3-Liganden führt dazu, dass $[Cu(H_2O)_2(NH_3)_2]^{2+}$ etwas stabiler ist, was wahrscheinlich der Grund dafür ist, dass die Entropieänderung der Reaktion leicht negativ ist. Wir können mit Hilfe von Gleichung 19.22 und dem Wert von $\Delta G°$ die Gleichgewichtskonstante der Reaktion bei 27 °C berechnen. Das Ergebnis $K = 3{,}1 \times 10^7$ verrät uns, dass das Gleichgewicht weit auf der rechten Seite liegt, die Substitution von H_2O durch NH_3 also begünstigt ist. In diesem Gleichgewicht ist die Enthalpieänderung groß und negativ genug, um die negative Änderung der Entropie zu kompensieren.

Inwiefern verändert sich diese Situation, wenn wir anstelle der beiden NH_3-Liganden einen einzigen zweizähnigen Ethylendiamin-Liganden (en-Liganden) zur Bildung von $[Cu(H_2O)_2(en)]^{2+}$ verwenden (siehe Abbildung 22.9 b)? Die Gleichgewichtsreaktion und die thermodynamischen Daten lauten

$$[Cu(H_2O)_4]^{2+}(aq) + en(aq) \rightleftharpoons$$
$$[Cu(H_2O)_2(en)]^{2+}(aq) + 2\,H_2O(l)$$
$$\Delta H° = -54\,\text{kJ}; \quad \Delta S° = +23\,\text{J/K}; \quad \Delta G° = -61\,\text{kJ}$$

Der en-Ligand bindet etwas stärker an ein Cu^{2+}-Ion als die beiden NH_3-Liganden. So ist die Enthalpieänderung der Bildung von $[Cu(H_2O)_2(en)]^{2+}$ etwas negativer als die von $[Cu(H_2O)_2(NH_3)_2]^{2+}$. Die Reaktion führt jedoch zudem zu einer wesentlichen Änderung der Entropie des Systems. Während die Entropieänderung bei der Bildung von $[Cu(H_2O)_2(NH_3)_2]^{2+}$ negativ ist, ist die Entropieänderung bei der Bildung von $[Cu(H_2O)_2(en)]^{2+}$ positiv. Wir können diesen positiven Wert mit Hilfe der in Abschnitt 19.3 betrachteten Effekte erklären. Weil ein einzelner en-Ligand zwei Positionen einnimmt, werden bei der Bindung eines en-Ligands an das Metall zwei H_2O-Moleküle frei. Auf der rechten Seite der Gleichung befinden sich also drei Moleküle, auf der linken Seite dagegen nur zwei. Sämtliche Moleküle sind dabei Teil der gleichen wässrigen Lösung. Die größere Anzahl der Moleküle auf der rechten Seite führt zu einer positiven Entropieänderung im Gleichgewicht. Der leicht negativere Wert von $\Delta H°$ hat gemeinsam mit der positiven Entropieänderung einen erheblich negativeren Wert von $\Delta G°$ und damit eine entsprechend höhere Gleichgewichtskonstante zur Folge: $K = 4{,}2 \times 10^{10}$.

Wir können die betrachteten Gleichungen kombinieren, um zu zeigen, dass die Bildung von $[Cu(H_2O)_2(en)]^{2+}$ gegenüber der Bildung von $[Cu(H_2O)_2(NH_3)_2]^{2+}$ thermodynamisch bevorzugt ist. Wenn wir die zweite Reaktion zu der Umkehrung der ersten Reaktion addieren, erhalten wir

$$[Cu(H_2O)_2(NH_3)_2]^{2+}(aq) + en(aq) \rightleftharpoons$$
$$[Cu(H_2O)_2(en)]^{2+}(aq) + 2\,NH_3(aq)$$

Die thermodynamischen Daten dieser Gleichgewichtsreaktion ergeben sich aus den zuvor angegebenen Werten:

$$\Delta H° = (-54\,\text{kJ}) - (-46\,\text{kJ}) = -8\,\text{kJ}$$
$$\Delta S° = (+23\,\text{J/K}) - (-8{,}4\,\text{J/K}) = +31\,\text{J/K}$$
$$\Delta G° = (-61\,\text{kJ}) - (-43\,\text{kJ}) = -18\,\text{kJ}$$

Beachten Sie, dass bei 27 °C (300 K) der Entropiebeitrag ($-T\Delta S°$) zur Änderung der freien Energie negativ und betragsmäßig größer als der Enthalpiebeitrag ($\Delta H°$) ist. Die sich ergebende Gleichgewichtskonstante K dieser Reaktion $1{,}4 \times 10^3$ zeigt, dass die Bildung des Chelat-Komplexes wesentlich begünstigt ist.

Der Chelateffekt ist sowohl in der Biochemie als auch in der Molekularbiologie von erheblicher Bedeutung. Der durch die Entropieeffekte bewirkte zusätzliche Beitrag zur thermodynamischen Stabilisierung führt zur Bildung von äußerst stabilen biologischen Metall-Chelat-Komplexen wie z. B. Porphyrinen und ermöglicht in einigen Systemen eine Änderung der Oxidationszahl des Metallions ohne den Verlust der Struktur des Komplexes.

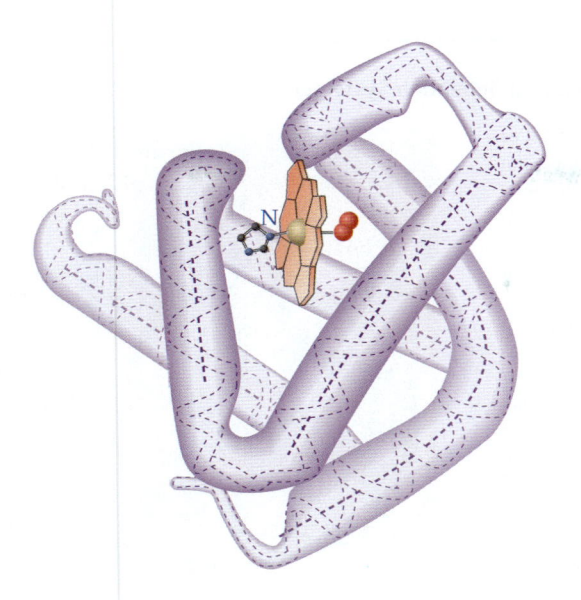

22.2 Liganden mit mehr als einem Donoratom

Abbildung 22.10: Myoglobin. Myoglobin ist ein Protein, das in Zellen Sauerstoff speichert. Das Molekül hat ein Molekulargewicht von etwa 18.000 ame und enthält eine Hämeinheit, die in der Abbildung orange dargestellt ist. Die Hämeinheit ist über einen stickstoffhaltigen Liganden an das Protein gebunden (siehe linke Seite der Hämgruppe). In der Oxyform ist ein O_2-Molekül an die Hämgruppe gebunden (siehe rechte Seite der Hämgruppe). Die dreidimensionale Struktur der Proteinkette ist durch einen violetten Schlauch dargestellt. Die Abschnitte mit Helikalstruktur sind als gestrichelte Linien dargestellt. Das Protein umgibt die Hämgruppe, die im Protein eingebettet ist.

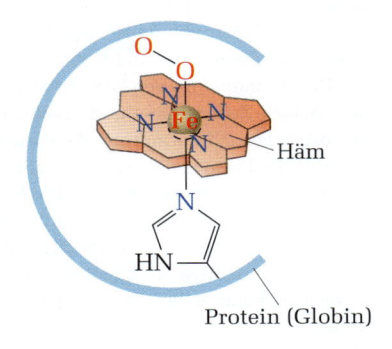

Abbildung 22.11: Koordinationssphäre von Oxymyoglobin und Oxyhämoglobin. Das zentrale Eisenatom ist an die vier Stickstoffatome des Porphyrins, an ein Stickstoffatom des umgebenden Proteins und an ein O_2-Molekül gebunden.

kann Sauerstoff in den Zellen speichern, bis dieser für Stoffwechsel-Aktivitäten benötigt wird. Das Protein Hämoglobin, das für den Sauerstofftransport im menschlichen Blut verantwortlich ist, besteht aus vier hämhaltigen Untereinheiten, die dem Myoglobin sehr ähnlich sind.

In ▶ Abbildung 22.11 ist die Koordinationsumgebung des in Myoglobin und Hämoglobin enthaltenen Eisens schematisch dargestellt. Das Eisen wird von den vier Stickstoffatomen des Porphyrins und von einem Stickstoffatom aus der Proteinkette koordiniert. Die sechste Position am Eisen wird entweder von einem O_2 (Oxyhämoglobin, hellrote Form) oder von Wasser (Desoxyhämoglobin, dunkelrote Form) besetzt. Die Oxyform ist in Abbildung 22.11 dargestellt. Einige Substanzen wie z. B. CO sind giftig, weil ihre Bindung an das Eisen stärker ist als die von O_2 (siehe Abschnitt 18.4).

Chlorophylle sind Porphyrine, die Mg(II) enthalten. Diese Stoffe sind die Schlüsselbestandteile bei der Umwandlung von Sonnenenergie in von lebenden Organismen verwendbare Energieformen. Dieser Prozess, der **Photosynthese** genannt wird, findet in den Blättern grüner Pflanzen statt. In der Photosynthese werden Kohlendioxid und Wasser unter Bildung von Sauerstoff in Kohlenhydrate umgewandelt:

$$6\,CO_2(g) + 6\,H_2O(l) \longrightarrow C_6H_{12}O_6(aq) + 6\,O_2(g) \qquad (22.6)$$

Das Produkt dieser Reaktion ist der Zucker Glukose ($C_6H_{12}O_6$), der biologischen Systemen als Energiequelle dient (siehe Abschnitt 5.8). Für die Bildung von einem Mol Glukose müssen 48 mol Photonen aus Sonnenlicht oder einer anderen Lichtquelle absorbiert werden. Die Photonen werden von den chlorophyllhaltigen Pigmenten in den Blättern der Pflanzen absorbiert. In ▶ Abbildung 22.12 ist die Struktur des am häufigsten vorkommenden Chlorophyll, Chlorophyll *a*, dargestellt.

Chlorophylle enthalten ein Mg^{2+}-Ion, das an vier planar um das Metall angeordnete Stickstoffatome gebunden ist. Die Stickstoffatome sind Teil eines porphinähnlichen Rings (siehe Abbildung 22.8). Der Ring verfügt ähnlich wie viele organische Farbstoffe über alternierende bzw. *konjugierte* Doppelbindungen (siehe Kasten „Chemie im Einsatz", Abschnitt 9.8). Dieses System konjugierter Doppelbindungen ermöglicht Chlorophyll die starke Absorption sichtbaren Lichts mit einer Wellenlänge im Bereich

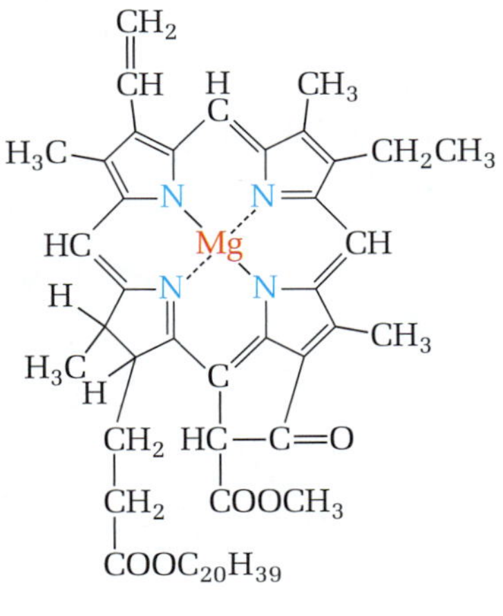

Abbildung 22.12: Chlorophyll *a*. Sämtliche Chlorophyllarten haben einen ähnlichen Aufbau. Sie unterscheiden sich lediglich hinsichtlich der detaillierten Zusammensetzung ihrer Seitenketten.

931

Chemie und Leben — Der Kampf um Eisen in lebenden Systemen

Obwohl Eisen das vierthäufigste Element der Erdkruste ist, ist es für lebende Systeme oft schwer, genügend Eisen aufzunehmen, um ihre Bedürfnisse zu decken. Der Eisenmangel Anämie ist daher eine häufig auftretende Mangelerscheinung beim Menschen. Auch Pflanzen leiden häufig an Chlorose, einem Eisenmangel, der zur Gelbfärbung von Blättern führt. Lebenden Systemen fällt es schwer, Eisen aufzunehmen, weil die meisten in der Natur auftretenden Eisenverbindungen in Wasser nur schwer löslich sind. Mikroorganismen haben sich durch die Absonderung von eisenbindenden Verbindungen, so genannten *Siderophoren*, die einen extrem stabilen wasserlöslichen Eisen(III)-Komplex bilden, an dieses Problem angepasst. Einer dieser Komplexe wird *Ferrichrom* genannt, dessen Struktur in ▶ Abbildung 22.13 dargestellt ist. Die Eisenbindungsstärke von Siderophoren ist so groß, dass es Eisen aus Pyrex-Gläsern herauslösen kann und Eisen aus Eisenoxiden leicht auflöst.

Die Gesamtladung von Ferrichrom ist null, so dass der Komplex hydrophobe Zellwände einfach passieren kann. Wenn eine verdünnte Lösung Ferrichrom zu einer Zellsuspension gegeben wird, befindet sich das Eisen bereits nach einer Stunde vollständig innerhalb der Zellen. Das Ferrichrom tritt in die Zelle ein, wobei das Eisen(III) durch eine enzymkatalysierte Reaktion zu Eisen(II) reduziert wird, und das entstandene Eisen(II) wird aus dem Ferrichrom freigesetzt. Eisen in der niedrigeren Oxidationsstufe wird vom Siderophor weniger stark komplexiert. Mikroorganismen nehmen also Eisen auf, indem sie ein Siderophor in ihre unmittelbare Umgebung absondern und den sich bildenden Eisenkomplex wieder in die Zelle aufnehmen. In ▶ Abbildung 22.14 ist der beschriebene Vorgang vollständig dargestellt.

Im Menschen wird Eisen im Darm aus der Nahrung aufgenommen. Ein Protein mit dem Namen *Transferrin* bindet das Eisen und transportiert es durch die Darmwände. Von dort wird es anschließend in die anderen Gewebe des Körpers verteilt. Im Körper eines gesunden Erwachsenen befinden sich etwa 4 g Eisen. 3 g bzw. 75 % dieses Eisens liegen in der Form von Hämoglobin im Blut vor. Der größte Teil des verbleibenden Eisens wird von Transferrin transportiert.

Abbildung 22.13: Ferrichrom. In diesem Komplex wird das Fe^{3+}-Ion von sechs Sauerstoffatomen koordiniert. Der Komplex ist äußerst stabil und hat eine Bildungskonstante von etwa 10^{30}. Die Gesamtladung des Komplexes ist gleich null.

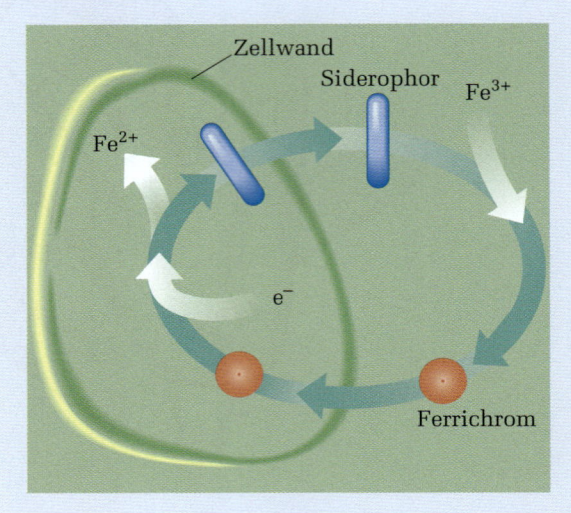

Abbildung 22.14: Das Eisentransportsystem einer Bakterienzelle. Der eisenbindende Ligand, der Siderophor genannt wird, wird innerhalb der Zelle synthetisiert und anschließend an das umgebende Medium abgegeben. Er reagiert mit einem Fe^{3+}-Ion zu Ferrichrom, das anschließend wieder von der Zelle absorbiert wird. Innerhalb der Zelle wird Ferrichrom unter Bildung von Fe^{2+} reduziert, dessen Bindung an das Siderophor nur schwach ist. Nach der Abgabe des Eisens an die Zelle kann das Siderophor wieder in das umliegende Medium abgegeben und erneut verwendet werden.

Wenn Bakterien das Blut infizieren, benötigen sie zum Wachstum und zur Vervielfältigung eine Eisenquelle. Die Bakterien sondern zur Deckung ihres Eisenbedarfs ein Siderophor in das Blut ab, das mit dem Transferrin um das vorhandene Eisen konkurriert. Die Bindungskonstanten für die Bindung von Eisen sind bei Transferrin und bei Siderophoren etwa gleich groß. Je mehr Eisen den Bakterien zur Verfügung steht, desto schneller können sie sich vermehren und desto mehr Schaden können sie anrichten. Bis vor wenigen Jahren wurde Kleinkindern in neuseeländischen Krankenhäusern nach der Geburt regelmäßig zusätzliches Eisen in die Nahrung gegeben. Es stellte sich jedoch heraus, dass die Häufung bestimmter bakterieller Infektionen bei behandelten Kleinkindern 8-mal größer war als bei unbehandelten Kleinkindern. Durch das Vorhandensein von überschüssigem Eisen im Blut wird es Bakterien anscheinend erleichtert, an das für das Wachstum und die Vervielfältigung benötigte Eisen zu gelangen.

In den Vereinigten Staaten werden Kleinkindern während des ersten Lebensjahres häufig Eisenergänzungsmittel gegeben, weil die menschliche Milch nahezu eisenfrei ist. Angesichts der Kenntnisse über den Eisenmetabolismus von Bakterien vertreten viele Ernährungswissenschaftler jedoch die Ansicht, dass die Aufnahme von zusätzlichem Eisen nicht immer gerechtfertigt oder sinnvoll sein muss.

Bakterien müssen, um sich im Blut weiter vermehren zu können, ständig neues Siderophor synthetisieren. Die Synthese von Siderophoren in Bakterien nimmt jedoch ab, wenn die Temperatur über die normale Körpertemperatur von 37 °C ansteigt und kommt bei 40 °C vollständig zum Erliegen. Daraus könnte man die Schlussfolgerung ziehen, dass das beim Vorliegen einer Mikrobeninvasion ausgelöste Fieber ein Mechanismus des Körpers ist, der dazu dient, die Eisenversorgung der Bakterien zu unterbrechen.

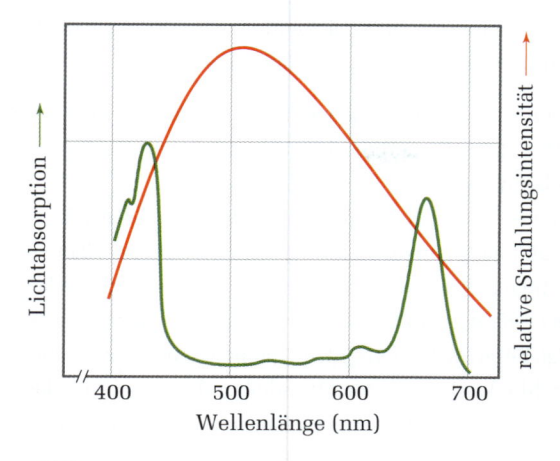

Abbildung 22.15: Lichtabsorption von Chlorophyll. Vergleich des Absorptionsspektrums von Chlorophyll (grüne Kurve) mit der spektralen Verteilung der auf die Erdoberfläche treffenden Sonnenstrahlung (rote Kurve).

Abbildung 22.16: Photosynthese. Die Absorption und Umwandlung der Sonnenenergie in Blättern liefert die für die Lebensvorgänge in der Pflanze benötigte Energie und ermöglicht das Wachstum der Pflanze.

von 400–700 nm. In ▶ Abbildung 22.15 ist ein Vergleich des Absorptionsspektrums von Chlorophyll mit der Verteilung des auf die Erdoberfläche auftreffenden sichtbaren Sonnenlichts dargestellt. Die grüne Farbe des Chlorophylls ist eine Folge der Absorption der roten (maximale Absorption bei 655 nm) und blauen (maximale Absorption bei 430 nm) Lichtanteile und der Transmission grünen Lichts.

Die von Chlorophyll absorbierte Sonnenenergie wird in einer komplexen Abfolge mehrerer Schritte in chemische Energie umgewandelt. Diese gespeicherte Energie wird anschließend zum Antreiben der in Gleichung 22.6 dargestellten Reaktion nach rechts, also in die hochgradig endotherme Richtung, verwendet. Die Photosynthese der Pflanzen ist das Solarenergiekraftwerk der Natur, von dem die langfristige Existenz aller auf der Erde lebenden Systeme abhängt (▶ Abbildung 22.16).

Nomenklatur der Koordinationschemie 22.3

Als die ersten Komplexe entdeckt wurden, wurden sie nach dem jeweiligen Chemiker benannt, der sie entdeckt hatte. Einige dieser Namen werden auch heute noch verwendet. Die dunkelrote Substanz $NH_4[Cr(NH_3)_2(NCS)_4]$ ist z. B. immer noch als Reinecke-Salz bekannt. Erst mit einem wachsenden Verständnis der Struktur von Komplexen wurde eine systematischere Benennung möglich. Wir werden im Folgenden zwei Beispiele der Benennung von Komplexen betrachten:

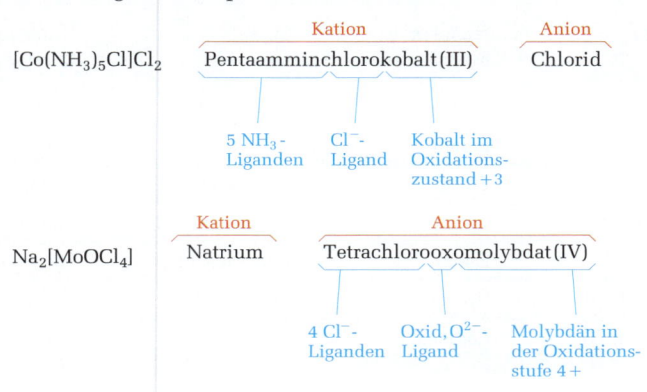

$[Co(NH_3)_5Cl]Cl_2$ **Kation** Pentaamminchlorokobalt(III) **Anion** Chlorid

- 5 NH_3-Liganden
- Cl^--Ligand
- Kobalt im Oxidationszustand +3

$Na_2[MoOCl_4]$ **Kation** Natrium **Anion** Tetrachlorooxomolybdat(IV)

- 4 Cl^--Liganden
- Oxid, O^{2-} Ligand
- Molybdän in der Oxidationsstufe 4+

Anhand dieser Beispiele wird die Benennung von Koordinationsverbindungen deutlich. Die Regeln zur Nomenklatur dieser Substanzklasse lauten wie folgt:

1 *Bei der Benennung von Salzen wird der Name des Kations vor dem Namen des Anions angegeben.* Bei $[Co(NH_3)_5Cl]Cl_2$ nennen wir also zunächst das Kation $[Co(NH_3)_5Cl]^{2+}$ und anschließend das Anion Cl^-.

2 *Innerhalb eines Komplexions oder -moleküls werden die Liganden vor dem Metall genannt. Liganden werden unabhängig von ihrer Ladung in alphabetischer Reihenfolge aufgeführt. Präfixe zur Angabe der Anzahl der Liganden gehören bei der Bestimmung der alphabetischen Reihenfolge nicht zum Namen des Liganden und werden daher nicht berücksichtigt.* Beim Ion $[Co(NH_3)_5Cl]^{2+}$ nennen wir also zunächst den Ammoniakliganden, anschließend den Chloroliganden und zum Schluss das Metall: Pentaamminchlorokobalt(III). In der Formel dagegen wird das Metall als erstes genannt.

3 *Die Namen anionischer Liganden enden auf den Buchstaben o, während die neutralen Liganden nur aus dem Namen des Moleküls bestehen.* In Tabelle 22.3 sind einige Liganden und ihre Namen aufgeführt. H_2O (aqua), NH_3 (ammin) und CO (carbonyl) stellen bei der Benennung Ausnahmen dar. Die Verbindung $[Fe(CN)_2(NH_3)_2(H_2O)_2]^+$ wäre also z. B. ein Diammindiaquadicyanoeisen(III)-Ion.

4 *Sollte mehr als ein Ligand eines bestimmten Typs vorliegen, werden zur Anzeige der Anzahl des jeweiligen Liganden griechische Präfixe* (di-, tri-, tetra-, penta- und hexa-) *verwendet. Wenn der Ligand selbst ein derartiges Präfix enthält* (z. B. Ethylendiamin) *werden alternative Präfixe verwendet* (bis-, tris-, tetrakis-, pentakis-, hexakis-) *und der Name des Liganden wird in Klammern geschrieben.* Der Name von $[Co(en)_3]Br_3$ lautet also z. B. Tris(ethylendiamin)kobalt(III)bromid.

5 *Wenn es sich bei dem Komplex um ein Anion handelt, wird dem Namen die Endung -at angehängt.* Die Verbindung $K_4[Fe(CN)_6]$ wird also z. B. Kaliumhexacyanoferrat(II) und das Ion $[CoCl_4]^{2-}$ Tetrachlorokobaltat(II) genannt.

6 *Die Oxidationszahl des Metalls wird in römischen Zahlen hinter dem Namen des Metalls in Klammern angegeben.*

Die Regeln werden anhand der folgenden Substanzen und ihrer Namen deutlich:

$[Ni(NH_3)_6]Br_2$	Hexaamminnickel(II)bromid
$[Co(en)_2(H_2O)(CN)]Cl_2$	Aquacyanobis(ethylendiamin)kobalt(III)chlorid
$Na_2[MoOCl_4]$	Natriumtetrachlorooxomolybdat(IV)

Tabelle 22.3

Häufig vorkommende Liganden

Ligand	Name in Komplexen	Ligand	Name in Komplexen
Azid, N_3^-	Azido	Oxalat, $C_2O_4^{2-}$	Oxalato
Bromid, Br^-	Bromo	Oxid, O^{2-}	Oxo
Chlorid, Cl^-	Chloro	Ammoniak, NH_3	Ammin
Cyanid, CN^-	Cyano	Kohlenmonoxid, CO	Carbonyl
Fluorid, F^-	Fluoro	Ethylendiamin, en	Ethylendiamin
Hydroxid, OH^-	Hydroxo	Pyridin, C_5H_5N	Pyridin
Carbonat, CO_3^{2-}	Carbonato	Wasser, H_2O	Aqua

> **ÜBUNGSBEISPIEL 22.4**   **Benennung von Koordinationsverbindungen**
>
> Benennen Sie die folgenden Verbindungen: **(a)** [Cr(H$_2$O)$_4$Cl$_2$]Cl, **(b)** K$_4$[Ni(CN)$_4$].
>
> **Lösung**
>
> **Analyse:** Es sind die chemischen Formeln von zwei Koordinationsverbindungen angegeben. Wir sollen diese benennen.
>
> **Vorgehen:** Um die Komplexe zu benennen, müssen wir zunächst die Liganden des Komplexes, die Namen der Liganden und die Oxidationszahl des Metallions bestimmen. Anschließend fügen wir diese Informationen gemäß den oben stehenden Regeln zusammen.
>
> **Lösung:**
>
> **(a)** Die Liganden bestehen aus vier Wassermolekülen, die mit tetraaqua bezeichnet werden, und zwei Chloridionen, die mit dichloro bezeichnet werden. Die Oxidationszahl von Cr ist +3.
>
> $$+3 + 4(0) + 2(-1) + (-1) = 0$$
> $$[\text{Cr}(\text{H}_2\text{O})_4\text{Cl}_2]\text{Cl}$$
>
> Es handelt sich also um einen Chrom(III)-Komplex. Das Anion schließlich besteht aus einem Chloridion. Wenn wir diese Teile zusammenfügen, erhalten wir für die Verbindung den Namen Tetraaquadichlorochrom(III)chlorid.
>
> **(b)** Der Komplex hat vier Cyanidionen (CN$^-$) als Liganden, die mit tetracyano bezeichnet werden. Die Oxidationszahl von Nickel ist null.
>
> $$4(+1) + 0 + 4(-1) = 0$$
> $$\text{K}_4[\text{Ni}(\text{CN})_4]$$
>
> Weil es sich bei dem Komplex um ein Anion handelt, wird das Metall als Nickelat(0) bezeichnet. Wenn wir diese Teile zusammenfügen und das Kation zuerst nennen, erhalten wir den Namen Kaliumtetracyanonickelat(0).
>
> **ÜBUNGSAUFGABE**
>
> Benennen Sie die folgenden Verbindungen: **(a)** [Mo(NH$_3$)$_3$Br$_3$]NO$_3$, **(b)** (NH$_4$)$_2$[CuBr$_4$]. **(c)** Geben Sie die Formel von Natriumdiaquadioxalatoruthenat(III) an.
>
> **Antworten: (a)** Triammintribromomolybdän(IV)nitrat, **(b)** Ammoniumtetrabromocuprat(II), **(c)** Na[Ru(H$_2$O)$_2$(C$_2$O$_4$)$_2$].

Isomerie   22.4

Zwei oder mehr Verbindungen, die die gleiche Zusammensetzung, jedoch eine unterschiedliche Anordnung der Atome haben, werden **Isomere** genannt. Isomerie – also die Existenz von Isomeren – tritt sowohl in organischen als auch in anorganischen Verbindungen auf. Obwohl Isomere aus denselben Atomen bestehen, unterscheiden sie sich meist hinsichtlich einer oder mehrerer physikalischer Eigenschaften wie z. B. ihrer Farbe, Löslichkeit oder Reaktionsgeschwindigkeit mit einem Reagenz. Wir werden zwei verschiedene Isomerien von Koordinationsverbindungen betrachten: **Strukturisomere** (die unterschiedliche Bindungen haben) und **Stereoisomere** (die die gleichen Bindungen, aber eine unterschiedliche Anordnung der Liganden am Metallzentrum haben). Diese beiden Isomerieformen lassen sich in weitere Unterformen unterteilen (▶ Abbildung 22.17).

CWS Isomerien

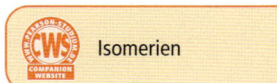

Strukturisomerie

In der Koordinationschemie sind viele verschiedene Formen struktureller Isomerie bekannt. In Abbildung 22.17 sind zwei Beispiele dargestellt: Bindungsisomerie und

22 ...emie von Koordinationsverbindungen

```
                    Isomere
              (gleiche Formel,
          verschiedene Eigenschaften)
           ↙                    ↘
   Strukturisomere         Stereoisomere
 (verschiedene Bindungen) (gleiche Bindungen,
                          verschiedene Anordnungen)
     ↙        ↘              ↙         ↘
Ionisations- Bindungs-   geometrische  optische
  isomere    isomere      Isomere      Isomere
```

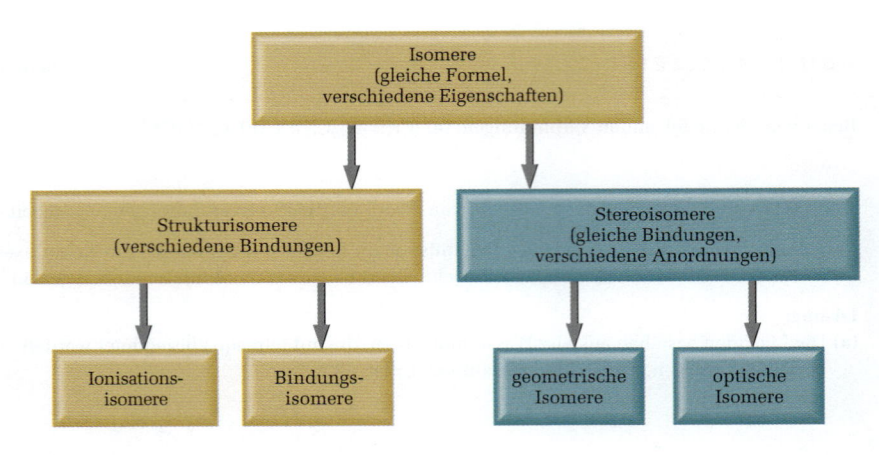

Abbildung 22.17: Isomerieformen in Koordinationsverbindungen.

Ionisationsisomerie. **Bindungsisomerie** tritt relativ selten auf. Es handelt sich jedoch um eine interessante Isomerie, die entsteht, wenn ein Ligand sich auf zwei verschiedene Weisen an ein Metall binden kann. Das Nitrition NO_2^- kann sich z. B. entweder über ein Stickstoff- oder ein Sauerstoffatom an das Metall binden (▶ Abbildung 22.18). Wenn der NO_2^--Ligand über das Stickstoffatom gebunden wird, wird er als *nitro*-, bei einer Bindung über das Sauerstoffatom dagegen als *nitrito*-Ligand bezeichnet und als ONO^- geschrieben. Die in Abbildung 22.18 dargestellten Isomere haben unterschiedliche Eigenschaften. Das über N gebundene Isomer ist z. B. gelb, während das über O gebundene Isomer rot ist. Ein weiterer Ligand, der über zwei verschiedene Donoratome an das Metall koordiniert werden kann, ist Thiocyanat SCN^-, dessen potenzielle Donoratome N und S sind.

Ionisationsisomere unterscheiden sich hinsichtlich der Liganden, die direkt an das Metall gebunden sind bzw. sich außerhalb der Koordinationssphäre im Ionen-

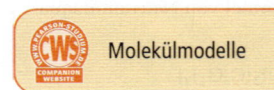

Molekülmodelle

Abbildung 22.18: Bindungsisomerie. Das über N gebundene Isomer (links) von $[Co(NH_3)_5NO_2]^{2+}$ ist gelb, das über O gebundene Isomer (rechts) dagegen rot.

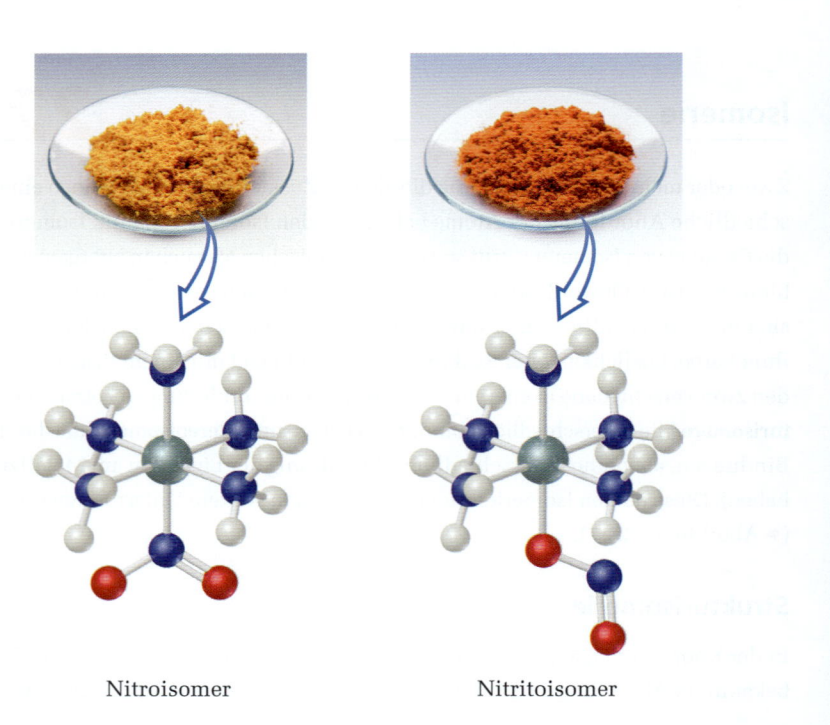

Nitroisomer   Nitritoisomer

gitter befinden. Es gibt z. B. drei Verbindungen mit der Molekülformel $CrCl_3(H_2O)_6$: $[Cr(H_2O)_6]Cl_3$ (violett), $[Cr(H_2O)_5Cl]Cl_2 \cdot H_2O$ (grün) und $[Cr(H_2O)_4Cl_2]Cl \cdot 2H_2O$ (ebenfalls grün). In den beiden grünen Verbindungen wurde Wasser in der Koordinationssphäre durch Chloridionen ersetzt und befindet sich im Kristallgitter.

Stereoisomerie

Stereoisomerie ist die wichtigste Isomerieform. **Stereoisomere** verfügen über die gleichen chemischen Bindungen, haben jedoch unterschiedliche räumliche Anordnungen. Im quadratisch-planaren Komplex $[Pt(NH_3)_2Cl_2]$ können die Chloroliganden z. B. entweder benachbart sein oder sich gegenüberliegen (▶ Abbildung 22.19). Diese spezielle Isomerieform, in der trotz gleicher Bindungen die Anordnung der Atome verschieden ist, wird **geometrische Isomerie** genannt. Das Isomer in Abbildung 22.19a, in dem sich die Liganden in benachbarten Positionen befinden, wird cis-Isomer genannt. Das Isomer in Abbildung 22.19b, in dem sich die Liganden gegenüberliegen, wird dagegen trans-Isomer genannt. Geometrische Isomere haben normalerweise unterschiedliche Eigenschaften wie z. B. unterschiedliche Farben, Löslichkeiten, Schmelzpunkte und Siedepunkte. Zudem können sie sich erheblich hinsichtlich ihrer chemischen Reaktivität unterscheiden. *Cis*-$[Pt(NH_3)_2Cl_2]$, das auch *Cisplatin* genannt wird, ist ein effektives Arzneimittel für die Behandlung von Hodenkrebs, Eierstockkrebs und anderen Krebsarten, das trans-Isomer dagegen hat keine medizinische Wirkung.

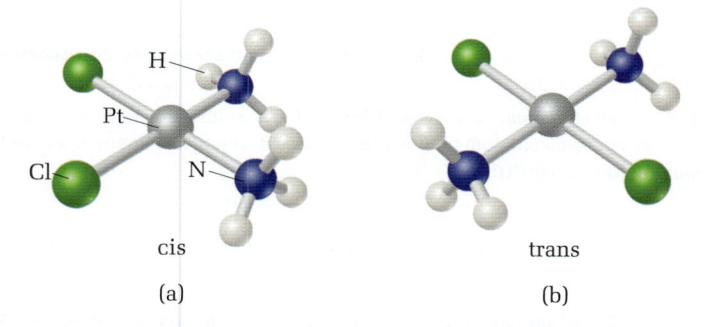

Abbildung 22.19: Geometrische Isomerie. (a) Cis- und (b) trans-Isomer des quadratisch-planaren Komplexes $[Pt(NH_3)_2Cl_2]$.

Geometrische Isomerie tritt bei Vorhandensein von mindestens zwei verschiedenen Liganden auch in oktaedrischen Komplexen auf. In Abbildung 22.1 sind die cis- und trans-Isomere von Tetraammindichlorokobalt(III) dargestellt. Wie aus Abschnitt 22.1 und Tabelle 22.1 hervorgeht, haben die beiden Isomere unterschiedliche Farben. Ihre Salze sind zudem in Wasser unterschiedlich gut löslich.

Weil in einem Tetraeder alle Ecken benachbart sind, gibt es in tetraedrischen Komplexen keine cis-trans-Isomerie.

Eine zweite Stereoisomerieform wird **optische Isomerie** genannt. Bei optischen Isomeren, so genannten **Enantiomeren**, handelt es sich um Spiegelbilder, die sich nicht aufeinander abbilden lassen. Ihr Verhältnis zueinander entspricht dem Verhältnis unserer linken Hand zu unserer rechten Hand. Wenn Sie sich Ihre linke Hand in einem Spiegel anschauen, stimmt das Spiegelbild mit Ihrer rechten Hand überein (▶ Abbildung 22.20a). Trotzdem lassen sich Ihre beiden Hände nicht aufeinander abbilden. Ein Beispiel eines Komplexes mit einer derartigen Isomerie ist das $[Co(en)_3]^{3+}$-Ion. In Abbildung 22.20b sind die beiden Enantiomere des $[Co(en)_3]^{3+}$ und ihre Bild-

Spiegel   Spiegel

linke Hand   Das Spiegelbild der linken Hand ist
                 mit der rechten Hand identisch
                      (a)   (b)

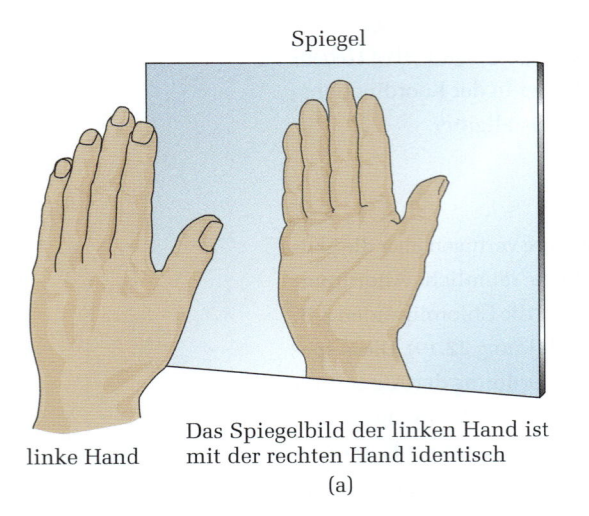

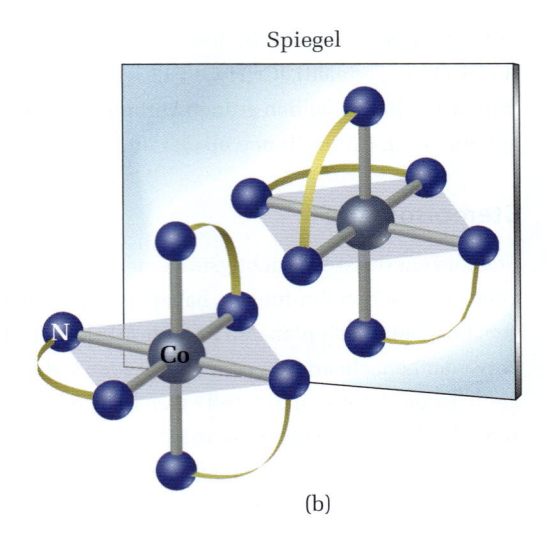

Abbildung 22.20: Optische Isomerie. Genau wie (a) unsere Hände sind (b) optische Isomere wie z. B. die von $[Co(en)_3]^{3+}$ nicht aufeinander abbildbare Spiegelbilder voneinander.

Spiegelbild-Beziehung zueinander dargestellt. Genauso wie es unmöglich ist, Ihre rechte Hand durch ein Drehen wie Ihre linke Hand aussehen zu lassen, können auch diese beiden Enantiomere nicht durch ein Drehen der Moleküle aufeinander abgebildet werden. Moleküle oder Ionen, deren Spiegelbilder sich nicht auf das Ursprungs-

---

ÜBUNGSBEISPIEL 22.5

Bestimmung der Anzahl der geometrischen Isomere

Anhand der Lewis-Strukturformel des CO-Moleküls lässt sich erkennen, dass das Molekül am C-Atom und am O-Atom je ein einsames Elektronenpaar besitzt ($|C\equiv O|$). Wenn sich CO an ein Übergangsmetallatom bindet, geht es diese Bindung fast immer über das C-Atom ein. Wie viele geometrische Isomere hat Tetracarbonyldichloroeisen(II)?

Lösung

Analyse: Es ist der Name eines Komplexes mit ausschließlich einzähnigen Liganden angegeben. Wir sollen die Anzahl der Isomere des Komplexes bestimmen.

Vorgehen: Wir können durch ein Zählen der Liganden die Koordinationszahl von Fe im Komplex bestimmen, um so die Struktur des Komplexes zu ermitteln. Anschließend können wir durch das Zeichnen von mehreren Strukturen mit unterschiedlichen Ligandenpositionen oder durch Analogiebetrachtungen zu bereits bekannten Fällen die Anzahl der Isomere ableiten.

Lösung: Aus dem Namen geht hervor, dass der Komplex über vier Carbonylliganden (CO) und zwei Chloroliganden (Cl$^-$) verfügt, seine Formel lautet also $Fe(CO)_4Cl_2$. Der Komplex hat die Koordinationszahl 6 und wir können davon ausgehen, dass eine oktaedrische Struktur vorliegt. Wie $[Co(NH_3)_4Cl_2]^+$ (siehe Abbildung 22.1) hat der Komplex vier Liganden eines Typs und zwei Liganden eines weiteren Typs. Es sind also zwei Isomere möglich: ein Isomer, in dem sich die Cl$^-$-Liganden gegenüberstehen (*trans*-$Fe(CO)_4Cl_2$), und ein Isomer, in dem sie benachbart zueinander sind (*cis*-$Fe(CO)_4Cl_2$).

Im Prinzip könnte der CO-Ligand auch eine Bindungsisomerie eingehen, indem er über das Elektronenpaar am O-Atom an das Metall gebunden wird. Ein auf diese Weise gebundener CO-Ligand wird als *Isocarbonylligand* bezeichnet. Metallisocarbonylkomplexe sind jedoch extrem selten, so dass wir die Möglichkeit einer derartigen Bindung des CO normalerweise vernachlässigen können.

Anmerkung: Die Anzahl der geometrischen Isomere kann leicht überschätzt werden. Manchmal werden verschiedene Orientierungen eines einzigen Isomers fälschlicherweise für verschiedene Isomere gehalten. Wenn sich zwei Strukturen drehen und auf diese Weise aufeinander abbilden lassen, handelt es sich nicht um Isomere. Dieses Problem der Identifizierung der Isomere ergibt sich oftmals aus der Schwierigkeit, uns dreidimensionale Moleküle anhand von zweidimensionalen Darstellungen vorzustellen. Manchmal ist es einfacher, die Anzahl der Isomere anhand von dreidimensionalen Modellen zu bestimmen.

ÜBUNGSAUFGABE

Wie viele Isomere hat das quadratisch-planare $[Pt(NH_3)_2ClBr]$?

Antwort: Zwei.

molekül bzw. -ion abbilden lassen, werden **chiral** genannt. Enzyme gehören zu den wichtigsten chiralen Molekülen. Wie wir bereits in Abschnitt 22.2 festgestellt haben, enthalten viele Enzyme komplexierte Metallionen. Ein Molekül muss jedoch kein Metallatom enthalten, um chiral zu sein. In Abschnitt 7 des Kapitels „Die Chemie des Lebens" werden wir erfahren, dass viele organische Moleküle, einschließlich einiger in der Biochemie wichtiger Moleküle, chiral sind.

Die meisten physikalischen und chemischen Eigenschaften optischer Isomere sind identisch. Die Eigenschaften von zwei optischen Isomeren unterscheiden sich lediglich in chiralen Umgebungen voneinander. Ein chirales Enzym kann z. B. in der Lage sein, die Reaktion eines optischen Isomers zu katalysieren, während das andere Isomer dazu nicht in der Lage ist. Ein optisches Isomer kann also im Körper eine spezifische physiologische Wirkung haben, während sein Spiegelbild eine andere Wirkung oder auch gar keine Wirkung hat. Chirale Reaktionen spielen auch für die Synthese von Arzneimitteln und anderen industriell wichtigen Chemikalien eine bedeutende Rolle.

Optische Isomere können anhand ihrer Wechselwirkungen mit linear polarisiertem Licht voneinander unterschieden werden. Wenn Licht polarisiert wird – indem es

> Chiralität

> Bonus-Kapitel

> Optische Aktivität

ÜBUNGSBEISPIEL 22.6 — Optische Isomere eines Komplexes

Haben *cis*- oder *trans*-[Co(en)$_2$Cl$_2$]$^+$ optische Isomere?

Lösung

Analyse: Es sind die chemischen Formeln von zwei Strukturisomeren angegeben. Wir sollen bestimmen, ob die angegebenen Verbindungen optische Isomere haben. Der en-Ligand ist ein zweizähniger Ligand. Die Komplexe haben also eine Koordinationszahl von 6 und sind oktaedrisch aufgebaut.

Vorgehen: Wir müssen eine Zeichnung der Strukturen der cis- und trans-Isomere sowie ihrer Spiegelbilder anfertigen. Wir können den en-Liganden mit Hilfe von zwei N-Atomen darstellen, die durch eine Linie verbunden sind (siehe Abbildung 22.20). Wenn das Spiegelbild sich nicht auf die ursprüngliche Struktur abbilden lässt, handelt es sich bei dem Komplex und seinem Spiegelbild um optische Isomere.

Lösung: Das trans-Isomer von [Co(en)$_2$Cl$_2$]$^+$ und sein Spiegelbild haben die folgenden Strukturen:

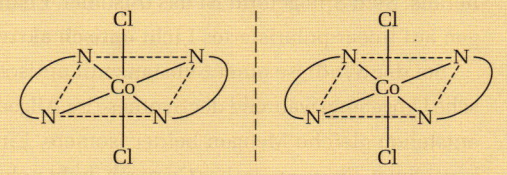

wobei die gestrichelte vertikale Linie für einen Spiegel steht. Das Spiegelbild des trans-Isomers stimmt mit dem Original überein. Wenn Sie die linke Zeichnung um 180° um ihre vertikale Achse drehen, stimmt die enthaltene Struktur mit der rechten Zeichnung überein. *Trans*-[Co(en)$_2$Cl$_2$]$^+$ zeigt also keine optische Isomerie.

Das Spiegelbild des cis-Isomers von [Co(en)$_2$Cl$_2$]$^+$ kann dagegen nicht auf das Original abgebildet werden:

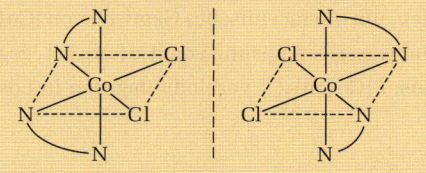

Bei den beiden cis-Strukturen handelt es sich also um optische Isomere (Enantiomere): *cis*-[Co(en)$_2$Cl$_2$]$^+$ ist ein chiraler Komplex.

ÜBUNGSAUFGABE

Hat das quadratisch-planare Komplexion [Pt(NH$_3$)(N$_3$)ClBr]$^-$ optische Isomere?

Antwort: Nein.

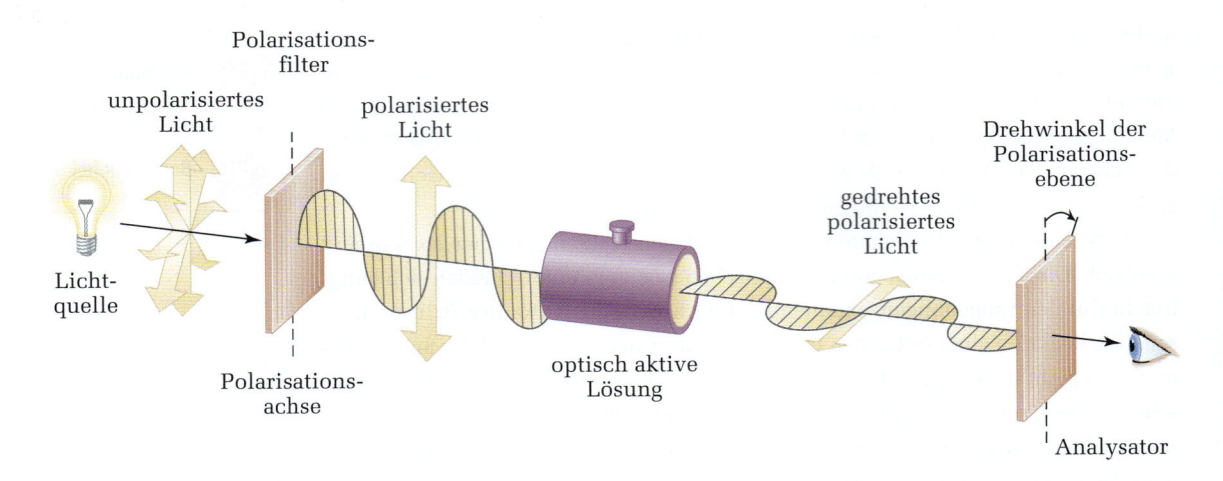

Abbildung 22.21: Optische Aktivität. Wirkung einer optisch aktiven Lösung auf die Polarisationsebene linear polarisierten Lichts. Das unpolarisierte Licht passiert zunächst einen Polarisator. Anschließend wird das polarisierte Licht durch eine Lösung eines rechtsdrehenden optischen Isomers gelenkt. Aus der Perspektive eines in Richtung der Lichtquelle blickenden Beobachters wird die Polarisationsebene des Lichts nach rechts gedreht.

> **? DENKEN SIE EINMAL NACH**
>
> Welche Gemeinsamkeiten und Unterschiede bestehen zwischen dem *d*- und dem *l*-Isomer einer Verbindung?

z. B. durch einen Polarisationsfilter gelenkt wird – schwingen die Lichtwellen nur in einer Ebene (▶ Abbildung 22.21). Wenn derartig polarisiertes Licht eine Lösung mit nur einem optischen Isomer passiert, wird die Polarisationsebene entweder nach rechts (im Uhrzeigersinn) oder nach links (gegen den Uhrzeigersinn) gedreht. Das Isomer, das die Polarisationsebene nach rechts dreht, wird **rechtsdrehend** genannt und als dextro- bzw. *d*-Isomer bezeichnet (lat.: *dexter* – „rechts"). Sein Spiegelbild, das die Polarisationsebene nach links dreht, wird **linksdrehend** genannt und als levo- bzw. *l*-Isomer bezeichnet (lat.: *laevus* – „links"). Das Isomer von $[Co(en)_3]^{3+}$ auf der linken Seite der Abbildung 22.20 b stellt sich experimentell als das *l*-Isomer dieses Ions heraus. Sein Spiegelbild ist das *d*-Isomer. Enantiomere sind aufgrund ihrer Wirkungen auf linear polarisiertes Licht **optisch aktiv**.

Bei der Synthese einer Substanz mit optischen Isomeren im Labor ist die chemische Umgebung während der Synthese im Allgemeinen nicht chiral. Aus diesem Grund entstehen gleiche Mengen beider Isomere. Ein solches Gemisch wird als **Racemat** bezeichnet. Ein racemisches Gemisch dreht polarisiertes Licht nicht, weil sich die Wirkungen der beiden Isomere gegenseitig aufheben. Um das Isomerengemisch eines Racemats zu trennen, müssen diese in eine chirale Umgebung gebracht werden. Ein optisches Isomer des chiralen Tartratanions* ($C_4H_4O_6^{2-}$) kann z. B. verwendet werden, um ein racemisches Gemisch von $[Co(en)_3]Cl_3$ zu trennen. Wenn *d*-Tartrat zu einer wässrigen Lösung von $[Co(en)_3]Cl_3$ gegeben wird, fällt *d*-$[Co(en)_3]$ (*d*-$C_4H_4O_6$)Cl aus, *l*-$[Co(en)_3]^{3+}$ verbleibt dagegen in Lösung.

---

* Wenn Natriumammoniumtartrat ($NaNH_4C_4H_4O_6$) aus einer Lösung auskristallisiert, liegen die beiden optischen Isomere als getrennte Kristalle vor, die sich wie Spiegelbilder zueinander verhalten. 1848 gelang Louis Pasteur die erste Trennung eines racemischen Gemisches in optische Isomere (Enantiomere) auf ungewöhnliche Weise: Er trennte unter einem Mikroskop manuell die „rechtshändigen" Kristalle der Verbindung von den „linkshändigen".

Farbe und Magnetismus 22.5

Die Untersuchung der Farben und magnetischen Eigenschaften von Übergangsmetallkomplexen haben bei der Entwicklung der modernen Modelle der Metall-Ligand-Bindung eine wichtige Rolle gespielt. Wir haben bereits in Abschnitt 6.3 die Wechselwirkungen zwischen Strahlungsenergie und Materie betrachtet. Bevor wir uns damit beschäftigen, ein Modell für die Metall-Ligand-Bindung zu entwickeln, werden wir kurz auf die Bedeutung dieser beiden Themenbereiche für Übergangsmetallkomplexe eingehen.

Farbe

Im Allgemeinen hängt die Farbe eines Komplexes vom jeweiligen Element, seiner Oxidationszahl und den an das Metall gebundenen Liganden ab. In ▶ Abbildung 22.22 ist dargestellt, wie sich die schwache blaue Farbe von $[Cu(H_2O)_6]^{2+}$ bei einem Austausch der H_2O-Liganden durch NH_3 zu $[Cu(NH_3)_4(H_2O)_2]^{2+}$ in eine tiefblaue Farbe verwandelt.

Abbildung 22.22: Einfluss der Liganden auf die Farbe eines Komplexes. Eine wässrige Lösung von $CuSO_4$ ist aufgrund der Bildung des Komplexes $[Cu(H_2O)_6]^{2+}$ hellblau (links). Nach dem Hinzufügen von $NH_3(aq)$ (Mitte und rechts) bilden sich tiefblaue $[Cu(NH_3)_4(H_2O)_2]^{2+}$-Ionen.

Damit eine Farbe auftritt, muss eine Verbindung sichtbares Licht absorbieren. Sichtbares Licht besteht aus elektromagnetischer Strahlung mit Wellenlängen im Bereich von etwa 400 bis 700 nm (siehe Abschnitt 6.1). Weißes Licht enthält alle Wellenlängen des sichtbaren Spektralbereichs. Es lässt sich in ein Farbspektrum aufteilen, in dem jede Farbe einen charakteristischen Wellenlängenbereich hat (▶ Abbildung 22.23).

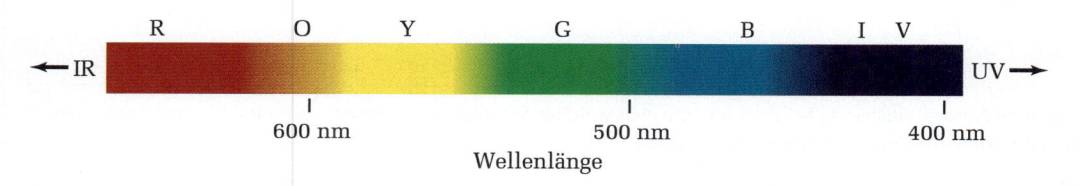

Abbildung 22.23: Sichtbares Spektrum. Beziehung zwischen der Farbe und der Wellenlänge sichtbaren Lichts.

Chemie von Koordinationsverbindungen

Die Energie dieser Strahlung ist wie die Energie jeder anderen elektromagnetischen Strahlung umgekehrt proportional zu seiner Wellenlänge (siehe Abschnitt 6.2):

$$E = h\nu = h(c/\lambda) \qquad (22.7)$$

Eine Verbindung absorbiert sichtbare Strahlung, wenn die Strahlung eine Energie hat, die benötigt wird, um ein Elektron aus dem niedrigsten Energiezustand (Grundzustand) in einen angeregten Zustand anzuregen (siehe Abschnitt 6.3). *Die Farbe einer Substanz wird also von der Strahlungsenergie bestimmt, die eine Substanz absorbiert.*

Wenn eine Probe sichtbares Licht absorbiert, ergibt sich die Farbe, die wir wahrnehmen, aus der Summe der vom Objekt entweder reflektierten oder transmittierten Strahlung, die auf unsere Augen trifft. Licht wird von einem undurchsichtigen Objekt reflektiert und von einem durchsichtigen Objekt transmittiert. Wenn ein Objekt sämtliche Wellenlängen des sichtbaren Lichts absorbiert, gelangt von dem Objekt keine Wellenlänge in unsere Augen. Es erscheint daher schwarz. Wenn es kein sichtbares Licht absorbiert, ist es weiß bzw. farblos. Wenn es alle Wellenlängen außer orange absorbiert, erscheint das Material orange. Wir nehmen jedoch auch eine orange Farbe wahr, wenn Licht aller Farben mit Ausnahme von blau auf unsere Augen trifft. Orange und blau sind **Komplementärfarben**. Durch die Entfernung von blau aus weißem Licht erscheint dieses orange und umgekehrt. Ein Objekt kann daher aus zwei Gründen eine bestimmte Farbe haben: (1) Es reflektiert oder transmittiert Licht dieser Farbe; (2) es absorbiert Licht der Komplementärfarbe. Komplementärfarben können mit Hilfe eines Farbkreises (▶ Abbildung 22.24) bestimmt werden. Im Farbkreis sind die Farben des sichtbaren Spektrums von rot bis violett abgebildet. Komplementärfarben wie orange und blau stehen sich auf dem Rad gegenüber.

Die von einer Probe als Funktion der Wellenlänge dargestellte absorbierte Lichtmenge wird das **Absorptionsspektrum** der Probe genannt. In ▶ Abbildung 22.25 ist dargestellt, wie das sichtbare Absorptionsspektrum einer durchsichtigen Probe bestimmt werden kann. In ▶ Abbildung 22.26 ist das Spektrum von $[Ti(H_2O)_6]^{3+}$ darge-

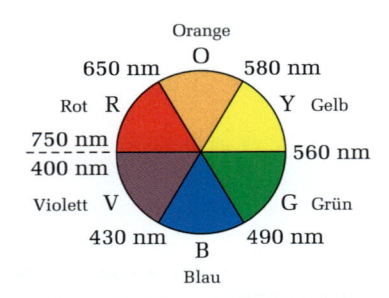

Abbildung 22.24: Farbkreis. Im Farbkreis sind verschiedene Wellenlängenbereiche als Farbkeile zusammengefasst. Zueinander komplementäre Farben stehen sich jeweils gegenüber.

ÜBUNGSBEISPIEL 22.7 — Die Beziehung zwischen absorbierter und beobachteter Farbe

Das Komplexion *trans*-$[Co(NH_3)_4Cl_2]^+$ absorbiert Licht hauptsächlich im roten Bereich des sichtbaren Spektrums (das Absorptionsmaximum liegt bei 680 nm). Welche Farbe hat der Komplex?

Lösung

Analyse: Wir sollen aus der von einem Komplex (rot) absorbierten Farbe die Farbe des Komplexes ableiten.

Vorgehen: Die Farbe einer Substanz ist die Komplementärfarbe der von der Substanz absorbierten Farbe. Wir verwenden den in ▶ Abbildung 22.24 dargestellten Farbkreis, um die Komplementärfarbe zu bestimmen.

Lösung: Anhand von Abbildung 22.24 erkennen wir, dass die Komplementärfarbe zu rot grün ist, die Farbe des Komplexes ist also grün.

Anmerkung: Wie wir in Abschnitt 22.1 bei der Betrachtung der Tabelle 22.1 festgestellt haben, gehörte dieser grüne Komplex zu den Komplexen, die Werner bei der Entwicklung seiner Theorie der Koordinationsverbindungen verwendet hat. Der geometrisch isomere Komplex *cis*-$[Co(NH_3)_4Cl_2]^+$ absorbiert gelbes Licht und erscheint daher violett.

ÜBUNGSAUFGABE

Das Ion $[Cr(H_2O)_6]^{2+}$ hat eine Absorptionsbande bei etwa 630 nm. Mit welcher der folgenden Farben – himmelblau, gelb, grün oder tiefrot – lässt sich dieses Ion wahrscheinlich am besten beschreiben?

Antwort: Himmelblau.

22.6 Kristallfeldtheorie

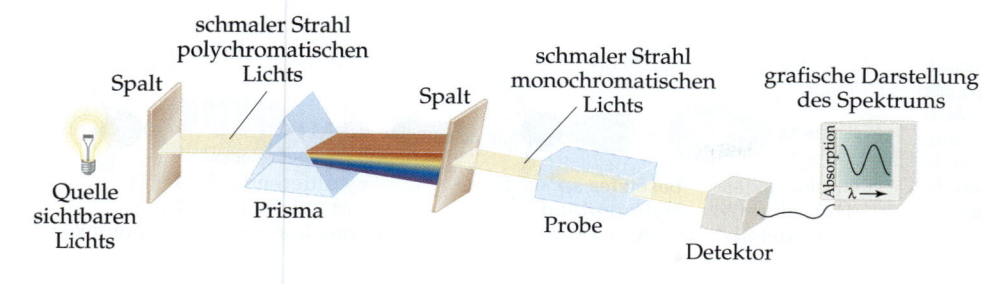

Abbildung 22.25: Aufnahme eines Absorptionsspektrums. Durch das Drehen des Prismas gelangen verschiedene Wellenlängen auf die Probe. Der Detektor misst die Intensität des auftreffenden Lichts. Diese Informationen können in einem Spektrum als Absorption in Abhängigkeit von der Wellenlänge dargestellt werden. Die Absorption ist ein Maß für das von der Probe absorbierte Licht.

stellt, das wir in Abschnitt 22.6 noch näher betrachten werden. Das Absorptionsmaximum von $[Ti(H_2O)_6]^{3+}$ liegt bei etwa 500 nm. Die Farbe der Probe ist dunkelviolett, weil ihre Absorption in den grünen und gelben Bereichen des sichtbaren Spektrums am stärksten ist.

Magnetismus

Wie in den Abschnitten 9.8 und 23.7 festgestellt, zeigen viele Übergangsmetallkomplexe einen einfachen Paramagnetismus. In paramagnetischen Verbindungen besitzt das Metallion mindestens ein ungepaartes Elektron. Die Anzahl der ungepaarten Elektronen pro Metallion kann durch das Messen des Paramagnetismus bestimmt werden. Derartige Experimente offenbaren einige interessante Beziehungen. Verbindungen des Komplexions $[Co(CN)_6]^{3-}$ verfügen z. B. über keine ungepaarten Elektronen, in Verbindungen des Ions $[CoF_6]^{3-}$ sind dagegen vier Elektronen pro Metallion frei. Beide Komplexe enthalten Co(III) mit der Elektronenkonfiguration $3d^6$ (siehe Abschnitt 7.4). Offensichtlich gibt es zwischen diesen beiden Fällen einen großen Unterschied in der Art und Weise, wie die Elektronen in den Metallorbitalen angeordnet sind. Jede erfolgreiche Bindungstheorie muss in der Lage sein, diesen Unterschied zu erklären. Wir werden uns in Abschnitt 22.6 näher mit einer solchen Theorie auseinander setzen.

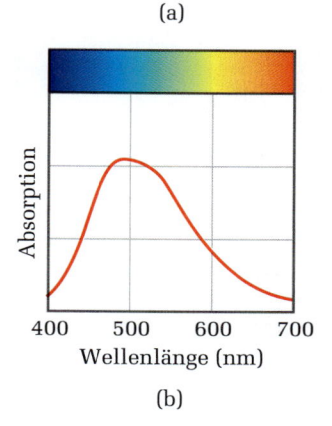

Abbildung 22.26: Farbe von $[Ti(H_2O)_6]^{3+}$. (a) Lösung des $[Ti(H_2O)_6]^{3+}$-Ions. (b) Absorptionsspektrum des $[Ti(H_2O)_6]^{3+}$-Ions im Wellenlängenbereich sichtbaren Lichts.

Kristallfeldtheorie 22.6

Wissenschaftler haben bereits vor langer Zeit erkannt, dass sich viele der magnetischen Eigenschaften und Farben von Übergangsmetallkomplexen auf die Anwesenheit von d-Elektronen in den Metallorbitalen zurückführen lassen. In diesem Abschnitt werden wir ein Modell der in Übergangsmetallkomplexen vorhandenen Bindungen betrachten. Viele der bei diesen Substanzen beobachteten Eigenschaften lassen sich mit Hilfe der **Kristallfeldtheorie** erklären.*

Bei der Fähigkeit eines Metallions, Liganden wie Wasser um sich herum anzuziehen, handelt es sich um eine Lewis-Säure-Base-Wechselwirkung (siehe Abschnitt 16.11).

> **? DENKEN SIE EINMAL NACH**
>
> Welche Elektronenkonfiguration haben (a) das Co-Atom und (b) das Co^{3+}-Ion? Über wie viele ungepaarte Elektronen verfügen die beiden Stoffe? Eine Beschreibung der Elektronenkonfigurationen von Ionen finden Sie in Abschnitt 7.4.

---

* Der Name *Kristallfeld* geht auf die Tatsache zurück, dass diese Theorie ursprünglich zur Erklärung der Eigenschaften kristalliner Festkörper wie Rubin entwickelt worden ist. Das gleiche theoretische Modell gilt jedoch auch für gelöste Komplexe.

22 Chemie von Koordinationsverbindungen

Abbildung 22.27: Bildung einer Metall-Ligand-Bindung. Der Ligand, der als Lewis-Base wirkt, gibt über ein Metallhybridorbital Ladung an das Metall ab. Die entstehende Bindung ist stark polarisiert, hat jedoch auch einen partiell kovalenten Charakter. Oft reicht es aus, wie im Kristallfeldmodell die Wechselwirkung zwischen Metall und Ligand als rein elektrostatisch zu betrachten.

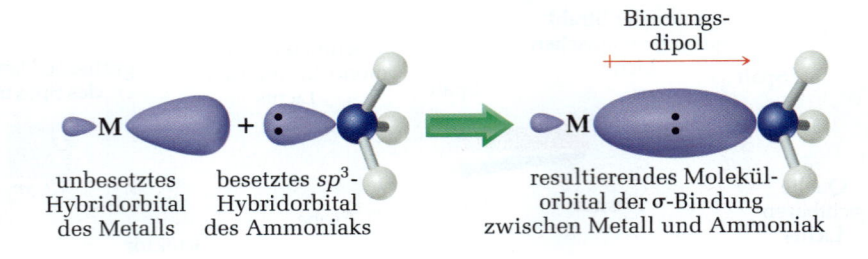

Die Base – also der Ligand – gibt ein Elektronenpaar an ein geeignetes leeres Orbital des Metalls ab (▶ Abbildung 22.27). Ein Großteil der anziehenden Wechselwirkung zwischen dem Metallion und den umgebenden Liganden lässt sich jedoch auf die elektrostatischen Kräfte zwischen der positiven Ladung des Metalls und den negativen Ladungen der Liganden zurückführen. Bei einem ionischen Liganden wie Cl^- oder SCN^- handelt es sich um die elektrostatische Wechselwirkung zwischen der positiven Ladung des Metallzentrums und der negativen Ladung des Liganden. Bei einem neutralen Liganden wie H_2O oder NH_3 sind die negativen Seiten dieser polaren Moleküle, die über ein freies Elektronenpaar verfügen, in Richtung des Metalls gerichtet. In diesem Fall handelt es sich bei den auftretenden Anziehungskräften um eine Ion-Dipol-Wechselwirkung (siehe Abschnitt 11.2). Beide Fälle führen zum gleichen Ergebnis: Die Liganden werden stark in Richtung des Metallzentrums gezogen. Aufgrund der elektrostatischen Anziehung zwischen dem positiven Metallion und den Elektronen der Liganden besitzt der aus dem Metallion und den Liganden gebildete Komplex eine niedrigere Energie als die vollständig getrennten Bestandteile.

Obwohl das positive Metallion von den Elektronen der Liganden insgesamt angezogen wird, werden die d-Elektronen im Metallion durch die Liganden abgestoßen (negative Ladungen stoßen sich ab). Wir werden im Folgenden auf diesen Effekt näher eingehen und dabei insbesondere den Fall betrachten, in dem die Liganden eine oktaedrische Anordnung um das Metallion haben. Im Kristallfeldmodell betrachten wir die Liganden als negative Ladungspunkte, die die Elektronen der d-Orbitale abstoßen. In ▶ Abbildung 22.28 wird die Wirkung dieser Punktladungen auf die Energien der d-Orbitale in zwei Schritten betrachtet. Im ersten Schritt wird die *durchschnittliche* Energie der d-Orbitale durch die Anwesenheit der Punktladungen angehoben. Die Energien aller fünf d-Orbitale nehmen also um den gleichen Betrag zu. Im zweiten Schritt betrachten wir die Energien der einzelnen d-Orbitale getrennt und berücksichtigen dabei die oktaedrische Anordnung der Liganden.

In einem oktaedrischen Komplex der Koordinationszahl sechs können wir uns vorstellen, dass die Liganden sich auf der x-, y- und z-Achse befinden (▶ Abbildung

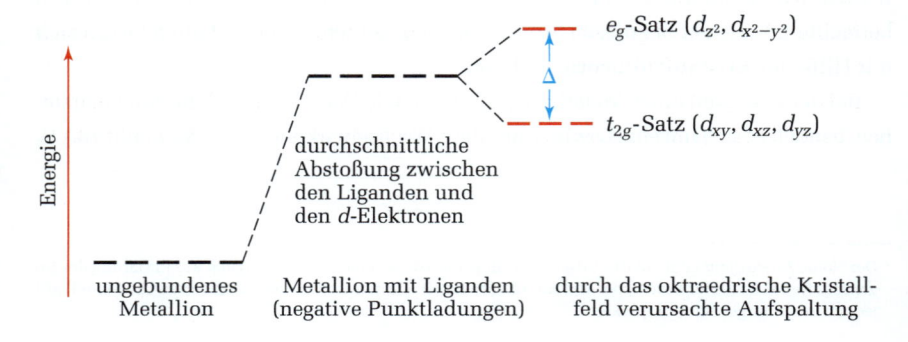

Abbildung 22.28: Energien der d-Orbitale in einem oktaedrischen Kristallfeld. Auf der linken Seite sind die Energien der d-Orbitale eines ungebundenen Ions dargestellt. Wenn sich dem Ion negative Ladungen nähern, werden die Energien der d-Orbitale energetisch angehoben (Mitte). Die auf der rechten Seite dargestellte Aufspaltung der d-Orbitale ist eine Folge der oktaedrischen Struktur des Feldes. Weil die Abstoßung der d_{z^2}- und $d_{x^2-y^2}$-Orbitale größer ist als die der d_{xy}-, d_{xz}- und d_{yz}-Orbitale, werden die fünf d-Orbitale in einen energetisch niedrigeren (t_{2g}-) und einen energetisch höheren (e_g-) Orbitalsatz aufgespalten.

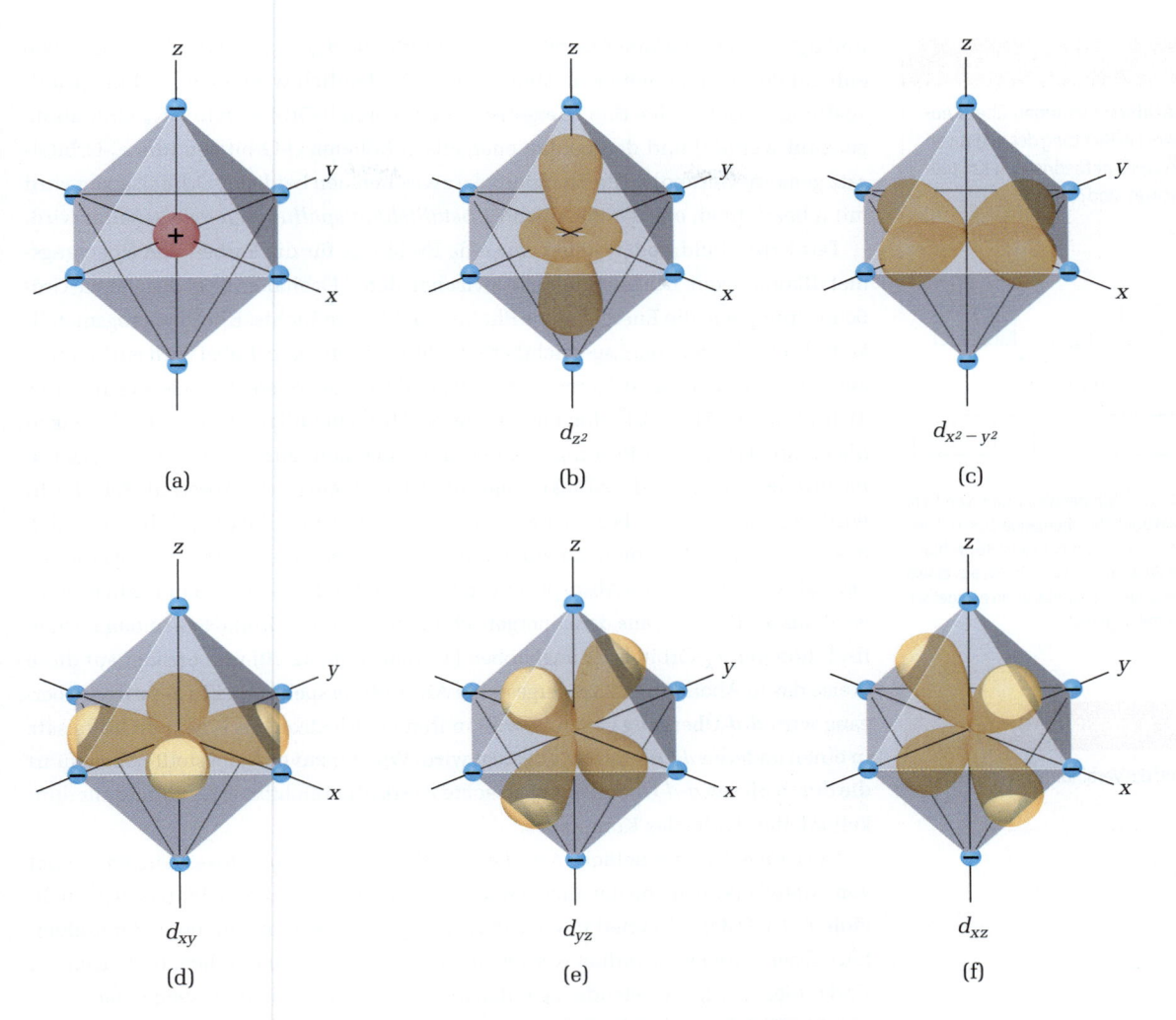

Abbildung 22.29: Die fünf d-Orbitale in einem oktaedrischen Kristallfeld. (a) Oktaedrisch von negativen Ladungen umgebenes Metallion. (b–f) Ausrichtung der d-Orbitale relativ zu den negativen Ladungen. Die Keulen der d_{z^2}- und $d_{x^2-y^2}$-Orbitale (b und c) zeigen in Richtung der Ladungen, die Keulen der d_{xy}-, d_{xz}- und d_{yz}-Orbitale (d–f) dagegen zwischen diese.

22.29 a); diese Anordnung wird *oktaedrisches Kristallfeld* genannt. Weil die d-Orbitale am Metallion unterschiedliche Formen haben, werden ihre Energien vom Kristallfeld unterschiedlich stark beeinflusst. Um diese Einflüsse genauer zu untersuchen, müssen wir die Formen der d-Orbitale und die Ausrichtungen ihrer Keulen relativ zu den Liganden in Betracht ziehen.

In Abbildung 22.29 b–f sind die fünf d-Orbitale in einem oktaedrischen Kristallfeld dargestellt. Beachten Sie, dass die Orbitale d_{z^2} und $d_{x^2-y^2}$ Keulen haben, die direkt *entlang* der x-, y- und z-Achse ausgerichtet sind und *in Richtung* der Punktladungen zeigen. Die Orbitale d_{xy}, d_{xz} und d_{yz} haben dagegen Keulen, die sich *zwischen* den Achsen befinden, auf denen sich die Ladungen annähern. Aufgrund der hohen Symmetrie des oktaedrischen Kristallfelds erfahren die Orbitale d_{z^2} und $d_{x^2-y^2}$ jeweils die gleiche Abstoßung. Diese beiden Orbitale haben daher in Anwesenheit des Kristallfelds die gleiche Energie. Auch die Orbitale d_{xy}, d_{xz} und d_{yz} erfahren exakt die gleiche Abstoßung, so dass auch diese drei Orbitale die gleiche Energie haben. Weil ihre Keulen genau in Richtung der negativen Ladungen gerichtet sind, erfahren die Orbitale d_{z^2}

DENKEN SIE EINMAL NACH

Welche d-Orbitale verfügen über Keulen, die direkt in Richtung der negativen Ladungen eines oktaedrischen Kristallfelds gerichtet sind?

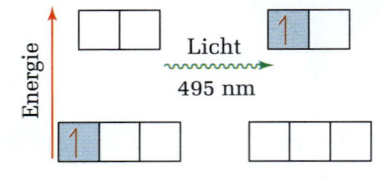

Abbildung 22.30: Mit der Absorption von Licht verbundene elektronische Übergänge. Das $3d$-Elektron von $[Ti(H_2O)_6]^{3+}$ wird bei einer Bestrahlung mit Licht einer Wellenlänge von 495 nm aus einem energetisch niedrigeren d-Orbital in ein energetisch höheres d-Orbital angeregt.

DENKEN SIE EINMAL NACH

Warum sind die Verbindungen von Ti(IV) farblos?

und $d_{x^2-y^2}$ eine stärkere Abstoßung als die Orbitale d_{xy}, d_{xz} und d_{yz}. Dies führt, wie anhand der rechten Seite von Abbildung 22.28 deutlich wird, zu einer Energieaufspaltung zwischen den drei energetisch niedrigeren d-Orbitalen (die t_{2g}-Orbitalsatz genannt werden) und den beiden energetisch höheren d-Orbitalen (die e_g-Orbitalsatz genannt werden)*. Die Energielücke zwischen den beiden d-Orbitalsätzen wird mit Δ bezeichnet, eine Größe, die oft *Kristallfeldaufspaltungsenergie* genannt wird.

Das Kristallfeldmodell liefert uns eine Erklärung für die Farben von Übergangsmetallkomplexen. Die Energielücke zwischen den d-Orbitalen Δ hat die gleiche Größenordnung wie die Energie eines Photons sichtbaren Lichts. Ein Übergangsmetallkomplex ist daher in der Lage, sichtbares Licht zu absorbieren. Dabei wird ein Elektron aus den d-Orbitalen niedrigerer Energie in ein d-Orbital höherer Energie angeregt. Das Ti(III)-Ion im $[Ti(H_2O)_6]^{3+}$-Ion hat z. B. die Elektronenkonfiguration $[Ar]3d^1$ (denken Sie daran, dass bei der Bestimmung der Elektronenkonfigurationen von Übergangsmetallionen als erstes die s-Elektronen entfernt werden) (siehe Abschnitt 7.4). Ti(III) wird daher als „d^1-Ion" bezeichnet. Im Grundzustand von $[Ti(H_2O)_6]^{3+}$ befindet sich das einzelne $3d$-Elektron in einem der drei Orbitale des energetisch niedrigeren t_{2g}-Orbitalsatzes. Durch die Absorption von Licht der Wellenlänge 495 nm (242 kJ/mol) wird das $3d$-Elektron aus dem energetisch niedrigeren t_{2g}-Orbitalsatz in den energetisch höheren e_g-Orbitalsatz angehoben (▶ Abbildung 22.30) und erzeugt auf diese Weise das in Abbildung 22.26 dargestellte Absorptionsspektrum. Ein derartiger Übergang wird **d-d-Übergang** genannt, weil in ihm ein Elektron aus einem d-Orbitalsatz in einen anderen d-Orbitalsatz angeregt wird. Wie wir zuvor festgestellt haben, führt die durch diesen d-d-Übergang verursachte Absorption sichtbarer Strahlung zur dunkelvioletten Farbe des Komplexes.

Die Größe der Energielücke Δ und damit die Farbe des Komplexes hängen sowohl vom Metall als auch von den umgebenden Liganden ab. So ist z. B. $[Fe(H_2O)_6]^{3+}$ hellviolett, $[Cr(H_2O)_6]^{3+}$ violett und $[Cr(NH_3)_6]^{3+}$ gelb. Liganden können in der Reihenfolge ihrer Fähigkeit geordnet werden, die Energielücke Δ zu erhöhen. Im Folgenden sind einige häufig auftretende Liganden in der Reihenfolge eines ansteigenden Werts von Δ aufgeführt:

$$\xrightarrow{\text{ansteigend } \Delta}$$
$$Cl^- < F^- < H_2O < NH_3 < en < NO_2^- \text{ (N-koordiniert)} < CN^-$$

Eine derartige Auflistung wird **spektrochemische Reihe** genannt. Die Größe von Δ steigt in der spektrochemischen Reihe von links nach rechts etwa um den Faktor 2 an.

Liganden, die sich auf der Seite der spektrochemischen Reihe mit niedrigem Δ befinden, werden *schwache Liganden* und diejenigen auf der Seite mit hohem Δ *starke Liganden* genannt. ▶ Abbildung 22.31 zeigt die Auswirkungen eines Austauschs von Liganden auf die Kristallfeldaufspaltung in einer Reihe von Chrom(III)-Komplexen. Aus der Elektronenkonfiguration des Cr-Atoms $[Ar]3d^54s^1$ ergibt sich für Cr^{3+} die Elektronenkonfiguration $[Ar]3d^3$. Cr(III) ist also ein d^3-Ion. Gemäß der Hund'schen Regel besetzen die drei $3d$-Elektronen den t_{2g}-Orbitalsatz. Jedes Elektron besetzt dabei genau ein Orbital, wobei die Elektronenspins gleich gerichtet sind (siehe Abschnitt 6.8). Mit zunehmendem Feld der sechs umgebenden Liganden steigt die Aufspaltung der d-Orbitale des Metalls an. Weil das Absorptionsspektrum mit dieser Energieaufspaltung zusammenhängt, haben die Komplexe jeweils eine andere Farbe.

---

* Die Bezeichnungen t_{2g} für die d_{xy}-, d_{xz}- und d_{yz}-Orbitale und e_g für die d_{z^2} und $d_{x^2-y^2}$-Orbitale entstammen der *Gruppentheorie*, die zur theoretischen Betrachtung der Kristallfeldtheorie herangezogen werden kann. Mit Hilfe der Gruppentheorie lassen sich Symmetrieeffekte auf die Eigenschaften von Molekülen erklären.

22.6 Kristallfeldtheorie

[CrF$_6$]$^{3-}$
grün

[Cr(H$_2$O)$_6$]$^{3+}$
violett

[Cr(NH$_3$)$_6$]$^{3+}$
gelb

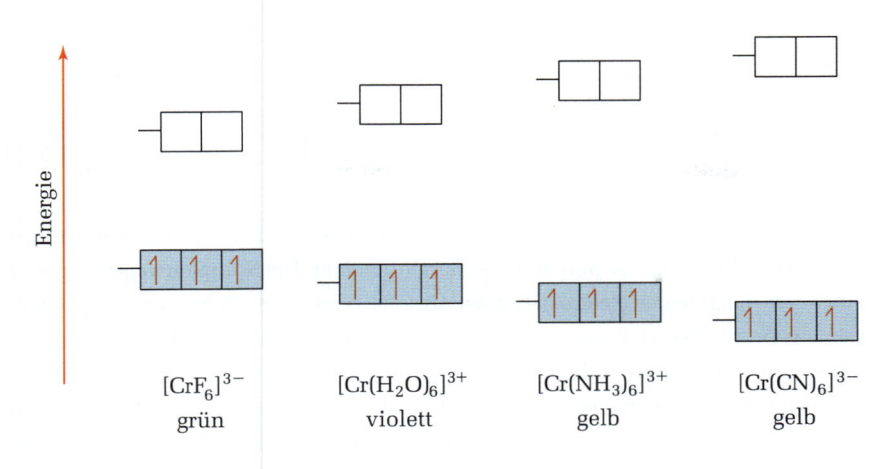

[Cr(CN)$_6$]$^{3-}$
gelb

Abbildung 22.31: Einfluss der Liganden auf die Kristallfeldaufspaltung. Diese Reihe verschiedener Chrom(III)-Komplexe veranschaulicht, wie die Energielücke zwischen den t_{2g}- und e_g-Orbitalen (Δ) mit ansteigender Feldstärke der Liganden zunimmt.

ÜBUNGSBEISPIEL 22.8 — Die Verwendung der spektrochemischen Reihe

Welche der folgenden Komplexe des Ti^{3+} zeigen im sichtbaren Spektrum die Absorption bei der kürzesten Wellenlänge: [Ti(H$_2$O)$_6$]$^{3+}$, [Ti(en)$_3$]$^{3+}$ oder [TiCl$_6$]$^{3-}$?

Lösung

Analyse: Es sind drei oktaedrische Komplexe angegeben, die Ti in der Oxidationsstufe +3 enthalten. Wir sollen vorhersagen, welcher Komplex im sichtbaren Wellenlängenbereich das Licht mit der kürzesten Wellenlänge absorbiert.

Vorgehen: Ti(III) ist ein d^1-Ion. Wir nehmen daher an, dass die Absorption auf den d-d-Übergang zurückzuführen ist, in dem das 3d-Elektron vom niedrigen Energiezustand t_{2g} in den höheren Energiezustand e_g angeregt wird. Die Wellenlänge des absorbierten Lichts hängt von der Größe der Energiedifferenz Δ ab. Wir können also die Stellung der Liganden in der spektrochemischen Reihe zur Vorhersage der relativen Werte von Δ heranziehen. Je größer die Energie ist, desto kleiner ist die Wellenlänge (▶ Gleichung 22.7).

Lösung: Von den drei betrachteten Liganden – H$_2$O, en und Cl$^-$ – steht Ethylendiamin (en) in der spektrochemischen Reihe am höchsten und verursacht daher die größte Aufspaltung Δ zwischen den t_{2g}- und e_g-Orbitalsätzen. Je größer die Aufspaltung, desto kürzer ist die Wellenlänge des absorbierten Lichts. Bei dem Komplex, der das Licht mit der kürzesten Wellenlänge absorbiert, handelt es sich also um [Ti(en)$_3$]$^{3+}$.

ÜBUNGSAUFGABE

Das Absorptionsspektrum von [Ti(NCS)$_6$]$^{3-}$ zeigt eine Bande, die zwischen den Absorptionswellenlängen von [TiCl$_6$]$^{3-}$ und [TiF$_6$]$^{3-}$ liegt. Was können wir daraus über die Stellung von NCS$^-$ in der spektrochemischen Reihe schließen?

Antwort: NCS$^-$ liegt zwischen Cl$^-$ und F$^-$, d. h. Cl$^-$ < NCS$^-$ < F$^-$.

Elektronenkonfigurationen in oktaedrischen Komplexen

Mit dem Kristallfeldmodell lassen sich neben der Farbe von Komplexverbindungen die magnetischen Eigenschaften und einige wichtige chemische Eigenschaften von Übergangsmetallionen erklären. Gemäß der Hund'schen Regel besetzen Elektronen stets die freien Orbitale mit der niedrigsten Energie. Entartete Orbitale werden dabei zunächst einzeln mit Elektronen gleichen Spins besetzt (siehe Abschnitt 6.8). Bei einem oktaedrischen Komplex mit der Konfiguration d^1, d^2 oder d^3 besetzen Elektronen gleichen Spins den energetisch niedrigeren t_{2g}-Orbitalsatz (▶ Abbildung 22.32). Bei der Zugabe eines vierten Elektrons gibt es zwei Möglichkeiten. Die Besetzung eines energetisch niedrigeren t_{2g}-Orbitals führt zu einem Energiegewinn mit dem Betrag Δ gegenüber der Besetzung des energetisch höheren e_g-Orbitals. Bei einer derartigen Konfiguration muss das Elektron jedoch mit einem Elektron gepaart werden, das sich bereits im entsprechenden Orbital befindet. Die dazu benötigte Energie, d. h. der

Abbildung 22.32: Elektronenkonfigurationen oktaedrischer Komplexe. Darstellung der Orbitalbesetzungen von Komplexen mit ein, zwei und drei d-Elektronen in einem oktaedrischen Kristallfeld.

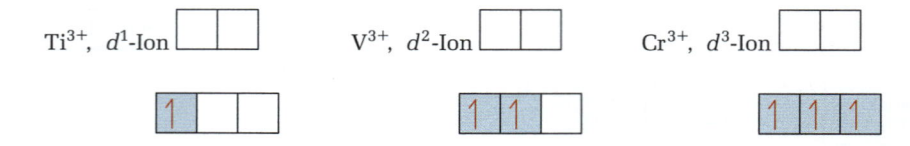

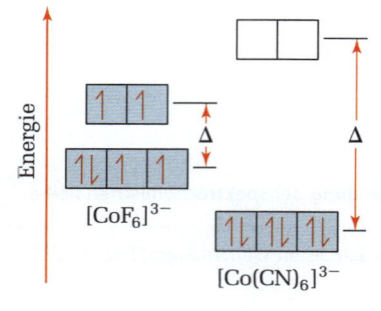

Ti^{3+}, d^1-Ion

V^{3+}, d^2-Ion

Cr^{3+}, d^3-Ion

Abbildung 22.33: High-Spin- und Low-Spin-Komplexe. Besetzung der d-Orbitale in einem High-Spin-Komplex ([CoF$_6$]$^{3-}$, kleines Δ) und einem Low-Spin-Komplex ([Co(CN)$_6$]$^{3-}$, großes Δ). Beide Komplexe enthalten Kobalt(III), das über sechs 3d-Elektronen verfügt (3d^6).

Energieunterschied zwischen der Besetzung eines freien und eines bereits einfach besetzten Orbitals, wird Spinpaarungsenergie genannt. Die **Spinpaarungsenergie** ist eine Folge der größeren elektrostatischen Abstoßung von zwei Elektronen, die gemeinsam ein Orbital besetzen, gegenüber zwei Elektronen, die sich mit gleichem Elektronenspin in verschiedenen Orbitalen befinden.

Die das Metallion umgebenden Liganden und die Ladung des Metallions sind oft die entscheidenden Faktoren dafür, welche der beiden elektronischen Anordnungen günstiger ist. In den Ionen [CoF$_6$]$^{3-}$ und [Co(CN)$_6$]$^{3-}$ haben die Liganden eine Ladung von 1−. Das F$^-$-Ion befindet sich in der spektrochemischen Reihe weit unten, es handelt sich also um einen schwachen Liganden. Das CN$^-$-Ion dagegen befindet sich in der spektrochemischen Reihe weit oben. Es handelt sich also um einen starken Liganden, der eine größere Energieaufspaltung als das F$^-$-Ion erzeugt. In ▶ Abbildung 22.33 werden die Aufspaltungen der d-Orbitalenergien dieser beiden Komplexe verglichen.

Kobalt(III) hat die Elektronenkonfiguration [Ar]3d^6, es handelt sich also bei beiden Ionen um d^6-Komplexe. Wir stellen uns nun vor, wie die d-Orbitale des [CoF$_6$]$^{3-}$-Ions mit diesen sechs Elektronen aufgefüllt werden. Die ersten drei Elektronen besetzen die energetisch niedrigeren t_{2g}-Orbitale mit parallelem Spin. Das vierte Elektron

---

ÜBUNGSBEISPIEL 22.9 — Anzahl der ungepaarten Elektronen in einem oktaedrischen Komplex

Wie viele ungepaarte Elektronen befinden sich in High-Spin- und Low-Spin-Komplexen von Fe^{3+} mit der Koordinationszahl 6?

Lösung

Analyse: Wir sollen bestimmen, wie viele ungepaarte Elektronen sich in High-Spin- und Low-Spin-Komplexen des Metallions Fe^{3+} befinden.

Vorgehen: Wir müssen bestimmen, wie die Elektronen die d-Orbitale von Fe^{3+} besetzen, wenn sich das Metall in einem oktaedrischen Komplex befindet. Dabei sind zwei Anordnungen möglich: Eine Anordnung führt zum High-Spin-Komplex, die andere zum Low-Spin-Komplex. Die Elektronenkonfiguration von Fe^{3+} ergibt sich aus der Anzahl der vorhandenen d-Elektronen. Wir müssen ermitteln, wie sich diese Elektronen auf die beiden d-Orbitalsätze t_{2g} und e_g verteilen. Im Fall eines High-Spin-Komplexes ist die Energiedifferenz zwischen den t_{2g}- und e_g-Orbitalen klein, so dass der Komplex über die maximal mögliche Anzahl an ungepaarten Elektronen verfügt. Im Fall eines Low-Spin-Komplexes ist die Energiedifferenz zwischen den t_{2g}- und e_g-Orbitalen groß, so dass vor einer Besetzung der e_g-Orbitale zunächst die t_{2g}-Orbitale aufgefüllt werden.

Lösung: Fe^{3+} ist ein d^5-Ion. In einem High-Spin-Komplex sind alle fünf Elektronen ungepaart. Drei der Elektronen befinden sich in den t_{2g}-Orbitalen und zwei in den e_g-Orbitalen. In einem Low-Spin-Komplex befinden sich alle fünf Elektronen im t_{2g}-Satz der d-Orbitale, so dass der Komplex über ein ungepaartes Elektron verfügt:

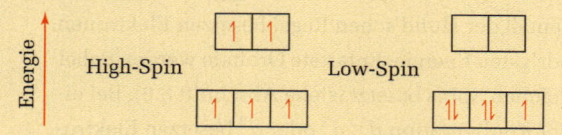

High-Spin   Low-Spin

ÜBUNGSAUFGABE

Bei welchen d-Elektronenkonfigurationen kann in oktaedrischen Komplexen zwischen High-Spin- und Low-Spin-Anordnungen unterschieden werden?

Antwort: d^4, d^5, d^6, d^7.

kann in einem Fall gemeinsam mit einem bereits vorhandenen Elektron eins der t_{2g}-Orbitale besetzen. Bei einer derartigen Anordnung würde sich ein Energiegewinn von Δ gegenüber der Besetzung eines der energetisch höheren e_g-Orbitale ergeben. Dazu müsste jedoch eine Energiemenge aufgebracht werden, die gleich der Spinpaarungsenergie ist. Weil es sich bei F^- um einen schwachen Liganden handelt, ist Δ klein. Die stabilere Anordnung ist daher diejenige, in der sich das Elektron in einem der e_g-Orbitale befindet. Auch das fünfte Elektron besetzt das noch verbleibende freie e_g-Orbital. Wenn alle Orbitale mit wenigstens einem Elektron besetzt sind, muss das sechste Elektron gepaart werden und besetzt ein energetisch niedrigeres t_{2g}-Orbital. Es befinden sich also insgesamt vier Elektronen im t_{2g}-Orbitalsatz und zwei Elektronen im e_g-Orbitalsatz. Im Fall des Komplexes $[Co(CN)_6]^{3-}$ ist die Kristallfeldaufspaltung erheblich größer. Die Spinpaarungsenergie ist kleiner als Δ, so dass sich, wie in Abbildung 22.33 gezeigt, alle sechs Elektronen paarweise in den t_{2g}-Orbitalen anordnen.

Bei dem Komplex $[CoF_6]^{3-}$ handelt es sich um einen **High-Spin-Komplex**, in dem so viele Elektronen wie möglich frei bleiben. Bei dem Komplex $[Co(CN)_6]^{3-}$ handelt es sich dagegen um einen **Low-Spin-Komplex**, in dem so viele Elektronen wie möglich gepaart sind. Wie zuvor beschrieben, lassen sich die beiden verschiedenen elektronischen Anordnungen anhand einer Messung der magnetischen Eigenschaften des Komplexes einfach unterscheiden. Auch das Absorptionsspektrum verfügt über charakteristische Eigenschaften, aus denen sich die elektronische Anordnung ableiten lässt.

Tetraedrische und quadratisch-planare Komplexe

Bisher haben wir das Kristallfeldmodell nur für Komplexe mit oktaedrischer Struktur betrachtet. Wenn das Metall nur über vier Liganden verfügt, hat der Komplex im Allgemeinen eine tetraedrische Struktur. Eine Ausnahme stellen Metallionen mit der Elektronenkonfiguration d^8 dar, die wir im Anschluss an die tetraedrische Anordnung betrachten werden. Die Kristallfeldaufspaltung der d-Orbitale eines tetraedrisch umgebenen Metalls unterscheidet sich von der Kristallfeldaufspaltung in oktaedrischen Komplexen. Vier gleichartige Liganden können am effizientesten mit einem zentralen Metallion wechselwirken, wenn sie sich aus den Ecken eines Tetraeders an das Metallion annähern. Wie sich herausstellt – dieses Ergebnis ist nicht einfach in einigen wenigen Sätzen zu erklären –, ist die Aufspaltung der d-Orbitale des Metalls in einem tetraedrischen Kristall genau umgekehrt wie die Kristallaufspaltung im oktaedrischen Fall. Die drei d-Orbitale des t_{2g}-Satzes werden also energetisch angehoben und die beiden Orbitale des e_g-Satzes energetisch abgesenkt (▶ Abbildung 22.34). Weil anstelle der sechs Liganden des oktaedrischen Falls nur vier Liganden vorliegen, ist die Kristallfeldaufspaltung in tetraedrischen Komplexen erheblich kleiner. Berechnungen der Kristallfeldaufspaltungen von tetraedrischen Komplexen zeigen, dass diese bei gleichem Metallion und gleichen Liganden nur etwa vier Neuntel der Kristallfeldaufspaltung eines entsprechenden oktaedrischen Komplexes beträgt. Aus diesem Grund sind alle tetraedrischen Komplexe High-Spin-Komplexe. Das Kristallfeld reicht daher auch bei starken Liganden nicht dazu aus, die Spinpaarungsenergie zu überwinden.

Quadratisch-planare Komplexe, in denen vier Liganden in einer Ebene um das Metallion angeordnet sind, kann man sich als oktaedrische Komplexe vorstellen, aus denen die beiden sich auf der vertikalen z-Achse befindlichen Liganden entfernt worden sind. Die sich daraus ergebenden Änderungen der Energieniveaus der d-Orbitale sind in ▶ Abbildung 22.35 dargestellt. Beachten Sie insbesondere, dass

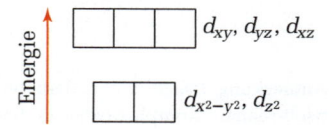

Abbildung 22.34: Energien der d-Orbitale in einem tetraedrischen Kristallfeld.

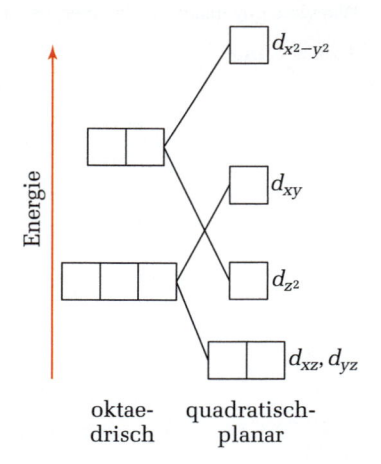

Abbildung 22.35: Energien der d-Orbitale in einem quadratisch-planaren Kristallfeld. Die auf der linken Seite dargestellten Kästchen repräsentieren die Energien der d-Orbitale in einem oktaedrischen Kristallfeld. Wenn die sich auf der z-Achse befindlichen negativen Ladungen entfernt werden, ändern sich die Energien der d-Orbitale. Diese Änderungen werden durch die Verbindungslinien zwischen den Kästchen angezeigt. Bei einer vollständigen Entfernung der Ladungen ergibt sich eine quadratisch-planare Struktur mit der auf der rechten Seite dargestellten Aufspaltung der d-Orbitalenergien.

ÜBUNGSBEISPIEL 22.10 — Besetzung der d-Orbitale in tetraedrischen und quadratisch-planaren Komplexen

Vierfach koordinierte Nickel(II)-Komplexe treten sowohl in quadratisch-planaren als auch in tetraedrischen Strukturen auf. Die tetraedrischen Komplexe wie z. B. $[NiCl_4]^{2-}$ sind paramagnetisch, die quadratisch-planaren Komplexe wie z. B. $[Ni(CN)_4]^{2-}$ dagegen diamagnetisch. Zeigen Sie, wie die d-Elektronen des Nickel(II) in beiden Fällen die d-Orbitale im Diagramm der Kristallfeldaufspaltung besetzen.

Lösung

Analyse: Es sind zwei Komplexe von Ni^{2+} angegeben. Ein Komplex hat eine tetraedrische, der andere eine quadratisch-planare Struktur. Wir sollen mit Hilfe der Kristallfelddiagramme die jeweilige Besetzung der d-Orbitale mit d-Elektronen angeben.

Vorgehen: Wir müssen zunächst die Anzahl der d-Elektronen von Ni^{2+} bestimmen. Anschließend verwenden wir für den tetraedrischen Komplex Abbildung 22.34 und für den quadratisch-planaren Komplex Abbildung 22.35.

Lösung: Nickel(II) hat die Elektronenkonfiguration $[Ar]3d^8$. Die d-Elektronen verteilen sich in den beiden Strukturen wie folgt auf die Orbitale:

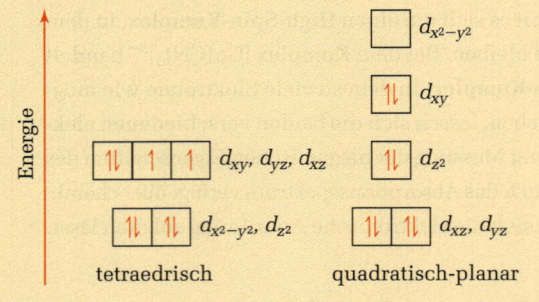

[Diagramm: Kristallfeldaufspaltung

tetraedrisch:
- d_{xy}, d_{yz}, d_{xz}: ↑↓ ↑ ↑
- $d_{x^2-y^2}, d_{z^2}$: ↑↓ ↑↓

quadratisch-planar (von oben nach unten):
- $d_{x^2-y^2}$: leer
- d_{xy}: ↑↓
- d_{z^2}: ↑↓
- d_{xz}, d_{yz}: ↑↓ ↑↓]

Anmerkung: Beachten Sie, dass der tetraedrische Komplex aufgrund der beiden ungepaarten Elektronen paramagnetisch, der quadratisch-planare Komplex dagegen diamagnetisch ist.

ÜBUNGSAUFGABE

Wie viele ungepaarte Elektronen liegen im tetraedrisch aufgebauten $[CoCl_4]^{2-}$-Ion vor?

Antwort: Drei.

---

das d_{z^2}-Orbital in diesem Fall aufgrund der nicht mehr vorhandenen Liganden auf der vertikalen z-Achse energetisch erheblich niedriger liegt als das $d_{x^2-y^2}$-Orbital.

Quadratisch-planare Komplexe treten häufig bei Metallionen mit der Elektronenkonfiguration d^8 auf. Es handelt sich fast immer um diamagnetische Low-Spin-Komplexe, in denen alle acht d-Elektronen gepaart sind. Eine derartige elektronische Anordnung tritt besonders häufig bei den Ionen schwererer Metalle wie z. B. Pd^{2+}, Pt^{2+}, Ir^+ und Au^{3+} auf.

Wir haben festgestellt, dass sich anhand des Kristallfeldmodells viele Eigenschaften von Übergangsmetallkomplexen erklären lassen. Tatsächlich gehen die Anwendungen dieses Modells noch weit über die von uns betrachteten Beobachtungen hinaus. Es gibt jedoch viele Hinweise darauf, dass die Bindungen zwischen Übergangsmetallionen und Liganden auch einen kovalenten Charakter haben. In Komplexen auftretende Bindungen lassen sich auch mit Hilfe der Molekülorbitaltheorie (siehe Abschnitte 9.7 und 9.8) beschreiben. Die Anwendung der Molekülorbitaltheorie auf Koordinationsverbindungen geht jedoch über den Anspruch des vorliegenden Buches hinaus. Auch wenn das Kristallfeldmodell nicht bis ins letzte Detail vollständig korrekt sein mag, bietet es doch eine angemessene und brauchbare erste Beschreibung der elektronischen Struktur von Komplexen.

Näher hingeschaut ■ Farben und Ladungstransfers

Abbildung 22.36: Ladungstransfer-Übergänge. Es sind die Verbindungen KMnO$_4$, K$_2$CrO$_4$ und KClO$_4$ dargestellt (von links nach rechts). Die Verbindungen KMnO$_4$ und K$_2$CrO$_4$ sind aufgrund von Ligand-Metall-Ladungstransfer-Übergängen (LMCT-Übergängen) in den Anionen MnO$_4^-$ und CrO$_4^{2-}$ stark gefärbt. Cl hat keine Valenz-d-Orbitale. Für den Ladungstransfer-Übergang von ClO$_4^-$ wird daher ultraviolettes Licht benötigt, so dass KClO$_4$ weiß ist.

Im Praktikum oder in der Experimentalchemie-Vorlesung hatten Sie bestimmt bereits die Gelegenheit, einige farbige Verbindungen der Übergangsmetalle kennen zu lernen. Viele dieser Farben lassen sich auf d-d-Übergänge zurückführen, bei denen sichtbares Licht Elektronen aus einem d-Orbital in ein anderes d-Orbital anregt. Es gibt jedoch noch weitere farbige Übergangsmetallkomplexe, deren Farbe auf eine andersartige Anregung zurückzuführen ist, an der ebenfalls d-Orbitale beteiligt sind. Zwei häufig vorkommende derartige Substanzen sind das dunkelviolette Permanganation (MnO$_4^-$) und das hellgelbe Chromation (CrO$_4^{2-}$). In ▶ Abbildung 22.36 sind Salze dieser Verbindungen dargestellt. Sowohl MnO$_4^-$ als auch CrO$_4^{2-}$ sind tetraedrische Komplexe.

Das Permanganation weist eine starke Absorption sichtbaren Lichts mit einem Absorptionsmaximum bei einer Wellenlänge von 565 nm auf. Diese starke Absorption im gelben Teil des sichtbaren Spektrums ist für die violette Farbe des Salzes und der Lösungen des Ions verantwortlich (violett ist die Komplementärfarbe von gelb). Welche Vorgänge laufen während der Absorption ab? Das MnO$_4^-$-Ion ist ein Komplex von Mn(VII), das die Elektronenkonfiguration d^0 hat. Die Absorption des Komplexes kann also nicht auf einen d-d-Übergang zurückzuführen sein, weil keine d-Elektronen zur Anregung vorhanden sind! Das bedeutet jedoch nicht, dass die d-Orbitale nicht am Übergang beteiligt sind. Die Anregung des MnO$_4^-$-Ions wird durch einen *Ladungstransfer-Übergang* verursacht, bei dem Elektronendichte von einem der Sauerstoffliganden in ein unbesetztes d-Orbital des Mn-Atoms übertragen wird (▶ Abbildung 22.37). Im Wesentlichen wird ein Elektron von einem Liganden auf das Metall übertragen, so dass der Übergang *Ligand-Metall-Ladungstransfer-* oder *LMCT-Übergang* (engl.: LMCT – *ligand-to-metal charge-transfer*) genannt wird. Auch die Farbe von CrO$_4^{2-}$, einem d^0-Komplex von Cr(VI), lässt sich auf einen LMCT-Übergang zurückführen. In Abbildung 22.36 ist neben diesen beiden Substanzen ein Salz des Perchlorations (ClO$_4^-$) dargestellt. ClO$_4^-$ ist genau wie MnO$_4^-$ tetraedrisch aufgebaut und verfügt über ein Zentralatom in der Oxidationsstufe +7. Weil das Cl-Atom jedoch nicht über niedrig liegende d-Orbitale verfügt, wird für die Anregung eines Elektrons ein Photon mit höherer Energie benötigt als bei MnO$_4^-$. Die erste Absorption von ClO$_4^-$ liegt im ultravioletten Bereich des Spektrums. Das sichtbare Licht wird also vollständig transmittiert und das Salz erscheint weiß.

Andere Komplexe weisen Ladungstransfer-Anregungen auf, in denen ein Elektron vom Metallion in ein unbesetztes Orbital eines Liganden angeregt wird. Eine derartige Anregung wird *Metall-Ligand-Ladungstransfer-* oder *MLCT-Übergang* (engl.: MLCT – *metal-to-ligand charge-transfer*) genannt.

Ladungstransfer-Übergänge haben im Allgemeinen eine höhere Intensität als d-d-Übergänge. Viele metallhaltige Pigmente wie Cadmiumgelb (CdS), Chromgelb (PbCrO$_4$) und Rotocker (Fe$_2$O$_3$), die beispielsweise in der Ölmalerei verwendet werden, verdanken ihre intensiven Farben Ladungstransfer-Übergängen.

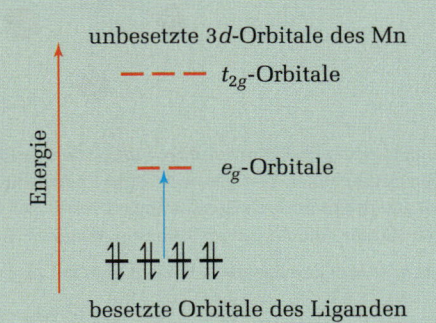

Abbildung 22.37: Ligand-Metall-Ladungstransfer-Übergang (LMCT-Übergang) in MnO$_4^-$. Ein Elektron wird aus dem nichtbindenden Elektronenpaar am O in ein unbesetztes d-Orbital am Mn angeregt (blauer Pfeil).

ÜBERGREIFENDE BEISPIELAUFGABE

Verknüpfen von Konzepten

Das Oxalation hat die in Tabelle 22.2 gezeigte Lewis-Strukturformel. **(a)** Geben Sie die Struktur des durch Koordination von Oxalat an Kobalt(II) gebildeten Komplexes [Co(C$_2$O$_4$)(H$_2$O)$_4$] an. **(b)** Geben Sie die Formel des Salzes an, das sich bei der Koordination von drei Oxalationen an Co(II) bildet. Nehmen Sie an, dass es sich bei dem ladungsausgleichenden Kation um Na$^+$ handelt. **(c)** Zeichnen Sie alle möglichen geometrischen Isomere des in Teil (b) gebildeten Kobaltkomplexes. Gibt es chirale Isomere? Erklären Sie Ihre Antwort. **(d)** Die Gleichgewichtskonstante der Bildung des in Teil (b) durch die Koordination von drei Oxalatanionen gebildeten Kobalt(II)-Komplexes ist gleich $5{,}0 \times 10^9$. Die Bildungskonstante des Kobalt(II)-Komplexes mit drei Molekülen *ortho*-Phenanthrolin ist im Vergleich dazu gleich 9×10^{19} (siehe Tabelle 22.2). Welche Schlussfolgerungen können Sie aus diesen Werten über die relativen Lewis-Base-Eigenschaften der beiden Liganden gegenüber Kobalt(II) ziehen? **(e)** Berechnen Sie mit Hilfe des in Übungsbeispiel 17.14 beschriebenen Ansatzes die Konzentration des sich frei in Lösung befindlichen Co(II)-Ions in einer Lösung mit Anfangskonzentrationen von $0{,}040\,M$ Oxalat und $0{,}0010\,M\,\mathrm{Co}^{2+}(aq)$.

Lösung

(a) Der durch die Koordination eines Oxalations gebildete Komplex hat eine oktaedrische Struktur:

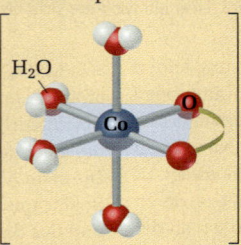

(b) Weil das Oxalation eine Ladung von 2− hat, ist die Nettoladung eines Komplexes aus drei Oxalationen und einem Co^{2+}-Ion gleich 4−. Die Koordinationsverbindung hat also die Formel Na$_4$[Co(C$_2$O$_4$)$_3$].

(c) Es gibt nur ein geometrisches Isomer. Der Komplex ist jedoch genau wie der in Abbildung 22.21 (b) dargestellte [Co(en)$_3$]$^{3+}$-Komplex chiral. Die beiden Spiegelbilder lassen sich nicht aufeinander abbilden, es gibt also zwei Enantiomere:

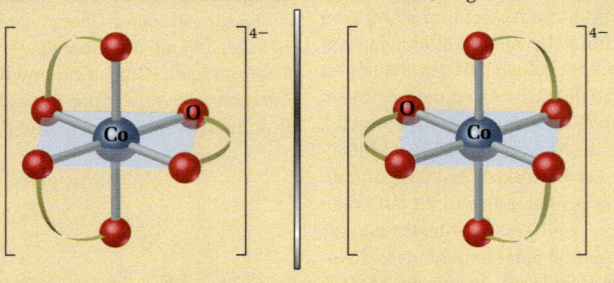

(d) Der Ligand *ortho*-Phenanthrolin ist wie Oxalat zweizähnig, so dass beide Liganden einen Chelateffekt aufweisen. Wir schließen also aus den angegebenen Werten, dass *ortho*-Phenanthrolin gegenüber Co^{2+} eine stärkere Lewis-Base ist als Oxalat. Diese Schlussfolgerung entspricht unseren Betrachtungen von Basen in Abschnitt 16.7, in dem wir festgestellt haben, dass Stickstoffbasen im Allgemeinen stärker sind als Sauerstoffbasen. (Denken Sie z.B. daran, dass NH$_3$ eine stärkere Base ist als H$_2$O.)

(e) Das betrachtete Gleichgewicht bezieht sich auf drei Mol Oxalat (dargestellt als Ox^{2-}).

$$\mathrm{Co}^{2+}(aq) + 3\,\mathrm{Ox}^{2-}(aq) \rightleftharpoons [\mathrm{Co(Ox)}_3]^{4-}(aq)$$

Der Ausdruck für die Bildungskonstante lautet

$$K_{Bil.} = \frac{[[\mathrm{Co(Ox)}_3]^{4-}]}{[\mathrm{Co}^{2+}][\mathrm{Ox}^{2-}]^3}$$

Weil $K_{Bil.}$ relativ groß ist, können wir annehmen, dass Co^{2+} nahezu vollständig als Oxalatkomplex vorliegt. Unter dieser Annahme ist die Endkonzentration von [Co(Ox)$_3$]$^{3-}$ gleich $0{,}0010\,M$ und die des Oxalations gleich [Ox^{2-}] = $(0{,}040) - 3(0{,}0010) = 0{,}037\,M$ (drei Ox^{2-}-Ionen reagieren mit je einem Co^{2+}-Ion). Wir erhalten damit die Gleichung

$$[\mathrm{Co}^{2+}] = x\,M,\ [\mathrm{Ox}^{2-}] \cong 0{,}037\,M,\ [[\mathrm{Co(Ox)}_3]^{4-}] \cong 0{,}0010\,M$$

Wir setzen diese Werte in den Ausdruck für die Gleichgewichtskonstante ein und erhalten

$$K_{Bil.} = \frac{(0{,}0010)}{x(0{,}037)^3} = 5 \times 10^9$$

Wenn wir diesen Ausdruck nach x auflösen, erhalten wir $4 \times 10^{-9}\,M$. Wir erkennen, dass das Oxalat das in der Lösung vorhandene Co^{2+} nahezu vollständig komplexiert.

Zusammenfassung und Schlüsselbegriffe

Abschnitt 22.1 **Koordinationsverbindungen** sind Substanzen, die Metallkomplexe enthalten. In **Metallkomplexen** sind Metallionen an mehrere umgebende Anionen oder Moleküle gebunden, die als **Liganden** bezeichnet werden. Das Metallion und seine Liganden bilden die **Koordinationssphäre** des Komplexes. Das Atom des Liganden, das an das Metall gebunden ist, wird als **Donoratom** bezeichnet. Die Anzahl der an das Metallion gebundenen Donoratome ist gleich der Koordinationszahl des Metallions. Die am häufigsten auftretenden **Koordinationszahlen** sind 4 und 6 und die am häufigsten auftretenden Koordinationsstrukturen sind tetraedrisch, quadratisch-planar und oktaedrisch.

Abschnitt 22.2 und 22.3 Liganden, die in der Koordinationssphäre nur eine Position besetzen, werden **einzähnige Liganden** genannt. Wenn ein Ligand über mehrere Donoratome verfügt, die gleichzeitig das Metallion koordinieren, handelt es sich um einen **mehrzähnigen Liganden**. Ein derartiger Ligand wird auch als **Chelatligand** bezeichnet. Zwei häufige Beispiele sind der **zweizähnige Ligand** Ethylendiamin – abgekürzt en – und das Ethylendiamintetraacetation [EDTA]$^{4-}$, das über sechs potenzielle Donoratome verfügt. Im Allgemeinen bilden Chelatliganden aufgrund des **Chelateffekts** stabilere Komplexe als vergleichbare einzähnige Liganden. Bei vielen biologisch wichtigen Molekülen wie den **Porphyrinen** handelt es sich um Komplexe mit Chelatliganden. Die mit den Porphyrinen verwandten **Chlorophylle**, bei denen es sich um Pflanzenpigmente handelt, spielen in der **Photosynthese** eine wichtige Rolle. Die Photosynthese ist ein Prozess, in dem Pflanzen CO_2 und H_2O in Kohlenhydrate umwandeln.

Wie bei der Nomenklatur anderer anorganischer Verbindungen gelten auch für die Benennung von Koordinationsverbindungen bestimmte Regeln. Die Namen von Koordinationsverbindungen enthalten die Anzahl und die Art der am Metallion gebundenen Liganden sowie die Oxidationszahl des Metallions.

Abschnitt 22.4 **Isomere** sind Verbindungen, die die gleiche Zusammensetzung, aber eine unterschiedliche Anordnung der Atome und damit unterschiedliche Eigenschaften haben. **Strukturisomere** unterscheiden sich hinsichtlich der Anordnung der Liganden. Eine einfache Form der Strukturisomerie ist die **Bindungsisomerie**, die auftritt, wenn ein Ligand sich über zwei verschiedene Donoratome an das Metallion koordinieren lässt. **Ionisationsisomere** enthalten jeweils verschiedene Liganden in der Koordinationssphäre.

Stereoisomere sind Isomere mit denselben chemischen Bindungen, aber einer unterschiedlichen räumlichen Anordnung der Liganden. Die häufigsten Formen der Stereoisomerie sind die **geometrische Isomerie** und die **optische Isomerie**. Geometrische Isomere unterscheiden sich hinsichtlich der relativen Stellung, die die Donoratome in der Koordinationssphäre zueinander haben. Die häufigsten derartigen Isomere sind cis-trans-Isomere. Optische Isomere sind gegenseitige Spiegelbilder, die nicht aufeinander abbildbar sind. Geometrische Isomere unterscheiden sich hinsichtlich ihrer chemischen und physikalischen Eigenschaften. Optische Isomere oder **Enantiomere** sind **chiral**, sie weisen also eine „Händigkeit" auf und unterscheiden sich nur in chiralen Umgebungen voneinander. Optische Isomere können anhand ihrer Wechselwirkungen mit linear polarisiertem Licht voneinander unterschieden werden. Lösungen eines Isomers drehen die Polarisationsebene nach rechts (**rechtsdrehend**), die des anderen, spiegelbildlichen Isomers dagegen nach links (**linksdrehend**). Optische Isomere sind demnach **optisch aktiv**. Ein Gemisch mit gleichen Anteilen der beiden optischen Isomere dreht linear polarisiertes Licht nicht und wird als **Racemat** bezeichnet.

Abschnitt 22.5 Untersuchungen der Farben und magnetischen Eigenschaften von Übergangsmetallkomplexen haben bei der Formulierung der Bindungstheorien dieser Verbindungen eine wichtige Rolle gespielt. Eine Substanz hat eine bestimmte Farbe, weil sie entweder (1) das Licht dieser Farbe reflektiert bzw. transmittiert oder (2) Licht der **Komplementärfarbe** absorbiert. Die von einer Probe absorbierte Lichtmenge als Funktion der Wellenlänge wird **Absorptionsspektrum** genannt. Das absorbierte Licht liefert die für die Anregung von Elektronen auf energetisch höhere Zustände benötigte Energie.

Die Anzahl der freien Elektronen in einem Komplex lässt sich durch das Messen seines Paramagnetismus bestimmen. Verbindungen ohne freie Elektronen sind diamagnetisch.

Abschnitt 22.6 Mit Hilfe der **Kristallfeldtheorie** lassen sich viele Eigenschaften von Koordinationsverbindungen wie ihre Farben und ihr Magnetismus erfolgreich erklären. Das Modell geht von einer rein elektrostatischen Wechselwirkung zwischen dem Metallion und den Liganden aus. Weil einige der d-Orbitale direkt in Richtung der Liganden, andere dagegen zwischen diese zeigen, führen die Liganden zu einer Aufspaltung der Energien der d-Orbitale des Metalls. In einem oktaedrischen Komplex werden die d-Orbitale in einen energetisch niedrigeren Satz aus drei entarteten Orbitalen (den

t_{2g}-Satz) und einen energetisch höheren Satz aus zwei entarteten Orbitalen (den e_g-Satz) aufgespalten. Der **d-d-Übergang**, bei dem ein Elektron von einem energetisch niedrigeren d-Orbital in ein energetisch höheres d-Orbital angeregt wird, liegt im Bereich sichtbaren Lichts. In der **spektrochemischen Reihe** sind die Liganden in der Reihenfolge ihrer Stärke angeordnet, mit der sie die Energien der d-Orbitale in oktaedrischen Komplexen aufspalten.

Starke Liganden führen zu einer Aufspaltung der Energien der d-Orbitale, die größer als die **Spinpaarungsenergie** ist. In diesem Fall liegen die d-Elektronen in den energetisch niedrigeren Orbitalen gepaart vor und es entsteht ein **Low-Spin-Komplex**. Wenn die Liganden dagegen nur ein schwaches Kristallfeld erzeugen, ist die Aufspaltung der d-Orbitale nur klein. In diesem Fall ist die Besetzung der energetisch höheren d-Orbitale günstiger als die paarweise Anordnung im energetisch niedrigeren Satz und es entsteht ein **High-Spin-Komplex**.

Das Kristallfeldmodell lässt sich auch auf Komplexe mit tetraedrischen und quadratisch-planaren Strukturen anwenden, die zu einer anderen Aufspaltung der d-Orbitale führen. In einem tetraedrischen Kristallfeld ist die Aufspaltung der d-Orbitale genau umgekehrt zur Aufspaltung des oktaedrischen Falls. Die von einem tetraedrischen Kristallfeld erzeugte Aufspaltung ist wesentlich kleiner als die eines oktaedrischen Kristallfelds, so dass es sich bei tetraedrischen Komplexen immer um High-Spin-Komplexe handelt.

Veranschaulichung von Konzepten

22.1 (a) Zeichnen Sie die Struktur von Pt(en)Cl$_2$. (b) Welche Koordinationszahl hat Platin in diesem Komplex und welche Koordinationsstruktur liegt vor? (c) Welche Oxidationszahl hat Platin? (*Abschnitt 22.1*)

22.2 Zeichnen Sie die Lewis-Strukturformel des unten dargestellten Liganden. (a) Welche Atome eignen sich als Donoratome? Handelt es sich um einen einzähnigen, zweizähnigen oder dreizähnigen Liganden? (b) Wie viele dieser Liganden werden zur vollständigen Besetzung der Koordinationssphäre eines oktaedrischen Komplexes benötigt? (*Abschnitt 22.2*)

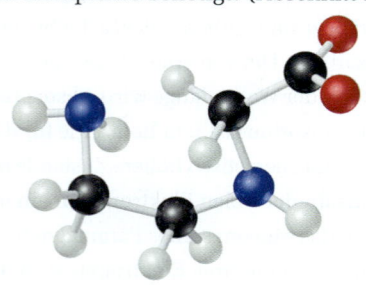

NH$_2$CH$_2$CH$_2$NHCH$_2$CO$_2^-$

22.3 Das unten dargestellte Komplexion hat eine Ladung von 1−. Benennen Sie die Verbindung (*Abschnitt 22.3*).

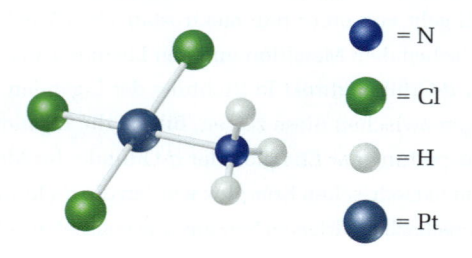

● = N
● = Cl
● = H
● = Pt

22.4 Es gibt zwei geometrische Isomere oktaedrischer Komplexe vom Typ MA$_3$X$_3$, wobei M ein Metall und A und X einzähnige Liganden sind. Welche der im Folgenden dargestellten Komplexe sind mit (1) identisch und welche sind geometrische Isomere von (1)? (*Abschnitt 22.4*)

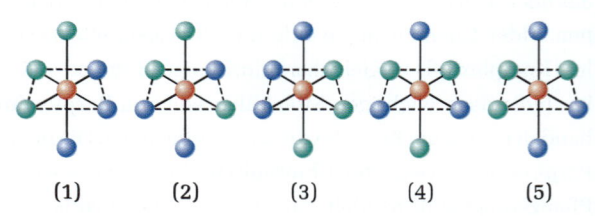

(1) (2) (3) (4) (5)

22.5 Welche der folgenden Komplexe sind chiral? Erklären Sie Ihre Antwort (*Abschnitt 22.4*).

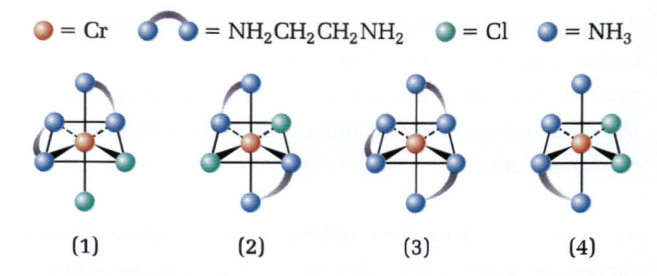

● = Cr   ●●= NH$_2$CH$_2$CH$_2$NH$_2$ ● = Cl   ● = NH$_3$

(1) (2) (3) (4)

22.6 Nehmen Sie an, dass die beiden unten gezeigten Lösungen Absorptionsspektra mit einer einzigen Absorptionsbande haben, die dem Absorptionsspektrum aus Abbildung 22.26 entsprechen. Welche Farbe wird von den jeweiligen Lösungen am stärksten absorbiert? (*Abschnitt 22.5*)

22.7 Betrachten Sie die folgenden Diagramme von Kristallfeldaufspaltungen. Ordnen Sie die Diagramme den folgenden Beschreibungen zu: **(a)** ein oktaedrischer Komplex von Fe^{3+} mit schwachem Feld, **(b)** ein oktaedrischer Komplex von Fe^{3+} mit starkem Feld, **(c)** ein tetraedrischer Komplex von Fe^{3+} und **(d)** ein tetraedrischer Komplex von Ni^{2+}. Die unterschiedlichen Beträge von Δ sind in den Diagrammen nicht berücksichtigt (*Abschnitt 22.6*).

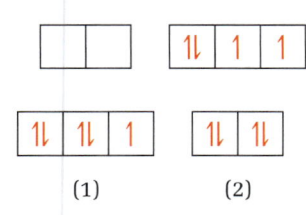

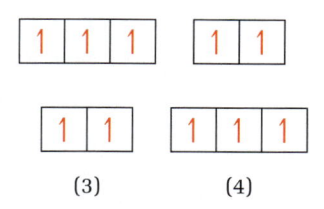

22.8 Betrachten Sie das unten dargestellte lineare Kristallfeld, in dem sich die negativen Ladungen auf der z-Achse befinden. Sagen Sie mit Hilfe von Abbildung 22.29 voraus, welches d-Orbital Keulen hat, die den Ladungen am nächsten sind. Welche beiden Orbitale haben Keulen, die am weitesten von den Ladungen entfernt sind? Wie sollte die Kristallfeldaufspaltung der d-Orbitale in linearen Komplexen aussehen? (*Abschnitt 22.6*)

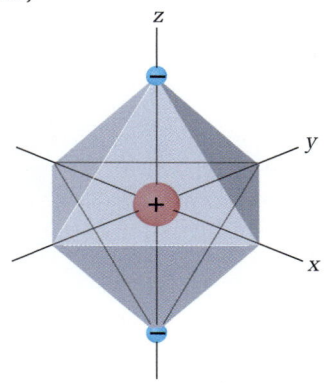

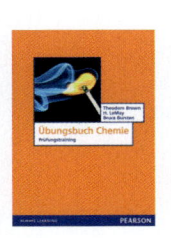

Anhang

A	Mathematische Operationen	958
B	Eigenschaften von Wasser	965
C	Thermodynamische Größen ausgewählter Substanzen bei 298,15 K (25 °C)	966
D	Gleichgewichtskonstanten in wässriger Lösung	968
E	Normalpotenziale bei 25 °C	971
F	Lösungen zu den Übungsbeispielen	972
G	Antworten auf Fragen zu „Denken Sie einmal nach"	977
H	Glossar	986
I	Index	1001

ÜBERBLICK

Anhang A: Mathematische Operationen

Exponentielle Schreibweise A.1

Die in der Chemie auftretenden Zahlen sind häufig sehr groß oder sehr klein. Solche Zahlen lassen sich am einfachsten in der Form

$$N \times 10^n$$

ausdrücken, wobei *N* eine Zahl zwischen 1 und 10 und *n* der Exponent ist. Im Folgenden sind einige Beispiele dieser *exponentiellen Schreibweise*, die auch *wissenschaftliche Schreibweise* genannt wird, aufgeführt.

1.200.000 ist $1{,}2 \times 10^6$ (sprich: „eins komma zwei mal zehn hoch sechs")
0,000604 ist $6{,}04 \times 10^{-4}$ (sprich: „sechs komma null vier mal zehn hoch minus vier")

Ein positiver Exponent wie im ersten Beispiel zeigt an, wie viel Mal eine Zahl mit 10 multipliziert werden muss, um die ausgeschriebene Form der Zahl zu erhalten:

$$1{,}2 \times 10^6 = 1{,}2 \times 10 \times 10 \times 10 \times 10 \times 10 \times 10 \text{ (sechs Zehnen)}$$
$$= 1.200.000$$

Man kann sich einen *positiven Exponenten* auch als Anzahl der Stellen merken, um die das Dezimalkomma nach *links* verschoben werden muss, um eine Zahl zwischen 1 und 10 zu erhalten: Wenn wir mit 3450 beginnen und das Dezimalkomma um drei Stellen nach links verschieben, erhalten wir $3{,}45 \times 10^3$.

Analog zeigt ein negativer Exponent an, wie viel Mal wir eine Zahl durch 10 teilen müssen, um die ausgeschriebene Form der Zahl zu erhalten.

$$6{,}04 \times 10^{-4} = \frac{6{,}04}{10 \times 10 \times 10 \times 10} = 0{,}000604$$

Man kann sich einen *negativen Exponenten* auch als Anzahl der Stellen merken, um die das Dezimalkomma nach *rechts* verschoben werden muss, um eine Zahl zwischen 1 und 10 zu erhalten: Wenn wir mit 0,0048 beginnen und das Dezimalkomma um drei Stellen nach rechts verschieben, erhalten wir $4{,}8 \times 10^{-3}$.

Im System der exponentiellen Schreibweise *nimmt* der Exponent bei jedem Verschieben des Dezimalkommas um eine Stelle nach rechts um 1 *ab*:

$$4{,}8 \times 10^{-3} = 48 \times 10^{-4}$$

Analog *nimmt* der Exponent bei jedem Verschieben des Dezimalkommas um eine Stelle nach links um 1 *zu*:

$$4{,}8 \times 10^{-3} = 0{,}48 \times 10^{-2}$$

Auf vielen wissenschaftlichen Taschenrechnern befindet sich eine Taste mit der Bezeichnung EXP oder EE, die zur Eingabe von Zahlen in exponentieller Schreibweise verwendet wird. Wir geben z. B. die Zahl $5{,}8 \times 10^3$ mit der folgenden Tastenfolge in einen solchen Taschenrechner ein:

[5] [.] [8] [EXP] (oder [EE]) [3]

Auf einigen Taschenrechnern zeigt das Display in diesem Fall 5.8, gefolgt von einem Leerzeichen und den Ziffern 03, dem Exponenten, an. Auf anderen Taschenrechnern wird eine kleine 10 mit einem Exponenten 3 angezeigt.

Um einen negativen Exponenten einzugeben, verwenden wir die Taste $+/-$ des Taschenrechners. Für die Zahl $8{,}6 \times 10^{-5}$ lautet die Tastenfolge z. B.

$$\boxed{8} \; \boxed{\cdot} \; \boxed{6} \; \boxed{\text{EXP}} \; \boxed{+/-} \; \boxed{5}$$

Geben Sie bei der Eingabe einer Zahl in wissenschaftlicher Schreibweise nicht die 10 ein, wenn Sie die Taste EXP bzw. EE verwenden.

Denken Sie beim Rechnen mit Exponenten daran, dass $10^0 = 1$ ist. Im Folgenden werden einige hilfreiche Regeln für das Rechnen mit Exponenten aufgeführt.

1 Addition and Subtraktion Beim Addieren oder Subtrahieren von zwei in exponentieller Schreibweise geschriebenen Zahlen müssen diese den gleichen Exponenten haben.

$$(5{,}22 \times 10^4) + (3{,}21 \times 10^2) = (522 \times 10^2) + (3{,}21 \times 10^2)$$
$$= 525 \times 10^2 \text{ (3 signifikante Stellen)}$$
$$= 5{,}25 \times 10^4$$
$$(6{,}25 \times 10^{-2}) - (5{,}77 \times 10^{-3}) = (6{,}25 \times 10^{-2}) - (0{,}577 \times 10^{-2})$$
$$= 5{,}67 \times 10^{-2} \text{ (3 signifikante Stellen)}$$

Wenn Sie einen Taschenrechner zum Addieren oder Subtrahieren verwenden, brauchen Sie sich nicht darum zu kümmern, dass die Zahlen den gleichen Exponenten haben, weil der Taschenrechner dies automatisch erledigt.

2 Multiplikation und Division Beim Multiplizieren von in exponentieller Schreibweise geschriebenen Zahlen werden die Exponenten addiert; beim Dividieren von in exponentieller Schreibweise geschriebenen Zahlen wird der Exponent des Nenners vom Exponenten des Zählers subtrahiert.

$$(5{,}4 \times 10^2) \times (2{,}1 \times 10^3) = (5{,}4)(2{,}1) \times 10^{2+3}$$
$$= 11 \times 10^5$$
$$= 1{,}1 \times 10^6$$
$$(1{,}2 \times 10^5)(3{,}22 \times 10^{-3}) = (1{,}2)(3{,}22) \times 10^{5-3} = 3{,}9 \times 10^2$$
$$\frac{3{,}2 \times 10^5}{6{,}5 \times 10^2} = \frac{3{,}2}{6{,}5} \times 10^{5-2} = 0{,}49 \times 10^3 = 4{,}9 \times 10^2$$
$$\frac{5{,}7 \times 10^7}{8{,}5 \times 10^{-2}} = \frac{5{,}7}{8{,}5} \times 10^{7-(-2)} = 0{,}67 \times 10^9 = 6{,}7 \times 10^8$$

3 Potenzen und Wurzeln Beim Potenzieren von in exponentieller Schreibweise geschriebenen Zahlen wird der Exponent mit der Potenz multipliziert. Beim Bilden von Wurzeln von in exponentieller Schreibweise geschriebenen Zahlen wird der Exponent durch die Wurzel dividiert.

$$(1{,}2 \times 10^5)^3 = (1{,}2)^3 \times 10^{5 \times 3}$$
$$= 1{,}7 \times 10^{15}$$
$$\sqrt[3]{2{,}5 \times 10^6} = \sqrt[3]{2{,}5} \times 10^{6/3}$$
$$= 1{,}3 \times 10^2$$

Anhang

Wissenschaftliche Taschenrechner verfügen normalerweise über Tasten mit der Bezeichnung x^2 und $\sqrt{x}$, um eine Zahl zu quadrieren und die Quadratwurzel einer Zahl zu berechnen. Um höhere Potenzen und Wurzeln zu berechnen, haben viele Taschenrechner die Tasten y^x und $\sqrt[x]{y}$ (bzw. INV y^x).

Um z. B. die Zahl $\sqrt[3]{7{,}5 \times 10^{-4}}$ auf einem derartigen Taschenrechner zu berechnen, müssen Sie erst $7{,}5 \times 10^{-4}$ eingeben, anschließend die Taste $\sqrt[x]{y}$ (bzw. erst INV und dann die Taste y^x) drücken, die Wurzel 3 eingeben und schließlich auf $=$ drücken. Das Ergebnis lautet $9{,}1 \times 10^{-2}$.

ÜBUNGSBEISPIEL 1 — Exponentielle Schreibweise

Führen Sie die folgenden Operationen durch. Verwenden Sie dabei wenn möglich einen Taschenrechner:

(a) Geben Sie die Zahl 0,0054 in exponentieller Schreibweise an.
(b) $(5{,}0 \times 10^{-2}) + (4{,}7 \times 10^{-3})$;
(c) $(5{,}98 \times 10^{12})(2{,}77 \times 10^{-5})$;
(d) $\sqrt[4]{1{,}75 \times 10^{-12}}$.

Lösung

(a) Wir verschieben das Dezimalkomma bei der Umrechnung von 0,0054 zu 5,4 um drei Stellen nach rechts, der Exponent ist also −3:

$$5{,}4 \times 10^{-3}$$

Bei den meisten wissenschaftlichen Taschenrechnern genügt das Drücken von ein oder zwei Tasten, um eine Zahl in die exponentielle Schreibweise umzurechnen. Schauen Sie in der Anleitung nach, wie Sie diese Operation auf Ihrem Taschenrechner durchführen können.

(b) Um diese Zahlen schriftlich zu addieren, müssen wir sie zunächst so umschreiben, dass sie den gleichen Exponenten haben.

$$(5{,}0 \times 10^{-2}) + (0{,}47 \times 10^{-2}) = (5{,}0 + 0{,}47) \times 10^{-2} = 5{,}5 \times 10^{-2}$$

Beachten Sie, dass das Ergebnis nur zwei signifikante Stellen hat. Um diese Rechnung mit einem Taschenrechner durchzuführen, geben wir die erste Zahl ein, drücken die Taste +, geben anschließend die zweite Zahl ein und drücken schließlich die Taste =.

(c) Wenn wir diese Rechnung schriftlich durchführen, erhalten wir

$$(5{,}98 \times 2{,}77) \times 10^{12-5} = 16{,}6 \times 10^{7} = 1{,}66 \times 10^{8}$$

Auf einem wissenschaftlichen Taschenrechner geben wir $5{,}98 \times 10^{12}$ ein, drücken die Taste ×, geben $2{,}77 \times 10^{-5}$ ein und drücken die Taste =.

(d) Um diese Rechnung mit einem Taschenrechner durchzuführen, geben wir die Zahl ein, drücken die Taste $\sqrt[x]{y}$ (bzw. INV und y^x), geben 4 ein und drücken die Taste =. Das Ergebnis lautet $1{,}15 \times 10^{-3}$.

ÜBUNGSAUFGABE

Führen Sie die folgenden Berechnungen durch:

(a) Schreiben Sie die Zahl 67.000 mit zwei signifikanten Stellen in exponentieller Schreibweise.
(b) $(3{,}378 \times 10^{-3}) - (4{,}97 \times 10^{-5})$;
(c) $(1{,}84 \times 10^{15})(7{,}45 \times 10^{-2})$;
(d) $(6{,}67 \times 10^{-8})^3$.

Antworten: (a) $6{,}7 \times 10^{4}$; (b) $3{,}328 \times 10^{-3}$; (c) $2{,}47 \times 10^{16}$; (d) $2{,}97 \times 10^{-22}$.

Logarithmen

A.2

Dekadischer Logarithmus

Der dekadische Logarithmus bzw. Logarithmus zur Basis 10 (abgekürzt lg) einer Zahl ist der Exponent einer Potenz mit der Basis 10, die die Zahl ergibt. Der dekadische Logarithmus von 1000 (geschrieben: lg 1000) ist 3, weil 10 hoch 3 die Zahl 1000 ergibt.

$$10^3 = 1000, \text{ daraus folgt, dass lg } 1000 = 3$$

Weitere Beispiele sind:

$$\text{lg } 10^5 = 5$$
$$\text{lg } 1 = 0 \text{ (Denken Sie daran, dass } 10^0 = 1 \text{ ist.)}$$
$$\text{lg } 10^{-2} = -2$$

In diesen Beispielen sind die Ergebnisse der Berechnungen offensichtlich. Die Berechnung des Logarithmus einer Zahl wie 31,25 ist jedoch nicht so einfach. Der Logarithmus von 31,25 ist die Zahl x, die die folgende Beziehung erfüllt:

$$10^x = 31{,}25$$

Viele elektronische Taschenrechner haben eine Taste LOG, mit der Logarithmen berechnet werden können. Wir erhalten z. B. auf vielen Taschenrechnern den Wert von lg 31,25, indem wir 31,25 eingeben und anschließend die Taste LOG drücken. Das Ergebnis lautet:

$$\text{lg } 31{,}25 = 1{,}4949$$

Beachten Sie, dass 31,25 größer als 10 (10^1) und kleiner als 100 (10^2) ist. Der Wert von lg 31,25 liegt zwischen lg 10 und lg 100, also zwischen 1 und 2.

Signifikante Stellen bei dekadischen Logarithmen

Beim dekadischen Logarithmus einer Messgröße ist die Anzahl der Stellen hinter dem Dezimalkomma gleich der Anzahl der signifikanten Stellen der Ausgangszahl. Wenn z. B. 23,5 eine Messgröße ist (drei signifikante Stellen), ist lg 23,5 = 1,371 (drei signifikante Stellen hinter dem Dezimalkomma).

Delogarithmieren

Die Bestimmung einer Zahl, deren Logarithmus einen bestimmten Wert ergibt, wird als Delogarithmieren bezeichnet. Es handelt sich um die Umkehrfunktion zum Logarithmus. Wir haben z. B. zuvor festgestellt, dass lg 23,5 = 1,371 ist. Daraus folgt, dass $10^{1{,}371}$ gleich 23,5 ist.

$$\text{lg } 23{,}5 = 1{,}371$$
$$10^{1{,}371} = 23{,}5$$

Das Delogarithmieren entspricht der Berechnung einer Potenz mit der Basis 10 und der Zahl als Exponenten.

$$10^{1{,}371} = 23{,}5$$

Viele Taschenrechner haben eine Taste mit der Bezeichnung 10^x, mit der Sie direkt delogarithmieren können. Auf anderen müssen Sie zunächst die Taste INV (für *Invers*) und anschließend die Taste LOG drücken.

Natürliche Logarithmen

Der Logarithmus zur Basis e wird als natürlicher Logarithmus (abgekürzt ln) bezeichnet. Der natürliche Logarithmus einer Zahl ist der Exponent einer Potenz mit der Basis e (die den Wert 2,71828... hat), die die Zahl ergibt. Der natürliche Logarithmus von 10 ist z. B. gleich 2,303.

$$e^{2{,}303} = 10, \text{ daraus folgt, dass } \ln 10 = 2{,}303$$

Ihr Taschenrechner hat wahrscheinlich eine Taste mit der Bezeichnung LN, mit der Sie den natürlichen Logarithmus berechnen können. Um z. B. den natürlichen Logarithmus von 46,8 zu berechnen, geben Sie 46,8 ein und drücken anschließend auf die LN-Taste.

$$\ln 46{,}8 = 3{,}846$$

Das natürliche Delogarithmieren einer Zahl ist gleich der Potenz mit der Basis e und der Zahl als Exponent. Wenn Ihr Taschenrechner in der Lage ist, natürliche Logarithmen zu berechnen, kann er auch natürliches Delogarithmieren berechnen. Einige Taschenrechner verfügen über eine Taste mit der Bezeichnung e^x, mit der Sie natürlich delogarithmieren können, auf anderen müssen Sie zunächst die Taste INV und anschließend die Taste LN drücken. Das natürliche Delogarithmieren von 1,679 ist z. B. durch die folgende Gleichung gegeben:

$$e^{1{,}679} = 5{,}36$$

Zwischen dem dekadischen und dem natürlichen Logarithmus besteht die folgende Beziehung:

$$\ln a = 2{,}303 \lg a$$

Beachten Sie, dass der Faktor, über den die beiden Werte zusammenhängen (2,303), der natürliche Logarithmus von 10 ist (wie oben berechnet).

Mathematische Operationen mit Logarithmen

Weil es sich bei Logarithmen um Exponenten handelt, gelten für mathematische Operationen mit Logarithmen die gleichen Regeln wie für Exponenten. Das Produkt von z^a und z^b, wobei z eine beliebige Zahl ist, ist z. B. gegeben durch

$$z^a \cdot z^b = z^{(a+b)}$$

Analog ist der Logarithmus (dekadisch oder natürlich) eines Produkts gleich der *Summe* der Logarithmen der beiden Faktoren.

$$\lg ab = \lg a + \lg b \qquad \ln ab = \ln a + \ln b$$

Für den Logarithmus eines Quotienten gilt:

$$\lg (a/b) = \lg a - \lg b \qquad \ln (a/b) = \ln a - \ln b$$

Anhand der Eigenschaften von Exponenten lassen sich Regeln für die Logarithmen von Potenzen ableiten:

$$\lg a^n = n \lg a \qquad\qquad \ln a^n = n \ln a$$
$$\lg a^{1/n} = (1/n) \lg a \qquad \ln a^{1/n} = (1/n) \ln a$$

pH-Werte

Eine der häufigsten Anwendungen des dekadischen Logarithmus in der allgemeinen Chemie besteht in der Berechnung von pH-Werten. Der pH-Wert ist als $-\lg[H^+]$ definiert, wobei [H$^+$] die Wasserstoffionenkonzentration einer Lösung ist (siehe Abschnitt 16.4). Im folgenden Übungsbeispiel wird diese Anwendung des Logarithmus deutlich.

> **ÜBUNGSBEISPIEL 2** — Verwendung des Logarithmus
>
> **(a)** Welchen pH-Wert hat eine Lösung, deren Wasserstoffionenkonzentration 0,015 M beträgt?
> **(b)** Wie hoch ist die Wasserstoffionenkonzentration einer Lösung, deren pH-Wert gleich 3,80 ist?
>
> **Lösung**
>
> **(a)** Es ist der Wert von [H$^+$] angegeben. Wir verwenden die Taste LOG unseres Taschenrechners, um den Wert von lg[H$^+$] zu berechnen. Der pH-Wert ergibt sich durch eine Umkehrung des Vorzeichens des erhaltenen Ergebnisses. Denken Sie daran, das Vorzeichen erst *nach* der Berechnung des Logarithmus umzukehren.
>
> $$[H^+] = 0{,}015$$
> $$\lg[H^+] = -1{,}82 \quad (2 \text{ signifikante Stellen})$$
> $$pH = -(-1{,}82) = 1{,}82$$
>
> **(b)** Um aus dem pH-Wert die Wasserstoffionenkonzentration zu erhalten, delogarithmieren wir –pH.
>
> $$pH = -\lg[H^+] = 3{,}80$$
> $$\lg[H^+] = -3{,}80$$
> $$[H^+] = \operatorname{antilg}(-3{,}80) = 10^{-3{,}80} = 1{,}6 \times 10^{-4} \, M$$
>
> **ÜBUNGSAUFGABE**
>
> Berechnen Sie die folgenden Werte: **(a)** lg(2,5 × 10^{-5}); **(b)** ln 32,7; **(c)** 10$^{-3,47}$; **(d)** $e^{-1,89}$.
>
> **Antworten:** **(a)** –4,60; **(b)** 3,487; **(c)** 3,4 × 10^{-4}; **(d)** 1,5 × 10^{-1}.

Quadratische Gleichungen — A.3

Eine algebraische Gleichung der Form $ax^2 + bx + c = 0$ wird *quadratische Gleichung* genannt. Die beiden Lösungen einer solchen Gleichung sind durch die folgende quadratische Formel gegeben:

$$x = \frac{-b \pm \sqrt{b^2 - 4ac}}{2a}$$

> **ÜBUNGSBEISPIEL 3** — Quadratische Gleichungen
>
> Berechnen Sie die Werte von x, die die Gleichung $2x^2 + 4x = 1$ erfüllen.
>
> **Lösung**
>
> Um die Gleichung nach x aufzulösen, müssen wir sie zunächst in die Form
>
> $$ax^2 + bx + c = 0$$
>
> bringen und anschließend die quadratische Formel anwenden. Aus $2x^2 + 4x = 1$ erhalten wir $2x^2 + 4x - 1 = 0$
>
> Mit Hilfe der quadratischen Formel, in die wir $a = 2$, $b = 4$ und $c = -1$ einsetzen, ergibt sich
>
> $$x = \frac{-4 \pm \sqrt{(4)(4) - 4(2)(-1)}}{2(2)} = \frac{-4 \pm \sqrt{16 + 8}}{4} = \frac{-4 \pm \sqrt{24}}{4} = \frac{-4 \pm 4{,}899}{4}$$
>
> Die beiden Lösungen sind
>
> $$x = \frac{0{,}899}{4} = 0{,}225 \quad \text{and} \quad x = \frac{-8{,}899}{4} = -2{,}225$$
>
> In chemischen Problemen hat die negative Lösung oft keine physikalische Bedeutung, so dass nur die positive Lösung verwendet wird.

Grafische Darstellungen A.4

Die anschaulichste Art und Weise, die Beziehung zwischen zwei Variablen deutlich zu machen, besteht oft darin, diese grafisch darzustellen. Dabei wird die Variable, die experimentell variiert wird, als *unabhängige Variable* bezeichnet und normalerweise auf der horizontalen Achse (x-Achse) aufgetragen. Die Variable, die auf die Änderung der unabhängigen Variable reagiert, wird *abhängige Variable* genannt und auf der vertikalen Achse (y-Achse) aufgetragen. Stellen Sie sich z. B. ein Experiment vor, bei dem wir die Temperatur eines eingeschlossenen Gases variieren und den sich einstellenden Druck messen. Die unabhängige Variable ist die Temperatur, die abhängige Variable ist der Druck. Die in Tabelle A-1 aufgeführten Daten können durch ein solches Experiment bestimmt werden. Die Daten sind in ▶Abbildung 1 grafisch dargestellt. Die Beziehung zwischen Temperatur und Druck ist linear. Die Gleichung eines linearen Graphen (einer Geraden) hat die Form

$$y = mx + b$$

wobei m die Steigung und b der y-Achsenabschnitt ist. Im Fall der Abbildung 1 stellen wir fest, dass die Beziehung zwischen Temperatur und Druck die Form

$$p = mT + b$$

hat, wobei p der Druck in atm und T die Temperatur in °C ist. Wie in Abbildung 1 gezeigt, ist die Steigung gleich $4{,}10 \times 10^{-4}$ atm/°C und der Achsenabschnitt – der Punkt, an dem die Gerade die y-Achse schneidet – gleich 0,112 atm. Die Gleichung der Geraden lautet also

$$p = \left(4{,}10 \times 10^{-4} \frac{\text{atm}}{°C}\right) T + 0{,}112 \text{ atm}$$

Tabelle A-1
Beziehung zwischen Druck und Temperatur

Temperatur (°C)	Druck (atm)
20,0	0,120
30,0	0,124
40,0	0,128
50,0	0,132

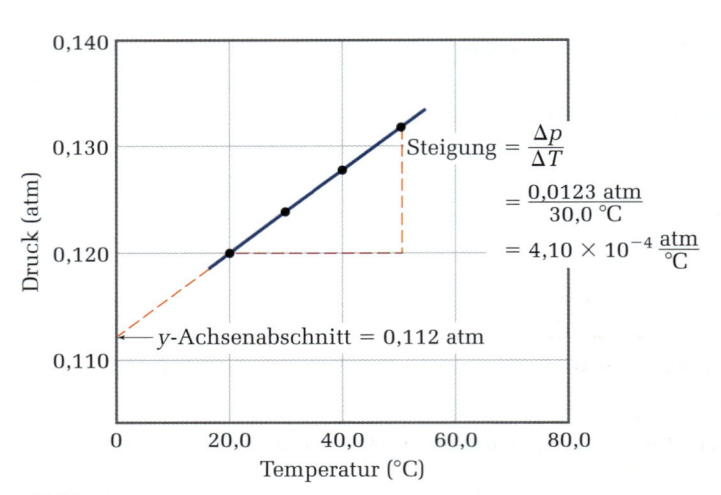

Abbildung 1

Anhang B: Eigenschaften von Wasser

Dichte:	0,99987 g/ml bei 0 °C
	1,00000 g/ml bei 4 °C
	0,99707 g/mol bei 25 °C
	0,95838 g/mol bei 100 °C
Schmelzwärme:	6,008 kJ/mol bei 0 °C
Verdampfungswärme:	44,94 kJ/mol bei 0 °C
	44,02 kJ/mol bei 25 °C
	40,67 kJ/mol bei 100 °C
Ionenprodukt K_w:	$1{,}14 \times 10^{-15}$ bei 0 °C
	$1{,}01 \times 10^{-14}$ bei 25 °C
	$5{,}47 \times 10^{-14}$ bei 50 °C
Spezifische Wärme:	Eis (bei −3 °C) 2,092 J/g·K^{-1}
	Wasser (bei 14,5 °C) 4,184 J/g·K^{-1}
	Dampf (bei 100 °C) 1,841 J/g·K^{-1}

Tabelle B-1

Dampfdruck (Torr)

T(°C)	p	T(°C)	p	T(°C)	p	T(°C)	p
0	4,58	21	18,65	35	42,2	92	567,0
5	6,54	22	19,83	40	55,3	94	610,9
10	9,21	23	21,07	45	71,9	96	657,6
12	10,52	24	22,38	50	92,5	98	707,3
14	11,99	25	23,76	55	118,0	100	760,0
16	13,63	26	25,21	60	149,4	102	815,9
17	14,53	27	26,74	65	187,5	104	875,1
18	15,48	28	28,35	70	233,7	106	937,9
19	16,48	29	30,04	80	355,1	108	1004,4
20	17,54	30	31,82	90	525,8	110	1074,6

Anhang C: Thermodynamische Größen ausgewählter Substanzen bei 298,15 K (25 °C)

Substanz	ΔH_f° (kJ/mol)	ΔG_f° (kJ/mol)	S° (J/mol·K^{-1})	Substanz	ΔH_f° (kJ/mol)	ΔG_f° (kJ/mol)	S° (J/mol·K^{-1})
Aluminium				**Eisen**			
Al(s)	0	0	28,32	Fe(g)	415,5	369,8	180,5
AlCl$_3$(s)	−705,6	−630,0	109,3	Fe(s)	0	0	27,15
Al$_2$O$_3$(s)	−1669,8	−1576,5	51,00	Fe^{2+}(aq)	−87,86	−84,93	113,4
Barium				Fe^{3+}(aq)	−47,69	−10,54	293,3
Ba(s)	0	0	63,2	FeCl$_2$(s)	−341,8	−302,3	117,9
BaCO$_3$(s)	−1216,3	−1137,6	112,1	FeCl$_3$(s)	−400	−334	142,3
BaO(s)	−553,5	−525,1	70,42	FeO(s)	−271,9	−255,2	60,75
Beryllium				Fe$_2$O$_3$(s)	−822,16	−740,98	89,96
Be(s)	0	0	9,44	Fe$_3$O$_4$(s)	−1117,1	−1014,2	146,4
BeO(s)	−608,4	−579,1	13,77	FeS$_2$(s)	−171,5	−160,1	52,92
Be(OH)$_2$(s)	−905,8	−817,9	50,21	**Fluor**			
Blei				F(g)	80,0	61,9	158,7
Pb(s)	0	0	68,85	F$^-$(aq)	−332,6	−278,8	−13,8
PbBr$_2$(s)	−277,4	−260,7	161	F$_2$(g)	0	0	202,7
PbCO$_3$(s)	−699,1	−625,5	131,0	HF(g)	−268,61	−270,70	173,51
Pb(NO$_3$)$_2$(aq)	−421,3	−246,9	303,3	**Iod**			
Pb(NO$_3$)$_2$(s)	−451,9	—	—	I(g)	106,60	70,16	180,66
PbO(s)	−217,3	−187,9	68,70	I$^-$(aq)	−55,19	−51,57	111,3
Brom				I$_2$(g)	62,25	19,37	260,57
Br(g)	111,8	82,38	174,9	I$_2$(s)	0	0	116,73
Br$^-$(aq)	−120,9	−102,8	80,71	HI(g)	25,94	1,30	206,3
Br$_2$(g)	30,71	3,14	245,3	**Kalium**			
Br$_2$(l)	0	0	152,3	K(g)	89,99	61,17	160,2
HBr(g)	−36,23	−53,22	198,49	K(s)	0	0	64,67
Calcium				KCl(s)	−435,9	−408,3	82,7
Ca(g)	179,3	145,5	154,8	KClO$_3$(s)	−391,2	−289,9	143,0
Ca(s)	0	0	41,4	KClO$_3$(aq)	−349,5	−284,9	265,7
CaCO$_3$(s, Calcit)	−1207,1	−1128,76	92,88	K$_2$CO$_3$(s)	−1150,18	−1064,58	155,44
CaCl$_2$(s)	−795,8	−748,1	104,6	KNO$_3$(s)	−492,70	−393,13	132,9
CaF$_2$(s)	−1219,6	−1167,3	68,87	K$_2$O(s)	−363,2	−322,1	94,14
CaO(s)	−635,5	−604,17	39,75	KO$_2$(s)	−284,5	−240,6	122,5
Ca(OH)$_2$(s)	−986,2	−898,5	83,4	K$_2$O$_2$(s)	−495,8	−429,8	113,0
CaSO$_4$(s)	−1434,0	−1321,8	106,7	KOH(s)	−424,7	−378,9	78,91
Cäsium				KOH(aq)	−482,4	−440,5	91,6
Cs(g)	76,50	49,53	175,6	**Kobalt**			
Cs(l)	2,09	0,03	92,07	Co(g)	439	393	179
Cs(s)	0	0	85,15	Co(s)	0	0	28,4
CsCl(s)	−442,8	−414,4	101,2	**Kohlenstoff**			
Chlor				C(g)	718,4	672,9	158,0
Cl(g)	121,7	105,7	165,2	C(s, Diamant)	1,88	2,84	2,43
Cl$^-$(aq)	−167,2	−131,2	56,5	C(s, Graphit)	0	0	5,69
Cl$_2$(g)	0	0	222,96	CCl$_4$(g)	−106,7	−64,0	309,4
HCl(aq)	−167,2	−131,2	56,5	CCl$_4$(l)	−139,3	−68,6	214,4
HCl(g)	−92,30	−95,27	186,69	CF$_4$(g)	−679,9	−635,1	262,3
Chrom				CH$_4$(g)	−74,8	−50,8	186,3
Cr(g)	397,5	352,6	174,2	C$_2$H$_2$(g)	226,77	209,2	200,8
Cr(s)	0	0	23,6	C$_2$H$_4$(g)	52,30	68,11	219,4
Cr$_2$O$_3$(s)	−1139,7	−1058,1	81,2	C$_2$H$_6$(g)	−84,68	−32,89	229,5
				C$_3$H$_8$(g)	−103,85	−23,47	269,9

Anhang C: Thermodynamische Größen ausgewählter Substanzen bei 298,15 K (25 °C)

Substanz	ΔH_f° (kJ/mol)	ΔG_f° (kJ/mol)	S° (J/mol·K^{-1})	Substanz	ΔH_f° (kJ/mol)	ΔG_f° (kJ/mol)	S° (J/mol·K^{-1})
$C_4H_{10}(g)$	−124,73	−15,71	310,0	**Nickel**			
$C_4H_{10}(l)$	−147,6	−15,0	231,0	$Ni(g)$	429,7	384,5	182,1
$C_6H_6(g)$	82,9	129,7	269,2	$Ni(s)$	0	0	29,9
$C_6H_6(l)$	49,0	124,5	172,8	$NiCl_2(s)$	−305,3	−259,0	97,65
$CH_3OH(g)$	−201,2	−161,9	237,6	$NiO(s)$	−239,7	−211,7	37,99
$CH_3OH(l)$	−238,6	−166,23	126,8	**Phosphor**			
$C_2H_5OH(g)$	−235,1	−168,5	282,7	$P(g)$	316,4	280,0	163,2
$C_2H_5OH(l)$	−277,7	−174,76	160,7	$P_2(g)$	144,3	103,7	218,1
$C_6H_{12}O_6(s)$	−1273,02	−910,4	212,1	$P_4(g)$	58,9	24,4	280
$CO(g)$	−110,5	−137,2	197,9	$P_4(s, rot)$	−17,46	−12,03	22,85
$CO_2(g)$	−393,5	−394,4	213,6	$P_4(s, weiß)$	0	0	41,08
$CH_3COOH(l)$	−487,0	−392,4	159,8	$PCl_3(g)$	−288,07	−269,6	311,7
Kupfer				$PCl_3(l)$	−319,6	−272,4	217
$Cu(g)$	338,4	298,6	166,3	$PF_5(g)$	−1594,4	−1520,7	300,8
$Cu(s)$	0	0	33,30	$PH_3(g)$	5,4	13,4	210,2
$CuCl_2(s)$	−205,9	−161,7	108,1	$P_4O_6(s)$	−1640,1	—	—
$CuO(s)$	−156,1	−128,3	42,59	$P_4O_{10}(s)$	−2940,1	−2675,2	228,9
$Cu_2O(s)$	−170,7	−147,9	92,36	$POCl_3(g)$	−542,2	−502,5	325
Lithium				$POCl_3(l)$	−597,0	−520,9	222
$Li(g)$	159,3	126,6	138,8	$H_3PO_4(aq)$	−1288,3	−1142,6	158,2
$Li(s)$	0	0	29,09	**Quecksilber**			
$Li^+(aq)$	−278,5	−273,4	12,2	$Hg(g)$	60,83	31,76	174,89
$Li^+(g)$	685,7	648,5	133,0	$Hg(l)$	0	0	77,40
$LiCl(s)$	−408,3	−384,0	59,30	$HgCl_2(s)$	−230,1	−184,0	144,5
Magnesium				$Hg_2Cl_2(s)$	−264,9	−210,5	192,5
$Mg(g)$	147,1	112,5	148,6	**Rubidium**			
$Mg(s)$	0	0	32,51	$Rb(g)$	85,8	55,8	170,0
$MgCl_2(s)$	−641,6	−592,1	89,6	$Rb(s)$	0	0	76,78
$MgO(s)$	−601,8	−569,6	26,8	$RbCl(s)$	−430,5	−412,0	92
$Mg(OH)_2(s)$	−924,7	−833,7	63,24	$RbClO_3(s)$	−392,4	−292,0	152
Mangan				**Sauerstoff**			
$Mn(g)$	280,7	238,5	173,6	$O(g)$	247,5	230,1	161,0
$Mn(s)$	0	0	32,0	$O_2(g)$	0	0	205,0
$MnO(s)$	−385,2	−362,9	59,7	$O_3(g)$	142,3	163,4	237,6
$MnO_2(s)$	−519,6	−464,8	53,14	$OH^-(aq)$	−230,0	−157,3	−10,7
$MnO_4^-(aq)$	−541,4	−447,2	191,2	$H_2O(g)$	−241,82	−228,57	188,83
Natrium				$H_2O(l)$	−285,83	−237,13	69,91
$Na(g)$	107,7	77,3	153,7	$H_2O_2(g)$	−136,10	−105,48	232,9
$Na(s)$	0	0	51,45	$H_2O_2(l)$	−187,8	−120,4	109,6
$Na^+(aq)$	−240,1	−261,9	59,0	**Scandium**			
$Na^+(g)$	609,3	574,3	148,0	$Sc(g)$	377,8	336,1	174,7
$NaBr(aq)$	−360,6	−364,7	141,00	$Sc(s)$	0	0	34,6
$NaBr(s)$	−361,4	−349,3	86,82	**Schwefel**			
$Na_2CO_3(s)$	−1130,9	−1047,7	136,0	$S(s, rhombisch)$	0	0	31,88
$NaCl(aq)$	−407,1	−393,0	115,5	$S_8(g)$	102,3	49,7	430,9
$NaCl(g)$	−181,4	−201,3	229,8	$SO_2(g)$	−296,9	−300,4	248,5
$NaCl(s)$	−410,9	−384,0	72,33	$SO_3(g)$	−395,2	−370,4	256,2
$NaHCO_3(s)$	−947,7	−851,8	102,1	$SO_4^{2-}(aq)$	−909,3	−744,5	20,1
$NaNO_3(aq)$	−446,2	−372,4	207	$SOCl_2(l)$	−245,6	—	—
$NaNO_3(s)$	−467,9	−367,0	116,5	$H_2S(g)$	−20,17	−33,01	205,6
$NaOH(aq)$	−469,6	−419,2	49,8	$H_2SO_4(aq)$	−909,3	−744,5	20,1
$NaOH(s)$	−425,6	−379,5	64,46	$H_2SO_4(l)$	−814,0	−689,9	156,1

Substanz	$\Delta H_f°$ (kJ/mol)	$\Delta G_f°$ (kJ/mol)	$S°$ (J/mol·K^{-1})	Substanz	$\Delta H_f°$ (kJ/mol)	$\Delta G_f°$ (kJ/mol)	$S°$ (J/mol·K^{-1})
Selen				$N_2O_4(g)$	9,66	98,28	304,3
$H_2Se(g)$	29,7	15,9	219,0	$NOCl(g)$	52,6	66,3	264
Silber				$HNO_3(aq)$	−206,6	−110,5	146
$Ag(s)$	0	0	42,55	$HNO_3(g)$	−134,3	−73,94	266,4
$Ag^+(aq)$	105,90	77,11	73,93	**Strontium**			
$AgCl(s)$	−127,0	−109,70	96,11	$SrO(s)$	−592,0	−561,9	54,9
$Ag_2O(s)$	−31,05	−11,20	121,3	$Sr(g)$	164,4	110,0	164,6
$AgNO_3(s)$	−124,4	−33,41	140,9	**Titan**			
Silizium				$Ti(g)$	468	422	180,3
$Si(g)$	368,2	323,9	167,8	$Ti(s)$	0	0	30,76
$Si(s)$	0	0	18,7	$TiCl_4(g)$	−763,2	−726,8	354,9
$SiC(s)$	−73,22	−70,85	16,61	$TiCl_4(l)$	−804,2	−728,1	221,9
$SiCl_4(l)$	−640,1	−572,8	239,3	$TiO_2(s)$	−944,7	−889,4	50,29
$SiO_2(s, Quartz)$	−910,9	−856,5	41,84	**Vanadium**			
Stickstoff				$V(g)$	514,2	453,1	182,2
$N(g)$	472,7	455,5	153,3	$V(s)$	0	0	28,9
$N_2(g)$	0	0	191,50	**Wasserstoff**			
$NH_3(aq)$	−80,29	−26,50	111,3	$H(g)$	217,94	203,26	114,60
$NH_3(g)$	−46,19	−16,66	192,5	$H^+(aq)$	0	0	0
$NH_4^+(aq)$	−132,5	−79,31	113,4	$H^+(g)$	1536,2	1517,0	108,9
$N_2H_4(g)$	95,40	159,4	238,5	$H_2(g)$	0	0	130,58
$NH_4CN(s)$	0,0	—	—	**Zink**			
$NH_4Cl(s)$	−314,4	−203,0	94,6	$Zn(g)$	130,7	95,2	160,9
$NH_4NO_3(s)$	−365,6	−184,0	151	$Zn(s)$	0	0	41,63
$NO(g)$	90,37	86,71	210,62	$ZnCl_2(s)$	−415,1	−369,4	111,5
$NO_2(g)$	33,84	51,84	240,45	$ZnO(s)$	−348,0	−318,2	43,9
$N_2O(g)$	81,6	103,59	220,0				

Anhang D: Gleichgewichtskonstanten in wässriger Lösung

Tabelle D-1

Dissoziationskonstanten von Säuren bei 25 °C

Name	Formel	K_{S1}	K_{S2}	K_{S3}
Ameisensäure	HCOOH	$1,8 \times 10^{-4}$		
arsenige Säure	H_3AsO_3	$5,1 \times 10^{-10}$		
Arsensäure	H_3AsO_4	$5,6 \times 10^{-3}$	$1,0 \times 10^{-7}$	$3,0 \times 10^{-12}$
Ascorbinsäure	$C_6H_8O_6$	$8,0 \times 10^{-5}$	$1,6 \times 10^{-12}$	
Benzoesäure	C_6H_5COOH	$6,3 \times 10^{-5}$		
Borsäure	H_3BO_3	$5,8 \times 10^{-10}$		
Butansäure	C_3H_7COOH	$1,5 \times 10^{-5}$		
Chloressigsäure	$ClCH_2COOH$	$1,4 \times 10^{-3}$		
chlorige Säure	$HClO_2$	$1,1 \times 10^{-2}$		
Cyansäure	HCNO	$3,5 \times 10^{-4}$		
Cyanwasserstoffsäure	HCN	$4,9 \times 10^{-10}$		

Tabelle D-1 (Fortsetzung)

Name	Formel	K_{S1}	K_{S2}	K_{S3}
Diphosphorsäure	$H_4P_2O_7$	$3{,}0 \times 10^{-2}$	$4{,}4 \times 10^{-3}$	
Essigsäure	CH_3COOH	$1{,}8 \times 10^{-5}$		
Fluorwasserstoffsäure	HF	$6{,}8 \times 10^{-4}$		
Hydrogenchromat	$HCrO_4^-$	$3{,}0 \times 10^{-7}$		
Hydrogenselenat	$HSeO_4^-$	$2{,}2 \times 10^{-2}$		
Schwefelwasserstoff	H_2S	$9{,}5 \times 10^{-8}$	1×10^{-19}	
hypobromige Säure	$HBrO$	$2{,}5 \times 10^{-9}$		
hypochlorige Säure	$HClO$	$3{,}0 \times 10^{-8}$		
hypoiodige Säure	HIO	$2{,}3 \times 10^{-11}$		
Iodsäure	HIO_3	$1{,}7 \times 10^{-1}$		
Kohlensäure	H_2CO_3	$4{,}3 \times 10^{-7}$	$5{,}6 \times 10^{-11}$	
Malonsäure	$CH_2(COOH)_2$	$1{,}5 \times 10^{-3}$	$2{,}0 \times 10^{-6}$	
Milchsäure	$C_3H_6O_3$	$1{,}4 \times 10^{-4}$		
Orthoperiodsäure	H_5IO_6	$2{,}8 \times 10^{-2}$	$5{,}3 \times 10^{-9}$	
Oxalsäure	$H_2C_2O_4$	$5{,}9 \times 10^{-2}$	$6{,}4 \times 10^{-5}$	
Phenol	C_6H_5OH	$1{,}3 \times 10^{-10}$		
Phosphorsäure	H_3PO_4	$7{,}5 \times 10^{-3}$	$6{,}2 \times 10^{-8}$	$4{,}2 \times 10^{-13}$
Propionsäure	C_2H_5COOH	$1{,}3 \times 10^{-5}$		
salpetrige Säure	HNO_2	$4{,}5 \times 10^{-4}$		
Schwefelsäure	H_2SO_4	10^3	$1{,}2 \times 10^{-2}$	
schweflige Säure	H_2SO_3	$1{,}7 \times 10^{-2}$	$6{,}4 \times 10^{-8}$	
selenige Säure	H_2SeO_3	$2{,}3 \times 10^{-3}$	$5{,}3 \times 10^{-9}$	
Stickstoffwasserstoffsäure	HN_3	$1{,}9 \times 10^{-5}$		
Wasserstoffperoxid	H_2O_2	$2{,}4 \times 10^{-12}$		
Weinsäure	$C_4H_6O_6$	$1{,}0 \times 10^{-3}$	$4{,}6 \times 10^{-5}$	
Zitronensäure	$C_6H_8O_7$	$7{,}4 \times 10^{-4}$	$1{,}7 \times 10^{-5}$	$4{,}0 \times 10^{-7}$

Tabelle D-2

Basenkonstanten bei 25 °C

Name	Formel	K_B
Ammoniak	NH_3	$1{,}8 \times 10^{-5}$
Anilin	$C_6H_5NH_2$	$4{,}3 \times 10^{-10}$
Dimethylamin	$(CH_3)_2NH$	$5{,}4 \times 10^{-4}$
Ethylamin	$C_2H_5NH_2$	$6{,}4 \times 10^{-4}$
Hydrazin	H_2NNH_2	$1{,}3 \times 10^{-6}$
Hydroxylamin	$HONH_2$	$1{,}1 \times 10^{-8}$
Methylamin	CH_3NH_2	$4{,}4 \times 10^{-4}$
Pyridin	C_5H_5N	$1{,}7 \times 10^{-9}$
Trimethylamin	$(CH_3)_3N$	$6{,}4 \times 10^{-5}$

Löslichkeitsprodukte von Verbindungen bei 25 °C

Tabelle D-3

Name	Formel	K_L	Name	Formel	K_L
Bariumcarbonat	$BaCO_3$	$5{,}0 \times 10^{-9}$	Kupfer(II)sulfid	CuS	6×10^{-37}
Bariumchromat	$BaCrO_4$	$2{,}1 \times 10^{-10}$	Lanthanfluorid	LaF_3	2×10^{-19}
Bariumfluorid	BaF_2	$1{,}7 \times 10^{-6}$	Lanthaniodat	$La(IO_3)_3$	$6{,}1 \times 10^{-12}$
Bariumoxalat	BaC_2O_4	$1{,}6 \times 10^{-6}$	Magnesiumcarbonat	$MgCO_3$	$3{,}5 \times 10^{-8}$
Bariumsulfat	$BaSO_4$	$1{,}1 \times 10^{-10}$	Magnesiumhydroxid	$Mg(OH)_2$	$1{,}6 \times 10^{-12}$
Blei(II)carbonat	$PbCO_3$	$7{,}4 \times 10^{-14}$	Magnesiumoxalat	MgC_2O_4	$8{,}6 \times 10^{-5}$
Blei(II)chlorid	$PbCl_2$	$1{,}7 \times 10^{-5}$	Mangan(II)carbonat	$MnCO_3$	$5{,}0 \times 10^{-10}$
Blei(II)chromat	$PbCrO_4$	$2{,}8 \times 10^{-13}$	Mangan(II)hydroxid	$Mn(OH)_2$	$1{,}6 \times 10^{-13}$
Blei(II)fluorid	PbF_2	$3{,}6 \times 10^{-8}$	Mangan(II)sulfid	MnS	7×10^{-16}
Blei(II)sulfat	$PbSO_4$	$6{,}3 \times 10^{-7}$	Nickel(II)carbonat	$NiCO_3$	$1{,}3 \times 10^{-7}$
Blei(II)sulfid	PbS	3×10^{-28}	Nickel(II)hydroxid	$Ni(OH)_2$	$6{,}0 \times 10^{-16}$
Cadmiumcarbonat	$CdCO_3$	$1{,}8 \times 10^{-14}$	Nickel(II)sulfid	NiS	3×10^{-21}
Cadmiumhydroxid	$Cd(OH)_2$	$2{,}5 \times 10^{-14}$	Quecksilber(I)chlorid	Hg_2Cl_2	$1{,}2 \times 10^{-18}$
Cadmiumsulfid	CdS	8×10^{-28}	Quecksilber(I)iodid	Hg_2I_2	$1{,}1 \times 10^{-28}$
Calciumcarbonat (Calcit)	$CaCO_3$	$4{,}5 \times 10^{-9}$	Quecksilber(II)sulfid	HgS	2×10^{-54}
Calciumchromat	$CaCrO_4$	$7{,}1 \times 10^{-4}$	Silberbromat	$AgBrO_3$	$5{,}5 \times 10^{-5}$
Calciumfluorid	CaF_2	$3{,}9 \times 10^{-11}$	Silberbromid	$AgBr$	$5{,}0 \times 10^{-13}$
Calciumhydroxid	$Ca(OH)_2$	$6{,}5 \times 10^{-6}$	Silbercarbonat	Ag_2CO_3	$8{,}1 \times 10^{-12}$
Calciumphosphat	$Ca_3(PO_4)_2$	$2{,}0 \times 10^{-29}$	Silberchlorid	$AgCl$	$1{,}8 \times 10^{-10}$
Calciumsulfat	$CaSO_4$	$2{,}4 \times 10^{-5}$	Silberchromat	Ag_2CrO_4	$1{,}2 \times 10^{-12}$
Chrom(III)hydroxid	$Cr(OH)_3$	$1{,}6 \times 10^{-30}$	Silberiodid	AgI	$8{,}3 \times 10^{-17}$
Eisen(II)carbonat	$FeCO_3$	$2{,}1 \times 10^{-11}$	Silbersulfat	Ag_2SO_4	$1{,}5 \times 10^{-5}$
Eisen(II)hydroxid	$Fe(OH)_2$	$7{,}9 \times 10^{-16}$	Silbersulfid	Ag_2S	6×10^{-51}
Kobalt(II)carbonat	$CoCO_3$	$1{,}0 \times 10^{-10}$	Strontiumcarbonat	$SrCO_3$	$9{,}3 \times 10^{-10}$
Kobalt(II)hydroxid	$Co(OH)_2$	$1{,}3 \times 10^{-15}$	Zinkcarbonat	$ZnCO_3$	$1{,}0 \times 10^{-10}$
Kobalt(II)sulfid	CoS	5×10^{-22}	Zinkhydroxid	$Zn(OH)_2$	$3{,}0 \times 10^{-16}$
Kupfer(I)bromid	$CuBr$	$5{,}3 \times 10^{-9}$	Zinkoxalat	ZnC_2O_4	$2{,}7 \times 10^{-8}$
Kupfer(II)carbonat	$CuCO_3$	$2{,}3 \times 10^{-10}$	Zinksulfid	ZnS	2×10^{-22}
Kupfer(II)hydroxid	$Cu(OH)_2$	$4{,}8 \times 10^{-20}$	Zinn(II)sulfid	SnS	1×10^{-26}

Anhang E: Normalpotenziale bei 25 °C

Halbreaktion	$E°(V)$
$Ag^+(aq) + e^- \rightleftharpoons Ag(s)$	+0,799
$AgBr(s) + e^- \rightleftharpoons Ag(s) + Br^-(aq)$	+0,095
$AgCl(s) + e^- \rightleftharpoons Ag(s) + Cl^-(aq)$	+0,222
$Ag(CN)_2^-(aq) + e^- \rightleftharpoons Ag(s) + 2\ CN^-(aq)$	−0,31
$Ag_2CrO_4(s) + 2\ e^- \rightleftharpoons 2\ Ag(s) + CrO_4^{2-}(aq)$	+0,446
$AgI(s) + e^- \rightleftharpoons Ag(s) + I^-(aq)$	−0,151
$Ag(S_2O_3)_2^{3-}(aq) + e^- \rightleftharpoons Ag(s) + 2\ S_2O_3^{2-}(aq)$	+0,01
$Al^{3+}(aq) + 3\ e^- \rightleftharpoons Al(s)$	−1,66
$H_3AsO_4(aq) + 2\ H^+(aq) + 2\ e^- \rightleftharpoons H_3AsO_3(aq) + H_2O(l)$	+0,559
$Ba^{2+}(aq) + 2\ e^- \rightleftharpoons Ba(s)$	−2,90
$BiO^+(aq) + 2\ H^+(aq) + 3\ e^- \rightleftharpoons Bi(s) + H_2O(l)$	+0,32
$Br_2(l) + 2\ e^- \rightleftharpoons 2\ Br^-(aq)$	+1,065
$BrO_3^-(aq) + 6\ H^+(aq) + 5\ e^- \rightleftharpoons Br_2(l) + 3\ H_2O(l)$	+1,52
$2\ CO_2(g) + 2\ H^+(aq) + 2\ e^- \rightleftharpoons H_2C_2O_4(aq)$	−0,49
$Ca^{2+}(aq) + 2\ e^- \rightleftharpoons Ca(s)$	−2,87
$Cd^{2+}(aq) + 2\ e^- \rightleftharpoons Cd(s)$	−0,403
$Ce^{4+}(aq) + e^- \rightleftharpoons Ce^{3+}(aq)$	+1,61
$Cl_2(g) + 2\ e^- \rightleftharpoons 2\ Cl^-(aq)$	+1,359
$HClO(aq) + H^+(aq) + e^- \rightleftharpoons Cl_2(g) + H_2O(l)$	+1,63
$ClO^-(aq) + H_2O(l) + 2\ e^- \rightleftharpoons Cl^-(aq) + 2\ OH^-(aq)$	+0,89
$ClO_3^-(aq) + 6\ H^+(aq) + 5\ e^- \rightleftharpoons Cl_2(g) + 3\ H_2O(l)$	+1,47
$Co^{2+}(aq) + 2\ e^- \rightleftharpoons Co(s)$	−0,277
$Co^{3+}(aq) + e^- \rightleftharpoons Co^{2+}(aq)$	+1,842
$Cr^{3+}(aq) + 3\ e^- \rightleftharpoons Cr(s)$	−0,74
$Cr^{3+}(aq) + e^- \rightleftharpoons Cr^{2+}(aq)$	−0,41
$Cr_2O_7^{2-}(aq) + 14\ H^+(aq) + 6\ e^- \rightleftharpoons 2\ Cr^{3+}(aq) + 7\ H_2O(l)$	+1,33
$CrO_4^{2-}(aq) + 4\ H_2O(l) + 3\ e^- \rightleftharpoons Cr(OH)_3(s) + 5\ OH^-(aq)$	−0,13
$Cu^{2+}(aq) + 2\ e^- \rightleftharpoons Cu(s)$	+0,337
$Cu^{2+}(aq) + e^- \rightleftharpoons Cu^+(aq)$	+0,153
$Cu^+(aq) + e^- \rightleftharpoons Cu(s)$	+0,521
$CuI(s) + e^- \rightleftharpoons Cu(s) + I^-(aq)$	−0,185
$F_2(g) + 2\ e^- \rightleftharpoons 2\ F^-(aq)$	+2,87
$Fe^{2+}(aq) + 2\ e^- \rightleftharpoons Fe(s)$	−0,440
$Fe^{3+}(aq) + e^- \rightleftharpoons Fe^{2+}(aq)$	+0,771
$Fe(CN)_6^{3-}(aq) + e^- \rightleftharpoons Fe(CN)_6^{4-}(aq)$	+0,36
$2\ H^+(aq) + 2\ e^- \rightleftharpoons H_2(g)$	0,000
$2\ H_2O(l) + 2\ e^- \rightleftharpoons H_2(g) + 2\ OH^-(aq)$	−0,83
$HO_2^-(aq) + H_2O(l) + 2\ e^- \rightleftharpoons 3\ OH^-(aq)$	+0,88
$H_2O_2(aq) + 2\ H^+(aq) + 2\ e^- \rightleftharpoons 2\ H_2O(l)$	+1,776
$Hg_2^{2+}(aq) + 2\ e^- \rightleftharpoons 2\ Hg(l)$	+0,789
$2\ Hg^{2+}(aq) + 2\ e^- \rightleftharpoons Hg_2^{2+}(aq)$	+0,920
$Hg^{2+}(aq) + 2\ e^- \rightleftharpoons Hg(l)$	+0,854
$I_2(s) + 2\ e^- \rightleftharpoons 2\ I^-(aq)$	+0,536
$IO_3^-(aq) + 6\ H^+(aq) + 5\ e^- \rightleftharpoons I_2(s) + 3\ H_2O(l)$	+1,195
$K^+(aq) + e^- \rightleftharpoons K(s)$	−2,925
$Li^+(aq) + e^- \rightleftharpoons Li(s)$	−3,05
$Mg^{2+}(aq) + 2\ e^- \rightleftharpoons Mg(s)$	−2,37
$Mn^{2+}(aq) + 2\ e^- \rightleftharpoons Mn(s)$	−1,18
$MnO_2(s) + 4\ H^+(aq) + 2\ e^- \rightleftharpoons Mn^{2+}(aq) + 2\ H_2O(l)$	+1,23
$MnO_4^-(aq) + 8\ H^+(aq) + 5\ e^- \rightleftharpoons Mn^{2+}(aq) + 4\ H_2O(l)$	+1,51
$MnO_4^-(aq) + 2\ H_2O(l) + 3\ e^- \rightleftharpoons MnO_2(s) + 4\ OH^-(aq)$	+0,59
$HNO_2(aq) + H^+(aq) + e^- \rightleftharpoons NO(g) + H_2O(l)$	+1,00
$N_2(g) + 4\ H_2O(l) + 4\ e^- \rightleftharpoons 4\ OH^-(aq) + N_2H_4(aq)$	−1,16
$N_2(g) + 5\ H^+(aq) + 4\ e^- \rightleftharpoons N_2H_5^+(aq)$	−0,23
$NO_3^-(aq) + 4\ H^+(aq) + 3\ e^- \rightleftharpoons NO(g) + 2\ H_2O(l)$	+0,96
$Na^+(aq) + e^- \rightleftharpoons Na(s)$	−2,71
$Ni^{2+}(aq) + 2\ e^- \rightleftharpoons Ni(s)$	−0,28
$O_2(g) + 4\ H^+(aq) + 4\ e^- \rightleftharpoons 2\ H_2O(l)$	+1,23
$O_2(g) + 2\ H_2O(l) + 4\ e^- \rightleftharpoons 4\ OH^-(aq)$	+0,40
$O_2(g) + 2\ H^+(aq) + 2\ e^- \rightleftharpoons H_2O_2(aq)$	+0,68
$O_3(g) + 2\ H^+(aq) + 2\ e^- \rightleftharpoons O_2(g) + H_2O(l)$	+2,07
$Pb^{2+}(aq) + 2\ e^- \rightleftharpoons Pb(s)$	−0,126
$PbO_2(s) + HSO_4^-(aq) + 3\ H^+(aq) + 2\ e^- \rightleftharpoons PbSO_4(s) + 2\ H_2O(l)$	+1,685
$PbSO_4(s) + H^+(aq) + 2\ e^- \rightleftharpoons Pb(s) + HSO_4^-(aq)$	−0,356
$PtCl_4^{2-}(aq) + 2\ e^- \rightleftharpoons Pt(s) + 4\ Cl^-(aq)$	+0,73
$S(s) + 2\ H^+(aq) + 2\ e^- \rightleftharpoons H_2S(g)$	+0,141
$H_2SO_3(aq) + 4\ H^+(aq) + 4\ e^- \rightleftharpoons S(s) + 3\ H_2O(l)$	+0,45
$HSO_4^-(aq) + 3\ H^+(aq) + 2\ e^- \rightleftharpoons H_2SO_3(s) + H_2O(l)$	+0,17
$Sn^{2+}(aq) + 2\ e^- \rightleftharpoons Sn(s)$	−0,136
$Sn^{4+}(aq) + 2\ e^- \rightleftharpoons Sn^{2+}(aq)$	+0,154
$VO_2^+(aq) + 2\ H^+(aq) + e^- \rightleftharpoons VO^{2+}(aq) + H_2O(l)$	+1,00
$Zn^{2+}(aq) + 2\ e^- \rightleftharpoons Zn(s)$	−0,763

Anhang F: Lösungen zu den Übungsbeispielen

Kapitel 1

1.1 (a) reines Element: i, v; (b) Gemisch aus Elementen: vi; (c) reine Verbindung: iv; (d) Gemisch aus einem Element und einer Verbindung: ii, iii.

1.5 (a) 7,5 cm; 2 signifikante Stellen (sign. Stellen); (b) 140 °C, 2 sign. Stellen.

1.8 gegeben $\boxed{\text{mi/h}} \xrightarrow{\frac{1\,\text{km}}{0{,}62\,\text{mi}}} \boxed{\text{km/h}} \xrightarrow{\frac{1\,\text{h}}{60\,\text{Min.}}} \boxed{\text{km/Min.}} \xrightarrow{\frac{1\,\text{h}}{60\,\text{mi}}} \boxed{\text{km/s}}$ gesucht

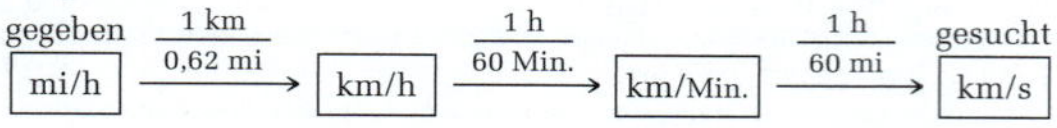

Kapitel 2

2.1 (a) Der Weg des geladenen Teilchens ist gebogen, weil dieses von der negativ geladenen Platte abgestoßen und von der positiv geladenen Platte angezogen wird. (b) (–); (c) erhöhen; (d) erniedrigen.

2.3 Bei dem Teilchen handelt es sich um ein Ion. $^{32}_{16}S^{2-}$.

2.5 Formel: IF_5; Name: Iodpentafluorid; die Verbindung ist molekular aufgebaut.

Kapitel 3

3.1 Gleichung (a) passt am besten zum Diagramm.

3.4 Die empirische Formel des Kohlenwasserstoffs lautet CH_4.

3.7

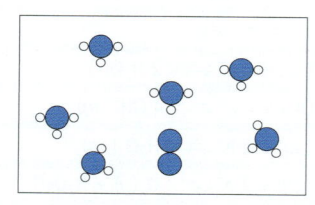

$N_2 + 3\,H_2 \longrightarrow 2\,NH_3$. Für die vollständige Reaktion von acht N-Atomen (4 N_2-Molekülen) werden 24 H-Atome (12 H_2-Moleküle) benötigt. Es stehen nur 9 H_2-Moleküle zur Verfügung. H_2 ist also der limitierende Reaktant. Aus neun H_2-Molekülen (18 H-Atomen) lassen sich 6 NH_3-Moleküle bilden. Ein N_2-Molekül ist überschüssig.

Kapitel 4

4.1 Diagramm (c) ist eine Darstellung von Li_2SO_4.

4.3 (a) AX ist ein Nichtelektrolyt. (b) AY ist ein schwacher Elektrolyt. (c) AZ ist ein starker Elektrolyt.

4.5 Festkörper A ist NaOH, Festkörper B ist AgBr und Festkörper C ist Glukose.

4.7 (b) NO_3^- und (c) NH_4^+ sind immer Zuschauerionen.

4.9 Reaktion (a) entspricht dem Diagramm.

4.11 Nein. Elektrolytlösungen sind elektrisch leitend, weil die gelösten Ionen Ladung durch die Lösung von einer Elektrode zur anderen transprtieren.

Kapitel 5

5.1 Während des Fallens des Buches nimmt die potenzielle Energie ab und die kinetische Energie steigt an. Unmittelbar vor dem Aufprall auf den Boden ist die potenzielle Energie vollständig in kinetische Energie umgewandelt worden, sodass die kinetische Gesamtenergie des Buches unter der Annahme, dass keine Energie in Wärme umgewandelt worden ist, 85 J beträgt.

5.4 (a) Nein. Die beim Besteigen des Bergs zurückgelegte Entfernung hängt vom Weg des Bergsteigers ab. Die Entfernung ist eine Wegfunktion und keine Zustandsfunktion. (b) Ja. Der Höhenunterschied hängt nur vom Ort des Basiscamps und der Höhe des Bergs ab, nicht jedoch vom Weg zum Berggipfel. Der Höhenunterschied ist eine Zustandsfunktion und keine Wegfunktion.

5.6 (a) Die Temperaturen des Systems und der Umgebung werden sich angleichen. Die Temperatur des wärmeren Systems wird also abnehmen, die Temperatur der kälteren Umgebung dagegen zunehmen. Der Prozess ist exotherm. (b) Wenn sich weder das Volumen noch der Druck des Systems ändern, ist $W = 0$ und $\Delta U = Q = \Delta H$. Die Änderung der inneren Energie ist in diesem Fall gleich der Änderung der Enthalpie.

Kapitel 6

6.2 (a) Nein. Sichtbare Strahlung hat Wellenlängen, die wesentlich kürzer sind als 1 cm. (b) Energie und Wellenlänge sind umgekehrt proportional zueinander. Photonen mit einer Wellenlänge von mehr als 1 cm haben weniger Energie als sichtbare Photonen. (c) Strahlung mit $\lambda = 1$ cm liegt im Bereich von Mikrowellen. Bei dem Küchengerät handelt es sich wahrscheinlich um eine Mikrowelle.

6.5 (a) $n = 1, n = 4$; (b) $n = 1, n = 2$; (c) In der Reihenfolge ansteigender Wellenlänge und abnehmender Energie: (iii) < (iv) < (ii) < (i).

6.8 (a) Die Elektronen im Kästchen ganz links können nicht die gleiche Spinorientierung haben. (b) Drehen Sie einen der Pfeile im Kästchen links um, so dass ein Pfeil nach oben und der andere nach unten weist. (c) Gruppe 6A.

Kapitel 7

7.1 Die Billardkugel hat eine „harte" Begrenzung, während ein quantenmechanisches Atom keine genaue Begrenzung besitzt. Billardkugeln können zur Modellierung von nichtbindenden Wechselwirkungen verwendet werden, z. B. um darzustellen wie Ne-Atome kollidieren, weil es keine Durchdringung der Elektronenwolken gibt. Sie sind deshalb ein unpassendes Modell für bindende Wechselwirkungen, weil bindende Elektronenwolken sich durchdringen und der bindende Atomradius eines Atoms kleiner ist als sein nichtbindender Radius.

7.4 Die Energieänderung für die Reaktion ist gleich der Ionisierungsenergie von A plus der Elektronenaffinität von A.

Kapitel 8

8.2 (a) Nein. A_1 und A_2 haben gleiche Ladungen und stoßen sich gegenseitig ab. (b) A_1Z_1. Die Gitterenergie nimmt zu, wenn die Ionenladung zunimmt, und sie nimmt ab, wenn der interionische Abstand zunimmt. Diese Ionen haben alle die gleiche Ladungsgröße; A_1 und Z_1 haben die kleinsten Radien und ihre Kombination führt zur größten Gitterenergie. (c) A_2Z_2 hat die kleinste Gitterenergie, weil es den größten interionischen Abstand hat.

8.5 (a) Wenn man von links nach rechts entlang des Moleküls geht, braucht das erste C 2 H-Atome, das zweite braucht 1, das dritte braucht kein und das vierte braucht 1. (b) In der Reihenfolge zunehmender Bindunglänge: 3 < 1 < 2. (c) In der Reihenfolge zunehmender Bindungsenthalpie: 2 < 1 < 3.

Kapitel 9

9.3 (a) Quadratisch pyramidal; (b) Ja, es gibt ein nichtbindendes Elektronenpaar an A. Wenn es nur die 5 bindenden Paare gäbe, wäre die Form trigonal bipyramidal. (c) Ja. Wenn die B-Atome Halogene sind, ist A auch ein Halogen.

9.6 90°: sp^3d oder sp^3d^2; 109,5°: sp^3; 120°: sp^2 oder sp^3d.

9.9 (a) i, aus zwei s-Atomorbitalen gebildet; ii, MO vom σ-Typ; iii, antibindendes MO (b) i, aus zwei Ende-auf-Ende überlappenden p-Atomorbitalen gebildet; ii, MO vom σ-Typ; iii, bindendes MO (c) i, aus zwei Seite-auf-Seite überlappenden p-Atomorbitalen gebildet; ii, MO vom π-Typ MO; iii, antibindendes MO.

Kapitel 10

10.1 (a) $V_2 = \frac{5}{3} V_1$

300 K, V_1 → 500 K, V_2

(b) $V_2 = \frac{1}{2} V_1$

1 atm, V_1 → 2 atm, V_2

10.4 Mit der Zeit werden sich die Gase perfekt mischen. Jeder Kolben wird 4 blaue und 3 rote Atome enthalten. Das „blaue" Gas hat nach dem Mischen den größeren Partialdruck, da es die größere Anzahl von Teilchen, bei gleichem T und V, hat als das „rote" Gas.

10.7 (a) Kurve A ist $O_2(g)$ und Kurve B ist $He(g)$. (b) Für das gleiche Gas bei unterschiedlichen Temperaturen repräsentiert Kurve A die niedrigere und Kurve B die höhere Temperatur.

Kapitel 11

11.1 Das Diagramm beschreibt am besten eine Flüssigkeit. Die Teilchen sind nah beieinander und berühren sich zum großen Teil, aber es liegt keine regelmäßige Anordnung oder Ordnung vor. Dies schließt eine gasförmige Probe aus, in der die Teilchen weiter auseinander liegen, und auch einen kristallinen Festkörper, der eine sich regelmäßig wiederholende Struktur in allen drei Raumrichtungen hat.

11.4 (a) 385 mm Hg; (b) 22 °C; (c) 47 °C.

11.7 (a) 3 Nb-Atome, 3 O-Atome; (b) NbO; (c) Dies ist hauptsächlich ein ionischer Festkörper, weil Nb ein Metall und O ein Nichtmetall ist. Die Nb⋯O-Bindungen können einen gewissen kovalenten Charakter haben.

Kapitel 12

12.1 Die Bandstruktur von A ist die eines Metalls.

12.4 Bild (a) hat eine eindimensionale Ordnung, die charakteristisch für eine flüssigkristalline Phase ist.

Kapitel 13

13.1 Die Ionen-Lösungsmittel-Wechselwirkung müsste für Li^+ größer sein. Der kleinere Ionenradius von Li^+ bedeutet, dass die Ion-Dipol-Wechselwirkungen mit polaren Wassermolekülen stärker sind.

13.6 Vitamin B_6 ist dank seiner umfangreichen Möglichkeiten für Wasserstoffbrückenbindung mit Wasser weitgehend wasserlöslich. Vitamin E ist aufgrund der starken Dispersionskräfte seiner langen, gestreckten Kohlenstoffkette weitgehend fettlöslich.

13.9 In n-Oktylglycosid hat die n-Oktyl-Kette mit acht Kohlenstoffen stärkere Dispersionswechselwirkungen mit dem hydrophoben Protein. Die —OH-Gruppen am Glycosidring bilden starke Wasserstoffbrückenbindungen mit Wasser. Dadurch löst sich das Glycosid auf und zieht das Protein mit sich.

Kapitel 14

14.1 (a) Produkt; (b) Die durchschnittliche Reaktionsgeschwindigkeit ist zwischen den Punkten 1 und 2 größer, weil sie früher auf dem Reaktionsweg liegen, wenn die Konzentrationen von Reaktanten noch größer sind.

14.3 (a) $x = 0$; (b) $x = 2$; (c) $x = 3$.

14.5 (a) Die Halbwertszeit ist 15 Minuten. (b) Nach vier Halbwertszeiten verbleiben 1/16 des Reaktanten.

14.8 Es gibt ein Zwischenprodukt, B, und zwei Übergangszustände, A ⟶ B und B ⟶ C. Der Schritt B ⟶ C ist schneller und die Gesamtreaktion ist exotherm.

Kapitel 15

15.1 $k_h > k_r$. (b) Die Gleichgewichtskonstante ist größer als 1.

15.4 (a) $A_2 + B \longrightarrow A_2B$; (b) $K_c = [A_2B]/[A_2][B]$; (c) $\Delta n = -1$; (d) $K_p = K_c(RT)^{\Delta n}$.

15.7 (a) $K_c = 2$; (b) sie nimmt zu.

Kapitel 16

16.1 (a) HX, der H^+-Donor, ist die Brønsted–Lowry-Säure. NH_3, der H^+-Akzeptor, ist die Brønsted–Lowry-Base. (b) HX, der Elektronenpaarakzeptor, ist die Lewis-Säure. NH_3, der Elektronenpaardonor, ist die Lewis-Base.

16.5 (a) Die Reihenfolge der Basenstärke ist umgekehrt zur Reihenfolge der Säurestärke: Zur Säure mit dem am schwächsten gebundenen H^+ gehört die schwächste konjugierte Base Y^-. Hiermit lautet die Reihenfolge nach zunehmender Basenstärke: $Y^- < Z^- < X^-$. (b) Die stärkste Base, X^-, hat den größten K_B-Wert.

16.8 (a) Beide Moleküle sind Sauerstoffsäuren; das acide H-Atom ist an ein Sauerstoffatom gebunden. Das Molekül rechts ist eine Carbonsäure; das acide Wasserstoffatom ist Teil der Carboxygruppe. (b) Bei zunehmender Elektronegativität von X nimmt die Stärke beider Säuren zu. Bei steigender Elektronegativität zieht X die Elektronendichte mehr und mehr zu sich hin, die O—H-Bindung wird schwächer und polarer und ihre Dissoziation wird wahrscheinlicher. Eine elektronegative X-Gruppe stabilisiert andererseits die anionische konjugierte Base. Folglich begünstigt das Dissoziationsgleichgewicht die Reaktionsprodukte und der K_S-Wert nimmt zu.

Kapitel 17

17.1 Die Lösung in der mittleren Zeichnung hat den höchsten pH-Wert. Je größer bei gleichen vorliegenden Mengen der Säure HX die Menge der jeweiligen konjugierten Base X^- ist, desto kleiner ist die Menge an H^+ und desto höher ist damit der pH-Wert.

17.3 (a) Zeichnung 3; (b) Zeichnung 1; (c) Zeichnung 2.

17.6 AgY.

Kapitel 18

18.1 Ein größeres Volumen als 22,4 l. (b) Das Gas wird bei 85 km mehr Volumen als bei 50 km einnehmen.

18.3 Die Ozonkonzentration ändert sich mit der Höhe, da die Bedingungen, die für die Bildung von Ozon günstig und ungünstig für seinen Zerfall sind, sich mit der Höhe ändern. Oberhalb von 60 km gibt es zu wenig O_2-Moleküle. Unterhalb von 30 km gibt es zu wenig O-Atome. Zwischen 30 km und 60 km schwankt die O_3-Konzentration in Abhängigkeit von der Konzentration von O, O_2 und M*.

18.5 $CO_2(g)$ löst sich in Meerwasser unter Bildung von $H_2CO_3(aq)$. Kohlenstoff wird als $CaCO_3(s)$, in Form von Muscheln, Korallen und anderen Carbonaten, aus dem Meer entfernt. Wenn Kohlenstoff entfernt wird, löst sich mehr $CO_2(g)$, um die Balance zwischen Komplex- und interagierenden Säure-Base- und Fällungs-Gleichgewichten aufrecht zu erhalten.

18.7 Das leitende Prinzip der Umweltchemie ist, dass Prozesse so gestaltet werden sollen, dass Lösungsmittel und Abfälle minimiert oder eliminiert werden, dass nichttoxische Abfälle produziert werden, dass sie energieeffizient sind, dass sie erneuerbare Ausgangsmaterialen verwenden und dass sie Katalysatoren ausnutzen, die den Einsatz von sicheren und leicht verfügbaren Reagenzien erlauben.

Kapitel 19

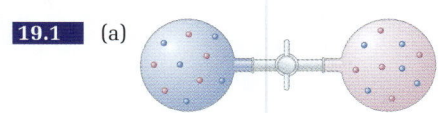

19.1 (a)

(b) $\Delta H = 0$ für die Mischung von idealen Gasen. ΔS ist positiv, da die Unordnung des Systems zunimmt. (c) Der Prozess ist spontan und daher irreversibel. (d) Da $\Delta H = 0$ ist, beeinflusst der Prozess nicht die Entropie der Umgebung.

19.4 (a) Bei 300 K, $\Delta H = T\Delta S$, $\Delta G = 0$ und das System ist im Gleichgewicht. (b) Die Reaktion ist bei Temperaturen oberhalb von 300 K spontan.

Kapitel 20

20.1 In einer Brønsted–Lowry-Säure-Base-Reaktion gehen H^+-Ionen von der Säure zur Base über. In einer Redoxreaktion gehen ein oder mehrere Elektronen vom Reduktionsmittel zum Oxidationsmittel über.

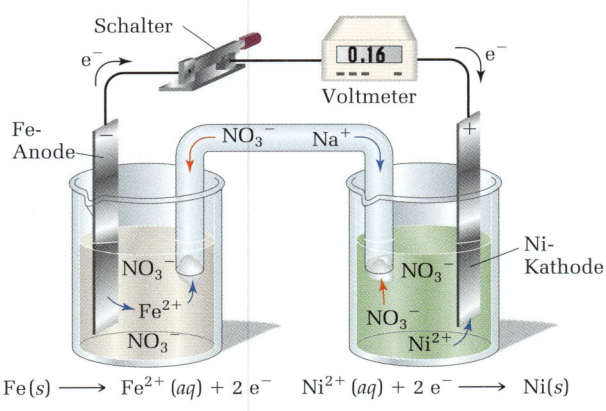

20.3 $E°_{Zelle} = 0{,}16$ V.

20.5 (a) A wird reduziert und B wird oxidiert. (b) Kathode: $A(aq) + 1e^- \longrightarrow A^-(aq)$; Anode: $B(aq) \longrightarrow B^+(aq) + 1e^-$. (c) In einer Zelle mit einem positiven Wert von $E°$ fließen Elektronen spontan von der Anode zur Kathode, denn die potenzielle Energie der Anoden-Halbreaktion, $B(aq) \longrightarrow B^+v + 1e^-$, ist höher.

20.7 Der $E°$-Wert von Zink ist kleiner (negativer) als jener des Eisens; daher oxidiert das Zink leichter. Wenn die Bedingungen für eine Oxidation günstig sind, oxidiert vor allem die Zinkschicht und bewahrt somit das Eisen vor Korrosion.

Kapitel 21

21.2 (a) Säure-Base (Brønsted); (b) Von links nach rechts in der Reaktion lauten die Ladungen: 0, 0, 1+, 1–; (c) $NH_3(aq) + H_2O(l) \longrightarrow NH_4^+(aq) + OH^-(aq)$

21.5 (a) N_2O_5. Neben den dargestellten Resonanzformeln sind auch andere Resonanzformeln möglich. In den Formeln mit Doppelbindungen zum zentralen Sauerstoffatom ist die Formalladung nicht minimal; daher ist ihr Beitrag zum elektronischen Grundzustand geringer.

(b) N_2O_4. Neben den dargestellten Resonanzformeln sind auch andere Resonanzformeln möglich.

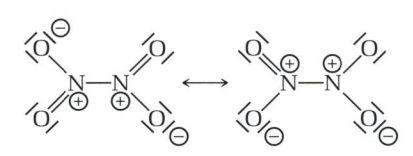

(c) NO_2. Aus Gründen der Elektronegativität platzieren wir das einzelne Elektron am N-Atom.

(d) N_2O_3.

(e) NO. Aus Gründen der Elektronegativität platzieren wir das einzelne Elektron am N-Atom.

(f) N₂O. In der linken und rechten Formel ist die Formalladung nicht minimal; daher ist ihr Beitrag zum elektronischen Grundzustand gering.

$$|\overline{\underline{N}}\equiv N—\overline{\underline{O}}| \longleftrightarrow |\overline{\underline{N}}=N=\overline{\underline{O}}| \longleftrightarrow |\overline{\underline{N}}—N\equiv O|$$
$$\phantom{|\overline{\underline{N}}\equiv N—}2\ominus \ \ \oplus \ \ \ \ \ \ \ominus \ \ \ \oplus \ \ \ \ \ \ \ 2\ominus \ \ \ \oplus$$

21.8 Nur die Ionisierungsenergie passt sich dem Trend an. Die Elektronegativität variiert leicht und für Ar gibt es keinen Wert. Atomradius und Schmelzpunkt verändern sich in umgekehrter Richtung wie im Diagramm dargestellt. Die Enthalpien der X—X-Einfachbindungen zeigen keinen beständigen Trend; für Ar sollte kein Wert existieren.

Kapitel 22

22.1 (a)

(b) Koordinationszahl = 4, Koordinationsstruktur = quadratisch-planar (c) Oxidationszahl = +2.

22.4 Die Strukturen (3) und (4) sind mit der Struktur (1) identisch; (2) und (5) sind Strukturisomere von (1).

22.6 Die gelborange Lösung absorbiert blauviolettes Licht, die blaugrüne Lösung absorbiert orangerotes Licht.

Anhang G: Antworten auf Fragen zu „Denken Sie einmal nach"

Kapitel 1

Seite 5 (a) ungefähr 100 Elemente; (b) Atome und Moleküle.

Seite 9 Sauerstoff, O.

Seite 11 Das Wassermolekül enthält die Atome zweier verschiedener Elemente.

Seite 15 (a) ist eine chemische Umwandlung, weil eine neue Substanz gebildet wird. (b) ist eine physikalische Umwandlung, weil das Wasser nur seinen Aggregatzustand und nicht seine Zusammensetzung ändert.

Seite 18 1 pg; dies entspricht 10^{-12} g.

Seite 25 (b) ist ungenau, weil es eine gemessene Größe ist. Sowohl (a) als auch (c) sind genau; (a) beinhaltet Zählen und (c) ist ein definierter Wert.

Seite 30 Wann immer möglich, müssen wir vermeiden, einen Umrechnungsfaktor zu verwenden, der weniger signifikante Stellen als die Daten hat, deren Einheiten umgerechnet werden. Es ist am besten, mindestens eine signifikante Stelle mehr im Umrechnungsfaktor als in den Daten zu verwenden, was wir in Übungsbeispiel 1.9 gemacht haben.

Kapitel 2

Seite 40 (a) das Gesetz der konstanten Proportionen. (b) Die zweite Verbindung muss zwei Sauerstoffatome für jedes Kohlenstoffatom enthalten (also doppelt so viele Kohlenstoffatome wie die erste Verbindung).

Seite 45 (oben) Die meisten α-Teilchen gehen durch die Folie, ohne abgelenkt zu werden, weil der Großteil des Volumens der Atome, aus denen die Folie besteht, leerer Raum ist.

Seite 45 (unten) (a) Das Atom hat 15 Elektronen, weil Atome gleiche Anzahlen von Elektronen und Protonen haben. (b) Die Protonen sitzen im Kern des Atoms.

Seite 51 Ein einziges Atom Chrom muss eines der Isotope dieses Elements sein. Das erwähnte Isotop hat eine Masse von 52,94 amu und ist wahrscheinlich ^{53}Cr. Das Atomgewicht weicht von der Masse eines bestimmten Atoms ab, weil es die durchschnittliche Atommasse der natürlich vorkommenden Isotope des Elements ist.

Seite 55 (a) Cl; (b) dritte Periode und Gruppe 7A; (c) 17; (d) nichtmetallisch.

Seite 58 (a) C_2H_6; (b) CH_3; (c) Wahrscheinlich das Kugel-Stab-Modell, weil die Winkel zwischen den Stäben die Winkel zwischen den Atomen angeben.

Seite 63 Wir schreiben die empirischen Formeln für ionische Verbindungen. Die Formel lautet also CaO.

Seite 65 Die Übergangsmetalle können mehr als eine Art von Kation bilden und die Ladungen dieser Ionen werden daher explizit mit römischen Zahlen angegeben: Chrom(II)-Ion ist Cr^{2+}. Calcium bildet dagegen immer das Ca^{2+}-Atom, daher ist es unnötig, es von anderen Calciumionen mit unterschiedlichen Ladungen zu unterscheiden.

Seite 66 (Mitte) Die Endung -id bedeutet gewöhnlich ein einatomiges Anion, obwohl es einige Anionen mit zwei Atomen gibt, die ebenfalls auf diese Weise benannt werden. Die Endung -at gibt ein Oxoanion an. Die am häufigsten vorkommenden Oxoanionen haben die Endung -at. Die Endung -it gibt ebenfalls ein Oxoanion an, aber eines das weniger O als das Anion hat, dessen Name mit -at endet.

Seite 66 (unten) BO_3^{3-} und SiO_4^{4-}. Das Borat hat drei O-Atome wie die anderen Oxoanionen der zweiten Periode in Abbildung 2.27 und seine Ladung ist 3−, womit es dem Trend steigender negativer Ladung folgt, wenn man nach links in der Periode weiter geht. Das Silikation hat vier O-Atome, wie die anderen Oxoanionen in der dritten Periode in Abbildung 2.27, und seine Ladung ist 4−, was ebenfalls dem Trend steigender Ladung folgt, wenn man nach links weiter geht.

Kapitel 3

Seite 80 Jedes $Mg(OH)_2$ hat 1 Mg, 2 O und 2 H; daher steht $3\,Mg(OH)_2$ für 3 Mg, 6 O, und 6 H.

Seite 85 Das Produkt ist eine ionische Verbindung mit Na^+ und S^{2-} und seine chemische Formel ist daher Na_2S.

Seite 101 Es liegen experimentelle Messunsicherheiten in den Messungen vor.

Seite 103 3,14 mol, weil 2 mol $H_2 \rightleftharpoons$ 1 mol O_2.

Kapitel 4

Seite 121 (a) $K^+(aq)$ und $CN^-(aq)$; (b) $Na^+(aq)$ und $ClO_4^-(aq)$.

Seite 122 $MgBr_2$, weil es zu Ionen in Lösung führt.

Seite 131 HBr.

Seite 136 $SO_2(g)$.

Seite 139 (a) Ne, (b) 0.

Seite 142 $Ni^{2+}(aq)$.

Seite 151 Molarität ist auf 0,25 M reduziert.

Seite 153 12,50 ml.

Kapitel 5

Seite 165 (a) kinetische Energie, (b) potenzielle Energie, (c) Wärme, (d) Arbeit.

Seite 173 Der Saldo (aktueller Zustand) hängt nicht davon ab, wie das Geld auf das Konto überwiesen worden ist oder von den jeweiligen Ausgaben, die durch Abheben von Geld vom Konto gemacht wurden. Er hängt nur von der Nettosumme aller Transaktionen ab.

Seite 174 Es liefert uns eine Zustandsfunktion, mit der wir uns auf den Wärmestrom konzentrieren können, was sich einfacher messen lässt als die Arbeit, die einen Prozess begleitet.

Seite 177 Die Koeffizienten geben die Molzahl der Reaktanten und Produkte an, die die genannte Enthalpieänderung hervorrufen.

Seite 183 (a) Die von einem System abgegebene Energie wird von einer Umgebung aufgenommen. (b) $Q_{System} = -Q_{Umgebung}$.

Seite 186 (a) das Vorzeichen von ΔH ändert sich, (b) die Größenordnung von ΔH verdoppelt sich.

Seite 192 $2\,C(s) + H_2(g) \longrightarrow C_2H_2(g)$ $\Delta H_f^\circ = 226{,}7$ kJ.

Seite 197 Fette.

Kapitel 6

Seite 209 Sichtbares Licht ist eine Form von elektromagnetischer Strahlung. Alles sichtbare Licht ist elektromagnetische Strahlung, aber nicht alle elektromagnetische Strahlung ist sichtbar.

Seite 211 Sichtbares Licht und Röntgenstrahlen sind Formen elektromagnetischer Strahlung. Sie bewegen sich daher mit Lichtgeschwindigkeit c. Die unterschiedliche Fähigkeit, Haut zu durchdringen, liegt an den unterschiedlichen Energien des sichtbaren Lichts und der Röntgenstrahlen, die wir im nächsten Abschnitt besprechen.

Seite 214 Mit steigender Temperatur steigt die durchschnittliche Energie der ausgesendeten Strahlung. Blauweißes Licht liegt am kurzwelligen Ende des sichtbaren Spektrums (bei etwa 400 nm), während rotes Licht näher am anderen Ende des sichtbaren Spektrums ist (etwa 700 nm). Daher hat das blauweiße Licht eine höhere Frequenz, ist energiereicher und ist mit höheren Temperaturen konsistent.

Seite 215 Elektronen würden emittiert und die Elektronen würden größere kinetische Energie haben als sie hatten, wenn sie von gelbem Licht emittiert wurden.

Seite 219 Nach dem dritten Postulat können nur Photonen bestimmter erlaubter Frequenzen absorbiert oder emittiert werden, wenn Elektronen ihren Energiezustand ändern. Die Linien im Spektrum entsprechen den erlaubten Frequenzen.

Seite 220 Es absorbiert Energie, weil es vom niedrigen Energiezustand ($n = 3$) zum höheren Energiezustand ($n = 7$) übergeht.

Seite 223 Ja, alle sich bewegenden Objekte erzeugen Materiewellen, aber die mit makroskopischen Objekten, wie dem Baseball, verknüpften Wellenlängen sind zu klein, um sie auf irgendeine Weise beobachten zu können.

Seite 224 Die kleine Größe und Masse eines subatomaren Teilchens. Das Glied $h/4\pi$ in der Unschärferelation ist eine sehr kleine Zahl, die nur bedeutend wird, wenn man äußerst kleine Objekte wie Elektronen betrachtet.

Seite 225 Ja, es besteht ein Unterschied. Die erste Aussage besagt, dass die Position des Elektrons genau bekannt ist, was gegen die Unschärferelation verstößt. Die zweite Aussage besagt, dass es eine hohe Wahrscheinlichkeit gibt, wo das Elektron ist, aber noch immer Ungewissheit über seine Position gibt.

Seite 226 Bohr postulierte, dass sich das Elektron im Wasserstoffatom in einem gut definierten kreisförmigen Orbital um den Kern bewegt, was gegen die Unschärferelation verstößt. Ein Orbital ist eine Wellenfunktion, die die Wahrscheinlichkeit angibt, das Elektron an jedem Punkt im Raum in Übereinstimmung mit der Unschärferelation zu finden.

Seite 227 Die Energie eines Orbitals ist proportional zu $-1/n^2$. Die Differenz zwischen $-1/(2)^2$ und $-1/(1)^2$ ist viel größer als die Differenz zwischen $-1/(3)^2$ und $-1/(2)^2$.

Seite 231 Die radiale Wahrscheinlichkeitsfunktion für das 4s-Orbital hat vier Maxima und drei Knoten.

Seite 233 (oben) Die Wahrscheinlichkeit, das Elektron zu finden, wenn es in diesem p-Orbital ist, ist größer im Innern der Keule als an den Rändern.

Seite 233 (unten) Nein. Wir wissen, dass das 4s-Orbital energiereicher als das 3s-Orbital ist. Desgleichen wissen wir, dass die 3d-Orbitale energiereicher als das 3s-Orbital sind. Aber ohne mehr Informationen wissen wir nicht, ob das 4s-Orbital energiereicher oder -ärmer als die 3d-Orbitale ist.

Seite 240 Das 6s-Orbital, welches bei Element 55, Cs, beginnt, Elektronen zu enthalten.

Seite 245 Wir können nichts schlussfolgern! Jedes dieser drei Elemente hat eine unterschiedliche Elektronenkonfiguration für seine Unterschalen nd und $(n + 1)s$: Für Ni $3d^8 4s^2$, für Pd $4d^{10}$ und für Pt $5d^9 6s^1$.

Kapitel 7

Seite 254 Die Ordnungszahl eines Elements hängt von der Zahl von Protonen im Kern ab, während das Atomgewicht (hauptsächlich) von der Zahl von Protonen *und* der Zahl von Neutronen im Kern abhängt.

Seite 258 Das 2p-Elektron eines Ne-Atom hat eine größere Z_{eff}. Die Ordnungszahl von Na ist größer als die von Ne, aber ein Elektron im 3s-Orbital von Na ist weiter vom Kern entfernt und daher abgeschirmter als ein Elektron im $2p$-Orbital von Ne.

Seite 260 Nein. Das Atomgewicht wird fast vollständig von der Zusammensetzung des Kerns bestimmt. Der Atomradius wird von der Verteilung der Elektronen bestimmt.

Seite 264 Beim photoelektrischen Effekt, der zuerst von Einstein erklärt wurde, geht es um die Emission von Elektronen unter Verwendung der Lichtenergie. Wenn die Energie eines Photons, $h\nu$, größer als die Ionisierungsenergie eines Atoms ist, kann das Licht im Prinzip genutzt werden, um das Atom zu ionisieren.

Seite 265 I_2 für ein Kohlenstoffatom. In jedem Prozess wird ein Elektron von einem Atom oder Ion mit fünf Elektronen entfernt, entweder $B(g)$ oder $C^+(g)$. Die höhere Kernladung von C trägt mehr zu Kohlenstoff als I_1 für Bor bei.

Seite 268 Die gleichen: [Ar]$3d^3$.

Seite 271 Die erste Ionisierungsenergie von $Cl^-(g)$ ist die Energie, die notwendig ist, um das erste Elektron von Cl^- zu entfernen und damit $Cl(g) + e^-$ zu bilden. Das ist der umgekehrte Prozess von Gleichung 7.6, daher ist die erste Ionisierungsenergie von $Cl^-(g)$ +349 kJ/mol.

Seite 272 In der Regel steht die zunehmende Ionisierungsenergie mit abnehmendem metallischem Charakter in Beziehung.

Seite 275 Molekular; P.

Seite 278 Cs hat die niedrigste Ionisierungsenergie der Alkalimetalle.

Seite 281 Die Magensäfte sind sehr sauer (siehe Kasten „Chemie im Einsatz" zu Antazida in Abschnitt 4.3). Metallkarbonate sind in Säurelösung löslich, wo sie mit der Säure unter Bildung von $CO_2(g)$ und löslichen Salzen wie in Gleichung 4.19 und 4.20 reagieren.

Seite 284 Wir können die Daten in der Tabelle extrapolieren, um diese Zahlen durch intelligente Schätzung zu erhalten. Man sieht, dass die Atomradien um 0,15 und 0,19 Å zunehmen, von Cl zu Br und von Br zu I. Wir können daher eine Zunahme von 0,15–0,20 Å von I zu At erwarten, was zu einer Schätzung von etwa 1,5 Å für den Atomradius von At führt. Ähnlich sollte I_1 für At etwa 900 kJ/mol sein.

Kapitel 8

Seite 292 Cl hat sieben Valenzelektronen. Die ersten und zweiten Lewis-Symbole sind beide richtig – sie beide zeigen sieben Valenzelektronen und es spielt keine Rolle, welche der vier Seiten das einzelne Elektron hat. Das dritte Symbol zeigt nur fünf Elektronen und ist falsch.

Seite 294 Magnesiumfluorid ist ein ionischer Stoff, MgF_2, der aus Mg^{2+} und F^--Ionen besteht (Abschnitt 2.7). Jedes Magnesiumatom gibt zwei Elektronen ab und jedes Fluoratom nimmt ein Elektron auf. Daher können wir sagen, dass jedes Mg-Atom ein Elektron zu jedem der zwei F-Atome überträgt.

Seite 299 Rhodium, Rh.

Seite 300 Anziehungskräfte liegen zwischen jedem Elektron und beiden Kernen vor. Abstoßungskräfte sind die zwischen den zwei Kernen und die zwischen zwei beliebigen Elektronen. Weil He_2 nicht existiert, ist es wahrscheinlich, dass die Abstoßungskräfte größer als die Anziehungskräfte sind.

Seite 302 CO_2 hat C—O-Doppelbindungen. Weil die C—O-Bindung in Kohlenmonoxid kürzer ist, ist sie wahrscheinlich eine Dreifachbindung.

Seite 303 Elektronenaffinität misst die Energie, die freigesetzt wird, wenn ein isoliertes Atom ein Elektron aufnimmt, um ein 1–-Ion zu bilden. Die Elektronegativität misst die Fähigkeit des Atoms, seine eigenen Elektronen zu halten und Elektronen von anderen Atomen in Verbindungen anzuziehen.

Seite 304 Polar kovalent. Basierend auf den Beispielen von F_2, HF und LiF ist der Unterschied in der Elektronegativität groß genug, um eine gewisse Polarität in der Bindung einzuführen, aber nicht groß genug, um eine vollkommene Elektronenübertragung von einem Atom zum anderen hervorzurufen.

Seite 306 (oben) IF. Weil der Unterschied in Elektronegativität zwischen I und F größer als der zwischen Cl und F ist, sollte die Größenordnung von Q für IF größer sein. Darüber hinaus ist die Bindungslänge in IF länger als die in ClF, weil I einen größeren Atomradius als Cl hat. Daher sind Q und r größer für IF und daher wird $\mu = Qr$ für IF größer sein.

Seite 306 (Mitte) Rot gibt eine sehr hohe Elektronendichte an einem Ende des Moleküls an, was eine große Trennung positiver und negativer Ladungen bedeutet. In HBr und HI sind die Unterschiede in Elektronegativität zu klein, um zu großen Ladungstrennungen in den Molekülen zu führen.

Seite 308 MoO_3 sollte den höheren Schmelzpunkt haben. Es wird über die Konventionen für Ionenverbindungen benannt, während OsO_4 anhand der Konventionen für Molekülverbindungen benannt wird, und Ionenverbindungen haben in der Regel weitaus höhere Schmelzpunkte als Molekülverbindungen. Experimentelle Daten unterstützen diese Schlussfolgerung: MoO_3 schmilzt bei 795 °C und OsO_4 schmilzt bei 40 °C.

Seite 312 Es gibt wahrscheinlich eine bessere Lewis-Strukturformel als die gewählte. Weil die Formalladungen zusammen 0 ergeben müssen und die Formalladung am F-Atom +1 ist, muss es ein Atom geben, das eine Formalladung von −1 hat. Weil F das Element mit der größten Elektronegativität ist, würden wir nicht erwarten, dass es eine positive Formalladung trägt.

Seite 314 (oben) Ja. Es gibt zwei Resonanzstrukturformeln für Ozon, die gleichermaßen zur Gesamtbeschreibung des Moleküls beitragen. Jede O—O-Bindung ist daher ein Durchschnitt einer Einfachbindung und einer Doppelbindung, was eine „Eineinhalb"-Bindung ist.

Seite 314 (unten) Als „Eineindrittel"-Bindungen. Es gibt drei Resonanzstrukturformeln und jede von den drei N—O-Bindungen ist in zwei dieser Formeln einfach und in der dritten doppelt. Jede Bindung im eigentlichen Ion ist ein Durchschnitt von diesen: $(1 + 1 + 2)/3 = 1^1/_3$.

Seite 316 Nein, es wird nicht mehrere Resonanzstrukturformeln haben. Wir können die Doppelbindungen nicht wie für Benzol „bewegen", weil die Positionen der Wasserstoffatome spezifische Positionen für die Doppelbindungen vorschreiben. Wir können keine anderen angemessenen Lewis-Strukturen für das Molekül schreiben.

Seite 319 Die Atomisierung von Ethan erzeugt $2\,C(g) + 6\,H(g)$. In diesem Prozess werden sechs C—H-Bindungen und eine C—C-Bindung gelöst. Wir können die Größe der Enthalpie, die benötigt wird, um die sechs Bindungen zu lösen, über $6D$(C—H) schätzen. Der Unterschied zwischen dieser Zahl und der Atomisierungsenthalpie ist eine Schätzung der Bindungsenthalpie der C—C-Bindung D(C—C).

Kapitel 9

Seite 333 Oktaedrisch. Entfernen von zwei Atomen, die einander gegenüberliegen, führt zu einer quadratisch ebenen Struktur.

Seite 334 Das Molekül folgt der Oktettregel nicht, weil es zehn Elektronen um das zentrale A-Atom hat. Es gibt vier Elektronenpaare um A: zwei Einfachbindungen, eine Doppelbindung und ein freies Elektronenpaar.

Seite 339 Ja. Basierend auf einer Resonanzstrukturformel sollte das Elektronenpaar, das eine Doppelbindung aufweist, die Paare, die Einfachbindungen aufweisen, „drücken", so dass Winkel entstehen, die etwas von 120° abweichen. Wir müssen jedoch daran denken, dass es zwei andere äquivalente Resonanzstrukturformeln gibt – jedes der drei O-Atome hat eine Doppelbildung zu N in einer der drei Resonanzstrukturformeln (siehe Abschnitt 8.6). Aufgrund der Resonanz sind alle drei O-Atome äquivalent und sie erfahren die gleiche Menge von Abstoßungskräften, was zu Bindungswinkeln gleich 120° führt.

Seite 345 Nein. Die C—O- und C—S-Bindungsdipole liegen einander genau gegenüber, wie bei CO_2, aber weil O und S unterschiedliche Elektronegativitäten haben, werden die Größen der Bindungsdipole unterschiedlich sein. Daher heben sich die Bindungsdipole nicht auf und das OCS-Molekül hat ein Dipolmoment ungleich null.

Seite 348 Ja. Sowohl in F_2 als auch in Cl_2 wird die Bindung durch die Überlappung von einfach besetzten p-Orbitalen wie in Abbildung 9.14 c gebildet. In F_2 sind die überlappenden Orbitale jedoch $2p$-Orbitale, während sie in Cl_2 $3p$-Orbitale sind. Weil $3p$-Orbitale weiter in den Raum reichen, wird die optimale Überlappung in Cl_2 bei einer größeren Distanz als bei F_2 erreicht. Daher ist die Bindungslänge in Cl_2 länger als in F_2.

Seite 350 (oben) Die drei $2p$-Orbitale sind einander gleichwertig, sie unterschieden sich nur in ihrer Orientierung. Daher wären die zwei Be—F-Bindungen einander gleichwertig. Weil p-Orbitale senkrecht zueinander sind, würden wir einen F—Be—F-Bindungswinkel von 90° erwarten. Experimentell ist der Bindungswinkel 180°.

Seite 350 (Mitte) Das unhybridisierte p-Orbital ist senkrecht zu der Ebene orientiert, die von den drei sp^2-Hybriden definiert wird, mit einer Keule auf jeder Seite der Ebene.

Seite 356 Das Molekül sollte nicht linear sein. Weil es drei Elektronenpaare rund um jedes N-Atom gibt, erwarten wir sp^2-Hybridisierung und H—N—N-Winkel von etwa 120°. Das Molekül sollte planar sein. Die unhybridisierten $2p$-Orbitale an den N-Atomen können nur eine π-Bindung bilden, wenn alle vier Atome in der gleichen Ebene liegen. Sie sehen vielleicht, dass es zwei Möglichkeiten gibt, wie die H-Atome angeordnet sein können: Sie können beide auf der gleichen Seite der N=N-Bindung oder auf gegenüberliegenden Seiten der N=N-Bindung liegen.

Seite 363 Das Molekül würde zerfallen. Mit einem Elektron im bindenden MO und einem im antibindenden MO gibt es keine Nettostabilisierung der Elektronen bezogen auf die zwei getrennten H-Atome.

Seite 364 Null, weil ein Elektron im bindenden MO und ein Elektron im antibindenden MO ist.

Seite 365 Ja. In Be_2^+ wären zwei Elektronen im σ_{2s}-MO, aber ein Elektron im σ_{2s}^*-MO und daher wird vorhergesagt, dass das Ion eine Bindungsordnung von $^1/_2$ hat. Es sollte nicht existieren (und tut es auch nicht).

Seite 370 Nein. Wenn das σ_{2p}-MO energieärmer als die π_{2p}-MOs wäre, würden wir erwarten, dass das σ_{2p}-MO zwei Elektronen enthält und die π_{2p}-MOs jeweils ein Elektron, mit der gleichen Spinorientierung. Das Molekül wäre daher paramagnetisch.

Kapitel 10

Seite 382 Der Hauptgrund ist der relativ große Abstand zwischen Molekülen.

Seite 384 Die Höhe der Säule nimmt ab, weil der Atmosphärendruck mit steigender Höhe über dem Meeresspiegel abnimmt.

Seite 388 Wenn der Druck erhöht wird, nimmt das Volumen ab. Eine Verdoppelung des Drucks führt zu einer Abnahme des Volumens auf den halben Ausgangswert.

Seite 389 Das Volumen nimmt ab, aber es wird nicht halbiert, weil das Volumen proportional zur Temperatur auf der Kelvin-Skala, aber nicht auf der Celsius-Skala ist.

Seite 392 Weil 22,41 Liter das Volumen eines Mols des Gases bei STP ist, enthält es die Avogadro-Zahl von Molekülen, $6,022 \times 10^{23}$.

Seite 397 Weil Wasser ein niedrigeres Molgewicht (18,0 g/mol) als N_2 (28,0 g/mol) hat, ist der Wasserdampf weniger dicht.

Seite 400 Laut der Theorie Daltons über Partialdrücke ändert sich der Druck aufgrund von N_2 (sein Partialdruck) nicht. Der Gesamtdruck aufgrund der Partialdrücke von N_2 und O_2 steigt.

Seite 406 Die durchschnittlichen kinetischen Energien hängen von der Temperatur und nicht der Identität des Gases ab. Daher ist der Trend in den durchschnittlichen kinetischen Energien HCl (298 K) = H_2 (298 K) < O_2 (350 K).

Seite 412 (Mitte) (a) Die mittlere freie Weglänge nimmt ab, weil die Moleküle näher zusammengedrängt sind. (b) Sie hat keine Wirkung. Obwohl sich die Moleküle bei höherer Temperatur schneller bewegen, sind sie nicht näher zusammengedrängt.

Seite 412 (unten) (b) Gase weichen am meisten bei niedrigen Temperaturen und hohen Drücken vom idealen Verhalten ab. Daher würde das Heliumgas bei 100 K (der niedrigsten aufgeführten Temperatur) und 5 atm (dem höchsten aufgeführten Druck) am meisten vom idealen Verhalten abweichen.

Seite 414 Die Tatsache, dass reale Gase vom idealen Verhalten abweichen, lässt sich der endlichen Größe der Moleküle und den Anziehungskräften, die zwischen Molekülen herrschen, zuschreiben.

Kapitel 11

Seite 425 (a) In einem Gas ist die Energie der Anziehungskräfte kleiner als die durchschnittliche kinetische Energie. (b) In einem Festkörper ist die Energie der Anziehungskräfte größer als die durchschnittliche kinetische Energie.

Seite 426 $Ca(NO_3)_2$ in Wasser. CH_3OH ist eine molekulare Substanz und ein Nichtelektrolyt. Wenn sie sich in Wasser löst, liegen keine Ionen vor. $Ca(NO_3)_2$ ist eine Ionenverbindung und ein starker Elektrolyt. Wenn es sich in Wasser löst, treten die Ca^{2+}-Ionen und die NO_3^--Ionen durch Ionen-Dipol-Anziehungskräfte mit den polaren Wassermolekülen in Wechselwirkung.

Seite 427 Die Größe der Dipol-Dipol-Wechselwirkung hängt von der Größe der Dipole und dem Abstand zwischen den Dipolen ab. Wir können den Abstand anhand von Tabelle 11.2 nicht beurteilen, aber wir sehen, dass Acetonitril das größte Dipolmoment und den höchsten Siedepunkt hat, was andeutet, dass die Dipol-Dipol-Anziehungskräfte für diesen Stoff am größten sind.

Seite 428 (a) Die Polarisierbarkeit nimmt nach zunehmender Größe und zunehmendem Molekulargewicht zu: CH_4 < CCl_4 < CBr_4. (b) Die Stärke der Dispersionskräfte folgt der gleichen Reihenfolge: CH_4 < CCl_4 < CBr_4.

Seite 433 Für fast alle Stoffe ist die feste Phase dichter als die flüssige Phase. Für Wasser ist die feste Phase allerdings weniger dicht als die flüssige Phase.

Seite 436 (Mitte) (a) Sowohl Viskosität als auch Oberflächenspannung nehmen aufgrund erhöhter molekularer Bewegung mit steigender Temperatur ab. (b) Beide Eigenschaften nehmen zu, wenn die Stärke der intermolekularen Kräfte zunimmt.

Seite 436 (unten) Kohäsive. Die Eigenschaften spiegeln die Anziehungskraft der Moleküle eines Stoffs aufeinander wider.

Seite 438 Schmelzen, endotherm.

Seite 444 Beide Verbindungen sind unpolar. Daher liegen nur Dispersionskräfte zwischen den Molekülen vor. (a) Weil Dispersionskräfte stärker für das größere, schwerere CBr_4 als für CCl_4 sind, hat CBr_4 einen niedrigeren Dampfdruck als CCl_4. (b) Die Substanz mit dem niedrigeren Dampfdruck ist weniger flüchtig. Daher ist CBr_4 weniger flüchtig als CCl_4.

Seite 447 Die Linie neigt sich mit steigendem Druck nach rechts, da der Festkörper gewöhnlich dichter als die Flüssigkeit ist.

Seite 450 Kristalline Festkörper schmelzen bei einer bestimmten Temperatur, während amorphe eher über einen Temperaturbereich schmelzen.

Seite 451 Wie Tabelle 11.6 zusammenfasst und Abbildung 11.34 zeigt, befindet sich ein Achtel eines Atoms an jeder der 8 Ecken und ein ganzes Atom in der Mitte. Die Gesamtzahl von Atomen ist deshalb $8\left(\frac{1}{8}\right) + 1 = 2$.

Seite 454 Je höher die Koordinationszahl der Teilchen in einem Kristall, desto größer die Packungseffizienz.

Seite 456 Molekulare Festkörper bestehen aus Molekülen oder nichtmetallischen Atomen. Weil Co ein Metall und K_2O ein ionischer Stoff ist, bilden sie keine molekularen Festkörper. C_6H_6 ist jedoch eine molekulare Substanz und bildet einen molekularen Festkörper.

Anhang

Kapitel 12

Seite 467 Ja. Seine Elemente sind aus Spalten 3A und 5A.

Seite 476 Ja, das Molekül hat sowohl —NH_2- als auch —COOH-Gruppen, die wie bei Nylon reagieren können, um ein Polymer zu bilden.

Seite 477 Vinylacetat stört die intermolekularen Wechselwirkungen zwischen benachbarten Ethylenketten und senkt damit die Kristallinität und den Schmelzpunkt.

Seite 489 Lang. Je länger das Polymer, desto mehr Atome können an delokalisierter π-Bindung teilnehmen.

Seite 494 $Ga(CH_3)_3 + AsH_3 \longrightarrow GaAs + 3\,CH_4$.

Kapitel 13

Seite 510 Nein, weil das AgCl nicht in der gesamten flüssigen Phase verteilt ist.

Seite 512 Nein. Die Konzentration von Natriumacetat ist höher als der stabile Gleichgewichtswert, daher setzt sich ein Teil des gelösten Stoffs aus einer Lösung ab, wenn ein Impfkristall den Vorgang auslöst.

Seite 516 Beträchtlich niedriger, weil es keine Wasserstoffbrückenbindung mit Wasser mehr geben würde.

Seite 520 (oben) Gelöste Gase sind mit steigender Temperatur weniger löslich.

Seite 520 (unten) 230 ppb.

Seite 523 Ja. Molarität ist Molzahl des gelösten Stoffs pro Liter Lösung. In einem Liter Lösung sind jedoch in der Regel weniger als 1 kg Wasser, weil der gelöste Stoff einen Teil des Volumens einnimmt. Natürlich sind für verdünnte Lösungen die zwei Konzentrationseinheiten zahlenmäßig ungefähr gleich.

Seite 527 Molenbruch.

Seite 529 Nicht unbedingt. Wenn der gelöste Stoff in Teilchen dissoziiert, könnte er eine niedrigere Molalität haben und noch immer einen Anstieg von 0,51 °C hervorrufen. Die gesamte Molalität aller Teilchen in der Lösung ist 1 m.

Seite 532 Die 0,20 m Lösung ist hypotonisch in Bezug auf die 0,5 m Lösung.

Seite 534 Sie würden den gleichen osmotischen Druck haben, weil sie die gleiche Gesamtkonzentration gelöster Teilchen haben würden.

Seite 538 Die kleineren Tropfen tragen wegen der eingebetteten Stearationen negative Ladungen und stoßen einander daher ab.

Kapitel 14

Seite 548 Die Erhöhung des Partialdrucks eines Gases erhöht die Zahl von Molekülen in einem gegebenen Volumen und erhöht damit die Konzentration des Gases. Geschwindigkeiten steigen normalerweise mit zunehmenden Reaktantenkonzentrationen.

Seite 552 Die Größe des Dreiecks ist hauptsächlich eine willkürliche Sache. Zeichnet man ein größeres Dreieck, erhält man größere Werte von $\Delta[C_4H_9Cl]$ und Δt, aber ihr Verhältnis $\Delta[C_4H_9Cl]/\Delta t$ bleibt konstant. Folglich ist die berechnete Steigung unabhängig von der Größe des Dreiecks.

Seite 556 (a) Das Geschwindigkeitsgesetz für jede chemische Reaktion ist die Gleichung, die Konzentrationen von Reaktanten mit der Geschwindigkeit der Reaktion in Zusammenhang bringt. Die allgemeine Form für ein Geschwindigkeitsgesetz zeigt Gleichung 14.7. (b) Die Größe k in einem beliebigen Geschwindigkeitsgesetz ist die Geschwindigkeitskonstante.

Seite 558 (a) Das Geschwindigkeitsgesetz ist zweiter Ordnung bezüglich NO, erster Ordnung bezüglich H_2 und dritter Ordnung insgesamt. (b) Nein. Bei Verdoppelung von [NO] nimmt die Geschwindigkeit vierfach zu, während die Verdoppelung von [H_2] die Geschwindigkeit nur verdoppelt.

Seite 563 In (a) ist der Schnittpunkt der Anfangsdruck von CH_3NC, 150 Torr. In (b) ist es der natürliche Logarithmus dieses Drucks, $\ln(150) = 5{,}01$.

Seite 566 Mit fortschreitender Reaktion nimmt die Konzentration der Reaktanten ab. Damit erhöht sich gemäß Gleichung 14.16 die Halbwertszeit im Verlaufe der Reaktion.

Seite 569 Moleküle müssen zusammenstoßen, um zu reagieren.

Seite 571 Die Moleküle müssen nicht nur zusammenstoßen, um zu reagieren, sondern müssen in der richtigen Orientierung und mit einer größeren Energie als die Aktivierungsenergie für die Reaktion zusammenstoßen.

Seite 575 Weil an der Elementarreaktion zwei Moleküle beteiligt sind, ist sie bimolekular.

Seite 579 Das Geschwindigkeitsgesetz hängt nicht von der Gesamtreaktion, sondern vom langsamsten Schritt im Mechanismus ab.

Seite 585 In der Regel senkt ein Katalysator die Aktivierungsenergie, indem er einen anderen Weg niedrigerer Energie (ein anderer Mechanismus) für eine Reaktion liefert.

Seite 589 (a) aktives Zentrum, (b) Substrat.

Kapitel 15

Seite 601 (a) Die Geschwindigkeiten entgegengesetzter Reaktionen sind gleich. (b) Wenn die Hinreaktion schneller als die Rückreaktion ist, werden $k_h > k_r$ und die Konstante, die gleich k_h/k_r ist, größer als 1 sein.

Seite 602 Die Tatsache, dass sich Konzentrationen mit der Zeit nicht mehr ändern, zeigt an, dass das Gleichgewicht erreicht wurde.

Anhang G: Antworten zu Fragen zu „Denken Sie einmal nach"

Seite 605 Er ist unabhängig von den Startkonzentrationen der Reaktanten und Produkte.

Seite 606 Sie stellen Gleichgewichtskonstanten dar. K_c erhält man, wenn Gleichgewichtskonzentrationen, die in Molarität ausgedrückt sind, in den Gleichgewichtsausdruck eingesetzt werden. K_p erhält man, wenn Gleichgewichtspartialdrücke, die in Atmosphären ausgedrückt sind, in den Ausdruck eingesetzt werden.

Seite 607 $0{,}00140\, M / 1\, M = 0{,}00140$ (keine Einheiten).

Seite 610 Weil die Koeffizienten in der Gleichung mit 3 multipliziert wurden, werden auch die Exponenten in K_p mit 3 multipliziert, sodass die Größe der Gleichgewichtskonstanten $(K_p)^3$ sein wird.

Seite 612 Weil die reine H_2O-Flüssigkeit aus dem Gleichgewichtsausdruck ausgelassen wurde, ist $K_p = p_{H_2O}$. Daher ist der Gleichgewichtsdampfdruck bei einer bestimmten Temperatur konstant.

Seite 622 (a) Das Gleichgewicht reagiert nach rechts und dabei wird ein Teil des zugegebenen O_2 verbraucht und es bildet sich NO_2. (b) Das Gleichgewicht reagiert nach links und bildet mehr NO, um einen Teil des NO, das entfernt wurde, zu ersetzen.

Seite 624 Die Erhöhung des Volumens senkt den Druck und daher verschiebt sich das Gleichgewicht in der Richtung, durch die ein Druckanstieg hervorgerufen wird. Weil es drei Gasmoleküle links in der Gleichung und nur zwei rechts gibt, reagiert das Gleichgewicht nach links und erhöht damit die Zahl von Gasmolekülen, indem SO_3 in SO_2 und O_2 umgewandelt wird.

Seite 626 Verdampfung ist daher ein endothermer Vorgang. Die Erhöhung der Temperatur eines endothermen Vorgangs reagiert das Gleichgewicht nach rechts und es wird mehr Produkt gebildet. Weil das Produkt der Verdampfung der Dampf ist, steigt der Dampfdruck.

Seite 629 Nein. Katalysatoren haben keine Wirkung auf die Position eines Gleichgewichts, obwohl sie beeinflussen, wie schnell sich ein Gleichgewicht einstellt.

Kapitel 16

Seite 638 Das H^+-Ion für Säuren und das OH^--Ion für Basen.

Seite 640 Weil es H^+ aufnimmt, wenn die Reaktion von links nach rechts verläuft, ist NH_3 die Base.

Seite 643 HNO_3 ist eine starke Säure, was bedeutet, dass NO_3^- eine vernachlässigbare Basizität hat.

Seite 648 (a) Die Lösung ist neutral, $[H^+] = [OH^-]$. (b) Der pH nimmt zu, wenn $[OH^-]$ zunimmt.

Seite 649 $pH = 14{,}00 - 3{,}00 = 11{,}00$. Die Lösung ist basisch, weil $pH > 7$.

Seite 650 Aus Abbildung 16.7 sehen wir, dass der pH über 8 liegen muss, was bedeutet, dass die Lösung basisch ist.

Seite 653 Weil es die konjugierte Base eines Stoffes mit vernachlässigbarer Acidität ist, muss CH_3^- eine starke Base sein. Basen, die stärker als OH^- sind, abstrahieren H^+ aus Wassermolekülen: $CH_3^- + H_2O \longrightarrow CH_4 + OH^-$.

Seite 657 Weil schwache Säuren typischerweise sehr wenig Dissoziation durchlaufen, häufig weniger als 1 %.

Seite 661 Dies ist die Säuredissoziationskonstante für die Abgabe des dritten und letzten Protons von H_3PO_4: $HPO_4^{2-}(aq) \rightleftharpoons H^+(aq) + PO_4^{3-}(aq)$.

Seite 669 (Mitte) Weil das NO_3^--Ion die konjugierte Base einer starken Säure ist, hat es keine Wirkung auf den pH (NO_3^- hat vernachlässigbare Basizität). Weil das CO_3^{2-}-Ion die konjugierte Base einer schwachen Säure ist, hat es eine Wirkung auf den pH und erhöht damit den pH.

Seite 669 (unten) K^+, ein Alkalimetallkation, hat keinen Einfluss auf den pH.

Seite 673 Die steigende Acidität, wenn man in einer Gruppe nach unten geht, ist hauptsächlich der Abnahme der H—X-Bindungsstärke zuzuschreiben. Der Trend entlang einer Periode ist hauptsächlich der zunehmenden Elektronegativität zuzuschreiben.

Seite 675 Die Carboxygruppe, —COOH.

Seite 676 Es muss ein freies Elektronenpaar haben.

Seite 679 Fe^{3+}, weil es die höchste Ladung hat.

Kapitel 17

Seite 690 (a) $[NH_4^+] = 0{,}10\, M$; $[Cl^-] = 0{,}10\, M$; $[NH_3] = 0{,}12\, M$, (b) Cl^-, (c) Gleichung 17.2.

Seite 691 HNO_3 und NO_3^-. Dies ist eine starke Säure und ihre konjugierte Base. Puffer bestehen aus schwachen Säuren und ihren konjugierten Basen. Das NO_3^--Ion ist nur ein Zuschauer in der Säure-Base-Chemie und ist daher unwirksam bei der Einstellung des pH einer Lösung.

Seite 692 (a) Das NaOH (eine starke Base) reagiert mit dem Säureglied des Puffers (CH_3COOH) und abstrahiert dabei ein Proton. Daher nimmt $[CH_3COOH]$ ab und $[CH_3COO^-]$ zu. (b) Das HCl (eine starke Säure) reagiert mit dem Basenglied des Puffers (CH_3COO^-). Daher nimmt $[CH_3COO^-]$ ab und $[CH_3COOH]$ zu.

Seite 694 Die Lösung wird einer Änderung in beiden Richtungen am effektivsten widerstehen, wenn ihr pH = pK_S. Daher ist der optimale pH = $pK_S = -\log(1{,}8 \times 10^{-5}) = 4{,}74$ und der pH-Bereich des Puffers ist etwa $4{,}7 \pm 1$.

Seite 698 Er nimmt zu, weil die zugesetzte Base die Lösung weniger sauer (basischer) macht.

Seite 706 Der fast senkrechte Teil der Titrationskurve am Äquivalenzpunkt ist kleiner für die Titration schwache Säure –

starke Base und weniger Indikatoren durchlaufen ihre Farbänderung in diesem schmalen Bereich.

Seite 709 Weil alle drei Verbindungen die gleiche Zahl von Ionen produzieren, entsprechen ihre Löslichkeiten direkt ihren K_L-Werten, wobei die Verbindung mit dem größten K_L-Wert am löslichsten ist, AgCl.

Seite 722 Sie sind in Wasser unlöslich, lösen sich jedoch in Gegenwart einer Säure oder Base auf.

Seite 723 Durch eine hohe Konzentration von H_2S und eine niedrige Konzentration von H^+ (also hoher pH) reagiert das Gleichgewicht nach rechts und verringert $[Cu^{2+}]$.

Seite 727 Die Lösung muss ein oder mehrere Kationen in Gruppe 1 des qualitativen Analyseganges enthalten, das in Abbildung 17.22 gezeigt wird: Ag^+, Pb^{2+} oder Hg_2^{2+}.

Kapitel 18

Seite 742 Es sieht so aus, als ob die obere Kurve links vom sichtbaren Teil etwa zweimal so groß wie der Bereich der unteren Kurve sei. Die obere Kurve entspricht der Strahlung am „oberen Teil" der Atmosphäre und die untere Kurve entspricht der Strahlung auf Meereshöhe. Daher schätzen wir, dass etwa die Hälfte des ultravioletten Lichts, das auf der Erde von der Sonne ankommt, von der oberen Atmosphäre absorbiert wird und nicht bis zum Erdboden vordringt.

Seite 763 Wie bei vielen anderen Dingen gibt es Kompromisse bei der Auswahl von Prozessen für Umweltchemie. Ja, es wird erwartet, dass die Erhöhung von CO_2 zu globaler Erwärmung führen wird. Die Hauptquelle für CO_2 ist jedoch die Verbrennung von fossilen Brennstoffen. Wenn wir die Menge von CO_2, die von dieser Quelle in die Atmosphäre gelangt, reduzieren können, können wir es uns vielleicht leisten, überkritisches oder flüssiges CO_2 in industriellen Verfahren zu verwenden, was sicherer für Arbeiter als andere Chemikalien ist und weniger schädliche Nebenprodukte bildet. Überkritisches (oder nur flüssiges) Wasser wäre umwelttechnisch eine bessere Wahl, wenn das industrielle Verfahren, das Sie ändern wollen, dennoch mit Wasser als Lösungsmittel funktioniert.

Kapitel 19

Seite 774 Nein, nicht spontane Prozesse können auftreten, solange sie kontinuierliche Hilfe von außen erhalten. Beispiele nicht spontaner Prozesse, mit denen Sie vielleicht vertraut sind, sind u. a. das Bauen einer Ziegelmauer und die Elektrolyse von Wasser, um Wasserstoffgas und Sauerstoffgas zu bilden.

Seite 775 Nein. Nur weil das System in seinen ursprünglichen Zustand zurückversetzt wird, bedeutet dies nicht, dass auch die Umgebung auf gleiche Weise in ihren ursprünglichen Zustand zurückversetzt wird.

Seite 777 ΔS hängt nicht nur von Q, sondern auch von Q_{rev} ab. Obwohl es so viele mögliche Wege gibt, über die ein System von seinem Anfangs- zum Endzustand gelangen kann, gibt es immer nur einen umkehrbaren, isothermen Weg zwischen zwei Zuständen. Daher hat ΔS nur einen bestimmten Wert, unabhängig von dem Weg, der zwischen Zuständen genommen wird.

Seite 779 Rosten ist ein spontaner Prozess, deshalb muss $\Delta S_{Universum}$ positiv sein. Daher muss die Entropie der Umgebung steigen und dieser Anstieg muss größer als die Entropiesenkung des Systems sein.

Seite 780 Ein Molekül kann schwingen (Atome bewegen sich relativ zueinander) und drehen, während ein einzelnes Atom diese Bewegungen nicht ausführen kann.

Seite 782 $S = 0$, basierend auf Gleichung 19.5 und die Tatsache, dass ln 1 = 0.

Seite 788 Es muss ein perfekter Kristall bei 0 K sein (Dritter Hauptsatz der Thermodynamik).

Seite 791 Nimmt immer zu (positives ΔS).

Seite 793 In jedem spontanen Prozess nimmt die Entropie des Universums zu. In jedem spontanen Prozess, der bei konstanter Temperatur wirkt, nimmt die freie Enthalpie des Systems ab.

Seite 795 Er gibt an, dass der Vorgang, auf den sich die thermodynamische Größe bezieht, unter Normalbedingungen stattgefunden hat, wie Tabelle 19.3 zusammenfasst.

Seite 797 Über dem Siedepunkt ist Verdampfung spontan, so dass $\Delta G < 0$. Da $\Delta H - T\Delta S < 0$, ist $\Delta H < T\Delta S$.

Kapitel 20

Seite 812 Dies ist schwierig. Wenn wir uns C als +4 vorstellen (wie es in CO_2 sein würde), dann muss N −5 sein. Wenn wir uns jedoch C als +2 (wie es in CO sein würde), dann müsste N −3 sein. Am besten kann man sagen, dass die *Summe* der Oxidationsstufen des Kohlenstoffatoms und Stickstoffatoms in Zyanid −1 ist und die Oxidationsstufen einzelnen Atomen nicht zugeordnet werden.

Seite 816 Nein. Elektronen sollten in den Halbreaktionen erscheinen, aber sich aufheben, wenn die Halbreaktionen richtig aufgestellt sind. Wenn Sie also eine Redoxgleichung ausgleichen wollen und am Ende mit e^- auf beiden Seiten des Reaktionspfeils wiederfinden, sollten Sie zurückgehen und Ihre Arbeit überprüfen.

Seite 821 Weil an der Anode die Oxidation stattfindet. Da Elektronen von der Anode entfernt werden, müssen negativ geladene Anionen zur Anode wandern, um das Ladungsgleichgewicht beizubehalten.

Seite 823 Die Oberflächenatome. Sie sind die einzigen, die verfügbar sind, um mit den Kupferionen in Kontakt zu kommen.

Seite 825 Ja.

Seite 828 1 atm Druck von $Cl_2(g)$ und 1 M Lösung von $Cl^-(aq)$.

Seite 830 Wahr, da $\Delta E°_{Zelle} = E°$ (Kathode) $- E°$ (Anode) und ein kleineres $\Delta E°_{Zelle}$ bedeutet eine kleinere treibende Kraft für die Redox-Gesamtreaktion.

Seite 835 $Pb(s)$ ist stärker, weil es in der Spannungsreihe über $Hg(l)$ steht, was bedeutet, dass es eher Elektronen abgibt.

Seite 850 Al, Zn.

Kapitel 21

Seite 865 Nein. Da Phosphor ein Element der dritten Periode ist, hat es keine Kapazität, stärkere π-Bindungen zu bilden. Stattdessen liegt es als ein Festkörper vor, in dem die Phosphoratome eine Einfachbindung miteinander eingehen.

Seite 872 Nein. Wie Abbildung 22.7 zeigt, ist die freie Enthalpie der Bildung von $H_2Se(g)$ positiv, was anzeigt, dass die Gleichgewichtskonstante für die Reaktion klein sein wird (Abschnitt 19.7).

Seite 880 Ja, das Brom ist in der Oxidationsstufe +5 und einfacher in einen niedrigeren Oxidationszustand reduzierbar, wie 0 oder −1.

Seite 884 HIO_3. Beachten Sie, dass das Jod im Oxidationszustand +5 bleibt.

Seite 890 Nein, die Oxidationszahl von Schwefel ist bei Reaktanten und Produkten gleich.

Seite 896 Das Stickstoffatom in Salpetersäure hat die Oxidationszahl von +5 und das in salpetriger Säure hat die Oxidationszahl von +3.

Seite 906 $MgCO_3(s)$.

Kapitel 22

Seite 925 $[Fe(H_2O)_6]^{3+}(aq) + SCN^-(aq) \longrightarrow [Fe(H_2O)_5NCS]^{2+}(aq) + H_2O(l)$.

Seite 926 (a) tetraedrisch und quadratisch eben; (b) oktaedrisch.

Seite 929 Jedes NH_3 hat ein Donoratom. Daher muss das CO_3^{2-}-Ion zwei Donoratome haben, um dem Kobaltatom eine Koordinationszahl von 6 zu geben. Daher wirkt CO_3^{2-} als ein zweizähniger Ligand.

Seite 940 Die zwei Verbindungen haben die gleiche Zusammensetzung und die gleichen Bindungen, aber sie sind optische Isomere (nicht deckungsgleiche Spiegelbilder). Das d-Isomer dreht linear-polarisiertes Licht nach rechts (rechtsdrehend), während das l-Isomer linear-polarisiertes Licht nach links dreht (linksdrehend).

Seite 943 (a) $[Ar]4s^2 3d^7$, drei ungepaarte Elektronen; (b) $[Ar]3d^6$, vier ungepaarte Elektronen.

Seite 946 (oben) Die d_{z^2}- und $d_{x^2-y^2}$-Orbitale.

Seite 946 (Mitte) Das Ti(IV)-Ion hat keine d-Elektronen, daher kann es keine d-d-Übergänge geben, welche die Übergänge sind, die gewöhnlich für die Farbe der Übergangsmetallverbindungen verantwortlich sind.

Anhang H: Glossar

Absorptionsspektrum Die Lichtmenge, die von einer Probe als Funktion der Wellenlänge absorbiert wird (*Abschnitt 22.5*).

Actinoide Elemente mit den Ordungszahlen 90 bis 103, in denen die 5*f*-Orbitale schrittweise besetzt werden (*Abschnitt 6.8*).

Additionspolymerisierung Polymerisierung, die durch Kopplung von Monomeren miteinander auftritt, dabei werden in der Reaktion keine anderen Produkte gebildet (*Abschnitt 12.2*).

Additionsreaktion Eine Reaktion, bei der ein Reagenz sich an die beiden Kohlenstoffatome einer Kohlenstoff–Kohlenstoff-Mehrfachbindung addiert.

Adsorption Die Bindung von Molekülen an eine Oberfläche (*Abschnitt 14.7*).

Aggregatzustände Die drei Formen, die Materie annehmen kann: Feststoff, Flüssigkeit und Gas (*Abschnitt 1.2*).

aktives Zentrum Bestimmte Stelle an einem heterogenen Katalysator oder Enzym, an dem die Katalyse stattfindet (*Abschnitt 14.7*).

aktivierter Komplex (Übergangszustand) Die besondere Anordnung von Atomen, die man am Scheitelpunkt der Kurve der potenziellen Energie findet, wenn eine Reaktion von Reaktanten zu Produkten voranschreitet (*Abschnitt 14.5*).

Aktivierungsenergie (E_a) Die minimal benötigte Energie um eine Reaktion auszulösen; die Höhe der Energiebarriere zur Bildung von Produkten (*Abschnitt 14.5*).

Aktivität Die Zerfallsgeschwindigkeit eines radioaktiven Materials, im Allgemeinen als die Zahl der Zerfälle pro Zeiteinheit ausgedrückt.

Aktivkohle Eine Form von Kohlenstoff, die entsteht, wenn Holz mit einem Unterschuss an Sauerstoff stark erhitzt wird; wird als Adsorbens verwendet (*Abschnitt 21.9*).

Aldehyd Eine organische Verbindung, die eine Carbonylgruppe, an die mindestens ein Wasserstoffatom gebunden ist, enthält.

Alkalimetalle Mitglieder der Gruppe 1A des Periodensystems (*Abschnitt 7.7*).

Alkane Verbindungen von Kohlenstoff und Wasserstoff, die nur Kohlenstoff–Kohlenstoff-Einfachbindungen enthalten; gesättigte Kohlenwasserstoffe; allgemeine Formel C_nH_{2n+2} (*Abschnitt 2.9*).

Alkene Kohlenwasserstoffe, die eine Kohlenstoff–Kohlenstoff-Doppelbindung enthalten; allgemeine Formel C_nH_{2n}.

Alkine Kohlenwasserstoffe, die eine Kohlenstoff–Kohlenstoff-Dreifachbindung enthalten; allgemeine Formel C_nH_{2n-2}.

Alkohol Eine organische Verbindung, die durch Substitution eines Wasserstoffatoms in einem Kohlenwasserstoff durch eine Hydroxylgruppe (—OH) erhalten wird (*Abschnitt 2.9*).

Alkylgruppe Eine Gruppe, die durch Entfernen eines Wasserstoffatoms aus einem Alkan entsteht.

Alpha- (α-) Aminosäure Eine Carbonsäure, die eine Aminogruppe (—NH$_2$) enthält, die an ein der funktionellen Carbonsäuregruppe (—COOH) benachbartes Kohlenstoffatom gebunden ist.

Alpha- (α-) Helix Eine Proteinstruktur, in der das Protein in Form einer Helix gerollt ist, mit Wasserstoffbrückenbindungen zwischen C=O- und N—H-Gruppen auf gegenüberliegenden Windungen.

Alphateilchen Teilchen, die identisch mit Helium-4 Kernen sind, die aus zwei Protonen und zwei Neutronen bestehen, Symbol $^4_2\text{He}^{2+}$ oder $^4_2\alpha$.

Amid Eine organische Verbindung mit einer NR$_2$-Gruppe, verbunden mit einer Carbonylgruppe.

Amin Eine Verbindung, die sich vom Ammoniak ableitet mit der allgemeinen Formel R$_3$N, wobei R gleich H oder eine Kohlenwasserstoffgruppe sein kann (*Abschnitt 16.7*).

amphiprotisch (siehe **amphoter**).

amphoter Kann sowohl als Säure als auch als Base reagieren (*Abschnitte 16.2 und 17.5*).

angeregter Zustand Ein Energiezustand mit höherer Energie als der Grundzustand (*Abschnitt 6.3*).

Ångström Eine gängige Nicht-SI-Einheit für die Länge, angegeben als Å, die man zur Messung von atomaren Dimensionen verwendet: 1 Å = 10^{-10} m (*Abschnitt 2.3*).

Anion Ein negativ geladenes Ion (*Abschnitt 2.7*).

Anode Eine Elektrode, an der die Oxidation stattfindet (*Abschnitt 20.3*).

antibindendes Molekülorbital Ein Molekülorbital, in dem die Elektronendichte außerhalb des Bereichs zwischen den beiden Kernen der aneinander gebundenen Atome konzentriert ist. Die Orbitale, die als σ^* oder π^* bezeichnet werden, sind weniger stabil (haben höhere Energie) als bindende Molekülorbitale (*Abschnitt 9.7*).

Äquivalenzpunkt Der Punkt bei einer Titration, an dem äquivalente Mengen des zugegebenen Stoffes und des in der Lösung vorhandenen Stoffes miteinander reagiert haben (*Abschnitt 4.6*).

Arbeit Die Bewegung eines Objekts gegen eine Kraft (*Abschnitt 5.1*).

aromatische Kohlenwasserstoffe Kohlenwasserstoffverbindungen, die eine ebene, ringförmige Anordnung von Kohlenstoffatomen enthalten, die sowohl durch lokalisierte σ- und delokalisierte π-Bindungen verbunden sind.

Arrheniusgleichung Eine Gleichung, die die Geschwindigkeitskonstante einer Reaktion mit dem Frequenzfaktor, A, der Aktivierungsenergie, E_a und der Temperatur, T: $k = Ae^{-E_a/RT}$ in Beziehung setzt. In ihrer logarithmischen Form schreibt man sie als $\ln k = -E_a/RT + \ln A$ (*Abschnitt 14.5*).

Atmosphäre (atm) Eine Einheit für den Druck, gleich 760 Torr; 1 atm = 101,325 kPa (*Abschnitt 10.2*).

Atom Das kleinste repräsentative Teilchen eines Elements (*Abschnitte 1.1 und 2.1*).

Atomgewicht Die durchschnittliche Masse der Atome eines Elements in Atommasseneinheiten (ame); sie ist numerisch gleich der Masse in Gramm eines Mols dieses Elements (*Abschnitt 2.4*).

Atommasseneinheit (ame) Eine Einheit, die auf dem Wert von exakt 12 ame für die Masse des Isotops von Kohlenstoff basiert, das sechs Protonen und sechs Neutronen in seinem Kern hat (*Abschnitte 2.3 und 3.3*).

Atomradius Eine Abschätzung der Größe eines Atoms. Siehe **Bindungsradius** (*Abschnitt 7.3*).

Ausfällreaktion (Fällungsreaktion) Eine Reaktion, die zwischen Substanzen in Lösung auftritt, bei der eines der Produkte unlöslich ist (*Abschnitt 4.2*).

Auslaugen Die selektive Auflösung eines gewünschten Minerals mittels Durchleiten einer wässrigen Reagenzlösung durch ein Erz.

Austausch- (Metathese-) Reaktion Eine Reaktion zwischen Verbindungen, die, wenn sie als molekulare Gleichung geschrieben wird, aussieht, als würde sie den Austausch von Ionen zwischen den beiden Reaktanten beinhalten (*Abschnitt 4.2*).

Autodissoziation Der Vorgang, bei dem Wasser durch Protonentransfer von einem Wassermolekül zu einem anderen spontan kleine Konzentrationen von H$^+$(*aq*)- und OH$^-$(*aq*)-Ionen bildet (*Abschnitt 16.3*).

Avogadro'sches Gesetz Eine Aussage, dass das Volumen eines Gases, das bei konstanter Temperatur und konstantem Druck gehalten wird, direkt proportional zur Molzahl des Gases ist (*Abschnitt 10.3*).

Avogadrokonstante Die Anzahl von ^{12}C Atomen in exakt 12 g von ^{12}C; sie ist gleich $6,022 \times 10^{23}$ (*Abschnitt 3.4*).

Band Eine Anordnung von dicht benachbarten Molekülorbitalen, die einen bestimmten Energiebereich umfassen (*Abschnitt 12.1*).

Bandlücke Die Energielücke zwischen dem Valenzband und dem Leitungsband (*Abschnitt 12.1*).

bar Eine Einheit für den Druck, gleich 10^5 Pa (*Abschnitt 10.2*).

Base Eine Substanz, die ein H^+-Akzeptor ist; eine Base produziert einen Überschuss von $OH^-(aq)$-Ionen, wenn sie sich in Wasser löst (*Abschnitt 4.3*).

Basenanhydrid (basisches Oxid) Ein Oxid, das bei Zugabe von Wasser eine Base bildet; lösliche Metalloxide sind Basenanhydride.

Basenkonstante (K_B) Eine Gleichgewichtskonstante, die das Maß angibt, in dem eine Base mit dem Lösungsmittel Wasser, unter Aufnahme eines Protons und Bildung von $OH^-(aq)$, reagiert (*Abschnitt 16.7*).

Batterie Eine in sich geschlossene, elektrochemische Stromquelle, die eine oder mehrere galvanische Zellen enthält (*Abschnitt 20.7*).

Bayer-Prozess Ein hydrometallurgisches Verfahren zur Reinigung von Bauxit bei der Gewinnung von Aluminium aus bauxit-haltigen Erzen.

Becquerel Die SI-Einheit für Radioaktivität. Sie entspricht einem Kernzerfall pro Sekunde.

Beer'sches Gesetz Das Licht, das von einer Substanz (*A*) absorbiert wird, ist gleich dem Produkt seiner molaren Absorptionskonstanten (*a*), der Weglänge, durch die das Licht geht (*b*), und der molaren Konzentration der Substanz (*c*): $A = abc$ (*Abschnitt 14.2*).

Betateilchen Vom Atomkern beim radioaktiven Zerfall emittierte energiereiche Elektronen, Symbol $_{-1}^{0}e$.

Bildungsenthalpie (Bildungswärme) Die Enthalpieänderung, die die Bildung einer Substanz aus den stabilsten Formen der Elemente begleitet, aus denen sie gebildet wird (*Abschnitt 5.7*).

Bildungskonstante Die Gleichgewichtskonstante für die Bildung eines Komplexes aus einem Metall-Ion und Liganden, die in der Lösung vorhanden sind. Sie ist ein Maß für die Tendenz des Komplexes sich zu bilden (*Abschnitt 17.5*).

Bildungsreaktion Eine chemische Reaktion, bei der sich zwei oder mehrere Substanzen verbinden, um ein einzelnes Produkt zu bilden (*Abschnitt 3.2*).

bimolekulare Reaktion Eine Elementarreaktion, an der zwei Moleküle beteiligt sind (*Abschnitt 14.6*).

bindendes Elektronenpaar In einer Lewis-Strukturformel ein Elektronenpaar, das von zwei Atomen geteilt wird (*Abschnitt 9.2*).

bindendes Molekülorbital Ein Molekülorbital, in dem die Elektronendichte im Zwischenkernbereich konzentriert ist. Die Energie eines bindenden Molekülorbitals ist niedriger als die Energie der separaten Atomorbitale, aus denen es gebildet wird (*Abschnitt 9.7*).

Bindungsdipol Das Dipolmoment, das auf der ungleichen Elektronenverteilung zwischen zwei Atomen in einer kovalenten Bindung beruht (*Abschnitt 9.3*).

Bindungsenthalpie Die Enthalpieänderung, ΔH, die nötig ist, um eine bestimmte Bindung zu brechen, wenn sich die Substanz in der Gasphase befindet (*Abschnitt 8.8*).

Bindungsisomere Strukturisomere von Koordinationsverbindungen, in denen ein Ligand in der Bindungsart zum Zentralatom abweicht.

Bindungslänge Der Abstand zwischen den Zentren der beiden verbundenen Atome (*Abschnitt 8.8*).

Bindungsordnung Bindungsordnung = (Zahl der bindenden Elektronen − Zahl der antibindenden Elektronen)/2 (*Abschnitt 9.7*).

Bindungspolarität Ein Maß für den Grad, in dem die Elektronen ungleich zwischen zwei Atomen in einer chemischen Bindung verteilt sind (*Abschnitt 8.4*).

Bindungsradius Der Radius eines Atoms, der durch die Abstände definiert wird, die es von anderen Atomen trennt, mit denen es chemisch verbunden ist (*Abschnitt 7.3*).

Bindungswinkel Die Winkel, die durch die Linien gebildet werden, die die Kerne der Atome in einem Molekül verbinden (*Abschnitt 9.1*).

Biochemie Die Erforschung der Chemie der lebenden Systeme.

biokompatibel Jede Substanz oder jedes Material, das man kompatibel in lebende Systeme platzieren kann (*Abschnitt 12.3*).

biologisch abbaubar Organisches Material, das Bakterien oxidieren können (*Abschnitt 18.6*).

Biomaterial Jedes Material, das eine biomedizinische Anwendung hat (*Abschnitt 12.3*).

Biopolymer Ein polymeres Molekül mit hohem Molekulargewicht, das man in lebenden Systemen findet. Die drei Hauptklassen von Biopolymeren sind Proteine, Kohlenhydrate und Nukleinsäuren.

Bombenkalorimeter Ein Gerät zur Messung der bei der Verbrennung einer Substanz bei konstantem Volumen entwickelten Wärme (*Abschnitt 5.5*).

Borane Bor–Wasserstoff-Verbindungen (*Abschnitt 21.11*).

Born-Haber-Kreisprozess Ein thermodynamischer Kreisprozess, basierend auf dem Hess'schen Satz, das die Gitterenergie einer ionischen Verbindung in Beziehung zu ihrer Bildungsenthalpie und anderen messbaren Größen setzt (*Abschnitt 8.2*).

Boyle'sches Gesetz Ein Gesetz, das besagt, dass bei konstanter Temperatur das Produkt von Volumen und Druck einer gegebenen Menge Gas eine Konstante ist (*Abschnitt 10.3*).

Brennstoffzelle Eine galvanische Zelle, die die Oxidation eines konventionellen Brennstoffs, wie z. B. H_2 oder CH_4, in der Zellreaktion ausnützt (*Abschnitt 20.7*).

Brennwert Die Energie, die freigesetzt wird, wenn 1 g einer Substanz verbrannt wird (*Abschnitt 5.8*).

Brønsted–Lowry Base Eine Substanz (Molekül oder Ion), die als Protonenakzeptor agiert (*Abschnitt 16.2*).

Brønsted–Lowry Säure Eine Substanz (Molekül oder Ion), die als Protonendonor agiert (*Abschnitt 16.2*).

Carbid Eine binäre Verbindung von Kohlenstoff mit einem Metall oder Metalloid (*Abschnitt 21.9*).

Carbonsäure Eine Verbindung, die die —COOH-Gruppe enthält (*Abschnitt 16.10*).

Carbonylgruppe Die C=O-Gruppe, ein Hauptmerkmal von Ketonen und Aldehyden.

Celsiusskala Eine Temperaturskala, auf der Wasser auf Meereshöhe bei 0° gefriert und bei 100° siedet (*Abschnitt 1.4*).

Charles'sches Gesetz Ein Gesetz, das besagt, dass bei konstantem Druck das Volumen einer gegebenen Menge Gas proportional zur absoluten Temperatur ist (*Abschnitt 10.3*).

Chelateffekt Die im Allgemeinen größere Bildungskonstante mit mehrzähnigen Liganden, verglichen mit den korrespondierenden einzähnigen Liganden (*Abschnitt 22.2*).

Chelatligand Ein mehrzähniger Ligand, der in der Lage ist, zwei oder mehr Stellen der Koordinationssphäre zu besetzen (*Abschnitt 22.2*).

Chemie Die Wissenschaftsdisziplin, die die Zusammensetzung, Eigenschaften und Umwandlungen von Materie behandelt (*Kapitel 1: Einleitung*).

chemische Bindung Eine starke Anziehungskraft, die zwischen Atomen in einem Molekül besteht (*Abschnitt 8.1*).

chemische Eigenschaften Eigenschaften, die die Zusammensetzung und Reaktivität einer Substanz beschreiben; wie die Substanz reagiert oder sich in andere Substanzen umwandelt (*Abschnitt 1.3*).

chemische Formel Eine Schreibweise, die chemische Symbole mit numerischen Indizes verwendet, um die Zahlenverhältnisse der Atome der verschiedenen Elemente in einer Substanz zu vermitteln (*Abschnitt 2.6*).

chemische Gleichung Eine Wiedergabe einer chemischen Reaktion mit den chemischen Formeln der Reaktanten und Produkte; eine ausgeglichene chemische Gleichung enthält gleiche Zahlen von Atomen von jedem Element auf beiden Seiten der Gleichung (*Abschnitt 3.1*).

chemische Kinetik Der Bereich der Chemie, der sich mit den Geschwindigkeiten befasst, mit denen chemische Reaktionen ablaufen (*Kapitel 14: Einleitung*).

chemische Nomenklatur Die Regeln, die man bei der Namensgebung von Substanzen anwendet (*Abschnitt 2.8*).

chemische Reaktionen Prozesse, in denen eine oder mehrere Substanzen in andere Substanzen umgewandelt werden; auch **chemische Umwandlungen** genannt (*Abschnitt 1.3*).

chemisches Gleichgewicht Ein Zustand von dynamischem Gleichgewicht, in dem die Bildungsgeschwindigkeit der Produkte einer Reaktion aus den Reaktanten gleich der Bildungsgeschwindigkeit der Reaktanten aus den Produkten ist; im Gleichgewicht bleibt die Konzentration von Reaktanten und Produkten konstant (*Abschnitt 4.1; Kapitel 15: Einleitung*).

chiral Ein Ausdruck, der ein Molekül oder ein Ion beschreibt, das nicht deckungsgleich mit seinem Spiegelbild ist (*Abschnitt 22.4*).

Chlorophyll Ein Pflanzenfarbstoff, der eine Hauptrolle bei der Umwandlung von Sonnenenergie in chemische Energie bei der Photosynthese spielt (*Abschnitt 22.2*).

cholesterische Flüssigkristallphase Ein Flüssigkristall, der aus flachen, scheibenförmigen Molekülen gebildet wird, die sich durch Stapeln der Molekülscheiben ausrichten (*Abschnitt 12.5*).

Copolymer Ein komplexes Polymer, das durch die Polymerisierung von zwei oder mehr chemisch unterschiedlichen Monomeren entsteht (*Abschnitt 12.2*).

Curie Ein Maß für Radioaktivität: 1 Curie = $3{,}7 \times 10^{10}$ Kernzerfälle pro Sekunde (*Abschnitt 21.4*).

Cycloalkane Gesättigte Kohlenwasserstoffe der allgemeinen Formel C_nH_{2n}, in denen die Kohlenstoffatome einen geschlossenen Ring bilden.

d-d-Übergang Der Übergang eines Elektrons zwischen einem d-Orbital mit niedrigerer Energie und einem d-Orbital mit höherer Energie (*Abschnitt 22.6*).

Dalton'sches Partialdruckgesetz Ein Gesetz, das besagt, dass der Gesamtdruck einer Mischung von Gasen gleich der Summe der Drücke ist, die jedes ausüben würde, wenn es alleine vorhanden wäre (*Abschnitt 10.6*).

Dampf Gasförmiger Zustand für jede Substanz, die normalerweise als Flüssigkeit oder Feststoff existiert (*Abschnitt 10.1*).

Dampfdruck Der Druck, der durch einen Dampf im Gleichgewicht mit seiner flüssigen oder festen Phase ausgeübt wird (*Abschnitt 11.5*).

delokalisierte Elektronen Elektronen, die über eine Anzahl von Atomen in einem Molekül verteilt sind, statt zwischen einem Atompaar lokalisiert zu sein (*Abschnitt 9.6*).

Desoxyribonukleinsäure (DNS) Ein Polynukleotid, in dem die Zuckerkomponente Desoxyribose ist.

Deuterium Das Wasserstoffisotop, dessen Kern ein Proton und ein Neutron enthält: $^{2}_{1}H$ (*Abschnitt 21.2*).

Diamagnetismus Eine Art des Magnetismus, bei dem eine Substanz ohne ungepaarte Elektronen von einem Magnetfeld schwach abgestoßen wird (*Abschnitt 9.8*).

Dichte Das Verhältnis der Masse eines Objektes zu seinem Volumen (*Abschnitt 1.4*).

Diffusion Die Ausbreitung einer Substanz durch einen Raum, der von einer oder mehreren Substanzen besetzt ist (*Abschnitt 10.8*).

Dimensionsanalyse Eine Methode der Aufgabenlösung, in der Einheiten durch alle Berechnungen mitgenommen werden. Die Dimensionsanalyse stellt sicher, dass das Endergebnis einer Berechnung die richtigen Einheiten hat (*Abschnitt 1.6*).

Dipol Ein Molekül, dessen eines Ende eine leicht negative Ladung und dessen anderes Ende eine leicht positive Ladung hat; ein polares Molekül (*Abschnitt 8.4*).

Dipol-Dipol-Wechselwirkung Die Kraft, die aufgrund der Wechselwirkungen von Dipolen an polaren Molekülen existiert, die in nahem Kontakt stehen (*Abschnitt 11.2*).

Dipolmoment Ein Maß für den Abstand und die Größe der positiven und negativen Ladungen in polaren Molekülen (*Abschnitt 8.4*).

Disproportionierung Eine Reaktion, bei der eine Substanz gleichzeitig oxidiert und reduziert wird [wie in $N_2O_3(g) \longrightarrow NO(g) + NO_2(g)$] (*Abschnitt 22.5*).

Donoratom Das Atom eines Liganden, das sich mit dem Metall verbindet (*Abschnitt 24.1*).

Doppelbindung Eine kovalente Bindung, die zwei Elektronenpaare beinhaltet (*Abschnitt 8.3*).

Doppelhelix Die Struktur für DNS, die das Zusammenwinden von zwei DNS Polynukleotidketten in eine helikale Anordnung beinhaltet. Die beiden Stränge der Doppelhelix sind insofern komplementär, als dass die Basen der beiden Stränge zur optimalen Wasserstoffbrückenbindungsinteraktion gepaart sind (*Abschnitt 25.11*).

Dotierung Einbau eines Fremdatoms in einen Festkörper, um seine elektrischen Eigenschaften zu ändern. Zum Beispiel Einbau von P in Si (*Abschnitt 12.1*).

Downs-Zelle Eine Zelle, die zur Gewinnung von Natriummetall durch Elektrolyse von geschmolzenem NaCl verwendet wird (*Abschnitt 23.4*).

Dreifachbindung Eine kovalente Bindung, die drei Elektronenpaare beinhaltet (*Abschnitt 8.3*).

Dritter Hauptsatz der Thermodynamik Ein Hauptsatz, der besagt, dass die Entropie eines reinen kristallinen Feststoffs am absoluten Temperaturnullpunkt gleich Null ist: $S(0\ K) = 0$ (*Abschnitt 19.3*).

Druck Ein Maß für die Kraft, die auf eine Flächeneinheit ausgeübt wird. In der Chemie wird Druck häufig in Einheiten von Atmosphären (atm) oder Torr ausgedrückt: 760 Torr = 1 atm; in SI-Einheiten wird der Druck in Pascal (Pa) ausgedrückt (*Abschnitt 10.2*).

Druck-Volumen-Arbeit (pV) Die Arbeit, die bei der Expansion eines Gases gegen einen Druckwiderstand ausgeübt wird (*Abschnitt 5.3*).

Duroplast Ein Kunststoff, der, wenn er einmal in eine bestimmte Form gegossen wurde, nicht leicht durch Anwendung von Wärme und Druck verformt werden kann (*Abschnitt 12.2*).

dynamisches Gleichgewicht Ein Gleichgewichtszustand, bei dem entgegengesetzte Prozesse mit der gleichen Geschwindigkeit ablaufen (*Abschnitt 11.5*).

Edelgase Mitglieder der Gruppe 8A des Periodensystems (*Abschnitt 7.8*).

Effekt gemeinsamer Ionen Eine Verschiebung eines Gleichgewichts, induziert durch ein im Gleichgewicht gemeinsames Ion. Zum Beispiel senkt die Zugabe von Na_2SO_4 die Löslichkeit des schwer löslichen Salzes $BaSO_4$, oder die Zugabe von $NaCH_3COO$ senkt den Dissoziationsgrad von CH_3COOH (*Abschnitt 17.1*).

effektive Kernladung Die positive Nettoladung, die ein Elektron in einem Mehrelektronenatom erfährt; diese Ladung ist nicht die volle Kernladung, da eine gewisse Abschirmung des Kerns durch die anderen Elektronen in dem Atom vorhanden ist (*Abschnitt 7.2*).

Effusion Der Austritt eines Gases durch eine Öffnung oder ein Loch (*Abschnitt 10.8*).

Eigenschaft Ein Merkmal, das einer Materieprobe ihre einzigartige Identität verleiht (*Abschnitt 1.1*).

Einfachbindung Eine kovalente Bindung, die ein Elektronenpaar involviert (*Abschnitt 8.3*).

einzähniger Ligand Ein Ligand, der sich mittels eines einzigen Donoratoms an ein Zentralatom bindet. Er besetzt eine Position in der Koordinationssphäre.

Elastomer Ein Material, das eine beträchtliche Formänderung durch Strecken, Biegen oder Kompression durchlaufen kann und das nach Aufhebung der verzerrenden Kraft in seine Ausgangsform zurückkehrt (*Abschnitt 12.2*).

Elektrochemie Der Zweig der Chemie, der sich mit den Beziehungen zwischen Elektrizität und chemischen Reaktionen beschäftigt (*Kapitel 20: Einleitung*).

Elektrolysereaktion Eine Reaktion, bei der eine nichtspontane Redoxreaktion durch das Durchleiten von Strom unter einer ausreichenden äußeren elektrischen Spannung herbeigeführt wird. Die Geräte, in denen Elektrolysereaktionen durchgeführt werden, werden Elektrolysezellen genannt (*Abschnitt 20.9*).

Elektrolysezelle Ein Gerät, in dem eine nichtspontane Redox-Reaktion durch das Durchleiten von Strom unter einer ausreichenden äußeren elektrischen Spannung herbeigeführt wird (*Abschnitt 20.9*).

Elektrolyt Ein gelöster Stoff, der in Lösung in Ionen dissoziiert; eine Elektrolytlösung leitet den elektrischen Strom (*Abschnitt 4.1*).

elektromagnetische Strahlung (Strahlungsenergie) Eine Energieform, die Wellencharakteristik hat und die durch ein Vakuum mit der charakteristischen Geschwindigkeit von $3{,}00 \times 10^8$ m/s fortschreitet (*Abschnitt 6.1*).

Elektrometallurgie Der Einsatz von Elektrolyse, um ein Metall zu reduzieren oder zu raffinieren.

elektromotorische Kraft (EMK) Ein Maß für die treibende Kraft oder den elektrischen Druck beim Ablauf einer elektrochemischen Reaktion. Die elektromotorische Kraft wird in Volt gemessen: $1\text{ V} = 1\text{ J/C}$. Sie wird auch Zellenspannung genannt (*Abschnitt 20.4*).

Elektron Ein negativ geladenes, subatomares Teilchen, das man außerhalb des Atomkerns findet; es ist ein Teil von allen Atomen. Die Masse eines Elektrons ist 1/1836 der Masse eines Protons (*Abschnitt 2.3*).

Elektronegativität Ein Maß für die Fähigkeit eines Atoms, das an ein anderes Atom gebunden ist, Elektronen an sich zu ziehen (*Abschnitt 8.4*).

Elektronenaffinität Die Energieänderung, die auftritt, wenn ein Elektron zu einem gasförmigen Atom oder Ion hinzugefügt wird (*Abschnitt 7.5*).

Elektronendichte Die Wahrscheinlichkeit, ein Elektron an einer bestimmten Stelle zu finden; diese Wahrscheinlichkeit ist gleich $|\psi|^2$, dem Betragsquadrat der Wellenfunktion (*Abschnitt 6.5*).

Elektroneneinfang Eine Art von radioaktivem Zerfall, bei dem ein Elektron der inneren Schale von einem Kern eingefangen wird (*Abschnitt 21.1*).

Elektronengasmodell Ein Modell für das Verhalten von Elektronen in Metallen.

Elektronenkonfiguration Eine bestimmte Anordnung von Elektronen in den Orbitalen eines Atoms (*Abschnitt 6.8*).

Elektronenladung Die negative Ladung, die ein Elektron trägt; sie hat eine Größe von $1{,}602 \times 10^{-19}$ C (*Abschnitt 2.3*).

Elektronenschale Ein Satz von Orbitalen, die den gleichen Wert für n haben. Zum Beispiel bilden die Orbitale mit $n = 3$ (die $3s$-, $3p$- und $3d$-Orbitale) die dritte Schale (*Abschnitt 6.5*).

Elektronenspin Eine Eigenschaft des Elektrons, die es dazu bringt, sich wie ein kleiner Magnet zu verhalten. Das Elektron verhält sich so, als wenn es sich um seine Achse dreht; der Elektronenspin ist gequantelt (*Abschnitt 6.7*).

Elektronenstruktur Die Anordnung von Elektronen in einem Atom oder Molekül (*Kapitel 6: Einleitung*).

Element Eine Substanz, die mit chemischen Methoden nicht in einfachere Substanzen aufgetrennt werden kann (*Abschnitte 1.1 und 1.2*).

Elementarreaktion Ein Vorgang bei einer chemischen Reaktion, der in einem einzigen Schritt stattfindet. Eine vollständige chemische Reaktion besteht aus einer oder mehreren Elementarreaktionen (*Abschnitt 14.6*).

Elementarzelle Die kleinste Einheit eines Kristalls, die die Struktur des gesamten Kristalls reproduziert, wenn sie in verschiedene Raumrichtungen wiederholt wird. Es ist die sich wiederholende Einheit oder der Grundbaustein des Kristallgitters (*Abschnitt 11.7*).

empirische Formel (einfachste Formel) Eine chemische Formel, die die Atomsorten und ihre Zahlenverhältnisse in einer Substanz im kleinstmöglichen ganzzahligen Verhältnis zeigt (*Abschnitt 2.6*).

Enantiomere Zwei spiegelbildliche Moleküle einer chiralen Substanz. Die Enantiomere sind nicht deckungsgleich.

endothermer Prozess Ein Prozess, in dem ein System Wärme aus seiner Umgebung aufnimmt (*Abschnitt 5.2*).

Energie Das Vermögen, Arbeit zu verrichten oder Wärme zu übertragen (*Abschnitt 5.1*).

Energieniveaudiagramm Ein Diagramm, das die Energien von Molekülorbitalen bezüglich der Atomorbitale zeigt, aus denen sie sich ableiten. Es wird auch **Molekülorbitalschema** genannt (*Abschnitt 9.7*).

entartet Eine Situation, in der zwei oder mehr Orbitale die gleiche Energie haben (*Abschnitt 6.7*).

Enthalpie Eine Größe, die durch die Beziehung $H = U + pV$ definiert wird; die Enthalpieänderung, ΔH, für eine Reaktion, die bei konstantem Druck stattfindet, ist die Wärme, die während der Reaktion abgegeben oder aufgenommen wird: $\Delta H = q_p$ (*Abschnitt 5.3*).

Entropie Eine thermodynamische Funktion, die mit der Zahl der verschiedenen äquivalenten Energiezustände oder räumlichen Anordnungen verknüpft ist, in denen ein System auftreten kann. Sie ist eine thermodynamische Zustandsfunktion, das bedeutet, dass, wenn wir einmal die Bedingungen für ein System spezifiziert haben, d. h. Temperatur, Druck usw., die Entropie definiert ist (*Abschnitte 13.1 und 19.2*).

Entsalzung Das Entfernen von Salzen aus Meerwasser, Sole oder Brackwasser, um es für den menschlichen Genuss aufzubereiten (*Abschnitt 18.5*).

Enzym Ein Proteinmolekül, das bestimmte biochemische Reaktionen katalysiert (*Abschnitt 14.7*).

Erdalkalimetalle Mitglieder der Gruppe 2A des Periodensystems (*Abschnitt 7.7*).

Erdgas Eine natürlich vorkommende Mischung von gasförmigen Kohlenwasserstoffen (*Abschnitt 5.8*).

Erdöl Eine natürlich vorkommende brennbare Flüssigkeit, die aus hunderten von Kohlenwasserstoffen und anderen organischen Verbindungen zusammengesetzt ist (*Abschnitt 5.8*).

erneuerbare Energie Energie wie z. B. Solarenergie, Windenergie und Wasserkraftenergie, die aus schier unerschöpflichen Quellen stammt (*Abschnitt 5.8*).

Erster Hauptsatz der Thermodynamik Eine Aussage unserer Erfahrung, dass bei jedem Vorgang die Energie erhalten bleibt. Wir können den Hauptsatz auf viele Arten ausdrücken. Eine zweckmäßige Weise ist, dass die Änderung der inneren Energie, ΔU, eines Systems bei jedem Vorgang gleich der Wärme, Q, ist, die dem System zugeführt wird, plus der Arbeit, W, die durch die Umgebung an dem System verrichtet wird: $\Delta U = Q + W$ (*Abschnitt 5.2*).

Erz Eine Quelle für ein gewünschtes Element oder Mineral, normalerweise von großen Mengen anderer Materialien wie Sand und Lehm begleitet.

Ester Eine organische Verbindung, bei der eine OR-Gruppe an eine Carbonylgruppe gebunden ist; das Produkt der Reaktion zwischen einer Carbonsäure und einem Alkohol.

Ether Eine Verbindung, in der zwei Kohlenwasserstoffgruppen an einem Sauerstoffatom gebunden sind (*Abschnitt 25.5*).

exothermer Prozess Ein Prozess, bei dem ein System Wärme an seine Umgebung abgibt (*Abschnitt 5.2*).

extensive Eigenschaft Eine Eigenschaft, die von der Menge des betrachteten Materials abhängt; z. B. Masse oder Volumen (*Abschnitt 1.3*).

f-Block Metalle Lanthanoiden- und Actinoiden-Elemente, in denen die $4f$- oder $5f$-Orbitale teilweise besetzt sind (*Abschnitt 6.9*).

Faraday Eine Einheit für die elektrische Ladung, die gleich der Gesamtladung von einem Mol Elektronen ist: $1\,F = 96.500\,C$ (*Abschnitt 20.5*).

Ferromagnetismus Die Fähigkeit einiger Substanzen, durch Ausrichtung von magnetischen Momenten permanent magnetisiert zu werden.

Festkörper Materie, die sowohl eine definierte Form als auch ein definiertes Volumen besitzt (*Abschnitt 1.2*).

flüchtig Tendiert dazu, leicht zu verdampfen (*Abschnitt 11.5*).

Fluorchlorkohlenwasserstoffe Verbindungen, die ausschließlich aus Chlor, Fluor und Kohlenstoff bestehen (*Abschnitt 18.3*).

Flüssigkeit Materie, die ein bestimmtes Volumen, aber keine spezifische Form hat (*Abschnitt 1.2*).

Flüssigkristall Eine Substanz, die eine oder mehrere partiell geordnete flüssige Phasen oberhalb des Schmelzpunkts der festen Form zeigt. Im Gegensatz dazu ist in einer nichtflüssigen kristallinen Substanz die flüssige Phase, die sich beim Schmelzen bildet, vollständig ungeordnet (*Abschnitt 12.5*).

Formalladung Von der Zahl der Elektronen, die einem Atom in einer Lewis-Strukturformel zukommen, wird die Valenzelektronenzahl dieses Atoms subtrahiert. Je nach dem Einzelfall können positive oder negative Formalladungen resultieren, die aber weitgehend fiktiven Charakter haben (*Abschnitt 8.5*).

Formelgewicht Die Masse des Atomkollektivs, das durch eine chemische Formel repräsentiert wird. Zum Beispiel ist das Formelgewicht von NO_2 die Summe der Massen von einem Stickstoffatom und zwei Sauerstoffatomen (*Abschnitt 3.3*).

fossile Brennstoffe Kohle, Erdöl und Erdgas, die momentan unsere Hauptenergiequellen sind (*Abschnitt 5.8*).

freie Enthalpie (Gibbs'sche Energie, G) Eine thermodynamische Zustandsfunktion, die ein Kriterium für eine spontane Änderung hinsichtlich Enthalpie und Entropie gibt: $G = H - TS$ (*Abschnitt 19.5*).

freie Standardbildungsenthalpie (ΔG_f°) Die Änderung der freien Enthalpie bei der Bildung einer Substanz aus ihren Elementen unter Standardbedingungen (*Abschnitt 19.5*).

freies Radikal Eine Substanz mit einem oder mehreren freien Elektronen.

Frequenz Die Anzahl von Wellenlängen, die einen gegebenen Punkt pro Sekunde passieren (*Abschnitt 6.1*).

Frequenzfaktor (A) Ein Ausdruck in der Arrheniusgleichung, der mit der Kollisionsfrequenz und der Wahrscheinlichkeit zusammenhängt, dass die Kollisionen vorteilhaft für eine Reaktion ausgerichtet sind (*Abschnitt 14.5*).

funktionelle Gruppe Ein Atom oder eine Gruppe von Atomen, die einer organischen Verbindung charakteristische chemische Eigenschaften verleiht.

Fusion Die Verbindung von zwei leichteren Atomkernen zu einem schwereren.

galvanisches Element Ein Gerät, in dem eine spontane Redox-Reaktion, mit dem Fluss von Elektronen durch einen externen Kreislauf, abläuft (*Abschnitt 20.3*).

Gammastrahlung Energiereiche elektromagnetische Strahlung, die von einem Kern eines radioaktiven Atoms ausgestrahlt wird (*Abschnitt 21.1*).

Gas Materie, die weder ein definiertes Volumen noch eine definierte Form hat, sie nimmt das Volumen und die Form ihres Behälters an (*Abschnitt 1.2*).

Gaskonstante (R) Die Proportionalitätskonstante in der idealen Gasgleichung (*Abschnitt 10.4*).

Geigerzähler Ein Gerät, das Radioaktivität nachweisen und messen kann.

gelöster Stoff Eine Substanz, die in einem Lösungsmittel gelöst ist; es ist normalerweise die Komponente einer Lösung, die in der kleineren Menge vorliegt (*Abschnitt 4.1*).

Genauigkeit Ein Maß dafür, wie nah einzelne Messungen am korrekten oder „wahren" Wert liegen (*Abschnitt 1.5*).

geometrische Isomere Verbindungen mit der gleichen Art und Anzahl von Atomen und den gleichen chemischen Bindungen, aber verschiedenen räumlichen Anordnungen dieser Atome und Bindungen (*Abschnitt 22.4*).

gepufferte Lösung (Puffer) Eine Lösung, die bei der Zugabe einer gewissen Menge Säure oder Base nur eine begrenzte Änderung des pH zeigt (*Abschnitt 17.2*).

Gesamtreaktionsordnung Die Summe der Reaktionsordnungen aller Reaktanten, die in dem Geschwindigkeitsausdruck erscheinen, wenn die Reaktionsgeschwindigkeit als Reaktionsschwindigkeit $= k[A]^a[B]^b...$ ausgedrückt werden kann (*Abschnitt 14.3*).

gesättigte Lösung Eine fester Stoff steht mit seiner Lösung im Gleichgewicht (*Abschnitt 13.2*).

geschwindigkeitbestimmender Schritt Der langsamste Elementarschritt in einem Reaktionsmechanismus (*Abschnitt 14.6*).

Geschwindigkeitsgesetz Eine Gleichung, die die Reaktionsgeschwindigkeit zu den Konzentrationen der Reaktanten in Beziehung setzt (*Abschnitt 14.3*).

Geschwindigkeitskonstante Eine Proportionalitätskonstante zwischen der Reaktionsgeschwindigkeit und den Konzentrationen der Reaktanten, die im Geschwindigkeitsgesetz auftreten (*Abschnitt 14.3*).

Gesetz der konstanten Proportionen Ein Gesetz, das besagt, dass die elementare Zusammensetzung einer reinen Verbindung immer gleich ist, unabhängig von ihrer Quelle (*Abschnitt 1.2*).

Gesetz von der Erhaltung der Masse Ein wissenschaftliches Gesetz, das besagt, dass die Gesamtmasse der Produkte einer chemischen Reaktion gleich der Gesamtmasse der Reaktanten ist, so dass die Masse während einer Reaktion konstant bleibt (*Abschnitt 3.1*).

Gitterenergie Die notwendige Energie, um die Ionen in einem ionischen Feststoff vollständig zu trennen (*Abschnitt 8.2*).

Glas Ein amorpher Feststoff, der häufig durch die Verschmelzung von SiO_2, CaO und Na_2O entsteht. Andere Oxide können verwendet werden, um Gläser mit anderen Eigenschaften herzustellen (*Abschnitt 21.10*).

Gleichgewichtsausdruck Der Ausdruck, der die Beziehung zwischen den Konzentrationen (oder Partialdrücken) der im Gleichgewicht vorhandenen Substanzen beschreibt. Der Zähler wird durch Multiplikation der Konzentrationen der Substanzen auf der Produktseite der Gleichung erhalten, jede in der Potenz, die gleich ihrem stöchiometrischen Koeffizienten in der chemischen Gleichung ist. Der Nenner wird entsprechend aus der Reaktantenseite der Gleichgewichtsgleichung abgeleitet (*Abschnitt 15.2*).

Gleichgewichtskonstante Der numerische Wert für den Gleichgewichtsausdruck für ein System im Gleichgewicht. Die Gleichgewichtskonstante wird üblicherweise als K_p für Gasphasensysteme oder K_c für Lösungsgleichgewichte angegeben (*Abschnitt 15.2*).

Glukose Ein Zucker, dessen Formel $CH_2OH(CHOH)_4CHO$ ist; es ist das wichtigste Monosaccharid.

Glykogen Der allgemeine Name für Polysaccharide aus Glukoseeinheiten, die in Säugetieren produziert werden und die zur Speicherung von Energie aus Kohlenhydraten verwendet werden.

Graham'sches Gesetz Ein Gesetz, das besagt, dass die Effusionsgeschwindigkeit eines Gases umgekehrt proportional zur Quadratwurzel seiner Molmasse ist (*Abschnitt 10.8*).

Gray (Gy) Die SI-Einheit für die Strahlendosis entsprechend der Absorption von 1 J Energie pro Kilogramm Gewebe; 1 Gy = 100 rad.

Grundzustand Der Zustand niedrigster Energie oder der stabilste Zustand (*Abschnitt 6.3*).

Gruppe Elemente, die in der gleichen Spalte des Periodensystems stehen; Elemente in der gleichen Gruppe oder Familie zeigen in ihrem chemischen Verhalten Ähnlichkeiten (*Abschnitt 2.5*).

Haber-Bosch-Verfahren Syntheseverfahren, das von Fritz Haber und Carl Bosch zur Herstellung von NH_3 aus H_2 und N_2 entwickelt wurde (*Abschnitt 15.1*).

Halbleiter Ein Festkörper mit geringer elektrischer Leitfähigkeit (*Abschnitt 12.1*).

Halbreaktion Reaktionsgleichung für ein Redoxpaar, zum Beispiel $Zn^{2+}(aq) + 2e^- \rightleftharpoons Zn(s)$ (*Abschnitt 20.2*).

Halbwertszeit Die Zeit, die benötigt wird, um die Konzentration eines Reaktanten auf die Hälfte des Ausgangswertes zu verringern; die Zeit, die die Hälfte einer Probe eines bestimmten Radioisotops zum Zerfall braucht (*Abschnitte 14.4 und 21.4*).

Hall-Héroult-Prozess Ein Prozess, der zur Gewinnung von Aluminum durch Elektrolyse von Al_2O_3, gelöst in geschmolzenem Kryolit, Na_3AlF_6, angewendet wird.

Halogene Mitglieder der Gruppe 7A des Periodensystems (*Abschnitt 7.8*).

Hämoglobin Ein eisenhaltiges Protein, das für den Sauerstofftransport im Blut verantwortlich ist (*Abschnitt 18.4*).

hartes Wasser Wasser, das merkliche Konzentrationen von Ca^{2+} und Mg^{2+} enthält; diese Ionen reagieren mit Seifen zu schwer löslichen Verbindungen (*Abschnitt 18.6*).

Hauptgruppenelemente Elemente im *s*- und *p*-Block des Periodensystems (*Abschnitt 6.9*).

Henderson-Hasselbalch-Gleichung Die Beziehung zwischen pH, pK_S und den Konzentrationen von Säure und konjugierter Base in einer wässrigen Lösung:

$$pH = pK_S + \log\frac{[\text{konjugierte Base}]}{[\text{Säure}]} \text{ (\textit{Abschnitt 17.2}).}$$

Henry'sches Gesetz Ein Gesetz, das besagt, dass die Konzentration eines Gases in einer Lösung, C_g, proportional zum Druck des Gases über der Lösung ist. $C_g = kp_g$ (*Abschnitt 13.3*).

Hess'scher Satz Die Wärme, die sich in einem gegebenen Prozess entwickelt, kann als Summe der Wärme verschiedener Prozesse ausgedrückt werden, die addiert den interessierenden Prozess ergeben (*Abschnitt 5.6*).

heterogene Legierung Eine Legierung, in der die Komponenten nicht einheitlich verteilt sind; stattdessen sind zwei oder mehr Phasen charakteristischer Zusammensetzungen vorhanden.

heterogener Katalysator Ein Katalysator, der sich in einer anderen Phase als die Reaktanten befindet (*Abschnitt 14.7*).

heterogenes Gleichgewicht Das Gleichgewicht, das sich zwischen Substanzen in zwei oder mehr verschiedenen Phasen einstellt, zum Beispiel zwischen einem Gas und einem Feststoff oder zwischen einem Feststoff und einer Flüssigkeit (*Abschnitt 15.4*).

hexagonal dichte Packung Eine dicht-gepackte Anordnung, in der die Atome der dritten Schicht eines Festkörpers in gleicher Anordnung wie die der ersten Schicht liegen (*Abschnitt 11.7*).

High-Spin-Komplex Ein Komplex, dessen Elektronen die *d*-Orbitale so besetzen, dass eine maximale Anzahl von freien Elektronen erreicht wird (*Abschnitt 22.6*).

Hochtemperatursupraleitfähigkeit Der widerstandslose Fluss von elektrischem Strom (Supraleitfähigkeit) bei Temperaturen oberhalb von 30 K in bestimmten komplexen Metalloxiden (*Abschnitt 12.1*).

homogene Legierung Eine homogene Mischung, in der die Komponenten einheitlich verteilt sind.

homogener Katalysator Ein Katalysator, der sich in der gleichen Phase wie die Reaktanten befindet (*Abschnitt 14.7*).

homogenes Gleichgewicht Das Gleichgewicht, das sich zwischen Reaktanten und Produkten einstellt, wenn sich alle in der gleichen Phase befinden (*Abschnitt 15.3*).

Hund'sche Regel Eine Regel, die besagt, dass Elektronen Orbitale gleicher Energie so besetzen, dass die maximale Spinmultiplizität resultiert. Mit anderen Worten, jedes Orbital wird zuerst mit einem Elektron besetzt, bevor Elektronenpaarung in gleichen Orbitalen auftritt (*Abschnitt 6.8*).

Hybridisierung Die mathematische Kombination von verschiedenen Arten von Atomorbitalen, um einen Satz von äquivalenten Hybridorbitalen zu bilden (*Abschnitt 9.5*).

Hybridorbital Ein Orbital, das aus der mathematischen Kombination von verschiedenen Arten von Atomorbitalen am gleichen Atom resultiert. Zum Beispiel resultiert ein sp^3-Hybrid aus der Kombination, d. h. Hybridisierung, von einem *s*-Orbital und drei *p*-Orbitalen (*Abschnitt 9.5*).

Hydratation Solvatisierung, wenn das Lösungsmittel Wasser ist (*Abschnitt 13.1*).

Hydridion Ein Ion, das sich durch die Aufnahme eines Elektrons in einem Wasserstoffatom ergibt: H^- (*Abschnitt 7.7*).

Hydrolyse Eine Reaktion mit Wasser. Wenn ein Kation oder Anion mit Wasser reagiert, ändert es den pH (*Abschnitt 16.9*).

Hydrometallurgie Wässrige chemische Prozesse zur Gewinnung von einem Metall aus einem Erz.

Hydroniumion (H_3O^+) Die vorherrschende Form des Protons in wässriger Lösung (*Abschnitt 16.2*).

hydrophil wasserfreundlich. Der Ausdruck wird häufig zur Beschreibung eines Kolloidtyps benutzt (*Abschnitt 13.6*).

hydrophob Wasser abstoßend. Der Ausdruck wird häufig zur Beschreibung eines Kolloidtyps benutzt (*Abschnitt 13.6*).

Hypothese Eine vorsichtige Erklärung einer Reihe von Beobachtungen oder eines Naturgesetzes (*Abschnitt 1.3*).

ideale Lösung Eine Lösung, die das Raoult'sche Gesetz befolgt (*Abschnitt 13.5*).

ideale Gasgleichung Eine Zustandsgleichung für Gase, die das Boyle'sche Gesetz, das Charles'sche Gesetz und die Avogadro-Hypothese in der Form $pV = nRT$ enthält (*Abschnitt 10.4*).

ideales Gas Ein hypothetisches Gas, dessen Druck-, Volumen- und Temperaturverhalten vollständig durch die ideale Gasgleichung beschrieben wird (*Abschnitt 10.4*).

Impuls Das Produkt von Masse, m, und Geschwindigkeit, v, eines Teilchens (*Abschnitt 6.4*).

Indikator Eine Substanz, die zu einer Lösung zugegeben wird, um durch einen Farbwechsel den Äquivalenzpunkt anzuzeigen, an dem der zugegebene Stoff mit einer äquivalenten Menge eines in der Lösung vorhandenen gelösten Stoffes reagiert hat (*Abschnitt 4.6*).

innere Energie Die Gesamtenergie eines Systems. Wenn ein System eine Änderung durchläuft, ist die Änderung der inneren Energie, ΔU, definiert als die Wärme, Q, die dem System zugeführt wird, plus der Arbeit, W, die durch die Umgebung an dem System verrichtet wird: $\Delta U = Q + W$ (*Abschnitt 5.2*).

intensive Eigenschaft Eine Eigenschaft, die unabhängig von der Menge des betrachteten Stoffes ist; z. B. die Dichte (*Abschnitt 1.3*).

Interhalogene Verbindungen zwischen zwei verschiedenen Halogenen. Beispiele sind IBr und BrF_3 (*Abschnitt 21.4*).

Intermediat Eine Substanz, die in einem Elementarschritt eines Mehrschrittmechanismus gebildet wird und in einem anderen verbraucht

wird; sie ist weder ein Reaktant noch ein Endprodukt der Gesamtreaktion (*Abschnitt 14.6*).
intermetallische Verbindung Eine homogene Legierung mit definierten Eigenschaften und Zusammensetzung. Intermetallische Verbindungen sind stöchiometrische Verbindungen, aber ihre Zusammensetzungen können in Hinblick auf gewöhnliche chemische Bindungstheorien nicht einfach erklärt werden.
intermolekulare Kräfte Die anziehenden Kräfte mit kurzer Reichweite zwischen den Teilchen, die eine Flüssigkeit oder eine feste Substanz bilden. Die gleichen Kräfte bringen ein Gas bei niedrigen Temperaturen und hohen Drücken zum Verflüssigen oder Verfestigen (*Kapitel 11: Einleitung*).
Ion Elektrisch geladenes Atom oder eine Gruppe von Atomen (mehratomiges Ion); Ionen können positiv oder negativ geladen sein, abhängig davon, ob Elektronen von den Atomen abgegeben wurden (positiv) oder aufgenommen wurden (negativ) (*Abschnitt 2.7*).
Ion-Dipol-Kraft Die Kraft zwischen einem Ion und einem neutralen polaren Molekül, das ein permanentes Dipolmoment besitzt (*Abschnitt 11.2*).
Ionenaustausch Ein Prozess, bei dem Ionen in Lösung durch andere Ionen auf der Oberfläche eines Ionentauscherharzes ausgetauscht werden; der Austausch eines harten Ions wie Ca^{2+} gegen ein geringer geladenes Ion wie z. B. Na^+ wird zum Enthärten von Wasser eingesetzt (*Abschnitt 18.6*).
Ionenbindung Eine Bindung zwischen entgegengesetzt geladenen Ionen. Die Ionen werden durch Aufnahme oder Abgabe von einem oder mehreren Elektronen aus Atomen gebildet (*Abschnitt 8.1*).
Ionenprodukt Für Wasser ist K_W das Produkt der Wasserstoff- und Hydroxidionen-Konzentrationen: $[H^+][OH^-] = K_W = 1,0 \times 10^{-14}$ mol^2/l^2 bei 25 °C (*Abschnitt 16.3*).
ionische Feststoffe Feststoffe, die aus Ionen zusammengesetzt sind (*Abschnitt 11.8*).
ionische Hydride Verbindungen, die sich bilden, wenn Wasserstoff mit Alkalimetallen oder den schwereren Erdalkalimetallen (Ca, Sr und Ba) reagiert; diese Verbindungen enthalten das Hydridion, H^- (*Abschnitt 21.2*).
ionische Verbindung Eine Verbindung aus Kationen und Anionen (*Abschnitt 2.7*).
ionisierende Strahlung Strahlung mit ausreichend Energie, um ein Elektron aus einem Atom oder Molekül zu entfernen, und dieses dabei zu ionisieren.
Ionisierungsenergie Die notwendige Energie, um ein Elektron aus einem Atom zu entfernen, wenn sich das Atom in seinem Grundzustand befindet (*Abschnitt 7.4*).
irreversibler Prozess Ein nicht umkehrbarer Prozess; ein Teil seines Potenzials Arbeit zu verrichten wird als Wärme abgeführt. Jeder spontane Prozess ist in der Praxis irreversibel (*Abschnitt 19.1*).
isoelektronische Reihe Eine Reihe von Atomen, Ionen oder Molekülen mit der gleichen Anzahl von Elektronen (*Abschnitt 7.3*).
Isolator Ein Festkörper mit extrem niedriger elektrischer Leitfähigkeit (*Abschnitt 12.1*).
Isomere Verbindungen, deren Moleküle die gleiche Gesamtzusammensetzung aber verschiedene Strukturen haben (*Abschnitt 24.4*).
isothermer Prozess Ein Prozess, der bei konstanter Temperatur abläuft (*Abschnitt 19.1*).
Isotope Atome des gleichen Elements, die eine unterschiedliche Anzahl von Neutronen enthalten und daher verschiedene Massen haben (*Abschnitt 2.3*).
Joule (J) Die SI-Einheit für Energie, 1 kg · m^2/s^2. Eine andere bekannte Einheit für die Energie ist die Kalorie: 4,184 J = 1 cal (*Abschnitt 5.1*).
Kalk-Soda-Verfahren Eine in der großtechnischen Wasserbehandlung verwendete Methode, um die Wasserhärte durch Entfernen von Mg^{2+} and Ca^{2+} zu verringern. Die dem Wasser zugegebenen Substanzen sind gebrannter Kalk, CaO [oder gelöschter Kalk, $Ca(OH)_2$] und Soda, Na_2CO_3, deren Menge durch die Konzentrationen der unerwünschten Ionen bestimmt wird (*Abschnitt 18.6*).
Kalorie Eine Einheit für die Energie, es ist die Menge an Energie, die benötigt wird, um die Temperatur von 1 g Wasser um 1 °C von 14,5 °C auf 15,5 °C zu erhöhen. Die SI-Einheit der Energie ist das Joule: 1 cal = 4,184 J (*Abschnitt 5.1*).
Kalorimeter Ein Gerät zur Messung der Wärmeentwicklung (*Abschnitt 5.5*).
Kalorimetrie Die experimentelle Messung von Wärme, die in chemischen und physikalischen Prozessen entsteht (*Abschnitt 5.5*).
Kalzinierung Das Erhitzen eines Stoffes, um seine Zersetzung und die Abgabe eines flüchtigen Produkts herbeizuführen. Zum Beispiel kann ein Carbonat kalziniert werden, um CO_2 auszutreiben.
Kapillarwirkung Der Vorgang, durch den eine Flüssigkeit aufgrund der Adhäsion an den Wänden einer Röhre und der Kohäsion zwischen den Flüssigkeitsteilchen in einer Röhre steigt (*Abschnitt 11.3*).
Katalysator Eine Substanz, die die Geschwindigkeit einer chemischen Reaktion erhöht, ohne selbst eine permanente chemische Änderung in dem Prozess zu erfahren (*Abschnitt 14.7*).
Kathode Eine Elektrode, an der Reduktion stattfindet (*Abschnitt 20.3*).
Kathodenstrahl Strom von Elektronen, der von der Kathode in einer evakuierten Röhre bei Anlegen einer hohen Spannung ausgeht (*Abschnitt 2.2*).
kathodischer Schutz Ein Mittel, um ein Metall vor Korrosion zu schützen, indem man es zur Kathode in einer galvanischen Zelle macht. Dies kann erreicht werden, indem man ein leichter oxidierbares Metall, das als Anode dient, an dem zu schützenden Metall befestigt (*Abschnitt 20.8*).
Kation Ein positiv geladenes Ion (*Abschnitt 2.7*).
Kelvinskala Die absolute Temperaturskala; die SI-Einheit für die Temperatur ist das Kelvin. Null auf der Kelvinskala entspricht −273,15 °C; deshalb gilt, K = °C + 273,15 (*Abschnitt 1.4*).
Keramik Ein polykristalliner Festkörper (Oxide, Carbide, Silikate). Die meisten Keramiken schmelzen bei hohen Temperaturen (*Abschnitt 12.1*).
Kern Der sehr kleine, sehr dichte, positiv geladene Teil eines Atoms; er setzt sich aus Protonen und Neutronen zusammen (*Abschnitt 2.2*).
Keton Eine Verbindung, in der die Carbonylgruppe in einer Kohlenstoffkette auftritt und daher von Kohlenstoffatomen flankiert wird.
Kettenreaktion Eine Serie von Reaktionen, in der eine Reaktion die nächste initiiert.
kinetische Energie Die Energie, die ein Objekt kraft seiner Bewegung besitzt (*Abschnitt 5.1*).
kinetische Gastheorie Ein Satz von Annahmen über die Natur von Gasen. Diese Annahmen ergeben die ideale Gasgleichung, wenn sie in mathematische Formen übersetzt werden (*Abschnitt 10.7*).
Knoten Ein Ort in einem Atom, an dem die Elektronendichte gleich Null ist. Zum Beispiel ist der Knoten in einem $2s$-Orbital eine Kugeloberfläche (*Abschnitt 6.6*).
Kohle Ein natürlich vorkommender Feststoff, der sowohl Kohlenwasserstoffe von hohem Molekulargewicht als auch schwefel-, sauerstoff- und stickstoffhaltige Verbindungen enthält (*Abschnitt 5.8*).
Kohlenhydrate Eine Substanzklasse, die von Polyhydroxy-Aldehyden oder Polyhydroxy-Ketonen gebildet wird.
Kohlenwasserstoffe Verbindungen, die nur aus Kohlenstoff und Wasserstoff gebildet werden (*Abschnitt 2.9*).
Koks Eine unreine Form von Kohlenstoff, die entsteht, wenn man Kohle unter Ausschluss von Luft stark erhitzt (*Abschnitt 21.9*).
kolligative Eigenschaften Die Eigenschaften einer Lösung (Dampfdruckerniedrigung, Gefrierpunktserniedrigung, Siedepunktserhö-

hung, osmotischer Druck), die von der Gesamtkonzentration der gelösten Teilchen abhängen (*Abschnitt 13.5*).

Kollisionsmodell Ein Modell zur Erklärung von Reaktionsgeschwindigkeiten, ausgehend von der Idee, dass Moleküle kollidieren müssen, um zu reagieren; es erklärt die Faktoren, die die Reaktionsgeschwindigkeiten beeinflussen, hinsichtlich der Häufigkeit von Kollisionen, der Anzahl von Kollisionen mit Energien, die die Aktivierungsenergie übersteigen, und der Wahrscheinlichkeit, dass die Kollisionen mit passender Orientierung stattfinden (*Abschnitt 14.5*).

Kolloide (kolloidale Dispersionen) Mischungen, die Teilchen enthalten, die größer als normale gelöste Stoffe, aber klein genug sind, um in dem Dispersionsmedium gelöst zu bleiben (*Abschnitt 13.6*).

Komplementärfarben Farben, die, wenn sie im richtigen Verhältnis gemischt werden, weiß oder farblos erscheinen (*Abschnitt 22.5*).

Komplexion (Komplex) Eine Verbindung eines Metall-Ions und den Lewis-Basen (Liganden), die daran gebunden sind (*Abschnitte 17.5 und 24.1*).

Kondensationspolymerisierung Polymerisierung, bei der Moleküle durch Kondensationsreaktionen zusammengefügt werden (*Abschnitt 12.2*).

Kondensationsreaktion Eine chemische Reaktion, bei der ein kleines Molekül (wie z. B. ein Wassermolekül) aus zwei reagierenden Molekülen abgespalten wird (*Abschnitt 21.8*).

Konfigurationsisomerie Moleküle mit gleicher Konstitution, jedoch unterschiedlicher Konfiguration, heißen Konfigurationsisomere. (*Abschnitt 22.4*).

konjugierte Base Eine Substanz, die durch Abgabe eines Protons aus einer Brønsted–Lowry Säure gebildet wurde (*Abschnitt 16.2*).

konjugierte Säure Eine Substanz, die durch Hinzufügen eines Protons zu einer Brønsted–Lowry Base gebildet wurde (*Abschnitt 16.2*).

konjugiertes Säure-Base-Paar Eine Brønsted–Lowry Säure und ihre konjugierte Base (*Abschnitt 16.2*).

kontinuierliches Spektrum Ein Spektrum, das Strahlung enthält, die sich über alle Wellenlängen verteilt (*Abschnitt 6.3*).

Konzentration Die Menge eines gelösten Stoffs bezüglich einer gegebenen Menge Lösungsmittel (*Abschnitt 4.5*).

Konzentrationszelle Eine galvanische Zelle, die den gleichen Elektrolyt und das gleiche Elektrodenmaterial sowohl im Anoden- als auch im Kathodenraum enthält. Die EMK der Zelle leitet sich aus dem Unterschied der Konzentrationen der gleichen Elektrolytlösung in den Zellräumen ab (*Abschnitt 20.6*).

Koordinationssphäre Das Zentralatom und seine umgebenden Liganden (*Abschnitt 22.1*).

Koordinationsverbindung oder **Komplex** Eine Verbindung, die ein Metallatom enthält, das mit einer Gruppe von umgebenden Molekülen oder Ionen, die als Liganden wirken, verbunden ist (*Abschnitt 22.1*).

Koordinationszahl Die Zahl von benachbarten Atomen, an die ein Atom direkt gebunden ist. In einem Komplex ist die Koordinationszahl des Metallatoms die Zahl der Donoratome, an die es gebunden ist (*Abschnitte 11.7 und 22.1*).

Korrosion Der Vorgang, bei dem ein Metall durch Substanzen in seiner Umgebung oxidiert wird (*Abschnitt 20.8*).

kovalente Bindung Eine Bindung, die zwischen zwei oder mehr Atomen durch gemeinsame Elektronen gebildet wird (*Abschnitt 8.1*).

kovalentes Gitter Feststoffe, in denen die Einheiten, die das dreidimensionale Netzwerk bilden, durch kovalente Bindungen verbunden sind (*Abschnitt 11.8*).

Kraft Ein Schub oder ein Zug (*Abschnitt 5.1*).

Kristallfeldtheorie Eine Theorie, die die Farben und die magnetischen und anderen Eigenschaften von Übergangsmetallkomplexen anhand der Aufteilung der Energien von *d*-Orbitalen der Metallionen durch die elektrostatischen Wechselwirkungen mit den Liganden erklärt (*Abschnitt 22.6*).

Kristallgitter Ein imaginäres Netzwerk von Punkten, auf denen man sich die wiederholenden Struktureinheiten eines Feststoffs (der Inhalt einer Einheitszelle) liegend vorstellen kann, so dass man die Kristallstruktur erhält. Jeder Punkt repräsentiert eine identische Umgebung in dem Kristall (*Abschnitt 11.7*).

kristalliner Festkörper (Kristall) Ein Festkörper, dessen interne Anordnung von Atomen, Molekülen oder Ionen eine regelmäßige Wiederholung in jeder Richtung durch den Festkörper zeigt (*Abschnitt 11.7*).

Kristallinität Das Ausmaß des kristallinen Charakters (Ordnung) (*Abschnitt 12.2*).

Kristallisation Der Vorgang, bei dem ein kristalliner Feststoff gebildet wird (*Abschnitt 13.2*).

kritische Masse Die Menge an spaltbarem Material, das zur Aufrechterhaltung einer nuklearen Kettenreaktion notwendig ist.

kritische Temperatur Die höchste Temperatur, bei der es möglich ist, ein Gas durch Druckeinwirkung zu verflüssigen. Die kritische Temperatur nimmt mit zunehmender Größe der intermolekularen Kräfte zu (*Abschnitt 11.4*).

kritischer Druck Der Druck, bei dem ein Gas bei seiner kritischen Temperatur verflüssigt werden kann (*Abschnitt 11.4*).

kubisch dichte Packung Eine dicht-gepackte Anordnung, in der die Atome der dritten Schicht eines Festkörpers nicht analog zu denen der ersten Schicht liegen (*Abschnitt 11.7*).

kubisch flächenzentrierte Zelle Eine kubische Einheitszelle, die sowohl Gitterpunkte an jeder Ecke als auch im Zentrum jeder Fläche hat (*Abschnitt 11.7*).

kubisch innenzentrierte Zelle Eine kubische Einheitszelle, in der die Gitterpunkte an den Ecken und im Zentrum auftreten (*Abschnitt 11.7*).

Lanthanoid (Seltenerdelement) Elemente, bei denen die 4 *f*-Unterschale schrittweise besetzt wird (*Abschnitte 6.8 und 6.9*).

Lanthanoidenkontraktion Die schrittweise Abnahme von Atom- und Ionenradien mit zunehmender Ordnungszahl unter den Seltenerdelementen, Ordnungszahl 57 bis 71. Die Abnahme entsteht durch die schrittweise Zunahme der effektiven Kernladung innerhalb der Lanthanoidenreihe.

Legierung Eine Substanz, die die charakteristischen Eigenschaften eines Metalls besitzt und aus mehr als einem Element besteht. Oft gibt es eine metallische Hauptkomponente und andere Elemente sind in kleineren Mengen vorhanden. Legierungen können homogener oder heterogener Natur sein.

Leitungsband Ein Band von Molekülorbitalen mit höherer Energie als das Valenzband (*Abschnitt 12.1*).

Lewis-Base Ein Elektronenpaardonor (*Abschnitt 16.11*).

Lewis-Säure Ein Elektronenpaarakzeptor (*Abschnitt 16.11*).

Lewis-Strukturformel Eine Darstellung der Bindungsverhältnisse in einem Molekül, das mit Lewis-Symbolen gezeichnet ist. Elektronenpaare werden als Striche dargestellt. Nur die Valenzelektronen werden dargestellt (*Abschnitt 8.3*).

Lewis-Symbol Das chemische Symbol für ein Element mit Punkten für einzelne Valenzelektronen und Strichen für Elektronenpaare (*Abschnitt 8.1*).

Ligand Ein Ion oder Molekül, das unter Bildung eines Komplexes koordinativ an ein Metallatom gebunden ist (*Abschnitt 22.1*).

limitierender Reaktant (limitierendes Reagens) Der in der kleinsten stöchiometrischen Menge vorhandene Reaktant in einer Mischung von Reaktanten; die Menge an Produkt, die gebildet werden kann, wird durch den vollständigen Verbrauch des limitierenden Reaktanten begrenzt (*Abschnitt 3.7*).

Linienspektrum Ein Spektrum, das Strahlung nur in Form bestimmter spezifischer Wellenlängen enthält (*Abschnitt 6.3*).

linksdrehend Ein Ausdruck, um ein chirales Molekül zu beschreiben, das die Polarisationsebene von linear polarisiertem Licht nach links dreht (gegen den Uhrzeigersinn) (*Abschnitt 24.4*).

Lithosphäre Der Teil unserer Umwelt, der aus der festen Erdkruste besteht.

London'sche Dispersionskräfte Intermolekulare Kräfte, die aus der Anziehung zwischen induzierten Dipolen resultieren (*Abschnitt 11.2*).

Löslichkeit Die Menge einer Substanz, die sich in einer gegebenen Menge eines Lösungsmittels bei einer gegebenen Temperatur zu einer gesättigten Lösung löst (*Abschnitte 4.2 und 13.2*).

Löslichkeitsprodukt (K_L) Eine Gleichgewichtskonstante, die sich auf das Gleichgewicht zwischen einem festen Salz und seinen Ionen in Lösung bezieht. Es bietet ein quantitatives Maß für die Löslichkeit eines schwer löslichen Salzes (*Abschnitt 17.4*).

Lösung Eine Mischung von Substanzen, die eine einheitliche Zusammensetzung hat; eine homogene Mischung (*Abschnitt 1.2*).

Lösungsmittel Das lösende Medium einer Lösung; es ist normalerweise die Komponente einer Lösung, die in der größeren Menge vorliegt (*Abschnitt 4.1*).

Low-Spin-Komplex Ein Metallkomplex, in dem die Elektronen in Orbitalen mit niedriger Energie gepaart sind (*Abschnitt 22.6*).

magische Zahlen Zahlen von Protonen und Neutronen, die sehr stabile Kerne ergeben (*Abschnitt 21.2*).

Masse Ein Maß für die Materiemenge in einem Objekt. Ist verantwortlich für den Widerstand eines Objektes gegen eine Beschleunigung. In SI-Einheiten wird Masse in Kilogramm gemessen (*Abschnitt 1.4*).

Massendefekt Die Differenz zwischen der Masse eines Kerns und der Gesamtmasse der einzelnen Nukleonen, die er enthält.

Massenspektrometer Ein Gerät zur Messung der genauen Massen und der relativen Mengen von atomaren und molekularen Ionen (*Abschnitt 2.4*).

Massenwirkungsgesetz Die Regeln, nach denen die Gleichgewichtskonstante in Hinblick auf die Konzentrationen von Reaktanten und Produkten ausgedrückt wird, in Übereinstimmung mit der ausgeglichenen chemischen Gleichung für die Reaktion (*Abschnitt 15.2*).

Massenzahl Die Gesamtzahl von Protonen und Neutronen im Atomkern eines bestimmten Atoms (*Abschnitt 2.3*).

Materie Alles was eine Masse hat und einen Raum einnimmt (*Abschnitt 1.1*).

Materiewellen Der Ausdruck zur Beschreibung der Wellencharakteristiken eines Teilchens (*Abschnitt 6.4*).

mehratomiges Ion Eine elektrisch geladene Gruppe von zwei oder mehr Atomen (*Abschnitt 2.7*).

Mehrfachbindung Bindung, die zwei oder mehr Elektronenpaare involviert (*Abschnitt 8.3*).

mehrbasige Säure Eine Substanz, die mehr als ein Proton pro Molekül abgeben kann; H_2SO_4 ist ein Beispiel (*Abschnitt 16.6*).

mehrzähniger Ligand Ein Ligand, in dem sich zwei oder mehr Donoratome an das gleiche Metallatom koordinieren können (*Abschnitt 22.2*).

Metallbindung Bindung in Metallen, in denen sich die bindenden Elektronen relativ frei durch die dreidimensionale Struktur bewegen können (*Abschnitt 8.1*).

Metalle Elemente, die gewöhnlich bei Zimmertemperatur Feststoffe sind, hohe elektrische und Wärmeleitfähigkeit zeigen und glänzend aussehen. Die meisten Elemente im Periodensystem sind Metalle (*Abschnitt 2.5*).

Metallhydride Verbindungen, die sich bilden, wenn Wasserstoff mit unedlen Metallen reagiert; diese Verbindungen enthalten das Hydridion, H^- (*Abschnitt 21.2*).

metallische Feststoffe Feststoffe, die aus Metallatomen zusammengesetzt sind (*Abschnitt 11.8*).

metallischer Charakter Das Ausmaß, in dem ein Element die für ein Metall charakteristischen physikalischen und chemischen Eigenschaften zeigt, zum Beispiel Glanz, Dehnbarkeit, Verformbarkeit und gute thermische und elektrische Leitfähigkeit (*Abschnitt 7.6*).

Metallkomplexion (Komplex-Ion oder **Komplex)** Eine Verbindung eines Metall-Ions mit den Lewis-Basen, die daran gebunden sind (*Abschnitt 22.1*).

Metalloide Elemente, die entlang der Linie liegen, die die Metalle von den Nichtmetallen im Periodensystem trennt; die Eigenschaften der Metalloide liegen zwischen denen von Metallen und Nichtmetallen (*Abschnitt 2.5*).

Metallurgie Die Wissenschaft von der Gewinnung von Metallen aus ihren natürlichen Vorkommen durch Kombination von chemischen und physikalischen Prozessen. Sie beschäftigt sich auch mit den Eigenschaften und Strukturen von Metallen und Legierungen.

Metathesereaktion (Austauschreaktion) Eine Reaktion, in der zwei Substanzen durch Austausch ihrer sie zusammensetzenden Ionen reagieren: $AX + BY \longrightarrow AY + BX$. Ausfällung und Säure-Base-Neutralisation sind Beispiele für Metathesereaktionen (*Abschnitt 4.2*).

metrisches System Ein Maßsystem, das in der Wissenschaft und den meisten Ländern verwendet wird. Das Meter und das Gramm sind Beispiele für metrische Einheiten (*Abschnitt 1.4*).

Mikrozustand Der Zustand eines Systems zu einem bestimmten Augenblick; einer der vielen möglichen Zustände eines Systems (*Abschnitt 19.3*).

Mineral Eine feste, meist anorganische Substanz, die in der Natur vorkommt, wie z. B. Calciumcarbonat, das als Calcit vorkommt.

mischbar Flüssigkeiten, die sich in allen Verhältnissen mischen (*Abschnitt 13.3*).

Mischung Eine Kombination von zwei oder mehr Substanzen, in der jede Substanz ihre eigene chemische Identität beibehält (*Abschnitt 1.2*).

mittlere freie Weglänge Der durchschnittliche Weg, den ein Gasmolekül zwischen zwei Kollisionen zurücklegt (*Abschnitt 10.8*).

Mol Eine Ansammlung der Avogadrokonstante ($6{,}022 \times 10^{23}$) von Objekten; zum Beispiel ist ein Mol H_2O gleich $6{,}022 \times 10^{23}$ H_2O-Moleküle (*Abschnitt 3.4*).

molale ebullioskopische Konstante (K_b) Eine Konstante, die charakteristisch für ein bestimmtes Lösungsmittel ist, die den Anstieg des Siedepunktes als eine Funktion der Lösungsmolalität angibt: $\Delta T_b = K_b m$ (*Abschnitt 13.5*).

molale kryoskopische Konstante (K_f) Eine Konstante, die charakteristisch für ein bestimmtes Lösungsmittel ist, die die Abnahme des Gefrierpunktes als eine Funktion der Lösungsmolalität angibt: $\Delta T_f = K_f m$ (*Abschnitt 13.5*).

Molalität Die Konzentration einer Lösung ausgedrückt als Molzahl des gelösten Stoffs pro Kilogramm Lösungsmittel; abgekürzt m (*Abschnitt 13.4*).

molare Masse Die Masse von einem Mol einer Substanz in Gramm; sie ist numerisch gleich dem Formelgewicht in atomaren Masseneinheiten (*Abschnitt 3.4*).

molare Standardentropie ($S°$) Der Entropiewert für ein Mol einer Substanz in ihrem Standardzustand (*Abschnitt 19.4*).

molare Wärmekapazität Die notwendige Wärmemenge, um die Temperatur von einem Mol einer Substanz um $1°C$ zu erhöhen.

Molarität Die Konzentration einer Lösung ausgedrückt als Molzahl des gelösten Stoffs pro Liter Lösung; abgekürzt M (*Abschnitt 4.5*).

molekulare Feststoffe Feststoffe, die aus Molekülen zusammengesetzt sind (*Abschnitt 11.8*).

molekulare Hydride Verbindungen, die bei der Reaktion von Wasserstoff mit Nichtmetallen und Metalloiden entstehen (*Abschnitt 21.2*).

molekulare Verbindung Eine Verbindung, die aus einzelnen Molekülen besteht (*Abschnitt 2.6*).

Molekulargewicht Die Masse des Atomkollektivs, das durch die chemische Formel eines Moleküls repräsentiert wird (*Abschnitt 3.3*).
Molekulargleichung Eine chemische Gleichung, in der die Formel für jede Substanz geschrieben wird, ohne Rücksicht darauf, ob sie ein Elektrolyt oder ein Nichtelektrolyt ist (*Abschnitt 4.2*).
Molekularität Die Zahl der Moleküle, die als Reaktanten an einer Elementarreaktion teilnehmen (*Abschnitt 14.6*).
Molekül Eine chemische Kombination von zwei oder mehr Atomen (*Abschnitte 1.1 und 2.6*).
Molekülformel Eine chemische Formel, die die tatsächliche Zahl von Atomen für jedes Element in einem Molekül einer Substanz angibt (*Abschnitt 2.6*).
Molekülorbital (MO) Ein erlaubter Zustand für ein Elektron in einem Molekül. Nach der Molekülorbitaltheorie ist ein Molekülorbital analog zu einem Atomorbital, das ein erlaubter Zustand für ein Elektron in einem Atom ist. Ein Molekülorbital kann z. B. als σ oder π klassifiziert werden, abhängig von der Verteilung der Elektronendichte in Bezug auf die internukleare Achse (*Abschnitt 9.7*).
Molekülorbitaldiagramm Ein Diagramm, das die Energien von Molekülorbitalen relativ zu den Atomorbitalen zeigt, aus denen sie sich ableiten; auch **Energieniveaudiagramm** genannt (*Abschnitt 9.7*).
Molekülorbitaltheorie Eine Theorie, die die erlaubten Zustände für Elektronen in Molekülen erklärt (*Abschnitt 9.7*).
Molekülstruktur Die räumliche Anordnung der Atome eines Moleküls (*Abschnitt 9.2*).
Molenbruch Das Verhältnis der Molzahl einer Komponente einer Mischung zu der Gesamtmolzahl aller Komponenten, abgekürzt X, mit einem Index, um die Komponente zu identifizieren (*Abschnitt 10.6*).
Momentangeschwindigkeit Die Reaktionsgeschwindigkeit zu einer bestimmten Zeit im Gegensatz zu der Durchschnittsgeschwindigkeit über ein Zeitintervall (*Abschnitt 14.2*).
Monomere Moleküle mit niedrigem Molekulargewicht, die zusammengefügt (polymerisiert) werden können, um ein Polymer zu bilden (*Abschnitt 12.2*).
Monosaccharid Ein einfacher Zucker, der meistens sechs Kohlenstoffatome enthält. Das Zusammenfügen von Monosaccharideinheiten durch Kondensationsreaktionen führt zur Bildung von Polysacchariden.
Nanomaterial Ein Material, dessen nützliche Eigenschaften das Ergebnis von Merkmalen im Bereich von 1 bis 100 nm sind (*Abschnitt 12.6*).
Nanotechnologie Technologie, die auf den Eigenschaften der Materie auf der Nanoskala beruhen, d. h. im Bereich von 1 bis 100 nm (*Abschnitt 12.6*).
nematische Flüssigkristallphase Ein Flüssigkristall, in dem die Moleküle in die gleiche allgemeine Richtung, entlang ihrer langen Achse, ausgerichtet sind, aber bei dem die Enden der Moleküle nicht ausgerichtet sind (*Abschnitt 12.5*).
Nernstgleichung Eine Gleichung, die die Zell-EMK, ΔE, mit der Standard-EMK, $\Delta E°$, und dem Reaktionsquotienten in Beziehung setzt, $Q: \Delta E = \Delta E° - (RT/nF) \ln Q$ (*Abschnitt 20.6*).
Nettoionengleichung Eine chemische Gleichung für eine Lösungsreaktion, in der lösliche starke Elektrolyte als Ionen geschrieben werden und Zuschauerionen ausgelassen werden (*Abschnitt 4.2*).
Neutralisationsreaktion Eine Reaktion, bei der eine Säure und eine Base in äquivalenten Mengen reagieren; die Neutralisationsreaktion zwischen einer Säure und einem Metallhydroxid erzeugt Wasser und ein Salz (*Abschnitt 4.3*).
Neutron Ein elektrisch neutrales Teilchen, das man im Kern eines Atoms findet; es hat ungefähr die gleiche Masse wie ein Proton (*Abschnitt 2.3*).

nicht kristalliner (amorpher) Festkörper Ein Feststoff ohne Fernordnung (*Abschnitt 11.7*).
nicht mischbare Flüssigkeiten Flüssigkeiten, die sich nicht in signifikantem Maß ineinander lösen (*Abschnitt 13.3*).
nichtbindendes Elektronenpaar In einer Lewis-Strukturformel ein Elektronenpaar, das vollständig einem Atom zugeordnet wird; auch einsames Elektronenpaar genannt (*Abschnitt 9.2*).
Nichtelektrolyt Eine Substanz, die in Wasser nicht in Ionen zerfällt und konsequenterweise eine elektrisch nicht leitende Lösung ergibt (*Abschnitt 4.1*).
nichtionisierende Strahlung Strahlung, die nicht genug Energie besitzt, um ein Elektron aus einem Atom oder Molekül zu entfernen (*Abschnitt 21.9*).
Nichtmetalle Elemente in der oberen rechten Ecke des Periodensystems; Nichtmetalle unterscheiden sich von Metallen in ihren physikalischen und chemischen Eigenschaften (*Abschnitt 2.5*).
Niederschlag Eine unlösliche Substanz, die sich in einer Lösung bildet und sich von ihr separiert (*Abschnitt 4.2*).
Normalpotenzial ($E°$) Das Potenzial einer Redoxhalbreaktion unter Standardbedingungen, gemessen relativ zur Standardwasserstoffelektrode. Ein Standardpotenzial wird auch Normalpotenzial genannt (*Abschnitt 20.4*).
Normalschmelzpunkt Der Schmelzpunkt bei einem Druck von 1 atm (*Abschnitt 11.6*).
Normalsiedepunkt Der Siedepunkt bei einem Druck von 1 atm (*Abschnitt 11.5*).
Normaltemperatur und -druck (siehe Standardtemperatur und -druck (STP).
nukleare Bindungsenergie Die notwendige Energie, um einen Atomkern in seine Protonen und Neutronen zu zerlegen.
nukleare Umwandlung Eine Umwandlung von einer Kernart in eine andere.
nukleare Zerfallsreihe Eine Serie von Kernreaktionen, die mit einem instabilen Kern beginnt und mit einem stabilen endet; auch **radioaktive Zerfallsreihe** genannt.
Nukleinsäuren Polymere mit hohem Molekulargewicht, die genetische Informationen tragen und die Proteinsynthese steuern.
Nukleon Ein Teilchen, das man im Kern eines Atoms findet.
Nukleotide Verbindungen, die aus einem Molekül Phosphorsäure, einem Zuckermolekül und einer organischen Stickstoffbase gebildet werden. Nukleotide bilden lineare Polymere, genannt DNS und RNS, die an der Proteinsynthese und der Zellreproduktion beteiligt sind.
Nuklid Atom, das durch eine bestimmte Anzahl von Protonen und Neutronen charakterisiert ist (*Abschnitt 2.3*).
Oberflächenspannung Die intermolekulare Anziehung, die eine Flüssigkeit dazu veranlasst, ihre Oberfläche zu minimieren (*Abschnitt 11.3*).
Oktettregel Eine Regel, die besagt, dass Atome in Verbindungen danach streben, acht Valenzelektronen zu besitzen oder zu teilen (*Abschnitt 8.1*).
optisch aktiv Die Eigenschaft, die Ebene von polarisiertem Licht zu drehen (*Abschnitt 22.4*).
optische Isomere Stereoisomere, in denen die beiden Formen der Verbindung nicht deckungsgleiche Spiegelbilder sind (*Abschnitt 22.4*).
Orbital Ein erlaubter Energiezustand für ein Elektron im quantenmechanischen Modell des Atoms; der Ausdruck Orbital wird auch zur Beschreibung der räumlichen Verteilung von Elektronen verwendet. Ein Orbital wird durch die Werte von drei Quantenzahlen definiert: n, l, und m_l (*Abschnitt 6.5*).
Ordnungszahl Die Anzahl der Protonen im Kern eines Atoms (*Abschnitt 2.3*).

organische Chemie Das Studium von kohlenstoffhaltigen Verbindungen, die typischerweise Kohlenstoff–Kohlenstoff-Bindungen enthalten (*Abschnitt 2.9*).

Osmose Der Fluss von Lösungsmittel durch eine semipermeable Membran zur Lösung mit größerer Konzentration an gelöstem Stoff (*Abschnitt 13.5*).

osmotischer Druck Der Druck, der auf eine Lösung ausgeübt werden muss, um die Osmose von reinem Lösungsmittel in die Lösung zu stoppen (*Abschnitt 13.5*).

Ostwald-Verfahren Ein industrielles Verfahren zur Herstellung von Salpetersäure aus Ammoniak. Das NH_3 wird durch O_2 katalytisch zu NO oxidiert; NO in Luft wird zu NO_2 oxidiert; HNO_3 bildet sich in einer Disproportionierungsreaktion, wenn NO_2 sich in Wasser löst (*Abschnitt 21.7*).

Oxidation Ein Vorgang, bei dem eine Substanz ein oder mehrere Elektronen abgibt (*Abschnitt 4.4*).

Oxidationsmittel Die Substanz, die reduziert wird und dadurch eine Oxidation von anderen Substanzen in einer Redox-Reaktion bewirkt (*Abschnitt 20.1*).

Oxidationszahl (Oxidationsstufe) Eine positive oder negative ganze Zahl, die einem Element in einem Molekül oder Ion auf der Basis eines Satzes von formellen Regeln zugeordnet wird; sie entspricht einer fiktiven Ionenladung dieses Atoms (*Abschnitt 4.4*).

Oxoanion Ein mehratomiges Ion, das ein oder mehrere Sauerstoffatome enthält (*Abschnitt 2.8*).

Ozon Der Name für O_3, einem Sauerstoffallotrop (*Abschnitt 7.8*).

Paramagnetismus Eine Eigenschaft, die eine Substanz besitzt, wenn sie ein oder mehrere ungepaarte Elektronen besitzt. Eine paramagnetische Substanz wird in ein Magnetfeld hinein gezogen (*Abschnitt 9.8*).

Partialdruck Der Druck, den ein bestimmtes Gas in einer Mischung ausübt (*Abschnitt 10.6*).

Pascal (Pa) Die SI-Einheit für Druck: $1\ Pa = N/m^2$ (*Abschnitt 10.2*).

Pauli-Prinzip Eine Regel, die besagt, dass keine zwei Elektronen in einem Atom die gleichen vier Quantenzahlen (n, l, m_l und m_s) haben dürfen. Als Folge dieses Prinzips können nicht mehr als zwei Elektronen in einem Atomorbital sein (*Abschnitt 6.7*).

Peptidbindung Eine Bindung, die zwischen zwei Aminosäuren gebildet wird.

Periode Die Reihe von Elementen, die in einer horizontalen Reihe im Periodensystem liegen (*Abschnitt 2.5*).

Periodensystem Die Anordnung der Elemente in der Reihenfolge steigender Ordnungszahlen und mit untereinander stehenden Elementen ähnlicher Eigenschaften (*Abschnitt 2.5*).

pH Der negative dekadische Logarithmus der Wasserstoffionenkonzentration: $pH = -\log[H^+]$ (*Abschnitt 16.4*).

pH Titrationskurve Siehe **Titrationskurve** (*Abschnitt 17.3*).

Phasendiagramm Eine grafische Darstellung der Gleichgewichte zwischen den festen, flüssigen und gasförmigen Phasen einer Substanz als eine Funktion von Temperatur und Druck (*Abschnitt 11.6*).

Phasenumwandlung Die Umwandlung einer Substanz von einem Aggregatzustand zu einem anderen. Die Phasenumwandlungen, die wir betrachten, sind Schmelzen und Gefrieren (Feststoff ⟷ Flüssigkeit), Sublimation und Zersetzung (Feststoff ⟷ Gas) und Verdampfung und Kondensation (Flüssigkeit ⟷ Gas) (*Abschnitt 11.4*).

Photodissoziation Das Spalten eines Moleküls in zwei oder mehr neutrale Fragmente als Folge der Absorption von Licht (*Abschnitt 18.2*).

photoelektrischer Effekt Die durch Licht induzierte Emission von Elektronen aus einer Metalloberfläche (*Abschnitt 6.2*).

Photoionisierung Das Entfernen eines Elektrons aus einem Atom oder Molekül durch Absorption von Licht (*Abschnitt 18.2*).

Photon Das kleinste Inkrement (ein Quant) von Strahlungsenergie; ein Photon mit einer Frequenz ν hat eine Energie, die gleich $h\nu$ ist (*Abschnitt 6.2*).

Photosynthese Der Vorgang, der in Pflanzenblättern auftritt und bei dem Lichtenergie zur Umwandlung von Kohlendioxid und Wasser in Kohlenhydrate und Sauerstoff verwendet wird (*Abschnitt 22.2*).

physikalische Eigenschaften Eigenschaften, die gemessen werden können, ohne die Zusammensetzung eines Stoffes zu verändern, zum Beispiel Farbe und Gefrierpunkt (*Abschnitt 1.3*).

physikalische Umwandlungen Umwandlungen (wie z. B. eine Phasenumwandlung), die ohne Änderung der chemischen Zusammensetzung auftreten (*Abschnitt 1.3*).

pi- (π-) Bindung Eine kovalente Bindung, in der die Elektronendichte oberhalb und unterhalb der Verbindungslinie der verbundenen Atome konzentriert ist (*Abschnitt 9.6*).

pi- (π-) Molekülorbital Ein Molekülorbital, das die Elektronendichte auf entgegengesetzten Seiten einer Linie konzentriert, die durch die Kerne geht (*Abschnitt 9.8*).

Planck'sches Wirkungsquantum (h) Die Konstante, die die Energie und Frequenz eines Photons miteinander in Beziehung setzt, $E = h\nu$, ihr Wert ist $6{,}626 \times 10^{-34}\ J \cdot s$ (*Abschnitt 6.2*).

Plastik Ein Material, das durch Anwendung von Wärme und Druck in bestimmte Formen gebracht werden kann (*Abschnitt 12.2*).

polare Kovalenzbindung Eine kovalente Bindung, in der die Elektronen nicht gleichmäßig verteilt sind (*Abschnitt 8.4*).

polares Molekül Ein Molekül mit einem Dipolmoment (*Abschnitt 8.4*).

Polarisierbarkeit Die Leichtigkeit, mit der die Elektronenwolke eines Atoms oder Moleküls durch einen äußeren Einfluss gestört wird, wodurch ein Dipolmoment induziert wird (*Abschnitt 11.2*).

Polymer Ein großes Molekül mit großem Molekulargewicht, das durch das Zusammenfügen, oder Polymerisation, einer großen Zahl von Molekülen mit niedrigem Molekulargewicht gebildet wird. Die einzelnen Moleküle, die das Polymer bilden, werden Monomere genannt (*Abschnitt 12.2*).

Polypeptid Ein Polymer von Aminosäuren, das ein Molekulargewicht von unter 10.000 besitzt.

Polysaccharid Eine Substanz, die aus mehreren verbundenen Monosaccharid-Einheiten besteht.

Porphyrin Ein Komplex, der sich vom Porphinmolekül ableitet (*Abschnitt 22.2*).

Positron Ein Teilchen mit der gleichen Masse wie ein Elektron, aber mit einer positiven Ladung, Symbol ^0_1e.

potenzielle Energie Die Energie, die ein Objekt als Resultat seiner Zusammensetzung oder seiner Position in Bezug auf ein anderes Objekt besitzt (*Abschnitt 5.1*).

ppb (parts per billion) Die Konzentration einer Lösung in Gramm gelöstem Stoff pro 10^9 (Milliarden) Gramm Lösung; gleich Mikrogramm gelöstem Stoff pro Liter Lösung für wässrige Lösungen (*Abschnitt 13.4*).

ppm (parts per million) Die Konzentration einer Lösung in Gramm gelöstem Stoff pro 10^6 (Millionen) Gramm Lösung; gleich Milligramm gelöstem Stoff pro Liter Lösung für wässrige Lösungen (*Abschnitt 13.4*).

Präzision Die Nähe der Übereinstimmung von verschiedenen Messungen der gleichen Größe, die Reproduzierbarkeit einer Messung (*Abschnitt 1.5*).

Primärstruktur Die Sequenz von Aminosäuren entlang einer Proteinkette.

primitive kubische Einheitszelle Eine kubische Einheitszelle, in der die Gitterpunkte nur an den Ecken liegen (*Abschnitt 11.7*).

Prinzip von Le Châtelier Ein Prinzip, das besagt, dass, wenn wir ein System in chemischem Gleichgewicht stören, sich die Konzentra-

tionen von Reaktanten und Produkten so verschieben, dass sie die Effekte der Störung teilweise ausgleichen (*Abschnitt 15.7*).
Produkt Eine Substanz, die in einer chemischen Reaktion produziert wird; es erscheint konventionsgemäß auf der rechten Seite des Pfeils in einer chemischen Gleichung (*Abschnitt 3.1*).
Protein Ein Biopolymer, das aus Aminosäuren gebildet wird.
Protium Das häufigste Isotop von Wasserstoff (*Abschnitt 21.2*).
Proton Ein positiv geladenes subatomares Teilchen, das man im Kern eines Atoms findet (*Abschnitt 2.3*).
prozentuale Ausbeute Das Verhältnis der tatsächlichen (experimentellen) Ausbeute eines Produkts zu seiner theoretischen (berechneten) Ausbeute, multipliziert mit 100 (*Abschnitt 3.7*).
prozentualer Massenanteil Die Anzahl Gramm eines gelösten Stoffes in 100 g Lösung (*Abschnitt 13.4*).
Pufferkapazität Die Menge an Säure oder Base, die ein Puffer neutralisieren kann, bevor der pH anfängt, sich stark zu ändern (*Abschnitt 17.2*).
Pyrometallurgie Ein Prozess, bei dem Wärme ein Mineral in einem Erz von einer chemischen Form in eine andere oder eventuell in das freie Metall umwandelt.
qualitative Analyse Der Nachweis der Anwesenheit einer bestimmten Substanz (*Abschnitt 17.7*).
Quant Das kleinste Inkrement von Strahlungsenergie, das absorbiert oder emittiert werden kann; die Größe der Strahlungsenergie ist $h\nu$ (*Abschnitt 6.2*).
quantitative Analyse Die Bestimmung der Menge einer gegebenen Substanz, die in einer Probe vorhanden ist (*Abschnitt 17.7*).
Querverbindung Die Bildung von Bindungen zwischen Polymerketten (*Abschnitt 12.2*).
Racemat Eine Mischung von gleichen Mengen der links- und rechtsdrehenden Formen eines chiralen Moleküls. Ein Racemat dreht polarisiertes Licht nicht (*Abschnitt 22.4*).
Rad Ein Maß für die Energie, die durch Strahlung von Gewebe oder anderem biologischen Material absorbiert wird; 1 rad = Aufnahme von 1×10^{-2} J Energie pro Kilogramm Material.
radiale Wahrscheinlichkeitsfunktion Die Wahrscheinlichkeit, mit der ein Elektron in einem bestimmten Abstand vom Kern gefunden wird (*Abschnitt 6.6*).
radioaktiv Besitzt Radioaktivität, der spontane Zerfall eines instabilen Kerns mit begleitender Emission von Strahlung (*Abschnitt 2.2*).
radioaktive Zerfallsreihe Eine Serie von Kernreaktionen, die mit einem instabilen Kern beginnt und mit einem stabilen endet. Auch **nukleare Zerfallsreihe** genannt.
Radioisotop Ein radioaktives Isotop; d. h. es durchläuft nukleare Änderungen mit Emission von Strahlung.
Radionuklid Ein radioaktives Nuklid.
Radiotracer Ein Radioisotop, das man zur Verfolgung des Wegs eines Elements in einem chemischen System benutzen kann.
Raffination Die Umwandlung einer unreinen Form eines Metalls in eine brauchbarere Substanz von gut definierter Zusammensetzung. Zum Beispiel wird Roheisen aus dem Hochofen in einem Konverter raffiniert, um Stahl in der gewünschten Zusammensetzung zu produzieren.
Raoult'sches Gesetz Ein Gesetz, das besagt, dass der Partialdruck eines Lösungsmittels über einer Lösung, p_A, gegeben ist durch den Dampfdruck des reinen Lösungsmittels, p_A°, multipliziert mit dem Molenbruch, X_A, des Lösungsmittels in der Lösung; $p_A = X_A p_A^\circ$ (*Abschnitt 13.5*).
Reaktant Eine Ausgangssubstanz in einer chemischen Reaktion; sie erscheint konventionsgemäß auf der linken Seite des Pfeils in einer chemischen Gleichung (*Abschnitt 3.1*).

Reaktion erster Ordnung Eine Reaktion, bei der die Reaktionsgeschwindigkeit proportional zur Konzentration eines einzelnen Reaktanten hoch eins ist (*Abschnitt 14.4*).
Reaktion zweiter Ordnung Eine Reaktion, bei der die Gesamtreaktionsordnung (die Summe der Konzentrations-Exponenten) im Geschwindigkeitsgesetz gleich 2 ist (*Abschnitt 14.4*).
Reaktionsenthalpie Die mit einer chemischen Reaktion verbundene Enthalpieänderung (*Abschnitt 5.4*).
Reaktionsgeschwindigkeit Die Konzentrationsabnahme eines Reaktanten oder die Konzentrationszunahme eines Produkts mit der Zeit (*Abschnitt 14.2*).
Reaktionsmechanismus Ein detailliertes Bild oder Modell, wie eine Reaktion abläuft; d. h. die Reihenfolge, in der die Bindungen gelöst und gebildet werden, und die Änderungen in den Positionen der Atome, wenn die Reaktion voranschreitet (*Abschnitt 14.6*).
Reaktionsordnung Die Potenz, in der die Konzentration eines Reaktanten in einem Geschwindigkeitsgesetz steht (*Abschnitt 14.3*).
Reaktionsquotient (Q) Der Wert, den man erhält, wenn die Konzentrationen von Reaktanten und Produkten in den Gleichgewichtsausdruck eingesetzt werden. Wenn die Konzentrationen Gleichgewichtskonzentrationen sind, ist $Q = K$; sonst $Q \neq K$ (*Abschnitt 15.6*).
rechtsdrehend Ein Ausdruck, um ein chirales Molekül zu beschreiben, das die Polarisationsebene von linear polarisiertem Licht nach rechts dreht (im Uhrzeigersinn) (*Abschnitt 22.4*).
Redox- (Reduktions-Oxidations-)Reaktion Eine Reaktion, bei der sich die Oxidationsstufen von Atomen ändern. Die Substanz, deren Oxidationsstufe zunimmt, wird oxidiert; die Substanz, deren Oxidationsstufe abnimmt, wird reduziert (*Kapitel 20: Einleitung*).
Reduktion Ein Vorgang, bei dem eine Substanz ein oder mehrere Elektronen aufnimmt (*Abschnitt 4.4*).
Reduktionsmittel Die Substanz, die oxidiert wird und dadurch die Reduktion einer anderen Substanz in einer Redox-Reaktion bewirkt (*Abschnitt 20.1*).
Reinstoff Materie, die eine feste Zusammensetzung und bestimmte Eigenschaften hat (*Abschnitt 1.2*).
rem Ein Maß für die biologische Schadwirkung, die durch Strahlung verursacht werden kann; rem = rad × RBE.
Resonanzformeln Individuelle Lewis-Strukturformeln in Fällen, in denen zwei oder mehr Lewis-Strukturformeln gleich gute Beschreibungen für ein einzelnes Molekül sind. Die Resonanzstrukturen in solch einem Fall werden „gemittelt", um eine treffendere Beschreibung des Moleküls zu geben (*Abschnitt 8.6*).
reversibler Prozess Ein Prozess, der zwischen Zuständen entlang des exakt gleichen Weges hin und zurück gehen kann; ein System im Gleichgewicht ist reversibel, wenn das Gleichgewicht durch eine infinitesimale Modifizierung einer Variablen, wie z. B. Temperatur, verschoben werden kann (*Abschnitt 19.1*).
Ribonukleinsäure (RNS) Ein Polynukleotid, in dem Ribose die Zuckerkomponente ist.
rösten Thermische Behandlung eines Erzes, um chemische Reaktionen herbeizuführen, die die Ofenatmosphäre involvieren. Zum Beispiel kann ein Sulfiderz an Luft geröstet werden, um ein Metalloxid und SO_2 zu bilden.
Rotationsbewegung Bewegung eines Moleküls mit der Vorstellung, dass es sich wie ein Kreisel dreht (*Abschnitt 19.3*).
Salinität Ein Maß für den Salzgehalt von Meerwasser, Sole oder Brackwasser. Sie ist gleich der Masse in Gramm der gelösten Salze, die in 1 kg Meerwasser vorhanden sind (*Abschnitt 18.5*).
Salz Eine ionische Verbindung, die durch Ersatz von einem oder mehreren H^+ einer Säure durch ein Kation entsteht (*Abschnitt 4.3*).

Sauerstoffsäure Eine Verbindung, in der eine oder mehrere OH-Gruppen, und gegebenenfalls weitere Sauerstoffatome, an ein Zentralatom gebunden sind (*Abschnitt 16.10*).

Säure Eine Substanz, die in der Lage ist, ein H^+-Ion (ein Proton) abzugeben und damit die Konzentration von $H^+(aq)$ zu erhöhen, wenn sie sich in Wasser löst (*Abschnitt 4.3*).

Säureanhydrid (Säureoxid) Ein Oxid, das bei Zugabe von Wasser eine Säure bildet; lösliche Nichtmetalloxide sind Säureanhydride (*Abschnitt 21.5*).

Säuredissoziationskonstante (K_S) Eine Gleichgewichtskonstante, die das Maß ausdrückt, in dem eine Säure ein Proton an das Lösungsmittel Wasser abgibt (*Abschnitt 16.6*).

saurer Regen Regenwasser, das durch luftverunreinigende Oxide, besonders durch menschliche Aktivitäten produziertes SO_3, überhöht sauer geworden ist (*Abschnitt 18.4*).

Schlacke Eine Mischung von geschmolzenen Silikatmineralen. Schlacken können etwas sauer oder basisch sein, entsprechend der Acidität oder Basizität des zum Silizium hinzugefügten Oxids.

Schlüssel-Schloss-Modell Ein Modell für Enzymreaktionen, in denen das Substratmolekül als speziell in das aktive Zentrum des Enzyms passend dargestellt wird. Es wird angenommen, dass dadurch, dass es an das aktive Zentrum gebunden ist, das Substrat für eine Reaktion aktiviert wird (*Abschnitt 14.7*).

Schmelze Ein Schmelzprozess, bei dem sich die während einer chemischen Reaktion gebildeten Materialien in zwei oder mehrere Schichten trennen. Zum Beispiel können die Schichten Schlacke und geschmolzenes Metall sein.

Schmelzwärme Die Enthalpieänderung, ΔH, zum Schmelzen eines Feststoffs (*Abschnitt 11.4*).

schwache Base Eine Base, die nur teilweise in Wasser protoniert wird (*Abschnitt 4.3*).

schwache Säure Eine Säure, die nur teilweise in Wasser dissoziiert (*Abschnitt 4.3*).

schwacher Elektrolyt Eine Substanz, die nur teilweise in Wasser dissoziiert (*Abschnitt 4.1*).

Sekundärstruktur Die Art und Weise, in der ein Protein gedreht oder gestreckt ist.

Seltenerdelement Siehe **Lanthanoid** (*Abschnitte 6.8 und 6.9*).

SI-Einheiten Internationale Maßeinheiten (*Abschnitt 1.4*).

Sigma- (σ-) Bindung Eine kovalente Bindung, bei der die Elektronendichte rotationssymmetrisch zur internuklearen Achse konzentriert ist (*Abschnitt 9.6*).

Sigma- (σ-) Molekülorbital Ein Molekülorbital, das die Elektronendichte um eine imaginäre Linie durch zwei Kerne rotationssymmetrisch zentriert ist (*Abschnitt 9.7*).

signifikante Stellen Die Nachkommastellen, die die Genauigkeit anzeigen, mit der eine Messung durchgeführt wird; alle Nachkommastellen einer gemessenen Größe sind signifikant, einschließlich der letzten Stelle, die unsicher ist (*Abschnitt 1.5*).

Silikate Verbindungen, die Silizium und Sauerstoff enthalten, strukturell auf tetraedrischen SiO_4-Baueinheiten basierend (*Abschnitt 21.10*).

smektische Flüssigkristallphase Ein Flüssigkristall, in dem die Moleküle entlang ihrer langen Achse und in Schichten, und die Enden der Moleküle zueinander ausgerichtet sind. Es gibt verschiedene Arten von smektischen Phasen (*Abschnitt 12.5*).

Smog Eine komplexe Mischung von unerwünschten Substanzen, die durch die Wirkung von Sonnenlicht auf eine mit Automobilemissionen verunreinigte urbane Atmosphäre entstehen. Die hauptsächlichen Ausgangsstoffe sind Stickoxide und organische Substanzen, besonders Olefine und Aldehyde (*Abschnitt 18.4*).

Sol-Gel-Verfahren Ein Verfahren, bei dem extrem kleine Teilchen (0,003 bis 0,1 μm Durchmesser) einheitlicher Größe in einer Folge von chemischen Schritten hergestellt werden, gefolgt von kontrolliertem Erwärmen (*Abschnitt 12.2*).

Solvatation Die Lagerung von Lösungsmittelmolekülen an ein gelöstes Teilchen (*Abschnitt 13.1*).

Spaltung Die Spaltung eines großen Atomkerns in zwei kleinere.

Spannungsreihe Eine Tabelle von Metallen in der Reihenfolge abnehmender Reduktionskraft (*Abschnitt 4.4*).

spektrochemische Reihe Eine Liste von Liganden, angeordnet in der Reihenfolge ihrer Fähigkeit, die d-Orbitalenergien aufzuspalten (bei Anwendung der Terminologie des Kristallfeldmodells) (*Abschnitt 22.6*).

Spektrum Die Verteilung der verschiedenen Wellenlängen der von einem Objekt emittierten oder absorbierten Strahlungsenergie (*Abschnitt 6.3*).

spezifische Wärmekapazität Die Wärmekapazität von 1 g einer Substanz; die notwendige Wärmemenge, um die Temperatur von 1 g einer Substanz um 1 °C zu erhöhen (*Abschnitt 5.5*).

Spinorientierungsquantenzahl (m_s) Eine Quantenzahl, die mit der Orientierung des Elektronenspins zusammenhängt; sie kann den Wert $+\frac{1}{2}$ oder $-\frac{1}{2}$ haben (*Abschnitt 6.7*).

Spinpaarungsenergie Die notwendige Energie, um ein Elektron mit einem anderen Elektron zu paaren, das ein Orbital besetzt (*Abschnitt 22.6*).

spontaner Prozess Ein Prozess, der in der Lage ist, in eine gegebene Richtung wie gewünscht voranzuschreiten, ohne dass er von einer äußeren Energiequelle angetrieben werden muss. Ein Prozess kann spontan sein, obwohl er sehr langsam ist (*Abschnitt 19.1*).

Standard-EMK, auch Standardzellspannung ($\Delta E°$) Die EMK einer Zelle, wenn sich alle Reaktionsteilnehmer bei Standardbedingungen befinden (*Abschnitt 20.4*).

Standardatmosphärendruck Definiert als 760 Torr oder in SI-Einheiten 101,325 kPa (*Abschnitt 10.2*).

Standardbildungsenthalpie (ΔH_f°) Die Enthalpieänderung, die die Bildung von einem Mol einer Substanz aus ihren Elementen begleitet, wenn sich alle Substanzen in ihren Standardzuständen befinden (*Abschnitt 5.7*).

Standardenthalpieänderung ($\Delta H°$) Die Enthalpieänderung in einem Prozess, wenn alle Reaktanten und Produkte in ihren stabilen Formen bei 1 atm Druck und einer spezifizierten Temperatur, gewöhnlich 25 °C, sind (*Abschnitt 5.7*).

Standardlösung Eine Lösung bekannter Konzentration (*Abschnitt 4.6*).

Standardtemperatur und -druck (STP) Definiert als 0 °C und 1 atm Druck; häufig als Referenzbedingungen für ein Gas benutzt (*Abschnitt 10.4*).

Standardwasserstoffelektrode Eine Elektrode auf Basis der Halbreaktion $2\,H^+(1\,M) + 2\,e^- \rightleftharpoons H_2(1\,atm)$. Das Normalpotenzial der Standardwasserstoffelektrode ist als 0 V definiert (*Abschnitt 20.4*).

Stärke Der allgemeine Name für eine Gruppe von Polysacchariden, die als Energiespeicher-Substanzen in Pflanzen auftreten.

starke Base Eine Base, die in Wasser praktisch vollständig protoniert ist (*Abschnitt 4.3*).

starke Säure Eine Säure, die in Wasser praktisch vollständig dissoziiert (*Abschnitt 4.3*).

starker Elektrolyt Eine Substanz (starke Säuren, starke Basen und die meisten Salze), die in Lösung praktisch vollständig in Ionen dissoziiert (*Abschnitt 4.1*).

Stereoisomere Verbindungen mit der gleichen Formel und Konstitution, die sich aber in der räumlichen Anordnung der Atome unterscheiden (*Abschnitt 22.4*).

Stöchiometrie Die Beziehungen zwischen den Mengen der Reaktanten und Produkte, die an chemischen Reaktionen beteiligt sind (*Kapitel 3: Einleitung*).

Stratosphäre Der Bereich der Atmosphäre direkt über der Troposphäre (*Abschnitt 18.1*).

Strukturformel Eine Formel, die nicht nur die Zahl und Art der Atome in einem Molekül zeigt, sondern auch die Anordnung (Bindungen) der Atome (*Abschnitt 2.6*).

Strukturisomere Verbindungen, die die gleiche Formel besitzen, sich aber in den Bindungsanordnungen der Atome unterscheiden (*Abschnitt 22.4*).

subatomare Teilchen Teilchen wie z. B. Protonen, Neutronen und Elektronen, die kleiner als ein Atom sind (*Abschnitt 2.2*).

Sublimationswärme Die Enthalpieänderung, ΔH, zum Verdampfen eines Feststoffs (*Abschnitt 11.4*).

Substitutionsreaktionen Reaktionen, in denen ein Atom (oder eine Gruppe von Atomen) ein anderes Atom (oder eine Gruppe von Atomen) innerhalb eines Moleküls ersetzt.

Substrat Eine Substanz, die eine Reaktion am aktiven Zentrum eines Enzyms durchläuft (*Abschnitt 14.7*).

supraleitende Keramik Ein komplexes Metalloxid, das einen Übergang in den supraleitenden Zustand bei niedrigen Temperaturen durchläuft (*Abschnitt 12.1*).

Supraleitung Der widerstandslose Fluss von Elektronen, der auftritt, wenn eine Substanz in den supraleitenden Zustand übergeht (*Abschnitt 12.1*).

System In der Thermodynamik der Teil des Universums, den wir für Untersuchungen auswählen. Wir müssen genau angeben, was das System enthält und welche Energieüberträge es mit der Umgebung geben kann (*Abschnitt 5.1*).

Szintillationszähler Ein Instrument, das zum Nachweis und Messen von Strahlung durch die Fluoreszenz, die sie in einem fluoreszierenden Medium erzeugt, dient.

Teilchenbeschleuniger Ein Gerät, das starke magnetische und elektrostatische Felder benutzt, um geladene Teilchen zu beschleunigen.

Tertiärstruktur Die Gesamtstruktur eines großen Proteins, speziell die Art, in der Abschnitte des Proteins sich auf sich selbst zurückfalten oder sich ineinander verschlingen.

theoretische Ausbeute Die Menge des Produkts, die rechnerisch gebildet werden sollte, wenn der limitierende Reaktant vollständig verbraucht wird (*Abschnitt 3.7*).

Theorie Ein geprüftes Modell oder eine Erklärung, die einen bestimmten Satz von Phänomenen befriedigend erklärt (*Abschnitt 1.3*).

Thermochemie Die Beziehung zwischen chemischen Reaktionen und Energieänderungen (*Kapitel 5: Einleitung*).

Thermodynamik Das Studium der Energie und ihrer Transformation (*Kapitel 5: Einleitung*).

thermonukleare Reaktion Ein anderer Name für Fusionsreaktionen; Reaktionen, in denen sich zwei leichte Kerne zu einem schwereren vereinen.

Thermoplaste Ein polymeres Material, das leicht durch Wärme und Druck verformt werden kann (*Abschnitt 12.2*).

Titration Der Prozess, bei dem eine Lösung unbekannter Konzentration mit einer Lösung bekannter Konzentration (einer Standardlösung) zur Reaktion gebracht wird (*Abschnitt 4.6*).

Titrationskurve Eine grafische Darstellung des pH als Funktion des zugegebenen Titrators (*Abschnitt 17.3*).

Torr Eine Druckeinheit: 1 Torr = 1 mm Hg (*Abschnitt 10.2*).

Transistor Ein elektrisches Bauteil, das das Kernstück eines integrierten Schaltkreises bildet (*Abschnitt 12.4*).

Translationsbewegung Bewegung, bei der sich ein ganzes Molekül in eine bestimmte Richtung bewegt (*Abschnitt 19.3*).

Transurane Elemente, die im Periodensystem auf Uran folgen.

trimolekulare Reaktion Eine Elementarreaktion, an der drei Moleküle beteiligt sind. Trimolekulare Reaktionen sind selten (*Abschnitt 14.6*).

Tripelpunkt Die Temperatur, bei der die feste, flüssige und gasförmige Phase eines Stoffes im Gleichgewicht koexistierten (*Abschnitt 11.6*).

Tritium Das Wasserstoffisotop, dessen Kern ein Proton und zwei Neutronen enthält (*Abschnitt 21.2*).

Troposphäre Der Bereich der Erdatmosphäre, der sich von der Oberfläche bis in ca. 12 km Höhe erstreckt (*Abschnitt 18.1*).

Tyndall-Effekt Die Streuung eines Strahls sichtbaren Lichts durch die Teilchen in einer kolloidalen Dispersion (*Abschnitt 13.6*).

Übergangselemente (Übergangsmetalle) Elemente, in denen die *d*-Orbitale schrittweise besetzt sind (*Abschnitt 6.8*).

Übergangstemperatur zur Supraleitung (T_c) Unterhalb dieser Temperatur zeigt eine Substanz Supraleitung (*Abschnitt 12.1*).

Übergangszustand (aktivierter Komplex) Eine bestimmte Anordnung von Reaktant- und Produkt-Molekülen am Punkt der maximalen Energie im geschwindigkeitsbestimmenden Schritt einer Reaktion (*Abschnitt 14.5*).

überkritische Masse Eine Menge von spaltbarem Material, die größer als die kritische Masse ist.

Überlappung Das Ausmaß, in dem Atomorbitale von verschiedenen Atomen den gleichen Raumbereich teilen. Wenn die Überlappung von zwei Orbitalen groß ist, kann eine starke Bindung gebildet werden (*Abschnitt 9.4*).

übersättigte Lösung Lösungen mit mehr gelöstem Stoff als in einer gesättigten Lösung (*Abschnitt 13.2*).

Umgebung In der Thermodynamik alles, was außerhalb des Systems liegt, das wir untersuchen (*Abschnitt 5.1*).

Umkehrosmose Der Vorgang, bei dem Wassermoleküle unter hohem Druck durch eine semipermeable Membran von der konzentrierteren zur weniger konzentrierten Lösung wandern (*Abschnitt 18.5*).

Umrechnungsfaktor Ein Verhältnis, das die gleiche Größe in zwei Einheitensystemen in Beziehung setzt und zur Umrechnung der Maßeinheiten verwendet wird (*Abschnitt 1.6*).

Umweltchemie Chemie, die die Entwicklung und Anwendung von chemischen Produkten und Prozessen fördert, die mit der menschlichen Gesundheit kompatibel sind und die die Umwelt schonen (*Abschnitt 18.7*).

ungesättigte Lösungen Lösungen, die weniger gelösten Stoff enthalten als eine gesättigte Lösung (*Abschnitt 13.2*).

unimolekulare Reaktion Eine Elementarreaktion, an der nur ein Molekül beteiligt ist (*Abschnitt 14.6*).

unpolare Kovalenzbindung Eine kovalente Bindung, in der die Elektronen gleichmäßig verteilt sind (*Abschnitt 8.4*).

Unschärferelation Ein Prinzip, das besagt, dass es eine inhärente Unschärfe in der Genauigkeit gibt, mit der wir gleichzeitig die Position und den Impuls eines Teilchens bestimmen können. Diese Unschärfe ist nur für extrem kleine Teilchen, wie z. B. Elektronen, signifikant (*Abschnitt 6.4*).

Unterschale Ein oder mehrere Orbitale mit dem gleichen Satz von Quantenzahlen n und l. Zum Beispiel sprechen wir von der 2*p*-Unterschale ($n = 2, l = 1$), die sich aus drei Orbitalen zusammensetzt ($2p_x$, $2p_y$ und $2p_z$) (*Abschnitt 6.5*).

Valenzband Ein Band von dicht benachbarten Molekülorbitalen, das im Wesentlichen mit Elektronen voll besetzt ist (*Abschnitt 12.1*).

Valenzbindungstheorie Ein Modell für chemische Bindung, bei dem ein Elektronenpaar zwischen zwei Atomen durch die Überlappung von Orbitalen aus beiden Atomen gebildet wird (*Abschnitt 9.4*).

Valenzelektronen Die äußersten Elektronen eines Atoms; diejenigen, die Orbitale besetzen, die beim Edelgas mit der nächst niedrigeren Ordnungszahl nicht besetzt sind. Die Valenzelektronen sind diejenigen, die die Atome zur Bindung benutzen (*Abschnitt 6.8*).

Valenzelektronenpaarabstoßungsmodell (VSEPR-Modell) Ein Modell, das die räumliche Anordnung von bindenden und freien Elektronenpaaren um ein Zentralatom, im Sinne von Abstoßungen zwischen Elektronenpaaren, erklärt (*Abschnitt 9.2*).

Valenzorbitale Orbitale, die die Elektronen der äußersten Schale eines Atoms enthalten (*Kapitel 7: Einleitung*).

van-der-Waals-Gleichung Eine Zustandsgleichung für nichtideale Gase, die auf dem Hinzufügen von Korrekturen zur idealen Gasgleichung basiert. Die Korrekturausdrücke berücksichtigen die intermolekularen Anziehungskräfte und die Volumina, die durch die Gasmoleküle selbst eingenommen werden (*Abschnitt 10.9*).

Verbindung Eine Substanz, die aus zwei oder mehr Elementen zusammengesetzt ist, die in definierten Verhältnissen chemisch vereint sind (*Abschnitt 1.2*).

Verbrennungsreaktion Eine chemische Reaktion, die mit Bildung von Wärme und gewöhnlich auch mit einer Flammenerscheinung abläuft; die meisten Verbrennungen beinhalten eine Reaktion mit Sauerstoff, wie z. B. das Abbrennen eines Streichholzes (*Abschnitt 3.2*).

Verdampfungswärme Die Enthalpieänderung, ΔH, zum Verdampfen einer Flüssigkeit (*Abschnitt 11.4*).

Verdrängungsreaktion Eine Reaktion, bei der ein Element mit einer Verbindung reagiert und ein Element daraus verdrängt (*Abschnitt 4.4*).

Verdünnung Der Vorgang, um eine weniger konzentrierte Lösung aus einer stärker konzentrierten herzustellen, indem man Lösungsmittel zugibt (*Abschnitt 4.5*).

Verseifung Hydrolyse eines Esters in Gegenwart einer Base.

Vibrationsbewegung Bewegung der Atome in einem Molekül, bei der sie sich periodisch aufeinander zu und voneinander weg bewegen (*Abschnitt 19.3*).

Viskosität Ein Maß für den Fließwiderstand von Flüssigkeiten (*Abschnitt 11.3*).

vollständige Ionengleichung Eine chemische Gleichung, in der gelöste starke Elektrolyte (wie z. B. gelöste ionische Verbindungen) als separate Ionen geschrieben werden (*Abschnitt 4.2*).

Vulkanisierung Der Prozess der Quervernetzung von Polymerketten in Gummi (*Abschnitt 12.2*).

Wahrscheinlichkeitsdichte ($|\psi|^2$) Ein Wert, der die Wahrscheinlichkeit repräsentiert, mit der ein Elektron an einem gegebenen Punkt im Raum zu finden ist (*Abschnitt 6.5*).

Wärme Der Fluss von Energie von einem Körper höherer Temperatur zu einem mit niedrigerer Temperatur, wenn sie alle in thermischem Kontakt stehen (*Abschnitt 5.1*).

Wärmekapazität Die Wärmemenge, die nötig ist, um die Temperatur einer Materieprobe um 1 °C (oder 1 K) zu erhöhen (*Abschnitt 5.1*).

Wasserstoffbrückenbindung Bindung, die aus den intermolekularen Anziehungen zwischen Molekülen resultiert, die an ein elektronegatives Element gebundene Wasserstoffatome enthalten. Die wichtigsten Beispiele sind H_2O, NH_3 und HF (*Abschnitt 11.2*).

wässrige Lösung Eine Lösung, bei der Wasser das Lösungsmittel ist (*Kapitel 4: Einleitung*).

Watt Eine Einheit für Leistung: 1 W = 1 J/s (*Abschnitt 20.9*).

Wellenfunktion Eine mathematische Beschreibung eines erlaubten Energiezustands (ein Orbital) für ein Elektron im quantenmechanischen Modell des Atoms; sie wird normalerweise mit dem griechischen Buchstaben ψ bezeichnet (*Abschnitt 6.5*).

Wellenlänge Der Abstand zwischen identischen Punkten auf aufeinander folgenden Wellen (*Abschnitt 6.1*).

wissenschaftliche Methode Der allgemeine Prozess, um wissenschaftliche Kenntnisse durch experimentelle Beobachtungen und durch Formulierung von Hypothesen, Theorien und Gesetzen zu erweitern (*Abschnitt 1.3*).

wissenschaftliches Gesetz Eine präzise verbale Aussage oder mathematische Gleichung, die eine signifikante Anzahl von Beobachtungen und Erfahrungen zusammenfasst (*Abschnitt 1.3*).

Wurzel des mittleren Geschwindigkeitsquadrates (RMS) (μ) Die Quadratwurzel des Durchschnitts der quadrierten Geschwindigkeiten der Gasmoleküle in einer Gasprobe (*Abschnitt 10.7*).

Zellspannung Ein Maß für die treibende Kraft oder „den elektrischen Druck" einer elektrochemischen Reaktion; es wird in Volt gemessen: 1 V = 1 J/C. Es wird auch elektromotorische Kraft genannt (*Abschnitt 20.4*).

Zellulose Ein Polysaccharid von Glukose; sie ist das Hauptstrukturelement in Pflanzenmaterial.

Zerfallsreaktion Eine chemische Reaktion, bei der eine einzelne Verbindung zu zwei oder mehr Produkten reagiert (*Abschnitt 3.2*).

Zuschauerionen Ionen, die unverändert durch eine Reaktion gehen und auf beiden Seiten der vollständigen Ionengleichung erscheinen (*Abschnitt 4.2*).

Zustandsfunktion Eine Eigenschaft eines Systems, die durch den Zustand oder die Bedingung des Systems und nicht dadurch bestimmt wird, wie es zu dem Zustand gekommen ist; ihr Wert ist fest, wenn Temperatur, Druck, Zusammensetzung und physikalische Form festgelegt sind; p, V, T, U und H sind Zustandsfunktionen (*Abschnitt 5.2*).

zweiatomiges Molekül Ein Molekül, das aus nur zwei Atomen zusammengesetzt ist (*Abschnitt 2.6*).

Zweiter Hauptsatz der Thermodynamik Eine Aussage unserer Erfahrung, dass es eine Richtung für den Verlauf gibt, den Ereignisse in der Natur nehmen. Wenn ein Prozess spontan in eine Richtung abläuft, ist er in der umgekehrten Richtung nichtspontan. Man kann den Zweiten Hauptsatz in vielen verschiedenen Formen ausdrücken, aber sie beziehen sich alle auf die Spontaneität. Eine der üblichsten Aussagen, die man findet, ist die, dass bei jedem spontanen Prozess die Entropie des Universums zunimmt (*Abschnitt 19.2*).

zweizähniger Ligand Ein Ligand, der über zwei koordinierende Atome mit einem Metallatom verbunden ist (*Abschnitt 22.2*).

Anhang I: Index

A

Abgaskatalysatoren 587
Abschätzung 31
Abschirmungskonstante 256
Absorptionsspektrum 942
Actinoide 240, 241
Additionspolymerisation 473
Adhäsion(skräfte) 436
Adsorption 586
Aggregatzustände 7, 82
Akkumulator 843
aktives Zentrum 588
Aktivierungsenergie 569
Alanin 677
Alkalibatterie 844
Alkanderivate 72
Alkane 72
Alkohol 72
alpha (α) 43
α-Teilchen 43
ame 45, 49
Aminosäuren 677
Ammoniak 893
Amphetamin 667
amphiprotischer Stoff 640
amphoterer Stoff 640
Amphoterie 720
angeregter Zustand 219
Ångström (Å) 46
Anionen 58, 65, 261, 286
Anode 819
anorganische Verbindungen 63, 64
Anwendungsgebiete von Halogenen 877
äquatoriale Stellungen 339
Äquivalenzpunkt 153
Arbeit 163, 166, 169
Aristoteles 39
Arrhenius, Svante 569, 637
Arrhenius-Base 638
Arrhenius-Gleichung 572
Arrhenius-Säure 638
Arsen 902
Asbest 911
Ascorbinsäure 516

Atmosphärendruck 383
Atome 3, 40
Atomgewicht 49, 51
Atomgröße 252
Atomisierung 319
Atommassenskala 49
Atomorbitale 208
Atomorbitalwellenfunktionen 367
Atomradius 258
Atomstruktur 41, 45
Atomtheorie 39, 79
Aufbau des Atoms 43
Ausdehnung eines Gases 174
Austauschreaktionen 126
Austrittsarbeit 215
Autodissoziation 644
Avogadro, Amedeo 91, 389
Avogadro'sche Molekülhypothese 390
Avogadro'sches Gesetz 389, 390
Avogadrokonstante 91
axiale Stellungen 339

B

Bänder 465
Bandlücke 467
Bar 383
Barometer 383, 384
Bartlett, Neil 873
Basen 130
Basenanhydride 884
Basenkonstante 663
Batterie 811, 843
Benzedrin 667
Benzin 751
Benzol 315
    Resonanz 315
Becquerel, Henri 43
Bernoulli, Daniel 407
Bertholet, Marcellin 774
Berzelius, Jöns Jakob 472
beta (β) 43
β-Teilchen 43
Bewegungsenergie 164
Bildungsenthalpie 190

Bildungsreaktionen 85, 86
bindendes Elektronenpaar 339
Bindungsarten 307
Bindungsdipol 344, 345
Bindungselektronenpaar 334
Bindungsenthalpie 319–323
Bindungsisomerie 936
Bindungslänge 302, 306, 324, 323, 347
Bindungsordnung 363, 364
Bindungspolarität 302, 303, 304, 343
Bindungsradius 258, 259, 286
Bindungstheorien 329
Bindungswinkel 332, 338, 339
Biokompatibilität 482
Blei-Schwefelsäure-Autoakkumulator 843
Blutdruck 385
Bohr, Niels 216
Bohr'sches Atommodell 216, 218, 221
Bohr'scher Radius 229
Boltzmann, Ludwig 780
Boltzmann-Konstante 782
Bombenkalorimeter 184
Bor 913
Borane 913
Born, Max 298
Born-Haber-Kreisprozess 298
Bosch, Karl 603
Boyle, Robert 387
Boyle'sches Gesetz 387
Bragg, William und Lawrence 455
Brennstoffe 197, 198
Brennstoffzelle 22, 811, 846
Brennwert 195, 196, 198
Brom 877
Brønsted, Johannes 638
Buckminster Fuller, R. 458
Buckminsterfulleren 458
Buckyball 458

C

Carbide 907
Carboanhydrase 263

Carbonate 906
Carboxygruppe 675
Carboxyhämoglobin 748
Carnot, Sadi 774
Cavendish, Henry 867
Celsius-Skala 19
Chadwick, James 45
Charles, Jacques 388
Charles'sches Gesetz 388
Chelateffekt 929, 930
Chelatliganden 927
chemische Bindung 291
chemische Eigenschaften 13
chemische Energie 165
chemische Formel 55
chemische Gleichungen 79
chemische Industrie 6
Chemische Kinetik 547
chemische Nomenklatur 63
chemische Reaktion 13, 14
chemisches Gleichgewicht 122, 599
Chinin 667
Chlor 876, 877
Chlorophyll 929, 931
Chromatographie 17
cis-trans-Isomerie 937
Cisplatin 937
Clausius, Rudolf 404
Clausius, Rudolph 774
Clausius-Clapeyron-Gleichung 445
Codein 667
Copolymere 475
Coulomb (C) 42, 853
Crick, Francis 455
Crutzen, Paul 743
Curie, Marie 43
Curie, Pierre 43
Curl, Robert 458

D

d-d-Übergang 946
d-Orbital 232, 352
Dalton, John 40, 381
Dalton'sches Partialdruckgesetz 400
Dampfdruck 442
Dampfdruckerniedrigung 525
de Broglie, Louis 221
Debye (D) 306
Demokrit 39

Destillation 15
Deuterium 868
Dialyse 539
Diamagnetismus 370
Diamant 903
Diamin 475
diastolischer Druck 385
Dichte 21
differenzielles Geschwindigkeitsgesetz 561
Diffusion 380, 409
Dimensionsanalyse 30, 95
Dipol 305
Dipol-Dipol-Wechselwirkungen 427
Dipolmoment 305–307, 343–345
Distickstoffoxid 894
DNS 5
Donoratom 920, 925
Doppelbindung 301, 356
Dreifachbindung 301, 356
Dritter Hauptsatz der Thermodynamik 787
Druck 383
Druck-Volumen-Arbeit 174
durchschnittliche Atommasse 50
Duroplast 473
dynamisches Gleichgewicht 599

E

ebullioskopische Konstante 529
Edelgase 872, 873
Edelgasschale 239
Edelmetalle 142
effektive Kernladung 252, 256, 286
Effusion 380, 409
Eigenschaft 3
Eigenschaften des Stickstoffs 891
Eigenschaften des Wasserstoffs 868
Eigenschaften und Herstellung von Halogenen 875
Eigenschaften von Sauerstoff 881
Einfachbindung 301, 356
Einstein, Albert 214
einzähnige Liganden 927
Eisen 932
Elastomer 473
Elektrokardiografie 842
Elektrokardiogramm 842
Elektrolyse 850, 851, 853

Elektrolysereaktionen 850
Elektrolyt 121
elektrolytische Eigenschaften 120
Elektrolytkonzentration 147
elektromagnetische Kraft 47
elektromagnetische Strahlung 208, 209
elektromagnetisches Spektrum 210
elektromotorische Kraft 825
Elektronegativität 302–305, 312, 344
Elektronen 45, 362
   bindende 362
Elektronenaffinität 252, 269
Elektronendichte 225
Elektronenkonfigurationen 235, 252, 296, 368, 370
Elektronenladung 42, 45
Elektronenpaar 334
   nichtbindendes 334
Elektronenschale 226
Elektronenspin 234
Elektronenstruktur 253
Elektronenübergang 293
elektropositive Metalle 142
elektrostatische potenzielle Energie 165, 295
Elementarreaktionen 575
   bimolekular 575
   trimolekular 575
   unimolekular 575
Elementarzelle 450
   kubisch-flächenzentriert 451
   kubisch-innenzentriert 451
   kubisch-primitiv 450
Elemente 3, 8
Elementwasserstoffsäuren 672
EMK 825
empirische Formeln 56, 97
Enantiomere 937
endothermer Prozess 171
Endpunkt der Titration 153
Energie 163
Energie aus Biomasse 199
Enthalpie 173, 174, 178, 180
Enthalpieänderung 179, 186
Entropie 771, 774, 776, 930
Entsalzung 756
Enzym-Substrat-Komplex 589
Enzyme 588

Enzyminhibitoren 589
Erdgas 198
Erdöl 198
erneuerbare Energiequellen 199
Erstarrungspunkt 447
Erster Hauptsatz der Thermodynamik 168
Ethylendiamin 927
exotherm 171
extensive Eigenschaften 13
extrazelluläre Fluide 842

F

f-Block-Metalle 242
f-Orbitale 232
Fahrenheit-Skala 20
Fällungsreaktionen 123, 124
Faraday, Michael 835
Faraday (F) 835
Faradaykonstante 835
Farbe 941
Farbstoffe 374
FDA 279
FeMo-Kofaktor 590
Festkörper 7, 448
    amorph 448
    kristallin 448
Filtration 15
Fluor 875, 876, 877
Fluorchlorkohlenwasserstoffe 743
Fluoreszenz 41
Flüssigkeit 7, 513
    mischbar 513
    unmischbar 513
Flüssigkristall 490
    cholesterisch 491
    nematisch 491
    smektisch 491
Flüssigkristallanzeigen 490
Formalladung 311–313
Formelgewicht 88
fossile Brennstoffe 198
fraktionierte Destillation 526
Franklin, Rosalind 455
freie Enthalpie 791
freien Standardenthalpie 793
Frequenz 208, 209
Frequenzfaktor 572
Friedrich, Walter 455

Fullerene 458
Fullerene 903
Fußballmolekül 458

G

Galvani, Luigi 842
galvanische Zellen 819
Galvanisierung 849
Galvanotechnik 811, 851
Gamma (γ)-Strahlung 43
Gammastrahlung 210
Gas 7
Gasdruck 380
Gasentwicklung 135
Gasgesetze 387
Gaskonstante 391
Gay-Lussac, Joseph Louis 389
Gefrierpunktserniedrigung 525, 529
gelöste Substanzen 119
Gemische 11
Genauigkeit 25
geometrische Isomere 920
geometrische Isomerie 937
geothermische Energie 199
gepufferte Lösungen 690
Gerlach, Walter 235
Gesamtreaktionsordnung 556
geschlossene Systeme 166
Geschwindigkeit 208
geschwindigkeitsbestimmender Schritt 579
Geschwindigkeitsgesetz 555
Geschwindigkeitskonstante 556
Gesetz der Erhaltung der Masse 79
Gesetz der Erhaltung der Materie 40
Gesetz der konstanten Proportionen 10, 40
Gesetz der multiplen Proportionen 40
Gewässergüte 757
Gibbs, J. Willard 791
Gibbs-Energie 791
Gitterenergie 294, 295, 298
Glas 912
Gleichgewichtsausdruck 602
Gleichgewichtskonstante 601, 602
globuläres Protein 930
Glycin 677
Goodyear, Charles 478

Goudsmit, Samuel 234
Graham, Thomas 409
Graham'sches Gesetz 409
Graphit 903
Gravitationskraft 47
Grundzustand 219
Grüne Chemie 761
Gruppen 52
Guldberg, Cato Maximilian 602

H

Haber, Fritz 298, 603
Haber-Bosch-Verfahren 601
Halbleiter 465
Halbreaktionen 814
Halbzellen 820
Halogene 874, 876
Häm 929
Hämoglobin 540, 748
Hauptgruppenelemente 242
Hauptquantenzahl 219, 226
Heeger, Alan J. 489
Heisenberg, Werner 223
Heisenberg'sche Unschärferelation 208
Henderson-Hasselbalch-Gleichung 692
Henry-Konstante 518
Henry'sches Gesetz 518
Herstellung und Verwendung von Stickstoff 892
Herstellung von Sauerstoff 882
Herstellung von Wasserstoff 869
Hertz (Hz) 211
Hess'scher Satz 186, 192
heterogene Katalyse 586
Hevea brasiliensis 478
hexagonal-dichte Packung 453
High-Spin-Komplex 949
Hinreaktion 600
Hochtemperatur-Supraleitung 471
HOMO 374
homogene Katalyse 584
Hund'sche Regel 208, 237, 364
Hybridauto 200
Hybridisierung 348, 351, 352, 354
Hybridorbitale 348, 349, 350, 352, 360
Hydratation 506

Hydrazin 893
Hydrochlorid 667
hydroelektrische Energie 199
Hydrolysereaktion 668
Hyperoxide 886
Hypertonie 385

I

ideale Gasgleichung 380, 391
ideales Gas 391
Impfkristall 512
Impuls 222
innere Energie 168
integriertes Geschwindigkeitsgesetz 561
intensive Eigenschaften 13
Interhalogene 878
intrazellulare Fluide 842
Ion 58
Ion-Dipol-Wechselwirkung 426
Ionen 296, 299
    Elektronenkonfigurationen 296
Ionenbindung 291, 293, 294, 295, 296
    Energetik 294
Ionenladungen 59
Ionenpaar 535
Ionenprodukt 644
Ionisationsenergie 252
Ionisationsisomere 936
ionische Gleichungen 127
ionische Verbindungen 60, 64, 67
ionische Verbindungen in Wasser 121
Ionisierungsenergie 264, 286
irreversibler Prozess 775
Isolatoren 465
Isomere 935
    linksdrehend 940
    optisch aktiv 940
    rechtsdrehend 940
isothermer Prozess 775
Isotope 49
isovalenzelektronische Reihe 261
IUPAC 52

J

Joule, James 165
Joule (J) 165

K

Kadaverin 667
Kalorie 165
Kalorimeter 180
Kalorimetrie 180, 182
Kalottenmodell 57
Kapillarwirkung 436
Katalase 588
Katalysator 583, 628
Kathode 819
Kathodenstrahlröhre 42
Kathodenstrahlung 41
kathodischer Schutz 849
Kationen 58, 64, 260, 286
Kelvin (K) 388
Kelvin-Skala 19
Kernenergie 199
Kernspin 236
Kesselstein 760
kinetische Energie 164
kinetische Gastheorie 380, 404
Knipping, Paul 455
Koagulation 539
Koeffizienten 79, 80
Koffein 667
Kohäsion(skräfte) 436
Kohle 198
Kohlensäure 906
Kohlenstoff 903
Kohlenstoffdioxid 905
Kohlenstoffmonoxid 904
Kohlenwasserstoffe 751
kolligative Eigenschaften 504, 525
kolloidale Dispersionen 536
Kolloide 504, 536, 537
    hydrophil 537
    hydrophob 537
Komplementärfarben 942
Komplexe 921
Komplexion 921
Komprimierung eines Gases 174
Kondensationspolymerisation 474
Kondensationsreaktion 900
konjugierte Säure 640
konjugiertes Säure-Base-Paar 640
Konzentration 145
Konzentrationszelle 840
Koordinationschemie 933
Koordinationssphäre 923

Koordinationsverbindungen 921
Koordinationszahl 454, 920, 922
Korrosion 137, 847, 849
kovalente Bindung 291, 299–304, 319–324, 346, 347
    polare 302, 304
    unpolare 302
Kovalenzradien 259
Kraft 164
Kristallfeldaufspaltungsenergie 946
Kristallfeldtheorie 920, 943
Kristallinität eines Polymers 476
kritischer Druck 441
kritische Temperatur 441
Kroto, Harry 458
kryoskopische Konstante 529
kubisch-dichte Packung 454
Kugel-Stab-Modell 57
Kunststoffe 473
Kyoto-Protokoll 735

L

Lackmus 650
Ladungstransfer 951
Ladungstrennung 344
Lambert-Beer'sche Gesetz 553
Länge 18
Lanthanoide 240
Lauterbur, Paul 236
Lavoisier, Antoine 79
LCDs 490
Le Châtelier, Henri-Louis 621
LEDs 490
Leguminosen 590
Leitungsband 467
Leuchtdioden 490
Lewis, G.N. 292, 676
Lewis-Base 676
Lewis-Säure 676
Lewis-Strukturformel 300, 308–313, 331, 336, 352
Lewis-Symbol 292, 300
Lichtgeschwindigkeit 209
Ligand 920, 921
Linienspektren 208
Lithiumionen- (Li-Ionen)-Akku 845
London'sche Dispersionskraft 426, 428
Löslichkeit 124, 512

Löslichkeit ionischer Verbindungen 124
Löslichkeitsprodukt 708
Löslichkeitsprodukt K_L 707
Lösung 12, 119, 512, 532
  gesättigt 512
  hypertonisch 532
  hypotonisch 532
  isotonisch 532
  neutral 645
  übersättigt 512
  ungesättigt 512
Lösungsmittel 119
Lowry, Thomas 638
Low-Spin-Komplex 949
LUMO 374
Lysozym 589

M

MacDiarmid, Alan G. 489
magnetische Quantenzahl 226
Magnetische Resonanztomographie (MRT) 236
Magnetismus 920, 941, 943
Manometer 386
Mansfield, Peter 236
Marconi, Guglielmo 740
Masse 18
Masse des Elektrons 43
Maßeinheiten 17
Massenprozent 520
Massenspektrometer 50
Massenspektrum 50
Massenwirkungsgesetz 602
Massenzahl 48
Materie 3
Materiewellen 222
Meerwasser 754
Mehr-Elektronen-Atome 233
Mehrfachbindung 301, 339, 354, 357, 359
mehrzähnige Liganden 920, 927
Mendeleev, Dmitri 253
Mesosphäre 736
Messunsicherheiten 24
Metall-Ligand-Bindung 924
Metall-Ligand-Ladungstransfer 951
Metall(o)enzyme 590
Metallbindungen 291

Metalle 54, 465
metallische Hydride 871
Metallkomplex 920, 912
Metalloide 54
Metathesereaktionen 126
  siehe auch Austauschreaktionen
Methanol-Brennstoffzelle 847
Methylorange 650
metrisches System 17
Meyer, Lothar 253
Mikrozustand 781
Millikan, Robert 42
Millimeter Quecksilber 384
mittlere freie Weglänge 412
mittleres Geschwindigkeitsquadrat 406
Mol (Einheit) 91
molale Gefrierpunktserniedrigung 529
molale Siedepunktserhöhung 529
Molalität 522
molare Masse 93, 94
molare Wärmekapazität 181
Molarität 145, 147, 521
molekulare Hydride 872
molekulare Verbindungen 56
molekulare Verbindungen in Wasser 121
Molekulargewicht 89
Molekulargleichung 127
Molekularität 575
Moleküleigenschaften 370
Molekülformel 56, 99
Molekülformen 331, 332, 333, 337, 340
Molekülorbital 4, 55, 305, 344, 345, 361, 362, 364, 365, 367, 371, 372, 375, 458
  antibindendes 362
  bindendes 361
  heteronukleares 372
  polares 305, 345
  unpolares 344
  zweiatomiges 372, 375
Molekülorbitaldiagramm 362
Molekülorbitaltheorie 361, 363
Molekülpolarität 343, 344, 345
Molekülstruktur 329, 335, 336, 360
Molenbruch 401, 521

Molina, Mario 743
Molvolumen 392
monochromatisch 216
Monomere 473
MOSFET 488
Moseley, Henry 254

N

Nahrungsmittel 195
Nanomaterialien 495
Nanoröhren 23
Nanotechnologie 22
Nanotubes 497
Natriumchlorid 291, 293
Natriumdampflampe 212
natürliche Phänomene 599
Nebenquantenzahl 226
Neonlichter 217
Nernst, Walther 837
Nernstgleichung 837
Nettoionengleichung 128
Neutralisationsreaktion 133
Neutron 45
Newton, Isaac 39
NiCd-Zelle 845
nichtbindendes Elektronenpaar 339
Nichtbindungsradius 258
Nichtelektrolyt 121, 131
Nichtmetalle 54, 861
Nickel-Metallhydrid (NiMH)-Akkus 845
Niederschlag 123
NiMH-Zelle 845
Nitrogenase 590
Nitroglycerin 322, 896
Nobel, Alfred 322
Nomenklatur 933
Normal-Wasserstoffelektrode 826
Nuclear Magnetic Resonance (NMR) 236

O

O—H-Bindung 673
Oberflächenspannung 435
oktaedrisches Kristallfeld 945
Oktettregel 292, 316, 317, 318
  Ausnahmen 316
Opferanode 849
Opsin 359

optische Isomere 920
optische Isomerie 937
Orbitaldiagramm 236
Orbitale 225, 257
    entartete 233
Orbitalüberlappung 346, 347
Ordnungszahl 47
Organische Chemie 71
organische Verbindungen 64, 71
Organismen 787
    autotroph 787
    heterotroph 787
Osmose 531
osmotischer Druck 525, 531
Ostwaldverfahren 895
Oxidation 137, 811
Oxidation von Metallen 140
Oxidationsmittel 812
Oxidationsreaktionen 87
Oxidationsstufen 811
Oxidationszahl 138, 312, 811
Oxide 884
Oxoanionen 66
Oxyanionen 879
Oxyhämoglobin 748
Ozon 882, 883

P

π-Bindung 354, 355, 356, 357, 358, 360
    delokalisierte 357, 358
π-Molekülorbital 365
p-Orbital 231
Paramagnetismus 370
Partialdruck 400, 401
Partialladungen 312
Pascal, Blaise 383
Pascal (Pa) 383
Pauli, Wolfgang 234
Pauli-Prinzip 234
Pauling, Linus 302
PEM-Zelle 846
Perchlorat 880
Periode 52, 258
Periodensystem 253
Periodensystem der Elemente 51, 52
Peroxide 886
perspektivische Zeichnung 57

pH-Meter 650
pH-Wert 646
Phase 366, 367
Phasendiagramm 446, 527
Phasenübergänge 436
Phenolphthalein 650
Phosgen 763
Phosphor 897, 898, 900, 901
Phosphor-Halogenide 898
Photodissoziation 738, 739
photoelektrischer Effekt 213, 214
Photoionisation 740
Photon 213, 214
Photosmog 749
Photosynthese 931
physikalische Eigenschaften 13
physikalische Umwandlungen 14
Planck, Max 213
Planck'sches Wirkungsquantum 213
Polarisierbarkeit 428
polarisiertes Licht 940
Polarität 305
Polycarbonat 762
Polyethylen 473
Polyethylenterephthalat 761
Polymer 472
Polyurethane 763
Porphyrine 929
Postulate 218
potenzielle Energie 164
pounds per square inch 385
ppb 520
ppm 520
Präzision 25
Priestly, Joseph 881
Primärzellen 843
Prinzip von Le Châtelier 621
Produkte 79, 81
Protium 867
Proton 45
Protonenakzeptor 130
Protonendonoren 129
Proust, Joseph Louis 10
prozentuale Ausbeute 110
psi 385
Puffer 690
Pufferkapazität 694
Putreszin 667

Q

quadratisch-planare Komplexe 949
Quant 213
Quantenmechanik 224
Quantentheorie 209

R

Racemat 940
radiale Wahrscheinlichkeitsfunktion 229
Radiowellen 210
Raoult'sches Gesetz 525, 526
Rastertunnelmikroskopie 41
Reaktanten 79, 81
Reaktion erster Ordnung 561
Reaktion zweiter Ordnung 563
Reaktionsenthalpie 177, 192, 320, 321
Reaktionsmuster 84
Reaktionsordnungen 556
Reaktionsquotient 617
reale Gase 412
Redox 811
Redoxreaktion 137, 140
Reduktion 138, 811
Reduktionsmittel 812
Regulierung der Körpertemperatur 187
Reihe (Periode) 260
Reinitzer, Frederick 490
Reinstoffe 8
Resonanzstrukturen 313, 314, 315
Retinal 359
Retinol 516
reversibler Prozess 774
Rhodopsin 359
Röntgenbeugung 455
Röntgenkristallografie 455
Röntgenstrahlen 215
Rost 848
Rotationsbewegung 780
Rowland, F. Sherwood 743
Rückreaktion 600
Rutherford, Daniel 891
Rutherford, Ernest 43
Rydberg-Gleichung 218, 220
Rydberg-Konstante 218

S

σ-Bindung 354–356, 358, 360
σ-Molekülorbital 362
s-Orbital 228
Saccharose 291
Salinität 754
Salpetersäure 895
Salz 133
salzartige Hydride 871
Salzbrücke 821
Sauerstoff 881
Sauerstoffsäuren 673
Säure-Base-Indikatoren 153
Säure-Base-Reaktionen 129
Säureanhydride 884
Säuredissoziationskonstante 653
Säuren 68. 129
saurer Regen 746
Schlüssel-Schloss-Modell 588
Schmelzelektrolyse 850
Schmelzpunkt 447
Schmelzwärme 437
Schrittmacherzellen 842
Schrödinger, Erwin 224
Schrödinger Gleichung 224
schwache Basen 130
schwache Elektrolyte 122, 131
schwache Kernkraft 47
schwache Säuren 130
schwächere konjugierte Säure 643
Schwefel 888
Schwefeldioxid 889
Schwefelsäure 890
Schwingungsbewegungen 780
Seaborg, Glenn 54
Sekundärzelle 843
Selen 888
seltene Erden 241
Shirakawa, Hideki 489
SI-Einheiten 17
Sichelzellenanämie 540
Siedepunktserhöhung 525, 527
signifikante Stellen 25
Silicate 910
Silicone 912
Silizium 909
Silizium-Mikrochip 5
Smalley, Richard 458
Smog 749

Sol-Gel-Verfahren 481
Solarenergie 199
Solvatation 121, 506
sp-Hybridorbitale 348, 349
sp^2-Hybridorbitale 350
sp^3-Hybridorbitale 350, 351
Spalte (Gruppe) 253, 260
Spannungsreihe der Metalle 141, 142
spektrochemische Reihe 946
Spektrum 217
spezifische Wärme 181
Spinorientierungsquantenzahl 234
Spinpaarungsenergie 948
spontaner Prozess 772
Sprengstoffe 322
Stammlösungen 148
Standard-EMK 825
Standard-Wasserstoffelektrode 826
Standardatmosphärendruck 384
Standardbedingungen 825
Standardbildungsenthalpie 190, 191
Standardenthalpieänderung 190, 192
Standardentropien 789
Standardlösung 153
starke Basen 130
starke Elektrolyte 121, 131
starke Kernkraft 47
starke Säuren 130
statistische Thermodynamik 781
Stereoisomere 935, 937
Stereoisomerie 937
Sterlingsilber 505
Stern, Otto 235
Stern-Gerlach-Experiment 235
Stethoskop 385
Stickstoff 891
Stickstoffdioxid 895
Stickstofffixierung 590
Stickstoffmonoxid 894
Stöchiometrie 79, 151
Stoffmenge 94
Stratosphäre 734, 736
Strukturformel 57
Strukturisomere 920, 935
subatomares Teilchen 41
Sublimationswärme 437
Substrate 588

Sulfide 889
Supraleitung 469
systolischer Druck 385

T

tatsächliche Ausbeute 110
Tellur 888
Temperatur 18
Tetrachlorethylen 763
tetraedische Komplexe 949
tetraedrische Struktur 332
    linear 333
    oktaedrisch 333
    quadratisch eben 333
    tetraedrisch 333
    trigonal bipyramidal 333
    trigonal eben 333
theoretische Ausbeute 110
Theorie 16
thermische Energie 165
Thermochemie 163
thermochemische Gleichungen 177
Thermodynamik 163, 771
Thermoplaste 473
Thermosphäre 736
THMs 764
Thomson, J. J. 42
Thomson, William 388
Titration 153, 698
Torricelli, Evangelista 384
Transferrin 932
Transistor 489
Translationsbewegung 780
Treibhauseffekt 752
Treibhausgas 753
Trihalomethane 764
Trinitrotoluol (TNT) 322
Tripelpunkt 447, 529
Tritium 868
Tropopause 736
Troposphäre 734, 735
Tyndalleffekt 537

U

Übergangselemente 240
Übergangsmetall-Ionen 297
Übergangsmetalle 240
Übergangszustand 571
überkritische Flüssigkeit 442

Überschussreaktanten 107
Übertragung von Energie 166
Uhlenbeck, George 234
Umkehrosmose 756
Umrechnungsfaktoren 30
Unschärferelation 223
unvollständige Verbrennung 87

V

Valenzband 467
Valenzbindungstheorie 346
Valenzelektronen 239, 258, 292, 308, 316, 317
Valenzorbitale 253, 286
Valenzschalen 339
van der Waals, Johannes 414
van-der-Waals-Radien 258
van-der-Waals-Gleichung 380, 415
van-der-Waals-Kräfte 426
van't Hoff-Faktor 535
Verbindungen 9
Verbrennungsanalyse 100
Verbrennungsreaktionen 87
Verdampfungswärme 437
Verdrängungsreaktionen 140
Verdünnung 148
Vernetzung 478
Verwendung des Wasserstoffs 870
Verwendung von Sauerstoff 882
Viskosität 435
Vitamin A 516
Vitamin C 516
vollständige Ionengleichung 127
vollständige Verbrennung 87
Volta, Alessandro 842
Volumen 20
von Laue, Max 455
Vorzeichenkonventionen 171
VSEPR-Modell 334, 335, 337, 338, 339, 341, 346, 352
Vulkanisation 478

W

Waage, Peter 602
Wahrscheinlichkeitsdichte 225, 366
Wahrscheinlichkeitsfunktionen 257
Wärme 163, 166, 169
Wärmekapazität 180
Wasser 9
Wasserenthärtung 760
Wassergas 630
Wasserstoff 361, 866, 867, 871
Wasserstoff-Halogenide 877
Wasserstoffbrückenbindung 426, 431
Wasserstoffperoxid 886
Wasserstofftechnologie 870
Wasserstoffverbindungen 871
wässrige Lösungen 119
Watson, James 455
Welle-Teilchen-Dualismus 223
Wellenfunktion 225, 366, 367
Wellenlänge 208, 209
Wellenmechanik 224
Weltmeer 754
Werner, Alfred 922
Werner'sche Theorie 921
Wilkins, Maurice 455
Windenergie 199
wissenschaftliche Methodik 16
wissenschaftliches Gesetz 16

Z

Zellspannung 825
Zentralatom 309
Zerfallsreaktion 85
Zuschauerionen 127
Zustandsänderungen 14
Zustandsfunktionen 774
Zustandsgröße 171, 172
zweite Ionisierungsenergie 286
Zweiter Hauptsatz der Thermodynamik 779
Zwischenprodukt 577
Zwitterion 677

Bildnachweis

FM. 1 Dr. Theodore L. Brown. **FM. 2** H. Eugene LeMay, Jr. **FM. 3** Bruce E. Bursten.

Kapitel 1: CO01 NASA, H. Ford (JHU), G. Illingworth (USCS/LO), M. Clampin (STScI), G. Hartig (STScI), the ACS Science Team and ESA. **1.2 a** Andrew Syred/SPL/Photo Researchers, Inc. **1.2 b** Francis G. Mayer/Corbis/Bettmann. **1.2 c** G. Murti/Photo Researchers, Inc. **1.3** Henkel AG & Co. KGaA **1.4** Dale Wilson/Green Stock/Corbis/Bettmann. **1.7** Charles D. Winters/Photo Researchers, Inc. **1.8 a** M. Angelo/Corbis/Bettmann. **1.8 b** Richard Megna/Fundamental Photographs, NYC. **1.11 a–c** Donald Clegg and Roxy Wilson/Pearson Education/PH College. **1.12 a–b** Donald Clegg and Roxy Wilson/Pearson Education/PH College. **1.14 a–c** Richard Megna/ Fundamental Photographs, NYC. **1.16** ©Rachael Epstein/PhotoEdit Inc. **1.17** Australian Postal Service/National Standards Commission. **1.21** Copyright 2004 General Motors Corp. Used with permission, GM Media Archive. **1.25.1UN** ©2006 by Sidney Harris.

Kapitel 2: CO02 Courtesy of IBM Archives. Unauthorized use not permitted. **2.1** Corbis/Bettmann. **2.2** IBMRL/Visuals Unlimited. **2.3b–c** Richard Megna/Fundamental Photographs, NYC. **2.6** Radium Institute, Courtesy AIP Emilio Segre Visual Archives. **2.7** G.R. „Dick" Roberts Photo Library/The Natural Sciences Image Library (NSIL). **2.12** Stephen Frisch/Stock Boston. **2.17** Richard Megna/ Fundamental Photographs, NYC. **2.18** Ernest Orlando Lawrence Berkeley National Laboratory, Courtesy AIP Emilio Segre Visual Archives. **2.23 c** Andrew Syred/Science Photo Library/Photo Researchers, Inc. **2.25** Richard Megna/Fundamental Photographs, NYC.

Kapitel 3: CO03 Richard Megna/Fundamental Photographs, NYC. **3.1** Jean-Loup Charmet/Science Photo Library/Photo Researchers, Inc. **3.3** Charles D. Winters/Photo Researchers, Inc. **3.3.1UN** Dave Carpenter. **3.5a–c** Richard Megna/Fundamental Photographs, NYC. **3.6** Donald Johnston/Getty Images Inc. – Stone Allstock. **3.7** Richard Megna/Fundamental Photographs, NYC. **3.9** Richard Megna/Fundamental Photographs, NYC. **3E.65** Carey B. Van Loon/Carey B. Van Loon. **3E.73** Paul Silverman/Fundamental Photographs, NYC.

Kapitel 4: CO04 Everton, Macduff/Getty Images Inc. – Image Bank. **4.1** Richard Megna/Fundamental Photographs, NYC. **4.2a–c** Richard Megna/Fundamental Photographs, NYC. **4.4.1–3** Richard Megna/Fundamental Photographs, NYC. **4.5** Robert Mathena/Fundamental Photographs, NYC. **4.7** Richard Megna/Fundamental Photographs, NYC. **4.8a–c** Richard Megna/Fundamental Photographs, NYC. **4.9** Richard Megna/Fundamental Photographs, NYC. **4.10** Hexal AG **4.11** Jorg Heimann/Bilderberg/Peter Arnold, Inc. **4.12** Richard Megna/Fundamental Photographs, NYC. **4.13** Richard Megna/Fundamental Photographs, NYC. **4.14a–c** Peticolas/Megna/Fundamental Photographs, NYC. **4.15** Erich Lessing/ Art Resource, N. Y. **4.16a–d** Donald Clegg and Roxy Wilson/Pearson Education/PH College. **4.17** Al Bello/Getty Images, Inc – Liaison. **4.18a–c** Richard Megna/Fundamental Photographs, NYC. **4.20a–c** Richard Megna/Fundamental Photographs, NYC. **4.21.6UN** Richard Megna/Fundamental Photographs, NYC.

Kapitel 5: CO05 H Richard Johnston/Getty Images Inc. – Stone Allstock. **5.1a** Amoz Eckerson/Visuals Unlimited. **5.1b** Tom Pantages/Tom Pantages. **5.8a–b** Richard Megna/Fundamental Photographs, NYC. **5.14a–b** Donald Clegg and Roxy Wilson/Pearson Education/PH College. **5.15** UPI/Corbis/Bettmann. **5.20** Gerard Vandystadt/Photo Researchers, Inc. **5.23** Alterfalter – Fotolia.com **5.25** AP Wide World Photos.

Kapitel 6: CO06 Richard Cummins/The Viesti Collection, Inc. **6.1** Pal Hermansen/Getty Images Inc. – Stone Allstock. **6.5** AGE/Peter Arnold, Inc. **6.6 a** Laura Martin/Visuals Unlimited. **6.6 b** PhotoDisc/Getty Images, Inc. – PhotoDisc. **6.8** Photograph by Paul Ehrenfest, courtesy AIP Emilio Segre Visual Archives, Ehrenfest Collection. **6.9** Digital Vision Ltd. **6.11 a–b** Tom Pantages/Tom Pantages. **6.14** National Institute for Biological Standards and Control (U. K.)/Science Photo Library/Photo Researchers, Inc. **6.15** AIP Emilio Segre Visual Archives. **6.28** Alfred Pasieka/Science Photo Library/Photo Researchers, Inc. **6.30.2UN** E.R. Degginger/Color-Pic, Inc. **6.30.3UN** Getty Images – Photodisc. **6.30.4UN** E.R. Degginger/Color-Pic, Inc.

Kapitel 7: CO07 Claude Monet (1840–1926) „Rue Montorgueil in Paris, Festival of 30 June 1878" 1878. Herve Lewandowski/Reunion des Musees Nationaux/Art Resource, NY. **7.1** Richard Megna/Fundamental Photographs, NYC. **7.9.1** 1ca2: A.E. Eriksson, T.A. Jones, A. Liljas: Refined structure of human anhydrase II at 2.0 Angstrom resolution. Proteins 4 pp. 274 (1988). PDB: H. M. Berman, J. Westbrook, Z. Feng, G. Gilliland, T.N. Bhat, H. Weissig, I.N. Shindyalov, P.E. Bourne: The Protein Data Bank. Nucleic Acids Research, 28 pp. 235–242 (2000). Protein Data Bank (PDB) ID 1ca2 from www.pdb.org. **7.14** © Judith Miller/Dorling Kindersley/Freeman's. **7.16a–b** Richard Megna/Fundamental Photographs, NYC. **7.17** Ed Degginger/Color-Pic, Inc. **7.18a–b** Richard Megna/Fundamental Photographs, NYC. **7.19** Richard Megna/Fundamental Photographs, NYC. **7.20** Richard Megna/Fundamental Photographs, NYC. **7.21** Jeff Daly/Visuals Unlimited **7.22a–c** Richard Megna/Fundamental Photographs, NYC. **7.23a–c** H. Eugene LeMay, Jr./H. Eugene LeMay, Jr. **7.24** Phil Degginger/Color-Pic, Inc. **7.25** Paparazzi Photography Studio – Dr. Pepper/Seven Up and Jeffrey L. Rodengen, Write Stuff Syndicte, Inc. **7.26** Tom Pantages **7.27** RNHRD NHS Trust/Getty Images Inc. – Stone Allstock. **7.28** JPL/Space Science Institute/NASA Headquarters. **7.29** Ed Degginger/Color-Pic, Inc. **7.31** Richard Megna/Fundamental Photographs, NYC. **7.32** Ed Degginger/Color-Pic, Inc. **7.32.2UN** Phil Degginger/Color-Pic, Inc.

Kapitel 8: CO08 Richard Megna/Fundamental Photographs, NYC. **8.1a–c** Richard Megna/Fundamental Photographs, NYC. **8.2a–c** Donald Clegg and Roxy Wilson/Pearson Education/PH College. **8.13 a** Tom Pantages **8.15** Corbis/Bettmann.

Kapitel 9: CO09 Inga Spence/Visuals Unlimited. **9.5a–c** Kristen Brochmann/Fundamental Photographs, NYC. **9.31** Bill Longcore/Photo Researchers, Inc. **9.47** Richard Megna/Fundamental Photographs, NYC. **9.49a–b** Phil Degginger/Color-Pic, Inc.

Kapitel 10: CO10 Steve Bloom/Taxi/Getty Images. **10.3** Yoav Levy/Phototake NYC. **10.5** Roland Seitre/Peter Arnold, Inc. **10.8a–b** Richard Megna/Fundamental Photographs, NYC. **10.14** Color-Pic, Inc. **10.15** Lowell Georgia/Corbis/Bettmann. **10.21 a–b** Richard Megna/Fundamental Photographs, NYC.

Kapitel 11: CO11 Chase Swift/Corbis/Bettmann. **11.9** Richard Megna/Fundamental Photographs, NYC. **11.10.1UN** Calvin and Hobbes © Watterson. Dist. by Universal Press Syndicate. Reprinted with permission. All rights reserved. **11.10c** Astrid and Hanns-Frieder Michler/

Peter Arnold, Inc. **11.11** Richard Megna/Fundamental Photographs, NYC. **11.13** Kristen Brochmann/Fundamental Photographs, NYC. **11.14** Hermann Eisenbeiss/Photo Researchers, Inc. **11.16** Richard Megna/Fundamental Photographs, NYC. **11.29a** Dan McCoy/Rainbow. **11.29b** Herve Berthoule/Jacana Scientific Control/Photo Researchers, Inc. **11.29c** Michael Dalton/Fundamental Photographs, NYC. **11.39** Science Source/Photo Researchers, Inc. **11.43** Phil Degginger/Merck/Color-Pic, Inc. **11.44** Robert L. Whetten, University of California at Los Angeles. **11.45.8** Tony Mendoza/Stock Boston.

Kapitel 12: CO12 Corbis Royalty Free. **12.4** David Parker/IMI/University of Birmingham High TC Consortium/Science Photo Library/Photo Researchers, Inc. **12.5** National Railway Japan/Phototake NYC. **12.6** Mauro Fermariello/Science Photo Library/Photo Researchers, Inc. **12.8** Darren McCollester/Getty Images, Inc – Liaison. **12.9** ©Copyright and courtesy Superconductor Technologies Inc. **12.10** Richard Megna/Fundamental Photographs, NYC. **12.13a–b** Richard Megna/Fundamental Photographs, NYC. **12.16** Tom Pantages **12.17** Leonard Lessin/Peter Arnold, Inc. **12.18** Copyright 2004 General Motors Corp. Used with permission of GM Media Archives. **12.19** James L. Amos/Peter Arnold, Inc. **12.20** Professor Charles Zukoski, Department of Chemical Engineering, University of Illinois/Urbana-Champaign, Illinois. **12.22** SJM is a registered trademark of St. Jude Medical, Inc. Copyright St. Jude Medical, Inc. 2002. This image is provided courtesy of St. Jude Medical, Inc. All rights reserved. **12.23** Southern Illinois University/Photo Researchers, Inc. **12.24** Advanced Tissue Sciences, Inc. **12.25** Reproduced with permission. From Fig. 5, Science 2002, 296, 1673–1676 „Biodegradable, Elastic Shape-memory Polymers for Potential Biomedical Applications" by A. Lendlein and R. Langer. Copyright American Association for the Advancement of Science. **12.26** Intel Corporation Pressroom Photo Archives. **12.27** Tom Way/Courtesy of International Business Machines Corporation. Unauthorized use not permitted. **12.30** Marvin Rand/PUGH + SCARPA Architecture. **12.31a–b** Richard Megna/Fundamental Photographs, NYC. **12.32** Siemens AG **12.36** Richard Megna/Fundamental Photographs, NYC. **12.38** Dr. Alois Krost. **12.40** Prof. Dr. Horst Weller from H. Weller, Angew. Chem. Int. Ed. Engl. 1993, 32, 41–53, Fig. 1. **12.41** Reprinted with permission from Anal. Chem., October 1, 2002, 74 (19), pp. 520A–526A. ©Copyright 2002 American Chemical Society. **12.42** Fototeca della Veneranda Fabbrica del Duomo di Milano. **12.43** Reproduced by courtesy of The Royal Instiution of Great Britain. **12.44** Erik T. Thostenson, „Carbon Nanotube-Reinforced Composites: Processing, Characterization and Modeling" Ph.D. Dissertation, University of Delaware, 2004. **12.44.9UN** Courtesy Earth Observatory/NASA and Nicholas M. Short, Sr.

Kapitel 13: CO13 ©Judith Miller/Dorling Kindersley/John Bull Silver. **13.5** Tom Bochsler/Pearson Education/PH College. **13.7a–c** Richard Megna/Fundamental Photographs, NYC. **13.8** Ed Degginger/Color-Pic, Inc. **13.10a–c** Richard Megna/Fundamental Photographs, NYC. **13.15** Charles D. Winters/Photo Researchers, Inc. **13.16** Joan Richardson/Visuals Unlimited **13.21** Grant Heilman/Grant Heilman Photography, Inc. **13.26** Leonard Lessin/Peter Arnold, Inc. **13.27a** E.R. Degginger/Color-Pic, Inc. **13.27b** Gene Rhoden/Visuals Unlimited. **13.32** Oliver Meckes & Nicole Ottawa/Photo Researchers, Inc.

Kapitel 14: CO14 Mark Green/Getty Images Inc. – Stone Allstock **14.1a** Michael S. Yamashita/Corbis/Bettmann **14.1b** S.C. Fried/Photo Researchers, Inc. **14.1c** David N. Davis/Photo Researchers, Inc. **14.2a** Michael Dalton/Fundamental Photographs, NYC. **14.2b** Richard Megna/Fundamental Photographs, NYC. **14.11** Richard Megna/Fundamental Photographs, NYC. **14.19a–c** Richard Megna/Fundamental Photographs, NYC. **14.22** Delphi Energy & Chassis, Troy, Michigan. **14.23** Richard Megna/Fundamental Photographs, NYC. **14.27a** Science Photo Library/Photo Researchers, Inc.

Kapitel 15: CO15 Roger Ressmeyer/Corbis/Bettmann. **15.1a–c** Richard Megna/Fundamental Photographs, NYC. **15.5** Ed Degginger/Color Pic, Inc. Courtesy Farmland Industries, Inc. **15.13a–c** Richard Megna/Fundamental Photographs, NYC. **15.14a–c** Richard Megna/Fundamental Photographs, NYC.

Kapitel 16: CO16 FoodPix/Getty Images, Inc. – FoodPix. **16.3** Richard Megna/Fundamental Photographs, NYC. **16.6** Yoav Levy/Phototake NYC. **16.8a–b** Donald Clegg and Roxy Wilson/Pearson Education/PH College. **16.10** Michael Dalton/Fundamental Photographs, NYC. **16.11a–c** Richard Megna/Fundamental Photographs, NYC. **16.14** Frank LaBua/Pearson Education/PH College. **16.16** Tom Pantages.

Kapitel 17: CO17 Larry Ulrich/DRK Photo. **17.1** Donald Clegg & Roxy Wilson/Pearson Education/PH College. **17.4** Profs. P. Motta and S. Correr/Science Photo Library/Photo Researchers, Inc. **17.7a–b** Richard Megna/Fundamental Photographs, NYC. **17.16a–b** Richard Megna/Fundamental Photographs, NYC. **17.17b** Gerry Davis/Phototake NYC. **17.19a–c** Richard Megna/Fundamental Photographs, NYC. **17.20a–c** Richard Megna/Fundamental Photographs, NYC. **17.21a–c** Richard Megna/Fundamental Photographs, NYC. **17.22.2** Richard Megna/Fundamental Photographs, NYC.

Kapitel 18: CO18 Corbis Digital Stock. **18.2** Pekka Parviainen/Science Photo Library/Photo Researchers, Inc. **18.3** Courtesy Earth Observatory/NASA and Nicholas M. Short, Sr. **18.4** NASA Headquarters. **18.5** National Atmospheric Deposition Program (NRSP-3) 2004. NADP Program Office, Illinois State Water Survey. **18.6a–b** Don and Pat Valenti. **18.8a** Dennis Kunkel/Phototake NYC. **18.9** Corbis Royalty Free. **18.10** Ulf E. Wallin/Ulf Wallin Photography. **18.12** C.D. Keeling and T.P. Whorf, Carbon Dioxide Research Group, Scripps Institution of Oceanography, University of California, La Jolla, CA 92093-0444. **18.13** Australia Picture Library/Corbis/Bettmann. **18.14L-R** Windows to the Universe, of the University Corporation for Atmospheric Research. Copyright ©2004 University Corporation for Atmospheric Research. All rights reserved. **18.15a** DuPont. **18.16** ©Katadyn North America. Used by permission. **18.17** Robert T. Zappalorti/Photo Researchers, Inc. **18.19** Sheila Terry/Science Photo Library/Photo Researchers, Inc. **18.20** Courtesy of GE Plastics. **18.21** Kim Fennema/Visuals Unlimited. **18.22** PPG Industries Inc. **18.22.3UN** Reprinted with permission from Walter Leitner, „Supercritical Carbon Dioxide as a Green Reaction Medium for Catalysis", Acc. Chem Res., 35 (9), 746–756, 2002. Copyright 2002 American Chemical Society.

Kapitel 19: CO19 PNNL/RDF/Visuals Unlimited. **19.2a–b** Richard Megna/Fundamental Photographs, NYC. **19.3.1–2** Michael Dalton/Fundamental Photographs, NYC. **19.7** Austrian Central Library for Physics, Vienna, Austria. **19.10.1** Richard Megna/Fundamental Photographs, NYC. **19.12a** Klaus Pavsan/Peter Arnold, Inc. **19.12b** Biophoto Associates/Photo Researchers, Inc. **19.16** Library of Congress.

Kapitel 20: CO20 NASA Headquarters. **20.1a–b** Richard Megna/Fundamental Photographs, NYC. **20.2a–c** Richard Megna/Fundamental Photographs, NYC. **20.3a–b** Richard Megna/Fundamental Photographs, NYC. **20.4** Richard Megna/Fundamental Photographs, NYC. **20.9a** Jeff Gnass/Corbis/Stock Market. **20.15** The Burndy Library, Dibner Institute for the History of Science and Technology, Cambridge, Mas-

Bildnachweis

sachusetts. **20.19** Kaj R. Svenson/Science Photo Library/Photo Researchers, Inc. **20.24** Erich Schrempp/Photo Researchers, Inc. **20.29 a–b** Reed Barton/Tom Pantages.

Kapitel 21: **CO21** Philip Wegener-Kantor/Index Stock Imagery, Inc. **21.5** Russell Curtis/Photo Researchers, Inc. **21.6 a–b** Richard Megna/Fundamental Photographs, NYC. **21.9** Donald Clegg and Roxy Wilson/Pearson Education/PH College. **21.11** Monster – Fotolia.com **21.12 a–b** Richard Megna/Fundamental Photographs, NYC. **21.13** Robert and Beth Plowes Photography. **21.14** NASA/ Johnson Space Center. **21.16** Joseph Priestley (1733–1804): colored English engraving, 19th Century. The Granger Collection, New York. **21.17** John Hill/Getty Images Inc. – Image Bank. **21.19 a–c** Richard Megna/ Fundamental Photographs, NYC. **21.20** Courtesy of DuPont Nomex®. **21.22 a** Jeffrey A. Scovil/Jeffrey A. Scovil. **21.23** Lawrence Migdale/Science Source/Photo Researchers, Inc. **21.25** Dan McCoy/Rainbow. **21.26 a–c** Kristen Brochmann/Fundamental Photographs, NYC. **21.31 a–c** Donald Clegg and Roxy Wilson/Pearson Education/PH College. **21.33** Kristen Brochmann/Fundamental Photographs, NYC. **21.33.2UN** Michael Dalton/Fundamental Photographs, NYC. **22.35** Richard Megna/ Fundamental Photographs, NYC. **21.40** General Electric Corporate Research & Development Center. **21.41** AP Wide World Photos. **21.42** E. R. Degginger/Color-Pic, Inc. **21.43** Chad Ehlers/Getty Images Inc. – Stone Allstock. **21.45** Photo Courtesy of Texas Instruments Incorporated. **21.49** National Institute for Occupational Safety & Health.

Kapitel 22: **CO22** Robert Garvey/Corbis/Bettmann. **22.2 a–b** Richard Megna/Fundamental Photographs, NYC. **22.7** Gary C. Will/Visuals Unlimited. **22.16** Kim Heacox Photography/DRK Photo. **22.18 L–R** Richard Megna/Fundamental Photographs, NYC. **22.22** Richard Megna/Fundamental Photographs, NYC. **22.26** Richard Megna/Fundamental Photographs, NYC. **22.36 a–c** Tom Pantages. **22.37.8 c** Carey B. Van Loon/Carey B. Van Loon.

CHEMIE

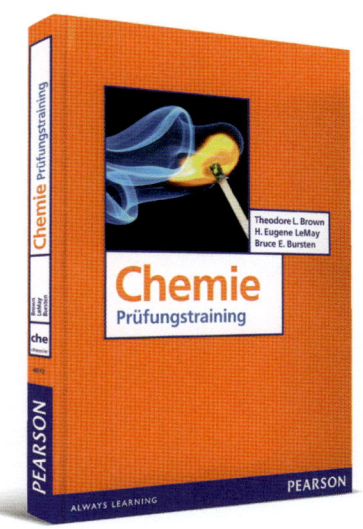

Theodore L. Brown
H. Eugene LeMay
Bruce E. Bursten

Übungsbuch Chemie
ISBN 978-3-8689-4072-5
29.95 EUR [D], 30.80 EUR [A], 40.20 sFr*
256 Seiten

Übungsbuch Chemie

BESONDERHEITEN

Das **Übungsbuch Chemie** orientiert sich an der Kapitelstruktur des Lehrbuchs Chemie - Die zentrale Wissenschaft und enthält zu allen Themenbereichen umfassende Übungsaufgaben mit ausführlichen Lösungen. Es richtet sich an die Studierenden in Bachelor-Studiengängen, die ihre knappe Zeit effizient und effektiv zur Vorlesungsvor- und -nachbereitung sowie zur Prüfungsvorbereitung nutzen möchten.

In Teil I des Übungsbuches finden Studierende ausreichende Anzahl an Übungen zu den prüfungsrelevanten Themen. Der umfangreiche Lösungsteil II ermöglicht es, den Lernerfolg zu überprüfen und sicherzustellen, dass der Stoff beherrscht wird.

KOSTENLOSE ZUSATZMATERIALIEN

Unter www.pearson-studium.de stehen weiterführende Informationen, sowie das komplette Inhaltsverzeichnis und eine Leseprobe zur Verfügung.

* unverbindliche Preisempfehlung

http://www.pearson-studium.de/4072

ALWAYS LEARNING   PEARSON

BIOLOGIE

bio biologie

H. Robert Horton
Laurence A. Moran
K. Gray Scrimgeour
Marc D. Perry
J. David Rawn

Biochemie - Bafög-Ausgabe
ISBN 978-3-8689-4223-1
49.95 EUR [D], 51.40 EUR [A], 66.00 sFr*
1088 Seiten

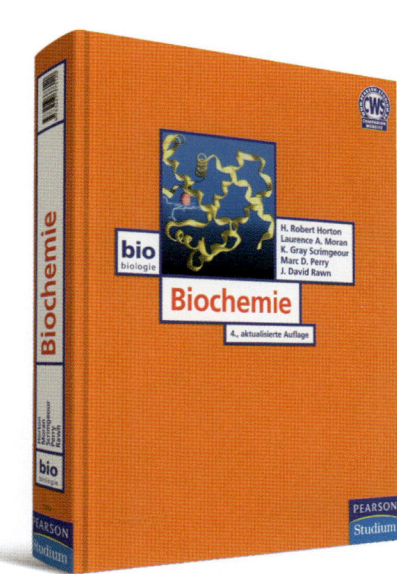

Biochemie - Bafög-Ausgabe

BESONDERHEITEN

Dieses Standardwerk bietet die Grundlagen der Biochemie für alle Studenten der Biowissenschaften und der Medizin in einer verständlichen und übersichtlichen Darstellung. Die Autoren konzentrieren sich auf die Prinzipien der Reaktivität und Funktionalität in der Biochemie; im Vordergrund steht dabei die anschauliche Visualisierung biochemischer Reaktionen. Praxisnähe, über 750 Abbildungen und der konsequente didaktische Grundansatz machen das Buch zu einem lebendigen Lehrwerk. Durch knappe Zusammenfassungen, ca. 350 Übungsaufgaben, Literaturhinweise und ein umfangreiches Glossar werden Verständnis und Vertiefung des Lernstoffes erleichtert. Das Buch ist als preisgünstige Bafög-Ausgabe erhältlich!

KOSTENLOSE ZUSATZMATERIALIEN

Ein kostenloses Probekapitel sowie weitere Informationen zum Buch finden Sie unter www.pearson-studium.de

*unverbindliche Preisempfehlung

http://www.pearson-studium.de/4223

ALWAYS LEARNING   PEARSON

Carsten Schmuck

Basisbuch Organische Chemie
ISBN 978-3-8689-4061-9
29.95 EUR [D], 30.80 EUR [A], 40.20 sFr*
400 Seiten

Basisbuch Organische Chemie

BESONDERHEITEN

Das Basisbuch Organische Chemie sorgt für ein nachhaltiges Verständnis der wichtigsten Grundlagen der organischen Chemie, die thematisch Bestandteil der Bachelor-Ausbildung sind. Stichpunktartig sind dies: Struktur und Aufbau organischer Moleküle, Substitution, Eliminierung, Addition, Aromatenchemie, Carbonylchemie sowie ausgewählte Stoffklassen. Hierin ersetzt das Buch nicht die großen einschlägigen Lehrbücher der Organischen Chemie, sondern ergänzt sie, indem es den Studierenden hilft, den Überblick zu behalten, die Zusammenhänge zu erkennen und vor allem die zugrundeliegenden Konzepte und Gemeinsamkeiten zu begreifen.

KOSTENLOSE ZUSATZMATERIALIEN
Für Dozenten:
- Alle Abbildungen des Buches

*unverbindliche Preisempfehlung

http://www.pearson-studium.de/4061

ALWAYS LEARNING PEARSON

CHEMIE

che chemie

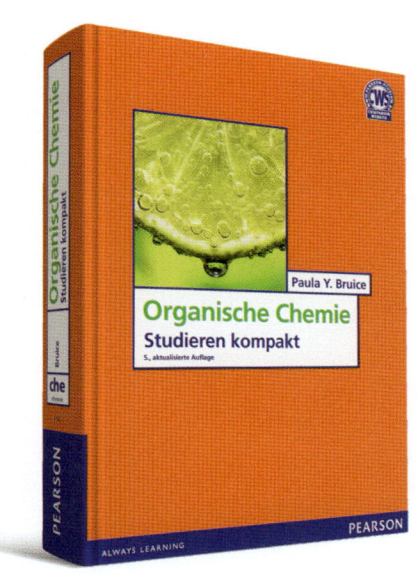

Paula Y. Bruice

Organische Chemie
ISBN 978-3-8689-4102-9
89.95 EUR [D], 92.50 EUR [A], 117.90 sFr*
1200 Seiten

Organische Chemie

BESONDERHEITEN

Das Lehrbuch bietet einen modernen und einfachen Zugang zur Organischen Chemie und führt mit zahlreichen Alltagsbeispielen durch den Prüfungsstoff. Es deckt von der Struktur und Bindung organischer Moleküle über die ausführliche Behandlung der wichtigsten Verbindungsklassen bis hin zur Bioorganik und Werkstoffchemie alle wesentlichen Bereiche des Fachs ab und eignet sich auch für Studenten der Biochemie, Medizin und Pharmazie. Die Inhalte werden mit durchgängig vierfarbigen Grafiken veranschaulicht. Passend zum Lehrbuch ist auch das Übungsbuch (ISBN 978-3-8689-4071-8) sowie das Valuepack (ISBN 978-3-8689-4103-6) mit einem Preisvorteil von € 10,00 [D] erhältlich.

KOSTENLOSE ZUSATZMATERIALIEN

Für Dozenten:
- Alle Abbildungen des Buches

Für Studenten:
- Multiple-Choice-Aufgaben mit Lösungen
- Lösungen zu den Übungsaufgaben im Buch
- Drei Bonus-Kapitel "Spezielle Themen der Organischen Chemie"
- Ein ausführliches Glossar, nützliche Tabellen und weiterführende Links

*unverbindliche Presseempfehlung

http://www.pearson-studium.de/4102

ALWAYS LEARNING   PEARSON

Häufig vorkommende Ionen

Positive Ionen (Kationen)

1+
- Ammonium (NH_4^+)
- Cäsium (Cs^+)
- Kupfer (I) (Cu^+)
- Wasserstoff (H^+)
- Lithium (Li^+)
- Kalium (K^+)
- Silber (Ag^+)
- Natrium (Na^+)

2+
- Barium (Ba^{2+})
- Cadmium (Cd^{2+})
- Calcium (Ca^{2+})
- Chrom(II) (Cr^{2+})
- Kobalt(II) (Co^{2+})
- Kupfer(II) (Cu^{2+})
- Eisen(II) (Fe^{2+})
- Blei(II) (Pb^{2+})
- Magnesium (Mg^{2+})
- Mangan(II) (Mn^{2+})
- Quecksilber(I) (Hg_2^{2+})
- Quecksilber(II) (Hg^{2+})
- Strontium (Sr^{2+})
- Nickel(II) (Ni^{2+})
- Zinn(II) (Sn^{2+})
- Zink (Zn^{2+})

3+
- Aluminium (Al^{3+})
- Chrom(III) (Cr^{3+})
- Eisen(III) (Fe^{3+})

Negative Ionen (Anionen)

1−
- Acetat (CH_3COO^-)
- Bromid (Br^-)
- Chlorat (ClO_3^-)
- Chlorid (Cl^-)
- Cyanid (CN^-)
- Dihydrogenphosphat ($H_2PO_4^-$)
- Fluorid (F^-)
- Hydrid (H^-)
- Hydrogencarbonat (HCO_3^-)
- Hydrogensulfit (HSO_3^-)
- Hydroxid (OH^-)
- Iodid (I^-)
- Nitrat (NO_3^-)
- Nitrit (NO_2^-)
- Perchlorat (ClO_4^-)
- Permanganat (MnO_4^-)
- Thiocyanat (SCN^-)

2−
- Carbonat (CO_3^{2-})
- Chromat (CrO_4^{2-})
- Dichromat ($Cr_2O_7^{2-}$)
- Hydrogenphosphat (HPO_4^{2-})
- Oxid (O^{2-})
- Peroxid (O_2^{2-})
- Sulfat (SO_4^{2-})
- Sulfid (S^{2-})
- Sulfit (SO_3^{2-})

3−
- Arsenat (AsO_4^{3-})
- Phosphat (PO_4^{3-})

Naturkonstanten*

Atommasseneinheit	1 ame = $1{,}66053873 \times 10^{-24}$ g 1 g = $6{,}02214199 \times 10^{23}$ ame
Avogadrokonstante	$N_A = 6{,}02214199 \times 10^{23}$/mol
Boltzmann-Konstante	$k = 1{,}3806503 \times 10^{-23}$ J/K
Elektronenladung	$e = 1{,}602176462 \times 10^{-19}$ C
Faraday-Konstante	$F = 9{,}64853415 \times 10^{4}$ C/mol
Gaskonstante	$R = 0{,}082058205$ l·atm/mol·K^{-1} $8{,}31451$ J·mol^{-1}·K^{-1}
Elektronenmasse	$m_e = 5{,}485799 \times 10^{-4}$ ame = $9{,}10938188 \times 10^{-28}$ g
Neutronenmasse	$m_n = 1{,}0086649$ ame = $1{,}67492716 \times 10^{-24}$ g
Protonenmasse	$m_p = 1{,}0072765$ ame = $1{,}67262158 \times 10^{-24}$ g
π	$\pi = 3{,}1415927$
Planck'sches Wirkungsquantum	$h = 6{,}62606876 \times 10^{-34}$ J·s
Lichtgeschwindigkeit	$c = 2{,}99792458 \times 10^{8}$ m/s

* Weitere Naturkonstanten finden Sie auf der Internetseite des NIST (*National Institute of Standards and Technology*): http://physics.nist.gov/PhysRefData/contents.html